#604, Mullaebuk-ro 116, Yeongdeungpo-gu
Seoul, Republic of Korea

T. 02 701 7421
F. 02 3273 9642

Email kuhminsa@kuhminsa.co.kr

자격증 시험
접수부터
자격증
수령까지

필기원서접수

큐넷 회원 가입 후 (www.q-net.or.kr)
인터넷 접수만 가능
사진 파일, 접수비
(인터넷 결제) 필요
응시자격 요건
반드시 확인할 것

필기시험

입실 시간 미준수 시
시험 응시 불가
준비물 : 수험표,
신분증, 필기구 지참!

합격여부 확인

큐넷 사이트에서 확인
(www.q-net.or.kr)

실기원서접수

큐넷 회원 가입 후 (www.q-net.or.kr)
응시 자격 서류는
**실기시험 접수기간
(4일 이내)**에 제출
해야만 접수 가능

합격

한 발 앞서나가는 출판사
구민사에서 시작하세요!

실기시험

필답형과 작업형으로 분류. 원서 접수 시 선택한 장소와 시간에 맞게 시험을 봅니다.
준비물 : 수험표, 신분증, 필기구 지참!

합격여부 확인

큐넷 사이트에서 확인 (www.q-net.or.kr)

자격증 신청

방문 또는 인터넷 신청 가능. 방문 신청 시 **신분증, 발급 수수료** 지참할 것!

자격증 수령

방문 또는 등기 우편 수령 가능. 등기비용을 추가하면 우편으로 받을 수 있습니다.

PREFACE

올해도 어김없이 책 원고를 넘기며 마무리하고, 곧 출간될 도서를 걱정 반, 설렘 반으로 기대해 봅니다. 온·오프라인에서 건설안전기사(산업기사) 자격증 강의를 하며, 그간 제가 한 노력 이상의 좋은 평가를 받았음에 항상 감사하는 마음입니다.

자격증 시험 합격이라는 목표를 가지고 함께 노력하고, 함께 합격의 기쁨을 나누고, 기꺼이 그 영광을 제게 돌렸던 많은 교육생과 수험생 분들께 다시 한 번 감사드립니다.

오랜 강의 경험과 노하우를 통해 꼭 필요한 부분에는 꼼꼼한 설명을, 출제유형을 철저히 분석한 곳에는 별표(★)를 표시하여 가장 합격에 최적화된 도서를 만들기 위해 노력하였습니다.

항상 수험생 여러분들 곁에서 수험생들의 고민을 어떻게 해결해 드려야 할까… 고민하며 원고를 쓰고 있습니다.

꼭 암기해야 하지만 암기하기 힘든 내용들을 암기법이란 타이틀을 만들어 실어 보았습니다. 비록 유치하고 단순한 암기법이지만 '암기법이 너무 기가 막혀 외워졌다'는 수험생 여러분의 고백을 기대해 봅니다.

합격하기 쉬운 교재를 만들기 위해 수험생의 입장에서 한 번 더 생각하며 만들었습니다. 앞으로도 독자 분들의 소중한 의견을 귀담아 듣겠습니다.

마지막으로, 교재 출판을 적극적으로 후원해 주신 도서출판 구민사 조규백 대표님과 직원 여러분께 깊은 감사를 드립니다.

저자

CONTENTS

제1편 산업재해 예방 및 안전보건 교육

- 제1장 산업재해예방 계획수립 • 2
- 제2장 안전보호구 관리 • 65
- 제3장 산업안전심리 • 90
- 제4장 인간의 행동과학 • 97
- 제5장 안전보건교육의 내용 및 방법 • 112
- 제6장 산업안전 관계법규 • 141

제2편 인간공학 및 위험성 평가·관리

- 제1장 안전과 인간공학 • 164
- 제2장 위험성 파악·결정 • 172
- 제3장 위험성 감소 대책 수립·실행 • 194
- 제4장 근골격계 질환 예방관리 • 200
- 제5장 유해요인 관리 • 211
- 제6장 작업환경 관리 • 225

제3편 건설재료

- **제1장** 건설재료 일반 • 248
- **제2장** 각종 건설재료의 특성, 용도, 규격에 관한 사항 • 250

제4편 건설시공

- **제1장** 시공일반 • 318
- **제2장** 토공사 • 330
- **제3장** 기초공사 • 342
- **제4장** 철근 콘크리트 공사 • 350
- **제5장** 철골공사 • 373
- **제6장** 해체공사 및 기타공사 • 382

제5편 건설공사 안전관리

- **제1장** 건설공사 특성 분석 • 402
- **제2장** 건설공사 위험성 • 410
- **제3장** 건설업 산업안전보건관리비 관리 • 417
- **제4장** 건설 현장 안전시설 관리 • 424
- **제5장** 비계 · 거푸집 가시설 위험방지 • 451
- **제6장** 공사 및 작업종류별 안전 • 467

제6편 최근 기출문제

2014
- 1회 건설안전기사 • 486
- 2회 건설안전기사 • 524
- 4회 건설안전기사 • 562

2015
- 1회 건설안전기사 • 600
- 2회 건설안전기사 • 639
- 4회 건설안전기사 • 678

2016
- 1회 건설안전기사 • 716
- 2회 건설안전기사 • 757
- 4회 건설안전기사 • 792

2017
- 1회 건설안전기사 • 830
- 2회 건설안전기사 • 870
- 4회 건설안전기사 • 909

2018
- 1회 건설안전기사 • 951
- 2회 건설안전기사 • 989
- 4회 건설안전기사 • 1026

2019
1회 건설안전기사 • 1066
2회 건설안전기사 • 1104
4회 건설안전기사 • 1142

2020
1·2회 건설안전기사 • 1183
3회 건설안전기사 • 1224
4회 건설안전기사 • 1264

2021
1회 건설안전기사 • 1303
2회 건설안전기사 • 1343
4회 건설안전기사 • 1381

2022
1회 건설안전기사 • 1420
2회 건설안전기사 • 1461

제7편 모의고사
제1회 건설안전기사 모의고사 • 1504
제2회 건설안전기사 모의고사 • 1543
제3회 건설안전기사 모의고사 • 1584

INSTRUCTION MANUAL

이 책의 **사용설명서**

01 법규로 구성된 본문 참고

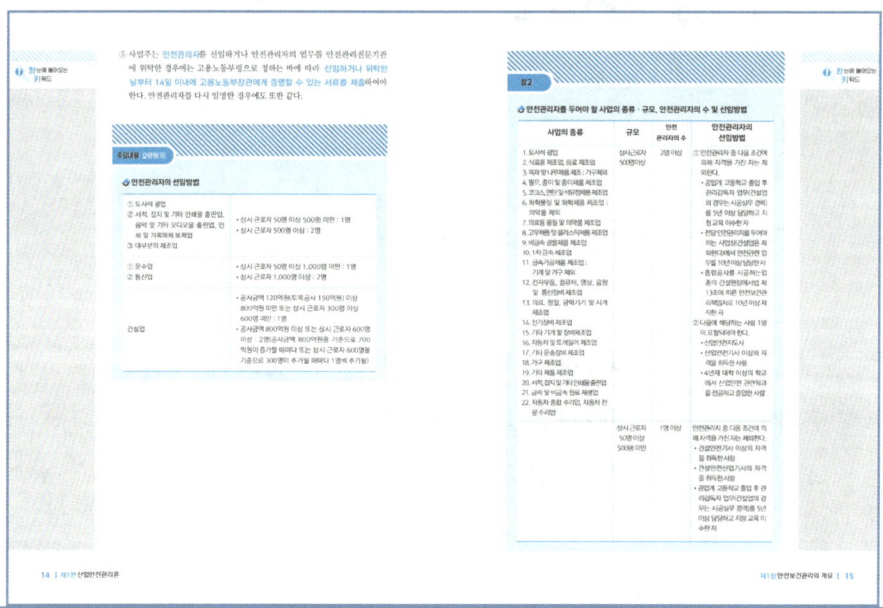

건설안전산업기사 공부에 필요한 **주요 내용을 수록**하였습니다.
반드시 알아야 할 법규만을 정리하여 편하고 알기 쉽게 설명하였습니다.

02 주요내용 알고가기 & 저자의 특급 암기법

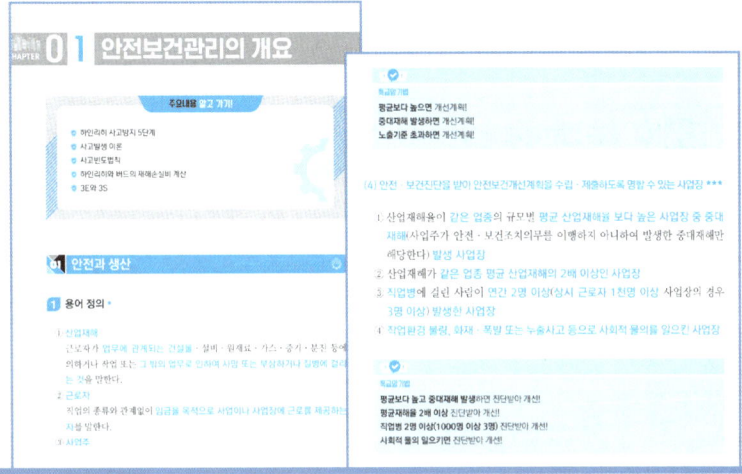

이론에 들어가기 앞서 주요 내용을 간단히 살펴보면서 대략적으로 **내용을 파악**하고, **특급암기법**을 이용해 쉽고 간단하게 암기할 수 있도록 하였습니다.

03 한눈에 들어오는 키워드

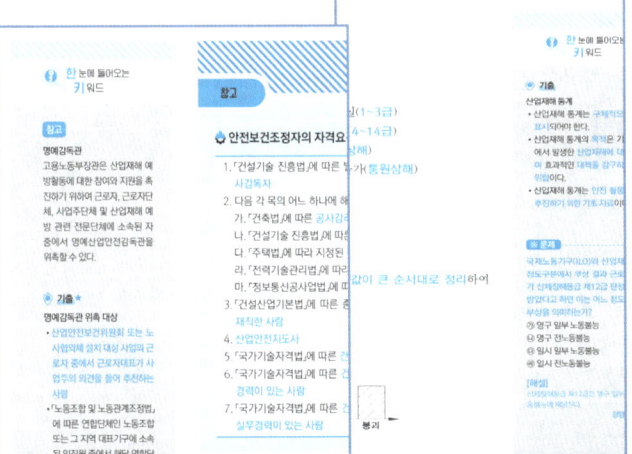

한눈에 들어오는 키워드는 **부족한 내용을 보충**할 수 있게 이해하기 쉽게 구성하였습니다.

04 최근 기출문제 & 모의고사 수록 및 해설

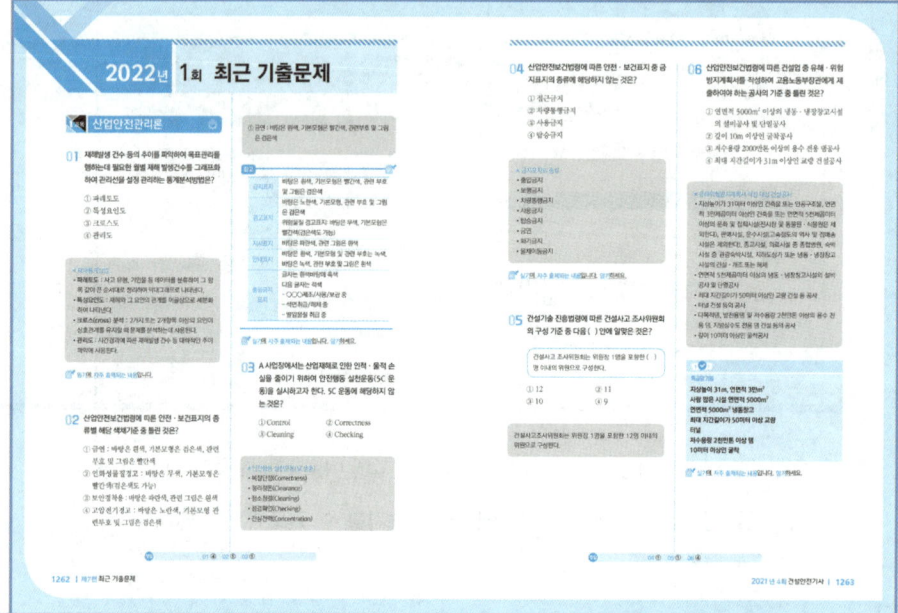

이론 단원이 끝나면 **최근 기출문제 & 모의고사 상세한 해설과 참고를** 실어 문제를 잘 이해할 수 있도록 하였습니다.

궁금한 사항은 네이버 산업안전특강 카페[cafe.naver.com/sanupanjeon]에 남겨주시면 답변해드립니다.

출제기준

직무 분야	안전관리	자격 종목	건설안전기사	적용 기간	2026.1.1.~2030.12.31.
건설현장의 생산성 향상과 인적·물적 손실을 최소화하기 위한 안전계획을 수립하고, 그에 따른 작업환경의 점검 및 개선, 현장 근로자의 교육계획 수립 및 실시, 작업환경 순회감독 등 안전관리 업무를 통해 인명과 재산을 보호하고, 사고 발생 시 효과적이며 신속한 처리 및 재발 방지를 위한 대책 안을 수립, 이행하는 등 안전에 관한 기술적인 관리 업무를 수행하는 직무이다.					
필기검정방법	객관식	문제수	100	시험시간	2시간 30분

필기과목명	문제수	주요항목	세부항목
산업재해 예방 및 안전보건교육	20	1. 산업재해예방 계획수립	1. 안전관리 2. 안전보건관리 체제 및 운용
		2. 안전보호구 관리	1. 보호구 및 안전장구 관리
		3. 산업안전심리	1. 산업심리와 심리검사 2. 직업적성과 배치 3. 인간의 특성과 안전과의 관계
		4. 인간의 행동과학	1. 조직과 인간행동 2. 재해 빈발성 및 행동과학 3. 집단관리와 리더십 4. 생체리듬과 피로
		5. 안전보건교육의 내용 및 방법	1. 교육의 필요성과 목적 2. 교육방법 3. 교육실시 방법 4. 안전보건교육계획 수립 및 실시 5. 교육내용
		6. 산업안전관계법규	1. 산업안전보건법령

필기과목명	문제수	주요항목	세부항목
인간공학 및 위험성 평가·관리	20	1. 안전과 인간공학	1. 인간공학의 정의 2. 인간-기계체계 3. 체계설계와 인간요소 4. 인간요소와 휴먼에러
		2. 위험성 파악·결정	1. 위험성 평가 2. 시스템 위험성 추정 및 결정
		3. 위험성 감소대책 수립·실행	1. 위험성 감소대책 수립 및 실행
		4. 근골격계질환예방관리	1. 근골격계 유해요인 2. 인간공학적 유해요인 평가 3. 근골격계 유해요인 관리
		5. 유해요인 관리	1. 물리적 유해요인 관리 2. 화학적 유해요인 관리 3. 생물학적 유해요인 관리
		6. 작업환경 관리	1. 인체계측 및 체계제어 2. 신체활동의 생리학적 측정법 3. 작업 공간 및 작업자세 4. 작업측정 5. 작업환경과 인간공학 6. 중량물 취급 작업
건설재료	20	1. 건설재료 일반	1. 건설재료의 발달 2. 건설재료의 분류와 요구 성능 3. 불연성재료의 분류 및 성능 4. 건설현장 유해·위험물질관리
		2. 각종 건설재료의 특성, 용도, 규격에 관한 사항	1. 목재 2. 점토재 3. 시멘트 및 콘크리트 4. 강재 5. 미장재

필기과목명	문제수	주요항목	세부항목
건설재료	20	2. 각종 건설재료의 특성, 용도, 규격에 관한 사항	6. 합성수지
			7. 도료 및 접착제
			8. 석재
			9. 단열재 및 흡음재
			10. 방수
			11. 기타재료
건설시공	20	1. 시공일반	1. 공사시공방식
			2. 공사계획
			3. 공사현장관리
			4. 건설공사 특성분석
			5. 건설공사 전기작업 안전관리
			6. 건설기계 · 운송장비 안전관리
		2. 가설공사	1. 가설공사
		3. 토공사	1. 흙막이 가시설
			2. 토공 및 기계
			3. 흙파기
			4. 계측관리
			5. 기타 토공사
		4. 기초공사	1. 지정 및 기초
		5. 철근콘크리트공사	1. 콘크리트공사
			2. 철근공사
			3. 거푸집공사
		6. 철골공사	1. 철골작업공작
			2. 철골세우기
		7. 해체공사	1. 해체공사

필기과목명	문제수	주요항목	세부항목
건설공사 안전관리	20	1. 건설공사 특성분석	1. 건설공사 특수성 분석 2. 안전관리 고려사항 확인
		2. 건설공사 위험성	1. 건설공사 유해·위험요인파악 2. 건설공사 위험성 추정·결정
		3. 건설업	1. 건설업 산업안전보건관리비 규정
		4. 건설현장 안전시설 관리	1. 안전시설 설치 및 관리 2. 건설공구 및 장비 안전수칙
		5. 비계·거푸집 가시설 위험 방지	1. 건설 가시설물 설치 및 관리
		6. 공사 및 작업종류별 안전	1. 양중 및 해체 공사 2. 콘크리트 및 PC 공사 3. 운반 및 하역작업

※ 출제기준의 세세항목은 한국산업인력공단 홈페이지(http://www.q-net.or.kr/) 자료실에서 확인하실 수 있습니다.

PART 01
산업재해예방 및 안전보건교육

CHAPTER 01 산업재해예방 계획수립

CHAPTER 02 안전보호구 관리

CHAPTER 03 산업안전심리

CHAPTER 04 인간의 행동과학

CHAPTER 05 안전보건교육의 내용 및 방법

CHAPTER 06 산업안전 관계법규

CHAPTER 01 산업재해예방 계획수립

01 안전관리

한 눈에 들어오는 키워드

주요내용 알고 가기!
- 하인리히 사고방지 5단계
- 사고빈도법칙
- 3E와 3S
- 무재해 운동의 3요소
- 위험예지 훈련 4단계
- 사고발생 이론
- 하인리히와 버드의 재해손실비 계산
- 무재해 운동의 3대 원칙
- 브레인스토밍의 4원칙

용어정의

1. 안전사고(safety accident)
불안전한 행동과 불안전한 상태가 선행되어 직간접적으로 인명이나 재산상의 손실을 가져올 수 있는 사건 및 사고를 의미한다.

2. 사고(Accident)
① 사고는 변형된 사상 (strained event)이다.
② 사고는 비계획적인 사상 (unplaned event)이다.
③ 사고는 원하지 않는 사상 (undesired event)이다.
④ 사고는 비효율적인 사상 (inefficient event)이다.

3. 재해
안전사고의 결과로 일어난 인명과 재산의 손실을 말한다.

참고

안전관리의 근본이념
- 기업의 경제적 손실 예방
- 생산성 향상 및 품질향상
- 사회복지의 증진

1 안전과 위험의 정의(산업안전보건법상의 용어 정의) ★

① **산업재해**
노무를 제공하는 사람이 업무에 관계되는 건설물·설비·원재료·가스·증기·분진 등에 의하거나 작업 또는 **그 밖의 업무로 인하여 사망 또는 부상하거나 질병에 걸리는 것**을 말한다.

② **근로자**
직업의 종류와 관계없이 **임금을 목적으로 사업이나 사업장에 근로를 제공하는 자**를 말한다.

③ **사업주**
근로자를 사용하여 사업을 하는 자를 말한다.

④ **근로자대표**
근로자의 과반수로 조직된 노동조합이 있는 경우에는 그 노동조합을, 근로자의 과반수로 조직된 노동조합이 없는 경우에는 **근로자의 과반수를 대표하는 자**를 말한다.

⑤ **작업환경측정**
작업환경 실태를 파악하기 위하여 해당 **근로자 또는 작업장에 대하여** 사업주가 측정계획을 수립한 후 **시료(試料)를 채취하고 분석·평가**하는 것을 말한다.

⑥ 안전·보건진단

산업재해를 예방하기 위하여 잠재적 위험성을 발견하고 그 개선대책을 수립할 목적으로 고용노동부장관이 지정하는 자가 **하는 조사·평가를 말한다.**

⑦ 중대재해

산업재해 중 사망 등 재해 정도가 심한 것으로서 고용노동부령으로 정하는 재해를 말한다. ★★★
- **사망자가 1인 이상 발생**한 재해
- **3개월 이상 요양을 요하는 부상자가 동시에 2인 이상 발생**한 재해
- **부상자 또는 직업성 질병자가 동시에 10인 이상 발생**한 재해

⑧ 페일세이프(Fail safe) ★★★

인간 또는 기계의 실패가 있어도 안전사고를 발생시키지 않도록 2중, 3중 통제를 가함
- 페일세이프(Fail safe)
  기계의 고장이 있어도 안전**사고를 발생시키지 않도록 2중, 3중 통제를 가함**
- 풀-프루프(Fool proof)
  인간의 실수가 있어도 안전**사고를 발생시키지 않도록 2중, 3중 통제를 가함**

> 한 눈에 들어오는 **키**워드

> 기출
> 페일세이프(Fail-Safe)의 구분
> - Fail Passive : 부품의 고장 시 기계장치는 정지 상태로 옮겨간다.
> - Fail active : 부품이 고장나면 경보를 울리며 짧은 시간 운전이 가능하다.
> - Fail operational : 부품의 고장이 있어도 다음 정기점검까지 운전이 가능하다.

> 기출 ★
> 페일세이프의 종류 ★
> - 다경로 하중구조
> - 하중경감구조
> - 교대구조
> - 중복구조

2 안전보건관리 제이론

(1) 하인리히 사고방지 5단계 ★★

1단계 안전조직	• 안전목표 설정 • 안전조직 구성 • 조직을 통한 안전 활동전개	• 안전관리자의 선임 • 안전활동 방침 및 계획수립
2단계 사실의 발견	• 작업분석 • 사고조사	• 점검 • 안전진단
3단계 분석	• 사고원인 및 경향성 분석 • 사고기록 및 관계자료 분석	• 작업공정 분석 • 인적·물적 환경 조건 분석
4단계 시정방법 선정	• 기술적 개선 • 교육훈련 분석 • 배치 조정	• 안전운동 전개 • 안전행정의 개선 • 규칙 및 수칙 등 제도의 개선
5단계 시정책적용(3E 적용)	• 안전교육(Education) • 안전기술(Engineering) • 안전독려(Enforcement)	

(2) 사고발생 이론

1) 하인리히(H. W. Heinrich) 사고발생 도미노 5단계 ★★

1단계	선천적 결함(사회, 환경, 유전적 결함)
2단계	개인적 결함
3단계	**불안전 행동**(인적결함), **불안전한 상태**(물적결함) : 제거 가능
4단계	사고
5단계	재해(상해)

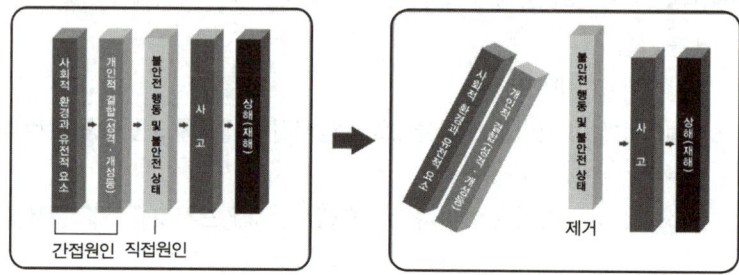

[하인리히의 사고발생 5단계]

2) 버드(Frank. E. Bird)의 연쇄성이론 5단계 ★★

1단계	제어 부족(관리 부재)
2단계	기본원인(기원)
3단계	직접원인(징후)
4단계	사고(접촉)
5단계	상해(손실)

3) 아담스(Edward Adams) 연쇄성이론 5단계 ★★

1단계	관리구조
2단계	작전적 에러
3단계	전술적 에러
4단계	사고
5단계	상해

> **한 눈에 들어오는 키워드**
>
> **기출**
> 하인리히의 재해발생이론
> 재해의 발생
> = 물적 불안전상태
> + 인적 불안전행위
> + 잠재된 위험의 상태
> = 설비적 결함
> + 관리적 결함
> + 잠재된 위험의 상태

4) 자베타키스(Micheal Zabetakis)의 이론

1단계	안전정책과 결정
2단계	개인적인 요소
3단계	환경적 요소

5) 웨버의 연쇄성이론

1단계	사회적 환경 및 유전적 요소(유전과 환경)
2단계	인간의 결함(개인적 결함)
3단계	불안전 행동 및 상태
4단계	사고
5단계	상해

(3) 사고빈도법칙 ★★

1) 하인리히 1 : 29 : 300의 법칙 : 총 330건의 사고를 분석했을 때

① 중상 또는 사망 : 1건
② 경상해 : 29건
③ 무상해사고(물적 손실) : 300건이 발생함을 의미한다.

2) 버드의 1 : 10 : 30 : 600의 법칙 : 총 641건의 사고를 분석했을 때

① 중상 또는 폐질 : 1건
② 경상해 : 10건
③ 무상해사고(물적 손실) : 30건
④ 무상해, 무사고(위험 순간) : 600건이 발생함을 의미한다.

(4) J · H Harvey(하비)의 3E ★

① **안전교육**(Education)
② **안전기술**(Engineering)
③ **안전독려**(Enforcement)(강제, 관리, 규제, 감독)

한 눈에 들어오는 **키**워드

● 기출 ★

총 660건 사고분석 시
(2 : 58 : 600)
• 중상 또는 사망 = 1×2 = 2건
• 경상해 = 29×2 = 58건
• 무상해사고 = 300×2 = 600건

총 990건 사고분석시
(3 : 87 : 900)
• 중상 또는 사망 = 1×3 = 3건
• 경상해 = 29×3 = 87건
• 무상해사고 = 300×3 = 900건

무상해, 무사고(위험 순간)
= Near Accident

[확인]
하인리히의 1:29:300의 원칙은 300건의 무상해 사고의 원인을 제거해야 함을 강조한다.

※ 문제

"Near Accident"란 무엇을 의미하는가?
㉮ 사고가 일어난 인접지역
㉯ 사고가 일어난 지점에 계속 사고가 발생하는 지역
㉰ 사고가 일어나더라도 손실을 전혀 수반하지 않는 재해
㉱ 사고의 연관성

[해설]
"Near Accident"(앗차사고)는 사고나기 직전의 순간으로 인적, 물적 손실을 수반하지 않은 사고이다.

정답 ㉰

한눈에 들어오는 키워드

(5) 3S ★

① 단순화(Simplification)
② 표준화(Standardization)
③ 전문화(Specification)
④ 총합화(Synthesization) → 4S

(6) 안전관리 4-Cycle(P-D-C-A)

① 계획(Plan)
② 실시(Do)
③ 검토(check)
④ 조치(Action)

(7) 인간에러(휴먼 에러)의 배후요인(4M) ★★★

① Man(인간) : 본인 외의 사람, 직장의 **인간관계** 등
② Machine(기계) : **기계, 장치** 등의 물적 요인
③ Media(매체) : **작업정보, 작업방법** 등
④ Management(관리) : **작업관리**, 법규준수, 단속, 점검 등

3 무재해의 정의 ★

"무재해"란 무재해운동 시행사업장에서 **근로자가 업무에 기인하여 사망 또는 4일 이상의 요양을 요하는 부상 또는 질병에 이환되지 않는 것**을 말한다. 다만, 다음 각 목의 어느 하나에 해당하는 경우에는 무재해로 본다.

① 업무수행 중의 사고 중 천재지변 또는 돌발적인 사고로 인한 구조행위 또는 긴급피난 중 발생한 사고
② 출·퇴근 도중에 발생한 재해
③ 운동경기 등 각종 행사 중 발생한 재해
④ 천재지변 또는 돌발적인 사고 우려가 많은 장소에서 사회통념상 인정되는 업무수행 중 발생한 사고
⑤ 제3자의 행위에 의한 업무상 재해
⑥ 업무상 질병에 대한 구체적인 인정기준 중 **뇌혈관질병 또는 심장질병**에 의한 재해
⑦ **업무시간 외에 발생한 재해**
　다만, 사업주가 제공한 사업장내의 시설물에서 발생한 재해 또는 작업 개시 전의 작업준비 및 작업종료후의 정리정돈과정에서 발생한 재해는 제외한다.

> **용어정의**
> 요양 : 부상 등의 치료를 말하며 재가, 통원 및 입원의 경우를 모두 포함

⑧ 도로에서 발생한 사업장 밖의 교통사고, 소속 사업장을 벗어난 출장 및 외부기관으로 위탁교육 중 발생한 사고, 회식중의 사고, 전염병 등 사업주의 법 위반으로 인한 것이 아니라고 인정되는 재해

한눈에 들어오는
키워드

특급암기법
무재해 : 업무시간 외, 제3자, 각종 행사, 출·퇴근 도중, 뇌혈관질환·심장질환

4 무재해 운동 이론

(1) 무재해 운동의 3대 원칙 ★★

① 무(無)의 원칙(ZERO의 원칙)
무재해란 단순히 사망재해나 휴업재해만 없으면 된다는 소극적인 사고가 아닌, 사업장 내의 모든 잠재위험요인을 적극적으로 사전에 발견하고 파악·해결함으로써 **산업재해의 근원적인 요소들을 없앤다는 것을 의미**한다.

② 선취의 원칙(안전제일의 원칙)
무재해운동에 있어서 안전제일이란 안전한 사업장을 조성하기 위한 궁극의 목표로서 사업장 내에서 **행동하기 전에 잠재위험요인을 발견하고 파악·해결하여 재해를 예방하는 것**을 의미한다.

③ 참가의 원칙(참여의 원칙)
무재해운동에서 참여란 작업에 따르는 잠재위험요인을 발견하고 파악·해결하기 위하여 **전원이 일치 협력하여 각자의 위치에서 적극적으로 문제해결을 하겠다는 것**을 의미한다.

(2) 무재해 운동의 3요소 ★★

① 최고 경영자의 경영자세
안전보건은 최고경영자의 무재해, 무질병에 대한 확고한 경영자세로부터 시작된다.

② 라인관리자에 의한 안전보건 추진
관리감독자들(Line)이 생산활동 속에서 안전보건을 함께 실천하는 것이 성공의 지름길이다.

③ 직장의 자주 안전활동 활성화
직장의 팀 구성원과의 협동노력으로 자주적인 안전활동을 추진해 가는 것이 필요하다.

기출 ★
무재해 운동의 3요소 중 최고 경영자의 경영자세가 가장 중요한 역할을 한다.

기출
무재해 운동의 3요소
① 이념
② 기법
③ 실천

5 무재해 소집단활동

(1) 브레인스토밍(Brain storming)

인간의 잠재의식을 일깨워 자유로이 **아이디어를 개발하자는 토의식 아이디어 개발 기법**이다.

[브레인스토밍의 4원칙 ★★]

비판금지	좋다, 나쁘다 비판은 하지 않는다.
자유분방	마음대로 **자유로이 발언**한다.
대량발언	무엇이든 좋으니 **많이 발언**한다.
수정발언	타인의 생각에 **동참**하거나 **보충** 발언해도 좋다.

(2) 미국 듀폰사의 STOP기법(Safety Training Observation Program : 안전교육관찰 프로그램)

숙련된 관찰자(안전관리자)가 불안전한 행위를 관찰하기 위한 기법으로 일상업무 시 사용한 안전관찰카드를 분석하여 불안전한행동의 경향을 파악하여 해당 부분에 대한 재발방지 대책을 세운다.

[STOP 기법 진행방법]

결심 ⇨ 정지 ⇨ 관찰 ⇨ 보고

(3) T.B.M (Tool Box Meeting) : 즉시 적응법 ★(단시간 미팅 즉시 적응훈련)

① 재해를 방지하기 위해 **현장에서 그때 그때의 상황에 맞게 적응하여 실시하는 활동으로 단시간 미팅 즉시 적응훈련**이라 한다.
② **작업 전, 종료 시 5~10분간 작업자 3~5인이 조를 이뤄 작업시 위험요소에 대하여 말하는 방식**이다.

(4) 안전 확인 5지 운동

① 모지(마음)
② 시지(복장)
③ 중지(규정)
④ 약지(정비)
⑤ 새끼손가락(확인)

(5) 지적확인 ★

사람의 **눈이나 귀 등 오관의 감각기관을 총동원**해서 작업공정의 요소에서 자신의 행동을 (… 좋아)하고 **대상을 지적하여 큰 소리로 확인하여** 작업의 정확성과 **안전을 확인하는 방법**이다.

(6) 5C운동 ★

① **복장단정**(Correctness)
② **정리정돈**(Clearance)
③ **청소청결**(Cleaning)
④ **점검확인**(Checking)
⑤ **전심전력**(Concentration)

(7) E.C.R(Error Cause Removal) 제안제도

근로자 자신이 자기의 부주의 이외에 **제반 오류의 원인을 생각함으로서 개선을 하도록 하는 방법**이다.

① 첫째 : 아이디어 제안
② 둘째 : 조장이 접수
③ 셋째 : 무재해 추진 위원회에서 조치
④ 넷째 : 제안자에게 표창

(8) 터치 앤 콜(Touch and Call)

팀의 전 구성원이 원을 만들어 팀의 행동목표나 무재해 구호를 지적확인 하는 방법이다. (무재해로 나가자, 좋아! 좋아! 좋아!)

한 눈에 들어오는 키 워드

기출

"지적확인"의 효과
① 이완된 의식의 긴장, 집중
② 대상에 대한 집중력의 향상
③ 자신과 대상의 결합도 증대
④ 인지(cognition) 확률의 향상

지적확인과 정확도	
지적 확인한 경우	0.80%
확인만 하는 경우	1.25%
지적만 하는 경우	1.50%
아무 것도 하지 않은 경우	2.85%

6 위험예지 훈련

"위험을 미리 알자"는 의미로 작업장에 잠재하고 있는 위험요인을 소집단 토의를 통해 미리 생각하여 행동에 앞서 위험요인 해결하는 것을 습관화하여 사고를 예방하기 위한 훈련이다.

[위험예지 훈련 4단계 ★★]

1단계 현상 파악	• 어떤 위험이 잠재하고 있는가? • 전원이 대화로써 도해 상황속의 **잠재위험요인을 발견**하고 그 요인이 초래할 수 있는 사고를 생각해내는 단계
2단계 요인조사(본질추구)	• 이것이 위험의 포인트다. • 발견해 낸 위험 중 **가장 위험한 것**을 합의로서 **결정**하는 단계
3단계 대책수립	• 당신이라면 어떻게 할 것인가? • 중요위험요인을 해결하기 위한 **대책을 세우는** 단계
4단계 행동목표 설정(합의요약)	• 우리들은 이렇게 하자! • 대책 중 중점 실시항목을 **합의 요약**해서 그것을 실천하기 위한 행동목표를 설정하는 단계

02 안전보건관리 체제 및 운용

주요내용 알고 가기!

- 안전조직의 유형 및 특징
- 안전보건관리책임자등의 직무
- 안전보건개선계획 작성대상 사업장
- 산업안전보건위원회와 노사협의체의 구성
- 안전관리자 등의 증원, 교체명령
- 재해율 등 공표대상 사업장

한 눈에 들어오는 키워드

1 안전보건관리조직

안전보건관리조직이란 원활한 안전관리를 위해 필요한 조직으로 라인형, 스태프형, 라인-스태프형의 3가지로 분류할 수 있다.

(1) 라인형(Line) or 직계형 ★★

안전관리에 관한 계획, 실시, 평가에 이르기까지 안전관리의 모든 것을 생산조직을 통하여 행하는 관리 방식이다.

① **소규모 사업장**(100명 이하 사업장)에 적용이 가능하다.
② 라인형 장점 : **명령 및 지시가 신속, 정확**하다.
③ 라인형 단점
  - **안전정보가 불충분**하다.
  - 라인에 과도한 책임이 부여 될 수 있다.
④ 생산과 안전을 동시에 지시하는 형태이다.

경영자 → 관리자 → 감독자 → 작업자
―― 생산지시
------ 안전지시

> **기출★**
> 라인형은 안전을 전문으로 하는 전담부서가 없으므로 스탭형보다 **경제적인 조직**이다.

> **참고**
> 안전관리조직의 목적
> - 조직적인 사고예방 활동
> - 위험제거기술의 수준 향상
> - 조직 간 종적·횡적 신속한 정보처리와 유대강화
> - 재해 예방율의 향상 및 단위당 예방비용의 절감

(2) 스태프형(staff) or 참모형 ★★

안전관리를 전담하는 스태프를 두고 안전관리에 대한 계획, 조사, 검토 등을 행하는 관리방식이다.

① **중규모 사업장**(100~1,000명 정도의 사업장)에 적용이 가능하다.
② 스태프형 장점 : **안전정보 수집이 용이하고 빠르다.**
③ 스태프형 단점 : **안전과 생산을 별개로 취급한다.**

④ 안전 전문가(스태프)가 문제해결방안을 모색한다.
⑤ 스태프는 경영자의 조언, 자문 역할을 한다.
⑥ 생산부문은 안전에 대한 책임, 권한이 없다.
⑦ 사업장의 특수성에 적합한 기술연구를 전문적으로 할 수 있다.
⑧ 권한다툼이나 조정 때문에 통제수속이 복잡해지며, 시간과 노력이 소모된다.

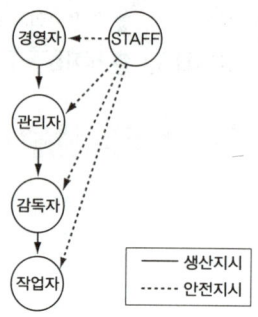

(3) 라인 스태프형(Line Staff) or 혼합형 ★★

라인형과 스태프형의 장점을 취한 형태로서 스태프는 안전을 입안, 계획, 평가, 조사하고 라인을 통하여 생산기술, 안전대책이 전달되는 관리방식이다.

① **대규모 사업장**(1,000명 이상 사업장)에 적용이 가능하다.
② 라인 스태프형 장점
　• 안전전문가에 의해 입안된 것을 경영자가 명령하므로 **명령이 신속, 정확하다.**
　• **안전정보 수집이 용이하고 빠르다.**
③ 라인 스태프형 단점
　• **명령계통과 조언, 권고적 참여의 혼돈이 우려**된다.
　• **스태프의 월권행위**가 우려되고 지나치게 스태프에게 의존할 수 있다.
　• 라인이 스태프에 의존 또는 활용하지 않는 경우가 있다.

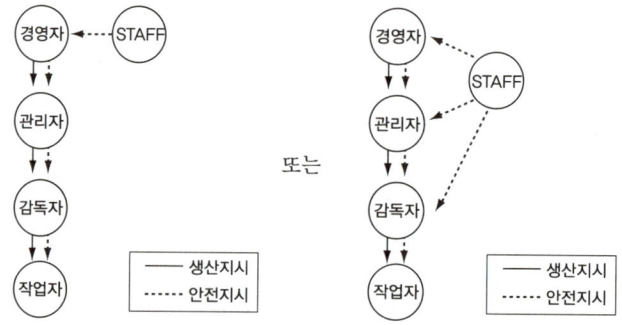

※ 문제

안전조직을 설명한 것 중 Line-Staff에 해당되는 것은?

㉠ 조언이나 권고적 참여가 혼동된다.
㉡ 안전과 생산을 별도로 생각한다.
㉢ 안전에 대한 정보가 불충분하다.
㉣ 안전책임과 권한이 생산부분에는 없다.

[해설]
㉡ 안전과 생산을 별도로 생각한다. → 스탭형
㉢ 안전에 대한 정보가 불충분하다. → 라인형
㉣ 안전책임과 권한이 생산부분에는 없다 → 스탭형

정답 ㉠

2 안전보건관리 체제

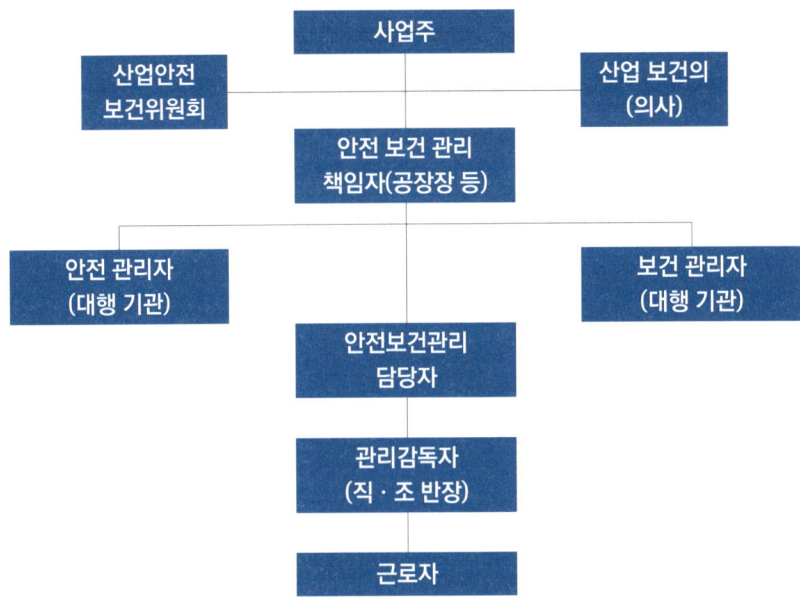

한 눈에 들어오는 키 워드

> 참고
>
> **3년 동안 보존하여야 하는 서류** (②경우 2년 보존)
> ① 안전보건관리책임자·안전관리자·보건관리자·안전보건관리담당자 및 산업보건의의 선임에 관한 서류
> ② 산업안전보건위원회 회의록 (2년 보관)
> ③ 안전조치 및 보건조치에 관한 사항으로서 고용노동부령으로 정하는 사항을 적은 서류
> ④ 산업재해의 발생 원인 등 기록
> ⑤ 화학물질의 유해성·위험성 조사에 관한 서류
> ⑥ 작업환경측정에 관한 서류
> ⑦ 건강진단에 관한 서류

(1) 이사회 보고 및 승인 ★

① 「상법」에 따른 주식회사 중 **상시근로자 500명 이상**을 사용하는 회사 및 「건설산업기본법」에 따라 평가하여 공시된 **시공능력의 순위 상위 1천위 이내의 건설회사의 대표이사**는 매년 회사의 안전 및 보건에 관한 계획을 수립하여 이사회에 보고하고 승인을 받아야 한다.

② 회사의 대표이사(「상법」에 따라 대표이사를 두지 못하는 회사의 경우에는 대표집행임원을 말한다)는 회사의 정관에서 정하는 바에 따라 회사의 안전 및 보건에 관한 계획을 수립해야 한다.

③ 대표이사는 안전 및 보건에 관한 계획을 성실하게 이행하여야 한다.

④ **안전 및 보건에 관한 계획**에는 안전 및 보건에 관한 **비용, 시설, 인원** 등의 사항을 **포함하여야 한다.**

> 참고
>
> **안전 및 보건에 관한 계획에 포함하여야 할 사항**
> 가. 안전 및 보건에 관한 경영방침
> 나. 안전·보건관리조직의 구성·인원 및 역할
> 다. 안전·보건 관련 예산 및 시설현황
> 라. 안전 및 보건에 관한 전년도 활동실적 및 다음 연도 활동계획
>
> **특급암기법**
> 비(예산)실(시설)대는 인원 및 역할 경영활동계획에 포함

특급암기법
500명 이상 1천위 이내 건설회사는 비(예산)실(시설)대는 인원 매년 이사회에 보고

(2) 안전보건관리책임자 ★★

사업주는 **사업장에 안전보건관리책임자**("관리책임자")를 두어 업무를 총괄 관리하도록 하여야 한다.

한눈에 들어오는 키워드

> 참고

⚙ 안전보건관리책임자를 두어야 할 사업의 종류 및 규모 ★

사업의 종류	규모
1. 토사석 광업 2. 식료품 제조업, 음료 제조업 3. 목재 및 나무제품 제조업 ; 가구 제외 4. 펄프, 종이 및 종이제품 제조업 5. 코크스, 연탄 및 석유정제품 제조업 6. 화학물질 및 화학제품 제조업 ; 의약품 제외 7. 의료용 물질 및 의약품 제조업 8. 고무 및 플라스틱제품 제조업 9. 비금속 광물제품 제조업 10. 1차 금속 제조업 11. 금속가공제품 제조업 ; 기계 및 가구 제외 12. 전자부품, 컴퓨터, 영상, 음향 및 통신장비 제조업 13. 의료, 정밀, 광학기기 및 시계 제조업 14. 전기장비 제조업 15. 기타 기계 및 장비 제조업 16. 자동차 및 트레일러 제조업 17. 기타 운송장비 제조업 18. 가구 제조업 19. 기타 제품 제조업 20. 서적, 잡지 및 기타 인쇄물 출판업 21. 해체, 선별 및 원료 재생업 22. 자동차 종합 수리업, 자동차 전문 수리업	상시 근로자 50명 이상
23. 농업 24. 어업 25. 소프트웨어 개발 및 공급업 26. 컴퓨터 프로그래밍, 시스템 통합 및 관리업 26의 2. 영상 · 오디오물 제공 서비스업 27. 정보서비스업 28. 금융 및 보험업 29. 임대업 ; 부동산 제외 30. 전문, 과학 및 기술 서비스업(연구개발업은 제외한다) 31. 사업지원 서비스업 32. 사회복지 서비스업	상시 근로자 300명 이상
33. 건설업	**공사금액 20억 원 이상**
34. 제1호부터 제26호까지, 제26호의2 및 제27호부터 제33호까지의 사업을 제외한 사업	상시 근로자 100명 이상

(3) 안전관리자 ★★

1) 사업주는 사업장에 **안전에 관한 기술적인 사항에 관하여 사업주 또는 안전보건관리책임자를 보좌하고 관리감독자에게 지도ㆍ조언하는 업무를 수행하는 사람**("안전관리자")를 두어야 한다.

2) **상시근로자 300명 이상**을 사용하는 사업장[**건설업**의 경우에는 **공사금액이 120억 원**(종합공사를 시공하는 **토목공사업**의 경우에는 **150억 원**) 이상인 사업장]의 안전관리자는 해당 사업장에서 **안전관리자의 업무만을 전담해야 한다**.

3) 도급인의 사업장에서 이루어지는 **도급사업의 공사금액 또는 관계수급인의 상시근로자는 각각 해당 사업의 공사금액 또는 상시 근로자로 본다**. 다만, 안전관리자를 두어야 할 사업의 기준에 해당하는 도급사업의 공사금액 또는 관계수급인의 상시 근로자의 경우에는 그러하지 아니하다.

4) **같은 사업주가 경영하는** 둘 이상의 사업장이 다음 각 호의 어느 하나에 해당하는 경우에는 그 **둘 이상의 사업장에 1명의 안전관리자를 공동으로 둘 수 있다**. 이 경우 해당 **사업장의 상시근로자 수의 합계는 300명 이내**[건설업의 경우에는 **공사금액의 합계가 120억 원**(토목공사업의 경우 150억 원) 이내]이어야 한다.

   1. **같은 시ㆍ군ㆍ구**(자치구를 말한다) **지역에 소재**하는 경우
   2. 사업장 간의 경계를 기준으로 **15킬로미터 이내에 소재**하는 경우

5) 도급인의 사업장에서 이루어지는 **도급사업에서 도급인이** 고용노동부령으로 정하는 바에 따라 그 사업의 **관계수급인 근로자에 대한** 안전관리를 전담하는 **안전관리자를 선임한 경우에는** 그 사업의 **관계수급인은 해당 도급사업에 대한 안전관리자를 선임하지 않을 수 있다**.

6) 사업주는 **안전관리자를** 선임하거나 안전관리자의 업무를 안전관리전문기관에 위탁한 경우에는 고용노동부령으로 정하는 바에 따라 **선임하거나 위탁한 날부터 14일 이내에 고용노동부장관에게 증명할 수 있는 서류를 제출**하여야 한다. 안전관리자를 늘리거나 교체한 경우에도 또한 같다.

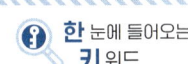

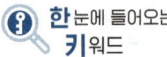

한눈에 들어오는 키워드

주요내용 요약하기!

🔧 안전관리자의 선임방법

업종	선임기준
① 토사석 광업 ② 서적, 잡지 및 기타 인쇄물 출판업, 폐기물 수집·운반·처리 및 원료 재생업, 환경 정화 및 복원업, 운수 및 창고업, 자동차 종합 수리업, 자동차 전문 수리업, 발전업 ③ 대부분의 제조업	• 상시 근로자 50명 이상 500명 미만 : 1명 • 상시 근로자 500명 이상 : 2명
① 우편 및 통신업 ② 전기, 가스, 증기 및 공기조절공급업(발전업은 제외한다) ③ 도매 및 소매업 ④ 숙박 및 음식점업 ⑤ 공공행정(청소, 시설관리, 조리 등 현업업무에 종사하는 사람으로서 고용노동부장관이 정하여 고시하는 사람으로 한정한다) ⑥ 교육서비스업 중 초등·중등·고등 교육기관, 특수학교·외국인학교 및 대안학교(청소, 시설관리, 조리 등 현업업무에 종사하는 사람으로서 고용노동부장관이 정하여 고시하는 사람으로 한정한다) ⑦ 농업, 임업 및 어업 등	• 상시 근로자 50명 이상 1,000명 미만 : 1명 (다만, 부동산업(부동산 관리업은 제외한다)과 사진처리업의 경우에는 상시근로자 100명 이상 1천명 미만으로 한다) • 상시 근로자 1,000명 이상 : 2명
건설업	• 공사금액 **50억 원** 이상(관계수급인은 100억 원 이상) **120억 원 미만**(토목공사업의 경우에는 150억 원 미만) 또는 공사금액 **120억 원 이상** (토목공사업의 경우에는 150억 원 이상) **800억 원** 미만 : 1명 이상

건설업	- 공사금액 **800억 원** 이상 1,500억 원 미만 : 2명 이상(다만, 전체 공사기간을 100으로 할 때 공사 시작에서 15에 해당하는 기간과 공사 종료 전의 15에 해당하는 기간 동안은 1명 이상으로 한다)
- 공사금액 **1,500억 원** 이상 2,200억 원 미만 : 3명 이상 (다만, 전체 공사기간 중 전·후 15에 해당하는 기간은 2명 이상으로 한다)
- 공사금액 **2,200억 원** 이상 3천억 원 미만 : 4명 이상 (다만, 전체 공사기간 중 전·후 15에 해당하는 기간은 2명 이상으로 한다)
- 공사금액 **3천억 원** 이상 3,900억 원 미만 : 5명 이상(다만, 전체 공사기간 중 전·후 15에 해당하는 기간은 3명 이상으로 한다)
- 공사금액 **3,900억 원** 이상 4,900억 원 미만 : 6명 이상 (다만, 전체 공사기간 중 전·후 15에 해당하는 기간은 3명 이상으로 한다)
- 공사금액 **4,900억 원** 이상 6천억 원 미만 : 7명 이상(다만, 전체 공사기간 중 전·후 15에 해당하는 기간은 4명 이상으로 한다)
- 공사금액 **6천억 원** 이상 7,200억 원 미만 : 8명 이상(다만, 전체 공사기간 중 전·후 15에 해당하는 기간은 4명 이상으로 한다)
- 공사금액 **7,200억 원** 이상 8,500억 원 미만 : 9명 이상(다만, 전체 공사기간 중 전·후 15에 해당하는 기간은 5명 이상으로 한다)
- 공사금액 **8,500억 원** 이상 1조원 미만 : 10명 이상(다만, 전체 공사기간 중 전·후 15에 해당하는 기간은 5명 이상으로 한다)
- **1조 원 이상** : 11명 이상[매 **2천억 원(2조 원 이상**부터는 매 **3천억 원)**마다 1명씩 추가한다].다만, 전체 공사기간 중 전·후 15에 해당하는 기간은 선임 대상 안전관리자 수의 2분의 1(소수점 이하는 올림한다) 이상으로 한다)

(4) 안전보건관리담당자 ★★

1) 사업주는 **사업장에 안전보건관리담당자를 두어야 한다**. 다만, 안전관리자 또는 보건관리자가 있거나 이를 두어야 하는 경우에는 그러하지 아니하다.

2) 고용노동부장관은 산업재해 예방을 위하여 필요한 경우로서 고용노동부령으로 정하는 사유에 해당하는 경우에는 사업주에게 **안전보건관리담당자를 대통령령으로 정하는 수 이상으로 늘리거나 교체할 것을 명할 수 있다**.

3) 사업주는 **상시근로자 20명 이상 50명 미만**인 사업장에 **안전보건관리담당자를 1명 이상 선임**하여야 한다.

상시근로자 20명 이상 50명 미만에서 안전보건관리담당자를 선임하여야 하는 사업
① 제조업 ② 임업 ③ 하수, 폐수 및 분뇨 처리업 ④ 폐기물 수집, 운반, 처리 및 원료 재생업 ⑤ 환경 정화 및 복원업

특급암기법
제임! – 재 임용하자
하 · 폐수, 분뇨 폐기하고 원료 재생하여 환경 정화 · 복원 담당자(안전보건관리담당자)

4) **안전보건관리담당자는** 안전보건관리 업무에 지장이 없는 범위에서 **다른 업무를 겸할 수 있다**.

안전보건관리담당자의 요건
해당 사업장 소속 근로자로서 다음 각 호의 어느 하나에 해당하는 요건을 갖추어야 한다. 1. 안전관리자의 자격을 갖추었을 것 2. 보건관리자의 자격을 갖추었을 것 3. 고용노동부장관이 정하여 고시하는 안전보건교육을 이수했을 것

(5) 관리감독자

1) 사업주는 **사업장의 생산과 관련되는 업무와 그 소속 직원을 직접 지휘·감독하는 직위에 있는 사람**("관리감독자")에게 산업안전 및 보건에 관한 업무로서 대통령령으로 정하는 업무를 수행하도록 하여야 한다.

2) 관리감독자가 있는 경우에는 「건설기술 진흥법」에 따른 안전관리책임자 및 안전관리담당자를 각각 둔 것으로 본다.

(6) 산업보건의

산업보건의를 두어야 할 사업의 종류 및 규모는 **상시 근로자 50명 이상을 사용하는 사업으로서 의사가 아닌 보건관리자를 두는 사업장**으로 한다. 다만, 보건관리대행기관에 보건관리자의 업무를 위탁한 경우에는 산업보건의를 두지 않을 수 있다.

(7) 안전보건총괄책임자

1) **도급인은 관계수급인 근로자가 도급인의 사업장에서 작업을 하는 경우**에는 그 사업장의 **안전보건관리책임자를 도급인의 근로자와 관계수급인 근로자의 산업재해를 예방하기 위한 업무를 총괄하여 관리하는 안전보건총괄책임자로 지정**하여야 한다. 이 경우 **안전보건관리책임자를 두지 아니하여도 되는 사업장**에서는 그 사업장에서 **사업을 총괄하여 관리하는 사람을 안전보건총괄책임자로 지정**하여야 한다.

> **안전보건총괄책임자 지정대상 사업 ★★★**
> ① 관계수급인에게 고용된 근로자를 포함한 상시 근로자가 100명(선박 및 보트 건조업, 1차 금속 제조업 및 토사석 광업의 경우에는 50명) 이상인 사업
> ② 관계수급인의 공사금액을 포함한 해당 공사의 총 공사금액이 20억 원 이상인 건설업

2) 안전보건총괄책임자를 지정한 경우에는 「건설기술 진흥법」에 따른 안전총괄책임자를 둔 것으로 본다.

(8) 안전보건조정자

1) **2개 이상의 건설공사를 도급**한 건설공사 발주자는 그 **2개 이상의 건설공사가 같은 장소에서 행해지는 경우에 작업의 혼재로 인하여** 발생할 수 있는 산업재해를 예방하기 위하여 건설공사 현장에 **안전보건조정자를 두어야 한다.**

2) 안전보건조정자를 두어야 하는 건설공사는 **각 건설공사의 금액의 합이 50억 원 이상인 경우**를 말한다.

> **참고**
>
> 🪖 **안전보건조정자의 자격요건**
>
> 1. 산업안전지도사
> 2. 「건설기술 진흥법」에 따른 발주청이 발주하는 건설공사인 경우 **발주청에 따라 선임한 공사감독자**
> 3. 다음 각 목의 어느 하나에 해당하는 사람으로서 해당 건설공사 중 **주된 공사의 책임감리자**
>   가. 「건축법」에 따른 **공사감리자**
>   나. 「건설기술 진흥법」에 따른 **감리 업무를 수행하는 자**
>   다. 「주택법」에 따라 지정된 **감리자**
>   라. 「전력기술관리법」에 따라 배치된 **감리원**
>   마. 「정보통신공사업법」에 따라 해당 건설공사에 대하여 **감리업무를 수행하는 자**
> 4. 「건설산업기본법」에 따른 종합공사에 해당하는 건설현장에서 **안전보건관리책임자**로서 3년 이상 재직한 사람
> 5. 「국가기술자격법」에 따른 **건설안전기술사**
> 6. 「국가기술자격법」에 따른 **건설안전기사**를 취득한 후 건설안전 분야에서 **5년 이상의 실무경력이 있는 사람**
> 7. 「국가기술자격법」에 따른 **건설안전산업기사**를 취득한 후 건설안전 분야에서 **7년 이상의 실무경력이 있는 사람**

3) 안전보건조정자를 두어야 하는 건설공사발주자는 **분리하여 발주되는 공사의 착공일 전날까지 안전보건조정자를 지정하거나 선임**하여 각각의 공사 도급인에게 그 사실을 알려야 한다.

(9) 산업안전보건위원회의 설치 대상 ★★

1) 사업주는 산업안전·보건에 관한 중요 사항을 심의·의결하기 위하여 **근로자와 사용자가 같은 수로 구성되는 산업안전보건위원회를 설치·운영**하여야 한다.

2) 산업안전보건위원회를 설치·운영해야 할 사업의 종류 및 규모

참고

♦ 산업안전보건위원회를 설치·운영해야 할 사업의 종류 및 규모

사업의 종류	규모
1. 토사석 광업 2. 목재 및 나무제품 제조업 ; 가구 제외 3. 화학물질 및 화학제품 제조업 ; 의약품 제외(세제, 화장품 및 광택제 제조업과 화학섬유 제조업은 제외한다) 4. 비금속 광물제품 제조업 5. 1차 금속 제조업 6. 금속가공제품 제조업 ; 기계 및 가구 제외 7. 자동차 및 트레일러 제조업 8. 기타 기계 및 장비 제조업 　(사무용 기계 및 장비 제조업은 제외한다) 9. 기타 운송장비 제조업(전투용 차량 제조업은 제외한다)	상시근로자 50명 이상

특급암기법
토사석 광업에서 캔 **1차금속**으로 **금속가공제품, 비금속 광물제품** 제조하여 **나무, 화학물질** 섞어서 **기계장비, 자동차 트레일러** 만들어 **운송장비 위원회**(산업안전보건위원회) 열자. ★★★

10. 농업 11. 어업 12. 소프트웨어 개발 및 공급업 13. 컴퓨터 프로그래밍, 시스템 통합 및 관리업 13의 2. 영상·오디오물 제공 서비스업 14. 정보서비스업 15. 금융 및 보험업 16. 임대업 ; 부동산 제외 17. 전문, 과학 및 기술 서비스업 (연구개발업은 제외한다) 18. 사업지원 서비스업 19. 사회복지 서비스업	상시 근로자 300명 이상
20. 건설업	공사금액 120억 원 이상 (토목공사업 : 150억 원 이상)
21. 제 1호부터 제 20호까지의 사업을 제외한 사업	상시 근로자 100명 이상

한 눈에 들어오는 키워드

참고
명예산업안전감독관
고용노동부장관은 산업재해 예방활동에 대한 참여와 지원을 촉진하기 위하여 근로자, 근로자단체, 사업주단체 및 산업재해 예방 관련 전문단체에 소속된 자 중에서 명예산업안전감독관을 위촉할 수 있다.

◉ 기출★
명예산업안전감독관위촉대상
1. 산업안전보건위원회 또는 노사협의체 설치 대상 사업의 근로자 중에서 근로자대표가 사업주의 의견을 들어 추천하는 사람
2. 「노동조합 및 노동관계조정법」에 따른 연합단체인 노동조합 또는 그 지역 대표기구에 소속된 임직원 중에서 해당 연합단체인 노동조합 또는 그 지역대표기구가 추천하는 사람
3. 전국 규모의 사업주단체 또는 그 산하조직에 소속된 임직원 중에서 해당 단체 또는 그 산하조직이 추천하는 사람
4. 산업재해 예방 관련 업무를 하는 단체 또는 그 산하조직에 소속된 임직원 중에서 해당 단체 또는 그 산하조직이 추천하는 사람

◉ 기출★
명예산업안전감독관의 해촉
① 근로자대표가 사업주의 의견을 들어 위촉된 명예산업안전감독관의 해촉을 요청한 경우
② 위촉된 명예산업안전감독관이 해당 단체 또는 그 산하조직으로부터 퇴직하거나 해임된 경우
③ 명예산업안전감독관의 업무와 관련하여 부정한 행위를 한 경우
④ 질병이나 부상 등의 사유로 명예산업안전감독관의 업무 수행이 곤란하게 된 경우

한 눈에 들어오는 키워드

참고

명예산업안전감독관의 업무
- 사업장에서 하는 자체점검 참여 및 근로감독관이 하는 사업장 감독 참여
- 사업장 산업재해 예방계획 수립 참여 및 사업장에서 하는 기계·기구 자체검사 참석
- 법령을 위반한 사실이 있는 경우 사업주에 대한 개선 요청 및 감독기관에의 신고
- 산업재해 발생의 급박한 위험이 있는 경우 사업주에 대한 작업중지 요청
- 작업환경측정, 근로자 건강진단 시의 참석 및 그 결과에 대한 설명회 참여
- 직업성 질환의 증상이 있거나 질병에 걸린 근로자가 여럿 발생한 경우 사업주에 대한 임시 건강진단 실시 요청
- 근로자에 대한 안전수칙 준수 지도
- 법령 및 산업재해 예방정책 개선 건의
- 안전·보건 의식을 북돋우기 위한 활동 등에 대한 참여와 지원
- 그 밖에 산업재해 예방에 대한 홍보 등 산업재해 예방업무와 관련하여 고용노동부장관이 정하는 업무

* 명예산업안전감독관 임기 : 2년으로 하되, 연임할 수 있다.

3) 산업안전보건위원회의 구성 ★★★

근로자위원	① 근로자대표 ② 근로자대표가 지명하는 1명 이상의 명예산업안전감독관 ③ 근로자대표가 지명하는 9명 이내의 해당사업장의 근로자
사용자위원	① 해당 사업의 대표자 ② 안전관리자 1명 ③ 보건관리자 1명 ④ 산업보건의 ⑤ 사업의 대표자가 지명하는 9명 이내의 해당 사업장 부서의 장

4) 건설공사도급인이 안전·보건에 관한 협의체를 구성한 경우에는 해당 협의체에 다음 각 호의 사람을 포함한 산업안전보건위원회를 구성할 수 있다.

① **근로자위원** : 도급 또는 하도급 사업을 포함한 전체 사업의 근로자대표, 명예산업안전감독관 및 근로자대표가 지명하는 해당 사업장의 근로자
② **사용자위원** : 도급인 대표자, 관계수급인의 각 대표자 및 안전관리자

5) 회의 등

① 산업안전보건위원회의 회의는 정기회의와 임시회의로 구분하되, **정기회의는 분기마다** 위원장이 소집하며, 임시회의는 위원장이 필요하다고 인정할 때에 소집한다. ★
② 산업안전보건위원회는 다음 각 호의 사항을 기록한 **회의록을 작성**하여 갖춰 두어야 한다.
  ㉠ **개최 일시 및 장소**
  ㉡ **출석위원**
  ㉢ **심의 내용 및 의결·결정 사항**
  ㉣ 그 밖의 토의사항

6) 산업안전보건위원회의 심의·의결 사항 ★★★

① **산업재해 예방계획의 수립**에 관한 사항
② **안전보건관리규정의 작성 및 변경**에 관한 사항
③ **근로자의 안전·보건교육**에 관한 사항
④ 작업환경측정 등 **작업환경의 점검 및 개선**에 관한 사항
⑤ 근로자의 건강진단 등 **건강관리**에 관한 사항
⑥ **중대재해의 원인 조사 및 재발 방지대책 수립**에 관한 사항
⑦ **산업재해에 관한 통계의 기록 및 유지**에 관한 사항

⑧ 유해하거나 위험한 기계·기구·설비를 도입한 경우 안전·보건조치에 관한 사항
⑨ 그 밖에 해당 사업장 근로자의 안전 및 보건을 유지·증진시키기 위하여 필요한 사항

(10) 노사협의체

1) 노사협의체의 설치 대상 ★★

공사금액이 120억 원(「건설산업기본법 시행령」 별표 1에 따른 토목공사업은 150억 원) **이상인 건설업**을 말한다.(도급사업의 경우)

2) 노사협의체의 구성 ★★★

근로자위원	1. 도급 또는 하도급 사업을 포함한 전체 사업의 근로자대표 2. 근로자대표가 지명하는 명예산업안전감독관 1명(다만, 명예산업안전감독관이 위촉되어 있지 아니한 경우에는 근로자대표가 지명하는 해당 사업장 근로자 1명) 3. 공사금액이 20억 원 이상인 공사의 관계수급인의 근로자대표
사용자위원	1. 도급 또는 하도급 사업을 포함한 전체 사업의 대표자 2. 안전관리자 1명 3. 보건관리자 1명(보건관리자 선임대상 건설업으로 한정) 4. 공사금액이 20억 원 이상인 공사의 관계수급인의 사업주

3) 노사협의체의 운영 등 ★

노사협의체의 회의는 정기회의와 임시회의로 구분하되, **정기회의는 2개월마다** 노사협의체의 위원장이 소집하며, 임시회의는 위원장이 필요하다고 인정할 때에 소집한다.

4) 노사협의체 협의사항

① 산업재해 예방방법 및 산업재해가 발생한 경우의 대피방법
② 작업의 시작시간 및 작업장 간의 연락방법
③ 그 밖의 산업재해 예방과 관련된 사항

한 눈에 들어오는 키워드

참고

노사협의체
- 사업주는 근로자와 사용자가 같은 수로 구성되는 안전·보건에 관한 노사협의체를 구성·운영할 수 있다.
- 사업주가 노사협의체를 구성·운영하는 경우에는 산업안전보건위원회 및 안전·보건에 관한 협의체를 각각 설치·운영하는 것으로 본다.

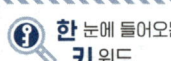

[비교 ★]
산업안전보건위원회의 심의·의결 사항
① 산업재해 예방계획의 수립에 관한 사항
② 안전보건관리규정의 작성 및 변경에 관한 사항
③ 근로자의 안전·보건교육에 관한 사항
④ 작업환경측정 등 작업환경의 점검 및 개선에 관한 사항
⑤ 근로자의 건강진단 등 건강관리에 관한 사항
⑥ 중대재해의 원인 조사 및 재발 방지대책 수립에 관한 사항
⑦ 산업재해에 관한 통계의 기록 및 유지에 관한 사항
⑧ 유해하거나 위험한 기계·기구·설비를 도입한 경우 안전·보건 조치에 관한 사항
⑨ 그 밖에 해당 사업장 근로자의 안전 및 보건을 유지·증진시키기 위하여 필요한 사항

5) 노사협의체의 심의·의결 사항 ★★

① **산업재해 예방계획의 수립**에 관한 사항
② **안전보건관리규정의 작성 및 변경**에 관한 사항
③ **근로자의 안전·보건교육**에 관한 사항
④ 작업환경측정 등 **작업환경의 점검 및 개선**에 관한 사항
⑤ **근로자의 건강진단 등 건강관리**에 관한 사항
⑥ **중대재해의 원인 조사 및 재발 방지대책 수립**에 관한 사항
⑦ **산업재해에 관한 통계의 기록 및 유지**에 관한 사항
⑧ **유해하거나 위험한 기계·기구·설비를 도입한 경우 안전·보건조치**에 관한 사항
⑨ 그 밖에 해당 사업장 근로자의 안전 및 보건을 유지·증진시키기위하여 필요한 사항

(11) 도급사업 시의 안전·보건조치 ★

1) 유해한 작업의 도급금지

사업주는 근로자의 안전 및 보건에 유해하거나 위험한 작업으로서 **다음 각 호의 어느 하나에 해당하는 작업을 도급하여 자신의 사업장에서 수급인의 근로자가 그 작업을 하도록 해서는 아니 된다.**

작업을 도급하여 자신의 사업장에서 수급인의 근로자가 작업을 하도록 해서는 아니 되는 작업(도급금지 작업) ★

① **도금작업**
② **수은, 납 또는 카드뮴을 제련, 주입, 가공 및 가열하는 작업**
③ **허가대상물질을 제조하거나 사용하는 작업**

특급암기법
도금(도급금지) 수(수은) 납하는 카드(카드뮴)는 허가받아 제조(허가대상물질 제조)

2) 도급의 승인

사업주는 자신의 사업장에서 안전 및 보건에 유해하거나 위험한 작업 중 **급성 독성, 피부 부식성 등이 있는 물질의 취급** 등 대통령령으로 정하는 **작업을 도급하려는 경우에는 고용노동부장관의 승인을 받아야 한다. 이 경우** 사업주는 고용노동부령으로 정하는 바에 따라 **안전 및 보건에 관한 평가를 받아야 한다.**

도급승인 대상 작업

1. 중량비율 1퍼센트 이상의 황산, 불화수소, 질산 또는 염화수소를 취급하는 설비를 개조·분해·해체·철거하는 작업 또는 해당 설비의 내부에서 이루어지는 작업. 다만, 도급인이 해당 화학물질을 모두 제거한 후 증명자료를 첨부하여 고용노동부장관에게 신고한 경우는 제외한다.
2. 그 밖에 따른 산업재해보상보험 및 예방심의위원회의 심의를 거쳐 고용노동부장관이 정하는 작업

3) 도급에 따른 산업재해 예방조치

① 도급인은 관계수급인 근로자가 도급인의 사업장에서 작업을 하는 경우 다음 각 호의 사항을 이행하여야 한다.
② **도급인**은 고용노동부령으로 정하는 바에 따라 **자신의 근로자 및 관계수급인 근로자와 함께 정기적으로 또는 수시로 작업장의 안전 및 보건에 관한 점검**을 하여야 한다.

점검반의 구성 ★

1. **도급인**(같은 사업 내에 지역을 달리하는 사업장이 있는 경우에는 그 사업장의 안전보건관리책임자)
2. **관계수급인**(같은 사업 내에 지역을 달리하는 사업장이 있는 경우에는 그 사업장의 안전보건관리책임자)
3. **도급인 및 관계수급인의 근로자 각 1명**(관계수급인의 근로자의 경우에는 해당 공정만 해당한다)

도급사업의 합동 안전·보건점검의 횟수 ★

1. 다음 각 목의 사업의 경우 : **2개월에 1회 이상**
   가. **건설업**
   나. **선박 및 보트 건조업**
2. 그 밖의 사업 : **분기에 1회 이상**

참고

🔹 관계수급인 근로자가 도급인의 사업장에서 작업을 하는 경우 도급인의 조치사항 ★

1. **도급인과 수급인을 구성원으로 하는 안전 및 보건에 관한 협의체의 구성 및 운영**
   - 협의체는 **도급인인 사업주 및 그의 수급인인 사업주 전원으로 구성**하여야 한다.
   - 협의체의 **협의사항**
     - **작업의 시작시간**
     - 작업 또는 **작업장 간의 연락방법**
     - 재해발생 **위험 시의 대피방법**
     - 작업장에서의 **위험성평가의 실시**에 관한 사항
     - 사업주와 수급인 또는 **수급인 상호 간의 연락 방법 및 작업공정의 조정**
   - 협의체는 **매월 1회 이상** 정기적으로 **회의를 개최**하고 그 결과를 기록·보존하여야 한다.

 한 눈에 들어오는 **키** 워드

참고

① 사업주는 고용노동부장관의 도급 작업에 대한 승인을 받으려는 경우에는 고용노동부령으로 정하는 바에 따라 고용노동부장관이 실시하는 안전 및 보건에 관한 평가를 받아야 한다.
② 고용노동부장관에 따른 승인의 유효기간은 3년의 범위에서 정한다.
③ 고용노동부장관은 유효기간이 만료되는 경우에 사업주가 유효기간의 연장을 신청하면 승인의 유효기간이 만료되는 날의 다음 날부터 3년의 범위에서 고용노동부령으로 정하는 바에 따라 그 기간의 연장을 승인할 수 있다. 이 경우 사업주는 안전 및 보건에 관한 평가를 받아야 한다.
④ 사업주는 도급공정, 도급공정 사용 최대 유해화학 물질량, 도급기간(3년 미만으로 승인 받은 자가 승인일부터 3년 내에서 연장하는 경우만 해당한다)을 변경하려는 경우에는 고용노동부령으로 정하는 바에 따라 변경에 대한 승인을 받아야 한다.

한눈에 들어오는 키워드

2. 작업장 순회점검 ★

2일에 1회 이상	① 건설업 ② 제조업 ③ 토사석 광업 ④ 서적, 잡지 및 기타 인쇄물 출판업 ⑤ 음악 및 기타 오디오물 출판업 ⑥ 금속 및 비금속 원료 재생업
1주일에 1회 이상	그 밖의 사업

3. 관계수급인이 근로자에게 하는 안전보건교육을 위한 장소 및 자료의 제공 등 지원
4. 관계수급인이 근로자에게 하는 안전보건교육의 실시 확인
5. 다음 각 목의 어느 하나의 경우에 대비한 경보체계 운영과 대피방법 등 훈련

경보체계의 운영 및 대피방법 등을 훈련하여야 하는 경우
① 작업 장소에서 **발파작업**을 하는 경우
② 작업 장소에서 **화재·폭발, 토사·구축물 등의 붕괴 또는 지진 등이 발생**한 경우

6. 수급인에게 위생시설 등 고용노동부령으로 정하는 시설의 설치 등을 위하여 필요한 장소의 제공 또는 도급인이 설치한 위생시설 이용의 협조

수급인에게 필요한 장소의 제공 및 이용을 협조하여야 하는 위생시설
① 휴게시설   ② 세면·목욕시설
③ 세탁시설   ④ 탈의시설
⑤ 수면시설

7. 같은 장소에서 이루어지는 도급인과 관계수급인 등의 작업에 있어서 관계수급인 등의 작업시기·내용, 안전조치 및 보건조치 등의 확인

8. 관계수급인 등의 작업 혼재로 인하여 **화재·폭발 등 대통령령으로 정하는 위험**이 발생할 우려가 있는 경우 관계수급인 등의 작업시기·내용 등의 조정

"화재·폭발 등 대통령령으로 정하는 위험이 발생할 우려가 있는 경우"란 다음 각 호의 경우를 말한다.
① 화재·폭발이 발생할 우려가 있는 경우
② 동력으로 작동하는 기계·설비 등에 끼일 우려가 있는 경우
③ 차량계 하역운반기계, 건설기계, 양중기(揚重機) 등 동력으로 작동하는 기계와 충돌할 우려가 있는 경우
④ 근로자가 추락할 우려가 있는 경우
⑤ 물체가 떨어지거나 날아올 우려가 있는 경우
⑥ 기계·기구 등이 넘어지거나 무너질 우려가 있는 경우
⑦ 토사·구축물·인공구조물 등이 붕괴될 우려가 있는 경우
⑧ 산소 결핍이나 유해가스로 질식이나 중독의 우려가 있는 경우

한 눈에 들어오는 키워드

꼭!꼭!꼭! 암기합시다!

🔧 선임대상 ★★

안전관리자 (전담)	① 상시근로자 **300인 이상** 사업장 ② 건설업 : 공사금액 **120억 원**(토목공사 : **150억 원**) 이상인 사업장
산업안전 보건위원회	① 상시근로자 **50인 이상** 사업장부터 ② 건설업 : 공사금액 **120억 원**(토목공사 : **150억 원**) 이상인 사업장
노사협의체	공사금액 **120억 원**(토목공사 : **150억 원**) 이상인 건설업(도급사업의 경우)
안전보건 관리책임자	① 상시근로자 **50인 이상** 사업장부터 ② 총공사금액 **20억 원 이상**인 건설업
안전보건 총괄책임자	① 관계수급인 포함 상시근로자 100명 이상(선박 및 보트 건조업, 1차 금속 제조업 및 토사석 광업 50명)인 사업 ② 관계수급인 포함 공사금액 20억원 이상인 건설업
안전보건 관리담당자	상시근로자 20명 이상 50명 미만인 사업장 1. 제조업, 2. 임업, 3. 하수, 폐수 및 분뇨 처리업 4. 폐기물 수집, 운반, 처리 및 원료 재생업 5. 환경 정화 및 복원업 **특급암기법** 제임! – 재 임용하자. 하·폐수, 분뇨 폐기하고 원료 재생하여 환경 정화·복원 담당자(안전보건관리담당자)
안전보건 조정자	각 건설공사의 금액의 합이 **50억 원 이상**인 경우로서 **2개 이상**의 건설 공사가 같은 장소에서 행해지는 경우

🔧 산업안전보건위원회와 노사협의체 ★★★

구성		운영	
산업안전 보건위원회	노사협의체	산업안전 보건위원회	노사협의체
1. 근로자 위원 ① 근로자대표 ② 근로자대표가 지명하는 1명 이상의 명예산업안전감독관 ③ 근로자대표가 지명하는 9명 이내의 해당 사업장의 근로자	1. 근로자 위원 ① 도급 또는 하도급 사업을 포함한 전체 사업의 근로자대표 ② 근로자대표가 지명하는 명예산업안전 감독관 1명(다만, 명예산업안전감독관이 위촉되어 있지 아니한 경우에는 근로자대표가 지명하는 해당 사업장 근로자 1명)	1. 정기회의 : 분기마다 2. 임시회의 : 위원장이 필요하다 인정할 때	1. 정기회의 : 2개월 마다 2. 임시회의 : 위원장이 필요하다 인정할 때

한 눈에 들어오는 키워드

참고

관리감독자
- 경영조직에서 생산과 관련되는 업무와 그 소속 직원을 직접 지휘·감독하는 부서의 장 또는 그 직위를 담당하는 자를 말한다.
- 사업주는 관리감독자로 하여금 직무와 관련된 안전·보건에 관한 업무로서 안전·보건 점검 등을 수행하도록 하여야 한다. 다만, 위험 방지가 특히 필요한 작업으로서 대통령령으로 정하는 작업에 대하여는 소속 직원에 대한 특별교육 등 안전·보건에 관한 업무를 추가로 수행하도록 하여야 한다.

참고

1. **안전보건관리책임자**
   - 사업장을 실질적으로 총괄하여 관리하는 사람
   - 안전관리자와 보건관리자를 지휘·감독한다.
2. **안전관리자**
   사업장에서 안전에 관한 기술적인 사항에 관하여 사업주 또는 안전보건관리책임자를 보좌하고 관리감독자에게 지도·조언하는 업무를 수행하는 사람
3. **보건관리자**
   보건에 관한 기술적인 사항에 관하여 사업주 또는 안전보건관리책임자를 보좌하고 관리감독자에게 지도·조언하는 업무를 수행하는 사람
4. **안전보건관리담당자**
   사업장에 안전 및 보건에 관하여 사업주를 보좌하고 관리감독자에게 지도·조언하는 업무를 수행 하는 사람
5. **산업보건의**
   근로자의 건강관리나 그밖에 보건관리자의 업무를 지도

---

2. 사용자 위원 ① 해당 사업의 대표자 ② 안전관리자 1명 ③ 보건관리자 1명 ④ 산업보건의 ⑤ 사업의 대표자가 지명하는 9명 이내의 해당 사업장 부서의 장	③ 공사금액이 20억 원 이상인 공사의 관계수급인의 근로자대표 2. 사용자 위원 ① 도급 또는 하도급 사업을 포함한 전체 사업의 대표자 ② 안전관리자 1명 ③ 보건관리자 1명(보건관리자 선임대상 건설업으로 한정) ④ 공사금액이 20억 원 이상인 공사의 관계수급인의 사업주

서류보존기한[산업안전보건위원회 및 노사협의체에 따른 회의록 : 2년]

3 안전보건 조직의 안전직무

(1) 사업주의 안전 직무

① **산업재해 예방을 위한 기준을 따를 것**
② 근로자의 신체적 피로와 정신적 스트레스 등을 줄일 수 있는 **쾌적한 작업환경을 조성**하고 **근로조건을 개선**
③ 해당 사업장의 **안전·보건에 관한 정보를 근로자에게 제공**

(2) 안전보건총괄책임자의 직무 ★★★

① 산업재해가 발생할 급박한 위험이 있을 때 및 중대재해가 발생하였을 때의 **작업의 중지**
② **도급 시 산업재해 예방조치**
③ 산업안전보건관리비의 관계수급인 간의 사용에 관한 **협의·조정 및 그 집행의 감독**
④ **안전인증대상 기계 등**과 자율안전확인대상 기계 등의 **사용 여부 확인**
⑤ **위험성평가의 실시**에 관한 사항

(3) 안전보건관리책임자 직무 ★★★

① 산업재해 예방계획의 수립에 관한 사항
② 안전보건관리규정의 작성 및 변경에 관한 사항
③ 근로자의 안전 · 보건교육에 관한 사항
④ 작업환경 측정 등 작업환경의 점검 및 개선에 관한 사항
⑤ 근로자의 건강진단 등 건강관리에 관한 사항
⑥ 산업재해의 원인 조사 및 재발 방지대책 수립에 관한 사항
⑦ 산업재해에 관한 통계의 기록 및 유지에 관한 사항
⑧ 안전장치 및 보호구 구입 시 적격품 여부 확인에 관한 사항
⑨ 위험성평가의 실시에 관한 사항
⑩ 근로자의 위험 또는 건강장해의 방지에 관한 사항

(4) 안전관리자 직무 ★★★

① 사업장 안전교육계획의 수립 및 안전교육 실시에 관한 보좌 및 조언 · 지도
② 사업장 순회점검 · 지도 및 조치의 건의
③ 산업재해 발생의 원인 조사 · 분석 및 재발 방지를 위한 기술적 보좌 및 조언 · 지도
④ 산업재해에 관한 통계의 유지 · 관리 · 분석을 위한 보좌 및 조언 · 지도
⑤ 안전인증대상 기계 · 기구 등과 자율안전확인대상 기계 · 기구 등 구입 시 적격품의 선정에 관한 보좌 및 조언 · 지도
⑥ 위험성평가에 관한 보좌 및 조언 · 지도
⑦ 안전에 관한 사항의 이행에 관한 보좌 및 조언 · 지도
⑧ 산업안전보건위원회 또는 노사협의체, 안전보건관리규정 및 취업규칙에서 정한 직무
⑨ 업무수행 내용의 기록 · 유지
⑩ 그 밖에 안전에 관한 사항으로서 노동부장관이 정하는 사항

(5) 안전보건관리 담당자의 업무 ★★★

① 안전 · 보건교육 실시에 관한 보좌 및 조언 · 지도
② 위험성평가에 관한 보좌 및 조언 · 지도
③ 작업환경측정 및 개선에 관한 보좌 및 조언 · 지도
④ 건강진단에 관한 보좌 및 조언 · 지도
⑤ 산업재해 발생의 원인 조사, 산업재해 통계의 기록 및 유지를 위한 보좌 및 조언 · 지도
⑥ 산업안전 · 보건과 관련된 안전장치 및 보호구 구입 시 적격품 선정에 관한 보좌 및 조언 · 지도

> **한** 눈에 들어오는 **키** 워드

참고

산업보건의의 직무
1. 건강진단 결과의 검토 및 그 결과에 따른 작업 배치, 작업 전환 또는 근로시간의 단축 등 근로자의 건강보호 조치
2. 근로자의 건강장해의 원인 조사와 재발 방지를 위한 의학적 조치
3. 그 밖에 근로자의 건강 유지 및 증진을 위하여 필요한 의학적 조치에 관하여 고용노동부장관이 정하는 사항

보건관리자의 업무
1. 산업안전보건위원회에서 심의 · 의결한 업무와 안전보건관리규정 및 취업규칙에서 정한 업무
2. 안전인증대상 기계 · 기구 등과 자율안전확인 대상 기계 · 기구 등 중 보건과 관련된 보호구(보호具) 구입 시 적격품 선정에 관한 보좌 및 조언 · 지도
3. 물질안전보건자료의 게시 또는 비치에 관한 보좌 및 조언 · 지도
4. 위험성평가에 관한 보좌 및 조언 · 지도
5. 산업보건의의 직무(보건관리자가 "의사"인 경우로 한정한다)
6. 해당 사업장 보건교육계획의 수립 및 보건교육 실시에 관한 보좌 및 조언 · 지도
7. 해당 사업장의 근로자를 보호하기 위한 다음 각 목의 조치에 해당하는 의료행위(보건관리자가 "의사", "간호사"에 해당하는 경우로 한정한다)
 가. 외상 등 흔히 볼 수 있는 환자의 치료
 나. 응급처치가 필요한 사람에 대한 처치. 부상 · 질병의 악화를 방지하기 위한 처치
 다. 건강진단 결과 발견된 질병자의 요양지도 및 관리
 라. 가목부터 라목까지의 의료행위에 따르는 의약품의 투여

한눈에 들어오는 키워드

8. 작업장 내에서 사용되는 전체 환기장치 및 국소 배기장치 등에 관한 설비의 점검과 작업방법의 공학적 개선에 관한 보좌 및 조언·지도
9. 사업장 순회점검·지도 및 조치의 건의
10. 산업재해 발생의 원인 조사·분석 및 재발 방지를 위한 기술적 보좌 및 조언·지도
11. 산업재해에 관한 통계의 유지·관리·분석을 위한 보좌 및 조언·지도
12. 법 또는 법에 따른 명령으로 정한 보건에 관한 사항의 이행에 관한 보좌 및 조언·지도
13. 업무수행 내용의 기록·유지
14. 그 밖에 작업관리 및 작업환경관리에 관한 사항

(6) 관리감독자 직무 ★★★

① 기계·기구 또는 설비의 안전·보건 점검 및 이상 유무의 확인
② 근로자의 **작업복·보호구 및 방호장치의 점검과 그 착용·사용에 관한 교육·지도**
③ **산업재해에 관한 보고 및 이에 대한 응급조치**
④ **작업장 정리·정돈 및 통로확보에 대한 확인·감독**
⑤ **산업보건의, 안전관리자**(안전관리전문기관의 해당 사업장 담당자) **및 보건관리자**(보건관리전문기관의 해당 사업장 담당자), **안전보건관리담당자**(안전관리전문기관 또는 보건관리전문기관의 해당 사업장 담당자)**의 지도·조언에 대한 협조**
⑥ 위험성평가를 위한 유해·위험요인의 파악 및 개선조치의 시행에 대한 참여
⑦ 그 밖에 해당 작업의 안전·보건에 관한 사항으로서 고용노동부령으로 정하는 사항

(7) 안전보건조정자의 업무 ★★

① 같은 장소에서 행하여지는 **각각의 공사 간에 혼재된 작업의 파악**
② 혼재된 작업으로 인한 **산업재해 발생의 위험성 파악**
③ 혼재된 작업으로 인한 **산업재해를 예방하기 위한 작업의 시기·내용 및 안전보건 조치 등의 조정**
④ 각각의 공사 **도급인의 안전보건관리책임자 간 작업 내용에 관한 정보 공유 여부의 확인**

(8) 산업안전 지도사 및 산업보건 지도사의 직무

① **산업안전 지도사의 직무**
- 공정상의 안전에 관한 평가·지도
- 유해·위험의 방지대책에 관한 평가·지도
- 공정상의 안전 및 유해·위험의 방지대책과 관련된 계획서 및 보고서의 작성
- 안전보건개선계획서의 작성
- 위험성 평가의 지도
- 그 밖에 산업안전에 관한 사항의 자문에 대한 응답 및 조언

② **산업보건 지도사의 직무**
- 작업환경의 평가 및 개선 지도
- 작업환경 개선과 관련된 계획서 및 보고서의 작성
- 산업 보건에 관한 조사·연구
- 안전보건개선계획서의 작성

- 위험성 평가의 지도
- 직업성 질병 진단(의사인 산업 보건지도사만 해당) 및 예방 지도
- 그 밖에 산업보건에 관한 사항의 자문에 대한 응답 및 조언

(9) 근로자의 안전 직무

근로자는 법과 **법에 따른 명령으로 정하는 산업재해 예방을 위한 기준을 지켜야** 하며, 사업주 또는 근로감독관, 공단 등 **관계인이 실시하는 산업재해 예방에 관한 조치에 따라야** 한다.

> 🔍 **한** 눈에 들어오는 **키** 워드

🔵 비교합시다

산업안전보건위원회 심의 의결사항과 안전보건관리책임자 직무는 거의 유사합니다. 차이점만 비교하여 정리하세요!

산업안전 보건위원 회의 (노사협의체) 심의 · 의결사항 ★★★	① 산업재해 예방계획의 수립에 관한 사항 ② 안전보건관리규정의 작성 및 변경에 관한 사항 ③ 근로자의 안전 · 보건교육에 관한 사항 ④ 작업환경측정 등 **작업환경의 점검 및 개선**에 관한 사항 ⑤ 근로자의 건강진단 등 **건강관리**에 관한 사항 ⑥ **중대재해의 원인 조사 및 재발 방지대책 수립**에 관한 사항★ ⑦ **산업재해에 관한 통계의 기록 및 유지**에 관한 사항★ ⑧ 유해하거나 위험한 기계 · 기구 · 설비를 도입한 경우 안전 · 보건 조치에 관한 사항 ⑨ 그 밖에 해당 사업장 근로자의 안전 및 보건을 유지 · 증진시키기 위하여 필요한 사항
안전보건 관리책임자 직무 ★★★	① 산업재해 예방계획의 수립에 관한 사항 ② 안전보건관리규정의 작성 및 변경에 관한 사항 ③ 근로자의 안전 · 보건교육에 관한 사항 ④ 작업환경 측정 등 작업환경의 점검 및 개선에 관한 사항 ⑤ 근로자의 건강진단 등 건강관리에 관한 사항 ⑥ 산업재해의 원인 조사 및 재발 방지대책 수립에 관한 사항 ⑦ 산업재해에 관한 통계의 기록 및 유지에 관한 사항 ⑧ 안전장치 및 보호구 구입 시 적격품 여부 확인에 관한 사항 ⑨ 위험성평가의 실시에 관한 사항 ⑩ 근로자의 위험 또는 건강장해의 방지에 관한 사항

🔵 차이점
산업안전보건위원회 심의·의결사항과 안전보건관리책임자 직무 차이점
- 산업안전보건위원회 : 중대재해 원인 조사, 유해 · 위험기구 도입 시 안전 · 보건 조치
- 안전보건관리책임자 : 재해 원인 조사, 안전장치 · 보호구 구입 시 적격품 확인

4 안전보건관리규정의 작성

(1) 안전보건관리규정의 작성 등 ★★

1) 안전보건관리규정을 작성하여야 할 사업은 **상시 근로자 100명 이상을 사용하는 사업**으로 한다.

> 참고
>
> **안전보건관리규정을 작성하여야 할 사업의 종류 및 규모**
>
> | 사업의 종류 | 규모 |
> |---|---|
> | 1. 농업
2. 어업
3. 소프트웨어 개발 및 공급업
4. 컴퓨터 프로그래밍, 시스템 통합 및 관리업
4의 2. 영상 · 오디오물 제공 서비스업
5. 정보서비스업
6. 금융 및 보험업
7. 임대업 ; 부동산 제외
8. 전문, 과학 및 기술 서비스업(연구개발업은 제외한다)
9. 사업지원 서비스업
10. 사회복지 서비스업 | 상시 근로자 300명 이상을 사용하는 사업장 |
> | 11. 제1호부터 제4호까지, 제4호의 2 및 제5호부터 제10호까지의 사업을 제외한 사업 | 상시 근로자 100명 이상을 사용하는 사업장 |

2) 안전보건관리규정을 작성하여야 할 **사유가 발생한 날부터 30일 이내**에 안전보건관리규정을 **작성**하여야 한다. 이를 **변경할** 사유가 발생할 **경우에도 또한 같다.**

3) 안전관리규정의 포함사항 ★★★

사업장 사업주는 **사업장의 안전 · 보건을 유지하기 위하여** 안전보건관리규정을 작성하여 각 사업장에 게시하거나 갖춰 두고, 이를 근로자에게 알려야 한다.
① **안전 · 보건 관리조직과 그 직무**에 관한 사항
② **안전 · 보건교육**에 관한 사항
③ **작업장 안전관리 및 보건관리**에 관한 사항
④ **사고 조사 및 대책 수립**에 관한 사항
⑤ 그 밖에 안전 · 보건에 관한 사항

5 안전보건관리계획

(1) 안전계획 작성 시 고려사항

① 사업장 실태에 맞도록 **독자적, 실현가능성 있게**
② **목표는 점진적으로 높게**
③ 직장 단위로 **구체적으로 작성**

6 안전보건 개선계획

(1) 안전보건개선계획의 수립·시행명령을 받은 사업주는 고용노동부장관이 정하는 바에 따라 안전보건개선계획서를 작성하여 그 명령을 받은 날부터 **60일 이내에 관할 지방고용노동관서의 장에게 제출**하여야 한다.

(2) 안전보건개선계획서에 포함사항

① **시설**
② **안전·보건교육**
③ **안전·보건관리체제**
④ **산업재해 예방 및 작업환경의 개선을 위하여 필요한 사항**

(3) 안전보건 개선계획 작성대상 사업장 ★★★

① 산업재해율이 **같은 업종의 규모별 평균 산업재해율 보다 높은 사업장**
② 사업주가 안전·보건조치의무를 이행하지 아니하여 **중대재해가 발생한 사업장**
③ **직업성 질병자가 연간 2명** 이상 발생한 사업장
④ **유해인자의 노출기준을 초과한 사업장**

특급암기법
평균보다 높으면 개선계획!
중대재해 발생하면 개선계획!
직업성 질병자 2명
노출기준 초과하면 개선계획!

[확인] 안전보건개선계획
- 고용노동부장관은 산업재해 예방을 위하여 종합적인 개선 조치를 할 필요가 있다고 인정할 때에는 사업주에게 그 사업장, 시설, 그 밖의 사항에 관한 안전보건개선계획의 수립·시행을 명할 수 있다.
- 고용노동부장관은 해당 사업주에게 안전·보건진단을 받아 안전보건개선계획을 수립·제출할 것을 명할 수 있다.
- 사업주는 안전보건개선계획을 수립할 때에는 산업안전보건위원회의 심의를 거쳐야 한다. 다만, 산업안전보건위원회가 설치되어 있지 아니한 사업장의 경우에는 근로자대표의 의견을 들어야 한다. ★

한 눈에 들어오는 키워드

(4) 안전·보건진단을 받아 안전보건개선계획을 수립·제출하도록 명할 수 있는 사업장 ★★

① 산업재해율이 **같은 업종 평균 산업재해율의 2배 이상**인 사업장
② 사업주가 필요한 안전조치 또는 보건조치를 이행하지 아니하여 **중대재해가 발생한 사업장**
③ **직업병에 걸린 사람이 연간 2명 이상(상시 근로자 1천명 이상** 사업장의 경우 3명 이상) 발생한 사업장
④ 그 밖에 작업환경 불량, 화재·폭발 또는 누출 사고 등으로 사업장 주변까지 피해가 확산된 사업장으로서 고용노동부령으로 정하는 사업장

> **특급암기법**
> **평균의 2배 이상, 직업병 2명 이상(1,000명 이상 3명)** 진단받아 개선!
> **중대재해 발생하면** 진단받아 개선!

7 안전관리자의 증원·교체임명 명령

(1) 지방고용노동관서의 장은 다음 각 호의 어느 하나에 해당하는 사유가 발생한 경우에는 사업주에게 안전관리자나 보건관리자 또는 안전보건관리담당자를 정수 이상으로 증원하게 하거나 교체하여 임명할 것을 명할 수 있다. 다만, 제4호에 해당하는 경우로서 직업성 질병자 발생 당시 사업장에서 해당 화학적 인자 (因子)를 사용하지 않은 경우에는 그렇지 않다.

(2) 관리자를 정수 이상으로 증원하게 하거나 교체하여 임명할 것을 명하는 경우에는 미리 사업주 및 해당 관리자의 의견을 듣거나 소명자료를 제출받아야 한다. 다만, 정당한 사유 없이 의견진술 또는 소명자료의 제출을 게을리한 경우에는 그렇지 않다.

(3) 안전관리자의 증원·교체임명 명령 대상 사업장 ★★★

① 해당 사업장의 **연간 재해율이 같은 업종의 평균재해율의 2배 이상**인 경우
② **중대재해가 연간 2건 이상 발생**한 경우(다만, 해당 사업장의 전년도 사망만인율이 같은 업종의 평균 사망만인율 이하인 경우는 제외)
③ **관리자가 질병이나 그 밖의 사유로 3개월 이상 직무를 수행할 수 없게 된 경우**
④ **화학적 인자로 인한 직업성질병자가 연간 3명 이상 발생한 경우**
  (이 경우 직업성 질병자 발생일은 요양급여의 결정일로 한다)

> **특급암기법**
> 평균의 2배 이상, 중대재해 2건 이상 증원!
> 직업성 질병 3명 이상, 3개월 이상 일 안하면 교체!

8 사업장의 산업재해 발생건수 등 공표

(1) 고용노동부장관은 산업재해를 예방하기 위하여 대통령령으로 정하는 사업장의 산업재해 발생건수, 재해율 또는 그 순위 등을 공표하여야 한다.

(2) **재해 발생건수 등 재해율 공표 대상 사업장** ★★★
   ① **사망재해자가 연간 2명 이상** 발생한 사업장
   ② **사망만인율**(사망재해자 수를 연간 상시근로자 1만 명당 발생하는 사망재해자 수로 환산한 것)**이 규모별 같은 업종의 평균 사망만인율 이상**인 사업장
   ③ **중대산업사고가 발생**한 사업장
   ④ **산업재해 발생 사실을 은폐**한 사업장
   ⑤ 산업재해의 발생에 **관한 보고를 최근 3년 이내 2회 이상 하지 않은 사업장**

> **특급암기법**
> 사망자 2명, 평균 사망만인율 이상 공표!
> 중대산업사고 발생하면 공표!
> 재해은폐, 재해보고 3년 동안 2번 이상 안하면 공표!

(3) 제1호부터 제3호까지(**사망재해자가 연간 2명 이상, 사망만인율이 규모별 같은 업종의 평균 사망만인율 이상, 중대산업사고가 발생**한 사업장)의 규정에 해당하는 사업장은 해당 사업장이 관계수급인의 사업장으로서 **도급인이 관계수급인 근로자의 산업재해 예방을 위한 조치의무를 위반하여 관계수급인 근로자가 산업재해를 입은 경우에는 도급인의 사업장의 산업재해발생건수 등을 함께 공표**한다. ★

(4) 고용노동부장관은 도급인의 사업장(도급인이 제공하거나 지정한 경우로서 도급인이 지배·관리하는 대통령령으로 정하는 장소를 포함함) 중 대통령령으로 정하는 사업장에서 관계수급인 근로자가 작업을 하는 경우에 **도급인의 산업재해발생 건수 등에 관계수급인의 산업재해발생 건수 등을 포함하여 공표**하여야 한다.

 한 눈에 들어오는 **키**워드

[확인]
중대산업사고
• 근로자가 사망하거나 부상을 입을 수 있는 공정안전보고서 제출대상 설비에서의 누출·화재·폭발 사고
• 인근 지역의 주민이 인적 피해를 입을 수 있는 공정안전보고서 제출 대상 설비에서의 누출·화재·폭발 사고

> **참고**
>
> 🛠 도급인의 산업재해 발생건수 등에 수급인의 산업재해 발생건수 등을 포함하여 공표하여야 하는 사업장(통합 공표대상 사업장)
>
> 도급인이 사용하는 상시근로자 수가 500명 이상인 다음 각 호의 어느 하나에 해당하는 사업장으로서 **도급인 사업장의 사고사망만인율**(질병으로 인한 사망재해자를 제외하고 산출한 사망만인율) 보다 관계수급인의 근로자를 포함하여 산출한 사고사망만인율이 높은 사업장을 말한다.
>
> 1. 제조업
> 2. 철도운송업
> 3. 도시철도운송업
> 4. 전기업
>
>
>
> **특급암기법**
> 500명 이상의 제(제조업)철 운송(철도운송업) 도시(도시철도운송업)의 전기는 수급인 포함하여 공표

(5) 공표는 **관보**, 그 보급지역을 전국으로 하여 등록한 **일간신문 또는 인터넷** 등에 게재하는 방법으로 한다.

03 재해조사

주요내용 알고 가기!

- 재해조사 시 유의사항
- 재해발생 시 조치순서
- 재해의 직·간접원인

한 눈에 들어오는 **키**워드

1 재해조사의 목적

산업재해에 대한 원인을 분명하게 함으로써 가장 적절한 예방 대책을 찾아내어 동종 재해 또는 유사 재해를 미연에 방지하기 위한 목적이다.

① 재해발생 원인 및 결함 규명
② 재해예방 자료 수집
③ 동종 재해 및 유사재해 재발방지

2 재해조사 시 유의사항 ★

① **사실을 수집**한다.
② 목격자 등이 증언하는 사실 이외의 **추측의 말은 참고**로만 한다.
③ 조사는 신속하게 행하고 긴급조치를 하여 **2차 재해의 방지**를 도모한다.
④ **사람, 기계설비, 환경의 측면에서 재해요인을 모두 도출**한다.
⑤ **객관적인 입장에서 공정하게** 조사하며, 조사는 **2인 이상**이 한다.
⑥ 책임추궁보다 **재발방지를 우선하는 기본 태도**를 갖는다.

참고

조사자의 태도
- 항상 객관성을 가지고 제3자의 입장에서 공평하게 조사한다.
- 책임추궁보다 재발방지를 우선하는 기본적 태도를 가진다.
- 사고조사 목적 이외의 상황은 조사하지 않도록 한다.

일반적인 재해조사 항목
- 누가
- 언제
- 어떠한 장소에서
- 어떠한 작업을 하고 있을 때
- 어떠한 물 또는 환경에 어떠한 불안전상태 또는 행동이 있었기에
- 어떻게 재해가 발생되었다.

업무상 재해
"업무상 재해"란 업무상의 사유에 따른 근로자의 부상·질병·장해 또는 사망을 말한다.

사고로 인한 업무상 재해의 인정 기준
1. 업무상 사고로 인한 재해가 발생할 것
2. 업무와 사고로 인한 재해 사이에 상당 인과관계가 있을 것
3. 근로자의 고의·자해행위 또는 범죄행위로 인한 재해가 아닐 것

3 재해발생 시 조치사항

(1) 산업재해 발생 은폐 금지 및 보고 ★

사업주는 고용노동부령으로 정하는 **산업재해**에 대해서는 그 **발생 개요·원인 및 보고 시기, 재발방지 계획 등**을 고용노동부령으로 정하는 바에 따라 **고용노동부장관에게 보고**하여야 한다.

1) 사업주는 산업재해로 **사망자**가 발생, **3일 이상의 휴업**이 필요한 부상 또는 질병에 걸린 자가 발생 시 산업재해가 발생한 날부터 **1개월 이내에 산업재해조사표를 작성, 관할 지방고용노동관서장에게 제출**하여야 한다.

2) 산업재해조사표에 **근로자대표의 확인**을 받아야 하며, 그 기재 내용에 대하여 근로자대표의 이견이 있는 경우에는 그 내용을 첨부하여야 한다. 다만, **근로자대표가 없는 경우에는 재해자 본인의 확인을 받아 제출할 수 있다.**

3) 사업주는 **산업재해가 발생한 때에는 다음 각 호의 사항을 기록·보존**하여야 한다.

　① 사업장의 개요 및 근로자의 인적사항
　② 재해 발생의 일시 및 장소
　③ 재해 발생의 원인 및 과정
　④ 재해 재발방지 계획

(2) 중대재해 발생 시 사업주의 조치 ★

1) 사업주는 **중대재해가 발생**하였을 때에는 **즉시 해당 작업을 중지**시키고 **근로자를 작업장소에서 대피**시키는 등 안전 및 보건에 관하여 필요한 조치를 하여야한다.

2) 사업주는 **중대재해가 발생한 사실을 알게 된 경우**에는 고용노동부령으로 정하는 바에 따라 **지체 없이 고용노동부장관에게 보고**하여야 한다. 다만, **천재지변 등 부득이한 사유가 발생한 경우**에는 그 **사유가 소멸되면 지체 없이 보고**하여야 한다.

3) 사업주는 **"중대재해"**가 발생한 때는 **지체 없이** 다음 각 호의 사항을 관할 지방고용노동관서의 장에게 전화·팩스, 또는 그 밖에 적절한 방법으로 보고하여야 한다.

중대재해 발생 시 보고사항
• 발생 개요 및 피해 상황 • 조치 및 전망 • 그 밖의 중요한 사항

한눈에 들어오는 키워드

다만, 그 부상·장해 또는 사망이 정상적인 인식능력 등이 뚜렷하게 저하된 상태에서 한 행위로 발생한 경우로서 다음 어느 하나에 해당하는 사유가 있으면 업무상 재해로 본다.
1. 업무상의 사유로 발생한 정신질환으로 치료를 받았거나 받고 있는 사람이 정신적 이상 상태에서 자해행위를 한 경우
2. 업무상 재해로 요양 중인 사람이 그 업무상 재해로 인한 정신적 이상 상태에서 자해행위를 한 경우
3. 그 밖에 업무상의 사유로 인한 정신적 이상 상태에서 자해행위를 하였다는 것이 의학적으로 인정되는 경우

(2) 재해발생시 조치순서

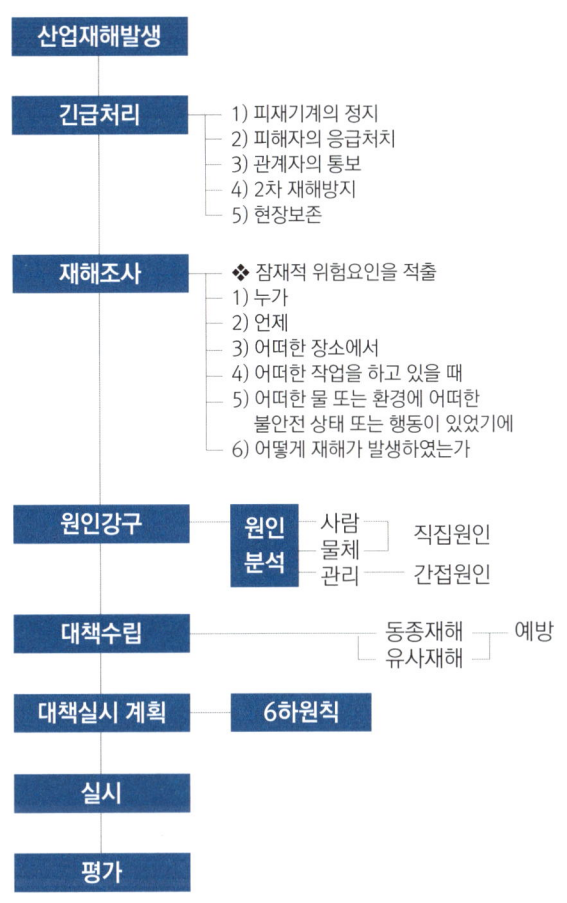

4 재해의 직·간접원인

(1) 직접원인 ★★

① 인적원인(불안전한 행동)
② 물적원인(불안전한 상태)

인적원인(불안전한 행동)	물적원인(불안전한 상태)
• 위험장소 접근 • 안전장치의 기능제거 • 복장, 보호구의 잘못 사용 • 기계기구 잘못 사용 • 운전 중인 기계장치의 손질 • 불안전한 속도 조작 • 위험물 취급 부주의	• 물 자체의 결함 • 안전 방호장치의 결함 • 복장, 보호구의 결함 • 물의 배치 및 작업장소 불량 • 작업환경의 결함 • 생산공정의 결함 • 경계표시, 설비의 결함

한눈에 들어오는 키워드

◉ 기출 ★

재해발생 시 조치순서
• 긴급조치
• 재해조사
• 원인분석
• 대책수립
• 실시
• 평가

긴급조치 순서
• 피재기계 정지
• 피재자 응급조치
• 관계자에게 통보
  (인적, 물적 손실 함께 통보)
• 2차 재해 방지
• 현장 보존

※ 문제

불완전한 동작을 유발시키는 심리적 원인 행위가 아닌 것은?
㉮ 근도반응
㉯ 초조반응
㉰ 생략행위
㉱ 무경험

[해설]
불완전한 행동의 심리적 원인
① 생략행위
② 근도반응
③ 초조반응

정답 ㉱

한눈에 들어오는 키워드

참고

재해의 원인

1. 간접 원인
   ① 기초 원인 : 학교 교육적 원인, 관리적 원인
   ② 2차원인 : 신체적 원인, 기술적 원인, 정신적 원인, 안전교육적 원인

2. 직접 원인
   ① 인적 원인(불안전한 행동)
   ② 물적 원인(불안전한 상태)

기출★★★

인간에러(휴먼 에러)의 배후요인 (4M)
- Man(인간) : 본인외의 사람, 직장의 인간관계 등
- Machine(기계) : 기계, 장치 등의 물적 요인
- Media(매체) : 작업정보, 작업방법 등(인간과 기계를 연결하는 매개체이다)
- Management(관리) : 작업관리, 법규준수, 단속, 점검 등

인적원인(불안전한 행동)	물적원인(불안전한 상태)
• 불안전한 상태 방치 • 불안전한 자세·동작 • 감독 및 연락 불충분	

(2) 간접원인 ★★

① 기술적 원인
② 교육적 원인
③ 신체적 원인
④ 정신적 원인
⑤ 작업관리상 원인

기술적 원인	• 건물 기계장치 설계불량 • 생산방법의 부적당	• 구조 재료의 부적합 • 점검 정비 보존 불량
교육적 원인	• 안전지식의 부족 • 경험 훈련의 부족 • 유해 위험 작업의 교육 불충분	• 안전수칙의 오해 • 작업 방법의 교육 불충분
작업관리상 원인	• 안전관리 조직 결함 • 작업준비 불충분 • 작업지시 부적당	• 안전수칙 미제정 • 인원 배치 부적당

5 산업재해 발생형태(재해 발생의 매커니즘) ★

(1) 단순자극형(집중형)

상호 자극에 의하여 순간적으로 재해가 발생하는 유형으로 **재해가 일어난 장소에 그 시기에 일시적으로 요인이 집중한다**는 유형이다.

(2) 연쇄형

하나의 사고 요인이 또 다른 요인을 발생시키면서 재해가 발생하는 유형이다.

(3) 복합형

단순자극형과 연쇄형의 복합적인 발생유형이다.

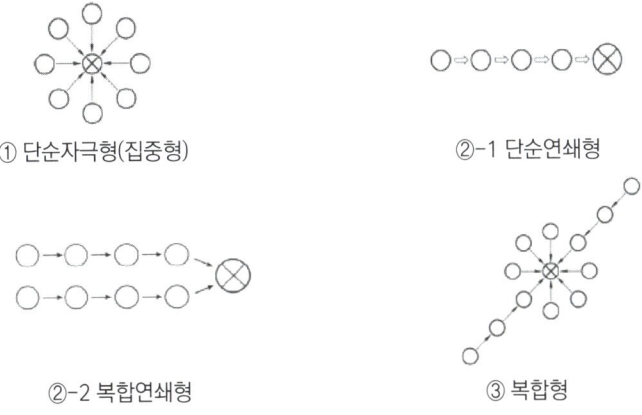

[재해(⊗)의 발생 형태 3가지]

6 산업재해 예방의 4원칙 ★★

① **예방 가능의 원칙**
  재해는 원칙적으로 원인만 제거되면 **예방이 가능**하다.

② **손실 우연의 원칙**
  사고의 결과 생기는 상해의 종류나 정도는 사고 발생시 사고대상의 조건에 따라 **우연히 발생한다**.

③ **대책 선정의 원칙**
  사고의 원인에 대한 가장 적합한 대책이 선정되어야 한다.

④ **원인 연계의 원칙**
  재해는 직접원인과 간접원인이 연계되어 일어난다.

한 눈에 들어오는 키 워드

● **기출 ★**
• 사고와 손실의 관계 : 우연적
• 사고와 원인의 관계 : 필연적

※ **문제**
다음 중 재해예방의 4원칙에 대한 설명으로 잘못된 것은?
㉮ 사고의 발생과 그 원인과의 관계는 필연적이다.
㉯ 손실과 사고와의 관계는 필연적이다.
㉰ 재해를 예방하기 위한 대책은 반드시 존재한다.
㉱ 모든 인재는 예방이 가능하다.

[해설]
㉯ 손실과 사고와의 관계는 우연적이다.

정답 ㉯

04 산재분류 및 통계분석

주요내용 알고 가기!

- 재해율의 계산
- 하인리히 및 시몬즈의 재해손실비의 계산
- 근로불능상해의 구분
- 재해사례연구 진행단계

1 재해율의 종류 및 계산 ★★★

(1) 연천인율

① 근로자 1,000명 중 재해자 수 비율(1년간)

② 연천인율 = $\dfrac{\text{연간재해자 수}}{\text{연평균 근로자 수}} \times 1,000$

③ 연천인율 = 도수율 × 2.4

(2) 도수율(빈도율 F.R)

① 100만 근로시간당 요양재해 발생 건수 비율

② 도수율(빈도율) = $\dfrac{\text{재해 건수}}{\text{연 근로 시간 수}} \times 1,000,000$

근로자 1인의 1년간 총 근로 시간수 계산
8시간 × 300일 = 2,400시간
• 1일 근로시간 8시간   • 1년 근로일수 300일

(3) 강도율(S.R)

① 1,000 근로시간당 요양재해로 인한 근로손실일수 비율

② 강도율 = $\dfrac{\text{총요양근로손실일수}}{\text{연 근로 시간 수}} \times 1,000$

근로손실일수 = 휴업일수, 요양일수, 입원일수, 가료일수 × $\dfrac{300(\text{실제 근로일수})}{365}$

[확인]
연천인율과 도수율의관계
1,000명 × 연간 작업시간 2,400
시간 = 10^6 × 2.4

[확인 ★]
근로손실일수 = 휴업일수, 요양일수, 입원일수 × $\dfrac{300}{365}$ 에서 300은 실제 근로일수를 뜻한다.

예 1년, 290일 근로하는 중 휴업일수가 20일이다. 근로손실일수를 계산하라.
[풀이] 근로손실일수
= $20 \times \dfrac{290}{365}$
= 15.89 ≒ 16일

신체장해등급	사망, 1,2,3급	4급	5급	6급	7급	8급	9급	10급	11급	12급	13급	14급
손실일수	7,500일	5,500일	4,000일	3,000일	2,200일	1,500일	1,000일	600일	400일	200일	100일	50일

사망 및 1, 2, 3급의 근로손실일수 계산
25년 × 300일 = 7,500일
• 근로손실 년수 : 25년   • 1년 근로일수 : 300일

[확인 ★]
근로손실 년수의 계산 : 25년
• 중대재해발생의 평균 근로 년수 : 근무 15년차에 가장 많이 발생
• 평생 근로 년수 : 40년
• 근로손실 년수 : 40년 - 15년 = 25년

(4) 종합재해지수

① 재해의 빈도의 다수와 상해정도의 강약을 나타내는 성적지표로 사용된다.
② $FSI = \sqrt{FR \times SR} = \sqrt{도수율 \times 강도율}$

(5) 환산 강도율(S)

① **일평생 근로하는 동안**의 **근로손실일 수**를 말한다.
② 환산 강도율(S) = $\dfrac{총요양근로손실일 수}{연 근로 시간 수} \times 평생근로시간 수(100,000)$
③ 환산 강도율 = 강도율 × 100

근로자 1인의 평생 근로시간수 계산
(40년 × 2,400시간) + 4,000시간 = 100,000시간
• 1인의 일평생 근로연수 : 40년   • 1년 총 근로시간수 : 2,400시간
• 일평생 잔업시간 : 4,000시간

[확인 ★]
환산 강도율과 강도율의 관계
(환산 강도율 = 강도율 × 100)
환산 강도율은 평생근로시간 100,000시간 단위이고 강도율은 1000시간 단위 이므로 100,000시간 = 1,000시간 × 100이 된다.

(6) 환산 도수율(F)

① **일평생 근로하는 동안**의 **재해건수**를 말한다.
② 환산 도수율(F) = $\dfrac{재해 건수}{연 근로 시간 수} \times 평생근로시간 수(100,000)$
③ 환산 도수율 = 도수율 ÷ 10

[확인 ★]
환산 도수율과 도수율의 관계
(환산 도수율 = 도수율 ÷ 10)
환산 도수율은 평생근로시간 100,000시간 단위이고 도수율은 1,000,000단위 이므로 100,000시간은 1,000,000시간 ÷ 10이 된다.

(7) 평균 강도율

① **재해 1건의 평균 강하기**를 말한다.
② 평균 강도율 = $\dfrac{강도율}{도수율} \times 1,000$

(8) 안전활동률

① 100만 시간당 안전 활동건수를 나타낸다.

② 안전활동률 = $\dfrac{\text{안전 활동 건수}}{\text{총 근로시간 수(근로시간수} \times \text{평균근로자수)}} \times 10^6$

(9) Safe-T-Score(세이프 티 스코어)

① 과거와 현재의 안전을 성적을 내어 비교, 평가하는 기법이다.

② Safe-T-Score = $\dfrac{\text{현재빈도율 - 과거빈도율}}{\sqrt{\dfrac{\text{과거빈도율}}{\text{(현재)총근로시간수}} \times 1{,}000{,}000}}$

③ 판정
- 계산값이 -2 이하 : 과거보다 안전이 좋아졌다.
- 계산값이 -2~+2 사이 : 과거와 큰 차이 없다.
- 계산값이 +2 이상 : 과거보다 안전이 심각하게 나빠졌다.

(10) 사망 만인율

① 산재보험적용 근로자수 10,000명당 발생하는 사망자 수의 비율을 말한다.

② 사망만인율 = $\dfrac{\text{사망자 수}}{\text{산재보험적용 근로자 수}} \times 10{,}000$

(11) 재해율

① 산재보험적용 근로자수 100명당 발생하는 재해자 수의 비율을 말한다.

② 재해율 = $\dfrac{\text{재해자 수}}{\text{산재보험적용 근로자 수}} \times 100$

(12) 휴업 재해율

① 임금 근로자수 100명 당 발생하는 휴업 재해자수의 비율을 말한다.

② 휴업 재해율 = $\dfrac{\text{휴업 재해자 수}}{\text{임금 근로자 수}} \times 100$

(13) 건설업체의 산업재해발생률 ★★

다음의 계산식에 따른 **사고사망 만인율**로 산출하되, **소수점 셋째자리에서 반올림**한다.

한 눈에 들어오는 키워드

참고

건설사고조사위원회의 구성·운영 「건설기술 진흥법 시행령」
① 건설사고조사위원회는 위원장 1명을 포함한 12명 이내의 위원으로 구성한다.
② 건설사고조사위원회의 위원은 다음 각 호의 어느 하나에 해당하는 사람 중에서 해당 건설 사고조사위원회를 구성·운영하는 국토교통부장관, 발주청 또는 인·허가기관의 장이 임명하거나 위촉한다.
  1. 건설공사 업무와 관련된 공무원
  2. 건설공사 업무와 관련된 단체 및 연구기관 등의 임직원
  3. 건설공사 업무에 관한 학식과 경험이 풍부한 사람
③ 위원의 임기는 2년으로 하며, 위원의 사임 등으로 새로 위촉된 위원의 임기는 전임위원 임기의 남은 기간으로 한다.

$$사고사망 만인율(‰) = \frac{사고\ 사망자\ 수}{상시\ 근로자\ 수} \times 10,000$$

$$상시\ 근로자\ 수 = \frac{연간\ 국내공사\ 실적액 \times 노무비율}{건설업\ 월평균임금 \times 12}$$

2 재해손실비의 종류 및 계산

하인리히 방식	**총 재해비용 = 직접비 + 간접비 ★★** (1 : 4) ① 직접비 • 치료비 • 휴업급여 • 요양급여 • 유족급여 • 장해급여 • 간병급여 • 직업재활급여 • 상병(傷病)보상연금 • 장의비 등 ② 간접비 • 인적 손실 • 물적 손실 • 생산 손실 • 기계·기구 손실 • 시간 손실 등
시몬즈의 방식	**총 재해코스트 = 보험코스트 + 비보험코스트 ★★** 총 재해코스트 = 산재보험료 + (A×휴업상해 건수) + (B×통원상해 건수) 　+ (C×구급조치상해 건수) + (D×무상해 사고 건수) A, B, C, D : 상수(각 재해에 대한 평균 비보험코스트) **보험코스트 = 산재보험료** 비보험코스트 • 휴업상해 • 통원상해 • 구급조치상해 • 무상해 사고
버즈의 방식	보험비용 : 비보험 재산비용 : 비보험 기타재산비용 = 1 : 5~50 : 1~3
콤패스 방식	총 재해비용 = 공동비용 + 개별비용 ① 공동비용(불변비용) 　• 보험료 　• 안전보건팀 유지비 등 ② 개별비용(가변비용) 　• 작업중단 손실비 　• 사고조사비 　• 수리비용 등

> **한 눈에 들어오는 키워드**

> **참고**
>
> **직접비**
> 법령에 따라 피해자에게 지급되는 비용을 말한다.
>
> **간접비**
> 간접비란 재료나 기계, 설비 등의 물적 손실과 기계 등 가동정지에서 오는 생산손실 및 작업을 하지 않았는데도 지급한 임금손실 등을 포함한 보이지 않는 손실비를 말한다.

3 재해통계 분류방법

(1) ILO의 근로불능 상해의 구분(상해정도별 분류) ★★

① **사망**
② **영구 전 노동불능** : 신체 전체의 노동기능 완전 상실(**1~3급**)
③ **영구 일부 노동불능** : 신체 일부의 노동 기능 상실 (**4~14급**)
④ **일시 전 노동불능** : 일정기간 노동 종사 불가(**휴업상해**)
⑤ **일시 일부 노동불능** : 일정기간 일부노동에 종사 불가(**통원상해**)
⑥ **구급조치상해**

(2) 재해통계방법 ★

① **파레토도**
사고 유형, 기인물 등 데이터를 분류하여 **그 항목값이 큰 순서대로 정리**하여 막대그래프로 나타낸다.

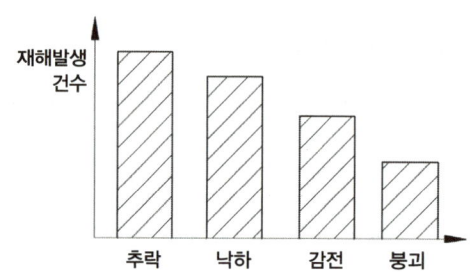

② **특성요인도**
재해와 그 요인의 관계를 어골상으로 세분화하여 **나타낸다**.

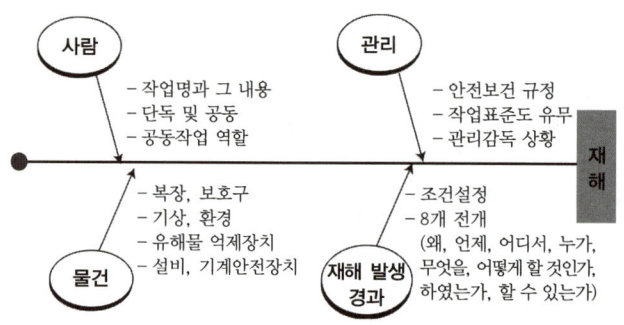

※ 문제

국제노동기구(ILO)의 산업재해 정도구분에서 부상 결과 근로자가 신체장해등급 제12급 판정을 받았다고 하면 이는 어느 정도의 부상을 의미하는가?
㉮ 영구 일부 노동불능
㉯ 영구 전노동불능
㉰ 일시 일부 노동불능
㉱ 일시 전노동불능

[해설]
신체장해등급 제12급은 영구 일부 노동불능에 해당된다.
정답 ㉮

참고

산업재해 통계
• 산업재해 통계는 구체적으로 표시되어야 한다.
• 산업재해 통계의 목적은 기업에서 발생한 산업재해에 대하여 효과적인 대책을 강구하기 위함이다.
• 산업재해 통계는 안전 활동을 추진하기 위한 기초 자료이다.

재해분류 방법
① 통계적 분류
② 개별적 분류
③ 상해종류별 분류
④ 재해형태별 분류

개별분석
재해를 분석하는 방법에 있어 재해건수가 비교적 적은 사업장의 적용에 적합하고, 특수재해나 중대 재해의 분석에 사용하는 방법

특성요인도의 작성방법
① 특성의 결정은 무엇에 대한 특성요인도를 작성할 것인가를 결정하고 기입한다. ② **등뼈는 원칙적으로 좌측에서 우측으로 향하여 가는 화살표를 기입한다.** ③ 큰 뼈는 특성이 일어나는 요인이라고 생각되는 것을 크게 분류하여 기입한다. ④ 중 뼈는 특성이 일어나는 큰 뼈의 요인마다 다시 미세하게 원인을 결정하여 기입한다. ⑤ 작은 뼈는 개선책을 기입한다. ⑥ 원인을 확인한다. ⑦ 이력사항을 기입한다.(작성일, 작성자, 검토자, 대상제품, 작성목적 등)

> **참고**
> 재해사례 연구의 주된 목적
> ① 재해원인을 규명하여 대책을 세우기 위해서
> ② 재해 방지의 원칙을 습득해서 일상 안전 보건 활동에 실천하기 위해서
> ③ 참가자의 안전보건활동에 관한 견해나 생각을 깊게 하고, 태도를 바꾸게 하기 위해서

③ **크로스(Cross) 분석**

2가지 또는 **2개 항목 이상의 요인이 상호관계를 유지할 때 문제를 분석**하는데 사용된다.

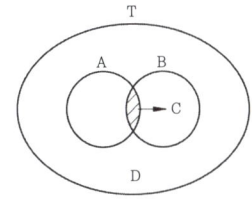

T : 전체 재해
A : 인적원인으로 인한 재해
B : 물적원인으로 인한 재해
C : 인적, 물적원인이 함께 발생한 재해
D : 인적, 물적원인 외의 원인으로 인한 재해

> **참고**
> • 2개 이상 요인의 결과를 클로즈(close) 분석도(요인별 결과 내역을 교차한 그림)를 작성하여 분석한다. → close 분석
> • 2개 이상의 원인을 서로 교차 (cross)하여 분석한다. → cross 분석

④ **관리도**

시간경과에 따른 재해발생 건수 등 **대략적인 추이 파악에 사용**된다.

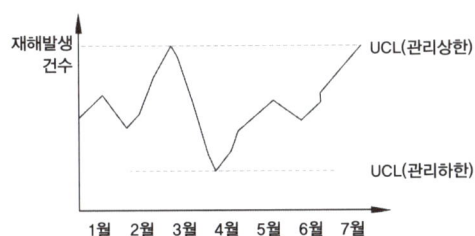

(3) 재해사례연구 진행 단계 ★★

① 전제 조건 : **재해 상황의 파악**
② 1단계 : **사실의 확인**
③ 2단계 : **문제점 발견**
④ 3단계 : **근본 문제점 결정**(재해원인 결정)
⑤ 4단계 : **대책수립**

> **실기기출 ★**
> 1단계 사실의 확인에서 확인해야할 4가지
> • 사람
> • 물건
> • 관리
> • 재해발생 경과

4 상해 및 재해발생형태 ★★★

(1) 상해종류별 분류

분류항목	세부항목
① 골절	뼈가 부러진 상해
② 동상	저온물 접촉으로 생긴 동상 상해
③ 부종	국부의 혈액순환의 이상으로 몸이 퉁퉁 부어오르는 상해
④ 찔림(자상)	칼날 등 날카로운 물건에 찔린 상해
⑤ 타박상(삠)(좌상)	타박·충돌·추락 등으로 피부표면보다는 피하조직 또는 근육부를 다친 상태
⑥ 절단(절상)	신체 부위가 절단된 상해
⑦ 중독·질식	음식물·약물·가스 등에 의한 중독이나 질식된 상해
⑧ 찰과상	스치거나 문질러서 피부가 벗겨진 상해
⑨ 베임(창상)	창·칼 등에 베인 상해
⑩ 화상	화재 또는 고온물 접촉으로 인한 상해
⑪ 뇌진탕	머리를 세게 맞았을 때 장해로 일어난 상해
⑫ 익사	물 속에 추락하여 익사한 상해
⑬ 피부병	직업과 연관되어 발생 또는 악화되는 모든 피부질환
⑭ 청력장애	청력이 감퇴 또는 난청이 된 상태
⑮ 시력장애	시력이 감퇴 또는 실명된 상해

(2) 재해 발생형태

재해 및 질병이 발생된 형태 또는 근로자(사람)에게 상해를 입힌 기인물과 상관된 현상

분류항목	세부항목
떨어짐	• 높이가 있는 곳에서 **사람이 떨어짐** • **사람이** 인력(중력)에 의하여 건축물, 구조물, 가설물, 수목, 사다리 등의 **높은 장소에서 떨어지는 것**
넘어짐	• **사람이 미끄러지거나 넘어짐** • **사람이** 거의 **평면 또는 경사면**, 층계 등에서 **구르거나 넘어지는 경우**
깔림·뒤집힘	• **물체의 쓰러짐이나 뒤집힘** • 기대어져 있거나 세워져 있는 **물체 등이 쓰러져 깔린 경우** 및 지게차 등의 **건설기계 등이 운행** 또는 작업 **중 뒤집어진 경우**
부딪힘·접촉	• **물체에 부딪힘, 접촉** • 재해자 자신의 움직임·동작으로 인하여 **기인물에 접촉 또는 부딪히거나**, 물체가 고정부에서 이탈하지 않은 상태로 움직임(규칙, 불규칙) 등에 의하여 **접촉한 경우**

분류항목	세부항목
맞음	• 날아오거나 떨어진 물체에 맞음 • 구조물, 기계 등에 고정되어 있던 물체가 중력, 원심력, 관성력 등에 의하여 고정부에서 이탈하거나 또는 설비 등으로부터 물질이 분출되어 사람을 가해하는 경우
끼임	• 기계설비에 끼이거나 감김 • 두 물체 사이의 움직임에 의하여 일어난 것으로 직선 운동하는 물체 사이의 끼임, 회전부와 고정체 사이의 끼임, 로울러 등 회전체 사이에 물리거나 또는 회전체·돌기부 등에 감긴 경우
무너짐	• 건축물이나 쌓여진 물체가 무너짐 • 토사, 적재물, 구조물, 건축물, 가설물 등이 전체적으로 허물어져 내리거나 또는 주요 부분이 꺾어져 무너지는 경우
감전	전기설비의 충전부 등에 신체의 일부가 직접 접촉하거나 유도전류의 통전으로 근육의 수축, 호흡곤란, 심실세동 등이 발생한 경우 또는 특별고압 등에 접근함에 따라 발생한 섬락 접촉, 합선·혼촉 등으로 인하여 발생한 아크에 접촉된 경우
이상온도 접촉	고·저온 환경 또는 물체에 노출·접촉된 경우
화학물질 누출·접촉	유해·위험물질에 노출·접촉 또는 흡입한 경우
산소결핍	유해물질과 관련 없이 산소가 부족한 상태·환경에 노출되었거나 이물질 등에 의하여 기도가 막혀 호흡기능이 불충분한 경우
폭발·파열	건축물, 용기 내 또는 대기 중에서 물질의 화학적, 물리적 변화가 급격히 진행되어 열, 폭음, 폭발압이 동반하여 발생하는 경우를 말하며, 파열은 배관, 용기 등이 물리적인 압력에 의하여 찢어지거나 터진 경우로서 폭풍압이 동반되지 않은 경우
화재	가연물에 점화원이 가해져 비의도적으로 불이 일어난 경우
불균형 및 무리한 동작	물체의 취급 없이 일시적이고 급격한 행위·동작 등 신체동작(반응)에 의한 경우나, 물체의 취급과 관련하여 근육의 힘을 많이 사용하는 경우로서 밀기, 당기기, 지탱하기, 들어올리기, 돌리기, 잡기, 운반하기 등과 같은 행위·동작
폭력행위	의도적인 또는 의도가 불분명한 위험행위(마약, 정신질환 등)로 자신 또는 타인에게 상해를 입힌 폭력·폭행을 말하며, 협박·언어·성폭력 등을 포함
절단·베임·찔림	사람과 물체 간의 직접적인 접촉에 의한 것으로서 칼 등 날카로운 물체의 취급 또는 톱·절단기 등의 회전 날 부위에 접촉되어 신체가 절단되거나 베어진 경우
빠짐·익사	수중에 빠지거나 익사한 경우
사업장 내 교통사고	사업장 내의 도로에서 발생된 교통사고
사업장 외 교통사고	사업장 외의 도로에서 발생된 교통사고와 해상·항공과 관련하여 발생된 교통사고
체육행사 등의 사고	업무와 관련한 체육행사·워크숍, 회식 등에서 재해를 입은 경우
동물상해	동물에 의해 근로자가 상해를 입은 경우로 동물(개·소·말 등)에 물리거나 차이는 등에 의해 상해를 입은 경우

한 눈에 들어오는 키 워드

(3) 재해발생형태의 분류기준

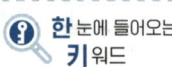

① 두 가지 이상의 발생형태가 연쇄적으로 발생된 재해의 경우는 상해결과 또는 피해를 크게 유발한 형태로 분류한다. ★

재해자가 「넘어짐」으로 인하여 기계의 동력전달부위 등에 끼이는 사고가 발생하여 신체부위가 「절단」된 경우	⇨	「끼임」
재해자가 구조물 상부에서 「넘어짐」으로 인하여 사람이 떨어져 두개골 골절이 발생한 경우	⇨	「떨어짐」
재해자가 「넘어짐」 또는 「떨어짐」으로 물에 빠져 익사한 경우	⇨	「빠짐·익사」

② 기계의 구동축, 회전체 등 주요 부위의 파단, 파열 등으로 재해가 발생한 경우
→ 상해를 입힌 물체의 운동 형태에 따라 「맞음」 재해로 분류한다.

③ 「떨어짐」과 「넘어짐」의 분류 ★

바닥면과 신체가 떨어진 상태로 더 낮은 위치로 떨어진 경우	⇨	「떨어짐」
바닥면과 신체가 접해있는 상태에서 더 낮은 위치로 떨어진 경우	⇨	「넘어짐」
신체가 바닥면과 접해있었는지 여부를 알 수 없는 경우 작업발판 등 구조물의 높이가 보폭(약 60cm) 이상인 경우	⇨	「떨어짐」
보폭 미만인 경우	⇨	「넘어짐」

④ 「맞음」, 「이상온도 접촉」 또는 「화학물질 누출·접촉」의 분류 ★

물체 또는 물질이 떨어지거나 날아와 타박상 등의 상해를 입었을 경우	⇨	「맞음」
고·저온 물체 또는 물질이 떨어지거나 날아와 화상을 입었을 경우	⇨	「이상온도 접촉」
떨어지거나 날아온 물체 또는 물질의 특성에 의하여 상해를 입은 경우	⇨	「화학물질 누출·접촉」

⑤ 「폭발」과 「화재」의 분류

폭발과 화재, 두 현상이 복합적으로 발생된 경우	⇨	「폭발」

(4) 기인물 및 가해물

① **기인물**
직접적으로 재해를 유발하거나 영향을 끼친 에너지원(운동, 위치, 열, 전기 등)
을 지닌 기계·장치, 구조물, 물체·물질, 사람 또는 환경 등을 말한다.

② **2차 기인물**
복합적 요인으로 발생된 재해에 있어서 기인물을 유발(가속화)시켰거나 재해 또는 특정물질에 노출을 유도한 것 즉, **간접적 영향을 끼친 물체, 사람, 에너지원, 환경요인**을 말한다.

③ **가해물**
근로자(사람)에게 직접적으로 상해를 입힌 기계, 장치, 구조물, 물체·물질, 사람 또는 환경 등을 말한다.

(5) 기인물 및 가해물의 분류기준 ★

① 재해발생 주 요인이 사물이면 그 사물을 기인물로 한다.
② **재해발생 주 요인이 사람이나 기인물이 있으면 그 기인물로 분류한다.(조작 및 취급하던 물체를 우선한다)** ★

| 예 운전 중 한눈을 팔다 전주에 충돌 | ⇨ | 기인물 : 차량 |

③ **재해발생 주 요인이 사람이고 기인물이 존재하지 않고 가해물이 있으면 그 가해물을 기인물로 분류한다.** ★

| 예 손에 들고 있던 운반물을 놓침 | ⇨ | 기인물 : 운반물 |

④ **재해발생 주 요인이 사람이고 기인물, 가해물이 되는 사물이 없으면 사람으로 분류한다.** ★

| 예 외부요인이 없는 상태에서 사람이 걷다가 발목을 겹질림 | ⇨ | 기인물 : 사람 |

⑤ 재해발생 주 요인이 사람이 아니고 불안전한 상태도 없으나 기인물이 있는 경우는 그 기인물로 분류한다.

| 예 자연재해, 천재지변 |

한 눈에 들어오는 키워드

> 참고

1. 「떨어짐」 및 「넘어짐」 재해의 기인물과 가해물
   - 「떨어짐」 및 「넘어짐」 재해는 떨어지거나 넘어진 장소, 작업바닥을 기인물로 분류하고, 떨어지거나 넘어지면서 충돌한 바닥, 지표면, 구조물, 적재물 등은 가해물로 분류한다.
   - 의도적으로 떨어지거나, 넘어진 경우와 같이 특별한 외부적 영향이 없었던 경우에는 사람으로 분류한다.
   - 예 체육활동·훈련과정에서 발생한 재해

2. 「부딪힘」 재해의 기인물과 가해물
   - 「부딪힘」 재해를 일으킨 동력원(기계 등)을 기인물로 하고, 신체와 직접 부딪힌 물체는 가해물로 분류한다.

3. 「맞음」재해의 기인물과 가해물
   - 물체를 지탱하고 있던 물체 또는 장소의 불안전한 상태, 물체가 떨어지거나 날아오는 재해를 일으킨 동력원 등을 기인물로 분류하고, 신체와 직접 접촉·부딪힌 물체는 가해물로 분류한다.
   - 예 각재를 목재가공용 둥근톱으로 절단하는 작업 중 절단편이 날아와 얼굴에 상해를 입은 경우
     → 기인물 : 둥근톱, 가해물 : 절단편

4. 「끼임」재해의 기인물과 가해물
   - 상호 물체간 협착 또는 감김 원인의 주체(운동물체)를 기인물 및 가해물로 분류한다.
   - 예 「끼임」 재해가 기계 등의 주 기능적인 작업점에서 발생된 경우는 해당기계를 기인물로 하되 주 기능적인 작업점이 아닌 일부 부속물에 접촉된 경우에는 기계부품, 부속물을 기인물 및 가해물로 분류한다.

05 안전점검 인증 및 진단

주요내용 알고 가기!

- 안전점검의 종류
- 안전인증 대상 기계기구, 방호장치, 보호구, 합격표시
- 자율안전확인 대상 기계기구, 방호장치, 보호구, 합격표시
- 안전검사 대상 기계기구 및 검사주기, 합격표시

한 눈에 들어오는 키워드

※ 문제

다음 중 안전점검의 목적으로 볼 수 없는 것은?
㉮ 사고원인을 찾아 재해를 미연에 방지하기 위함이다.
㉯ 작업자의 잘못된 부분을 점검하여 책임을 부여하기 위함이다.
㉰ 재해의 재발을 방지하여 사전 대책을 세우기 위함이다.
㉱ 현장의 불안전 요인을 찾아 계획에 적절히 반영시키기 위함이다.

정답 ㉯

기출

안전점검의 순서
실태파악 – 결함의 발견 – 대책결정 – 대책실시

안전점검 보고서 작성 내용 중 주요 사항
① 작업현장의 현 배치 상태와 문제점
② 재해다발요인과 유형분석 및 비교 데이터 제시
③ 보호구, 방호장치 작업 환경 실태와 개선 제시

참고

안전점검기준의 작성시 유의사항 (안전점검시 고려사항)
① 점검대상물의 위험도를 고려한다.
② 점검대상물의 과거 재해 사고 경력을 참작한다.
③ 점검대상물의 기능적 특성을 충분히 감안한다.
④ 점검자 능력을 감안하여 구체적인 계획 수립후 점검을 실시한다.
⑤ 점검사항, 점검방법 등에 대한 지속적인 교육을 통하여 정확한 점검이 이루어지도록 한다.
⑥ 점검 시 특이한 사항 등을 기록, 보존하여 향후 점검 및 이상 발생 시 대비할 수 있도록 한다.

1 안전점검의 종류 ★

① **정기점검(계획점검)**
  - 일정 기간마다 정기적으로 실시하는 점검을 말한다.
  - 법적 기준 또는 사내 안전규정에 따라 해당 책임자가 실시하는 점검이다.

② **수시점검(일상점검)**
  - 매일 작업 전, 중, 후에 실시하는 점검을 말한다.
  - 작업자ㆍ작업책임자ㆍ관리감독자가 실시하며 사업주의 안전순찰도 넓은 의미에서 포함된다.

③ **특별점검**
  - 기계ㆍ기구 또는 설비의 신설ㆍ변경 또는 고장ㆍ수리 등으로 비정기적인 특정 점검을 말하며 기술 책임자가 실시한다.
  - 산업안전보건 강조기간, 악천후 시에도 실시한다.

④ **임시점검**
  - 기계ㆍ기구 또는 설비의 이상 발견 시에 임시로 점검하는 점검을 말한다.
  - 정기점검 실시 후 다음 점검기일 이전에 임시로 실시하는 점검의 형태이다.

참고

1. 시설물의 안전 및 유지관리에 관한 기본계획의 수립
   국토교통부장관은 시설물이 안전하게 유지관리될 수 있도록 하기 위하여 **5년마다** 시설물의 안전 및 유지관리에 관한 기본계획을 수립ㆍ시행하여야 한다.

2. 시설물의 안전 및 유지관리에 관한 기본계획의 포함사항

① 시설물의 안전 및 유지관리에 관한 기본목표 및 추진방향에 관한 사항
② 시설물의 안전 및 유지관리체계의 개발, 구축 및 운영에 관한 사항
③ 시설물의 안전 및 유지관리에 관한 정보체계의 구축ㆍ운영에 관한 사항
④ 시설물의 안전 및 유지관리에 필요한 기술의 연구ㆍ개발에 관한 사항
⑤ 시설물의 안전 및 유지관리에 필요한 인력의 양성에 관한 사항
⑥ 그 밖에 시설물의 안전 및 유지관리에 관하여 대통령령으로 정하는 사항

3. 용어정의 ★

① 안전점검 : 경험과 기술을 갖춘 자가 육안이나 점검기구 등으로 검사하여 시설물에 내재(內在)되어 있는 위험요인을 조사하는 행위를 말하며, 점검목적 및 점검수준을 고려하여 국토교통부령으로 정하는 바에 따라 정기안전점검 및 정밀안전점검으로 구분한다.
② 정밀안전진단 : 시설물의 물리적ㆍ기능적 결함을 발견하고 그에 대한 신속하고 적절한 조치를 하기 위하여 구조적 안전성과 결함의 원인 등을 조사ㆍ측정ㆍ평가하여 보수ㆍ보강 등의 방법을 제시하는 행위를 말한다.
③ 긴급안전점검 : 시설물의 붕괴ㆍ굴러떨어짐 등으로 인한 재난 또는 재해가 발생할 우려가 있는 경우에 시설물의 물리적ㆍ기능적 결함을 신속하게 발견하기 위하여 실시하는 점검을 말한다.

4. 시설물의 안전관리에 관한 특별법 상의 안전점검 및 정밀안전진단의 실시 시기

1) 정기점검 : 반기에 1회 이상
2) 긴급점검 : 관리주체가 필요하다고 판단한 때 또는 관계 행정기관의 장이 필요하다고 판단하여 관리주체에게 긴급점검을 요청한 때
3) 정기점검, 정밀점검 및 정밀안전진단, 성능평가의 실시 주기 ★

안전등급	정기안전점검	정밀점검		정밀안전진단	성능평가
		건축물	그 외 시설물		
A등급	반기에 1회 이상	4년에 1회 이상	3년에 1회 이상	6년에 1회 이상	5년에 1회 이상
B·C등급		3년에 1회 이상	2년에 1회 이상	5년에 1회 이상	
D·E등급	1년에 3회 이상	2년에 1회 이상	1년에 1회 이상	4년에 1회 이상	

5. 시설물관리계획에 포함사항

① 시설물의 적정한 안전과 유지관리를 위한 조직ㆍ인원 및 장비의 확보에 관한 사항
② 긴급 상황 발생 시 조치체계에 관한 사항
③ 시설물의 설계ㆍ시공ㆍ감리 및 유지관리 등에 관련된 설계도서의 수집 및 보존에 관한 사항
④ 안전점검 또는 정밀안전진단의 실시에 관한 사항
⑤ 보수ㆍ보강 등 유지관리 및 그에 필요한 비용에 관한 사항

> **한** 눈에 들어오는 **키** 워드

참고

시설물의 안전 및 유지관리에 관한 특별법상 제1, 2, 3종 시설물

1. 제1종 시설물
① 고속철도 교량, 연장 500미터 이상의 도로 및 철도 교량
② 고속철도 및 도시철도 터널, 연장 1,000미터 이상의 도로 및 철도 터널
③ 갑문시설 및 연장 1,000미터 이상의 방파제
④ 다목적댐, 발전용 댐, 홍수 전용댐 및 총 저수용량 1천만 톤 이상의 용수전용댐
⑤ 21층 이상 또는 연면적 5만 제곱미터 이상의 건축물
⑥ 하구둑, 포용 저수량 8천만 톤 이상의 방조제
⑦ 광역상수도, 공업용수도, 1일 공급능력 3만 톤 이상의 지방상수도

2. 제2종 시설물
① 연장 100미터 이상의 도로 및 철도 교량
② 고속국도, 일반국도, 특별시도 및 광역시도 도로 터널 및 특별시 또는 광역시에 있는 철도 터널
③ 연장 500미터 이상의 방파제
④ 지방상수도 전용댐 및 총 저수용량 1백만 톤 이상의 용수전용댐
⑤ 16층 이상 또는 연면적 3만 제곱미터 이상의 건축물
⑥ 포용 저수량 1천만 톤 이상의 방조제
⑦ 1일 공급능력 3만 톤

3. 제3종 시설물 : 제1종시설물 및 제2종시설물 외에 안전관리가 필요한 소규모 시설물로서 지정ㆍ고시된 시설물

2 안전점검표(안전점검 체크리스트) 작성 시 유의사항

① 사업장에 적합한 내용이며 독자적일 것
② 내용은 구체적이며, 재해예방에 실효가 있을 것
③ 중요도가 높은 순으로 작성할 것
④ 일정양식 및 점검대상을 정하여 작성할 것
⑤ 가급적 쉬운 표현으로 작성할 것

3 안전인증

안전인증대상 기계·기구 등으로서 근로자의 안전·보건에 필요하다고 인정되어 대통령령으로 정하는 것을 제조, 수입하는 자는 안전인증 대상 기계·기구 등이 안전인증기준에 맞는지에 대하여 고용 노동부장관이 실시하는 안전인증을 받아야 한다.

(1) 안전인증 심사의 종류 및 방법 ★★

안전인증대상 기계·기구 등이 안전인증기준에 적합한지를 확인하기 위하여 안전 인증기관이 하는 심사는 다음과 같다.

예비심사	기계·기구 및 방호장치·보호구가 유해·위험한 기계·기구·설비 등 인지를 확인하는 심사(안전인증을 신청한 경우만 해당)
서면심사	유해·위험한 기계·기구·설비 등의 제품기술과 관련된 문서가 안전인증기준에 적합한지에 대한 심사
기술능력 및 생산체계 심사	유해·위험한 기계·기구·설비 등의 안전성능을 지속적으로 유지·보증하기 위하여 사업장에서 갖추어야 할 기술능력과 생산체계가 안전인증기준에 적합한지에 대한 심사
제품심사	유해·위험한 기계·기구·설비 등이 서면심사 내용과 일치하는지 여부와 유해·위험한 기계·기구·설비 등의 안전에 관한 성능이 안전인증기준에 적합한지 여부에 대한 심사(다음 각 목의 심사는 어느 하나만을 받는다) • 개별 제품심사 : 서면심사 결과가 안전인증기준에 적합할 경우에 유해·위험한 기계·기구·설비 등 모두에 대하여 하는 심사(서면심사와 개별 제품심사를 동시에 병행하여 할 수 있다) • 형식별 제품심사 : 서면심사와 기술능력 및 생산체계 심사 결과가 안전인증 기준에 적합할 경우에 유해·위험한 기계·기구·설비 등의 형식별로 표본을 추출하여 하는 심사(서면심사, 기술능력 및 생산체계 심사와 형식별 제품심사를 동시에 병행하여 할 수 있다)

한 눈에 들어오는 키워드

참고

안전인증의 전부 또는 일부가 면제되는 경우
① 연구·개발을 목적으로 제조·수입하거나 수출을 목적으로 제조하는 경우
② 고용노동부장관이 정하여 고시하는 외국의 안전인증기관에서 인증을 받은 경우
③ 다른 법령에서 안전성에 관한 검사나 인증을 받은 경우

참고

안전인증의 확인
1) 고용노동부장관은 안전인증을 받은 자가 안전인증기준을 지키고 있는지를 3년 이하의 범위에서 고용노동부령으로 정하는 주기마다 확인하여야 한다. 다만, 안전인증의 일부를 면제받은 경우에는 고용노동부령으로 정하는 바에 따라 확인의 전부 또는 일부를 생략할 수 있다.

2) 안전인증기관의 확인 주기
① 안전인증기관은 안전인증을 받은 제조자가 안전인증기준을 지키고 있는지를 2년에 1회 이상 확인하여야 한다.
② 다만, 다음 각 호의 모두에 해당하는 경우에는 3년에 1회 이상 확인할 수 있다.
  • 최근 3년 동안 안전인증이 취소되거나 안전인증표시의 사용금지 또는 개선명령을 받은 사실이 없는 경우
  • 최근 2회의 확인 결과 기술능력 및 생산 체계가 고용노동부장관이 정하는 기준 이상인 경우

3) 안전인증기관의 확인 사항
① 안전인증서에 적힌 제조 사업장에서 해당 유해·위험한 기계·기구 등을 생산하고 있는지 여부

> **참고**
>
> 🛠 **기술능력 및 생산체계 심사를 생략하는 경우**
> 1. 기계톱(이동식만 해당), 방호장치 및 보호구를 고용노동부장관이 정하여 **고시하는 수량 이하로 수입하는 경우**
> 2. **개별 제품심사를 하는 경우**
> 3. 안전인증(형식별 제품심사를 하여 안전인증을 받은 경우로 한정)을 받은 후 같은 공정에서 제조되는 같은 종류의 안전인증대상 기계 · 기구 등에 대하여 안전인증을 하는 경우

(2) 심사종류별 심사기간 ★

안전인증기관은 안전인증 신청서를 제출받으면 **심사 종류별 기간 내에 심사하여야 한다.** 다만, 제품심사의 경우 처리기간 내에 심사를 끝낼 수 없는 **부득이한 사유**가 있을 때에는 **15일의 범위에서 심사기간을 연장**할 수 있다.

심사 종류	심사 기간
예비심사	7일
서면심사	15일(외국에서 제조한 경우는 30일)
기술능력 및 생산체계 심사	30일(외국에서 제조한 경우는 45일)
제품심사	• 개별 제품심사 : 15일 • 형식별 제품심사 : 30일(방호장치, 보호구는 60일)

특급암기법

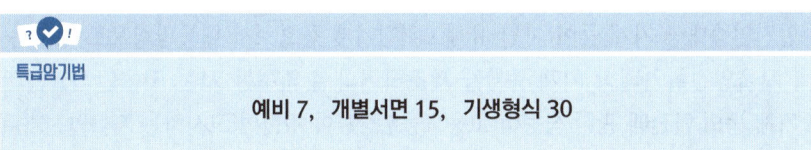

예비 7, 개별서면 15, 기생형식 30

(3) 안전인증의 취소 ★

① 고용노동부장관은 안전인증을 받은 자가 다음 각 호의 어느 하나에 해당하면 **안전인증을 취소하거나 6개월 이내의 기간을 정하여 안전인증표시의 사용을 금지**하거나 **안전인증기준에 맞게 개선**하도록 명할 수 있다. 다만, ①의 경우에는 **안전인증을 취소**하여야 한다.

② 안전인증을 받은 유해·위험한 기계·기구 등이 안전인증기준에 적합한지 여부
③ 안전인증을 받은 유해·위험 기계 등이 안전인증기준에 적합한지 여부
④ 제조자가 안전인증을 받을 당시의 기술능력·생산체계를 지속적으로 유지하고 있는지 여부
⑤ 유해·위험한 기계·기구 등이 서면심사 내용과 같은 수준 이상의 재료 및 부품을 사용하고 있는지 여부

> **참고**
>
> **안전인증의 취소 공고**
> 고용노동부장관은 안전인증을 취소한 경우에 안전인증을 취소한 날부터 30일 이내에 다음 각 호의 사항을 관보와 그 보급지역을 전국으로 하여 등록한 일반 일간신문 또는 인터넷 등에 공고하여야 한다.
> • 유해·위험한 기계·기구·설비 등의 명칭 및 형식번호
> • 안전인증번호
> • 제조자(수입자) 및 대표자
> • 사업장 소재지
> • 취소일자 및 취소사유

📍 **기출 ★**

형식별 제품심사의 심사기간을 60일로 두는 보호구의 종류
① 추락 및 감전 위험방지용 안전모
② 안전화
③ 안전장갑
④ 방진마스크
⑤ 방독마스크
⑥ 송기(送氣)마스크
⑦ 전동식 호흡보호구
⑧ 보호복

한 눈에 들어오는 키워드

② 안전인증이 취소된 자는 안전인증이 취소된 날부터 1년 이내에는 같은 규격과 형식의 안전인증대상 기계·기구 등에 대하여 안전인증을 신청할 수 없다.

> **안전인증을 취소, 안전인증표시의 사용금지, 안전인증기준에 맞게 시정을 요구할 수 있는 경우★**
>
> 1. **거짓**이나 그 밖의 **부정한 방법**으로 안전인증을 받은 경우(안전인증 취소만 해당됨)
> 2. 안전인증을 받은 유해·위험기계 등의 **안전에 관한 성능** 등이 안전인증 기준에 맞지 아니하게 된 경우
> 3. 정당한 사유 없이 **안전인증 확인을 거부, 방해 또는 기피하는 경우**

(4) 안전인증대상 기계 등의 제조 등의 금지

누구든지 다음 각 호의 어느 하나에 해당하는 안전인증대상 기계 등을 제조·수입·양도·대여·사용하거나 양도·대여의 목적으로 진열할 수 없다.

> **안전인증대상 기계 등을 제조·수입·양도·대여·사용하거나 양도·대여의 목적으로 진열할 수 없는 경우★**
>
> ① **안전인증을 받지 아니한 경우**(안전인증이 전부 면제되는 경우는 제외)
> ② 안전인증기준에 맞지 아니하게 된 경우
> ③ 안전인증이 취소되거나 안전인증표시의 사용금지 명령을 받은 경우

4 자율안전확인

(1) 자율안전확인의 신고

안전인증대상 기계 등이 아닌 유해·위험기계 등으로서 대통령령으로 정하는 것(**"자율안전확인대상 기계 등"**)을 제조하거나 수입하는 자는 자율안전확인대상 기계 등의 **안전에 관한 성능**이 고용노동부장관이 정하여 고시하는 **자율안전기준에 맞는지 확인("자율안전확인")하여 고용노동부장관에게 신고하여야 한다.** 다만, 다음 각 호의 어느 하나에 해당하는 경우에는 신고를 면제할 수 있다.

자율안전확인 신고를 면제할 수 있는 경우 ★

① 연구·개발을 목적으로 제조·수입하거나 수출을 목적으로 제조하는 경우
② 안전인증을 받은 경우
③ 다른 법령에 따라 안전성에 관한 검사나 인증을 받은 경우로서 고용노동부령으로 정하는 경우
   • 「농업기계화촉진법」에 따른 검정을 받은 경우
   • 「산업표준화법」에 따른 인증을 받은 경우
   • 「전기용품 및 생활용품 안전관리법」에 따른 안전인증 및 안전검사를 받은 경우
   • 국제전기기술위원회의 국제방폭전기기계·기구 상호인정제도에 따라 인증을 받은 경우

한 눈에 들어오는 키워드

(2) 자율안전확인 표시의 사용 금지

① 고용노동부장관은 **신고된 자율안전확인대상 기계 등의 안전에 관한 성능이 자율안전기준에 맞지 아니하게 된 경우**에는 신고한 자에게 **6개월 이내의 기간**을 정하여 자율안전확인표시의 사용을 금지하거나 자율안전기준에 맞게 시정하도록 명할 수 있다.

② 고용노동부장관은 **자율안전확인 표시의 사용을 금지하였을 때에는 그 사실을 관보 등에 공고**하여야 한다.

(3) 자율안전확인대상 기계 등의 제조 등의 금지

누구든지 다음 각 호의 어느 하나에 해당하는 자율안전확인대상 기계 등을 제조·수입·양도·대여·사용하거나 양도·대여의 목적으로 진열할 수 없다.

자율안전확인대상 기계 등을 제조·수입·양도·대여·사용하거나 양도·대여의 목적으로 진열할 수 없는 경우 ★★
① 자율안전확인 신고를 하지 아니한 경우 ② 거짓이나 그 밖의 부정한 방법으로 신고를 한 경우 ③ 자율안전확인대상 기계 등의 안전에 관한 성능이 자율안전기준에 맞지 아니하게 된 경우 ④ 자율안전확인 표시의 사용 금지 명령을 받은 경우

🔵 비교합시다

안전인증대상 기계 등을 제조·수입·양도·대여·사용하거나 양도·대여의 목적으로 진열할 수 없는 경우 ★★

① 안전인증을 받지 아니한 경우(안전인증이 전부 면제되는 경우는 제외)
② 안전인증기준에 맞지 아니하게 된 경우
③ 안전인증이 취소되거나 안전인증표시의 사용금지 명령을 받은 경우

한 눈에 들어오는 키워드

5 안전검사

"유해하거나 위험한 기계·기구·설비"로서 대통령령으로 정하는 것("안전검사대상 기계 등")을 사용하는 **사업주**는 안전검사대상 **기계등의 안전에 관한 성능**이 고용노동부장관이 정하여 고시하는 **검사 기준에 맞는지에 대하여 안전검사를 받아야 한다.** 이 경우 안전검사대상 기계 등을 사용하는 사업주와 소유자가 다른 경우에는 안전검사대상 **기계 등의 소유자가 안전검사를 받아야 한다.** ★

(1) 안전검사대상 기계 등의 사용 금지

① **안전검사를 받지 아니한** 안전검사대상 기계 등
② **안전검사에 불합격한** 안전검사대상 기계 등

(2) 안전검사의 신청

① 안전검사를 받아야 하는 자는 **안전검사 신청서를 검사 주기 만료일 30일 전에 안전검사기관에 제출**하여야 한다.
② 안전검사 신청을 받은 **안전검사기관은 30일 이내에 해당 기계·기구 및 설비별로 안전검사를 하여야 한다.**
③ 안전검사기관은 안전검사 결과 안전검사기준에 적합한 경우에는 해당 사업주에게 "안전검사대상 유해·위험기계 등"에 직접 부착 가능한 안전검사 합격표시를 발급하고, 부적합한 경우에는 해당 사업주에게 안전검사 불합격통지서에 그 사유를 밝혀 발급하여야 한다.

6 자율검사프로그램에 따른 안전검사

안전검사를 받아야 하는 사업주가 근로자대표와 협의하여 검사기준, 검사 주기 등을 충족하는 **자율검사프로그램을 정하고 고용노동부장관의 인정을 받아** 다음 각 호의 어느 하나에 해당하는 사람으로부터 **자율검사프로그램에 따라** 안전검사대상 기계 등에 대하여 **자율안전검사를 받으면 안전검사를 받은 것으로 본다.** 이 때 **자율검사프로그램의 유효기간은 2년**으로 한다.

(1) 자율검사프로그램의 **인정을 취소**하거나 **인정받은 자율검사프로그램의 내용에 따라 검사를 하도록 하는 등 개선**을 명할 수 있는 경우(다만, ①의 경우에는 인정을 취소하여야 한다.) ★

> **참고**
> 자율안전검사를 실시할 수 있는 자격을 갖춘 사람
> ① 고용노동부령으로 정하는 안전에 관한 성능검사와 관련된 자격 및 경험을 가진 사람
> ② 고용노동부령으로 정하는 바에 따라 안전에 관한 성능검사 교육을 이수하고 해당 분야의 실무 경험이 있는 사람

① **거짓이나 그 밖의 부정한 방법**으로 자율검사프로그램을 인정받은 경우
② 자율검사프로그램을 인정받고도 **검사를 하지 아니한 경우**
③ 인정받은 **자율검사프로그램의 내용에 따라 검사를 하지 아니한 경우**
④ **검사 자격을 가진 자 또는 지정검사기관이 검사를 하지 아니한 경우**

(2) 자율검사프로그램의 인정 ★★

사업주가 자율검사프로그램을 인정받기 위해서는 다음 각 호의 요건을 모두 충족하여야 한다. 다만, 검사기관에 위탁한 경우에는 ① 및 ②를 충족한 것으로 본다.

① **검사원을 고용**하고 있을 것
② **검사를 할 수 있는 장비를 갖추고** 이를 유지·관리할 수 있을 것
③ **안전검사주기의 2분의 1에 해당하는 주기**(크레인 중 건설현장 외에서 사용하는 크레인의 경우 **6개월**)마다 **검사**를 할 것
④ 자율검사프로그램의 **검사기준이 안전검사기준을 충족할 것**

(3) 자율검사프로그램을 인정받으려는 자는 자율검사프로그램 인정신청서에 다음 각 호의 내용이 포함된 자율검사프로그램을 확인할 수 있는 **서류 2부를 첨부**하여 **공단에 제출**하여야 한다. ★

① 안전검사대상 **기계 등의 보유 현황**
② **검사원 보유 현황**과 검사를 할 수 있는 **장비 및 장비 관리방법**(자율안전검사기관에 위탁한 경우에는 위탁을 증명할 수 있는 서류를 제출한다)
③ 안전검사대상 기계 등의 **검사 주기 및 검사기준**
④ **향후 2년간** 검사대상 **유해·위험기계 등의 검사 수행계획**
⑤ **과거 2년간** 자율검사프로그램 **수행 실적**(재신청의 경우만 해당한다)

7 안전인증의 표시

(1) 안전인증대상 및 자율안전확인의 표시방법 ★★

[확인]
인증 표시 색
• 테두리와 문자 :
  파란색(2.5PB 4/10)
• 그 밖의 부분 :
  흰색(N9.5)(테두리와 문자를 흰색, 그 밖의 부분을 파란색으로 표현할 수 있다)

8 안전인증 및 자율안전확인 대상 기계, 기구 등 ★★★

	안전인증	자율안전확인
1. 기계 기구 · 설비	1. **설치·이전**하는 경우 안전인증을 받아야 하는 기계·기구 ① 크레인 ② 리프트 ③ 곤돌라 2. **주요 구조 부분을 변경**하는 경우 안전인증을 받아야 하는 기계·기구 ① 프레스 ② 전단기 및 절곡기(折曲機) ③ 크레인 ④ 리프트 ⑤ 압력용기 ⑥ 롤러기 ⑦ 사출성형기(射出成形機) ⑧ 고소(高所)작업대 ⑨ 곤돌라 **특급암기법** 유사한 종류끼리 묶어서 암기 **손 다치는 기계** – 프레스, 전단기 및 절곡기, 사출성형기, 롤러기 **양중기** – 크레인, 리프트, 곤돌라 **폭발** – 압력용기 **추락** – 고소작업대	① 연삭기 또는 연마기(휴대형은 제외) ② 산업용 로봇 ③ 혼합기 ④ 파쇄기 또는 분쇄기 ⑤ 식품가공용 기계 (파쇄·절단·혼합·제면기만 해당한다) ⑥ 컨베이어 ⑦ 자동차정비용 리프트 ⑧ 공작기계(선반, 드릴기, 평삭·형삭기, 밀링만 해당) ⑨ 고정형 목재가공용 기계(둥근톱, 대패, 루타기, 띠톱, 모떼기 기계만 해당) ⑩ 인쇄기 **특급암기법** **공작기계**로 철판 잘라서 **연삭기, 연마기**로 갈고, **고정형 목재가공용 기계**로 나무 자르고, **식품가공용 기계**로 식품 **파쇄, 분쇄**하여 **혼합기**로 혼합한 후 컨베이어로 운반해서 **자동차 리프트**에 올려놓고 인기있는 **산업용 로봇** 만들자.
2. 방호 장치	① 프레스 및 전단기 방호장치 ② 양중기용 과부하방지장치 ③ 보일러 압력방출용 안전밸브 ④ 압력용기 압력방출용 안전밸브 ⑤ 압력용기 압력방출용 파열판 ⑥ 절연용 방호구 및 활선작업용 기구 ⑦ 방폭구조 전기기계 기구 및 부품 ⑧ 추락·낙하 및 붕괴 등의 위험 방지 및 보호에 필요한 가설기자재로서 고용노동부장관이 정하여 고시하는 것 ⑨ 충돌·협착 등의 위험 방지에 필요한 산업용 로봇 방호장치로서 고용노동부장관이 정하여 고시하는 것	① 아세틸렌, 가스집합 용접장치용 안전기 ② 교류아크용접기용 자동전격방지기 ③ 롤러기 급정지장치 ④ 연삭기 덮개 ⑤ 목재가공용 둥근톱 반발 예방장치 및 날접촉 예방장치 ⑥ 동력식수동대패의 칼날 접촉방지장치 ⑦ 추락, 낙하 및 붕괴 등의 위험방호에 필요한 가설기자재(안전인증 제외)

	안전인증	자율안전확인
2. 방호장치	**특급암기법** 안전인증 대상 중 **손 다치는 기계 – 프레스 및 전단기**의 방호장치 **양중기 – 과부하방지장치** **폭발 – 보일러의 안전밸브, 압력용기 안전밸브, 파열판** **충돌 – 산업용 로봇** **전기 – 방폭구조, 절연용 방호구, 활선작업용 기구**	**특급암기법** **롤러**를 통과한 철판을 **목재가공용 둥근톱, 동력식 수동대패**로 잘라서 **아세틸렌, 가스집합용접장치, 교류아크 용접기**로 용접해서 **연삭기**로 다듬자.
3. 보호구	① 추락 및 감전 위험방지용 안전모 ② 안전화 ③ 안전장갑 ④ 방진마스크 ⑤ 방독마스크 ⑥ 송기마스크 ⑦ 전동식 호흡보호구 ⑧ 보호복 ⑨ 안전대 ⑩ 차광 및 비산물 위험방지용 보안경 ⑪ 용접용 보안면 ⑫ 방음용 귀마개 또는 귀덮개 **특급암기법** **머리 – 안전모(추락 및 감전방지용)** **눈 – 보안경(차광 및 비산물 위험방지용)** **코, 입 – 방진마스크, 방독마스크, 송기마스크, 전동식 호흡보호구** **얼굴 – 보안면(용접용)** **귀 – 귀마개 또는 귀덮개(방음용)** **손 – 안전장갑** **허리 – 안전대** **발 – 안전화** **몸 – 보호복**	① 안전모(안전인증 제외) ② 보안경(안전인증 제외) ③ 보안면(안전인증 제외)
4. 합격표시	① 형식 또는 모델명 ② 규격 또는 등급 등 ③ 제조자 명 ④ 제조번호 및 제조연월 ⑤ 안전인증 번호	① 형식 또는 모델명 ② 규격 또는 등급 등 ③ 제조자 명 ④ 제조번호 및 제조연월 ⑤ 자율안전확인 번호

한 눈에 들어오는 키 워드

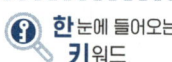

9 안전검사 대상 기계, 기구 등 ★★★

1. 안전검사 대상 유해·위험기계 등	① 프레스 ② 전단기 ③ 크레인[정격 하중이 2톤 미만인 것 제외] ④ 리프트 ⑤ 압력용기 ⑥ 곤돌라 ⑦ 국소 배기장치(이동식은 제외) ⑧ 원심기(산업용만 해당) ⑨ 롤러기(밀폐형 구조는 제외한다) ⑩ 사출성형기[형 체결력(형 체결력) 294킬로뉴턴(KN) 미만은 제외] ⑪ 고소작업대 ⑫ 컨베이어 ⑬ 산업용 로봇 ⑭ 혼합기(26년 6월 26일 시행) ⑮ 파쇄기 또는 분쇄기(26년 6월 26일 시행) **특급암기법** **손 다치는 기계** - 프레스, 전단기, 사출성형기, 롤러기, 혼합기, 파쇄기 또는 분쇄기(26년 6월 26일 시행) **양중기** - 크레인, 리프트, 곤돌라 **폭발** - 압력용기 **추가** - 극소(국소) 로봇이 고소의 큰(컨) 원을 검사(안전검사) 국소배기장치, 산업용 로봇, 고소작업대, 컨베이어, 원심기
2. 안전검사대상 유해·위험기계 등의 검사 주기	① 크레인(이동식 크레인은 제외), 리프트(이삿짐운반용 리프트는 제외) 및 곤돌라 : 사업장에 설치가 끝난 날부터 3년 이내에 최초 안전검사를 실시하되, 그 이후부터 2년마다(건설현장에서 사용하는 것은 최초로 설치한 날부터 6개월마다) ② 이동식 크레인, 이삿짐운반용 리프트 및 고소작업대 : 신규등록 이후 3년 이내에 최초 안전검사를 실시하되, 그 이후부터 2년마다 ③ 프레스, 전단기, 압력용기, 국소 배기장치, 원심기, 롤러기, 사출성형기, 컨베이어 및 산업용 로봇, 혼합기, 파쇄기 또는 분쇄기(26년 6월 26일 시행) : 사업장에 설치가 끝난 날부터 3년 이내에 최초 안전검사를 실시하되, 그 이후부터 2년마다(공정안전보고서를 제출하여 확인을 받은 압력용기는 4년마다)
3. 안전검사 합격표시	① 검사 대상 유해·위험 기계명 ② 신청인 ③ 형식번호(기호) ④ 합격번호 ⑤ 검사유효기간 ⑥ 검사기관

10 안전진단

(1) 안전진단 대상 사업장의 종류 ★

① **중대재해 발생 사업장**
② **안전보건개선계획 수립ㆍ시행명령을 받은 사업장**
③ 추락ㆍ폭발ㆍ붕괴 등 **재해발생 위험이 현저히 높은 사업장으로서 지방노동관서의 장이 안전ㆍ보건진단이 필요하다고 인정하는 사업장**

(2) 안전보건진단의 종류 및 내용 ★

종류	진단내용
종합진단	1. **경영ㆍ관리적 사항**에 대한 평가 　가. 산업재해 예방계획의 적정성 　나. 안전ㆍ보건 관리조직과 그 직무의 적정성 　다. 산업안전보건위원회 설치ㆍ운영, 명예산업안전감독관의 역할 등 근로자의 참여 정도 　라. 안전보건관리규정 내용의 적정성 2. **산업재해 또는 사고의 발생 원인**(산업재해 또는 사고가 발생한 경우만 해당한다) 3. **작업조건 및 작업방법**에 대한 평가 4. **유해ㆍ위험요인**에 대한 측정 및 분석 　가. 기계ㆍ기구 또는 그 밖의 설비에 의한 위험성 　나. 폭발성ㆍ물반응성ㆍ자기반응성ㆍ자기발열성 물질, 자연발화성 액체ㆍ고체 및 인화성 액체 등에 의한 위험성 　다. 전기ㆍ열 또는 그 밖의 에너지에 의한 위험성 　라. 추락, 붕괴, 낙하, 비래(飛來) 등으로 인한 위험성 　마. 그 밖에 기계ㆍ기구ㆍ설비ㆍ장치ㆍ구축물ㆍ시설물ㆍ원재료 및 공정 등에 의한 위험성 　바. 법 제118조제1항에 따른 허가대상물질, 고용노동부령으로 정하는 관리대상 유해물질 및 온도ㆍ습도ㆍ환기ㆍ소음ㆍ진동ㆍ분진, 유해광선 등의 유해성 또는 위험성 5. **보호구, 안전ㆍ보건장비 및 작업환경 개선시설**의 적정성 6. **유해물질의 사용ㆍ보관ㆍ저장, 물질안전보건자료의 작성, 근로자 교육 및 경고표시 부착**의 적정성 7. 그 밖에 작업환경 및 근로자 건강 유지ㆍ증진 등 보건관리의 개선을 위하여 필요한 사항

한눈에 들어오는 키워드

안전진단	1. **산업재해 또는 사고의 발생 원인**(산업재해 또는 사고가 발생한 경우만 해당한다)
	2. **작업조건 및 작업방법**에 대한 평가
	3. **유해·위험요인에 대한 측정 및 분석**(안전 관련 사항만 해당한다)
	  가. 기계·기구 또는 그 밖의 설비에 의한 위험성
	  나. 폭발성·물반응성·자기반응성·자기발열성 물질, 자연발화성 액체·고체 및 인화성 액체 등에 의한 위험성
	  다. 전기·열 또는 그 밖의 에너지에 의한 위험성
	  라. 추락, 붕괴, 낙하, 비래(飛來) 등으로 인한 위험성
	  마. 그 밖에 기계·기구·설비·장치·구축물·시설물·원재료 및 공정 등에 의한 위험성

보건진단	1. **산업재해 또는 사고의 발생 원인**(산업재해 또는 사고가 발생한 경우만 해당한다) 2. **작업조건 및 작업방법**에 대한 평가 3. **허가대상물질, 관리대상 유해물질 및 온도·습도·환기·소음·진동·분진, 유해광선** 등의 유해성 또는 위험성 4. **보호구, 안전·보건장비 및 작업환경** 개선시설의 적정성(보건 관련 사항만 해당한다) 5. **유해물질의 사용·보관·저장, 물질안전보건자료의 작성, 근로자 교육 및 경고표시** 부착의 적정성 6. 그 밖에 작업환경 및 근로자 건강 유지·증진 등 보건관리의 개선을 위하여 필요한 사항

CHAPTER 02 안전보호구 관리

01 보호구 및 안전장구 관리

주요내용 알고 가기!

- 보호구의 지급
- 안전인증 대상 보호구의 종류
- 안전인증 제품표시의 붙임
- 안전모의 성능 시험 종류
- 안전화의 성능 시험 종류
- 방진마스크의 등급
- 방독마스크의 등급 및 정화통 표시색
- 안전대의 종류

1 보호구의 개요

(1) 보호구의 지급 ★★★

사업주는 다음 각 호에서 정하는 바에 따라 **그 작업조건에 적합한 보호구를 동시에 작업하는 근로자의 수 이상으로 지급하고 이를 착용하도록 하여야 한다.**

① **물체가 떨어지거나 날아올 위험** 또는 **근로자가 추락할 위험**이 있는 작업 : **안전모**
② 높이 또는 깊이 **2미터 이상의 추락할 위험**이 있는 장소에서 하는 작업 : **안전대(安全帶)**
③ **물체의 낙하·충격, 물체에의 끼임, 감전** 또는 **정전기의 대전(帶電)**에 의한 위험이 있는 작업 : **안전화**
④ **물체가 흩날릴 위험**이 있는 작업 : **보안경**
⑤ **용접 시 불꽃**이나 **물체가 흩날릴 위험**이 있는 작업 : **보안면**
⑥ **감전의 위험**이 있는 작업 : **절연용 보호구**
⑦ **고열에 의한 화상** 등의 위험이 있는 작업 : **방열복**
⑧ 선창 등에서 **분진(粉塵)이 심하게 발생**하는 하역작업 : **방진마스크**

※ 문제

다음 중 보호구와 관련한 사항으로서 맞는 것은?

㉮ 각종 위험으로부터 눈을 보호하기 위해서는 보호장구가 필요하나, 위험이 없는 작업장에서 착용하면 오히려 사고의 위험이 있다.
㉯ 귀마개는 저음부터 고음까지를 모두 차단할 수 있는 양질의 제품을 사용해야 한다.
㉰ 산소결핍지역에서는 필히 방독마스크를 착용하여야 한다.
㉱ 선반작업과 같이 손에 재해가 많이 발생하는 작업장에서는 장갑 착용을 의무화한다.

[해설]
㉯ 일반적으로 귀마개는 고음만 차음해야 대화소리를 들을 수 있다.
㉰ 산소결핍 시 송기마스크를 착용하여야 한다.
㉱ 선반과 같은 공작기계 작업은 절대 장갑을 착용해서는 안 된다.

[참고]
보호구는 위험이 없는 상태에서는 작업에 지장을 줄 우려가 있으므로 필요한 작업에 한하여 반드시 착용하여야 한다.

정답 ㉮

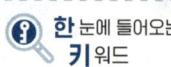

⑨ 섭씨 영하 18도 이하인 급냉동어창에서 하는 하역작업 : 방한모 · 방한복 · 방한화 · 방한장갑
⑩ 물건을 운반하거나 수거 · 배달하기 위하여 이륜자동차 또는 원동기장치 자전거를 운행하는 작업 : 승차용 안전모
⑪ 물건을 운반하거나 수거·배달하기 위하여 자전거 등을 운행하는 작업 : 안전모

(2) 보호구 구비 조건 ★

① 사용 목적에 적합해야 한다.
② 착용이 간편해야 한다.
③ 작업에 방해되지 않아야 한다.
④ 품질이 우수해야 한다.
⑤ 구조, 끝마무리가 양호해야 한다.
⑥ 겉모양, 보기가 좋아야 한다.
⑦ 유해, 위험에 대한 방호가 완전할 것
⑧ 금속성 재료는 내식성일 것

(3) 안전인증 대상 보호구의 종류 ★★★

① 추락 및 감전 위험방지용 안전모
② 안전화
③ 안전장갑
④ 방진마스크
⑤ 방독마스크
⑥ 송기마스크
⑦ 전동식 호흡보호구
⑧ 보호복
⑨ 안전대
⑩ 차광 및 비산물 위험방지용 보안경
⑪ 용접용 보안면
⑫ 방음용 귀마개 또는 귀덮개

(4) 자율안전 확인 대상 보호구의 종류 ★★★

① 안전모(안전인증 대상 제외)
② 보안경(안전인증 대상 제외)
③ 보안면(안전인증 대상 제외)

(5) 안전인증 제품표시의 붙임 ★★★

안전인증제품에는 안전인증 표시 외에 다음 각 목의 사항을 표시한다.

① 형식 또는 모델명
② 규격 또는 등급 등
③ 제조자명
④ 제조번호 및 제조연월
⑤ 안전인증 번호

2 안전인증 대상 보호구의 종류별 특성 및 성능기준, 시험방법

(1) 추락 및 감전 위험방지용 안전모

1) 안전인증 안전모의 종류(추락, 감전방지용) ★★★

종류 (기호)	사 용 구 분	비 고
AB	물체의 낙하 또는 비래 및 추락에 의한 위험을 방지 또는 경감시키기 위한 것	
AE	물체의 낙하 또는 비래에 의한 위험을 방지 또는 경감하고, 머리부위 감전에 의한 위험을 방지하기 위한 것	내전압성
ABE	물체의 낙하 또는 비래 및 추락에 의한 위험을 방지 또는 경감하고, 머리부위 감전에 의한 위험을 방지하기 위한 것	내전압성

내전압성이란 7,000V 이하의 전압에 견디는 것을 말한다.

2) 안전인증 안전모의 성능 시험 종류 및 시험성능기준 ★★

항 목	시험성능 기준
① 내관통성 시험	AE, ABE종 안전모는 관통거리가 9.5mm 이하이고, AB종 안전모는 관통거리가 11.1mm 이하이어야 한다.
② 충격흡수성 시험	최고전달충격력이 4,450N을 초과해서는 안되며, 모체와 착장체의 기능이 상실되지 않아야 한다.
③ 내전압성 시험	AE, ABE종 안전모는 교류 20kV에서 1분간 절연파괴 없이 견뎌야 하고, 이때 누설되는 충전전류는 10mA 이하이어야 한다.
④ 내수성 시험	AE, ABE종 안전모는 질량증가율이 1% 미만이어야 한다.
⑤ 난연성 시험	모체가 불꽃을 내며 5초 이상 연소되지 않아야 한다.
⑥ 턱끈풀림 시험	150N 이상 250N 이하에서 턱끈이 풀려야 한다.

한 눈에 들어오는 키워드

[비교 ★★★]
자율안전확인제품 표시사항
- 형식 또는 모델명
- 규격 또는 등급 등
- 제조자명
- 제조번호 및 제조연월
- 자율안전확인 번호

[비교 ★★]
자율안전 확인 안전모 성능 시험 종류
- 내관통성 시험
- 충격흡수성 시험
- 난연성 시험
- 턱끈풀림시험

안전모의 내수성 시험 ★

- AE, ABE종 안전모의 내수성 시험은 시험 안전모의 모체를 20~25℃의 수중에 24시간 담가놓은 후, 대기 중에 꺼내어 마른천 등으로 표면의 수분을 닦아내고 다음 산식으로 질량 증가율(%)을 산출한다.

$$질량증가율(\%) = \frac{담근\ 후의\ 질량 - 담그기\ 전의\ 질량}{담그기\ 전의\ 질량} \times 100$$

- AE, ABE종 안전모는 질량증가율이 1% 미만이어야 한다.

(2) 안전화

1) 안전화의 종류 ★

종류	성능 구분
가죽제안전화	물체의 낙하, 충격 또는 날카로운 물체에 의한 찔림 위험으로부터 발을 보호하기 위한 것
고무제안전화	물체의 낙하, 충격 또는 날카로운 물체에 의한 찔림 위험으로부터 발을 보호하고 내수성을 겸한 것
정전기안전화	물체의 낙하, 충격 또는 날카로운 물체에 의한 찔림 위험으로부터 발을 보호하고 정전기의 인체대전을 방지하기 위한 것
발등 안전화	물체의 낙하, 충격 또는 날카로운 물체에 의한 찔림 위험으로부터 발 및 발등을 보호하기 위한 것
절연화	물체의 낙하, 충격 또는 날카로운 물체에 의한 찔림 위험으로부터 발을 보호하고 저압의 전기에 의한 감전을 방지하기 위한 것
절연장화	고압에 의한 감전을 방지 및 방수를 겸한 것
화학물질용 안전화	물체의 낙하, 충격 또는 날카로운 물체에 의한 찔림 위험으로부터 발을 보호하고 화학물질로부터 유해위험을 방지하기 위한 것

2) 가죽제 안전화 성능시험 종류 ★★

① **내충격성** 시험　　② **내압박성** 시험
③ **내답발성** 시험　　④ **박리저항** 시험
⑤ 내유성 시험　　　　⑥ 인장강도 시험 및 신장율 시험
⑦ 내부식성 시험　　　⑧ 인열강도 시험
⑨ 은면결렬 시험

(3) 안전장갑

1) 내전압용 절연장갑

① 절연장갑의 등급 ★

등급	최대사용전압		등급별 색상
	교류(V, 실효값)	직류(V)	
00	500	750	갈색
0	1,000	1,500	빨간색
1	7,500	11,250	흰색
2	17,000	25,500	노란색
3	26,500	39,750	녹색
4	36,000	54,000	등색

특급암기법

교류×1.5 = 직류
공(00)갈 공(0)적 1백 2황 3녹 4등

2) 화학물질용 안전장갑

(4) 방진마스크

① 분진 등
   분진, 미스트 및 흄을 총칭하는 것으로 물리적 작용 및 화학적 반응에 의해 생성된 고체 또는 액체입자를 말한다.

② **전면형 방진마스크**
   분진 등으로부터 **안면부 전체(입, 코, 눈)를 덮을 수 있는 구조의 방진마스크**를 말한다.

③ **반면형 방진마스크**
   분진 등으로부터 **안면부의 입과 코를 덮을 수 있는 구조의 방진마스크**를 말한다.

1) 방진마스크의 등급 ★★

등급	특급	1급	2급
사용 장소	• **베릴륨** 등과 같이 독성이 강한 물질들을 함유한 분진 등 발생 장소 • **석면** 취급 장소	• 특급마스크 착용장소를 제외한 분진 등 발생장소 • **금속흄 등과 같이 열적으로 생기는 분진** 등 발생장소 • **기계적으로 생기는 분진 등 발생** 장소(**규소** 등과 같이 2급 방진마스크를 착용하여도 무방한 경우는 **제외**한다)	• 특급 및 1급 마스크 착용장소를 제외한 분진 등 발생장소

배기밸브가 없는 안면부여과식 마스크는 특급 및 1급 장소에 사용해서는 안 된다.

2) 방진마스크의 형태

종류	분리식		안면부여과식
	격리식	직결식	
형태	• 전면형 그림 1 참조	• 전면형 그림 2 참조	• 반면형 그림 5 참조
	• 반면형 그림 3 참조	• 반면형그림 4 참조	
사용조건	산소농도 18% 이상인 장소에서 사용하여야 한다.		

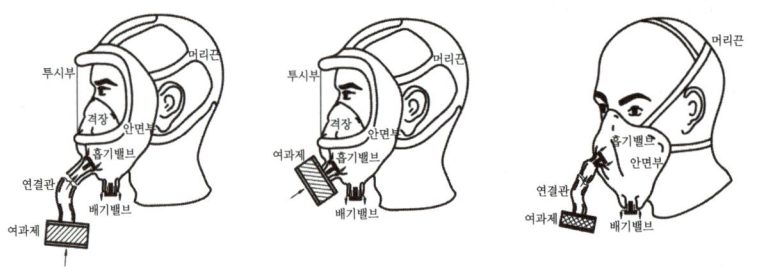

[그림 1 격리식 전면형]　　[그림 2 직결식 전면형]　　[그림 3 격리식 반면형]

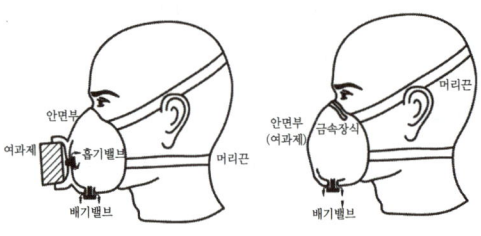

[그림 4 직결식 반면형]　　[그림 5 안면부여과식]

3) 방진마스크의 일반구조 ★

① 착용 시 이상한 압박감이나 고통을 주지 않을 것
② 전면형 : 호흡 시에 투시부가 흐려지지 않을 것
③ 분리식 마스크 : 여과재, 흡기밸브, 배기밸브 및 머리끈을 쉽게 교환할 수 있고 착용자 자신이 안면부와의 밀착성 여부를 수시로 확인할 수 있을 것
④ 안면부여과식 : 여과재로 된 안면부가 사용 중 심하게 변형되지 않을 것
⑤ 안면부여과식 : 여과재를 안면에 밀착시킬 수 있을 것

4) 여과재 등 분진 포집효율 ★

형태 및 등급		염화나트륨(NaCl) 및 파라핀 오일(Paraffin oil) 시험(%)
분리식	특급	99.95 이상
	1급	94.0 이상
	2급	80.0 이상
안면부 여과식	특급	99.0 이상
	1급	94.0 이상
	2급	80.0 이상

5) 시야

형태		시야(%)	
		유효시야	겹침시야
전면형	1안식	70 이상	80 이상
	2안식	70 이상	20 이상

6) 안면부 내부의 이산화탄소농도 ★

안면부 내부의 이산화탄소농도	안면부 내부의 이산화탄소 농도가 부피분율 1% 이하일 것

(5) 방독마스크

① 파과
대응하는 가스에 대하여 **정화통 내부의 흡착제가 포화상태가 되어 흡착능력을 상실한 상태**를 말한다. ★

② 파과시간
어느 일정농도의 유해물질 등을 포함한 공기를 일정 유량으로 정화통에 통과하기 시작부터 파과가 보일 때까지의 시간을 말한다.

한 눈에 들어오는 **키**워드

※ 문제

다음은 방진마스크를 선택할 때의 일반적인 유의사항에 관한 설명 중 틀린 것은?
㉮ 중량이 가벼울수록 좋다.
㉯ 흡기저항이 큰 것일수록 좋다.
㉰ 안면에의 밀착성이 좋아야 한다.
㉱ 손질하기가 간편할수록 좋다.

[해설]
㉯ 흡·배기저항은 작을수록 좋다.
정답 ㉯

[비교]
방진마스크의 구비조건 ★
• 여과효율이 좋을 것
• 흡·배기 저항이 작을 것
• 안면밀착성이 좋을 것
• 시야가 넓을 것
• 피부접촉부의 고무질이 좋을 것

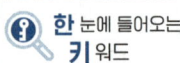

③ 파과곡선

파과시간과 유해물질 등에 대한 농도와의 관계를 나타낸 곡선을 말한다.

④ **전면형 방독마스크**

유해물질 등으로부터 **안면부 전체(입, 코, 눈)를 덮을 수 있는 구조의 방독마스크**를 말한다.

⑤ **반면형 방독마스크**

유해물질 등으로부터 **안면부의 입과 코를 덮을 수 있는 구조의 방독마스크**를 말한다.

⑥ **복합용 방독마스크**

2종류 이상의 유해물질 등에 대한 제독능력이 있는 방독마스크를 말한다. ★★

⑦ **겸용 방독마스크**

방독마스크(복합용 포함)의 성능에 방진마스크의 성능이 포함된 방독마스크를 말한다. ★★

1) 방독마스크의 종류 및 시험가스 ★★

종 류	시험가스
유기화합물용	시클로헥산(C_6H_{12}), 디메틸에테르(CH_3OCH_3), 이소부탄(C_4H_{10})
할로겐용	염소가스 또는 증기(Cl_2)
황화수소용	황화수소가스(H_2S)
시안화수소용	시안화수소가스(HCN)
아황산용	아황산가스(SO_2)
암모니아용	암모니아가스(NH_3)

2) 방독마스크의 등급 ★★

등급	사용 장소
고농도	가스 또는 증기의 농도가 100분의 2(암모니아에 있어서는 100분의 3) 이하의 대기 중에서 사용하는 것
중농도	가스 또는 증기의 농도가 100분의 1(암모니아에 있어서는 100분의 1.5) 이하의 대기 중에서 사용하는 것
저농도 및 최저농도	가스 또는 증기의 농도가 100분의 0.1 이하의 대기 중에서 사용하는 것으로서 긴급용이 아닌 것

비고 : 방독마스크는 산소농도가 18% 이상인 장소에서 사용하여야 하고, 고농도와 중농도에서 사용하는 방독마스크는 전면형(격리식, 직결식)을 사용해야 한다

3) 방독마스크의 형태 및 구조

형태		구 조
격리식	전면형	정화통, 연결관, 흡기밸브, 안면부, 배기밸브 및 머리끈으로 구성되고, 정화통에 의해 가스 또는 증기를 여과한 **청정공기를 연결관을 통하여 흡입**하고 배기는 배기밸브를 통하여 외기중으로 배출하는 것으로 **안면부 전체를 덮는 구조**
	반면형	정화통, 연결관, 흡기밸브, 안면부, 배기밸브 및 머리끈으로 구성되고, 정화통에 의해 가스 또는 증기를 여과한 **청정공기를 연결관을 통하여 흡입**하고 배기는 배기밸브를 통하여 외기중으로 배출하는 것으로 **코 및 입부분을 덮는 구조**
직결식	전면형	정화통, 흡기밸브, 안면부, 배기밸브 및 머리끈으로 구성되고, 정화통에 의해 가스 또는 증기를 여과한 **청정공기를 흡기밸브를 통하여 흡입**하고 배기는 배기밸브를 통하여 외기중으로 배출하는 것으로 **정화통이 직접 연결된 상태로 안면부 전체를 덮는 구조**
	반면형	정화통, 흡기밸브, 안면부, 배기밸브 및 머리끈으로 구성되고, 정화통에 의해 가스 또는 증기를 여과한 **청정공기를 흡기밸브를 통하여 흡입**하고 배기는 배기밸브를 통하여 외기중으로 배출하는 것으로 **안면부와 정화통이 직접 연결된 상태로 코 및 입부분을 덮는 구조**

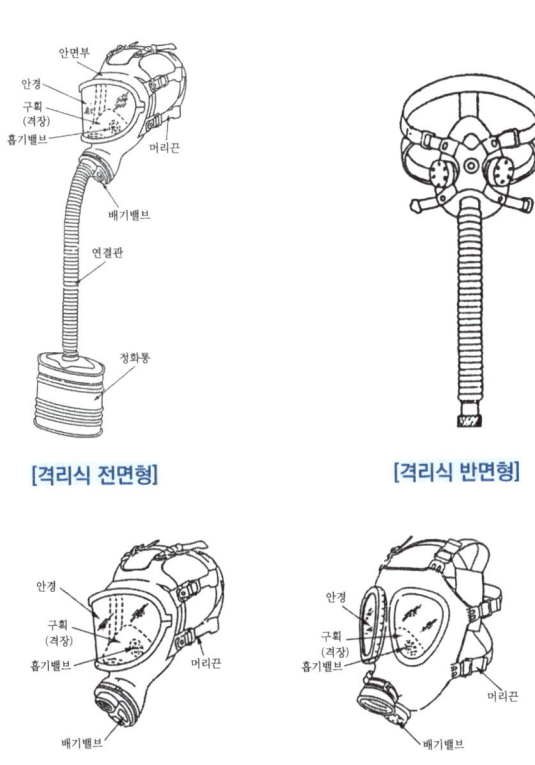

[격리식 전면형]   [격리식 반면형]

[직결식 전면형(1안식)]   [직결식 전면형(2안식)]

[직결식 반면형]

4) 시야

형태		시야(%)	
		유효시야	겹침시야
전면형	1안식	70 이상	80 이상
	2안식		20 이상

5) 안면부 내부의 이산화탄소 농도 ★

안면부 내부의 이산화탄소 농도	안면부 내부의 이산화탄소 농도가 부피분율 1% 이하일 것

6) 안전인증 방독마스크 표시 외에 표시사항 ★

① 파과곡선도
② 사용시간 기록카드
③ 정화통의 외부측면의 표시 색
④ 사용상의 주의사항

7) 흡수제 종류

① 활성탄
② 큐프라 마이트
③ 호프칼 라이트
④ 실리카겔
⑤ 소다라임
⑥ 알칼리제재 등

8) 정화통 외부 측면의 표시 색 ★★★

종류	표시 색
유기화합물용 정화통	갈색
할로겐용 정화통	회색
황화수소용 정화통	회색
시안화수소용 정화통	회색
아황산용 정화통	노란색
암모니아용 정화통	녹색
복합용 및 겸용의 정화통	복합용의 경우 : 해당가스 모두 표시(2층 분리) 겸용의 경우 : 백색과 해당가스 모두 표시(2층 분리)

※ 증기밀도가 낮은 유기화합물 정화통의 경우 색상표시 및 화학물질명 또는 화학기호를 표기)

9) 방독마스크의 유효시간 계산 ★

$$유효시간(파과시간) = \frac{시험가스농도 \times 표준유효시간}{작업장\ 공기\ 중\ 유해가스\ 농도}(분)$$

(6) 송기마스크 : 산소결핍장소(산소농도 18% 미만)에서 착용한다.

1) 송기마스크의 종류 및 등급 ★

종류	등급		구분
호스 마스크	폐력흡인형		안면부
	송풍기형	전동	안면부, 페이스실드, 후드
		수동	안면부
에어라인 마스크	일정유량형		안면부, 페이스실드, 후드
	디맨드형		안면부
	압력디맨드형		안면부
복합식 에어라인마스크	디맨드형		안면부
	압력디맨드형		안면부

한 눈에 들어오는 키워드

※ 문제

어느 작업장의 공기 중 사염화탄소의 농도가 0.2%인 곳에서 근로자가 착용한 정화통의 흡수능력이 CCl_4 0.5%에 대하여 100분이라 할 때 방독마스크 정화통의 유효시간은 얼마인가?
㉮ 200분 ㉯ 250분
㉰ 300분 ㉱ 350분

[해설]
방독마스크의 유효시간(파과시간)
$$= \frac{시험가스농도 \times 표준유효시간}{작업장\ 공기중\ 유해가스\ 농도}(분)$$

$$= \frac{0.5\% \times 100분}{0.2\%} = 250(분)$$

정답 ㉯

[확인]
송기마스크
산소결핍장소(산소농도 18% 미만)에서 반드시 착용하여야 한다. ★

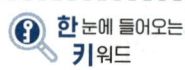

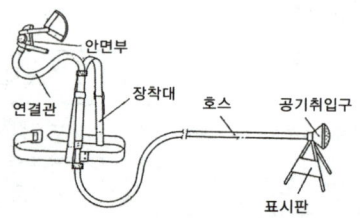

[폐력 흡인형 호스 마스크]

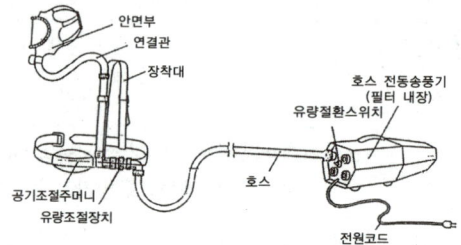

[전동 송풍기형 호스 마스크]

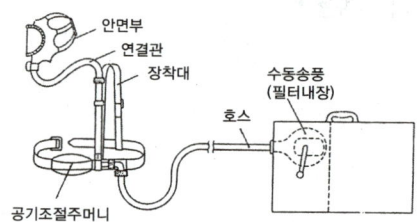

[수동 송풍기형 호스 마스크]

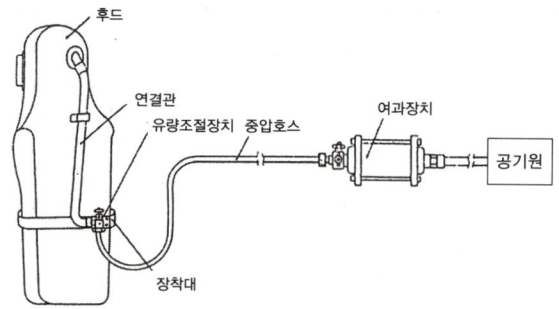

[일정유량형 에어라인 마스크]

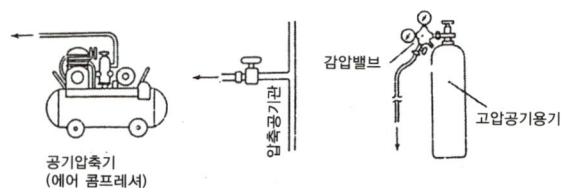

[AL 마스크용 공기원의 종류]

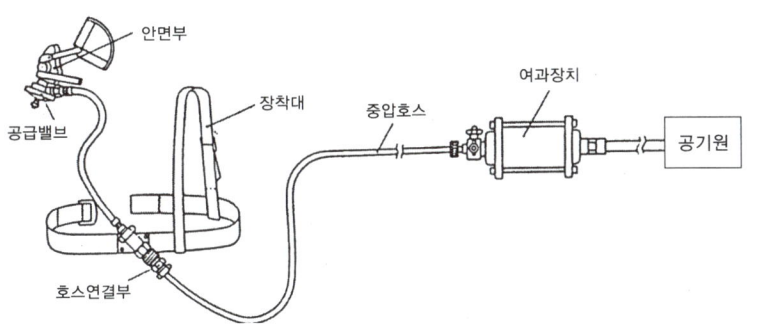

[디맨드형 에어라인 마스크]

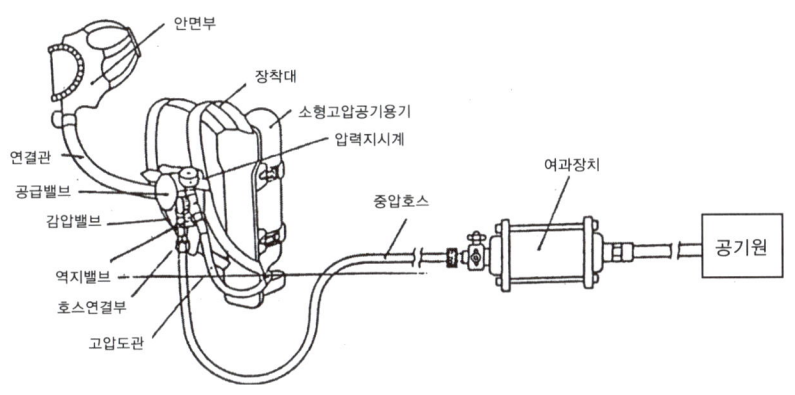

[복합식 에어라인 마스크]

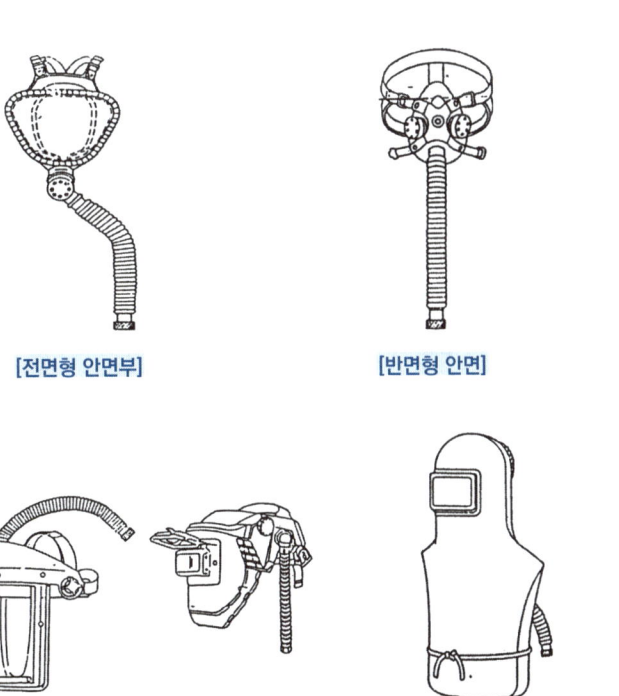

[전면형 안면부]　　　[반면형 안면]

[페이스 실드]　　　[후드]

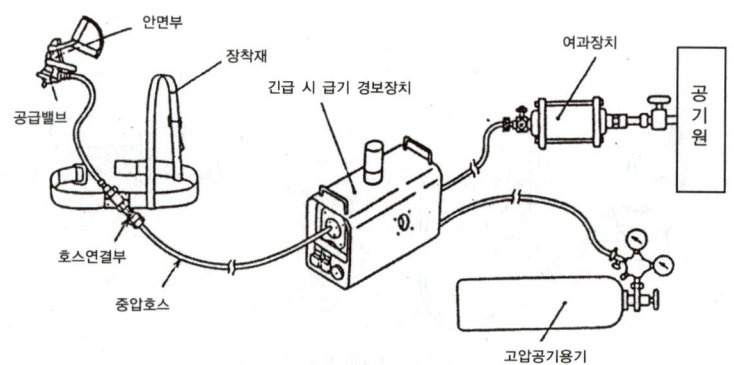

[긴급 시 급기 경보장치]

2) 송풍기형 호스 마스크의 분진 포집효율

등급	전 동	수 동
효율(%)	99.8 이상	95.0 이상

(7) 전동식 호흡보호구

① **전동식보호구**
사용자의 **몸에 전동기를 착용한 상태에서 전동기 작동에 의해 여과된 공기가 호흡호스를 통하여 안면부에 공급하는 형태**의 전동식보호구를 말한다.

② **겸용**
방독마스크(복합용 포함) 및 방진마스크의 성능이 포함된 전동식보호구를 말한다.

③ **복합용**
2종류 이상의 유해물질에 대한 제독능력이 있는 전동식보호구를 말한다.

④ **전동식 후드**
안면부 전체를 덮는 형태로 **머리 · 안면부 · 목 · 어깨부분까지 보호할 수 있는 구조**의 전동식 후드를 말한다.

⑤ **전동식 보안면**
안면부를 덮는 형태로 **머리 및 안면부를 보호할 수 있는 구조의 전동식 보안면**을 말한다.

1) 전동식 호흡보호구의 분류

분류	사용구분
전동식 방진마스크	분진 등이 호흡기를 통하여 체내에 유입되는 것을 방지하기 위하여 고효율 여과재를 전동장치에 부착하여 사용하는 것
전동식 방독마스크	유해물질 및 분진 등이 호흡기를 통하여 체내에 유입되는 것을 방지하기 위하여 고효율 정화통 및 여과재를 전동장치에 부착하여 사용하는 것
전동식 후드 및 전동식보안면	유해물질 및 분진 등이 호흡기를 통하여 체내에 유입되는 것을 방지하기 위하여 고효율 정화통 및 여과재를 전동장치에 부착하여 사용함과 동시에 머리, 안면부, 목, 어깨부분까지 보호하기 위해 사용하는 것

한 눈에 들어오는 키워드

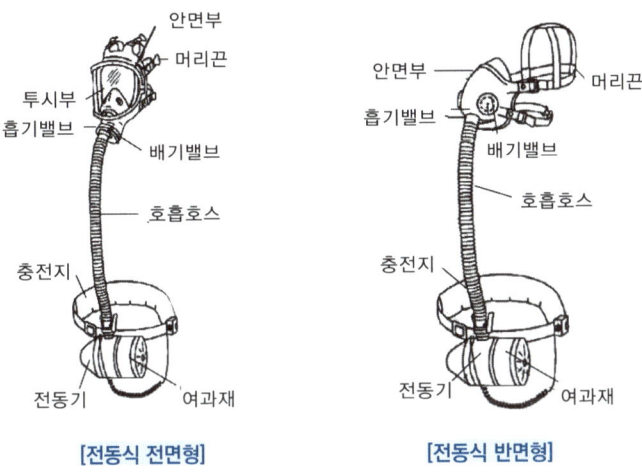

[전동식 전면형]　　　[전동식 반면형]

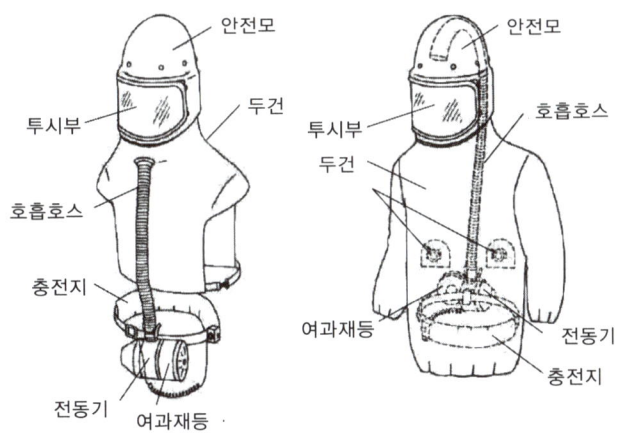

[전동식 후드]

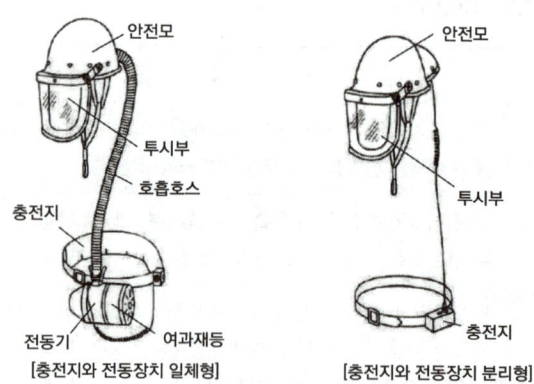

[전동식 보안면]

(8) 보호복

1) 방열복

① **내열원단**
내열섬유에 유연접착제를 바르고 **알루미늄이 증착된 필름을 접착시켜 주름이 생기지 않도록 한 원단**을 말한다.

② **방열상의**
내열원단으로 제조되어 **상체에 입는 옷**을 말한다.

③ **방열하의**
내열원단으로 제조되어 **하체에 입는 옷**을 말한다.

④ **방열일체복**
방열 **상·하의가** 단일하게 **연결되어 있는 옷**을 말한다.

⑤ **방열장갑**
내열원단으로 제조되어 **손에 끼는 장갑**을 말한다.

⑥ **방열두건**
내열원단으로 제조되어 안전모와 안면렌즈가 일체형으로 부착되어 있는 형태의 두건을 말한다.

㉠ 방열복의 종류 ★

종류	착용 부위
방열상의	상 체
방열하의	하 체
방열일체복	몸체(상·하체)
방열장갑	손
방열두건	머 리

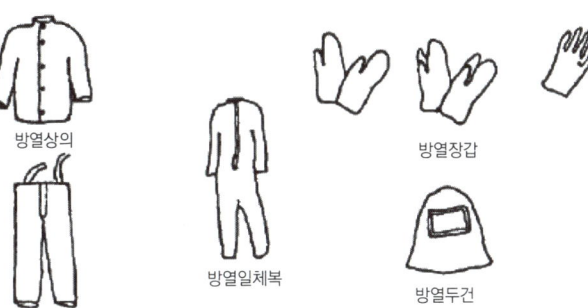

ⓒ 방열복의 질량 ★

종류	방열상의	방열하의	방열일체복	방열장갑	방열두건
질량(단위 : kg)	3.0	2.0	4.3	0.5	2.0

2) 화학물질용 보호복

① 화학물질
제조 등이 금지되는 유해물질, 허가 대상 유해물질 및 관리대상 유해물질을 말한다.

② 화학물질용 보호복
화학물질이 피부를 통하여 인체에 흡수되는 것을 방지하기 위한 것으로서 신체의 전부 또는 일부를 보호하기 위한 옷을 말한다.

종류	형식	형식구분 기준
전신 보호복	액체방호형 (3형식)	보호복의 재료, 솔기 및 접합부가 화학물질의 분사에 대한 보호성능을 갖는 구조
	분무방호형 (4형식)	보호복의 재료, 솔기 및 접합부가 화학물질의 분무에 대한 보호성능을 갖는 구조
부분 보호복	액체방호형 (3형식)	화학물질로부터 신체의 특정한 부분을 보호하는 것으로 재료, 솔기가 화학물질의 분사에 대한 보호성능을 갖는 구조

[화학물질 보호성능 표시]

> 한 눈에 들어오는 키워드

(9) 안전대

① 안전그네

신체지지의 목적으로 전신에 착용하는 띠 모양의 것으로서 상체 등 신체 일부분만 지지하는 것은 제외한다. ★

② 추락방지대

신체의 추락을 방지하기 위해 자동잠김 장치를 갖추고 죔줄과 수직구명줄에 연결된 금속장치를 말한다.

③ 안전블록

안전그네와 연결하여 **추락발생시 추락을 억제할 수 있는 자동잠김장치가 갖추어져 있고 죔줄이 자동적으로 수축되는 장치**를 말한다. ★

④ U자걸이

안전대의 **죔줄을 구조물 등에 U자모양으로 돌린 뒤 훅 또는 카라비너를 D링에, 신축조절기를 각링 등에 연결하는 걸이 방법**을 말한다. ★

⑤ 1개걸이

죔줄의 한쪽 끝을 D링에 고정시키고 훅 또는 카라비너를 구조물 또는 구명줄에 고정시키는 걸이 방법을 말한다. ★

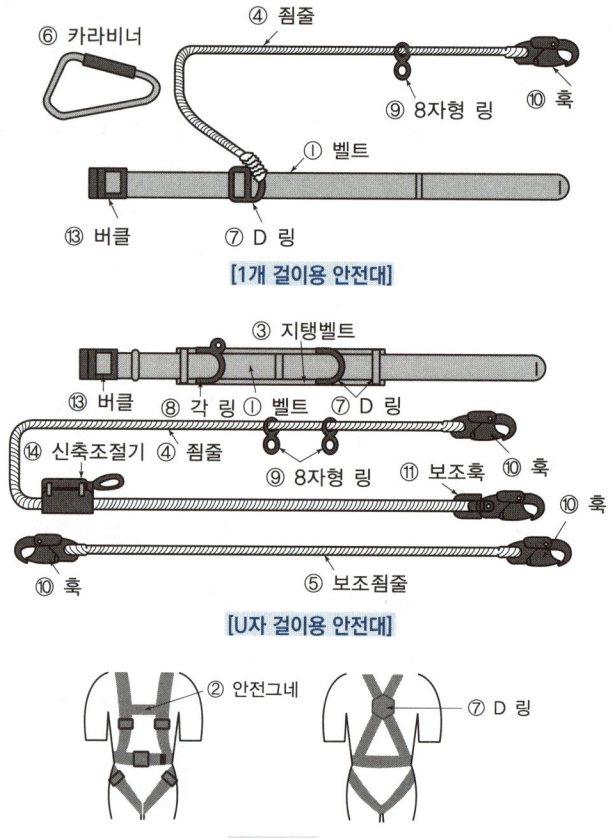

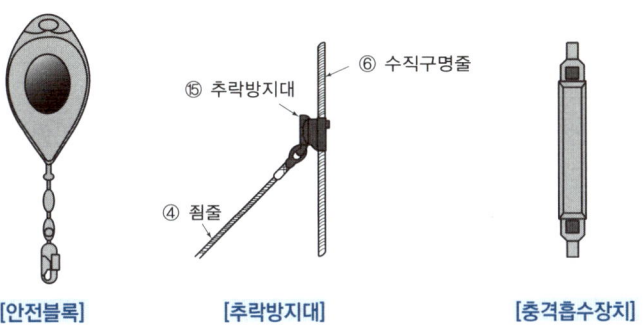

[안전블록]   [추락방지대]   [충격흡수장치]

1) 안전대의 종류 ★★★

종류	사용 구분
벨트식	1개 걸이용
	U자 걸이용
안전그네식	추락방지대
	안전블록

2) 안전블록이 부착된 안전대의 구조 ★

① **안전블록을 부착하여 사용하는 안전대**는 신체지지의 방법으로 안전그네만을 **사용**할 것
② 안전블록은 **정격 사용 길이가 명시 될 것**
③ 안전블록의 줄은 **합성섬유로프, 웨빙(webbing), 와이어로프이어야** 하며, **와이어로프인 경우 최소지름이 4mm 이상일 것**

3) 추락방지대가 부착된 안전대의 구조

① 추락방지대를 부착하여 사용하는 안전대는 **신체지지의 방법으로 안전그네만을 사용**하여야 하며 수직구명줄이 포함될 것
② 수직구명줄에서 걸이설비와의 **연결부위는 훅 또는 카라비너 등이 장착되어** 걸이설비와 **확실히 연결**될 것
③ **유연한 수직구명줄은 합성섬유로프 또는 와이어로프** 등이어야 하며 구명줄이 고정되지 않아 흔들림에 의한 추락방지대의 오작동을 막기 위하여 적절한 긴장수단을 이용, 팽팽히 당겨질 것
④ **죔줄은 합성섬유로프, 웨빙, 와이어로프** 등일 것
⑤ **고정된 추락방지대의 수직구명줄은 와이어로프** 등으로 하며 **최소지름이 8mm 이상일 것**
⑥ **고정 와이어로프에는 하단부에 무게추가 부착**되어 있을 것

[확인]
• 벨트식 : 1개 걸이용, U자 걸이용
• 안전그네식 : 추락방지대, 안전블록

(10) 차광보안경

① **필터렌즈(플레이트)**
유해광선을 차단하는 원형 또는 변형모양의 **렌즈(플레이트)를 말한다.**

② **커버렌즈(플레이트)**
분진, 칩, 액체약품 등 **비산물로부터 눈을 보호하기 위해 사용하는 렌즈(플레이트)를 말한다.**

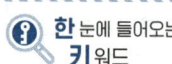
한 눈에 들어오는 키워드

[비교]
자율안전확인에 따른 보안경의 종류

종류	사용 구분
유리 보안경	비산물로부터 눈을 보호하기 위한 것으로 렌즈의 재질이 유리인 것
프라스틱 보안경	비산물로부터 눈을 보호하기 위한 것으로 렌즈의 재질이 프라스틱인 것
도수렌즈 보안경	비산물로부터 눈을 보호하기 위한 것으로 도수가 있는 것

1) 사용구분에 따른 차광보안경의 종류(안전인증 대상) ★

종류	사용구분
자외선용	자외선이 발생하는 장소
적외선용	적외선이 발생하는 장소
복합용	자외선 및 적외선이 발생하는 장소
용접용	산소용접작업등과 같이 자외선, 적외선 및 강렬한 가시광선이 발생하는 장소

2) 차광보안경의 표시사항

추가표시	안전인증 차광보안경에는 안전인증의 표시 외에 차광도번호, 굴절력성능수준 등의 내용을 추가로 표시해야 한다.

3) 차광보안경의 성능시험

차광보안경 성능시험 종류	
① 시야범위시험	② 표면검사
③ 내노후성시험	④ 내충격성시험
⑤ 각주굴절력시험	⑥ 구면굴절력, 난시굴절력시험
⑦ 차광능력시험	⑧ 시감투과율차이 시험
⑨ 내식성시험	⑩ 내발화성시험

(11) 용접용 보안면

① "용접용 보안면(이하 "보안면"이라 한다)"이란 용접작업 시 머리와 안면을 보호하기 위한 것으로 통상적으로 지지대를 이용하여 고정하며 적합한 필터를 통해서 눈과 안면을 보호하는 보호구이다.
② "차광속도"란 자동용접필터에서 용접아크 발생시 낮은 수준의 차광도에서 높은 수준의 차광도로 전환되는 시간을 말한다.

1) 용접용 보안면의 형태

형태	구조
헬멧형	안전모나 착용자의 머리에 지지대나 헤드밴드 등을 이용하여 적정위치에 고정, 사용하는 형태(자동용접필터형, 일반용접필터형)
핸드실드형	손에 들고 이용하는 보안면으로 적절한 필터를 장착하여 눈 및 안면을 보호하는 형태

2) 용접용 보안면의 종류

종류	용접필터의 자동변화유무에 따라 자동용접필터형과 일반용접필터형으로 구분한다.

3) 용접용 보안면의 투과율

투과율	커버플레이트	89% 이상
	자동용접필터	낮은 수준의 최소시감투과율 0.16% 이상

(12) 방음용 귀마개 또는 귀덮개

① **방음용 귀마개(ear – plugs)**
외이도에 삽입 또는 외이 내부·외이도 입구에 반 삽입함으로서 차음효과를 나타내는 일회용 또는 재사용 가능한 방음용 귀마개를 말한다.
② **방음용 귀덮개(ear – muff)**
양쪽 귀 전체를 덮을 수 있는 컵(머리띠 또는 안전모에 부착된 부품을 사용하여 머리에 압착 될 수 있는 것)을 말한다.

한 눈에 들어오는 키워드

[확인]
자율안전확인대상 보안면
일반 보안면은 작업 시 발생하는 각종 비산물과 유해한 액체로부터 얼굴(머리의 전면, 이마, 턱, 목 앞부분, 코, 입)을 보호하기 위해 착용하는 것을 말한다.

자율안전확인에 따른 보안면의 투과율

구분		투과율(%)
투명투시부		85 이상
채색투시부	밝음	50±7
	중간 밝기	23±4
	어두움	14±4

한눈에 들어오는 키워드

※ 문제

안전 표지의 구성요소에 해당되지 않는 것은?
㉮ 모양 ㉯ 색깔
㉰ 내용 ㉱ 크기

[해설]
안전 표지의 구성요소
① 모양 ② 색깔 ③ 내용

정답 ㉱

※ 문제

산업안전표지 중 안내표지(녹색)의 사용 예에 해당 되는 것은?
㉮ 사실의 고지 및 특정행위의 지시
㉯ 비상구 및 차량의 통행표시
㉰ 유해 행위의 금지
㉱ 기계 방호물

[해설]
㉮ 사실의 고지 및 특정행위의 지시
  → 지시표지(파랑)
㉰ 유해 행위의 금지
  → 금지표지(빨강)
㉱ 기계 방호물
  → 경고표지(노랑)

정답 ㉯

참고

안전표지 사용 목적 : 안전의식 고취
① 유해위험 기계·기구 자재 등의 위험성을 표시하여 **작업자로 하여금 예상되는 재해를 사전에 예방**
② 작업대상의 유해·위험성의 성질에 따라 **작업행위를 통제**하고 대상물을 신속 용이하게 판별하여 안전한 행동을 하게 함으로써 재해와 사고를 미연에 방지

1) 방음용 귀마개 또는 귀덮개의 종류·등급 ★

종류	등급	기호	성능
귀마개	1종	EP-1	**저음부터 고음까지 차음**하는 것
귀마개	2종	EP-2	주로 **고음을 차음**하고 저음(회화음영역)은 차음하지 않는 것
귀덮개	-	EM	

※ 비고 : 귀마개의 경우 재사용 여부를 제조특성으로 표기

3 안전보건 표지의 종류, 용도 및 적용

(1) 안전보건 표지의 색채, 색도기준 및 용도 ★★★

색채	색도기준	용도	사용례
빨간색	7.5R 4/14	금지	정지신호, 소화설비 및 그 장소, 유해행위의 금지
빨간색	7.5R 4/14	경고	화학물질 취급장소에서의 유해·위험 경고
노란색	5Y 8.5/12	경고	화학물질 취급장소에서의 유해·위험경고 이외의 위험경고, 주의표지 또는 기계방호물
파란색	2.5PB 4/10	지시	특정 행위의 지시 및 사실의 고지
녹색	2.5G 4/10	안내	비상구 및 피난소, 사람 또는 차량의 통행표지
흰색	N9.5		파란색 또는 녹색에 대한 보조색
검은색	N0.5		문자 및 빨간색 또는 노란색에 대한 보조색

※ 7.5R 4/14에서 7.5R → (색상), 4 → (명도), 14 → (채도)

(2) 안전보건표지의 종류 및 형태(제6조제1항 관련) ★★★

1. 금지표지	101 출입금지	102 보행금지	103 차량통행금지	104 사용금지	
	105 탑승금지	106 금연	107 화기금지	108 물체이동금지	
2. 경고표지	201 인화성물질 경고	202 산화성물질 경고	203 폭발성물질 경고	204 급성독성물질 경고	205 부식성물질 경고
	206 방사성물질 경고	207 고압전기 경고	208 매달린 물체 경고	209 낙하물 경고	210 고온 경고
	211 저온 경고	212 몸균형 상실 경고	213 레이저광선 경고	214 발암성·변이원성·생식독성·전신독성·호흡기과민성 물질 경고	215 위험장소 경고
3. 지시표지	301 보안경 착용	302 방독마스크 착용	303 방진마스크 착용	304 보안면 착용	305 안전모 착용
	306 귀마개 착용	307 안전화 착용	308 안전장갑 착용	309 안전복 착용	

한눈에 들어오는 키워드

참고

금지표지
- 출입금지
- 보행금지
- 차량통행금지
- 사용금지
- 탑승금지
- 금연
- 화기금지
- 물체이동금지

경고표지
- 인화성물질 경고
- 산화성물질 경고
- 폭발성물질 경고
- 급성독성물질 경고
- 부식성물질 경고
- 발암성·변이원성·생식독성·전신독성·호흡기과민성 물질경고
- 방사성물질 경고
- 고압전기 경고
- 매달린물체 경고
- 낙하물 경고
- 고온 경고
- 저온 경고
- 몸균형 상실 경고
- 레이저광선 경고
- 위험장소 경고

지시표지
- 보안경 착용
- 방독마스크 착용
- 방진마스크 착용
- 보안면 착용
- 안전모 착용
- 귀마개 착용
- 안전화 착용
- 안전장갑 착용
- 안전복 착용

한 눈에 들어오는 키워드

참고

안내표지
- 녹십자표지
- 응급구호표지
- 들것
- 세안장치
- 비상용기구
- 비상구
- 좌측비상구
- 우측비상구

출입금지표지
- 허가대상유해물질취급
- 석면취급 및 해체·제거
- 금지유해물질 취급

기출

산업안전보건법 상의 안전보건표지 중 '관계자외 출입금지' 표지의 하단에 포함되어야 하는 문자 2가지
① 보호구/보호복 착용
② 흡연 및 음식물 섭취 금지

4. 안내표지	401 녹십자표지	402 응급구호표지	403 들것	404 세안장치
	405 비상용기구	406 비상구	407 좌측비상구	408 우측비상구
5. 관계자 외 출입금지	501 허가대상물질 작업장	502 석면취급/해체 작업장		503 금지대상물질의 취급 실험실 등
	관계자외 출입금지 (허가물질 명칭) 제조/사용/보관 중 보호구/보호복 착용 흡연 및 음식물 섭취 금지	관계자외 출입금지 석면 취급/해체 중 보호구/보호복 착용 흡연 및 음식물 섭취 금지		관계자외 출입금지 발암물질 취급 중 보호구/보호복 착용 흡연 및 음식물 섭취 금지

(3) 안전·보건표지의 형태 및 색채 ★★★

분류	형태	색채
금지표지	(원에 사선)	• 바탕 : 흰색 • 기본모형 : 빨간색 • 관련 부호 및 그림 : 검은색
경고표지	(마름모)	• 바탕 : 무색 • 기본모형 : 빨간색(검은색도 가능)
지시표지	(삼각형)	• 바탕 : 노란색 • 기본모형, 관련부호, 그림 : 검은색
지시표지	(원)	• 바탕 : 파란색 • 관련 그림 : 흰색

분류	형태	색채
안내표지		• 바탕 : 흰색 • 기본모형, 관련부호 : 녹색
		• 바탕 : 녹색 • 관련부호 및 그림 : 흰색

출입금지표지	A
	B
	C
		• 바탕 : 흰색
		• 글자 : 검은색
		• 다음 글자는 빨간색
		  – ○○○ 제조 / 사용 / 보관중
		  – 석면 취급 / 해체 중
		  – 발암물질 취급 중

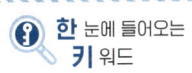

CHAPTER 03 산업안전심리

01 산업심리와 심리검사

한눈에 들어오는 키워드

주요내용 알고 가기!
- 인간의 특성
- 산업안전심리 5요소
- 착각현상
- 착시현상

1 산업심리

(1) 직무 스트레스의 내·외적 요인

내적 요인	외적 요인
• **자존심의 손상** • 업무상의 죄책감 • **현실에서의 부적응** • 지나친 경쟁심과 재물에 대한 욕심 • 가족간의 대화 단절 및 의견 불일치 • 출세욕의 좌절감과 자만심의 상충	• 경제적 빈곤 • **가족관계의 갈등 심화** • 직장에서의 대인 관계상의 갈등과 대립 • **가족의 죽음, 질병** • **자신의 건강문제**

[용어정의]

산업심리학 : 사람을 적재적소에 배치할 수 있는 과학적 판단과 배치된 사람이 만족하게 자기 책무를 다할 수 있는 여건을 만들어 주는 방법을 연구하는 학문이다.

※ 문제

다음 심리검사의 종류 중 계산에 의한 검사와 거리가 먼 것은?
㉮ 수학응용검사
㉯ 계산검사
㉰ 공구판단검사
㉱ 기록검사

[해설]
공구판단검사는 특정 공구를 이용한 검사법으로 계산에 의한 검사가 아니다.

정답 ㉰

(2) 산업심리에서 사고요인

정신적 요소	개성적 결함
• 방심과 공상 • 판단력의 부족 • 주의력의 부족 • 안전지식의 부족	• 과도한 자존심과 자만심 • 사치와 허영심 • 도전적 성격과 다혈질 • 인내력 부족 • 고집과 과도한 집착력 • 나약한 마음 • 태만·경솔성 • 배타성과 이질성

2 직업적성과 직무분석

(1) 적성검사의 분류 및 특성

① 신체검사(체격검사)
② 생리적기능검사
- 감각기능검사
- 심폐기능검사
- 체력검사

③ 심리학적검사
- 지능검사
- 지각동작검사
- 인성검사
- 기능검사

(2) 직무분석 방법 ★

① **면접법**
직무를 실제 수행하는 **종업원과 직접 대면하여 직무정보를 얻는 방법**이다.

② **질문지법**
질문지를 통해 직무정보를 얻는 방법이다.

③ **직접관찰법**
직무수행중인 종업원의 행동을 관찰하여 직무를 판단하는 방법이다.

④ **일지작성법**
직무수행자가 매일 작성하는 **업무일지로 해당직무의 정보를 수집**하는 방법이다.

⑤ 결정 사건 기법
- **직무행동가운데 중요한, 혹은 가치있는 면에 대한 정보를 수집**하는 방법으로 직무수행과 성과간의 관계를 직접적으로 파악할 수 있다.
- **성공적이지 못한 근로자와 성공적인 근로자를 구별해 내는 행동을 밝히는 목적으로 사용된다.** ★

⑥ **워크샘플링법**
관찰법을 개발한 것으로 전체작업 과정동안 무작위로 많은 관찰을 행하여 직무행동에 관한 정보를 얻는 방법이다.

⑦ **체험법(직무수행법)**
직무분석 담당자 자신이 직무를 직접 체험하여 직무에 관한 정보를 얻는 방법이다.

⑧ **혼합법**
2가지 이상의 방법을 혼합하여 사용하는 것으로 흔히 질문지법과 면접법을 혼용하여 사용한다.

한 눈에 들어오는 키워드

[참고] 적성검사란
특수한 분야의 직무를 수행할 수 있는 잠재적 능력을 평가하는 시험을 말한다.

[기출] 적성발견 방법
① 자기 이해 ② 계발적 경험
③ 적성검사

기계적 적성과 사무적 적성

기계적 적성	사무적 적성
• 손과 팔의 솜씨 • 기계적 이해 • 공간의 시각화	• 지각의 정확도

[참고] 직무분석
한 사람의 종업원이 수행하는 일의 전체를 직무라고 하며, 인사관리나 조직관리의 기초를 세우기 위하여 직무의 내용을 분석하는 일을 직무분석이라고 한다.

직무분석을 통한 정보의 활용
- 인사선발   • 교육 및 훈련
- 배치 및 경력개발
- 임금   • 부서편성
- 채용, 승진

[기출]

직무기술서(Job Description):
직무와 관련된 과업, 업무, 책임 등을 기술
- 직무의 명칭 및 직무담당 부서
- 직무내용 요약 • 직무수행 단계
- 직무수행 방법 • 직무 진행 요건
- 수행되는 과업

직무명세서(Job Specification):
사람과 관련된 지식, 기술, 능력 등을 기술
- 직무에 대한 지식
- 직무에 대한 기술
- 작업자의 요구되는 성격
- 작업자의 요구되는 능력 및 적성
- 작업자의 요구되는 경험 및 경력
- 작업자의 요구되는 직무 자격요건
- 요구되는 태도 및 가치관

(3) 인사관리의 중요기능 ★

① 조직과 리더십
② 선발(시험 및 적성검사)
③ 배치
④ 작업 분석
⑤ 업무 평가
⑥ 상담 및 노사 간의 이해

(4) 적성배치의 원칙

① **적성검사를 실시하여 개인의 능력을 평가**한다.
② **직무 평가를 통하여 자격수준을 정**한다.
③ **주관적인 감정요소를 배제**한다.
④ **인사관리의 기준 원칙에 준**한다.
⑤ 직무에 영향을 줄 수 있는 환경적 요소를 검토한다.

3 인간의 특성과 안전과의 관계

(1) 인간의 특성

① **간결성의 원리** ★

　최소에너지에 의해 목적에 달성하려는 경향을 말한다.

> **● 비교합시다**
>
> **생략 행위**
> 작업현장에서 소정의 작업용구를 사용하지 않고 근처의 용구를 사용해서 임시 변통하는 인간심리 결함행위 ★

② **주의의 일점집중현상** ★

　인간은 **위급한 상황시 가장 중요한 일에만 집중**한다.

③ **순간적인 대피방향** : 좌측

④ **동조행동**

　집단규범·관습이나 **다른 사람의 반응에 일치하도록 행동**하는 양식을 말한다.

⑤ **Risk Taking(위험감수)**

　객관적인 위험을 자기 나름대로 판단해서 의지·결정하고 행동에 옮기는 것

한눈에 들어오는 키워드

[참고] 인사관리
조직이 목적을 달성하기 위해 인력을 조달하고 유지, 개발하여 이를 활용하는 관리활동이다.

※ 문제
적성 배치에 있어서 고려되어야 할 기본 사항에 해당되지 않는 것은?
㉮ 적성 검사를 실시하여 개인의 능력을 파악한다.
㉯ 직무 평가를 통하여 자격수준을 정한다.
㉰ 주관적인 감정요소에 따른다.
㉱ 인사관리의 기준원칙을 고수한다.

[해설] ㉰ 주관적인 감정요소를 배제한다.
　　　　　　　　　　　정답 ㉰

※ 문제
적성 배치에 필요한 인간 능력의 측정은 정신 능력과 신체적 능력이 있다. 다음 중 정신능력의 주요 분석 단계에 해당되지 않는 것은?
㉮ 언어이해　㉯ 지각속도
㉰ 반응속도　㉱ 공간 시각화

[해설] ㉰ 반응속도는 신체적 능력에 해당한다.
　　　　　　　　　　　정답 ㉰

※ 문제
작업현장에서 소정의 작업용구를 사용하지 않고 근처의 용구를 사용해서 임시 변통하는 인간심리 결함행위에 해당하는 것은?
㉮ 무의식적 행동
㉯ 지름길 반응
㉰ 억측 판단
㉱ 생략 행위

[해설] 소정의 작업용구를 사용하지 않고 근처의 용구를 사용 → 필요한 공구를 사용하지 않았으므로 생략행위이다.
　　　　　　　　　　　정답 ㉱

⑥ 감각차단현상 ★

단조로운 업무가 장시간 지속될 때 감각기능 및 판단 능력이 둔화 또는 마비되는 현상

(2) 산업안전심리 5요소

① 동기(motive)

동기는 능동적인 감각에 의한 자극에서 일어나는 사고의 결과로서 사람의 마음을 움직이는 원동력이다.

② 기질(temper)

인간의 성격, 능력 등 개인적인 특성을 말하는 것으로 성장 시의 생활 환경에서 영향을 받으며 특히 여러 사람의 접촉 및 주위 환경에 따라 달라진다.

③ 감정(emotion)

감정이란 지각, 사고 등과 같이 대상의 성질을 아는 작용이 아니고 희로애락 등의 의식을 말한다. 사람의 감정은 안전과 밀접한 관계를 가지고 사고를 일으키는 정신적 동기를 만든다.

④ 습성(habits)

동기, 기질, 감정 등이 밀접한 연관관계를 형성하여 인간의 행동에 영향을 미칠 수 있도록 하는 것을 말한다.

⑤ 습관(custom)

성장과정을 통해 형성된 특성 등이 자신도 모르게 습관화 된 현상을 말하며 습관에 영향을 미치는 요소로는 동기, 기질, 감정, 습성 등이 있다.

(3) 레윈(K. Lewin)의 법칙

인간의 행동은 개체의 자질과 심리적 환경의 함수관계이다.

레윈의 법칙 ★★
B = f(P · E)
• Behavior(인간의 행동) • f : function(함수관계) • P : Person(개체 : 연령, 경험, 심신상태, 성격, 지능 등) • E : Environment(심리적 환경 : 인간관계, 작업환경 등)

기출

안전심리 5대 요소 ★
동기, 기질, 습성, 습관, 감정이며 안전심리에서 가장 중요한 요소는 개성과 사고력이다.

4 착각, 착시, 착오현상

(1) 인간 의식의 공통적 경향 ★

① 의식은 현상의 **대응력에 한계가 있다.**
② 의식은 그 **초점에서 멀어질수록 희미해진다.**
③ 당면한 문제에 **의식의 초점이 합치되지 않고 있을 때는 대응력이 저감된다.**
④ 인간의 **의식은 중단되는 경향이 있다.**
⑤ 인간의 **의식은 파동한다.**
(극도의 긴장을 유지할 수 있는 시간은 불과 수 초라고 하며 긴장 후에는 반드시 이완한다)

(2) 인간의 착오 요인 ★

인지과정 착오의 요인	• **정보량 저장의 한계** • 감각 차단 현상 • **정서적 불안정** • 생리, 심리적 능력의 한계(정보 수용 능력의 한계)
판단과정 착오 요인	• **자기 합리화** • 능력 부족 • **정보부족** • 자기과신
조작과정의 착오 요인	• 작업자의 기능 미숙(기술 부족) • 작업경험 부족 • 피로
심리적, 기타 요인	• 불안 • 공포 • 과로 • 수면부족 등

(3) 착각현상 ★

가현운동(β 운동)	**정지하고 있는 대상물**이 급속히 나타나던가 소멸하는것으로 인하여 일어나는 운동으로 마치 대상물이 **운동하는 것처럼 인식되는 현상**을 말한다. 예 영화의 영상
유도 운동	움직이지 않는 것이 움직이는 것처럼 느껴지는 현상 예 상행선 열차를 타고 가며 정지하고 있는 하행선열차를 보면 마치 하행선 열차가 움직이는 것처럼 느껴지는 현상

한 눈에 들어오는 키워드

※ 문제
다음 중 착오 요인과 관계가 먼 것은?
㉮ 동기부여의 부족
㉯ 정보 부족
㉰ 정서적 불안정
㉱ 자기합리화

정답 ㉮

※ 문제
인간과오에서 "의지적 제어가 되지 않는다.", "결정을 잘못한다." 등은 다음 어느 것에 해당되는가?
㉮ 동작조작 미스
㉯ 기억판단 미스
㉰ 인지확인 미스
㉱ 사람과 환경 조건의 영향

[해설]
"의지적 제어가 되지 않는다.", "결정을 잘못한다."는 올바른 판단을 내리지 못하는 것으로 기억판단 미스에 해당된다.

정답 ㉯

용어정의
착각현상 : 대상이 특수한 조건 하에서 통상의 경우와는 달리 지각되는 현상

기출
착각의 매커니즘
① 위치착오 ② 순서착오
③ 패턴착오 ④ 형상착오
⑤ 기억오류

자동 운동	• 암실에서 정지된 소광점을 응시하면 광점이 움직이는 것처럼 보이는 현상 • 안구의 불규칙한 운동 때문에 생기는 현상이다. **자동운동이 잘 발생되는 조건** • 광점이 작을 것 • 시야의 다른 부분이 어두울 것 • 대상이 단순할 것 • 빛의 강도가 작을 것

용어정의

착시현상 : 정상적인 시력을 가지고도 물체를 정확하게 볼 수 없는 현상을 말한다.

(4) 착시현상 ★

Müller Lyer의 착시	(a)가 (b)보다 길게 보인다. (실제 a = b)
Helmholz의 착시	(a)는 세로로 길어 보이고, (b)는 가로로 길어 보인다.
Herling의 착시	(a)는 양단이 벌어져 보이고, (b)는 중앙이 벌어져 보인다.
Köhler의 착시	우선 평행의 호(弧)를 보고 이어 직선을 본 경우에는 직선은 호와의 반대 방향으로 보인다.
Poggendorf의 착시	(a)와 (b)가 실제 일직선상에 있으나 (a)와 (c)가 일직선으로 보인다.

한눈에 들어오는 키워드

참고

군화의 법칙(게슈탈트의 법칙)
- 게슈탈트는 '모양, 형태'라는 뜻으로 독일의 심리학자 M.베르트하이머가 처음으로 제기한 원리이다.
- 사물을 볼 때 무리를 지어서 보려는 시각적 심리를 뜻하며 관련이 있는 요소끼리 통합된 것으로 지각된다는 점에서 '군화의 법칙'이라고도 한다.

Zöller의 착시		세로의 선이 수직선인데 굽어 보인다.
기타 착시현상	동심원의 착시	
	(a)　　　　(b)	(a) 중심의 원이 (b) 중심의 원보다 크게 보인다.
		좌변의 절선이 꺾여 굽어보인다.
		평행선을 잘못 본다.

CHAPTER 04 인간의 행동과학

01 조직과 인간행동

주요내용 알고 가기!

- 인간의 방어기제
- 양립성
- 모랄 서베이(morale survey)

1 인간관계 및 인간의 행동성향

(1) 인간의 행동성향 ★

① 투사
- 자기 속의 억압된 것을 다른 사람의 것으로 생각하는 것
- 자신의 불만이나 불안을 해소시키기 위해서 **자신의 잘못을 남의 탓으로 돌리는 행동**

② 모방
- **남의 행동이나 판단을 표본**으로 하여 그것과 같거나 또는 그것에 **가까운 행동 또는 판단을 취하려는 행동**

③ 암시
- **다른 사람으로부터의 판단이나 행동을 무비판적으로** 논리적·사실적 근거 없이 **받아들이는 행동**

④ 승화
- 사회적으로 승인되지 않은 욕구가 **사회적, 문화적으로 가치있는 것으로 나타남**
- 자신의 동기에 대해 불안을 느끼는 사람은 무의식적으로 **내면의 동기를 사회가 용납하는 다른 동기로 변형시킴**

⑤ 합리화
- 자기행위는 합리적이고 정당하며 **실제보다 훌륭하게 평가함**
- 자기의 실패나 약점을 **그럴듯한 이유나 변명을 들어 자신의 실패를 정당화하는 행동**

참고

인간관계
[人間關係, human relations]
- 사람과 사람과의 인격적인 관계, 조직구성원 사이의 직능적·합리적 관계보다는 심리적·정서적 관계를 말한다.
- 작업 능률은 노동 조건과 물적 조건의 개선에 의해 향상될 수도 있으나 구성원의 심리적 욕구 충족이 중요하다.

기출

인간의 행동특성에 있어 "태도"
① 인간의 행동은 태도에 따라 달라진다.
② 태도가 결정되면 장시간 유지된다.
③ 개인의 심적 태도교정보다 집단의 심적 태도교정이 용이하다.
④ 태도는 행동결정을 판단하고, 지시하는 내적 행동체계라고 할 수 있다.

※ 문제

자신의 동기에 대하여 불안을 느끼는 사람은 무의식적으로 내면의 동기를 자기 자신 및 사회가 용납할 수 있는 다른 동기로 변형하는 방어기제는?
㉮ 억압
㉯ 승화
㉰ 합리화
㉱ 동일시

정답 ㉯

[프로이드 적응기제 중 합리화 유형]

① 신포도형	• 포도를 먹고자 한 여우가 모든 노력을 통해서도 그것을 먹을 수 없게 되자 그 포도의 맛이 시기 때문에 먹을 필요가 없다고 자기 자신의 행위를 스스로 위로하는 것 • 어떤 목표를 달성하려 했으나 실패한 사람이 처음부터 그것을 원하지 않았다고 하는 것
② 달콤한 레몬형	자기가 현재 가지고 있는 것이야말로 그가 원하던 것이라고 스스로 믿는 것
③ 투사형	자신의 결함이나 실수를 자기 이외의 다른 대상에게로 책임을 전가시키는 것
④ 망상형	이치에 맞지 않는 잘못된 생각이나 근거가 없는 주관적인 신념으로 자신을 합리화 하는 것

⑥ **억압**

의식에서 용납하기 힘든 생각, 욕망, 충동, 공격성 등을 무의식적으로 눌러 버리는 것이다.

⑦ **동일화(Identification)**
- 다른 사람의 행동 양식이나 태도를 투입시키거나 **다른 사람 가운데서 자기와 비슷한 점을 발견**하는 것
- **부모, 형, 주위의 중요한 인물들의 태도나 행동을 따라하는 것**
    - 예 고등학교 때 선생님이 멋있어서 열심히 그 과목을 공부하는 것

⑧ **반동형성**

겉으로 드러나는 **태도나 언행이 마음속의 욕구나 생각과 정반대인 경우**로 자신의 감정과 정반대의 태도를 취하는 것
- 예 슬퍼서 울고 싶은데 오히려 더 많이 웃고 떠든다.

⑨ **보상**
- 심리적으로 어떤 **약점이 있는 사람**이 이를 보충하기 위해 **다른 어떤 것을 과도히 발전시키는 것**이다.
- **자신의 결함이나 열등감, 긴장을 해소시키기 위하여 장점 등으로 그 결함을 보충하려는 행동**
    - 예 다리가 짧은 사람이 걸음을 더 빠르게 걸으려 하는 것

⑩ **퇴행**

좌절을 심하게 당했을 때 **현재보다 유치한 과거 수준으로 후퇴**하는 것
- 예 한글을 잘하던 아이가 엄마의 꾸중으로 한글을 모두 잊은 상태로 돌아가 버리는 것

⑪ 커뮤니케이션
갖가지 행동 양식이나 기초를 매개로 하여 **어떤 사람으로부터 다른 사람에게 전달되는 과정**
  예 언어, 몸짓, 신호, 기호
⑫ 억측판단 ★
작업공정 중에 규정대로 수행하지 않고 **괜찮다고 생각하여 자기주관대로 행하는 행동**(객관적인 위험을 행동에 옮김)
  예 신호등의 신호가 녹색에서 황색으로 바뀌었으나 괜찮다고 판단하고 지나감

(2) 적응기제 ★

① 도피기제(Escape Mechanism) : 갈등을 해결하지 않고 도망감

[도피기제의 종류 ★]

억압	무의식으로 쑤셔 넣기
퇴행	유아 시절로 돌아가 유치해짐
백일몽	공상의 나래를 펼침
고립(거부)	외부와의 접촉을 끊음

② 방어기제(Defece Mechanism) : 갈등을 이겨내려는 능동성과 적극성

[방어기제의 종류 ★]

보상	열등감을 다른 곳에서 강점으로 발휘함
합리화	자기변명, 자기실패의 합리화, 자기미화
승화	열등감과 욕구불만을 사회적으로 바람직한 가치로 나타내는 것
동일시	힘 있고 능력 있는 사람을 통해 자기만족을 얻으려 함
투사	자신의 열등감을 다른 것에 던져 그것들도 결점이 있음을 발견해서 열등감에서 벗어나려 함

③ 공격기제(Aggressive Mechanism)

(3) 욕구저지 반응기제

① 욕구저지 공격가설 : 욕구저지는 공격을 유발한다.
② 욕구저지 퇴행가설 : 욕구저지는 원시적 단계로 역행한다.
③ 욕구저지 고착가설 : 욕구저지는 자포자기적 반응을 유발한다.

한 눈에 들어오는 키워드

기출

억측판단이 발생하는 배경 ★
• 정보가 불확실 할 때
• 희망적인 관측이 있을 때
• 과거의 성공한 경험이 있을 때
• 일을 빨리 끝내고 싶은 강한 욕구가 있거나 귀찮고 초조할 때

※ 문제

자동차가 교차점에서 신호대기를 하고 있을 때 전방의 신호가 파랗게 되고 나서 발차해야 하는데 좌우의 신호가 빨갛게 된 찰나에 발차하는 경우는 어떤 개념의 예에 해당하는가?
㉮ 장면 행동
㉯ 주변적 동작
㉰ 무의식 행동
㉱ 억측 판단

[해설]
억측판단 : 규정대로 수행하지 않고 괜찮다고 판단하여 하는 행동을 말한다.

정답 ㉱

2 인간관계 관리방법

(1) 호손(Hawthorne)실험 ★

① **작업 능률을 좌우하는 것은** 단지, 임금, 노동시간 등의 **노동조건과** 조명, 환기, 기타 작업환경으로서의 **물적 조건보다 종업원의 태도, 즉 심리적, 내적 양심과 감정이 중요**하다.
② 물적 조건도 그 개선에 의하여 효과를 가져올 수 있으나 종업원의 심리적 요소가 더 중요하다.

(2) 모랄 서베이(morale survey)의 주요 방법

① 통계에 의한 방법
  - 사고 상해율, 생산성, 지각, 조퇴 등을 분석하여 통계내는 방법
  - 다른 조사법의 보조자료로 많이 사용된다.
② 사례연구법
  - 제안제도, 고충처리제도, 카운슬링 등의 사례를 통하여 불만 등을 파악하는 방법
③ 관찰법
  - 종업원의 근무 실태를 계속 관찰하여 문제점을 찾아내는 방법
④ 실험연구법
  - 실험 그룹과 통제 그룹으로 나누고 자극을 주어 태도 변화의 여부를 조사하는 방법
⑤ 태도조사법(의견조사)
  - 모랄서베이에서 가장 많이 사용되는 방법
  - **질문지법, 면접법, 집단토의법, 투사법**에 의해 의견을 조사하는 방법

(3) 양립성 ★

자극과 반응의 관계가 인간의 기대와 모순되지 않는 성질을 말한다.

① 개념적 양립성
  - 외부자극에 대해 **인간의 개념적 현상의 양립성**
    예) 빨간 버튼은 온수, 파란버튼은 냉수 ★
② 공간적 양립성
  - 표시장치, 조종장치의 **형태 및 공간적배치의 양립성**
    예) 오른쪽 조리대는 오른쪽 조절장치로, 왼쪽 조리대는 왼쪽 조절장치로 조정한다. ★

한 눈에 들어오는 키워드

[참고]
호손(Hawthorne)실험
인간관계 관리의 개선을 위한 연구로 미국의 메이요(E. Mayo)교수가 주축이 되어 호손공장에서 실시되었다.

[기출]
모랄서베이[morale survey]
- 종업원의 근로 의욕·태도 등에 대한 측정으로 태도조사라고도 한다.
- 종업원이 자기의 직무·직장·상사·승진·대우 등에 대하여 어떻게 생각하고 있는지를 측정·조사하는 것이다.

모랄 서베이의 효과
① 근로자의 불만을 해소하고 노동 의욕을 높인다.
② 경영 관리 개선 자료로 활용할 수 있다.
③ 종업원의 정화작용을 촉진시킨다.

※ 문제
인간의 사회 행동 기본 형태에 해당되지 않는 것은?
㉮ 대립 ㉯ 협력
㉰ 도피 ㉱ 모방

[해설]
모방은 남의 행동이나 판단을 표본으로 하여 그것에 가까운 행동이나 판단을 하려는 인간의 개인 행동성향이다.
정답 ㉱

[참고]
집단 간의 갈등 요인
① 욕구 좌절
② 제한된 자원
③ 집단 간의 목표 차이
④ 동일한 사안을 바라보는 집단 간의 인식 차이

③ 운동의 양립성
- **표시장치, 조종장치 등의 운동 방향의 양립성**
  - 예 조종장치를 오른쪽으로 돌리면 표시장치 지침이 오른쪽으로 이동한다. ★

④ 양식 양립성
- 직무에 알맞은 자극과 응답 양식의 존재에 대한 양립성
  - 예 음성 과업에 대해서는 청각적 자극제시와 이에 대한 음성응답 과업에 갖는 양립성이다.

3 사회행동 기본형태 ★

① **협력** : 조력, 분업

② **대립** : 공격, 경쟁

③ **도피** : 고립, 정신병, 자살

④ **융합** : 강제타협

> 참고
> 1. 테크니컬 스킬즈(technical skills) : 사물을 처리함에 있어 인간의 목적에 유익하도록 처리하는 능력
> 2. 소셜 스킬즈(Social Skills) : 사람과 사람 사이의 커뮤니케이션을 양호하게 하고 사람의 요구를 충족시키면서 감정을 제고시키는 능력

02 재해빈발성 및 행동과학

한 눈에 들어오는 키워드

🔍 **기출**
Y-K(Yukata-Kohata) 성격검사

CC'형 : 담즙질 (진공성형)
① 운동 및 결단이 빠르고 기민하다.
② 적응이 빠르다.
③ 세심하지 않다.
④ 내구, 집념이 부족하다.
⑤ 진공 자신감이 강하다.

MM'형 : 흑담즙질 (신경질형)
① 운동성이 느리고 지속성이 풍부하다.
② 적응이 느리다.
③ 세심, 억제, 정확성이 강하다.
④ 내구성, 집념, 지속성이 강하다.
⑤ 담력, 자신감이 강하다.

SS'형 : 다혈질 (운동성형)
① 운동 및 결단이 빠르고 기민하다.
② 적응이 빠르다.
③ 세심하지 않다.
④ 내구, 집념이 부족하다.
⑤ 담력, 자신감이 약하다.

PP'형 : 점액질 (평범수동성형)
① 운동성이 느리고 지속성이 풍부하다.
② 적응이 느리다.
③ 세심, 억제, 정확성이 강하다.
④ 내구성, 집념, 지속성이 강하다.
⑤ 담력, 자신감이 약하다.

Am형 : 이상질
① 지속성이 극도로 나쁘고 동성이 극도로 느리다.
② 적응이 극도로 느리다.

주요내용 알고 가기!

- 재해설
- 재해 누발자의 유형
- 동기부여 이론
- 인간 주의특성의 종류
- 부주의 원인 및 대책

1 재해 빈발성

(1) 재해설 ★

① 기회설(상황설)
- 재해가 일어날 수 있는 **상황만 주어지면 재해가 유발 된다는 설**
- 작업이 어려워 재해를 일으켰다.

② 암시설(습관설)
- **한번 재해를 당한 사람**은 겁쟁이가 되어 신경과민으로 **또 재해를 유발**한다는 설

③ 경향설(성향설)
- 근로자 중 재해가 빈발하는 **소질적 결함자**가 있다는 설

참고

사고 경향성 이론

① 근로자 중 재해가 빈발하는 소질적 결함자가 있다는 이론
② 어떠한 사람이 다른 사람보다 사고를 더 잘 일으킨다는 이론
③ 사고를 많이 내는 여러 명의 특성을 측정하여 사고를 예방하는 것이다.
④ 검증하기 위한 효과적인 방법은 다른 두 시기 동안에 같은 사람의 사고기록을 비교하는 것이다.

(2) 재해 누발자의 유형 ★

① 미숙성 누발자
- 기능 미숙자
- 환경에 익숙하지 못한 자

② 상황성 누발자
- 작업에 어려움이 많은 자
- 기계 설비의 결함이 있을 때
- 심신에 근심이 있는 자
- 환경상 주의력 집중이 혼란되기 쉬울 때

③ 소질성 누발자
- 개인 소질 가운데 재해 원인 요소를 가지고 있는 자
- 개인의 특수 성격 소유자

소질성 누발자의 공통된 성격
• 주의력 산만 및 주의력 지속 불능 • 흥분성 • 저지능 • 비협조성 • 도덕성의 결여 • 소심한 성격 • 감각운동 부적합 등

④ 습관성 누발자
- 재해 경험에 의해 겁쟁이가 되거나 신경과민이 된 자
- 슬럼프에 빠져있는 자

2 동기부여 이론

(1) 데이비스 (K. Davis)의 동기부여 이론

데이비스의 동기부여 이론 ★
• 인간의 성과×물질의 성과 = 경영의 성과 • 지식(knowledge)×기능(skill) = 능력(ability) • 상황(situation)×태도(attitude) = 동기유발(motivation) • 능력×동기유발 = 인간의 성과(human performance)

(2) 매슬로(Maslow A. H.)의 욕구단계 이론(인간의 욕구 5단계 ★★)

제1단계(생리적 욕구)	기아, 갈증, 호흡, 배설, 성욕 등 인간의 가장 기본적인 욕구
제2단계(안전 욕구)	자기 보존 욕구
제3단계(사회적 욕구)	소속감과 애정 욕구
제4단계(존경 욕구)	인정받으려는 욕구
제5단계(자아실현의 욕구)	잠재적인 능력을 실현하고자 하는 욕구(성취 욕구)

한 눈에 들어오는 키워드

Y・G(矢田部・Guilford) 성격검사
① A형(평균형) : 조화적, 적응적
② B형(右偏형) : 정서 불안정, 활동적, 외향적(불안정, 부적응, 적극형)
③ C형(左偏형) : 안전 소극형 (온순, 소극적, 안정, 비활동, 내향적)
④ D형(右下형) : 안정, 적응, 적극형(정서안정, 사회적응, 활동적, 대인관계 양호)
⑤ E형(左下형) : 불안정, 부적응, 수동형(D형과 반대)

※ 문제
동기부여 이론 중 데이비스의 동기유발 이론을 등식으로 표현하였다. 옳은 것은?
㉮ 지식×기능
㉯ 능력×태도
㉰ 상황×태도
㉱ 인간의 성과×기능
정답 ㉰

[확인]
저차원의 이론 ★
① 매슬로의 생리적, 안전, 사회적 욕구
② 알더퍼의 생존욕구, 관계욕구
③ Herzberg의 위생요인
④ 맥그리거의 X이론

고차원의 이론 ★
① 매슬로의 존경, 자아실현의 욕구
② 알더퍼의 성장욕구
③ Herzberg의 동기요인
④ 맥그리거의 Y이론

(3) 헤르츠버그(Herzberg)의 동기 · 위생 이론 ★★

위생 요인	유지 욕구	• 인간의 동물적 욕구를 반영하는 것으로 Maslow의 욕구 단계에서 생리적, 안전, 사회적 욕구와 비슷하다. • 저차원의 욕구
	직무 환경★	• 회사정책과 관리 • 개인 상호간의 관계 • 감독 • 임금 • 보수 • 작업조건 • 지위 • 안전
동기 요인	만족 욕구	• 자아 실현을 하려는 인간의 독특한 경향을 반영한 것으로, Maslow의 자아 실현 욕구와 비슷하다. • 고차원의 욕구
	직무 내용★	• 성취감 • 책임감 • 안정감 • 성장과 발전 • 도전감 • 일 그 자체

(4) 알더퍼의 E.R.G(Existence Relatedness Growth needs theory) 이론 ★★

① E : 생존욕구 또는 존재욕구(Existenece needs) : 의식주, 봉급, 직무안전
② R : 관계욕구(Relatedness needs) : 대인관계
③ G : 성장욕구(Growth needs) : 개인적 발전전

(5) 맥그리거(McGregor)의 X, Y 이론 ★★

X이론의 특징	Y이론의 특징
인간 불신감	상호 신뢰감
성악설	성선설
인간은 원래 게으르고 태만하여 남의 지배를 받기를 즐긴다.	인간은 부지런하고 적극적이며 자주적이다.
물질욕구(저차원 욕구)에 만족	정신욕구(고차원 욕구)에 만족
명령, 통제에 의한 관리 (권위주의형 리더십)	목표 통합과 자기통제에 의한 자율관리 (민주주의형 리더십)
저개발국형	선진국형

[맥그리거의 X, Y이론의 관리처방 ★]

X이론(저차원)	Y이론(고차원)
• 경제적 보상체제의 강화 • 권위주의적 리더십의 확립 • 면밀한 감독과 엄격한 통제 • 상부 책임제도의 강화	• 분권화와 권한의 위임 • 직무확장 및 목표에 의한 관리 • 민주적 리더십의 확립 • 비공식적 조직의 활용 • 상호 신뢰감 • 책임과 창조력 • 인간관계 관리방식

3 주의와 부주의

(1) 인간 의식레벨의 분류 ★

단계	의식의 모드	생리적 상태	의식의 상태
Phase 0	무의식, 실신	수면, 뇌발작	주의작용 0
Phase Ⅰ	의식흐림	피로, 단조로운 일	부주의
Phase Ⅱ	이완	안정기거, 휴식	안정기거, 휴식
Phase Ⅲ	상쾌	적극적	적극활동
Phase Ⅳ	과긴장	일점집중현상, 긴급방위	감정흥분

(2) 인간 주의특성의 종류 ★

① **선택성** : 사람은 한 번에 여러 종류의 자극을 지각하거나 수용하지 못하며 **소수의 특정한 것으로 한정해서 선택하는 기능**을 말한다.
② **방향성** : 시선에서 벗어난 부분은 무시되기 쉽다. (주시점만 응시한다)
③ **변동성** : 주의는 리듬이 있어 **일정한 수준을 지키지 못한다**.
④ **단속성** : 고도의 주의는 장시간 집중이 곤란하다.
⑤ **주의력의 중복집중 곤란** : 동시에 두 개 이상의 방향을 잡지 못한다.

(3) 부주의 원인 ★

① **의식 단절** : **의식 흐름의 단절**(특수한 질병 등에 의한 경우로 의식수준은 Phase 0인 상태)
② **의식 우회** : 걱정, 고뇌 등으로 의식이 빗나감
③ **의식 수준 저하** : **피로, 단조로운 작업**의 연속으로 의식수준이 저하됨
④ **의식 혼란** : **외부자극**의 강·약에 의해 위험요인에 대응할 수 없을 때 발생
⑤ **의식 과잉** : **긴급 상황** 시 일점 집중 현상을 일으킨다.

(4) 부주의의 원인과 대책 ★

① **소질적 문제** : 적성 배치
② **의식의 우회** : 카운슬링
③ **경험, 미경험자** : 안전교육, 훈련
④ **작업환경 조건 불량** : 환경 정비
⑤ **작업순서의 부적당** : 작업순서 정비

[확인]
일점 집중 현상 ★
중요한 한가지 일에만 집중하고 나머지 안전수단은 생략하게 되는 현상이다.

기출
부주의에 의한 사고 방지대책
① 정신적 대책
 • 주의력 집중 훈련
 • 스트레스 해소 대책
 • 안전의식의 제고
 • 작업의욕 고취
② 기능 및 작업측면 대책
 • 적성배치
 • 표준작업(동작)의 습관화
 • 안전작업방법의 습득
 • 작업조건의 개선 및 적응력 향상
③ 설비 및 환경 측면 대책
 • 표준 작업제도의 도입
 • 설비 및 작업환경의 안전화
 • 긴급 시 안전작업 대책수립

참고
직장에서의 부적응의 유형
① 망상 인격 : 자기주장이 강하고 대인관계가 빈약하며, 사소한 일에 있어서도 타인이 자신을 제외했다고 여겨 악의를 나타내는 특징을 가진 유형
② 분열 인격 : 사회적 관계에 거리를 두고 인간관계에 있어 감정을 거의 표현하지 않는 유형
③ 무력 인격 : 즐거움을 느끼지 못하고 쉽게 피로를 느끼며, 열정이 부족하고 신체 감정적 스트레스에 과민한 인격 유형
④ 강박 인격 : 매사에 완벽을 추구하며 과도한 성취지향성, 엄격하거나 지나치게 양심적인 행동을 추구하는 유형
⑤ 순환 인격 : 의기양양하고 명랑한 기분과 의기소침하고 우울한 기분이 외적 또는 내적인 자극 없이 순환적으로 반복되는 유형

03 집단관리와 리더십

주요내용 알고 가기!

- 리더십(leadership)의 유형
- 리더십의 권한의 역할
- 리더십과 헤드십의 특성
- 슈퍼(super)의 역할이론

🔍 한 눈에 들어오는 키워드

● 기출
리더십(leadership)
집단목표 달성을 위해 구성원으로 하여금 자발적으로 협조하도록 하는 기술 및 영향력을 말한다.

● 참고
리더십을 결정하는 3가지 요소
- 부하의 특성과 행동
- 리더의 특성과 행동
- 리더십이 발생하는 상황의 특성

● 기출
리더십 연구 접근방법
① 특성론 : 효과적인 리더의 특성을 탐색(예 신체적 특성, 사회적 배경, 지능, 성격 등)
② 행위론 : 리더가 부하에 대해 어떻게 행동하는지를 기술(예 전제형, 방임형, 민주형 리더십)
③ 상황론 : 리더십 유형과 상황 간의 관계를 기술(예 피들러의 환경적응적 모형, 통로-목표 리더십, 브룸-예튼의 모형, 적합적 리더십 등)

※ 문제
리더십(Leadership)을 정의한 것 가운데 잘못 정의된 것은?
㉮ 집단목표를 위해 스스로 노력하도록 사람에게 영향력을 행사한 활동
㉯ 어떤 특정한 목표달성을 지향하고 있는 상황하에서 행사되는 대인간의 활동
㉰ 공통된 목표달성을 지향하도록 사람에게 영향을 미치는 것
㉱ 주어진 상황 속에서 목표 달성을 위해 개인 활동에만 영향을 미치는 과정

[해설]
㉱ 목표 달성을 위해 집단행동에 영향을 미치는 과정을 리더십이라 한다.

정답 ㉱

1 리더십(leadership)의 유형

(1) 업무 추진의 방식에 따른 분류 ★

① **권위주의적** 리더 : **리더가 독단적으로 의사를 결정**하는 형태
② **민주주의적** 리더 : **집단토의에 의해 의사를 결정**하는 형태
③ **자유방임적** 리더 : **리더 역할은 하지 않고 명목상 자리만 유지**하는 형태
   (집단에게 완전한 자유를 주고 사실상 리더십의 행사가 없는 형태)

(2) 행동유형 방식에 따른 분류

① **참여적** 리더십 : 부하들과 상담하여 부하의견을 고려하는 형태
② **지시적** 리더십 : 지도자는 독선적이며 조직 구성원들을 보상-체벌의 연속선상에서 명령하고 통제한다.
③ **지원적** 리더십 : 우호적이며 친밀감이 강하고 부하의 의사 표현을 존중하는 형태
④ **성취지향적** 리더십 : 도전적 목표설정을 강조하고 부하능력을 신뢰하는 형태
⑤ **셀프 리더십** : 부하들의 역량을 개발하여 부하들로 하여금 자율적으로 업무를 추진하게 하고, 스스로 자기조절능력을 갖게 하는 형태

(3) 리더의 행동유형 중 관리그리드 이론 ★

(1.1)형	(1.9)형	(9.1)형	(5.5)형	(9.9)형
무관심형	인기형	과업형	타협형	이상형

* (x,y)형에서 x는 과업의 관심도를 y는 인간관계의 관심도를 나타낸다.

2 리더십의 권한의 역할 ★

(1) **보상적 권한** : 지도자가 **부하에게 보상**할 수 있는 능력
(2) **강압적 권한** : 지도자가 **부하들을 처벌**할 수 있는 권한
(3) **합법적 권한** : 조직의 **규정에 의해 공식화된 권한**
(4) **위임된 권한** : 부하직원들이 지도자를 따르고 지도자와 함께 일하는 것
(5) **전문성의 권한** : 지도자가 집단 목표수행에 **전문적인 지식을 갖고 있는가**와 관련한 권한

> **한 눈에 들어오는 키워드**
>
> ● 기출 ★
> 조직이 지도자에게 부여하는 권한
> • 보상적 권한
> • 강압적 권한
> • 합법적 권한
>
> 지도자 자신이 자기에게 부여하는 권한
> • 위임된 권한
> • 전문성의 권한

3 헤드십(headship)

(1) 헤드십의 특성

① 권한 근거는 **공식적**이다.
② 상사와 부하와의 관계는 **지배적, 종속적**이다.
③ 상사와 부하와의 **사회적 간격은 넓다**.
④ 지휘 형태는 **권위주의적**이다.

> **용어정의**
>
> 헤드십(headship) : 구성원의 자발적 협력에서가 아니라 권력의 조직화된 체제에 의해서 집단 기능이 수행되는 형태이다.

(2) 리더십과 헤드십의 특성 ★

구분	리더십	헤드십
권한 행사	**선출**된 리더	**임명적** 헤드
권한 부여	**밑**으로 부터의 동의	**위에서 위임**
권한 귀속	집단 목표에 기여한 **공로 인정**	공식화된 **규정에 의함**
상하, 부하 관계	**개인적**인 영향	**지배적임**
부하와의 관계	**좁음**	**넓음**
지휘형태	**민주주의적**	**권위주의적**
책임귀속	상사와 부하	상사
권한근거	개인적	법적, 공식적

4 사기와 집단역학

(1) 집단의 유형

구분	특징	예
1차 집단 (primary group)	• 면대면 상호작용과 집단 구성원간의 상호 의존과 동일시를 중요시한다. • 작고 오래 지속되는 집단의 형태이다.	가족, 친한 친구 등
2차 집단 (secondary group)	보다 복잡한 사회에서 나타나는 비교적 크고 **공식적으로 조직되는 사회집단**이다.	직장동료, 모임 등

(2) 집단의 기능 ★

① **응집력** : 집단내부로부터 생기는 힘
② **행동의 규범** : 그 집단을 유지하며, 집단의 목표를 달성하는 데 필수적인 것으로서 자연 발생적으로 성립되는 것이다.
③ **집단의 목표** : 집단을 형성하기 위한 기본 조건으로 가장 중요한 요소는 특정 목표를 지녀야 한다.

(3) 집단과 인간관계에서 집단의 효과

① **동조효과** : 주위 사람들이 하는 것을 **자발적으로 따라 하는 행동**
② **견물효과** : 개인보다는 **집단을 더 자랑스럽게 생각하는 현상**
③ **시너지효과** : 두 개 이상의 요소들이 상호작용하여 이들이 합해진 효과가 개별 효과의 합보다 더 큰 효과를 발생시키는 현상

(4) 비통제적 집단행동

① **군중(Crowd)** : 공통된 규범이나 **조직성 없이 우연히 조직된 인간의 일시적 집합**
② **모브(Mob)** : 비통제의 집단 행동 중 **폭동과 같은 것**을 의미하며 **군중보다 합의성이 없고 감정에 의해서만 행동하는 특성**을 가진다.
③ **패닉(Panic)** : 위협을 회피하기 위해서 일어나는 집합적인 도주현상, **방어적인 행동 특징을 보이는 집단행동**이다.
④ **심리적 전염** : 사람들의 **정서와 행동이 한 사람에서 다른 사람으로 옮겨져 심리 상태가 집단화되는 현상**

04 생체리듬과 피로

주요내용 알고 가기!

- 산소부채(oxygen debt)현상
- 에너지 대사율(RMR)
- 휴식시간
- 피로의 측정법
- 작업강도 구분에 따른 RMR
- 바이오리듬의 종류

1 피로의 증상 및 대책

(1) 산소부채(oxygen debt)현상 ★

격렬한 작업이나 운동을 할 때에는 **산소 섭취량이 산소 소모량보다 부족**하게 되어 **산소량이 산소부채(산소빚)를 일으킨다.** 작업이나 **운동 시 빚진 산소 부족분을 작업이나 운동이 끝난 후에 갚기 위해 작업이나 운동 후 호흡이 즉시 정상으로 회복되지 않고 서서히 회복되는 산소부채의 보상현상**이 발생한다.

2 피로의 측정법

(1) 생리학적 측정방법 ★

감각기능, 반사기능, 대사기능 등을 이용한 측정법
① **EMG**(electromyogram; **근전도**) : **근육활동 전위차의 기록**
② **ECG**(electrocardiogram; **심전도**) : **심장근 활동 전위차의 기록**
③ ENG 또는 EEG(electroneurogram; 뇌전도) : 신경활동 전위차의 기록
④ EOG(electrooculogram; 안전도) : 안구(眼球)운동 전위차의 기록
⑤ 산소소비량
⑥ 에너지 소비량(RMR)
⑦ 피부전기반사(GSR)
⑧ 점멸 융합 주파수(플리커법, 어름거림 검사)

(2) 심리학적 측정방법

동작분석, **연속반응시간**, 자세변화, 주의력, 집중력 등을 이용한 측정법

참고

CFF(Critical Flicker Fusion) 플리커테스트(점멸융합주파수)
- 피곤해지면 시각이 둔화되는 성질을 이용한 피로도 평가방법으로 시중추나 망막시신경의 감도가 좋을 때는 높은 수치를 나타낸다.
- 수치가 낮을수록 시각계의 피로가 높은 상태임을 나타내는 피로의 감각기능 검사 방법이다.

(3) 생화학적 측정방법

혈액, 뇨 중의 스테로이드량, 아드레날린 배설량 등 측정

3 작업강도와 피로

(1) 에너지 대사율(RMR) ★★

① 작업강도는 에너지 대사율로 나타낸다.

RMR의 계산

$$RMR = \frac{노동대사량}{기초대사량} = \frac{작업시의 \ 소비 \ energy - 안정시 \ 소비 \ energy}{기초대사량}$$

② **작업시의 소비에너지**는 작업 중에 **소비한 산소의 소모량으로 측정**한다.
③ 안정시의 소비에너지는 의자에 앉아서 호흡하는 동안에 소비한 산소의 소모량으로 측정한다.

(2) 작업강도 구분에 따른 RMR ★★★

RMR의 구분

- 경작업(輕작업, 가벼운 작업) : 1~2
- 중작업(中작업, 보통 작업) : 2~4
- 중작업(重작업, 힘든 작업) : 4~7
- 초중작업(超重작업, 굉장히 힘든 작업) : 7 이상

(3) 휴식시간 ★★

휴식시간의 계산

$$휴식시간(R) = \frac{60 \times (E-5)}{E-1.5} \ [분]$$

- 1.5 : 휴식 중의 에너지 소비량
- 5(kcal/분) : 기초대사량을 포함한 보통작업에 대한 평균 에너지
    (기초대사량을 포함하지 않을 경우 : 4kcal/분)
- 60(분) : 작업시간
- E(kcal/분) : 주어진 작업 시 필요한 에너지

4 생체리듬(biorhythm)

(1) 바이오리듬의 종류

육체적 리듬(P)	• 23일 주기 • 청색의 실선으로 표시 • 식욕, 소화력, 활동력, 지구력 등을 나타냄
감성적 리듬(S)	• 28일 주기 • 적색의 점선으로 표시 • 감정, 주의심, 창조력, 희로애락 등을 나타냄
지성적 리듬(I)	• 33일 주기 • 녹색의 일점쇄선으로 표시 • 상상력, 사고력, 기억력, 인지력, 판단력 등을 나타냄

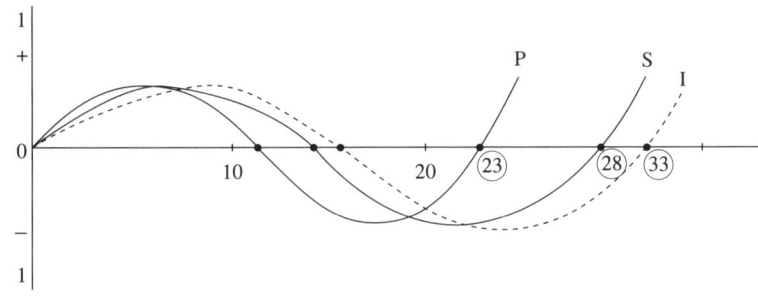

* Sine곡선의 (+) → (−)로 변화하는 점이 위험일이다.
* 안정기(+)와 불안정기(−)의 교차점을 위험일이라 한다.
* 1달에 6일 정도 위험일이 존재한다.

(2) 생체리듬의 변화 ★

① **야간에는 체중이 감소**한다.
② **야간에는 말초운동 기능이 저하**된다.
③ **체온, 혈압, 맥박수는 주간에 상승**하고 **야간에 감소**한다.
④ **혈액의 수분과 염분량은 주간에 감소**하고 **야간에 증가**한다.

CHAPTER 05 안전보건교육의 내용 및 방법

한 눈에 들어오는 키워드

교육의 효과순서
지식변화 → 기능변화 → 태도변화 → 개인행동 변화 → 집단행동변화

안전교육의 기본방향
① 사고사례 중심의 안전교육
② 안전작업(표준작업)을 위한 안전교육
③ 안전의식 향상을 위한 안전교육

※ 문제

안전교육 중 제1단계로 시행되며 화학, 전기, 방사능의 설비를 갖춘 기업에서 특히 필요성이 큰 교육은?
㉮ 안전기술교육
㉯ 안전지식교육
㉰ 안전태도교육
㉱ 안전기능교육

[해설]
안전교육 실시 단계
• 1단계 : 지식교육
• 2단계 : 기능교육
• 3단계 : 태도교육

정답 ㉯

※ 문제

안전교육에 있어서 안전한 마음가짐을 갖도록 하는 가치관 형성 교육으로 이끌어야 하는 교육 단계에 해당하는 것은?
㉮ 지식교육
㉯ 기능교육
㉰ 태도교육
㉱ 추후지도

[해설]
안전한 마음가짐을 갖도록 하는 가치관 형성 교육 → 태도교육

정답 ㉰

---

01 교육의 필요성과 목적

주요내용 알고 가기!

- 교육 지도의 원칙
- 전이
- SUPER D.E의 역할이론
- 교육의 3단계
- 학습이론
- 적응기제
- 교육의 3요소
- 교육 진행 4단계

1 안전교육 목적 및 필요성

(1) 안전교육 실시 목적

① 인간정신의 안전화
② 인간행동의 안전화
③ 환경의 안전화
④ 설비물자의 안전화
⑤ 생산성 및 품질향상 기여
⑥ 직·간접적 경제적 손실 방지
⑦ 작업자를 산업재해로부터 보호

(2) 안전교육의 기본방향

① 사고사례 중심의 안전교육
② 안전작업(표준작업)을 위한 안전교육
③ 안전의식 향상을 위한 안전교육

(3) 안전교육의 필요성

① 지식 교육
   • 재해발생의 원리를 통한 안전의식 향상
   • 작업에 필요한 **안전규정 및 기준 습득**

② 기능 교육
- 안전작업 기능 향상
- 위험 예측 및 방호장치 관리 능력 향상

③ 태도 교육
- 표준 안전작업방법의 습관화
- 지시전달 확인 등 안전태도의 습관화

(4) 교육 지도의 원칙 ★

① **상대방(피교육자) 입장에서 교육**
- 피교육자(학생)가 교육 내용을 충분히 이해할 수 있도록 교육한다.
- 피교육자(학생)의 지식이나 기능 정도에 맞게 교육한다.

② **동기부여**
- 가르치기에 앞서서 상대방으로부터 알려고 하는 의욕을 일어나게 하는 것이 중요하다.
- 동기유발의 최적수준을 유지한다.
- 상과 벌을 준다.
- 안전목표를 명확히 설정하고 결과를 알려준다.
- 경쟁과 협동을 유발한다.

③ **반복교육**
- 인간은 교육을 실시한 후 1시간이 경과하면 교육내용의 50%를 망각하게 되므로 반복하여 교육한다.
- 지식은 반복에 의해 기억된 후 무의식 중에 행동으로 표현된다.

④ **쉬운 것에서부터 어려운 것으로 진행**
- 쉬운 부분에서 점차 어려운 부분으로 교육을 진행한다.

⑤ **한번에 한가지씩 교육**
- 교육순서에 따라 한 번에 한 가지씩 교육한다.

⑥ **인상의 강화**
- 특히 중요한 것은 재 강조한다.
- 보조재 및 현장사진, 사고사례 등을 활용한다.

⑦ **5감의 활용**

구분	시각	청각	촉각	미각	후각
교육 효과	60%	20%	15%	3%	2%

※ 문제
안전교육의 피교육자의 심리상태를 이해하기 위한 내용과 거리가 먼 것은 어느 것인가?
㉮ 긴장감을 제거해줄 것
㉯ 교육자의 입장에서 가르칠 것
㉰ 안심감을 줄 것
㉱ 믿을 수 있는 내용으로 쉽게 할 것

[해설]
㉯ 피교육자(학생)의 입장에서 가르칠 것

정답 ㉯

기출
안전 동기를 유발시킬 수 있는 방법
① 동기유발의 최적수준을 유지한다.
② 상과 벌을 준다.
③ 안전목표를 명확히 설정하고 결과를 알려준다.
④ 경쟁과 협동을 유발한다.

참고
교육지도의 5단계
원리의 제시 → 관련된 개념의 분석 → 가설의 설정 → 자료의 평가 → 결론

⑧ 기능적인 이해
- 기술 교육 과정에서 가장 중요한 것이 기능적인 이해이다. '왜 그렇게 되어야 하는가?'하는 문제에 관하여 기능적으로 이해시켜야 한다.

(5) 교육의 효과순서 ★

지식변화 → 기능변화 → 태도변화 → 개인행동 변화 → 집단행동 변화

2 학습이론

(1) 자극과 반응이론(S-R이론) ★

학습이란 어떤 자극(S)에 대해서 생체가 나타내는 특정 반응(R)의 결합으로 이루어진다는 학습이론으로 Thorndike가 이 이론의 시초라고 할 수 있다.

① **돈다이크(Thorndike)의 학습의 법칙(시행착오설)** ★ : 학습이란 맹목적인 시행을 되풀이하는 가운데 자극과 반응의 결합의 과정이다.
- **준비성**의 법칙
- **연습 또는 반복**의 법칙
- **효과**의 법칙

② **파블로프의 조건반사설(자극과 반응이론 : S-R이론)** ★ : 유기체에 자극을 주면 반응함으로써 새로운 행동이 발달된다.
- **일관성**의 원리
- **계속성**의 원리
- **시간**의 원리
- **강도**의 원리

③ **스키너의 조작적 조건화설 : 강화에 의해 행동을 변화시킴** ★
- 반응을 할 때마다 강화를 주는 것보다 **간헐적으로 강화를 제공하는 것이 효과적**이다.
- 벌이나 혐오자극보다 **칭찬, 격려 등 긍정적 강화물이 학습에 효과적**이다.
- **반응을 보인 후 즉시 강화물을 제공하는 것이 효과적**이다.

④ **반두라(Bandura)의 사회학습이론**
- 개인은 직접적인 경험이 아닌 관찰을 통해서도 학습을 할 수 있으며, **대부분의 학습이 다른 사람의 행동을 관찰하고 모방한 결과 일어난다.**
- 다른 아동이 보상이나 벌을 받는 것을 관찰함으로써 간접적인 강화(대리적 강화)를 받는다.

※ 문제

시행 착오설에 의하면 "학습이란 맹목적인 시행을 되풀이하는 가운데 자극과 반응의 결합의 과정이다."로 정의하고 있다. 다음 중 시행 착오설에 의한 학습의 원칙이 아닌 것은?
㉮ 연습의 법칙
㉯ 효과의 법칙
㉰ 동일성의 법칙
㉱ 준비성의 법칙

정답 ㉰

참고

Skinner의 강화이론
- 처벌은 더 강한 처벌에 의해서만 그 효과가 지속되는 부작용이 있다.
- 부분강화에 의하면 학습은 급속도로 진행되지만, 빠른 속도로 학습효과가 사라진다.
- 부적강화란 반응 후 처벌이나 비난 등의 해로운 자극이 주어져서 반응 발생률이 감소하는 것이다.
- 정적강화란 반응 후 음식이나 칭찬 등의 이로운 자극을 주었을 때 반응 발생률이 높아지는 것이다.

(2) 하버드학파의 교수법 ★

(3) 톨만(Tolman)의 기호형태설 ★

- **학습은 환경에 대한 인지 지도를 신경조직 속에 형성시키는 것**이다.
- 학습은 자극과 자극 사이에 형성된 결속이다.[S-S(Sign-Signification)이론]
- 톨만은 **문제사태의 인지를 학습에 있어서 가장 필요한 조건**이라고 생각하였다. 그는 학습의 목표를 의미체라 하고 그것을 달성하는 수단이 되는 대상을 기호라고 부르고, 이 양자간의 수단, 목적 관계를 기호-형태라고 칭하였다.

(4) 학습지도의 원리 ★

① **자발성의 원리** : 학습자 **스스로가** 능동적으로 학습활동에 **의욕을 가지고 참여하도록** 하는 원리
② **개별화의 원리** : 학습자를 존중하고, **학습자 개개인의** 능력, 소질, 성향 등 **모든 발달가능성을 신장**시키려는 원리
③ **목적의 원리** : 학습자는 **학습목표가 분명하게 인식**되었을 때 자발적이고 적극적인 학습활동을 하게 된다.
④ **사회화의 원리** : **학교교육을 통하여** 학생들이 사회화되어 **유용한 사회인으로 육성**시키고자 하는 교육이다.
⑤ **통합화의 원리** : 학습자를 전체적 인격체로 보고 그에게 내제하여 있는 **모든 능력을 조화적으로 발달**시키기 위한 생활중심의 통합교육을 원칙으로 하는 원리
⑥ **직관의 원리(직접경험의 원리)** : 학습에 있어 언어위주로 설명을 하는 수업보다는 구체적인 사물을 **학습자가 직접 경험해 봄**으로써 학습의 효과를 높일 수 있는 원리

(5) 학습경험선정의 원리 ★

① **기회의 원리** : 교육목표를 달성하기 위해서는 **학습자가 스스로 해 볼 수 있는 기회를 가져야** 한다.
② **만족의 원리(동기유발의 원리)** : 학생들이 **해보는 과정에서 만족감을 느낄 수가 있어야** 한다.
③ **가능성의 원리** : 학생들에게 **요구되는 행동이 현재능력 성취 발달 수준에 맞아야** 한다.

한 눈에 들어오는 **키** 워드

※ **문제**

먼저 실시한 학습이 뒤의 학습을 방해하는 조건이 아닌 것은?
㉮ 앞의 학습이 불완전한 경우
㉯ 앞의 학습 내용과 뒤의 학습 내용이 다른 경우
㉰ 뒤의 학습을 앞의 학습 직후에 실시하는 경우
㉱ 앞의 학습에 대한 내용을 재생(再生)하기 직전에 실시하는 경우

[해설]
㉯ 앞의 학습 내용과 뒤의 학습 내용이 유사한 경우

정답 ㉯

참고

학습경험 조직의 원리
- 계속성의 원리 : 중요한 학습경험을 반복을 통해 강화하는 것
- 계열성의 원리 : 학습경험의 요인들이 깊이와 넓이에 있어 점진적으로 증가하는 것
- 통합성의 원리 : 여러 학습경험들 간에 상호보완적 관계를 유지하고 여러 과목을 조화롭게 배열하는 것
- 균형성의 원리 : 학습경험의 균형
- 다양성의 원리 : 학생들의 요구나 흥미, 능력이 반영될 수 있도록 다양하고 융통성 있는 학습경험을 조직하도록 한다.
- 보편성의 원리 : 건전한 민주시민의 요소를 기를 수 있도록 학습경험이 조직되어야 한다.

한 눈에 들어오는 키워드

④ 다목적달성의 원리 : 여러 가지의 목표를 동시에 달성하는 데 도움을 주도록 한다.
⑤ 협동의 원리 : 함께 활동할 수 있는 기회를 주어야 한다.

(6) 존 듀이(John Dewey)의 5단계 사고 과정

① 1단계 : 문제의 제기 - **시사받는다.**(Suggestion)
② 2단계 : 문제의 인식 - **머리로 생각한다.**(Intellectualization)
③ 3단계 : 현상 분석(조사) - **가설을 설정한다.**(Hypothesis)
④ 4단계 : 가설 정렬 - **추론한다.**(Reasoning)
⑤ 5단계 : 가설 검증 - **행동에 의해 가설을 검토한다.**

3 학습조건

(1) 전이 ★

한 상황에서 실시한 학습이 다른 상황의 학습에 영향을 끼치는 현상

앞에 실시한 교육이 뒤에 실시한 학습을 방해하는 조건 ★

① **학습의 정도** : 앞의 학습이 **불완전할 경우**
② **유사성** : 앞뒤의 학습내용이 **비슷한 경우**
③ **시간적 간격**
   • 뒤의 학습을 앞의 학습 직후에 실시하는 경우
   • 앞의 학습내용을 제어하기 직전에 실시하는 경우
④ **학습자의 태도**
⑤ **학습자의 지능**

(2) 기억의 과정 ★

① 기억 : **과거 행동이 미래 행동에 영향**을 줌
② 기명 : 사물의 인상을 **마음에 간직함**
③ 파지 : **인상이 보존됨**
④ 재생 : 보존된 **인상이 떠오름**
⑤ 재인 : **과거에 경험했던 것과 비슷한 상황에서 떠오르는 현상**

※ 문제

경험한 내용이나 학습된 행동을 다시 생각하여 작업에 적용하지 아니하고 방치함으로서 경험의 내용이나 인상이 약해지거나 소멸되는 현상은?
㉮ 착각　　㉯ 훼손
㉰ 망각　　㉱ 단절

[해설]
경험의 내용이나 인상이 약해지거나 소멸되는 현상 → 망각
　　　　　　　　　　정답 ㉰

(3) 망각

경험한 내용이나 학습된 내용을 다시 생각하여 작업에 적용하지 아니하고 방치함으로써 경험의 내용이나 인상이 약해지거나 소멸되는 현상

① 학습된 내용은 학습 직후의 망각율이 가장 높다.
② 의미 없는 내용은 의미 있는 내용보다 빨리 망각한다.
③ 사고를 요하는 내용이 단순한 지식보다 망각이 적다.
④ 연습은 학습한 직후에 시키는 것이 효과가 있다.

(4) 적응기제 ★

방어적 기제		도피적 기제	
• 보상	• 합리화	• 고립	• 퇴행
• 동일시	• 승화	• 억압	• 백일몽

(5) 슈퍼(SUPER D.E)의 역할이론 ★

① 역할 연기(Role playing)
자아 탐색인 동시에 자아실현의 수단이다.

② 역할 기대(Role expection)
자기 자신의 역할을 기대하고 감수하는 자는 자기 직업에 충실하다고 본다.

③ 역할 조성(Role shaping)
여러 가지 역할이 발생 시 그 중 어떤 역할에는 불응 또는 거부감을 나타내거나 또 다른 역할에는 적응하여 실현키 위해 일을 구할 때 발생한다.

④ 역할 갈등(R. K trubling)
작업 중 서로 상반된 역할이 기대될 경우 갈등이 발생한다.

기출
역할 갈등의 원인
① 역할 마찰
② 역할 부적합
③ 역할 모호성
④ 역할 긴장

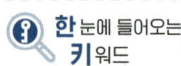

02 교육방법

주요내용 알고 가기!

- OJT와 OFF JT의 특징
- 관리감독자 대상 교육의 종류
- 교육의 3요소
- 교육진행 4단계
- 전습법과 분습법의 차이
- TWI 교육과정
- 교육의 3단계

1 OJT와 OFF JT의 특징 ★

(1) OJT(On The Job Training)

직속상사가 부하직원에게 일상업무를 통하여 지식, 기능, 문제해결 능력 및 태도 등을 **교육하는 방법**으로 **개별교육에 적합**하다.

(2) OFF JT(Off The Job Training)

외부강사를 초청하여 **근로자**를 일정한 장소에 **집합시켜 실시하는 교육**형태로서 **집합교육에 적합**하다.

OJT의 특징 ★	① 개개인에게 적절한 훈련이 가능하다. ② 직장의 실정에 맞는 훈련이 가능하다. ③ 교육효과가 즉시 업무에 연결된다. ④ 훈련에 대한 업무의 계속성이 끊어지지 않는다. ⑤ 상호 신뢰 이해도가 높다.
OFF JT의 특징 ★	① 다수의 근로자들에게 훈련을 할 수 있다. ② 훈련에만 전념하게 된다. ③ 특별설비기구 이용이 가능하다. ④ 많은 지식이나 경험을 교류할 수 있다. ⑤ 교육 훈련 목표에 대하여 집단적 노력이 흐트러질 수 있다.

2 전습법과 분습법 ★

(1) 전습법

① 망각이 적다.
② 반복이 적다.
③ 연합이 생긴다.
④ 시간과 노력이 적다.

(2) 분습법

① 학습효과가 빠르다.
② 길고 복잡한 학습에 적합하다.
③ 주의와 집중력의 범위를 좁히는데 적합하다.

3 관리감독자 대상 교육

(1) TWI(Training Within Industry) ★★

① 대상 : 일선관리감독자 대상 교육
② 교육시간 : 1일 2시간씩 5일간(총 10시간) 실시한다.
③ 교육방법 : 토의식과 실연법을 중심으로 한다.

TWI 교육과정(교육내용) ★★
① 작업 방법 기법(Job Method Training : JMT) ② 작업 지도 기법(Job Instruction Training : JIT) ③ 인간 관계관리 기법 or 부하통솔법(Job Relations Training : JRT) ④ 작업 안전 기법(Job Safety Training : JST)

(2) MTP(Management Training Program)

① 대상 : 중간계층관리자 대상 교육
② 교육시간 : 2시간씩 20회에 걸쳐 40시간 훈련한다.

용어정의

전습법 : 학습내용을 처음부터 끝까지 완전히 습득할 때까지 학습하는 방법

용어정의

분습법 : 학습과제를 몇 개의 부분으로 나누어 학습하는 방법 (부분학습법)

기출

새로운 기술의 연습 방법

① 새로운 기술을 학습하는 경우에는 일반적으로 집중 연습보다 배분 연습이 더 효과적이다.
② 교육훈련과정에서는 학습 자료를 한꺼번에 묶어서 일괄적으로 연습하는 방법을 집중연습이라고 한다.
③ 충분한 연습으로 완전학습한 후에도 일정량 연습을 계속하는 것을 초과 학습이라고 한다.
④ 기술을 배울 때는 적극적 연습과 피드백이 있어야 부적절하고 비효과적 반응을 제거할 수 있다.

(3) ATT(American Telephone & Telegraph Company)

① 대상 : 한정되어 있지 않고 한번 교육을 이수한 자는 부하에게 지도가 가능하다.
② 교육시간 : 1차 훈련은 1일 8시간씩 2주간실시하며, 2차 과정은 문제가 발생할 때 마다 실시한다.
③ 토의식 방식으로 진행한다.

(4) CCS(Civil Communication Section)

① 대상 : **최고층 관리감독자 대상 교육**
② 교육시간 : 매주 4일, 4시간씩으로 8주간(합계 128시간) 실시
③ 강의법에 토의법이 가미된 방식

4 학습목적

(1) 학습목적의 3요소

① 학습목표(goal) : 학습을 통하여 달성하려는 지표를 말한다.(학습목적의 핵심)
② 주제(subject) : 목적달성을 위한 중심내용을 의미한다.
③ 학습정도(level of learning) : 주제를 학습시킬 때 내용범위와 내용의 정도를 뜻한다.

[학습의 정도 4단계]

① **인지**(to acquaint)	~을 인지하여야 한다.
② **지각**(to know)	~을 알아야 한다.
③ **이해**(to understand)	~을 이해하여야 한다.
④ **적용**(to apply)	~을 ~에 적용할 수 있어야 한다.

(2) 학습의 전개과정

① 쉬운 것부터 어려운 것으로 학습한다.
② **과거에서 현재, 미래의 순으로** 학습한다.
③ **많이 사용하는 것에서 적게 사용하는 순으로** 학습한다.
④ **간단한 것에서 복잡한 것으로** 학습한다.
⑤ 전체에서 부분으로 학습한다.
⑥ 기지에서 미지로 학습한다.

5 교육의 단계

(1) 교육의 3요소 ★

	교육의 주체	교육의 객체	교육의 매개체
형식적 교육	강사	학생(수강자)	교재(학습내용)
비형식적 교육	부모, 형, 선배, 사회인사	자녀와 미성숙자	교육적 환경 인간관계

(2) 교육의 3단계 ★

① 제1단계(**지식**교육)
  강의 및 시청각 교육 등을 통하여 **지식을 전달하는 단계**
② 제2단계(**기능**교육)
  시범, 견학, 현장실습 교육 등을 통하여 **경험을 체득하는 단계**
③ 제3단계(**태도**교육)
  작업 동작 지도 등을 통하여 **안전 행동을 습관화 하는 단계**

[태도교육 실시 순서 ★]

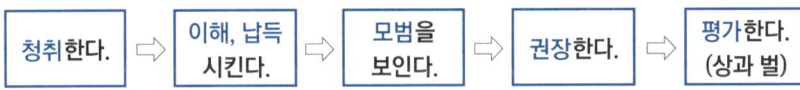

청취한다. ⇒ 이해, 납득 시킨다. ⇒ 모범을 보인다. ⇒ 권장한다. ⇒ 평가한다. (상과 벌)

(3) 교육진행 4단계 ★

단계	교육방법
제1단계 : 도입 (학습할 준비를 시킨다)	• 마음을 안정시킨다. • 무슨 작업을 할 것인가를 말해준다. • 그 작업에 대해 알고 있는 정도를 확인한다. • **작업을 배우고 싶은 의욕을 갖게 한다.** • 정확한 위치에 자리잡게 한다.
제2단계 : 제시 (작업을 설명한다)	• 주요 단계를 하나씩 설명해주고, 시범해 보이고, 그려 보인다. • 급소를 강조한다. • **확실하게, 빠짐없이, 끈기 있게 지도한다.**
제3단계 : 적용 (작업을 시켜본다)	• 작업을 지켜보고 잘못을 고쳐준다. • 작업을 시키면서 설명하게 한다. • 다시 한번 시키면서 **급소를 말하게 한다.** • 확실히 알았다고 할 때까지 확인한다. • 이해할 수 있는 능력 이상으로 강요하지 않는다.

한 눈에 들어오는 키 워드

기출
기능교육의 3원칙
• 준비철저
• 위험작업의 규제
• 안전작업의 표준화

참고
교육지도의 5단계
• 1단계 : 원리의 제시
• 2단계 : 관련된 개념의 분석
• 3단계 : 가설의 설정
• 4단계 : 자료의 평가
• 5단계 : 결론

기출
기술교육(교시법)의 4단계
도입
(준비단계 : preparation)
↓
실연(일을 하여 보이는 단계 : presentation)
↓
실습(일을 시켜보는 단계 : performance)
↓
확인(보습지도의 단계 : follow up)

기출
안전교육의 효과 순서
지식변화 → 기능변화 → 태도변화 → 개인행동변화 → 집단행동변화

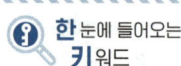

한 눈에 들어오는 키워드

🔵 기출
안전교육 계획수립 및 추진순서
교육의 필요점 발견 → 교육 대상 결정 → 교육 준비 → 교육 실시 → 평가

🔵 기출
안전교육 목표에 포함하여야 할 사항
① 교육 및 훈련의 범위
② 책임한계의 명시
③ 교육 보조자료의 준비 및 사용지침

🔵 기출
행동변화의 전개과정 순서
자극 → 욕구 → 판단 → 행동

단계	교육방법
제4단계 : 확인 (가르친 뒤 **살펴본다**)	• 일에 임하도록 한다. • 모르는 것이 있을 때는 물어 볼 사람을 정해 둔다. • 질문을 하도록 분위기를 조성한다. • 점차 지도 횟수를 줄여간다.

6 교육 훈련의 평가방법

(1) 교육훈련평가의 목적

① 작업자의 적정배치를 위하여
② 지도방법을 개선하기 위하여
③ 학습지도를 효과적으로 하기 위하여

(2) 학습 평가의 기본기준 4가지

① 타당도(평가 목적과의 타당도)
  • 무엇을 평가하고 있는가?
  • 얼마나 충실하게 평가하고 있는가?
② 신뢰도(정확성 및 일관성)
  • 어떻게 평가하고 있는가?
  • 평가의 오차는 적어야 한다.
  • 정확하게 평가하고 있는가?
③ 객관도
  • 평가자의 편견이나 감정에 좌우되지 않고 있는가?
  • 평가자의 주관적인 판단의 오류를 범하지 않고 있는가?
④ 실용도
  • 시간과 비용, 인력이 적게 소요되는가?
  • 과중한 부담과 복잡한 절차는 없는가?

(3) Kirkpatrick의 교육훈련 평가의 4단계

1단계 : 반응단계	훈련을 어떻게 생각하고 있는가?
2단계 : 학습단계	어떠한 원칙과 사실 및 기술 등을 배웠는가?
3단계 : 행동단계	교육훈련을 통하여 직무수행상 어떠한 행동의 변화를 가져왔는가?
4단계 : 결과단계	교육훈련을 통하여 직무에 어떠한 성과가 있었는가?

03 교육실시 방법

주요내용 알고 가기!

- 강의법의 장·단점
- 토의법의 장·단점
- 실연법과 모의법의 정의
- 프로그램학습법의 장·단점
- 토의식 교육법의 종류별 특징

한 눈에 들어오는 키워드

1 교육실시 방법의 종류

(1) 강의법

강사가 중심이 되어 학습자들에게 지식, 개념, 사실 등의 정보를 제공하는 것을 목적으로 하여 해설방식으로 진행하는 학습지도 형태

[강의법의 장·단점]

장점	• 새로운 기술, 지식, 정보를 체계적으로 전달할 수 있다. • 많은 양의 정보를 전달할 수 있다. • 한 사람의 강사가 많은 학생을 지도 할 수 있다. (교육의 경제성이 높다) • 구체적인 사실적 정보의 제공과 요점을 파악하기에 효율적이다.
단점	• 학습자의 이해수준을 알 수가 없다. • 학습자의 성향을 고려할 수 없다. • 학습자의 능동적 참여를 기대할 수 없다. • 강사의 지식 수준에서 모든 것이 이루어지기 때문에 학습자에게 끼치는 영향이 크다. • 상대적으로 피드백이 부족하다.

기출

강의법 ★
제시단계에서 가장 많은 시간을 소비한다.

토의법 ★
적용단계에서 가장 많은 시간을 소비한다.

(2) 토의법

- 집단구성원들이 특정한 문제에 대하여 서로 의견을 발표하면서 올바른 결론에 도달하는 학습방법이다.
- 간단한 정보나 지식의 습득보다는 인지능력의 함양에 적합하다.

제5장 안전보건교육의 내용 및 방법 | 123

한눈에 들어오는 키워드

[토의법의 장·단점]

장점	• 학습자의 적극적인 참여를 통해 학습동기와 흥미를 유발시킬 수 있다. • 자기 스스로 사고하는 능력 및 표현력을 키울 수 있다. • 자신의 생각에 대한 타당성을 검증하는 기회를 얻을 수 있다. • 사회적 기능 및 태도를 형성시킬 수 있다. • 강사가 학습자의 이해 정도를 파악하기 쉽다.
단점	• 시간이 많이 소요된다. • 철저한 사전준비와 체계적인 관리에도 불구하고 예측하지 못한 상황이 발생할 수 있다. • 집단 구성원 수에 한계가 있다. • 다양하고 많은 양의 정보를 다루기에 어려움이 있다. • 내용에 대한 사전 지식이 필요하다.

(3) 실연법 ★

학습자가 이미 설명을 듣거나 시범을 보고 알게 된 지식이나 기능을 강사의 감독 아래 **직접적으로 연습해 적용케 하는 교육방법**이다.

(4) 모의법 ★

실제의 장면이나 상태와 극히 유사한 **사태를 인위적으로 만들어 그 속에서 학습토록 하는 교육방법**이다.

> **참고**
> **모의법의 단점**
> • 단위시간당 교육비가 비싸고 시간의 소비가 많다.
> • 시설의 유지비가 많다.
> • 학생 대 교사의 비율이 높다.

(5) 프로그램 학습법

학생이 혼자서 자기능력과 시간, 학습속도에 맞추어 학습할 수 있도록 **프로그램 학습자료를 이용하여 학습**하는 형태이다.

[프로그램 학습법의 장·단점 ★]

장점 ★	• 기본 개념학습이나 논리적인 학습에 유리하다. • 지능, 학습속도 등 개인차를 고려할 수 있다. • 수업의 모든 단계에 적용이 가능하다. • 수강자들이 학습이 가능한 시간대의 폭이 넓다. • 매 학습마다 피드백을 할 수 있다. • 학습자의 학습과정을 쉽게 알 수 있다.
단점 ★	• 한 번 개발된 프로그램 자료는 변경이 어렵다. • 개발비가 많이 들고 제작 과정이 어렵다. • 교육 내용이 고정되어 있다. • 학습에 많은 시간이 걸린다. • 집단 사고의 기회가 없다.

(6) 시청각 교육법

- 라디오·텔레비전·견학 등 다양한 시청각 교육매체를 이용하여 학습자의 감각기관을 통해 학습효과를 높이기 위한 학습방법
- **교육 대상자수가 많고 교육 대상자의 학습능력의 차가 큰 경우 집단안전교육 방법으로 가장 효과적**이다. ★
- 학습자들에게 **공통의 경험을 형성시켜줄 수 있다.**

(7) 구안법(Project Method)

학습자가 마음 속에 생각하고 있는 것(자신의 목표)을 구체적으로 실천하기 위하여 **스스로 계획을 세워 수행하는 학습활동**이다.

[Project Method의 실시 순서]

1단계 목적 → 2단계 계획 → 3단계 수행 → 4단계 평가

> **기출**
> 구안법(Project Method)의 장점
> ① 창조력이 생긴다.
> ② 동기부여가 충분하다.
> ③ 현실적인 학습방법이다.

(8) 문제법(Problem Method)

- **새로운 문제에 당면했을 때 그 문제를 해결하는 과정에서 이루어지는 학습방법**
- 학생이 현실에서 당면하는 여러 문제들을 해결해가는 과정 중 지식, 기능, 태도 등을 종합적으로 획득하도록 하는 학습법이다.

[Problem Method의 실시 순서]

1단계 문제의 인식 → 2단계 해결방법의 연구 계획 → 3단계 자료의 수집 → 4단계 해결방법의 실시 → 5단계 정리와 결과의 검토

2 토의식 교육법의 종류 ★

(1) 사례연구법(Case Study : Case Method) ★

- 먼저 **사례를 제시**, 문제적 사실들과 그의 상호관계에 대해서 검토하고 **대책을 토의**하는 학습법이다. ★
- 하버드대학에서 개발한 기법으로 고도의 판단력을 양성할 수 있다.

사례연구법의 장점
• 학습에 흥미가 있고, **학습동기를 유발**할 수 있다. • **현실적인 문제의 학습**이 가능하다. • **관찰력과 분석력**을 높일 수 있다. • **의사소통 기술**이 향상된다. • 문제를 다양한 관점에서 바라보게 된다.

(2) 롤 플레잉(Role Playing) ★

롤 플레잉(역할연기)는 참가자에게 **일정한 역할을 주어서 실제적으로 연기를 시켜봄**으로써 자기의 역할을 보다 확실히 인식시키는 방법이다.

롤 플레잉의 장점
• **관찰능력**을 높이고 **감수성**이 향상된다. • 자기의 태도에 **반성과 창조성**이 생긴다. • 의견 발표에 자신이 생기고 고찰력이 풍부해진다.

(3) 포럼(Forum) ★

새로운 자료나 교재를 제시, 거기서의 **문제점을 피교육자로 하여금** 제기하게 하여 **발표하고 토의**하는 방법이다.

(4) 심포지엄(Symposium) ★

몇 사람의 **전문가**에 의하여 과제에 관한 **견해를 발표한 뒤 참가자로 하여금 의견이나 질문을 하게 하여 토의**하는 방법이다.

(5) 패널 디스커션(Panel Discussion) ★

패널 멤버(교육과제에 정통한 전문가 4~5명)가 피교육자 앞에서 **토의를 하고**, 뒤에 피교육자 **전원이 참가**하여 사회자의 사회에 따라 **토의**하는 방법이다.

(6) 버즈 세션(Buzz Session) ★

- 6-6 회의
- 사회자와 기록계를 선출한 후 **6명씩의 소집단으로 구분**하고, 소집단별로 **6분씩 자유토의**를 행하여 의견을 종합하는 방법이다.

04 안전보건교육

주요내용 알고 가기!

- 안전보건교육의 교육대상별 교육시간
- 안전보건관리책임자의 교육내용
- 안전관리자의 교육내용
- 관리감독자의 교육내용

한 눈에 들어오는 키워드

1 안전보건관리책임자 등에 대한 직무교육 ★

① **안전보건관리책임자**
② **안전관리자**(「기업활동 규제완화에 관한 특별조치법」제30조제3항에 따라 안전관리자로 채용된 것으로 보는 사람을 포함한다)
③ **보건관리자**
④ **안전보건관리담당자**
⑤ **안전관리전문기관 또는 보건관리전문기관**에서 안전관리자 또는 보건관리자의 위탁 업무를 수행하는 사람
⑥ **건설재해예방전문지도기관**에서 지도업무를 수행하는 사람
⑦ **안전검사기관**에서 검사업무를 수행하는 사람
⑧ **자율안전검사기관**에서 검사업무를 수행하는 사람
⑨ **석면조사기관**에서 석면조사 업무를 수행하는 사람

참고

사업장 내 안전·보건 교육을 통한 근로자 체득 능력
- 잠재위험 발견 능력
- 비상사태 대응 능력
- 직면한 문제의 사고 발생 가능성 예지 능력

2 안전보건교육의 교육시간

(1) 근로자 안전보건교육

교육과정	교육대상		교육시간
가. 정기교육	1) 사무직 종사 근로자		매반기 6시간 이상
	2) 그 밖의 근로자	가) 판매업무에 직접 종사하는 근로자	매반기 6시간 이상
		나) 판매업무에 직접 종사하는 근로자 외의 근로자	매반기 12시간 이상
나. 채용 시의 교육	1) 일용근로자 및 근로계약기간이 1주일 이하인 기간제근로자		1시간 이상
	2) 근로계약기간이 1주일 초과 1개월 이하인 기간제근로자		4시간 이상
	3) 그 밖의 근로자		8시간 이상
다. 작업내용 변경 시의 교육	1) 일용근로자 및 근로계약기간이 1주일 이하인 기간제근로자		1시간 이상
	2) 그 밖의 근로자		2시간 이상
라. 특별교육	1) 일용근로자 및 근로계약기간이 1주일 이하인 기간제 근로자(타워크레인신호작업에 종사하는 근로자 제외)		2시간 이상
	2) 일용근로자 및 근로계약기간이 1주일 이하인 기간제 근로자 중 타워크레인신호작업에 종사하는 근로자		8시간 이상
	3) 일용근로자 및 근로계약기간이 1주일 이하인 기간제 근로자를 제외한 근로자		가) **16시간 이상(최초 작업에 종사하기 전 4시간 이상** 실시하고 **12시간은 3개월 이내에서 분할하여** 실시 가능) 나) **단기간 작업 또는 간헐적 작업**인 경우에는 **2시간 이상**
마. 건설업기초 안전·보건교육	건설 일용근로자		4시간 이상

한눈에 들어오는 키워드

(2) 관리감독자 안전보건교육

교육과정	교육시간
가. 정기교육	연간 16시간 이상
나. 채용 시 교육	8시간 이상
다. 작업내용 변경 시 교육	2시간 이상
라. 특별교육	16시간 이상(최초 작업에 종사하기 전 4시간 이상 실시하고 12시간은 3개월 이내에서 분할하여 실시 가능)
	단기간 작업 또는 간헐적 작업인 경우에는 2시간 이상

(3) 안전보건관리책임자 등에 대한 교육(직무교육)

교육대상	교육시간	
	신규교육	보수교육
가. 안전보건관리책임자	6시간 이상	6시간 이상
나. 안전관리자, 안전관리전문기관의 종사자	34시간 이상	24시간 이상
다. 보건관리자, 보건관리전문기관의 종사자	34시간 이상	24시간 이상
라. 건설재해예방 전문지도기관 종사자	34시간 이상	24시간 이상
마. 석면조사기관 종사자	34시간 이상	24시간 이상
바. 안전보건관리담당자	–	8시간 이상
사. 안전검사기관, 자율안전검사기관의 종사자	34시간 이상	24시간 이상

(4) 특수형태근로종사자에 대한 안전보건교육

교육과정	교육시간
가. 최초 노무제공 시 교육	2시간 이상(단기간 작업 또는 간헐적 작업에 노무를 제공하는 경우에는 1시간 이상 실시하고, 특별교육을 실시한 경우는 면제)
나. 특별교육	16시간 이상(최초 작업에 종사하기 전 4시간 이상 실시하고 12시간은 3개월 이내에서 분할하여 실시가능)
	단기간 작업 또는 간헐적 작업인 경우에는 2시간 이상

(5) 검사원 성능검사 교육

교육과정	교육대상	교육시간
성능검사 교육	–	28시간 이상

3 사업주가 근로자에게 실시해야 하는 안전보건교육의 대상별 교육내용

(1) 근로자 정기안전 · 보건교육 ★★★

근로자의 정기 안전 · 보건교육 내용

① **산업안전 및 산업재해 예방**에 관한 사항(화재 · 폭발 사고 발생 시 대피에 관한 사항을 포함한다)
② **산업보건 및 건강장해 예방**에 관한 사항(폭염 · 한파작업으로 인한 건강장해 발생 시 응급조치에 관한 사항을 포함한다)
③ **유해 · 위험 작업환경 관리**에 관한 사항
④ **산업안전보건법령 및 산업재해보상보험제도**에 관한 사항
⑤ **직무스트레스 예방 및 관리**에 관한 사항
⑥ **직장 내 괴롭힘, 고객의 폭언 등으로 인한 건강장해 예방 및 관리**에 관한 사항
⑦ **건강증진 및 질병 예방**에 관한 사항
⑧ **위험성 평가**에 관한 사항

특급암기법

공통 항목(관리감독자, 근로자)
1. 근로자는 법, 산재보상제도를 알자!
2. 근로자는 건강을 보존(산업보건)하고 건강장해, 스트레스, 괴롭힘, 폭언 예방하자!
3. 근로자는 유해위험 환경을 관리해서 안전하고 산업재해 예방하자!
4. 근로자는 위험성을 평가하자!

근로자 정기교육의 특징
1. 근로자는 건강증진하고 질병예방하자!

근로자 채용 시 교육 및 작업내용 변경 시 교육내용

① **산업안전 및 산업재해 예방**에 관한 사항(화재 · 폭발 사고 발생 시 대피에 관한 사항을 포함한다)
② **산업보건 및 건강장해 예방**에 관한 사항
③ **산업안전보건법령 및 산업재해보상보험제도**에 관한 사항
④ **직무스트레스 예방 및 관리**에 관한 사항
⑤ **직장 내 괴롭힘, 고객의 폭언 등으로 인한 건강장해 예방 및 관리**에 관한 사항
⑥ **기계 · 기구의 위험성과 작업의 순서 및 동선**에 관한 사항
⑦ **물질안전보건자료**에 관한 사항
⑧ **작업 개시 전 점검**에 관한 사항
⑨ **정리정돈 및 청소**에 관한 사항
⑩ **사고 발생 시 긴급조치**에 관한 사항
⑪ **위험성 평가**에 관한 사항

특급암기법

공통 항목
1. 신규자는 법을 알고 산재보상제도를 알자!
2. 신규자는 건강을 보존(산업보건)하고 건강장해, 스트레스, 괴롭힘, 폭언 예방하자!
3. 신규자는 안전하고 산업재해 예방하자!
4. 신규자는 위험성을 평가하자!

신규채용자는 회사에 처음입사해서 처음 일을 하는 근로자, 안전하게 일하기 위한 기본 내용을 교육한다.
1. 신규자는 기계기구 위험성, 작업 순서, 동선을 알자!
2. 신규자는 취급물질의 위험성(물질안전보건자료)을 알자!
3. 신규자는 작업 전 점검하자!
4. 신규자는 항상 정리정돈 청소하자!
5. 신규자는 사고 시 조치를 알자!

(2) 관리감독자의 안전·보건교육 ★★★

관리감독자의 정기 안전·보건교육 내용

① **산업안전 및 산업재해 예방**에 관한 사항(화재·폭발 사고 발생 시 대피에 관한 사항을 포함한다)
② **산업보건 및 건강장해 예방**에 관한 사항(폭염·한파작업으로 인한 건강장해 발생 시 응급조치에 관한 사항을 포함한다)
③ **유해·위험 작업환경 관리**에 관한 사항
④ **산업안전보건법령 및 산업재해보상보험 제도**에 관한 사항
⑤ **직무스트레스 예방 및 관리**에 관한 사항
⑥ **직장 내 괴롭힘, 고객의 폭언 등으로 인한 건강장해 예방 및 관리**에 관한 사항
⑦ **위험성 평가**에 관한 사항
⑧ **작업공정의 유해·위험과 재해 예방대책**에 관한 사항
⑨ **표준안전 작업방법 결정 및 지도·감독 요령**에 관한 사항
⑩ **비상 시 또는 재해 발생 시 긴급조치**에 관한 사항
⑪ **사업장 내 안전보건관리체제 및 안전·보건조치 현황**에 관한 사항
⑫ **현장근로자와의 의사소통능력 및 강의능력 등 안전보건교육 능력 배양**에 관한 사항
⑬ 그 밖의 관리감독자의 직무에 관한 사항

특급암기법

공통 항목(관리감독자, 근로자)
1. 관리자는 법, 산재보상제도를 알자.
2. 관리자는 건강을 보존(산업보건)하고 건강장해, 스트레스, 괴롭힘, 폭언 예방하자!
3. 관리자는 유해위험 환경을 관리해서 안전하고 산업재해 예방하자!
4. 관리자는 위험성을 평가하자!

 한 눈에 들어오는 키워드

관리감독자 정기교육의 특징
1. 관리자는 유해위험의 재해예방대책 세우자!
2. 관리자는 안전 작업방법 결정해서 감독하자!
3. 관리자는 재해발생 시 긴급조치하자!
4. 관리자는 안전보건 조치하자!
5. 관리자는 안전보건교육 능력 배양하자!

관리감독자의 채용 시 교육 및 작업내용 변경 시 교육내용

① 산업안전 및 산업재해 예방에 관한 사항(화재·폭발 사고 발생 시 대피에 관한 사항을 포함한다)
② 산업보건 및 건강장해 예방에 관한 사항
③ 산업안전보건법령 및 산업재해보상보험 제도에 관한 사항
④ 직무스트레스 예방 및 관리에 관한 사항
⑤ 직장 내 괴롭힘, 고객의 폭언 등으로 인한 건강장해 예방 및 관리에 관한 사항
⑥ 위험성평가에 관한 사항
⑦ 기계·기구의 위험성과 작업의 순서 및 동선에 관한 사항
⑧ 작업 개시 전 점검에 관한 사항
⑨ 물질안전보건자료에 관한 사항
⑩ 사업장 내 안전보건관리체제 및 안전·보건조치 현황에 관한 사항
⑪ 표준안전 작업방법 결정 및 지도·감독 요령에 관한 사항
⑫ 비상 시 또는 재해 발생 시 긴급조치에 관한 사항
⑬ 그 밖의 관리감독자의 직무에 관한 사항

특급암기법

공통 항목 – 채용 시 근로자 교육과 동일
1. 신규 관리자는 법을 알고 산재보상제도를 알자!
2. 신규 관리자는 건강을 보존(산업보건)하고 건강장해, 스트레스, 괴롭힘, 폭언 예방하자!
3. 신규 관리자는 안전하고 산업재해 예방하자!
4. 신규 관리자는 위험성을 평가하자!

채용 시 근로자 교육 중 "정리정돈 청소" 제외
1. 신규 관리자는 기계기구 위험성, 작업순서, 동선을 알자!
2. 신규 관리자는 취급물질의 위험성(물질안전보건자료)을 알자!
3. 신규 관리자는 작업 전 점검하자!

신규 관리자 내용 추가
1. 신규 관리자는 안전보건 조치하자!
2. 신규 관리자는 안전 작업방법 결정해서 감독하자!
3. 신규 관리자는 재해 시 긴급조치하자!

(3) 건설업 기초안전·보건교육에 대한 내용 및 시간 ★

교육 내용	시간
1. 건설공사의 종류(건축, 토목 등) 및 시공 절차	1시간
2. 산업재해 유형별 위험요인 및 안전보건조치	2시간
3. 안전보건관리체제 현황 및 산업안전보건 관련 근로자 권리·의무	1시간

(4) 특수형태근로종사자에 대한 안전보건교육(최초 노무제공 시 교육)

교육 내용

아래의 내용 중 **특수형태근로종사자의 직무에 적합한 내용을 교육**해야 한다.
① **교통안전 및 운전안전**에 관한 사항
② **보호구 착용**에 대한 사항
③ **산업안전 및 산업재해 예방**에 관한 사항(화재·폭발 사고 발생 시 대피에 관한 사항을 포함한다)
④ **산업보건 및 건강장해 예방**에 관한 사항
⑤ 건강증진 및 질병 예방에 관한 사항
⑥ 유해·위험 작업환경 관리에 관한 사항
⑦ 기계·기구의 위험성과 작업의 순서 및 동선에 관한 사항
⑧ 작업 개시 전 점검에 관한 사항
⑨ 정리정돈 및 청소에 관한 사항
⑩ 사고 발생 시 긴급조치에 관한 사항
⑪ 물질안전보건자료에 관한 사항
⑫ 직무스트레스 예방 및 관리에 관한 사항
⑬ 직장 내 괴롭힘, 고객의 폭언 등으로 인한 건강장해 예방 및 관리에 관한 사항
⑭ 산업안전보건법령 및 산업재해보상보험 제도에 관한 사항

특급암기법
채용 시 교육 내용 + 근로자 정기교육 내용 + 보호구 + 교통, 운전안전(위험성 평가 제외)

한 눈에 들어오는 **키** 워드

> 참고

특수형태근로종사자로부터 노무를 제공받는 자 중 안전·보건교육을 실시하여야 하는 자 ★

1. 「건설기계관리법」에 따라 등록된 **건설기계를 직접 운전**하는 사람
2. 「체육시설의 설치·이용에 관한 법률」에 따라 **직장체육시설로 설치된 골프장** 또는 체육시설업의 등록을 한 골프장에서 골프경기를 보조하는 골프장 캐디
3. 한국표준직업분류표의 세분류에 따른 택배원으로서 **택배사업**(소화물을 집화·수송 과정을 거쳐 배송하는 사업을 말한다)**에서 집화 또는 배송 업무를 하는 사람**
4. 한국표준직업분류표의 세분류에 따른 택배원으로서 고용노동부장관이 정하는 기준에 따라 주로 **하나의 퀵서비스업자로부터 업무를 의뢰받아 배송 업무를 하는 사람**
5. 고용노동부장관이 정하는 기준에 따라 주로 **하나의 대리운전업자로부터 업무를 의뢰받아 대리운전 업무를 하는 사람**

(5) 물질안전보건 자료에 관한 교육내용 ★

교육 내용	• 대상화학물질의 명칭(또는 제품명) • 물리적 위험성 및 건강 유해성 • 취급상의 주의사항 • 적절한 보호구 • 응급조치 요령 및 사고시 대처방법 • 물질안전보건자료 및 경고표지를 이해하는 방법

(6) 특별교육 대상 작업별 교육내용

작업명	교육내용
〈공통내용〉 제1호부터 제38호까지의 작업	• "채용 시의 교육 및 작업내용 변경시의 교육" 내용
〈개별내용〉 1. 고압실 내 작업(잠함공법이나 그 밖의 압기공법으로 대기압을 넘는 기압인 작업실 또는 수갱 내부에서 하는 작업만 해당한다)	• 고기압 장해의 인체에 미치는 영향에 관한 사항 • 작업의 시간·작업 방법 및 절차에 관한 사항 • 압기공법에 관한 기초지식 및 보호구 착용에 관한 사항 • 이상 발생 시 응급조치에 관한 사항 • 그 밖에 안전·보건관리에 필요한 사항

작업명	교육내용
2. 아세틸렌 용접장치 또는 가스집합 용접장치를 사용하는 금속의 용접·용단 또는 가열작업(발생기·도관 등에 의하여 구성되는 용접장치만 해당한다)★	• 용접 흄, 분진 및 유해광선 등의 유해성에 관한 사항 • 가스용접기, 압력조정기, 호스 및 취관두(불꽃이 나오는 용접기의 앞부분) 등의 기기점검에 관한 사항 • 작업방법·순서 및 응급처치에 관한 사항 • 안전기 및 보호구 취급에 관한 사항 • 화재예방 및 초기대응에 관한 사항 • 그 밖에 안전·보건관리에 필요한 사항
3. 밀폐된 장소(탱크 내 또는 환기가 극히 불량한 좁은 장소를 말한다)에서 하는 용접작업 또는 습한 장소에서 하는 전기용접 작업	• 작업순서, 안전작업방법 및 수칙에 관한 사항 • 환기설비에 관한 사항 • 전격 방지 및 보호구 착용에 관한 사항 • 질식 시 응급조치에 관한 사항 • 작업환경 점검에 관한 사항 • 그 밖에 안전·보건관리에 필요한 사항
4. 폭발성·물반응성·자기반응성·자기발열성 물질, 자연발화성 액체·고체 및 인화성 액체의 제조 또는 취급작업(시험연구를 위한 취급작업은 제외한다)★	• 폭발성·물반응성·자기반응성·자기발열성 물질, 자연발화성 액체·고체 및 인화성 액체의 성질이나 상태에 관한 사항 • 폭발 한계점, 발화점 및 인화점 등에 관한 사항 • 취급방법 및 안전수칙에 관한 사항 • 이상 발견 시의 응급처치 및 대피 요령에 관한 사항 • 화기·정전기·충격 및 자연발화 등의 위험방지에 관한 사항 • 작업순서, 취급주의사항 및 방호거리 등에 관한 사항 • 그 밖에 안전·보건관리에 필요한 사항
5. 액화석유가스·수소가스 등 인화성 가스 또는 폭발성 물질 중 가스의 발생장치 취급 작업	• 취급가스의 상태 및 성질에 관한 사항 • 발생장치 등의 위험 방지에 관한 사항 • 고압가스 저장설비 및 안전취급방법에 관한 사항 • 설비 및 기구의 점검 요령 • 그 밖에 안전·보건관리에 필요한 사항
6. 화학설비 중 반응기, 교반기·추출기의 사용 및 세척작업	• 각 계측장치의 취급 및 주의에 관한 사항 • 투시창·수위 및 유량계 등의 점검 및 밸브의 조작주의에 관한 사항 • 세척액의 유해성 및 인체에 미치는 영향에 관한 사항 • 작업 절차에 관한 사항 • 그 밖에 안전·보건관리에 필요한 사항
7. 화학설비의 탱크 내 작업	• 차단장치·정지장치 및 밸브 개폐장치의 점검에 관한 사항 • 탱크 내의 산소농도 측정 및 작업환경에 관한 사항 • 안전보호구 및 이상 발생 시 응급조치에 관한 사항 • 작업절차·방법 및 유해·위험에 관한 사항 • 그 밖에 안전·보건관리에 필요한 사항
8. 분말·원재료 등을 담은 호퍼(하부가 깔대기 모양으로 된 저장통)·저장 창고 등 저장탱크의 내부작업	• 분말·원재료의 인체에 미치는 영향에 관한 사항 • 저장탱크 내부작업 및 복장보호구 착용에 관한 사항 • 작업의 지정·방법·순서 및 작업환경 점검에 관한 사항

한 눈에 들어오는 키워드

작업명	교육내용
	• 팬·풍기(風旗) 조작 및 취급에 관한 사항 • 분진 폭발에 관한 사항 • 그 밖에 안전·보건관리에 필요한 사항
9. 다음 각 목에 정하는 설비에 의한 물건의 가열·건조작업 　가. 건조설비 중 위험물 등에 관계되는 설비로 속부피가 1세제곱미터 이상인 것 　나. 건조설비 중 가목의 위험물 등 외의 물질에 관계되는 설비로서, 연료를 열원으로 사용하는 것(그 최대연소소비량이 매 시간당 10킬로그램 이상인 것만 해당한다) 또는 전력을 열원으로 사용하는 것(정격소비전력이 10킬로와트 이상인 경우만 해당한다)	• 건조설비 내외면 및 기기기능의 점검에 관한 사항 • 복장보호구 착용에 관한 사항 • 건조 시 유해가스 및 고열 등이 인체에 미치는 영향에 관한 사항 • 건조설비에 의한 화재·폭발 예방에 관한 사항
10. 다음 각 목에 해당하는 집재장치(집재기·가선·운반기구·지주 및 이들에 부속하는 물건으로 구성되고, 동력을 사용하여 원목 또는 장작과 숯을 담아 올리거나 공중에서 운반하는 설비를 말한다)의 조립, 해체, 변경 또는 수리작업 및 이들 설비에 의한 집재 또는 운반 작업 　가. 원동기의 정격출력이 7.5킬로와트를 넘는 것 　나. 지간의 경사거리 합계가 350미터 이상인 것 　다. 최대사용하중이 200킬로그램 이상인 것	• 기계의 브레이크 비상정지장치 및 운반경로, 각종 기능 점검에 관한 사항 • 작업 시작 전 준비사항 및 작업방법에 관한 사항 • 취급물의 유해·위험에 관한 사항 • 구조상의 이상 시 응급처치에 관한 사항 • 그 밖에 안전·보건관리에 필요한 사항
11. 동력에 의하여 작동되는 프레스기계를 5대 이상 보유한 사업장에서 해당 기계로 하는 작업	• 프레스의 특성과 위험성에 관한 사항 • 방호장치 종류와 취급에 관한 사항 • 안전작업방법에 관한 사항 • 프레스 안전기준에 관한 사항 • 그 밖에 안전·보건관리에 필요한 사항
12. 목재가공용 기계(둥근톱기계, 띠톱기계, 대패기계, 모떼기기계 및 라우터기(목재를 자르거나 홈을 파는 기계)만 해당하며, 휴대용은 제외한다)를 5대 이상 보유한 사업장에서 해당 기계로 하는 작업	• 목재가공용 기계의 특성과 위험성에 관한 사항 • 방호장치의 종류와 구조 및 취급에 관한 사항 • 안전기준에 관한 사항 • 안전작업방법 및 목재 취급에 관한 사항 • 그 밖에 안전·보건관리에 필요한 사항
13. 운반용 등 하역기계를 5대 이상 보유한 사업장에서의 해당 기계로 하는 작업	• 운반하역기계 및 부속설비의 점검에 관한 사항 • 작업순서와 방법에 관한 사항 • 안전운전방법에 관한 사항 • 화물의 취급 및 작업신호에 관한 사항 • 그 밖에 안전·보건관리에 필요한 사항

작업명	교육내용
14. 1톤 이상의 크레인을 사용하는 작업 또는 1톤 미만의 크레인 또는 호이스트를 5대 이상 보유한 사업장에서 해당 기계로 하는 작업	• 방호장치의 종류, 기능 및 취급에 관한 사항 • 걸고리 · 와이어로프 및 비상정지장치 등의 기계 · 기구 점검에 관한 사항 • 화물의 취급 및 안전작업방법에 관한 사항 • 신호방법 및 공동작업에 관한 사항 • 인양 물건의 위험성 및 낙하 · 비래(飛來) · 충돌재해 예방에 관한 사항 • 인양물이 적재될 지반의 조건, 인양하중, 풍압 등이 인양물과 타워크레인에 미치는 영향 • 그 밖에 안전 · 보건관리에 필요한 사항
15. 건설용 리프트 · 곤돌라를 이용한 작업	• 방호장치의 기능 및 사용에 관한 사항 • 기계, 기구, 달기체인 및 와이어 등의 점검에 관한 사항 • 화물의 권상 · 권하 작업방법 및 안전작업 지도에 관한 사항 • 기계 · 기구에 특성 및 동작원리에 관한 사항 • 신호방법 및 공동작업에 관한 사항 • 그 밖에 안전 · 보건관리에 필요한 사항
16. 주물 및 단조(금속을 두들기거나 눌러서 형체를 만드는 일) 작업	• 고열물의 재료 및 작업환경에 관한 사항 • 출탕 · 주조 및 고열물의 취급과 안전작업방법에 관한 사항 • 고열작업의 유해 · 위험 및 보호구 착용에 관한 사항 • 안전기준 및 중량물 취급에 관한 사항 • 그 밖에 안전 · 보건관리에 필요한 사항
17. **전압이 75볼트 이상인** 정전 및 활선 작업	• 전기의 위험성 및 전격 방지에 관한 사항 • 해당 설비의 보수 및 점검에 관한 사항 • 정전작업 · 활선작업 시의 안전작업방법 및 순서에 관한 사항 • 절연용 보호구, 절연용 방호구 및 활선작업용 기구 등의 사용에 관한 사항 • 그 밖에 안전 · 보건관리에 필요한 사항
18. 콘크리트 파쇄기를 사용하여 하는 파쇄작업(2미터 이상인 구축물의 파쇄작업만 해당한다)	• 콘크리트 해체 요령과 방호거리에 관한 사항 • 작업안전조치 및 안전기준에 관한 사항 • 파쇄기의 조작 및 공통작업 신호에 관한 사항 • 보호구 및 방호장비 등에 관한 사항 • 그 밖에 안전 · 보건관리에 필요한 사항
19. 굴착면의 높이가 2미터 이상이 되는 지반 굴착(터널 및 수직갱 외의 갱 굴착은 제외한다)작업	• 지반의 형태 · 구조 및 굴착 요령에 관한 사항 • 지반의 붕괴재해 예방에 관한 사항 • 붕괴 방지용 구조물 설치 및 작업방법에 관한 사항 • 보호구의 종류 및 사용에 관한 사항 • 그 밖에 안전 · 보건관리에 필요한 사항
20. 흙막이 지보공의 보강 또는 동바리를 설치하거나 해체하는 작업	• 작업안전 점검 요령과 방법에 관한 사항 • 동바리의 운반 · 취급 및 설치 시 안전작업에 관한 사항 • 해체작업 순서와 안전기준에 관한 사항 • 보호구 취급 및 사용에 관한 사항 • 그 밖에 안전 · 보건관리에 필요한 사항

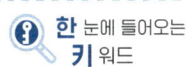

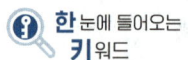
한눈에 들어오는 키워드

작업명	교육내용
21. 터널 안에서의 굴착작업(굴착용 기계를 사용하여 하는 굴착작업 중 근로자가 칼날 밑에 접근하지 않고 하는 작업은 제외한다) 또는 같은 작업에서의 터널 거푸집 지보공의 조립 또는 콘크리트 작업	• 작업환경의 점검 요령과 방법에 관한 사항 • 붕괴 방지용 구조물 설치 및 안전작업 방법에 관한 사항 • 재료의 운반 및 취급ㆍ설치의 안전기준에 관한 사항 • 보호구의 종류 및 사용에 관한 사항 • 소화설비의 설치장소 및 사용방법에 관한 사항 • 그 밖에 안전ㆍ보건관리에 필요한 사항
22. 굴착면의 높이가 2미터 이상이 되는 암석의 굴착작업	• 폭발물 취급 요령과 대피 요령에 관한 사항 • 안전거리 및 안전기준에 관한 사항 • 방호물의 설치 및 기준에 관한 사항 • 보호구 및 신호방법 등에 관한 사항 • 그 밖에 안전ㆍ보건관리에 필요한 사항
23. 높이가 2미터 이상인 물건을 쌓거나 무너뜨리는 작업(하역기계로만 하는 작업은 제외한다)	• 원부재료의 취급 방법 및 요령에 관한 사항 • 물건의 위험성ㆍ낙하 및 붕괴재해 예방에 관한 사항 • 적재방법 및 전도 방지에 관한 사항 • 보호구 착용에 관한 사항 • 그 밖에 안전ㆍ보건관리에 필요한 사항
24. 선박에 짐을 쌓거나 부리거나 이동시키는 작업	• 하역 기계ㆍ기구의 운전방법에 관한 사항 • 운반ㆍ이송경로의 안전작업방법 및 기준에 관한 사항 • 중량물 취급 요령과 신호 요령에 관한 사항 • 작업안전 점검과 보호구 취급에 관한 사항 • 그 밖에 안전ㆍ보건관리에 필요한 사항
25. **거푸집 동바리의 조립 또는 해체작업**	• 동바리의 조립방법 및 작업 절차에 관한 사항 • 조립재료의 취급방법 및 설치기준에 관한 사항 • 조립 해체 시의 사고 예방에 관한 사항 • 보호구 착용 및 점검에 관한 사항 • 그 밖에 안전ㆍ보건관리에 필요한 사항
26. **비계의 조립ㆍ해체 또는 변경작업**	• 비계의 조립순서 및 방법에 관한 사항 • 비계작업의 재료 취급 및 설치에 관한 사항 • 추락재해 방지에 관한 사항 • 보호구 착용에 관한 사항 • 비계상부 작업 시 최대 적재하중에 관한 사항 • 그 밖에 안전ㆍ보건관리에 필요한 사항
27. 건축물의 골조, 다리의 상부구조 또는 탑의 금속제의 부재로 구성되는 것(5미터 이상인 것만 해당한다)의 조립ㆍ해체 또는 변경작업	• 건립 및 버팀대의 설치순서에 관한 사항 • 조립 해체 시의 추락재해 및 위험요인에 관한 사항 • 건립용 기계의 조작 및 작업신호 방법에 관한 사항 • 안전장비 착용 및 해체순서에 관한 사항 • 그 밖에 안전ㆍ보건관리에 필요한 사항
28. 처마 높이가 5미터 이상인 목조건축물의 구조 부재의 조립이나 건축물의 지붕 또는 외벽 밑에서의 설치작업	• 붕괴ㆍ추락 및 재해 방지에 관한 사항 • 부재의 강도ㆍ재질 및 특성에 관한 사항 • 조립ㆍ설치 순서 및 안전작업방법에 관한 사항 • 보호구 착용 및 작업 점검에 관한 사항 • 그 밖에 안전ㆍ보건관리에 필요한 사항

작업명	교육내용
29. 콘크리트 인공구조물(그 높이가 2미터 이상인 것만 해당한다)의 해체 또는 파괴작업	• 콘크리트 해체기계의 점점에 관한 사항 • 파괴 시의 안전거리 및 대피 요령에 관한 사항 • 작업방법·순서 및 신호 방법 등에 관한 사항 • 해체·파괴 시의 작업안전기준 및 보호구에 관한 사항 • 그 밖에 안전·보건관리에 필요한 사항
30. **타워크레인을 설치**(상승작업을 포함한다)·해체하는 작업	• 붕괴·추락 및 재해 방지에 관한 사항 • 설치·해체 순서 및 안전작업방법에 관한 사항 • 부재의 구조·재질 및 특성에 관한 사항 • 신호방법 및 요령에 관한 사항 • 이상 발생 시 응급조치에 관한 사항 • 그 밖에 안전·보건관리에 필요한 사항
31. 보일러(소형 보일러 및 다음 각 목에서 정하는 보일러는 제외한다)의 설치 및 취급 작업 　가. 몸통 반지름이 750밀리미터 이하이고 그 길이가 1,300밀리미터 이하인 증기보일러 　나. 전열면적이 3제곱미터 이하인 증기보일러 　다. 전열면적이 14제곱미터 이하인 온수보일러 　라. 전열면적이 30제곱미터 이하인 관류보일러(물관을 사용하여 가열시키는방식의 보일러)	• 기계 및 기기 점화장치 계측기의 점검에 관한 사항 • 열관리 및 방호장치에 관한 사항 • 작업순서 및 방법에 관한 사항 • 그 밖에 안전·보건관리에 필요한 사항
32. **게이지 압력을 제곱센티미터당 1킬로그램 이상**으로 사용하는 **압력용기**의 설치 및 취급작업	• 안전시설 및 안전기준에 관한 사항 • 압력용기의 위험성에 관한 사항 • 용기 취급 및 설치기준에 관한 사항 • 작업안전 점검 방법 및 요령에 관한 사항 • 그 밖에 안전·보건관리에 필요한 사항
33. 방사선 업무에 관계되는 작업(의료 및 실험용은 제외한다)	• 방사선의 유해·위험 및 인체에 미치는 영향 • 방사선의 측정기기 기능의 점검에 관한 사항 • 방호거리·방호벽 및 방사선물질의 취급 요령에 관한 사항 • 응급처치 및 보호구 착용에 관한 사항 • 그 밖에 안전·보건관리에 필요한 사항
34. **밀폐공간에서의 작업** ★	• 산소농도 측정 및 작업환경에 관한 사항 • 사고 시의 응급처치 및 비상 시 구출에 관한 사항 • 보호구 착용 및 보호 장비 사용에 관한 사항 • 작업내용·안전작업방법 및 절차에 관한 사항 • 장비·설비 및 시설 등의 안전점검에 관한 사항 • 그 밖에 안전·보건관리에 필요한 사항

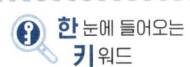
한 눈에 들어오는 **키**워드

작업명	교육내용
35. 허가 및 관리 대상 유해물질의 제조 또는 취급작업	• 취급물질의 성질 및 상태에 관한 사항 • 유해물질이 인체에 미치는 영향 • 국소배기장치 및 안전설비에 관한 사항 • 안전작업방법 및 보호구 사용에 관한 사항 • 그 밖에 안전·보건관리에 필요한 사항
36. 로봇작업	• 로봇의 기본원리·구조 및 작업방법에 관한 사항 • 이상 발생 시 응급조치에 관한 사항 • 안전시설 및 안전기준에 관한 사항 • 조작방법 및 작업순서에 관한 사항
37. **석면해체·제거작업**	• 석면의 특성과 위험성 • 석면해체·제거의 작업방법에 관한 사항 • 장비 및 보호구 사용에 관한 사항 • 그 밖에 안전·보건관리에 필요한 사항
38. 가연물이 있는 장소에서 하는 화재위험작업	• 작업준비 및 작업절차에 관한 사항 • 작업장 내 위험물, 가연물의 사용·보관·설치 현황에 관한 사항 • 화재위험작업에 따른 인근 인화성 액체에 대한 방호조치에 관한 사항 • 화재위험작업으로 인한 불꽃, 불티 등의 흩날림 방지조치에 관한 사항 • 인화성 액체의 증기가 남아 있지 않도록 환기 등의 조치에 관한 사항 • 화재감시자의 직무 및 피난교육 등 비상조치에 관한 사항 • 그 밖에 안전·보건관리에 필요한 사항
39. **타워크레인을 사용하는 작업 시 신호업무를 하는 작업 ★**	• 타워크레인의 기계적 특성 및 방호장치 등에 관한 사항 • 화물의 취급 및 안전작업방법에 관한 사항 • 신호방법 및 요령에 관한 사항 • 인양 물건의 위험성 및 낙하·비래·충돌재해 예방에 관한 사항 • 인양물이 적재될 지반의 조건, 인양하중, 풍압 등이 인양물과 타워크레인에 미치는 영향 • 그 밖에 안전·보건관리에 필요한 사항

CHAPTER 06 산업안전 관계법규

01 작업시작전 점검

작업의 종류	점검내용
1. 프레스 등을 사용하여 작업을 할 때	가. 클러치 및 브레이크의 기능 나. 크랭크축·플라이휠·슬라이드·연결봉 및 연결 나사의 풀림 여부 다. 1행정 1정지기구·급정지장치 및 비상정지장치의 기능 라. 슬라이드 또는 칼날에 의한 위험방지 기구의 기능 마. 프레스의 금형 및 고정볼트 상태 바. 방호장치의 기능 사. 전단기(剪斷機)의 칼날 및 테이블의 상태
2. 로봇의 작동 범위에서 그 로봇에 관하여 교시등(로봇의 동력원을 차단하고 하는 것은 제외한다)의 작업을 할 때	가. 외부 전선의 피복 또는 외장의 손상 유무 나. 매니퓰레이터(manipulator) 작동의 이상 유무 다. 제동장치 및 비상정지장치의 기능
3. 공기압축기를 가동할 때	가. 공기저장 압력용기의 외관 상태 나. 드레인밸브(drain valve)의 조작 및 배수 다. 압력방출장치의 기능 라. 언로드밸브(unloading valve)의 기능 마. 윤활유의 상태 바. 회전부의 덮개 또는 울의 상태 사. 그 밖의 연결 부위의 이상 유무
4. 크레인을 사용하여 작업을 하는 때	가. 권과방지장치·브레이크·클러치 및 운전장치의 기능 나. 주행로의 상측 및 트롤리(trolley)가 횡행하는 레일의 상태 다. 와이어로프가 통하고 있는 곳의 상태
5. 이동식 크레인을 사용하여 작업을 할 때	가. 권과방지장치나 그 밖의 경보장치의 기능 나. 브레이크·클러치 및 조정장치의 기능 다. 와이어로프가 통하고 있는 곳 및 작업장소의 지반상태
6. 리프트(간이리프트를 포함한다)를 사용하여 작업을 할 때	가. 방호장치·브레이크 및 클러치의 기능 나. 와이어로프가 통하고 있는 곳의 상태
7. 곤돌라를 사용하여 작업을 할 때	가. 방호장치·브레이크의 기능 나. 와이어로프·슬링와이어(sling wire) 등의 상태
8. 양중기의 와이어로프·달기체인·섬유로프·섬유벨트 또는 훅·샤클·링 등의 철구를 사용하여 고리걸이 작업을 할 때	와이어로프 등의 이상 유무

한 눈에 들어오는 키 워드

작업의 종류	점검내용
9. 지게차를 사용하여 작업을 하는 때	가. 제동장치 및 조종장치 기능의 이상 유무 나. 하역장치 및 유압장치 기능의 이상 유무 다. 바퀴의 이상 유무 라. 전조등·후미등·방향지시기 및 경보장치 기능의 이상 유무
10. 구내운반차를 사용하여 작업을 할 때	가. 제동장치 및 조종장치 기능의 이상 유무 나. 하역장치 및 유압장치 기능의 이상 유무 다. 바퀴의 이상 유무 라. 전조등·후미등·방향지시기 및 경음기 기능의 이상 유무 마. 충전장치를 포함한 홀더 등의 결합상태의 이상 유무
11. 고소작업대를 사용하여 작업을 할 때	가. 비상정지장치 및 비상하강 방지장치 기능의 이상 유무 나. 과부하 방지장치의 작동 유무(와이어로프 또는 체인 구동방식의 경우) 다. 아웃트리거 또는 바퀴의 이상 유무 라. 작업면의 기울기 또는 요철 유무 마. 활선작업용 장치의 경우 홈·균열·파손 등 그 밖의 손상 유무
12. 화물자동차를 사용하는 작업을 하게 할 때	가. 제동장치 및 조종장치의 기능 나. 하역장치 및 유압장치의 기능 다. 바퀴의 이상 유무
13. 컨베이어 등을 사용하여 작업을 할 때	가. 원동기 및 풀리(pulley) 기능의 이상 유무 나. 이탈 등의 방지장치 기능의 이상 유무 다. 비상정지장치 기능의 이상 유무 라. 원동기·회전축·기어 및 풀리 등의 덮개 또는 울 등의 이상 유무
14. 차량계 건설기계를 사용하여 작업을 할 때	브레이크 및 클러치 등의 기능
14-2. **용접·용단 작업 등의 화재위험작업**을 할 때	가. **작업 준비 및 작업 절차 수립** 여부 나. 화기작업에 따른 **인근 가연성물질에 대한 방호조치 및 소화기구 비치** 여부 다. 용접불티 비산방지덮개 또는 용접방화포 등 **불꽃·불티 등의 비산**을 방지하기 위한 **조치** 여부 라. 인화성 액체의 증기 또는 인화성 가스가 남아 있지 않도록 하는 **환기 조치 여부** 마. 작업근로자에 대한 **화재예방 및 피난교육 등 비상조치 여부** **특급암기법** 작업준비, 절차수립 → 불꽃비산방지 → 환기 → 소화기구 → 화재예방, 피난교육

작업의 종류	점검내용
15. 이동식 방폭구조(防爆構造) 전기기계·기구를 사용할 때	전선 및 접속부 상태
16. 근로자가 반복하여 계속적으로 중량물을 취급하는 작업을 할 때	가. 중량물 취급의 올바른 자세 및 복장 나. 위험물이 날아 흩어짐에 따른 보호구의 착용 다. 카바이드·생석회(산화칼슘) 등과 같이 온도상승이나 습기에 의하여 위험성이 존재하는 중량물의 취급방법 라. 그 밖에 하역운반기계 등의 적절한 사용방법
17. 양화장치를 사용하여 화물을 싣고 내리는 작업을 할 때	가. 양화장치(揚貨裝置)의 작동상태 나. 양화장치에 제한하중을 초과하는 하중을 실었는지 여부
18. 슬링 등을 사용하여 작업을 할 때	가. 훅이 붙어 있는 슬링·와이어슬링 등이 매달린 상태 나. 슬링·와이어슬링 등의 상태(작업시작 전 및 작업 중 수시로 점검)

02 관리감독자의 유해위험방지업무

작업의 종류	직무수행 내용
1. 프레스 등을 사용하는 작업	가. 프레스 등 및 그 방호장치를 점검하는 일 나. 프레스 등 및 그 방호장치에 이상이 발견 되면 즉시 필요한 조치를 하는 일 다. 프레스 등 및 그 방호장치에 전환스위치를 설치했을 때 그 전환스위치의 열쇠를 관리하는 일 라. 금형의 부착·해체 또는 조정작업을 직접 지휘하는 일
2. 목재가공용 기계를 취급하는 작업	가. 목재가공용 기계를 취급하는 작업을 지휘하는 일 나. 목재가공용 기계 및 그 방호장치를 점검하는 일 다. 목재가공용 기계 및 그 방호장치에 이상이 발견된 즉시 보고 및 필요한 조치를 하는 일 라. 작업 중 지그(jig) 및 공구 등의 사용 상황을 감독하는 일
3. 크레인을 사용하는 작업 ★	가. **작업방법과 근로자 배치를 결정하고 그 작업을 지휘하는 일** 나. **재료의 결함** 유무 또는 기구 및 공구의 기능을 점검하고 **불량품을 제거**하는 일 다. 작업 중 **안전대 또는 안전모의 착용 상황을 감시**하는 일
4. 위험물을 제조하거나 취급하는 작업	가. 작업을 지휘하는 일 나. 위험물을 제조하거나 취급하는 설비 및 그 설비의 부속설비가 있는 장소의 온도·습도·차광 및 환기 상태 등을 수시로 점검하고 이상을 발견하면 즉시 필요한 조치를 하는 일 다. 나목에 따라 한 조치를 기록하고 보관하는 일
5. 건조설비를 사용하는 작업 ★	가. 건조설비를 처음으로 사용하거나 건조방법 또는 건조물의 종류를 변경했을 때에는 **근로자에게 미리 그 작업방법을 교육하고 작업을 직접 지휘**하는 일 나. 건조설비가 있는 장소를 항상 **정리정돈하고 그 장소에 가연성 물질을 두지 않도록 하는 일**
6. 아세틸렌 용접장치를 사용하는 금속의 용접·용단 또는 가열 작업	가. 작업방법을 결정하고 작업을 지휘하는 일 나. 아세틸렌 용접장치의 취급에 종사하는 근로자로 하여금 다음의 작업요령을 준수하도록 하는 일 ① 사용 중인 발생기에 불꽃을 발생시킬 우려가 있는 공구를 사용하거나 그 발생기에 충격을 가하지 않도록 할 것 ② 아세틸렌 용접장치의 가스누출을 점검할 때에는 비눗물을 사용하는 등 안전한 방법으로 할 것 ③ 발생기실의 출입구 문을 열어 두지 않도록 할 것 ④ 이동식 아세틸렌 용접장치의 발생기에 카바이드를 교환할 때에는 옥외의 안전한 장소에서 할 것 다. 아세틸렌 용접작업을 시작할 때에는 아세틸렌 용접장치를 점검하고 발생기 내부로부터 공기와 아세틸렌의 혼합가스를 배제하는 일

작업의 종류	직무수행 내용
6. 아세틸렌 용접장치를 사용하는 금속의 용접·용단 또는 가열 작업	라. 안전기는 작업 중 그 수위를 쉽게 확인할 수 있는 장소에 놓고 1일 1회 이상 점검하는 일 마. 아세틸렌 용접장치 내의 물이 동결되는 것을 방지하기 위하여 아세틸렌 용접장치를 보온하거나 가열할 때에는 온수나 증기를 사용하는 등 안전한 방법으로 하도록 하는 일 바. 발생기 사용을 중지하였을 때에는 물과 잔류 카바이드가 접촉하지 않은 상태로 유지하는 일 사. 발생기를 수리·가공·운반 또는 보관할 때에는 아세틸렌 및 카바이드에 접촉하지 않은 상태로 유지하는 일 아. 작업에 종사하는 근로자의 보안경 및 안전장갑의 착용 상황을 감시하는 일

7. 가스집합용접장치의 취급작업	가. 작업방법을 결정하고 작업을 직접 지휘하는 일
	나. 가스집합장치의 취급에 종사하는 근로자로 하여금 다음의 작업요령을 준수하도록 하는 일
	  ① 부착할 가스용기의 마개 및 배관 연결부에 붙어 있는 유류·찌꺼기 등을 제거할 것
	  ② 가스용기를 교환할 때에는 그 용기의 마개 및 배관 연결부 부분의 가스누출을 점검하고 배관 내의 가스가 공기와 혼합되지 않도록 할 것
	  ③ 가스누출 점검은 비눗물을 사용하는 등 안전한 방법으로 할 것
	  ④ 밸브 또는 콕은 서서히 열고 닫을 것
	다. 가스용기의 교환작업을 감시하는 일
	라. 작업을 시작할 때에는 호스·취관·호스밴드 등의 기구를 점검하고 손상·마모 등으로 인하여 가스나 산소가 누출될 우려가 있다고 인정할 때에는 보수하거나 교환하는 일
	마. 안전기는 작업 중 그 기능을 쉽게 확인할 수 있는 장소에 두고 1일 1회 이상 점검하는 일
	바. 작업에 종사하는 근로자의 보안경 및 안전장갑의 착용 상황을 감시하는 일

8. 거푸집 동바리의 고정·조립 또는 해체 작업/지반의 굴착작업/흙막이 지보공의 고정·조립 또는 해체 작업/터널의 굴착작업/건물 등의 해체작업	가. 안전한 작업방법을 결정하고 작업을 지휘하는 일 나. 재료·기구의 결함 유무를 점검하고 불량품을 제거하는 일 다. 작업 중 안전대 및 안전모 등 보호구 착용 상황을 감시하는 일
9. 높이 5미터 이상의 비계(飛階)를 조립·해체하거나 변경하는 작업(해체작업의 경우 가목은 적용 제외)★	가. 재료의 결함 유무를 점검하고 불량품을 제거하는 일 나. 기구·공구·안전대 및 안전모 등의 기능을 점검하고 불량품을 제거하는 일 다. 작업방법 및 근로자 배치를 결정하고 작업 진행 상태를 감시하는 일 라. 안전대와 안전모 등의 착용 상황을 감시하는 일

한 눈에 들어오는 키워드

작업의 종류	직무수행 내용
10. 달비계 작업	가. 작업용 섬유로프, 작업용 섬유로프의 고정점, 구명줄의 조정점, 작업대, **고리걸이용 철구 및 안전대 등의 결손 여부를 확인하는 일** 나. 작업용 섬유로프 및 안전대 부착설비용 **로프가 고정점에 풀리지 않는 매듭방법으로 결속되었는지 확인하는 일** 다. 근로자가 작업대에 탑승하기 전 **안전모 및 안전대를 착용하고 안전대를 구명줄에 체결했는지 확인하는 일** 라. **작업방법 및 근로자 배치를 결정하고 작업 진행 상태를 감시하는 일**
11. 발파작업 ★	가. 점화 전에 **점화작업에 종사하는 근로자가 아닌 사람에게 대피를 지시하는 일** 나. 점화작업에 종사하는 **근로자에게 대피장소 및 경로를 지시하는 일** 다. 점화 전에 위험구역 내에서 **근로자가 대피한 것을 확인하는 일** 라. **점화순서 및 방법에 대하여 지시하는 일** 마. 점화신호를 하는 일 바. 점화작업에 종사하는 **근로자에게 대피신호를 하는 일** 사. 발파 후 터지지 않은 장약이나 남은 장약의 유무, 용수(湧水)의 유무 및 암석ㆍ토사의 낙하 여부 등을 점검하는 일 아. 점화하는 사람을 정하는 일 자. 공기압축기의 안전밸브 작동 유무를 점검하는 일 차. 안전모 등 보호구 착용 상황을 감시하는 일
12. 채석을 위한 굴착작업 ★	가. **대피방법을 미리 교육하는 일** 나. **작업을 시작하기 전 또는 폭우가 내린 후에는 토사 등의 낙하ㆍ균열의 유무 또는 함수(含水)ㆍ용수(湧水) 및 동결의 상태를 점검하는 일** 다. 발파한 후에는 **발파장소 및 그 주변의 토사 등의 낙하ㆍ균열의 유무를 점검하는 일**
13. 화물취급작업 ★	가. **작업방법 및 순서를 결정하고 작업을 지휘하는 일** 나. **기구 및 공구를 점검하고 불량품을 제거하는 일** 다. 그 작업장소에는 **관계 근로자가 아닌 사람의 출입을 금지하는 일** 라. **로프 등의 해체작업을 할 때에는 하대(荷臺) 위의 화물의 낙하위험 유무를 확인하고 작업의 착수를 지시하는 일**
14. 부두와 선박에서의 하역작업	가. 작업방법을 결정하고 작업을 지휘하는 일 나. 통행설비ㆍ하역기계ㆍ보호구 및 기구ㆍ공구를 점검ㆍ정비하고 이들의 사용 상황을 감시하는 일 다. 주변 작업자간의 연락을 조정하는 일
15. 전로 등 전기작업 또는 그 지지물의 설치, 점검, 수리 및 도장 등의 작업	가. 작업구간 내의 충전전로 등 모든 충전 시설을 점검하는 일 나. 작업방법 및 그 순서를 결정(근로자 교육 포함)하고 작업을 지휘하는 일 다. 작업근로자의 보호구 또는 절연용 보호구 착용 상황을 감시하고 감전재해 요소를 제거하는 일

작업의 종류	직무수행 내용
	라. 작업 공구, 절연용 방호구 등의 결함 여부와 기능을 점검하고 불량품을 제거하는 일 마. 작업장소에 관계 근로자 외에는 출입을 금지하고 주변 작업자와의 연락을 조정하며 도로작업 시 차량 및 통행인 등에 대한 교통통제 등 작업전반에 대해 지휘·감시하는 일 바. 활선작업용 기구를 사용하여 작업할 때 안전거리가 유지되는지 감시하는 일 사. 감전재해를 비롯한 각종 산업재해에 따른 신속한 응급처치를 할 수 있도록 근로자들을 교육하는 일

16. 관리대상 유해물질을 취급하는 작업	가. 관리대상 유해물질을 취급하는 근로자가 물질에 오염되지 않도록 작업방법을 결정하고 작업을 지휘하는 업무
	나. 관리대상 유해물질을 취급하는 장소나 설비를 매월 1회 이상 순회점검하고 국소배기장치 등 환기설비에 대해서는 다음 각 호의 사항을 점검하여 필요한 조치를 하는 업무. 단, 환기설비를 점검하는 경우에는 다음의 사항을 점검
	① 후드(hood)나 덕트(duct)의 마모·부식, 그 밖의 손상 여부 및 정도
	② 송풍기와 배풍기의 주유 및 청결 상태
	③ 덕트 접속부가 헐거워졌는지 여부
	④ 전동기와 배풍기를 연결하는 벨트의 작동 상태
	⑤ 흡기 및 배기 능력 상태
	다. 보호구의 착용 상황을 감시하는 업무
	라. 근로자가 탱크 내부에서 관리대상 유해물질을 취급하는 경우에 다음의 조치를 했는지 확인하는 업무
	① 관리대상 유해물질에 관하여 필요한 지식을 가진 사람이 해당 작업을 지휘
	② 관리대상 유해물질이 들어올 우려가 없는 경우에는 작업을 하는 설비의 개구부를 모두 개방
	③ 근로자의 신체가 관리대상 유해물질에 의하여 오염되었거나 작업이 끝난 경우에는 즉시 몸을 씻는 조치
	④ 비상시에 작업설비 내부의 근로자를 즉시 대피시키거나 구조하기 위한 기구와 그 밖의 설비를 갖추는 조치
	⑤ 작업을 하는 설비의 내부에 대하여 작업 전에 관리대상 유해물질의 농도를 측정하거나 그 밖의 방법으로 근로자가 건강에 장해를 입을 우려가 있는지를 확인하는 조치
	⑥ 제⑤에 따른 설비 내부에 관리대상 유해물질이 있는 경우에는 설비 내부를 충분히 환기하는 조치
	⑦ 유기화합물을 넣었던 탱크에 대하여 제(1)부터 제⑥까지의 조치 외에 다음의 조치
	  • 유기화합물이 탱크로부터 배출된 후 탱크 내부에 재유입되지 않도록 조치
	  • 물이나 수증기 등으로 탱크 내부를 씻은 후 그 씻은 물이나 수증기 등을 탱크로부터 배출

작업의 종류	직무수행 내용
16. 관리대상 유해물질을 취급하는 작업	• 탱크 용적의 3배 이상의 공기를 채웠다가 내보내거나 탱크에 물을 가득 채웠다가 내보내거나 탱크에 물을 가득 채웠다가 배출 마. 나목에 따른 점검 및 조치 결과를 기록·관리하는 업무
17. 허가대상 유해물질 취급작업	가. 근로자가 허가대상 유해물질을 들이마시거나 허가대상 유해물질에 오염되지 않도록 작업수칙을 정하고 지휘하는 업무 나. 작업장에 설치되어 있는 국소배기장치나 그 밖에 근로자의 건강장해 예방을 위한 장치 등을 매월 1회 이상 점검하는 업무 다. 근로자의 보호구 착용 상황을 점검하는 업무
18. 석면 해체·제거작업	가. 근로자가 석면분진을 들이마시거나 석면분진에 오염되지 않도록 작업방법을 정하고 지휘하는 업무 나. 작업장에 설치되어 있는 석면분진 포집장치, 음압기 등의 장비의 이상 유무를 점검하고 필요한 조치를 하는 업무 다. 근로자의 보호구 착용 상황을 점검하는 업무
19. 고압작업	가. 작업방법을 결정하여 고압작업자를 직접 지휘하는 업무 나. 유해가스의 농도를 측정하는 기구를 점검하는 업무 다. 고압작업자가 작업실에 입실하거나 퇴실하는 경우에 고압작업자의 수를 점검하는 업무 라. 작업실에서 공기조절을 하기 위한 밸브나 콕을 조작하는 사람과 연락하여 작업실 내부의 압력을 적정한 상태로 유지하도록 하는 업무 마. 공기를 기압조절실로 보내거나 기압조절실에서 내보내기 위한 밸브나 콕을 조작하는 사람과 연락하여 고압작업자에 대하여 가압이나 감압을 다음과 같이 따르도록 조치하는 업무 ① 가압을 하는 경우 1분에 제곱센티미터당 0.8킬로그램 이하의 속도로 함 ② 감압을 하는 경우에는 고용노동부장관이 정하여 고시하는 기준에 맞도록 함 바. 작업실 및 기압조절실 내 고압작업자의 건강에 이상이 발생한 경우 필요한 조치를 하는 업무
20. **밀폐공간 작업** ★	가. 산소가 결핍된 공기나 유해가스에 노출되지 않도록 **작업 시작 전에 해당 근로자의 작업을 지휘**하는 업무 나. **작업을 하는 장소의 공기가 적절한지를 작업 시작 전에 측정**하는 업무 다. **측정장비·환기장치 또는 송기마스크 등을 작업 시작 전에 점검**하는 업무 라. 근로자에게 **송기마스크 등의 착용을 지도하고 착용 상황을 점검**하는 업무

03 기타 산업안전보건법규 내용

주요내용 알고 가기!

- 공정안전보고서의 제출 대상
- 공정안전보고서의 내용
- 물질안전보건자료의 작성·비치 등에 관한 사항
- 물질안전보건자료의 작성항목
- 물질안전보건자료 작성 제외 대상
- 건설공사 중 유해위험방지계획서 작성대상 공사
- 건설공사 유해위험방지계획서 제출 서류

1 그 밖의 고용형태에서의 산업재해 예방

(1) 특수형태 근로종사자에 대한 안전조치 및 보건조치

1) 계약의 형식에 관계없이 근로자와 유사하게 노무를 제공하여 업무상의 재해로부터 보호할 필요가 있음에도 「근로기준법」 등이 적용되지 아니하는 자로서 다음 각 호의 요건을 모두 충족하는 사람("특수형태근로종사자")의 노무를 제공받는 자는 특수형태근로종사자의 산업재해 예방을 위하여 필요한 **안전조치 및 보건조치를 하여야 한다.**

① 대통령령으로 정하는 직종에 종사할 것
② 주로 하나의 사업에 노무를 상시적으로 제공하고 보수를 받아 생활할 것
③ 노무를 제공할 때 타인을 사용하지 아니할 것

2) 대통령령으로 정하는 **특수형태 근로종사자로부터 노무를 제공받는 자**는 고용노동부령으로 정하는 바에 따라 **안전 및 보건에 관한 교육을 실시하여야 한다.**

> **참고**
>
> **특수형태 근로종사자의 범위**
>
> 1. 보험을 모집하는 사람으로서 다음 각 목의 어느 하나에 해당하는 사람
>   가. 「보험업법」에 따른 보험설계사
>   나. 「우체국예금·보험에 관한 법률」에 따른 우체국보험의 모집을 전업(專業)으로 하는 사람
> 2. 「건설기계관리법」에 따라 등록된 건설기계를 직접 운전하는 사람
> 3. 「통계법」에 따라 통계청장이 고시하는 직업에 관한 표준분류의 세세분류에 따른 학습지 방문강사, 교육 교구 방문강사, 그 밖에 회원의 가정 등을 직접 방문하여 아동이나 학생 등을 가르치는 사람
> 4. 「체육시설의 설치·이용에 관한 법률」에 따라 직장체육시설로 설치된 골프장 또는 체육시설업의 등록을 한 골프장에서 골프경기를 보조하는 골프장 캐디
> 5. 한국표준직업분류표의 세분류에 따른 택배원으로서 택배사업(소화물을 집화·수송 과정을 거쳐 배송하는 사업을 말한다)에서 집화 또는 배송 업무를 하는 사람
> 6. 한국표준직업분류표의 세분류에 따른 택배원으로서 고용노동부장관이 정하는 기준에 따라 하나의 퀵서비스업자로부터 업무를 의뢰받아 배송 업무를 하는 사람
> 7. 「대부업 등의 등록 및 금융이용자 보호에 관한 법률」에 따른 대출모집인
> 8. 「여신전문금융업법」에 따른 신용카드회원 모집인
> 9. 고용노동부장관이 정하는 기준에 따라 주로 하나의 대리운전업자로부터 업무를 의뢰받아 대리운전 업무를 하는 사람
> 10. 「방문판매 등에 관한 법률」의 방문판매원이나 후원방문판매원으로서 고용노동부장관이 정하는 기준에 따라 상시적으로 방문판매업무를 하는 사람
> 11. 한국표준직업분류표의 세세분류에 따른 대여 제품 방문점검원

12. 한국표준직업분류표의 세분류에 따른 가전제품 설치 및 수리원으로서 가전제품을 배송, 설치 및 시운전하여 작동 상태를 확인하는 사람
13. 「화물자동차 운수사업법」에 따른 화물차주로서 다음 각 목의 어느 하나에 해당하는 사람
    가. 「자동차관리법」의 특수자동차로 수출입 컨테이너를 운송하는 사람
    나. 「자동차관리법」의 특수자동차로 시멘트를 운송하는 사람
    다. 「자동차관리법」의 피견인자동차나 일반형 화물자동차로 철강재를 운송하는 사람
    라. 「자동차관리법」의 일반형 화물자동차나 특수용도형 화물자동차로 「물류정책기본법」의 위험물질을 운송하는 사람
14. 「소프트웨어 진흥법」에 따른 소프트웨어사업에서 노무를 제공하는 소프트웨어기술자

참고

사업주는 근로자(관계수급인의 근로자를 포함)가 신체적 피로와 정신적 스트레스를 해소할 수 있도록 휴식시간에 이용할 수 있는 휴게시설을 갖추어야 한다.

휴게시설 설치·관리 기준 준수 대상 사업장

1. 상시근로자(관계수급인의 근로자를 포함) 20명 이상을 사용하는 사업장(건설업의 경우에는 관계수급인의 공사금액을 포함한 해당 공사의 총공사금액이 20억원 이상인 사업장으로 한정)
2. 다음 각 목의 어느 하나에 해당하는 직종의 상시근로자가 2명 이상인 사업장으로서 상시근로자 10명 이상 20명 미만을 사용하는 사업장(건설업은 제외)
    가. 전화 상담원
    나. 돌봄 서비스 종사원
    다. 텔레마케터
    라. 배달원
    마. 청소원 및 환경미화원
    바. 아파트 경비원
    사. 건물 경비원

참고

🪖 특수형태근로종사자로부터 노무를 제공받는 자 중 안전·보건교육을 실시하여야 하는 자 ★

1. 「건설기계관리법」에 따라 등록된 **건설기계를 직접 운전**하는 사람
2. 「체육시설의 설치·이용에 관한 법률」에 따라 **직장체육시설로 설치된 골프장** 또는 체육시설업의 등록을 한 골프장에서 골프경기를 보조하는 **골프장 캐디**
3. 한국표준직업분류표의 세분류에 따른 택배원으로서 **택배사업**(소화물을 집화·수송 과정을 거쳐 배송하는 사업을 말한다)**에서 집화 또는 배송 업무를 하는 사람**
4. 한국표준직업분류표의 세분류에 따른 택배원으로서 고용노동부장관이 정하는 기준에 따라 주로 **하나의 퀵서비스업자로부터 업무를 의뢰받아 배송 업무를 하는 사람**
5. 고용노동부장관이 정하는 기준에 따라 주로 **하나의 대리운전업자로부터 업무를 의뢰받아 대리운전 업무를 하는 사람**

(2) 가맹본부의 산업재해 예방 조치

가맹본부 중 대통령령으로 정하는 가맹본부는 가맹점사업자에게 가맹점의 설비나 기계, 원자재 또는 상품 등을 공급하는 경우에 가맹점사업자와 그 소속 근로자의 산업재해 예방을 위하여 다음 각 호의 조치를 하여야 한다.

산업재해 예방 조치를 하여야 하는 가맹본부	가맹본부의 산업재해 예방 조치
「가맹사업거래의 공정화에 관한 법률」에 따라 등록한 정보공개서(직전 사업연도 말 기준으로 등록된 것을 말한다)상 업종이 다음 각 호의 어느 하나에 해당하는 경우로서 **가맹점의 수가 200개 이상인 가맹본부**를 말한다. 1. 대분류가 외식업인 경우 2. 대분류가 도소매업으로서 중분류가 편의점인 경우	1. 다음의 내용을 포함한 가맹점의 **안전 및 보건에 관한 프로그램의 마련·시행** ① 가맹본부의 **안전보건경영방침 및 안전보건활동 계획** ② 가맹본부의 **프로그램 운영 조직의 구성, 역할** 및 가맹점사업자에 대한 안전보건교육 지원 체계 ③ 가맹점 내 위험요소 및 예방대책 등을 포함한 **가맹점 안전보건매뉴얼** ④ 가맹점의 **재해 발생에 대비한** 가맹본부 및 가맹점사업자의 **조치사항** 2. 가맹본부가 가맹점에 설치하거나 공급하는 **설비·기계 및 원자재 또는 상품 등에** 대하여 가맹점사업자에게 안전 및 보건에 관한 정보의 제공

2 공정안전보고서의 작성

(1) 공정안전보고서의 작성·제출

1) **사업주는** 사업장에 대통령령으로 정하는 유해하거나 위험한 설비가 있는 경우 그 설비로부터의 위험물질 누출, 화재 및 폭발 등으로 인하여 사업장 내의 근로자에게 즉시 피해를 주거나 사업장 인근 지역에 피해를 줄 수 있는 사고로서 대통령령으로 정하는 사고(**"중대산업사고")를** 예방하기 위하여 대통령령으로 정하는 바에 따라 **공정안전보고서를 작성하고 고용노동부장관에게 제출하여 심사를 받아야 한다.** 이 경우 **공정안전보고서의 내용이** 중대산업사고를 예방하기 위하여 **적합하다고 통보받기 전에는 관련된 유해하거나 위험한 설비를 가동해서는 아니 된다.** ★

2) 사업주는 **공정안전보고서를 작성할 때 산업안전보건위원회의 심의를 거쳐야 한다.** 다만, 산업안전보건위원회가 설치되어 있지 아니한 사업장의 경우에는 근로자대표의 의견을 들어야 한다. ★

3) **공정안전보고서의 제출 시기** ★

사업주는 **유해·위험설비의 설치·이전 또는 주요 구조부분의 변경 공사의 착공 30일 전까지 공정안전보고서를 2부 작성하여 공단에 제출**하여야 한다.

(2) 공정안전보고서의 심사

1) **공단은** 공정안전보고서를 제출받은 경우에는 **제출받은 날부터 30일 이내에 심사**하여 1부를 사업주에게 송부하고, 그 내용을 지방고용노동관서의 장에게 보고해야 한다.

2) **심사결과 구분** ★★

적정	보고서의 **심사기준을 충족**시킨 경우
조건부 적정	보고서의 심사기준을 대부분 충족하고 있으나 **부분적인 보완이 필요**하다고 판단할 경우
부적정	보고서의 **심사기준을 충족시키지 못한 경우**

(3) 공정안전보고서의 확인

1) 사업주는 **심사를 받은 공정안전보고서의 내용을 실제로 이행하고 있는지** 여부에 대하여 고용노동부령으로 정하는 바에 따라 **고용노동부장관의 확인을 받아야 한다.**

2) 공정안전보고서를 제출하여 심사를 받은 사업주는 **다음 각 호의 시기별로 공단의 확인을 받아야 한다.** 다만, 화공안전 분야 산업안전지도사 또는 대학에서 조교수 이상으로 재직하고 있는 사람으로서 화공 관련 교과를 담당하고 있는 사람, 그 밖에 자격 및 관련 업무 경력 등을 고려하여 고용노동부장관이 정하여 고시하는 요건을 갖춘 사람에게 자체감사를 하게 하고 그 결과를 공단에 제출한 경우에는 공단은 확인을 하지 아니할 수 있다.

공정안전보고서의 확인 시기 ★	
신규로 설치될 유해·위험설비	설치 과정 및 설치 완료 후 시운전단계 각 1회
기존에 설치되어 사용 중인 유해·위험설비	심사 완료 후 3개월 이내
유해·위험설비와 관련한 공정의 중대한 변경의 경우	변경 완료 후 1개월 이내
유해·위험설비 또는 이와 관련된 공정에 중대한 사고 또는 결함이 발생한 경우	1개월 이내

3) 공단은 사업주로부터 확인요청을 받은 **날부터 1개월 이내**에 내용이 현장과 일치하는지 여부를 **확인**하고, 확인한 **날부터 15일 이내에 그 결과**를 사업주에게 **통보**하고 지방고용노동관서의 장에게 보고해야 한다.

적합	현장과 일치하는 경우
부적합	현장과 일치하지 아니하는 경우
조건부 적합	현장과 불일치하는 사항 또는 조건부 적정 사항 중 **확인일 이후에 조치하여도 안전상에 문제가 없는 경우**

(4) 공정안전보고서 이행상태 평가

1) 고용노동부장관은 고용노동부령으로 정하는 바에 따라 **공정안전보고서의 이행상태를 정기적으로 평가**할 수 있다.

2) 고용노동부장관은 **공정안전보고서의 확인**(신규로 설치되는 유해·위험설비의 경우에는 설치완료 후 시운전 단계에서의 확인을 말한다) **후 1년이 지난날부터 2년 이내**에 공정안전보고서 이행상태 평가를 하여야 한다.

3) 고용노동부장관은 이행상태평가 후 **4년마다 이행상태평가를 하여야 한다**. 다만, 다음 각 호의 어느 **하나에 해당하는 경우에는 1년 또는 2년마다 실시할 수 있다**.

① 이행상태평가 후 **사업주가 이행상태평가를 요청하는 경우**
② 사업장에 출입하여 **검사 및 안전·보건점검** 등을 실시한 **결과 변경요소 관리계획 미준수로 공정안전보고서 이행상태가 불량한 것으로 인정되는 경우** 등 고용노동부장관이 정하여 고시하는 경우

(5) 공정안전보고서의 제출 대상 ★★★

"공정안전보고서를 작성하여야 하는 유해·위험설비"란 **다음 각 호의 어느 하나에 해당하는 사업을 하는 사업장의 경우에는 그 보유설비를** 말하고, 그 외의 사업을 하는 사업장의 경우에는 **유해·위험물질 중 하나 이상을 규정량 이상 제조·취급·사용·저장하는 설비 및 그 설비의 운영과 관련된 모든 공정설비**를 말한다.

공정안전보고서 제출 대상★★★

① 원유 정제처리업
② 기타 석유정제물 재처리업
③ 석유화학계 기초화학물 제조업 또는 합성수지 및 기타 플라스틱물질제조업
④ **질소 화합물**, 질소·인산 및 칼리질 화학비료 제조업 중 **질소질 비료 제조**
⑤ 복합비료 및 기타 화학비료 제조업 중 **복합비료 제조**(단순혼합 또는 배합에 의한 경우는 제외한다)
⑥ 화학 살균·살충제 및 농업용 약제 제조업[농약 원제(原劑) 제조만 해당한다]
⑦ 화약 및 불꽃제품 제조업

특급암기법
화재·폭발 – 원유, 석유정제물, 화약 및 불꽃제품
중독·질식 – 농약, 비료(복합비료, 질소질 비료)

한 눈에 들어오는 키워드

(6) 다음 각 호의 설비는 유해 · 위험설비로 보지 아니한다.

> **공정안전보고서 제출 제외 대상 설비 ★★**
> ① 원자력 설비
> ② 군사시설
> ③ 사업주가 해당 사업장 내에서 직접 사용하기 위한 난방용 연료의 저장설비 및 사용설비
> ④ 도매 · 소매시설
> ⑤ 차량 등의 운송설비
> ⑥ 「액화석유가스의 안전관리 및 사업법」에 따른 액화석유가스의 충전 · 저장시설
> ⑦ 「도시가스사업법」에 따른 가스공급시설
> ⑧ 그 밖에 고용노동부장관이 누출 · 화재 · 폭발 등으로 인한 피해의 정도가 크지 않다고 인정하여 고시하는 설비

(7) 공정안전보고서의 내용 ★★★

① 공정안전자료
② 공정위험성 평가서
③ 안전운전계획
④ 비상조치계획
⑤ 그 밖에 공정상의 안전과 관련하여 노동부장관이 필요하다고 인정하여 고시하는 사항

3 물질안전보건자료(MSDS)

(1) 물질안전보건자료의 작성 및 제출 ★★

① 화학물질 또는 이를 함유한 혼합물로서 "**물질안전보건자료대상물질**"을 제조하거나 수입하려는 자는 다음 각 호의 사항을 적은 **물질안전보건자료**를 고용노동부령으로 정하는 바에 따라 **작성하여 고용노동부장관에게 제출하여야 한다.** 이 경우 **고용노동부장관**은 고용노동부령으로 **물질안전보건자료의 기재사항이나 작성방법을 정할 때 「화학물질관리법」 및 「화학물질의 등록 및 평가 등에 관한 법률」과 관련된 사항**에 대해서는 **환경부장관과 협의하여야 한다.**
② 물질안전보건자료대상물질을 제조 · 수입하려는 자가 물질안전보건자료를 작성하는 경우에는 그 **물질안전보건자료의 신뢰성이 확보될 수 있도록 인용된 자료의 출처를 함께 적어야 한다.**
③ **물질안전보건자료** 및 화학물질의 명칭 및 함유량에 관한 자료는 **물질안전보건자료대상물질을 제조하거나 수입하기 전에 공단에 제출**해야 한다.

④ 물질안전보건자료를 공단에 제출하는 경우에는 **공단이 구축하여 운영하는 물질안전보건자료시스템을 통한 전자적 방법으로 제출**해야 한다. 다만, 물질안전보건자료시스템이 정상적으로 운영되지 않거나 신청인이 물질안전보건자료시스템을 이용할 수 없는 등의 부득이한 사유가 있는 경우에는 전자적 기록매체에 수록하여 직접 또는 우편으로 제출할 수 있다.

한 눈에 들어오는 키워드

물질안전보건자료에 적어야 하는 사항 ★★

1. 제품명
2. 물질안전보건자료 대상물질을 구성하는 화학물질 중 유해인자의 분류기준에 해당하는 화학물질의 명칭 및 함유량
3. 안전 및 보건상의 취급 주의 사항
4. 건강 및 환경에 대한 유해성, 물리적 위험성
5. 물리·화학적 특성 등 고용노동부령으로 정하는 사항
   ① 물리·화학적 특성
   ② 독성에 관한 정보
   ③ 폭발·화재 시의 대처방법
   ④ 응급조치 요령
   ⑤ 그 밖에 고용노동부장관이 정하는 사항

물질안전보건자료의 작성항목(Data Sheet 16가지 항목) ★★

1. 화학제품과 회사에 관한 정보
2. 유해·위험성
3. 구성성분의 명칭 및 함유량
4. 응급조치요령
5. 폭발·화재 시 대처방법
6. 누출사고 시 대처방법
7. 취급 및 저장방법
8. 노출방지 및 개인보호구
9. 물리화학적 특성
10. 안정성 및 반응성
11. 독성에 관한 정보
12. 환경에 미치는 영향
13. 폐기 시 주의사항
14. 운송에 필요한 정보
15. 법적규제 현황
16. 기타 참고사항

한눈에 들어오는 **키**워드

물질안전보건자료 작성 제외 대상 ★★

1. 「건강기능식품에 관한 법률」에 따른 **건강기능식품**
2. 「농약관리법」에 따른 **농약**
3. 「마약류 관리에 관한 법률」에 따른 **마약 및 향정신성의약품**
4. 「비료관리법」에 따른 **비료**
5. 「사료관리법」에 따른 **사료**
6. 「생활주변방사선 안전관리법」에 따른 **원료물질**
7. 「생활화학제품 및 살생물제의 안전관리에 관한 법률」에 따른 안전확인대상 **생활화학제품 및 살생물제품 중 일반소비자의 생활용으로 제공되는 제품**
8. 「식품위생법」에 따른 **식품 및 식품첨가물**
9. 「약사법」에 따른 **의약품 및 의약외품**
10. 「원자력안전법」에 따른 **방사성물질**
11. 「위생용품 관리법」에 따른 **위생용품**
12. 「의료기기법」에 따른 **의료기기**
12의2. 「첨단재생의료 및 첨단바이오의약품 안전 및 지원에 관한 법률」에 따른 **첨단바이오 의약품**
13. 「총포·도검·화약류 등의 안전관리에 관한 법률」에 따른 **화약류**
14. 「폐기물관리법」에 따른 **폐기물**
15. 「화장품법」에 따른 **화장품**
16. 제1호부터 제15호까지의 규정 외의 **화학물질 또는 혼합물로서 일반소비자의 생활용으로 제공되는 것**(일반소비자의 생활용으로 제공되는 화학물질 또는 혼합물이 사업장 내에서 취급되는 경우를 포함한다)
17. 고용노동부장관이 정하여 고시하는 연구·개발용 화학물질 또는 화학제품. 이 경우 법 제110조 제1항부터 제3항까지의 규정에 따른 자료의 제출만 제외된다.
18. 그 밖에 고용노동부장관이 독성·폭발성 등으로 인한 위해의 정도가 적다고 인정하여 고시하는 화학물질

특급암기법
비료로 농사지은 식품, 건강식품, 위생용품, 폐기물에서 화약, 방사성 원료물질 나와서 소비자용 의료기기, 첨단 의약품, 마약, 화장품으로 치료했다.

(2) 물질안전보건자료의 제공

① 물질안전보건자료 **대상물질을 양도하거나 제공하는 자는 이를 양도받거나 제공받는 자에게 물질안전보건자료를 제공하여야 한다.**
② 물질안전보건자료 대상물질을 제조하거나 수입한 자는 이를 양도받거나 제공받은 자에게 **변경된 물질안전보건자료를 제공하여야 한다.**

③ 물질안전보건자료를 제공하는 경우에는 **물질안전보건자료시스템 제출 시 부여된 번호를 해당 물질안전보건자료에 반영하여 물질안전보건자료대상물질과 함께 제공**하거나 그 밖에 고용노동부장관이 정하여 고시한 바에 따라 제공해야 한다.

④ **동일한 상대방에게 같은 물질안전보건자료대상물질을 2회 이상 계속하여 양도 또는 제공하는 경우**에는 해당 물질안전보건자료대상물질에 대한 물질안전보건자료의 **변경이 없으면 추가로 물질안전보건자료를 제공하지 않을 수 있다.** 다만, 상대방이 물질안전보건자료의 제공을 요청한 경우에는 그렇지 않다.

(3) 물질안전보건자료의 게시 및 교육 ★★

① 물질안전보건자료대상물질을 취급하는 사업주는 **다음 각 호의 어느 하나에 해당하는 장소 또는 전산장비에 항상** 물질안전보건자료를 **게시하거나 갖추어 두어야 한다.** 다만, 장비에 게시하거나 갖추어 두는 경우에는 고용노동부장관이 정하는 조치를 해야 한다.

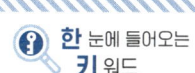
한 눈에 들어오는 키워드

물질안전보건자료를 게시 또는 비치하여야 하는 장소 ★
• 물질안전보건자료대상물질을 취급하는 작업공정이 있는 장소
• 작업장 내 근로자가 가장 보기 쉬운 장소
• 근로자가 작업 중 쉽게 접근할 수 있는 장소에 설치된 전산장비

② **건설공사, 임시 작업 또는 단시간 작업에 대해서는** 물질안전보건자료대상물질의 **관리 요령으로 대신 게시하거나 갖추어 둘 수 있다.** 다만, 근로자가 물질안전보건자료의 게시를 요청하는 경우에는 제1항에 따라 게시해야 한다.

③ **사업주는** 물질안전보건자료 대상물질을 취급하는 **작업공정별로** 고용노동부령으로 정하는 바에 따라 **물질안전보건자료 대상물질의 관리요령을 게시하여야 한다.**(작업공정별 관리 요령은 유해성·위험성이 유사한 물질안전보건자료대상물질의 **그룹별로 작성하여 게시할 수 있다**)

물질안전보건자료대상물질의 작업공정별 관리요령에 포함사항 ★★
• 제품명
• 건강 및 환경에 대한 유해성, 물리적 위험성
• 안전 및 보건상의 취급주의 사항
• 적절한 보호구
• 응급조치 요령 및 사고 시 대처방법

비교

물질안전보건자료에 적어야 하는 사항 ★★

1. 제품명
2. 물질안전보건자료 대상물질을 구성하는 화학물질 중 **유해인자의 분류기준에 해당하는 화학물질의 명칭 및 함유량**
3. 안전 및 보건상의 취급 주의 사항
4. 건강 및 환경에 대한 **유해성, 물리적 위험성**
5. 물리 · 화학적 특성 등 고용노동부령으로 정하는 사항
   ① 물리 · 화학적 특성
   ② 독성에 관한 정보
   ③ 폭발 · 화재 시의 대처방법
   ④ 응급조치 요령
   ⑤ 그 밖에 고용노동부장관이 정하는 사항

④ **사업주는** 다음 각 호의 어느 하나에 해당하는 경우에는 작업장에서 취급하는 **물질안전보건자료대상물질의 내용을 근로자에게 교육하고** 교육을 실시하였을 때에는 **교육시간 및 내용 등을 기록하여 보존**해야 한다. 이 경우 교육받은 근로자에 대해서는 해당 교육 시간만큼 안전·보건교육을 실시한 것으로 본다.(유해성·위험성이 유사한 물질안전보건자료대상물질을 그룹별로 분류하여 교육할 수 있다)

물질안전보건자료대상물질의 내용을 근로자에게 교육하여야 하는 경우 ★

① 물질안전보건자료대상물질을 제조 · 사용 · 운반 또는 저장하는 작업에 근로자를 배치하게 된 경우
② **새로운 물질안전보건자료**대상물질이 도입된 경우
③ **유해성 · 위험성 정보가 변경**된 경우

물질안전보건자료에 관한 교육내용 ★

① 대상화학물질의 **명칭(또는 제품명)**
② **물리적 위험성 및 건강 유해성**
③ **취급상의 주의사항**
④ 적절한 **보호구**
⑤ **응급조치 요령 및 사고시 대처방법**
⑥ 물질안전보건자료 및 경고표지를 이해하는 방법

(4) 물질안전보건자료 대상물질 용기 등의 경고표시 ★★

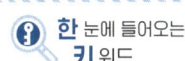

① **물질안전보건자료 대상물질을 양도하거나 제공하는 자는 고용노동부령으로 정하는 방법에 따라 이를 담은 용기 및 포장에 경고표시**를 하여야한다. 다만, 용기 및 포장에 담는 방법 외의 방법으로 물질안전보건자료 대상물질을 양도하거나 제공하는 경우에는 고용노동부장관이 정하여 고시한 바에 따라 경고표시 기재 항목을 적은 자료를 제공하여야 한다.

② 사업주는 **사업장에서 사용하는 물질안전보건자료 대상물질을 담은 용기에** 고용노동부령으로 정하는 방법에 따라 **경고표시를 하여야 한다.** 다만, 용기에 이미 경고표시가 되어있는 등 고용노동부령으로 정하는 경우에는 그러하지 아니하다.

4 유해·위험방지 계획서

(1) 유해·위험 방지 계획서의 작성·제출

1) **사업주는 다음 각 호의 어느 하나에 해당하는 경우에는 유해위험방지계획서를 작성**하여 고용노동부령으로 정하는 바에 따라 **고용노동부장관에게 제출하고 심사**를 받아야 한다. 다만, 사업주 중 **산업재해발생률 등을 고려하여 고용노동부령으로 정하는 기준에 해당하는 사업주는 유해위험방지계획서를 스스로 심사**하고, **그 심사결과서를 작성하여 고용노동부장관에게 제출**하여야 한다.

① **대통령령으로 정하는 사업의 종류 및 규모에 해당하는 사업으로서 해당 제품의 생산 공정과 직접적으로 관련된 건설물·기계·기구 및 설비 등 일체를 설치·이전**하거나 그 주요 구조부분을 변경하려는 경우

② 유해하거나 위험한 작업 또는 장소에서 사용하거나 건강장해를 방지하기 위하여 사용하는 기계·기구 및 설비로서 **대통령령으로 정하는 기계·기구 및 설비를 설치·이전하거나 그 주요 구조부분을 변경**하려는 경우

③ **대통령령으로 정하는 크기, 높이 등에 해당하는 건설공사를 착공**하려는 경우

2) 대통령령으로 정하는 크기, 높이 등에 해당하는 **건설공사를 착공**하려는 사업주는 **유해위험방지계획서를 작성할 때 건설안전 분야의 자격 등 고용노동부령으로 정하는 자격을 갖춘 자의 의견을 들어야 한다.**

유해·위험방지계획서 작성 자격을 갖춘 자
① 건설안전 분야 산업안전지도사
② 건설안전기술사 또는 토목·건축 분야 기술사
③ 건설안전산업기사 이상으로서 건설안전 관련 실무경력이 7년(기사는 5년)이상인 사람

3) 사업주가 **공정안전보고서**를 고용노동부장관에게 **제출한 경우에는 해당 유해·위험설비에 대해서는 유해위험방지계획서를 제출한 것으로 본다.**

4) **고용노동부장관은 유해위험방지계획서를** 고용노동부령으로 정하는 바에 따라 **심사하여 그 결과를 사업주에게 서면으로 알려 주어야 한다.** 이 경우 근로자의 안전 및 보건의 유지·증진을 위하여 필요하다고 인정하는 경우에는 **해당 작업 또는 건설공사를 중지하거나 유해위험방지계획서를 변경할 것을 명할 수 있다.**

> **유해위험 방지계획서 심사 결과의 구분** ★★
>
> ① 적정 : 근로자의 안전과 보건을 위하여 필요한 조치가 구체적으로 확보되었다고 인정되는 경우
> ② 조건부 적정 : 근로자의 안전과 보건을 확보하기 위하여 일부 개선이 필요하다고 인정되는 경우
> ③ 부적정 : 기계·설비 또는 건설물이 심사기준에 위반되어 **공사착공 시 중대한 위험발생의 우려가 있거나 계획에 근본적 결함이 있다고 인정되는 경우**

(2) **유해·위험방지 계획서 작성대상 사업** ★★★

"대통령령으로 정하는 업종 및 규모에 해당하는 사업"이란 **다음 각 호의 어느 하나에 해당하는 사업**으로서 **전기사용설비의 정격용량의 합이 300킬로와트 이상인 사업을 말한다.** ★★

> **유해·위험방지계획서 작성대상(제조업)** ★★★
>
> 1. 1차 금속 제조업
> 2. 금속가공제품(기계 및 가구는 제외한다) 제조업
> 3. 비금속 광물제품 제조업
> 4. 목재 및 나무제품 제조업
> 5. 화학물질 및 화학제품 제조업
> 6. 기타 기계 및 장비 제조업
> 7. 자동차 및 트레일러 제조업
> 8. 고무제품 및 플라스틱제품 제조업
> 9. 기타 제품 제조업
> 10. 식료품 제조업
> 11. 반도체 제조업
> 12. 가구 제조업
> 13. 전자부품제조업

특급암기법
1차 금속으로 금속가공제품, 비금속광물제품 제조하여 나무, 화학물질 섞어서 기계장비, 자동차 트레일러 만들고, 고무풀(고무 및 플라스틱)로 기타 식료품 만들었더니 도대체 (반도체)가(가구) 전부(전자부품) 유해·위험(유해·위험방지 계획서)하다.

(3) 유해 · 위험방지계획서 작성대상(기계 · 기구 및 설비)

유해 · 위험방지계획서 작성대상(기계 · 기구 및 설비) ★★★

① 금속이나 그 밖의 광물의 용해로
② 화학설비
③ 건조설비
④ 가스집합 용접장치
⑤ 근로자의 건강에 상당한 장해를 일으킬 우려가 있는 물질로서 고용노동부령으로 정하는 물질의 밀폐 · 환기 · 배기를 위한 설비

유해 · 위험방지계획서 작성대상(건설공사) ★★★

① 다음 각 목의 어느 하나에 해당하는 건축물 또는 시설 등의 건설 · 개조 또는 해체공사
   가. **지상높이가 31미터 이상**인 건축물 또는 인공구조물
   나. **연면적 3만 제곱미터 이상**인 건축물
   다. **연면적 5천 제곱미터 이상**인 시설로서 다음의 어느 하나에 해당하는 시설
      1) 문화 및 집회시설(전시장 및 동물원 · 식물원은 제외한다)
      2) 판매시설, 운수시설(고속철도의 역사 및 집배송시설은 제외한다)
      3) 종교시설
      4) 의료시설 중 종합병원
      5) 숙박시설 중 관광숙박시설
      6) 지하도상가
      7) 냉동 · 냉장 창고시설
② 연면적 5천제곱미터 이상의 냉동 · 냉장창고시설의 설비공사 및 단열공사
③ 최대 지간길이(다리의 기둥과 기둥의 중심사이의 거리)가 50미터 이상인 교량 건설 등 공사
④ 터널 건설 등의 공사
⑤ 다목적댐, 발전용댐 및 **저수용량 2천만톤 이상의 용수 전용 댐**, 지방상수도 전용 댐 건설 등의 공사
⑥ 깊이 10미터 이상인 굴착공사

특급암기법
- 지상높이 31m, 연면적 3만m², 사람 많은 시설 연면적 5,000m²
- 연면적 5,000m² 냉동 · 냉장창고시설
- 최대 지간길이가 50미터 이상 교량
- 터널
- 저수용량 2천만 톤 이상 댐
- 10미터 이상인 굴착

한 눈에 들어오는 키워드

(4) 제출서류 등

① 사업주가 **제조업 대상 사업, 대상기계·기구 설비**에 해당하는 유해·위험방지계획서를 제출하려면 **다음 각 호의 서류를 첨부하여 해당 작업 시작 15일 전까지 공단에 2부를 제출**하여야 한다. ★

유해·위험방지계획서 제출서류(제조업 및 대상 기계·기구설비) ★	
제조업 대상 사업 첨부서류	① 건축물 각 층의 평면도 ② 기계·설비의 개요를 나타내는 서류 ③ 기계·설비의 배치도면 ④ 원재료 및 제품의 취급, 제조 등의 작업방법의 개요 ⑤ 그 밖에 고용노동부장관이 정하는 도면 및 서류
대상 기계·기구 설비 첨부서류	① 설치장소의 개요를 나타내는 서류 ② 설비의 도면 ③ 그 밖에 고용노동부장관이 정하는 도면 및 서류

② 사업주가 **건설공사**에 해당하는 유해·위험방지계획서를 제출하려면 건설공사 유해·위험방지계획서 **다음 각 호 서류를 첨부하여 해당 공사의 착공 전날까지 공단에 2부를 제출**하여야 한다. ★

유해·위험방지계획서 첨부서류(건설공사)

1. 공사 개요 및 안전보건관리계획
   가. 공사 개요서
   나. 공사현장의 주변 현황 및 주변과의 관계를 나타내는 도면(매설물 현황을 포함)
   다. 건설물, 사용 기계설비 등의 배치를 나타내는 도면
   라. 전체 공정표
   마. 산업안전보건관리비 사용계획
   바. 안전관리 조직표
   사. 재해 발생 위험 시 연락 및 대피방법
2. 작업 공사 종류별 유해·위험방지계획

PART 02
인간공학 및 위험성 평가·관리

CHAPTER 01 안전과 인간공학

CHAPTER 02 위험성 파악·결정

CHAPTER 03 위험성 감소 대책 수립·실행

CHAPTER 04 근골격계질환 예방관리

CHAPTER 05 유해요인 관리

CHAPTER 06 작업환경 관리

CHAPTER 01 안전과 인간공학

01 인간공학의 정의

주요내용 알고 가기!

- 인간-기계의 기능 비교
- 인간-기계 통합시스템(man-machine system)의 정보처리 기능
- 인간-기계 통합시스템(man-machine system)의 유형별 특징
- 기계설비 고장 유형
- 체계 기준의 요건
- 작업설계(job design)

1 인간공학의 정의

(1) 정의

① **인간의 특성과 한계능력**을 공학적으로 분석, 평가하여 이를 복잡한 체계의 **설계에 응용함으로써 효율을 최대로 활용**할 수 있도록 하는 학문분야이다.
② 인간 공학은 **기계와 그 기계조작 및 환경조건을 인간의 특성에 맞추어 설계**하기위한 수단을 연구하는 학문이다.

2 인간-기계체계

(1) 인간-기계의 기능 비교 ★

구 분	인간의 장점	기계의 장점
감지기능	• 저에너지 자극 감지 • 다양한 자극 식별 • 예기치 못한 사건 감지	• 인간의 감지범위 밖의 자극 감지 • 인간, 기계의 모니터 기능
정보처리 결정	• 많은 양의 정보를 장시간 보관 • **귀납적**, 다양한 문제 해결	• **정보를 신속, 대량 보관** • **연역적**, 정량적 문제 해결

용어정의

인간-기계 시스템
(manmachine system)
• 인간이 기계를 사용해서 작업할 때 이를 하나의 시스템으로 생각하는 경우를 말한다.
• 인간-기계 시스템에서 기계는 인간이 만든 모든 것을 말한다.

기출

인간이 현존하는 기계를 능가하는 기능
① 원칙을 적용하여 다양한 문제를 해결한다.
② 관찰을 통해서 일반화하고 귀납적으로 추리한다.
③ 주위의 이상하거나 예기치 못한 사건들을 감지한다.
④ 어떤 운용방법이 실패할 경우 새로운 다른 방법을 선택할 수 있다.

(2) 인간-기계 통합시스템(man-machine system)의 정의

사람 + 기계 + 환경으로 구성된 시스템으로 인간만으로 또는 기계만으로 발휘하는 그 이상의 큰 능력을 나타내는 시스템을 말한다.

(3) 인간-기계시스템 설계원칙

① 배열을 고려한 설계
② 양립성에 맞게 설계
③ 인체특성에 적합한 설계

(4) 인간-기계 통합시스템(man-machine system)의 정보처리 기능 ★★

① **감지기능**
　인간은 감각기관, 기계는 전자 장치 및 기계 장치를 통하여 감지 한다.
② **정보보관 기능**
　인간은 두뇌, 기계는 자기테이프 및 천공카드에 보관한다.
③ **정보처리 및 의사결정 기능**
　기억된 내용을 근거로 간단하거나 복잡한 과정을 통해 의사 결정을 내리는 과정이다.
④ **행동 기능**
　결정된 사항의 실행과 조정을 하는 과정이다.
　• 인간의 행동기능 : 신체제어
　• **기계의 행동기능 : 음성, 신호, 출력 등** ★

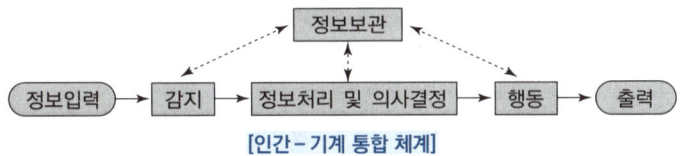
[인간-기계 통합 체계]

(5) 인간-기계 통합시스템(man-machine system)의 유형 ★★

① **수동시스템**
　• 사용자가 **손공구나 기타 보조물 등을 사용**하여 자기의 **신체적 힘을 동력원으로 하여 작업을 수행**하는 시스템이다.
　• **가장 다양성이 높은 체계**이다.
　　예 장인과 공구

한 눈에 들어오는 **키** 워드

◉ 기출
인간전달 함수의 결점
• 입력의 협소성
• 불충분한 직무 묘사
• 시점적 제약성

인간과 기계와의 조화성
• 신체적 조화성
• 지적 조화성
• 감성적 조화성

참고
인간과 기계의 능력에 대한 실용성 한계
① 기능의 수행이 유일한 기준은 아니다.
② 상대적인 비교는 항상 변하기 마련이다.
③ 일반적인 인간과 기계의 비교가 항상 적용되는 것은 아니다.
④ 최선의 성능을 마련하는 것이 항상 중요한 것은 아니다.

② 기계시스템(반자동 시스템)
- 여러 종류의 동력 공작 기계와 같이 **고도로 통합된 부품들로 구성**되어 있다.
- **인간의 역할은 제어 기능을 담당**하고, **힘에 대한 공급은 기계가 담당**한다.
- 운전자의 조종에 의해 운용되며 융통성이 없는 시스템이다.
  예 자동차, 공작기계 등

③ 자동 시스템
- **기계가** 감지, 정보 처리 및 의사 결정, 행동 기능 및 정보 보관 등 **모든 임무를 미리 설계된 대로 수행**하게 된다.
- **인간은 감시, 감독, 보전 등의 역할을 담당**하게 된다.
  예 컴퓨터, 자동교환대 등

(6) 기계설비 고장 유형 ★★

① 초기 고장 (감소형)
- **설계상·구조상 결함**, 불량 제조·생산 과정 등의 **품질 관리미비로 생기는 고장 형태**
- **점검** 작업이나 **시운전 작업 등으로** 사전에 **방지**할 수 있는 고장
- 욕조곡선(Bathtub) : 예방보전을 하지 않을 때의 곡선은 서양식 욕조 모양과 비슷하게 나타나는 현상

[예방보전(PM : Preventive Maintenance) 기간 ★]

디버깅(Debugging) 기간	기계의 결함을 찾아내 **단시간 내 고장률을 안정시키는 기간**
번인(Burn in) 기간	기계를 장시간 가동하여 그동안에 **고장난 것을 제거하는 기간**
에이징(Aging)	비행기에서 3년 이상 시운전하는 기간
스크리닝(screening)	기기의 신뢰성을 높이기 위하여 품질이 떨어지는 것이나 **고장 발생 초기의 것을 선별, 제거하는 것**

② 우발고장 (일정형)
- **예측할 수 없을 때에 생기는 고장의 형태**
- 사용자의 **실수, 천재지변, 우발적 사고 등이** 원인이다.
- 기계마다 일정하게 발생되며 **고장율이 가장 낮다.**

우발고장의 고장원인	• 안전계수가 낮기 때문 • **사용자의 과오 때문** • 최선의 검사방법으로도 탐지되지 않는 결함 때문에

참고

인간-기계 시스템에서 조작성 인간 에러발생 빈도수의 순서
정보관련 → 표시장치 → 제어장치 → 시간관련

시스템 안전분석을 효과적으로 하기 위해서 알아야 할 요소
- 시스템의 설계도
- 시스템의 제조공정
- 시스템의 운용방법

③ 마모 고장(증가형)
- 기계적 요소나 **부품의 마모**, 사람의 노화 현상 **등에 의해 고장률이 상승하는 형**이다.
- 고장이 일어나기 직전에 **교환, 안전 진단** 및 **적당한 보수에 의해서 방지**할 수 있는 고장이다.

④ **기계설비의 고장 유형 곡선** ★★

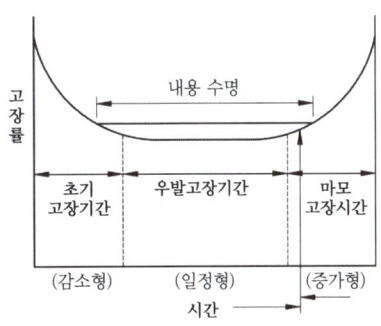

[욕조곡선(Bathtub curve)]

>
>
> **적정 윤활의 원칙**
> ① 적량의 규정
> ② 윤활기간의 올바른 준수
> ③ 올바른 윤활법의 채용
> ④ 올바른 윤활유의 선정

3 체계(system)설계와 인간요소

(1) 체계분석 및 설계의 인간공학적 가치

① **성능의 향상** : 적절한 유능한 운용자
② **훈련비용의 절감** : 숙련도
③ **인력이용율의 향상** : 인력자원의 효과적 이용
④ **사고 및 오용으로부터의 손실감소** : 인간공학 원칙 적용
⑤ **생산 및 보전의 경제성 증대** : 설계 단순화 및 인간공학 원칙 적용
⑥ **사용자의 수용도 향상** : 운용 및 보전성 용이

> **참고**
>
> **체계(system)의 특성**
> - 집합성
> - 관련성
> - 목적추구성

(2) 체계기준(system criteria)

① 체계 기준의 요건(인간공학 연구조사에 사용되는 기준의 구비조건 ★
- **적절성** : 의도된 목적에 **적합**하여야 한다.
- **무오염성** : 측정하고자 하는 변수외의 다른 **변수의 영향을 받아서는 안된다**.
- **신뢰성** : **반복실험시 재현성**이 있어야 한다.(**반복성**)
- **민감도** : **예상차이점에 비례하는 단위로 측정**하여야 한다.

한눈에 들어오는 키워드

참고

체계기준
- 신뢰도(Reliability : Rt) 체계 또는 부품이 주어진 운용조건하에서 의도하는 사용기간 중에 의도한 목적에 만족스럽게 작동할 확률
- 가용도(Availability : At) 체계가 어떤 시점에서 만족스럽게 작동할 수 있는 확률
- 정비도(Maintainability : Mt) 고장난 체계가 일정한 시간 안에 수리될 확률
- 고장률(Hazard rate : ht) 단위시간당 시간구간 초에 정상 작동하던 체계가 그 시간구간내에 고장나는 비율
- 고장률함수 ★

$$h(t) = \frac{f(t)}{R(t)}$$

- 고장밀도함수(Failure density function : ft) : 단위시간당 고장이 발생하는 체계의 비율

※ 문제

다음 중 신뢰성 설계기술이 아닌 것은?
㉮ 신뢰성 추출(Sampling)
㉯ 중복(Redundancy)설계
㉰ 부품의 단순화와 표준화
㉱ 인간공학적 설계와 보전성 설계

정답 ㉮

---

② **인간기준** : 인간성능(Human Performance)에 의한 판단 기준 ★

- **인간성능 척도** : 여러 가지 감각활동, 정신활동, 근육활동에 의해 판단 (자극에 대한 반응시간)

인간성능 척도
- 빈도수 척도   - 지연성 척도   - 지속성 척도

- **생리학적 지표** : 맥박, 혈압, 뇌파, 호흡수 등으로 판단
- **주관적인 반응** : 개인성능 평점, 체계설계에 대한 대안에 대한 평점등 주관적 평가로 판단
- **사고빈도** : 사고나 상해발생 빈도에 의해 판단

(3) 신뢰성 설계

① **중복(Redundancy)설계** : 일부에 고장이 발생해도 전체 고장이 일어나지 않도록 여력인 부분을 추가하여 중복 설계한다.(병렬설계)
② **부품의 단순화와 표준화**
③ **인간공학적 설계와 보전성 설계**

(4) 작업설계(job design) : 작업 만족도를 위한 설계

① 작업확대 : 수평적 확대(범위)
② 작업윤택화 : 수직적 확대(깊이)
③ 작업만족도 : **작업 설계 시의 딜레마**
④ 작업순환 : 작업능률, 생산성 강조(인간요소적 접근방법)

4 인간요소와 휴먼에러

(1) 인간 실수의 분류

[휴먼에러의 심리적 분류(Swain의 분류)] ★★

① omission error (누설오류, 생략오류, 부작위오류)	필요한 작업 또는 절차를 수행하지 않는데 기인한 에러
② time error(시간오류)	필요한 작업 또는 절차의 수행 지연으로 인한 에러
③ commission error(작위오류)	필요한 작업 또는 절차의 불확실한 수행으로 인한 에러
④ sequential error(순서오류)	필요한 작업 또는 절차의 순서 착오로 인한 에러
⑤ extraneous error(과잉행동오류)	불필요한 작업 또는 절차를 수행함으로써 기인한 에러

[원인의 레벨적 분류] ★★

① primary error(1차 에러)	작업자 자신으로부터 발생한 에러
② secondary error(2차 에러)	작업형태, 작업조건 중 문제가 생겨 필요한 사항을 실행할 수 없어 발생한 에러
③ command error	실행하고자 하여도 필요한 물품, 정보, 에너지 등이 공급되지 않아서 작업자가 움직일 수 없는 상태에서 발생한 에러

(2) 인간실수의 형태적 특성

1) 행동과정을 통한 분류

① 입력 에러(input error) : 감각 또는 지각 입력의 에러
② 정보처리 에러(information processing error) : 중재(mediation) 또는 정보처리 절차의 에러
③ 출력 에러(output error) : 신체적 반응의 출력 에러
④ 피드백 에러(feedback error) : 인간 제어의 에러
⑤ 의사결정 에러(decision making error) : 주어진 의사결정 과정에서의 에러

한 눈에 들어오는 키워드

◎ 기출
인간의 신뢰성 3요소
① 주의력
② 긴장 수준
③ 의식 수준

참고
차피니스(Chapanis)의 인간에러의 분류
• 신호의 에러
• 작업 공간의 에러
• 지시의 에러
• 예측의 에러
• 연속 응답의 에러

L.W.Rock의 인간에러의 분류
• 설계 에러
• 제작 에러
• 검사 에러
• 시간 에러
• 조작 에러
• 취급 에러

◎ 기출
1. 작위오류(행동오류) : 하지 말아야 할 행동을 하여 생긴 오류
   • 순서오류
   • 과잉행동오류
   • 시간오류
   • 선택오류

2. 부작위오류 : 마땅히 하여야 할 행동을 하지 않아 생긴 오류
   • 생략오류

※ 문제
다음 정보를 받아들이는 인간-기계 계에서 행동의 변수에 해당되는 것은?
㉮ 규칙성 ㉯ 정확성
㉰ 빈도   ㉱ 강도

[해설]
행동의 변수 – 규칙성
기계의 변수 – 정확성, 빈도, 강도
정답 ㉮

한눈에 들어오는 키워드

※ 문제
인간정보처리 과정에서 실패가 일어나는 것이 잘못 연결된 것은?
㉮ 입력에러 – 확인미스
㉯ 매개에러 – 결정미스
㉰ 출력에러 – 동작미스
㉱ 판단에러 – 반응미스

[해설]
㉱ 판단에러 – 기억미스

[참고]
잘못 기억함으로서 잘못된 판단을 내리게 된다.

정답 ㉱

2) 대뇌 정보처리 에러

① 제1단계 : **인지단계 – 인지(확인) 에러(입력에러)**
외계로부터 작업정보의 습득으로부터 감각 중추로 인지되기까지 일어날 수 있는 에러이며, **확인 착오**도 이에 포함된다.

② 제2단계 : **판단단계 – 판단(기억) 에러**
중추신경의 의사과정에서 일으키는 에러로써 **의사결정의 착오나 기억에 관한 실패**도 여기에 포함된다.

③ 제3단계 : **조작단계 – 조작(동작) 에러(반응에러)**
운동 중추에서 올바른 지령이 주어졌으나 **동작 도중에 일어난 에러**이다.

[인간의 정보처리 과정에서 발생되는 에러 ★]

구분	내용
Mistake (착오, 착각)	• 인지과정과 의사결정과정에서 발생하는 에러 • **상황해석을 잘못하거나 틀린 목표를 착각하여 행하는 경우**
Lapse (건망증)	• 저장단계에서 발생하는 에러 • **어떤 행동을 잊어버리고 안하는 경우**
Slip (실수, 미끄러짐)	• 실행단계에서 발생하는 에러 • 상황(목표)해석은 제대로 하였으나 **의도와는 다른 행동을 하는 경우**
Violation (위반)	알고 있음에도 의도적으로 따르지 않거나 무시한 경우

3) 휴먼 에러의 배후요인(4M) ★★★

① Man(인간)	본인 외의 사람, 직장의 **인간관계** 등
② Machine(기계)	기계, 장치 등의 물적 요인
③ Media(매체)	**작업정보, 작업방법** 등(인간과 기계를 연결하는 매개체이다)
④ Management(관리)	작업관리, 법규준수, 단속, 점검 등

(3) 인간실수 예방기법

1) 페일세이프(Fail-Safe) ★★★

기계 설비에 **결함이 발생되더라도 사고가 발생되지 않도록** 2중, 3중으로 통제를 가한다.

📍 기출

Temper proof
안전장치를 제거하는 경우 제품이 작동되지 않도록 하는 설계

[페일세이프의 구분 ★★★]

① Fail Passive	부품의 고장 시 기계장치는 정지 상태로 옮겨간다.
② Fail active	부품이 고장나면 경보를 울리며 짧은 시간 운전이 가능하다.
③ Fail operational	부품의 고장이 있어도 다음 정기점검까지 운전이 가능하다.

2) 풀프루프(Fool-proof) ★★

인간의 실수가 있더라도 사고로 연결되지 않도록 2중, 3중으로 통제를 가한다.

한 눈에 들어오는 **키** 워드

 기출

lock system
- interlock system
  기계중심의 lock system
- translock system
  인간-기계 사이 lock system
- intralock system
  인간중심의 lock system

CHAPTER 02 위험성 파악·결정

01 시스템 위험성 추정 및 결정

주요내용 알고 가기!
- 시스템 안전성 확보책
- FTA의 논리기호 및 사상기호
- 설비의 신뢰도(직렬연결, 병렬연결)
- 컷셋과 패스셋 구하기
- 시스템 위험분석기법의 종류별 특징
- FTA에 의한 재해사례 연구 순서
- 발생확률의 계산

> **한 눈에 들어오는 키워드**
>
> **[참고] system이란?**
> - 요소의 집합에 의해 구성되고
> - system 상호간에 관계를 유지하면서
> - 정해진 조건 아래에서
> - 어떤 목적을 위하여 작용하는 집합체라 할 수 있다.
>
> **[참고] 시스템 안전 프로그램의 내용**
> ① 일반개요
> ② 안전조직, 책임 및 권한
> ③ 시스템 안전기준
> ④ 수행해야 하는 시스템 안전 업무활동
> ⑤ 시스템 안전문서
> ⑥ 안전업무활동의 관리
> ⑦ 안전훈련
> ⑧ 설비 및 지원기능
>
> **[기출] 시스템 설계자의 평가방법**
> ① 성능평가
> ② 기능평가
> ③ 신뢰성평가

1 시스템 위험분석 및 관리

(1) 시스템 안전의 정의

어떤 시스템에 있어서 **가능시간, 코스트(cost) 등의 제약조건하에서 인원 및 설비가 당하는 상해 및 손상을 최소한으로 줄이는 것**이다.

시스템의 계획 → 설계 → 제조 → 운용 등의 단계를 통하여 시스템의 안전관리 및 시스템 안전공학을 정확히 적용시키는 것이 필요하다.

(2) 시스템 안전성 확보책

① 위험 상태의 존재 최소화
② 안전 장치의 채택
③ 경보 장치의 채택
④ 특수 수단 개발, 표식의 규격화

(3) 시스템 안전관리

① 안전활동의 계획 및 조직과 관리
② 다른 시스템 프로그램 영역과 조정
③ **시스템 안전에 필요한 사항의 동일성의 식별**
④ 시스템 안전에 대한 **프로그램의 해석과 검토 및 평가** 등의 시스템 안전업무

2 시스템 위험분석 기법

(1) 예비 위험 분석(PHA : Preliminary Hazards Analysis) ★

모든 **시스템 안전 프로그램의 최초 단계(설계단계, 구상단계)에서 실시하는 분석법**으로서 시스템내의 위험요소가 얼마나 위험한 상태에 있는가를 정성적으로 평가하는 기법이다. ★★

[PHA 카테고리 분류 ★]

Class 1. 파국적(catastrophic)	사망, 시스템 손상
Class 2. 위기적(critical)	심각한 상해, 시스템 중대 손상
Class 3. 한계적(marginal)	경미한 상해, 시스템 성능 저하
Class 4. 무시(negligible)	경미한 상해 및 시스템 저하 없음

(2) 결함위험분석(FHA : Fault Hazards Analysis) ★

① 한 계약자만으로 모든 시스템의 설계를 담당하지 않고 몇 개의 공동계약자가 분담할 경우 **서브시스템(subsystem)의 해석에 사용되는 분석법**이다. ★
② FHA의 기재사항 ★

- 서브시스템의 요소
- 고장형에 대한 고장률
- 서브시스템에 대한 고장의 영향
- 고장형을 지배하는 뜻밖의 일
- 전 시스템에 대한 고장의 영향
- 그 요소의 고장형
- 요소 고장 시 시스템의 운용 형식
- 2차 고장
- 위험성의 분류
- 기타

(3) 고장형태와 영향분석(FMEA : Failure Modes and Effects Analysis)

1) 시스템에 영향을 미치는 모든 요소의 **고장을 형태별로 분석하여 그 영향을 검토하는 정성적, 귀납적 분석법**이다. ★★

2) FMEA 고장영향과 발생확률(β)에 따른 위험성 분류

발생확률(β)에 따른 분류 ★	위험성 분류 표시
• 실제손실 $\beta = 1.00$ • 예상되는 손실 $0.1 < \beta < 1.00$ • 가능한 손실 $0 < \beta \leq 0.1$ • 영향 없음 $\beta = 0$	• category 1 : 생명 또는 가옥의 상실 • category 2 : 임무 수행의 실패 • category 3 : 활동의 지연 • category 4 : 손실과 영향없음

한 눈에 들어오는 키워드

기출 ★

1. MIL-STD-882B(미국방성의 위험성평가)의 위험도 분류
   - 제1단계 : 파국적(치명적)
   - 제2단계 : 위기적(위험)
   - 제3단계 : 한계적
   - 제4단계 : 무시

2. MIL-STD-882B의 시스템 안전 필요사항에 대한 우선권 순서
   최소리스크를 위한 설계 → 안전장치 설치 → 경보장치 설치 → 절차 및 교육훈련 개발

3. MIL-STD-882B의 위험성 평가 매트릭스(Matrix) 분류
   - 자주 발생(Frequent)
   - 보통 발생(Probable)
   - 가끔 발생(Occasional)
   - 거의 발생하지 않음 (Remote)
   - 극히 발생하지 않음 (Improbable)

기출

고장형태와 영향분석(FMEA)의 평가요소
① 고장발생의 빈도
② 고장방지의 가능성
③ 기능적 고장 영향의 중요도

FMEA의 고장 평점을 결정하는 5가지 평가요소
① 신규설계의 정도
② 고장발생의 빈도
③ 고장방지의 가능성
④ 영향을 미치는 시스템의 범위
⑤ 기능적 고장 영향의 중요도

한눈에 들어오는 키워드

3) FMEA의 실시절차 ★

1단계 대상 시스템의 분석	• 기기 및 시스템의 구성 및 기능의 전반적 파악 • FMEA의 실시를 위한 기본방침의 설정 • 기능 BLOCK과 신뢰성 BLOCK도의 작성
2단계 고장형과 그 영향의 검토	• 고장 모드의 예측과 설정 • 고장 원인의 상정 • 상위 아이템에 대한 고장 영향의 검토 • 고장 검지법의 검토 • 고장에 대한 보상법과 대응법의 검토 • FMEA WORK SHEET에 관한 기입 • 고장등급의 평가
3단계 치명도 해석과 개선책의 검토	• 치명도 해석 • 해석결과의 정리

4) FMEA의 기재사항

① 요소의 명칭
② 고장의 형
③ 다른 요소 및 전 시스템에 대한 고장의 영향
④ 위험성의 분류
⑤ 고장의 발견방법
⑥ 시정방법

참고
ETA
사건수(사상수) 분석법

(4) ETA(Event Tree Analysis)와 DT(Decision Trees)

1) ETA(Event Tree Analysis) : 사건수(사상수)분석법

사상의 안전도를 사용하여 시스템의 안전도 나타내는 귀납적, 정량적인 분석법이다. ★★

2) DT(Decision Trees)

요소의 신뢰도를 이용하여 시스템의 신뢰도를 나타내는 기법으로 귀납적이고, 정량적인 분석 방법이다. ★★

(5) 치명도 분석(CA : Criticality Analysis)

① 고장이 직접 시스템의 손실과 인명의 사상에 연결되는 높은 위험도를 가진 요소나 고장의 형태에 따른 분석법이다.

② 고장이 시스템에 얼마나 치명적인 영향을 끼치는 지에 대한 **고장을 정량적으로 분석하는 기법**이다. ★★

③ 정성적 방법에 의한 FMEA에 대해 정량적 성격을 부여한다.

(6) 인간에러율 예측기법(THERP : Technique of Human Error Rate Prediction)

① **인간의 과오(human error)**를 정량적으로 **평가**하기 위하여 1963년 Swain 등에 의해 개발된 기법이다. ★★

② 인간의 과오율 추정법 등 5개의 스텝으로 되어 있다.

(7) MORT(Management Oversight and Risk Tree)

① 1970년 이후 미국의 W. G. Johnson 등에 의해 개발된 최신 시스템 안전 프로그램으로서 원자력 산업의 고도 안전 달성을 위해 개발된 분석 기법이다.

② **관리, 설계, 생산, 보전 등의 광범위한 안전을 도모**하기 위한 연역적이고, 정량적인 분석법이다. ★★

(8) 운용 및 지원위험 분석(O&S : operating & support 또는 OSHA)

① 시스템의 **모든 사용단계에서** 생산, 보전, 시험, 운반, 구출, 구조, 훈련 및 폐기 등에 사용되는 인원, 순서, 설비에 관하여 위험을 동정하고 그것들의 **안전요건을 결정하기 위한 분석법**이다. ★★

② 시스템이 저장되어 이동되고 실행됨에 따라 발생하는 작동시스템의 기능이나 과업, 활동으로부터 발생되는 위험에 초점을 맞춘 위험분석 차트이다.

(9) FAFR(Fatal Accident Frequency Rate)

① 위험도를 표시하는 단위로 10^8(1억)시간당 사망자 수를 나타낸다.

② FAFR = $\dfrac{\text{사망자 수}}{\text{총 작업시간수}} \times 10^8$ ★

(10) HAZOP(Hazard and Operability, 위험 및 운전성 검토)

각각의 **장비에 대해 잠재된 위험이나 기능저하 등** 시설에 결과적으로 미칠 수 있는 **영향을 평가하기 위하여 공정이나 설계도 등에 체계적인 검토를 행하는 것**을 말한다.

> **참고**
>
> **치명도 분석법**
> (CA : Criticality Analysis)
> 사고의 위험성만 분석하는 방법으로 각 요소가 전체시스템에 미치는 영향을 분석하기가 곤란하다. 따라서, FMEA와 함께 사용된다.(FMEA-CA)
> ① 먼저, 고장형태를 해석하여 시스템에 끼치는 영향을 해석하고
> ② 하나의 치명적인 고장을 결정하여 위험성을 분석하고
> ③ 여러 고장의 위험성을 구분하여 위험성이 높은 것을 우선적으로 개선한다.

> **참고**
>
> 고장형태 및 영향분석(FMEA) + 치명도 분석(CA) → FMECA

참고

HAZOP의 전제조건
- 이상 발생 시 안전장치는 정상 작동하는 것으로 간주한다.
- 두 개 이상의 기기고장이나 사고는 일어나지 않는 것으로 간주한다.
- 장치 자체는 설계 및 제작 사양에 맞게 제작된 것으로 간주한다.
- 조작자는 위험상황이 일어났을 때 그것을 인식할 수 있고, 충분한 시간이 있는 경우 필요한 조치사항을 취하는 것으로 간주한다.

1) 용어의 정의

① 의도 : 어떤 부분이 어떻게 작동되리라고 기대된 것을 의미하는 것으로 서술적일 수도 있고 도면화 될 수도 있다.
② 이상 : 의도에서 벗어난 것을 의미하며 유인어를 체계적으로 적용하여 얻어진다.
③ 원인 : 이상이 발생한 원인을 의미한다.
④ 결과 : 이상이 발생할 경우 그것에 대한 결과이다.
⑤ 위험 : 손실, 손상, 부상 등을 초래할 수 있는 결과를 의미한다.
⑥ 유인어 : 간단한 용어로서 창조적 사고를 유도하고 이상을 발견하고 의도를 한정하기 위해 사용된다.

2) 유인어의 종류

[유인어의 종류와 뜻 ★]

유인어	뜻
No 또는 Not	완전한 부정
More 또는 Less	양의 증가 및 감소
As Well As	성질상의 증가
Part of	일부변경, 성질상의 감소
Reverse	설계의도의 논리적인 역
Other Than	완전한 대체

특급암기법

1. P(최초의)HA : 시스템 안전프로그램의 **최초 단계의 분석기법**
2. F(고장)ME(영향)A(분석) : 고장을 형태별로 **분석**하여 그 **영향을 검토**하는 분석기법
3. E(사상)TA : 사상의 안전도를 사용하여 시스템의 안전도 나타내는 분석기법
4. D(요소)T : 요소의 신뢰도를 이용하여 시스템의 신뢰도를 나타내는 분석기법
5. C(치명도)A : 높은 위험도(정량적 분석)를 가진 고장의 형태에 따른 분석법
6. THE(휴먼에러, 인간과오)RP : 인간의 과오를 평가하기 위한 분석기법
7. MO(광범위)RT : 광범위한 안전을 도모하기 위한 분석법
8. O&S 또는 O(사용)SHA : 시스템의 **모든 사용단계에서 안전요건을 결정**하기 위한 분석법
9. F(결함)TA : 결함수법이라 하며 재해발생을 연역적, 정량적으로 예측할 수 있는 기법
10. F(결함)H(위험)A(분석) : 서브 시스템의 해석에 사용되는 분석법

3 결함수분석법

(1) 결함수 분석법(FTA : Fault Tree Analysis)의 정의 및 특징

1) FTA의 특징

시스템고장을 발생시키는 **사상과 원인과의 관계를 논리기호(AND와 OR)를 사용하여 나뭇가지 모양의 그림(Tree)으로 나타낸 FT(Fault Tree)를 만들고 이에 의거하여 시스템의 고장확률을 구함**으로서 취약 부분을 찾아내어 시스템의 신뢰도를 개선하는 정량적 고장해석 및 신뢰성 평가 방법이다.

한 눈에 들어오는 키 워드

참고

FTA는 고장사상을 1차 고장, 2차 고장, Command fault의 3가지로 전개한다.
- 1차 고장은 설계사상 범위내의 동작이나 환경에서 발생하는 요소의 고장이며,
- 2차 고장은 설계사양을 뛰어넘는 환경 하에서 일어나는 고장으로 근접요소의 고장이나 운전자의 실수 등이며,
- Command fault는 구동입력의 고장으로 인하여 그 요소가 작동하지 않게 되는 고장을 말한다.

[FTA의 장점 ★]

① 사고원인규명의 간편화	사고의 세부적인 원인목록을 작성하여 **전문지식이 부족한 사람도 목록만을 가지고 해당사고의 구조를 파악할 수 있다.**
② 사고원인 분석의 일반화	재해발생의 모든 원인들의 연쇄를 한눈에 알기 쉽게 Tree상으로 표현할 수 있다.
③ 사고원인 분석의 정량화	FTA에 의한 재해발생 원인의 정량적 해석과 예측, **컴퓨터 처리 및 통계적인 처리가 가능하다.**
④ 노력, 시간의 절감	FTA의 전산화를 통하여 사고발생에의 기여도가 높은 중요원인을 분석 파악하여 **사고예방을 위한 노력과 시간을 절감할 수 있다.**
⑤ 시스템의 결함진단	복잡한 시스템 내의 결함을 최소시간과 최소비용으로 효과적인 교정을 통하여 재해발생 초기에 필요한 조치를 취할 수 있다.
⑥ 안전점검Check List 작성	FTA에 의한 재해원인 분석을 토대로 안전점검상 중점을 두어야 할 부분 등을 체계적으로 정리한 안전점검 Check List를 만들 수 있다.

[FTA의 단점]

① 숙련된 전문가 필요	FTA를 수행하기 위하여는 이 분야에 전문지식을 가진 숙련자가 필요하다.
② 시간 및 경비의 소요	분석대상 시스템이나 공정의 크기에 따라 소요 시간과 경비는 차이가 있을 수 있으나 일반적으로 정성 평가에 비하여 막대한 시간과 경비가 소요된다.
③ 고장률 자료 확보	성공적인 FTA를 위하여 설비, 부품의 정확한 고장율 확보가 전제되어야 한다.
④ 단일 사고의 해석	FTA는 공정에서 발생 가능한 사고를 가정하여 그 발생 확률과 중요원인을 규명하는 방법으로서 예상치 못한 사고 또는 사소한 위험성은 간과하기 쉽다.

참고

- 기본사상 중 인간의 실수

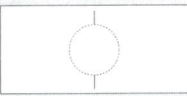

- 생략사상으로서 간소화

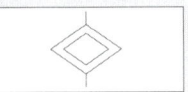

- 생략사상 중 인간의 실수

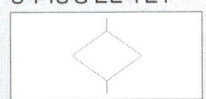

⑤ 논리게이트 선택의 신중

분석자의 의식 중에는 항상 사고확률의 감소라는 개념이 잠재되어 있다고 볼 수 있다. 따라서 특히 AND게이트 선택 시에는 논리적으로 타당한가를 신중히 검토하여야 정확한 FTA 결과를 도출할 수 있다.

기출

참고

"OR"게이트
불 대수로 Q=A+B(논리합)와 같이 표시되며, Q가 일어나기 위해서는 사건 A 또는 B중의 한 개, 또는 A, B사건 모두 일어나야 한다.

"AND"게이트
AND게이트는 게이트에 소속된 사건들의 상호교점을 나타내며, 불 대수 기호로는 Q=A×B(논리곱)와 같이 표현된다.

기호	내용
AND Gate	하위의 사건을 모두 만족하는 경우에 사용하는 논리게이트
OR Gate	하위의 사건 중 하나라도 만족하면 사용하는 논리게이트

(2) 논리기호 및 사상기호 ★★★

기호	명명	기호설명
○	기본사상	더 이상 전개할 수 없는 **사건의 원인**
◇	생략사상	관련정보가 미비하여 **계속 개발될 수 없는 특정 초기 사상**
⌂	통상사상	발생이 **예상되는 사상**
▭	결함사상 (정상사상, 중간사상)	한 개 이상의 입력에 의해 발생된 **고장사상**
(OR gate symbol)	OR게이트	**한 개 이상의 입력이 발생하면 출력사상이 발생**하는 논리 게이트
(AND gate symbol)	AND게이트	**입력사상이 전부 발생하는 경우에만 출력사상이 발생**하는 논리 게이트
(배타적 OR 기호, 동시발생)	배타적 OR게이트	입력사상 중 **오직 한 개의 발생으로만 출력사상이 생성**되는 논리 게이트
(우선적 AND 기호, Ai,Aj,Ak 순으로)	우선적 AND게이트	입력사상이 특정 **순서대로 발생한 경우에만 출력사상이 발생**하는 논리 게이트
(조합 AND 기호, 2개의 출력)	조합 AND게이트	**3개 이상의 입력 중 2개가 일어나면 출력이 생긴다.**
△	전이기호	**다른 부분에 있는 게이트와의 연결 관계**를 나타내기 위한 기호

기호	명명	기호설명
△	전이기호(IN)	삼각형 정상의 선은 정보의 **전입루트**를 나타낸다.
△	전이기호(OUT)	삼각형 옆의 선은 정보의 **전출루트**를 나타낸다.
▽	전이기호 (수량이 다르다)	
⬡	억제게이트	이 게이트의 출력사상은 한 개의 입력사상에 의해 발생하며, 입력사상이 출력사상을 생성하기 전에 **특정 조건을 만족하여야 하는 논리 게이트**
○	조건부사상	논리게이트에 연결되어 사용되며, 논리에 적용되는 조건이나 제약 등을 명시한다.
A	부정게이트	**입력과 반대현상의 출력** 생김
(위험지속기간)	위험지속 AND게이트	입력이 생겨서 **일정시간이 지속될 때 출력이 생긴다.**

> **한** 눈에 들어오는 **키** 워드
>
> ● 기출
> 한국산업 표준상 결함 나무 분석 (FTA) 시의 사상 기호
>
> 공사상(Zero event) : 발생할 수 없는 사상
>
>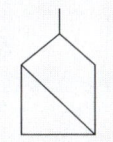
>
> 심층분석사상 : 추후 다른 결함나무에서 심층분석 되는 사상
>
>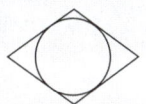
>
> 기본사상 : 세분될 수 없는 사상
>
>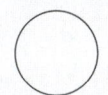
>
> 통상사상 : 확실히 발생하였거나, 발생할 사상
>
>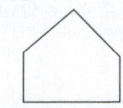

(3) FTA 순서 및 작성방법

1) FTA에 의한 재해사례 연구 순서 ★★

1단계 톱사상의 설정 ⇒ 2단계 재해 원인 규명 ⇒ 3단계 FT도의 작성 ⇒ 4단계 개선계획의 작성

> 참고
>
> FTA 기법의 순서
> 1단계 : 시스템의 정의
> 2단계 : FT의 작성
> 3단계 : 정성적 평가
> 4단계 : 정량적 평가
>
> FTA 기법의 절차
> 시스템 정의 → 기초사상 분석 → 논리게이트를 이용한 도해 (FT 작성) → 결정된 사상이 조금 더 전개가 가능한지 검사 → FT 간소화 → 정성적 평가 → 정량적 평가

(4) 컷셋과 패스셋

1) 컷셋(Cut Set) ★★

① 정상사상을 발생시키는 기본사상의 집합
② **모든 기본사상이 일어났을 때 정상사상을 일으키는 기본사상들의 집합**이다.

2) 미니멀 컷(Minimal Cut Set) ★★

① **정상사상을 일으키기 위한 기본사상의 최소집합**
② 컷셋 중 **타 컷셋을 포함하고 있는 것을 배제하고 남은 컷셋**들을 의미(최소한의 컷)
③ 시스템의 **위험성**을 나타낸다.

3) 패스셋(Path Set) ★★

① 시스템의 고장을 일으키지 않는 기본사상들의 집합
② 포함된 기본사상이 일어나지 않을 때 처음으로 정상사상이 일어나지 않는 기본사상들의 집합이다.

4) 미니멀 패스(Minimal Path Set) ★★

① 시스템의 기능을 살리는 최소한의 집합(최소한의 패스)
② 시스템의 **신뢰성**을 나타낸다.

(5) 정성적, 정량적 분석 및 신뢰도의 계산

1) 설비의 신뢰도 ★★

① 직렬연결
- 요소 중 **하나가 고장이면 전체 시스템은 고장**이다.
- 전체 시스템의 **수명은 요소 중 가장 짧은 것으로 결정**된다.

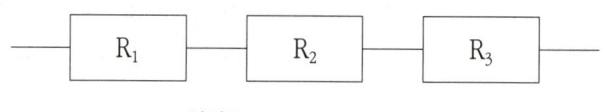

신뢰도 $R_s = R_1 \times R_2 \times R_3$

② 병렬연결
- 요소 중 **하나만 정상이라도 전체 시스템은 정상 가동**된다.
- 전체 시스템의 **수명은 요소 중 가장 긴 것으로 결정**된다.

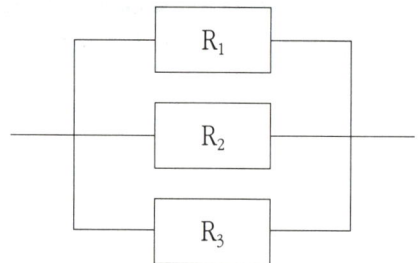

신뢰도 $R_s = 1 - (1-R_1) \times (1-R_2) \times (1-R_3)$

2) 확률사상의 계산 ★★

① 논리곱의 확률(독립사상)
   $A(B \cdot C \cdot D) = AB \cdot AC \cdot AD$
② 논리합의 확률(독립사상)
   $A(B + C + D) = 1-(1-AB)(1-AC)(1-AD)$

한 눈에 들어오는 키 워드

기출
결함수분석의 최소 컷셋과 관련된 알고리즘
① Boolean Algebra
② Fussell Algorithm
③ Limnios & Ziani Algorithm

[확인 ★]
- $\overline{A} + A = 1$
- $\overline{A} \cdot A = 0$
- $1 + A = 1$
- $1 \cdot A = A$
- $0 + A = A$
- $0 \cdot A = 0$

③ 불대수의 법칙
- 동정법칙 : $A + A = A, AA = A$
- 교환법칙 : $AB = BA, A + B = B + A$
- 흡수법칙 : $A(AB) = (AA)B = AB$ ★
  $A + AB = A \cup (A \cap B) = (A \cup A) \cap (A \cup B) = A \cap (A \cup B) = A$
  $\overline{A \cdot B} = \overline{A} + \overline{B}$ ★
- 배분법칙 : $A(B + C) = AB + AC, A+(BC) = (A+B) \cdot (A+C)$
- 결합법칙 : $A(BC) = (AB)C, A + (B + C) = (A + B) + C$
- 항등법칙 : $A + 0 = A, A + 1 = 1, A \times 1 = A, A \times 0 = 0$ ★

④ **드 모르간의 법칙** ★
- $\overline{A + B} = \overline{A} \cdot \overline{B}$
- $A + \overline{A} \cdot B = A + B$

예제1 ★★★

다음 FT도에서 컷과 미니멀 컷을 구하라.

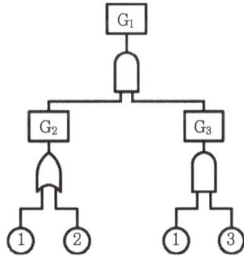

해설

$G_1 = G_2 \cdot G_3$
= ①② · (①③)
= (① ① ③)
  (② ① ③)

컷셋 : (① ③)(① ② ③)
미니멀 컷 : (① ③)
(미니멀 컷셋은 정상사상을 일으키는 최소한의 집합이다. 집합(① ③)은 (① ② ③)의 부분집합으로 (① ③)만으로도 정상사상이 발생하므로 미니멀 컷셋은 (① ③)이 된다.)

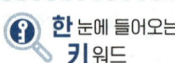
한 눈에 들어오는 키워드

예제2 ★★★

다음 FT도에서 컷과 미니멀 컷을 구하라.

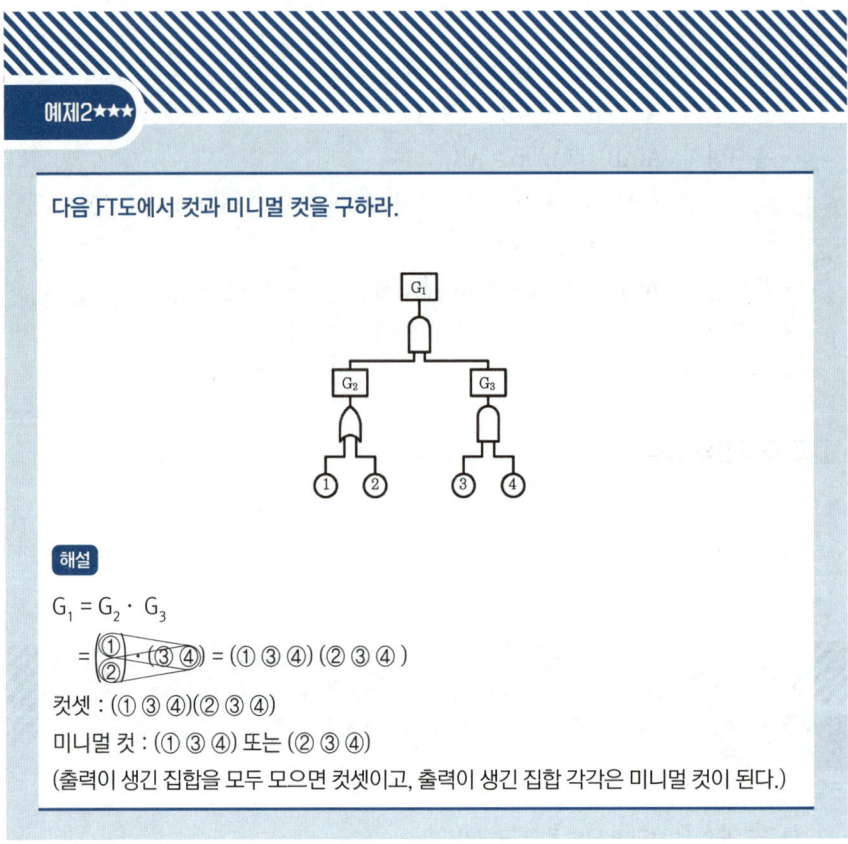

해설

$G_1 = G_2 \cdot G_3$
$= \begin{pmatrix} ① \\ ② \end{pmatrix}(③ ④) = (① ③ ④)(② ③ ④)$

컷셋 : (① ③ ④)(② ③ ④)
미니멀 컷 : (① ③ ④) 또는 (② ③ ④)
(출력이 생긴 집합을 모두 모으면 컷셋이고, 출력이 생긴 집합 각각은 미니멀 컷이 된다.)

예제3 ★★★

다음 FT도에서 컷과 미니멀 컷을 구하라.

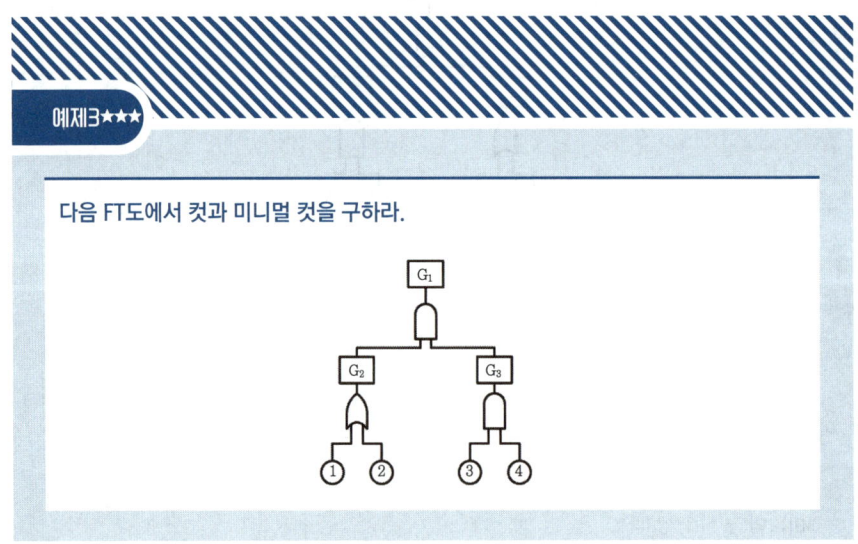

해설

$G_1 = G_2 \cdot G_3$

$= \begin{pmatrix} ① \\ ② \end{pmatrix} \cdot (① ②)$

$= (① ① ②) = (① ②)$
$ (② ① ②) (① ②)$

컷셋 : (① ②)

미니멀 컷 : (① ②)

(출력이 생긴 집합을 모두 모으면 컷셋이고, 출력이 생긴 집합 각각은 미니멀 컷이 된다. 이 문제는 컷셋과 미니멀 컷셋이 동일한 경우이다.)

예제4 ★★★

①, ②, ③의 발생확률이 각각 0.1, 0.2, 0.3일 때
① G_1의 발생확률(고장확률)을 계산하라.
② G_1의 신뢰도를 계산하라.

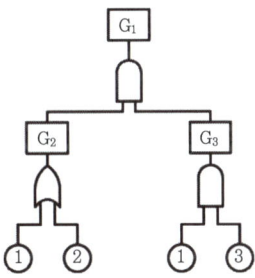

해설

1. 중복사상이 있을 경우 미니멀 컷을 구하여 미니멀 컷의 발생확률이 전체시스템의 발생확률이 된다. (문제에서 중복사상 ①이 존재한다.)
2. FT도에서 미니멀 컷을 구하면

   $G_1 = G_2 \cdot G_3$

   $= \begin{pmatrix} ① \\ ② \end{pmatrix}(① ③) = (① ① ③)(② ① ③) = (① ③)(① ② ③)$

   미니멀 컷 (① ③)
3. 미니멀 컷의 발생확률(G_1의 발생확률) = 0.1 × 0.3 = 0.03
4. G_1의 신뢰도 = 1−0.03 = 0.97

한 눈에 들어오는 키워드

※ 문제

FTA에서 시스템의 안정성을 정량적으로 평가할 때, 이 평가에 포함되는 5개 항목에 대한 위험 점수가 합산해서 몇 점이면 FTA를 다시 하게 되는가?
㉮ 10점 이상 ㉯ 14점 이상
㉰ 16점 이상 ㉱ 20점 이상

[해설]
5개 항목에 대한 위험 점수가 16점 이상이면 FTA를 다시 해야 한다.

정답 ㉰

한눈에 들어오는 키워드

※ 문제

아래 그림의 결함수를 간략히 한 것은?

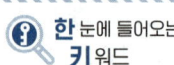

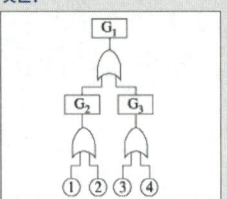

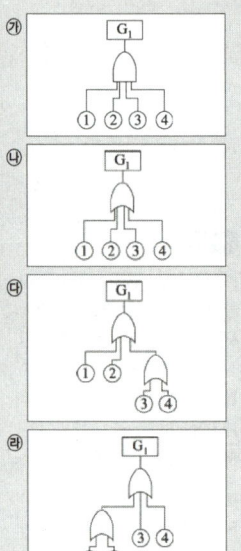

[해설]
G_1, G_2, G_3가 모두 OR게이트로 연결되어 있으므로 OR게이트로 모두 묶을 수 있다.

㉯
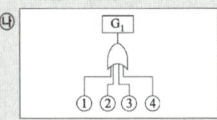

[참고]
만약 G_1, G_2, G_3가 모두 AND게이트로 연결되어 있다면 AND게이트로 모두 묶을 수 있다.

㉮
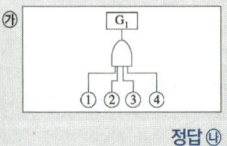

정답 ㉯

예제 5 ★★★

①, ②, ③, ④의 발생확률이 각각 0.1, 0.2, 0.3, 0.4일 때
① G_1의 발생확률(고장확률)을 계산하라.
② G_1의 신뢰도를 계산하라.

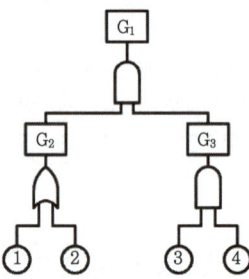

해설

중복사상이 없을 경우 공식에 의하여 계산한다.
① G_1의 발생확률(고장확률)의 계산

$G_1 = G_2 \times G_3$
$= \{1-(1-①)(1-②)\} \times (③ \times ④)$
$= \{1-(1-0.1)(1-0.2)\} \times (0.3 \times 0.4) = 0.0336$

② G_1의 신뢰도의 계산

G_1의 발생확률(고장확률)이 0.0336이므로 고장나지 않을 확률(신뢰도)은
$1 - 0.0336 = 0.9664$

예제 6 ★★★

①, ②의 발생확률이 각각 0.1, 0.2일 때
① G_1의 발생확률(고장확률)을 계산하라.
② G_1의 신뢰도를 계산하라.

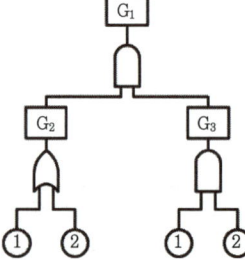

해설

1. 중복사상 ①, ②가 있으므로 미니멀 컷의 발생확률이 시스템의 발생확률이 된다.
2. FT도에서 미니멀컷을 구하면

    $G_1 = G_2 \cdot G_3$

    $= \begin{pmatrix} ① \\ ② \end{pmatrix}(① ②) = (① ① ②)(② ① ②) = (① ②)(① ②)$

    미니멀 컷 (① ②)
3. 미니멀 컷의 발생확률(G_1의 발생확률) = 0.1×0.2 = 0.02
4. G_1의 신뢰도 = 1 − 0.02 = 0.98

예제7★★★

그림과 같은 기초사건이 반복되지 않은 결함나무가 있다. 독립인 기초 사건들의 확률은 ① = 0.3, ② = 0.2, ③ = 0.1일 때 정상사건의 발생확률은?

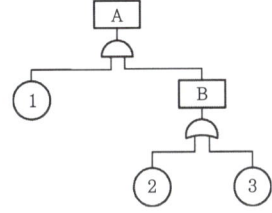

해설

A = ①×B
  = ①×{1−(1−②)(1−③)}
  = 0.3×{1−(1−0.2)(1−0.1)}
  = 0.084

02 안전성 평가 및 각종설비의 유지관리

한 눈에 들어오는 키워드

기출

안전성 평가
새로운 시스템이나 설비 등을 도입할 때, 사고 방지를 위해 설계나 계획단계에서 위험성의 여부를 평가하는 것을 말한다.

기술평가 (Technology Assessment)
기술개발과정에서 효율성과 위험성을 종합적으로 분석·판단할 수 있는 평가방법을 말한다.

참고

안전성 평가와 종류
- 세이프티-어세스먼트
  : 안전성 평가
- 테크놀로지-어세스먼트
  : 기술개발의 종합평가
- 리스크-어세스먼트
  : 위험성 평가
- 휴먼 어세스먼트
  : 인간과 사고의 평가

참고

정성적 분석법
- 체크리스트(Checklist)
- 사고예상질문분석(What-If)
- 상대위험순위(Dow and Mondindices)
- 위험과 운전분석(HAZOP)
- PHA
- FMEA

정량적 분석법
- 결함수분석(FTA)
- 사건수분석(ETA)
- 원인-결과분석(Cause-Consequence Analysis)

주요내용 알고 가기!

- 안전성 평가 6단계
- 유해·위험방지 계획서 작성대상 사업
- MTBF, MTTF, MTTR의 정의
- MTBF의 계산
- 정성적, 정량적 평가항목
- 제출시 첨부서류
- 고장률의 계산
- 신뢰도 및 불신뢰도의 계산

1 안전성 평가의 개요

(1) 안전성 평가 6단계 ★★

1단계	관계자료의 정비검토
2단계	정성적인 평가
3단계	정량적인 평가
4단계	안전대책 수립
5단계	재해사례에 의한 평가
6단계	FTA에 의한 재평가

① 1단계 : **관계자료의 정비검토**(작성준비)

관계자료 조사 항목
• 입지조건과 관련된 지질도 등 입지에 관한 도표
• 화학설비 배치도 : 설비 내의 기기, 건조물(건물) 및 설비의 배치도
• 건조물(건물)의 평면도, 단면도 및 입면도
• 제조 공정의 개요
• 기계실 및 전기실의 평면도, 단면도 및 입면도
• 공정계통도
• 공정기기 목록
• 운전 요령
• 요원 배치 계획
• 배관이나 계장 등의 계통도
• 제조 공정상 일어나는 화학반응
• 원재료, 중간체, 제품 등의 물리화학적 성질 및 인체에 미치는 영향

② 2단계 : **정성적인 평가**

정성적 평가항목 ★	
① 입지 조건	② 공장 내의 배치
③ 소방설비	④ 공정 기기
⑤ 수송 · 저장	⑥ 원재료
⑦ 중간체	⑧ 제품
⑨ 건조물(건물)	⑩ 공정

③ 3단계 : **정량적인 평가**
- 당해 화학설비의 취급물질, 화학설비의 용량, 온도, 압력, 조작의 5개 항목에 대해 A, B, C, D급으로 분류하고 A급은 10점, B급은 5점, C급은 2점, D급은 0점을 부여한 후, 점수들의 합을 구한다.

정량적 평가항목 ★	
① 취급물질	② 화학설비의 용량
③ 온도	④ 압력
⑤ 조작	

- 합산결과에 의한 위험도 등급

등급	점수	내용
등급 Ⅰ	16점 이상	위험도가 높다.
등급 Ⅱ	11점 이상 15점 이하	-
등급 Ⅲ	10점 이하	주위 상황, 다른 설비와 관련해서 평가위험도가 낮다.

④ 4단계 : **안전대책 수립**
- 설비 등에 관한 대책(위험 등급 1 · 2등급의 물적 안전조치 사항)
- 위험 등급 3등급 시 설비 등에 관한 대책
- 관리적 대책

⑤ 5단계 : **재해사례에 의한 평가**

⑥ 6단계 : **FTA에 의한 재평가**

(5) **설비도입 및 제품개발 단계에서의 안전성 평가**

① 구상단계
- 시스템 안전계획의 작성
- 예비위험분석의 작성

참고

설계관계 항목
- 입지조건
- 공장 내의 배치
- 건축물
- 소방용 설비 등

운전관계 항목
- 원재료, 중간체, 제품 등
- 공정
- 수송, 저장 등
- 공정기기

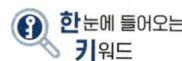

- 안전성에 관한 정보 및 문서의 작성
- 구상단계 정식화 회의에의 참가

② 설계단계
- 구상단계에서 작성된 시스템 안전프로그램을 실시할 것
- 시스템의 설계에 반영할 **안정성 설계기준을 결정하여 발표**할 것
- **예비위험분석을 시스템안전 위험분석으로 바꾸어 완료**시킬 것
- 사양서 중에 **시스템 안전성 필요사항을 정의하여 포함**시킬 것
- 안전성 결정사항을 문서로 하여 보존할 것

③ 제조, 조립, 시험단계
- 시스템 안전위험분석(SSHA)에서 지정된 **전 조치의 실시를 보증하는 계통적인 감시 및 확인 프로그램을 확립하여 실시할 것**
- **운용안전성분석(OSA)을 실시**할 것
- 안전성이 손상되는 일이 없도록 **제조, 조립, 시험방법 과정을 검토하고 평가**할 것
- 제조환경이 제품의 안전설계를 손상하지 않도록 할 것
- 위험한 상태를 유발할 수 있는 모든 결함에 대해서는 정보의 피드백 시스템을 확립할 것
- 품질보증요원이 이용할 수 있는 **안전성의 검사 및 확인에 관한 시험법을 정할 것**
- 안전성을 보증하기 위하여 일어날 수 있는 **변화를 예측하고 그것에 수반되는 재설계나 변경을 개시할 것**

④ 운용단계
- 모든 운용, 보전 및 위급 시에 절차를 평가하여 그들이 설계 때에 고려된 바와 같은 타당성이 있느냐의 여부를 식별할 것
- 안전성에 손상이 일어나지 않도록 **조작장치, 사용설명서의 변경과 수정을 요할 것**
- 제조, 조립, 시험단계에서의 확립된 고장의 정보 피드백 시스템을 유지할 것
- 바람직한 운용 안전성 레벨의 유지를 보증하기 위하여 **시스템 안전의 실증과 검사**를 할 것
- 사고와 그 유발 사고를 조사하고 분석할 것
- 위험상태의 재발방지를 위해 적절한 개량조치를 강구할 것

2 유해·위험방지 계획서 제출대상

(1) 유해·위험방지 계획서의 제출 등

사업주는 **다음 각 호의 어느 하나에 해당하는 경우에는 유해위험 방지계획서를 작성**하여 고용노동부령으로 정하는 바에 따라 **고용노동부장관에게 제출하고 심사**를 받아야 한다. 다만, 사업주 중 **산업재해발생률 등을 고려하여 고용노동부령으로 정하는 기준에 해당하는 사업주는 유해위험방지계획서를 스스로 심사하고, 그 심사결과서를 작성하여 고용노동부장관에게 제출**하여야 한다.

① 대통령령으로 정하는 사업의 종류 및 규모에 해당하는 사업으로서 **해당 제품의 생산 공정과 직접적으로 관련된 건설물·기계·기구 및 설비 등 일체를 설치·이전**하거나 그 주요 구조부분을 변경하려는 경우
② 유해하거나 위험한 작업 또는 장소에서 사용하거나 건강장해를 방지하기 위하여 사용하는 기계·기구 및 설비로서 **대통령령으로 정하는 기계·기구 및 설비를 설치·이전하거나 그 주요 구조부분을 변경**하려는 경우
③ **대통령령으로 정하는 크기, 높이 등에 해당하는 건설공사를 착공**하려는 경우

(2) 유해·위험방지 계획서 작성대상 사업 ★★★

다음 **각 호의 어느 하나에 해당하는 사업**으로서 **전기사용설비의 정격용량의 합이 300킬로와트 이상인 사업**을 말한다.

유해·위험방지 계획서 작성대상(제조업)	
① 금속가공제품(기계 및 가구는 제외한다) 제조업	② 비금속 광물제품 제조업
③ 기타 기계 및 장비 제조업	④ 자동차 및 트레일러 제조업
⑤ 식료품 제조업	⑥ 고무제품 및 플라스틱제품 제조업
⑦ 목재 및 나무제품 제조업	⑧ 기타 제품 제조업
⑨ 1차 금속 제조업	⑩ 가구 제조업
⑪ 화학물질 및 화학제품 제조업	⑫ 반도체 제조업
⑬ 전자부품 제조업	

특급암기법
1차 금속으로 **금속가공제품, 비금속광물제품** 제조하여 **나무, 화학물질** 섞어서 **기계장비, 자동차 트레일러** 만들고, 고무풀(**고무 및 플라스틱**)로, **기타 식료품** 만들었더니 도대체(**반도체**)가(**가구**) 전부(**전자부품**) 유해·위험(**유해·위험방지계획서**)하다.

다음 각 호의 어느 하나에 해당하는 **기계·기구 및 설비**를 말한다.

유해·위험방지 계획서 작성대상(기계·기구 및 설비) ★★
① 금속이나 그 밖의 광물의 용해로 ② 화학설비 ③ 건조설비 ④ 가스집합 용접장치 ⑤ 근로자의 건강에 상당한 장해를 일으킬 우려가 있는 물질로서 고용노동부령으로 정하는 물질의 밀폐·환기·배기를 위한 설비

(2) 제출 시 첨부서류

1) 사업주가 **제조업 대상 사업, 대상기계·기구 설비**에 해당하는 유해·위험방지 계획서를 제출하려면 **다음 각 호의 서류를 첨부하여 해당 작업 시작 15일 전까지 공단에 2부를 제출**하여야 한다.

제조업 대상 사업 첨부서류	① 건축물 각 층의 평면도 ② 기계·설비의 개요를 나타내는 서류 ③ 기계·설비의 배치도면 ④ 원재료 및 제품의 취급, 제조 등의 작업방법의 개요 ⑤ 그 밖에 고용노동부장관이 정하는 도면 및 서류
대상 기계·기구 설비 첨부서류	① 설치장소의 개요를 나타내는 서류 ② 설비의 도면 ③ 그 밖에 고용노동부장관이 정하는 도면 및 서류

2) 유해위험 방지계획서 심사 결과의 구분 ★

① 적정

근로자의 **안전과 보건을 위하여 필요한 조치가 구체적으로 확보되었다고 인정**되는 경우

② 조건부 적정

근로자의 **안전과 보건을 확보하기 위하여 일부 개선이 필요하다고 인정**되는 경우

③ 부적정

기계·설비 또는 건설물이 심사기준에 위반되어 **공사착공 시 중대한 위험발생의 우려가 있거나 계획에 근본적 결함이 있다고 인정**되는 경우

3 설비의 유지관리

(1) 설비관리의 정의

기업의 생산성을 높이기 위하여 설비의 조사, 계획, 설계, 구축, 운전, 유지/보전을 거쳐 설비의 생애(Life-Cycle)를 통하여 설비의 기능 및 신뢰성을 향상하기 위한 제반 활동을 말한다.

(2) 설비의 운전 및 유지관리

1) MTBF(평균고장간격 : Mean Time Between Failures)

수리 가능한 제품에서 고장 ~ 다음 고장까지 시간의 평균치(신뢰도)를 말한다.

[고장률과 신뢰도 ★★★]

① 고장률	고장률(λ) = $\dfrac{\text{고장건수}}{\text{총 가동시간}}$ (건/시간)
② MTBF(평균고장시간)	MTBF = $\dfrac{1}{\text{고장률}(\lambda)}$ (시간)
③ 신뢰도 (고장 나지 않을 확률)	신뢰도란 고장 나지 않을 확률을 말한다. $R(t) = e^{-\frac{t}{t_0}} = e^{-\lambda \times t}$ 여기서, t_0 : 평균고장시간 or 평균수명 t : 앞으로 고장 없이 사용할 시간 λ : 고장률
④ 불신뢰도(고장 날 확률)	1 - 신뢰도

2) MTTF(고장까지의 평균시간 : Mean Time to Failure) ★★

수리가 불가능한 제품에서 처음 고장날 때까지의 시간(평균수명)을 말한다.

[계의 수명 ★★]

① 직렬계의 수명	MTTF(MTBF) × $\dfrac{1}{\text{요소갯수}(n)}$
② 병렬계의 수명	MTTF(MTBF) × $\left(1 + \dfrac{1}{2} + \dfrac{1}{3} + \cdots + \dfrac{1}{n}\right)$ 여기서, n : 요소의 개수

한 눈에 들어오는 키 워드

◉ 기출
신뢰도와 고장률은 지수분포를 따른다.

📌 참고
- 지수분포 : 사건이 서로 독립적일 때, 일정 시간동안 발생하는 사건의 횟수가 푸아송 분포를 따른다면, 다음 사건이 일어날 때까지 대기 시간, 고장 날 확률이 시간에 따라 일정한 경우는 지수분포를 따른다.
- 와이블분포 : 연속확률 분포로서 부품의 수명 추정 분석, 산업 현장에서 어떤 제품의 제조와 배달에 걸리는 시간, 날씨 예보, 신뢰성공학에서 실패분석에 사용된다.
- 이항분포 : 몇 번의 독립 시행에서 어떤 사건이 일어날 확률과 일어나지 않을 확률의 두 항을 써서 나타내는 확률 분포이다.
- 포아송 분포 : 특정시간 또는 거리나 공간에서 독립적인 사건이 발생한 횟수를 확률변수로 하는 확률 분포이다.

※ 문제
일정한 고장률을 가진 어떤 기계의 고장률이 0.004/시간일 때 10시간 이내에 고장을 일으킬 확률은?
㉮ $1 + e^{0.04}$ ㉯ $1 - e^{-0.004}$
㉰ $1 - e^{0.04}$ ㉱ $1 - e^{-0.04}$

[해설]
고장을 일으킬 확률 = 불신뢰도
불신뢰도 = 1 - 신뢰도
① 신뢰도 $R(t) = e^{-\frac{t}{t_0}} = e^{-\lambda \times t}$
(t_0 : 평균고장시간 or 평균수명
t : 앞으로 고장없이 사용할 시간
λ : 고장률)
신뢰도 $R(t) = e^{-0.004 \times 10} = e^{-0.04}$
② 불신뢰도 = $1 - e^{-0.04}$

정답 ㉱

한눈에 들어오는 키워드

기출

설비고장 도수율
$= \dfrac{\text{설비 고장 건수}}{\text{설비 가동시간}}$

설비고장 강도율
$= \dfrac{\text{설비 고장 정지시간}}{\text{설비 가동시간}}$

설비의 가용도
$= \dfrac{\text{작동가능시간}}{\text{작동가능시간} + \text{작동불능시간}}$

참고

TPM
(Total Productive Maintenance)
전사적 설비보전활동
설비고장을 없애고 설비효율을 극대화하는 것을 목표로 전원이 참가하는 생산보전활동이다.

기출

설비보전 평가식
- 성능가동률
  = 속도가동률×정미가동률
- 시간가동률
  = (부하시간 − 정지시간)
  /부하시간
- 설비종합효율
  = 시간가동률×성능가동률
  ×양품률
- 정미가동률
  = (생산량×실제 사이클 타임)
  /(부하시간−정지시간)

---

3) MTTR(Mean Time to Repair) ★★

평균 수리에 소요되는 시간을 말한다.

[MTTR과 설비가동률 ★]

① MTTR	$\text{MTTR} = \dfrac{\text{수리시간 합계}}{\text{수리횟수}}\,(\text{시간})$
② 설비가동률	설비가동률 $= \dfrac{\text{MTBF}}{\text{MTBF}+\text{MTTR}} = \dfrac{\frac{1}{\lambda}}{\frac{1}{\lambda}+\frac{1}{\mu}}$ 여기서, λ : 고장율, μ : 수리율

(3) 보전성 공학

1) 예방보전(PM : Preventive maintenance)

시스템 또는 부품의 사용 중 고장 또는 정지와 같은 **사고를 미리 방지하거나, 품목을 사용가능 상태로 유지하기 위하여 계획적으로 하는 보전 활동이다.**

정기보전	• 적정 주기를 정하고 **주기에 따라 수리, 교환** 등을 행하는 활동 • 시간기준보전(TBM : Timed Based Maintenance) : 설비의 열화에 따른 수리주기를 정하고 그 주기에 맞추어 수리를 실시한다.
예지보전	• **설비의 열화의 상태를 알아보기 위한 점검**이나 점검에 따른 수리를 행하는 활동 • 상태기준보전(CBM : Condition Based Maintenance) : 설비의 열화상태가 미리 정한 기준에 도달하면 수리를 행한다.

2) 사후보전(BM : Break-down maintenance)

시스템 내지 부품이 **고장에 의해 정지 또는 유해한 성능저하를 초래 한 뒤 수리를 하는 보전 활동이다.**

3) 보전예방(MP : Maintenance Prevention)

① 신규설비의 계획과 건설을 할 때 **보전정보나 새로운 기술을 도입하여 열화손실을 적게하는 보전 활동이다.**
② 우수한 설비의 선정, 조달 또는 설계를 통하여 궁극적으로 설비의 설계, 제작 단계에서 보전활동이 불필요한 체제를 목표로 한 보전 활동이다.

4) 개량보전(CM : Corrective maintenance)

설비의 신뢰성, 보전성, 경제성, 조작성, 안전성, 에너지 절약, 유용성 등의 향상을 목적으로 **설비의 재질이나 형상의 개량, 설계변경** 등을 행하는 보전활동이다.

5) 일상보전(RM : Routine maintenance)

설비의 열화를 방지하고 그 진행을 지연시켜 수명을 연장하기 위한 목적으로 **매일 설비의 점검, 청소, 주유 및 교체 등을 행하는 보전활동**이다.

6) 생산보전(PM : Production Maintenance)

미국의 GE사가 처음으로 사용한 보전으로 설계에서 폐기에 이르기까지 **기계설비의 전과정에서 소요되는 설비의 열화손실과 보전비용을 최소화하여 생산성을 향상시키는 보전방법**

7) 보전성설계의 고려사항

① 고장이나 결함이 발생한 부분에 접근이 좋을 것
② 고장이나 결함의 징조를 쉽게 검출할 수 있을 것
③ 고장, 결합부품 및 재료의 교환이 신속하고 쉬울 것

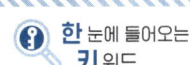

CHAPTER 03 위험성 감소 대책 수립·실행

 한 눈에 들어오는 키워드

01 위험성 평가

주요내용 알고 가기!

- 위험성 평가의 정의
- 위험성 평가의 방법
- 위험성 평가의 절차

1 위험성 평가의 정의 및 개요

(1) 위험성 평가의 정의

"위험성 평가"란 사업주가 스스로 **유해·위험요인을 파악**하고 해당 유해·위험요인의 **위험성 수준을 결정**하여, **위험성을 낮추기 위한 적절한 조치를 마련하고 실행하는 과정**을 말한다.

(2) 위험성 평가의 대상

① 위험성 평가의 대상이 되는 유해·위험요인은 **업무 중 근로자에게 노출된 것이 확인되었거나 노출될 것이 합리적으로 예견 가능한 모든 유해·위험요인**이다. 다만, **매우 경미한 부상 및 질병만을 초래할 것으로 명백히 예상되는 유해·위험요인은 평가 대상에서 제외**할 수 있다.
② 사업주는 **사업장 내 부상 또는 질병으로 이어질 가능성이 있었던 상황**(이하 "**아차사고**"라 한다)을 확인한 경우에는 해당 사고를 **일으킨 유해·위험요인을 위험성 평가의 대상에 포함**시켜야 한다.
③ 사업주는 사업장 내에서 **중대재해가 발생한 때에는 지체 없이** 중대재해의 원인이 되는 유해·위험요인에 대해 **위험성 평가를 실시**하고, 그 밖의 **사업장 내 유해·위험요인에 대해서는 위험성 평가 재검토를 실시**하여야 한다.

(3) 위험성 평가의 실시 시기

1) 사업주는 **사업이 성립된 날**(사업 개시일을 말하며, 건설업의 경우 실착공일을 말한다)로부터 **1개월이 되는 날까지** 위험성 평가의 대상이 되는 유해·위험요인에 대한 **최초 위험성 평가의 실시에 착수**하여야 한다. 다만, **1개월 미만의** 기간 동안 이루어지는 작업 또는 **공사의 경우에는** 특별한 사정이 없는 한 작업 또는 **공사 개시 후 지체 없이 최초 위험성 평가를 실시**하여야 한다.

2) 사업주는 **다음 각 호의 어느 하나에 해당하여 추가적인 유해·위험요인이 생기는 경우**에는 해당 유해·위험요인에 대한 **수시 위험성 평가를 실시**하여야 한다. 다만, 제5호에 해당하는 경우에는 재해발생 작업을 대상으로 작업을 재개하기 전에 실시하여야 한다.

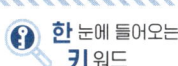

> **수시평가를 하여야 하는 경우**
> ① 사업장 **건설물의 설치·이전·변경 또는 해체**
> ② 기계·기구, 설비, **원재료 등의 신규 도입 또는 변경**
> ③ 건설물, 기계·기구, 설비 등의 정비 또는 보수(주기적·반복적 작업으로서 이미 위험성 평가를 실시한 경우에는 제외)
> ④ 작업방법 또는 **작업절차의 신규 도입 또는 변경**
> ⑤ **중대산업사고 또는 산업재해**(휴업 이상의 요양을 요하는 경우에 한정한다) **발생**
> ⑥ 그 밖에 사업주가 필요하다고 판단한 경우

(4) 평가방법

1) 사업장 위험성 평가의 방법 ★

① **안전보건관리책임자 등** 해당 사업장에서 **사업의 실시를 총괄 관리하는 사람에게 위험성 평가의 실시를 총괄 관리하게 할 것**
② 사업장의 **안전관리자, 보건관리자** 등이 위험성 평가의 실시에 관하여 안전보건관리책임자를 보좌하고 지도·조언하게 할 것
③ **유해·위험요인을 파악하고 그 결과에 따른 개선조치를 시행**할 것
④ **기계·기구, 설비 등과 관련된 위험성 평가에는** 해당 기계·기구, 설비 등에 **전문 지식을 갖춘 사람을 참여**하게 할 것
⑤ **안전·보건관리자의 선임의무가 없는 경우에는 업무를 수행할 사람을 지정**하는 등 그 밖에 위험성 평가를 위한 체제를 구축할 것

한 눈에 들어오는 키워드

2) 사업주는 사업장의 규모와 특성 등을 고려하여 **다음 각 호의 위험성 평가 방법 중 한 가지 이상을 선정하여 위험성 평가를 실시할 수 있다.** ★
① 위험 가능성과 중대성을 조합한 빈도·강도법
② 체크리스트(Checklist)법
③ 위험성 수준 3단계(저·중·고) 판단법
④ 핵심요인 기술(One Point Sheet)법
⑤ 그 외 공정위험성평가 기법

(5) 위험성 평가의 절차 ★

사업주는 위험성 평가를 다음의 절차에 따라 실시하여야 한다. 다만, **상시근로자 5인 미만 사업장(건설공사의 경우 1억원 미만)의 경우 제1호의 절차를 생략할 수 있다.**
① 사전준비
② 유해·위험요인 파악
③ 위험성 결정
④ 위험성 감소대책 수립 및 실행
⑤ 위험성 평가 **실시내용 및 결과에 관한 기록 및 보존**

(6) 유해·위험요인의 파악

① 사업주는 **사업장 내의 유해·위험요인을 파악**하여야 한다. 이때 **업종, 규모** 등 사업장 실정에 따라 다음 각 호의 **방법 중 어느 하나 이상의 방법을 사용**하되, 특별한 사정이 없으면 제1호에 의한 방법을 포함하여야 한다.
　가. **사업장 순회점검**에 의한 방법
　나. **근로자들의 상시적 제안**에 의한 방법
　다. **설문조사·인터뷰 등 청취조사**에 의한 방법
　라. **물질안전보건자료, 작업환경측정결과, 특수건강진단결과 등 안전보건 자료**에 의한 방법
　마. **안전보건 체크리스트**에 의한 방법
　바. 그 밖에 사업장의 특성에 적합한 방법

(7) 위험성 평가의 공유

① 사업주는 위험성 평가를 실시한 결과 중 다음 각 호에 해당하는 사항을 근로자에게 게시, 주지 등의 방법으로 알려야 한다.

위험성 평가 결과 중 근로자에게 알려야 하는 사항
① 근로자가 종사하는 **작업과 관련된 유해 · 위험요인**
② **위험성 결정 결과**
③ 유해 · 위험요인의 **위험성 감소대책과 그 실행 계획 및 실행 여부**
④ 위험성 감소대책에 따라 **근로자가 준수하거나 주의하여야 할 사항**

② 사업주는 위험성평가 결과 **중대재해로 이어질 수 있는 유해 · 위험요인에 대해서는 작업 전 안전점검회의**(TBM: Tool Box Meeting) **등을 통해 근로자에게 상시적으로 주지**시키도록 노력하여야 한다.

(8) 기록 및 보존

① 위험성 평가의 결과와 조치사항을 기록 · 보존할 때에는 다음 각 호의 사항이 **포함**되어야 한다. ★

위험성 평가 기록에 포함사항
① 위험성 평가 대상의 **유해 · 위험요인**
② **위험성 결정의 내용**
③ 위험성 결정에 따른 **조치의 내용**
④ 위험성 평가를 위해 **사전조사 한 안전보건정보**
⑤ 그 밖에 사업장에서 필요하다고 정한 사항

② 사업주는 제1항에 따른 **자료를 3년간 보존**해야 한다. ★

02 위험성 감소대책 수립 및 실행

주요내용 알고 가기!
- 위험성 개선대책의 종류
- 위험성의 결정
- 허용 가능한 위험 여부의 결정
- 위험성 감소대책 수립 및 실행

1 위험성 개선대책(공학적·관리적)의 종류

(1) 위험성 개선대책의 종류

제거·대체 (본질적·근원적 대책)	① 위험한 작업의 폐지·변경 ② 유해·위험물질 또는 유해·위험요인이 보다 적은 재료로의 대체 ③ 설계나 계획단계에서 위험성을 제거 또는 저감하는 조치
공학적 대책	① 인터록 장치 설치 ② 안전장치(방호장치)의 설치 ③ 방호문 설치 ④ 국소배기장치 등의 설치
관리적 대책	① 매뉴얼 정비 ② 출입금지 ③ 노출관리 ④ 교육훈련 등
개인보호구	제거·대체, 공학적 대책, 관리적 대책의 조치를 취하더라도 제거·감소할 수 없었던 위험성에 대해서만 실시

(2) 위험성 감소대책 수립 및 실행

1) 위험성 감소대책 수립시의 순서

① 법령 등에 규정된 사항이 있는지를 검토하여 **법령에 규정된 방법으로 조치를 실시하는 것이 최우선**이다.
② **위험한 작업**을 아예 **폐지**하거나, **기계·기구, 물질의 변경** 또는 **대체**를 통해 **위험을 본질적으로 제거하는 방안을 우선 고려한다.**

③ **인터록, 안전장치, 방호문, 국소배기장치 설치 등** 유해·위험요인의 **유해성이나 위험에의 접근 가능성을 줄이는 공학적 방법을 검토**한다.
④ **작업매뉴얼 정비, 출입금지·작업허가 제도 도입, 근로자들에게 주의사항 교육 등 관리적 방법을 검토**한다.
⑤ 위의 모든 조치들로도 줄이기 어려운 위험에 대해 최후의 방법으로 **개인보호구의 사용을 검토**해야 한다.

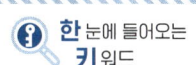

2) 위험성 감소대책 수립·실행시의 고려사항

① **위험성의 크기가 큰 것부터 위험성 감소대책의 대상**으로 한다. 위험성 감소를 위한 우선도를 결정하는 방법은 위험성 평가 1단계인 사전준비 단계에서 미리 설정해 두는 것이 바람직하다.
② **안전보건 상 중대한 문제가 있는 것은 위험성 감소 조치를 즉시 실시**하여야 한다.
③ 위험성 감소대책의 구체적 내용은 **법령에 규정된 사항이 있는 경우에는 그것을 반드시 실시**해야 한다.
④ 이 경우, ④의 조치로 ①~③의 조치를 대체해서는 안 되며, 비용 대비 효과 측면에서 현저한 불균형이 있는 경우를 제외하고는 **보다 상위의 감소대책을 실시**할 필요가 있다.

CHAPTER 04 근골격계 질환 예방관리

01 근골격계 유해요인

주요내용 알고 가기!

- 근골격계 질환의 정의
- 근골격계 질환(누적외상성질환, CTDs)의 발생요인
- 영상표시단말기 작업으로 인한 관련 증상(VDT 증후군)

1 근골격계 질환의 정의 및 유형

(1) 근골격계 질환의 정의

1) 근골격계 질환

반복적인 동작, 부적절한 작업자세, 무리한 힘의 사용, 날카로운 면과의 신체접촉, 진동 및 온도 등의 요인에 의하여 발생하는 건강장해로서 목, 어깨, 허리, 팔·다리의 신경·근육 및 그 주변 신체조직 등에 나타나는 질환을 말한다.

2) 누적외상 질환

- 주로 **상지(팔, 上肢)를 반복하여 움직이는 작업(동적부담)**이나 **상지 및 목을 특정위치로 고정시켜 일하는 작업(정적 부담)**에 의해서 주로 발생한다.
- 뒷머리, 목, 어깨, 팔, 손 및 손가락의 어느 부분 또는 전체에 걸쳐 결림, 저림, 아픔 등의 불편함이 나타나는 것을 말한다.

3) 근골격계 부담작업

단순반복작업 또는 인체에 과도한 부담을 주는 작업으로서 **작업량·작업속도·작업강도 및 작업장 구조 등에 따라 고용노동부장관이 정하여 고시하는 작업**을 말한다.

4) 근골격계 질환 예방관리 프로그램

유해요인 조사, 작업환경 개선, 의학적 관리, 교육·훈련, 평가에 관한 사항 등이 포함된 **근골격계 질환을 예방관리하기 위한 종합적인 계획**을 말한다.

(2) 근골격계 질환(누적외상성 질환, CTDs)의 발생요인 ★

① **반복적인 동작**
② **부적절한 작업 자세**
③ **무리한 힘**의 사용
④ **날카로운 면과의 신체접촉**
⑤ **진동 및 온도(저온)**

(3) 근골격계 질환의 특징

① 노동력 손실에 따른 **경제적 피해가 크다.**
② 근골격계 질환의 **최우선 관리목표는 발생의 최소화이다.**
③ **자각증상으로 시작**되며 환자발생이 집단적이다.
④ **손상의 정도 측정이 어렵다.**
⑤ **단편적인 작업환경개선으로 좋아지지 않는다.**
⑥ **회복과 악화가 반복된다.**(한번 악화되어도 회복은 가능하다.)

(4) 근골격계 질환의 유형 ★

① **점액낭염**(윤활낭염: bursitis) : 관절 사이의 윤활액을 싸고 있는 **윤활낭에 염증이 생기는 질병**을 말한다,
② **건초염**(tenosynovitis), **건염**(tendonitis) : **건초염은 건막에 염증이 생기는 질환**이며 **건염**(tendonitis)**은 건에 염증이 생기는 질환**으로 건염과 건초염을 정확히 구분하기 어렵다.
③ **손목뼈터널 증후군**(수근관 증후군: carpal tunnel sysdrome) : 반복적이고 지속적인 **손목의 압박, 무리한 힘** 등으로 인해 **수근관 내부에 정중신경이 손상되어 발생**한다. ★
④ **내상과염**(golfer elbow), **외상과염**(tennis elbow) : **과다한 손목 동작, 손가락 동작으로 점액낭에 염증이 생긴 질환**으로 팔꿈치 관절 내·외부에서 통증이 발생한다.
⑤ **수완진동증후군**(hand-arm vibration syndrome : HAVS) : **진동공구의 진동**으로 인해 **손가락 혈관이 수축**되어 손가락이 하얗게 변하며 **감각마비, 저린 증상 등**을 일으킨다.

> 한 눈에 들어오는 **키**워드

⑥ **거북목 증후군(경추자세 증후군)** : 뒷목과 어깨의 지속적인 긴장이 원인으로 가만히 있어도 머리가 거북이처럼 구부정하게 앞으로 나와있는 자세가 나타나며 장시간 컴퓨터 모니터를 사용하는 사무직 종사자에게 흔한 질환이다.

⑦ **요부 염좌**(lumbar sprain) : 요추부의 인대나 근육이 늘어나거나 파열되는 질환을 말한다.

⑧ **추간판 탈출증**(디스크) : 디스크(척추와 척추사이에 있는 연골)의 수핵이 갑자기 또는 서서히 후방으로 탈출되면서 다리로 내려가는 신경근을 압박하여 요통 및 좌골신경통을 일으키는 질환이다.

⑨ **결절종**(ganglion) : 관절 부위의 얇은 막이나 건초부분의 낭종이나 활액을 채우고 있는 건초가 부풀어 오르는 현상으로, **손목의 윗부분이나 요골부위가 붓거나 혹이 생기는 질환을 말한다.**

2 VDT 증후군

(1) 영상표시단말기 작업으로 인한 관련 증상(VDT 증후군)의 정의

"영상표시단말기 작업으로 인한 관련 증상(VDT 증후군)"이란 영상표시단말기를 취급하는 작업으로 인하여 발생되는 경견완증후군 및 기타 근골격계 증상·눈의 피로·피부증상·정신신경계 증상 등을 말한다.

(2) VDT 증후군의 발생요인 ★

① 나이, 시력, 경력, 작업수행도 등
② 책상, 의자, 키보드 등에 의한 작업 자세
③ 반복적인 작업, 부적절한 휴식시간
④ 조명, 채광 등 부적합한 작업환경

(3) 영상표시단말기 작업으로 인한 관련 증상(VDT 증후군) ★

1) 근골격계 증상

목, 어깨, 팔꿈치, 손목 및 손가락 등에 나타나는 통증과 저림, 쑤심 등의 증상

2) 눈의 피로

3) 피부 증상

날씨가 건조할 때 화면에서 발생되는 정전기에 의해 민감한 피부반응이 나타나는 경우가 있다.

4) 정신적 스트레스

정서적 불편(초조, 근심, 착란, 긴장, 무기력감)과 생리적 반응(혈압상승, 소화불량, 심박수 증가, 아드레날린 분비 촉진, 두통) 등의 증상

5) 전자파 장해

컴퓨터 화면으로부터 발생되는 전자기파(EMF)에 의한 장해

(4) 컴퓨터 단말기 조작업무에 대한 조치 ★

① 실내는 **명암의 차이가 심하지 않도록** 하고 **직사광선이 들어오지 않는 구조**로 할 것
② **저휘도형(低輝度型)의 조명기구를 사용**하고 창·벽면 등은 **반사되지 않는 재질을 사용**할 것
③ 컴퓨터 단말기와 키보드를 설치하는 **책상과 의자는** 작업에 종사하는 근로자에 따라 그 **높낮이를 조절할 수 있는 구조**로 할 것
④ 연속적으로 컴퓨터 단말기 작업에 종사하는 근로자에 대하여 **작업시간 중에 적절한 휴식시간을 부여**할 것

> 🔍 **한 눈에 들어오는 키워드**
>
> 📍 기출
> **컴퓨터 단말기 작업 시 적정 실내 조도**
> ① 바탕화면이 흰색계통일 경우 : 500~700Lux
> ② 바탕화면이 검은색계통일 경우 : 300~500Lux
> ③ 영상표시단말기(VDT) 화면과 주변과의 광도비 = 1 : 3

3 근골격계 부담작업의 범위

(1) 근골격계 부담작업 ★

"근골격계 부담작업"이라 함은 다음 각 호의 1에 해당하는 작업을 말한다. 다만, **단기간작업 또는 간헐적인 작업은 제외**한다.

① 하루에 **4시간 이상** 집중적으로 자료입력 등을 위해 **키보드 또는 마우스를 조작**하는 작업
② 하루에 총 **2시간 이상** 목, 어깨, 팔꿈치, **손목 또는 손을 사용하여 같은 동작을 반복**하는 작업
③ 하루에 총 **2시간 이상 머리 위에** 손이 있거나, 팔꿈치가 어깨 위에 있거나, 팔꿈치를 몸통으로부터 들거나, **팔꿈치를 몸통 뒤쪽**에 위치하도록 하는 상태에서 이루어지는 작업
④ 지지되지 않은 상태이거나 임의로 자세를 바꿀 수 없는 조건에서, 하루에 총 **2시간 이상 목이나 허리를 구부리거나 비트는 상태**에서 이루어지는 작업
⑤ 하루에 총 **2시간 이상 쪼그리고 앉거나 무릎을 굽힌 자세**에서 이루어지는 작업
⑥ 하루에 총 **2시간 이상** 지지되지 않은 상태에서 **1kg 이상의 물건을 한손의 손가락으로 집어 옮기거나**, **2kg** 이상에 상응하는 힘을 가하여 **한손의 손가락으로 물건을 쥐는 작업**

한눈에 들어오는 키워드

⑦ 하루에 총 **2시간 이상** 지지되지 않은 상태에서 **4.5kg 이상의 물건을 한손으로 들거나** 동일한 힘으로 **쥐는 작업**
⑧ 하루에 **10회 이상 25kg 이상의 물체를 드는 작업**
⑨ 하루에 **25회 이상 10kg 이상의 물체를 무릎 아래**에서 들거나, 어깨 위에서 들거나, 팔을 뻗은 상태에서 **드는 작업**
⑩ 하루에 총 **2시간 이상, 분당 2회 이상 4.5kg 이상의 물체를 드는 작업**
⑪ 하루에 총 **2시간 이상** 시간당 **10회 이상 손 또는 무릎**을 사용하여 **반복적으로 충격**을 가하는 작업

특급암기법
- 키보드 입력 4시간, 나머지 2시간
- 2시간 4.5kg 한손 쥐기/ 2시간 1kg 손가락 집어 옮기기, 2kg 손가락 쥐기/10회 25kg, 25회 10kg 무릎 아래, 2시간 분당 2회 4.5kg 들기/ 2시간 시간당 10회 반복 충격

02 인간공학적 유해요인 평가

> **주요내용 알고 가기!**
> - 유해요인 평가기법의 종류 및 특징
> - OWAS, RULA, REBA, SI 기법의 특징

한 눈에 들어오는
키 워드

1 근골격계 질환의 유해요인 평가기법

(1) 인간공학적 작업부하 평가 기법

관찰적 작업자세 평가 기법	① 작업 장면을 관찰/촬영한 다음 분석을 통해 작업 부하를 평가하고, 조치하는 단계로 이루어진다. ② 전신 : OWAS, RULA, REBA, QEC 등 ③ 손 중심 작업 : SI, ACGIH Hand Activity Level
작업 특성별 부하 평가 기법	① 들기 작업 혹은 진동 등 작업 특성에 따라 특정 항목을 평가하는 기법이다. ② 들기작업 : NIOSH 들기식(NLE), 3DSSPP, ACGIH Lifting TLVs ③ 들기/내리기/밀기/당기기/운반 : 스눅 테이블 ④ 진동 : ACGIH Hand Arm Vibration TLVs, Whole Body Vibration TLVs
실험적 작업부하 평가 기법	① 실험실에서 전용 장비를 사용하여 작업부하를 정밀하게 평가하는 기법이다. ② 인체 역학적 부하 평가 : 근력, 관절 모멘트, 반발력 등 ③ 생리학적 작업부하 평가 : 심박수, 근전도, 산소소비량 등 심·물리학적 작업부하 평가

(2) OWAS(Ovako Working posture Analysis System) : 작업부하 평가기법

1) OWAS 평가도구의 특징

① 근력을 발휘하기에 부적절한 작업자세를 구별해내기 위한 목적으로 개발하였다.
② OWAS는 작업자세로 인한 작업부하를 평가하는데 초점이 맞추어져 있다.
③ 작업 자세에는 상지(팔), 하지(다리), 허리, 하중으로 구분하여 각 부위의 자세를 코드로 표현한다. ★

④ OWAS는 **신체부위의 자세뿐만 아니라 중량물의 사용도 고려하여** 평가하다.
⑤ **OWAS 활동 점수표는 4단계 조치단계로 구분**된다.

2) OWAS의 장·단점

장점	단점
① **특별한 기구 없이 관찰에 의해서만** 작업 자세를 **평가**할 수 있다.	① 작업 자세 특성이 **정적인 자세에 초점이 맞추어져 있다.**
② 전반적인 작업으로 인한 **위해도를 쉽고 간단하게 조사**할 수 있다.	② 상지나 하지 등 몸의 일부의 움직임이 적으면서도 반복하여 사용하는 작업에서는 차이를 파악하기 어렵다.
③ 여러 작업 중에서 **개선을 필요로 하는 작업을 우선적으로 선정**할 수 있다.	③ 중량물 취급 작업 외에는 작업에 소요되는 힘과 반복성에 대한 위험성이 평가에 반영되지 않는다.
④ **상지와 하지의 작업분석이 가능**하며, 작업 대상물의 무게를 분석요인에 포함할 수 있다.	④ 지속 시간을 검토할 수 없으므로 보관유지자세의 평가는 어렵다.

(3) RULA(Rapid Upper Limb Assessment)

1) RULA 평가도구의 특징

① **어깨, 팔목, 손목, 목 등 상지에 초점을 맞춘 작업자세**로 인한 작업부하를 쉽고 빠르게 평가하기 위해 개발되었다. ★
② 나쁜 작업 자세로 인한 **상지의 장애(Disorders)를 안고 있는 작업자의 비율이 어느 정도인지**를 쉽고 빠르게 **파악**하는 방법을 제시한다.
③ 근육의 피로에 영향을 주는 작업 자세나 정적인 또는 반복적인 작업 여부, 작업을 수행하는데 필요한 힘의 크기 등 **작업으로 인한 근육 부하를 평가**한다.
④ 비교적 사용이 용이하고 인간공학 전문가의 **정확한 분석 이전에 일차적인 분석 도구로 유용하다.**

(4) REBA(Rapid Entire Body Assessment)

1) REBA 평가도구의 특징

① **OWAS 기법과 RULA 기법의 문제점을 보완하여 가장 최근에 만들어졌지만** 아직 그 타당성이 증명되지 않았다. ★
② REBA는 보건관리와 다른 서비스 산업에서 발견되는 예측할 수 없는 작업 자세에 민감하게 잘 적용하기 위해 개발되었다.
③ 작업자의 움직임 단계를 관찰한 후 신체 부위를 분할하여 **각 신체부위에 부위별 점수를 부여한 후** 점수 코드 체제를 이용하여 **평가**하는 분석하는 방법이다. ★

(5) JSI(Job Strain Index) 혹은 SI(Strain Index) : 작업부하지수

1) SI 평가도구의 특징

① **상지 질환에 대한 정량적 평가방법**으로 인간공학적 작업 분석의 도구로서 생리학 및 인체역학(biomechanics)의 과학적 근거를 바탕으로 개발되었다. ★
② 검증 과정을 통해서 의학적인 진단 결과와도 매우 유의한 타당성이 인정되었다는 장점이 있다.
③ **손목의 특이적인 위험성만이 강조**되었고, **진동에 대한 위험 요인이 배제**되었으며, 신뢰도가 검증되지 않았다는 한계점이 있다. ★

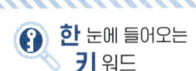

03 근골격계 유해요인 관리

주요내용 알고 가기!

- 근골격계 질환 유해요인 조사
- 근골격계 질환 예방관리 프로그램
- 작업환경 개선방법

1 근골격계 질환 유해요인 조사

(1) 근골격계 질환 유해요인 조사 ★

1) **상시근로자 1인 이상의 근로자를 사용하는 사업주는** 근로자가 근골격계부담작업을 하는 경우에 **3년마다** 다음 각 호의 사항에 대한 **유해요인조사를 하여야 한다.** 다만, **신설되는 사업장의 경우에는 신설일로 부터 1년 이내에 최초의 유해요인 조사를 하여야 한다.**

   ① 설비·작업공정·작업량·작업속도 등 **작업장 상황**
   ② 작업시간·작업자세·작업방법 등 **작업조건**
   ③ 작업과 관련된 **근골격계 질환 징후와 증상 유무 등**

2) 사업주는 **다음 각 호의 어느 하나에 해당하는 사유가 발생하였을 경우에 1개월 이내에** 조사대상 및 조사방법 등을 검토하여 **유해요인 조사를 해야 한다.** 다만, 근골격계 질환에 대하여 최근 1년 이내에 유해요인 조사를 하고 그 결과를 반영하여 작업환경 개선에 필요한 조치를 한 경우는 제외한다.

   ① 임시건강진단 등에서 **근골격계 질환자가 발생하였거나** 근로자가 **근골격계 질환으로 업무상 질병으로 인정받은 경우**(근골격계부담작업이 아닌 작업에서 근골격계 질환자가 발생하였거나 근골격계부담작업이 아닌 작업에서 발생한 근골격계 질환에 대해 업무상 질병으로 인정 받은 경우를 포함한다)
   ② 근골격계 **부담작업에 해당하는 새로운 작업 · 설비를 도입한 경우**
   ③ 근골격계 **부담작업에 해당하는 업무의 양과 작업공정 등 작업환경을 변경한 경우**

3) 사업주는 **유해요인 조사에 근로자 대표 또는 해당 작업 근로자를 참여시켜야 한다.**

(2) 유해요인조사 방법

1) 유해요인조사는 **근골격계 질환자가 발생·인정된 작업 또는 근골격계 부담작업**에 해당하는 각각의 작업에 대해 실시하되, 근로자와의 면담, 증상 설문조사, 인간공학적 측면을 고려한 조사 등 적절한 방법으로 한다.

2) 유해요인조사는 **사업장 내 근골격계 부담작업 각각에 대하여 실시**한다. 다만, 동일한 작업형태와 동일한 작업조건의 근골격계 부담작업이 존재하는 경우에는 근골격계 부담작업의 종류와 수에 대한 대표성, 조사 실시 주기 또는 연도 등을 고려하여 단계적으로 일부 작업에 대해서 조사할 수 있다.

① 한 단위작업에 10개 이하의 근골격계 부담작업이 동일 작업으로 이루어지는 경우에는 작업강도가 가장 높은 2개 이상의 작업을 표본으로 선정한다.
② 만일, 한 단위작업에 동일 근골격계 부담작업의 수가 10개를 초과하는 경우에는 초과하는 5개의 작업 당 1개의 작업을 표본으로 추가한다.

(3) 유해요인조사 내용 ★

작업장 상황조사	① 작업공정 ② 작업설비 ③ 작업량 ④ 작업속도 및 최근 업무의 변화 등
작업조건 조사	① 반복동작 ② 부적절한 자세 ③ 과도한 힘 ④ 접촉스트레스 ⑤ 진동 ⑥ 기타 요인(예, 극저온, 직무스트레스)
증상 설문조사	① 증상과 징후 ② 직업력(근무력) ③ 근무형태(교대제 여부 등) ④ 취미활동 ⑤ 과거질병력 등

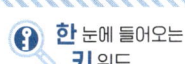

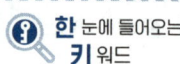

(4) 근골격계 질환 예방관리 프로그램 시행 ★

1) 다음 각 호의 어느 하나에 해당하는 경우에 **근골격계 질환 예방관리 프로그램**을 수립하여 시행하여야 한다.

  ① **근골격계 질환으로 업무상 질병으로 인정받은 근로자가 연간 10명 이상 발생**한 사업장 또는 **5명 이상 발생**한 사업장으로서 **발생 비율이 그 사업장 근로자 수의 10퍼센트 이상**인 경우
  ② 근골격계 질환 예방과 관련하여 **노사 간 이견(異見)이 지속되는 사업장으로서 고용노동부장관이 필요하다고 인정**하여 근골격계 질환 예방관리 프로그램을 수립하여 시행할 것을 명령한 경우

2) 사업주는 근골격계 질환 **예방관리 프로그램을 작성·시행할 경우에 노사협의를 거쳐야 한다.**

3) 사업주는 근골격계 질환 예방관리 프로그램을 작성·시행할 경우에 **인간공학·산업의학·산업위생·산업간호 등 분야별 전문가로부터 필요한 지도·조언을 받을 수 있다.**

4) 근골격계 질환 예방관리 프로그램의 주요 구성요소

  ① 인간공학적 분석
  ② 유해요인에 대한 작업환경 개선
  ③ 의학적 관리
  ④ 교육 및 훈련
  ⑤ 평가

CHAPTER 05 유해요인 관리

01 물리적 유해요인 관리

주요내용 알고 가기!
- 물리적 유해요인의 생체작용
- 물리적 유해요인의 노출기준

> 한 눈에 들어오는 **키**워드

1 소음

(1) 소음의 정의

① 원하지 않는 소리
② 심리적으로 불쾌감을 주고 신체에 장애를 일으키는 소리를 말한다.

(2) 소음작업의 정의(산업안전보건법의 정의) ★★

하루 8시간 동안 85dB 이상의 소음이 발생하는 작업을 말한다.

(3) 강렬한 소음작업의 정의(종류) ★★

① **하루 8시간 동안 90dB 이상의 소음이 발생**하는 작업
② **하루 4시간 동안 95dB 이상의 소음이 발생**하는 작업
③ **하루 2시간 동안 100dB 이상의 소음이 발생**하는 작업
④ **하루 1시간 동안 105dB 이상의 소음이 발생**하는 작업
⑤ **하루 30분 동안 110dB 이상의 소음이 발생**하는 작업
⑥ **하루 15분 동안 115dB 이상의 소음이 발생**하는 작업

(4) 충격소음의 정의 ★★

최대음압수준에 **120dB(A) 이상인 소음이 1초 이상의 간격으로 발생**하는 것을 말한다.

> **참고**
> "청력보존 프로그램"이란 다음 각 목의 사항이 포함된 소음성 난청을 예방·관리하기 위한 종합적인 계획을 말한다.
> 가. 소음노출 평가
> 나. 소음노출에 대한 공학적 대책
> 다. 청력보호구의 지급과 착용
> 라. 소음의 유해성 및 예방 관련 교육
> 마. 정기적 청력검사
> 바. 청력보존 프로그램 수립 및 시행 관련 기록·관리체계
> 사. 그 밖에 소음성 난청 예방·관리에 필요한 사항

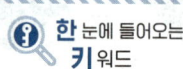

(5) C_5-dip 현상 ★

소음성 난청의 초기단계로서 4,000Hz 부근의 음에 대한 청력 저하가 심하게 생기게 되는 현상을 말한다.

(6) 소음성 난청(청력손실)에 영향을 미치는 요소

① **개인의 감수성** : 개인의 감수성에 따라 소음반응이 다양하다.
② **음의 강도** : 음압수준이 높을수록 **유해**하다.
③ **폭로시간**(노출시간) : **계속적 노출**이 간헐적 노출보다 더 **유해**하다.
④ **음의 물리적 특성**
  • **고주파음**이 저주파음보다 더 **유해**하다.
  • **충격음 및 연속음의 유해성이 더 크다.**
⑤ **심한 소음에 반복하여** 노출되면 일시적 청력변화는 영구적 청력변화로 변한다.

2 진동

착암기, 손망치 등의 공구를 사용함으로써 발생되는 백랍병·레이노 현상·말초순환장애 등의 국소 진동 및 차량 등을 이용함으로써 발생되는 관절통·디스크·소화장애 등의 **전신 진동을 말한다.**

(1) 전신진동의 특징

① **전신진동은 신체 전신에 전파되는 진동**을 말한다.
② **비행기와 선박, 트럭과 같은 교통차량, 트랙터 및 흙 파는 기계**와 같은 각종 영농기계에 탑승하였을 때 발생하는 진동 등이 해당된다.
③ 전신진동은 **2~100Hz(저주파)**에서 장해를 유발한다.
④ **진동수가 클수록, 가속도가 클수록 장해와 진동감각이 증가**한다.

(2) 전신진동이 인체에 미치는 영향

① 전신진동의 영향이나 장해는 **자율신경 특히 순환기에 크게 나타난다.**
② 평형기관에 영향을 주어 **구토감, 현기증, 두통, 생식기의 기능이상** 등을 일으킨다.(위장장해, 내장하수증, 척추이상)
③ **말초혈관이 수축되고, 혈압상승과 맥박이 증가**(산소소비량과 폐환기량이 증가)한다.

④ 전신진동은 100Hz까지 문제이나 대개는 **30Hz에서 문제가 되고 60~90Hz에서는 시력장해**가 온다.

(3) 국소진동의 특징

① **국소적으로 손, 발 등 신체의 특정 부위로 전달되는 진동**을 말한다.
② **착암기, 분쇄기(그라인더), 연마기 등** 진동공구 작업 등에서 발생한다.
③ 국소진동은 **8~1,500Hz(고주파)에서 장해를 유발**한다.
④ 진동이 심한 기계조작 등으로 **혈관신경계장해를 초래**하며 손가락 마비, **근육통, 관절통, 관절운동 장애**를 초래한다.

(4) 레이노(Raynaud's phenonmenon) 현상 ★

국소진동으로 인하여 말초혈관운동 장애가 발생하여 수지가 창백해지고 손이 차며 통증이 오는 현상으로 추운 환경에서 더 잘 발생한다.

3 방사선

① 전자기파의 형태로, 한 위치에서 다른 위치로 이동하는 에너지를 말한다.
② 인간 생체에서 **이온화시키는 데 필요한 최소에너지를 기준으로 전리방사선과 비전리방사선으로 구분**한다.

(1) 전리방사선(이온화 방사선)의 종류

① 전자기 방사선(X-Ray, γ선)
② 입자 방사선(α, β입자, 중성자)

(2) 비전리방사선(비이온화방사선)의 정의

① 긴 파장을 가지고 있어 **원자를 이온화시키지 못하여(전리시키지 못함) 비이온화방사선**이라고도 한다.
② **주파수가 감소하는 순서에 따라 자외선, 가시광선, 적외선, 마이크로파, 라디오파, 초저주파, 극저주파**가 있다.

> **참고**
> **전리방사선의 인체투과력 및 전리작용**
> ① 인체의 투과력 순서
> 중성자 > X선 or γ > β > α
> ② 전리작용(REB:생물학적 효과) 순서
> 중성자 > α > β > X선 or γ

(3) 자외선의 인체영향(생물학적 작용)

① 화학선 : 눈과 피부 등에 화학변화를 일으킨다.
② 광화학적 반응 : 산소분자를 해리하여 오존을 생성한다.
③ 피부작용
  • **피부암, 피부 홍반 형성 및 색소 침착, 피부 비후**를 일으킨다.
  • 옥외작업을 하면서 **콜타르의 유도체, 벤조피렌, 안트라센 화합물과 상호작용하여 피부암을 유발**시킨다.
④ 눈에 대한 영향 : **결막염, 백내장, 급성 각막염** 발생시킴
⑤ 비타민 D 생성
⑥ 살균작용
⑦ 전신 건강장해

(4) 적외선의 인체영향(생물학적 작용)

① 적외선이 **신체에 조사되면 일부는 피부에서 반사되고 나머지는 조직에 흡수**된다.
② 적외선이 흡수되면 **화학반응을 일으키는 것이 아니라** 구성분자의 운동에너지를 증가시키므로 **조직온도가 상승**한다.
③ **적외선 백내장을 초자공, 대장공 백내장**이라 한다.(초자공, 용광로의 근로자들과 대장공들에게 백내장이 수정체의 뒷부분에서 발병)
④ 장기간 조사 시 두통, 자극작용이 있으며, **강력한 적외선은 뇌막자극 증상(의식상실, 열사병) 등을 유발**할 수 있다.

4 이상기압

"**이상기압**"이란 **압력이 제곱센티미터당 1킬로그램 이상인 기압**을 말한다.

(1) 고압환경에서의 생체영향

1차적 가압현상	• 생체와 환경 사이의 압력(기압)차이로 인한 기계적 작용을 말한다. • 울혈, 부종, 출혈, 동통이 생기며 기압 증가에 따른 **부비강, 치아의 압박 장애**를 일으킨다.
2차적 가압현상 : 고압 하의 대기가스의 독성 때문에 나타나는 현상을 말한다.	• **질소의 마취작용**: 질소가스는 정상기압에서는 비활성이지만 4기압 이상에서는 마취작용을 나타낸다. • **산소중독 증세**: 산소분압이 2기압을 넘으면 산소중독 증세가 나타난다. • **이산화탄소의 작용**: 산소의 독성과 질소의 마취작용을 증가시킨다.

(2) 감압병(decompression ; 잠함병, 케이슨병) ★

급격한 감압 시에 혈액 속의 **질소가 혈액과 조직에 기포를 형성**하여(종격기종, 기흉)을 혈액순환 장해와 조직 손상을 일으킨다.

(3) 저기압(저압환경)에서의 인체영향

1) 고공증상

신경장애, 동통성 관절장해, 항공치통, 항공이염, 항공부비감염 등

2) 폐수종

① **진해성 기침과 호흡곤란**이 나타나고 폐동맥 혈압이 상승하다 **산소공급과 해면으로의 귀환으로 급속히 소실**된다.
② **어른보다 순화적응속도가 느린 어린이에게 많이 발생**한다.
③ 고공 순화된 사람이 해면에 돌아올 때 자주 발생한다.

3) 고산병

극도의 우울증, 두통, 식욕상실을 보이는 임상 증세군이며 가장 특징적인 것은 흥분성이다.

(4) 저산소증(Hypoxia: 산소결핍증)

① **저기압에서 가장 문제가 되는 것은 저산소증(산소결핍증)**이다.
② **체내 조직의 산소가 결핍된 상태**를 저산소증이라 한다.
③ **산소결핍에 가장 민감한 조직은 뇌(대뇌피질)**이다.
④ 생체 내에서 **산소공급 정지가 2분 이상이 되면 활동성이 회복되지 않는 비가역적인 파괴**가 일어난다.
⑤ 고산지대나 지역이 높은 곳에서 발생하며 판단력장해, 행동장해, 권태감 등을 일으킨다.

5 이상기온

① 고열 : 열에 의하여 근로자에게 열경련, 열탈진 또는 열사병 등의 건강장해를 유발할 수 있는 더운 온도를 말한다.
② 한랭 : 냉각원(冷却源)에 의하여 근로자에게 동상 등의 건강장해를 유발할 수 있는 차가운 온도를 말한다.

③ 다습 : 습기로 인하여 근로자에게 피부질환 등의 건강장해를 유발할 수 있는 습한 상태를 말한다.

(1) 습구흑구온도지수(Wet-Bulb Globe Temperature: WBGT)

근로자가 **고열환경에 종사함으로써 받는 열 스트레스 또는 위해를 평가하기 위한 도구(단위 : ℃)**로써 **기온, 기습 및 복사열을 종합적으로 고려한 지표**를 말한다.

(2) 온열요소(인체의 열 교환에 영향을 미치는 요소)

① 기온(온도)　　② 기습(습도)
③ 기류(대류, 풍속)　④ 복사열

(3) 고온의 생체작용

고온의 일차적 생리적 현상	고온의 이차적 생리적 현상
① 발한(땀) ② 불감발한 ③ 피부혈관의 확장 ④ 체표면적 증가 ⑤ 호흡증가 ⑥ 근육이완	① 심혈관 장애 ② 신장 장애 ③ 위장 장애 ④ 신경계 장애 ⑤ 피부기능 변화 ⑥ 수분 및 염분 부족

(4) 고열장애 분류 ★

열성발진 (heat rashes), 열성 혈압증	① 가장 흔히 발생하는 피부장해로서 땀띠(plickly heat)라고도 한다. ② 한선(땀샘)에 염증이 생기고 피부에 작은 수포가 형성된다.(범위가 넓어지면 발한에 장애를 줌)
열쇠약 (heat prostration)	① 고열작업장에서의 만성적인 건강장해 ② 전신권태, 위장장애, 불면, 빈혈 등의 증상이 있다.
열경련 (heat cramp) ★	① **전형적인 열 중증의 형태**로 고온환경에서 심한 육체적인 노동을 할 때 **혈중 염분농도 저하가 원인**이 된다. ② 근육경련, 현기증, 이명, 두통, 구역, 구토 등의 증상이 있다. ③ **수분 및 NaCl 보충(생리식염수 0.1% 공급)**한다.(일시에 염분농도가 높으면 흡수 저하가 일어나므로 **식염정제를 공급해서는 안 된다**)

열피로 (heat exhaustion), 열탈진, 열피비 ★	① 고온 환경에서 장시간 힘든 노동을 할 때 고열에 순환되지 않은 작업자에게 많이 발생한다. ② 과다 발한으로 인한 수분과 염분손실 및 탈수로 인한 혈장량 감소가 원인이다. ③ 심할 경우 허탈로 빠져 의식을 잃을 수도 있다. ④ 휴식 후 5% 포도당을 정맥주사 한다.
열허탈 (heat collapse), 열실신 (heat synoope) ★	① 고열작업장에 순화되지 못한 작업자가 고열작업을 수행(중근작업을 2시간 이상 하였을 때)하는 경우에 **혈액순환 장애**로 인하여 **신체말단부에 혈액이 과다하게 저류**되며 뇌의 혈액흐름이 좋지 못하여 **대뇌피질의 혈류량이 부족(뇌의 산소부족)**하여 발생한다. ② **저혈압, 뇌의 산소부족으로 실신, 현기증**을 느낀다. ③ 시원한 **그늘에서 휴식**시키고 **염분과 수분을 경구로 보충**한다.
열사병 ★	① 태양의 복사열에 직접 노출 시에 **뇌의 온도 상승으로 체온조절 중추기능 장애(중추신경 마비)**를 일으켜서 체내에 열이 축적되어 발생한다. ② **중추신경계의 장애 : 신체내부의 체온조절계통이 기능을 잃어 발생**한다. ③ **전신적인 발한정지 : 피부는 땀이 나지 않아 건조**하다. ④ **응급처치법 : 체온을 급히 하강(얼음물에 몸을 담가서 체온을 39℃ 이하로 유지)**시킨 후 체열생산 억제를 위하여 항신진대사제를 투여한다.

특급암기법
- 열성발진(땀띠) → 열쇠약 → 열경련(혈중 염분농도 저하) → 열피로, 열탈진(탈수로 인한 혈장량 감소) → 열허탈(대뇌피질의 혈류량 부족)
- 열사병 : 체온조절 중추기능 장해

(5) 저온의 생체작용

저온환경의 일차적인 생리적 변화	저온환경의 이차적인 생리적 반응
① 근육긴장의 증가 및 떨림(전율) ② 피부혈관의 수축 ③ 말초혈관의 수축 ④ 화학적 대사작용의 증가(갑상선 호르몬 분비 증가) ⑤ 체표면적의 감소	① 말초냉각 : **말초혈관의 수축으로 표면조직의 냉각**이 진행된다. ② 식욕변화 : 저온에서는 **근육활동, 조직대사의 증진으로 식욕이 항진**된다. ③ 혈압변화 : 피부혈관 수축으로 **혈압은 일시적으로 상승**한다. ④ 순환기능 : 피부혈관의 수축으로 **순환기능이 감소**된다.

(6) 한랭환경에 의한 건강장해

1) 전신 체온강하(저체온증 ; general hypothermia)

전신 체온강하는 **장시간의 한랭 노출과 체열상실에 따라 발생하는 급성 중증장해**이다.

2) 동상(frostbite)

① 동상은 **조직의 동결**을 말하며, 피부의 이론상 **동결온도는 약 -1℃ 정도**이다.
② 저온작업에서 **손가락, 발가락 등의 말초부위**는 피부온도 저하가 가장 심한 부위이다.
③ **발가락은 12℃에서 시린 느낌이 생기고 6℃에서는 아픔**을 느낀다.
④ 동상의 구분

제1도 동상(발적)	가려우며 혈관확장으로 국소 발적이 생긴다.
제2도 동상(수포형성과 염증)	수포와 함께 광범위한 삼출성 염증이 생긴다.
제3도 동상(조직괴사 및 괴저)	심부조직까지 동결되어 조직의 괴사로 인한 괴저가 발생한다.

3) 참호족(참수족, 침수족; trench foot, immersion foot)

① 한랭환경에 장기간 노출됨과 동시에 **발이 지속적으로 습기나 물에 잠길 경우 발생**한다.(침수족이 참호족보다 노출시간이 길 때 발생)
② 지속적인 **국소의 산소결핍이 원인**이며, **모세혈관 벽이 손상되어 부종, 작열감, 가려움, 심한 동통** 등이 나타나며 수포, 궤양이 형성되기도 한다.
③ 침수족과 참호족은 발생조건이 유사하며 임상증상과 징후가 거의 같다.

6 물리적 인자의 노출기준

(1) 소음

1) 소음의 노출기준(충격소음 제외) ★★★

1일 노출시간(hr)	8	4	2	1	1/2	1/4
소음강도 dB(A)	90	95	100	105	110	115

주 : 115dB(A)를 초과하는 소음 수준에 노출되어서는 안 됨

2) 충격소음의 노출기준 ★★

1일 노출회수	100	1,000	10,000
충격소음의 강도 dB(A)	140	130	120

주 : 1. 최대 음압수준이 140dB(A)를 초과하는 충격소음에 노출되어서는 안 됨
   2. 충격소음이라 함은 최대음압수준에 120dB(A) 이상인 소음이 1초 이상의 간격으로 발생하는 것을 말함

3) 소음의 노출정도 평가

1. 노출지수$(EI) = \dfrac{C_1}{T_1} + \dfrac{C_2}{T_2} + \cdots + \dfrac{C_n}{T_n}$

   - C : 소음의 실제 노출시간
   - T : 소음의 노출기준

2. 평가
   - $EI > 1$: 노출시간을 초과함
   - $EI < 1$: 노출시간을 초과하지 않음

(2) 고온

1) 고온의 노출기준(단위 : ℃, WBGT)

작업휴식시간비 \ 작업강도	경작업	중등작업	중작업
계 속 작 업	30.0	26.7	25.0
매시간 75% 작업, 25% 휴식	30.6	28.0	25.9
매시간 50% 작업, 50% 휴식	31.4	29.4	27.9
매시간 25% 작업, 75% 휴식	32.2	31.1	30.0

주 : 1. 경작업 : 200kcal까지의 열량이 소요되는 작업을 말하며, 앉아서 또는 서서 기계의 조정을 하기 위하여 손 또는 팔을 가볍게 쓰는 일 등을 뜻함
   2. 중등작업 : 시간당 200~350kcal의 열량이 소요되는 작업을 말하며, 물체를 들거나 밀면서 걸어다니는 일 등을 뜻함
   3. 중작업 : 시간당 350~500kcal의 열량이 소요되는 작업을 말하며, 곡괭이질 또는 삽질하는 일 등을 뜻함

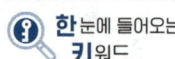

2) 고온의 노출기준 표시단위는 습구흑구온도지수(WBGT)를 사용하며 다음 각 호의 식에 따라 산출한다.

습구흑구온도지수(WBGT)의 산출
1. 옥외(태양광선이 내리쬐는 장소) 　　　WBGT(℃)=0.7×자연습구온도+0.2×흑구온도+0.1×건구온도
2. 옥내 또는 옥외(태양광선이 내리쬐지 않는 장소) 　　　WBGT(℃)=0.7×자연습구온도+0.3×흑구온도
3. 평균 WBGT(℃) = $\dfrac{WBGT_1 \times t_1 + \cdots + WBGT_n \times t_n}{t_1 + \cdots + t_n}$ 　• $WBGT_n$: 각 습구흑구온도지수의 측정치(℃) 　• T_n : 각 습구흑구온도지수치의 발생시간(분)

(3) 라돈

1) 라돈의 노출기준

작업장 농도(Bq/㎥)
600

02 화학적 유해요인 관리

한 눈에 들어오는 키워드

주요내용 알고 가기!

- 입자상 물질의 종류 및 정의
- 노출지수 및 허용농도
- 작업환경 개선대책

1 화학적 유해요인 파악

(1) 입자상 물질의 종류 및 정의

구분	정의
흄(fume)	금속의 증기가 공기 중에서 응고되어 화학변화(산화)를 일으켜 만들어진 고체의 미립자(금속산화물)
미스트(mist)	공기 중에 부유, 비산되는 액체 미립자를 말하며 입자의 크기는 보통 100㎛ 이하이다.
먼지(dust)	입자의 크기는 1~100㎛ 정도의 고체의 미립자가 공기 중에 부유하고 있는 것
연기(smoke)	유해물질이 연소 시에 불완전 연소의 결과로 생기는 미립자로 액체나 고체의 2가지 상태로 존재할 수 있다.(크기는 0.01~1.0㎛ 정도)
안개(fog)	증기가 응축되어 생성된 액체 입자로 크기는 1~10㎛ 정도이다.
스모그(smog)	smoke(연기)와 fog(안개)가 결합된 상태를 말한다.
에어로졸(aerosol)	유기물의 불완전 연소에 의한 액체와 고체의 미세한 입자가 공기 중에 부유되어 있는 혼합체를 말한다.
섬유(fiber)	길이가 5㎛ 이상이고 길이 대 너비의 비가 3 : 1 이상인 가늘고 긴 먼지로 석면 섬유, 식물섬유, 유리섬유, 암면 등이 있다.
검댕(soot)	탄소함유 물질의 불완전연소로 생성된 탄소입자의 응집체

(2) 노출기준

1. 노출지수 $EI = \dfrac{C_1}{T_1} + \dfrac{C_2}{T_2} + \cdots + \dfrac{C_n}{T_n}$
   - C : 화학물질 각각의 측정치
   - T : 화학물질 각각의 노출기준
   - 판정 : R > 1 경우 노출기준을 초과함

2. 혼합물의 TLV-TWA

   $TLV\text{-}TWA = \dfrac{C_1 + C_2 + \cdots + C_n}{EI}$

3. 액체 혼합물의 구성성분(%)을 알 때 혼합물의 허용농도(노출기준)

   혼합물의 노출기준(mg/m³) = $\dfrac{1}{\dfrac{f_a}{TLV_a} + \dfrac{f_b}{TLV_b} + \cdots + \dfrac{f_n}{TLV_n}}$

   - f_a, f_b, f_n : 액체 혼합물에서의 각 성분 무게(중량) 구성비
   - TLV_a, TLV_b, TLV_n : 해당 물질의 노출기준(mg/m³)

(3) 화학적 유해요인의 관리대책

1) 유해물 취급상의 안전조치

① 유해물 발생원의 봉쇄
② 유해물의 위치, 작업공정의 변경
③ 작업공정의 은폐 및 작업장의 격리

2) 작업환경 개선대책

대치(대체)	격리(Isolation)	환기	교육
① 공정의 변경 ② 유해물질 변경 ③ 시설의 변경	① 저장물질의 격리 ② 시설의 격리 ③ 공정의 격리 ④ 작업자의 격리	① 국소환기 ② 전체환기	올바른 작업방법에 대한 교육과 습관화

03 생물학적 유해요인 관리

> **주요내용 알고 가기!**
> - 생물학적 유해인자의 정의
> - 생물학적 유해인자의 분류기준

한 눈에 들어오는
키 워드

1 생물학적 유해요인 파악

(1) 생물학적 유해인자

1) **생물체 또는 생물체로부터 방출된 입자, 휘발성분에 의해 건강장해를 유발하는 물질**을 말한다.

2) **바이오에어로졸** : 살아있거나, 살아있는 생물체를 포함하거나 또는 살아있는 생물체로부터 방출된 0.01-100㎛ 입경 범위의 부유 입자, 거대 **분자 또는 휘발성 성분**을 말한다.

3) 생물학적 유해요인에 노출되면 **세균 및 병원성 바이러스에 감염**되거나 **알레르기 반응 또는 독성반응**을 일으킬 수 있다.

(2) 생물학적 인자의 분류기준

1) **혈액매개 감염인자** : 후천성 면역결핍 바이러스, B형·C형간염바이러스, 매독바이러스 등 **혈액을 매개로 다른 사람에게 전염되어 질병을 유발하는 인자**를 말한다.

2) **공기매개 감염인자** : 결핵·수두·홍역 등 **공기 또는 비말감염 등을 매개로 호흡기를 통하여 전염되는 인자**를 말한다.

3) **곤충 및 동물매개 감염인자** : 쯔쯔가무시증, 렙토스피라증, 유행성출혈열 등 **동물의 배설물 등에 의하여 전염되는 인자** 및 탄저병, 브루셀라병 등 **가축 또는 야생동물로부터 사람에게 감염되는 인자**를 말한다.

(3) 곤충 및 동물매개 감염병 고위험작업의 종류

① 습지 등에서의 실외 작업
② 야생 설치류와의 직접 접촉 및 배설물을 통한 간접 접촉이 많은 작업
③ 가축 사육이나 도살 등의 작업

2 생물학적 유해요인 노출기준

(1) 사무실 공기관리지침의 오염물질 관리기준

사업주는 쾌적한 사무실 공기를 유지하기 위해 사무실 오염물질은 다음 기준에 따라 관리한다.

오염물질	관리기준
미세먼지(PM10)	100㎍/㎥
초미세먼지(PM2.5)	50㎍/㎥
이산화탄소(CO_2)	1,000ppm
일산화탄소(CO)	10ppm
이산화질소(NO_2)	0.1ppm
포름알데히드(HCHO)	100㎍/㎥
총휘발성유기화합물(TVOC)	500㎍/㎥
라돈(radon)	148Bq/㎥
총부유세균	800CFU/㎥
곰팡이	500CFU/㎥

* 라돈은 지상 1층을 포함한 지하에 위치한 사무실에만 적용한다. ★
* 관리기준 : 8시간 시간가중평균농도 기준 ★
* PM 10이란 입경이 10m 이하인 먼지를 의미한다.
* 총 부유세균의 단위는 CFU/m³로, 1m³ 중에 존재하고 있는 집락형성 세균 개체수를 의미한다.

특급암기법
이질 0.1, 일탄 10/ 초먼 50, 포름알·미먼 100/ 라돈 148, 휘유, 곰팡이 500/ 부유 800, 이탄 1000
(부유 CFU/m³, 초먼·미먼·포름알·휘유 ㎍/m³, 나머지 ppm)

CHAPTER 06 작업환경 관리

01 인체계측 및 체계제어

주요내용 알고 가기!

- 인체계측자료의 응용 3원칙
- 인간에 대한 모니터링 방법
- 피드백제어(feedback control)
- 통제표시비(C/R 비) 계산 및 설계시 고려사항
- 양립성

1 인체계측

(1) 인체계측방법

① 정적 인체계측(구조적 인체치수) : 정지상태에서의 신체를 계측하는 방법
② 동적 인체계측(기능적 인체치수) : 체위의 움직임에 따라 계측하는 방법

(2) 인체계측자료의 응용 3원칙 ★★

① 최대치수와 최소치수 설계(극단치 설계)
   최대치수 또는 최소치수를 기준으로 하여 설계한다.

최대치수 설계의 예	최소치수 설계의 예
• 위험구역의 울타리 높이 • 출입문의 높이 • 그네줄의 인장강도	• 물건을 올리는 선반의 높이 • 조정장치를 조정하는 힘 • 조정장치까지의 조정거리

참고

최대집단치 설계
정규분포도 상에 95% 이상의 최대치를 적용하여 설계하는 방법

최소집단치 설계
정규분포도 상에 5% 이하의 최소치를 적용하여 설계하는 방법

평균치에 의한 설계
정규분포도 상에 5%~95% 사이의 가장 분포도가 많은 구간을 적용하여 설계하는 방법

기출

인체측정자료의 설계 적용 순서
조절식 설계 → 극단치 설계 → 평균치 설계

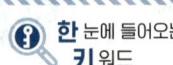

② 조절(조정)범위(조절식 설계)

체격이 다른 여러 사람에 맞도록 설계한다.

예 침대, 의자 높낮이 조절, 자동차의 운전석 위치조정

③ 평균치를 기준으로 한 설계

최대 치수나 최소 치수, 조절식으로 하기가 곤란할 때 평균치를 기준으로 하여 설계한다.

예 은행의 창구 높이

(3) 인간에 대한 모니터링 방법 ★

① 셀프 모니터링(자기감지)

지각에 의해서 자신의 상태를 알고 행동하는 감시방법

② 생리학적 모니터링

맥박수, 호흡속도, 체온, 뇌파 등으로 인간의 상태를 모니터링 하는 방법

③ 비주얼 모니터링(시각적 모니터링)

동작자의 태도보고 동작자의 상태를 파악하는 방법

④ 반응에 대한 모니터링

자극(시각, 청각, 촉각)을 가하여 이에 대한 반응을 보고 정상, 비정상을 판단하는 방법

⑤ 환경의 모니터링

환경조건의 개선으로 기분을 좋게하여 정상작업 할 수 있도록 하는 방법

2 제어장치

(1) 제어장치의 유형

① 시퀀스 제어

미리 **정해진 순서** 또는 일정한 논리에 따라 **제어의 각 단계를 진행**시켜 가는 제어

② 서보시스템

물체의 위치・방위・자세 등의 변위를 제어량(출력)으로 하고, **목표값(입력)의 임의의 변화에 추종하도록 한 제어**

③ 개방루프제어(open loop control)

출력이 다시 입력에 연결되지 않고 입력에 영향을 끼치지 않는 시스템

④ **피드백 제어**(feedback control), **폐쇄루프제어**(cloesd loop control) ★

출력 결과를 입력측으로 되돌려, 이것을 목표값과 비교하면서 **목표값과 출력 결과가 일치할 때까지 제어를 되풀이하여 제어량이 목표값과 일치하도록 하는 제어**

용어정의

제어장치(controller) : 물체, 프로세스, 기계 등을 제어, 조정하는 데 필요한 신호를 공급하는 장치

(2) 통제표시비(C/R비 또는 C/D비) ★

통제기기와 시각적 표시장치의 관계를 나타내며, **연속 조종장치에만 적용**된다.

1) 통제표시비의 계산 ★★

$$C/R \text{ 비} = \frac{X}{Y}$$

- X : 통제기기의 변위량(cm)
- Y : 표시계기 지침의 변위량(cm)

$$C/R \text{ 비} = \frac{\frac{a}{360} \times 2\pi L}{Y}$$

- a : 조종 장치의 움직인 각도
- L : 조종 장치의 반경

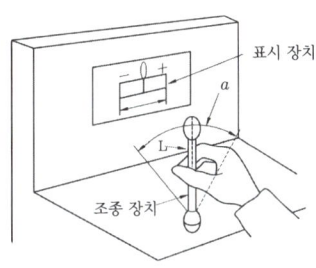

2) 통제표시비 설계 시 고려사항 ★

① 계기의 크기
② 목측거리(목시거리)
③ 조작시간
④ 방향성
⑤ 공차

3) 최적 C/R비는 1.18~2.42 정도이다.

(3) 기계의 통제기능

① **양의 조절에 의한 통제(연속 조종 장치)** : **노브**, **크랭크**, 핸들, **레버**, 페달 등
② **개폐에 의한 통제(단속 조종 장치)** : **푸시** 버튼, **토글**스위치, **로터리**스위치 등
③ **반응에 의한 통제** : 자동경보 시스템 등

🔍 **한** 눈에 들어오는 **키** 워드

📍 기출 ★

C/R비가 클수록
- 미세한 조종은 쉬우나 수행 시간이 길어진다.
- 민감하지 않은 장치이다.
- 정확도보다 속도가 중요하다면 C/R비율을 1보다 낮게 조절하여야 한다.

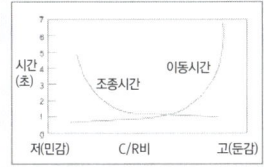

📍 기출 ★

- 수동 조작구 조작할 때 적합한 팔꿈치 각도 : 90~135°
- 완력 검사에서 당기는 힘을 측정할 때 가장 큰 힘을 낼 수 있는 팔꿈치 각도 : 150°

참고

① 연속 조종장치

노브   레버

크랭크   페달

핸들

② 단속 조종장치, 불연속 조종장치

푸시 버튼   토글스위치

로터리스위치

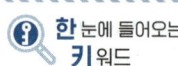

3 양립성 ★

(1) **양립성** : 자극과 반응의 관계가 인간의 기대와 모순되지 않는 성질

① **개념적** 양립성
　외부**자극**에 대한 인간의 개념적 현상의 양립성
　예 빨간 버튼은 온수, 파란 버튼은 냉수

② **공간적** 양립성
　표시장치, **조종장치의 형태 및 공간적배치의 양립성**
　예 오른쪽 조리대는 오른쪽 조절장치로, 왼쪽 조리대는 왼쪽 조절장치로 조정한다.

③ **운동**의 양립성
　표시장치, 조종장치 등의 운동 방향의 양립성
　예 조종장치를 오른쪽으로 돌리면 표시장치 지침이 오른쪽으로 이동한다.

④ **양식** 양립성
　직무에 알맞은 **자극과 응답양식의 존재에 대한 양립성**
　예 음성과업에 대해서는 **청각적 자극 제시와 이에 대한 음성응답 과업에서 갖는 양립성**이다.

02 표시장치 및 신체활동의 생리학적 측정법

주요내용 알고 가기!

- 부호의 3가지 유형
- 경계 및 경보신호 설계지침
- 청각장치와 시각장치의 비교
- R.M.R.의 계산
- 암호 체계의 일반적 사항
- 청각적 표시의 설계원리
- 생리학적 측정방법
- 휴식시간의 계산

1 시각적 표시장치

데이터를 시각적으로 표시하는 장치를 말하며 정량적 표시, 정성적 표시, 상태 표시, 신호 및 경보등, 묘사적 표시, 문자 - 숫자 및 관련 표시장치, 시각적 암호, 부호 및 기호 등으로 구분한다.

(1) 표시장치의 유형

① 정적 표시장치
   시간에 따라 변화하지 않는 표시장치
   예 간판, 도표, 그래프 등

② 동적 표시장치
   시간에 따라 변화하는 표시장치
   예 기압계, 고도계, 온도조절기 등

(2) 시식별에 영향을 주는 조건

시식별에 영향을 주는 조건	물체가 잘 보이는 조건
• 광속발산도 • 휘도 • 조도 • 광도 • 반사율 • 노출 시간 • 대비	• 색상 • 명도 • 채도 • 대비

한 눈에 들어오는 키워드

[참고]
시각과정
동공은 원형인데 그 크기는 홍채근육의 작용으로 변한다. 동공을 통과한 광선은 수정체에서 굴절되고 정상시력이나 교정 시력인 사람의 수정체는 눈 후면의 감광표면인 망막 위에 빛의 초점을 맞춘다.(망막은 카메라의 필름에 해당한다)

[확인] ★
명조응
눈이 빛에 적응하는 기간으로 극장안에서 밖으로 나왔을 때 눈이 부신 현상이다.(1~3분 소요)

암조응
눈이 어두움에 적응하는 기간으로 밝은 곳에서 극장안으로 들어갔을 때 앞이 잘 보이지 않는 현상이다.(약 30분 정도 소요)

기출
1. **맥락막**: 암갈색을 띄며 망막 내면을 덮고 있는 것으로 빛의 산란을 막는 암실역할을 한다.
2. **각막**: 안구의 가장 바깥쪽 표면으로 눈에서 빛이 가장 먼저 통과하는 부분이다.
3. **망막**: 인간의 눈의 부위 중에서 실제로 빛을 수용하여 두뇌로 전달하는 역할
4. **수정체**: 빛을 굴절시켜서 망막에 상이 맺히게 하는 역할 (카메라 렌즈 역할)
5. **초자체**: 안구 중심부의 공간을 채우며 투명한 젤의 형태로 존재, 안구의 구조를 유지하는 데 중요한 역할

2 시각적 표시장치의 종류

(1) 정량적 표시장치 ★

온도나 속도와 같이 동적으로 변화하는 변수나 자로 재는 길이와 같은 정적 변수의 **계량값에 관한 정보를 제공**하는데 사용된다.

① 정목동침형 : **눈금은 고정, 지침이 움직이는 형태**
② 정침동목형 : **지침은 고정, 눈금이 움직이는 형태**
③ 계수형 : 전력계, 택시요금 계기와 같이 **숫자가 정확히 표시되는 형태**

지침의 설계요령
① 선각이 20도 정도되는 **뾰족한 지침을 사용**한다. ② **지침의 끝**은 작은 눈금과 맞닿되, **겹쳐지지 않아야 한다.** ③ 원형 눈금의 경우 **지침의 색은 선단에서 눈금의 중심까지 칠한다.** ④ **지침은 눈금과 밀착시킨다.**

[정목동침형]　　　　　[계수형]

(2) 정성적 표시장치

온도, 압력, 속도와 같이 연속적으로 변하는 변수의 **대략적인 값이나 변화 추세, 비율 등을 알고자 할 때 주로 사용**한다.

① 색 이용
② 상태 점검

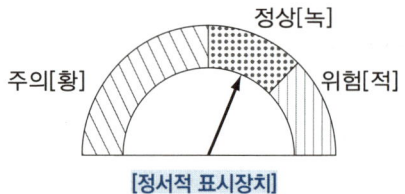

[정서적 표시장치]

한눈에 들어오는 키워드

📌 기출

정량적 표시장치
① 정확한 값을 읽어야 하는 경우 아날로그 장치보다 디지털 장치가 유리하다.
② 동목(moving scale)형 아날로그 표시장치는 표시장치의 면적을 최소화할수있는 장점이 있다.
③ 연속적으로 변화하는 양을 나타내는 데에는 일반적으로 디지털보다 아날로그 표시장치가 유리하다.
④ 동침(moving pointer)형 아날로그 표시장치는 바늘의 진행방향과 증감속도에 대한 인식적인 암시 신호를 얻는 것이 가능하다.

📌 기출

정량적 자료를 정성적 판독의 근거로 사용할 수 있는 경우
• 변수의 상태나 조건이 미리 정해놓은 몇 개의 범위 중 어디에 속하는지를 판독할 때 (예) 라디오의 다이얼 계기판)
• 바람직한 어떤 범위의 값을 유지하려고 할 때(예) 자동차의 시속을 50~60으로 유지하려고 할 때)
• 변화추세나 변화율을 관찰하고자 할 때(예) 비행고도의 변화율을 볼 때)

📌 기출

동목(moving scale)형 표시장치의 설계
① 눈금과 손잡이가 같은 방향으로 회전하도록 설계한다.
② 눈금의 숫자는 우측으로 증가하도록 설계한다.
③ 꼭지의 시계 방향 회전이 지시치를 증가시키도록 설계한다.

📎 참고

아날로그(analog) 표시장치의 선택 시 고려해야 할 사항
• 일반적으로 고정눈금에서 지침이 움직이는 것이 좋다. (동침형 선호)
• 온도계나 고도계에 사용되는 눈금이나 지침은 수직표시가 바람직하다.
• 눈금의 증가는 시계 방향이 적합하다.
• 수동조절이 필요할 때에는 눈금보다 지침으로 조절한다.

(3) 상태 표시기(status indicator)

체계의 상황이나 상태를 나타낸다.

(4) 신호, 경고등

비상 또는 위험상황, 물체의 존재 유무 등을 나타낸다.

신호 및 경보등의 빛의 검출성에 영향을 미치는 인자

① 광원의 크기 : **배경보다 2배 이상의 밝기**를 가진다.
② 광속발산도 및 노출시간
③ 색광(검출 효과가 빠른 순서 : 적색 – 녹색 – 황색 – 백색)
④ 점멸속도 : 주의를 끌기 위해서는 **초당 3~10회의 점멸속도와 지속시간은 0.05초 이상**이 적당하다.
⑤ 배경광
⑥ 조작자의 **정상시선 30도 내에 위치**한다.
⑦ 경고등은 **점멸하는 형태**가 좋다.

---

(5) 묘사적 표시장치

해석이 필요치 않은 표현을 위한 표시장치로서 **사물 재현**(TV화 항공 사진) **및 도해 및 상징** 등이 예이다.

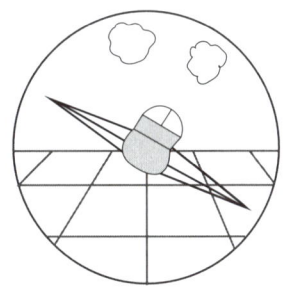

[묘사적 표시장치]

(6) 문자 – 숫자 표시 장치

문자, 숫자 및 관련된 여러 형태의 암호화 부호를 사용하는 장치

획폭비 (문자나 숫자의 높이 : 획 굵기의 비)	종횡비 (문자나 숫자의 폭 : 높이의 비)
• 검은 바탕에 흰 숫자 1 : 13.3 • 흰 바탕에 검은 숫자 1 : 8	• 문자 1 : 1 • 숫자 3 : 5(0.6 : 1) • 영문 대문자 0.7 : 1

> **한** 눈에 들어오는 **키**워드

기출

항공기 위치 표시장치의 설계원칙
- 표시의 현실성 : 표시장치의 이미지(상하, 좌우, 깊이)는 현실 공간과 일치하게 표시한다.
- 통합 : 관련된 모든 정보를 통합하여 상호관계를 바로 인식할 수 있도록 한다.
- 양립적 이동 : 항공기의 이동 부분의 영상은 고정된 눈금이나 좌표계에 나타내는 것이 바람직하다.
- 추종표시 : 원하는 목표와 실제 지표가 공통 눈금이나 좌표계에서 이동하게 한다.

참고

비행 자세 표시 장치
- 항공기 이동형(외견형)(outside-in) : 지평선 고정, 항공기가 움직이는 형태
- 지평선 이동형(내견형)(inside-out) : 항공기 고정, 지평선이 움직이는 형태
- 빈도 분리형 : 내견+외견 혼합용

참고

HUD
- 자동차나 항공기의 앞 유리 혹은 차양판 등에 정보를 중첩 투사하는 표시장치
- 도형과 숫자, 글자로 조종사에게 현재의 속도, 고도, 방향 등과 같은 다양한 정보들을 알려준다.

3 부호 및 기호, 시각적 암호

(1) 부호의 3가지 유형 ★

① **임의적 부호**
부호가 이미 **고안되어 있으므로 이를 배워야 하는 부호**
예 안전표지판의 원형 - 금지, 삼각형 - 경고표지 등

② **묘사적 부호**
사물의 행동을 단순하고 정확하게 묘사한 부호
예 위험표지판의 해골과 뼈, 보도 표지판의 걷는 사람

③ **추상적 부호**
전언의 기본요소를 **도식적으로 압축**한 부호

(2) 암호 체계의 일반적 사항 ★

① **암호의 검출성**
암호화한 자극은 **검출이 가능**할 것

② **암호의 변별성**
다른 암호 표시와 구별될 수 있을 것

③ **부호의 양립성**
자극 - 반응의 관계가 **인간의 기대와 모순되지 않는 성질**

[양립성의 종류]

공간 양립성	표시 장치나 조종 장치에서 **물리적 형태나 공간적인 배치의 양립성** 예 오른쪽 조리대는 오른쪽 조절장치로, 왼쪽 조리대는 왼쪽 조절장치로 조정한다.
운동 양립성	표시 장치, 조종 장치, 체계 반응의 **운동 방향의 양립성** 예 조종장치를 오른쪽으로 돌리면 표시장치 지침이 오른쪽으로 이동한다.
개념 양립성	인간이 가지는 **개념적 연상의 양립성** 예 빨간 버튼은 온수, 파란 버튼은 냉수
양식 양립성	직무에 알맞은 자극과 응답 양식의 존재에 대한 양립성 예 음성과업에 대해서는 청각적 자극제시와 이에 대한 음성응답 등이 양립성이다.

④ **부호의 의미**
암호를 사용할 때는 그 **사용자가 그 뜻을 분명히 알 수 있어야 한다**.

⑤ **암호의 표준화**
암호를 **표준화하여** 다른 상황으로 변화하더라도 **쉽게 이용할 수 있어야 한다**.

⑥ **다차원 암호의 사용**
2가지 이상의 암호를 조합해서 사용하면 정보 전달이 촉진된다.

한 눈에 들어오는 키 워드

기출
명료도 지수
통화 이해도를 추정할 수 있는 근거로 사용된다. 각 옥타브 대의 음성과 소음의 dB값에 가중치를 곱하여 합계를 구한 것이다. 음성통신계통의 명료도지수가 약 0.3 이하이면 음성통신자료를 전송하기에는 부적당한 것으로 본다.

참고
귀의 구조
- 귀는 소리를 전기적 자극으로 전환시켜주는 청각기관과, 우리몸의 균형과 자세를 유지시켜주는 평형기관으로 구성된다.
- 귀의 구조는 외이, 중이, 내이 등의 3부위로 나눌 수 있다.
- 외이는 바깥의 귓바퀴(이개)와 귀구멍(외이도)으로 구성된다.
- 중이는 외이와 중이를 나누는 고막을 경계로 하여, 중이강, 유양동, 이관으로 구분된다.
- 내이는 미로(迷路)라고도 하며 청각을 담당하는 와우와 몸의 평형을 담당하는 전정과 세반고리관의 세부분으로 구성되며 난원창, 청신경으로 이루어져 있다.
- 달팽이관은 나선형으로 생긴 관으로 기저막이 진동한다.
- 고막은 외이도와 중이의 경계 부위에 위치해 있으며 음파를 진동으로 바꾼다.
- 중이에는 인두와 교통하여 고실 내압을 조절하는 유스타키오관이 존재한다.

4 청각적 표시장치

데이터를 청각으로 표시하는 장치를 말하며 신호원 자체가 음일 때, 무선기 신호, 항로정보 등과 같이 연속적으로 변하는 정보를 제시할 때 사용한다.

(1) 청각적 표시장치의 3가지 기능

① **검출성** : 신호의 존재여부를 결정
② **상대식별** : 2가지 이상의 신호가 근접하여 제시되었을 때 이를 구별하는 능력
③ **절대식별** : **특정한 신호가 단독으로 제시되었을 때 이를 구별하는 능력**으로 **절대식별 능력이 가장 좋은 감각기관은 후각**이다.

(2) 경계 및 경보신호 설계지침 ★

① **귀는 중음역에 민감**하므로 **500~3000Hz의 진동수 사용**
② 300m 이상 **장거리용 신호는 1000Hz 이하의 진동수 사용**
③ 장애물 및 칸막이 통과시는 **500Hz 이하의 진동수 사용**
④ **주의를 끌기 위해서는 변조된 신호 사용**
⑤ **배경 소음의 진동수와 구별되는 신호 사용**
⑥ 경보효과를 높이기 위해서 개시시간이 짧은 고감도 신호를 사용
⑦ 가능하면 확성기, 경적 등과 같은 별도의 통신계통을 사용

(3) 청각적 표시의 설계원리 ★

① **양립성**
  - 가능한 한 **사용자가 알고 있거나 자연스러운 신호를 선택**한다.
  - **긴급용 신호일 때는 높은 주파수를 사용**한다.
② **근사성** : **복잡한 정보를 나타내고자 할 때**는 다음과 같이 **2단계 신호를 고려**한다.
  - 주의신호 : 주의를 끌어서 정보의 일반적 부류를 식별하게 한다.
  - 지정신호 : 주의신호로 식별된 신호의 정확한 정보를 지정하는 것으로 처음 신호 후에 나타낸다.
③ **분리성**
  - 청각신호는 **기존 입력과 쉽게 식별되는 것**이어야 한다.
  - **두가지 이상의 채널을 듣고 있다면 각 채널의 주파수가 분리**되어야 한다.
④ **검약성** : 조작사에 대한 입력신호는 **꼭 필요한 정보만을 제공**한다.
⑤ **불변성** : **동일한 신호**는 항상 **동일한 정보를 지정**하도록 한다.

한 눈에 들어오는 **키** 워드

기출

인간의 가청 주파수 범위
20~20,000Hz

가청 주파수 내에서 사람의 귀가 가장 민감하게 반응하는 주파수 대역
500~3,000Hz

※ 문제

어떤 소리가 1,000Hz, 60dB인 음과 같은 높이임에도 4배 더 크게 들린다면, 이 소리의 음압수준은 얼마인가?

[해설]
- 음압수준이 10dB 증가하면
  → 소리는 2배 크게 들린다.
- 음압수준이 20dB 증가하면
  → 소리는 4배 크게 들린다.
- 60dB + 20dB = 80dB

한 눈에 들어오는 키워드

기출
힉의 법칙(힉-하이만의 법칙)
사용자들이 결정을 내리는데 걸리는 시간은 주어진 선택 가능한 선택지의 수에 따라 결정된다는 법칙

참고
시각적 점멸융합주파수(VFF)
계속되는 자극들이 점멸하는 것 같이 보이지 않고 연속적으로 느껴지는 주파수

기출
시각적 점멸융합주파수(VFF)에 영향을 주는 변수
① 조명강도의 대수치에 선형적으로 비례한다.
② 표적과 주변의 휘도가 같을 때 최대가 된다.
③ 휘도만 같다면 색상은 영향을 주지 않는다.
④ 사람들 간에 큰 차이가 있으나 개인의 경우 일관성이 있다.
⑤ 암조응일 때는 영향을 주지 않는다.
⑥ 연습의 효과는 아주 적다.

점멸융합주파수(Flicker-Fusion Frequency)의 특징
① 중추신경계의 정신적 피로도의 척도로 사용된다.
② 빛의 검출성에 영향을 주는 인자 중의 하나이다.
③ 점멸속도는 점멸융합주파수보다 작아야 한다.
④ 점멸속도가 약 30Hz 이상이면 불이 계속 켜진 것처럼 보인다.
⑤ 주의를 끌기 위해서는 초당 3~10회 점멸속도에 지속시간 0.05초 이상이 적당하다.

기출
정신적 작업 부하 척도
① 심박수(부정맥)
② 뇌전위(점멸융합주파수)
③ 동공반응(눈 깜박임률)
④ 호흡수

(4) 청각장치와 시각장치의 비교 ★★

청각장치	시각장치
① 전언이 짧고, 간단할 때	① 전언이 길고, 복잡할 때
② 재참조되지 않는다.	② 재참조 된다.
③ 시간적인 사상을 다룬다.	③ 공간적인 위치 다룬다.
④ 즉각적인 행동을 요구할 때	④ 즉각적 행동을 요구하지 않을 때
⑤ 시각계통이 과부하일 때	⑤ 청각계통이 과부하일 때
⑥ 주위가 너무 밝거나 암조응일 때	⑥ 주위가 너무 시끄러울 때
⑦ 자주 움직이는 경우	⑦ 한 곳에 머무르는 경우

5 신체활동의 생리학적 측정법

(1) 생리학적 측정방법

감각기능, 반사기능, 대사기능 등을 이용한 측정법 ★

① **EMG**(electromyogram ; **근전도**) : **근육활동 전위차**의 기록
② **ECG**(electrocardiogram ; **심전도**) : **심장근 활동 전위차**의 기록
③ ENG 또는 EEG(electroencephalogram ; 뇌전도) : 신경활동 전위차의 기록
④ EOG(electrooculogram ; 안전도) : 안구(眼球)운동 전위차의 기록
⑤ 산소소비량
⑥ 에너지 소비량(RMR)
⑦ 피부전기반사(GSR)
⑧ 점멸 융합 주파수(플리커법, 어름거림 검사)

(2) 에너지 대사율(RMR) ★★

① 작업강도는 에너지 대사율로 나타낸다.

에너지 대사율(RMR)의 계산
$RMR = \dfrac{노동대사량}{기초대사량} = \dfrac{작업시의\ 소비\ energy - 안정시\ 소비\ energy}{기초대사량}$

② **작업 시의 소비에너지**는 작업 중에 **소비한 산소의 소모량으로 측정**한다.
③ 안정 시의 소비에너지는 의자에 앉아서 호흡하는 동안에 소비한 산소의 소모량으로 측정한다.

(3) 작업강도 구분에 따른 RMR ★★

① 경작업(輕작업), 가벼운 작업 : **1~2**
② 중작업(中작업), 보통 작업 : **2~4**
③ 중작업(重작업), 힘든 작업 : **4~7**
④ 초중작업(超重작업), 굉장히 힘든 작업 : 7 이상

(4) 휴식시간 ★★

휴식시간의 계산

$$\text{휴식시간 (R)} = \frac{60 \times (E-5)}{E-1.5} [\text{분}]$$

- 1.5 : 휴식 중의 에너지 소비량
- 5(kcal/분) : 기초대사를 포함한 보통작업에 대한 평균 에너지(기초대사를 제외한 경우 4kcal/분)
- 60(분) : 작업시간
- E(kcal/분) : 문제에서 주어진 작업을 수행하는데 필요한 에너지

한 눈에 들어오는 **키** 워드

참고
체내에서 유기물을 합성하거나 분해하는 에너지 전환과정 → 에너지 대사

참고
작업효율(%)
$$\frac{\text{작업출력}}{\text{에너지소비량}} \times 100$$

- 짐을 들어올리는 방법 중 양손으로 들기 작업이 가장 힘이 든다.

산소소비량 및 기초대사량
- 보통사람의 산소소비량 : 50ml/min
- 기초대사량 : 1500~1800kcal/day
- 기초대사와 여가에 필요한 대사량 : 2300kcal/day

03 작업공간 및 작업자세

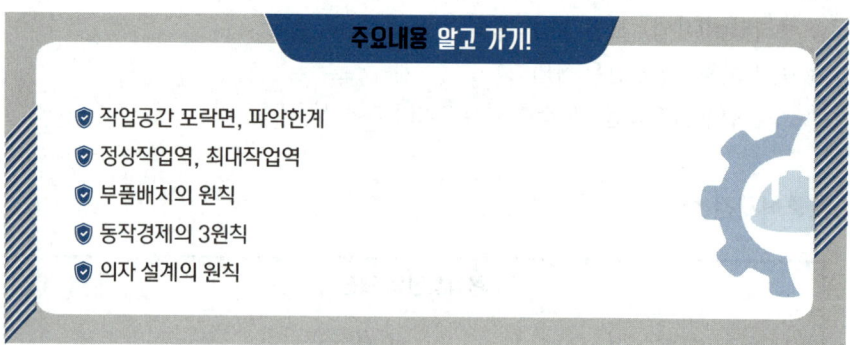

주요내용 알고 가기!

- 작업공간 포락면, 파악한계
- 정상작업역, 최대작업역
- 부품배치의 원칙
- 동작경제의 3원칙
- 의자 설계의 원칙

1 작업공간 및 작업자세

(1) 작업공간 ★

① **포락면** : 한 장소에 **앉아서 수행하는 작업**에서 작업하는데 사용하는 공간
② **파악한계** : **앉은 작업자**가 특정한 **수작업** 기능을 **수행할 수 있는** 공간의 **외곽 한계**
③ **특수작업역** : 특정 공간에서 작업하는 구역

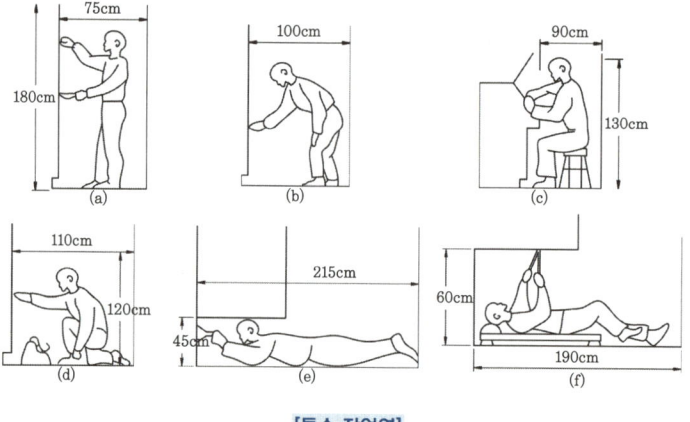

[특수 작업역]

(2) 수평 작업대 ★

① 정상작업역
- **상완을 자연스럽게 늘어뜨린 채 전완만으로 뻗어 파악할 수 있는 구역**
- 팔을 굽히고도 편하게 작업을 하면서 좌우의 손을 움직여 생기는 작은 원호형의 영역

② 최대작업역
- **전완과 상완을 곧게 펴서 파악할 수 있는 구역**
- 어깨로부터 팔을 펴서 수평면상에 원을 그릴 때 부채꼴 원호의 내부지역

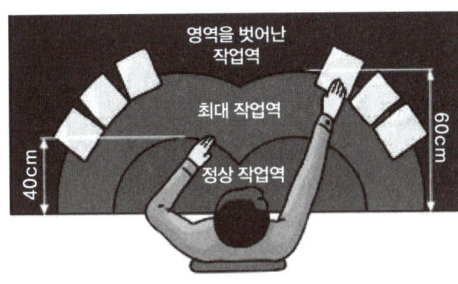

(3) 작업대의 높이

① 석식 작업대 높이
- **작업대 높이는 의자 높이, 작업대 두께, 대퇴여유 등을 고려하여 설계**하여야 한다.
- 작업의 성격에 따라 작업대 높이도 달라지며 **가벼운 작업일수록 높아야 하고, 거친 작업에는 약간 낮은 편이 낫다.**
- 의자 높이, 작업대 높이, 발걸이 등을 조절할 수 있도록 하는 것이 바람직하다.

② **입식 작업대 높이**
- **경(輕) 작업 시** 작업대의 높이는 **팔꿈치 높이보다 5~10cm 정도 낮은 것**이 적당하다. ★
- **중(重) 작업 시** 작업대의 높이는 **팔꿈치 높이보다 10~20cm 정도 낮은 것**이 적당하다. ★
- **정밀 작업 시** 작업대의 높이는 팔꿈치 높이보다 5~10cm정도 높은 것이 적당하다. ★

 한 눈에 들어오는 **키** 워드

[참고]
수평 작업대
책상, 탁자, 조리대, 세공대 등과 같이 수평면상에서 수행하는 작업할 때 사용하는 작업대

※ 문제
표준체구의 남자가 서서 작업을 하는 경우, 작업점의 위치가 신체의 전방 20cm일 때 가장 적당한 작업점의 높이는?
㉮ 높이 60cm
㉯ 높이 90cm
㉰ 높이 120cm
㉱ 높이 150cm

[해설]
성인남자 기준, 서서 작업할 때의 작업점 위치는 높이 90cm가 가장 적당하다.
정답 ㉯

※ 문제
입식작업을 할 때 중량물을 취급하는 중(重)작업의 경우 적절한 작업대의 높이는?
㉮ 팔꿈치 높이보다 10~20cm 높게 설계한다.
㉯ 팔꿈치높이에 맞추어 설계한다.
㉰ 팔꿈치 높이보다 5~10cm 낮게 설계한다.
㉱ 팔꿈치 높이보다 10~20cm 낮게 설계한다.

[해설]
① 입식작업 시 중(重)작업의 작업대의 높이 : 팔꿈치 높이보다 10~20cm 낮게 설계
② 입식작업 시 경(輕)작업의 작업대의 높이 : 팔꿈치 높이보다 5~10cm 낮게 설계
정답 ㉱

(4) 신체의 기본동작 ★

굴곡(flexion, 굽히기)	관절각이 감소하는 움직임
신전(extension, 펴기)	관절각이 증가하는 움직임
외전(abduction, 벌리기)	신체 중심선으로부터 밖으로 이동
내전(adduction, 모으기)	신체 중심선으로 이동
외선(external rotation)	신체 중심선으로부터 밖으로 회전
내선(internal rotation)	신체 중심선으로 회전

2 부품배치의 원칙 ★★

(1) 중요성의 원칙

부품을 작동하는 **성능이** 체계의 목표 달성에 **중요한 정도에 따라 우선순위를 결정**한다.

(2) 사용빈도의 원칙

부품을 **사용하는 빈도에 따라 우선순위를 결정**한다.

(3) 기능별 배치의 원칙

기능적으로 **관련된 부품들**(표시장치, 조정장치 등)을 **모아서 배치**한다.

(4) 사용 순서의 원칙

사용 순서에 따라 장치들을 **가까이에 배치**한다.

3 동작경제의 3원칙(바안즈, Barnes) ★

(1) 인체 사용에 관한 원칙

① **두 손을 동시에 동작하기 시작하여 동시에 끝나도록** 하여야 한다.
② 휴식 시간 중이 아니면 **두 손을 동시에 쉬어서는 안 된다.**
③ 두 팔의 동작들은 서로 반대 방향에서 대칭적으로 움직인다.

한 눈에 들어오는 키워드

참고

입식 작업대의 높이 결정에 있어 고려하여야 할 사항
① 작업자의 신장
② 작업물의 크기
③ 작업물의 무게

동작분석의 주목적
① 동작계열의 개선
② 표준 동작의 설계
③ 모션 마인드의 체질화

기출

부품의 일반적 위치 내에서 구체적인 배치를 결정하는 기준 ★
• 사용순서의 원칙
• 기능별 배치의 원칙

기출

동작경제의 3원칙 ★
(길브레드 Gilbrett)

• 작업량 절약의 원칙
 ① 적게 운동한다.
 ② 재료나 공구는 취급하는 부근에 정돈한다.
 ③ 동작의 수를 줄인다.
 ④ 동작의 양을 줄인다.
• 동작개선의 원칙
 ① 동작이 자동적으로 리드미컬한 순서로 한다.
 ② 양손은 동시에 반대의 방향으로 좌우 대칭적으로 운동한다.
 ③ 가급적 관성, 중력, 기계력 등을 이용한다.
 ④ 작업점의 높이를 적당히 하고 피로를 줄인다.
 ⑤ 물건을 장시간 취급할 때는 장구를 사용한다.
• 동작능 활용의 원칙
 ① 발 또는 왼손으로 할 수 있는 일은 오른손을 사용하지 않는다.
 ② 양손으로 동시에 작업을 시작하고 동시에 끝낸다.

④ 손과 신체의 동작은 작업을 원만하게 수행할 수 있는 범위 내에서 **가장 낮은 동작 등급**을 사용한다. 인체의 사용 범위가 넓을수록 피로가 더하고 시간도 낭비된다.
⑤ 가능한 한 **관성(Momentum)을 이용**해야 하며 작업자가 관성을 억제해야 하는 경우 관성을 최소한도로 줄인다.
⑥ 손의 **동작은 부드러운 연속동작으로** 하고 **급격한 방향 전환을 가지는 직선 동작은 피한다**.

(2) 작업장의 배치에 관한 원칙

① 모든 **공구 및 재료는 정위치에 배치**해야 한다.
② 공구, 재료 및 조정기는 **사용 위치에 가까이 두어야 한다**.
③ 가능하면 **낙하식 운반법을 사용**한다.
④ 재료와 공구들은 자기 위치에 있도록 한다.

(3) 공구 및 설비의 설계에 관한 원칙

① 치공구, **발로 조정하는 장치에 의해서 수행할 수 있는 작업에는 손의 부담을 덜어주어야 한다**.(발로 수행할 수 있는 작업은 손을 사용하지 않음)
② **공구를 결합하여 사용한다**.
③ 공구 및 재료는 가능한 한 작업자 앞에 둔다.

4 의자설계 원칙

(1) 의자 설계의 일반 원리 ★

① **요추의 전만곡선을 유지**할 것
② **디스크의 압력을 줄인다**.
③ 등근육의 정적부하를 감소시킨다.
④ **자세고정을 줄인다**.
⑤ **쉽게 조절할 수 있도록 설계**할 것

(2) 의자 설계의 원칙

① 체중 분포
 의자에 앉았을 때 **체중이 주로 좌골결절에 실려야 한다**.

한 눈에 들어오는 **키** 워드

※ 문제

인간공학적 의자 설계의 원칙에 대한 설명 중 틀린 것은?
㉮ 사람이 의자에 앉아있을 때 체중이 주로 좌골결절에 실려 있어야 한다.
㉯ 좌판 앞부분은 오금보다 높지 않아야 한다.
㉰ 일반적으로 좌판의 길이는 몸이 큰 사람을 기준으로 결정한다.
㉱ 의자에 앉아 있을 때 몸통에 안정을 주어야 한다.

[해설]
① 좌판의 길이(깊이)는 작은 사람을 기준으로 하여 엉덩이~오금길이보다 5~10cm 짧게 설계한다.(좌판의 길이 : 좌판 끝~등받이까지 거리)
② 좌판의 폭은 큰사람을 기준으로 하여 엉덩이 폭에 좌·우로 5cm 여유를 더하여 설계한다.

정답 ㉰

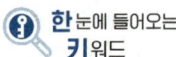

② 의자 좌판의 높이
- **좌판 앞부분이** 대퇴를 압박하지 않도록 **오금높이보다 높지 않아야 한다.**
- **치수는 5% 오금높이**로 한다.

③ 의자 좌판의 깊이(길이)와 폭
- 일반적으로 **좌판의 폭은 큰사람에게 맞도록 설계**한다.
- **깊이**는 장딴지 여유를 주고 대퇴를 압박하지 않도록 **작은 사람에게 맞도록 설계**한다.

④ 몸통의 안정
- 의자 좌판의 각도는 3°, 등판의 각도는 100°가 몸통에 안정적이다.
- 좌판의 앞 모서리 부분은 5cm 정도 낮아야 한다.
- 좌판과 등받이 사이의 각도는 90~105°를 유지 하도록 한다.

04 작업환경과 인간공학

주요내용 알고 가기!

- 반사율 및 조도의 계산
- 소음의 계산
- 복합소음과 마스킹현상
- 옥스퍼드지수와 실효온도
- 법적 조도기준
- 소음작업
- 열평형방정식

1 조명방식 및 조명수준

(1) 전반조명과 국부조명

① **전반조명**
조명 기구를 일정한 높이와 간격으로 배치하여 **작업장 전체를 균일하게 밝히는 조명방식**

② **국부조명**
필요한 곳만을 강하게 조명하는 조명법으로 정밀한 작업 또는 시력을 집중시킬 수 있는 일에 사용하는 조명방식이다.

(2) 직접조명과 간접조명

① **직접조명**
등기구에서 발산되는 **광속의 90% 이상을 직접 작업면에 투사하는 조명방식**

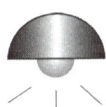

② **간접조명**
등기구에서 발산되는 **광속의 90% 이상을 천장이나 벽에 투사시켜 이로부터 반사 확산된 광속을 이용하는 조명방식**

2 반사율과 휘광

(1) 휘광 : 눈부심

① 광원으로부터 직사휘광 처리법 ★
- 광원의 휘도를 줄이고 광원 수를 늘인다.
- 광원을 시선에서 멀게한다.
- 휘광원 주위를 밝게하여 광속 발산비(휘도)를 줄인다.
- 가리개, 갓, 차양을 사용한다.

② 창문으로부터 직사휘광 처리법
③ 반사휘광 처리법

(2) 반사율

반사광의 에너지와 입사광의 에너지의 비율을 말한다.

① 반사율(%) = $\dfrac{광속발산도(fL)}{조명(fc)} \times 100$ ★

② 조명(fc) = $\dfrac{광속발산도(fL)}{반사율(\%)} \times 100$

③ 대비(%) = $\dfrac{배경반사율(Lb) - 표적물체반사율(Lt)}{배경반사율(Lb)} \times 100$ ★

④ 옥내 최적 반사율(천장 : 바닥 반사율 비율 = 3 : 1 이상 유지)
- 천장(80~91%) 〉 벽(40~60%) 〉 가구(25~45%) 〉 바닥(20~40%)
- 옥내의 반사율은 천정으로 올라갈수록 높고 바닥으로 내려갈수록 낮아져야 한다. ★

3 조도와 광도

(1) 조도(Lux) = $\dfrac{광도}{(거리)^2}$ ★

① 조도의 단위 fc(foot-candle)
- 1촉광의 점광원으로부터 1foot 떨어진 곡면에 비추는 광밀도(1lumen/ft^2)

② Lux(meter-candle)
- 1촉광의 점광원으로부터 1m 떨어진 곡면에 비추는 광밀도(1lumen/m^2)
- 1fc = 10Lux

참고

1. 조도(Lux)
   물체나 표면에 도달하는 빛의 단위 면적당 밀도

2. 광속 발산도(휘도) (luminance)
   단위면적당 표면에서 방사되거나 방출되는 빛의 양

3. foot-Lambert(fL)
   완전방사 및 반사하는 표면의 1fc로 조명될 때의 조도와 같은 광속 발산도

4. Lambert(L)
   완전발산 및 반사하는 표면이 표준촛불로 1cm 거리에서 조명될 때의 조도와 같은 광속 발산도

(2) 법적 조도 기준 ★★

① **초정밀** 작업 : 750Lux 이상
② **정밀** 작업 : 300Lux 이상
③ **보통** 작업 : 150Lux 이상
④ **기타** 작업 : 75Lux 이상

(3) 광도

① 일정한 방향에서 물체 전체의 밝기를 나타내는 양
② 단위 : 촉광(燭光), 칸델라(candela)

4 소음과 청력손실

(1) 소음과 청력손실 ★★

① 진동수가 높아짐에 따라 청력손실도 심해진다.
② 청력손실의 정도는 노출 소음 수준에 따라 증가한다.
③ 초기 청력손실은 4,000Hz에서 가장 크게 나타난다. ★
④ 강한 소음에 대해서는 노출기간에 따라 청력손실이 증가하지만 약한 소음과는 관계가 없다.

소음을 내는 기계로부터 거리가 d_2만큼 떨어진 곳의 소음 계산 ★

$$dB_2 = dB_1 - 20 \times \log\left(\frac{d_2}{d_1}\right)$$

- 소음기계로부터 d_1 떨어진 곳의 소음 : dB_1
- 소음기계로부터 d_2 떨어진 곳의 소음 : dB_2

(2) 음량수준 측정 척도 ★

① phone에 의한 음량수준
② sone에 의한 음량수준
③ 인식소음 수준

한 눈에 들어오는 키워드

> **참고**
>
> 🪖 **음의 크기 단위** ★
>
> **1phone** : 1000Hz, 1dB 음의 크기
> **1sone** : 1000Hz, 40dB 음의 크기
>
> $$S(sone) = 2^{\frac{(p-40)}{10}} \quad (단, P = phone)$$
>
> 즉, 40phon = 1sone

5 소음의 처리

(1) 소음 대책

① 소음원 통제 : 기계에 고무받침대 부착, 차량에 소음기 부착 등
② 소음의 격리 : 씌우개, 방, 장벽, 창문 등으로 격리
③ 차폐장치, 흡음제 사용
④ 음향처리제 사용
⑤ 적절한 배치(Layout)
⑥ 배경음악
⑦ 보호구 사용 : 귀마개, 귀덮개

(2) 난청발생에 따른 조치

사업주는 소음으로 인하여 근로자에게 소음성 난청 등의 건강장해가 발생하였거나 발생할 우려가 있는 경우에 다음 각 호의 조치를 하여야 한다.

① 해당 **작업장의 소음성 난청 발생 원인 조사**
② **청력손실을 감소시키고 청력손실의 재발을 방지하기 위한 대책 마련**
③ ②에 따른 대책의 이행 여부 확인
④ **작업전환 등 의사의 소견에 따른 조치**

[확인]
소음대책에서 보호구 사용은 가장 소극적인 대책이며 가장 적극적인 대책은 소음원의 제거이다.

[참고]
청력보존 프로그램 시행
사업주는 다음 각 호의 어느 하나에 해당하는 경우에 청력보존 프로그램을 수립하여 시행하여야 한다.
① 근로자가 소음작업, 강렬한 소음작업 또는 충격소음 작업에 종사하는 사업장
② 소음으로 인하여 근로자에게 건강장해가 발생한 사업장

6 열교환 과정과 열압박

(1) 열평형 방정식 ★

열교환 과정은 다음과 같이 열평형 방정식으로 나타낼 수 있다.

열평형 방정식(인체의 열교환 과정)
S(열 축적) = M(대사 열) − E(증발) ± R(복사) ± C(대류) − W(한 일)
• S는 열 이득 및 열 손실량이며, 열평형 상태에서는 0이다.

7 Oxford 지수와 실효온도

(1) Oxford 지수 ★

습건(WD) 지수라고도 하며, 습구·건구 온도의 가중 평균치로서 다음과 같이 나타낸다.

옥스퍼드지수(습·건지수)
WD = 0.85W + 0.15d (℃)
• W : 습구온도   • d : 건구온도

(2) 실효온도(감각온도, effective temperature)

① 실효온도는 온도, 습도 및 공기 유동이 인체에 미치는 열효과를 하나의 수치로 통합한 경험적 감각지수로 **상대습도 100%일 때의 건구온도에서 느끼는 것과 동일한 온감(溫感)이다.** ★
② 실효온도의 결정요소 : 온도, 습도, 대류(공기 유동) ★

8 진동

(1) 전신진동이 인간성능에 끼치는 영향

① 진동은 진폭에 비례하여 시력을 손상하며, 10~25Hz의 경우에 가장 심하다.
② **진동**은 진폭에 비례하여 **추적능력을 손상**하며, 5Hz 이하의 낮은 진동수에서 가장 심하다.
③ 안정되고, 정확한 근육조절을 요하는 작업은 진동에 의해서 저하된다.
④ **반응시간, 감시, 형태식별** 등 주로 중앙신경처리에 달린 임무는 **진동의 영향이 적다.**

한 눈에 들어오는 키워드

참고
- 전도(Conduction) : 직접 접촉에 의한 열전달 방식
- 대류(Convection) : 고온의 액체, 기체가 고온대에서 저온대로 이동하여 일어나는 열전달 방식
- 복사(Radiation) : 전자에너지의 이동에 의한 열전달 방식
- 증발(Evaporation) : 액체의 증발에 의한 열전달 방식

기출 ★
- 공기의 온열조건
  온도, 습도, 대류, 복사

기출 ★
- 진동의 영향이 가장 큰 작업: 추적능력
- 진동의 영향이 가장 작은 작업: 형태식별

9 색채

(1) 색의 3속성

① 색상 ② 명도 ③ 채도

(2) 물체가 잘 보이는 조건 : 색상, 명도, 채도, 대비 등

(3) 시력

① 시각

시각의 계산 ★
시각(분) = $\dfrac{57.3 \times 60 \times L}{D}$
• D : 물체와 눈 사이의 거리　　• L : 시선과 직각으로 측정한 물체의 크기

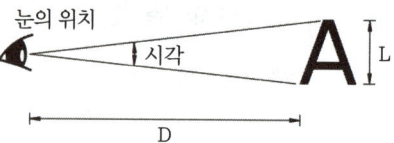

② 동(動) 시력
- 움직이는 물체를 식별할 수 있는 시각적 능력을 말한다.
- 초당 물체 이동속도가 60° 이상이면 시력은 급격히 감소한다.
- 정상인의 수평면 시계 : 200°
- 시력 = $\dfrac{1}{시각}$

③ 유효시야
안구운동만으로 정보를 주시하고 **정보를 수용할 수 있는 범위**를 말한다.

(4) 디옵터

① 렌즈의 굴절력을 나타내는 단위로, 초점거리(m로 표시)의 역수이다.
② D의 값이 클수록 도수가 높다.
③ 디옵터 = $\dfrac{1}{초점거리}$

[참고]
조명 3속성 : 휘도, 광도, 조도
무채색 3요소 : 흑색, 백색, 회색

[기출]
시 식별 영향 요인
광도, 조도, 광속 발산비, 대비, 반사율, 노출시간, 휘도 등

[참고]
① 배열시력(vernier hyper acuity): 두 개 이상의 물체가 평면상에서 일렬로 서 있는지를 판별하는 능력을 말한다.
② 동적시력(dynamic visual acuity): 움직이는 물체를 정확하고 빠르게 인지하는 능력을 말한다.
③ 입체시력(stereoscopic acuity): 거리가 있는 한 물체에 대한 약간 다른 상이 두 눈의 망막에 맺힐 때 이것을 구별하는 능력
④ 최소지각시력(minimum perceptible acuity): 배경으로부터 한 점을 식별하는 능력을 말한다.

[기출]
자극의 역치
자극이 어느 정도 이상이면 가시전압이 나타나게 되는데 가시전압을 나타나게 하는 최소자극의 크기를 말한다.

PART 03

건설재료

CHAPTER 01 건설재료 일반

CHAPTER 02 각종 건설재료의 특성, 용도, 규격에 관한 사항

CHAPTER 01 건설재료 일반

01 건설재료의 요구 성능

- 건설재료의 요구성능

1 건설재료의 요구성능

(1) 건축 구조재료의 요구 성능

역학적 성능	강도, 인성, 탄성계수, 크리프, 피로강도
화학적 성능	방청, 부식, 중성화
내구성능	산화, 열화, 풍해, 충해, 변질, 부패 등
방화·내화성능	불연성, 내열성
물리적 성능	비중, 경도, 비수축성
생산 성능	자원, 가공성, 시공성, 생산성, 공해, 운반, 재활용

(2) 건축 마감재료의 요구 성능

화학적 성능	방청, 부식, 중성화
내구성능	산화, 열화, 풍해, 충해, 변질, 부패 등
방화·내화성능	비발연성, 비유독가스
물리적 성능	열, 음, 광 투과, 반사
감각적 성능	색채, 명도, 오염, 촉감
생산 성능	자원, 가공성, 시공성, 생산성, 공해, 운반, 재활용

(3) 천장마감재의 요구 성능

① 단열성
② 내화성
③ 흡음성
④ 차음성
⑤ 내구성 등

CHAPTER 02 각종 건설재료의 특성, 용도, 규격에 관한 사항

한눈에 들어오는 키워드

01 목재

주요내용 알고 가기!

- 목재의 조직, 목재의 결점
- 목재의 흡수율, 함수율, 공극율
- 목재의 방부건조법
- 목재의 성질 및 강도
- 목재의 건조특성 및 건조법
- 목재제품의 종류 및 특징

1 목재의 조직

(1) 변재(sap wood) ★

① 변재는 **심재 외측과 수피 내측 사이(표피 가까이 위치)**에 있는 **생활세포의 집합(세포가 아직 살아 있는 부분)**이다.
② 변재보다 **연한 색**을 띤다.
③ 변재는 심재부보다 **흡수성이 크고 신축 변형량이 크다**.

(2) 심재(heart wood) ★

① 목재 **중심 부분의 짙은 색(수심 가까이에 위치)** 부분을 말한다.
② 심재는 **모든 세포가 죽어 있으므로 생리적 기능을 하지 않는다.**(나무를 물리적으로 **지탱해 주는 역할**을 한다.)
③ 심재는 변재보다 **색이 짙다**.
④ 심재는 수분이 적게 포함되어 있어 목재가 **건조되어도 신축 등 변형이 적다**.
⑤ 심재는 변재보다 **비중, 내구성, 내후성 및 강도가 크다**.

(3) 수심 ★

① 목재의 **중심에 위치한 코르크 성분**의 물질이다.
② **수분과 영양분의 전달 통로 역할**을 한다.

(4) 나이테

① **수심을 둘러싼 동심원 부분**을 말한다.
② 춘재
- 봄 ~ 여름 사이 성장하는 부분으로 세포의 크기가 크고 세포막이 얇다.
- 추재에 비해 면적이 넓고, 가볍고, 색이 연하다.

③ 추재
- 가을 ~ 겨울 사이 성장하는 부분으로 세포의 크기가 작고 세포막이 두껍다.
- 춘재에 비해 적게 자라므로 면적이 좁고, 조직이 치밀하며 색이 진하다.

(5) 목재의 나뭇결

1) 널결

목재를 **연륜(나이테)에 접선 방향으로 켜면 나타나는** 물결모양(곡선모양)의 나뭇결

2) 곧은 결

① 목재를 **연륜(나이테)에 직각 방향으로 켜면 나타나는** 평행선상의 나뭇결
② 널결에 비해 수축변형이 적으며 마모율도 적다.

3) 무늿결

나뭇결이 여러가지 원인으로 **불규칙하지만 아름다운 무늬를 나타내는** 상태

4) 엇결

목섬유가 꼬여 **나뭇결이 어긋나게 나타나는** 상태

(6) 목재 수분의 종류

1) 자유수

① **세포내강 및 미세공극에 액상으로 존재**하는 수분을 말한다.
② **목재의 성질에 미치는 영향이 적지만**, 투과성이나 열전도도 등에는 상당한 영향을 미친다.

2) 결합수

① **세포벽 내에 존재**하는 수분을 말한다.
② **목재의 물리적, 기계적 성질에 크게 영향**을 미친다.

(7) 목재의 결점

① **수지낭** : 인접한 두 연륜의 경계층 또는 **연륜 내에 형성된 렌즈 모양의 공극을 말한다.**(고체상이나 액체상의 송진을 지니는 것으로써 **연륜을 따라 길게 뻗어 있는 목재 내부의 개구부**)
② **미숙재** : 수목의 일생 동안 수간의 중심부 세포 길이가 안정돼 있지 못하고 **매년 1% 이상의 신장률을 나타내는 목재**를 말한다.
③ **컴프레션페일러** : 벌채시의 충격이나 그 밖의 생리적 원인으로 인하여 **세로축에 직각으로 섬유가 절단된 형태**를 말한다.
④ **옹이** : 나무가 자라는 동안 **자연의 영향이나 생물의 피해를 받아 생기는 결함으로 무늬의 둥글고 진한 부분**을 말한다.

(8) 목재의 치수표시

① **마무리 치수(마감치수)** : 제재된 **목재를 깎고 다듬어 대패질로 마무리한 치수**를 말하는 것으로 창호재와 가구재에 사용한다.
② **제재치수** : 제재된 **목재의 실제 치수**를 말하며 구조재와 수장재는 단면을 표시한 지정치수에 측기가 없으면 제재치수로 한다.

2 목재의 성질

(1) 목재의 일반적 성질

① **함수율 변화에 따른 신축변형이 크다.**
② **활엽수가 침엽수보다 재질이 강하다.**
③ **구조용 재료로 침엽수가 주로 쓰인다.**
④ 화재나 충해에 취약하다.
⑤ 섬유방향에 따라서 전기전도율은 다르다.

(2) 목재의 역학적 성질 ★

① **섬유포화점 이상에서는 함수율이 증가하더라도 강도는 일정**하다.
② **섬유포화점 이상에서는 함수율 증감에도 신축을 일으키지 않는다.**

참고

섬유포화점
• 섬유포화점은 세포벽은 완전히 수분으로 포화되어 있고 세포 내공과 공극 등에는 수분이 없는 상태이다.
• 목재의 종류와 관계없이 섬유포화점에서의 함수율은 30%이다.

③ 섬유포화점 이하에서는 함수율의 감소에 따라 강도가 증가하고 인성이 감소한다.(전건상태에서의 강도는 섬유포화점 상태에 비해 3배로 증가)
④ 목재의 비중과 강도는 대체로 비례한다.
⑤ 목재의 강도는 **섬유방향의 인장강도가 가장 크고, 섬유 직각방향의 인장강도가 가장 작다.**(목재 **섬유 평행방향에 대한 인장강도가 다른 여러 강도 중 가장 크다.**)
⑥ 목재 섬유방향의 강도는 **인장강도의 크기가 전단강도 등 다른 강도에 비하여 크다.**(인장강도 > 휨강도 > 압축강도 > 전단강도)
⑦ 목재를 휨 부재로 사용하여 외력에 저항할 때는 압축, 인장, 전단력이 동시에 일어난다.
⑧ 목재의 전단강도는 섬유간의 부착력, 섬유의 곧음, 수선의 유무 등에 의해 결정된다.

(3) 목재의 압축강도 ★

① 가력방향이 섬유방향과 평행일 때의 압축강도가 직각일 때의 압축강도보다 크다.(인장 및 압축강도는 섬유방향이 크고, 섬유직각 방향이 작다.)
② **섬유포화점 이상에서 압축강도는 일정하며, 섬유포화점 이하에서는 함수율이 감소할수록 압축강도는 증가**한다.(함수율이 커질수록 압축강도는 낮아진다.)
③ **옹이가 있으면 압축강도는 저하**하고 옹이 지름이 클수록 더욱 감소한다.
④ **기건 비중이 클수록 압축강도는 증가**한다.
⑤ 압축강도 : 참나무 > 낙엽송 > 단풍나무

(4) 목재의 신축(팽창수축)

① 동일 나뭇결에서 변재는 **심재보다 신축이 크다.**(용적변화가 크다.)
② **비중이 큰 목재일수록 신축(팽창수축)이 크다.**
③ 섬유포화점 이상일 때는 함수율의 증감에 따른 신축이 거의 없다. **섬유포화점 이하로 내려가면 목재는 신축(수축) 변동이 커진다.**
④ 일반적으로 **곧은결** (연륜에 직각 방향)**보다 널결**(연륜에 접선 방향)**이 신축의 정도가 크다.**(곧은결 쪽은 널결(무늬결) 쪽보다 50% 정도 신축된다.)
⑤ 수종에 따라 수축률 및 팽창률에 상당한 차이가 있다.(**활엽수가 침엽수보다 신축이 크다.**)
⑥ **급속하게 건조된 목재**는 완만히 건조된 목재보다 **수축이 크다.**
⑦ 수축이 과도하거나 고르지 못하면 할렬, 비틀림 등이 생긴다.

(5) 목재의 흡수율, 함수율 및 공극률 ★

① 기건 상태에서의 목재의 함수율 : 약 15%
② 목재 섬유포화점에서의 함수율은 약 30% ★★

참고
전건중량
목재자체의 중량

> **참고**
>
> 1. 목재의 함수율(%) = $\dfrac{\text{건조 전 중량} - \text{전건중량}}{\text{전건중량}} \times 100$
>   * 전건중량: 목재자체의 중량
>
> 2. 목재의 흡수율(%) = $\dfrac{\text{표면건조중량} - \text{절대건조중량}}{\text{절대건조중량}} \times 100$
>
> 3. 표면수율(%) = $\dfrac{\text{습윤상태 질량} - \text{표건질량}}{\text{표건질량}} \times 100$
>
> **특급암기법** : 함건전 전건전건, 흡표건 절건절건, 표면습윤 표건표건
>
> 4. 공극률(%) = $\dfrac{1.54 - \text{절건비중(전건비중)}}{1.54} \times 100$
>   * 절건비중 : 목재에서 완전히 물을 제거한 후의 무게를 말한다.

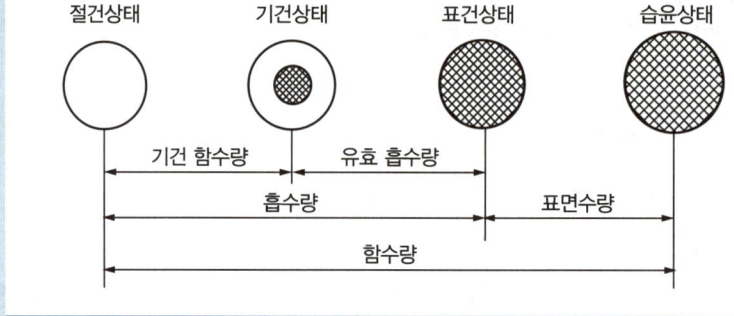

3 목재의 건조

(1) 목재의 건조 목적

① 균류에 의한 부식 방지
② 목재수축에 의한 손상 방지
③ 목재강도 및 내구성의 증가
④ 방부제 주입이 용이

(2) 목재의 건조특성

① **온도가 높을수록** 건조속도는 **빠르다.**
② **풍속이 빠를수록** 건조속도는 **빠르다.**
③ 목재의 **비중이 클수록** 건조속도는 **느리다.**
④ 목재의 **두께가 두꺼울수록** 건조시간이 **길어진다.**

(3) 목재의 건조방법

인공건조	천연건조(자연건조)
① 목재를 건조하기 위해 습도, 온도, 압력 등을 인공적으로 조절하여 짧은 시간에 건조하는 방법을 말한다. ② 증기건조, 열기건조, 훈연건조, 진공건조(감압건조), 고주파건조, 마이크로파건조 등이 있다.	① 목재를 실외에 잔적하여 자연적으로 건조시키는 것을 말한다. ② 비교적 균일한 건조가 가능하다. ③ 기후와 입지의 영향을 많이 받는다. ④ 열기건조의 예비건조로서 효과가 크다. ⑤ 넓은 잔적(piling)장소가 필요하다.

4 목재의 발화 및 방화

(1) 목재의 방화 및 발화점

① 목재의 **방화**는 **목재 표면에 불연소성 피막을 도포 또는 형성시켜 화염의 접근을 방지하는 조치**를 한다.
② 목재가 **열에 닿으면** 먼저 수분이 증발하고 160℃ 이상이 되면 소량의 가연성 가스가 유출된다.
③ 목재는 **450℃(400~490℃)에서 별도의 화원 없이도 연소가 시작(자연발화)** 하게 되는데 이 온도를 **목재의 발화점**이라고 한다.

한 눈에 들어오는 키워드

(2) 목재의 방화처리

① 불연소성 피막을 도포 : **방화페인트, 규산나트륨**, 수산화나트륨 등
② 불연성 재료를 도복 : **Mortar, 플래스터 바 등**
③ 가연성가스를 적게 발생 : 몰리브렌(MO), 인산(P), **제2인산암모늄 등 암모니아 염류**
④ 목재의 대단면화(난연 처리된 대단면(15×30 이상) 집성재의 사용)

5 목재의 방부(목재의 부패를 막는 것)법

(1) 목재의 방부처리법 ★

① **주입법** : **방부액**을 상압주입 하거나 가압하여 **나무깊이 주입**하는 방법
  - **가압주입법** : **압력용기 속에 목재를 넣어 처리하는 방법**으로 가장 신속하고 효과적인 방법
  - **상압주입법** : **방부약액을 가열하여 주입하는 방법**
  - **생리적 주입법** : **목재의 뿌리에 방부약액을 주입하는 방법**
② **침지법** : **방부제 용액 중에 목재를 담그어** 공기(산소)를 차단하여 방부 처리하는 방법
③ **도포법** : 목재를 충분히 건조시킨 후 솔 등으로 **약제를 도포**하여 방부 처리하는 방법 (**가장 간단한 방법**)
④ **표면탄화법** : **목재표면 3~4mm 정도를 태워** 수분을 제거하는 방법

(2) 목재의 방부제

① **펜타클로로페놀(PCP)** : **방부력이 매우 우수하나, 자극적인 냄새가 난다.**
② **크레오소트유** : **방부성은 우수하나, 악취가 나고 외관이 좋지 않다.**
③ **아스팔트** : 목재를 흑색으로 변색시켜 미관이 좋지 못하며 도포 후 페인트칠이 불가능하다.
④ **유성페인트** : 방부, 방습효과가 있고, 착색이 자유롭다.
⑤ **콜타르** : 목재를 흑갈색으로 변색시키고 도포 후 페인트 칠이 불가능하다.

(3) 목재에 사용되는 크레오소트 오일 ★

① **방부력이 우수**하고 강도 저하가 적지만 **악취가 난다.**
② **가격이 저렴**하다.
③ **독성이 적다.**

④ 침투성이 좋아 **목재에 깊게 주입된다.**
⑤ 흑갈색으로 외관이 불미하여 **눈에 보이지 않는 토대, 기둥, 도리 등에 이용**한다.

6 목재 제품

(1) 합판 ★

① 합판은 **3매 이상의 얇은 판을 1매마다 접착제로 섬유방향에 직교하도록 붙여서 만든 판**을 말한다.
② **함수율 변화에 따라 팽창·수축의 변형이 없다.**
③ **뒤틀림이나 변형이 적은** 비교적 큰 면적의 평면 재료를 얻을 수 있다.
④ **곡면가공을 하여도 균열이 생기지 않는다.**
⑤ **균일한 강도**의 재료를 얻을 수 있다.(방향에 따른 강도차가 작다.)
⑥ 여러 가지 아름다운 무늬를 얻을 수 있다.

(2) 집성목재 ★

① 두께 1.5~3cm 의 **널**(제재판재 또는 소각재 등의 부재)**을 접착제로 섬유평행 방향으로 겹쳐 붙여서 만든 제품**을 말한다.
② **임의의 단면 형상을 갖도록 제작**(필요한 단면을 만들 수 있다.)할 수 있다.
③ 목재의 **강도를 인공적으로 자유롭게 조절**할 수 있다.
④ 충분히 건조된 건조재를 사용하므로 **비틀림 변형 등이 생기지 않는다.**
⑤ 보, 기둥 등의 **구조재료로 사용할 수 있다.**
⑥ 옹이, 균열 등의 결점을 제거하거나 분산시켜 **균질의 인공목재로 사용할 수 있다.**
⑦ 판재와 각재를 접착재로 결합시켜 **대재(大材)를 얻을 수 있다.**

(3) 구조용 집성재의 접착강도 시험

① 침지 박리 시험
② 블록 전단 시험
③ 삶음 박리 시험
④ 감압 가압 시험
⑤ 블록 전단 시험

7 목재 가공제품

(1) 파아티클 보드 ★

① **목재를 작은 조각으로 하여** 충분히 건조시킨 후 합성수지와 같은 유기질의 **접착제를 첨가하여 열압 제판한 목재 가공품**
② **상판, 칸막이벽, 가구 등에 사용**된다.
③ O.S.B(Oriented Strand Board) : 직사각형으로 자른 얇은 나뭇조각을 서로 직각으로 겹쳐지게 배열하고 방수성 수지로 강하게 압축 가공한 보드

(2) 코펜하겐 리브판

강당, 집회장 등의 천정 또는 내벽에 붙여 음향 조절용으로 사용된다.(바닥재는 적합하지 않음)

(3) 섬유판(Fiberboard)

목재를 섬유(펄프)화 한 다음 펄프를 접착제로 제판하여 양면을 열압 건조시킨 판상제품을 말한다.
① **연질섬유판(LDF) : 비중이 0.40 이하인 섬유판**
② **중질섬유판(MDF) : 비중이 0.40~0.80인 섬유판**
③ **경질섬유판(HDF) : 비중이 0.80~1.20인 섬유판**

(4) 플로어링 블록(flooring block) ★

플로어링 판의 길이를 너비의 정수 배로 하여 3장 또는 5장씩 **붙여서 길이와 너비가 같게 만든 정사각형의 블록**으로 바닥재로 사용된다.

(5) 파키트리 블록

파키트리 보드를 3~5장씩 상호 접합하여 각판으로 만들어 **방습처리 한 것으로** 모르타르나 철물을 사용하여 **콘크리트 마루 바닥용**으로 사용된다.

(6) 리놀륨

리녹신에 수지, 고무물질, 코르크분말 등을 섞어 삼베 등의 마포에 발라 두꺼운 종이모양으로 눌러 편(압면·성형) 얇은 판을 말한다.

02 시멘트 및 콘크리트

> **한** 눈에 들어오는 **키** 워드

주요내용 알고 가기!

- 분말도가 큰 시멘트의 성질
- 포틀랜드 시멘트의 종류 및 특징
- 혼합 시멘트의 종류 및 특징
- 특수 시멘트의 종류 및 특징
- 콘크리트용 골재의 요구 성능
- 골재의 함수량, 실적률, 공극률
- 콘크리트용 혼화재 및 혼화제
- 콘크리트의 워커빌리티, 재료분리, 탄산화, 물시멘트비
- 콘크리트의 종류 및 특징

1 시멘트의 특징

(1) 응결

시멘트에 적당량의 물을 가하여 반죽했을 때 약간의 발열과 함께 가소성 있는 페이스트가 얻어지나 시간이 지나면 **유동성을 잃고 응고하는 현상**을 말한다.

(2) 분말도

시멘트 입자의 가는 정도를 말한다.

> **분말도가 큰 시멘트의 특징 ★**
> ① 워커빌리티가 좋고 블리딩이 적다.
> ② 수화반응이 빠르고 초기강도가 크다.(수화열이 높다.)
> ③ 시멘트량이 절약되고 내구성이 작아진다.
> ④ 분말도가 너무 크면 풍화되기 쉽다.
> ⑤ 분말도가 클수록 시멘트 분말이 미세하다.

(3) 강열감량

시멘트를 950~1,050℃로 강열하였을 때 감소되는 양을 말하며, **시멘트 풍화 정도의 척도**로 사용된다.

참고

1. **시멘트의 수화 반응**
   ① 시멘트 중의 클링커 화합물이 물과 화학 반응하여 수화물을 생성하는 과정을 말한다.
   ② 수화의 과정에서 발열을 동반하며 서서히 응결·경화해서 강도를 나타낸다.

2. **시멘트의 풍화**
   시멘트가 습기를 흡수하여 생성된 수산화칼슘과 공기 중의 탄산가스가 작용하여 탄산칼슘을 생성하는 작용을 말한다.

3. **풍화된 시멘트의 특징**
   ① 분말도가 감소한다.
      (입자 크기가 커진다.)
   ② 응결이 늦어진다.
   ③ 강열 감량이 증가하고 비중이 작아진다.
   ④ 강도가 감소된다.

2 시멘트의 종류 및 특징

(1) 포틀랜드 시멘트 ★

포틀랜드 시멘트의 종류	특성	용도
보통 포틀랜드 시멘트	일반 시멘트	일반 콘크리트 공사에 사용
조강 포틀랜드 시멘트	조기강도를 증진시킴	한중 콘크리트나 긴급 공사용 콘크리트에 사용
중용열 포틀랜드 시멘트	수화열을 저감시킴	댐 공사, 매스콘크리트, 방사능 차폐용으로 사용
저열 포틀랜드 시멘트	수화열을 최소화함	대규모 지하구조물, 댐, 매스콘크리트 등에 사용
내황산염 포틀랜드 시멘트	내화학성, 내구성을 향상시킴	하수시설, 배수시설, 해양구조물 등에 사용

1) 보통 포틀랜드 시멘트

① 실리카(SiO_2), 알루미나(Al_2O_3), 산화철(Fe_2O_3), 석회(CaO) 등이 포함된 원료를 혼합하여 용융 소성한 클링커에 소량의 석고(3%)를 가압하여 미분쇄한 것이다.(산화철(Fe_2O_3)의 함유량이 가장 적다.)
② 시멘트의 **응결시간은 분말도가 높을수록, 물 - 시멘트비가 적을수록, 온도가 높을수록 빠르며 풍화된 시멘트일수록 느리다.** ★
③ **시멘트의 안정성 측정법으로 오토클레이브 팽창도 시험방법**이 있다.
④ 시멘트의 비중은 소성온도나 성분에 따라 다르며, 동일 시멘트인 경우에 풍화한 것일수록 작아진다.
⑤ 시멘트의 비표면적이 너무 크면 풍화하기 쉽고 수화열에 의한 축열량이 커진다.

2) 조강 포틀랜드 시멘트 : 조기에 고강도를 낼 수 있도록 한 시멘트 ★

① **조기 강도가 높고 수화 발열량이 많으므로 한중 콘크리트나 긴급 공사용 콘크리트**로 이용된다.
② 건조 수축이 커서 **균열이 발생하기 쉽다.**
③ 콘크리트의 **수밀성과** 구조물의 **내구성이 우수**하다.

3) 중용열 포틀랜드 시멘트 : 시멘트의 발열량(수화열)을 저감시킬 목적으로 사용 ★

① 시멘트의 성분 중에 **C_3S(규산삼석회)나 C_3A(알루미네이트, 알루민산삼석회)가 적고**, 장기강도를 지배하는 **C_2S(벨라이트, 규산이석회)를 많이 함유**한 시멘트이다.

② 수화속도를 지연시켜 **수화열을 작게 한 시멘트**이다.(수화열을 낮게 하여 단기보다 장기강도를 증진시킨 시멘트)
③ **건조수축이 작고 건축용 매스콘크리트에 사용**된다.
④ **내식성**이 있고 안정도가 높으며 **내구성이 크고 화학저항성이 크다.**
⑤ **댐 공사**, 터널, 거대구조물의 기초공사(매스콘크리트), 콘크리트 도로포장, **방사능 차폐용**으로 사용된다.

4) 저열 포틀랜드 시멘트

① **시멘트의 발열량(수화열)을 최소화 한 시멘트**를 말한다.
② 대규모 지하구조물, 댐 등 **매스콘크리트의 수화열에 의한 균열발생을 억제하기 위해** 벨라이트의 비율을 **중용열 포틀랜드 시멘트 이상으로 높인 시멘트**를 말한다.

5) 내 황산염 포틀랜드 시멘트

① **황산염에 대한 저항성을 강화한 시멘트**를 말한다.
② 하수시설, 배수시설, 해양구조물, 황산염을 많이 함유한 토양, 지하수에 닿는 곳의 콘크리트 공사용으로 사용된다.

(2) 혼합시멘트

시멘트에 혼화제를 섞어서 만든 시멘트를 말한다.

혼합시멘트의 종류	혼합시멘트의 구성
고로 시멘트	시멘트 + 고로슬래그 미분말
실리카 시멘트	시멘트 + 규산질물(silica)
플라이애시 시멘트	시멘트 + 플라이애쉬

1) 고로 시멘트 ★

① **용광로의 선철제작 부산물을 급랭시키고 파쇄하여(고로슬래그 미분말) 시멘트와 혼합한 것**을 고로시멘트라 한다.
② **초기 강도는 낮으나 장기강도는 높다.**
③ 수화열이 적고 수축률이 적어 **매스콘크리트용으로 적합**하다.
④ **염분에 대한 저항(내해수성)이 크고** 화학 저항성이 크며 방수성이 뛰어나 **댐이나 항만공사**, 공장폐수공사 등에 사용된다.
④ **수화열이 적어** 응결시간이 느리기 때문에 특히 **겨울철 공사에 주의를 요한다.** (동해를 받기 쉽다.)

⑤ 보통 포틀랜드시멘트에 비하여 **비중이 작고** 중성화가 빨라서 **풍화되기 쉽다.**
⑥ **알카리 골재반응이 일어나지 않는다.**

2) 실리카 시멘트 ★

① **시멘트의 클링커와 규산질물(silica)을 혼합**한 것으로 단기 강도가 적으나 장기 강도는 포틀랜드 시멘트와 유사하게 높다.
② **수화열이 적고 수밀성이 크고** 해수에 대한 저항도 크다.
③ **저온에서는 응결이 느려진다.**
④ 콘크리트의 **워커빌리티를 좋게 하고 블리딩을 감소시킨다.**
⑤ 화학적 저항성이 크므로 주로 **단면이 큰 구조물, 해안공사 등에 사용된다.**

3) 플라이애시 시멘트 ★

① **화력발전소에서 완전 연소한 미분탄의 회분을 포집한 것을 플라이애시**라 하며, **플라이애시를 포틀랜드 시멘트에 혼합한 것**을 플라이애시시멘트라 한다.
② 콘크리트의 **워커빌리티를 증대시키며 사용수량을 감소시킬 수 있다.**
③ **수밀성이 좋으므로** 수리구조물(물을 저수하거나 물을 이용하기 위하여 만들어진 구조물)에 적합하다.
④ **수화열이 적고 건조수축도 적다.**
⑤ 해수에 대한 내화학성이 크다.
⑥ 댐 공사 및 토목 건축공사에 널리 사용된다.

(3) 특수시멘트

콘크리트 구조물의 강도, 내구성, 수밀성을 증가시키고 시공성과 경제성을 향상시키기 위하여 콘크리트 제조 시 첨가하는 시멘트

1) 알루미나 시멘트 ★

① **보크사이트와 석회석을 원료**로 한다.
② 성분 중에는 산화알루미늄(Al_2O_3)이 많으므로 **초기 강도가 높고 염분이나 화학적 저항이 크다.**
③ **초기 수화발열이 커서** 대형 단면 부재에는 부적당하나 **긴급 공사나 동절기 공사에 적합**하다.
④ 내화성이 우수하여 **내화 콘크리트용으로 사용**된다.

2) 폴리머 시멘트

콘크리트의 **방수성, 내약품성, 변형성능의 향상**을 목적으로 **다량의 고분자 재료를 혼합**시킨 시멘트를 말한다.

3) 마그네시아 시멘트

① **산화마그네슘의 분말에 염화마그네슘을 혼합**한 시멘트를 말한다.
② **흡습성이 크고, 수축성이 크다.**
③ **경화가 빠르고 경화 후 견고**하다.(강도가 크다.)
④ 간수($MgCl_2$)를 사용하여 백화현상이 잘 생긴다.
⑤ 반투명의 광택을 지니며 착색이 용이하여 치장용으로 사용된다.

4) 킨즈 시멘트(경석고플라스터) ★

① **무수석고에** 경화촉진제로 **백반을 넣어 만든 시멘트**를 말한다.
② 백반은 산성이므로 **금속을 녹슬게 하는 결점**이 있다.
③ **소석고보다 응결속도가 느리다.**
④ 표면 강도가 크고 광택이 있다.
⑤ 습윤 시 팽창이 크다.
⑥ 다른 석고계의 플라스터와 혼합을 피해야 한다.

3 콘크리트의 특성

(1) 콘크리트용 골재

1) 콘크리트용 골재의 요구 성능 ★

① 골재의 **강도는 경화한 시멘트페이스트 강도보다 클 것**
② **형태는 거칠고 구형**에 가까운 것이 **가장 좋으며**, 편평하거나 세장한 것은 좋지 않다.
③ 먼지 또는 **유기불순물을 포함하지 않을 것**
④ 골재의 **입형이 둥글고 입도가 고를 것**(잔 것과 굵은 것이 적당히 혼합된 것이 좋다.)
⑤ **운모가 다량으로 포함**된 골재는 **콘크리트의 강도를 저하시키고 풍화되기 쉽다.**
⑥ **골재의 입도는** 표준 망체를 사용한 **체가름 시험**으로 확인할 수 있다.

2) 깬 자갈

① 깬 자갈의 원석은 안산암·화강암 등이 많이 사용된다.
② **깬 자갈을 사용한 콘크리트는** 동일한 워커빌리티의 보통자갈을 사용한 콘크리트보다 **단위수량이 일반적으로 약 10%정도 많이 요구된다.**
③ 깬 자갈을 사용한 콘크리트는 **강자갈을 사용한 콘크리트 보다 시멘트 페이스트와의 부착성능이 높다.**

참고

체가름 시험
(Sieve Analysis Test)
표준 체를 이용(굵은 골재와 잔 골재를 분류하는 기준은 5mm 체를 기준)하여 입자를 입도별로 분급하여 그 입도 분포를 측정하는 방법

④ 콘크리트용 굵은 골재로 깬자갈을 사용할 때는 한국산업표준(KS F 2527)에서 정한 품질에 적합한 것으로 한다.

3) 골재의 함수상태 ★

① **유효흡수량** : 표면건조 내부포화상태(표건상태)와 기건상태의 수량의 차이를 말한다.
② **함수량** : 습윤상태의 골재의 내외에 함유하는 전체수량을 말한다.
③ **흡수량** : 표면건조 내부포화상태(표건상태)의 골재 중에 포함하는 수량을 말한다.(절대건조상태에서 표면건조포화상태가 될 때까지 흡수하는 수량)
④ **표면수량** : 함수량과 흡수량의 차를 말한다.
⑤ **유효 흡수율** : 기건상태의 골재가 표건상태로 될 때까지 흡수되어지는 물의 양을 절대건조상태의 골재 질량으로 나눈 값의 백분율(**유효 흡수량과 절대 건조상태의 골재 질량에 대한 백분율**)

> **참고**
> • 이넌데이트(inundate)현상 : 모래의 절건 상태와 습윤 상태의 서로 다른 함수상태에서 용적이 거의 같아지는 현상을 말한다.
> • 콘크리트용 부순 굵은 골재의 흡수율 : 3% 이하

1. 표면수율(%) = $\dfrac{\text{습윤상태 질량} - \text{표건질량}}{\text{표건질량}} \times 100$

2. 흡수율(%) = $\dfrac{\text{표건질량} - \text{절건질량}}{\text{절건질량}} \times 100$

3. 유효흡수율(%) = $\dfrac{\text{표면건조포화상태질량} - \text{기건상태질량}}{\text{절건상태}} \times 100$

4. 표면건조포화상태비중 = $\dfrac{\text{공시체의 건조질량}}{\text{표면건조포화상태질량} - \text{공시체의 물속 질량}}$

4) 공극률과 실적률 ★

① **실적률**이란 골재의 **단위 용적(m³) 중의 실적 용적을 백분율(%)로 나타낸 값**을 말한다.
② **공극률**이란 골재의 **단위 용적(m³) 중의 공극을 백분율(%)로 나타낸 값**(전체 부피에 대한 공극 부피의 비)을 말한다.

• 실적률(%) = $\dfrac{\text{단위용적중량}}{\text{절건비중(밀도)}} \times 100$

• 공극률(%) = $(1 - \dfrac{\text{단위용적중량}}{\text{절건비중(밀도)}}) \times 100$

• 실적률(%) = 100 - 실적률

5) 골재의 실적률

① 실적률은 **골재 입형의 양부를 평가하는 지표**이다.
② **부순 자갈의 실적률**은 그 입형 때문에 **강자갈의 실적률보다 적다.**
③ 실적률 산정 시 **골재의 밀도는 절대건조 상태의 밀도**를 말한다.

④ 골재의 **단위용적질량이 동일하면** 골재의 **비중이 클수록 실적률은 낮다.**
⑤ 골재의 **단위용적질량을 계산할 때** 골재는 **절대건조 상태를 기준**으로 한다.

6) 실적률이 클 경우(공극률이 작을 경우) Con´c에 주는 영향 ★

① **시멘트 페이스트(Cement Paste)량이 감소**한다.
② **단위 수량을 감소**시킨다.
③ **수화 발열량을 감소**시킨다.
④ **건조 수축을 감소**시킨다.
⑤ 콘크리트 **내구성 및 강도가 증가**된다.
⑥ 콘크리트의 수밀성이 커진다.
⑦ 콘크리트의 **마모 저항이 커진다.**
⑧ 콘크리트의 **투수성 및 흡수성이 작아진다.**
⑨ 콘크리트 제조 시 **경제적으로 유리**하다.

(2) 혼화재와 혼화제

① **혼화재** : 콘크리트의 성질 개량을 위해 쓰이는 혼화 재료로 시멘트 중량의 **5% 이상 사용**되는 것을 말한다.
② **혼화제** : 콘크리트에 특정한 성능을 부여하는 데 쓰이는 첨가제로서 **시멘트 중량의 5% 이하로만 사용**되는 것을 말한다.

혼화제	혼화재
① AE제(기포작용) ② 감수제, AE감수제(습윤, 분산작용) ③ 고성능 감수제 ④ 응결, 경화 조정제 ⑤ 기포제, 발포제 ⑥ 방수제 ⑦ 방청제 ⑧ 유동화제 ⑨ 증점제	① 고로슬래그 미분말 ② 플라이애시 ③ 실리카 흄 ④ 팽창재 ⑤ 착색재

1) 콘크리트용 혼화제 ★

① **AE제** ★★
  - AE 공기를 콘크리트 중에 발생시켜 워커빌리티(시공연도)를 좋게 하고 블리딩을 작게 한다.
  - 단위수량이 감소한다.
  - 동결·융해작용에 대한 저항성이 크고 수밀성, 내구성이 좋다.
  - 철근과 부착강도가 감소한다.

② **AE 감수제**
- 시멘트 입자의 유동성을 증대시켜 단위수량을 감소시킨다.
- 강도, 내구성, 수밀성, 워커빌리티(시공연도)를 증대시킨다.

③ **유동화제** : 콘크리트의 **유동성 증대**

④ **방청제** : 염화물에 의한 강재의 부식억제

⑤ **증점제** : 점성, 응집작용 등을 향상시켜 **재료분리를 억제**

2) 콘크리트용 혼화재 ★

① **플라이 애시** : 워커빌리티, 펌퍼빌리티 개선

② **고로슬래그 미분말** : 수화열 억제, 알칼리골재반응 억제

③ **실리카 흄** : 화학적 저항성 증대, 블리딩 저감

④ **가용성 규산 미분말** : 콘크리트 팽창제

(3) 굳지 않은 콘크리트의 성질 ★

① **워커빌리티(시공성 : Workability)** : 재료 분리를 일으키지 않고 작업이 용이하게 될 수 있는 정도(반죽질기에 따른 작업의 난이성과 재료의 분리 정도)

② **펌퍼빌리티(펌프 압송성 : Pumpability)** : 펌프에 의한 운반을 실시하는 경우 펌프로 콘크리트가 압송되기 쉬운 정도

③ **플라스티시티(성형성 : Plasticity)** : 거푸집에 쉽게 다져넣을 수 있고 거푸집을 제거하면 허물어지거나 재료분리가 되지 않는 정도

④ **피니셔빌리티(마감성 : Finishability)** : 굵은 골재의 최대치수, 잔골재율, 잔골재입도, 반죽 질기 등에 의한 마무리하기 쉬운 정도

(4) 콘크리트에 영향을 미치는 요인

1) 워커빌리티(workability)에 영향을 주는 요인 ★★

① **시멘트의 분말도가 크면 워커빌리티는 증대**된다.

② 시멘트량이 많으면 점성이 커지므로 **워커빌리티는 증대**된다.

③ **시멘트가 풍화되면 워커빌리티는 감소**한다.

④ **단위수량이 너무 많거나 적으면 워커빌리티는 감소**한다.(단위수량을 너무 증가시키면 재료분리가 생기기 쉽기 때문에 워커빌리티가 좋아진다고 볼 수 없다.)

⑤ **온도가 높으면 워커빌리티는 감소**한다.

⑥ **비빔을 충분히 하면 워커빌리티는 증대**된다.(과도하게 비빔시간이 길면 시멘트의 수화를 촉진하여 **워커빌리티가 나빠진다**.)

참고

콘크리트의 워커빌리티 측정법
① 슬럼프시험
② 다짐계수시험
③ Vee-Bee 시험(진동대식 시험)
④ 흐름 시험(flow test)

철근콘크리트 1m³ 무게
: 약 2.4t

부배합
단위시멘트량이 350~450kg/m³이고 시멘트 사용량이 많은 배합을 말한다.

⑦ **둥근 강자갈의 경우는 워커빌리티가 가장 좋고**, 편평하고 세장한 입형의 골재는 분리하기 쉽고, 모진 것이나 굴곡이 큰 골재는 워커빌리티가 나빠진다.
(**깬 자갈이나 깬 모래를 사용하면 워커빌리티가 나빠지므로** 잔골재율을 크게 하고, 단위수량을 크게 하면 워커빌리티가 증대된다.)

⑧ **AE제를 혼입하면 워커빌리티가 좋아진다.**

2) 블리딩(bleeding) ★

① **콘크리트 타설 후** 시멘트, 골재 입자 등이 침하에 따라 **물이 분리 상승되어 콘크리트 표면에 떠오르는 현상**을 말한다.
② 블리딩 현상이 심한 경우 **철근과 콘크리트의 부착력 저하**, 수밀성 저하로 **콘크리트의 강도 및 내구성이 감소**되고 **탄산화가 촉진**된다.

콘크리트의 블리딩 현상에 의한 성능 저하 ★
① 골재와 시멘트 페이스트의 부착력 저하
② 철근과 시멘트 페이스트의 부착력 저하
③ 콘크리트의 수밀성 저하
④ 콘크리트의 강도 및 내구성 저하

3) 레이턴스(laitance) ★

블리딩에 의하여 콘크리트 표면에 떠올라 침전한 미세한 물질을 말한다.

4) 콘크리트 재료분리(콘크리트를 구성하는 성분의 균질성이 없어지는 현상)의 원인 ★

① 콘크리트의 **플라스티시티(성형성)가 작은 경우**
② **진동기를 과다하게 사용**한 경우
③ **단위수량이** 지나치게 **큰 경우**(물의 양이 많고 시멘트가 적은 경우 점성이 적어 재료분리 발생)
④ **굵은 골재의 최대치수가** 지나치게 **큰 경우**(철근 배근 시 철근에 걸려 분리)
⑤ **골재의 비중 차이가 큰 경우**(비중이 큰 골재는 침하하고 비중이 작은 골재는 부상)

5) 콘크리트 공기량 ★

① **AE제 사용량의 증가에 따라 공기량은** 거의 직선적으로 **증가**한다.(AE 콘크리트의 공기량은 보통 3~6%를 표준으로 한다.)
② **콘크리트를 진동시키면 공기량이 감소**한다.
③ 콘크리트의 **온도가 높으면 공기량이 감소**한다.(온도 10℃ 증감에 반비례하여 공기량은 20~30% 감증 한다.)

④ 지나치게 긴 비빔시간은 공기량을 감소시킨다.(콘크리트를 비빌 경우 3~5분 만에 최고가 되며, 그보다 길거나 짧아도 공기량은 적어진다.)

6) 반죽질기

수량의 다소에 따른 반죽의 질고 된 정도를 말하며 슬럼프 값으로 표시한다.
① 콘크리트의 온도가 높을수록 반죽질기는 저하한다.

> **참고**
>
> #### 콘크리트의 반죽질기(Consistency) 측정 : 콘크리트 슬럼프 시험
>
> ① 슬럼프 콘에 콘크리트를 부어 넣고 슬럼프 콘을 들어 올리면 안에 있던 콘크리트가 무너져 내리는데, 위쪽 중심부가 위에서부터 아래로 얼마나 허물어졌는지 값을 측정하여 콘크리트의 반죽질기(Consistency)를 결정한다.
> ② 슬럼프 값이 높을 경우 콘크리트는 묽은 비빔이다.
>
> **슬럼프 시험 순서**
>
>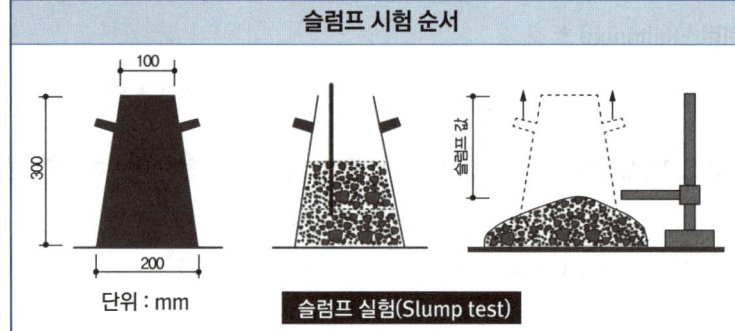
>
> 슬럼프 실험(Slump test)
>
> ① 슬럼프 콘은 원추형 모양으로 위쪽과 아래쪽의 안지름이 각각 10cm, 20cm이고, 높이가 30cm이다.
> ② 수밀한 철판을 수평으로 놓고 슬럼프 콘을 놓는다.
> ③ 혼합한 콘크리트를 1/3씩 3층으로 나누어 채운다.
> ④ 매 회마다 표준철봉으로 25회 다진다.
> ⑤ 위의 ③, ④를 2회 되풀이하고 윗면을 고른다.
> ⑥ 콘크리트의 주저앉은 높이를 측정한 후 30cm에서 뺀 수치가 슬럼프 치수가 된다.

② 단위수량이 많을수록 반죽질기는 증가한다.
③ 공기량이 많을수록 반죽질기는 증가한다.
④ 잔골재가 많을수록 반죽질기는 저하한다.

7) 물·시멘트비 ★

① 부어넣기 직후의 모르타르 또는 콘크리트에 포함된 시멘트 풀 속의 **시멘트에 대한 물의 중량 백분율**을 말한다.(물시멘트 비가 높을수록 물이 많고 시멘트 양이 적은 것을 의미)

$$\text{물·시멘트비}(\%) = \frac{\text{물의 중량} \times \text{물의 부피}}{\text{시멘트 중량} \times \text{시멘트 부피}} \times 100$$

② 물·시멘트비는 콘크리트의 강도 및 내구성 증가에 가장 큰 영향을 준다.

8) 콘크리트의 건조수축 : 수화된 시멘트에 흡착되었던 수분이 증발하며 콘크리트에 생기는 체적변형을 말한다. ★

① 시멘트의 제조성분에 따라 수축량이 다르다.
② 골재의 **실적률이 클수록 건조수축은 작아진다**.
③ **물·시멘트비가 낮을수록 건조수축은 작아진다**.
④ **된비빔일수록 건조수축은 작아진다**.(된비빔일수록 단위수량이 적으므로 건조 시 수분 증발에 따른 건조수축도 작다.)
⑤ 골재의 탄성계수가 크고 경질인 경우 건조수축은 작아진다.

9) 콘크리트의 수밀성

① 물시멘트비 : **물시멘트비를 작게 할수록 수밀성이 커진다**.
② 굵은 골재 최대치 : **굵은 골재의 최대치수가 작을수록 수밀성은 커진다**.
③ 수밀성을 높이는 양생방법 : **습윤 양생으로 거적을 덮고 9일 이상 살수한다**.
④ 혼화재료 : **AE제, 감수제, 고성능 감수제를 사용하면 수밀성이 커진다**.

10) 콘크리트의 압축강도

① **양생온도가 높을수록** 콘크리트의 **초기강도는 높아진다**.
② 동일한 재료를 사용하였을 경우에 **물-시멘트비가 작을수록 압축강도가 크다**.
③ 일반적으로 **물-시멘트비가 같으면** 시멘트의 강도가 큰 경우 압축강도가 크다.
④ 습윤 양생을 실시하게 되면 일반적으로 **압축강도는 증진된다**.

(5) 콘크리트의 탄산화(중성화)

1) 약알칼리성인 콘크리트 중의 수산화석회(수산화칼슘)가 공기 중의 이산화탄소의 유입으로 중성화되면서 콘크리트가 알칼리성을 상실하고 철근이 부식되는 현상을 말한다.

$$Ca(OH)_2 + CO_2 \rightarrow CaCO_3 + H_2O \uparrow$$
수산화칼슘(강염기) + 이산화탄소 → 탄산칼슘 + 물

2) 콘크리트 중성화의 원인 ★

① 물-시멘트비가 클수록 중성화의 진행속도는 **빠르다**.
② 탄산가스의 농도, 온도, 습도 등 외부환경 조건도 탄산화 속도에 **영향을 준다**.(온도가 높을수록, 습도가 낮을수록 중성화가 빠르다.)
③ **경량골재 콘크리트가 보통** 콘크리트 보다 **탄산화 속도가 빠르다**.
④ 탄산화 된 부분은 페놀프탈레인액을 분무해도 착색되지 않는다.
⑤ 중성화되면 콘크리트 내 철근은 녹이 슬기 쉽다.

3) 콘크리트 중성화의 저감 대책 ★

① **물-시멘트비(W/C)를 낮춘다**.(단위 시멘트량을 증대시킨다.)
② **혼합시멘트 및 경량골재는 사용을 금지**한다.
③ **AE 감수제나 고성능 감수제를 사용**한다.

(6) 크리프(Creep)

1) 크리프(Creep)

일정한 하중을 받고 있던 콘크리트가 **하중의 증가 없이 시간이 경과함에 따라 콘크리트의 변형이 증가하는 현상**을 말한다.

2) 콘크리트의 Creep의 문제점

① 콘크리트의 **장기 처짐 및 변형**
② 콘크리트의 **균열 증가**
③ 콘크리트의 **크리프 파괴**

3) 크리프 계수

- 크리프계수(ψ_t) = $\dfrac{\text{크리프 변형률}}{\text{탄성 변형률}}$

4) 콘크리트에서 크리프(Creep)의 증가 원인 ★

① **시멘트 페이스트가 묽을수록** 크리프는 **크다**.
② **작용응력이 클수록** 크리프는 **크다**.
③ **재하시기(하중을 가하는 시기)가 빠를수록** 크리프는 **크다**.
④ **재령(콘크리트를 타설한 뒤로부터의 경과 일수)이 짧을수록** 크리프는 **크다**.
⑤ **물-시멘트비가 클수록** 크리프는 **크다**.

(7) 콘크리트의 비파괴 시험법

1) 콘크리트 비파괴 시험법의 종류

① **음파법** : 콘크리트 공시체에 **진동을 주어 공명, 진동으로 측정**하는 방법
② **초음파법** : **초음파 펄스를 콘크리트의 내부에 발사 후 초음파 속도를 측정**하는 방법
③ **레이더법** : **레이더를 콘크리트에 침투시켜 탐사**하는 방법
④ **방사선법** : 콘크리트에 **X선, 감마선을 투과**하고 투과광선을 **필름에 촬영**하여 결함을 발견하는 방법
⑤ **표면경도법(반발경도법)** : 해머로 **콘크리트 표면을 타격**하여 **반발력으로** 콘크리트의 **압축강도를 측정**하는 방법

> **참고**
>
> 🔹 **콘크리트 구조물의 비파괴시험(검사) 방법**
>
> ① 슈미트해머법
> ② 초음파법
> ③ 방사선법
> ④ 인발법

4 콘크리트 종류 및 특징

(1) AE 콘크리트 ★★

AE제를 사용하여 콘크리트의 시공연도를 증진시키고, **단위수량을 감소시켜 내구성, 수밀성이 향상**된 콘크리트를 말한다. ★★
① **워커빌리티(시공연도)가 좋고 재료분리가 적다.**
② **단위수량을 줄일 수 있다.**
③ 동일 물시멘트비인 경우 **압축강도가 낮다.**(공기량이 1[%] 증가하면 강도가 5[%] 정도 감소한다.)
④ 동결 융해에 대한 저항성이 크다.
⑤ 철근에 대한 부착강도가 감소한다.
⑥ 제물지창 콘크리트(노출되는 콘크리트 면을 그대로 마감면으로 사용하는 콘크리트) 시공에 적당하다.

(2) 매스 콘크리트(mass concrete) ★★

부재 혹은 **구조물의 치수가 커서 시멘트의 수화열에 의한 온도 상승 및 강하를 고려하여 설계**, 시공해야 하는 콘크리트를 말한다.

매스 콘크리트에 발생하는 균열의 제어방법
① 플라이애쉬 등 포졸란계 혼화재를 사용하거나 저발열성 시멘트를 사용한다. ② 골재 최대 치수를 크게 하고 슬럼프 값은 최대한 적게 하여 시멘트 양을 줄이다. ③ 파이프 쿨링을 실시한다. ④ 온도균열지수에 의한 균열발생을 검토한다.

(3) 중량 콘크리트(방사선 차폐용 콘크리트) ★

① **방사선을 차폐할 목적으로 중량 골재를 사용하는 콘크리트**를 말한다.
② 중량골재의 종류에는 자철광, 중정석, 갈철광 등이 있다.

(4) 경량 기포 콘크리트(ALC : Autoclaved Lightweight Concrete) ★

골재를 사용하지 않고 콘크리트 속에 미세하고 안정된 독립공기를 조성하는 **기포제(알루미늄 분말)를 혼입하여 경량화 한 콘크리트**를 말한다.
① 보통콘크리트에 비하여 **탄산화(중성화)의 우려가 크다.**
② 열전도율은 보통콘크리트의 약 1/10 정도로 **단열성이 우수**하다.
③ 현장에서 **취급이 편리하고 절단 및 가공이 용이**하다.

④ 다공질이므로 **흡수성이 높은 편이고 동해에 대한 저항성이 낮다.**(겨울철 콘크리트에 함유된 수분이 얼어 동해를 일으킨다.)
⑤ 압축강도에 비해서 **휨강도나 인장강도는 상당히 약하다.**

장점	단점
• 경량성 • 흡음 · 차음성이 우수 • 내진성이 우수 • 단열성이 우수 • 가공이 용이 • 유동성 • 경제성	• 강도저하 • 흡수성이 크다.(수밀성, 방수성이 나쁘다.) • 건조수축이 크다.

(5) 서중 콘크리트 : 기온이 30[℃] 이상인 상태에서 시공하는 콘크리트이다. ★

① 콘크리트의 슬럼프 저하 및 **수분의 급격한 증발 등에 의한 균열발생의 위험**이 있다.
② **콘크리트의 온도가 낮아지도록 재료의 배합, 타설, 양생에 주의**를 기울여야 한다.
③ 고로시멘트, 플라이애시시멘트 등 **저발열 시멘트를 사용**한다.
④ 단위 수량 및 **시멘트량을 적게하여 수화열을 적게** 한다.
⑤ **감수제, AE 감수제, 유동화제 등을 사용**한다.
⑥ 타설시 온도는 **35℃ 이하, 1.5시간 이내로 타설**한다.
⑦ **Pre-cooling에 의한 골재, 물 등의 재료를 냉각**한다.
⑧ **거푸집, 철근 등은 살수** 및 덮개 등의 조치를 강구한다.

(6) 한중 콘크리트 : 1일 평균기온 4℃이하가 되는 시기에 타설하는 콘크리트를 말한다. ★

① 콘크리트의 **비빔온도는 기상조건 및 시공조건 등을 고려**하여 정한다.
② 재료를 가열할 경우 **물 또는 골재를 가열**하는 것으로 하며, 골재는 직접 불꽃에 대어 가열해서는 안 되고, 시멘트는 어떠한 경우라도 직접 가열하면 안 된다.
③ **타설 시의 콘크리트 온도는 5℃ 이상, 20℃ 미만**으로 한다.
④ **빙설이 혼입된 골재, 동결상태의 골재는 원칙적으로 비빔에 사용하지 않는다.**

한중 콘크리트의 배합
① 물시멘트비 : 60% 이하 ② AE제 or AE 감수제를 사용하고 단위수량은 가급적 적게 한다. ③ 단위 시멘트량의 과대 혹은 과소를 피한다.

(7) 폴리머(시멘트) 콘크리트

결합재로써 시멘트를 사용하지 않고 폴리머(고분자)를 골재만으로 결합하여 콘크리트를 제조한 것으로써 플라스틱 콘크리트(Plastic concrete)라고도 한다.

① **방수성 및 수밀성이 우수**하고 동결융해에 대한 저항성이 양호하다.
② **휨 및 신장능력이 우수**하다.
③ **고강도**, 내구성이 우수하며 **내부식성, 내약품성이 우수**하여 구조물에 다양하게 이용된다.
④ 모르타르, 강재, 목재 등의 **각종 재료와 잘 접착**한다.

(8) 프리플레이스트 콘크리트

콘크리트를 타설할 **거푸집 안에 굵은 골재를 미리 채워 넣은**(Pre-packing) 후 **모르타르를 주입**한 콘크리트를 말한다.

① **굵은 골재의 최소 치수는 15mm 이상**, 굵은 골재의 최대 치수는 **부재단면 최소 치수의 1/4 이하**, 철근 콘크리트의 경우 **철근 순간격의 2/3 이하로** 하여야 한다.
② 골재의 적절한 입도 분포를 위해 일반적으로 **굵은 골재의 최대 치수는 최소 치수의 2~4배 정도**로 한다.
③ 대규모 프리플레이스트 콘크리트를 대상으로 할 경우, **굵은 골재의 최소 치수를 크게** 하는 것이 효과적이다.

(9) 프리스트레스트 콘크리트

고강도 강선을 사용하여 인장응력을 미리 부여함으로써 큰 응력을 받을 수 있도록 제작된 콘크리트를 말한다.

(10) 섬유보강 콘크리트

콘크리트에 보강용 섬유를 혼입하여 **균열 억제 및 내충격성, 내마모성을 크게** 한 콘크리트를 말한다.

무기계 섬유	유기계 섬유
① 강섬유 보강 콘크리트 ② 유리섬유 보강 콘크리트 ③ 탄소섬유 보강 콘크리트	① 아라미드 섬유 보강 콘크리트 ② 폴리프로필렌 섬유보강 콘크리트 ③ 비닐론 섬유보강 콘크리트 ④ 나일론 섬유보강 콘크리트

03 석재

주요내용 알고 가기!

- 석재의 조직 및 성질
- 석재의 종류와 용도
- 석재 붙임공법의 종류
- 점토 소성제품의 흡수성
- 점토벽돌의 품질, 치수 및 허용차
- 석재의 성인에 의한 분류
- 석재 시공 시 유의하여야 할 사항
- 점토의 일반 성질
- 점토제품의 백화 및 백화방지 대책
- 기타 점토제품

1 석재

① **절리**란 **암석 특유의 천연적으로 갈라진 금**을 말하며, 규칙적인 것과 불규칙적인 것이 있다.
② **층리**란 퇴적암 및 변성암에 나타나는 **퇴적할 당시의 지표면과 방향이 거의 평행한 절리**를 말한다.
③ **석리**란 편광현미경으로 관찰하였을 때 볼 수 있는 **암석의 구성조직(돌의 결)**을 말한다.
④ **편리**란 **변성암**에 생기는 절리로서 **방향이 불규칙하고 얇은 판자모양으로 갈라지는 성질**을 말한다.

2 석재의 물리적 성질

① **석재의 비중이 클수록 강도가 크며**, 공극률이 클수록 내화성이 크다.
② 흡수율은 동결과 융해에 대한 **내구성의 지표**가 된다.
③ 인장강도는 압축강도의 1/10 ~ 1/30 정도이다.

3 석재의 화학적 성질 ★

① 규산분을 많이 함유한 석재는 내산성이 크고, 석회분을 함유한 석재는 내산성이 적다.
② 대리석, 사문암 등은 내장재로 사용하는 것이 바람직하다.
③ 조암광물 중 **장석**, 방해석 등은 산류의 침식을 쉽게 받는다.
④ 산류를 취급하는 곳의 바닥재는 황철광, 갈철광 등을 포함하지 않아야 한다.

4 석재 시공 시 유의하여야 할 사항 ★

① 석재는 중량이 크고 운반에 제한이 따르므로 최대치를 정한다.
② **압축응력을 받는 곳에만 사용**한다.(휨 및 인장강도가 약하다.)
③ 되도록 **흡수율이 낮은 석재를 사용**한다.
④ **가공 시 예각은 피한다.**
⑤ $1m^3$ 이상 되는 석재는 높은 곳에 사용하지 않는다.
⑥ **중량이 큰 것은 높은 곳에 사용하지 않도록** 한다.
⑦ 외벽 특히 콘크리트 **표면 첨부용 석재는 경석을 사용**하여야 한다.
⑧ **동일 건축물에는 동일 석재로 시공**하도록 한다.
⑨ 석재는 인장력에 취약하므로 **석재를 구조재로 사용할 경우 직 압력재로 사용**하여야 한다.
⑩ 내화도가 필요한 곳에는 열에 강한 것을 사용한다.
⑪ 조각용은 너무 연한 것, 너무 굳은 것은 곤란하다.

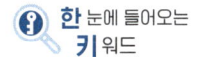

직 압력
축 방향으로 직접 가해지는 압력

5 석재의 분류

(1) 성인에 의한 분류 ★

화성암	① 화강암 ② 안산암 ③ 현무암 **특급암기법** : 화성의 현(현무암)안(안산암)은 강함(화강암)이다.
수성암	① 사암 ② 점판암 ③ 석회암 ④ 응회암 **특급암기법** : 수성이는 사점 맞고 응석 부림
변성암	① 대리석 ② 석면 ③ 테라죠 **특급암기법** : 변(변성암)테(테라죠) 대(대리석)면(석면)

(2) 용도에 의한 분류

① 구조용
② 장식용
③ 골재용

한눈에 들어오는 키워드

(3) 화성암의 종류

화강암	1) 화강암의 특징 ① 내구성 및 강도가 크고 외관이 수려하여 내·외장재로 쓰인다. ② 결정체의 크고 작음에 따라 외관과 강도가 다르다. ③ 구조재, 내외장재, 도로포장재, 콘크리트용 골재 등으로 사용된다. ④ 경도가 크기 때문에 세밀한 조각 등에 적당하지 않다. ⑤ 내화도가 낮아 고열을 받는 곳에는 적당하지 않다. ⑥ 화강암의 내구연한은 75 ~ 200년 정도로서 다른 석재에 비하여 비교적 수명이 길다. 2) 화강암의 색상 ① 전반적인 색상은 밝은 회백색이다. ② 흑운모, 각섬석, 휘석 등은 검은색을 띤다. ③ 산화철을 포함하면 미홍색을 띤다. ④ 색상은 장석에 의해 좌우된다.
안산암	① 석질이 치밀하여 강도와 경도가 높고 내구성, 내화성이 크다. ② 구조재, 바닥재로 사용된다.
현무암	① 입자가 잘거나 치밀하며 색은 검은색·암회색이다. ② 석질이 치밀하여 토대석, 석축에 사용된다.

(4) 수성암의 종류

사암	경질사암은 외벽재 및 경구조재, 연질사암은 내장재로 사용된다.
점판암	천연슬레이트로서 지붕재, 외벽, 마루 등에 쓰이며 숫돌, 비석으로 사용된다.
응회암	응회석은 다공질이고 내화도가 높으므로 특수 장식재나 경량골재, 내화재 등에 사용된다.
석회암	• 시멘트, 석회의 원료로 사용된다. • 석회암은 석질이 치밀하나 내화성이 부족하다.

> 참고
> 1. 습식공법 : 구조체와 석재 사이를 연결철물(긴결철물)과 모르타르를 채워서 고정하는 공법
> 2. 건식공법 : 모르타르 없이 구조체와 석재 사이를 연결철물로 고정하는 공법 ★
> 3. 석재 붙임공법의 종류
>   • 습식공법
>   ① 온 사춤공법
>   ② 줄띠 사춤공법
>   • 건식공법
>   ① 앵커(Anchor) 긴결공법
>   ② 강재Truss 지지공법
>   ③ GPC공법

(5) 변성암의 종류 ★

대리석	• 석회암이 변화되어 결정화된 것으로 치밀, 견고하고 외관이 아름답다. • 광택이 나며 실내장식재, 조각재로 사용된다.
석면	• 섬유상을 띠는 규산염 광물의 일종(사문암 또는 각섬암이 열과 압력을 받아 변질하여 섬유 모양의 결정질이 된 것) • 단열재·보온재·내화재 등으로 사용되었으나, 인체 유해성으로 사용이 규제되고 있다.
테라죠	• 대리석을 종석으로 한 인조석의 일종이다. • 테라죠 판 : 부순 골재, 안료, 시멘트 등을 혼합한 콘크리트로 성형하고 경화한 후 표면을 연마하고 광택을 내어 마무리한 제품을 말한다.

(6) 석재의 종류와 용도

① 화산암 : 경량골재
② 화강암 : 콘크리트용 골재, 외장재
③ **대리석 : 조각재, 내장재, 실내 장식재** ★
④ 응회암 : 고온 로의 재료, 특수 장식재, 경량골재, 내화재
⑤ 점판암 : 지붕재
⑥ **사문암** : 암녹색 바탕에 흑백색의 아름다운 무늬가 있고, 경질이나 풍화성이 있어 **외장재보다는 내장 마감용 석재 (실내 장식용, 대리석용 석재)로 이용된다.** ★
⑦ 석회암 : 시멘트, 석회의 원료
⑧ 현무암 : 토대석, 석축
⑨ **석면 : 단열재 · 보온재 · 내화재(인체 유해성으로 사용이 규제됨)** ★
⑩ **감람석 : 크롬, 철광으로 된 흑록색의 치밀한 석질의 화성암**으로 **건축 장식재로 이용**된다. ★
⑪ **중정석 : X선 차단 콘크리트용 골재** ★
⑫ **트래버틴(대리석 일종의 석회암)** ★
  • 석질이 불균일하고 다공질이다.
  • 황갈색 반문이 있다.
  • 탄산석회를 포함한 물에서 침전, 생성된다.
  • 바닥재, 벽재, 테이블 상단 등 내장재로 사용된다.

6 점토의 성질

(1) 점토의 일반성질 ★

① 양질의 점토는 **물을 흡수하여 가소성**을 나타내며, **점토 입자가 미세할수록 가소성은 좋아진다.** ★
② 점토의 **주성분은 실리카와 알루미나**이다.
③ **인장강도**는 점토의 조직에 관계하며 **입자의 크기가 큰 영향을 준다.**
④ **압축강도는 인장강도의 약 5배** 정도이다. ★
⑤ 점토제품의 **색상은 철산화물 또는 석회물질**, 망간화합물, 소성온도에 의해 나타난다.(소성 색상은 **석회물질이 많을수록 황색, 철산화물이 많을수록 적색**이 된다.) ★
⑥ **사질점토는 적갈색으로 내화성이 부족**하며 보통벽돌, 기와, 토관의 원료로 사용된다.

⑦ **자토는 순백색**이며 **내화성이 우수하나 가소성은 부족**하다.
⑧ **석기점토는 유색의 견고하고 치밀한 구조**로 내화도가 높고 가소성이 있다.
⑨ **석회질점토는 백색으로 용해**되기 쉽다.
⑩ **산화철(Fe_2O_3) 등의 성분이 많으면 건조수축이 커서** 고급 도자기 원료로 부적합하다.
⑪ 점토제품에서 **SK번호는 소성온도**를 나타낸다. ★
⑫ 점토의 소성온도는 점토의 성분이나 제품의 종류에 따라 다르다.(저온으로 소성된 제품은 화학변화를 일으키기 쉽다.)
⑬ **점토를 소성**하면 용적, 비중 등의 변화가 일어나며 **강도가 현저히 증대**된다.
⑭ **점토를 가공 소성하여 냉각하면 금속성의 강성**을 나타낸다.

(2) 점토제품의 백화 ★★

벽돌을 접착시키는 **모르타르의 석회분이 빗물에 유출될 경우 수산화칼슘이 공기 중의 탄산가스 또는 벽돌의 유황성분과 결합하여 흰 가루가 생기는 현상**을 말한다.

(3) 점토제품의 백화현상 방지 대책 ★★

① **흡수율이 작은 벽돌이나 타일을 사용**한다.
② 벽돌이나 줄눈에 **빗물이 들어가지 않는 구조**로 한다.
③ **줄눈 모르타르의 단위 시멘트량을 적게** 한다.
④ **수용성 염류가 적은 소재를 사용**한다.

7 점토제품

(1) 점토벽돌

점토, 고령토 등을 원료로 하여 혼련, 성형, 건조, 소성시켜 만든 벽돌을 말한다.

미장 벽돌	점토 등을 주원료로 하여 소성한 벽돌로서 유공형 벽돌은 하중 지지면의 유효 단면적이 전체 단면적의 50% 이상이 되도록 제작한 벽돌을 말한다. • 1종 : 내장재 및 외장재로 사용된다. • 2종 : 내장재로만 사용해야 한다.
유약 벽돌	점토 등을 주원료로 하여 외부에 노출되는 표면에 유약 또는 그와 유사한 원료로 용융된 상태로 소성한 벽돌을 말한다. • 1종 : 내장재 및 외장재로 사용된다. • 2종 : 내장재로만 사용해야 한다.

참고

1. 보통벽돌의 종류
① 과소(품)벽돌 : 소성온도가 지나치게 높아서 강도가 강하고 두드리면 금속성 청음이 들린다.
② 소벽돌 : 소성온도가 양호하며 검붉은 색이다.
③ 변색벽돌

2. 경량벽돌의 종류
① 중공벽돌 : 벽돌 내부에 몇 개의 구멍을 가진 벽돌
② 다공벽돌 : 점토에 분탄, 톱밥 등을 혼합하여 성형한 후 소성한 벽돌

(2) 특수벽돌

포도 벽돌	• 도로나 마룻바닥에 까는 두꺼운 벽돌로서 원료를 연와토 등을 쓰고 식염 유로 시유 소성한 벽돌이다. • 경질이며, 흡습성이 적고 두꺼워서 도로 · 복도 · 창고 · 공장 등의 바닥에 사용된다.
내화 벽돌	• 내화점토로 만든 벽돌로 고온의 보일러 내부 및 굴뚝, 화로 등에 사용된다. • 내화벽돌의 주원료 광물 : 납석

(3) 점토벽돌의 모양에 따른 구분

일반형	유공형

(4) 점토벽돌의 품질 ★

품질	종류	
	1종	2종
흡수율(%)	10.0 이하	15.0 이하
압축강도(MPa)	24.50 이상	14.70 이상

(5) 점토벽돌의 치수 및 허용차 ★★

단위 : mm

항목	구분		
	길이	너비	두께
치수	190	90	57
	230	90	57
	290	90	48
허용차	±5.0	±3.0	±2.5

한 눈에 들어오는 **키** 워드

8 기타 점토제품

(1) 테라코타 ★

① 점토를 구워 만든 점토제품으로 건축구조용과 장식용으로 사용된다.
② 주로 석기질 점토나 상당히 철분이 많은 점토를 원료로 사용하며, 건축물의 패러핏, 주두 등의 장식에 사용되는 공동의 대형 점토제품을 말한다.

(2) 점토기와

① **소소와** : 저급점토를 원료로 900~1000℃로 소소하여 만든 것으로 흡수율이 큰 기와
② **훈소와** : 건조제품을 가마에 넣고 연료로 장작이나 솔잎 등을 써서 검은 연기로 그을려 만든 기와
③ **사유와** : 소소와에 유약을 발라 재소성한 기와
④ **오지기와** : 기와 소성이 끝날 무렵에 식염증기를 충만시켜 유약 피막을 형성시킨 기와

점토기와의 품질시험 종류
① 겉모양과 치수 ② 흡수율 ③ 휨 파괴 하중 ④ 내동해성

(3) 자기 ★

① **양질의 도토 또는 장석분을 원료로 하며, 흡수율이 1% 이하로 거의 없다.**
② 소성온도가 약 1,230~1,460℃로 가장 높다.
③ **모자이크 타일, 위생도기 등에 주로 사용**된다.

(4) 세라믹(도자기, 불에 구운 돌) ★

열과 냉각 등으로 굳어진 비금속을 하며 세라믹 제품에는 도자기, 벽돌, 타일 등이 있다.
① **내열성, 화학저항성이 우수**하다.
② **단단하고, 압축강도가 높다.**
③ **전기절연성**이 있다.
④ **가공이 어렵고 높은 취성(깨지기 쉬운 성질)**을 가진다.

(5) ALC 제품 ★

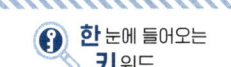

벽돌에 기포를 넣어 경량화한 제품을 말한다.
① 규산질, 석회질 원료를 주원료로 하여 기포제와 발포제를 첨가하여 만든다.
② **경량**이며 **단열성, 시공성이 매우 우수**하다.
③ **내화성이 크고 차음성이 우수**하다.
④ **흡수성이 크고, 표면마모가 쉽고 강도가 크지 않아 외벽 및 구조재로는 적합하지 못하다.**

04 강재 및 금속재

주요내용 알고 가기!

- 강의 열처리 방법
- 비철금속의 성질 및 종류별 특성
- 금속의 부식 방지 대책
- 금속 제품, 장식용 금속 제품, 창호용 철물

1 강재

(1) 용어정의

① 강성 : 외력을 받았을 때 변형에 저항하는 성질
② 연성 : 탄성한계를 넘는 힘을 가함으로써 파괴되지 않고 늘어나는 성질
③ 취성 : 작은 변형에도 파괴되는 성질
④ 소성 : 외력을 제거해도 본래 상태로 돌아가지 않고 영구변형이 남는 성질
⑤ 전성 : 얇게 펴지는 성질
⑥ 인성 : 재료의 질긴 정도
⑦ 경도 : 재료의 단단하고 무른 정도
⑧ 탄성 : 외부의 힘에 의해 변형된 물체가 다시 원래의 형태로 되돌아가려는 성질

(2) 강재의 강도

① 강재의 인장강도는 0~25[℃] 사이에서 증가하여 250[℃]에서 최대가 된다.
② 250[℃] 이상이 되면 강도가 감소되는데, 500[℃]에서는 상온에서의 강도의 1/2로 감소되고, 900[℃]에서는 1/10로 감소된다.
③ 탄소 함유량이 0%에서 0.8% 까지는 항복점 및 인장 강도는 증가, 연신율 및 단면 수축율, 연성은 낮아진다.
④ 탄소 함유량이 0.8% 이상이 되면 경도는 증가, 인장 강도는 낮아진다.
⑤ 강재의 인장강도가 최대로 될 경우의 탄소함유량의 범위는 0.8~1.0%이다. (인장강도가 가장 큰 강의 탄소 함유량은 약 0.9%)

⑥ 강재를 **압축할 경우** 압축강도는 항복점 부근까지는 인장인 경우와 같으나, 그 이후는 압축이 진행됨에 따라 최대하중은 **인장인 경우보다 낮아진다**.

(3) 강재(鋼材)의 일반적인 성질

① 열과 전기의 양도체이다.
② 광택을 가지고 있으며, 빛에 불투명하다.
③ 경도가 높고 내마멸성이 크다.
④ 전성이 크고 소성변형이 가능하다.

(4) 제강법의 종류

① **평로 제강법** : 바닥이 낮고 편평한 반사로를 이용하여 선철, 철광석을 용해한다.
② **전로 제강법** : 녹아있는 상태의 선철을 기울일 수 있는 로에 부어 공기를 불어넣으면서 연소 제강한다.
③ **전기로 제강법** : 전기를 열원으로 하는 노로서 주로 제강 특수강의 용해에 사용된다.
④ **반사로 제강법** : 천정과 벽을 가열하여 반사되는 열로 금속을 용해한다.
⑤ **도가니로 제강법** : 도가니에 재강 원료를 넣고 간접적으로 가열하여 용해한다.

(5) 강의 열처리 ★★

풀림	강을 800~1,000℃까지 가열한 후 로(爐)의 내부에서 서서히 냉각시킨다.
불림	강을 800~1,000℃까지 가열한 후 공기 중에서 서서히 냉각시킨다.
담금질	강을 800~1,000℃까지 가열한 후 물 또는 기름 속에서 급히 냉각시킨다.
뜨임질	담금질을 한 후 다시 200~600℃로 가열한 다음 공기 중에서 천천히 냉각시킨다.

특급암기법
내부에서 풀어주고, 공기에서 불리고, 물·기름에 담그면 공기에서 뜬다.

(6) 경량형강

① 단면이 작은 **얇은 강판을 냉간 성형하여 만든 것**으로 가설구조물 등에 많이 사용된다.
② 휨 내력은 우수하나 판 두께가 얇아 **국부좌굴이나 녹막이 등에 주의**할 필요가 있다.
③ **가공이 용이**하며 **볼트, 리벳, 용접 등의 다양한 방법을 적용**할 수 있다.
④ **주요 구조부는 대칭되게 조립**해야 한다.

(7) TMC 강재(Thermo Mechanical Control process steel: 내화강재)

열간 압연 시에 압연 온도를 조절하여 강도를 상승시켜 최적의 재질로 압연하는 과정을 거쳐 제조된 강재를 말한다.

(8) 드라이브 핀

특수 강제 못을 발사 총(못박기 총)을 써서 **콘크리트 벽이나 벽돌 벽, 강재 등에 박아대는 못**을 말한다.

2 비철금속(철을 포함하지 않은 금속)

(1) 금속재료의 일반적 성질

① 강도와 탄성계수가 크다.
② 경도 및 내마모성이 크다.
③ 열 및 전기 전도율이 크고 부식성이 크다.(부식되기 쉽다.)
④ 비중이 큰 편이다.

(2) 비철금속의 성질 및 용도 ★

① **동은 전연성이 풍부**하므로 **가공하기 쉽다.**
② **납은 묽은 산과 알칼리에는 잘 침식되지 않지만** 질산과 같은 **강한 산에는 침식**된다.(콘크리트에 침식되지 않는다.)
③ **아연은 이온화 경향이 크고 철에 의해 침식**된다.
④ 대부분의 **구조용 특수강은 니켈을 함유**한다.

(3) 금속의 부식방지 대책(방식 대책) ★

① 가능한 한 **이종 금속은 이를 인접, 접속시켜 사용하지 않을 것**
② **균질한 것을 선택**하고, 사용할 때 **큰 변형을 주지 않도록 할 것**
③ **큰 변형을 준 것은 가능한 한 풀림하여 사용**할 것
④ 가능한 한 **건조상태로 유지하고 부분적인 녹은 빨리 제거할 것**
⑤ 도료 및 내식성이 큰 금속의 **기밀 또는 수밀성 보호피막을 만들거나 방부피막을 실시할 것**

(4) 방청 안료(녹 방지 안료)

① **금속 부식을 방지하고 금속 표면에 대한 페인트의 보호 효과를 향상**시킨다.
② **연단, 징크로메이트, 크롬산아연** 등이 있다.

(5) 비철금속의 종류별 특성

1) 동(Cu : 구리) ★

① 동은 **건조한 공기 중에서는 산화하지 않으나, 습기가 있거나 탄산가스가 있으면 녹이 발생**한다.
② 동은 **맑은 물에는 침식되지 않으나 해수에는 침식**된다.
③ **산 및 알칼리에 약**하다.(콘크리트에 접하는 곳에서는 부식이 빠르다.)
④ **전기 및 열전도율이 매우 크다.**
⑤ 건축용 판재, **지붕재료, 못, 급배수용 배관** 등 **냉난방재료로 사용**된다.

2) 동합금

황동(Cu+Zn)	청동(Cu+Sn) ★
① **동과 아연의 합금으로 동보다 단단하며 가공이 용이하다.** ② **창문의 레일, 경첩, 장식철물, 나사** 등에 사용한다.	① **동(구리)과 주석을 주성분으로 한 합금이다.** ② **건축용 장식품, 미술 공예 재료**로 사용한다. ③ 황동보다 내식성이 좋고 내마모성과 주조성이 우수하다.

3) 알루미늄(Al) ★

① **철 비중의 1/3정도의 경량**이며, 전·연성이 우수하여 가공하기 쉽다.
② 열, 전기의 양도체이며 반사율이 크다.
③ **내화성이 작고** 열팽창이 크다.
④ **산과 알칼리에 약하다.**(알칼리나 해수에 침식되기 쉽다.)
⑤ 대기 중에 방치하면 산화알루미늄 피막을 형성하여 **내구적**이다.

⑥ **콘크리트**에 접하거나 **흙 중**에 매몰된 경우에 **부식되기 쉽다.**
⑦ 순도가 높은 알루미늄일수록 내식성이 좋고 전·연성이 커진다.
⑧ 부식률은 대기 중의 습도와 염분 함유량, 불순물의 양과 질 등에 관계되며 0.08mm/년 정도이다.
⑨ 융점이 낮기 때문에 용해주조는 좋으나 내화성이 부족하다.
⑩ 알루미늄과 강판을 접촉하여 사용하면 알루미늄판이 부식된다.

4) 아연(Zn)

① 아연은 **산 및 알칼리에 약하나 일반 대기나 수중**에서는 공기 중의 습기와 CO_2에 의해 **염기성 탄산염의 피막을 형성하여 내식성이 크다.**(건조한 공기 중에서는 거의 산화되지 않는다.)
② **묽은 산류에 쉽게 용해**된다.
③ 주 용도는 **철판의 아연도금**이며, **함석 제조용, 지붕 재료로 사용**한다.

5) 납 ★

① 비중 크고, 연성과 전성이 커서 가공하기 쉽다.
② **X선 차단효과가 큰 금속**이다.(방사선실 **방사선 차폐용으로 사용**)
③ 묽은 산과 알칼리에는 잘 침식되지 않지만 **질산과 같은 강한 산에는 침식**된다.
④ **공기 중에서 탄산연($PbCO_3$) 등이 표면에 생겨 내부를 보호**한다.
⑤ **인장강도가 극히 작은 금속**이다.(전성은 크나 연성은 작다.)

6) 주석 ★

주조성·단조성이 좋으며, 인체에 무해하여 **식품 보관용 용기** 등에 사용된다.

7) 티타늄과 그 합금

① **은백색의 굳은 금속원소**로서 불순물이 포함되면 강해지는 경향이 있다.
② **스테인리스강보다 내식성이 우수**하다.

3 금속 제품

(1) 와이어 메시(wire mesh) ★

① **고강도 철선을 세로선과 가로선을 직각으로 배열**하여 교차점을 **전기용접으로 접합한 격자형의 시트**를 말한다.
② **콘크리트 바닥, 벽체, 지붕 등의 균열억제 및 보강용 철근으로 사용**된다.

(2) 라스

① **모르타르를 바르기 위해 밑바탕에 치는 금속제 망**을 말한다.
② **메탈라스**(metal lath)와 **와이어라스**(wire lath)로 나뉜다.

메탈라스(metal lath)	① 연 강판에 일정한 간격으로 그물눈을 내고 늘여 철망모양으로 만든 것을 말한다. ② 천장 · 벽 등의 모르타르 바름 바탕용으로 사용된다.
와이어라스(wire lath) 뜨임질	① 아연도금 철선 또는 보통 철선을 서로 교차시켜 만든 일종의 철망이다. ② 주로 미장 바름의 바탕용으로 사용된다.

(3) 익스팬디드 메탈(Expended Metal)

얇은 철판에 일정 간격으로 절단면을 낸 **펀칭메탈을 길게 늘여 마름모꼴 형상의 공극을 생기도록 한 것**이다.

(4) 줄눈대(metallic joiner) ★

인조석 갈기 및 테라조 현장 갈기 등에 사용되는 구획용 철물로 사용된다.

(5) 데크 플레이트 ★

강재류를 요철 가공하여 바닥구조에 사용하는 성형된 판으로 **콘크리트 슬래브의 거푸집 패널 또는 바닥판 및 지붕판으로 사용**된다.

(6) 장식용 금속 제품 ★

① **코너비드** : 벽, 기둥 등의 **모서리 부분의 미장 바름을 보호**하기 위하여 사용하는 모서리쇠
② **조이너** : 천장에 보드를 붙인 후 그 **이음새를 감추기 위한 목적**으로 사용
③ **펀칭메탈** : **환기구멍이나 라디에이터의 덮개역할**로 사용

(7) 창호용 철물 ★

① **피벗힌지**(pivot hinge) : **경첩 대신 촉을 사용하여 여닫이문을 회전시킨다.**
② **나이트 래치**(night latch) : **외부에서는 열쇠, 내부에서는 작은 손잡이를 틀어 열 수 있는 실린더장치**로 된 것이다.

한 눈에 들어오는 키워드

③ **크레센트**(crescent) : **오르내리창 또는 미서기창의 잠금 철물로 사용**된다.
④ **래버터리 힌지**(lavatory hinge) : **스프링 힌지의 일종으로 공중용 화장실 등에 사용**된다.
⑤ **플로어 힌지** : 경첩으로 유지할 수 없는 **무거운 자재의 여닫이문에 사용**된다.
⑥ **지도리** : 장부가 구멍에 들어 끼어들게 만든 철물로서 **회전창에 사용**된다.
⑦ **도어클로저(도어체크)** : 문을 열면 자동적으로 문이 닫히게 하는 장치를 말한다.

05 미장 및 방수재료

주요내용 알고 가기!

- 응결 경화 방식에 의한 미장재료의 분류
- 미장재료의 종류 및 특성
- 미장바탕이 갖추어야 할 조건
- 미장바름의 종류
- 방수공법의 종류
- 도막방수의 종류 및 특징
- 아스팔트의 침입도
- 아스팔트의 종류
- 석유계 아스팔트
- 아스팔트 제품

1 미장 재료

(1) 응결 경화 방식에 의한 미장재료의 분류 ★★

구분	종류
수경성(팽창성) : 경화시간이 짧다.	① 석고질 　• 석고 플라스터 　• 혼합석고 플라스터(배합석고) 　• 경석고 플라스터(킨즈시멘트) ② 시멘트모르타르 ③ 인조석 바름 ④ 테라조 현장 바름 **특급암기법** : 수(수경성) 고(석고)하는 시(시멘트모르타르) 인(인조석) 테라조
기경성(수축성, 알칼리성) : 경화시간이 길다.	① 석회질 　• 회반죽 　• 회사벽 ② 돌로마이트플라스터(마그네시아 석회) **특급암기법** : 기(기경성) 회(석회,회반죽,회사벽) 돌(돌로마이트플라스터)

- **수경성** : 물과 작용하여 경화하고 차차 강도가 크게 되는 성질
- **기경성** : 공기 중에서 경화하는 것으로 공기가 없는 수중에서는 경화되지 않는 성질

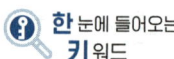
한눈에 들어오는 키워드

(2) 미장재료의 구성 재료 ★

① 부착재료는 마감과 바탕재료를 붙이는 역할을 한다.
② 무기혼화재료는 시공성 향상 등을 위해 첨가된다.
③ 풀재는 점성을 가지게 하기 위해 첨가된다.
④ 여물재는 균열방지를 위해 첨가된다.

(3) 미장재료의 종류 및 특성

1) 회반죽 ★

① 소석회에 모래, 해초풀, 여물 등을 혼합하여 바르는 미장재료이다.
② 목조바탕, 콘크리트 블록 및 벽돌 바탕 등에 사용된다.
③ 경화건조에 의한 수축률은 미장 바름 중 큰 편이다.
④ 발생하는 균열은 여물로 분산·경감시킨다.

2) 소석회

① 생석회에 물을 가하면 소석회가 된다.
② 소석회의 품질평가 항목
- 분말도 잔량
- 점도계수
- 경도계수

3) 여물 ★

① 건조 수축에 의한 균열을 방지할 목적으로 여물을 첨가한다.
② 재료에 끈기를 주어 흘러내림을 방지한다.
③ 흙손질을 용이하게 하는 효과가 있다.
④ 바름 중에는 보수성을 향상시키고, 바름 후에는 건조에 따라 생기는 균열을 방지한다.
⑤ 여물의 섬유는 질기고 가늘며 부드럽고 흰색일수록 양질의 제품이다.

4) 석고플라스터

① 석고, 물, 모래의 성분으로 마르면 경화하는 성질이 있다.
② 건조하면 팽창하는 성질이 있어서 건조 시 균열 발생이 없다. ★

5) 경석고 플라스터(킨즈 시멘트) ★

① 무수석고 + 모래 + 여물 + 물로 구성된다.
② **강도가 크고 수축균열이 거의 없다.**
③ 무수석고의 **경화를 촉진시키기 위해 혼화재료로 백반을 사용**한다.
③ 백반은 산성이므로 **금속을 녹슬게 하는 결점**이 있다. (다른 소석고와 혼합 금지)

6) 돌로마이트 플라스터 ★

① **돌로마이트 석회에 모래, 여물을 혼합**한 것
② **점도가 높아 해초풀이 필요 없고** 시공이 용이하다.
③ **경화에 의한 수축률이 커서 균열 발생이 쉽다.**
④ 통풍이 잘 되지 않는 **지하실의 미장재료로 적절하지 못하다.**
⑤ **보수성이 크고 응결시간이 길다.**
⑥ 회반죽에 비하여 **조기강도 및 최종강도가 크고 착색이 쉽다.**
⑦ **여물을 혼입하여도** 건조수축이 크기 때문에 **수축 균열이 발생한다.**

7) 미장재료 중 시공 후 강재의 초기 부식을 유발하는 재료

① 마그네시아 시멘트
② 경석고 플라스터
③ 보드용 석고 플라스터

8) 미장용 혼화재료 중 착색을 목적으로 하는 착색재

① 합성산화철
② 카본블랙
③ 이산화망간

(4) 미장 바름

1) 미장바탕이 갖추어야 할 조건 ★

① 미장 바름을 지지하는데 필요한 **강도와 강성이 있을 것(미장층보다 강도, 강성이 클 것)**
② 미장 층과 **유효한 접착강도를 얻을 수 있을 것**
③ 미장 층의 **경화, 건조에 지장을 주지 않을 것**
④ 미장 층과 **유해한 화학반응을 하지 않을 것**

2) 용어정의

① **바탕처리** : 요철 또는 변형이 심한 개소를 고르게 덧바르거나 깎아내어 **마감 두께가 균등하게 되도록 조정하는 것**을 말한다.

② **덧 먹임** : 바르기의 **접합부 및 균열의 틈새, 구멍 등에 반죽된 재료를 밀어 넣어 때우는 것**을 말한다.

③ **라스 먹임** : 미장 바름을 위해 **바탕에 철망(메탈라스, 와이어라스)을 붙이는 작업**을 말한다.

④ **고름질** : 바름 두께 또는 **마감 두께가 고르지 않거나 요철이 심할 때 초벌 바름 위에 발라서 면을 고르는 것**을 말한다.

⑤ **러프코트**(Rough coat) : 시멘트, 모래, 잔자갈, 안료 등을 반죽하여 **바탕 마름이 마르기 전에 뿌려 바르는 거친 벽 마무리**를 말하며 일종의 인조석 바름이다.

⑥ **리신 바름**(lithin coat) : **돌로마이트에 화강석 부스러기, 색모래, 안료 등을 섞어 6mm정도 정벌 바름하고 충분히 굳지 않은 때에 표면에 거친 솔 등으로 긁어 거친 면으로 마무리한 바름**을 말한다. ★

⑦ **초벌바름** : **바탕과의 접착을 주목적**으로 하며, **바탕의 요철을 완화시키기 위한 바름**을 말한다. ★

• 바름층을 **바탕에 가까운 것부터 초벌바름, 재벌바름, 정벌바름, 마감바름 순**으로 진행한다.

(3) 바름 순서

① 바름 순서는 **위에서 밑으로, 실내는 천장 – 벽 – 바닥, 외벽은 옥상난간에서부터 지층의 순**으로 한다.

② **수직과 수평이 만나는 곳은 수평면을 먼저 바르고 수직면은 나중에 바른다.** 바른 모르터를 잘 누르면 내부의 시멘트풀이 바탕 면에 침투하여 충분히 번지기 때문에 접착이 잘된다.

③ **바름 순서** : 바탕의 청소 → 초벌 바름, 고르기 및 라스 밀기 → 재벌 바름 → 정벌바름 → 1회 바름 마무리 → 2회 바름 마무리 → 바닥 바름 → 줄눈 설치 → 보양

④ **이질재와 접합부로서 조적조는 3m 이상의 경우에 신축줄눈을 설치**하고, **콘크리트 면과 조적 등 이질재의 접합부에도 신축줄눈을 설치**한다. **구조체가 팽창줄눈일 경우는 팽창줄눈을 설치**한다.

2 방수 재료

(1) 방수공법

1) 방수공법의 종류 ★

① **시멘트(Cement) 액체 방수(시멘트 모르타르 방수)** : 방수제 및 방수액 등을 혼합한 **모르타르를 발라 피막 방수층을 형성**하는 공법
② **피막(Membrane) 방수** : 지붕, 차양, 발코니, 외벽 등 **얇은 피막상의 방수층으로 전면을 덮는 방수**공법
③ **시트(Sheet) 방수(합성수지 고분자 방수)** : **합성고분자 루핑을 접착재로 부착하여 방수층을 형성**하는 공법
④ **도막 방수** : 액체로 된 **방수도료를 여러 번 칠하여 방수막을 형성**하는 공법

2) 도막방수의 종류

① **유제형 도막방수**(에멀션형) : **수지유제(아크릴, 합성고무, 초산비닐)를 수회 칠하여** 두께 0.5~1mm 정도의 **방수피막을 형성**하는 공법이다.
② **용제형 도막방수**(솔벤트형) : **합성고무를 휘발성용제에 녹여 수회 칠하여** 두께 0.5~0.8mm 정도의 **방수피막을 형성**하는 방법이다.
③ **에폭시계 도막방수**
   - 에폭시수지를 수회 칠하여 0.1~0.2mm 정도의 얇은 **도막을 형성**하는 공법이다.
   - **내약품성, 내마모성이 우수**하여 화학공장의 **방수층을 겸한 바닥 마무리로 가장 적합**하다.

(2) 방수재료

1) 도막방수 재료

① **무기, 유기질 혼화재**
② **아크릴고무 도막재**
③ **고무아스팔트 도막재**
④ **우레탄고무 도막재**
   - 지붕 및 일반바닥에 가장 일반적으로 사용되는 것으로 **주제와 경화제를 일정 비율 혼합하여 사용하는 2성분형과 주제와 경화제가 이미 혼합된 1성분형**으로 나누어진다.

2) 벤토나이트 방수재료

① **벤토나이트가 물을 많이 흡수하면 팽창하고 건조하면 수축하는 성질을 이용**한 방수공법
② **염분을 포함한 해수에서는** 벤토나이트의 팽창반응이 강화되어 **차수력이 강해진다.**

3) 아스팔트(Asphalt) : 천연 혹은 석유 아스팔트를 이용한다.

① **침입도(아스팔트의 양부(良否)를 판별하는 주요 성질)** ★
  - 침입도란 어떤 조건에서 **아스팔트가 얼마나 굳은가의 정도(아스팔트의 경도)를 나타내는 값**으로 규정된 굵기와 무게를 갖는 **바늘이 아스팔트 속으로 관입하는 깊이로 표시**한다.
  - 표준 침이 시료 중에 관입한 깊이를 표시하는 단위는 **관입량 0.1mm를 침입도 1로 표시**한다.
  - 시험조건 : 시험중량 100g, 시험온도 25℃, 관입시간 5초를 표준으로 한다.
  - 역청재의 온도는 침입도 값에 비례한다.

② **연화점**
  - **아스팔트를 가열하여 액상의 점도에 도달했을 때의 온도**를 말한다.
  - 연화점이 **높을수록 좋은 아스팔트**이다. ★

③ **인화점**
  - 아스팔트를 가열하여 **불을 대는 순간 불이 붙을 때의 온도**를 말한다.
  - 아스팔트의 **인화점은 250~320[℃] 정도**이다.

④ **감온비**
  - 아스팔트의 **온도변화에 따른 침입도의 변화 정도를 나타내는 수치**이다.
    (온도는 아스팔트의 침입도, 점도, 경도, 연신율 등에 가장 큰 영향을 준다.)
  - **감온성 : 외부 온도변화에 따라 아스팔트의 경도 및 점도 등이 변화하는 성질**을 말한다.

⑥ **신도**
  - 아스팔트가 신장되는 늘임의 정도를 말한다.

4) 방수지

① **아스팔트 펠트**
  - **유기성 섬유(양모, 폐지)를 가열, 고착하여 만든 펠트에 스트레이트 아스팔트를 침투시킨 것**이다.
  - 내구성이 약해 주로 바탕용으로 사용된다.

② 아스팔트 루핑 ★
- 동·식물섬유를 원료로 한 **펠트에 스트레이트 아스팔트를 침투시키고, 양면을 블로운 아스팔트로 피복**한 후 표면에 광물질 분말을 살포한 것이다.
- 방수성이 크다.

③ 특수 루핑
- **석면 아스팔트 루핑, 모래붙임 루핑, 망상 루핑, 알루미늄 루핑** 등이 있다.

5) 아스팔트의 종류

① **천연 아스팔트** ★
- 레이크(lake) 아스팔트
- 로크(rock) 아스팔트
- 아스팔타이트

② **석유계 아스팔트** ★

스트레이트 아스팔트	① 아스팔트 성분이 가능한 한 변화되지 않도록 만든 것이다. ② **점착성, 신성(신축성), 침투성, 방수성** 등이 우수하다. ③ 연화점이 낮고, 내구력이 떨어지고, 내후성 및 온도에 의한 변화정도가 커서 **주로 지하실 방수용으로 사용된다**. ④ **점착, 신성(신축성,신장성), 침투성, 방수성은 스트레이트 아스팔트가 블로운 아스팔트보다 크다**.
블로운 아스팔트	① 점성이나 침투성은 작다. ② 연화점이 높고 열에 대한 안정성이 크고 내후성이 커서 **주로 지붕 또는 옥상방수에 사용된다**. ③ **연화점, 열안정성은 블로운 아스팔트가 스트레이트 아스팔트보다 크다**.
아스팔트 컴파운드	① **블로운 아스팔트에 동·식물섬유를 혼합**하여 유동성이 있게 만든 것이다. ② 용해점이 높고 고착력·신축이 양호하여 **최우량품이며 방수공사용으로 사용한다**.
아스팔트 프라이머	① **아스팔트를 휘발성 용제로 녹인 것으로 콘크리트 등의 모체에 침투가 용이하다**. ② 아스팔트 방수 시공 시 가장 먼저 사용되는 바탕처리재이며 **방수의 역할보다는 콘크리트 바탕면과 아스팔트 방수층과의 부착력을 증대시키는 역할**을 한다.

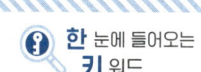

(3) 아스팔트 제품

1) 아스팔트 펠트 ★

① **유기천연섬유 또는 석면섬유를 결합한 원지에 연질의 스트레이트 아스팔트를 침투**시킨 것이다.
② 아스팔트 방수 중간층 재료, 모르타르 바탕의 방수 및 방습재, 내·외벽의 리스 등에 사용된다.

2) 아스팔트 루핑 ★

① 동·식물섬유를 원료로 **한 펠트에 스트레이트 아스팔트를 침투시키고, 양면을 블로운 아스팔트로 피복**한 후 표면에 광물질 분말을 살포한 것이다.
② 건물의 **평지붕의 방수층, 슬레이트의 평판 및 금속판의 지붕 깔기 바탕으로 사용**된다.

3) 아스팔트 프라이머 ★

① **블로운 아스팔트를 용제에 녹인 것으로 아스팔트 방수, 아스팔트 타일의 바탕처리재로 사용**된다.
② 콘크리트와 아스팔트의 밀착성을 좋게 하기 위해 사용한다.

4) 아스팔트 컴파운드 ★

석유 아스팔트에 동식물성 유지나 광물성 분말 등을 혼합하여 감온성을 개량한 **제품으로 방수재로 사용**된다.

5) 아스팔트 모르타르

아스팔트에 모래·쇄석 등의 골재를 혼합한 것으로 주로 바닥공사재료로 사용된다.

6) 아스팔트 코팅(asphalt coating)

① **블로운 아스팔트를 휘발성 용제에 녹이고 광물분말 등을 가하여 만든 것**이다.
② 방수, 접합부 충전 등에 사용한다.

7) 아스팔트 블록

① **아스팔트 모르타르를 벽돌형으로 만든 것**이다.
② 화학공장의 내약품 바닥마감재로 이용된다.

(4) 아스팔트 싱글제품

① 일반 아스팔트 싱글 : 단위 중량이 10.3kg/m² 이상 12.5kg/m² 미만인 아스팔트 싱글 제품
② 중량 아스팔트 싱글 : 단위 중량이 12.5kg/m² 이상 14.2kg/m² 미만인 아스팔트 싱글 제품
③ 초중량 아스팔트 싱글 : 단위 중량이 14.2kg/m² 이상인 아스팔트 싱글 제품
④ 무기질 섬유 제품 싱글
- 밑면에 접착제가 도포된 제품으로 설계도면이나 공사 시방서에서 별도로 명시되지 않은 경우에는 4kg/m² 이상의 무게를 가진 제품
- 유리섬유 제품의 아스팔트 싱글은 풍압에 대한 고려가 필요하지 않은 일반적인 경우에는 9.27kg/m² 이상인 제품을 사용하고 풍압에 대한 고려가 필요한 경우에는 12.5kg/m² 이상의 제품을 사용

06 도료 및 접착제

주요내용 알고 가기!

- 도료의 구성재료 및 특성
- 도료의 종류 및 특성
- 방청도료의 종류
- 합성수지 접착제의 종류와 특징

1 용어정의

(1) 도료

유동상태로 물체의 표면에 도포하여 얇은 막을 형성, 고화하여 그 물체를 보호하고 외관을 아름답게 하는 제품을 말한다.

(2) 도장 : 도료를 물체에 칠하는 것을 말한다.

(3) 도막 : 도료의 건조된 연속 피막을 말한다.

2 도료의 구성

유지(oil)	도장 후 공기 중의 산소와 화합하여 **도막구성 요소를 녹여서 유동성을 갖게 만드는 물질**을 말한다. ① **건성유** : 아마인유(linseed oil), 오동유(tung oil), 마실유(삼씨 기름, hemp oil) 등 ② **반건성유** : 대두유(콩기름, soubean oil), 채종류(채소씨 기름), 어유 등
건조제(dryer)	도료의 건조를 촉진시키기 위하여 가열하여 기름에 용해하여 사용한다. ① 상온에서 **기름에 용해되는 건조제** : **리사지, 연단, 초산염, 이산화망간, 붕산망간, 수산망간** 등 ② 가열하여 **기름에 용해되는 건조제** : **코발트의 수지산 또는 지방산 염류, 납, 망간** 등

휘발성 용제, 희석제, 신전제(thinner)	자체에는 용해성이 없으며, 기름의 점도를 작게 하여 작업을 편리하게 하는 것(페인트 등을 희석시키는 용도)으로 일반적으로 시너라고 한다.
수지(resin)	도막을 형성하는 데 주체가 되는 원료이다. ① 천연수지 : 송진, 세라믹, 에스테르, 크마론수지, 타르피치 등 ② 합성수지 : 알키드수지, 아크릴수지, 아미노수지, 폴리우레탄수지, 실리콘수지, 불소수지, 아크릴수지
용제(Solvents)	① 액체에 물질을 녹여서 하나의 물질을 만들 때 녹이고 있는 액체를 말한다. ② 도료의 도막을 형성하는데 필요한 유동성을 얻기 위하여 첨가한다.
안료(Pigment)	물, 기름 기타 용제에 녹지 않는 착색 분말을 말한다.
가소제(Plasticizer)	건조된 도막에 탄성, 가소성 등을 줌으로써 내구력을 증대시키기 위해 첨가하는 재료를 말한다.
전색제 (vechicle : 보일유)	도료가 액체 상태에 있을 때 안료를 분산 현탁시키고 있는 매질 부분을 말한다.

3 도료의 종류

페인트	수성페인트	안료+아교 또는 카세인+물
	유성페인트	안료+보일유(건성유+건조제)+희석제
	에나멜페인트	유성바니시+안료 또는 유성페인트+유지
바니시	유성바니시	수지+건성유+희석제
	휘발성바니시	수지+휘발성용제+안료
합성수지도료	용제형	합성수지+용제+안료
	에멀션형	합성수지+유화제+안료+물
	무용제형	중합제+안료

(1) 수성페인트

① 물을 용제로 하는 도료의 총칭으로 안료를 적은 양의 물로 용해하여 수용성 교착제와 혼합한 분말상태의 도료를 말한다.
② 수성페인트의 일종인 에멀션 페인트는 수성페인트에 합성수지와 유화제를 섞은 것이다.
③ 수성페인트의 재료로 아교·전분·카세인 등이 활용된다.
④ 회반죽면 또는 모르타르면의 칠에 적당하다.

⑤ 유성페인트에 비하여 **광택이 없고 내구성 및 내마모성이 작다.**
⑥ **건조시간이 짧고 사용이 간편**하다.

(2) 유성 페인트

① **건조시간이 길고 피막이 튼튼하고 광택이 있다.**
② 내알칼리성이 약해서 **콘크리트, 모르타르, 회반죽 등에는 사용하지 않는다.**
③ **경도가 크고 내후성, 내수성이 좋아서** 옥내외용으로 사용된다.
④ **독성 및 화재발생의 위험**이 있다.

(3) (유성)에나멜 페인트

① 접착력이 뛰어나고 색감이 강하다.
② **유성페인트보다 건조가 빠르고, 내수성 및 내약품성이 우수**하다.

(4) 유성바니쉬

① 건조가 느리며 **내후성이 작아서 옥외용으로 부적당하다.**
② **투명한 도료로 내부용 목재**에 사용된다.

단유성 바니쉬(골드사이즈)	수지의 비율이 기름의 양보다 많기 때문에 **속건성**이다.
중유성 바니쉬(코우펄 니스)	수지와 기름의 양이 같은 양으로 **중건성**이다.
장유성 바니쉬 (스파아니스 또는 보디니스)	수지보다 기름의 비율이 많은 바니쉬로 **완건성**이다.

(5) 휘발성 바니쉬

① 휘발성 바니시에는 **락(lock), 래커(lacquer)** 등이 있다.
② 휘발성 바니시는 **건조가 빠르나 도막이 얇고 부착력이 약하다.**
③ **내구성이 우수**하다.
④ **클리어래커는 안료가 들어가지 않는 도료(투명래커)로서 목재면의 투명도장**에 쓰인다.
⑤ **클리어래커는 내후성이 좋지 않아 외부에 사용하기에는 적당하지 않고 내부용으로 주로 사용**된다.
⑥ **클리어래커는 도막은 얇으나 견고하고 광택이 우수**하다.
⑦ **래커에나멜은 불투명 도료로서 클리어래커에 안료를 첨가한 것**을 말한다.
⑧ **셀락 니스** : 셀락(아주 작은 곤충의 분비물)을 변성 알코올에 용해한 것으로 **목부의 옹이 땜, 송진막이, 스밈 막이 등에 사용되나, 내후성이 약하다.**

(6) 합성수지 도료

① **도막이 단단하고 내산성 및 내알칼리성이 우수하다.**
② 유성페인트나 바니시보다 **건조 시간이 빠르다.**
③ 유성페인트나 바니시보다 **방화성이 더 우수하다.**

프탈산수지에나멜 도료	내알칼리성이 가장 적다.
에폭시수지 도료	• 에폭시수지 도료는 **충격 및 마모에 강해 외부 방청용으로 사용**된다. • 경화 시 휘발성이 없으므로 용적의 감소가 극히 적다.
합성수지 스프레이 코팅제	• 알키드수지 · 아크릴수지 · 에폭시수지 · 초산비닐수지를 용제에 녹여서 착색제를 혼입하여 만든 내 · 외장 도장재료를 말한다. • 내화학성, 내후성, 내식성이 좋고 치장효과가 있다.

4 방청 도료 ★

녹막이 도료 또는 녹막이 페인트
① **광명단** 도료
② **산화철** 도료
③ **알루미늄** 도료
④ **징크로메이트** 도료
⑤ **워시 프라이머(에칭 프라이머)**
⑥ **역청질 도료** : 탄화수소 화합물을 총칭하여 역청이라 하며, **역청재료는 천연 또는 원유의 건류 및 증류에 의해서 얻어지는 유기화합물, 아스팔트 등**을 말한다.

5 가열 건조형 도료

도료를 도장한 후 가열(소부)에 의해 도료가 도막으로 되는(건조) 도료를 말한다.
① 실리콘 도료
② 열 경화 아크릴 도료
③ 아미노알키드수지 도료
④ 가열 건조형 에폭시 도료

참고

도장결함

• **부풀음** : 도막의 일부가 하지로부터 부풀어 지름이 10mm 되는 것부터 좁쌀 크기 또는 미세한 수포가 발생하는 결함을 말한다.

• **변색** : 도막의 색상, 채도, 명도 중 어느 하나 또는 그 이상이 변화하는 것, 주로 채도가 낮아지거나 명도가 더욱 높아지는 것을 말한다.

• **백화** : 락카와 같은 속건 도료들이 도장 후나 건조 시에 수분의 영향을 받아 도막표면에 광택이 없고, 평활성이 적고 뿌옇게 백탁되는 현상을 말한다.

• **시딩(seeding)** : 도료의 저장 중에 온도 상승 · 하강의 반복에 의하여 도료 내에 작은 결정이 무수히 발생하며 도장 시 도막에 좁쌀모양이 생기는 현상을 말한다.

6 페인트 퍼티

① 건성유에 연백 또는 안료를 더하여 만든다.
② 주로 유성페인트의 바탕 만들기에 사용된다.

7 도료의 저장

1) 도료의 저장 중 또는 용기 내 방치 시 도료의 표면에 피막이 형성되는 원인
① 뚜껑의 봉합불량
② 용기 중에 공간이 있을 때 공기 중의 **산소와 산화반응**을 일으켜 발생
③ **피막방지제의 부족이나 건조제가 과잉**일 경우

2) 도료의 점도상승(용기 내에서 가스가 발생하여 용기가 부풀어 오름)의 원인
① 도료 중에 용제 또는 **첨가한 신나의 증발**
② **부적당한 신너로 희석 시**
③ 저장 중 산화, 중합에 의함
④ 안료와 수지의 반응
⑤ 주제와 경화제의 반응

3) 시딩(seeding)

도료의 저장 중에 **온도 상승·하강의 반복에 의하여 도료 내에 작은 결정이 무수히 발생**하며 도장 시 **도막에 좁쌀모양이 생기는 현상**을 말한다.

8 도장 직후에 도막이 흘러내리는 현상의 원인

① 두껍게 도장하였을 경우 흘러내릴 수 있다.
② 지나친 희석으로 점도가 낮을 때
③ 저온으로 건조시간이 길 때
④ airless 도장 시 팁이 크거나 2차 압이 낮아 분무가 잘 안되었을 때

9 건축용 접착제에 요구되는 성능

① 진동, 충격의 반복에 잘 견딜 것
② 취급이 용이하고 독성이 없을 것
③ 장기부하에 의한 크리프가 없을 것
④ 고화 시(경화 시) 체적수축 등에 의한 변형을 일으키지 않을 것
⑤ 내열성, 내약품성, 내수성 등이 있고 가격이 저렴할 것

10 접착제의 종류

(1) 동물질 접착제 및 식물질 접착제

동물질 접착제	식물질 접착제
• 동물질 아교 • 알부민 아교 • 카세인 아교	• 대두 아교 • 전분질계 접착제 • 소맥질 접착제

(2) 합성수지 접착제 ★

요소수지 접착제	① 상온에서의 접착력이 강하고 수분에 대한 저항성도 있다. ② 고온에 민감하여 65℃ 이상의 온도나 상대습도가 높은 경우에는 열화되는 단점이 있다.(내수성이 좋다고 할 수 있으나 **다른 합성수지 접착제에 비해 내수성이 부족하다.**) ③ 목재접합, 합판제조 등에 사용 된다. ④ 값이 저렴하다.
페놀수지 접착제	① **주로 목재 접착에 사용**되며, 유리나 금속의 접착에는 적합하지 않다. ② **내열, 내수성이 우수**한 편이다. ③ 기온이 20℃ 이하에서는 **충분한 접착력을 발휘하기 어렵다.** ④ 완전히 **경화하면 적동색**을 띤다. ⑤ **용제형과 에멀젼형**이 있고 멜라민, 초산비닐 등과 공중합시킨 것도 있다.
에폭시수지 접착제	① **주제와 경화제로 이루어진 2성분계의 접착제**이다.(접착제의 성능을 지배하는 것은 경화제라고 할 수 있다.) ② 금속, 석재, 플라스틱, 콘크리트 등 **거의 모든 재료의 접착에 사용**된다.(알루미늄과 같은 **경금속 접착에 가장 적합**하다.) ③ 급경성으로 **내화학성, 내수성, 전기절연성이 우수**하다. ④ 비스페놀과 에피클로로하이드린의 반응에 의해 얻을 수 있다. ⑤ **피막의 유연성이 부족**하다.

멜라민수지 접착제	① 열경화성수지 접착제로 **내수성이 우수**하여 **내수합판용**으로 **사용**된다. ② **순백색 또는 투명백색**이다. ③ **멜라민과 포름알데히드**로 제조된다.
실리콘수지 접착제	① 실리콘수지는 **내열성, 내한성이 우수**하여 −60~260℃의 범위에서 안정하다. ② **탄성**을 지니고 있고, **내후성도 우수**하다. ③ 발수성(물이 스며들지 않는 성질) 및 내수성(물이 묻어도 젖지 않는 성질)이 있기 때문에 **건축물, 전기 절연물 등의 방수**에 쓰인다. ④ **내열성(내화성)**이 우수한 **알루미늄을 혼합**하여 **내열도료**로 **사용**된다.
비닐수지 접착제	① 용제형과 에멀션(emulsion)형이 있다. ② **가격이 저렴하고 작업성이 좋다.** ③ **내열성 및 내수성이 나쁘다.** ④ **목재 및 가구, 창호, 도배 등의 접착**에 사용된다. ⑤ 합성수지계 접착제 중 내수성이 가장 좋지 않은 접착제 : 초산 비닐수지 접착제

(3) 아스팔트 접착제

① **아스팔트를 주체로 하여** 이에 **용제를 가하고 광물질 분말을 첨가**한 풀 모양의 접착제이다.
② 아스팔트 타일, 시트, 루핑 등의 접착용으로 사용한다.
③ **화학약품에 대한 내성이 크다.**
④ **접착성이 양호**하며 **습기를 전혀 투과하지 못한다.**
⑤ **값이 저렴**하다.

07 합성수지 및 단열재, 기타 재료

> **주요내용 알고 가기!**
> - 열경화성 및 열가소성수지의 종류 및 특성
> - 합성수지 제품
> - 플라스틱 재료의 일반적인 특성

1 합성수지

(1) 합성수지의 일반적인 성질

① **투과성이 큰 것은 유리대용의 효과**를 가진다.
② **착색이 자유로우며** 형태와 표면이 매끈하고 미관이 좋다.
③ **흡수율, 투수율이 작으므로 방수효과가 좋다.**
④ 경도, 내마모성이 작아서 **마멸되기 쉬운 곳에는 부적합**하다.

(2) 플라스틱 재료의 일반적인 성질

① 플라스틱은 일반적으로 **투명 또는 백색의 물질이므로** 적합한 안료나 염료를 첨가함에 따라 상당히 광범위하게 채색이 가능하다.
② 플라스틱의 **내수성 및 내투습성은** 폴리초산비닐 등 일부를 제외하고는 극히 **양호**하다.
③ 플라스틱은 **상호간 계면접착이 잘되며, 금속, 콘크리트, 목재, 유리** 등 다른 재료에도 잘 부착된다.
④ 플라스틱은 일반적으로 **전기절연성이 양호하다.**

(3) 플라스틱 건설재료의 현장적용 시 고려사항

① **열가소성 플라스틱 재료들은 열팽창계수가 크므로** 경질판의 정착에 있어서 **열에 의한 팽창 및 수축 여유를 고려**하여야 한다.
② 마감부분에 사용하는 경우 표면의 흠, 얼룩변형이 생기지 않도록 하고 **필요에 따라 종이, 천 등으로 보호하여 양생**한다.

한 눈에 들어오는 키워드

③ 열경화성 접착제에 경화제 및 촉진제 등을 혼입하여 사용할 경우, 심한 발열이 생기지 않도록 적정량의 배합을 한다.
④ 두께 2mm 이상의 열경화성 평판을 현장에서 가공할 경우, 가열 가공하지 않도록 한다.

(4) 열경화성 및 열가소성수지

1) 열경화성 수지

열을 가함으로서 화학반응을 일으켜 단단해지며, 냉각 후 다시 가열하여도 연화 용융을 하지 않는(가소성이 되지 않는) 합성수지를 말한다.

2) 열가소성 수지

열을 가하여 성형한 뒤에도 다시 열을 가하면 형태를 변형시킬 수 있는 합성수지를 말한다.

3) 열경화성 및 열가소성수지의 종류 ★★

열경화성 수지	열가소성 수지
• 페놀 수지 • 요소 수지 • 멜라민 수지 • 알키드 수지 • 실리콘 수지 • 에폭시 수지 • 우레탄 수지 • 프란 수지 • 폴리에스테르 수지 • 불포화폴리에스테르수지	• 염화비닐 수지 • 초산비닐 수지 • 메틸메타크릴 수지 • 폴리에틸렌 수지 • 폴리스티렌 수지 • 아크릴 수지 • 스티롤 수지 • 셀룰로이드

특급암기법
가수(열가소성수지) 염비 초비 메틸 에틸렌(폴리에틸렌) 아크릴 스티(스티롤) 로이드(셀룰로이드)

4) 열경화성 수지의 특성 ★

멜라민 수지	① 마감재, 치장재, 가구재, 전기부품으로 사용된다. ② 경도가 크고 내수성이 작다.
폴리에스테르 수지	① 고분자 합성수지의 일종으로 상온, 상압 하에서 성형이 가능하고 기계적 강도가 높다. ② 글라스 섬유로 강화된 평판, 판상제품으로 주로 사용된다. ③ 전기절연성, 내열성이 우수하고 특히 내약품성이 뛰어나다.
에폭시 수지	① 접착제로 사용된다. ② 경화 시 휘발성이 적어 용적감소가 극히 적다.
요소 수지	내수합판의 접착제로 사용된다.
실리콘 수지	① 내약품성, 내후성, 내열성, 내한성이 우수하다. ② 개스킷, 패킹의 재료, 방수피막 등에 사용된다.

5) 열가소성 수지의 특성 ★

아크릴 수지	① 가열하면 연화 또는 융해하여 가소성이 되고, 냉각하면 경화한다. ② 분자구조가 쇄상구조로 되어 있다. ③ 투명도가 높아 유기유리(유기질 유리)라고도 불린다. ④ 무색, 투명하여 착색이 자유롭고 상온에서도 절단 · 가공이 용이하다. ⑤ 투광성이 크고 내약품성, 내후성이 크다.
폴리스티렌 수지	① 발포제로서 보드 상으로 성형하여 단열재로 널리 사용되며 천장재, 전기용품, 냉장고 내부 상자 등으로 사용된다. ② 전기절연성, 가공성이 우수하다.
염화비닐 수지	판재, 파이프 등의 각종 성형품으로 사용된다.
메타크릴 수지	메타크릴산메틸을 중합하여 만드는 열가소성수지
폴리우레탄 수지	① 내마모성이 있어 우레탄고무, 도료 접착제로 사용된다. ② 도막 방수재 및 실링재, 기포성 보온재로도 사용된다.

> 참고
> 폴리우레탄 수지는 열가소성 폴리우레탄 및 열경화성 폴리우레탄이 있다.

2 합성수지 제품

(1) 유리 섬유 강화 폴리에스테르판(폴리에스테르강화판 : FRP판)

① FRP는 열경화성 플라스틱의 대표 제품으로 불포화폴리에스테르수지에 0.1mm 이하로 가공한 유리섬유를 보강하여 만든다.(유리섬유를 폴리에스테르수지에 혼입하여 가압 · 성형한 판)
② 내구성이 좋아 내외장재, 가구재 등으로 사용되며 구조재로도 사용된다.

한 눈에 들어오는 키워드

(2) 개스킷(Gasket)

① 금속이나 그 밖의 **재료가 서로 접촉할 경우** 접촉면에서 가스나 물이 새지 않도록 하기 위해 끼워 넣는 **패킹(packing)**을 말한다.
② 수밀성, 기밀성 확보를 위하여 **유리와 새시의 접합부, 패널의 접합부 등에 사용**된다.
③ 내후성이 우수하고 부착이 용이하다.

(3) 실링재

1) 실링(Sealing)재

건축물의 **부재와 부재 간의 접합부분(줄눈부)에 채워** 수밀성, 기밀성 등의 성능을 주기 위한 **재료**를 말한다.

2) 초고층 건축물의 외벽시스템에 적용되고 있는 커튼월의 연결부 줄눈에 사용되는 실링재의 요구 성능

① 줄눈을 구성하는 **각종부재에 잘 부착**하는 것
② 줄눈 **주변부에 오염현상을 발생시키지 않는 것**
③ 줄눈부의 **방수기능을 잘 유지**하는 것
④ 줄눈에 발생하는 **줄눈의 거동(Movement)에 추종**할 것

(4) 코킹재(Caulking)

① 각종 부자재의 **조인트나 갈라진 틈에 대한 수밀을 유지하기 위하여 충진되는 물질**을 말한다.(예 실리콘, 우레탄 등)
② **아스팔트성 코킹재** : 전색재로서 유지나 수지 대신에 블로운 아스팔트를 사용한 것으로 **고온에 약하다**.

3 단열재

(1) 건축용 단열재의 종류

무기질 단열재(열에 강함, 흡습성 큼)	유기질 단열재 : 석유를 기반으로 제작된 단열재 (화재에 취약, 단열성능 우수)
① 유리질 단열재 : **유리면** ② 광물질 단열재 : **석면, 암면, 펄라이트** ③ 금속질 단열재 : **규산질**, 알루미나질, 마그네시아질 ④ 탄소질 단열재 : **탄소질 섬유**, 탄소분말 등으로 성형	① 발포**폴리스티렌** ② 발포**폴리우레탄** ③ 발포**염화비닐** ④ 셀룰로스 보온재 ⑤ 기타 플라스틱 단열재

1) 펄라이트 보온재 ★

진주석 등을 800~1,200°C로 가열 팽창시킨 내부에 미세공극을 가지는 **경량구상형의 입자로 구성되어 단열, 보온, 흡음 등의 목적**으로 사용된다.

2) 경질우레탄폼 단열재

① **단열성이 우수**하다.
② **두께가 얇아** 공간 확보에 도움이 된다.
③ 장기 열전도율이 우수하고 **흡수율이 적다.**
④ **사용시간이 경과함에 따른 상태변화가 적다.**

3) 석고보드

① 부식이 잘 되지 않고 **충해를 받을 염려가 적다.**
② **단열성, 차음성이 우수**하다.
③ 시공이 용이하여 **천장, 칸막이 등에 주로 사용**된다.
④ 내수성, 탄력성이 부족하다.

4) 세라믹파이버

세라믹을 원료로 만든 섬유로서 1,000°C 이상의 고온에도 잘 견뎌서 **공업용 가열로의 내화 단열재**로 주로 쓰이고, 최근에는 **건축용, 철골의 내화 피복재**로 사용된다.

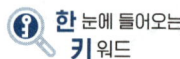
한 눈에 들어오는 키워드

4 유리

유리의 **주성분은 이산화규소(SiO_2)**이다.

(1) 유리의 종류 ★

① **복층유리** : 2장 이상의 판유리 등을 나란히 넣고, 그 틈새에 대기압에 가까운 압력의 건조한 공기를 채우고 그 주변을 밀봉·봉착한 것으로 **결로 현상의 발생이 가장 적다.**
② **에칭유리** : 5mm 이상 **판유리 면에 그림, 문자 등을 새긴 유리**
③ **강화유리** : 판유리를 열처리한 후 **유리 표면에 공기를 불어 급랭시킨 유리**
 • 유리 **표면에 강한 압축 응력층을 만들어 파괴강도를 증가시킨 것**이다.
 • **강도는 플로트 판유리에 비해 3~5배 정도**이다.
 • 주로 **출입문이나 계단 난간, 안전성이 요구되는 칸막이 등에 사용**된다.
 • 깨어질 때는 **판유리 전체가 파편으로 잘게 부서진다.**(깨지더라도 파편이 피부를 다치지 않게 한다.)

강화유리의 검사항목	
① 파쇄시험	② 쇼트백시험
③ 내충격성시험	④ 투영시험

④ **열선반사유리** : 유리 바깥쪽에 크롬, 철, 코발트 등의 금속을 코팅하여 부착해서 **태양 방사열의 투과와 반사를 적절하게 조절하게 한 유리**
⑤ **로이유리** : 유리 표면에 금속 또는 금속산화물을 얇게 코팅한 것으로 **열의 이동을 최소화시켜주는 단열성이 높은 유리**(고단열 유리로 일반적으로 복층유리로 제조된다.)
⑥ **배강도 유리** : 플로트판유리를 연화점부근까지 가열 후 **양 표면에 냉각공기를 흡착시켜** 유리의 표면에 20 이상 60 이하(N/mm^2)의 **압축응력 층을 갖도록 한 가공유리**
⑦ **망입유리** : 판유리 내부에 금속망을 삽입하고 내열성이 뛰어난 특수 레진을 주입한 다음 압착 성형한 유리

망입(網入)유리의 제조 시 사용되는 금속선
① 철선(철사)
② 황동선
③ 알루미늄선

(2) 특수 유리의 종류

① 열선반사 유리
- 판유리 한쪽 면에 열선반사를 위한 금속산화물 코팅막을 형성시켜 반사성능을 높인 유리
- 태양의 열선을 차단하여 냉방부하를 줄일 수 있다.

② 열선흡수 유리
- 보통 판유리에 철, 니켈, 코발트 등을 첨가하여 실내로 적외선(열선)이 잘 투과되지 않도록 한 유리

③ 스팬드럴 유리
- 판유리 표면에 색상을 첨가한 세라믹 도료를 코팅한 후 열처리, 냉각공정을 거친 유리로 고온, 고압에 잘 견디며, 다양한 색상과 내식성이 우수하여 반영구적으로 사용할 수 있다.
- 외벽의 상단 개구부 및 하단 개구부와의 사이 부분(스팬드럴)에 주로 설치한다.

④ 프리즘(prism) 유리(포도유리)
- 프리즘의 원리를 응용하여 투과광선의 방향을 변화시키거나 집중 확산시킬 목적으로 사용된다.
- **지하실, 지붕 등의 채광용으로 사용**된다.

⑤ 자외선투과 유리
- 자외선을 잘 투과(50~90%)하는 유리로 일광용 유리, 병원, 요양소 등에 사용된다.

⑥ 자외선차단(흡수)유리 ★
- 자외선을 차단하는 유리로 백화점 진열창, 박물관 진열장 등에 사용된다.

⑦ 액정조광유리
- 2장의 유리 사이에 액정시트를 끼운 유리로 투광성을 조절하고, 특정 방향의 시야를 차단할 수 있어 발코니의 난간 등에 사용한다.

⑧ 붕규산유리
- 내열성이 좋아서 내열식기에 사용하기에 가장 적합하다. ★

(3) 특수유리와 사용 장소 ★

① 진열용 창 : 자외선차단(흡수)유리
② 병원의 일광욕실 : 자외선투과유리
③ 채광용 지붕 : 프리즘유리
④ 형틀 없는 문 : 강화유리

한눈에 들어오는 키워드

(4) 유리의 열파손

유리의 중앙부와 주변부와의 온도 차이로 인해 응력이 발생하여 파손되는 현상
① 열흡수가 많은 **색유리에 많이 발생**한다.
② **동절기의 맑은 날 오전**(프레임과 유리의 온도 차가 클 때)에 많이 발생한다.
③ **두께가 두꺼울수록 열팽창응력이 크다.**
④ 판유리의 **온도 차가 60℃ 이상이 되면 열파손이 발생**한다.
⑤ 균열은 프레임에 직각으로 시작하여 경사지게 진행된다.

(5) 유리공사에 사용되는 자재

① **흡습제** : 작은 기공을 수억 개 갖고 있는 입자로 기체분자를 흡착하는 성질에 의해 **밀폐공간에 건조상태를 유지하는 재료**이다.
② **세팅 블록** : 새시 하단부의 유리끼움용 부재료로서 **유리의 자중을 지지하는 고임재**이다.
③ **단열간봉** : 복층유리의 간격을 유지하는 재료로 기존 알루미늄간봉보다 단열성능을 향상시켜 **복층유리의 결로를 방지하는 효과**가 있다. ★
④ **백업재** : 실링 시공인 경우에 **부재의 측면과 유리면 사이에 연속적으로 충전하여 유리를 고정하는 재료**이다.

5 벽지

(1) 벽지의 종류

① **초경벽지(갈포벽지)**
  • 우리나라 고유의 **전통 민속 공예 벽지**(삶은 칡덩굴의 껍질로 만든다.)
  • 자연적 감각 및 방음효과가 우수하다.
② **종이벽지**
  • **펄프를 원료**로 한 벽지
  • **벽지 표면을 코팅 처리함으로서 내오염, 내수, 내마찰성이 우수**하다.
③ **직물벽지**
  • **실을 뽑아 직기에 제직을 거친 벽지**로 소재로는 견, 모, 면, 마 등의 천연섬유와 레이온, 나일론, 아크릴 등 합성섬유가 사용된다.
  • 종이벽지보다 **먼지를 많이 흡수하고 퇴색하기 쉽지만 단열 효과 및 통기성** 우수하다.

④ **비닐벽지**
- 비닐 벽지의 **제조법은 토핑법**(염화비닐 필름 안에 종이를 넣고 표면에 프린트 가공이나 엠보스 가공)과 **코팅법**(내부의 종이에 프린트 가공을 하고 그 위에 염화 비닐 필름을 압착) 등 2가지가 있다.
- **물청소가 가능하고 시공이 용이**하며, 색상과 디자인이 다양하다.
- **통기성 부족으로 결로의 우려**가 있다.

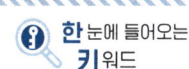

PART 04

건설시공

CHAPTER 01 시공일반

CHAPTER 02 토공사

CHAPTER 03 기초공사

CHAPTER 04 철근 콘크리트 공사

CHAPTER 05 철골공사

CHAPTER 06 해체공사 및 기타공사

CHAPTER 01 시공일반

주요내용 알고 가기!

- 입찰순서
- 네트워크 공정표
- 도급계약 제도
- 공동도급
- 턴키방식

01 가치공학(Value Engineering)

(1) 가치공학(Value Engineering)적 사고방식

① **사용자 중심의 사고**(고객본위)
② **기능 중심의 사고**
③ **고정 관념의 제거**
④ 생애비용을 고려한 **최소의 총비용**

(2) VE(Value Engineering) ★

① VE는 **최소의 생애주기비용**(LCC ; Life Cycle Cost)**으로 대상 시설물의 최상의 가치를 얻기 위하여** 설계내용에 대한 경제성 및 현장 적용의 타당성을 **여러 전문분야의 협력을 통해 기능별, 대안별로 검토하는 체계적인 프로세스**(Systematic Process)를 말한다.
② **VE에서의 가치** : 가치란 제품, 작업활동, 성능, 효용 등에 대한 본래의 값을 의미한다.

$$가치(V) = \frac{기능(F)}{비용(코스트 : C)}$$

(3) 건축시공의 현대화 방안

① **3S system** ★
- 작업의 **단순화**(Simplification)
- 작업의 **규격화**(Standardization)
- 작업의 **전문화**(Specialization)

② **재료의 건식화**, 건식 공법화
③ 건축 생산의 공업화, **양산화(PC화)**
④ **기계화 시공**, 시공 기법의 연구개발
⑤ **도급 기술의 근대화**(입찰방식의 개선)
⑥ 신기술 및 과학적 품질관리 기법의 도입
⑦ 새로운 경영기법의 도입 및 활용
⑧ 가설재료의 강재화
⑨ 정보화 및 생력화를 통한 생산합리화
⑩ 고객만족의 실현

02 공사 시방서

(1) 시방서의 종류 ★

① **표준시방서** : 시설물의 안전 및 공사시행의 적정성과 품질확보 등을 위하여 **시설별로 정한 표준적인 시공기준으로서 발주청 또는 설계 등 용역업자가 공사시방서를 작성하는 경우에 활용하기 위한 시공기준**을 말한다.
② **전문시방서** : 시설물별 표준시방서를 기본으로 모든 공종을 대상으로 하여 **특정한 공사의 시공 또는 공사시방서의 작성에 활용하기 위한 종합적인 시공기준**을 말한다.
③ **공사시방서** : **공사별로 건설공사 수행을 위한 기준으로서 계약문서의 일부가 되며, 설계도면에 표시하기 곤란하거나 불편한 내용**과 당해 공사의 수행을 위한 재료, 공법, 품질시험 및 검사 등 품질관리, 안전관리계획 등에 관한 사항을 기술하고, 당해 공사의 특수성, 지역여건, 공사방법 등을 고려하여 **공사별, 공종별로 정하여 시행하는 시공기준**을 말한다.
④ **특기시방서** : 당해 **공사의 특수한 조건에 따라 표준시방서에 대하여 추가, 변경, 삭제를 규정**한 시방서를 말한다.

(2) 시방서 및 설계도면 등이 서로 상이할 때의 우선순위 ★

① 설계도면과 공사시방서가 상이할 때는 **공사시방서를 우선**한다.
② 설계도면과 내역서가 상이할 때는 **설계도면을 우선**한다.
③ 표준시방서와 전문시방서가 상이할 때는 **전문시방서를 우선**한다.
④ 설계도면과 상세도면이 상이할 때는 **상세도면을 우선**한다.

> [우선순위]
>
> 공사시방서 〉 설계도면 〉 전문시방서 〉 표준시방서 〉 산출내역서 〉 승인된 상세시공도면 〉 관계법령의 유권해석 〉 감리자의 지시사항

03 시공방식

(1) 직영공사 ★

① **건축주가 직접 계획**을 세우고 재료구입, 노무자고용, 시공기계 및 가설재를 마련하여 **모든 공사를 자기 책임 하에 시행하며 발주**하는 방식이다.
② 영리목적의 도급공사에 비해 저렴하고 **재료선정이 자유로우며, 특수한 상황에 신속하게 대처할 수 있는 장점**이 있으나, 고용기술자 등에 의한 **시공관리능력이 부족하면 공사비 증대, 시공성의 결함 및 공기가 연장되기 쉬운 단점**이 있다.
③ 군공사와 같은 **기밀을 요하는 공사, 설계변경이 빈번한 공사**, 문화재와 같이 **고도의 기술을 요하는 공사, 재해응급 복구와 같이 대자본을 요하는 공사** 등에 **이용**된다.

장점	단점
① 발주, 계약 등의 수속이 절감된다. ② 영리를 도외시한 확실성 있는 공사가 된다. ③ 특수한 상황에 신속하게 대처할 수 있다.	① 시공관리 능력이 부족하면 공사비 증대 및 공사 기일이 연장될 수 있다. ② 재료의 낭비 또는 잉여 장비가 발생할 수 있다. ③ 시공 관리 능력 부족으로 시공의 결함이 생길 수 있다.

(2) 도급공사

04 도급공사의 구분

1 공사 실시 방식에 따른 분류

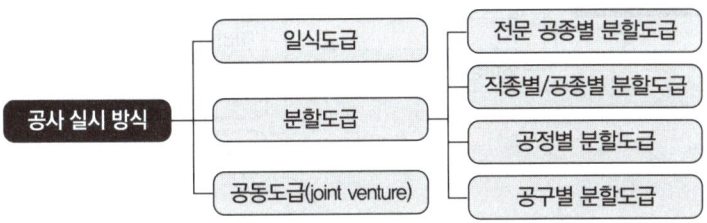

(1) 일식도급 : 공사의 전부를 한 도급자에게 맡기는 방식을 말한다.

(2) 분할도급

① **공사를 유형별로 분류**하여 **각기 다른 전문 도급자를 선정**하고 도급계약을 맺는 방식이다.
② 분할도급의 장·단점

장점 ★	단점
① 시공기술 향상(전문업자 시공) 및 공사의 높은 성과를 기대할 수 있다. ② 건축주와 시공자의 의사소통이 원활하다. ③ 공사기일이 단축된다.	① 공사 감독자의 노무가 증대된다. ② 현장 종합관리가 복잡하다. ③ 경비가 가산된다.

(3) 분할도급의 종류 ★★

전문공사별 분할도급	설비 공사를 주체 공사에서 분리하여 전문업자와 직접 계약하는 방식
공정별 분할도급	정지, 기초, 구체, 마무리 공사 등의 과정별로 나누어 도급을 주는 방식
공구별 분할도급	대규모 공사에서 한 현장 안에서 여러 지역별로 공사를 구분하여 발주하는 방식

2 공사비 지불방식에 따른 분류

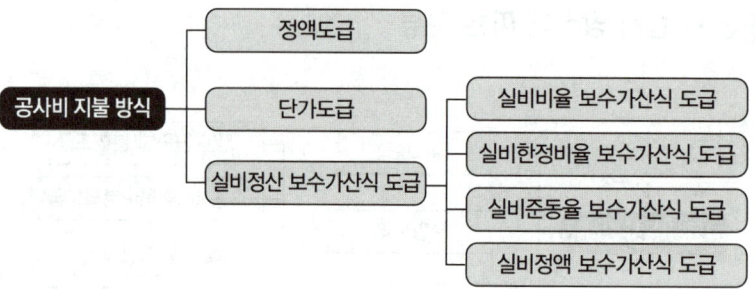

(1) 정액도급

계약에서 정해진 업무에 대하여 일정 계약금액(총 공사금액)을 계약자가 인수하는 형태의 계약으로 공사변경이 발생하여도 총 액 안에서 해결한다.

(2) 단가도급

공사실적 수량에 단가를 곱해서 계약금액을 체결하는 형태의 계약으로 공사수량이 불분명 할 때 채택한다.

(3) 실비정산 보수가산식 도급 ★

실비와 보수를 분리하여 지급하는 형태의 계약을 말한다.
① **실비 비율 보수가산식** : 공사실비 + (공사실비 × 비율보수)
 • 공사 진척에 따라 **정해진 실비와 이 실비에 미리 계약된 비율을 곱한 금액**을 시공자에게 보수로 **지불**하는 방식
② **실비 정액(정산) 보수가산식** : 공사실비 + 정액보수
 • 공사실비를 정산하고 약정에 의한 비율 또는 정액의 보수를 **지급**하는 방식
③ **실비 한정비율 보수가산식** : 한정된 실비 + (한정된 실비 × 비율보수)
 • 실비에 제한을 붙이고 시공자에게 제한된 금액이내에 공사를 완성할 책임을 주는 공사방식
④ **실비 준동률 보수가산식** : 공사 실비 + (공사 실비 × Variable)
 • 실비를 단계별로 나누어 해당 구간에 따른 보수 비율을 **적용**하는 방식

3 업무범위에 따른 계약방식 ★★

(1) 턴키베이스 도급(turn-key base contract)

주문받은 건설업자가 대상 계획의 기업, 금융, 토지조달, 설계, 시공 등을 포괄하는 도급계약방식을 말한다.

(2) 파트너링(Partnering)

발주자가 직접 설계와 시공에 참여하고 프로젝트 관련자들이 상호 신뢰를 바탕으로 **Team을 구성해서** 프로젝트의 성공과 상호이익 확보를 **공동 목표로 하여 프로젝트를 추진**하는 공사수행 방식을 말한다.

(3) BOT 방식(Build – operate-transfer contrack) : 민간투자 발주방식

시설의 **준공 후 일정기간 동안 사업시행자에게 해당 시설의 소유권이 인정**되며 그 **기간이 만료되면 시설소유권이 국가 또는 지방자치단체에 귀속**되는 방식을 말한다.

(4) 건설사업관리(CM: Construction Management)

건설사업관리라 함은 건설공사에 관한 **기획 · 타당성조사 · 분석 · 설계 · 조달 · 계약 · 시공관리 · 감리 · 평가 · 사후관리 등에 관한 관리를 수행**하는 것을 말한다.

① 건설사업의 공사비절감(Cost), 품질향상(Quality), 공기단축(Time)을 목적으로 발주자가 전문지식과 경험을 지닌 건설사업 관리자에게 **발주자가 필요로 하는 건설사업 관리 업무의 전부 또는 일부를 위탁하여 관리하게 하는 새로운 계약발주방식** 또는 전문관리 기법을 말한다.
② 건축 기획부터 설계, 시공, 유지관리까지의 **건설의 전 과정에 걸쳐 프로젝트를 보다 효율적이고 경제적으로 수행하기 위하여 각 부문의 전문가들로 구성된 통합관리기술을 발주자에게 제공**하는 도급계약의 형태이다.

대리인형 CM(CM for Fee)	시공자형 CM(CM at Risk)
① 서비스를 제공한 후 용역비(fee)를 지급받는 형태로 자문 또는 대리인의 역할을 수행한다. ② 시공자 또는 설계자와 직접적인 계약관계는 없다. ③ 공사비용, 공사기간, 품질 등에 대한 책임은 지지 않는다.	① CM이 직접 하도급자와 계약을 체결하여 시공의 전부 또는 일부를 담당하여 공사를 수행하는 방식이다. ② 공사비용, 공사기간, 품질 등에 대한 책임을 가진다.

> 참고
>
> **종합건설업 제도(EC화 : Engineering construction)** ★
>
> 건설사업의 대규모화, 전문화에 따라 **단순 기술 시공이 아닌 고부가가치 추구하기 위한 업무영역의 확대**를 의미한다.

05 입찰 및 낙찰

1 입찰의 종류 ★

(1) 공개경쟁입찰

① **일반경쟁입찰** : 사업종류별로 관련법령에 따른 면허, 등록 또는 신고 등을 마치고 **사업을 영위하는 불특정 다수의 희망자를 입찰에 참가하도록 한 후 그 중에서 선정**하는 방법
② **제한경쟁입찰** : 사업종류별로 관련법령에 따른 면허, 등록 또는 신고 등을 마치고 사업을 영위하는 자 중에서 **계약의 목적에 따른 사업실적, 기술능력, 자본금을 제한하여 공개경쟁입찰에 참가하도록 한 후 그중에서 선정**하는 방법 (이 경우 유효한 3인 이상의 입찰참가 신청이 있어야 한다.)

③ **지명경쟁입찰** : 계약의 성질 또는 목적에 비추어 특수한 설비·기술·자재·물품 또는 특수한 실적이 있는 자가 아니면 계약의 목적을 달성하기 곤란한 경우로서 **입찰대상자가 10인 이내인 경우 그중에서 선정**하는 방법이다. 이 경우 5인 이상의 입찰대상자를 지명하여 통지하여야 하며, 2인 이상의 유효한 입찰참가신청이 있어야 한다. (입찰대상자가 5인 미만인 때에는 대상자를 모두 지명하여야 한다.)

(2) 대안입찰

원안입찰과 함께 따로 **입찰자의 의사에 따라 대안이 허용된 공사의 입찰**

(3) 특명입찰

건축주가 시공회사의 신용, 자산, 공사경력, 보유기술 등을 고려하여 **그 공사에 가장 적격한 단일 업체에게 입찰시키는 방법**

2 낙찰제의 구분 ★

① **최적격 낙찰제** : 입찰 가격은 물론 건설업체의 시공 능력과 기술을 함께 평가하여 낙찰하는 제도
② **제한적 최저가 낙찰제** : 예정가격 이하로 입찰한 자중 **예정가격 대비 일정비율(예 90%) 이상 입찰자로서 최저가격으로 입찰한 자를 낙찰자로 결정**하는 제도
③ **최저가 낙찰제** : 예정가격 이하로서 **최저가격으로 입찰한 자를 낙찰자로 선정**하는 제도
④ **적격 심사 낙찰제** : 예정가격 이하로서 **최저가격으로 입찰한 자의 순으로 당해 계약이행능력을 심사(적격심사)해 낙찰자를 결정**하는 제도

3 건설공사의 입찰 및 계약의 순서 ★

입찰통지 → 현장설명 → 입찰 → 개찰 → 낙찰 → 계약

06 공사계획 및 공사현장 관리

1 공사 시공계획 순서

계약조건 확인 → 설계도서 파악 → 현지조사 → 주요수량 파악 → 시공계획 입안

2 착공단계에서의 공사계획 수립 시 고려사항 ★

① 현장원의 조직편성 : 가장먼저 실시
② 예정 **공정표의 작성**
③ 실행**예산의 편성**과 통제
④ **하수급 업체의 선정**
⑤ **가설물의 설치계획**
⑥ **노무의 수배** 및 조달 계획
⑦ **자재의 선정** 및 구매계획
⑧ **소요 장비의 확보** 계획

3 견적방법 ★

(1) 명세견적(상세견적, 입찰견적)

① 완비된 설계도서, 현장설명, 질의응답에 의거하여 정밀히 적산, 견적을 하여 공사비를 산출하는 견적을 말한다.
② **설계의 최종단계 또는 공사입찰 및 시공계획 단계에서 수행**한다.

(2) 개산견적

① 설계도서가 불완전할 때 또는 정밀 산출시간이 없을 때 실시하는 견적을 말한다.
② **설계가 시작되기 전에 프로젝트의 실행 가능성을 알아보거나** 설계의 초기단계 또는 진행단계에서 여러 **설계대안의 경제성을 평가하기 위하여 수행한다.**

4 공정표

(1) PDM 공정표(Precedence Diagram Method)

① **한 공종의 작업이 하나의 숫자로 표기되고 컴퓨터에 적용이 용이**한 장점이 있어 많이 사용된다.
② **각 작업은 node로 표기되고 더미의 사용이 불필요**하며 화살표는 단순히 작업의 선후관계만을 나타낸다.

(2) 네트워크 공정표(network progress chart) ★

PERT(Program Evaluation and Review Technique)와 CPM(Critical Path Method)의 수법이 있다.

네트워크 공정표의 장점	네트워크 공정표의 단점
① 작업 상호간의 관련성을 알기 쉽다.(개개의 관련 작업이 표시되어 있어 내용을 알기 쉽다.) ② 공사의 진척 관리를 정확히 할 수 있다. ③ 공기 단축 가능 요소의 발견이 용이하다. ④ 계획관리면에서 **신뢰도가 높고 전자계산기의 사용이 가능**하다.	① 다른 공정표에 비하여 **작성시간이 많이 필요**하다. ② 작성 및 검사에 **특별한 기능이 요구**된다. ③ **진척관리에 있어서 특별한 연구가 필요**하다. ④ 표시상 제약으로 **작업의 세분화 정도에는 한계가 있다.**

(3) PERT/CPM

① 연결망(network)을 이용하여 **프로젝트를 효율적으로 수행할 수 있도록 시간과 비용을 합리적으로 계획 통제하는 기법**을 말한다.
② 대규모 건설공사, 연구개발사업 등의 특정사업에 대한 일정계획수립 및 통제기법으로 사용된다.

장점	단점
① 상세한 계획수립이 가능하다. ② 변화에 대한 신속한 대책수립이 가능하다. ③ 시간이 단축되고 비용이 절감된다. ④ 작업선후 관계가 명확하고 책임소재 파악이 용이하다. ⑤ 정보교환이 용이하다.	① 계획과 자료의 자세한 검토가 필요하다. ② 관계자 전원의 참여 및 책임이 필요하다. ③ 단순한 작업에서부터 고도의 훈련을 쌓아야 적용 가능하다.

(4) Network에 사용되는 용어 해설 ★

용 어	기 호	내 용
Event(이벤트)	○	• 작업의 결합점, 개시점 또는 종료점
Activity	→	• 화살표로 표시하고 각각의 **단위작업을 의미**한다. • 화살표 위에는 작업명과 물량을, 아래에는 소요일수를 기입한다.
Dummy(더미)	┈▶ (점선 화살표)	• 정상적으로 표현할 수 없는 작업 상호간의 관계를 표시한다. • 작업이나 시간의 요소는 없다.
가장 빠른 개시시각 (Earliest Starting Time)	EST	• 작업을 시작하는 가장 빠른 시간
가장 빠른 종료시각 (Earliest Finishing Time)	EFT	• 작업을 끝낼 수 있는 가장 빠른 시간
가장 늦은 개시시각 (Latest Starting Time)	LST	• 공기에 영향이 없는 범위에서 작업을 늦게 개시하여도 좋은 시각
가장 늦은 종료시각 (Latest Finishing Time)	LFT	• 공기에 영향이 없는 범위에서 작업을 늦게 종료하여도 좋은 시각
Path(패스)		• 네트워크 중에서 둘 이상의 작업이 이어지는 경로
주공정선 **(CP : Critical Path)**	CP	• 개시 결합점에서 종료 결합점에 이르는 가장 긴 경로(가장 긴 패스)
Float(플로트)		• 작업의 여유시간
Slack(슬랙)	SL	• 결합점이 가지는 여유시간
전체여유 (TF : Total Float)	TF	• **전체 공사기간을 지연시키지 않는 범위 내에서 한 작업이 가질 수 있는 최대 여유** • 최초 개시일에 작업을 시작하여 가장 늦은 종료일에 완료할 때 생기는 여유일(그 작업의 LFT-그 작업의 EFT)
자유여유 (FF : Free Float)	FF	• **후속작업의 가장 빠른 개시시간(EST)에 영향을 주지 않는 범위 내에서 한 작업이 가질 수 있는 여유시간** • 최초 개시일에 작업을 시작하여 후속 작업을 최초 개시일에 시작하여도 생기는 여유일(후속 작업의 LFT-그 작업의 EFT)
독립여유(INDF : Independent Float)	INDF	• 선행 작업이 가장 늦게 종료되고 후속 작업이 가장 빨리 개시 될 때 발생하는 여유 시간

한 눈에 들어오는 **키**워드

간섭여유 또는 종속여유 (IF : Interfering Float, DF : Dependent Float)	IF	• 후속작업의 가장 빠른 개시시간에는 지연을 초래하지만 전체적인 공사기간을 지연시키지 않는 범위에서 한 작업이 가질 수 있는 여유시간(DF = TF = FF)

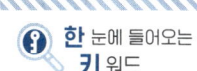

5 품질관리(QC)를 위한 통계적 수법(7가지 도구)★★

① **파레토도(파레토그램)** : 불량품, 결점, 고장 등의 발생건수를 현상과 원인별로 분류하고 **여러 가지 데이터를 항목별로 분류해서 문제의 크기 순서로 나열하여 그 크기를 막대그래프로 나타낸다.**
② **특성요인도** : **특성과 요인의 관계를 어골(물고기 뼈)상으로 표현**하여 결과에 원인이 어떻게 관계되고 있는가를 알아보기 위하여 작성하는 것이다.
③ **체크시트(집중도)** : 불량 수, 결점 수 등 셀 수 있는 **데이터가 분류항목별로 어디에 집중되어 있는가를 알기 쉽도록 나타낸 그림**을 말한다.
④ **히스토그램(분포도)** : 데이터가 존재하는 범위를 몇 개의 구간으로 나누고 **각 구간에 들어가는 데이터의 빈도 수를 체크하여 그 크기를 막대그래프로 작성**한다.
⑤ **산포도(산점도)** : 서로 대응되는 **두 개의 짝으로 된 데이터를 그래프용지에 점으로 나타낸 것으로 데이터의 흩어짐과 분포의 형태를 쉽게 판단**할 수 있다.
⑥ **층별(부분집단도)** : 수집된 **데이터를 특징에 따라 몇 개 그룹으로 구분**하여 품질에 영향을 주는 원인을 명확하게 찾아내고 그 원인이 품질에 미치는 정도를 파악할 수 있다.
⑦ **그래프(관리도)** : 막대그래프, 꺾은선그래프, 원그래프, 띠그래프 등

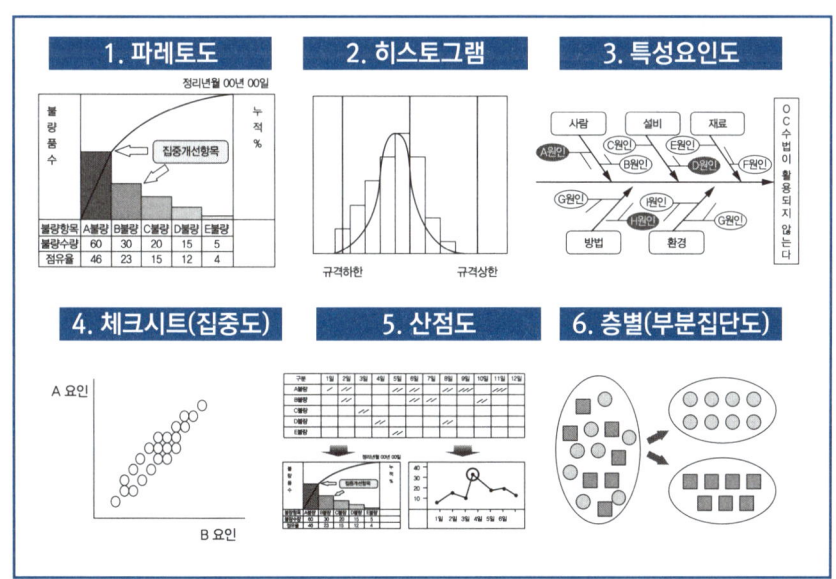

CHAPTER 02 토공사

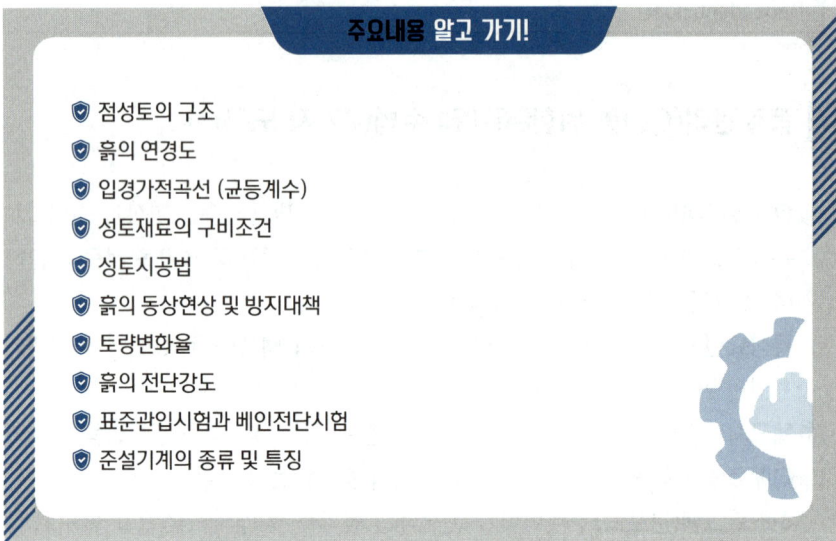

주요내용 알고 가기!

- 점성토의 구조
- 흙의 연경도
- 입경가적곡선 (균등계수)
- 성토재료의 구비조건
- 성토시공법
- 흙의 동상현상 및 방지대책
- 토량변화율
- 흙의 전단강도
- 표준관입시험과 베인전단시험
- 준설기계의 종류 및 특징

01 지반조사

1 토질주상도

(1) 토질주상도(Columnar Section)

조사지역의 층별, 포함물질 및 층 두께 등을 그림으로 나타낸 것을 말한다.

(2) 점성토의 구조

① 지반조사 지역
② 조사일자
③ 조사자
④ 보링방법
⑤ 지하수위
⑥ 심도에 따른 색조 및 토질
⑦ 층 두께 및 구성 상태
⑧ N값

2 계측기 종류 및 용도

계측기	용도
① 균열 측정기 (Crack-gauge)	주변 구조물, 지반 등에 균열발생시 균열크기와 변화를 정밀 측정 확인
② 경 사 계 (Tilt-meter)	**구조물의 경사각 및 변형상태를 계측**
③ 지하 수위계 (Water levelmeter)	**지하수위 변화를 실측**하여 각종 계측자료에 이용
④ 지중 수평변위계 (Iclino-meter)	인접지반 수평변위량과 위치, 방향 및 크기를 실측하여 토류 구조물 각 지점의 응력상태 판단
⑤ 토 압 계 (Earth pressure-cell)	토압의 변화를 측정하여 이들 부재의 안정상태 확인
⑥ 변형률계 (Strain-gauge)	토류 구조물의 각 부재와 인근 구조물의 각 지점 및 타설 콘크리트 등의 **응력변화를 측정**
⑦ 하중계(load-cell)	스트럿(Strut) 또는 어스앵커(Earth anchor) 등의 축 하중 변화를 측정하는 기구
⑧ 지주 하중계 (Strut load-cell)	Strut의 **축 하중 변화상태를 측정**
⑨ 어스앙카 하중계 (Earth-anchor load-cell)	Earth Anchor의 축 하중 변화상태를 측정
⑩ 간극 수압계 (Piezometer)	굴착에 따른 **과잉 간극수압의 변화를 측정**
⑪ 층별 침하계 (Extensometer)	인접지층의 각 지층별 침하량의 변동상태를 확인
⑫ 지표 침하계 (Settlement Plate)	지표면의 침하량 절대치의 변화를 측정
⑬ 진동 소음측정기 (Sound levelmeter)	굴착, 발파 및 장비이동에 따른 진동과 소음을 측정

 한 눈에 들어오는 키워드

3 지반조사 방법

(1) 관입저항시험(sounding test)

Rod 끝에 설치한 **저항체를 땅속에 삽입하여 회전, 빼 올리기 등의 저항력으로 토층의 성상을 탐사, 판별**하는 방법을 말한다.

정적 사운딩(점성토에 적용)	동적 사운딩(사질토에 적용)
① 단관 원추 관입시험 ② 화란식 원추 관입시험 ③ 스웨덴식 관입시험 ④ 이스키 미터 ⑤ 베인 테스터	① 표준관입 시험 ② 동적 원추관 시험

① **베인(Vane) 테스트** : 보링의 구멍을 이용하여 **십자형 날개의 베인 테스터를 지반에 박고 회전시켜서 그 회전력에 의하여 점토의 점착력을 판별**하는 방법을 말한다.(연약한 점토지반의 점착력 판별) ★

② **표준관입 시험(Standard penetration test)** ★
- 모래의 전단력은 모래의 밀도에 의하여 결정되고 불교란 시료를 채취하기 곤란하므로 **현지에서 모래의 밀도 N값을 측정하는 시험**이다.
- **63.5[kg]의 추를 75[cm]에서 자유 낙하시켜** 표준샘플러를 **관입량 30cm에 달하는데 요하는 타격횟수**를 말하고 N의 값이 클수록 밀실한 토질이다.
- N치의 추정 항목

사질토	점성토
① 상대밀도, 내부마찰각 ② 기초지반의 탄성침하 ③ 기초지반의 허용지지력 ④ 액상화 가능성 파악	① 전단강도, 일축압축강도 ② 기초지반의 허용지지력 ③ 연경도(Consistency)

(2) 지내력 시험

기초 저면까지 **굴착한 후 실제 하중을 재하하여 지내력을 확인**하는 시험방법을 말한다. ★

① 지내력시험은 재하를 **예정기초 저면에서 행한다.**
② 시험용 재하판은 0.2[m²](45[cm]각)를 표준으로 한다.
③ 매회 재하는 1[ton] 이하 또는 예정 파괴 하중의 1/5 이하로 한다.
④ 침하의 증가가 2시간에 0.1[mm] 비율 이하일 때 침하가 정지한 것으로 본다.
⑤ **단기하중에 대한 허용 지내력의 산정** : 총 침하량이 20mm에 도달했을 때의 하중 또는 침하량이 20mm 이하더라도 침하곡선이 항복상태를 보일 때의 하중 중 작은 값을 기준으로 산정한다.
⑥ **장기하중에 대한 허용지내력은 단기하중 허용지내력의 1/2로 한다.**
⑦ 가장 적합한 기초구조의 결정을 위해 실시한다.

(3) 말뚝의 재하시험(간접 지내력 시험) ★

① 압축 재하시험
- **동적 재하시험** : 시험말뚝에 변형률계(strain gauge)와 가속도계(accelerometer)를 부착하여 **말뚝 항타에 의한 파형으로부터 지지력을 구하는 시험** (말뚝 두부를 햄머로 타격할 때 발생되는 압축파에 대한 정보를 수집해서 파일의 지지력을 추정한다.)
- **정적 재하시험** : **말뚝에 실제 하중을 가하여 지지력을 측정**하는 시험

② 인발 재하시험
③ 수평 재하시험

4 연약 지반 및 주변지반 침하 원인

(1) 히빙(Heaving) 현상

연질점토 지반에서 굴착에 의한 흙막이 내·외면의 **흙의 중량 차이(토압 차이)로 인해 굴착저면이 부풀어 올라오는 현상**을 말한다.(흙막이 바깥 흙이 안으로 밀려든다.) ★

(2) 보일링(Boiling) 현상

사질토 지반에서 굴착저면과 흙막이 배면과의 **수위차이로 인해** 굴착저면의 **흙과 물이 함께 위로 솟구쳐 오르는 현상**(모래의 액상화 현상)을 말한다. (모래가 액상화되어 솟아오른다.) ★

(3) 액상화 현상

느슨하고 포화된 모래지반이 진동, 지진 등의 동하중을 받는 경우 입자들이 재배열되어 모래가 **물처럼 거동하게 되는 현상**(부피가 감소되어 **간극수압이 상승하여 유효응력이 감소**)을 말한다. ★

(4) 파이핑(Piping) 현상

보일링(Boiling) 현상으로 인하여 **지반 내에서 물의 통로가 생기면서 흙이 세굴되는 현상**을 말한다.

(5) 압밀침하현상

외력에 의해 **간극 내 물이 빠지며 흙의 입자가 좁아지며 침하되는 현상**을 말한다.

5 지반개량 공법

(1) 다짐공법

말뚝을 형성하여 지반을 다져서 지반을 개량하는 공법을 말한다.
① **동 다짐(Dynamic Compaction)공법** : 강재 및 콘크리트 등으로 제작한 **추를 반복 낙하시켜서 지반의 다짐효과를 얻는 공법**을 말한다.
② **동 다짐(Dynamic Compaction)공법의 특징**
  - 시공 기간이 짧고 **다른 공법에 비해 경제적**이다.
  - **시공 방법이 간단**하고 특별한 약품이나 재료가 필요 없다.
  - **여러 지반조건에 적용이 가능**하다.
  - **소음, 진동 등으로 인한 민원이 발생**할 수 있다.
  - 지반 내에 **암괴 등의 장애물이 있어도 적용할 수 있다**.

(2) 치환공법

연약지반을 양질의 재료로 치환하는 방법을 말한다.

(3) 고결공법

지반을 구성하는 **토립자 사이를 고결(일체화)시켜 지반을 개량**하는 방법
① **응결공법**(시멘트 처리공법, 석회처리공법, 심층혼합처리공법), 주입공법(약액주입공법, 시멘트주입공법), **동결공법, 소결공법**
② **그라우팅 공법(grouting method), 약액주입공법** : 지반 내부의 **공극에 시멘트 페이스트 또는 교질규산염이 생기는 약액 등을 주입하여 흙의 투수성을 저하**시키는 공법을 말한다.

(4) 강제(强制)압밀공법

① **재하방법** : 성토 공법, 지하수위 저하 공법, 대기압 공법(진공공법), 선행재하(Pre-loading) 공법
② **드레인 방법** : 샌드(sand) 드레인 공법, 페이퍼 드레인 공법, 플라스틱(plastic) 드레인 공법

(5) 재하공법

연약지반에 **미리 하중을 가하여 흙을 압밀시키는 공법**
① **선행재하(Pre-loading) 공법** : 사전에 미리 성토하여 침하시켜 흙의 전단강도를 증가시킴
② **과재 하중(Surcharge) 공법** : 계획 높이 이상으로 성토하여 강제 침하시켜 지내력을 증가시킴
③ **사면선단재하공법** : 성토의 비탈면 부분을 계획선보다 넓게하여 비탈면 끝의 전단강도를 증가시킴

(6) 탈수 및 배수공법

① **지반 내 물을 탈수 또는 배수하여 흙을 개량**하는 방법으로 샌드드레인공법, 페이퍼드레인공법, 웰포인트공법, 집수정공법, 깊은 우물공법 등이 있다.
② **배수공법의 종류**
- 중력배수 공법
- 강제배수 공법
- 복수(Recharge) 공법

③ **강제 배수공법** : 진공에 의해 물을 강제적으로 모아 배수하는 공법을 말한다.

집수정(sump pit) 공법	집수정(Sump Pit)에 집수된 지하수를 Pump로 강제 배수하는 공법을 말한다.
깊은 우물(deep well) 공법 ★	깊이 7m 정도의 **우물을 파고 이곳에 수중 모터펌프를 설치하여 지하수를 양수하는 배수공법**으로 지하 용수량이 많고 투수성이 큰 사질지반에 적합하다.
웰 포인트(well point) 공법 ★	① **집수장치를 붙인 파이프를** 1~3m의 간격으로 **지중에 박아** 이것을 지상의 **집수관에 연결**하여 **펌프로 지중의 물을 배수하는 공법**을 말한다(출수가 많은 깊은 터파기에 펌프와 병용하여 사용한다.) ② **사질토나 투수성이 좋은 지반에 사용한다.**(투수성이 비교적 낮은 사질 실트 층까지도 배수가 가능하다.) ③ 웰 포인트 공법은 진공에 의해 물을 강제적으로 모아서 배수하는 **강제배수 공법**에 해당한다. ④ 흙의 안전성을 대폭 향상시킨다. ⑤ 인접지반의 침하를 일으키는 경우가 있다.
샌드 드레인 (sand drain) 공법	**철관을 박고 그 속에 모래를 다져 넣어 하중을 가해 수분을 배출**시키는 공법을 말한다.

> **한 눈에 들어오는 키워드**

> **기출**
> 지하수 처리를 위한 배수 공법의 종류
> ① 집수정 공법
> ② 깊은 우물 공법
> ③ 웰 포인트 공법
> ④ 진공 Deep Well 공법

전기 침투 공법 (Electro osmosis method)	전기 침투에 의해 간극수를 모아(지반에 전류를 흐르게 하면 물이 (+) 에서 (−)으로 흐르게 된다.) 모인 물을 배수하는 공법을 말한다.
페이퍼(플라스틱) 드레인 공법	연약지반에 합성수지로 된 페이퍼를 땅 속에 박아 압밀을 촉진시키는 공법을 말한다.

(7) 언더피닝(Under Pining) 공법

기존건물 가까이에서 건축공사를 할 때 인접건물의 지반과 기초를 보강하는 **공법**을 말한다.
① 2중 널말뚝 공법
② 현장타설 콘크리트말뚝 공법
③ 강재말뚝 공법
④ 약액 주입법

02 흙막이

1 용어 정의

① 예민비 : 흙을 이김에 따라 강도가 약해지는 정도 ★
② 간극비 : 흙 입자의 용적에 대한 간극의 용적비
③ 함수비 : 흙 입자의 중량에 대한 수분의 중량비
④ 항복비 : 강재의 항복 강도를 인장 강도로 나눈 값
⑤ 소성한계 : 흙이 소성 상태에서 반고체 상태로 바뀔 때의 함수비 ★
⑥ 액성한계 : 소성 상태와 액체 상태의 경계가 되는 함수비(소성 상태로부터 액성 상태로 변하는 순간의 함수비)
⑦ 소성지수 : 흙이 소성 상태로 존재할 수 있는 함수비 구간의 크기를 의미하며, 소성지수가 클수록 세립분을 포함하는 소성이 풍부한 흙이라 할 수 있다.

2 흙막이 및 흙파기 공법의 종류

(1) 버팀대(Strut) 공법 ★

① 버팀대공법은 **굴착하고자 하는 부지의 외곽에 흙막이 벽을 설치**하고 **수평버팀대, 띠장 등으로 흙막이 벽을 지지**하는 공법을 말한다.
② 수평 버팀대공법과 경사버팀대 공법이 있다.
③ **토질에 대해 영향을 적게 받는다.**
④ 수평버팀대, 띠장 등의 **가설구조물을 설치하므로 굴착, 토량제거 작업에 장애가 된다.**(작업능률이 저하된다.)
⑤ 인근 대지로 공사범위가 넘어가지 않는다.
⑥ **강재를 전용함에 따라 재료비가 비교적 적게 든다.**
⑦ 고저차가 크거나 상이한 구조인 경우 균형을 잡기 어렵다.

(2) 아일랜드 공법 ★

비탈면을 남기고 중앙부를 굴착해서 흙파기 한 후 중앙부 구조체를 먼저 설치하는 방식으로 중앙부 구조체가 설치되면 흙막이 벽체를 버팀대로 지지할 수 있다.

(3) 트렌치 컷 공법 ★

① 이중 널말뚝을 건물의 주위에 박고 **주변부를 먼저 굴착**하여 **주변부 구조체 축조 후 이를 흙막이로 사용하면서 중앙부 파내어 지하구조물을 완성**하는 공법)
② 흙파기의 깊이가 얕고 면적이 넓은 경우(면적이 넓어 버팀대를 설치해도 변형이 우려될 경우)에 사용한다.

(4) 어스 앵커(earth anchor) 공법 ★

① 버팀대 대신 **PS 강선**, PS 강연선 **등**(earth anchor)을 지중에 삽입해서 **선단부를 양질지반에 정착**시키고, 이를 반력으로 하여 **흙막이 벽 등의 구조물을 지지**하는 공법
② 앵커체가 각각의 구조체이므로 적용성이 좋다.
③ **앵커에 프리스트레스를 주기 때문에 흙막이 벽의 변형을 방지하고 주변 지반의 침하를 최소한으로 억제**할 수 있다.
④ 본 구조물의 바닥과 기둥의 위치에 관계없이 앵커를 설치할 수도 있다.
⑤ 패커(Packer)는 Earth Anchor 시공에서 정착부를 그라우팅할 때 인장부로 침투하지 않도록 밀봉하는 역할을 한다.

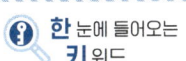
한 눈에 들어오는 키워드

(5) 역타 공법(탑 다운공법 : Top-Down) ★★

① Top Down 공법은 「위에서 아래로」 공사를 진행하는 공법으로 철골 기둥을 박고 1층에서 지하층을 향해 콘크리트를 부어 넣어 흙막이로 하면서 지하층을 굴착하는 방법이다.
② 굴토작업이 슬래브 하부에서 진행되므로 **작업 능률 및 작업환경이 저하되고 공사비가 상승**한다.
③ 건물의 **지하 구조체에 시공이음이 많아 건물방수에 대한 우려**가 크다.
④ 지상과 지하를 동시에 시공할 수 있으므로 **공기를 절감**할 수 있다.

(6) 슬러리월 공법(지하연속벽 공법) ★★

① 벤토나이트 **안정액을 사용하여 지반의 붕괴를 방지하면서 굴착**한 후 그 속에 **철근망을 삽입**하고 **콘크리트를 타설**하여 흙막이 벽체를 형성하는 공법을 말한다.
② 흙막이 벽 자체의 강도, 강성이 우수하기 때문에 연약지반의 변형 및 이면침하를 최소한으로 억제할 수 있다.
③ **차수성이 좋아** 지하수가 많은 지반에도 사용할 수 있다.
④ 시공 시 **소음, 진동이 작다.**
⑤ **인접건물 경계선까지 시공이 가능**하다.
⑥ **암반을 포함한 대부분의 지반에 시공이 가능**하다.
⑦ 시공순서

　　가이드 월(안내 벽) 설치 → 안정액 투입 → 굴착 → 슬라임 제거 **→ 인터록킹 파이프 설치 →** 지상조립 **철근(철근망) 삽입 → 트레미관 설치 → 콘크리트 타설 및 안정액 회수 →** 인터로킹파이프 제거 **→** 콘크리트 양생 **→** 가이드 월 제거

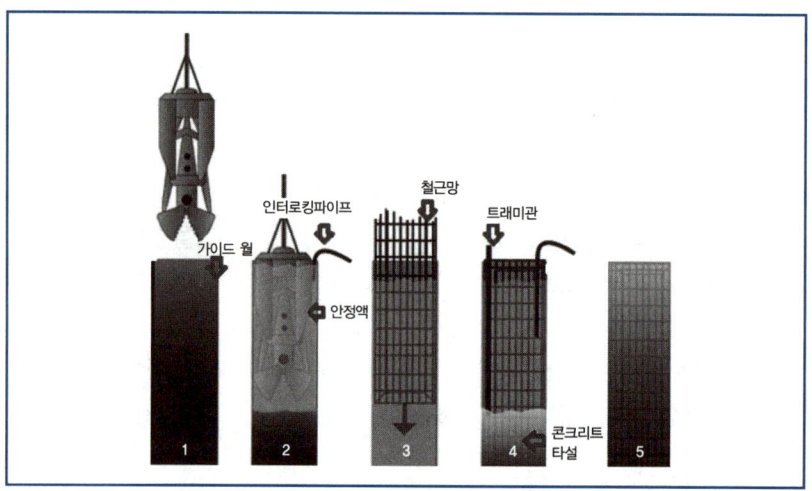

(7) 케이슨공법(caisson method) ★

① 건조물의 기초부분을 만들기 위한 공법으로 **잠함공법**이라고도 한다.
② 기초가 될 **케이슨(큰 상자)을** 만들고, 그 속의 **토사(土砂)를** 굴착하면서 케이슨을 가라앉혀 기초를 만든다.
③ **잠함공법의 종류**

개방잠함 공법 (Open caisson method)	① **지하 구조체를 지상에서 구축**하여 하부 중앙 흙을 파내어 **구조체를 자중으로 침하시키는 공법**을 말한다.(굴착하여 가라앉히기 위해 크고 무거운 하중이 필요하다.) ② **지하수가 많은 지반에서는 침하가 잘 되지 않는다.** ③ 펌프에 의한 수잠(水潛) 굴착과 수중 굴착기에 의한 수중 굴착이 있다. ④ **압축공기를 사용하지 않는다.** ⑤ 부지를 최대한 이용할 수 있다.  사진 출처 : 안전보건공단
뉴매틱 케이슨 공법(new matic caisson foundation method)	① 공기 잠함공법이라고도 하며, 잠함 속에 작업실을 만들고 그 속에 압축공기를 보내서 물을 배제하여 대기압과 같은 상태에서 노동자가 들어가서 굴착하는 공법이다. ② **케이슨의 작업실에 압축공기를 넣어 수압을 유지시키고 내부의 밑을 파서 자중에 의해 침하시킨다.** ③ 솟는 물이 많거나, 해저(海底) 기초 등에 사용된다. 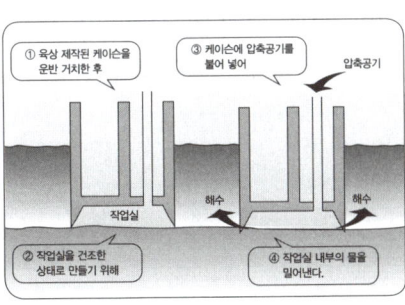 사진 출처 : 안전보건공단

03 흙 파기

1 용어 정의

① **예민비** : 흙을 이김에 따라 강도가 약해지는 정도를 말한다. ★

$$예민비 = \frac{자연\ 시료의\ 강도(불교란시료)}{이긴\ 시료의\ 강도(교란시료)}$$

② **소성한계** : 흙이 **소성 상태에서 반고체 상태로 바뀔 때의 함수비**를 말한다.
③ **액성한계** : 소성 상태와 액체 상태의 경계가 되는 함수비(소성상태로부터 액성 상태로 변하는 순간의 함수비)를 말한다.
④ **소성지수** : **흙이 소성 상태로 존재할 수 있는 함수비 구간의 크기**를 의미하며, 소성지수가 클수록 세립분을 포함하는 소성이 풍부한 흙이라 할 수 있다.
⑤ **흙의 함수율** : 일정한 체적에서 **흙 전체의 중량에 대한 간극수(물) 중량의 백분율**을 의미한다. ★

$$흙의\ 함수율(\%) = \frac{물의\ 중량}{흙\ 전체의\ 중량(토립자 + 물의\ 중량)} \times 100$$

2 흙의 휴식각(안식각, 자연 경사각)

흙 입자 간의 응집력, 부착력을 무시한 채 **마찰력만으로 중력에 대하여 정지하는 흙의 경사면 각도**를 말한다.
① 흙의 흘러내림이 자연 정지될 때 흙의 경사면과 수평면이 이루는 각도를 말한다.
② 습윤 상태에서 휴식각은 **모래 30~45°, 흙 25~45°** 정도이다.
③ **터파기의 경사는 휴식각의 2배** 정도로 한다.
④ 흙의 휴식각(안식각)은 **흙의 종류, 마찰력, 응집력, 함수량에 따라 변화**한다.

3 토공기계

(1) 굴삭장비(굴착기계) ★

① **파워 셔블**(power shovel, 동력삽)
- 기계가 서 있는 **지반면보다 높은 곳의 땅파기에 적합**하다.

② **드래그 셔블**(drag shovel, 백호)
- 기계가 서 있는 **지면보다 낮은 장소의 굴착 및 수중굴착이 가능**하다
- **굳은 지반의** 토질도 정확한 **굴착**이 된다.

③ **드래그라인**(drag line)
- 기계가 서있는 위치보다 낮은 장소의 굴착에 적당하고 굳은 토질에서의 굴착은 되지 않지만 굴착 반지름이 크다.
- 작업범위가 광범위하고 **수중굴착 및 연약한 지반의 굴착**에 적합하다.

④ **클램셸**(clamshell)
- 수중굴착 및 **가장 협소하고 깊은 굴착이 가능하며 호퍼**(hopper)에 적당하다.
- **연약지반이나 수중굴착** 및 자갈 등을 싣는데 적합하다.

⑤ **트렌처**(Trencher)
- 일정한 폭의 구덩이를 연속으로 파며, 좁고 깊은 도랑 파기에 가장 적당한 토공장비이다.

(2) 굴삭기계의 단위 작업시간당 시공량 ★

$$Q(m^3/hr) = \frac{q \times k \times f \times E}{Cm(hr)} = \frac{60 \times q \times k \times f \times E}{Cm(min)} = \frac{3,600 \times q \times k \times f \times E}{Cm(sec)}$$

- Q : 단위시간당 작업량(m^3/hr)
- q : 버킷용량(m^3)
- k : 버킷계수
- f : 굴삭토의 용적변화계수
- E : 작업효율
- Cm : 1회 사이클 시간

(3) 정지기계

① 불도저 : 흙의 굴착, 흙의 적재 및 단거리 운반, 지반의 정지(고르기)작업에 적합하다.

② 스크레이퍼 : 흙의 굴착, 성토 및 적재, 운반, 하역, 지반의 다짐 및 정지 등에 적합한 기계로서 불도저에 비해 장거리 운반이 가능하다.

③ 캐리올 스크레이퍼(Carryall scraper)
- 동력을 갖지 않고 트랙터에 견인되어 작업하며 싣기, 운반, 고르기 등을 할 수 있다.
- 흙을 깎으면서 동시에 기체 내에 담아 운반하고 깔기작업을 겸할 수 있으며, 작업거리는 100~1,500m 정도이다.

CHAPTER 03 기초공사

> **주요내용 알고 가기!**
> - 얕은기초와 깊은기초
> - 피어기초의 종류 및 특징
> - 케이슨 기초의 종류 및 특징
> - 언더피닝
> - 토질별 연약지반 대책(사질토, 점성토)
> - 연약지반 계측관리

참고

잡석지정
① 잡석지정은 세워서 깔아야 한다.
② 견고한 자갈층이나 굳은 모래층에서는 잡석지정이 불필요하다.
③ 잡석지정을 사용하면 콘크리트 두께를 절약할 수 있다.
④ 화강암 및 안산암을 옆세워 가장자리에서 중앙쪽으로 다진다.
⑤ 기초 콘크리트 타설 시 흙의 혼입 방지위해 사용한다.

모래지정
① 비교적 좋은 지반에 직접기초를 할 때 기초저면의 흐트러짐을 방지한다.
② 무른 점토층을 파내고 그 속에 모래를 다져 넣어 지반을 보강한다.

자갈지정
① 잡석대신 깬 자갈이나 모래 섞인 자갈을 6~12cm 두께로 깔아준다.
② 굳은 지반에 사용한다.

밑창 콘크리트 지정
잡석이나 자갈 위 기초 부분의 먹매김을 용이하게 하기 위하여 60mm 정도의 두께로 강도가 낮은 콘크리트를 타설하여 만든 것을 말한다.

01 지정

1 지정의 종류 ★

① 보통지정 : 잡석지정, 모래지정, 자갈지정, 밑창 콘크리트지정
② 깊은 기초지정
  - 우물통식 지정
  - 잠함기초 지정
  - 말뚝 지정(나무 말뚝 지정, 기성콘크리트 말뚝 지정, 제자리콘크리트 말뚝 지정)

2 말뚝지정

(1) 나무 말뚝

① 소나무, 낙엽송 등의 곧고 긴 생나무를 사용하며 길이는 보통 6[m] 정도이다.
② 부식을 막기 위하여 껍질을 벗기고 상수면 이하로 박는다.

(2) 강제 널말뚝(steel sheet pile) ★

① 강제 널말뚝에는 U형, Z형, H형, 박스형 등이 있다.
② 타입 시에는 지반의 체적변형이 작아 **항타가 쉽고 이음부를 볼트나 용접접합에 의해서 말뚝의 길이를 자유로이 늘일 수 있다.**

③ 강재말뚝은 **콘크리트 말뚝보다 두께가 작아서 중량이 가볍고, 운반 및 취급이 용이하다.**
④ 도심지에서는 **소음, 진동 때문에 무진동 유압장비에 의해 실시해야 한다.**

장점	단점
① **차수성이 좋다.**(적당한 보호처리를 하면 물 위나 아래에서 수명이 길다.) ② **타입이 용이하고 시공이 쉽다.** ③ **재사용이 가능하다.** ④ 상부구조물과의 결합이 용이하다. ⑤ 자재의 이음 부위가 안전하여 **소요길이의 조정이 자유롭다.**	① 타 공법보다 벽체의 강성이 작아 **휨이 크다.** ② **암반, 전 석층에는 타입이 곤란하다.** ③ **타입 시 소음, 진동이 크다.** ④ 관입, 철거 시 주변 지반침하가 일어날 수 있다. ⑤ 지중에서의 **부식 우려가 높다.**

(3) 기성콘크리트 말뚝

① **공장에서 제작한 후에 설치장소로 옮겨서** 선행 보링한 공간에 삽입하여 **설치하는 말뚝**을 말한다.
② 재료가 균질하여 신뢰할 수 있다.
③ 말뚝이음 부위에 대한 신뢰성이 떨어진다.
④ 자재하중이 크므로 운반과 시공에 각별한 주의가 필요하다.
⑤ 시공과정상의 항타로 인하여 자재균열의 우려가 높다.
⑥ **말뚝의 연직도나 경사도는 1/50** 이내로 하고, **말뚝박기 후 평면상의 위치가 설계도면의 위치로부터 D/4(D는말뚝의 바깥 지름)와 100mm 중 큰 값 이상으로 벗어나지 않아야** 한다. ★
⑦ 말뚝지지력의 증가를 위해 **주위의 말뚝을 먼저 박고** 점차 **중앙부에 말뚝을 박는다.**

원심력 고강도 프리스트레스트 콘크리트 말뚝 (PHC 말뚝) ★	① 고강도콘크리트에 프리스트레스를 도입하여 제조한 말뚝이다. ② PHC말뚝 제작 시 **압축콘크리트 설계기준강도가 78.5MPa** 이상의 것을 말한다. ③ 강재는 특수 PC강선을 사용한다. ④ 견고한 지반까지 항타가 가능하며 지지력 증강에 효과적이다. ⑤ **표기법** PHC-A · 450-12 PHC: 원심력 고강도 프리스트레스트 콘크리트말뚝 • A: A종 • 450: 말뚝바깥지름 450mm • 12: 말뚝길이 12m

참고

지정 및 기초

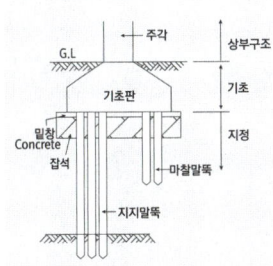

그림 출처: https://blog.naver.com/godhunting/220689906683

기출
- 잡석지정에서 틈막이 자갈량은 잡석의 30%로 한다.
- 지정공사 시 사용되는 모래의 장기허용 압축강도: 20 ~ 40t/m²

잡석지정의 목적
① 구조물의 안정을 유지하게 한다.
② 이완된 지표면을 다진다.
③ 기초 바닥 밑의 방습, 배수처리에 이용된다.
④ 버림 콘크리트의 양을 절약할 수 있다.

밑창 콘크리트의 설계기준 강도는 공사시방에서 별도로 정한 바가 없는 경우 **15MPa(150kg/cm²) 이상의 것을 사용해야** 한다.

PS말뚝	① 프리스트레스트 콘크리트 말뚝 ② 포스트텐션 콘크리트 말뚝
프리보링 (Pre-Boring) 공법	① 오거(auger)로 미리 구멍을 뚫어 기성 말뚝을 삽입한 후 타격에 의해 말뚝을 설치하는 공법을 말한다. ② 굴착 중에 굴착구멍 벽이 붕괴되거나 혹은 휘어지지 않도록 적절한 굴착 속도를 유지한다.

(4) 제자리 콘크리트 말뚝(현장타설 콘크리트말뚝 공법)

컴프레솔 말뚝	지중에 중추(重錘)를 낙하시켜 세로 구멍을 파고 그 속에 콘크리트를 주입하여 형성하는 말뚝이다.
심플렉스 말뚝	철관을 지중에 박고 내부에 콘크리트를 주입하며 강관을 뽑아내어 말뚝을 형성한다.
레이먼드 말뚝	이중철관을 박고 내관을 뽑은 다음 외관에 콘크리트를 주입하여 말뚝을 형성한다.
프랭키 말뚝	강관을 중추(重錘)로 박고 내부에 콘크리트를 다져 주입한 후 철관을 뽑아낸다.
페디스털 말뚝	이중 강관을 박고 구근용(球根用) 콘크리트를 주입하며 내관으로 타격을 가하여 구근을 형성시킨 후에 콘크리트를 주입하고 외관을 뽑아낸다.
베노토 공법 ★★	① 프랑스의 베노토사가 개발한 대구경고속천공굴착기를 사용한 공법으로 큰 구경의 천공기를 이용하여 대구경의 구멍을 지중에 뚫은 후 콘크리트를 구멍 속에 충전하여 말뚝을 형성한다. ② 케이싱을 지반에 압입해 가면서 관 내부 토사를 특수버킷으로 굴착, 배토한다. ③ 말뚝구멍의 굴착 후에는 철근콘크리트 말뚝을 제자리치기 한다. ④ 여러 지질에 안전하고 정확하게 시공할 수 있다. ⑤ 기계가 고가이고 굴착속도가 느리다.
리버스 서큘레이션공법 (역순환 굴착공법, RCD공법) ★★	① 리버스 서큘레이션 드릴로 대구경의 구멍을 파고 굴착공 안을 물이나 안정액으로 정수압을 유지하여 굴착공 벽을 보호하면서 굴착, 철근망과 콘크리트를 타설하여 말뚝을 형성하는 공법이다. ② 굴착된 토사와 안정액이 밖으로 배출되고, 배출된 순환수는 토사를 침전시킨 후 다시 굴착공으로 들어가는 방식이다. ③ 수상(해상)작업이 가능하다. ④ 점토, 실트 층에 사용할 수 있으며, 드릴파이프 직경보다 큰 호박돌 층, 전 석 층은 굴착이 불가능하다. ⑤ 깊은 심도까지 굴착이 가능하다. ⑥ 시공속도가 빠르고, 유지비가 적게 든다.

프리팩트 파일 (Prepacked pile) ★	① CIP 말뚝(Cast In Place Pile) : 말뚝 구멍을 굴착한 후 철근을 조립하고 모르타르 주입관을 삽입한 다음 자갈을 충전한 후 모르타르를 주입하는 공법이다. ② PIP 말뚝(Packed In Place Pile) : 소정의 깊이까지 뚫은 다음 흙과 오거를 함께 끌어올리면서 오거 중심간의 선단을 통하여 모르타르, 잔자갈, 콘크리트를 주입하여 말뚝을 형성하는 공법이다. ③ MIP 말뚝(Mixed In Place Pile) : 파이프 선단에 커터를 장치하여 흙을 뒤섞으며 지중으로 파들어 간 다음 파이프 선단에서 모르타르를 분출시켜 흙과 모르타르를 혼합하면서 파이프를 빼내는 소일 콘크리트(soil concrete) 말뚝을 형성하는 공법이다.
어스드릴공법 ★★	① 굴착 공에 철근망을 삽입하고 콘크리트를 타설하여 말뚝을 형성하는 공법이며, 안정액으로 벤토나이트 용액을 사용하여 공벽을 보호한다. ② 장비가 소형으로 좁은 장소에도 시공이 가능하며, 안정액 관리가 어렵고, 연질지반에 적합하다.

장점	단점
① 좁은 장소에도 시공이 가능하다. ② 진동소음이 적은 편이다. ③ 기계가 비교적 소형으로 굴착속도가 빠르다.	① 안정액 관리가 어렵다. ② Slime 처리가 불확실하여 말뚝의 초기 침하 우려가 있다.

 한 눈에 들어오는 **키** 워드

◉ 기출
C.I.P공법의 특징
① 소음, 진동이 적고, 강성이 커서 굴착에 의한 주변지반에 미치는 영향이 적다.
② 특수한 장비가 필요치 않고, 천공 중에 공벽의 붕괴가 없다.
③ 협소한 장소에도 장비 투입이 가능하다.
④ 강성이 커서 배면토의 수평변위 억제가 가능하다.
⑤ 굴착을 깊게 하면 수직도가 떨어진다.
⑥ 주열식 강성체로서 토류벽 역할을 한다.

참고

🔹 **트레미(Tremi)관**

지하굴착 공사 중 깊은 구멍 속이나 수중에서 콘크리트타설 시 재료가 분리되지 않게 타설할 수 있게 하는 기구를 말한다.

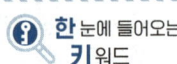

(5) 말뚝의 간격

말뚝의 최소 중심 간격으로 다음 중 큰 값으로 결정한다.

나무말뚝	말뚝머리직경의 2.5배 이상 또한 600mm 이상
기성콘크리트말뚝	말뚝머리직경의 2.5배 이상 또한 750mm 이상
강재말뚝	말뚝머리직경 또는 폭의 2.5배(폐단 강관말뚝 : 2.5배) 이상 또한 750mm 이상
현장타설 콘크리말뚝	말뚝머리직경의 2.5배 이상 또한 말뚝머리직경에 1,000mm를 더한 값 이상

(6) 말뚝 이음

Band식 및 장부식 이음	• 이음부에 Band를 채우거나 미리 제작하여 끼워서 이음하는 방법 • 시공이 간편하며 단기간 시공이 가능하다. • 강성이 약하며 연약지반에 사용이 불가능하다.
충진식 이음	• 이음부 내부에 철근, 콘크리트를 채워 이음하는 방법 • 내압축성, 내식성이 우수하다. • 이음부의 강성이 크다.
볼트식 이음	• 말뚝이음 부분을 볼트로 체결하여 이음하는 방법 • 시공이 신속, 간편하다. • 타입 시 볼트 체결부분이 파손되기 쉽다.
용접식 이음	• 말뚝 이음부에 강판을 부착하여 현장에서 용접하여 이음하는 방법 • 이음부의 강성이 가장 우수한 방법이다. • 이음부의 부식 우려가 있다.

(7) 말뚝 재하시험

말뚝을 설계 깊이까지 설치한 후 일련의 하중을 가하여 말뚝의 극한하중이나 허용 침하량 이내에서 **지지할 수 있는 하중의 크기를 구하는 시험**으로 지반의 지지력 및 지내력을 확인하기 위한 시험이다.

① **말뚝 재하시험의 목적**
- 말뚝길이의 결정
- 말뚝 관입량 결정
- 이음방법의 결정
- 허용지지력 추정
- 해머의 용량 확인
- 시공 정도 검토

② **말뚝 재하시험의 종류**

동 재하 시험	시험말뚝에 변형율계(Strain gauge)와 가속도계(Accelerometer)를 부착하여 말뚝의 항타 시에 발생하는 응력, 변형 등으로부터 말뚝의 지지력을 구하는 시험 ① 압축 재하시험 ② 수평 재하시험 ③ 인발 재하시험
정 재하 시험	말뚝에 하중을 가하여 말뚝이 침하하는 정도, 수평변위의 양상 등 말뚝의 저항을 측정하여 말뚝의 지지력을 구하는 시험

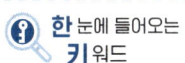

02 기초

1 기초의 종류

(1) 기초판의 형식에 의한 분류

독립기초	기둥으로부터의 응력을 독립으로 지반 또는 지정에 전달하도록 하는 기초(철근콘크리트 구조에 적용)
복합기초	2개 또는 그 이상의 기둥으로부터의 응력을 하나의 기초 판을 통해 지반 또는 지정에 전달하도록 하는 기초
연속(줄)기초	벽 또는 기둥으로부터의 응력을 띠모양으로 하여 지반 또는 지정에 전달하도록 하는 기초(조적구조에 적용)
온통기초	상부구조의 광범위한 면적 내의 응력을 단일 기초 판으로 연결하여 지반 또는 지정에 전달하도록 하는 기초(연약한 지반에 적용)

(2) 지정의 형식에 의한 분류

직접(얕은)기초	지지력이 있는 굳은 지반에 기초 판을 설치하여 상부구조의 하중을 지지하게 하는 기초
말뚝기초	지지말뚝 또는 마찰말뚝으로 상부구조의 하중을 지반에 전달하는 기초
피어기초	기초 판의 하부에 기둥모양으로 만든 피어를 설치하여 하중을 전달시키는 형식의 기초(깊은 기초지정에 해당한다.)
잠함기초 (케이슨기초)	공사착수 전에 지상이나 지중에 속 빈 원통 또는 지하실의 일부가 되는 구조물을 만든 후 그 밑바닥의 흙을 파내고 자중을 이용하여 소정의 지층까지 침하시킨 다음 밑바닥에 콘크리트를 채워 넣어 구축하는 기초형식의 구조물

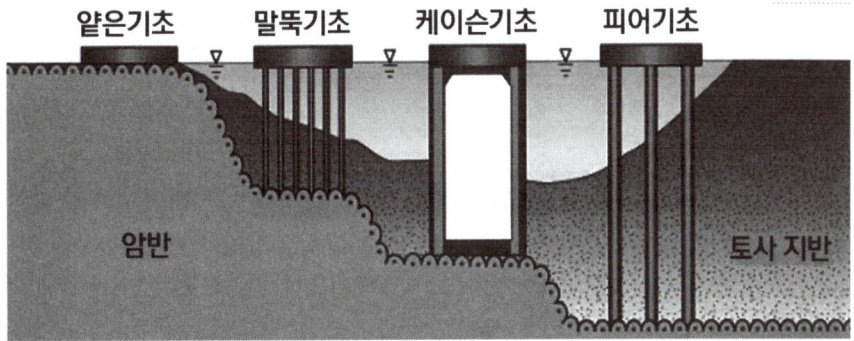

(3) 피어기초공사

① 중량구조물을 설치하는데 있어서 **지반이 연약하거나 말뚝으로도 수직지지력이 부족하여 그 시공이 불가능한 경우와 기초지반의 교란을 최소화해야 할 경우에 채용**한다.
② **굴착된 흙을 직접 탐사할 수 있고 지지층의 상태를 확인**할 수 있다.
③ **무소음 무진동 공법**으로 시가지 공사에 적합하며 **비용이 비싸다.**
④ 피어기초를 채용한 국내의 초고층 건축물에는 **63빌딩**이 있다.

CHAPTER 04 철근 콘크리트 공사

 한눈에 들어오는 키워드

주요내용 알고 가기!

- 콘크리트 재료의 계량(허용오차)
- 시멘트 콘크리트의 검사방법
- 습윤양생 기간의 표준
- 거푸집의 해체시기
- 콘크리트의 측압
- AE공기량

01 콘크리트의 재료

1 골재선정 시의 유의사항

① 콘크리트나 모르타르를 만들 때에 물, 시멘트와 함께 혼합하는 모래, 자갈 및 부순 돌 기타 유사한 재료를 골재라고 한다.
② 골재는 **청정, 견경, 내구성 및 내화성이 있어야** 한다.
③ 골재는 **견고하고, 밀도가 크고, 내구성이 커서 풍화가 잘 되지 않아야** 한다.
④ 골재에 포함된 **부식토, 석탄 등의 유기물은 콘크리트의 경화를 방해하여 콘크리트 강도를 떨어뜨리게 한다.** ★
⑤ 실트, 점토, 운모 등의 **미립분이 골재 표면에 부착되어 있을 경우 골재 입자와 시멘트 풀과의 부착을 방해한다.** ★
⑥ **골재의 강도**는 콘크리트 중에 **경화한 모르타르의 강도 이상이 요구된다.** ★
⑦ **콘크리트 중 골재가 차지하는 용적은 절대용적으로 65 ~ 80%**(용적비로 대략 70% 정도)**를 넘지 않도록** 한다. ★
⑧ 골재는 **잔·굵은 입자가 분리되지 않도록 취급하고, 물 빠짐이 좋은 장소에 저장**한다.

⑨ 굵은 골재의 최대치수

일반적인 경우	20mm 또는 25mm
단면이 큰 경우	40mm
무근콘크리트	40mm(부재 최소 치수의 1/4을 초과해서는 안 됨)

2 경량골재

(1) **콘크리트 중량을 경감할 목적으로 사용**되는 보통 골재보다 비중이 작은 골재를 말한다.

(2) 서머콘(thermo-con)

콘크리트 제작 시 **골재는 전혀 사용하지 않고 물, 시멘트, 발포제만으로 만든 경량콘크리트**를 말한다.

(3) 퍼라이트

진주암을 급격히 가열하여 공극을 많게 한 초경량골재로 내부에 미세공극을 갖는 작고 가벼운 입자로 구성되어 **단열재로 많이 사용된다.**

3 포틀랜드 시멘트

(1) **포틀랜드 시멘트 클링커(Clinker)에 적당량의 석고를 첨가해 분말로 한 시멘트**를 말한다.

(2) 포틀랜드 시멘트의 종류 ★

① **조강** 포틀랜드 시멘트
② **저열** 포틀랜드 시멘트
③ **중용열** 포틀랜드 시멘트

02 콘크리트의 타설 및 양생

1 콘크리트의 타설

(1) 콘크리트 타설 시의 주의사항

① 콘크리트의 타설 작업을 할 때에는 철근 및 매설물의 배치나 거푸집이 변형 및 손상되지 않도록 주의하여야 한다.
② **타설한 콘크리트를 거푸집 안에서 횡 방향으로 이동시켜서는 안 된다.** ★
③ 타설 도중에 심한 재료 분리가 발생할 위험이 있는 경우에는 재료분리를 방지할 방법을 강구하여야 한다.
④ **한 구획내의 콘크리트는 타설이 완료될 때까지 연속해서 타설하여야 한다.** ★
⑤ 콘크리트는 그 **표면이 한 구획 내에서는 거의 수평이 되도록 타설하는 것을 원칙**으로 한다.
⑥ 콘크리트 타설의 1층 높이는 다짐능력을 고려하여 결정하여야 한다.
⑦ 콘크리트를 2층 이상으로 나누어 타설할 경우, **상층의 콘크리트 타설은 원칙적으로 하층의 콘크리트가 굳기 시작하기 전에 해야 하며, 상층과 하층이 일체가 되도록 시공한다.** ★
⑧ 콜드조인트가 발생하지 않도록 하나의 시공구획의 면적, 콘크리트의 공급능력, 이어치기 허용시간간격 등을 정하여야 한다.

[허용 이어치기 시간간격의 표준 ★]

외기온도	허용 이어치기 시간간격
25℃ 초과	2.0시간
25℃ 이하	2.5시간

* 허용 이어치기 시간간격은 하층 콘크리트 비비기 시작에서부터 콘크리트 타설 완료한 후, 상층 콘크리트가 타설되기까지의 시간

⑨ **거푸집의 높이가 높을 경우,** 재료 분리를 막고 상부의 철근 또는 거푸집에 콘크리트가 부착하여 경화하는 것을 방지하기 위해 거푸집에 투입구를 설치하거나, 연직슈트 또는 펌프배관의 배출구를 타설면 가까운 곳까지 내려서 콘크리트를 타설하여야 한다. 이 경우 슈트, 펌프배관, 버킷, 호퍼 등의 **배출구와 타설 면까지의 높이는 1.5 m 이하를 원칙으로 한다.**(자유낙하 높이를 작게 하며, 콘크리트를 수직으로 낙하한다.)

⑩ 콘크리트 타설 도중 표면에 떠올라 고인 **블리딩 수가 있을 경우에는 이를 제거한 후 타설**하여야 하며, 고인 물을 제거하기 위하여 콘크리트 표면에 홈을 만들어 흐르게 해서는 안 된다.
⑪ 벽 또는 기둥과 같이 높이가 높은 콘크리트를 연속해서 타설할 경우에는 타설 및 다질 때 재료 분리가 될 수 있는 대로 적게 되도록 콘크리트의 반죽질기 및 타설 속도를 조정하여야 한다.
⑫ 강우, 강설 등이 콘크리트의 품질에 유해한 영향을 미칠 우려가 있는 경우에는 필요한 조치를 정하여 책임기술자의 검토 및 확인을 받아야 한다.
⑬ 콘크리트 **타설은 기초 → 기둥 → 벽 → 계단 → 보 → 바닥 순서로 한다**.
⑭ 콘크리트 **타설은 운반거리가 먼 곳부터 시작한다**. ★
⑮ 콘크리트가 닿았을 때 흡수할 우려가 있는 곳은 미리 습하게 해두어야 하며, 이때 물이 고이지 않도록 주의하여야 한다.
거푸집, 철근에 콘크리트를 충돌시키지 않는다. ★

(2) 콘크리트 타설 시의 이음부 ★

① 보, 바닥슬래브 및 지붕슬래브의 **수직 타설 이음부는 스팬의 중앙 부근에 주근과 직각방향으로 설치**한다.
② 기둥 및 벽의 **수평 타설 이음부는 바닥슬래브, 보의 하단에 설치하거나 바닥슬래브, 보, 기초보의 상단에 설치**한다.
③ 콘크리트의 타설 이음면은 레이턴스나 취약한 콘크리트 등을 제거하여 새로 타설하는 콘크리트와 일체가 되도록 처리한다.
④ 타설 이음부의 콘크리트는 살수 등에 의해 습윤 시킨다. 다만, 타설 이음면의 물은 콘크리트 타설 전에 고압공기 등에 의해 제거한다.

(3) 조절줄눈

결함부위로 균열의 집중을 유도하기 위해 **균열이 생길만한 구조물의 부재에 미리 결함부위를 만들어 두는 것**을 말한다.

(4) 블리딩(bleeding) ★

① 블리딩이란 **굳지 않은 콘크리트, 모르타르 등에서 물이 분리, 상승하는 현상**을 말한다.
② 블리딩 현상이 심한 경우 **철근과 콘크리트의 부착력 저하, 수밀성 저하로 콘크리트의 강도 및 내구성이 감소되고 탄산화가 촉진**된다.

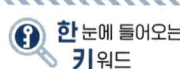

(5) 레이턴스(Laitance)

콘크리트 타설 후 블리딩 현상으로 인하여 콘크리트 표면에 물과 함께 떠오르는 미세한 물질을 말한다. ★

(6) 콜드 조인트 ★

① 휴식시간 등으로 **응결하기 시작한 콘크리트에 새로운 콘크리트를 이어칠 때 일체화가 저해되어 생기는 줄눈(이음부)**을 말한다.
② 경화 후 **누수의 원인**이 되고 **철근의 녹 발생** 등 내구성에 손상을 일으킨다.

3 콘크리트의 다짐

(1) 콘크리트 다짐 시 진동기의 사용 ★

① 진동다지기를 할 때에는 **내부진동기를 하층의 콘크리트 속으로 0.1m(10cm) 정도 삽입**하여 상하층 콘크리트를 일체화 시킨다.
② 1개소 당 **진동시간은 다짐할 때 시멘트풀이 표면 상부로 약간 부상하기까지가 적절**하다.
③ 내부진동기는 콘크리트로부터 **천천히 빼내어 구멍이 남지 않도록** 한다.
④ 내부진동기는 **콘크리트를 횡 방향으로 이동시킬 목적으로 사용해서는 안 된다.**
⑤ 진동기는 **가능한 연직방향으로 찔러 넣는다.**
⑥ 철근 또는 거푸집에 직접 진동을 주지 않고 경화가 시작된 콘크리트에 진동을 주어서는 안 된다.

(2) 콘크리트 타설 시 진동기를 사용하는 목적 ★

콘크리트를 거푸집 구석구석까지 충진시키고 **밀실한 콘크리트를 얻기 위함**이다.(콘크리트의 밀실화 유지)

4 콘크리트의 양생

(1) 양생

타설이 끝난 콘크리트가 시멘트의 수화 반응에 의하여 충분한 강도를 발현하고 균열이 생기지 않도록 하기 위하여 **일정기간 적절한 온도유지 및 수분을 공급**하고 유해한 작용의 영향을 받지 않도록 보호해 주는 것을 말한다.

(2) 콘크리트 양생 시 주의사항

① 콘크리트 표면의 건조에 의한 **내부 콘크리트 중의 수분 증발 방지를 위해 습윤 양생**을 실시한다.
② **동해를 방지**하기 위해 **5℃ 이상**을 유지한다.
③ **거푸집 판이 건조될 우려가 있는 경우에는 살수**하여야 한다.
④ 응결 중 **진동 등의 외력을 방지**해야 한다.

03 콘크리트의 종류 및 특성

한 눈에 들어오는 **키**워드

1 한중 콘크리트

(1) **1일 평균기온 4℃ 이하가 되는 시기에 타설하는 콘크리트**를 말한다. ★

(2) 한중 콘크리트의 특징 ★

① 콘크리트의 비빔온도는 기상조건 및 시공조건 등을 고려하여 정한다.
② 재료를 가열할 경우, **물 또는 골재를 가열하는 것으로 하며(골재는 직접 불꽃에 대어 가열해서는 안 됨), 시멘트는 어떠한 경우라도 직접 가열할 수 없다.** 골재의 가열은 온도가 균등하게 되고 또 건조되지 않는 방법을 적용하여야 한다.
③ **타설 시의 콘크리트 온도는 5℃ 이상, 20℃ 미만**으로 한다.
④ **빙설이 혼입된 골재, 동결상태의 골재는 원칙적으로 비빔에 사용하지 않는다.**

(3) 한중콘크리트의 배합

① 물시멘트비 : 60% 이하
② **AE제 or AE 감수제를 사용하고 단위수량은 가급적 적게** 한다.
③ 단위 시멘트량의 과대 혹은 과소를 피한다.

2 서중 콘크리트

(1) **기온이 30[℃] 이상인 상태에서 시공하는 콘크리트**이다. ★

(2) 서중 콘크리트의 특징 ★

① 콘크리트의 슬럼프 저하 및 **수분의 급격한 증발** 등에 의한 **균열발생의 위험**이 있다.

② 콘크리트의 온도가 낮아지도록 재료의 배합, 타설, 양생에 주의를 기울여야 한다.
③ 고로시멘트, 플라이애쉬시멘트 등 **저발열 시멘트**를 사용한다.
④ 단위 수량 및 **시멘트량을 적게하여 수화열을 적게** 한다.
⑤ **감수제, AE감수제, 유동화제** 등을 사용한다.
⑥ 타설 시 온도는 **35℃ 이하, 1.5시간 이내**로 타설한다.
⑦ **Pre-cooling에 의한 골재, 물** 등의 재료를 **냉각**한다.
⑧ **거푸집, 철근** 등은 **살수 및 덮개** 등의 조치를 강구한다.

3 경량 콘크리트

(1) 경량 콘크리트의 종류 ★

① 신더 콘크리트   ② 톱밥 콘크리트
③ 다공질 콘크리트   ④ 경량기포 콘크리트

(2) 경량 기포 콘크리트(ALC: Auto claved light weight concrete) ★

화산재, 발포제품을 넣고 **인공적으로 기포를 발생시켜 단위중량을 감소시킨** 콘크리트를 말한다.
① **열전도율이 보통 콘크리트의 1/10 정도**이다.
② 경량으로 **인력에 의한 취급이 가능**하다.
③ **흡수성이 크고 표면마모가 쉽고 강도가 크지 않다.**
④ 현장에서 **절단 및 가공이 용이**하다.
⑤ 건조수축률이 작으므로 **균열 발생이 적다.**

4 매스 콘크리트

(1) 구조물의 치수가 커서 시멘트 수화열에 의한 온도상승 및 강하를 고려하여 설계, 시공해야 하는 콘크리트를 말한다.

(2) 매스 콘크리트의 타설 ★

① 매스 콘크리트의 **타설 온도는 온도균열을 제어하기 위한 관점에서 가능한 한 낮게** 한다.
② 매스 콘크리트 **타설 시 기온이 높을 경우에는 콜드조인트가 생기기 쉬우므로 응결지연제를 사용**한다.

> **참고**
> **서머콘(Thermo-Con)**
> 콘크리트 제작 시 골재는 전혀 사용하지 않고 물, 시멘트, 발포제만으로 만든 경량 콘크리트를 말한다.

③ 매스 콘크리트 타설 시 침하발생으로 인한 침하균열을 예방하기 위해 재 진동 다짐 등을 실시한다.
④ 매스 콘크리트 타설 후 거푸집 탈형 시 콘크리트 표면의 급랭을 방지하기 위해 **콘크리트 표면을 소정의 기간 동안 보온**해 주어야 한다.

(3) 매스 콘크리트의 균열을 방지 또는 감소시키기 위한 대책 ★

① **플라이애쉬 등 포졸란계 혼화재를 사용**하거나 **저발열성 시멘트를 사용**한다.
② **골재 최대 치수를 크게** 하고 **슬럼프 값은 최대한 적게**하여 시멘트 양을 줄인다.
③ **콘크리트의 온도상승을 적게** 한다.(**파이프 쿨링을 실시**한다.)
④ **급격한 온도 변화를 피한다.**
⑤ 온도균열지수에 의한 균열발생을 검토한다.

5 유동화 콘크리트

(1) 미리 비벼낸 **단위수량이 적은 콘크리트에 유동화재를 혼합하여** 된비빔 콘크리트의 품질을 유지한 채 **일시적으로 유동성을 증대시킨 콘크리트**를 말한다.

(2) 유동화 콘크리트의 슬럼프 ★

콘크리트의 종류	베이스 콘크리트	유동화 콘크리트
보통 콘크리트	150mm 이하	210mm 이하
경량골재 콘크리트	180mm 이하	210mm 이하

6 제치장 콘크리트(exposed concrete)

(1) 콘크리트 타설 후 거푸집을 제거한 **콘크리트 표면 상태 그대로를 노출시켜 마감면으로 하는 콘크리트**를 말한다.

(2) 제치장 콘크리트의 특징 ★

① 타설 콘크리트면 자체가 치장이 되게 마무리한 자연 그대로의 콘크리트를 말한다.
② **재료의 절약**은 물론 **구조물 자중을 경감**할 수 있다.
③ 구조물에 균열과 이로 인한 **백화가 나타난 경우 재시공 및 보수가 어렵다.**
④ **거푸집이 견고하고 흠이 없도록** 정확성을 기해야 하기 때문에 **상당한 비용과 노력비가 증대**한다.

7 레디 믹스트 콘크리트(ready mixed concrete)

시멘트와 골재 등을 공장에서 미리 배합하여 현장으로 운반하여 타설하는 콘크리트를 말한다.(미리 비벼진 콘크리트)

(1) **콘크리트 제조 공장에서** 시멘트, 골재(모래, 자갈), 물, 혼화제 등의 **재료를 비벼 제조한 후** 믹서트럭(Mixer Truck)을 이용하여 **공사현장까지 운반되는 굳지 않는 콘크리트**를 말한다.

(2) 외기온도가 30℃ 이상 또는 0℃ 이하 시에는 레디믹스트 콘크리트 운반 차량에 **특수 보온시설**을 하여야 한다. ★

8 프리플레이스트 콘크리트

콘크리트 타설할 거푸집 안에 굵은 골재를 미리 채워 넣은(Pre-packing) 후 모르타르를 주입한 콘크리트를 말한다.

04 기타 콘크리트의 성질

1 한중 콘크리트

(1) 물-시멘트비

혼합된 재료중의 **물과 시멘트의 중량비**를 말한다.

$$물시멘트비(\%) = \frac{물의\ 중량}{시멘트의\ 중량} \times 100$$

(2) 공기량의 성질 ★

① 공기량은 **기계비빔이 손비빔의 경우보다 크다.**
② 공기량은 **비빔시간 3~5분까지 증가하고 그 이후부터는 감소한다.**
③ 공기량은 **AE제의 양이 증가할수록 증가한다.**
④ 공기량은 **온도가 높을수록 감소하고 진동을 주면 감소한다.**

(3) 콘크리트의 수화작용 및 워커빌리티 ★

① 시멘트의 **분말도가 클수록** 수화작용이 빠르다.
② **단위수량을 증가시킬수록** 재료분리가 증가하여 **워커빌리티가 저하**된다.
③ **비빔시간이 길어질수록** 수화작용을 촉진시켜 **워커빌리티가 저하**된다.
④ **쇄석의 사용**은 워커빌리티를 저하시킨다.

(4) 콘크리트의 시공성에 영향을 주는 요인

① 단위수량
② 골재의 입도
③ 슬럼프 및 슬럼프 플로우
④ 공기량
⑤ 혼화재료
⑥ 굵은 골재의 최대 치수

(5) 콘크리트의 크리프(Creep) ★

일정한 하중을 받고 있던 콘크리트가 **하중의 증가 없이 시간이 경과함에 따라 콘크리트의 변형이 증가하는 현상**을 말한다.
① **재령**(콘크리트를 타설한 뒤로부터의 경과 일수)이 **짧을수록** 증가한다.
② 부재의 **단면치수가 작을수록** 증가한다.
③ **외부습도가 낮을수록** 증가한다.
④ **대기온도가 높을수록** 증가한다.
⑤ 배합이 적절치 않고 물시멘트비가 클수록 증가한다.
⑥ **단위 시멘트량이 많을수록** 증가한다.
⑦ **재하시기**(하중을 가하는 시기)**가 빠를 경우** 증가한다.

(6) 콘크리트의 고강도화

① **물시멘트비를 작게** 한다.
② **시멘트의 강도를 크게** 한다.
③ **폴리머(polymer)를 함침**(含浸)한다.
④ 골재의 입도분포는 **굵고, 가는 골재 등이 골고루 섞이어 공극률을 줄임**으로써 시멘트풀이 최소가 되도록 하는 것이 좋다.

> **한** 눈에 들어오는
> **키** 워드

참고

슬럼프 플로우
슬럼프 시험장비를 이용해서 콘크리트가 무너져 내린 높이를 측정하는 슬럼프 값과는 달리 콘크리트의 퍼진 너비를 측정하는 것을 슬럼프 플로우라고 하며 고유동성 콘크리트의 유동성 정도를 측정할 수 있다.

참고

철근콘크리트 구조물의 내구성 저하 요인
① 건조수축
② 염해
③ 중성화
④ 동결융해(동해)
⑤ 온도변화
⑥ 알칼리 골재반응

참고

폴리머(polymer)
= 고분자(중합체)

05 콘크리트 구조물의 비파괴시험 및 보수·보강법

1 콘크리트 구조물의 비파괴시험(검사) 방법 ★

① **슈미트해머법(반발경도법)** : 경화된 콘크리트 표면을 타격하여 반발경도를 측정하는 방법
② **초음파법** : 초음파를 이용하여 콘크리트의 압축강도, 내부결함, 균열깊이 등을 측정하는 방법
③ **방사선법** : 엑스선, 감마선 등 방사선을 투과하여 내부결함, 콘크리트 밀실도 등을 측정하는 방법
④ **인발법** : 매입한 볼트의 인발내력으로 콘크리트의 압축강도를 측정하는 방법
⑤ **진동법** : 콘크리트 공시체에 진동을 주어 그때의 공명, 진동으로 콘크리트의 탄성계수를 측정하는 방법

2 콘크리트 구조물의 보수·보강 공법

구조 보강공법	외관 보수공법
① 주입 공법 ② 강재보강 공법 ③ 단면증대 공법 ④ 복합재료 보강 공법	① 표면처리 공법 ② 충전법

06 철근공사

1 개요

(1) 철근의 공작도 작성요령

① **공작도**란 철근구조도에 의거하여 **현장에서 실제 철근 작업을 편리하게 시공하기 위하여** 철근 모양, 작부치수, 구부림 위치, 지름, 길이 및 수량 등을 **정확히 기입한 상세도면**을 말한다.
② **기초상세도**는 다른 부위와 접속되는 철근의 정착 및 다른 부재와의 관계를 명확히 기입한다.

③ **기둥상세도**는 층높이에 맞추어 **적당한 이음위치를 정하고 띠철근의 지름, 길이 등을 기입**한다.
④ **바닥판상세도**는 **기둥 중심선을 기준으로 보, 벽, 계단, 개구부 등의 위치를 명시**한다.
⑤ 큰 보는 동일 보의 수량, 주근·늑근의 주름, 형상, 길이, 배치간격 등을 기입한다.

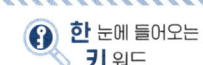

(2) 철근재료 시험항목

① 인장강도시험
② 휨시험
③ 연신율시험

(3) 철골공사 현장에 자재반입 시 치수검사 항목

① 기둥 폭 및 층 높이 검사
② 휨 정도 및 뒤틀림 검사
③ 브래킷의 길이 및 폭, 각도 검사

(4) 철근콘크리트 구조의 철근 선 조립 공법의 순서

시공도 작성 → 공장절단 → 가공 → 이음·조립 → 운반 → 현장부재 양중 → 이음·설치

(5) 철근의 조립 순서 ★

① **철근 콘크리트** : 거푸집 조립 순서에 맞추어 조립한다.
   기둥 → 벽 → 보 → 슬래브(바닥) → 계단
② **철골철근 콘크리트** : 철골의 조립 및 리벳치기가 완료된 부분부터 철근을 조립한다.
   기둥 → 보 → 벽 → 슬래브(바닥) → 계단

(6) 철골부재 절단 방법

① 가스절단
② 전단절단
③ 톱절단 : 가장 정밀한 절단방법으로 앵글커터(angle cutter) 등으로 절단한다.
④ 전기절단

(7) 강재의 절단 방법

① 기계절단법
② 가스 절단법
③ 프라즈마 절단법

2 철근의 이음 및 조립

(1) 철근이음의 종류

겹침 이음	① 흔히 사용되는 공법으로 시공이 간단하고 경제적이다. ② 부착균열 파괴를 일으키지 않도록 이음위치, 겹이음 길이, 피복두께, 철근간격 등을 설계단계에서 고려하여야 한다.
가스압점 이음	① 2개의 철근단부를 맞대어 놓고 **산소-아세틸렌 가스 불꽃으로 약 1,200~1,300℃로 가열하여 철근을 고정 상태에서 압력을 가하여 접합**한다. ② 압접 작업은 철근을 완전히 조립하기 전에 행한다. ③ 철근의 지름이나 종류가 다른 것은 압접하지 않는 것이 좋다. ④ 기둥, 보 등의 압접 위치는 한 곳에 집중되지 않게 한다. [외관검사 결과 불합격된 압접부의 조치] • 철근중심축의 편심량이 규정 값을 초과했을 때는 **압접부를 떼어내고 재 압접**한다. • 압접돌출부의 지름 또는 길이가 규정 값에 미치지 못하였을 경우는 재가열하고 압력을 가하여 소정의 **압접 돌출부로 만든다**. • 형태가 심하게 불량하거나 또는 압접부에 유해하다고 인정되는 결함이 생긴 경우는 압접부를 잘라내고 재 압접한다. • 심하게 구부러졌을 때는 재가열하여 수정한다. • 압접면의 엇갈림이 규정 값을 초과했을 때는 압접부를 잘라내고 재 압접한다.
용접 이음	① 열에너지로 철근을 녹여 접합하는 방법 ② 철이 고온에 가열되므로 적절히 시공되지 않으면 강도와 인성이 떨어질 수 있다. ③ **Cad Welding 이음 : 철근에 sleeve를 끼우고 sleeve 구멍을 통하여 화학과 합금의 혼합물을 넣어 순간폭발 시켜 녹은 합금이 공간을 충전하며 이음하는 방법**을 말한다. • 육안검사가 불가능하다. • 기후의 영향이 적고 화재위험이 감소된다. • 각종 이형철근에 대한 적용범위가 넓다. • 예열 및 냉각이 불필요하고 용접시간이 짧다.
기계적 이음	시공이 편리하고 일정한 품질, 다양한 적용성으로 사용이 급격히 늘어나고 있다.

참고

가스압접의 장·단점

• 장점
① 시공비가 저렴하다.
② 겹침 이음 부위의 철근량을 줄일 수 있다.
③ 콘크리트 타설이 용이하다.

• 단점
① 기후(기온, 강우 등)의 영향을 받는다.
② 화재의 위험이 있다.
③ 열로 인해 철근의 산화 및 강도 저하가 발생할 수 있다.

(2) 철근의 조립

① 철근이 **바른 위치를 확보할 수 있도록 결속선으로 결속**하여야 한다.
② 철근을 **조립한 다음 장기간 경과한 경우에는 콘크리트의 타설 전에 다시 조립** 검사를 하고 청소하여야 한다.
③ **경미한 황갈색의 녹이 발생한 철근은 콘크리트와의 부착을 해치지 않으므로** 사용해도 좋다.
④ 철근의 피복두께를 정확하게 확보하기 위해 **적절한 간격으로 고임재 및 간격재를 배치**하여야 한다.
⑤ 거푸집에 접하는 **고임재 및 간격재는 콘크리트 제품 또는 모르타르 제품을 사용**하여야 한다.

(3) 철근의 간격(철근 중심에서 중심까지의 거리) ★

① **철근 지름의 1.5배** 이상
② **2.5cm** 이상
③ **굵은 골재 지름의 1.25배** 이상

위 ①, ②, ③ 중 큰 값으로 한다.

(4) 철근의 순 간격(철근과 철근간의 표면 간 최단거리) ★

기둥의 순 간격(수직 순 간격)	보의 순 간격(수평 순 간격)
① 40mm ② 철근 공칭지름의 1.5배 ③ 굵은 골재 최대치수의 4/3 이상 위 ①, ②, ③ 중 큰 값으로 한다.	① 25mm ② 철근 공칭지름 ③ 굵은 골재 최대치수의 4/3 이상 위 ①, ②, ③ 중 큰 값으로 한다.

(5) 철근 콘크리트의 부재별 철근의 정착위치 ★

① **기둥의 주근은 기초 또는 바닥판**에 정착한다.
② **바닥철근은 보, 벽체**에 정착한다.
③ **벽 철근은 기둥, 보, 바닥판**에 정착한다.
④ **큰 보의 주근은 기둥에 정착**하고, **작은 보의 주근은 큰 보에 정착**한다.
⑤ **보 밑 기둥이 없을 때에는 보 상호간**에 정착한다.
⑥ **지중 보의 주근은 기초 또는 기둥**에 정착한다.

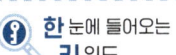
한 눈에 들어오는 키워드

(6) 철근의 정착 길이

① 큰 인장력을 받는 곳의 정착 길이는 철근 지름의 **40배 이상**, 압축철근 및 작은 인장력을 받는 곳의 정착 길이는 철근 지름의 **25배 이상**으로 한다.
② 정착 길이는 후크(hook) 중심 간의 거리로 하며, **후크의 길이는 정착 길이에 포함하지 않는다.**
③ 철근의 정착은 **기둥이나 보의 중심을 벗어난 위치에 둔다.**

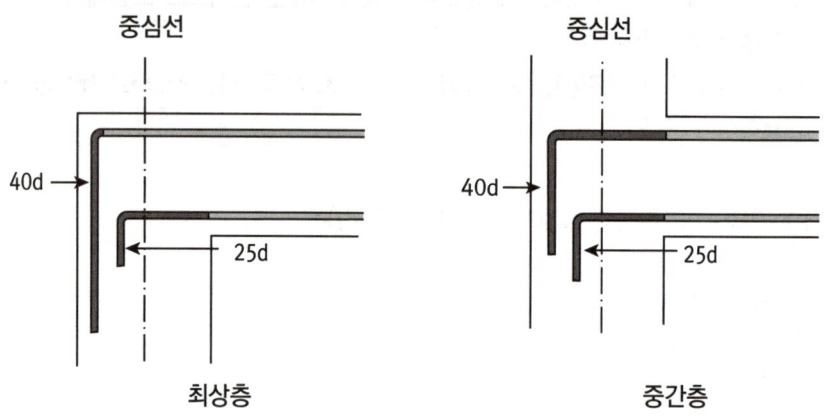

(7) 철근 이음 시 유의사항 ★

① **D35를 초과하는 철근은 겹침 이음을 할 수 없다.** 다만, 서로 다른 크기의 철근을 압축부에서 겹침 이음하는 경우 D35 이하의 철근과 D35를 초과하는 철근은 겹침 이음을 할 수 있다.
② 장래의 이음에 대비하여 구조물로부터 노출시켜 놓은 철근은 손상이나 부식을 받지 않도록 보호하여야 한다.

3 부식방지 및 피복두께 확보

(1) 철근 콘크리트 부재의 피복두께를 확보하는 목적 ★

① **부착력 확보** : 철근의 부착강도 확보
② **내화성 확보** : 화재 시에 고열로부터 철근 보호
③ **철근의 방청**(철근의 부식방지로 내구성 확보) : 물과 이산화탄소의 침투를 방지하여 부식방지
④ **콘크리트의 유동성 확보** : 콘크리트 타설시 유동성으로 밀실하게 충전
⑤ 내구성 확보
⑥ 구조내력의 확보

(2) 철재의 표면 부식방지 처리법 ★

① 유성페인트, 광명단을 도포
② 시멘트 모르타르로 피복
③ 아스팔트, 콜타르를 도포
④ 마그네시아 시멘트는 철재를 녹슬게 하므로 부식방지 처리법으로 적합하지 않다.

4 염해

(1) 염해

① 콘크리트에 축적된 **염화물의 함량이 허용한도를 초과하는 경우 강재가 부식**되어 구조물의 내구성이 저하되는 현상
② 콘크리트 중의 **염화물 이온이 철근의 부동태막을 파괴하여 강재를 부식**시키는 현상

(2) 염해방지 대책 ★

① 콘크리트 중의 **염소 이온량을 적게** 한다.
② **에폭시 수지 도장 철근을 사용**한다.
③ **방청제 투입**을 고려한다.
④ **물 – 시멘트비를 작게** 한다.
⑤ **철근 피복두께를 충분히** 확보한다.
⑥ 수밀콘크리트를 만들고 **콜드조인트가 없게 시공**한다.

07 거푸집 공사

주요내용 알고 가기!

- 거푸집의 개요
- 거푸집의 시공 목적
- 거푸집 동바리의 설계하중
- 거푸집의 부속자재
- 거푸집의 종류 및 특징
- 거푸집 공법의 종류 및 특징

1 거푸집(form work, form, mold)

① 거푸집은 콘크리트 구조물이 필요한 강도를 발현할 수 있을 때까지 구조물을 지지하여 **구조물의 형상과 치수를 설계도서대로 유지시키기 위한 가설구조물의 총칭**이다.
② 거푸집은 일반적으로 콘크리트를 부어넣어 콘크리트 구조체를 형성하는 **거푸집널**과 이것을 정확한 위치로 유지하는 **동바리, 즉 지지틀의 총칭이다.**
③ **거푸집공사비는 건축공사비에서의 비중이 높으므로,** 설계단계부터 거푸집 공사의 개선과 합리화 방안을 연구하는 것이 바람직하다.

2 거푸집의 시공 목적(거푸집이 콘크리트 구조체의 품질에 미치는 영향과 역할)

① 콘크리트가 응결하기까지의 형상, 치수의 확보
② 콘크리트 수화반응의 원활한 진행을 보조(콘크리트의 수분 누출 방지)
③ 철근의 피복두께 확보
④ 양생을 위한 외기의 영향 방지

3 거푸집 동바리의 설계하중 ★

(1) 연직하중 = 고정하중 + 작업하중 + 적설하중

① 고정하중 : 콘크리트 무게 + 거푸집 무게
② 작업하중 : 작업원 + 장비하중 + 시공하중 + 충격하중

(2) 콘크리트 측압
(3) 풍하중
(4) 수평하중

4 거푸집의 부속자재

(1) 긴결재(긴장재) ★

콘크리트의 측압을 부담하여 거푸집널이 벌어지거나 우그러들지 않도록 **거푸집의 정확한 위치와 치수를 유지**하기 위해 사용된다.

(2) 긴결재의 종류

① 폼타이(Form tie)
② 플랫타이(Flat tie)
③ 철선(Steel wire)
④ 컬럼밴드(Column band)
⑤ 와이어로프(Wire rope) 및 턴버클(Turn Buckle)

(3) 격리재(separator) ★

거푸집 상호간의 간격을 일정하게 유지하는데 사용된다.

(4) 박리제(Form oil)

거푸집과 콘크리트의 부착력을 감소시켜 **거푸집널의 탈형을 쉽게 하기 위하여 칠하는 약제**(거푸집 도포제)를 말한다.

참고

거푸집 박리제 시공 시 유의사항
① 거푸집에 도포된 박리제가 철근에 묻으면 철근과 콘크리트의 부착력이 저하되므로 철근에 묻지 않도록 주의하여야 한다.
② 박리제의 도포 전에 거푸집면의 청소를 철저히 한다.
③ 콘크리트 색조에는 영향이 없는지 확인 후 사용한다.
④ 콘크리트 타설 시 거푸집의 온도 및 탈형 시간을 준수한다.

(5) 간격재(spacer) ★

철근과 거푸집의 간격을 일정하게 유지하여 피복두께 확보를 도와주는 부재를 말한다.

(6) 고임재(chair)

수평으로 배치된 **철근 혹은 프리스트레스용 강재, 쉬스 등을 정확한 위치에 고정**하기 위하여 사용하는 **콘크리트제, 모르타르제, 금속제, 플라스틱제의 부품**을 말한다.

(7) 철근 고임재 및 간격재의 배치표준

부위	종류	수량 또는 배치 간격
기초	강재, 콘크리트	8개/4m², 20개/16m²
지중보	강재, 콘크리트	간격은 1.5m, 단부는 1.5m 이내
벽, 지하 외벽	강재, 콘크리트	상단은 보 밑에서 0.5m, 중간은 상단에서 1.5m 이내 횡간격은 1.5m, 단부는 1.5m 이내
기둥	강재, 콘크리트	상단은 보 밑에서 0.5m, 중간은 주각과 상단의 중간 기둥 폭 방향은 1m 미만 2개, 1m 이상 3개
보	강재, 콘크리트	간격은 1.5m, 단부는 1.5m 이내
슬래브	강재, 콘크리트	기둥 폭 방향은 1m 미만 2개, 1m 이상 3개

08 거푸집의 종류 및 특징

1 거푸집의 종류

(1) 강재거푸집(metal form), 철제거푸집(steel form)

① 거푸집이 무겁고 초기비용이 많이 든다.
② 마감면이 매끈하고 강도가 뛰어나다.
③ **콘크리트 표면에 모르타르, 플라스터 또는 타일붙임 등의 마감을 할 경우**에는 평활한 철제 거푸집(metal form)을 사용하는 경우 **부착강도가 저하**될 수 있으므로 사용하지 않는 것이 좋다.

(2) 목재 거푸집

(3) 시스템(System) 거푸집

거푸집널과 이를 보강하는 지지물 등을 일체화, 유닛화, **대형화시킨 거푸집**을 말한다.

한 눈에 들어오는 **키**워드

시스템 거푸집의 종류
① 벽체 전용 거푸집 : 갱 폼, 오토클라이밍 폼
② 바닥판 전용 거푸집 : 테이블 폼
③ 벽체+바닥판용 거푸집 : 터널 폼
④ 연속 거푸집 : 슬라이딩 폼, 슬립 폼, 트래블링 폼

(4) 유로 폼(Euro Form) ★

합판과 특수 경량 강으로 제작된 거푸집으로 **용도 표준화, 모듈화로 자재관리가 간편**하고 **어떠한 형태의 콘크리트 구조물에도 설치 해체가 용이**하다.

(5) 무 폼 타이 거푸집 (tie-less form work)

① 벽체 양면에 거푸집 설치가 곤란한 경우, **한 면에만 거푸집 판을 설치하고 Form Tie 없이 콘크리트 측압을 지지하는 공법**을 말한다.
② 지하 합벽거푸집에서 **측압에 대비하여 합벽지지대(버팀대, brace frame)를 삼각형으로 일체화한 공법**이다.

참고
무 폼타이 거푸집

사진 출처 : 페리코리아

2 거푸집 공법의 종류 및 특징

(1) 슬라이딩 폼(Sliding Form) ★★

① 시공이음 없이 **거푸집을 요크(yoke)로 연속적으로 끌어올려 단면형상에 변화가 없는 공법**으로 silo 공사 등에 적당하다.(일반적으로 **돌출물이 없는 건축물에 적용**할 수 있다.)
② 1일 5~10m 정도 수직시공이 가능하므로 **시공속도가 빠르다.**
③ **타설작업과 마감작업이 동시에 진행**되어 공정이 단순하다.
④ **구조물 형태에 따른 사용 제약**이 있다.(돌출물이 없는 건축물에 적용)
⑤ 형상 및 치수가 정확하며 **시공오차가 적다.**
⑥ **소요 경비가 절감**된다.

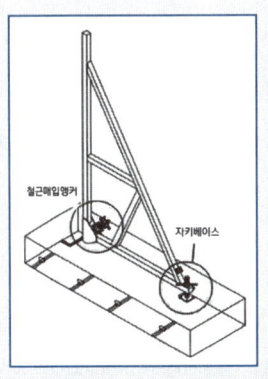
출처 : https://m.blog.naver.com/78dydxo/222053994748

(2) 갱 폼(Gang Form) ★★

① 외부벽체 거푸집과 작업발판용 케이지(Cage)를 일체로 제작하여 사용하는 대형 거푸집을 말한다.(대형화 패널 자체에 버팀대와 작업대를 부착하여 유니트화한다.)
② 거푸집판과 보강재가 일체로 된 기본 패널로 **두꺼운 벽체를 구축하기에 적합**하다.
③ 공사초기 **제작기간이 길고 투자비가 큰 편**이다.
④ 경제적인 전용횟수는 30~40회 정도이다.
⑤ 수직, 수평 분할 타설 공법을 활용하여 전용도를 높인다.
⑥ 조립, 분해 없이 설치와 탈형만 함에 따라 인력절감이 가능하다.
⑦ **설치와 탈형을 위하여** 타워크레인, 이동식 크레인 같은 **양중장비가 필요**하다.
⑧ 콘크리트 이음부위(joint) 감소로 마감이 단순해지고 비용이 절감된다.
⑨ **제작 장소 및 해체 후 보관 장소가 필요**하다.

(3) 터널 폼(Tunnel Form) ★★

① 한 구획 전체의 **벽판과 바닥판을 ㄱ자형 또는 ㄷ자형으로 짜서 이동시키는 형태**의 기성재 거푸집이다.(**벽체, 슬라브(바닥) 거푸집을 일체로 제작**하여 한 번에 설치, 해체할 수 있는 거푸집)
② 거푸집의 전용횟수는 약 30~40회 정도이다.
③ 노무 절감, 공기단축이 가능하다.
④ 터널 폼의 종류에 트윈 쉘(twin shell)과 모노 쉘(mono shell) 등이 있다.

(4) 트래블링 폼(Travelling Form)

수평활동 거푸집이며 거푸집 전체를 그대로 떼어 **다음 사용 장소로 이동시켜 사용할 수 있도록 한 거푸집**이다. ★

(5) 워플 폼(Waffle Form) ★

무량판 시공 시 **2방향으로 된 상자형 기성재 거푸집**이다.

(6) 플라잉 폼(Flying form) ★

테이블 폼이라고도 부르며, 거푸집, 장선, 멍에, 지주를 일체화하여 **수평 및 수직으로 이동할 수 있도록 한 바닥전용의 대형 거푸집**을 말한다.

참고

클라이밍 폼(Climbing form)
① 벽체용 거푸집으로 거푸집(갱품)에 비계 틀을 일체로 조립·제작한 거푸집을 말한다.
② 고층 구조물의 내부 코어시스템에 가장 적합한 시스템 거푸집이다.

3 콘크리트 타설 시 거푸집의 측압 ★

① 거푸집 부재 단면이 클수록 측압이 크다.
② 거푸집 수밀성이 클수록 측압이 크다.
③ **거푸집의 강성이 클수록 측압이 크다.**
④ 거푸집 표면이 평활할수록 측압이 크다.
⑤ 시공연도가 좋을수록 측압이 크다.
⑥ **철골 or 철근량이 적을수록 측압이 크다.**
⑦ **외기온도가 낮을수록 측압이 크다.**
⑧ **타설속도가 빠를수록 측압이 크다.**
⑨ 다짐이 좋을수록 측압이 크다.
⑩ 슬럼프가 클수록 측압이 크다.
⑪ **콘크리트 비중이 클수록 측압이 크다.**
⑫ 응결시간이 느린 시멘트를 사용할수록 측압이 크다.
⑬ **습도가 낮을수록 측압이 크다.**

4 거푸집 존치 및 해체

(1) 거푸집 해체를 위한 확인사항

① 수직, 수평부재의 **존치기간 준수 여부**
② 소요의 **강도 확보 이전에 지주의 교환 여부**
③ 거푸집 해체용 **콘크리트 압축강도 확인시험 실시 여부**

(2) 거푸집의 해체시기

① **콘크리트의 압축강도를 시험할 경우 거푸집널의 해체 시기**

부위		콘크리트 압축강도
기초, 보, 기둥, 벽 등의 측면		5MPa 이상
슬래브 및 보의 밑면, 아치 내면	단층구조인 경우	설계기준 압축강도 이상
	다층구조인 경우	(필러 동바리 구조를 이용할 경우는 구조계산에 의해 기간을 단축할 수 있음. 단, 이 경우라도 최소강도는 14MPa 이상으로 함)

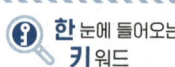

② 콘크리트의 압축강도를 시험하지 않을 경우 거푸집널의 해체 시기(기초, 보, 기둥 및 벽의 측면)

시멘트의 종류 평균기온	조강 포틀랜드 시멘트	보통 포틀랜드 시멘트 고로 슬래그 시멘트(특급) 포틀랜드 포졸란 시멘트(A종) 플라이애쉬 시멘트(A종)	고로 슬래그 시멘트(1급) 포틀랜드 포졸란 시멘트(B종) 플라이애쉬 시멘트(B종)
20℃ 이상	2일	4일	5일
20℃ 미만 10℃ 이상	3일	6일	8일

(3) 거푸집 및 동바리의 품질 검사

항목	시험·검사 방법	시기·횟수	판정기준
거푸집, 동바리의 재료 및 체결재의 종류, 재질, 형상 치수	외관 검사	거푸집, 동바리 조립 전	지정한 품질 및 치수의 것일 것
동바리의 배치	외관 검사 및 스케일에 의한 측정	동바리 조립 후	경화한 콘크리트 부재는 거푸집의 허용오차규정에 적합할 것
조임재의 위치 및 수량	외관 검사 및 스케일에 의한 측정	콘크리트 타설 전	
거푸집의 형상치수 및 위치	스케일에 의한 측정	콘크리트 타설 전 및 타설 도중	
거푸집과 최외측 철근과의 거리	스케일에 의한 측정		철근피복 허용오차 규정에 적합할 것

CHAPTER 05 철골공사

주요내용 알고 가기!
- 철골의 공장가공 순서
- 강재에 녹말이 칠을 하지않는 부분
- 용접상의 결함의 종류
- 앵커볼트의 매입공법

01 철골공사의 개요

1 강관 파이프 구조 공사의 특징

① 경량이며 외관이 경쾌하다.
② 휨 강성 및 비틀림 강성이 크다.
③ 접합부의 절단가공이 어렵다.
④ 국부좌굴에 유리하다.

2 Mill sheet(검사증명서) ★

철골공사에서 강재의 기계적 성질, 화학성분, 외관 및 치수공차 등 재원과 제조 회사 확인으로 **제품의 품질확보를 위해 공인된 시험기관에서 발행하는 검사증명서**를 말한다.

3 콘크리트 충전 강관기둥(CFT)

① **원형 또는 각형 강관의 내부에 고강도콘크리트를 충전**하여 강성, 내력, 변형방지 및 내화 등에 우수한 성능을 가진다.
② 일반형강에 비하여 **국부좌굴에 유리**하다.
③ 콘크리트 충전 시 내부의 콘크리트와 외부 강관의 역학적 거동에서 합성구조라 볼 수 있다.
④ **콘크리트 충전 시 별도의 거푸집이 필요하지 않다.**
⑤ 접합부 용접기술이 발달한 일본 등에서 활성화 되어 있다.

02 절단 및 접합

1 강구조용 강제의 절단 및 개선가공

① 주요 부재의 **강판 절단은 주된 응력의 방향과 압연 방향을 일치시켜 절단함을 원칙**으로 하며, 절단작업 착수 전 재단도를 작성하여야 한다.
② 절단할 강재의 표면에 녹, 기름, 도료가 부착되어 있는 경우에는 제거 후 절단해야 한다.
③ 용접선의 교차부분 또는 한 부재를 다른 부재에 접합시킬 때 불필요한 접촉을 피하기 위하여 모퉁이따기를 할 경우에는 10mm 이상 둥글게 해야 한다.
④ 스캘럽 가공은 절삭 가공기 또는 부속장치가 달린 수동가스 절단기를 사용한다.
⑤ **강재의 절단**은 강재의 형상, 치수를 고려하여 **기계절단(전단절단, 톱절단), 가스절단, 플라스마 절단, 레이저절단 등을 적용**하고, 가스절단을 하는 경우는 원칙적으로 자동가스 절단기를 이용한다.
⑥ **톱 절단은 앵글커터(angle cutter) 등으로 철골부재를 절단**하는 방법으로 **가장 정밀**한 절단방법이다.

2 Rivet 구멍 뚫기 ★

① **송곳 뚫기**
② **펀칭**
③ **구멍가심(Reaming)** : 구멍 뚫기한 부재를 조립할 때 각 재의 리벳구멍지름은 다소 차이가 있을 수 있으므로 이 **구멍을 맞추기 위하여 Reamer로 구멍을 가셔내어 수정한다.**

3 메탈 터치(metal touch) ★

철골공사에서 **기둥 이음부분 면을 절삭 가공기를 사용하여 마감하고 충분히 밀착시킨 이음**을 말한다.

4 강구조 건축물의 볼트시공

① 마찰내력을 저감시킬 수 있는 **틈이 있는 경우에는 끼움판을 삽입**해야 한다.
② **볼트 조임 작업 전에** 마찰접합면의 흙, 먼지 또는 유해한 도료, 유류, 녹, 밀스케일 등 **마찰력을 저감시키는 불순물을 제거**해야 한다.
③ 1군의 볼트 조임은 중앙부에서 가장자리의 순으로 한다.
④ 현장 조임은 1차 조임, 마킹, 2차 조임(본조임), 육안검사의 순으로 한다.

5 구조 공사 시의 앵커링(anchoring)

① 필요한 앵커링 저항력을 얻기 위해서는 콘크리트에 피해를 주지 않도록 적절한 대책을 수립하여야 한다.
② 앵커볼트 설치 시 베이스플레이트 위치의 콘크리트는 설계도면 레벨보다 −30mm ~ −50mm 낮게 타설하고, 베이스플레이트 설치 후 그라우팅 처리한다.
③ 구조용 앵커볼트를 사용하는 경우 **앵커볼트 간의 중심선은 기둥 중심선으로부터 3mm 이상 벗어나지 않아야** 한다.
④ 앵커볼트로는 **구조용 혹은 세우기용 앵커볼트가 사용**되어야 하고, **고정매입 공법을 원칙**으로 한다.

03 철골구조의 내화피복, 녹막이 및 보수도장

1 내화피복

내화구조로 하기 위하여 **표면을 내화성능을 가진 재료로 감싸는 것을 내화피복**이라 하며, **철골조의 기둥, 보 등을 외부 온도변화로 부터 보호하는 역할**을 한다.

한 눈에 들어오는 키워드

2 내화피복 공법의 종류 ★

습식공법	건식공법
① **조적공법** : 철골표면에 **벽돌, 돌, 콘크리트 블록, 경량 콘크리트 블록** 등을 시공하는 공법 ② **미장공법** : 철골표면에 **단열 모르타르**를 시공하는 공법 ③ **도장공법** : 철골표면에 **내화페인트**를 도장하는 공법 ④ **뿜칠공법** 　• 철골표면에 접착제를 혼합한 내화피복재(암면과 시멘트를 혼합)를 뿜어서 내화 피복하는 공법 　• 기둥이나 보, 바닥과 지붕주위에 사용하며, **구조가 복잡한 부분에서도 시공하기가 쉽다.** 　• 피복된 철골의 형상에 대해 제약이 적고 **큰 면적의 내화피복을 소수 인원으로 단시간에 시공할 수 있다.** ⑤ **타설공법** : 철골표면에 **기포 콘크리트, 경량콘크리트**를 타설하는 공법	① **성형판 붙임공법** : 내화단열성이 우수한 **각종 성형판(PC판, ALC판, 석고보드 등)** 을 철골부재에 붙이는 공법으로 주로 기둥과 보의 내화피복에 사용된다. ② **멤브레인 공법** : 암면 **흡음판**을 철골에 붙여 시공하는 공법 ③ **세라믹울 피복공법**

3 녹막이 및 보수도장

(1) 녹막이도장 일반

① 경량 철골구조물에 이용되는 **강재는 판 두께가 얇아서 녹에 따른 구조내력의 저하가 현저하기 때문에 반드시 녹막이 조치를 해야 한다.**
② **강재**는 물의 고임에 의해 부식하기 쉽기 때문에 부재배치에 충분히 주의하고, 필요에 따라 **물 구멍을 설치하는 등 부재를 건조상태로 유지**하도록 한다.
③ **녹막이도장의 도막은** 노화, 타격 등에 의해 화학적, 기계적으로 **열화되기 때문에** 구조물을 항상 건전한 상태로 유지하도록 **재도장 등의 도장 계획을 세운다.**
④ 재도장이 곤란한 건축물 및 **녹이 발생하기 쉬운 환경에 있는 건축물의 녹막이는 녹막이 용융아연도금이 필요**하다.

(2) 강재에서 녹막이 칠을 하지 않는 부분 ★

① **현장용접**을 하는 부위 및 그 곳에 **인접**하는 **양측 100mm 이내**, 그리고 **초음파 탐상검사에 지장을 미치는 범위**
② **고력볼트 마찰접합부의 마찰면**
③ **콘크리트에 묻히는 부분**
④ 핀, 롤러 등 **밀착하는 부분**과 회전면 등 **절삭 가공한 부분**
⑤ **조립에 의하여 면 맞춤 되는 부분**
⑥ **밀폐되는 내면**

비교

경량철골공사의 아래 부분은 공장도장을 하지 않지만 공사장 설치 완료 후, 이 부분이 녹막이상의 약점이 없도록 인접부분과 동등이상의 처리를 하여야 한다.
① 콘크리트에 묻히는 부분
② 조립에 의하여 면맞춤이 되는 부분
③ 공사장 용접을 하는 부분
④ 고력볼트 마찰접합부의 마찰면
⑤ 핀·롤러 등 밀착하는 부분과 회전면 등 절삭 가공한 부분

(3) 철골 공사 중 현장에서 보수도장이 필요한 부위 ★

① **현장 용접**을 한 부위
② **현장접합 재료의 손상부위**
③ 운반 또는 **양중 시 생긴 손상부위**
④ 현장접합에 의한 **볼트류의 두부, 너트, 와셔**

04 철골공사의 용접작업

1 철골공사의 용접작업 시 유의사항

① **용접할 소재**는 수축변형 및 마무리에 대한 고려로서 **치수에 여분을 두어야** 한다.
② 용접으로 인하여 **모재에 균열이 생긴 때**에는 원칙적으로 모재를 교환한다.
③ **용접자세**는 부재의 위치를 조절하여 될 수 있는 대로 아래보기로 한다.
④ **수축량이 가장 큰 부분부터 최초로 용접**하고 수축량이 작은 부분은 최후에 용접한다.
⑤ 용접할 모재의 표면에 **녹·유분 등이 있으면** 접합부에 공기포가 생기고 용접부의 재질을 약화시키므로 와이어 브러시로 청소한다.
⑥ 강우 및 강설 등으로 **모재의 표면이 젖어 있을 때**나 심한 바람이 불 때는 용접하지 않는다.
⑦ **용접봉을 교환하거나 다층용접일 때는 슬래그와 스패터를 제거**한다.

2 철골공사의 용접작업 시 유의사항

① **플럭스(flux)** : 용접 또는 납땜 시에 생성되는 **산화물 등 유해물을 제거**하고 모재표면을 보호할 목적으로 사용되는 분말상의 재료(피복재)를 말한다.
② **스캘럽(scallop)** : **용접선의 교차를 피하기 위하여** 한 쪽의 부재에 설치한 홈을 말한다.
③ **가우징(Gouging)** : 아크로 금속을 녹여서 **강한 공기를 이용하여 녹은 금속을 불어내는 작업**을 말한다.

3 용접의 장·단점

장점	단점
① 강재량을 절약할 수 있다. ② 소음, 진동을 방지할 수 있다. ③ 일체성 및 수밀성을 확보할 수 있다. ④ 접합부의 강성이 크다. ⑤ 구멍에 의한 부재단면 결손이 없다.	① 기능공의 시공기술에 따라 접합강도의 차이가 발생한다. ② 접합부의 품질검사가 어렵고 고도의 기술을 필요로 한다. ③ 용접 열에 의하여 부재의 변형이 생기기 쉽다. ④ 용접 내부의 결함을 육안으로 알 수 없다.

4 용접방법

모살용접(필렛용접 : Fillet Weld) ★	맞댄 용접, 맞대기 용접(Butt Weld)
① 목두께의 방향이 모재의 면과 45° 또는 거의 45°의 각을 이루는 용접을 말한다.(용접되는 부재의 교차되는 면 사이에 삼각형의 단면이 만들어지는 용접) • 모살용접의 **유효면적**은 유효길이에 유효목두께를 곱한 값으로 한다. • 모살용접의 **유효길이**는 모살용접 총길이에서 2배의 모살사이즈를 공제한 값으로 한다. • 모살용접의 **유효목두께**는 모살사이즈의 **0.7배**로 한다. ⑤ 구멍모살과 슬롯 모살용접의 유효길이는 목두께 중심을 잇는 용접 중심선의 길이로 한다. 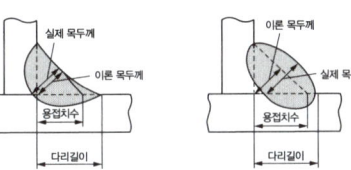	① 접합재의 끝을 적당한 모양 또는 각도로 가공하여 용접 살을 개선부(groove)에 채워 접합하는 용접방법을 말한다. 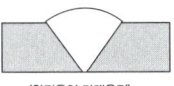  〈완전용입 맞댐용접〉 〈부분용입 맞댐용접〉

5 용접불량 ★

① **언더컷(Under Cut)** : 용접전류가 과대하거나 용접 속도가 너무 빠를 때 또는 아크를 짧게 유지하기 어려운 경우 발생하며 **모재 및 용접부의 일부가 녹아서 발생하는 홈 또는 오목하게 생긴 부분(용착금속이 채워지지 않고 홈처럼 우묵하게 남아 있는 부분)**을 말한다.

② **오버랩(overlap)** : 용접전류가 부족하거나, 용접 속도가 너무 느릴 경우 발생하며 **용착 금속이 모재에 융합되지 않고 겹친 부분(용융된 금속이 모재 면에 덮쳐진 상태)**을 말한다.

③ **크레이터(Crater)** : 아크를 끊을 때 **비드 끝부분이 오목하게 들어가는 것**을 말하며 이 부분에 균열이 발생하기 쉽다.

④ **크랙(Crack)** : **용접부에 생기는 균열**을 말하며 용접결함 중 가장 치명적인 결함이 된다.

⑤ **스패터(spatter)** : 용접 시 튀어나온 슬래그가 굳은 현상(용융된 금속의 작은 입자가 튀어나와 모재에 묻어있는 것)을 말한다.

6 철골공사 용접완료 후의 비파괴 검사 방법 ★

① 초음파 탐상법 : 재료의 내부에 **초음파를 방사**하여 불량 용접부위나 균열 등에서 반사되는 초음파를 분석하여 결함(모재의 결함 및 두께측정이 가능)을 판단한다.
② X선 투과법(방사선 투과법) : 방사선검사는 투과 상태를 필름에 담아 내부검출을 검사하는 방법으로 **필름의 밀착성이 좋지 않은 건축물에서는 검출성이 나빠진다.**
③ 자기 탐상법
④ 침투 탐상법

05 철골세우기 및 기초상부 고름질

1 철골세우기 순서

① **전면 바름 마무리법**
중심먹매김 → 앵커볼트 설치 → 기초상부 고름질 → 철골세우기 → 가조립 → 변형바로잡기 → 본조립(정조립) → 리벳접합 → 접합부 검사 → 도장

② **나중 채워 넣기법 ★**
기둥 중심선 먹매김 → 기초 볼트위치 재점검 → base plate의 높이 조정용 plate 고정 → 기둥 세우기 → 주각부 모르타르 채움

2 철골세우기 순서

① **가이 데릭(guy derrick)**
② **스티프레그 데릭(stiff-leg derrick)**
- 직각으로 세운 주 기둥을 두 개의 경사 지주로 지지하는 형식으로 삼각 데릭이라고도 한다.
- 가이데릭에 비해 **수평이동이 가능하므로 층수가 낮은 긴 평면에 유리**하다.
- **270° 회전이 가능**하며 철골세우기용 장비로 사용된다.
③ 진 폴(gin pole)
④ 트럭 크레인(truck crane)
⑤ 타워 크레인(tower crane)

3 철골공사의 기초상부 고름질

(1) 철골기둥의 기초상부는 완전 수평으로 밀착시키기 위해 모르타르를 충전하며, 건조수축이 없는 무수축 모르타르를 사용한다.

(2) 철골공사에서 베이스 플레이트 설치 기준

① 이동식 공법에 사용하는 모르타르는 **무수축 모르타르로 한다.**
② 앵커볼트 설치 시 베이스플레이트 위치의 콘크리트는 **설계도면 레벨보다 30mm ~ 50mm 낮게 타설**한다.
③ 베이스플레이트 설치 후 **그라우팅 처리**한다.
④ 베이스 모르타르의 양생은 **철골 설치 전 3일 이상 양생**한다.

(3) 철골공사의 기초상부 고름질 방법 ★

① 전면 바름 마무리법
② 나중 채워넣기 중심 바름법
③ 나중 채워넣기 십자(+)바름법
④ 나중 채워넣기법

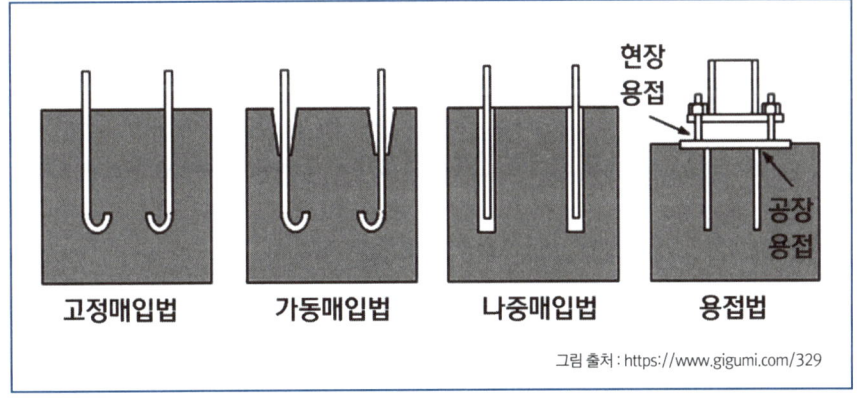

그림 출처 : https://www.gigumi.com/329

> **한 눈에 들어오는 키 워드**
>
> **참고**
>
> **베이스 플레이트(base plate)**
> - 기둥에서 오는 하중을 기초에 전달하는 역할을 하는 철판을 말한다.
> - 철골기둥과 기울기를 보정하는 과정에서 기둥과 기초콘크리트 상부면 사이에 틈새가 발생할 수 있으며 틈을 메우기 위해 베이스 모르타르를 채운다.
>
>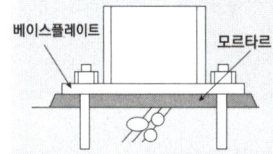

CHAPTER 06 해체공사 및 기타공사

*조적공사(벽돌공사)는 출제 기준에서 제외되었습니다. 기출문제 풀이에 참고하세요.

한눈에 들어오는 키워드

주요내용 알고 가기!

- 벽돌 벽체의 백화현상
- 치장줄눈의 시공순서
- 벽돌쌓기 일반사항
- 창대쌓기
- 보강 철근콘크리트 블록조 시공상 주의사항

01 소규모 건축물의 구조기준

1 조적식 구조

높이 4미터 이하이고 연면적 20제곱미터 이하인 건축물, 구조부재가 아닌 조적식 구조의 경계 벽으로서 그 높이가 2미터 이하인 것에 적용한다.

(1) 조적식 구조의 내력벽의 높이 및 길이

① 조적식 구조인 건축물 중 **2층 건축물에 있어서 2층 내력벽의 높이는 4미터**를 넘을 수 없다.
② 조적 구조인 **내력벽의 길이는 10미터를 넘을 수 없다.**
③ 조적식구조인 **내력벽으로 둘러쌓인 부분의 바닥면적은 80제곱미터**를 넘을 수 없다.

(2) 테두리 보의 설치

건축물의 각층의 **조적식 구조인 내력벽 위에는 그 춤이 벽두께의 1.5배 이상인 철골구조 또는 철근콘크리트구조의 테두리보를 설치**하여야 한다. 다만, 1층인 건축물로서 벽 두께가 벽의 높이의 16분의 1이상이거나 벽 길이가 5미터 이하인 경우에는 목조의 테두리보를 설치할 수 있다.

참고

테두리보의 설치

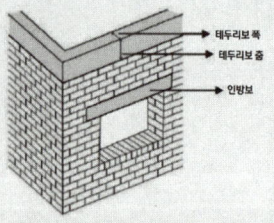

그림 출처: https://xn-ok0bs1c14x.com/22

기출

테두리보의 설치 목적
① 내력벽을 일체화 시켜 건물 강도를 높인다.
② 분산된 벽체를 일체화한다.
③ 하중을 균등하게 전달한다.
④ 수축균열을 최소화한다.
⑤ 지붕 슬래브의 하중을 보강한다.

(3) 조적식 담의 구조

① 높이는 3미터 이하로 할 것
② 담의 **두께는 190밀리미터 이상**으로 할 것. 다만, **높이가 2미터 이하**인 담에 있어서는 **90밀리미터 이상**으로 할 수 있다.
③ 담의 **길이 2미터 이내**마다 담의 벽면으로부터 그 부분의 **담의 두께 이상 튀어나온 버팀벽**을 설치하거나, 담의 **길이 4미터 이내**마다 담의 벽면으로부터 그 부분의 **담의 두께의 1.5배 이상 튀어나온 버팀벽**을 설치할 것

2 보강블록 구조

높이 4미터 이하이고, 연면적 20제곱미터 이하인 건축물에 적용한다.

(1) 기초

보강블록구조인 **내력벽의 기초**(최하층 바닥면 이하의 부분을 말한다)**는 연속기초**로 하되 그 중 **기초판 부분은 철근콘크리트 구조**로 하여야 한다.

(2) 내력벽

① 건축물의 각층에 있어서 건축물의 길이방향 또는 너비방향의 **보강블록구조인 내력벽의 길이는 각각 그 방향의 내력벽의 길이의 합계가 그 층의 바닥면적 1제곱미터에 대하여 0.15미터 이상이 되도록** 하되, 그 **내력벽으로 둘러쌓인 부분의 바닥면적은 80제곱미터를 넘을 수 없다**.
② 보강블록구조인 **내력벽의 두께**(마감재료의 두께를 포함하지 아니한다.)**는 150밀리미터 이상**으로 하되, 그 **내력벽의 구조내력에 주요한 지점간의 수평거리의 50분의 1 이상**으로 하여야 한다.
③ 보강블록구조의 내력벽은 그 **끝부분과 벽의 모서리부분에 12밀리미터 이상의 철근을 세로로 배치하고, 9밀리미터 이상의 철근을 가로 또는 세로 각각 800밀리미터 이내의 간격으로 배치**하여야 한다.
④ 세로철근의 양단은 각각 그 철근지름의 40배 이상을 기초판 부분이나 테두리보 또는 바닥판에 정착시켜야 한다.

(3) 테두리보

보강블록구조인 **내력벽의 각층의 벽 위에는 춤이 벽두께의 1.5배 이상인 철근콘크리트구조의 테두리보를 설치**하여야 한다. 다만, 최상층의 벽으로서 그 벽 위에 철근콘크리트구조의 옥상바닥판이 있는 경우에는 그러하지 아니하다.

> 🔍 **한** 눈에 들어오는 **키**워드

(4) 보강블록구조의 담

① 담의 높이는 3미터 이하로 할 것
② 담의 두께는 150밀리미터 이상으로 할 것. 다만, 높이가 2미터 이하인 담에 있어서는 90밀리미터 이상으로 할 수 있다.
③ 담의 내부에는 가로 또는 세로 각각 800밀리미터 이내의 간격으로 철근을 배치하고, 담의 끝 및 모서리부분에는 세로로 직경 9밀리미터 이상의 철근을 배치할 것

3 콘크리트 구조

높이가 4미터 이하이고 연면적이 30제곱미터 이하인 건축물이나 높이가 3미터 이하인 담에 적용한다.

(1) 콘크리트의 배합

철근콘크리트구조에 사용하는 **콘크리트의 4주 압축강도는 15메가파스칼(경량골재를 사용하는 경우에는 11메가파스칼) 이상**이어야 한다.

(2) 콘크리트의 양생

콘크리트는 **시공 중 및 시공 후 콘크리트의 압축강도가 5메가파스칼 이상일 때까지**(콘크리트의 압축강도 시험을 실시하여 압축강도를 확인하지 아니할 경우 5일간) **콘크리트의 온도가 섭씨 2도 이상이 유지**되도록 하고, 콘크리트의 응고 및 경화가 건조나 진동 등으로 인하여 영향을 받지 아니하도록 양생하여야 한다.

(3) 철근을 덮는 콘크리트의 두께

흙에 접하거나 옥외의 공기에 직접 노출되는 콘크리트의 경우	옥외의 공기나 흙에 직접 접하지 않는 콘크리트의 경우
① 직경 29밀리미터 이상의 철근: 60밀리미터 이상 ② 직경 16밀리미터 초과 29밀리미터 미만의 철근: 50밀리미터 이상 ③ 직경 16밀리미터 이하의 철근 : 40밀리미터 이상	① 슬래브, 벽체, 장선 : 20밀리미터 이상 ② 보, 기둥 : 40밀리미터 이상

02 벽돌쌓기의 일반사항

1 벽돌쌓기 시 사전준비 ★

① **줄기초, 연결보 및 바닥 콘크리트의 쌓기 면은 작업 전에 청소**하고, 우묵한 곳은 모르타르로 수평지게 고른다.
② 벽돌에 부착된 **흙이나 먼지는 깨끗이 제거**한다.
③ 모르타르는 지정한 배합으로 하되 **시멘트와 모래는 건비빔**으로 하고, 사용할 때에는 쌓기에 지장이 없는 **유동성이 확보되도록 물을 가하고 충분히 반죽하여 사용**한다.
④ **콘크리트 벽돌은 쌓기 직전에 물을 축이지 않으며 내화벽돌은 물 축임을 하지 않는다.**

> **참고**
>
> 🔹 **벽돌 물 축이기** ★
>
> ① 시멘트벽돌 : 쌓으면서, 쌓기 전 바로 축이기
> ② 붉은 벽돌 : 사전에 축이기
> ③ 내화벽돌 : 물 축이기를 하지 않는다.

2 벽돌쌓기의 일반사항

① 벽돌은 품질, 등급별로 정리하여 **사용하는 순서별로 쌓아둔다.**
② 규준틀에 의하여 **벽돌나누기를 정확히 하고 토막벽돌이 생기지 않게** 한다.
③ **가로 및 세로줄눈의 너비는** 도면 또는 공사시방서에 정한 바가 없을 때에는 **10mm를 표준으로 하며, 세로줄눈은 통줄눈이 되지 않도록 하고, 수직 일직선상에 오도록 벽돌나누기를 한다.** ★
④ 벽돌쌓기는 도면 또는 **공사 시방서에서 정한 바가 없을 때에는 영식 쌓기 또는 화란식 쌓기로 한다.** ★
⑤ **내력벽 쌓기**에서는 통줄눈이 생기지 않는 **마구리쌓기나 길이쌓기**로 쌓는 것이 좋다. ★

⑥ 가로줄눈의 바탕 모르타르는 일정한 두께로 평평히 펴 바르고, 벽돌을 내리 누르듯 규준틀과 벽돌나누기에 따라 정확히 쌓는다.
⑦ 세로줄눈의 모르타르는 벽돌 마구리면에 충분히 발라 쌓도록 한다.
⑧ 벽돌은 각부를 **가급적 동일한 높이로 쌓아 올라가고**, 벽면의 일부 또는 국부적으로 높게 쌓지 않는다.
⑨ **하루의 쌓기 높이는 1.2m(18켜 정도)를 표준으로 하고, 최대 1.5m(22켜 정도) 이하**로 한다.(높이를 초과하여 쌓을 경우 붕괴사고의 원인이 된다.) ★
⑩ 연속되는 **벽면의 일부를 트이게 하여 나중쌓기로 할 때에는 그 부분을 층간 들여쌓기**로 한다. ★
⑪ 직각으로 오는 벽체의 한편을 나중 쌓을 때에도 층단 들여쌓기로 하는 것을 원칙으로 하지만 부득이할 때에는 담당원의 승인을 받아 켜걸음 들여쌓기로 하거나 이음보강철물을 사용한다. 먼저 쌓은 벽돌이 움직일 때에는 이를 철거하고 청소한 후 다시 쌓는다. 물려쌓을 때에는 이 부분의 모르타르를 빈틈없이 다져 넣고 사춤 모르타르도 매 켜마다 충분히 부어 넣는다.
⑫ 벽돌벽이 블록벽과 서로 직각으로 만날 때에는 연결철물을 만들어 블록 3단마다 보강하여 쌓는다.
⑬ 벽돌벽이 콘크리트 기둥(벽), 슬래브 하부면과 만날 때에는 그 사이에 모르타르를 충전한다.
⑭ 한랭기 및 극한기에는 벽돌공사를 가급적 하지 않도록 한다.
⑮ 한중시공 시 쌓을 때의 조적체는 건조 상태이어야 한다.
⑯ 보강 벽돌쌓기에서 종근은 기초까지 정착되도록 콘크리트 타설 전에 배근한다.
⑰ 콘크리트(시멘트)벽돌 쌓기 시 조적체는 원칙적으로 젖어서는 안 된다.
⑱ **모르타르는 벽돌 강도 이상의 것을 사용**한다. ★

3 벽돌공사의 한중시공 시 온도에 따른 적용기준

평균기온	조치내용
4℃~ 0℃	내후성이 강한 덮개로 조적조를 눈, 비로부터 보호
0℃~-4℃	내후성이 강한 덮개로 조적조를 24시간 동안 보호
-4℃~-7℃	보온덮개로 완전히 덮거나 다른 방한시설로 조적조를 24시간 동안 보호
-7℃ 이하	울타리와 보조열원, 전기담요, 적외선 발열램프 등을 이용하여 조적조를 동결온도 이상으로 유지

4 벽돌치장면의 청소방법

(1) 물세척

벽돌 치장면에 부착된 모르터 등의 오염은 물과 브러시를 사용하여 제거하며 필요에 따라 온수를 사용하는 것이 좋다.

(2) 세제세척

오염물이 떨어진 것은 물 또는 온수에 중성세제를 사용하여 세정한다.

(3) 산세척

① 산세척은 **모르터와 매입철물을 부식하는 것이 있기 때문에, 일반적으로 사용하지 않는다.** 특히 수평부재와 부재 수평부 등의 물이 고여 있는 장소에 대해서는 하지 않는다.
② 산세척은 **다른 방법으로 오염물을 제거하기 곤란한 장소에 채용하고, 그 범위는 가능한 적게 한다.**
③ 부득이 산세척을 실시하는 경우는 담당원 입회하에 매입철물 등의 금속부를 적절히 보양하고, 벽돌을 표면수가 안정하게 잔류하도록 물 축임한 후에 3% 이하의 묽은 염산을 사용하여 실시한다.
④ **오염물을 제거한 후에는 즉시 충분히 물 세척을 반복한다.**

03 벽돌 및 줄눈의 종류

1 점토벽돌 및 블록의 규격

(1) 점토벽돌의 치수 및 허용차(KSL 4201:2022) ★

단위 : mm

항목	구분		
	길이	너비	두께
치수	190	90	57
	230	90	57
	290	90	48
허용차	±5.0	±3.0	±2.5

(2) 속빈 콘크리트 블록의 규격

단위 : mm

모양	치수			허용차
	길이	높이	두께	
기본 블록	390	190	210 190 150 100	±2
이형 블록	길이, 높이 및 두께의 최소 크기를 90mm 이상으로 한다. 또 가로근 삽입 블록, 모서리 블록과 기본 블록과 동일한 크기인 것의 치수 및 허용치는 기본 블록에 따른다.			

2 줄눈의 형태

조적공사에서 **가장 많이 이용되는 치장줄눈의 형태는 평줄눈**이다.

(1) 치장줄눈의 형태

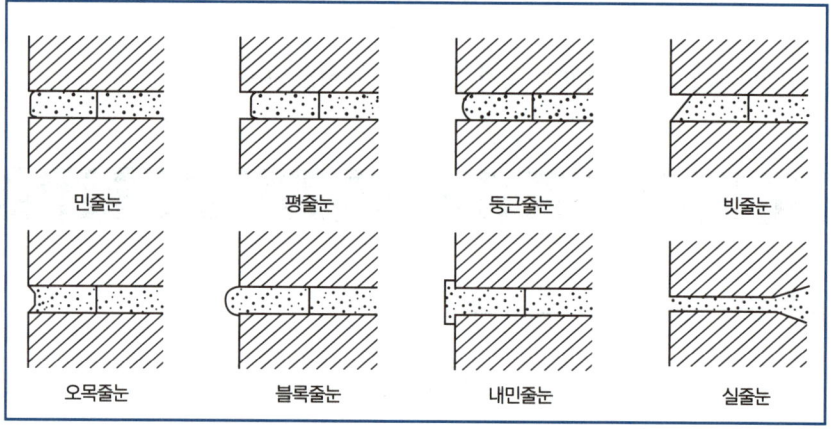

(2) 막힌줄눈과 통줄눈

① 막힌줄눈
- **세로 줄눈의 위, 아래가 막힌 줄눈**을 말한다.
- **보강콘크리트 블록 구조를 제외한 벽돌쌓기는 막힌줄눈을 원칙으로** 한다. ★

② 통줄눈
- **세로 줄눈의 위, 아래가 일치하는 줄눈**을 말한다.

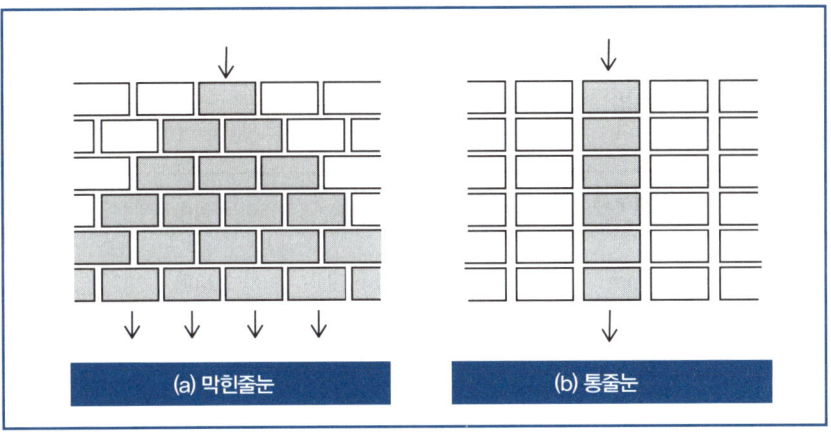

3 벽돌 쌓기 방법

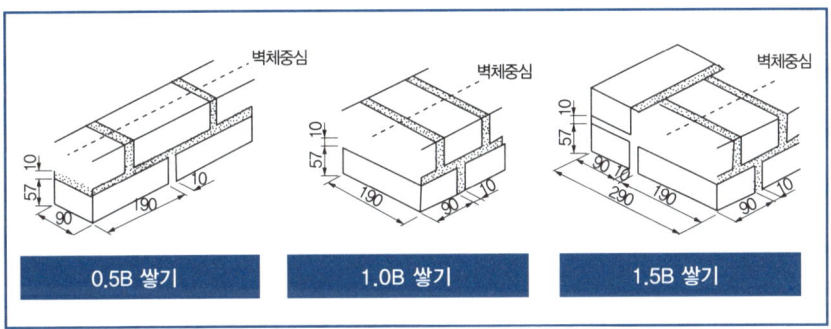

4 벽돌 벽 두께 산정법

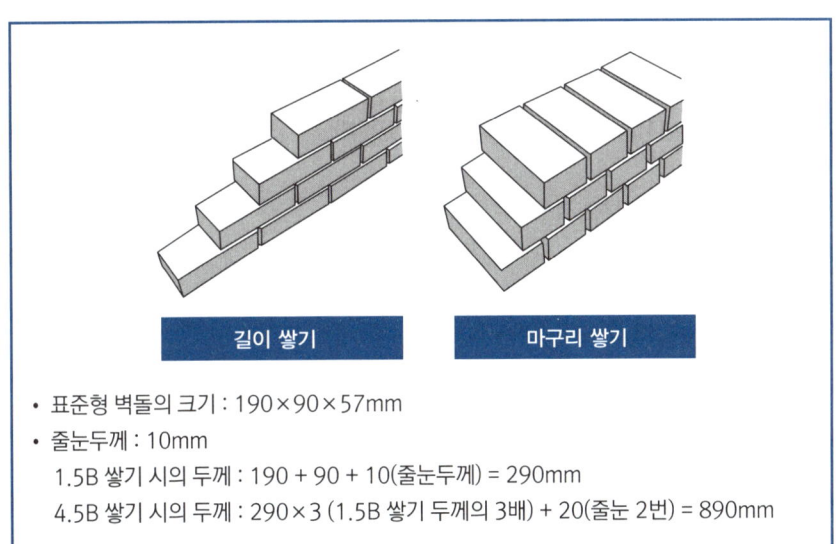

- 표준형 벽돌의 크기 : 190×90×57mm
- 줄눈두께 : 10mm
  1.5B 쌓기 시의 두께 : 190 + 90 + 10(줄눈두께) = 290mm
  4.5B 쌓기 시의 두께 : 290×3 (1.5B 쌓기 두께의 3배) + 20(줄눈 2번) = 890mm

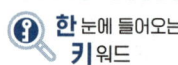

5 벽돌 및 모르타르 양 산출방법

(1) 벽돌쌓기 기준량

벽두께 벽돌규격	0.5B	1.0B	1.5B	2.0B
190×90×57mm	75매	149매	224매	299매

* 벽돌 할증 : 시멘트(콘크리트) 벽돌 5%, 점토벽돌(붉은 벽돌) 3%

---

1. 표준형 벽돌(190×90×57mm) 기준, 0.5B 쌓기

$$\text{벽돌매수} = \frac{(1 \times 1)m^2}{(0.19+0.01) \times (0.057+0.01)\,m^2} = 75(\text{매})$$

2. 표준형 벽돌(190×90×57mm) 기준, 1.0B 쌓기

$$\text{벽돌매수} = \frac{(1 \times 1)m^2}{(0.09+0.01) \times (0.057+0.01)\,m^2} = 149(\text{매})$$

3. 표준형 벽돌(190×90×57mm) 기준, 1.5B 쌓기

75 + 149 = 224(매)

예제 ★★★

가로 10m, 세로 6m 인 벽면을 1.0B 쌓기 하는 경우의 벽돌량은?

해설

1. 정미량 = (10×6)m² × 149매 = 8,940(매)
2. 소요량
   - 점토벽돌로 쌓는 경우
     8,940 × 1.03 = 9,208.2(9,209매)
   - 시멘트벽돌로 쌓는 경우
     8,940 × 1.05 = 9,387(매)

(2) 모르타르 양 산출방법

벽돌형	벽두께	단위	0.5B	1.0B	1.5B
모르타르	쌓기	m³	0.019	0.049	0.078
	치장줄눈	m³	0.003	0.003	0.003

* 모르타르의 재료량은 할증이 포함된 것이며, 배합비는 쌓기 1:3 / 치장줄눈 1:1이다.

예제 ★★★

기본벽돌(190×90×57)을 기준으로 1.5B 쌓기 할 때 면적 10m²을 쌓는 데 필요한 모르타르 양은?

해설
10 × 0.078 = 0.78(m³)

04 벽돌쌓기

1 영식 쌓기 ★

① 한 켜는 길이로 쌓고 다음 켜는 마구리 쌓기로 하며 **벽의 모서리나 끝에는 이오토막을 사용**한다.
② 통줄눈이 생기지 않고 **가장 튼튼한 쌓기 방식**이다.
③ **도면 또는 공사 시방서에서 정한 바가 없을 때에 적용**하는 쌓기법이다.

2 화란식 쌓기 ★

쌓기 방법은 영식과 동일하나 **벽의 모서리나 끝에는 칠오토막을 사용**한다.

3 불식 쌓기(프랑스식 쌓기) ★

① 한 켜에 길이 쌓기와 마구리 쌓기를 번갈아 가며 쌓는다.
② 외관은 좋으나 **통줄눈이 많이 생겨서 강도를 필요로 하지 않는 벽체나 벽돌담에 사용**한다.

4 미식 쌓기 ★

뒷면은 영식쌓기로 하고 **표면에는 5켜까지는 길이쌓기**로 하고, **그 위 1켜는 마구리 쌓기**로 하는 쌓기법이다.

화란식 쌓기	영식 쌓기
미식 쌓기	불식 쌓기

5 내쌓기 ★

① **방화벽이나 마루를 설치할 목적으로 벽돌을 내밀어 쌓는 방식**을 말한다.
② 벽면에서 한 켜(1/8B씩), 두 켜(1/4B씩)씩 내어 쌓으며 **내쌓기 한도는 2.0B이다.**
③ 마구리쌓기로 한다.

6 옆 세워쌓기 ★

마구리를 세워 쌓는 방식으로 경사, 문턱 등에 사용하는 쌓기 방식이다.

7 영롱 쌓기 ★

벽돌 벽면에 구멍을 내어 쌓는 방식으로 장식적인 효과를 내는 **벽돌쌓기** 방법을 말한다.

05 백화현상

1 조적조의 백화현상 ★

벽돌 접착용 **모르타르의 석회분이 빗물에 의하여** 유출되어 **수산화칼슘이 되어** 표면에 유출될 때 **공기 중의 탄산가스 또는 벽돌의 유황성분과 결합하여 흰 가루가 생기는 현상**을 말한다.

2 백화의 원인

① 벽돌벽면의 빗물 침투
② 재료불량
③ 시공불량
④ 기온이 낮을 때
⑤ 습도가 높을 때
⑥ 물·시멘트비가 클 때

3 백화현상 방지법 ★

① **줄눈**으로 비가 새어들지 않도록 **방수처리**를 한다.(방수제 사용과 충분한 사춤)
② **잘 구워진 벽돌을 사용**한다.(소성이 잘된 벽돌 사용)
③ **벽돌 벽의 상부**에 차양, 루머, 돌림띠 등의 **비 막이를 설치**한다.
④ **표면에 파라핀 도료, 실리콘을 뿜칠**한다.
⑤ **조립률이 큰 모래, 분말도가 큰 시멘트를 사용**한다.
⑥ **흡수율이 낮은 벽돌을 사용**한다.
⑦ **쌓기용 모르타르에 파라핀 도료와 같은 혼화제를 사용**한다.(줄눈 모르타르에 석회를 섞는 것은 백화 현상을 촉진 시킬 수 있다.)
⑥ **염분을 함유한 모래나 석회질이 섞인 모래의 사용을 피한다.**

06 블록조 공사

1 속빈 콘크리트 블록의 압축강도 및 흡수율

구분	기건 비중	전 단면적에 대한 압축강도(MPa)	흡수율(%)
A종 블록	1.7 미만	4 이상	-
B종 블록	1.9 미만	6 이상	-
C종 블록	-	8 이상	10 이하

전 단면적이란 가압면(길이×두께)으로서, 속 빈 부분 및 양끝의 오목하게 들어간 부분의 면적도 포함한다.

2 블록 쌓기 시공순서

접착면 청소 → 세로규준틀 설치 → 규준 쌓기 → 중간부 쌓기 → 줄눈누르기 및 파기 → 치장줄눈

3 블록 쌓기 방법 ★

① **단순조적 블록쌓기의 세로줄눈은** 도면 또는 공사시방에서 정한 바가 없을 때에는 **막힌 줄눈으로 한다.** ★

② 기준틀 또는 블록 나누기의 먹매김에 따라 모서리·중간요소 기타 기준이 되는 부분을 먼저 정확하게 쌓은 다음 **수평실을 치고 먼저 쌓은 블록을 기준으로 하여 수평실에 맞추어 모서리부에서부터 차례로 쌓아간다.**
③ 블록은 빈속의 경사(taper)에 의한 **살 두께가 큰 편을 위로 하여 쌓는다. ★**
④ 가로줄눈 모르터는 블록의 중간 살을 제외한 양면 살 전체에, 세로줄눈 모르터는 마구리 접합면에 각각 발라 수평, 수직이 되게 쌓는다.
⑤ 블록은 턱솔이 없게 수평실에 맞추어 줄눈이 똑바르도록 대어 쌓는다. 치장이 되는 면의 더러움은 그 때마다 청소한다.
⑥ **하루의 쌓기 높이는 1.5m(블록 7켜 정도)이내를 표준으로** 한다. 다만, 장막벽으로 4중 쌓기 하는 블록 간막이 벽은 담당원의 승인을 얻어 층높이까지 할 수 있다. ★
⑦ 줄눈 모르터는 쌓은 후 줄눈누르기 및 줄눈파기를 한다.
⑧ 특별한 지정이 없으면 **가로줄눈 및 세로줄눈의 두께는 10mm가 되게 한다.** 치장줄눈을 할 때에는 흙손을 사용하여 줄눈이 완전히 굳기 전에 줄눈파기를 하여 치장줄눈을 바른다. ★
⑨ **인방블록은 창문틀의 좌우 옆 턱에 200mm 이상 물리고,** 도면 또는 공사시방서에서 정한 바가 없을 때에는 400mm 정도로 한다.

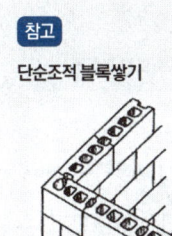

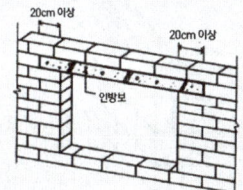

4 방수 및 방습처리 ★

① 블록 벽면의 방수처리는 도면 또는 공사시방에 따르고, 방수재료·배합 및 공법 등은 본 건축공사 표준시방서 방수공사에 준한다.
② 블록 벽체가 **지반면에 접촉하는 부분에는 수평 방습층을 두고** 그 위치·재료 및 공법은 도면 또는 공사시방에 따르고, 그 정함이 없을 때에는 마루 밑이나 **콘크리트 바닥판 밑에 접근되는 가로줄눈의 위치에 두고 액체방수 모르터를 10mm 두께로 블록 윗면 전체에 바른다. ★**
③ **물빼기 구멍은 콘크리트의 윗면에 두거나 물끊기·방습층 등의 바로 위에 둔다.** 그 구멍의 크기·간격·재료 및 구성방법 등은 도면 또는 공사시방에 따른다. 도면 또는 공사시방에서 정한바가 없을 때에는 지름 10mm 이내, 간격 120cm(3켜 정도)마다 1개소로 한다. 또한 블록 빈속의 밑창에 모르터를 바깥쪽으로 약간 경사지게 펴 깔고 블록을 쌓거나 10mm 정도의 물흘림 홈을 두어 블록의 빈속에 고인 물이 물빼기 구멍으로 흘러 내리게 한다.
④ 물빼기 구멍에는 다른 지시가 없는 한 **직경 6mm, 길이 10cm 되는 폴리에틸렌 플라스틱 튜브를 만들어 집어 넣는다.**

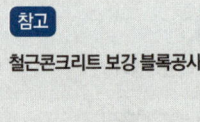

참고

철근콘크리트 보강 블록공사

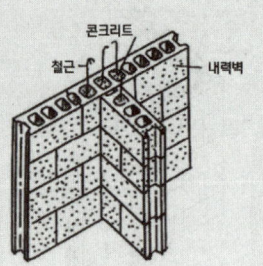

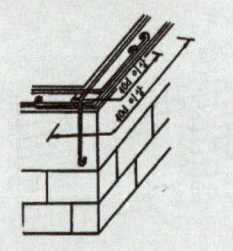

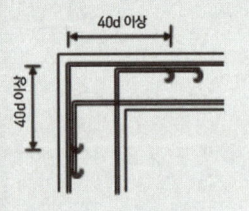

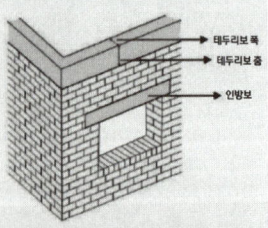

그림 및 사진 출처: https://새내기.com/22

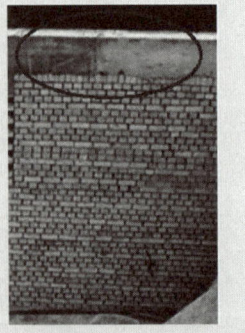

5 철근콘크리트 보강 블록공사 ★

① **블록을 쌓아 철근과 콘크리트로 보강하여 내력벽을 구축**하는 공법을 말한다.
② 원칙적으로 **통줄눈 쌓기**로 한다.
③ 보강콘크리트 블록조에서 **세로근에 이음을 만들어서는 안 된다.**
④ **가로근**은 배근 상세도에 따라 가공하되, 그 **단부는 180°의 갈구리로 구부려 배근**한다.
⑤ **세로근**은 기초 및 테두리보에서 위층의 테두리보까지 잇지 않고 배근하여 그 **정착길이는 철근 직경의 40배 이상**으로 한다.
⑥ **벽의 세로근은 구부리지 않고 항상 진동 없이 설치**한다.
⑦ 블록을 쌓을 때 지나치게 물 축이기하면 팽창수축으로 벽체에 균열이 생기기 쉬우므로, **접착면에 적당히 물 축여 모르타르 경화강도에 지장이 없도록** 한다.
⑧ 보강블록공사 시 **철근은 굵은 것보다 가는 철근을 많이 넣는 것이 좋다.**
⑨ 벽체를 일체화시키기 위한 **철근콘크리트조의 테두리 보의 춤은 내력벽 두께의 1.5배 이상으로 한다.**

6 테두리보의 설치 ★

(1) 보강블록구조인 내력벽의 각층의 벽 위에는 **춤이 벽두께의 1.5배 이상인 철근콘크리트구조의 테두리보를 설치하여야 한다.** 다만, 최상층의 벽으로서 그 벽 위에 철근콘크리트구조의 옥상바닥판이 있는 경우에는 그러하지 아니하다.

(2) 테두리보 설치 목적 ★

① **내력벽을 일체화**시켜 건물강도를 높인다.
② **분산된 벽체를 일체화**한다.
③ **하중을 균등하게 전달**한다.
④ **수축균열을 최소화**한다.
⑤ **지붕슬래브의 하중을 보강**한다.

7 경량기포콘크리트 블록(ALC 블록)공사 시 내력벽 쌓기

① **쌓기 모르타르는** 교반기를 사용하여 배합하여 **1시간 이내에 사용**해야 한다.
② **가로 및 세로줄눈의 두께는 1~3mm** 정도로 한다.
③ **하루 쌓기 높이는 1.8m**를 표준으로 하며, **최대 2.4m 이내**로 한다.
④ 연속되는 **벽면의 일부를 나중쌓기로 할 때에는 그 부분을 층단 떼어쌓기**로 한다.

07 석조공사

1 석질에 의한 분류

① 화성암계 : 화강암, 안산암
② 수성암계 : 석회암, 사암, 응회암, 점판암(철평석, 슬레이트)
③ 변성암계 : 사문석, 반석, 대리석
④ 퇴적암계 : 사암, 이판암, 점판암, 응회암, 석회암

2 석재 시공상 주의사항 ★

① 석재는 중량이 크고 운반에 제한이 따르므로 최대치를 정한다.
② **압축응력을 받는 곳에만 사용**한다.(휨 및 인장강도가 약하다.)
③ **되도록 흡수율이 낮은 석재를 사용**한다.
④ **가공 시 예각은 피한다.**
⑤ **1m³ 이상 되는 석재는 높은 곳에 사용하지 않는다.**
⑥ 내화도가 필요한 곳에는 열에 강한 것을 사용한다.
⑦ 조각용은 너무 연한 것, 너무 굳은 것은 곤란하다.

3 석공사에서 대리석붙이기

① 대리석은 외장용으로는 사용이 불가능하다.
② 대리석 붙이기 연결철물은 10#~20#의 황동 쇠선을 사용한다.
③ 대리석 붙이기 최 하단은 충격에 쉽게 파손되므로 충진재를 넣는다.
④ 대리석은 시멘트 모르타르로 붙이면 알칼리성분에 의하여 변색·오염될 수 있다.

4 돌쌓기 방법

(1) 허튼층 쌓기(완자 쌓기)

면이 네모진 2~3가지 높이의 **돌을 수평줄눈이 부분적으로만 연속되게** 쌓으며, **일부 상하 세로줄눈이 통하게 쌓는 돌쌓기 방법**을 말한다.

(2) 층지어 쌓기(성층 쌓기)

막돌, 둥근 돌 등을 **중간 켜에서는 흐트려 쌓고 2~3켜마다 수평줄눈이 일직선으로 연속되게 쌓는 방법**을 말한다.

허튼층 쌓기(완자 쌓기)	층지어 쌓기(성층 쌓기)

5 석축 쌓기 공법

① 메쌓기
② 찰쌓기
③ 건쌓기
④ 맞춤면 찰쌓기
⑤ 견치돌 쌓기
⑥ 점층 자연석 쌓기
⑦ 엇갈림 쌓기

6 석재붙임공법의 종류 ★

습식공법	건식공법
① 온 사춤공법 ② 줄띠 사춤공법	① 앵커(Anchor) 긴결 공법 ② 강재 Truss 지지공법 ③ GPC 공법

(1) 습식공법

구조체와 석재 사이를 연결철물(긴결철물)과 모르타르를 채워서 고정하는 공법 ★

① 온 사춤공법 : 석재를 연결철물로 고정하고 뒷벽과의 사이에 온통사춤 모르타르를 채우는 공법
② 줄띠 사춤공법 : 석재를 연결철물로 고정하고 가로줄눈에 줄띠모양으로 사춤 모르타르를 채우는 공법

(2) 건식공법

모르타르 없이 구조체와 석재 사이를 연결철물로 고정하는 공법 ★

① 앵커(Anchor) 긴결 공법 ★
  - 모르타르를 충전하지 않고 앵커, 너트, 볼트, 와셔 등의 긴결철물(연결철물)로 고정하는 방법을 말한다.
  - 동절기 시공이 가능하고 공기단축 및 백화현상을 방지할 수 있다.
② 강재 Truss 지지공법 : 구조체에 강재트러스를 설치한 후 석재를 그 위에 설치해 나가는 공법
③ GPC 공법 : 강재트러스 대신에 석재와 콘크리트를 일체화시킨 대형 콘크리트 패널을 연결철물로 고정하는 방법

한 눈에 들어오는 키 워드

◉ 기출
건식 석재공사
① 건식 석재공사는 석재의 하부는 지지용으로, 석재의 상부는 고정용으로 설치하되 상부 석재의 고정용 조정판에서 하부 석재와의 간격을 1mm로 유지한다.
② 촉구멍 깊이는 기준보다 3mm 이상 더 깊이 천공하여 상부 석재의 중량이 하부 석재로 전달되지 않도록 한다.
③ 석재는 두께 30mm 이상을 사용한다.
④ 모든 구조재 또는 트러스 철물은 반드시 녹막이 처리한다.

◉ 기출
돌붙임 앵커 긴결공법 중 화스너 설치방식
① 그라우팅 방식
② 싱글화스너 방식
③ 더블화스너 방식

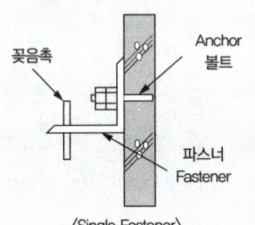

〈Single Fastener〉

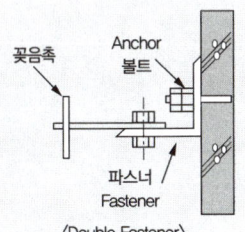

〈Double Fastener〉

PART 05

건설공사 안전관리

CHAPTER 01 건설공사 특성 분석
CHAPTER 02 건설공사 위험성
CHAPTER 03 건설업 산업안전보건관리비 관리
CHAPTER 04 건설현장 안전시설 관리
CHAPTER 05 비계·거푸집 가시설 위험방지
CHAPTER 06 공사 및 작업 종류별 안전

CHAPTER 01 건설공사 특성 분석

01 건설공사 특수성 분석

> **주요내용 알고 가기!**
> - 건설공사발주자의 산업재해 예방 조치
> - 산업재해가 발생할 위험이 있다고 판단되어 설계변경을 요청할 수 있는 경우
> - 건설공사의 산업재해 예방 지도
> - 설치·해체·조립하는 등의 작업을 하는 경우 건설공사 도급인이 안전보건조치를 하여야 하는 기계·기구
> - 산업재해를 예방하기 위하여 필요한 조치를 하여야 하는 장소

1 건설업 등의 산업재해 예방(산업안전보건법)

(1) 건설공사발주자의 산업재해 예방 조치 ★

① 총 공사금액이 50억 원 이상인 건설공사발주자는 산업재해 예방을 위하여 건설공사의 계획, 설계 및 시공 단계에서 다음 각 호의 구분에 따른 조치를 하여야 한다.

건설공사 계획단계	해당 건설공사에서 중점적으로 관리하여야할 유해·위험요인과 이의 감소방안을 포함한 기본 안전보건대장을 작성할 것
건설공사 설계단계	기본안전보건대장을 설계자에게 제공하고, 설계자로 하여금 유해·위험요인의 감소방안을 포함한 설계안전보건대장을 작성하게 하고 이를 확인할 것
건설공사 시공단계	건설공사발주자로부터 건설공사를 최초로 도급받은 수급인에게 설계안전보건대장을 제공하고, 그 수급인에게 이를 반영하여 안전한 작업을 위한 공사안전보건대장을 작성하게 하고 그 이행 여부를 확인할 것

참고

공사기간 연장 요청
건설공사발주자는 다음 각 호의 어느 하나에 해당하는 사유로 건설공사가 지연되어 해당 건설공사 도급인이 산업재해 예방을 위하여 공사기간의 연장을 요청하는 경우에는 특별한 사유가 없으면 공사기간을 연장하여야 한다.
- 태풍·홍수 등 악천후, 전쟁·사변, 지진, 화재, 전염병, 폭동, 그밖에 계약 당사자가 통제할 수 없는 사태의 발생 등 불가항력의 사유가 있는 경우
- 건설공사발주자에게 책임이 있는 사유로 착공이 지연되거나 시공이 중단된 경우

(2) 설계변경의 요청

① 건설공사 도급인은 해당 건설공사 중에 대통령령으로 정하는 **가설구조물의 붕괴 등으로 산업재해가 발생할 위험이 있다고 판단**되면 건축·토목 분야의 전문가 등 대통령령으로 정하는 **전문가의 의견을 들어 건설공사발주자에게 해당 건설공사의 설계변경을 요청할 수 있다.** 다만, 건설공사발주자가 설계를 포함하여 발주한 경우는 그러하지 아니하다.

② 고용노동부장관으로부터 **공사중지 또는 유해위험방지계획서의 변경 명령을 받은** 건설공사 **도급인은** 설계변경이 필요한 경우 건설공사 **발주자에게 설계변경을 요청할 수 있다.**

③ 건설공사의 관계수급인은 건설공사 중에 **가설구조물의 붕괴 등으로 산업재해가 발생할 위험이 있다고 판단**되면 전문가의 의견을 들어 건설공사 **도급인에게** 해당 건설공사의 **설계변경을 요청할 수 있다.** 이 경우 건설공사 도급인은 그 요청받은 내용이 기술적으로 적용이 불가능한 명백한 경우가 아니면 이를 반영하여 해당 건설공사의 설계를 변경하거나 건설공사 발주자에게 설계변경을 요청하여야 한다.

> **산업재해가 발생할 위험이 있다고 판단되어 설계변경을 요청할 수 있는 경우 ★**
>
> ① 높이 31미터 이상인 비계
> ② 작업발판 일체형 거푸집 또는 높이 5미터 이상인 거푸집 동바리
> ③ 터널의 지보공 또는 높이 2미터 이상인 흙막이 지보공
> ④ 동력을 이용하여 움직이는 가설구조물

(3) 건설공사의 산업재해 예방 지도

1) 대통령령으로 정하는 공사[공사금액 **1억원 이상 120억원**(토목공사는 **150억원**) **미만**인 공사와 건축허가의 대상이 되는 **공사**]의 건설공사발주자 또는 건설공사도급인(건설공사발주자로부터 건설공사를 최초로 도급받은 수급인은 제외한다)은 **해당 건설공사를 착공하려는 경우** 지정받은 전문기관("**건설재해예방전문지도기관**")과 건설 산업재해 예방을 위한 **지도계약을 체결하여야 한다.**

2) 다만, 다음 각 호의 어느 하나에 해당하는 공사는 제외한다.(**건설재해예방전문지도기관과** 건설 산업재해 예방을 위한 **지도계약을 체결하지 않아도 되는 경우**) ★

① **공사기간이 1개월 미만**인 공사
② **육지와 연결되지 않은 섬 지역**(제주특별자치도는 제외한다)에서 이루어지는 공사

한 눈에 들어오는 **키** 워드

참고

건설공사발주자는 안전보건 분야의 전문가에게 대장에 기재된 내용의 적정성 등을 확인받아야 한다.

대장에 기재된 내용의 적정성을 확인할 수 있는 안전보건 전문가

1. 건설안전 분야의 산업안전지도사자격을 가진사람
2. 건설안전기술사 자격을 가진 사람
3. 건설안전기사 자격을 취득한 후 건설안전 분야에서 3년 이상의 실무경력이 있는 사람
4. 건설안전산업기사 자격을 취득한 후 건설안전 분야에서 5년 이상의 실무경력이 있는 사람

③ **안전관리자의 자격을 가진 사람을 선임**(같은 광역지방자치단체의 구역 내에서 같은 사업주가 시공하는 셋 이하의 공사에 대하여 공동으로 안전관리자의 자격을 가진 사람 1명을 선임한 경우를 포함한다)**하여 안전관리자의 업무만을 전담하도록 하는 공사**
④ **유해·위험방지계획서를 제출해야 하는 공사**

(4) 기계·기구 등에 대한 건설공사도급인의 안전조치

건설공사 도급인은 자신의 사업장에서 **타워크레인** 등 대통령령으로 정하는 기계·기구 또는 설비 **등이 설치되어 있거나 작동하고 있는 경우** 또는 **이를 설치·해체·조립하는 등의 작업이 이루어지고 있는 경우에는 필요한 안전조치 및 보건조치를 하여야 한다.**

설치·해체·조립하는 등의 작업을 하는 경우 건설공사 도급인이 안전보건조치를 하여야 하는 기계·기구
1. 타워크레인 2. 건설용 리프트 3. 항타기(해머나 동력을 사용하여 말뚝을 박는 기계) 및 항발기(박힌 말뚝을 빼내는 기계)

(5) 사업주는 근로자가 다음 각 호의 어느 하나에 해당하는 장소에서 작업을 할 때 발생할 수 있는 산업재해를 예방하기 위하여 필요한 조치를 하여야 한다. ★

① 근로자가 **추락할 위험**이 있는 장소
② 토사·구축물 등이 **붕괴할 우려**가 있는 장소
③ **물체가 떨어지거나 날아올 위험**이 있는 장소
④ **천재지변으로 인한 위험**이 발생할 우려가 있는 장소

02 안전관리 고려사항 확인

주요내용 알고 가기!

- 표준 관입 시험
- 베인테스트(vane test)
- 보링의 종류
- 지반개량공법
- 보일링현상
- 히빙현상

1 지반조사

(1) 지하탐사법

① 터파보기(test pit)
- 삽으로 실제 지반을 굴착해 보는 방법(구멍을 파보는 방법)
- 경미한 건물에 이용된다.

② 짚어보기(sound rod, 탐사정)
- 직경 9mm 정도의 철봉을 손으로 지층에 관입하여 지반의 울림, 꽂히는 속도 등으로 지반의 경련상태를 판단하는 방법

③ 물리적 탐사법
- 전기저항식, 탄성파식, 강제진동식 등

(2) Sounding Test

저항체를 지중에 삽입하여 저항력에 의해 흙의 저항 및 물리적 성질을 측정하는 방법

① **표준관입시험(standard penetration test)** ★
- 표준 샘플러 63.5[kg]의 해머로 75[cm]의 높이에서 낙하시켜 관입량 30[cm]에 달하는데 요하는 타격횟수로서 사질지반(모래)의 밀도를 측정하는 방법이다.
- 타격횟수의 값이 클수록 밀실한 토질이다.

용어정의

지반조사 : 지반을 구성하는 지층의 분포, 흙의 성질, 지하수의 상태 등을 알아내어 구조물의 설계, 시공에 필요한 기초적인 자료를 얻기위한 조사이다.

※ 문제

표준관입시험에서 30cm 관입에 필요한 타격회수(N)가 50 이상일 때 모래의 상대밀도는 어떤 상태인가?
㉮ 몹시 느슨하다.
㉯ 느슨하다.
㉰ 보통이다.
㉱ 대단히 조밀하다.

정답 ㉱

[타격횟수에 따른 지반의 판정] ★

타격횟수	지반의 판정
4회 미만	대단히 연약한 지반
4~10회	연약한 지반
10~30회	보통지반
30~50회	밀실한 지반
50회 이상	대단히 밀실한 지반

② 베인 테스트(vane test) ★★★

보링 구멍을 이용하여 **십자 날개형의 베인 테스터를 지반에 박고 이것을 회전시켜** 그 회전력에 의하여 **점토(진흙)의 점착력을 판별하는 방법**이다.

③ 보링(Boring)

지중에 철판을 꽂아 천공하면서 토사를 채취, 지반조사하는 방법

- 보링(boring)시 주의사항
  - 보링의 깊이는 경미한 건물은 **기초폭의 1.5~2.0배**, 지지층 이상으로 한다.
  - **간격은 약 30[m]**로 하고 **중간지점은 물리적 탐사법을 이용**한다.
  - **한 장소에서 3개소 이상 실시**한다.
  - 보링 구멍은 **수직으로 판다**.
  - 채취 시료는 **충분히 양생**해야 한다.

- 보링(boring)의 종류 ★

회전식 보링 (rotary boring)	천공날을 회전시켜 천공하는 공법으로 가장 많이 사용되는 방법이며, 지질의 상태를 가장 정확히 파악할 수 있다.
수세식 보링 (wash boring)	보링내 선단에서 물을 뿜어내어 나온 진흙물을 침전시켜 토질을 분석하는 방법으로 깊은 지층조사가 가능하다.
충격식 보링 (percussion boring)	낙하, 충격에 의해 파쇄되는 토사나 암석을 이용하여 분석하는 방법이다.
오거 보링 (auger boring)	송곳(auger)을 이용해 깊이 10[m] 이내의 시추에 사용되며 얕은 점토층의 분석에 사용된다.

④ 샘플링(Sampling)

- 불교란시료 : 자연상태로 흩어지지 않게 채취한 시료
- **Thin Wall Sampling : 연약점토, 사질지반에 적합**
- Composite Sampling : 굳은 점토 및 모래 채취에 적합
- Dension Sampling : 경질점토에 적합
- Foil Sampling : 연약지반에 적합

2 지반의 이상현상 및 안전대책

(1) 지반의 부동침하

① 부동침하 원인 : 연약지반, 지하수, 경사지반 등
② **지반개량공법의 종류** ★
- **치환공법** : 연약지반을 **양질의 재료로 치환**하는 방법
- **탈수공법** : 지반내 물을 **탈수하여 흙을 개량**하는 방법

탈수공법의 종류
• 점토층 : 샌드드레인공법, 페이퍼드레인공법, 진공배수공법 • 사질토 : 웰포인트공법

- **다짐말뚝공법** : 말뚝을 형성하여 지반을 다져서 지반을 개량하는 공법
- **주입공법** : 약액주입공법, 시멘트주입공법
- **재하공법** : 연약지반에 미리 하중을 가하여 흙을 압밀시키는 공법

> **참고**
>
> 🔧 **재하공법의 종류**
> - 선행재하공법(Preloading) : 사전에 미리 성토하여 흙을 압밀시키는 공법
> - 압성토공법(Surcharge, 과재하중공법) : 계획높이 이상으로 성토하여 강제 침하를 시켜 지내력을 증대시키는 공법
> - 사면선단재하공법 : 성토의 비탈면 부분을 계획보다 넓게하여 비탈면 끝부분의 전단 강도를 증대시키는 공법

- **언더피닝공법** : 기존 구조물에 근접하여 시공 시 기존 구조물을 보호하기 위한 **공법**으로 기초저면보다 깊은 구조물을 시공하거나 기존 구조물을 보호하기 위하여 **기초하부를 보강하는 공법**이다.

한 눈에 들어오는 **키**워드

용어정의

1. 바이브로 플로테이션 : 진동기를 이용하여 지반을 다짐하는 모래지반의 개량공법
2. 약액주입공법 : 사질지반에 시멘트 점토, 벤토나이트, 아스팔트 등의 약액을 주입하여 지반을 보강하는 공법이다.
3. 시멘트주입공법 : 사질지반에 파이프를 지중에 박고 시멘트를 주입하여 지반을 보강하는 공법이다.
4. 생석회말뚝공법 : 생석회 말뚝을 지반에 형성하여 생석회가 흙 속의 물을 급속하게 탈수하는 동시에 말뚝의 부피가 2배로 팽창하여 지반을 강제 압밀시키는 공법이다.
5. 전기충격공법 : 지반 속에 고압전류를 일으켜 그 충격으로 다짐하는 공법이다.

③ 사질토와 점토의 개량공법 ★

사질토(모래)의 개량공법	• 다짐말뚝공법 • 전기충격공법	• 다짐모래말뚝공법 • 약액주입공법	• 바이브로 플로테이션 • 웰포인트공법
점성토의 개량공법	• 치환공법 • 압성토공법	• 탈수공법 • 생석회말뚝공법	• 재하공법

(2) 히빙(Heaving)현상 ★★

① **연약한 점토지반**에서 굴착에 의한 흙막이 내·외면의 **흙의 중량차이(토압)**로 인해 **굴착저면의 흙이 부풀어 올라오는 현상**을 말한다.
② 흙막이 바깥흙이 안으로 밀려든다.

히빙 발생원인	① 배면지반과 터파기 저면과의 **토압차** ② 연약지반 및 하부지반의 **강성 부족** ③ 지표면의 토사적치 등 **과재하** ④ 흙막이 밑둥넣기 부족
히빙현상 방지책	① 양질의 재료로 **지반을 개량**한다(흙의 전단강도 높인다). ② 어스앵커 설치 ③ 시트파일 등의 **근입심도 검토**(흙막이 벽체의 근입깊이를 깊게 한다) ④ 굴착주변에 **웰포인트 공법을 병행**한다. ⑤ **소단을 두면서 굴착**한다. ⑥ 굴착주변의 **상재하중을 제거** ⑦ 굴착저면에 **토사 등의 인공중력을 가중**시킴 ⑧ 토류벽의 배면토압을 경감시키고, 약액주입공법 및 탈수공법을 적용

(3) 보일링(Boiling)현상 ★★

① **사질토 지반**에서 굴착저면과 흙막이 배면과의 **수위차이로 인해** 굴착저면의 **흙과 물이 함께 위로 솟구쳐 오르는 현상**(모래의 액상화 현상)을 말한다.
② 모래가 액상화 되어 솟아오른다.

보일링 발생원인 ★	보일링현상 방지책 ★
• 배면지반과 터파기 저면과의 수위 차 • 포화지반 및 **지하수위가 높은 경우** • 사질지반 및 파이핑의 형성 • 흙막이 밑둥넣기 부족	• 지하수위 저하 • 지하수 흐름 변경 • 근입벽을 깊게 한다. • 작업중지

※ 문제

히빙현상 방지대책으로 틀린 것은?
㉮ 흙막이 벽체의 근입 깊이를 깊게 한다.
㉯ 흙막이 벽체 배면의 지반을 개량하여 흙의 전단강도를 높인다.
㉰ 부풀어 솟아오르는 바닥면의 토사를 제거한다.
㉱ 소단을 두면서 굴착한다.

정답 ㉰

(4) 파이핑(Piping)현상

보일링(Boiling) 현상으로 인하여 **지반 내에서 물의 통로가 생기면서 흙이 세굴되는 현상**을 말한다.

(5) 압밀침하현상

외력에 의해 **간극 내 물이 빠지며 흙의 입자가 좁아지며 침하되는 현상**을 말한다.

(6) 흙의 동상(frost heaving)현상

물이 결빙되는 위치로 지속적으로 유입되는 조건에서 **온도가 하강함에 따라 토중수가 얼어 생성된 결빙 크기가 계속 커져 지표면이 부풀어 오르는 현상**

 한 눈에 들어오는 **키** 워드

📍 **기출**

흙의 동상현상 방지책
- 모관수의 상승을 차단하기 위하여 지하수위 상층에 조립토층을 설치한다.
- 지표의 흙을 화학약품으로 처리한다.
- 흙 속에 단열재료를 매입한다.
- 배수구를 설치하여 지하수위를 저하시킨다.

CHAPTER 02 건설공사 위험성

01 건설공사 유해·위험요인 파악

> **주요내용 알고 가기!**
> - 유해·위험 방지계획서를 제출해야 될 건설공사
> - 유해·위험 방지계획서 심사 결과의 구분
> - 유해·위험 방지계획서 제출시 첨부서류
> - 사전조사 및 작업계획서 내용
> - 일정한 신호방법을 정하여야 하는 작업

한눈에 들어오는 키워드

※ 문제
유해·위험방지계획서를 제출해야 할 대상 공사에 대한 설명으로 잘못된 것은?
㉮ 지상 높이가 31m 이상인 건축물 또는 공작물의 건설, 개조 또는 해체 공사
㉯ 최대지간 길이가 50m 이상인 교량건설 등의 공사
㉰ 다목적댐·발전용댐 및 저수용량 2천만톤 이상의 용수전용댐 건설 등의 공사
㉱ 깊이가 5m 이상인 굴착공사

[해설]
㉱ 깊이가 10m 이상인 굴착공사가 해당된다.

정답 ㉱

1 유해·위험방지계획서를 제출해야 될 건설공사 ★★★

유해·위험방지계획서 작성대상(건설공사) ★★★

① 다음 각 목의 어느 하나에 해당하는 건축물 또는 시설 등의 건설·개조 또는 해체공사
  가. **지상높이가 31미터 이상**인 건축물 또는 인공구조물
  나. **연면적 3만 제곱미터 이상**인 건축물
  다. **연면적 5천 제곱미터 이상**인 시설로서 다음의 어느 하나에 해당하는 시설
    1) 문화 및 집회시설(전시장 및 동물원·식물원은 제외한다)
    2) 판매시설, 운수시설(고속철도의 역사 및 집배송시설은 제외한다)
    3) 종교시설
    4) 의료시설 중 종합병원
    5) 숙박시설 중 관광숙박시설
    6) 지하도상가
    7) 냉동·냉장 창고시설
② 연면적 5천제곱미터 이상의 냉동·냉장창고시설의 설비공사 및 단열공사
③ 최대 지간길이(다리의 기둥과 기둥의 중심사이의 거리)가 50미터 이상인 교량 건설 등 공사
④ 터널 건설 등의 공사
⑤ 다목적댐, 발전용댐 및 저수용량 2천만톤 이상의 용수 전용 댐, 지방상수도 전용 댐 건설 등의 공사
⑥ 깊이 10미터 이상인 굴착공사

> **특급암기법**
> - 지상높이 31m, 연면적 3만m², 사람 많은 시설 연면적 5,000m²
> - 연면적 5,000m² 냉동·냉장창고시설
> - 최대 지간길이가 50미터 이상 교량
> - 터널
> - 저수용량 2천만 톤 이상 댐
> - 10미터 이상인 굴착

2 유해·위험방지계획서의 확인사항

① 사업주는 **건설공사 중 6개월 이내마다** 다음 각 호의 사항에 관하여 **공단의 확인**을 받아야 한다.
- 유해·위험방지계획서의 내용과 실제공사 내용이 부합하는지 여부
- 유해·위험방지계획서 변경내용의 적정성
- 추가적인 유해·위험요인의 존재 여부

② **자체심사 및 확인업체의 사업주는** 해당 공사 **준공 시까지 6개월 이내마다 자체확인을 하여야 한다.** 다만, 그 **공사 중 사망재해가 발생한 경우에는 공단의 확인을 받아야 한다.**

③ 공단은 확인 결과 해당 사업장의 **유해·위험의 방지상태가 적정하다고 판단되는 경우에는 5일 이내에 확인결과 통지서를 사업주에게 발급**하여야 하며, 확인 결과 **경미한 유해·위험요인이 발견된 경우에는 일정한 기간을 정하여 개선하도록 권고**하되, 해당 기간 내에 개선되지 아니한 경우에는 **기간 만료일부터 10일 이내에 확인결과 조치 요청서에 그 이유를 적은 서면을 첨부하여 지방고용노동관서의 장에게 보고**하여야 한다.

④ 공단은 확인 결과 중대한 유해·위험요인이 있어 **작업의 중지, 사용 중지 및 주요 시설의 개선 등이 필요하다고 인정되는 경우에는 지체 없이** 확인결과 조치 요청서에 **그 이유를 적은 서면을 첨부하여 지방고용노동관서의 장에게 보고**하여야 한다.

⑤ 유해위험 방지계획서 심사 결과의 구분 ★★

적정	근로자의 안전과 보건을 위하여 필요한 조치가 구체적으로 확보되었다고 인정되는 경우
조건부 적정	근로자의 안전과 보건을 확보하기 위하여 일부 개선이 필요하다고 인정되는 경우
부적정	기계·설비 또는 건설물이 심사기준에 위반되어 **공사착공 시 중대한 위험발생의 우려가 있거나 계획에 근본적 결함이 있다고 인정되는 경우**

3 유해·위험방지계획서 제출 시 첨부서류 ★

사업주가 **건설공사**에 해당하는 유해·위험방지계획서를 제출하려면 건설공사 유해·위험방지계획서 **다음 각 호 서류를 첨부하여 해당 공사의 착공 전날까지 공단에 2부를 제출**하여야 한다.

① 공사 개요 및 안전보건관리계획
- 공사 개요서
- 공사현장의 주변 현황 및 주변과의 관계를 나타내는 도면(매설물 현황을 포함한다.)
- 건설물, 사용 기계설비 등의 배치를 나타내는 도면
- 전체 공정표
- 산업안전보건관리비 사용계획(별지 제46호 서식)
- 안전관리 조직표
- 재해 발생 위험 시 연락 및 대피방법

② 작업 공사 종류별 유해·위험방지계획

4 사전조사 및 작업계획서의 작성

(1) 사전조사 및 작업계획서의 작성 대상작업 및 내용

다음 각 호의 작업을 하는 경우 근로자의 위험을 방지하기 위하여 **해당 작업, 작업장의 지형·지반 및 지층 상태 등에 대한 사전조사를 하고 그 결과를 기록·보존**하여야 하며, 조사결과를 고려하여 **작업계획서를 작성하고 그 계획에 따라 작업**을 하도록 하여야 한다.

사전조사 및 작업계획서를 작성하여야 하는 작업 ★★
① 타워크레인을 설치·조립·해체하는 작업
② 차량계 하역운반기계 등을 사용하는 작업(화물자동차를 사용하는 도로상의 주행작업은 제외한다)
③ 차량계 건설기계를 사용하는 작업
④ 화학설비와 그 부속설비를 사용하는 작업
⑤ 전기 작업(해당 전압이 50볼트를 넘거나 전기에너지가 250볼트암페어를 넘는 경우로 한정한다)
⑥ 굴착면의 높이가 2미터 이상이 되는 지반의 굴착작업
⑦ 터널굴착작업
⑧ 교량(상부구조가 금속 또는 콘크리트로 구성되는 교량으로서 그 높이가 5미터 이상이거나 교량의 최대 지간 길이가 30미터 이상인 교량으로 한정한다)의 설치·해체 또는 변경 작업
⑨ 채석작업
⑩ 구축물, 건축물, 그 밖의 시설물 등의 해체작업

⑪ 중량물의 취급 작업
⑫ 궤도나 그 밖의 관련 설비의 보수·점검작업
⑬ 열차의 교환·연결 또는 분리 작업("입환작업")

> 한 눈에 들어오는 **키** 워드

[사전조사 및 작업계획서 내용 ★★]

작업명	사전조사 내용	작업계획서 내용
1. 타워크레인을 설치·조립·해체하는 작업 ★★	-	가. **타워크레인의 종류 및 형식** 나. **설치·조립 및 해체순서** 다. **작업도구·장비·가설설비**(假設設備) 및 **방호설비** 라. **작업인원의 구성 및 작업근로자의 역할 범위** 마. **타워크레인의 지지 방법**
2. 차량계 하역운반기계 등을 사용하는 작업	-	가. 해당 작업에 따른 추락·낙하·전도·협착 및 붕괴 등의 위험 예방대책 나. 차량계 하역운반기계 등의 운행경로 및 작업방법
3. 차량계 건설기계를 사용하는 작업 ★★	해당 기계의 굴러 떨어짐, 지반의 붕괴 등으로 인한 근로자의 위험을 방지하기 위한 해당 작업장소의 지형 및 지반상태	가. 사용하는 **차량계 건설기계의 종류 및 성능** 나. **차량계 건설기계의 운행경로** 다. 차량계 건설기계에 의한 **작업방법**
4. 화학설비와 그 부속설비 사용하는 작업	-	가. 밸브·콕 등의 조작(해당 화학설비에 원재료를 공급하거나 해당 화학설비에서 제품 등을 꺼내는 경우만 해당한다) 나. 냉각장치·가열장치·교반장치(攪拌裝置) 및 압축장치의 조작 다. 계측장치 및 제어장치의 감시 및 조정 라. 안전밸브, 긴급차단장치, 그 밖의 방호장치 및 자동경보장치의 조정 마. 덮개판·플랜지(flange)·밸브·콕 등의 접합부에서 위험물 등의 누출 여부에 대한 점검 바. 시료의 채취 사. 화학설비에서는 그 운전이 일시적 또는 부분적으로 중단된 경우의 작업방법 또는 운전 재개 시의 작업방법 아. 이상 상태가 발생한 경우의 응급조치 자. 위험물 누출 시의 조치 차. 그 밖에 폭발·화재를 방지하기 위하여 필요한 조치

작업명	사전조사 내용	작업계획서 내용
5. 전기작업	-	가. 전기작업의 목적 및 내용 나. 전기작업 근로자의 자격 및 적정 인원 다. 작업 범위, 작업책임자 임명, 전격·아크 섬광·아크 폭발 등 전기 위험 요인 파악, 접근 한계거리, 활선접근 경보장치 휴대 등 작업시작 전에 필요한 사항 라. 전로차단에 관한 작업계획 및 전원(電源) 재투입 절차 등 작업 상황에 필요한 안전 작업 요령 마. 절연용 보호구 및 방호구, 활선작업용 기구·장치 등의 준비·점검·착용·사용 등에 관한 사항 바. 점검·시운전을 위한 일시 운전, 작업 중단 등에 관한 사항 사. 교대 근무 시 근무 인계(引繼)에 관한 사항 아. 전기작업장소에 대한 관계 근로자가 아닌 사람의 출입금지에 관한 사항 자. 전기안전작업계획서를 해당 근로자에게 교육할 수 있는 방법과 작성된 전기안전작업계획서의 평가·관리 계획 차. 전기 도면, 기기 세부 사항 등 작업과 관련되는 자료
6. 굴착작업 ★★	가. **형상·지질 및 지층의 상태** 나. **균열·함수(含水)·용수 및 동결의 유무 또는 상태** 다. **매설물 등의 유무 또는 상태** 라. **지반의 지하수위 상태**	가. **굴착방법 및 순서, 토사 반출 방법** 나. **필요한 인원 및 장비 사용계획** 다. **매설물 등에 대한 이설·보호대책** 라. **사업장 내 연락방법 및 신호방법** 마. **흙막이 지보공 설치방법 및 계측계획** 바. **작업지휘자의 배치계획** 사. 그 밖에 안전·보건에 관련된 사항
7. 터널굴착작업 ★★	보링(boring) 등 적절한 방법으로 낙반·출수(出水) 및 가스폭발 등으로 인한 근로자의 위험을 방지하기 위하여 미리 지형·지질 및 지층상태를 조사	가. **굴착의 방법** 나. **터널지보공 및 복공(覆工)의 시공방법과 용수(湧水)의 처리방법** 다. **환기 또는 조명시설을 설치할 때에는 그 방법**

작업명	사전조사 내용	작업계획서 내용
8. 교량작업	-	가. **작업 방법 및 순서** 나. **부재(部材)의 낙하·전도 또는 붕괴를 방지**하기 위한 방법 다. 작업에 종사하는 **근로자의 추락 위험을 방지**하기 위한 안전조치 방법 라. 공사에 사용되는 **가설 철구조물 등의 설치·사용·해체시 안전성 검토 방법** 마. 사용하는 **기계 등의 종류 및 성능, 작업방법** 바. **작업지휘자 배치계획** 사. 그 밖에 안전·보건에 관련된 사항
9. 채석작업★	지반의 붕괴·굴착기계의 굴러 떨어짐 등에 의한 근로자에게 발생할 위험을 방지하기 위한 해당 작업장의 지형·지질 및 지층의 상태	가. 노천굴착과 갱내굴착의 **구별 및 채석방법** 나. **굴착면의 높이와 기울기** 다. 굴착면 **소단(小段)의 위치와 넓이** 라. 갱내에서의 **낙반 및 붕괴방지 방법** 마. **발파방법** 바. **암석의 분할방법** 사. **암석의 가공장소** 아. 사용하는 **굴착기계·분할기계·적재기계 또는 운반기계의 종류 및 성능** 자. 토석 또는 **암석의 적재 및 운반방법과 운반경로** 차. **표토 또는 용수(湧水)의 처리방법**
10. 구축물, 건축물, 그 밖의 시설물 등의 해체작업 ★★	해체건물 등의 구조, 주변 상황 등	가. **해체의 방법 및 해체 순서도면** 나. **가설설비**·방호설비·환기설비 및 살수·방화설비 **등의 방법** 다. **사업장 내 연락방법** 라. **해체물의 처분계획** 마. 해체작업용 **기계·기구 등의 작업계획서** 바. 해체작업용 **화약류 등의 사용계획서** 사. 그 밖에 안전·보건에 관련된 사항
11. 중량물의 취급 작업	-	가. **추락위험을 예방**할 수 있는 안전대책 나. **낙하위험을 예방**할 수 있는 안전대책 다. **전도위험을 예방**할 수 있는 안전대책 라. **협착위험을 예방**할 수 있는 안전대책 마. **붕괴위험을 예방**할 수 있는 안전대책
12. 궤도와 그 밖의 관련비의 보수·점검작업 13. 입환작업(入換作業)	-	가. 적절한 작업 인원 나. 작업량 다. 작업순서 라. 작업방법 및 위험요인에 대한 안전조치방법 등

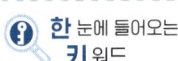
한 눈에 들어오는 키 워드

(2) 작업지휘자의 지정

작업지휘자를 지정하여야 하는 작업 ★
① 차량계 하역운반기계 등을 사용하는 작업(화물자동차를 사용하는 도로상의 주행작업은 제외한다) ② 굴착면의 높이가 2미터 이상이 되는 지반의 굴착작업 ③ 교량(상부구조가 금속 또는 콘크리트로 구성되는 교량으로서 그 높이가 5미터 이상이거나 교량의 최대 지간 길이가 30미터 이상인 교량으로 한정한다)의 설치·해체 또는 변경 작업 ④ 중량물의 취급작업 ⑤ 항타기나 항발기를 조립·해체·변경 또는 이동하여 작업을 하는 경우

(3) 일정한 신호방법의 결정

다음 각 호의 작업을 하는 경우 일정한 신호방법을 정하여 신호하도록 하여야 하며, 운전자는 그 신호에 따라야 한다.

일정한 신호방법을 정하여야 하는 작업 ★
① 양중기(揚重機)를 사용하는 작업 ② 차량계 하역운반기계의 유도자를 배치하는 작업 ③ 차량계 건설기계의 유도자를 배치하는 작업 ④ 항타기 또는 항발기의 운전작업 ⑤ 중량물을 2명 이상의 근로자가 취급하거나 운반하는 작업 ⑥ 양화장치를 사용하는 작업 ⑦ 궤도작업차량의 유도자를 배치하는 작업 ⑧ 입환작업(入換作業)

CHAPTER 03 건설업 산업안전보건관리비 관리

01 건설업 산업안전보건관리비 규정

> **주요내용 알고 가기!**
> - 안전관리비 계상방법
> - 안전관리비의 사용내역 및 사용 제외 항목

1 산업안전보건관리비의 계상 및 사용

(1) 건설공사 등의 산업안전보건관리비 계상

1) **건설공사 발주자가 도급계약을 체결하거나 건설공사 도급인**(건설공사발주자로부터 건설공사를 최초로 도급받은 수급인은 제외한다)**이 건설공사 사업계획을 수립할 때에는** 고용노동부장관이 정하여 고시하는 바에 따라 산업재해 예방을 위하여 사용하는 비용("산업안전보건관리비")을 도급금액 또는 사업비에 계상(計上)하여야 한다.

2) 건설공사 **도급인은 산업안전보건관리비를 법에서 정하는 바에 따라 사용**하고 고용노동부령으로 정하는 바에 따라 그 **사용명세서를 작성하여 보존**하여야 한다.

3) **선박의 건조 또는 수리를 최초로 도급받은 수급인은** 사업 계획을 수립할 때에는 고용노동부장관이 정하여 고시하는 바에 따라 **산업안전보건관리비를 사업비에 계상하여야 한다.**

4) 건설공사 도급인 또는 선박의 건조 또는 수리를 최초로 도급받은 수급인은 **산업안전보건관리비를 산업재해 예방 외의 목적으로 사용해서는 아니 된다.**

(2) 적용범위 : 「산업안전보건법」 제2조 제11호의 **건설공사 중 총 공사금액 2천만원 이상인 공사에 적용**한다. 다만, 단가계약에 의하여 행하는 공사에 대하여는 총 계약금액을 기준으로 적용한다.

한 눈에 들어오는 키워드

용어정의

건설업 산업안전보건관리비 : 산업재해 예방을 위하여 건설공사 현장에서 직접 사용되거나 해당 건설업체의 본사에 설치된 안전전담부서에서 법령에 규정된 사항을 이행하는 데 소요되는 비용을 말한다.

안전관리비 대상액 : 공사원가계산서 구성항목 중 직접재료비, 간접재료비와 직접노무비를 합한 금액(발주자가 재료를 제공할 경우에는 해당 재료비를 포함한 금액)을 말한다.

(3) 산업안전보건관리비의 사용

① 건설공사 도급인은 도급금액 또는 사업비에 계상(計上)된 산업안전보건관리비의 범위에서 그의 관계 수급인에게 해당 사업의 위험도를 고려하여 적정하게 산업안전보건관리비를 지급하여 사용하게 할 수 있다.

② **건설공사 도급인은** 산업안전보건관리비를 사용하는 해당 **건설공사의 금액이 4천만원 이상인 때에는 매월**(건설공사가 1개월 이내에 종료되는 사업의 경우에는 해당 건설공사가 끝나는 날이 속하는 달을 말한다) **사용명세서를 작성하고, 건설공사 종료 후 1년 동안 보존**해야 한다. ★

③ **공사금액 1억원 이상 120억원(토목공사업에 속하는 공사는 150억원) 미만인 공사**와 「건축법」에 따른 건축허가의 대상이 되는 공사의 건설공사발주자 또는 건설공사도급인(건설공사발주자로부터 건설공사를 최초로 도급받은 수급인은 제외한다)은 해당 **건설공사를 착공하려는 경우 건설재해예방전문지도기관과 건설 산업재해 예방을 위한 지도계약을 체결**하여야 한다. 다만, 다음 각 호의 어느 하나에 해당하는 공사를 하는 자는 제외한다.

**산업안전보건관리비 사용 시
재해예방 전문지도기관의 지도를 받지 않아도 되는 공사 ★**

- 공사기간이 1개월 미만인 공사
- 육지와 연결되지 아니한 섬지역(제주특별자치도는 제외한다)에서 이루어지는 공사
- 사업주가 안전관리자의 자격을 가진 사람을 선임(같은 광역 자치단체의 지역 내에서 같은 사업주가 경영하는 셋 이하의 공사에 대하여 공동으로 안전관리자 자격을 가진 사람 1명을 선임한 경우를 포함한다)하여 안전관리자의 업무만을 전담하도록 하는 공사
- 유해·위험방지계획서를 제출하여야 하는 공사

---

④ 수급인 또는 자기공사자는 **산업안전보건관리비 사용내역에 대하여 공사시작 후 6개월마다 1회 이상 발주자 또는 감리원의 확인**을 받아야 한다. 다만, 6개월 이내에 공사가 종료되는 경우에는 종료 시 확인을 받아야 한다.

(4) 산업안전보건관리비 계상기준

① 발주자가 도급계약 체결을 위한 원가계산에 의한 예정가격을 작성하거나, 자기공사자가 건설공사 사업 계획을 수립할 때에는 산업안전보건관리비를 계상하여야 한다. 다만, **발주자가 재료를 제공하거나 일부 물품이 완제품의 형태로 제작·납품되는 경우에는** 해당 **재료비 또는 완제품 가액을 대상액에 포함하여 산출한 산업안전보건관리비**와 해당 **재료비 또는 완제품 가액을 대상액에서 제외하고 산출한 산업안전보건관리비의 1.2배에 해당하는 값을 비교**하여 그 중 작은 값 이상의 금액으로 계상한다.

① 발주자의 재료비 포함 산업안전보건관리비
② 발주자의 재료비 제외한 산업안전보건관리비 × 1.2
①, ② 중 작은 값 이상으로 한다.

산업안전보건관리비의 계상 ★★

1. **대상액이 5억 원 미만 또는 50억 원 이상**
   산업안전보건관리비 = 대상액(재료비+직접 노무비) × 비율

2. **대상액이 5억 원 이상 50억 원 미만**
   산업안전보건관리비 = 대상액(재료비+직접 노무비) × 비율+기초액(C)

3. **대상액이 명확하지 않은 경우** : 도급계약 또는 자체사업계획상 책정된 **총 공사금액의 10분의 7에 해당하는 금액을 대상액으로** 하고 제1호 및 제2호에서 정한 기준에 따라 계상

[별표 1 공사종류 및 규모별 산업안전보건관리비 계상기준표]

구분 공사 종류	대상액 5억 원 미만인 경우 적용비율(%)	대상액 5억 원 이상 50억원 미만인 경우 적용비율(%)	대상액 5억 원 이상 50억원 미만인 경우 기초액	대상액 50억 원 이상인 경우 적용비율(%)	보건관리자 선임 대상 건설공사의 적용비율(%)
건축공사	3.11(%)	2.28(%)	4,325천원	2.37(%)	2.64(%)
토목공사	3.15(%)	2.53(%)	3,300천원	2.60(%)	2.73(%)
중건설공사	3.64(%)	3.05(%)	2,975천원	3.11(%)	3.39(%)
특수건설공사	2.07(%)	1.59(%)	2,450천원	1.64(%)	1.78(%)

설계변경 시 산업안전보건관리비 조정ㆍ계상 방법

1. 설계변경에 따른 산업안전보건관리비는 다음 계산식에 따라 산정한다.
   설계변경에 따른 산업안전보건관리비
   = 설계변경 전의 산업안전보건관리비 + 설계변경으로 인한 산업안전보건관리비 증감액

2. 설계변경으로 인한 산업안전보건관리비 증감액은 다음 계산식에 따라 산정한다.
   설계변경으로 인한 산업안전보건관리비 증감액
   = 설계변경 전의 산업안전보건관리비 × 대상액의 증감 비율

3. 대상액의 증감 비율은 다음 계산식에 따라 산정한다. 이 경우, 대상액은 예정가격 작성 시의 대상액이 아닌 설계변경 전ㆍ후의 도급계약서상의 대상액을 말한다.
   대상액의 증감 비율
   = [(설계변경 후 대상액 − 설계변경 전 대상액) / 설계변경 전 대상액] × 100%

한 눈에 들어오는 키워드

[확인]
산업안전보건관리비 계상법의 예

[경우 1]
건축공사로
직접재료비 10억 원,
직접노무비 30억 원
공사인 경우 산업안전보건관리비
= (40억 원 × 0.0228)
  + 4,325,000원
= 95,525,000원

[경우 2]
토목공사로 대상액의 구분이 되어 있지 않으며 총 공사금액이 100억 원일 경우 산업안전보건관리비
• 대상액 = 100억 원 × 0.7
       = 7,000,000,000원
• 산업안전보건관리비
  = 7,000,000,000원 × 0.026
  = 182,000,000원

② 하나의 사업장 내에 건설공사 종류가 둘 이상인 경우(분리발주한 경우를 제외한다)에는 **공사금액이 가장 큰 공사종류를 적용**한다.
③ 발주자 또는 자기공사자는 **설계변경 등으로 대상액의 변동이 있는 경우 지체 없이 산업안전보건관리비를 조정 계상**하여야 한다. 다만, **설계변경으로 공사금액이 800억 원 이상으로 증액된 경우에는 증액된 대상액을 기준으로 재 계상**한다.

참고
건설공사의 종류

1. 건축공사
가. 「건설산업기본법 시행령」에 따라 토지에 정착 하는 공작물 중 지붕과 기둥(또는 벽)이 있는 것과 이에 부수되는 시설물을 건설하는 공사 및 이와 함께 부대하여 현장 내에서 행하는 공사
나. 「건설산업기본법 시행령」의 전문공사로서 건축물과 관련하여 분리하여 발주되었고 시간적·장소적으로도 독립하여 행하는 공사

2. 토목공사
가. 「건설산업기본법 시행령」에 따라 토목 공작물을 설치하거나 토지를 조성·개량하는 공사, '라'목 종합적인 계획, 관리 및 조정에 따라 산업의 생산시설, 환경 오염을 예방·제거 재활용하기 위한 시설, 에너지 등의 생산·저장·공급시설 등의 건설공사 및 이와 함께 부대하여 현장 내에서 행하는 공사
나. 「건설산업기본법 시행령」의 전문공사로서 같은 표 제1호 건축공사 외의 시설물과 관련하여 분리하여 발주되었고 시간적·장소적으로도 독립하여 행하는 공사

3. 중건설공사
가. 고제방 댐 공사 등
• 댐 신설공사, 제방신설공사와 관련한 제반시설공사
나. 화력, 수력, 원자력, 열병합 발전시설 등 설치공사
• 화력, 수력, 원자력, 열병합 발전시설과 관련된 신설공사 및 제반시설공사
다. 터널신설공사 등
• 도로, 철도, 지하철 공사로서 터널, 교량, 토공사 등이 포함된 복합시설물로 구성된 공사에 있어 터널 공사비 비중이 가장 큰 비중을 차지하는 건설공사

[별표 2 공사진척에 따른 산업안전보건관리비 사용기준]

공정률	사용기준
50퍼센트 이상 70퍼센트 미만	50퍼센트 이상
70퍼센트 이상 90퍼센트 미만	70퍼센트 이상
90퍼센트 이상	90퍼센트 이상

※ 공정률은 기성공정률을 기준으로 한다.

예제

다음 [보기]의 건설공사에 적합한 산업안전보건관리비를 계상하시오.

[보기]
수자원시설공사(댐), 재료비와 직접노무비의 합이 4,500,000,000원인 경우

[정답]
1. 수자원시설공사(댐) → 중건설공사
2. • 대상액 = 재료비 + 직접 노무비 = 4,500,000,000원
   • 대상액이 5억 원 이상 50억 원 미만이므로
   산업안전보건관리비 = 대상액(재료비 + 직접 노무비) × 비율 + 기초액(C)
   = 4,500,000,000원 × 0.0305 + 2,975,000원
   = 140,225,000원

2 산업안전보건 관리비의 사용기준 ★

(1) 수급인 또는 자기공사자는 안전관리비를 항목별 사용기준에 따라 건설사업장에서 **근무하는 근로자의 산업재해 및 건강장해 예방을 위한 목적으로만 사용**하여야 한다.

(2) 산업안전보건관리비의 사용내역 ★★

① 안전관리자·보건관리자 임금 등
② 안전시설비 등
③ 보호구 등
④ 안전보건진단비 등
⑤ 안전보건교육비 등
⑥ 근로자 건강장해예방비 등
⑦ 건설재해예방전문지도기관 기술지도비
⑧ 본사 전담조직 근로자 임금 등
⑨ 위험성평가 등에 따른 소요비용

(3) 산업안전보건관리비의 세부 사용항목 ★★

1. 안전관리자 · 보건관리자의 임금 등

① 안전관리 또는 보건관리 업무만을 **전담**하는 **안전관리자 또는 보건관리자의 임금과 출장비 전액**(지방고용노동관서에 선임 보고한 날부터 발생한 비용에 한정한다.)
② 안전관리 또는 보건관리 업무를 **전담하지 않는 안전관리자 또는 보건관리자의 임금과 출장비의 각각 2분의 1에 해당하는 비용**(지방고용노동관서에 선임 보고한 날부터 발생한 비용에 한정한다.)
③ **안전관리자를 선임**한 건설공사 **현장에서 산업재해 예방 업무만을 수행하는 작업지휘자, 유도자, 신호자 등의 임금 전액**
④ 작업을 직접 지휘·감독하는 직·조·반장 등 **관리감독자의 직위에 있는 자가 업무를 수행하는 경우에 지급하는 업무수당**(임금의 10분의 1 이내)

2. 안전시설비 등

① 산업재해 예방을 위한 **안전난간, 추락방호망, 안전대 부착설비, 방호장치**(기계·기구와 방호장치가 일체로 제작된 경우, 방호장치 부분의 가액에 한함) **등 안전시설의 구입·임대 및 설치** 등을 위해 소요되는 비용
② **스마트 안전장비 구입·임대 비용**. 다만, 계상된 **산업안전보건관리비 총액의 10분의 2**를 초과할 수 없다.
③ 용접 작업 등 **화재 위험작업 시 사용하는 소화기의 구입·임대비용**

한 눈에 들어오는 **키** 워드

4. 특수 건설 공사
「건설산업기본법 시행령」에 따라 수목원, 공원, 녹지, 숲의 조성 등 경관 및 환경을 조성·개량 등의 건설공사로서 조경공사에 해당하는 공사와 아래 각목에 따른 건설공사 중 다른 공사와 분리하여 발주되었고 시간적·장소적으로도 독립하여 행하는 공사
가. 「전기공사업법」에 의한 공사
나. 「정보통신공사업법」에 의한 공사
다. 「소방공사업법」에 의한 공사
라. 「문화재수리공사업법」에 의한 공사

참고

안전·보건관계자의 범위
- 안전보건관리책임자
- 안전보건총괄책임자
- 안전관리자
- 보건관리자
- 관리감독자
- 명예산업안전감독관
- 안전·보건보조원
- 본사 안전전담부서안전전담 직원

한 눈에 들어오는 키워드

3. 보호구 등

① 보호구의 구입·수리·관리 등에 소요되는 비용
② 근로자가 **보호구를 직접 구매·사용**하여 합리적인 범위 내에서 **보전하는 비용**
③ 안전관리자 등의 업무용 피복, 기기 등을 구입하기 위한 비용
④ 안전관리자 및 보건관리자가 안전보건 점검 등을 목적으로 건설공사 현장에서 **사용하는 차량의 유류비·수리비·보험료**

4. 안전보건진단비 등

① 유해위험방지계획서의 작성 등에 소요되는 비용
② 안전보건진단에 소요되는 비용
③ 작업환경 측정에 소요되는 비용
④ 그 밖에 산업재해예방을 위해 법에서 지정한 전문기관 등에서 실시하는 진단, 검사, 지도 등에 소요되는 비용

5. 안전보건교육비 등

① **의무교육**이나 이에 준하여 실시하는 교육을 위해 **건설공사 현장의 교육 장소 설치·운영** 등에 소요되는 비용
② **산업재해 예방이 주된 목적인 교육**을 실시하기 위해 소요되는 비용
③ 「응급의료에 관한 법률」에 따른 **안전보건교육 대상자 등에게 구조 및 응급처치에 관한 교육**을 실시하기 위해 소요되는 비용
④ 안전보건관리책임자, 안전관리자, 보건관리자가 **업무수행을 위해 필요한 정보를 취득하기 위한 목적으로 도서, 정기간행물을 구입**하는 데 소요되는 비용
⑤ 건설공사 현장에서 **안전기원제 등 산업재해 예방을 기원하는 행사**를 개최하기 위해 소요되는 비용. 다만, 행사의 방법, 소요된 비용 등을 고려하여 사회통념에 적합한 행사에 한한다.
⑥ 건설공사 **현장의 유해·위험요인을 제보하거나 개선방안을 제안한 근로자를 격려하기 위해 지급**하는 비용

6. 근로자 건강장해예방비 등

① 법·영·규칙에서 규정하거나 그에 준하여 필요로 하는 **각종 근로자의 건강장해 예방에 필요한 비용**
② 중대재해 목격으로 발생한 정신질환을 치료하기 위해 소요되는 비용
③ 「감염병의 예방 및 관리에 관한 법률」에 따른 **감염병의 확산 방지를 위한 마스크, 손소독제, 체온계 구입비용 및 감염병병원체 검사**를 위해 소요되는 비용
④ 휴게시설을 갖춘 경우 **온도, 조명 설치·관리기준을 준수하기 위해 소요되는** 비용
⑤ 건설공사 현장에서 근로자 심폐소생을 위해 사용되는 **자동심장충격기(AED) 구입**에 소요되는 비용
⑥ 온열·한랭질환으로부터 근로자 건강장해를 예방하기 위한 임시 휴게시설 설치·해체·임대 비용 및 냉·난방기기의 임대 비용

7. 건설재해예방전문지도기관의 지도에 대한 대가로 자기공사자가 지급하는 비용

8. 「중대재해 처벌 등에 관한 법률」에 해당하는 건설사업자가 아닌 자가 운영하는 사업에서 안전보건 업무를 총괄·관리하는 3명 이상으로 구성된 본사 전담조직에 소속된 근로자의 임금 및 업무수행 출장비 전액. 다만, 안전보건관리비 총액의 20분의 1을 초과할 수 없다.

9. 위험성평가 또는 유해·위험요인 개선을 위해 필요하다고 판단하여 산업안전보건위원회 또는 노사협의체에서 사용하기로 **결정한 사항을 이행하기 위한 비용**(산업안전보건위원회 또는 노사협의체가 없는 현장의 경우에는 안전 및 보건에 관한 협의체에서 결정한 사항을 이행하기 위한 비용을 말한다). 계상된 **산업안전보건관리비 총액의 10분의 15를 초과할 수 없다.**

(4) 도급인 및 자기공사자는 **다음 각 호의 어느 하나에 해당하는 경우에는 산업안전보건관리비를 사용할 수 없다.**

산업안전보건관리비를 사용할 수 없는 경우 ★

① 「(계약예규)예정가격작성기준」 중 "경비"에 해당되는 비용(단, 산업안전보건관리비 제외)
② 다른 법령에서 의무사항으로 규정한 사항을 이행하는 데 필요한 비용
③ 근로자 재해예방 외의 목적이 있는 시설·장비나 물건 등을 사용하기 위해 소요되는 비용
④ 환경관리, 민원 또는 수방대비 등 다른 목적이 포함된 경우

(5) 사용내역의 확인

① 도급인은 산업안전보건관리비 사용내역에 대하여 **공사 시작 후 6개월마다 1회 이상 발주자 또는 감리자의 확인을 받아야 한다. 다만, 6개월 이내에 공사가 종료되는 경우에는 종료 시 확인을 받아야 한다.** ★
② 발주자, 감리자 및 관계 근로감독관은 산업안전보건관리비 사용내역을 수시 확인할 수 있으며, 도급인 또는 자기공사자는 이에 따라야 한다.
③ 발주자 또는 감리자는 산업안전보건관리비 사용내역 확인 시 기술지도 계약 체결, 기술지도 실시 및 개선 여부 등을 확인하여야 한다.

(6) 실행예산의 작성 및 집행

① **공사금액 4천만 원 이상의 도급인 및 자기공사자**는 공사실행예산을 작성하는 경우에 해당 공사에 사용하여야 할 산업안전보건관리비의 실행예산을 계상된 **산업안전보건관리비 총액 이상으로 별도 편성**해야 하며, 이에 따라 산업안전보건관리비를 사용하고 산업안전보건관리비 사용내역서를 작성하여 해당 공사현장에 갖추어 두어야 한다. ★
② 도급인 및 자기공사자는 산업안전보건관리비 실행예산을 작성하고 집행하는 경우에 선임된 해당 사업장의 안전관리자가 참여하도록 하여야 한다.

CHAPTER 04 건설 현장 안전시설 관리

01 안전시설 설치 및 관리

주요내용 알고 가기!
- 방망의 구조
- 방망사의 강도
- 안전난간의 구조 및 설치요건
- 안전대의 구분

> **한 눈에 들어오는 키 워드**

> **참고**
> 추락 발생원인
> ① 작업발판 불량
> ② 작업장 정리정돈 불량
> ③ 안전대 미착용
> ④ 추락방지망 미설치
> ⑤ 안전난간 미설치

1 추락재해 및 대책

(1) 추락의 방지

① **근로자가 추락하거나 넘어질 위험이 있는 장소**[작업발판의 끝·개구부(開口部) 등을 제외한다] 또는 **기계·설비·선박블록 등에서 작업을 할 때에 근로자가 위험해질 우려가 있는 경우 비계(飛階)를 조립하는 등의 방법으로 작업발판을 설치**하여야 한다.

② **작업발판을 설치하기 곤란한 경우 추락방호망을 설치**하여야 한다. 다만, **추락방호망을 설치하기 곤란한 경우에는 근로자에게 안전대를 착용**하도록 하는 등 추락위험을 방지하기 위하여 필요한 조치를 하여야 한다.

③ 사업주는 추락방호망을 설치하는 경우에는 한국산업표준에서 정하는 성능기준에 적합한 추락방호망을 사용하여야 한다.

④ 사업주는 **작업발판 및 추락방호망을 설치하기 곤란한 경우**에는 근로자로 하여금 **3개 이상의 버팀대를 가지고 지면으로부터 안정적으로 세울 수 있는 구조를 갖춘 이동식 사다리를 사용하여 작업**을 하게 할 수 있다.

(2) 개구부 등의 방호 조치 ★

① 작업발판 및 통로의 끝이나 개구부로서 **근로자가 추락할 위험이 있는 장소에는 안전난간, 울타리, 수직형 추락방망 또는 덮개 등의 방호 조치를 충분한 강도를 가진 구조로 튼튼하게 설치**하여야 하며, **덮개를 설치하는 경우에는 뒤집히**

거나 떨어지지 않도록 설치**하여야 한다. 이 경우 어두운 장소에서도 알아볼 수 있도록 개구부임을 표시해야 하며, 수직형 추락방망은 한국산업표준에서 정하는 성능기준에 적합한 것을 사용해야 한다.

② **난간 등을 설치하는 것이 매우 곤란**하거나 작업의 필요상 **임시로 난간 등을 해체하여야 하는 경우 추락방호망을 설치**하여야 한다. 다만, **추락방호망을 설치하기 곤란한 경우**에는 **근로자에게 안전대를 착용**하도록 하는 등 추락할 위험을 방지하기 위하여 필요한 조치를 하여야 한다.

(3) 안전대의 부착설비

① 추락할 위험이 있는 **높이 2미터 이상의 장소에서 근로자에게 안전대를 착용시킨 경우 안전대를 안전하게 걸어 사용할 수 있는 설비 등을 설치**하여야 한다. 이러한 안전대 부착설비로 지지로프 등을 설치하는 경우에는 처지거나 풀리는 것을 방지하기 위하여 필요한 조치를 하여야 한다.

② **안전대 및 부속설비의 이상 유무를 작업을 시작하기 전에 점검**하여야 한다.

(4) 지붕 위에서의 위험 방지 ★

1) 사업주는 근로자가 **지붕 위에서 작업을 할 때에 추락하거나 넘어질 위험이 있는 경우에는 다음 각 호의 조치**를 해야 한다.

① **지붕의 가장자리에 안전난간을 설치**할 것
② **채광창(skylight)에는 견고한 구조의 덮개를 설치**할 것
③ **슬레이트 등 강도가 약한** 재료로 덮은 **지붕에는 폭 30센티미터 이상의 발판을 설치**할 것 ★

2) 사업주는 작업 환경 등을 고려할 때 1) 조치를 하기 곤란한 경우에는 **추락방호망을 설치**해야 한다. 다만, 사업주는 작업 환경 등을 고려할 때 **추락방호망을 설치하기 곤란한 경우에는 근로자에게 안전대를 착용**하도록 하는 등 추락 위험을 방지하기 위하여 필요한 조치를 해야 한다.

(5) 승강설비의 설치

높이 또는 깊이가 2미터를 초과하는 장소에서 작업하는 경우 해당 작업에 종사하는 **근로자가 안전하게 승강하기 위한 건설작업용 리프트 등의 설비를 설치**하여야 한다. 다만, 승강설비를 설치하는 것이 작업의 성질상 곤란한 경우에는 그러하지 아니하다.

한 눈에 들어오는 **키** 워드

> **참고**
>
> 사업주는 작업발판 및 추락방호망을 설치하기 곤란한 경우에는 근로자로 하여금 3개 이상의 버팀대를 가지고 지면으로부터 안정적으로 세울 수 있는 구조를 갖춘 이동식 사다리를 사용하여 작업을 하게 할 수 있다. 이 경우 사업주는 근로자가 다음 각 호의 사항을 준수하도록 조치해야 한다.
> ① 평탄하고 견고하며 미끄럽지 않은 바닥에 이동식 사다리를 설치할 것
> ② 이동식 사다리의 넘어짐을 방지하기 위해 다음 각 목의 어느 하나 이상에 해당하는 조치를 할 것
>   • 이동식 사다리를 견고한 시설물에 연결하여 고정할 것
>   • 아웃트리거(outrigger, 전도방지용 지지대)를 설치하거나 아웃트리거가 붙어있는 이동식 사다리를 설치할 것
>   • 이동식 사다리를 다른 근로자가 지지하여 넘어지지 않도록 할 것
> ③ 이동식 사다리의 제조사가 정하여 표시한 이동식 사다리의 최대사용하중을 초과하지 않는 범위 내에서만 사용할 것
> ④ 이동식 사다리를 설치한 바닥면에서 높이가 3.5미터 이하의 장소에서만 작업할 것
> ⑤ 이동식 사다리의 최상부 발판 및 그 하단 디딤대에 올라서서 작업하지 않을 것(다만, 높이 1미터 이하의 사다리는 제외한다.)
> ⑥ 안전모를 착용하되, 작업 높이가 2미터 이상인 경우에는 안전모와 안전대를 함께 착용할 것
> ⑦ 이동식 사다리 사용 전 변형 및 이상 유무 등을 점검하여 이상이 발견되면 즉시 수리하거나 그 밖에 필요한 조치를 할 것

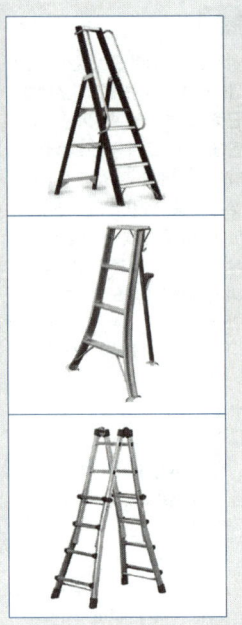

참고

추락방호망의 설치기준

① 소재 : 합성섬유 또는 그 이상의 물리적 성질을 갖는 것이어야 한다.
② 그물코 : 사각 또는 마름모로서 그 크기는 10센티미터 이하이어야 한다.
③ 방망의 종류 : 매듭방망으로서 매듭은 원칙적으로 단매듭을 한다.
④ 테두리로프와 방망의 재봉 : 테두리로프는 각 그물코를 관통시키고 서로 중복됨이 없이 재봉사로 결속한다.
⑤ 테두리로프 상호의 접합 : 테두리로프를 중간에서 결속하는 경우는 충분한 강도를 갖도록 한다.
⑥ 달기로프의 결속 : 달기로프는 3회 이상 엮어 묶는 방법 또는 이와 동등 이상의 강도를 갖는 방법으로 테두리로프에 결속하여야 한다.

(6) 울타리의 설치

근로자에게 작업 중 또는 **통행 시 전락(轉落)으로 인하여** 근로자가 화상·질식 등의 위험에 처할 우려가 있는 케틀(kettle), 호퍼(hopper), 피트(pit) 등이 있는 경우에 그 위험을 방지하기 위하여 필요한 장소에 **높이 90센티미터 이상의 울타리를 설치**하여야 한다.

(7) 조명의 유지

근로자가 **높이 2미터 이상에서 작업을 하는 경우** 그 작업을 안전하게 하는 데에 **필요한 조명**을 유지하여야 한다.

2 추락방지설비

(1) 추락방호망

1) 추락방호망의 설치

추락방호망의 설치기준 ★★

① 추락방호망의 설치위치는 가능하면 작업면으로부터 가까운 지점에 설치하여야 하며, 작업면으로부터 망의 설치지점까지의 수직거리는 10미터를 초과하지 아니할 것
② 추락방호망은 수평으로 설치하고, 망의 처짐은 짧은 변 길이의 12퍼센트 이상이 되도록 할 것
③ 건축물 등의 바깥쪽으로 설치하는 경우 망의 내민 길이는 벽면으로부터 3미터 이상되도록 할 것. 다만, 그물코가 20밀리미터 이하인 망을 사용한 경우에는 낙하물방지망을 설치한 것으로 본다.

[표 1 방망사의 신품에 대한 인장강도] ★

그물코의 크기 (단위 : 센티미터)	방망의 종류(단위 : 킬로그램)	
	매듭 없는 방망	매듭방망
10	240	200
5		110

[표 2 방망사의 폐기 시 인장강도] ★

그물코의 크기 (단위 : 센티미터)	방망의 종류(단위 : 킬로그램)	
	매듭 없는 방망	매듭방망
10	150	135
5		60

2) 방망의 사용방법

[방망의 허용 낙하높이]

높이 종류 조건	낙하높이(H_1)		방망과 바닥면 높이(H_2)	
	단일방망	복합방망	10센티미터 그물코	5센티미터 그물코
L<A	$\frac{1}{4}(L+2A)$	$\frac{1}{5}(L+2A)$	$\frac{0.85}{4}(L+3A)$	$\frac{0.95}{4}(L+3A)$
L≥A	3/4L	3/5L	0.85L	0.95L

또, L, A의 값은 [그림 1], [그림 2]에 의한다.

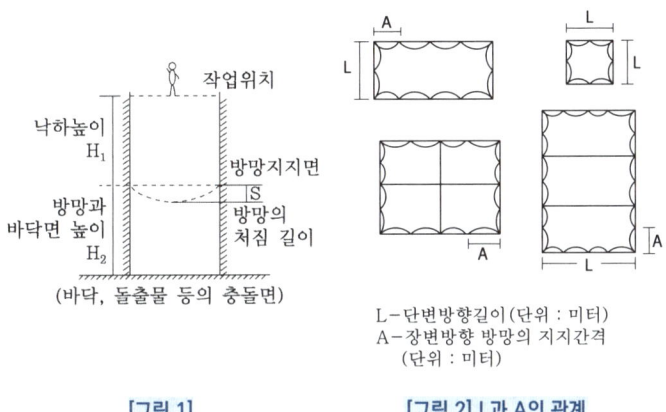

L - 단변방향길이 (단위 : 미터)
A - 장변방향 방망의 지지간격
(단위 : 미터)

[그림 1]   [그림 2] L과 A의 관계

3) 지지점의 강도 ★

지지점의 강도는 다음 각 호에 의한 계산 값 이상이어야 한다.

① 방망 지지점은 **600킬로그램의 외력에 견딜 수 있는 강도**를 보유하여야 한다.
② 연속적인 구조물이 방망 지지점인 경우의 **외력 계산**

$$F = 200 \times B$$

여기에서 **F는 외력(단위 : 킬로그램), B는 지지점간격(단위 : m)**이다.

4) 정기시험 ★

방망의 정기시험은 **사용개시 후 1년 이내**로 하고, **그 후 6개월마다 1회씩** 정기적으로 시험용사에 대해서 **등속인장시험**을 하여야 한다.

※ 문제

10cm 그물코인 방망을 설치한 경우에 망 밑부분에 충돌위험이 있는 바닥면 또는 기계설비와의 수직거리(H_2)는 얼마 이상이어야 하는가? (단, L(1개의 방망일 때 가장 짧은 변의 길이) = 12m, A(방망 주변의 지지점 간격) = 6m)

㉮ 10.2m ㉯ 12.2m
㉰ 14.2m ㉱ 16.2m

[해설]
10cm 그물코이며 L ≥ A이므로 방망과 바닥면의 높이
H_2 = 0.85L = 0.85×12
    = 10.2m(L ≥ A일 때)

정답 ㉮

5) 사용 제한 ★

다음 각 호의 1에 해당하는 방망은 사용하지 말아야 한다.

① 방망사가 **규정한 강도 이하인 방망**
② 인체 또는 이와 동등 이상의 무게를 갖는 **낙하물에 대해 충격을 받은 방망**
③ **파손한 부분을 보수하지 않은 방망**
④ **강도가 명확하지 않은 방망**

6) 방망의 표시

방망에는 보기 쉬운 곳에 다음 각 호의 사항을 표시하여야 한다.

① 제조자명
② 제조연월
③ 재봉치수
④ 그물코
⑤ 신품인 때의 방망의 강도

(2) 안전난간의 구조 및 설치요건 ★★

> **안전난간의 구조 ★★**
>
> ① 상부 난간대, 중간 난간대, 발끝막이판 및 난간기둥으로 구성할 것
> ② 상부 난간대는 바닥면 등으로부터 90센티미터 이상 지점에 설치하고, 상부 난간대를 120센티미터 이하에 설치하는 경우에는 중간 난간대는 상부 난간대와 바닥면등의 중간에 설치하여야 하며, 120센티미터 이상 지점에 설치하는 경우에는 중간 난간대를 2단 이상으로 균등하게 설치하고 난간의 상하 간격은 60센티미터 이하가 되도록 할 것
> ③ 발끝막이판은 바닥면 등으로부터 10센티미터 이상의 높이를 유지할 것.(다만, 물체가 떨어지거나 날아올 위험이 없거나 그 위험을 방지할 수 있는 망을 설치하는 등 필요한 예방조치를 한 장소는 제외)
> ④ 난간기둥은 상부 난간대와 중간 난간대를 견고하게 떠받칠 수 있도록 적정한 간격을 유지할 것
> ⑤ 상부 난간대와 중간 난간대는 난간 길이 전체에 걸쳐 바닥면등과 평행을 유지할 것
> ⑥ 난간대는 지름 2.7센티미터 이상의 금속제 파이프나 그 이상의 강도가 있는 재료일 것
> ⑦ 안전난간은 구조적으로 가장 취약한 지점에서 가장 취약한 방향으로 작용하는 100킬로그램 이상의 하중에 견딜 수 있는 튼튼한 구조일 것

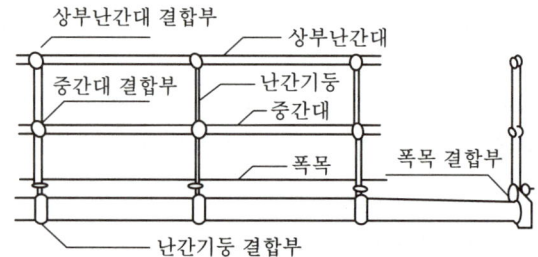

3 추락방지 보호구

(1) 안전대의 구분 ★★

종 류	사용 구분
벨트식	1개 걸이용
	U자 걸이용
안전그네식	추락방지대
	안전블록

(2) 안전대의 선정 ★

① **U자 걸이용**은 전주 위에서의 작업과 같이 **발받침은 확보되어 있어도 불완전하여 체중의 일부는 U자 걸이로 하여 안전대에 지지하여야만 작업**을 할 수 있으며, 1개 걸이의 상태로서는 사용하지 않는 경우에 선정해야 한다.

② **1개 걸이용**은 **안전대에 의지하지 않아도 작업할 수 있는 발판이 확보**되었을 때 사용한다.

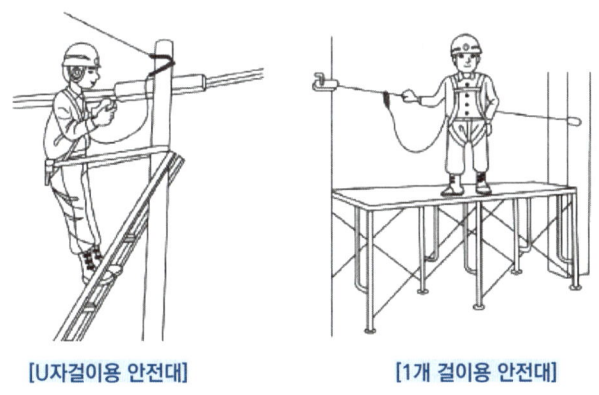

[U자걸이용 안전대]　　　[1개 걸이용 안전대]

(3) 안전대의 보관

① 직사광선이 닿지 않는 곳
② 통풍이 잘되며 습기가 없는 곳
③ 부식성 물질이 없는 곳
④ 화기 등이 근처에 없는 곳

> **한 눈에 들어오는 키 워드**
>
> [확인]
> **안전그네 ★**
> 신체지지의 목적으로 전신에 착용하는 띠 모양의 것으로서 상체 등 신체 일부분만 지지하는 것은 제외한다.
>
> **안전블록 ★**
> 안전그네와 연결하여 추락발생 시 추락을 억제할 수 있는 자동 잠김장치가 갖추어져 있고 죔줄이 자동적으로 수축되는 장치를 말한다.
>
> **U자걸이 ★**
> 안전대의 죔줄을 구조물 등에 U자모양으로 돌린 뒤 훅 또는 카라비너를 D링에, 신축조절기를 각링 등에 연결하는 걸이 방법을 말한다.
>
> **1개걸이 ★**
> 죔줄의 한쪽 끝을 D링에 고정시키고 훅 또는 카라비너를 구조물 또는 구명줄에 고정시키는 걸이 방법을 말한다.
>
> ※ **문제**
> 추락 시 로프의 지지점에서 최하단까지의 거리 h를 계산하면? (단, 로프의 길이는 150cm, 로프의 신율은 30%이며 근로자의 신장은 180cm임)
> ㉮ 2.70m　㉯ 2.85m
> ㉰ 3.00m　㉱ 3.15m
>
> [해설]
> h = 로프의 길이
> 　　+ 로프의 신장길이
> 　　+ 작업자 키의 1/2
> h = 150 + (150×0.3) + (180 ×1/2) = 285cm = 2.85m
>
> [참고]
> 로프를 지지한 위치에서 바닥면까지의 거리를 H라 하면 H > h가 되어야만 한다.
>
> 정답 ㉯

02 붕괴재해 및 대책

한 눈에 들어오는 키워드

용어정의

붕괴·도괴 : 토사, 적재물, 구조물, 건축물, 가설물 등이 전체적으로 허물어져 내리거나 또는 주요부분이 꺾어져 무너지는 경우를 말한다.

주요내용 알고 가기!

- 토석붕괴의 내적, 외적원인
- 굴착작업시 조사사항
- 굴착면의 기울기 및 높이 기준
- 흙막이 지보공을 설치한 때 점검 사항
- 잠함 또는 우물통의 내부에서 굴착작업시 급격한 침하로 인한 위험방지 조치
- 터널 굴착작업시 시공계획 작성
- 자동경보장치의 작업시작전 점검
- 터널 지보공을 설치한 때 점검 사항

참고

절토작업 시 준수사항
- 상부에서 붕락 위험이 있는 장소에서의 작업은 금하여야 한다.
- 상·하부 동시작업은 금지하여야 하나 부득이한 경우 다음 각 목의 조치를 실시한 후 작업하여야 한다.
  ① 견고한 낙하물 방호시설 설치
  ② 부석 제거
  ③ 작업장소에 불필요한 기계 등의 방치 금지
  ④ 신호수 및 담당자 배치
- 굴착면이 높은 경우는 계단식으로 굴착하고 소단의 폭은 수평거리 2m 정도로 하여야 한다.
- 사면경사 1 : 1 이하이며 굴착면이 2m 이상일 경우는 안전대 등을 착용하고 작업해야 하며 부석이나 붕괴하기 쉬운 지반은 적절한 보강을 하여야 한다.
- 우천 또는 해빙으로 토사붕괴가 우려되는 경우에는 작업 전 점검을 실시하여야 하며, 특히 굴착면 천단부 주변에는 중량물의 방치를 금하며 대형 건설기계 통과 시에는 적절한 조치를 확인하여야 한다.
- 절토면을 장기간 방치할 경우는 경사면을 가마니 쌓기, 비닐덮기 등 적절한 보호 조치를 하여야 한다.

1 토석붕괴 위험성

(1) 토석붕괴의 원인

토석붕괴의 외적원인★★	① 사면, 법면의 경사 및 기울기의 증가 ② **절토 및 성토 높이의 증가** ③ 공사에 의한 **진동 및 반복 하중의 증가** ④ 지표수 및 지하수의 침투에 의한 **토사 중량의 증가** ⑤ **지진, 차량, 구조물의 하중작용** ⑥ 토사 및 암석의 혼합층 두께
토석붕괴의 내적원인★	① 절토 사면의 토질·암질 ② 성토 사면의 토질구성 및 분포 ③ 토석의 강도 저하

2 토석붕괴 시 조치사항

(1) 굴착작업 시 위험방지(굴착작업 시 토사 등의 붕괴 또는 낙하에 의한 위험방지 조치)★

① 흙막이 지보공의 설치
② 방호망의 설치
③ 근로자의 출입금지 등

(2) 토사붕괴의 예방 조치

① **적절한 경사면의 기울기를 계획**하여야 한다.
② 경사면의 기울기가 당초 계획과 차이가 발생되면 즉시 재검토하여 계획을 변경시켜야 한다.
③ **활동할 가능성이 있는 토석은 제거**하여야 한다.
④ **경사면의 하단부에 압성토 등 보강공법으로 활동에 대한 저항대책을 강구**하여야 한다.
⑤ **말뚝(강관, H형강, 철근 콘크리트)을 타입**하여 **지반을 강화**시킨다.

(3) 굴착면의 기울기 및 높이 기준 ★★★

지반의 종류	굴착면의 기울기
모래	1 : 1.8
연암 및 풍화암	1 : 1.0
경암	1 : 0.5
그밖의 흙	1 : 1.2

① **사질의 지반**(점토질을 포함하지 않은 것)은 굴착면의 **기울기를 1 : 1.5 이상**으로 하고 **높이는 5미터 미만**으로 하여야 한다.
② 발파 등에 의해서 **붕괴하기 쉬운 상태의 지반 및 매립하거나 반출시켜야 할 지반의 굴착면의 기울기는 1 : 1 이하 또는 높이는 2미터 미만**으로 하여야 한다.

(4) 잠함 또는 우물통의 내부에서 굴착작업 시 급격한 침하로 인한 위험방지 조치 ★

급격한 침하로 인한 조치
① 침하관계도에 따라 **굴착방법 및 재하량(載荷量) 등을 정할 것**
② 바닥으로부터 천장 또는 보까지의 높이는 1.8미터 이상으로 할 것

(5) 잠함 등 내부에서의 굴착작업 시 준수사항 ★

① 잠함·우물통·수직갱 그밖에 이와 유사한 건설물 또는 설비의 내부에서 굴착작업을 하는 때에는 다음 각 호의 사항을 준수하여야 한다.

 한 눈에 들어오는 키 워드

참고

옹벽축조 시 준수 사항
• 수평방향의 연속시공을 금하며, 브럭으로 나누어 단위시공 단면적을 최소화하여 분단시공을 한다.
• 하나의 구간을 굴착하면 방치하지 말고 즉시 버팀 콘크리트를 타설하고 기초 및 본체구조물 축조를 마무리 한다.
• 절취경사면에 전석, 낙석의 우려가 있고 혹은 장기간 방치할 경우에는 숏크리트, 록볼트, 넷트, 캔버스 및 모르터 등으로 방호한다.
• 작업위치의 좌우에 만일의 경우에 대비한 대피통로를 확보하여 둔다.

참고

1. 유한사면의 활동유형 : 급경사에서 급격히 변형하여 붕괴가 발생한다.
   ① 원호활동
      • 사면선단파괴 : 경사가 급하고 비점착성 토질
      • 사면 내 파괴 : 견고한 지층이 얕은 경우
      • 사변저부파괴 : 경사가 완만하고 점착성인 경우
   ② 대수나선활동 : 토층이 불균일할 때
   ③ 복합곡선활동 : 연약한 토층이 얕은 곳에 존재할 때

2. 무한사면(평면활동) : 완만한 사면에 이동이 서서히 일어나는 활동

기출

1. 비탈면 보호공법(사면안정공법)
   ① 식생공(법)
   ② 블록 붙임공 또는 돌붙임공(법)
   ③ 콘크리트 뿜어붙이기공(법)
   ④ 콘크리트(블록) 격자공(법)
   ⑤ 돌망태공(법)

한눈에 들어오는 키워드

2. 사면(비탈면)지반 개량공법
① 전기 화학적 공법
② 석회 안정처리 공법
③ 이온 교환 공법
④ 주입공법 : 시멘트, 약액 주입

용어정의

1. **흙막이 벽** : 지반굴착 시 붕괴 및 인접지반의 침하 등을 방지하기 위하여 설치하는 구조물을 말한다.
2. **띠장(Wale)** : 흙막이 벽에 작용하는 토압에 의한 휨모멘트와 전단력에 저항하도록 설치하는 휨부재로서 흙막이 벽체에 가해지는 토압을 버팀보 등에 전달하기 위해 벽면에 직접 수평으로 설치하는 부재를 말한다.
3. **버팀보(Strut or Raker)** : 흙막이 벽에 작용하는 수평력을 지지하기 위하여 경사 또는 수평으로 설치하는 부재를 말한다.

참고

깊이 10.5m 이상의 굴착작업 시 계측기기
- 수위계
- 경사계
- 하중 및 침하계
- 응력계

터널의 계측장치
- 내공변위 측정계
- 천단침하 측정계
- 지중, 지표침하 측정계
- 록볼트 축력 측정계
- 숏크리트 응력 측정계

> **잠함 등 내부에서 굴착작업 시 준수사항 ★**
> - 산소결핍의 우려가 있는 때에는 산소의 농도를 측정하는 자를 지명하여 측정하도록 할 것
> - 근로자가 안전하게 오르내리기 위한 설비를 설치할 것
> - 굴착 깊이가 20미터를 초과하는 때에는 당해 작업장소와 외부와의 연락을 위한 통신설비 등을 설치할 것

② 산소농도 측정결과 산소의 결핍이 인정되거나 굴착깊이가 20미터를 초과하는 때에는 송기를 위한 설비를 설치하여 필요한 양의 공기를 송급하여야 한다.

(6) 굴착작업 시 사전조사 및 작업계획서 내용 ★★

작업명	굴착작업
사전조사 ★★	① 형상 · 지질 및 지층의 상태 ② 균열 · 함수(含水) · 용수 및 동결의 유무 또는 상태 ③ 매설물 등의 유무 또는 상태 ④ 지반의 지하수위 상태
작업 계획서 내용 ★	① 굴착방법 및 순서, 토사 반출 방법 ② 필요한 인원 및 장비 사용계획 ③ 매설물 등에 대한 이설 · 보호대책 ④ 사업장 내 연락방법 및 신호방법 ⑤ 흙막이 지보공 설치방법 및 계측계획 ⑥ 작업지휘자의 배치계획 ⑦ 그 밖에 안전 · 보건에 관련된 사항

특급암기법
작업지휘자 배치 → 인원 · 장비계획 → 지보공 설치 → 매설물 보호 → 굴착, 반출

3 흙막이공법

(1) 흙막이 지보공의 점검

> **흙막이 지보공을 설치한 때 점검사항 ★★**
> ① 부재의 손상 · 변형 · 부식 · 변위 및 탈락의 유무와 상태
> ② 버팀대의 긴압의 정도
> ③ 부재의 접속부 · 부착부 및 교차부의 상태
> ④ 침하의 정도

4 콘크리트 구조물 붕괴 안전대책

(1) 구축물 또는 시설물의 안전성 평가를 실시하여야 하는 경우 ★

사업주는 구축물 등이 다음 각 호의 어느 하나에 해당하는 경우에는 구축물 등에 대한 구조검토, 안전진단 등의 안전성 평가를 하여 근로자에게 미칠 위험성을 미리 제거해야 한다.

구축물 또는 시설물의 안전성 평가를 실시하여야 하는 경우 ★

① 구축물 등의 인근에서 굴착·항타작업 등으로 침하·균열 등이 발생하여 **붕괴의 위험이 예상될 경우**
② 구축물 등에 지진, 동해(凍害), 부동침하(不同沈下) 등으로 **균열·비틀림 등이 발생하였을 경우**
③ 구축물 등이 그 자체의 무게·적설·풍압 또는 그 밖에 **부가되는 하중 등으로 붕괴 등의 위험이 있을 경우**
④ 화재 등으로 구축물 등의 **내력(耐力)이 심하게 저하 되었을 경우**
⑤ 오랜 기간 사용하지 아니하던 **구축물 등을 재사용**하게 되어 안전성을 검토하여야 하는 경우
⑥ 구축물 등의 주요구조부에 대한 **설계 및 시공 방법의 전부 또는 일부를 변경하는 경우**
⑦ 그 밖의 잠재위험이 예상될 경우

용어정의

록볼트(rock bolt) : 암반 중에 정착하여 지반을 일체화 또는 보강하는 목적으로 사용하는 볼트 모양의 부재

5 터널굴착공사 안전대책

(1) 터널 붕괴에 의한 위험방지

터널의 계측관리 사항(NATM 기준) ★

① 내공변위 측정
② 천단침하 측정
③ 지중, 지표침하 측정
④ 록볼트 축력측정
⑤ 숏크리트 응력 측정

(2) 낙반에 의한 위험방지 조치

① **터널지보공 및 록볼트의 설치**
② **부석의 제거** 등 위험을 방지하기 위하여 필요한 조치를 하여야 한다.

(3) 인화성가스 농도 측정

① 터널공사 등의 건설작업을 할 때에 인화성가스가 발생할 위험이 있는 경우에는 폭발이나 화재를 예방하기 위하여 **인화성가스의 농도를 측정할 담당자를 지명**하고, 그 **작업을 시작하기 전**에 가스가 발생할 위험이 있는 장소에 대하여 그 **인화성가스의 농도를 측정**하여야 한다.

참고

터널굴착공법의 구분
- **개착식 공법(open cut method)** 지표면 아래로부터 일정깊이까지 개착하여 터널본체를 완성한 후 매몰하여 터널을 만드는 공법
- **침매공법(immersed method)** 해저 또는 수면하에 터널을 굴착하는 공법으로 지상에서 터널박스를 제작하여 물에 띄워 현장에 운반한 후 소정의 위치에 침하시켜 터널을 구축하는 공법이다.

기출

파일럿 터널
본 터널(main tunnel)을 시공하기 전에 터널에서 약간 떨어진 곳에 지질조사, 환기, 배수, 운반 등의 상태를 알아보기 위하여 설치하는 터널

② 인화성가스 농도를 측정한 결과 **인화성가스가 존재하여 폭발이나 화재가 발생할 위험이 있는 경우**에는 **인화성가스 농도의 이상 상승을 조기에 파악**하기 위하여 그 장소에 **자동경보장치**를 설치하여야 한다.

자동경보장치의 작업시작 전 점검 사항 ★★
① 계기의 이상 유무
② 검지부의 이상 유무
③ 경보장치의 작동상태

기출
터널 작업면의 적합한 조도

작업 구분	기준
막장 구간	70 Lux 이상
터널중간 구간	50 Lux 이상
터널 입출구, 수직구 구간	30 Lux 이상

(4) 터널지보공 설치 시 점검 항목

터널지보공 설치 시 점검 항목 ★★
① **부재의 손상 · 변형 · 부식 · 변위 탈락**의 유무 및 상태
② **부재의 긴압**의 정도
③ **부재의 접속부 및 교차부**의 상태
④ **기둥침하**의 유무 및 상태

기출 ★
발파작업 시 관리감독자의 직무
① 점화 전에 점화작업에 종사하는 근로자가 아닌 사람에게 대피를 지시하는 일
② 점화작업에 종사하는 근로자에게 대피장소 및 경로를 지시하는 일
③ 점화 전에 위험구역 내에서 근로자가 대피한 것을 확인하는 일
④ 점화순서 및 방법에 대하여 지시하는 일
⑤ 점화신호를 하는 일
⑥ 점화작업에 종사하는 근로자에게 대피신호를 하는 일
⑦ 발파 후 터지지 않은 장약이나 남은 장약의 유무, 용수(湧水)의 유무 및 암석 · 토사의 낙하 여부 등을 점검하는 일
⑧ 점화하는 사람을 정하는 일
⑨ 공기압축기의 안전밸브 작동 유무를 점검하는 일
⑩ 안전모 등 보호구 착용 상황을 감시하는 일

(5) 발파작업 기준 ★

① 얼어붙은 다이나마이트는 화기에 접근시키거나 그 밖의 **고열물에 직접 접촉**시키는 등 위험한 방법으로 융해하지 아니하도록 할 것
② 화약이나 폭약을 장전하는 경우에는 그 부근에서 **화기를 사용하거나 흡연을 하지 않도록** 할 것
③ **장전구(裝塡具)**는 마찰 · 충격 · 정전기 등에 의한 **폭발의 위험이 없는 안전한 것을 사용**할 것
④ **발파공의 충진재료**는 점토 · 모래 등 **발화성 또는 인화성의 위험이 없는 재료를 사용**할 것
⑤ 점화 후 장전된 화약류가 폭발하지 아니한 때 또는 장전된 화약류의 폭발여부를 확인하기 곤란한 때에는 다음 각목의 사항을 따를 것
  • **전기뇌관에 의한 경우**에는 발파모선을 점화기에서 떼어 그 끝을 단락시켜 놓는 등 재점화되지 않도록 조치하고 그 때부터 **5분 이상 경과한 후**가 아니면 화약류의 장전장소에 접근시키지 않도록 할 것
  • **전기뇌관 외의 것에 의한 경우**에는 점화한 때부터 **15분 이상 경과한 후**가 아니면 화약류의 장전장소에 접근시키지 않도록 할 것
⑥ 전기뇌관에 의한 발파의 경우 점화하기 전에 **화약류를 장전한 장소로부터 30미터 이상 떨어진 안전한 장소에서** 전선에 대하여 저항측정 및 **도통(導通)시험**을 할 것

(6) 터널 굴착작업의 사전조사 및 작업계획서 내용 ★★

사전조사 내용	보링(boring) 등 적절한 방법으로 낙반·출수(出水) 및 가스폭발 등으로 인한 근로자의 위험을 방지하기 위하여 미리 지형·지질 및 지층상태를 조사
작업계획서 내용 ★★	① **굴착**의 **방법** ② **터널지보공** 및 **복공**(覆工)의 **시공방법**과 **용수**(湧水)의 **처리방법** ③ **환기** 또는 **조명시설**을 설치할 때에는 그 **방법**

6 교량작업 및 채석작업 시 안전대책

(1) 사전조사 및 작업계획서의 내용

작업명	사전조사 내용	작업계획서 내용
교량 작업	-	가. 작업방법 및 순서 나. 부재(部材)의 낙하·전도 또는 붕괴를 방지하기 위한 방법 다. 작업에 종사하는 근로자의 추락 위험을 방지하기 위한 안전조치 방법 라. 공사에 사용되는 가설 철구조물 등의 설치·사용·해체 시 안전성 검토 방법 마. 사용하는 기계 등의 종류 및 성능, 작업방법 바. 작업지휘자 배치계획 사. 그 밖에 안전·보건에 관련된 사항
채석 작업 ★★	지반의 붕괴·굴착기계의 굴러떨어짐 등에 의한 근로자에게 발생할 위험을 방지하기 위한 해당 작업장의 지형·지질 및 지층의 상태	가. **노천굴착과 갱내굴착의 구별 및 채석방법** 나. **굴착면의 높이와 기울기** 다. 굴착면 소단(小段)의 위치와 넓이 라. 갱내에서의 **낙반 및 붕괴방지 방법** 마. **발파방법** 바. **암석의 분할방법** 사. **암석의 가공장소** 아. 사용하는 굴착기계·분할기계·적재기계 또는 운반기계(이하 "**굴착기계 등**"이라 한다)의 종류 및 성능 자. 토석 또는 **암석의 적재 및 운반방법과 운반경로** 차. **표토 또는 용수**(湧水)**의 처리방법**

03 낙하·비래재해 및 대책

주요내용 알고 가기!

- 낙하 · 비래 위험방지 조치
- 낙하물방지망 또는 방호선반을 설치 시 준수사항
- 투하설비의 설치

한 눈에 들어오는 키 워드

[용어정의]

1. **낙하물방지망** : 작업도중 자재, 공구 등의 낙하로 인한 피해를 방지하기 위하여 개구부 및 비계 외부에 수평방향으로 설치하는 망
2. **방호선반** : 상부에서 작업도중 자재나 공구 등의 낙하로 인한 재해를 방지하기 위하여 개구부 및 비계 외부에 설치하는 낙하물 방지망 대신 설치하는 금속 판재
3. **수직보호망** : 비계 등의 가설 구조물 외측면에 수직으로 설치하여, 작업장소에서 볼트나 공구 등이 비계의 외부로 낙하하는 것을 방지하기 위하여 사용하는 망 형태의 안전시설
4. **추락방호망** : 건설공사의 고소 장소에서 추락으로 인한 근로자의 위험 방지를 목적으로 수평하게 설치하는 그물 모양의 망

[비교★★]
추락방호망의 설치

- 추락방호망의 설치위치는 가능하면 작업면으로부터 가까운 지점에 설치하여야 하며, **작업면으로부터 망의 설치지점까지의 수직거리는 10미터를 초과하지 아니할 것**
- 추락방호망은 수평으로 설치하고, 망의 처짐은 짧은 변 길이의 12퍼센트 이상이 되도록 할 것
- 건축물 등의 바깥쪽으로 설치하는 경우 망의 내민 길이는 벽면으로부터 3미터 이상 되도록 할 것. 다만, 그물코가 20밀리미터 이하인 망을 사용한 경우에는 낙하물방지망을 설치한 것으로 본다.

1 낙하 – 비래의 발생원인

① 높은 곳에 놓아둔 물건의 정리정돈 불량
② 불안전한 자재의 적재
③ 안전모 등 보호구의 미착용
④ 자재 투하를 위한 투하설비 미설치
⑤ 낙하물방지망의 미설치 및 불량
⑥ 인양 와이어로프의 불량
⑦ 크레인 훅의 해지장치 미설치
⑧ 매달기 작업 시 줄걸이 방법 불량
⑨ 낙하비래 위험장소의 출입금지 조치 등 작업통제 미비

2 낙하 – 비래 예방대책

(1) 낙하 – 비래 위험방지 조치 ★

① 낙하물방지망 · 수직보호망 또는 방호선반의 설치
② 출입금지구역의 설정
③ 보호구의 착용

(2) 낙하물방지망 또는 방호선반 설치 시 준수사항 ★★

① **설치높이는 10미터 이내마다 설치**하고, **내민길이는 벽면으로부터 2미터 이상**으로 할 것
② **수평면과의 각도는 20도 이상 30도 이하를 유지**할 것

(3) 투하설비의 설치 ★

사업주는 **높이가 3미터 이상인 장소**로부터 물체를 투하하는 때에는 적당한 **투하설비를 설치하거나 감시인을 배치**하는 등 위험방지를 위하여 필요한 조치를 하여야 한다.

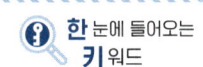
한 눈에 들어오는 키워드

04 건설공구 및 장비 안전수칙

주요내용 알고 가기!

- 굴착기계 종류별 특징
- 롤러의 종류별 특징
- 차량계 건설기계의 안전수칙
- 차량계 하역운반기계의 안전수칙
- 항타기, 항발기의 안전수칙
- 지게차의 안전수칙

1 차량계 건설기계

용어정의

차량계 건설기계 : 원동기를 내장하고 불특정 장소에 스스로 이동이 가능한 건설기계를 말한다.

차량계 건설기계 종류

1. 도저형 건설기계(불도저, 스트레이트도저, 틸트도저, 앵글도저, 버킷도저 등)
2. 모터그레이더(moter grader, 땅 고르는 기계)
3. 로더(포크 등 부착물 종류에 따른 용도 변경 형식을 포함한다)
4. 스크레이퍼(scraper, 흙을 절삭·운반하거나 펴 고르는 등의 작업을 하는 토공기계)
5. 크레인형 굴착기계(크램쉘, 드레그라인 등)
6. 굴착기(브레이커, 크러셔, 드릴 등 부착물 종류에 따른 용도 변경 형식을 포함한다)
7. 항타기 및 항발기
8. 천공용 건설기계(어스드릴, 어스오거, 크롤러드릴, 점보드릴 등)
9. 지반 압밀침하용 건설기계(샌드드레인머신, 페이퍼드레인머신, 팩드레인머신 등)
10. 지반 다짐용 건설기계(타이어롤러, 매커덤롤러, 탠덤롤러 등)
11. 준설용 건설기계(버킷준설선, 그래브준설선, 펌프준설선 등)
12. 콘크리트 펌프카
13. 덤프트럭
14. 콘크리트 믹서 트럭
15. 도로포장용 건설기계(아스팔트 살포기, 콘크리트 살포기, 아스팔트 피니셔, 콘크리트 피니셔 등)
16. 제1호부터 제15호까지와 유사한 구조 또는 기능을 갖는 건설기계로서 건설작업에 사용하는 것

2 굴삭장비(굴착기계)

(1) 셔블계 기계 ★

① **파워 셔블**(power shovel)[dipper shovel : 동력삽]
- 기계가 서 있는 **지반면보다 높은 곳의 땅파기에 적합**하다.
- 앞으로 흙을 긁어서 굴착하는 방식이다.
- 붐(boom)이 단단하여 **굳은 지반의 굴착에도 사용**된다.

② **드래그 셔블**(drag shovel, 백호)
- 기계가 서 있는 **지면보다 낮은 장소의 굴착 및 수중굴착이 가능**하다.
- 지하층이나 기초의 굴착에 사용된다.
- **굳은 지반의** 토질도 정확한 **굴착**이 된다.

③ **드래그라인**(drag line)
- 기계가 **서 있는 위치보다 낮은 장소의 굴착에 적당**하고 굳은 토질에서의 굴착은 되지 않지만 굴착 반지름이 크다.
- 작업범위가 광범위하고 **수중굴착 및 연약한 지반의 굴착**에 적합하다.

④ **클램셸**(clam shell)
- 수중굴착 및 **가장 협소하고 깊은 굴착이 가능하며 호퍼(hopper)에 적당**하다.
- **연약지반이나 수중굴착** 및 자갈 등을 싣는 데 적합하다.
- 깊은 땅파기 공사와 흙막이 버팀대를 설치하는데 사용한다.

(2) 트랙터 기계

① **불도저**(Bulldozer)
- 트랙터 앞면에 배토장치(blade)를 설치하여 흙의 성토, 100m 이내 단거리 운반, 땅고르기 등 작업에 적합하다.
- 불도저의 구분

회전장치에 의한 분류	크롤러형	타이어형	
블레이드 조작방식에 의한 분류	와이어 로프식	유압식	
블레이드 각도에 의한 분류	스트레이트 도저	앵글 도저	틸트 도저

② **스크레이퍼**(scraper)
- **굴착, 적재, 운반, 성토, 흙깔기, 흙 다지기의 작업을 하나의 기계로 사용할 수 있다.**
- **불도저보다 운반거리 크다.**(중, 장거리 운반이 가능하다)
- 피견인식과 자주식(모터 스크레이퍼)의 두 종류로 구분한다.

> **한 눈에 들어오는 키워드**
>
> **용어정의**
>
> 1. 굴삭기 : 땅을 파거나 깎을 때 사용되는 건설기계를 말한다.
> 2. 굴착기 : 땅이나 암석 따위를 파거나, 파낸 것을 처리하는 기계를 굴착기라 한다.
> ※ 굴착기의 전부장치는 붐, 암, 버킷으로 구성되어 있다.
>
> **※ 문제**
>
> 도로건설 작업 중 측구를 굴착하고자 한다. 가장 적합한 기계는 어느 것인가?
> ㉮ 드래그라인
> ㉯ 백호우
> ㉰ 불도저
> ㉱ 그레이더
>
> 정답 ㉯

한 눈에 들어오는 키워드

참고

스트레이트, 앵글, 틸트 도저의 특징

- 스트레이트 도저 : 블레이드가 수평이고, 불도저의 진행 방향에 직각으로 블레이드를 부착한 것으로서 주로 중굴착작업에 사용된다.
- 앵글 도저 : 블레이드의 방향이 20~30° 경사지게 부착된 것으로 사면굴착·정지·흙 메우기 등으로 자체의 진행에 따라 흙을 회송하는 작업에 적당하다.
- 틸트 도저 : 블레이드면 좌우의 높이를 변경할 수 있는 것으로서 단단한 흙의 도랑파기에 적당하다.
- 힌지도저 : 앵글도저보다 큰 각으로 움직이며 제설 및 토사 운반용으로 다량의 흙을 운반하는데 적합하다.

※ 문제

굴착과 싣기를 동시에 할 수 있는 토공기계가 아닌 것은?
㉮ 트랙터 셔블(tractor shovel)
㉯ 백호(back hoe)
㉰ 파워셔블(power shovel)
㉱ 모터그레이더(motor grader)

[해설]
㉱ 모터그레이더는 지반의 정지작업에 사용되는 기계이다.

정답 ㉱

불도저 및 스크레이퍼의 1시간당 작업량 계산

$$Q = \frac{q \times f \times 60 \times E}{C_m} = q_0 \times E \,[\text{m}^3/\text{h}]$$

- q : 블레이드 용량(1회의 흙 운반량)[m³]
- E : 불도저의 작업 효율
- C_m : 사이클 시간[min]
- q_0 : 거리를 고려하지 않는 삽날 이용량
- f : 토량 환산 계수

③ 로더(Loader)
- 굴삭된 토사나 골재를 덤프차량 등 운반기계에 싣는 데 사용된다.

(3) 버킷계 기계

① 버킷 굴착기(Bucket excavator)
② 버킷 휠 굴착기(Bucket wheel excavator)
③ 트렌처(Trencher)

(4) 모터 그레이더(Motor grader)

토공판을 작동시켜 **지면의 정지작업**(땅을 깎아 고르는 작업)을 하는데 사용된다.

(5) 항타기(pile driver)

낙하해머, 디젤해머에 의한 강관말뚝, **널말뚝(Sheet Pile)의 항타작업**에 사용된다.

(6) 어스 드릴(earth drill)

붐에 어스 드릴용 장치를 부착하여 땅속에 규모가 큰 구멍을 파서 기초공사에 사용한다.

3 운반장비

① 덤프트럭
② 벨트컨베이어
③ 덤프트레일러
④ 지게차(Fork lift) : **경화물의 적재 및 운반에 이용**된다.

4 다짐장비

(1) 롤러

① **머캐덤 롤러(MACADAM ROLLER)**
삼륜차형을 한 것으로 **쇄석기층의 다지기나 아스팔트 포장의 처음 다지기에 이용**된다.

② **탠덤 롤러(TANDEM ROLLER)**
2륜형식으로 **머케덤롤러의 작업 후 마무리 다짐, 아스팔트 포장의 끝마무리용**으로 이용된다.

③ **타이어 롤러(TIRE ROLLER)**
접지압을 공기압으로 조절할 수 있으며 **접지압이 클수록 깊은다짐이 가능하다.**

④ **탬핑 롤러(Tamping roller)**
롤러 표면에 다수의 돌기를 만들어 부착한 것으로 **고함수비의 점토질 다짐 및 흙속의 간극 수압 제거에 이용**된다. ★

(2) 소일콤팩터(Soil compactor)

4륜의 롤러에 철편을 붙인 평판식 **진동다짐** 기계로서 **사질토 등의 다짐에 이용**된다.

05 안전수칙

1 차량계 건설기계의 안전

(1) 차량계 건설기계의 운전자 위치이탈 시 조치 ★★

① **포크, 버킷, 디퍼 등의 장치를 가장 낮은 위치 또는 지면에 내려 둘 것**
② **원동기를 정지시키고 브레이크를 확실히 거는 등 갑작스러운 이동을 방지하기 위한 조치를 할 것**
③ **운전석을 이탈하는 경우**에는 **시동키를 운전대에서 분리시킬 것**
다만, 운전석에 잠금장치를 하는 등 운전자가 아닌 사람이 운전하지 못하도록 조치한 경우에는 그러하지 아니하다.

한 눈에 들어오는 **키** 워드

※ 문제

다음 중 다짐용 전압롤러로 점착력이 큰 진흙다짐에 가장 적합한 것은?
㉮ 탬핑롤러
㉯ 타이어롤러
㉰ 진동롤러
㉱ 탠덤롤러

[해설]

㉮ 탬핑롤러는 고함수비 지반, 점착력이 큰 진흙의 다짐, 흙의 간극수압제거에 사용된다.

정답 ㉮

한눈에 들어오는 키워드

(2) 차량계 건설기계의 넘어짐(전도) 방지 조치 ★★

① 유도자 배치
② 지반의 부동침하방지
③ 갓길의 붕괴방지
④ 도로의 폭 유지

(3) 낙하물 보호구조의 설치 ★

사업주는 **토사 등이 떨어질 우려가 있는 등 위험한 장소에서** 차량계 건설기계[**불도저, 트랙터, 굴착기, 로더**(loader : 흙 따위를 퍼올리는 데 쓰는 기계), **스크레이퍼**(scraper : 흙을 절삭·운반하거나 펴 고르는 등의 작업을 하는 토공기계), **덤프트럭, 모터그레이더**(motor grader : 땅 고르는 기계), **롤러**(roller : 지반 다짐용 건설기계), **천공기, 항타기 및 항발기**로 한정한다]를 사용하는 경우에는 **해당 차량계 건설기계에 견고한 낙하물 보호구조를 갖춰야 한다.**

(4) 수리 등의 작업 시 조치

차량계 건설기계의 수리 또는 부속장치의 장착 및 해체작업을 하는 때에는 해당 **작업의 지휘자를 지정하여 다음 각 호의 사항을 준수**하도록 하여야 한다.

① **작업순서를 결정하고 작업을 지휘**할 것
② **안전지지대 또는 안전블록 등의 사용상황 등을 점검**할 것

2 운반기계의 안전

(1) 차량계 하역운반기계의 운전자 운전위치 이탈 시 조치 ★★

① **포크, 버킷, 디퍼 등의 장치를 가장 낮은 위치 또는 지면에 내려 둘 것**
② **원동기를 정지시키고 브레이크를 확실히 거는 등 갑작스러운 이동을 방지하기 위한 조치를 할 것**
③ **운전석을 이탈하는 경우에는 시동키를 운전대에서 분리시킬 것**
다만, 운전석에 잠금장치를 하는 등 운전자가 아닌 사람이 운전하지 못하도록 조치한 경우에는 그러하지 아니하다.

[비교★★]
차량계 건설기계의 운전자 위치 이탈 시 조치
① 포크, 버킷, 디퍼 등의 장치를 가장 낮은 위치 또는 지면에 내려 둘 것
② 원동기를 정지시키고 브레이크를 확실히 거는 등 갑작스러운 이동을 방지하기 위한 조치를 할 것
③ 운전석을 이탈하는 경우에는 시동키를 운전대에서 분리시킬 것. 다만, 운전석에 잠금장치를 하는 등 운전자가 아닌 사람이 운전하지 못하도록 조치한 경우에는 그러하지 아니하다.

[비교★★]
차량계 하역운반기계의 넘어짐(전도) 방지 조치
• 유도자 배치
• 지반의 부동침하방지
• 갓길의 붕괴방지

(2) 차량계 하역운반기계 넘어짐(전도) 방지 조치 ★★

① 유도자 배치
② 지반의 부동침하방지
③ 갓길의 붕괴방지

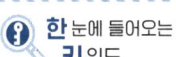

(3) 차량계 하역운반기계에 화물적재 시의 조치 ★

① 하중이 한쪽으로 치우치지 않도록 적재할 것
② 구내운반차 또는 화물자동차의 경우 **화물의 붕괴 또는 낙하에 의한 위험을 방지하기 위하여 화물에 로프를 거는 등 필요한 조치**를 할 것
③ 운전자의 시야를 가리지 않도록 화물을 적재할 것
④ 화물을 적재하는 경우에는 **최대적재량을 초과해서는 아니 된다.**

(4) 차량계 하역운반기계에 **단위화물의 무게가 100킬로그램 이상인 화물을 싣는 작업 또는 내리는 작업 시 작업의 지휘자를 지정**하여 다음 각 호의 사항을 준수하도록 하여야 한다. ★

> **차량계 하역운반기계 작업 시 작업지휘자 임무 ★**
> ① **작업 순서** 및 그 순서마다의 **작업 방법**을 정하고 작업을 지휘할 것
> ② **기구 및 공구**를 점검하고 **불량품을 제거**할 것
> ③ 해당 작업을 하는 장소에 **관계 근로자가 아닌 사람이 출입하는 것을 금지**할 것
> ④ 로프를 풀거나 덮개를 벗기는 작업을 행하는 때에는 **적재함의 낙하할 위험이 없음을 확인**한 후에 당해 작업을 하도록 할 것

(5) 사전조사 및 작업계획서의 내용

작업명	차량계 하역운반기계등을 사용하는 작업	차량계 건설기계를 사용하는 작업
사전조사 내용	-	해당 기계의 굴러 떨어짐, 지반의 붕괴 등으로 인한 근로자의 위험을 방지하기 위한 해당 작업장소의 지형 및 지반상태
작업계획서 내용	가. 해당작업에 따른 **추락·낙하·전도·협착 및 붕괴** 등의 위험 예방대책 나. 차량계 하역운반기계 등의 **운행경로 및 작업방법**	가. 사용하는 **차량계 건설기계의 종류 및 성능** 나. **차량계 건설기계의 운행경로** 다. **차량계 건설기계에 의한 작업방법** ★★

한눈에 들어오는 키워드

3 항타기 및 항발기의 안전기준

(1) 항타기 및 항발기의 무너짐 방지조치 ★

① **연약한 지반에 설치**하는 경우에는 아웃트리거·받침 등 **지지구조물의 침하를 방지하기 위하여 깔판 · 받침목 등을 사용할 것**
② **시설 또는 가설물 등에 설치하는 때**에는 그 내력을 확인하고 내력이 부족한 때에는 그 **내력을 보강할 것**
③ 아웃트리거·받침 등 **지지구조물이 미끄러질 우려가 있는 때**에는 **말뚝 또는 쐐기 등을 사용하여** 해당 지지구조물을 **고정시킬 것**
④ **궤도 또는 차로 이동하는 항타기 또는 항발기**에 대하여는 불시에 이동하는 것을 방지하기 위하여 **레일클램프 및 쐐기 등으로 고정시킬 것**
⑤ **상단 부분은 버팀대 · 버팀줄로 고정하여 안정시키고**, 그 **하단 부분은 견고한 버팀 · 말뚝 또는 철골 등으로 고정시킬 것**

(2) 권상용 와이어로프

① **항타기 또는 항발기의 권상용 와이어로프의 안전계수가 5이상**이 아니면 이를 사용하여서는 아니 된다. ★
② **권상용 와이어로프**는 추 또는 해머가 최저의 위치에 있을 때 또는 널말뚝을 빼어내기 시작한 때를 기준으로 하여 **권상장치의 드럼에 적어도 2회 감기고 남을 수 있는 충분한 길이일 것** ★
③ 권상용 와이어로프는 권상장치의 드럼에 클램프·클립 등을 사용하여 견고하게 고정할 것
④ 항타기의 권상용 와이어로프에 있어서 추·해머등과의 연결은 클램프·클립 등을 사용하여 견고하게 할 것
⑤ 클램프 · 클립 등은 한국산업표준 제품이거나 한국산업표준이 없는 제품의 경우에는 이에 준하는 규격을 갖춘 제품을 사용할 것

(3) 권상기 및 도르래의 설치

① 항타기 또는 항발기에 사용하는 권상기에는 쐐기장치 또는 역회전방지용 브레이크를 부착하여야 한다.
② 항타기 또는 항발기의 **권상장치의 드럼축과 권상장치로부터 첫번째 도르래의 축과의 거리**를 권상장치의 **드럼폭의 15배 이상**으로 하여야 한다. ★
③ **도르래는 권상장치의 드럼의 중심을 지나야 하며 축과 수직면상에 있어야 한다.** ★

(4) 항타기, 항발기 조립하는 때 점검 사항 ★

① 본체의 연결부의 풀림 또는 손상의 유무
② 권상용 와이어로프·드럼 및 도르래의 부착상태의 이상 유무
③ 권상장치의 브레이크 및 쐐기장치 기능의 이상 유무
④ 권상기의 설치상태의 이상 유무
⑤ 리더(leader)의 버팀 방법 및 고정상태의 이상 유무
⑥ 본체·부속장치 및 부속품의 강도가 적합한지 여부
⑦ 본체·부속장치 및 부속품에 심한 손상·마모·변형 또는 부식이 있는지 여부

(5) 항타기 또는 항발기를 조립하거나 해체하는 경우 준수사항

① 항타기 또는 항발기에 사용하는 **권상기에 쐐기장치 또는 역회전방지용 브레이크를 부착**할 것
② 항타기 또는 항발기의 **권상기가 들리거나 미끄러지거나 흔들리지 않도록** 설치할 것
③ 그 밖에 조립·해체에 필요한 사항은 **제조사에서 정한 설치·해체 작업 설명서에 따를** 것

4 컨베이어의 안전

(1) 컨베이어의 방호장치 ★★★

이탈 등의 방지장치	컨베이어 등을 사용하는 때에는 정전·전압강하 등에 의한 화물 또는 운반구의 이탈 및 역주행을 방지하는 장치를 갖추어야 한다.
비상정지 장치	컨베이어 등에 근로자의 신체의 일부가 말려드는 등 근로자에게 위험을 미칠 우려가 있는 때 및 비상시에는 즉시 컨베이어 등의 운전을 정지시킬 수 있는 장치를 설치하여야 한다.
덮개, 울의 설치	컨베이어 등으로부터 화물의 낙하로 인하여 근로자에게 위험을 미칠 우려가 있는 때에는 당해 컨베이어 등에 덮개 또는 울을 설치하는 등 낙하방지를 위한 조치를 하여야 한다.

(2) 건널다리의 설치 ★

운전 중인 컨베이어 등의 위로 근로자를 넘어가도록 하는 때에는 근로자의 위험을 방지하기 위하여 **건널다리를 설치**하는 등 필요한 조치를 하여야 한다.

한눈에 들어오는 키워드

(3) 탑승의 제한

운전 중인 컨베이어에 근로자를 탑승시켜서는 아니 된다. 다만, 근로자를 운반할 수 있는 구조를 갖춘 컨베이어 등으로서 추락·접촉 등에 의한 근로자의 위험을 방지할 수 있는 조치를 한 때에는 그러하지 아니하다.

(4) 컨베이어 작업시작 전 점검사항

컨베이어의 작업시작 전 점검 ★★★
① 원동기 및 풀리기능의 이상 유무
② 이탈 등의 방지장치기능의 이상 유무
③ 비상정지장치 기능의 이상 유무
④ 원동기·회전축·기어 및 풀리 등의 덮개 또는 울 등의 이상 유무

5 고소작업대의 안전

(1) 고소작업대를 설치하는 때에는 다음 각 호에 해당하는 것을 설치하여야 한다.

① 작업대를 와이어로프 또는 체인으로 상승 또는 하강시킬 때에는 와이어로프 또는 체인이 끊어져 작업대가 낙하하지 아니하는 구조이어야 하며, **와이어로프 또는 체인의 안전율은 5 이상일 것** ★
② 작업대를 유압에 의하여 상승 또는 하강시킬 때에는 작업대를 일정한 위치에 유지할 수 있는 장치를 갖추고 **압력의 이상저하를 방지할 수 있는 구조**일 것
③ **권과방지장치를 갖추거나 압력의 이상상승을 방지할 수 있는 구조일 것**
④ **붐의 최대 지면경사각을 초과 운전하여 전도되지 않도록 할 것**
⑤ 작업대에 **정격하중(안전율 5 이상)을 표시할 것**
⑥ 작업대에 끼임·충돌 등 재해를 예방하기 위한 **가드 또는 과상승방지장치를 설치할 것**
⑦ **조작반의 스위치**는 눈으로 확인할 수 있도록 **명칭 및 방향표시를 유지할 것**

(2) 악천후 시 작업중지 ★

비·눈 그 밖의 기상상태의 불안정으로 인하여 **날씨가 몹시 나쁠 때에 10미터 이상의 높이에서 고소작업대를 사용**함에 있어 근로자에게 위험을 미칠 우려가 있는 때에는 **작업을 중지**하여야 한다.

참고

고소작업대를 이동하는 때의 준수사항 ★
① 작업대를 가장 낮게 하강시킬 것
② 작업자를 태우고 이동하지 말 것. 다만, 이동 중 전도 등의 위험예방을 위하여 유도하는 사람을 배치하고 짧은 구간을 이동하는 경우에는 작업대를 가장 낮게 내린 상태에서 작업자를 태우고 이동할 수 있다.
③ 이동통로의 요철 상태 또는 장애물의 유무 등을 확인할것

6 구내운반차

(1) 구내운반차의 준수사항 ★

① 주행을 제동하고 또한 정지상태를 유지하기 위하여 유효한 **제동장치를 갖출 것**
② **경음기를 갖출 것**
③ 운전석이 차 실내에 있는 것은 **좌우에 한 개씩 방향지시기를 갖출 것** ★
④ **전조등과 후미등을 갖출 것**. 다만, 작업을 안전하게 하기 위하여 필요한 조명이 있는 장소에서 사용하는 구내운반차에 대해서는 그러하지 아니하다.
⑤ 구내운반차가 **후진 중에** 주변의 근로자 또는 차량계 하역운반기계 등과 **충돌할 위험이 있는 경우**에는 구내운반차에 **후진 경보기와 경광등을 설치할 것**

7 지게차

포크, 램(ram)등의 화물적재 장치와 그 장치를 승강시키는 마스트(mast)를 구비하고 동력에 의해 이동하는 지게차에 적용한다.

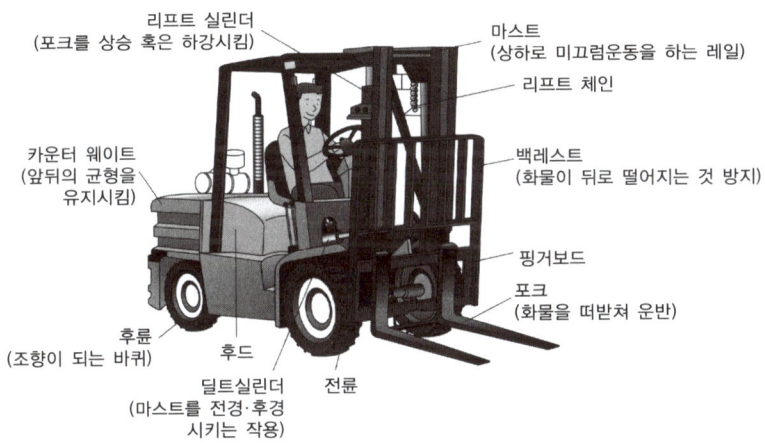

(1) 방호장치 ★

① 헤드가드
지게차에는 **최대하중의 2배(4톤을 넘는 값에 대해서는 4톤으로 한다)에 해당하는 등분포정하중(等分布靜荷重)에 견딜 수 있는 강도의 헤드가드를 설치**하여야 한다.
② 백레스트
지게차에는 **포크에 적재된 화물이 마스트의 뒤쪽으로 떨어지는 것을 방지하기 위한 백레스트(backrest)를 설치**하여야 한다.

[확인]
지게차 안전기준 ★
- 주행 시 포크는 반드시 내리고 운전해야 한다.
- 운전자 외의 어떤 자도 절대로 승차시키지 말아야 한다.
- 헤드가드를 설치하여 운전자를 보호해야 한다.
- 주차 시 포크를 반드시 내려놓고 후진 할 때는 반드시 정차 후 뒤를 확인해야 한다.
- 마스트 이상 짐을 높이 실어 작업을 해서는 안된다.
- 짐을 싣고 내리막 길을 내려갈 시는 후진으로 해야 한다.
- 작업장 부근에는 사람이 접근하지 않게 해야 한다.
- 경사진 위험한 곳에 장비를 주차시키지 말아야 한다.
- 짐을 인양한 밑으로 사람이 들어가거나 통과시키는 것을 금한다.

한 눈에 들어오는 키워드

※ 문제
다음에 열거한 지게차 헤드가드의 구비조건 중에서 틀린 것은?
㉮ 시야 확보를 위해 상부프레임의 각 개구의 폭 또는 길이는 20cm 이상일 것
㉯ 강도는 포크리프트 최대하중의 2배 값의 등분포 정하중에 견딜 수 있을 것
㉰ 운전자가 서서 조작하는 방식의 포크리프트에서는 운전자의 마루면에서 헤드가드의 상부프레임 하면까지의 높이는 1.88m 이상일 것
㉱ 운전자가 앉아서 조작하는 방식의 포크리프트에서는 운전자의 좌석 상면에서 헤드가드의 상부프레임 하면까지의 높이는 0.903m 이상일 것

[해설]
㉮ 상부프레임의 각 개구의 폭 또는 길이는 16cm 미만일 것
정답 ㉮

※ 문제
지게차의 작업시작 전 점검사항이 아닌 것은?
㉮ 권과방지장치, 브레이크, 클러치 및 운전장치 기능의 이상 유무
㉯ 하역장치 및 유압장치 기능의 이상 유무
㉰ 제동장치 및 조종장치 기능의 이상 유무
㉱ 전조등, 후미등, 방향지시기 및 경보장치 기능의 이상 유무

[해설]
지게차의 작업시작 전 점검
① 하역장치 및 유압장치 기능의 이상 유무
② 제동장치 및 조종장치 기능의 이상 유무
③ 바퀴의 이상 유무
④ 전조등, 후미등, 방향지시기, 경보장치 기능의 이상 유무
정답 ㉮

---

③ 전조등, 후미등

지게차에는 **7천5백칸델라 이상의 광도를 가지는 전조등, 2칸델라 이상의 광도를 가지는 후미등을 설치**하여야 한다.

④ 안전벨트

다음 각 호의 요건에 적합한 안전벨트를 설치하여야 한다.
- 「산업표준화법에 따라 인증을 받은 제품」, 「품질경영 및 공산품안전관리법」에 따라 **안전인증을 받은 제품, 국제적으로 인정되는 규격에 따른 제품 또는 국토해양부장관이 이와 동등 이상이라고 인정하는 제품**일 것
- 사용자가 쉽게 잠그고 풀 수 있는 구조일 것

(2) 설치방법 ★★

헤드가드	① 상부 틀의 각 개구의 폭 또는 길이는 16센티미터 미만일 것 ② 운전자가 앉아서 조작하거나 서서 조작하는 지게차의 헤드가드는 한국산업표준에서 정하는 높이 기준 이상일 것 (좌식 : 903mm, 입식 : 1,905mm 이상)
백레스트	① 외부충격이나 진동 등에 의해 **탈락 또는 파손**되지 않도록 견고하게 부착할 것 ② 최대하중을 적재한 상태에서 **마스트가 뒤쪽으로 경사**지더라도 변형 또는 파손이 없을 것
전조등	① 좌우에 1개씩 설치할 것 ② 등광색은 백색으로 할 것 ③ 점등 시 **차체의 다른 부분에 의하여 가려지지 아니할 것**
후미등	① 지게차 **뒷면 양쪽**에 설치할 것 ② 등광색은 **적색**으로 할 것 ③ 지게차 중심선에 대하여 **좌우대칭이 되게 설치할 것** ④ 등화의 중심점을 기준으로 **외측의 수평각 45도**에서 볼 때에 투영면적이 12.5제곱센티미터 이상일 것

(3) 지게차의 안전조건 ★★

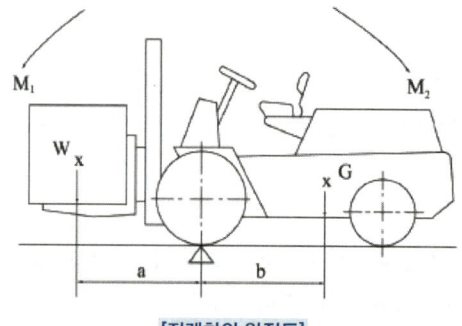

[지게차의 안정도]

① 지게차가 전도되지 않고 안정되기 위해서는 물체의 모멘트
($M_1 = W \times a$)보다 지게차의 모멘트($M_2 = G \times b$)가 더 커야 한다.

지게차의 안정도 ★★
$W \times a < G \times b$ ($M_1 < M_2$)
• W : 화물중량 　　　　• a : 앞바퀴~화물중심까지 거리 • G : 지게차 자체 중량 　• b : 앞바퀴~차 중심까지 거리

② 전경사각
　마스터의 수직위치에서 **앞으로 기울인 경우 최대경사각 5~6°**
③ 후경사각
　마스터의 수직위치에서 **뒤로 기울인 경우 최대경사각 10~12°**

(4) 지게차 작업 시의 안정도 ★★

안정도	지게차의 상태	
하역작업시의 전·후 안정도 : 4% 이내 (5t 이상 : 3.5%)		(위에서 본 경우)
주행시의 전·후 안정도 : 18% 이내		
하역작업시의 좌·우 안정도 : 6% 이내		(밑에서 본 경우)
주행시의 좌·우 안정도 : (15+1.1V)% 이내 최대 40%(V : 최고속도 km/h)		
안정도 = $\dfrac{h}{l} \times 100$(%)		

한 눈에 들어오는
키 워드

※ 문제

하물중량이 200kg, 지게차의 중량이 400kg, 앞바퀴에서 하물의 중심까지의 최단거리가 1m이면 지게차가 안정되기 위한 앞바퀴에서 지게차의 중심까지의 최단거리는?
㉮ 0.2m 초과
㉯ 0.5m 초과
㉰ 1m 초과
㉱ 3m 이상

[해설]
$W \times a < G \times b$
(W : 화물중량
 a : 앞바퀴-화물중심까지 거리
 G : 지게차 자체 중량
 b : 앞바퀴-차 중심까지 거리)
$200 \times 1 < 400 \times b$
$\therefore b > 0.5m$

정답 ㉯

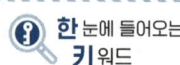

8 운전위치의 이탈금지

다음 각 호의 기계를 운전하는 경우 운전자가 운전위치를 이탈하게 해서는 아니 된다.

운전위치를 이탈하여서는 안 되는 기계 ★
① 양중기 ② 항타기 또는 항발기(권상장치에 하중을 건 상태) ③ 양화장치(화물을 적재한 상태)

9 작업시작 전 점검 ★★★

지게차의 작업시작 전 점검	① 하역장치 및 유압장치 기능의 이상 유무 ② 제동장치 및 조종장치 기능의 이상 유무 ③ 바퀴의 이상 유무 ④ 전조등, 후미등, 방향지시기, 경보장치 기능의 이상 유무
구내운반차의 작업시작 전 점검	① 제동장치 및 조종장치 기능의 이상 유무 ② 하역장치 및 유압장치 기능의 이상 유무 ③ 바퀴의 이상 유무 ④ 전조등 · 후미등 · 방향지시기 및 경음기 기능의 이상 유무 ⑤ 충전장치를 포함한 홀더 등의 결합상태의 이상 유무
화물 자동차의 작업시작 전 점검	① 제동 장치 및 조종 장치의 기능 ② 하역 장치 및 유압 장치의 기능 ③ 바퀴의 이상 유무
고소작업대의 작업시작 전 점검	① 비상정지장치 및 비상하강방지장치 기능의 이상 유무 ② 과부하방지장치의 작동 유무(와이어로프 또는 체인구동방식의 경우) ③ 아웃트리거 또는 바퀴의 이상 유무 ④ 작업면의 기울기 또는 요철유무

CHAPTER 05 비계·거푸집 가시설 위험방지

01 건설 가시설물 설치 및 관리

주요내용 알고 가기!

- 강관비계의 구조 및 조립 시 준수사항
- 틀비계(강관 틀비계) 조립 시 준수사항
- 말비계 조립 시 준수사항
- 이동식비계의 조립 시 준수사항
- 비계의 점검 보수 항목
- 가설통로의 구조(설치 시의 준수사항)
- 사다리식 통로의 구조(설치 시의 준수사항)
- 계단의 설치
- 이동식 사다리의 구조
- 작업발판의 구조
- 거푸집 구비조건
- 거푸집 및 동바리의 조립 시의 안전조치
- 거푸집동바리의 조립 또는 해체작업 시 준수사항
- 거푸집 조립 및 해체 순서
- 계측기 종류 및 용도
- 계측위치 선정

기출

1. 가설구조물의 특징
① 연결재가 부족한 구조가 되기 쉽다.
② 부재의 결합이 간단하여 불안전 결합이 되기 쉽다.
③ 구조물이라는 개념이 확고하지 않아 조립의 정밀도가 낮다.
④ 부재는 과소 단면이거나 결함이 있는 재료가 사용되기 쉽다.

2. 가설재(비계)의 3조건
① 안정성 : 파괴, 도괴 및 동요에 대한 충분한 강도를 가질 것
② 작업성 : 통행과 작업에 방해가 없는 넓은 작업발판과 넓은 작업공간을 확보할 것
③ 경제성 : 가설 및 철거가 신속하고 용이할 것

1 비계의 종류 및 기준

(1) 강관비계(강관을 이용한 단관비계의 구조) ★★

강관비계의 구조

① 비계기둥 간격: 띠장방향에서는 1.85m 이하, 장선방향에서는 1.5m 이하로 할 것
다만, 다음 각 목의 어느 하나에 해당하는 작업의 경우에는 안전성에 대한 구조검토를 실시하고 조립도를 작성하면 띠장 방향 및 장선 방향으로 각각 2.7m 이하로 할 수 있다.
가. 선박 및 보트 건조작업
나. 그 밖에 장비 반입·반출을 위하여 공간 등을 확보할 필요가 있는 등 작업의 성질상 비계기둥 간격에 관한 기준을 준수하기 곤란한 작업

용어정의

비계 : 구조물의 외부작업을 위해 근로자와 자재를 받쳐주기 위해 임시적으로 설치된 작업대와 그 지지구조물을 말한다.

한 눈에 들어오는 키워드

용어정의

1. **강관비계**: 강관을 이음철물이나 연결철물(크램프)을 이용하여 조립한 비계를 말한다.
2. **비계기둥**: 비계를 조립할 때 수직으로 세우는 부재를 말한다.
3. **띠장**: 비계기둥에 수평으로 설치하는 부재를 말한다.
4. **장선**: 쌍줄비계에서 띠장 사이에 수평으로 걸쳐 작업발판을 지지하는 가로재를 말한다.
5. **교차가새**: 강관비계 조립 시 비계기둥과 띠장을 일체화하고 비계의 도괴에 대한 저항력을 증대시키기 위해 비계 전면에 X형태로 설치하는 것을 말한다.
6. **벽연결 철물**: 비계를 건축물의 외벽에 따라 세울 때 이를 안정적으로 고정하기 위해서 건축물의 외벽과 연결하는 재료를 말한다.

※ 문제

최고 51m 높이의 강관비계를 세우려고 한다. 지상에서 몇 미터까지를 2본으로 세워야 하는가?
㉮ 10m   ㉯ 20m
㉰ 31m   ㉱ 51m

[해설]
비계기둥의 최고부로부터 31미터되는 지점 밑부분의 비계기둥을 2본의 강관으로 묶어 세운다.
51m - 31m = 20m

정답 ㉯

---

② 띠장간격 : **2.0m 이하**로 할 것(다만, 작업의 성질상 이를 준수하기가 곤란하여 쌍기둥 틀 등에 의하여 해당 부분을 보강한 경우에는 그러하지 아니하다)
③ 비계기둥의 제일 윗부분으로 부터 **31m 되는 지점 밑 부분의 비계기둥은 2본의 강관으로 묶어 세울 것**(다만, 브라켓(bracket, 까치발) 등으로 보강하여 2개의 강관으로 묶을 경우 이상의 강도가 유지되는 경우에는 그러하지 아니하다)
④ 비계기둥 간의 적재하중은 **400kg을 초과하지 않도록 할 것**

강관비계 조립 시의 준수사항

① 비계기둥에는 **미끄러지거나 침하하는 것을 방지**하기 위하여 **밑받침철물을 사용하거나 깔판·받침목 등을 사용하여 밑둥잡이를 설치할 것**
② 강관의 **접속부 또는 교차부는 적합한 부속철물을 사용**하여 접속하거나 단단히 묶을 것
③ **교차가새로 보강할 것**
④ 외줄비계·쌍줄비계 또는 돌출비계의 벽이음 및 버팀 설치
 • 조립간격 : **수직방향에서 5m 이하, 수평방향에서 5m 이하**
 • 강관·통나무 등의 재료를 사용하여 견고한 것으로 할 것
 • 인장재와 압축재로 구성되어 있는 때에는 **인장재와 압축재의 간격을 1m 이내로 할 것**
⑤ 가공전로에 근접하여 비계를 설치하는 때에는 가공전로를 이설, 절연용 방호구 장착하는 등 **가공전로와의 접촉 방지 조치할 것**

(2) 틀비계(강관 틀비계) ★

틀비계 조립 시 준수사항 ★

① 밑둥에는 **밑받침철물을 사용**하여야 하며 밑받침에 고저차가 있는 경우에는 조절형 밑받침철물을 사용하여 **항상 수평 및 수직을 유지**하도록 할 것
② 높이가 20m를 초과하거나 중량물의 적재를 수반하는 작업을 할 경우에는 **주틀 간의 간격이 1.8m 이하로 할 것**
③ 주틀 간에 교차가새를 설치하고 최상층 및 5층 이내마다 수평재를 설치할 것
④ 벽이음 간격(조립간격) : **수직방향 6m, 수평방향으로 8m 이내마다 할 것**
⑤ 길이가 띠장방향으로 4m 이하이고 높이가 10m를 초과하는 경우에는 **10m 이내마다 띠장방향으로 버팀기둥을 설치할 것**

(3) 비계 조립간격(벽이음 간격) ★★

비계 종류		수직방향	수평방향
강관비계	단관비계	5m	5m
	틀비계(높이 5m 미만인 것 제외)	6m	8m

(4) 달비계의 구조

[곤돌라형 달비계를 설치하는 경우 준수사항]

① **달기 강선 및 달기 강대는 심하게 손상 · 변형 또는 부식된 것을 사용하지 않도록** 할 것
② **달기 와이어로프, 달기 체인, 달기 강선, 달기 강대는 한쪽 끝을 비계의 보 등에, 다른 쪽 끝을 내민 보,** 앵커볼트 또는 건축물의 보 **등에 각각 풀리지 않도록 설치**할 것
③ **작업발판은 폭을 40센티미터 이상으로** 하고 틈새가 없도록 할 것 ★
④ **작업발판의 재료는 뒤집히거나 떨어지지 않도록** 비계의 보 등에 연결하거나 고정시킬 것
⑤ **비계가 흔들리거나 뒤집히는 것을 방지하기 위하여** 비계의 보 · 작업발판 등에 버팀을 설치하는 등 필요한 조치를 할 것
⑥ 선반 비계에서는 보의 접속부 및 교차부를 철선 · 이음철물 등을 사용하여 확실하게 **접속**시키거나 단단하게 연결시킬 것
⑦ 근로자의 추락 위험을 방지하기 위하여 다음 각 목의 조치를 할 것
  • 달비계에 **구명줄을 설치**할 것
  • **근로자에게 안전대를 착용하도록** 하고 근로자가 착용한 **안전줄을 달비계의 구명줄에 체결(締結)하도록** 할 것
  • 달비계에 **안전난간을 설치할 수 있는 구조인 경우에는 달비계에 안전난간을 설치**할 것

한 눈에 들어오는 키워드

◉ 기출
벽이음의 역할
① 풍하중에 의한 움직임 방지
② 수평하중에 의한 움직임 방지

◉ 기출
달비계 ★
작업발판을 와이어로프에 매달아 고층건물 청소용 등의 작업시에 사용하는 비계

참고
작업 의자형 달비계를 설치하는 경우 준수사항
① 달비계의 작업대는 나무 등 근로자의 하중을 견딜 수 있는 강도의 재료를 사용하여 견고한 구조로 제작할 것
② 작업대의 4개 모서리에 로프를 매달아 작업대가 뒤집히거나 떨어지지 않도록 연결할 것
③ 작업용 섬유로프는 콘크리트에 매립된 고리, 건축물의 콘크리트 또는 철재구조물 등 2개 이상의 견고한 고정점에 풀리지 않도록 결속(結束)할 것
④ 작업용 섬유로프와 구명줄은 다른 고정점에 결속되도록 할 것
⑤ 작업하는 근로자의 하중을 견딜 수 있을 정도의 강도를 가진 작업용 섬유로프, 구명줄 및 고정점을 사용할 것
⑥ 근로자가 작업용 섬유로프에 작업대를 연결하여 하강하는 방법으로 작업을 하는 경우 근로자의 조종 없이는 작업대가 하강하지 않도록 할 것
⑦ 작업용 섬유로프 또는 구명줄이 결속된 고정점의 로프는 다른 사람이 풀지 못하게 하고 작업 중임을 알리는 경고 표지를 부착할 것
⑧ 작업용 섬유로프와 구명줄이 건물이나 구조물의 끝부분, 날카로운 물체 등에 의하여 절단되거나 마모(磨耗)될 우려가 있는 경우에는 로프에 이를 방지할 수 있는 보호 덮개를 씌우는 등의 조치를 할 것

한 눈에 들어오는 키워드

⑨ 근로자의 추락 위험을 방지하기 위하여 다음 각 목의 조치를 할 것
- 달비계에 구명줄을 설치할 것
- 근로자에게 안전대를 착용하도록 하고 근로자가 착용한 안전줄을 달비계의 구명줄에 체결(締結)하도록 할 것

[참고]
화물자동차의 짐걸이 등으로 사용하는 섬유로프의 사용금지 사항 ★★
① 꼬임이 끊어진 것
② 심하게 손상 또는 부식된 것

[확인]
이동식비계의 기타 안전사항 (노동부고시내용)
- 인진담당자의 지휘하에 작업을 행하여야 한다.
- 이동식 비계의 최대높이는 밑변 최소폭의 4배 이하이어야 한다. ★
- 이동할 때에는 작업원이 없는 상태이어야 한다.
- 최대적재하중을 표시하여야 한다.
- 재료, 공구의 오르내리기에는 포대, 로프 등을 이용하여야 한다.

[달기체인 등 사용금지 항목 ★★★]	
달기체인	① 달기 체인의 길이가 달기 체인이 제조된 때의 길이의 5퍼센트를 초과한 것 ② 링의 단면지름이 달기 체인이 제조된 때의 해당 링의 지름의 10퍼센트를 초과하여 감소한 것 ③ 균열이 있거나 심하게 변형된 것
달비계에 사용하는 섬유로프 또는 안전대의 섬유벨트	① 꼬임이 끊어진 것 ② 심하게 손상되거나 부식된 것 ③ 2개 이상의 작업용 섬유로프 또는 섬유벨트를 연결한 것 ④ 작업높이보다 길이가 짧은 것
와이어로프	① 이음매가 있는 것 ② 와이어로프의 한 꼬임(스트랜드 : strand)에서 끊어진 소선의 수가 10퍼센트 이상(비자전로프의 경우에는 끊어진 소선의 수가 와이어로프 호칭지름의 6배 길이 이내에서 4개 이상이거나 호칭지름 30배 길이 이내에서 8개 이상)인 것 ③ 지름의 감소가 공칭지름의 7퍼센트를 초과하는 것 ④ 꼬인 것 ⑤ 심하게 변형되거나 부식된 것 ⑥ 열과 전기충격에 의해 손상된 것

(5) 말비계

말비계 조립 시의 준수사항(말비계의 구조) ★
① 지주부재의 하단에는 미끄럼 방지장치를 하고, 양측 끝부분에 올라 서서 작업하지 아니하도록 할 것 ② 지주부재와 수평면과의 기울기를 75도 이하로 하고, 지주부재와 지주부재 사이를 고정시키는 보조부재를 설치할 것 ③ 말비계의 높이가 2미터를 초과할 경우에는 작업발판의 폭을 40센티미터 이상으로 할 것

(6) 이동식 비계

이동식 비계 조립 시의 준수사항(이동식 비계의 구조) ★
① 바퀴에는 갑작스러운 이동 또는 전도를 방지하기 위하여 브레이크·쐐기 등으로 바퀴를 고정시킨 다음 비계의 일부를 견고한 시설물에 고정하거나 아웃트리거를 설치하는 등 필요한 조치를 할 것 ② 승강용사다리는 견고하게 설치할 것 ③ 비계의 최상부에서 작업을 할 때에는 안전난간을 설치할 것 ④ 작업발판은 항상 수평을 유지하고 작업발판 위에서 안전난간을 딛고 작업을 하거나 받침대 또는 사다리를 사용하여 작업하지 않도록 할 것 ⑤ 작업발판의 최대적재하중은 250킬로그램을 초과하지 않도록 할 것

(7) 달대비계

달대비계의 설치

① 달대비계를 **매다는 철선은 #8 소성철선**을 사용하며 **4가닥** 정도로 꼬아서 하중에 대한 **안전계수가 8 이상 확보**되어야 한다.
② **철근을 사용할 때에는 19밀리미터 이상**을 쓰며 **근로자는 반드시 안전모와 안전대를 착용**하여야 한다.
③ 달대비계는 가급적 안전성이 확보된 기성제품을 사용하고 현장에서 제작하는 경우 안전 하중을 고려해야 하며 사용재료는 변형, 부식, 손상이 없어야 한다.
④ 달대비계에는 최대적재하중과 안전표지판을 설치한다.
⑤ 달대비계는 적절한 양중장비를 사용하여 설치장소까지 운반하고 안전대를 착용하는 등 안전한 작업방법으로 설치한다.

> **용어정의**
> 달대비계 : 철골공사의 리벳치기 및 볼트 작업 등에 이용하는 비계로서 체인을 철골에 매달아서 작업발판을 만든 비계이며 상하로 이동시킬 수 없는 단점이 있다.

(8) 시스템 비계 ★★

시스템 비계의 구조	① **수직재·수평재·가새재를 견고하게 연결**하는 구조가 되도록 할 것 ② 비계 밑단의 **수직재와 받침철물은 밀착**되도록 설치하고, 수직재와 받침철물의 **연결부의 겹침길이는 받침철물 전체길이의 3분의 1 이상**이 되도록 할 것 ③ **수평재는 수직재와 직각으로 설치**하여야 하며, 체결 후 흔들림이 없도록 **견고하게 설치**할 것 ④ 수직재와 수직재의 **연결철물은 이탈되지 않도록 견고한 구조**로 할 것 ⑤ **벽 연결재의 설치간격은 제조사가 정한 기준에 따라 설치**할 것
시스템 비계 조립 시의 준수사항	① 비계 기둥의 밑둥에는 **밑받침 철물을 사용**하여야 하며, 밑받침에 **고저차가 있는 경우에는 조절형 밑받침 철물을 사용**하여 시스템 비계가 **항상 수평 및 수직을 유지**하도록 할 것 ② **경사진 바닥에 설치하는 경우에는 피벗형 받침 철물 또는 쐐기** 등을 사용하여 밑받침 철물의 바닥면이 수평을 유지하도록 할 것 ③ 가공전로에 근접하여 비계를 설치하는 경우에는 가공전로를 이설하거나 가공전로에 절연용 방호구를 설치하는 등 **가공전로와의 접촉을 방지하기 위하여 필요한 조치**를 할 것 ④ **비계 내에서 근로자가** 상하 또는 좌우로 **이동하는 경우**에는 반드시 **지정된 통로를 이용**하도록 주지시킬 것 ⑤ 비계작업 근로자는 **같은 수직면상의 위와 아래 동시 작업을 금지**할 것 ⑥ **작업발판에는** 제조사가 정한 **최대적재하중을 초과하여 적재해서는 아니 되며, 최대적재하중이 표기된 표지판을 부착**하고 근로자에게 주지시키도록 할 것

> **용어정의**
> 시스템비계 : 수직재, 수평재, 가새재 등 각각의 부재를 공장에서 제작하고 현장에서 조립하여 사용하는 조립형 비계로 고소작업에서 작업자가 작업장소에 접근하여 작업할 수 있도록 설치하는 작업대를 지지하는 가설 구조물을 말한다.

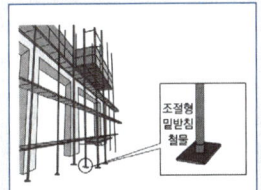
조절형 밑받침 철물

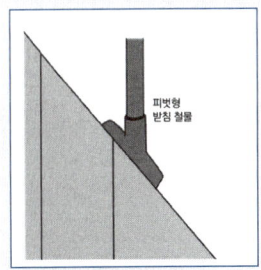
피벗형 받침 철물

걸침비계

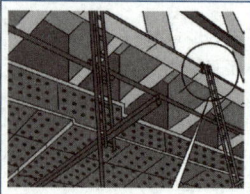

(9) 걸침비계

사업주는 선박 및 보트 건조작업에서 걸침비계("달비계 및 달대비계"를 "달비계, 달대비계 및 걸침비계"로 한다)를 설치하는 경우에는 다음 각 호의 사항을 준수하여야 한다.

걸침비계의 구조(걸침비계 설치 시의 준수사항) ★

① 지지점이 되는 **매달림 부재의 고정부는 구조물로부터 이탈되지 않도록 견고히 고정**할 것
② **비계재료** 간에는 서로 움직임, 뒤집힘 등이 없어야 하고, 재료가 분리되지 않도록 **철물 또는 철선으로 충분히 결속**할 것. 다만, 작업발판 밑 부분에 띠장 및 장선으로 사용되는 수평부재 간의 결속은 철선을 사용하지 않을 것
③ **매달림 부재의 안전율은 4 이상**일 것
④ **작업발판에는** 구조검토에 따라 설계한 **최대적재하중을 초과하여 적재하여서는 아니 되며**, 그 작업에 종사하는 **근로자에게 최대적재하중을 충분히 알릴** 것

2 비계작업 시 안전조치사항

(1) 달비계 또는 높이 5미터 이상의 비계 조립·해체 및 변경 시 준수사항 ★

① **관리감독자의 지휘하에 작업**하도록 할 것
② 조립·해체 또는 변경의 **시기·범위 및 절차를** 그 작업에 종사하는 **근로자에게 교육할** 것
③ 조립·해체 또는 변경작업구역 내에는 당해 **작업에 종사하는 근로자 외의 자의 출입을 금지**시키고 **그 내용을 보기 쉬운 장소에 게시할** 것
④ 비·눈 그 밖의 기상상태의 불안정으로 인하여 **날씨가 몹시 나쁠 때에는 그 작업을 중지**시킬 것
⑤ **비계재료의 연결·해체작업을 하는 때에는 폭 20센티미터 이상의 발판을 설치**하고 근로자로 하여금 **안전대를 사용**하도록 하는 등 근로자의 추락방지를 위한 조치를 할 것
⑥ **재료·기구 또는 공구 등을 올리거나 내리는 때에는** 근로자로 하여금 **달줄 또는 달포대 등을 사용**하도록 할 것

(2) 달비계에 사용하는 섬유로프 또는 안전대의 섬유벨트의 사용금지 사항 ★★

① 꼬임이 끊어진 것
② 심하게 손상되거나 부식된 것
③ 2개 이상의 작업용 섬유로프 또는 섬유벨트를 연결한 것
④ 작업 높이보다 길이가 짧은 것

(3) 비계의 점검 보수 항목

비·눈 그 밖의 기상상태의 불안정으로 인하여 **날씨가 몹시 나빠서 작업을 중지시킨 후 또는 비계를 조립·해체하거나 또는 변경한 후** 그 비계에서 작업을 하는 때에는 **당해 작업시작 전에 다음 각 호의 사항을 점검**하고 이상을 발견한 때에는 즉시 보수하여야 한다.

> **비계조립·해체·변경 후 작업시작 전 점검사항 ★★**
> ① 발판재료의 손상여부 및 부착 또는 걸림 상태
> ② 당해비계의 연결부 또는 접속부의 풀림 상태
> ③ 연결재료 및 연결철물의 손상 또는 부식 상태
> ④ 손잡이의 탈락여부
> ⑤ 기둥의 침하·변형·변위 또는 흔들림 상태
> ⑥ 로프의 부착상태 및 매단장치의 흔들림 상태
>
>
>
> **특급암기법**
> 비계 → 발판 → 손잡이 → 비계 기둥
> (연결부, 연결철물) (손상, 부착) (탈락) (변형, 흔들림)

3 작업통로의 종류 및 설치기준

(1) 가설통로

> **가설통로의 구조(가설통로 설치 시의 준수사항) ★★**
> ① 견고한 구조로 할 것
> ② 경사는 30도 이하로 할 것(계단을 설치하거나 높이 2미터 미만의 가설통로로서 튼튼한 손잡이를 설치한 때에는 그러하지 아니하다)
> ③ 경사가 15도를 초과하는 때는 미끄러지지 아니하는 구조로 할 것
> ④ 추락의 위험이 있는 장소에는 안전난간을 설치할 것(작업상 부득이한 때에는 필요한 부분에 한하여 임시로 이를 해체할 수 있다)
> ⑤ 수직갱 : 길이가 15미터 이상인 때에는 10미터 이내마다 계단참을 설치할 것
> ⑥ 건설공사에 사용하는 높이 8미터 이상인 비계다리 : 7미터 이내마다 계단참을 설치할 것

가설통로

그림 출처 : 만화로 보는 산업안전보건 기준에 관한 규칙

(2) 사다리식 통로

사다리식 통로

사다리식 통로의 구조(사다리식 통로 설치 시의 준수사항) ★★

① 견고한 구조로 할 것
② 심한 손상·부식 등이 없는 재료를 사용할 것
③ 발판의 간격은 일정하게 할 것
④ 발판과 벽과의 사이는 15센티미터 이상의 간격을 유지할 것
⑤ 폭은 30센티미터 이상으로 할 것
⑥ 사다리가 넘어지거나 미끄러지는 것을 방지하기 위한 조치를 할 것
⑦ 사다리의 상단은 걸쳐놓은 지점으로부터 60센티미터 이상 올라가도록 할 것
⑧ 사다리식 통로의 길이가 10미터 이상인 경우에는 5미터 이내마다 계단참을 설치할 것
⑨ 사다리식 통로의 기울기는 75도 이하로 할 것. 다만, 고정식 사다리식 통로의 기울기는 90도 이하로 하고, 그 높이가 7미터 이상인 경우에는 다음 각 목의 구분에 따른 조치를 할 것
 • 등받이울이 있어도 근로자 이동에 지장이 없는 경우 : 바닥으로부터 높이가 2.5미터 되는 지점부터 등받이울을 설치할 것
 • 등받이울이 있으면 근로자가 이동이 곤란한 경우 : 한국산업표준에서 정하는 기준에 적합한 개인용 추락 방지 시스템을 설치하고 근로자로 하여금 한국산업표준에서 정하는 기준에 적합한 전신 안전대를 사용하도록 할 것
⑩ 접이식 사다리 기둥은 사용 시 접혀지거나 펼쳐지지 않도록 철물 등을 사용하여 견고하게 조치할 것

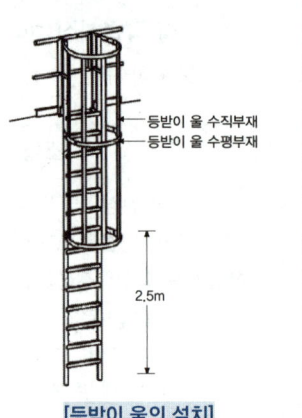

[등받이 울의 설치]

4 계단의 설치

(1) 계단의 강도 ★★

① 계단 및 계단참의 강도는 500kg/m² 이상이어야 하며 안전율(안전의 정도를 표시하는 것으로서 재료의 파괴응력도와 허용응력도와의 비를 말한다)은 4 이상으로 하여야 한다.
② 계단 및 승강구 바닥을 구멍이 있는 재료로 만드는 경우 렌치나 그 밖의 공구 등이 낙하할 위험이 없는 구조로 하여야 한다.

계단

(2) 계단의 폭

① **1m 이상**으로 하여야 한다.(다만, 급유용·보수용·비상용·나선형 계단 및 높이 1m 미만의 이동식 계단은 그러하지 아니하다)
② 계단에 손잡이 외의 다른 물건 등을 설치하거나 쌓아 두어서는 아니 된다.

(3) 계단참의 높이

높이가 3m를 초과하는 계단에는 **높이 3m 이내마다** 진행방향으로 **길이 1.2m 이상의 계단참을 설치**해야 한다.

(4) 천장의 높이

바닥면으로부터 높이 2m 이내의 공간에 장애물이 없도록 하여야 한다.(다만, 급유용·보수용·비상용계단 및 나선형계단에 대하여는 그러하지 아니하다)

(5) 계단의 난간

높이 1m 이상인 계단의 개방된 측면에 안전난간을 설치하여야 한다.

5 사다리의 설치

(1) 이동식 사다리

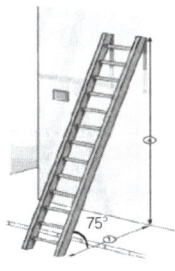

이동식 사다리의 구조 ★★

- **길이가 6미터를 초과해서는 안된다.**
- **다리의 벌림은 벽 높이의 1/4정도가 적당하다.** ★
- 벽면 상부로부터 최소한 **60센티미터 이상의 연장길이**가 있어야 한다.

(2) 추락 방지 ★

사업주는 추락을 방지하기 위하여 **작업발판 및 추락방호망을 설치하기 곤란한 경우**에는 근로자로 하여금 **3개 이상의 버팀대를 가지고 지면으로부터 안정적으로 세울 수 있는 구조를 갖춘 이동식 사다리를 사용**하여 작업을 하게 할 수 있다. 이 경우 사업주는 근로자가 다음 각 호의 사항을 준수하도록 조치해야 한다.

① **평탄하고 견고하며 미끄럽지 않은 바닥에 이동식 사다리를 설치**할 것
② 이동식 사다리의 **넘어짐을 방지하기 위해 다음 각 목의 어느 하나 이상에 해당하는 조치**를 할 것
  • 이동식 사다리를 **견고한 시설물에 연결하여 고정**할 것
  • **아웃트리거**(outrigger, 전도방지용 지지대)**를 설치**하거나 아웃트리거가 붙어있는 이동식 사다리를 설치할 것
  • 이동식 사다리를 **다른 근로자가 지지하여 넘어지지 않도록** 할 것
③ 이동식 사다리의 제조사가 정하여 표시한 이동식 사다리의 **최대사용하중을 초과하지 않는 범위 내에서만 사용**할 것
④ 이동식 사다리를 설치한 **바닥면에서 높이 3.5미터 이하의 장소에서만 작업**할 것
⑤ 이동식 사다리의 **최상부 발판 및 그 하단 디딤대에 올라서서 작업하지 않을 것** (다만, 높이 1미터 이하의 사다리는 제외한다.)
⑥ **안전모를 착용**하되, 작업 높이가 2미터 이상인 경우에는 안전모와 안전대를 함께 착용할 것
⑦ 이동식 사다리 **사용 전 변형 및 이상 유무 등을 점검하여 이상이 발견되면 즉시 수리하거나 그 밖에 필요한 조치**를 할 것

6 작업발판 설치기준 및 준수사항

사업주는 비계(달비계·달대비계 및 말비계를 제외한다)의 **높이가 2미터 이상인 작업장소에는** 다음 각 호의 기준에 적합한 **작업발판을 설치**하여야 한다.

> **작업발판 설치기준 ★★**
>
> ① **발판재료** : 작업시의 하중을 견딜 수 있도록 **견고한 것**으로 할 것
> ② **발판의 폭 : 40cm 이상**으로 하고, 발판재료간의 틈 : 3cm 이하로 할 것
> ③ 추락의 위험성이 있는 장소에는 안전난간을 설치할 것
> ④ 작업발판의 지지물 : 하중에 의하여 파괴될 우려가 없는 것을 사용할 것
> ⑤ 작업발판재료는 뒤집히거나 떨어지지 아니하도록 2 이상의 지지물에 연결하거나 고정시킬 것
> ⑥ 작업에 따라 이동시킬 때에는 위험방지 조치를 할 것
> ⑦ 선박 및 보트 건조작업에서 선박블록 또는 엔진실 등의 좁은 작업공간에 작업발판을 설치하는 경우 : **작업발판의 폭을 30cm 이상**으로 할 수 있고, 걸침비계의 경우 발판재료 간의 틈을 3센티미터 이하로 유지하기 곤란하면 5cm 이하로 할 수 있다.

7 비상구의 설치 ★

위험 물질을 제조·취급하는 작업장과 그 작업장이 있는 건축물에 출입구 외에 안전한 장소로 대피할 수 있는 **비상구 1개 이상을 다음 각 호의 기준을 모두 충족하는 구조로 설치**해야 한다. 다만, **작업장 바닥면의 가로 및 세로가 각 3미터 미만인 경우에는 그렇지 않다.**

① 출입구와 같은 방향에 있지 아니하고, 출입구로부터 3미터 이상 떨어져 있을 것
② 작업장의 각 부분으로부터 **하나의 비상구 또는 출입구까지의 수평거리가 50미터 이하가 되도록 할 것**(다만, 작업장이 있는 층에 피난층 또는 지상으로 통하는 직통계단을 설치한 경우에는 그 부분에 한정하여 본문에 따른 기준을 충족한 것으로 본다.)
③ 비상구의 **너비는 0.75미터 이상**으로 하고, **높이는 1.5미터 이상**으로 할 것
④ 비상구의 **문은 피난 방향으로 열리도록** 하고, 실내에서 항상 열 수 있는 구조로 할 것

기출

작업발판 설치기준 ★
① 비계재료의 연결·해체작업 : 폭 20센티미터 이상
② 슬레이트, 선라이트 등 강도가 약한 재료의 지붕위 작업 : 폭 30cm 이상
③ 선박 및 보트 건조작업에서 선박블록 등의 좁은 작업공간에 작업발판 : 30cm 이상
④ 높이 2m 이상인 작업장소 : 폭 40cm 이상

02 거푸집 및 동바리

주요내용 알고 가기!
- 거푸집 구비조건
- 거푸집동바리의 조립 시 준수사항
- 거푸집동바리의 조립 또는 해체작업 시 준수사항
- 거푸집 조립 및 해체 순서
- 계측기 종류 및 용도

한눈에 들어오는 키워드

용어정의

① **거푸집**: 타설된 콘크리트가 설계된 형상과 치수를 유지하며 콘크리트가 소정의 강도에 도달하기까지 양생 및 지지하는 구조물
② **거푸집널**: 거푸집의 일부로써 콘크리트에 직접 접하는 목재나 금속 등의 판류
③ **동바리**: 타설된 콘크리트가 소정의 강도를 얻기까지 고정하중 및 시공하중 등을 지지하기 위하여 설치하는 부재
④ **멍에**: 장선과 직각방향으로 설치하여 장선을 지지하며 거푸집 긴결재나 동바리로 하중을 전달하는 부재

기출

철재 거푸집과 비교한 합판거푸집 장점 ★
- 녹이 슬지 않으므로 보관하기 쉽다.
- 가볍다.
- 보수가 간단하다.
- 삽입기구(insert)의 삽입이 간단하다.
- 외기온도의 영향이 적다.

참고

거푸집 및 지보공(동바리) 시공 시 고려해야 할 하중
- 연직방향 하중: 거푸집, 지보공(동바리), 콘크리트, 철근, 작업원, 타설용 기계기구, 가설설비 등의 중량 및 충격하중
- 횡방향 하중: 작업할 때의 진동, 충격, 시공오차 등에 기인되는 횡방향 하중 이외에 필요에 따라 풍압, 유수압, 지진 등
- 콘크리트의 측압: 굳지 않은 콘크리트의 측압
- 특수하중: 시공중에 예상되는 특수한 하중
- 위의 4항목의 하중에 안전율을 고려한 하중

1 거푸집의 필요조건

(1) 거푸집 구비조건 ★

① 거푸집은 **조립·해체·운반이 용이**할 것
② 최소한의 재료로 **여러 번 사용할 수 있는 형상과 크기**일 것
③ 수분이나 모르타르 등의 누출을 방지할 수 있는 **수밀성이 있을 것**
④ 시공 정확도에 알맞은 수평·수직·직각을 견지하고 **변형이 생기지 않는 구조**일 것
⑤ 콘크리트의 자중 및 부어넣기 할 때의 **충격과 작업하중에 견디고, 변형을 일으키지 않을 강도**를 가질 것

2 거푸집동바리 조립 시 안전조치사항

(1) 거푸집 조립 시의 안전조치

사업주는 **거푸집을 조립하는 경우에는 다음 각 호의 사항을 준수**해야 한다.
① 거푸집을 조립하는 경우에는 **거푸집이 콘크리트 하중이나 그 밖의 외력에 견딜 수 있거나, 넘어지지 않도록 견고한 구조의 긴결재**(콘크리트를 타설할 때 거푸집이 변형되지 않게 연결하여 고정하는 재료를 말한다), **버팀대 또는 지지대를 설치**하는 등 필요한 조치를 할 것
② **거푸집이 곡면인 경우**에는 버팀대의 부착 등 그 **거푸집의 부상(浮上)을 방지하기 위한 조치**를 할 것

(2) 동바리 조립 시의 안전조치

사업주는 동바리를 조립하는 경우에는 하중의 지지상태를 유지할 수 있도록 다음 각 호의 사항을 준수해야 한다.

① 받침목이나 깔판의 사용, 콘크리트 타설, 말뚝박기 등 **동바리의 침하를 방지하기 위한 조치**를 할 것
② **동바리의 상하 고정 및 미끄러짐 방지 조치**를 할 것
③ **상부·하부의 동바리가 동일 수직선상에 위치하도록** 하여 **깔판·받침목에 고정**시킬 것
④ 개구부 상부에 동바리를 설치하는 경우에는 상부하중을 견딜 수 있는 **견고한 받침대를 설치**할 것
⑤ U헤드 등의 단판이 없는 동바리의 상단에 멍에 등을 올릴 경우에는 해당 **상단에 U헤드 등의 단판을 설치하고, 멍에 등이 전도되거나 이탈되지 않도록 고정**시킬 것
⑥ **동바리의 이음은 같은 품질의 재료를 사용**할 것
⑦ **강재의 접속부 및 교차부는 볼트·클램프 등 전용철물을 사용**하여 단단히 연결할 것
⑧ 거푸집의 형상에 따른 부득이한 경우를 제외하고는 **깔판이나 받침목은 2단 이상 끼우지 않도록 할 것**
⑨ **깔판이나 받침목을 이어서 사용하는 경우**에는 그 깔판·받침목을 **단단히 연결할 것**

(3) 동바리 유형에 따른 동바리 조립 시의 안전조치

1) 동바리로 사용하는 파이프서포트의 조립 시 준수사항 ★★

- 파이프서포트를 3개본 이상 이어서 사용하지 아니하도록 할 것
- 파이프서포트를 이어서 사용할 때에는 4개 이상의 볼트 또는 전용철물을 사용하여 이을 것
- 높이가 3.5미터를 초과하는 경우에는 높이 2미터 이내마다 수평연결재를 2개 방향으로 만들고 수평연결재의 변위를 방지할 것

2) 동바리로 사용하는 강관틀의 준수사항

- 강관틀과 강관틀 사이에 교차가새를 설치할 것
- 최상단 및 5단 이내마다 동바리의 측면과 틀면의 방향 및 교차가새의 방향에서 5개 이내마다 **수평연결재를 설치하고 수평연결재의 변위를 방지**할 것
- 최상단 및 5단 이내마다 동바리의 틀면의 방향에서 양단 및 5개틀 이내마다 **교차가새의 방향으로 띠장틀을 설치**할 것

한 눈에 들어오는 키워드

참고

거푸집 및 지보공 재료선정 및 사용 시 고려사항
① 강도, 강성, 내구성
② 작업성
③ 경제성
④ 타설 콘크리트의 영향력

참고

거푸집의 종류
- 슬립 폼(slip form) : 슬라이딩 폼의 일종, 수직으로 연속되는 구조물을 시공조인트 없이 시공하기 위하여 일정한 크기로 만들어져 연속적으로 이동시키면서 콘크리트를 타설하는 공법에 적용하는 거푸집, 단면의 변화가 있는 구조물을 수직으로 이동하면서 타설한다.
- 슬라이딩 폼(sliding form) : 로드(rod)·유압잭(jack) 등을 이용하여 거푸집을 연속적으로 이동시키면서 콘크리트를 타설할 때 사용되는 것으로 silo 공사 등에 적합, 단면의 변화가 없는 구조물을 수직으로 이동하면서 타설한다.
- 시스템 동바리(prefabricated-shoring system) : 수직재, 수평재, 가새 등 각각의 부재를 공장에서 미리 생산하여 현장에서 조립하여 거푸집을 지지하는 지주 형식의 동바리와 강제 갑판 및 철재트러스 조립보 등을 이용하여 수평으로 설치하여 지지하는 보 형식의 동바리를 지칭함
- 클라이밍 폼(climbing form) : 이동식 거푸집의 일종으로써, 인양방식에 따라 외부 크레인의 도움없이 자체에 부착된 유압구동장치를 이용하여 상승하는 자동상승 클라이밍 폼(self climbing form)방식과 크레인에 의해 인양 되는 방식으로 구분

한눈에 들어오는 키워드

- 테이블 폼(flying table form) : 바닥 슬래브의 콘크리트를 타설하기 위한 거푸집으로써 거푸집널, 장선, 멍에, 서포트를 일체로 제작, 부재화하여 크레인으로 수평 및 수직 이동이 가능한 거푸집

참고

1. 거푸집 존치기간의 결정요인
① 시멘트의 종류
② 콘크리크 배합
③ 하중
④ 평균기온
⑤ 구조물의 종류
⑥ 부재의 종류 및 크기

2. 거푸집동바리의 해체시기를 결정하는 요인
① 시방서 상의 거푸집 존치기간의 경과
② 콘크리트 강도시험 결과
③ 동절기일 경우 적산온도

3. 거푸집동바리의 일반적인 구조 검토의 순서
① 하중계산 : 거푸집 동바리에 작용하는 하중 및 외력의 종류, 크기를 산정한다.
② 응력계산 : 하중·외력에 의하여 각 부재에 발생되는 응력을 구한다.
③ 단면, 배치간격계산 : 각 부재에 발생되는 응력에 대하여 안전한 단면 및 배치간격을 결정한다.

---

3) 동바리로 사용하는 조립강주의 준수사항

- 높이가 4미터를 초과할 때에는 높이 4미터 이내마다 수평연결재를 2개 방향으로 설치하고 수평연결재의 변위를 방지할 것

4) 시스템 동바리의 준수사항

(시스템 동바리 : 규격화·부품화된 수직재, 수평재 및 가새재 등의 부재를 현장에서 조립하여 거푸집으로 지지하는 동바리 형식을 말한다)

- 수평재는 수직재와 직각으로 설치해야 하며, 흔들리지 않도록 견고하게 설치할 것
- 연결철물을 사용하여 수직재를 견고하게 연결하고, 연결 부위가 탈락 또는 꺾어지지 않도록 할 것
- 수직 및 수평하중에 의한 동바리의 구조적 안전성이 확보되도록 조립도에 따라 수직재 및 수평재에는 가새재를 견고하게 설치할 것
- 동바리 최상단과 최하단의 수직재와 받침철물은 서로 밀착되도록 설치하고 수직재와 받침철물의 연결부의 겹침길이는 받침철물 전체길이의 3분의 1 이상이 되도록 할 것

5) 보 형식의 동바리[강제 갑판(steel deck), 철재트러스 조립 보 등 수평으로 설치하여 거푸집을 지지하는 동바리를 말한다]의 경우

- 접합부는 충분한 걸침 길이를 확보하고 못, 용접 등으로 양끝을 지지물에 고정시켜 미끄러짐 및 탈락을 방지할 것
- 양끝에 설치된 보 거푸집을 지지하는 동바리 사이에는 수평연결재를 설치하거나 동바리를 추가로 설치하는 등 보 거푸집이 옆으로 넘어지지 않도록 견고하게 할 것
- 설계도면, 시방서 등 설계도서를 준수하여 설치할 것

(4) 거푸집동바리의 조립 또는 해체작업

거푸집동바리 조립 또는 해체작업 시 준수사항★

① 해당 작업을 하는 구역에는 관계 근로자가 아닌 사람의 출입을 금지시킬 것
② 비·눈 그 밖의 기상상태의 불안정으로 인하여 날씨가 몹시 나쁠 때에는 그 작업을 중지할 것
③ 재료·기구 또는 공구등을 올리거나 내리는경우에는 근로자로 하여금 달줄·달포대 등을 사용하도록 할 것
④ 낙하·충격에 의한 돌발적 재해를 방지하기 위하여 버팀목을 설치하고 거푸집동바리 등을 인양장비에 매단 후에 작업을 하도록 하는 등 필요한 조치를 할 것

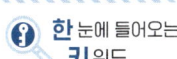

거푸집 해체작업 시의 준수 사항

1. 거푸집 및 지보공(동바리)의 해체는 순서에 의하여 실시하여야 하며 안전담당자를 배치하여야 한다.
2. 거푸집 및 지보공(동바리)은 콘크리트 자중 및 시공 중에 가해지는 기타 하중에 충분히 견딜만한 강도를 가질 때까지는 해체하지 아니하여야 한다.
3. 거푸집을 해체할 때에는 다음 각 목에 정하는 사항을 유념하여 작업하여야 한다.
   ① 해체작업을 할 때에는 안전모 등 안전 보호장구를 착용토록 하여야 한다.
   ② 거푸집 해체작업장 주위에는 관계자를 제외하고는 출입을 금지시켜야 한다.
   ③ 상하 동시 작업은 원칙적으로 금지하며 부득이한 경우에는 긴밀히 연락을 취하며 작업을 하여야 한다.
   ④ 거푸집 해체 때 구조체에 무리한 충격이나 큰 힘에 의한 지렛대 사용은 금지하여야 한다.
   ⑤ 보 또는 슬라브 거푸집을 제거할 때에는 거푸집의 낙하 충격으로 인한 작업원의 돌발적 재해를 방지하여야 한다.
   ⑥ 해체된 거푸집이나 각목 등에 박혀있는 못 또는 날카로운 돌출물은 즉시 제거하여야 한다.
   ⑦ 해체된 거푸집이나 각 목은 재사용 가능한 것과 보수하여야 할 것을 선별, 분리하여 적치하고 정리정돈을 하여야 한다.
4. 기타 제3자의 보호조치에 대하여도 완전한 조치를 강구하여야 한다.

(5) 철근조립 작업 시의 준수사항

① 양중기로 철근을 운반할 경우에는 **두 군데 이상 묶어서 수평으로 운반**할 것
② 작업위치의 **높이가 2미터 이상**일 경우에는 **작업발판을 설치하거나 안전대를 착용**하게 하는 등 위험방지를 위하여 필요한 조치를 할 것

(6) 거푸집 조립 및 해체 순서 ★

① 조립순서

   기둥 → 보받이 내력벽 → 큰보 → 작은보 → 바닥 → (내벽) → (외벽)

② 해체순서

   바닥 → 보 → 벽 → 기둥

③ 조립작업은 조립 → 검사 → 수정 → 고정을 주기로 하여 부분을 요약해서 행하고 전체를 진행하여 나가야 한다.

(7) 작업발판 일체형 거푸집의 종류 ★

① 갱 폼(gang form)
② 슬립 폼(slip form)
③ 클라이밍 폼(climbing form)
④ 터널 라이닝 폼(tunnel lining form)
⑤ 그 밖에 거푸집과 작업발판이 일체로 제작된 거푸집 등

한눈에 들어오는 키워드

참고

"작업발판 일체형 거푸집"이란 거푸집의 설치·해체, 철근 조립, 콘크리트 타설, 콘크리트 면 처리 작업 등을 위하여 거푸집을 작업발판과 일체로 제작하여 사용하는 거푸집을 말한다.

3 계측기 종류 및 사용목적

(1) 계측기 종류 및 용도 ★

계측기	용도
① 균열 측정기(Crack-gauge)	주변 구조물, 지반 등에 균열발생 시 균열크기와 변화를 정밀측정 확인
② 경사계(Tilt-meter)	구조물의 경사각 및 변형상태를 계측
③ 지하 수위계(Water levelmeter)	지하수위 변화를 실측하여 각종 계측자료에 이용
④ 지중 수평변위계(Iclino-meter)	인접지반 수평변위량과 위치, 방향 및 크기를 실측하여 토류구조물 각 지점의 응력상태 판단
⑤ 토압계(Earth pressurecell)	토압의 변화를 측정하여 이들 부재의 안정상태 확인
⑥ 변형률계(Strain gauge)	토류 구조물의 각 부재와 인근 구조물의 각 지점 및 타설 콘크리트 등의 응력변화를 측정
⑦ 하중계(load-cell)	스트럿(Strut) 또는 어스앵커(Earth anchor) 등의 축 하중 변화를 측정하는 기구
⑧ 지주 하중계(Strut loadcell)	Strut의 축 하중 변화상태를 측정
⑨ 어스앙카 하중계 (Earth-anchor load-cell)	Earth Anchor의 축 하중 변화상태를 측정
⑩ 간극 수압계(Piezometer)	굴착에 따른 과잉 간극수압의 변화를 측정
⑪ 층별 침하계(Extensometer)	인접지층의 각 지층별 침하량의 변동상태를 확인
⑫ 지표 침하계(Settlement Plate)	지표면의 침하량 절대치의 변화를 측정
⑬ 진동 소음측정기 (Sound levelmeter)	굴착, 발파 및 장비이동에 따른 진동과 소음을 측정

참고

계측위치 선정
① 지반조건이 충분히 파악되어 있고, 구조물의 전체를 대표할 수 있는 곳
② 중요구조물 등 지반에 특수한 조건이 있어서 공사에 따른 영향이 예상되는 곳
③ 교통량이 많은 곳. 다만, 교통흐름의 장해가 되지 않는 곳
④ 지하수가 많고, 수위의 변화가 심한 곳
⑤ 시공에 따른 계측기의 훼손이 적은 곳

CHAPTER 06 공사 및 작업종류별 안전

01 해체 공사 및 양중기 안전수칙

주요내용 알고 가기!

- 해체작업 시 해체계획 작성 항목
- 양중기의 종류 및 방호장치
- 타워크레인 작업계획서 포함사항
- 악천후 시의 조치
- 작업 시작 전 점검 항목

1 해체용 기계, 기구의 종류 및 취급안전

(1) 해체공사의 사전조사 및 작업계획서 내용

작업명	사전조사 내용	작업계획서 내용
구축물, 건축물, 그 밖의 시설물 등의 해체작업	해체건물 등의 구조, 주변 상황 등	가. 해체의 방법 및 해체 순서도면 나. 가설설비·방호설비·환기설비 및 살수·방화설비 등의 방법 다. 사업장 내 연락방법 라. 해체물의 처분계획 마. 해체작업용 기계·기구 등의 작업계획서 바. 해체작업용 화약류 등의 사용계획서 사. 그 밖에 안전·보건에 관련된 사항

※ 문제

다음 중 해체작업용 기계 기구로 거리가 가장 먼 것은?
㉮ 압쇄기
㉯ 핸드 브레이커
㉰ 철제 햄머
㉱ 진동 롤러

[해설]
㉱ 진동 롤러는 지반의 다짐기계 이다.

정답 ㉱

2 양중기의 종류

(1) 양중기(산업안전보건법 기준)

양중기의 종류 ★★★
① 크레인[호이스트(hoist)를 포함한다.]
② 이동식 크레인
③ 리프트(이삿짐운반용 리프트의 경우에는 적재하중이 0.1톤 이상인 것으로 한정한다)
④ 곤돌라
⑤ 승강기

(2) 크레인

"크레인"이란 동력을 사용하여 중량물을 매달아 상하 및 좌우[수평 또는 선회를 말한다]로 운반하는 것을 목적으로 하는 기계 또는 기계장치를 말하며, "호이스트"란 훅이나 그 밖의 달기구 등을 사용하여 화물을 권상 및 횡행 또는 권상 동작만을 하여 양중하는 것을 말한다.

[크레인의 종류 및 특징]

종류	특징
드레그 크레인 (drag crane)	① 크레인 선회부분을 고무 타이어의 트럭 위에 장치한 기계를 말한다. ② 연약지 작업이 불가능하나 기동성이 크고 미세한 인칭(inching)이 가능하다. ③ 고층 건물의 철골 조립, 자재의 적재, 운반, 항만 하역 작업 등에 사용한다.
휠 크레인 (wheel crane)	① 크롤러 크레인의 크롤러 대신 차륜을 장치한 것으로서 드레그 크레인보다 소형이며, 모빌 크레인이라고도 한다. ② 공장과 같이 작업범위가 제한되어 있는 장소나 고속 주행을 요할 경우에 적합하다.
크롤러 크레인 (crawler crane)	① 크롤러 셔블에 크레인 부속장치를 설치한 것으로서 안정성이 높으며 다목적이다. ② 고르지 못한 지형이나 연약 지반에서의 작업, 좁은 장소나 습지대 등에서도 작업이 가능하다.
케이블 크레인 (cable crane)	① 타워(tower)에 케이블을 쳐서 트롤리를 달아 운반물을 달아 올리는 기계이다. ② 댐 공사 등에서 콘크리트나 자재 운반 시에 이용한다.
천장주행 크레인	① 천장형 크레인에 주행 레일을 설치하여 이동하도록 한 기계이다. ② 콘크리트 빔의 제작이나 가공 현장 등에서 사용한다.

한 눈에 들어오는 키워드

용어정의

양중기 : 동력을 사용하여 화물, 사람 등을 운반하는 기계, 설비를 말하며 크레인, 리프트, 곤돌라, 승강기 등이 있다.

타워 크레인 (tower crane)	① 360° 회전이 가능하다. ② 주로 높이를 필요로 하는 건축 현장이나 빌딩 고층화 등에 사용한다.

* 적용 제외 : 이동식 크레인, 데릭, 엘리베이터, 간이 엘리베이터, 건설용 리프트는 크레인에 적용하지 않는다.

(3) 이동식 크레인

"이동식 크레인"이란 원동기를 내장하고 있는 것으로서 **불특정 장소에 스스로 이동할 수 있는 크레인으로 동력을 사용하여 중량물을 매달아 상하 및 좌우**(수평 또는 선회를 말한다)**로 운반하는 설비**로서 기중기 또는 화물·특수자동차의 작업부에 탑재하여 화물운반 등에 사용하는 기계 또는 기계장치를 말한다.

(4) 리프트

"리프트"란 **동력을 사용하여 사람이나 화물을 운반하는 것을 목적으로 하는 기계설비**를 말한다.

[리프트의 종류 및 특징★]

건설용 리프트	동력을 사용하여 가이드레일(운반구를 지지하여 상승 및 하강 동작을 안내하는 레일)을 따라 **상하로 움직이는 운반구를 매달아 사람이나 화물을 운반할 수 있는 설비** 또는 이와 유사한 구조 및 성능을 가진 것으로 **건설현장에서 사용하는 것**을 말한다.
산업용 리프트	동력을 사용하여 가이드레일을 따라 **상하로 움직이는 운반구를 매달아 화물을 운반할 수 있는 설비** 또는 이와 유사한 구조 및 성능을 가진 것으로 **건설현장 외의 장소에서 사용하는 것**을 말한다.
자동차정비용 리프트	동력을 사용하여 가이드레일을 따라 움직이는 지지대로 **자동차 등을 일정한 높이로 올리거나 내리는 구조의 리프트로서 자동차 정비에 사용하는 것**
이삿짐운반용 리프트	연장 및 축소가 가능하고 끝단을 건축물 등에 지지하는 구조의 **사다리형 붐에 따라 동력을 사용하여 움직이는 운반구를 매달아 화물을 운반하는 설비**로서 화물자동차 등 차량 위에 탑재하여 **이삿짐 운반 등에 사용하는 것**

(5) 곤돌라

"곤돌라"란 달기발판 또는 운반구, 승강장치, 그 밖의 장치 및 이들에 부속된 기계부품에 의하여 구성되고, **와이어로프 또는 달기강선에 의하여 달기발판 또는 운반구가 전용 승강장치에 의하여 오르내리는 설비**를 말한다.

한 눈에 들어오는 **키**워드

참고

이동식 크레인의 종류
① 트럭크레인
② 크롤러 크레인
③ 휠크레인

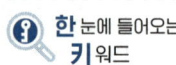

(6) 승강기

"승강기"란 동력을 사용하여 운전하는 것으로서 **가이드레일을 따라 오르내리는 운반구에 사람이나 화물을 상하 또는 좌우로 이동·운반하는 기계·설비로서 탑승장을 가진 것**을 말한다.

[승강기의 종류 및 특징 ★]

승객용 엘리베이터	사람의 운송에 적합하게 제조·설치된 엘리베이터
승객화물용 엘리베이터	사람의 운송과 화물 운반을 겸용하는데 적합하게 제조·설치된 엘리베이터
화물용 엘리베이터	화물 운반에 적합하게 제조·설치된 엘리베이터로서 조작자 또는 화물취급자 1명은 탑승할 수 있는 것(적재용량이 300킬로그램 미만인 것은 제외한다)
소형화물용 엘리베이터	음식물이나 서적 등 소형 화물의 운반에 적합하게 제조·설치된 엘리베이터로서 사람의 탑승이 금지된 것
에스컬레이터	일정한 경사로 또는 수평로를 따라 위·아래 또는 옆으로 움직이는 디딤판을 통해 사람이나 화물을 승강장으로 운송시키는 설비

3 양중기의 안전수칙

(1) 양중기의 방호장치

크레인 (호이스트 포함)	• 과부하방지장치 • 권과방지장치(捲過防止裝置) • 비상정지장치 • 제동장치 〈기타 방호장치〉 • 훅의 해지장치 • 안전밸브(유압식)
이동식 크레인	• 과부하방지장치 • 권과방지장치(捲過防止裝置) • 비상정지장치 • 제동장치 〈기타 방호장치〉 • 훅의 해지장치 • 안전밸브(유압식)
리프트 (자동차정비용 리프트 제외)	• 권과방지장치 • 과부하방지장치 • 비상정지장치 • 제동장치 • 조작반(盤) 잠금장치

곤돌라	• 과부하방지장치 • 권과방지장치(捲過防止裝置) • 비상정지장치 • 제동장치
승강기	• 과부하방지장치 • 권과방지장치(捲過防止裝置) • 비상정지장치 • 제동장치 • **파이널리미트스위치** • **출입문인터록** • **속도조절기(조속기)**

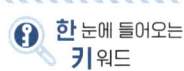
한 눈에 들어오는 **키**워드

특급암기법
- **공통 방호장치** : 과부하방지장치, 권과방지장치, 비상정지장치, 제동장치
- **추가설치**
  리프트(자동차정비용 제외) : 조작반잠금장치
  승강기 : 파이널리미트스위치, 출입문인터록, 조속기(속도조절기)

(2) 악천후 시 조치 ★★★

① 순간풍속이 초당 **10미터를 초과** : 타워크레인의 **설치 · 수리 · 점검 또는 해체** 작업을 중지
② 순간풍속이 초당 **15미터를 초과** : 타워크레인의 **운전작업을 중지**
③ 순간풍속이 초당 **30미터를 초과** : 옥외에 설치되어 있는 주행 크레인 이탈방지조치
④ 순간풍속이 초당 **30미터를 초과**하는 바람이 불거나 중진(中震) 이상 진도의 지진이 있은 후 : 옥외 양중기 각 부위 이상 점검
⑤ 순간풍속이 초당 **35미터를 초과** : 옥외 승강기 및 건설용 **리프트**(지하에 설치되어 있는 것은 제외)에 대하여 받침의 수를 증가시키는 등 **승강기가 무너지는 것을 방지하기 위한 조치**

(3) 작업시작 전 점검사항 ★★★

크레인	① 권과방지장치·브레이크·클러치 및 운전장치의 기능 ② 주행로의 상측 및 트롤리가 횡행(橫行)하는 레일의 상태 ③ 와이어로프가 통하고 있는 곳의 상태
이동식크레인	① 권과방지장치 그 밖의 경보장치의 기능 ② 브레이크·클러치 및 조정장치의 기능 ③ 와이어로프가 통하고 있는 곳 및 작업장소의 지반상태
리프트	① 방호장치·브레이크 및 클러치의 기능 ② 와이어로프가 통하고 있는 곳의 상태
곤돌라	① 방호장치·브레이크의 기능 ② 와이어로프·슬링와이어 등의 상태

(4) 타워크레인의 작업계획서 내용(설치·조립·해체작업) ★★

① 타워크레인의 종류 및 형식
② 설치·조립 및 해체순서
③ **작업도구**·장비·가설설비(假設設備) 및 **방호설비**
④ 작업인원의 **구성** 및 작업근로자의 **역할 범위**
⑤ 타워크레인의 지지 방법

(5) 크레인 작업 시의 조치 ★

1) 사업주는 크레인을 사용하여 작업을 하는 경우 **다음 각 호의 조치를 준수**하고, 그 작업에 종사하는 **관계 근로자가 그 조치를 준수**하도록 하여야 한다.

① 인양할 **하물(荷物)을 바닥에서 끌어당기거나 밀어내는 작업을 하지 아니할 것**
② 유류드럼이나 가스통 등 **운반 도중에 떨어져 폭발하거나 누출될 가능성이 있는 위험물 용기는 보관함(또는 보관고)에 담아** 안전하게 매달아 **운반할 것**
③ 고정된 물체를 직접 분리·제거하는 작업을 하지 아니할 것
④ 미리 근로자의 출입을 통제하여 **인양 중인 하물이 작업자의 머리 위로 통과하지 않도록 할 것**
⑤ **인양할 하물이 보이지 아니하는 경우에는 어떠한 동작도 하지 아니할 것**(신호하는 사람에 의하여 작업을 하는 경우는 제외한다)

2) 사업주는 조종석이 설치되지 아니한 크레인에 대하여 다음 각 호의 조치를 하여야 한다.

① 고용노동부장관이 고시하는 크레인의 제작기준과 안전기준에 맞는 무선원격 제어기 또는 펜던트 스위치를 설치·사용할 것

② 무선원격제어기 또는 펜던트 스위치를 취급하는 근로자에게는 작동요령 등 안전조작에 관한 사항을 충분히 주지시킬 것

3) 사업주는 타워크레인을 사용하여 작업을 하는 경우 **타워크레인마다 근로자와 조종 작업을 하는 사람 간에 신호업무를 담당하는 사람을 각각 두어야 한다.**

(6) 설치 · 조립 · 수리 · 점검 또는 해체 작업

크레인의 설치 · 조립 · 수리 · 점검 또는 해체 작업을 하는 경우의 조치 ★

① 작업순서를 정하고 그 순서에 따라 작업을 할 것
② 작업을 할 구역에 **관계 근로자가 아닌 사람의 출입을 금지**하고 그 취지를 보기 쉬운 곳에 표시할 것
③ 비, 눈, 그 밖에 기상상태의 불안정으로 **날씨가 몹시 나쁜 경우에는 그 작업을 중지**시킬 것
④ **작업장소**는 안전한 작업이 이루어질 수 있도록 **충분한 공간을 확보하고 장애물이 없도록** 할 것
⑤ 들어올리거나 내리는 기자재는 균형을 유지하면서 작업을 하도록 할 것
⑥ 크레인의 성능, 사용조건 등에 따라 **충분한 응력(應力)을 갖는 구조로 기초를 설치**하고 침하 등이 일어나지 않도록 할 것
⑦ 규격품인 조립용 볼트를 사용하고 대칭되는 곳을 차례로 결합하고 분해할 것

리프트 및 승강기의 설치 · 조립 · 수리 · 점검 또는 해체 작업을 하는 경우의 조치

① 작업을 지휘하는 사람을 선임하여 그 사람의 지휘 하에 작업을 실시할 것
② 작업을 할 구역에 **관계 근로자가 아닌 사람의 출입을 금지**하고 그 취지를 보기 쉬운 장소에 표시할 것
③ 비, 눈, 그 밖에 기상상태의 불안정으로 **날씨가 몹시 나쁜 경우에는 그 작업을 중지**시킬 것

리프트 및 승강기의 설치 · 조립 · 수리 · 점검 또는 해체 작업을 하는 경우 작업 지휘자의 이행 사항 ★

① 작업방법과 근로자의 배치를 결정하고 해당 작업을 지휘하는 일
② 재료의 결함 유무 또는 기구 및 공구의 기능을 점검하고 불량품을 제거하는 일
③ 작업 중 안전대 등 **보호구의 착용 상황을 감시**하는 일

(7) 양중기의 와이어로프 등 달기구의 안전계수 ★★

① 양중기의 와이어로프 등 달기구의 **안전계수(달기구 절단하중의 값을 그 달기구에 걸리는 하중의 최대값으로 나눈 값**을 말한다)가 다음 각 호의 구분에 따른 기준에 맞지 아니한 경우에는 이를 사용해서는 아니 된다. ★

한 눈에 들어오는 키워드

달기구의 안전계수 ★★
㉠ 근로자가 탑승하는 운반구를 지지하는 달기와이어로프 또는 달기체인의 경우 : 10 이상
㉡ 화물의 하중을 직접 지지하는 달기와이어로프 또는 달기체인의 경우 : 5 이상
㉢ 훅, 샤클, 클램프, 리프팅 빔의 경우 : 3 이상
㉣ 그 밖의 경우 : 4 이상

② 달기구의 경우 **최대허용하중 등의 표식이 견고하게 붙어 있는 것을 사용**하여야 한다.

③ 양중기의 달기 와이어로프 또는 달기 체인과 일체형인 **고리걸이 훅 또는 샤클의 안전계수**(훅 또는 샤클의 절단하중 값을 각각 그 훅 또는 샤클에 걸리는 하중의 최대값으로 나눈 값을 말한다)**가 사용되는 달기 와이어로프 또는 달기체인의 안전계수와 같은 값 이상의 것을 사용**하여야 한다.

④ **와이어로프를 절단**하여 양중(揚重)작업용구를 제작하는 경우 **반드시 기계적인 방법으로 절단**하여야 하며, 가스용단(鎔斷) 등 **열에 의한 방법으로 절단해서는 아니 된다.**

⑤ 아크(arc), 화염, 고온부 접촉 등으로 인하여 **열 영향을 받은 와이어로프를 사용해서는 아니 된다.**

(8) 사용금지 사항 ★★★

[확인]
달비계에 사용하는 섬유로프 또는 안전대의 섬유벨트의 사용금지 사항 ★★
① 꼬임이 끊어진 것
② 심하게 손상되거나 부식된 것
③ 2개 이상의 작업용 섬유로프 또는 섬유벨트를 연결한 것
④ 작업 높이보다 길이가 짧은 것

와이어로프	① 이음매가 있는 것 ② 와이어로프의 한 꼬임(스트랜드 : strand)에서 끊어진 소선의 수가 10퍼센트 이상(비자전로프의 경우에는 끊어진 소선의 수가 와이어로프 호칭지름의 6배 길이 이내에서 4개 이상이거나 호칭지름 30배 길이 이내에서 8개 이상)인 것 ③ 지름의 감소가 공칭지름의 7퍼센트를 초과하는 것 ④ 꼬인 것 ⑤ 심하게 변형되거나 부식된 것 ⑥ 열과 전기충격에 의해 손상된 것
달기체인	① 달기 체인의 길이가 달기 체인이 제조된 때의 길이의 5퍼센트를 초과한 것 ② 링의 단면지름이 달기 체인이 제조된 때의 해당 링의 지름의 10퍼센트를 초과하여 감소한 것 ③ 균열이 있거나 심하게 변형된 것
화물자동차의 짐걸이 등으로 사용하는 섬유로프	① 꼬임이 끊어진 것 ② 심하게 손상 또는 부식된 것

02 콘크리트 및 PC 공사

주요내용 알고 가기!

- 콘크리트의 타설작업 시 준수사항
- 콘크리트 타설 시 안전수칙
- 콘크리트 타설 장비 사용 시의 준수사항
- 철골작업을 중지해야 하는 조건
- 콘크리트의 측압
- 콘크리트 옹벽의 안정성 검토
- 외압에 대한 내력이 설계에 고려되었는지 확인하여야 할 대상

1 콘크리트 타설작업의 안전

(1) 콘크리트의 타설작업

콘크리트 타설 작업 시 준수사항 ★

① 당일의 작업을 시작하기 전에 해당 작업에 관한 거푸집동바리 등의 변형·변위 및 지반의 침하 유무 등을 점검하고 이상이 있으면 보수할 것
② 작업 중에는 감시자를 배치하는 등의 방법으로 거푸집 및 동바리의 변형·변위 및 침하 유무 등을 확인해야 하며, 이상이 있으면 작업을 중지하고 근로자를 대피시킬 것
③ 콘크리트의 타설작업 시 거푸집붕괴의 위험이 발생할 우려가 있으면 충분한 보강조치를 할 것
④ 설계도서상의 콘크리트 양생기간을 준수하여 거푸집 및 동바리를 해체할 것
⑤ 콘크리트를 타설하는 경우에는 편심이 발생하지 않도록 골고루 분산하여 타설할 것

(2) 콘크리트 타설 시 안전수칙

① 손수레를 이용하여 콘크리트를 운반할 때의 준수사항
- 손수레를 타설하는 위치까지 **천천히 운반하여 거푸집에 충격을 주지 아니하도록 타설**하여야 한다.
- 손수레에 의하여 운반할 때에는 **적당한 간격을 유지**하여야 하고 뛰어서는 안 되며, 통로구분을 명확히 하여야 한다.
- **운반 통로에 방해가 되는 것은 즉시 제거**하여야 한다.

기출

콘크리트의 비파괴 검사방법
① 액체침투 탐상법
② 자분 탐상법
③ 방사선 투과법
④ 초음파탐상법
⑤ 반발경도법

기출

철골용접부의 내부결함 검사 방법
- 와류 탐상검사
- 방사선 투과시험
- 자기분말 탐상시험
- 침투 탐상시험
- 초음파 탐상검사
- 육안검사

한 눈에 들어오는 키워드

참고

콘크리트 타설 장비(콘크리트 플레이싱 붐(placing boom), 콘크리트 분배기, 콘크리트 펌프카 등) 사용 시의 준수사항★

① 작업을 시작하기 전에 콘크리트 타설 장비를 점검하고 이상을 발견하였으면 즉시 보수할 것
② 건축물의 난간 등에서 작업하는 근로자가 호스의 요동·선회로 인하여 추락하는 위험을 방지하기 위하여 안전난간 설치 등 필요한 조치를 할 것
③ 콘크리트 타설 장비의 붐을 조정하는 경우에는 주변의 전선 등에 의한 위험을 예방하기 위한 적절한 조치를 할 것
④ 작업 중에 지반의 침하나 아웃트리거 등 콘크리트 타설 장비 지지구조물의 손상 등에 의하여 콘크리트 타설 장비가 넘어질 우려가 있는 경우에는 이를 방지하기 위한 적절한 조치를 할 것

용어정의

1. 콘크리트 측압 : 굳지 않은 콘크리트(생콘크리트)에서 벽, 보 기둥 옆의 거푸집은 콘크리트를 타설함에 따라 거푸집을 미는 압력이 생기는데 이를 측압이라 한다.

2. 콘크리트 헤드 : 측압이 가장 높을 때의 콘크리트의 높이

3. 옹벽(revetment, breast wall) : 제방의 한쪽 면의 하중을 지지하거나 제방의 붕괴를 방지하기 위해 지주 없이 세워진 벽으로 벽에 작용하는 측압(側壓)에 견디게 하기 위해 사용된다.

내부진동기의 사용 방법

① 진동다지기를 할 때에는 내부진동기를 하층의 콘크리트 속으로 0.1m 정도 찔러 넣는다.
② 내부진동기는 연직으로 찔러 넣으며, 그 간격은 진동이 유효하다고 인정되는 범위의 지름 이하로서 일정한 간격으로 한다. 삽입간격은 일반적으로 0.5m 이하로 하는 것이 좋다.
③ 1개소당 진동 시간은 다짐할 때 시멘트 페이스트가 표면 상부로 약간 부상하기까지 한다.
④ 내부진동기는 콘크리트로부터 천천히 빼내어 구멍이 남지 않도록 한다.
⑤ 내부진동기는 콘크리트를 횡방향으로 이동시킬 목적으로 사용하지 않아야 한다.
⑥ 진동기의 형식, 크기 및 대수는 1회에 다짐하는 콘크리트의 전용적을 충분히 다지는데 적합하도록 부재 단면의 두께 및 면적, 1시간당 최대 타설량, 굵은 골재 최대 치수, 배합, 특히 잔골재율, 콘크리트의 슬럼프 등을 고려하여 선정한다.

(3) 콘크리트의 측압 ★★

① 거푸집 부재 단면이 클수록 측압이 크다.
② 거푸집 수밀성이 클수록 측압이 크다.
③ 거푸집 강성이 클수록 측압이 크다.
④ 거푸집 표면이 평활할수록 측압이 크다.
⑤ 시공연도 좋을수록 측압이 크다.
⑥ **철골 or 철근량 적을수록 측압이 크다.**
⑦ **외기온도 낮을수록 측압이 크다.**
⑧ **타설속도 빠를수록 측압이 크다.**
⑨ 다짐이 좋을수록 측압이 크다.
⑩ 슬럼프 클수록 측압이 크다.
⑪ **콘크리트 비중이 클수록 측압이 크다.**
⑫ 응결시간이 느린 시멘트 사용할수록 측압이 크다.
⑬ **습도가 낮을수록 측압이 크다.**

특급암기법
온도, 습도, 철골·철근량 적을수록 측압이 크다. 나머지는 클수록 크다.

(4) 안정성 검토

콘크리트 옹벽(흙막이 지보공)의 안정성 검토사항 ★★

① 전도에 대한 안정
② 활동에 대한 안정
③ 침하에 대한 안정(지반 지지력에 대한 안정)

2 철골공사 작업의 안전

(1) 철골작업을 중지해야 하는 조건 ★★

① 풍속이 초당 10미터 이상인 경우
② 강우량이 시간당 1밀리미터 이상인 경우
③ 강설량이 시간당 1센티미터 이상인 경우

(2) 건립 중 강풍에 의한 풍압 등 외압에 대한 내력이 설계에 고려되었는지 확인하여야 할 대상(자립도 검토대상) ★

① 높이 20미터 이상의 구조물
② 구조물의 폭과 높이의 비가 1 : 4 이상인 구조물
③ 단면구조에 현저한 차이가 있는 구조물
④ 연면적당 철골량이 50킬로그램/평방미터 이하인 구조물
⑤ 기둥이 타이플레이트(tie plate)형인 구조물
⑥ 이음부가 현장용접인 구조물

03 운반 및 하역작업

주요내용 알고 가기!

- 걸이작업 시 준수사항
- 철근의 인력 및 기계 운반 시의 준수사항
- 취급운반의 원칙
- 요통예방을 위한 안전작업수칙
- 항만하역작업의 안전수칙
- 화물 적재시 준수사항

1 운반작업의 안전수칙

(1) 걸이작업 시 준수사항

① 와이어로프 등은 **크레인의 후크중심에 걸어야 한다.**
② 인양 물체의 안정을 위하여 **2줄 걸이 이상을 사용**하여야 한다.
③ 밑에 있는 물체를 걸고자 할 때에는 위의 물체를 제거한 후에 행하여야 한다.
④ **매다는 각도는 60° 이내**로 하여야 한다.
⑤ **근로자를 매달린 물체 위에 탑승시키지 않아야 한다.**

(2) 지게차의 적재하물이 크고 현저하게 시계를 방해할 때의 운행방법

① **유도자를 붙여 차를 유도**시킬 것
② **후진**으로 진행할 것
③ **경적을 울리면서 서행할 것**

(3) 철근의 인력 및 기계운반 시의 준수사항

인력운반 시 준수사항 ★	① 1인당 무게는 25킬로그램 정도가 적절하며, 무리한 운반을 삼가하여야 한다. ② 2인 이상이 1조가 되어 어깨메기로 하여 운반하는 등 안전을 도모하여야 한다. ③ 긴 철근을 부득이 한 사람이 운반할 때에는 **한쪽을 어깨에 메고 한쪽 끝을 끌면서 운반**하여야 한다. ④ 운반할 때에는 **양끝을 묶어 운반**하여야 한다. ⑤ 내려놓을 때는 **천천히 내려놓고 던지지 않아야** 한다. ⑥ **공동작업을 할 때에는 신호에 따라 작업**을 하여야 한다.

2 취급운반의 원칙

(1) 취급·운반의 3조건

① **운반거리를 단축**시킬 것
② **운반작업을 기계화**할 것
③ **손이 닿지 않는 운반 방식**으로 할 것

(2) 취급·운반의 5원칙 ★

① **직선 운반**을 할 것
② **연속 운반**을 할 것
③ **운반 작업을 집중화**시킬 것
④ **생산을 최고로 하는 운반**을 생각할 것
⑤ 최대한 **시간과 경비를 절약할 수 있는 운반** 방법을 고려할 것

3 중량물 취급 운반

(1) 중량물 취급 작업의 작업계획의 작성 ★

작업명	작업계획서 내용
중량물의 취급 작업	① **추락위험을 예방**할 수 있는 **안전대책** ② **낙하위험을 예방**할 수 있는 **안전대책** ③ **전도위험을 예방**할 수 있는 **안전대책** ④ **협착위험을 예방**할 수 있는 **안전대책** ⑤ **붕괴위험을 예방**할 수 있는 **안전대책**

> [참고]
>
> **(1) 요통예방을 위한 안전작업 수칙**
>
> ① 중량물을 취급할 때는 허리의 힘보다는 팔, 다리, 복부의 근력을 이용하도록 한다.
> ② 중량물을 들어올릴 때는 물체를 최대한 몸 가까이에서 잡고 들어올리도록 한다.
> ③ 중량물 취급 시 허리는 늘 곧게 펴고 가급적 구부리거나 비틀지 않고 작업하도록 한다.
> ④ 중량물의 취급에서 근로자가 항상 수작업으로 물건을 취급하는 경우에는 중량이 남자 근로자인 경우 체중의 40% 이하, 여자 근로자인 경우 체중의 24% 이하가 되도록 하여야 하며 중량물의 폭은 75cm 이상 되지 않도록 하여야 한다.
>
> **(2) 요통예방을 위한 최적 안전 작업범위**
>
> ① 최적 안전작업범위는 몸의 무게중심에서 가장 가까운 부분으로 허리에 주는 부담도 가장 적다.
> ② 팔을 몸체부에 붙이고 손목만 위, 아래로 움직일 수 있는 범위이다.
> ③ 몸으로부터 약간 떨어진 구역으로 팔꿈치를 몸의 측면에 붙이고 손을 어깨 높이에서 허벅지 부위까지 오르내릴 수 있는 범위에 해당한다.
> ④ 이 작업범위에서 작업 시 허리에 가해지는 압박은 약간 있으나 비교적 안전하다.

4 하역작업의 안전수칙

(1) 하역작업장의 조치기준

부두·안벽 등 하역작업을 하는 장소에 다음 각 호의 조치를 하여야 한다.

① **작업장 및 통로의 위험한 부분에는 안전하게 작업할 수 있는 조명을 유지할 것**
② 부두 또는 안벽의 선을 따라 통로를 설치하는 경우에는 폭을 90센티미터 이상으로 할 것 ★
③ 육상에서의 **통로 및 작업장소로서** 다리 또는 선거(船渠) 갑문(閘門)을 넘는 보도(步道) 등의 위험한 부분에는 안전난간 또는 울타리 등을 설치할 것

(2) 화물의 적재 시의 준수사항 ★

① **침하 우려가 없는 튼튼한 기반 위에 적재할 것**
② 건물의 칸막이나 벽 등이 화물의 압력에 견딜 만큼의 강도를 지니지 아니한 경우에는 **칸막이나 벽에 기대어 적재하지 않도록 할 것**
③ 불안정할 정도로 높이 쌓아 올리지 말 것
④ 하중이 한쪽으로 치우치지 않도록 쌓을 것

(3) 항만하역작업의 안전수칙 ★

① 갑판의 윗면에서 선창 밑바닥까지의 깊이가 1.5미터를 초과하는 선창의 내부에서 화물취급작업을 하는 때에는 그 작업에 종사하는 **근로자가 안전하게 통행할 수 있는 설비를 설치**하여야 한다. 다만, 안전하게 통행할 수 있는 설비가 선박에 설치되어 있는 때에는 그러하지 아니한다. ★
② **300톤급 이상의 선박에서 하역작업을 하는 경우에 근로자들이 안전하게 오르내릴 수 있는 현문(舷門) 사다리를 설치**하여야 하며, 이 사다리 밑에 안전망을 설치하여야 한다. 현문 사다리는 견고한 재료로 제작된 것으로 너비는 55센티미터 이상이어야 하고, 양측에 82센티미터 이상의 높이로 울타리를 설치하여야 하며, 바닥은 미끄러지지 않도록 적합한 재질로 처리되어야 한다. 현문 사다리는 근로자의 통행에만 사용하여야 하며, 화물용 발판 또는 화물용 보관으로 사용하도록 해서는 아니된다. ★

(4) 섬유로프의 사용금지 사항 ★★

사업주는 다음 각 호의 어느 하나에 해당하는 섬유로프 등을 화물자동차의 짐걸이로 사용해서는 아니 된다.
① 꼬임이 끊어진 것
② 심하게 손상 또는 부식된 것

PART 06

최근 기출문제

2014년   최근 기출문제

2015년   최근 기출문제

2016년   최근 기출문제

2017년   최근 기출문제

2018년   최근 기출문제

2019년   최근 기출문제

2020년   최근 기출문제

2021년   최근 기출문제

2022년   최근 기출문제

2014년 1회 최근 기출문제

1과목 산업안전관리론

01 다음 중 산업안전보건법령상 안전검사 대상 유해·위험기계에 해당하지 않는 것은?

① 리프트
② 곤돌라
③ 압력용기
④ 이동식 국소배기장치

---

* **안전검사 대상 유해·위험기계**
① 프레스
② 전단기
③ 크레인(정격 하중이 2톤 미만인 것 제외)
④ 리프트
⑤ 압력용기
⑥ 곤돌라
⑦ 국소 배기장치(이동식은 제외)
⑧ 원심기(산업용만 해당)
⑨ 롤러기(밀폐형 구조는 제외한다)
⑩ 사출성형기[형 체결력(형 체결력) 294킬로뉴턴(KN) 미만은 제외]
⑪ 고소작업대
⑫ 컨베이어
⑬ 산업용 로봇
⑭ 혼합기(26년 6월 26일 시행)
⑮ 파쇄기 또는 분쇄기(26년 6월 26일 시행)

특급암기법
안전인증 대상 중 손 다치는 기계 – 프레스, 전단기, 사출성형기, 롤러기, 혼합기, 파쇄기 또는 분쇄기 (26년 6월 26일 시행)
양중기 – 크레인, 리프트, 곤돌라
폭발 – 압력용기
추가 – 극소(국소) 로봇이 고소(높은 곳)의 큰(컨) 원을 검사(안전검사)
국소배기장치, 산업용 로봇, 고소작업대, 컨베이어, 원심기

 관련 법규내용 변경으로 문제 일부를 수정하였습니다. 실기에 자주 출제되는 내용입니다. 암기하세요.

02 다음 중 산업안전보건위원회에서 심의·의결된 내용 등 회의 결과를 근로자에게 알리는 방법으로 가장 적절하지 않은 것은?

① 사보에 게재
② 일간 신문에 게재
③ 사업장 게시판에 게시
④ 자체 정례조회를 통한 전달

산업안전보건위원회의 위원장은 산업안전보건위원회에서 심의·의결된 내용 등 회의 결과와 중재 결정된 내용 등을 사내방송이나 사내보, 게시 또는 자체 정례조회, 그 밖의 적절한 방법으로 근로자에게 신속히 알려야 한다.

정답 01 ④ 02 ②

03 위험예지훈련 4라운드의 진행방법을 4단계로 구분할 때 다음 중 '본질추구'는 제 몇 라운드에 해당하는가?

① 제1라운드　② 제2라운드
③ 제3라운드　④ 제4라운드

* 위험예지 훈련 4단계
 • 1단계 : 현상 파악
 • 2단계 : 요인조사(본질추구)
 • 3단계 : 대책수립
 • 4단계 : 행동목표 설정(합의요약)

📝 실기까지 중요한 내용입니다.

04 1900년대 초 미국 한 기업의 회장으로서 '안전제일(Safety First)'이란 구호를 내걸고 사고 예방활동을 전개한 후 안전의 투자가 결국 경영상 유리한 결과를 가져온다는 사실을 알게 하는 데 공헌한 사람은?

① 게리(Gary)
② 하인리히(Heinrich)
③ 버드(Bird)
④ 피렌체(Firenze)

안전제일(Safety First) → 게리(Gary)

05 다음 중 산업안전보건법에 따른 무재해 운동의 추진에 있어 무재해 1배수 목표시간의 계산 방법으로 적절하지 않은 것은?

① $\dfrac{\text{연간 총 근로시간}}{\text{연간 총 재해자수}}$

② $\dfrac{\text{1인당 연평균 근로시간} \times 100}{\text{재해율}}$

③ $\dfrac{\text{1인당 근로손실일수} \times 1,000}{\text{연간 총 재해자수}}$

④ $\dfrac{\text{연평균 근로자수} \times \text{1인당 연평균 근로시간}}{\text{연간 총 재해자수}}$

📝 법 개정에 의해 삭제된 내용입니다.

06 다음 중 산업안전보건법에 따라 지방고용노동관서의 장이 안전관리자를 정수 이상 증원하거나 교체하여 임명할 것을 명령할 수 있는 경우는?

① 중대재해가 연간 1건 발생한 경우
② 해당 사업장의 연간재해율이 같은 업종의 평균재해율의 3배인 경우
③ 안전관리자가 질병의 사유로 45일 동안 직무를 수행할 수 없게 된 경우
④ 안전관리자가 기타 사유로 60일 동안 직무를 수행할 수 없게 된 경우

* 안전관리자의 증원·교체임명 명령 대상 사업장
 ① 해당 사업장의 연간 재해율이 같은 업종의 평균재해율의 2배 이상인 경우
 ② 중대재해가 연간 2건 이상 발생한 경우(다만, 해당 사업장의 전년도 사망만인율이 같은 업종의 평균 사망만인율 이하인 경우는 제외)

정답　03 ②　04 ①　05 정답 없음　06 ②

③ 관리자가 질병이나 그 밖의 사유로 3개월 이상 직무를 수행할 수 없게 된 경우
④ 화학적 인자로 인한 직업성질병자가 연간 3명 이상 발생한 경우

특급암기법
평균의 2배 이상, 중대재해 2건 이상 **증원**!
직업성 질병 3명 이상, 3개월 이상 일안하면 **교체**!

 실기에 자주 출제되는 내용입니다. 암기하세요.

07 어떤 작업장에서 목재가공용 둥근톱 기계가 작업 중 갑작스러운 고장을 일으켰다. 이때 실시하는 안전점검을 무엇이라 하는가?

① 임시점검　② 특별점검
③ 사후점검　④ 정기점검

갑작스러운 고장으로 인한 점검 → 임시점검

참고

＊안전점검의 종류
- **정기점검(계획점검)** : 일정 기간마다 정기적으로 실시하는 점검
- **수시점검(일상점검)** : 매일 작업 전, 중, 후에 실시하는 점검
- **특별점검** : 기계·기구 또는 설비의 신설·변경 또는 고장·수리 등으로 비정기적인 특정 점검, 산업안전보건 강조기간, 악천후 시에도 실시한다.
- **임시점검** : 기계·기구 또는 설비의 이상 발견 시에 임시로 하는 점검

08 다음 중 사고조사의 본질적 특성과 거리가 먼 것은?

① 사고의 공간성
② 우연성의 법칙성
③ 필연성의 우연성
④ 사고의 재현 불가능성

＊사고의 본질적 특성
- **사고의 시간성** : 사고는 공간적이 아니고 시간적으로 발생한다.
- **우연성 중의 법칙성** : 사고는 우연이 아닌 법칙에 따라 발생한다.
- **필연성 중의 우연성** : 인간의 착오와 같이 우연적인 사고도 있다.
- **사고의 재현 불가능성** : 사고 발생 후 재현은 불가능하다.

09 다음 그림은 안전·보건표지 중 어떠한 표지의 기본 도형인가? (단, 색도기준은 2.5PB 4/10이고, L은 안전·보건표지를 인식할 수 있거나 인식해야 할 안전거리를 말한다.)

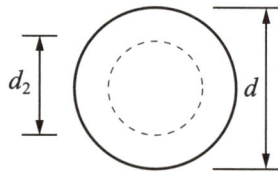

① 금지표시　② 경고표시
③ 지시표시　④ 안내표시

정답　07 ①　08 ①　09 ③

안전보건표지의 종류 및 기본모형

금지표지	경고표지	

안내표지	지시표지	관계자외 출입금지표지

10 상해의 종류 중 압좌, 충돌, 추락 등으로 인하여 외부의 상처 없이 피하조직 또는 근육부 등 내부조직이나 장기가 손상받은 상해를 무엇이라 하는가?

① 부종 ② 자상
③ 창상 ④ 좌상

좌상
피하조직 또는 근육부 등 내부조직이나 장기가 손상받은 상해

참고
- **부종** : 국부 혈액순환의 이상으로 몸이 퉁퉁 부어오르는 상해
- **자상** : 칼날 등 날카로운 물건에 찔린 상해
- **창상** : 창·칼 등에 베인 상해

11 다음 중 재해 예방의 4원칙에 해당하지 않는 것은?

① 손실 필연의 원칙 ② 원인 계기의 원칙
③ 예방 가능의 원칙 ④ 대책 선정의 원칙

산업재해 예방의 4원칙
① **손실 우연의 원칙** : 사고의 결과 생기는 상해의 종류와 정도는 우연히 발생한다.
② **원인 연계의 원칙** : 재해는 직접원인과 간접원인이 연계되어 일어난다.
③ **예방 가능의 원칙** : 재해는 원칙적으로 원인만 제거되면 예방이 가능하다.
④ **대책 선정의 원칙** : 사고의 원인에 대한 적합한 대책이 선정되어야 한다.

12 K 사업장에서 재해로 인해 경제적 손실이 발생하였다. 이에 따른 재해코스트를 시몬즈(Simonds)의 방식으로 구하고자 할 때 다음 중 재해사고의 세부 내용의 연결이 올바른 것은?

① 부상해사고 - 응급소시
② 휴업상해 - 영구 전 노동 불능
③ 응급처치 - 일시 전 노동 불능
④ 통원상해 - 일시 부분노동 불능

- **영구 전 노동불능** : 신체 전체의 노동기능을 완전히 상실(상해등급 1~3급)
- **영구 일부 노동불능** : 신체 일부의 노동기능을 상실(상해등급 4~14급)
- **일시 전 노동불능** : 일정기간 동안 노동종사 불가(휴업상해)
- **일시 일부 노동불능** : 일정기간 동안 일부노동에 종사 불가(통원상해)

정답 10 ④ 11 ① 12 ④

13 다음 중 재해사례연구에 대한 내용으로 적절하지 않은 것은?

① 신뢰성이 있는 자료수집이 있어야 한다.
② 현장 사실을 분석하여 논리적이어야 한다.
③ 재해사례연구의 기준으로는 법규, 사내 규정, 작업표준 등이 있다.
④ 안전관리자의 주관적 판단을 기반으로 현장조사 및 대책을 설정한다.

> ④ 현장조사 및 대책설정은 객관적 기준으로 실시하여야 한다.

14 다음 중 산업안전보건법령상 안전보건총괄책임자의 직무가 아닌 것은?

① 도급사업 시의 안전·보건 조치
② 근로자의 건강관리, 보건교육 및 건강증진 지도
③ 안전인증대상 기계·기구 등과 자율안전확인대상 기계·기구 등의 사용 여부 확인
④ 수급인의 산업안전보건관리비의 집행 감독 및 그 사용에 관한 수급인 간의 협의·조정

> ★ 안전보건총괄책임자의 직무
> ① 산업재해가 발생할 급박한 위험이 있을 때 및 중대재해가 발생하였을 때의 작업의 중지
> ② 도급 시 산업재해 예방조치
> ③ 산업안전보건관리비의 관계수급인 간의 사용에 관한 협의·조정 및 그 집행의 감독
> ④ 안전인증대상 기계 등과 자율안전확인대상 기계 등의 사용 여부 확인
> ⑤ 위험성평가의 실시에 관한 사항

📌 실기에 자주 출제되는 내용입니다.

15 연평균 200명의 근로자가 작업하는 사업장에서 연간 2건의 재해가 발생하여 사망이 2명, 50일의 휴업일수가 발생하였다면 이때의 강도율은 약 얼마인가? (단, 1인당 연간근로시간은 2400시간으로 한다.)

① 15.71   ② 31.33
③ 65.51   ④ 74.35

> ★ 강도율(S.R)
> • 1,000 근로시간당 근로손실일수 비율
> • 강도율 = $\dfrac{\text{총요양근로손실일수}}{\text{연 근로 시간수}} \times 1,000$
> • 근로손실일수 = 휴업일수, 요양일수, 입원일수 $\times \dfrac{300(\text{근로일수})}{365}$
> • 강도율 = $\dfrac{2 \times 7{,}500 + 50 \times \dfrac{300}{365}}{200 \times 2{,}400} \times 1{,}000$
> = 31.34

📌 실기에 자주 출제되는 내용입니다.

16 안전블록이 부착된 안전대의 구조에 있어 안전블록의 줄은 와이어로프인 경우 최소지름은 얼마 이상이어야 하는가?

① 2mm   ② 4mm
③ 8mm   ④ 10mm

> 안전블록의 줄은 합성섬유로프, 웨빙(webbing), 와이어로프이어야 하며, 와이어로프인 경우 최소지름이 4mm 이상일 것

정답 13 ④ 14 ② 15 ② 16 ②

17 재해의 직접원인 중 물적 원인에 해당하지 않는 것은?

① 방호장치의 결함
② 주변 환경의 미정리
③ 보호구 미착용
④ 조명 및 환기불량

③ 보호구 미착용 → 불안전한 행동(인적 원인)

참고

인적 원인 (불안전한 행동)	물적 원인 (불안전한 상태)
• 위험장소 접근 • 안전장치의 기능 제거 • 복장, 보호구 잘못 사용 • 기계기구 잘못 사용 • 운전 중인 기계장치의 손질 • 불안전한 속도 조작 • 위험물 취급 부주의 • 불안전한 상태 방치 • 불안전한 자세 · 동작 • 감독 및 연락 불충분	• 물 자체의 결함 • 안전 방호장치의 결함 • 복장, 보호구의 결함 • 물의 배치 및 작업장소 불량 • 작업환경의 결함 • 생산공정의 결함 • 경계표시, 설비의 결함

18 다음 중 안전관리조직에 있어 직계(라인)형의 특징으로 옳은 것은?

① 독립된 안전 참모조직을 보유하고 있다.
② 대규모의 사업장에 적합하다.
③ 안전지시나 명령이 신속히 수행된다.
④ 안전지식이나 기술축적이 용이하다.

① 독립된 안전 참모조직을 보유하고 있다.
→ 스태프(staff)형
② 대규모의 사업장에 적합하다.
→ 라인 스태프(Line Staff)형
④ 안전지식이나 기술축적이 용이하다.
→ 스태프(staff)형

실기까지 중요한 내용입니다.

19 다음 중 산업안전보건법에 따라 안전보건개선계획을 수립·시행하여야 하는 사업장에서 안전보건계획서를 작성할 때에 반드시 포함되어야 하는 사항과 가장 거리가 먼 것은?

① 시설의 개선을 위하여 필요한 사항
② 안전·보건교육의 개선을 위하여 필요한 사항
③ 복지정책의 개선을 위하여 필요한 사항
④ 작업환경의 개선을 위하여 필요한 사항

안전보건개선계획서에는 시설, 안전·보건관리체제, 안전·보건교육, 산업재해예방 및 작업환경의 개선을 위하여 필요한 사항이 포함되어야 한다.

20 다음 중 시설물의 안전관리에 관한 특별법상 안전점검 및 정밀안전진단의 실시 시기에 관한 내용으로 옳은 것은?

① 정기점검은 반기에 1회 이상 실시한다.
② 안전등급이 A등급인 경우 정밀안전진단은 10년에 1회 이상 실시한다.
③ 안전등급이 B등급인 경우 정밀안전진단은 7년에 1회 이상 실시한다.
④ 안전등급이 E등급인 경우 정밀안전진단은 5년에 1회 이상 실시한다.

*안전점검 및 정밀안전진단의 실시 시기
- 정기점검 : 반기에 1회 이상
- 긴급점검 : 관리주체가 필요하다고 판단한 때 또는 관계 행정기관의 장이 필요하다고 판단하여 관리주체에게 긴급점검을 요청한 때
- 정밀점검 및 정밀안전진단의 실시 주기

안전등급	정밀점검		정밀안전진단
	건축물	그 외 시설물	
A등급	4년에 1회 이상	3년에 1회 이상	6년에 1회 이상
B·C등급	3년에 1회 이상	2년에 1회 이상	5년에 1회 이상
D·E등급	2년에 1회 이상	1년에 1회 이상	4년에 1회 이상

2과목 산업심리 및 교육

21 다음 중 주의의 특성에 관한 설명으로 틀린 것은?

① 변동성이란 주의집중 시 주기적으로 부주의의 리듬이 존재함을 말한다.
② 선택성이란 인간은 한 번에 여러 종류의 자극을 지각·수용하지 못함을 말한다.
③ 선택성이란 소수의 특정 자극에 한정해서 선택적으로 주의를 기울이는 기능을 말한다.
④ 방향성이란 주의는 항상 일정한 수준을 유지할 수 있으므로 장시간 고도의 주의집중이 가능함을 말한다.

- 방향성 : 시선에서 벗어난 부분은 무시되기 쉽다. (주시점만 응시한다.)
- 단속성 : 고도의 주의는 장시간 집중이 곤란하다.

22 다음 중 직업 적성과 관련된 설명으로 틀린 것은?

① 사원선발용 적성검사는 작업행동을 예언하는 것을 목적으로도 사용한다.
② 직업 적성검사는 직무 수행에 필요한 잠재적인 특수능력을 측정하는 도구이다.
③ 직업 적성검사를 이용하여 훈련 및 승진 대상자를 평가하는 데 사용할 수 있다.
④ 직업 적성은 단기적 집중 직업훈련을 통해서 개발이 가능하므로 신중하게 사용해야 한다.

정답 20 ① 21 ④ 22 ④

④ 직업 적성은 직업훈련 또는 경험을 쌓기 이전에 특정 직업을 효과적으로 수행하며 그 환경에 적응할 수 있는 잠재적인 능력을 말한다.

23 정신상태 불량으로 일어나는 안전사고요인 중 개성적 결함요소에 해당하는 것은?

① 극도의 피로
② 과도한 자존심
③ 근육운동의 부적합
④ 육체적 능력의 초과

* **안전사고요인 중 개성적 결함요소**
- 과도한 자존심과 자만심
- 사치와 허영심
- 도전적 성격과 다혈질
- 인내력 부족
- 고집과 과도한 집착력
- 나약한 마음
- 태만, 경솔성
- 배타성과 이질성

24 다음 중 부주의 발생에 대한 대책으로 상담이 필요한 것은?

① 의식의 우회
② 경험의 부족
③ 작업순서의 부적당
④ 작업환경조건 불량

* **부주의 원인과 대책**
- 소질적 문제 : 적성 배치
- 의식의 우회 : 카운슬링(상담)
- 경험, 미경험자 : 안전교육, 훈련
- 작업환경 조건 불량 : 환경 정비
- 작업순서의 부적당 : 작업순서 정비

25 다음 중 현장의 관리감독자 교육을 위하여 가장 바람직한 교육방식은?

① 강의식(lecture method)
② 토의식(discussion method)
③ 시범(demonstration method)
④ 자율식(self-instruction method)

* **TWI(Training Within Industry)**
- 대상 : 일선관리감독자 교육
- 교육방법 : 토의식과 실연법을 중심으로 한다.

26 다음 중 고립, 정신병, 자살 등이 속하는 사회행동의 기본 형태는?

① 협력   ② 융합
③ 대립   ④ 도피

* **사회행동 기본형태**
① **협력** : 조력, 분업
② **융합** : 강제타협
③ **대립** : 공격, 경쟁
④ **도피** : 고립, 정신병, 자살

정답 23 ② 24 ① 25 ② 26 ④

27 다음 설명에 해당하는 교육방법은?

> FEAF(Far East Air Forces)라고도 하며, 10~15명을 한 반으로 2시간씩 20회에 걸쳐 훈련하고, 관리의 기능, 조직의 원칙, 조직의 운영, 시간관리, 훈련의 관리 등을 교육내용으로 한다.

① MTP(Management Training Program)
② CCS(Civil Communication Section)
③ TWI(Training Within Industry)
④ ATT(American Telephone & Telegram Co.)

* **MTP(Management Training Program)**
  - 대상 : 중간계층관리자 교육
  - 교육시간 : 2시간씩 20회에 걸쳐 40시간 훈련한다.
  - 교육내용 : 관리의 기능, 조직의 원칙, 조직의 운영, 시간관리, 훈련의 관리 등

28 다음 중 교육평가의 5요건에 속하지 않는 것은?

① 확실성　② 신뢰성
③ 경제성　④ 주관성

* **교육평가의 5요건**
  - 확실성　• 신뢰성　• 경제성
  - 객관성　• 타당성

29 다음 중 그림은 지각집단화의 원리 중 한 예이다. 이러한 원리를 무엇이라 하는가?

● ● ● ● ● ● ◆ ◆ ◆ ◆ ◆ ●
● ● ● ● ● ● ◆ ◆ ◆ ◆ ◆ ●
● ● ● ● ● ● ◆ ◆ ◆ ◆ ◆ ●

① 단순성의 원리　② 폐쇄성의 원리
③ 유사성의 원리　④ 연속성의 원리

* **동류(同類)의 원리(유사성의 원리)**
  유사한 자극끼리 함께 묶어서 지각하는 원리이다.

30 다음 중 조직이 리더에게 부여하는 권한으로 볼 수 없는 것은?

① 합법적 권한
② 전문성의 권한
③ 강압적 권한
④ 보상적 권한

* 조직이 지도자에게 부여하는 권한 : 보상적 권한, 강압적 권한, 합법적 권한
* 지도자 자신이 자기에게 부여하는 권한 : 위임된 권한, 전문성의 권한

📝 필기에 자주 출제되는 내용입니다.

정답　27 ①　28 ④　29 ③　30 ②

31 다음 중 호손(Hawthorne) 연구에 대한 설명으로 옳은 것은?

① 시간 - 동작연구를 통해서 작업도구와 기계를 설계했다.
② 물리적 작업환경 이외의 심리적 요인이 생산성에 영향을 미친다는 것을 알아냈다.
③ 소비자들에게 효과적으로 영향을 미치는 광고 전략을 개발했다.
④ 채용과정에서 발생하는 차별요인을 밝히고 이를 시정하는 법적 조치의 기초를 마련했다.

* **호손(Hawthorne) 실험**
작업 능률을 좌우하는 것은 임금, 노동시간 등의 노동조건과 조명, 환기, 기타 작업환경으로서의 물적 조건보다 종업원의 태도 즉, 심리적·내적 양심과 감정이 더 중요하다.

강의법의 장점	• 새로운 기술, 지식, 정보를 체계적으로 전달할 수 있다. • 짧은 시간 동안 많은 양의 정보를 전달할 수 있다. • 한 사람의 강사가 많은 학생을 지도할 수 있다.(교육의 경제성이 높다.) • 구체적인 사실적 정보의 제공과 요점 파악하기에 효율적이다.
강의법의 단점	• 학습자의 이해수준을 알 수 없다. • 학습자의 성향을 고려할 수 없다. • 학습자의 능동적 참여를 기대할 수 없다. (학습에 대한 동기부여가 어렵다) • 수강자의 주의집중도나 흥미의 정도가 낮다. • 기능적, 태도적인 내용의 교육이 어렵다. • 강사의 지식 수준에서 모든 것이 이루어지기 때문에 학습자에게 끼치는 영향이 크다.

32 다음 중 강의식 교육에 대한 설명으로 틀린 것은?

① 짧은 시간 동안 많은 내용을 전달할 경우에 적합하다.
② 수강자의 주의집중도나 흥미의 정도가 낮다.
③ 참가자 개개인에게 동기를 부여하기 쉽다.
④ 기능적, 태도적인 내용의 교육이 어렵다.

33 사고의 경향에 있어 상황성 누발자와 소질성 누발자로 구분할 때 다음 중 상황성 누발자에 속하는 경우에 해당하는 것은?

① 주의력이 산만한 경우
② 심신에 근심이 있는 경우
③ 도덕성이 결여된 경우
④ 감각운동이 부적절한 경우

정답 31 ② 32 ③ 33 ②

상황성 누발자	소질성 누발자
• 작업에 어려움이 많은 자 • 기계 설비의 결함이 있을 때 • 심신에 근심이 있는 자 • 환경상 주의력 집중이 혼란되기 쉬울 때	• 주의력 산만 및 주의력 지속 불능 • 흥분성 • 저지능 • 비협조성 • 도덕성의 결여 • 소심한 성격 • 감각운동 부적합 등

34 인간의 동기에 대한 이론 중 자극, 반응, 보상의 세 가지 핵심변인을 가지고 있으며, 표출된 행동에 따라 보상을 주는 방식에 기초한 동기이론은?

① 형평이론 ② 기대이론
③ 강화이론 ④ 목표설정이론

*강화이론(강화에 의해 행동을 변화시킴)
행동에 따라 보상(상 또는 벌)을 주는 방식에 기초한 동기이론

35 적성검사의 종류 중 시각적 판단검사의 세부 검사 내용에 해당하지 않는 것은?

① 회전검사 ② 형태 비교검사
③ 공구 판단검사 ④ 명칭 판단검사

동작검사	시각적 판단검사
• 회전검사 • 조립검사 • 분해검사	• 형태 비교검사 • 공구 판단검사 • 명칭 판단검사

36 다음 중 산업안전보건 법령상 사업주가 근로자에게 실시해야 하는 안전·보건교육에 있어 관리감독자 정기 안전·보건교육 내용에 해당하는 것은?

① 정리정돈 및 청소에 관한 사항
② 작업 개시 전 점검에 관한 사항
③ 작업공정의 유해·위험과 재해 예방대책에 관한 사항
④ 기계·기구의 위험성과 작업의 순서 및 동선에 관한 사항

*관리감독자 정기 안전·보건교육 내용
① 산업안전 및 산업재해 예방에 관한 사항(화재·폭발 사고 발생 시 대피에 관한 사항을 포함한다)
② 산업보건 및 건강장해 예방에 관한 사항(폭염·한파 작업으로 인한 건강장해 발생 시 응급조치에 관한 사항을 포함한다)
③ 유해·위험 작업환경 관리에 관한 사항
④ 산업안전보건법령 및 산업재해보상보험 제도에 관한 사항
⑤ 직무스트레스 예방 및 관리에 관한 사항
⑥ 직장 내 괴롭힘, 고객의 폭언 등으로 인한 건강장해 예방 및 관리에 관한 사항
⑦ 위험성평가에 관한 사항
⑧ 작업공정의 유해·위험과 재해 예방대책에 관한 사항
⑨ 표준안전 작업방법 결정 및 지도·감독 요령에 관한 사항
⑩ 비상시 또는 재해 발생 시 긴급조치에 관한 사항
⑪ 사업장 내 안전보건관리체제 및 안전·보건조치 현황에 관한 사항
⑫ 현장근로자와의 의사소통능력 및 강의능력 등 안전보건교육 능력 배양에 관한 사항
⑬ 그 밖의 관리감독자의 직무에 관한 사항

정답 34 ③ 35 ① 36 ③

특급암기법

공통 항목(관리감독자, 근로자)
1. 관리자는 법, 산재보상제도을 알자.
2. 관리자는 건강을 보존(산업보건)하고 건강장해, 스트레스, 괴롭힘.폭언 예방하자!
3. 관리자는 유해위험 환경을 관리해서 안전하고 산업재해 예방하자!
4. 관리자는 위험성을 평가하자!

관리감독자 정기교육의 특징
1. 관리자는 유해위험의 재해예방대책 세우자!
2. 관리자는 안전 작업방법 결정해서 감독하자!
3. 관리자는 재해발생 시 긴급조치하자!
4. 관리자는 안전보건 조치하자!
5. 관리자는 안전보건교육 능력 배양하자!

> **참고**
>
> * 관리감독자 채용 시 교육 및 작업내용 변경 시 교육 내용
> ① 산업안전 및 산업재해 예방에 관한 사항(화재·폭발사고 발생 시 대피에 관한 사항을 포함한다)
> ② 산업보건 및 건강장해 예방에 관한 사항
> ③ 산업안전보건법령 및 산업재해보상보험 제도에 관한 사항
> ④ 직무스트레스 예방 및 관리에 관한 사항
> ⑤ 직장 내 괴롭힘, 고객의 폭언 등으로 인한 건강장해 예방 및 관리에 관한 사항
> ⑥ 위험성평가에 관한 사항
> ⑦ 기계·기구의 위험성과 작업의 순서 및 동선에 관한 사항
> ⑧ 작업 개시 전 점검에 관한 사항
> ⑨ 물질안전보건자료에 관한 사항
> ⑩ 사업장 내 안전보건관리체제 및 안전·보건조치 현황에 관한 사항
> ⑪ 표준안전 작업방법 결정 및 지도·감독 요령에 관한 사항
> ⑫ 비상시 또는 재해 발생 시 긴급조치에 관한 사항
> ⑬ 그 밖의 관리감독사의 직무에 관한 사항

특급암기법

공통 항목 – 채용시 근로자 교육과 동일
1. 신규 관리자는 법을 알고 산재보상제도를 알자!
2. 신규 관리자는 건강을 보존(산업보건)하고 건강장해, 스트레스, 괴롭힘.폭언 예방하자!
3. 신규 관리자는 안전하고 산업재해 예방하자!
4. 신규 관리자는 위험성을 평가하자!

채용시 근로자 교육 중 "정리정돈 청소" 제외
1. 신규 관리자는 기계기구 위험성, 작업순서,동선를 알자!
2. 신규 관리자는 취급물질의 위험성(물질안전보건자료)을 알자!
3. 신규 관리자는 작업 전 점검하자!

신규 관리자 내용 추가
1. 신규 관리자는 안전보건 조치하자!
2. 신규 관리자는 안전 작업방법 결정해서 감독하자!
3. 신규 관리자는 재해시 긴급조치를 알자!

 실기에 자주 출제되는 내용입니다. 암기하세요.

37 다음 중 적응기제(adjustment mechanism)에 있어 빙이기제에 해당하지 않는 것은?

① 투사　② 보상
③ 승화　④ 고립

도피기제	방어기제
• 억압	• 보상
• 퇴행	• 합리화
• 백일몽	• 승화
• 고립(거부)	• 동일시
	• 투사

 필기에 자주 출제되는 내용입니다.

정답　37 ④

38 다음 중 Fiedler의 상황 연계성 리더십 이론에서 중요시하는 상황적 요인에 해당하지 않는 것은?

① 과제의 구조화
② 리더와 부하 간의 관계
③ 부하의 성숙도
④ 리더의 직위상 권한

*Fiedler의 상황 연계성 리더십 이론의 상황적 요인
① **과제의 구조화** : 표준적인 운영절차, 상세한 기술, 과제 수행을 위한 객관적인 지표
② **리더-부하와의 관계** : 리더가 부하로부터 지지와 충성을 받거나 부하들과 우호적이고 협력적인 정도
④ **리더의 직위상 권한** : 리더가 보상과 처벌을 실시하는 권한

39 다음 중 교재의 선택기준으로 가장 적합하지 않는 것은?

① 정적이며 보수적이어야 한다.
② 사회성과 시대성에 걸맞은 것이어야 한다.
③ 설정된 교육목적을 달성할 수 있는 것이어야 한다.
④ 교육대상에 따라 흥미, 필요, 능력 등에 적합해야 한다.

① 교재는 사회성과 시대성을 반영한 동적인 것이어야 한다.

40 다음 중 기술 교육(교시법)의 4단계를 올바르게 나열한 것은?

① preparation → presentation → performance → follow up
② presentation → preparation → performance → follow up
③ performance → follow up → presentation → preparation
④ performance → preparation → follow up → presentation

*기술교육(교시법)의 4단계
도입(준비 단계 : preparation)
↓
실연(일을 하여 보이는 단계 : presentation)
↓
실습(일을 시켜보는 단계 : performance)
↓
확인(보습지도의 단계 : follow up)

3과목 인간공학 및 시스템안전공학

41 다음 중 화학설비의 안전성 평가에서 정량적 평가의 항목에 해당되지 않는 것은?

① 조작　　② 취급물질
③ 훈련　　④ 설비용량

정답　38 ③　39 ①　40 ①　41 ③

정량적 평가항목	정성적 평가항목
• 취급물질 • 화학설비의 용량 • 온도 • 압력 • 조작	• 입지 조건 • 공장 내의 배치 • 소방설비 • 공정 기기 • 수송 · 저장 • 원재료 • 중간체 • 제품 • 건조물(건물) • 공정

42 다음 중 의자 설계의 일반 원리로 가장 적합하지 않은 것은?

① 디스크 압력을 줄인다.
② 등근육의 정적 부하를 줄인다.
③ 자세고정을 줄인다.
④ 요부측만을 촉진한다.

＊의자 설계의 일반 원리
• 요추의 전만곡선을 유지할 것
• 디스크의 압력을 줄인다.
• 등근육의 정적부하를 감소시킨다.
• 자세 고정을 줄인다.
• 쉽게 조절할 수 있도록 설계할 것

43 3개 공정의 소음수준 측정 결과 1공정은 100dB에서 1시간, 2공정은 95dB에서 1시간, 3공정은 90dB에서 1시간이 소요될 때 총 소음량(TND)과 소음설계의 적합성을 올바르게 나열한 것은? (단, 90dB에 8시간 노출할 때를 허용기준으로 하며, 5dB 증가할 때 허용시간은 1/2로 감소되는 법칙을 적용한다.)

① TND = 0.78, 적합
② TND = 0.88, 적합
③ TND = 0.98, 적합
④ TND = 1.08, 부적합

＊소음의 노출기준(충격소음 제외)

1일 노출 허용시간 (hr)	8	4	2	1	$\frac{1}{2}$	$\frac{1}{4}$
소음강도 dB(A)	90	95	100	105	110	115

$$TND = \frac{실제노출시간}{노출허용시간} = \frac{1}{2} + \frac{1}{4} + \frac{1}{8} = 0.875$$

TND < 1이므로 적합

44 다음 중 열 중독증(heat illness)의 강도를 올바르게 나열한 것은?

> ⓐ 열소모(heat exhaustion)
> ⓑ 열발진(heat rash)
> ⓒ 열경련(heat cramp)
> ⓓ 열사병(heat stroke)

① ⓒ < ⓑ < ⓐ < ⓓ
② ⓒ < ⓑ < ⓓ < ⓐ
③ ⓑ < ⓒ < ⓐ < ⓓ
④ ⓑ < ⓓ < ⓐ < ⓒ

- **열사병(일사병)** : 태양의 복사열에 직접 노출시 뇌의 온도 상승으로 체온조절 중추의 기능장해를 일으킴
- **열피로, 열소모(heat exhaustion)** : 과다 발한으로 인한 수분과 염분손실 및 탈수로 인한 혈장량이 감소하여 심할 경우 허탈로 빠져 의식을 잃을 수도 있다.
- **열경련(heat cramp)** : 고온환경에서 심한 육체적인 노동을 할 때 혈중 염분농도 저하가 원인이 되어 근육경련, 현기증, 이명, 두통, 구역, 구토 등의 증상을 일으킴
- **열성발진(heat rashes)** : 가장 흔히 발생하는 피부장해로서 땀띠(plickly heat)라고도 함

45 인간-기계시스템 설계의 주요 단계 중 기본설계 단계에서 인간의 성능 특성(human performance requirements)과 거리가 먼 것은?

① 속도   ② 정확성
③ 보조물 설계   ④ 사용자 만족

*기본설계 단계에서 인간의 성능 특성
• 속도   • 정확성   • 사용자 만족

46 다음 중 FTA에서 사용되는 minimal cut set에 관한 설명으로 틀린 것은?

① 사고에 대한 시스템의 약점을 표현한다.
② 정상사상(Top 사상)을 일으키는 최소한의 집합이다.
③ 시스템에 고장이 발생하지 않도록 하는 모든 사상의 집합이다.
④ 일반적으로 Fussell Algorithm을 이용한다.

*패스셋
시스템에 고장이 발생하지 않도록 하는 모든 사상의 집합

참고

- **컷셋(Cut Set)**
  - 정상사상을 발생시키는 기본사상의 집합
  - 모든 기본사상이 일어났을 때 정상사상을 일으키는 기본사상들의 집합이다.
- **미니멀 컷셋(Minimal Cut Set)**
  - 정상사상을 일으키기 위한 기본사상의 최소집합 (최소한의 컷)
  - 시스템의 위험성을 나타낸다.
- **패스셋(Path Set)**
  - 시스템의 고장을 일으키지 않는 기본사상들의 집합
  - 포함된 기본사상이 일어나지 않을 때 처음으로 정상사상이 일어나지 않는 기본사상들의 집합이다.
- **미니멀 패스셋(Minimal Path Set)**
  - 시스템의 기능을 살리는 최소의 집합 (최소한의 패스)
  - 시스템의 신뢰성을 나타낸다.

정답 44 ③ 45 ③ 46 ③

47 다음 중 반응시간이 가장 느린 감각은?

① 청각   ② 시각
③ 미각   ④ 통각

* **감각기관별 반응시간**

청각	촉각	시각	미각	통각
0.17초	0.18초	0.20초	0.29초	0.70초

48 FT도에서 ①~⑤ 사상의 발생확률이 모두 0.06일 경우 T사상의 발생 확률은 약 얼마인가?

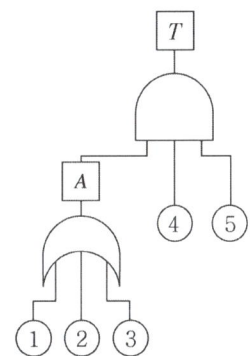

① 0.00036   ② 0.00061
③ 0.142625 ④ 0.2262

T = A × ④ × ⑤
 =0.1694 × 0.06 × 0.06
 =0.00061
A = 1 − (1 − ①)(1 − ②)(1 − ③)
 =1 − (1 − 0.06)(1 − 0.06)(1 − 0.06)
 =0.1694

📝 필기에 자주 출제되는 내용입니다.

49 다음 중 연구 기준의 요건에 대한 설명으로 옳은 것은?

① 적절성 : 반복 실험 시 재현성이 있어야 한다.
② 신뢰성 : 측정하고자 하는 변수 이외의 다른 변수의 영향을 받아서는 안 된다.
③ 무오염성 : 의도된 목적에 부합하여야 한다.
④ 민감도 : 피실험자 사이에서 볼 수 있는 예상 차이점에 비례하는 단위로 측정해야 한다.

> 참고

* **체계 기준의 요건**
* **적절성(타당성)** : 의도된 목적에 적합하여야 한다.
* **무오염성** : 측정하고자 하는 변수외의 다른 변수의 영향을 받아서는 안 된다.
* **신뢰성(반복성)** : 반복실험 시 재현성이 있어야 한다.
* **민감도** : 예상차이점에 비례하는 단위로 측정하여야 한다.

50 한 대의 기계를 120시간 동안 연속 사용한 경우 9회의 고장이 발생하였고, 이때의 총 고장 수리 시간이 18시간이었다. 이 기계의 MTBF(Mean time between failure)는 약 몇 시간인가?

① 10.22   ② 11.33
③ 14.27   ④ 18.54

정답 47 ④ 48 ② 49 ④ 50 ②

㉠ 고장률(λ) = $\dfrac{\text{고장건수}}{\text{총 가동시간}}$ (건/시간)

㉡ 평균고장시간(MTBF) = $\dfrac{1}{\text{고장률}(\lambda)}$ (시간)

• 고장률(λ) = $\dfrac{9}{120-18}$ = 0.0882건/시간

• 평균고장시간(MTBF) = $\dfrac{1}{0.0882}$ = 11.338(시간)

51 다음 중 아날로그 표시장치를 선택하는 일반적인 요구사항으로 틀린 것은?

① 일반적으로 동침형보다 동목형을 선호한다.
② 일반적으로 동침과 동목은 혼용하여 사용하지 않는다.
③ 움직이는 요소에 대한 수동 조절을 설계할 때는 바늘(pointer)을 조정하는 것이 눈금을 조정하는 것보다 좋다.
④ 중요한 미세한 움직임이나 변화에 대한 정보를 표시할 때는 동침형을 사용한다.

* **아날로그(analog) 표시장치의 선택 시 고려해야 할 사항**
• 일반적으로 고정눈금에서 지침이 움직이는 것이 좋다. (동목형보다 동침형 선호)
• 온도계나 고도계에 사용되는 눈금이나 지침은 수직 표시가 바람직하다.
• 눈금의 증가는 시계 방향이 적합하다.
• 이동 요소의 수동 조절이 필요할 때에는 눈금보다 지침으로 조절한다.

52 인간공학의 연구를 위한 수집자료 중 동공확장 등과 같은 것은 어느 유형으로 분류되는 자료라 할 수 있는가?

① 생리 지표
② 주관적 지표
③ 강도 척도
④ 성능 자료

동공확장 → 생리 지표

53 어떤 설비의 시간당 고장률이 일정하다고 할 때 이 설비의 고장간격은 다음 중 어떠한 확률분포를 따르는가?

① t 분포
② 와이블 분포
③ 지수 분포
④ 아이링(Eyring) 분포

고장률 → 지수분포

54 인간 신뢰도 분석기법 중 조작자 행동 나무(Operator Action Tree) 접근 방법이 환경적 사건에 대한 인간의 반응을 위해 인정하는 활동 3가지가 아닌 것은?

① 감지
② 추정
③ 진단
④ 반응

* **조작자 행동나무에서 인간의 반응을 인정하는 활동**
• 감지 • 진단 • 반응

정답 51 ① 52 ① 53 ③ 54 ②

55 다음 중 음성통신에 있어 소음환경과 관련하여 성격이 다른 지수는?

① AI(Articulation Index)
② MAMA(Minimum Audible Movement Angle)
③ PNC(Preferred Noise Criteria Curves)
④ PSIL(Preferred Octave Speech Interference Level)

① AI : 명료도 지수
② MAMA : 최소 청취이동각
③ PNC : 음질의 불쾌감 평가
④ PSIL : 회화 방해 레벨
①, ③, ④ → 소음환경에서의 회화의 명료도와 방해 정도를 나타낸다.

56 다음 중 FT의 작성방법에 관한 설명으로 틀린 것은?

① 정성·정량적으로 해석·평가하기 전에는 FT를 간소화해야 한다.
② 정상(Top)사상과 기본사상과의 관계는 논리게이트를 이용해 도해한다.
③ FT를 작성하려면, 먼저 분석대상 시스템을 완전히 이해하여야 한다.
④ FT 작성을 쉽게 하기 위해서는 정상(Top) 사상을 최대한 광범위하게 정의한다.

④ FT의 정상사상은 분석 대상이 되는 고장사상으로 광범위하게 정의해서는 안 된다.

57 다음 중 인간의 과오(Human error)를 정량적으로 평가하고 분석하는 데 사용하는 기법으로 가장 적절한 것은?

① THERP   ② FMEA
③ CA   ④ FMECA

★ THERP(인간에러율 예측기법)
인간의 과오를 정량적으로 평가하는 기법

58 다음 중 위험 조정을 위해 필요한 방법(위험 조정기술)과 가장 거리가 먼 것은?

① 위험 회피(avoidance)
② 위험 감축(reduction)
③ 보유(retention)
④ 위험 확인(confirmation)

★ 위험처리기술
• 위험의 제거(위험 감축) : 위험 요소를 적극적으로 예방하고 경감하려는 것을 말한다.
• 위험의 회피 : 위험한 작업 자체를 하지 않거나 작업방법을 개선하는 것을 말한다.
• 위험의 보유 : 위험의 일부 또는 전부를 스스로 인수하는 것을 말한다.
• 위험의 전가 : 위험을 보험, 보증, 공제기금제도 등으로 분산시키는 것을 말한다.

정답 55 ② 56 ④ 57 ① 58 ④

59 다음 중 산업안전보건법령상 유해·위험방지계획서의 심사결과에 따른 구분·판정의 종류에 해당하지 않는 것은?

① 보류
② 부적정
③ 적정
④ 조건부 적정

> **＊ 유해위험 방지계획서 심사 결과의 구분**
> • 적정 : 근로자의 안전과 보건을 위하여 필요한 조치가 구체적으로 확보되었다고 인정되는 경우
> • 조건부 적정 : 근로자의 안전과 보건을 확보하기 위하여 일부 개선이 필요하다고 인정되는 경우
> • 부적정 : 기계 · 설비 또는 건설물이 심사기준에 위반되어 공사착공 시 중대한 위험 발생의 우려가 있거나 계획에 근본적 결함이 있다고 인정되는 경우

📌 실기까지 중요한 내용입니다.

60 다음 중 은행 창구나 슈퍼마켓의 계산대에 적용하기에 가장 적합한 인체 측정 자료의 응용원칙은?

① 평균치 설계
② 최대 집단치 설계
③ 극단치 설계
④ 최소 집단치 설계

> **＊ 평균치 설계**
> 은행의 창구, 슈퍼마켓의 계산대

참고

＊ 인체계측자료의 응용 3원칙
• 최대치수와 최소치수 설계(극단치 설계)

최대치수 설계의 예	• 위험구역의 울타리 높이 • 출입문의 높이 • 그네줄의 인장강도
최소치수 설계의 예	• 물건을 올리는 선반의 높이 • 조정장치를 조정하는 힘 • 조정장치까지의 조정거리

• 조절범위(조정)
  예) 침대, 의자 높낮이 조절, 자동차의 운전석 위치조정
• 평균치를 기준으로 한 설계
  예) 은행의 창구 높이

📌 자주 출제되는 내용입니다. 참고를 다시 확인하세요.

4과목 건설시공학

61 터파기용 기계장비 가운데 장비의 작업 면보다 상부의 흙을 굴삭하는 장비는?

① 불도저(bull dozer)
② 모터 그레이더(motor grader)
③ 클램쉘(clam shell)
④ 파워쇼벨(power shovel)

정답 59 ① 60 ① 61 ④

* 굴삭장비(굴착기계)
1. 파워 셔블(power shovel, 동력삽)
   - 기계가 서 있는 지반보다 높은 곳의 땅파기에 적합하다.
2. 드래그 셔블(drag shovel, 백호)
   - 기계가 서 있는 지면보다 낮은 장소의 굴착 및 수중굴착이 가능하다
   - 굳은 지반의 토질도 정확한 굴착이 된다.
3. 드래그라인(drag line)
   - 기계가 서있는 위치보다 낮은 장소의 굴착에 적당하고 굳은 토질에서의 굴착은 되지 않지만 굴착 반지름이 크다.
   - 작업범위가 광범위하고 수중굴착 및 연약한 지반의 굴착에 적합하다.
4. 클램셸(clamshell)
   - 수중굴착 및 가장 협소하고 깊은 굴착이 가능하며 호퍼(hopper)에 적당하다.
   - 연약지반이나 수중굴착 및 자갈 등을 싣는데 적합하다.

📝 필기에 자주 출제되는 내용입니다.

62 보기의 항목을 시공계획 순서에 맞게 옳게 나열한 것은?

> A. 계약조건 확인 B. 시공계획 입안
> C. 현지조사   D. 설계도서 파악
> E. 주요수량 파악

① A - D - C - E - B
② A - B - C - D - E
③ C - A - D - E - B
④ C - A - B - D - E

* 공사 시공계획 순서
계약조건 확인 → 설계도서 파악 → 현지조사 → 주요수량 파악 → 시공계획 입안

63 철골공사 현장에 자재반입 시 치수검사 항목이 아닌 것은?

① 기둥 폭 및 층 높이 검사
② 휨 정도 및 뒤틀림 검사
③ 브래킷의 길이 및 폭, 각도 검사
④ 고력 볼트 접합부 검사

* 철골공사 현장에 자재반입 시 치수검사 항목
① 기둥 폭 및 층 높이 검사
② 휨 정도 및 뒤틀림 검사
③ 브래킷의 길이 및 폭, 각도 검사

64 철골공사의 내화피복 공법에 해당하지 않는 것은?

① 표면탄화법
② 뿜칠공법
③ 타설공법
④ 조적공법

정답 62 ① 63 ④ 64 ①

※ 철골공사의 내화피복 공법

습식공법	건식공법
① 조적공법 : 철골표면에 **벽돌, 돌, 콘크리트 블록, 경량 콘크리트 블록** 등을 시공하는 공법	① 성형판 붙임공법 : 내화단열성이 우수한 각종 성형판(PC판, ALC판, 석고보드 등)을 철골부재에 붙이는 공법으로 주로 기둥과 보의 내화피복에 사용된다.
② 미장공법 : 철골표면에 **단열 모르타르를 시공**하는 공법	
③ 도장공법 : 철골표면에 **내화페인트를 도장**하는 공법	② 멤브레인 공법 : 암면 흡음판을 철골에 붙여 시공하는 공법
④ 뿜칠공법 : 철골표면에 접착제를 혼합한 내화피복재(암면과 시멘트를 혼합)를 뿜어서 내화 피복하는 공법	③ 세라믹울 피복공법
⑤ 타설공법 : 철골표면에 기포 콘크리트, 경량콘크리트를 타설하는 공법	

📌 필기에 자주 출제되는 내용입니다.

65 벽식 철근콘크리트 구조를 시공할 경우 벽과 바닥의 콘크리트 타설을 한번에 가능하게 하기 위하여, 벽체용 거푸집과 슬래브 거푸집을 일체로 제작하여 한번에 설치하고 해체할 수 있도록 한 거푸집은?

① 유로폼(Euro Form)
② 갱폼(Gang Form)
③ 터널폼(Tunnel Form)
④ 워플폼(Waffle Form)

※ 터널 폼(Tunnel Form)

한 구획 전체의 벽판과 바닥판을 ㄱ자형 또는 ㄷ자형으로 짜서 이동시키는 형태의 기성재 거푸집이다.(벽체, 슬라브(바닥) 거푸집을 일체로 제작하여 한 번에 설치, 해체할 수 있는 거푸집)

참고

1. 유로 폼(Euro Form) : 합판과 특수 경량 강으로 제작된 거푸집으로 용도 표준화, 모듈화로 자재관리가 간편하고 어떠한 형태의 콘크리트 구조물에도 설치 해체가 용이하다.
2. 갱 폼 : 외부벽체 거푸집과 작업발판용 케이지(Cage)를 일체로 제작하여 사용하는 대형 거푸집이다.
3. 워플 폼(Waffle Form) : 무량판 시공 시 2방향으로 된 상자형 기성재 거푸집이다.

📌 필기에 자주 출제되는 내용입니다.

66 피어기초공사에 대한 설명으로 옳지 않은 것은?

① 중량구조물을 설치하는 데 있어서 지반이 연약하거나 말뚝으로도 수직지지력이 부족하고 그 시공이 불가능한 경우와 기초지반의 교란을 최소화해야 할 경우에 채용한다.
② 굴착된 흙을 직접 탐사할 수 있고 지지층의 상태를 확인할 수 있다.
③ 무진동, 무소음공법이며, 여타 기초형식에 비하여 공기 및 비용이 적게 소요된다.
④ 피어기초를 채용한 국내의 초고층 건축물에는 63빌딩이 있다.

③ 무소음 무진동 공법으로 시가지 공사에 적합하며 비용이 비싸다.

> 참고
>
> **＊피어기초**
> 기초 판의 하부에 기둥모양으로 만든 **피어**를 설치하여 **하중을 전달**시키는 형식의 기초(깊은 기초지정에 해당한다.)

📌 필기에 자주 출제되는 내용입니다.

> 참고
>
> **＊철근콘크리트 보강 블록공사**
> 블록을 쌓아 철근과 콘크리트로 보강하여 내력벽을 구축하는 공법을 말한다.

67 철근콘크리트 보강블록 쌓기에 대한 설명으로 옳지 않은 것은?

① 가로 근은 배근 상세도에 따라 가공하되, 그 단부는 180°의 갈구리로 구부려 배근한다.
② 블록의 공동에 보강근을 배치하고 콘크리트를 다져넣기 때문에 세로줄눈은 막힌줄눈으로 하는 것이 좋다.
③ 세로 근은 기초 및 테두리보에서 위층의 테두리보까지 이음없이 배근하여 그 정착길이가 철근 직경의 40배 이상으로 한다.
④ 철근은 굵은 것보다 가는 철근을 많이 넣는 것이 좋다.

② 원칙적으로 **통줄눈 쌓기**로 한다.

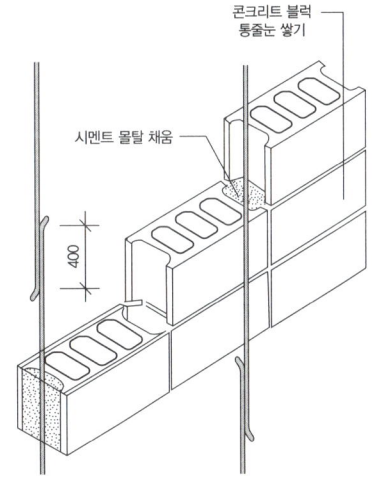

📌 필기에 자주 출제되는 내용입니다.

68 조적조 백화(efflorescence)현상의 방지법으로 옳지 않은 것은?

① 물-시멘트비를 증가시킨다.
② 흡수율이 작은 소성이 잘된 벽돌을 사용한다.
③ 줄눈 모르타르에 방수제를 혼합한다.
④ 벽면의 돌출 부분에 차양, 루버 등을 설치한다.

* **백화현상 방지법**
① 소성이 잘 된 벽돌을 사용한다.
② 줄눈으로 비가 새어들지 않도록 방수처리를 한다.(방수제 사용과 충분한 사춤)
③ 표면에 파라핀 도료, 실리콘을 뿜칠한다.
④ 조립률이 큰 모래, 분말도가 큰 시멘트를 사용한다.
⑤ 벽돌 벽의 상부에 비 막이(차양, 돌림띠 등)를 설치한다.

필기에 자주 출제되는 내용입니다.

69 지질조사를 하는 지역의 지층순서를 결정하는데 이용하는 토질주상도에 나타내지 않아도 되는 항목은?

① 보링방법
② 지하수위
③ N값
④ 지내력

* **토질 주상도의 기입내용**
① 지반조사 지역
② 조사일자
③ 조사자
④ 보링방법
⑤ 지하수위
⑥ 심도에 따른 색조 및 토질
⑦ 층 두께 및 구성 상태
⑧ N값

참고

* **토질주상도(Columnar Section)**
조사지역의 층별, 포함물질 및 층 두께 등을 그림으로 나타낸 것을 말한다.

70 기초공사 시 활용되는 현장타설 콘크리트 말뚝공법에 해당되지 않는 것은?

① 어스드릴(earth drill) 공법
② 베노토 말뚝(benoto pile) 공법
③ 리버스서큘레이션(reverse circulation pile) 공법
④ 프리보링(preboring) 공법

④ 프리보링(Pre-Boring) 공법은 오거(auger)로 미리 구멍을 뚫어 기성 말뚝을 삽입한 후 타격에 의해 말뚝을 설치하는 기성콘크리트 말뚝공법이다.

정답 68 ① 69 ④ 70 ④

> **참고**
>
> 1. 어스드릴공법 : 굴착 공에 철근망을 삽입하고 콘크리트를 타설하여 말뚝을 형성하는 공법이며, 안정액으로 벤토나이트 용액을 사용하여 공벽을 보호하는 공법
> 2. 리버스 서큘레이션공법(역순환 굴착공법, RCD공법) : 리버스 서큘레이션 드릴로 대구경의 구멍을 파고 굴착공 안을 물이나 안정액으로 정수압을 유지하여 굴착공 벽을 보호하면서 굴착, 철근망과 콘크리트를 타설하여 말뚝을 형성하는 공법
> 3. 베노토공법 : 큰 구경의 천공기를 이용하여 대구경의 구멍을 지중에 뚫은 후 콘크리트를 구멍 속에 충전(充塡)하여 말뚝을 형성하는 공법

필기에 자주 출제되는 내용입니다.

71 철근콘크리트 공사에서 거푸집의 간격을 일정하게 유지시키는데 사용되는 것은?

① 클램프　　　② 쉐어 커넥터
③ 세퍼레이터　　④ 인서트

> 격리재(separator) : 거푸집 상호 간의 간격을 일정하게 유지하는데 사용된다.

필기에 자주 출제되는 내용입니다.

72 유동화 콘크리트를 제조할 때 유동화제를 첨가하기 전 기본 배합 콘크리트인 베이스 콘크리트의 슬럼프 기준은? (단, 일반 콘크리트의 경우)

① 150mm 이하　　② 180mm 이하
③ 210mm 이하　　④ 240mm 이하

> **참고**
>
> | 콘크리트의 종류 | 베이스 콘크리트 | 유동화 콘크리트 |
> |---|---|---|
> | 보통 콘크리트 | 150mm 이하 | 210mm 이하 |
> | 경량골재 콘크리트 | 180mm 이하 | 210mm 이하 |

> **참고**
>
> * 유동화 콘크리트
> 미리 비벼낸 단위수량이 적은 콘크리트에 유동화재를 혼합하여 된비빔 콘크리트의품질을 유지한 채 일시적으로 유동성을 증대시킨 콘크리트를 말한다.

73 시험말뚝에 변형률계(strain gauge)와 가속도계(accelerometer)를 부착하여 말뚝 항타에 의한 파형으로부터 지지력을 구하는 시험은?

① 정적재하시험
② 동적재하시험
③ 정·동적재하 시험
④ 인발시험

> ① 동적재하시험 : 시험말뚝에 변형률계(strain gauge)와 가속도계(accelero meter)를 부착하여 말뚝 항타에 의한 파형으로부터 지지력을 구하는 시험(말뚝 두부를 햄머로 타격할 때 발생되는 압축파에 대한 정보를 수집해서 파일의 지지력을 추정한다.)
> ② 정적재하시험 : 말뚝에 실제 하중을 가하여 지지력을 측정하는 시험

정답 71 ③　72 ①　73 ②

74 철근 콘크리트 타설에서 외기 기온이 25℃ 이하일 때 이어 붓기 시간간격의 한도로 옳은 것은?

① 120분 ② 150분
③ 180분 ④ 210분

＊허용 이어치기 시간간격의 표준

외기온도	허용 이어치기 시간간격
25℃ 초과	2.0시간
25℃ 이하	2.5시간

주) 허용 이어치기 시간간격은 하층 콘크리트 비비기 시작에서부터 콘크리트 타설 완료한 후, 상층 콘크리트가 타설되기까지의 시간

📝 필기에 자주 출제되는 내용입니다.

75 철골공사의 용접부 검사에 관한 사항 중 용접완료 후의 검사와 거리가 먼 것은?

① 초음파 탐상법
② X선 투과법
③ 개선 정도 검사
④ 자기탐상법

＊용접완료 후의 비파괴검사 방법
① 초음파 탐상법
② X선투과법(방사선 투과법)
③ 자기탐상법
④ 침투탐상법

📝 필기에 자주 출제되는 내용입니다.

76 석공사에서 건식공법 시공에 대한 설명으로 옳지 않은 것은?

① 하지철물의 부식문제와 내부단열재 설치문제 등이 나타날 수 있다.
② 긴결 철물과 채움 모르타르로 붙여 대는 것으로 외벽공사 시 빗물이 스며들어 듬뜸, 백화현상 등이 발생하지 않도록 한다.
③ 실런트(Sealant) 유성분에 의한 석재면의 오염문제는 비오염성 실런트로 대체하거나, Open Joint 공법으로 대체하기도 한다.
④ 강재트러스, 트러스지지공법 등 건식공법은 시공정밀도가 우수하고, 작업능률이 개선되며, 공기단축이 가능하다.

② 건식공법은 모르타르 없이 구조체와 석재 사이를 연결철물로 고정하는 공법을 말한다.

77 콘크리트 타설과 관련하여 거푸집 붕괴사고 방지를 위하여 우선적으로 검토·확인하여야 할 사항 중 가장 거리가 먼 것은?

① 콘크리트 측압 파악
② 조임철물 배치간격 검토
③ 콘크리트의 단기 집중타설 여부 검토
④ 콘크리트의 강도 측정

정답 74 ② 75 ③ 76 ② 77 ④

* 거푸집 붕괴사고 방지를 위하여 우선적으로 검토·확인하여야 할 사항
① 콘크리트 측압 확인
② 조임 철물 배치간격 검토
③ 콘크리트의 단기 집중타설 여부 검토

78 1개 회사가 단독으로 도급을 수행하기에는 규모가 큰 공사일 경우 2개 이상의 회사가 임시로 결합하여 연대책임으로 공사를 하고 공사 완성 후 해산하는 방식은?

① 단가도급
② 분할도급
③ 공동도급
④ 일식도급

* 공동도급
1개의 회사가 단독으로 도급을 맡기에는 규모가 클 경우 또는 특수 공사일 때 2개 회사가 임시로 결합하여 공동연대책임으로 공사를 하고 공사 완성 후 해산한다.

필기에 자주 출제되는 내용입니다.

79 깊이 7m 정도의 우물을 파고 이곳에 수중 모터펌프를 설치하여 지하수를 양수하는 배수공법으로 지하용수량이 많고 투수성이 큰 사질지반에 적합한 것은?

① 집수정(sump pit) 공법
② 깊은 우물(deep well) 공법
③ 웰 포인트(well point) 공법
④ 샌드 드레인(sand drain) 공법

① 집수정(sump pit)공법 : 집수정(Sump Pit)에 집수된 지하수를 Pump로 강제 배수하는 공법을 말한다.
② 깊은 우물(deep well)공법 : 깊이 7m 정도의 우물을 파고 이곳에 수중 모터펌프를 설치하여 지하수를 양수하는 배수공법으로 지하 용수량이 많고 투수성이 큰 사질지반에 적합하다.
③ 웰 포인트(well point)공법 : 집수장치를 붙인 파이프를 1~3m의 간격으로 지중에 박아 이것을 지상의 집수관에 연결하여 펌프로 지중의 물을 배수하는 공법을 말한다.
④ 샌드 드레인(sand drain)공법 : 철관을 박고 그 속에 모래를 다져 넣어 하중을 가해 수분을 배출시키는 공법을 말한다.

필기에 자주 출제되는 내용입니다.

80 건축 공사의 각종 분할도급의 장점에 관한 설명 중 옳지 않은 것은?

① 전문공종별 분할도급은 설비업자의 자본, 기술이 강화되어 능률이 향상된다.
② 공정별 분할도급은 후속공사를 다른 업자로 바꾸거나 후속공사 금액의 결정이 용이하다.
③ 공구별 분할도급은 중소업자에 균등기회를 주고 업자 상호 간 경쟁으로 공사기일 단축, 시공 기술향상에 유리하다.
④ 직종별, 공종별 분할도급은 전문 직종으로 분할하여 도급을 주는 것으로 건축주의 의도를 철저하게 반영시킬 수 있다.

정답 78 ③ 79 ② 80 ②

② 공정별 분할도급은 후속공사를 다른 업자로 바꾸거나, 후속공사 금액의 결정이 곤란하다.

참고

① 전문공사별 분할도급 : 설비 공사를 주체 공사에서 분리하여 전문업자와 직접 계약하는 방식
② 공정별 분할도급 : 정지, 기초, 구체, 마무리 공사 등의 과정별로 나누어 도급을 주는 방식
③ 공구별 분할도급 : 대규모 공사에서 한 현장 안에서 여러 지역별로 공사를 구분하여 발주하는 방식

📝 필기에 자주 출제되는 내용입니다.

5과목 건설재료학

81 도료를 건조과정에 의해 분류할 때 가열건조형에 속하는 것은?

① 바니시
② 비닐수지 도료
③ 아미노알키드수지 도료
④ 에멀션 도료

*가열 건조형 도료
① 실리콘 도료
② 열 경화 아크릴 도료
③ 아미노알키드수지 도료
④ 가열 건조형 에폭시 도료

82 건축용 세라믹 제품에 대한 설명 중 옳지 않은 것은?

① 다공벽돌은 내부의 무수히 많은 구멍으로 인해 절단, 못치기 등의 가공성이 우수하다.
② 테라코타는 건축물의 패러핏, 주두 등의 장식에 사용되는 공동의 대형 점토제품이다.
③ 위생도기는 철분이 많은 장석점토를 주원료로 사용한다.
④ 일반적으로 모자이크타일 및 내장타일은 건식법, 외장타일은 습식법에 의해 제조된다.

③ 위생도기는 철분이 적은 장석점토(고령토)를 주원료로 한다.

83 목재의 방부제에 대한 설명 중 옳지 않은 것은?

① 유성 및 유용성 방부제는 물에 의해 용출하는 경우가 많으므로 습윤의 장소에는 사용하지 않는다.
② 유성페인트를 목재에 도포하면 방습, 방부효과가 있고 착색이 자유로우므로 외관을 미화하는 데 효과적이다.
③ 황산동 1%용액은 방부성은 좋으나 철재를 부식시키며 인체에 유해하다.
④ 크레오소트 오일은 방부성은 우수하나 악취가 있고 흑갈색이므로 외관이 미려하지 않아 토대, 기둥 등에 주로 사용된다.

정답 81 ③ 82 ③ 83 ①

① 유성 및 유용성 방부제는 방부, 방습효과가 있어서 습윤의 장소에 사용할 수 있다.

> **참고**
> 1. 유성(油性)목재방부제 : 원액의 상태에서 사용하는 유상(油狀)의 목재방부제를 말한다.
> 2. 유용성(油溶性) 목재방부제 : 경유, 등유 및 유기용제를 용매로 용해하여 사용하는 목재방부제를 말한다.

84 강을 제조할 때 사용하는 제강법의 종류가 아닌 것은?

① 평로 제강법
② 전기로 제강법
③ 반사로 제강법
④ 도가니 제강법

*제강법의 종류
① 평로 제강법 : 바닥이 낮고 편평한 반사로를 이용하여 선철, 철광석을 용해한다.
② 전로 제강법 : 녹아있는 상태의 선철을 기울일 수 있는 로에 부어 공기를 불어넣으면서 연소 제강한다.
③ 전기로 제강법 : 전기를 열원으로 하는 노로서 주로 제강 특수강의 용해에 사용된다.
④ 반사로 제강법 : 천정과 벽을 가열하여 반사되는 열로 금속을 용해한다.
⑤ 도가니로 제강법 : 도가니에 재강 원료를 넣고 간접적으로 가열하여 용해한다.

85 콘크리트의 블리딩 현상에 의한 성능저하와 가장 거리가 먼 것은?

① 골재와 페이스트의 부착력 저하
② 철근과 페이스트의 부착력 저하
③ 콘크리트의 수밀성 저하
④ 콘크리트의 응결성 저하

*블리딩 현상에 의한 성능 저하
① 골재와 페이스트의 부착력 저하
② 철근과 페이스트의 부착력 저하
③ 콘크리트의 수밀성 저하
④ 콘크리트의 강도, 내구성 저하

> **참고**
> 블리딩(bleeding) : 콘크리트 타설 후 시멘트, 골재 입자 등의 침하에 따라 물이 분리 상승되어 콘크리트 표면에 떠오르는 현상을 말한다.

 필기에 자주 출제되는 내용입니다.

86 섬유포화점 이하에서 목재의 함수율 감소에 따른 목재의 성질 변화에 대한 설명으로 옳은 것은?

① 강도가 증가하고 인성이 증가한다.
② 강도가 증가하고 인성이 감소한다.
③ 강도가 감소하고 인성이 증가한다.
④ 강도가 감소하고 인성이 감소한다.

섬유포화점 이하에서는 함수율의 감소에 따라 강도가 증가하고 인성이 감소한다.

 필기에 자주 출제되는 내용입니다.

 84 ③ 85 ④ 86 ②

87 도료의 저장 중 또는 용기 내 방치 시 도료의 표면에 피막이 형성되는 현상의 발생 원인과 가장 관계가 먼 것은?

① 피막방지제의 부족이나 건조제가 과잉일 경우
② 용기 내의 공간이 커서 산소의 양이 많을 경우
③ 부적당한 시너로 희석하였을 경우
④ 사용잔량을 뚜껑을 열어둔 채 방치하였을 경우

★ 도료의 표면에 피막이 형성되는 원인
① 뚜껑의 봉합불량
② 용기 중에 공간이 있을 때 공기 중의 산소와 산화 반응을 일으켜 발생
③ 피막방지제의 부족이나 건조제가 과잉일 경우

참고

★ 점도상승(용기 내에서 가스가 발생하여 용기가 부풀어 오름)의 원인
① 도료 중에 용제 또는 첨가한 신나의 증발
② 부적당한 신너로 희석 시
③ 저장 중 산화, 중합에 의함
④ 안료와 수지의 반응
⑤ 주제와 경화제의 반응

 필기에 자주 출제되는 내용입니다.

88 목부의 옹이땜, 송진막이, 스밈막이 등에 사용되나, 내후성이 약한 도장재는?

① 캐슈   ② 워셔프라이머
③ 셀락니스   ④ 페인트 시너

★ 셀락 니스
셀락(아주 작은 곤충의 분비물)을 변성 알코올에 용해한 것으로 목부의 옹이 땜, 송진막이, 스밈 막이 등에 사용되나, 내후성이 약하다.

89 포틀랜드 시멘트의 화학성분 중 가장 많은 부분을 차지하는 성분은?

① 석회(CaO)   ② 실리카(SiO_2)
③ 알루미나(Al_2O_3)   ④ 산화철(Fe_2O_3)

실리카(SiO_2), 알루미나(Al_2O_3), 산화철(Fe_2O_3), 석회(CaO) 등이 포함되어 있으며 석회(CaO)의 성분이 가장 많고 산화철(Fe_2O_3)의 함유량이 가장 적다.

90 목재의 가공제품에 대한 설명으로 옳지 않은 것은?

① 코르크판(Cork board)은 유공판으로 단열성·흡음성 등이 있어 천장 등에 흡음재로 사용된다.
② 연질섬유판은 밀도가 $0.8g/cm^3$ 이상으로 강도 및 경도가 비교적 큰 보드(board)로 수장판으로 사용된다.
③ 무늬목(Wood veneer)은 아름다운 원목을 종이처럼 얇게 벗겨내 합판 등의 표면에 부착시켜 장식재로 사용된다.
④ 집성재란 제재판재 또는 소각재 등의 각 판재를 서로 섬유방향을 평행하게 길이·너비 및 두께방향으로 겹쳐 접착제로 붙여서 만든 것을 말한다.

정답 87 ③   88 ③   89 ①   90 ②

* **섬유판의 종류**
① 연질섬유판(LDF) : 밀도 0.35g/m² 미만
② 중밀도섬유판(MDF) : 밀도 0.35g/cm³ 이상 0.85g/cm³ 미만
③ 경질섬유판(HDF) : 밀도 0.85g/cm³ 이상

91 연강판에 일정한 간격으로 그물눈을 내고 늘여 철망모양으로 만든 것으로 천장·벽 등의 모르타르 바름 바탕용으로 사용되는 재료로 옳은 것은?

① 메탈라스(metal lath)
② 와이어메시(wire mesh)
③ 인서트(insert)
④ 코너비드(corner bead)

* **메탈라스(metal lath)**
① 연 강판에 일정한 간격으로 그물눈을 내고 늘여 철망 모양으로 만든 것을 말한다.
② 천장·벽 등의 모르타르 바름 바탕용으로 사용된다.

📝 필기에 자주 출제되는 내용입니다.

92 목재접합, 합판제조 등에 사용되며, 다른 접착제와 비교하여 내수성이 부족하고 값이 저렴한 접착제는?

① 요소수지 접착제
② 푸란수지 접착제
③ 에폭시수지 접착제
④ 실리콘수지 접착제

* **요소수지 접착제**
① 상온에서의 접착력이 강하고 수분에 대한 저항성도 있다.
② 고온에 민감하여 65℃ 이상의 온도나 상대습도가 높은 경우에는 열화되는 단점이 있다.(내수성이 좋다고 할 수 있으나 다른 합성수지 접착제에 비해 내수성이 부족하다.)
③ 목재접합, 합판제조 등에 사용 된다.
④ 값이 저렴하다.

📝 필기에 자주 출제되는 내용입니다.

93 시멘트의 분말도에 대한 설명 중 옳지 않은 것은?

① 분말도가 클수록 수화반응이 촉진된다.
② 분말도가 클수록 초기강도는 작으나 장기강도는 크다.
③ 분말도가 클수록 시멘트 분말이 미세하다.
④ 분말도가 너무 크면 풍화되기 쉽다.

* **분말도가 큰 시멘트의 특징**
① 워커빌리티가 좋고 블리딩이 적다.
② **수화반응이 빠르고 초기강도가 크다.**(수화열이 높다.)
③ 시멘트 량이 절약되고 내구성이 작아진다.
④ 분말도가 너무 크면 풍화되기 쉽다.
⑤ 분말도가 클수록 시멘트 분말이 미세하다.

📝 필기에 자주 출제되는 내용입니다.

정답 91 ① 92 ① 93 ②

94 다음 각 플라스틱 재료의 용도를 표기한 것으로 옳지 않은 것은?

① 멜라민수지 : 치장판
② 염화비닐 수지 : 판재, 파이프 등의 각종 성형품
③ 에폭시수지 : 접착제
④ 폴리에스테르수지 : 흡음발포제

> **＊폴리에스테르수지**
> • 고분자 합성수지의 일종으로 상온, 상압 하에서 성형이 가능하고 기계적 강도가 높은 열경화성 수지
> • 글라스 섬유로 강화된 평판, 판상제품으로 주로 사용된다.

📝 필기에 자주 출제되는 내용입니다.

95 목재의 신축에 관한 설명 중 옳지 않은 것은?

① 일반적으로 목재의 밀도가 클수록 신축이 크다.
② 섬유방향은 거의 수축하지 않는다.
③ 변재는 심재보다 신축이 크다.
④ 곧은결 방향의 신축이 널결 방향의 신축보다 크다.

> ④ 널결 방향의 신축이 곧은결 방향의 신축보다 크다.

📝 필기에 자주 출제되는 내용입니다.

96 중량 5kg인 목재를 건조시켜 전건중량이 4kg이 되었다. 건조 전 목재의 함수율은 몇 %인가?

① 20% ② 25%
③ 30% ④ 40%

> 목재의 함수율 = $\dfrac{건조전중량 - 전건중량}{전건중량} \times 100(\%)$
> = $\dfrac{5-4}{4} \times 100 = 25(\%)$

📝 필기에 자주 출제되는 내용입니다.

97 일반 콘크리트 대비 ALC의 물리적 성질로서 옳지 않은 것은?

① 경량성
② 높은 단열성
③ 높은 흡음·차음성
④ 높은 방수성

> **＊경량기포콘크리트(ALC)의 장·단점**
>
> | 장점 | 단점 |
> |---|---|
> | • 경량성
• 높은 흡음·차음성
• 높은 내진성
• 높은 단열성
• 가공성
• 유동성
• 경제성 | • 강도저하
• 흡수성이 크다.
  (수밀성, 방수성이 나쁘다.)
• 건조수축이 크다. |

📝 필기에 자주 출제되는 내용입니다.

정답 94 ④   95 ④   96 ②   97 ④

98 각종 시멘트에 관한 설명 중 옳지 않은 것은?

① 중용열 시멘트 - 겨울철 공사나 긴급공사에 사용된다.
② 조강 시멘트 - C_3S가 다량 혼입되어 있다.
③ 백색 시멘트 - 건물 내·외면의 마감, 각종 인조석 제조에 사용된다.
④ 플라이애시 시멘트 - 건조수축이 보통포틀랜드시멘트에 비하여 적다.

① 중용열 시멘트 – 댐 공사, 터널, 거대구조물의 기초공사(매스콘크리트), 콘크리트 도로포장, 방사능 차폐용으로 사용된다.

참고

알루미나 시멘트 – 겨울철 공사나 긴급공사에 사용된다.

📝 필기에 자주 출제되는 내용입니다.

99 트래버틴(travertine)에 대한 설명으로 옳지 않은 것은?

① 석질이 불균일하고 다공질이다.
② 특수 외장용 장식재로 주로 사용된다.
③ 변성암으로 황갈색의 반문이 있다.
④ 탄산석회를 포함한 물에서 침전, 생성된 것이다.

② 바닥재, 벽재, 테이블 상단 등 내장재로 사용된다.

📝 필기에 자주 출제되는 내용입니다.

100 건축재료 중 점토의 성질과 관련된 설명으로 옳지 않은 것은?

① 입도는 보통 $2\mu m$ 이하의 미립자나 모래알 정도의 조립을 포함한 것도 있다.
② 가소성은 점토입자가 클수록 좋다.
③ 가소성이 너무 큰 경우에는 모래 또는 샤모트 등을 혼합하여 조절한다.
④ 색상은 철산화물 또는 석회물질에 의해 나타나며, 철산화물이 많으면 적색이 되고, 석회물질이 많으면 황색을 띠게 된다.

② 점토 입자가 미세할수록 가소성은 좋아진다.

📝 필기에 자주 출제되는 내용입니다.

6과목 건설안전기술

101 철골구조의 앵커볼트매립과 관련된 사항 중 옳지 않은 것은?

① 기둥중심은 기준선 및 인접기둥의 중심에서 3mm 이상 벗어나지 않을 것
② 앵커 볼트는 매립 후에 수정하지 않도록 설치할 것
③ 베이스플레이트의 하단은 기준 높이 및 인접기둥의 높이에서 3mm 이상 벗어나지 않을 것
④ 앵커 볼트는 기둥중심에서 2mm 이상 벗어나지 않을 것

정답 98 ① 99 ② 100 ② 101 ①

> ★ **앵커볼트의 매립 시 준수사항**
> - 앵커볼트는 매립 후에 수정하지 않도록 설치하여야 한다.
> - 앵커볼트를 매립하는 정밀도는 다음 각 항목의 범위 내여야 한다.
>   - 기둥중심은 기준선 및 인접기둥의 중심에서 5mm 이상 벗어나지 않을 것
>   - 인접기둥 간 중심거리의 오차는 3mm 이하일 것
>   - 앵커볼트는 기둥중심에서 2mm 이상 벗어나지 않을 것
>   - 베이스 플레이트의 하단은 기준 높이 및 인접 기둥의 높이에서 3mm 이상 벗어나지 않을 것

102 터널붕괴를 방지하기 위한 지보공 점검사항과 가장 거리가 먼 것은?

① 부재의 긴압의 정도
② 부재의 손상·변형·부식·변위 탈락의 유무 및 상태
③ 기둥침하의 유무 및 상태
④ 경보장치의 작동상태

> ★ **터널지보공 설치 시 점검 항목**
> - 부재의 손상·변형·부식·변위 탈락의 유무 및 상태
> - 부재의 긴압 정도
> - 부재의 접속부 및 교차부의 상태
> - 기둥침하의 유무 및 상태

📝 실기까지 중요한 내용입니다.

103 다음은 항만하역작업 시 통행설비의 설치에 관한 내용이다. ( ) 안에 알맞은 숫자는?

> 사업주는 갑판의 윗면에서 선창 밑바닥까지의 깊이가 ( )를 초과하는 선창의 내부에서 화물취급작업을 하는 경우에 그 작업에 종사하는 근로자가 안전하게 통행할 수 있는 설비를 설치하여야 한다.

① 1.0m ② 1.2m
③ 1.3m ④ 1.5m

> ④ 갑판의 윗면에서 선창 밑바닥까지의 깊이가 1.5m를 초과하는 선창의 내부에서 화물취급작업을 하는 때에는 그 작업에 종사하는 근로자가 안전하게 통행할 수 있는 설비를 설치하여야 한다.

104 연약지반의 이상현상 중 하나인 히빙(heaving) 현상에 대한 안전대책이 아닌 것은?

① 흙막이벽의 관입깊이를 깊게 한다.
② 굴착 저면에 토사 등으로 하중을 가한다.
③ 흙막이 배면의 표토를 제거하여 토압을 경감한다.
④ 주변 수위를 높인다.

> ★ **히빙현상 방지책**
> - 양질의 재료로 지반을 개량한다.
> - 어스앵커를 설치한다.
> - 시트파일 등의 근입심도 검토(흙막이 벽체의 근입 깊이를 깊게 한다.)

정답 102 ④ 103 ④ 104 ④

- 굴착 주변에 웰포인트 공법을 병행한다.(주변 수위를 낮춘다.)
- 소단을 두면서 굴착한다.

105 52m 높이로 강관비계를 세우려면 지상에서 몇 m까지 2개의 강관으로 묶어 세워야 하는가?

① 11m ② 16m
③ 21m ④ 26m

- 비계기둥의 제일 윗부분으로부터 31m 되는 지점 밑부분의 비계기둥은 2본의 강관으로 묶어 세울 것
- 52 - 31 = 21m 지상에서부터 21m까지를 2본의 강관으로 묶어 세워야 한다.

📝 실기까지 중요한 내용입니다.

106 콘크리트 타설작업과 관련하여 준수하여야 할 사항으로 가장 거리가 먼 것은?

① 당일의 작업을 시작하기 전에 해당 작업에 관한 거푸집동바리 등의 변형·변위 및 지반의 침하 유무 등을 점검하고 이상이 있는 경우 보수할 것
② 콘크리트를 타설하는 경우에는 편심이 발생하지 않도록 골고루 분산하여 타설할 것
③ 진동기 사용을 많이 할수록 균일한 콘크리트를 얻을 수 있으므로 가급적 많이 사용할 것
④ 설계도서상의 콘크리트 양생기준을 준수하여 거푸집동바리 등을 해제할 것

③ 진동기는 적절히 사용되어야 하며, 지나친 진동은 거푸집 도괴의 원인이 될 수 있다.

107 부두·안벽 등 하역작업을 하는 장소에서는 부두 또는 안벽의 선을 따라 통로를 설치하는 경우에는 폭을 최소 얼마 이상으로 해야 하는가?

① 70cm ② 80cm
③ 90cm ④ 100cm

부두 또는 안벽의 선을 따라 통로를 설치하는 경우에는 폭을 90cm 이상으로 할 것

108 터널 지보공을 조립하거나 변경하는 경우에 조치하여야 하는 사항으로 옳지 않은 것은?

① 목재의 터널 지보공은 조립 시 각 부재에 작용하는 긴압정도를 체크하여 그 정도가 최대한 차이나도록 한다.
② 강(鋼)아치 지보공의 조립은 연결볼트 및 띠장 등을 사용하여 주재 상호 간을 튼튼하게 연결할 것
③ 기둥에는 침하를 방지하기 위하여 받침목을 사용하는 등의 조치를 할 것
④ 주재(主材)를 구성하는 1세트의 부재는 동일 평면 내에 배치할 것

① 목재의 터널 지보공은 그 터널 지보공의 각 부재의 긴압 정도가 균등하게 되도록 할 것

정답 105 ③ 106 ③ 107 ③ 108 ①

109 신품의 추락방지망 중 그물코의 크기 10cm인 매듭방망의 인장강도 기준으로 옳은 것은?

① 110kgf 이상 ② 200kgf 이상
③ 360kgf 이상 ④ 400kgf 이상

★ 방망사의 신품에 대한 인장강도

그물코의 크기 (단위 : cm)	방망의 종류(단위 : kg)	
	매듭 없는 방망	매듭방망
10	240	200
5		110

참고

★ 방망사의 폐기 시 인장강도

그물코의 크기 (단위 : cm)	방망의 종류(단위 : kg)	
	매듭 없는 방망	매듭방망
10	150	135
5		60

필기에 자주 출제되는 내용입니다. 암기하세요.

110 콘크리트 타설을 위한 거푸집동바리의 구조검토 시 가장 선행되어야 할 작업은?

① 각 부재에 생기는 응력에 대하여 안전한 단면을 산정한다.
② 하중·외력에 의하여 각 부재에 생기는 응력을 구한다.
③ 가설물에 작용하는 하중 및 외력의 종류, 크기를 산정한다.
④ 사용할 거푸집동바리의 설치간격을 결정한다.

거푸집동바리의 구조검토 시에는 작용하는 하중 및 외력의 종류, 크기의 산정이 우선되어야 한다.

111 클램쉘(Clam shell)의 용도로 옳지 않은 것은?

① 잠함안의 굴착에 사용된다.
② 수면아래의 자갈, 모래를 굴착하고 준설선에 많이 사용된다.
③ 건축구조물의 기초 등 정해진 범위의 깊은 굴착에 적합하다.
④ 단단한 지반의 작업도 가능하며 작업속도가 빠르고 특히 암반굴착에 적합하다.

★ 클램셸(clamshell)
• 수중굴착 및 가장 협소하고 깊은 굴착이 가능하며 호퍼(hopper)에 적당하다.
• 연약지반이나 수중굴착 및 자갈 등을 싣는 데 적합하다.
• 깊은 땅파기 공사와 흙막이 버팀대를 설치하는 데 사용한다.

112 표준관입시험에 대한 내용으로 옳지 않은 것은?

① N치(N-value)는 지반을 30cm 굴진하는 데 필요한 타격횟수를 의미한다.
② 50/3의 표기에서 50은 굴진수치, 3은 타격횟수를 의미한다.
③ 63.5kg 무게의 추를 76cm 높이에서 자유낙하하여 타격하는 시험이다.
④ 사질지반에 적용하며, 점토지반에서는 편차가 커서 신뢰성이 떨어진다.

정답 109 ② 110 ③ 111 ④ 112 ②

② 50/3의 표기는 50회(타격횟수)/3cm(굴진수치)를 나타낸다.

참고

★ 표준관입시험(standard penetration test)
- 표준 샘플러 63.5kg의 해머로 75cm의 높이에서 낙하시켜 관입량 30cm에 달하는 데 요하는 타격횟수로서 사질지반(모래)의 밀도를 측정하는 방법이다.
- 타격횟수의 값이 클수록 밀실한 토질이다.

113 지반조사 보고서 내용에 해당되지 않는 항목은?

① 지반공학적 조건
② 표준관입시험치, 콘관입저항치 결과분석
③ 시공예정인 흙막이 공법
④ 건설할 구조물 등에 대한 지반특성

★ 지반조사 보고서 내용
- 지반의 특성
- 보링 주상도 및 추정 단면도
- 토량 변화율 및 성토재의 특성
- 연약지반의 물리적 · 역학적 특성
- 연약지반 처리 범위 및 처리공법
- 구조물 기초의 안정 검토를 위한 자료 및 안정성 검토 결과 등

114 흙막이 가시설 공사 시 사용되는 각 계측기 설치목적으로 옳지 않은 것은?

① 지표침하계 - 지표면 침하량 측정
② 수위계 - 지반 내 지하수위의 변화 측정
③ 하중계 - 상부 적재하중 변화 측정
④ 지중경사계 - 지중의 수평 변위량 측정

★ 계측기 종류 및 용도

경사계 (Tilt-meter)	구조물의 경사각 및 변형 상태를 계측
지하 수위계 (Water levelmeter)	지하수위 변화를 실측하여 각종 계측자료에 이용
토압계 (Earth pressurecell)	토압의 변화를 측정하여 이들 부재의 안정상태 확인
변형률계 (Strain-gauge)	토류 구조물의 각 부재와 인근 구조물의 각 지점 및 타설 콘크리트 등의 응력변화를 측정
하중계 (Strut load-cell)	Strut의 축 하중 변화상태를 측정
간극 수압계 (Piezometer)	굴착에 따른 과잉 간극수압의 변화를 측정
지표 침하계 (Settlement Plate)	지표면의 침하량 절대치의 변화를 측정

115 산업안전보건기준에 관한 규칙에 따른 철골공사 작업 시 작업을 중지해야 할 경우는?

① 강우량 1.5mm/hr
② 풍속 8m/sec
③ 강설량 5mm/hr
④ 지진 진도 1.0

정답 113 ③ 114 ③ 115 ①

* **철골작업을 중지해야 하는 조건**
  - 풍속이 초당 10m 이상인 경우
  - 강우량이 시간당 1mm 이상인 경우
  - 강설량이 시간당 1cm 이상인 경우

📝 실기에 자주 출제되는 내용입니다. 암기하세요.

116 폭풍 시 옥외에 설치되어 있는 주행크레인에 대하여 이탈방지를 위한 조치가 필요한 풍속 기준은?

① 순간풍속이 20m/sec 초과할 때
② 순간풍속이 25m/sec 초과할 때
③ 순간풍속이 30m/sec 초과할 때
④ 순간풍속이 35m/sec 초과할 때

* **악천후 시 조치**
  - 순간풍속이 초당 10m를 초과 : 타워크레인의 설치·수리·점검 또는 해체작업을 중지
  - 순간풍속이 초당 15m를 초과 : 타워크레인의 운전작업을 중지
  - 순간풍속이 초당 30m를 초과 : 옥외에 설치되어 있는 주행 크레인 이탈방지조치
  - 순간풍속이 초당 30m를 초과하는 바람이 불거나 중진(中震) 이상 진도의 지진이 있은 후 : 옥외 양중기 각 부위 이상 점검
  - 순간풍속이 초당 35m를 초과 : 옥외 승강기 및 건설리프트(지하에 설치되어 있는 것은 제외)에 대하여 받침의 수를 증가시키는 등 승강기가 무너지는 것을 방지하기 위한 조치

📝 실기까지 중요한 내용입니다. 해설을 다시 확인하세요.

117 철골조립작업에서 안전한 작업발판과 안전난간을 설치하기가 곤란한 경우 작업원에 대한 안전 대책으로 가장 알맞은 것은?

① 안전대 및 구명로프 사용
② 안전모 및 안전화 사용
③ 출입금지 조치
④ 작업중지 조치

작업발판을 설치하기 곤란한 경우 추락방호망을 설치하여야 한다. 다만, 추락방호망을 설치하기 곤란한 경우에는 근로자에게 안전대를 착용하도록 하는 등 추락 위험을 방지하기 위하여 필요한 조치를 하여야 한다.

118 철근콘크리트 구조물의 해체를 위한 장비가 아닌 것은?

① 램머(Rammer)
② 압쇄기
③ 철제 해머
④ 핸드 브레이커(Hand Breaker)

① 램머 : 지반 다짐용 기계

119 낙하물방지망 또는 방호선반을 설치하는 경우에 수평면과의 각도 기준으로 옳은 것은?

① 10° 이상 20° 이하
② 20° 이상 30° 이하
③ 25° 이상 35° 이하
④ 35° 이상 45° 이하

* **낙하물방지망 또는 방호선반을 설치 시 준수사항**
- 설치높이는 10m 이내마다 설치하고, 내민길이는 벽면으로부터 2m 이상으로 할 것
- 수평면과의 각도는 20° 내지 30°를 유지할 것

📝 실기까지 중요한 내용입니다. 해설을 다시 확인하세요.

120 강풍 시 타워크레인의 작업제한과 관련된 사항으로 타워크레인의 운전 작업을 중지해야 하는 순간풍속기준으로 옳은 것은?

① 순간풍속이 매초당 10m 초과
② 순간풍속이 매초당 15m 초과
③ 순간풍속이 매초당 20m 초과
④ 순간풍속이 매초당 25m 초과

순간풍속이 초당 15m를 초과 : 타워크레인의 운전 작업을 중지

정답 119 ② 120 ②

2014년 2회 최근 기출문제

1과목 산업안전관리론

01 다음 중 산업안전보건법령상 크레인, 이동식 크레인, 리프트 등을 사용하여 작업하는 때 작업시작 전에 공통적으로 점검하여야 하는 사항은?

① 바퀴의 이상 유무
② 전선 및 접속부 상태
③ 브레이크 및 클러치의 기능
④ 작업면의 기울기 또는 요철 유무

★작업시작 전 점검 항목

크레인	• 권과방지장치 · 브레이크 · 클러치 및 운전장치의 기능 • 주행로의 상측 및 트롤리(trolley)가 횡행하는 레일의 상태 • 와이어로프가 통하고 있는 곳의 상태
이동식 크레인	• 권과방지장치나 그 밖의 경보장치의 기능 • 브레이크 · 클러치 및 조정장치의 기능 • 와이어로프가 통하고 있는 곳 및 작업장소의 지반상태
리프트	• 방호장치 · 브레이크 및 클러치의 기능 • 와이어로프가 통하고 있는 곳의 상태

📝 실기에 자주 출제되는 내용입니다. 암기하세요.

02 다음 중 방음용 귀마개 또는 귀덮개의 종류 및 등급과 기호가 잘못 연결된 것은?

① 귀덮개 : EM
② 귀마개 1종 : EP-1
③ 귀마개 2종 : EP-2
④ 귀마개 3종 : EP-3

★방음용 귀마개, 귀덮개의 종류 및 성능

종류	등급	기호	성능	비고
귀마개	1종	EP-1	저음부터 고음까지 차음하는 것	귀마개의 경우 재사용 여부를 제조특성으로 표기
	2종	EP-2	주로 고음을 차음하고 저음(회화음영역)은 차음하지 않는 것	
귀덮개	-	EM	-	-

03 다음 중 재해의 발생형태에 있어 일어난 장소나 그 시점에 일시적으로 요인이 집중하여 재해가 발생하는 경우를 무엇이라 하는가?

① 연쇄형
② 복합형
③ 결합형
④ 단순자극형

정답 01 ③ 02 ④ 03 ④

① **연쇄형** : 하나의 사고 요인이 또 다른 요인을 발생시키면서 재해가 발생하는 유형
② **복합형** : 단순 자극형과 연쇄형의 복합적인 발생 유형
④ **단순자극형(집중형)** : 상호 자극에 의하여 순간적으로 재해가 발생하는 유형으로 재해가 일어난 장소에, 그 시기에 일시적으로 요인이 집중한다는 유형

04 다음 중 TBM(Tool Box Meeting) 위험예지훈련의 진행방법으로 가장 적절하지 않은 것은?

① 인원은 10명 이하로 구성한다.
② 소요시간은 10분 정도가 바람직하다.
③ 리더는 주제의 주안점에 대하여 연구해 둔다.
④ 오전 작업시작 전과 오후 작업종료 시 하루 2회 실시한다.

* **TBM(Tool Box Meeting)**
작업 전 또는 종료 시에 5~10분간 작업자 3~5인이 조를 이뤄 작업 시 위험요소에 대하여 말하는 방식이다.

05 다음 중 재해사례연구의 진행단계로 옳은 것은?

① 전제조건 → 사실의 확인 → 문제점 발견 → 근본적 문제점 결정 → 대책수립
② 사실의 확인 → 전제조건 → 근본적 문제점 결정 → 문제점 발견 → 대책수립
③ 문제점 발견 → 사실의 확인 → 전제조건 → 근본적 문제점 결정 → 대책수립
④ 전제조건 → 문제점 발견 → 근본적 문제점 결정 → 대책수립 → 사실의 확인

* **재해사례연구 진행 단계**
• 전제 조건 : 재해 상황의 파악
• 1단계 : 사실의 확인
• 2단계 : 문제점 발견
• 3단계 : 근본 문제점 결정 (재해원인 결정)
• 4단계 : 대책수립

실기까지 중요한 내용입니다.

06 산업안전보건법령상 안전보건관리규정을 작성하여야 할 사업의 사업주는 안전보건관리규정을 작성하여야 할 사유가 발생한 날부터 며칠 이내에 작성하여야 하는가?

① 15일   ② 30일
③ 60일   ④ 90일

사업주는 안전보건관리규정을 작성하여야 할 사유가 발생한 날부터 30일 이내에 안전보건관리규정을 작성하여야 한다.

정답 04 ④ 05 ① 06 ②

07 다음 중 1,000여 명 이상 되는 대규모 현장의 안전조직을 구성할 때, 가장 중점적으로 고려하여야 할 사항은?

① 안전에 관한 전담부서를 중심으로 조직한다.
② 소요되는 비용의 절감을 우선적으로 고려하여야 한다.
③ 현장에 직접적인 안전업무의 권한을 부여하도록 한다.
④ 조직을 구성하는 관리자의 권한과 책임을 명확히 한다.

> 1,000명 이상 대규모 현장의 안전조직 → 라인 스태프(Line Staff)형 조직 → 스태프의 월권행위 또는 라인이 스태프에 의존하거나 활용하지 않는 경우가 있을 수 있으므로 관리자의 권한과 책임을 명확히 하여야 한다.

08 다음 중 산업안전보건법령상 자율안전확인 대상 기계·기구 및 설비에 해당하지 않는 것은?

① 곤돌라
② 연삭기
③ 컨베이어
④ 자동차정비용 리프트

> **★ 자율안전확인 대상 기계·기구**
> ① 연삭기 및 연마기(휴대형 제외)
> ② 산업용 로봇
> ③ 혼합기
> ④ 파쇄기 or 분쇄기
> ⑤ 식품가공용 기계(파쇄, 절단, 혼합, 제면기만 해당)
> ⑥ 컨베이어
> ⑦ 자동차정비용 리프트
> ⑧ 공작기계(선반, 드릴, 평삭·형삭기, 밀링만 해당)
> ⑨ 고정형 목재가공용 기계(둥근톱, 대패, 루타기, 띠톱, 모떼기 기계만 해당)
> ⑩ 인쇄기

> **특급암기법**
> 공작기계로 철판 잘라서 연삭기, 연마기로 갈고, 고정형 목재가공용기계로 나무 자르고, 식품가공용 기계로 식품 파쇄, 분쇄하여 혼합기로 혼합한 후 컨베이어로 운반해서 자동차 리프트에 올려놓고 인기 있는 산업용 로봇 만들자.

실기에 자주 출제되는 내용입니다. 암기하세요.

09 다음 중 작업자의 오동작 등 조작하는 순서의 잘못에 대응하여 사고나 재해를 방지하는 기능을 무엇이라 하는가?

① Back up 기능
② Fool proof 기능
③ Fail safe 기능
④ 다중계화 기능

> 작업자의 오동작 등 조작하는 순서의 잘못 → 작업자의 실수가 있더라도 사고나 재해를 방지하는 기능 → Fool proof 기능

정답 07 ④ 08 ① 09 ②

> **참고**
> - 페일세이프(Fail safe) : 기계의 고장이 있어도 안전사고를 발생시키지 않도록 2중, 3중 통제를 가함
> - 풀–프루프(Fool proof) : 인간의 실수가 있어도 안전사고를 발생시키지 않도록 2중, 3중 통제를 가함

10 다음 무재해운동의 추진 운영에 있어 특정 목표배수를 달성하여 그 다음 배수 달성을 위한 새로운 목표를 재설정하는 경우의 무재해 목표 설정기준에 관한 설명으로 틀린 것은?

① 건설업의 규모는 재개시 시점에 해당하는 총 공사금액을 적용한다.
② 규모는 재설정 시점에 해당하는 달로부터 직전 3개월간의 평균 상시 근로자수를 적용한다.
③ 무재해 목표를 달성한 시점 이후부터 즉시 다음 배수를 기산하며 업종과 규모에 따라 새로운 무재해 목표시간을 재설정한다.
④ 창업이거나 통합·분리한 지 6개월 미만인 사업장은 창업일이나 통합·분리일부터 산정일까지의 매월 말일의 상시근로자수를 합하여 해당 월수로 나눈 값을 적용한다.

📝 관련 고시내용 변경으로 고시에서 삭제된 내용입니다.

11 연간 국내공사 실적액이 50억원이고, 건설업 평균임금이 250만원이며, 노무비율은 0.06인 사업장에서 산출한 상시근로자 수는 얼마인가?

① 5 ② 10
③ 20 ④ 30

$$\text{상시 근로자 수} = \frac{\text{연간 국내공사 실적액} \times \text{노무비율}}{\text{건설업 월평균임금} \times 12}$$

$$= \frac{5{,}000{,}000{,}000 \times 0.06}{2{,}500{,}000 \times 12} = 10\text{명}$$

12 다음 중 버드(Bird)가 발표한 새로운 사고 연쇄예방이론에서 사건을 방지하기 위해 제기한 직전의 사상은?

① 기준 이하의 행동(substandard acts) 및 기준 이하의 조건(substandard conditions)
② 기준 이하의 행동(substandard acts) 및 작업 관련요소(job factor)
③ 사람 관련 요소(personal factor) 및 작업 관련 요소(job factor)
④ 사람 관련 요소(personal factor) 및 기준 이하의 조건(substandard conditions)

사건을 방지하기 위해 제기한 직전의 사상 → 직접원인(징후) → 기준 이하의 행동(불안전한 행동) 및 기준 이하의 조건(불안전한 상태)

정답 10 ④ 11 ② 12 ①

> **참고**
>
> *** 버드(Frank. E. Bird)의 사고 연쇄성이론 5단계**
>
> | 1단계 | 제어부족(관리 부재) |
> |---|---|
> | 2단계 | 기본원인(기원) |
> | 3단계 | 직접원인(징후) |
> | 4단계 | 사고(접촉) |
> | 5단계 | 상해(손실) |

13 다음 중 산업안전보건법에 따라 같은 장소에서 행하여지는 도급사업에 있어 구성되는 노사협의체의 구성에 관한 설명으로 틀린 것은?

① 근로자대표가 지명하는 명예산업안전감독관은 근로자위원에 해당한다.
② 명예산업안전감독관이 위촉되어 있지 아니한 경우에는 근로자대표가 지명하는 안전관리자를 근로자 위원으로 구성할 수 있다.
③ 공사금액이 20억원 이상인 도급 또는 하도급 사업의 사업주는 사용자 위원으로 구성된다.
④ 노사협의체의 근로자위원과 사용자위원은 합의를 통해 노사협의체에 공사금액이 20억원 미만인 도급 또는 하도급사업의 사업주 및 근로자대표를 위원으로 위촉할 수 있다.

> ② 명예산업안전감독관이 위촉되어 있지 아니한 경우에는 근로자대표가 지명하는 해당 사업장의 근로자를 근로자 위원으로 구성할 수 있다.

> **참고**
>
> *** 노사협의체의 구성**
>
> | 근로자위원 | 사용자위원 |
> |---|---|
> | 1. 도급 또는 하도급 사업을 포함한 전체 사업의 근로자대표
2. 근로자대표가 지명하는 명예산업안전감독관 1명(다만, 명예산업안전감독관이 위촉되어 있지 아니한 경우에는 근로자대표가 지명하는 해당 사업장 근로자 1명)
3. 공사금액이 20억원 이상인 공사의 관계수급인의 근로자대표 | 1. 도급 또는 하도급 사업을 포함한 전체 사업의 대표자
2. 안전관리자 1명
3. 보건관리자 1명
4. 공사금액이 20억원 이상인 공사의 관계수급인의 사업주 |

 실기까지 중요한 내용입니다.

14 산업안전보건법에 따라 사업주는 유해·위험작업에서 유해·위험예방조치 외에 작업과 휴식의 적정한 배분, 그 밖에 근로시간과 관련된 근로조건의 개선을 통하여 근로자의 건강보호를 위한 조치를 하여야 하는데 다음 중 이에 해당하는 작업이 아닌 것은?

① 인력으로 중량물을 취급하는 작업
② 안전관리자가 임의로 판단하여 지시되는 작업
③ 다량의 고열 또는 저온 물체를 취급하는 작업
④ 유리·흙·돌·광물의 먼지가 심하게 날리는 장소에서 하는 작업

정답 13 ② 14 ②

사업주는 다음 각 호의 어느 하나에 해당하는 유해·위험작업에서 유해·위험 예방조치 외에 작업과 휴식의 적정한 배분, 그 밖에 근로시간과 관련된 근로조건의 개선을 통하여 근로자의 건강 보호를 위한 조치를 하여야 한다.
- 갱(坑) 내에서 하는 작업
- 다량의 고열물체를 취급하는 작업과 현저히 덥고 뜨거운 장소에서 하는 작업
- 다량의 저온물체를 취급하는 작업과 현저히 춥고 차가운 장소에서 하는 작업
- 라듐방사선이나 엑스선, 그 밖의 유해 방사선을 취급하는 작업
- 유리·흙·돌·광물의 먼지가 심하게 날리는 장소에서 하는 작업
- 강렬한 소음이 발생하는 장소에서 하는 작업
- 착암기 등에 의하여 신체에 강렬한 진동을 주는 작업
- 인력으로 중량물을 취급하는 작업
- 납·수은·크롬·망간·카드뮴 등의 중금속 또는 이황화탄소·유기용제, 그 밖에 고용노동부령으로 정하는 특정 화학물질의 먼지·증기 또는 가스가 많이 발생하는 장소에서 하는 작업

15 산업안전보건법령상 공사금액이 1,500억 원인 건설현장에서 두어야 할 안전관리자는 몇 명 이상인가?

① 1명　② 2명
③ 3명　④ 4명

1. 공사금액 50억 원 이상(관계수급인은 100억 원 이상) 800억 원 미만 : 1명 이상
2. 공사금액 800억 원 이상 1,500억 원 미만 : 2명 이상

> **참고**
>
> ### 건설업 안전관리자 선임기준
>
> - 공사금액 50억 원 이상(관계수급인은 100억 원 이상) 120억 원 미만
>   (토목공사업의 경우에는 150억 원 미만) 또는 공사금액 120억 원 이상(토목공사업의 경우에는 150억 원 이상) 800억 원 미만 : 1명 이상
> - 공사금액 800억 원 이상 1,500억 원 미만 : 2명 이상(다만, 전체 공사기간을 100으로 할 때 공사 시작에서 15에 해당하는 기간과 공사 종료 전의 15에 해당하는 기간 동안은 1명 이상으로 한다)
> - 공사금액 1,500억 원 이상 2,200억 원 미만 : 3명 이상(다만, 전체 공사기간 중 전·후 15에 해당하는 기간은 2명 이상으로 한다)
> - 공사금액 2,200억 원 이상 3천억 원 미만 : 4명 이상(다만, 전체 공사기간 중 전·후 15에 해당하는 기간은 2명 이상으로 한다)
> - 공사금액 3천억 원 이상 3,900억 원 미만 : 5명 이상(다만, 전체 공사기간 중 전·후 15에 해당하는 기간은 3명 이상으로 한다)
> - 공사금액 3,900억 원 이상 4,900억 원 미만 : 6명 이상(다만, 전체 공사기간 중 전·후 15에 해당하는 기간은 3명 이상으로 한다)
> - 공사금액 4,900억 원 이상 6천억 원 미만 : 7명 이상(다만, 전체 공사기간 중 전·후 15에 해당하는 기간은 4명 이상으로 한다)
> - 공사금액 6천억 원 이상 7,200억 원 미만 : 8명 이상(다만, 전체 공사기간 중 전·후 15에 해당하는 기간은 4명 이상으로 한다)
> - 공사금액 7,200억 원 이상 8,500억 원 미만 : 9명 이상(다만, 전체 공사기간 중 전·후 15에 해당하는 기간은 5명 이상으로 한다)
> - 공사금액 8,500억 원 이상 1조원 미만 : 10명 이상(다만, 전체 공사기간 중 전·후 15에 해당하는 기간은 5명 이상으로 한다)

정답 15 ③

- 1조원 이상 : 11명 이상[매 2천억 원(2조 원 이상부터는 매 3천억 원)마다 1명씩 추가한다]. 다만, 전체 공사기간 중 전·후 15에 해당하는 기간은 선임 대상 안전관리자 수의 2분의 1(소수점 이하는 올림한다) 이상으로 한다.

16 다음 중 시설물의 안전관리에 관한 특별법상 정기점검의 실시 시기로 옳은 것은?

① 6개월에 1회 이상
② 1년에 1회 이상
③ 2년에 1회 이상
④ 3년에 1회 이상

- 정기점검 : 반기에 1회 이상
- 긴급점검 : 관리주체가 필요하다고 판단한 때 또는 관계 행정기관의 장이 필요하다고 판단하여 관리주체에게 긴급점검을 요청한 때

📝 필기에 자주 출제되는 내용입니다.

17 다음 중 재해조사 시 유의사항으로 적절하지 않은 것은?

① 조사는 현장이 변경되기 전에 실시한다.
② 사람과 설비 양면의 재해요인을 모두 도출한다.
③ 목격자 증언 이외의 추측의 말은 참고로만 한다.
④ 조사는 혼란을 방지하기 위하여 단독으로 실시하며, 주관적 판단을 반영하여 신속하게 한다.

④ 주관적 판단으로 재해조사를 하여서는 안 된다. 객관적인 조사를 하여야 한다.

18 안전관리에 있어 PDCA 사이클과 관련된 내용이 틀린 것은?

① P : Plan   ② D : Do
③ C : control   ④ A : Act

③ C : Check

19 A 사업장에서 지난해 2건의 사고가 발생하여 1건(재해자수 : 5명)은 재해조사표를 작성, 보고하였지만 1건은 재해자가 1명뿐이어서 재해조사표를 작성하지 않았으며, 보고도 하지 않았다. 동일 사업장에서 올해 1건(재해자수 : 3명)의 재해로 인하여 재해조사 중 지난해 보고하지 않은 재해를 인지하게 되었다면 이 경우 지난해와 올해의 재해자수는 어떻게 기록되는가?

① 지난해 : 5명, 올해 : 3명
② 지난해 : 6명, 올해 : 3명
③ 지난해 : 5명, 올해 : 4명
④ 지난해 : 6명, 올해 : 4명

- 지난해 : 1건 (재해자수 : 5명) → 총 5명
- 올해 : 1건(재해자수 : 3명) + 지난해 누락 1건(재해자수 : 1명) → 총 4명

정답 16 ① 17 ④ 18 ③ 19 ③

20 다음 중 산업안전보건법령상 안전·보건표지의 색채기준에 있어 사용례와 해당 색채의 연결이 잘못된 것은?

① 파란색 또는 녹색에 대한 보조색 : 흰색
② 특정행위의 지시 및 사실의 고지 : 파란색
③ 화학물질 취급 장소에서의 유해·위험 경고 : 노란색
④ 문자 및 빨간색 또는 노란색에 대한 보조색 : 검은색

③ 화학물질 취급 장소에서의 유해·위험 경고 : 빨간색

> **참고**
>
> **★ 안전·보건표지의 색채, 색도기준 및 용도**
>
> | 색채 | 색도기준 | 용도 | 사용례 |
> |---|---|---|---|
> | 빨간색 | 7.5R 4/14 | 금지 | 정지신호, 소화설비 및 그 장소, 유해행위의 금지 |
> | | | 경고 | 화학물질 취급장소에서의 유해·위험 경고 |
> | | 특급암기법 | 싫어(7.5) 4/14 | |
> | 노란색 | 5Y 8.5 /12 | 경고 | 화학물질 취급장소에서의 유해·위험 경고, 이 외의 위험 경고. 주의표지 또는 기계방호물 |
> | | 특급암기법 | 오(5) 빨리와(8.5) 이리(12) | |
> | 파란색 | 2.5PB 4/10 | 지시 | 특정 행위의 지시 및 사실의 고지 |
> | | 특급암기법 | 2.5×4=10 | |
> | 녹색 | 2.5G 4/10 | 안내 | 비상구 및 피난소, 사람 또는 차량의 통행표지 |
> | | 특급암기법 | 2.5×4=10 | |
> | 흰색 | N9.5 | | 파란색 또는 녹색에 대한 보조색 |
> | 검은색 | N0.5 | | 문자 및 빨간색 또는 노란색에 대한 보조색 |

 실기에 자주 출제되는 내용입니다. 암기하세요.

2과목 산업심리 및 교육

21 다음 중 인간의 비지란스(Vigilance) 현상에 영향을 미치는 조건의 설명으로 관계가 가장 적은 것은?

① 작업시작 직후에는 검출율이 낮다.
② 오래 지속되는 신호는 검출율이 높다.
③ 발생빈도가 높은 신호는 검출율이 높다.
④ 불규칙적인 신호에 대한 검출율이 낮다.

★ 인간의 Vigilance 현상
인간의 주의상태, 긴장상태, 경계상태를 의미
- 인간의 검출능력은 작업시작 후 빠른속도로 저하된다.
- 발생빈도가 높은 신호에 대한 검출률이 높다.
- 규칙적인 신호에 대한 검출률이 높다.
- 신호강도가 높고 오래 지속되는 신호에 대한 검출이 쉽다.

22 다음 중 인간이 환경을 지각(perception)할 때 가장 먼저 일어나는 요인은?

① 해석 ② 기대
③ 선택 ④ 조직화

지각(perception)이란 외부환경으로부터의 자극을 선택적으로 받아들여서 해석하고 의미를 부여하는 심리적 과정이다.

23 다음 중 피로의 측정분류에 있어 감각기능검사(정신·신경기능검사)의 측정대상 항목으로 가장 적합한 것은?

① 혈압
② 심박수
③ 에너지대사율
④ CFF(Critical Flicker Fusion)값

> **＊CFF(Critical Flicker Fusion)**
> 플리커 테스트(점멸 융합 주파수)
> • 피곤해지면 시각이 둔화되는 성질을 이용한 피로도 평가방법으로 시중추나 망막시신경의 감도가 좋을 때는 높은 수치를 나타낸다.
> • 수치가 낮을수록 시각계의 피로가 높은 상태임을 나타내는 피로의 감각기능검사 방법이다.

24 다음 중 교육프로그램의 타당도를 평가하는 항목이 아닌 것은?

① 전이 타당도　② 효과 타당도
③ 조직 내 타당도　④ 조직 간 타당도

> **＊교육프로그램의 타당도 평가**
> • **전이 타당도** : 피교육자가 교육·훈련을 이수한 후 직무에서 직무성공을 거둘 수 있는지에 대한 타당도
> • **훈련 타당도** : 계획된 교육, 훈련 프로그램이 피교육자에게 적절한가에 대한 타당도
> • **조직 내 타당도** : 교육·훈련 프로그램이 조직 내의 상이한 집단의 피교육자에게도 동일하게 효과적인지에 대한 타당도
> • **조직 간 타당도** : 교육·훈련 프로그램이 다른 조직의 피교육자에게도 동일하게 효과적인지에 대한 타당도

25 다음 중 존 듀이(Jone Dewey)의 5단계 사고 과정을 올바른 순서대로 나열한 것은?

> ㉮ 행동에 의하여 가설을 검토한다.
> ㉯ 가설(hypothesis)을 설정한다.
> ㉰ 지식화(intellectualization)한다.
> ㉱ 시사(suggestion)를 받는다.
> ㉲ 추론(reasoning)한다.

① ㉱ → ㉮ → ㉯ → ㉰ → ㉲
② ㉲ → ㉯ → ㉱ → ㉮ → ㉰
③ ㉱ → ㉰ → ㉯ → ㉲ → ㉮
④ ㉲ → ㉰ → ㉯ → ㉱ → ㉮

> **＊존 듀이(John Dewey)의 5단계 사고 과정**
> • 1단계 : 문제의 제기 – 시사받는다.(Suggestion)
> • 2단계 : 문제의 인식 – 머리로 생각한다.(Intellectualization)
> • 3단계 : 현상 분석(조사) – 가설을 설정한다.(Hypothesis)
> • 4단계 : 가설 정렬 – 추론한다.(Reasoning)
> • 5단계 : 가설 검증 – 행동에 의해 가설을 검토한다.

26 다음 중 안전교육 시 강의안의 작성 원칙과 가장 거리가 먼 것은?

① 구체적　② 논리적
③ 실용적　④ 추상적

> 안전교육 강의안은 구체적이며, 실현가능성 있는 실용적인 자료라야 한다. 추상적이어서는 아니 된다.

정답 23 ④　24 ②　25 ③　26 ④

27 다음 중 작업의 어려움, 기계설비의 결함 및 환경에 대한 주의력의 집중혼란, 심신의 근심 등으로 인하여 재해가 자주 발생하는 사람을 무엇이라 하는가?

① 미숙성 다발자 ② 상황성 다발자
③ 습관성 다발자 ④ 소질성 다발자

★ 상황성 다발자
작업의 어려움, 기계설비의 결함(상황 제공)

참고

★ 상황성 누발자
- 작업에 어려움이 많은 자
- 기계 설비의 결함이 있을 때
- 심신에 근심이 있는 자
- 환경상 주의력 집중이 혼란되기 쉬울 때

28 다음 중 성공한 지도자들의 특성과 가장 거리가 먼 것은?

① 높은 성취 욕구를 가지고 있다.
② 실패에 대한 강한 예견과 두려움을 가지고 있다.
③ 상사에 대한 강한 부정적 의식과 부하직원에 대한 관심이 크다.
④ 부모로부터의 정서적 독립과 현실 지향적이다.

③ 성공한 지도자들은 상사에 대한 긍정적인 의식을 가진다.

29 다음 중 인간의 집단행동 가운데 통제적 집단행동으로 볼 수 없는 것은?

① 관습 ② 패닉
③ 유행 ④ 제도적 행동

★ 비통제적 집단행동
- **군중(Crowd)**: 공통된 규범이나 조직성 없이 우연히 조직된 인간의 일시적 집합
- **모브(Mob)**: 비통제의 집단 행동 중 폭동과 같은 것을 의미하며 군중보다 합의성이 없고 감정에 의해서만 행동하는 특성을 가진다.
- **패닉(Panic)**: 위협을 회피하기 위해서 일어나는 집합적인 도주현상 방어적인 행동 특징을 보이는 집단행동이다.
- **심리적 전염**

30 다음 중 안전교육을 위한 시청각교육법에 대한 설명으로 가장 적절한 것은?

① 학습자들에게 공통의 경험을 형성시켜 줄 수 있다.
② 지능, 적성, 학습속도 등 개인차를 충분히 고려할 수 있다.
③ 학습의 다양성과 능률화에 기여할 수 없다.
④ 학습 자료를 시간과 장소에 제한 없이 제시할 수 있다.

학습자들에게 공통의 경험을 형성시켜줄 수 있다. → 집단안전교육 방법으로 효과적이다. → 시청각교육법

정답 27 ② 28 ③ 29 ② 30 ①

> 참고

＊시청각교육법
- 라디오·텔레비전·견학 등 다양한 시청각 교육매체를 이용하여 학습자의 감각기관을 통해 학습효과를 높이기 위한 학습방법
- 교육 대상자수가 많고 교육 대상자의 학습능력의 차가 큰 경우 집단안전교육 방법으로 가장 효과적이다.

＊레윈 (K. Lewin)의 법칙
인간의 행동은 개체의 자질과 심리적 환경의 함수관계이다.
$$B = f(P \cdot E)$$
- B : Behavior(인간의 행동)
- f : function(함수관계)
- P : Person(개체 : 연령, 경험, 심신상태, 성격, 지능 등)
- E : Environment(심리적 환경 : 인간관계, 작업환경 등)

📝 필기에 자주 출제되는 내용입니다.

31 학습이론 중 S-R 이론으로 볼 수 없는 것은?

① 톨만(Tolman)의 기호형태설
② 파블로프(Pavlov)의 조건반사설
③ 스키너(Skinner)의 조작적 조건화설
④ 손다이크(Thorndike)의 시행착오설

＊자극과 반응이론(S-R 이론)
- 손다이크(Thorndike)의 학습의 법칙(시행착오설)
- 파블로프의 조건반사설
- 스키너의 조작적 조건화설(강화의 원리)
- 반두라(Bandura)의 사회학습이론

32 다음 중 레윈(Lewin)이 표현한 인간행동의 함수식으로 옳은 것은?(단, B(Behavior)는 인간의 행동, P(person)는 개체, E(Environment)는 환경이다.)

① $B = f(\dfrac{P}{E})$ ② $B = f(\dfrac{E}{P})$
③ $B = f(P + E)$ ④ $B = f(P \cdot E)$

33 다음 중 엔드라고지 모델에 기초한 학습자로서의 성인의 특징과 가장 거리가 먼 것은?

① 성인들은 주제 중심적으로 학습하고자 한다.
② 성인들은 자기 주도적으로 학습하고자 한다.
③ 성인들은 다양한 경험을 가지고 학습에 참여한다.
④ 성인들은 왜 배워야 하는지에 대해 알고자 하는 욕구를 가지고 있다.

① 성인들은 과제(문제) 중심적으로 학습하고자 한다.

정답 31 ① 32 ④ 33 ①

34 다음 중 직무만족감을 생성하는 요인과 가장 관계가 깊은 것은?

① 작업 조건　② 일의 내용
③ 인간관계　④ 복지 혜택

일의 내용이 개인의 적성에 맞을 때 직무만족감이 높아진다.

35 다음 중 주의(attention)에 대한 설명으로 틀린 것은?

① 의식작용이 있는 일에 집중하거나 행동의 목적에 맞추어 의식수준이 집중되는 심리상태를 말한다.
② 주의력의 특성은 선택성, 변동성, 방향성으로 표현된다.
③ 여러 종류의 자극을 지각할 때 소수의 특정한 것을 선택하여 집중하는 특성을 갖는다.
④ 한 자극에 주의를 집중하여도 다른 자극에 대한 주의력은 약해지지 않는다.

④ 한 자극에 주의를 집중하면 다른 자극에 대한 주의력은 약해진다.

36 직장규율과 안전규율 등을 몸에 익히기에 적합한 교육의 종류는?

① 지능교육　② 문제해결교육
③ 기능교육　④ 태도교육

★ **태도교육**
규율 등을 몸에 익히기에 적합한 교육

37 다음 중 착오의 원인에 있어 인지과정의 착오에 속하는 것은?

① 합리화의 부족
② 환경조건 불비
③ 작업자의 기능 미숙
④ 생리적 · 심리적 능력의 부족

★ **인지과정 착오의 요인**
- 정보량 저장의 한계
- 감각 차단 현상
- 정서적 불안정(공포, 불안, 불만 등)
- 생리, 심리적 능력의 한계

38 다음 중 집단 간의 갈등 요인과 가장 거리가 먼 것은?

① 욕구 좌절
② 제한된 자원
③ 집단 간의 목표 차이
④ 동일한 사안을 바라보는 집단 간의 인식 차이

① 욕구 좌절 → 개인 갈등의 요인

 34 ② 35 ④ 36 ④ 37 ④ 38 ①

39 다음 중 인간의 착각현상 중에서 실제로 움직이지 않는 것이 어느 기준의 이동에 의하여 움직이는 것처럼 느껴지는 것을 무엇이라 하는가?

① 자동운동
② 유도운동
③ 잔상현상
④ 착시현상

*착각현상

가현운동 (β운동)	• 정지하고 있는 대상물이 급속히 나타나던가 소멸하는 것으로 인하여 일어나는 운동으로 마치 대상물이 운동하는 것처럼 인식되는 현상을 말한다. • 예 영화의 영상
유도 운동	• 움직이지 않는 것이 움직이는 것처럼 느껴지는 현상 • 예 상행선 열차를 타고 가며 정지하고 있는 하행선 열차를 보면 마치 하행선 열차가 움직이는 것처럼 느껴지는 현상
자동운동	• 암실에서 정지된 소광점을 응시하면 광점이 움직이는 것처럼 보이는 현상 • 안구의 불규칙한 운동 때문에 생기는 현상이다.

📝 필기에 자주 출제되는 내용입니다.

40 다음 맥그리거(McGregor)의 X 이론에 해당되는 것은?

① 상호 신뢰감
② 고차적인 욕구
③ 규제 관리
④ 자기 통제

*맥그리거(McGregor)의 X, Y 이론의 특징

X이론	Y이론
인간불신감	상호신뢰감
성악설	성선설
인간은 원래 게으르고 태만하여 남의 지배를 받기를 즐긴다.	인간은 부지런하고 적극적이며 자주적이다.
물질욕구(저차원 욕구)에 만족	정신욕구(고차원 욕구)에 만족
명령, 통제에 의한 관리	목표 통합과 자기통제에 의한 자율관리
저개발국형	선진국형

📝 필기에 자주 출제되는 내용입니다.

3과목 인간공학 및 시스템안전공학

41 다음 중 시성능기준함수(VL$_B$)의 일반적인 수준 설정으로 틀린 것은?

① 현실상황에 적합한 조명수준이다.
② 표적 탐지 활동은 50%에서 99%이다.
③ 표적(target)은 정적인 과녁에서 동적인 과녁으로 한다.
④ 언제, 시계 내의 어디에 과녁이 나타날지 아는 경우이다.

④ 언제, 시계 내의 어디에 과녁이 나타날지 모르는 경우에 해당한다.

정답 39 ② 40 ③ 41 ④

42 다음 중 정보를 전송하기 위해 청각적 표시장치보다 시각적 표시장치를 사용하는 것이 더 효과적인 경우는?

① 정보의 내용이 간단한 경우
② 정보가 후에 재참조되는 경우
③ 정보가 즉각적인 행동을 요구하는 경우
④ 정보의 내용이 시간적인 사건을 다루는 경우

*청각장치와 시각장치의 비교

청각장치	• 전언이 짧고, 간단할 때 • 재참조되지 않는다. • 시간적인 사상을 다룬다. • 즉각적인 행동을 요구할 때 • 시각계통이 과부하일 때 • 주위가 너무 밝거나 암조응일 때 • 자주 움직이는 경우
시각장치	• 전언이 길고, 복잡할 때 • 재참조된다. • 공간적인 위치 다룬다. • 즉각적 행동을 요구하지 않을 때 • 청각계통이 과부하일 때 • 주위가 너무 시끄러울 때 • 한곳에 머무르는 경우

자주 출제되는 내용입니다. 해설을 다시 확인하세요.

43 중이소골(ossicle)이 고막의 진동을 내이의 난원창(oval window)에 전달하는 과정에서 음파의 압력은 어느 정도 증폭되는가?

① 2배   ② 12배
③ 22배   ④ 220배

난원창에서 음파의 압력은 22배 증폭된다.

참고

*소리전달과정

외이 → 고막 → 청소골 → 난원창진동 → 전정계 → 고실계 → 기저막 진동 → 청세포자극 → 청신경 자극 → 대뇌

44 다음 중 일반적으로 대부분의 임무에서 시각적 암호의 효능에 대한 결과에서 가장 성능이 우수한 암호는?

① 구성 암호
② 영자와 형상 함호
③ 숫자 및 색 암호
④ 영자 및 구성 암호

*암호의 성능

숫자암호 〉 영문자암호 〉 기하학적 형상 암호 〉 구성 암호

45 다음 설명 중 ㉠과 ㉡에 해당하는 내용이 올바르게 연결된 것은?

> 예비위험분석(PHA)의 식별된 4가지 사고 카테고리 중 작업자의 부상 및 시스템의 중대한 손해를 초래하거나 작업자의 생존 및 시스템의 유지를 위하여 즉시 수정 조치를 필요로 하는 상태를 (㉠), 작업자의 부상 및 시스템의 중대한 손해를 초래하지 않고 대처 또는 제어할 수 있는 상태를 (㉡)(이)라 한다.

① ㉠ 파국적, ㉡ 중대
② ㉠ 중대, ㉡ 파국적
③ ㉠ 한계적, ㉡ 중대
④ ㉠ 중대, ㉡ 한계적

★ PHA 카테고리 분류

Class 1 파국적(catastrophic)	사망, 시스템 손상
Class 2 위기적(critical)	심각한 상해, 시스템 중대 손상
Class 3 한계적(marginal)	경미한 상해, 시스템 성능 저하
Class 4 무시(negligible)	경미한 상해 및 시스템 저하 없음

46 [보기]는 화학설비의 안전성 평가 단계를 간략히 나열한 것이다. 다음 중 평가 단계 순서를 올바르게 나타낸 것은?

> ㉮ 관계자료의 작성준비
> ㉯ 정량적 평가
> ㉰ 정성적 평가
> ㉱ 안전대책

① ㉮ → ㉰ → ㉯ → ㉱
② ㉮ → ㉯ → ㉰ → ㉱
③ ㉮ → ㉰ → ㉱ → ㉯
④ ㉮ → ㉯ → ㉰ → ㉱

★ 안전성 평가 6단계
- 1단계 : 관계자료의 정비 검토(작성 준비)
- 2단계 : 정성적인 평가
- 3단계 : 정량적인 평가
- 4단계 : 안전대책 수립
- 5단계 : 재해사례에 의한 평가
- 6단계 : FTA에 의한 재평가

47 다음 중 인간 오류에 관한 설계기법에 있어 전적으로 오류를 범하지 않게는 할 수 없으므로 오류를 범하기 어렵도록 사물을 설계하는 방법은?

① 배타설계(exclusive design)
② 예방설계(prevent design)
③ 최소설계(minimum design)
④ 감소설계(reduction design)

정답 45 ④ 46 ① 47 ②

＊예방설계
오류를 범하기 어렵도록 사물을 설계하는 방법을 말한다.

48 다음 중 불(Bool) 대수의 정리를 나타낸 관계식으로 틀린 것은?

① A · 0 = 0　　② A + 1 = 1
③ A · $\bar{A}$ = 1　　④ A(A + B) = A

③ A · $\bar{A}$ = 0

49 다음 중 웨버(Weber)의 법칙에 관한 설명으로 틀린 것은?

① Weber비는 분별의 질을 나타낸다.
② Weber가 작을수록 분별력은 낮아진다.
③ 변화감지역(JND)이 작을수록 그 자극차원의 변화를 쉽게 검출할 수 있다.
④ 변화감지역(JND)은 사람이 50%를 검출할 수 있는 자극차원의 최소변화이다.

④ Weber비가 작을수록 분별력이 좋다.

참고

＊웨버(Weber)의 법칙
주어진 자극에 대해 인간이 갖는 변화감지역을 표현하는 데에는 웨버의 법칙을 이용한다.

웨버의 법칙 = $\dfrac{\triangle I}{I}$

- I : 표준자극
- $\triangle I$: 변화감지역

50 조사연구자가 특정한 연구를 수행하기 위해서는 어떤 상황에서 실시할 것인가를 선택하여야 한다. 즉, 실험실 환경에서도 가능하고, 실제 현장 연구도 가능한데 다음 중 현장 연구를 수행했을 경우 장점으로 가장 적절한 것은?

① 비용 절감
② 정확한 자료수집 가능
③ 일반화가 가능
④ 실험조건의 조절 용이

현장연구의 장점 → 연구 결과를 현실 세계의 작업환경에 일반화시키기가 용이하다.

51 다음 중 간헐적인 페달을 조작할 때 다리에 걸리는 부하를 평가하기에 적당한 측정 변수는?

① 근전도
② 산소소비량
③ 심장박동수
④ 에너지소비량

페달 조작 시의 다리근육의 부하 측정 → 근전도(근육의 활동도 측정)

정답　48 ③　49 ②　50 ③　51 ①

52 다음 중 소음 발생에 있어 음원에 대한 대책으로 볼 수 없는 것은?

① 설비의 격리
② 적절한 재배치
③ 저소음 설비 사용
④ 귀마개 및 귀덮개 사용

> **＊소음 대책**
> • **소음원 통제** : 기계에 고무받침대 부착, 차량 소음기 등(가장 적극적인 대책)
> • **소음의 격리** : 씌우개, 방, 장벽, 창문 등으로 격리
> • 차폐장치, 흡음제 사용
> • 음향처리제 사용
> • 적절한 배치(Layout)
> • 배경음악
> • **보호구 사용** : 귀마개, 귀덮개(가장 소극적인 대책)

53 다음 중 시스템 안전 프로그램의 개발단계에서 이루어져야 할 사항의 내용과 가장 거리가 먼 것은?

① 교육훈련을 시작한다.
② 위험분석으로 주로 FMEA가 적용된다.
③ 설계의 수용가능성을 위해 보다 완벽한 검토를 한다.
④ 이 단계의 모형분석과 검사결과는 OHA의 입력자료로 사용된다.

> 시스템 개발단계에서는 생산시스템 사용자에게 교육시키기 위한 다양한 훈련과정에 관계자료들을 제공한다. 제조단계에서 안전교육이 시작된다.

54 다음 중 어느 부품 1,000개를 100,000시간 동안 가동 중에 5개의 불량품이 발생하였을 때의 평균고장시간(MTTF)은 얼마인가?

① 1×10^6시간   ② 2×10^7시간
③ 1×10^8시간   ④ 2×10^9시간

> ㉮ 고장률(λ) = $\dfrac{\text{고장건수}}{\text{총 가동시간}}$ (건/시간)
>
> ㉯ 평균고장시간(MTBF) = $\dfrac{1}{\text{고장률}(\lambda)}$ (시간)
>
> • 고장률(λ) = $\dfrac{5}{1,000 \times 100,000}$ = 5×10^{-8} 건/시간
>
> • 평균고장시간(MTBF) = $\dfrac{1}{5 \times 10^{-8}}$ = 2×10^7(시간)

참고

＊**평균고장시간(MTBF)**
수리가 가능한 제품의 평균고장시간

＊**평균고장시간(MTTF)**
수리가 불가능한 제품의 평균고장시간(처음 고장까지의 시간으로 평균수명이 된다.)

 실기까지 중요한 내용입니다.

55 FT 작성에 사용되는 사상 중 시스템의 정상적인 가동상태에서 일어날 것이 기대되는 사상은?

① 통상사상   ② 기본사상
③ 생략사상   ④ 결함사상

정답 52 ④   53 ①   54 ②   55 ①

일어날 것이 예상되는 사상 → 통상사상

기호	명명	기호설명
○	기본사상	더 이상 전개할 수 없는 사건의 원인
△	통상사상	발생이 예상되는 사상
□	결함사상 (정상사상, 중간사상)	한 개 이상의 입력에 의해 발생된 고장사상
◇	생략사상	관련정보가 미비하여 계속 개발될 수 없는 특정 초기사상

실기까지 중요한 내용입니다.

56 다음 중 인간-기계 시스템을 3가지로 분류한 설명으로 틀린 것은?

① 자동 시스템에서는 인간요소를 고려하여야 한다.
② 자동 시스템에서 인간은 감시, 정비 유지, 프로그램 등의 작업을 담당한다.
③ 수동 시스템에서 기계는 동력원을 제공하고 인간의 통제하에서 제품을 생산한다.
④ 기계시스템에서는 동력기계화 체계와 고도로 통합된 부품으로 구성된다.

③ 수동시스템에서 인간이 동력원을 제공하고 수공구를 활용하는 체계이다.

인간-기계 통합시스템(man-machine system)의 유형

수동 시스템	• 사용자가 손공구나 기타 보조물 등을 사용하여 자기의 신체적 힘을 동력원으로 하여 작업을 수행하는 시스템이다. • 가장 다양성이 높은 체계이다. • 예 장인과 공구
기계 시스템 (반자동 시스템)	• 여러 종류의 동력 공작 기계와 같이 고도로 통합된 부품들로 구성되어 있다. • 인간의 역할은 제어 기능을 담당하고, 힘에 대한 공급은 기계가 담당한다. • 운전자의 조종에 의해 운용되며 융통성이 없는 시스템이다. • 예 자동차, 공작기계 등
자동 시스템	• 기계가 감지, 정보 처리 및 의사 결정, 행동 기능 및 정보 보관 등 모든 임무를 미리 설계된 대로 수행하게 된다. • 인간은 감시, 감독, 보전 등의 역할을 담당하게 된다. • 예 컴퓨터, 자동교환대 등

57 다음 중 동작의 효율을 높이기 위한 동작경제의 원칙으로 볼 수 없는 것은?

① 신체 사용에 관한 원칙
② 작업장의 배치에 관한 원칙
③ 복수 작업자의 활용에 관한 원칙
④ 공구 및 설비 디자인에 관한 원칙

동작경제의 3원칙(바안즈, Barnes)
• 인체 사용에 관한 원칙
• 작업장의 배치에 관한 원칙
• 공구 및 설비의 설계에 관한 원칙

58 다음 중 각 기본사상의 발생확률이 증감하는 경우 정상사상의 발생확률에 어느 정도 영향을 미치는가를 반영하는 지표로서 수리적으로는 편미분계수와 같은 의미를 갖는 FTA의 중요도 지수는?

① 구조 중요도 ② 확률 중요도
③ 치명 중요도 ④ 비구조 중요도

*확률 중요도
정상사상의 발생확률을 나타내는 지표

59 다음 중 결함수분석법(FTA)에서의 미니멀 컷셋과 미니멀 패스셋에 관한 설명으로 옳은 것은?

① 미니멀 컷셋은 정상사상(top event)을 일으키기 위한 최소한의 컷셋이다.
② 미니멀 컷셋은 시스템의 신뢰성을 표시하는 것이다.
③ 미니멀 패스셋은 시스템의 위험성을 표시하는 것이다.
④ 미니멀 패스셋은 시스템의 고장을 발생시키는 최소의 패스셋이다.

• 컷셋(Cut Set)
 - 정상사상을 발생시키는 기본사상의 집합
 - 모든 기본사상이 일어났을 때 정상사상을 일으키는 기본사상들의 집합이다.
• 미니멀 컷(Minimal Cut Set)
 - 정상사상을 일으키기 위한 기본사상의 최소집합(최소한의 컷)
 - 시스템의 위험성을 나타낸다.

• 패스셋(Path Set)
 - 시스템의 고장을 일으키지 않는 기본사상들의 집합
 - 포함된 기본사상이 일어나지 않을 때 처음으로 정상사상이 일어나지 않는 기본 사상들의 집합이다.
• 미니멀 패스(Minimal Path Set)
 - 시스템의 기능을 살리는 최소한의 집합(최소한의 패스)
 - 시스템의 신뢰성을 나타낸다.

60 다음 중 산업안전보건법에 따라 제조업의 유해·위험방지계획서를 작성하고자 할 때 관련 규정에 따라 1명 이상 포함시켜야 하는 사람의 자격으로 적합하지 않은 것은?

① 안전관리분야 기술사 자격을 취득한 사람
② 기계안전·전기안전·화공안전분야의 산업안전지도사 자격을 취득한 사람
③ 기사 자격을 취득한 사람으로서 해당 분야에서 5년 근무한 경력이 있는 사람
④ 한국산업안전보건공단이 실시하는 관련 교육을 8시간 이수한 사람

④ 한국산업안전보건공단이 실시하는 관련 교육을 20시간 이수한 사람

*유해위험방지계획서(제조업) 작성 자격을 갖춘 자
사업주는 계획서를 작성할 때에 다음 각 호의 어느 하나에 해당하는 자격을 갖춘 사람 또는 공단이 실시하는 관련교육을 20시간 이상 이수한 사람 중 1명 이상을 포함시켜야 한다.

- 기계, 금속, 화공, 전기, 안전관리, 산업보건관리, 산업위생 또는 환경분야 기술사 자격을 취득한 사람
- 기계안전·전기안전·화공안전분야의 산업안전지도사 또는 산업위생지도사 자격을 취득한 사람
- 제1호 관련분야 기사 자격을 취득한 사람으로서 해당 분야에서 3년 이상 근무한 경력이 있는 사람
- 제1호 관련분야 산업기사 자격을 취득한 사람으로서 해당 분야에서 5년 이상 근무한 경력이 있는 사람
- 「고등교육법」에 따른 대학 및 산업대학(이공계 학과에 한정한다)을 졸업한 후 해당 분야에서 5년 이상 근무한 경력이 있는 사람 또는 「고등교육법」에 따른 전문대학(이공계 학과에 한정한다)을 졸업한 후 해당 분야에서 7년 이상 근무한 경력이 있는 사람
- 「초·중등교육법」에 따른 전문계 고등학교 또는 이와 같은 수준 이상의 학교를 졸업하고 해당 분야에서 9년 이상 근무한 경력이 있는 사람

4과목 건설시공학

61 총 공사금액을 부기(附記)한 뒤 당해 연도 예산범위 내에서 차수별로 계약을 체결하여 수년에 걸쳐서 공사를 이행하는 계약방식은?

① 단년도 계약방식
② 계속비 계약방식
③ 주계약자 관리방식
④ 장기계속 계약방식

1. **장기계속계약** : 이행에 수년이 걸리는 공사·제조 또는 용역 등의 계약의 경우 **총액으로 입찰하여 각 회계 연도 예산의 범위에서 낙찰된 금액의 일부에 대하여 연차별로 계약을 체결**하는 것을 말한다.
2. **단년도 계약** : 이행기간이 1회계연도로 사업내용도 확정되고 총예산도 확보되어 해당 **연도 예산범위 안에서 입찰과 계약**을 하는 경우의 계약을 말한다.

62 콘크리트 타설에 관한 설명 중 옳은 것은?

① 콘크리트 타설은 바닥판, 보, 계단, 벽체, 기둥의 순서로 한다.
② 콘크리트 타설은 운반거리가 먼 곳부터 타설을 시작한다.
③ 콘크리트를 타설할 때는 다짐이 잘되도록 타설높이를 최대한 높게 한다.
④ 진동기로 거푸집과 철근에 직접 진동을 주어 밀실하게 콘크리트를 다진다.

① 콘크리트 타설은 기초 → 기둥 → 벽 → 계단 → 보 → 바닥 순서로 한다.
③ 거푸집의 높이가 높을 경우 거푸집에 투입구를 설치하거나, 연직슈트 또는 펌프배관의 배출구를 타설면 가까운 곳까지 내려서 콘크리트를 타설하여야 한다.(슈트, 펌프배관, 버킷, 호퍼 등의 배출구와 타설면까지의 높이는 1.5m 이하를 원칙으로 한다.)
④ 철근 또는 거푸집에 직접 진동을 주지 않고 경화가 시작된 콘크리트에 진동을 주어서는 안 된다.

📝 필기에 자주 출제되는 내용입니다.

정답 61 ④ 62 ②

63 착공을 위한 공사계획에 필요한 것이 아닌 것은?

① 설계 여건 숙지
② 설계도면, 공사시방서 숙지
③ 현장 여건 조사
④ 공사의 특성과 공종별 공사 수량 파악

> **＊착공을 위한 공사계획에 필요한 사항**
> ① 설계도면, 공사 시방서 숙지
> ② 현장 여건 조사
> ③ 공사의 특성과 공종별 공사 수량파악

64 공동도급(Joint Venture)의 장점이 아닌 것은?

① 융자력 증대　② 책임소재 명확
③ 위험 분산　　④ 기술력 확충

> **＊공동도급(Joint Venture)의 장·단점**
>
> | 장점 | 단점 |
> |---|---|
> | ① 융자력 증대 | ① 경비 증대 |
> | ② 기술의 확충 | ② 업무 흐름의 혼란 |
> | ③ 위험의 분산 | ③ 조직 상호간의 불일치 |
> | ④ 공사 시공의 확실성 | ④ 하자 부분의 책임한계 불분명 |
> | ⑤ 신용도의 증대 | |
> | ⑥ 공사 도급 경쟁 완화 | |

📝 필기에 자주 출제되는 내용입니다.

65 다음 보기에서 일반적인 철근의 조립순서로 옳은 것은?

> ㉮ 계단철근　㉯ 기둥철근
> ㉰ 벽철근　　㉱ 보철근
> ㉲ 바닥철근

① ㉮ - ㉯ - ㉰ - ㉱ - ㉲
② ㉯ - ㉰ - ㉱ - ㉲ - ㉮
③ ㉮ - ㉯ - ㉰ - ㉲ - ㉱
④ ㉯ - ㉰ - ㉮ - ㉱ - ㉲

> **＊철근의 조립순서**
> 기둥철근 → 벽 철근 → 보 철근 → 바닥철근 → 계단철근

66 지반보다 6m 정도 깊은 경질지반의 기초파기에 가장 적합한 굴착기계는?

① Drag line　② Tractor shovel
③ Back hoe　④ Power shovel

> **＊굴삭장비(굴착기계)**
> 1. 파워 셔블(power shovel, 동력삽)
>   • 기계가 서 있는 지반면보다 높은 곳의 땅파기에 적합하다.
> 2. 드래그 셔블(drag shovel, 백호)
>   • 기계가 서 있는 지면보다 낮은 장소의 굴착 및 수중 굴착이 가능하다
>   • 굳은 지반의 토질도 정확한 굴착이 된다.

정답　63 ①　64 ②　65 ②　66 ③

3. 드래그라인(drag line)
- 기계가 서있는 위치보다 낮은 장소의 굴착에 적당하고 굳은 토질에서의 굴착은 되지 않지만 굴착 반지름이 크다.
- 작업범위가 광범위하고 수중굴착 및 연약한 지반의 굴착에 적합하다.

4. 클램셸(clamshell)
- 수중굴착 및 가장 협소하고 깊은 굴착이 가능하며 호퍼(hopper)에 적당하다.
- 연약지반이나 수중굴착 및 자갈 등을 싣는데 적합하다.

📝 필기에 자주 출제되는 내용입니다.

67 고층 구조물의 내부코어시스템에 가장 적당한 시스템 거푸집은?

① 갱폼(Gang Form)
② 클라이밍폼(Climbing Form)
③ 플라잉폼(Flying Form)
④ 터널폼(Tunnel Form)

★ 클라이밍 폼(climbing form)
① 벽체용 거푸집으로 거푸집과 벽체 마감공사를 위한 비계 틀을 일체로 조립하여 한꺼번에 인양시켜 설치하는 거푸집을 말한다.
② 고층 구조물의 내부코어시스템에 가장 적당한 시스템 거푸집이다.

68 철골조 내화피복 공사 중 피복된 철골의 형상에 대해 제약이 적고 큰 면적의 내화피복을 소수 인원으로 단시간에 시공할 수 있는 공법은?

① 성형판붙임공법   ② 맴브레인공법
③ 조적공법   ④ 뿜칠공법

★ 뿜칠공법
① 철골표면에 접착제를 혼합한 내화피복재를 뿜어서 내화피복하는 공법
② 기둥이나 보, 바닥과 지붕주위에 사용하며, 구조가 복잡한 부분에서도 시공하기가 쉽다.
③ 피복된 철골의 형상에 대해 제약이 적고 큰 면적의 내화피복을 소수 인원으로 단시간에 시공할수 있다.

69 거푸집공사(form work)에 대한 설명 중 옳지 않은 것은?

① 거푸집은 일반적으로 콘크리트를 부어넣어 콘크리트 구조체를 형성하는 거푸집널과 이것을 정확한 위치로 유지하는 동바리, 즉 지지틀의 총칭이다.
② 콘크리트 표면에 모르타르, 플라스터 또는 타일붙임 등의 마감을 할 경우에는 평활하고 광택 있는 면이 얻어질 수 있도록 철제 거푸집(metal form)을 사용하는 것이 좋다.
③ 거푸집공사비는 건축공사비에서의 비중이 높으므로, 설계단계부터 거푸집 공사의 개선과 합리화 방안을 연구하는 것이 바람직하다.
④ 폼타이(form tie)는 콘크리트를 부어넣을 때 거푸집이 벌어지거나 우그러들지 않게 연결, 고정하는 긴결재이다.

정답 67 ② 68 ④ 69 ②

② 콘크리트 표면에 모르타르, 플라스터 또는 타일붙임 등의 마감을 할 경우에는 평활한 철제 거푸집(metal form)을 사용하는 경우 부착강도가 저하될 수 있으므로 사용하지 않는 것이 좋다.

70 흙막이공법에 사용하는 지지공법이라 할 수 없는 공법은?

① 경사 오픈 컷 공법
② 탑다운 공법
③ 어스앵커 공법
④ 스트러트 공법

① 경사 오픈 컷 공법 : 굴착 주변에 흙이 흘러내리지 않을 정도의 경사면을 취하여 흙막이 벽이나 가설구조물이 없이 굴착하는 흙파기(굴착) 공법을 말한다.

참고

1. **어스 앵커**(earth anchor) **공법** : PS 강선, PS 강연선 등(earth anchor)을 지중에 삽입해서 선단부를 양질 지반에 정착시키고, 이를 반력으로 하여 **흙막이 벽** 등의 구조물을 지지하는 공법
2. **역타공법**(탑 다운공법 : Top-Down) : 「위에서 아래로」 공사를 진행하는 공법으로 철골 기둥을 박고 1층에서 지하층을 향해 콘크리트를 부어 넣고 흙막이로 하면서 지하층을 굴착하는 방법
3. **버팀대**(Strut) **공법** : 굴착하고자 하는 부지의 외곽에 흙막이 벽을 설치하고 수평버팀대, 띠장 등으로 흙막이 벽을 지지하는 공법

 필기에 자주 출제되는 내용입니다.

71 내화피복의 공법과 재료와의 연결이 옳지 않은 것은?

① 타설공법 - 콘크리트, 경량콘크리트
② 조적공법 - 콘크리트, 경량콘크리트 블록, 돌, 벽돌
③ 미장공법 - 뿜칠 플라스터, 알루미나 계열 모르타르
④ 뿜칠공법 - 뿜칠 암면, 습식 뿜칠 암면, 뿜칠 모르타르

② 미장공법 – 단열 모르타르

 필기에 자주 출제되는 내용입니다.

72 지반개량 지정공사 중 응결공법이 아닌 것은?

① 플라스틱 드레인공법
② 시멘트 처리공법
③ 석회 처리공법
④ 심층혼합 처리공법

＊지반개량 및 지정공사

1. **다짐공법**
2. **강제(强制)압밀공법**
   ① 재하방법 : 성토공법, 지하수위저하공법, 대기압공법(진공공법)
   ② 드레인(paper drain) 방법 : 샌드(sand) 드레인 공법, 플라스틱(plastic) 드레인 공법
3. **응결공법** : 시멘트 처리공법, 석회처리공법, 심층혼합처리공법
4. **치환공법**

 필기에 자주 출제되는 내용입니다.

정답 70 ① 71 ③ 72 ①

73 단순조적블록쌓기에 대한 설명으로 옳지 않은 것은?

① 세로줄눈은 통상적으로 막힌줄눈으로 한다.
② 살 두께가 큰 편을 위로 하여 쌓는다.
③ 하루의 쌓기 높이는 1.5m(블록 7켜 정도) 이내를 표준으로 한다.
④ 치장줄눈을 할 때에는 줄눈이 완전히 굳은 후에 줄눈파기를 한다.

④ 특별한 지정이 없으면 가로줄눈 및 세로줄눈의 두께는 10mm가 되게 한다. 치장줄눈을 할 때에는 흙손을 사용하여 줄눈이 완전히 굳기 전에 줄눈파기를 하여 치장줄눈을 바른다.

📝 필기에 자주 출제되는 내용입니다.

74 철근공사의 용접접합에서 플럭스(flux)를 옳게 설명한 것은?

① 용접 시 용접봉의 피복제 역할을 하는 분말상의 재료
② 압연강판의 층 사이에 균열이 생기는 현상
③ 둥근 경량형강 등 부재 간 흠이 벌어진 상태에서 용접하는 방법
④ 용접부에서 생기는 미세한 구멍

* 플럭스(flux)
용접 또는 납땜 시에 생성되는 산화물 등 유해물을 제거하고 모재표면을 보호할 목적으로 사용되는 분말상의 재료(피복재)

75 건축물의 지하공사에서 계측관리에 대한 설명 중 옳지 않은 것은?

① 계측관리의 목적은 위험의 징후를 발견하는 것이다.
② 계측관리의 중점관리사항으로 흙막이 변위에 따른 배면지반의 침하가 있다.
③ 계측관리는 인적이 뜸하고 위험이 적은 안전한 곳에 설치하여 주기적으로 실시한다.
④ 일일 점검항목으로는 흙막이벽체, 주변지반, 지하수위 및 배수량 등이 있다.

* 계측위치 선정
① 지반조건이 충분히 파악되어 있는 곳
② 토류구조물을 대표할 수 있는 곳
③ 중요 구조물이 인접하여 있는 곳이나 우선적으로 공사가 진행될 곳
④ 토류 구조물이나 지반에 특수한 조건이 공사에 영향을 미칠 것으로 예상되는 곳
⑤ 교통량이 많아 이로 인한 하중 증감이 있는 곳
⑥ 하천 주위 등 지하수의 분포가 다량이고 수위의 상승, 하강이 빈번한 곳
⑦ 가능한 계측기기의 손상이 적은 곳
⑧ 과다한 변위가 우려되는 지점
⑨ 현장 작업에 용이한 곳에 설치

76 철근의 피복두께 확보 목적과 가장 거리가 먼 것은?

① 내화성 확보
② 내구성 확보
③ 구조내력 확보
④ 블리딩 현상 방지

정답 73 ④ 74 ① 75 ③ 76 ④

★ 철근의 피복두께 확보 목적
① 내화성 확보
② 내구성 확보
③ 구조내력의 확보
④ 철근의 방청
⑤ 콘크리트치기시의 유동성 확보
⑥ 굵은 골재의 유동성 유지

📌 필기에 자주 출제되는 내용입니다.

77 콘크리트 배합 시 시멘트 15포대(600kg)가 소요되고 물시멘트비가 60%일 때 필요한 물의 중량(kg)은?

① 360kg ② 480kg
③ 520kg ④ 640kg

$$물시멘트(\%) = \frac{물의\ 중량}{시멘트의\ 중량} \times 100$$

물의 중량 × 100 = 물시멘트비 × 시멘트의 중량

$$물의\ 중량 = \frac{물시멘트비 \times 시멘트의\ 중량}{100}$$
$$= \frac{60 \times 600}{100} = 360(kg)$$

78 제자리 콘크리트 말뚝 시공법 중 Earth Drill 공법의 장·단점에 대한 설명으로 옳지 않은 것은?

① 진동소음이 적은 편이다.
② 좁은 장소에서는 작업이 어렵고 지하수가 없는 점성토에 부적합하다.
③ 기계가 비교적 소형으로 굴착속도가 빠르다.
④ Slime 처리가 불확실하여 말뚝의 초기 침하 우려가 있다.

★ Earth Drill 공법의 장·단점

장점	단점
① 좁은 장소에도 시공이 가능하다.	① 안정액 관리가 어렵다.
② 진동소음이 적은 편이다.	② Slime 처리가 불확실하여 말뚝의 초기 침하 우려가 있다.
③ 기계가 비교적 소형으로 굴착속도가 빠르다.	

📌 필기에 자주 출제되는 내용입니다.

79 흙이 소성 상태에서 반고체 상태로 바뀔 때 함수비를 의미하는 용어는?

① 예민비
② 액성한계
③ 소성한계
④ 소성지수

정답 77 ① 78 ② 79 ③

① 예민비 : 흙을 이김에 따라 강도가 약해지는 정도
② 소성한계 : 흙이 소성 상태에서 반고체 상태로 바뀔 때의 함수비
③ 액성한계 : 소성 상태와 액체 상태의 경계가 되는 함수비(소성상태로부터 액성 상태로 변하는 순간의 함수비)
④ 소성지수 : 흙이 소성 상태로 존재할 수 있는 함수비 구간의 크기를 의미하며, 소성지수가 클수록 세립분을 포함하는 소성이 풍부한 흙이라 할 수 있다.

📝 필기에 자주 출제되는 내용입니다.

80 벽돌을 내쌓기 할 때 일반적으로 이용되는 벽돌쌓기 방법은?

① 길이 쌓기　② 마구리 쌓기
③ 옆세워 쌓기　④ 길이세워 쌓기

* **내쌓기**
① 방화벽이나 마루를 설치할 목적으로 벽돌을 내밀어 쌓는 방식을 말한다.
② 벽면에서 한 켜(1/8B씩), 두 켜(1/4B씩)씩 내어 쌓으며 내쌓기 한도는 2.0B이다.
③ 마구리쌓기로 한다.

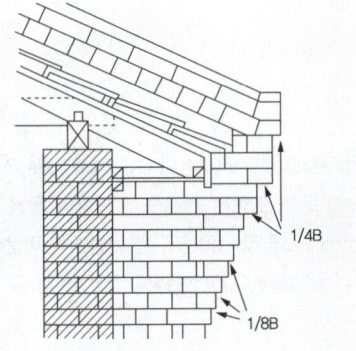

📝 필기에 자주 출제되는 내용입니다.

5과목 건설재료학

81 콘크리트에 사용하는 혼화재와 그 효과가 잘못 연결된 것은?

① 플라이 애시 - 워커빌리티, 펌퍼빌리티 개선
② 고로슬래그 미분말 - 수화열 억제, 알칼리골재반응 억제
③ 실리카흄 - 화학적 저항성 증대, 블리딩 저감
④ 가용성 규산 미분말 - 수화열 억제, 알칼리골재반응 억제

④ 가용성 규산 미분말 – 콘크리트 팽창제

📝 필기에 자주 출제되는 내용입니다.

82 비철금속 중 알루미늄에 대한 설명으로 옳지 않은 것은?

① 순도가 높은 알루미늄은 맑은 물에 대해 내식성이 크고 전연성이 크다.
② 연질이고 강도가 낮다.
③ 산, 알칼리 및 해수에 대해 내식성이 크다.
④ 콘크리트에 접하거나 흙 중에 매몰된 경우에는 부식되기 쉽다.

③ 산과 알칼리에 약하다.(알칼리나 해수에 침식되기 쉽다.)

📝 필기에 자주 출제되는 내용입니다.

83 목재의 방부법으로 옳지 않은 것은?

① 침지법　　② 표면탄화법
③ 가압주입법　④ 훈연법

> ★ **목재의 방부처리법**
> ① 주입법 : 방부액을 상압주입 하거나 가압하여 나무깊이 주입하는 방법
>   • 가압주입법 : 압력용기 속에 목재를 넣어 처리하는 방법으로 가장 신속하고 효과적인 방법
>   • 상압주입법 : 방부약액을 가열하여 주입하는 방법
>   • 생리적 주입법 : 목재의 뿌리에 방부약액을 주입하는 방법
> ② 침지법 : 방부제 용액 중에 목재를 담그어 공기(산소)를 차단하여 방부 처리하는 방법
> ③ 도포법 : 목재를 충분히 건조시킨 후 솔 등으로 약제를 도포하여 방부 처리하는 방법 (가장 간단한 방법)
> ④ 표면탄화법 : 목재표면 3~4mm 정도를 태워 수분을 제거하는 방법

 필기에 자주 출제되는 내용입니다.

84 콘크리트의 블리딩 현상에 의한 성능저하와 가장 거리가 먼 것은?

① 골재와 시멘트 페이스트의 부착력 저하
② 철근과 시멘트 페이스트의 부착력 저하
③ 콘크리트의 수밀성 저하
④ 콘크리트의 응결성 저하

> ★ **철콘크리트의 블리딩 현상에 의한 성능저하**
> ① 골재와 시멘트 페이스트의 부착력 저하
> ② 철근과 시멘트 페이스트의 부착력 저하
> ③ 콘크리트의 수밀성 저하
> ④ 콘크리트의 강도 및 내구성 저하

필기에 자주 출제되는 내용입니다.

85 바탕과의 접착을 주목적으로 하며, 바탕의 요철을 완화시키는 바름공정에 해당되는 것은?

① 마감바름　② 초벌바름
③ 재벌바름　④ 정벌바름

> • 초벌바름 : 바탕과의 접착을 주목적으로 하며, 바탕의 요철을 완화시키기 위한 바름을 말한다.
> • 바름층을 바탕에 가까운 것부터 초벌바름, 재벌바름, 정벌바름, 마감바름 순으로 진행한다.

86 보통포틀랜드 시멘트의 주성분 중 함유량이 가장 적은 것은?

① SiO_2　　② CaO
③ Al_2O_3　　④ Fe_2O_3

> 실리카(SiO_2), 알루미나(Al_2O_3), 산화철(Fe_2O_3), 석회(CaO) 등이 포함된 원료를 혼합하여 용융 소성한 클링커에 소량의 석고(3%)를 가압하여 미분쇄한 것이다. (산화철(Fe_2O_3)의 함유량이 가장 적다.)

정답　83 ④　84 ④　85 ②　86 ④

87 실적률이 큰 골재로 이루어진 콘크리트의 특성이 아닌 것은?

① 시멘트 페이스트의 양이 커져 콘크리트 제조시 경제성이 낮다.
② 내구성이 증대된다.
③ 투수성, 흡습성의 감소를 기대할 수 있다.
④ 건조수축 및 수화열이 감소된다.

① 시멘트 페이스트의 양이 줄어서 콘크리트 제조 시 경제적으로 유리하다.

필기에 자주 출제되는 내용입니다.

88 알키드수지·아크릴수지·에폭시수지·초산비닐수지를 용제에 녹여서 착색제를 혼입하여 만든 재료로 내화학성, 내후성, 내식성 및 치장효과가 있는 내·외장 도장 재료는?

① 비닐모르타르
② 플라스틱라이닝
③ 플라스틱 스펀지
④ 합성수지 스프레이 코팅제

* 합성수지 스프레이 코팅제
① 알키드수지·아크릴수지·에폭시수지·초산비닐수지를 용제에 녹여서 착색제를 혼입하여 만든 내·외장 도장재료를 말한다.
② 내화학성, 내후성, 내식성이 좋고 치장효과가 있다.

89 화강암에 대한 설명 중 옳지 않은 것은?

① 바탕색과 반점이 미려하므로 내·외장재로 쓰인다.
② 결정체의 크고 작음에 따라 외관과 강도가 다르다.
③ 경도가 크기 때문에 세밀한 조각 등에 적당하지 않다.
④ 내화도가 커서 고열을 받는 곳에 적당하다.

④ 내화도가 낮아 고열을 받는 곳에는 적당하지 않다.

필기에 자주 출제되는 내용입니다.

90 석유계 아스팔트로 점착성, 방수성은 우수하지만 연화점이 비교적 낮고 내후성 및 온도에 의한 변화정도가 커 지하실 방수공사 이외에 사용하지 않는 것은?

① 락 아스팔트(Rock asphalt)
② 블로운 아스팔트(Blown asphalt)
③ 아스팔트 컴파운드(Asphalt compound)
④ 스트레이트 아스팔트(Straight asphalt)

* 스트레이트 아스팔트(Straight asphalt)
① 아스팔트 성분이 가능한 한 변화되지 않도록 만든 것이다.
② **점착성**, 신성(신축성), 침투성, 감온성, **방수성** 등이 우수하다.
③ 연화점이 낮고, 내구력이 떨어지고, 내후성 및 온도에 의한 변화정도가 커서 주로 지하실 방수용으로 사용된다.

필기에 자주 출제되는 내용입니다.

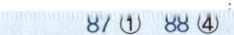
87 ① 88 ④ 89 ④ 90 ④

91 경질섬유판(hard fiber board)에 대한 설명으로 옳은 것은?

① 밀도가 0.3g/cm³ 정도이다.
② 소프트 텍스라고도 불리며 수장판으로 사용된다.
③ 소판이나 소각재의 부산물 등을 이용하여 접착, 접합에 의해 소요 형상의 인공 목재를 제조할 수 있다.
④ 펄프를 접착제로 제판하여 양면을 열압 건조시킨 것이다.

> ★ **경질섬유판(HDF)**
> 밀도 0.85g/cm³ 이상으로 펄프를 접착제로 제판하여 양면을 열압 건조시킨 것이다.

92 집성목재에 관한 설명 중 옳지 않은 것은?

① 요구된 치수, 형태의 재료를 비교적 용이하게 제조할 수 있다.
② 충분히 건조된 건조재를 사용하므로 비틀림 변형 등이 생기지 않는다.
③ 목재의 강도를 인공적으로 자유롭게 조절할 수 있다.
④ 하드 텍스라고도 불리며 목재의 결점이 분산되어 높은 강도를 얻을 수 있다.

> ★ **집성목재**
> • 두께 1.5~3cm 의 널을 접착제로 섬유평행방향으로 겹쳐 붙여서 만든 제품을 말한다.
> • 목재의 강도를 자유롭게 조절할 수 있고, 임의의 단면 형상을 갖도록 제작할 수 있다.

참고

★ **하드 텍스**
목재나 펄프의 작은 조각을 물리적 또는 화학적으로 처리하고 성형하여 만든 단단한 판을 말한다.

📋 필기에 자주 출제되는 내용입니다.

93 건조 전 중량이 5kg인 목재를 건조시켜 전건중량이 4kg이 되었다면 이 목재의 함수율은 몇 %인가?

① 8%   ② 20%
③ 25% ④ 40%

$$\text{목재의 함수율}(\%) = \frac{\text{건조 전 중량} - \text{전건중량}}{\text{전건중량}} \times 100$$
$$= \frac{5-4}{4} \times 100 = 25(\%)$$

📋 필기에 자주 출제되는 내용입니다.

94 목재의 유용성 방부제로서 자극적인 냄새 등으로 인체에 피해를 주기도 하여 사용이 규제되고 있는 것은?

① 크레오소트유   ② PCP 방부제
③ 아스팔트   ④ 불화소다 2% 용액

> **펜타클로로페놀(PCP)** : 방부력이 매우 우수하나, 자극적인 냄새가 난다.

📋 필기에 자주 출제되는 내용입니다.

정답 91 ④ 92 ④ 93 ③ 94 ②

95 화재 시 가열에 대하여 연소되지 않고 방화상 유해한 변형, 균열 등 기타 손상을 일으키지 않으며, 유해한 연기나 가스를 발생하지 않는 불연재료에 해당되지 않는 것은?

① 콘크리트 ② 석재
③ 알루미늄 ④ 목모시멘트판

목모 시멘트판 : 목모에 시멘트와 혼화제를 섞고 물을 넣어 다져서 압력으로 성형하고 건조한 판상 재료로 준불연성재료에 해당한다.

96 벤토나이트 방수재료에 대한 설명으로 옳지 않은 것은?

① 팽윤특성을 지닌 가소성이 높은 광물이다.
② 염분을 포함한 해수에서는 벤토나이트의 팽창반응이 강화되어 차수력이 강해진다.
③ 콘크리트 시공조인트용 수팽창 지수재로 사용된다.
④ 콘크리트 믹서를 이용하여 혼합한 벤토나이트와 토사를 롤러로 전압하여 연약한 지반을 개량한다.

② 염분을 포함한 해수에서는 벤토나이트의 성능이 저하될 수 있다.

97 골재의 실적률에 관한 설명으로 옳지 않은 것은?

① 실적률은 골재입형(粒形)의 양부(良否)를 평가하는 지표이다.
② 부순자갈의 실적률은 그 입형 때문에 강자갈의 실적률보다 적다.
③ 실적률 산정 시 골재의 밀도는 절대건조 상태의 밀도를 말한다.
④ 골재의 단위용적질량이 동일하면 골재의 밀도가 클수록 실적률도 크다.

④ 골재의 단위용적질량이 동일하면 골재의 비중이 클수록 실적률은 낮다.

📝 필기에 자주 출제되는 내용입니다.

98 콘크리트 재료분리의 원인으로 옳지 않은 것은?

① 콘크리트의 플라스티시티(plasticity)가 작은 경우
② 잔골재율이 큰 경우
③ 단위수량이 지나치게 큰 경우
④ 굵은 골재의 최대치수가 지나치게 큰 경우

＊콘크리트 재료분리의 원인
① 콘크리트의 플라스티시티(plasticity)가 작은 경우
② 진동기를 과다하게 사용한 경우
③ 단위수량이 지나치게 큰 경우
④ 굵은 골재의 최대치수가 지나치게 큰 경우
⑤ 골재의 비중 차이가 큰 경우

📝 필기에 자주 출제되는 내용입니다.

정답 95 ④ 96 ② 97 ④ 98 ②

99 경석고 플라스터에 대한 설명으로 옳지 않은 것은?

① 소석고보다 응결속도가 빠르다.
② 표면 강도가 크고 광택이 있다.
③ 습윤 시 팽창이 크다.
④ 다른 석고계의 플라스터와 혼합을 피해야 한다.

> ① 소석고보다 응결속도가 느리다.

📝 필기에 자주 출제되는 내용입니다.

100 에폭시수지 접착제에 대한 설명 중 옳지 않은 것은?

① 금속제 접착에 적당한 재료이다.
② 접착할 때 압력을 가할 필요가 없다.
③ 경화제가 불필요하다.
④ 내산, 내알칼리, 내수성이 우수하다.

> **＊에폭시 수지 접착제**
> ① 주제와 경화제로 이루어진 2성분계의 접착제이다.(접착제의 성능을 지배하는 것은 경화제라고 할 수 있다.)
> ② 금속, 석재, 플라스틱, 콘크리트 등 거의 모든 재료의 접착에 사용된다.(알루미늄과 같은 경금속 접착에 가장 적합하다.)
> ③ 급경성으로 내화학성, 내수성, 전기절연성이 우수하다.

📝 필기에 자주 출제되는 내용입니다.

6과목 건설안전기술

101 철근인력 운반에 대한 설명으로 옳지 않은 것은?

① 운반할 때에는 중앙부를 묶어 운반한다.
② 긴 철근은 두 사람이 한 조가 되어 어깨 메기로 운반하는 것이 좋다.
③ 운반 시 1인당 무게는 25kg 정도가 적당하다.
④ 긴 철근을 한사람이 운반할 때는 한쪽을 어깨에 메고 한쪽 끝을 땅에 끌면서 운반한다.

> ① 운반할 때에는 양 끝을 묶어 운반하여야 한다.

102 지반조사의 간격 및 깊이에 대한 내용으로 옳지 않은 것은?

① 조사간격은 지층상태, 구조물 규모에 따라 정한다.
② 지층이 복잡한 경우에는 기 조사한 간격 사이에 보완 조사를 실시한다.
③ 절토, 개착, 터널구간은 기반암의 심도 5~6m까지 확인한다.
④ 조사깊이는 액상화 문제가 있는 경우에는 모래층하단에 있는 단단한 지지층까지 조사한다.

> 터널은 계획고 하 2m까지, 개착식 구간은 구조물 계획 심도의 120%까지, 절토구간은 종단계획고 하 1m 깊이까지 시추조사를 실시한다.

정답 99 ① 100 ③ 101 ① 102 ③

103 앵글도저보다 큰 각으로 움직일 수 있어 흙을 깎아 옆으로 밀어내면서 전진하므로 제설, 제토작업 및 다량의 흙을 전방으로 밀어가는 데 적합한 불도저는?

① 스트레이트 도저
② 틸트 도저
③ 레이크 도저
④ 힌지 도저

★ 힌지도저
앵글 도저보다 큰 각으로 움직이며 제설 및 토사운반용으로 다량의 흙을 운반하는 데 적합하다.

> **참고**
> - 스트레이트 도저 : 블레이드가 수평이고, 불도저의 진행 방향에 직각으로 블레이드를 부착한 것으로서 주로 중 굴착 작업에 사용된다.
> - 앵글 도저 : 블레이드의 방향이 20~30° 경사지게 부착된 것으로 사면굴착·정지·흙메우기 등으로 자체의 진행에 따라 흙을 회송하는 작업에 적당하다.
> - 틸트 도저 : 블레이드면 좌우의 높이를 변경할 수 있는 것으로서 단단한 흙의 도랑파기에 적당하다.

104 이동식 비계를 조립하여 작업을 하는 경우의 준수기준으로 옳지 않은 것은?

① 비계의 최상부에서 작업을 할 때에는 안전난간을 설치하여야 한다.
② 작업발판의 최대적재하중은 400kg을 초과하지 않도록 한다.
③ 승강용 사다리는 견고하게 설치하여야 한다.
④ 작업발판은 항상 수평을 유지하고 작업발판 위에서 안전난간을 딛고 작업을 하거나 받침대 또는 사다리를 사용하여 작업하지 않도록 한다.

② 작업발판의 최대적재하중은 250kg을 초과하지 않도록 할 것

> **참고**
> **★ 이동식 비계 조립 시의 준수사항(이동식 비계의 구조)**
> - 바퀴에는 갑작스러운 이동 또는 전도를 방지하기 위하여 브레이크·쐐기 등으로 바퀴를 고정시킨 다음 비계의 일부를 견고한 시설물에 고정하거나 아웃트리거를 설치할 것
> - 승강용사다리는 견고하게 설치할 것
> - 비계의 최상부에서 작업을 할 때에는 안전난간을 설치할 것
> - 작업발판은 항상 수평을 유지하고 작업발판 위에서 안전난간을 딛고 작업을 하거나 받침대 또는 사다리를 사용하여 작업하지 않도록 할 것
> - 작업발판의 최대적재하중은 250kg을 초과하지 않도록 할 것

105 흙의 특성으로 옳지 않은 것은?

① 흙은 선형재료이며, 응력-변형률 관계가 일정하게 정의된다.
② 흙의 성질은 본질적으로 비균질, 비등방성이다.
③ 흙의 거동은 연약지반에 하중이 작용하면 시간의 변화에 따라 압밀침하가 발생한다.
④ 점토 대상이 되는 흙은 지표면 밑에 있기 때문에 지반의 구성과 공학적 성질은 시추를 통해서 자세히 판명된다.

> ① 흙은 비선형재료이며, 응력 - 변형률 관계가 일정하지 않다.

참고

* **선형재료**
  - 외력에 대한 신장량이 훅의 법칙을 따른다.(응력-변형률 관계가 일정)
  - 강, 탄소섬유, 유리 등이 해당된다.

106 산업안전보건기준에 관한 규칙에 따른 거푸집 동바리를 조립하는 경우의 준수사항으로 옳지 않은 것은?

① 개구부 상부에 동바리를 설치하는 경우에는 상부하중을 견딜 수 있는 견고한 받침대를 설치할 것
② 동바리의 이음은 같은 품질의 재료를 사용할 것
③ 강재와 강재의 접속부 및 교차부는 철선을 사용하여 단단히 연결할 것
④ 거푸집이 곡면인 경우에는 버팀대의 부착 등 그 거푸집의 부상(浮上)을 방지하기 위한 조치를 할 것

> ③ 강재의 접속부 및 교차부는 볼트 · 클램프 등 전용철물을 사용하여 단단히 연결할 것

참고

* **동바리 조립 시의 안전조치**
  ① 받침목이나 깔판의 사용, 콘크리트 타설, 말뚝박기 등 동바리의 침하를 방지하기 위한 조치를 할 것
  ② 동바리의 상하 고정 및 미끄러짐 방지 조치를 할 것
  ③ 상부 · 하부의 동바리가 동일 수직선상에 위치하도록 하여 깔판 · 받침목에 고정시킬 것
  ④ 개구부 상부에 동바리를 설치하는 경우에는 상부하중을 견딜 수 있는 견고한 받침대를 설치할 것
  ⑤ U헤드 등의 단판이 없는 동바리의 상단에 멍에 등을 올릴 경우에는 해당 상단에 U헤드 등의 단판을 설치하고, 멍에 등이 전도되거나 이탈되지 않도록 고정시킬 것
  ⑥ 동바리의 이음은 같은 품질의 재료를 사용할 것
  ⑦ 강재의 접속부 및 교차부는 볼트 · 클램프 등 전용철물을 사용하여 단단히 연결할 것
  ⑧ 거푸집의 형상에 따른 부득이한 경우를 제외하고는 깔판이나 받침목은 2단 이상 끼우지 않도록 할 것
  ⑨ 깔판이나 받침목을 이어서 사용하는 경우에는 그 깔판 · 받침목을 단단히 연결할 것

정답 105 ① 106 ③

107 토석 붕괴의 위험이 있는 사면에서 작업할 경우의 행동으로 옳지 않은 것은?

① 동시작업의 금지
② 대피공간의 확보
③ 2차 재해의 방지
④ 급격한 경사면 계획

④ 급격한 경사면은 붕괴 위험이 더 커진다.

108 흙막이 벽을 설치하여 기초 굴착작업 중 굴착부 바닥이 솟아올랐다. 이에 대한 대책으로 옳지 않은 것은?

① 굴착주변의 상재하중을 증가시킨다.
② 흙막이 벽의 근입깊이를 깊게 한다.
③ 토류벽의 배면토압을 경감시킨다.
④ 지하수 유입을 막는다.

굴착부 바닥이 솟아올랐다 → 히빙현상 → 굴착주변의 상재하중을 감소시켜야 한다.

> **참고**
>
> **★ 히빙현상 방지책**
> - 양질의 재료로 지반을 개량한다.
> - 어스앵커 설치
> - 시트파일 등의 근입심도 검토(흙막이 벽체의 근입깊이를 깊게 한다)
> - 굴착주변에 웰포인트 공법을 병행한다.(굴착주변 수위를 낮춘다)
> - 소단을 두면서 굴착한다.

109 압쇄기를 사용하여 건물해체 시 그 순서로 옳은 것은?

> A : 보   B : 기둥   C : 슬래브   D : 벽체

① A - B - C - D
② A - C - B - D
③ C - A - D - B
④ D - C - B - A

★ 해체순서
바닥(슬래브) → 보 → 벽 → 기둥

> **참고**
>
> **★ 조립순서**
> 기둥 → 보받이 내력벽 → 큰 보 → 작은 보 → 바닥 → (내벽) → (외벽)

정답 107 ④ 108 ① 109 ③

110 철골작업에서의 승강로 설치기준 중 ( ) 안에 알맞은 숫자는?

> 사업주는 근로자가 수직방향으로 이동하는 철골부재에는 답단간격이 ( )cm 이내인 고정된 승강로를 설치하여야 한다.

① 20　　② 30
③ 40　　④ 50

근로자가 수직방향으로 이동하는 철골부재에는 답단간격이 30cm 이내인 고정된 승강로를 설치하여야 하며, 수평방향 철골과 수직방향 철골이 연결되는 부분에는 연결작업을 위하여 작업발판 등을 설치하여야 한다.

111 말뚝을 절단할 때 내부응력에 가장 큰 영향을 받는 말뚝은?

① 나무말뚝　　② PC말뚝
③ 강말뚝　　④ RC말뚝

말뚝 절단 시 내부응력에 가장 큰 영향을 받는 말뚝
→ PC말뚝

참고

* **PC말뚝**
프리스트레스를 도입하여 제작한 중공 원통상(中空圓筒狀)의 기성 콘크리트 말뚝

112 비계의 높이가 2m 이상인 작업장소에 작업발판을 설치할 때 그 폭은 최소 얼마 이상이어야 하는가?

① 30cm　　② 40cm
③ 50cm　　④ 60cm

높이가 2m 이상인 작업장소에서 작업발판의 폭은 40cm 이상으로 한다.

참고

* **작업발판 설치기준**
- **발판 재료** : 작업시의 하중을 견딜 수 있도록 견고한 것으로 할 것
- **발판의 폭** : 40cm 이상으로 하고, 발판재료간의 틈 : 3cm 이하로 할 것
- 추락의 위험성이 있는 장소에는 안전난간을 설치할 것(안전난간 설치가 곤란한 때, 추락방호망을 치거나 근로자가 안전대를 사용하도록 하는 등 추락에 의한 위험방지조치를 한 때에는 그러하지 아니한다)
- **작업발판의 지지물** : 하중에 의하여 파괴될 우려가 없는 것을 사용할 것
- 작업발판재료는 뒤집히거나 떨어지지 아니하도록 둘 이상의 지지물에 연결하거나 고정시킬 것
- 작업에 따라 이동시킬 때에는 위험방지 조치를 할 것
- 선박 및 보트 건조작업에서 선박블록 또는 엔진실 등의 좁은 작업공간에 작업발판을 설치하는 경우 : 작업발판의 폭을 30센티미터 이상으로 할 수 있고, 걸침비계의 경우 발판재료 간의 틈을 3센티미터 이하로 유지하기 곤란하면 5센티미터 이하로 할 수 있다.

 실기까지 중요한 내용입니다. 참고를 다시 확인하세요.

정답 110 ② 111 ② 112 ②

113 가설계단 및 계단참을 설치하는 때에는 매 m²당 몇 kg 이상의 하중에 견딜 수 있는 강도를 가진 구조로 설치하여야 하는가?

① 200kg ② 300kg
③ 400kg ④ 500kg

계단 및 계단참의 강도는 500kg/m² 이상이어야 하며 안전율은 4 이상으로 하여야 한다.

> **참고**
>
> ★ 계단의 설치
> - 계단의 강도 : 계단 및 계단참의 강도는 500kg/m² 이상이어야 하며 안전율은 4 이상으로 하여야 한다.
> - 계단의 폭 : 1m 이상으로 하여야 한다.
> - 계단참의 높이 : 높이가 3m를 초과하는 계단에는 높이 3m 이내마다 너비 1.2m 이상의 계단참을 설치하여야 한다.
> - 천장의 높이 : 바닥면으로부터 높이 2m 이내의 공간에 장애물이 없도록 하여야 한다.
> - 계단의 난간 : 높이 1m 이상인 계단의 개방된 측면에 안전난간을 설치하여야 한다.

114 작업발판 일체형 거푸집에 해당되지 않는 것은?

① 갱폼(Gang Form)
② 슬립폼(Slip Form)
③ 유로폼(Euro Form)
④ 클라이밍폼(Climbing Form)

★ 작업발판 일체형 거푸집의 종류
- 갱폼(gang form)
- 슬립폼(slip form)
- 클라이밍폼(climbing form)
- 터널라이닝폼(tunnel lining form)
- 그 밖에 거푸집과 작업발판이 일체로 제작된 거푸집 등

실기에 자주 출제되는 중요한 내용입니다.

115 콘크리트의 측압에 관한 설명으로 옳은 것은?

① 거푸집 수밀성이 크면 측압은 작다.
② 철근의 양이 적으면 측압은 작다.
③ 부어넣기 속도가 빠르면 측압은 작아진다.
④ 외기의 온도가 낮을수록 측압은 크다.

① 거푸집 수밀성이 클수록 측압이 크다.
② 철골 또는 철근량이 적을수록 측압이 크다.
③ 타설속도가 빠를수록 측압이 크다.

정답 113 ④ 114 ③ 115 ④

> **참고**
>
> * **콘크리트의 측압**
> - 거푸집 강성이 클수록 측압이 크다.
> - 콘크리트 비중이 클수록 측압이 크다.
> - 습도가 낮을수록 측압이 크다.
> - 다짐이 좋을수록 측압이 크다.
> - 외기 온도가 낮을수록 측압이 크다.

📝 자주 출제되는 내용입니다. 참고를 다시 확인하세요.

116 달비계 설치 시 와이어로프를 사용할 때 사용가능한 와이어로프의 조건은?

① 지름의 감소가 공칭지름의 8%인 것
② 이음매가 없는 것
③ 심하게 변형되거나 부식된 것
④ 와이어로프의 한 꼬임에서 끊어진 소선의 수가 10%인 것

> * **와이어로프의 사용금지 기준**
> - 이음매가 있는 것
> - 와이어로프의 한 꼬임에서 끊어진 소선의 수가 10% 이상인 것
> - 지름의 감소가 공칭지름의 7%를 초과하는 것
> - 꼬인 것
> - 심하게 변형되거나 부식된 것
> - 열과 전기충격에 의해 손상된 것

📝 실기에 자주 출제되는 내용입니다. 암기하세요.

117 위험방지를 위해 철골작업을 중지하여야 하는 기준으로 옳은 것은?

① 풍속이 초당 1m 이상인 경우
② 강우량이 시간당 1cm 이상인 경우
③ 강설량이 시간당 1cm 이상인 경우
④ 10분간 평균풍속이 초당 5m 이상인 경우

> * **철골작업을 중지해야 하는 조건**
> - 풍속이 초당 10m 이상인 경우
> - 강우량이 시간당 1mm 이상인 경우
> - 강설량이 시간당 1cm 이상인 경우

📝 실기까지 중요한 내용입니다. 암기하세요.

118 흙의 투수계수에 영향을 주는 인자에 대한 내용으로 옳지 않은 것은?

① 공극비 : 공극비가 클수록 투수계수는 작다.
② 포화도 : 포화도가 클수록 투수계수는 크다.
③ 유체의 점성계수 : 점성계수가 클수록 투수계수는 작다.
④ 유체의 밀도 : 유체의 밀도가 클수록 투수계수는 크다.

공극비가 클수록 투수계수는 크다.

정답 116 ② 117 ③ 118 ①

> **참고**
>
> 1. 공극비 : 토양 공극(토양 입자 사이의 틈)의 부피 비율을 말한다.
> 2. 포화도 : 흙의 공극체적 중 물이 차지하는 체적의 비율을 말한다.
> 3. 점성계수 : 유체의 점성(끈끈한 성질)의 크기를 나타내는 값을 말한다.
> 4. 유체의 밀도 : 물질의 질량을 부피로 나눈 값으로 일정한 면적에 유체가 빽빽이 들어 있는 정도를 나타낸다.

119 장비 자체보다 높은 장소의 땅을 굴착하는 데 적합한 장비는?

① 파워 셔블(power shovel)
② 불도저(Bulldozer)
③ 드래그라인(dragline)
④ 크램쉘(Clam Shell)

* **파워 셔블(power shovel)**
  - 기계가 서 있는 지반면보다 높은 곳의 땅파기에 적합하다.
  - 붐(boom)이 단단하여 굳은 지반의 굴착에도 사용된다.

120 작업장 출입구 설치 시 준수해야 할 사항으로 옳지 않은 것은?

① 주된 목적이 하역운반기계용인 출입구에는 보행자용 출입구를 따로 설치하지 않을 것
② 출입구의 위치·수 및 크기가 작업자의 용도와 특성에 맞도록 할 것
③ 출입구에 문을 설치하는 경우에는 근로자가 쉽게 열고 닫을 수 있도록 할 것
④ 계단이 출입구와 바로 연결된 경우에는 작업자의 안전한 통행을 위하여 그 사이에 1.2m 이상 거리를 두거나 안내표지 또는 비상벨 등을 설치할 것

① 주된 목적이 하역운반기계용인 출입구에는 인접하여 보행자용 출입구를 따로 설치할 것

> **참고**
>
> * **작업장의 출입구 설치 시 준수사항**
>   - 출입구의 위치, 수 및 크기가 작업장의 용도와 특성에 맞도록 할 것
>   - 출입구에 문을 설치하는 경우에는 근로자가 쉽게 열고 닫을 수 있도록 할 것
>   - 주된 목적이 하역운반기계용인 출입구에는 인접하여 보행자용 출입구를 따로 설치할 것
>   - 하역운반기계의 통로와 인접하여 있는 출입구에서 접촉에 의하여 근로자에게 위험을 미칠 우려가 있는 경우에는 비상등·비상벨 등 경보장치를 할 것
>   - 계단이 출입구와 바로 연결된 경우에는 작업자의 안전한 통행을 위하여 그 사이에 1.2m 이상 거리를 두거나 안내표지 또는 비상벨 등을 설치할 것

정답 119 ① 120 ①

2014년 4회 최근 기출문제

1과목 산업안전관리론

01 다음 중 산업안전보건법령상 안전관리자를 2인 이상 선임하여야 하는 사업에 해당하지 않는 것은?

① 공사금액이 1,000억 원인 건설업
② 상시 근로자가 500명인 통신업
③ 상시 근로자가 1,500명인 운수업
④ 상시 근로자가 600명인 식료품 제조업

- 건설업 : 공사금액 800억 원 이상 1,500억 원 미만 → 2명 이상
- 우편 및 통신업 : 상시 근로자 1,000명 이상 → 2명
- 운수 및 창고업 : 상시 근로자 500명 이상 → 2명
- 식료품 제조업, 음료 제조업 : 상시 근로자 500명 이상 → 2명

참고

*안전관리자의 선임방법

① 토사석 광업
② 서적, 잡지 및 기타 인쇄물 출판업, 폐기물 수집·운반·처리 및 원료 재생업, 환경 정화 및 복원업, 운수 및 창고업, 자동차 종합 수리업, 자동차 전문 수리업, 발전업
③ 대부분의 제조업

- 상시 근로자 50명 이상 500명 미만 : 1명 이상
- 상시 근로자 500명 이상 : 2명 이상

① 우편 및 통신업
② 전기, 가스, 증기 및 공기조절공급업(발전업은 제외한다)
③ 도매 및 소매업
④ 숙박 및 음식점업
⑤ 공공행정(청소, 시설관리, 조리 등 현업업무에 종사하는 사람으로서 고용노동부장관이 정하여 고시하는 사람으로 한정한다)
⑥ 교육서비스업 중 초등·중등·고등 교육기관, 특수학교·외국인학교 및 대안학교(청소, 시설관리, 조리 등 현업업무에 종사하는 사람으로서 고용노동부장관이 정하여 고시하는 사람으로 한정한다)
⑦ 농업, 임업 및 어업 등

- 상시 근로자 50명 이상 1,000명 미만 : 1명(다만, 부동산업(부동산 관리업은 제외한다)과 사진처리업의 경우에는 상시근로자 100명 이상 1천명 미만으로 한다)
- 상시 근로자 1,000명 이상 : 2명

건설업

- 공사금액 50억 원 이상(관계수급인은 100억 원 이상) 120억 원 미만
  (토목공사업의 경우에는 150억 원 미만) 또는 공사금액 120억 원 이상(토목공사업의 경우에는 150억 원 이상) 800억 원 미만 : 1명 이상
- 공사금액 800억 원 이상 1,500억 원 미만 : 2명 이상(다만, 전체 공사기간을 100으로 할 때 공사 시작에서 15에 해당하는 기간과 공사 종료 전의 15에 해당하는 기간 동안은 1명 이상으로 한다)
- 공사금액 1,500억 원 이상 2,200억 원 미만 : 3명 이상(다만, 전체 공사기간 중 전·후 15에 해당하는 기간은 2명 이상으로 한다)

정답 01 ②

건설업

- 공사금액 2,200억 원 이상 3천억 원 미만 : 4명 이상(다만, 전체 공사기간 중 전·후 15에 해당하는 기간은 2명 이상으로 한다)
- 공사금액 3천억 원 이상 3,900억 원 미만 : 5명 이상(다만, 전체 공사기간 중 전·후 15에 해당하는 기간은 3명 이상으로 한다)
- 공사금액 3,900억 원 이상 4,900억 원 미만 : 6명 이상(다만, 전체 공사기간 중 전·후 15에 해당하는 기간은 3명 이상으로 한다)
- 공사금액 4,900억 원 이상 6천억 원 미만 : 7명 이상(다만, 전체 공사기간 중 전·후 15에 해당하는 기간은 4명 이상으로 한다)
- 공사금액 6천억 원 이상 7,200억 원 미만 : 8명 이상(다만, 전체 공사기간 중 전·후 15에 해당하는 기간은 4명 이상으로 한다)
- 공사금액 7,200억 원 이상 8,500억 원 미만 : 9명 이상(다만, 전체 공사기간 중 전·후 15에 해당하는 기간은 5명 이상으로 한다)
- 공사금액 8,500억 원 이상 1조원 미만 : 10명 이상(다만, 전체 공사기간 중 전·후 15에 해당하는 기간은 5명 이상으로 한다)
- 1조원 이상 : 11명 이상[매 2천억 원(2조 원 이상부터는 매 3천억 원)마다 1명씩 추가한다]. 다만, 전체 공사기간 중 전·후 15에 해당하는 기간은 선임 대상 안전관리자 수의 2분의 1(소수점 이하는 올림한다) 이상으로 한다]

02 다음 중 재해방지를 위한 안전관리 조직의 목적과 가장 거리가 먼 것은?

① 위험요소의 제거
② 기업의 재무제표 안전화
③ 재해방지 기술의 수준 향상
④ 재해 예방률의 향상 및 단위당 예방비용의 절감

★ 안전관리조직의 목적
- 조직적인 사고예방 활동
- 위험제거 기술의 수준 향상
- 조직 간 종적·횡적 신속한 정보처리와 유대 강화
- 재해 예방률의 향상 및 단위당 예방비용의 절감

03 다음 중 시설물의 안전관리에 관한 특별법상 용어의 설명으로 옳은 것은?

① '시설물'이란 건설공사를 통하여 만들어진 구조물과 그 부대시설로서 1종시설물, 2종시설물 및 3종시설물로 구분된다.
② '3종시설물'이란 1종과 2종시설물 외의 시설물로서 대통령령으로 정하는 시설물을 말한다.
③ '안전점검'이란 경험과 기술을 갖춘 자가 육안이나 점검기구 등으로 검사하여 시설물에 내재(內在)되어 있는 위험요인을 조사하는 행위를 말한다.
④ '관리주체'란 관계 법령에 따라 해당 시설물의 관리자로 규정된 자나 해당 시설물의 소유자로 민간관리주체(民間管理主體)와 비민간관리주체(非民間管理主體)로 구분한다.

① '시설물'이란 건설공사를 통하여 만들어진 교량·터널·항만·댐·건축물 등 구조물과 그 부대시설로서 제1종 시설물, 제2종 시설물 및 제3종 시설물을 말한다.

정답 02 ② 03 ③

② '제3종 시설물'이란 제1종 시설물 및 제2종시설물 외에 안전관리가 필요한 소규모 시설물로서 지정 · 고시된 시설물
④ '관리주체'란 관계 법령에 따라 해당 시설물의 관리자로 규정된 자나 해당 시설물의 소유자를 말한다. 이 경우 해당 시설물의 소유자와의 관리계약 등에 따라 시설물의 관리책임을 진 자는 관리주체로 보며, 관리주체는 공공관리주체(公共管理主體)와 민간관리주체(民間管理主體)로 구분한다.

04 다음 중 산업안전보건법령상 안전인증기관이 하는 안전인증 심사의 종류에 해당되지 않는 것은?

① 서면심사 ② 예비심사
③ 제품심사 ④ 완성심사

* **안전인증 심사의 종류 및 방법**
• 예비심사 : 기계 · 기구 및 방호장치 · 보호구가 유해 · 위험한 기계 · 기구 · 설비 등 인지를 확인하는 심사
• 서면심사 : 유해 · 위험한 기계 · 기구 · 설비 등의 제품기술과 관련된 문서가 안전인증기준에 적합한지에 대한 심사
• 기술능력 및 생산체계 심사 : 유해 · 위험한 기계 · 기구 · 설비 등의 안전성능을 지속적으로 유지 · 보증하기 위하여 사업장에서 갖추어야 할 기술능력과 생산체계가 안전인증기준에 적합한지에 대한 심사
• 제품심사 : 유해 · 위험한 기계 · 기구 · 설비 등이 서면심사 내용과 일치하는지 여부와 유해 · 위험한 기계 · 기구 · 설비 등의 안전에 관한 성능이 안전인증기준에 적합한지 여부에 대한 심사

05 재해손실비의 평가방식 중 시몬즈(Simonds) 방식에서 비보험코스트의 산정 항목에 해당하지 않는 것은?

① 사망사고건수 ② 무상해사고건수
③ 통원상해건수 ④ 응급조치건수

① 사망사고건수 → 보험코스트의 산정 항목

참고

* **시몬즈(Simonds)의 재해손실비 산정**
총 재해코스트 = 보험코스트 + 비보험코스트
• 보험코스트 = 산재보험료
• 비보험코스트
 - 휴업상해
 - 통원상해
 - 구급조치상해
 - 무상해 사고

06 다음 중 무재해운동의 기본이념 3원칙과 가장 거리가 먼 것은?

① 무(zero)의 원칙 ② 관리의 원칙
③ 참가의 원칙   ④ 선취의 원칙

* **무재해 운동의 3대 원칙**
• 무(無)의 원칙(ZERO의 원칙) : 산업재해의 근원적인 요소들을 없앤다는 것을 의미한다.
• 선취의 원칙(안전제일의 원칙) : 사업장 내에서 행동하기 전에 잠재위험 요인을 발견하고 파악 · 해결하여 재해를 예방하는 것을 의미한다.
• 참가의 원칙(참여의 원칙) : 전원이 일치 협력하여 각자의 위치에서 적극적으로 문제해결을 하겠다는 것을 의미한다.

 실기까지 중요한 내용입니다.

정답 04 ④ 05 ① 06 ②

07 A 사업장의 연간 도수율이 4일 때 연천인율은 얼마인가? (단, 근로자 1인당 연간근로시간은 2,400시간으로 한다.)

① 1.7 ② 9.6
③ 15   ④ 20

* **연천인율**
① 근로자 1,000 명중 재해자수 비율(1년간)
② 연천인율 = $\dfrac{\text{연간재해자 수}}{\text{연평균 근로자 수}} \times 1{,}000$
③ 연천인율 = 도수율 × 2.4 = 4 × 2.4 = 9.6

실기까지 중요한 내용입니다.

08 다음 중 재해의 원인에 있어 기술적 원인에 해당되지 않는 것은?

① 경험 및 훈련의 미숙
② 구조, 재료의 부적합
③ 점검, 정비, 보존 불량
④ 건물, 기계장치 설계 불량

① 경험 및 훈련의 미숙 → 교육적 원인

참고

기술적 원인	• 건물 기계장치 설계불량 • 구조 재료의 부적합 • 생산방법의 부적당 • 점검 정비 보존 불량
교육적 원인	• 안전지식의 부족 • 안전수칙의 오해 • 경험 훈련의 부족 • 작업 방법의 교육 불충분 • 유해 위험 작업의 교육 불충분
작업관리상 원인	• 안전관리 조직 결함 • 안전수칙 미제정 • 작업준비 불충분 • 인원 배치 부적당 • 작업지시 부적당

09 다음 중 산업안전보건법령상 사업주는 고용노동부장관이 정하는 바에 따라 해당 공사를 위하여 계상된 산업안전보건관리비의 사용명세서를 공사종료 후 얼마 동안 보존하여야 하는가?

① 6개월   ② 1년
③ 2년   ④ 3년

사업주는 해당 공사를 위하여 계상된 산업안전보건관리비를 그가 사용하는 근로자와 그의 수급인이 사용하는 근로자의 산업재해 및 건강장해 예방에 사용하고 그 사용명세서를 매월(공사가 1개월 이내에 종료되는 사업의 경우에는 해당 공사 종료 시) 작성하고 공사 종료 후 1년간 보존하여야 한다.

정답 07 ② 08 ① 09 ②

10 다음 설명에 해당하는 재해의 통계적 원인 분석 방법은?

> 2개 이상의 문제 관계를 분석하는 데 사용하는 것으로 데이터를 집계하고, 표로 표시하여 요인별 결과내역을 교차한 그림을 작성, 분석하는 방법

① 파레토도 ② 특성요인도
③ 관리도   ④ 클로즈 분석

- 2개 이상 요인의 결과를 클로즈(close) 분석도(요인별 결과내역을 교차한 그림)를 작성하여 분석한다.
  → close 분석
- 2개 이상의 원인을 서로 교차(cross)하여 분석한다.
  → cross 분석

참고

- **파레토도** : 사고 유형, 기인물 등 데이터를 분류하여 그 항목값이 큰 순서대로 정리하여 막대그래프로 나타낸다.
- **특성요인도** : 재해와 그 요인의 관계를 어골상(물고기 뼈)으로 세분화하여 나타낸다.
- **관리도** : 시간경과에 따른 재해발생 건수 등 대략적인 추이 파악에 사용된다.

11 산업안전보건법령상 화학물질 취급장소에서의 유해·위험경고 이외의 위험경고, 주의표지 또는 기계방호물에 사용되는 안전·보건표지 색채의 색도기준은?

① 5Y 8.5/12   ② 2.5PB 4/10
③ 2.5G 4/10   ④ N9.5

★ 안전·보건표지의 색채, 색도기준 및 용도

색채	색도기준	용도	사용례
빨간색	7.5R 4/14	금지	정지신호, 소화설비 및 그 장소, 유해행위의 금지
		경고	화학물질 취급장소에서의 유해·위험 경고
특급암기법 싫어(7.5) 4/14			
노란색	5Y 8.5 /12	경고	화학물질 취급장소에서의 유해·위험 경고, 이 외의 위험 경고, 주의표지 또는 기계방호물
특급암기법 오(5) 빨리와(8.5) 이리(12)			
파란색	2.5PB 4/10	지시	특정 행위의 지시 및 사실의 고지
특급암기법 2.5×4=10			
녹색	2.5G 4/10	안내	비상구 및 피난소, 사람 또는 차량의 통행표지
특급암기법 2.5×4=10			
흰색	N9.5		파란색 또는 녹색에 대한 보조색
검은색	N0.5		문자 및 빨간색 또는 노란색에 대한 보조색

실기에 자주 출제되는 내용입니다. 암기하세요.

정답 10 ④ 11 ①

12 다음 중 일반적인 보호구의 관리 방법으로 가장 적절하지 않은 것은?

① 정기적으로 점검하고 관리한다.
② 청결하고 습기가 없는 곳에 보관한다.
③ 세척한 후에는 햇볕에 완전히 건조시켜 보관한다.
④ 항상 깨끗이 보관하고 사용 후 건조시켜 보관한다.

③ 직사광선을 피하여 완전히 건조시켜 보관한다.

13 산업안전보건법령상 고소작업대를 사용하여 작업을 하는 때의 작업시작 전 점검사항에 해당하지 않는 것은?

① 작업면의 기울기 또는 요철 유무
② 아웃트리거 또는 바퀴의 이상 유무
③ 충전장치를 포함한 홀더 등의 결합상태의 이상 유무
④ 비상정지장치 및 비상하강 방지장치 기능의 이상 유무

***고소작업대의 작업시작 전 점검**
- 비상정지장치 및 비상하강 방지장치 기능의 이상 유무
- 과부하 방지장치의 작동 유무(와이어로프 또는 체인구동방식의 경우)
- 아웃트리거 또는 바퀴의 이상 유무
- 작업면의 기울기 또는 요철 유무
- 활선작업용 장치의 경우 홈·균열·파손 등 그 밖의 손상 유무

실기에 자주 출제되는 내용입니다. 암기하세요.

14 다음 중 산업안전보건법에 따라 구성, 운영되는 산업안전보건위원회의 심의·의결사항이 아닌 것은?

① 안전보건관리규정의 작성 및 변경에 관한 사항
② 작업환경측정 등 작업환경의 검검 및 개선에 관한 사항
③ 사업장 경영체계 구성 및 운영에 관한 사항
④ 산업재해 예방계획의 수립에 관한 사항

***산업안전보건위원회의 심의·의결 사항**
- 산업재해 예방계획의 수립에 관한 사항
- 안전보건관리규정의 작성 및 변경에 관한 사항
- 근로자의 안전·보건교육에 관한 사항
- 작업환경측정 등 작업환경의 점검 및 개선에 관한 사항
- 근로자의 건강진단 등 건강관리에 관한 사항
- 중대재해의 원인 조사 및 재발 방지대책 수립에 관한 사항
- 산업재해에 관한 통계의 기록 및 유지에 관한 사항
- 유해하거나 위험한 기계·기구와 그 밖의 설비를 도입한 경우 안전·보건 조치에 관한 사항

실기까지 중요한 내용입니다.

15 다음 중 산업재해의 기본원인으로 볼 수 있는 4M에 해당되는 것으로만 나열한 것은?

① Man, Management, Machine, Media
② Man, Management, Machine, Material
③ Man, Machine, Maker, Management
④ Man, Machine, Maker, Media

정답 12 ③ 13 ③ 14 ③ 15 ①

* **인간에러(휴먼 에러)의 배후요인(4M)**
  - Man(인간) : 본인 외의 사람, 직장의 인간관계 등
  - Machine(기계) : 기계, 장치 등의 물적 요인
  - Media(매체) : 작업정보, 작업방법 등
  - Management(관리) : 작업관리, 법규 준수, 단속, 점검 등

📝 실기에 자주 출제되는 내용입니다. 암기하세요.

16 다음 중 재해예방의 5단계에서 제5단계의 시정책 적용에 관한 3E에 해당하지 않는 것은?

① Education ② Engineering
③ Enforcement ④ Eliminate

* **J·H Harvey(하비)의 3E**
  - 안전 교육(Education)
  - 안전 기술(Engineering)
  - 안전 독려(Enforcement), 안전감독

📝 실기까지 중요한 내용입니다.

17 다음 중 위험예지훈련에서 활용하는 기법으로 가장 적합한 것은?

① 심포지엄(symposium)
② 예비사고분석(PHA)
③ O.J.T(On the Job Training)
④ 브레인스토밍(brainstorming)

* **브레인스토밍(Brain storming)**
인간의 잠재의식을 일깨워 자유로이 아이디어를 개발하자는 토의식 아이디어 개발 기법으로 작업장에 잠재하고 있는 위험요인을 소집단 토의를 통해 미리 생각하는 위험예지훈련에 적합하다.

18 다음 중 하인리히가 제시한 재해발생의 연쇄성 이론인 도미노 이론에서 3단계에 해당하는 요소로서 사고나 재해 예방에 가장 핵심이 되는 요소는?

① 사고
② 개인적 결함
③ 사회적 환경 및 유전적 요소
④ 불안전한 행동 및 불안전한 상태

사고, 재해 예방 핵심요소 → 사고의 직접원인 → 불안전한 행동 및 불안전한 상태

* **하인리히(H. W. Heinrich) 사고발생 도미노 5단계**

1단계	선천적 결함 (사회, 환경, 유전적 결함)
2단계	개인적 결함
3단계	불안전 행동(인적결함)
	불안전한 상태(물적결함)(제거 가능)
4단계	사고
5단계	재해 (상해)

📝 실기까지 중요한 내용입니다.

정답 16 ④ 17 ④ 18 ④

19 다음 중 재해조사 시 유의사항으로 가장 적절한 것은?

① 재발방지 목적보다 책임 소재 파악을 우선으로 하는 기본적 태도를 갖는다.
② 사람, 기계설비 재해요인 중 물적 재해요인을 먼저 도출한다.
③ 2차 재해예방과 위험성에 대한 보호구를 착용한다.
④ 조사자의 전문성을 고려하여 단독으로 조사하며, 사고 정황을 추정한다.

*재해조사 시 유의사항
- 사실을 수집한다.
- 목격자 등이 증언하는 사실 이외의 추측의 말은 참고로만 한다.
- 조사는 신속하게 행하고 긴급조치를 하여 2차 재해의 방지를 도모한다.
- 사람, 기계설비의 양면의 재해요인을 모두 도출한다.
- 객관적인 입장에서 공정하게 조사하며, 조사는 2인 이상이 한다.
- 책임추궁보다 재발방지를 우선하는 기본 태도를 갖는다.

20 산업안전보건법령에 따라 안전보건관리규정을 작성하여야 할 사업의 사업주는 안전보건관리규정을 할 사유가 발생한 날부터 며칠 이내에 작성하여야 하는가?

① 7일   ② 14일
③ 30일 ④ 60일

사업주는 안전보건관리규정을 작성하여야 할 사유가 발생한 날부터 30일 이내에 안전보건관리규정을 작성하여야 한다.

2과목 산업심리 및 교육

21 다음 중 교육목적에 관한 설명으로 적절하지 않은 것은?

① 교육목적은 교육이념에 근거한다.
② 교육목적은 개념상 이념이나 목표보다 광범위하고 포괄적이다.
③ 교육목적의 기능으로는 방향의 지시, 교육 활동의 통제 등이 있다.
④ 교육목적은 교육목표의 하위개념으로 학습경험을 통한 피교육자들의 행동 변화를 지칭하는 것이다.

교육목적은 교육을 통해 성취하려고 하는 궁극적인 표적으로 목표보다 넓고 포괄적인 개념이다. 교육목적은 추상적·개념적인 성격을 띠는 것에 반하여 교육목표는 목적을 이루기 위한 구체적인 내용이다.

22 다음 중 운동의 시지각(착각현상)이 아닌 것은?

① 자동운동(自動運動)
② 항상운동(恒常運動)
③ 유도운동(誘導運動)
④ 가현운동(假現運動)

정답 19 ③ 20 ③ 21 ④ 22 ②

*착각현상	
가현운동 (β운동)	• 정지하고 있는 대상물이 급속히 나타나던가 소멸하는 것으로 인하여 일어나는 운동으로 마치 대상물이 운동하는 것처럼 인식되는 현상을 말한다. • 예 영화의 영상
유도 운동	• 움직이지 않는 것이 움직이는 것처럼 느껴지는 현상 • 예 상행선 열차를 타고 가며 정지하고 있는 하행선 열차를 보면 마치 하행선 열차가 움직이는 것처럼 느껴지는 현상
자동운동	• 암실에서 정지된 소광점을 응시하면 광점이 움직이는 것처럼 보이는 현상 • 안구의 불규칙한 운동 때문에 생기는 현상이다.

필기에 자주 출제되는 내용입니다.

23 미국 국립산업안전보건연구원(NIOSH)이 제시한 직무스트레스 모형에서 직무스트레스 요인을 작업요인, 조직요인, 환경요인으로 구분할 때 다음 중 조직요인에 해당하는 것은?

① 작업 속도　　② 관리 유형
③ 교대 근무　　④ 조명 및 소음

① 작업 속도 → 작업요인
② 관리 유형 → 조직요인
③ 교대 근무 → 작업요인
④ 조명 및 소음 → 환경요인

24 인간본성을 파악하여 동기유발로 인한 산업재해를 방지하기 위한 맥그리거의 X, Y 이론에서 다음 중 Y이론의 가정으로 틀린 것은?

① 현대 산업사회와 같은 여건하에서 일반 사람의 지적 잠재력을 무난히 활용한다.
② 대부분 사람들은 조건만 적당하면 책임뿐만 아니라 그것을 추구할 능력이 있다.
③ 목적에 투신하는 것은 성취와 관련된 보상과 함수 관계에 있다.
④ 근로에 육체적, 정신적 노력을 쏟는 것은 놀이나 휴식만큼 자연스럽다.

일반 사람의 지적 잠재력을 무난히 활용한다. → 종업원을 회사의 목적을 위해 충분히 이용한다. → X이론

25 교육지도의 5단계가 다음과 같을 때 올바르게 나열한 것은?

㉮ 가설의 설정　　㉯ 결론
㉰ 원리의 제시　　㉱ 관련된 개념의 분석
㉲ 자료의 평가

① ㉰ → ㉱ → ㉮ → ㉲ → ㉯
② ㉮ → ㉰ → ㉱ → ㉲ → ㉯
③ ㉰ → ㉮ → ㉲ → ㉱ → ㉯
④ ㉮ → ㉰ → ㉲ → ㉱ → ㉯

*교육지도의 5단계
원리의 제시 → 관련된 개념의 분석 → 가설의 설정 → 자료의 평가 → 결론

정답　23 ②　24 ①　25 ①

26 다음 중 집단 간 갈등의 해소방안으로 적절하지 못한 것은?

① 공동의 문제 설정
② 상위 목표의 설정
③ 집단간 접촉 기회의 증대
④ 사회적 범주화 편향의 최대화

④ 사회적 범주화 편향의 최소화

27 산업안전관리법령상 사업장의 안전보건관리책임자 및 안전관리자에 대한 신규 및 보수교육시간으로 옳은 것은?

① 안전관리자의 신규교육 : 30시간 이상
② 안전관리자의 보수교육 : 16시간 이상
③ 안전보건관리책임자의 신규교육 : 6시간 이상
④ 안전보건관리책임자의 신규교육 : 16시간 이상

★ 안전보건관리책임자 등에 대한 교육(직무교육)

교육대상	교육시간	
	신규교육	보수교육
• 안전보건관리책임자	6시간 이상	6시간 이상
• 안전관리자 • 안전관리전문기관의 종사자	34시간 이상	24시간 이상
• 보건관리자 • 보건관리전문기관의 종사자	34시간 이상	24시간 이상
• 건설재해예방 전문지도기관의 종사자	34시간 이상	24시간 이상
• 석면조사기관의 종사자	34시간 이상	34시간 이상
• 안전보건관리담당자	–	8시간 이상
• 안전검사기관, 자율안전검사기관의 종사자	34시간 이상	24시간 이상

📝 실기에 자주 출제되는 내용입니다. 암기하세요.

28 다음 중 인간의 적성을 발견하는 방법으로 가장 적당하지 않은 것은?

① 작업 분석   ② 계발적 경험
③ 자기 이해   ④ 적성 검사

★ 적성발견 방법
• 자기 이해
• 계발적 경험
• 적성검사

29 다음 중 교육훈련 평가 4단계에서 각 단계의 내용으로 틀린 것은?

① 제1단계 : 반응단계
② 제2단계 : 작업단계
③ 제3단계 : 행동단계
④ 제4단계 : 결과단계

★ 교육훈련 평가의 4단계

1단계 : 반응단계	훈련을 어떻게 생각하고 있는가?
2단계 : 학습단계	어떠한 원칙과 사실 및 기술 등을 배웠는가?
3단계 : 행동단계	교육훈련을 통하여 직무수행상 어떠한 행동의 변화를 가져왔는가?
4단계 : 결과단계	교육훈련을 통하여 직무에 어떠한 성과가 있었는가?

정답 26 ④ 27 ③ 28 ① 29 ②

30 매슬로(Maslow)의 욕구 5단계 중 인간의 가장 기초적인 욕구는?

① 생리적 욕구
② 애정 및 사회적 욕구
③ 자아실현의 욕구
④ 안전에 대한 욕구

* **매슬로(Maslow A. H.)의 욕구단계 이론(인간의 욕구 5단계)**
  - 제1단계(생리적 욕구) : 기아, 호흡, 배설, 성욕 등 인간의 가장 기본적인 욕구
  - 제2단계(안전 욕구) : 자기 보존 욕구
  - 제3단계(사회적 욕구) : 소속감과 애정 욕구
  - 제4단계(존경 욕구) : 인정받으려는 욕구
  - 제5단계(자아실현의 욕구) : 잠재적인 능력을 실현하고자 하는 욕구(성취 욕구)

실기까지 중요한 내용입니다.

31 다음 중 안전사고와 관련하여 소질적 사고 요인과 가장 관계가 먼 것은?

① 지능   ② 작업 자세
③ 성격   ④ 시각 기능

* **소질적 사고 요인**
  - 지능
  - 주의력
  - 성격
  - 감각 운동 기능(시각 기능)

참고

* **소질성 누발자의 공통된 성격**
  - 주의력 산만 및 주의력 지속 불능
  - 흥분성
  - 저지능
  - 비협조성
  - 도덕성의 결여
  - 소심한 성격
  - 감각운동 부적합 등

32 교육방법 중 토의법이 효과적으로 활용되는 경우가 아닌 것은?

① 피교육생들의 태도를 변화시키고자 할 때
② 인원이 토의를 할 수 있는 적정 수준일 때
③ 피교육생들 간에 학습능력의 차이가 클 때
④ 피교육생들이 토의 주제를 어느 정도 인지하고 있을 때

③ 피교육생들 간에 학습능력의 차이가 작을 때 토의법이 효과적이다.

33 다음 중 심리검사의 구비 요건이 아닌 것은?

① 표준화   ② 신뢰성
③ 규격화   ④ 타당성

* **산업심리검사의 구비요건**
  * **타당성** : 측정하려고 하는 성능을 어느 정도 충실히 수행하고 있는가를 나타낸다.
  * **신뢰성** : 동일한 검사를 동일한 사람에게 시간 간격을 두고 실시할 때 그 결과가 크게 다르지 않아야 한다.
  * **실용성** : 검사를 실시하고 채점하기 용이하다든지, 결과의 해석이나 이용의 방법이 간단하고 비용이 적게 들어야 한다.
  * **표준화** : 검사관리를 위한 조건과 검사 절차가 일관성이 있어야 한다.

> **참고**
> * 승화
>   - 사회적으로 승인되지 않은 욕구가 사회적, 문화적으로 가치 있는 것으로 나타남
>   - 자신의 동기에 대해 불안을 느끼는 사람은 무의식적으로 내면의 동기를 사회가 용납하는 다른 동기로 변형시킴
> * 합리화
>   - 자기행위는 합리적이고 정당하며 실제보다 훌륭하게 평가함
>   - 자기의 실패나 약점을 그럴듯한 이유나 변명을 들어 자신의 실패를 정당화 하는 행동

34 다음 설명에 해당하는 적응기제는?

> 자신의 결함과 무능에 의하여 생긴 열등감이나 긴장을 해소시키기 위하여 장점과 같은 것으로 그 결함을 보충하려는 행동

① 보상 ② 합리화
③ 승화 ④ 치환

* **보상**
열등감이나 긴장을 해소시키기 위하여 장점과 같은 것으로 그 결함을 보충하려는 행동

35 다음 중 집단역학(Group Dynamics)에서 의미하는 집단의 기능과 관계가 가장 먼 것은?

① 응집력 발생
② 집단의 목표 설정
③ 권한의 위임
④ 행동의 규범 존재

* **집단의 기능**
  * **응집력** : 집단내부로부터 생기는 힘
  * **행동의 규범** : 그 집단을 유지하며, 집단의 목표를 달성하는 데 필수적인 것으로서 자연발생적으로 성립되는 것이다.
  * **집단의 목표** : 집단을 형성하기 위한 기본 조건으로 가장 중요한 요소는 특정 목표를 지녀야 한다.

정답 34 ① 35 ③

36 다음 중 돌발사태의 발생으로 인하여 주의의 일점 집중현상이 일어나는 경우 인간의 의식수준으로 옳은 것은?

① Phase Ⅰ ② Phase Ⅱ
③ Phase Ⅲ ④ Phase Ⅳ

＊인간 의식레벨의 분류

Phase 0	무의식, 실신	수면, 뇌발작	주의작용 0
Phase Ⅰ	의식흐림	피로, 단조로운 일	부주의
Phase Ⅱ	이완	안정 기거, 휴식	안정 기거, 휴식
Phase Ⅲ	상쾌	적극적	적극 활동
Phase Ⅳ	과긴장	일점집중현상, 긴급방위	감정 흥분

📝 필기에 자주 출제되는 내용입니다.

37 다음 중 학습지도 방법의 분류에 있어 Project Method의 4단계를 올바르게 나열한 것은?

① 목적 → 평가 → 계획 → 수행
② 목적 → 계획 → 수행 → 평가
③ 계획 → 목적 → 평가 → 수행
④ 계획 → 목적 → 수행 → 평가

＊구안법(Project method)
학습자가 마음 속에 생각하고 있는 것(자신의 목표)을 구체적으로 실천하기 위하여 스스로 계획을 세워 수행하는 학습활동이다.

＊Project method의 실시순서

1단계	목적
2단계	계획
3단계	수행
4단계	평가

38 다음 설명에 해당하는 안전교육방법은?

> ATP라고도 하며, 당초 일부 회사의 톱 매니지먼트(top management)에 대하여만 행하여졌으나, 그 후 널리 보급되었으며, 정책의 수립, 조직, 통제 및 운영 등의 교육내용을 다룬다.

① TWI(Training Within Industry)
② MTP(Management Training Program)
③ CCS(Civil Communication Section)
④ ATT(American Telephone & Telegram Co.)

CCS는 ATP라고도 하며 최고층 관리감독자 대상 교육이다.

참고

＊관리감독자 대상 교육
- TWI(Training Within Industry) : 일선관리감독자 대상 교육
- MTP(Management Training Program) : 중간계층 관리자 대상 교육

정답 36 ④ 37 ② 38 ③

- ATT(American Telephone & Telegraph Com-pany)
 : 대상이 한정되어 있지 않고 한번 교육을 이수한 자는 부하에게 지도가 가능하다.
- CCS(Civil Communication Section) : 최고층 관리감독자 대상 교육

※ 부주의에 의한 사고방지대책

정신적 대책	• 주의력 집중 훈련 • 스트레스 해소 대책 • 안전의식의 제고 • 작업의욕 고취
기능 및 작업측면 대책	• 적성배치 • 표준작업(동작)의 습관화 • 안전 작업방법의 습득 • 작업조건의 개선 및 적응력 향상
설비 및 환경 측면 대책	• 표준 작업제도의 도입 • 설비 및 작업환경의 안전화 • 긴급 시 안전작업 대책 수립

39 다음 중 관계지향적 리더가 나타내는 대표적인 행동 특징으로 볼 수 없는 것은?

① 우호적이며 가까이 하기 쉽다.
② 집단구성원들의 활동을 조정한다.
③ 집단구성원들을 동등하게 대한다.
④ 어떤 결정에 대해 자세히 설명해준다.

② 집단구성원들의 활동을 조정한다. → 과업지향적 리더의 특징

40 부주의에 의한 사고방지대책 중 정신적 대책과 가장 거리가 먼 것은?

① 적성 배치
② 스트레스 해소 대책
③ 주의력 집중훈련
④ 표준작업의 습관화

3과목 인간공학 및 시스템안전공학

41 다음 중 착석식 작업대의 높이 설계를 할 경우 고려해야 할 사항과 가장 관계가 먼 것은?

① 의자의 높이
② 작업의 성질
③ 대퇴 여유
④ 작업대의 형태

착석식 작업대 높이는 의자 높이, 작업대 두께, 대퇴 여유, 작업의 성질 등을 고려하여 설계하여야 한다.

정답 39 ② 40 ④ 41 ④

42 다음 설명에 해당하는 설비보전방식은?

> 설비보전 정보와 신기술을 기초로 신뢰성, 조작성, 보전성, 안전성, 경제성 등이 우수한 설비의 선정, 조달 또는 설계를 통하여 궁극적으로 설비의 설계, 제작 단계에서 보전활동이 불필요한 체제를 목표로 한 설비보전 방법을 말한다.

① 개량 보전 ② 사후 보전
③ 일상 보전 ④ 보전 예방

＊보전 예방
궁극적으로 설비의 설계, 제작 단계에서 보전활동이 불필요한 체제를 목표로 한 설비보전 방법

43 자동차 운전대를 시계 방향으로 돌리면 자동차가 오른쪽으로 회전하도록 설계한 것은 어떠한 양립성을 구현한 것인가?

① 개념 양립성
② 운동 양립성
③ 공간 양립성
④ 양식 양립성

운전대를 시계 방향으로 돌리면 자동차가 오른쪽으로 회전
→ 운동 양립성

참고

＊양립성의 종류

개념적 양립성	• 외부자극에 대해 인간의 개념적 현상의 양립성 • 예 빨간 버튼은 온수, 파란버튼은 냉수
공간적 양립성	• 표시장치, 조종장치의 형태 및 공간적 배치의 양립성 • 예 오른쪽 조리대는 오른쪽 조절장치로, 왼쪽 조리대는 왼쪽 조절장치로 조정한다.
운동의 양립성	• 표시장치, 조종장치 등의 운동 방향의 양립성 • 예 조종장치를 오른쪽으로 돌리면 표시장치 지침이 오른쪽으로 이동한다.
양식 양립성	• 직무에 알맞은 자극과 응답의 양식의 존재에 대한 양립성 • 예 음성과업에 대해서는 청각적 자극 제시와 이에 대한 음성응답 과업에서 갖는 양립성이다.

필기에 자주 출제되는 내용입니다.

44 인간에러 원인 중 작업특성 및 환경조건의 상태악화로 인한 원인과 가장 거리가 먼 것은?

① 낮은 자율성
② 혼동되는 신호의 탐색 및 검출
③ 매뉴얼과 체크리스트 등의 부족
④ 판단과 행동에 복잡한 조건이 관련된 작업

정답 42 ④ 43 ② 44 ③

① 낮은 자율성 : 작업특성으로 인한 원인
② 혼동되는 신호의 탐색 및 검출 : 환경조건의 악화로 인한 원인
③ 매뉴얼과 체크리스트 등의 부족 : 작업관리상의 원인
④ 판단과 행동에 복잡한 조건이 관련된 작업 : 작업특성으로 인한 원인

45 인간-기계 시스템의 설계 과정을 [보기]와 같이 분류할 때 다음 중 기능을 할당하는 단계는?

> 1단계 : 시스템의 목표와 성능명세 결정
> 2단계 : 시스템의 정의
> 3단계 : 기본 설계
> 4단계 : 인터페이스 설계
> 5단계 : 보조물 설계 혹은 편의수단 설계
> 6단계 : 평가

① 기본 설계
② 인터페이스 설계
③ 시스템의 목표와 성능명세 결정
④ 보조물 설계 혹은 편의수단 설계

★ **기본 설계의 내용**
- 작업설계
- 직무분석
- 기능할당

46 다음 중 신호 및 경보등을 설계할 때 초당 3~10회의 점멸속도로 얼마의 지속시간이 가장 적합한가?

① 0.01초 이상
② 0.02초 이상
③ 0.03초 이상
④ 0.05초 이상

★ **신호 및 경보등의 점멸속도**
주의를 끌기 위해서는 초당 3~10회의 점멸속도와 지속시간은 0.05초 이상이 적당하다.

47 다음 중 스트레인의 주요 척도에서 생리적 긴장의 화학적 척도에 해당하는 것은?

① 혈압
② 호흡수
③ 심전도
④ 혈액 성분

- 혈압, 호흡수, 심전도 : 생리학적 측정법
- 혈액 성분 : 생화학적 측정법

48 Chapanis는 위험분석을 확률과 영향 두 가지 요소를 고려하여 확률수준과 그에 따른 위험발생률을 객관화하였는데 '가끔 발생하는(occasional)' 발생빈도의 확률로 옳은 것은?

① 발생빈도 > 10^{-2}/day
② 발생빈도 > 10^{-3}/day
③ 발생빈도 > 10^{-4}/day
④ 발생빈도 > 10^{-5}/day

정답 45 ① 46 ④ 47 ④ 48 ③

* Chapanis의 위험분석

발생빈도	평점	발생확률
자주(때때로 발생)	6	$>10^{-2}$/day
보통(수회 발생)	5	$>10^{-3}$/day
가끔(드물게 발생)	4	$>10^{-4}$/day
거의 발생하지 않는 (일어날 것 같지 않음)	3	$>10^{-5}$/day
극히 발생할 것 같지 않은 (발생확률이 0에 가까움)	2	$>10^{-6}$/day
전혀 발생하지 않는 (발생 불가능)	1	$>10^{-8}$/day

49 결함수분석(FTA) 결과 다음과 같은 패스셋을 구하였다. X_4가 중복사상인 경우 다음 중 최소 패스셋(minimal path sets)으로 옳은 것은?

$$\{X_2, X_3, X_4\}$$
$$\{X_1, X_3, X_4\}$$
$$\{X_3, X_4\}$$

① $\{X_3, X_4\}$
② $\{X_1, X_3, X_4\}$
③ $\{X_2, X_3, X_4\}$
④ $\{X_2, X_3, X_4\}$와 $\{X_3, X_4\}$

$\{X_3, X_4\}$는 $\{X_1, X_3, X_4\}$와 $\{X_2, X_3, X_4\}$의 부분집합이므로 최소 패스셋은 $\{X_3, X_4\}$이 된다. → X_3, X_4의 수리만으로도 시스템의 기능이 정상이 된다.

50 다음 중 산업안전보건법령에 따라 유해하거나 위험한 장소에서 사용하는 기계·기구 및 설비를 설치·이전하는 경우 유해·위험방지계획서를 작성, 제출하여야 하는 대상이 아닌 것은?

① 화학설비   ② 건조설비
③ 전기용접장치   ④ 금속 용해로

* 유해위험방지계획서 작성 대상 기계·기구 및 설비
• 금속이나 그 밖의 광물의 용해로
• 화학설비
• 건조설비
• 가스집합 용접장치
• 근로자의 건강에 상당한 장해를 일으킬 우려가 있는 물질로서 고용노동부령으로 정하는 물질의 밀폐·환기·배기를 위한 설비

51 다음의 위험분석 기법 중 시스템 수명주기 관점에서 적용시점이 가장 빠른 것은?

① PHA   ② FHA
③ OHA   ④ SHA

① PHA → 시스템의 최초단계(구상단계, 설계단계)에서 실시하는 분석법

정답 49 ① 50 ③ 51 ①

52 다음 중 VE(Value Engineering) 활동으로 각 분석항목에 대한 안전성과의 관계를 잘못 연결한 것은?

① 재료 - 불량률
② 검사포장 - 육체피로
③ 설비 - 사고재해건수
④ 운반 Layout - 작업피로

① 재료 - 불량률은 생산성과 관계되는 항목이다.
* **VE(가치공학)**
Cost를 절감시키며 기능이나 품질을 유지 혹은 상승시키는 가치 혁신 활동

53 손목을 반복적이고 지속적으로 사용하면 손목관증후군(CTS)에 걸릴 수 있는데, 이 증후군은 어떤 신경에 가장 큰 손상이 일어나는 것인가?

① 감각 신경(sensor nerve)
② 정중 신경(median nerve)
③ 중추 신경(central nerve)
④ 자율 신경(autonomic nerve)

* **손목관증후군(CTS, 손목터널증후군)**
좁아진 손목터널 안에서 정중신경이 눌리면서 손끝의 저린 증상과 근육 위축이 발생한다.

54 다음 중 인간공학의 정의로 가장 적합한 것은?

① 인간의 과오가 시스템에 미치는 영향을 최대화하기 위한 연구분야
② 인간, 기계, 물자, 환경으로 구성된 복잡한 체계의 효율을 최대로 활용하기 위하여 인간의 한계 능력을 최대화하는 학문분야
③ 인간, 기계, 물자, 환경으로 구성된 복잡한 체계의 효율을 최대로 활용하기 위하여 인간의 생리적, 심리적 조건을 시스템에 맞추는 학문분야
④ 인간의 특성과 한계 능력을 공학적으로 분석, 평가하여 이를 복잡한 체계의 설계에 응용함으로 효율을 최대로 활용할 수 있도록 하는 학문분야

* **인간공학의 정의**
• 인간의 특성과 한계능력을 공학적으로 분석. 평가하여 이를 복잡한 체계의 설계에 응용함으로써 효율을 최대로 활용할 수 있도록 하는 학문분야
• 인간공학은 기계와 그 기계조작 및 환경조건을 인간의 특성에 맞추어 설계하기 위한 수단을 연구하는 학문이다.

55 조종장치를 촉각적으로 식별하기 위하여 사용되는 촉각적 코드화의 방법으로 가장 적합하지 않은 것은?

① 크기를 이용한 코드화
② 조종장치의 형상 코드화
③ 표면 촉감을 이용한 코드화
④ 피부 자극을 활용한 코드화

정답 52 ① 53 ② 54 ④ 55 ④

* **조종장치의 촉각적 암호화**
  - 형상 암호
  - 크기 암호
  - 표면 촉감 암호화

56 [그림]과 같이 신뢰도 95%인 펌프 A가 각각 신뢰도 90%인 밸브 B와 밸브 C의 병렬밸브계와 직렬계를 이룬 시스템의 실패 확률은 약 얼마인가?

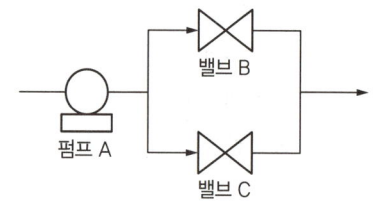

① 0.0091 ② 0.0595
③ 0.9405 ④ 0.9811

- 시스템의 신뢰도 = 0.95 × [1−(1−0.90) × (1−0.90)]
  = 0.9405
- 시스템의 실패확률 = 1 − 0.9405 = 0.0595

57 다음 중 결함수분석법(FTA)의 특징으로 볼 수 없는 것은?

① Top Down 형식
② 특정사상에 대한 해석
③ 정성적 해석의 불가능
④ 논리기호를 사용한 해석

결함수분석법(FTA)은 연역적, 정량적 분석법이나 정성적 해석이 불가능한 것은 아니다.

58 다음 중 불(Bool) 대수의 정리를 나타낸 관계식으로 틀린 것은?

① $A \cdot A = A$ ② $A + \overline{A} = 0$
③ $A + AB = A$ ④ $A + A = A$

② $A + \overline{A} = 1$

참고

$\overline{A} + A = 1$ $\overline{A} \cdot A = 0$
$1 + A = 1$ $1 \cdot A = A$
$0 + A = A$ $0 \cdot A = 0$

59 어떤 사람이 자동차를 생산하는 공장에서 95dB(A)의 소음수준에서 하루 8시간 작업하며 매시간 조용한 휴게실에서 20분씩 휴식을 취한다고 가정하였을 때 8시간 시간가중평균(TWA)은 약 얼마인가? (단, 소음은 누적소음노출량측정기로 측정하였으며, OSHA에서 정한 95dB(A)의 허용시간은 4시간이다.)

① 91dB(A)   ② 91.5dB(A)
③ 92dB(A)   ④ 92.5dB(A)

$$TWA = 16.61 \times \log\left[\dfrac{D(\%)}{100}\right] + 90[dB(A)]$$

- TWA : 시간가중 평균 소음수준[dB(A)]
- D : 누적소음 폭로량(%)
- 100 : (12.5 × T ; T = 노출시간)

$$누적소음폭로량(D) = \left(\dfrac{C_1}{T_1} + \dfrac{C_2}{T_2} + \cdots + \dfrac{C_n}{T_n}\right) \times 100$$

- D : 누적소음 폭로량(%)
- C : 각 소음레벨측정치(dB)
- T : 각 폭로허용시간(TLV)(min)

1. $누적소음폭로량(D) = \left(\dfrac{C_1}{T_1} + \dfrac{C_2}{T_2} + \cdots + \dfrac{C_n}{T_n}\right) \times 100$

   $= \dfrac{(8 \times 60 - 8 \times 20)}{4 \times 60} \times 100$

   $= 133(\%)$

2. $TWA = 16.61 \times \log\left[\dfrac{D(\%)}{100}\right] + 90$

   $= 16.61 \times \log\left[\dfrac{133}{100}\right] + 90 = 92.05[dB(A)]$

📝 비중이 낮은 문제입니다.

60 다음 중 고열에 의한 건강장해 예방 대책으로 작업조건 및 환경개선 두 가지 모두 관계되는 요소는?

① 착의 상태
② 휴식처에서의 온열조건
③ 열에 노출되는 횟수 및 노출시간
④ 온열환경에서 작업할 때의 체열교환

작업복이 심하게 젖게 되는 작업장(작업조건)에서는 대하여는 탈의시설, 목욕시설, 세탁시설 및 작업복을 건조시킬 수 있는 시설(환경조건)을 설치, 운영하여야 하므로 착의상태는 작업조건, 환경개선 모두에 관계된다.

4과목 건설시공학

61 철근공사에 사용하고 있는 철근의 이음방법이 아닌 것은?

① 기계식이음   ② 갈고리이음
③ 겹침이음   ④ 용접이음

겹침 이음	• 흔히 사용되는 공법으로 시공이 간단하고 경제적이다. • 부착균열 파괴를 일으키지 않도록 이음위치, 겹이음 길이, 피복두께, 철근간격 등을 설계단계에서 고려하여야 한다.
가스압점 이음	• 2개의 철근단부를 맞대어 놓고 산소-아세틸렌 가스 불꽃으로 약 1,300℃로 가열하여 철근을 고정 상태에서 압력을 가하여 접합한다.
용접 이음	• 열에너지로 철근을 녹여 접합하는 방법 • 철이 고온에 가열되므로 적절히 시공되지 않으면 강도와 인성이 떨어질 수 있다.
기계적 이음	• 시공이 편리하고 일정한 품질, 다양한 적용성으로 사용이 급격히 늘어나고 있다.

📝 필기에 자주 출제되는 내용입니다.

정답 60 ① 61 ②

62 건축공사를 수행하기 위하여 필요한 서류 중 시방서에 기재하지 않아도 되는 사항은?

① 사용재료의 품질시험방법
② 건물의 인도시기
③ 각 부위별 시공방법
④ 각 부위별 사용 재료의 품질

> ＊ **시방서의 기재 내용**
> ① 사용 재료(종류, 품질, 수량, 필요한 시험, 저장방법 등)
> ② 시공방법(부위별 시공방법)
> ③ 유의사항
> ④ 시공용 기계 · 기구
> ⑤ 재료 및 시공에 필요한 검사(품질시험방법)
> ⑥ 기타 특기 사항

63 전사적 품질관리 즉 T.Q.C(Total Quality Control) 도구에 대한 설명으로 옳은 것은?

① 파레토도 : 결과에 원인이 어떻게 관계되고 있는가를 알아보기 위하여 작성하는 것이다.
② 산점도 : 불량, 결점, 고장 등의 발생 건수를 분류 항목별로 나누어 크기 순서대로 나열해 놓은 것이다.
③ 체크시트 : 계수치의 데이터가 분류항목의 어디에 집중되어 있는가를 알아보기 쉽게 나타낸 것이다.
④ 특성 요인도 : 서로 대응되는 두 개의 짝으로 된 데이터를 그래프용지에 점으로 나타낸 것이다.

> **1. 파레토도**
> 불량품, 결점, 고장 등의 발생건수를 현상과 원인별로 분류하고 여러 가지 데이터를 항목별로 분류해서 문제의 크기 순서로 나열하여 그 크기를 막대그래프로 나타낸다.
>
> **2. 산포도(산점도)**
> 서로 대응되는 두 개의 짝으로 된 데이터를 그래프용지에 점으로 나타낸 것이다.
>
> **3. 특성 요인도**
> 특성과 요인의 관계를 어골(물고기 뼈)상으로 표현하여 결과에 원인이 어떻게 관계되고 있는가를 알아보기 위하여 작성하는 것이다.

📝 필기에 자주 출제되는 내용입니다.

64 거푸집공사에서 사용되는 격리재(separator)에 대한 설명으로 옳은 것은?

① 철근과 거푸집의 간격을 유지한다.
② 철근과 철근의 간격을 유지한다.
③ 골재와 거푸집과의 간격을 유지한다.
④ 거푸집 상호 간의 간격을 유지한다.

> **격리재(separator)** : 거푸집 상호간의 간격을 일정하게 유지하는데 사용된다.

📝 필기에 자주 출제되는 내용입니다.

정답 62 ② 63 ③ 64 ④

65 경량 콘크리트의 범주에 들지 않는 것은?

① 신더 콘크리트
② 톱밥 콘크리트
③ AE 콘크리트
④ 경량기포 콘크리트

★ 경량 콘크리트의 종류
① 신더 콘크리트
② 톱밥 콘크리트
③ 다공질 콘크리트
④ 경량기포 콘크리트

> 필기에 자주 출제되는 내용입니다.

66 지반조사 시 시추주상도 보고서에서 확인 사항과 거리가 먼 것은?

① 지층의 확인
② Slime의 두께
③ 지하수위 확인
④ N값의 확인

★ 토질주상도(시추주상도)의 기입내용
① 지반조사 지역
② 조사일자
③ 조사자
④ 보링방법
⑤ 지하수위
⑥ 심도에 따른 색조 및 토질
⑦ 층 두께 및 구성 상태
⑧ N값

> [참고]
> 토질주상도(Columnar Section) : 조사지역의 층별, 포함물 질 및 층 두께 등을 그림으로 나타낸 것을 말한다.

67 바닥전용 거푸집으로서 테이블 폼이라고 부르며 거푸집 판, 장선, 멍에, 서포트 등을 일체로 제작하여 수평, 수직방향으로 이동하는 시스템 거푸집은?

① 슬라이딩 폼
② 클라이밍 폼
③ 플라잉 폼
④ 트래블링 폼

플라잉 폼(Flying form) : 거푸집, 장선, 멍에, 지주를 일체화하여 수평 및 수직으로 이동할 수 있도록 한 바닥전용의 대형 거푸집을 말한다.

> 필기에 자주 출제되는 내용입니다.

68 파워 셔블의 1시간당 추정 굴착 작업량은 약 얼마인가? (단, 버킷용량 0.6m³, 굴삭토의 용적변화 계수 1.28, 작업효율 0.83, 굴삭계수 0.8, 사이클 타임 30sec)

① 39.2m³
② 41.2m³
③ 59.2m³
④ 61.2m³

★ 굴삭기계의 단위 작업시간당 시공량

$$Q(m^3/hr) = \frac{q \times k \times f \times E}{Cm(hr)}$$

$$= \frac{60 \times q \times k \times f \times E}{Cm(min)}$$

$$= \frac{3,600 \times q \times k \times f \times E}{Cm(sec)}$$

- Q : 1시간당 작업량(m³/h)
- q : 버킷용량(m³)
- k : 버킷계수
- f : 굴삭토의 용적변화계수
- E : 작업효율
- Cm : 1회 사이클 시간

정답 65 ③ 66 ② 67 ③ 68 ④

$$Q(m^3/hr) = \frac{3{,}600 \times q \times k \times f \times E}{Cm(sec)}$$

$$= \frac{3{,}600 \times 0.6 \times 0.8 \times 1.28 \times 0.83}{30}$$

$$= 61.19 (m^3/hr)$$

📝 필기에 자주 출제되는 내용입니다.

69 기초공사 중 언더피닝(Under pinning) 공법에 해당하지 않는 것은?

① 2중 널말뚝 공법　② 전기침투 공법
③ 강재말뚝 공법　　④ 약액 주입법

> ★ **언더피닝(Under Pining) 공법의 종류**
> 기존건물 가까이에서 건축공사를 할 때 인접건물의 지반과 기초를 보강하는 공법을 말한다.
> ① 2중 널말뚝 공법
> ② 현장타설 콘크리트말뚝공법
> ③ 강재말뚝 공법
> ④ 약액 주입법

📝 필기에 자주 출제되는 내용입니다.

70 토공사와 관련하여 신뢰성이 높은 현장시험에 해당되지 않는 것은?

① 흙의 투수시험
② 베인테스트
③ 표준관입시험
④ 평판재하시험

> ① 흙의 투수시험은 실내 투수시험과 현장 투수시험이 있으며 실내 투수시험은 채취한 흙 시료에 대하여 실험실에서 실시하는 투수시험이다.

71 벽돌공사에서 치장줄눈용 모르타르 용적 배합비(잔골재/결합재) 비율로 가장 적합한 것은?

① 0.5~1.5　　② 1.5~2.5
③ 2.5~3.5　　④ 3.5~4.5

> 치장줄눈용 모르타르 용적 배합비(잔골재/결합재) 비율 : 0.5 ~ 1.5

72 지반개량 공법 중 진동다짐(Dynamic Compaction)공법의 장단점으로 틀린 것은?

① 시공 시 지반진동에 의한 공해문제가 발생하기도 한다.
② 지반 내에 암괴 등의 장애물이 있으면 적용이 불가능하다.
③ 특별한 약품이나 자재를 필요로 하지 않는다.
④ 깊은 심도의 지반개량에 대해서는 초대형 장비가 필요하다.

정답　69 ②　70 ①　71 ①　72 ②

* **동다짐(Dynamic Compaction)공법의 특징**
① 시공 기간이 짧고 다른 공법에 비해 경제적이다.
② 시공 방법이 간단하고 특별한 약품이나 재료가 필요 없다.
③ 여러 지반조건에 적용이 가능하다.
④ 소음, 진동 등으로 인한 민원이 발생할 수 있다.
⑤ 지반 내에 암괴 등의 장애물이 있어도 적용할 수 있다.

> **참고**
>
> * **동다짐(Dynamic Compaction)공법**
> 강재 및 콘크리트 등으로 제작한 추를 반복 낙하시켜서 지반의 다짐효과를 얻는 공법을 말한다.

📝 필기에 자주 출제되는 내용입니다.

73 철골공사의 기초상부 고름질 방법에 해당되지 않는 것은?

① 전면바름 마무리법
② 나중 채워넣기 중심바름법
③ 나중 매입공법
④ 나중 채워넣기법

* **철골공사의 기초상부 고름질 방법**
① 전면 바름 마무리법
② 나중 채워넣기 중심 바름법
③ 나중 채워넣기 십자(+)바름법
④ 나중 채워넣기법

📝 필기에 자주 출제되는 내용입니다.

74 원심력 고강도 프리스트레스트 콘크리트 말뚝의 이음방법 중 가장 강성이 우수하고 안전하여 많이 사용하는 이음방법은?

① 충전식이음
② 볼트식이음
③ 용접식이음
④ 강관말뚝이음

원심력 고강도 프리스트레스트 콘크리트말뚝의 이음방법으로 가장 강성이 강하고 우수한 방법 → 용접식이음

75 아파트, 지하철공사, 고속도로공사 등 대규모 공사에서 지역별로 공사를 구분하여 발주하는 도급방식은?

① 전문공사별 분할도급
② 공구별 분할도급
③ 공정별 분할도급
④ 직종별, 공정별 분할도급

* **분할도급의 종류**
① 전문공사별 분할도급 : 설비 공사를 주체 공사에서 분리하여 전문업자와 직접 계약하는 방식
② 공정별 분할도급 : 정지, 기초, 구체, 마무리 공사 등의 과정별로 나누어 도급을 주는 방식
③ 공구별 분할도급 : 대규모 공사에서 한 현장 안에서 여러 지역별로 공사를 구분하여 발주하는 방식

📝 필기에 자주 출제되는 내용입니다.

정답 73 ③ 74 ③ 75 ②

76 지층의 변화 심도(深度)를 측정하는 데 가장 적합한 지반조사 방법은?

① 전기 저항식 지하탐사
　(electric resistivity prospecting)
② 베인테스트(vane test)
③ 표준관입시험(penetration test)
④ 딘월 샘플링(thin wall sampling)

*전기 저항식 지하탐사
(electric resistivity prospecting)
① 한 쌍의 전류전극을 통하여 직류전류를 지하에 주입하고, 다른 한 쌍의 전위전극에서 전위차를 측정하여 지하의 전기비저항 분포를 영상화하는 방법을 말한다.
② 지층의 변화 심도(深度)를 측정하는데 가장 적합한 지반조사 방법이다.

77 석공사의 건식 석재공사에 대한 설명 중 틀린 것은?

① 석재의 건식 붙임에 사용되는 모든 구조재 또는 긴결철물은 녹막이 처리를 한다.
② 석재의 색상, 석질, 가공형상, 마감 정도, 물리적 성질 등이 동일한 것으로 한다.
③ 건식 석재 붙임에 사용되는 앵커볼트, 너트, 와셔 등은 주철제를 사용한다.
④ 화강석 특유의 무늬를 제외한 눈에 띄는 반점 등을 제거한다.

③ 건식 돌 붙임에 사용되는 앵커, 볼트, 너트, 와셔, 연결철물(fastener) 등은 스테인리스 제품을 사용한다.

78 콘크리트 타설 후 진동다짐에 대한 설명으로 틀린 것은?

① 진동기는 하층 콘크리트에 10cm 정도 삽입하여 상하층 콘크리트를 일체화시킨다.
② 진동기는 가능한 연직방향으로 찔러 넣는다.
③ 진동기를 빼낼 때는 서서히 뽑아 구멍이 남지 않도록 한다.
④ 된비빔 콘크리트의 경우 구조체의 철근에 진동을 주어 진동효과를 좋게 한다.

④ 철근 또는 거푸집에 직접 진동을 주지 않고 경화가 시작된 콘크리트에 진동을 주어서는 안 된다.

📝 필기에 자주 출제되는 내용입니다.

79 보통 콘크리트의 슬럼프시험 결과 중 균등한 슬럼프를 나타내는 가장 좋은 상태는?

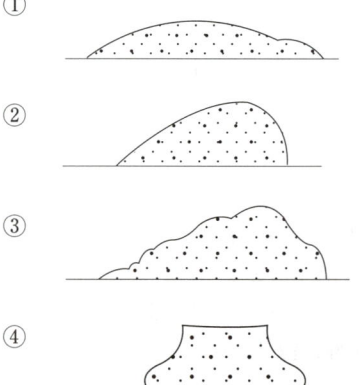

정답　76 ①　77 ③　78 ④　79 ④

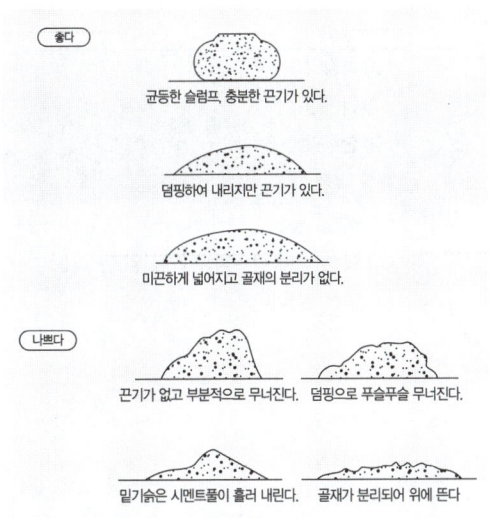

5과목 건설재료학

81. 철근콘크리트의 골재로서 불가피하게 해사를 사용할 경우, 중점을 두어 반드시 취해야 할 조치는?

① 충분히 물에 씻어 사용한다.
② 잔골재의 혼합비를 높게 한다.
③ 구조내력상 중요한 부분에 보강근을 넣는다.
④ 충분히 건조시킨 후 사용한다.

철근콘크리트의 골재로서 불가피하게 해사를 사용할 경우 염해를 방지하기 위하여 **충분히 물에 씻어 사용한다**.

참고

염해 : 콘크리트 중에 염화물($CaCl_2$)이 철근을 부식시켜 구조물의 내구성에 심각한 피해를 입히는 현상을 말한다.

📝 필기에 자주 출제되는 내용입니다.

80. 일정한 폭의 구덩이를 연속으로 파며, 좁고 깊은 도랑파기에 가장 적당한 토공장비는?

① 트렌처(Trencher)
② 로더(Loader)
③ 백호우(Backhoe)
④ 파워셔블(Power Shovel)

트렌처(Trencher) : 일정한 폭의 구덩이를 연속으로 파며, 좁고 깊은 도랑 파기에 가장 적당한 토공장비이다.

📝 필기에 자주 출제되는 내용입니다.

82. 콘크리트의 워커빌리티(workability)에 관한 설명 중 틀린 것은?

① 과도하게 비빔시간이 길면 시멘트의 수화를 촉진하여 워커빌리티가 나빠진다.
② 단위수량을 너무 증가시키면 재료분리가 생기기 쉽기 때문에 워커빌리티가 좋아진다고 볼 수 없다.
③ AE제를 혼입하면 워커빌리티가 좋게 된다.
④ 깬자갈이나 깬모래를 사용할 경우, 잔골재율을 작게 하고 단위수량을 감소시키면 워커빌리티가 좋아진다.

④ 깬자갈이나 깬모래를 사용하면 워커빌리티가 나빠지므로 잔골재율을 크게 하고, 단위수량을 크게 하면 워커빌리티가 증대된다.

📝 필기에 자주 출제되는 내용입니다.

83 목재의 방부제 중 독성이 적고 자극적인 냄새가 나며, 처리재는 갈색으로 가격이 저렴하여 많이 사용되는 것은?

① 크레오소트유(Creosote Oil)
② 페놀류 · 무기플루오르화물계(PF)
③ 크롬 · 구리 · 비소화물계(CCA)
④ 펜타클로로페놀(PCP)

* **목재에 사용되는 크레오소트 오일**
① 방부력이 우수하고 강도 저하가 적지만 악취가 난다.
② 가격이 저렴하다.
③ 독성이 적다.
④ 침투성이 좋아 목재에 깊게 주입된다.
⑤ 흑갈색으로 외관이 불미하여 눈에 보이지 않는 토대, 기둥, 도리 등에 이용한다.

84 다음 석재 중 변성암에 속하지 않는 석재는?

① 트래버틴
② 대리석
③ 펄라이트
④ 사문석

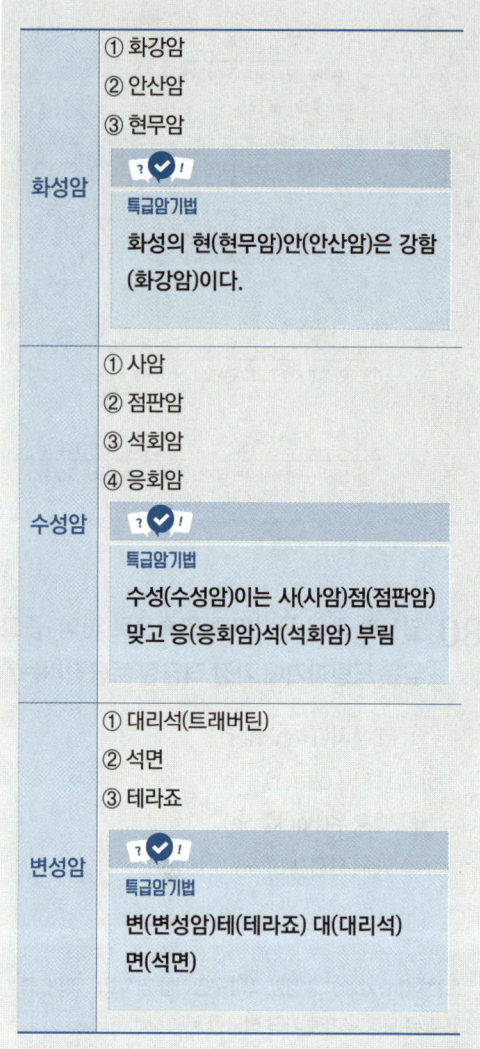

화성암	① 화강암 ② 안산암 ③ 현무암
	특급암기법 화성의 현(현무암)안(안산암)은 강함(화강암)이다.
수성암	① 사암 ② 점판암 ③ 석회암 ④ 응회암
	특급암기법 수성(수성암)이는 사(사암)점(점판암) 맞고 응(응회암)석(석회암) 부림
변성암	① 대리석(트래버틴) ② 석면 ③ 테라죠
	특급암기법 변(변성암)테(테라죠) 대(대리석) 면(석면)

📝 필기에 자주 출제되는 내용입니다.

정답 83 ① 84 ③

85 바니시에 대한 설명으로 틀린 것은?

① 바니시는 합성수지, 아스팔트, 안료 등에 건성유나 용제를 첨가한 것이다.
② 휘발성 바니시에는 락(lock), 래커(lacquer) 등이 있다.
③ 휘발성 바니시는 건조가 빠르나 도막이 얇고 부착력이 약하다.
④ 유성 바니시는 불투명도료로 내후성이 커서 외장용으로 사용된다.

⋆ 유성바니시
① 유용성 수지에 건성유와 건조제를 혼합한 것이다.
② 건조가 느리며 내후성이 작아서 옥외용으로 부적당하다.
③ 투명한 도료로 내부용 목재에 사용된다.

📝 필기에 자주 출제되는 내용입니다.

86 다음 중 열경화성수지에 속하지 않는 것은?

① 에폭시수지 ② 페놀수지
③ 아크릴수지 ④ 요소수지

열경화성 수지	열가소성수지
• 페놀 수지 • 요소 수지 • 멜라민 수지 • 알키드 수지 • 실리콘 수지 • 에폭시 수지 • 우레탄 수지 • 프란 수지 • 폴리에스테르 수지 • 불포화폴리에스테르수지	• 염화비닐 수지 • 초산비닐 수지 • 메틸메탈크릴 수지 • 스티롤 수지 • 폴리에틸렌 수지 • 셀룰로이드 • 아크릴 수지

📝 필기에 자주 출제되는 내용입니다.

87 내구성 및 강도가 크고 외관이 수려하나 함유광물의 열팽창계수가 달라 내화성이 약한 석재로 외장, 내장, 구조재, 도로포장재, 콘크리트 골재 등에 사용되는 것은?

① 응회암 ② 화강암
③ 화산암 ④ 대리석

⋆ 화강암
① 내구성 및 강도가 크고 외관이 수려하여 내·외장재로 쓰인다.
② 결정체의 크고 작음에 따라 외관과 강도가 다르다.
③ 구조재, 내외장재, 도로포장재, 콘크리트용 골재 등으로 사용된다.
④ 경도가 크기 때문에 세밀한 조각 등에 적당하지 않다.
⑤ 내화도가 낮아 고열을 받는 곳에는 적당하지 않다.

📝 필기에 자주 출제되는 내용입니다.

88 건축재료의 역학적 성질에 속하지 않는 항목은?

① 탄성 ② 비중
③ 강성 ④ 소성

⋆ 건축 재료의 역학적 성능

구조재료	강도, 인성, 탄성계수, 변형, 크리프, 피로강도
내화재료	고온강도, 고온변형

정답 85 ④ 86 ③ 87 ② 88 ②

89 콘크리트용 골재에 대한 설명으로 틀린 것은?

① 입형과 입도가 좋은 골재는 실적률이 작고 동일 슬럼프를 얻기 위한 단위수량이 크다.
② 골재의 입도를 수치적으로 나타내는 지표로서는 조립률이 이용된다.
③ 실적률이 큰 골재를 사용하면 시멘트 페이스트량이 적게 든다.
④ 콘크리트용 골재의 입형은 편평, 세장하지 않은 것이 좋다.

> ① 입형과 입도가 좋은 골재는 실적율이 크고 동일 슬럼프를 얻기 위한 단위시멘트량, 단위수량이 적어진다.

📝 필기에 자주 출제되는 내용입니다.

90 금속부식에 대한 대책으로 틀린 것은?

① 가능한 한 이종 금속은 이를 인접, 접속시켜 사용하지 않을 것
② 균질한 것을 선택하고 사용할 때 큰 변형을 주지 않도록 할 것
③ 큰 변형을 준 것은 가능한 한 풀림하여 사용할 것
④ 표면을 거칠게 하고 가능한 한 습윤상태로 유지할 것

> ④ 가능한 한 건조상태로 유지하고 부분적인 녹은 빨리 제거할 것

📝 필기에 자주 출제되는 내용입니다.

91 미장바탕의 일반적인 성능조건과 가장 관계가 먼 것은?

① 미장층보다 강도가 클 것
② 미장층과 유효한 접착강도를 얻을 수 있을 것
③ 미장층보다 강성이 작을 것
④ 미장층의 경화, 건조에 지장을 주지 않을 것

> ③ 미장바름을 지지하는데 필요한 강도와 강성이 있을 것(미장층보다 강도, 강성이 클 것)

📝 필기에 자주 출제되는 내용입니다.

92 건축재료의 화학조성에 의한 분류 중 무기재료에 포함되지 않는 것은?

① 콘크리트　② 철강
③ 목재　　　④ 석재

* 건축 재료의 화학조성에 의한 분류

무기재료	금속재료	철강, 알루미늄, 연, 아연, 동, 합금류 등
	비금속재료	석재, 시멘트, 벽돌, 유리, 석회, 콘크리트, 도자기류 등
유기재료	천연재료	목재, 아스팔트, 섬유류 등
	합성수지	플라스틱제, 도료, 접착제, 실링제 등

정답　89 ①　90 ④　91 ③　92 ③

93 에폭시수지 접착제에 대한 설명으로 틀린 것은?

① 금속, 석재, 도자기의 접착에 사용이 가능하다.
② 급경성이며 내화학성이 크다.
③ 접착력이 크고 내수성이 우수하다.
④ 내알칼리성이 적어 콘크리트에는 사용이 어렵다.

> **＊ 에폭시 수지 접착제**
> ① 주제와 경화제로 이루어진 2성분계의 접착제이다.(접착제의 성능을 지배하는 것은 경화제라고 할 수 있다.)
> ② 금속, 석재, 플라스틱, 콘크리트 등 거의 모든 재료의 접착에 사용된다.(알루미늄과 같은 경금속 접착에 가장 적합하다.)
> ③ 급경성으로 내화학성, 내수성, 전기절연성이 우수하다.
> ④ 피막의 유연성이 부족하다.

📋 필기에 자주 출제되는 내용입니다.

94 점토소성제품 중 흡수성이 극히 작고 경도와 강도가 가장 크며, 소성온도는 1250~1430℃로써 고급타일이나 위생도기를 만드는 데 사용되는 것은?

① 토기   ② 석기
③ 도기   ④ 자기

> **＊ 자기**
> ① 양질의 도토 또는 장석분을 원료로 하며, 흡수율이 1% 이하로 거의 없다.
> ② 소성온도가 약 1230~1460℃로 가장 높다.
> ③ 모자이크 타일, 위생도기 등에 주로 사용된다.

📋 필기에 자주 출제되는 내용입니다.

95 돌로마이트에 화강석 부스러기, 색모래, 안료 등을 섞어 정벌 바름하고 충분히 굳지 않은 때에 표면에 거친 솔, 얼레빗 같은 것으로 긁어 거친 면으로 마무리한 것은?

① 리신바름   ② 라프코트
③ 섬유벽바름 ④ 회반죽바름

> **＊ 리신 바름(lithin coat)**
> 돌로마이트에 화강석 부스러기, 색모래, 안료 등을 섞어 6mm 정도 정벌 바름하고 충분히 굳지 않은 때에 표면에 거친 솔 등으로 긁어 거친 면으로 마무리한 바름을 말한다.

96 입자가 잘거나 치밀하며 색은 검은색·암회색이고 석질이 견고하며 토대석·석축으로 쓰이는 석재는?

① 안산암   ② 현무암
③ 점판암   ④ 사문암

> 현무암은 석질이 치밀하여 토대석, 석축에 쓰인다.

📋 필기에 자주 출제되는 내용입니다.

정답 93 ④ 94 ④ 95 ① 96 ②

97 목재의 수분·습기의 변화에 따른 팽창수축을 감소시키는 방법으로 틀린 것은?

① 사용하기 전에 충분히 건조시켜 균일한 함수율이 된 것을 사용할 것
② 가능한 곧은결 목재를 사용할 것
③ 가능한 저온 처리된 목재를 사용할 것
④ 파라핀·크레오소트 등을 침투시켜 사용할 것

> ③ 가능한 고온 처리된 목재를 사용할 것

98 목재의 성질 및 용도에 대한 설명으로 틀린 것은?

① 함수율 변화에 따른 신축변형이 크다.
② 침엽수가 활엽수보다 재질이 강하다.
③ 구조용 재료로 침엽수가 주로 쓰인다.
④ 화재나 충해에 취약하다.

> ② 활엽수가 침엽수보다 재질이 강하다.

99 아스팔트계 방수재료에 대한 설명 중 틀린 것은?

① 아스팔트 프라이머는 블로운 아스팔트를 용제에 녹인 것으로 액상을 하고 있다.
② 아스팔트 펠트는 유기천연섬유 또는 석면섬유를 결합한 원지에 연질의 블로운 아스팔트를 침투시킨 것이다.
③ 아스팔트 루핑은 아스팔트 펠트의 양면에 블로운 아스팔트를 가열·용융시켜 피복한 것이다.
④ 아스팔트 컴파운드는 블로운 아스팔트의 성능을 개량하기 위해 동식물성 유지와 광물질 분말을 혼입한 것이다.

> ② 아스팔트 펠트는 유기천연섬유 또는 석면섬유를 결합한 원지에 연질의 스트레이트 아스팔트를 침투시킨 것이다.

100 알루미늄에 관한 설명으로 틀린 것은?

① 알루미늄은 내식성이 크므로 직접 콘크리트 중에 매입해도 지장이 없다.
② 알루미늄의 비중은 철의 약 1/3 이다.
③ 알루미늄의 응력-변형곡선은 강재와 같은 명확한 항복점이 없다.
④ 알루미늄과 강판을 접촉하여 사용하면 알루미늄판이 부식된다.

> ① 콘크리트에 접하거나 흙 중에 매몰된 경우에 부식되기 쉽다.

 필기에 자주 출제되는 내용입니다.

정답 97 ③ 98 ② 99 ② 100 ①

6과목 건설안전기술

101 낙하·비래의 발생 원인으로 틀린 것은?

① 매달기 작업 시 결속방법 불량
② 자재투하 시 투하설비 미설치
③ 작업바닥의 폭, 간격 등 구조불량
④ 낙하물 방지망의 과다 설치

④ 낙하물 방지망의 미설치가 낙하 · 비래의 원인이 된다.

102 항만하역 작업 시 근로자 승강용 현문사다리 및 안전망을 설치하여야 하는 선박은 최소 몇 톤 이상일 경우인가?

① 500톤   ② 300톤
③ 200톤   ④ 100톤

300톤급 이상의 선박에서 하역작업을 하는 경우에 근로자들이 안전하게 오르내릴 수 있는 현문(舷門) 사다리를 설치하여야 하며, 이 사다리 밑에 안전망을 설치하여야 한다.

103 다음은 강관틀비계를 조립하여 사용할 때 준수해야 하는 기준이다. ( ) 안에 알맞은 숫자를 나열한 것은?

> 길이가 띠장방향으로 (A)m 이하이고 높이가 (B)m를 초과하는 경우에는 (C)m 이내마다 띠장방향으로 버팀기둥을 설치할 것

① A : 4 B : 10 C : 5
② A : 4 B : 10 C : 10
③ A : 5 B : 10 C : 5
④ A : 5 B : 10 C : 10

★ 틀비계(강관 틀비계) 조립 시 준수사항
- 밑둥에는 밑받침철물을 사용하여야 하며 밑받침에 고저차가 있는 경우에는 조절형 밑받침철물을 사용하여 항상 수평 및 수직을 유지하도록 할 것
- 높이가 20m를 초과하거나 중량물의 적재를 수반하는 작업을 할 경우에는 주틀간의 간격이 1.8m 이하로 할 것
- 주틀간에 교차가새를 설치하고 최상층 및 5층 이내마다 수평재를 설치할 것
- 벽이음 간격(조립간격) : 수직방향 6m, 수평방향으로 8m 이내마다 할 것
- 길이가 띠장방향으로 4m 이하이고 높이가 10m를 초과하는 경우에는 10m 이내마다 띠장방향으로 버팀기둥을 설치할 것

실기까지 중요한 내용입니다.

정답 101 ④ 102 ② 103 ②

104 비계설치 시 벽이음을 하는 가장 중요한 이유는?

① 비계설치의 작업성을 높이기 위하여
② 비계 점검 및 보수의 편의를 위하여
③ 비계의 도괴방지와 좌굴을 방지하기 위하여
④ 비계 작업발판의 설치를 위하여

＊벽이음
비계의 도괴 및 좌굴 방지

105 사면지반 개량공법에 속하지 않는 것은?

① 전기 화학적 공법
② 석회 안정처리 공법
③ 이온 교환 공법
④ 옹벽 공법

＊사면(비탈면)지반 개량공법
- 전기 화학적 공법
- 석회 안정처리 공법
- 이온 교환 공법
- 주입공법 : 시멘트, 약액 주입

106 철골용접부의 내부결함을 검사하는 방법으로 틀린 것은?

① 알칼리 반응시험
② 방사선 투과시험
③ 자기분말 탐상시험
④ 침투 탐상시험

＊철골용접부의 내부결함 검사 방법
- 와류 탐상검사
- 방사선 투과시험
- 자기분말 탐상시험
- 침투 탐상시험
- 초음파 탐상검사
- 육안검사

107 비계의 높이가 2m 이상인 작업 장소에 작업발판을 설치할 경우 준수하여야 할 기준으로 틀린것은?

① 작업발판의 폭은 30cm 이상으로 할 것
② 발판재료 간의 틈은 3cm 이하로 할 것
③ 추락의 위험성이 있는 장소에는 안전난간을 설치할 것
④ 발판재료는 뒤집히거나 떨어지지 아니하도록 2 이상의 지지물에 연결하거나 고정시킬 것

① 작업발판의 폭은 40cm 이상으로 할 것

정답 104 ③ 105 ④ 106 ① 107 ①

참고

* 작업발판 설치기준

- **발판재료** : 작업 시의 하중을 견딜 수 있도록 견고한 것으로 할 것
- **발판의 폭** : 40cm 이상으로 할 것
- **발판재료간의 틈** : 3cm 이하로 할 것
- 추락의 위험성이 있는 장소에는 안전난간을 설치할 것
- **작업발판의 지지물** : 하중에 의하여 파괴될 우려가 없는 것을 사용할 것
- 작업발판재료는 뒤집히거나 떨어지지 아니하도록 2 이상의 지지물에 연결하거나 고정시킬 것
- 작업에 따라 이동시킬 때에는 위험방지 조치를 할 것
- 선박 및 보트 건조작업에서 선박블록 또는 엔진실 등의 좁은 작업공간에 작업발판을 설치하는 경우 : 작업발판의 폭을 30cm 이상으로 할 수 있고, 걸침비계의 경우 발판재료 간의 틈을 3cm 이하로 유지하기 곤란하면 5cm 이하로 할 수 있다.

실기까지 중요한 내용입니다.

108 크레인을 사용하여 작업을 하는 경우 준수하여야 하는 사항으로 옳지 않은 것은?

① 인양할 하물을 바닥에서 끌어당기거나 밀어내는 작업을 할 것
② 고정된 물체를 직접분리·제거하는 작업을 하지 아니할 것
③ 미리 근로자의 출입을 통제하여 인양 중인 하물이 작업자의 머리 위로 통과하지 않도록 할 것
④ 인양할 하물이 보이지 아니하는 경우에는 어떠한 동작도 하지 아니할 것

* 크레인 작업 시의 조치

- 인양할 하물(荷物)을 바닥에서 끌어당기거나 밀어내는 작업을 하지 아니할 것
- 유류드럼이나 가스통 등 운반 도중에 떨어져 폭발하거나 누출될 가능성이 있는 위험물 용기는 보관함(또는 보관고)에 담아 안전하게 매달아 운반할 것
- 고정된 물체를 직접 분리·제거하는 작업을 하지 아니할 것
- 미리 근로자의 출입을 통제하여 인양 중인 하물이 작업자의 머리 위로 통과하지 않도록 할 것
- 인양할 하물이 보이지 아니하는 경우에는 어떠한 동작도 하지 아니할 것(신호하는 사람에 의하여 작업을 하는 경우는 제외)

필기에 자주 출제되는 내용입니다.

109 차량계 건설기계의 넘어짐 방지 조치에 해당되지 않는 것은?

① 갓길의 붕괴 방지
② 지반의 부동침하 방지
③ 유도자 배치
④ 운행 경로 변경

* 차량계 건설기계의 넘어짐 방지 조치

- 유도자 배치
- 지반의 부동침하 방지
- 갓길의 붕괴 방지
- 도로의 폭 유지

실기까지 중요한 내용입니다.

정답 108 ① 109 ④

110 수중굴착 공사에 가장 적합한 건설기계는?

① 스크레이퍼 ② 불도저
③ 파워 셔블   ④ 클램쉘

> ＊ 클램쉘
> 수중굴착 공사에 가장 적합

참고

＊ 셔블계 기계
- 파워 셔블(power shovel, dipper shovel, 동력삽)
  - 기계가 서 있는 지반면보다 높은 곳의 땅파기에 적합하다.
- 드래그 셔블(drag shovel, 백호)
  - 기계가 서 있는 지면보다 낮은 장소의 굴착 및 수중굴착이 가능하다
  - 굳은 지반의 토질도 정확한 굴착이 된다.
- 드래그라인(drag line)
  - 기계가 서있는 위치보다 낮은 장소의 굴착에 적당하고 굳은 토질에서의 굴착은 되지 않지만 굴착 반지름이 크다.
  - 작업범위가 광범위하고 수중굴착 및 연약한 지반의 굴착에 적합하다.
- 클램쉘(clamshell)
  - 수중굴착 및 가장 협소하고 깊은 굴착이 가능하며 호퍼(hopper)에 적당하다.
  - 연약지반이나 수중굴착 및 자갈 등을 싣는 데 적합하다.

📝 필기에 자주 출제되는 내용입니다.

111 흙막이 말뚝에 대한 지하수 재해방지 상 유의하여야 할 점으로 틀린 것은?

① 토압, 수압, 적재하중 등에 대하여 계획과 시공 중 관찰 측정한 결과를 비교 검토한다.
② 흙막이 말뚝의 근입 길이를 짧게하여 히빙현상을 방지한다.
③ 지하수, 복류수 등의 상황을 고려하여 충분한 지수효과를 갖도록 조치한다.
④ 누수, 출수 등을 조기 발견할 수 있도록 해야 하며, 누수. 출수의 우려가 있을 경우에는 적절한 조치를 취한다.

> ② 흙막이 말뚝의 근입길이를 깊게하여 히빙현상을 방지한다.

참고

＊ 히빙현상 방지책
- 양질의 재료로 지반을 개량한다.(흙의 전단강도 높인다.)
- 어스앵커를 설치한다.
- 시트파일 등의 근입심도를 검토한다.(흙막이 벽체의 근입 깊이를 깊게 한다.)
- 굴착주변에 웰포인트 공법을 병행한다.
- 소단을 두면서 굴착한다.
- 굴착주변의 상재하중을 제거한다.
- 굴착저면에 토사 등의 인공중력을 가중시킨다.

정답 110 ④ 111 ②

112 철골 작업 시 기상조건에 따라 안전상 작업을 중지토록 하여야 한다. 다음 중 작업을 중지토록 하는 기준으로 옳은 것은?

① 강우량이 시간당 5mm 이상인 경우
② 강우량이 시간당 10mm 이상인 경우
③ 풍속이 초당 10m 이상인 경우
④ 강설량이 시간당 20mm 이상인 경우

* **철골작업을 중지해야 하는 조건**
• 풍속이 초당 10m 이상인 경우
• 강우량이 시간당 1mm 이상인 경우
• 강설량이 시간당 1cm 이상인 경우

실기에 자주 출제되는 내용입니다. 암기하세요.

113 토사붕괴의 예방대책으로 틀린 것은?

① 적절한 경사면의 기울기를 계획한다.
② 활동할 가능성이 있는 토석은 제거하여야 한다.
③ 지하수위를 높인다.
④ 말뚝(강관, H형강, 철근 콘크리트)을 타입하여 지반을 강화시킨다.

③ 지하수위를 낮춘다.

114 말비계를 조립하여 사용할 때에 준수하여야 할 기준으로 틀린 것은?

① 말비계의 높이가 2m를 초과할 경우에는 작업발판의 폭을 30cm 이상으로 할 것
② 지주부재와 수평면과 기울기는 75° 이하로 할 것
③ 지주부재의 하단에는 미끄럼 방지장치를 할 것
④ 지주부재와 지주부재 사이를 고정시키는 보조부재를 설치할 것

* **말비계 조립 시의 준수사항**
• 지주부재의 하단에는 미끄럼 방지장치를 하고, 양측 끝부분에 올라서서 작업하지 아니하도록 할 것
• 지주부재와 수평면과의 기울기를 75° 이하로 하고, 지주부재와 지주부재 사이를 고정시키는 보조부재를 설치할 것
• 말비계의 높이가 2m를 초과할 경우에는 작업발판의 폭을 40cm 이상으로 할 것

실기까지 중요한 내용입니다.

115 건설기계에 관한 다음 설명 중 옳은 것은?

① 가이데릭은 철골세우기 공사에 사용된다.
② 백호는 중기가 지면보다 높은 곳의 땅을 파는 데 적합하다.
③ 항타기 및 항발기에서 버팀대만으로 상단부분을 안정시키는 경우에는 버팀대를 2개 이상 사용해야 한다.
④ 불도저의 규격은 블레이드의 길이로 표시한다.

정답 112 ③ 113 ③ 114 ① 115 ①

② 백호(드래그셔블)는 지면보다 낮은 곳의 땅을 파는 데 적합하다.
③ 항타기 및 항발기에서 버팀대만으로 상단부분을 안정시키는 경우에는 버팀대를 3개 이상 사용해야 한다.
④ 불도저의 규격은 블레이드의 작업량(톤)으로 표시된다.

116 건설업 유해위험방지계획서 제출대상 공사로 틀린 것은?

① 지상높이가 32m인 아파트 건설공사
② 연면적이 4,000m²인 관광숙박시설
③ 깊이가 16m인 굴착공사
④ 최대지간 길이가 100m인 교량 건설공사

② 연면적이 5,000m²인 관광숙박시설

*유해위험방지계획서를 제출해야 될 건설공사
1. 다음 각 목의 어느 하나에 해당하는 건축물 또는 시설 등의 건설·개조 또는 해체공사
  가. 지상높이가 31미터 이상인 건축물 또는 인공구조물
  나. 연면적 3만제곱미터 이상인 건축물
  다. 연면적 5천제곱미터 이상인 시설로서 다음의 어느 하나에 해당하는 시설
    1) 문화 및 집회시설(전시장 및 동물원·식물원은 제외한다)
    2) 판매시설, 운수시설(고속철도의 역사 및 집배송시설은 제외한다)
    3) 종교시설
    4) 의료시설 중 종합병원
    5) 숙박시설 중 관광숙박시설
    6) 지하도상가
    7) 냉동·냉장 창고시설

2. 연면적 5천제곱미터 이상의 냉동·냉장창고시설의 설비공사 및 단열공사
3. 최대 지간길이(다리의 기둥과 기둥의 중심사이의 거리)가 50미터 이상인 교량 건설 등 공사
4. 터널 건설 등의 공사
5. 다목적댐, 발전용댐, 저수용량 2천만톤 이상의 용수전용 댐, 지방상수도 전용 댐 건설 등의 공사
6. 깊이 10미터 이상인 굴착공사

특급암기법
- 지상높이 31m, 연면적 3만m², 사람 많은 시설 연면적 5,000m²
- 연면적 5,000m² 냉동·냉장창고시설
- 최대 지간길이가 50미터 이상 교량
- 터널
- 저수용량 2천만 톤 이상 댐
- 10미터 이상인 굴착

117 산업안전보건기준에 관한 규칙에 따른 굴착면의 기울기 기준으로 틀린 것은?

① 모래 1 : 1.8
② 연암 1 : 1.0
③ 경암 1 : 0.2
④ 풍화암 1 : 1.0

*굴착면의 기울기 기준

지반의 종류	굴착면의 기울기
모래	1 : 1.8
연암 및 풍화암	1 : 1.0
경암	1 : 0.5
그 밖의 흙	1 : 1.2

실기에 자주 출제되는 내용입니다. 암기하세요.

정답 116 ② 117 ③

118 콘크리트 타설 작업을 하는 경우에 준수해야 할 사항으로 틀린 것은?

① 당일의 작업을 시작하기 전에 해당 작업에 관한 거푸집동바리 등의 변형·변위 및 지반의 침하유무 등을 점검하고 이상이 있으면 보수할 것
② 작업 중에는 거푸집동바리 등의 변형·변위 및 침하유무 등을 감시할 수 있는 감시자를 배치하여 이상이 있으면 작업을 중지하고 근로자를 대피시킬 것
③ 설계도서상의 콘크리트 양생기간을 준수하여 거푸집동바리 등을 해체할 것
④ 콘크리트를 타설하는 경우에는 한쪽 면부터 채워질 수 있도록 편심을 발생시켜 타설할 것

* **콘크리트의 타설작업 시 준수사항**
① 당일의 **작업을 시작하기 전에** 해당 작업에 관한 거푸집 동바리 등의 변형·변위 및 지반의 침하 유무 등을 점검하고 이상이 있으면 보수할 것
② 작업 중에는 감시자를 배치하는 등의 방법으로 거푸집 및 동바리의 변형·변위 및 침하 유무 등을 확인해야 하며, 이상이 있으면 작업을 중지하고 근로자를 대피시킬 것
③ 콘크리트의 타설작업 시 거푸집 붕괴의 위험이 발생할 우려가 있으면 충분한 보강조치를 할 것
④ 설계도서 상의 콘크리트 양생 기간을 준수하여 거푸집 및 동바리를 해체할 것
⑤ 콘크리트를 타설하는 경우에는 **편심이 발생하지 않도록 골고루 분산하여 타설할 것**

119 롤러의 표면에 돌기를 만들어 부착한 것으로 풍화암을 파쇄하고 흙 속의 간극수압을 제거하는 작업에 적합한 장비는?

① Tandem roller
② Macadam roller
③ Tamping roller
④ Tire roller

* **Tamping roller**
풍화암을 파쇄, 흙 속의 간극수압을 제거한다.

120 거푸집 해체에 관한 설명 중 틀린 것은?

① 일반적으로 수평부재의 거푸집은 연직부재의 거푸집보다 빨리 떼어낸다.
② 응력을 거의 받지 않는 거푸집은 24시간이 경과하면 떼어내도 좋다.
③ 라멘, 아치 등의 구조물은 콘크리트의 크리프로 인한 균열을 적게 하기 위하여 가능한 한 거푸집을 오래 두어야 한다.
④ 거푸집을 떼어내는 시기는 시멘트의 성질, 콘크리트의 배합, 구조물 종류와 중요성, 부재가 받는 하중, 기온 등을 고려하여 신중하게 정해야 한다.

① 일반적으로 수평부재의 거푸집은 연직부재의 거푸집보다 나중에 떼어낸다.

2015년 1회 최근 기출문제

1과목 산업안전관리론

01 다음 중 산업안전보건법령상 자율안전확인 대상 기계·기구에 해당하지 않는 것은?

① 연삭기　② 곤돌라
③ 컨베이어　④ 산업용 로봇

＊자율안전확인대상 기계·기구
① 연삭기 및 연마기(휴대형 제외)
② 산업용 로봇
③ 혼합기
④ 파쇄기 or 분쇄기
⑤ 식품가공용 기계(파쇄, 절단, 혼합, 제면기만 해당)
⑥ 컨베이어
⑦ 자동차정비용 리프트
⑧ 공작기계(선반, 드릴, 평삭·형삭기, 밀링 만 해당)
⑨ 고정형 목재가공용 기계(둥근톱, 대패, 루타기, 띠톱, 모떼기 기계만 해당)
⑩ 인쇄기

특급암기법
공작기계로 철판 잘라서 연삭기, 연마기로 갈고, 고정형 목재가공용기계로 나무 자르고, 식품가공용 기계로 식품 파쇄, 분쇄하여 혼합기로 혼합한 후 컨베이어로 운반해서 자동차 리프트에 올려놓고 인기있는 산업용 로봇 만들자.

 실기에 자주 출제되는 내용입니다. 암기하세요.

02 산업안전보건법에 따라 공정안전보고서에 포함되어야 하는 사항 중 공정안전자료의 세부내용에 해당하는 것은?

① 공정위험성평가서
② 안전운전지침서
③ 건물·설비의 배치도
④ 도급업체 안전관리계획

---

② 안전운전지침서 → 안전운전계획의 세부내용
③ 건물·설비의 배치도 → 공정안전자료의 세부내용
④ 도급업체 안전관리계획 → 안전운전계획의 세부내용

참고

＊공정안전보고서의 내용
① 공정안전자료
② 공정위험성 평가서
③ 안전운전계획
④ 비상조치계획

＊공정안전자료의 세부내용
- 취급·저장하고 있거나 취급·저장하려는 유해·위험 물질의 종류 및 수량
- 유해·위험물질에 대한 물질안전보건자료
- 유해·위험설비의 목록 및 사양
- 유해·위험설비의 운전방법을 알 수 있는 공정도면
- 각종 건물·설비의 배치도
- 폭발위험장소 구분도 및 전기단선도
- 위험설비의 안전설계·제작 및 설치 관련 지침서

정답　01 ②　02 ③

03 다음 중 산업안전보건법령상 안전·보건표지의 종류에서 안내표지에 해당하지 않는 것은?

① 들것
② 녹십자 표시
③ 비상용 기구
④ 귀마개 착용

④ 귀마개 착용 → 지시표지

04 시설물의 안전관리에 관한 특별법에 따라 관리주체는 시설물의 안전 및 유지관리계획을 소관 시설물별로 매년 수립·시행하여야 하는데 이때 안전 및 유지관리계획에 반드시 포함되어야 하는 사항으로 볼 수 없는 것은?

① 긴급상황 발생 시 조치체계에 관한 사항
② 안전과 유지관리에 필요한 비용에 관한 사항
③ 보호구 및 방호장치의 적용 기준에 관한 사항
④ 안전점검 또는 정밀안전진단 실시계획 및 보수·보강계획에 관한 사항

시설물관리계획에는 다음 각 호의 사항이 포함되어야 한다.
- 시설물의 적정한 안전과 유지관리를 위한 조직·인원 및 장비의 확보에 관한 사항
- 긴급상황 발생 시 조치체계에 관한 사항
- 시설물의 설계·시공·감리 및 유지관리 등에 관련된 설계도서의 수집 및 보존에 관한 사항
- 안전점검 또는 정밀안전진단의 실시에 관한 사항
- 보수·보강 등 유지관리 및 그에 필요한 비용에 관한 사항

05 다음은 재해발생에 관한 이론이다. 각각의 재해발생 이론의 단계를 잘못 나열한 것은?

① Heinrich 이론 : 사회적 환경 및 유전적 요소 → 개인적 결함 → 불안전한 행동 및 불안전한 상태 → 사고 → 재해
② Bird 이론 : 제어(관리)의 부족 → 기본원인(기원) → 직접원인(징후) → 접촉(사고) → 재해(손실)
③ Adams 이론 : 기초원인 → 작전적 에러 → 전술적 에러 → 사고 → 재해
④ Weaver 이론 : 유전과 환경 → 인간의 결함 → 불안전한 행동과 상태 → 사고 → 재해(상해)

★ 재해발생 이론

하인리히 (Heinrich)	선천적 결함(사회, 환경, 유전적 결함) → 개인적 결함 → 불안전 행동(인적결함), 불안전한 상태(물적결함) → 사고 → 재해
버드 (Bird)	제어부족(관리 부재) → 기본원인(기원) → 직접원인(징후) → 사고(접촉) → 상해(손실)
아담스 (Adams)	관리구조 → 작전적 에러 → 전술적 에러 → 사고 → 상해
웨버 (Weaver)	사회적 환경 및 유전적 요소(유전과 환경) → 인간의 결함(개인적 결함) → 불안전 행동 및 상태 → 사고 → 상해

실기까지 중요한 내용입니다.

06 다음 중 점검시기에 따른 안전점검의 종류에 해당하지 않는 것은?

① 정기점검　② 수시점검
③ 임시점검　④ 특수점검

> **★ 안전점검의 종류**
> • 정기점검　• 수시점검
> • 임시점검　• 특별점검

07 다음 중 고무제안전화의 사용 장소에 따른 구분에 해당하지 않는 것은?

① 일반용　② 내유용
③ 내알칼리용　④ 내진용

> **★ 고무제 안전화의 구분**
>
> | 구분 | 사용장소 |
> |---|---|
> | 일반용 | 일반작업장 |
> | 내유용 | 탄화수소류의 윤활유 등을 취급하는 작업장 |

08 다음 중 하인리히의 사고예방대책 기본원리 5단계에 있어 '시정방법의 선정' 바로 이전 단계에서 행하여지는 사항은?

① 분석·평가
② 안전관리 조직
③ 현상파악
④ 시정책 사용

> **★ 하인리히 사고방지 5단계**
> • 1단계 : 안전조직
> • 2단계 : 사실의 발견
> • 3단계 : 분석
> • 4단계 : 시정방법 선정
> • 5단계 : 시정책 적용(3E 적용)

실기까지 중요한 내용입니다.

09 다음 중 재해사례연구의 진행단계를 올바르게 나열한 것은?

① 재해 상황의 파악 → 사실의 확인 → 문제점의 발견 → 문제점의 결정 → 대책의 수립
② 사실의 확인 → 재해 상황의 파악 → 문제점의 발견 → 문제점의 결정 → 대책의 수립
③ 문제점의 발견 → 재해 상황의 파악 → 사실의 확인 → 문제점의 결정 → 대책의 수립
④ 문제점의 발견 → 문제점의 결정 → 재해 상황의 파악 → 사실의 확인 → 대책의 수립

> **★ 재해사례연구 진행 단계**
> • 전제 조건 : 재해 상황의 파악
> • 1단계 : 사실의 확인
> • 2단계 : 문제점 발견
> • 3단계 : 근본 문제점 결정(재해원인 결정)
> • 4단계 : 대책 수립

실기까지 중요한 내용입니다.

정답　06 ④　07 ④　08 ①　09 ①

10 다음 중 일반적인 재해조사 항목과 가장 거리가 먼 것은?

① 사고의 형태
② 피해자 가족사항
③ 기인물 및 가해물
④ 불안전한 행동 및 상태

★ 일반적인 재해조사 항목
- 누가
- 언제
- 어떠한 장소에서
- 어떠한 작업을 하고 있을 때
- 어떠한 물 또는 환경에 어떠한 불안전상태 또는 행동이 있었기에
- 어떻게 재해가 발생되었다.

11 근로자가 25kg의 제품을 운반하던 중에 발에 떨어져 신체 장해등급 14등급의 재해를 당하였다. 재해의 발생형태, 기인물, 가해물을 모두 올바르게 나타낸 것은?

① 기인물 : 발, 가해물 : 제품, 재해 발생형태 : 맞음
② 기인물 : 발, 가해물 : 발, 재해 발생형태 : 떨어짐
③ 기인물 : 제품, 가해물 : 제품, 재해 발생형태 : 맞음
④ 기인물 : 제품, 가해물 : 발, 재해 발생형태 : 맞음

- 제품을 운반하던 중 → 기인물 : 제품
- 제품이 발에 떨어져 다침 → 가해물 : 제품
- 제품이 떨어져 다침 → 맞음

실기까지 중요한 내용입니다.

12 다음 중 위험예지훈련의 4라운드 기법에서 문제점을 발견하고 중요 문제를 결정하는 단계는?

① 현상파악 ② 본질추구
③ 목표달성 ④ 대책수립

★ 요인조사(본질추구)
중요 문제점을 결정하는 단계

★ 위험예지 훈련
- 1단계 : 현상 파악(잠재위험 요인을 발견)
- 2단계 : 요인조사(본질 추구)
- 3단계 : 대책수립
- 4단계 : 행동목표 설정(합의요약)

13 다음 중 산업안전보건법령상 안전보건개선계획에 관한 설명으로 틀린 것은?

① 지방고용노동관서의 장은 안전보건개선계획서의 작성 여부를 검토하여 그 결과를 사업주에게 통보하여야 한다.
② 지방고용노동관서의 장은 안전보건개선계획서의 작성 여부 검토 결과에 따라 필요하다고 인정하면 해당 계획서의 보완을 명할 수 있다.
③ 안전보건개선계획서에는 시설, 안전·보건관리체제, 안전·보건교육, 산업재해 예방 및 작업환경의 개선을 위하여 필요한 사항이 포함되어야 한다.
④ 안전보건개선계획의 수립 시행명령을 받은 사업주는 고용노동부장관이 정하는 바에 따라 안전보건개선계획서를 작성하여 그 영향을 받은 날부터 30일 이내에 관할 지방고용노동관서의 장에게 제출하여야 한다.

> ④ 안전보건개선계획의 수립 시행명령을 받은 사업주는 고용노동부장관이 정하는 바에 따라 안전보건개선계획서를 작성하여 그 영향을 받은 날부터 60일 이내에 관할 지방고용노동관서의 장에게 제출하여야 한다.

14 다음 중 산업안전보건법에서 정의하고 있는 '산업재해'의 내용으로 옳은 것은?

① 노무를 제공하는 자가 업무에 관계되는 건설물·설비·원재료·가스·증기·분진등에 의하거나 작업 그 밖의 업무로 인하여 사망 또는 부상하거나 질병에 걸리는 것을 말한다.
② 물질 또는 타인과 접촉하였거나 각종의 물체 및 작업 조건에 노출 또는 사람의 작업행동으로 인하여 사람이 부상하거나 사망이 수반되는 것을 말한다.
③ 근로자가 산업 활동의 정상적인 업무 진행을 방해하거나 또는 방해를 유발하는 부상 또는 질병이 발생하는 것을 말한다.
④ 근로자가 산업현장에서 결함이 있는 작업조건 및 부적정한 작업방법에 의해 초래되는 계획되지 않은 사건이 일어나는 것을 말한다.

> *산업재해
> 노무를 제공하는 자가 업무에 관계되는 건설물·설비·원재료·가스·증기·분진 등에 의하거나 작업 또는 그 밖의 업무로 인하여 사망 또는 부상하거나 질병에 걸리는 것을 말한다.

정답 13 ④ 14 ①

15 1년간 연근로시간이 240,000시간인 사업장에서 4건의 휴업재해가 발생하여 100일의 휴업일수를 기록했다. 이 사업장의 강도율은 약 얼마인가? (단, 근로자 1인당 연간 근로 일수는 300일이다.)

① 0.34
② 34
③ 0.75
④ 0.075

> **＊강도율(S.R)**
> - 1,000 근로시간당 근로손실일수 비율
> - 강도율 = $\dfrac{총요양\ 근로손실일수}{연\ 근로\ 시간수} \times 1{,}000$
>
> - 근로손실일수
>   = 휴업일수, 요양일수, 입원일수 × $\dfrac{300(근로일수)}{365}$
>
> - 강도율 = $\dfrac{100 \times \dfrac{300}{365}}{240{,}000} \times 1{,}000 = 0.34$

 실기에 자주 출제되는 내용입니다.

16 다음 중 재해손실비용에 있어 간접손실비용에 해당하는 것은?

① 요양급여
② 직업재활급여
③ 상병보상연금
④ 생산중단 손실비용

직접비	간접비
• 치료비 • 휴업급여 • 요양급여 • 유족급여 • 장해급여 • 간병급여 • 직업재활급여 • 상병(傷病)보상연금 • 장의비 등	• 인적 손실비 • 물적 손실비 • 생산 손실비 • 기계, 기구 손실비 등

17 다음 중 산업안전보건법령상 산업안전보건위원회 심의·의결사항으로 볼 수 없는 것은?

① 산업재해 예방계획의 수립에 관한 사항
② 근로자의 건강진단 등 건강관리에 관한 사항
③ 재해자에 관한 치료 및 재해보상에 관한 사항
④ 안전보건관리규정의 작성 및 변경에 관한 사항

> **＊산업안전보건위원회의 심의·의결 사항**
> - 산업재해 예방계획의 수립에 관한 사항
> - 안전보건관리규정의 작성 및 변경에 관한 사항
> - 근로자의 안전·보건교육에 관한 사항
> - 작업환경측정 등 작업환경의 점검 및 개선에 관한 사항
> - 근로자의 건강진단 등 건강관리에 관한 사항
> - 중대재해의 원인 조사 및 재발 방지대책 수립에 관한 사항
> - 산업재해에 관한 통계의 기록 및 유지에 관한 사항
> - 유해하거나 위험한 기계·기구와 그 밖의 설비를 도입한 경우 안전·보건 조치에 관한 사항

 실기까지 중요한 내용입니다.

정답 15 ① 16 ④ 17 ③

18 A 사업장에서는 산업재해로 인한 인적·물적 손실을 줄이기 위하여 안전행동 실천운동(5C 운동)을 실시하고자 한다. 다음 중 5C 운동에 해당하지 않는 것은?

① Control
② Correctness
③ Cleaning
④ Checking

* 5C 운동
- 복장단정(Correctness)
- 정리정돈(Clearance)
- 청소청결(Cleaning)
- 점검확인(Checking)
- 전심전력(Concentration)

19 안전관리조직 중 Line - staff 조직의 단점에 해당되는 것은?

① 안전정보가 불충분하다.
② 생산부문은 안전에 대한 책임과 권한이 없다.
③ 명령계통과 조언 권고적 참여가 혼동되기 쉽다.
④ 생산부문에 협력하여 안전명령을 전달, 실시하여 안전과 생산을 별도로 취급하기 쉽다.

① 안전정보가 불충분하다. → 라인형의 단점
② 생산부문은 안전에 대한 책임과 권한이 없다. → 스태프형의 단점
④ 생산부문에 협력하여 안전명령을 전달, 실시하여 안전과 생산을 별도로 취급하기 쉽다. → 스태프형의 단점

참고

* 라인 스태프(Line Staff)형 or 혼합형
① 대규모 사업장(1,000명 이상 사업장)에 적용이 가능하다.
② 라인 스태프형 장점
- 안전전문가에 의해 입안된 것을 경영자가 명령하므로 명령이 신속, 정확하다.
- 안전정보 수집이 용이하고 빠르다.
③ 라인 스태프형 단점
- 명령계통과 조언, 권고적 참여의 혼돈이 우려된다.

20 다음 중 TBM 활동의 5단계 추진법을 가장 올바른 순서대로 나열한 것은?

① 도입-위험예지훈련-작업지시-점검정비-확인
② 도입-점검정비-작업지시-위험예지훈련-확인
③ 도입-확인-위험예지훈련-작업지시-점검정비
④ 도입-작업지시-위험예지훈련-점검정비-확인

* T.B.M
작업 전 또는 종료 시 5~10분간 작업자 3~5인이 조를 이뤄 작업 시 위험요소에 대하여 말하는 방식이다.
도입 → 점검정비 → 작업지시 → 위험예지훈련 → 확인

정답 18 ① 19 ③ 20 ②

2과목 산업심리 및 교육

21 다음 중 스트레스에 대한 설명으로 적합하지 못한 것은?

① 스트레스는 환경의 요구가 지나쳐 개인의 능력한계를 벗어날 때 발생한다.
② 스트레스 요인에는 소음, 진동, 열 등과 같은 환경 영향뿐만 아니라 개인적인 심리적 요인들도 포함한다.
③ 사람이 스트레스를 받게 되면 감각기관과 신경이 예민해진다.
④ 역기능 스트레스는 스트레스의 반응이 긍정적이고, 건전한 결과로 나타나는 현상이다.

* **스트레스의 기능**
  • 순기능
    – 개인의 심신활동을 촉진시킨다.
    – 문제해결의 창조력이 생긴다.
    – 동기유발이 증가하여 생산성 향상에 기여한다.
  • 역기능
    – 심신을 황폐하게 하고 직무에 부정적이다.
    – 능력에 부정적 영향을 미쳐 개인의 능력을 저하시킨다.
    – 작업의 집중력 저하를 일으켜 산업재해의 원인이 된다.

22 다음은 교육훈련 프로그램을 만들기 위한 각 단계에 해당하는 내용이다. 가장 우선시 되어야 하는 것은?

① 직무평가를 실시한다.
② 요구분석을 실시한다.
③ 적절한 훈련방법을 파악한다.
④ 종업원이 자신의 직무에 대하여 어떤 생각을 갖고 있는지 조사한다.

교육훈련 프로그램을 만들기 위해서는 교육훈련 프로그램에 대한 요구분석이 가장 우선시 되어야 한다.

23 다음 중 산업안전심리의 5대 요소에 속하지 않는 것은?

① 시간   ② 감정
③ 습관   ④ 동기

* **산업안전심리 5요소**
  • 동기(motive)
  • 기질(temper)
  • 감정(emotion)
  • 습성(habits)
  • 습관(custom)

정답 21 ④ 22 ② 23 ①

24 다음 중 단조로운 업무가 장시간 지속될 때 작업자의 감각기능 및 판단능력이 둔화 또는 마비되는 현상은?

① 착각현상　　② 망각현상
③ 피로현상　　④ 감각차단현상

> **＊감각차단현상**
> 단조로운 업무가 장시간 지속될 때 작업자의 감각기능 및 판단능력이 둔화 또는 마비되는 현상

25 다음 중 데이비스(K. Davis)의 동기부여 이론에서 인간의 '능력(ability)'을 나타내는 것은?

① 지식(knowledge) × 기능(skill)
② 지식(knowledge) × 태도(attitude)
③ 기능(skill) × 상황(situation)
④ 상황(situation) × 태도(attitude)

> **＊데이비스(K. Davis)의 동기부여 이론**
> - 인간의 성과 × 물질의 성과 = 경영의 성과
> - 지식(knowledge) × 기능(skill) = 능력(ability)
> - 상황(situation) × 태도(attitude) = 동기유발(motivation)
> - 능력 × 동기유발 = 인간의 성과(human performance)

📝 필기에 자주 출제되는 내용입니다.

26 다음 중 산업안전보건법령상 산업안전·보건 관련 교육과정 중 근로자 안전·보건교육에 있어 교육대상별 교육시간이 올바르게 연결된 것은?

① 일용근로자 및 근로계약기간이 1주일 이하인 기간제 근로자의 채용 시 교육 : 2시간이상
② 근로계약기간이 1주일 초과 1개월 이하인 기간제 근로자의 채용 시 교육 : 4시간 이상
③ 사무직 종사 근로자의 정기교육 : 매 분기 2시간 이상
④ 판매 업무에 직접 종사하는 근로자의 정기교육 : 매 분기 6시간 이상

> **＊근로자 안전보건교육**
>
> | 교육과정 | 교육대상 | | 교육시간 |
> |---|---|---|---|
> | 가. 정기 교육 | 1) 사무직 종사 근로자 | | 매반기 6시간 이상 |
> | | 2) 그 밖의 근로자 | 가) 판매 업무에 직접 종사하는 근로자 | 매반기 6시간 이상 |
> | | | 나) 판매 업무에 직접 종사하는 근로자 외의 근로자 | 매반기 12시간 이상 |
> | 나. 채용시의 교육 | 1) 일용근로자 및 근로계약기간이 1주일 이하인 기간제근로자 | | 1시간 이상 |
> | | 2) 근로계약기간이 1주일 초과 1개월 이하인 기간제 근로자 | | 4시간 이상 |
> | | 3) 그 밖의 근로자 | | 8시간 이상 |
> | 다. 작업 내용 변경 시의 교육 | 1) 일용근로자 및 근로계약기간이 1주일 이하인 기간제근로자 | | 1시간 이상 |
> | | 2) 그 밖의 근로자 | | 2시간 이상 |

정답　24 ④　25 ①　26 ②

교육과정	교육대상	교육시간
라. 특별교육	1) 일용근로자 및 근로계약 기간이 1주일 이하인 기간제 근로자(타워크레인 신호작업에 종사하는 근로자 제외)	2시간 이상
	2) 일용근로자 및 근로계약 기간이 1주일 이하인 기간제 근로자 중 타워크레인신호작업에 종사하는 근로자	8시간 이상
	3) 일용근로자 및 근로계약 기간이 1주일 이하인 기간제 근로자를 제외한 근로자	가) 16시간 이상(최초 작업에 종사하기 전 4시간 이상실시하고 12시간은 3개월 이내에서 분할하여 실시 가능) 나) 단기간 작업 또는 간헐적 작업인 경우에는 2시간 이상
마. 건설업 기초안전·보건교육	건설 일용근로자	4시간 이상

필기에 자주 출제되는 내용입니다. 암기하세요.

27 산업안전보건법령상 사업주가 근로자에게 실시해야 하는 안전·보건교육에 있어 근로자의 채용 시 교육 및 작업내용 변경 시의 교육 내용에 해당하지 않는 것은? (단, 산업안전보건법 및 산업재해보상보험제도에 관한 사항은 제외한다)

① 물질안전보건자료에 관한 사항
② 정리정돈 및 청소에 관한 사항
③ 사고 발생 시 긴급조치에 관한 사항
④ 유해·위험 작업환경 관리에 관한 사항

* **근로자 채용 시 교육 및 작업내용 변경 시의 교육 내용**
① 산업안전 및 산업재해 예방에 관한 사항(화재·폭발 사고 발생 시 대피에 관한 사항을 포함한다)
② 산업보건 및 건강장해 예방에 관한 사항

③ 산업안전보건법령 및 산업재해보상보험제도에 관한 사항
④ 직무스트레스 예방 및 관리에 관한 사항
⑤ 직장 내 괴롭힘, 고객의 폭언 등으로 인한 건강장해 예방 및 관리에 관한 사항
⑥ 기계·기구의 위험성과 작업의 순서 및 동선에 관한 사항
⑦ 물질안전보건자료에 관한 사항
⑧ 작업 개시 전 점검에 관한 사항
⑨ 정리정돈 및 청소에 관한 사항
⑩ 사고 발생 시 긴급조치에 관한 사항
⑪ 위험성 평가에 관한 사항

특급암기법
공통 항목
1. 신규자는 법을 알고 산재보상제도를 알자!
2. 신규자는 건강을 보존(산업보건)하고 건강장해, 스트레스, 괴롭힘, 폭언 예방하자!
3. 신규자는 안전하고 산업재해 예방하자!
4. 신규자는 위험성을 평가하자!

신규채용자는 회사에 처음 입사해서 처음 일을 하는 근로자, 안전하게 일하기 위한 기본 내용을 교육한다.
1. 신규자는 기계·기구 위험성, 작업순서, 동선을 알자!
2. 신규자는 취급 물질의 위험성(물질안전보건자료)을 알자!
3. 신규자는 작업 전 점검하자!
4. 신규자는 항상 정리정돈 청소하자!
5. 신규자는 사고 시 조치를 알자!

실기에 자주 출제되는 내용입니다. 암기하세요.

28 인간의 동작특성을 외적조건과 내적조건으로 구분할 때 다음 중 내적조건에 해당하는 것은?

① 기온
② 대상물의 크기
③ 경력
④ 대상물의 동적 성질

정답 27 ④ 28 ③

- 기온, 대상물의 크기, 대상물의 동적성질 : 외적조건
- 경력 : 내적조건

29 다음 중 집단역학에서 소시오메트리(sociometry)에 관한 설명으로 틀린 것은?

① 구성원 상호 간의 선호도를 기초로 집단 내부의 동태적 상호관계를 분석하는 기법이다.
② 소시오그램은 집단 내의 하위 집단들과 내부의 세부집단과 비세력집단을 구분할 수 없다.
③ 소시오메트리 연구조사에서 수집된 자료들은 소시오그램과 소시오메트릭스 등으로 분석한다.
④ 소시오메트릭스는 소시오그램에서 나타나는 집단 구성원들 간의 관계를 수치에 의하여 계량적으로 분석할 수 있다.

- 소시오매트리(sociometry)
  - 집단 내의 선호도, 커뮤니케이션 및 상호작용의 패턴에 관한 자료를 수집하고 분석하여 집단의 성질, 구조, 역동성, 상호관계를 분석하는 기법
- 소시오그램(Sociogram)
  - 측정 테스트로 얻은 결과를 도식이나 그림으로 나타내는 방법
  - 집단 내의 대인관계, 집단구조를 직관적으로 파악하기 위해 작성하며 집단의 구조분석을 위하여 이용
  - 누가 어떤 선택을 하였는가, 집단 속에서 누가 어떤 위치에 있는가를 알 수가 있다.

30 다음 중 O.J.T(On the Job Training)의 형태가 아닌 것은?

① 집단토론   ② 직무순환
③ 도제식 교육   ④ 현장 직무교육

① 집단토론 → Off.J.T(Off the Job Training)

참고

OJT의 특징	• 개개인에게 적절한 훈련이 가능하다. • 직장의 실정에 맞는 훈련이 가능하다. • 교육효과가 즉시 업무에 연결된다. • 훈련에 대한 업무의 계속성이 끊어지지 않는다. • 상호 신뢰 이해도가 높다.
OFF JT의 특징	• 다수의 근로자들에게 훈련을 할 수 있다. • 훈련에만 전념하게 된다. • 특별설비기구 이용이 가능하다. • 많은 지식이나 경험을 교류할 수 있다. • 교육 훈련 목표에 대하여 집단적 노력이 흐트러질 수 있다.

31 다음 중 구체적 사물을 제시하거나 경험시킴으로써 효과를 보게 되는 학습지도의 원리는?

① 개별화의 원리
② 사회화의 원리
③ 직관의 원리
④ 통합의 원리

정답 29 ② 30 ① 31 ③

★ **학습지도의 원리**
- **자발성의 원리** : 학습자 스스로가 능동적으로 학습활동에 의욕을 가지고 참여하도록 하는 원리
- **개별화의 원리** : 학습자를 존중하고, 학습자 개개인의 능력, 소질, 성향 등 모든 발달 가능성을 신장시키려는 원리
- **목적의 원리** : 학습자는 학습목표가 분명하게 인식되었을 때 자발적이고 적극적인 학습활동을 하게 된다.
- **사회화의 원리** : 학교교육을 통하여 학생들이 사회화되어 유용한 사회인으로 육성시키고자 하는 교육이다.
- **통합화의 원리** : 학습자를 전체적 인격체로 보고 그에게 내제하여 있는 모든 능력을 조화적으로 발달시키기 위한 생활중심의 통합교육을 원칙으로 하는 원리
- **직관의 원리(직접경험의 원리)** : 학습에 있어 언어 위주로 설명을 하는 수업보다는 구체적인 사물을 학습자가 직접 경험해 봄으로써 학습의 효과를 높일 수 있는 원리

32 신호등이 녹색에서 적색으로 바뀌어도 차가 움직이기까지 아직 시간이 있다고 생각하여 건널목을 건넜을 경우 이는 어떠한 부주의에 속하는가?

① 억측판단
② 의식의 우회
③ 생략행위
④ 의식수준의 저하

★ **억측판단**
- 작업공정 중에 규정대로 수행하지 않고 '괜찮다'고 생각하여 자기주관대로 행하는 행동
- 예 신호등의 신호가 녹색에서 황색으로 바뀌었으나 괜찮다고 판단하고 지나감

33 안전교육방법 중 수업의 도입이나 초기단계에 적용하며, 단시간에 많은 내용을 교육하는 경우에 사용되는 방법으로 가장 적절한 것은?

① 시범
② 강의법
③ 반복법
④ 토의법

★ **강의법**
수업의 도입이나 초기단계에 적용, 단시간에 많은 내용을 교육

34 학습이론 중 S-R 이론에서 조건반사설에 의한 학습이론의 원리에 해당되지 않는 것은?

① 시간의 원리
② 기억의 원리
③ 일관성의 원리
④ 계속성의 원리

★ **파블로프의 조건반사설 (자극과 반응이론 : S-R이론)**
- 일관성의 원리
- 계속성의 원리
- 시간의 원리
- 강도의 원리

📝 실기까지 중요한 내용입니다.

정답 32 ① 33 ② 34 ②

35 인간관계 메커니즘 중에서 남의 행동이나 판단을 표본으로 하여 그것과 같거나 또는 그것에 가까운 행동 또는 판단을 취하려는 것을 무엇이라 하는가?

① 투사(projection)
② 암시(suggestion)
③ 모방(imitation)
④ 동일화(identification)

- 투사(Projection)
  - 자기 속의 억압된 것을 다른 사람의 것으로 생각하는 것
  - 자신의 불만이나 불안을 해소시키기 위해서 자신의 잘못을 남의 탓으로 돌리는 행동
- 암시(Suggestion)
  - 다른 사람으로부터의 판단이나 행동을 무비판적으로 논리적·사실적 근거 없이 받아들이는 행동
- 동일화(Identification)
  - 다른 사람의 행동 양식이나 태도를 투입시키거나 다른 사람 가운데서 자기와 비슷한 점을 발견하는 것
  - 부모, 형, 주위의 중요한 인물들의 태도나 행동을 따라하는 것
- 모방(Imitation)
  - 남의 행동이나 판단을 표본으로 하여 그것과 같거나 또는 그것에 가까운 행동 또는 판단을 취하려는 행동

실기까지 중요한 내용입니다.

36 작업자의 정신적 피로를 관찰할 수 있는 변화 중 가장 적합하지 않은 것은?

① 대사기능의 변화
② 작업태도의 변화
③ 사고활동의 변화
④ 작업동작경로의 변화

① 대사기능의 변화 → 육체 피로의 측정

37 다음 중 인간 착오의 메커니즘으로 볼 수 없는 것은?

① 위치의 착오   ② 패턴의 착오
③ 느낌의 착오   ④ 형(形)의 착오

*인간 착오의 메커니즘
- 위치착오
- 순서착오
- 패턴착오
- 형상착오
- 기억오류

38 다음 중 인사선발을 위한 심리검사에서 갖추어야 할 요건으로만 나열된 것은?

① 신뢰도, 대표성
② 대표성, 타당도
③ 신뢰도, 타당도
④ 대표성, 규모성

정답 35 ③ 36 ① 37 ③ 38 ③

* **심리검사(직무적성검사)의 기준**
- 표준화
- 객관성
- 규준성
- 신뢰성
- 타당성

39 다음 중 교육지도방법에 있어 프로그램학습법과 거리가 먼 것은?

① Skinner의 조작적 조건형성 원리에 의해 개발된 것으로 자율적 학습이 특징이다.
② 학습내용 습득여부를 즉각적으로 피드백받을 수 있다.
③ 교재개발에 많은 시간과 노력이 드는 것이 단점이다.
④ 개별학습이므로 훈련시간이 최대한으로 지연된다는 것이 최대 단점이다.

프로그램 학습법의 장점	• 기본개념 학습이나 논리적인 학습에 유리 하다. • 지능, 학습속도 등 개인차를 고려할 수 있다. • 수업의 모든 단계에 적용이 가능하다. • 수강자들이 학습이 가능한 시간대의 폭이 넓다. • 매 학습마다 피드백을 할 수 있다.
프로그램 학습법의 단점	• 한 번 개발된 프로그램 자료는 변경이 어렵다. • 개발비가 많이 들고 제작 과정이 어렵다. • 교육 내용이 고정되어 있다. • 학습에 많은 시간이 걸린다. • 집단 사고의 기회가 없다.

40 다음 중 인간의 행동에 영향을 미치는 물리적 성격의 작업조건과 가장 거리가 먼 것은?

① 조명   ② 소음
③ 환경   ④ 휴식

* **인간의 행동에 영향을 미치는 물리적 작업조건**
- 조명
- 소음
- 환경(고, 저온, 이상기압 등)
- 진동
- 유해광선

3과목 인간공학 및 시스템안전공학

41 한 대의 기계를 100시간 동안 연속 사용한 경우 6회의 고장이 발생하였고, 이때의 총 고장 수리 시간이 15시간이었다. 이 기계의 MTBF(Mean time between failure)는 약 얼마인가?

① 2.51
② 14.16
③ 15.25
④ 16.67

정답 39 ④ 40 ④ 41 ②

① 고장률(λ) = $\dfrac{\text{고장건수}}{\text{총 가동시간}}$ (건/시간)

② MTBF = $\dfrac{1}{\text{고장률}(\lambda)}$ (시간)

③ 신뢰도 : 고장나지 않을 확률

$R(t) = e^{-\frac{t}{t_0}} = e^{-\lambda \times t}$

- t_0 : 평균고장시간 or 평균수명
- t : 앞으로 고장 없이 사용할 시간
- λ : 고장률

④ 불신뢰도 : 고장 날 확률
  1 − 신뢰도

- 고장률(λ) = $\dfrac{\text{고장건수}}{\text{총 가동시간}}$
  = $\dfrac{6}{100-15}$ = 0.0706(건/시간)

- MTBF = $\dfrac{1}{\text{고장률}(\lambda)}$ = $\dfrac{1}{0.0706}$ = 14.16(시간)

42 다음 중 인간공학적 설계 대상에 해당되지 않는 것은?

① 물건(Objects)
② 기계(Machinery)
③ 환경(Environment)
④ 보전(Maintenance)

인간공학은 기계와 그 기계조작 및 환경조건을 인간의 특성에 맞추어 설계하기 위한 수단을 연구하는 학문이다.

43 다음 설명은 어떤 설계 응용 원칙을 적용한 사례인가?

제어 버튼의 설계에서 조작자와의 거리를 여성의 5백분위수를 이용하여 설계하였다.

① 극단적 설계원칙
② 가변적 설계원칙
③ 평균적 설계원칙
④ 양립적 설계원칙

* **극단치 설계**
- **최소집단치 설계** : 정규분포도상에 5% 이하의 최소치를 적용하여 설계하는 방법
- **최대집단치 설계** : 정규분포도상에 95% 이상의 최대치를 적용하여 설계하는 방법

참고

* **평균치에 의한 설계**
정규분포도 상에 5~95% 사이의 가장 분포도가 많은 구간을 적용하여 설계하는 방법

44 FT도에 사용되는 다음 기호의 명칭으로 옳은 것은?

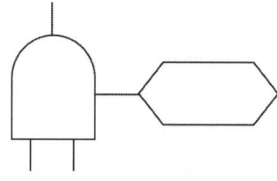

① 부정게이트
② 수정기호
③ 위험지속기호
④ 배타적 OR 게이트

정답 42 ④ 43 ① 44 ③

> 참고

| | 위험지속 AND 게이트 | 입력이 생겨서 일정시간이 지속될 때 출력이 생긴다. |

> 참고

기호	명명	기호 설명
	부정게이트	입력과 반대현상의 출력 생김
	배타적 OR 게이트	입력사상 중 오직 한 개의 발생으로만 출력사상이 생성되는 논리게이트
	우선적 AND게이트	입력사상이 특정 순서대로 발생한 경우에만 출력사상이 발생하는 논리게이트

> 참고

- **결함위험분석(FHA : Fault Hazards Analysis)** : 한 계약자만으로 모든 시스템의 설계를 담당하지 않고 몇 개의 공동계약자가 분담할 경우 서브시스템(subsystem)의 해석에 사용되는 분석법이다.
- **고장형태와 영향분석(FMEA : Failure Modes and Effects Analysis)** : 시스템에 영향을 미치는 모든 요소의 고장을 형태별로 분석하여 그 영향을 검토하는 정성적, 귀납적 분석법이다.
- **결함수 분석(FTA)** : 시스템 고장을 발생시키는 사상과 원인과의 관계를 논리기호(AND와 OR)를 사용하여 나뭇가지 모양의 그림(Tree)으로 나타낸 FT(Fault Tree)를 만들고 이에 의거하여 시스템의 고장확률을 구하는 연역적, 정량적 평가방법이다.

45 다음 중 모든 시스템 안전 프로그램에서의 최초단계 해석으로 시스템의 위험요소가 어떤 위험 상태에 있는가를 정성적으로 평가하는 분석 방법은?

① PHA ② FHA
③ FMEA ④ FTA

46 다음 중 인간의 제어 및 조정능력을 나타내는 법칙인 Fitts' law와 관련된 변수가 아닌 것은?

① 표적의 너비
② 표적의 색상
③ 시작점에서 표적까지의 거리
④ 작업의 난이도(Index of Difficulty)

✱ **예비 위험 분석 (PHA : Preliminary Hazards Analysis)**
모든 시스템 안전 프로그램의 최초 단계(설계단계, 구상단계)에서 실시하는 분석법으로서 시스템 내의 위험요소가 얼마나 위험한 상태에 있는가를 정성적으로 평가하는 기법이다.

✱ **피츠의 법칙(Fitts'Law)**
- 목표까지 움직이는 데 필요한 시간은 목표 크기와 목표까지의 거리의 함수이다.
- 표적이 작고 이동거리가 길수록 이동시간이 증가한다.

정답 45 ① 46 ②

47 다음 중 정성적 표시장치를 설명한 것으로 적절하지 않은 것은?

① 연속적으로 변하는 변수의 대략적인 값이나 변화추세, 변화율 등을 알고자 할 때 사용된다.
② 정성적 표시장치의 근본 자료 자체는 정량적인 것이다.
③ 색채 부호가 부적합한 경우에는 계기판 표시 구간을 형상 부호화하여 나타낸다.
④ 전력계에서와 같이 기계적 혹은 전자적으로 숫자가 표시된다.

④ 전력계와 같이 정확한 값을 숫자로 표시하는 것 → 계수형 → 정량적 표시장치

참고

＊ **정량적 표시장치**
• **정목동침형** : 눈금은 고정, 지침이 움직이는 형태
• **정침동목형** : 지침은 고정, 눈금이 움직이는 형태
• **계수형** : 전력계, 택시요금 계기와 같이 숫자가 정확히 표시되는 형태

48 발생확률이 각각 0.05, 0.08인 두 결함사상이 AND 조합으로 연결된 시스템을 FTA로 분석하였을 때 이 시스템의 신뢰도는 약 얼마인가?

① 0.004 ② 0.126
③ 0.874 ④ 0.996

결함사상의 확률이 AND 게이트로 연결되었으므로
결함발생 확률(불신뢰도) = 0.05×0.08 = 0.004
신뢰도 = 1－불신뢰도 = 1－0.004 = 0.996

49 다음 중 일반적인 화학설비에 대한 안전성 평가(safety assessment) 절차에 있어 안전대책 단계에 해당되지 않는 것은?

① 보전   ② 설비 대책
③ 위험도 평가   ④ 관리적 대책

＊ **안전대책 수립**
• 설비 등에 관한 대책(위험 등급 1·2등급의 물적 안전 조치 사항)
• 위험 등급 3등급 시 설비 등에 관한 대책
• 관리적 대책
• 보전

50 다음 중 결함수분석(FTA)에 관한 설명으로 틀린 것은?

① 연역적 방법이다.
② 버텀-업(Bottom-Up) 방식이다.
③ 기능적 결함의 원인을 분석하는 데 용이하다.
④ 계량적 데이터가 축적되면 정량적 분석이 가능하다.

② 탑-다운방식(위 → 아래로 해석)이다.

정답 47 ④   48 ④   49 ③   50 ②

51 프레스기의 안전장치 수명은 지수분포를 따르며 평균 수명은 1,000시간이다. 새로 구입한 안전장치가 향후 500시간 동안 고장 없이 작동할 확률(ⓐ)과 이미 1,000시간을 사용한 안전장치가 향후 500시간 이상 견딜 확률(ⓑ)은 각각 얼마인가?

① ⓐ : 0.606, ⓑ : 0.606
② ⓐ : 0.707, ⓑ : 0.707
③ ⓐ : 0.808, ⓑ : 0.808
④ ⓐ : 0.909, ⓑ : 0.909

* **고장없이 사용할 확률 = 신뢰도**
① 신뢰도 : 고장나지 않을 확률

$$R(t) = e^{-\frac{t}{t_0}} = e^{-\lambda \times t}$$

- t_0 : 평균고장시간 or 평균수명
- t : 앞으로 고장 없이 사용할 시간
- λ : 고장률

② 불신뢰도 : 고장 날 확률
  1 - 신뢰도

- 평균수명 1,000시간, 향후 500시간동안 고장 없이 작동할 확률

$$R(t) = e^{-\frac{t}{t_0}} = e^{-\frac{500}{1,000}} = e^{-0.5} = 0.606$$

- 1,000시간을 사용한 안전장치가 향후 500시간 이상 견딜 확률

$$R(t) = e^{-\frac{t}{t_0}} = e^{-\frac{500}{1,000}} = e^{-0.5} = 0.606$$

52 다음 중 인간공학에 있어서 일반적인 인간-기계 체계(Man-Machine System)의 구분으로 가장 적합한 것은?

① 인간 체계, 기계 체계, 전기 체계
② 전기 체계, 유압 체계, 내연기관 체계
③ 수동 체계, 반기계 체계, 반자동 체계
④ 자동화 체계, 기계화 체계, 수동 체계

* **인간-기계 통합시스템(man-machine system)의 유형**
- 수동시스템
- 기계시스템(반자동 시스템)
- 자동 시스템

53 산업안전보건법령에 따라 제조업 중 유해·위험방지 계획서 제출대상 사업의 사업주가 유해·위험방지 계획서를 제출하고자 할 때 첨부하여야 하는 서류에 해당하지 않는 것은? (단, 기타 고용노동부장관이 정하는 도면 및 서류 등은 제외한다.)

① 공사개요서
② 기계·설비의 배치도면
③ 기계·설비의 개요를 나타내는 서류
④ 원재료 및 제품의 취급, 제조 등의 작업방법의 개요

정답 51 ① 52 ④ 53 ①

* **유해·위험방지계획서제출서류(제조업 및 대상 기계·기구 설비)**

제조업 대상 사업 첨부서류	• 건축물 각 층의 평면도 • 기계·설비의 개요를 나타내는 서류 • 기계·설비의 배치도면 • 원재료 및 제품의 취급, 제조 등의 작업방법의 개요 • 그 밖에 고용노동부장관이 정하는 도면 및 서류
대상 기계·기구 설비 첨부서류	• 설치장소의 개요를 나타내는 서류 • 설비의 도면 • 그 밖에 고용노동부장관이 정하는 도면 및 서류

📝 실기까지 중요한 내용입니다.

54 작업자세로 인한 부하를 분석하기 위하여 인체 주요 관절의 힘과 모멘트를 정역학적으로 분석하려고 할 때, 분석에 반드시 필요한 인체 관련 자료가 아닌 것은?

① 관절 각도
② 관절의 종류
③ 분절(segment) 무게
④ 분절(segment) 무게 중심

관절의 힘과 모멘트 분석에서 관절의 종류는 무관하다.

55 다음 중 광원의 밝기에 비례하고, 거리의 제곱에 반비례하며, 반사체의 반사율과는 상관없이 일정한 값을 갖는 것은?

① 광도   ② 휘도
③ 조도   ④ 휘광

$$조도(lux) = \frac{광도}{(거리)^2}$$

56 다음 중 HAZOP 기법에서 사용하는 가이드 워드와 그 의미가 잘못 연결된 것은?

① As well as : 성질상의 증가
② More/Less : 정량적인 증가 또는 감소
③ Part of : 성질상의 감소
④ Other than : 기타 환경적인 요인

④ Other Than : 완전한 대체

참고

* **유인어의 종류와 뜻**
- No 또는 Not : 완전한 부정
- More 또는 Less : 양의 증가 및 감소
- As Well As : 성질상의 증가
- Part of : 일부 변경, 성질상의 감소
- Reverse : 설계의도의 논리적인 역
- Other Than : 완전한 대체

📝 필기에 자주 출제되는 내용입니다.

정답 54 ② 55 ③ 56 ④

57 다음 중 일반적으로 보통 기계작업이나 편지 고르기에 가장 적합한 조명수준은?

① 30fc ② 100fc
③ 300fc ④ 500fc

★ 법적 조도 기준
- 초정밀 작업 : 750 Lux 이상
- 정밀 작업 : 300 Lux 이상
- 보통 작업 : 150 Lux 이상
- 기타 작업 : 75 Lux 이상

 실기까지 중요한 내용입니다.

58 다음 중 정보전달에 있어서 시각적 표시장치보다 청각적 표시장치를 사용하는 것이 바람직한 경우는?

① 정보의 내용이 긴 경우
② 정보의 내용이 복잡한 경우
③ 정보의 내용이 후에 재참조되지 않는 경우
④ 정보의 내용이 즉각적인 행동을 요구하지 않는 경우

★ 정보의 내용이 재참조되지 않는 경우 → 청각장치 사용

청각장치	• 전언이 짧고, 간단할 때 • 재참조되지 않는다. • 시간적인 사상을 다룬다. • 즉각적인 행동을 요구할 때 • 시각계통이 과부하일 때 • 주위가 너무 밝거나 암조응일 때 • 자주 움직이는 경우
시각장치	• 전언이 길고, 복잡할 때 • 재참조된다. • 공간적인 위치 다룬다. • 즉각적 행동을 요구하지 않을 때 • 청각 계통이 과부하일 때 • 주위가 너무 시끄러울 때 • 한 곳에 머무르는 경우

 필기에 자주 출제되는 내용입니다.

59 다음 중 인간 에러(human error)에 관한 설명으로 틀린 것은?

① omission error : 필요한 작업 또는 절차를 수행하지 않는데 기인한 에러
② commission error : 필요한 작업 또는 절차의 수행 지연으로 인한 에러
③ extraneous error : 불필요한 작업 또는 절차를 수행함으로써 기인한 에러
④ sequential error : 필요한 작업 또는 절차의 순서 착오로 인한 에러

★ 휴먼에러의 심리적 분류(Swain의 분류)
- **omission error(누설오류, 생략오류, 부작위오류)** : 필요한 작업 또는 절차를 수행하지 않는데 기인한 에러
- **time error(시간오류)** : 필요한 작업 또는 절차의 수행 지연으로 인한 에러
- **commission error(작위오류)** : 필요한 작업 또는 절차의 불확실한 수행으로 인한 에러
- **sequential error(순서오류)** : 필요한 작업 또는 절차의 순서 착오로 인한 에러
- **extraneous error(과잉행동오류)** : 불필요한 작업 또는 절차를 수행함으로써 기인한 에러

 필기에 자주 출제되는 내용입니다.

 57 ② 58 ③ 59 ②

60 다음 중 의자를 설계하는 데 있어 적용할 수 있는 일반적인 인간공학적 원칙으로 가장 적절하지 않은 것은?

① 조절을 용이하게 한다.
② 요부 전만을 유지할 수 있도록 한다.
③ 등근육의 정적 부하를 높이도록 한다.
④ 추간판에 가해지는 압력을 줄일 수 있도록 한다.

③ 근육의 정적부하를 감소시킨다.

> 참고
> * 의자 설계의 일반 원리
> • 요추의 전만곡선을 유지할 것
> • 디스크의 압력을 줄인다.
> • 등근육의 정적부하를 감소시킨다.
> • 자세 고정을 줄인다.
> • 쉽게 조절할 수 있도록 설계할 것

4과목 건설시공학

61 석공사에서 대리석붙이기에 관한 내용으로 틀린 것은?

① 대리석은 실내보다는 주로 외장용으로 많이 사용한다.
② 대리석 붙이기 연결철물은 10#~20#의 황동 쇠선을 사용한다.
③ 대리석 붙이기 최 하단은 충격에 쉽게 파손되므로 충진재를 넣는다.
④ 대리석은 시멘트 모르타르로 붙이면 알칼리 성분에 의하여 변색·오염될 수 있다.

① 대리석은 외장용으로는 사용이 불가능하다.

62 흙막이 붕괴원인 중 히빙(Heaving) 파괴가 일어나는 주원인은?

① 흙막이벽의 재료 차이
② 지하수의 부력 차이
③ 지하수위의 깊이 차이
④ 흙막이벽 내외부 흙의 중량 차이

> * 히빙(Heaving)현상
> 연질점토 지반에서 굴착에 의한 흙막이 내·외면의 흙의 중량 차이(토압 차이)로 인해 굴착저면이 부풀어 올라오는 현상을 말한다.
>
> 📝 필기에 자주 출제되는 내용입니다.

정답 60 ③ 61 ① 62 ④

63 철골구조의 내화피복에 대한 설명으로 틀린 것은?

① 조적공법은 용접철망을 부착하여 경량 모르타르, 퍼라이트 모르타르와 플라스터 등을 바름하는 공법이다.
② 뿜칠공법은 철골표면에 접착제를 혼합한 내화피복재를 뿜어서 내화피복을 한다.
③ 성형판 공법은 내화단열성이 우수한 각종 성형판을 철골주위에 접착제와 철물 등을 설치하고 그 위에 붙이는 공법으로 주로 기둥과 보의 내화피복에 사용된다.
④ 타설공법은 아직 굳지 않은 경량콘크리트나 기포모르타르 등을 강재주위에 거푸집을 설치하여 타설한 후 경화시켜 철골을 내화피복하는 공법이다.

습식공법	건식공법
① **조적공법** : 철골표면에 **벽돌, 돌, 콘크리트 블록, 경량 콘크리트 블록** 등을 시공하는 공법	① **성형판 붙임공법** : 내화단열성이 우수한 각종 성형판(PC판, ALC판, 석고보드 등)을 철골부재에 붙이는 공법으로 주로 기둥과 보의 내화피복에 사용된다.
② **미장공법** : 철골표면에 **단열 모르타르를 시공**하는 공법	
③ **도장공법** : 철골표면에 **내화페인트를 도장**하는 공법	② **멤브레인 공법** : 암면 흡음판을 철골에 붙여 시공하는 공법
④ **뿜칠공법** : 철골표면에 접착제를 혼합한 내화피복재(암면과 시멘트를 혼합)를 뿜어서 내화 피복하는 공법	③ **세라믹울 피복공법**
⑤ **타설공법** : 철골표면에 **기포 콘크리트, 경량콘크리트를 타설**하는 공법	

📝 필기에 자주 출제되는 내용입니다.

64 CM제도에 대한 설명으로 틀린 것은?

① 대리인형 CM(CM for fee) 방식은 프로젝트 전반에 걸쳐 발주자의 컨설턴트 역할을 수행한다.
② 시공자형 CM(CM at risk) 방식은 공사관리자의 능력에 의해 사업의 성패가 좌우된다.
③ 대리인형 CM(CM for fee) 방식에 있어서 독립된 공종별 수급자는 공사관리자와 공사계약을 한다.
④ 시공자형 CM(CM at risk) 방식에 있어서 CM조직이 직접공사를 수행하기도 한다.

대리인형 CM (CM for Free)	시공자형 CM (CM at Risk)
① 서비스를 제공한 후 용역비(free)를 지급받는 형태로 자문 또는 대리인의 역할을 수행한다.	① CM이 직접 하도급자와 계약을 체결하여 시공의 전부 또는 일부를 담당하여 공사를 수행하는 방식이다.
② 시공자 또는 설계자와 직접적인 계약관계는 없다.	② 공사비용, 공사기간, 품질 등에 대한 책임을 가진다.
③ 공사비용, 공사기간, 품질 등에 대한 책임은 지지 않는다.	

정답 63 ① 64 ③

> **참고**
>
> ① 대리인형 CM(CM for Free, Agency CM) : 설계 및 시공에 직접 관여하지 않으며, 건설사업 수행에 관한 발주자에 대한 조언자로서의 역할만을 한다.
> ② 시공자형 또는 시공책임자형 CM(CM at Risk) : 종합공사를 시공하는 업종을 등록한 건설업자가 건설공사에 대하여 **시공 이전 단계에서 건설사업 관리 업무를 수행**하고 아울러 시공단계에서 발주자와 시공 및 건설사업 관리에 대한 별도의 **계약을 통하여** 종합적인 계획, 관리 및 조정을 하면서 **미리 정한 공사 금액과 공사기간 내에 시설물을 시공하는 것을** 말한다.

65 거푸집의 콘크리트 측압에 대한 설명으로 옳은 것은?

① 묽은 콘크리트일수록 측압이 작다.
② 온도가 낮을수록 측압은 작다.
③ 콘크리트의 붓기 속도가 빠를수록 측압이 크다.
④ 거푸집의 강성이 클수록 측압이 작다

> ① 거푸집의 강성이 클수록 측압이 크다.
> ② 철골 or 철근량 적을수록 측압이 크다.
> ③ 외기온도가 낮을수록 측압이 크다.
> ④ 타설 속도가 빠를수록 측압이 크다.
> ⑤ 습도가 낮을수록 측압이 크다.
> ⑥ 슬럼프가 클수록 측압이 크다.

📝 필기에 자주 출제되는 내용입니다.

66 철골용접이음 후 용접부의 내부결함 검출을 위하여 실시하는 검사로서 빠르고 경제적이어서 현장에서 주로 사용하는 초음파를 이용한 비파괴 검사법은?

① MT(Magnetic particle Testing)
② UT(Ultrasonic Testing)
③ RT(Radiography Testing)
④ PT(Liquid Penetrant Testing)

> **★초음파탐상시험(Ultrasonic Test :UT)**
> ① 재료의 내부에 **초음파**를 방사하여 불량 용접부위나 균열 등에서 반사되는 초음파를 분석하여 결함(모재의 결함 및 두께측정이 가능)을 판단한다.
> ② 용접부의 내부결함 검출을 위하여 실시하는 검사로써 빠르고 경제적이어서 현장에서 주로 사용된다.

📝 필기에 자주 출제되는 내용입니다.

67 다음과 같은 조건의 굴삭기로 2시간 작업할 경우의 작업량은 얼마인가?

> 버켓용량 0.8m³, 사이클타임 40초
> 작업효율 0.8, 굴삭계수 0.7
> 굴삭토의 용적변화계수 1.1

① 128.5m³ ② 107.7m³
③ 88.7m³   ④ 66.5m³

정답 65 ③   66 ②   67 ③

※ 굴삭기계의 단위 작업시간당 시공량

$$Q(m^3/hr) = \frac{q \times k \times f \times E}{Cm(hr)}$$

$$= \frac{60 \times q \times k \times f \times E}{Cm(min)}$$

$$= \frac{3,600 \times q \times k \times f \times E}{Cm(sec)}$$

- Q : 1시간당 작업량(m^3/h)
- q : 버킷용량(m^3)
- k : 버킷계수
- f : 굴삭토의 용적변화계수
- E : 작업효율
- Cm : 1회 사이클 시간

1. $Q(m^3/hr) = \dfrac{3,600 \times q \times k \times f \times E}{Cm(sec)}$

   $= \dfrac{3,600 \times 0.8 \times 0.7 \times 1.1 \times 0.8}{40}$

   $= 44.35(m^3/hr)$

2. 2시간 동안의 작업량 = 44.35 × 2 = 88.70(m^3)

📝 필기에 자주 출제되는 내용입니다.

68 흙막이 지지공법 중 수평버팀대 공법의 장단점에 대한 내용으로 틀린 것은?

① 토질에 대한 영향을 적게 받는다.
② 가설구조물이 적어 중장비작업이나 토량제거작업의 능률이 좋다.
③ 인근 대지로 공사범위가 넘어가지 않는다.
④ 강재를 전용함에 따라 재료비가 비교적 적게 든다.

② 버팀대(Strut)공법은 수평버팀대, 띠장 등의 가설구조물을 설치하므로 굴착, 토량제거 작업에 장애가 된다.

📝 필기에 자주 출제되는 내용입니다.

69 터널 폼에 대한 설명으로 틀린 것은?

① 거푸집의 전용횟수는 약 10회 정도이다.
② 노무 절감, 공기단축이 가능하다.
③ 벽체 및 슬래브거푸집을 일체로 제작한 거푸집이다.
④ 이 폼의 종류에는 트윈 쉘(twin shell)과 모노 쉘(mono shell)이 있다.

① 거푸집의 전용횟수는 약 30~40회 정도이다.

참고

터널폼(Tunnel Form) : 한 구획 전체의 벽판과 바닥판을 ㄱ자형 또는 ㄷ자형으로 짜서 이동시키는 형태의 기성재 거푸집이다.

📝 필기에 자주 출제되는 내용입니다.

70 콘크리트블록 쌓기에 대한 설명으로 틀린 것은?

① 보강근은 모르타르 또는 그라우트를 사춤하기 전에 배근하고 고정한다.
② 블록은 살두께가 작은 편을 위로 하여 쌓는다.
③ 인방블록은 창문틀의 좌우 옆 턱에 200mm 이상 물린다.
④ 모서리 등 기준이 되는 부분을 정확하게 쌓은 다음 수평실을 친다.

② 블록은 살 두께가 큰 편을 위로 하여 쌓는다.

📝 필기에 자주 출제되는 내용입니다.

정답 68 ② 69 ① 70 ②

71 토공사용 기계로서 흙을 깎으면서 동시에 기체 내에 담아 운반하고 깔기작업을 겸할 수 있으며, 작업거리는 100~1,500m 정도의 중장거리용으로 쓰이는 것은?

① 파워 셔블
② 트렌처
③ 캐리올 스크레이퍼
④ 그레이더

* **캐리올 스크레이퍼 (Carryall scraper)**
① 동력을 갖지 않고 트랙터에 견인되어 작업하며 싣기, 운반, 고르기 등을 할 수 있다.
② 흙을 깎으면서 동시에 기체 내에 담아 운반하고 깔기 작업을 겸할 수 있으며, 작업거리는 100~1,500m 정도이다.

72 콘크리트 구조물의 보수·보강 공법 중 구조 보강 공법에 해당되지 않는 것은?

① 표면처리 공법
② 주입공법
③ 강재보강 공법
④ 단면증대 공법

구조 보강공법	외관 보수공법
① 주입 공법	① 표면처리 공법
② 강재보강 공법	② 충전법
③ 단면증대 공법	
④ 복합재료 보강 공법	

73 원가구성 항목 중 직접공사비에 속하지 않는 것은?

① 외주비
② 노무비
③ 경비
④ 일반관리비

④ 일반관리비는 간접공사비에 해당한다.

참고

* **직접공사비 항목**
① 외주비
② 노무비
③ 경비
④ 재료비

📝 필기에 자주 출제되는 내용입니다.

74 흙의 휴식각에 대한 설명으로 틀린 것은?

① 터파기의 경사는 휴식각의 2배 정도로 한다.
② 습윤 상태에서 휴식각은 모래 30~45°, 흙 25~45° 정도이다.
③ 흙의 흘러내림이 자연 정지될 때 흙의 경사면과 수평면이 이루는 각도를 말한다.
④ 흙의 휴식각은 흙의 마찰력, 응집력 등에 관계되나 함수량과는 관계없이 동일하다.

④ 흙의 휴식각(안식각)은 흙의 종류, 마찰력, 응집력, 함수량에 따라 변화 한다.

정답 71 ③ 72 ① 73 ④ 74 ④

75 한중 콘크리트의 제조에 대한 설명으로 틀린 것은?

① 콘크리트의 비빔온도는 기상조건 및 시공조건 등을 고려하여 정한다.
② 재료를 가열하는 경우, 물 또는 골재를 가열하는 것을 원칙으로 하며, 골재는 직접 불꽃에 대어 가열한다.
③ 타설 시의 콘크리트 온도는 5℃ 이상, 20℃ 미만으로 한다.
④ 빙설이 혼입된 골재, 동결상태의 골재는 원칙적으로 비빔에 사용하지 않는다.

> ② 재료를 가열할 경우 물 또는 골재를 가열하는 것으로 하며, 골재는 직접 불꽃에 대어 가열해서는 안 되고, 시멘트는 어떠한 경우라도 직접 가열하면 안 된다.

 필기에 자주 출제되는 내용입니다.

76 철골 공사 중 현장에서 보수도장이 필요한 부위에 해당되지 않는 것은?

① 현장 용접 부위
② 현장접합 재료의 손상부위
③ 조립상 표면접합이 되는 면
④ 운반 또는 양중 시 생긴 손상부위

> *철골 공사 중 현장에서 보수도장이 필요한 부위
> ① 현장 용접을 한 부위
> ② 현장접합 재료의 손상부위
> ③ 운반 또는 양중 시 생긴 손상부위

필기에 자주 출제되는 내용입니다.

77 강관말뚝지정의 장점에 해당되지 않는 것은?

① 강한 타격에도 견디며 다져진 중간지층의 관통도 가능하다.
② 지지력이 크고 이음이 안전하고 강하며 확실하므로 장척 말뚝에 적당하다.
③ 상부구조와의 결합이 용이하다.
④ 방부력이 뛰어나 내구성이 우수하다.

> ④ 수분이나 대기에 노출되면 부식이 잘 된다.

필기에 자주 출제되는 내용입니다.

78 철근콘크리트 공사의 일정계획에 영향을 주는 주요 요인이 아닌 것은?

① 요구 품질 및 정밀도 수준
② 거푸집의 존치기간 및 전용횟수
③ 시공상세도 작성 기간
④ 강우, 강설, 바람 등의 기후 조건

> *철근콘크리트 공사의 일정계획에 영향을 주는 주요요인
> ① 건축물의 규모
> ② 거푸집의 존치기간 및 전용 횟수
> ③ 동절기의 외기 온도
> ④ 강우·강설·바람 등의 기후조건
> ⑤ 요구 품질 및 정밀도 수준

정답 75 ② 76 ③ 77 ④ 78 ③

79 철근 용접이음 방식 중 Cad Welding 이음의 장점이 아닌 것은?

① 실시간 육안검사 가능
② 기후의 영향이 적고 화재위험 감소
③ 각종 이형철근에 대한 적용범위가 넓음
④ 예열 및 냉각이 필요 없고 용접시간이 짧음

> **★ Cad Welding 이음의 특징**
> ① 육안검사가 불가능하다.
> ② 기후의 영향이 적고 화재위험이 감소된다.
> ③ 각종 이형철근에 대한 적용범위가 넓다.
> ④ 예열 및 냉각이 불필요하고 용접시간이 짧다.

[참고]
Cad Welding 이음 : 철근에 sleeve를 끼우고 sleeve 구멍을 통하여 화학과 합금의 혼합물을 넣어 순간폭발시켜 녹은 합금이 공간을 충전하며 이음하는 방법을 말한다.

80 콘크리트의 진동다짐 진동기의 사용에 대한 설명으로 틀린 것은?

① 진동기는 될 수 있는 대로 수직방향으로 사용한다.
② 묽은 반죽에서 진동다짐은 별 효과가 없다.
③ 진동의 효과는 봉의 직경, 진동수, 진폭 등에 따라 다르며, 진동수가 큰 것일수록 다짐효과가 크다.
④ 진동기는 신속하게 꽂아놓고 신속하게 뽑는다.

> ④ 내부진동기는 콘크리트로부터 천천히 빼내어 구멍이 남지 않도록 한다.

📝 필기에 자주 출제되는 내용입니다.

5과목 건설재료학

81 ALC(Autoclaved Lightweight concrete) 제조시 기포제로 사용되는 것은?

① 알루미늄 분말   ② 플라이애시
③ 규산백토   ④ 실리카 시멘트

> 경량기포콘크리트(ALC) : 골재를 사용하지 않고 콘크리트 속에 미세하고 안정된 독립공기를 조성하는 기포제(알루미늄 분말)를 혼입하여 경량화한 콘크리트를 말한다.

📝 필기에 자주 출제되는 내용입니다.

82 석재에 관한 설명 중 틀린 것은?

① 석회암은 석질이 치밀하나 내화성이 부족하다.
② 현무암은 석질이 치밀하여 토대석, 석축에 쓰인다.
③ 테라조는 대리석을 종석으로 한 인조석의 일종이다.
④ 화강암은 석회, 시멘트의 원료로 사용된다.

> ④ 화강암은 구조재, 내외장재 및 콘크리트용 골재로 사용된다.

📝 필기에 자주 출제되는 내용입니다.

정답 79 ① 80 ④ 81 ① 82 ④

83 열가소성 수지 중 내마모성이 있어 우레탄 고무, 도료 접착제로 사용되는 수지는?

① 실리콘수지 ② 에폭시수지
③ 멜라민수지 ④ 폴리우레탄수지

★ 폴리우레탄수지
① 내마모성이 있어 우레탄고무, 도료 접착제로 사용된다.
② 도막 방수재 및 실링재로 이용되며, 기포성 보온재로도 사용된다.

📝 필기에 자주 출제되는 내용입니다.

84 건축 구조재료의 요구 성능에는 역학적 성능, 화학적 성능, 내화성능 등이 있는데 그 중 역학적 성능에 해당되지 않는 것은?

① 내열성 ② 강도
③ 강성 ④ 내피로성

★ 건축 구조재료의 요구 성능

역학적 성능	강도, 인성, 탄성계수, 크리프, 피로강도
화학적 성능	방청, 부식, 중성화
내구성능	산화, 열화, 풍해, 충해, 변질, 부패 등
방화·내화성능	불연성, 내열성
물리적 성능	비중, 경도, 비수축성
생산 성능	자원, 가공성, 시공성, 생산성, 공해, 운반, 재활용

참고

★ 건축 마감재료의 요구 성능

화학적 성능	방청, 부식, 중성화
내구성능	산화, 열화, 풍해, 충해, 변질, 부패 등
방화·내화성능	비발연성, 비유독가스
물리적 성능	열, 음, 광 투과, 반사
감각적 성능	색채, 명도, 오염, 촉감
생산 성능	자원, 가공성, 시공성, 생산성, 공해, 운반, 재활용

85 1,000℃ 이상의 고온에서도 견디는 섬유로 본래 공업용 가열로의 내화 단열재로 사용되었으나 최근에는 철골의 내화 피복재로 쓰이는 단열재는?

① 펄라이트판
② 세라믹 파이버
③ 규산칼슘판
④ 경량기포콘크리트

★ 세라믹파이버
세라믹을 원료로 만든 섬유로서 1,000℃ 이상의 고온에도 잘 견뎌서 공업용 가열로의 내화 단열재로 주로 쓰이고, 최근에는 건축용, 철골의 내화 피복재로 사용된다.

정답 83 ④ 84 ① 85 ②

86 각종 벽돌에 대한 설명 중 틀린 것은?

① 내화벽돌은 내화점토를 원료로 하여 소성한 벽돌로서 내화도는 1,500~2,000℃의 범위이다.
② 다공벽돌은 점토에 톱밥, 겨, 탄가루 등을 혼합, 소성한 것으로 방음, 흡음성이 좋다.
③ 이형벽돌은 형상, 치수가 규격에서 정한 바와 다른 벽돌로서 특수한 구조체에 사용될 목적으로 제조된다.
④ 포도벽돌은 벽돌에 오지물을 칠해 소성한 벽돌로서, 건물의 내외장 또는 장식물의 치장에 쓰인다.

> **＊포도벽돌**
> ① 도로나 마룻바닥에 까는 두꺼운 벽돌로서 원료를 연와토 등을 쓰고 식염유로 시유 소성한 벽돌이다.
> ② 경질이며, 흡습성이 적고 두꺼워서 도로·복도·창고·공장 등의 바닥에 사용된다.

📝 필기에 자주 출제되는 내용입니다.

87 석재에 관한 설명으로 옳지 않은 것은?

① 대리석은 석회암이 변화되어 결정화된 것으로 치밀, 견고하고 외관이 아름답다.
② 화강암은 건축 내·외장재로 많이 쓰이며 견고하고 대형재가 생산되므로 구조재로 사용된다.
③ 응회석은 다공질이고 내화도가 높으므로 특수 장식재나 경량골재, 내화재 등에 사용된다.
④ 안산암은 크롬, 철광으로 된 흑록색의 치밀한 석질의 화성암으로 건축 장식재로 이용된다.

④ 감람석은 크롬, 철광으로 된 흑록색의 치밀한 석질의 화성암으로 건축 장식재로 이용된다.

88 점토 제품의 성형에 있어 가장 중요한 성질은?

① 흡수성   ② 점성
③ 가소성   ④ 강성

> 점토에 적당량의 물을 첨가하여 반죽하면 끈끈한 점력(粘力)이 생겨나는데 이를 가소성이라 하며 점토 제품의 성형에 가장 중요한 성질이다.

89 소석회에 모래, 해초풀, 여물 등을 혼합하여 바르는 미장재료로서 목조바탕, 콘크리트 블록 및 벽돌 바탕 등에 사용되는 것은?

① 회반죽
② 돌로마이트 플라스터
③ 석고 플라스터
④ 시멘트 모르타르

> **＊회반죽**
> • 소석회에 모래, 해초풀, 여물 등을 혼합하여 바르는 미장재료이다.
> • 목조바탕, 콘크리트 블록 및 벽돌 바탕 등에 사용된다.

📝 필기에 자주 출제되는 내용입니다.

정답 86 ④ 87 ④ 88 ③ 89 ①

90 알루미나시멘트에 관한 설명 중 틀린 것은?

① 강도 발현속도가 매우 빠르다.
② 수화작용 시 발열량이 매우 크다.
③ 매스콘크리트, 수밀콘크리트에 사용된다.
④ 보크사이트와 석회석을 원료로 한다.

> ★ 알루미나 시멘트
> ① 보크사이트와 석회석을 원료로 한다.
> ② 성분 중에는 산화알루미늄(Al_2O_3)이 많으므로 **초기 강도가 높고 염분이나 화학적 저항이 크다.**
> ③ 초기 수화발열이 커서 대형 단면 부재에는 부적당하나 긴급 공사나 동절기 공사에 **적합**하다.

 필기에 자주 출제되는 내용입니다.

91 멜라민수지 접착제에 관한 설명 중 틀린 것은?

① 내수성이 크다.
② 순백색 또는 투명백색이다.
③ 멜라민과 포름알데히드로 제조된다.
④ 고무나 유리접착에 적당하다.

> ④ 내수성이 우수하여 내수합판용으로 사용된다.

필기에 자주 출제되는 내용입니다.

92 목재의 방부제에 대한 설명 중 틀린 것은?

① PCP는 방부력이 매우 우수하나, 자극적인 냄새가 난다.
② 크레오소트유는 방부성이 우수하나, 악취가 나고 외관이 좋지 않다.
③ 아스팔트는 가열용해하여 목재에 도포하면 미관이 뛰어나 자주 활용된다.
④ 유성페인트는 방부, 방습효과가 있고, 착색이 자유롭다.

> ③ 아스팔트 : 목재를 흑색으로 변색시켜 미관이 좋지 못하며 도포 후 페인트칠이 불가능하다.

필기에 자주 출제되는 내용입니다.

93 콘크리트 배합 시 시멘트 $1m^3$, 물 2,000L인 경우 물-시멘트비는? (단, 시멘트의 밀도는 $3.15g/cm^3$ 이다.)

① 약 15.7%   ② 약 20.5%
③ 약 50.4%   ④ 약 63.5%

$$물시멘트비(\%) = \frac{물의\ 중량 \times 물의\ 부피}{시멘트\ 중량 \times 시멘트\ 부피} \times 100$$

$$= \frac{12,000 \times 10^{-6} \times 1}{3.15 \times 1} \times 100 = 63.49(\%)$$

($L = 10^{-6}m^3$)

> **참고**
> **물시멘트비** : 부어넣기 직후의 모르타르 또는 콘크리트에 포함된 시멘트풀 속의 시멘트에 대한 물의 중량 백분율을 말한다.

필기에 자주 출제되는 내용입니다.

정답 90 ③ 91 ④ 92 ③ 93 ④

94 블론 아스팔트를 용제에 녹인 것으로 액상을 하고 있으며 아스팔트 방수의 바탕처리재로 이용되는 것은?

① 아스팔트 프라이머
② 아스팔트 펠트
③ 아스팔트 유제
④ 피치

> **★아스팔트 프라이머**
> • 콘크리트와 아스팔트의 밀착성을 좋게 하기 위해 사용한다.
> • 블로운 아스팔트를 용제에 녹인 것으로 아스팔트 방수, 아스팔트 타일의 바탕처리재로 사용된다.

📝 필기에 자주 출제되는 내용입니다.

95 목재의 일반적 성질에 관한 설명으로 틀린 것은?

① 섬유포화점 이상의 함수상태에서는 함수율의 증감에도 신축을 일으키지 않는다.
② 섬유포화점 이상의 함수상태에서는 함수율이 증가할수록 강도는 감소한다.
③ 기건상태란 통상 대기의 온도·습도와 평형한 목재의 수분 함유 상태를 말한다.
④ 섬유방향에 따라서 전기전도율은 다르다.

> ② 섬유포화점 이상에서 압축강도는 일정하며, 섬유포화점 이하에서는 함수율이 감소할수록 압축강도는 증가한다.(함수율이 커질수록 압축강도 낮아진다.)

📝 필기에 자주 출제되는 내용입니다.

96 수직면으로 도장하였을 경우 도장 직후에 도막이 흘러내리는 현상의 발생 원인과 가장 거리가 먼 것은?

① 얇게 도장하였을 때
② 지나친 희석으로 점도가 낮을 때
③ 저온으로 건조시간이 길 때
④ airless 도장 시 팁이 크거나 2차 압이 낮아 분무가 잘 안되었을 때

> ① 두껍게 도장하였을 경우 흘러내릴 수 있다.

97 다음 금속 중 방사선 차폐성이 높아 병원의 방사선실 주변에 채용되는 재료는?

① 강판   ② 납
③ 주석   ④ 니켈

> **★납**
> ① 비중 크고, 연성과 전성이 커서 가공하기 쉽다.
> ② X선 차단효과가 큰 금속이다.(방사선실 방사선 차폐용으로 사용)

📝 필기에 자주 출제되는 내용입니다.

정답 94 ① 95 ② 96 ① 97 ②

98 비철금속에 관한 설명 중 옳은 것은?

① 동은 맑은 물에는 침식되지 않으나 해수에는 침식된다.
② 황동은 청동과 비교하여 주조성과 내식성이 더욱 우수하다.
③ 알루미늄은 동에 비해 융점이 높기 때문에 용해주조도가 좋지 않다.
④ 순도가 높은 알루미늄일수록 내식성과 전·연성이 작아진다.

② 청동은 황동보다 내식성이 좋고 내마모성과 주조성이 우수하다.
③ 알루미늄은 융점이 낮기 때문에 용해주조는 좋으나 내화성이 부족하다.
④ 순도가 높은 알루미늄일수록 내식성이 좋고 전·연성이 커진다.

99 콘크리트에 발생하는 크리프에 대한 설명으로 틀린 것은?

① 시멘트 페이스트가 묽을수록 크리프는 크다.
② 작용응력이 클수록 크리프는 크다.
③ 재하재령이 느릴수록 크리프는 크다.
④ 물시멘트비가 클수록 크리프는 크다.

③ 재하재령이 빠를수록 크리프는 크다.

참고

1. Creep : 일정한 하중을 받고 있던 콘크리트가 하중의 증가 없이 시간이 경과함에 따라 콘크리트의 변형이 증가하는 현상을 말한다.
2. 재령 : 재료가 만들어지고 부터의 경과 일수를 말한다.

 필기에 자주 출제되는 내용입니다.

100 보통 F.R.P판이라고 하며, 내외장재, 가구재 등으로 사용되며 구조재로도 사용 가능한 것은?

① 아크릴판
② 강화 폴리에스테르판
③ 페놀수지판
④ 경질염화비닐판

* 유리 섬유 강화 폴리에스테르판 (FRP 판)
① FRP는 열경화성 플라스틱의 대표 제품으로 불포화 폴리에스테르수지에 0.1mm 이하로 가공한 유리섬유를 보강하여 만든다.
② 내외장재, 가구재 등으로 사용되며 구조재로도 사용된다.

필기에 자주 출제되는 내용입니다.

6과목 건설안전기술

101 토사붕괴에 따른 재해를 방지하기 위한 흙막이 지보공 설비가 아닌 것은?

① 흙막이판   ② 말뚝
③ 턴버클   ④ 띠장

* 흙막이 지보공 설비
  • 흙막이 벽(흙막이 판)
  • 띠장(Wale)
  • 버팀보(Strut or Raker)
  • 말뚝

102 달비계의 최대 적재하중을 정함에 있어서 활용하는 안전계수의 기준으로 옳은 것은? (단, 곤돌라의 달비계를 제외한다.)

① 달기 와이어로프 : 5 이상
② 달기 강선 : 5 이상
③ 달기 체인 : 3 이상
④ 달기 훅 : 5 이상

관련 법규에서 삭제된 내용입니다.

103 달비계에 사용하는 와이어로프의 사용금지 기준으로 틀린 것은?

① 이음매가 있는 것
② 열과 전기 충격에 의해 손상된 것
③ 지름의 감소가 공칭지름의 7%를 초과하는 것
④ 와이어로프의 한 꼬임에서 끊어진 소선의 수가 7% 이상인 것

* 와이어로프의 사용금지 기준
  • 이음매가 있는 것
  • 와이어로프의 한 꼬임에서 끊어진 소선의 수가 10% 이상(비자전로프의 경우에는 끊어진 소선의 수가 와이어로프 호칭지름의 6배 길이 이내에서 4개 이상이거나 호칭지름 30배 길이 이내에서 8개 이상)인 것
  • 지름의 감소가 공칭지름의 7%를 초과하는 것
  • 꼬인 것
  • 심하게 변형되거나 부식된 것
  • 열과 전기충격에 의해 손상된 것

104 다음 중 양중기에 해당되지 않는 것은?

① 어스드릴   ② 크레인
③ 리프트   ④ 곤돌라

* 양중기의 종류(산업안전보건법 기준)
  • 크레인[호이스트(hoist)를 포함한다]
  • 이동식 크레인
  • 리프트(이삿짐 운반용 리프트의 경우에는 적재하중이 0.1톤 이상인 것으로 한정)
  • 곤돌라
  • 승강기

실기까지 중요한 내용입니다. 암기하세요.

정답 101 ③ 102 정답없음 103 ④ 104 ①

105 안전난간대에 폭목(toe board)을 대는 이유는?

① 작업자의 손을 보호하기 위하여
② 작업자의 작업능률을 높이기 위하여
③ 안전난간대의 강도를 높이기 위하여
④ 공구 등 물체가 작업발판에서 지상으로 낙하되지 않도록 하기 위하여

발끝막이판(폭목)은 공구 등이 작업발판으로부터 낙하하는 것을 막기 위해 설치한다.

106 흙막이 공법 선정시 고려사항으로 틀린 것은?

① 흙막이 해체를 고려
② 안전하고 경제적인 공법 선택
③ 차수성이 낮은 공법 선택
④ 지반성상에 적합한 공법 선택

③ 차수성이 높은 공법을 선택하여야 한다.

107 강풍 시 타워크레인의 운전작업을 중지해야 하는 순간 풍속기준은?

① 순간풍속이 초당 10m 초과
② 순간풍속이 초당 15m 초과
③ 순간풍속이 초당 20m 초과
④ 순간풍속이 초당 30m 초과

★ 악천후 시 조치
- 순간풍속이 초당 10m를 초과 : 타워크레인의 설치·수리·점검 또는 해체작업을 중지
- 순간풍속이 초당 15m를 초과 : 타워크레인의 운전작업을 중지
- 순간풍속이 초당 30m를 초과 : 옥외에 설치되어 있는 주행 크레인 이탈방지조치
- 순간풍속이 초당 30m를 초과하는 바람이 불거나 중진(中震) 이상 진도의 지진이 있은 후 : 옥외 양중기 각 부위 이상 점검
- 순간풍속이 초당 35m를 초과 : 옥외 승강기 및 건설용 리프트(지하에 설치되어 있는 것은 제외)에 대하여 받침의 수를 증가시키는 등 승강기가 무너지는 것을 방지하기 위한 조치

실기까지 중요한 내용입니다. 암기하세요.

108 다음 중 방망에 표시해야 할 사항이 아닌 것은?

① 제조자명   ② 제조년월
③ 재봉 치수   ④ 방망의 신축성

★ 방망의 표시사항
- 제조자명
- 제조년월
- 재봉 치수
- 그물코
- 신품인 때의 방망의 강도

정답 105 ④ 106 ③ 107 ② 108 ④

109 장비가 위치한 지면보다 낮은 장소를 굴착하는데 적합한 장비는?

① 백호우 ② 파워 셔블
③ 트럭크레인 ④ 진폴

> ★ 백호우, 드래그라인, 클램셸
> 지면보다 낮은 장소를 굴착한다.

참고

- 파워 셔블(power shovel, dipper shovel. 동력삽)
  - 기계가 서 있는 지반면보다 높은 곳의 땅파기에 적합하다.
  - 앞으로 흙을 긁어서 굴착하는 방식이다.
  - 붐(boom)이 단단하여 굳은 지반의 굴착에도 사용된다.
- 드래그 셔블(drag shovel, 백호)
  - 기계가 서 있는 지면보다 낮은 장소의 굴착 및 수중 굴착이 가능하다
  - 지하층이나 기초의 굴착에 사용된다.
  - 굳은 지반의 토질도 정확한 굴착이 된다.

110 히빙(Heaving) 현상 방지대책으로 틀린 것은?

① 소단굴착을 실시하여 소단부 흙의 중량이 바닥을 누르게 한다.
② 흙막이 벽체 배면의 지반을 개량하여 흙의 전단강도를 높인다.
③ 부풀어 솟아오르는 바닥면의 토사를 제거한다.
④ 흙막이 벽체의 근입깊이를 깊게 한다.

> ★ 히빙 현상 방지책
> - 양질의 재료로 지반을 개량한다.(흙의 전단강도 높인다.)
> - 어스앵커 설치
> - 시트파일 등의 근입심도 검토한다.(흙막이 벽체의 근입깊이를 깊게 한다.)
> - 굴착주변에 웰포인트 공법을 병행한다.
> - 소단을 두면서 굴착한다.
> - 굴착주변의 상재하중을 제거한다.
> - 굴착저면에 토사 등의 인공중력을 가중시킨다.
> - 토류벽의 배면토압을 경감시키고, 약액주입공법 및 탈수공법을 적용한다.

참고

★ 히빙(Heaving) 현상
- 연질점토 지반에서 굴착에 의한 흙막이 내・외면의 흙의 중량차이(토압)로 인해 굴착저면이 부풀어 올라오는 현상을 말한다.
- 흙막이 바깥 흙이 안으로 밀려든다.

111 연약 점토지반 개량에 있어 적합하지 않은 공법은?

① 샌드드레인(Sand drain) 공법
② 생석회 말뚝(Chemico pile) 공법
③ 페이퍼드레인(Paper drain) 공법
④ 바이브로 플로테이션(Vibro flotation) 공법

> ④ 바이브로플로테이션은 모래의 탈수공법이다.

정답 109 ① 110 ③ 111 ④

> **참고**
> - 점토의 개량공법
>   - 치환공법
>   - 탈수공법(샌드드레인공법, 페이퍼드레인공법, 진공배수공법)
>   - 재하공법
>   - 압성토공법
>   - 생석회말뚝공법
> - 모래의 개량공법
>   - 다짐말뚝공법
>   - 다짐모래말뚝공법
>   - 바이브로 플로테이션
>   - 전기충격공법
>   - 약액주입공법
>   - 웰포인트공법

112 가설통로를 설치하는 경우 경사는 최대 몇 도 이하로 하여야 하는가?

① 20
② 25
③ 30
④ 35

경사는 30° 이하로 할 것

> **참고**
> **★ 설치기준**
> - 견고한 구조로 할 것
> - 경사는 30도 이하로 할 것(계단을 설치하거나 높이 2m 미만의 가설통로로서 튼튼한 손잡이를 설치한 때에는 그러하지 아니한다)
> - 경사가 15도를 초과하는 때는 미끄러지지 아니하는 구조로 할 것
> - 추락의 위험이 있는 장소에는 안전난간을 설치할 것 (작업상 부득이한 때에는 필요한 부분에 한하여 임시로 이를 해체할 수 있다.)
> - 수직갱 : 길이가 15m 이상인 때에는 10m 이내마다 계단참을 설치할 것
> - 건설공사에 사용하는 높이 8m 이상인 비계다리 : 7m 이내 마다 계단 참을 설치할 것

실기까지 중요한 내용입니다.

113 철골건립준비를 할 때 준수하여야 할 사항과 가장 거리가 먼 것은?

① 지상 작업장에서 건립준비 및 기계기구를 배치할 경우에는 낙하물의 위험이 없는 평탄한 장소를 선정하여 정비하고 경사지에는 작업대나 임시발판 등을 설치하는 등 안전조치를 한 후 작업하여야 한다.
② 건립작업에 다소 지장이 있다 하더라도 수목은 제거하여서는 안된다.
③ 사용 전에 기계기구에 대한 정비 및 보수를 철저히 실시하여야 한다.
④ 기계에 부착된 앵커 등 고정장치와 기초구조 등을 확인하여야 한다.

② 건립작업에 지장이 있을 경우 수목은 제거하여야 한다.

정답 112 ③ 113 ②

114 건축물의 해체공사에 대한 설명으로 틀린 것은?

① 압쇄기와 대형 브레이커(Breaker)는 파워 셔블 등에 설치하여 사용한다.
② 철제 햄머(Hammer)는 크레인 등에 설치하여 사용한다.
③ 핸드 브레이커(Hand breaker) 사용 시 수직보다는 경사를 주어 파쇄하는 것이 좋다.
④ 절단톱의 회전날에는 접촉방지 커버를 설치하여야 한다.

> ③ 핸드 브레이커는 반드시 수직으로 사용하여야 한다.

참고

※ 핸드 브레이커 사용 시 준수사항
- 끌의 부러짐을 방지하기 위하여 작업자세는 하향 수직방향으로 유지하도록 하여야 한다.
- 기계는 항상 점검하고, 호스의 꼬임·교차 및 손상 여부를 점검하여야 한다.
- 작은 부재의 파쇄에 유리하고 소음, 진동 및 분진이 발생되므로 작업원은 보호구를 착용하여야 하고 작업원의 작업시간을 제한하여야 한다.

115 건설업 산업안전보건 관리비 중 계상비용에 해당되지 않는 것은?

① 외부비계, 작업발판 등의 가설구조물 설치 소요비
② 근로자 건강관리비
③ 건설재해예방 기술지도비
④ 개인보호구 및 안전장구 구입비

> ① 외부비계, 작업발판 등은 안전시설비로 사용할 수 없다.

참고

1. 산업안전보건관리비의 사용내역
① 안전관리자·보건관리자 임금 등
② 안전시설비 등
③ 보호구 등
④ 안전보건진단비 등
⑤ 안전보건교육비 등
⑥ 근로자 건강장해예방비 등
⑦ 건설재해예방전문지도기관 기술지도비
⑧ 본사 전담조직 근로자 임금 등
⑨ 위험성평가 등에 따른 소요비용

2. 안전시설비의 사용항목
① 산업재해 예방을 위한 **안전난간, 추락방호망, 안전대 부착설비, 방호장치**(기계·기구와 방호장치가 일체로 제작된 경우, 방호장치 부분의 가액에 한함) 등 안전시설의 구입·임대 및 설치 등을 위해 소요되는 비용
② **스마트 안전장비 구입·임대 비용.** 다만, 계상된 **산업안전보건관리비 총액의 10분의 2**를 초과할 수 없다.
③ 용접 작업 등 화재 위험작업 시 사용하는 소화기의 구입·임대비용

실기에 자주 출제되는 중요한 내용입니다.

정답 114 ③ 115 ①

116 해체공사에 있어서 발생되는 진동공해에 대한 설명으로 틀린 것은?

① 진동수의 범위는 1~90Hz이다.
② 일반적으로 연직진동이 수평진동보다 작다.
③ 진동의 전파거리는 예외적인 것을 제외하면 진동원에서부터 100m 이내이다.
④ 지표에 있어 진동의 크기는 일반적으로 지진의 진도계급이라고 하는 미진에서 강진의 범위에 있다.

② 연직진동이 수평진동보다 큰 것이 많고 인체도 연직진동을 보다 강하게 느낀다.

117 추락방지용 방망 중 그물코의 크기가 5cm인 매듭방망 신품의 인장강도는 최소 몇 kg 이상이어야 하는가?

① 60
② 110
③ 150
④ 200

*방망사의 신품에 대한 인장강도

그물코의 크기 (단위 : cm)	방망의 종류(단위 : kg)	
	매듭 없는 방망	매듭방망
10	240	200
5		110

참고

*방망사의 폐기 시 인장강도

그물코의 크기 (단위 : cm)	방망의 종류(단위 : kg)	
	매듭 없는 방망	매듭방망
10	150	135
5		60

 필기에 자주 출제되는 내용입니다.

118 흙막이공의 파괴 원인 중 하나인 보일링(boiling) 현상에 관한 설명으로 틀린 것은?

① 지하수위가 높은 지반을 굴착할 때 주로 발생한다.
② 연약 사질토 지반에서 주로 발생한다.
③ 시트파일(sheet pile) 등의 저면에 분사 현상이 발생한다.
④ 연약 점토지반에서 굴착면의 융기로 발생한다.

④ 연약한 점토지반에서 굴착면의 융기로 발생하는 현상은 히빙 현상이다.

참고

*보일링(Boiling) 현상
• 사질토 지반에서 굴착저면과 흙막이 배면과의 수위차이로 인해 굴착저면의 흙과 물이 함께 위로 솟구쳐 오르는 현상(모래의 액상화 현상)을 말한다.
• 모래가 액상화되어 솟아오른다.

119 비계에서 벽 고정을 하고 기둥과 기둥을 수평재나 가새로 연결하는 가장 큰 이유는?

① 작업자의 추락재해를 방지하기 위해
② 좌굴을 방지하기 위해
③ 인장파괴를 방지하기 위해
④ 해체를 용이하게 하기 위해

비계에서 벽이음을 하는 이유는 비계의 좌굴을 방지하기 위해서이다.

정답 116 ② 117 ② 118 ④ 119 ②

120 차량계 건설기계 작업 시 기계의 넘어짐 등에 의한 근로자의 위험을 방지하기 위한 유의사항과 거리가 먼 것은?

① 변속기능의 유지
② 갓길의 붕괴 방지
③ 도로의 폭 유지
④ 지반의 부동침하 방지

> *차량계 건설기계의 넘어짐(전도) 방지 조치
> • 유도자 배치
> • 지반의 부동침하 방지
> • 갓길의 붕괴 방지
> • 도로의 폭 유지

참고

*차량계 하역운반기계 넘어짐(전도) 방지 조치
• 유도자 배치
• 지반의 부동침하 방지
• 갓길의 붕괴 방지

 실기까지 중요한 내용입니다.

정답 120 ①

2015년 2회 최근 기출문제

1과목 산업안전관리론

01 사고예방대책의 기본 원리 중 시정책의 선정에 관한 사항으로 적절하지 않은 것은?

① 기술적 개선
② 사고조사 및 점검
③ 안전관리 행정 업무의 개선
④ 기술 교육을 위한 훈련의 개선

* 하인리히 사고방지 5단계

1단계 안전조직	• 안전목표 설정 • 안전관리자의 선임 • 안전조직 구성 • 안전활동 방침 및 계획수립 • 조직을 통한 안전 활동 전개
2단계 사실의 발견	• 작업분석 • 점검 • 사고조사 • 안전진단
3단계 분석	• 사고원인 및 경향성 분석 • 작업공정 분석 • 사고기록 및 관계자료 분석 • 인적·물적 환경 조건 분석
4단계 시정방법 선정	• 기술적 개선 • 안전운동 전개 • 교육훈련 분석 • 안전행정의 개선 • 배치 조정 • 규칙 및 수칙 등 제도의 개선
5단계 시정책 적용 (3E 적용)	• 안전교육(Education) • 안전기술(Engineering) • 안전독려(Enforcement)

02 산업안전보건법령상 안전·보건표지 중 금지표지의 종류에 해당하지 않는 것은?

① 접근금지   ② 차량통행금지
③ 사용금지   ④ 탑승금지

금지표지	• 출입금지 • 보행금지 • 차량통행금지 • 사용금지 • 탑승금지 • 금연 • 화기금지 • 물체 이동금지

03 다음 중 일반적으로 산업재해의 통계적 원인·분석 시 활용되는 기법과 가장 거리가 먼 것은?

① 관리도(Control Chart)
② 파레토도(Pareto Diagram)
③ 특성요인도(Characteristic Diagram)
④ FMEA(Failure Mode & Effect Analysis)

* 재해통계방법
- **파레토도** : 사고 유형, 기인물 등 데이터를 분류하여 그 항목값이 큰 순서대로 정리하여 막대그래프로 나타낸다.
- **특성요인도** : 재해와 그 요인의 관계를 어골상으로 세분화하여 나타낸다.
- **크로스 분석** : 2가지 또는 2개 항목 이상의 요인이 상호관계를 유지할 때 문제를 분석하는 데 사용된다.
- **관리도** : 시간경과에 따른 재해발생 건수 등 대략적인 추이 파악에 사용된다.

정답 01 ② 02 ① 03 ④

04 다음 중 위험예지훈련의 기법으로 활용하는 브레인스토밍(Brain Storming)에 관한 설명으로 틀린 것은?

① 발언은 누구나 자유분방하게 하도록 한다.
② 타인의 아이디어는 수정하여 발언할 수 없다.
③ 가능한 한 무엇이든 많이 발언하도록 한다.
④ 발표된 의견에 대하여는 서로 비판을 하지 않도록 한다.

> *** 브레인스토밍의 4원칙**
> • 비판금지 : 좋다, 나쁘다 비판은 하지 않는다.
> • 자유분방 : 마음대로 자유로이 발언한다.
> • 대량발언 : 무엇이든 좋으니 많이 발언한다.
> • 수정발언 : 타인의 생각에 동참하거나 보충 발언해도 좋다.

05 다음과 같은 재해가 발생하였을 경우 재해의 원인분석으로 옳은 것은?

> 건설현장에서 근로자가 비계에서 마감 작업을 하던 중 바닥으로 떨어져 사망하였다.

① 기인물 : 비계, 가해물 : 마감작업, 사고유형 : 맞음
② 기인물 : 바닥, 가해물 : 비계, 사고유형 : 떨어짐
③ 기인물 : 비계, 가해물 : 바닥, 사고유형 : 맞음
④ 기인물 : 비계, 가해물 : 바닥, 사고유형 : 떨어짐

> • 비계에서 마감 작업을 하던 중 → 기인물 : 비계
> • 바닥으로 떨어져 사망 → 가해물 : 바닥
> • 떨어져 사망 → 사고유형 : 떨어짐

06 다음 중 안전조직을 구성할 때의 고려할 사항으로 가장 적합한 것은?

① 회사의 특성과 규모에 부합된 조직으로 설계한다.
② 기업의 규모와 관계없이 생산조직과 분리된 조직이 되도록 한다.
③ 조직 구성원의 책임과 권한에 대하여 서로 중첩되도록 한다.
④ 안전에 관한 지시나 명령이 작업현장에 전달되기 전에는 스태프의 기능은 반드시 축소해야 한다.

> *** 안전관리조직을 구성할 때 고려할 사항**
> • 조직 구성원의 책임과 권한을 명확하게 한다.
> • 회사의 특성과 규모에 부합되게 조직되어야 한다.
> • 생산조직과 밀착된 조직일 것
> • 조직의 기능이 충분히 발휘될 수 있는 제도적 체계가 갖추어져야 한다.

07 다음 중 상해의 종류에 해당하지 않는 것은?

① 찰과상   ② 타박상
③ 중독·질식 ④ 이상온도노출

> ④ 이상온도노출 → 재해 발생형태

08 다음 중 방진마스크의 일반적인 구조로 적합하지 않은 것은?

① 배기밸브는 방진마스크의 내부와 외부의 압력이 같을 경우 항상 열려 있도록 할 것
② 흡기밸브는 미약한 호흡에 대하여 확실하고 예민하게 작동하도록 할 것
③ 안면부여과식 마스크는 여과재를 안면에 밀착시킬 수 있어야 할 것
④ 머리끈은 적당한 길이 및 탄력성을 갖고 길이를 쉽게 조절할 수 있을 것

> **★ 방진마스크 각부의 구조**
> - 방진마스크는 **쉽게 착용**되어야 하고 착용하였을 때 **안면부가 안면에 밀착되어 공기가 새지 않을 것**
> - **흡기밸브는** 미약한 호흡에 대하여 확실하고 예민하게 작동하도록 할 것
> - **배기밸브는** 방진마스크의 내부와 외부의 압력이 같을 경우 항상 **닫혀 있도록** 할 것. 또한, 약한 호흡 시에도 확실하고 예민하게 작동하여야 하며 외부의 힘에 의하여 손상되지 않도록 덮개 등으로 보호되어 있을 것
> - **연결관**(격리식에 한한다)은 **신축성이 좋아야 하고** 여러 모양의 **구부러진 상태에서도 통기에 지장이 없을 것**(또한, 턱이나 팔의 압박이 있는 경우에도 통기에 지장이 없어야 하며 목의 운동에 지장을 주지 않을 정도의 길이를 가질 것
> - **머리끈은 적당한 길이 및 탄력성을 갖고** 길이를 쉽게 조절할 수 있을 것

09 다음 중 산업안전보건법령상 산업안전보건위원회의 심의 또는 의결사항에 해당하지 않는 것은?

① 산업재해 예방계획의 수립에 관한 사항
② 근로자의 건강진단 등 건강관리에 관한 사항
③ 안전장치 및 보호구 구입 시의 적격품 여부 확인에 관한 사항
④ 중대재해로 분류되는 산업재해의 원인 조사 및 재발 방지대책의 수립에 관한 사항

> **★ 산업안전보건위원회의 심의 · 의결 사항**
> - 산업재해 예방계획의 수립에 관한 사항
> - 안전보건관리규정의 작성 및 변경에 관한 사항
> - 근로자의 안전 · 보건교육에 관한 사항
> - 작업환경측정 등 작업환경의 점검 및 개선에 관한 사항
> - 근로자의 건강진단 등 건강관리에 관한 사항
> - 중대재해의 원인 조사 및 재발 방지대책 수립에 관한 사항
> - 산업재해에 관한 통계의 기록 및 유지에 관한 사항
> - 유해하거나 위험한 기계 · 기구와 그 밖의 설비를 도입한 경우 안전 · 보건조치에 관한 사항

실기까지 중요한 내용입니다.

10 다음 중 산업안전보건법령상의 양중기의 종류에 해당하지 않는 것은?

① 호이스트　　② 이동식 크레인
③ 곤돌라　　　④ 컨베이어

정답 08 ①　09 ③　10 ④

* **양중기의 종류(산업안전보건법 기준)**
- 크레인[호이스트(hoist)를 포함한다]
- 이동식 크레인
- 리프트(이삿짐 운반용 리프트의 경우에는 적재하중이 0.1톤 이상인 것으로 한정한다)
- 곤돌라
- 승강기

📝 실기에 자주 출제되는 내용입니다. 암기하세요.

11 다음 중 재해의 발생 원인을 관리적인 면에서 분류한 것과 가장 관계가 먼 것은?

① 기술적 원인
② 인적 원인
③ 교육적 원인
④ 작업관리상 원인

직접원인	간접원인(관리적인 분류)
• 인적원인(불안전한 행동)	• 기술적 원인
• 물적원인(불안전한 상태)	• 교육적 원인
	• 신체적 원인
	• 정신적 원인
	• 작업관리상 원인

12 산업안전보건법령상 사업주는 사업장의 안전·보건을 유지하기 위하여 안전·보건관리규정을 작성하여 게시 또는 비치하고 이를 근로자에게 알려야 하는데 이 규정 내에 반드시 포함되어야 할 사항과 가장 거리가 먼 것은?

① 산업재해 사례 및 보상에 관한 사항
② 안전·보건 관리조직과 그 직무에 관한 사항
③ 사고 조사 및 대책 수립에 관한 사항
④ 작업장 보건관리에 관한 사항

* **안전보건관리규정의 포함사항**
① 안전·보건 관리조직과 그 직무에 관한 사항
② 안전·보건교육에 관한 사항
③ 작업장의 안전 및 보건관리에 관한 사항
④ 사고 조사 및 대책 수립에 관한 사항
⑤ 그 밖에 안전·보건에 관한 사항

📝 실기에 자주 출제되는 내용입니다. 암기하세요.

13 다음 중 웨버(D.A.Weaver)의 사고발생 도미노이론에서 '작전적 에러'를 찾아내기 위한 질문의 유형과 가장 거리가 먼 것은?

① what
② why
③ where
④ whether

* **'작전적 에러'를 찾아내기 위한 질문의 유형**
- what : 불안전한 행위 또는 조건은 무엇(what)인지
- why : 불안전한 행위 또는 조건이 왜(why) 발생되었는지
- whether : 관리자가 사고예방을 위한 안전지식을 가지고 있었는지(whether)

정답 11 ② 12 ① 13 ③

14 전년도 A건설기업의 재해발생으로 인한 산업재해보상보험금의 보상비용이 5천만원이었다. 하인리히 방식을 적용하여 재해손실비용을 산정할 경우 총재해손실비용은 얼마이겠는가?

① 2억 원 ② 2억 5천만원
③ 3억원 ④ 3억 5천만원

> *** 하인리히의 총 재해비용 = 직접비 + 간접비**
> **(1 : 4)**
> - 직접비(산업재해보상보험금) : 5천만원
> - 간접비 = 5천만원 × 4 = 2억 원
> - 총재해비용 = 직접비 + 간접비
>   = 5천만원 + 2억 원 = 2억 5천만원

📌 실기까지 중요한 내용입니다.

15 다음 중 시설물의 안전관리에 관한 특별법상 안전점검의 종류에 해당하지 않는 것은?

① 정기점검 ② 정밀점검
③ 임시점검 ④ 긴급점검

> *** 시설물의 안전관리에 관한 특별법상 안전점검의 종류**
> - 정기점검
> - 정밀점검
> - 긴급점검
> - 정밀안전진단

16 정해진 기준에 따라 측정·검사를 행하고 정해진 조건하에서 운전시험을 실시하여 그 기계의 전체적인 기능을 판단하고자 하는 점검을 무슨 점검이라고 하는가?

① 외관점검 ② 작동점검
③ 기능점검 ④ 종합점검

> *** 종합점검**
> 정해진 기준에 따라 측정·검사를 행하고 운전시험을 실시하여 전체적인 기능을 판단

17 다음 중 재해조사 시 유의사항과 가장 거리가 먼 것은?

① 사실만을 수집한다.
② 목격자의 증언 사실 이외의 추측의 말은 참고로만 한다.
③ 타인의 의견은 혼란을 초래함으로 사고조사는 1인으로 한다.
④ 조사는 신속하게 행하고, 긴급 조치하여 2차 재해의 방지를 도모한다.

> *** 재해조사 시 유의사항**
> - 사실을 수집한다.
> - 목격자 등이 증언하는 사실 이외의 추측의 말은 참고로만 한다.
> - 조사는 신속하게 행하고 긴급조치를 하여 2차 재해의 방지를 도모한다.
> - 사람, 기계설비의 양면의 재해요인을 모두 도출한다.
> - 객관적인 입장에서 공정하게 조사하며, 조사는 2인 이상이 한다.
> - 책임추궁보다 재발방지를 우선하는 기본 태도를 갖는다.

정답 14 ② 15 ③ 16 ④ 17 ③

18 다음 중 산업안전보건법령상 건설현장에서 사용하는 크레인의 안전검사의 주기로 옳은 것은?

① 최초로 설치한 날부터 1개월마다 실시
② 최초로 설치한 날부터 3개월마다 실시
③ 최초로 설치한 날부터 6개월마다 실시
④ 최초로 설치한 날부터 1년마다 실시

> ★ 안전검사대상 유해·위험기계 등의 검사 주기
> 1. 크레인(이동식 크레인은 제외한다), 리프트(이삿짐운반용 리프트는 제외한다) 및 곤돌라 : 사업장에 설치가 끝난 날부터 3년 이내에 최초 안전검사를 실시하되, 그 이후부터 2년마다(건설현장에서 사용하는 것은 최초로 설치한 날부터 6개월마다)
> 2. 이동식 크레인, 이삿짐운반용 리프트 및 고소작업대 : 신규등록 이후 3년 이내에 최초 안전검사를 실시하되, 그 이후부터 2년마다
> 3. 프레스, 전단기, 압력용기, 국소 배기장치, 원심기, 롤러기, 사출성형기, 컨베이어 및 산업용 로봇, 혼합기, 파쇄기 또는 분쇄기 : 사업장에 설치가 끝난 날부터 3년 이내에 최초 안전검사를 실시하되, 그 이후부터 2년마다(공정안전보고서를 제출하여 확인을 받은 압력용기는 4년마다)(26년 6월 26일 시행)

 실기에 자주 출제되는 내용입니다. 암기하세요.

19 산업안전보건법령상 고용노동부장관은 산업재해를 예방하기 위하여 필요하다고 인정할 때에 대통령이 정하는 사업장의 산업재해 발생건수, 재해율 등을 공표할 수 있도록 하였는데 이에 관한 공표 대상 사업장의 기준으로 틀린 것은?

① 연간 산업재해율이 규모별 같은 업종의 평균재해율 이상인 모든 사업장
② 관련법상 중대산업사고가 발생한 사업장
③ 관련법상 산업재해의 발생에 관한 보고를 최근 3년 이내 2회 이상 하지 아니한 사업장
④ 사망만인율(사망재해자 수를 연간 상시근로자 1만명당 발생하는 사망재해자 수로 환산한 것)이 규모별 같은 업종의 평균 사망만인율 이상인 사업장

> ★ 재해발생 건수 등 재해율 공표 대상 사업장
> ① 사망재해자가 연간 2명 이상 발생한 사업장
> ② 사망만인율(사망재해자 수를 연간 상시근로자 1만명당 발생하는 사망재해자 수로 환산한 것)이 규모별 같은 업종의 평균 사망만인율 이상인 사업장
> ③ 중대산업사고가 발생한 사업장
> ④ 산업재해 발생 사실을 은폐한 사업장
> ⑤ 산업재해의 발생에 관한 보고를 최근 3년 이내 2회 이상 하지 않은 사업장

> **특급암기법**
> 사망자 2명, 평균 사망만인율 이상 **공표!**
> 중대산업사고 발생하면 **공표!**
> 재해은폐, 재해보고 3년 동안 2번 이상 안하면 **공표!**

정답 18 ③ 19 ①

20. 위험예지훈련 4라운드(Round) 중 목표설정 단계의 내용으로 가장 적당한 것은?

① 위험 요인을 찾아내고, 가장 위험한 것을 합의하여 결정한다.
② 가장 우수한 대책에 대하여 합의하고, 행동계획을 결정한다.
③ 브레인스토밍을 실시하여 어떤 위험이 존재하는가를 파악한다.
④ 가장 위험한 요인에 대하여 브레인스토밍 등을 통하여 대책을 세운다.

* 위험예지 훈련 4단계

1단계 현상 파악	• 잠재위험요인을 발견하고 그 요인이 초래할 수 있는 사고를 생각해 내는 단계
2단계 요인조사 (본질추구)	• 발견해 낸 위험 중 가장 위험한 것을 합의로서 결정하는 단계
3단계 대책수립	• 중요 위험요인을 해결하기 위한 대책을 세우는 단계
4단계 행동목표 설정 (합의요약)	• 중점 실시항목을 합의 요약해서 그것을 실천하기 위한 행동목표를 설정하는 단계

2과목 산업심리 및 교육

21. 집단의 응집성이 높아지는 조건에 해당하는 것은?

① 가입하기 쉬울수록
② 집단의 구성원이 많을수록
③ 외부의 위험이 없을수록
④ 함께 보내는 시간이 많을수록

④ 집단 구성원끼리 함께 보내는 시간이 많을수록 집단의 응집성(친밀성)이 높아진다.

22. 학습평가 도구의 기준 중 '측정의 결과에 대해 누가 보아도 일치되는 의견이 나올 수 있는 성질'은 어떤 특성에 관한 설명인가?

① 타당성 ② 신뢰성
③ 객관성 ④ 실용성

* 객관성
측정의 결과에 대해 누가 보아도 일치되는 의견이 나올 수 있는 성질(채점자의 주관적인 판단이 배제됨)

참고

* 학습 평가의 기본기준 4가지
• 타당도(평가 목적과의 타당도)
• 신뢰도
• 객관도
• 실용도

정답 20 ② 21 ④ 22 ③

23 학습경험 조직의 원리와 가장 거리가 먼 것은?

① 가능성의 원리 ② 계속성의 원리
③ 계열성의 원리 ④ 통합성의 원리

> ★ **학습경험 조직의 원리**
> - 계속성의 원리 : 중요한 학습경험을 반복을 통해 강화하는 것
> - 계열성의 원리 : 학습경험의 요인들이 깊이와 넓이에 있어 점진적으로 증가하는 것
> - 통합성의 원리 : 여러 학습경험들 간에 상호 보완적 관계를 유지하고 여러 과목을 조화롭게 배열하는 것
> - 균형성의 원리 : 학습경험의 균형
> - 다양성의 원리 : 학생들의 요구나 흥미, 능력이 반영될 수 있도록 다양하고 융통성 있는 학습경험을 조직하도록 한다.
> - 보편성의 원리 : 건전한 민주시민의 요소를 기를 수 있도록 학습경험이 조직되어야 한다.

24 매슬로(Maslow)의 욕구위계를 바르게 나열한 것은?

① 생리적 욕구 - 사회적 욕구 - 안전의 욕구 - 인정 받으려는 욕구 - 자아실현의 욕구
② 생리적 욕구 - 안전의 욕구 - 사회적 욕구 - 인정 받으려는 욕구 - 자아실현의 욕구
③ 안전의 욕구 - 생리적 욕구 - 사회적 욕구 - 인정 받으려는 욕구 - 자아실현의 욕구
④ 안전의 욕구 - 생리적 욕구 - 사회적 욕구 - 자아실현의 욕구 - 인정 받으려는 욕구

> ★ **매슬로(Maslow A. H.)의 욕구단계 이론**
> - 제1단계(생리적 욕구)
> - 제2단계(안전 욕구) : 자기 보존 욕구
> - 제3단계(사회적 욕구) : 소속감과 애정 욕구
> - 제4단계(존경 욕구) : 인정받으려는 욕구
> - 제5단계(자아실현의 욕구) : 잠재적인 능력을 실현하고자 하는 욕구

 실기까지 중요한 내용입니다.

25 휴먼에러를 행위적 관점에서 분류할 때 해당하지 않는 것은?

① 입력 오류(input error)
② 순서 오류(sequential error)
③ 시간적인 오류(time error)
④ 생략 오류(omission error)

> ★ **휴먼에러의 심리적 분류(Swain의 분류, 독립행동에 관한 분류)**
> - omission error(누설오류, 생략오류, 부작위오류) : 필요한 작업 또는 절차를 수행하지 않는데 기인한 에러
> - time error(시간오류) : 필요한 작업 또는 절차의 수행 지연으로 인한 에러
> - commission error(작위오류) : 필요한 작업 또는 절차의 불확실한 수행으로 인한 에러
> - sequential error(순서오류) : 필요한 작업 또는 절차의 순서 착오로 인한 에러
> - extraneous error(과잉행동오류) : 불필요한 작업 또는 절차를 수행함으로써 기인한 에러

정답 23 ① 24 ② 25 ①

26 다음 설명에 해당하는 주의의 특성은?

> 공간적으로 보면 시선의 주시점만 인지하는 기능으로 한 지점에 주의를 집중하면 다른 곳의 주의는 약해진다.

① 선택성 ② 방향성
③ 변동성 ④ 일점집중

*인간 주의특성의 종류
- 선택성 : 사람은 한번에 여러 종류의 자극을 지각하거나 수용하지 못하며 소수의 특정한 것으로 한정해서 선택하는 기능
- 방향성 : 시선에서 벗어난 부분은 무시되기 쉽다. (주시점만 응시한다.)
- 변동성 : 주의는 리듬이 있어 일정한 수순을 지키지 못한다.
- 단속성 : 고도의 주의는 장시간 집중이 곤란하다.
- 주의력의 중복집중 곤란 : 동시에 2개 이상의 방향을 잡지 못한다.

실기까지 중요한 내용입니다.

27 직무수행평가를 위해 개발된 척도 중 척도 상의 점수에 그 점수를 설명하는 구체적 직무행동 내용이 제시된 것은?

① 행동기준평정척도(BARS)
② 행동관찰척도(BOS)
③ 행동기술척도(BDS)
④ 행동내용척도(BCS)

*행동기준평정척도(BARS)
평가의 기준(anchor)이 되는 행동을 제시하고, 이 기준 행동을 고려해서 피평가자의 행동을 평가하는 방법

28 다음 중 시청각적 교육방법의 특징과 가장 거리가 먼 것은?

① 교재의 구조화를 기할 수 있다.
② 대규모 수업체제의 구성이 어렵다.
③ 학습의 다양성과 능률화를 기할 수 있다.
④ 학습자에게 공통경험을 형성시켜 줄 수 있다.

② 시청각교육은 대규모 수업체제(집단교육)의 구성이 가능하다.

*시청각교육법
- 라디오·텔레비전·견학 등 다양한 시청각 교육매체를 이용하여 학습자의 감각기관을 통해 학습효과를 높이기 위한 학습방법
- 교육 대상자수가 많고 교육 대상자의 학습능력의 차가 큰 경우 집단안전교육 방법으로 가장 효과적이다.

26 ② 27 ① 28 ②

29 다음 중 능률과 안전을 위한 기계의 통제 수단이 될 수 없는 것은?

① 반응에 의한 통제
② 개폐에 의한 통제
③ 양(量)의 조절에 의한 통제
④ 생산 원가에 의한 통제

> **＊기계의 통제기능**
> • 양의 조절에 의한 통제(연속 조종장치) : 노브, 크랭크, 핸들, 레버, 페달 등
> • 개폐에 의한 통제(단속 조종장치, 불연속 조종장치) : 푸시 버튼, 토글스위치, 로터리 스위치 등
> • 반응에 의한 통제 : 자동경보 시스템 등

30 안전지식교육의 내용이 아닌 것은?

① 재해발생의 원인을 이해시킨다.
② 안전의 5요소에 잠재된 위험을 이해시킨다.
③ 작업에 필요한 법규, 규정, 기준과 수칙을 습득시킨다.
④ 표준작업방법대로 작업을 행하도록 한다.

④ 표준작업방법대로 작업을 행하도록 한다. → 태도교육

31 다음은 리더가 가지고 있는 어떤 권력의 예시에 해당하는가?

> 종업원의 바람직하지 않은 행동들에 대해 해고, 임금삭감, 견책 등을 사용하여 처벌한다.

① 보상권력　② 강압권력
③ 합법권력　④ 전문권력

> **＊강압권력**
> 해고, 임금삭감, 견책 등을 사용하여 처벌

참고

> **＊리더십의 권한의 역할**
> • **보상적 권한** : 지도자가 부하에게 보상할 수 있는 능력
> • **강압적 권한** : 지도자가 부하들을 처벌할 수 있는 권한
> • **합법적 권한** : 조직의 규정에 의해 공식화된 권한
> • **위임된 권한** : 부하직원들이 지도자를 따르고 지도자와 함께 일하는 것
> • **전문성의 권한** : 지도자가 집단 목표수행에 전문적인 지식을 갖고 있는가와 관련한 권한

정답　29 ④　30 ④　31 ②

32 작업자 자신이 자기의 부주의 이외에 제반 오류의 원인을 생각함으로써 개선을 하도록 하는 과오원인 제거 기법은?

① TBM ② STOP
③ BS   ④ ECR

> *** E.C.R(Erroe Cause Removal) 제안제도**
> 근로자 자신이 자기의 부주의 이외에 제반 오류의 원인을 생각함으로써 개선하도록 하는 방법

33 허세이(Alfred Bay Hershey)의 피로회복법에서 단조로움이나 권태감에 의해 발생되는 피로에 대한 대책으로 가장 적합한 것은?

① 동작의 교대 방법 등을 가르친다.
② 불필요한 신체적 마찰을 배제한다.
③ 작업장의 온도, 습도, 통풍 등을 조절한다.
④ 용의주도한 작업 계획을 수립, 이행한다.

> 단조로움이나 권태감에 의해 발생되는 피로 → 작업의 가치부여, 동작의 교대 방법 교육

34 작업을 배우고 싶은 의욕을 갖도록 하는 작업지도교육 단계는?

① 제1단계 : 학습할 준비를 시킨다.
② 제2단계 : 작업을 설명한다.
③ 제3단계 : 작업을 시켜본다.
④ 제4단계 : 가르친 뒤 살펴본다.

단계	교육방법
제1단계 : 도입 (학습할 준비를 시킨다)	• 마음을 안정시킨다. • 무슨 작업을 할 것인가를 말해준다. • 그 작업에 대해 알고 있는 정도를 확인한다. • 작업을 배우고 싶은 의욕을 갖게 한다. • 정확한 위치에 자리 잡게 한다.
제2단계 : 제시 (작업을 설명한다)	• 주요 단계를 하나씩 설명 해주고, 시범해 보이고, 그려 보인다. • 급소를 강조한다. • 확실하게, 빠짐 없이, 끈기 있게 지도한다.
제3단계 : 적용 (작업을 시켜본다)	• 작업을 지켜보고 잘못을 고쳐준다. • 작업을 시키면서 설명하게 한다. • 다시 한번 시키면서 급소를 말하게 한다. • 확실히 알았다고 할 때까지 확인한다. • 이해할 수 있는 능력 이상으로 강요하지 않는다.
제4단계 : 확인 (가르친 뒤 살펴본다)	• 일에 임하도록 한다. • 모르는 것이 있을 때는 물어 볼 사람을 정해 둔다. • 질문을 하도록 분위기를 조성한다. • 점차 지도 횟수를 줄여간다.

정답 32 ④ 33 ① 34 ①

35 직무수행에 대한 예측변인 개발 시 작업표본(work sample)의 제한점으로 볼 수 없는 것은?

① 주로 기계를 다루는 직무에 효과적이다.
② 훈련생보다 경력자 선발에 적합하다.
③ 실시하는 데 시간과 비용이 많이 든다.
④ 집단검사로 감독의 통제가 요구된다.

> ★ **작업표본(work sample)**
> • 지원자가 직무상의 작업을 얼마나 잘 처리할 수 있는지 알아보기 위해 실제로 작업을 시켜보는 것으로 실제 현장 또는 모의된 직무를 평가실에서 실시한다.
> • 작업에 사용하는 재료, 도구, 기계, 공정을 사용하도록 한 작업과제를 표본으로 추출하여 준비하고 그 과제수행을 평가한다.

36 다음 중 성실하며 성공적인 지도자(leader)의 공통적인 소유 속성과 가장 거리가 먼 것은?

① 강력한 조직능력
② 실패에 대한 자신감
③ 뛰어난 업무수행능력
④ 자신 및 상사에 대한 긍정적인 태도

> ★ **성공적인 지도자(leader)의 공통적인 소유 속성**
> • 강력한 조직능력
> • 실패에 대한 두려움
> • 뛰어난 업무수행능력
> • 자신 및 상사에 대한 긍정적인 태도

37 다음 중 적성배치에 따른 효과와 가장 거리가 먼 것은?

① 자아실현 기회부여
② 근로의욕의 고취
③ 재해사고의 예방
④ 표준작업 습관화

> 적성배치 → 근로의욕의 고취 → 재해사고의 예방 및 자아실현 기회부여

38 다음 중 스트레스에 대하여 반응하는 데 있어서 개인 차이의 이유로 적합하지 않은 것은?

① 자기 존중감의 차이
② 성(性)의 차이
③ 작업시간의 차이
④ 강인성의 차이

> ★ **스트레스 반응의 개인 차이**
> • 자기 존중감의 차이
> • 성(性)의 차이
> • 강인성의 차이
> • 현실 부적응의 차이

39 안전교육의 실시방법 중 토의법의 특징과 가장 거리가 먼 것은?

① 개방적인 의사소통과 협조적인 분위기 속에서 학습자의 적극적 참여가 가능하다.
② 집단 활동의 기술을 개발하고 민주적 태도를 배울 수 있다.
③ 정해진 시간에 다양한 지식을 많은 학습자를 대상으로 동시 전달이 가능하다.
④ 준비와 계획 단계뿐만 아니라 진행 과정에서도 많은 시간이 소요된다.

③ 정해진 시간에 다양한 지식을 많은 학습자를 대상으로 동시 전달이 가능하다. → 강의법

OJT의 특징	• 개개인에게 적절한 훈련이 가능하다. • 직장의 실정에 맞는 훈련이 가능하다. • 교육효과가 즉시 업무에 연결된다. • 훈련에 대한 업무의 계속성이 끊어지지 않는다. • 상호 신뢰 이해도가 높다.
OFF JT의 특징	• 다수의 근로자들에게 훈련을 할 수 있다. • 훈련에만 전념하게 된다. • 특별설비기구 이용이 가능하다. • 많은 지식이나 경험을 교류할 수 있다. • 교육 훈련 목표에 대하여 집단적 노력이 흐트러질 수 있다.

실기까지 중요한 내용입니다.

40 다음 중 Off J.T(Off Job Training)의 특징으로 옳은 것은?

① 개개인에게 적절한 지도훈련이 가능하다.
② 직장의 실정에 맞게 실제적 훈련이 가능하다.
③ 훈련에 필요한 업무의 계속성이 끊어지지 않는다.
④ 전문가를 강사로 초빙하는 것이 가능하다.

3과목 인간공학 및 시스템안전공학

41 인간의 위치 동작에 있어 눈으로 보지 않고 손을 수평면상에서 움직이는 경우 짧은 거리는 지나치고, 긴 거리는 못 미치는 경향이 있는데 이를 무엇이라 하는가?

① 사정효과(Range effect)
② 간격효과(Distance effect)
③ 손동작효과(Hand action effect)
④ 반응효과(Reaction effect)

★ **사정효과**(range effect)
눈으로 보지 않고 손을 수평면상에서 움직이는 경우에 짧은 거리는 지나치고 긴 거리는 못 미치는 등 조작자가 작은 오차에는 과잉반응, 큰 오차에는 과소반응을 하는 현상을 말한다.

정답 39 ③ 40 ④ 41 ①

42 실린더 블록에 사용하는 가스켓의 수명은 평균 10,000시간이며, 표준편차는 200시간으로 정규분포를 따른다. 사용시간이 9,600시간일 경우 이 가스켓의 신뢰도는 약 얼마인가? (단, 표준정규분포상 Z_1= 0.8413, Z_2= 0.9772이다.)

① 84.13% ② 88.73%
③ 92.72% ④ 97.97%

1. 평균수명 10,000시간, 사용시간이 9,600시간이므로
   평균기대수명 = 10,000 − 9,600 = 400(시간)
2. $Z = \dfrac{평균}{표준편차} = \dfrac{400}{200} = 2$
3. 표준정규분포이고, Z=2이므로 Z_2의 표준정규분포를 따르게 된다.
   Z_2 = 0.9772이므로 0.9772 × 100 = 97.72%

📝 비중이 낮은 문제입니다.

43 다음 중 보전효과의 평가로 설비종합효율을 계산하는 식으로 옳은 것은?

① 설비종합효율 = 속도가동률×정미가동률
② 설비종합효율 = 시간가동률×성능가동률 × 양품률
③ 설비종합효율 = (부하시간 − 정지시간)/부하시간
④ 설비종합효율 = 정미가동률×시간가동률 ×양품률

설비종합효율(%) = 시간가동률×성능가동률×양품률

44 다음 중 청각적 표시장치의 설계에 관한 설명으로 가장 거리가 먼 것은?

① 신호를 멀리 보내고자 할 때에는 낮은 주파수를 사용하는 것이 바람직하다.
② 배경 소음의 주파수와 다른 주파수의 신호를 사용하는 것이 바람직하다.
③ 신호가 장애물을 돌아가야 할 때에는 높은 주파수를 사용하는 것이 바람직하다.
④ 경보는 청취자에게 위급 상황에 대한 정보를 제공하는 것이 바람직하다.

③ 신호가 장애물 및 칸막이를 통과할 때는 500Hz 이하의 낮은 진동수를 사용

참고

* **경계 및 경보신호 설계지침**
- 귀는 중음역에 민감하므로 500~3,000Hz의 진동수 사용
- 300m 이상 장거리용 신호는 1,000Hz 이하의 진동수 사용
- 장애물 및 칸막이 통과 시는 500Hz 이하의 진동수 사용
- 주의를 끌기 위해서는 변조된 신호 사용
- 배경 소음의 진동수와 구별되는 신호 사용
- 경보효과를 높이기 위해서 개시시간이 짧은 고감도 신호를 사용
- 가능하면 확성기, 경적 등과 같은 별도의 통신계통을 사용

정답 42 ④ 43 ② 44 ③

45 Rasmussen은 행동을 세 가지로 분류하였는데, 그 분류에 해당하지 않는 것은?

① 숙련 기반 행동(skill-based behavior)
② 지식 기반 행동(knowledge-based behavior)
③ 경험 기반 행동(experience-based behavior)
④ 규칙 기반 행동(rule-based behavior)

> **★ Rasmussen의 행동유형**
> • 숙련 기반 행동(Skill-based behavior)
> • 지식 기반 행동(Knowledge-based behavior)
> • 규칙 기반 행동(Rule-based behavior)

46 말소리의 질에 대한 객관적 측정 방법으로 명료도 지수를 사용하고 있다. 그림에서와 같은 경우 명료도 지수는 약 얼마인가?

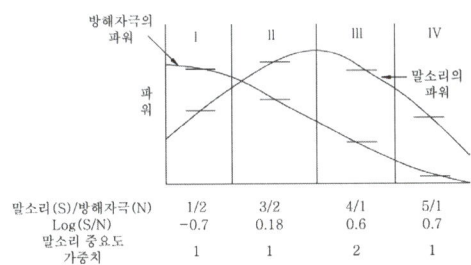

① 0.38 ② 0.68
③ 1.38 ④ 5.68

> **★ 명료도 지수**
> 각 옥타브 대의 음성과 소음의 dB값에 가중치를 곱하여 합계를 구한다.
> 명료도 지수 = $(-0.7 \times 1) + (0.18 \times 1) + (0.6 \times 2) + (0.7 \times 1) = 1.38$

47 염산을 취급하는 A 업체에서는 신설 설비에 관한 안전성 평가를 실시해야 한다. 다음 중 정성적 평가단계에 있어 설계와 관련된 주요 진단 항목에 해당하는 것은?

① 공장 내의 배치
② 제조공정의 개요
③ 재평가 방법 및 계획
④ 안전·보건교육 훈련계획

정성적 평가항목	정량적 평가항목
• 입지 조건	• 화학설비의 취급물질
• 공장 내의 배치	• 화학설비의 용량
• 소방설비	• 온도
• 공정 기기	• 압력
• 수송·저장	• 조작
• 원재료	
• 중간체	
• 제품	

48 다음 중 인간공학을 나타내는 용어로 적절하지 않은 것은?

① ergonomics
② human factors
③ human engineering
④ customize engineering

*인간공학을 나타내는 용어
- human factors
- ergonomics
- human engineering
- engineering psychology

49 다음 중 실효온도(Effective Temperature)에 관한 설명으로 틀린 것은?

① 체온계로 입안의 온도를 측정한 값을 기준으로 한다.
② 실제로 감각되는 온도로서 실감온도라고 한다.
③ 온도, 습도 및 공기 유동이 인체에 미치는 열효과를 나타낸 것이다.
④ 상대습도 100%일 때의 건구온도에서 느끼는 것과 동일한 온감이다.

실효온도는 온도, 습도 및 공기 유동이 인체에 미치는 열효과를 하나의 수치로 통합한 경험적 감각지수로 상대습도 100%일 때의 건구온도에서 느끼는 것과 동일한 온감(溫感)이다.

50 다음 중 시스템 안전계획(SSPP, System Safety Program Plan)에 포함되어야 할 사항으로 가장 거리가 먼 것은?

① 안전조직
② 안전성의 평가
③ 안전자료의 수집과 갱신
④ 시스템의 신뢰성 분석비용

*시스템 안전 프로그램 계획에 포함사항
- 계획의 개요
- 안전조직
- 계약관련
- 관련부문과의 조정
- 안전기준
- 안전해석
- 안전성의 평가
- 안전데이터의 수집과 분석
- 경과 및 결과의 분석

51 다음 중 감각적으로 물리현상을 왜곡하는 지각현상에 해당하는 것은?

① 주의산만 ② 착각
③ 피로   ④ 무관심

*착각
감각자극의 양, 질, 또는 시간적, 공간적 배치에 관하여 객관적 사실과 일치하지 않게 왜곡하는 지각현상

52 그림과 같이 FT도에서 활용하는 논리게이트의 명칭으로 옳은 것은?

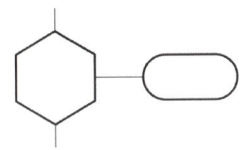

① 억제 게이트
② 부정 게이트
③ 배타적 OR 게이트
④ 우선적 AND 게이트

기호	명명	기호설명
	억제게이트	특정조건을 만족할 경우 출력이 발생
또는	우선적 AND게이트	입력사상이 특정 순서대로 발생한 경우에만 출력사상이 발생하는 논리게이트
또는	배타적 OR 게이트	입력사상 중 오직 1개의 발생으로만 출력사상이 생성되는 논리게이트
	조합 AND 게이트	3개 이상의 입력 중 2개가 일어나면 출력이 생긴다.

📝 실기까지 중요한 내용입니다.

53 휴식 중 에너지소비량은 1.5kcal/min이고, 어떤 작업의 평균 에너지소비량이 6kcal/min이라고 할 때 60분간 총 작업시간 내에 포함되어야 하는 휴식시간은 약 몇 분인가? (단, 기초대사를 포함한 작업에 대한 평균 에너지소비량의 상한은 5kcal/min이다.)

① 10.3 ② 11.3
③ 12.3 ④ 13.3

휴식시간(R) = $\dfrac{60 \times (E-5)}{E-1.5}$ [분]

- 1.5 : 휴식 중의 에너지 소비량
- 5[kcal/분] : 보통 작업에 대한 평균 에너지
- 60 : 작업시간
- E[kcal/분] : 문제에서 주어진 작업 시 필요한 에너지

휴식시간(R) = $\dfrac{60 \times (6-5)}{6-1.5}$ = 13.33분

54 인체 계측 중 운전 또는 워드 작업과 같이 인체의 각 부분이 서로 조화를 이루며 움직이는 자세에서의 인체지수를 측정하는 것을 무엇이라 하는가?

① 구조적 치수 ② 정적 치수
③ 외곽 치수   ④ 기능적 치수

★ **인체계측방법**
- 정적 인체계측(구조적 인체치수) : 정지상태에서의 신체를 계측하는 방법
- 동적 인체계측(기능적 인체치수) : 체위의 움직임에 따른 계측하는 방법

정답 52 ① 53 ④ 54 ④

55 다음 중 복잡한 시스템을 설계, 가공하기 전의 구상단계에서 시스템의 근본적인 위험성을 평가하는 가장 기초적인 위험도 분석 기법은?

① 예비위험분석(PHA)
② 결함수 분석법(FTA)
③ 운용 안전성 분석(OSA)
④ 고장의 형과 영향분석(FMEA)

> **＊예비 위험 분석 (PHA)**
> 모든 시스템 안전 프로그램의 최초 단계(설계단계, 구상단계)에서 실시하는 분석법

참고

- **결함위험분석(FHA)** : 서브시스템(subsystem)의 해석에 사용되는 분석법
- **고장형태와 영향분석(FMEA)** : 모든 요소의 고장을 형태별로 분석하여 그 영향을 검토하는 정성적, 귀납적 분석법
- **ETA(사건수 분석법)** : 사상의 안전도를 사용하여 시스템의 안전도 나타내는 귀납적, 정량적인 분석법
- **DT(dicision Trees)** : 요소의 신뢰도를 이용하여 시스템의 신뢰도를 나타내는 기법
- **치명도 분석법(CA : Critically Analysis)** : 높은 위험도를 가진 요소나 고장의 형태에 따른 분석법
- **인간에러율 예측기법(THERP)** : 인간의 과오(human error)를 정량적으로 평가하기 위하여 개발된 기법
- **MORT(Management Oversight and Risk Tree)** : 관리, 설계, 생산, 보전 등의 광범위한 안전을 도모하기 위한 연역적이고, 정량적인 분석법
- **운용 및 지원위험 분석(O&S 또는 OSHA)** : 시스템의 모든 사용단계에서 안전요건을 결정하기 위한 분석법
- **FAFR(Fatality Accident Frequency Rate)** : 위험도를 표시하는 단위로 10^8(1억)시간당 사망자 수를 나타낸다.

56 다음은 유해·위험방지계획서의 제출에 관한 설명이다. ( ) 안의 내용으로 옳은 것은?

> 산업안전보건법령상 제출대상 사업으로 제조업의 경우 유해·위험방지계획서를 제출하려면 관련 서류를 첨부하여 해당 작업 시작 (㉠) 까지, 건설업의 경우 해당 공사의 착공 (㉡) 까지 관련 기관에 제출하여야 한다.

① ㉠ : 15일 전, ㉡ : 전날
② ㉠ : 15일 전, ㉡ : 7일 전
③ ㉠ : 7일 전, ㉡ : 전날
④ ㉠ : 7일 전, ㉡ : 3일 전

> **＊유해·위험 방지 계획서의 제출 시기**
> - 사업주가 제조업 대상 사업, 대상기계·기구 설비에 해당하는 유해·위험방지계획서를 제출하려면 관련 서류를 첨부하여 해당 공사 착공 15일 전까지 공단에 2부를 제출하여야 한다.
> - 사업주가 건설공사에 해당하는 유해·위험방지계획서를 제출하려면 건설공사 유해·위험방지계획서 관련서류를 첨부하여 해당 공사의 착공 전날까지 공단에 2부를 제출하여야 한다.

57 다음 중 결함수분석의 기대효과와 가장 관계가 먼 것은?

① 사고원인 규명의 간편화
② 시간에 따른 원인 분석
③ 사고원인 분석의 정량화
④ 시스템의 결함 진단

정답 55 ① 56 ① 57 ②

★ FTA의 장점
- 사고원인 규명의 간편화
- 사고원인 분석의 일반화
- 사고원인 분석의 정량화
- 노력, 시간의 절감
- 시스템의 결함 진단
- 안전점검 Check List 작성

58 다음 중 FTA에서 활용하는 최소 컷셋(Minimal cut sets)에 관한 설명으로 옳은 것은?

① 해당 시스템에 대한 신뢰도를 나타낸다.
② 컷셋 중에 타 컷셋을 포함하고 있는 것을 배제하고 남은 컷셋들을 의미한다.
③ 어느 고장이나 에러를 일으키지 않으면 재해가 일어나지 않는 시스템의 신뢰성이다.
④ 기본사상이 일어나지 않을 때 정상사상(Top event)이 일어나지 않는 기본사상의 집합이다.

- **컷셋(Cut Set)**
  - 정상사상을 발생시키는 기본사상의 집합
  - 모든 기본사상이 일어났을 때 정상사상을 일으키는 기본사상들의 집합이다.
- **미니멀 컷셋(Minimal Cut Set)**
  - 정상사상을 일으키기 위한 기본사상의 최소집합(최소한의 컷)
  - 시스템의 위험성을 나타낸다.
- **패스셋(Path Set)**
  - 시스템의 고장을 일으키지 않는 기본사상들의 집합

- 포함된 기본사상이 일어나지 않을 때 처음으로 정상사상이 일어나지 않는 기본사상들의 집합이다.
- **미니멀 패스셋(Minimal Path Set)**
  - 시스템의 기능을 살리는 최소한의 집합(최소한의 패스)
  - 시스템의 신뢰성 나타낸다.

59 다음 중 동작경제의 원칙에 있어 '신체사용에 관한 원칙'에 해당하지 않는 것은?

① 두 손의 동작은 동시에 시작해서 동시에 끝나야 한다.
② 손의 동작은 유연하고 연속적인 동작이어야 한다.
③ 공구, 재료 및 제어장치는 사용하기 가까운 곳에 배치해야 한다.
④ 동작이 급작스럽게 크게 바뀌는 직선 동작은 피해야 한다.

모든 공구 및 재료는 정 위치에 배치해야 한다. → 작업장의 배치에 관한 원칙

참고

★ 인체 사용에 관한 원칙
- 두 손을 동시에 동작하기 시작하여 동시에 끝나도록 하여야 한다.
- 휴식시간 중이 아니면 두 손을 동시에 쉬어서는 안 된다.
- 두 팔의 동작들은 서로 반대 방향에서 대칭적으로 움직인다.

정답 58 ② 59 ③

- 손과 신체의 동작은 작업을 원만하게 수행할 수 있는 범위 내에서 가장 낮은 동작 등급을 사용한다. 인체의 사용 범위가 넓을수록 피로가 더하고 시간도 낭비된다.
- 가능한 한 관성(Momentum)을 이용해야 하며 작업자가 관성을 억제해야 하는 경우 관성을 최소한도로 줄인다.
- 손의 동작은 부드러운 연속동작으로 하고 급격한 방향 전환을 가지는 직선 동작은 피한다.

60 주어진 자극에 대해 인간이 갖는 변화감지역을 표현하는 데에는 웨버(Webber)의 법칙을 이용한다. 이때 웨버(Webber) 비의 관계식으로 옳은 것은? (단, 변화감지역을 $\triangle I$, 표준자극을 I 라 한다.)

① 웨버(Webber) 비 = $\dfrac{\triangle I}{I}$

② 웨버(Webber) 비 = $\dfrac{I}{\triangle I}$

③ 웨버(Webber) 비 = $\triangle I \times I$

④ 웨버(Webber) 비 = $\dfrac{\triangle I - 1}{I}$

> **＊Weber의 법칙**
> - $\dfrac{\triangle I}{I}$ (I = 표준자극, $\triangle I$ = 변화감지역)
> - 음의 높이, 무게 등 물리적 자극을 상대적으로 판단하는 데 있어 특정 감각기관의 변화 감지역은 표준 자극에 비례한다.
> - Weber비가 작을수록 분별력이 좋다.

4과목 건설시공학

61 네모 돌을 수평줄눈이 부분적으로만 연속되게 쌓고, 일부 상하 세로줄눈이 통하게 쌓는 돌쌓기 방식을 무엇이라 하는가?

① 완자 쌓기   ② 마름돌 쌓기
③ 막돌 쌓기   ④ 바른층 쌓기

> **＊허튼층 쌓기(완자 쌓기)**
> 면이 네모진 2~3가지의 높이의 돌을 수평줄눈이 부분적으로만 연속되게 쌓으며, 일부 상하 세로줄눈이 통하게 쌓는 돌쌓기 방법을 말한다.
>
>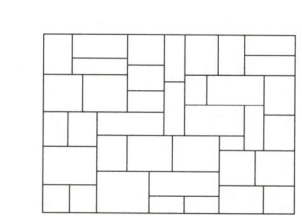
>
>

정답 60 ① 61 ①

62 건설현장 개설 후 공사착공을 위한 공사계획수립 시 가장 먼저 해야 할 사항은?

① 현장투입 직원 조직 편성
② 공정표 작성
③ 실행예산의 편성 및 통제계획
④ 하도급업체 선정

> ★ 착공단계에서의 공사계획 수립 시 고려사항
> ① 현장원의 조직편성 : 가장 먼저 실시
> ② 예정 공정표의 작성
> ③ 실행예산의 편성과 통제
> ④ 하수급 업체의 선정
> ⑤ 가설물의 설치계획
> ⑥ 노무의 수배 및 조달 계획
> ⑦ 자재의 선정 및 구매계획
> ⑧ 소요 장비의 확보 계획
>
> 📝 필기에 자주 출제되는 내용입니다.

63 철골세우기용 기계설비가 아닌 것은?

① 가이데릭
② 스티프레그데릭
③ 진폴
④ 드래그라인

> ★ 드래그 라인(Drag line)
> • 기계가 서있는 위치보다 낮은 장소의 굴착에 적당하고 굳은 토질에서의 굴착은 되지 않지만 굴착 반지름이 크다.
> • 작업범위가 광범위하고 **수중굴착 및 연약한 지반의 굴착**에 적합하다.
>
> 📝 필기에 자주 출제되는 내용입니다.

64 기초공사에서 잡석지정을 하는 목적에 해당되지 않는 것은?

① 구조물의 안정을 유지하게 한다.
② 이완된 지표면을 다진다.
③ 철근의 피복두께를 확보한다.
④ 버림 콘크리트의 양을 절약할 수 있다.

> ★ 잡석지정의 목적
> ① 구조물의 안정을 유지하게 한다
> ② 이완된 지표면을 다진다.
> ③ 기초 바닥 밑의 방습, 배수처리에 이용된다.
> ④ 버림 콘크리트의 양을 절약할 수 있다.

65 벽돌쌓기에서 도면 또는 공사 시방서에서 정한 바가 없을 때에 적용하는 쌓기 법으로 옳은 것은?

① 미식 쌓기
② 영롱 쌓기
③ 불식 쌓기
④ 영식 쌓기

> ★ 영식 쌓기
> ① 한 켜는 길이로 쌓고 다음 켜는 마구리 쌓기로 한다.
> ② 통줄눈이 생기지 않고 가장 튼튼한 쌓기 방식이다.
> ③ 도면 또는 공사 시방서에서 정한 바가 없을 때에 적용하는 쌓기법이다.
>
> 📝 필기에 자주 출제되는 내용입니다.

정답 62 ① 63 ④ 64 ③ 65 ④

66 강관 틀비계에서 두꺼운 콘크리트판 등의 견고한 기초 위에 설치하게 되는 틀의 기둥관 1개당의 수직하중 한도는 얼마인가?

① 16,500N ② 24,500N
③ 32,500N ④ 38,500N

> ★ 강관 틀비계에서 주 틀의 기둥관 1개당 수직하중의 한도
> ① 틀 간격 1.8m에서 틀 사이의 하중한도 : 3.92kN
> ② 견고한 기초 위에 설치하게 될 경우: 24.5kN (24,500N)

67 콘크리트의 양생에 관한 설명 중 틀린 것은?

① 콘크리트 표면의 건조에 의한 내부콘크리트 중의 수분 증발 방지를 위해 습윤양생을 실시한다.
② 동해를 방지하기 위해 5℃ 이상을 유지한다.
③ 거푸집 판이 건조될 우려가 있는 경우에라도 살수는 금하여야 한다.
④ 응결 중 진동 등의 외력을 방지해야 한다.

> ③ 거푸집판이 건조될 우려가 있는 경우에는 살수하여야 한다.

 필기에 자주 출제되는 내용입니다.

68 발주자가 직접 설계와 시공에 참여하고 프로젝트 관련자들이 상호 신뢰를 바탕으로 Team을 구성해서 프로젝트의 성공과 상호이익 확보를 공동 목표로 하여 프로젝트를 추진하는 공사수행 방식은?

① PM방식(Project Management)
② 파트너링 방식(Partnering)
③ CM방식(Construction Management)
④ BOT방식(Build Operate Transfer)

> ★ 파트너링 방식(Partnering)
> 발주자가 직접 설계와 시공에 참여하고 프로젝트 관련자들이 상호 신뢰를 바탕으로 Team을 구성해서 프로젝트의 성공과 상호이익 확보를 공동 목표로 하여 프로젝트를 추진하는 공사수행 방식을 말한다.

참고

1. 공사관리 계약(CM 발주) : 건축 기획부터 설계, 시공, 유지관리까지의 건설의 전 과정에 걸쳐 **프로젝트를 보다 효율적이고 경제적으로 수행**하기 위하여 각 부문의 전문가들로 구성된 통합관리기술을 발주자에게 제공하는 도급계약의 형태를 말한다.
2. BOT방식(Build Operate Transfer) : 시설의 준공 후 일정기간 동안 사업시행자에게 해당 시설의 소유권이 인정되며 그 기간이 만료되면 시설소유권이 국가 또는 지방자치단체에 귀속되는 방식을 말한다.

 필기에 자주 출제되는 내용입니다.

정답 66 ② 67 ③ 68 ②

69 결함부위로 균열의 집중을 유도하기 위해 균열이 생길 만한 구조물의 부재에 미리 결함부위를 만들어 두는 것을 무엇이라 하는가?

① 신축줄눈 ② 침하줄눈
③ 시공줄눈 ④ 조절줄눈

 ＊조절줄눈
결함부위로 균열의 집중을 유도하기 위해 **균열이 생길 만한 구조물의 부재에 미리 결함부위를 만들어 두는 것**을 말한다.

📝 필기에 자주 출제되는 내용입니다.

＊벽돌공사의 한중시공 시 온도에 따른 적용기준

평균기온	조치내용
4℃~0℃	내후성이 강한 덮개로 조적조를 눈, 비로부터 보호
0℃~-4℃	내후성이 강한 덮개로 조적조를 24시간 동안 보호
-4℃~-7℃	보온덮개로 완전히 덮거나 다른 방한시설로 조적조를 24시간 동안 보호
-7℃ 이하	울타리와 보조열원, 전기담요, 적외선 발열램프 등을 이용하여 조적조를 동결온도 이상으로 유지

📝 필기에 자주 출제되는 내용입니다.

70 벽돌공사에서 한중시공일 때의 보양조치로 가장 타당한 것은? (단, 평균기온이 -7℃ 이하인 경우)

① 내후성이 강한 덮개로 덮어서 조적조를 눈, 비로부터 보호해야 한다.
② 내후성이 강한 덮개로 완전히 덮어서 조적조를 24시간 동안 보호해야 한다.
③ 보온덮개로 완전히 덮거나 다른 방한시설로 조적조를 24시간 동안 보호해야 한다.
④ 울타리와 보조열원, 전기담요, 적외선 발열램프 등을 이용하여 조적조를 동결온도 이상으로 유지하여야 한다.

71 콘크리트의 측압에 영향을 주는 요소에 대한 설명으로 틀린 것은?

① 콘크리트 타설 속도가 빠를수록 측압은 커진다.
② 콘크리트 온도가 낮으면 경화속도가 느려 측압은 작아진다.
③ 벽 두께가 얇을수록 측압은 작아진다.
④ 콘크리트의 슬럼프값이 클수록 측압은 커진다.

＊콘크리트 타설 시 거푸집의 측압
① 거푸집의 강성이 클수록 측압이 크다.
② 철골 or 철근량 적을수록 측압이 크다.
③ 외기온도가 낮을수록 측압이 크다.
④ 타설속도가 빠를수록 측압이 크다.
⑤ 습도가 낮을수록 측압이 크다.
⑥ 슬럼프가 클수록 측압이 크다.
⑦ 콘크리트 비중이 클수록 측압이 크다.

📝 필기에 자주 출제되는 내용입니다.

정답 69 ④ 70 ④ 71 ②

72 지반개량 공법 중 강제압밀 공법에 해당하지 않는 것은?

① 프리로딩 공법
② 페이퍼드레인 공법
③ 고결 공법
④ 샌드드레인 공법

> 고결 공법은 시멘트나 약액을 주입하여 지반을 강화시키는 공법으로 강제압밀 공법에 해당하지 않는다.

참고

* **강제압밀 공법**
① 프리로딩 공법 : 구조물 시공 전에 미리 하중을 재하하여 압밀을 미리 끝나게 하여, **지반의 강도를 증가시키는 공법**
② 페이퍼드레인 공법 : 연약지반에 합성수지로 된 페이퍼를 땅 속에 박아 압밀을 촉진시키는 공법
③ 샌드 드레인 공법 : 철관을 박고 그 속에 모래를 다져 넣어 하중을 가해 수분을 배출시키는 공법

 필기에 자주 출제되는 내용입니다.

73 철골공사에서 발생할 수 있는 용접불량에 해당되지 않는 것은?

① 스캘럽(scallop)
② 언더컷(under cut)
③ 오버랩(overlap)
④ 피트(pit)

① 언더컷(Under Cut) : 용접전류가 과대하거나 용접속도가 너무 빠를 때 또는 아크를 짧게 유지하기 어려운 경우 발생하며 **모재 및 용접부의 일부가 녹아서 발생하는 홈 또는 오목하게 생긴 부분**(용착금속이 채워지지 않고 홈처럼 오목하게 남아 있는 부분)을 말한다.
② 오버랩(overlap) : 용접전류가 부족하거나, 용접 속도가 너무 느릴 경우 발생하며 **용착 금속이 모재에 융합되지 않고 겹친 부분**(용융된 금속이 모재 면에 덮쳐진 상태)을 말한다.
③ 피트(Pit) : 용접 시 용접금속 내에 흡수된 가스가 표면에 나와 생성하는 작은 구멍을 말한다.

참고

스캘럽(scallop) : 용접선의 교차를 피하기 위하여 한 쪽의 부재에 설치한 홈을 말한다.

 필기에 자주 출제되는 내용입니다.

74 지하수위 저하공법 중 강제배수공법이 아닌 것은?

① 표면배수공법
② 전기침투 공법
③ well point 공법
④ 진공 Deep well 공법

정답 72 ③ 73 ① 74 ①

★ 강제 배수공법

진공에 의해 물을 강제적으로 모아 배수하는 공법을 말한다.

① 집수정(sump pit)공법 : 집수정(Sump Pit)에 집수된 지하수를 Pump로 강제 배수하는 공법을 말한다.
② 깊은 우물(deep well)공법 : 깊이 7m 정도의 우물을 파고 이곳에 수중 모터펌프를 설치하여 지하수를 양수하는 배수공법으로 지하 용수량이 많고 투수성이 큰 사질지반에 적합하다.
③ 웰 포인트(well point)공법 : 집수장치를 붙인 파이프를 1~3m의 간격으로 지중에 박아 이것을 지상의 집수관에 연결하여 펌프로 지중의 물을 배수하는 공법을 말한다.
④ 샌드 드레인(sand drain)공법 : 철관을 박고 그 속에 모래를 다져 넣어 하중을 가해 수분을 배출시키는 공법을 말한다.
⑤ 페이퍼드레인 공법 : 연약지반에 합성수지로 된 페이퍼를 땅 속에 박아 압밀을 촉진시키는 공법을 말한다.
⑥ 전기 침투 공법(Electro osmosis method) : 전기침투에 의해 간극수를 모아(지반에 전류를 흐르게 하면 물이 (+) 에서 (-)으로 흐르게 된다.) 모인 물을 배수하는 공법을 말한다.

📌 필기에 자주 출제되는 내용입니다.

75 도급업자의 선정방식 중 공개경쟁 입찰에 대한 설명으로 틀린 것은?

① 입찰참가자가 많아지면 사무가 번잡하고 경비가 많이 든다.
② 부적격업자에게 낙찰될 우려가 없다.
③ 담합의 우려가 적다.
④ 경쟁으로 인해 공사비가 절감된다.

공개경쟁 입찰 : 유자격자에게 모두 참가할 수 있는 기회부여(일반 업자에게 균등기회 부여)

장점	단점
① 담합의 우려가 적다. ② 경쟁으로 인해 공사비가 절감된다.	① 입찰참가자가 많아지면 사무가 번잡하고 경비가 많이 든다. ② 공사가 조잡해 질 우려가 있다.

📌 필기에 자주 출제되는 내용입니다.

76 철근콘크리트 공사에서 가스압접을 하는 이점에 해당되지 않는 것은?

① 철근조립부가 단순하게 정리되어 콘크리트 타설이 용이하다.
② 불량부분의 검사가 용이하다.
③ 겹친이음이 없어 경제적이다.
④ 철근의 조직변화가 적다.

★ 가스압접을 하는 장ㆍ단점

장점	단점
① 시공비가 저렴하다. ② 겹침 이음 부위의 철근량을 줄일 수 있다. ③ 콘크리트 타설이 용이하다.	① 기후(기온, 강우 등)의 영향을 받는다. ② 화재의 위험이 있다. ③ 열로 인해 철근의 산화 및 강도 저하가 발생할 수 있다.

정답 75 ② 76 ②

77 철골구조의 녹막이 칠 작업을 실시하는 곳은?

① 콘크리트에 매입되지 않는 부분
② 고력볼트 마찰 접합부의 마찰면
③ 폐쇄형 단면을 한 부재의 밀폐된 면
④ 조립상 표면접합이 되는 면

> ★ 녹막이 칠을 하지 않는 부분
> ① 현장용접을 하는 부위 및 그 곳에 인접하는 양측 100mm 이내, 그리고 초음파 탐상검사에 지장을 미치는 범위
> ② 고력볼트 마찰접합부의 마찰면
> ③ 콘크리트에 묻히는 부분
> ④ 핀, 롤러 등 밀착하는 부분과 회전면 등 절삭 가공한 부분
> ⑤ 조립에 의하여 면 맞춤 되는 부분
> ⑥ 밀폐되는 내면
>
> 📝 필기에 자주 출제되는 내용입니다.

78 설계도와 시방서가 명확하지 않거나 또는 설계는 명확하지만 공사비 총액을 산출하기 곤란하고 발주자가 양질의 공사를 기대할 때에 채택될 수 있는 가장 타당한 방식은?

① 실비정산 보수가산식 도급
② 단가 도급
③ 정액 도급
④ 턴키 도급

> ★ 실비정산 보수가산식 도급
> • 공사의 실비를 건축주와 도급자가 확인·정산하고 시공주는 미리 정한 보수율에 따라 도급자에게 보수액을 지불하는 방법
> • 설계도와 시방서가 명확하지 않거나 설계는 명확하지만 공사비 총액을 산출하기 곤란하고 발주자가 양질의 공사를 기대할 때 채택될 수 있는 가장 타당한 도급방식
>
> 📝 필기에 자주 출제되는 내용입니다.

79 철근콘크리트 구조에서 철근의 정착 위치로 틀린 것은?

① 기둥의 주근은 기초에 정착한다.
② 작은 보의 주근은 기둥에 정착한다.
③ 지중 보의 주근은 기초에 정착한다.
④ 벽체의 주근은 기둥 또는 큰 보에 정착한다.

> ★ 철근콘크리트의 부재별 철근의 정착위치
> ① 기둥의 주근은 기초 또는 바닥판에 정착한다.
> ② 바닥철근은 보, 벽체에 정착한다.
> ③ 벽 철근은 기둥, 보, 바닥판에 정착한다.
> ④ 큰 보의 주근은 기둥에 정착하고, 작은 보의 주근은 큰 보에 정착한다.
> ⑤ 보 밑 기둥이 없을 때에는 보 상호간에 정착한다.
> ⑥ 지중 보의 주근은 기초 또는 기둥에 정착한다.
>
> 📝 필기에 자주 출제되는 내용입니다.

정답 77 ① 78 ① 79 ②

80 철근의 정착에 대한 설명 중 틀린 것은?

① 철근을 정착하지 않으면 구조체가 큰 외력을 받을 때 철근과 콘크리트가 분리될 수 있다.
② 큰 인장력을 받는 곳일수록 철근의 정착 길이는 길다.
③ 후크의 길이는 정착 길이에 포함하여 산정한다.
④ 철근의 정착은 기둥이나 보의 중심을 벗어난 위치에 둔다.

★ 철근의 정착 길이
① 큰 인장력을 받는 곳의 정착 길이는 철근 지름의 40배 이상, 압축철근 및 작은 인장력을 받는 곳의 정착 길이는 철근 지름의 25배 이상으로 한다.
② 정착 길이는 후크(hook) 중심 간의 거리로 하며, 후크의 길이는 정착 길이에 포함하지 않는다.
③ 철근의 정착은 기둥이나 보의 중심을 벗어난 위치에 둔다.

5과목 건설재료학

81 도막방수에 사용되지 않는 재료는?

① 염화비닐 도막재
② 아크릴고무 도막재
③ 고무아스팔트 도막재
④ 우레탄고무 도막재

★ 도막방수 재료
① 무기, 유기질 혼화재
② 아크릴고무 도막재
③ 고무아스팔트 도막재
④ 우레탄고무 도막재

 필기에 자주 출제되는 내용입니다.

82 목재에 관한 설명으로 틀린 것은?

① 심재가 변재보다 비중, 내후성 및 강도가 크다.
② 섬유포화점은 보통 함수율이 30% 정도일 때를 말한다.
③ 변재는 심재부보다 신축 변형량이 크다.
④ 함수율이 증가하면 압축, 휨, 인장강도가 증가한다.

④ 섬유포화점 이상의 함수 상태에서는 강도는 일정하나 그 이하에서는 함수율이 작을수록 강도는 커진다.

필기에 자주 출제되는 내용입니다.

정답 80 ③ 81 ① 82 ④

83 프리플레이스트 콘크리트에 사용되는 골재에 관한 설명 중 틀린 것은?

① 굵은 골재의 최소 치수는 15mm 이상, 굵은 골재의 최대 치수는 부재단면 최소 치수의 1/4 이하, 철근 콘크리트의 경우 철근 순간격의 2/3 이하로 하여야 한다.
② 굵은 골재의 최대 치수와 최소 치수와의 차이를 적게 하면 굵은 골재의 실적률이 커지고 주입모르타르의 소요량이 적어진다.
③ 대규모 프리플레이스트 콘크리트를 대상으로 할 경우, 굵은 골재의 최소 치수를 크게 하는 것이 효과적이다.
④ 골재의 적절한 입도 분포를 위해 일반적으로 굵은 골재의 최대 치수는 최소 치수의 2~4배 정도로 한다.

> ② 굵은 골재의 최대 치수와 최소 치수와의 차이를 적게 하면 굵은 골재의 실적률이 적어지고 주입모르타르의 소요량이 많아진다.

84 아스팔트 접착제에 관한 설명 중 틀린 것은?

① 아스팔트 접착제는 아스팔트를 주체로 하여 이에 용제를 가하고 광물질 분말을 첨가한 풀모양의 접착제이다.
② 아스팔트 타일, 시트, 루핑 등의 접착용으로 사용한다.
③ 접착성은 양호하지만 습기를 방지하지 못한다.
④ 화학약품에 대한 내성이 크다.

③ 접착성이 양호하며 습기를 전혀 투과하지 못한다.

 필기에 자주 출제되는 내용입니다.

85 목재의 가공품 중 펄프를 접착제로 제판하여 양면을 열압 건조시킨 것으로 비중이 0.8 이상이며 수장판으로 사용하는 것은?

① 경질섬유판
② 파키트리보드
③ 반경질섬유판
④ 연질섬유판

> **섬유판(Fiberboard)** : 목재를 섬유(펄프)화 한 다음 펄프를 접착제로 제판하여 양면을 열압 건조시킨 판상 제품을 말한다.
> ① 연질섬유판(LDF) : 비중이 0.40 이하인 섬유판
> ② 중질섬유판(MDF) : 비중이 0.40 ~ 0.80인 섬유판
> ③ 경질섬유판(HDF) : 비중이 0.80 ~ 1.20인 섬유판

86 강의 열처리 중에서 조직을 개선하고 결정을 미세화하기 위해 800~1,000℃로 가열하여 소정의 시간까지 유지한 후에 대기 중에서 냉각시키는 처리는?

① 담금질(quenching)
② 뜨임(tempering)
③ 불림(normalizing)
④ 풀림(annealing)

정답 83 ② 84 ③ 85 ① 86 ③

풀림	강을 800 ~ 1000℃까지 가열한 후 로(爐)의 내부에서 서서히 냉각시킨다.
불림	강을 800 ~ 1000℃까지 가열한 후 공기 중에서 서서히 냉각시킨다.
담금질	강을 800 ~ 1000℃까지 가열한 후 물 또는 기름 속에서 급히 냉각시킨다.
뜨임질	담금질을 한 후 다시 200 ~ 600℃로 가열한 다음 공기 중에서 천천히 냉각시킨다.

📝 필기에 자주 출제되는 내용입니다.

87 도료의 저장 중 온도의 상승 및 저하의 반복 작용에 의해 도료 내에 작은 결정이 무수히 발생하며 도장 시 도막에 좁쌀모양이 생기는 현상은?

① skinning ② seeding
③ bodying ④ sagging

시딩(seeding) : 도료의 저장 중에 온도 상승·하강의 반복에 의하여 도료 내에 작은 결정이 무수히 발생하며 도장 시 도막에 좁쌀모양이 생기는 현상을 말한다.

88 석재의 명칭에 따른 용도가 틀린 것은?

① 팽창질석 - 단열보온재
② 점판암 - 지붕재
③ 중정석 - X선 차단 콘크리트용 골재
④ 트래버틴(travertine) - 외부바닥 장식재

④ 트래버틴(travertine) – 바닥재, 벽재, 테이블 상단 등 내장재로 사용된다.

📝 필기에 자주 출제되는 내용입니다.

89 굳지 않은 콘크리트의 성질을 표시하는 용어 중 컨시스턴시에 의한 부어넣기의 난이도 정도 및 재료분리에 저항하는 정도를 나타내는 것은?

① 플라스티시티 ② 피니셔빌리티
③ 펌퍼빌리티   ④ 워커빌리티

① 플라스티시티(성형성) : 거푸집에 쉽게 다져넣을 수 있고 거푸집을 제거하면 허물어지거나 재료분리가 되지 않는 정도
② 피니셔빌리티(마감성) : 굵은 골재의 최대치수, 잔골재율, 잔골재입도, 반죽 질기 등에 의한 마무리하기 쉬운 정도를 나타내는 성질
③ 펌퍼빌리티(펌프 압송성) : 펌프에 의한 운반을 실시하는 경우 펌프로 콘크리트가 압송되기 쉬운 정도
④ 워커빌리티(시공성) : 재료 분리를 일으키지 않고 작업이 용이하게 될 수 있는 정도

📝 필기에 자주 출제되는 내용입니다.

정답 87 ② 88 ④ 89 ④

90 실리카 시멘트(silica cement)의 특징에 대한 설명으로 틀린 것은?

① 저온에서는 응결이 느려진다.
② 공극 충전 효과가 없어 수밀성 콘크리트를 얻기 어렵다.
③ 콘크리트의 워커빌리티를 좋게 한다.
④ 화학적 저항성이 크므로 주로 단면이 큰 구조물, 해안 공사 등에 사용된다.

> **＊ 실리카 시멘트**
> ① 시멘트의 클링커와 규산질물(silica)을 혼합한 것으로 단기 강도가 적으나 장기 강도는 포틀랜드 시멘트와 유사하게 높다.
> ② 수화열이 적고 수밀성이 크고 해수에 대한 저항도 크다.
> ③ 저온에서는 응결이 느려진다.
> ④ 콘크리트의 워커빌리티를 좋게 하고 블리딩을 감소시킨다.
> ⑤ 화학적 저항성이 크므로 주로 단면이 큰 구조물, 해안공사 등에 사용된다.

91 석재의 종류와 용도가 잘못 연결된 것은?

① 화산암 - 경량골재
② 화강암 - 콘크리트용 골재
③ 대리석 - 조각재
④ 응회암 - 건축용 구조재

④ 응회석 – 특수 장식재나 경량골재, 내화재

> 📝 필기에 자주 출제되는 내용입니다.

92 KS F 2526에 따른 콘크리트용 골재의 유해물 함유량(질량 백분율 %) 허용값으로 틀린 것은?

① 굵은 골재 기준의 점토덩어리 : 0.25%
② 잔골재 기준의 석탄 및 갈탄(콘크리트의 표면이 중요한 부분) : 3.0%
③ 굵은 골재 기준의 연한석편 : 5.0%
④ 잔골재 기준의 염화물(NaCl 환산량) : 0.04%

1. 굵은 골재

시험항목		표준값	비고
물리적 성질	절대건조 밀도	2.5g/cm³ 이상	
	흡수율	3.0% 이하	
	안정성	12% 이하	
	마모율	40% 이하	
유해 물질	점토덩어리	0.25% 이하	
	연한 석편	5.0% 이하	
	0.08mm 체 통과량	1.0% 이하	
	석탄 및 갈탄	0.5% 이하	표면이 중요한 부분
		1.0% 이하	그 밖의 콘크리트의 부분

2. 잔골재

시험항목		표준값	비고
물리적 성질	절대건조 밀도	2.5g/cm³ 이상	
	흡수율	3.0% 이하	
	안정성	10% 이하	

정답 90 ② 91 ④ 92 ②

2. 잔골재

시험항목		표준값	비고
유해물질	점토덩어리	1.0% 이하	
	염화물(Nacl 환산량)	0.04% 이하	무근 콘크리트에 사용할 경우에는 적용하지 않는다.
	0.08mm 체 통과량	3.0% 이하	콘크리트 표면이 마모를 받는 부분
		5.0% 이하	그 밖의 부분
	석탄 및 갈탄	0.5% 이하	콘크리트의 표면이 중요한 부분
		1.0% 이하	그 밖의 부분

93 미장공사용 재료에 대한 설명으로 틀린 것은?

① 돌로마이트 플라스터는 소석회보다 점성이 낮아 풀이 필요하며 건조수축이 적은 특징이 있다.
② 회반죽 바름은 소석회를 사용한다.
③ 회반죽 바름에 사용하는 해초풀은 채취 후 1~2년 경과된 것이 좋다.
④ 석고플라스터는 경화·건조 시 치수 안정성이 우수하다.

* **돌로마이트 플라스터**
① 보수성이 크고 응결시간이 길다.
② 회반죽에 비하여 조기강도 및 최종강도가 크고 착색이 쉽다.
③ 여물을 혼입하여도 건조수축이 크기 때문에 수축 균열이 발생한다.

필기에 자주 출제되는 내용입니다.

94 초고층 건축물의 외벽시스템에 적용되고 있는 커튼월의 연결부 줄눈에 사용되는 실링재의 요구 성능으로 틀린 것은?

① 줄눈을 구성하는 각종부재에 잘 부착하는 것
② 줄눈 주변부에 오염현상을 발생시키지 않는 것
③ 줄눈부의 방수기능을 잘 유지하는 것
④ 줄눈에 발생하는 무브먼트(Movement)에 잘 저항하는 것

④ 줄눈에 발생하는 줄눈의 거동(Movement)에 추종할 것

참고

실링재 : 건축물의 부재와 부재간의 접합부분(줄눈부)에 채워 수밀성, 기밀성 등의 성능을 주기 위한 재료를 말한다.

95 목재를 방부 처리하는 방법 중 가장 간단한 것은?

① 주입법
② 침지법
③ 도포법
④ 표면탄화법

> ★ 목재의 방부처리법
> ① 주입법 : 방부액을 상압주입 하거나 가압하여 나무 깊이 주입하는 방법
>   • 가압주입법 : 압력용기 속에 목재를 넣어 처리하는 방법으로 가장 신속하고 효과적인 방법
>   • 상압주입법 : 방부약액을 가열하여 주입하는 방법
>   • 생리적 주입법 : 목재의 뿌리에 방부약액을 주입하는 방법
> ② 침지법 : 방부제 용액 중에 목재를 담그어 공기(산소)를 차단하여 방부 처리하는 방법
> ③ 도포법 : 목재를 충분히 건조시킨 후 솔 등으로 약제를 도포하여 방부 처리하는 방법(가장 간단한 방법)
> ④ 표면탄화법 : 목재표면 3~4mm 정도를 태워 수분을 제거하는 방법

📝 필기에 자주 출제되는 내용입니다.

96 다음 열가소성 수지 중 열 변형온도가 가장 큰 것은?

① 폴리염화비닐(PVC)
② 폴리스티렌(PS)
③ 폴리카보네이트(PC)
④ 폴리에틸렌(PE)

> ★ 열 변형온도(연화온도, 연화점)
> ① 폴리염화비닐(PVC) : 78℃
> ② 폴리스티렌(PS) : 95℃
> ③ 폴리카보네이트(PC) : 130℃
> ④ 폴리에틸렌(PE) : 저밀도 : 32~41℃
>   고밀도 : 43~54℃

97 건설자재의 환경성에 대한 일정기준을 정하여 에너지절약, 유해물질 저감, 자원의 절약 등을 유도하기 위하여 제품에 부여하는 인증제도로 옳은 것은?

① 환경표지 ② NEP인증
③ GD마크   ④ KS마크

> 건설자재의 환경성에 대한 일정기준을 정하여 제품에 부여하는 인증제도 → 환경표지

98 다음과 같은 특성을 가진 플라스틱의 종류는?

> • 가열하면 연화 또는 융해하여 가소성이 되고, 냉각하면 경화하는 재료이다.
> • 분자구조가 쇄상구조로 이루어져 있다.

① 멜라민수지 ② 아크릴수지
③ 요소수지   ④ 페놀수지

> ★ 아크릴 수지
> ① 가열하면 연화 또는 융해하여 가소성이 되고, 냉각하면 경화한다.
> ② 분자구조가 쇄상구조로 되어 있다.
> ③ 투명도가 높아 유기유리(유기질 유리)라고도 불린다.
> ④ 무색, 투명하여 착색이 자유롭고 상온에서도 절단·가공이 용이하다.

📝 필기에 자주 출제되는 내용입니다.

정답 96 ③ 97 ① 98 ②

99 점토에 관한 설명 중 틀린 것은?

① 점토의 색상은 철산화물 또는 석회물질에 의해 나타난다.
② 점토의 가소성은 점토입자가 미세할수록 좋다.
③ 압축강도와 인장강도는 거의 비슷하다.
④ 소성수축은 점토 내 휘발분의 양, 조직, 용융도 등이 영향을 준다.

③ 압축강도는 인장강도의 약 5배 정도이다.

필기에 자주 출제되는 내용입니다.

100 플라스틱 재료의 일반적인 성질에 대한 설명 중 틀린 것은?

① 플라스틱은 일반적으로 투명 또는 백색의 물질이므로 적합한 안료나 염료를 첨가함에 따라 상당히 광범위하게 채색이 가능하다.
② 플라스틱의 내수성 및 내투습성은 극히 양호하며, 가장 좋은 것은 폴리초산비닐이다.
③ 플라스틱은 상호 간 계면접착이 잘되며, 금속, 콘크리트, 목재, 유리 등 다른 재료에도 잘 부착된다.
④ 플라스틱은 일반적으로 전기절연성이 상당히 양호하다.

④ 플라스틱의 내수성 및 내투습성은 폴리초산비닐 등 일부를 제외하고는 극히 양호하다.

6과목 건설안전기술

101 콘크리트 타설 시 거푸집 측압에 대한 설명 중 틀린 것은?

① 타설속도가 빠를수록 측압이 커진다.
② 거푸집의 투수성이 낮을수록 측압은 커진다.
③ 타설높이가 높을수록 측압이 커진다.
④ 콘크리트의 온도가 높을수록 측압이 커진다.

④ 콘크리트 온도가 낮을수록 측압이 커진다.

참고

★ 콘크리트의 측압
- 철골 또는 철근량 적을수록 측압이 크다.
- 외기온도가 낮을수록 측압이 크다.
- 타설속도가 빠를수록 측압이 크다.
- 다짐이 좋을수록 측압이 크다.
- 슬럼프가 클수록 측압이 크다.
- 콘크리트 비중이 클수록 측압이 크다.
- 습도가 낮을수록 측압이 크다.

102 건설업 산업안전보건관리비 중 안전시설비로 사용할 수 없는 것은?

① 안전통로
② 비계에 추가 설치되는 추락방지용 안전난간
③ 사다리 전도방지장치
④ 통로의 낙하물 방호선반

① 외부비계, 작업발판, 안전통로 등은 안전시설비로 사용할 수 없다.

참고

★ 안전시설비의 사용항목
① 산업재해 예방을 위한 **안전난간, 추락방호망, 안전대 부착설비**, 방호장치(기계·기구와 방호장치가 일체로 제작된 경우, 방호장치 부분의 가액에 한함) 등 안전시설의 구입·임대 및 설치 등을 위해 소요되는 비용
② 스마트 안전장비 구입·임대 비용. 다만, 계상된 산업안전보건관리비 총액의 10분의 2를 초과할 수 없다.
③ 용접 작업 등 화재 위험작업 시 사용하는 소화기의 구입·임대비용

103 철륜 표면에 다수의 돌기를 붙여 접지면적을 작게 하여 접지압을 증가시킨 롤러로서 고함수비 점성토 지반의 다짐작업에 적합한 롤러는?

① 탠덤롤러　② 로드롤러
③ 타이어롤러　④ 탬핑롤러

★ 롤러의 종류 및 특징
① 머캐덤 롤러(MACADAM ROLLER) : 삼륜차형을 한 것으로 쇄석기층의 다지기나 아스팔트 포장의 처음 다지기에 이용된다.
② 탠덤 롤러(TANDEM ROLLER) : 2륜형식으로 머캐덤 롤러의 작업 후 마무리 다짐, 아스팔트 포장의 끝마무리용으로 이용된다.

③ 타이어 롤러(TIRE ROLLER) : 접지압을 공기압으로 조절할 수 있으며 접지압이 클수록 깊은 다짐이 가능하다.
④ 탬핑 롤러(Tamping roller) : 롤러 표면에 다수의 돌기를 만들어 부착한 것으로 고함수비의 점토질 다짐 및 흙 속의 간극 수압 제거에 이용된다.

필기에 자주 출제되는 내용입니다.

104 지반조사 중 예비조사 단계에서 흙막이 구조물의 종류에 맞는 형식을 선정하기 위한 조사항목과 거리가 먼 것은?

① 흙막이 벽 축조여부판단 및 굴착에 따른 안정이 충분히 확보될 수 있는지 여부
② 인근 지반의 지반조사자료나 시공자료의 수집
③ 기상조건변동에 따른 영향 검토
④ 주변의 환경(하천, 지표지질, 도로, 교통 등)

★ 예비조사
현지 상태의 개략적인 조사
- 인근현황자료 조사(주변환경)
- 지질도, 토양도
- 지형도
- 기상 및 수문자료
- 지하매설물 현황

105 철골작업을 중지하여야 하는 기준으로 옳은 것은?

① 1시간당 강설량이 1cm 이상인 경우
② 풍속이 초당 15m 이상인 경우
③ 진도 3 이상의 지진이 발생한 경우
④ 1시간당 강우량이 1cm 이상인 경우

정답　103 ④　104 ①　105 ①

* **철골작업을 중지해야 하는 조건**
  - 풍속이 초당 10m 이상인 경우
  - 강우량이 시간당 1mm 이상인 경우
  - 강설량이 시간당 1cm 이상인 경우

📝 실기까지 중요한 내용입니다. 암기하세요.

106 훅걸이용 와이어로프 등이 훅으로부터 벗겨지는 것을 방지하기 위한 장치는?

① 해지장치   ② 권과방지장치
③ 과부하 방지장치   ④ 턴버클

* **해지장치**
와이어로프 등이 훅으로부터 벗겨지는 것을 방지하는 장치를 말한다.

📝 실기까지 중요한 내용입니다.

107 다음은 타워크레인을 와이어로프로 지지하는 경우의 준수해야 할 기준이다. 빈칸에 들어갈 알맞은 내용을 순서대로 옳게 나타낸 것은?

> 와이어로프 설치각도는 수평면에서 (　)도 이내로 하되, 지지점은 (　)개소 이상으로 하고, 같은 각도로 설치할 것

① 45, 4   ② 45, 5
③ 60, 4   ④ 60, 5

와이어로프 설치각도는 수평면에서 60도 이내로 하되, 지지점은 4개소 이상으로 하고, 같은 각도로 설치할 것

108 인력운반 작업에 대한 안전 준수사항으로 가장 거리가 먼 것은?

① 보조기구를 효과적으로 사용한다.
② 물건을 들어올릴 때는 팔과 무릎을 이용하며 척추는 곧게 한다.
③ 긴 물건은 뒤쪽으로 높이고 원통인 물건은 굴려서 운반한다.
④ 무거운 물건은 공동작업으로 실시한다.

③ 긴 물건은 앞쪽을 들어올리고 뒤쪽은 끌면서 운반한다.

109 강관틀비계의 벽이음에 대한 조립간격 기준으로 옳은 것은? (단, 높이가 5m 미만인 경우 제외)

① 수직방향 5m, 수평방향 5m 이내
② 수직방향 6m, 수평방향 6m 이내
③ 수직방향 6m, 수평방향 8m 이내
④ 수직방향 8m, 수평방향 6m 이내

정답   106 ①   107 ③   108 ③   109 ③

*비계 조립간격(벽이음 간격)

비계 종류		수직방향	수평방향
강관비계	단관비계	5m	5m
	틀비계(높이 5m 미만인 것 제외)	6m	8m

📝 실기까지 중요한 내용입니다. 암기하세요.

110 터널공사에서 발파작업 시 안전대책으로 틀린 것은?

① 발파전 도화선 연결상태, 저항치 조사 등의 목적으로 도통시험 실시 및 발파기의 작동상태를 사전에 점검
② 동력선은 발원점으로부터 최소 15m 이상 후방으로 옮길 것
③ 지질, 암의 절리 등에 따라 화약량 검토 및 시방기준과 대비하여 안전조치 실시
④ 발파용 점화회선은 타동력선 및 조명회선과 한곳으로 통합하여 관리

④ 발파용 점화회선은 타동력선 및 조명회선과 분리하여 관리한다.

111 건설업 유해·위험방지계획서 제출 시 첨부서류에 해당되지 않는 것은?

① 공사개요서
② 산업안전보건관리비 사용계획서
③ 재해발생 위험 시 연락 및 대피방법
④ 특수공사계획

*건설공사 유해위험방지계획서 첨부서류
• 공사 개요 및 안전보건관리계획
 - 공사 개요서
 - 공사현장의 주변 현황 및 주변과의 관계를 나타내는 도면(매설물 현황을 포함)
 - 건설물, 사용 기계설비 등의 배치를 나타내는 도면
 - 전체 공정표
 - 산업안전보건관리비 사용계획
 - 안전관리 조직표
 - 재해 발생 위험 시 연락 및 대피방법
• 작업 공사 종류별 유해 · 위험방지계획

112 추락재해 방지를 위한 방망의 그물코 규격 기준으로 옳은 것은?

① 사각 또는 마름모로서 크기가 5cm 이하
② 사각 또는 마름모로서 크기가 10cm 이하
③ 사각 또는 마름모로서 크기가 15cm 이하
④ 사각 또는 마름모로서 크기가 20cm 이하

추락방지망의 그물코는 사각 또는 마름모로서 그 크기는 10cm 이하이어야 한다.

113 사면 보호 공법 중 구조물에 의한 보호 공법에 해당되지 않는 것은?

① 현장타설 콘크리트 격자공
② 식생구멍공
③ 블록공
④ 돌쌓기공

정답 110 ④ 111 ④ 112 ② 113 ②

식생구멍공은 잔디 등을 심어 사면을 보호하는 공법으로 구조물에 의한 보호공법이 아니다.

114 건립 중 강풍에 의한 풍압 등 외압에 대한 내력이 설계에 고려되었는지 확인하여야 하는 철골 구조물에 해당하지 않는 것은?

① 이음부가 현장용접인 건물
② 높이 15m인 건물
③ 기둥이 타이플레이트(tie plate)형인 구조물
④ 구조물의 폭과 높이의 비가 1 : 5인 건물

* 외압에 대한 내력이 설계에 고려되었는지 확인하여야 할 대상(자립도 검토대상)
• 높이 20m 이상의 구조물
• 구조물의 폭과 높이의 비가 1 : 4 이상인 구조물
• 단면 구조에 현저한 차이가 있는 구조물
• 연면적당 철골량이 50kg/m² 이하인 구조물
• 기둥이 타이플레이트(tie plate)형인 구조물
• 이음부가 현장용접인 구조물

 실기까지 중요한 내용입니다. 해설을 다시 확인하세요.

115 달비계의 와이어로프의 사용금지 기준에 해당하지 않는 것은?

① 와이어로프의 한 꼬임에서 끊어진 소선의 수가 10% 이상인 것
② 지름의 감소가 공칭지름의 7%를 초과하는 것
③ 심하게 변형되거나 부식된 것
④ 균열이 있는 것

* 와이어로프의 사용금지 기준
① 이음매가 있는 것
② 와이어로프의 한 꼬임에서 끊어진 소선의 수가 10 퍼센트 이상인 것
③ 지름의 감소가 공칭지름의 7퍼센트를 초과하는 것
④ 꼬인 것
⑤ 심하게 변형되거나 부식된 것
⑥ 열과 전기충격에 의해 손상된 것

참고

* 사용금지 기준

달기체인	① 달기 체인의 길이가 달기 체인이 제조된 때의 길이의 5퍼센트를 초과한 것 ② 링의 단면지름이 제조된 때의 해당 링의 지름의 10퍼센트를 초과하여 감소한 것 ③ 균열이 있거나 심하게 변형된 것
화물자동차의 짐걸이 등으로 사용하는 섬유로프	① 꼬임이 끊어진 것 ② 심하게 손상 또는 부식된 것
달비계에 사용하는 섬유로프 또는 안전대의 섬유벨트	① 꼬임이 끊어진 것 ② 심하게 손상되거나 부식된 것 ③ 2개 이상의 작업용 섬유로프 또는 섬유벨트를 연결한 것 ④ 작업높이보다 길이가 짧은 것

 실기까지 중요한 내용입니다. 참고를 다시 확인하세요.

정답 114 ② 115 ④

116 안전계수가 4이고 2,000kg/cm² 의 인장강도를 갖는 강선의 최대허용응력은?

① 500kg/cm²
② 1,000kg/cm²
③ 1,500kg/cm²
④ 2,000kg/cm²

$$안전율 = \frac{인장강도}{최대허용응력}$$

$$최대허용응력 = \frac{인장강도}{안전율} = \frac{2,000}{4} = 500kg/cm^2$$

117 가설통로를 설치하는 경우의 준수해야 할 기준으로 틀린 것은?

① 건설공사에 사용하는 높이 8m 이상인 비계다리에는 5m 이내마다 계단참을 설치할 것
② 수직갱에 가설된 통로의 길이가 15m 이상인 경우에는 10m 이내마다 계단참을 설치할 것
③ 경사가 15°를 초과하는 경우에는 미끄러지지 아니하는 구조로 할 것
④ 추락할 위험이 있는 장소에는 안전난간을 설치할 것

*가설통로 설치 시의 준수사항
- 견고한 구조로 할 것
- 경사는 30° 이하로 할 것
- 경사가 15°를 초과하는 때는 미끄러지지 아니하는 구조로 할 것
- 추락의 위험이 있는 장소에는 안전난간을 설치할 것
- 수직갱 : 길이가 15m 이상인 때에는 10m 이내마다 계단참을 설치할 것
- 건설공사에 사용하는 높이 8m 이상인 비계다리 : 7m 이내마다 계단참을 설치할 것

실기까지 중요한 내용입니다. 해설을 다시 확인하세요.

118 다음 중 달비계 또는 높이 5m 이상의 비계를 조립·해체하거나 변경하는 작업을 하는 경우의 준수사항이다. 빈칸에 알맞은 숫자는?

비계재료의 연결·해체작업을 하는 경우에는 폭 ( )cm 이상의 발판을 설치하고 근로자로 하여금 안전대를 사용하도록 하는 등 추락을 방지하기 위한 조치를 할 것

① 15   ② 20
③ 25   ④ 30

비계재료의 연결·해체작업을 하는 때에는 폭 20cm 이상의 발판을 설치하고 근로자로 하여금 안전대를 사용하도록 하는 등 근로자의 추락방지를 위한 조치를 할 것

> **참고**
>
> **＊작업발판의 폭**
> - 슬레이트, 선라이트(sunlight) 등 강도가 약한 재료로 덮은 지붕 위에서 작업을 할 때 : 폭 30cm 이상의 발판을 설치
> - 높이가 2m 이상인 작업장소의 작업발판 폭 : 40cm 이상

119 토공기계 중 클램쉘(clam shell)의 용도에 대해 가장 잘 설명한 것은?

① 단단한 지반에 작업하기 쉽고 작업속도가 빠르며 특히 암반굴착에 적합하다.
② 수면하의 자갈, 실트 혹은 모래를 굴착하고 준설선에 많이 사용한다.
③ 상당히 넓고 얕은 범위의 점토질 지반 굴착에 적합하다.
④ 기계 위치보다 높은 곳의 굴착, 비탈면 절취에 적합하다.

＊클램쉘(clamshell)
- 수중굴착 및 가장 협소하고 깊은 굴착이 가능하며 호퍼(hopper)에 적당하다.
- 연약지반이나 수중굴착 및 자갈 등을 싣는 데 적합하다.

120 다음 중 토사 붕괴의 내적 원인인 것은?

① 절토 및 성토 높이 증가
② 사면법면의 기울기 증가
③ 토석의 강도 저하
④ 공사에 의한 진동 및 반복 하중 증가

＊토석 붕괴의 내적 원인
- 절토 사면의 토질·암질
- 성토 사면의 토질구성 및 분포
- 토석의 강도 저하

> **참고**
>
> **＊토석 붕괴의 외적 원인**
> - 사면, 법면의 경사 및 기울기의 증가
> - 절토 및 성토 높이의 증가
> - 공사에 의한 진동 및 반복 하중의 증가
> - 지표수 및 지하수의 침투에 의한 토사 중량의 증가
> - 지진, 차량, 구조물의 하중 작용
> - 토사 및 암석의 혼합층 두께

정답 119 ② 120 ③

2015년 4회 최근 기출문제

1과목 산업안전관리론

01 다음 중 산업안전보건법령에 따라 건설업 중 유해·위험 방지 계획서를 작성하여 고용노동부 장관에게 제출하여야 하는 공사에 해당하지 않는 것은?

① 터널 건설 공사
② 깊이 10m 이상인 굴착공사
③ 최대지간 길이가 31m 이상인 교량건설 공사
④ 다목적댐, 발전용댐 및 저수용량 2천만톤 이상의 용수 전용 댐, 지방상수도 전용 댐 건설공사

＊유해위험방지계획서를 제출해야 될 건설공사

1. 다음 각 목의 어느 하나에 해당하는 건축물 또는 시설 등의 건설·개조 또는 해체공사
 가. 지상높이가 31미터 이상인 건축물 또는 인공구조물
 나. 연면적 3만제곱미터 이상인 건축물
 다. 연면적 5천제곱미터 이상인 시설로서 다음의 어느 하나에 해당하는 시설
  1) 문화 및 집회시설(전시장 및 동물원·식물원은 제외한다)
  2) 판매시설, 운수시설(고속철도의 역사 및 집배송시설은 제외한다)
  3) 종교시설
  4) 의료시설 중 종합병원
  5) 숙박시설 중 관광숙박시설
  6) 지하도상가
  7) 냉동·냉장 창고시설

2. 연면적 5천제곱미터 이상의 냉동·냉장창고시설의 설비공사 및 단열공사
3. 최대 지간길이(다리의 기둥과 기둥의 중심사이의 거리)가 50미터 이상인 교량 건설 등 공사
4. 터널 건설 등의 공사
5. 다목적댐, 발전용댐, 저수용량 2천만톤 이상의 용수 전용 댐, 지방상수도 전용 댐 건설 등의 공사
6. 깊이 10미터 이상인 굴착공사

특급암기법

- 지상높이 31m, 연면적 3만m², 사람 많은 시설 연면적 5,000m²
- 연면적 5,000m² 냉동·냉장창고시설
- 최대 지간길이가 50미터 이상 교량
- 터널
- 저수용량 2천만 톤 이상 댐
- 10미터 이상인 굴착

실기에 자주 출제되는 내용입니다. 암기하세요.

02 산업안전보건법령상 산업안전보건위원회의 구성에 있어 사용자 위원에 해당하지 않는 것은?

① 안전관리자
② 명예산업안전감독관
③ 해당 사업의 대표자가 지명한 9인 이내 해당 사업장 부서의 장
④ 보건관리자의 업무를 위탁한 경우 대행기관의 해당 사업장 담당자

★ 산업안전보건위원회의 구성

근로자위원	• 근로자대표 • 근로자대표가 지명하는 1명 이상의 명예산업안전감독관 • 근로자대표가 지명하는 9명 이내의 해당 사업장의 근로자
사용자위원	• 해당 사업의 대표자 • 안전관리자 1명 • 보건관리자 1명 • 산업보건의 • 사업의 대표자가 지명하는 9명 이내의 해당 사업장 부서의 장

📝 실기에 자주 출제되는 내용입니다. 암기하세요.

03 다음 중 일상점검내용을 구분할 때 작업 전, 작업 중, 작업 종료로 구분할 때 '작업 중 점검 내용'으로 볼 수 없는 것은?

① 품질의 이상 유무
② 안전수칙의 준수 여부
③ 이상소음의 발생 유무
④ 방호장치의 작동 여부

④ 방호장치의 작동여부는 작업시작 전 정상작동 여부를 점검하여야 한다.

04 산업안전보건법령상의 안전·보건표지 중 지시표지의 종류가 아닌 것은?

① 안전대 착용 ② 귀마개 착용
③ 안전복 착용 ④ 안전장갑 착용

★ 지시표지의 종류
• 보안경 착용
• 방독마스크 착용
• 방진마스크 착용
• 보안면 착용
• 안전모 착용
• 귀마개 착용
• 안전화 착용
• 안전장갑 착용
• 안전복 착용

📝 실기에 자주 출제되는 내용입니다. 암기하세요.

05 산업안전보건법령상 안전검사 대상 유해기계·기구에 해당하지 않는 것은?

① 리프트
② 압력용기
③ 곤돌라
④ 교류아크 용접기

정답 03 ④ 04 ① 05 ④

※ 안전검사 대상 유해·위험기계

① 프레스
② 전단기
③ 크레인(정격 하중이 2톤 미만인 것 제외)
④ 리프트
⑤ 압력용기
⑥ 곤돌라
⑦ 국소 배기장치(이동식은 제외)
⑧ 원심기(산업용만 해당)
⑨ 롤러기(밀폐형 구조는 제외한다)
⑩ 사출성형기[형 체결력(형 체결력) 294킬로뉴턴(KN) 미만은 제외]
⑪ 고소작업대
⑫ 컨베이어
⑬ 산업용 로봇
⑭ 혼합기(26년 6월 26일 시행)
⑮ 파쇄기 또는 분쇄기(26년 6월 26일 시행)

특급암기법

손 다치는 기계 – 프레스, 전단기, 사출성형기, 롤러기, 혼합기, 파쇄기 또는 분쇄기(26년 6월 26일 시행)
양중기 – 크레인, 리프트, 곤돌라
폭발 – 압력용기
추가 – 극소(국소) 로봇이 고소(높은 곳)의 큰(컨) 원을 검사(안전검사)
국소배기장치, 산업용 로봇, 고소작업대, 컨베이어, 원심기

📝 실기에 자주 출제되는 내용입니다. 암기하세요.

06 공사규모가 70억 원인 건설공사 현장에서 1일 200명의 근로자가 매일 10시간씩 근무를 하고 있다. 이 현장의 무재해 운동의 1배 목표를 30만 시간이라 할 때 무재해 1배 목표는 며칠 후에 달성하는가? (단, 일요일이나 공휴일은 없는 것으로 간주하며, 이 현장의 평균 결근율은 5%로 가정한다.)

① 1580일 ② 1500일
③ 158일   ④ 80일

📝 법 개정에 의해 삭제된 내용입니다.

07 다음 중 재해사례연구의 진행단계에 있어 제3단계인 '근본적 문제점의 결정에 관한 사항'으로 가장 적합한 것은?

① 사례 연구의 전제조건으로서 발생일시 및 장소 등 재해 상황의 주된 항목에 관해서 파악한다.
② 파악된 사실로부터 판단하여 관계법규, 사내규정 등을 적용하여 문제점을 발견한다.
③ 재해가 발생할 때까지의 경과 중 재해와 관계가 있는 사실 및 재해요인으로 알려진 사실을 객관적으로 확인한다.
④ 재해의 중심이 된 문제점에 관하여 어떤 관리적 책임의 결함이 있는지를 여러 가지 안전보건의 키(key)에 대하여 분석한다.

정답 06 정답 없음 07 ④

* **재해사례연구 진행 단계**
- 전제 조건 : 재해 상황의 파악
- 1단계 : 사실의 확인
- 2단계 : 문제점 발견
- 3단계 : 근본 문제점 결정(핵심 재해원인 결정)
- 4단계 : 대책수립

08 다음 중 산업안전보건법에서 정의한 용어에 대한 설명으로 틀린 것은?

① '사업주'란 근로자를 사용하여 사업을 하는 자를 말한다.
② '근로자대표'란 근로자와 사업주로 조직된 노동조합이 있는 경우에는 그 노동조합을, 근로자와 사업주로 조직된 노동조합이 없는 경우에는 사업주가 지정한 근로자를 대표하는 자를 말한다.
③ '작업환경측정'이란 작업환경 실태를 파악하기 위하여 해당 근로자 또는 작업장에 대하여 사업주가 유해인자에 대한 측정계획을 수립한 후 시료(試料)를 채취하고 분석·평가하는 것을 말한다.
④ '산업재해'란 노무를 제공하는 자가 업무에 관계되는 건설물·설비·원재료·가스·증기·분진 등에 의하거나 작업 또는 그 밖의 업무로 인하여 사망 또는 부상하거나 질병에 걸리는 것을 말한다.

② '근로자대표'란 근로자의 과반수로 조직된 노동조합이 있는 경우에는 그 노동조합을, 근로자의 과반수로 조직된 노동조합이 없는 경우에는 근로자의 과반수를 대표하는 자를 말한다.

09 안전관리의 수준을 평가하는데 사고가 일어나는 시점을 전후하여 평가를 한다. 다음 중 사고가 일어나기 전의 수준을 평가하는 사전 평가활동에 해당하는 것은?

① 재해율 통계
② 안전활동률 관리
③ 재해손실 비용 산정
④ Safe-T-Score 산정

안전활동률은 사업장의 100만 근로시간당 안전 활동 건수를 나타내는 것으로 사고가 일어나기 전의 안전활동을 평가하는 것이다.

10 하인리히(H.W.Heinrich)의 사고 발생 연쇄성 이론에서 '직접원인'은 아담스(E. Adams)의 사고 발생 연쇄성 이론의 무엇과 일치하는가?

① 작전적 에러
② 전술적 에러
③ 유전적 요소
④ 사회적 환경

* **하인리히(H.W.Heinrich)의 사고 연쇄성 이론**

1단계	선천적 결함(사회, 환경, 유전적 결함)
2단계	개인적 결함
3단계	불안전 행동, 불안전한 상태(직접원인)
4단계	사고(접촉)
5단계	재해(상해)

* **아담스(E. Adams)의 사고 연쇄성 이론**

1단계	관리구조
2단계	작전적 에러
3단계	전술적 에러
4단계	사고
5단계	상해

 실기까지 중요한 내용입니다.

정답 08 ② 09 ② 10 ②

11 다음 중 시설물의 안전관리에 관한 특별법령상 제시된 등급별 정기점검의 실시 시기로 틀린 것은?

① A 등급인 경우 반기에 1회 이상이다.
② B 등급인 경우 반기에 1회 이상이다.
③ C 등급인 경우 1년에 3회 이상이다.
④ D 등급인 경우 1년에 3회 이상이다.

*정기안전점검의 실시 주기

안전등급	정기안전점검
A등급	반기에 1회 이상
B·C등급	
D·E등급	1년에 3회 이상

12 다음 중 안전관리조직의 구비조건으로 가장 적합하지 않은 것은?

① 생산라인이나 현장과는 엄격히 분리된 조직이어야 한다.
② 회사의 특성과 규모에 부합되게 조직되어야 한다.
③ 조직을 구성하는 관리자의 책임과 권한이 분명해야 한다.
④ 조직의 기능을 충분히 발휘할 수 있도록 제도적 체계가 갖추어져야 한다.

① 생산라인이나 현장과 밀착된 조직이어야 한다.

13 다음 중 산업현장에서 산업재해가 발생하였을 때의 조치사항을 가장 올바른 순서대로 나열한 것은?

㉠ 현장 보존   ㉡ 피해자의 구조
㉢ 2차 재해방지   ㉣ 피재기계의 정지
㉤ 관계자에게 통보   ㉥ 피해자의 응급조치

① ㉡ → ㉢ → ㉤ → ㉣ → ㉥ → ㉠
② ㉣ → ㉡ → ㉥ → ㉤ → ㉢ → ㉠
③ ㉣ → ㉤ → ㉢ → ㉡ → ㉥ → ㉠
④ ㉤ → ㉢ → ㉣ → ㉡ → ㉥ → ㉠

재해발생시 조치순서	긴급조치 순서
• 긴급조치	• 피재기계 정지
• 재해조사	• 피재자 응급조치
• 원인분석	• 관계자에게 통보
• 대책수립	(인적, 물적 손실을 함께 통보)
• 실시	• 2차 재해방지
• 평가	• 현장 보존

14 위험예지훈련 진행방법 중 '대책수립'은 몇 라운드에 해당되는가?

① 제1라운드
② 제2라운드
③ 제3라운드
④ 제4라운드

* 위험예지 훈련 4단계
  - 1단계 : 현상 파악
  - 2단계 : 요인조사(본질추구)
  - 3단계 : 대책수립
  - 4단계 : 행동목표 설정(합의요약)

📝 실기까지 중요한 내용입니다.

15 다음 중 재해방지를 위한 대책 선정 시 안전대책에 해당하지 않는 것은?

① 경제적 대책 ② 기술적 대책
③ 교육적 대책 ④ 관리적 대책

* 안전대책을 현장에 적용할 때는 3E를 적용한다.
  - 안전교육(Education)
  - 안전기술(Engineering)
  - 안전독려, 안전관리(Enforcement)

16 다음 중 안전보건관리규정의 작성 시 유의사항으로 틀린 것은?

① 규정된 기준은 법정기준을 상회하여서는 안 된다.
② 관리자의 직무와 권한에 대한 부분은 명확하게 한다.
③ 작성 또는 개정 시 현장의 의견을 충분히 반영시킨다.
④ 정상 및 이상시의 사고발생에 대한 조치 사항을 포함시킨다.

① 규정된 기준은 법정기준을 상회하도록 작성한다

17 재해의 발생원인을 기술적 원인, 관리적 원인, 교육적 원인으로 구분할 때 다음 중 기술적 원인과 가장 거리가 먼 것은?

① 생산 공정의 부적절
② 구조, 재료의 부적합
③ 안전장치의 기능 제거
④ 건물, 설비의 설계 불량

기술적 원인	• 건물 기계장치 설계불량 • 구조 재료의 부적합 • 생산방법의 부적당 • 점검 정비 보존 불량
교육적 원인	• 안전지식의 부족 • 안전수칙의 오해 • 경험 훈련의 부족 • 작업 방법의 교육 불충분 • 유해 위험 작업의 교육 불충분
작업관리상 원인	• 안전관리 조직 결함 • 안전수칙 미제정 • 작업준비 불충분 • 인원 배치 부적당 • 작업지시 부적당

18 다음 중 산업안전보건법령상 안전인증 대상의 안전화 종류에 해당하지 않는 것은?

① 경화 안전화
② 발등 안전화
③ 정전기 안전화
④ 화학물질 안전화

> ★ 안전인증 대상 안전화의 종류
> - 가죽제 안전화
> - 고무제 안전화
> - 정전기 안전화
> - 발등 안전화
> - 절연화
> - 절연 장화
> - 화학물질용 안전화

📝 실기까지 중요한 내용입니다.

19 재해 코스트 계산방식에 있어 시몬즈법을 사용할 경우 비보험 코스트의 항목으로 틀린 사항은? (단, A, B, C, D는 장해 정도별 비보험 코스트의 평균치를 의미한다.)

① A × 휴업상해 건수
② B × 통상상해 건수
③ C × 응급조치 건수
④ D × 중상해 건수

> ★ 시몬즈의 재해코스트
> - 총 재해코스트 = 보험코스트(산재보험료) + 비보험 코스트
> - 총 재해코스트 = 산재보험료 + (A × 휴업상해 건수) + (B × 통원상해 건수) + (C × 구급조치상해 건수) + (D × 무상해 사고 건수)

📝 실기까지 중요한 내용입니다.

20 다음과 같은 재해의 원인분석을 올바르게 나열한 것은?

> 근로자가 운반 작업을 하던 도중에 2층 계단에서 미끄러져 계단을 굴러 떨어져 바닥에 머리를 다쳤다.

① 가해물 : 계단, 기인물 : 바닥, 재해형태 : 떨어짐
② 가해물 : 바닥, 기인물 : 계단, 재해형태 : 맞음
③ 가해물 : 짐, 기인물 : 계단, 재해형태 : 맞음
④ 가해물 : 바닥, 기인물 : 계단, 재해형태 : 떨어짐

> - 계단에서 미끄러져 → 기인물 : 계단
> - 바닥에 머리를 다쳤다. → 가해물 : 바닥
> - 계단을 굴러 떨어져 → 재해형태 : 떨어짐

📝 실기까지 중요한 내용입니다.

정답 19 ④ 20 ④

2과목 산업심리 및 교육

21 부주의 현상 중 심신이 피로하거나 단조로운 작업을 반복할 경우 나타나는 의식수준의 저하 현상은 의식수준의 어느 단계에서 발생하는가?

① Phase Ⅰ 이하   ② Phase Ⅱ
③ Phase Ⅲ   ④ Phase Ⅳ 이상

★ 인간 의식레벨의 분류

Phase 0	무의식, 실신	수면, 뇌발작	주의작용 0
Phase Ⅰ	의식흐림	피로, 단조로운 일	부주의
Phase Ⅱ	이완	안정기거, 휴식	안정기거, 휴식
Phase Ⅲ	상쾌	적극적	적극활동
Phase Ⅳ	과긴장	일점집중 현상, 긴급방위	감정흥분

필기에 자주 출제되는 내용입니다.

22 다음 중 새로운 자료나 교재를 제시하고, 거기에서의 문제점을 피교육자로 하여금 제기하게 하거나, 의견을 여러 가지 방법으로 발표하게 하고, 다시 깊게 파고 들어서 토의하는 방법은?

① 포럼(Forum)
② 심포지엄(Symposium)
③ 버즈세션(Buzz Session)
④ 패널 디스커션(Panel Discussion)

★ 포럼(Forum)
새로운 자료나 교재를 제시, 의견을 발표하고 토론

참고

- **심포지엄(Symposium)** : 몇 사람의 전문가에 의하여 과제에 관한 견해를 발표한 뒤 참가자로 하여금 의견이나 질문을 하게 하여 토의하는 방법이다.
- **패널 디스커션(Panel discussion)** : 패널 멤버(교육 과제에 정통한 전문가 4~5명)가 피교육자 앞에서 토의를 하고, 뒤에 피교육자 전원이 참가하여 사회자의 사회에 따라 토의하는 방법이다.
- **버즈 세션(Buzz Session)** : 사회자와 기록계를 선출한 후 6명씩의 소집단으로 구분하고, 소집단별로 6분씩 자유토의를 행하여 의견을 종합하는 방법이다.

필기에 자주 출제되는 내용입니다.

23 매슬로(Maslow)의 욕구이론에 관한 설명으로 틀린 것은?

① 행동은 충족되지 않은 욕구에 의해 결정되고 좌우된다.
② 기본적 욕구는 환경적 또는 후천적인 성질을 지닌다.
③ 개인은 가장 기본적인 욕구로부터 시작하여 위계상 상위 욕구로 올라가면서 자신의 욕구를 체계적으로 충족시킨다.
④ 위계(位階)에서 생존을 위해 기본이 되는 욕구들이 우선적으로 충족되어야 한다.

② 기본적 욕구는 선천적인 성질을 지닌다.

정답 21 ① 22 ① 23 ②

> 참고

* **매슬로(Maslow A. H.)의 욕구단계 이론**
   - 제1단계(생리적 욕구) : 기아, 갈증, 배설 등 인간의 가장 기본적인 욕구
   - 제2단계(안전 욕구) : 자기 보존 욕구
   - 제3단계(사회적 욕구) : 소속감과 애정 욕구
   - 제4단계(존경 욕구) : 인정받으려는 욕구
   - 제5단계(자아실현의 욕구) : 잠재적인 능력을 실현하고자 하는 욕구

OJT의 특징	· 개개인에게 적절한 훈련이 가능하다. · 직장의 실정에 맞는 훈련이 가능하다. · 교육효과가 즉시 업무에 연결된다. · 훈련에 대한 업무의 계속성이 끊어지지 않는다. · 상호 신뢰 이해도가 높다.
OFF JT의 특징	· 다수의 근로자들에게 훈련을 할 수 있다. · 훈련에만 전념하게 된다. · 특별설비기구 이용이 가능하다. · 많은 지식이나 경험을 교류할 수 있다. · 교육 훈련 목표에 대하여 집단적 노력이 흐트러질 수 있다.

📝 필기에 자주 출제되는 내용입니다.

24 다음 중 안전태도교육의 내용 및 목표와 가장 거리가 먼 것은?

① 표준 작업 방법의 습관화
② 보호구 취급과 관리 자세 확립
③ 방호 장치 관리 기능 습득
④ 안전에 대한 가치관 형성

③ 방호 장치 관리 기능 습득 → 기능교육

25 OFF-JT(Off the Job Training)와 비교하여 OJT(On the Job Training)의 장점이 아닌 것은?

① 직장의 실정에 맞는 구체적이고 실제적인 지도 교육이 가능하다.
② 동기부여가 쉽다.
③ 훈련에 필요한 업무의 계속성이 끊어지지 않는다.
④ 다수를 대상으로 일괄적으로, 조직적으로 교육할 수 있다.

26 다음은 무엇에 관한 설명인가?

> 다른 사람으로부터의 판단이나 행동을 무비판적으로 받아들이는 것

① 모방(Imitation)
② 암시(Suggestion)
③ 투사(Projection)
④ 동일화(Identification)

· **모방(Imitation)** : 남의 행동이나 판단을 표본으로 하여 그것과 같거나 또는 그것에 가까운 행동 또는 판단을 취하려는 행동
· **암시(Suggestion)** : 다른 사람으로부터의 판단이나 행동을 무비판적으로 논리적·사실적 근거 없이 받아들이는 행동

정답 24 ③ 25 ④ 26 ②

- **투사(Projection)** : 자기 속의 억압된 것을 다른 사람의 것으로 생각하는 것, 자신의 불만이나 불안을 해소시키기 위해서 자신의 잘못을 남의 탓으로 돌리는 행동
- **동일화(Identification)** : 다른 사람의 행동 양식이나 태도를 투입시키거나 다른 사람 가운데서 자기와 비슷한 점을 발견하는 것

📝 실기까지 중요한 내용입니다.

27 다음 중 교육훈련의 전이타당도를 높이기 위한 방법과 가장 거리가 먼 것은?

① 훈련상황과 직무상황 간의 유사성을 최소화한다.
② 훈련내용과 직무내용 간에 튼튼한 고리를 만든다.
③ 피훈련자들이 배운 원리를 완전히 이해할 수 있도록 해 준다.
④ 피훈련자들이 훈련에서 배운 기술, 과제 등을 가능한 풍부하게 경험할 수 있도록 해 준다.

① 훈련상황과 직무상황 간의 유사성을 충분히 고려하여야 한다.

28 다음 중 직무기술서(job description)에 포함되어야 하는 내용과 가장 거리가 먼 것은?

① 직무의 직종
② 수행되는 과업
③ 직무수행 방법
④ 작업자에게 요구되는 능력

★ **직무기술서(job description)에 포함되어야 하는 내용**
- 직무 명칭
- 소속 직군 및 직종
- 직무의 내용
- 직무에 필요한 원재료, 설비, 작업도구
- 직무수행 방법 및 절차
- 작업조건

29 다음 중 안전교육의 기본방향과 가장 거리가 먼 것은?

① 사고 사례 중심의 안전교육
② 안전작업(표준작업)을 위한 안전교육
③ 안전의식 향상을 위한 안전교육
④ 작업량 향상을 위한 안전교육

★ **안전교육 기본방향**
- 사고사례 중심의 안전교육
- 안전의식 향상을 위한 안전교육
- 안전작업(표준작업)을 위한 안전교육

정답 27 ① 28 ④ 29 ④

30 다음 중 생체리듬(Biorhythm)의 종류에 해당하지 않는 것은?

① 지적 리듬　② 신체 리듬
③ 감성 리듬　④ 신경 리듬

★ 생체(바이오리듬)의 종류

육체적 리듬(P)	식욕, 소화력, 활동력, 지구력 등을 나타냄
감성적 리듬(S)	감정, 주의심, 창조력, 희로애락 등을 나타냄
지성적 리듬(I)	상상력, 사고력, 기억력, 인지력, 판단력 등을 나타냄

31 다음 중 목표설정 이론에서 밝혀진 효과적인 목표의 특징과 가장 거리가 먼 것은?

① 목표는 측정 가능해야 한다.
② 목표는 구체적이어야 한다.
③ 목표는 이상적이어야 한다.
④ 목표는 그 달성에 필요한 시간의 제한을 명시해야 한다.

③ 목표는 구체적이며 실현가능성이 있어야 한다.

32 다음 중 인간의 사회 행동에 대한 기본 형태와 가장 거리가 먼 것은?

① 도피　② 협력
③ 대립　④ 습관

★ 사회행동 기본형태
- **도피** : 고립, 정신병, 자살
- **협력** : 조력, 분업
- **대립** : 공격, 경쟁
- **융합** : 강제타협

33 리더의 기능수행과 리더로서의 지위 획득 및 유지가 리더 개인의 성격이나 자질에 의존한다는 리더십 이론은?

① 행동이론　② 상황이론
③ 특성이론　④ 관리이론

★ 특성이론
리더 개인의 성격이나 자질에 의존한다.

참고

★ 리더십 연구 접근방법
- **특성론** : 효과적인 리더의 특성을 탐색
  예) 신체적 특성, 사회적 배경, 지능, 성격 등
- **행위론** : 리더가 부하에 대해 어떻게 행동하는지를 기술
  예) 전제형, 방임형, 민주형 리더십
- **상황론** : 리더십 유형과 상황 간의 관계를 기술
  예) 피들러의 환경적응적 모형, 통로-목표 리더십 등

정답　30 ④　31 ③　32 ④　33 ③

34 소시오메트리(sociometry)에 관한 설명으로 옳은 것은?

① 구성원 상호 간의 선호도를 기초로 집단·내부의 동태적 상호관계를 분석하는 기법이다.
② 구성원들이 서로에게 매력적으로 끌리어 목표를 효율적으로 달성하는 정도를 도식화한 것이다.
③ 리더십을 인간 중심과 과업 중심으로 나누어 이를 계량화하고, 리더의 행동경향을 표현, 분류하는 기법이다.
④ 리더의 유형을 분류하는데 있어 리더들이 자기가 싫어하는 동료에 대한 평가를 점수로 환산하여 비교, 분석하는 기법이다.

*소시오메트리(sociometry)
집단 내의 선호도, 커뮤니케이션 및 상호작용의 패턴에 관한 자료를 수집하고 분석하여 집단의 성질, 구조, 역동성, 상호관계를 분석하는 기법

35 스트레스(stress)에 영향을 주는 요인 중 환경이나, 외부를 통해서 일어나는 자극 요인에 해당하는 것은?

① 자존심의 손상
② 현실에의 부적응
③ 도전의 좌절과 자만심의 상충
④ 직장에서의 대인관계 갈등과 대립

① 자존심의 손상 → 내적 자극요인
② 현실에의 부적응 → 내적 자극요인
③ 도전의 좌절과 자만심의 상충 → 내적 자극요인
④ 직장에서의 대인관계 갈등과 대립 → 외부 자극요인

36 집단이 가지는 효과로 두 개 이상의 서로 다른 개체가 힘을 합쳐 둘이 지닌 힘 이상의 효과를 내는 현상은?

① 응집성 효과
② 시너지 효과
③ 자생적 효과
④ 동조 효과

*시너지 효과
두 개 이상의 서로 다른 개체가 힘을 합쳐 둘이 지닌 힘 이상의 효과를 내는 현상

37 심리검사 종류에 관한 설명으로 옳은 것은?

① 기계 적성 검사 : 기계를 다루는 데 있어 예민성, 색채 시각, 청각적 예민성을 측정한다.
② 성격 검사 : 인지능력이 직무수행을 얼마나 예측하는지 측정한다.
③ 지능 검사 : 제시된 진술문에 대하여 어느 정도 동의하는지에 관해 응답하고, 이를 척도점수로 측정한다.
④ 신체능력 검사 : 근력, 순발력, 전반적인 신체 조정능력, 체력 등을 측정한다.

정답 34 ① 35 ④ 36 ② 37 ④

① 기계 적성 검사 : 기계를 다루는 특수한 능력을 검사하여 미래의 행동을 예측한다.
② 성격 검사 : 성격의 특성이나 경향을 포착하는 것을 목적으로 한다.
③ 지능 검사 : 인지능력이 직무수행을 얼마나 예측하는지 측정한다.

38 다음 현상이 생기기 쉬운 조건이 아닌 것은?

> 암실 내에서 정지된 작은 광점을 응시하고 있으면 그 광점이 움직이는 것 같이 여러 방향으로 퍼져나가는 것처럼 보이는 현상

① 광점이 작을 것
② 대상이 단순할 것
③ 광의 강도가 클 것
④ 시야의 다른 부분이 어두울 것

- **자동운동** : 암실에서 정지된 소광점 응시하면 광점이 움직이는 것처럼 보이는 현상
- **자동운동이 생기기 쉬운 조건**
  - 광점이 작을 것
  - 대상이 단순할 것
  - 광의 강도가 작을 것
  - 시야의 다른 부분이 어두울 것

39 다음 중 알고 있는 지식을 심화시키거나 어떠한 자료에 대해 보다 명료한 생각을 갖도록 하기 위하여 실시하는 교육방법으로 가장 적합한 것은?

① Lecture method
② Discussion method
③ Performance method
④ Project method

＊토의법(Discussion method)
알고 있는 지식을 심화시키거나, 보다 명료한 생각을 갖도록 하기 위하여 실시

참고
- **Lecture method** : 강의법
- **Performance method** : 실연법
- **Project method** : 구안법

40 관리감독자 훈련(TWI)에 관한 내용이 아닌 것은?

① Job Synergy   ② Job Method
③ Job Relation   ④ Job Instruction

＊TWI 교육과정
- 작업 방법 기법(Job Method Training : JMT)
- 작업 지도 기법(Job instruction Training : JIT)
- 인간 관계관리 기법 또는 부하통솔법
  (Job Relations Training : JRT)
- 작업 안전 기법(Job Safety Training : JST)

실기까지 중요한 내용입니다.

정답   38 ③   39 ②   40 ①

3과목 인간공학 및 시스템안전공학

41 다음 중 국부적 근육활동의 전기적 활성도를 기록하는 방법은?

① 뇌전도(EEG) ② 심전도(ECG)
③ 안전도(EOG) ④ 근전도(EMG)

* 근전도(EMG)
근육활동의 전기적 활성도를 기록

참고

* 심전도(ECG)
심장근육의 활동도를 기록

 필기에 자주 출제되는 내용입니다.

42 기계 시스템은 영구적으로 사용하며, 조작자는 한 시간마다 스위치만 작동하면 되는데 인간오류확률(HEP)은 0.001이다. 2시에서 4시까지 인간-기계 시스템의 신뢰도는 약 얼마인가?

① 91.5% ② 96.6%
③ 98.7% ④ 99.8%

* 인간과오율

$$HEP = \frac{실제\ 과오의\ 수}{과오발생\ 전체기회\ 수}$$

실제 과오의 수 = HEP × 과오발생 전체기회 수
= 0.001 × 2 = 0.002
신뢰도 = 1 − 0.002 = 0.998(99.8%)

43 산업안전보건법에 따라 유해·위험방지계획서 제출 대상 사업장에 해당하는 1차 금속 제조업의 유해·위험방지계획서에 첨부되어야 하는 서류에 해당하지 않는 것은? (단, 그 밖에 고용노동부장관이 정하는 도면 및 서류는 제외한다.)

① 건축물 각 층의 평면도
② 기계·설비의 배치도면
③ 위생시설물 설치 및 관리대책
④ 기계·설비의 개요를 나타내는 서류

* 유해위험방지계획서 첨부서류

제조업 대상 사업 첨부서류	• 건축물 각 층의 평면도 • 기계·설비의 개요를 나타내는 서류 • 기계·설비의 배치도면 • 원재료 및 제품의 취급, 제조 등의 작업방법의 개요 • 그 밖에 고용노동부장관이 정하는 도면 및 서류
대상 기계·기구 설비 첨부서류	• 설치장소의 개요를 나타내는 서류 • 설비의 도면 • 그 밖에 고용노동부장관이 정하는 도면 및 서류

44 다음 중 FTA에서 시스템의 기능을 살리는 데 필요한 최소 요인의 집합을 무엇이라 하는가?

① critical set
② minimal gate
③ minimal path
④ Boolean indicated cut set

 41 ④ 42 ③ 43 ③ 44 ③

> ***minimal path**
> 시스템의 기능을 살리는 데 필요한 최소 요인의 집합

45 시식별에 영향을 미치는 인자 중 자동차를 운전하면서 도로변의 물체를 보는 경우에 주된 영향을 미치는 것은?

① 휘광　　② 조도
③ 노출시간　④ 과녁 이동

> 자동차를 운전하면서 도로변의 물체를 보는 경우
> → 과녁 이동

46 다음 중 FMEA의 장점이라 할 수 있는 것은?

① 두 가지 이상의 요소가 동시에 고장나는 경우에 분석이 용이하다.
② 물적, 인적요소 모두가 분석대상이 된다.
③ 서식이 간단하고 비교적 적은 노력으로 분석이 가능하다.
④ 분석방법에 대한 논리적 배경이 강하다.

> ***FMEA의 장·단점**
> • 장점 : 서식이 간단하고 적은 노력으로도 분석이 가능하다.
> • 단점
> 　- 논리성이 부족하다.
> 　- 각 요소 간의 영향을 분석하기 어렵기 때문에 동시에 두 개 이상의 고장이 날 경우 해석이 곤란하다.
> 　- 요소가 물체로 한정되어 있어 인적 원인 분석이 곤란하다.

47 금속 세정작업장에서 실시하는 안전성 평가 단계를 다음과 같이 5가지로 구분할 때 다음 중 4단계에 해당하는 것은?

> - 재평가　　　- 안전대책
> - 정량적 평가　- 정성적 평가
> - 관계 자료의 작성준비

① 안전대책　　② 정성적 평가
③ 정량적 평가　④ 재평가

> ***안전성 평가 6단계**
> • 1단계 : 관계 자료의 정비검토(작성 준비)
> • 2단계 : 정성적인 평가
> • 3단계 : 정량적인 평가
> • 4단계 : 안전대책 수립
> • 5단계 : 재해사례에 의한 평가
> • 6단계 : FTA에 의한 재평가

48 다음 중 청각적 표시의 원리를 설명한 것으로 틀린 것은?

① 양립성(compatibility)이란 가능한 한 사용자가 알고 있거나 자연스러운 신호 차원과 코드를 선택하는 것을 말한다.
② 근사성(approximation)이란 복잡한 정보를 나타내고자 할 때 2단계 신호를 고려하는 것을 말한다.
③ 분리성(dissociability)이란 주의신호와 지정신호를 분리하여 나타낸 것을 말한다.
④ 검약성(parsimony)이란 조작자에 대한 입력 신호는 꼭 필요한 정보만을 제공하는 것을 말한다.

 45 ④　46 ③　47 ①　48 ③

* **분리성**
  * 청각신호는 기존 입력과 쉽게 식별되는 것이어야 한다.
  * 두 가지 이상의 채널을 듣고 있다면 각 채널의 주파수가 분리되어야 한다.

49 다음 중 'MIL-STD-882B'의 위험성평가 매트릭스(Matrix) 분류에 속하지 않는 것은?

① 전혀 발생하지 않은(Impossible)
② 거의 발생하지 않은(Remote)
③ 가끔 발생하는(Occasional)
④ 자주 발생하는(Frequent)

* **'MIL-STD-882B'의 위험성평가 매트릭스(Matrix) 분류**
  * 자주 발생(Frequent)
  * 보통 발생(Probable)
  * 가끔 발생(Occasional)
  * 거의 발생하지 않음(Remote)
  * 극히 발생하지 않음(Improbable)

> 참고
> * **'MIL-STD-882B'(미국방성의 위험성평가)의 위험도 분류**
>   * 제1단계 : 파국적(치명적)
>   * 제2단계 : 위기적(위험)
>   * 제3단계 : 한계적
>   * 제4단계 : 무시

50 인간의 오류모형에서 '알고 있음에도 의도적으로 따르지 않거나 무시한 경우'를 무엇이라 하는가?

① 실수(Slip)
② 위반(Violation)
③ 건망증(Lapse)
④ 착오(Mistake)

* **위반(Violation)**
  의도적으로 따르지 않거나 무시한 경우를 말한다.

51 다음 중 인간이 현존하는 기계를 능가하는 기능이 아닌 것은?

① 원칙을 적용하여 다양한 문제를 해결한다.
② 관찰을 통해서 특수화하고 연역적으로 추리한다.
③ 주위의 이상하거나 예기치 못한 사건들을 감지한다.
④ 어떤 운용방법이 실패할 경우 새로운 다른 방법을 선택할 수 있다.

② 인간은 귀납적으로 추리하여 다양한 문제를 해결한다.

> 참고
>
> **인간-기계의 기능 비교**
>
> | 구분 | 인간의 장점 | 기계의 장점 |
> |---|---|---|
> | 감지 기능 | • 저에너지 자극감지
• 다양한 자극 식별
• 예기치 못한 사건 감지 | • 인간의 감지범위 밖의 자극감지
• 인간, 기계의 모니터 기능 |
> | 정보 처리 결정 | • 많은 양의 정보 장시간 보관
• 귀납적, 다양한 문제 해결 | • 정보 신속 대량 보관
• 연역적, 정량적 |
> | 행동 기능 | • 과부하 상태에서는 중요한 일에만 집념할 수 있다. | • 과부하에서 효율적 작동
• 장시간 중량 작업, 반복. 동시 여러가지 작업을 수행 가능 |

52 다음 FT도에서 정상사상(Top event)이 발생하는 최소컷셋의 P(T)는 약 얼마인가? (단, 원 안의 수치는 각 사상의 발생확률이다.)

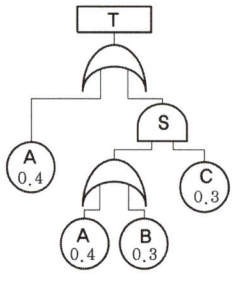

① 0.311　　② 0.454
③ 0.504　　④ 0.928

$T = 1-(1-A) \times (1-S) = 1-(1-0.4) \times (1-0.09) = 0.454$

S의 최소컷셋의 계산

$S = \begin{pmatrix} A \\ B \end{pmatrix} \cdot C = (A \cdot C)(B \cdot C)$

(A · C)의 확률 = 0.4 × 0.3 = 0.12
(B · C)의 확률 = 0.3 × 0.3 = 0.09
∴ S의 최소 컷셋의 확률은 0.09

53 다음 중 일반적으로 은행의 접수대 높이나 공원의 벤치를 설계할 때 가장 적합한 인체 측정 자료의 응용원칙은?

① 평균치를 이용한 설계
② 최대치수를 이용한 설계
③ 최소치수를 이용한 설계
④ 조절식 설계

은행의 접수대 높이나 공원의 벤치 → 평균치를 이용한 설계

> 참고
>
> **인체계측자료의 응용 3원칙**
>
> • 최대치수와 최소치수 설계(극단치 설계)
>
> | 최대치수 설계의 예 | • 위험구역의 울타리 높이
• 출입문의 높이
• 그네줄의 인장강도 |
> |---|---|
> | 최소치수 설계의 예 | • 물건을 올리는 선반의 높이
• 조종장치를 조정하는 힘
• 조종장치까지의 조정거리 |

정답　52 ②　53 ①

- 조절범위(조정)
  - 예 침대, 의자 높낮이 조절, 자동차의 운전석 위치 조정
- 평균치를 기준으로 한 설계
  - 예 은행의 창구 높이

 필기에 자주 출제되는 내용입니다.

54 다음 중 인간-기계체제(Man-machine system)의 연구 목적으로 가장 적절한 것은?

① 정보 저장의 거대화
② 운전 시 피로의 평준화
③ 시스템 신뢰성의 최소화
④ 안전의 극대화 및 생산능률의 향상

* 인간-기계체제(Man-machine system)의 연구 목적
안전의 극대화 및 생산능률의 향상

55 50phon의 기준음을 들려준 후 70phon의 소리를 듣는다면 작업자는 주관적으로 몇 배의 소리로 인식하는가?

① 1.4배 ② 2배
③ 3배   ④ 4배

10phon 증가 → 2배 더 큰 소리로 인식한다.
∴ 20phon 증가 → 4배 더 큰 소리로 인식한다.

56 FT도에 사용되는 다음 게이트의 명칭은?

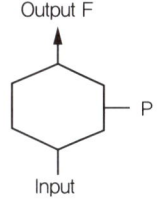

① 부정 게이트
② 배타적 OR 게이트
③ 억제 게이트
④ 우선적 AND 게이트

부정게이트	배타적 OR 게이트	우선적 AND 게이트	억제게이트

 실기까지 중요한 내용입니다.

57 다음 시스템의 신뢰도는? (단, p_i는 부품 i의 신뢰도를 나타낸다.)

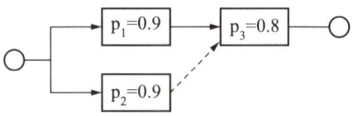

① 97.2%   ② 94.4%
③ 86.4%   ④ 79.2%

p_1, p_2는 병렬, p_3는 직렬의 관계이므로
신뢰도 = {1−(1−0.9)×(1−0.9)}×0.8
      = 0.792(79.2%)

정답 54 ④ 55 ④ 56 ③ 57 ④

58 다음 중 시스템의 수명곡선에서 초기고장 기간에 발생하는 고장의 원인으로 볼 수 없는 것은?

① 사용자의 과오
② 빈약한 제조기술
③ 불충분한 품질관리
④ 표준 이하의 재료를 사용

① 사용자의 과오 → 우발 고장

> **참고**
>
> - **초기 고장(감소형)**
>   - 설계상, 구조상 결함, 불량 제조·생산 과정 등의 품질 관리미비로 생기는 고장 형태
>   - 점검 작업이나 시운전 작업 등으로 사전에 방지할 수 있는 고장
> - **우발고장(일정형)**
>   - 예측할 수 없을 때에 생기는 고장의 형태
>   - 사용자의 실수, 천재지변, 우발적 사고 등이 원인이다.
> - **마모 고장(증가형)**
>   - 기계적 요소나 부품의 마모, 사람의 노화 현상 등에 의해 고장률이 상승하는 형이다.
>   - 고장이 일어나기 직전에 교환, 안전 진단 및 적당한 보수에 의해서 방지할 수 있는 고장이다.

59 다음 중 60~90Hz 정도에서 나타날 수 있는 전신진동 장해는?

① 두개골 공명
② 메스꺼움
③ 복부 공명
④ 안구 공명

전신은 4Hz, 두부와 견부는 20~30Hz, 안구는 60~90Hz 진동에 공명한다.

60 다음 중 부품배치의 원칙에 해당하지 않는 것은?

① 희소성의 원칙
② 사용 빈도의 원칙
③ 기능별 배치의 원칙
④ 사용 순서의 원칙

> **＊부품배치의 원칙**
>
> - **중요성의 원칙** : 부품을 작동하는 성능이 체계의 목표 달성에 중요한 정도에 따라 우선순위를 결정한다.
> - **사용빈도의 원칙** : 부품을 사용하는 빈도에 따라 우선순위를 결정한다.
> - **기능별 배치의 원칙** : 기능적으로 관련된 부품들(표시장치, 조정장치 등)을 모아서 배치한다.
> - **사용 순서의 원칙** : 사용 순서에 따라 장치들을 가까이에 배치한다.

정답 58 ① 59 ④ 60 ①

4과목 건설시공학

61 지반 조사에 관한 설명 중 옳지 않은 것은?

① 각종 지반 조사를 먼저 실시한 후 기존의 조사 자료와 대조하여 본다.
② 과거 또는 현재의 지층 표면의 변천 사항을 조사한다.
③ 상수면의 위치와 지하 유수 방향을 조사한다.
④ 지하 매설물 유무와 위치를 파악한다.

*지반조사 순서
① 예비조사 : 계획단계의 조사, 자료 수집을 위한 조사로서 현장 관련 모든 자료를 조사하여 현장의 지형, 지실, 기후, 재해, 교통 등 지반조사계획에 필요한 정보를 입수하는 것
② 개략조사 : 예비조사에서 구한 결과를 토대로 현지답사를 주로 하며, 시추(boring)와 시료채취 실시키도 함
③ 본 조사 : 상세설계를 위한 현장조사(site investigation), 예비조사와 개략조사에서 얻은 개략정보를 토대로 시추, 시료채취, 원위치시험, 실내시험, 물리탐사 등을 실시하는 것
④ 보충조사 : 본 조사까지의 지층구조와 시공 상태에서 확인한 지층구조의 상이로 인한 구조물의 설계변경 필요 시, 시공방법의 결정 및 적정성 평가·확인, 설계의 적정성 여부의 확인 등에 활용

62 대규모 공사 시 한 현장 안에서 여러 지역별로 공사를 분리하여 공사를 발주하는 방식은?

① 공정별 분할도급
② 공구별 분할도급
③ 전문공종별 분할도급
④ 직종별, 공종별 분할도급

① 전문공사별 분할도급 : 설비 공사를 주체 공사에서 분리하여 전문업자와 직접 계약하는 방식
② 공정별 분할도급 : 정지, 기초, 구체, 마무리 공사 등의 과정별로 나누어 도급을 주는 방식
③ 공구별 분할도급 : 대규모 공사에서 한 현장 안에서 여러 지역별로 공사를 구분하여 발주하는 방식

 필기에 자주 출제되는 내용입니다.

63 속빈 콘크리트블록의 규격 중 기본블록치수가 아닌 것은? (단, 단위 : mm)

① 390×190×190 ② 390×190×150
③ 390×190×100 ④ 390×190×80

*속빈 콘크리트 블록의 규격				(단위 : mm)
모양	치수			허용차
	길이	높이	두께	
기본 블록	390	190	210 190 150 100	± 2
이형 블록	길이, 높이 및 두께의 최소 크기를 90mm 이상으로 한다. 또 가로근 삽입 블록, 모서리 블록과 기본 블록과 동일한 크기인 것의 치수 및 허용치는 기본 블록에 따른다.			

필기에 자주 출제되는 내용입니다.

정답 61 ① 62 ② 63 ④

64 콘크리트용 골재에 대한 설명 중 옳지 않은 것은?

① 골재는 청정, 견고, 내구성 및 내화성이 있어야 한다.
② 골재에 포함된 부식토, 석탄 등의 유기물은 콘크리트의 경화를 방해하여 콘크리트 강도를 떨어뜨리게 한다.
③ 실트, 점토, 운모 등의 미립분은 골재와 시멘트의 부착을 좋게 한다.
④ 골재의 강도는 콘크리트 중에 경화한 모르타르의 강도 이상이 요구된다.

③ 실트, 점토, 운모 등의 미립분이 골재 표면에 부착되어 있을 경우 골재 입자와 시멘트풀과의 부착을 방해한다.

📝 필기에 자주 출제되는 내용입니다.

65 고층 건축물 시공 시 적용되는 거푸집에 대한 설명으로 옳지 않은 것은?

① ACS(Automatic climbing system) 거푸집은 거푸집에 부착된 유압장치 시스템을 이용하여 상승한다.
② ACS(Automatic climbing system) 거푸집은 초고층 건축물 시공 시 코어 선행 시공에 유리하다.
③ 알루미늄 거푸집의 주요 시공 부위는 내부 벽체, 슬래브, 계단실 벽체이며, 슬래브 필러 시스템이 있어서 해체가 간편하다.
④ 알루미늄 거푸집은 녹이 슬지 않는 장점이 있으나 전용횟수가 적다.

★ 알루미늄 거푸집
① 경량으로 설치시간이 단축된다.
② 이음매(Joint)감소로 견출작업이 감소된다.
③ 주요 시공 부위는 내부벽체, 슬래브, 계단실 벽체이며, 슬래브 필러 시스템이 있어서 해체가 간편하다.
④ 녹이 슬지 않는 장점이 있으며 전용횟수가 높다.

📝 필기에 자주 출제되는 내용입니다.

66 토공기계 중 흙의 적재, 운반, 정지의 기능을 가지고 있는 장비로서 일반적으로 중거리 정지공사에 많이 사용되는 장비는?

① 파워 셔블
② 캐리올 스크레이퍼
③ 앵글 도저
④ 탬퍼

★ 캐리올 스크레이퍼 (Carryall scraper)
① 동력을 갖지 않고 트랙터에 견인되어 작업하며 싣기, 운반, 고르기 등을 할 수 있다.
② 흙을 깎으면서 동시에 기체 내에 담아 운반하고 깔기 작업을 겸할 수 있으며, 작업거리는 100~1,500m 정도이다.

📝 필기에 자주 출제되는 내용입니다.

정답 64 ③ 65 ④ 66 ②

67 철근콘크리트공사에서 철근과 철근의 순간격은 굵은 골재 최대치수의 최소 몇 배 이상으로 하여야 하는가?

① 1배　　② 4/3배
③ 5/3배　④ 2배

동일한 평면에서 평행하는 **철근 사이 수평 순간격은 25mm 이상**, 철근 공칭지름 이상이어야 하며, **굵은 골재 최대치수의 4/3 이상**이어야 한다.

68 기초굴착 방법 중 굴착 공에 철근망을 삽입하고 콘크리트를 타설하여 말뚝을 형성하는 공법으로 안정액으로 벤토나이트 용액을 사용하고 표층부에서만 케이싱을 사용하는 것은?

① 리버스 서큘레이션 공법
② 베노토 공법
③ 심초 공법
④ 어스드릴 공법

*** 어스드릴 공법**
① 굴착 공에 철근망을 삽입하고 콘크리트를 타설하여 말뚝을 형성하는 공법이며, 안정액으로 벤토나이트 용액을 사용하여 공벽을 보호한다.
② 장비가 소형으로 좁은 장소에도 시공이 가능하며, 안정액 관리가 어렵고, 연질지반에 적합하다.

참고

1. 리버스 서큘레이션공법(역순환 굴착공법, RCD공법) : 리버스 서큘레이션 드릴로 대구경의 구멍을 파고 굴착공 안을 물이나 안정액으로 정수압을 유지하여 굴착공 벽을 보호하면서 굴착, 철근망과 콘크리트를 타설하여 말뚝을 형성하는 공법
2. 베노토공법 : 케이싱을 지반에 압입해 가면서 관 내부 토사를 특수버킷으로 굴착, 배토한 후 굴착구멍에 철근콘크리트 말뚝을 제자리치기 한다.

필기에 자주 출제되는 내용입니다.

69 밑창 콘크리트 지정공사에서 밑창 콘크리트 설계기준 강도로 옳은 것은? (단, 설계도서에서 별도로 정한 바가 없는 경우)

① 12MPa 이상
② 13.5MPa 이상
③ 14.5MPa 이상
④ 15MPa 이상

밑창 콘크리트의 설계기준 강도는 공사시방에서 별도로 정한 바가 없는 경우 **15MPa(150kg/cm²) 이상**의 것을 사용해야 한다.

정답　67 ②　68 ④　69 ④

70 강제 널말뚝(steel sheet pile) 공법에 관한 설명으로 옳지 않은 것은?

① 도심지에서는 소음, 진동 때문에 무진동 유압장비에 의해 실시해야 한다.
② 강제 널말뚝에는 U형, Z형, H형, 박스형 등이 있다.
③ 타입 시에는 지반의 체적변형이 작아 항타가 쉽고 이음부를 볼트나 용접접합에 의해서 말뚝의 길이를 자유로이 늘일 수 있다.
④ 비교적 연약지반이며 지하수가 많은 지반에는 적용이 불가능하다.

> ④ 차수성이 좋다.(적당한 보호처리를 하면 물 위나 아래에서 수명이 길다.)

71 석재 사용상의 주의사항 중 옳지 않은 것은?

① 동일 건축물에는 동일석재로 시공하도록 한다.
② 석재를 다듬어 사용할 때는 그 질이 균질한 것을 사용하여야 한다.
③ 인장 및 휨모멘트를 받는 곳에 보강용으로 사용한다.
④ 외벽, 도로포장용 석재는 연석 사용을 피한다.

> ③ 압축응력을 받는 곳에만 사용한다.(휨 및 인장강도가 약하다.)

📝 필기에 자주 출제되는 내용입니다.

72 다음 설명에 해당하는 공정표의 종류로 옳은 것은?

> 한 공종의 작업이 하나의 숫자로 표기되고 컴퓨터에 적용하기 용이한 이점 때문에 많이 사용되고 있다. 각 작업은 node로 표기하고 더미의 사용이 불필요하며 화살표는 단순히 작업의 선후관계만을 나타낸다.

① 횡선식 공정표　② CPM
③ PDM　　　　　④ LOB

> ＊PDM 공정표
> • 한 공종의 작업이 하나의 숫자로 표기되고 컴퓨터에 적용이 용이한 장점이 있어 많이 사용된다.
> • 각 작업은 node로 표기되고 더미의 사용이 불필요하며 화살표는 단순히 작업의 선후관계만을 나타낸다.

73 가치공학(Value Engineering)적 사고방식 중 옳지 않은 것은?

① 풍부한 경험과 직관 위주의 사고
② 기능 중심의 사고
③ 사용자 중심의 사고
④ 생애비용을 고려한 최소의 총비용

* **가치공학(Value Engineering)적 사고방식**
① 사용자 중심의 사고(고객본위)
② 기능 중심의 사고
③ 고정 관념의 제거
④ 생애비용을 고려한 최소의 총비용

74 철골 부재 조립 시 구멍의 위치가 다소 다를 때 구멍을 맞추기 위한 작업은?

① 송곳뚫기(Drilling)
② 리밍(Reaming)
③ 펀칭(Punching)
④ 리벳치기(Riveting)

* **구멍가심(리밍 : Reaming)**
구멍 뚫기 한 부재를 조립할 때 각 재의 리벳 구멍지름은 다소 차이가 있을 수 있으므로 이 구멍을 맞추기 위하여 Reamer로 구멍을 가셔내어 수정한다.

75 다음 설명에 해당하는 용접 결함으로 옳은 것은?

A. 용접 시 튀어나온 슬래그가 굳은 현상을 의미하는 것
B. 용접금속과 모재가 융합되지 않고 겹쳐지는 것을 의미하는 용접 불량

① A : 슬래그(slag) 감싸기, B : 피트(pit)
② A : 언더컷(under cut), B : 오버랩(overlap)
③ A : 피트(pit), B : 스패터(spatter)
④ A : 스패터(spatter), B : 오버랩(overlap)

1. **스패터(spatter)** : 용접 시 튀어나온 슬래그가 굳은 현상(용융된 금속의 작은 입자가 튀어나와 모재에 묻어있는 것)을 말한다.
2. **오버랩(overlap)** : 용접전류가 부족하거나, 용접 속도가 너무 느릴 경우 발생하며 **용착 금속이 모재에 융합되지 않고 겹친 부분**(용융된 금속이 모재 면에 덮쳐진 상태)을 말한다.

📌 필기에 자주 출제되는 내용입니다.

76 철근콘크리트 말뚝머리와 기초와의 접합에 대한 설명으로 옳지 않은 것은?

① 두부를 커팅기계로 정리할 경우 본체에 균열이 생김으로 응력손실이 발생하여 설계내력을 상실하게 된다.
② 말뚝머리 길이가 짧은 경우는 기초저면까지 보강하여 시공한다.
③ 말뚝머리 철근은 기초에 30cm 이상의 길이로 정착한다.
④ 말뚝머리와 기초와의 확실한 정착을 위해 파일앵커링을 시공한다.

① 두부를 말뚝에 유해한 충격 및 손상을 주지 않는 커팅기계 등을 사용하여 책임기술자의 지시에 따라 정리한다.

정답 74 ② 75 ④ 76 ①

77 제치장 콘크리트(exposed concrete)에 관한 설명으로 옳지 않은 것은?

① 구조물에 균열과 이로 인한 백화가 나타난 경우 재시공 및 보수가 쉽다.
② 타설 콘크리트면 자체가 치장이 되게 마무리한 자연 그대로의 콘크리트를 말한다.
③ 재료의 절약은 물론 구조물 자중을 경감할 수 있다.
④ 거푸집이 견고하고 흠이 없도록 정확성을 기해야 하기 때문에 상당한 비용과 노력비가 증대한다.

> ① 구조물에 균열과 이로 인한 백화가 나타난 경우 재시공 및 보수가 어렵다.

참고

제치장 콘크리트(exposed concrete) : 콘크리트 타설 후 거푸집을 제거한 콘크리트 표면 상태 그대로를 노출시켜 마감면으로 하는 콘크리트를 말한다.

78 콘크리트 부어넣기에서 진동기를 사용하는 가장 큰 목적은?

① 콘크리트 타설의 용이함
② 콘크리트의 응결, 경화 촉진
③ 콘크리트의 밀실화 유지
④ 콘크리트의 재료 분리 촉진

> *콘크리트 부어넣기에서 진동기를 사용하는 가장 큰 목적
> 콘크리트를 거푸집 구석구석까지 충진시키고 밀실한 콘크리트를 얻기 위함이다.(콘크리트의 밀실화 유지)

📝 필기에 자주 출제되는 내용입니다.

79 기본벽돌(190×90×57)을 기준으로 1.5B 쌓기 할 때 벽돌 2,000매를 쌓는 데 필요한 모르타르양으로 옳은 것은?

① 0.35m³ ② 0.7m³
③ 0.45m³ ④ 0.8m³

> *쌓기 모르타르량(벽돌 1,000장 기준)

벽두께 벽돌형	0.5B	1.0B	1.5B	2.0B
표준형 벽돌	0.25	0.33	0.35	0.36
기준형 벽돌	0.3	0.37	0.4	0.42

$\frac{2,000}{1,000} \times 0.35 = 0.7(m^3)$

80 철골구조의 베이스 플레이트를 완전 밀착시키기 위한 기초상부 고름질법에 속하지 않는 것은?

① 고정매입법
② 전면바름법
③ 나중채워넣기 중심바름법
④ 나중채워넣기법

정답 77 ① 78 ③ 79 ② 80 ①

* 철골공사의 기초상부 고름질 방법
① 전면 바름 마무리법
② 나중 채워넣기 중심 바름법
③ 나중 채워넣기 십자(+)바름법
④ 나중 채워넣기법

📝 필기에 자주 출제되는 내용입니다.

5과목 건설재료학

81 유성페인트나 바니시와 비교한 합성수지도료의 전반적인 특성에 관한 설명으로 옳지 않은 것은?

① 도막이 단단하지 못한 편이다.
② 건조 시간이 빠른 편이다.
③ 내산, 내알칼리성을 가지고 있다.
④ 방화성이 더 우수한 편이다.

* 유성페인트나 바니시와 비교한 합성수지 도료의 특징
① 건조가 빠르다.
② 도막이 단단하고 광택이 있다.
③ 내산, 내알칼리성이다.
④ 방화성이 우수하다.
⑤ 값이 싸다.

82 다음 각종 금속의 성질에 관한 설명으로 옳지 않은 것은?

① 납은 융점이 높아 가공은 어려우나, 내알칼리성이 커서 콘크리트 중에 매입하여도 침식되지 않는다.
② 주석은 인체에 무해하며 유기산에 침식되지 않는다.
③ 동은 건조한 공기 중에서는 산화하지 않으나, 습기가 있거나 탄산가스가 있으면 녹이 발생한다.
④ 아연은 인장강도나 연신율이 낮기 때문에 열간 가공하여 결정을 미세화하여 가공성을 높일 수 있다.

① 납은 녹는점이 낮아 가공이 쉽고 묽은 산과 알칼리에는 잘 침식되지 않지만 질산과 같은 강한 산에는 침식된다.(콘크리트에 침식되지 않는다.)

📝 필기에 자주 출제되는 내용입니다.

83 목재의 결점 중 벌채 시의 충격이나 그 밖의 생리적 원인으로 인하여 세로축에 직각으로 섬유가 절단된 형태를 의미하는 것은?

① 수지낭
② 미숙재
③ 컴프레션페일러
④ 옹이

정답 81 ① 82 ① 83 ③

① 수지낭 : 인접한 두 연륜의 경계층 또는 연륜 내에 형성된 렌즈 모양의 공극(고체상이나 액체상의 송진을 지니는 것으로써 연륜을 따라 길게 뻗어 있는 목재 내부의 개구부)
② 미숙재 : 수목의 일생 동안 수간의 중심부 세포 길이가 안정돼 있지 못하고 매년 1% 이상의 신장률을 나타내는 목재를 말한다.
③ 컴프레션페일러 : 벌채시의 충격이나 그 밖의 생리적 원인으로 인하여 세로축에 직각으로 섬유가 절단된 형태를 말한다.
④ 옹이 : 나무가 자라는 동안 자연의 영향이나 생물의 피해를 받아 생기는 결함으로 무늬의 둥글고 진한 부분을 말한다.

84 목재의 열적 성질에 관한 설명 중 옳지 않은 것은?

① 겉보기비중이 작은 목재일수록 열전도율은 작다.
② 섬유에 평행한 방향의 열전도율이 섬유 직각방향의 열전도율보다 작다.
③ 목재는 불에 타는 단점이 있으나 열전도율이 낮아 여러 가지 용도로 사용되고 있다.
④ 가벼운 목재일수록 착화되기 쉽다.

② 섬유에 평행한 방향의 열전도율이 섬유 직각방향의 열전도율보다 크다.

85 강(鋼)과 비교한 알루미늄의 특징에 대한 내용 중 옳지 않은 것은?

① 강도가 작다.
② 전기 전도율이 높다.
③ 열팽창률이 작다.
④ 비중이 작다.

③ 내화성이 작고 열팽창이 크다.

📝 필기에 자주 출제되는 내용입니다.

86 역청재료의 침입도 시험에서 중량 100g의 표준 침이 5초 동안에 10mm 관입했다면 이 재료의 침입도는?

① 1   ② 10
③ 100   ④ 1000

표준 침이 시료 중에 관입한 깊이를 표시하는 단위는 관입량 0.1mm를 침입도 1로 표시한다.

$0.1 : 1 = 10 : X$
$0.1 X = 10$
$X = \dfrac{10}{0.1} = 100$

참고

침입도 : 아스팔트가 얼마나 굳은가의 정도(아스팔트의 경도)를 나타내는 값으로 규정된 굵기와 무게를 갖는 바늘이 아스팔트 속으로 관입하는 깊이로 표시한다.

📝 필기에 자주 출제되는 내용입니다.

정답 84 ②   85 ③   86 ③

87 목재의 내화성에 관한 설명 중 옳지 않은 것은?

① 목재의 발화 온도는 450℃ 이상이다.
② 목재의 밀도가 작을수록 착화가 어렵다.
③ 수산화나트륨 도포도 목재의 방화에 효과적이다.
④ 목재의 대단면화는 안전한 목재 방화법이다.

② 목재의 밀도가 작을수록 착화가 쉽다.

88 일반적으로 단열재에 습기나 물기가 침투하면 어떤 현상이 발생하는가?

① 열전도율이 높아져 단열성능이 좋아진다.
② 열전도율이 높아져 단열성능이 나빠진다.
③ 열전도율이 낮아져 단열성능이 좋아진다.
④ 열전도율이 낮아져 단열성능이 나빠진다.

단열재에 습기나 물기가 침투하면 열전도율이 높아져 단열성능이 나빠진다.

89 유리섬유를 폴리에스테르수지에 혼입하여 가압·성형한 판으로 내구성이 좋아 내·외 수장재로 사용하는 것은?

① 아크릴평판
② 멜라민치장판
③ 폴리스티렌투명판
④ 폴리에스테르강화판

* 폴리에스테르강화판
유리섬유를 폴리에스테르수지에 혼입하여 가압·성형한 판으로 내구성이 좋아 내·외 수장재로 사용한다.

90 다음 중 자연에서 용제가 증발하여 표면에 피막이 형성되어 굳은 도료는?

① 유성조합페인트
② 염화비닐수지에나멜
③ 에폭시수지 도료
④ 알키드수지 도료

자연에서 용제가 증발해서 표면에 피막이 형성되어 굳은 도료 → 염화비닐수지에나멜

📝 필기에 자주 출제되는 내용입니다.

91 타일의 소지(素地) 중 규산을 화학성분으로 한 석영·수정 등의 광물로서 도자기 속에 넣으면 점성을 제거하는 효과가 있으며, 소지 속에서 미분화하는 것은?

① 고령토   ② 점토
③ 규석   ④ 납석

도자기 속에 넣으면 점성을 제거하는 효과가 있으며, 소지 속에서 미분화하는 것 → 규석

정답 87 ② 88 ② 89 ④ 90 ② 91 ③

> **참고**
> 소지(素地) : 도자기의 바탕인 흙을 말하며 점토만으로는 도제(陶製)가 될 수 없어 점토류나 광물의 특성을 가감하여 용도에 맞추어 사용하는 흙을 말한다.

92 점토제품에서 SK번호란 무엇을 뜻하는가?

① 소성온도를 표시
② 점토원료를 표시
③ 점토제품의 종류를 표시
④ 점토제품 제법 순서를 표시

점토제품에서 SK번호는 소성온도를 나타낸다.

📝 필기에 자주 출제되는 내용입니다.

93 건성유에 연백 또는 안료를 더하여 만든 것으로 주로 유성페인트의 바탕만들기에 사용되는 퍼티는?

① 하드오일 퍼티
② 오일 퍼티
③ 페인트 퍼티
④ 캐슈수지 퍼티

＊페인트 퍼티
① 건성유에 연백 또는 안료를 더하여 만든다.
② 주로 유성페인트의 바탕 만들기에 사용된다.

94 깬자갈을 사용한 콘크리트가 동일한 시공연도의 보통 콘크리트보다 유리한 점은?

① 시멘트 페이스트와의 부착력 증가
② 수밀성 증가
③ 내구성 증가
④ 단위수량 감소

깬 자갈을 사용한 콘크리트는 강자갈을 사용한 콘크리트 보다 시멘트 페이스트와의 부착성능이 높다.

📝 필기에 자주 출제되는 내용입니다.

95 시멘트 클링커 화합물에 대한 설명으로 옳지 않은 것은?

① C_3S양이 많을수록 조강성을 나타낸다.
② C_2S의 양이 많을수록 강도의 발현이 서서히 된다.
③ 재령 1년에서 C_4AF의 강도는 매우 낮다.
④ 시멘트의 수축률을 감소시키기 위해서는 C_3A를 증가시켜야 한다.

시멘트의 수축률을 감소시키기 위해서는 C_3A(알루미네이트, 알루민산 3칼슘)를 감소시켜야 한다.

> **참고**
> 1. 알루미네이트(C_3A)는 다량의 발열량을 동반하며 거의 순간적으로 물과 반응하여 응결하므로 시멘트 수축에 의한 균열이 발생할 수 있다.
> 2. 클링커(Clinker) : 시멘트의 원료가 되는 다공질 덩어리를 말하며, 소괴(燒塊)라고도 한다.

📝 필기에 자주 출제되는 내용입니다.

정답 92 ① 93 ③ 94 ① 95 ④

96 건축용 코킹재의 일반적인 특징에 관한 설명으로 옳지 않은 것은?

① 수축률이 크다.
② 내부의 점성이 지속된다.
③ 내산·내알칼리성이 있다.
④ 각종 재료에 접착이 잘된다.

① 수축률이 작다.

> **참고**
> 코킹재(Caulking) : 각종 부자재의 조인트나 갈라진 틈에 대한 수밀을 유지하기 위하여 충진되는 물질을 말한다.(예 실리콘, 우레탄 등)

97 고로슬래그 분말을 시멘트 혼화재로 사용한 콘크리트의 성질에 대한 설명 중 옳지 않은 것은?

① 초기강도는 낮지만 슬래그의 잠재 수경성 때문에 장기강도는 크다.
② 해수, 하수 등의 화학적 침식에 대한 저항성이 크다.
③ 슬래그 수화에 의한 포졸란반응으로 공극 충전효과 및 알칼리 골재반응 억제효과가 크다.
④ 슬래그를 함유하고 있어 건조수축에 대한 저항성이 크다.

④ 초기의 건조수축이 보통 포틀랜드 시멘트 보다 크다.

> **참고**
> • 플라이애쉬 및 고로슬래그 분말을 사용할 경우 초기의 건조수축이 보통 포틀랜드 시멘트 보다 크다.
> • 초기의 건조수축이 큰 이유는 1차 수화반응 후의 잉여수가 건조하기 때문이며 타설 초기에 습윤 양생하여 건조수축 감소시켜야 한다.

필기에 자주 출제되는 내용입니다.

98 다음 시멘트 중 안전성이 좋고 발열량이 적으며 내침식성, 내구성이 좋아 댐공사, 방사능차폐용 등으로 사용되는 것은?

① 조강 포틀랜드 시멘트
② 보통 포틀랜드 시멘트
③ 알루미나 시멘트
④ 중용열 포틀랜드 시멘트

중용열 포틀랜드 시멘트 : 시멘트 발열량을 저감시킬 목적으로 사용
① 시멘트의 성분 중에 C_3S(규산삼석회)나 C_3A(알루미네이트, 알루민산삼석회)가 적고, 장기강도를 지배하는 C_2S(벨라이트, 규산이석회)를 많이 함유한 시멘트이다.
② 수화속도를 지연시켜 **수화열을 작게** 한 시멘트이다.(수화열을 낮게하여 단기보다 장기강도를 증진시킨 시멘트)
③ 건조수축이 작고 건축용 **매스콘크리트에 사용**된다.
④ 내식성이 있고 안정도가 높으며 **내구성이 크고 화학저항성 크다.**
⑤ **댐 공사**, 터널, 거대구조물의 기초공사, 콘크리트 도로포장, **방사능 차폐용**으로 사용된다.

필기에 자주 출제되는 내용입니다.

정답 96 ① 97 ④ 98 ④

99 표면건조포화상태의 잔골재 500g을 건조시켜 기건상태에서 측정한 결과 460g, 절대건조상태에서 측정한 결과가 440g이었다. 흡수율(%)은?

① 8[%]　　② 8.7[%]
③ 12[%]　　④ 13.6[%]

1. 표면수율(%) = $\dfrac{습윤\ 상태\ 질량 - 표건질량}{표건질량} \times 100$
2. 흡수율(%) = $\dfrac{표건질량 - 절건질량}{절건질량} \times 100$

흡수율(%) = $\dfrac{표건질량 - 절건질량}{절건질량} \times 100$
= $\dfrac{500 - 440}{440} \times 100 = 13.64(\%)$

📝 필기에 자주 출제되는 내용입니다.

100 플라스틱 재료에 관한 설명으로 옳지 않은 것은?

① 실리콘수지는 내열성, 내한성이 우수한 수지로 콘크리트의 발수성 방수도료에 적당하다.
② 불포화 폴리에스테르수지는 유리섬유로 보강하여 사용되는 경우가 많다.
③ 아크릴수지는 투명도가 높아 유기유리로 불린다.
④ 멜라민수지는 내수, 내약품성은 우수하나 표면경도가 낮다.

* **멜라민 수지**
  • 마감재, 조각재, 가구재, 전기부품으로 사용되는 열경화성수지
  • 경도가 크고 내수성이 작다.

📝 필기에 자주 출제되는 내용입니다.

6과목 건설안전기술

101 산업안전보건기준에 관한 규칙에서 규정한 양중기의 종류에 해당하지 않는 것은?

① 이동식 크레인
② 승강기(최대하중이 0.25톤 이상인 것)
③ 리프트(Lift)
④ 하이랜드(High land)

* **양중기의 종류(산업안전보건법 기준)**
  • 크레인[호이스트(hoist)를 포함한다]
  • 이동식 크레인
  • 리프트(이삿짐 운반용 리프트의 경우에는 적재하중이 0.1톤 이상인 것으로 한정한다)
  • 곤돌라
  • 승강기

📝 실기에 자주 출제되는 내용입니다. 암기하세요.

정답　99 ④　100 ④　101 ④

102 다음은 거푸집 동바리 등을 조립하는 경우의 준수사항이다. 빈칸 안에 알맞은 내용을 순서대로 옳게 나열한 것은?

> 동바리로 사용하는 파이프서포트에 대하여는 다음 각목의 정하는 바에 따를 것
> - 높이가 3.5미터를 초과하는 경우에는 높이 (   )미터 이내마다 수평연결재를 (   ) 방향으로 만들고 수평연결재의 변위를 방지할 것

① 1m, 1개 ② 1m, 2개
③ 2m, 1개 ④ 2m, 2개

*동바리로 사용하는 파이프서포트의 조립 시 준수사항
- 파이프서포트를 3개본 이상 이어서 사용하지 아니하도록 할 것
- 파이프서포트를 이어서 사용할 때에는 4개 이상의 볼트 또는 전용철물을 사용하여 이을 것
- 높이가 3.5m를 초과할 때 높이 2m 이내마다 수평연결재를 2개 방향으로 만들고 수평연결재의 변위를 방지할 것

📝 관련 법규의 개정으로 문제를 수정하였습니다.

103 터널 출입구 부근의 지반의 붕괴 또는 토석의 낙하에 의하여 근로자가 위험해질 우려가 있을 경우에 위험을 방지하기 위해 필요한 조치에 해당하는 것은?

① 물의 분사
② 보링에 의한 가스제거
③ 흙막이 지보공 설치
④ 감시인의 배치

*지반 · 구축물 붕괴 및 토석 낙하에 의한 위험방지 조치
- 지반은 안전한 경사로 하고 낙하의 위험이 있는 토석을 제거하거나 옹벽 · 흙막이지보공 등을 설치할 것
- 지반의 붕괴 또는 토석의 낙하원인이 되는 빗물이나 지하수 등을 배제할 것

104 중량물 운반 시 크레인에 매달아 올릴 수 있는 최대 하중으로부터 달아올리기 기구의 중량에 상당하는 하중을 제외한 하중을 무엇이라 하는가?

① 정격 하중 ② 적재 하중
③ 임계 하중 ④ 작업 하중

*정격 하중
크레인에 매달아 올릴 수 있는 최대 하중으로부터 달아올리기 기구의 중량에 상당하는 하중을 제외한 하중

정답   102 ④   103 ③   104 ①

105 산업안전보건기준에 관한 규칙에 따른 굴착면의 기울기 기준으로 옳지 않은 것은?

① 경암 - 1 : 0.5
② 모래 - 1 : 1.2
③ 풍화암 - 1 : 1.0
④ 연암 - 1 : 1.0

*굴착면의 기울기 기준

지반의 종류	굴착면의 기울기
모래	1 : 1.8
연암 및 풍화암	1 : 1.0
경암	1 : 0.5
그 밖의 흙	1 : 1.2

실기에 자주 출제되는 내용입니다. 암기하세요.

106 아파트의 외벽 도장 작업 시 추락방지를 위해 주로 수직 구명줄에 부착하여 사용하는 보호장구로 옳은 것은?

① 1개 걸이 전용
② 추락방지대
③ 2개 걸이 전용
④ U자 걸이 전용

*추락방지대
추락방지를 위해 주로 수직 구명줄에 부착하여 사용한다.

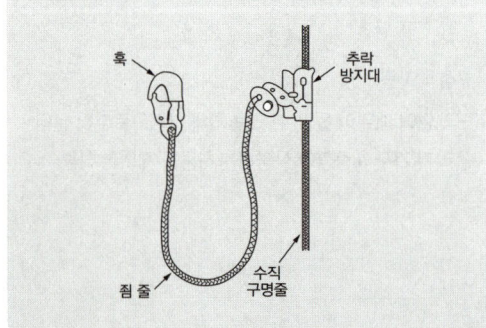

107 표준관입시험에서 30cm 관입에 필요한 타격회수(N)가 50 이상일 때 모래의 상대밀도는 어떤 상태인가?

① 몹시 느슨하다.   ② 느슨하다.
③ 보통이다.   ④ 대단히 조밀하다.

*타격횟수에 따른 지반의 판정
• 타격횟수 4회 미만 : 대단히 연약한 지반
• 타격횟수 4~10회 : 연약한 지반
• 타격횟수 10~30회 : 보통지반
• 타격횟수 30~50회 : 밀실한 지반
• 타격횟수 50회 이상 : 대단히 밀실한 지반

실기까지 중요한 내용입니다.

108 강관비계(외줄·쌍줄 및 돌출비계)의 벽이음 및 버팀 설치에 관한 기준으로 옳은 것은?

① 인장재와 압축재와의 간격은 70cm 이내로 할 것
② 단관비계의 수직방향 조립간격은 7m 이하로 할 것
③ 틀비계의 수평방향 조립간격은 10m 이하로 할 것
④ 강관·통나무 등의 재료를 사용하여 견고한 것으로 할 것

* **외줄비계 · 쌍줄비계 또는 돌출비계의 벽이음 및 버팀 설치**
- 조립간격 : 수직방향에서 5m 이하, 수평방향에서는 7.5m 이하
- 강관 · 통나무등의 재료를 사용하여 견고한 것으로 할 것
- 인장재와 압축재로 구성되어 있는 때에는 인장재와 압축재의 간격을 1m 이내로 할 것

 실기까지 중요한 내용입니다.

109 철골 건립기계 선정 시 사전 검토사항과 가장 거리가 먼 것은?

① 입지조건　　② 인양물 종류
③ 건물형태　　④ 작업반경

* **건립기계 선정 시 검토사항**
- 건립기계의 출입로, 설치장소, 기계조립에 필요한 면적, 이동식 크레인은 건물주위 주행통로의 유무, 타워크레인과 가이데릭 등 기초 구조물을 필요로 하는 고정식 기계는 기초구조물을 설치할 수 있는 공간과 면적 등을 검토하여야 한다.
- 이동식 크레인의 엔진소음은 부근의 환경을 해칠 우려가 있으므로 학교, 병원, 주택 등이 가까운 경우에는 소음을 측정, 조사하고 소음허용치를 초과하지 않도록 관계법에서 정하는 바에 따라 처리하여야 한다.
- 건물의 길이 또는 높이 등 건물의 형태에 적합한 건립기계를 선정하여야 한다.
- 타워크레인, 가이데릭, 삼각데릭 등 고정식 건립기계의 경우, 그 기계의 작업반경이 건물전체를 수용할 수 있는지 여부, 붐이 안전하게 인양할 수 있는 하중범위, 수평거리, 수직높이 등을 검토하여야 한다.

110 건립 중 강풍에 의한 풍압 등 외압에 대한 내력이 설계에 고려되었는지 확인하여야 하는 철골구조물이 아닌 것은?

① 높이 20m 이상인 구조물
② 폭과 높이의 비가 1 : 4 이상인 구조물
③ 연면적당 철골량이 60kg/m² 이상인 구조물
④ 이음부가 현장용접인 구조물

* **외압에 대한 내력이 설계에 고려되었는지 확인하여야 할 대상(자립도 검토대상)**
- 높이 20m 이상의 구조물
- 구조물의 폭과 높이의 비가 1 : 4 이상인 구조물
- 단면구조에 현저한 차이가 있는 구조물
- 연면적당 철골량이 50kg/m² 이하인 구조물
- 기둥이 타이플레이트(tie plate)형인 구조물
- 이음부가 현장용접인 구조물

실기까지 중요한 내용입니다.

111 작업으로 인하여 물체가 떨어지거나 날아올 위험이 있는 경우 필요한 조치와 가장 거리가 먼 것은?

① 투하설비 설치
② 낙하물방지망 설치
③ 수직보호망 설치
④ 출입금지구역 설정

낙하·비래 위험방지 조치
- 낙하물방지망·수직보호망 또는 방호선반의 설치
- 출입금지구역의 설정
- 보호구의 착용

 실기까지 중요한 내용입니다.

112 인접구조물보다 깊은 위치에 근접하여 지하구조물을 건설할 경우에 인접건물의 기초 등을 보호하기 위해 실시하는 기초보강 공법은?

① 어스앵커공법 ② 언더피닝공법
③ C.I.P 공법 ④ 지하연속벽공법

★ 언더피닝공법
기존 구조물에 근접하여 시공 시 기존 구조물을 보호하기 위한 공법으로 기초저면보다 깊은 구조물을 시공하거나 기존 구조물을 보호하기 위하여 기초하부를 보강하는 공법이다.

113 차량계 건설기계의 넘어짐 등을 방지하기 위한 조치와 거리가 먼 것은?

① 차체에 견고한 헤드가드를 갖춘다.
② 지반의 부동침하를 방지한다.
③ 갓길의 붕괴를 방지한다.
④ 충분한 도로의 폭을 유지한다.

★ 차량계 건설기계의 넘어짐 방지 조치
- 유도자 배치
- 지반의 부동침하 방지
- 갓길의 붕괴 방지
- 도로의 폭 유지

참고

★ 차량계 하역운반기계의 넘어짐 방지 조치
- 유도자 배치
- 지반의 부동침하 방지
- 갓길의 붕괴 방지

실기까지 중요한 내용입니다.

114 그물코 크기가 가로, 세로 각각 10cm인 매듭방망 방망사의 신품에 대해 등속인장시험을 하였을 경우 그 강도가 최소 얼마 이상이어야 하는가?

① 150kg ② 200kg
③ 220kg ④ 240kg

★ 방망사의 신품에 대한 인장강도

그물코의 크기 (단위 : cm)	방망의 종류(단위 : kg)	
	매듭 없는 방망	매듭방망
10	240	200
5		110

정답 112 ② 113 ① 114 ②

> 참고
>
> ***방망사의 폐기 시 인장강도**
>
> | 그물코의 크기 (단위 : cm) | 방망의 종류(단위 : kg) | |
> |---|---|---|
> | | 매듭 없는 방망 | 매듭방망 |
> | 10 | 150 | 135 |
> | 5 | | 60 |

📝 필기에 자주 출제되는 내용입니다.

115 달비계란 와이어로프 등을 이용하여 상부 지점으로부터 작업자가 승강할 수 있는 시설인데, 이 달비계의 작업발판의 폭은 최소 얼마 이상으로 유지하여야 하는가?

① 25cm ② 35cm
③ 30cm ④ 40cm

> 작업발판은 폭을 40cm 이상으로 하고 틈새가 없도록 할 것

116 항타기 및 항발기의 권상용 와이어로프의 사용 금지 기준에 해당되지 않는 것은?

① 와이어로프의 한 꼬임에서 끊어진 소선의 수가 8% 이상인 것
② 지름의 감소가 공칭지름의 7%를 초과하는 것
③ 심하게 변형되거나 부식된 것
④ 이음매가 있는 것

> 참고
>
> ***와이어로프의 사용 금지 기준**
> • 이음매가 있는 것
> • 와이어로프의 한 꼬임에서 끊어진 소선의 수가 10% 이상인 것
> • 지름의 감소가 공칭지름의 7%를 초과하는 것
> • 꼬인 것
> • 심하게 변형되거나 부식된 것
> • 열과 전기충격에 의해 손상된 것

📝 실기에 자주 출제되는 내용입니다. 암기하세요.

117 이동식 비계를 조립하여 사용할 때 밑변 최소 폭의 길이가 2m라면 이 비계의 사용가능한 최대 높이는?

① 4m   ② 8m
③ 10m ④ 14m

> • 이동식 비계의 밑변 최소 폭 : 높이 = 1 : 4 이하
> • 최소 폭이 2m이므로 최대 높이는 8m

정답 115 ④ 116 ① 117 ②

118 다음은 강관비계의 구조에 관한 사항이다. 빈칸에 들어갈 내용을 순서대로 옳게 나열한 것은?

> 띠장간격은 ( )미터 이하에 설치하고, 비계기둥의 제일 윗부분으로부터 31m되는 지점 밑 부분의 비계기둥은 ( )의 강관으로 묶어 세울 것

① 1.5m, 2개
② 1.5m, 3개
③ 2.0m, 2개
④ 2.0m, 3개

> ★ 강관비계의 구조
> ① 비계기둥 간격 : 띠장방향에서는 1.85m 이하, 장선방향에서는 1.5m 이하로 할 것
> 다만, 다음 각 목의 어느 하나에 해당하는 작업의 경우에는 안전성에 대한 구조검토를 실시하고 조립도를 작성하면 띠장 방향 및 장선 방향으로 각각 2.7미터 이하로 할 수 있다.
>   가. 선박 및 보트 건조작업
>   나. 그 밖에 장비 반입·반출을 위하여 공간 등을 확보할 필요가 있는 등 작업의 성질상 비계기둥 간격에 관한 기준을 준수하기 곤란한 작업
> ② 띠장간격 : 2.0미터 이하로 할 것
> ③ 비계기둥의 제일 윗부분으로 부터 31m되는 지점 밑 부분의 비계기둥은 2본의 강관으로 묶어세울 것
> ④ 비계기둥 간의 적재하중은 400kg을 초과하지 않도록 할 것

📝 실기에 자주 출제되는 내용입니다. 암기하세요.

119 가설통로의 설치에 관한 기준으로 옳지 않은 것은?

① 일반적으로 경사는 30° 이하로 한다.
② 건설공사에 사용하는 높이 8m 이상의 비계다리에는 7m 이내마다 계단참을 설치하여야 한다.
③ 작업상 부득이한 때에는 필요한 부분에 한하여 안전난간을 임시로 해체할 수 있다.
④ 수직갱에 가설된 통로의 길이가 10m 이상인 때에는 5m 이내마다 계단참을 설치하여야 한다.

> ★ 가설통로 설치 시의 준수사항
> • 견고한 구조로 할 것
> • 경사는 30° 이하로 할 것
> • 경사가 15°를 초과하는 때는 미끄러지지 아니하는 구조로 할 것
> • 추락의 위험이 있는 장소에는 안전난간을 설치할 것
> • 수직갱 : 길이가 15m 이상인 때에는 10m 이내마다 계단참을 설치할 것
> • 건설공사에 사용하는 높이 8m 이상인 비계다리 : 7m 이내마다 계단참을 설치할 것

정답 118 ③ 119 ④

120 운반작업 시 주의사항으로 옳지 않은 것은?

① 단독으로 긴 물건을 어깨에 메고 운반할 때에는 뒤쪽을 위로 올린 상태로 운반한다.
② 운반 시의 시선은 진행방향을 향하고 뒷걸음 운반을 하여서는 안 된다.
③ 무거운 물건을 운반할 때 무게 중심이 높은 하물은 인력으로 운반하지 않는다.
④ 어깨높이보다 높은 위치에서 하물을 들고 운반하여서는 안 된다.

① 긴 철근을 부득이 한 사람이 운반할 때에는 한쪽을 어깨에 메고 한쪽 끝을 끌면서 운반하여야 한다.

실기에 자주 출제되는 내용입니다. 암기하세요.

정답 120 ①

2016년 1회 최근 기출문제

1과목 산업안전관리론

01 산업안전보건법령상 안전인증대상 방호장치에 해당하는 것은?

① 교류 아크용접기용 자동전격방지기
② 동력식 수동대패용 칼날 접촉 방지장치
③ 절연용 방호구 및 활선작업용 기구
④ 아세틸렌 용접장치용 또는 가스집합 용접장치용 안전기

※ 안전인증대상 방호장치
① 프레스 및 전단기 방호장치
② 양중기용 과부하방지장치
③ 보일러 압력방출용 안전밸브
④ 압력용기 압력방출용 안전밸브
⑤ 압력용기 압력방출용 파열판
⑥ 절연용 방호구 및 활선작업용 기구
⑦ 방폭구조 전기기계 기구 및 부품
⑧ 추락·낙하 및 붕괴 등의 위험 방지 및 보호에 필요한 가설기자재
⑨ 충돌·협착 등의 위험 방지에 필요한 산업용 로봇 방호장치

특급암기법

안전인증 대상 중
손 다치는 기계 – 프레스 전단기의 방호장치
양중기 – 과부하 방지장치
폭발 – 보일러 안전밸브, 압력용기 안전밸브, 파열판
충돌 – 산업용 로봇
전기 – 방폭구조, 절연용 방호구, 활선작업용 기구

실기에 자주 출제되는 내용입니다. 암기하세요.

02 산업안전보건법령상 조립·해체·작업장 입구에 설치하여야 할 출입금지 표지의 색채로 가장 적당한 것은?

① 바탕색 : 노란색, 기본모형 : 검정색
   관련부호 : 검정색, 그림 : 검정색
② 바탕색 : 흰색, 기본모형 : 빨간색
   관련부호 : 검정색, 그림 : 검정색
③ 바탕색 : 흰색, 기본모형 : 녹색
   관련부호 : 녹색, 그림 : 검정색
④ 바탕색 : 파란색, 기본모형 : 빨간색
   관련부호 : 흰색, 그림 : 검정색

정답 01 ③ 02 ②

금지표지	바탕은 흰색, 기본모형은 빨간색, 관련 부호 및 그림 검은색
경고표지	바탕은 노란색, 기본모형, 관련 부호 및 그림은 검은색
	다만, 화학물질 경고표지- 바탕은 무색, 기본모형은 빨간색(검은색도 가능)
지시표지	바탕은 파란색, 관련 그림은 흰색
안내표지	바탕은 흰색, 기본모형 및 관련 부호는 녹색 또는 바탕은 녹색, 관련 부호 및 그림은 흰색
출입금지 표지	글자는 흰색바탕에 흑색 다음 글자는 적색 • ○○○ 제조/사용/보관 중 • 석면 취급/해체 중 • 발암물질 취급 중

 실기에 자주 출제되는 내용입니다. 암기하세요.

03 산업안전보건법령상 중대재해에 해당하지 않는 것은?

① 사망자가 2명 발생한 재해
② 부상자가 동시에 7명 발생한 재해
③ 직업성질병자가 동시에 11명 발생한 재해
④ 3개월 이상의 요양이 필요한 부상자가 동시에 3명 발생한 재해

＊중대재해
산업재해 중 **사망** 등 재해 정도가 심하거나 다수의 재해자가 발생한 경우로서 고용노동부령으로 정하는 재해를 말한다.
① **사망자가 1인 이상 발생**한 재해
② **3개월 이상 요양을 요하는 부상자가 동시에 2인 이상 발생**한 재해
③ **부상자 또는 직업성 질병자가 동시에 10인 이상 발생**한 재해

실기에 자주 출제되는 내용입니다. 암기하세요.

04 산업안전보건법령상 건설업의 경우 공사금액이 얼마 이상인 사업장에 산업안전보건위원회를 설치·운영하여야 하는가?

① 80억 원
② 120억 원
③ 150억 원
④ 700억 원

＊산업안전보건위원회 설치대상 건설업
공사금액 120억 원 이상(토목공사업 : 150억 원 이상)

정답 03 ② 04 ②

＊ 산업안전보건위원회의 설치 대상

사업의 종류	규모
1. 토사석 광업	상시 근로자 50명 이상
2. 목재 및 나무제품 제조업 ; 가구 제외	
3. 화학물질 및 화학제품 제조업 ; 의약품 제외(세제, 화장품 및 광택제 제조업과 화학섬유 제조업은 제외한다)	
4. 비금속 광물제품 제조업	
5. 1차 금속 제조업	
6. 금속가공제품 제조업 ; 기계 및 가구 제외	
7. 자동차 및 트레일러 제조업	
8. 기타 기계 및 장비 제조업(사무용 기계 및 장비 제조업은 제외한다.)	
9. 기타 운송장비 제조업(전투용 차량 제조업은 제외한다)	
10. 농업	상시 근로자 300명 이상
11. 어업	
12. 소프트웨어 개발 및 공급업	
13. 컴퓨터 프로그래밍, 시스템 통합 및 관리업	
13의 2. 영상 · 오디오물 제공 서비스업	
14. 정보서비스업	
15. 금융 및 보험업	
16. 임대업 ; 부동산 제외	
17. 전문, 과학 및 기술 서비스업 (연구개발업은 제외한다)	
18. 사업지원 서비스업	
19. 사회복지 서비스업	
20. 건설업	공사금액 120억 원 이상 (토목공사업 : 150억 원 이상)
21. 제1호부터 제20호까지의 사업을 제외한 사업	상시 근로자 100명 이상

특급암기법

토사석 광업에서 캔 1차금속으로 금속가공제품, 비금속 광물제품 제조하여 나무, 화학물질 섞어서 기계장비, 자동차 트레일러 만들어 운송장비 위원회(산업안전보건위원회) 열자.

실기에 자주 출제되는 내용입니다. 암기하세요.

05 재해의 간접원인 중 기초 원인에 해당하는 것은?

① 불안전한 상태
② 관리적 원인
③ 신체적 원인
④ 불안전한 행동

정답 05 ②

재해의 기초원인 → 간접원인

∗재해의 가장 근본 기초가 되는 원인
교육적 원인, 관리적 원인

직접원인	간접원인
• 인적원인(불안전한 행동) • 물적원인(불안전한 상태)	• 기술적 원인 • 교육적 원인 • 신체적 원인 • 정신적 원인 • 작업관리상 원인

06 방독마스크의 선정 방법으로 적합하지 않은 것은?

① 전면형은 되도록 시야가 좁을 것
② 착용자 자신이 스스로 안면과 방독마스크 안면부와의 밀착성 여부를 수시로 확인할 수 있을 것
③ 머리끈은 적당한 길이 및 탄력성을 갖고 길이를 쉽게 조절할 수 있는 것
④ 정화통 내부의 흡착제는 견고하게 충전되고 충전에 의해 외부로 노출되지 않을 것

① 전면형은 되도록 시야가 넓을 것

07 직계식 안전조직의 특징이 아닌 것은?

① 명령과 보고가 간단 명료하다.
② 안전정보의 수집이 빠르고 전문적이다.
③ 각종 지시 및 조치사항이 신속하게 이루어진다.
④ 안전업무가 생산현장 라인을 통하여 시행된다.

② 안전정보의 수집이 빠르고 전문적이다. → 스태프형

참고

라인(Line)형 or 직계형	• 소규모 사업장(100명 이하 사업장)에 적용이 가능하다. • 라인형 장점 : 명령 및 지시가 신속, 정확하다. • 라인형 단점 – 안전정보가 불충분하다. – 라인에 과도한 책임이 부여될 수 있다. • 생산과 안전을 동시에 지시하는 형태이다.
스태프(staff)형 or 참모형	• 중규모 사업장(100~1,000명 정도의 사업장)에 적용이 가능하다. • 스태프형 장점 : 안전정보 수집이 용이하고 빠르다. • 스태프형 단점 : 안전과 생산을 별개로 취급한다. • 생산부문은 안전에 대한 책임, 권한이 없다.

정답 06 ① 07 ②

| 라인 스태프 (Line Staff)형 or 혼합형 | • 대규모 사업장(1,000명 이상 사업장)에 적용이 가능하다.
• 라인 스태프형 장점
  - 안전전문가에 의해 입안된 것을 경영자가 명령하므로 명령이 신속, 정확하다.
  - 안전정보 수집이 용이하고 빠르다.
• 라인 스태프형 단점
  - 명령계통과 조언, 권고적 참여의 혼돈이 우려된다. |

＊강도율(S.R)

• 1,000 근로시간당 근로손실일수 비율

• 강도율 = $\dfrac{\text{총요양근로손실일수}}{\text{연 근로 시간수}} \times 1,000$

• 근로손실일수

= 휴업일수, 요양일수, 입원일수 × $\dfrac{300(\text{근로일수})}{365}$

강도율 = $\dfrac{800}{400 \times 45 \times 50 \times 0.95} \times 1,000 = 0.94$

📝 실기에 자주 출제되는 내용입니다.

📝 실기까지 중요한 내용입니다.

08 재해발생 시 정확한 사고원인 파악을 위해 재해조사를 직접 실시하는 자가 아닌 것은?

① 사업주
② 현장관리감독자
③ 안전관리자
④ 노동조합 간부

＊재해조사를 직접 실시하는 자
안전관리자, 관리감독자, 노동조합의 간부 등

09 근로자수가 400명, 주당 45시간씩 연간 50주를 근무하였고, 연간재해건수는 210건으로 근로손실일수가 800일이었다. 이 사업장의 강도율은 약 얼마인가? (단, 근로자의 출근율은 95%로 계산한다.)

① 0.42 ② 0.52
③ 0.88 ④ 0.94

10 무재해운동 추진기법으로 볼 수 없는 것은?

① 위험예지훈련
② 지적확인
③ 터치앤콜
④ 직무위급도 분석

＊직무위급도 분석
안전, 경미, 중대, 파국적으로 작업의 위험을 구분하기 위한 기법

11 하인리히(H.W.Heinrich)의 재해발생과 관련한 도미노 이론에 포함되지 않는 단계는?

① 사고
② 개인적 결함
③ 제어의 부족
④ 사회적 환경 및 유전적 요소

정답 08 ① 09 ④ 10 ④ 11 ③

★하인리히(H. W. Heinrich) 사고발생 도미노 5단계

1단계	선천적 결함(사회, 환경, 유전적 결함)
2단계	개인적 결함
3단계	불안전 행동(인적결함)
	불안전한 상태(물적결함, 제거가능)
4단계	사고
5단계	재해(상해)

📝 실기까지 중요한 내용입니다.

12 건설업 산업안전보건관리비 계상에 관한 관련 규정은 산업재해보상보험법의 적용을 받는 공사 중 총 공사금액이 얼마 이상인 공사에 적용하는가?

① 2,000만원 ② 1억 원
③ 120억 원 ④ 150억 원

★적용범위
산업안전보건법 제2조 제11호의 **건설공사 중 총 공사금액 2천만 원 이상인 공사에 적용**한다. 다만, 단가계약에 의하여 행하는 공사에 대하여는 총 계약금액을 기준으로 적용한다.

13 안전보건개선계획서의 수립·시행명령을 받은 사업주는 그 명령을 받은 날로부터 안전보건개선계획서를 작성하여 며칠 이내에 관할 지방고용노동관서의 장에게 제출해야 하는가?

① 15일 ② 30일
③ 60일 ④ 90일

안전보건개선계획의 수립·시행명령을 받은 사업주는 고용노동부장관이 정하는 바에 따라 안전보건개선계획서를 작성하여 그 명령을 받은 날부터 60일 이내에 관할 지방고용노동관서의 장에게 제출하여야 한다.

14 사업장의 안전·보건관리계획 수립 시 기본적인 고려요소로 가장 적절한 것은?

① 대기업의 경우 표준계획서를 작성하여 모든 사업장에 동일하게 적용시킨다.
② 계획의 실시 중에는 변동이 없어야 한다.
③ 계획의 목표는 점진적인 높은 수준으로 한다.
④ 사고발생 후의 수습대책에 중점을 둔다.

★안전계획 작성 시 고려사항
- 사업장 실태에 맞도록 독자적, 실현가능성 있게
- 목표는 점진적으로 높게
- 직장 단위로 구체적으로 작성

정답 12 ① 13 ③ 14 ③

15 재해손실비의 평가방식 중 시몬즈 방식에서 비 보험코스트에 반영되는 항목에 해당하지 않는 것은?

① 휴업상해 건수
② 통원상해 건수
③ 응급조치 건수
④ 무손실사고 건수

---

*총 재해코스트 = 보험코스트 + 비보험코스트
- 보험코스트 = 산재보험료
- 비 보험코스트
  - 휴업상해
  - 통원상해
  - 구급조치상해
  - 무상해 사고

---

16 사업장 무재해운동 추진 및 운영에 관한 규칙에 있어 특정 목표배수를 달성하여 그 다음 배수 달성을 위한 새로운 목표를 재설정하는 경우 무재해 목표 설정기준으로 틀린 것은?

① 업종은 무재해 목표를 달성한 시점에서의 업종을 적용한다.
② 무재해 목표를 달성한 시점 이후부터 즉시 다음 배수를 가산하여 업종과 규모에 따라 새로운 무재해 목표시간을 재설정한다.
③ 건설업의 규모는 재개시 시점에 해당하는 총 공사금액을 적용한다.
④ 규모는 재개시 시점에 해당하는 달로부터 최근 6개월간의 평균 상시 근로자수를 적용한다.

📝 관련 고시내용 변경으로 고시에서 삭제된 내용입니다.

---

17 안전점검의 종류 중 주기적으로 일정한 기간을 정하여 시설이나 물건, 기계 등에 대하여 점검하는 방법을 무엇이라 하는가?

① 정기점검   ② 일상점검
③ 특별점검   ④ 임시점검

---

*정기점검
주기적으로 일정한 기간을 정하여 점검

참고

- **수시점검(일상점검)** : 매일 작업 전, 중, 후에 실시하는 점검
- **특별점검** : 기계 · 기구 또는 설비의 신설 · 변경 또는 고장 · 수리 등, 산업안전보건 강조기간, 악천후 시에도 실시
- **임시점검** : 기계 · 기구 또는 설비의 이상 발견 시에 임시로 점검

---

18 재해사례연구법(Accident Analysis and control Method)에서 활용하는 안전관리 열쇠 중 작업에 관계되는 것이 아닌 것은?

① 적성배치   ② 작업순서
③ 이상시 조치 ④ 작업방법 개선

---

① 적성배치 → 작업자의 적성을 고려한 작업배치로 사람에 관계된 요소이다.

정답 15 ④   16 정답 없음   17 ①   18 ①

19 산업안전보건법상 산업재해가 발생한 때에 사업주가 기록·보존하여야 하는 사항이 아닌 것은?

① 사업장의 개요 및 근로자의 인적사항
② 재해 발생의 일시 및 장소
③ 재해 발생의 원인 및 과정
④ 재해원인 수사요청 기록 및 근무상황일지

> 사업주는 산업재해가 발생한 때에는 다음 각 호의 사항을 기록·보존하여야 한다.
> • 사업장의 개요 및 근로자의 인적사항
> • 재해 발생의 일시 및 장소
> • 재해 발생의 원인 및 과정
> • 재해 재발방지 계획

20 안전관리는 PDCA 사이클의 4단계를 거쳐 지속적인 관리를 수행하여야 하는데 다음 중 PDCA 사이클의 4단계를 잘못 나타낸 것은?

① P : Plan
② D : Do
③ C : Check
④ A : Analysis

④ A : Action(조치)

2과목 산업심리 및 교육

21 다음 중 카운슬링(counseling)의 순서로 가장 올바른 것은?

① 장면 구성 → 내담자와의 대화 → 감정 표출 → 감정의 명확화 → 의견 재분석
② 장면 구성 → 내담자와의 대화 → 의견 재분석 → 감정 표출 → 감정의 명확화
③ 내담자와의 대화 → 장면 구성 → 감정 표출 → 감정의 명확화 → 의견 재분석
④ 내담자와의 대화 → 장면 구성 → 의견 재분석 → 감정 표출 → 감정의 명확화

> **★ 카운슬링의 순서**
> 장면 구성 - 내담자 대화 - 의견 재분석 - 감정 표출 - 감정의 명확화

22 에빙하우스(Ebbinghaus)의 연구결과 망각율이 50%를 초과하게 되는 최초의 경과 시간은?

① 30분   ② 1시간
③ 1일   ④ 2일

> **★ 에빙하우스(H.Ebbinhaus)의 망각곡선**
> • 1시간 경과 : 50% 이상 망각
> • 48시간 경과 : 70% 이상 망각
> • 31일 경과 : 80% 이상 망각

정답 19 ④ 20 ④ 21 ② 22 ②

23 다음 중 산업안전보건법 시행규칙상 근로자 안전·보건교육에 건설업 일용근로자의 작업 내용 변경 시의 최소 교육시간으로 옳은 것은?

① 1시간　　② 2시간
③ 3시간　　④ 4시간

＊근로자 안전보건교육

교육과정	교육대상		교육시간
가. 정기교육	1) 사무직 종사 근로자		매반기 6시간 이상
	2) 그 밖의 근로자	가) 판매업무에 직접 종사하는 근로자	매반기 6시간 이상
		나) 판매업무에 직접 종사하는 근로자 외의 근로자	매반기 12시간 이상
나. 채용시의 교육	1) 일용근로자 및 근로계약기간이 1주일 이하인 기간제근로자		1시간 이상
	2) 근로계약기간이 1주일 초과 1개월 이하인 기간제근로자		4시간 이상
	3) 그 밖의 근로자		8시간 이상
다. 작업 내용 변경 시의 교육	1) 일용근로자 및 근로계약기간이 1주일 이하인 기간제근로자		1시간 이상
	2) 그 밖의 근로자		2시간 이상
라. 특별교육	1) 일용근로자 및 근로계약기간이 1주일 이하인 기간제 근로자(타워크레인 신호작업에 종사하는 근로자 제외)		2시간 이상
	2) 일용근로자 및 근로계약기간이 1주일 이하인 기간제 근로자 중 타워크레인신호작업에 종사하는 근로자		8시간 이상
	3) 일용근로자 및 근로계약기간이 1주일 이하인 기간제 근로자를 제외한 근로자		가) 16시간 이상(최초 작업에 종사하기 전 4시간 이상 실시하고 12시간은 3개월 이내에서 분할하여 실시 가능) 나) 단기간 작업 또는 간헐적 작업인 경우에는 2시간 이상
마. 건설업 기초안전·보건교육	건설 일용근로자		4시간 이상

📌 실기에 자주 출제되는 내용입니다. 암기하세요.

24 창의력이란 '문제를 해결하기 위하여 정보나 지식을 독특한 방법으로 조합하여 참신하고 유용한 아이디어를 생성해 내는 능력'이다. 창의력을 발휘하려면 3가지 요소가 필요한데 다음 중 이와 관련된 요소가 아닌 것은?

① 전문지식　　② 상상력
③ 업무몰입도　　④ 내적동기

＊창의력의 3가지 요소
• 전문지식　　• 상상력　　• 내적동기

정답　23 ①　24 ③

25 다음 중 심포지엄(symposium)에 관한 설명으로 가장 적절한 것은?

① 먼저 사례를 발표하고 문제적 사실들과 그의 상호 관계에 대하여 검토하고 대책을 토의하는 방법
② 몇 사람의 전문가에 의하여 과제에 대한 견해를 발표한 뒤에 참가자로 하여금 의견이나 질문을 하게 하여 토의하는 방법
③ 새로운 교재를 제시하고 거기에서의 문제점을 피교육자로 하여금 제기하게 하거나, 의견을 여러 가지 방법으로 발표하게 하고 다시 깊이 파고들어서 토의하는 방법
④ 패널 멤버가 피교육자 앞에서 자유로이 토의 하고, 뒤에 피교육자가 전원이 참가하여 사회자의 사회에 따라 토의하는 방법

① 먼저 사례를 발표하고 문제적 사실들과 그의 상호 관계에 대하여 검토하고 대책을 토의하는 방법 : 사례연구법(Case Study : Case Method)
② 몇 사람의 전문가에 의하여 과제에 대한 견해를 발표한 뒤에 참가자로 하여금 의견이나 질문을 하게 하여 토의하는 방법 : 심포지엄(Symposium)
③ 새로운 교재를 제시하고 거기에서의 문제점을 피교육자로 하여금 제기하게 하거나, 의견을 여러 가지 방법으로 발표하게 하고 다시 깊이 파고들어서 토의하는 방법 : 포럼(Forum)
④ 패널 멤버가 피교육자 앞에서 자유로이 토의하고, 뒤에 피교육자가 전원이 참가하여 사회자의 사회에 따라 토의하는 방법 : 패널 디스커션(Panel discussion)

필기에 자주 출제되는 내용입니다.

26 다음 중 부주의가 발생하는 경우에 자동차를 운전할 때 신호가 바뀌기 전에 신호가 바뀔 것을 예상하고 자동차를 출발시키는 행동과 관련 있는 것은?

① 억측판단　② 근도반응
③ 착시현상　④ 의식의 우회

＊**억측판단**
- 작업공정 중에 규정대로 수행하지 않고 '괜찮다'고 생각하여 자기주관대로 행하는 행동
- 예 신호등의 신호가 녹색에서 황색으로 바뀌었으나 괜찮다고 판단하고 지나감

필기에 자주 출제되는 내용입니다.

27 다음 중 작업장에서의 사고예방을 위한 조치로 틀린 것은?

① 모든 사고는 사고 자료가 연구될 수 있도록 철저히 조사하고 자세히 보고되어야 한다.
② 안전의식고취 운동에서의 포스터는 처참한 장면과 함께 부정적인 문구의 사용이 효과적이다.
③ 안전장치는 생산을 방해해서는 안 되고, 그것이 제 위치에 있지 않으면 기계가 작동되지 않도록 설계되어야 한다.
④ 감독자와 근로자는 특수한 기술뿐만 아니라 안전에 대한 태도교육을 받아야 한다.

② 안전의식 고취 포스터는 긍정적인 문구의 사용이 효과적이다.

정답　25 ②　26 ①　27 ②

28 다음 중 심리검사의 특징 중 측정하고자 하는 것을 실제로 잘 측정하는지의 여부를 판별하는 것을 무엇이라 하는가?

① 표준화 ② 신뢰성
③ 객관성 ④ 타당성

> ★ 산업심리검사의 구비요건
> - 타당성(validity) : 측정하려고 하는 성능을 어느 정도 충실히 수행하고 있는가를 나타낸다.
> - 신뢰성(reliability) : 동일한 검사를 동일한 사람에게 시간 간격을 두고 실시할 때 그 결과가 크게 다르지 않아야 한다.
> - 실용성(praticability) : 검사를 실시하고 채점하기 용이하다든지, 결과의 해석이나 이용의 방법이 간단하고 비용이 적게 들어야 한다.
> - 표준화 : 검사관리를 위한 조건과 검사 절차가 일관성이 있어야 한다.

29 다음 중 안전태도교육 과정을 올바르게 순서대로 나열한 것은?

① 청취 → 모범 → 이해 → 평가 → 장려 → 처벌
② 청취 → 평가 → 이해 → 모범 → 장려 → 처벌
③ 청취 → 이해 → 모범 → 평가 → 장려 → 처벌
④ 청취 → 평가 → 모범 → 이해 → 장려 → 처벌

> ★ 태도교육 실시 순서
> - 청취한다.
> - 이해, 납득시킨다.
> - 모범을 보인다.
> - 평가한다.
> - 권장한다.
> - 처벌한다.(상과 벌)

30 다음 중 합리화의 유형에 있어 자기의 실패나 결함을 다른 대상에게 책임을 전가시키는 유형으로 자신의 잘못에 대해 조상 탓을 하거나 축구 선수가 공을 잘못 찬 후 신발 탓을 하는 등에 해당하는 것은?

① 신포도형 ② 투사형
③ 망상형   ④ 달콤한 레몬형

> ★ 투사형
> 자기의 실패나 결함을 다른 대상에게 책임을 전가시키는 유형

> 참고
>
> ★ 프로이드 적응기제중 합리화 유형
>
> | | |
> |---|---|
> | 신포도형 | 어떤 목표를 달성하려 했으나 실패한 사람이 처음부터 그것을 원하지 않았다고 하는 것 |
> | 달콤한 레몬형 | 자기가 현재 가지고 있는 것이야말로 그가 원하던 것이라고 스스로 믿는 것 |
> | 투사형 | 자신의 결함이나 실수를 자기 이외의 다른 대상에게로 책임을 전가시키는 것 |
> | 망상형 | 이치에 맞지 않는 잘못된 생각이나 근거가 없는 주관적인 신념으로 자신을 합리화하는 것 |

정답 28 ④ 29 ③ 30 ②

31 다음 중 피로의 검사방법에 있어 인지역치를 이용한 생리적 방법은?

① 광전비색계
② 뇌전도(EEG)
③ 근전도(EMG)
④ 점멸융합주파수(flicker fusion frequency)

★ **점멸융합주파수(flicker fusion frequency, 어름거림 검사)**
자극들이 점멸하는 것 같이 보이지 않고 연속적으로 느껴지는 주파수를 말하며, 인지역치를 이용한 피로도를 측정하는 방법이다.

참고
- 역치(Threshold value) : 감각기관이 냄새, 맛, 소리와 같은 자극을 감지할 수 있는 최소의 자극량
- 인지역치 : 감각기관이 최초로 어떤 냄새 또는 맛인지를 인지할 수 있는 농도(자극량)

32 다음 중 직무분석 방법으로 가장 적합하지 않은 것은?

① 면접법   ② 관찰법
③ 실험법   ④ 설문지법

★ **직무분석 방법**
- **면접법** : 직무를 실제 수행하는 종업원과 직접 대면하여 직무정보를 얻는 방법
- **질문지법(설문지법)** : 질문지를 통해 직무정보를 얻는 방법
- **직접관찰법** : 직무수행 중인 종업원의 행동을 관찰하여 직무를 판단하는 방법
- **일지작성법** : 직무수행자가 매일 작성하는 업무일지로 해당직무의 정보를 수집하는 방법
- **결정 사건 기법** : 직무행동 가운데 중요한, 혹은 가치있는 면에 대한 정보를 수집하는 방법으로 직무수행과 성과 간의 관계를 직접적으로 파악할 수 있다.
- **워크샘플링법** : 전체 작업과정 동안 무작위로 많은 관찰을 행하여 직무행동에 관한 정보를 얻는 방법이다.
- **혼합법** : 2가지 이상의 방법을 혼합하여 사용하는 것으로 흔히 질문지법과 면접법을 혼용하여 사용한다.

33 다음 중 강의법에서 도입단계의 내용으로 적절하지 않은 것은?

① 동기를 유발한다.
② 주제의 단원을 알려준다.
③ 수강생의 주의를 집중시킨다.
④ 핵심이 되는 점을 가르쳐 준다.

④ 핵심이 되는 점을 가르쳐 준다. → 제시단계

참고

★ **교육진행 4단계**
- 제1단계 : 도입(학습할 준비를 시킨다)
- 제2단계 : 제시(작업을 설명한다)
- 제3단계 : 적용(작업을 시켜본다)
- 제4단계 : 확인(가르친 뒤 살펴본다)

정답 31 ④ 32 ③ 33 ④

34 다음 중 허츠버그(Herzberg)가 직무확충의 원리로서 제시한 내용과 거리가 먼 것은?

① 책임을 지고 일하는 동안에는 통제를 추가한다.
② 자신의 일에 대해서 책임을 더 지도록 한다.
③ 직무에서 자유를 제공하기 위하여 부가적 권위를 부여한다.
④ 전문가가 될 수 있도록 전문화된 과제들을 부과한다.

> ① 통제 또는 규제를 제거하여 책임을 지고 일하도록 한다.

참고

* **헤르츠버그(Herzberg)의 동기·위생 이론**

위생 요인(직무 환경)	동기 요인(직무 내용)
• 회사정책과 관리	• 성취감
• 개인 상호 간의 관계	• 책임감
• 감독	• 안정감
• 임금	• 성장과 발전
• 보수	• 도전감
• 작업조건	• 일 그 자체
• 지위	
• 안전	

35 다음 중 학습목적의 3요소가 아닌 것은?

① 목표(goal)
② 주제(subject)
③ 학습정도(level of learning)
④ 학습방법(method of learning)

> ※ **학습목적의 3요소**
> • **학습목표(goal)** : 학습을 통하여 달성하려는 지표를 말한다.(학습목적의 핵심)
> • **주제(subject)** : 목적달성을 위한 중심내용을 의미한다.
> • **학습정도(level of learning)** : 주제를 학습시킬 때 내용범위와 내용의 정도를 뜻한다.

36 다음 중 비공식 집단에 관한 설명으로 가장 거리가 먼 것은?

① 비공식 집단은 조직구성원의 태도, 행동 및 생산성에 지대한 영향력을 행사한다.
② 가장 응집력이 강하고 우세한 비공식 집단은 수직적 동료집단이다.
③ 혼합적 혹은 우선적 동료집단은 각기 상이한 부서에 근무하는 직위가 다른 성원들로 구성된다.
④ 비공식 집단은 관리영역 밖에 존재하고 조직도상에 나타나지 않는다.

> ② 수직적 동료집단은 공식집단에 해당한다.

정답 34 ① 35 ④ 36 ②

> **참고**
> - **공식집단** : 과업의 특성과 구조에 의해 인위적으로 만들어진 집단, 조직의 목표달성을 위한 공식적인 조직(정부, 기업, 노동조합 등)
> - **비공식집단** : 사회적인 접촉과 필요성에 의해 자발적으로 형성된 집단(친목회, 후원회, 연예인 팬클럽 등)

37 다음 중 교육지도의 원칙과 가장 거리가 먼 것은?

① 한 번에 한 가지씩 교육을 실시한다.
② 쉬운 것부터 어려운 것으로 실시한다.
③ 과거부터 현재 미래의 순서로 실시한다.
④ 적게 사용하는 것에서 많이 사용하는 순서로 실시한다.

④ 많이 사용하는 것에서 적게 사용하는 순서로 실시한다.

38 다음 중 리더로서의 일반적인 구비요건과 가장 거리가 먼 것은?

① 화합성
② 통찰력
③ 개인의 이익 추구성
④ 정서적 안정성 및 활발성

③ 리더는 개인의 이익보다 집단의 이익을 우선시하여야 한다.

39 다음 중 부주의에 의한 사고 방지에 있어서 정신적 측면의 대책 사항과 가장 거리가 먼 것은?

① 적응력 향상　② 스트레스 해소
③ 작업의욕 고취　④ 주의력 집중 훈련

★ 부주의에 의한 사고방지 대책

정신적 대책	• 주의력 집중 훈련 • 스트레스 해소 대책 • 안전의식의 제고 • 작업의욕 고취
기능 및 작업측면 대책	• 적성배치 • 표준작업(동작)의 습관화 • 안전작업방법의 습득 • 작업조건의 개선 및 적응력 향상
설비 및 환경 측면 대책	• 표준 작업제도의 도입 • 설비 및 작업환경의 안전화 • 긴급 시 안전작업 대책 수립

정답　37 ④　38 ③　39 ①

40 다음 중 ATT(American Telephone & Telegram) 교육 훈련 기법의 내용으로 적절하지 않은 것은?

① 인사관계　② 고객관계
③ 회의의 주관　④ 종업원의 향상

★ ATT (American Telephone & Telegraph Company)
- **대상** : 한정되어 있지 않고 한번 교육을 이수한 자는 부하에게 지도가 가능하다.
- **교육시간** : 1차 훈련은 1일 8시간씩 2주간 실시, 2차 과정은 문제가 발생할 때 마다 실시한다.
- **토의식** 방식으로 진행한다.
- **교육내용** : 인사관계, 고객관계, 종업원의 향상, 작업의 계획 및 인원배치, 계획적 감독 등

3과목 인간공학 및 시스템안전공학

41 안전·보건표지에서 경고표지는 삼각형, 안내표지는 사각형 지시표지는 원형 등으로 부호가 고안되어 있다. 이처럼 부호가 이미 고안되어 이를 사용자가 배워야 하는 부호를 무엇이라 하는가?

① 묘사적 부호
② 추상적 부호
③ 임의적 부호
④ 사실적 부호

★ 부호의 3가지 유형
- **임의적 부호**
  - 부호가 이미 고안되어 있으므로 이를 배워야 하는 부호
  - 예 안전표지판의 원형 - 금지, 삼각형 - 안내 표시 등
- **묘사적 부호**
  - 사물의 행동을 단순하고 정확하게 묘사한 부호
  - 예 위험 표지판의 해골과 뼈, 보도 표지판의 걷는 사람
- **추상적 부호**
  - 전언의 기본요소를 도식적으로 압축한 부호

필기에 자주 출제되는 내용입니다.

---

42 다음 중 욕조곡선에서의 고장 형태에서 일정한 형태의 고장률이 나타나는 구간은?

① 초기 고장구간
② 마모 고장구간
③ 피로 고장구간
④ 우발 고장구간

- **초기 고장(감소형)**
  - 설계상, 구조상 결함, 불량 제조·생산 과정 등의 품질관리 미비로 생기는 고장 형태
  - 점검 작업이나 시운전 작업 등으로 사전에 방지할 수 있는 고장
- **우발 고장(일정형)**
  - 예측할 수 없을 때에 생기는 고장의 형태
  - 사용자의 실수, 천재지변, 우발적 사고 등이 원인이다.
- **마모 고장(증가형)**
  - 기계적 요소나 부품의 마모, 사람의 노화 현상 등에 의해 고장률이 상승하는 형이다.
  - 고장이 일어나기 직전에 교환, 안전 진단 및 적당한 보수에 의해서 방지할 수 있는 고장이다.

정답　40 ③　41 ③　42 ④

43 다음 중 소음에 대한 대책으로 가장 적합하지 않은 것은?

① 소음원의 통제
② 소음의 격리
③ 소음의 분배
④ 적절한 배치

> **＊소음 대책**
> - 소음원 통제
> - 소음의 격리
> - 차폐장치, 흡음제 사용
> - 음향처리제 사용
> - 적절한 배치(Layout)
> - 배경음악
> - 보호구 사용(가장 소극적인 대책)

44 인간의 생리적 부담 척도 중 국소적 근육 활동의 척도로 가장 적합한 것은?

① 혈압　　② 맥박수
③ 근전도　④ 점멸융합 주파수

> **＊EMG(electromyogram ; 근전도)**
> 근육활동 전위차의 기록

> [참고]
> **＊ECG(electrocardiogram ; 심전도)**
> 심장근 활동 전위차의 기록

45 다음 중 화학설비에 대한 안전성 평가에 있어 정량적 평가항목에 해당되지 않는 것은?

① 공정
② 취급물질
③ 압력
④ 화학설비용량

정량적 평가항목	정성적 평가항목
• 취급물질	• 입지 조건
• 화학설비의 용량	• 공장 내의 배치
• 온도	• 소방설비
• 압력	• 공정 기기
• 조작	• 수송 · 저장
	• 원재료
	• 중간체
	• 제품
	• 건조물(건물)
	• 공정

정답　43 ③　44 ③　45 ①

46 어떤 결함수를 분석하여 minimal cut set을 구한 결과 다음과 같았다. 각 기본사상의 발생확률을 q_i, i=1, 2, 3이라 할 때 정상사상의 발생확률함수로 옳은 것은?

$$k_1 = [1, 2], k_2 = [1, 3], k_3 = [2, 3]$$

① $q_1q_2 + q_1q_2 - q_2q_3$
② $q_1q_2 + q_1q_3 - q_2q_3$
③ $q_1q_2 + q_1q_3 + q_2q_3 - q_1q_2q_3$
④ $q_1q_2 + q_1q_3 + q_2q_3 - 2q_1q_2q_3$

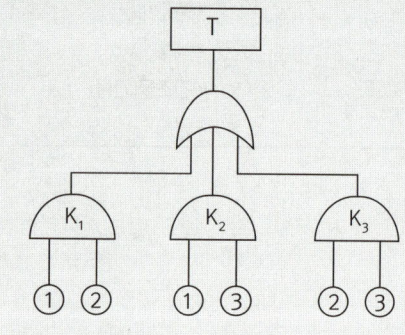

minimal cut set을 기준으로 FT도를 구성하면

$T = 1 - \{(1 - K_1) \times (1 - K_2) \times (1 - K_3)\}$
$= 1 - [\{(1 - K_1) \times (1 - K_2)\} \times (1 - K_3)]$
$= 1 - [(1 - K_2 - K_1 + K_1 K_2) \times (1 - K_3)]$
$= 1 - [1 - K_2 - K_1 + K_1 K_2 - K_3 + K_2 K_3 + K_1 K_3 - K_1 K_2 K_3]$
$= 1 - 1 + K_2 + K_1 - K_1 K_2 + K_3 - K_2 K_3 - K_1 K_3 + K_1 K_2 K_3$
$= K_1 + K_2 + K_3 - K_1 K_2 - K_1 K_3 - K_2 K_3 + K_1 K_2 K_3$
$= q_1 q_2 + q_1 q_3 + q_2 q_3 - q_1 q_2 q_3 - q_1 q_2 q_3 - q_1 q_2 q_3 + q_1 q_2 q_3$
$= q_1 q_2 + q_1 q_3 + q_2 q_3 - 2q_1 q_2 q_3$

📝 출제비중이 낮은 문제입니다.

47 다음 중 진동의 영향을 가장 많이 받는 인간의 성능은?

① 추적(tracking) 능력
② 감시(monitoring) 작업
③ 반응시간(reaction time)
④ 형태식별(pattern recognition)

반응시간, 감시, 형태식별 등 주로 중앙신경처리에 달린 임무는 진동의 영향이 적다.

48 한 대의 기계를 10시간 가동하는 동안 4회의 고장이 발생하였고, 이때의 고장수리시간이 다음 표와 같을 때 MTTR(Mean Time To Repair)은 얼마인가?

가동시간(hour)	수리시간(hour)
$T_1 = 2.7$	$T_a = 0.1$
$T_2 = 1.8$	$T_b = 0.2$
$T_3 = 1.5$	$T_c = 0.3$
$T_4 = 2.3$	$T_d = 0.3$

① 0.225시간/회 ② 0.325시간/회
③ 0.425시간/회 ④ 0.525시간/회

* MTTR (Mean Time to Repair)
평균 수리에 소요되는 시간

$MTTR = \dfrac{수리시간 합계}{수리횟수}$ (시간)

$= \dfrac{0.1+0.2+0.3+0.3}{4} = 0.225$시간/회

정답 46 ④ 47 ① 48 ①

49 다음 중 청각적 표시장치보다 시각적 표시장치를 이용하는 경우가 더 유리한 경우는?

① 메시지가 간단한 경우
② 메시지가 추후에 재참조되지 않는 경우
③ 직무상 수신자가 자주 움직이는 경우
④ 메시지가 즉각적인 행동을 요구하지 않는 경우

★ 청각장치와 시각장치의 비교

청각장치	• 전언이 짧고, 간단할 때 • 재참조되지 않는다. • 시간적인 사상을 다룬다. • 즉각적인 행동을 요구할 때 • 시각계통이 과부하일 때 • 주위가 너무 밝거나 암조응일 때 • 자주 움직이는 경우
시각장치	• 전언이 길고, 복잡할 때 • 재참조된다. • 공간적인 위치 다룬다. • 즉각적 행동을 요구하지 않을 때 • 청각계통이 과부하일 때 • 주위가 너무 시끄러울 때 • 한곳에 머무르는 경우

자주 출제되는 내용입니다. 해설을 다시 확인하세요.

50 매직넘버라고도 하며, 인간이 절대식별 시 작업 기억 중에 유지할 수 있는 항목의 최대 수를 나타낸 것은?

① 3±1 ② 7±2
③ 10±1 ④ 20±2

★ 밀러의 매직넘버
인간이 절대식별 시 작업 기억 중에 유지할 수 있는 항목의 최대수 → 7±2

출제비중이 낮은 문제입니다.

51 인간 – 기계 시스템에서 시스템의 설계를 다음과 같이 구분할 때 제3단계인 기본설계에 해당되지 않는 것은?

- 1단계 시스템의 목표와 성능 명세 결정
- 2단계 시스템의 정의
- 3단계 기본설계
- 4단계 인터페이스 설계
- 5단계 보조물 설계
- 6단계 시험 및 평가

① 화면 설계 ② 작업 설계
③ 직무 분석 ④ 기능 할당

★ 기본 설계
• 작업설계
• 직무분석
• 기능할당

정답 49 ④ 50 ② 51 ①

52 다음 중 FTA(Fault Tree Analysis)에 관한 설명으로 가장 적절한 것은?

① 복잡하고, 대형화된 시스템의 신뢰성 분석에는 적절하지 않다.
② 시스템 각 구성요소의 기능을 정상인가 또는 고장인가로 점진적으로 구분 짓는다.
③ "그것이 발생하기 위해서는 무엇이 필요한가?"라는 것은 연역적이다.
④ 사건들을 일련의 이분(binary) 의사 결정 분기들로 모형화한다.

> **＊FTA(Fault Tree Analysis)**
> 특정한 사고에 대하여 그 사고의 원인이 되는 장치 및 기기의 결함이나 작업자 오류 등을 연역적이며 정량적으로 평가하는 분석법

53 다음 중 인간 신뢰도(Human Reliability)의 평가 방법으로 가장 적합하지 않은 것은?

① HCR ② THERP
③ SLIM ④ FMECA

> FMECA= FMEA(고장형태와 영향분석) + CA(치명도 분석)
> FMECA는 고장의 형태별 영향과 그 고장의 치명도를 분석하는 기법으로 고장을 정성적으로 분석하는 FMEA에 정량적인 분석(CA)을 혼합한 기법이다.

54 다음 중 Fitts의 법칙에 관한 설명으로 옳은 것은?

① 표적이 크고 이동거리가 길수록 이동시간이 증가한다.
② 표적이 작고 이동거리가 길수록 이동시간이 증가한다.
③ 표적이 크고 이동거리가 짧을수록 이동시간이 증가한다.
④ 표적이 작고 이동거리가 짧을수록 이동시간이 증가한다.

> **＊피츠의 법칙(Fitts' Law)**
> • 목표까지 움직이는 데 필요한 시간은 목표 크기와 목표까지의 거리의 함수이다.
> • 표적이 작고 이동거리가 길수록 이동시간이 증가한다.

55 다음 중 인간공학을 기업에 적용할 때의 기대효과로 볼 수 없는 것은?

① 노사 간의 신뢰 저하
② 제품과 작업의 질 향상
③ 작업자의 건강 및 안전 향상
④ 이직률 및 작업손실시간의 감소

> 인간공학을 적용할 경우 노사 간의 신뢰는 향상된다.

정답 52 ③ 53 ④ 54 ② 55 ①

> [참고]
>
> *** 인간공학의 정의**
> - 인간의 특성과 한계능력을 공학적으로 분석, 평가하여 이를 복잡한 체계의 설계에 응용함으로써 효율을 최대로 활용할 수 있도록 하는 학문분야
> - 인간공학은 기계와 그 기계조작 및 환경조건을 인간의 특성에 맞추어 설계하기 위한 수단을 연구하는 학문이다.

56 FMEA에서 고장의 발생확률 β가 다음 값의 범위일 경우 고장의 영향으로 옳은 것은?

$$0.10 \leq \beta < 1.00$$

① 손실의 영향이 없음
② 실제 손실이 예상됨
③ 실제 손실이 발생됨
④ 손실 발생의 가능성이 있음

> *** FMEA 위험성 분류**
>
> | 발생확률(β)에 따른 분류 |
> |---|
> | • 실제손실 $\beta = 1.00$ |
> | • 예상되는 손실 $0.1 < \beta < 1.00$ |
> | • 가능한 손실 $0 < \beta \leq 0.1$ |
> | • 영향 없음 $\beta = 0$ |

57 다음 중 산업안전보건법 시행규칙상 유해·위험방지 계획서의 제출 기관으로 옳은 것은?

① 대한산업안전협회
② 안전관리대행기관
③ 한국건설기술인협회
④ 한국산업안전보건공단

사업주가 유해·위험방지계획서를 제출하려면 관련서류를 첨부하여 한국산업안전보건공단에 2부를 제출하여야 한다.

58 자동차 엔진의 수명이 지수분포를 따르는 경우 신뢰도 95%를 유지시키면서 8,000시간을 사용하기 위한 적합한 고장률은 약 얼마인가?

① 3.4×10^{-6}/시간   ② 6.4×10^{-6}/시간
③ 8.2×10^{-6}/시간   ④ 9.5×10^{-6}/시간

> *** 신뢰도 : 고장나지 않을 확률**
>
> $R(t) = e^{-\frac{t}{t_0}} = e^{-\lambda \times t}$
>
> - t_0 : 평균고장시간 or 평균수명
> - t : 앞으로 고장 없이 사용할 시간
> - λ : 고장률
>
> $R(t) = e^{-\lambda \times t}$
>
> $\ln R = -\lambda \times t$
>
> $\lambda = \dfrac{\ln R}{-t} = \dfrac{\ln 0.95}{-8,000} = 6.4 \times 10^{-6}$

59 다음 중 중(重)작업의 경우 작업대의 높이로 가장 적절한 것은?

① 허리 높이보다 0~10cm 정도 낮게
② 팔꿈치 높이보다 10~20cm 정도 높게
③ 팔꿈치 높이보다 15~20cm 정도 낮게
④ 어깨 높이보다 30~40cm 정도 높게

*입식 작업대 높이
- 경(經)작업 시 작업대의 높이 : 팔꿈치 높이보다 5~10cm정도 낮게
- 중(重)작업 시 작업대의 높이 : 팔꿈치 높이보다 10~20cm 정도 낮게
- 정밀작업 시 작업대의 높이 : 팔꿈치 높이보다 5~10cm정도 높게

60 재해예방 측면에서 시스템의 FT에서 상부측 정상사상의 가장 가까운 쪽에 OR 게이트를 인터록이나 안전장치 등을 활용하여 AND 게이트로 바꿔주면 이 시스템의 재해율에는 어떠한 현상이 나타나겠는가?

① 재해율에는 변화가 없다.
② 재해율의 급격한 증가가 발생한다.
③ 재해율의 급격한 감소가 발생한다.
④ 재해율의 점진적인 증가가 발생한다.

인터록이나 안전장치를 AND 게이트로 변경 → 인터록, 안전장치 모두가 정상일 경우 시스템이 정상 가동 → 재해율의 급격한 감소

4과목 건설시공학

61 철근콘크리트공사의 염해 방지대책으로 옳지 않은 것은?

① 철근 피복 두께를 충분히 확보한다.
② 콘크리트 중의 염소이온을 적게 한다.
③ 수밀콘크리트를 만들고 콜드조인트가 없게 시공한다.
④ 물시멘트비(W/C)가 높은 콘크리트를 타설한다.

*염해방지 대책
① 콘크리트 중의 염소 이온량을 적게 한다.
② 에폭시 수지 도장 철근을 사용한다.
③ 방청제 투입을 고려한다.
④ 물-시멘트비를 작게 한다.
⑤ 철근 피복두께를 충분히 확보한다.
⑥ 수밀콘크리트를 만들고 콜드조인트가 없게 시공한다.

📖 필기에 자주 출제되는 내용입니다.

62 철근콘크리트 공사 중 거푸집 해체를 위한 검사가 아닌 것은?

① 각종 배관슬리브, 매설물, 인서트, 단열재 등 부착 여부
② 수직, 수평부재의 존치기간 준수 여부
③ 소요의 강도 확보 이전에 지주의 교환 여부
④ 거푸집 해체용 압축강도 확인시험 실시 여부

* 거푸집 해체를 위한 확인사항(검사)
① 수직, 수평부재의 존치기간 준수 여부
② 소요의 강도 확보 이전에 지주의 교환 여부
③ 거푸집 해체용 콘크리트 압축강도 확인시험 실시 여부

📝 필기에 자주 출제되는 내용입니다.

* 강제 널말뚝(steel sheet pile)공법

장점	단점
① 차수성이 좋다. ② 타입이 용이하고 시공이 쉽다. ③ 재사용이 가능하다.	① 타공법보다 벽체의 강성(EI)이 작아 휨이 크다. ② 암반, 전 석층에는 타입이 곤란하다. ③ 타입시 소음, 진동이 크다. ④ 관입, 철거 시 주변 지반 침하가 일어날 수 있다.

📝 필기에 자주 출제되는 내용입니다.

63 현대 건축시공의 변화에 따른 특징과 거리가 먼 것은?

① 인공지능 빌딩의 출현
② 건설 시공법의 습식화
③ 도심지 지하 심층화에 따른 신기술 발달
④ 건축 구성재 및 부품의 PC화 · 규격화

② 건설 시공법의 건식화

64 강제 널말뚝(steel sheet pile) 공법에 대한 설명으로 옳지 않은 것은?

① 무소음 설치가 어렵다.
② 타입 시에 지반의 체적변형이 작아 항타가 쉽다.
③ 강제 널말뚝에는 U형, Z형, H형 등이 있다.
④ 관입, 철거 시 주변 지반침하가 일어나지 않는다.

65 철골 내화피복 공법의 종류와 사용되는 재료가 올바르게 연결되지 않은 것은?

① 타설공법 - 경량 콘크리트
② 뿜칠공법 - 암면 흡음판
③ 조적공법 - 경량 콘크리트 블록
④ 성형판붙임공법 - ALC판

정답 63 ② 64 ④ 65 ②

> **★ 철골의 내화피복 공법**
>
> | 습식공법 | 건식공법 |
> |---|---|
> | ① 조적공법 : 철골표면에 벽돌, 돌, 콘크리트 블록, 경량 콘크리트 블록 등을 시공하는 공법 | ① 성형판붙임 공법 : 내화 단열성이 우수한 각종 성형판(PC판, ALC판, 석고 보드 등)을 철골부재에 붙이는 공법으로 주로 기둥과 보의 내화피복에 사용된다. |
> | ② 미장공법 : 철골표면에 단열 모르타르를 시공하는 공법 | ② 멤브레인 공법 : 암면 흡음판을 철골에 붙여 시공하는 공법 |
> | ③ 도장공법 : 철골표면에 내화페인트를 도장하는 공법 | ③ 세라믹울 피복공법 |
> | ④ 뿜칠공법 : 철골표면에 접착제를 혼합한 내화 피복재(암면과 시멘트를 혼합)를 뿜어서 내화 피복하는 공법 | |
> | ⑤ 타설공법 : 철골표면에 기포 콘크리트, 경량 콘크리트를 타설하는 공법 | |

📖 필기에 자주 출제되는 내용입니다.

66 철골 부재가공 시 절단면의 상태가 가장 양호하게 되는 절단 방법은?

① 전단 절단   ② 가스 절단
③ 전기 아크 절단   ④ 톱 절단

> 톱 절단 : 앵글커터(angle cutter) 등으로 철골부재를 절단하는 방법으로 가장 정밀한 절단방법이다.

67 석축쌓기 공법에 해당하지 않는 것은?

① 건쌓기   ② 메쌓기
③ 찰쌓기   ④ 막쌓기

> **★ 석축 쌓기 공법**
> ① 메쌓기
> ② 찰쌓기
> ③ 건쌓기
> ④ 맞춤면 찰쌓기
> ⑤ 견치돌 쌓기
> ⑥ 점층 자연석 쌓기
> ⑦ 엇갈림 쌓기

68 벽돌공사에 관한 일반적인 주의사항으로 옳지 않은 것은?

① 벽돌은 품질, 등급별로 정리하여 사용하는 순서별로 쌓아둔다.
② 규준틀에 의하여 벽돌 나누기를 정확히 하고 토막벽돌이 생기지 않게 한다.
③ 내력벽 쌓기에서는 세워쌓기나 옆쌓기로 쌓는 것이 좋다.
④ 벽돌 벽은 균일한 높이로 쌓아 올라간다.

> ② 내력벽 쌓기에서는 통줄눈이 생기지 않는 마구리 쌓기나 길이쌓기로 쌓는 것이 좋다.

📖 필기에 자주 출제되는 내용입니다.

69 지하실 방수공법 중 바깥방수의 단점으로 옳지 않은 것은?

① 하자보수가 용이하다.
② 바탕처리를 따로 만들어야 한다.
③ 안방수에 비해 비용이 고가이다.
④ 시공방법이 복잡하여 공기가 많이 소요된다.

바깥방수	안방수
① 수압이 크고 깊은 지하실 방수에 사용된다.	① 수압이 적고 얕은 지하실 방수에 사용된다.
② 내수압 처리능력이 우수하다.	② 내수압 처리능력이 떨어진다.
③ 보호누름은 없어도 되지만 바탕을 따로 만들어야 한다.	③ 보호누름은 필수이며 바탕은 따로 만들 필요가 없다.
④ 공사 시기는 날씨 영향을 받는다.	④ 공사 시기에 영향을 받지 않는다.
⑤ 비용이 고가이며 시공방법이 복잡하여 공기가 많이 소요된다.	⑤ 비용이 저렴하며 공사의 난이도가 낮다.
⑥ 안방수보다 하자보수가 어렵다.	⑥ 바깥방수보다 하자보수가 용이하다.

70 현장타설 콘크리트말뚝 중 외관과 내관의 2중관을 소정의 위치까지 박은 다음, 내관은 빼내고 관내에 콘크리트를 부어 넣고 내관을 넣어 다지며 외관을 서서히 빼 올리면서 콘크리트 구근을 만드는 말뚝은?

① 페데스탈 파일   ② 시트파일
③ P.I.P 파일   ④ C.I.P 파일

페디스털 말뚝(Pedestal Pile) : 외관과 내관의 이중 강관을 박고 구근용(球根用) 콘크리트를 주입하며 내관으로 타격을 가하여 구근을 형성시킨 후에 외관을 뽑아낸다.

 참고

* **프리팩트 파일(Prepacked pile)**
① CIP 말뚝(Cast In Place Pile) : 말뚝 구멍을 굴착한 후 철근을 조립하고 모르타르 주입관을 삽입한 다음 자갈을 충전한 후 모르타르를 주입하는 공법이다.
② PIP 말뚝(Packed In Place Pile) : 소정의 깊이까지 뚫은 다음 흙과 오거를 함께 끌어올리면서 오거 중심간의 선단을 통하여 모르타르, 잔자갈, 콘크리트를 주입하여 말뚝을 형성하는 공법이다.
③ MIP 말뚝(Mixed In Place Pile) : 파이프 선단에 커터를 장치하여 흙을 뒤섞으며 지중으로 파들어 간 다음 파이프 선단에서 모르타르를 분출시켜 흙과 모르타르를 혼합하면서 파이프를 빼내는 소일 콘크리트(soil concrete) 말뚝을 형성하는 공법이다.

 필기에 자주 출제되는 내용입니다.

71 보강 콘크리트 블록조 공사에서 원칙적으로 기초 및 테두리보에서 위층의 테두리보까지 잇지 않고 배근하는 것은?

① 세로근 ② 가로근
③ 철선   ④ 수평횡근

★ 철근콘크리트 보강 블록공사
① 블록을 쌓아 철근과 콘크리트로 보강하여 내력벽을 구축하는 공법을 말한다.
② 원칙적으로 통줄눈 쌓기로 한다.
③ 보강콘크리트 블록조에서 세로근에 이음을 만들어서는 안 된다.
④ 가로근은 배근 상세도에 따라 가공하되, 그 단부는 180°의 갈구리로 구부려 배근한다.
⑤ 세로근은 기초 및 테두리보에서 위층의 테두리보까지 잇지 않고 배근하여 그 정착길이는 철근 직경의 40배 이상으로 한다.
⑥ 벽의 세로근은 구부리지 않고 항상 진동 없이 설치한다.

📖 필기에 자주 출제되는 내용입니다.

72 다음 네트워크 공정표에서 결합점 ②에서의 가장 늦은 완료 시각은?

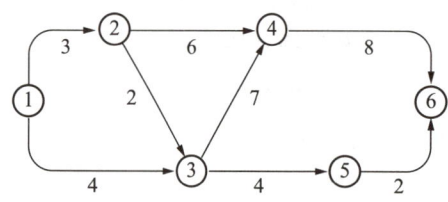

① 2   ② 3
③ 4   ④ 5

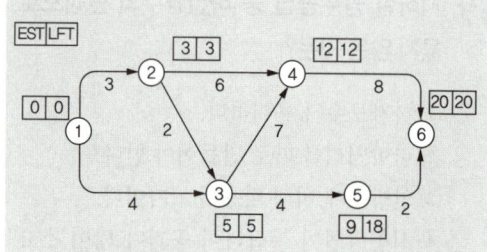

- EST(가장 빠른 개시시간)는 전진계산(앞에서 뒤로 진행)하며 복수일 때 최대 값으로 한다.
- LFT(가장 늦은 완료시간)는 역진계산(뒤에서 앞으로 진행)하며 복수일 때 최소 값으로 한다.

73 건설현장의 두께가 두꺼운 철골구조물 용접 결함확인을 위한 비파괴검사 중 모재의 결함 및 두께측정이 가능한 것은?

① 방사선투과검사(Radiographic Testing)
② 초음파탐상검사(Ultrasonic Testing)
③ 자기탐상검사(Magnetic Particle Test)
④ 액체침투탐상검사(Liquid Penetrant Test)

★ 초음파 탐상법
재료의 내부에 초음파를 방사하여 불량 용접부위나 균열 등에서 반사되는 초음파를 분석하여 결함(모재의 결함 및 두께측정이 가능)을 판단한다.

정답 71 ① 72 ② 73 ②

74 불량품, 결점, 고장 등의 발생건수를 현상과 원인별로 분류하고, 여러 가지 데이터를 항목별로 분류해서 문제의 크기 순서로 나열하여 그 크기를 막대그래프로 표기한 품질관리도구는?

① 파레토그램 ② 특성요인도
③ 히스토그램 ④ 체크시트

* **파레토그램**
불량품, 결점, 고장 등의 발생건수를 현상과 원인별로 분류하고 여러 가지 데이터를 항목별로 분류해서 문제의 크기 순서로 나열하여 그 크기를 막대그래프로 나타낸다.

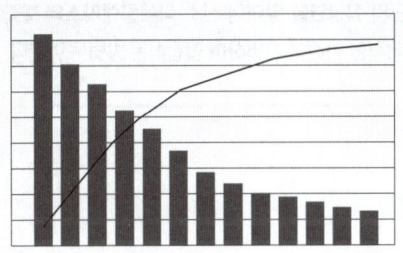

📝 필기에 자주 출제되는 내용입니다.

75 콘크리트 타설 시 일반적인 주의사항으로 옳지 않은 것은?

① 운반거리가 가까운 곳으로부터 타설을 시작한다.
② 자유낙하 높이를 작게 한다.
③ 콘크리트를 수직으로 낙하한다.
④ 거푸집, 철근에 콘크리트를 충돌시키지 않는다.

② 콘크리트 타설은 운반거리가 먼 곳부터 시작한다.

📝 필기에 자주 출제되는 내용입니다.

76 갱폼(Gang Form)의 특징으로 옳지 않은 것은?

① 조립, 분해없이 설치와 탈형만 함에 따라 인력절감이 가능하다.
② 콘크리트 이음부위(joint) 감소로 마감이 단순해지고 비용이 절감된다.
③ 경량으로 취급이 용이하다.
④ 제작장소 및 해체 후 보관장소가 필요하다.

③ 갱폼은 외부벽체 거푸집과 작업발판용 케이지(Cage)를 일체로 제작하여 사용하는 대형 거푸집으로 타워크레인, 이동식 크레인 같은 양중장비가 필요하다.

📝 필기에 자주 출제되는 내용입니다.

정답 74 ① 75 ① 76 ③

77 토공사에 사용되는 각종 건설기계에 대한 설명으로 옳은 것은?

① 클램쉘은 협소한 장소의 흙을 퍼 올리는 장비로서 연한 지반에 적합하다.
② 파워 셔블은 위치한 지면보다 낮은 곳의 굴착에 적합하다.
③ 드래그 셔블은 버킷으로 토사를 굴삭하며 적재하는 기계로써 로더(loader)라고 불린다.
④ 드래그 라인은 좁은 범위의 경질지반 굴착에 적합하다.

78 가스압접에 관한 설명 중 옳지 않은 것은?

① 접합온도는 대략 1200~1300℃이다.
② 압접 작업은 철근을 완전히 조립하기 전에 행한다.
③ 철근의 지름이나 종류가 다른 것을 압접하는 것이 좋다.
④ 기둥, 보 등의 압접 위치는 한곳에 집중되지 않도록 한다.

③ 철근의 지름이나 종류가 다른 것은 압접하지 않는 것이 좋다.

참고

＊가스압접
철근의 접합면을 맞대어 산소 아세틸렌가스의 불꽃으로 압력을 가하여 가열하며 접합하는 방법을 말한다.

＊굴삭장비(굴착기계)

1. **파워 셔블**(power shovel, 동력삽)
   - 기계가 서 있는 지반면보다 높은 곳의 땅파기에 적합하다.

2. **드래그 셔블**(drag shovel, 백호)
   - 기계가 서 있는 지면보다 낮은 장소의 굴착 및 수중굴착이 가능하다
   - 굳은 지반의 토질도 정확한 굴착이 된다.

3. **드래그라인**(drag line)
   - 기계가 서있는 위치보다 낮은 장소의 굴착에 적당하고 굳은 토질에서의 굴착은 되지 않지만 굴착 반지름이 크다.
   - 작업범위가 광범위하고 **수중굴착 및 연약한 지반**의 굴착에 적합하다.

4. **클램쉘**(clamshell)
   - 수중굴착 및 가장 협소하고 깊은 굴착이 가능하며 호퍼(hopper)에 적당하다.
   - 연약지반이나 수중굴착 및 자갈 등을 싣는데 적합하다.

필기에 자주 출제되는 내용입니다.

정답 77 ① 78 ③

79 말뚝 지정 중 강재말뚝에 관한 설명으로 옳지 않은 것은?

① 자재의 이음 부위가 안전하여 소요길이의 조정이 자유롭다.
② 기성콘크리트 말뚝에 비해 중량으로 운반이 쉽지 않다.
③ 지중에서의 부식우려가 높다.
④ 상부구조물과의 결합이 용이하다.

② 강재말뚝은 콘크리트 말뚝보다 두께가 작아서 중량이 가볍고, 운반 및 취급이 용이하다.

📝 필기에 자주 출제되는 내용입니다.

80 지반의 누수방지 또는 지반개량을 위하여 지반 내부의 틈 또는 굵은 알 사이의 공극에 시멘트 페이스트 또는 규질규산염이 생기는 약액 등을 주입하여 흙의 투수성을 저하시키는 공법은?

① 샌드드레인 공법
② 동결 공법
③ 그라우팅 공법
④ 웰포인트 공법

* **그라우팅 공법**
지반 내부의 공극에 시멘트 페이스트 또는 교질규산염이 생기는 약액 등을 주입하여 흙의 투수성을 저하시키는 탈수공법을 말한다.

정답 79 ② 80 ③

5과목 건설재료학

81 건축물의 창호나 조인트의 충전재로서 사용되는 실(seal)재에 대한 설명 중 옳지 않은 것은?

① 퍼티 : 탄산칼슘, 연백, 아연화 등의 충전재를 건성유로 반죽한 것을 말한다.
② 유성 코킹재 : 석면, 탄산칼슘 등의 충전재와 천연유지 등을 혼합한 것을 말하며 접착성, 가소성이 풍부하다.
③ 2액형 실링재 : 휘발성분이 거의 없어 충전 후의 체적변화가 적고 온도변화에 따른 안정성도 우수하다.
④ 아스팔트성 코킹재 : 전색재로서 유지나 수지 대신에 블로운 아스팔트를 사용한 것으로 고온에 강하다.

> 아스팔트성 코킹재 : 전색재로서 유지나 수지 대신에 블로운 아스팔트를 사용한 것으로 고온에 약하다.

[참고]
코킹재(Caulking) : 각종 부자재의 조인트나 갈라진 틈에 대한 수밀을 유지하기 위하여 충진되는 물질을 말한다.(예 실리콘, 우레탄 등)

82 콘크리트용 골재의 요구성능에 관한 설명으로 옳지 않은 것은?

① 골재의 강도는 경화한 시멘트페이스트 강도보다 클 것
② 골재의 표면은 매끄러울 것
③ 골재의 입형이 둥글고 입도가 고를 것
④ 먼지 또는 유기불순물을 포함하지 않을 것

> ＊ 콘크리트용 골재의 요구 성능
> ① 골재의 강도는 경화한 시멘트페이스트 강도보다 클 것
> ② 형태는 거칠고 구형에 가까운 것이 가장 좋으며, 편평하거나 세장한 것은 좋지 않다.
> ③ 먼지 또는 유기불순물을 포함하지 않을 것
> ④ 골재의 입형이 둥글고 입도가 고를 것(잔 것과 굵은 것이 적당히 혼합된 것이 좋다.)
> ⑤ 운모가 다량으로 포함된 골재는 콘크리트의 강도를 저하시키고 풍화되기 쉽다.

필기에 자주 출제되는 내용입니다.

정답 81 ④ 82 ②

83 블로운 아스팔트(blown asphalt)를 휘발성 용제에 녹이고 광물분말 등을 가하여 만든 것으로 방수, 접합부 충전 등에 쓰이는 아스팔트 제품은?

① 아스팔트 코팅(asphalt coating)
② 아스팔트 그라우트(asphalt grout)
③ 아스팔트 시멘트(asphalt cement)
④ 아스팔트 콘크리트(asphalt concrete)

아스팔트 코팅(asphalt coating) : 블로운 아스팔트(blown asphalt)를 휘발성 용제에 녹이고 광물분말 등을 가하여 만든 것으로 방수, 접합부 충전 등에 사용한다.

84 미장재료의 경화에 대한 설명 중 옳지 않은 것은?

① 회반죽은 공기 중의 탄산가스와의 화학반응으로 경화한다.
② 이수석고($CaSO_4 \cdot 2H_2O$)는 물을 첨가해도 경화하지 않는다.
③ 돌로마이트 플라스터는 물과의 화학반응으로 경화한다.
④ 시멘트 모르타르는 물과의 화학반응으로 경화한다.

수경성(팽창성)	1. 석고질 • 석고 플라스터 • 혼합석고 플라스터(배합석고) • 경석고 플라스터(킨즈시멘트) 2. 시멘트모르타르 3. 인조석 바름 4. 테라조 현장 바름 **특급암기법** 수(수경성) 고(석고)하는 시(시멘트모르타르)인(인조석) 테라조
기경성(수축성, 알칼리성)	1. 석회질 • 회반죽 • 회사벽 2. 돌로마이트플라스터 (마그네시아 석회) **특급암기법** 기(기경성) 회(석회,회반죽,회사벽) 돌(돌로마이트플라스터)

• 수경성 : 물과 작용하여 경화하고 차차 강도가 크게 되는 성질
• 기경성 : 공기 중에서 경화하는 것으로 공기가 없는 수중에서는 경화되지 않는 성질

필기에 자주 출제되는 내용입니다.

정답 83 ① 84 ③

85 킨즈시멘트 제조 시 무수석고의 경화를 촉진시키기 위해 사용하는 혼화재료는?

① 규산백토　② 플라이애시
③ 화산회　　④ 백반

> **＊ 킨즈시멘트**
> • 무수석고에 경화촉진제로 백반을 넣어 만든 시멘트
> • 백반은 산성이므로 금속을 녹슬게 하는 결점이 있다.

📝 필기에 자주 출제되는 내용입니다.

86 목재 제품 중 합판에 대한 설명으로 옳지 않은 것은?

① 방향에 따른 강도차가 적다.
② 곡면 가공을 하여도 균열이 생기지 않는다.
③ 여러 가지 아름다운 무늬를 얻을 수 있다.
④ 함수율 변화에 의한 신축변형이 크다.

> ④ 함수율 변화에 따라 팽창·수축의 변형이 없다.

📝 필기에 자주 출제되는 내용입니다.

87 콘크리트 구조물의 강도 보강용 섬유소재로 적당하지 않은 것은?

① 나일론 섬유　② 유리섬유
③ 탄소섬유　　④ 아라미드 섬유

📝 문제 오류로 전항 정답 처리 되었습니다.

> **참고**
>
> **＊ 콘크리트 구조물의 강도 보강용 섬유**
> • 무기계 섬유 : 강 섬유, 유리 섬유, 탄소 섬유
> • 유기계 섬유 : 아라미드 섬유, 폴리프로필렌 섬유, 비닐론 섬유, 나일론 섬유

88 경량기포콘크리트(Autoclaved Lightweight Concrete)에 관한 설명 중 옳지 않은 것은?

① 단열성이 낮아 결로가 발생한다.
② 강도가 낮아 주로 비내력용으로 사용된다.
③ 내화성능을 일부 보유하고 있다.
④ 다공질이기 때문에 흡수성이 높다.

> ① 열전도율은 보통콘크리트의 약 1/10 정도로 단열성이 우수하다.

> **참고**
>
> **＊ 경량기포콘크리트**
> **(ALC : Autoclaved Lightweight Concrete)**
> 콘크리트 속에 미세하고 안정된 독립공기를 조성하는 기포제를 혼입한 콘크리트를 말한다.

📝 필기에 자주 출제되는 내용입니다.

89 화강암의 색상에 관한 설명으로 옳지 않은 것은?

① 전반적인 색상은 밝은 회백색이다.
② 흑운모, 각섬석, 휘석 등은 검은색을 띤다.
③ 산화철을 포함하면 미홍색을 띤다.
④ 화강암의 색은 주로 석영에 좌우된다.

> ④ 색상은 장석에 의해 좌우된다.

정답 85 ④　86 ④　87 ①　88 ①　89 ④

90 비닐벽지에 관한 설명으로 옳지 않은 것은?

① 시공이 용이하다.
② 오염이 되더라도 청소가 용이하다.
③ 통기성 부족으로 결로의 우려가 있다.
④ 타 벽지에 비해 경제적으로 가격이 비싸다.

비닐벽지는 **물청소가 가능하고 시공이 용이**하며, **색상과 디자인이 다양**하나 **통기성 부족으로 결로의 우려가 있다.**

91 금속재료의 일반적 성질에 관한 설명으로 옳지 않은 것은?

① 강도와 탄성계수가 크다.
② 강도 및 내마모성이 크다.
③ 열전도율이 작고 부식성이 크다.
④ 비중이 큰 편이다.

③ 열 및 전기 전도율이 크고 부식성이 크다.
  (부식되기 쉽다.)

92 고로시멘트의 특징에 대한 설명으로 옳지 않은 것은?

① 해수에 대한 내식성이 작다.
② 초기강도는 작으나 장기강도는 크다.
③ 잠재수경성의 성질을 가지고 있다.
④ 수화열량이 적어 매스콘크리트용으로 사용이 가능하다.

★ 고로 시멘트
① 용광로의 선철제작 부산물을 급랭시키고 파쇄하여 시멘트와 혼합한 것을 고로시멘트라 한다.
② 초기 강도는 낮으나 장기강도는 높다.
③ 수화열이 적고 수축률이 적어 **매스콘크리트용으로** 적합하다.
④ 염분에 대한 저항이 크고 화학 저항성이 크며 방수성이 뛰어나 **댐이나 항만공사**, 공장폐수공사 등에 사용된다.
④ **수화열이 적어** 응결시간이 느리기 때문에 특히 **겨울철 공사에 주의를 요한다.**(동해를 받기 쉽다.)
⑤ 보통 포틀랜드시멘트에 비하여 **비중이** 작고 중성화가 빨라서 **풍화되기 쉽다.**

📝 필기에 자주 출제되는 내용입니다.

93 마루판 재료 중 파키트리 보드를 3~5장씩 상호 집합하여 각판으로 만들어 방습처리한 것으로 모르타르나 철물을 사용하여 콘크리트 마루 바닥용으로 사용되는 것은?

① 파키트리 패널   ② 파키트리 블록
③ 플로링 보드   ④ 플로링 블록

★ 파키트리 블록
파키트리 보드를 3~5장씩 상호 접합하여 각판으로 만들어 방습처리 한 것으로 모르타르나 철물을 사용하여 콘크리트 마루 바닥용으로 사용된다.

참고

★ 플로어링 블록(flooring block)
플로어링 판의 길이를 너비의 정수 배로 하여 3장 또는 5장씩 붙여서 길이와 너비가 같게 만든 정사각형의 블록으로 바닥재로 사용된다.

정답 90 ④ 91 ③ 92 ① 93 ②

94 스테인레스 강재의 종류 중에서 건축재로 가장 많이 사용되고 내외장과 설비 등 모든 용도에 적합한 것은?

① STS 304 ② STS 316
③ STS 430 ④ STS 410

> 스테인리스 강재의 종류 중에서 건축재로 가장 많이 사용되고 내외장과 설비 등 모든 용도에 적합한 것 → STS 304

95 자갈 시료의 표면수를 포함한 질량이 2,100g이고 표면 건조 내부포화상태의 질량이 2,090g이며 절대건조상태의 질량이 2,070g이라면 흡수율과 표면수율은 약 몇 %인가?

① 흡수율 : 0.48%, 표면수율 : 0.48%
② 흡수율 : 0.48%, 표면수율 : 1.45%
③ 흡수율 : 0.97%, 표면수율 : 0.48%
④ 흡수율 : 0.97%, 표면수율 : 1.45%

> 1. 표면수율 = $\dfrac{\text{습윤 상태 질량} - \text{표건질량}}{\text{표건질량}} \times 100(\%)$
> 2. 흡수율 = $\dfrac{\text{표건질량} - \text{절건질량}}{\text{절건질량}} \times 100(\%)$
>
> 1. 표면수율 = $\dfrac{\text{습윤 상태 질량} - \text{표건질량}}{\text{표건질량}} \times 100(\%)$
>   = $\dfrac{2,100 - 2,090}{2,090} \times 100 = 0.48(\%)$
>
> 2. 흡수율 = $\dfrac{\text{표건질량} - \text{절건질량}}{\text{절건질량}} \times 100(\%)$
>   = $\dfrac{2,090 - 2,070}{2,070} \times 100 = 0.97(\%)$

📌 필기에 자주 출제되는 내용입니다.

96 녹방지용 안료와 관계없는 것은?

① 연단 ② 징크 크로메이트
③ 크롬산아연 ④ 탄산칼슘

> **방청 안료(녹방지 안료)**
> • 금속 부식을 방지하고 금속 표면에 대한 페인트의 보호 효과를 향상시킨다.
> • 연단, 징크 크로메이트, 크롬산아연 등이 있다.

97 경량형강에 대한 설명으로 옳지 않은 것은?

① 단면이 작은 얇은 강판을 냉간 성형하여 만든 것이다.
② 조립 또는 도장 및 가공 등의 목적으로 측관에 구멍을 뚫어서는 안 된다.
③ 가설구조물 등에 많이 사용된다.
④ 휨내력은 우수하나 판 두께가 얇아 국부 좌굴이나 녹막이 등에 주의할 필요가 있다.

> ② 조립 또는 도장 및 가공 등의 목적으로 측판에 구멍을 뚫어 사용할 수 있다.(가공이 용이하다.)

정답 94 ① 95 ③ 96 ④ 97 ②

98 수성 페인트에 합성수지와 유화제를 섞은 페인트는?

① 에멀션 페인트
② 조합 페인트
③ 견련 페인트
④ 방청 페인트

에멀션 페인트 : 수성페인트에 합성수지와 유화제를 섞은 페인트(수성페인트와 유성페인트의 특징을 겸비한 페인트)

📝 필기에 자주 출제되는 내용입니다.

99 다음 유리 중 결로 현상의 발생이 가장 적은 것은?

① 보통유리
② 후판유리
③ 복층유리
④ 형판유리

복층유리 : 2장 이상의 판유리 등을 나란히 넣고, 그 틈새에 대기압에 가까운 압력의 건조한 공기를 채우고 그 주변을 밀봉·봉착한 것으로 결로 현상의 발생이 가장 적다.

📝 필기에 자주 출제되는 내용입니다.

100 목재의 방부 처리법 중 압력용기 속에 목재를 넣어서 처리하는 방법으로 가장 신속하고 효과적인 것은?

① 침지법
② 표면탄화법
③ 가압주입법
④ 생리적 주입법

★ 목재의 방부처리법
① 주입법 : 방부액을 상압주입 하거나 가압하여 나무 깊이 주입하는 방법
 • 가압주입법 : 압력용기 속에 목재를 넣어 처리하는 방법으로 가장 신속하고 효과적인 방법
 • 상압주입법 : 방부약액을 가열하여 주입하는 방법
 • 생리적 주입법: 목재의 뿌리에 방부약액을 주입하는 방법
② 침지법 : 방부제 용액 중에 목재를 담그어 공기(산소)를 차단하여 방부 처리하는 방법
③ 도포법 : 목재를 충분히 건조시킨 후 솔 등으로 약제를 도포하여 방부 처리하는 방법
④ 표면탄화법 : 목재표면 3~4mm 정도를 태워 수분을 제거하는 방법

📝 필기에 자주 출제되는 내용입니다.

정답 98 ① 99 ③ 100 ③

6과목 건설안전기술

101 구축물에 안전진단 등 안전성 평가를 실시하여 근로자에게 미칠 위험성을 미리 제거하여야 하는 경우가 아닌 것은?

① 구축물 또는 이와 유사한 시설물의 인근에서 굴착·항타작업 등으로 침하·균열 등이 발생하여 붕괴의 위험이 예상될 경우
② 구조물 건축물 그 밖의 시설물이 그 자체의 무게·적설·풍압 또는 그 밖에 부가되는 하중 등으로 붕괴 등의 위험이 있을 경우
③ 화재 등으로 구축물 또는 이와 유사한 시설물의 내력(耐力)이 심하게 저하되었을 경우
④ 구축물의 구조체가 과도한 안전측으로 설계되었을 경우

* 구축물 또는 시설물의 안전성 평가를 실시하여야 하는 경우
① 구축물 등의 인근에서 굴착·항타작업 등으로 침하·균열 등이 발생하여 붕괴의 위험이 예상될 경우
② 구축물 등에 지진, 동해(凍害), 부동침하(불동침하) 등으로 균열·비틀림 등이 발생하였을 경우
③ 구축물 등이 그 자체의 무게·적설·풍압 또는 그 밖에 부가되는 하중 등으로 붕괴 등의 위험이 있을 경우
④ 화재 등으로 구축물 등의 내력(耐力)이 심하게 저하되었을 경우
⑤ 오랜 기간 사용하지 아니하던 구축물 등을 재사용하게 되어 안전성을 검토하여야 하는 경우
⑥ 구축물 등의 주요구조부에 대한 설계 및 시공 방법의 전부 또는 일부를 변경하는 경우
⑦ 그 밖의 잠재위험이 예상될 경우

102 가설구조물에서 많이 발생하는 중대 재해의 유형으로 가장 거리가 먼 것은?

① 도괴재해
② 낙하물에 의한 재해
③ 굴착기계와의 접촉에 의한 재해
④ 추락재해

* 가설구조물의 재해 유형
- 추락
- 낙하, 비래
- 붕괴, 도괴

103 철골작업을 중지하여야 하는 조건에 해당되지 않는 것은?

① 풍속이 초당 10m 이상인 경우
② 지진이 진도 4 이상의 경우
③ 강우량이 시간당 1mm 이상의 경우
④ 강설량이 시간당 1cm 이상의 경우

* 철골작업을 중지해야 하는 조건
- 풍속이 초당 10m 이상인 경우
- 강우량이 시간당 1mm 이상인 경우
- 강설량이 시간당 1cm 이상인 경우

실기까지 중요한 내용입니다. 반드시 암기하세요.

정답 101 ④ 102 ③ 103 ②

104 터널작업에 있어서 자동경보장치가 설치된 경우에 이 자동경보장치에 대하여 당일의 작업시작 전 점검하여야 할 사항이 아닌 것은?

① 계기의 이상 유무
② 검지부의 이상 유무
③ 경보장치의 작동 상태
④ 환기 또는 조명시설의 이상 유무

★ **자동경보장치의 작업 시작 전 점검 사항**
• 계기의 이상 유무
• 검지부의 이상 유무
• 경보장치의 작동상태

실기까지 중요한 내용입니다. 암기하세요.

105 토석붕괴 방지방법에 대한 설명으로 옳지 않은 것은?

① 말뚝(강관, H형강, 철근콘크리트)을 박아 지반을 강화시킨다.
② 활동의 가능성이 있는 토석은 제거한다.
③ 지표수가 침투되지 않도록 배수시키고 지하수위 저하를 위해 수평보링을 하여 배수시킨다.
④ 활동에 의한 붕괴를 방지하기 위해 비탈면, 법면의 상단을 다진다.

④ 활동에 의한 붕괴를 방지하기 위해 비탈면, 법면의 하단을 다진다.

106 점토질 지반의 침하 및 압밀 재해를 막기 위하여 실시하는 지반개량 탈수공법으로 적당하지 않은 것은?

① 샌드드레인 공법
② 생석회 공법
③ 진동 공법
④ 페이퍼드레인 공법

★ **점토의 개량공법**
• 치환 공법
• 탈수 공법 : 샌드드레인 공법, 페이퍼드레인 공법, 진공배수 공법
• 재하 공법
• 압성토 공법
• 생석회말뚝 공법

> 참고

★ **모래의 개량공법**
• 다짐말뚝 공법
• 다짐모래말뚝 공법
• 바이브로 플로테이션 : 진동 공법
• 전기충격 공법
• 약액주입 공법
• 웰포인트 공법

정답 104 ④ 105 ④ 106 ③

107 다음 설명에서 제시된 산업안전보건법에서 말하는 고용노동부령으로 정하는 공사에 해당하지 않는 것은?

> 건설업 중 고용노동부령으로 정하는 공사를 착공하려는 사업주는 고용노동부령으로 정하는 자격을 갖춘 자의 의견을 들은 후 유해·위험방지계획서를 작성하여 고용노동부령으로 정하는 바에 따라 고용노동부장관에게 제출하여야 한다.

① 지상높이가 31m인 건축물의 건설 개조 또는 해체
② 최대 지간길이가 50m인 교량건설 등의 공사
③ 깊이가 8m인 굴착공사
④ 터널 건설공사

* 유해위험방지계획서를 제출해야 될 건설공사
1. 다음 각 목의 어느 하나에 해당하는 건축물 또는 시설 등의 건설·개조 또는 해체공사
  가. 지상높이가 31미터 이상인 건축물 또는 인공구조물
  나. 연면적 3만제곱미터 이상인 건축물
  다. 연면적 5천제곱미터 이상인 시설로서 다음의 어느 하나에 해당하는 시설
    1) 문화 및 집회시설(전시장 및 동물원·식물원은 제외한다)
    2) 판매시설, 운수시설(고속철도의 역사 및 집배송시설은 제외한다)
    3) 종교시설
    4) 의료시설 중 종합병원
    5) 숙박시설 중 관광숙박시설
    6) 지하도상가
    7) 냉동·냉장 창고시설
2. 연면적 5천제곱미터 이상의 냉동·냉장창고시설의 설비공사 및 단열공사
3. 최대 지간길이(다리의 기둥과 기둥의 중심사이의 거리)가 50미터 이상인 교량 건설 등 공사
4. 터널 건설 등의 공사
5. 다목적댐, 발전용댐, 저수용량 2천만톤 이상의 용수전용 댐, 지방상수도 전용 댐 건설 등의 공사
6. 깊이 10미터 이상인 굴착공사

특급암기법
- 지상높이 31m, 연면적 3만m², 사람 많은 시설 연면적 5,000m²
- 연면적 5,000m² 냉동·냉장창고시설
- 최대 지간길이가 50미터 이상 교량
- 터널
- 저수용량 2천만 톤 이상 댐
- 10미터 이상인 굴착

실기에 자주 출제되는 내용입니다. 해설을 다시 확인하세요.

108 건물외부에 낙하물 방지망을 설치할 경우 수평면과의 가장 적절한 각도는?

① 5° 이상, 10° 이하
② 10° 이상, 15° 이하
③ 15° 이상, 20° 이하
④ 20° 이상, 30° 이하

정답 107 ③　108 ④

* **낙하물방지망 또는 방호선반 설치 시 준수사항**
  • 설치 높이는 10m 이내마다 설치하고, 내민길이는 벽면으로부터 2m 이상으로 할 것
  • 수평면과의 각도는 20° 내지 30°를 유지할 것

실기까지 중요한 내용입니다. 반드시 암기하세요.

109 굴착기계의 운행 시 안전대책으로 옳지 않은 것은?

① 버킷에 사람의 탑승을 허용해서는 안 된다.
② 운전반경 내에 사람이 있을 때 회전은 10rpm 이하의 느린 속도로 하여야 한다.
③ 장비의 주차 시 경사지나 굴착작업장으로부터 충분히 이격시켜 주차한다.
④ 전선이나 구조물 등에 인접하여 붐을 선회해야 될 작업에는 사전에 회전반경, 높이제한 등 방호조치를 강구한다.

② 운전반경 내에 사람이 있을 때 기계운행을 중지한다.

110 사급자재비가 30억 원, 직접노무비가 35억 원, 관급자재비가 20억 원인 빌딩신축공사를 할 경우 계상해야 할 산업안전보건관리비는 얼마인가? (단, 공사종류는 건축공사임)

① 122,000,000원 ② 146,640,000원
③ 153,850,000원 ④ 167,450,000원

산업안전보건관리비의 계상
① 대상액이 5억 원 미만 또는 50억 원 이상
  산업안전보건관리비
  = 대상액(재료비+직접 노무비)×비율
② 대상액이 5억 원 이상 50억 원 미만
  산업안전보건관리비
  = 대상액(재료비+직접 노무비)×비율+기초액(C)

• 대상액 = (30억 원 + 20억 원) + 35억 원 = 85억 원
• 대상액이 50억 원 이상이므로
산업안전보건관리비
= 대상액(재료비+직접 노무비)×비율
= (30억 원+20억 원+35억 원)×0.0237
= 201,450,000원

참고

* **공사종류 및 규모별 산업안전보건관리비 계상기준표**

공사 종류	대상액 5억 원 미만인 경우 적용비율(%)	대상액 5억 원 이상 50억 원 미만인 경우		대상액 50억 원 이상인 경우 적용비율(%)	보건관리자 선임 대상 건설공사의 적용비율(%)
		적용비율(%)	기초액		
건축공사	3.11%	2.28%	4,325천원	2.37%	2.64%
토목공사	3.15%	2.53%	3,300천원	2.60%	2.73%
중건설 공사	3.64%	3.05%	2,975천원	3.11%	3.39%
특수건설 공사	2.07%	1.59%	2,450천원	1.64%	1.78%

정답 109 ② 110 ④

111 차량계 하역운반기계를 사용하는 작업에 있어 고려되어야 할 사항과 가장 거리가 먼 것은?

① 작업지휘자의 배치
② 유도자의 배치
③ 갓길 붕괴 방지 조치
④ 안전관리자의 선임

> *차량계 하역운반기계 넘어짐 방지 조치
> • 유도자 배치
> • 지반의 부동침하 방지
> • 갓길의 붕괴 방지

📝 실기까지 중요한 내용입니다. 반드시 암기하세요.

112 흙막이벽의 근입깊이를 깊게 하고, 전면의 굴착부분을 남겨두어 흙의 중량으로 대항하게 하거나, 굴착예정부분의 일부를 미리 굴착하여 기초콘크리트를 타설하는 등의 대책과 가장 관계 깊은 것은?

① 히빙 현상이 있을 때
② 파이핑 현상이 있을 때
③ 지하수위가 높을 때
④ 굴착깊이가 깊을 때

> *히빙 현상 방지책
> 시트파일 등의 근입심도 검토(흙막이 벽체의 근입깊이를 깊게 한다.)

113 유해·위험방지 계획서 제출 시 첨부 서류에 해당하지 않는 것은?

① 교통처리계획
② 안전관리 조직표
③ 공사개요서
④ 공사현장의 주변현황 및 주변과의 관계를 나타내는 도면

> *위험방지계획서 첨부서류
> • 공사 개요 및 안전보건관리계획
>   - 공사 개요서
>   - 공사현장의 주변 현황 및 주변과의 관계를 나타내는 도면(매설물 현황을 포함한다.)
>   - 건설물, 사용 기계설비 등의 배치를 나타내는 도면
>   - 전체 공정표
>   - 산업안전보건관리비 사용계획
>   - 안전관리 조직표
>   - 재해 발생 위험 시 연락 및 대피방법
> • 작업 공사 종류별 유해·위험방지계획

114 다음 중 건설재해대책의 사면보호공법에 해당하지 않는 것은?

① 쉴드공 　② 식생공
③ 뿜어 붙이기공　④ 블록공

> *비탈면 보호공법(사면안정공법)
> • 식생공(법)
> • 블록 붙임공 또는 돌붙임공(법)
> • 콘크리트 뿜어붙이기공(법)
> • 콘크리트(블록) 격자공(법)
> • 돌망태공(법)

정답　111 ④　112 ①　113 ①　114 ①

115 근로자의 추락 등의 위험을 방지하기 위한 안전난간의 설치기준으로 옳지 않은 것은?

① 상부 난간대와 중간 난간대는 난간 길이 전체에 걸쳐 바닥면 등과 평행을 유지할 것
② 발끝막이판은 바닥면등으로부터 20cm 이하의 높이를 유지할 것
③ 난간대는 지름 2.7cm 이상의 금속제 파이프나 그 이상의 강도가 있는 재료일 것
④ 안전난간은 구조적으로 가장 취약한 지점에서 가장 취약한 방향으로 작용하는 100kg 이상의 하중에 견딜 수 있는 튼튼한 구조일 것

② 발끝막이판은 바닥면 등으로부터 10cm 이상의 높이를 유지할 것

> **참고**
>
> * **안전난간의 구조 및 설치요건**
> ① 상부 난간대, 중간 난간대, 발끝막이판 및 난간기둥으로 구성할 것
> ② 상부 난간대
> - 상부 난간대는 바닥면 등으로부터 90센티미터 이상 지점에 설치
> - 상부 난간대를 120센티미터 이하에 설치하는 경우 : 중간 난간대는 상부 난간대와 바닥면 등의 중간에 설치
> - 120센티미터 이상 지점에 설치하는 경우 : 중간 난간대를 2단 이상으로 설치, 난간의 상하 간격은 60센티미터 이하가 되도록 할 것(다만, 난간기둥 간의 간격이 25센티미터 이하인 경우에는 중간 난간대를 설치하지 않을 수 있다.)
> ③ 발끝막이판 : 바닥면 등으로 부터 10센티미터 이상의 높이를 유지할 것

④ 난간기둥 : 상부 난간대와 중간 난간대를 견고하게 떠받칠 수 있도록 적정한 간격을 유지할 것
⑤ 상부 난간대와 중간 난간대는 난간 길이 전체에 걸쳐 바닥면 등과 평행을 유지할 것
⑥ 난간대 : 지름 2.7센티미터 이상의 금속제 파이프
⑦ 안전난간은 100킬로그램 이상의 하중에 견딜 수 있는 튼튼한 구조일 것

---

116 콘크리트 타설작업의 안전대책으로 옳지 않은 것은?

① 작업 시작 전 거푸집 동바리 등의 변형, 변위 및 지반 침하 유무를 점검한다.
② 작업 중 감시자를 배치하여 거푸집 동바리 등의 변형, 변위 유무를 확인한다.
③ 슬래브콘크리트 타설은 한쪽부터 순차적으로 타설하여 붕괴 재해를 방지해야 한다.
④ 설계도서상 콘크리트 양생기간을 준수하여 거푸집 동바리 등을 해체한다.

> * **콘크리트의 타설작업 시 준수사항**
> ① 당일의 **작업을 시작하기 전**에 해당 작업에 관한 **거푸집 동바리 등의 변형·변위 및 지반의 침하 유무** 등을 점검하고 이상이 있으면 보수할 것
> ② 작업 중에는 감시자를 배치하는 등의 방법으로 거푸집 및 동바리의 변형·변위 및 침하 유무 등을 확인해야 하며, 이상이 있으면 작업을 중지하고 근로자를 대피시킬 것
> ③ 콘크리트의 타설작업 시 거푸집 붕괴의 위험이 발생할 우려가 있으면 충분한 보강조치를 할 것
> ④ 설계도서 상의 **콘크리트 양생 기간을 준수**하여 거푸집 및 동바리를 해체할 것
> ⑤ 콘크리트를 타설하는 경우에는 **편심**이 발생하지 않도록 골고루 분산하여 타설할 것

정답 115 ② 116 ③

117 크레인을 사용하여 작업을 하는 때 작업시작 전 점검사항이 아닌 것은?

① 권과방지장치·브레이크·클러치 및 운전장치의 기능
② 방호장치의 이상유무
③ 와이어로프가 통하고 있는 곳의 상태
④ 주행로의 상측 및 트롤리가 횡행하는 레일의 상태

> ★ **크레인의 작업시작 전 점검**
> • 권과방지장치·브레이크·클러치 및 운전장치의 기능
> • 주행로의 상측 및 트롤리가 횡행(橫行)하는 레일의 상태
> • 와이어로프가 통하고 있는 곳의 상태

📝 실기에 자주 출제되는 내용입니다. 반드시 암기하세요.

118 외줄비계·쌍줄비계 또는 돌출비계는 벽이음 및 버팀을 설치하여야 하는데 강관비계 중 단관비계로 설치할 때의 조립간격으로 옳은 것은?
(단, 수직방향, 수평방향의 순서임)

① 4m, 4m   ② 5m, 5m
③ 5.5m, 7.5m   ④ 6m, 8m

★ **비계 조립간격(벽이음 간격)**

비계 종류		수직방향	수평방향
강관비계	단관비계	5m	5m
	틀비계 (높이 5m 미만인 것 제외)	6m	8m

📝 실기에 자주 출제되는 내용입니다. 반드시 암기하세요.

119 달비계(곤돌라의 달비계는 제외)의 최대 적재 하중을 정할 때 사용하는 안전계수의 기준으로 옳은 것은?

① 달기체인의 안전계수는 10 이상
② 달기강대와 달비계의 하부 및 상부지점의 안전계수는 목재의 경우 2.5 이상
③ 달기와이어로프의 안전계수는 5 이상
④ 달기강선의 안전계수는 10 이상

📝 관련 법령에서 삭제된 내용입니다.

120 다음 토공기계 중 굴착기계와 가장 관계있는 것은?

① Clam shell
② Road Roller
③ Shovel loader
④ Belt conveyer

> ★ **클램셸(clamshell)**
> 수중굴착 및 가장 협소하고 깊은 굴착이 가능하며 호퍼(hopper)에 적당하다.

정답 117 ② 118 ② 119 정답 없음 120 ①

2016년 2회 최근 기출문제

1과목 산업안전관리론

01 연간 안전보건관리계획의 초안 작성자로 가장 적합한 사람은?

① 경영자   ② 관리감독자
③ 안전스태프   ④ 근로자대표

안전스태프는 안전관리에 대한 계획, 조사, 검토 등을 행하는 역할을 수행한다.

02 산업안전보건법상 안전보건개선계획의 수립·시행명령을 받은 사업주는 고용노동부장관이 정하는 바에 따라 안전계획서를 작성하여 그 명령을 받은 날부터 며칠 이내에 관할 지방고용노동관서의 장에게 제출해야 하는가?

① 15일   ② 30일
③ 45일   ④ 60일

안전보건개선계획의 수립·시행명령을 받은 사업주는 고용노동부장관이 정하는 바에 따라 안전보건개선계획서를 작성하여 그 명령을 받은 날부터 60일 이내에 관할 지방고용노동관서의 장에게 제출하여야 한다.

03 무재해운동 추진의 3대 기둥으로 볼 수 없는 것은?

① 최고경영자의 경영자세
② 노동조합의 협의체 구성
③ 직장 소집단 자주 활동의 활발화
④ 관리감독자에 의한 안전보건의 추진

★ **무재해 운동의 3요소**
- **최고 경영자의 경영자세** : 안전보건은 최고경영자의 무재해, 무질병에 대한 확고한 경영자세로부터 시작된다.
- **라인관리자에 의한 안전보건 추진** : 관리감독자들(Line)이 생산활동 속에서 안전보건을 함께 실천하는 것이 성공의 지름길이다.
- **직장의 자주안전 활동의 활성화** : 직장의 팀 구성원과의 협동노력으로 자주적인 안전활동을 추진해 가는 것이 필요하다.

04 산업안전보건법상 고용노동부장관이 사업장의 산업재해 발생건수, 재해율 또는 그 순위 등을 공표할 수 있는 사업장이 아닌 것은?

① 중대산업사고가 발생한 사업장
② 산업재해의 발생에 관한 보고를 최근 2년 이내 1회 이상 하지 않은 사업장
③ 사망만인율이 규모별 같은 업종의 평균 사망만인율 이상인 사업장
④ 사망재해자가 연간 2명 이상 발생한 사업장

정답 01 ③ 02 ④ 03 ② 04 ②

* **재해발생 건수 등 재해율 공표 대상 사업장**
① 사망재해자가 연간 2명 이상 발생한 사업장
② 사망만인율(사망재해자 수를 연간 상시근로자 1만 명당 발생하는 사망재해자 수로 환산한 것)이 규모별 같은 업종의 평균 사망만인율 이상인 사업장
③ 중대산업사고가 발생한 사업장
④ 산업재해 발생 사실을 은폐한 사업장
⑤ 산업재해의 발생에 관한 보고를 최근 3년 이내 2회 이상 하지 않은 사업장

특급암기법
사망자 2명, 평균 사망만인율 이상 공표!
중대산업사고 발생하면 공표!
재해은폐, 재해보고 3년동안 2번이상 안하면 공표!

관련 법령의 변경으로 문제 일부를 수정하였습니다.
실기에 자주 출제되는 내용입니다.

05 500명의 상시근로자가 있는 사업장에서 1년간 발생한 근로손실일수가 1200일이고, 이 사업장의 도수율이 9일 때, 종합재해지수(FSI)는 얼마인가? (단, 근로자는 1일 8시간씩 연간 300일을 근무하였다.)

① 2.0   ② 2.5
③ 2.7   ④ 3.0

- 종합재해지수
  $FSI = \sqrt{FR \times SR} = \sqrt{도수율 \times 강도율}$
- 도수율 $= \dfrac{재해 건수}{연근로 시간수} \times 10^6$
- 강도율 $= \dfrac{총요양 근로 손실 일수}{연근로 시간수} \times 1,000$

- 근로손실일수
  $=$ 휴업일수, 요양일수, 입원일수 $\times \dfrac{300(실제근로일수)}{365}$

1. 강도율 $= \dfrac{총요양 근로 손실 일수}{연근로 시간수} \times 1,000$

   $= \dfrac{1,200}{500 \times 8 \times 300} \times 1,000 = 1.0$

2. $FSI = \sqrt{도수율 \times 강도율} = \sqrt{9 \times 1} = 3.0$

실기에 자주 출제되는 내용입니다.

06 재해 손실비의 평가방식 중 시몬즈(Simonds) 방식에서 재해의 종류에 관한 설명으로 틀린 것은?

① 무상해 사고는 의료조치를 필요로 하지 않은 상해사고를 말한다.
② 휴업상해는 영구 일부 노동불능 및 일시 전노동 불능 상해를 말한다.
③ 응급조치상해는 응급조치 또는 8시간 이상의 휴업의료 조치 상해를 말한다.
④ 통원상해는 일시 일부 노동불능 및 의사의 통원 조치를 요하는 상해를 말한다.

③ 응급조치상해는 응급조치 또는 8시간 미만의 휴업의료 조치 상해를 말한다.

07 재해사례연구법 중 사실의 확인 단계에서 사용하기 가장 적절한 분석기법은?

① 크로즈분석도   ② 특성요인도
③ 관리도   ④ 파레토도

정답   05 ④   06 ③   07 ②

> **＊사실의 확인**
> 특성요인도(재해와 원인의 관계를 어골상으로 나타낸다.)

08 시설물의 안전관리에 관한 특별법상 안전점검의 구분에 해당하지 않는 것은?

① 특별점검　② 정기점검
③ 정밀점검　④ 긴급점검

> **＊시설물의 안전관리에 관한 특별법상 안전점검의 구분**
> • 정기점검
> • 긴급점검
> • 정밀점검
> • 정밀안전진단

09 버드(Bird)에 의한 재해발생비율 1 : 10 : 30 : 600 중 10에 해당되는 내용은?

① 중상 또는 폐질　② 물적만의 사고
③ 인적만의 사고　④ 물적, 인적 사고

> **＊버드의 1 : 10 : 30 : 600의 법칙**
> • 총 641건의 사고를 분석했을 때
>   - 중상 또는 폐질 : 1건
>   - 경상해 : 10건
>   - 무상해사고(물적 손실) : 30건
>   - 무상해, 무사고(위험 순간) : 600건이 발생함을 의미한다.

📝 실기까지 중요한 내용입니다.

10 호흡용 보호구와 각각의 사용환경에 대한 연결이 옳지 않은 것은?

① 송기마스크 - 산소결핍장소의 분진 및 유독가스
② 공기호흡기 - 산소결핍장소의 분진 및 유독가스
③ 방독마스크 - 산소결핍장소의 유독가스
④ 방진마스크 - 산소 비결핍장소의 분진

③ 방독마스크 – 산소 비결핍장소의 유독가스

11 안전·보건표지의 색채 중 파란색을 사용해야 하는 경우는?

① 주의표지
② 정지신호
③ 특정행위의 지시
④ 차량 통행표지

> **＊안전·보건표지의 색채, 색도기준 및 용도**
>
> | 색채 | 색도기준 | 용도 | 사용례 |
> |---|---|---|---|
> | 빨간색 | 7.5R 4/14 | 금지 | 정지신호, 소화설비 및 그 장소, 유해행위의 금지 |
> | | | 경고 | 화학물질 취급장소에서의 유해·위험 경고 |
> | 특급암기법 | 싫어(7.5) 4/14 | | |
> | 노란색 | 5Y 8.5 /12 | 경고 | 화학물질 취급장소에서의 유해·위험 경고, 이 외의 위험 경고, 주의표지 또는 기계방호물 |
> | 특급암기법 | 오(5) 빨리와(8.5) 이리(12) | | |

정답　08 ①　09 ④　10 ③　11 ③

색채	색도기준	용도	사용례
파란색	2.5PB 4/10	지시	특정 행위의 지시 및 사실의 고지
	특급암기법 2.5×4=10		
녹색	2.5G 4/10	안내	비상구 및 피난소, 사람 또는 차량의 통행표지
	특급암기법 2.5×4=10		
흰색	N9.5		파란색 또는 녹색에 대한 보조색
검은색	N0.5		문자 및 빨간색 또는 노란색에 대한 보조색

📝 실기에 자주 출제되는 내용입니다. 암기하세요.

12 작업으로 인하여 물체가 떨어지거나 날아올 위험이 있는 경우에 사업주의 일반적인 조치사항이 아닌 것은?

① 격벽 설치
② 출입금지구역의 설정
③ 방호선반의 설치
④ 낙하물 방지망 설치

* **낙하 · 비래 위험방지 조치**
  • 낙하물방지망 · 수직보호망 또는 방호선반의 설치
  • 출입금지구역의 설정
  • 보호구의 착용

13 점검시기에 의한 구분에 있어 안전점검의 종류가 아닌 것은?

① 집중점검   ② 수시점검
③ 특별점검   ④ 계획점검

* **안전점검의 종류**
  • 임시점검
  • 수시점검
  • 특별점검
  • 계획점검(정기점검)

14 하비(Harvey)가 제창한 3E 대책은 하인리히(Heinrich)의 사고예방대책의 기본원리 5단계 중 어느 단계와 연관되는가?

① 조직   ② 사실의 발견
③ 분석 및 평가   ④ 시정책의 적용

* **하인리히(Heinrich)의 사고예방대책의 기본원리 5단계**
  • 1단계 : 안전조직
  • 2단계 : 사실의 발견
  • 3단계 : 분석
  • 4단계 : 시정방법 선정
  • 5단계 : 시정책 적용(3E 적용)

정답 12 ① 13 ① 14 ④

15 근로자가 벽돌을 손수레에 운반 중 벽돌이 떨어져 발을 다쳤다. 이 때 ⊙ 기인물과 ⓒ 가해물로 옳은 것은?

① ⊙ 손수레, ⓒ 손수레
② ⊙ 손수레, ⓒ 벽돌
③ ⊙ 벽돌, ⓒ 벽돌
④ ⊙ 벽돌, ⓒ 손수레

- 벽돌을 손수레에 운반 중 벽돌이 떨어져 다침
  → 기인물 : 벽돌
- 벽돌이 발에 떨어져 다침 → 가해물 : 벽돌

실기까지 중요한 내용입니다.

16 재해예방의 4원칙과 거리가 먼 것은?

① 예방가능의 원칙
② 필연발생의 원칙
③ 손실우연의 원칙
④ 대책선정의 원칙

★ 산업재해 예방의 4원칙
- **예방 가능의 원칙** : 재해는 원칙적으로 원인만 제거되면 예방이 가능하다.
- **손실 우연의 원칙** : 사고의 결과 생기는 상해의 종류와 정도는 우연히 발생한다.
- **대책 선정의 원칙** : 사고의 원인에 대한 적합한 대책이 선정되어야 한다.
- **원인 연계의 원칙** : 재해는 직접원인과 간접원인이 연계되어 일어난다.

실기까지 중요한 내용입니다.

17 한 사람, 한 사람이 스스로 위험요인을 발견, 파악하여 단시간에 행동목표를 정하여 지적확인을 하며, 특히 비정상적인 작업의 안전을 확보하기 위한 위험예지 훈련은?

① 삼각 위험예지훈련
② 1인 위험예지훈련
③ 원 포인트 위험예지훈련
④ 자문자답카드 위험예지훈련

★ 자문자답카드 위험예지훈련
한 사람, 한사람이 스스로 위험요인을 발견, 파악하여 지적 확인

18 산업안전보건법상 안전검사를 받아야 하는 자는 안전검사 신청서를 검사 주기 만료일 며칠 전에 안전검사기관에 제출해야 하는가? (단, 전자문서에 의한 제출을 포함한다.)

① 15일　　② 30일
③ 45일　　④ 60일

- 안전검사를 받아야 하는 자는 안전검사 신청서를 검사 주기 만료일 30일 전에 안전검사기관에 제출하여야 한다.
- 안전검사 신청을 받은 안전검사기관은 30일 이내에 해당 기계·기구 및 설비별로 안전검사를 하여야 한다.

정답　15 ③　16 ②　17 ④　18 ②

19 안전관리조직의 형태 중 참모형 안전조직의 특징으로 가장 거리가 먼 것은?

① 안전을 전담하는 부서가 있다.
② 100명 이하의 기업에 적합하다.
③ 생산 부분은 안전에 대한 책임과 권한이 없다.
④ 생산라인과의 견해차이로 안전지시가 용이하지 않으며, 안전과 생산을 별개로 취급하기 쉽다.

② 100명 이하의 기업에 적합하다. → 라인형(직계형)

20 사고예방대책의 기본원리 5단계 중 3단계의 분석평가 내용에 해당하는 것은?

① 위험 확인
② 현장 조사
③ 사고 및 활동 기록 검토
④ 기술의 개선 및 인사조정

- 위험확인 → 2단계 사실의 발견
- 현장조사를 통한 사고원인 및 경향성 분석 → 3단계 분석
- 사고 및 활동기록 검토, 개선 → 4단계 시정방법 선정
- 기술의 개선 및 인사조정 → 4단계 시정방법 선정

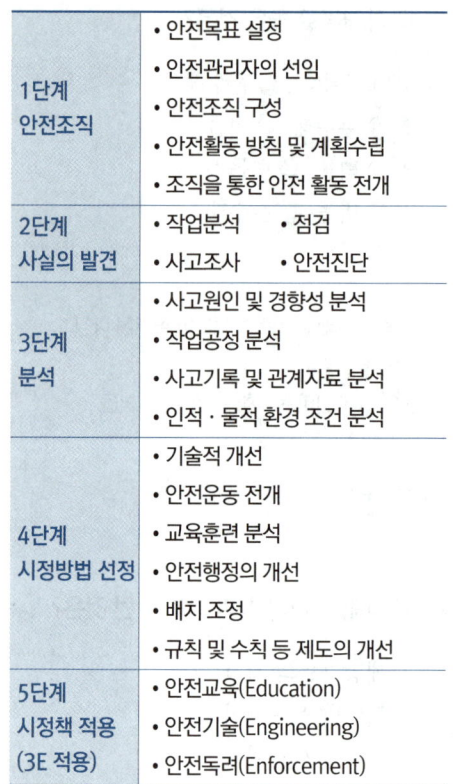

＊하인리히 사고방지 5단계

1단계 안전조직	• 안전목표 설정 • 안전관리자의 선임 • 안전조직 구성 • 안전활동 방침 및 계획수립 • 조직을 통한 안전 활동 전개
2단계 사실의 발견	• 작업분석　• 점검 • 사고조사　• 안전진단
3단계 분석	• 사고원인 및 경향성 분석 • 작업공정 분석 • 사고기록 및 관계자료 분석 • 인적·물적 환경 조건 분석
4단계 시정방법 선정	• 기술적 개선 • 안전운동 전개 • 교육훈련 분석 • 안전행정의 개선 • 배치 조정 • 규칙 및 수칙 등 제도의 개선
5단계 시정책 적용 (3E 적용)	• 안전교육(Education) • 안전기술(Engineering) • 안전독려(Enforcement)

2과목 산업심리 및 교육

21 다음 용어의 설명 중 맞는 것은?

① 리스크테이킹이란 한 지점에 주의를 집중할 때 다른 곳의 주의가 약해져 발생한 위험을 말한다.
② 부주의란 목적수행을 위한 행동전개과정 중 목적에서 벗어나는 심리적, 신체적 변화의 현상을 말한다.
③ 역할갈등이란 개인에게 여러 개의 역할기대가 있을 경우 그중의 어떤 역할기대는 불응, 거부하는 것을 말한다.
④ 투사란 다른 사람으로부터의 판단이나 행동에 대하여 무비판적으로 논리적, 사실적 근거 없이 수용하는 것을 말한다.

① 리스크테이킹(위험감수)이란 객관적인 위험을 자기 나름대로 판단해서 의지·결정하고 행동에 옮기는 것을 말한다.
③ 역할갈등이란 개인이 가지는 지위에 따른 역할기대가 다양할 경우 역할기대들 간에 발생하는 갈등을 말한다.
④ 투사란 자신의 불만이나 불안을 해소시키기 위해서 자신의 잘못을 남의 탓으로 돌리는 행동을 말한다.

22 주의의 특성으로 볼 수 없는 것은?

① 타당성 ② 변동성
③ 선택성 ④ 방향성

★ 인간 주의특성의 종류
• **선택성** : 사람은 한번에 여러 종류의 자극을 지각하거나 수용하지 못하며 소수의 특정한 것으로 한정해서 선택하는 기능을 말한다.
• **방향성** : 시선에서 벗어난 부분은 무시되기 쉽다. (주시점만 응시한다.)
• **변동성** : 주의는 리듬이 있어 일정한 수순을 지키지 못한다.
• **단속성** : 고도의 주의는 장시간 집중이 곤란하다.
• **주의력의 중복집중 곤란** : 동시에 2개 이상의 방향을 잡지 못한다.

📝 필기에 자주 출제되는 내용입니다.

23 인간관계를 효과적으로 맺기 위한 원칙과 가장 거리가 먼 것은?

① 상대방을 있는 그대로 인정한다.
② 상대방에게 지속적인 관심을 보인다.
③ 취미나 오락 등 같거나 유사한 활동에 참여한다.
④ 상대방으로 하여금 당신이 그를 좋아한다는 것을 숨긴다.

④ 상대방으로 하여금 당신이 그를 좋아한다는 것을 나타낸다.

정답 21 ② 22 ① 23 ④

24 강의법의 장점으로 볼 수 없는 것은?

① 강의 시간에 대한 조정이 용이하다.
② 학습자의 개성과 능력을 최대화할 수 있다.
③ 난해한 문제에 대하여 평이하게 설명이 가능하다.
④ 다수의 인원에서 동시에 많은 지식과 정보의 전달이 가능하다.

> ② 강의법은 집단교육 방법으로 학습자의 개성과 능력을 고려하기 힘들다.

25 과거의 학습경험을 통해서 학습된 행동이 현재와 미래에 지속되는 것을 무엇이라 하는가?

① 파지   ② 기명
③ 재생   ④ 재인

> **＊기억의 과정**
> 기명 → 파지 → 재생 → 재인
> • 기억 : 과거 행동이 미래 행동에 영향을 줌
> • 기명 : 사물의 인상을 마음에 간직함
> • 파지 : 인상이 보존됨
> • 재생 : 보존된 인상이 떠오름
> • 재인 : 과거에 경험했던 것과 비슷한 상황에서 떠오르는 현상

26 수퍼(Super.D.E)의 역할이론 중 작업에 대하여 상반된 역할이 기대되는 경우에 해당하는 것은?

① 역할 갈등(Role conflict)
② 역할 연기(Role playing)
③ 역할 조성(Role shaping)
④ 역할 기대(Role expectation)

> **＊슈퍼(SUPER D.E)의 역할이론**
> ① **역할 갈등**(R. K trubling) : 작업 중 서로 상반된 역할이 기대될 경우 갈등이 발생한다.
> ② **역할 연기**(Role playing) : 자아 탐색인 동시에 자아실현의 수단이다.
> ③ **역할 조성**(Role shaping) : 여러 가지 역할이 발생 시 그 중 어떤 역할에는 불응 또는 거부감을 나타내거나 또 다른 역할에는 적응하여 실현키 위해 일을 구할 때 발생한다.
> ④ **역할 기대**(Role expection) : 자기 자신의 역할을 기대하고 감수하는 자는 자기 직업에 충실하다고 본다.

27 비공식 집단의 활동 및 특성을 가장 잘 설명하고 있는 것은?

① 대체로 규모가 크다.
② 관리자에 의해 주도된다.
③ 항상 태업이나 생산저하를 조장시킨다.
④ 직접적이고 빈번한 개인 간의 접촉을 필요로 한다.

정답 24 ② 25 ① 26 ① 27 ④

공식 집단	비공식 집단
• 지정된 목적을 달성하기 위하여 조직에 의하여 형성된 의식적이고 형식적인 집단으로 정부, 기업, 노조단체 등이 있다. • 조직의 합리적 특성으로 조직의 목적, 방침 등의 결정이 용이하다. • 미리 정해진 규칙에 따라 갈등과 문제의 조정이 이루어진다. • 비개성적이고 기능화된 조직이므로 구성원의 활동은 명확히 제약된다. • 조직은 목적 달성을 위해 노력하며, 관리자에 의해 주도된다.	• 개인의 관심사나 욕구를 만족시키기 위하여 친밀한 대면접촉에 의해 자발적으로 형성되는 집단으로 친목모임, 취미단체, 연예인 팬클럽 등이 있다. • 감정, 관습 등을 기초로 자생적으로 형성되어 인간관계와 개인의 욕구를 충족시켜 준다. • 직접적이고 빈번한 개인 간의 접촉을 필요로 한다.

28 인간의 적응기제(adjustment mechanism) 중 방어적 기제에 해당하는 것은?

① 보상 ② 고립
③ 퇴행 ④ 억압

도피기제		방어기제	
• 억압 • 백일몽	• 퇴행 • 고립(거부)	• 보상 • 승화 • 투사	• 합리화 • 동일시

📝 필기에 자주 출제되는 내용입니다.

29 사고 경향성 이론에 관한 설명으로 틀린 것은?

① 어떤 특정한 환경에서 훨씬 더 사고를 일으키기 쉽다.
② 어떠한 사람이 다른 사람보다 사고를 더 잘 일으킨다는 이론이다.
③ 사고를 많이 내는 여러 명의 특성을 측정하여 사고를 예방하는 것이다.
④ 검증하기 위한 효과적인 방법은 다른 두 시기 동안에 같은 사람의 사고기록을 비교하는 것이다.

① 사고 경향성 이론은 근로자 중 재해가 빈발하는 소질적 결함자가 있다는 이론이다.

30 인간의 착오를 일으키는 원인 중 하나인 인지과정의 착오 원인이 아닌 것은?

① 정서적 불안정
② 감각 차단현상
③ 정보량 저장의 한계
④ 작업조건의 잘못 판단

★ 인간 착오요인

인지과정 착오의 요인	• 정보량 저장의 한계 • 감각 차단 현상 • 정서적 불안정(공포, 불안, 불만 등) • 생리, 심리적 능력의 한계 　(정보 수용 능력의 한계)
판단과정 착오요인	• 자기 합리화 • 능력 부족 • 정보 부족 • 자기 과신

정답 28 ① 29 ① 30 ④

조작과정의 착오 요인	• 작업자의 기능 미숙(기술 부족) • 작업경험 부족 • 피로
심리적, 기타 요인	• 불안 · 공포 · 과로 · 수면부족 등

31 리더십을 결정하는 주요한 3가지 요소와 가장 거리가 먼 것은?

① 부하의 특성과 행동
② 리더의 특성과 행동
③ 집단과 집단 간의 관계
④ 리더십이 발생하는 상황의 특성

> * 리더십을 결정하는 주요한 3가지 요소
> • 부하의 특성과 행동
> • 리더의 특성과 행동
> • 리더십이 발생하는 상황의 특성

32 '예측변인이 준거와 얼마나 관련되어 있느냐'를 나타낸 타당도를 무엇이라 하는가?

① 내용타당도
② 준거관련타당도
③ 수렴타당도
④ 구성개념타당도

> * 준거관련 타당도
> 예측변인이 준거와 얼마나 관련되어 있느냐

> **참고**
> • **내용타당도** : 검사문항이 측정하려고 하는 내용을 얼마나 잘 대표하고 있느냐를 나타낸다.
> • **구성개념 타당도** : 검사가 해당 이론의 구성개념이나 특성을 측정하는 정도를 나타낸다.
> • **수렴타당도** : 이론적으로 관계 있는 변인과 상관관계가 높을 때 수렴타당도가 높다.

33 프로그램 학습법(programmed self-instruction method)의 단점에 해당되는 것은?

① 보충학습이 어렵다.
② 수강생의 시간적 활용이 어렵다.
③ 수강생의 사회성이 결여되기 쉽다.
④ 수강생의 개인적인 차이를 조절할 수 없다.

> 프로그램 학습법은 학생이 혼자서 자기능력과 시간, 학습속도에 맞추어 학습할 수 있도록 프로그램 학습자료를 이용하여 학습하는 형태로 수강생의 사회성이 결여되기 쉽다.

34 동기이론과 관련 학자의 연결이 잘못된 것은?

① ERG 이론 : 알더퍼(Alderfer)
② 욕구위계이론 : 매슬로(Maslow)
③ 위생-동기이론 : 맥그리거(McGregor)
④ 성취동기이론 : 맥클레랜드(McClelland)

> ③ 위생-동기이론 : 헤르츠버그(Herzberg), 맥그리거(McGregor) : X, Y 이론

정답 31 ③ 32 ② 33 ③ 34 ③

35 산업안전심리의 5대 요소가 아닌 것은?

① 동기(Motive)
② 기질(Temper)
③ 감정(Emotion)
④ 지능(Intelligence)

★ 산업안전심리의 5대 요소
- 동기(Motive)
- 기질(Temper)
- 감정(Emotion)
- 습성(habits)
- 습관(custom)

필기에 자주 출제되는 내용입니다.

36 교육방법 중 O.J.T(On the Job Training)에 속하지 않는 것은?

① 코칭   ② 강의법
③ 직무순환   ④ 멘토링

② 강의법 → 집단 교육방법 → Off.J.T

37 피로의 측정 방법 중 생리학적 측정에 해당하는 것은?

① 혈액농도   ② 동작분석
③ 대뇌활동   ④ 연속반응시간

① 혈액농도 → 생화학적 측정방법
② 동작분석 → 심리학적 측정방법
③ 대뇌활동 → 생리학적 측정법
④ 연속반응시간 → 심리학적 측정방법

38 인간의 동작에 영향을 주는 요인을 외적조건과 내적조건으로 분류할 때 외적조건에 해당하지 않는 것은?

① 높이, 폭, 길이, 크기 등의 조건
② 근무경력, 적성, 개성 등의 조건
③ 대상물의 동적 성질에 따른 조건
④ 기온, 습도 조명, 소음 등의 조건

② 근무경력, 적성, 개성 등의 조건 → 내적요인

39 교육훈련 및 안전교육의 기본원리와 방향을 설명한 것 중 거리가 먼 것은?

① 동기를 부여할 것
② 반복적으로 교육할 것
③ 교육자 중심으로 교육할 것
④ 쉬운 것에서 시작하여 어려운 것으로 유도할 것

③ 피교육자(수강생) 중심으로 교육할 것

정답 35 ④ 36 ② 37 ③ 38 ② 39 ③

40 안전교육의 목적으로 볼 수 없는 것은?

① 생산성 및 품질향상 기여
② 직·간접적 경제적 손실방지
③ 작업자를 산업재해로부터 미연 방지
④ 안전한 태도 습관화를 위한 반복 교육

> ＊안전교육 실시 목적
> • 인간정신의 안전화
> • 인간행동의 안전화
> • 환경의 안전화
> • 설비물자의 안전화
> • 생산성 및 품질향상 기여
> • 직·간접적 경제적 손실방지
> • 작업자를 산업재해로부터 미연 방지

3과목 인간공학 및 시스템안전공학

41 기계설비가 설계 사양대로 성능을 발휘하기 위한 적정 윤활의 원칙이 아닌 것은?

① 적량의 규정
② 주유방법의 통일화
③ 올바른 윤활법의 채용
④ 윤활기간의 올바른 준수

> ＊적정 윤활의 원칙
> • 적량의 규정
> • 적정 윤활유 선정
> • 올바른 윤활법의 채용
> • 윤활기간의 올바른 준수

42 FTA에서 특정 조합의 기본사상들이 동시에 결함을 발생하였을 때 정상사상을 일으키는 기본사상의 집합을 무엇이라 하는가?

① cut set   ② error set
③ path set   ④ success set

> ＊cut set
> 정상사상을 일으키는 기본사상의 집합

참고

＊path set
시스템의 고장(정상사상)을 일으키지 않는 기본사상들의 집합

43 FT도에 사용하는 기호에서 3개의 입력현상 중 임의의 시간에 2개가 발생하면 출력이 생기는 기호의 명칭은?

① 억제 게이트
② 조합 AND 게이트
③ 배타적 OR 게이트
④ 우선적 AND 게이트

정답 40 ④ 41 ② 42 ① 43 ②

*FTA 논리기호

기호	명명	기호설명
또는	우선적 AND게이트	입력사상이 특정 순서대로 발생한 경우에만 출력사상이 발생하는 논리게이트
	조합 AND 게이트	3개 이상의 입력 중 2개가 일어나면 출력이 생긴다.
	억제 게이트	이 게이트의 출력사상은 한 개의 입력사상에 의해 발생하며, 입력사상이 출력사상을 생성하기 전에 특정 조건을 만족하여야 하는 논리게이트
또는	배타적 OR 게이트	입력사상 중 오직 한 개의 발생으로만 출력사상이 생성되는 논리게이트

44 정보의 촉각적 암호화 방법으로만 규성된 것은?

① 점자, 진동, 온도
② 초인종, 점멸등, 점자
③ 신호등, 경보음, 점멸등
④ 연기, 온도, 모스(Morse)부호

- 점자, 진동, 온도 : 촉각적 암호화
- 신호등, 모스부호, 점멸등 : 시각적 암호화
- 초인종, 경보음 : 청각적 암호화

45 다음의 그림과 같이 FTA로 분석된 시스템에서 현재 모든 기본사상에 대한 부품이 고장난 상태이다. 부품 X_1부터 부품 X_5까지 순서대로 복구한다면 어느 부품을 수리 완료하는 순간부터 시스템은 정상가동이 되겠는가?

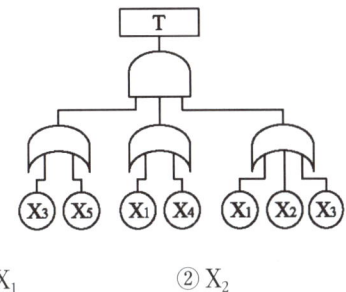

① X_1
② X_2
③ X_3
④ X_4

① 부품 X_3를 수리하는 순간부터 3개의 OR 게이트가 모두 정상으로 바뀐다.(OR 게이트는 요소 중 하나가 정상이면 전체 시스템이 정상이 된다)
② 3개의 OR 게이트가 AND 게이트로 연결되어 있으므로 OR 게이트 3개가 모두 정상이면 전체 시스템은 정상이 된다.(AND 게이트는 요소 모두가 정상일 때 전체 시스템이 정상이 된다)
즉, 부품 X_3를 수리하는 순간부터 전체 시스템이 정상이 된다.

> 참고
> - OR 게이트는 입력사상 중 어느 것이나 하나가 정상이면 출력이 발생
> - AND 게이트는 입력사상 모두가 정상이어야 출력이 발생

정답 44 ① 45 ③

46 시스템 안전분석 방법 중 예비위험분석 (PHA)단계에서 식별하는 4가지 범주에 속하지 않는 것은?

① 위기상태   ② 무시가능상태
③ 파국적상태   ④ 예비조처상태

*PHA 카테고리 분류	
Class 1 파국적(catastrophic)	사망, 시스템 손상
Class 2 위기적(critical)	심각한 상해, 시스템 중대 손상
Class 3 한계적(marginal)	경미한 상해, 시스템 성능 저하
Class 4 무시(negligible)	경미한 상해 및 시스템 저하 없음

47 다음 그림과 같이 7개의 기기로 구성된 시스템의 신뢰도는 약 얼마인가?

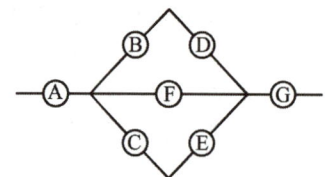

[신뢰도]
· A = G : 0.75   · B = C = D = E : 0.8
· F : 0.9

① 0.5427
② 0.6234
③ 0.5552
④ 0.9740

R = A×{1−(1−B×D)×(1−F)×(1−C×E)}×G
R = 0.75×{1−(1−0.8×0.8)×(1−0.9)
　　×(1−0.8×0.8)}×0.75
R = 0.55521

48 인지 및 인식의 오류를 예방하기 위해 목표와 관련하여 작동을 계획해야 하는데 특수하고 친숙하지 않은 상황에서 발생하며, 부적절한 분석이나 의사결정을 잘못하여 발생하는 오류는?

① 기능에 기초한 행동
　(Skin-based Behavior)
② 규칙에 기초한 행동
　(Rule-based Behavior)
③ 사고에 기초한 행동
　(Accident-based Behavior)
④ 지식에 기초한 행동
　(Knowledge-based Behavior)

부적절한 분석, 의사결정 잘못 → 정확한 지식의 부족에 의한 오류

49 실내에서 사용하는 습구흑구온도(WBGT : Wet Bulb Globe Temperature) 지수는? (단, NWB는 자연습구, GT는 흑구온도, DB는 건구온도이다.)

① WBGT = 0.6 NWB + 0.4 GT
② WBGT = 0.7 NWB + 0.3 GT
③ WBGT = 0.6 NWB + 0.3 GT + 0.1 DB
④ WBGT = 0.7 NWB + 0.2 GT + 0.1 DB

- 옥외(태양광선이 내리쬐는 장소)
WBGT(℃) = 0.7 × 자연습구온도 + 0.2 × 흑구온도
 + 0.1 × 건구온도
- 옥내 또는 옥외(태양광선이 내리쬐지 않는 장소)
WBGT(℃) = 0.7 × 자연습구온도 + 0.3 × 흑구온도

출제비중이 낮은 문제입니다.

50 화학설비에 대한 안전성 평가방법 중 공장의 입지조건이나 공장 내 배치에 관한 사항은 어느 단계에서 하는가?

① 제1단계 : 관계자료의 작성 준비
② 제2단계 : 정성적 평가
③ 제3단계 : 정량적 평가
④ 제4단계 : 안전대책

* 정성적 평가항목
- 입지 조건   - 공장 내의 배치
- 소방설비   - 공정 기기
- 수송 · 저장   - 원재료
- 중간체   - 제품
- 건조물(건물)   - 공정

51 실험실 환경에서 수행하는 인간공학 연구의 장·단점에 대한 설명으로 맞는 것은?

① 변수의 통제가 용이하다.
② 주위 환경의 간섭에 영향받기 쉽다.
③ 실험 참가자의 안전을 확보하기가 어렵다.
④ 피실험자의 자연스러운 반응을 기대할 수 있다.

실험실에서 수행하는 인간공학 연구 → 변수의 통제가 용이하다.

52 다음 중 성격이 다른 정보의 제어 유형은?

① action   ② selection
③ setting   ④ data entry

* 정보의 제어 유형
① action : 활동
② selection : 선택
④ data entry : 정보의 입력

53 위험 및 운전성 검토(HAZOP)에서 사용되는 가이드 워드 중에서 성질상의 감소를 의미하는 것은?

① Part of
② More less
③ No/Not
④ Other than

> **★ 유인어의 종류와 뜻**
> - No 또는 Not : 완전한 부정
> - More 또는 Less : 양의 증가 및 감소
> - As Well As : 성질상의 증가
> - Part of : 일부변경, 성질상의 감소
> - Reverse : 설계의도의 논리적인 역
> - Other Than : 완전한 대체

📝 자주 출제되는 내용입니다. 해설을 다시 확인하세요.

54 국내 규정상 1일 노출 횟수가 100일 때 최대 음압수준이 몇 dB(A)를 초과하는 충격소음에 노출되어서는 안 되는가?

① 110 ② 120
③ 130 ④ 140

> **★ 충격소음의 노출기준**
>
> | 1일 노출횟수 | 충격소음의 강도 dB(A) |
> |---|---|
> | 100 | 140 |
> | 1,000 | 130 |
> | 10,000 | 120 |

📝 실기까지 중요한 내용입니다.

55 산업안전보건법에 따라 유해위험방지계획서의 제출대상 사업은 해당 사업으로서 전기계약용량이 얼마 이상인 사업을 말하는가?

① 150kW ② 200kW
③ 300kW ④ 500kW

> **★ 유해위험방지계획서 작성 대상 제조업**
> 전기사용설비의 정격용량의 합이 300킬로와트 이상인 사업
>
> | 제조업 | • 금속가공제품(기계 및 가구는 제외한다) 제조업
• 비금속 광물제품 제조업
• 기타 기계 및 장비 제조업
• 자동차 및 트레일러 제조업
• 식료품 제조업
• 고무제품 및 플라스틱 제품 제조업
• 목재 및 나무제품 제조업
• 기타 제품 제조업
• 1차 금속 제조업
• 가구 제조업
• 화학물질 및 화학제품 제조업
• 반도체 제조업
• 전자부품 제조업 |
> |---|---|

특급암기법
1차 금속으로 금속가공제품, 비금속 광물제품 제조하여 나무, 화학물질 섞어서 기계장비, 자동차 트레일러 만들고, 고무풀(고무 및 플라스틱)로 기타 식료품 만들었더니 도대체(반도체)가 (가구)전부(전자부품) 유해·위험(유해·위험방지계획서)하다.

📝 실기까지 중요한 내용입니다.

정답 54 ④ 55 ③

56 특정한 목적을 위해 시각적 암호, 부호 및 기호를 의도적으로 사용할 때에 반드시 고려하여야 할 사항과 가장 거리가 먼 것은?

① 검출성　　② 판별성
③ 양립성　　④ 심각성

* **암호 체계의 일반적 사항**
① **암호의 검출성** : 암호화한 자극은 검출이 가능할 것
② **암호의 변별성(판별성)** : 다른 암호 표시와 구별될 수 있을 것
③ **부호의 양립성** : 자극-반응의 관계가 인간의 기대와 모순되지 않는 성질

57 전신육체적 작업에 대한 개략적 휴식시간의 산출공식으로 맞는 것은? (단, R은 휴식시간(분), E는 작업의 에너지소비율(kcal/분)이다.)

① $R = E \times \dfrac{60-4}{E-2}$

② $R = 60 \times \dfrac{E-4}{E-1.5}$

③ $R = 60 \times (E-4) \times (E-2)$

④ $R = E \times (60-4) \times (E-1.5)$

* **휴식시간**

휴식시간$(R) = \dfrac{60 \times (E-5)}{E-1.5}$ [분]

• 1.5 : 휴식 중의 에너지 소비량
• 5(또는 4) : 보통작업에 대한 평균 에너지(kcal/분)
• 60(분) : 작업시간
• E : 문제에서 주어진 작업을 수행하는데 필요한 에너지(kcal/분)

58 첨단 경보시스템의 고장률은 0이다. 경계의 효과로 조작자 오류율은 0.01t/hr이며, 인간의 실수율은 균질(homogeneous)한 것으로 가정한다. 또한, 이 시스템의 스위치 조작자는 1시간마다 스위치를 작동해야 하는데 인간오류확률(HEP : Human Error Probability)이 0.001인 경우에 2시간에서 6시간 사이에 인간 - 기계 시스템의 신뢰도는 약 얼마인가?

① 0.938　　② 0.948
③ 0.957　　④ 0.967

인간신뢰도 = 1−HEP = 1−(0.01+0.001) = 0.989
$R(n) = (1-HEP)^n = (0.989)^4 = 0.9567 ≒ 0.957$

1. 인간신뢰도 = 1 − 인간의 오류확률(HEP)
　　　　　　= 1 − (0.01 + 0.001) = 0.989
2. 1시간마다 스위치 조작, 2시간에서 6시간 사이
　→ 4번 조작
3. 시스템의 신뢰도 R(n)
　= 0.989 × 0.989 × 0.989 × 0.989
　= 0.9567 ≒ 0.957

📌 출제비중이 낮은 문제입니다.

59 인간공학의 궁극적인 목적과 가장 관계가 깊은 것은?

① 경제성 향상
② 인간 능력의 극대화
③ 설비의 가동율 향상
④ 안전성 및 효율성 향상

정답　56 ④　57 ②　58 ③　59 ④

★ **인간공학의 연구목적**
가장 궁극적인 목적은 안전성 제고와 능률의 향상이다.
- 안전성의 향상과 사고 방지
- 기계조작의 능률성과 생산성의 향상
- 작업환경의 쾌적성

60 여러 사람이 사용하는 의자의 좌면 높이는 어떤 기준으로 설계하는 것이 가장 적절한가?

① 5% 오금높이
② 50% 오금높이
③ 75% 오금높이
④ 95% 오금높이

★ **의자 좌판의 높이**
- 좌판 앞부분이 대퇴를 압박하지 않도록 오금높이보다 높지 않아야 한다.
- 치수는 5% 오금높이로 한다.

4과목 건설시공학

61 콘크리트의 시공성과 관계없는 것은?

① 반발경도
② 슬럼프
③ 슬럼프 플로우
④ 공기량

★ **콘크리트의 시공성에 영향을 주는 요인**
① 단위수량
② 골재의 입도
③ 슬럼프 및 슬럼프 플로우
④ 공기량
⑤ 혼화재료
⑥ 굵은 골재의 최대 치수

> **참고**
>
> 1. 슬럼프 플로우 : 슬럼프 콘에 콘크리트를 채운 다음 슬럼프 콘을 수직방향으로 들어 올리고 콘크리트의 움직임이 정지된 후, 넓이가 최대라고 생각되는 직경과 그 수직하는 위치에서의 직경을 측정하여 두 직경의 평균값을 낸 것을 말하며 콘크리트의 점성을 나타낸다.
> 2. 반발경도 : 콘크리트 구조물의 압축강도를 추정할 수 있다.

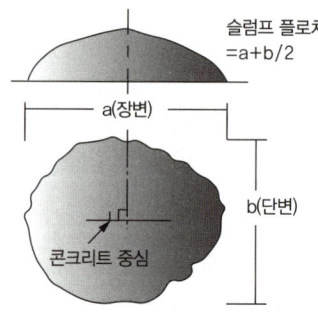

정답 60 ① 61 ①

62 정지 및 배토기계에 해당하지 않는 것은?

① 불도저 ② 파워셔블
③ 모터그레이더 ④ 스크레이퍼

② 파워셔블 : 기계가 서 있는 지반면보다 높은 곳의 땅파기에 적합한 굴착기계에 해당한다.

📝 필기에 자주 출제되는 내용입니다.

63 철골공사에서 용접작업 종료 후 용접부의 안전성을 확인하기 위해 실시하는 비파괴검사의 종류에 해당되지 않는 것은?

① 방사선 검사
② 침투 탐상 검사
③ 반발 경도 검사
④ 초음파 탐상 검사

★ 용접완료 후의 비파괴검사 방법
① 초음파 탐상법
② X선투과법(방사선 투과법)
③ 자기탐상법
④ 침투탐상법

📝 필기에 자주 출제되는 내용입니다.

64 경량형강과 합판으로 구성되며 표준형태의 거푸집을 변형시키지 않고 조립함으로써 현장제작에 소요되는 인력을 줄여 생산성을 향상시키고 자재의 전용횟수를 증대시키는 목적으로 사용되는 거푸집은?

① 목재패널 ② 합판패널
③ 워플 폼 ④ 유로 폼

★ 유로 폼(Euro form)
경량형강과 합판으로 구성되며 표준형태의 거푸집을 변형시키지 않고 조립함으로써 현장제작에 소요되는 인력을 줄여 생산성을 향상시키고 자재의 전용횟수를 증대시키는 목적으로 사용된다.

📝 필기에 자주 출제되는 내용입니다.

65 보강콘크리트 블록조에 관한 설명으로 옳지 않은 것은?

① 블록은 살두께가 두꺼운 쪽을 위로 하여 쌓는다.
② 보강블록은 모르타르, 콘크리트 사춤이 용이하도록 원칙적으로 막힌줄눈 쌓기로 한다.
③ 블록 1일 쌓기 높이는 6~7켜 이하로 한다.
④ 2층 건축물인 경우 세로근은 원칙으로 기초, 테두리보에서 위층의 테두리보까지 잇지 않고 배근한다.

② 원칙적으로 통줄눈 쌓기로 한다.

📝 필기에 자주 출제되는 내용입니다.

정답 62 ② 63 ③ 64 ④ 65 ②

66 철골기둥의 이음부분 면을 절삭 가공기를 사용하여 마감하고 충분히 밀착시킨 이음에 해당하는 용어는?

① 밀 스케일(mill scale)
② 스캘럽(scallop)
③ 스패터(spatter)
④ 메탈터치(metal touch)

★ 메탈터치(metal touch)
철골공사에서 기둥 이음부분 면을 절삭 가공기를 사용하여 마감하고 충분히 밀착시킨 이음으로 축력의 50%를 하부기둥 밀착면에 직접 전달하는 이음 공법이다.

67 철근콘크리트 구조의 철근 선조립 공법 순서로 옳은 것은?

① 시공도 → 공장절단 → 가공 → 이음·조립 → 운반 → 현장부재양중 → 이음·설치
② 공장절단 → 시공도 → 가공 → 이음·조립 → 이음·설치 → 운반 → 현장부재양중
③ 시공도 → 가공 → 공장절단 → 운반 → 이음·조립 → 현장부재양중 → 이음·설치
④ 공장절단 → 시공도 → 운반 → 가공 → 이음·조립 → 현장부재양중 → 이음·설치

★ 철근콘크리트 구조의 철근 선조립 순서
시공도 - 공장절단 - 가공 - 이음, 조립 - 운반 - 현장부재양중 - 이음, 설치

68 시공의 품질관리를 위하여 사용하는 통계적 도구가 아닌 것은?

① 작업표준   ② 파레토도
③ 관리도   ④ 산포도

★ 품질관리를 위한 통계적 수법(7가지 도구)
① 특성요인도
② 파레토도
③ 히스토그램(분포도)
④ 층별(부분 집단도)
⑤ 산점도(산포도)
⑥ 체크시트(집중도)
⑦ 그래프(관리도)

📝 필기에 자주 출제되는 내용입니다.

69 공사계약 방식에서 공사실시 방식에 의한 계약제도가 아닌 것은?

① 일식도급
② 분할도급
③ 실비정산보수가산도급
④ 공동도급

★ 도급 계약 방식에 의한 도급
1) 공사 실시 방식에 따른 분류

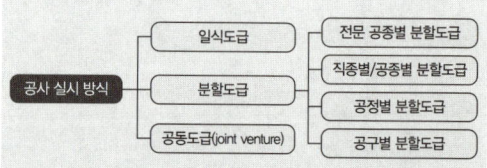

정답 66 ④ 67 ① 68 ① 69 ③

2) 공사비 지불방식에 따른 분류

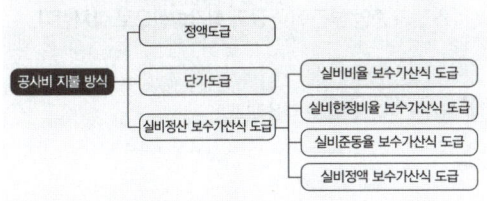

📝 필기에 자주 출제되는 내용입니다.

70 말뚝기초 재하시험의 종류가 아닌 것은?

① 표준관입 재하시험
② 동 재하시험
③ 수직 재하시험
④ 수평 재하시험

＊말뚝 재하시험
① 압축 재하시험
  • 동 재하시험
  • 정 재하시험 : 수직 재하시험
② 수평 재하시험
③ 인발 재하시험

71 기초공사 중 말뚝지정에 관한 설명으로 옳지 않은 것은?

① 나무말뚝은 소나무, 낙엽송 등 부패에 강한 생나무를 주로 사용한다.
② 기성 콘크리트 말뚝으로는 심플렉스 파일, 컴프레솔 파일, 페데스탈 파일 등이 있다.
③ 강재말뚝은 중량이 가볍고, 휨 저항이 크며 길이 조절이 가능하다.
④ 무리말뚝의 말뚝 한 개가 받는 지지력은 단일말뚝의 지지력보다 감소되는 것이 보통이다.

② 심플렉스 파일, 컴프레솔 파일, 페데스탈 파일 등은 제자리 콘크리트 말뚝(현장타설 콘크리트말뚝)에 해당한다.

72 사질지반일 경우 지반 저부에서 상부를 향하여 흐르는 물의 압력이 모래의 자중 이상으로 되면 모래입자가 심하게 교란되는 현상은?

① 파이핑(piping)   ② 보링(boring)
③ 보일링(boiling)   ④ 히빙(heaving)

＊보일링(Boiling)현상
① **사질토 지반**에서 굴착저면과 흙막이 배면과의 **수위차이**로 인해 굴착저면의 흙과 물이 함께 위로 솟구쳐 오르는 현상(모래의 액상화 현상)을 말한다.
② 모래가 액상화 되어 솟아오른다.

📝 필기에 자주 출제되는 내용입니다.

정답 70 ① 71 ② 72 ③

73 네트워크 공정표의 주 공정(Critical Path)에 관한 설명으로 옳지 않은 것은?

① TF가 0(Zero)인 작업을 주 공정작업이라 한다.
② 총 공기는 공사착수에서부터 공사완공까지의 소요시간의 합계이며, 최장시간이 소요되는 경로이다.
③ 주 공정은 고정적이거나 절대적인 것이 아니고 가변적이다.
④ 주 공정에 대한 공기단축은 불가능하다.

> ④ 주 공정(Critical Path)을 대상으로 공기를 단축해 나간다.

📝 필기에 자주 출제되는 내용입니다.

74 콘크리트 타설 시 이음부에 관한 설명으로 옳지 않은 것은?

① 보, 바닥슬래브 및 지붕슬래브의 수직 타설 이음부는 스팬의 중앙 부근에 주근과 수평방향으로 설치한다.
② 기둥 및 벽의 수평 타설 이음부는 바닥슬래브, 보의 하단에 설치하거나 바닥슬래브, 보, 기초보의 상단에 설치한다.
③ 콘크리트의 타설 이음면은 레이턴스나 취약한 콘크리트 등을 제거하여 새로 타설하는 콘크트와 일체가 되도록 처리한다.
④ 타설 이음부의 콘크리트는 살수 등에 의해 습윤 시킨다. 다만, 타설 이음면의 물은 콘크리트 타설 전에 고압공기 등에 의해 제거한다.

> ① 보, 바닥슬래브 및 지붕슬래브의 수직 타설 이음부는 스팬의 중앙 부근에 주근과 직각방향으로 설치한다.

📝 필기에 자주 출제되는 내용입니다.

75 거푸집 조립 시 긴결재로 사용하지 않는 것은?

① 폼타이(Form tie)
② 플랫타이(Flat tie)
③ 철재 동바리(Steel support)
④ 칼럼밴드(Column band)

> ★ 긴결재의 종류
> ① 폼타이(Form tie)
> ② 플랫타이(Flat tie)
> ③ 철선(Steel wire)
> ④ 컬럼밴드(Column band)
> ⑤ 와이어로프(Wire rope) 및 턴버클(Turn Buckle)

참고

★ **긴결재** : 콘크리트의 측압에 거푸집널이 벌어지거나 우그러들지 않도록 거푸집의 정확한 위치와 치수를 유지하기 위해 사용된다.

정답 73 ④ 74 ① 75 ③

76 거푸집 측압에 영향을 주는 요인에 관한 설명으로 옳지 않은 것은?

① 콘크리트 타설 속도가 빠를수록 측압이 크다.
② 단면이 클수록 측압이 크다.
③ 슬럼프가 클수록 측압이 크다.
④ 철근량이 많을수록 측압이 크다.

* **콘크리트 타설 시 거푸집의 측압**
① 거푸집의 강성이 클수록 측압이 크다.
② 철골 or 철근량 적을수록 측압이 크다.
③ 외기온도가 낮을수록 측압이 크다.
④ 타설속도가 빠를수록 측압이 크다.
⑤ 습도가 낮을수록 측압이 크다.
⑥ 슬럼프가 클수록 측압이 크다.
⑦ 콘크리트 비중이 클수록 측압이 크다.

📝 필기에 자주 출제되는 내용입니다.

77 수직응력 σ=0.2MPa, 점착력 c = 0.05MPa, 내부마찰각 ϕ=20°의 흙으로 구성된 사면의 전단 강도는?

① 0.08MPa   ② 0.12MPa
③ 0.16MPa   ④ 0.2MPa

$$\tau = C + \sigma \tan \phi$$

여기서, τ : 전단강도(kg/cm²)
　　　C : 점착력(kg/cm²)
　　　σ : 수직응력(kg/cm²)
　　　ϕ : 내부마찰각(°)

$\tau = C + \sigma \tan \phi$ = 0.05+0.2×tan20
　　　　　　　　　　= 0.12(MPa)

78 한 켜는 길이로 쌓고 다음 켜는 마구리 쌓기로 하는 것으로 통줄눈이 생기지 않고 모서리벽 끝에 이오토막을 사용하는 가장 튼튼한 쌓기 방식은?

① 영식 쌓기   ② 화란식 쌓기
③ 불식 쌓기   ④ 미식 쌓기

* **영식 쌓기**
① 한 켜는 길이로 쌓고 다음 켜는 마구리 쌓기로 한다.
② 통줄눈이 생기지 않고 가장 튼튼한 쌓기 방식이다.

> **참고**
>
> 1. 화란식 쌓기
>   쌓기 방법은 영식과 동일하나 벽의 모서리나 끝에는 칠오토막을 사용한다.
> 2. 불식 쌓기(프랑스식 쌓기)
>   ① 한 켜에 길이 쌓기와 마구리 쌓기를 번갈아 가며 쌓는다.
>   ② 외관은 좋으나 통줄눈이 많이 생겨서 강도를 필요로 하지 않는 벽체나 벽돌담에 사용한다.
> 3. 미식 쌓기
>   뒷면은 영식 쌓기로 하고 표면에는 5켜까지는 길이 쌓기로 하고, 그 위 1켜는 마구리쌓기로 쌓는다.

📝 필기에 자주 출제되는 내용입니다.

79 철골부재 용접 시 주의사항 중 옳지 않은 것은?

① 용접할 모재의 표면에 있는 녹, 페인트, 유분 등은 제거하고 작업한다.
② 기온이 0℃ 이하로 될 때에는 용접하지 않도록 한다.
③ 용접 시 발생하는 가스 등으로 질식 또는 중독되지 않도록 환기 또는 기타 필요한 조치를 해야 한다.
④ 용접할 소재는 정확한 시공과 정밀도를 위하여 치수에 여분을 두지 말아야 한다.

> ④ 용접할 소재는 수축변형이 일어날 수 있으므로 치수에 여분을 두어야 한다.

📌 필기에 자주 출제되는 내용입니다.

80 석공사 앵커긴결공법에 관한 설명으로 옳지 않은 것은?

① 연결철물의 장착을 위한 세트 앵커용 구멍을 45mm 정도 천공하고 캡을 구조체보다 5mm 정도 깊게 삽입하여 외부의 충격에 대처한다.
② 연결철물용 앵커와 석재는 접착용 에폭시를 사용하여 고정한다.
③ 연결철물은 석재의 상하 및 양단에 설치하여 하부의 것은 지지용으로, 상부의 것은 고정용으로 사용한다.
④ 판석재와 철재가 직접 접촉하는 부분에는 적절한 완충재를 사용한다.

> ② 철물용 앵커와 석재는 핀으로 고정시키며 접착용 에폭시는 사용하지 않는다.

5과목 건설재료학

81 목재의 절대건조비중이 0.45일 때 목재내부의 공극율은 대략 얼마인가?

① 10%   ② 30%
③ 50%   ④ 70%

> 공극률(%) = $\dfrac{1.54 - 절건비중}{1.54} \times 100$
>
> = $\dfrac{1.54 - 0.45}{1.54} \times 100 = 70.78(\%)$

📌 필기에 자주 출제되는 내용입니다.

82 페놀수지 접착제에 관한 설명으로 옳지 않은 것은?

① 유리나 금속의 접착에 적합하다.
② 내열, 내수성이 우수한 편이다.
③ 기온 20℃ 이하에서는 충분한 접착력을 발휘하기 어렵다.
④ 완전히 경화하면 적동색을 띤다.

> ① 주로 목재 접착에 사용되며, 유리나 금속의 접착에는 적합하지 않다.

📌 필기에 자주 출제되는 내용입니다.

정답 79 ④ 80 ② 81 ④ 82 ①

83 미장재료 중 비교적 강도가 크고, 응결시간이 길며 부착은 양호하나 강재를 녹슬게 하는 성분도 포함하는 것은?

① 돌로마이트 플라스터
② 스탁코
③ 회반죽
④ 경석고 플라스터

* **경석고 플라스터(킨즈 시멘트)**
① 무수석고 + 모래 + 여물 + 물로 구성된다.
② 강도가 크고 수축균열이 거의 없다.
③ 무수석고의 경화를 촉진시키기 위해 혼화재료로 백반을 사용한다.
③ 백반은 산성이므로 금속을 녹슬게 하는 결점이 있다. (다른 소석고와 혼합 금지)

📝 필기에 자주 출제되는 내용입니다.

84 건축용 접착제에 관한 설명으로 옳지 않은 것은?

① 아교는 내수성이 부족한 편이다.
② 카세인은 우유를 주원료로 하여 만든 접착제이다.
③ 초산비닐수지 에멀션은 목공용으로 사용된다.
④ 에폭시 수지는 금속접착제로 적합하지 않다.

④ 금속, 석재, 플라스틱, 콘크리트 등 거의 모든 재료의 접착에 사용된다.(알루미늄과 같은 경금속 접착에 가장 적합하다.)

📝 필기에 자주 출제되는 내용입니다.

85 플라스틱 재료에 관한 설명으로 옳지 않은 것은?

① 아크릴수지의 성형품은 색조가 선명하고 광택이 있어 아름다우나 내용제성이 약하므로 상처나기 쉽다.
② 폴리에틸렌수지는 상온에서 유백색의 탄성이 있는 수지로서 얇은 시트로 이용된다.
③ 실리콘수지는 발포제로서 보드상으로 성형하여 단열재로 널리 사용된다.
④ 염화비닐수지는 P.V.C라고 칭하며 내산 · 내알칼리성 및 내후성이 우수하다.

③ 폴리스티렌수지는 발포제로서 보드상으로 성형하여 단열재로 널리 사용된다.

* **실리콘수지**
① 내약품성, 내후성, 내열성, 내한성이 우수하다.
② 개스킷, 패킹의 재료, 방수피막 등에 사용된다.

📝 필기에 자주 출제되는 내용입니다.

정답 83 ④ 84 ④ 85 ③

86 콘크리트의 수밀성에 미치는 요인에 대한 설명 중 옳은 것은?

① 물시멘트비 : 물시멘트비를 크게 할수록 수밀성이 커진다.
② 굵은 골재 최대치수 : 굵은 골재의 최대치수가 클수록 수밀성은 커진다.
③ 양생방법 : 초기재령에서 급격히 건조하면 수밀성은 작아진다.
④ 혼화재료 : AE제를 사용하면 수밀성이 작아진다.

> ＊**콘크리트의 수밀성**
> ① 물시멘트비 : 물시멘트비를 작게 할수록 수밀성이 커진다.
> ② 굵은 골재 최대치수 : 굵은 골재의 최대치수가 작을수록 수밀성은 커진다.
> ③ 양생방법 : 습윤양생으로 거적을 덮고 9일 이상 살수한다.
> ④ 혼화재료 : AE제, 감수제, 고성능 감수제를 사용하면 수밀성이 커진다.

📝 필기에 자주 출제되는 내용입니다.

87 목재 섬유포화점의 함수율은 대략 얼마 정도인가?

① 10%　　② 20%
③ 30%　　④ 40%

> • 기건 상태에서의 목재의 함수율 : 약 15%
> • 목재 섬유포화점의 함수율 : 약 30%

📝 필기에 자주 출제되는 내용입니다.

88 다음 중 외벽용 타일 붙임재료로 가장 적합한 것은?

① 시멘트 모르타르
② 아크릴 에멀션
③ 합성고무 라텍스
④ 에폭시 합성고무 라텍스

> 외벽용 타일 붙임재료 : 시멘트 모르타르

89 목재의 물리적인 성질에 관한 설명으로 옳지 않은 것은?

① 목재의 섬유 방향의 강도는 인장 〉 압축 〉 전단순이다.
② 목재의 기건 상태에서의 함수율은 13~17% 정도이다.
③ 보통 사용상태에서는 목재의 흡습팽창은 열팽창에 비해 영향이 적다.
④ 목재의 화재 연화온도는 260℃ 정도이다.

> ③ 보통 사용 상태에서 목재의 흡습팽창은 열팽창에 비해 영향이 크다.

📝 필기에 자주 출제되는 내용입니다.

정답　86 ③　87 ③　88 ①　89 ③

90 콘크리트 혼화재 중 하나인 플라이애시가 콘크리트에 미치는 작용에 관한 설명으로 옳지 않은 것은?

① 콘크리트 내부의 알칼리성을 감소시키기 때문에 중성화를 촉진시킬 염려가 있다.
② 콘크리트 수화초기시의 발열량을 감소시키고 장기적으로 시멘트의 석회와 결합하여 장기 강도를 증진시키는 효과가 있다.
③ 입자가 구형이므로 유동성이 증가되어 단위수량을 감소시키므로 콘크리트의 워커빌리티의 개선, 펌핑성을 향상시킨다.
④ 알칼리골재반응에 의한 팽창을 증가시키고 콘크리트의 수밀성을 약화시킨다.

④ 알칼리골재반응에 의한 팽창을 감소시키고 콘크리트의 수밀성을 향상시킨다.

📝 필기에 자주 출제되는 내용입니다.

91 적외선을 반사하는 도막을 코팅하여 반사율을 낮춘 고단열 유리로 일반적으로 복층 유리로 제조되는 것은?

① 로이(Low-E)유리
② 망입유리
③ 강화유리
④ 배강도유리

로이유리 : 유리 표면에 금속 또는 **금속산화물을** 얇게 **코팅한 것으로 열의 이동을 최소화시켜주는 단열성이 높은 유리**를 말한다.

92 미장재료로써 내수성 및 강도가 큰 수경성 재료는?

① 소석회
② 시멘트 모르타르
③ 진흙
④ 돌로마이트 플라스터

수경성(팽창성)	1. 석고질 • 석고 플라스터 • 혼합석고 플라스터(배합석고) • 경석고 플라스터(킨즈시멘트) 2. 시멘트모르타르 3. 인조석 바름 4. 테라조 현장 바름 **특급암기법** 수(수경성) 고(석고)하는 시(시멘트모르타르)인(인조석) 테라조
기경성(수축성, 알칼리성)	1. 석회질 • 회반죽 • 회사벽 2. 돌로마이트플라스터 (마그네시아 석회) **특급암기법** 기(기경성) 회(석회,회반죽,회사벽) 돌(돌로마이트플라스터)

• 수경성 : 물과 작용하여 경화하고 차차 강도가 크게 되는 성질
• 기경성 : 공기 중에서 경화하는 것으로 공기가 없는 수중에서는 경화되지 않는 성질

📝 필기에 자주 출제되는 내용입니다.

90 ④ 91 ① 92 ②

93 콘크리트 슬럼프 시험에 관한 설명 중 옳지 않은 것은?

① 슬럼프 콘의 치수는 윗지름 10cm, 밑지름 30cm, 높이가 20cm이다.
② 수밀한 철판을 수평으로 놓고 슬럼프 콘을 놓는다.
③ 혼합한 콘크리트를 1/3씩 3층으로 나누어 채운다.
④ 매 회마다 표준철봉으로 25회 다진다.

> ① 슬럼프 콘은 원추형 모양으로 위쪽과 아래쪽의 안지름이 각각 10cm, 20cm이고, 높이가 30cm이다.

94 초고층 인텔리전트 빌딩이나 핵융합로 등과 같이 강력한 자기장이 발생할 가능성이 있는 철골 구조물의 강재나 철근 콘크리트용 봉강으로 사용되는 것은?

① 초고장력강
② 비정질(Amorphous)금속
③ 구조용 비자성강
④ 고크롬강

> 강력한 자기장이 발생할 가능성이 있는 철골 구조물의 강재나, 철근 콘크리트용 봉강으로 사용되는 것 → 구조용 비자성강

95 다음 미장재료 중 건조 시 무수축성의 성질을 가진 재료는?

① 시멘트 모르타르
② 돌로마이트 플라스터
③ 회반죽
④ 석고 플라스터

> 석고 플라스터는 건조하면 팽창하는 성질이 있어서 건조 시 균열 발생이 없다.

📝 필기에 자주 출제되는 내용입니다.

96 보통 콘크리트와 비교한 AE콘크리트의 성질에 관한 설명으로 옳지 않은 것은?

① 콘크리트의 워커빌리티가 양호하다.
② 동일 물시멘트비인 경우 압축강도가 높다.
③ 동결 융해에 대한 저항성이 크다.
④ 블리딩 등의 재료분리가 적다.

> ② 동일 물시멘트비인 경우 압축강도가 낮다.(공기량이 1[%] 증가하면 강도가 5[%] 정도 감소한다.)

참고

AE 콘크리트 : AE제를 첨가하여 콘크리트 내의 공기량을 3~6[%] 정도 증가시킨 콘크리트를 말한다.

📝 필기에 자주 출제되는 내용입니다.

정답 93 ① 94 ③ 95 ④ 96 ②

97 강재의 열처리 방법이 아닌 것은?

① 단조   ② 불림
③ 담금질   ④ 뜨임질

풀림	강을 800 ~ 1000℃까지 가열한 후 로(爐)의 내부에서 서서히 냉각시킨다.
불림	강을 800 ~ 1000℃까지 가열한 후 공기 중에서 서서히 냉각시킨다.
담금질	강을 800 ~ 1000℃까지 가열한 후 물 또는 기름 속에서 급히 냉각시킨다.
뜨임질	담금질을 한 후 다시 200 ~ 600℃로 가열한 다음 공기 중에서 천천히 냉각시킨다.

📝 필기에 자주 출제되는 내용입니다.

98 장부가 구멍에 들어 끼어 돌게 만든 철물로서 회전창에 사용되는 것은?

① 크레센트   ② 스프링힌지
③ 지도리   ④ 도어체크

② 지도리 : 장부가 구멍에 들어 끼어들게 만든 철물로서 회전창에 사용된다.

99 다음 중 시멘트 풍화의 척도로 사용되는 것은?

① 불용해 잔분   ② 강열감량
③ 수경률   ④ 규산율

강열감량 : 950~1050℃로 강열하였을 때 감소되는 양을 말하며, **시멘트 풍화 정도의 척도로 사용된다.**

100 콘크리트에 관한 설명으로 옳지 않은 것은?

① 콘크리트의 강도는 대체로 물시멘트비에 의해 결정된다.
② 콘크리트는 장기간 화재를 당해도 결정수를 방출할 뿐이므로 강도상 영향은 없다.
③ 콘크리트는 알칼리성이므로 철근콘크리트의 경우 철근을 방청하는 큰 장점이 있다.
④ 콘크리트는 온도가 내려가면 경화가 늦으므로 동절기에 타설할 경우에는 충분히 양생하여야 한다.

*** 콘크리트의 화재열화**
철근콘크리트는 화재에 의해 조직이 약해지며, 열응력에 의해 균열이 발생하고, 콘크리트가 열화·박락하게 되며 철근 노출과 함께 콘크리트와 철근의 내력을 상실하게 된다.

정답 97 ① 98 ③ 99 ② 100 ②

6과목 건설안전기술

101 다음 기계 중 양중기에 포함되지 않는 것은?

① 리프트
② 곤돌라
③ 크레인
④ 트롤리 컨베이어

* **양중기의 종류**
- 크레인[호이스트(hoist)를 포함]
- 이동식 크레인
- 리프트(이삿짐 운반용 리프트의 경우에는 적재하중이 0.1톤 이상인 것으로 한정)
- 곤돌라
- 승강기

 실기에 자주 출제되는 내용입니다. 암기하세요.

102 구조물 해체작업으로 사용되는 공법이 아닌 것은?

① 압쇄 공법   ② 잭 공법
③ 절단 공법   ④ 진공 공법

* **구조물 해체공법**
- 압쇄 공법
- 잭 공법
- 절단 공법
- 전도 공법
- 폭발 공법
- 브레이커 공법

103 구조물 해체작업으로 사용되는 공법이 아닌 것은?

① 압쇄 공법   ② 잭 공법
③ 절단 공법   ④ 진공 공법

* **구조물 해체공법**
- 압쇄 공법
- 잭 공법
- 절단 공법
- 전도 공법
- 폭발 공법
- 브레이커 공법

104 산업안전보건관리비의 효율적인 집행을 위하여 고용노동부장관이 정할 수 있는 기준에 해당되지 않는 것은?

① 안전·보건에 관한 협의체 구성 및 운영
② 공사의 진척 정도에 따른 사용기준
③ 사업의 규모별 사용방법 및 구체적인 내용
④ 사업의 종류별 사용방법 및 구체적인 내용

* **산업안전보건관리비의 효율적인 집행을 위하여 고용노동부장관이 정할 수 있는 기준**
- 공사의 진척 정도에 따른 사용기준
- 사업의 규모별·종류별 사용방법 및 구체적인 내용
- 그 밖에 산업안전보건관리비 사용에 필요한 사항

정답 101 ④ 102 ④ 103 ① 104 ①

105 시스템 동바리를 조립하는 경우 수직재와 받침철물 연결부의 겹침길이 기준으로 옳은 것은?

① 받침철물 전체길이의 1/2 이상
② 받침철물 전체길이의 1/3 이상
③ 받침철물 전체길이의 1/4 이상
④ 받침철물 전체길이의 1/5 이상

비계 밑단의 수직재와 받침철물은 밀착되도록 설치하고, 수직재와 받침철물의 연결부의 겹침길이는 받침철물 전체길이의 3분의 1 이상이 되도록 할 것

> **참고**

* **시스템 비계의 구조**
- 수직재 · 수평재 · 가새재를 견고하게 연결하는 구조가 되도록 할 것
- 비계 밑단의 수직재와 받침철물은 밀착되도록 설치하고, 수직재와 받침철물의 연결부의 겹침길이는 받침철물 전체길이의 3분의 1 이상이 되도록 할 것
- 수평재는 수직재와 직각으로 설치하여야 하며, 체결 후 흔들림이 없도록 견고하게 설치할 것
- 수직재와 수직재의 연결철물은 이탈되지 않도록 견고한 구조로 할 것
- 벽 연결재의 설치간격은 제조사가 정한 기준에 따라 설치할 것

📝 실기까지 중요한 내용입니다. 참고를 다시 확인하세요.

106 기계가 위치한 지면보다 높은 장소의 땅을 굴착하는 데 적합하며 산지에서의 토공사 및 암반으로부터의 점토질까지 굴착할 수 있는 건설장비의 명칭은?

① 파워 셔블   ② 불도저
③ 파일드라이버 ④ 크레인

* **파워 셔블**
지면보다 높은 장소의 땅을 굴착하는 데 적합하다.

107 단관비계를 조립하는 경우 벽이음 및 버팀을 설치할 때의 수평방향 조립간격 기준으로 옳은 것은?

① 3m   ② 5m
③ 6m   ④ 8m

* **비계 조립간격(벽이음 간격)**

비계 종류		수직방향	수평방향
강관비계	단관비계	5m	5m
	틀비계 (높이 5m 미만인 것 제외)	6m	8m

📝 실기까지 중요한 내용입니다. 반드시 암기하세요.

정답 105 ② 106 ① 107 ②

108 토질시험 중 액체 상태의 흙이 건조되어 가면서 액성, 소성, 반고체, 고체 상태의 경계선과 관련된 시험의 명칭은?

① 아터버그 한계시험
② 압밀 시험
③ 삼축압축시험
④ 투수시험

> **＊아터버그 한계시험**
> 함수비에 따라 다르게 나타나는 흙의 특성을 구분하기 위하여 적용되는 함수비를 기준으로 한 값
> • **액성한계** : 유동체와 소성체의 경계 함수비
> • **소성한계** : 소성체와 반고체의 경계 함수비
> • **유동한계** : 반고체와 고체의 경계 함수비

109 차량계 건설기계를 사용하여 작업하고자 할 때 작업계획서에 포함되어야 할 사항에 해당되지 않는 것은?

① 사용하는 차량계 건설기계의 종류 및 성능
② 차량계 건설기계의 운행경로
③ 차량계 건설기계에 의한 작업방법
④ 차량계 건설기계의 유지보수방법

> **＊차량계 건설기계 작업계획서 내용**
> • 사용하는 차량계 건설기계의 종류 및 성능
> • 차량계 건설기계의 운행경로
> • 차량계 건설기계에 의한 작업방법
>
> 📝 실기에 자주 출제되는 내용입니다. 암기하세요.

110 콘크리트 타설작업을 하는 경우에 준수해야 할 사항으로 옳지 않은 것은?

① 당일의 작업을 시작하기 전에 해당 작업에 관한 거푸집동바리 등의 변형·변위 및 지반의 침하 유무 등을 점검하고 이상이 있으면 보수할 것
② 작업 중에는 거푸집동바리 등의 변형·변위 및 침하 유무 등을 감시할 수 있는 감시자를 배치하여 이상이 있으면 작업을 빠른 시간 내 우선 완료하고 근로자를 대피시킬 것
③ 콘크리트 타설작업 시 거푸집 붕괴의 위험이 발생할 우려가 있으면 충분한 보강조치를 할 것
④ 콘크리트를 타설하는 경우에는 편심이 발생하지 않도록 골고루 분산하여 타설할 것

> ② 작업 중에는 감시자를 배치하는 등의 방법으로 거푸집 및 동바리의 변형·변위 및 침하 유무 등을 확인해야 하며, 이상이 있으면 작업을 중지하고 근로자를 대피시킬 것

111 흙막이 가시설 공사 시 사용되는 각 계측기 설치 목적으로 옳지 않은 것은?

① 지표침하계 - 지표면 침하량 측정
② 수위계 - 지반 내 지하수위의 변화 측정
③ 하중계 - 상부 적재하중 변화 측정
④ 지중경사계 - 지중의 수평 변위량 측정

정답 108 ① 109 ④ 110 ② 111 ③

하중계(load-cell) → 스트럿(Strut) 또는 어스앵커(Earth anchor) 등의 축 하중 변화를 측정하는 기구

근로자가 수직방향으로 이동하는 철골부재에는 답단 간격이 30cm 이내인 고정된 승강로를 설치하여야 하며, 수평방향 철골과 수직방향 철골이 연결되는 부분에는 연결작업을 위하여 작업발판 등을 설치하여야 한다.

112 산업안전보건기준에 관한 규칙에 따른 암반 중 풍화암 굴착 시 굴착면의 기울기 기준으로 옳은 것은?

① 1 : 1.5 ② 1 : 1.1
③ 1 : 1.0 ④ 1 : 0.5

★ 굴착면의 기울기 기준

지반의 종류	굴착면의 기울기
모래	1 : 1.8
연암 및 풍화암	1 : 1.0
경암	1 : 0.5
그 밖의 흙	1 : 1.2

📝 실기에 자주 출제되는 내용입니다. 암기하세요.

113 철골작업 시 철골부재에서 근로자가 수직방향으로 이동하는 경우에 설치하여야 하는 고정된 승강로의 최소 답단 간격은 얼마 이내인가?

① 20cm ② 25cm
③ 30cm ④ 40cm

114 유해·위험 방지계획서를 제출해야 할 대상 공사의 조건으로 옳지 않은 것은?

① 터널 건설 등의 공사
② 최대지간 길이가 50m 이상인 교량건설 등 공사
③ 다목적댐·발전용댐 및 저수용량 2천만 톤 이상의 용수전용댐, 지방상수도 전용 댐 건설 등의 공사
④ 깊이가 5m 이상인 굴착공사

★ 유해위험방지계획서를 제출해야 될 건설공사
1. 다음 각 목의 어느 하나에 해당하는 건축물 또는 시설 등의 건설·개조 또는 해체공사
  가. 지상높이가 31미터 이상인 건축물 또는 인공구조물
  나. 연면적 3만제곱미터 이상인 건축물
  다. 연면적 5천제곱미터 이상인 시설로서 다음의 어느 하나에 해당하는 시설
    1) 문화 및 집회시설(전시장 및 동물원·식물원은 제외한다)
    2) 판매시설, 운수시설(고속철도의 역사 및 집배송 시설은 제외한다)
    3) 종교시설
    4) 의료시설 중 종합병원
    5) 숙박시설 중 관광숙박시설
    6) 지하도상가
    7) 냉동·냉장 창고시설

정답 112 ③ 113 ③ 114 ④

2. 연면적 5천제곱미터 이상의 냉동·냉장창고시설의 설비공사 및 단열공사
3. 최대 지간길이(다리의 기둥과 기둥의 중심사이의 거리)가 50미터 이상인 교량 건설 등 공사
4. 터널 건설 등의 공사
5. 다목적댐, 발전용댐, 저수용량 2천만톤 이상의 용수 전용 댐, 지방상수도 전용 댐 건설 등의 공사
6. 깊이 10미터 이상인 굴착공사

특급암기법

- 지상높이 31m, 연면적 3만m², 사람 많은 시설 연면적 5,000m²
- 연면적 5,000m² 냉동·냉장창고시설
- 최대 지간길이가 50미터 이상 교량
- 터널
- 저수용량 2천만 톤 이상 댐
- 10미터 이상인 굴착

실기에 자주 출제되는 내용입니다. 암기하세요.

115 철골보 인양 시 준수해야 할 사항으로 옳지 않은 것은?

① 인양 와이어로프의 매달기 각도는 양변 60°를 기준으로 한다.
② 클램프로 부재를 체결할 때는 크램프의 정격용량 이상 매달지 않아야 한다.
③ 클램프는 부재를 수평으로 하는 한 곳의 위치에만 사용하여야 한다.
④ 인양 와이어로프는 후크의 중심에 걸어야 한다.

* **클램프를 부재로 체결 시 준수사항**
① 클램프는 부재를 수평으로 하는 두 곳의 위치에 사용한다.
② 부득이 한 군데만 사용 시 부재 길이의 1/3지점을 기준으로 한다.
③ 두 곳을 매어 인양 시 와이어로프의 내각은 60도 이하로 한다.

116 지표면에서 소정의 위치까지 파내려간 후 구조물을 축조하고 되메운 후 지표면을 원상태로 복구시키는 공법은?

① NATM 공법
② 개착식 터널공법
③ TBM 공법
④ 침매공법

* **개착식 터널공법**
소정의 위치까지 파내려간 후 구조물을 축조하고 되메운 후 지표면을 원상태로 복구시키는 공법

117 콘크리트 타설 시 거푸집 측압에 대한 설명으로 옳지 않은 것은?

① 기온이 높을수록 측압은 크다.
② 타설속도가 클수록 측압은 크다.
③ 슬럼프가 클수록 측압은 크다.
④ 다짐이 과할수록 측압은 크다.

정답 115 ③ 116 ② 117 ①

* **콘크리트의 측압**
  • 철골 또는 철근량 적을수록 측압이 크다.
  • 외기 온도 낮을수록 측압이 크다.
  • 타설 속도 빠를수록 측압이 크다.
  • 다짐이 좋을수록 측압이 크다.
  • 슬럼프가 클수록 측압이 크다.
  • 콘크리트 비중이 클수록 측압이 크다.
  • 습도가 낮을수록 측압이 크다.

📝 자주 출제되는 내용입니다. 해설을 다시 확인하세요.

118 신품의 추락방지용 중 그물코의 크기 10cm인 매듭방망의 인장강도 기준으로 옳은 것은?

① 110kg 이상　② 200kg 이상
③ 360kg 이상　④ 400kg 이상

* **방망사의 신품에 대한 인장강도**

그물코의 크기 (단위 : cm)	방망의 종류(단위 : kg)	
	매듭 없는 방망	매듭방망
10	240	200
5		110

* **방망사의 폐기 시 인장강도**

그물코의 크기 (단위 : cm)	방망의 종류(단위 : kg)	
	매듭 없는 방망	매듭방망
10	150	135
5		60

📝 필기에 자주 출제되는 내용입니다. 암기하세요.

119 건립 중 강풍에 의한 풍압 등 외압에 대한 내력이 설계에 고려되었는지 확인하여야 하는 철골 구조물의 기준으로 옳지 않은 것은?

① 높이 20m 이상의 구조물
② 구조물의 폭과 높이의 비가 1 : 4 이상인 구조물
③ 이음부가 공장 제작인 구조물
④ 연면적당 철골량이 50kg/m² 이하인 구조물

* **외압에 대한 내력이 설계에 고려되었는지 확인하여야 할 철골구조물(자립도 검토대상)**
  • 높이 20m 이상의 구조물
  • 구조물의 폭과 높이의 비가 1 : 4 이상인 구조물
  • 단면구조에 현저한 차이가 있는 구조물
  • 연면적당 철골량이 50kg/m² 이하인 구조물
  • 기둥이 타이플레이트(tie plate)형인 구조물
  • 이음부가 현장용접인 구조물

📝 자주 출제되는 내용입니다. 해설을 다시 확인하세요.

120 항타기 또는 항발기에 사용되는 권상용 와이어로프의 안전계수는 최소 얼마 이상이어야 하는가?

① 3　② 4
③ 5　④ 6

항타기 또는 항발기의 권상용 와이어로프의 안전계수가 5 이상이 아니면 이를 사용하여서는 아니 된다.

📝 필기에 자주 출제되는 내용입니다.

정답　118 ②　119 ③　120 ③

2016년 4회 최근 기출문제

1과목 산업안전관리론

01 산업안전보건법상 사업주의 의무에 해당하지 않는 것은?

① 산업재해 예방을 위한 기준 준수
② 사업장의 안전·보건에 관한 정보를 근로자에게 제공
③ 유해하거나 위험한 기계·기구·설비 및 방호장치·보호구 등의 안전성 평가 및 개선
④ 근로자의 신체적 피로와 정신적 스트레스 등을 줄일 수 있는 쾌적한 작업환경을 조성하고 근로조건을 개선

> ＊사업주의 안전 직무
> • 산업재해 예방을 위한 기준을 지킬 것
> • 근로자의 신체적 피로와 정신적 스트레스 등을 줄일 수 있는 쾌적한 작업환경을 조성하고 근로조건을 개선할 것
> • 해당 사업장의 안전·보건에 관한 정보를 근로자에게 제공할 것

02 산업안전보건법상 고용노동부장관이 안전·보건진단을 명할 수 있는 사업장이 아닌 것은?

① 2년간 사업장의 연간 산업재해율이 같은 업종의 규모별 평균 산업재해율보다 낮은 사업장
② 사업주가 안전·보건조치의무를 이행하지 아니하여 발생한 중대재해 발생 사업장
③ 안전보건개선계획 수립·시행명령을 받은 사업장
④ 추락·폭발·붕괴 등 재해발생 위험이 현저히 높은 사업장으로서 지방고용노동관서의 장이 안전·보건진단이 필요하다고 인정하는 사업장

> ＊안전진단 대상 사업장의 종류
> • 중대재해 발생 사업장
> • 안전보건개선계획 수립·시행명령을 받은 사업장
> • 추락·폭발·붕괴 등 재해발생 위험이 현저히 높은 사업장으로서 지방노동관서의 장이 안전·보건진단이 필요하다고 인정하는 사업장

정답   01 ③   02 ①

03 안전모의 성능시험에 해당하지 않는 것은?

① 내수성시험 ② 내전압성시험
③ 난연성시험 ④ 압박시험

안전인증 대상 안전모의 성능 시험 종류	자율안전확인 대상 안전모의 성능 시험 종류
• 내관통성 시험 • 충격흡수성 시험 • 내전압성 시험 • 내수성 시험 • 난연성 시험 • 턱끈풀림 시험	• 내관통성 시험 • 충격흡수성 시험 • 난연성 시험 • 턱끈풀림 시험

 실기까지 중요한 내용입니다.

04 산업안전보건법상 안전보건총괄책임자의 직무에 해당되지 않는 것은?

① 산업재해가 발생할 급박한 위험이 있을 때 및 중대재해가 발생하였을 때의 작업의 중지
② 도급 시의 산업재해 예방 조치
③ 해당 사업장 안전교육계획의 수립 및 실시
④ 산업안전보건관리비의 관계수급인 간의 사용에 관한 협의·조정 및 그 집행의 감독

 안전보건총괄책임자의 직무
① 산업재해가 발생할 급박한 위험이 있을 때 및 중대재해가 발생하였을 때의 작업의 중지
② 도급 시 산업재해 예방조치
③ 산업안전보건관리비의 관계수급인 간의 사용에 관한 협의·조정 및 그 집행의 감독
④ 안전인증대상 기계 등과 자율안전확인대상 기계 등의 사용 여부 확인
⑤ 위험성평가의 실시에 관한 사항

관련 법령의 변경으로 문제 일부를 수정하였습니다.
실기에 자주 출제되는 내용입니다.

05 1,000명 이상의 대규모 사업장에서 가장 적합한 안전관리조직의 형태는?

① 경영형
② 라인형
③ 스태프형
④ 라인·스태프형

• 100명 이하 소규모 사업장 : 라인형
• 100명 이상 1,000명 이하 중규모 사업장 : 스태프형
• 1,000명 이상의 대규모 사업장 : 라인·스태프형

 실기까지 중요한 내용입니다.

06 1년간 연 근로시간이 240,000시간의 공장에서 3건의 휴업재해가 발생하여 219일의 휴업일수를 기록한 경우의 강도율은? (단, 연간 근로일수는 300일이다.)

① 750　　② 75
③ 0.75　　④ 0.075

★ 강도율(S.R)
- 1,000 근로시간당 근로손실일수 비율
- 강도율 = $\dfrac{\text{총요양근로손실일수}}{\text{연 근로 시간수}} \times 1,000$
- 근로손실일수
  = 휴업일수, 요양일수, 입원일수 × $\dfrac{300(\text{근로일수})}{365}$

강도율 = $\dfrac{219 \times \dfrac{300}{365}}{240,000} \times 1,000 = 0.75$

📝 실기에 자주 출제되는 내용입니다.

---

07 다음에서 설명하는 법칙은 무엇인가?

> 어떤 공장에서 330회의 전도 사고가 일어났을 때, 그 가운데 300회는 무상해사고, 29회는 경상, 중상 또는 사망 1회의 비율로 사고가 발생한다.

① 버드 법칙
② 하인리히 법칙
③ 더글라스 법칙
④ 자베타키스 법칙

★ 하인리히 1 : 29 : 300의 법칙
- 총 330건의 사고를 분석했을 때
  - 중상 또는 사망 : 1건
  - 경상해 : 29건
  - 무상해사고 : 300건이 발생함을 의미한다.

---

08 산업안전보건법상 안전·보건표지 중 지시표지의 보조색은?

① 파란색　　② 흰색
③ 녹색　　　④ 노란색

- 파란색(지시표지) 또는 녹색(안내표지)에 대한 보조색 : 흰색
- 문자 및 빨간색 또는 노란색(금지표지, 경고표지)에 대한 보조색 : 검은색

---

09 무재해 운동의 3원칙 중 잠재적인 위험요인을 발견·해결하기 위하여 전원이 협력하여 각자의 위치에서 의욕적으로 문제해결을 실천하는 것을 의미하는 것은?

① 무의 원칙　　② 선취의 원칙
③ 실천의 원칙　④ 참가의 원칙

★ 참가의 원칙
전원이 협력하여 각자의 위치에서 문제해결을 실천

> 참고

* 무재해 운동의 3대 원칙
- 무(無)의 원칙(ZERO의 원칙) : 산업재해의 근원적인 요소들을 없앤다는 것을 의미한다.
- 선취의 원칙(안전제일의 원칙) : 행동하기 전에 잠재 위험요인을 발견하고 파악·해결하여 재해를 예방하는 것을 의미한다.
- 참가의 원칙(참여의 원칙) : 전원이 일치 협력하여 각자의 위치에서 적극적으로 문제해결을 하겠다는 것을 의미한다.

* 재해사례연구 진행 단계
- 전제 조건 : 재해 상황의 파악
- 1단계 : 사실의 확인
- 2단계 : 문제점 발견
- 3단계 : 근본 문제점 결정(재해원인 결정)
- 4단계 : 대책수립

 실기까지 중요한 내용입니다.

 실기까지 중요한 내용입니다.

10 재해사례연구의 진행단계로 옳은 것은?

① 재해 상황의 파악 → 사실의 확인 → 문제점 발견 → 근본적 문제점 결정 → 대책수립
② 사실의 확인 → 재해 상황의 파악 → 근본적 문제점 결정 → 문제점 발견 → 대책수립
③ 문제점 발견 → 사실의 확인 → 재해 상황의 파악 → 근본적 문제점 결정 → 대책수립
④ 재해 상황의 파악 → 문제점 발견 → 근본적 문제점 결정 → 대책수립 → 사실의 확인

11 산업안전보건법상 지방고용노동관서의 장이 사업주에게 안전관리자나 보건관리자를 정수 이상으로 증원하게 하거나 교체하여 임명할 것을 명령할 수 있는 사유에 해당되는 것은?

① 사망재해가 연간 1건 발생한 경우
② 중대재해가 연간 1건 발생한 경우
③ 관리자가 질병의 사유로 3개월 이상 해당 직무를 수행할 수 없게 된 경우
④ 해당 사업장의 연간 재해율이 같은 업종의 평균재해율의 1.5배 이상인 경우

* 안전관리자의 증원·교체임명 명령 대상 사업장
① 해당 사업장의 연간 재해율이 같은 업종의 평균재해율의 2배 이상인 경우
② 중대재해가 연간 2건 이상 발생한 경우(다만, 해당 사업장의 전년도 사망만인율이 같은 업종의 평균 사망만인율 이하인 경우는 제외)
③ 관리자가 질병이나 그 밖의 사유로 3개월 이상 직무를 수행할 수 없게 된 경우
④ 화학적 인자로 인한 직업성질병자가 연간 3명 이상 발생한 경우

정답 10 ① 11 ③

특급암기법
평균의 2배 이상, 중대재해 2건 이상 증원!
직업성 질병 3명 이상, 3개월 이상 일안하면 교체!

관련 법령의 변경으로 문제 일부를 수정하였습니다.
실기에 자주 출제되는 내용입니다.

12 다음과 같은 재해사례의 분석 내용으로 옳은 것은?

> 작업자가 벽돌을 손으로 운반하던 중 떨어뜨려 벽돌이 발등에 부딪쳐 발을 다쳤다.

① 사고유형 : 맞음, 기인물 : 벽돌, 가해물 : 벽돌
② 사고유형 : 부딪힘, 기인물 : 손, 가해물 : 벽돌
③ 사고유형 : 맞음, 기인물 : 사람, 가해물 : 벽돌
④ 사고유형 : 떨어짐, 기인물 : 손, 가해물 : 벽돌

- 벽돌을 떨어뜨려 다쳤다. → 사고유형 : 맞음
- 벽돌을 운반하던 중 떨어뜨렸다. → 기인물 : 벽돌
- 벽돌이 발등에 부딪쳐 발을 다쳤다. → 가해물 : 벽돌

실기까지 중요한 내용입니다.

13 에너지 접촉형태로 분류한 사고유형 중 에너지가 폭주하여 일어나는 유형에 해당하는 것은?

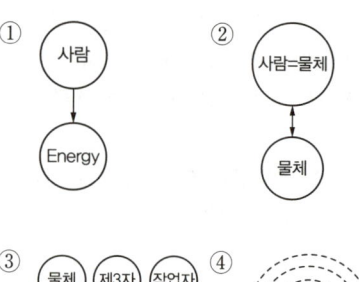

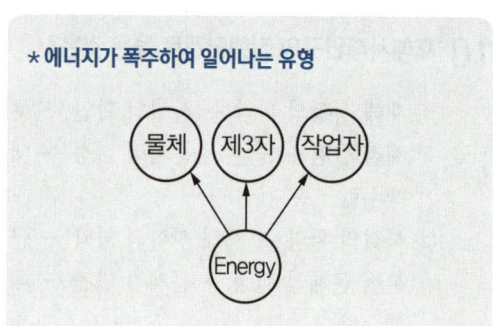

14 산업안전보건법상 공기압축기를 가동하는 때의 작업시작 전 점검사항의 점검내용에 해당하지 않는 것은?

① 윤활유의 상태
② 압력방출장치의 기능
③ 회전부의 덮개 또는 울
④ 비상정지장치 기능의 이상 유무

정답 12 ① 13 ③ 14 ④

* **공기압축기의 작업시작 전 점검**
- 공기저장 압력용기의 외관 상태
- 드레인 밸브(drain valve)의 조작 및 배수
- 압력방출장치의 기능
- 언로드 밸브(unloading valve)의 기능
- 윤활유의 상태
- 회전부의 덮개 또는 울
- 그 밖의 연결 부위의 이상 유무

 실기에 자주 출제되는 내용입니다. 암기하세요.

15 무재해운동 추진기법 중 다음에서 설명하는 것은?

> 작업현장에서 그때 그 장소의 상황에 즉응하여 실시하는 위험예지 활동으로서 즉시즉응법이라고도 한다.

① TBM(Tool Box Meeting)
② 원 포인트 위험예지훈련
③ 삼각위험 예지훈련
④ 터치 앤드 콜(Touch and Call)

* **TBM(Tool Box Meeting) : 단시간 즉시 적응법**
그때 그 장소의 상황에 즉응하여 실시하는 위험예지 활동

16 재해 발생 시 조치순서로 가장 적절한 것은?

① 산업재해발생 → 재해조사 → 긴급처리 → 대책수립 → 원인강구 → 대책실시계획 → 실시 → 평가
② 산업재해발생 → 긴급처리 → 재해조사 → 원인강구 → 대책수립 → 대책실시계획 → 실시 → 평가
③ 산업재해발생 → 재해조사 → 긴급처리 → 원인강구 → 대책수립 → 대책실시계획 → 실시 → 평가
④ 산업재해발생 → 긴급처리 → 재해조사 → 대책수립 → 원인강구 → 대책실시계획 → 실시 → 평가

* **재해 발생 시 조치순서**
- 긴급조치 : 피재 기계 정지 → 피재자 응급조치 → 관계자에게 통보 → 2차 재해 방지 → 현장 보존
- 재해조사
- 원인분석
- 대책수립
- 실시
- 평가

17 건설기술 진흥법상 안전관리계획을 수립해야 하는 건설공사에 해당하지 않는 것은?

① 높이가 21m인 비계를 사용하는 건설공사
② 지하 15m를 굴착하는 건설공사
③ 15층 건축물의 리모델링
④ 항타 및 항발기가 사용되는 건설공사

정답   15 ①   16 ②   17 ①

① 높이가 31m 이상인 비계를 사용하는 건설공사

* **건설기술 진흥법상 안전관리계획을 수립해야 하는 건설공사**
  - 「시설물의 안전 및 유지관리에 관한 특별법」에 따른 1종 시설물 및 2종 시설물의 건설공사
  - 지하 10m 이상을 굴착하는 건설공사
  - 폭발물을 사용하는 건설공사로서 20m 안에 시설물이 있거나 100m 안에 사육하는 가축이 있어 해당 건설공사로 인한 영향을 받을 것이 예상되는 건설공사
  - 10층 이상 16층 미만인 건축물의 건설공사
  - 다음 각 목의 리모델링 또는 해체공사
    - 10층 이상인 건축물의 리모델링 또는 해체공사
    - 수직증축형 리모델링
  - 다음 각 목의 어느 하나에 해당하는 건설기계가 사용되는 건설공사
    - 천공기(높이가 10m 이상인 것만 해당한다)
    - 항타 및 항발기
    - 타워크레인
  - 다음 각 호의 가설구조물을 사용하는 건설공사
    - 높이가 31m 이상인 비계
    - 작업발판 일체형 거푸집 또는 높이가 5m 이상인 거푸집 및 동바리
    - 터널의 지보공(支保工) 또는 높이가 2m 이상인 흙막이 지보공
    - 동력을 이용하여 움직이는 가설구조물
    - 그 밖에 발주자 또는 인·허가기관의 장이 필요하다고 인정하는 가설구조물
  - 다음 각 목의 어느 하나에 해당하는 공사
    - 발주자가 안전관리가 특히 필요하다고 인정하는 건설공사
    - 해당 지방자치단체의 조례로 정하는 건설공사 중에서 인·허가기관의 장이 안전관리가 특히 필요하다고 인정하는 건설공사

18 시몬즈(Simonds)의 총재해 코스트 계산방식 중 비보험 코스트 항목에 해당하지 않는 것은?

① 사망재해 건수   ② 통원상해 건수
③ 응급조치 건수   ④ 무상해 사고 건수

① 사망재해 건수 → 보험 코스트(산재보험료)

참고

* **시몬즈(Simonds)의 총 재해 코스트**
  - 보험코스트 = 산재보험료
  - 비보험코스트
    - 휴업상해
    - 통원상해
    - 구급조치상해
    - 무상해 사고

📝 실기까지 중요한 내용입니다.

19 재해예방의 4원칙에 해당하지 않는 것은?

① 예방가능의 원칙
② 원인계기의 원칙
③ 손실필연의 원칙
④ 대책선정의 원칙

* **재해예방의 4원칙**
  - 예방가능의 원칙
  - 원인계기의 원칙(원인연계의 원칙)
  - 손실우연의 원칙
  - 대책선정의 원칙

정답 18 ① 19 ③

20 산업안전보건법상 안전보건관리규정을 작성해야 할 사업의 사업주는 안전보건관리규정을 작성하여야 할 사유가 발생한 날부터 며칠 이내에 작성해야 하는가?

① 15   ② 30
③ 60   ④ 90

사업주는 안전보건관리규정을 작성하여야 할 사유가 발생한 날부터 30일 이내에 안전보건관리규정을 작성하여야 한다.

2과목 산업심리 및 교육

21 운동의 시지각이 아닌 것은?

① 자동 운동(自動 運動)
② 유도 운동(誘導 運動)
③ 항상 운동(恒常 運動)
④ 가현 운동(假現 運動)

* **착각현상 (운동의 시지각)**
- **가현운동(β 운동)** : 정지하고 있는 대상물이 급속히 나타나던가 소멸하는 것으로 인하여 일어나는 운동으로 마치 대상물이 운동하는 것처럼 인식되는 현상 (예 : 영화의 영상)
- **유도 운동** : 움직이지 않는 것이 움직이는 것처럼 느껴지는 현상(예 : 상행선 열차를 타고 가며 정지하고 있는 하행선 열차를 보면 마치 하행선 열차가 움직이는 것처럼 느껴지는 현상)
- **자동운동** : 암실에서 정지된 소광점을 응시하면 광점이 움직이는 것처럼 보이는 현상

22 관리 그리드(Managerial Grid) 이론에 따른 리더십의 유형 중 과업에는 높은 관심을 보이고 인간관계 유지에는 낮은 관심을 보이는 리더십의 유형은?

① 과업형   ② 무기력형
③ 이상형   ④ 무관심형

* **과업형**
과업에는 높은 관심을 보이고 인간관계 유지에는 낮은 관심을 보이는 유형

참고

* **리더의 행동유형 중 관리그리드 이론**

(1.1)형	무관심형
(1.9)형	인기형
(9.1)형	과업형
(5.5)형	타협형
(9.9)형	이상형

* (x,y)형에서 x는 과업의 관심도를 y는 인간관계의 관심도를 나타낸다.

📝 필기에 자주 출제되는 내용입니다.

23 Taylor의 과학적 관리와 거리가 먼 것은?

① 시간 - 동작 연구를 적용하였다.
② 생산의 효율성을 상당히 향상시켰다.
③ 인간중심의 관점으로 일을 재설계한다.
④ 인센티브를 도입함으로써 작업자들을 동기화시킬 수 있다.

③ 인간의 노동을 기계화하여 노동생산성을 높이는 것에만 치중하여 인간의 심리적, 생리적, 사회적 측면을 고려하지 않은 단점이 있다.

24 레빈(Lewin)은 인간의 행동관계를 B = f(P · E) 라는 공식으로 설명하였다. 여기서 B가 나타내는 뜻으로 맞는 것은?

① 인간의 개념
② 안전 동기부여
③ 인간의 행동
④ 인간 주변의 환경

> ★ **레윈 (K. Lewin)의 법칙**
> 인간의 행동은 개체의 자질과 심리적 환경의 함수관계이다.
> $$B = f(P \cdot E)$$
> - B : Behavior(인간의 행동)
> - f : function(함수관계)
> - P : Person(개체 : 연령, 경험, 심신 상태, 성격, 지능 등)
> - E : Environment(심리적 환경 : 인간관계, 작업환경 등)

📝 실기까지 중요한 내용입니다.

25 산업안전보건법령상 사업주가 근로자에게 실시해야 하는 안전·보건교육 중 특별안전·보건교육 대상 작업에 해당하지 않는 것은?

① 굴착면의 높이가 5m 되는 암석의 굴착 작업
② 5m인 구조물을 대상으로 콘크리트 파쇄기를 사용하여 하는 파쇄작업
③ 흙막이 지보공의 보강 또는 동바리를 설치하거나 해체하는 작업
④ 휴대용 목재가공기계를 3대 보유한 사업장에서 해당 기계로 하는 작업

④ 목재가공용 기계(둥근톱기계, 띠톱기계, 대패기계, 모떼기기계 및 라우터만 해당하며, 휴대용은 제외한다)를 5대 이상 보유한 사업장에서 해당 기계로 하는 작업

26 다음과 같은 학습의 원칙을 지니고 있는 훈련기법은?

> 관찰에 의한 학습, 실행에 의한 학습, 피드백에 의한 학습 분석과 개념화를 통한 학습

① 역할연기법 ② 사례연구법
③ 유사실험법 ④ 프로그램 학습법

> ★ **롤 플레잉(Role Playing, 역할연기)**
> - 참가자에게 일정한 역할을 주어서 실제적으로 연기를 시켜봄으로써 자기의 역할을 보다 확실히 인식시키는 방법이다.
> - 관찰에 의한 학습, 실행에 의한 학습, 피드백에 의한 학습 분석과 개념화를 통한 학습을 한다.

27 재해 빈발자 중 기능의 부족이나 환경에 익숙하지 못하기 때문에 재해가 자주 발생되는 사람을 의미하는 것은?

① 상황성 누발자
② 습관성 누발자
③ 소질성 누발자
④ 미숙성 누발자

정답 24 ③ 25 ④ 26 ① 27 ④

* **재해 누발자의 유형**
  - **미숙성 누발자**
    - 기능 미숙자
    - 환경에 익숙하지 못한 자
  - **상황성 누발자**
    - 작업에 어려움이 많은 자
    - 기계 설비의 결함이 있을 때
    - 심신에 근심이 있는 자
    - 환경상 주의력 집중이 혼란되기 쉬울 때
  - **소질성 누발자**
    - 개인 소질 가운데 재해 원인 요소를 가지고 있는 자
    - 개인의 특수 성격 소유자
  - **습관성 누발자**
    - 재해 경험에 의해 겁쟁이가 되거나 신경과민이 된 자
    - 슬럼프에 빠져 있는 자

> 참고
>
> | OJT의 특징 | • 개개인에게 적절한 훈련이 가능하다.
• 직장의 실정에 맞는 훈련이 가능하다.
• 교육효과가 즉시 업무에 연결된다.
• 훈련에 대한 업무의 계속성이 끊어지지 않는다.
• 상호 신뢰 이해도가 높다. |
> |---|---|
> | OFF JT의 특징 | • 다수의 근로자들에게 훈련을 할 수 있다.
• 훈련에만 전념하게 된다.
• 특별설비기구 이용이 가능하다.
• 많은 지식이나 경험을 교류할 수 있다.
• 교육 훈련 목표에 대하여 집단적 노력이 흐트러질 수 있다. |

📝 실기까지 중요한 내용입니다.

28 Off.J.T 의 특징이 아닌 것은?

① 우수한 강사를 확보할 수 있다.
② 교재, 시설 등을 효과적으로 이용할 수 있다.
③ 개개인의 능력 및 적성에 적합한 세부 교육이 가능하다.
④ 다수의 대상자를 일괄적, 체계적으로 교육을 시킬 수 있다.

③ 개개인의 능력 및 적성에 적합한 세부교육이 가능하다. → O.J.T 의 특징

29 교육훈련의 4단계 기법을 맞게 나열한 것은?

① 도입 → 적용 → 실연 → 제시
② 도입 → 확인 → 제시 → 실습
③ 적용 → 실연 → 도입 → 확인
④ 도입 → 제시 → 적용 → 확인

* **교육진행 4단계**
  - 제1단계 : 도입(학습할 준비를 시킨다)
  - 제2단계 : 제시(작업을 설명한다)
  - 제3단계 : 적용(작업을 시켜본다)
  - 제4단계 : 확인(가르친 뒤 살펴본다)

📝 필기에 자주 출제되는 내용입니다.

정답 28 ③ 29 ④

30 학습전이가 일어나기 가장 쉽고, 좋은 상황은?

① 정보가 많은 대단위로 제시될 때
② 훈련 상황이 실제 작업 장면과 유사할 때
③ 한 가지가 아닌 다양한 훈련기법이 사용될 때
④ '사람 - 직무 - 조직'을 분리시키기 위한 조치들을 시행할 때

> 전이는 상황이 유사할 경우 일어나기 쉽다.
>
> ＊앞에 실시한 교육이 뒤에 실시한 학습을 방해하는 조건 (전이가 잘 되는 조건)
> • 학습의 정도 : 앞의 학습이 불완전할 경우
> • 유사성 : 앞뒤의 학습내용이 비슷한 경우
> • 시간적 간격
>   – 뒤의 학습을 앞의 학습 직후에 실시하는 경우
>   – 앞의 학습내용을 제어하기 직전에 실시하는 경우
> • 학습자의 태도
> • 학습자의 지능

31 시각 정보 등을 받아들일 때 주의를 기울이면 시선이 집중되는 곳의 정보는 잘 받아들이나 주변부의 정보는 놓치기 쉬운 것은 주의력의 어떤 특성과 관련이 있는가?

① 주의의 선택성 ② 주의의 변동성
③ 주의의 방향성 ④ 주의의 시분할성

> 시선이 집중되는 곳의 정보는 잘 받아들이나 주변부의 정보는 놓치기 쉬운 것 → 선택성

 참고

＊**인간 주의 특성의 종류**
• **선택성** : 사람은 한번에 여러 종류의 자극을 지각하거나 수용하지 못하며 소수의 특정한 것으로 한정해서 선택하는 기능을 말한다.
• **방향성** : 시선에서 벗어난 부분은 무시되기 쉽다.(주시점만 응시한다.)
• **변동성** : 주의는 리듬이 있어 일정한 수준을 지키지 못한다.
• **단속성** : 고도의 주의는 장시간 집중이 곤란하다.
• **주의력의 중복집중 곤란** : 동시에 2개 이상의 방향을 잡지 못한다.

---

32 작업에 대한 평균 에너지소비량을 분당 5kcal로 할 경우 휴식시간 R의 산출 공식으로 맞는 것은? (단, E는 작업 시 평균 에너지소비량[kcal/min], 1시간의 휴식시간 중 에너지소비량은 1.5[kcal/min], 총 작업시간은 60분이다.)

① $R = \dfrac{60(E-5)}{E-1.5}$

② $R = \dfrac{50(E-5)}{E-15}$

③ $R = \dfrac{60(E-4)}{E-5}$

② $R = \dfrac{50(E-15)}{E-4}$

정답 30 ② 31 ① 32 ①

$$휴식시간(R) = \frac{60 \times (E-5)}{E-1.5} \text{ [분]}$$

- 1.5 : 휴식 중의 에너지 소비량
- 5(kcal/분) : 보통작업에 대한 평균 에너지
- 60(분) : 작업시간
- E(kcal/분) : 문제에서 주어진 작업 시 필요한 에너지

 실기까지 중요한 내용입니다.

33 교육훈련 평가의 목적과 관계가 가장 먼 것은?

① 문제해결을 위하여
② 작업자의 적정배치를 위하여
③ 지도 방법을 개선하기 위하여
④ 학습지도를 효과적으로 하기 위하여

＊교육훈련평가의 목적
- 작업자의 적정배치를 위하여
- 지도방법을 개선하기 위하여
- 학습지도를 효과적으로 하기 위하여

34 작업장의 정리정돈 태만 등 생략행위를 유발하는 심리적 요인에 해당하는 것은?

① 폐합의 요인
② 간결성의 원리
③ Risk taking의 원리
④ 주의의 일점집중 현상

＊간결성의 원리
최소에너지에 의해 목적에 달성하려는 경향을 말하며, 생략행위를 유발하는 심리적 요인에 해당한다.

35 Maslow의 욕구위계와 Alderfer의 욕구위계에 대한 설명으로 틀린 것은?

① Maslow의 욕구위계 중 가장 상위에 있는 욕구는 자아실현의 욕구이다.
② Maslow는 욕구의 위계성을 강조하여 하위의 욕구가 충족된 후에 상위욕구가 생긴다고 주장하였다.
③ Alderfer는 Maslow와 달리 여러 개의 욕구가 동시에 활성화될 수 있다고 주장하였다.
④ Alderfer의 생존욕구는 Maslow의 생리적 욕구, 물리적 안전, 그리고 대인관계에서의 안전의 개념과 유사하다.

알더퍼의 E.R.G이론	매슬로(Maslow A. H.)의 욕구단계 이론
생존욕구	생리적 욕구, 안전의 욕구(신체적 안전)
관계욕구	안전의 욕구(대인관계 안전), 사회적 욕구
성장욕구	존경의 욕구, 자아실현의 욕구

정답 33 ① 34 ② 35 ④

36 교육방법 중 하나인 사례연구법의 장점으로 볼 수 없는 것은?

① 의사소통 기술이 향상된다.
② 무의식적인 내용의 표현 기회를 준다.
③ 문제를 다양한 관점에서 바라보게 된다.
④ 강의법에 비해 현실적인 문제에 대한 학습이 가능하다.

> **＊사례연구법(Case Study : Case Method)**
> 먼저 사례를 제시, 문제적 사실들과 그의 상호관계에 대해서 검토하고 대책을 토의하는 학습법
>
> | 사례연구법의 장점 |
> | --- |
> | • 학습에 흥미가 있고, 학습동기를 유발할 수 있다.
• 현실적인 문제의 학습이 가능하다.
• 관찰력과 분석력을 높일 수 있다.
• 의사소통 기술이 향상된다. |

37 태도교육을 통한 안전태도교육의 특징으로 적절하지 않은 것은?

① 청취한다.
② 모범을 보인다.
③ 권장, 평가한다.
④ 벌은 주지 않고 칭찬만 한다.

> **＊태도교육 실시 순서**
> • 청취한다.
> • 이해, 납득시킨다.
> • 모범을 보인다.
> • 권장한다.
> • 평가한다.(상과 벌)

38 인간이 충족시키고자 추구하는 욕구에 있어 가장 강력한 욕구는?

① 안전의 욕구
② 생리적 욕구
③ 자아실현의 욕구
④ 애정 및 귀속의 욕구

> 인간이 충족시키고자 추구하는 욕구에 있어 가장 강력한 욕구는 가장 기본적인 욕구인 생리적 욕구이다.

39 조직에서 의사소통망은 조직 내의 구성원들 간에 정보를 교환하는 경로구조를 의미하는데, 이 의사소통망의 유형이 아닌 것은?

① 원형
② X자형
③ 사슬형
④ 수레바퀴형

> **＊조직 의사소통망의 연결 구조**
> • **원형** : 처음 시작 얘기가 다시 돌아옴. 구성원 간 서열과 중심인물이 없는 상태에서 이루어지는 의사소통
> • **직선형** : 수직적, 수평적인 일방적인 의사소통 형태
> • **Y형 & 바퀴형** : 의사전달이 리더 또는 중심인물에 의해 주도되는 형태
> • **사슬형(전체 경로형)** : 구성원 간의 정보교환이 완전히 이루어지는 가장 바람직한 의사소통 형태

정답 36 ② 37 ④ 38 ② 39 ②

40 헤드십에 관한 설명 중 맞는 것은?

① 권위주의적이기보다는 민주주의적 지휘 형태를 따른다.
② 리더십 중 최고의 통솔력을 발휘하는 리더십이다.
③ 공식적인 규정에 의거하여 권한의 귀속 범위가 결정된다.
④ 전문적 지식을 발휘해 조직 구성원들을 결집시키는 리더십이다.

★ 리더십과 헤드십의 특성

구분	리더십	헤드십
권한 행사	선출된 리더	임명된 헤드
권한 부여	밑으로부터의 동의	위에서 위임
권한 귀속	집단 목표에 기여한 공로 인정	공식화된 규정에 의함
상하, 부하관계	개인적인 영향	지배적임
부하와의 관계	좁음	넓음
지휘 형태	민주주의적	권위주의적
책임 귀속	상사와 부하	상사
권한 근거	개인적	법적, 공식적

📝 필기에 자주 출제되는 내용입니다.

3과목 인간공학 및 시스템안전공학

41 제조업의 유해·위험방지계획서 제출 대상 사업장에서 제출하여야 하는 유해·위험방지계획서의 첨부서류와 가장 거리가 먼 것은?

① 공사개요서
② 기계·설비의 배치도면
③ 건축물 각 층의 평면도
④ 원재료 및 제품의 취급, 제조 등의 작업 방법의 개요

★ 유해 · 위험방지계획서 제출시 첨부서류

제조업 대상 사업 첨부서류	• 건축물 각 층의 평면도 • 기계 · 설비의 개요를 나타내는 서류 • 기계 · 설비의 배치도면 • 원재료 및 제품의 취급, 제조 등의 작업방법의 개요 • 그 밖에 고용노동부장관이 정하는 도면 및 서류
대상 기계 · 기구 설비 첨부서류	• 설치장소의 개요를 나타내는 서류 • 설비의 도면 • 그 밖에 고용노동부장관이 정하는 도면 및 서류

📝 실기까지 중요한 내용입니다.

정답 40 ③ 41 ①

42 착석식 작업대의 높이 설계를 할 경우에 고려해야 할 사항과 관계가 먼 것은?

① 대퇴여유　② 작업대의 두께
③ 의자의 높이　④ 작업대의 형태

★**착석식 작업대 높이**
작업대 높이는 의자 높이, 작업대 두께, 대퇴여유, 작업의 성질 등을 고려하여 설계하여야 한다.

43 결함수분석(FTA)에 의한 재해사례의 연구순서가 다음과 같을 때 올바른 순서대로 나열한 것은?

㉠ FT(Fault Tree)도 작성
㉡ 개선안 실시계획
㉢ 톱 사상의 선정
㉣ 사상마다 재해원인 및 요인 규명
㉤ 개선계획 작성

① ㉣ → ㉤ → ㉢ → ㉠ → ㉡
② ㉡ → ㉣ → ㉢ → ㉤ → ㉠
③ ㉢ → ㉣ → ㉠ → ㉤ → ㉡
④ ㉤ → ㉢ → ㉡ → ㉠ → ㉣

★**FTA에 의한 재해사례 연구 순서**
- 1단계 : 톱사상의 설정
- 2단계 : 재해 원인 규명
- 3단계 : FT도의 작성
- 4단계 : 개선계획의 작성

📝 필기에 자주 출제되는 내용입니다.

44 인간의 눈의 부위 중에서 실제로 빛을 수용하여 두뇌로 전달하는 역할을 하는 부분은?

① 망막　② 각막
③ 눈동자　④ 수정체

빛을 수용하여 두뇌로 전달하는 역할 → 망막

참고
- **맥락막** : 빛의 산란을 막는 암실역할
- **각막** : 안구의 가장 바깥쪽 표면으로 눈에서 빛이 가장 먼저 통과하는 부분
- **수정체** : 빛을 굴절시켜서 망막에 상이 맺히게 하는 역할(카메라 렌즈 역할)

45 체계 설계 과정의 주요 단계가 다음과 같을 때 인간·하드웨어·소프트웨어의 기능 할당, 인간 성능 요건 명세, 직무분석, 작업설계 등의 활동을 하는 단계는?

- 목표 및 성능 명세 결정
- 체계의 정의
- 기본 설계　- 계면 설계
- 촉진물 설계　- 시험 및 평가

① 계면 설계　② 체계의 정의
③ 기본 설계　④ 촉진물 설계

★**기본 설계의 내용**
- 작업설계
- 직무분석
- 기능할당

정답 42 ④　43 ③　44 ①　45 ③

46 다음 중 FT의 작성방법에 관한 설명으로 틀린 것은?

① 정성·정량적으로 해석·평가하기 전에는 FT를 간소화해야 한다.
② 정상(Top)사상과 기본사상과의 관계는 논리게이트를 이용해 도해한다.
③ FT를 작성하려면, 먼저 분석대상 시스템을 완전히 이해하여야 한다.
④ FT 작성을 쉽게 하기 위해서는 정상(Top)사상을 최대한 광범위하게 정의한다.

④ 정상(Top)사상은 FT도를 통해 해석할 재해를 결정하는 것으로 광범위하지 않게 정의한다.

47 실내 면(面)의 추천 반사율이 가장 높은 것은?

① 벽 ② 가구
③ 바닥 ④ 천장

* **옥내 최적 반사율**
(천장 : 바닥 반사율 비율 = 3 : 1 이상 유지)
• 천장(80~91%) > 벽(40~60%) > 가구(25~45%) > 바닥(20~40%)
• 옥내의 반사율은 천장으로 올라갈수록 높고 바닥으로 내려갈수록 낮아져야 한다.

📝 필기에 자주 출제되는 내용입니다.

48 다음 설명에 해당하는 인간의 오류모형은?

> 상황이나 목표의 해석은 정확하나 의도와는 다른 행동을 한 경우

① 실수(Slip) ② 착오(Mistake)
③ 위반(Violation) ④ 건망증(Lapse)

Mistake (착오, 착각)	• 인지과정과 의사결정과정에서 발생하는 에러 • 상황해석을 잘못하거나 틀린 목표를 착각하여 행하는 경우
Lapse (건망증)	• 저장단계에서 발생하는 에러 • 어떤 행동을 잊어버리고 안 하는 경우
Slip (실수, 미끄러짐)	• 실행단계에서 발생하는 에러 • 상황(목표)해석은 제대로 하였으나 의도와는 다른 행동을 하는 경우
위반(Violation)	• 알고 있음에도 의도적으로 따르지 않거나 무시한 경우

📝 필기에 자주 출제되는 내용입니다.

49 FTA에서 사용하는 수정게이트의 종류에서 3개의 입력현상 중 2개가 발생할 경우 출력이 생기는 것은?

① 위험지속기호
② 조합 AND 게이트
③ 배타적 OR 게이트
④ 우선적 AND 게이트

정답 46 ④ 47 ④ 48 ① 49 ②

* **조합 AND 게이트**
  3개의 입력현상 중 2개가 발생할 경우 출력이 생김

> 참고

기호	명명	기호설명
	위험지속 AND 게이트	입력이 생겨서 일정시간이 지속될 때 출력이 생긴다.
	우선적 AND 게이트	입력사상이 특정 순서대로 발생한 경우에만 출력사상이 발생하는 논리게이트
	조합 AND 게이트	3개 이상의 입력 중 2개가 일어나면 출력이 생긴다.
	배타적 OR 게이트	입력사상 중 오직 한 개의 발생으로만 출력사상이 생성되는 논리게이트

📋 필기에 자주 출제되는 내용입니다.

50 단순반복 작업으로 인하여 발생되는 건강장애 즉, CTDs의 발생요인이 아닌 것은?

① 긴 작업주기
② 과도한 힘의 요구
③ 장시간의 진동
④ 부적합한 작업자세

* **근골격계질환(누적외상성질환, CTDs)의 발생요인**
  • 반복적인 동작
  • 부적절한 작업자세
  • 무리한 힘의 사용
  • 날카로운 면과의 신체접촉
  • 진동 및 온도(저온)

51 그림과 같이 여러 구성요소가 직렬과 병렬로 혼합 연결되어 있을 때, 시스템의 신뢰도는 약 얼마인가? (단, 숫자는 각 구성요소의 신뢰도이다.)

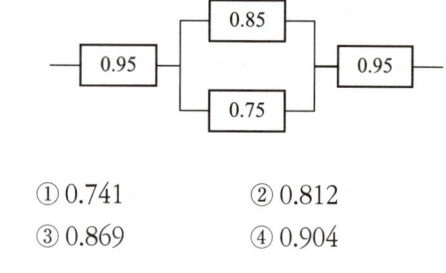

① 0.741　　② 0.812
③ 0.869　　④ 0.904

신뢰도 = 0.95×{ 1−(1−0.85)×(1−0.75)}×0.95
　　　 = 0.869

📋 필기에 자주 출제되는 내용입니다.

52 화학설비의 안전성 평가단계 중 '관계 자료의 작성준비'에 있어 관계 자료의 조사항목과 가장 관계가 먼 것은?

① 온도, 압력
② 화학설비 배치도
③ 공정기기목록
④ 입지에 관한 도표

① 온도, 압력 → 정량적인 평가 항목

📋 필기에 자주 출제되는 내용입니다.

정답　50 ①　51 ③　52 ①

참고

＊관계자료 조사 항목
- 입지조건
- 화학설비 배치도
- 건조물의 평면도, 단면도 및 입면도
- 제조 공정의 개요
- 기계실 및 전기실의 평면도, 단면도 및 입면도
- 공정계통도
- 운전 요령
- 요원 배치 계획
- 배관이나 계장 등의 계통도
- 제조 공정상 일어나는 화학반응
- 원재료, 중간체, 제품 등의 물리화학적 성질 및 인체에 미치는 영향

---

53 인간공학 연구방법 중 실제의 제품이나 시스템이 추구하는 특성 및 수준이 달성되는지를 비교하고 분석하는 것은 어떤 연구에 속하는가?

① 조사연구 ② 실험연구
③ 분석연구 ④ 평가연구

＊인간공학 연구방법의 3가지
- **조사연구** : 집단 속성에 관한 특성을 연구
- **실험연구** : 특정 현상을 정확히 이해하고 예측하기 위한 연구
- **평가연구** : 실제의 제품이나 시스템이 추구하는 특성 및 수준이 달성되는지를 비교하고 분석하는 것(시스템이나 제품의 영향 평가)

---

54 정신작업의 생리적 척도가 아닌 것은?

① EEG ② EMG
③ 심박수 ④ 부정맥

② EMG(근전도) : 육체작업의 생리적 척도

---

55 기업에서 보전효과 측정을 위해 일반적으로 사용되는 평가요소를 잘못 나타낸 것은?

① 제품단위당 보전비 = $\dfrac{\text{총 보전비}}{\text{제품수량}}$

② 설비고장 도수율 = $\dfrac{\text{설비가동시간}}{\text{설비고장건수}}$

③ 계획공사율 = $\dfrac{\text{계획공사공수(工數)}}{\text{전공수(全工數)}}$

④ 운전 1시간당 보전비 = $\dfrac{\text{총 보전비}}{\text{설비운전시간}}$

② 설비고장 도수율 = $\dfrac{\text{설비고장건수}}{\text{설비가동시간}}$

참고

설비고장 강도율 = $\dfrac{\text{설비 고장 정지시간}}{\text{설비 가동시간}}$

정답 53 ④ 54 ② 55 ②

56 은행창구나 슈퍼마켓의 계산대를 설계하는 데 가장 적합한 인체측정 자료의 응용원칙은?

① 가변적(조절식) 설계원칙
② 평균치를 이용한 설계원칙
③ 최소 집단치를 이용한 설계원칙
④ 최대 집단치를 이용한 설계원칙

> **참고**
>
> *** 인체계측자료의 응용 3원칙**
> - 최대치수와 최소치수 설계(극단치 설계)
>
> | 최대치수 설계의 예 | · 위험구역의 울타리 높이
· 출입문의 높이
· 그네줄의 인장강도 |
> |---|---|
> | 최소치수 설계의 예 | · 물건을 올리는 선반의 높이
· 조정장치를 조정하는 힘
· 조정장치까지의 조정거리 |
>
> - 조절범위(조정)
>   예 침대, 의자 높낮이 조절, 자동차의 운전석 위치 조정
> - 평균치를 기준으로 한 설계
>   예 은행의 창구 높이, 슈퍼마켓의 계산대

 필기에 자주 출제되는 내용입니다.

57 경보사이렌으로부터 10m 떨어진 곳에서 음압수준이 140dB이면 100m 떨어진 곳에서 음의 강도는 얼마인가?

① 100dB   ② 110dB
③ 120dB   ④ 140dB

> *** 소음을 내는 기계로부터 거리가 d_2만큼 떨어진 곳의 소음 계산**
>
> $$dB_2 = dB_1 - 20 \times \log\left(\frac{d_2}{d_1}\right)$$
>
> - 소음기계로부터 d_1 떨어진 곳의 소음 : dB_1
> - 소음기계로부터 d_2 떨어진 곳의 소음 : dB_2
>
> $dB_2 = dB_1 - 20 \times \log\left(\frac{d_2}{d_1}\right) = 140 - 20 \times \log\left(\frac{100}{10}\right)$
> $= 120dB$

58 그림과 같은 FT도에 대한 최소 컷셋(minimal cut sets)으로 맞는 것은?
(단, Fussell의 알고리즘을 따른다.)

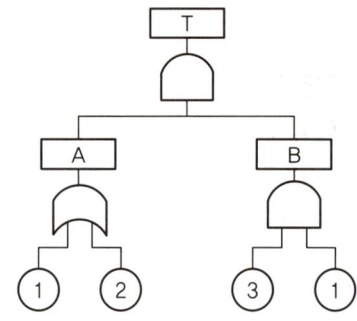

① {1, 2}   ② {1, 3}
③ {2, 3}   ④ {1, 2, 3}

> T = A · B
> = (①) · (③①)
>   (②)
> = (①③)
>   (①②③)
> 미니멀 컷셋 : (①③)

정답   56 ②   57 ③   58 ②

59 소음에 의한 청력손실이 가장 크게 나타나는 주파수대는?

① 2,000Hz ② 10,000Hz
③ 4,000Hz ④ 20,000Hz

4,000Hz에서 청력손실이 가장 크다.

60 운용위험분석(OHA)의 내용으로 틀린 것은?

① 위험 혹은 안전장치의 제공, 안전방호구를 제거하기 위한 설계변경이 준비되어야 한다.
② 운용위험분석(OHA)은 일반적으로 결함위험분석(FHA)이나 예비위험분석(PHA)보다 일반적으로 복잡하다.
③ 운용위험분석(OHA)은 시스템이 저장되고 실행됨에 따라 발생하는 작동시스템의 기능 등의 위험에 초점을 맞춘다.
④ 안전의 기본적 관련사항으로 시스템의 서비스, 훈련, 취급, 저장, 수송하기 위한 특수한 절차가 준비되어야 한다.

② 운용위험분석(OHA)은 시스템의 모든 사용단계에서 안전요건을 결정하기 위한 분석법으로 결함위험분석(FHA)이나 예비위험분석(PHA)보다 간단하다.

4과목 건설시공학

61 특수콘크리트에 관한 설명 중 옳지 않은 것은?

① 한중콘크리트는 동해를 받지 않도록 시멘트를 가열하여 사용한다.
② 경량콘크리트는 자중이 적고, 단열효과가 우수하다.
③ 중량콘크리트는 방사선 차폐용으로 사용된다.
④ 매스콘크리트는 수화열이 적은 시멘트를 사용한다.

① 시멘트는 직접 가열해서는 안 되고 가능한 한 냉각되지 않게 저장한다.

> **참고**
> 한중콘크리트 : 1일 평균기온 4℃ 이하가 되는 시기에 타설하는 콘크리트를 말한다.

필기에 자주 출제되는 내용입니다.

62 벽돌벽 두께 1.0B, 벽높이 2.5m, 길이 8m인 벽면에 소요되는 점토벽돌의 매수는 얼마인가? (단, 규격은 190×90×57mm, 할증은 3%로 하며, 소수점 이하 결과는 올림하여 정수매로 표기)

① 2,980매 ② 3,070매
③ 3,278매 ④ 3,542매

정답 59 ③ 60 ② 61 ① 62 ②

1. m²당 1.0B 쌓기 매수
   149매×(2.5×8)m² = 2,980(매)

2. 3% 할증 포함 매수
   2,980×1.03 = 3,070매

> 필기에 자주 출제되는 내용입니다.

63 순환수와 함께 지반을 굴착하고 배출시키면서 공 내에 철근망을 삽입, 콘크리트를 타설하여 말뚝기초를 형성하는 현장타설 말뚝공법은?

① S.I.P(Soil cement Injected Pile)
② D.R.A(Double Rod Auger)
③ R.C.D(Reverse Circulation Drill)
④ S.I.G(Super Injection Grouting)

> *리버스 서큘레이션공법(역순환 굴착공법, RCD공법)
> 리버스 서큘레이션 드릴로 대구경의 구멍을 파고 굴착공 안을 물이나 안정액으로 정수압을 유지하여 굴착공벽을 보호하면서 굴착, 철근망과 콘크리트를 타설하여 말뚝을 형성하는 공법을 말한다.

64 지정 및 기초공사 용어에 관한 설명으로 옳지 않은 것은?

① 드레인 재료 : 지반개량을 목적으로 간극수 유출을 촉진하는 수로로서의 역할을 하는 재료
② 슬라임 : 지반을 천공할 때 천공벽 또는 공저에 모인 침전물
③ 히빙 : 굴착면 저면이 부풀어 오르는 현상
④ 원위치 시험 : 현지의 지반과 유사한 지반에서 행하는 시험

> ④ 원위치 시험 : 흙의 물리적, 역학적 성질을 현장 지반 내에서 직접 측정하는 시험

65 폼타이, 칼럼밴드 등을 의미하며, 거푸집을 고정하여 작업 중의 콘크리트 측압을 최종적으로 부담하는 것은?

① 박리제   ② 간격재
③ 격리재   ④ 긴결재

> 1. 긴결재 : 콘크리트의 측압을 부담하여 거푸집널이 벌어지거나 우그러들지 않도록 거푸집의 정확한 위치와 치수를 유지하기 위해 사용된다.
>
> 2. 긴결재의 종류
> ① 폼타이(Form tie)
> ② 플랫타이(Flat tie)
> ③ 철선(Steel wire)
> ④ 컬럼밴드(Column band)
> ⑤ 와이어로프(Wire rope) 및 턴버클(Turn Buckle)

> 필기에 자주 출제되는 내용입니다.

정답 63 ③ 64 ④ 65 ④

66 지반보다 높은 곳의 굴착에 적합하며, 굴착은 디퍼(dipper)가 행하는 토공사용 기계로 적합한 것은?

① 불도저(bulldozer)
② 클램셸(clamshell)
③ 스크레이퍼(scraper)
④ 파워 셔블(power shovel)

★ 굴삭장비(굴착기계)

1. **파워 셔블**(power shovel, 동력삽)
   - 기계가 서 있는 지반면보다 높은 곳의 땅파기에 적합하다.

2. **드래그 셔블**(drag shovel, 백호)
   - 기계가 서 있는 지면보다 낮은 장소의 굴착 및 수중굴착이 가능하다
   - 굳은 지반의 토질도 정확한 굴착이 된다.

3. **드래그라인**(drag line)
   - 기계가 서있는 위치보다 낮은 장소의 굴착에 적당하고 굳은 토질에서의 굴착은 되지 않지만 굴착 반지름이 크다.
   - 작업범위가 광범위하고 **수중굴착 및 연약한 지반**의 굴착에 적합하다.

4. **클램셸**(clamshell)
   - 수중굴착 및 가장 협소하고 깊은 굴착이 가능하며 **호퍼**(hopper)에 적당하다.
   - **연약지반이나 수중굴착 및 자갈 등을 싣는데 적합**하다.

📝 필기에 자주 출제되는 내용입니다.

67 모재표면 위에 플럭스를 살포하여, 플럭스 속에 용접봉을 꽂아 넣는 자동 아크용접은?

① 일렉트로 슬래그(Electro slag) 용접
② 서브머지드 아크(Submerged arc) 용접
③ 피복 아크 용접
④ CO_2 아크 용접

★ 서브머지드 아크용접(Submerged Arc Welding)
용접 이음부에 분말 플럭스를 일정 두께로 살포하면서 전극 와이어를 공급, 와이어와 모재 사이에 아크를 발생시켜 용융, 접합하는 용접을 말한다.

68 네트워크공정표의 용어에 관한 설명으로 옳지 않은 것은?

① Event : 작업의 결합점, 개시점 또는 종료점
② Activity : 네트워크 중 둘 이상의 작업을 잇는 경로
③ Slack : 결합점이 가지는 여유시간
④ Float : 작업의 여유시간

② 활동(activity) : 화살표로 표시하고 각각의 단위작업을 의미한다.

📝 필기에 자주 출제되는 내용입니다.

정답 66 ④ 67 ② 68 ②

69 소규모 건축물의 구조기준에 따라 조적조로 담을 쌓을 경우 최대 높이 기준으로 옳은 것은?

① 2m 이하 ② 2.5m 이하
③ 3m 이하 ④ 3.5m 이하

> **＊소규모 건축물의 조적식 담의 구조**
> ① 높이는 3미터 이하로 할 것
> ② 담의 두께는 190밀리미터 이상으로 할 것. 다만, 높이가 2미터 이하인 담에 있어서는 90밀리미터 이상으로 할 수 있다.
> ③ 담의 길이 2미터 이내마다 담의 벽면으로부터 그 부분의 담의 두께 이상 튀어나온 버팀벽을 설치하거나, 담의 길이 4미터 이내마다 담의 벽면으로부터 그 부분의 담의 두께의 1.5배 이상 튀어나온 버팀벽을 설치할 것

📝 필기에 자주 출제되는 내용입니다.

70 철골 내화피복 공법 중 습식공법이 아닌 것은?

① 타설공법
② 미장공법
③ 뿜칠공법
④ 성형판 붙임공법

> **＊철골의 내화피복 공법**
>
> | 습식공법 | 건식공법 |
> |---|---|
> | ① 조적공법 : 철골표면에 벽돌, 돌, 콘크리트 블록, 경량 콘크리트 블록 등을 시공하는 공법 | ① 성형판붙임 공법 : 내화 단열성이 우수한 각종 성형판(PC판, ALC판, 석고보드 등)을 철골부재에 붙이는 공법으로 주로 기둥과 보의 내화피복에 사용된다. |
> | ② 미장공법 : 철골표면에 단열 모르타르를 시공하는 공법 | ② 멤브레인 공법 : 암면 흡음판을 철골에 붙여 시공하는 공법 |
> | ③ 도장공법 : 철골표면에 내화페인트를 도장하는 공법 | ③ 세라믹울 피복공법 |
> | ④ 뿜칠공법 : 철골표면에 접착제를 혼합한 내화피복재(암면과 시멘트를 혼합)를 뿜어서 내화 피복하는 공법 | |
> | ⑤ 타설공법 : 철골표면에 기포 콘크리트, 경량 콘크리트를 타설하는 공법 | |

📝 필기에 자주 출제되는 내용입니다.

71 석공사 건식공법의 종류가 아닌 것은?

① 앵커 긴결공법
② 개량압착공법
③ 강재트러스 지지공법
④ GPC공법

정답 69 ③ 70 ④ 71 ②

* 석재 붙임공법의 종류

습식공법	건식공법
① 온 사춤공법 ② 줄띠 사춤공법	① 앵커(Anchor) 긴결공법 ② 강재Truss 지지공법 ③ GPC공법

참고

* 타일붙임공법의 종류
① 떠 붙임공법
② 압착 붙임공법
③ 개량압착 붙임공법
④ 접착 붙임공법
⑤ 동시줄눈 붙임공법
⑥ 선 부착공법

 필기에 자주 출제되는 내용입니다.

72 경량철골공사에서 녹막이도장에 관한 설명으로 옳지 않은 것은?

① 경량 철골구조물에 이용되는 강재는 판두께가 얇아서 녹막이 조치가 불필요하다.
② 강재는 물의 고임에 의해 부식될 수 있기 때문에 부재배치에 충분히 주의하고, 필요에 따라 물구멍을 설치하는 등 부재를 건조 상태로 유지한다.
③ 녹막이도장의 도막은 노화, 타격 등에 의한 화학적, 기계적 열화에 따라 재 도장을 할 수 있다.
④ 재도장이 곤란한 건축물 및 녹이 발생하기 쉬운 환경에 있는 건축물의 녹막이는 녹막이 용융아연도금을 활용한다.

① 경량 철골구조물에 이용되는 강재는 판두께가 얇아서 녹에 따른 구조내력의 저하가 현저하기 때문에 반드시 녹막이 조치를 해야 한다.

73 대규모공사에서 지역별로 공사를 분리하여 발주하는 방식이며 공사기일 단축, 시공기술 향상 및 공사의 높은 성과를 기대할 수 있어 유리한 도급방법은?

① 전문공종별 분할도급
② 공정별 분할도급
③ 공구별 분할도급
④ 직종별 공종별 분할도급

① 전문공사별 분할도급 : 설비 공사를 주체 공사에서 분리하여 전문업자와 직접 계약하는 방식
② 공정별 분할도급 : 정지, 기초, 구체, 마무리 공사 등의 과정별로 나누어 도급을 주는 방식
③ 공구별 분할도급 : 대규모 공사에서 한 현장 안에서 여러 지역별로 공사를 구분하여 발주하는 방식

필기에 자주 출제되는 내용입니다.

74 일반적으로 사질지반의 지하수위를 낮추기 위해 이용하는 것으로 펌프를 통해 강제로 지하수를 뽑아내는 공법은?

① 웰포인트 공법
② 샌드드레인 공법
③ 치환 공법
④ 주입 공법

정답 72 ① 73 ③ 74 ①

웰포인트 공법 : 집수장치를 붙인 파이프를 1~3m의 간격으로 지중에 박아 이것을 지상의 집수관에 연결하여 펌프로 지중의 물을 배수하는 공법을 말한다.(진공펌프를 사용하여 토중의 지하수를 강제적으로 집수한다.)

📝 필기에 자주 출제되는 내용입니다.

75 콘크리트 타설 후 블리딩 현상으로 콘크리트 표면에 물과 함께 떠오르는 미세한 물질은 무엇인가?

① 피닝(Peening)
② 블로우 홀(Blow hole)
③ 레이턴스(Laitance)
④ 버블시트(Bubble sheet)

레이턴스(Laitance) : 콘크리트 타설 후 블리딩 현상으로 인하여 콘크리트 표면에 물과 함께 떠오르는 미세한 물질을 말한다.

📝 필기에 자주 출제되는 내용입니다.

76 착공단계에서의 공사계획을 수립할 때 우선 고려하지 않아도 되는 것은?

① 현장 직원의 조직 편성
② 예정 공정표의 작성
③ 시공 상세도의 작성
④ 실행예산 편성

*착공단계에서의 공사계획 수립 시 고려사항
① 현장원의 조직편성
② 예정 공정표의 작성
③ 실행예산의 편성과 통제
④ 하수급 업체의 선정
⑤ 가설물의 설치계획
⑥ 노무의 수배 및 조달 계획
⑦ 자재의 선정 및 구매계획
⑧ 소요 장비의 확보 계획

📝 필기에 자주 출제되는 내용입니다.

77 AE제의 사용목적과 가장 거리가 먼 것은?

① 초기강도 및 경화속도의 증진
② 동결융해 저항성의 증대
③ 워커빌리티 개선으로 시공이 용이
④ 내구성 및 수밀성의 증대

*AE제의 사용목적
① 동결융해 저항성의 증대
② 워커빌리티(작업성) 개선으로 시공이 용이
③ 내구성 및 수밀성의 증대

📝 필기에 자주 출제되는 내용입니다.

정답 75 ③ 76 ③ 77 ①

78 흙막이 공법 중 슬러리 월(slurry wall) 공법에 관한 설명으로 옳지 않은 것은?

① 진동, 소음이 적다.
② 인접건물의 경계선까지 시공이 가능하다.
③ 차수효과가 양호하다.
④ 기계, 부대설비가 소형이어서 소규모 현장의 시공에 적당하다.

④ 기계, 부대설비가 대형이다.

 필기에 자주 출제되는 내용입니다.

※ 시스템 거푸집의 종류
① 벽체 전용 거푸집 : 갱 폼, 오토클라이밍 폼
② 바닥판 전용 거푸집 : 테이블 폼
③ 벽체 + 바닥판용 거푸집 : 터널 폼
④ 연속 거푸집 : 슬라이딩 폼, 슬립 폼, 트래블링 폼

참고

시스템(System) 거푸집 : 거푸집널과 이를 보강하는 지지물 등을 일체화, 유닛화, 대형화시킨 거푸집을 말한다.

79 슬래브에서 4변 고정인 경우 철근배근을 가장 많이 하여야 하는 부분은?

① 단변 방향의 주간대
② 단변 방향의 주열대
③ 장변 방향의 주간대
④ 장변 방향의 주열대

슬래브에서는 주열대가 주간대보다 큰 모멘트를 받고 장변보다는 단변이 더 큰 힘을 지지하기 때문에 **단변 방향의 주열대에 철근 배근을 가장 많이 하게 된다.**

80 다음 중 시스템 거푸집이 아닌 것은?

① 터널 폼   ② 슬립 폼
③ 유로 폼   ④ 슬라이딩 폼

5과목 건설재료학

81 목재의 섬유방향 강도에 대한 일반적인 대소관계를 옳게 표기한 것은?

① 압축강도 > 휨강도 > 인장강도 > 전단강도
② 전단강도 > 인장강도 > 압축강도 > 휨강도
③ 인장강도 > 휨강도 > 압축강도 > 전단강도
④ 휨강도 > 압축강도 > 인장강도 > 전단강도

• 목재 섬유방향의 강도는 인장강도의 크기가 전단강도 등 다른 강도에 비하여 크다.
• 인장강도 > 휨강도 > 압축강도 > 전단강도

 필기에 자주 출제되는 내용입니다.

정답 78 ④   79 ②   80 ③   81 ③

82 콘크리트의 방수성, 내약품성, 변형성능의 향상을 목적으로 다량의 고분자재료를 혼입시킨 시멘트는?

① 내황산염포틀랜드시멘트
② 초속경시멘트
③ 폴리머시멘트
④ 알루미나시멘트

> 폴리머시멘트 : 콘크리트의 방수성, 내약품성, 변형성 능의 향상을 목적으로 다량의 고분자 재료를 혼합시킨 시멘트

📌 필기에 자주 출제되는 내용입니다.

83 점토제품 시공 후 발생하는 백화에 관한 설명으로 옳지 않은 것은?

① 타일 등의 시유 소성한 제품은 시멘트 중의 경화제가 백화의 주된 요인이 된다.
② 작업성이 나쁠수록 모르타르의 수밀성이 저하되어 투수성이 커지게 되고, 투수성이 커지면 백화 발생이 커지게 된다.
③ 점토제품의 흡수율이 크면 모르타르 중의 함유수를 흡수하여 백화 발생을 억제한다.
④ 물시멘트비가 크게 되면 잉여수가 증대되고, 이 잉여수가 증발할 때 가용 성분의 용출을 발생시켜 백화 발생의 원인이 된다.

> ③ 점토제품의 흡수율이 크면 모르타르 중의 함유수를 흡수하여 백화가 발생한다.

> **참고**
>
> *백화
> 벽돌을 접착시키는 모르타르의 석회분이 빗물에 유출될 경우 수산화칼슘이 공기 중의 탄산가스 또는 벽돌의 유황성분과 결합하여 흰 가루가 생기는 현상을 말한다.

📌 필기에 자주 출제되는 내용입니다.

84 소석회에 모래, 해초풀, 여물 등을 혼합하여 바르는 미장재료로서 목조바탕, 콘크리트 블록 및 벽돌 바탕 등에 사용되는 것은?

① 회반죽
② 돌로마이트 플라스터
③ 시멘트 모르타르
④ 석고 플라스터

> *회반죽
> • 소석회에 모래, 해초풀, 여물 등을 혼합하여 바르는 미장재료이다.
> • 목조바탕, 콘크리트 블록 및 벽돌 바탕 등에 사용된다.

📌 필기에 자주 출제되는 내용입니다.

85 목재의 결점에 해당되지 않는 것은?

① 옹이   ② 수심
③ 껍질박이   ④ 지선

> *수심
> ① 목재의 중심에 위치한 코르크 성분의 물질이다.
> ② 수분과 영양분의 전달 통로 역할을 한다.

📌 필기에 자주 출제되는 내용입니다.

 82 ③ 83 ③ 84 ① 85 ②

86 경량콘크리트의 골재로서 슬래그(slag)를 사용하기 전 물축임하는 이유로 가장 적당한 것은?

① 시멘트 모르타르와의 접착력을 좋게 하기 위해
② 유기 불순물이나 진흙을 씻어 내기 위해
③ 콘크리트의 자체 무게를 줄이기 위해
④ 시멘트가 수화하는 데 필요한 수량을 확보하기 위해

경량콘크리트의 골재로서 슬래그(slag)를 사용하는 경우 시멘트가 수화하는데 필요한 수량을 확보하기 위하여 사용하기 전 물축임한다.

📌 필기에 자주 출제되는 내용입니다.

87 다음 중 목재의 건조 목적이 아닌 것은?

① 전기절연성의 감소
② 목재수축에 의한 손상 방지
③ 목재강도의 증가
④ 균류에 의한 부식 방지

*목재의 건조 목적
① 균류에 의한 부식 방지
② 목재수축에 의한 손상 방지
③ 목재강도 및 내구성의 증가
④ 방부제 주입이 용이

📌 필기에 자주 출제되는 내용입니다.

88 미장용 혼화재료 중 착색을 목적으로 하는 착색재에 속하지 않는 것은?

① 염화칼슘　② 합성산화철
③ 카본블랙　④ 이산화망간

*미장용 혼화재료 중 착색재
① 합성산화철
② 카본블랙
③ 이산화망간

89 서중콘크리트 타설시 슬럼프 저하나 수분의 급격한 증발 등의 우려가 있다. 이러한 문제점을 해결하기 위한 재료상의 대책으로 옳은 것은?

① 단위수량을 증가시킨다.
② 고온의 시멘트를 사용한다.
③ 콘크리트의 운반 및 부어넣는 시간을 되도록 길게한다.
④ 혼화재료는 AE 감수제 지연형을 사용한다.

AE제, AE감수제, 유동화제 등의 혼화재를 사용하여 수량을 적게한다.

📌 필기에 자주 출제되는 내용입니다.

정답　86 ④　87 ①　88 ①　89 ④

> **참고**
>
> **＊서중 콘크리트**
> ① 기온이 30[℃] 이상인 상태에서 시공하는 콘크리트이다.
> ② 콘크리트의 슬럼프 저하나 및 수분의 급격한 증발 등에 의한 균열발생의 위험이 있다.
> ③ 콘크리트의 온도가 낮아지도록 재료의 배합, 타설, 양생에 주의를 기울여야 한다.

📝 필기에 자주 출제되는 내용입니다.

90 상온에서 인장강도가 3,600kg/cm²인 강재가 500℃로 가열되었을 때 강재의 인장강도는 얼마 정도인가?

① 약 1,200kg/cm²　② 약 1,800kg/cm²
③ 약 2,400kg/cm²　④ 약 3,600kg/cm²

$$500℃에서의\ 인장강도 = \frac{상온에서의\ 인장강도}{2}$$
$$= \frac{3,600}{2} = 1,800kg/cm^2$$

> **참고**
>
> • 강재의 인장강도는 0~25[℃] 사이에서 증가하여 250[℃]에서 최대가 된다.
> • 250[℃] 이상이 되면 강도가 감소되는데, 500[℃]에서는 상온에서의 강도의 1/2로 감소되고, 900[℃]에서는 1/10로 감소된다.

91 목재의 절대건조비중이 0.8일 때 이 목재의 공극률은?

① 약 42%　② 약 48%
③ 약 52%　④ 약 58%

$$공극률(\%) = \frac{1.54 - 절건비중}{1.54} \times 100$$
$$= \frac{1.54 - 0.8}{1.54} \times 100 = 48.05(\%)$$

📝 필기에 자주 출제되는 내용입니다.

92 골재의 함수상태에 관한 설명으로 옳지 않은 것은?

① 유효흡수량이란 절건상태와 기건상태의 골재 내에 함유된 수량의 차를 말한다.
② 함수량이란 습윤 상태의 골재의 내외에 함유하는 전체수량을 말한다.
③ 흡수량이란 표면건조 내부포수상태의 골재 중에 포함하는 수량을 말한다.
④ 표면수량이란 함수량과 흡수량의 차를 말한다.

① 유효흡수량 : 표면건조포화상태와 기건상태의 수량의 차이를 말한다.

📝 필기에 자주 출제되는 내용입니다.

정답　90 ②　91 ②　92 ①

93 소지(원재료)의 질에 의한 타일의 구분에서 흡수율이 가장 낮은 것은?

① 토기질 타일 ② 석기질 타일
③ 자기질 타일 ④ 도기질 타일

★ 타일의 흡수율
자기질 타일(0.5~3% 이하), 석기질 타일(3~5% 이하), 도기질 타일(5~18% 이하), 토기질 타일(20% 이상)

94 에폭시수지에 관한 설명으로 옳지 않은 것은?

① 에폭시수지 접착제는 급경성으로 내알칼리성 등의 내화학성이나 접착력이 크다.
② 에폭시수지 접착제는 금속, 석재, 도자기, 글라스, 콘크리트, 플라스틱재 등의 접착에 모두 사용된다.
③ 에폭시수지 도료는 충격 및 마모에 약해 내부 방청용으로 사용된다.
④ 경화 시 휘발성이 없으므로 용적의 감소가 극히 적다.

③ 에폭시수지 도료는 충격 및 마모에 강해 외부 방청용으로 사용된다.

📖 필기에 자주 출제되는 내용입니다.

95 건물의 외장용 도료로 가장 적합하지 않은 것은?

① 유성페인트 ② 수성페인트
③ 페놀수지 도료 ④ 유성바니시

★ 유성바니시
① 유용성 수지에 건성유와 건조제를 혼합한 것이다.
② 건조가 느리며 **내후성이 작아서 옥외용으로 부적당하다.**
③ 투명한 도료로 내부용 목재에 사용된다.

96 다음 도료 중 광택이 없는 것은?

① 수성페인트 ② 유성페인트
③ 래커 ④ 에나멜페인트

★ 수성페인트
① **물을 용제로 하는 도료의 총칭으로** 안료를 적은 양의 물로 용해하여 수용성 교착제와 혼합한 분말 상태의 도료를 말한다.
② 수성페인트의 일종인 에멀션 페인트는 **수성페인트에 합성수지와 유화제를 섞은 것이다.**
③ 수성페인트의 재료로 아교·전분·카세인 등이 활용된다.
④ **광택이 없으며** 회반죽 면 또는 모르타르면의 칠에 적당하다.

📖 필기에 자주 출제되는 내용입니다.

정답 93 ③ 94 ③ 95 ④ 96 ①

97 각 창호철물에 대한 설명 중 옳지 않은 것은?

① 피벗 힌지(pivot hinge) : 경첩 대신 촉을 사용하여 여닫이문을 회전시킨다.
② 나이트 래치(night latch) : 외부에서는 열쇠, 내부에서는 작은 손잡이를 틀어 열 수 있는 실린더장치로 된 것이다.
③ 크레센트(crescent) : 여닫이문의 상하단에 붙여 경첩과 같은 역할을 한다.
④ 레버터리 힌지(lavatory hinge) : 스프링 힌지의 일종으로 공중용 화장실 등에 사용된다.

③ 크레센트(crescent) : 오르내리창 또는 미서기창의 잠금 철물로 사용된다.

📝 필기에 자주 출제되는 내용입니다.

98 프리즘(prism)판 유리는 어느 용도에 가장 적합한가?

① 지하실 채광용 ② 방도용
③ 흡음용   ④ 방화용

★ 프리즘(prism)판 유리
① 프리즘의 원리를 응용하여 투사광선의 방향을 변화시키거나 집중 또는 확산시킨다.
② 지하실, 지붕의 채광용으로 사용된다.

99 리녹신에 수지, 고무물질, 코르크분말 등을 섞어 마포(hemp cloth) 등에 발라 두꺼운 종이모양으로 압면·성형한 제품은?

① 스펀지 시트
② 리놀륨
③ 비닐 시트
④ 아스팔트 타일

리놀륨 : 리녹신에 수지, 고무질 물질, 코르크 가루 등을 섞어 삼베(마포)에 발라서 두꺼운 종이 모양으로 눌러 만든 제품을 말한다.

100 콘크리트의 건조수축에 관한 설명으로 옳지 않은 것은?

① 시멘트의 제조성분에 따라 수축량이 다르다.
② 골재의 성질에 따라 수축량이 다르다.
③ 시멘트량의 다소에 따라 수축량이 다르다.
④ 된비빔일수록 수축량이 많다.

④ 된비빔일수록 수축량이 적다.

📝 필기에 자주 출제되는 내용입니다.

정답 97 ③ 98 ① 99 ② 100 ④

6과목 건설안전기술

101 관리감독자의 유해·위험 방지 업무에서 달비계 또는 높이 5m 이상의 비계를 조립·해체하거나 변경하는 작업과 관련된 직무수행 내용과 가장 거리가 먼 것은?

① 재료의 결함 유무를 점검하고 불량품을 제거하는 일
② 기구·공구·안전대 및 안전모 등의 기능을 점검하고 불량품을 제거하는 일
③ 작업방법 및 근로자 배치를 결정하고 작업 진행상태를 감시하는 일
④ 작업에 종사하는 근로자의 보안경 및 안전장갑의 착용 상황을 감시하는 일

* **달비계 또는 높이 5m 이상의 비계를 조립·해체하거나 변경하는 작업의 관리감독자 직무**
  - 재료의 결함 유무를 점검하고 불량품을 제거하는 일
  - 기구·공구·안전대 및 안전모 등의 기능을 점검하고 불량품을 제거하는 일
  - 작업방법 및 근로자 배치를 결정하고 작업 진행상태를 감시하는 일
  - 안전대와 안전모 등의 착용 상황을 감시하는 일

102 콘크리트의 측압에 관한 설명으로 옳은 것은?

① 거푸집 수밀성이 크면 측압은 작다.
② 철근의 양이 적으면 측압은 작다.
③ 외기의 온도가 낮을수록 측압은 크다.
④ 부어넣기 속도가 빠르면 측압은 작아진다.

① 거푸집 수밀성이 크면 측압은 크다.
② 철근의 양이 적으면 측압은 크다.
③ 외기의 온도가 낮을수록 측압은 크다.

 실기까지 중요한 내용입니다.

 참고

* **콘크리트의 측압**
  - 거푸집 강성이 클수록 측압이 크다.
  - 철골 또는 철근량 적을수록 측압이 크다.
  - 외기 온도가 낮을수록 측압이 크다.
  - 타설 속도가 빠를수록 측압이 크다.
  - 콘크리트 비중이 클수록 측압이 크다.
  - 습도가 낮을수록 측압이 크다.

103 물이 결빙되는 위치로 지속적으로 유입되는 조건에서 온도가 하강함에 따라 토중수가 얼어 생성된 결빙 크기가 계속 커져 지표면이 부풀어 오르는 현상은?

① 압밀침하(consolidation settlement)
② 연화(frost boil)
③ 동상(frost heave)
④ 지반경화(hardening)

* **동상(frost heave)**
토중수가 얼어 생성된 결빙 크기가 계속 커져 지표면이 부풀어 오르는 현상

정답 101 ④ 102 ③ 103 ③

104 산업안전보건관리비 사용과 관련하여 산업안전보건법령에 따른 재해예방 전문지도기관의 지도를 받아야 하는 경우는? (단, 재해예방 전문지도기관의 지도를 필요로 하는 산업안전보건법령상 공사금액기준을 만족한 것으로 가정)

① 공사기간이 1개월 이상인 공사
② 육지와 연결되지 아니한 섬지역(제주특별자치도 제외)에서 이루어지는 공사
③ 안전관리자의 자격을 가진 사람을 선임하여 안전관리자의 업무만을 전담하도록 하는 공사
④ 유해·위험방지계획서를 제출하여야 하는 공사

> **＊산업안전보건관리비 사용 시 재해예방 전문지도기관의 지도를 받지 않아도 되는 공사**
> - 공사기간이 1개월 미만인 공사
> - 육지와 연결되지 아니한 섬지역(제주특별자치도는 제외)에서 이루어지는 공사
> - 사업주가 안전관리자의 자격을 가진 사람을 선임(같은 광역 자치단체의 지역 내에서 같은 사업주가 경영하는 셋 이하의 공사에 대하여 공동으로 안전관리자 자격을 가진 사람 1명을 선임한 경우를 포함)하여 안전관리자의 업무만을 전담하도록 하는 공사
> - 유해·위험방지계획서를 제출하여야 하는 공사

105 연약지반에서 발생하는 히빙(Heaving) 현상에 관한 설명 중 옳지 않은 것은?

① 저면에 액상화 현상이 나타난다.
② 배면의 토사가 붕괴된다.
③ 지보공이 파괴된다.
④ 굴착저면이 솟아오른다.

> ① 저면에 액상화 현상이 나타난다. → 보일링(Boiling) 현상

참고

- 히빙(Heaving) 현상
  - 연질점토 지반에서 굴착에 의한 흙막이 내·외면의 흙의 중량차이(토압)로 인해 굴착저면이 부풀어 올라오는 현상을 말한다.
  - 흙막이 바깥 흙이 안으로 밀려든다.

- 보일링(Boiling) 현상
  - 사질토 지반에서 굴착저면과 흙막이 배면과의 수위 차이로 인해 굴착저면의 흙과 물이 함께 위로 솟구쳐 오르는 현상(모래의 액상화 현상)을 말한다.
  - 모래가 액상화되어 솟아오른다.

실기까지 중요한 내용입니다.

정답 104 ① 105 ①

106 최고 51m 높이의 강관비계를 세우려고 한다. 지상에서 몇 m까지의 비계기둥을 2개로 묶어 세워야 하는가?

① 10m　② 20m
③ 31m　④ 51m

비계기둥의 제일 윗부분으로 부터 31m 되는 지점 밑부분의 비계기둥은 2본의 강관으로 묶어 세울 것
51m - 31m = 20m

107 대상액 50억 원 이상의 공사종류에 따른 산업안전보건관리비 계상기준으로 옳지 않은 것은?

① 건축공사 : 2.37%
② 토목공사 : 2.60%
③ 중건설공사 : 3.11%
④ 특수건설공사 : 1.27%

* **공사종류 및 규모별 산업안전보건관리비 계상기준표**

구분 공사 종류	대상액 5억 원 미만인 경우 적용 비율(%)	대상액 5억 원 이상 50억 원 미만인 경우		대상액 50억 원 이상인 경우 적용 비율(%)	보건관리자 선임 대상 건설공사의 적용비율(%)
		적용 비율(%)	기초액		
건축공사	3.11%	2.28%	4,325천원	2.37%	2.64%
토목공사	3.15%	2.53%	3,300천원	2.60%	2.73%
중건설 공사	3.64%	3.05%	2,975천원	3.11%	3.39%
특수건설 공사	2.07%	1.59%	2,450천원	1.64%	1.78%

108 동바리로 사용하는 파이프서포트에서 높이 2m 이내마다 수평연결재를 2개 방향으로 연결해야 하는 경우에 해당하는 파이프서포트 설치 높이 기준은?

① 높이 2m 초과 시
② 높이 2.5m 초과 시
③ 높이 3m 초과 시
④ 높이 3.5m 초과 시

* **동바리로 사용하는 파이프서포트의 조립 시 준수사항**
- 파이프서포트를 3개본 이상 이어서 사용하지 아니 하도록 할 것
- 파이프서포트를 이어서 사용할 때에는 4개 이상의 볼트 또는 전용철물을 사용하여 이을 것
- 높이가 3.5m를 초과할 때 높이 2m 이내마다 수평연결재를 2개 방향으로 만들고 수평연결재의 변위를 방지할 것

 실기까지 중요한 내용입니다.

109 산업안전보건법령에서 규정하고 있는 차량계 건설기계에 해당하지 않는 것은?

① 불도저 ② 어스드릴
③ 타워크레인 ④ 콘크리트 펌프카

> ③ 타워크레인 → 양중기

110 본 터널(main tunnel)을 시공하기 전에 터널에서 약간 떨어진 곳에 지질조사, 환기, 배수, 운반 등의 상태를 알아보기 위하여 설치하는 터널은?

① 파일럿(pilot) 터널
② 프리 패브(prefab) 터널
③ 사이드(side) 터널
④ 쉴드(shield) 터널

> *** 파일럿(pilot) 터널**
> 본 터널을 시공하기 전에 터널에서 약간 떨어진 곳에 지질조사, 환기 등의 상태를 알아보기 위하여 설치하는 터널

111 구축물이 풍압·지진 등에 의하여 붕괴 또는 전도하는 위험을 예방하기 위한 조치와 가장 거리가 먼 것은?

① 설계도서에 따라 시공했는지 확인
② 건설공사 시방서에 따라 시공했는지 확인
③ 건축물의 구조기준 등에 관한 규칙에 따른 구조기준을 준수했는지 확인
④ 보호구 및 방호장치의 성능검정 합격품을 사용했는지 확인

> *** 구축물이 풍압·지진 등에 의하여 붕괴 또는 전도하는 위험을 예방하기 위한 조치**
> • 설계도서에 따라 시공했는지 확인
> • 건설공사 시방서에 따라 시공했는지 확인
> • 건축물의 구조기준 등에 관한 규칙에 따른 구조기준을 준수했는지 확인

112 차량계 하역운반기계를 사용하여 작업을 할 때에 그 기계의 넘어짐 등에 의한 근로자의 위험을 방지하기 위해 취해야 할 조치와 거리가 먼 것은?

① 갓길의 붕괴 방지
② 지반의 침하 방지
③ 유도자 배치
④ 브레이크 및 클러치 등의 기능 점검

> *** 차량계 하역운반기계의 넘어짐(전도) 방지 조치**
> • 유도자 배치
> • 지반의 부동침하 방지
> • 갓길의 붕괴 방지

정답 109 ③ 110 ① 111 ④ 112 ④

> **참고**
>
> ∗ **차량계 건설기계의 넘어짐(전도) 방지 조치**
> - 유도자 배치
> - 지반의 부동침하 방지
> - 갓길의 붕괴 방지
> - 도로의 폭 유지

 실기까지 중요한 내용입니다.

113 위험성평가에 활용하는 안전보건정보에 해당되지 않는 것은?

① 사업장 근로자수와 금년 퇴직자수
② 작업표준, 작업절차 등에 관한 정보
③ 기계·기구, 설비 등의 사양서
④ 물질안전보건자료(MSDS)

∗ **위험성평가에 활용하는 안전보건정보**
- 작업표준, 작업절차 등에 관한 정보
- 기계·기구, 설비 등의 사양서, 물질안전보건자료(MSDS) 등의 유해·위험요인에 관한 정보
- 기계·기구, 설비 등의 공정 흐름과 작업 주변의 환경에 관한 정보
- 같은 장소에서 사업의 일부 또는 전부를 도급을 주어 행하는 작업이 있는 경우 혼재 작업의 위험성 및 작업 상황 등에 관한 정보
- 재해사례, 재해통계 등에 관한 정보
- 작업환경측정결과, 근로자 건강진단결과에 관한 정보
- 그 밖에 위험성 평가에 참고가 되는 자료 등

114 토류벽의 붕괴예방에 관한 조치 중 옳지 않은 것은?

① 웰 포인트(well point) 공법 등에 의해 수위를 저하시킨다.
② 근입 깊이를 가급적 짧게 한다.
③ 어스앵커(earth anchor)시공을 한다.
④ 토류벽 인접지반에 중량물 적치를 피한다.

② 근입 깊이를 가급적 깊게 한다.

115 사업주는 리프트를 조립 또는 해체작업을 하는 경우 작업을 지휘하는 자를 선임하여야 한다. 이 때 작업을 지휘하는 자가 이행하여야 할 사항으로 가장 거리가 먼 것은?

① 작업방법과 근로자의 배치를 결정하고 해당 작업을 지휘하는 일
② 재료의 결함유무 또는 기구 및 공구의 기능을 점검하고 불량품을 제거하는 일
③ 운전방법 또는 고장 났을 때의 처치방법 등을 근로자에게 주지시키는 일
④ 작업 중 안전대 등 보호구의 착용상황을 감시하는 일

∗ **리프트 및 승강기의 설치·조립·수리·점검 또는 해체 작업을 하는 경우 작업 지휘자의 이행 사항**
- 작업방법과 근로자의 배치를 결정하고 해당 작업을 지휘하는 일
- 재료의 결함 유무 또는 기구 및 공구의 기능을 점검하고 불량품을 제거하는 일
- 작업 중 안전대 등 보호구의 착용 상황을 감시하는 일

정답 113 ① 114 ② 115 ③

116 가설계단 및 계단참을 설치하는 경우 매 m² 당 몇 kg 이상의 하중에 견딜 수 있는 강도를 가진 구조로 설치하여야 하는가?

① 200kg
② 300kg
③ 400kg
④ 500kg

> 계단 및 계단참의 강도는 500kg/m² 이상이어야 하며 안전율은 4 이상으로 하여야 한다.

📝 실기까지 중요한 내용입니다.

117 항타기 또는 항발기의 사용 시 준수사항으로 옳지 않은 것은?

① 해머의 운동에 의하여 증기호스 또는 공기호스와 해머의 접속부가 파손되거나 벗겨지는 것을 방지하기 위하여 그 접촉부가 아닌 부위를 선정하여 증기호스 또는 공기호스를 해머에 고정시킬 것
② 증기나 공기를 차단하는 장치를 작업지휘자가 쉽게 조작할 수 있는 위치에 설치할 것
③ 항타기나 항발기의 권상장치의 드럼에 권상용 와이어로프가 꼬인 경우에는 와이어로프에 하중을 걸어서는 아니 된다.
④ 항타기나 항발기의 권상장치에 하중을 건 상태로 정지하여 두는 경우에는 쐐기장치 또는 역회전방지용 브레이크를 사용하여 제동하는 등 확실하게 정지시켜 두어야 한다.

> ② 증기나 공기를 차단하는 장치를 해머의 운전자가 쉽게 조작할 수 있는 위치에 설치할 것

118 흙 속의 전단응력을 증대시키는 원인이 아닌 것은?

① 굴착에 의한 흙의 일부 제거
② 지진, 폭파에 의한 진동
③ 함수비의 감소에 따른 흙의 단위체적 중량의 감소
④ 외력의 작용

> ③ 함수비의 감소에 따른 흙의 단위체적 중량의 감소 → 전단 응력을 감소시킨다.

📌 참고

＊**전단응력**
흙이 전단력을 받을 때 흙 속의 파괴와 활동에 저항하여 생기는 흙의 단위 면적당 내부저항력

정답 116 ④ 117 ② 118 ③

119 달비계용 달기 체인의 사용금지기준으로 옳지 않은 것은?

① 달기 체인의 길이가 달기 체인이 제조된 때의 길이의 3퍼센트를 초과한 것
② 링의 단면지름이 달기 체인이 제조된 때의 해당 링의 지름의 10퍼센트를 초과하여 감소한 것
③ 균열이 있는 것
④ 심하게 변형된 것

* **달기 체인의 사용금지 기준**
① 달기 체인의 길이가 달기 체인이 제조된 때의 길이의 **5퍼센트를 초과한 것**
② 링의 단면지름이 달기 체인이 제조된 때의 해당 링의 지름의 10퍼센트를 초과하여 감소한 것
③ 균열이 있거나 심하게 변형된 것

120 안전대의 종류는 사용구분에 따라 벨트식과 안전그네식으로 구분되는데 이 중 안전그네식에만 적용하는 것은?

① 추락방지대, 안전블록
② 1개 걸이용, U자 걸이용
③ 1개 걸이용, 추락방지대
④ U자 걸이용, 안전블록

* **안전대의 구분**

종류	사용구분
벨트식	1개 걸이용
	U자 걸이용
안전그네식	추락방지대
	안전블록

정답 119 ① 120 ①

2017년 1회 최근 기출문제

1과목 산업안전관리론

01 산업안전보건법령상 안전·보건표지 중 색채와 색도 기준의 연결이 옳은 것은?

① 흰색 : N0.5
② 녹색 : 5G 5.5/6
③ 빨간색 : 5R 4/12
④ 파란색 : 2.5PB 4/10

*안전·보건표지의 색채, 색도기준 및 용도

색채	색도기준	용도	사용례
빨간색	7.5R 4/14	금지	정지신호, 소화설비 및 그 장소, 유해행위의 금지
		경고	화학물질 취급장소에서의 유해·위험 경고
	특급암기법	싫어(7.5) 4/14	
노란색	5Y 8.5 /12	경고	화학물질 취급장소에서의 유해·위험 경고, 이 외의 위험 경고. 주의표지 또는 기계방호물
	특급암기법	오(5) 빨리와(8.5) 이리(12)	
파란색	2.5PB 4/10	지시	특정 행위의 지시 및 사실의 고지
	특급암기법	2.5×4=10	
녹색	2.5G 4/10	안내	비상구 및 피난소, 사람 또는 차량의 통행표지
	특급암기법	2.5×4=10	
흰색	N9.5		파란색 또는 녹색에 대한 보조색
검은색	N0.5		문자 및 빨간색 또는 노란색에 대한 보조색

실기에 자주 출제되는 내용입니다. 암기하세요.

02 위험예지훈련 4R 방식 중 위험 포인트를 결정하여 지적 확인하는 단계로 옳은 것은?

① 1단계(현상 파악) ② 2단계(본질 추구)
③ 3단계(대책 수립) ④ 4단계(목표 설정)

*위험예지 훈련 4단계
- 1단계 : 현상 파악
- 2단계 : 요인 조사(본질 추구) → 위험의 포인트를 지적 확인
- 3단계 : 대책 수립
- 4단계 : 행동목표 설정(합의 요약)

실기까지 중요한 내용입니다.

03 버드(Frank Bird)의 새로운 도미노 이론으로 연결이 옳은 것은?

① 제어의 부족 → 기본 원인 → 직접 원인 → 사고 → 상해
② 관리구조 → 작전적 에러 → 전술적 에러 → 사고 → 상해
③ 유전과 환경 → 인간의 결함 → 불안전한 행동 및 상태 → 재해 → 상해
④ 유전적 요인 및 사회적 환경 → 개인적 결함 → 불안전한 행동 및 상태 → 사고 → 상해

정답 01 ④ 02 ② 03 ①

* **버드(Frank. E. Bird)의 사고 연쇄성이론 5단계**

1단계	제어 부족(관리 부재)
2단계	기본 원인(기원)
3단계	직접 원인(징후)
4단계	사고(접촉)
5단계	상해(손실)

📝 실기까지 중요한 내용입니다.

04 산업안전보건기준에 관한 규칙에 따른 고소작업대를 사용하여 작업을 할 때 작업시작 전 점검사항에 해당하지 않는 것은?

① 작업면의 기울기 또는 요철 유무
② 아웃트리거 또는 바퀴의 이상 유무
③ 충전장치를 포함한 홀더 등의 결합상태의 이상 유무
④ 비상정지장치 및 비상하강 방지장치 기능의 이상 유무

* **고소작업대의 작업시작 전 점검사항**
- 비상정지장치 및 비상하강 방지장치 기능의 이상 유무
- 과부하 방지장치의 작동 유무(와이어로프 또는 체인 구동방식의 경우)
- 아웃트리거 또는 바퀴의 이상 유무
- 작업면의 기울기 또는 요철 유무
- 활선작업용 장치의 경우 홈·균열·파손 등 그 밖의 손상 유무

📝 실기에 자주 출제되는 내용입니다. 암기하세요.

05 산업재해의 발생빈도를 나타내는 것으로 연간 총 근로시간 합계 100만 시간당 재해발생 건수에 해당되는 것은?

① 도수율   ② 강도율
③ 연천인율   ④ 종합재해지수

* **도수율(빈도율)**
연간 총 근로시간 합계 100만 시간당 재해발생 건수

참고

- **강도율** : 1,000 근로시간당 근로손실일수 비율
- **연천인율** : 근로자 1,000명 중 재해자수 비율(1년간)
- **종합재해지수** = $\sqrt{도수율 \times 강도율}$

06 산업안전보건법령상 안전보건관리규정을 작성해야 하는 사업의 사업주는 안전보건관리규정을 작성해야 할 사유가 발생한 날부터 며칠 이내에 작성해야 하는가?

① 15일   ② 30일
③ 60일   ④ 90일

사업주는 안전보건관리규정을 작성하여야 할 사유가 발생한 날부터 30일 이내에 안전보건관리규정을 작성하여야 한다.

📝 실기까지 중요한 내용입니다.

정답 04 ③ 05 ① 06 ②

07 산업재해의 발생형태에 따른 분류 중 단순 연쇄형에 해당하는 것은? (단, O는 재해 발생의 각종요소를 나타낸다.)

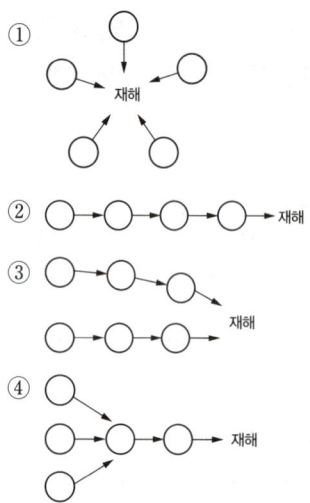

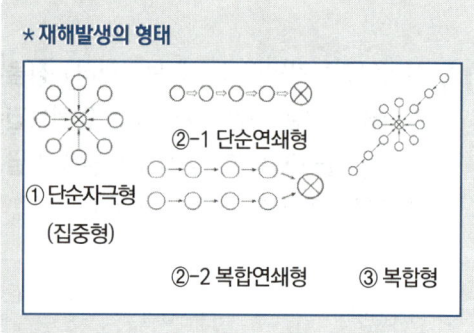

* 재해발생의 형태

① 단순자극형 (집중형)
②-1 단순연쇄형
②-2 복합연쇄형
③ 복합형

08 연평균 근로자수가 500명인 사업장에 1년간 3명의 사상자가 발생한 경우 이 작업장의 연천인율은?

① 4　　② 5
③ 6　　④ 7

* 연천인율
 - 근로자 1,000명 중 재해자 수 비율(1년간)
 - 연천인율 = $\dfrac{\text{연간 재해자 수}}{\text{연평균 근로자 수}} \times 1{,}000$
 - 연천인율 = 도수율×2.4

연천인율 = $\dfrac{\text{연간 재해자 수}}{\text{연평균 근로자 수}} \times 1{,}000$

= $\dfrac{3}{500} \times 1{,}000 = 6$

📝 실기까지 중요한 내용입니다.

09 산업안전보건법령상 해당 사업장의 연간 재해율이 같은 업종의 평균재해율의 2배 이상인 경우 사업주에게 관리자를 정수 이상으로 증원하게 하거나 교체하여 임명할 것을 명할 수 있는 자는?

① 시·도지사
② 고용노동부장관
③ 국토교통부장관
④ 지방고용노동관서의 장

지방고용노동관서의 장은 해당하는 사유가 발생한 경우에는 사업주에게 안전관리자나 보건관리자를 정수 이상으로 증원하게 하거나 교체하여 임명할 것을 명할 수 있다.

정답　07 ②　08 ③　09 ④

10 중대재해 발생사실을 알게 된 경우 지체 없이 관할 지방고용노동관서의 장에게 보고해야 하는 사항이 아닌 것은? (단, 천재지변 등 부득이한 사유가 발생한 경우는 제외한다.)

① 발생개요 ② 피해상황
③ 조치 및 전망 ④ 재해손실비용

'중대재해'가 발생때는 지체 없이 다음 각 호의 사항을 관할 지방고용노동관서의 장에게 전화·팩스, 또는 그 밖에 적절한 방법으로 보고하여야 한다.
- 발생 개요 및 피해 상황
- 조치 및 전망
- 그 밖의 중요한 사항

 실기까지 중요한 내용입니다.

11 사고예방대책의 기본원리 5단계 중 제2단계는?

① 안전조직 ② 사실의 발견
③ 분석 평가 ④ 시정책 적용

★ **하인리히의 사고방지 5단계**
- 1단계 : 안전조직
- 2단계 : 사실의 발견
- 3단계 : 분석
- 4단계 : 시정방법 선정
- 5단계 : 시정책 적용(3E 적용)

 실기까지 중요한 내용입니다.

12 산업안전보건법령상 안전인증대상 기계·기구 등에 해당하지 않는 것은?

① 크레인 ② 곤돌라
③ 컨베이어 ④ 사출성형기

★ **안전인증대상 기계·기구**

설치·이전하는 경우 안전인증을 받아야 하는 기계·기구	주요 구조 부분을 변경하는 경우 안전인증을 받아야 하는 기계·기구
① 크레인	① 프레스
② 리프트	② 전단기 및 절곡기(折曲機)
③ 곤돌라	③ 크레인
	④ 리프트
	⑤ 압력용기
	⑥ 롤러기
	⑦ 사출성형기(射出成形機)
	⑧ 고소(高所)작업대
	⑨ 곤돌라

특급암기법 유사한 종류끼리 묶어서 암기
손 다치는 기계 – 프레스, 전단기 및 절곡기, 사출성형기, 롤러기
양중기 – 크레인, 리프트, 곤돌라
폭발 – 압력용기
추락 – 고소작업대

실기에 자주 출제되는 내용입니다. 암기하세요.

정답 10 ④ 11 ② 12 ③

13 매슬로의 욕구 5단계 이론 중 2단계에 해당하는 것은?

① 생리적 욕구
② 사회적(애정적) 욕구
③ 안전에 대한 욕구
④ 존경과 긍지에 대한 욕구

* 매슬로(Maslow A. H.)의 욕구단계 이론(인간의 욕구 5단계)
- 제1단계 : 생리적 욕구
- 제2단계 : 안전 욕구
- 제3단계 : 사회적 욕구
- 제4단계 : 존경 욕구
- 제5단계 : 자아실현의 욕구

실기까지 중요한 내용입니다.

14 무재해 운동 기본이념의 3원칙이 아닌 것은?

① 무의 원칙
② 상황의 원칙
③ 참가의 원칙
④ 선취의 원칙

* 무재해 운동 기본이념의 3원칙
- 무의 원칙
- 선취의 원칙
- 참가의 원칙

실기까지 중요한 내용입니다.

15 산업안전보건기준에 관한 규칙에 따른 근로자가 상시 작업하는 장소의 작업면의 최소 조도기준으로 옳은 것은? (단, 갱내 작업장과 감광재료를 취급하는 작업장은 제외한다.)

① 초정밀작업 : 1000럭스 이상
② 정밀작업 : 500럭스 이상
③ 보통작업 : 150럭스 이상
④ 그 밖의 작업 : 50럭스 이상

* 법적 조도 기준
- 초정밀 작업 : 750 Lux 이상
- 정밀 작업 : 300 Lux 이상
- 보통 작업 : 150 Lux 이상
- 기타 작업 : 75 Lux 이상

실기까지 중요한 내용입니다.

16 안전관리조직의 형태 중 라인·스태프형에 대한 설명으로 옳은 것은?

① 1,000명 이상의 대규모 사업장에 적합하다.
② 명령과 보고가 상하관계로 간단명료하다.
③ 안전에 대한 전문적인 지식이나 정보가 불충분하다.
④ 생산부분은 안전에 대한 책임과 권한이 없다.

① 1,000명 이상의 대규모 사업장에 적합하다.
　→ 라인·스태프형
② 명령과 보고가 상하관계로 간단명료하다. → 라인형
③ 안전에 대한 전문적인 지식이나 정보가 불충분하다.
　→ 라인형
④ 생산부분은 안전에 대한 책임과 권한이 없다.
　→ 스태프형

정답 13 ③ 14 ② 15 ③ 16 ①

17 재해손실비 중 직접비가 아닌 것은?

① 휴업 보상비　② 요양 보상비
③ 장의비　　　④ 영업손실비

④ 영업손실비 → 간접비용

> **참고**

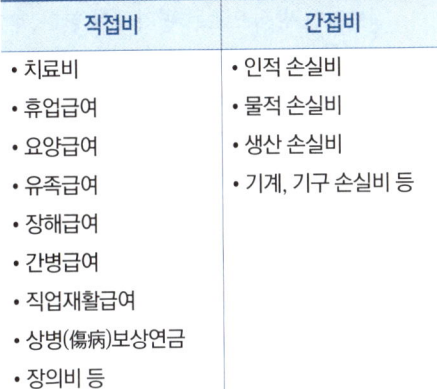

직접비	간접비
• 치료비	• 인적 손실비
• 휴업급여	• 물적 손실비
• 요양급여	• 생산 손실비
• 유족급여	• 기계, 기구 손실비 등
• 장해급여	
• 간병급여	
• 직업재활급여	
• 상병(傷病)보상연금	
• 장의비 등	

📝 실기까지 중요한 내용입니다.

18 방독마스크 정화통의 종류와 외부 측면 색상의 연결이 옳은 것은?

① 유기화합물용 - 노란색
② 할로겐용 - 회색
③ 아황산용 - 녹색
④ 암모니아용 - 갈색

★ **정화통 외부 측면의 표시색**

종류	표시색
유기화합물용 정화통	갈색
할로겐용 정화통	회색
황화수소용 정화통	
시안화수소용 정화통	
아황산용 정화통	노란색
암모니아용 정화통	녹색
복합용 및 겸용의 정화통	• 복합용의 경우 해당가스 모두 표시(2층 분리) • 겸용의 경우 백색과 해당가스 모두 표시 (2층 분리)

📝 실기까지 중요한 내용입니다.

19 재해발생의 주요 원인 중 불안전한 행동에 해당하지 않는 것은?

① 불안전한 속도 조작
② 안전장치 기능 제거
③ 보호구 미착용 후 작업
④ 결함 있는 기계설비 및 장비

④ 결함 있는 기계설비 및 장비 → 불안전한 상태

정답　17 ④　18 ②　19 ④

20 산업안전보건법령상 시스템 통합 및 관리업의 경우 안전보건관리규정을 작성해야 할 사업의 규모로 옳은 것은?

① 상시 근로자 10명 이상을 사용하는 사업장
② 상시 근로자 50명 이상을 사용하는 사업장
③ 상시 근로자 100명 이상을 사용하는 사업장
④ 상시 근로자 300명 이상을 사용하는 사업장

* 안전보건관리규정을 작성하여야 할 사업의 종류 및 규모

사업의 종류	규모
1. 농업 2. 어업 3. 소프트웨어 개발 및 공급업 4. 컴퓨터 프로그래밍, 시스템 통합 및 관리업 4의2. 영상 · 오디오물 제공 서비스업 5. 정보서비스업 6. 금융 및 보험업 7. 임대업;부동산 제외 8. 전문, 과학 및 기술 서비스업 (연구개발업은 제외한다) 9. 사업지원 서비스업 10. 사회복지 서비스업	상시 근로자 300명 이상을 사용하는 사업장
11. 제1호부터 제4호까지, 제4호의 2 및 제5호부터 제10호까지의 사업을 제외한 사업	상시 근로자 100명 이상을 사용하는 사업장

2과목 산업심리 및 교육

21 집중발상법(brainstorming)의 기본 규칙들 중 틀린 것은?

① 아이디어는 많을수록 좋다.
② 떠오르는 아이디어는 어떤 것이든 관계 없이 표현토록 한다.
③ 아이디어 산출과정에서, 모든 아이디어는 어떤 방식으로든 평가해야 한다.
④ 구성원들은 가능한 한 다른 사람의 아이디어를 수정하고 확장하려고 노력해야 한다.

* **브레인스토밍의 4원칙**
  * **비판금지** : 좋다, 나쁘다 비판을 하지 않는다.
  * **자유분방** : 마음대로 자유로이 발언한다.
  * **대량발언** : 무엇이든 좋으니 많이 발언한다.
  * **수정발언** : 타인의 생각에 동참하거나 보충 발언해도 좋다.

 필기에 자주 출제되는 내용입니다.

22 판단과정에서의 착오 원인이 아닌 것은?

① 능력 부족
② 정보 부족
③ 감각 차단
④ 자기합리화

정답 20 ④ 21 ③ 22 ③

★ 인간의 착오요인

인지과정 착오요인	• 정보량 저장의 한계 • 감각 차단 현상 • 정서적 불안정(공포, 불안, 불만 등) • 생리, 심리적 능력의 한계 　(정보 수용 능력의 한계)
판단과정 착오요인	• 자기 합리화 • 능력 부족 • 정보 부족 • 자기 과신
조작과정의 착오 요인	• 작업자의 기능 미숙(기술 부족) • 작업경험 부족 • 피로
심리적, 기타 요인	• 불안 · 공포 · 과로 · 수면부족 등

📝 필기에 자주 출제되는 내용입니다.

23 피로 단계 중 이상발한, 구갈, 두통, 탈력감이 있고, 특히 관절이나 근육통이 수반되어 신체를 움직이기 귀찮아지는 단계는?

① 잠재기　　② 현재기
③ 진행기　　④ 축적피로기

★ 피로의 단계
- **잠재기** : 능률저하가 나타나는 시기이나 잘 느끼지 못함
- **현재기** : 확실한 능률저하가 생기며, 이상발한, 구갈, 두통, 탈력감이 있고, 특히 관절이나 근육통이 수반되어 신체를 움직이기 귀찮아지는 단계
- **진행기** : 활동을 중지하고 휴양이 필요한 단계
- **축적피로기** : 피로가 축적되어 질병이 발생하는 단계, 수개 월～수 년의 요양이 필요한 단계

24 산업안전보건법상 일용직 근로자를 제외한 근로자의 신규 채용 시 실시해야 하는 안전·보건교육 시간으로 맞는 것은?(단, 일용근로자 및 근로계약기간이 1주일 이하인 기간제 근로자, 근로계약기간이 1주일 초과 1개월 이하인 기간제 근로자를 제외한다.)

① 8시간 이상　　② 매 분기 3시간
③ 16시간 이상　④ 매 분기 6시간

★ 근로자 안전보건교육

교육과정	교육대상		교육시간
가. 정기 교육	1) 사무직 종사 근로자		매반기 6시간 이상
	2) 그 밖의 근로자	가) 판매 업무에 직접 종사하는 근로자	매반기 6시간 이상
		나) 판매 업무에 직접 종사하는 근로자 외의 근로자	매반기 12시간 이상
나. 채용시의 교육	1) 일용근로자 및 근로계약기간이 1주일 이하인 기간제근로자		1시간 이상
	2) 근로계약기간이 1주일 초과 1개월 이하인 기간제 근로자		4시간 이상
	3) 그 밖의 근로자		8시간 이상
다. 작업 내용 변경시의 교육	1) 일용근로자 및 근로계약기간이 1주일 이하인 기간제근로자		1시간 이상
	2) 그 밖의 근로자		2시간 이상
라. 특별 교육	1) 일용근로자 및 근로계약기간이 1주일 이하인 기간제 근로자(타워크레인 신호작업에 종사하는 근로자 제외)		2시간 이상
	2) 일용근로자 및 근로계약기간이 1주일 이하인 기간제 근로자 중 타워크레인신호작업에 종사하는 근로자		8시간 이상

정답　23 ②　24 ①

교육과정	교육대상	교육시간
라. 특별 교육	3) 일용근로자 및 근로계약 기간이 1주일 이하인 기간제 근로자를 제외한 근로자	가) 16시간 이상(최초 작업에 종사하기 전 4시간 이상 실시하고 12시간은 3개월 이내에서 분할하여 실시 가능) 나) 단기간 작업 또는 간헐적 작업인 경우에는 2시간 이상
마. 건설업 기초안전 · 보건교육	건설 일용근로자	4시간 이상

실기에 자주 출제되는 내용입니다. 암기하세요.

> 참고
>
> * 바이오리듬의 종류
>
> | | |
> |---|---|
> | 육체적 리듬 (P) | • 23일 주기
• 청색의 실선으로 표시
• 식욕, 소화력, 활동력, 지구력 등을 나타냄 |
> | 감성적 리듬 (S) | • 28일 주기
• 적색의 점선으로 표시
• 감정, 주의심, 창조력, 희로애락 등을 나타냄 |
> | 지성적 리듬 (I) | • 33일 주기
• 녹색의 일점쇄선으로 표시
• 상상력, 사고력, 기억력, 인지력, 판단력 등을 나타냄 |

25 생체리듬에 관한 설명으로 틀린 것은?

① 각각의 리듬이 (-)로 최대인 점이 위험일이다.
② 육체적 리듬은 'P'로 나타내며, 23일을 주기로 반복된다.
③ 감성적 리듬은 'S'로 나타내며, 28일을 주기로 반복된다.
④ 지성적 리듬은 'I'로 나타내며, 33일을 주기로 반복된다.

① Sine 곡선의 (+) → (-)로 변화하는 점이 위험일이다.

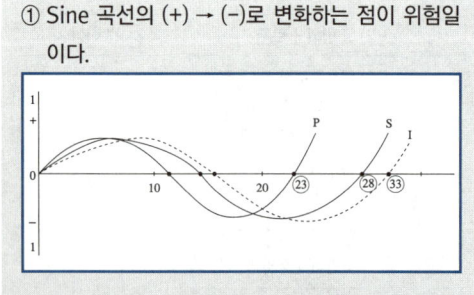

26 직무에 적합한 근로자를 위한 심리검사는 합리적 타당성을 갖추어야 한다. 이러한 합리적 타당성을 얻는 방법으로만 나열된 것은?

① 구인 타당도, 공인 타당도
② 구인 타당도, 내용 타당도
③ 예언적 타당도, 공인 타당도
④ 예언적 타당도, 안면 타당도

> * 심리검사의 타당도
> • 내용 타당도 : 검사 문항들이 검사가 측정하는 내용 영역을 얼마나 잘 반영하는가에 대한 타당도
> • 준거타당도 : 검사의 결과로 나타나는 점수가 공인된 검사결과와 높은 상관성을 보이는가에 대한 타당도
> • 구성타당도(구인타당도) : 검사가 측정하고자 하는 개념이나 이론을 제대로 측정하고 있는지에 대한 타당도
> • 안면타당도 : 수검자에게 그 검사가 타당한 것처럼 보이는가에 대한 타당도

정답 25 ① 26 ②

27 성공적인 리더가 가지는 중요한 관리기술이 아닌 것은?

① 매 순간 신속하게 의사결정을 한다.
② 집단의 목표를 구성원과 함께 정한다.
③ 구성원이 집단과 어울리도록 협조한다.
④ 자신이 아니라 집단에 대해 많은 관심을 가진다.

① 신중하게 의사결정을 하여야 한다.

28 인간은 지각 과정에서 자극의 정보를 조직화하는 과정을 거치게 된다. 시각 정보의 조직화를 의미하는 용어는?

① 유추(analogy)
② 게스탈트(gestalt)
③ 인지(cognition)
④ 근접성(proximity)

* **게스탈트(gestalt)**
시각 정보의 조직화

> 참고
>
> * **군화의 법칙(게슈탈트의 법칙)**
> 사물을 볼 때 무리를 지어서 보려는 시각적 심리를 뜻하며 관련이 있는 요소끼리 통합된 것으로 지각된다는 점에서 '군화의 법칙'이라고도 한다.

29 부주의 발생의 외적 조건에 해당되지 않는 것은?

① 의식의 우회
② 높은 작업강도
③ 작업순서의 부적당
④ 주위 환경조건의 불량

① 의식의 우회(걱정, 고민이 있을 경우 의식이 빗나가는 현상) → 부주의의 내적 조건

30 안전교육 지도방법 중 O.J.T(On the Job Training)의 장점이 아닌 것은?

① 동기부여가 쉽다.
② 교육효과가 업무에 신속히 반영된다.
③ 다수의 대상자를 일괄적으로 조직적으로 교육할 수 있다.
④ 직장의 실태에 맞춘 구체적이고 실제적인 교육이 가능하다.

OJT의 특징	• 개개인에게 적절한 훈련이 가능하다. • 직장의 실정에 맞는 훈련이 가능하다. • 교육효과가 즉시 업무에 연결된다. • 훈련에 대한 업무의 계속성이 끊어지지 않는다. • 상호 신뢰 이해도가 높다.
OFF JT의 특징	• 다수의 근로자들에게 훈련을 할 수 있다. • 훈련에만 전념하게 된다. • 특별설비기구 이용이 가능하다. • 많은 지식이나 경험을 교류할 수 있다. • 교육 훈련 목표에 대하여 집단적 노력이 흐트러질 수 있다.

 27 ① 28 ② 29 ① 30 ③

31 인간의 행동에 대하여 심리학자 레윈(K. Lewin)은 다음과 같은 식으로 표현했다. 이 때 각 요소에 대한 내용으로 틀린 것은?

$$B = f(P \cdot E)$$

① B : Behavior(행동)
② f : Function(함수관계)
③ P : Person(개체)
④ E : Engineering(기술)

> **＊레윈 (K. Lewin)의 법칙**
> 인간의 행동은 개체의 자질과 심리적 환경의 함수관계이다.
> $$B = f(P \cdot E)$$
> • B : Behavior(인간의 행동)
> • f : function(함수관계)
> • P : Person(개체 : 연령, 경험, 심신상태, 성격, 지능 등)
> • E : Environment(심리적 환경 : 인간관계, 작업환경 등)

📝 실기까지 중요한 내용입니다.

32 동기유발(motivation) 방법이 아닌 것은?

① 결과의 지식을 알려준다.
② 안전의 참가치를 인식시킨다.
③ 상벌제도를 효과적으로 활용한다.
④ 동기유발의 수준을 최대로 높인다.

> ④ 동기유발의 최적수준을 유지한다.

33 프로그램 학습법(Programmed self-instruction method)의 장점이 아닌 것은?

① 학습자의 사회성을 높이는 데 유리하다.
② 한 강사가 많은 수의 학습자를 지도할 수 있다.
③ 지능, 학습적성, 학습속도 등 개인차를 충분히 고려할 수 있다.
④ 매 반응마다 피드백이 주어지기 때문에 학습자가 흥미를 갖는다.

> ① 프로그램 학습법은 학생이 혼자서 자기능력과 시간, 학습속도에 맞추어 학습할 수 있도록 프로그램 학습자료를 이용하여 학습하는 형태로 사회성을 높이는 것에는 불리하다.

34 시행착오설에 의한 학습법칙에 해당하는 것은?

① 시간의 법칙   ② 계속성의 법칙
③ 일관성의 법칙 ④ 준비성의 법칙

> **＊손다이크(Thorndike)의 학습의 법칙(시행착오설)**
> • 준비성의 법칙
> • 연습 또는 반복의 법칙
> • 효과의 법칙

📝 실기까지 중요한 내용입니다.

정답 31 ④ 32 ④ 33 ① 34 ④

35 산업안전보건법령상 근로자 안전·보건교육에 있어 건설 일용근로자의 건설업 기초 안전·보건교육의 교육시간으로 맞는 것은?

① 1시간 ② 2시간
③ 4시간 ④ 8시간

* 근로자 안전보건교육

교육과정	교육대상		교육시간
가. 정기 교육	1) 사무직 종사 근로자		매반기 6시간 이상
	2) 그 밖의 근로자	가) 판매 업무에 직접 종사하는 근로자	매반기 6시간 이상
		나) 판매 업무에 직접 종사하는 근로자 외의 근로자	매반기 12시간 이상
나. 채용시의 교육	1) 일용근로자 및 근로계약기간이 1주일 이하인 기간제근로자		1시간 이상
	2) 근로계약기간이 1주일 초과 1개월 이하인 기간제 근로자		4시간 이상
	3) 그 밖의 근로자		8시간 이상
다. 작업 내용 변경시의 교육	1) 일용근로자 및 근로계약기간이 1주일 이하인 기간제근로자		1시간 이상
	2) 그 밖의 근로자		2시간 이상
라. 특별 교육	1) 일용근로자 및 근로계약기간이 1주일 이하인 기간제 근로자(타워크레인 신호작업에 종사하는 근로자 제외)		2시간 이상
	2) 일용근로자 및 근로계약기간이 1주일 이하인 기간제 근로자 중 타워크레인신호작업에 종사하는 근로자		8시간 이상
	3) 일용근로자 및 근로계약기간이 1주일 이하인 기간제 근로자를 제외한 근로자		가) 16시간 이상(최초 작업에 종사하기 전 4시간 이상 실시하고 12시간은 3개월 이내에서 분할하여 실시 가능) 나) 단기간 작업 또는 간헐적 작업인 경우에는 2시간 이상
마. 건설업 기초안전 ·보건교육	건설 일용근로자		4시간 이상

실기에 자주 출제되는 내용입니다. 암기하세요.

36 스트레스의 개인적 원인 중 한 직무의 역할수행이 다른 역할과 모순되는 현상을 무엇이라고 하는가?

① 역할연기 ② 역할기대
③ 역할조성 ④ 역할갈등

한 직무의 역할수행이 다른 역할과 모순되는 현상
→ 역할갈등

정답 35 ③ 36 ④

37 강의법에 관한 설명으로 맞는 것은?

① 학생들의 참여가 제약된다.
② 일부의 교과에만 적용이 가능하다.
③ 학급 인원수의 크기에 제약을 받는다.
④ 수업의 중간이나 마지막 단계에 적용한다.

> ★ **강의법**
> 강사가 중심이 되어(학생들의 참여가 제약됨) 학습자들에게 지식, 개념, 사실 등의 정보를 제공하는 것을 목적으로 하여 해설방식으로 진행하는 학습지도 형태로 학급인원수의 제약을 받지 않으며, 수업의 초기 또는 중간단계에 적용한다.

38 이상적인 상황 하에서 방어적인 행동 특징을 보이는 집단행동은?

① 군중   ② 패닉
③ 모브   ④ 심리적 전염

> ★ **비통제적 집단행동**
> • 군중(Crowd) : 공통된 규범이나 조직성 없이 우연히 조직된 인간의 일시적 집합
> • 모브(Mob) : 비통제의 집단 행동 중 폭동과 같은 것을 의미하며 군중보다 합의성이 없고 감정에 의해서만 행동하는 특성을 가진다.
> • 패닉(Panic) : 위협을 회피하기 위해서 일어나는 집합적인 도주현상, 방어적인 행동 특징을 보이는 집단행동이다.
> • 심리적 전염

39 교육의 본질적 면에서 본 교육의 기능과 관련이 없는 것은?

① 사회적 기능
② 보수적 기능
③ 개인 완성으로서의 기능
④ 문화전달과 창조적 기능

> ★ **교육의 본질적 기능**
> • 사회적 기능
> • 가치 형성 기능
> • 개인 완성으로서의 기능
> • 문화전달과 창조적 기능

40 교육에 있어서 학습평가의 기본 기준에 해당되지 않는 것은?

① 타당도   ② 신뢰도
③ 주관도   ④ 실용도

> ★ **학습 평가의 기본기준 4가지**
> • 타당도(평가 목적과의 타당도)
> • 신뢰도(정확성 및 일관성)
> • 객관도
> • 실용도

정답 37 ① 38 ② 39 ② 40 ③

3과목 인간공학 및 시스템안전공학

41 반사형 없이 모든 방향으로 빛을 발하는 점광원에서 5m 떨어진 곳의 조도가 120lux 라면 2m 떨어진 곳의 조도는?

① 150lux ② 192.2lux
③ 750lux ④ 3,000lux

$$조도(lux) = \frac{광도}{(거리)^2}$$

1. 5m에서의 조도가 120이므로
   $120 = \frac{광도}{5^2}$
   광도 = 120×5^2 = 3000(cd)

2. 2m에서의 조도
   조도 = $\frac{3,000}{2^2}$ = 750lux

 실기까지 중요한 내용입니다.

42 설비보전에서 평균수리시간의 의미로 맞는 것은?

① MTTR ② MTBF
③ MTTF ④ MTBP

★ MTTR (Mean Time to Repair) : 평균 수리에 소요되는 시간

$$MTTR = \frac{수리시간\ 합계}{수리횟수}(시간)$$

43 화학설비의 안전성 평가의 5단계 중 제2단계에 속하는 것은?

① 작성준비 ② 정량적평가
③ 안전대책 ④ 정성적평가

★ 안전성 평가 6단계
- 1단계 : 관계자료의 정비검토(작성준비)
- 2단계 : 정성적인 평가
- 3단계 : 정량적인 평가
- 4단계 : 안전대책 수립
- 5단계 : 재해사례에 의한 평가
- 6단계 : FTA에 의한 재평가

필기에 자주 출제되는 내용입니다.

44 산업안전보건법령상 유해·위험방지계획서 제출 대상 사업은 기계 및 가구를 제외한 금속가공 제품 제조업으로서 전기 계약용량이 얼마 이상인 사업을 말하는가?

① 50kW ② 100kW
③ 200kW ④ 300kW

정답 41 ③ 42 ① 43 ④ 44 ④

* **유해 · 위험방지 계획서 작성대상 사업(제조업)**
전기사용설비의 정격용량의 합이 300kW 이상인 사업으로서 각 호의 어느 하나에 해당하는 사업을 말한다.
- 금속가공제품(기계 및 가구는 제외) 제조업
- 비금속 광물제품 제조업
- 기타 기계 및 장비 제조업
- 자동차 및 트레일러 제조업
- 식료품 제조업
- 고무제품 및 플라스틱 제품 제조업
- 목재 및 나무제품 제조업
- 기타 제품 제조업
- 1차 금속 제조업
- 가구 제조업
- 화학물질 및 화학제품 제조업
- 반도체 제조업
- 전자부품 제조업

 실기까지 중요한 내용입니다.

45 다음 FT도에서 최소 컷셋을 올바르게 구한 것은?

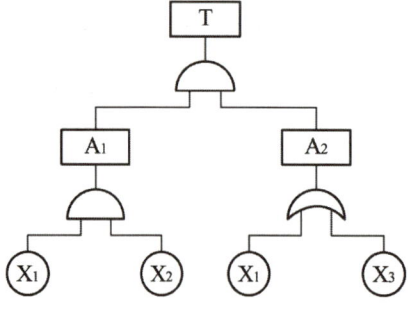

① (X_1, X_2)
② (X_1, X_3)
③ (X_2, X_3)
④ (X_1, X_2, X_3)

$T = A_1 A_2$
$= (X_1 X_2) \begin{pmatrix} X_1 \\ X_3 \end{pmatrix}$
$= (X_1, X_2, X_1)(X_1, X_2, X_3)$
$= (X_1, X_2)(X_1, X_2, X_3)$
컷셋 : $(X_1, X_2), (X_1, X_2, X_3)$
미니멀 컷셋(최소 컷셋) : (X_1, X_2)

필기에 자주 출제되는 내용입니다.

46 시스템이 저장되어 이동되고 실행됨에 따라 발생하는 작동시스템의 기능이나 과업, 활동으로부터 발생되는 위험에 초점을 맞춘 위험분석 차트는?

① 결함수분석(FTA : fault Tree Analysis)
② 사상수분석(ETA : Event Tree Analysis)
③ 결함위험분석
  (FHA : Fault Hazard Analysis)
④ 운용위험분석
  (OHA : Operating Hazard Analysis)

* **운용위험분석**
작동시스템의 기능이나 과업, 활동으로부터 발생되는 위험에 초점을 맞춘 위험분석 차트

정답 45 ① 46 ④

47 자동화시스템에서 인간의 기능으로 적절하지 않은 것은?

① 설비보전
② 작업계획 수립
③ 조정 장치로 기계를 통제
④ 모니터로 작업 상황 감시

③ 자동화시스템에서 기계를 조정 및 통제하는 역할은 기계가 담당한다.

> **참고**
>
> * **자동 시스템**
> - 기계가 감지, 정보 처리 및 의사 결정, 행동 기능 및 정보 보관 등 모든 임무를 미리 설계된 대로 수행하게 된다.
> - 인간은 감시, 감독, 보전 등의 역할을 담당하게 된다.

48 조종 장치의 우발작동을 방지하는 방법 중 틀린 것은?

① 오목한 곳에 둔다.
② 조종 장치를 덮거나 방호해서는 안 된다.
③ 작동을 위해서 힘이 요구되는 조종 장치에는 저항을 제공한다.
④ 순서적 작동이 요구되는 작업일 때 순서를 지나치지 않도록 잠김 장치를 설치한다.

② 조종 장치의 우발작동을 방지하기 위해서는 조종 장치를 덮개로 덮는 등의 방호조치를 하여야 한다.

49 시스템 분석 및 설계에 있어서 인간공학의 가치와 가장 거리가 먼 것은?

① 훈련 비용의 절감
② 인력 이용률의 향상
③ 생산 및 보전의 경제성 감소
④ 사고 및 오용으로부터의 손실 감소

③ 생산 및 보전의 경제성 증대

50 FT도에 사용되는 다음 기호의 명칭으로 옳은 것은?

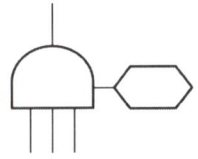

① 억제게이트   ② 조합 AND 게이트
③ 부정게이트   ④ 배타적 OR 게이트

기호	명명	기호설명
○	기본사상	더 이상 전개할 수 없는 사건의 원인
◇	생략사상	관련정보가 미비하여 계속 개발될 수 없는 특정 초기사상
⌂	통상사상	발생이 예상되는 사상
□	결함사상 (정상사상, 중간사상)	한 개 이상의 입력에 의해 발생된 고장사상

기호	명명	기호설명
	OR 게이트	한 개 이상의 입력이 발생하면 출력사상이 발생하는 논리게이트
	AND 게이트	입력사상이 전부 발생하는 경우에만 출력사상이 발생하는 논리게이트
	배타적 OR 게이트	입력사상 중 오직 한 개의 발생으로만 출력사상이 생성되는 논리게이트
	우선적 AND게이트	입력사상이 특정 순서대로 발생한 경우에만 출력사상이 발생하는 논리게이트
	조합 AND 게이트	3개 이상의 입력 중 2개가 일어나면 출력이 생긴다.
	전이기호	다른 부분에 있는 게이트와의 연결 관계를 나타내기 위한 기호
	전이기호 (IN)	삼각형 정상의 선은 정보의 전입루트를 나타낸다.
	전이기호 (OUT)	삼각형 옆의 선은 정보의 전출루트를 나타낸다.
	전이기호 (수량이 다르다)	
	억제 게이트	이 게이트의 출력사상은 한 개의 입력사상에 의해 발생하며, 입력사상이 출력사상을 생성하기 전에 특정조건을 만족하여야 하는 논리게이트
	조건부사상	논리게이트에 연결되어 사용되며, 논리에 적용되는 조건이나 제약 등을 명시한다.
	부정 게이트	입력과 반대현상의 출력 생김
	위험지속 AND 게이트	입력이 생겨서 일정시간이 지속될 때 출력이 생긴다.

📝 필기에 자주 출제되는 내용입니다.

51 의자 설계에 대한 조건 중 틀린 것은?

① 좌판의 깊이는 작업자의 등이 등받이에 닿을 수 있도록 설계한다.
② 좌판은 엉덩이가 앞으로 미끄러지지 않는 재질과 구조로 설계한다.
③ 좌판의 넓이는 작은 사람에게 적합하도록, 깊이는 큰 사람에게 적합하도록 설계한다.
④ 등받이는 충분한 넓이를 가지고 요추 부위부터 어깨 부위까지 편안하게 지지하도록 설계한다.

③ 좌판의 넓이는 큰 사람에게 적합하도록, 깊이는 작은 사람에게 적합하도록 설계한다.

참고

* **의자 설계의 원칙**
* 체중 분포
  - 의자에 앉았을 때 체중이 주로 좌골 결절에 실려야 한다.
* 의자 좌판의 높이
  - 좌판 앞부분이 대퇴를 압박하지 않도록 오금 높이보다 높지 않아야 한다.
  - 치수는 5% 오금 높이로 한다.
* 의자 좌판의 깊이(길이)와 폭
  - 일반적으로 폭은 큰 사람에게 맞도록 설계한다.
  - 깊이는 장딴지 여유를 주고 대퇴를 압박하지 않도록 작은 사람에게 맞도록 설계한다.
* 몸통의 안정
  - 의자 좌판의 각도는 3°, 등판의 각도는 100°가 몸통에 안정적이다.

정답 51 ③

52 일반적으로 위험(Risk)은 3가지 기본요소로 표현되며 3요소(Triplets)로 정의된다. 3요소에 해당하지 않는 것은?

① 사고 시나리오(S_i)
② 사고 발생 확률(P_i)
③ 시스템 불이용도(Q_i)
④ 파급효과 또는 손실(X_i)

★ **위험(Risk)의 3요소(Triplets)**
- 사고 시나리오(S_i)
- 사고 발생 확률(P_i)
- 파급효과 또는 손실(X_i)

53 건구온도 30℃, 습구온도 35℃일 때의 옥스퍼드(Oxford) 지수는 얼마인가?

① 20.75℃ ② 24.58℃
③ 32.78℃ ④ 34.25℃

★ **Oxford 지수**
습건(WD) 지수라고도 하며, 습구·건구 온도의 가중 평균치로서 다음과 같이 나타낸다.
WD = 0.85W + 0.15d(℃)
- W : 습구온도
- d : 건구온도
WD = 0.85×35+0.15×30 = 34.25(℃)

📝 필기에 자주 출제되는 내용입니다.

54 통화이해도를 측정하는 지표로서, 각 옥타브(octave)대의 음성과 잡음의 데시벨(dB) 값에 가중치를 곱하여 합계를 구하는 것을 무엇이라 하는가?

① 명료도 지수 ② 통화 간섭 수준
③ 이해도 점수 ④ 소음 기준 곡선

★ **명료도 지수**
통화 이해도를 추정할 수 있는 근거로 사용된다. 각 옥타브 대의 음성과 소음의 dB값에 가중치를 곱하여 합계를 구한 것이다. 음성통신계통의 명료도지수가 약 0.3 이하이면 음성통신자료를 전송하기에는 부적당한 것으로 본다.

55 일반적으로 보통 작업자의 정상적인 시선으로 가장 적합한 것은?

① 수평선을 기준으로 위쪽 5° 정도
② 수평선을 기준으로 위쪽 15° 정도
③ 수평선을 기준으로 아래쪽 5° 정도
④ 수평선을 기준으로 아래쪽 15° 정도

작업자의 정상적인 시선 → 수평선 아래쪽 15°

정답 52 ③ 53 ④ 54 ① 55 ④

56 프레스에 설치된 안전장치의 수명은 지수분포를 따르며 평균수명은 100시간이다. 새로 구입한 안전장치가 50시간 동안 고장 없이 작동할 확률(A)과 이미 100시간을 사용한 안전장치가 앞으로 100시간 이상 견딜 확률(B)은 약 얼마인가?

① A : 0.368, B : 0.368
② A : 0.607, B : 0.368
③ A : 0.368, B : 0.607
④ A : 0.607, B : 0.607

신뢰도 $R(t) = e^{-\frac{t}{t_0}} = e^{-\lambda \times t}$

- t_0 : 평균고장시간 or 평균수명
- t : 앞으로 고장 없이 사용할 시간
- λ : 고장률
- 고장없이 작동할 확률 = 신뢰도
  50시간 동안 고장 없이 작동할 확률(A)
  $= e^{-\frac{50}{100}} = e^{-0.5} = 0.607$
- 앞으로 100시간 이상 견딜 확률(B)
  $= e^{-\frac{100}{100}} = e^{-1} = 0.368$

📝 필기에 자주 출제되는 내용입니다.

57 작업자가 용이하게 기계·기구를 식별하도록 암호화(Coding)를 한다. 암호화 방법이 아닌 것은?

① 강도 ② 형상
③ 크기 ④ 색채

* 기계·기구를 식별하도록 암호화(Coding)하는 방법
- 형상 암호화
- 크기 암호화
- 표면촉감 암호화
- 색채 암호화

58 손이나 특정 신체 부위에 발생하는 누적손상장애(CTDs)의 발생인자와 가장 거리가 먼 것은?

① 무리한 힘
② 다습한 환경
③ 장시간의 진동
④ 반복도가 높은 작업

* 근골격계질환(누적외상성질환, CTDs)의 발생요인
- 반복적인 동작
- 부적절한 작업 자세
- 무리한 힘의 사용
- 날카로운 면과의 신체 접촉
- 진동 및 온도(저온)

📝 필기에 자주 출제되는 내용입니다.

정답 56 ② 57 ① 58 ②

59 그림과 같이 FTA로 분석된 시스템에서 현재 모든 기본사상에 대한 부품이 고장난 상태이다. 부품 X_1부터 부품 X_5까지 순서대로 복구한다면 어느 부품을 수리 완료하는 순간부터 시스템은 정상가동이 되겠는가?

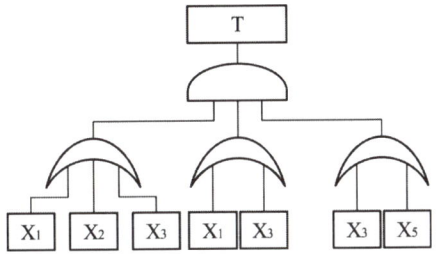

① 부품 X_2
② 부품 X_3
③ 부품 X_4
④ 부품 X_5

- 부품 X_3를 수리하는 순간부터 3개의 OR 게이트가 모두 정상으로 바뀐다.(OR 게이트는 요소 중 하나가 정상이면 전체 시스템이 정상이 된다.)
- 3개의 OR 게이트가 AND 게이트로 연결되어 있으므로 OR 게이트 3개가 모두 정상이면 전체 시스템은 정상이 된다.(AND 게이트는 요소 모두가 정상일 때 전체 시스템이 정상이 된다.) 즉, 부품 X_3를 수리하는 순간부터 전체 시스템이 정상이 된다.

60 육체작업의 생리학적 부하측정 척도가 아닌 것은?

① 맥박수
② 산소소비량
③ 근전도
④ 점멸융합주파수

④ 점멸융합주파수는 정신피로의 척도를 나타낸다.

정답 59 ② 60 ④

4과목 건설시공학

61 ALC 블록공사에 관한 내용으로 옳지 않은 것은?

① 쌓기 모르타르는 교반기를 사용하여 배합하며, 1시간 이내에 사용해야 한다.
② 줄눈의 두께는 3~5mm 정도로 한다.
③ 하루 쌓기 높이는 1.8m를 표준으로 하며, 최대 2.4m 이내로 한다.
④ 연속되는 벽면의 일부를 트이게 하여 나중 쌓기로 할 경우 그 부분을 층단 떼어쌓기로 한다.

> ② 가로 및 세로줄눈의 두께는 1~3mm 정도로 한다.

 필기에 자주 출제되는 내용입니다.

62 네트워크공정표에서 후속작업의 가장 빠른 개시시간(EST)에 영향을 주지 않는 범위 내에서 한 작업이 가질 수 있는 여유시간을 의미하는 것은?

① 전체여유(TF)
② 자유여유(FF)
③ 간섭여유(IF)
④ 종속여유(DF)

> ① 전체여유(TF) : 전체 공사기간을 지연시키지 않는 범위 내에서 한 작업이 가질 수 있는 최대
> ② 자유여유(FF) : 후속작업의 가장 빠른 개시시간(EST)에 영향을 주지 않는 범위 내에서 한 작업이 가질 수 있는 여유시간
> ③ 간섭여유(IF, 종속여유) : 후속작업의 가장 빠른 개시시간에는 지연을 초래하지만 전체적인 공사기간을 지연시키지 않는 범위에서 한 작업이 가질 수 있는 여유시간

 필기에 자주 출제되는 내용입니다.

63 철근을 피복하는 이유와 가장 거리가 먼 것은?

① 철근의 순간격 유지
② 철근의 좌굴 방지
③ 철근과 콘크리트의 부착응력 확보
④ 화재, 중성화 등으로부터 철근 보호

> ＊철근의 피복두께 확보 목적
> ① 내화성 확보
> ② 내구성 확보
> ③ 구조내력의 확보
> ④ 철근의 방청
> ⑤ 콘크리트치기시의 유동성 확보
> ⑥ 굵은 골재의 유동성 유지
> ⑦ 철근과 콘크리트의 부착응력 확보

 필기에 자주 출제되는 내용입니다.

정답 61 ② 62 ② 63 ①

64 일반적인 공사의 시공속도에 관한 설명으로 옳지 않은 것은?

① 시공속도를 느리게 할수록 직접비는 증가된다.
② 급속공사를 강행할수록 품질은 나빠진다.
③ 시공속도는 간접비와 직접비의 합이 최소가 되도록 함이 가장 적절하다.
④ 시공속도를 빠르게 할수록 간접비는 감소된다.

① 시공속도를 느리게 할수록 간접비는 증가, 직접비는 감소된다.

65 석재 사용상 주의사항으로 옳지 않은 것은?

① 압축 및 인장응력을 크게 받는 곳에 사용한다.
② 석재는 중량이 크고 운반에 제한이 따르므로 최대치수를 정한다.
③ 되도록 흡수율이 낮은 석재를 사용한다.
④ 가공 시 예각은 피한다.

① 휨, 인장강도가 약하므로 압축응력을 받는 곳에만 사용한다.

66 철골부재 절단 방법 중 가장 정밀한 절단방법으로 앵글커터(angle cutter) 등으로 작업하는 것은?

① 가스절단   ② 전단절단
③ 톱절단   ④ 전기절단

톱 절단 : 앵글커터(angle cutter) 등으로 철골부재를 절단하는 방법으로 가장 정밀한 절단방법이다.

67 철근콘크리트 공사에 있어서 철근이 D19, 굵은 골재의 최대치수는 25mm일 때 철근과 철근의 순간격으로 옳은 것은?

① 37.5mm 이상   ② 33.3mm 이상
③ 29.5mm 이상   ④ 27.8mm 이상

• 동일한 평면에서 평행하는 철근 사이 수평 순간격은 25mm 이상, 철근 공칭지름 이상이어야 하며, 굵은 골재 최대치수의 4/3 이상이어야 한다.
• 순간격 = $25 \times \dfrac{4}{3} = 33.3mm$

> 참고
>
> 순간격: 인접 철근 외면에서 외면까지의 거리
> 간격(C.T.C): 철근 중심에서 중심까지의 거리
> 순간격: 철근 외면에서 외면까지의 거리

정답 64 ① 65 ① 66 ③ 67 ②

68 지정공사 시 사용되는 모래의 장기허용 압축강도의 범위로 옳은 것은?

① 장기 허용압축강도 10~20t/m²
② 장기 허용압축강도 20~40t/m²
③ 장기 허용압축강도 40~60t/m²
④ 장기 허용압축강도 60~80t/m²

> 지정공사 시 사용되는 모래의 장기허용 압축강도 20 ~ 40t/m²

69 조적공사 시 점토벽돌 외부에 발생하는 백화현상을 방지하기 위한 대책이 아닌 것은?

① 10% 이하의 흡수율을 가진 양질의 벽돌을 사용한다.
② 벽돌면 상부에 빗물막이를 설치한다.
③ 쌓기 후 전용발수제를 발라 벽면에 수분 흡수를 방지한다.
④ 염분을 함유한 모래나 석회질이 섞인 모래를 사용한다.

> **★ 백화현상 방지법**
> ① 소성이 잘 된 벽돌을 사용한다.
> ② 줄눈으로 비가 새어들지 않도록 방수처리를 한다.(방수제 사용과 충분한 사춤)
> ③ 표면에 파라핀 도료, 실리콘을 뿜칠한다.
> ④ 조립률이 큰 모래, 분말도가 큰 시멘트를 사용한다.
> ⑤ 벽돌벽의 상부에 비막이(차양, 돌림띠 등)를 설치한다.
> ⑥ 염분을 함유한 모래나 석회질이 섞인 모래의 사용을 피한다.

📘 필기에 자주 출제되는 내용입니다.

70 특수 거푸집 가운데 무량판구조 또는 평판구조와 가장 관계가 깊은 거푸집은?

① 워플폼 ② 슬라이딩폼
③ 메탈폼 ④ 갱폼

> ① 워플폼(Waffle Form) : 무량판 시공 시 2방향으로 된 상자형 기성재 거푸집이다.
> ② 슬라이딩 폼(Sliding Form) : 거푸집 높이는 약 1m 이고 하부가 약간 벌어진 원형 철판 거푸집을 요오크(yoke)로 서서히 끌어 올리는 공법으로 Silo 공사 등에 적당하다.
> ③ 메탈폼 : 철제 거푸집으로 표면이 매끄러워 제치장용 거푸집으로 사용된다.
> ④ 갱폼 : 외부벽체 거푸집과 작업발판용 케이지(Cage)를 일체로 제작하여 사용하는 대형 거푸집이다.

📘 필기에 자주 출제되는 내용입니다.

정답 68 ② 69 ④ 70 ①

71 지하 흙막이벽을 시공할 때 말뚝구멍을 하나 걸러 뚫고 콘크리트를 부어 넣은 후 다시 그 사이를 뚫어 콘크리트를 부어 넣어 말뚝을 만드는 공법은?

① 베노토 공법
② 어스드릴 공법
③ 칼웰드 공법
④ 이코스 파일 공법

이코스 파일 공법(ICOS pile method) : 말뚝구멍을 하나 걸러 뚫고 콘크리트를 타설하여 만든 후, 말뚝과 말뚝 사이에 다음 말뚝구멍을 뚫어 흙막이 벽을 완성한다.

> 참고
>
> 1. **베노토공법** : 케이싱을 지반에 압입해 가면서 관 내부 토사를 특수버킷으로 굴착 한 후에 철근콘크리트 말뚝을 제자리치기 한다.
> 2. **어스드릴공법** : 굴착 공에 철근망을 삽입하고 콘크리트를 타설하여 말뚝을 형성하는 공법이며, 안정액으로 벤토나이트 용액을 사용하여 공벽을 보호한다.

📌 필기에 자주 출제되는 내용입니다.

72 다음 모살용접(Fillet Welding)의 단면상 이론 목두께에 해당하는 것은?

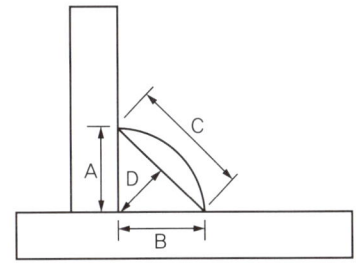

① A   ② B
③ C   ④ D

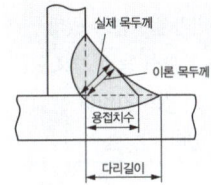 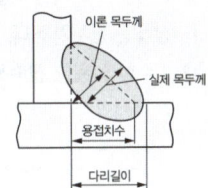

73 건설공사 현장의 철근재료 시험항목에 속하지 않는 것은?

① 압축강도 시험   ② 인장강도 시험
③ 휨시험   ④ 연신율 시험

* **철근재료 시험항목**
① 인장강도시험
② 휨시험
③ 연신율시험

정답 71 ④   72 ④   73 ①

74 직영공사에 관한 설명으로 옳은 것은?

① 직영으로 운영하므로 공사비가 감소된다.
② 의사소통이 원활하므로 공사기간이 단축된다.
③ 특수한 상황에 비교적 신속하게 대처할 수 있다.
④ 입찰이나 계약 등 복잡한 수속이 필요하다.

* 직영공사의 장 · 단점

장점	단점
① 발주, 계약 등의 수속이 절감된다. ② 영리를 도외시한 확실성 있는 공사가 된다. ③ 특수한 상황에 신속하게 대처할 수 있다.	① 시공관리능력이 부족하면 공사비 증대 및 공사 기일이 연장될 수 있다. ② 재료의 낭비 또는 잉여 장비가 발생할 수 있다. ③ 시공 관리 능력 부족으로 시공의 결함이 생길 수 있다.

참고

* 직영공사
① **건축주가 직접 계획**을 세우고 재료구입, 노무자고용, 시공기계 및 가설재를 마련하여 **모든 공사를 자기 책임 하에 시행**하며 발주하는 방식이다.
② 군공사와 같은 **기밀**을 요하는 공사, 설계변경이 빈번한 공사, 문화재와 같이 **고도의 기술**을 요하는 공사, 재해응급 복구와 같이 대자본을 요하는 공사 등에 이용된다.

📝 필기에 자주 출제되는 내용입니다.

75 철골공사에서 베이스 플레이트 설치 기준에 관한 설명으로 옳지 않은 것은?

① 이동식 공법에 사용하는 모르타르는 무수축 모르타르로 한다.
② 앵커볼트 설치 시 베이스플레이트 위치의 콘크리트는 설계도면 레벨보다 30mm~50mm 낮게 타설한다.
③ 베이스 플레이트 설치 후 그라우팅 처리한다.
④ 베이스 모르타르의 양생은 철골 설치 전 1일 정도면 충분하다.

④ 베이스 모르타르의 양생은 철골 설치 전 3일 이상 양생한다.

정답 74 ③ 75 ④

76 콘크리트공사용 재료의 취급 및 저장에 관한 설명으로 옳지 않은 것은?

① 시멘트는 종류별로 구분하여 풍화되지 않도록 저장한다.
② 골재는 잔골재, 굵은 골재 및 각 종류별로 저장하고, 먼지, 흙 등의 유해물의 혼입을 막도록 한다.
③ 골재는 잔·굵은 입자가 잘 분리되도록 취급하고, 물빠짐이 좋은 장소에 저장한다.
④ 혼화재료는 품질의 변화가 일어나지 않도록 저장하고 또한 종류별로 저장한다.

③ 골재는 잔 · 굵은 입자가 분리되지 않도록 취급하고, 물 빠짐이 좋은 장소에 저장한다.

77 다음 조건에 따른 백호의 단위시간당 추정 굴삭량으로 옳은 것은?

> 버켓용량 0.5m³   사이클타임 20초
> 작업효율 0.9   굴삭계수 0.7
> 굴삭토의 용적변화계수 1.25

① 94.5m³
② 80.5m³
③ 76.3m³
④ 70.9m³

★ 굴삭기계의 단위 작업시간당 시공량

$$Q(m^3/hr) = \frac{q \times k \times f \times E}{Cm(hr)}$$

$$= \frac{60 \times q \times k \times f \times E}{Cm(min)}$$

$$= \frac{3,600 \times q \times k \times f \times E}{Cm(sec)}$$

- Q : 1시간당 작업량(m³/h)
- q : 버킷용량(m³)
- k : 버킷계수   • f : 굴삭토의 용적변화계수
- E : 작업효율   • Cm : 1회 사이클 시간

$$Q(m^3/hr) = \frac{3,600 \times q \times k \times f \times E}{Cm(sec)}$$

$$= \frac{3,600 \times 0.5 \times 0.7 \times 1.25 \times 0.9}{20}$$

$$= 70.88(m^3/hr)$$

📌 필기에 자주 출제되는 내용입니다.

정답 76 ③ 77 ④

78 탑다운공법(top-down)에 관한 설명으로 옳지 않은 것은?

① 역타공법이라고도 한다.
② 굴토작업이 슬래브 하부에서 진행되므로 작업능률 및 작업환경 조건이 개선되며, 공사비가 절감된다.
③ 건물의 지하구조체에 시공이음이 많아 건물방수에 대한 우려가 크다.
④ 지상과 지하를 동시에 시공할 수 있으므로 공기를 절감할 수 있다.

② 굴토작업이 슬래브 하부에서 진행되므로 작업 능률 및 작업환경이 저하되고 공사비가 상승한다.

> 참고
>
>
>
> **＊Top Down 공법**
> 「위에서 아래로」 공사를 진행하는 공법으로 철골 기둥을 박고 1층에서 지하층을 향해 콘크리트를 부어 넣어 흙막이로 하면서 지하층을 굴착하는 방법이다.

📝 필기에 자주 출제되는 내용입니다.

79 기초의 종류에 관한 설명으로 옳은 것은?

① 온통기초 - 기둥 하나에 기초판이 하나인 기초
② 복합기초 - 2개 이상의 기둥을 1개의 기초판으로 받치게 한 기초
③ 독립기초 - 조적조의 벽 기초, 철근콘크리트의 연결기초
④ 연속기초 - 건물 하부 전체 또는 지하실 전체를 기초판으로 구성한 기초

독립기초	기둥으로부터의 응력을 독립으로 지반 또는 지정에 전달하도록 하는 기초 (철근콘크리트 구조에 적용)
복합기초	2개 또는 그 이상의 기둥으로부터의 응력을 하나의 기초판을 통해 지반 또는 지정에 전달하도록 하는 기초
연속(줄)기초	벽 또는 기둥으로부터의 응력을 띠모양으로 하여 지반 또는 지정에 전달하도록 하는 기초(조적구조에 적용)
온통기초	상부구조의 광범위한 면적 내의 응력을 단일 기초판으로 연결하여 지반 또는 지정에 전달하도록 하는 기초(연약한 지반에 적용)

📝 필기에 자주 출제되는 내용입니다.

정답 78 ② 79 ②

80 지하 합벽거푸집에서 측압에 대비하여 버팀대를 삼각형으로 일체화한 공법은?

① 1회용 리브라스 거푸집
② 와플 거푸집(waffle form)
③ 무폼타이 거푸집(tie-less formwork)
④ 단열 거푸집

* 무폼타이 거푸집(tie-less formwork)
① 벽체 양면에 거푸집 설치가 곤란한 경우, 한 면에만 거푸집 판을 설치하고 Form Tie 없이 콘크리트 측압을 지지하는 공법
② 지하 합벽거푸집에서 측압에 대비하여 합벽지지대(버팀대, brace frame)를 삼각형으로 일체화한 공법

사진출처 : 페리코리아

5과목 건설재료학

81 각종 혼화 재료에 관한 설명으로 옳지 않은 것은?

① 플라이애시는 콘크리트의 장기강도를 증진하는 효과는 있으나 수밀성은 감소된다.
② 감수제를 이용하여 시멘트의 분산작용의 효과를 얻을 수 있다.
③ 염화칼슘은 경화촉진을 목적으로 이용되는 혼화제이다.
④ 발포제는 시멘트에 혼입시켜 화학반응에 의해 발생하는 가스를 이용하여 기포를 발생시키는 혼화제이다.

① 플라이애시는 콘크리트 **수화초기시의 발열량을 감소(초기 콘크리트 강도를 저하)**시키고 장기적으로 시멘트의 석회와 결합하여 **장기강도를 증진시키는** 효과가 있으며 **수밀성이 증대된다.**

📝 필기에 자주 출제되는 내용입니다.

82 석재의 일반적인 성질에 관한 설명으로 옳지 않은 것은?

① 화강암의 내구연한은 75~200년 정도로서 다른 석재에 비하여 비교적 수명이 길다.
② 흡수율은 동결과 융해에 대한 내구성의 지표가 된다.
③ 인장강도는 압축강도의 1/10~1/30 정도이다.
④ 비중이 클수록 강도가 크며, 공극률이 클수록 내화성이 작다.

정답 80 ③ 81 ① 82 ④

④ 비중이 클수록 강도가 크며, 공극률이 클수록 내화성이 크다.

📝 필기에 자주 출제되는 내용입니다.

83 어떤 재료의 초기 탄성변형량이 2.0cm이고 크리프(creep) 변형량이 4.0cm라면 이 재료의 크리프 계수는 얼마인가?

① 0.5　　② 1.0
③ 2.0　　④ 4.0

크리프계수(ψ_t) = $\dfrac{크리프변형률}{탄성변형률}$ = $\dfrac{4.0}{2.0}$ = 2

84 한중콘크리트에 관한 설명으로 옳지 않은 것은? (단, 콘크리트표준시방서 기준)

① 한중콘크리트에는 공기연행 콘크리트를 사용하는 것을 원칙으로 한다.
② 단위수량은 초기동해를 적게 하기 위하여 소요의 워커빌리티를 유지할 수 있는 범위 내에서 되도록 적게 정하여야 한다.
③ 물-결합재비는 원칙적으로 50% 이하로 하여야 한다.
④ 배합강도 및 물-결합재비는 적산온도 방식에 의해 결정할 수 있다.

③ 물-결합재비(물-시멘트비)는 원칙적으로 60% 이하로 하여야 한다.

📝 필기에 자주 출제되는 내용입니다.

85 목재의 성질에 관한 설명으로 옳지 않은 것은?

① 물속에 담가 둔 목재, 땅속 깊이 묻은 목재 등은 산소부족으로 균의 생육이 정지되고 썩지 않는다.
② 목재의 함유수분 중 자유수는 목재의 물리적 또는 기계적 성질에 많은 영향을 끼친다.
③ 목재는 열전도도가 아주 낮아 여러 가지 보온재료로 사용된다.
④ 목재는 섬유포화점 이상의 함수상태에서는 함수율의 증감에도 불구하고 신축을 일으키지 않는다.

② 목재가 함유하고 있는 수분은 크게 자유수와 결합수로 구분된다. 결합수는 목재의 물리적, 기계적 성질에 크게 영향을 미친다.

참고

* **목재 수분의 종류**
① 자유수
  • 세포내강 및 미세공극에 액상으로 존재하는 수분
  • 목재의 성질에 미치는 영향이 적지만, 투과성이나 열전도도 등에는 상당한 영향을 미친다.
② 결합수
  • 세포벽 내에 존재하는 수분
  • 목재의 물리적, 기계적 성질에 크게 영향을 미친다.

정답　83 ③　84 ③　85 ②

86 점토의 공학적 특성에 관한 설명으로 옳지 않은 것은?

① 인장강도는 점토의 조직에 관계하며 입자의 크기가 큰 영향을 준다.
② 점토제품의 색상은 철산화물 또는 석회질 물질에 의해 나타난다.
③ 점토를 가공 소성하여 냉각하면 금속성의 강성을 나타낸다.
④ 사질점토는 적갈색으로 내화성이 높은 특성이 있다.

④ 사질점토는 적갈색으로 내화성이 부족하며 보통 벽돌, 기와, 토관의 원료로 사용된다.

필기에 자주 출제되는 내용입니다.

87 포틀랜드시멘트 클링커에 철용광로에서 나온 슬래그를 급랭하여 혼합하고 이에 응결시간 조절용 석고를 첨가하여 분쇄한 것으로, 수화열량이 적어 매스콘크리트용으로도 사용할 수 있는 시멘트는?

① 알루미나시멘트
② 보통포틀랜드시멘트
③ 조강시멘트
④ 고로시멘트

★ 고로 시멘트
① 용광로의 선철제작 부산물을 급랭시키고 파쇄하여 시멘트와 혼합한 것을 고로시멘트라 한다.
② 초기 강도는 낮으나 장기강도는 높다.
③ 수화열이 적고 수축률이 적어 매스콘크리트용으로 적합하다.

필기에 자주 출제되는 내용입니다.

88 서중콘크리트에 대한 설명으로 옳지 않은 것은?

① 시멘트는 고온의 것을 사용하지 않아야 하고 골재 및 물은 가능한 한 낮은 온도의 것을 사용한다.
② 표면활성제는 공사시방서에 정한 바가 없을 때에는 AE감수제 지연형 등을 사용한다.
③ 콘크리트를 부어 넣은 후 수분의 급격한 증발이나 직사광선에 의한 온도 상승을 막고 습윤상태가 유지되도록 양생한다.
④ 거푸집 해체시기 검토를 위하여 적산온도를 활용한다.

한중콘크리트는 거푸집 해체시기 검토를 위하여 적산온도(양생기간의 온도 누적 값)를 활용한다.(한중콘크리트는 초기 강도발현이 늦어지므로 적산온도를 이용하여 거푸집의 해체시기, 콘크리트 양생기간 등을 검토한다.)

정답 86 ④ 87 ④ 88 ④

89 주제와 경화제로 이루어진 2성분형이 대부분으로 금속, 플라스틱, 도자기, 콘크리트의 접합에 이용되고 내구력, 내수성, 내약품성이 매우 우수하여 만능형 접착제로 불리는 것은?

① 에폭시수지 접착제
② 페놀수지 접착제
③ 아크릴수지 접착제
④ 폴리에스테르수지 접착제

> **＊에폭시 수지 접착제**
> ① 주제와 경화제로 이루어진 2성분계의 접착제이다.(접착제의 성능을 지배하는 것은 경화제라고 할 수 있다.)
> ② 금속, 석재, 플라스틱, 콘크리트 등 거의 모든 재료의 접착에 사용된다.(알루미늄과 같은 경금속 접착에 가장 적합하다.)
> ③ 급경성으로 내화학성, 내수성, 전기절연성이 우수하다.

📝 필기에 자주 출제되는 내용입니다.

90 목재의 역학적 성질에서 가력방향이 섬유와 평행할 경우, 목재의 강도 중 크기가 가장 작은 것은?

① 압축강도 ② 휨강도
③ 인장강도 ④ 전단강도

> 목재 섬유방향의 강도는 인장강도의 크기가 전단강도 등 다른 강도에 비하여 크다.
> (인장강도 〉 휨강도 〉 압축강도 〉 전단강도)

📝 필기에 자주 출제되는 내용입니다.

91 미장공사의 바탕조건으로 옳지 않은 것은?

① 미장층보다 강도는 크지만 강성은 작을 것
② 미장층과 유해한 화학반응을 하지 않을 것
③ 미장층의 경화, 건조에 지장을 주지 않을 것
④ 미장층의 시공에 적합한 흡수성을 가질 것

> ① 미장바름을 지지하는데 필요한 강도와 강성이 있을 것(미장층보다 강도, 강성이 클 것)

📝 필기에 자주 출제되는 내용입니다.

92 비철금속의 성질 또는 용도에 관한 설명 중 옳지 않은 것은?

① 동은 전연성이 풍부하므로 가공하기 쉽다.
② 납은 산이나 알칼리에 강하므로 콘크리트에 침식되지 않는다.
③ 아연은 이온화 경향이 크고 철에 의해 침식된다.
④ 대부분의 구조용 특수강은 니켈을 함유한다.

> ② 납은 묽은 산과 알칼리에는 잘 침식되지 않지만 질산과 같은 강한 산에는 침식된다.(콘크리트에 침식되지 않는다.)

93 건축용 뿜칠마감재의 조성에 관한 설명 중 옳지 않은 것은?

① 안료 : 내알칼리성, 내후성, 착색력, 색조의 안정
② 유동화제 : 재료를 유동화시키는 재료 (물이나 유기용제 등)
③ 골재 : 치수안정성을 향상시키고 흡음성, 단열성 등의 성능 개선(모래, 석분, 펄프 입자, 질석 등)
④ 결합재 : 바탕재의 강도를 유지하기 위한 재료(골재, 시멘트 등)

④ 결합재(binder) : 물과 반응하여 콘크리트 강도 발현에 기여하는 물질을 생성하는 재료(시멘트, 고로 슬래그 미분말, 플라이애쉬, 실리카 흄 등)

94 합성수지계 접착제 중 내수성이 가장 좋지 않은 접착제는?

① 에폭시수지 접착제
② 초산비닐수지 접착제
③ 멜라민수지 접착제
④ 요소수지 접착제

합성수지계 접착제 중 내수성이 가장 좋지 않은 접착제 : 초산비닐수지 접착제

95 발포제로서 보드상으로 성형하여 단열재로 널리 사용되며 건축물의 천장재, 블라인드 등에 널리 쓰이는 열가소성 수지는?

① 알키드 수지　② 요소 수지
③ 폴리스티렌 수지　④ 실리콘 수지

폴리스티렌수지 : 발포제로서 보드 상으로 성형하여 단열재로 널리 사용되며 천장재, 전기용품, 냉장고 내부상자 등으로 사용된다.

📝 필기에 자주 출제되는 내용입니다.

96 재료의 기계적 성질 중 작은 변형에도 파괴되는 성질을 무엇이라 하는가?

① 강성　② 소성
③ 탄성　④ 취성

① 강성 : 외력을 받았을 때 변형에 저항하는 성질
② 소성 : 외력을 제거해도 본래 상태로 돌아가지 않고 영구변형이 남는 성질
③ 탄성 : 외부의 힘에 의해 변형된 물체가 다시 원래의 형태로 되돌아가려는 성질
④ 취성 : 작은 변형에도 파괴되는 성질

정답　93 ④　94 ②　95 ③　96 ④

97 은백색의 굳은 금속원소로서 불순물이 포함되면 강해지는 경향이 있으며, 스테인리스강보다 우수한 내식성을 갖는 합금은?

① 티타늄과 그 합금
② 납(연)과 그 합금
③ 주석과 그 합금
④ 니켈과 그 합금

* **티타늄과 그 합금**
  • 은백색의 굳은 금속원소로서 불순물이 포함되면 강해지는 경향이 있다.
  • 스테인리스강보다 내식성이 우수하다.

98 다음 미장재료 중 여물(hair)이 필요 없는 것은?

① 돌로마이트 플라스터
② 경석고 플라스터
③ 회반죽
④ 회사벽

* **경석고 플라스터**
  ① 강도가 크고 수축균열이 거의 없다.(여물을 혼합할 필요 없다.)
  ② 무수석고의 경화를 촉진시키기 위해 혼화재료로 백반을 사용한다.
  ③ 백반은 산성(酸性)이므로 금속을 녹슬게 하는 결점이 있다. (다른 소석고와 혼합 금지)

📝 필기에 자주 출제되는 내용입니다.

99 시멘트의 성질에 관한 설명 중 옳지 않은 것은?

① 포틀랜드시멘트의 3가지 주요 성분은 실리카(SiO_2), 알루미나(Al_2O_3), 석회(CaO)이다.
② 시멘트는 응결경화 시 수축성 균열이 생겨 변형이 일어난다.
③ 슬래그의 함유량이 많은 고로시멘트는 수화열의 발생량이 많다.
④ 시멘트의 응결 및 강도 증진은 분말도가 클수록 빨라진다.

* **고로 시멘트**
  ① 용광로의 선철제작 부산물을 급랭시키고 파쇄하여 시멘트와 혼합한 것을 고로시멘트라 한다.
  ② 초기 강도는 낮으나 장기강도는 높다.
  ③ 수화열이 적고 수축률이 적어 **매스콘크리트용으로 적합하다.**(겨울철 공사에 주의를 요한다.)
  ④ **염분에 대한 저항이 크고** 화학 저항성이 크며 방수성이 뛰어나 **댐이나 항만공사**, 공장폐수공사 등에 사용된다.

📝 필기에 자주 출제되는 내용입니다.

100 유성 목재방부제로서 악취가 나고, 흑갈색으로 외관이 미려하지 않아 토대, 기둥 등에 이용되는 것은?

① 크레오소트 오일
② 황산동 1% 용액
③ 염화아연 4% 용액
④ 불화소다 2% 용액

정답   97 ①   98 ②   99 ③   100 ①

★ 목재에 사용되는 크레오소트 오일
① 방부력이 우수하고 강도 저하가 적지만 악취가 난다.
② 가격이 저렴하다.
③ 독성이 적다.
④ 침투성이 좋아 목재에 깊게 주입된다.
⑤ 흑갈색으로 외관이 불미하여 눈에 보이지 않는 토대, 기둥, 도리 등에 이용한다.

 필기에 자주 출제되는 내용입니다.

6과목 건설안전기술

101 건설공사 시공단계에 있어서 안전관리의 문제점에 해당되는 것은?

① 발주자의 조사, 설계 발주능력 미흡
② 용역자의 조사, 설계 능력 부실
③ 발주자의 감독 소홀
④ 사용자의 시설 운영관리 능력 부족

 ③ 발주자의 감독 소홀 → 시공단계에 있어서 안전관리의 문제점

102 크레인을 사용하여 작업을 할 때 작업시작 전에 점검하여야 하는 사항에 해당하지 않는 것은?

① 권과방지장치·브레이크·클러치 및 운전장치의 기능
② 주행로의 상측 및 트롤리가 횡행하는 레일의 상태
③ 와이어로프가 통하고 있는 곳의 상태
④ 압력 방출 장치의 기능

★ 작업시작 전 점검사항

이동식 크레인	• 권과방지장치 그 밖의 경보장치의 기능 • 브레이크·클러치 및 조정장치의 기능 • 와이어로프가 통하고 있는 곳 및 작업장소의 지반상태
리프트	• 방호장치·브레이크 및 클러치의 기능 • 와이어로프가 통하고 있는 곳의 상태
곤돌라	• 방호장치·브레이크의 기능 • 와이어로프·슬링와이어 등의 상태

 실기에 자주 출제되는 내용입니다. 암기하세요.

103 다음 중 차량계 건설기계에 속하지 않는 것은?

① 불도저   ② 스크레이퍼
③ 타워크레인   ④ 항타기

 ③ 타워크레인은 양중기에 해당한다.

정답 101 ③ 102 ④ 103 ③

2017년 1회 건설안전기사 | 863

104 산소결핍이라 함은 공기 중 산소농도가 몇 % 미만일 때를 의미하는가?

① 20% ② 18%
③ 15% ④ 10%

> *산소결핍
> 공기 중 산소농도가 18% 미만인 상태

실기에 자주 출제되는 내용입니다. 암기하세요.

105 흙막이 지보공을 설치하였을 때 정기적으로 점검하여 이상 발견 시 즉시 보수하여야 할 사항이 아닌 것은?

① 굴착 깊이의 정도
② 버팀대의 긴압의 정도
③ 부재의 접속부·부착부 및 교차부의 상태
④ 부재의 손상·변형·부식·변위 및 탈락의 유무와 상태

> *흙막이 지보공을 설치한 때 점검 사항
> • 부재의 손상 · 변형 · 부식 · 변위 및 탈락의 유무와 상태
> • 버팀대의 긴압의 정도
> • 부재의 접속부 · 부착부 및 교차부의 상태
> • 침하의 정도

실기까지 중요한 내용입니다.

106 그물코의 크기가 10cm인 매듭 없는 방망사 신품의 인장강도는 최소 얼마 이상이어야 하는가?

① 240kg ② 320kg
③ 400kg ④ 500kg

> *방망사의 신품에 대한 인장강도
>
> | 그물코의 크기 (단위 : cm) | 방망의 종류(단위 : kg) | |
> |---|---|---|
> | | 매듭 없는 방망 | 매듭방망 |
> | 10 | 240 | 200 |
> | 5 | | 110 |

필기에 자주 출제되는 내용입니다. 암기하세요.

참고

> *방망사의 폐기 시 인장강도
>
> | 그물코의 크기 (단위 : cm) | 방망의 종류(단위 : kg) | |
> |---|---|---|
> | | 매듭 없는 방망 | 매듭방망 |
> | 10 | 150 | 135 |
> | 5 | | 60 |

107 콘크리트 타설 시 거푸집의 측압에 영향을 미치는 인자들에 관한 설명으로 옳지 않은 것은?

① 슬럼프가 클수록 작다.
② 타설 속도가 빠를수록 크다.
③ 거푸집 속의 콘크리트 온도가 낮을수록 크다.
④ 콘크리트의 타설 높이가 높을수록 크다.

정답 104 ② 105 ① 106 ① 107 ①

> **참고**
>
> ∗ **콘크리트의 측압**
> - 철골 또는 철근량이 적을수록 측압이 크다.
> - 외기 온도가 낮을수록 측압이 크다.
> - 타설 속도가 빠를수록 측압이 크다.
> - 다짐이 좋을수록 측압이 크다.
> - 슬럼프가 클수록 측압이 크다.
> - 콘크리트 비중이 클수록 측압이 크다.
> - 습도가 낮을수록 측압이 크다.
>
> 실기까지 중요한 내용입니다.

108 유해위험방지 계획서를 제출하려고 할 때 그 첨부서류와 가장 거리가 먼 것은?

① 공사개요서
② 산업안전보건관리비 작성요령
③ 전체공정표
④ 재해 발생 위험 시 연락 및 대피 방법

> ∗ **유해위험방지 계획서 첨부서류**
> - 공사 개요 및 안전보건관리계획
>   - 공사 개요서
>   - 공사현장의 주변 현황 및 주변과의 관계를 나타내는 도면(매설물 현황을 포함한다.)
>   - 건설물, 사용 기계설비 등의 배치를 나타내는 도면
>   - 전체 공정표
>   - 산업안전보건관리비 사용계획
>   - 안전관리 조직표
>   - 재해 발생 위험 시 연락 및 대피방법
> - 작업 공사 종류별 유해 · 위험방지계획

109 흙막이 공법을 흙막이 지지방식에 의한 분류와 구조방식에 의한 분류로 나눌 때 다음 중 지지방식에 의한 분류에 해당하는 것은?

① 수평 버팀대식 흙막이 공법
② H-Pile 공법
③ 지하연속벽 공법
④ Top down method 공법

> ∗ **흙막이 공법의 분류**
> - 지지방식에 의한 분류
>   - 자립 공법
>   - 버팀대 공법
>   ⓐ 경사 버팀대식 흙막이
>   ⓑ 수평 버팀대식 흙막이
>   - 어스앵커공법
>   - 타이로드 공법
> - 구조방식에 의한 분류
>   - H-PILE 공법
>   - 널말뚝 공법
>   - 지하연속벽 공법
>   - 탑다운 공법

정답 108 ② 109 ①

110 항타기 및 항발기에 관한 설명으로 옳지 않은 것은?

① 도괴방지를 위해 시설 또는 가설물 등에 설치하는 때에는 그 내력을 확인하고 내력이 부족하면 그 내력을 보강해야 한다.
② 와이어로프의 한 꼬임에서 끊어진 소선(필러선을 제외한다)의 수가 10% 이상인 것은 권상용 와이어로프로 사용을 금한다.
③ 지름 감소가 공칭지름의 7%를 초과하는 것은 권상용 와이어로프로 사용을 금한다.
④ 권상용 와이어로프의 안전계수가 4 이상이 아니면 이를 사용하여서는 아니 된다.

④ 권상용 와이어로프의 안전계수가 5 이상이 아니면 이를 사용하여서는 안 된다.

참고

*와이어로프 등 달기구의 안전계수
- 근로자가 탑승하는 운반구를 지지하는 달기와이어로프 또는 달기체인의 경우 : 10 이상
- 화물의 하중을 직접 지지하는 달기와이어로프 또는 달기체인의 경우 : 5 이상
- 훅, 샤클, 클램프, 리프팅 빔의 경우 : 3 이상
- 그 밖의 경우 : 4 이상

 참고의 내용을 암기하세요.

111 크레인의 운전실 또는 운전대를 통하는 통로의 끝과 건설물 등의 벽체의 간격은 최대 얼마 이하로 하여야 하는가?

① 0.2m ② 0.3m
③ 0.4m ④ 0.5m

*간격을 0.3m 이하로 하여야 하는 경우
- 크레인의 운전실 또는 운전대를 통하는 통로의 끝과 건설물 등의 벽체의 간격
- 크레인 거더(girder)의 통로 끝과 크레인 거더의 간격
- 크레인 거더의 통로로 통하는 통로의 끝과 건설물 등의 벽체의 간격

112 산업안전보건관리비 계상 및 사용기준에 따른 공사 종류별 계상기준으로 옳은 것은? (단, 특수건설공사이고, 대상액이 5억 원 미만인 경우)

① 2.45% ② 2.07%
③ 3.09% ④ 3.43%

정답 110 ④ 111 ② 112 ②

* 공사종류 및 규모별 산업안전보건관리비 계상기준표

구분 공사종류	대상액 5억 원 미만인 경우 적용비율(%)	대상액 5억 원 이상 50억 원 미만인 경우		대상액 50억 원 이상인 경우 적용비율(%)	보건관리자 선임 대상 건설공사의 적용비율(%)
		적용비율(%)	기초액		
건축공사	3.11%	2.28%	4,325천원	2.37%	2.64%
토목공사	3.15%	2.53%	3,300천원	2.60%	2.73%
중건설 공사	3.64%	3.05%	2,975천원	3.11%	3.39%
특수건설 공사	2.07%	1.59%	2,450천원	1.64%	1.78%

113 흙의 투수계수에 영향을 주는 인자에 관한 설명으로 옳지 않은 것은?

① 공극비 : 공극비가 클수록 투수계수는 작다.
② 포화도 : 포화도가 클수록 투수계수도 크다.
③ 유체의 점성계수 : 점성계수가 클수록 투수 계수는 작다.
④ 유체의 밀도 : 유체의 밀도가 클수록 투수계수는 크다.

① 공극비가 클수록 투수계수는 크다.

114 풍화암의 굴착면 붕괴에 따른 재해를 예방하기 위한 굴착면의 적정한 기울기 기준은?

① 1 : 1.5   ② 1 : 1.0
③ 1 : 0.5   ④ 1 : 0.3

* 굴착면의 기울기 및 높이 기준

지반의 종류	굴착면의 기울기
모래	1 : 1.8
연암 및 풍화암	1 : 1.0
경암	1 : 0.5
그 밖의 흙	1 : 1.2

실기에 자주 출제되는 내용입니다. 암기하세요.

115 크레인 등 건설장비의 가공전선로 접근 시 안전대책으로 거리가 먼 것은?

① 안전 이격거리를 유지하고 작업한다.
② 장비의 조립, 준비 시부터 가공전선로에 대한 감전 방지 수단을 강구한다.
③ 장비 사용 현장의 장애물, 위험물 등을 점검 후 작업계획을 수립한다.
④ 장비를 가공전선로 밑에 보관한다.

④ 장비를 가공전선로 밑에 보관하는 것은 감전의 우려가 있다.

정답 113 ① 114 ② 115 ④

116 다음은 강관을 사용하여 비계를 구성하는 경우에 대한 내용이다. 다음 ( ) 안에 들어갈 내용으로 옳은 것은?

> 비계기둥의 간격은 띠장 방향에서는 ( ), 장선 방향에서는 1.5m 이하로 할 것

① 1.2m 이상 1.5m 이하
② 1.2m 이상 2.0m 이하
③ 1.85m 이하
④ 1.5m 이상 2.0m 이하

> ＊ 강관비계의 구조
> ① 비계기둥 간격 : 띠장방향에서는 1.85m 이하, 장선 방향에서는 1.5m 이하로 할 것
> 다만, 다음 각 목의 어느 하나에 해당하는 작업의 경우에는 안전성에 대한 구조검토를 실시하고 조립도를 작성하면 띠장 방향 및 장선 방향으로 각각 2.7미터 이하로 할 수 있다.
> 가. 선박 및 보트 건조작업
> 나. 그 밖에 장비 반입·반출을 위하여 공간 등을 확보할 필요가 있는 등 작업의 성질상 비계기둥 간격에 관한 기준을 준수하기 곤란한 작업
> ② 띠장간격 : 2.0미터 이하로 할 것
> ③ 비계기둥의 제일 윗부분으로 부터 31m되는 지점 밑부분의 비계기둥은 2본의 강관으로 묶어세울 것
> ④ 비계기둥 간의 적재하중은 400kg을 초과하지 않도록 할 것

📝 관련 법령의 변경으로 **문제 일부를 수정**하였습니다. **실기까지 중요한 내용**입니다.

117 달비계를 설치할 때 작업발판의 폭은 최소 얼마 이상으로 하여야 하는가?

① 30cm ② 40cm
③ 50cm ④ 60cm

> 달비계의 작업발판은 폭을 40cm 이상으로 하고 틈새가 없도록 할 것

118 굴착과 싣기를 동시에 할 수 있는 토공기계가 아닌 것은?

① Power shovel
② Tractor shovel
③ Back hoe
④ Motor grader

> ④ Motor grader는 지반의 정지작업에 사용되는 기계이다.

정답 116 ③   117 ②   118 ④

119 지반조사의 목적에 해당되지 않는 것은?

① 토질의 성질 파악
② 지층의 분포 파악
③ 지하수위 및 피압수 파악
④ 구조물의 편심에 의한 적절한 침하 유도

④ 지반조사는 지반의 침하를 방지하기 위한 목적으로 실시한다.

120 작업발판 및 통로의 끝이나 개구부로서 근로자가 추락할 위험이 있는 장소에서 난간 등의 설치가 매우 곤란하거나 작업의 필요상 임시로 난간 등을 해체하여야 하는 경우에 설치하여야 하는 것은?

① 구명구
② 수직보호망
③ 추락방호망
④ 석면포

* 추락방호망 설치
추락할 위험이 있는 장소에서 난간 등의 설치가 매우 곤란하거나 작업의 필요상 임시로 난간 등을 해체하여야 하는 경우

정답 119 ④ 120 ③

2017년 2회 최근 기출문제

1과목 산업안전관리론

01 산업안전보건법령상 안전·보건표지의 종류 중 금지표지에 해당하지 않는 것은?

① 탑승 금지   ② 금연
③ 사용 금지   ④ 접촉 금지

> **★ 금지 표지의 종류**
> - 출입 금지
> - 보행 금지
> - 차량 통행 금지
> - 사용 금지
> - 탑승 금지
> - 금연
> - 화기 금지
> - 물체 이동 금지

 실기에 자주 출제되는 내용입니다. 암기하세요.

02 산업안전보건법령상 안전검사 대상 유해·위험기계 등의 기준 중 틀린 것은?

① 롤러기(밀폐형 구조는 제외)
② 국소 배기장치(이동식은 제외)
③ 사출성형기(형 체결력 294kN 미만은 제외)
④ 크레인(정격하중이 2톤 이상인 것은 제외)

> **★ 안전검사 대상 기계, 기구**
> ① 프레스
> ② 전단기
> ③ 크레인[정격 하중이 2톤 미만인 것 제외]
> ④ 리프트
> ⑤ 압력용기
> ⑥ 곤돌라
> ⑦ 국소 배기장치(이동식은 제외)
> ⑧ 원심기(산업용만 해당)
> ⑨ 롤러기(밀폐형 구조는 제외한다)
> ⑩ 사출성형기[형 체결력 294킬로뉴턴(KN) 미만은 제외]
> ⑪ 고소작업대
> ⑫ 컨베이어
> ⑬ 산업용 로봇
> ⑭ 혼합기(26년 6월 26일 시행)
> ⑮ 파쇄기 또는 분쇄기(26년 6월 26일 시행)

>
> **특급암기법**
> 손 다치는 기계 – 프레스, 전단기, 사출성형기, 롤러기, 혼합기, 파쇄기 또는 분쇄기(26년 6월 26일 시행)
> 양중기 – 크레인, 리프트, 곤돌라
> 폭발 – 압력용기
> 추가 – 극소(국소) 로봇이 고소(높은 곳)의 큰(컨) 원을 검사(안전검사)
> 국소배기장치 산업용 로봇, 고소작업대, 컨베이어, 원심기

 실기에 자주 출제되는 내용입니다. 암기하세요.

정답 01 ④ 02 ④

03 산업안전보건법상 산업안전보건위원회의 심의·의결사항이 아닌 것은?

① 산업재해 예방계획의 수립에 관한 사항
② 근로자의 건강진단 등 건강관리에 관한 사항
③ 재해자에 관한 치료 및 재해보상에 관한 사항
④ 안전보건관리규정의 작성 및 변경에 관한 사항

* **산업안전보건위원회의 심의 · 의결 사항**
- 산업재해 예방계획의 수립에 관한 사항
- 안전보건관리규정의 작성 및 변경에 관한 사항
- 근로자의 안전 · 보건교육에 관한 사항
- 작업환경측정 등 작업환경의 점검 및 개선에 관한 사항
- 근로자의 건강진단 등 건강관리에 관한 사항
- 중대재해의 원인 조사 및 재발 방지대책 수립에 관한 사항
- 산업재해에 관한 통계의 기록 및 유지에 관한 사항
- 유해하거나 위험한 기계 · 기구와 그 밖의 설비를 도입한 경우 안전 · 보건 조치에 관한 사항

실기에 자주 출제되는 내용입니다. 암기하세요.

04 시설물의 안전관리에 관한 특별법상 안전점검 실시의 구분에 해당하지 않는 것은?

① 정기점검   ② 정밀점검
③ 긴급점검   ④ 임시점검

* **시설물의 안전관리에 관한 특별법상 안전점검의 구분**
- 정기점검   · 긴급점검
- 정기점검   · 정밀점검
- 정밀안전진단

05 무재해운동을 추진하기 위한 중요한 세 개의 기둥에 해당하지 않는 것은?

① 본질추구
② 소집단 자주활동의 활성화
③ 최고경영자의 경영자세
④ 관리감독자(Line)의 적극적 추진

* **무재해 운동의 3요소**
- 최고 경영자의 경영자세
- 라인관리자에 의한 안전보건 추진
- 직장의 자주안전 활동의 활성화

06 객관적인 위험을 작업자 나름대로 판정하여 위험을 수용하고 행동에 옮기는 것은?

① Risk Assessment
② Risk taking
③ Risk control
④ Risk playing

* **Risk taking**
객관적인 위험을 나름대로 판정하여 행동에 옮기는 것 (위험추구)

정답 03 ③ 04 ④ 05 ① 06 ②

07 산업안전보건법상 사업주의 의무에 해당하는 것은?

① 산업안전·보건정책의 수립·집행·조정 및 통제
② 사업장에 대한 재해 예방 지원 및 지도
③ 산업재해에 관한 조사 및 통계의 유지·관리
④ 해당 사업장의 안전·보건에 관한 정보를 근로자에게 제공

> **＊사업주의 안전 직무**
> • 산업재해 예방을 위한 기준을 지킬 것
> • 근로자의 신체적 피로와 정신적 스트레스 등을 줄일 수 있는 쾌적한 작업환경을 조성하고 근로조건을 개선할 것
> • 해당 사업장의 안전·보건에 관한 정보를 근로자에게 제공할 것

08 A사업장에서 무상해, 무사고 위험순간이 300건 발생하였다면 버드(Frank Bird)의 재해구성비율에 따르면 경상은 몇 건이 발생하겠는가?

① 5   ② 10
③ 15   ④ 20

> **＊버드의 1 : 10 : 30 : 600 의 법칙**
> • 총 641건의 사고를 분석했을 때
>   - 중상 또는 폐질 : 1건
>   - 경상해 : 10건
>   - 무상해 사고(물적 손실) : 30건
>   - 무상해, 무사고(위험 순간) : 600건이 발생함을 의미한다.
> • 무상해, 무사고 위험순간이 300건이므로
>   - 중상 또는 폐질 : 0.5건
>   - 경상해 : 5건
>   - 무상해 사고(물적 손실) : 15건

 필기에 자주 출제되는 내용입니다.

09 산업안전보건법령상 안전관리자의 업무가 아닌 것은?

① 해당 사업장 안전교육계획의 수립 및 안전교육 실시에 관한 보좌 및 조언·지도
② 사업장 순회점검·지도 및 조치의 건의
③ 법 또는 법에 따른 명령으로 정한 안전에 관한 사항의 이행에 관한 보좌 및 조언·지도
④ 작업장 내에서 사용되는 전체 환기장치 및 국소 배기장치 등에 관한 설비의 점검과 작업방법의 공학적 개선에 관한 보좌 및 조언·지도

> **＊안전관리자 직무**
> ① 사업장 안전교육계획의 수립 및 안전교육 실시에 관한 보좌 및 조언·지도
> ② 사업장 순회점검·지도 및 조치의 건의

정답 07 ④ 08 ① 09 ④

③ 산업재해 발생의 원인 조사·분석 및 재발 방지를 위한 기술적 보좌 및 조언·지도
④ 산업재해에 관한 통계의 유지·관리·분석을 위한 보좌 및 조언·지도
⑤ 안전인증대상 기계·기구등과 자율안전확인대상 기계·기구등 구입 시 적격품의 선정에 관한 보좌 및 조언·지도
⑥ 위험성평가에 관한 보좌 및 조언·지도
⑦ 안전에 관한 사항의 이행에 관한 보좌 및 조언·지도
⑧ 산업안전보건위원회 또는 노사협의체, 안전보건관리규정 및 취업규칙에서 정한 직무
⑨ 업무수행 내용의 기록. 유지
⑩ 그 밖에 안전에 관한 사항으로서 노동부장관이 정하는 사항

특급암기법
안전교육, 사업장 점검, 재해 원인조사, 재해통계 관리, 적격품 선정, 위험성평가, 업무내용 기록

10 보행 중 작업자가 바닥에 미끄러지면서 주변의 상자와 머리를 부딪침으로서 머리에 상처를 입은 경우 이 사고의 기인물은?

① 바닥　　② 상자
③ 머리　　④ 바닥과 상자

바닥에 미끄러지면서 머리에 상처를 입음 → 기인물 : 바닥

 실기까지 중요한 내용입니다.

11 산업안전보건법령상 산업재해가 발생하였을 때에 사업주가 기록·보존하여야 하는 사항이 아닌 것은?

① 피해상황
② 재해발생의 일시 및 장소
③ 재해발생의 원인 및 과정
④ 재해 재발방지 계획

사업주는 산업재해가 발생한 때에는 다음 각 호의 사항을 기록·보존하여야 한다.
• 사업장의 개요 및 근로자의 인적사항
• 재해 발생의 일시 및 장소
• 재해 발생의 원인 및 과정
• 재해 재발방지 계획

12 추락 및 감전 위험방지용 안전모의 성능기준 중 일반구조 기준으로 틀린 것은?

① 턱끈의 폭은 10mm 이상일 것
② 안전모의 수평간격은 1mm 이내일 것
③ 안전모는 모체, 착장체 및 턱끈을 가질 것
④ 안전모의 착용높이는 85mm 이상이고 외부 수직거리는 80mm 미만일 것

② 안전모의 수평간격은 5mm 이상일 것

13 재해발생의 원인 중 간접 원인에 해당되지 않는 것은?

① 기술적 원인　② 불안전한 상태
③ 관리적 원인　④ 교육적 원인

정답　10 ①　11 ①　12 ②　13 ②

> **＊재해의 직접원인**
> - 불안전한 행동(인적원인)
> - 불안전한 상태(물적원인)

14 산업안전보건법령상 산업안전보건위원회 사용자위원의 구성기준으로 틀린 것은? (단, 상시 근로자 100명 이상을 사용하는 사업장이다.)

① 안전관리자 1명
② 명예산업안전감독관 1명
③ 해당 사업의 대표자
④ 해당 사업의 대표자가 지명하는 9명 이내의 해당 사업장 부서의 장

> **＊산업안전보건위원회의 구성**
>
> | | |
> |---|---|
> | 근로자위원 | • 근로자대표
• 근로자대표가 지명하는 1명 이상의 명예산업안전감독관
• 근로자대표가 지명하는 9명 이내의 해당 사업장의 근로자 |
> | 사용자위원 | • 해당 사업의 대표자
• 안전관리자 1명
• 보건관리자 1명
• 산업보건의
• 사업의 대표자가 지명하는 9명 이내의 해당 사업장 부서의 장 |

📝 실기에 자주 출제되는 내용입니다. 암기하세요.

15 재해 손실비 평가방식 중 하인리히 방식에 있어 간접비에 해당되지 않는 것은?

① 시설복구비용
② 교육훈련비용
③ 장의비용
④ 생산손실비용

직접비	간접비
• 치료비 • 휴업급여 • 요양급여 • 유족급여 • 장해급여 • 간병급여 • 직업재활급여 • 상병(傷病)보상연금 • 장의비 등	• 인적 손실비 • 물적 손실비 • 생산 손실비 • 기계, 기구 손실비 등

16 위험예지훈련 4라운드 기법 진행방법 중 본질추구는 몇 라운드에 해당되는가?

① 제1라운드   ② 제2라운드
③ 제3라운드   ④ 제4라운드

> **＊위험예지 훈련 4단계**
> - 1단계 : 현상 파악
> - 2단계 : 요인조사(본질추구)
> - 3단계 : 대책수립
> - 4단계 : 행동목표 설정(합의요약)

📝 실기까지 중요한 내용입니다.

정답 14 ② 15 ③ 16 ②

17 연평균 근로자수가 1100명인 사업장에서 한 해 동안에 17명의 사상자가 발생하였을 경우 연천인율은 약 얼마인가? (단, 근로자는 1일 8시간, 연간 250일을 근무하였다.)

① 7.73 ② 13.24
③ 15.45 ④ 18.55

＊ 연천인율
① 근로자 1,000명 중 재해자수 비율(1년간)
② 연천인율 = $\dfrac{\text{연간재해자 수}}{\text{연평균 근로자 수}} \times 1{,}000$
③ 연천인율 = 도수율 × 2.4

연천인율 = $\dfrac{\text{연간재해자 수}}{\text{연평균 근로자 수}} \times 1{,}000$
= $\dfrac{17}{1{,}100} \times 1{,}000 = 15.45$

📝 실기까지 중요한 내용입니다.

18 산업안전보건법령상 안전·보건표지 속에 그림 또는 부호의 크기는 안전·보건표지의 크기와 비례하여야 하며, 안전·보건표지 전체 규격의 최소 몇 % 이상이 되어야 하는가?

① 10 ② 20
③ 30 ④ 40

안전·보건표지 속의 그림 또는 부호의 크기는 안전·보건표지의 크기와 비례하여야 하며, 안전·보건표지 전체 규격의 30% 이상이 되어야 한다.

19 테일러(F.W. Taylor)가 제창한 기능형 조직(functional organization)에서 발전된 조직의 형태로 중규모(100~500인) 사업장에 적합한 안전관리 조직의 유형은?

① 라인형
② 스태프형
③ 라인-스태프 혼합형
④ 프로젝트형

① 라인형 → 100인 이하 소규모 사업장
② 스태프형 → 100인 이상 1,000인 이하 중규모 사업장
③ 라인-스태프 혼합형 → 1,000인 이상 대규모 사업장

📝 실기까지 중요한 내용입니다.

20 재해의 통계적 원인분석 방법 중 다음에서 설명하는 것은?

> 2개 이상의 문제 관계를 분석하는 데 사용하는 것으로 데이터를 집계하고, 표로 표시하여 요인별 결과 내역을 교차한 그림을 작성, 분석하는 방법

① 파레토도(pareto diagram)
② 특성 요인도(cause and effect diagram)
③ 관리도(control diagram)
④ 크로스도(cross diagram)

정답 17 ③ 18 ③ 19 ② 20 ④

- 2개 이상 요인의 결과를 클로즈(close) 분석도(요인별 결과내역을 교차한 그림)를 작성하여 분석한다.
  → close분석
- 2개 이상의 원인을 서로 교차(cross)하여 분석한다.
  → cross분석

📝 동일한 문제이나 14년 4회의 정답은 '클로즈(close) 분석'으로 출제됨

2과목 산업심리 및 교육

21 생리적 피로와 심리적 피로에 대한 설명으로 틀린 것은?

① 심리적 피로와 생리적 피로는 항상 동반해서 발생한다.
② 심리적 피로는 계속되는 작업에서 수행 감소를 주관적으로 지각하는 것을 의미한다.
③ 생리적 피로는 근육조직의 산소고갈로 발생하는 신체능력 감소 및 생리적 손상이다.
④ 작업 수행이 감소하더라도 피로를 느끼지 않을 수 있고, 수행이 잘되더라도 피로를 느낄 수 있다.

심리적 피로(정신적 피로)와 생리적 피로(육체적 피로)는 항상 동반해서 발생하는 것은 아니다.

22 인간의 생리적 욕구에 대한 의식적 통제가 어려운 것부터 차례대로 나열한 것 중 맞는 것은?

① 안전의 욕구 → 해갈의 욕구 → 배설의 욕구 → 호흡의 욕구
② 호흡의 욕구 → 안전의 욕구 → 해갈의 욕구 → 배설의 욕구
③ 배설의 욕구 → 호흡의 욕구 → 안전의 욕구 → 해갈의 욕구
④ 해갈의 욕구 → 배설의 욕구 → 호흡의 욕구 → 안전의 욕구

* 생리적 욕구 중 의식적 통제가 어려운 순서
호흡의 욕구 → 안전의 욕구 → 해갈의 욕구 → 배설의 욕구

23 정신상태 불량으로 일어나는 안전사고요인 중 개성적 결함요소에 해당하는 것은?

① 극도의 피로
② 과도한 자존심
③ 근육운동의 부적합
④ 육체적 능력의 초과

정신적 요소	개성적 결함
• 방심과 공상	• 과도한 자존심과 자만심
• 판단력의 부족	• 사치와 허영심
• 주의력의 부족	• 도전적 성격과 다혈질
• 안전지식의 부족	• 인내력 부족
	• 고집과 과도한 집착력
	• 나약한 마음
	• 태만, 경솔성
	• 배타성과 이질성

정답 21 ① 22 ② 23 ②

24 안전·보건교육의 목적이 아닌 것은?

① 행동의 안전화
② 작업환경의 안전화
③ 의식의 안전화
④ 노무 관리의 적정화

> ＊안전교육 실시 목적
> • 인간 정신의 안전화
> • 인간 행동의 안전화
> • 환경의 안전화
> • 설비 물자의 안전화

25 안전교육의 형태와 방법 중 Off.J.T(Off the Job training)의 특징이 아닌 것은?

① 외부의 전문가를 강사로 초청할 수 있다.
② 다수의 근로자에게 조직적 훈련이 가능하다.
③ 공통된 대상자를 대상으로 일관적으로 교육할 수 있다.
④ 업무 및 사내의 특성에 맞춘 구체적이고 실제적인 지도교육이 가능하다.

> ④ 업무 및 사내의 특성에 맞춘 구체적이고 실제적인 지도교육이 가능하다.
> → O.J.T(On the Job training)

참고

OJT의 특징	• 개개인에게 적절한 훈련이 가능하다. • 직장의 실정에 맞는 훈련이 가능하다. • 교육 효과가 즉시 업무에 연결된다. • 훈련에 대한 업무의 계속성이 끊어지지 않는다. • 상호 신뢰 이해도가 높다.
OFF JT의 특징	• 다수의 근로자들에게 훈련을 할 수 있다. • 훈련에만 전념하게 된다. • 특별 설비 기구 이용이 가능하다. • 많은 지식이나 경험을 교류할 수 있다. • 교육 훈련 목표에 대하여 집단적 노력이 흐트러질 수 있다.

필기에 자주 출제되는 내용입니다.

26 리더십의 권한에 있어 조직이 리더에게 부여하는 권한이 아닌 것은?

① 위임된 권한   ② 강압적 권한
③ 보상적 권한   ④ 합법적 권한

> • 조직이 지도자에게 부여하는 권한 : 보상적 권한, 강압적 권한, 합법적 권한
> • 지도자 자신이 자기에게 부여하는 권한 : 위임된 권한, 전문성의 권한

필기에 자주 출제되는 내용입니다.

정답 24 ④ 25 ④ 26 ①

27 통제적 집단행동과 관련성이 없는 것은?

① 관습 ② 유행
③ 패닉 ④ 제도적 행동

> **＊비통제적 집단행동**
> • 군중(Crowd) • 모브(Mob)
> • 패닉(Panic) • 심리적 전염

28 강의법에 대한 장점으로 볼 수 없는 것은?

① 피교육자의 참여도가 높다.
② 전체적인 교육내용을 제시하는 데 적합하다.
③ 짧은 시간 내에 많은 양의 교육이 가능하다.
④ 새로운 과업 및 작업단위의 도입단계에 유효하다.

강의법의 장점	• 새로운 기술, 지식, 정보를 체계적으로 전달 할 수 있다. • 짧은 시간동안 많은 양의 정보를 전달 할 수 있다. • 한 사람의 강사가 많은 학생을 지도할 수 있다.(교육의 경제성이 높다) • 구체적인 사실적 정보의 제공과 요점을 파악하기에 효율적이다.
강의법의 단점	• 학습자의 이해수준을 알 수가 없다. • 학습자의 성향을 고려할 수 없다. • 학습자의 능동적 참여를 기대할 수 없다. (학습에 대한 동기부여가 어렵다.) • 수강자의 주의집중도나 흥미의 정도가 낮다. • 기능적, 태도적인 내용의 교육이 어렵다. • 강사의 지식 수준에서 모든 것이 이루어지기 때문에 학습자에게 끼치는 영향이 크다.

29 의사소통 과정의 4가지 구성요소에 해당하지 않는 것은?

① 채널 ② 효과
③ 메시지 ④ 수신자

> **＊의사소통 과정의 4가지 구성요소**
> • 송신자
> • 메시지
> • 수신자
> • 피드백 또는 채널

30 허츠버그(Herzberg)의 욕구이론 중 위생요인이 아닌 것은?

① 임금 ② 승진
③ 존경 ④ 지위

위생 요인(직무 환경)	동기 요인(직무 내용)
• 회사 정책과 관리	• 성취감
• 개인 상호 간의 관계	• 책임감
• 감독	• 안정감
• 임금	• 성장과 발전
• 보수	• 도전감
• 작업조건	• 일 그 자체
• 지위	
• 안전	
• 승진	

📝 필기에 자주 출제되는 내용입니다.

정답 27 ③ 28 ① 29 ② 30 ③

31 안전교육의 내용을 지식교육, 기능교육 및 태도교육 순서로 구분하여 맞게 나열한 것은?

① 시청각 교육 - 안전작업 동작지도 - 현장실습 교육
② 현장실습 교육 - 안전작업 동작지도 - 시청각 교육
③ 안전작업 동작지도 - 시청각 교육 - 현장실습 교육
④ 시청각 교육 - 현장실습 교육 - 안전작업 동작지도

- 시청각 교육 : 지식교육
- 현장실습 교육 : 기능교육
- 안전작업 동작지도 : 태도교육

32 교육지도의 효율성을 높이는 원리인 훈련전이(transfer of training)에 관한 설명으로 틀린 것은?

① 훈련 상황이 가급적 실제 상황과 유사할수록 전이효과는 높아진다.
② 훈련 전이란 훈련 기간에 학습된 내용이 실무 상황으로 옮겨져서 사용되는 정도이다.
③ 실제 직무수행에서 훈련된 행동이 나타날 때 보상이 따르면 전이효과는 더 높아진다.
④ 훈련생은 훈련 과정에 대해서 사전정보가 없을수록 왜곡된 반응을 보이지 않는다.

④ 훈련생은 훈련 과정에 대해서 사전정보가 많을수록 왜곡된 반응을 보이지 않는다.

33 강의법 교육과 비교하여 모의법(Simulation Method) 교육의 특징으로 맞는 것은?

① 시간의 소비가 거의 없다.
② 시설의 유지비가 저렴하다.
③ 학생 대비 교사의 비율이 적다.
④ 단위시간당 교육비가 많이 든다.

- 모의법 : 실제의 장면이나 상태와 극히 유사한 사태를 인위적으로 만들어 그 속에서 학습토록 하는 교육방법
- 모의법의 단점
  - 단위시간당 교육비가 비싸고 시간의 소비가 많다.
  - 시설의 유지비가 많다.
  - 학생 대 교사의 비율이 높다.

34 의식수준이 정상적 상태이지만 생리적 상태가 안정을 취하거나 휴식할 때에 해당하는 것은?

① phase Ⅰ ② phase Ⅱ
③ phase Ⅲ ④ phase Ⅳ

★ 인간 의식 레벨의 분류

Phase 0	무의식, 실신	수면, 뇌발작	주의작용 0
Phase Ⅰ	의식 흐림	피로, 단조로운 일	부주의
Phase Ⅱ	이완	안정 기거, 휴식	안정 기거, 휴식
Phase Ⅲ	상쾌	적극적	적극 활동
Phase Ⅳ	과긴장	일점집중현상, 긴급방위	감정 흥분

필기에 자주 출제되는 내용입니다.

정답 31 ④ 32 ④ 33 ④ 34 ②

35 라스무센의 정보처리모형은 원인 차원의 휴먼에러 분류에 적용되고 있다. 이 모형에서 정의하고 있는 인간의 행동 단계 중 다음의 특징을 갖는 것은?

> - 생소하거나 특수한 상황에서 발생하는 행동이다.
> - 부적절한 추론이나 의사결정에 의해 오류가 발생한다.

① 규칙기반행동 ② 인지기반행동
③ 지식기반행동 ④ 숙련기반행동

* 지식기반행동
부적절한 추론이나 의사결정에 의해 오류가 발생

참고

* 라스무센의 행동기반 오류
- **지식기반행동(지식기반 오류)** : 생소하거나 특수한 상황에서 발생하는 행동, 처음부터 기억 속에 지식이 없거나 부적절한 추론이나 의사결정에 의해 오류가 발생
- **규칙기반행동(규칙기반 오류)** : 저장된 규칙 속에서 이루어 지는 행동, 처음부터 잘못된 규칙을 기억하거나, 정확한 규칙이나 상황에 맞지 않게 잘못 적용되었을 때 오류 발생
- **숙련기반행동(숙련기반오류)** : 저장된 행동 패턴에 의해 이루어지는 행동, 숙련된 상태에 있는 행동에서 나타나는 에러(Slip, Lapse)

36 교육의 3요소 중에서 '교육의 매개체'에 해당하는 것은?

① 강사 ② 선배
③ 교재 ④ 수강생

* 교육의 3요소

구분	교육의 주체	교육의 객체	교육의 매개체
형식적 교육	강사	학생(수강자)	교재 (학습내용)
비형식적 교육	부모, 형, 선배, 사회인사	자녀와 미성숙자	교육적 환경 인간관계

37 교육지도의 5단계가 다음과 같을 때 맞게 나열한 것은?

> ㉠ 가설의 설정 ㉡ 결론
> ㉢ 원리의 제시 ㉣ 관련된 개념의 분석
> ㉤ 자료의 평가

① ㉢ → ㉣ → ㉠ → ㉤ → ㉡
② ㉠ → ㉢ → ㉣ → ㉤ → ㉡
③ ㉢ → ㉠ → ㉤ → ㉣ → ㉡
④ ㉠ → ㉢ → ㉤ → ㉣ → ㉡

* 교육지도의 5단계
- 1단계 : 원리의 제시
- 2단계 : 관련된 개념의 분석
- 3단계 : 가설의 설정
- 4단계 : 자료의 평가
- 5단계 : 결론

정답 35 ③ 36 ③ 37 ①

38 부주의에 의한 사고 방지 대책에 있어 기능 및 작업측면의 대책에 해당 하는 것은?

① 적성 배치
② 안전의식의 제고
③ 주의력 집중 훈련
④ 작업환경과 설비의 안전화

* **부주의에 의한 사고 방지 대책**

정신적 대책	• 주의력 집중 훈련 • 스트레스 해소 대책 • 안전의식의 제고 • 작업의욕 고취
기능 및 작업측면 대책	• 적성배치 • 표준작업(동작)의 습관화 • 안전 작업 방법의 습득 • 작업 조건의 개선 및 적응력 향상
설비 및 환경 측면 대책	• 표준 작업제도의 도입 • 설비 및 작업환경의 안전화 • 긴급 시 안전작업 대책 수립

39 직업의 적성 가운데 사무적 적성에 해당하는 것은?

① 기계적 이해
② 공간의 시각화
③ 손과 팔의 솜씨
④ 지각의 정확도

• **기계적 적성** : 손과 팔의 솜씨, 기계적 이해, 공간의 시각화
• **사무적 적성** : 지각의 정확도

40 집단구성원에 의해 선출된 지도자의 지위·업무는?

① 헤드십(headship)
② 리더십(leadership)
③ 멤버십(membership)
④ 매니저십(managership)

• **선출된 지도자** : 리더십(leadership)
• **임명된 지도자** : 헤드십(headship)

3과목 인간공학 및 시스템안전공학

41 다음 설명 중 ( ) 안에 알맞은 용어가 올바르게 짝지어진 것은?

(㉠) : FTA와 동일의 논리적 방법을 사용하여 관리, 설계, 생산, 보전 등에 대한 넓은 범위에 걸쳐 안전성을 확보하려는 시스템 안전 프로그램
(㉡) : 사고 시나리오에서 연속된 사건들의 발생경로를 파악하고 평가하기 위한 귀납적이고 정량적인 시스템 안전 프로그램

① ㉠ : PHA, ㉡ : ETA
② ㉠ : ETA, ㉡ : MORT
③ ㉠ : MORT, ㉡ : ETA
④ ㉠ : MORT, ㉡ : PHA

정답 38 ① 39 ④ 40 ② 41 ③

- 관리, 설계, 생산, 보전 등에 대한 넓은 범위에 걸쳐 안전성을 확보 → MORT
- 귀납적이고 정량적인 시스템안전 프로그램 → ETA, DT

참고

- FTA : 연역적, 정량적
- FMEA : 귀납적, 정성적
- ETA, DT : 귀납적, 정량적
- CA : 정량적

📝 필기에 자주 출제되는 내용입니다.

42 고령자의 정보처리 과업을 설계할 경우 지켜야 할 지침으로 틀린 것은?

① 표시 신호를 더 크게 하거나 밝게 한다.
② 개념, 공간, 운동 양립성을 높은 수준으로 유지한다.
③ 정보처리 능력에 한계가 있으므로 시분할 요구량을 늘린다.
④ 제어표시장치를 설계할 때 불필요한 세부내용을 줄인다.

③ 고령자의 경우 시분할 요구량을 줄여야 한다.

참고

*시분할
하나의 장치로 두 개 이상의 처리를 시간을 쪼개어 상호 교환시키도록 하는 컴퓨터 시스템의 조작 기법

43 신호검출이론에 대한 설명으로 틀린 것은?

① 신호와 소음을 쉽게 식별할 수 없는 상황에 적용된다.
② 일반적인 상황에서 신호 검출을 간섭하는 소음이 있다.
③ 통제된 실험실에서 얻은 결과를 현장에 그대로 적용 가능하다.
④ 긍정(hit), 허위(false alarm), 누락(miss), 부정(correct rejection)의 네 가지 결과로 나눌 수 있다.

③ 신호검출이론은 관찰자의 민감도와 반응편향에 따라 신호의 탐지가 달라진다는 이론으로 통제된 실험실에서 얻은 결과를 현장에 그대로 적용할 수 없다.

44 결함수분석법에서 path set에 관한 설명으로 맞는 것은?

① 시스템의 약점을 표현한 것이다.
② Top 사상을 발생시키는 조합이다.
③ 시스템이 고장 나지 않도록 하는 사상의 조합이다.
④ 시스템고장을 유발시키는 필요불가결한 기본사상들의 집합이다.

①, ②, ④ → cut set
③ → path set

📝 필기에 자주 출제되는 내용입니다.

정답 42 ③ 43 ③ 44 ③

45 산업안전보건법상 유해·위험방지계획서를 제출한 사업주는 건설공사 중 얼마 이내마다 관련법에 따라 유해·위험방지계획서의 내용과 실제공사 내용이 부합하는지의 여부 등을 확인받아야 하는가?

① 1개월　② 3개월
③ 6개월　④ 12개월

*유해위험방지계획서의 확인사항
사업주는 건설공사 중 6개월 이내마다 다음 각 호의 사항에 관하여 공단의 확인을 받아야 한다.
- 유해·위험방지계획서의 내용과 실제 공사 내용이 부합하는지 여부
- 유해·위험방지계획서 변경 내용의 적정성
- 추가적인 유해·위험요인의 존재 여부

46 다음 설명에 해당하는 설비보전방식의 유형은?

> 설비보전 정보와 신기술을 기초로 신뢰성, 조작성, 보전성, 안전성, 경제성 등이 우수한 설비의 선정, 조달 또는 설계를 통하여 궁극적으로 설비의 설계, 제작단계에서 보전활동이 불필요한 체제를 목표로 한 설비보전 방법을 말한다.

① 개량보전　② 보전예방
③ 사후보전　④ 일상보전

*보전예방
궁극적으로 설비의 설계, 제작 단계에서 보전활동이 불필요한 체제를 목표로 한 설비보전 방법

47 그림과 같은 시스템의 전체 신뢰는 약 얼마인가? (단, 네모 안의 수치는 각 구성요소의 신뢰도이다.)

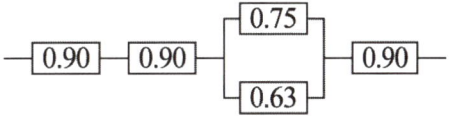

① 0.5275　② 0.6616
③ 0.7575　④ 0.8516

*신뢰도
= 0.90× ×0.90×{1−(1−0.75)×(1−0.63)}×0.90
= 0.6616

필기에 자주 출제되는 내용입니다.

48 근섬유의 직경이 작아서 큰 힘을 발휘하지 못하지만 장시간 지속시키고 피로가 쉽게 발생하지 않는 골격근의 근섬유는 무엇인가?

① Type S 근섬유
② Type Ⅱ 근섬유
③ Type F 근섬유
④ Type Ⅲ 근섬유

*Type S 근섬유
장시간 지속시키고 피로가 쉽게 발생하지 않는 골격근의 근섬유

정답　45 ③　46 ②　47 ②　48 ①

49 결함수분석법(FTA)에서의 미니멀 컷셋과 미니멀 패스셋에 관한 설명으로 맞는 것은?

① 미니멀 컷셋은 시스템의 신뢰성을 표시하는 것이다.
② 미니멀 패스셋은 시스템의 위험성을 표시하는 것이다.
③ 미니멀 패스셋은 시스템의 고장을 발생시키는 최소의 패스셋이다.
④ 미니멀 컷셋은 정상사상(top event)을 일으키기 위한 최소한의 컷셋이다.

> ① 시스템의 신뢰성을 표시 → 미니멀 패스셋
> ② 시스템의 위험성을 표시 → 미니멀 컷셋
> ③ 시스템의 고장을 발생시키는 최소의 셋 → 미니멀 컷셋

50 인간-기계시스템에 관한 내용으로 틀린 것은?

① 인간 성능의 고려는 개발의 첫 단계에서부터 시작되어야 한다.
② 기능 할당 시에 인간 기능에 대한 초기의 주의가 필요하다.
③ 평가 초점은 인간 성능의 수용가능한 수준이 되도록 시스템을 개선하는 것이다.
④ 인간-컴퓨터 인터페이스 설계는 인간보다 기계의 효율이 우선적으로 고려되어야 한다.

> ④ 인간-컴퓨터 인터페이스 설계는 인간을 우선적으로 고려하여야 한다.

> **참고**
>
> * 인터페이스(계면) 설계
> 사용자가 쉽고 친근하게 컴퓨터를 사용할 수 있도록 화면을 설계하는 것

51 반사율이 85%, 글자의 밝기가 400cd/m² 인 VDT 화면에 350lx의 조명이 있다면 대비는 약 얼마인가?

① -2.8 ② -4.2
③ -5.0 ④ -6.0

> • 화면의 밝기 계산
>
> $반사율 = \dfrac{광속발산도(fL)}{조명(fc)} \times 100$
>
> $광속발산도 = \dfrac{반사율 \times 조명}{100} = \dfrac{85 \times 350}{100} = 297.5$
>
> $광속발산도 = \pi \times 휘도$
>
> $조명의 휘도(화면의 밝기) = \dfrac{광속발산도}{\pi}$
>
> $= \dfrac{297.5}{\pi} = 94.7 (cd/m^2)$
>
> • 표적물체의 총 밝기 = 글자의 밝기 + 조명의 휘도
> = 400 + 94.7
> = 494.7 (cd/m²)
>
> • 대비 = $\dfrac{배경의 밝기 - 표적물체의 밝기}{배경의 밝기}$
>
> $= \dfrac{94.7 - 494.7}{94.7} = -4.22$

> 출제비중이 낮은 문제입니다.

정답 49 ④ 50 ④ 51 ②

52 자극과 반응의 실험에서 자극 A가 나타날 경우 1로 반응하고, 자극 B가 나타날 경우 2로 반응하는 것으로 하고, 100회 반복하여 표와 같은 결과를 얻었다. 제대로 전달된 정보량을 계산하면 약 얼마인가?

반응 자극	1	2
A	50	–
B	10	40

① 0.610 ② 0.871
③ 1.000 ④ 1.361

반응 자극	1	2	계
A	50	–	50
B	10	40	50
계	60	40	100

전달된 정보량
= 자극정보량 H(A)+반응정보량 H(B)−결합정보량 H(A, B)

- 자극정보량 H(A)
  $= 0.5 \times \log_2(\frac{1}{0.5}) + 0.5 \times \log_2(\frac{1}{0.5}) = 1$

- 반응정보량 H(B)
  $= 0.6 \times \log_2(\frac{1}{0.6}) + 0.4 \times \log_2(\frac{1}{0.4}) = 0.9710$

- 결합정보량 H(A, B) : 자극정보량과 반응정보량의 합집합 결합정보량 H(A,B)
  $= 0.5 \times \log_2(\frac{1}{0.5}) + 0.1 \times \log_2(\frac{1}{0.1})$
  $+ 0.4 \times \log_2(\frac{1}{0.4})$
  $= -1.3610$

- 전달된 정보량 = 1 + 0.9710 − 1.3610 = 0.610

53 의자 설계의 인간공학적 원리로 틀린 것은?

① 쉽게 조정할 수 있도록 한다.
② 추간판의 압력을 줄일 수 있도록 한다.
③ 등근육의 정적 부하를 줄일 수 있도록 한다.
④ 고정된 자세로 장시간 유지할 수 있도록 한다.

④ 고정된 자세를 줄여야 한다.

54 A 제지회사의 유아용 화장지 생산 공정에서 작업자의 불안전한 행동을 유발하는 상황이 자주 발생하고 있다. 이를 해결하기 위한 개선의 ECRS에 해당하지 않는 것은?

① Combine   ② Standard
③ Eliminate ④ Rearrange

★ 개선의 4원칙(ECRS)
- Eliminate : 생략과 배제의 원칙
- Combine : 결합과 분리의 원칙
- Rearrange : 재편성과 재배열의 원칙
- Simplify : 단순화의 원칙

정답 52 ① 53 ④ 54 ②

55 병렬 시스템에 대한 특성이 아닌 것은?

① 요소의 수가 많을수록 고장의 기회는 줄어든다.
② 요소의 중복도가 늘어날수록 시스템의 수명은 길어진다.
③ 요소의 어느 하나라도 정상이면 시스템은 정상이다.
④ 시스템의 수명은 요소 중에서 수명이 가장 짧은 것으로 정해진다.

④ 시스템의 수명은 요소 중에서 수명이 가장 긴 것으로 정해진다.

> **참고**
>
> *직렬연결
> • 요소 중 하나가 고장이면 전체 시스템은 고장이다.
> • 전체 시스템의 수명은 요소 중 가장 짧은 것으로 결정된다.
>
> *병렬연결
> • 요소 중 하나만 정상이라도 전체 시스템은 정상 가동된다.
> • 전체 시스템의 수명은 요소 중 가장 긴 것으로 결정된다.

 필기에 자주 출제되는 내용입니다.

56 부품에 고장이 있더라도 플레이너 공작기계를 가장 안전하게 운전할 수 있는 방법은?

① fail-soft ② fail-active
③ fail-passive ④ fail-operational

> *fail-operational
> 부품에 고장이 있더라도 운전 가능

> **참고**
>
> *페일세이프(Fail-Safe)
> • Fail Passive : 부품의 고장 시 기계장치는 정지 상태로 옮겨간다.
> • Fail active : 부품이 고장 나면 경보를 울리며 짧은 시간 운전이 가능하다.
> • Fail operational : 부품의 고장이 있어도 다음 정기 점검까지 운전이 가능하다.

필기에 자주 출제되는 내용입니다.

57 FTA에서 사용하는 다음 사상기호에 대한 설명으로 맞는 것은?

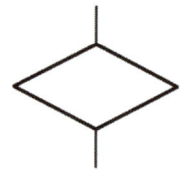

① 시스템 분석에서 좀 더 발전시켜야 하는 사상
② 시스템의 정상적인 가동상태에서 일어날 것이 기대되는 사상
③ 불충분한 자료로 결론을 내릴 수 없어 더 이상 전개할 수 없는 사상
④ 주어진 시스템의 기본사상으로 고장원인이 분석되었기 때문에 더 이상 분석할 필요가 없는 사상

정답 55 ④ 56 ④ 57 ③

기호	명명	기호설명
◇	생략사상	관련정보가 미비하여 계속 개발될 수 없는 특정 초기사상

 필기에 자주 출제되는 내용입니다.

58 자극-반응 조합의 관계에서 인간의 기대와 모순되지 않는 성질을 무엇이라 하는가?

① 양립성　　② 적응성
③ 변별성　　④ 신뢰성

★ **양립성**
자극-반응의 관계가 인간의 기대와 모순되지 않는 성질

 필기에 자주 출제되는 내용입니다.

59 적절한 온도의 작업환경에서 추운 환경으로 변할 때, 우리의 신체가 수행하는 조절 작용이 아닌 것은?

① 발한(發汗)이 시작된다.
② 피부의 온도가 내려간다.
③ 직장온도가 약간 올라간다.
④ 혈액의 많은 양이 몸의 중심부를 순환한다.

① 발한(땀)은 더운 환경에서 시작된다.

> **참고**
> 추운환경에서 직장의 온도는 체온을 유지하기 위하여 처음에는 약간 올라가지만 추운환경에 계속 노출이 되면 직장온도는 내려간다.

60 시각적 부호의 유형과 내용으로 틀린 것은?

① 임의적 부호 - 주의를 나타내는 삼각형
② 명시적 부호 - 위험표지판의 해골과 뼈
③ 묘사적 부호 - 보도 표지판의 걷는 사람
④ 추상적 부호 - 별자리를 나타내는 12궁도

② 묘사적 부호 - 위험표지판의 해골과 뼈

> **참고**
> ★ **부호의 3가지 유형**
> • 임의적 부호
>   - 부호가 이미 고안되어 있으므로 이를 배워야 하는 부호
>   - 예 안전표지판의 원형-금지, 삼각형-경고표지 등
> • 묘사적 부호
>   - 사물의 행동을 단순하고 정확하게 묘사한 부호
>   - 예 위험표지판의 해골과 뼈, 보도 표지판의 걷는 사람
> • 추상적 부호
>   - 전언의 기본요소를 도식적으로 압축한 부호

 필기에 자주 출제되는 내용입니다.

정답　58 ①　59 ①　60 ②

4과목 건설시공학

61 토공사용 장비에 해당되지 않는 것은?

① 로더(loader)
② 파워셔블(power shovel)
③ 가이데릭(guy derrick)
④ 클램셸(clamshell)

> 가이데릭(guy derrick) : 철골 세우기 작업 등에 사용되는 양중용 장비

62 갱폼(Gang form)에 관한 설명으로 옳지 않은 것은?

① 타워크레인, 이동식 크레인 같은 양중장비가 필요하다.
② 벽과 바닥의 콘크리트 타설을 한 번에 가능하게 하기 위하여 벽체 및 슬래브거푸집을 일체로 제작한다.
③ 공사초기 제작기간이 길고 투자비가 큰 편이다.
④ 경제적인 전용횟수는 30~40회 정도이다.

> ② 벽과 바닥의 콘크리트 타설을 한 번에 가능하게 하기 위하여 벽체 및 슬래브거푸집을 일체로 제작한다.
> → 터널 폼

참고

갱폼(Gang Form) : 외부벽체 거푸집과 작업발판용 케이지(Cage)를 일체로 제작하여 사용하는 대형 거푸집을 말한다.

📝 필기에 자주 출제되는 내용입니다.

63 주문받은 건설업자가 대상 계획의 기업, 금융, 토지조달, 설계, 시공 등을 포괄하는 도급계약 방식을 무엇이라 하는가?

① 실비청산 보수가산도급
② 정액도급
③ 공동도급
④ 턴키도급

* **턴키도급(turn-key base contract)**
주문받은 건설업자가 대상 계획의 기업, 금융, 토지조달, 설계, 시공 등을 포괄하는 도급계약방식을 말한다.

📝 필기에 자주 출제되는 내용입니다.

64 시공의 품질관리를 위한 7가지 도구에 해당하지 않는 것은?

① 파레토그램   ② LOB 기법
③ 특성요인도   ④ 체크시트

정답 61 ③ 62 ② 63 ④ 64 ②

* **품질관리(QC)를 위한 통계적 수법(7가지 도구)**
① 특성요인도
② 파레토도
③ 히스토그램(분포도)
④ 층별(부분 집단도)
⑤ 산점도(산포도)
⑥ 체크시트(집중도)
⑦ 그래프(관리도)

📝 필기에 자주 출제되는 내용입니다.

65 건설공사의 입찰 및 계약의 순서로 옳은 것은?

① 입찰통지 → 입찰 → 개찰 → 낙찰 → 현장설명 → 계약
② 입찰통지 → 현장설명 → 입찰 → 개찰 → 낙찰 → 계약
③ 입찰통지 → 입찰 → 현장설명 → 개찰 → 낙찰 → 계약
④ 현장설명 → 입찰통지 → 입찰 → 개찰 → 낙찰 → 계약

* **건설공사의 입찰 및 계약의 순서**
입찰통지 → 현장설명 → 입찰 → 개찰 → 낙찰 → 계약

📝 필기에 자주 출제되는 내용입니다.

66 거푸집의 강도 및 강성에 대한 구조계산 시 고려할 사항과 가장 거리가 먼 것은?

① 동바리 자중 ② 작업 하중
③ 콘크리트 측압 ④ 콘크리트 자중

거푸집 구조 설계 시 거푸집 및 동바리의 자중은 무시할 수 있다.

참고

* **거푸집 동바리의 설계하중**
1. 연직하중 = 고정하중 + 작업하중 + 적설하중
   ① 고정하중 : 콘크리트 무게 + 거푸집 무게
   ② 작업하중 : 작업원 + 장비하중 + 시공하중 + 충격하중
2. 콘크리트 측압
3. 풍하중
4. 수평하중

67 다음 중 철골구조의 내화 피복 공법이 아닌 것은?

① 락울(rockwool)뿜칠 공법
② 성형판붙임공법
③ 콘크리트 타설공법
④ 메탈라스(metal lath)공법

＊**철골구조의 내화피복 공법**

습식공법	건식공법
① **조적공법** : 철골표면에 **벽돌, 돌, 콘크리트 블록, 경량 콘크리트 블록** 등을 시공하는 공법 ② **미장공법** : 철골표면에 **단열 모르타르를 시공**하는 공법 ③ **도장공법** : 철골표면에 **내화페인트를 도장**하는 공법 ④ **뿜칠공법** : 철골표면에 접착제를 혼합한 내화 피복재(암면과 시멘트를 혼합)를 뿜어서 내화 피복하는 공법 ⑤ **타설공법** : 철골표면에 **기포 콘크리트, 경량콘크리트를 타설**하는 공법	① **성형판붙임 공법** : 내화 단열성이 우수한 **각종 성형판(PC판, ALC판, 석고보드 등)을 철골부재에 붙이는 공법**으로 주로 기둥과 보의 내화 피복에 사용된다. ② **멤브레인 공법** : 암면 흡음판을 철골에 붙여 시공하는 공법 ③ **세라믹울 피복공법**

📌 필기에 자주 출제되는 내용입니다.

68 리버스 서큘레이션 드릴(RCD) 공법의 특징으로 옳지 않은 것은?

① 드릴 로드 끝에서 물을 빨아올리면서 말뚝구멍을 굴착하는 공법이다.
② 지름 0.8~3.0m, 심도 60m 이상의 말뚝을 형성한다.
③ 시공 시 소량의 물로 가능하며, 해상 작업이 불가능하다.
④ 실트층 굴착이 가능하나 드릴파이프 직경보다 큰 호박돌이 존재할 경우 굴착이 곤란하다.

＊**리버스 서큘레이션 드릴(RCD)공법**
① 리버스 서큘레이션 드릴로 대구경의 구멍을 파고 굴착공 안을 물이나 안정액으로 정수압을 유지하여 굴착공 벽을 보호하면서 굴착, 철근망과 콘크리트를 타설하여 말뚝을 형성하는 공법
② **수상(해상)작업**이 가능하다.
③ 점토, 실트층에 사용할 수 있으며, 드릴파이프 직경보다 큰 **호박돌층, 전 석층은 굴착이 불가능**하다.
④ **깊은 심도**까지 굴착이 가능하다.
⑤ 시공속도가 빠르고, 유지비가 적게 든다.

📌 필기에 자주 출제되는 내용입니다.

69 토류구조물의 각 부재와 인근 구조물의 각 지점 등의 응력 변화를 측정하여 이상변형을 파악하는 계측기는?

① 경사계(inclino metter)
② 변형률계(strain guage)
③ 간극수압계(piezo metter)
④ 진동측정계(vibro metter)

경사계 (Tilt-meter)	구조물의 경사각 및 변형상태를 계측
변형률계 (Strain-gauge)	토류 구조물의 각 부재와 인근 구조물의 각 지점 및 타설 콘크리트 등의 **응력변화를 측정**
하중계 (load-cell)	스트럿(Strut) 또는 어스앵커(Earth anchor) 등의 축 하중 변화를 측정하는 기구
간극 수압계 (Piezometer)	굴착에 따른 과잉 간극수압의 변화를 측정

📌 필기에 자주 출제되는 내용입니다.

정답 68 ③ 69 ②

70 지정에 관한 설명으로 옳지 않은 것은?

① 잡석지정-기초 콘크리트 타설시 흙의 혼입을 방지하기 위해 사용한다.
② 모래지정-지반이 단단하며 건물이 경량일 때 사용한다.
③ 자갈지정-굳은 지반에 사용되는 지정이다.
④ 밑창 콘크리트 지정-잡석이나 자갈 위 기초부분의 먹매김을 위해 사용한다.

② 모래 지정- 무른 점토층을 파내고 그 속에 모래를 다져 넣어 지반을 튼튼하게 보강한다.

71 "슬래브 및 보의 밑면" 부재를 대상으로 콘크리트 압축강도를 시험 할 경우 거푸집널의 해체가 가능한 콘크리트 압축강도의 기준으로 옳은 것은? (단, 콘크리트표준시방서 기준)

① 설계기준압축강도의 3/4배 이상 또한, 최소 5MPa 이상
② 설계기준압축강도의 2/3배 이상 또한, 최소 5MPa 이상
③ 설계기준압축강도의 3/4배 이상 또한, 최소 14MPa 이상
④ 설계기준압축강도 이상 또한, 최소 14MPa 이상

* 콘크리트의 압축강도를 시험할 경우

부위		콘크리트 압축강도
확대기초, 보, 기둥, 등의 측면		5MPa 이상
슬래브 및 보의 밑면, 아치내면	단층구조인 경우	설계기준 압축강도 이상 (필러 동바리 구조를 이용할 경우는 구조계산에 의해 기간을 단축할 수 있음. 단, 이 경우라도 최소강도는 14MPa 이상으로 함)
	다층구조인 경우	

참고

* 콘크리트의 압축강도를 시험하지 않을 경우

시멘트의 종류 / 평균기온	조강 포틀랜드 시멘트	보통 포틀랜드 시멘트 고로 슬래그 시멘트(특급) 포틀랜드 포졸란 시멘트(A종) 플라이애쉬 시멘트(A종)	고로 슬래그 시멘트(1급) 포틀랜드 포졸란 시멘트(B종) 플라이애쉬 시멘트(B종)
20℃ 이상	2일	4일	5일
20℃ 미만 10℃ 이상	3일	6일	8일

필기에 자주 출제되는 내용입니다.

정답 70 ② 71 ④

72 벽돌공사에 관한 설명으로 옳은 것은?

① 연속되는 벽면의 일부를 트이게 하여 나중 쌓기로 할 때에는 그 부분을 층단 들여쌓기로 한다.
② 모르타르는 벽돌 강도 이하의 것을 사용한다.
③ 1일 쌓기 높이는 1.5~3.0m를 표준으로 한다.
④ 세로줄눈은 통줄눈이 구조적으로 우수하다.

② 모르타르는 벽돌강도 이상의 것을 사용한다.
③ 하루의 쌓기 높이는 1.2m(18켜 정도)를 표준으로 하고, 최대 1.5m(22켜 정도) 이하로 한다.
④ 세로줄눈은 통줄눈이 되지 않도록 하고, 수직 일직선상에 오도록 벽돌나누기를 한다.

필기에 자주 출제되는 내용입니다.

73 ALC의 특징에 관한 설명으로 옳지 않은 것은?

① 흡수율이 낮은 편이며, 동해에 대해 방수·방습 처리가 불필요하다.
② 열전도율이 보통콘크리트의 약 1/10 정도로 단열성이 우수하다.
③ 건조수축률이 작으므로 균열 발생이 적다.
④ 경량으로 인력에 의한 취급이 가능하고, 필요에 따라 현장에서 절단 및 가공이 용이하다.

① 흡수율이 크고 동해에 대해 방수·방습처리가 필요하다.

필기에 자주 출제되는 내용입니다.

74 콘크리트 충전강관구조(CFT)에 관한 설명으로 옳지 않은 것은?

① 일반형강에 비하여 국부좌굴에 불리하다.
② 콘크리트 충전 시 내부의 콘크리트와 외부 강관의 역학적 거동에서 합성구조라 볼 수 있다.
③ 콘크리트 충전 시 별도의 거푸집이 필요하지 않다.
④ 접합부 용접기술이 발달한 일본 등에서 활성화되어 있다.

① 일반형강에 비하여 국부좌굴에 유리하다.

> **참고**
>
> 콘크리트 충전 강관기둥(CFT: Concrete Filled Tube) : 원형 또는 각형 강관의 내부에 고강도콘크리트를 충전하여 강성, 내력, 변형방지 및 내화 등에 우수한 성능을 가진다.

정답 72 ① 73 ① 74 ①

75 돌불임 앵커 긴결공법 중 화스너 설치방식이 아닌 것은?

① 논 그라우팅 싱글 화스너 방식
② 논 그라우팅 더블 화스너 방식
③ 그라우팅 더블 화스너 방식
④ 그라우팅 트리플 화스너 방식

＊화스너 설치방식
① 그라우팅 방식
② 싱글화스너 방식
③ 더블화스너 방식

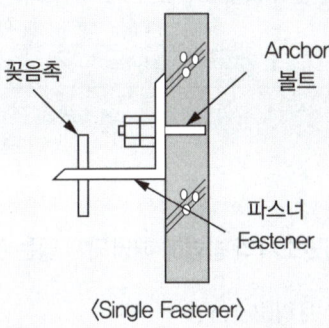

〈Single Fastener〉

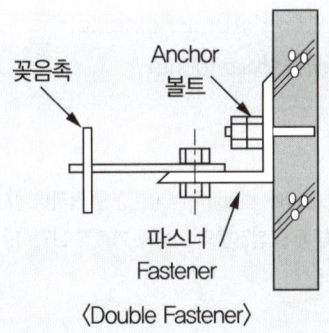

〈Double Fastener〉

76 철골공사에서 용접 결함을 뜻하지 않는 용어는?

① 피트(Pit)
② 블로우 홀(Blow hole)
③ 오버 랩(Over Lap)
④ 가우징(Gouging)

① 피트(Pit) : 용접 시 용접금속 내에 흡수된 가스가 표면에 나와 생성하는 작은 구멍을 말한다.
② Blow hole (기공) : 용접 중 발생한 가스가 표면으로 다 빠져 나가지 못한 채 용착금속 내에 갇혀 나타난 기공을 말한다.
③ 오버랩(overlap) : 용접전류가 부족하거나, 용접 속도가 너무 느릴 경우 발생하며 용착 금속이 모재에 융합되지 않고 겹친 부분(용융된 금속이 모재 면에 덮쳐진 상태)을 말한다.

참고

가우징(Gouging) : 아크로 금속을 녹여서 강한 공기를 이용하여 녹은 금속을 불어내는 작업을 말한다.

필기에 자주 출제되는 내용입니다.

75 ④ 76 ④

77 다음 [보기]의 블록 쌓기 시공순서로 옳은 것은?

> A. 접착면 청소   B. 세로규준틀 설치
> C. 규준쌓기   D. 중간부쌓기
> E. 줄눈누르기 및 파기
> F. 치장줄눈

① A - D - B - C - F - E
② A - B - D - C - F - E
③ A - C - B - D - E - F
④ A - B - C - D - E - F

* **블록 쌓기 시공순서**
접착면 청소 → 세로규준틀 설치 → 규준 쌓기 → 중간부 쌓기 → 줄눈누르기 및 파기 → 치장줄눈

📘 필기에 자주 출제되는 내용입니다.

78 흙에 접하거나 옥외공기에 직접 노출되는 현장치기 콘크리트로서 D16 이하 철근의 최소피복두께는?

① 20mm   ② 40mm
③ 60mm   ④ 80mm

* **철근의 피복두께**

(1) 수중에서 치는 콘크리트			100mm
(2) 흙에 접하여 콘크리트를 친 후 영구히 흙에 묻혀 있는 콘크리트			80mm
(3) 흙에 접하거나 옥외의 공기에 직접 노출되는 콘크리트	① D29 이상의 철근		60mm
	② D25 이하의 철근		50mm
	③ D16 이하의 철근, 지름 16mm 이하 철선		40mm
(4) 옥외의 공기나 흙에 직접 접하지 않는 콘크리트	① 슬래브, 벽체, 장선	가. D35 초과 철근	40mm
		나. D35 이하 철근	20mm
	② 보, 기둥		40mm
	③ 쉘, 절판부재		20mm

79 지반조사의 방법에 해당되지 않는 것은?

① 보링(Boring)
② 사운딩(Sounding)
③ 언더피닝(Under pinning)
④ 샘플링(Sampling)

언더피닝(Under pinning) : 기존건물 가까이에서 건축공사를 할 때 인접건물의 지반과 기초를 보강하는 공법을 말한다.

📘 필기에 자주 출제되는 내용입니다.

정답 77 ④   78 ②   79 ③

80 철골용접 부위의 비파괴검사에 관한 설명으로 옳지 않은 것은?

① 방사선검사는 필름의 밀착성이 좋지 않은 건축물에서도 검출이 우수하다.
② 침투탐상검사는 액체의 모세관현상을 이용한다.
③ 초음파탐상검사는 인간의 귀로 들을 수 없는 주파수를 갖는 초음파를 사용하여 결함을 검출하는 방법이다.
④ 외관검사는 용접을 한 용접공이나 용접 관리 기술자가 하는 것이 원칙이다.

① 방사선검사는 투과 상태를 필름에 담아 내부검출을 검사하는 방법으로 필름의 밀착성이 좋지 않은 건축물에서는 검출성이 나빠진다.

 필기에 자주 출제되는 내용입니다.

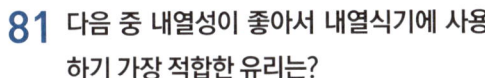

81 다음 중 내열성이 좋아서 내열식기에 사용하기 가장 적합한 유리는?

① 소다석회유리
② 칼륨 연 유리
③ 붕규산 유리
④ 물유리

붕규산 유리 : 내열성이 좋아서 내열식기에 사용하기에 가장 적합하다.

82 철재의 표면 부식방지 처리법으로 옳지 않은 것은?

① 유성 페인트, 광명단을 도포
② 시멘트 모르타르로 도포
③ 마그네시아 시멘트 모르타르로 도포
④ 아스팔트, 콜타르를 도포

③ 마그네시아 시멘트는 철재를 녹슬게 하므로 부식방지 처리법으로 적합하지 않다.

83 내화벽돌의 내화도의 범위로 가장 적절한 것은?

① 500~1,000℃
② 1,500~2,000℃
③ 2,500~3,000℃
④ 3,500~4,000℃

내화벽돌의 내화도의 범위 : 1,500~2,000℃

 80 ① 81 ③ 82 ③ 83 ②

84 굳지 않은 콘크리트의 성질을 표시한 용어가 아닌 것은?

① 워커빌리티(workability)
② 펌퍼빌리티(pumpability)
③ 플라스티시티(plasticity)
④ 크리프(creep)

크리프(creep) : 재료에 일정한 하중이 가해진 상태에서 시간이 경과함에 따라 재료의 변형이 계속되는 현상을 말한다.

참고

① 워커빌리티(시공성) : 재료 분리를 일으키지 않고 작업이 용이하게 될 수 있는 정도
② 펌퍼빌리티(펌프 압송성) : 펌프에 의한 운반을 실시하는 경우 펌프로 콘크리트가 압송되기 쉬운 정도
③ 플라스티시티(성형성) : 거푸집에 쉽게 다져넣을 수 있고 거푸집을 제거하면 허물어지거나 재료분리가 되지 않는 정도
④ 피니셔빌리티(마감성) : 굵은 골재의 최대치수, 잔골재율, 잔골재입도, 반죽 질기 등에 의한 마무리하기 쉬운 정도를 나타내는 성질

📝 필기에 자주 출제되는 내용입니다.

85 목재를 작은 조각으로 하여 충분히 건조시킨 후 합성수지와 같은 유기질의 접착제를 첨가하여 열압 제판한 목재 가공품은?

① 섬유판(Fiber board)
② 파티클 보드(particle board)
③ 코르크판(Cork board)
④ 집성목재(Glulam)

＊파티클 보드
① 목재를 작은 조각으로 하여 충분히 건조시킨 후 합성수지와 같은 유기질의 접착제를 첨가하여 열압 제판한 목재 가공품
② 상판, 칸막이벽, 가구 등에 사용된다.

📝 필기에 자주 출제되는 내용입니다.

86 자갈의 절대건조상태 질량이 400g, 습윤상태 질량이 413g, 표면건조내부포수상태 질량이 410g일 때 흡수율은 몇 %인가?

① 2.5% ② 1.5%
③ 1.25% ④ 0.75%

1. 표면수율 = $\dfrac{습윤\ 상태\ 질량 - 표건질량}{표건질량} \times 100(\%)$

2. 흡수율 = $\dfrac{표건질량 - 절건질량}{절건질량} \times 100(\%)$

흡수율 = $\dfrac{표건질량 - 절건질량}{절건질량} \times 100(\%)$

= $\dfrac{410 - 400}{400} \times 100 = 2.5(\%)$

📝 필기에 자주 출제되는 내용입니다.

정답  84 ④ 85 ② 86 ①

87 건축재료의 요구성능 중 마감재료에서 필요성이 가장 적은 항목은?

① 화학적 성능
② 역학적 성능
③ 내구 성능
④ 방화·내화 성능

* 건축 마감재료의 요구 성능

화학적 성능	방청, 부식, 중성화
내구성능	산화, 열화, 풍해, 충해, 변질, 부패 등
방화·내화성능	비발연성, 비유독가스
물리적 성능	열, 음, 광 투과, 반사
감각적 성능	색채, 명도, 오염, 촉감
생산 성능	가공성, 시공성, 생산성

88 시멘트의 분말도에 관한 설명으로 옳지 않은 것은?

① 시멘트 분말도의 측정은 블레인시험으로 행한다.
② 비표면적이 클수록 초기강도의 발현이 빠르다.
③ 분말도가 지나치게 크면 풍화되기 쉽다.
④ 분말도가 큰 시멘트일수록 수화열이 낮다.

* 분말도가 큰 시멘트의 특징
① 워커빌리티가 좋고 블리딩이 적다.
② 수화반응이 빠르고 초기강도가 크다.(수화열이 높다.)
③ 시멘트량이 절약되고 내구성이 작아진다.
④ 분말도가 너무 크면 풍화되기 쉽다.

📝 필기에 자주 출제되는 내용입니다.

89 골재의 단위용적질량을 계산할 때 골재는 어느 상태를 기준으로 하는가? (단, 굵은 골재가 아닌 경우)

① 습윤상태
② 기건상태
③ 절대건조상태
④ 표면건조내부포수상태

골재의 단위용적질량을 계산할 때 골재는 절대건조상태를 기준으로 한다.

90 급경성으로 내알칼리성 등의 내화학성이나 접착력이 크고 내수성이 우수한 합성수지 접착제로 금속, 석재, 도자기, 유리, 콘크리트, 플라스틱재 등의 접착에 사용되는 것은?

① 에폭시수지 접착제
② 멜라민수지 접착제
③ 요소수지 접착제
④ 폴리에스테르수지 접착제

정답 87 ② 88 ④ 89 ③ 90 ①

* **에폭시 수지 접착제**
① 주제와 경화제로 이루어진 2성분계의 접착제이다.(접착제의 성능을 지배하는 것은 경화제라고 할 수 있다.)
② 금속, 석재, 플라스틱, 콘크리트 등 거의 모든 재료의 접착에 사용된다.(알루미늄과 같은 경금속 접착에 가장 적합하다.)
③ 급경성으로 내화학성, 내수성, 전기절연성이 우수하다.

📝 필기에 자주 출제되는 내용입니다.

91 목재의 일반적 성질에 관한 설명으로 틀린 것은?

① 섬유포화점 이상의 함수상태에서는 함수율의 증감에도 신축을 일으키지 않는다.
② 섬유포화점 이상의 함수상태에서는 함수율이 증가할수록 강도는 감소한다.
③ 기건상태란 통상 대기의 온도·습도의 평형한 목재의 수분 함유 상태를 말한다.
④ 섬유방향에 따라서 전기전도율은 다르다.

② 섬유포화점 이상에서 압축강도는 일정하며, 섬유포화점 이하에서는 함수율이 감소할수록 압축강도는 증가한다.(함수율이 커질수록 압축강도 낮아진다.)

📝 필기에 자주 출제되는 내용입니다.

92 다음 각 접착제에 관한 설명으로 옳지 않은 것은?

① 페놀수지 접착제는 용제형과 에멀션형이 있고 멜라민, 초산비닐 등과 공중합시킨 것도 있다.
② 요소수지 접착제는 내열성이 200℃이고 내수성이 매우 크며 전기절연성도 우수하다.
③ 멜라민수지 접착제는 열경화성수지 접착제로 내수성이 우수하여 내수합판용으로 사용된다.
④ 비닐수지 접착제는 값이 저렴하고 작업성이 좋으며, 에멀션형은 카세인의 대용품으로 사용된다.

② 요소수지 접착제는 상온에서의 접착력이 강하고 수분에 대한 저항성도 있으나 고온에 민감하여 65℃ 이상의 온도나 상대습도가 높은 경우에는 열화되는 단점이 있다.(내수성이 좋다고 할 수 있으나 다른 합성수지 접착제에 비해 내수성이 부족하다.)

93 콘크리트의 워커빌리티에 영향을 주는 인자에 대한 설명으로 옳지 않은 것은?

① 골재의 입도가 적당하면 워커빌리티가 좋다.
② 시멘트의 성질에 따라 워커빌리티가 달라진다.
③ 단위수량이 증가할수록 재료분리를 예방할 수 있다.
④ AE제를 혼입하면 워커빌리티가 좋게 된다.

정답 91 ② 92 ② 93 ③

③ 단위수량이 너무 많거나 적으면 워커빌리티는 감소한다.(단위수량을 너무 증가시키면 재료분리가 생기기 쉽기 때문에 워커빌리티가 좋아진다고 볼 수 없다.)

📝 필기에 자주 출제되는 내용입니다.

94 강의 가공과 처리에 관한 설명으로 옳지 않은 것은?

① 소정의 성질을 얻기 위해 가열과 냉각을 조합반복하여 행한 조작을 열처리라고 한다.
② 열처리에는 단조, 불림, 풀림 등의 처리방식이 있다.
③ 압연은 구조용 강재의 가공에 주로 쓰인다.
④ 압출가공은 재료의 움직이는 방향에 따라 전방압출과 후방압출로 분류할 수 있다.

★ 강의 열처리방법

풀림	강을 800 ~ 1000℃까지 가열한 후 로(爐)의 내부에서 서서히 냉각시킨다.
불림	강을 800 ~ 1000℃까지 가열한 후 공기 중에서 서서히 냉각시킨다.
담금질	강을 800 ~ 1000℃까지 가열한 후 물 또는 기름 속에서 급히 냉각시킨다.
뜨임질	담금질을 한 후 다시 200 ~ 600℃로 가열한 다음 공기 중에서 천천히 냉각시킨다.

📝 필기에 자주 출제되는 내용입니다.

95 구조용 집성재의 품질기준에 따른 구조용 집성재의 접착강도 시험에 해당되지 않는 것은?

① 침지 박리 시험
② 블록 전단 시험
③ 삶음 박리 시험
④ 할렬 인장 시험

★ 구조용 집성재의 접착강도 시험
① 침지 박리 시험
② 블록 전단 시험
③ 삶음 박리 시험
④ 감압 가압 시험
⑤ 블록 전단 시험

96 매스콘크리트의 균열을 방지 또는 감소시키기 위한 대책으로 옳은 것은?

① 중용열 포틀랜드시멘트를 사용한다.
② 수밀하게 타설하기 위해 슬럼프값은 될 수 있는 한 크게 한다.
③ 혼화제로서 조기 강도발현을 위해 응결 경화 촉진제를 사용한다.
④ 골재치수를 작게 함으로써 시멘트 양을 증가시켜 고강도화를 꾀한다.

★ 매스 콘크리트(mass concrete)
• 부재 혹은 구조물의 치수가 커서 시멘트의 수화열에 의한 온도 상승 및 강하를 고려하여 설계, 시공해야 하는 콘크리트를 말한다.
• 플라이애쉬 등 혼화재를 사용하거나 저발열 시멘트를 사용한다.
• 골재 최대 치수를 크게 하고 슬럼프 값은 최대한 적게 하여 시멘트 양을 줄이다.

정답 94 ② 95 ④ 96 ①

97 점토벽돌 1종의 압축강도는 최소 얼마 이상인가?

① 160kgf/cm² ② 250kgf/cm²
③ 100kgf/cm² ④ 210kgf/cm²

등급	압축강도	흡수율
1종	210kgf/cm² 이상	10% 이하
2종	160kgf/cm² 이상	13% 이하
3종	100kgf/cm² 이상	15% 이하

📌 필기에 자주 출제되는 내용입니다.
관련법령의 변경으로 문제 일부를 수정하였습니다.

98 풀 또는 여물을 사용하고 물로 연화하여 사용하는 것으로 공기 중의 탄산가스와 결합하여 경화하는 미장재료는?

① 회반죽
② 돌로마이트 플라스터
③ 혼합 석고플라스터
④ 보드용 석고플라스터

1. 공기 중의 탄산가스와 결합하여 경화 → 기경성
2. 응결 경화 방식에 의한 분류

수경성(팽창성)	1. 석고질 • 석고 플라스터 • 혼합석고 플라스터(배합석고) • 경석고 플라스터(킨즈시멘트) 2. 시멘트모르타르 3. 인조석 바름 4. 테라조 현장 바름

특급암기법
수(수경성) 고(석고)하는 시(시멘트모르타르)인(인조석) 테라조

기경성(수축성, 알칼리성)	1. 석회질 • 회반죽 • 회사벽 2. 돌로마이트플라스터 (마그네시아 석회)

특급암기법
기(기경성) 회(석회,회반죽,회사벽) 돌(돌로마이트플라스터)

• 수경성 : 물과 작용하여 경화하고 차차 강도가 크게 되는 성질
• 기경성 : 공기 중에서 경화하는 것으로 공기가 없는 수중에서는 경화되지 않는 성질

📌 필기에 자주 출제되는 내용입니다.

정답 97 ④ 98 ②

99 목재의 심재와 변재를 비교한 설명 중 옳지 않은 것은?

① 심재가 변재보다 다량의 수액을 포함하고 있어 비중이 작다.
② 심재가 변재보다 신축이 적다.
③ 심재가 변재보다 내후성, 내수성이 크다.
④ 일반적으로 심재가 변재보다 강도가 크다.

① 심재는 수분이 적게 포함되어 있어 목재가 건조되어도 변화가 적다.

 필기에 자주 출제되는 내용입니다.

100 다음 벽지에 관한 설명으로 옳은 것은?

① 종이벽지는 자연적 감각 및 방음효과가 우수하다.
② 비닐벽지는 물청소가 가능하고 시공이 용이하며, 색상과 디자인이 다양하다.
③ 직물벽지는 벽지 표면을 코팅 처리함으로써 내오염, 내수, 내마찰성이 우수하다.
④ 초경벽지는 먼지를 많이 흡수하고 퇴색하기 쉽지만 단열 효과 및 통기성이 우수하다.

① 초경벽지는 자연적 감각 및 방음효과가 우수하다.
③ 종이벽지는 벽지 표면을 코팅 처리함으로서 내오염, 내수, 내마찰성이 우수하다.
④ 직물벽지는 종이벽지보다 먼지를 많이 흡수하고 퇴색하기 쉽지만 단열 효과 및 통기성이 우수하다.

참고

① 초경벽지(갈포벽지) : 우리나라 고유의 전통 민속 공예 벽지(삶은 칡덩굴의 껍질로 만든다.)
② 종이벽지 : 펄프를 원료로 한 벽지, 벽지의 표면을 코팅처리하여 내오염, 내수, 내마찰성이 증대한다.
③ 직물벽지 : 실을 뽑아 직기에 제직을 거친 벽지, 소재로는 견, 모, 면, 마 등의 천연섬유와 레이온, 나일론, 아크릴 등 합성섬유가 사용된다.
④ 비닐벽지 : 비닐 벽지의 제조법은 토핑법(염화비닐 필름 안에 종이를 넣고 표면에 프린트 가공이나 엠보스 가공)과 코팅법(내부의 종이에 프린트 가공을 하고 그 위에 염화 비닐 필름을 압착) 등 2가지가 있다.

6과목 건설안전기술

101 로드(rod)·유압잭(jack) 등을 이용하여 거푸집을 연속적으로 이동시키면서 콘크리트를 타설할 때 사용되는 것으로 silo 공사 등에 적합한 거푸집은?

① 메탈폼   ② 슬라이딩폼
③ 위플폼   ④ 페코빔

★ 슬라이딩 폼
거푸집을 연속적으로 이동시키면서 콘크리트를 타설, silo 공사 등에 적합하다.

102 가설통로의 구조에 관한 기준으로 옳지 않은 것은?

① 경사가 15°를 초과하는 경우에는 미끄러지지 아니하는 구조로 할 것
② 경사는 20° 이하로 할 것
③ 추락의 위험이 있는 장소에는 안전난간을 설치할 것
④ 수직갱에 가설된 통로의 길이가 15m 이상인 경우에는 10m 이내마다 계단참을 설치할 것

> ★ 가설통로 설치 시의 준수사항
> • 견고한 구조로 할 것
> • 경사는 30° 이하로 할 것(계단을 설치하거나 높이 2m 미만의 가설통로로서 튼튼한 손잡이를 설치한 때에는 그러하지 아니 한다)
> • 경사가 15°를 초과하는 때는 미끄러지지 아니하는 구조로 할 것
> • 추락의 위험이 있는 장소에는 안전난간을 설치할 것 (작업상 부득이한 때에는 필요한 부분에 한하여 임시로 이를 해체할 수 있다.)
> • 수직갱 : 길이가 15m 이상인 때에는 10m 이내마다 계단참을 설치할 것
> • 건설공사에 사용하는 높이 8m 이상인 비계다리 : 7m 이내마다 계단참을 설치할 것

 실기까지 중요한 내용입니다.

103 타워크레인을 자립고(自立高) 이상의 높이로 설치할 때 지지벽체가 없어 와이어로프로 지지하는 경우의 준수사항으로 옳지 않은 것은?

① 와이어로프를 고정하기 위한 전용 지지프레임을 사용할 것
② 와이어로프 설치각도는 수평면에서 60° 이내로 하되, 지지점은 4개소 이상으로 하고, 같은 각도로 설치할 것
③ 와이어로프와 그 고정부위는 충분한 강도와 장력을 갖도록 설치하되, 와이어로프를 클립·샤클(Shackle) 등의 기구를 사용하여 고정하지 않도록 유의할 것
④ 와이어로프가 가공전선(加供電線)에 근접하지 않도록 할 것

> ③ 와이어로프의 고정부위는 충분한 강도와 장력을 갖도록 설치하고, 와이어로프를 클립·샤클(shackle) 등의 고정기구를 사용하여 견고하게 고정시켜 풀리지 않도록 할 것

104 동바리로 사용하는 파이프 서포트는 최대 몇 개 이상 이어서 사용하지 않아야 하는가?

① 2개　　② 3개
③ 4개　　④ 5개

정답　102 ②　103 ③　104 ②

* **동바리로 사용하는 파이프서포트의 조립시 준수사항**
- 파이프서포트를 3개본 이상 이어서 사용하지 아니하도록 할 것
- 파이프서포트를 이어서 사용할 때에는 4개 이상의 볼트 또는 전용철물을 사용하여 이을 것
- 높이가 3.5m를 초과할 때 높이 2m 이내마다 수평연결재를 2개 방향으로 만들고 수평연결재의 변위를 방지할 것

📝 실기까지 중요한 내용입니다.

105 다음 설명에 해당하는 안전대와 관련된 용어로 옳은 것은? (단, 보호구 안전인증 고시 기준)

> 신체지지의 목적으로 전신에 착용하는 띠 모양의 것으로 상체 등 신체 일부분만 지지하는 것은 제외한다.

① 안전그네 ② 벨트
③ 죔줄   ④ 버클

* **안전그네**
신체지지의 목적으로 전신에 착용하는 띠 모양의 것

📝 실기까지 중요한 내용입니다.

106 말비계를 조립하여 사용할 때의 준수사항으로 옳지 않은 것은?

① 지주부재의 하단에는 미끄럼 방지장치를 한다.
② 지주부재와 수평면과의 기울기는 75° 이하로 한다.
③ 말비계의 높이가 2m를 초과할 경우에는 작업발판의 폭을 30m 이상으로 한다.
④ 지주부재와 지주부재 사이를 고정시키는 보조부재를 설치한다.

③ 말비계의 높이가 2m를 초과할 경우에는 작업발판의 폭을 40cm 이상으로 한다.

📝 실기까지 중요한 내용입니다.

107 양중기에 사용하는 와이어로프에서 화물의 하중을 직접 지지하는 달기와이어로프 또는 달기체인의 안전계수 기준은?

① 3 이상   ② 4 이상
③ 5 이상   ④ 10 이상

* **양중기의 와이어로프 등 달기구의 안전계수**
- 근로자가 탑승하는 운반구를 지지하는 달기와이어로프 또는 달기체인의 경우 : 10 이상
- 화물의 하중을 직접 지지하는 달기와이어로프 또는 달기체인의 경우 : 5 이상
- 훅, 샤클, 클램프, 리프팅 빔의 경우 : 3 이상
- 그 밖의 경우 : 4 이상

📝 실기에 자주 출제되는 내용입니다. 암기하세요.

정답 105 ① 106 ③ 107 ③

108 흙막이 지보공의 안전조치로 옳지 않은 것은?

① 굴착배면에 배수로 미설치
② 지하매설물에 대한 조사 실시
③ 조립도의 작성 및 작업순서 준수
④ 흙막이 지보공에 대한 조사 및 점검 철저

> ① 굴착배면에 배수로를 설치하여 배수가 원활히 되도록 한다.

109 흙막이 계측기의 종류 중 주변 지반의 변형을 측정하는 기계는?

① Tilt meter   ② Inclino meter
③ Strain gauge   ④ Load cell

> *지중 수평변위계(Iclino meter)
> 인접지반의 수평 변위량과 위치, 방향 및 크기를 실측하여 토류 구조물 각 지점의 응력상태를 판단한다.

110 화물 취급작업과 관련한 위험방지를 위해 조치하여야 할 사항으로 옳지 않은 것은?

① 작업장 및 통로의 위험한 부분에는 안전하게 작업할 수 있는 조명을 유지할 것
② 차량 등에서 화물을 내리는 작업을 하는 경우에 해당 작업에 종사하는 근로자에 쌓여 있는 화물 중간에서 화물을 빼내도록 하지 말 것
③ 육상에서의 통로 및 작업장소로서 다리 또는 선거 갑문을 넘는 보도 등의 위험한 부분에는 안전난간 또는 울타리 등을 설치할 것
④ 부두 또는 안벽의 선을 따라 통로를 설치하는 경우에는 폭을 50cm 이상으로 할 것

> ④ 부두 또는 안벽의 선을 따라 통로를 설치하는 경우에는 폭을 90cm 이상으로 할 것

111 건설현장에 설치하는 사다리식 통로의 설치기준으로 옳지 않은 것은?

① 발판과 벽과의 사이는 15cm 이상의 간격을 유지할 것
② 발판의 간격은 일정하게 할 것
③ 사다리의 상단은 걸쳐놓은 지점으로부터 60cm 이상 올라가도록 할 것
④ 사다리식 통로의 길이가 10m 이상인 경우에는 3m 이내마다 계단참을 설치할 것

> ④ 사다리식 통로의 길이가 10m 이상인 경우에는 5m 이내마다 계단참을 설치할 것

정답 108 ① 109 ② 110 ④ 111 ④

＊사다리식 통로 설치 시의 준수사항
① 견고한 구조로 할 것
② 심한 손상·부식 등이 없는 재료를 사용할 것
③ 발판의 간격은 일정하게 할 것
④ 발판과 벽과의 사이는 15cm 이상의 간격을 유지할 것
⑤ 폭은 30cm 이상으로 할 것
⑥ 사다리가 넘어지거나 미끄러지는 것을 방지하기 위한 조치를 할 것
⑦ 사다리의 상단은 걸쳐놓은 지점으로부터 60cm 이상 올라가도록 할 것
⑧ 사다리식 통로의 길이가 10m 이상인 경우에는 5m 이내마다 계단참을 설치할 것
⑨ 사다리식 통로의 기울기는 75도 이하로 할 것. 다만, 고정식 사다리식 통로의 기울기는 90도 이하로 하고, 그 높이가 7미터 이상인 경우에는 다음 각 목의 구분에 따른 조치를 할 것
  • 등받이울이 있어도 근로자 이동에 지장이 없는 경우 : 바닥으로부터 높이가 2.5미터 되는 지점부터 등받이울을 설치할 것
  • 등받이울이 있으면 근로자가 이동이 곤란한 경우 : 한국산업표준에서 정하는 기준에 적합한 개인용 추락 방지 시스템을 설치하고 근로자로 하여금 한국산업표준에서 정하는 기준에 적합한 **전신 안전대**를 사용하도록 할 것
⑩ 접이식 사다리 기둥은 사용 시 접혀지거나 펼쳐지지 않도록 철물 등을 사용하여 견고하게 조치할 것

📝 실기까지 중요한 내용입니다.

112 철골 작업 시 기상조건에 따라 안전상 작업을 중지하여야 하는 경우에 해당되는 기준으로 옳은 것은?

① 강우량이 시간당 5mm 이상인 경우
② 강우량이 시간당 10mm 이상인 경우
③ 풍속이 초당 10m 이상인 경우
④ 강설량이 시간당 20mm 이상인 경우

＊철골작업을 중지해야 하는 조건
• 풍속이 초당 10m 이상인 경우
• 강우량이 시간당 1mm 이상인 경우
• 강설량이 시간당 1cm 이상인 경우

 실기에 자주 출제되는 내용입니다. 암기하세요.

113 공정률이 65%인 건설현장의 경우 공사 진척에 따른 산업안전보건관리비의 최소 사용 기준으로 옳은 것은?

① 40% 이상   ② 50% 이상
③ 60% 이상   ④ 70% 이상

＊공사 진척에 따른 산업안전보건관리비 사용 기준

공정률	사용 기준
50% 이상 70% 미만	50% 이상
70% 이상 90% 미만	70% 이상
90% 이상	90% 이상

114 항타기 또는 항발기의 권상용 와이어로프의 사용금지기준에 해당하지 않는 것은?

① 이음매가 없는 것
② 지름의 감소가 공칭지름의 7%를 초과하는 것
③ 꼬인 것
④ 열과 전기충격에 의해 손상된 것

정답 112 ③   113 ②   114 ①

* **와이어로프의 사용금지 기준**
  - 이음매가 있는 것
  - 와이어로프의 한 꼬임에서 끊어진 소선의 수가 10% 이상인 것
  - 지름의 감소가 공칭지름의 7%를 초과하는 것
  - 꼬인 것
  - 심하게 변형되거나 부식된 것
  - 열과 전기충격에 의해 손상된 것

📝 실기에 자주 출제되는 내용입니다. 암기하세요.

특급암기법 유사한 종류끼리 묶어서 암기
손 다치는 기계 – 프레스, 전단기 및 절곡기, 사출성형기, 롤러기
양중기 – 크레인, 리프트, 곤돌라
폭발 – 압력용기
추락 – 고소작업대

📝 실기에 자주 출제되는 내용입니다. 암기하세요.

115 설치·이전하는 경우 안전인증을 받아야 하는 기계·기구에 해당되지 않는 것은?

① 크레인　　② 리프트
③ 곤돌라　　④ 고소작업대

* **설치 · 이전하는 경우 안전인증을 받아야 하는 기계 · 기구**
  - 크레인　　• 리프트　　• 곤돌라

* **주요 구조 부분을 변경하는 경우 안전인증을 받아야 하는 기계 및 설비**
  ① 프레스
  ② 전단기 및 절곡기(折曲機)
  ③ 크레인
  ④ 리프트
  ⑤ 압력용기
  ⑥ 롤러기
  ⑦ 사출성형기(射出成形機)
  ⑧ 고소(高所)작업대
  ⑨ 곤돌라

116 터널공사의 전기발파작업에 관한 설명으로 옳지 않은 것은?

① 전선은 점화하기 전에 화약류를 충진한 장소로부터 30m 이상 떨어진 안전한 장소에서 도통시험 및 저항시험을 하여야 한다.
② 점화는 충분한 허용량을 갖는 발파기를 사용하고 규정된 스위치를 반드시 사용하여야 한다.
③ 발파 후 발파기와 발파모선의 연결을 유지한 채 그 단부를 절연시킨다.
④ 점화는 선임된 발파책임자가 행하고 발파기의 핸들을 점화할 때 이외에는 시건장치를 하거나 모선을 분리하여야 하며 발파책임자의 엄중한 관리하에 두어야 한다.

③ 발파 후 즉시 발파기를 발파모선으로부터 분리하여 단락시켜 재 점화가 되지 않도록 조치한다.

정답　115 ④　116 ③

117 건설업의 산업안전보건관리비 사용항목에 해당되지 않는 것은?

① 안전시설비
② 근로자 건강관리비
③ 운반기계 수리비
④ 안전진단비

★**산업안전보건관리비의 사용내역**
① 안전관리자 · 보건관리자 임금 등
② 안전시설비 등
③ 보호구 등
④ 안전보건진단비 등
⑤ 안전보건교육비 등
⑥ 근로자 건강장해예방비 등
⑦ 건설재해예방전문지도기관 기술지도비
⑧ 본사 전담조직 근로자 임금 등
⑨ 위험성평가 등에 따른 소요비용

118 거푸집동바리 등을 조립 또는 해체하는 작업을 하는 경우의 준수사항으로 옳지 않은 것은?

① 재료, 기구 또는 공구 등을 올리거나 내리는 경우에는 근로자로 하여금 달줄·달포대 등의 사용을 금하도록 할 것
② 낙하·충격에 의한 돌발적 재해를 방지하기 위하여 버팀목을 설치하고 거푸집동바리등을 인양장비에 매단 후에 작업을 하도록 하는 등 필요한 조치를 할 것
③ 비, 눈, 그 밖의 기상상태의 불안정으로 날씨가 몹시 나쁜 경우에는 그 작업을 중지할 것
④ 해당 작업을 하는 구역에는 관계 근로자가 아닌 사람의 출입을 금지할 것

① 재료, 기구 또는 공구 등을 올리거나 내리는 경우에는 근로자로 하여금 달줄·달포대 등을 사용하도록 할 것

119 차량계 하역운반기계 등에 화물을 적재하는 경우에 준수해야 할 사항으로 옳지 않은 것은?

① 하중이 한쪽으로 치우치도록 하여 공간 상 효율적으로 적재할 것
② 구내운반차 또는 화물자동차의 경우 화물의 붕괴 또는 낙하에 의한 위험을 방지하기 위하여 화물에 로프를 거는 등 필요한 조치를 할 것
③ 운전자의 시야를 가리지 않도록 화물을 적재할 것
④ 화물을 적재하는 경우 최대적재량을 초과하지 않을 것

★**차량계 하역운반기계에 화물적재 시의 조치**
• 하중이 한쪽으로 치우치지 않도록 적재할 것
• 구내운반차 또는 화물자동차의 경우 화물의 붕괴 또는 낙하에 의한 위험을 방지하기 위하여 화물에 로프를 거는 등 필요한 조치를 할 것
• 운전자의 시야를 가리지 않도록 화물을 적재할 것
• 화물을 적재하는 경우에는 최대적재량을 초과해서는 아니 된다.

정답 117 ③ 118 ① 119 ①

120 유해·위험방지계획서 첨부서류에 해당되지 않는 것은?

① 안전관리를 위한 교육자료
② 안전관리 조직표
③ 건설물, 사용 기계설비 등의 배치를 나타내는 도면
④ 재해 발생 위험 시 연락 및 대피방법

> ***유해·위험방지계획서 첨부서류**
> - 공사 개요 및 안전보건관리계획
>   - 공사 개요서
>   - 공사현장의 주변 현황 및 주변과의 관계를 나타내는 도면(매설물 현황을 포함한다)
>   - 건설물, 사용 기계설비 등의 배치를 나타내는 도면
>   - 전체 공정표
>   - 산업안전보건관리비 사용계획
>   - 안전관리 조직표
>   - 재해 발생 위험 시 연락 및 대피방법
> - 작업 공사 종류별 유해·위험방지계획

정답 120 ①

2017년 4회 최근 기출문제

1과목 산업안전관리론

01 산업안전보건법령상 안전검사 대상 유해·위험기계 등이 아닌 것은?

① 압력용기
② 원심기(산업용)
③ 국소 배기장치(이동식)
④ 크레인(정격 하중이 2톤 이상인 것)

*안전검사 대상 기계, 기구
① 프레스
② 전단기
③ 크레인(정격 하중이 2톤 미만인 것 제외)
④ 리프트
⑤ 압력용기
⑥ 곤돌라
⑦ 국소 배기장치(이동식은 제외)
⑧ 원심기(산업용만 해당)
⑨ 롤러기(밀폐형 구조는 제외한다)
⑩ 사출성형기[형 체결력 294킬로뉴턴(KN) 미만은 제외]
⑪ 고소작업대
⑫ 컨베이어
⑬ 산업용 로봇
⑭ 혼합기(26년 6월 26일 시행)
⑮ 파쇄기 또는 분쇄기(26년 6월 26일 시행)

특급암기법
손 다치는 기계 – 프레스, 전단기, 사출성형기, 롤러기, 혼합기, 파쇄기 또는 분쇄기(26년 6월 26일 시행)
양중기 – 크레인, 리프트, 곤돌라
폭발 – 압력용기
추가 – 극소(국소) 로봇이 고소(높은 곳)의 큰(컨) 원을 검사(안전검사)
국소배기장치 산업용 로봇, 고소작업대, 컨베이어, 원심기

실기에 자주 출제되는 내용입니다. 암기하세요.

02 산업안전보건법령상 고용노동부장관이 사업주에게 안전·보건진단을 받아 안전보건개선계획을 수립·제출하도록 명할 수 있는 사업장의 기준 중 틀린 것은?

① 사업주가 필요한 안전조치 또는 보건조치를 이행하지 아니하여 중대재해가 발생한 사업장
② 산업재해율이 같은 업종 평균 산업재해율의 2배 이상인 사업장
③ 직업성 질병자가 연간 2명 이상 발생한 사업장
④ 상시 근로자 1천 명 이상 사업장의 경우 직업병에 걸린 사람이 연간 2명 이상 발생한 사업장

정답 01 ③ 02 ④

* 안전·보건진단을 받아 안전보건개선계획을 수립·제출하도록 명할 수 있는 사업장
1. 산업재해율이 같은 업종 평균 산업재해율의 2배 이상인 사업장
2. 사업주가 필요한 안전조치 또는 보건조치를 이행하지 아니하여 중대재해가 발생한 사업장
3. 직업성 질병자가 연간 2명 이상(상시근로자 1천명 이상 사업장의 경우 3명 이상) 발생한 사업장
4. 그 밖에 작업환경 불량, 화재·폭발 또는 누출 사고 등으로 사업장 주변까지 피해가 확산된 사업장으로서 고용노동부령으로 정하는 사업장

* 금지표지의 종류

출입금지	보행금지	차량통행금지	사용금지
탑승금지	금연	화기금지	물체이동금지

특급암기법
평균의 2배 이상,
직업성 질병 2명 이상(1,000명 이상 3명) 진단받아 개선!
중대재해 발생하면 진단받아 개선!

 실기에 자주 출제되는 내용입니다. 암기하세요.

03 산업안전보건법령상 다음 그림에 해당하는 안전·보건표지의 명칭으로 옳은 것은?

① 접근금지 ② 이동금지
③ 보행금지 ④ 출입금지

04 100인 이하의 소규모 사업장에 적합한 안전보건관리조직의 형태는?

① 라인(Line)형
② 스태프(Staff)형
③ 라운드(Round)형
④ 라인-스태프(Line-Staff)의 복합형

- 라인(Line)형 : 100인 이하의 소규모 사업장
- 스태프(Staff)형 : 100~1,000인 이하의 중규모 사업장
- 라인-스태프(Line-Staff)형 : 1,000인 이상의 대규모 사업장

05 위험예지훈련의 4라운드 기법에서 문제점을 발견하고 중요 문제를 결정하는 단계는?

① 현상파악
② 본질추구
③ 목표설정
④ 대책수립

정답 03 ③ 04 ① 05 ②

※ 위험예지 훈련 4단계

1단계 현상 파악	• 어떤 위험이 잠재하고 있는가? • 전원이 대화로써 도해 상황 속의 잠재위험 요인을 발견 하고 그 요인이 초래할 수 있는 사고를 생각해 내는 단계
2단계 요인조사 (본질추구)	• 이것이 위험의 포인트다. • 발견해 낸 위험 중 가장 위험한 것을 합의로써 결정하는 단계
3단계 대책수립	• 당신이라면 어떻게 할 것인가? • 중요위험 요인을 해결하기 위한 대책을 세우는 단계
4단계 행동목표 설정 (합의요약)	• 우리들은 이렇게 하자! • 대책 중 중점 실시항목을 합의 요약해서 그것을 실천하기 위한 행동목표를 설정하는 단계

 실기까지 중요한 내용입니다.

※ 안전관리자 직무

- 사업장 안전교육계획의 수립 및 안전교육 실시에 관한 보좌 및 조언·지도
- 사업장 순회점검·지도 및 조치의 건의
- 산업재해 발생의 원인 조사·분석 및 재발 방지를 위한 기술적 보좌 및 조언·지도
- 산업재해에 관한 통계의 유지·관리·분석을 위한 보좌 및 조언·지도
- 안전인증대상 기계·기구 등과 자율안전확인대상 기계·기구 등 구입 시 적격품의 선정에 관한 보좌 및 조언·지도
- 위험성평가에 관한 보좌 및 조언·지도
- 안전에 관한 사항의 이행에 관한 보좌 및 조언·지도
- 산업안전보건위원회 또는 노사협의체, 안전보건관리규정 및 취업규칙에서 정한 직무
- 업무수행 내용의 기록, 유지
- 그 밖에 안전에 관한 사항으로서 노동부장관이 정하는 사항

실기에 자주 출제되는 내용입니다. 암기하세요.

06 산업안전보건법령상 안전관리자가 수행하여야 할 업무가 아닌 것은?

① 안전·보건에 관한 노사협의체에서 심의·의결한 업무
② 해당 사업장 안전교육계획의 수립 및 안전교육 실시에 관한 보좌 및 조언·지도
③ 산업재해에 관한 통계의 유지·관리·분석을 위한 보좌 및 조언·지도
④ 지휘·감독하는 작업과 관련된 기계·기구 또는 설비의 안전·보건 점검 및 이상 유무의 확인

07 물체의 낙하 또는 비래에 의한 위험을 방지 또는 경감하고, 머리부위 감전에 의한 위험을 방지하기 위한 안전모의 종류(기호)로 옳은 것은?

① A
② AE
③ AB
④ ABE

정답 06 ④ 07 ②

＊안전인증 안전모의 종류(추락, 감전방지용)

종류 (기호)	사용구분	비고
AB	물체의 낙하 또는 비래 및 추락에 의한 위험을 방지 또는 경감시키기 위한 것	
AE	물체의 낙하 또는 비래에 의한 위험을 방지 또는 경감하고, 머리 부위 감전에 의한 위험을 방지하기 위한 것	내전압성
ABE	물체의 낙하 또는 비래 및 추락에 의한 위험을 방지 또는 경감하고, 머리 부위 감전에 의한 위험을 방지하기 위한 것	내전압성

내전압성이란 7,000V 이하의 전압에 견디는 것을 말한다.

📝 실기까지 중요한 내용입니다.

＊강도율(S.R)
- 1,000 근로시간당 근로손실일수 비율
- 강도율 = $\dfrac{\text{총요양 근로 손실 일수}}{\text{연근로 시간 수}} \times 1,000$
- 근로손실일수
  = 휴업일수, 요양일수, 입원일수 × $\dfrac{300(\text{실제근로일수})}{365}$

강도율 = $\dfrac{\text{총요양 근로 손실 일수}}{\text{연근로 시간 수}} \times 1,000$

= $\dfrac{7,500 + 50 \times \dfrac{300}{365}}{200 \times 2,400} \times 1,000 = 15.71$

📝 실기에 자주 출제되는 내용입니다.

08 연평균 200명의 근로자가 작업하는 사업장에서 연간 3건의 재해가 발생하여 사망이 1명, 50일의 요양이 필요한 인원이 1명 이었다면 이때의 강도율은? (단, 1인당 연간 근로시간은 2,400시간으로 한다.)

① 13.61　② 15.71
③ 17.61　④ 19.71

09 재해사례연구의 주된 목적 중 틀린 것은?

① 재해요인을 체계적으로 규명하여 이에 대책을 세우기 위함
② 재해요인을 조사하여 책임 소재를 명확히 하기 위함
③ 재해 방지의 원칙을 습득해서 이것을 일상안전 보건활동에 실천하기 위함
④ 참가자의 안전보건활동에 관한 견해나 생각을 깊게 하고, 태도를 바꾸게 하기 위함

② 관계자의 책임 소재를 명확히 하기 위함보다는 동종 재해의 재발방지를 위함이다.

정답　08 ②　09 ②

10 하인리히의 재해손실비의 평가방식에 있어서 간접비에 해당하지 않는 것은?

① 사망 시 장의비용
② 신규직원 섭외비용
③ 재해로 인한 본인의 시간손실비용
④ 시설복구로 소비된 재산손실비용

직접비	간접비
• 치료비	• 인적 손실비
• 휴업급여	• 물적 손실비
• 요양급여	• 생산 손실비
• 유족급여	• 기계, 기구 손실비 등
• 장해급여	
• 간병급여	
• 직업재활급여	
• 상병(傷病)보상연금	
• 장의비 등	

11 작업자가 불안전한 작업대에 작업 중 추락하여 지면에 머리가 부딪혀 다친 경우의 기인물과 가해물로 옳은 것은?

① 기인물-지면, 가해물-작업대
② 기인물-지면, 가해물-지면
③ 기인물-작업대, 가해물-작업대
④ 기인물-작업대, 가해물-지면

• 불안전한 작업대에 작업 중 추락 → 기인물 : 작업대
• 지면에 머리를 부딪혀 다침 → 가해물 : 지면

실기까지 중요한 내용입니다.

12 재해예방의 4원칙에 대한 설명으로 틀린 것은?

① 재해발생에는 반드시 손실을 수반한다.
② 재해의 발생은 반드시 그 원인이 존재한다.
③ 재해예방을 위한 가능한 안전대책은 반드시 존재한다.
④ 재해는 원칙적으로 원인만 제거되면 예방이 가능하다.

① 재해발생의 결과 손실은 우연히 발생한다.

★ **산업재해 예방의 4원칙**
• **예방 가능의 원칙** : 재해는 원칙적으로 원인만 제거되면 예방이 가능하다.
• **손실 우연의 원칙** : 사고의 결과 생기는 상해의 종류와 정도는 사고 발생시 사고대상의 조건에 따라 우연히 발생한다.
• **대책 선정의 원칙** : 사고의 원인에 대한 적합한 대책이 선정되어야 한다.
• **원인 연계의 원칙** : 재해는 직접원인과 간접원인이 연계되어 일어난다.

13 산업안전보건법상 산업안전보건위원회의 심의·의결사항이 아닌 것은?

① 안전보건관리규정의 작성 및 변경에 관한 사항
② 작업환경측정 등 작업환경의 점검 및 개선에 관한 사항
③ 사업장 경영체계 구성 및 운영에 관한 사항
④ 유해하거나 위험한 기계·기구와 그 밖의 설비를 도입한 경우 안전·보건조치에 관한 사항

정답 10 ① 11 ④ 12 ① 13 ③

★ 산업안전보건위원회의 심의·의결 사항
- 산업재해 예방계획의 수립에 관한 사항
- 안전보건관리규정의 작성 및 변경에 관한 사항
- 근로자의 안전·보건교육에 관한 사항
- 작업환경측정 등 작업환경의 점검 및 개선에 관한 사항
- 근로자의 건강진단 등 건강관리에 관한 사항
- 중대재해의 원인 조사 및 재발 방지대책 수립에 관한 사항
- 산업재해에 관한 통계의 기록 및 유지에 관한 사항
- 유해하거나 위험한 기계·기구와 그 밖의 설비를 도입한 경우 안전·보건조치에 관한 사항

📝 실기까지 중요한 내용입니다.

14 재해사례연구의 진행단계로 옳은 것은?

① 재해상황의 파악 → 사실의 확인 → 문제점의 발견 → 근본적 문제점의 결정 → 대책수립
② 재해상황의 파악 → 문제점의 발견 → 근본적 문제점의 결정 → 사실의 확인 → 대책수립
③ 문제점의 발견 → 재해상황의 파악 → 근본적 문제점의 결정 → 사실의 확인 → 대책수립
④ 문제점의 발견 → 재해상황의 파악 → 사실의 확인 → 근본적 문제점의 결정 → 대책수립

★ 재해사례연구 진행 단계
- **전제 조건** : 재해 상황의 파악
- **1단계** : 사실의 확인
- **2단계** : 문제점 발견
- **3단계** : 근본 문제점 결정(재해 원인 결정)
- **4단계** : 대책수립

15 점검시기에 따른 안전점검의 종류가 아닌 것은?

① 정기점검　　② 수시점검
③ 임시점검　　④ 특수점검

★ 안전점검의 종류
- 정기점검
- 수시점검
- 임시점검
- 특별점검

16 무재해운동의 기본이념 3원칙이 아닌 것은?

① 무의 원칙
② 관리의 원칙
③ 참가의 원칙
④ 선취의 원칙

정답　14 ①　15 ④　16 ②

* **무재해운동의 기본이념 3원칙**
- 무의 원칙
- 선취의 원칙
- 참가의 원칙

 실기까지 중요한 내용입니다.

17 사고의 용어 중 Near Accident에 대한 설명으로 옳은 것은?

① 사고가 일어나더라도 손실을 수반하지 않는 경우
② 사고가 일어날 경우 인적재해가 발생하는 경우
③ 사고가 일어날 경우 물적재해가 발생하는 경우
④ 사고가 일어나더라도 일정 비용 이하의 손실만 수반하지 않는 경우

* **Near Accident(앗차 사고)**
사고가 일어나더라도 손실을 수반하지 않는 경우

18 버드의 재해구성 비율 이론에 따라 중상이 5건 발생한 경우 경상이 발생할 건수는?

① 150 ② 145
③ 100 ④ 50

* **버드의 1 : 10 : 30 : 600의 법칙**
- 총 641건의 사고를 분석했을 때
 - 중상 또는 폐질 : 1건
 - 경상해 : 10건
 - 무상해 사고(물적 손실) : 30건
 - 무상해, 무사고(위험 순간) : 600건이 발생함을 의미한다.

- 중상이 5건이므로
 - 경상해 : 50건
 - 무상해 사고(물적 손실) : 150건
 - 무상해, 무사고(위험 순간) : 3,000건

필기에 자주 출제되는 내용입니다.

19 산업안전보건법령상 사업장의 산업재해 발생건수, 재해율 또는 그 순위를 공표할 수 있는 공표대상 사업장의 기준 중 틀린 것은? (단, 고용노동부장관이 산업재해를 예방하기 위하여 필요하다고 인정할 때이다.)

① 중대산업사고가 발행한 사업장
② 산업재해의 발생에 관한 보고를 최근 3년 이내 2회 이상 하지 않은 사업장
③ 중대재해가 발생한 사업장으로서 해당 중대재해 발생연도의 연간 산업재해율이 규모별 같은 업종의 평균 재해율 이상인 사업장 중 상위 20% 이내에 해당하는 사업장
④ 사망만인율(사망재해자 수를 연간 상시근로자 1만명당 발생하는 사망재해자 수로 환산한 것)이 규모별 같은 업종의 평균 사망만인율 이상인 사업장

정답 17 ① 18 ④ 19 ③

＊ 재해발생 건수 등 재해율 공표 대상 사업장
① 사망재해자가 연간 2명 이상 발생한 사업장
② 사망만인율(사망재해자 수를 연간 상시근로자 1만 명당 발생하는 사망재해자 수로 환산한 것)이 규모별 같은 업종의 평균 사망만인율 이상인 사업장
③ 중대산업사고가 발생한 사업장
④ 산업재해 발생 사실을 은폐한 사업장
⑤ 산업재해의 발생에 관한 보고를 최근 3년 이내 2회 이상 하지 않은 사업장

특급암기법
사망자 2명, 평균 사망만인율 이상 공표!
중대산업사고 발생하면 공표!
재해은폐, 재해보고 3년 동안 2번 이상 안하면 공표!

관련 법령의 변경으로 문제 일부를 수정하였습니다.
실기에 자주 출제되는 내용입니다.

20 산업안전보건법령상 안전보건관리규정의 작성 대상 사업의 사업주는 안전보건관리규정을 작성하여야 할 사유가 발생한 날부터 며칠 이내에 안전보건관리규정의 세부 내용을 포함한 안전보건관리규정을 작성하여야 하는가?

① 10　　② 15
③ 20　　④ 30

사업주는 안전보건관리규정을 작성하여야 할 사유가 발생한 날부터 30일 이내에 안전보건관리규정을 작성하여야 한다.

필기에 자주 출제되는 내용입니다.

2과목 산업심리 및 교육

21 부주의에 의한 사고방지대책 중 정신적 대책과 가장 거리가 먼 것은?

① 안전의식의 고취
② 주의력 집중훈련
③ 표준작업의 습관화
④ 스트레스 해소 대책

＊ 부주의에 의한 사고방지대책

정신적 대책	• 주의력 집중 훈련 • 스트레스 해소 대책 • 안전의식의 제고 • 작업의욕 고취
기능 및 작업측면 대책	• 적성배치 • 표준작업(동작)의 습관화 • 안전작업방법의 습득 • 작업조건의 개선 및 적응력 향상
설비 및 환경 측면 대책	• 표준 작업제도의 도입 • 설비 및 작업환경의 안전화 • 긴급 시 안전작업 대책 수립

정답　20 ④　21 ③

22 교육훈련 지도방법의 4단계 순서로 맞는 것은?

① 도입 → 제시 → 적용 → 확인
② 제시 → 도입 → 적용 → 확인
③ 적용 → 제시 → 도입 → 확인
④ 도입 → 적용 → 확인 → 제시

★ **교육진행 4단계**
- 제1단계 : 도입(학습할 준비를 시킨다.)
- 제2단계 : 제시(작업을 설명한다.)
- 제3단계 : 적용(작업을 시켜본다.)
- 제4단계 : 확인(가르친 뒤 살펴본다.)

📝 필기에 자주 출제되는 내용입니다.

23 착오의 원인에 있어 인지과정의 착오에 속하는 것은?

① 합리화의 부족
② 환경조건 불비
③ 작업자의 기능 미숙
④ 생리적·심리적 능력의 부족

★ **인간의 착오 요인**

인지과정 착오의 요인	• 정보량 저장의 한계 • 감각 차단 현상 • 정서적 불안정 • 생리, 심리적 능력의 한계 (정보 수용 능력의 한계)
판단과정 착오요인	• 자기 합리화 • 능력 부족 • 정보 부족 • 자기 과신

조작과정의 착오 요인	• 작업자의 기능 미숙(기술 부족) • 작업경험 부족 • 피로
심리적, 기타 요인	• 불안·공포·과로·수면부족등

24 인간의 심리 중에는 안전수단이 생략되어 불안전 행위를 나타내는 경우가 있다. 안전수단이 생략되는 경우가 아닌 것은?

① 작업규율이 엄할 때
② 의식과잉이 있을 때
③ 주변의 영향이 있을 때
④ 피로하거나 과로했을 때

① 작업규율이 엄할 때 → 안전수단을 지키게 된다.

25 허츠버그(Herzberg)의 2요인 이론 중 동기요인(motivator)에 해당하지 않는 것은?

① 성취
② 작업 조건
③ 인정
④ 작업 자체

정답 22 ① 23 ④ 24 ① 25 ②

※ 허츠버그(Herzberg)의 2요인론

위생 요인(직무 환경)	동기 요인(직무 내용)
• 회사 정책과 관리	• 성취감
• 개인 상호 간의 관계	• 책임감
• 감독	• 안정감
• 임금	• 성장과 발전
• 보수	• 도전감
• 작업 조건	• 일 그 자체
• 지위	
• 안전	

26 지도자(leader)의 권한 중 지도자 자신에 의해 생성되는 권한은?

① 보상적 권한
② 합법적 권한
③ 강압적 권한
④ 전문성의 권한

- 조직이 지도자에게 부여하는 권한 : 보상적 권한, 강압적 권한, 합법적 권한
- 지도자 자신이 자기에게 부여하는 권한 : 위임된 권한, 전문성의 권한

📝 필기에 자주 출제되는 내용입니다.

27 직무동기 이론 중 기대이론에서 성과를 나타냈을 때 보상이 있을 것이라는 수단성을 높이려면 유의해야 할 점이 있는데, 이에 해당되지 않는 것은?

① 보상의 약속을 철저히 지킨다.
② 신뢰할 만한 성과의 측정방법을 사용한다.
③ 보상에 대한 객관적인 기준을 사전에 명확히 제시한다.
④ 직무수행을 위한 충분한 정보와 자원을 공급받는다.

※ 브룸(Vroom)의 기대이론
개인이 어떤 행동을 할 때 자신의 노력에 따른 결과를 기대하며, 그 기대를 실현하기 위하여 어떤 활동을 한다는 이론
- 보상의 약속을 철저히 지킨다.
- 신뢰할 만한 성과의 측정방법을 사용한다.
- 보상에 대한 객관적인 기준을 사전에 명확히 제시한다.

참고

※ 브룸(Vroom)의 기대이론의 3가지 요소
- 기대감
  - 노력했을 때 목표한 일을 성공시킬 수 있는가?
  - 어떤 활동이 특정한 결과를 가져올 거라는 가능성
- 수단성
  - 일을 성공했을 때 내가 바라는 것을 얻을 수 있는가?
  - 성과를 달성하면 바람직한 보상이 주어지리라는 믿음
- 유의성
  - 그 일이 내가 바라는 일이고 좋아하는 일인가?
  - 특정 보상에 대한 선호도

정답 26 ④ 27 ④

28 생체리듬과 피로에 관한 설명 중 틀린 것은?

① 생체상의 변화는 하루 중에 일정한 시간 간격을 두고 교환된다.
② 인간의 생체리듬은 낮에는 체온, 혈압, 맥박수 등이 상승하고 밤에는 저하된다.
③ 생체리듬에서 중요한 점은 낮에는 신체 활동이 유리하며, 밤에는 휴식이 더욱 효율적이라는 것이다.
④ 몸이 흥분한 상태일 때는 부교감신경이 우세하고 수면을 취하거나 휴식을 할 때는 교감신경이 우세하다.

④ 몸이 흥분한 상태일 때는 교감신경이 우세하고 수면을 취하거나 휴식을 할 때는 부교감신경이 우세하다.

참고
- 교감신경 : 신체가 위급한 상황일 때 이에 대처하는 기능
- 부교감신경 : 에너지를 보존하는 기능

29 참가자 앞에서 소수의 전문가들이 과제에 관한 견해를 발표하고 토론한 뒤 참가자 전원이 참가하여 사회자의 사회에 따라 토의하는 방법은?

① 포럼
② 심포지엄
③ 패널 디스커션
④ 버즈 세션

★ 패널 디스커션
소수의 전문가(패널)들이 과제에 관한 견해를 발표하고 토론한 뒤 참가자 전원이 토의하는 방법

참고
- 포럼(Forum) : 새로운 자료나 교재를 제시, 거기서의 문제점을 피교육자로 하여금 제기하게 하여 발표하고 토의하는 방법
- 심포지엄(Symposium) : 몇 사람의 전문가에 의하여 과제에 관한 견해를 발표한 뒤 참가자로 하여금 의견이나 질문을 하게 하여 토의하는 방법
- 패널 디스커션(Panel discussion) : 패널 멤버(교육 과제에 정통한 전문가 4~5명)가 피교육자 앞에서 토의를 하고, 뒤에 피교육자 전원이 참가하여 사회자의 사회에 따라 토의하는 방법
- 버즈 세션(Buzz Session) : 사회자와 기록계를 선출한 후 6명씩의 소집단으로 구분하고, 소집단별로 6분씩 자유토의를 행하여 의견을 종합하는 방법이다.

실기까지 중요한 내용입니다.

30 맥그리거(Douglas McGregor)의 X·Y이론에서 Y이론에 관한 설명으로 틀린 것은?

① 인간은 서로 신뢰하는 관계를 가지고 있다.
② -**************-인간은 문제해결에 많은 상상력과 재능이 있다.
③ 인간은 스스로의 일을 책임하에 자주적으로 행한다.
④ 인간은 원래부터 강제 통제하고 방향을 제시할 때 적절한 노력을 한다.

④ 인간은 원래부터 강제 통제하고 방향을 제시할 때 적절한 노력을 한다. → X이론

② 부분강화에 의하면 학습은 급속도로 진행되지만, 빠른 속도로 학습효과가 사라진다.

참고

* 맥그리거(McGregor)의 X · Y 이론

X이론의 특징	Y이론의 특징
인간 불신감	상호 신뢰감
성악설	성선설
인간은 원래 게으르고 태만하여 남의 지배를 받기를 즐긴다.	인간은 부지런하고 적극적이며 자주적이다.
물질욕구(저차원 욕구)에 만족	정신욕구(고차원 욕구)에 만족
명령, 통제에 의한 관리 (권위주의형 리더십)	목표 통합과 자기통제에 의한 자율관리 (민주주의형 리더십)
저개발국형	선진국형

32 인간이 환경을 지각(perception)할 때 가장 먼저 일어나는 요인은?

① 해석   ② 기대
③ 선택   ④ 조직화

지각(perception)이란 외부환경으로부터의 자극을 선택적으로 받아들여서 해석하고 의미를 부여하는 심리적 과정이다.

📝 필기에 자주 출제되는 내용입니다.

31 Skinner의 학습이론을 강화이론이라고 한다. 강화에 대한 설명으로 틀린 것은?

① 처벌은 더 강한 처벌에 의해서만 그 효과가 지속되는 부작용이 있다.
② 부분강화에 의하면 학습은 서서히 진행되지만, 빠른 속도로 학습효과가 사라진다.
③ 부적강화란 반응 후 처벌이나 비난 등의 해로운 자극이 주어져서 반응 발생률이 감소하는 것이다.
④ 정적강화란 반응 후 음식이나 칭찬 등의 이로운 자극을 주었을 때 반응 발생률이 높아지는 것이다.

33 다음 설명에 해당하는 안전교육방법은?

ATP라고도 하며, 당초 일부 회사의 톱매니지먼트(top management)에 대하여만 행하여졌으나, 그 후 널리 보급되었으며, 정책의 수립, 조직, 통제 및 운영 등의 교육내용을 다룬다.

① TWI(Training Within Industry)
② CCS(Civil Communication Section)
③ MTP(Management Training Program)
④ ATT(American Telephone & Telegram Co.)

정답 31 ② 32 ③ 33 ②

* **CCS(Civil Communication Section)**
 • 대상 : 최고층 관리감독자 대상 교육
 • ATP(Administration Training Program)라고도 한다.

34 교육 전용 시설 또는 그 밖에 교육을 실시하기에 적합한 시설에서 실시하는 교육 방법은?

① 집합교육
② 통신교육
③ 현장교육
④ on-line 교육

* **집합교육**
교육 전용 시설 또는 교육을 실시하기에 적합한 시설에서 실시 → 집합교육

35 새로운 자료나 교재를 제시하고 문제점을 피교육자로 하여금 제기하게 하거나 그것에 관한 피교육자의 의견을 여러 가지 방법으로 발표하게 하고, 청중과 토론자 간에 활발한 의견 개진과 충돌로 바람직한 합의를 도출해 내는 교육 실시방법은?

① 포럼(Forum)
② 심포지엄(Symposium)
③ 패널 디스커션(Panel Discussion)
④ 자유토의법(Free Discussion Method)

새로운 자료나 교재를 제시 → 포럼(Forum)

> **참고**
>
> • **포럼(Forum)** : 새로운 자료나 교재를 제시, 거기서의 문제점을 피교육자로 하여금 제기하게 하여 발표하고 토의하는 방법
> • **심포지엄(Symposium)** : 몇 사람의 전문가에 의하여 과제에 관한 견해를 발표한 뒤 참가자로 하여금 의견이나 질문을 하게 하여 토의하는 방법
> • **패널 디스커션(Panel discussion)** : 패널 멤버(교육 과제에 정통한 전문가 4~5명)가 피교육자 앞에서 토의를 하고, 뒤에 피교육자 전원이 참가하여 사회자의 사회에 따라 토의하는 방법
> • **버즈 세션(Buzz Session)** : 사회자와 기록계를 선출한 후 6명씩의 소집단으로 구분하고, 소집단별로 6분씩 자유토의를 행하여 의견을 종합하는 방법이다.

실기까지 중요한 내용입니다.

36 조직에 있어 구성원들의 역할에 대한 기대와 행동은 항상 일치하지는 않는다. 역할 기대와 실제 역할 행동 간에 차이가 생기면 역할 갈등이 발생하는데, 역할 갈등의 원인으로 가장 거리가 먼 것은?

① 역할 마찰 ② 역할 민첩성
③ 역할 부적합 ④ 역할 모호성

* **역할 갈등의 원인**
 • 역할 마찰
 • 역할 부적합
 • 역할 모호성
 • 역할 긴장

정답 34 ① 35 ① 36 ②

37 안전보건교육을 향상시키기 위한 학습지도의 원리에 해당되지 않는 것은?

① 통합의 원리
② 동기유발의 원리
③ 개별화의 원리
④ 자기활동의 원리

> ★ **학습지도의 원리**
> • **자발성의 원리** : 학습자 스스로가 능동적으로 학습활동에 의욕을 가지고 참여하도록 하는 원리
> • **개별화의 원리** : 학습자를 존중하고, 학습자 개개인의 능력, 소질, 성향 등 모든 발달가능성을 신장시키려는 원리
> • **목적의 원리** : 학습자는 학습목표가 분명하게 인식되었을 때 자발적이고 적극적인 학습활동을 하게 된다.
> • **사회화의 원리** : 학교 교육을 통하여 학생들이 사회화되어 유용한 사회인으로 육성시키고자 하는 교육이다.
> • **통합화의 원리** : 학습자를 전체적 인격체로 보고 그에게 내제하여 있는 모든 능력을 조화적으로 발달시키기 위한 생활중심의 통합교육을 원칙으로 하는 원리
> • **직관의 원리(직접경험의 원리)** : 학습에 있어 언어위주로 설명을 하는 수업보다는 구체적인 사물을 학습자가 직접 경험해 봄으로써 학습의 효과를 높일 수 있는 원리

38 O.J.T(On the Job Training)의 장점이 아닌 것은?

① 직장의 실정에 맞게 실제적 훈련이 가능하다.
② 대상자의 개인별 능력에 따라 훈련의 진도를 조정하기가 쉽다.
③ 교육훈련 대상자가 교육훈련에만 몰두할 수 있어 학습효과가 높다.
④ 교육을 통한 훈련효과에 의해 상호 신뢰 이해도가 높아진다.

> ★ **Off.J.T의 특징**
> 교육훈련 대상자가 교육훈련에만 몰두한다.

참고

OJT의 특징	• 개개인에게 적절한 훈련이 가능하다. • 직장의 실정에 맞는 훈련이 가능하다. • 교육효과가 즉시 업무에 연결된다. • 훈련에 대한 업무의 계속성이 끊어지지 않는다. • 상호 신뢰 이해도가 높다.
OFF JT의 특징	• 다수의 근로자들에게 훈련을 할수 있다. • 훈련에만 전념하게 된다. • 특별 설비 기구 이용이 가능하다. • 많은 지식이나 경험을 교류할 수 있다. • 교육 훈련 목표에 대하여 집단적 노력이 흐트러질 수 있다.

📝 실기까지 중요한 내용입니다.

정답 37 ② 38 ③

39 상황성 누발자의 재해유발원인으로 가장 적절한 것은?

① 소심한 성격
② 주의력의 산만
③ 기계설비의 결함
④ 침착성 및 도덕성의 결여

*상황성 누발자의 재해유발원인
- 작업에 어려움이 많은 자
- 기계 설비의 결함이 있을 때
- 심신에 근심이 있는 자
- 환경상 주의력 집중이 혼란되기 쉬울 때

40 시간 연구를 통해서 근로자들에게 차별 성과급제를 적용하면 효율적이라고 주장한 과학적 관리법의 창시자는?

① 게젤(A.L. Gesell)
② 테일러(F. Taylor)
③ 웨슬러(D. Wechsler)
④ 샤인(Edgar H. Schein)

*Taylor의 과학적 관리
- 시간 – 동작 연구를 적용하였다.
- 생산의 효율성을 상당히 향상시켰다.
- 인간의 노동을 기계화하여 노동생산성을 높이는 것에만 치중하여 인간의 심리적, 생리적, 사회적 측면을 고려하지 않은 단점이 있다.
- 인센티브(차별 성과급제)를 도입함으로써 작업자들을 동기화시킬 수 있다.

3과목 인간공학 및 시스템안전공학

41 화학물질 취급회사의 안전담당자 최○○는 화재 발생 시 대피 안내방송을 음성 합성기로 전달하고자 한다. 최○○가 활용할 수 있는 음성합성 체계에 대한 설명으로 맞는 것은?

① 최○○는 경고안내문을 낭독하는 본인의 실제 음성파형을 모형화하는 음성 정수화 방법을 활용할 수 있다.
② 최○○는 경고안내문을 낭독할 때, 본인 음성의 질을 가장 우수하게 합성할 수 있는 불규칙에 의한 합성법을 활용할 수 있다.
③ 최○○는 발음모형의 적절한 모수들을 경고안내문을 낭독 시 본인이 실제 발음할 때에 결정하는 분석-합성에 의한 합성법을 적용할 수 있다.
④ 최○○는 규칙에 의한 합성법을 사용하여 경고안내문을 낭독하는 본인의 실제 음성으로부터 발음모형 모수들의 변화를 암호화할 수 있다.

*대피 안내방송
본인의 실제 음성파형을 모형화하는 음성 정수화 방법을 활용한다.

정답 39 ③ 40 ② 41 ①

42 건습구온도계에서 건구온도가 24℃이고 습구온도가 20℃일 때 Oxford 지수는 얼마인가?

① 20.6℃ ② 21.0℃
③ 23.0℃ ④ 23.4℃

> **★ Oxford 지수(습·건 지수)**
> $$WD(℃) = 0.85 \times w + 0.15 \times d$$
> • w : 습구온도
> • d : 건구온도
>
> WD(℃) = 0.85 × 20 + 0.15 × 24 = 20.6℃

43 A 자동차에서 근무하는 K씨는 지게차로 철강판을 하역하는 업무를 한다. 지게차 운전으로 K씨에게 노출된 직업성 질환의 위험요인과 동일한 위험에 노출된 작업자는?

① 연마기 작업자
② 착암기 작업자
③ 진동 수공구 작업자
④ 대형운송차량 운전자

> 지게차, 대형 운송차량 → 차량계 하역운반기계 → 하물의 낙하에 의한 위험, 중량물 취급에 따른 근골격계 질환 등의 위험에 노출됨

44 인간공학의 정의로 가장 적합한 것은?

① 인간의 과오가 시스템에 미치는 영향을 최대화하기 위한 학문분야
② 인간, 기계, 물자, 환경으로 구성된 복잡체계의 효율을 최대로 활용하기 위하여 인간의 한계 능력을 최대화하는 학문분야
③ 인간의 특성과 한계 능력을 분석, 평가하여 이를 복잡한 체계의 설계에 응용하여 효율을 최대로 활용할 수 있도록 하는 학문분야
④ 인간, 기계, 물자, 환경으로 구성된 복잡한 체계의 효율을 최대로 활용하기 위하여 인간의 생리적, 심리적 조건을 시스템에 맞추는 학문분야

> **★ 인간공학의 정의**
> • 인간의 특성과 한계능력을 공학적으로 분석, 평가하여 이를 복잡한 체계의 설계에 응용함으로써 효율을 최대로 활용할 수 있도록 하는 학문분야
> • 인간공학은 기계와 그 기계조작 및 환경조건을 인간의 특성에 맞추어 설계하기 위한 수단을 연구하는 학문이다.

정답 42 ① 43 ④ 44 ③

45 중복사상이 있는 FT(Fault Tree)에서 모든 컷셋(cut set)을 구한 경우에 최소 컷셋(minimal cut set)의 설명으로 맞는 것은?

① 모든 컷셋이 바로 최소 컷셋이다.
② 모든 컷셋에서 중복되는 컷셋만이 최소 컷셋이다.
③ 최소 컷셋은 시스템의 고장을 방지하는 기본 고장들의 집합이다.
④ 중복되는 사상의 컷셋 중 다른 컷셋에 포함되는 셋을 제거한 컷셋과 중복되지 않는 사상의 컷셋을 합한 것이 최소 컷셋이다.

* **중복사상이 있는 FT에서의 최소 컷셋**
중복되는 사상의 컷셋 중 다른 컷셋에 포함되는 셋을 제거한 컷셋과 중복되지 않는 사상의 컷셋을 합한 것이 최소 컷셋이다.

46 위험관리 단계에서 발생빈도보다는 손실에 중점을 두며, 기업 간 의존도, 한 가지 사고가 여러 가지 손실을 수반하는 것에 대해 유의하여 안전에 미치는 영향의 강도를 평가하는 단계는?

① 위험의 파악 단계
② 위험의 처리 단계
③ 위험의 분석 및 평가 단계
④ 위험의 발견, 확인, 측정방법 단계

안전에 미치는 영향의 강도를 평가하는 단계
→ 위험의 분석 및 평가단계

참고

* **위험관리 단계**
위험의 파악 → 위험의 분석 → 위험의 평가 → 위험의 처리

47 인간-기계 시스템을 3가지로 분류한 설명으로 틀린 것은?

① 자동 시스템에서는 인간요소를 고려하여야 한다.
② 기계 시스템에서는 동력기계화 체계와 고도로 통합된 부품으로 구성된다.
③ 자동 시스템에서 인간은 감시, 정비유지, 프로그램 등의 작업을 담당한다.
④ 수동 시스템에서 기계는 동력원을 제공하고 인간의 통제하에서 제품을 생산한다.

* **수동시스템**
• 사용자가 손공구나 기타 보조물 등을 사용하여 자기의 신체적 힘을 동력원으로 하여 작업을 수행하는 시스템이다.
• 가장 다양성이 높은 체계이다.(예 장인과 공구)

 필기에 자주 출제되는 내용입니다.

 45 ④ 46 ③ 47 ④

48 인체측정에 대한 설명으로 맞는 것은?

① 신체측정은 동적측정과 정적측정이 있다.
② 인체 측정학은 신체의 생화학적 특징을 다룬다.
③ 자세에 따른 신체지수의 변화는 없다고 가정한다.
④ 측정항목에는 주로 무게, 직경, 두께 길이 등이 포함된다.

② 인체 측정학은 신체의 치수, 인체 각 부위의 부피, 무게중심, 질량 등의 물리적 특징을 다룬다.
③ 자세에 따른 신체지수의 변화를 고려하여야 한다.
④ 측정항목에는 신장·체중·체표면적·신체 각 부위의 길이 등이 포함된다.

49 위험상황을 해결하기 위한 위험처리기술에 해당하는 것은?

① Combine(결함)
② Reduction(위험감축)
③ Simplify(작업의 단순화)
④ Rearrange(작업순서의 변경 및 재배열)

*위험처리기술
- 위험의 제거(위험감축) : 위험 요소를 적극적으로 예방하고 경감하려는 것
- 위험의 회피 : 위험한 작업 자체를 하지 않거나 작업방법을 개선하는 것
- 위험의 보유 : 위험의 일부 또는 전부를 스스로 인수하는 것
- 위험의 전가 : 위험을 보험, 보증, 공제기금제도 등으로 분산시키는 것

50 컷셋과 패스셋에 관한 설명으로 맞는 것은?

① 동일한 시스템에서 패스셋의 개수와 컷셋의 개수는 같다.
② 패스셋은 동시에 발생했을 때 정상사상을 유발하는 사상들의 집합이다.
③ 일반적으로 시스템에서 최소 컷셋의 개수가 늘어나면 위험 수준이 높아진다.
④ 최소 컷셋은 어떤 고장이나 실수를 일으키지 않으면 재해는 일어나지 않는다고 하는 것이다.

③ 최소 컷셋은 시스템의 고장을 일으키는 최소한의 집합으로 시스템에서 최소 컷셋의 개수가 늘어나면 위험 수준이 높아진다.

51 산업안전보건법령상 유해·위험방지계획서를 제출할 때에는 사업장별로 관련 서류를 첨부하여 해당 작업 시작 며칠 전까지 해당 기관에 제출하여야 하는가?

① 7일   ② 15일
③ 30일   ④ 60일

사업주가 제조업 대상 사업, 대상 기계, 기구 설비에 해당하는 유해·위험방지계획서를 제출하려면 다음 각 호의 서류를 첨부하여 해당 공사 착공 15일 전까지 공단에 2부를 제출하여야 한다.

실기까지 중요한 내용입니다.

정답 48 ① 49 ② 50 ③ 51 ②

52 FTA에 사용되는 논리 게이트 중 여러 개의 입력 사상이 정해진 순서에 따라 순차적으로 발생해야만 결과가 출력되는 것은?

① 억제 게이트
② 조합 AND 게이트
③ 배타적 OR 게이트
④ 우선적 AND 게이트

정해진 순서에 따라 순차적으로 발생해야만 결과가 출력됨 → 우선적 AND 게이트

> **참고**

기호	명명	기호 설명
	억제게이트	이 게이트의 출력사상은 한 개의 입력사상에 의해 발생하며, 입력사상이 출력사상을 생성하기 전에 특정조건을 만족하여야 하는 논리게이트
	조합 AND 게이트	3개 이상의 입력 중 2개가 일어나면 출력이 생긴다.
	배타적 OR 게이트	입력사상 중 오직 한 개의 발생으로만 출력사상이 생성되는 논리게이트
	우선적 AND게이트	입력사상이 특정 순서대로 발생한 경우에만 출력사상이 발생하는 논리게이트

📝 필기에 자주 출제되는 내용입니다.

53 사무실 의자나 책상에 적용할 인체 측정 자료의 설계 원칙으로 가장 적합한 것은?

① 평균치 설계   ② 조절식 설계
③ 최대치 설계   ④ 최소치 설계

사무실 의자나 책상 → 조절식 설계

> **참고**

* **인체계측자료의 응용 3원칙**
* 최대치수와 최소치수 설계(극단치 설계)

최대 치수 설계의 예	최소 치수 설계의 예
• 위험구역의 울타리 높이 • 출입문의 높이 • 그네줄의 인장강도	• 물건을 올리는 선반의 높이 • 조종장치를 조정하는 힘 • 조종장치까지의 조정거리

* 조절(조정) 범위(조절식 설계)
  예 침대, 의자 높낮이 조절, 자동차의 운전석 위치 조정
* 평균치를 기준으로 한 설계
  예 은행의 창구 높이

📝 필기에 자주 출제되는 내용입니다.

54 좋은 코딩 시스템의 요건에 해당하지 않는 것은?

① 코드의 검출성
② 코드의 식별성
③ 코드의 표준화
④ 단순차원 코드의 사용

정답 52 ④ 53 ② 54 ④

※ 암호 체계의 일반적 사항
- **암호의 검출성** : 암호화한 자극은 검출이 가능할 것
- **암호의 변별성** : 다른 암호 표시와 구별될 수 있을 것
- **부호의 양립성** : 자극-반응의 관계가 인간의 기대와 모순되지 않는 성질
- **부호의 의미** : 암호를 사용할 때는 그 사용자가 그 뜻을 분명히 알 수 있어야 한다.
- **암호의 표준화** : 암호를 표준화하여 다른 상황으로 변화하더라도 쉽게 이용할 수 있어야 한다.
- 다차원 암호의 사용

55 기계를 10000시간 작동시키는 동안 부품에서 3번의 고장이 발생하였다. 3번의 수리를 하는 동안 6시간의 시간이 소요되었다면 가용도는 약 얼마인가?

① 0.9994　　② 0.9995
③ 0.9996　　④ 0.9997

기계 가용도 = $\dfrac{10,000 - 6}{10,000}$ = 0.9994

56 인간의 과오를 정량적으로 평가하기 위한 기법으로서 인간의 과오율 추정법 등 5개의 스텝으로 되어 있는 기법은?

① FTA　　② FMEA
③ THERP　　④ MORT

※ THERP(인간 에러율 예측기법)
인간의 과오를 정량적으로 평가하기 위한 기법

참고
- **FTA** : 결함수 분석법, 기기의 결함 등을 연역적이며 정량적으로 평가하는 분석법
- **FMEA** : 시스템에 영향을 미치는 모든 요소의 고장을 형태별로 분석하여 그 영향을 검토하는 정성적, 귀납적 분석법
- **MORT** : 관리, 설계, 생산, 보전 등의 광범위한 안전을 도모하기 위한 연역적이고, 정량적인 분석법

📝 필기에 자주 출제되는 내용입니다.

57 위험도분석(CA, Criticality Analysis)에서 설비고장에 따른 위험도를 4가지로 분류하고 있다. 이 중 생명의 상실로 이어질 염려가 있는 고장의 분류에 해당하는 것은?

① category Ⅰ　　② category Ⅱ
③ category Ⅲ　　④ category Ⅳ

※ 위험성의 분류 표시
- category 1 : 생명 또는 가옥의 상실
- category 2 : 임무 수행의 실패
- category 3 : 활동의 지연
- category 4 : 손실과 영향 없음

58 '원래의 신호 정보를 새로운 형태로 변화시켜 표시하는 것'은 어떤 것의 정의인가?

① 차원　　② 표시 양식
③ 코딩　　④ 묘사 정보

※ 코딩
원래의 신호 정보를 새로운 형태로 변화시켜 표시하는 것

정답　55 ①　56 ③　57 ①　58 ③

59 PCB 납땜작업을 하는 작업자가 8시간 근무시간을 기준으로 수행하고 있고, 대사량을 측정한 결과 분당 산소소비량이 1.3L/min으로 측정되었다. Murrell 방식을 적용하여 이 작업자의 노동활동에 대한 설명으로 틀린 것은?

① 납땜 작업의 분당 에너지 소비량은 6.5kcal/min이다.
② 작업자는 NIOSH가 권장하는 평균에너지소비량을 따른다.
③ 작업자는 8시간의 작업시간 중 이론적으로 144분의 휴식이 필요하다.
④ 납땜 작업을 시작할 때 발생한 작업자의 산소 결핍은 작업이 끝나야 해소된다.

1. 분당 에너지 소비량
   = 1.3L/min × 5kcal/L
   = 6.5kcal/min (산소 1L의 에너지 : 5kcal)

2. 휴식시간(R) = $\frac{60 \times (E-5)}{E-1.5}$ [분]
   - 1.5 : 휴식 중의 에너지 소비량
   - 5[kcal/분] : 보통 작업에 대한 평균 에너지
   - 60 : 작업 시간

1시간 작업 중 휴식시간(R) = $\frac{60 \times (6.5-5)}{6.5-1.5}$
   = 18min
8시간 작업 중 휴식시간 = 18 × 8 = 144분

• NIOSH의 권장 평균 에너지 소비량

작업시간	건강한 남성	건강한 여성
8시간 계속작업	5kcal/min	3.5kcal/min
4시간 계속작업	6.25kcal/min	4.2kcal/min
1시간 계속작업	9kcal/min	6.5kcal/min

60 그림과 같은 압력탱크 용기에 연결된 두 개의 안전밸브의 신뢰도를 구하고자 한다. 2개의 밸브 중 하나만 작동되어도 안전하다고 하고, 안전밸브 하나의 신뢰도를 r이라 할 때 안전밸브 전체의 신뢰도는?

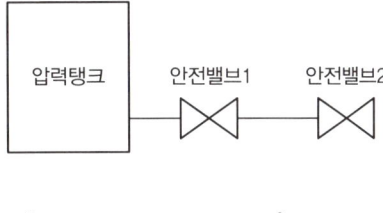

① r^2
② $2r-r^2$
③ $r(1-r)$
④ $(1-r)^2$

2개의 밸브 중 하나만 작동되어도 안전 → 병렬관계
신뢰도 = 1-(1-r)(1-r) = 1-(1-2r+r^2)
        = 1-1+2r-r^2 = 2r-r^2

정답 59 ② 60 ②

4과목 건설시공학

61 철골공사의 모살용접에 관한 설명으로 옳지 않은 것은?

① 모살용접의 유효면적은 유효길이에 유효 목두께를 곱한 것으로 한다.
② 모살용접의 유효길이는 모살용접의 총 길이에서 2배의 모살사이즈를 공제한 값으로 해야 한다.
③ 모살용접의 유효목두께는 모살사이즈의 0.3배로 한다.
④ 구멍모살과 슬롯 모살용접의 유효길이는 목두께의 중심을 잇는 용접 중심선의 길이로 한다.

> ③ 모살용접의 유효목두께는 모살사이즈의 0.7배로 한다.

참고

* **모살용접(필렛용접 : Fillet Weld)**
목두께의 방향이 모재의 면과 45° 또는 거의 45°의 각을 이루는 용접을 말한다.(용접되는 부재의 교차되는 면 사이에 삼각형의 단면이 만들어지는 용접)

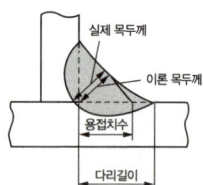 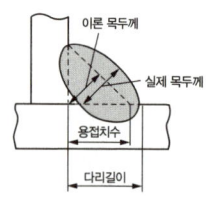

62 네트워크 공정표에 사용되는 용어에 관한 설명으로 옳지 않은 것은?

① 크리티컬 패스(Critical path) : 개시 결합점에서 종료 결합점에서 이르는 가장 긴 경로
② 더미(Dummy) : 결합점이 가지는 여유시간
③ 플로트(Float) : 작업의 여유시간
④ 디펜던트 플로트(Dependent float) : 후속 작업의 토탈 플로트에 영향을 주는 플로트

> ② 더미(Dummy) : 정상적으로 표현할 수 없는 작업 상호 간의 관계를 표시하는 점선 화살표

참고

슬랙(Slack) : 결합점이 가지는 여유시간

📝 필기에 자주 출제되는 내용입니다.

63 철골공사에서 강재의 기계적 성질, 화학성분, 외관 및 치수공차 등 재원과 제조회사 확인으로 제품의 품질확보를 위해 공인된 시험기관에서 발행하는 검사 증명서는?

① Mill sheet
② Full size drawing
③ 표준시방서
④ Shop drawing

정답 61 ③ 62 ② 63 ①

Mill sheet(검사증명서) : 철골공사에서 강재의 기계적 성질, 화학성분, 외관 및 치수공차 등 재원과 제조회사 확인으로 **제품의 품질확보를 위해 공인된 시험기관에서 발행하는 검사증명서**를 말한다.

64 철근이음에 관한 설명으로 옳지 않은 것은?

① 철근의 이음부는 구조 내력상 취약점이 되는 곳이다.
② 이음위치는 되도록 응력이 큰 곳은 피하도록 한다.
③ 이음이 한 곳에 집중되지 않도록 엇갈리게 교대로 분산시켜야 한다.
④ 응력 전달이 원활하도록 한 곳에서 철근 수의 반 이상을 이어야 한다.

④ 철근의 이음위치는 응력이 적은 곳에, 이음이 한 단면에 집중되지 않게, 엇갈리게 교대로 분산시켜 잇는 것을 원칙으로 한다.

📝 필기에 자주 출제되는 내용입니다.

65 벽돌 치장면의 청소방법 중 옳지 않은 것은?

① 벽돌 치장면에 부착된 모르타르 등의 오염은 물과 솔을 사용하여 제거하며 필요에 따라 온수를 사용하는 것이 좋다.
② 세제 세척은 물 또는 온수에 중성세제를 사용하여 세정한다.
③ 산세척은 다른 방법으로 오염물을 제거하기 곤란한 장소에 적용하고, 그 범위는 가능한 작게 한다.
④ 산 세척은 오염물을 제거한 후 물 세척을 하지 않는 것이 좋다

＊산세척
① 산세척은 모르터와 매입 철물을 부식하는 것이 있기 때문에, 일반적으로 사용하지 않는다. 특히 수평부재와 부재 수평부 등의 물이 고여 있는 장소에 대해서는 하지 않는다.
② 산세척은 **다른 방법으로 오염물을 제거하기 곤란한 장소에 채용하고, 그 범위는 가능한 적게 한다.**
③ 부득이 산세척을 실시하는 경우는 담당원 입회하에 **매입철물 등의 금속부를 적절히 보양**하고, 벽돌을 표면수가 안정하게 잔류하도록 물 축임한 후에 3% 이하의 묽은 염산을 사용하여 실시한다.
④ 오염물을 제거한 후에는 즉시 **충분히 물 세척을 반복**한다.

정답 64 ④ 65 ④

66 공동도급 방식의 장점에 해당하지 않는 것은?

① 위험의 분산
② 시공의 확실성
③ 기술 자본의 증대
④ 이윤 증대

> **＊공동도급방식의 장·단점**
>
> | 장점 | 단점 |
> |---|---|
> | ① 융자력 증대 | ① 경비 증대 |
> | ② 기술의 확충 | ② 업무 흐름의 혼란 |
> | ③ 위험의 분산 | ③ 조직 상호간의 불일치 |
> | ④ 공사 시공의 확실성 | ④ 하자 부분의 책임한계 불분명 |
> | ⑤ 신용도의 증대 | |
> | ⑥ 공사 도급 경쟁 완화 | |

참고

공동도급(joint venture) : 1개의 회사가 단독으로 도급을 맡기에는 규모가 클 경우 또는 특수 공사일 때 2개 회사가 임시로 결합하여 공동연대책임으로 공사를 하고 공사 완성 후 해산한다.

📝 필기에 자주 출제되는 내용입니다.

67 지내력 시험을 한 결과 침하곡선이 그림과 같이 항복 상황을 나타냈을 때 이 지반의 단기하중에 대한 허용 지내력은 얼마인가? (단, 허용 지내력은 m²당 하중의 단위를 기준으로 함)

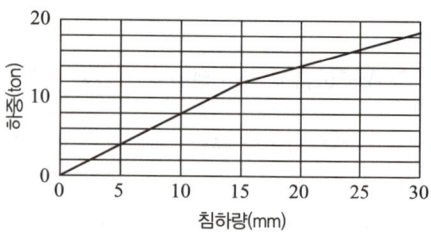

① 6ton/m²
② 7ton/m²
③ 12ton/m²
④ 14ton/m²

> 1. 단기하중에 대한 허용 지내력의 산정
>   총 침하량이 20mm 에 도달했을 때의 하중 또는 침하량이 20mm 이하더라도 **침하곡선이 항복상태를 보일 때의 하중 중 작은 값**을 기준으로 산정한다.
>
> 2. 총 침하량이 20mm에 도달했을 때의 하중은 14(ton)이고, 항복상태를 보일 때의 하중은 12(ton)이므로 작은 값 12(ton)이 단기하중에 대한 허용 지내력이 된다.

참고

장기하중에 대한 허용지내력은 단기하중 허용지내력의 1/2로 한다.

정답 66 ④ 67 ③

68 CIP(Cast In Place prepacked pile) 공법에 관한 설명으로 옳지 않은 것은?

① 주열식 강성체로서 토류벽 역할을 한다.
② 소음 및 진동이 적다.
③ 협소한 장소에는 시공이 불가능하다.
④ 굴착을 깊게 하면 수직도가 떨어진다.

∗ **C.I.P 공법의 특징**
① 소음, 진동이 적고, 강성이 커서 굴착에 의한 주변지반에 미치는 영향이 적다.
② 특수한 장비가 필요치 않고, 천공 중에 공벽의 붕괴가 없다.
③ 협소한 장소에도 장비 투입이 가능하다.
④ 강성이 커서 배면토의 수평변위 억제가 가능하다.
⑤ 굴착을 깊게 하면 수직도가 떨어진다.
⑥ 주열식 강성체로서 토류벽 역할을 한다.

> 참고
> CIP 말뚝(Cast In Place Pile) : 말뚝 구멍을 굴착한 후 철근을 조립하고 모르타르 주입관을 삽입한 다음 자갈을 충전한 후 모르타르를 주입하는 공법이다.

📝 필기에 자주 출제되는 내용입니다.

69 기성콘크리트 말뚝에 표기된 PHC-A·450-12의 각 기호에 대한 설명으로 옳지 않은 것은?

① PHC-원심력 고강도 프리스트레스트 콘크리트 말뚝
② A-A종
③ 450-말뚝바깥지름
④ 12-말뚝삽입 간격

∗ **PHC-A · 450-12**
① PHC : 원심력 고강도 프리스트레스트 콘크리트말뚝
② A : A종
③ 450 : 말뚝바깥지름 450mm
④ 12 : 말뚝길이 12m

70 기계를 설치한 지반보다 낮은 장소, 넓은 범위의 굴착이 가능하며 주로 수로, 골재 채취용으로 많이 사용되는 토공사용 굴착기계는?

① 모터 그레이더   ② 파워 셔블
③ 클램셸   ④ 드래그 라인

∗ **굴삭장비(굴착기계)**
1. 파워 셔블(power shovel, 동력삽)
   • 기계가 서 있는 지반면보다 높은 곳의 땅파기에 적합하다.

2. 드래그 셔블(drag shovel, 백호)
   • 기계가 서 있는 지면보다 낮은 장소의 굴착 및 수중굴착이 가능하다
   • 굳은 지반의 토질도 정확한 굴착이 된다.

3. 드래그라인(drag line)
   • 기계가 서있는 위치보다 낮은 장소의 굴착에 적당하고 굳은 토질에서의 굴착은 되지 않지만 굴착 반지름이 크다.
   • 작업범위가 광범위하고 수중굴착 및 연약한 지반의 굴착에 적합하다.

4. 클램셸(clamshell)
   • 수중굴착 및 가장 협소하고 깊은 굴착이 가능하며 호퍼(hopper)에 적당하다.
   • 연약지반이나 수중굴착 및 자갈 등을 싣는데 적합하다.

📝 필기에 자주 출제되는 내용입니다.

정답   68 ③   69 ④   70 ④

71 거푸집 구조 설계 시 고려해야 하는 연직하중에서 무시해도 되는 요소는?

① 작업하중 ② 거푸집 하중
③ 콘크리트 하중 ④ 충격 하중

거푸집 구조 설계 시 거푸집 및 동바리의 자중은 무시할 수 있다.

> 참고
>
> **★ 거푸집 동바리의 설계하중**
>
> 1. 연직하중 = 고정하중 + 작업하중 + 적설하중
>   ① 고정하중 : 콘크리트 무게 + 거푸집 무게
>   ② 작업하중 : 작업원 + 장비하중 + 시공하중 + 충격하중
> 2. 콘크리트 측압
> 3. 풍하중
> 4. 수평하중

필기에 자주 출제되는 내용입니다.

72 건식 석재공사에 관한 설명으로 옳지 않은 것은?

① 촉구멍 깊이는 기준보다 3mm 이상 더 깊이 천공한다.
② 석재는 두께 30mm 이상을 사용한다.
③ 석재의 하부는 고정용으로, 석재의 상부는 지지용으로 설치한다.
④ 모든 구조재 또는 트러스 철물은 반드시 녹막이 처리한다.

③ 건식 석재공사는 석재의 하부는 지지용으로, 석재의 상부는 고정용으로 설치하되 상부 석재의 고정용 조정판에서 하부 석재와의 간격을 1mm로 유지하며, 촉구멍 깊이는 기준보다 3mm 이상 더 깊이 천공하여 상부 석재의 중량이 하부 석재로 전달되지 않도록 할 것

73 슬라이딩 폼(Sliding form)에 관한 설명으로 옳지 않은 것은?

① 1일 5~10m 정도 수직시공이 가능하므로 시공속도가 빠르다.
② 타설 작업과 마감작업을 병행할 수 없어 공정이 복잡하다.
③ 구조물 형태에 따른 사용 제약이 있다.
④ 형상 및 치수가 정확하며 시공오차가 적다.

② 타설작업과 마감작업이 동시에 진행되어 공정이 단순하다.

★ 슬라이딩 폼

그림 출처 : 안전보건공단 공종별 위험성평가 모델

필기에 자주 출제되는 내용입니다.

정답 71 ② 72 ③ 73 ②

74 콘크리트의 배합설계에 있어 구조물의 종류가 무근콘크리트인 경우 굵은 골재의 최대치수로 옳은 것은?

① 30mm, 부재 최소 치수의 1/4을 초과해서는 안 됨
② 35mm, 부재 최소 치수의 1/4을 초과해서는 안 됨
③ 40mm, 부재 최소 치수의 1/4을 초과해서는 안 됨
④ 50mm, 부재 최소 치수의 1/4을 초과해서는 안 됨

* 굵은 골재의 최대치수

일반적인 경우	20mm 또는 25mm
단면이 큰 경우	40mm
무근 콘크리트	40mm(부재 최소 치수의 1/4을 초과해서는 안 됨)

📝 필기에 자주 출제되는 내용입니다.

75 철근의 이음 방법에 해당되지 않는 것은?

① 겹침이음   ② 병렬이음
③ 기계식이음   ④ 용접이음

* 철근이음의 종류
① 겹침이음 : 철근을 이음할 개소를 두 군데 이상 결속선(#18~20)으로 결속하는 방법을 말한다.
② 용접이음 : 철근을 고열로 녹여서 이음하는 방법을 말한다.
③ 가스압접이음 : 철근의 접합면을 맞대어 산소 아세틸렌가스의 불꽃으로 압력을 가하며 가열하며 접합하는 방법을 말한다.
④ 기계적 이음
 • 나사이음 : 철근에 숫나사를 만들고 커플러 양단을 너트로 조여 이음하는 방법
 • 슬리브 압착이음 : 접합부재를 슬리브 속에 넣고 유압잭으로 압착하여 이음하는 방법
 • 슬리브 충전이음 : 슬리브 구멍 속에 에폭시나 모르타르 등의 그라우트재를 주입하여 이음하는 방법

76 콘크리트 블록에서 A종 블록의 압축강도 기준은?

① $2N/mm^2$ ② $4N/mm^2$
③ $6N/mm^2$ ④ $8N/mm^2$

구분	기건 비중	전 단면적*에 대한 압축 강도 (N/mm^2)	흡수율 (%)
A종 블록	1.7 미만	4 이상	-
B종 블록	1.9 미만	6 이상	-
C종 블록	-	8 이상	10 이하

* 전 단면적이란 가압면(길이×두께)으로서, 속 빈 부분 및 블록 양끝의 오목하게 들어간 부분의 면적도 포함한다.

참고

N/mm^2 = MPa

77 철골작업 중 녹막이 칠을 피해야 할 부위에 해당하지 않는 것은?

① 콘크리트에 매립되는 부분
② 현장에서 깎기 마무리가 필요한 부분
③ 현장용접 예정부위에 인접하는 양측 50cm 이내
④ 고력볼트 마찰접합부의 마찰면

> *녹막이 칠을 하지 않는 부분
> ① 현장용접을 하는 부위 및 그 곳에 인접하는 양측 100mm 이내, 그리고 초음파 탐상검사에 지장을 미치는 범위
> ② 고력볼트 마찰접합부의 마찰면
> ③ 콘크리트에 묻히는 부분
> ④ 핀, 롤러 등 밀착하는 부분과 회전면 등 절삭 가공한 부분
> ⑤ 조립에 의하여 면 맞춤 되는 부분
> ⑥ 밀폐되는 내면

📝 필기에 자주 출제되는 내용입니다.

78 다음 각 도급공사에 관한 설명으로 옳지 않은 것은?

① 분할도급은 전문공종별, 공정별, 공구별 분할도급으로 나눌 수 있으며 이 경우 재료는 건축주가 직접 조달하여 지급하고 노무만을 도급하는 것이다.
② 공동도급이란 대규모 공사에 대하여 여러 개의 건설회사가 공동출자 기업체를 조직하여 도급하는 방식이다.
③ 공구별 분할도급은 대규모 공사에서 지역별로 분리하여 발주하는 방식이다.
④ 일식도급은 한 공사 전부를 도급자에게 맡겨 재료, 노무, 현장시공업무 일체를 일괄하여 시행시키는 방법이다.

> *분할도급
> ① 공사를 유형별로 분류하여 각기 다른 전문 도급자를 선정하고 도급계약을 맺는 방식이다.(재료와 노무 모두 도급한다.)
> ② 전문공사별 분할도급, 공정별 분할도급, 공구별 분할도급으로 구분할 수 있다.

📝 필기에 자주 출제되는 내용입니다.

79 레디믹스트 콘크리트 운반 차량에 특수 보온시설을 하여야 할 외기온도 기준으로 옳은 것은?

① 30℃ 이상 또는 0℃ 이하
② 30℃ 이상 또는 -2℃ 이하
③ 25℃ 이상 또는 0℃ 이하
④ 25℃ 이상 또는 -2℃ 이하

정답 77 ③ 78 ① 79 ①

외기온도가 30℃ 이상 또는 0℃ 이하 시에는 레디믹스트 콘크리트 운반 차량에 특수 보온시설을 하여야 한다.

80 다음 기초의 종류 중 기초슬래브의 형식에 따른 분류가 아닌 것은?

① 직접기초
② 복합기초
③ 독립기초
④ 줄기초

＊기초판(기초슬래브)의 형식에 의한 기초의 분류

독립기초	기둥으로부터의 응력을 독립으로 지반 또는 지정에 전달하도록 하는 기초(철근콘크리트 구조에 적용)
복합기초	2개 또는 그 이상의 기둥으로부터의 응력을 하나의 기초판을 통해 지반 또는 지정에 전달하도록 하는 기초
연속(줄)기초	벽 또는 기둥으로부터의 응력을 띠모양으로 하여 지반 또는 지정에 전달하도록 하는 기초(조적구조에 적용)
온통기초	상부구조의 광범위한 면적 내의 응력을 단일 기초판으로 연결하여 지반 또는 지정에 전달하도록 하는 기초(연약한 지반에 적용)

참고

＊지정의 형식에 의한 분류

직접기초	지지력이 있는 굳은 지반에 기초판을 설치하여 상부구조의 하중을 지지하게 하는 기초
말뚝기초	지지말뚝 또는 마찰말뚝으로 상부구조의 하중을 지반에 전달하는 기초
피어기초	기초판의 하부에 기둥모양으로 만든 피어를 설치하여 하중을 전달시키는 형식의 기초(깊은 기초지정에 해당한다.)
잠함기초 (케이슨기초)	공사착수 전에 지상이나 지중에 속 빈 원통 또는 지하실의 일부가 되는 구조물을 만든 후 그 밑바닥의 흙을 파내고 자중을 이용하여 소정의 지층까지 침하시킨 다음 밑바닥에 콘크리트를 채워 넣어 구축하는 기초형식의 구조물

필기에 자주 출제되는 내용입니다.

정답 80 ①

5과목 건설재료학

81 콘크리트의 열적성질 및 내구성에 관한 설명으로 옳지 않은 것은?

① 콘크리트의 열팽창계수는 상온의 범위에서 $1 \times 10^{-5}/℃$ 전후이며 500℃에 이르면 가열전에 비하여 약 40%의 강도발현을 나타낸다.
② 콘크리트의 내동해성을 확보하기 위해서는 흡수율이 적은 골재를 이용하는 것이 좋다.
③ 콘크리트에 염화물이온이 일정량 이상 존재하면 철근표면의 부동태피막이 파괴되어 철근부식을 유발하기 쉽다.
④ 공기량이 동일한 경우 경화콘크리트의 기포간격계수가 작을수록 내동해성은 저하된다.

> ④ 작은 미세 기포들이 재료 내 균등하게 분포되어야 동결·융해에 대한 저항성이 커진다.(기포간격계수가 작을수록 내동해성은 커진다.)

참고

기포간격계수 : 평균크기의 공극을 입방체에 배치시켜 입방체의 반대편에 위치한 두 공극의 외주 사이의 거리를 반으로 나눈 값

82 콘크리트의 유동성 증대를 목적으로 사용하는 유동화제의 주성분이 아닌 것은?

① 나프탈렌설폰산염계 축합물
② 폴리 알킬아릴 설폰산계 축합물
③ 멜라민 설폰산염계 축합물
④ 변성 리그닌설폰산계 축합물

> 유동화제의 주성분으로는 나프탈렌계, 멜라민계 및 리그닌계 축합물 등이 있다.

83 콘크리트의 중성화에 관한 설명으로 옳지 않은 것은?

① 콘크리트 중의 수산화석회가 탄산가스에 의해서 중화되는 현상이다.
② 물시멘트비가 크면 클수록 중성화의 진행속도는 빠르다.
③ 중성화되면 콘크리트는 알칼리성이 된다.
④ 중성화되면 콘크리트 내 철근은 녹이 슬기 쉽다.

> ③ 공기 중의 탄산가스의 작용으로 인하여 콘크리트 중의 수산화칼슘이 서서히 탄산칼슘으로 되어 **콘크리트가 알칼리성을 상실하는 현상을 중성화**라 한다.

📝 필기에 자주 출제되는 내용입니다.

정답 81 ④ 82 ② 83 ③

84 열가소성수지 제품 중 전기절연성, 가공성이 우수하여 발포제품은 저온 단열재로서 널리 쓰이는 것은?

① 폴리스티렌수지
② 폴리프로필렌수지
③ 폴리에틸렌수지
④ ABS수지

폴리스티렌수지 : 발포제로서 보드 상으로 성형하여 **단열재로 널리 사용**되며 천장재, 전기용품, 냉장고 내부상자 등으로 사용된다.

필기에 자주 출제되는 내용입니다.

85 플라스틱 제품 중 비닐레더(vinyl leather)에 관한 설명으로 옳지 않은 것은?

① 색채, 모양, 무늬 등을 자유롭게 할 수 있다.
② 면포로 된 것은 찢어지지 않고 튼튼하다.
③ 두께는 0.5~1mm이고 길이는 10m 두루마리로 만든다.
④ 커튼, 테이블크로스, 방수막으로 사용된다.

★ 비닐 레더(vinyl leather)
① 천에 비닐 수지를 입혀서 만든 인조 가죽을 말한다.
② 색채, 모양, 무늬 등을 자유롭게 할 수 있다.
③ 면 포로 된 것은 찢어지지 않고 튼튼하다.
④ 두께는 0.5~1mm이고 길이는 10m의 두루마리로 만든다.
⑤ 가구, 벽지, 구두, 가방 등에 사용된다.

86 목재용 유성 방부제의 대표적인 것으로 방부성이 우수하나, 악취가 나고 흑갈색으로 외관이 불미하여 눈에 보이지 않는 토대, 기둥, 도리 등에 이용되는 것은?

① 유성페인트
② 크레오소트 오일
③ 염화아연 4% 용액
④ 불화소다 2% 용액

★ 목재에 사용되는 크레오소트 오일
① 방부력이 우수하고 강도 저하가 적지만 악취가 난다.
② 가격이 저렴하다.
③ 독성이 적다.
④ 침투성이 좋아 목재에 깊게 주입된다.
⑤ 흑갈색으로 외관이 불미하여 눈에 보이지 않는 토대, 기둥, 도리 등에 이용한다.

필기에 자주 출제되는 내용입니다.

87 미장공사에서 사용되는 바름재료 중 여물에 관한 설명으로 옳지 않은 것은?

① 바름에 있어서 재료에 끈기를 주어 흘러내림을 방지한다.
② 흙손질을 용이하게 하는 효과가 있다.
③ 바름 중에는 보수성을 향상시키고, 바름 후에는 건조에 따라 생기는 균열을 방지한다.
④ 여물의 섬유는 질기고 굵으며 색이 짙고 빳빳한 것 일수록 양질의 제품이다.

정답 84 ① 85 ④ 86 ② 87 ④

* **여물의 효과**
① 건조 수축에 의한 균열을 방지할 목적으로 여물을 첨가한다.
② 재료에 끈기를 주어 흘러내림을 방지한다.
③ 흙손질을 용이하게 하는 효과가 있다.
④ 바름 중에는 보수성을 향상시키고, 바름 후에는 건조에 따라 생기는 균열을 방지한다.
⑤ 여물의 섬유는 질기고 가늘며 부드럽고 흰색일수록 양질의 제품이다.

📝 필기에 자주 출제되는 내용입니다.

88 도장공사에 사용되는 유성도료에 관한 설명으로 옳지 않은 것은?

① 아마인유 등의 건조성 지방유를 가열 연화시켜 건조제를 첨가한 것을 보일유라 한다.
② 보일유와 안료를 혼합한 것이 유성페인트이다.
③ 유성페인트는 내알칼리성이 우수하다.
④ 유성페인트는 내후성이 우수하다.

③ 유성페인트는 내알칼리성이 약해서 콘크리트, 모르타르, 회반죽 등에는 사용하지 않는다.

89 목재의 강도에 관한 설명으로 옳지 않은 것은?

① 목재의 건조는 중량을 경감시키지만 강도에는 영향을 끼치지 않는다.
② 벌목의 계절은 목재의 강도에 영향을 끼친다.
③ 일반적으로 응력의 방향이 섬유방향에 평행인 경우 압축강도가 인장강도보다 작다.
④ 섬유포화점 이하에서는 함수율 감소에 따라 강도가 증대한다.

① 목재의 함수율이 커질수록 압축강도는 낮아진다.

📝 필기에 자주 출제되는 내용입니다.

90 목재의 치수 표시로 제재 치수(Dressed size)와 마무리 치수(Finishing size)에 관한 설명으로 옳은 것은?

① 창호재와 가구재 치수는 제재 치수로 한다.
② 구조재는 단면을 표시한 지정치수에 특기가 없으면 마무리 치수로 한다.
③ 제재 치수는 제재된 목재의 실제 치수를 말한다.
④ 수장재는 단면을 표시한 지정치수에 특기가 없으면 마무리 치수로 한다.

정답 88 ③ 89 ① 90 ③

* **목재의 치수표시**
1. 마무리 치수(마감치수) : 제재된 목재를 깎고 다듬어 대패질로 마무리한 치수를 말하는 것으로 **창호재와 가구재**에 사용한다.
2. 제재치수 : 제재된 목재의 실제 치수를 말하며 **구조재와 수장재**는 단면을 표시한 지정치수에 특기가 없으면 제재치수로 한다.

91 재료 배합 시 간수($MgCl_2$)를 사용하여 백화 현상이 많이 발생되는 재료는?

① 돌로마이트 플라스터
② 무수석고
③ 마그네시아 시멘트
④ 실리카 시멘트

* **마그네시아 시멘트**
• 산화마그네슘의 분말에 염화마그네슘을 혼합한 시멘트를 말한다.
• 흡습성이 크고, 수축성이 크다.
• 경화가 빠르고 경화 후 견고하다.(강도가 크다.)
• 간수($MgCl_2$)를 사용하여 백화현상이 잘 생긴다.
• 반투명의 광택을 지니며 착색이 용이하여 치장용으로 사용된다.

92 중용열 포트랜드시멘트에 관한 설명으로 옳지 않은 것은?

① C_3S나 C_3A가 적고, 장기강도를 지배하는 C_2S를 많이 함유한 시멘트이다.
② 내황산염성이 작기 때문에 댐공사에는 사용이 불가능하다.
③ 수화속도를 지연시켜 수화열을 작게 한 시멘트이다.
④ 건조수축이 작고 건축용 매스콘크리트에 사용된다.

② 화학저항성이 크며 댐 공사에 사용할 수 있다.

> 참고

* **중용열 포틀랜드 시멘트**
수화속도를 지연시켜 수화열을 작게 한 시멘트이다.
(수화열을 낮게 하여 단기보다 장기강도를 증진시킨 시멘트)

필기에 자주 출제되는 내용입니다.

93 다음 중 도장공사에 사용되는 투명도료는?

① 오일바니시
② 에나멜페인트
③ 래커에나멜
④ 합성수지 페인트

도장공사에 사용되는 투명도료 : 오일바니쉬

정답 91 ③ 92 ② 93 ①

94 알루미늄 창호의 특징으로 가장 거리가 먼 것은?

① 공작이 자유롭고 기밀성이 우수하다.
② 도장 등 색상의 자유도가 있다.
③ 이종금속과 접촉하면 부식되고 알칼리에 약하다.
④ 내화성이 높아 방화문으로 주로 사용된다.

④ 강도가 작고 내화성이 약하다.

95 굵은 골재 단위용적중량이 1.7kg/L, 절건밀도가 2.65g/cm³일 때, 이 골재의 공극률은?

① 25%   ② 28%
③ 36%   ④ 42%

$$실적률(\%) = \frac{단위용적\ 질량}{절건비중(밀도)} \times 100$$
$$공극률 = 100 - 실적률$$

$실적률(\%) = \dfrac{단위용적\ 질량}{절건비중(밀도)} \times 100$

$= \dfrac{1.7}{2.65} \times 100 = 64.15(\%)$

$\left(\dfrac{2.65g}{cm^3} = \dfrac{2.65 \times 10^{-3}kg}{10^{-3}L} = 2.65(kg/L) \right)$

2. 공극률 = 100 − 실적률 = 100 − 64.15 = 35.85(%)

📝 필기에 자주 출제되는 내용입니다.

96 금속재의 방식 방법으로 옳지 않은 것은?

① 상이한 금속은 두 금속을 인접 또는 접촉시켜 사용한다.
② 균질의 것을 선택하고 사용할 때 큰 변형을 주지 않는다.
③ 표면을 평활, 청결하게 하고 가능한 한 건조상태로 유지한다.
④ 큰 변형을 준 것은 가능한 한 풀림하여 사용한다.

★ **금속의 부식방지 대책(방식 대책)**
① 가능한 한 이종 금속은 이를 인접, 접속시켜 사용하지 않을 것
② 균질한 것을 선택하고, 사용할 때 큰 변형을 주지 않도록 할 것
③ 큰 변형을 준 것은 가능한 한 풀림하여 사용할 것
④ 가능한 한 건조상태로 유지하고 부분적인 녹은 빨리 제거할 것
⑤ 도료 및 내식성이 큰 금속의 기밀 또는 수밀성 보호피막을 만들거나 방부피막을 실시할 것

📝 필기에 자주 출제되는 내용입니다.

97 미장재료 중 고온소성의 무수석고를 특별한 화학처리를 한 것으로 킨즈시멘트라고도 불리는 것은?

① 경석고 플러스터
② 혼합석고 플러스터
③ 보드용 플러스터
④ 돌로마이트 플러스터

킨즈시멘트 : 경석고플라스터

📝 필기에 자주 출제되는 내용입니다.

정답 94 ④ 95 ③ 96 ① 97 ①

98 합성수지에 관한 설명으로 옳지 않은 것은?

① 투광률이 비교적 큰 것이 있어 유리 대용의 효과를 가진 것이 있다.
② 착색이 자유로우며 형태와 표면이 매끈하고 미관이 좋다.
③ 흡수율, 투수율이 작으므로 방수효과가 좋다.
④ 경도가 높아서 마멸되기 쉬운 곳에 사용하면 효과적이다.

④ 경도, 내마모성이 작아서 마멸되기 쉬운 곳에는 부적합하다.

📝 필기에 자주 출제되는 내용입니다.

99 목재의 용적변화, 팽창수축에 관한 설명으로 옳지 않은 것은?

① 변재는 일반적으로 심재보다 용적변화가 크다.
② 비중이 큰 목재일수록 팽창 수축이 적다.
③ 연륜에 접선 방향(널결)이 연륜에 직각 방향(곧은 결)보다 수축이 크다.
④ 급속하게 건조된 목재는 완만히 건조된 목재보다 수축이 크다.

② 비중이 큰 목재일수록 팽창 수축이 크다.

100 다음 미장재료 중 시공 후 강재의 초기 부식을 유발하는 재료와 가장 거리가 먼 것은?

① 마그네시아 시멘트
② 시멘트 모르타르
③ 경석고 플라스터
④ 보드용 석고 플라스터

★ 미장재료 중 시공 후 강재의 초기 부식을 유발하는 재료
① 마그네시아 시멘트
② 경석고 플라스터
③ 보드용 석고 플라스터

6과목 건설안전기술

101 화물의 하중을 직접 지지하는 경우 양중기의 와이어로프에 대한 최대허용하중은? (단, 1줄걸이 기준)

① 최대허용하중 = $\dfrac{절단하중}{2}$

② 최대허용하중 = $\dfrac{절단하중}{3}$

③ 최대허용하중 = $\dfrac{절단하중}{4}$

④ 최대허용하중 = $\dfrac{절단하중}{5}$

정답 98 ④ 99 ② 100 ② 101 ④

$$안전율 = \frac{절단하중}{최대허용하중}$$

$$최대허용하중 = \frac{절단하중}{안전율} = \frac{절단하중}{5}$$

(양중기 와이어로프의 안전율 : 5)

 실기까지 중요한 내용입니다.

102 철골공사 시 구조물의 건립 후에 가설부재나 부품을 부착하는 것은 고소작업 등 위험한 작업이 수반됨에 따라 사전안전성 확보를 위해 미리 공작도에 반영하여야 하는 항목이 있는데 이에 해당되지 않는 것은?

① 주변 고압전주
② 외부비계받이
③ 기둥 승강용 트랩
④ 방망 설치용 부재

* 공작도에 포함시켜야 할 사항
- 외부비계 및 화물승강설비용 브라켓
- 기둥 승강용 트랩
- 사다리걸이용 부재
- 구명줄 설치용 고리
- 사다리걸이용 부재
- 세우기에 필요한 와이어로프 걸이용 고리
- 안전난간 설치용 부재
- 기둥 및 보 중앙의 안전대 설치용 고리
- 방망 설치용 부재
- 비계 연결용 부재
- 방호선반 설치용 부재
- 양중기 설치용 보강재
- 달대비계 및 작업발판 설치용 부재

103 차량계 하역운반기계, 차량계 건설기계의 안전조치사항 중 옳지 않은 것은?

① 최대제한속도가 시속 10km를 초과하는 차량계 건설기계를 사용하여 작업을 하는 경우 미리 작업장소의 지형 및 지반상태 등에 적합한 제한속도를 정하고, 운전자로 하여금 준수하도록 할 것
② 차량계 건설기계의 운전자가 운전위치를 이탈하는 경우 해당 운전자로 하여금 포크 및 버킷 등의 하역장치를 가장 높은 위치에 두도록 할 것
③ 차량계 하역운반기계 등에 화물을 적재하는 경우 하중이 한쪽으로 치우치지 않도록 적재할 것
④ 차량계 건설기계를 사용하여 작업을 하는 경우 승차석이 아닌 위치에 근로자를 탑승시키지 말 것

② 차량계 건설기계의 운전자가 운전위치를 이탈하는 경우 해당 운전자로 하여금 포크 및 버킷 등의 하역장치를 가장 낮은 위치에 두도록 할 것

104 공사 진척에 따른 공정률이 다음과 같을 때 안전관리비 사용 기준으로 옳은 것은? (단, 공정률은 기성공정률을 기준으로 함)

공정률 : 70% 이상, 90% 미만

① 50% 이상   ② 60% 이상
③ 70% 이상   ④ 80% 이상

정답   102 ①   103 ②   104 ③

* 공사 진척에 따른 산업안전보건관리비 사용 기준

공정률	50% 이상 70% 미만	70% 이상 90% 미만	90% 이상
사용 기준	50% 이상	70% 이상	90% 이상

105 표준안전난간의 설치 장소가 아닌 것은?

① 흙막이 지보공의 상부
② 중량물 취급 개구부
③ 작업대
④ 리프트 입구

* **표준안전난간의 설치 장소**
- 중량물 취급 개구부
- 작업대
- 가설계단의 통로
- 흙막이 지보공의 상부 등

106 시스템비계를 사용하여 비계를 구성하는 경우의 준수사항으로 옳지 않은 것은?

① 수직재·수평재·가사재를 견고하게 연결하는 구조가 되도록 할 것
② 비계 밑단의 수직재와 받침철물은 밀착되도록 설치하고, 수직재와 받침철물의 연결부의 겹침 길이는 받침 철물 전체길이의 4분의 1 이상이 되도록 할 것
③ 수평재는 수직재와 직각으로 설치하여야 하며, 체결 후 흔들림이 없도록 견고하게 설치할 것
④ 수직재와 수직재의 연결철물은 이탈되지 않도록 견고한 구조로 할 것

비계 밑단의 수직재와 받침철물은 밀착되도록 설치하고, 수직재와 받침철물의 연결부의 겹침길이는 받침철물 전체길이의 3분의 1 이상이 되도록 할 것

시스템 비계 구조	• 수직재·수평재·가새재를 견고하게 연결하는 구조가 되도록 할 것 • 비계 밑단의 수직재와 받침철물은 밀착되도록 설치하고, 수직재와 받침철물의 연결부의 겹침길이는 받침철물 전체길이의 3분의 1 이상이 되도록 할 것 • 수평재는 수직재와 직각으로 설치하여야 하며, 체결 후 흔들림이 없도록 견고하게 설치할 것 • 수직재와 수직재의 연결철물은 이탈되지 않도록 견고한 구조로 할 것 • 벽 연결재의 설치간격은 제조사가 정한 기준에 따라 설치할 것
시스템 비계 조립 시 준수사항	• 비계 기둥의 밑둥에는 밑받침 철물을 사용하여야 하며, 밑받침에 고저차가 있는 경우에는 조절형 밑받침 철물을 사용하여 시스템 비계가 항상 수평 및 수직을 유지하도록 할 것 • 경사진 바닥에 설치하는 경우에는 피벗형 받침 철물 또는 쐐기 등을 사용하여 밑받침 철물의 바닥면이 수평을 유지하도록 할 것 • 가공전로에 근접하여 비계를 설치하는 경우에는 가공전로를 이설하거나 가공전로에 절연용 방호구를 설치하는 등 가공전로와의 접촉을 방지하기 위하여 필요한 조치를 할 것

정답 105 ④ 106 ②

시스템 비계 조립 시 준수사항	• 비계 내에서 근로자가 상하 또는 좌우로 이동하는 경우에는 반드시 지정된 통로를 이용하도록 주지시킬 것 • 비계 작업 근로자는 같은 수직면상의 위와 아래 동시 작업을 금지할 것 • 작업발판에는 제조사가 정한 최대적재하중을 초과하여 적재해서는 아니 되며, 최대적재하중이 표기된 표지판을 부착하고 근로자에게 주지시키도록 할 것

참고

＊강관비계 조립시의 준수사항

① 비계기둥에는 **미끄러지거나 침하하는 것을 방지하기 위하여 밑받침철물을 사용하거나 깔판·받침목 등을 사용하여 밑둥잡이를 설치할 것**
② 강관의 **접속부 또는 교차부는 적합한 부속철물을 사용**하여 접속하거나 단단히 묶을 것
③ **교차가새로 보강할 것**
④ 외줄비계·쌍줄비계 또는 돌출 비계의 벽이음 및 버팀 설치
 • 조립간격 : **수직방향에서 5m 이하, 수평방향에서는 7.5m 이하**
 • 강관·통나무등의 재료를 사용하여 견고한 것으로 할 것
 • 인장재와 압축재로 구성되어 있는 때에는 **인장재와 압축재의 간격을 1미터 이내로 할 것**
⑤ 가공전로에 근접하여 비계를 설치하는 때에는 가공전로를 이설, 절연용 방호구 장착하는 등 **가공전로와의 접촉 방지 조치할 것**

📝 실기까지 중요한 내용입니다.

107 강관비계 조립 시 준수사항으로 옳지 않은 것은?

① 비계기둥에는 미끄러지거나 침하하는 것을 방지하기 위하여 밑받침철물을 사용하거나 깔판·받침목 등을 사용하여 밑둥잡이를 설치하는 등의 조치를 할 것
② 강관의 접속부 또는 교차부(交叉部)는 적합한 부속 철물을 사용하여 접속하거나 단단히 묶을 것
③ 교차가새의 설치를 금하고 한 방향 가새로 설치할 것
④ 가공전로(架空電路)에 근접하여 비계를 설치하는 경우에는 가공전로를 이설(移設)하거나 가공전로에 절연용 방호구를 장착하는 등 가공전로와의 접촉을 방지하기 위한 조치를 할 것

③ 교차가새로 보강할 것

108 토사 붕괴의 외적 원인으로 볼 수 없는 것은?

① 사면, 법면의 경사 증가
② 절토 및 성토 높이의 증가
③ 토사의 강도 저하
④ 공사에 의한 진동 및 반복하중의 증가

③ 토사의 강도 저하 → 토사 붕괴의 내적 원인

> 참고

* 토석붕괴의 외적원인
- 사면, 법면의 경사 및 기울기의 증가
- 절토 및 성토 높이의 증가
- 공사에 의한 진동 및 반복하중의 증가
- 지표수 및 지하수의 침투에 의한 토사 중량의 증가
- 지진, 차량, 구조물의 하중작용
- 토사 및 암석의 혼합층 두께

📝 실기까지 중요한 내용입니다.

109 토공 작업 시 굴착과 싣기를 동시에 할 수 있는 토공장비가 아닌 것은?

① 모터 그레이더(Motor grader)
② 파워 셔블(Power shovel)
③ 백호우(Back hoe)
④ 트랙터 셔블(Tractor shovel)

① 모터 그레이더(Motor grader) → 땅을 깎거나 고르는 정지기계

110 발파작업 시 폭발, 붕괴재해예방을 위해 준수하여야 할 사항으로 옳지 않은 것은?

① 발파공의 장전구는 마찰, 충격에 강한 강봉을 사용한다.
② 화약이나 폭약을 장전하는 경우에는 화기를 사용하거나 흡연을 하지 않도록 한다.
③ 발파공의 충진 재료는 점토, 모래 등 발화성 또는 인화성의 위험이 없는 재료를 사용한다.
④ 얼어붙은 다이너마이트를 화기에 접근시키지 않는다.

① 장전구는 마찰·충격·정전기 등에 의한 폭발의 위험이 없는 안전한 것을 사용할 것

111 유해·위험방지계획서 제출 시 첨부서류가 아닌 것은?

① 공사현장의 주변 현황 및 주변과의 관계를 나타내는 도면
② 공사개요서
③ 전체공정표
④ 작업인부의 배치를 나타내는 도면 및 서류

* 유해·위험방지계획서 제출 시 첨부서류
- 공사 개요 및 안전보건관리계획
  - 공사 개요서
  - 공사현장의 주변 현황 및 주변과의 관계를 나타내는 도면(매설물 현황을 포함한다)
  - 건설물, 사용 기계설비 등의 배치를 나타내는 도면
  - 전체 공정표
  - 산업안전보건관리비 사용계획
  - 안전관리 조직표
  - 재해 발생 위험 시 연락 및 대피방법
- 작업 공사 종류별 유해·위험방지계획

112 건립 중 강풍에 의한 풍압 등 외압에 대한 내력이 설계에 고려되었는지 확인하여야 할 철골구조물이 아닌 것은?

① 구조물의 폭과 높이의 비가 1 : 4 이상인 건물
② 이음부가 현장용접인 건물
③ 높이 10m 이상의 구조물
④ 단면구조에 현저한 차이가 있는 구조물

정답 109 ① 110 ① 111 ④ 112 ③

* 외압에 대한 내력이 설계에 고려되었는지 확인하여야 할 대상(자립도 검토대상)
• 높이 20m 이상의 구조물
• 구조물의 폭과 높이의 비가 1 : 4 이상인 구조물
• 단면구조에 현저한 차이가 있는 구조물
• 연면적당 철골량이 50kg/m² 이하인 구조물
• 기둥이 타이플레이트(tie plate)형인 구조물
• 이음부가 현장용접인 구조물

📝 실기까지 중요한 내용입니다.

113 다음은 말비계를 조립하여 사용하는 경우에 관한 준수사항이다. ( ) 안에 들어갈 내용으로 옳은 것은?

― 지주부재와 수평면의 기울기를 (A)° 이하로 하고 지주부재와 지주부재 사이를 고정시키는 보조부재를 설치할 것
― 말비계의 높이가 2m를 초과하는 경우에는 작업발판의 폭을 (B)cm 이상으로 할 것

① A : 75, B : 30 ② A : 75, B : 40
③ A : 85, B : 30 ④ A : 85, B : 40

* 말비계 조립 시의 준수사항
• 지주 부재의 하단에는 미끄럼 방지장치를 하고, 양측 끝부분에 올라서서 작업하지 아니하도록 할 것
• 지주 부재와 수평면과의 기울기를 75° 이하로 하고, 지주 부재와 지주 부재 사이를 고정시키는 보조 부재를 설치할 것
• 말비계의 높이가 2m를 초과할 경우에는 작업발판의 폭을 40cm 이상으로 할 것

📝 실기까지 중요한 내용입니다.

114 흙막이 지보공을 설치하였을 때에 정기적으로 점검하고 이상을 발견하면 즉시 보수하여야 하는 사항과 거리가 먼 것은?

① 부재의 손상·변형·부식·변위 및 탈락의 유무와 상태
② 부재의 접속부·부착부 및 교차부의 상태
③ 침하의 정도
④ 설계상 부재의 경제성 검토

* 흙막이 지보공을 설치한 때 점검 사항
• 부재의 손상·변형·부식·변위 및 탈락의 유무와 상태
• 버팀대의 긴압의 정도
• 부재의 접속부·부착부 및 교차부의 상태
• 침하의 정도

📝 실기까지 중요한 내용입니다.

115 건설현장에서 사용되는 작업발판 일체형 거푸집의 종류에 해당되지 않는 것은?

① 갱 폼(gang form)
② 슬립 폼(slip form)
③ 클라이밍 폼(climbing form)
④ 테이블 폼(table form)

정답 113 ② 114 ④ 115 ④

★ **작업발판 일체형 거푸집의 종류**
- 갱 폼(gang form)
- 슬립 폼(slip form)
- 클라이밍 폼(climbing form)
- 터널 라이닝 폼(tunnel lining form)
- 그 밖에 거푸집과 작업발판이 일체로 제작된 거푸집 등

116 부두·안벽 등 하역작업을 하는 장소에서 부두 또는 안벽선을 따라 통로를 설치하는 경우에 그 폭을 최소 얼마 이상으로 하여야 하는가?

① 90cm ② 100cm
③ 120cm ④ 150cm

부두 또는 안벽의 선을 따라 통로를 설치하는 경우에는 폭을 90cm 이상으로 할 것

117 가설통로를 설치하는 경우 준수해야 할 기준으로 옳지 않은 것은?

① 경사는 30° 이하로 할 것
② 경사가 25°를 초과하는 경우에는 미끄러지지 아니하는 구조로 할 것
③ 건설공사에 사용하는 높이 8m 이상인 비계다리에는 7m 이내마다 계단참을 설치할 것
④ 수직갱에 가설된 통로의 길이가 15m 이상인 때에는 10m 이내마다 계단참을 설치할 것

★ **가설통로 설치 시의 준수사항**
- 견고한 구조로 할 것
- 경사는 30° 이하로 할 것
- 경사가 15°를 초과하는 때는 미끄러지지 아니하는 구조로 할 것
- 추락의 위험이 있는 장소에는 안전난간을 설치할 것
- 수직갱 : 길이가 15m 이상인 때에는 10m 이내마다 계단참을 설치할 것
- 건설공사에 사용하는 높이 8m 이상인 비계다리 : 7m 이내마다 계단참을 설치할 것

📝 실기까지 중요한 내용입니다.

118 구축하고자 하는 지하구조물이 인접구조물보다 깊은 위치에 근접하여 건설할 경우에 주변지반과 인접건축물 기초의 침하에 대한 우려 때문에 실시하는 기초보강공법은?

① H-말뚝 토류판 공법
② S.C.W. 공법
③ 지하연속벽 공법
④ 언더피닝 공법

★ **언더피닝 공법**
기존 구조물에 근접하여 시공 시 기존 구조물을 보호하기 위한 공법으로 기초저면보다 깊은 구조물을 시공하거나 기존 구조물을 보호하기 위하여 기초 하부를 보강하는 공법

정답 116 ① 117 ② 118 ④

119 항만하역작업에서의 선박승강설비 설치 기준으로 옳지 않은 것은?

① 200톤급 이상의 선박에서 하역작업을 하는 경우에 근로자들이 안전하게 오르내릴 수 있는 현문(舷門) 사다리를 설치하여야 하며, 이 사다리 밑에 안전망을 설치하여야 한다.
② 현문 사다리는 견고한 재료로 제작된 것으로 너비는 55cm 이상이어야 한다.
③ 현문 사다리의 양측에는 82cm 이상의 높이로 방책을 설치하여야 한다.
④ 현문 사다리는 근로자의 통행에만 사용하여야 하며, 화물용 발판 또는 화물용 보판으로 사용하도록 해서는 아니 된다.

① 300톤급 이상의 선박에서 하역작업을 하는 경우에 근로자들이 안전하게 오르내릴 수 있는 현문(舷門) 사다리를 설치하여야 하며, 이 사다리 밑에 안전망을 설치하여야 한다.

120 지반의 종류가 다음과 같을 때 굴착면의 기울기 기준으로 옳은 것은?

| 모래 |

① 1 : 0.5
② 1 : 1.8
③ 1 : 1.0
④ 1 : 1.2

* 굴착면의 기울기 기준

지반의 종류	굴착면의 기울기
모래	1 : 1.8
연암 및 풍화암	1 : 1.0
경암	1 : 0.5
그 밖의 흙	1 : 1.2

실기에 자주 출제되는 내용입니다. 암기하세요.

정답 119 ① 120 ②

2018년 1회 최근 기출문제

1과목 산업안전관리론

01 재해예방의 4원칙이 아닌 것은?

① 손실필연의 원칙
② 원인계기의 원칙
③ 예방가능의 원칙
④ 대책선정의 원칙

* **산업재해 예방의 4원칙**
  - **예방 가능의 원칙** : 재해는 원칙적으로 원인만 제거되면 예방이 가능하다.
  - **손실 우연의 원칙** : 사고의 결과 생기는 상해의 종류와 정도는 사고 발생 시 사고대상의 조건에 따라 우연히 발생한다.
  - **대책 선정의 원칙** : 사고의 원인에 대한 적합한 대책이 선정되어야 한다.
  - **원인 연계의 원칙** : 재해는 직접원인과 간접원인이 연계되어 일어난다.

 실기까지 중요한 내용입니다.

02 안전대의 완성품 및 각 부품의 동하중 시험 성능기준 중 충격흡수장치의 최대전달 충격력은 몇 kN 이하이어야 하는가?

① 6 ② 7.84
③ 11.28 ④ 5

* **충격흡수장치의 시험 성능기준**
  - 최대 전달 충격력은 6.0kN 이하이어야 함
  - 감속 거리는 1,000mm 이하이어야 함

03 재해발생의 주요원인 중 불안전한 행동이 아닌 것은?

① 권한 없이 행한 조작
② 보호구 미착용
③ 안전장치의 기능 제거
④ 숙련도 부족

인적원인(불안전한 행동)	물적원인(불안전한 상태)
• 위험장소 접근	• 물 자체의 결함
• 안전장치의 기능제거	• 안전 방호장치의 결함
• 복장, 보호구의 잘못 사용	• 복장, 보호구의 결함
• 기계 · 기구 잘못 사용	• 물의 배치 및 작업장소 불량
• 운전 중인 기계장치의 손질	• 작업환경의 결함
• 불안전한 속도 조작	• 생산공정의 결함
• 위험물 취급 부주의	• 경계표시, 설비의 결함
• 불안전한 상태 방치	
• 불안전한 자세 · 동작	
• 감독 및 연락 불충분	

정답 01 ① 02 ① 03 ④

04 산업안전보건법령상 안전·보건표지의 종류 중 지시표지의 종류가 아닌 것은?

① 보안경 착용
② 안전장갑 착용
③ 방진마스크 착용
④ 방열복 착용

> **＊지시표지의 종류**
> • 보안경 착용   • 방독마스크 착용
> • 방진마스크 착용 • 보안면 착용
> • 안전모 착용   • 귀마개 착용
> • 안전화 착용   • 안전장갑 착용
> • 안전복 착용

📝 실기에 자주 출제되는 내용입니다. 암기하세요.

05 산업안전보건법령상 안전인증대상 기계·기구 등에 해당하지 않는 것은?

① 곤돌라
② 고소작업대
③ 활선작업용 기구
④ 교류 아크용접기용 자동전격방지기

> **＊자율안전확인 대상 방호장치**
> 교류 아크용접기용 자동전격방지기

참고

＊안전인증 대상 기계·기구

1. 설치·이전하는 경우 안전인증을 받아야 하는 기계·기구
① 크레인
② 리프트
③ 곤돌라

2. 주요 구조 부분을 변경하는 경우 안전인증을 받아야 하는 기계·기구
① 프레스
② 전단기 및 절곡기(折曲機)
③ 크레인
④ 리프트
⑤ 압력용기
⑥ 롤러기
⑦ 사출성형기(射出成形機)
⑧ 고소(高所)작업대
⑨ 곤돌라

특급암기법 유사한 종류끼리 묶어서 암기
손 다치는 기계 – 프레스, 전단기 및 절곡기, 사출성형기, 롤러기
양중기 – 크레인, 리프트, 곤돌라
폭발 – 압력용기
추락 – 고소작업대

정답 04 ④ 05 ④

06 안전보건관리조직 중 라인·스태프(Line·Staff)의 복합형 조직의 특징으로 옳은 것은?

① 명령계통과 조언 권고적 참여가 혼동되기 쉽다.
② 생산부분은 안전에 대한 책임과 권한이 없다.
③ 안전에 대한 정보가 불충분하다.
④ 안전과 생산을 별도로 취급하기 쉽다.

② 생산부분은 안전에 대한 책임과 권한이 없다.
  → 스태프(Staff)형
③ 안전에 대한 정보가 불충분하다. → 라인(Line)형
④ 안전과 생산을 별도로 취급하기 쉽다.
  → 스태프(Staff)형

참고	
라인(Line)형 또는 직계형	• 소규모 사업장(100명 이하 사업장)에 적용이 가능하다. • 라인형 장점 : 명령 및 지시가 신속, 정확하다. • 라인형 단점 - 안전 정보가 불충분하다. - 라인에 과도한 책임이 부여될 수 있다. • 생산과 안전을 동시에 지시하는 형태이다.
스태프(staff)형 또는 참모형	• 중규모 사업장(100~1,000명 정도의 사업장)에 적용이 가능하다. • 스태프형 장점 : 안전정보 수집이 용이하고 빠르다. • 스태프형 단점 : 안전과 생산을 별개로 취급한다. • 생산부문은 안전에 대한 책임, 권한이 없다.
라인 스태프 (Line Staff)형 또는 혼합형	• 대규모 사업장(1,000명 이상 사업장)에 적용이 가능하다. • 라인 스태프형 장점 - 안전전문가에 의해 입안된 것을 경영자가 명령하므로 명령이 신속, 정확하다. - 안전정보 수집이 용이하고 빠르다. • 라인 스태프형 단점 - 명령계통과 조언, 권고적 참여의 혼돈이 우려된다.

📌 실기까지 중요한 내용입니다.

07 산업안전보건법령상 건설현장에서 사용하는 크레인의 안전검사의 주기로 옳은 것은?

① 최초로 설치한 날부터 1개월마다 실시
② 최초로 설치한 날부터 3개월마다 실시
③ 최초로 설치한 날부터 6개월마다 실시
④ 최초로 설치한 날부터 1년마다 실시

★ 안전검사대상 유해·위험기계 등의 검사 주기
• 크레인(이동식 크레인은 제외한다), 리프트(이삿짐 운반용 리프트는 제외한다) 및 곤돌라 : 사업장에 설치가 끝난 날부터 3년 이내에 최초 안전검사를 실시하되, 그 이후부터 2년마다(건설현장에서 사용하는 것은 최초로 설치한 날부터 6개월마다)
• 이동식 크레인, 이삿짐 운반용 리프트 및 고소작업대 : 신규 등록 이후 3년 이내에 최초 안전검사를 실시하되, 그 이후부터 2년마다
• 프레스, 전단기, 압력용기, 국소 배기장치, 원심기, 롤러기, 사출성형기, 컨베이어 및 산업용 로봇, 혼합기, 파쇄기 또는 분쇄기 : 사업장에 설치가 끝난 날부터 3년 이내에 최초 안전검사를 실시하되, 그 이후부터 2년마다(공정안전보고서를 제출하여 확인을 받은 압력용기는 4년마다)(26년 6월 26일 시행)

📌 실기에 자주 출제되는 내용입니다. 암기하세요.

 정답 06 ① 07 ③

08 재해손실비의 평가방식 중 시몬즈(Simonds) 방식에서 비보험 코스트의 산정 항목에 해당하지 않는 것은?

① 사망 사고 건수
② 무상해 사고 건수
③ 통원 상해 건수
④ 응급 조치 건수

사망 사고 건수 → 보험 코스트(산재보험료)

참고

* **시몬즈의 총 재해코스트**
총 재해코스트 = 보험 코스트 + 비보험 코스트
- 보험 코스트 = 산재보험료
- 비보험 코스트
  - 휴업 상해   - 통원 상해
  - 구급조치 상해   - 무상해 사고

📝 실기까지 중요한 내용입니다.

09 아담스(Adams)의 재해 발생과정 이론의 단계별 순서로 옳은 것은?

① 관리구조 결함→ 전술적 에러→ 작전적 에러→ 사고→ 재해
② 관리구조 결함→ 작전적 에러→ 전술적 에러→ 사고→ 재해
③ 전술적 에러→ 관리구조 결함→ 작전적 에러→ 사고→ 재해
④ 작전적 에러→ 관리구조 결함→ 전술적 에러→ 사고→ 재해

* **아담스(Edward Adams) 연쇄성이론 5단계**

1단계	관리구조
2단계	작전적 에러
3단계	전술적 에러
4단계	사고
5단계	상해

* **버드의 연쇄성이론 5단계**

1단계	제어 부족(관리 부재)
2단계	기본 원인(기원)
3단계	직접 원인(징후)
4단계	사고(접촉)
5단계	상해(손실)

📝 실기까지 중요한 내용입니다.

10 사고예방대책의 기본 원리 5단계 중 2단계의 조치사항이 아닌 것은?

① 자료수집
② 제도적인 개선안
③ 점검, 검사 및 조사 실시
④ 작업분석, 위험 확인

제도적인 개선안 → 4단계 시정방법 선정

정답 08 ① 09 ② 10 ②

> 참고

* 하인리히 사고방지 5단계

1단계 안전조직	• 안전목표 설정 • 안전관리자의 선임 • 안전조직 구성
2단계 사실의 발견	• 작업분석 • 점검 • 사고조사
3단계 분석	• 사고 원인 및 경향성 분석
4단계 시정방법 선정	• 기술적 개선 • 안전운동 전개 • 교육훈련 분석 • 안전행정의 개선
5단계 시정책 적용 (3E 적용)	• 안전교육(Education) • 안전기술(Engineering) • 안전독려(Enforcement)

📝 필기에 자주 출제되는 내용입니다.

11 산업안전보건법령상 건설업 중 고용노동부령으로 정하는 자격을 갖춘 자의 의견을 들은 후 유해·위험방지계획서를 작성하여 고용노동부장관에게 제출하여야 하는 대상 사업장의 기준 중 다음 ( ) 안에 알맞은 것은?

> 연면적 ( ) 이상의 냉동·냉장창고 시설의 설비공사 및 단열공사

① 3,000　② 5,000
③ 7,000　④ 10,000

* 유해위험방지계획서를 제출해야 될 건설공사

1. 다음 각 목의 어느 하나에 해당하는 건축물 또는 시설 등의 건설·개조 또는 해체공사
   가. 지상높이가 31미터 이상인 건축물 또는 인공구조물
   나. 연면적 3만제곱미터 이상인 건축물
   다. 연면적 5천제곱미터 이상인 시설로서 다음의 어느 하나에 해당하는 시설
      1) 문화 및 집회시설(전시장 및 동물원·식물원은 제외한다)
      2) 판매시설, 운수시설(고속철도의 역사 및 집배송 시설은 제외한다)
      3) 종교시설
      4) 의료시설 중 종합병원
      5) 숙박시설 중 관광숙박시설
      6) 지하도상가
      7) 냉동·냉장 창고시설
2. 연면적 5천제곱미터 이상의 냉동·냉장창고시설의 설비공사 및 단열공사
3. 최대 지간길이(다리의 기둥과 기둥의 중심사이의 거리)가 50미터 이상인 교량 건설 등 공사
4. 터널 건설 등의 공사
5. 다목적댐, 발전용댐, 저수용량 2천만톤 이상의 용수 전용 댐, 지방상수도 전용 댐 건설 등의 공사
6. 깊이 10미터 이상인 굴착공사

특급암기법
• 지상높이 31m, 연면적 3만m², 사람 많은 시설 연면적 5,000m²
• 연면적 5,000m² 냉동·냉장창고시설
• 최대 지간길이가 50미터 이상 교량
• 터널
• 저수용량 2천만 톤 이상 댐
• 10미터 이상인 굴착

📝 실기에 자주 출제되는 내용입니다. 해설을 다시 확인하세요.

정답　11 ②

12 시설물의 안전관리에 관한 특별법상 국토교통부장관은 시설물이 안전하게 유지관리 될 수 있도록 하기 위하여 몇 년마다 시설물의 안전 및 유지관리에 관한 기본계획을 수립·시행하여야 하는가?

① 1년　　② 2년
③ 3년　　④ 5년

> 국토교통부장관은 시설물이 안전하게 유지관리 될 수 있도록 하기 위하여 5년마다 시설물의 안전 및 유지관리에 관한 기본계획을 수립·시행하여야 한다.

13 산업안전보건법상 산업안전보건위원회의 심의·의결사항이 아닌 것은?

① 산업재해 예방계획의 수립에 관한 사항
② 근로자의 건강진단 등 건강관리에 관한 사항
③ 중대재해로 분류되는 산업재해의 원인 조사 및 재발 방지대책의 수립에 관한 사항
④ 안전장치 및 보호구 구입 시의 적격품 여부 확인에 관한 사항

> ★산업안전보건위원회의 심의·의결 사항
> • 산업재해 예방계획의 수립에 관한 사항
> • 안전보건관리규정의 작성 및 변경에 관한 사항
> • 근로자의 안전·보건교육에 관한 사항
> • 작업환경측정 등 작업환경의 점검 및 개선에 관한 사항
> • 근로자의 건강진단 등 건강관리에 관한 사항
> • 중대재해의 원인 조사 및 재발 방지대책 수립에 관한 사항
> • 산업재해에 관한 통계의 기록 및 유지에 관한 사항
> • 유해하거나 위험한 기계·기구와 그 밖의 설비를 도입한 경우 안전·보건조치에 관한 사항

📝 실기까지 중요한 내용입니다.

14 재해의 원인분석방법 중 통계적 원인분석방법으로 사고의 유형, 기인물 등 분류 항목을 큰 순서대로 도표화하는 것은?

① 특성요인도　　② 크로스도
③ 파레토도　　　④ 관리도

> ★파레토도
> 사고의 유형, 기인물 등 분류 항목을 큰 순서대로 도표화하는 것

참고

• 특성요인도(Characteristic Diagram) : 재해와 그 요인의 관계를 어골상으로 세분화하여 나타낸다.
• 크로스(cross) 분석 : 2가지 또는 2개 항목 이상의 요인이 상호관계를 유지할 때 문제를 분석하는 데 사용된다.
• 관리도(Control Chart) : 시간경과에 따른 재해발생건수등 대략적인 추이 파악에 사용된다.

📝 필기에 자주 출제되는 내용입니다.

정답　12 ④　13 ④　14 ③

15 재해발생의 간접 원인 중 2차 원인이 아닌 것은?

① 안전 교육적 원인
② 신체적 원인
③ 학교 교육적 원인
④ 정신적 원인

★ **재해의 원인**
1. 간접 원인
   ① 기초원인 : 학교교육적 원인, 관리적 원인
   ② 2차원인 : 신체적 원인, 기술적 원인, 정신적원인, 안전교육적 원인
2. 직접 원인
   ① 인적 원인(불안전한 행동)
   ② 물적 원인(불안전한 상태)

16 안전관리에 있어 5C 운동(안전행동 실천운동)이 아닌 것은?

① 정리정돈   ② 통제관리
③ 청소청결   ④ 전심전력

★ **안전행동 실천운동(5C 운동)**
- 복장단정(Correctness)
- 정리정돈(Clearance)
- 청소청결(Cleaning)
- 점검확인(Checking)
- 전심전력(Concentration)

17 산업안전보건법령상 안전보건관리규정을 작성하여야 할 사업의 사업주는 안전보건관리 규정을 작성하여야 할 사유가 발생한 날부터 며칠 이내에 안전보건관리규정의 세부 내용을 포함한 안전보건관리규정을 작성하여야 하는가?

① 7일   ② 14일
③ 30일   ④ 60일

사업주는 안전보건관리규정을 작성하여야 할 사유가 발생한 날부터 30일 이내에 안전보건관리규정을 작성하여야 한다.

18 강도율 1.25, 도수율 10인 사업장의 평균 강도율은?

① 8   ② 10
③ 12.5   ④ 125

$$\text{평균강도율} = \frac{\text{강도율}}{\text{도수율}} \times 1{,}000 = \frac{1.25}{10} \times 1{,}000 = 125$$

실기에 자주 출제되는 내용입니다.

정답 15 ③ 16 ② 17 ③ 18 ④

19 산업안전보건법상 안전·보건표지의 종류와 형태 기준 중 안내표지의 종류가 아닌 것은?

① 금연
② 들것
③ 비상용기구
④ 세안장치

> *안내표지의 종류
> • 녹십자 표지
> • 응급구호 표지
> • 들것
> • 세안장치
> • 비상용 기구
> • 비상구
> • 좌측 비상구
> • 우측 비상구

실기에 자주 출제되는 내용입니다. 암기하세요.

20 산업안전보건법령상 안전관리자가 수행하여야 할 업무가 아닌 것은? (단, 그 밖에 안전에 관한 사항으로서 고용노동부장관이 정하는 사항은 제외한다.)

① 사업장 순회점검·지도 및 조치의 건의
② 해당 사업장 안전교육계획의 수립 및 안전교육 실시에 관한 보좌 및 조언·지도
③ 산업재해 발생의 원인 조사·분석 및 재발 방지를 위한 기술적 보좌 및 조언·지도
④ 해당 작업의 작업장의 정리·정돈 및 통로확보에 대한 확인·감독

> *안전관리자 직무
> • 사업장 안전교육계획의 수립 및 안전교육 실시에 관한 보좌 및 조언·지도
> • 사업장 순회점검·지도 및 조치의 건의
> • 산업재해 발생의 원인 조사·분석 및 재발 방지를 위한 기술적 보좌 및 조언·지도
> • 산업재해에 관한 통계의 유지·관리·분석을 위한 보좌 및 조언·지도
> • 안전인증대상 기계·기구 등과 자율안전확인대상 기계·기구 등 구입 시 적격품의 선정에 관한 보좌 및 조언·지도
> • 위험성평가에 관한 보좌 및 조언·지도
> • 안전에 관한 사항의 이행에 관한 보좌 및 조언·지도
> • 산업안전보건위원회 또는 노사협의체, 안전보건관리규정 및 취업규칙에서 정한 직무
> • 업무수행 내용의 기록, 유지
> • 그 밖에 안전에 관한 사항으로서 노동부장관이 정하는 사항

실기에 자주 출제되는 내용입니다. 암기하세요.

2과목 산업심리 및 교육

21 맥그리거(McGregor)의 X·Y 이론 중 X 이론에 해당하는 것은?

① 성선설
② 상호 신뢰감
③ 고차원적 욕구
④ 명령 통제에 의한 관리

정답 19 ① 20 ④ 21 ④

★ 맥그리거(McGregor)의 X, Y 이론

X이론(저차원 이론)	Y이론(고차원 이론)
인간 불신감	상호 신뢰감
성악설	성선설
인간은 원래 게으르고 태만하여 남의 지배를 받기를 즐긴다.	인간은 부지런하고 적극적이며 자주적이다.
물질욕구(저차원 욕구)에 만족	정신욕구(고차원 욕구)에 만족
명령, 통제에 의한 관리	목표 통합과 자기통제에 의한 자율관리
저개발국형	선진국형

 필기에 자주 출제되는 내용입니다.

22 교육훈련 평가의 4단계를 맞게 나열한 것은?

① 반응단계 → 학습단계 → 행동단계 → 결과단계
② 반응단계 → 행동단계 → 학습단계 → 결과단계
③ 학습단계 → 반응단계 → 행동단계 → 결과단계
④ 학습단계 → 행동단계 → 반응단계 → 결과단계

★ 교육훈련 평가의 4단계

1단계 : 반응단계	훈련을 어떻게 생각하고 있는가?
2단계 : 학습단계	어떠한 원칙과 사실 및 기술 등을 배웠는가?
3단계 : 행동단계	교육훈련을 통하여 직무수행상 어떠한 행동의 변화를 가져왔는가?
4단계 : 결과단계	교육훈련을 통하여 직무에 어떠한 성과가 있었는가?

23 호손 실험(Hawthorne experiment)의 결과 작업자의 작업능률에 영향을 미치는 주요원인으로 밝혀진 것은?

① 인간관계
② 작업조건
③ 작업환경
④ 생산기술

★ 호손(Hawthorne) 실험
작업 능률을 좌우하는 것은 임금, 노동시간 등의 노동조건과 조명, 환기, 기타 작업환경으로서의 물적 조건보다 종업원의 태도 즉, 심리적·내적 양심과 감정(인간관계)이 더 중요하다.

정답 22 ① 23 ①

24 인간의 오류 모형에서 착오(mistake)의 발생원인 및 특성에 해당하는 것은?

① 목표와 결과의 불일치로 쉽게 발견된다.
② 주의 산만이나 주의 결핍에 의해 발생할 수 있다.
③ 상황을 잘못 해석하거나 목표에 대한 이해가 부족한 경우 발생한다.
④ 목표 해석은 제대로 하였으나 의도와 다른 행동을 하는 경우 발생한다.

> *Mistake(착오, 착각)
> 상황 해석을 잘못하거나 틀린 목표를 착각하여 행하는 경우

25 안전교육의 방법 중 전개단계에서 가장 효과적인 수업방법은?

① 토의법　② 시범
③ 강의법　④ 자율학습법

> 전개단계(시켜보는 단계) → 토의법이 효과적이다.

26 부주의 현상 중 의식의 우회에 대한 원인으로 가장 적절한 것은?

① 특수한 질병
② 단조로운 작업
③ 작업도중의 걱정, 고뇌, 욕구불만
④ 자극이 너무 약하거나 너무 강할 때

> *의식 우회
> 걱정, 고뇌 등으로 의식이 빗나가는 현상
> • 특수한 질병 → 의식의 단절
> • 단조로운 작업 → 의식 수준 저하
> • 자극이 너무 약하거나 너무 강할 때 → 의식의 혼란

27 학습지도의 형태 중 토의법의 유형에 해당되지 않는 것은?

① 포럼
② 구안법
③ 버즈 세션
④ 패널 디스커션

> *구안법(Project method)
> 학습자가 마음 속에 생각하고 있는 것(자신의 목표)을 구체적으로 실천하기 위하여 스스로 계획을 세워 수행하는 학습활동

28 이용 가능한 정보나 기술에 관한 정보원으로서의 역할을 수행하는 리더의 유형에 해당하는 것은?

① 집행자로서의 리더
② 전문가로서의 리더
③ 집단대표로서의 리더
④ 개개인의 책임대행자로서의 리더

정답　24 ③　25 ①　26 ③　27 ②　28 ②

정보나 기술에 관한 정보원으로서의 역할을 수행
→ 전문가로서의 리더

29 학습목적의 3요소가 아닌 것은?

① 목표　　② 학습성과
③ 주제　　④ 학습정도

* **학습목적의 3요소**
 • 학습목표(goal) : 학습을 통하여 달성하려는 지표
 • 주제(subject) : 목적 달성을 위한 중심내용
 • 학습정도(level df learning) : 주제를 학습시킬 때 내용범위와 내용의 정도

30 산업안전보건법상의 산업안전·보건 관련 교육에 있어 건설 일용근로자의 건설업 기초 안전·보건교육시간으로 맞는 것은?

① 1시간　　② 2시간
③ 3시간　　④ 4시간

* **근로자 안전보건교육**

교육과정	교육대상		교육시간
가. 정기교육	1) 사무직 종사 근로자		매반기 6시간 이상
	2) 그 밖의 근로자	가) 판매 업무에 직접 종사하는 근로자	매반기 6시간 이상
		나) 판매 업무에 직접 종사하는 근로자 외의 근로자	매반기 12시간 이상

교육과정	교육대상	교육시간
나. 채용 시의 교육	1) 일용근로자 및 근로계약기간이 1주일 이하인 기간제근로자	1시간 이상
	2) 근로계약기간이 1주일 초과 1개월 이하인 기간제근로자	4시간 이상
	3) 그 밖의 근로자	8시간 이상
다. 작업 내용 변경 시의 교육	1) 일용근로자 및 근로계약기간이 1주일 이하인 기간제근로자	1시간 이상
	2) 그 밖의 근로자	2시간 이상
라. 특별교육	1) 일용근로자 및 근로계약기간이 1주일 이하인 기간제 근로자(타워크레인 신호작업에 종사하는 근로자 제외)	2시간 이상
	2) 일용근로자 및 근로계약기간이 1주일 이하인 기간제 근로자 중 타워크레인신호작업에 종사하는 근로자	8시간 이상
	3) 일용근로자 및 근로계약기간이 1주일 이하인 기간제 근로자를 제외한 근로자	가) 16시간 이상(최초 작업에 종사하기 전 4시간 이상 실시하고 12시간은 3개월 이내에서 분할하여 실시 가능) 나) 단기간 작업 또는 간헐적 작업인 경우에는 2시간 이상
마. 건설업 기초안전·보건교육	건설 일용근로자	4시간 이상

실기에 자주 출제되는 내용입니다. 암기하세요.

정답　29 ②　30 ④

31 안전사고와 관련하여 소질적 사고 요인이 아닌 것은?

① 지능 ② 작업자세
③ 성격 ④ 시각기능

> *** 소질성 누발자의 공통된 성격**
> • 주의력 산만 및 주의력 지속 불능
> • 흥분성
> • 저지능
> • 비협조성
> • 도덕성의 결여
> • 소심한 성격
> • 감각운동 부적합 등

📝 필기에 자주 출제되는 내용입니다.

32 안전교육방법 중 Off-J.T(Off the Job Training)교육의 특징이 아닌 것은?

① 훈련에만 전념하게 된다.
② 전문가를 강사로 활용할 수 있다.
③ 개개인에게 적절한 지도훈련이 가능하다.
④ 다수의 근로자에게 조직적 훈련이 가능하다.

> **OJT의 특징**
> • 개개인에게 적절한 훈련이 가능하다.
> • 직장의 실정에 맞는 훈련이 가능하다.
> • 교육효과가 즉시 업무에 연결된다.
> • 훈련에 대한 업무의 계속성이 끊어지지 않는다.
> • 상호 신뢰 이해도가 높다.

> **OFF JT의 특징**
> • 다수의 근로자들에게 훈련을 할 수 있다.
> • 훈련에만 전념하게 된다.
> • 특별설비기구 이용이 가능하다.
> • 많은 지식이나 경험을 교류할 수 있다.
> • 교육 훈련 목표에 대하여 집단적 노력이 흐트러질 수 있다.

📝 필기에 자주 출제되는 내용입니다.

33 다른 사람의 행동 양식이나 태도를 자기에게 투입하거나 그와 반대로 다른 사람 가운데서 자기의 행동 양식이나 태도와 비슷한 것을 발견하는 것을 무엇이라 하는가?

① 모방(Imitation)
② 투사(Projection)
③ 암시(Suggestion)
④ 동일시(Identification)

> ① 모방(Imitation) : 남의 행동이나 판단을 표본으로 하여 그것과 같거나 또는 그것에 가까운 행동 또는 판단을 취하려는 행동
> ② 암시(Suggestion) : 다른 사람으로부터의 판단이나 행동을 무비판적으로 논리적·사실적 근거 없이 받아들이는 행동
> ③ 투사(Projection) : 자신의 불만이나 불안을 해소시키기 위해서 자신의 잘못을 남의 탓으로 돌리는 행동
> ④ 동일화(Identification) : 다른 사람의 행동 양식이나 태도를 투입시키거나 다른 사람 가운데서 자기와 비슷한 점을 발견하는 것

정답 31 ② 32 ③ 33 ④

34 시행착오설에 의한 학습법칙에 해당하지 않는 것은?

① 효과의 법칙　② 일관성의 법칙
③ 연습의 법칙　④ 준비성의 법칙

* 손다이크(Thorndike)의 학습의 법칙(시행착오설)
- 준비성의 법칙
- 연습 또는 반복의 법칙
- 효과의 법칙

 실기까지 중요한 내용입니다.

35 적성검사의 종류 중 시각적 판단검사의 세부검사 내용에 해당하지 않는 것은?

① 회전검사　② 형태 비교검사
③ 공구 판단검사　④ 명칭 판단검사

동작검사	시각적 판단검사
• 회전검사	• 형태 비교검사
• 조립검사	• 공구 판단검사
• 분해검사	• 명칭 판단검사

36 피로의 증상과 가장 거리가 먼 것은?

① 식욕의 증대　② 불쾌감의 증가
③ 흥미의 상실　④ 작업 능률의 감퇴

피로의 증상 → 식욕의 감소

37 직업 적성검사에 대한 설명으로 틀린 것은?

① 적성검사는 작업행동을 예언하는 것을 목적으로도 사용한다.
② 직업 적성검사는 직무 수행에 필요한 잠재적인 특수능력을 측정하는 도구이다.
③ 직업 적성검사를 이용하여 훈련 및 승진 대상자를 평가하는 데 사용할 수 있다.
④ 직업 적성은 단기적 집중 직업훈련을 통해서 개발이 가능하므로 신중하게 사용해야 한다.

④ 직업 적성검사는 특수한 분야의 직무를 수행할 수 있는 잠재적 능력을 평가하는 시험으로 단기적 집중 직업훈련을 통해서 개발할 수 없다.

38 인간의 행동은 내적요인과 외적요인이 있다. 지각 선택에 영향을 미치는 외적요인이 아닌 것은?

① 대비(Contrast)
② 재현(Repetition)
③ 강조(Intensity)
④ 개성(Personality)

개성(Personality) → 인간행동의 내적요인

정답　34 ②　35 ①　36 ①　37 ④　38 ④

39 헤드십의 특성에 관한 설명 중 맞는 것은?

① 민주적 리더십을 발휘하기 쉽다.
② 책임귀속이 상사와 부하 모두에게 있다.
③ 권한 근거가 공식적인 법과 규정에 의한 것이다.
④ 구성원의 동의를 통하여 발휘하는 리더십이다.

★ 리더십과 헤드십의 특성

구분	리더십	헤드십
권한 행사	선출된 리더	임명된 헤드
권한 부여	밑으로부터의 동의	위에서 위임
권한 귀속	집단 목표에 기여한 공로 인정	공식화된 규정에 의함
상하, 부하 관계	개인적인 영향	지배적임
부하와의 관계	좁음	넓음
지휘 형태	민주주의적	권위주의적
책임 귀속	상사와 부하	상사
권한 근거	개인적	법적, 공식적

40 집단 안전교육과 개별 안전교육 및 안전교육을 위한 카운슬링 등 3가지 안전교육 방법 중 개별 안전교육 방법에 해당되는 것이 아닌 것은?

① 일을 통한 안전교육
② 상급자에 의한 안전교육
③ 문답방식에 의한 안전교육
④ 안전기능 교육의 추가지도

★ 개별 안전교육 방법
• 일을 통한 안전교육
• 상급자에 의한 안전교육
• 안전기능 교육의 추가지도

3과목 인간공학 및 시스템안전공학

41 동작경제의 원칙에 해당하지 않는 것은?

① 공구의 기능을 각각 분리하여 사용하도록 한다.
② 두 팔의 동작은 동시에 서로 반대방향으로 대칭적으로 움직이도록 한다.
③ 공구나 재료는 작업동작이 원활하게 수행되도록 그 위치를 정해준다.
④ 가능하다면 쉽고도 자연스러운 리듬이 작업동작에 생기도록 작업을 배치한다.

① 공구를 결합하여 사용한다.

참고

★ 동작경제의 3원칙(바안즈 Barnes)
• 인체 사용에 관한 원칙
 - 두 손을 동시에 동작하기 시작하여 동시에 끝나도록 하여야 한다.
 - 휴식 시간 중이 아니면 두 손을 동시에 쉬어서는 안 된다.
 - 두 팔의 동작들은 서로 반대 방향에서 대칭적으로 움직인다.

정답 39 ③ 40 ③ 41 ①

- 손과 신체의 동작은 작업을 원만하게 수행할 수 있는 범위 내에서 가장 낮은 동작 등급을 사용한다. 인체의 사용 범위가 넓을수록 피로가 더하고 시간도 낭비된다.
- 가능한 한 관성(Momentum)을 이용해야 하며 작업자가 관성을 억제해야 하는 경우 관성을 최소한도로 줄인다.
- 손의 동작은 부드러운 연속동작으로 하고 급격한 방향 전환을 가지는 직선 동작은 피한다.

• 작업장의 배치에 관한 원칙
- 모든 공구 및 재료는 정위치에 배치해야 한다.
- 공구, 재료 및 조정기는 사용위치에 가까이 두어야 한다.
- 가능하면 낙하식 운반법을 사용한다.
- 재료와 공구들은 자기 위치에 있도록 한다.

• 공구 및 설비의 설계에 관한 원칙
- 치공구, 발로 조정하는 장치에 의해서 수행할 수 있는 작업에는 손의 부담을 덜어주어야 한다.
- 공구를 결합하여 사용한다.
- 공구 및 재료는 가능한 한 작업자 앞에 둔다.

42 다음 시스템의 신뢰도는 얼마인가? (단, 각 요소의 신뢰도는 a, b가 각 0.8, c, d가 각 0.6이다.)

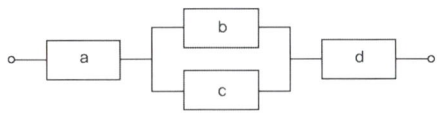

① 0.2245 ② 0.3754
③ 0.4416 ④ 0.5756

$a \times \{1-(1-b) \times (1-c)\} \times d$
$= 0.8 \times \{1-(1-0.8) \times (1-0.6)\} \times 0.6 = 0.4416$

📝 필기에 자주 출제되는 내용입니다.

43 FMEA의 특징에 대한 설명으로 틀린 것은?

① 서브시스템 분석 시 FTA보다 효과적이다.
② 시스템 해석기법은 정성적·귀납적 분석법 등에 사용된다.
③ 각 요소 간 영향 해석이 어려워 2가지 이상 동시 고장은 해석이 곤란하다.
④ 양식이 비교적 간단하고 적은 노력으로 특별한 훈련 없이 해석이 가능하다.

서브시스템 분석에 효과적 → FHA

 참고

• **고장형태와 영향분석(FMEA)** : 시스템에 영향을 미치는 모든 요소의 고장을 형태별로 분석하여 그 영향을 검토하는 정성적, 귀납적 분석법
• **결함위험분석(FHA)** : 한 계약자만으로 모든 시스템의 설계를 담당하지 않고 몇 개의 공동계약자가 분담할 경우 서브시스템(subsystem)의 해석에 사용되는 분석법

📝 실기까지 중요한 내용입니다.

정답 42 ③ 43 ①

44 기계설비 고장 유형 중 기계의 초기결함을 찾아내 고장률을 안정시키는 기간은?

① 마모고장 기간
② 우발고장 기간
③ 에이징(aging) 기간
④ 디버깅(debugging) 기간

- 디버깅(Debugging) 기간 : 기계의 결함을 찾아내 고장률을 안정시키는 기간
- 번인(Burn in) 기간 : 기계를 장시간 가동하여 그동안에 고장 난 것을 제거하는 기간
- 에이징(Agnig) : 비행기에서 3년 이상 시운전하는 기간

 필기에 자주 출제되는 내용입니다.

45 동작의 합리화를 위한 물리적 조건으로 적절하지 않은 것은?

① 고유 진동을 이용한다.
② 접촉 면적을 크게 한다.
③ 대체로 마찰력을 감소시킨다.
④ 인체표면에 가해지는 힘을 적게 한다.

② 접촉 면적을 작게 한다.

 필기에 자주 출제되는 내용입니다.

46 경계 및 경보신호의 설계지침으로 틀린 것은?

① 주의를 환기시키기 위하여 변조된 신호를 사용한다.
② 배경소음의 진동수와 다른 진동수의 신호를 사용한다.
③ 귀는 중음역에 민감하므로 500~3000Hz의 진동수를 사용한다.
④ 300m 이상의 장거리용으로는 1000Hz를 초과하는 진동수를 사용한다.

④ 300m 이상 장거리용 신호는 1000Hz 이하의 진동수 사용

47 휴먼 에러 예방 대책 중 인적 요인에 대한 대책이 아닌 것은?

① 설비 및 환경 개선
② 소집단 활동의 활성화
③ 작업에 대한 교육 및 훈련
④ 전문인력의 적재적소 배치

① 설비 및 환경 개선 → 물적 요인에 대한 대책

정답 44 ④ 45 ② 46 ④ 47 ①

48 운동관계의 양립성을 고려하여 동목(moving scale)형 표시장치를 바람직하게 설계한 것은?

① 눈금과 손잡이가 같은 방향으로 회전하도록 설계한다.
② 눈금의 숫자는 우측으로 감소하도록 설계한다.
③ 꼭지의 시계 방향 회전이 지시치를 감소시키도록 설계한다.
④ 위의 세 가지 요건을 동시에 만족시키도록 설계한다.

* **동목(moving scale)형 표시장치의 설계**
- 눈금과 손잡이가 같은 방향으로 회전하도록 설계한다.
- 눈금의 숫자는 우측으로 증가하도록 설계한다.
- 꼭지의 시계 방향 회전이 지시치를 증가시키도록 설계한다.
- 위의 세 가지 요건을 동시에 만족시키도록 설계한다.

49 에너지 대사율(RMR)에 대한 설명으로 틀린 것은?

① RMR= 운동대사량/기초대사량
② 보통 작업 시 RMR은 4~7임
③ 가벼운 작업 시 RMR은 0~2임
④ RMR = (운동시 산소소모량-안정시 산소소모량) / 기초대사량 산소소비량

* **작업강도 구분에 따른 RMR**
- 경(輕)작업 : 1~2
- 중(中)작업 : 2~4
- 중(重)작업 : 4~7
- 초중(超重)작업 : 7 이상

실기에 자주 출제되는 내용입니다. 암기하세요.

50 일반적으로 작업장에서 구성요소를 배치할 때, 공간의 배치 원칙에 속하지 않는 것은?

① 사용빈도의 원칙
② 중요도의 원칙
③ 공정개선의 원칙
④ 기능성의 원칙

* **부품배치의 원칙**
- **중요성의 원칙** : 부품을 작동하는 성능이 체계의 목표 달성에 중요한 정도에 따라 우선순위를 결정한다.
- **사용빈도의 원칙** : 부품을 사용하는 빈도에 따라 우선순위를 결정한다.
- **기능별 배치의 원칙** : 기능적으로 관련된 부품들(표시장치, 조정장치 등)을 모아서 배치한다.
- **사용순서의 원칙** : 사용 순서에 따라 장치들을 가까이에 배치한다.

필기에 자주 출제되는 내용입니다.

정답 48 ① 49 ② 50 ③

51 산업안전보건법령상 유해하거나 위험한 장소에서 사용하는 기계·기구 및 설비를 설치·이전하는 경우 유해·위험방지계획서를 작성, 제출하여야 하는 대상이 아닌 것은?

① 화학설비　② 금속 용해로
③ 건조설비　④ 전기용접장치

> **※ 유해위험방지계획서 작성 대상 기계·기구 및 설비**
> · 금속이나 그 밖의 광물의 용해로
> · 화학설비
> · 건조설비
> · 가스집합 용접장치
> · 근로자의 건강에 상당한 장해를 일으킬 우려가 있는 물질로서 고용노동부령으로 정하는 물질의 밀폐·환기·배기를 위한 설비

📌 실기에 자주 출제되는 내용입니다. 암기하세요.

52 정량적 표시장치에 관한 설명으로 맞는 것은?

① 정확한 값을 읽어야 하는 경우 일반적으로 디지털보다 아날로그 표시장치가 유리하다.
② 동목(moving scale)형 아날로그 표시장치는 표시장치의 면적을 최소화할 수 있는 장점이 있다.
③ 연속적으로 변화하는 양을 나타내는 데에는 일반적으로 아날로그보다 디지털 표시장치가 유리하다.
④ 동침(moving pointer)형 아날로그 표시장치는 바늘의 진행 방향과 증감속도에 대한 인식적인 암시 신호를 얻는 것이 불가능한 단점이 있다.

> ① 정확한 값을 읽어야 하는 경우 아날로그장치보다 디지털장치가 유리하다.
> ③ 연속적으로 변화하는 양을 나타내는 데에는 일반적으로 디지털보다 아날로그 표시장치가 유리하다.
> ④ 동침(moving pointer)형 아날로그 표시장치는 바늘의 진행 방향과 증감 속도에 대한 인식적인 암시 신호를 얻는 것이 가능하다.

53 신뢰성과 보전성 개선을 목적으로 한 효과적인 보전기록자료에 해당하는 것은?

① 자재관리표　② 주유지시서
③ 재고관리표　④ MTBF 분석표

> 보전 기록자료 → MTBF 분석표

54 FTA(Fault Tree Analysis)에 사용되는 논리 기호와 명칭이 올바르게 연결된 것은?

① ◇ : 전이기호
② ▭ : 기본사상
③ ⌂ : 통상사상
④ ○ : 결함사상

정답　51 ④　52 ②　53 ④　54 ③

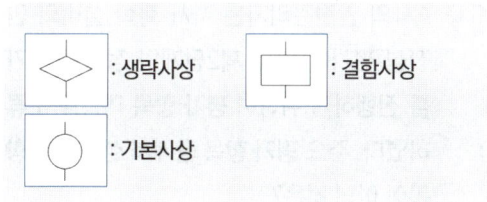

📖 필기에 자주 출제되는 내용입니다.

55 들기 작업 시 요통재해예방을 위하여 고려할 요소와 가장 거리가 먼 것은?

① 들기 빈도
② 작업자 신장
③ 손잡이 형상
④ 허리 비대칭 각도

* NIOSH 들기작업 지침의 권장무게한계(RWL) 계산 시 적용계수

계수	계수방법
HM	수평 계수(Horizontal Multiplier)
VM	수직 계수(Vertical Multiplier)
DM	거리 계수(Distance Multiplier)
AM	비대칭 계수(Asymmetric Multiplier)
FM	빈도 계수(Frequency Multiplier)
CM	커플링 계수(Coupling Multiplier)

- **커플링 계수**: 물체를 들 때에 미끄러지거나 떨어뜨리지 않도록 손잡이 등이 좋은지를 반영한 계수
- **비대칭 계수**: 물체를 들 경우 비틀림 정도, 비틀림 각도를 반영한 계수

56 다음 시스템에 대하여 톱사상(top event)에 도달할 수 있는 최소 컷셋(minimal cutsets)을 구할 때 올바른 집합은?
(단, X_1, X_2, X_3, X_4는 각 부품의 고장 확률을 의미하며 집합 $\{X_1, X_2\}$는 X_1 부품과 X_2 부품이 동시에 고장 나는 경우를 의미한다.)

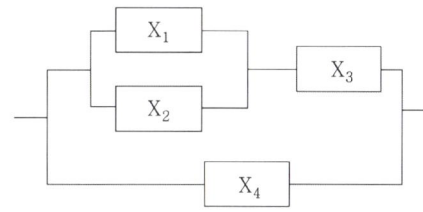

① $\{X_1, X_2\}$, $\{X_3, X_4\}$
② $\{X_1, X_3\}$, $\{X_2, X_4\}$
③ $\{X_1, X_2, X_4\}$, $\{X_3, X_4\}$
④ $\{X_1, X_3, X_4\}$, $\{X_2, X_3, X_4\}$

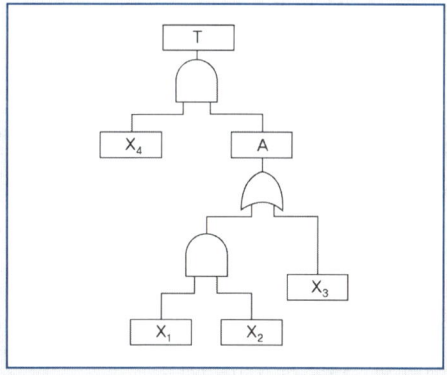

$T = X_4, A$
$T = (X_1, X_2, X_4), (X_3, X_4)$
$\begin{pmatrix} A = (X_1, X_2,) \\ (X_3) \end{pmatrix}$

55 ② 56 ③

57 보기의 실내면에서 빛의 반사율이 낮은 곳에서부터 높은 순서대로 나열한 것은?

> A : 바닥, B : 천장, C : 가구, D : 벽

① A < B < C < D
② A < C < B < D
③ A < C < D < B
④ A < D < C < B

> 옥내의 반사율은 천장으로 올라갈수록 높고 바닥으로 내려갈수록 낮아져야 한다.

58 HAZOP 기법에서 사용하는 가이드워드와 그 의미가 잘못 연결된 것은?

① Other than : 기타 환경적인 요인
② No/Not : 디자인 의도의 완전한 부정
③ Reverse : 디자인 의도의 논리적 반대
④ More/Less : 정량적인 증가 또는 감소

> *유인어의 종류와 뜻
> • No 또는 Not : 완전한 부정
> • More 또는 Less : 양의 증가 및 감소
> • As Well As : 성질상의 증가
> • Part of : 일부변경, 성질상의 감소
> • Reverse : 설계의도의 논리적인 역
> • Other Than : 완전한 대체
>
> 📝 필기에 자주 출제되는 내용입니다. 암기하세요.

59 A사의 안전관리자는 자사 화학 설비의 안전성 평가를 위해 제2단계인 정성적 평가를 진행하기 위하여 평가 항목 대상을 분류하였다. 주요 평가 항목 중에서 설계관계 항목이 아닌 것은?

① 건조물
② 공장 내 배치
③ 입지 조건
④ 원재료, 중간제품

> *설계 관계 항목
> • 건조물
> • 공장 내 배치
> • 입지 조건

60 반사율이 60%인 작업 대상물에 대하여 근로자가 검사작업을 수행할 때 휘도(luminance)가 90fL이라면 이 작업에서의 소요조명(fc)은 얼마인가?

① 75
② 150
③ 200
④ 300

> 반사율(%) = $\dfrac{광속발산도(fL)}{조명(fc)} \times 100$
>
> 조명 = $\dfrac{광속발산도(휘도) \times 100}{반사율}$
>
> = $\dfrac{90 \times 100}{60}$ = 150(fc)
>
> 📝 필기에 자주 출제되는 내용입니다.

정답 57 ③ 58 ① 59 ④ 60 ②

4과목 건설시공학

61 건설공사의 시공계획 수립 시 작성할 필요가 없는 것은?

① 현치도
② 공정표
③ 실행예산의 편성 및 조정
④ 재해 방지 계획

공사 진행 전에 시공도면 및 현치도를 작성하여 감독원의 승인을 득한 후 공사를 시행한다.

> 참고
>
> * 현치도
> 1:1 비율로 실제 크기로 그린 도면을 말한다.

62 콘크리트 구조물의 품질관리에서 활용되는 비파괴검사 방법과 가장 거리가 먼 것은?

① 슈미트해머법
② 방사선 투과법
③ 초음파법
④ 자기분말 탐상법

* 콘크리트 구조물의 비파괴시험(검사) 방법
① 슈미트해머법 : 경화된 콘크리트 표면을 타격하여 반발경도를 측정하는 방법
② 초음파법 : 초음파를 이용하여 콘크리트의 압축강도, 내부결함, 균열깊이 등을 측정하는 방법
③ 방사선법 : 엑스선, 감마선 등 방사선을 투과하여 내부결함, 콘크리트 밀실도 등을 측정
④ 인발법 : 매입한 볼트의 인발내력으로 콘크리트의 압축강도를 측정하는 방법
⑤ 진동법 : 콘크리트 공시체에 진동을 주어 그때의 공명으로 콘크리트의 탄성계수를 측정하는 방법

63 시트 파일(steel sheet pile) 공법의 주된 이점이 아닌 것은?

① 타입 시 지반의 체적 변형이 커서 항타가 어렵다.
② 용접접합 등에 의해 파일의 길이연장이 가능하다.
③ 몇 회씩 재사용이 가능하다.
④ 적당한 보호 처리를 하면 물 위나 아래에서 수명이 길다.

* 강제 널말뚝(steel sheet pile) 공법

장점	단점
① 차수성이 좋다.(적당한 보호처리를 하면 물 위나 아래에서 수명이 길다.)	① 타 공법보다 벽체의 강성(EI)이 작아 휨이 크다.
② 타입이 용이하고 시공이 쉽다.	② 암반, 전 석층에는 타입이 곤란하다.
③ 재사용이 가능하다.	③ 타입 시 소음, 진동이 크다.
	④ 관입, 철거 시 주변 지반 침하가 일어날 수 있다.

정답 61 ① 62 ④ 63 ①

64 흙의 함수율을 구하기 위한 식으로 옳은 것은?

① (물의 용적/토립자의 용적)×100(%)
② (물의 중량/토립자의 중량)×100(%)
③ (물의 용적/전체의 용적)×100(%)
④ (물의 중량/흙 전체의 중량)×100(%)

흙의 함수율(%) = $\dfrac{\text{물의 중량}}{\text{흙 전체의 중량}}$ ×100

65 블록의 하루 쌓기 높이는 최대 얼마를 표준으로 하는가?

① 1.5m 이내 ② 1.7m 이내
③ 1.9m 이내 ④ 2.1m 이내

하루의 쌓기 높이는 1.5m(블록 7켜 정도)이내를 표준으로 한다. 다만, 장막벽으로 4중 쌓기 하는 블록 간막이 벽은 담당원의 승인을 얻어 층높이까지 할 수 있다.

참고
간막이 벽 : 집합건물의 서로 다른 소유주가 소유하고 있는 전용부 간 경계벽

필기에 자주 출제되는 내용입니다.

66 경량형강공사에 사용되는 부재 중 지붕에서 지붕내력을 받는 경사진 구조부재로서 트러스와 달리 하현재가 없는 것은?

① 스터드   ② 윈드 칼럼
③ 아웃리거 ④ 래프터

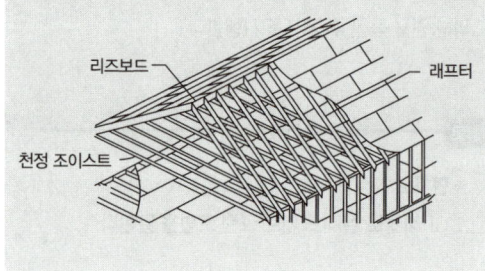

*래프터
경량형강공사에 사용되는 부재 중 지붕에서 지붕내력을 받는 경사진 구조부재로서 트러스와 달리 하현재가 없는 것을 말한다.

67 벽돌쌓기 시 일반사항에 관한 설명으로 옳지 않은 것은?

① 가로 및 세로줄눈의 너비는 도면 또는 공사시방서에서 정한 바가 없을 때에는 10mm를 표준으로 한다.
② 벽돌 쌓기는 도면 또는 공사시방서에서 정한 바가 없을 때에는 영식 쌓기 또는 화란식 쌓기로 한다.
③ 세로줄눈은 통줄눈이 되도록 유도하여, 미관을 향상시키도록 한다.
④ 벽돌벽이 블록벽과 서로 직각으로 만날 때에는 연결철물을 만들어 블록 3단마다 보강하여 쌓는다.

정답 64 ④ 65 ① 66 ④ 67 ③

③ 세로줄눈은 통줄눈이 되지 않도록 하고, 수직 일직선상에 오도록 벽돌나누기를 한다.

📝 필기에 자주 출제되는 내용입니다.

68 비산먼지 발생사업 신고 적용대상 규모 기준으로 옳은 것은?

① 건축물 축조공사로 연면적 1,000m² 이상
② 굴정공사로 총 연장 300m 이상 또는 굴착 토사량 300m³ 이상
③ 토공사/정지공사로 공사면적 합계 1,500m²이상
④ 토목공사로 구조물 용적합계 2,000m³ 이상

* **비산먼지 발생사업 신고 적용대상(건설업)**
1) **건축물 축조공사**: 「건축법」에 따른 건축물의 증·개축, 재축 및 대수선을 포함하고, 연면적이 1,000제곱미터 이상인 공사

2) **토목공사**
① 구조물의 용적 합계가 1,000세제곱미터 이상, 공사면적이 1,000제곱미터 이상 또는 총 연장이 200미터 이상인 공사
② 굴정(구멍뚫기) 공사의 경우 총 연장이 200미터 이상 또는 굴착(땅파기) 토사량이 200세제곱미터 이상인 공사
③ 조경공사: 면적의 합계가 5,000제곱미터 이상인 공사
④ 지반조성공사
 • 건축물해체공사의 경우 연면적이 3,000제곱미터 이상인 공사

 • 토공사 및 정지공사의 경우 공사면적의 합계가 1,000제곱미터 이상인 공사
 • 농지조성 및 농지정리 공사의 경우 흙쌓기(성토) 등을 위하여 운송차량을 이용한 토사 반출입이 함께 이루어지거나 농지전용 등을 위한 토공사, 정지공사 등이 복합적으로 이루어지는 공사로서 공사면적의 합계가 1,000제곱미터 이상인 공사
⑤ 도장공사: 「공동주택관리법」에 따라 장기수선계획을 수립하는 공동주택에서 시행하는 건물외부 도장공사
⑥ 그 밖에 가목부터 마목까지의 공사에 준하는 공사로서 해당 가목부터 마목까지의 공사 규모 이상인 공사

69 말뚝박기 기계 중 디젤해머(Diesel hammer)에 관한 설명으로 옳지 않은 것은?

① 타격정밀도가 높다.
② 타격 시의 압축·폭발 타격력을 이용하는 공법이다.
③ 타격 시의 소음이 작아 도심지 공사에 적용된다.
④ 램의 낙하 높이 조정이 곤란하다.

③ 타격 시의 소음이 커서 도심지 공사에 적합하지 않다.

70 상하기복형으로 협소한 공간에서 작업이 용이하고 장애물이 있을 때 효과적인 장비로서 초고층건축물 공사에 많이 사용되는 장비는?

① 호이스트카 ② 타워크레인
③ 러핑크레인 ④ 데릭

> **Luffing 크레인**
> ① T형 타워 크레인은 고정된 지브를 따라 트롤리가 움직이는 방식이며, 러핑 크레인은 지브를 따라 움직이는 트롤리가 없이 지브 전체를 들어 올려 거리를 조정하며 움직이는 방식이다.
> ② 도심지와 같이 공간이 협소한 지역에서는 타워가 회전할 때 인근 건물에 간섭이 되는 경우가 많기 때문에 지브가 짧은 러핑 크레인이 사용된다.

참고

러핑크레인

타워크레인

(타워크레인 도해: 지브 지지삭, 트롤리, 지브, 평형추, 카운터지브, 운전실, 타워 마스트, 카운터웨이트/균형추)

71 해체 및 이동에 편리하도록 제작된 수평활동 시스템 거푸집으로서 터널, 교량, 지하철 등에 주로 적용되는 거푸집은?

① 유로 폼(Euro Form)
② 트래블링 폼(Traveling Form)
③ 워플 폼(Waffle Form)
④ 갱 폼(Gang Form)

> ① 유로 폼(Euro Form) : 합판과 특수 경량 강으로 제작된 거푸집으로 용도 표준화, 모듈화로 자재관리가 간편하고 어떠한 형태의 콘크리트 구조물에도 설치 해체가 용이하다.
> ② 트래블링 폼(Travelling Form) : 수평활동 거푸집이며 거푸집 전체를 그대로 떼어 다음 사용 장소로 이동시켜 사용할 수 있도록 한 거푸집이다.
> ③ 워플폼(Waffle Form) : 무량판 시공 시 2방향으로 된 상자형 기성재 거푸집이다.
> ④ 갱폼 : 외부벽체 거푸집과 작업발판용 케이지(Cage)를 일체로 제작하여 사용하는 대형 거푸집이다.

📝 필기에 자주 출제되는 내용입니다.

정답 70 ③ 71 ②

72 외관 검사 결과 불합격된 철근 가스압접 이음부의 조치 내용으로 옳지 않은 것은?

① 심하게 구부러졌을 때는 재가열하여 수정한다.
② 압접면의 엇갈림이 규정값을 초과했을 때는 재가열하여 수정한다.
③ 형태가 심하게 불량하거나 또는 압접부에 유해하다고 인정되는 결함이 생긴 경우는 압접부를 잘라내고 재압접한다.
④ 철근중심축의 편심량이 규정값을 초과했을 때는 압접부를 떼어내고 재압접한다.

> ※ 외관검사 결과 불합격된 압접부의 조치
> ① 철근중심축의 편심량이 규정 값을 초과했을 때는 압접부를 떼어내고 재 압접한다.
> ② 압접돌출부의 지름 또는 길이가 규정 값에 미치지 못하였을 경우는 재가열하고 압력을 가하여 소정의 압접 돌출부로 만든다.
> ③ 형태가 심하게 불량하거나 또는 압접부에 유해하다고 인정되는 결함이 생긴 경우는 압접부를 잘라내고 재 압접한다.
> ④ 심하게 구부러졌을 때는 재가열하여 수정한다.
> ⑤ 압접면의 엇갈림이 규정 값을 초과했을 때는 압접부를 잘라내고 재 압접한다.

73 보링방법 중 연속적으로 시료를 채취할 수 있어 지층의 변화를 비교적 정확히 알 수 있는 것은?

① 수세식 보링 ② 충격식 보링
③ 회전식 보링 ④ 압입식 보링

> 회전식 보링 : 회전하며 땅을 천공하는 방식으로 가장 많이 사용 되며 연속적으로 시료를 채취할 수 있다.

74 철골보와 콘크리트 슬래브를 연결하는 전단 연결재(shear connector)의 역할을 하는 부재의 명칭은?

① 리인포싱 바(reinforcing bar)
② 턴버클(turn buckle)
③ 메탈 서포트(metal support)
④ 스터드(stud)

스터드(stud) : 철골 보와 콘크리트 슬래브를 연결하는 전단 연결재(shear connector) 역할을 한다.

참고
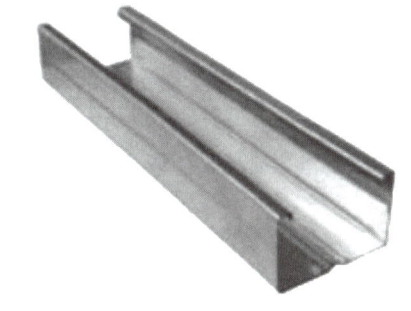

정답 72 ② 73 ③ 74 ④

75 다음은 표준시방서에 따른 철근의 이음에 관한 내용이다. 빈칸에 공통으로 들어갈 내용으로 옳은 것은?

> ( )를 초과하는 철근은 겹침이음을 할 수 없다. 다만, 서로 다른 크기의 철근을 압축부에서 겹침이음하는 경우 ( ) 이하의 철근과 ( )를 초과하는 철근은 겹침이음을 할 수 있다.

① D25   ② D29
③ D32   ④ D35

> D35를 초과하는 철근은 겹침이음을 할 수 없다.(단, 서로 다른 크기의 철근을 압축부에서 겹침이음하는 경우 D35 이하의 철근과 D35를 초과하는 철근은 겹침이음을 할 수 있다.)

76 건축주가 시공회사의 신용, 자산, 공사경력, 보유기술 등을 고려하여 그 공사에 가장 적격한 단일 업체에게 입찰시키는 방법은?

① 일반공개입찰
② 특명입찰
③ 지명경쟁입찰
④ 대안입찰

> ① 일반경쟁입찰 : 사업종류별로 관련법령에 따른 면허, 등록 또는 신고 등을 마치고 사업을 영위하는 불특정 다수의 희망자를 입찰에 참가하도록 한 후 그 중에서 선정하는 방법
> ② 지명경쟁입찰 : 계약의 성질 또는 목적에 비추어 특수한 설비·기술·자재·물품 또는 특수한 실적이 있는 자가 아니면 계약의 목적을 달성하기 곤란한 경우로서 입찰대상자가 10인 이내인 경우 그 중에서 선정하는 방법
> ③ 대안입찰 : 원안입찰과 함께 따로 입찰자의 의사에 따라 대안이 허용된 공사의 입찰

필기에 자주 출제되는 내용입니다.

77 프리팩트말뚝공사 중 CIP(Cast in place pile) 말뚝의 강성을 확보하기 위한 방법이 아닌 것은?

① 구멍에 삽입하는 철근의 조립은 원형철근조립으로 당초 설계치수보다 작게 하여 콘크리트 타설을 쉽게 하여야 한다.
② 공벽붕괴 방지를 위한 케이싱을 설치하고 구멍을 뚫어야 하며, 콘크리트 타설 후에 양생되기 전에 인발한다.
③ 구멍깊이는 풍화암 이하까지 뚫어 말뚝 선단이 충분한 지지력이 나오도록 시공한다.
④ 콘크리트 타설 시 재료분리가 발생하지 않도록 한다.

> ① 설계도면에 따라 철근을 조립하여 정확하게 CIP Hole에 삽입하여야 한다.

정답 75 ④ 76 ② 77 ①

78 수평이동이 가능하여 건물의 층수가 적은 긴 평면에 사용되며 회전범위가 270°인 특징을 갖고 있는 철골 세우기용 장비는?

① 가이데릭(Guy derrick)
② 스티프레그 데릭(stiff-leg derrick)
③ 트럭 크레인(Truck crane)
④ 플레이트 스트레이닝 롤(Plate straining roll)

* 스티프레그 데릭(stiff-leg derrick)
① 직각으로 세운 주 기둥을 두 개의 경사 지주로 지지하는 형식으로 삼각 데릭이라고도 한다.
② 가이데릭에 비해 수평이동이 가능하므로 층수가 낮은 긴 평면에 유리하다.
③ 270° 회전이 가능하며 철골세우기용 장비로 사용된다.

79 콘크리트의 재료로 사용되는 골재에 관한 설명으로 옳지 않은 것은?

① 골재는 밀도가 크고, 내구성이 커서 풍화가 잘되지 않아야 한다.
② 콘크리트나 모르타르를 만들 때 물, 시멘트와 함께 혼합하는 모래, 자갈 및 부순돌 기타 유사한 재료를 골재라고 한다.
③ 콘크리트 중 골재가 차지하는 용적은 절대용적으로 50%를 넘지 않도록 한다.
④ 일반적으로 골재의 강도는 시멘트 페이스트 강도 이상이 되어야 한다.

③ 콘크리트 중 골재가 차지하는 용적은 절대용적으로 65~80%(용적비로 대략 70% 정도)50%를 넘지 않도록 한다.

80 석재붙임을 위한 앵커긴결공법에서 일반적으로 사용하지 않는 재료는?

① 앵커   ② 볼트
③ 연결철물   ④ 모르타르

* 앵커 긴결공법
① 건물 벽체에 단위 석재를 각종 앵커와 긴결재인 파스너에 의해 독립적으로 설치하는 공법이다.
② 모르타르를 충전하지 않으므로 동절기 시공이 가능하고 공기단축 및 백화방지에 유리하다.
③ 앵커, 너트, 볼트, 와셔, 연결철물(파스너) 등은 스테인리스나 알루미늄, 청동합금 등을 사용하거나 녹막이 방청처리를 한다.

5과목 건설재료학

81 다음과 같은 특성을 가진 플라스틱의 종류는?

- 가열하면 연화 또는 융해하며 가소성이 되고, 냉각하면 경화하는 재료이다.
- 분자구조가 쇄상구조로 이루어져 있다.

① 멜라민수지   ② 아크릴수지
③ 요소수지   ④ 페놀수지

＊열가소성 수지
- 가열하면 연화 또는 융해하여 가소성이 되고, 냉각하면 경화하는 재료이다.
- 분자구조가 쇄상구조(사슬형 구조)로 이루어져있다.

열경화성 수지	열가소성수지
• 페놀 수지 • 요소 수지 • 멜라민 수지 • 알키드 수지 • 실리콘 수지 • 에폭시 수지 • 우레탄 수지 • 프란 수지 • 폴리에스테르 수지 • 불포화폴리에스테르수지	• 염화비닐 수지 • 초산비닐 수지 • 메틸메타크릴 수지 • 스티롤 수지 • 폴리에틸렌 수지 • 셀룰로이드 • 아크릴 수지

📝 필기에 자주 출제되는 내용입니다.

82 경질이며 흡습성이 적은 특성이 있으며 도로나 마룻바닥에 까는 두꺼운 벽돌로서 원료를 연와토 등을 쓰고 식염유로 시유소성한 벽돌은?

① 검정벽돌　② 광재벽돌
③ 날벽돌　　④ 포도벽돌

＊포도벽돌
① 도로나 마룻바닥에 까는 두꺼운 벽돌로서 원료를 연와토 등을 쓰고 식염유로 시유 소성한 벽돌이다.
② 경질이며, 흡습성이 적고 두꺼워서 도로·복도·창고·공장 등의 바닥에 사용된다.

83 건물 바닥용 제품에 해당되지 않는 것은?

① 염화비닐 타일
② 아스팔트 타일
③ 시멘트 사이딩 보드
④ 리놀륨

시멘트 사이딩 보드 → 외장재

84 ALC(Autoclaved Lightweight Concrete)에 관한 설명으로 옳지 않은 것은?

① 규산질, 석회질 원료를 주원료로 하여 기포제와 발포제를 첨가하여 만든다.
② 경량이며 내화성이 상대적으로 우수하다.
③ 별도의 마감 없이도 수분이 차단되어 주로 외벽에 사용된다.
④ 동일용도의 건축자재 중 상대적으로 우수한 단열성능을 가지고 있다.

③ 흡수성이 크며 표면마모가 쉽고 강도가 크지 않아 외벽 및 구조재로는 적합하지 못하다.

📝 필기에 자주 출제되는 내용입니다.

정답　82 ④　83 ③　84 ③

85 도막방수재 및 실링재로 이용이 증가하고 있는 합성수지로서 기포성 보온재로도 사용되는 것은?

① 실리콘 수지
② 폴리우레탄 수지
③ 폴리에틸렌 수지
④ 멜라민 수지

도막방수재 및 실링재로 이용, 기포성 보온재로도 사용된다. → 폴리우레탄수지

86 건설용 강재(철근 등)의 재료시험 항목에서 일반적으로 제외되는 것은?

① 압축강도 시험
② 인장강도 시험
③ 굽힘 시험
④ 연신율 시험

건설용 강재(철근 등)의 재료시험 항목에 인장강도 시험은 포함되나 압축강도 시험은 포함되지 않는다.

[참고]
*일반 구조용 압연 강재의 시험항목
① 모양, 치수, 무게, 겉모양
② 화학성분
③ 항복점 또는 항복강도
④ 인장강도
⑤ 연신율
⑥ 굽힘성

87 알루미늄의 특성으로 옳지 않은 것은?

① 순도가 높을수록 내식성이 좋지 않다.
② 알칼리나 해수에 침식되기 쉽다.
③ 콘크리트에 접하거나 흙 중에 매몰된 경우에 부식되기 쉽다.
④ 내화성이 부족하다.

① 순도가 높을수록 내식성이 좋다.

필기에 자주 출제되는 내용입니다.

88 콘크리트용 골재의 요구품질에 관한 조건으로 옳지 않은 것은?

① 시멘트 페이스트 이상의 강도를 가진 단단하고 강한 것
② 운모가 함유된 것
③ 연속적인 입도분포를 가진 것
④ 표면이 거칠고 구형에 가까운 것

*콘크리트용 골재의 요구 성능
① 골재의 강도는 경화한 시멘트페이스트 강도보다 클 것
② 형태는 거칠고 구형에 가까운 것이 가장 좋으며, 편평하거나 세장한 것은 좋지 않다.
③ 먼지 또는 유기불순물을 포함하지 않을 것
④ 골재의 입형이 둥글고 입도가 고를 것(잔 것과 굵은 것이 적당히 혼합된 것이 좋다.)
⑤ 운모가 다량으로 포함된 골재는 콘크리트의 강도를 저하시키고 풍화되기 쉽다.

필기에 자주 출제되는 내용입니다.

 정답 85 ② 86 ① 87 ① 88 ②

89 아스팔트 루핑의 생산에 사용되는 아스팔트는?

① 록 아스팔트
② 유제 아스팔트
③ 컷백 아스팔트
④ 블로운 아스팔트

＊아스팔트 루핑
① 동·식물섬유를 원료로 한 펠트에 스트레이트 아스팔트를 침투시키고, 양면을 블로운 아스팔트로 피복한 후 표면에 광물질 분말을 살포한 것이다.
② 방수성이 크다.

90 1종 점토벽돌의 흡수율 기준으로 옳은 것은?

① 5% 이하   ② 10% 이하
③ 12% 이하 ④ 15% 이하

등급	압축강도	흡수율
1종	210kgf/cm² 이상	10% 이하
2종	160kgf/cm² 이상	13% 이하
3종	100kgf/cm² 이상	15% 이하

📝 필기에 자주 출제되는 내용입니다.

91 골재의 함수상태에서 유효흡수량의 정의로 옳은 것은?

① 습윤상태와 절대건조상태의 수량의 차이
② 표면건조포화상태와 기건상태의 수량의 차이
③ 기건상태와 절대건조상태의 수량의 차이
④ 습윤상태와 표면건조포화상태의 수량의 차이

유효흡수량 : 표면건조포화상태와 기건상태의 수량의 차이를 말한다.

📝 필기에 자주 출제되는 내용입니다.

92 콘크리트의 블리딩 현상에 의한 성능저하와 가장 거리가 먼 것은?

① 골재와 시멘트 페이스트의 부착력 저하
② 철근과 시멘트 페이스트의 부착력 저하
③ 콘크리트의 수밀성 저하
④ 콘크리트의 응결성 저하

＊콘크리트의 블리딩 현상에 의한 성능저하
① 골재와 시멘트 페이스트의 부착력 저하
② 철근과 시멘트 페이스트의 부착력 저하
③ 콘크리트의 수밀성 저하
④ 콘크리트의 강도 및 내구성 저하

정답 89 ④ 90 ② 91 ② 92 ④

> **참고**
>
> 블리딩(bleeding) : 굳지 않은 콘크리트, 모르타르 등에서 물이 분리, 상승하는 현상을 말한다.

- 탄소 함유량이 0%에서 0.8% 까지는 항복점 및 인장 강도는 증가, 연신율 및 단면 수축율, 연성은 낮아진다.
- 탄소 함유량이 0.8% 이상이 되면 경도는 증가, 인장 강도는 낮아진다.

📝 필기에 자주 출제되는 내용입니다.

93 목재 및 기타 식물의 섬유질소편에 합성수지접착제를 도포하여 가열압착 성형한 판상제품은?

① 합판
② 시멘트목질판
③ 집성목재
④ 파티클보드

95 에너지절약, 유해물질 저감, 자원의 절약 등을 유도하기 위한 목적으로 건설자재의 환경성에 대한 일정기준을 정하여 제품에 부여하는 인증제도로 옳은 것은?

① 환경표지 ② NEP인증
③ GD마크   ④ KS마크

건설자재의 환경성에 대한 일정기준을 정하여 제품에 부여하는 인증제도 → 환경표지

＊파아티클 보드
① 목재를 작은 조각으로 하여 충분히 건조시킨 후 합성수지와 같은 유기질의 접착제를 첨가하여 열압제판한 목재 가공품
② 상판, 칸막이벽, 가구 등에 사용된다.

📝 필기에 자주 출제되는 내용입니다.

94 강재 탄소의 함유량이 0%에서 0.8%로 증가함에 따른 제반 물성 변화에 대한 설명으로 옳지 않은 것은?

① 인장강도는 증가한다.
② 항복점은 커진다.
③ 연신율은 증가한다.
④ 경도는 증가한다.

96 석재 시공 시 유의하여야 할 사항으로 옳지 않은 것은?

① 외벽 특히 콘크리트 표면 첨부용 석재는 연석을 사용하여야 한다.
② 동일건축물에는 동일석재로 시공하도록 한다.
③ 석재를 구조재로 사용할 경우 직압력재로 사용하여야 한다.
④ 중량이 큰 것은 높은 곳에 사용하지 않도록 한다.

① 외벽 특히 콘크리트 표면 첨부용 석재는 경석을 사용하여야 한다.

정답 93 ④ 94 ③ 95 ① 96 ①

97 수직면으로 도장하였을 경우 도장직후에 도막이 흘러 내리는 형상의 발생 원인과 가장 거리가 먼 것은?

① 얇게 도장하였을 때
② 지나친 희석으로 점도가 낮을 때
③ 저온으로 건조시간이 길 때
④ airless 도장 시 팁이 크거나 2차압이 낮아 분무가 잘 안 되었을 때

① 두껍게 도장하였을 경우 흘러내릴 수 있다.

98 콘크리트의 워커빌리티(workability)에 관한 설명으로 옳지 않은 것은?

① 과도하게 비빔시간이 길면 시멘트의 수화를 촉진하여 워커빌리티가 나빠진다.
② 단위수량을 너무 증가시키면 재료 분리가 생기기 쉽기 때문에 워커빌리티가 좋아진다고 볼 수 없다.
③ AE제를 혼입하면 워커빌리티가 좋아진다.
④ 깬자갈이나 깬모래를 사용할 경우, 잔골재율을 작게 하고 단위수량을 감소시키면 워커빌리티가 좋아진다.

④ 깬 자갈이나 깬 모래를 사용하면 워커빌리티가 나빠지므로 잔골재율을 크게 하고, 단위수량을 크게 하면 워커빌리티가 증대된다.

> **참고**
> 워커빌리티(workability ; 시공연도) : 반죽질기(콘시스텐시)에 의한 작업의 난이도 및 재료분리에 저항하는 정도를 나타내는 콘크리트 성질을 말한다.

📝 필기에 자주 출제되는 내용입니다.

99 에폭시수지 접착제에 관한 설명으로 옳지 않은 것은?

① 비스페놀과 에피클로로하이드린의 반응에 의해 얻을 수 있다.
② 내수성, 내습성, 전기절연성이 우수하다.
③ 접착제의 성능을 지배하는 것은 경화제라고 할 수 있다.
④ 피막이 단단하지 못하나 유연성이 매우 우수하다.

④ 피막이 단단하지 못하며 피막의 유연성이 부족하다.

100 목재에서 흡착수만이 최대한도로 존재하고 있는 상태인 섬유포화점의 함수율은 중량비로 몇 % 정도인가?

① 15% 정도   ② 20% 정도
③ 30% 정도   ④ 40% 정도

목재 섬유포화점의 함수율 : 약 30%

📝 필기에 자주 출제되는 내용입니다.

정답 97 ① 98 ④ 99 ④ 100 ③

6과목 건설안전기술

101 강관을 사용하여 비계를 구성하는 경우 준수해야 할 사항으로 옳지 않은 것은?

① 비계기둥의 간격은 띠장 방향에서는 1.5m 이상 1.8m 이하, 장선(長線) 방향에서는 1.5m 이하로 할 것
② 띠장 간격은 1.5m 이하로 설치하되, 첫 번째 띠장은 지상으로부터 2m 이하의 위치에 설치할 것
③ 비계기둥의 제일 윗부분으로부터 31m 되는 지점 밑부분의 비계기둥은 3개의 강관으로 묶어 세울 것
④ 비계기둥 간의 적재하중은 400kg을 초과하지 않도록 할 것

③ 비계기둥의 제일 윗부분으로부터 31m 되는 지점 밑부분의 비계기둥은 2개의 강관으로 묶어 세울 것

 실기에 자주 출제되는 내용입니다. 암기하세요.

102 이동식비계 조립 및 사용 시 준수사항으로 옳지 않은 것은?

① 비계의 최상부에서 작업을 하는 경우에는 안전난간을 설치할 것
② 승강용사다리는 견고하게 설치할 것
③ 작업발판은 항상 수평을 유지하고 작업발판 위에서 작업을 위한 거리가 부족할 경우 받침대 또는 사다리를 사용할 것
④ 작업발판의 최대적재하중은 250kg을 초과하지 않도록 할 것

* **이동식 비계 조립 시의 준수사항**
- 바퀴에는 갑작스러운 이동 또는 전도를 방지하기 위하여 브레이크·쐐기 등으로 바퀴를 고정시킨 다음 비계의 일부를 견고한 시설물에 고정하거나 아웃트리거를 설치하는 등 필요한 조치를 할 것
- 승강용 사다리는 견고하게 설치할 것
- 비계의 최상부에서 작업을 할 때에는 안전난간을 설치할 것
- 작업발판은 항상 수평을 유지하고 작업발판 위에서 안전난간을 딛고 작업을 하거나 받침대 또는 사다리를 사용하여 작업하지 않도록 할 것
- 작업발판의 최대적재하중은 250kg을 초과하지 않도록 할 것

103 미리 작업장소의 지형 및 지반상태 등에 적합한 제한속도를 정하지 않아도 되는 차량계 건설기계의 속도 기준은?

① 최대 제한 속도가 10km/h 이하
② 최대 제한 속도가 20km/h 이하
③ 최대 제한 속도가 30km/h 이하
④ 최대 제한 속도가 40km/h 이하

제한속도를 정하지 않아도 되는 차량계 건설기계의 속도 기준 → 10km/h 이하

 101 ③　102 ③　103 ①

104 터널공사에서 발파작업 시 안전대책으로 옳지 않은 것은?

① 발파전 도화선 연결상태, 저항치 조사 등의 목적으로 도통시험 실시 및 발파기의 작동상태에 대한 사전점검 실시
② 모든 동력선은 발원점으로부터 최소한 15m이상 후방으로 옮길 것
③ 지질, 암의 절리 등에 따라 화약량에 대한 검토 및 시방기준과 대비하여 안전조치 실시
④ 발파용 점화회선은 타동력선 및 조명회선과 한곳으로 통합하여 관리

④ 발파용 점화회선은 타동력선 및 조명회선과 분리하여야 한다.

105 건립 중 강풍에 의한 풍압 등 외압에 대한 내력이 설계에 고려되었는지 확인하여야 하는 철골 구조물이 아닌 것은?

① 단면이 일정한 구조물
② 기둥이 타이 플레이트형인 구조물
③ 이음부가 현장 용접인 구조물
④ 구조물의 폭과 높이의 비가 1 : 4 이상인 구조물

* 외압에 대한 내력이 설계에 고려되었는지 확인하여야 할 대상(자립도 검토대상)
• 높이 20m 이상의 구조물
• 구조물의 폭과 높이의 비가 1 : 4 이상인 구조물
• 단면구조에 현저한 차이가 있는 구조물
• 연면적당 철골량이 50kg/m² 이하인 구조물

• 기둥이 타이 플레이트(tie plate)형인 구조물
• 이음부가 현장 용접인 구조물

📝 필기에 자주 출제되는 내용입니다.

106 화물운반하역 작업 중 걸이작업에 관한 설명으로 옳지 않은 것은?

① 와이어로프 등은 크레인의 후크 중심에 걸어야 한다.
② 인양 물체의 안정을 위하여 2줄 걸이 이상을 사용하여야 한다.
③ 매다는 각도는 60° 이상으로 하여야 한다.
④ 근로자를 매달린 물체 위에 탑승시키지 않아야 한다.

③ 매다는 각도는 60° 이내로 하여야 한다.

107 타워크레인을 와이어로프로 지지하는 경우에 준수해야 할 사항으로 옳지 않은 것은?

① 와이어로프를 고정하기 위한 전용 지지프레임을 사용할 것
② 와이어로프 설치각도는 수평면에서 60° 이상으로 하되, 지지점은 4개소 미만으로 할 것
③ 와이어로프와 그 고정 부위는 충분한 강도와 장력을 갖도록 설치할 것
④ 와이어로프가 가공전선에 근접하지 않도록 할 것

정답 104 ④ 105 ① 106 ③ 107 ②

② 와이어로프 설치 각도는 수평면에서 60° 이내로 할 것

> **참고**
>
> * **타워크레인을 와이어로프로 지지하는 경우 준수 사항**
> - 서면심사에 관한 서류 또는 제조사의 설치작업설명서 등에 따라 설치할 것
> - 서면심사 서류 등이 없거나 명확하지 아니한 경우에는 건축구조 · 건설기계 · 기계안전 · 건설안전기술사 또는 건설안전분야 산업안전지도사의 확인을 받아 설치하거나 기종별 · 모델별 공인된 표준방법으로 설치할 것
> - 와이어로프를 고정하기 위한 전용 지지프레임을 사용할 것
> - 와이어로프 설치각도는 수평면에서 60° 이내로 할 것
> - 와이어로프의 고정부위는 충분한 강도와 장력을 갖도록 설치하고, 와이어로프를 클립 · 샤클(shackle) 등의 고정기구를 사용하여 견고하게 고정시켜 풀리지 않도록 할 것
> - 와이어로프가 가공전선(架空電線)에 근접하지 않도록 할 것

---

108 작업 중이던 미장공이 상부에서 떨어지는 공구에 의해 상해를 입었다면 어느 부분에 대한 결함이 있었겠는가?

① 작업대 설치
② 작업방법
③ 낙하물 방지시설 설치
④ 비계설치

상부에서 떨어지는 공구에 의해 상해를 입음 → 낙하물 방지시설 설치의 결함

109 유해·위험 방지를 위한 방호조치를 하지 아니하고는 양도, 대여, 설치 또는 사용에 제공하거나, 양도·대여를 목적으로 진열해서는 아니 되는 기계·기구에 해당하지 않는 것은?

① 지게차 ② 공기압축기
③ 원심기 ④ 덤프트럭

> * **방호조치를 하지 아니하고는 양도 · 대여 · 설치 · 사용, 진열해서는 아니 되는 기계 · 기구**
> - 예초기
> - 원심기
> - 공기압축기
> - 금속절단기
> - 지게차
> - 포장기계(진공포장기, 랩핑기로 한정)

> **특급암기법**
> 방호조치 없이 포장된 공원에서 원예 금지

실기에 자주 출제되는 내용입니다. 암기하세요.

110 달비계의 최대 적재하중을 정함에 있어서 활용하는 안전계수의 기준으로 옳은 것은? (단, 곤돌라의 달비계를 제외한다.)

① 달기 와이어로프 : 5 이상
② 달기 강선 : 5 이상
③ 달기 체인 : 3 이상
④ 달기 훅 : 5 이상

관련 법령에서 삭제된 내용입니다.

정답 108 ③ 109 ④ 110 정답 없음

111 사업의 종류가 건설업이고, 공사금액이 850억원일 경우 산업안전보건법령에 따른 안전관리자를 최소 몇 명 이상 두어야 하는가? (단, 상시 근로자는 600명으로 가정)

① 1명 이상
② 2명 이상
③ 3명 이상
④ 4명 이상

> 1. 공사금액 50억원 이상(관계수급인은 100억 원 이상) 800억 원 미만 : 1명 이상
> 2. 공사금액 800억 원 이상 1,500억 원 미만 : 2명 이상

112 이동식 크레인을 사용하여 작업을 할 때 작업 시작 전 점검사항이 아닌 것은?

① 주행로의 상측 및 트롤리(trolley)가 횡행하는 레일의 상태
② 권과방지장치 그 밖의 경보장치의 기능
③ 브레이크·클러치 및 조정장치의 기능
④ 와이어로프가 통하고 있는 곳 및 작업장소의 지반상태

> **※ 이동식크레인의 작업시작 전 점검**
> - 권과방지장치 그 밖의 경보장치의 기능
> - 브레이크·클러치 및 조정장치의 기능
> - 와이어로프가 통하고 있는 곳 및 작업장소의 지반상태

📝 실기에 자주 출제되는 내용입니다. 암기하세요.

113 선박에서 하역작업 시 근로자들이 안전하게 오르내릴 수 있는 현문 사다리 및 안전망을 설치하여야 하는 것은 선박이 최소 몇 톤급 이상일 경우인가?

① 500톤급 ② 300톤급
③ 200톤급 ④ 100톤급

> 300톤급 이상의 선박에서 하역작업을 하는 경우에 근로자들이 안전하게 오르내릴 수 있는 현문(舷門) 사다리를 설치하여야 하며, 이 사다리 밑에 안전망을 설치하여야 한다.

114 건설업 산업안전보건관리비 중 안전시설비로 사용할 수 없는 것은?

① 안전통로
② 비계에 추가 설치하는 추락방지용 안전난간
③ 사다리 전도방지장치
④ 통로의 낙하물 방호선반

> ① 안전통로(외부비계, 작업발판, 가설계단 등)는 안전시설비에 해당하지 않는다.

정답 111 ② 112 ① 113 ② 114 ①

참고

＊안전시설비 등

① 산업재해 예방을 위한 **안전난간, 추락방호망, 안전대 부착설비, 방호장치**(기계 · 기구와 방호장치가 일체로 제작된 경우, 방호장치 부분의 가액에 한함) 등 안전시설의 구입 · 임대 및 설치 등을 위해 소요되는 비용

② 스마트 안전장비 구입 · 임대 비용. 다만, 계상된 산업안전보건관리비 총액의 10분의 2를 초과할 수 없다.

③ 용접 작업 등 화재 위험작업 시 사용하는 소화기의 구입 · 임대비용

---

115 흙막이 지보공을 조립하는 경우 미리 조립도를 작성하여야 하는데 이 조립도에 명시되어야 할 사항과 가장 거리가 먼 것은?

① 부재의 배치
② 부재의 치수
③ 부재의 긴압 정도
④ 설치 방법과 순서

조립도에는 흙막이판 · 말뚝 · 버팀대 및 띠장 등 부재의 배치 · 치수 · 재질 및 설치 방법과 순서가 명시되어야 한다.

---

116 다음 보기의 ( ) 안에 알맞은 내용은?

> 동바리로 사용하는 파이프 서포트의 높이가 ( )m를 초과하는 경우에는 높이 2m 이내마다 수평연결재를 2개 방향으로 만들로 수평면결재의 변위를 방지할 것

① 3
② 3.5
③ 4
④ 4.5

＊동바리로 사용하는 파이프서포트의 조립시 준수사항

- 파이프서포트를 3개본 이상 이어서 사용하지 아니하도록 할 것
- 파이프서포트를 이어서 사용할 때에는 4개 이상의 볼트 또는 전용철물을 사용하여 이을 것
- 높이가 3.5m를 초과할 때 높이 2m 이내마다 수평연결재를 2개 방향으로 만들고 수평연결재의 변위를 방지할 것

실기에 자주 출제되는 내용입니다. 암기하세요.

---

117 보통 흙의 건지를 다음 그림과 같이 굴착하고자 한다. 굴착면의 기울기를 1 : 0.5로 하고자 할 경우 L의 길이로 옳은 것은?

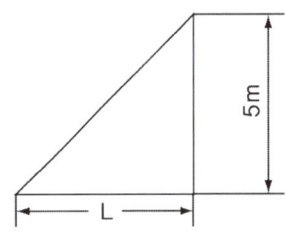

① 2m
② 2.5m
③ 5m
④ 10m

정답 115 ③ 116 ② 117 ②

기울기 = 높이/밑변

기울기 1 : 0.5 = $\frac{1}{0.5}$ = $\frac{5}{0.5 \times 5}$

∴ L = 2.5m

118 동바리를 조립하는 경우에 준수하여야 할 사항으로 옳지 않은 것은?

① 받침목이나 깔판의 사용, 콘크리트 타설, 말뚝박기 등 동바리의 침하를 방지하기 위한 조치를 할 것
② 개구부 상부에 동바리를 설치하는 경우에는 상부하중을 견딜 수 있는 견고한 받침대를 설치할 것
③ 거푸집의 형상에 따른 부득이한 경우를 제외하고는 깔판이나 받침목은 2단 이상 끼우지 않도록 할 것
④ 동바리의 이음은 다른 품질의 재료를 사용할 것

④ 동바리의 이음은 같은 품질의 재료를 사용할 것

119 터널붕괴를 방지하기 위한 지보공에 대한 점검사항과 가장 거리가 먼 것은?

① 부재의 긴압 정도
② 부재의 손상·변형·부식·변위 탈락의 유무 및 상태
③ 기둥침하의 유무 및 상태
④ 경보장치의 작동상태

＊ 터널지보공 설치 시 점검항목
• 부재의 손상 · 변형 · 부식 · 변위 탈락의 유무 및 상태
• 부재의 긴압의 정도
• 부재의 접속부 및 교차부의 상태
• 기둥침하의 유무 및 상태

실기까지 중요한 내용입니다.

120 터널 등의 건설작업을 하는 경우에 낙반 등에 의하여 근로자가 위험해질 우려가 있는 경우에 필요한 조치와 가장 거리가 먼 것은?

① 터널 지보공을 설치한다.
② 록볼트를 설치한다.
③ 환기, 조명시설을 설치한다.
④ 부석을 제거한다.

＊ 낙반에 의한 위험 방지조치
• 터널지보공 및 록볼트의 설치
• 부석의 제거

정답 118 ④ 119 ④ 120 ③

2018년 2회 최근 기출문제

1과목 산업안전관리론

01 산업안전보건법령상 안전·보건에 관한 노사협의체 구성에서 근로자위원의 구성기준 중 틀린 것은?

① 근로자대표가 지명하는 안전관리자 1명
② 근로자대표가 지명하는 명예산업안전감독관 1명
③ 도급 또는 하도급 사업을 포함한 전체 사업의 근로자대표
④ 공사금액이 20억원 이상인 도급 또는 하도급 사업의 근로자대표

＊노사협의체의 구성

근로자위원	1. 도급 또는 하도급 사업을 포함한 전체 사업의 근로자대표 2. 근로자대표가 지명하는 명예산업안전감독관 1명(다만, 명예산업안전감독관이 위촉되어 있지 아니한 경우에는 근로자대표가 지명하는 해당 사업장 근로자 1명) 3. 공사금액이 20억원 이상인 공사의 관계수급인의 근로자대표
사용자위원	1. 도급 또는 하도급 사업을 포함한 전체 사업의 대표자 2. 안전관리자 1명 3. 보건관리자 1명(보건관리자 선임대상 건설업으로 한정) 4. 공사금액이 20억원 이상인 공사의 관계수급인의 사업주

 실기에 자주 출제되는 내용입니다. 암기하세요.

02 산업안전보건법령상 산업안전보건관리비 사용명세서의 공사종료 후 보존기간은?

① 6개월간　② 1년간
③ 2년간　　④ 3년간

사업주는 산업안전보건관리비를 사용하고 그 사용명세서를 매월(공사가 1개월 이내에 종료되는 사업의 경우에는 해당 공사 종료 시) 작성하고 공사 종료 후 1년간 보존하여야 한다.

03 산업안전보건법령상 안전보건총괄책임자의 직무가 아닌 것은?

① 위험성평가의 실시에 관한 사항
② 수급인의 산업안전보건관리비의 집행 감독
③ 자율안전확인대상 기계·기구 등의 사용 여부 확인
④ 해당 사업장 안전교육계획의 수립

＊안전보건총괄책임자의 직무
① 산업재해가 발생할 급박한 위험이 있을 때 및 중대재해가 발생하였을 때의 작업의 중지
② 도급 시 산업재해 예방조치
③ 산업안전보건관리비의 관계수급인 간의 사용에 관한 협의·조정 및 그 집행의 감독
④ 안전인증대상 기계 등과 자율안전확인대상 기계 등의 사용 여부 확인
⑤ 위험성평가의 실시에 관한 사항

 실기에 자주 출제되는 내용입니다. 암기하세요.

정답　01 ①　02 ②　03 ④

04 재해예방의 4원칙이 아닌 것은?

① 손실 우연의 법칙
② 예방 교육의 원칙
③ 원인 계기의 원칙
④ 예방 가능의 원칙

> ★ **산업재해 예방의 4원칙**
> - **손실 우연의 원칙** : 사고의 결과 생기는 상해의 종류와 정도는 사고 발생 시 사고 대상의 조건에 따라 우연히 발생한다.
> - **예방 가능의 원칙** : 재해는 원칙적으로 원인만 제거되면 예방이 가능하다.
> - **원인 연계의 원칙** : 재해는 직접원인과 간접원인이 연계되어 일어난다.
> - **대책 선정의 원칙** : 사고의 원인에 대한 적합한 대책이 선정되어야 한다.

📝 실기까지 중요한 내용입니다.

05 강도율의 근로손실일수 산정기준에 대한 설명으로 옳은 것은?

① 사망, 영구 전노동 불능의 근로손실일수는 7500일이다.
② 사망, 영구 전노동 불능 상태 신체장해등급은 1~2등급이다.
③ 영구 일부 노동불능 신체장해등급은 3~14등급이다.
④ 일시 전노동 불능은 휴업일수에 280/365을 곱한다.

② 사망, 영구 전노동 불능상태 신체장해 등급은 1~3등급이다.
③ 영구 일부 노동불능 신체장해등급은 4~14등급이다.
④ 일시 전노동 불능은 휴업일수에 300/365을 곱한다.

06 버드(Bird)의 신 연쇄성 이론의 재해발생과정 중 직접원인의 징후로 불안전한 행동과 불안전한 상태는 몇 단계인가?

① 1단계   ② 2단계
③ 3단계   ④ 4단계

> ★ **버드(Frank. E. Bird)의 사고 연쇄성이론 5단계**
> - 1단계 : 제어부족(관리 부재)
> - 2단계 : 기본원인(기원)
> - 3단계 : 직접원인(징후)
> - 4단계 : 사고(접촉)
> - 5단계 : 상해(손실)

📝 실기까지 중요한 내용입니다.

07 산업안전보건법령상 안전검사 대상 유해·위험기계 등이 아닌 것은?

① 리프트
② 전단기
③ 압력용기
④ 밀폐형 구조 롤러기

정답 04 ② 05 ① 06 ③ 07 ④

* **안전검사 대상 기계, 기구**
① 프레스
② 전단기
③ 크레인(정격 하중이 2톤 미만인 것 제외)
④ 리프트
⑤ 압력용기
⑥ 곤돌라
⑦ 국소 배기장치(이동식은 제외)
⑧ 원심기(산업용만 해당)
⑨ 롤러기(밀폐형 구조는 제외한다)
⑩ 사출성형기[형 체결력 294킬로뉴턴(KN) 미만은 제외]
⑪ 고소작업대
⑫ 컨베이어
⑬ 산업용 로봇
⑭ 혼합기(26년 6월 26일 시행)
⑮ 파쇄기 또는 분쇄기(26년 6월 26일 시행)

특급암기법

안전인증 대상 중 손 다치는 기계 – 프레스, 전단기, 사출성형기, 롤러기, 혼합기, 파쇄기 또는 분쇄기
(26년 6월 26일 시행)
양중기 – 크레인, 리프트, 곤돌라
폭발 – 압력용기
추가 – 극소(국소) 로봇이 고소(높은 곳)의 큰(컨) 원을 검사(안전검사)
국소배기장치 산업용 로봇, 고소작업대, 컨베이어, 원심기

실기에 자주 출제되는 내용입니다. 암기하세요.

08 건설기술 진흥법령상 건설사고 조사위원회는 위원장 1명을 포함한 몇 명 이내의 위원으로 구성하는가?

① 12명　② 11명
③ 10명　④ 9명

* **건설사고조사위원회의 구성**

건설사고조사위원회는 건설사고조사위원장 1인을 포함하여 12인 이내의 위원으로 구성하며, 위원을 선정할 때는 건설사고 발생 현황 보고서 등을 참고하여 선정한다.

09 맥그리거의 X, Y이론 중 X이론의 관리 처방에 해당되는 것은?

① 자체평가제도의 활성화
② 분권화와 권한의 위임
③ 권위주의적 리더십의 확립
④ 조직구조의 평면화

* **맥그리거(McGregor)의 X,Y 이론의 관리처방**

X이론(저차원)	Y이론(고차원)
• 경제적보상체제의 강화	• 분권화와 권한의 위임
• 권위주의적 리더십의 확립	• 직무확장 및 목표에 의한 관리
• 면밀한 감독과 엄격한 통제	• 민주적 리더십의 확립
• 상부 책임제도의 강화	• 비공식적 조직의 활용
	• 상호 신뢰감
	• 책임과 창조력
	• 인간관계 관리방식

필기에 자주 출제되는 내용입니다.

정답　08 ① 　09 ③

10 산업안전보건법령상 재해발생 원인 중 설비적 요인이 아닌 것은?

① 기계·설비의 설계상 결함
② 방호장치의 불량
③ 작업표준화의 부족
④ 작업환경 조건의 불량

작업환경 조건의 불량 → 작업관리상의 원인

11 산소가 결핍되어 있는 장소에서 사용하는 마스크는?

① 방진 마스크
② 송기 마스크
③ 방독 마스크
④ 특급 방진 마스크

산소 결핍 장소 → 송기 마스크

12 산업안전보건법령상 안전·보건진단을 받아 안전보건개선계획을 수립·제출하도록 명할 수 있는 사업장이 아닌 것은?

① 근로자가 안전수칙을 준수하지 않아 중대재해가 발생한 사업장
② 산업재해율이 같은 업종 평균 산업재해율의 2배 이상인 사업장
③ 작업환경 불량, 화재·폭발 또는 누출사고 등으로 사회적 물의를 일으킨 사업장
④ 직업병에 걸린 사람이 연간 2명 이상(상시 근로자 1천명 이상 사업장의 경우 3명 이상) 발생한 사업장

*안전·보건진단을 받아 안전보건개선계획을 수립·제출하도록 명할 수 있는 사업장
1. 산업재해율이 같은 업종 평균 산업재해율의 2배 이상인 사업장
2. 사업주가 필요한 안전조치 또는 보건조치를 이행하지 아니하여 중대재해가 발생한 사업장
3. 직업성 질병자가 연간 2명 이상(상시근로자 1천명 이상 사업장의 경우 3명 이상) 발생한 사업장
4. 그 밖에 작업환경 불량, 화재·폭발 또는 누출 사고 등으로 사업장 주변까지 피해가 확산된 사업장으로서 고용노동부령으로 정하는 사업장

실기에 자주 출제되는 내용입니다. 암기하세요.

특급암기법
평균의 2배 이상, 직업병 2명 이상(1,000명 이상 3명) 진단받아 개선!
중대재해 발생하면 진단받아 개선!

13 안전보건관리조직에 있어 100명 미만의 조직에 적합하며, 안전에 관한 지시나 조치가 철저하고 빠르게 전달되나 전문적인 지식과 기술이 부족한 조직의 형태는?

① 라인·스태프형   ② 스태프형
③ 라인형   ④ 관리형

① 라인·스태프형 → 대규모 사업장(1,000명 이상)
② 스태프형 → 중규모 사업장(100~1,000인)
③ 라인형 → 소규모 사업장(100인 이하)

실기까지 중요한 내용입니다.

정답 10 ④ 11 ② 12 ① 13 ③

14 재해발생의 간접원인 중 교육적 원인이 아닌 것은?

① 안전수칙의 오해
② 경험훈련의 미숙
③ 안전지식의 부족
④ 작업지시 부적당

＊간접원인

기술적 원인	• 건물 기계장치 설계 불량 • 구조 재료의 부적합 • 생산 방법의 부적당 • 점검 정비 보존 불량
교육적 원인	• 안전 지식의 부족 • 안전 수칙의 오해 • 경험 훈련의 부족 • 작업 방법의 교육 불충분 • 유해 위험 작업의 교육 불충분
작업관리상 원인	• 안전 관리 조직 결함 • 안전 수칙 미제정 • 작업 준비 불충분 • 인원 배치 부적당 • 작업 지시 부적당

＊안전인증 대상 방호장치
① 프레스 및 전단기 방호장치
② 양중기용 과부하방지장치
③ 보일러 압력방출용 안전밸브
④ 압력용기 압력방출용 안전밸브
⑤ 압력용기 압력방출용 파열판
⑥ 절연용 방호구 및 활선작업용 기구
⑦ 방폭구조 전기기계 기구 및 부품
⑧ 추락·낙하 및 붕괴 등의 위험 방지 및 보호에 필요한 가설기자재
⑨ 충돌·협착 등의 위험 방지에 필요한 산업용 로봇 방호장치

특급암기법
안전인증 대상 중
손 다치는 기계 – 프레스 전단기의 방호장치
양중기 – 과부하 방지장치
폭발 – 보일러 안전밸브, 압력용기 안전밸브, 파열판
충돌 – 산업용 로봇
전기– 방폭구조, 절연용 방호구, 활선작업용 기구

실기에 자주 출제되는 내용입니다. 암기하세요.

15 산업안전보건법령상 안전인증 대상 방호장치에 해당하는 것은?

① 교류 아크용접기용 자동전격방지기
② 동력식 수동대패용 칼날 접촉 방지장치
③ 절연용 방호구 및 활선작업용 기구
④ 아세틸렌 용접장치용 또는 가스집합 용접장치용 안전기

16 산업안전보건기준에 관한 기준에 따른 크레인, 이동식 크레인, 리프트를 사용하여 작업을 할 때 작업시작 전에 공통적으로 점검해야 하는 사항은?

① 바퀴의 이상 유무
② 전선 및 접속부 상태
③ 브레이크 및 클러치의 기능
④ 작업면의 기울기 또는 요철 유무

정답 14 ④ 15 ③ 16 ③

*작업시작 전 점검사항

크레인	• 권과방지장치 · 브레이크 · 클러치 및 운전장치의 기능 • 주행로의 상측 및 트롤리(trolley)가 횡행하는 레일의 상태 • 와이어로프가 통하고 있는 곳의 상태
이동식 크레인	• 권과방지장치나 그 밖의 경보장치의 기능 • 브레이크 · 클러치 및 조정장치의 기능 • 와이어로프가 통하고 있는 곳 및 작업 장소의 지반상태
리프트	• 방호장치 · 브레이크 및 클러치의 기능 • 와이어로프가 통하고 있는 곳의 상태

18 재해손실비의 산정방식 중 버드(Frank Bird) 방식의 구성 비율로 옳은 것은? (단, 구성은 보험비 : 비보험 재산비용 : 기타 재산비용이다.)

① 1 : 5 ~ 50 : 1 ~ 3
② 1 : 1 ~ 3 : 7 ~ 15
③ 1 : 1 ~ 10 : 1 ~ 5
④ 1 : 2 ~ 10 : 5 ~ 50

*버드(Frank Bird)의 재해손실비 구성 비율
보험비 : 비보험 재산비용 : 기타 재산비용
= 1 : 5 ~ 50 : 1 ~ 3

17 안전·보건표지의 종류 중 응급구호 표지의 분류로 옳은 것은?

① 경고표지   ② 지시표지
③ 금지표지   ④ 안내표지

*안내표지의 종류
• 녹십자 표지   • 응급구호 표지
• 들것   • 세안 장치
• 비상용 기구   • 비상구
• 좌측비상구   • 우측비상구

실기에 자주 출제되는 내용입니다. 암기하세요.

19 위험예지훈련에 대한 설명으로 틀린 것은?

① 직장이나 작업의 상황 속 잠재 위험요인을 도출한다.
② 직장 내에서 최대 인원의 단위로 토의하고 생각하며 이해한다.
③ 행동하기에 앞서 해결하는 것을 습관화하는 훈련이다.
④ 위험의 포인트나 중점실시 사항을 지적 확인한다.

*위험예지훈련
작업장에 잠재하고 있는 위험요인을 소집단 토의를 통해 미리 생각하여 행동에 앞서 위험요인 해결하는 것을 습관화하여 사고를 예방하기 위한 훈련

정답 17 ④ 18 ① 19 ②

20 재해조사 시 유의사항으로 틀린 것은?

① 조사는 현장이 변경되기 전에 실시한다.
② 목격자 증언 이외의 추측의 말은 참고로만 한다.
③ 사람과 설비 양면의 재해요인을 모두 도출한다.
④ 조사는 혼란을 방지하기 위하여 단독으로 실시한다.

＊재해조사 시 유의사항
- 사실을 수집한다.
- 목격자 등이 증언하는 사실 이외의 추측의 말은 참고로만 한다.
- 조사는 신속하게 행하고 긴급조치를 하여 2차 재해의 방지를 도모한다.
- 사람, 기계설비의 양면의 재해요인을 모두 도출한다.
- 객관적인 입장에서 공정하게 조사하며, 조사는 2인 이상이 한다.
- 책임추궁보다 재발방지를 우선하는 기본 태도를 갖는다.

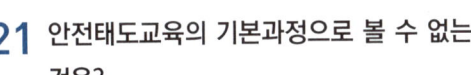 산업심리 및 교육

21 안전태도교육의 기본과정으로 볼 수 없는 것은?

① 강요한다.
② 모범을 보인다.
③ 평가를 한다.
④ 이해·납득시킨다.

＊태도교육 실시 순서
- 청취한다.
- 이해, 납득시킨다.
- 모범을 보인다.
- 권장한다.
- 평가한다.(상과 벌)

22 안전교육 중 지시교육의 교육내용이 아닌 것은?

① 안전규정 숙지를 위한 교육
② 안전장치(방호장치) 관리기능에 관한 교육
③ 기능·태도교육에 필요한 기초지식 주입을 위한 교육
④ 안전의식의 향상 및 안전에 대한 책임감 주입을 위한 교육

② 안전장치(방호장치) 관리기능에 관한 교육 → 기능교육

23 강의식 교육에 있어 일반적으로 가장 많은 시간이 소요되는 단계는?

① 도입　　② 제시
③ 적용　　④ 확인

- 강의식 교육에서 가장 많은 시간이 소요되는 단계 → 제시(설명) 단계
- 토의식 교육에서 가장 많은 시간이 소요되는 단계 → 적용(시켜 봄) 단계

정답　20 ④　21 ①　22 ②　23 ②

24 안전교육의 목적과 가장 거리가 먼 것은?

① 환경의 안전화
② 경험의 안전화
③ 인간정신의 안전화
④ 설비와 물자의 안전화

★ **안전교육 실시 목적**
- 인간정신의 안전화
- 인간행동의 안전화
- 환경의 안전화
- 설비물자의 안전화

25 스트레스에 대한 설명으로 틀린 것은?

① 사람이 스트레스를 받게 되면 감각기관과 신경이 예민해진다.
② 스트레스 수준이 증가할수록 수행성과는 일정하게 감소한다.
③ 스트레스는 환경의 요구가 지나쳐 개인의 능력한계를 벗어날 때 발생한다.
④ 스트레스 요인에는 소음, 진동, 열 등과 같은 환경영향뿐만 아니라 개인적인 심리적 요인들도 포함된다.

② 적절한 스트레스는 수행성과 향상에 도움이 될 수도 있다.

26 인간의 주의력은 다양한 특성을 지니고 있는 것으로 알려져 있다. 주의력의 특성과 그에 대한 설명으로 맞는 것은?

① 지속성 : 인간의 주의력은 2시간 이상 지속된다.
② 변동성 : 인간의 주의 집중은 내향과 외향의 변동이 반복된다.
③ 방향성 : 인간의 주의력을 집중하는 방향은 상하 좌우에 따라 영향을 받는다.
④ 선택성 : 인간의 주의력은 한계가 있어 여러 작업에 대해 선택적으로 배분된다.

★ **인간 주의특성의 종류**
- **선택성** : 사람은 한 번에 여러 종류의 자극을 지각하거나 수용하지 못하며 소수의 특정한 것으로 한정해서 선택하는 기능을 말한다.
- **방향성** : 시선에서 벗어난 부분은 무시되기 쉽다.(주시점만 응시한다.)
- **변동성** : 주의는 리듬이 있어 일정한 수순을 지키지 못한다.
- **단속성** : 고도의 주의는 장시간 집중이 곤란하다.
- **주의력의 중복집중 곤란** : 동시에 2개 이상의 방향을 잡지 못한다.

정답 24 ② 25 ② 26 ④

27 교육 및 훈련 방법 중 다음의 특징이 갖는 방법은?

> - 다른 방법에 비해 경제적이다.
> - 교육 대상 집단 내 수준 차로 인해 교육의 효과가 감소할 가능성이 있다.
> - 상대적으로 피드백이 부족하다.

① 강의법　　② 사례연구법
③ 세미나법　　④ 감수성 훈련

강의법의 장점	• 새로운 기술, 지식, 정보를 체계적으로 전달 할 수 있다. • 짧은 시간동안 많은 양의 정보를 전달할 수 있다. • 한 사람의 강사가 많은 학생을 지도할 수 있다.(교육의 경제성이 높다) • 구체적인 사실적 정보의 제공과 요점을 파악하기에 효율적이다.
강의법의 단점	• 학습자의 이해수준을 알 수가 없다. • 학습자의 성향을 고려할 수 없다. • 학습자의 능동적 참여를 기대할 수 없다. (학습에 대한 동기부여가 어렵다) • 수강자의 주의집중도나 흥미의 정도가 낮다. • 기능적, 태도적인 내용의 교육이 어렵다. • 강사의 지식 수준에서 모든 것이 이루어지기 때문에 학습자에게 끼치는 영향이 크다.

28 생체리듬(Biorhythm)에 대한 설명으로 맞는 것은?

① 각각의 리듬이 (-)에서의 최저점에 이르렀을 때를 위험일이라 한다.
② 감성적 리듬은 영문으로 S라 표시하며, 23일을 주기로 반복된다.
③ 육체적 리듬은 영문으로 P라 표시하며, 28일을 주기로 반복된다.
④ 지성적 리듬은 영문으로 I라 표시하며, 33일을 주기로 반복된다.

★ 바이오리듬의 종류

육체적 리듬 (P)	• 23일 주기 • 청색의 실선으로 표시 • 식욕, 소화력, 활동력, 지구력 등을 나타냄
감성적 리듬 (S)	• 28일 주기 • 적색의 점선으로 표시 • 감정, 주의심, 창조력, 희로애락 등을 나타냄
지성적 리듬 (I)	• 33일 주기 • 녹색의 일점쇄선으로 표시 • 상상력, 사고력, 기억력, 인지력, 판단력 등을 나타냄

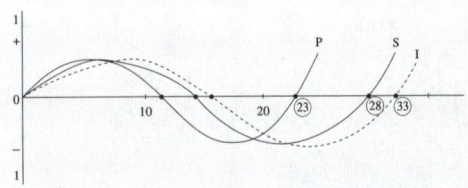

* Sine곡선의 (+) → (-)로 변화하는 점이 위험일이다.

정답　27 ①　28 ④

29 어떤 과업을 성취할 수 있는 자신의 능력에 대한 스스로의 믿음을 무엇이라 하는가?

① 자기통제(self-control)
② 자아존중감(self-esteem)
③ 자기효능감(self-efficacy)
④ 통제소재(locus of control)

* **자기효능감(self-efficacy)**
과업을 성취할 수 있는 자신의 능력에 대한 스스로의 믿음을 말한다.

* **맥그리거(McGregor)의 X, Y 이론**

X이론의 특징	Y이론의 특징
인간 불신감	상호 신뢰감
성악설	성선설
인간은 원래 게으르고 태만하여 남의 지배를 받기를 즐긴다.	인간은 부지런하고 적극적이며 자주적이다.
물질욕구(저차원 욕구)에 만족	정신욕구(고차원 욕구)에 만족
명령, 통제에 의한 관리	목표 통합과 자기통제에 의한 자율관리
저개발국형	선진국형

30 인간본성을 파악하여 동기유발로 산업재해를 방지하기 위한 맥그리거의 X, Y이론에서 Y이론의 가정으로 틀린 것은?

① 목적에 투신하는 것은 성취와 관련된 보상과 함수관계에 있다.
② 근로에 육체적, 정신적 노력을 쏟는 것은 놀이나 휴식만큼 자연스럽다.
③ 대부분 사람들은 조건만 적당하면 책임뿐만 아니라 그것을 추구할 능력이 있다.
④ 현대 산업사회에서 인간은 게으르고 태만하며, 수동적이고 남의 지배받기를 즐긴다.

31 리더십에 대한 연구 방법 중 통솔력이 리더 개인의 특별한 성격과 자질에 의존한다고 설명하는 이론은?

① 특질접근법
② 상황접근법
③ 행동접근법
④ 제한된 특질접근법

* **특질(특성)접근법**
리더의 통솔력이 리더 개인의 특별한 성격과 자질에 의존한다.

> 참고
>
> * **상황 접근법** : 리더가 부하에게 주는 영향력 또는 효과가 상황에 따라 달라진다.
> * **행동 접근법** : 뛰어난 지도자를 전제형, 민주형, 방임형의 3종류로 분류하고, 우수한 지도력은 2종류를 혼합한 것이다.

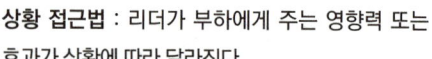

29 ③ 30 ④ 31 ①

32 심리검사의 구비 요건이 아닌 것은?

① 표준화　② 신뢰성
③ 규격화　④ 타당성

* **심리검사(직무적성검사)의 기준**
- 표준화
- 객관성
- 규준성
- 신뢰성
- 타당성

33 교육심리학에 있어 일반적으로 기억 과정의 순서를 나열한 것으로 맞는 것은?

① 파지 → 재생 → 재인 → 기명
② 파지 → 재생 → 기명 → 재인
③ 기명 → 파지 → 재생 → 재인
④ 기명 → 파지 → 재인 → 재생

* **기억의 과정**
기명 → 파지 → 재생 → 재인
- 기억 : 과거 행동이 미래 행동에 영향을 줌
- 기명 : 사물의 인상을 마음에 간직함
- 파지 : 인상이 보존됨
- 재생 : 보존된 인상이 떠오름
- 재인 : 과거에 경험했던 것과 비슷한 상황에서 떠오르는 현상

34 엔드라고지 모델에 기초한 학습자로서의 성인의 특징과 가장 거리가 먼 것은?

① 성인들은 타인 주도적 학습을 선호한다.
② 성인들은 과제 중심적으로 학습하고자 한다.
③ 성인들은 다양한 경험을 가지고 학습에 참여한다.
④ 성인들은 왜 배워야 하는지에 대해 알고자 하는 욕구를 가지고 있다.

① 성인들은 자기 주도적 학습을 선호한다.

35 스트레스(stress)에 영향을 주는 요인 중 환경이나 외적 요인에 해당하는 것은?

① 자존심의 손상
② 현실에의 부적응
③ 도전의 좌절과 자만심의 상충
④ 직장에서의 대인관계 갈등과 대립

* **직무 스트레스의 내·외적 요인**

내적요인	외적요인
• 자존심의 손상	• 경제적 빈곤
• 업무상의 죄책감	• 가족관계의 갈등 심화
• 현실에서의 부적응	• 직장에서의 대인 관계상의 갈등과 대립
• 지나친 경쟁심과 재물에 대한 욕심	• 가족의 죽음, 질병
• 가족 간의 대화 단절 및 의견 불일치	• 자신의 건강문제
• 출세욕의 좌절감과 자만심의 상충	

정답　32 ③　33 ③　34 ①　35 ④

36 하버드 학파의 학습지도법에 해당하지 않는 것은?

① 지시(Order)
② 준비(Preparation)
③ 교시(Presentation)
④ 총괄(Generalization)

> ★ 하버드학파의 교수법
>
> | 1단계 | 준비시킨다. |
> |---|---|
> | 2단계 | 교시시킨다. |
> | 3단계 | 연합한다. |
> | 4단계 | 총괄한다. |
> | 5단계 | 응용시킨다. |

📝 실기까지 중요한 내용입니다.

37 대상물에 대해 지름길을 사용하여 판단할 때 발생하는 지각의 오류가 아닌 것은?

① 후광효과   ② 최근효과
③ 결론효과   ④ 초두효과

> ★ 지름길을 사용하여 판단할 때의 오류
> - **후광효과** : 어떤 사람이 가지고 있는 두드러진 특성이 그 사람의 다른 특성을 평가하는 데 전반적인 영향을 미치는 효과
> - **최근효과** : 최근에 제공된 정보에 더 큰 비중을 두게 된다.
> - **초두효과** : 여러 개의 정보가 제시되었을 때 처음 제시된 정보를 가장 잘 기억하는 현상

38 피로의 측정법이 아닌 것은?

① 생리적 방법   ② 심리학적 방법
③ 물리학적 방법   ④ 생화학적 방법

> ★ 피로의 측정법
> - 생리적 방법
> - 심리학적 방법
> - 생화학적 방법

39 NIOSH의 직무 스트레스 모형에서 각 요인의 세부 항목으로 연결이 틀린 것은?

① 작업요인 - 작업속도
② 조직요인 - 교대근무
③ 환경요인 - 조명, 소음
④ 완충작용요인 - 대응능력

> 교대근무 → 작업요인

40 조직이 리더에게 부여하는 권한으로 볼 수 없는 것은?

① 합법적 권한   ② 강압적 권한
③ 보상적 권한   ④ 전문성의 권한

> - **조직이 지도자에게 부여하는 권한** : 보상적 권한, 강압적 권한, 합법적 권한
> - **지도자 자신이 자기에게 부여하는 권한** : 위임된 권한, 전문성의 권한

정답 36 ① 37 ③ 38 ③ 39 ② 40 ④

3과목 인간공학 및 시스템안전공학

41 음향기기 부품 생산공장에서 안전업무를 담당하는 ○○○대리는 공장 내부에 경보등을 설치하는 과정에서 도움이 될 만한 몇 가지 지식을 적용하고자 한다. 적용 지식 중 맞는 것은?

① 신호 대 배경의 휘도대비가 작을 때는 백색신호가 효과적이다.
② 광원의 노출시간이 1초보다 작으면 광속발산도는 작아야 한다.
③ 표적의 크기가 커짐에 따라 광도의 역치가 안정되는 노출시간은 증가한다.
④ 배경광 중 점멸 잡음광의 비율이 10% 이상이면 점멸등은 사용하지 않는 것이 좋다.

① 신호 대 배경의 휘도 대비가 작을 때는 신호의 구분이 힘들어지므로 적색신호가 효과적이다.
② 광원의 노출시간이 1초보다 작으면 광속발산도는 커야 한다.
③ 표적의 크기가 커짐에 따라 광도의 역치가 안정되는 노출시간은 감소한다.

> 참고
> **＊역치**
> 자극에 대해 어떤 반응을 일으키는 데 필요한 최소한의 자극의 세기

42 제한된 실내 공간에서 소음문제의 음원에 관한 대책이 아닌 것은?

① 저소음 기계로 대체한다.
② 소음 발생원을 밀폐한다.
③ 방음 보호구를 착용한다.
④ 소음 발생원을 제거한다.

③ 방음보호구 착용 → 수음자에 대한 대책

> 참고
> **＊소음 대책**
> - **소음원 통제**: 기계에 고무받침대 부착, 차량 소음기 등 (가장 적극적인 대책)
> - **소음의 격리**: 씌우개, 방, 장벽, 창문 등으로 격리
> - 차폐장치, 흡음제 사용
> - 음향처리제 사용
> - 적절한 배치(Layout)
> - 배경음악
> - **보호구 사용**: 귀마개, 귀덮개(가장 소극적인 대책)

43 FMEA에서 고장 평점을 결정하는 5가지 평가요소에 해당하지 않는 것은?

① 생산능력의 범위
② 고장 발생의 빈도
③ 고장 방지의 가능성
④ 영향을 미치는 시스템의 범위

정답 41 ④ 42 ③ 43 ①

* **고장 평점을 결정하는 5가지 평가요소**
- 신규설계의 정도
- 고장발생의 빈도
- 고장방지의 가능성
- 영향을 미치는 시스템의 범위
- 기능적 고장 영향의 중요도

44 다음 그림과 같은 직·병렬 시스템의 신뢰도는? (단, 병렬 각 구성요소의 신뢰도는 R이고, 직렬 구성요소의 신뢰도는 M이다.)

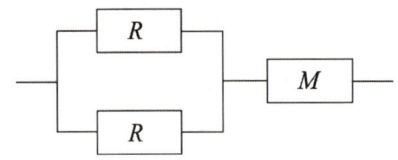

① MR^3
② $R^2(1-MR)$
③ $M(R^2+R)-1$
④ $M(2R-R^2)$

$\{1-(1-R)\times(1-R)\}\times M$
$= \{1-(1-2R+R^2)\}\times M$
$= (1-1+2R-R^2)\times M$
$= M(2R-R^2)$

45 시스템의 수명 및 신뢰성에 관한 설명으로 틀린 것은?

① 병렬설계 및 디레이팅 기술로 시스템의 신뢰성을 증가시킬 수 있다.
② 직렬시스템에서는 부품들 중 최소 수명을 갖는 부품에 의해 시스템 수명이 정해진다.
③ 수리가 가능한 시스템의 평균 수명(MTBF)은 평균 고장률(λ)과 정비례 관계가 성립한다.
④ 수리가 불가능한 구성요소로 병렬구조를 갖는 설비는 중복도가 늘어날수록 시스템 수명이 길어진다.

$$\text{MTBF} = \frac{1}{\text{고장률}(\lambda)}$$

시스템의 평균 수명(MTBF)은 평균 고장률(λ)과 반비례 관계가 성립한다.

참고

* **디레이팅(derating)**
기기의 설계에 있어서 신뢰도를 향상시키기 위해 부품에 걸리는 부하(동작 스트레스)를 내려서 사용하는 설계법

정답 44 ④ 45 ③

46 A회사에서는 새로운 기계를 설계하면서 레버를 위로 올리면 압력이 올라가도록 하고, 오른쪽 스위치를 눌렀을 때 오른쪽 전등이 켜지도록 하였다면, 이것은 각각 어떤 유형의 양립성을 고려한 것인가?

① 레버 - 공간양립성, 스위치 - 개념양립성
② 레버 - 운동양립성, 스위치 - 개념양립성
③ 레버 - 개념양립성, 스위치 - 운동양립성
④ 레버 - 운동양립성, 스위치 - 공간양립성

- 레버를 위로 올리면 압력이 올라간다. → 운동양립성
- 오른쪽 스위치를 눌렀을 때 오른쪽 전등(표시장치)이 켜지도록 하였다. → 공간양립성

> **참고**
>
> - 개념적 양립성
>   - 외부자극에 대해 인간의 개념적 현상의 양립성
>   - 예 빨간 버튼은 온수, 파란 버튼은 냉수
> - 공간적 양립성
>   - 표시장치, 조종장치의 형태 및 공간적 배치의 양립성
>   - 예 오른쪽 조리대는 오른쪽 조절장치로, 왼쪽 조리대는 왼쪽 조절장치로 조정한다.
> - 운동의 양립성
>   - 표시장치, 조종장치 등의 운동 방향의 양립성
>   - 예 조종장치를 오른쪽으로 돌리면 표시장치 지침이 오른쪽으로 이동한다.
> - 양식 양립성
>   - 자극과 응답양식의 존재에 대한 양립성
>   - 예 청각적 자극제시와 이에 대한 음성응답 과업에서 갖는 양립성

필기에 자주 출제되는 내용입니다.

47 현재 시험문제와 같이 4지택일형 문제의 정보량은 얼마인가?

① 2 bit   ② 4 bit
③ 2 byte   ④ 4 byte

$$정보량(H) = \log_2\left(\frac{1}{P}\right)$$
- P : 대안의 실현확률

$$정보량(H) = \log_2 \frac{1}{\frac{1}{4}} = \log_2 4 = 2\text{bit}$$

* 4지 택일형에서 정답일 확률 = $\frac{1}{4}$

48 사업장에서 인간공학의 적용분야로 가장 거리가 먼 것은?

① 제품설계
② 설비의 고장률
③ 재해 · 질병 예방
④ 장비 · 공구 · 설비의 배치

* **인간공학의 적용분야**
- 제품설계
- 재해 · 질병 예방
- 장비 · 공구 · 설비의 설계

정답 46 ④ 47 ① 48 ②

49 음성통신에 있어 소음환경과 관련하여 성격이 다른 지수는?

① AI(Articulation Index) : 명료도 지수
② MAA(Minimum Audible Angle) : 최소 가청 각도
③ PSIL(Preferred-Octave Speech Interference Level) : 음성간섭수준
④ PNC(Preferred Noise Criteria Curves) : 선호 소음판단 기준곡선

> AI(명료도 지수), PSIL(음성간섭수준, 회화방해레벨), PNC(선호 소음판단 기준곡선, 음질의 불쾌감 평가) → 소음의 회화 방해정도, 회화 명료도를 나타낸다.

50 안전교육을 받지 못한 신입직원이 작업 중 전극을 반대로 끼우려고 시도했으나, 플러그의 모양이 반대로는 끼울 수 없도록 설계되어 있어서 사고를 예방할 수 있었다. 작업자가 범한 오류와 이와 같은 사고 예방을 위해 적용된 안전설계 원칙으로 가장 적합한 것은?

① 누락(omission) 오류, fail safe 설계원칙
② 누락(omission) 오류, fool safe 설계원칙
③ 작위(commission) 오류, fail safe 설계원칙
④ 작위(commission) 오류, fool proof 설계원칙

> • 전극을 반대로 끼우려고 시도 → 작위 오류(행동의 잘못)
> • 작업자가 범한 오류가 사고로 연결되지 않도록 설계 → fool proof 설계

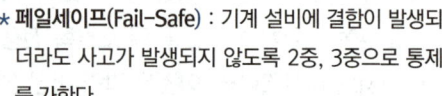 참고

* 페일세이프(Fail-Safe) : 기계 설비에 결함이 발생되더라도 사고가 발생되지 않도록 2중, 3중으로 통제를 가한다.
* 풀프루프(Fool proof) : 인간의 실수가 있더라도 사고로 연결되지 않도록 2중, 3중으로 통제를 가한다.
* 휴먼에러의 심리적 분류(Swain의 분류, 독립행동에 관한 분류)
  • omission error(누설 오류, 생략 오류, 부작위 오류) : 필요한 작업 또는 절차를 수행하지 않는데 기인한 에러
  • time error(시간 오류) : 필요한 작업 또는 절차의 수행 지연으로 인한 에러
  • commission error(작위 오류) : 필요한 작업 또는 절차의 불확실한 수행으로 인한 에러
  • sequential error(순서오류) : 필요한 작업 또는 절차의 순서 착오로 인한 에러
  • extraneous error(과잉행동오류) : 불필요한 작업 또는 절차를 수행함으로써 기인한 에러

필기에 자주 출제되는 내용입니다.

51 결함수분석법(FTA)의 특징으로 볼 수 없는 것은?

① Top Down 형식
② 특정사상에 대한 해석
③ 정성적 해석의 불가능
④ 논리기호를 사용한 해석

결함수분석법(FTA)은 Top사상의 정량적인 정보를 제공하는 것뿐만 아니라 최소 컷셋을 통한 복잡한 시스템의 잠재적인 고장에 대한 정성적 분석도 가능하다.

52 작업장 배치 시 유의사항으로 적절하지 않은 것은?

① 작업의 흐름에 따라 기계를 배치한다.
② 생산효율 증대를 위해 기계설비 주위에 재료나 반제품을 충분히 놓아둔다.
③ 공장내외는 안전한 통로를 두어야 하며, 통로는 선을 그어 작업장과 명확히 구별하도록 한다.
④ 비상시에 쉽게 대피할 수 있는 통로를 마련하고 사고 진압을 위한 활동통로가 반드시 마련되어야 한다.

* 기계설비의 layout(기계배치 시 고려사항)
- 작업의 흐름에 따라 기계를 배치한다.
- 기계, 설비 주위에 충분한 공간을 둔다.
- 안전한 통로를 확보한다.
- 제품 저장 공간을 충분히 확보한다.
- 기계, 설비 설치 시 점검, 보수가 용이하도록 한다.
- 폭발위험 기계 설치 시는 작업자 위치 선정 시 원격거리를 고려한다.
- 장래 확장을 고려하여 배치한다.

53 산업안전보건법령에 따라 제조업 등 유해·위험 방지계획서를 작성하고자 할 때 관련 규정에 따라 1명 이상 포함시켜야 하는 사람의 자격으로 적합하지 않은 것은?

① 한국산업안전보건공단이 실시하는 관련 교육을 8시간 이수한 사람
② 기계, 재료, 화학, 전기, 전자, 안전관리 또는 환경분야 기술사 자격을 취득한 사람
③ 관련분야 기사 자격을 취득한 사람으로서 해당 분야에서 3년 이상 근무한 경력이 있는 사람
④ 기계안전, 전기안전, 화공안전분야의 산업안전지도사 또는 산업보건지도사 자격을 취득한 사람

사업주는 제조업 등 유해·위험 방지계획서를 계획서를 작성할 때에 다음 각 호의 어느 하나에 해당하는 자격을 갖춘 사람 또는 공단이 실시하는 관련교육을 20시간 이상 이수한 사람 중 1명 이상을 포함시켜야 한다.
- 기계, 재료, 화학, 전기·전자, 안전관리 또는 환경분야 기술사 자격을 취득한 사람
- 기계안전·전기안전·화공안전분야의 산업안전지도사 또는 산업보건지도사 자격을 취득한 사람
- 관련분야 기사 자격을 취득한 사람으로서 해당 분야에서 3년 이상 근무한 경력이 있는 사람
- 관련분야 산업기사 자격을 취득한 사람으로서 해당 분야에서 5년 이상 근무한 경력이 있는 사람
- 「고등교육법」에 따른 대학 및 산업대학(이공계 학과에 한정한다)을 졸업한 후 해당 분야에서 5년 이상 근무한 경력이 있는 사람 또는 「고등교육법」에 따른 전문대학(이공계 학과에 한정한다)을 졸업한 후 해당 분야에서 7년 이상 근무한 경력이 있는 사람
- 「초·중등교육법」에 따른 전문계 고등학교 또는 이와 같은 수준 이상의 학교를 졸업하고 해당 분야에서 9년 이상 근무한 경력이 있는 사람

정답 52 ② 53 ①

54 인간이 기계와 비교하여 정보처리 및 결정의 측면에서 상대적으로 우수한 것은? (단, 인공지능은 제외한다.)

① 연역적 추리
② 정량적 정보처리
③ 관찰을 통한 일반화
④ 정보의 신속한 보관

★ 인간-기계의 기능 비교

구분	인간의 장점	기계의 장점
감지 기능	• 저에너지 자극감지 • 다양한 자극 식별 • 예기치못한사건감지	• 인간의 감지범위 밖의 자극 감지 • 인간·기계의모니터기능
정보 처리 결정	• 많은 양의 정보 장시간 보관 • 귀납적, 다양한 문제 해결	• 정보를 신속 대량보관 • 연역적, 정량적
행동 기능	• 과부하 상태에서는 중요한 일에만 집념할 수 있다.	• 과부하에서 효율적 작동 • 장시간 중량 작업, 반복. 동시 여러가지 작업을 수행가능

55 스트레스에 반응하는 신체의 변화로 맞는 것은?

① 혈소판이나 혈액응고 인자가 증가한다.
② 더 많은 산소를 얻기 위해 호흡이 느려진다.
③ 중요한 장기인 뇌·심장·근육으로 가는 혈류가 감소한다.
④ 상황 판단과 빠른 행동 대응을 위해 감각기관은 매우 둔감해진다.

스트레스로 인하여 혈소판 및 혈액응고 인자가 증가하며 혈압상승의 원인이 되기도 한다.

56 다음의 FT도에서 사상 A의 발생 확률 값은?

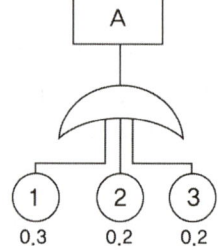

① 게이트 기호가 OR이므로 0.012
② 게이트 기호가 AND이므로 0.012
③ 게이트 기호가 OR이므로 0.552
④ 게이트 기호가 AND이므로 0.552

OR게이트이므로
발생확률 = 1 - (1 - 0.3) × (1 - 0.2) × (1 - 0.2)
= 0.552

📝 필기에 자주 출제되는 내용입니다.

57 작업공간의 포락면(包絡面)에 대한 설명으로 맞는 것은?

① 개인이 그 안에서 일하는 일차원 공간이다.
② 작업복 등은 포락면에 영향을 미치지 않는다.
③ 가장 작은 포락면은 몸통을 움직이는 공간이다.
④ 작업의 성질에 따라 포락면의 경계가 달라진다.

*작업공간
- 포락면 : 한 장소에 앉아서 수행하는 작업에서 작업하는 데 사용하는 공간
- 파악한계 : 앉은 작업자가 특정한 수작업 기능을 수행할 수 있는 공간의 외곽한계

58 인간실수확률에 대한 추정기법으로 가장 적절하지 않은 것은?

① CIT(Critical Incident Technique) : 위급사건 기법
② FMEA(Failure Mode and Effect Analysis) : 고장형태 영향분석
③ TCRAM(Task Criticality Rating Analysis) : 직무위급도 분석법
④ THERP(Technique for Human Error Rate Prediction) : 인간 실수율 예측기법

FMEA는 시스템에 영향을 미치는 모든 요소의 고장을 형태별로 분석하여 그 영향을 검토하는 분석법으로 인간실수확률에 대한 추정기법이 아니다.

59 입력 B_1과 B_2의 어느 한쪽이 일어나면 출력 A가 생기는 경우를 논리합의 관계라 한다. 이때 입력과 출력 사이에는 무슨 게이트로 연결되는가?

① OR 게이트
② 억제 게이트
③ AND 게이트
④ 부정 게이트

어느 한쪽이 일어나면 출력이 생김(논리합)
→ OR 게이트

📝 필기에 자주 출제되는 내용입니다.

60 어떤 소리가 1,000Hz, 60dB인 음과 같은 높이임에도 4배 더 크게 들린다면, 이 소리의 음압수준은 얼마인가?

① 70dB ② 80dB
③ 90dB ④ 100dB

- 음이 10dB 증가할 때 소리는 2배 더 크게 들린다.
- 소리가 4배 더 크게 들림
  → 음이 20dB 증가함(60 + 20 = 80dB)

4과목 건설시공학

61 수평, 수직적으로 반복된 구조물을 시공 이음 없이 균일한 형상으로 시공하기 위하여 요크(yoke), 로드(rod), 유압잭(jack)을 이용하여 거푸집을 연속적으로 이동시키면서 콘크리트를 타설할 수 있는 시스템거푸집은?

① 슬라이딩 폼　② 갱 폼
③ 터널 폼　　　④ 트래블링 폼

① 슬라이딩 폼(Sliding Form) : 거푸집 높이는 약 1m 이고 하부가 약간 벌어진 원형 철판 거푸집을 요오크(yoke)로 서서히 끌어 올리는 공법으로 Silo 공사 등에 적당하다.
② 갱폼 : 외부벽체 거푸집과 작업발판용 케이지(Cage)를 일체로 제작하여 사용하는 대형 거푸집이다.
③ 터널폼(Tunnel Form) : 한 구획 전체의 벽판과 바닥판을 ㄱ자형 또는 ㄷ자형으로 짜서 이동시키는 형태의 기성재 거푸집이다.
④ 트래블링 폼(Travelling Form) : 수평활동 거푸집이며 거푸집 전체를 그대로 떼어 다음 사용 장소로 이동시켜 사용할 수 있도록 한 거푸집이다.

📄 필기에 자주 출제되는 내용입니다.

62 다음 중 철골세우기용 기계가 아닌 것은?

① Stiff leg derrick
② Guy derrick
③ Penumatic hammer
④ Truck crane

* 철골세우기용 기계
① 가이 데릭(guy derrick)
② 스티프 레그 데릭(stiff leg derrick)
③ 진 폴(gin pole)
④ 트럭 크레인(truck crane)
⑤ 타워 크레인(tower crane)

[참고]
공기착암기(penumatic hammer) : 압축공기 등을 이용하여 암석을 파쇄하기 위해 암석에 구멍을 뚫는 기계

📄 필기에 자주 출제되는 내용입니다.

63 콘크리트의 수화작용 및 워커빌리티에 영향을 미치는 요소에 관한 설명으로 옳지 않은 것은?

① 시멘트의 분말도가 클수록 수화작용이 빠르다.
② 단위수량을 증가시킬수록 재료분리가 감소하여 워커빌리티가 좋아진다.
③ 비빔시간이 길어질수록 수화작용을 촉진시켜 워커빌리티가 저하된다.
④ 쇄석의 사용은 워커빌리티를 저하시킨다.

② 단위수량을 증가시킬수록 재료분리가 증가하여 워커빌리티가 저하된다.

📄 필기에 자주 출제되는 내용입니다.

정답　61 ①　62 ③　63 ②

64 철골구조의 녹막이 칠 작업을 실시하는 곳은?

① 콘크리트에 매입되지 않는 부분
② 고력볼트 마찰 접합부의 마찰면
③ 폐쇄형 단면을 한 부재의 밀폐된 면
④ 조립상 표면접합이 되는 면

＊녹막이 칠을 하지 않는 부분
① 현장용접을 하는 부위 및 그 곳에 인접하는 양측 100mm 이내, 그리고 초음파 탐상검사에 지장을 미치는 범위
② 고력볼트 마찰접합부의 마찰면
③ 콘크리트에 묻히는 부분
④ 핀, 롤러 등 밀착하는 부분과 회전면 등 절삭 가공한 부분
⑤ 조립에 의하여 면 맞춤 되는 부분
⑥ 밀폐되는 내면

필기에 자주 출제되는 내용입니다.

65 조적조의 벽체 상부에 철근 콘크리트 테두리보를 설치하는 가장 중요한 이유는?

① 벽체에 개구부를 설치하기 위하여
② 조적조의 벽체와 일체가 되어 건물의 강도를 높이고 하중을 균등하게 전달하기 위하여
③ 조적조의 벽체의 수직하중을 특정부위에 집중시키고 벽돌 수량을 절감하기 위하여
④ 상층부 조적조 시공을 편리하게 하기 위하여

＊테두리보 설치 목적
① 내력벽을 일체화 시켜 건물강도를 높인다.
② 분산된 벽체를 일체화 한다.
③ 하중을 균등하게 전달한다.
④ 수축균열을 최소화한다.
⑤ 지붕슬래브의 하중을 보강한다.

66 LOB(Line of Balance) 기법을 옳게 설명한 것은?

① 세로축에 작업명을 순서에 따라 배열하고 가로축에 날짜를 표기한 다음, 각 작업의 시작과 끝을 연결한 횡선의 길이로 작업 길이를 표시한 기법
② 종래의 건축공사에 있어서 낭비요인을 배제하고, 작업의 고밀도화와 인원, 기계, 자재의 효율화를 꾀함으로써 공기의 단축과 원가절감을 이루는 기법
③ 반복작업에서 각 작업조의 생산성을 유지시키면서 그 생산성을 기울기로 하는 직선으로 각 반복작업의 진행을 표시하여 전체공사를 도식화하는 기법
④ 공구별로 직렬 연결된 작업을 다수 반복하여 사용하는 기법

＊LOB(Line of Balance)
반복작업이 이루어지는 공정, 생산성을 기준으로 각 **반복작업의 진행을 표시하여 전체공사를 도식화하는 기법**

정답 64 ① 65 ② 66 ③

67 건축시공계획수립에 있어 우선순위에 따른 고려사항으로 가장 거리가 먼 것은?

① 공종별 재료량 및 품셈
② 재해방지대책
③ 공정표 작성
④ 원척도(原尺圖)의 제작

> *건축시공 계획(공사계획)의 내용
> ① 현장원의 편성(현장조직 계획): 가장먼저 실시
> ② 공정표의 작성
> ③ 실행예산의 편성과 조절
> ④ 재도급자의 선정
> ⑤ 가설 준비물의 결정(노후, 기계재료 조달, 수송계획)
> ⑥ 공종별 재료량 및 품셈
> ⑦ 재해방지대책

68 철근의 피복두께 확보 목적과 가장 거리가 먼 것은?

① 내화성 확보
② 내구성 확보
③ 구조내력의 확보
④ 블리딩 현상 방지

> *철근의 피복두께 확보 목적
> ① 내화성 확보
> ② 내구성 확보
> ③ 구조내력의 확보
> ④ 콘크리트 타설 시 유동성 확보

📝 필기에 자주 출제되는 내용입니다.

69 지반개량 지정공사 중 응결공법이 아닌 것은?

① 플라스틱 드레인공법
② 시멘트 처리공법
③ 석회 처리공법
④ 심층혼합 처리공법

> 플라스틱 드레인공법→ 압밀공법

70 피어기초공사에 관한 설명으로 옳지 않은 것은?

① 중량구조물을 설치하는 데 있어서 지반이 연약하거나 말뚝으로도 수직지지력이 부족하고 그 시공이 불가능한 경우와 기초지반의 교란을 최소화해야 할 경우에 채용한다.
② 굴착된 흙을 직접 탐사할 수 있고 지지층의 상태를 확인할 수 있다.
③ 무진동, 무소음 공법이며, 여타 기초형식에 비하여 공기 및 비용이 적게 소요된다.
④ 피어기초를 채용한 국내의 초고층 건축물에는 63빌딩이 있다.

> ③ 무소음, 무진동 공법이므로 시가지 공사에 적합하며 비용이 비싸다.

정답 67 ④ 68 ④ 69 ① 70 ③

> **참고**
>
> 기초판의 하부에 기둥모양으로 만든 피어를 설치하여 하중을 전달시키는 형식의 기초

71 벽돌 쌓기에 관한 설명으로 옳지 않은 것은?

① 붉은 벽돌은 쌓기 전 벽돌을 완전히 건조시켜야 한다.
② 하루 벽돌의 쌓는 높이는 1.2m를 표준으로 하고 최대 1.5m 이내로 한다.
③ 벽돌벽이 블록벽과 서로 직각으로 만날 때는 연결철물을 만들어 블록 3단마다 보강하며 쌓는다.
④ 연속되는 벽면의 일부를 트이게 하여 나중쌓기로 할 때에는 그 부분을 층단 들여 쌓기로 한다.

> ① 붉은 벽돌은 쌓기 전에 충분히 물축임 한다.(시멘트 벽돌은 쌓으면서 뿌린다)

 필기에 자주 출제되는 내용입니다.

72 거푸집 해체 시 확인해야 할 사항이 아닌 것은?

① 거푸집의 내공 치수
② 수직, 수평부재의 존치기간 준수여부
③ 소요강도 확보 이전에 지주의 교환 여부
④ 거푸집해체용 압축강도 확인시험 실시 여부

* **거푸집 해체를 위한 확인사항**
① 수직, 수평부재의 존치기간 준수 여부
② 소요의 강도 확보 이전에 지주의 교환 여부
③ 거푸집 해체용 콘크리트 압축강도 확인시험 실시 여부

73 KS L 5201에 정의된 포틀랜드 시멘트의 종류가 아닌 것은?

① 고로 포틀랜드 시멘트
② 조강 포틀랜드 시멘트
③ 저열 포틀랜드 시멘트
④ 중용열 포틀랜드 시멘트

* **포틀랜드 시멘트의 종류**
① 조강포틀랜드 시멘트
② 저열포틀랜드 시멘트
③ 중용열 포틀랜드 시멘트

필기에 자주 출제되는 내용입니다.

74 지수 흙막이 벽으로 말뚝구멍을 하나 걸러 뚫고 콘크리트를 타설하여 만든 후, 말뚝과 말뚝 사이에 다음 말뚝구멍을 뚫어 흙막이 벽을 완성하는 공법은?

① 어스 드릴공법(Eaarth drill method)
② CIP 말뚝공법
  (Cast-in-place pile method)
③ 콤프레솔 파일공법
  (Compressol pile method)
④ 이코스 파일공법(Icos pile method)

정답 71 ① 72 ① 73 ① 74 ④

> **＊이코스 파일공법(Icos pile method)**
> ① 지수벽을 만드는 공법이다.
> ② 말뚝구멍을 하나 걸러 뚫고 콘크리트를 타설하여 만든 후, 말뚝과 말뚝 사이에 다음 말뚝구멍을 뚫어 흙막이 벽을 완성한다.

📝 필기에 자주 출제되는 내용입니다.

75 다음 중 공기량 측정기에 해당하는 것은?

① 리바운드 기록지(Rebound check sheet)
② 디스펜서(Dispenser)
③ 워싱턴 미터(Washington meter)
④ 이넌데이터(Inundator)

> 워싱턴미터(Washington Meter 또는 Air Meter) : 콘크리트 속에 함유된 공기량 측정에 사용된다.

76 보통 콘크리트와 비교한 경량 콘크리트의 특징이 아닌 것은?

① 자중이 작고 건물중량이 경감된다.
② 강도가 작은 편이다.
③ 건조수축이 작다.
④ 내화성이 크고 열전도율이 작으며 방음효과가 크다.

> ③ 건조수축이 크다.

📝 필기에 자주 출제되는 내용입니다.

77 주변 건물이나 옹벽, 철탑 등 터파기 주위의 주요 구조물에 설치하여 구조물의 경사 변형상태를 측정하는 장비는?

① Piezo meter
② Tilt meter
③ Load cell
④ Strain gauge

경사계 (Tilt-meter)	구조물의 경사각 및 변형상태를 계측
변형률계 (Strain-gauge)	토류 구조물의 각 부재와 인근 구조물의 각 지점 및 타설 콘크리트 등의 응력변화를 측정
하중계 (load-cell)	스트럿(Strut) 또는 어스앵커(Earth anchor) 등의 축 하중 변화를 측정하는 기구
간극 수압계 (Piezometer)	굴착에 따른 과잉 간극수압의 변화를 측정

📝 필기에 자주 출제되는 내용입니다.

78 대규모 공사 시 한 현장 안에서 여러 지역별로 공사를 분리하여 공사를 발주하는 방식은?

① 공정별 분할도급
② 공구별 분할도급
③ 전문공정별 분할도급
④ 직종별, 공정별 분할도급

> ① 전문공사별 분할도급 : 설비 공사를 주체 공사에서 분리하여 전문업자와 직접 계약하는 방식

📝 필기에 자주 출제되는 내용입니다.

정답 75 ③ 76 ③ 77 ② 78 ②

② 공정별 분할도급 : 정지, 기초, 구체, 마무리 공사 등의 과정별로 나누어 도급을 주는 방식
③ 공구별 분할도급 : 대규모 공사에서 한 현장 안에서 여러 지역별로 공사를 구분하여 발주하는 방식

79 기존에 구축된 건축물 가까이에서 건축공사를 실시할 경우 기존 건축물의 지반과 기초를 보강하는 공법은?

① 리버스 서큘레이션 공법
② 슬러리 월 공법
③ 언더피닝 공법
④ 탑다운 공법

언더피닝(Under Pining)공법 : 기존건물 가까이에서 건축공사를 할 때 인접건물의 지반과 기초를 보강하는 공법을 말한다.

참고

1. 리버스 서큘레이션공법(역순환 굴착공법, RCD공법) : 리버스 서큘레이션 드릴로 대구경의 구멍을 파고 굴착공 안을 물이나 안정액으로 정수압을 유지하여 굴착공 벽을 보호하면서 굴착, 철근망과 콘크리트를 타설하여 말뚝을 형성하는 공법
2. 슬러리 월 공법(지하연속벽공법) : 벤토나이트 안정액을 사용하여 지반의 붕괴를 방지하면서 굴착한 후 그 속에 철근망 삽입하고 콘크리트를 타설하여 흙막이 벽체를 형성하는 공법
3. 역타공법(탑 다운공법) : 「위에서 아래로」 공사를 진행하는 공법으로 철골 기둥을 박고 1층에서 지하층을 향해 콘크리트를 부어 넣어 흙막이로 하면서 지하층을 굴착하는 방법

필기에 자주 출제되는 내용입니다.

80 공동도급방식의 장점에 관한 설명으로 옳지 않은 것은?

① 각 회사의 상호신뢰와 협조로써 긍정적인 효과를 거둘 수 있다.
② 공사의 진행이 수월하며 위험부담이 분산된다.
③ 기술의 확충, 강화 및 경험의 증대 효과를 얻을 수 있다.
④ 시공이 우수하고 공사비를 절약할 수 있다.

＊ 공동도급방식의 장·단점

장점	단점
① 융자력 증대	① 경비 증대
② 기술의 확충	② 업무 흐름의 혼란
③ 위험의 분산	③ 조직 상호간의 불일치
④ 공사 시공의 확실성	④ 하자 부분의 책임한계 불분명
⑤ 신용도의 증대	
⑥ 공사 도급 경쟁 완화	

필기에 자주 출제되는 내용입니다.

정답 79 ③ 80 ④

5과목 건설재료학

81 다음 각 미장재료에 관한 설명으로 옳지 않은 것은?

① 생석회에 물을 첨가하면 소석회가 된다.
② 돌로마이트 플라스터는 응결기간이 짧으므로 지연제를 첨가한다.
③ 회반죽은 소석회에서 모래, 해초풀, 여물 등을 혼합한 것이다.
④ 반수석고는 가수 후 20~30분에 급속 경화한다.

> ② 돌로마이트 플라스터는 보수성이 크고 응결시간이 길다.

참고

*** 돌로마이트 플라스터(기경성)**
① 돌로마이트 석회에 모래, 여물을 혼합한 것
② 점도가 높아 해초풀이 필요 없고 시공이 용이하다.
③ 경화에 의한 수축률이 커서 균열 발생이 쉽다.
④ 통풍이 잘 되지 않는 지하실의 미장재료로 적절하지 못하다.

82 아스팔트 접착제에 관한 설명으로 옳지 않은 것은?

① 아스팔트 접착제는 아스팔트를 주체로 하여 이에 용제를 가하고 광물질 분말을 첨가한 풀 모양의 접착제이다.
② 아스팔트 타일, 시트, 루핑 등의 접착용으로 사용한다.
③ 화학약품에 대한 내성이 크다.
④ 접착성은 양호하지만 습기를 방지하지 못한다.

> ④ 접착성이 양호하며 습기 방지가 우수하다.

83 다음 각 비철금속에 관한 설명으로 옳지 않은 것은?

① 알루미늄 : 융점이 낮기 때문에 용해주조도는 좋으나 내화성이 부족하다.
② 납 : 비중이 11.4로 아주 크고 연질이며 전·연성이 크다.
③ 구리 : 건조한 공기 중에서는 산화하지 않으나, 습기가 있거나 탄산가스가 있으면 녹이 발생한다.
④ 주석 : 주조성·단조성은 좋지 않으나 인장강도가 커서 선재(線材)로 주로 사용된다.

> ④ 주석 : 주조성·단조성이 좋으며, 인체에 무해하여 식품 보관용 용기 등에 사용된다.

정답 81 ② 82 ④ 83 ④

> **참고**
> - 주조성 : 녹는점이 낮고 유동성이 좋아 녹여서 거푸집에 부어 물건을 만들기에 좋은 성질
> - 단조성 : 금속 가공물을 두드려 원하는 형태로 성형하기에 좋은 성질

84 건축용 코킹재의 일반적인 특징에 관한 설명으로 옳지 않은 것은?

① 수축률이 크다.
② 내부의 점성이 지속된다.
③ 내산·내알칼리성이 있다.
④ 각종 재료에 접착이 잘된다.

① 수축률이 작다.

> **참고**
> 코킹재(Caulking) : 각종 부자재의 조인트나 갈라진 틈에 대한 수밀을 유지하기 위하여 충진되는 물질을 말한다.
> 예 실리콘, 우레탄 등

85 고로슬래그 분말을 혼화재로 사용한 콘크리트의 성질에 관한 설명으로 옳지 않은 것은?

① 초기강도는 낮지만 슬래그의 잠재 수경성 때문에 장기강도는 크다.
② 해수, 하수 등의 화학적 침식에 대한 저항성이 크다.
③ 슬래그 수화에 의한 포졸란반응으로 공극 충전효과 및 알칼리 골재반응 억제효과가 크다.
④ 슬래그를 함유하고 있어 건조수축에 대한 저항성이 크다.

④ 초기의 건조수축이 보통 포틀랜드 시멘트 보다 크다.

> **참고**
> - 플라이애쉬 및 고로슬래그 분말을 사용할 경우 초기의 건조수축이 보통 포틀랜드 시멘트 보다 크다.
> - 초기의 건조수축이 큰 이유는 1차 수화반응 후의 잉여수가 건조하기 때문이며 타설 초기에 습윤 양생하여 건조수축 감소시켜야 한다.

86 목재 조직에 관한 설명으로 옳지 않은 것은?

① 추재의 세포막은 춘재의 세포막보다 두껍고 조직이 치밀하다.
② 변재는 심재보다 수축이 크다.
③ 변재는 수심의 주위에 둘러져 있는 생활기능이 줄어든 세포의 집합이다.
④ 침엽수의 수지구는 수지의 분비, 이동, 저장의 역할을 한다.

정답 84 ① 85 ④ 86 ③

③ 변재는 목재의 표피 가까이에 위치하고 있는 세포가 살아 있는 부분이다.

87 다음 중 도료의 건조제로 사용되지 않는 것은?

① 리사지
② 나프타
③ 연단
④ 이산화망간

도료의 건조제 : 리사지, 연단, 이산화망간, 붕산망간, 염화코발트 등

88 미장바탕이 갖추어야 할 조건에 관한 설명으로 옳지 않은 것은?

① 미장층보다 강도, 강성이 작을 것
② 미장층과 유효한 접착강도를 얻을 수 있을 것
③ 미장층의 경화, 건조에 지장을 주지 않을 것
④ 미장층과 유해한 화학반응을 하지 않을 것

① 미장바름을 지지하는데 필요한 강도와 강성이 있을 것(미장층보다 강도, 강성이 클 것)

89 다음 중 점토로 만든 제품이 아닌 것은?

① 경량벽돌
② 테라코타
③ 위생도기
④ 파키트리 패널

파키트리 패널 : 두께 9~15mm, 너비60mm, 길이는 너비의 정수배로, 양 측면은 제혀쪽매로 가공한 마루판재를 말한다.

📝 필기에 자주 출제되는 내용입니다.

90 비중이 크고 연성이 크며, 방사선실의 방사선 차폐용으로 사용되는 금속재료는?

① 주석
② 납
③ 철
④ 크롬

방사선실의 방사선 차폐용으로 사용되는 금속재료
→ 납

📝 필기에 자주 출제되는 내용입니다.

91 목재의 화재 시 온도별 대략적인 상태변화에 관한 설명으로 옳지 않은 것은?

① 100℃ 이상 : 분자 수준에서 분해
② 100~150℃ : 열 발생률이 커지고 불이 잘 꺼지지 않게 됨
③ 200℃ 이상 : 빠른 열분해
④ 260~350℃ : 열분해 가속화

정답 87 ② 88 ① 89 ④ 90 ② 91 ②

* **목재의 화재 시의 상태변화(전건상태 목재 가열)**
① 65℃ : 서서히 열분해 진행
② 150℃ : 목재 표면 착색(갈색~흑갈색)
③ 200℃ : 급속한 열분해 발생(불연성 및 가연성 기체 발생)
④ 200℃ 이상 : 목재 표면 흑색(숯 상태)
⑤ 250℃ 이상 : 열분해 가속화(가연성 기체 발생)

92 자갈 시료의 표면수를 포함한 중량이 2,100g이고 표면건조내부포화상태의 중량이 2,090g이며 절대건조상태의 중량이 2,070g이라면 흡수율과 표면수율은 약 몇 %인가?

① 흡수율 : 0.48%, 표면수율 : 0.48%
② 흡수율 : 0.48%, 표면수율 : 1.45%
③ 흡수율 : 0.97%, 표면수율 : 0.48%
④ 흡수율 : 0.97%, 표면수율 : 1.45%

1. 표면수율 = $\dfrac{습윤\ 상태\ 질량 - 표건질량}{표건질량} \times 100(\%)$

2. 흡수율 = $\dfrac{표건질량 - 절건질량}{절건질량} \times 100(\%)$

1. 흡수율 = $\dfrac{표건질량 - 절건질량}{절건질량} \times 100(\%)$

   = $\dfrac{2,090 - 2,070}{2,070} \times 100 = 0.97(\%)$

2. 표면수율 = $\dfrac{습윤\ 상태\ 질량 - 표건질량}{표건질량} \times 100(\%)$

   = $\dfrac{2,100 - 2,090}{2,090} \times 100 = 0.48(\%)$

📝 필기에 자주 출제되는 내용입니다.

93 다음 중 콘크리트의 비파괴 시험에 해당되지 않는 것은?

① 방사선 투과 시험
② 초음파 시험
③ 침투탐상 시험
④ 표면경도 시험

* **콘크리트의 비파괴 시험법**
① **음파법** : 콘크리트 공시체에 진동을 주어 공명, 진동으로 측정하는 방법
② **초음파법** : 초음파 펄스를 콘크리트의 내부에 발사 후 초음파 속도를 측정하는 방법
③ **레이더법** : 레이더를 콘크리트에 침투시켜 탐사하는 방법
④ **방사선법** : 콘크리트에 X선, 감마선을 투과하고 투과광선을 필름에 촬영하여 결함을 발견하는 방법
⑤ **표면경도법(반발경도법)** : 해머로 콘크리트 표면을 타격하여 반발력으로 콘크리트의 압축강도를 측정하는 방법

정답 92 ③ 93 ③

94 플라이애시 시멘트에 관한 설명으로 옳은 것은?

① 수화할 때 불용성 규산칼슘 수화물을 생성한다.
② 화력발전소 등에서 완전연소한 미분탄의 회분과 포틀랜드시멘트를 혼합한 것이다.
③ 재령 1~2시간 안에 콘크리트 압축강도가 20MPa에 도달할 수 있다.
④ 용광로의 선철제작 부산물을 급랭시키고 파쇄하여 시멘트와 혼합한 것이다.

화력발전소에서 완전 연소한 미분탄의 회분을 포집한 것을 플라이애시라 하며, 플라이애시를 포틀랜드시멘트에 혼합한 것을 플라이애시 시멘트라 한다.

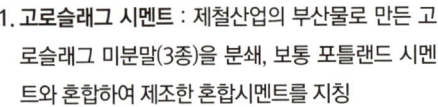

1. 고로슬래그 시멘트 : 제철산업의 부산물로 만든 고로슬래그 미분말(3종)을 분쇄, 보통 포틀랜드 시멘트와 혼합하여 제조한 혼합시멘트를 지칭

2. 플라이애시시멘트의 특성
① 콘크리트의 워커빌리티를 증대시키며 사용수량을 감소시킬 수 있다.
② 수밀성이 좋으므로 수리구조물에 적합하다.
③ 수화열이 적고 건조수축도 적다.
④ 해수에 대한 내화학성이 크다.
⑤ 댐 공사를 위시하여 일반 토목 건축공사에 널리 사용된다.

95 지붕 및 일반바닥에 가장 일반적으로 사용되는 것으로 주제와 경화제를 일정 비율 혼합하여 사용하는 2성분형과 주제와 경화제가 이미 혼합된 1성분형으로 나누어지는 도막방수재는?

① 우레탄고무계 도막재
② FRP 도막재
③ 고무아스팔트계 도막재
④ 클로로프렌고무계 도막재

★ 도막방수 재료
① 무기, 유기질 혼화재
② 아크릴고무 도막재
③ 고무아스팔트 도막재
④ 우레탄고무 도막재 : 지붕 및 일반바닥에 가장 일반적으로 사용되는 것으로 주제와 경화제를 일정 비율 혼합하여 사용하는 2성분형과 주제와 경화제가 이미 혼합된 1성분형으로 나누어진다.

96 방수공사에서 쓰이는 아스팔트의 양부(良否)를 판별하는 주요 성질과 거리가 먼 것은?

① 마모도   ② 침입도
③ 신도(伸度)   ④ 연화점

★ 아스팔의 양부(良否)를 판별하는 주요 성질
① 침입도 : 아스팔트가 얼마나 굳은가의 정도(아스팔트의 경도)를 나타내는 값으로 규정된 굵기와 무게를 갖는 바늘이 아스팔트 속으로 관입하는 깊이로 표시한다.

② 연화점 : 아스팔트를 가열하여 액상의 점도에 도달했을 때의 온도를 말하며 연화점이 높을수록 좋은 아스팔트이다.
③ 인화점 : 아스팔트를 가열하여 불을 대는 순간 불이 붙을 때의 온도를 말하며 아스팔트의 인화점은 250~320[℃] 정도이다.
④ 감온비 : 아스팔트의 온도변화에 따른 침입도의 변화 정도를 나타내는 수치이다.
⑤ 신도 : 아스팔트가 신장되는 늘임의 정도를 말한다.

📑 필기에 자주 출제되는 내용입니다.

98 다음 중 특수유리와 사용장소의 조합이 적절하지 않은 것은?

① 진열용 창 - 무늬 유리
② 병원의 일광욕실 - 자외선 투과 유리
③ 채광용 지붕 - 프리즘 유리
④ 형틀 없는 문 - 강화 유리

① 진열용 창 - 자외선차단(흡수)유리

97 목재의 방부 처리법 중 압력용기 속에 목재를 넣어서 처리하는 방법으로 가장 신속하고 효과적인 것은?

① 침지법
② 표면탄화법
③ 가압주입법
④ 생리적 주입법

★ **목재의 방부처리법**
① 주입법: 방부액을 상압주입 하거나 가압하여 나무깊이 주입하는 방법
  • 가압주입법 : 압력용기 속에 목재를 넣어 처리하는 방법으로 가장 신속하고 효과적인 방법
  • 상압주입법 : 방부약액을 가열하여 주입하는 방법
  • 생리적 주입법 : 목재의 뿌리에 방부약액을 주입하는 방법
② 침지법 : 방부제 용액 중에 목재를 담그어 공기(산소)를 차단하여 방부 처리하는 방법
③ 도포법 : 목재를 충분히 건조시킨 후 솔 등으로 약제를 도포하여 방부 처리하는 방법
④ 표면탄화법 : 목재표면 3~4mm 정도를 태워 수분을 제거하는 방법

📑 필기에 자주 출제되는 내용입니다.

99 양질의 도토 또는 장석분을 원료로 하며, 흡수율이 1% 이하로 거의 없고 소성온도가 약 1,230 ~ 1,460℃인 점토 제품은?

① 토기   ② 석기
③ 자기   ④ 도기

★ **자기**
① 양질의 도토 또는 장석분을 원료로 하며, 흡수율이 1% 이하로 거의 없다.
② 소성온도가 약 1230~1460℃로 가장 높다.
③ 모자이크 타일, 위생도기 등에 주로 사용된다.

📑 필기에 자주 출제되는 내용입니다.

정답 97 ③ 98 ① 99 ③

100 콘크리트의 종류 중 방사선 차폐용으로 주로 사용되는 것은?

① 경량콘크리트　② 한중콘크리트
③ 매스콘크리트　④ 중량콘크리트

방사선 차폐용 콘크리트 → 중량콘크리트

 필기에 자주 출제되는 내용입니다.

6과목 건설안전기술

101 다음은 산업안전보건법령에 따른 달비계를 설치하는 경우에 준수해야 할 사항이다. ( )에 들어갈 내용으로 옳은 것은?

> 작업발판은 폭을 ( ) 이상으로 하고 틈새가 없도록 할 것

① 15cm　② 20cm
③ 40cm　④ 60cm

③ 달비계의 작업발판은 폭을 40cm 이상으로 하고 틈새가 없도록 할 것

102 개착식 흙막이벽의 계측 내용에 해당되지 않는 것은?

① 경사 측정　② 지하수위 측정
③ 변형률 측정　④ 내공변위 측정

내공변위 측정 → 터널의 계측관리 사항

103 추락의 위험이 있는 개구부에 대한 방호조치와 거리가 먼 것은?

① 안전난간, 울타리, 수직형 추락방망 등으로 방호조치를 한다.
② 충분한 강도를 가진 구조의 덮개를 뒤집히거나 떨어지지 않도록 설치한다.
③ 어두운 장소에서도 식별이 가능한 개구부 주의 표지를 부착한다.
④ 폭 30cm 이상의 발판을 설치한다.

④ 폭 40cm 이상의 발판을 설치한다.

104 로프길이 2m의 안전대를 착용한 근로자가 추락으로 인한 부상을 당하지 않기 위한 지면으로부터 안전대 고정점까지의 높이(H)의 기준으로 옳은 것은? (단, 로프의 신율 30%, 근로자의 신장 180cm)

① H > 1.5m　② H > 2.5m
③ H > 3.5m　④ H > 4.5m

정답　100 ④　101 ③　102 ④　103 ④　104 ③

h = 로프의 길이+로프의 신장 길이+작업자 키의 1/2
h = 2+(2×0.3)+(1.8×1/2) = 3.5m
* 로프를 지지한 위치에서 바닥면까지의 거리를 H라 하면 H > h가 되어야만 한다.

105 사면 보호 공법 중 구조물에 의한 보호공법에 해당되지 않는 것은?

① 식생구멍공
② 블록공
③ 돌쌓기공
④ 현장타설 콘크리트 격자공

식생구멍공은 비탈진 면에 잔디를 심거나, 씨앗을 뿌려 잔디가 자라도록 하여 사면을 보호하는 공법으로 구조물에 의한 공법이 아니다.

106 터널 지보공을 조립하거나 변경하는 경우에 조치하여야 하는 사항으로 옳지 않은 것은?

① 목재의 터널 지보공은 그 터널 지보공의 각 부재에 작용하는 긴압 정도를 체크하여 그 정도가 최대한 차이 나도록 한다.
② 강(鋼)아치 지보공의 조립은 연결볼트 및 띠장 등을 사용하여 주재 상호 간을 튼튼하게 연결할 것
③ 기둥에는 침하를 방지하기 위하여 받침목을 사용하는 등의 조치를 할 것
④ 주재(主材)를 구성하는 1세트의 부재는 동일 평면 내에 배치할 것

① 목재의 터널 지보공은 그 터널 지보공의 각 부재의 긴압 정도가 균등하게 되도록 할 것

107 압쇄기를 사용하여 건물해체 시 그 순서로 가장 타당한 것은?

A : 보,   B : 기둥,   C : 슬래브,   D : 벽체

① A → B → C → D
② A → C → B → D
③ C → A → D → B
④ D → C → B → A

• **조립순서** : 기둥 → 보받이 내력벽 → 큰 보 → 작은 보 → 바닥 → (내벽) → (외벽)
• **해체순서** : 바닥 → 보 → 벽 → 기둥

108 유해위험방지계획서 제출 대상 공사로 볼 수 없는 것은?

① 지상 높이가 31m 이상인 건축물의 건설공사
② 터널 건설공사
③ 깊이 10m 이상인 굴착공사
④ 교량의 전체길이가 40m 이상인 교량공사

정답 105 ① 106 ① 107 ③ 108 ④

★ 유해위험방지계획서를 제출해야 될 건설공사
1. 다음 각 목의 어느 하나에 해당하는 건축물 또는 시설 등의 건설·개조 또는 해체공사
   가. 지상높이가 31미터 이상인 건축물 또는 인공구조물
   나. 연면적 3만제곱미터 이상인 건축물
   다. 연면적 5천제곱미터 이상인 시설로서 다음의 어느 하나에 해당하는 시설
      1) 문화 및 집회시설(전시장 및 동물원·식물원은 제외한다)
      2) 판매시설, 운수시설(고속철도의 역사 및 집배송시설은 제외한다)
      3) 종교시설
      4) 의료시설 중 종합병원
      5) 숙박시설 중 관광숙박시설
      6) 지하도상가
      7) 냉동·냉장 창고시설
2. 연면적 5천제곱미터 이상의 냉동·냉장창고시설의 설비공사 및 단열공사
3. 최대 지간길이(다리의 기둥과 기둥의 중심사이의 거리)가 50미터 이상인 교량 건설 등 공사
4. 터널 건설 등의 공사
5. 다목적댐, 발전용댐, 저수용량 2천만톤 이상의 용수전용 댐, 지방상수도 전용 댐 건설 등의 공사
6. 깊이 10미터 이상인 굴착공사

특급암기법
- 지상높이 31m, 연면적 3만m², 사람 많은 시설 연면적 5,000m²
- 연면적 5,000m² 냉동·냉장창고시설
- 최대 지간길이가 50미터 이상 교량
- 터널
- 저수용량 2천만 톤 이상 댐
- 10미터 이상인 굴착

109 건설업 산업안전보건관리비 계상 및 사용기준에 따른 안전관리비의 개인보호구 및 안전장구 구입비 항목에서 안전관리비로 사용이 가능한 경우는?

① 안전·보건관리자가 선임되지 않은 현장에서 안전·보건업무를 담당하는 현장관계자용 무전기, 카메라, 컴퓨터, 프린터 등 업무용 기기
② 혹한·혹서에 장기간 노출로 인해 건강장해를 일으킬 우려가 있는 경우 특정 근로자에게 지급되는 기능성 보호 장구
③ 근로자에게 일률적으로 지급하는 보냉·보온장구
④ 감리원이나 외부에서 방문하는 인사에게 지급하는 보호구

① 안전·보건관리자가 선임되지 않은 현장의 업무용 기기 → 산업안전보건관리비로 사용이 불가능하다.
② 건강장해를 일으킬 우려가 있는 경우 특정 근로자에게 지급되는 기능성 보호 장구 → 산업안전보건관리비로 사용이 가능하다.
③ 근로자에게 일률적으로 지급 → 산업안전보건관리비로 사용이 불가능하다.
④ 감리원이나 외부에서 방문하는 인사에게 지급 → 산업안전보건관리비로 사용이 불가능하다.

정답 109 ②

110 철골기둥, 빔 및 트러스 등의 철골구조물을 일체화 또는 지상에서 조립하는 이유로 가장 타당한 것은?

① 고소작업의 감소
② 화기사용의 감소
③ 구조체 강성 증가
④ 운반물량의 감소

철골구조물을 일체화 또는 지상에서 조립하는 이유 → 고소작업의 감소

111 강관틀 비계를 조립하여 사용하는 경우 준수해야 하는 사항으로 옳지 않은 것은?

① 길이가 띠장 방향으로 4m 이하이고 높이가 10m를 초과하는 경우에는 10m 이내마다 띠장 방향으로 버팀기둥을 설치할 것
② 높이가 20m를 초과하거나 중량물의 적재를 수반하는 작업을 할 경우에는 주틀 간의 간격을 1.8m 이하로 할 것
③ 주틀 간에 교차가새를 설치하고 최상층 및 10층 이내마다 수평재를 설치할 것
④ 수직 방향으로 6m, 수평 방향으로 8m 이내마다 벽이음을 할 것

★ **틀비계(강관 틀비계) 조립 시 준수사항**
- 밑둥에는 밑받침철물을 사용하여야 하며 밑받침에 고저차가 있는 경우에는 조절형 밑받침철물을 사용하여 항상 수평 및 수직을 유지하도록 할 것
- 높이가 20m를 초과하거나 중량물의 적재를 수반하는 작업을 할 경우에는 주틀간의 간격이 1.8m 이하로 할 것
- 주틀 간에 교차가새를 설치하고 최상층 및 5층 이내마다 수평재를 설치할 것
- 벽이음 간격(조립간격) : 수직방향 6m, 수평방향으로 8m 이내마다 할 것
- 길이가 띠장 방향으로 4m 이하이고 높이가 10m를 초과하는 경우에는 10m 이내마다 띠장 방향으로 버팀기둥을 설치할 것

 실기까지 중요한 내용입니다.

112 말비계를 조립하여 사용하는 경우에 지주 부재와 수평면의 기울기는 최대 몇 도 이하로 하여야 하는가?

① 30°
② 45°
③ 60°
④ 75°

★ **말비계 조립 시의 준수사항**
- 지주 부재의 하단에는 미끄럼 방지 장치를 하고, 양측 끝부분에 올라서서 작업하지 아니하도록 할 것
- 지주부재와 수평면과의 기울기를 75° 이하로 하고, 지주 부재와 지주 부재 사이를 고정시키는 보조 부재를 설치할 것
- 말비계의 높이가 2m를 초과할 경우에는 작업발판의 폭을 40cm 이상으로 할 것

 실기까지 중요한 내용입니다.

 110 ① 111 ③ 112 ④

113 가설통로의 설치 기준으로 옳지 않은 것은?

① 추락할 위험이 있는 장소에는 안전난간을 설치할 것
② 경사가 10°를 초과하는 경우에는 미끄러지지 아니하는 구조로 할 것
③ 경사는 30° 이하로 할 것
④ 건설공사에 사용하는 높이 8m 이상인 비계다리에는 7m 이내마다 계단참을 설치할 것

> ***가설통로 설치 시의 준수사항**
> • 견고한 구조로 할 것
> • 경사는 30° 이하로 할 것
> • 경사가 15°를 초과하는 때는 미끄러지지 아니하는 구조로 할 것
> • 추락의 위험이 있는 장소에는 안전난간을 설치할 것
> • 수직갱 : 길이가 15m 이상인 때에는 10m 이내마다 계단참을 설치할 것
> • 건설공사에 사용하는 높이 8m 이상인 비계다리 : 7m 이내마다 계단 참을 설치할 것

📝 실기까지 중요한 내용입니다.

114 강풍이 불어올 때 타워크레인의 운전작업을 중지하여야 하는 순간풍속의 기준으로 옳은 것은?

① 순간풍속이 초당 10m 초과
② 순간풍속이 초당 15m 초과
③ 순간풍속이 초당 25m 초과
④ 순간풍속이 초당 30m 초과

> ***악천후 시 조치**
> • 순간풍속이 초당 10m를 초과 : 타워크레인의 설치·수리·점검 또는 해체작업을 중지
> • 순간풍속이 초당 15m를 초과 : 타워크레인의 운전작업을 중지
> • 순간풍속이 초당 30m를 초과 : 옥외에 설치되어 있는 주행 크레인 이탈 방지 조치
> • 순간풍속이 초당 30m를 초과하는 바람이 불거나 중진(中震) 이상 진도의 지진이 있은 후 : 옥외 양중기 각 부위 이상 점검
> • 순간풍속이 초당 35m를 초과 : 옥외 승강기 및 건설용 리프트(지하에 설치되어 있는 것은 제외)에 대하여 받침의 수를 증가시키는 등 승강기가 무너지는 것을 방지하기 위한 조치

📝 실기에 자주 출제되는 내용입니다. 암기하세요.

115 차량계 건설기계를 사용하여 작업할 때에 그 기계가 넘어지거나 굴러 떨어짐으로써 근로자가 위험해질 우려가 있는 경우에 조치하여야 할 사항과 거리가 먼 것은?

① 갓길의 붕괴 방지
② 작업반경 유지
③ 지반의 부동침하 방지
④ 도로 폭의 유지

> ***차량계 건설기계의 넘어짐(전도) 방지 조치**
> • 유도자 배치
> • 지반의 부동침하 방지
> • 갓길의 붕괴 방지
> • 도로의 폭 유지

📝 실기까지 중요한 내용입니다.

 113 ② 114 ② 115 ②

116 지반에서 나타나는 보일링(boiling) 현상의 직접적인 원인으로 볼 수 있는 것은?

① 굴착부와 배면부의 지하수위의 수두차
② 굴착부와 배면부의 흙의 중량차
③ 굴착부와 배면부의 흙의 함수비차
④ 굴착부와 배면부의 흙의 토압차

＊보일링 현상
사질토 지반에서 굴착저면과 흙막이 배면과의 수위 차이로 인해 굴착저면의 흙과 물이 함께 위로 솟구쳐 오르는 현상(모래의 액상화 현상)

117 부두·안벽 등 하역작업을 하는 장소에서 부두 또는 안벽의 선을 따라 통로를 설치하는 경우에는 그 폭을 최소 얼마 이상으로 하여야 하는가?

① 80cm ② 90cm
③ 100cm ④ 120cm

부두 또는 안벽의 선을 따라 통로를 설치하는 경우에는 폭을 90cm 이상으로 할 것

118 흙의 간극비를 나타낸 식으로 옳은 것은?

① $\dfrac{공기+물의\ 체적}{흙+물의\ 체체적}$ ② $\dfrac{공기+물의\ 체적}{흙의\ 체적}$
③ $\dfrac{물의\ 체적}{물+흙의\ 체적}$ ④ $\dfrac{공기+물의\ 체적}{공기+흙+물의\ 체적}$

흙의 간극비 = $\dfrac{공기+물의\ 체적}{흙의\ 체적}$

119 취급·운반의 원칙으로 옳지 않은 것은?

① 곡선 운반을 할 것
② 운반 작업을 집중하여 시킬 것
③ 생산을 최고로 하는 운반을 생각할 것
④ 연속 운반을 할 것

① 직선 운반을 할 것

120 콘크리트 타설작업 시 안전에 대한 유의사항으로 옳지 않은 것은?

① 콘크리트를 치는 도중에는 지보공·거푸집 등의 이상 유무를 확인한다.
② 높은 곳으로부터 콘크리트를 타설할 때는 호퍼로 받아 거푸집 내에 꽂아 넣는 슈트를 통해서 부어 넣어야 한다.
③ 진동기를 가능한 한 많이 사용할수록 거푸집에 작용하는 측압상 안전하다.
④ 콘크리트를 한곳에만 치우쳐서 타설하지 않도록 주의한다.

③ 진동기는 적절히 사용되어야 하며, 지나친 진동은 거푸집 도괴의 원인이 될 수 있으므로 각별히 주의하여야 한다.

정답 116 ① 117 ② 118 ② 119 ① 120 ③

2018년 4회 최근 기출문제

1과목 산업안전관리론

01 재해발생 건수 등의 추이를 파악하여 목표관리를 행하는 데 필요한 월별 재해 발생건수를 그래프화하여 관리선을 설정 관리하는 통계분석방법은?

① 파레토도
② 특성요인도
③ 크로스도
④ 관리도

> **＊재해통계방법**
> - **파레토도**: 사고 유형, 기인물 등 데이터를 분류하여 그 항목 값이 큰 순서대로 정리하여 막대그래프로 나타낸다.
> - **특성요인도**: 재해와 그 요인의 관계를 어골상으로 세분화하여 나타낸다.
> - **크로스(cross) 분석**: 2가지 또는 2개 항목 이상의 요인이 상호관계를 유지할 때 문제를 분석하는 데 사용된다.
> - **관리도**: 시간경과에 따른 재해발생 건수 등 대략적인 추이 파악에 사용된다.

📝 필기에 자주 출제되는 내용입니다.

02 산업안전보건법령에 따른 안전·보건표지의 종류별 해당 색채기준 중 틀린 것은?

① 금연 : 바탕은 흰색, 기본모형은 검은색, 관련부호 및 그림은 빨간색
② 인화성물질경고 : 바탕은 무색, 기본모형은 빨간색(검은색도 가능)
③ 보안경 착용 : 바탕은 파란색, 관련 그림은 흰색
④ 고압전기 경고 : 바탕은 노란색, 기본모형 관련부호 및 그림은 검은색

> ① 금연 : 바탕은 흰색, 기본모형은 빨간색, 관련부호 및 그림은 검은색

참고

금지표지	바탕은 흰색, 기본 모형은 빨간색, 관련 부호 및 그림은 검은색
경고표지	바탕은 노란색, 기본 모형, 관련 부호 및 그림은 검은색 위험물질 경고표지 : 바탕은 무색, 기본 모형은 빨간색(검은색도 가능)
지시표지	바탕은 파란색, 관련 그림은 흰색
안내표지	바탕은 흰색, 기본모형 및 관련 부호는 녹색, 바탕은 녹색, 관련 부호 및 그림은 흰색
출입금지 표지	글자는 흰색 바탕에 흑색 다음 글자는 적색 - ○○○ 제조/사용/보관 중 - 석면 취급/해체 중 - 발암물질 취급 중

📝 실기에 자주 출제되는 내용입니다. 암기하세요.

정답 01 ④ 02 ①

03 A 사업장에서는 산업재해로 인한 인적·물적 손실을 줄이기 위하여 안전행동 실천운동(5C 운동)을 실시하고자 한다. 5C 운동에 해당하지 않는 것은?

① Control ② Correctness
③ Cleaning ④ Checking

★ **안전행동 실천운동(5C 운동)**
- 복장단정(Correctness)
- 정리정돈(Clearance)
- 청소청결(Cleaning)
- 점검확인(Checking)
- 전심전력(Concentration)

04 산업안전보건법령에 따른 안전·보건표지 중 금지표지의 종류에 해당하지 않는 것은?

① 접근금지 ② 차량통행금지
③ 사용금지 ④ 탑승금지

★ **금지표지의 종류**
- 출입금지   • 보행금지
- 차량통행금지 • 사용금지
- 탑승금지   • 금연
- 화기금지   • 물체이동금지

📝 실기에 자주 출제되는 내용입니다. 암기하세요.

05 건설기술 진흥법령에 따른 건설사고 조사위원회의 구성 기준 중 다음 ( ) 안에 알맞은 것은?

> 건설사고 조사위원회는 위원장 1명을 포함한 ( )명 이내의 위원으로 구성한다.

① 12   ② 11
③ 10   ④ 9

건설사고조사위원회는 위원장 1명을 포함한 12명 이내의 위원으로 구성한다.

06 산업안전보건법령에 따른 건설업 중 유해·위험방지계획서를 작성하여 고용노동부장관에게 제출하여야 하는 공사의 기준 중 틀린 것은?

① 연면적 5000m² 이상의 냉동·냉장창고 시설의 설비공사 및 단열공사
② 깊이 10m 이상인 굴착공사
③ 저수용량 2,000만톤 이상의 용수 전용 댐공사
④ 최대 지간길이가 31m 이상인 교량 건설공사

정답 03 ① 04 ① 05 ① 06 ④

✱ **유해위험방지계획서를 제출해야 될 건설공사**
1. 다음 각 목의 어느 하나에 해당하는 건축물 또는 시설 등의 건설·개조 또는 해체공사
   가. 지상높이가 31미터 이상인 건축물 또는 인공구조물
   나. 연면적 3만제곱미터 이상인 건축물
   다. 연면적 5천제곱미터 이상인 시설로서 다음의 어느 하나에 해당하는 시설
      1) 문화 및 집회시설(전시장 및 동물원·식물원은 제외한다)
      2) 판매시설, 운수시설(고속철도의 역사 및 집배송시설은 제외한다)
      3) 종교시설
      4) 의료시설 중 종합병원
      5) 숙박시설 중 관광숙박시설
      6) 지하도상가
      7) 냉동·냉장 창고시설
2. 연면적 5천제곱미터 이상의 냉동·냉장창고시설의 설비공사 및 단열공사
3. 최대 지간길이(다리의 기둥과 기둥의 중심사이의 거리)가 50미터 이상인 교량 건설 등 공사
4. 터널 건설 등의 공사
5. 다목적댐, 발전용댐, 저수용량 2천만톤 이상의 용수 전용 댐, 지방상수도 전용 댐 건설 등의 공사
6. 깊이 10미터 이상인 굴착공사

특급암기법
- 지상높이 31m, 연면적 3만m², 사람 많은 시설 연면적 5,000m²
- 연면적 5,000m² 냉동·냉장창고시설
- 최대 지간길이가 50미터 이상 교량
- 터널
- 저수용량 2천만 톤 이상 댐
- 10미터 이상인 굴착

📝 실기에 자주 출제되는 내용입니다. 해설을 다시 확인하세요.

07 재해의 간접원인 중 기초원인에 해당하는 것은?

① 불안전한 상태
② 관리적 원인
③ 신체적 원인
④ 불안전한 행동

✱ **재해의 원인**
1. 간접 원인
   ① 기초원인 : 학교 교육적 원인, 관리적 원인
   ② 2차원인 : 신체적 원인, 기술적 원인, 정신적원인, 안전 교육적 원인
2. 직접 원인
   ① 인적 원인(불안전한 행동)
   ② 물적 원인(불안전한 상태)

08 T.B.M 활동의 5단계 추진법의 진행순서로 옳은 것은?

① 도입 → 위험예지훈련 → 작업지시 → 점검정비 → 확인
② 도입 → 점검정비 → 작업지시 → 위험예지훈련 → 확인
③ 도입 → 확인 → 위험예지훈련 → 작업지시 → 점검정비
④ 도입 → 작업지시 → 위험예지훈련 → 점검정비 → 확인

✱ **TBM 활동의 5단계 추진법**
도입 → 점검정비 → 작업 지시 → 위험예지훈련 → 확인

07 ② 08 ②

> **참고**
>
> * **T.B.M (Tool Box Meeting) : 단시간 즉시 적응법**
> 작업 전 또는 종료 시 5~10분간 작업자 3~5인이 조를 이뤄 작업 시 위험요소에 대하여 말하는 방식이다.

09 산업안전보건법령에 따른 안전보건총괄책임지정 대상사업 기준 중 다음 ( ) 안에 알맞은 것은? (단, 선박 및 보트 건조업, 1차 금속 제조업 및 토사석 광업의 경우이다.)

> 수급인에게 고용된 근로자를 포함한 상시근로자가 (㉠)명 이상인 사업 및 수급인의 공사금액을 포함한 해당 공사의 총 공사금액이 (㉡)억 원 이상인 건설업

① ㉠ 50, ㉡ 10
② ㉠ 50, ㉡ 20
③ ㉠ 100, ㉡ 10
④ ㉠ 100, ㉡ 20

> * **안전보건총괄책임자 지정대상 사업**
> ① 관계수급인 포함 상시근로자 100명 이상(선박 및 보트 건조업, 1차 금속 제조업 및 토사석 광업 50명)인 사업
> ② 관계수급인 포함 공사금액 20억 원 이상인 건설업
>
> 📝 실기에 자주 출제되는 내용입니다. 암기하세요.

10 연평균 상시근로자 수가 500명인 사업장에서 36건의 재해가 발생한 경우 근로자 한 사람이 이 사업장에서 평생 근무할 경우 근로자에게 발생할 수 있는 재해는 몇 건으로 추정되는가? (단, 근로자는 평생 40년을 근무하며, 평생잔업시간은 4000시간이고, 1일 8시간씩 연간 300일을 근무한다.)

① 2건   ② 3건
③ 4건   ④ 5건

> * **일평생 근로하는 동안의 재해건수 → 환산 도수율**
>
> • 환산 도수율(F)
> $= \dfrac{재해건수}{연 근로 시간수} \times$ 평생 근로 시간 수 (100,000)
>
> • 환산 도수율(F) = 도수율 ÷ 10
>
> ① 평생 근로 시간 수 = (8×300×40) + 4,000
>   = 100,000시간
>
> ② 환산 도수율 = $\dfrac{36}{500 \times 8 \times 300} \times 100,000 = 3$(건)

정답 09 ② 10 ②

11 산업안전보건법령에 따른 안전·보건에 관한 노사협의체의 사용자위원 구성기준 중 틀린 것은?

① 해당 사업의 대표자
② 안전관리자 1명
③ 공사금액이 20억 원 이상인 공사의 관계 수급인의 사업주
④ 근로자대표가 지명하는 명예감독관 1명

근로자위원	1. 도급 또는 하도급 사업을 포함한 전체 사업의 근로자대표 2. 근로자대표가 지명하는 명예산업안전감독관 1명(다만, 명예산업안전감독관이 위촉되어 있지 아니한 경우에는 근로자대표가 지명하는 해당 사업장 근로자 1명) 3. 공사금액이 20억 원 이상인 공사의 관계수급인의 근로자대표
사용자위원	1. 도급 또는 하도급 사업을 포함한 전체 사업의 대표자 2. 안전관리자 1명 3. 보건관리자 1명(보건관리자 선임대상 건설업으로 한정) 4. 공사금액이 20억원 이상인 공사의 관계수급인의 사업주

관련 법령의 변경으로 문제 일부를 수정하였습니다.
실기에 자주 출제되는 내용입니다.

12 산업안전보건법령에 따른 안전·보건표지의 기본모형 중 다음 기본모형의 표시사항으로 옳은 것은? (단, 색도기준은 2.5PB 4/10이다.)

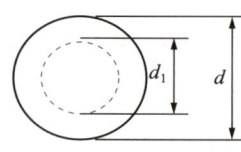

① 금지 ② 경고
③ 지시 ④ 안내

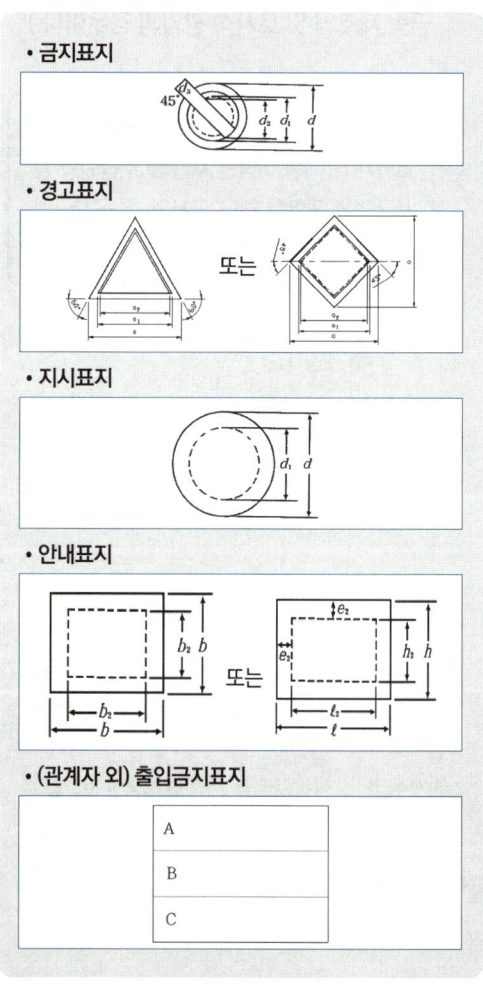

실기까지 중요한 내용입니다.

정답 11 ④ 12 ③

13 보호구 안전인증 고시에 따른 안전블록이 부착된 안전대의 구조기준 중 안전블록의 줄은 와이어로프인 경우 최소지름은 몇 mm 이상이어야 하는가?

① 2
② 4
③ 8
④ 10

안전블록의 줄은 합성섬유로프, 웨빙(webbing), 와이어로프여야 하며, 와이어로프인 경우 최소지름이 4mm 이상일 것

14 아담스(Edward Adams)의 사고 연쇄이론의 단계로 옳은 것은?

① 사회적 환경 및 유전적 요소 → 개인적 결함 → 불안전 행동 및 상태 → 사고 → 상해
② 통제의 부족 → 기본원인 → 직접원인 → 사고 → 상해
③ 관리구조 결함 → 작전적 에러 → 전술적 에러 → 사고 → 상해
④ 안전정책과 결정 → 불안전 행동 및 상태 → 물질에너지 기준이탈 → 사고 → 상해

*아담스(Edward Adams) 연쇄성이론 5단계

1단계	관리 구조
2단계	작전적 에러
3단계	전술적 에러
4단계	사고
5단계	상해

 참고

*하인리히(H. W. Heinrich) 사고발생 도미노 5단계

1단계	선천적 결함(사회, 환경, 유전적 결함)
2단계	개인적 결함
3단계	불안전 행동(인적결함)
	불안전한 상태(물적결함, 제거가능)
4단계	사고
5단계	재해(상해)

*버드의 연쇄성이론 5단계

1단계	제어 부족(관리 부재)
2단계	기본원인(기원)
3단계	직접원인(징후)
4단계	사고(접촉)
5단계	상해(손실)

 실기에 자주 출제되는 내용입니다. 암기하세요.

15 산업안전보건기준에 관한 규칙에 따른 이동식 크레인을 사용하여 작업을 할 때 작업 시작 전 점검사항이 아닌 것은?

① 권과방지장치나 그 밖의 경보장치의 기능
② 브레이크 · 클러치 및 조정장치의 기능
③ 주행로의 상측 및 트롤리가 횡행하는 레일의 상태
④ 와이어로프가 통하고 있는 곳 및 작업 장소의 지반 상태

정답 13 ② 14 ③ 15 ③

* **이동식 크레인을 사용하여 작업을 할 때의 작업시작 전 점검사항**
  - 권과방지장치나 그 밖의 경보장치의 기능
  - 브레이크 · 클러치 및 조정장치의 기능
  - 와이어로프가 통하고 있는 곳 및 작업 장소의 지반 상태

📝 실기에 자주 출제되는 내용입니다. 암기하세요.

16 산업안전보건법령에 따른 안전보건규정을 작성하여야 할 사업의 사업주는 안전보건관리규정을 작성하여야 할 사유가 발생한 날부터 며칠 이내에 작성하여야 하는가?

① 15일 ② 30일
③ 50일 ④ 60일

사업주는 안전보건관리규정을 작성하여야 할 사유가 발생한 날부터 30일 이내에 안전보건관리규정을 작성하여야 한다.

📝 실기까지 중요한 내용입니다.

17 시설물의 안전 및 유지관리에 관한 특별법령에 따른 안전등급별 정기안전점검 및 정밀안전진단의 실시시기 기준 중 다음 ( ) 안에 알맞은 것은?

안전 등급	정기 안전점검	정밀안전진단
A등급	(㉠) 이상	(㉡)년에 1회 이상

① ㉠ 반기에 1회, ㉡ 6
② ㉠ 반기에 1회, ㉡ 4
③ ㉠ 1년에 3회, ㉡ 6
④ ㉠ 1년에 3회, ㉡ 4

* **정기점검, 정밀점검 및 정밀안전진단, 성능평가의 실시 주기**

안전 등급	정기 안전점검	정밀점검 건축물	정밀점검 그 외 시설물	정밀 안전 진단	성능 평가
A등급	반기에 1회 이상	4년에 1회 이상	3년에 1회 이상	6년에 1회 이상	5년에 1회 이상
B·C 등급	반기에 1회 이상	3년에 1회 이상	2년에 1회 이상	5년에 1회 이상	5년에 1회 이상
D·E 등급	1년에 3회 이상	2년에 1회 이상	1년에 1회 이상	4년에 1회 이상	5년에 1회 이상

📝 실기까지 중요한 내용입니다.

정답 16 ② 17 ①

18 재해사례연구의 진행단계로 옳은 것은?

① 사실의 확인 → 재해 상황의 파악 → 문제점의 발견 → 문제점의 결정 → 대책의 수립
② 문제점의 발견 → 재해 상황의 파악 → 사실의 확인 → 문제점의 결정 → 대책의 수립
③ 재해 상황의 파악 → 사실의 확인 → 문제점의 발견 → 문제점의 결정 → 대책의 수립
④ 문제점의 발견 → 문제점의 결정 → 재해 상황의 파악 → 사실의 확인 → 대책의 수립

*재해사례연구 진행 단계
- 전제 조건 : 재해 상황의 파악
- 1단계 : 사실의 확인
- 2단계 : 문제점 발견
- 3단계 : 근본 문제점 결정(재해 원인 결정)
- 4단계 : 대책 수립

실기까지 중요한 내용입니다.

19 산업안전보건법령에 따른 지방고용노동관서의 장이 사업주에게 안전관리자·보건관리자 또는 안전보건관리담당자를 정수 이상으로 증원하게 하거나 교체하여 임명할 것을 명할 수 있는 기준 중 다음 ( ) 안에 알맞은 것은?

- 해당 사업장의 연간재해율이 같은 업종의 평균재해율의 (㉠)배 이상인 경우
- 중대재해가 연간 (㉡)건 이상 발생한 경우
- 관리자가 질병이나 그 밖의 사유로 (㉢) 개월 이상 직무를 수행할 수 없게 된 경우

① ㉠ 3, ㉡ 3, ㉢ 2
② ㉠ 3, ㉡ 3, ㉢ 3
③ ㉠ 2, ㉡ 3, ㉢ 2
④ ㉠ 2, ㉡ 2, ㉢ 3

*안전관리자의 증원·교체임명 명령 대상 사업장
① 해당 사업장의 연간 재해율이 같은 업종의 평균재해율의 2배 이상인 경우
② 중대재해가 연간 2건 이상 발생한 경우(다만, 해당 사업장의 전년도 사망만인율이 같은 업종의 평균 사망만인율 이하인 경우는 제외)
③ 관리자가 질병이나 그 밖의 사유로 3개월 이상 직무를 수행할 수 없게 된 경우
④ 화학적 인자로 인한 직업성 질병자가 연간 3명 이상 발생한 경우

특급암기법
평균의 2배 이상, 중대재해 2건 이상 증원!
직업성 질병 3명 이상, 3개월 이상 일안하면 교체!

관련 법령의 변경으로 문제 일부를 수정하였습니다.
실기에 자주 출제되는 내용입니다.

20 산업안전보건법령에 따른 안전인증기준에 적합한지를 확인하기 위하여 안전인증기관이 하는 심사의 종류가 아닌 것은?

① 서면심사 ② 예비심사
③ 제품심사 ④ 완성심사

> **★ 안전인증 심사의 종류 및 방법**
> • **예비심사** : 기계·기구및방호장치·보호구가 유해·위험한 기계·기구·설비 등인지를 확인하는 심사
> • **서면심사** : 유해·위험한 기계·기구·설비등의 제품기술과 관련된 문서가 안전인증기준에 적합한지에 대한 심사
> • **기술능력 및 생산체계 심사** : 사업장에서 갖추어야 할 기술능력과 생산체계가 안전인증기준에 적합한지에 대한 심사
> • **제품심사** : 유해·위험한 기계·기구·설비 등이 서면심사 내용과 일치하는지 여부와 유해·위험한 기계·기구·설비 등의 안전에 관한 성능이 안전인증기준에 적합한지 여부에 대한 심사
> – 개별 제품심사
> – 형식별 제품심사

📝 실기까지 중요한 내용입니다.

2과목 산업심리 및 교육

21 학습의 전이란 학습한 결과가 다른 학습이나 반응에 영향을 주는 것을 의미한다. 이 전이의 이론에 해당되지 않는 것은?

① 일반화설   ② 동일요소설
③ 형태이조설 ④ 태도유인설

> **★ 전이에 관한 이론**
> • **일반화설(동일원리설)** : 두 학습내용 간의 원리가 같을 때 전이가 일어난다는 이론
> • **동일요소설** : 한 학습의 효과가 다음 학습을 촉진시키기 위해서는 두 학습과제 간에 동일요소가 존재해야 한다는 이론
> • **형태이조설** : 어떤 학습자료의 역학적 관계가 이해될 때 그것이 다른 학습자료에 전이된다는 이론

22 Off the Job Training의 특징으로 맞는 것은?

① 개개인에게 적절한 지도훈련이 가능하다.
② 전문가를 강사로 초빙하는 것이 가능하다.
③ 직장의 실정에 맞게 실제적 훈련이 가능하다.
④ 훈련에 필요한 업무의 계속성이 끊어지지 않는다.

정답 20 ④ 21 ④ 22 ②

OJT의 특징	• 개개인에게 적절한 훈련이 가능하다. • 직장의 실정에 맞는 훈련이 가능하다. • 교육효과가 즉시 업무에 연결된다. • 훈련에 대한 업무의 계속성이 끊어지지 않는다. • 상호 신뢰 이해도가 높다.
OFF JT의 특징	• 다수의 근로자들에게 훈련을 할 수 있다. • 훈련에만 전념하게 된다. • 특별 설비 기구 이용이 가능하다. • 많은 지식이나 경험을 교류할 수 있다. • 교육 훈련 목표에 대하여 집단적 노력이 흐트러질 수 있다.

📝 실기에 자주 출제되는 내용입니다. 암기하세요.

23 단조로운 업무가 장시간 지속될 때 작업자의 감각기능 및 판단능력이 둔화 또는 마비되는 현상은?

① 착각현상 ② 망각현상
③ 피로현상 ④ 감각차단현상

★ 감각차단현상
단조로운 업무가 장시간 지속될 때 작업자의 감각기능 및 판단능력이 둔화 또는 마비되는 현상

24 개인적 차원에서의 스트레스 관리 대책으로 관계가 먼 것은?

① 건강 이완법 ② 직무 재설계
③ 적절한 운동 ④ 적절한 시간관리

② 직무 재설계 → 조직 차원에서의 스트레스 관리 대책

25 운동에 대한 착각현상이 아닌 것은?

① 자동운동(自動運動)
② 항상운동(恒常運動)
③ 유도운동(誘導運動)
④ 가현운동(假現運動)

★ 착각현상 (운동의 시지각)

가현운동 (β운동)	• 정지하고 있는 대상물이 급속히 나타나던가 소멸하는 것으로 인하여 일어나는 운동으로 마치 대상물이 운동하는 것처럼 인식되는 현상을 말한다. • 예 영화의 영상
유도 운동	• 움직이지 않는 것이 움직이는 것처럼 느껴지는 현상 • 예 상행선 열차를 타고 가며 정지하고 있는 하행선 열차를 보면 마치 하행선 열차가 움직이는 것처럼 느껴지는 현상
자동운동	• 암실에서 정지된 소광점을 응시하면 광점이 움직이는 것처럼 보이는 현상 • 안구의 불규칙한 운동 때문에 생기는 현상이다.

📝 실기에 자주 출제되는 내용입니다. 암기하세요.

정답 23 ④ 24 ② 25 ②

26 산업심리의 5대 요소에 해당하지 않는 것은?

① 습관　　② 규범
③ 기질　　④ 동기

> **★ 산업안전심리 5요소**
> - **동기**(motive) : 능동적인 감각에 의한 자극에서 일어나는 사고의 결과로서 사람의 마음을 움직이는 원동력이다.
> - **기질**(temper) : 인간의 성격, 능력 등 개인적인 특성을 말한다.
> - **감정**(emotion) : 희로애락 등의 의식을 말한다. 사람의 감정은 안전과 밀접한 관계를 가지고 사고를 일으키는 정신적 동기를 만든다.
> - **습성**(habits) : 동기, 기질, 감정 등이 밀접한 연관관계를 형성하여 인간의 행동에 영향을 미칠 수 있도록 하는 것을 말한다.
> - **습관**(custom) : 성장과정을 통해 형성된 특성 등이 자신도 모르게 습관화된 현상을 말한다.

📝 필기에 자주 출제되는 내용입니다.

27 교육방법 중 토의법이 효과적으로 활용되는 경우가 아닌 것은?

① 피교육생들의 태도를 변화시키고자 할 때
② 인원이 토의를 할 수 있는 적정 수준일 때
③ 피교육생들 간에 학습능력의 차이가 클 때
④ 피교육생들이 토의 주제를 어느 정도 인지하고 있을 때

> ③ 피교육생들 간에 학습능력의 차이가 크지 않을 때 토의법이 활용된다.

28 산업안전보건법령상 사업 내 안전·보건교육 중 건설업 일용근로자에 대한 건설업 기초안전·보건교육의 교육시간으로 맞는 것은?

① 1시간　　② 2시간
③ 3시간　　④ 4시간

> **★ 근로자 안전보건교육**
>
> | 교육과정 | 교육대상 | | 교육시간 |
> |---|---|---|---|
> | 가. 정기 교육 | 1) 사무직 종사 근로자 | | 매반기 6시간 이상 |
> | | 2) 그 밖의 근로자 | 가) 판매 업무에 직접 종사하는 근로자 | 매반기 6시간 이상 |
> | | | 나) 판매 업무에 직접 종사하는 근로자 외의 근로자 | 매반기 12시간 이상 |
> | 나. 채용 시의 교육 | 1) 일용근로자 및 근로계약기간이 1주일 이하인 기간제근로자 | | 1시간 이상 |
> | | 2) 근로계약기간이 1주일 초과 1개월 이하인 기간제근로자 | | 4시간 이상 |
> | | 3) 그 밖의 근로자 | | 8시간 이상 |
> | 다. 작업 내용 변경 시의 교육 | 1) 일용근로자 및 근로계약기간이 1주일 이하인 기간제근로자 | | 1시간 이상 |
> | | 2) 그 밖의 근로자 | | 2시간 이상 |

정답　26 ②　27 ③　28 ④

교육과정	교육대상	교육시간
라. 특별교육	1) 일용근로자 및 근로계약기간이 1주일 이하인 기간제 근로자(타워크레인 신호작업에 종사하는 근로자 제외)	2시간 이상
	2) 일용근로자 및 근로계약기간이 1주일 이하인 기간제 근로자 중 타워크레인신호작업에 종사하는 근로자	8시간 이상
	3) 일용근로자 및 근로계약기간이 1주일 이하인 기간제 근로자를 제외한 근로자	가) 16시간 이상(최초 작업에 종사하기 전 4시간 이상 실시하고 12시간은 3개월 이내에서 분할하여 실시 가능) 나) 단기간 작업 또는 간헐적 작업인 경우에는 2시간 이상
마. 건설업 기초안전·보건교육	건설 일용근로자	4시간 이상

 실기에 자주 출제되는 내용입니다. 암기하세요.

29 일반적인 교육지도의 원칙 중 가장 거리가 먼 것은?

① 반복적으로 교육할 것
② 학습자 중심으로 교육할 것
③ 어려운 것에서 시작하여 쉬운 것으로 유도할 것
④ 강조하고 싶은 사항에 대해 강한 인상을 심어줄 것

③ 쉬운 것에서 시작하여 어려운 것으로 유도할 것

30 새로운 자료나 교재를 제시하고 거기에서의 문제점을 피교육자로 하여금 제기하게 하거나, 의견을 여러 가지 방법으로 발표하게 하고, 다시 깊게 파고들어서 토의하는 방법은?

① 포럼(Forum)
② 심포지엄(Symposium)
③ 버즈세션(Buzz Session)
④ 패널 디스커션(Panel Discussion)

* **포럼(Forum)**
새로운 자료나 교재를 제시, 문제점을 토의하는 방법

* **심포지엄(Symposium)**
몇 사람의 전문가에 의하여 과제에 관한 견해를 발표한 뒤 참가자로 하여금 의견이나 질문을 하게 하여 토의하는 방법

* **버즈 세션(Buzz Session)**
사회자와 기록계를 선출한 후 6명씩의 소집단으로 구분하고, 소집단별로 6분씩 자유토의를 행하여 의견을 종합하는 방법

* **패널 디스커션(Panel discussion)**
패널 멤버(교육과제에 정통한 전문가 4~5명)가 피교육자 앞에서 토의를 하고, 뒤에 피교육자 전원이 참가하여 사회자의 사회에 따라 토의하는 방법

실기에 자주 출제되는 내용입니다. 암기하세요.

정답 29 ③ 30 ①

31 레윈(Lewin)의 행동법칙 B = f(P · E)에서 E가 의미하는 것은? (단, B는 인간의 행동, P는 개체를 의미한다.)

① Energy
② Education
③ Environment
④ Engineering

> $B = f(P \cdot E)$
> - B : Behavior(인간의 행동)
> - f : function(함수관계)
> - P : Person(개체 : 연령, 경험, 심신상태, 성격, 지능 등)
> - E : Environment(심리적 환경 : 인간관계, 작업환경 등)
>
> 📝 실기까지 중요한 내용입니다.

32 직무평가의 방법에 해당되지 않는 것은?

① 서열법　　② 분류법
③ 투사법　　④ 요소비교법

> **★직무평가의 방법**
> - 서열법 : 직무를 종합적으로 판단하여 서열을 매기는 방법
> - 분류법 : 분류할 직무의 등급을 결정하고 직무를 판단하여 등급으로 평가하는 방법
> - 요소비교법 : 몇 개의 기준직무를 선정해서 기준직무의 가치를 임금액으로 환산하여 직무의 상대적 가치를 비교하여 평가하는 방법

33 현장의 관리감독자 교육을 위하여 가장 바람직한 교육방식은?

① 강의식(lecture method)
② 토의식(discussion method)
③ 시범(demonstration method)
④ 자율식(self-instruction method)

> 관리감독자 교육을 위하여 가장 바람직한 교육방식
> → 토의식

34 호손(Hawthorne) 실험에서 작업자의 작업능률에 영향을 미치는 주요한 요인은 무엇인가?

① 작업 조건　　② 생산 기술
③ 임금 수준　　④ 인간관계

> **★호손(Hawthorne)실험**
> 작업 능률을 좌우하는 것은 임금, 노동시간 등의 노동조건과 조명, 환기, 기타 작업환경으로서의 물적 조건보다 종업원의 태도 즉, 심리적·내적 양심과 감정(인간관계)이 더 중요하다.

정답 31 ③　32 ③　33 ②　34 ④

35 기술교육의 진행방법 중 듀이(John Dewey)의 5단계 사고 과정에 속하지 않는 것은?

① 응용시킨다.(Application)
② 시사를 받는다.(Suggestion)
③ 가설을 설정한다.(Hypothesis)
④ 머리로 생각한다.(Intellectualization)

* **존 듀이(John Dewey)의 5단계 사고 과정**
* 1단계 : 문제의 제기 – 시사받는다.(Suggestion)
* 2단계 : 문제의 인식 – 머리로 생각한다.(Intellectualization)
* 3단계 : 현상 분석(조사) – 가설을 설정한다.(Hypothesis)
* 4단계 : 가설 정렬 – 추론한다.(Reasoning)
* 5단계 : 가설 검증 – 행동에 의해 가설을 검토한다.

36 작업 시의 정보 회로를 나열한 것으로 맞는 것은?

① 표시 → 감각 → 지각 → 판단 → 응답 → 출력 → 조작
② 응답 → 판단 → 표시 → 감각 → 지각 → 출력 → 조작
③ 감각 → 지각 → 판단 → 응답 → 표시 → 조작 → 출력
④ 지각 → 표시 → 감각 → 판단 → 조작 → 응답 → 출력

* **작업 시의 정보 회로**
표시 → 감각 → 지각 → 판단 → 응답 → 출력 → 조작

37 스트레스에 대하여 반응하는 데 있어서 개인차이의 이유로 적합하지 않은 것은?

① 성(性)의 차이
② 강인성의 차이
③ 작업시간의 차이
④ 자기 존중감의 차이

성(性), 자기 존중감, 강인성, 신체적 건강 등에 의해 스트레스 반응에 대한 개인차가 나타난다.

38 리더십의 유형을 지휘 형태에 따라 구분할 때, 이에 해당하지 않는 것은?

① 권위적 리더십   ② 민주적 리더십
③ 방임적 리더십   ④ 경쟁적 리더십

* **업무 추진의 방식(지휘형태)에 따른 리더십의 분류**
* **권위주의적 리더** : 리더가 독단적으로 의사를 결정하는 형태
* **민주주의적 리더** : 집단토의에 의해 의사를 결정하는 형태(조직 구성원들의 의사를 종합하여 결정)
* **자유방임적 리더** : 리더 역할은 하지 않고 명목상 자리만 유지하는 형태(집단에게 완전한 자유를 주고 사실상 리더십의 행사가 없는 형)

정답 35 ① 36 ① 37 ③ 38 ④

39 맥그리거(McGregor)의 X, Y 이론에 있어 X 이론의 관리 처방으로 적절하지 않은 것은?

① 자체 평가제도의 활성화
② 경제적 보상체제의 강화
③ 권위주의적 리더십의 확립
④ 면밀한 감독과 엄격한 통제

① 자체 평가제도의 활성화 → Y이론의 관리처방

> 참고
>
> * X, Y 이론의 관리처방
>
> | | |
> |---|---|
> | X이론
(저차원) | • 경제적 보상체제의 강화
• 권위주의적 리더십의 확립
• 면밀한 감독과 엄격한 통제
• 상부 책임제도의 강화 |
> | Y이론
(고차원) | • 분권화와 권한의 위임
• 직무확장 및 목표에 의한 관리
• 민주적 리더십의 확립
• 비공식적 조직의 활용
• 상호 신뢰감
• 책임과 창조력
• 인간관계 관리방식 |

 실기까지 중요한 내용입니다.

40 파악하고자 하는 연구과제에 대해 언어를 매개로 구조화된 질의응답을 통하여 교육하는 기법은?

① 면접(interview)
② 카운슬링(counseling)
③ CCS(Civil Communication Section)
④ ATP(American Telephone & Telegram Co.)

질의응답을 통하여 교육 → 면접(interview)

3과목 인간공학 및 시스템안전공학

41 인체의 관절 중 경첩관절에 해당하는 것은?

① 손목관절
② 엉덩관절
③ 어깨관절
④ 팔꿈관절

* 경첩관절
팔꿈치의 관절처럼 하나의 축을 따라 구부리고 펼 수 있는 관절을 말한다.

정답 39 ① 40 ① 41 ④

42 시스템 수명주기에 있어서 예비위험분석(PHA)이 이루어지는 단계에 해당하는 것은?

① 구상단계
② 점검단계
③ 운전단계
④ 생산단계

* **예비위험분석(PHA)**
모든 시스템 안전 프로그램의 최초 단계(설계단계, 구상단계)에서 실시하는 분석법

📝 실기까지 중요한 내용입니다.

43 100분 동안 8kcal/min으로 수행되는 삽질작업을 하는 40세의 남성 근로자에게 제공되어야 할 적합한 휴식시간은 얼마인가? (단, Murrel의 공식 적용)

① 10.00분   ② 46.15분
③ 51.77분   ④ 85.71분

$$휴식시간(R) = \frac{60 \times (E-5)}{E-1.5} [분]$$

- 1.5 : 휴식 중의 에너지 소비량
- 5[kcal/분] : 보통 작업에 대한 평균 에너지
- 60 : 작업 시간
- E[kcal/분] : 주어진 작업 시 필요한 에너지

$$R = \frac{100 \times (8-5)}{8-1.5} = 46.15분$$

📝 실기까지 중요한 내용입니다.

44 결함위험분석(FHA, Fault Hazard Analysis)의 적용 단계로 가장 적절한 것은?

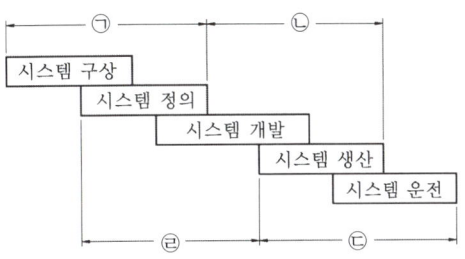

① ㉠   ② ㉡
③ ㉢   ④ ㉣

결함위험분석(FHA)는 시스템의 정의~개발단계에서 적용한다.

참고

* **결함위험분석(FHA: Fault Hazards Analysis)**
한 계약자만으로 모든 시스템의 설계를 담당하지 않고 몇 개의 공동계약자가 분담할 경우 서브시스템(subsystem)의 해석에 사용되는 분석법이다.

정답 42 ① 43 ② 44 ④

45 FTA에 의한 재해사례 연구 순서에서 가장 먼저 실시하여야 하는 상황은?

① FT도의 작성
② 개선 계획의 작성
③ 톱(TOP)사상의 선정
④ 사상의 재해 원인의 규명

> **★ FTA에 의한 재해사례 연구 순서**
> • 1단계 : 톱사상의 설정
> • 2단계 : 재해 원인 규명
> • 3단계 : FT도의 작성
> • 4단계 : 개선계획의 작성

 실기까지 중요한 내용입니다.

46 FTA에서 활용하는 최소 컷셋(Minimal cut sets)에 관한 설명으로 맞는 것은?

① 해당 시스템에 대한 신뢰도를 나타낸다.
② 컷셋 중에 타 컷셋을 포함하고 있는 것을 배제하고 남은 컷셋들을 의미한다.
③ 어느 고장이나 에러를 일으키지 않으면 재해가 일어나지 않는 시스템의 신뢰성이다.
④ 기본사상이 일어나지 않을 때 정상사상(Top event)이 일어나지 않는 기본사상의 집합이다.

> **★ 최소 컷셋(Minimal cut sets)**
> • 컷셋 중에 타 컷셋을 포함하고 있는 것을 배제하고 남은 컷셋들
> • 정상사상을 일으키기 위한 기본사상의 최소 집합(최소 한의 컷)
> • 시스템의 위험성을 나타낸다.

 실기까지 중요한 내용입니다.

47 조도에 관련된 척도 및 용어 정의로 틀린 것은?

① 조도는 거리가 증가할 때 거리의 제곱에 반비례한다.
② candela는 단위 시간당 한 발광점으로부터 투광되는 빛의 에너지양이다.
③ lux는 1cd의 점광원으로부터 1m 떨어진 구면에 비추는 광의 밀도이다.
④ lambert는 완전 발산 및 반사하는 표면에 표준 촛불로 1m 거리에서 조명될 때 조도와 같은 광도이다.

> ④ lambert는 1루멘의 비율로 빛을 반사하는 임의 표면의 평균 휘도이다.

참고

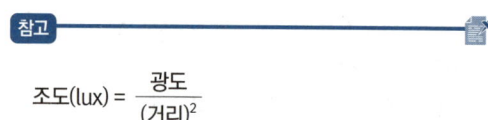

조도(lux) = $\dfrac{광도}{(거리)^2}$

정답 45 ③ 46 ② 47 ④

48 예비위험분석(PHA)에서 식별된 사고의 범주로 부적절한 것은?

① 중대(critical)
② 한계적(marginal)
③ 파국적(catastrophic)
④ 수용가능(acceptable)

* **PHA 카테고리 분류**
  * Class 1 : 파국적(catastrophic)– 사망, 시스템 손상
  * Class 2 : 위기적(critical)– 심각한 상해, 시스템 중대 손상
  * Class 3 : 한계적(marginal)– 경미한 상해, 시스템 성능 저하
  * Class 4 : 무시(negligible)– 경미한 상해 및 시스템 저하 없음

필기에 자주 출제되는 내용입니다.

49 다음 중 불 대수 관계식으로 틀린 것은?

① $A(A + B) = A$
② $\overline{A \cdot B} = \overline{A} + \overline{B}$
③ $A + \overline{A} \cdot B = A + B$
④ $A + B = \overline{A} \cdot \overline{B}$

④ $\overline{A+B} = \overline{A} \cdot \overline{B}$

50 산업안전보건법령에 따른 유해·위험방지계획서 제출 대상 사업장에 해당하는 1차 금속 제조업의 유해·위험방지계획서에 첨부되어야 하는 서류에 해당하지 않는 것은? (단, 그 밖에 고용노동부장관이 정하는 도면 및 서류는 제외한다.)

① 기계·설비의 배치도면
② 건축물 각 층의 평면도
③ 위생시설물 설치 및 관리대책
④ 기계·설비의 개요를 나타내는 서류

* **유해·위험방지계획서 제출 대상 사업장(제조업) 대상 첨부 서류**
  * 건축물 각 층의 평면도
  * 기계·설비의 개요를 나타내는 서류
  * 기계·설비의 배치도면
  * 원재료 및 제품의 취급, 제조 등의 작업방법의 개요
  * 그 밖에 고용노동부장관이 정하는 도면 및 서류

51 부품성능이 시스템 목표달성의 중요도에 따라 우선순위를 설정하는 부품배치 원칙에 해당하는 것은?

① 중요성의 원칙
② 사용 빈도의 원칙
③ 사용 순서의 원칙
④ 기능별 배치의 원칙

> **＊부품배치의 원칙**
> - 중요성의 원칙 : 부품을 작동하는 성능이 체계의 목표 달성에 중요한 정도에 따라 우선순위를 결정한다.
> - 사용빈도의 원칙 : 부품을 사용하는 빈도에 따라 우선순위를 결정한다.
> - 기능별 배치의 원칙 : 기능적으로 관련된 부품들(표시장치, 조정장치 등)을 모아서 배치한다.
> - 사용 순서의 원칙 : 사용 순서에 따라 장치들을 가까이에 배치한다.

실기까지 중요한 내용입니다.

52 일반적인 화학설비에 대한 안전성 평가 (safety assessment) 절차에 있어 안전대책 단계에 해당하지 않는 것은?

① 위험도 평가　② 보전
③ 관리적 대책　④ 설비 대책

> **＊안전대책 수립**
> - 설비 등에 관한 대책
> - 관리적 대책
> - 보전

> **참고**
>
> **＊안전성 평가 6단계**
> - 1단계 : 관계자료의 정비 검토(작성 준비)
> - 2단계 : 정성적인 평가
> - 3단계 : 정량적인 평가
> - 4단계 : 안전대책 수립
> - 5단계 : 재해사례에 의한 평가
> - 6단계 : FTA에 의한 재평가

53 수공구 설계의 기본 원리로 틀린 것은?

① 양손잡이를 모두 고려하여 설계한다.
② 손바닥 부위에 압박을 주는 손잡이 형태로 설계한다.
③ 손잡이의 길이는 95% 남성의 손 폭을 기준으로 한다.
④ 동력공구 손잡이는 최소 두 손가락 이상으로 작동하도록 설계한다.

② 손바닥 부위에 압박을 줄이는 형태로 설계한다.

54 습구온도가 23℃이며, 건구온도가 31℃일 때의 Oxford 지수(건습지수)는 얼마인가?

① 2.42℃　② 2.98℃
③ 24.2℃　④ 29.8℃

정답　51 ①　52 ①　53 ②　54 ③

* Oxford 지수(습·건 지수)
WD(℃) = 0.85×w + 0.15×d
여기서, w : 습구온도, d : 건구온도

WD(℃) = 0.85×23+0.15×31 = 24.2(℃)

 실기까지 중요한 내용입니다.

55 인간이 현존하는 기계를 능가하는 기능이 아닌 것은? (단, 인공지능은 제외한다.)

① 원칙을 적용하여 다양한 문제를 해결한다.
② 관찰을 통해서 특수화하고 연역적으로 추리한다.
③ 주위의 이상하거나 예기치 못한 사건들을 감지한다.
④ 어떤 운용방법이 실패할 경우 새로운 다른 방법을 선택할 수 있다.

② 인간은 귀납적으로 추리한다.

필기에 자주 출제되는 내용입니다.

56 작업설계(job design) 시 철학적으로 고려해야 할 사항 중 작업만족도(job satisfaction)를 얻기 위한 방법으로 볼 수 없는 것은?

① 작업감소(job reduce)
② 작업순환(job rotation)
③ 작업확대(job enlargement)
④ 작업윤택화(job enrichment)

* 작업 만족도를 위한 설계
• 작업확대 : 수평적 확대(범위)
• 작업윤택화 : 수직적 확대(깊이)
• 작업만족도 : 작업 설계 시의 딜레마
• 작업순환 : 작업능률, 생산성 강조(인간요소적 접근방법)

57 중이소골(ossicle)이 고막의 진동을 내이의 난원창(oval window)에 전달하는 과정에서 음파의 압력은 어느 정도 증폭되는가?

① 2배   ② 12배
③ 22배   ④ 220배

고막의 진동을 내이의 난원창(oval window)에 전달하는 과정에서 음파의 압력은 22배 증폭된다.

정답 55 ② 56 ① 57 ③

58 양립성의 종류에 해당하지 않는 것은?

① 기능 양립성 ② 운동 양립성
③ 공간 양립성 ④ 개념 양립성

> ★**양립성**
> 자극과 반응의 관계가 인간의 기대와 모순되지 않는 성질
> - **개념적 양립성** : 외부자극에 대해 인간의 개념적 현상의 양립성
> - **공간적 양립성** : 표시장치, 조종장치의 형태 및 공간적 배치의 양립성
> - **운동의 양립성** : 표시장치, 조종장치 등의 운동 방향의 양립성
> - **양식 양립성** : 자극과 응답양식의 존재에 대한 양립성

필기에 자주 출제되는 내용입니다.

59 원자력 발전소 운전에서 발생 가능한 응급 조치 중 성격이 다른 것은?

① 조작자가 표지(label)를 잘못 읽어 틀린 스위치를 선택하였다.
② 조작자가 극도로 높은 압력 발생이후 처음 60초 이내에 올바르게 행동하지 못하였다.
③ 조작자는 절차서 단계 중 마지막 점검목록인 수동 점검 밸브를 적절한 형태로 복귀시키지 않았다.
④ 조작자가 하나의 절차적 단계에서 2개의 긴밀하게 결부된 밸브 중에서 하나를 올바르게 조작하지 못하였다.

> ①, ②, ④ commission error(작위 오류)
> ③ omission error(누설 오류, 생략 오류, 부작위 오류)

> 참고
> ★ **휴먼에러의 심리적 분류(Swain의 분류, 독립행동에 관한 분류)**
> - **omission error(누설 오류, 생략 오류, 부작위 오류)** : 필요한 작업 또는 절차를 수행하지 않는 데 기인한 에러
> - **time error(시간 오류)** : 필요한 작업 또는 절차의 수행 지연으로 인한 에러
> - **commission error(작위 오류)** : 필요한 작업 또는 절차의 불확실한 수행으로 인한 에러
> - **sequential error(순서 오류)** : 필요한 작업 또는 절차의 순서 착오로 인한 에러
> - **extraneous error(과잉행동 오류)** : 불필요한 작업 또는 절차를 수행함으로써 기인한 에러

60 형광등과 물체의 거리가 50cm이고 광도가 30fL일 때, 반사율은 얼마인가?

① 12% ② 25%
③ 35% ④ 42%

> - 조도(lux) = $\dfrac{광도}{(거리)^2}$
> - 반사율(%) = $\dfrac{광속발산도(fL)}{조명(fc)} \times 100$
> ① 조도(lux) = $\dfrac{광도}{(m)^2} = \dfrac{30}{0.5^2} = 120(lux)$
> ② 반사율(%) = $\dfrac{30}{120} \times 100 = 25(\%)$

정답 58 ① 59 ③ 60 ②

4과목 건설시공학

61 콘크리트 타설 후 진동다짐에 관한 설명으로 옳지 않은 것은?

① 진동기는 하층 콘크리트에 10cm 정도 삽입하여 상하층 콘크리트를 일체화시킨다.
② 진동기는 가능한 연직 방향으로 찔러 넣는다.
③ 진동기를 빼낼 때는 서서히 뽑아 구멍이 남지 않도록 한다.
④ 된비빔 콘크리트의 경우 구조체의 철근에 진동을 주어 진동효과를 좋게 한다.

④ 철근 또는 거푸집에 직접 진동을 주지 않고 경화가 시작된 콘크리트에 진동을 주어서는 안 된다.

필기에 자주 출제되는 내용입니다.

62 속빈 콘크리트블록의 규격 중 기본블록치수가 아닌 것은? (단, 단위 : mm)

① 390×190×190
② 390×190×150
③ 390×190×100
④ 390×190×80

* 속빈 콘크리트블록의 규격

단위 : mm

모양	치수			허용차
	길이	높이	두께	
기본 블록	390	190	210 190 150 100	±2
이형블록	길이, 높이 및 두께의 최소 크기를 90mm 이상으로 한다. 또 가로근 삽입 블록, 모서리 블록과 기본 블록과 동일한 크기인 것의 치수 및 허용치는 기본 블록에 따른다.			

필기에 자주 출제되는 내용입니다.

63 철골공사의 용접집합에서 플럭스(flux)를 옳게 설명한 것은?

① 용접 시 용접봉의 피복제 역할을 하는 분말상의 재료
② 압연강판의 층 사이에 균열이 생기는 현상
③ 용접작업의 종단부에 임시로 붙이는 보조판
④ 용접부에 생기는 미세한 구멍

플럭스(flux) : 용접 또는 납땜 시에 생성되는 산화물 등 유해물을 제거하고 모재표면을 보호할 목적으로 사용되는 분말상의 재료(피복재)

필기에 자주 출제되는 내용입니다.

정답 61 ④ 62 ④ 63 ①

64 콘크리트 측압에 관한 설명으로 옳지 않은 것은?

① 콘크리트의 비중이 클수록 측압이 크다.
② 외기의 온도가 낮을수록 측압은 크다.
③ 거푸집의 강성이 작을수록 측압이 크다.
④ 진동다짐의 정도가 클수록 측압이 크다.

③ 거푸집의 강성이 클수록 측압이 크다.

> **참고**
>
> * 콘크리트 타설 시 거푸집의 측압
> ① 콘크리트 비중이 클수록 측압이 크다.
> ② 거푸집 수밀성이 클수록 측압이 크다.
> ③ 거푸집의 강성이 클수록 측압이 크다.
> ④ 다짐이 좋을수록 측압이 크다.
> ⑤ 철골 or 철근량이 적을수록 측압이 크다.
> ⑥ 외기온도가 낮을수록 측압이 크다.
> ⑦ 습도가 낮을수록 측압이 크다.
> ⑧ 타설 속도가 빠를수록 측압이 크다.

 필기에 자주 출제되는 내용입니다.

65 철근 콘크리트 보강 블록공사에 관한 설명으로 옳지 않은 것은?

① 보강 블록조 쌓기에서 세로줄눈은 막힌 줄눈으로 하는 것이 좋다.
② 블록을 쌓을 때 지나치게 물축이기하면 팽창수축으로 벽체에 균열이 생기기 쉬우므로, 접착면에 적당히 물축여 모르타르 경화강도에 지장이 없도록 한다.
③ 보강블록공사 시 철근은 굵은 것보다 가는 철근을 많이 넣는 것이 좋다.
④ 벽체를 일체화시키기 위한 철근콘크리트조의 테두리 보의 춤은 내력벽 두께의 1.5배 이상으로 한다.

① 원칙적으로 통줄눈 쌓기로 한다.

필기에 자주 출제되는 내용입니다.

정답 64 ③ 65 ①

66 공사관리계약(Construction Management Contract) 방식의 장점이 아닌 것은?

① 시공 시 단계별 시공법을 적용할 수 있어 설계 및 시공기간을 단축시킬 수 있다.
② 설계과정에서 설계가 시공에 미치는 영향을 예측할 수 있어 설계도서의 현실성을 향상시킬 수 있다.
③ 기획 및 설계과정에서 발주자와 설계자 간의 의견대립 없이 설계대안 및 특수공법의 적용이 가능하다.
④ 대리인형 CM(CM for fee) 방식은 공사비와 품질에 직접적인 책임을 지는 공사관리 계약방식이다.

> ④ 대리인형 CM(CM for Free, Agency CM)은 설계 및 시공에 직접 관여하지 않으며, 건설사업 수행에 관한 발주자에 대한 조언자로서의 역할만을 한다.

67 다음 중 깊은 기초지정에 해당되는 것은?

① 잡석지정
② 피어기초지정
③ 밑창콘크리트지정
④ 긴주춧돌지정

> ***피어기초**
> 기초판의 하부에 기둥모양으로 만든 피어를 설치하여 하중을 전달시키는 형식의 기초(깊은 기초지정에 해당한다.)

68 당해 공사의 특수한 조건에 따라 표준시방서에 대하여 추가, 변경, 삭제를 규정한 시방서는?

① 안내시방서
② 특기시방서
③ 자료시방서
④ 공사시방서

> ***특기 시방서**
> ① 당해 공사의 특수한 조건에 따라 표준시방서에 대하여 **추가, 변경, 삭제를 규정**한 시방서를 말한다.
> ② 표준시방서에 기재되지 않은 특수 재료, 특수 공법 등을 설계자가 작성한다.

필기에 자주 출제되는 내용입니다.

69 흙막이공사의 공법에 관한 설명으로 옳은 것은?

① 지하연속벽(Slurry wall) 공법은 인접건물의 근접시공은 어려우나 수평방향의 연속성이 확보된다.
② 어스앵커 공법은 지하 매설물 등으로 시공이 어려울 수 있으나 넓은 작업장 확보가 가능하다.
③ 버팀대(Strut) 공법은 가설구조물을 설치하지만 토량제거 작업의 능률이 향상된다.
④ 강재 널말뚝(Steel sheet pile) 공법은 철재판재를 사용하므로 수밀성이 부족하다.

정답 66 ④ 67 ② 68 ② 69 ②

① 지하연속벽(Slurry wall)공법은 인접건물 경계선까지 시공이 가능하다.
③ 버팀대(Strut)공법은 수평버팀대, 띠장 등의 가설구조물을 설치하므로 굴착, 토량제거 작업에 장애가 된다.
④ 강재 널말뚝(Steel sheet pile)공법은 철재판재를 사용하므로 수밀성이 좋다.

📝 필기에 자주 출제되는 내용입니다.

70 콘크리트 골재의 비중에 따른 분류로써 초경량골재에 해당하는 것은?

① 중정석 ② 펄라이트
③ 강모래 ④ 부순자갈

★ 펄라이트(perlite)
내부에 미세공극을 갖는 작고 가벼운 동그란 입자로 구성되어 경량 콘크리트 및 플라스터의 골재, 단열재로 사용된다.

71 자연상태로서의 흙의 강도가 1MPa이고, 이긴상태로의 강도는 0.2MPa라면 이 흙의 예민비는?

① 0.2 ② 2
③ 5   ④ 10

$$예민비 = \frac{\text{자연 시료의 강도(불교란시료)}}{\text{이긴 시료의 강도(교란시료)}}$$

$$예민비 = \frac{1}{0.2} = 5$$

📝 필기에 자주 출제되는 내용입니다.

72 철근 용접이음 방식 중 Cad Welding 이음의 장점이 아닌 것은?

① 실시간 육안검사가 가능하다.
② 기후의 영향이 적고 화재위험이 감소된다.
③ 각종 이형철근에 대한 적용범위가 넓다.
④ 예열 및 냉각이 불필요하고 용접시간이 짧다.

① 육안검사가 불가능하다.

참고

Cad Welding 이음 : 철근에 sleeve를 끼우고 sleeve 구멍을 통하여 화약과 합금의 혼합물을 넣어 순간폭발시켜 녹은 합금이 공간을 충전하며 이음하는 방법을 말한다.

정답 70 ② 71 ③ 72 ①

73 공사계약 중 재계약 조건이 아닌 것은?

① 설계도면 및 시방서(specification)의 중대결함 및 오류에 기인한 경우
② 계약상 현장조건 및 시공조건이 상이(difference)한 경우
③ 계약사항에 중대한 변경이 있는 경우
④ 정당한 이유 없이 공사를 착수하지 않은 경우

★ 공사계약 중 재계약 조건
① 설계도면 및 시방서(specification)의 중대결함 및 오류에 기인한 경우
② 계약상 현장조건 및 시공조건이 상이(difference)한 경우
③ 계약사항에 중대한 변경이 있는 경우

74 발주자가 수급자에게 위탁하지 않고 직영공사로 공사를 수행하기에 가장 부적합한 공사는?

① 공사 중 설계변경이 빈번한 공사
② 아주 중요한 시설물공사
③ 군비밀상 부득이한 공사
④ 공사현장 관리가 비교적 복잡한 공사

★ 직영공사방식
① 건축주가 직접 계획을 세우고 재료구입. 노무자고용. 시공기계 및 가설재를 마련하여 모든 공사를 자기 책임 하에 시행하며 발주하는 방식이다.
② 군공사와 같은 기밀을 요하는 공사, 설계변경이 빈번한 공사, 문화재와 같이 고도의 기술을 요하는 공사, 재해응급 복구와 같이 대자본을 요하는 공사 등에 이용된다.

📝 필기에 자주 출제되는 내용입니다.

75 강재 중 SN 355 B에 각 기호의 의미를 잘못 나타낸 것은?

① S : Steel
② N : 일반 구조용 압연강재
③ 355 : 최저 항복강도 355N/mm²
④ B : 용접성에 있어 중간 정도의 품질

② N : 건축 구조용 압연 강재

76 지반개량 공법 중 동다짐(Dynamic Compaction)공법의 특징으로 옳지 않은 것은?

① 시공 시 지반진동에 의한 공해문제가 발생하기도 한다.
② 지반 내에 암괴 등의 장애물이 있으면 적용이 불가능하다.
③ 특별한 약품이나 자재를 필요로 하지 않는다.
④ 깊은 심도의 지반개량에 대해서는 초대형 장비가 필요하다.

② 지반 내에 암괴 등의 장애물이 있어도 적용할 수 있다.

참고

★ 동다짐(Dynamic Compaction)공법
강재 및 콘크리트 등으로 제작한 추를 반복 낙하시켜서 지반의 다짐효과를 얻는 공법

📝 필기에 자주 출제되는 내용입니다.

정답 73 ④ 74 ④ 75 ② 76 ②

77 철근콘크리트 구조물(5~6층)을 대상으로 하는 벽 및 지하외벽의 철근 고임재 및 간격재의 배치표준으로 옳은 것은?

① 상단은 보 밑에서 0.5m
② 중단은 상단에서 2.0m 이내
③ 횡간격은 0.5m 정도
④ 단부는 2.0m 이내

부위	종류	수량 또는 배치표준
벽, 지하외벽	강재, 콘크리트	상단은 보 밑에서 0.5m 중단은 상단에서 1.5m 이내 횡간격은 1.5m 이내 단부는 1.5m 이내

78 철골부재 공장제작에서 강재의 절단 방법으로 옳지 않은 것은?

① 기계 절단법
② 가스 절단법
③ 로터리 베니어 절단법
④ 프라즈마 절단법

강재의 절단은 강재의 형상, 치수를 고려하여 기계절단(전단절단, 톱절단), 가스절단, 플라스마 절단, 레이저절단 등을 적용하고, 가스절단을 하는 경우는 원칙적으로 자동가스 절단기를 이용한다.

79 벽돌쌓기법 중에서 마구리를 세워 쌓는 방식으로 옳은 것은?

① 옆세워 쌓기 ② 허튼 쌓기
③ 영롱 쌓기 ④ 길이 쌓기

옆세워쌓기 : 마구리를 세워서 쌓는 방식

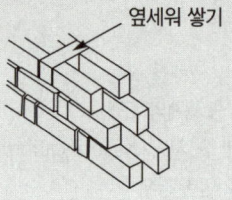

옆세워 쌓기

참고

1. 허튼 쌓기 : 크기가 다른 돌을 줄눈을 맞추지 아니하고 불규칙하게 쌓는 돌쌓기 방법
2. 영롱 쌓기 : 벽면에 벽돌을 비워 구멍을 두고 쌓는 방법
3. 길이 쌓기 : 길이 면이 보이도록 벽돌을 쌓는 방법

80 연약한 점토 지반에서 지반의 강도가 굴착 규모에 비해 부족할 경우에 흙이 돌아 나오거나 굴착바닥면이 융기하는 현상은?

① 히빙 ② 보일링
③ 파이핑 ④ 틱소트로피

> ＊히빙현상
> 연질의 점토지반에서 흙막이 바깥에 있는 흙의 중량과 지표위에 적재하중의 중량에 못 견디어 저면 흙이 붕괴되고 흙막이 바깥에 있는 흙이 안으로 밀려 불룩하게 되는 현상을 말한다.

📝 필기에 자주 출제되는 내용입니다.

5과목 건설재료학

81 평판성형되어 유리대체재로서 사용되는 것으로 유기질 유리라고 불리는 것은?

① 아크릴수지
② 페놀수지
③ 폴리에틸렌수지
④ 요소수지

> ＊아크릴 수지
> ① 투명도가 높아 유기유리(유기질 유리)라고도 불린다.
> ② 무색 투명하여 착색이 자유롭고 상온에서도 절단·가공이 용이하다.
> ③ 투광성이 크고 내약품성, 내후성이 크다.

📝 필기에 자주 출제되는 내용입니다.

82 콘크리트에 사용되는 신축이음(Expansion Joint) 재료에 요구되는 성능 조건이 아닌 것은?

① 콘크리트의 수축에 순응할 수 있는 탄성
② 콘크리트의 팽창에 대한 저항성
③ 우수한 내구성 및 내부식성
④ 콘크리트 이음사이의 충분한 수밀성

> ② 콘크리트의 팽창에 의한 변형을 흡수

정답 80 ① 81 ① 82 ②

> **참고**
>
> **＊신축이음(Expansion Joint)**
> 건축물의 온도변화에 의한 신축팽창, 부동침하 등에 의한 균열을 한곳에 집중시키도록 균열 발생이 예상되는 위치에 설치하는 줄눈을 말한다.

83 다음 제품의 품질시험으로 옳지 않은 것은?

① 기와 : 흡수율과 인장강도
② 타일 : 흡수율
③ 벽돌 : 흡수율과 압축강도
④ 내화벽돌 : 내화도

> **＊점토기와의 품질시험 종류**
> ① 겉모양과 치수
> ② 흡수율
> ③ 휨파괴 하중
> ④ 내동해성

84 점토에 관한 설명으로 옳지 않은 것은?

① 가소성은 점토입자가 클수록 좋다.
② 소성된 점토제품의 색상은 철화합물, 망간화합물, 소성온도 등에 의해 나타난다.
③ 저온으로 소성된 제품은 화학변화를 일으키기 쉽다.
④ Fe_2O_3 등의 성분이 많으면 건조수축이 커서 고급 도자기 원료로 부적합하다.

> ① 가소성은 점토입자가 미세할수록 좋다.

📝 필기에 자주 출제되는 내용입니다.

85 다음 중 이온화 경향이 가장 큰 금속은?

① Mg   ② Al
③ Fe   ④ Cu

> **＊금속의 이온화 경향**
>
>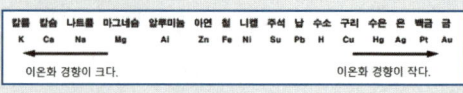
>
> 이온화 경향이 크다.　　　　이온화 경향이 작다.

86 내화벽돌의 주원료 광물에 해당되는 것은?

① 형석   ② 방해석
③ 활석   ④ 납석

> 내화벽돌의 주원료 광물 : 납석

87 바닥용으로 사용되는 모자이크 타일의 재질로서 가장 적당한 것은?

① 도기질   ② 자기질
③ 석기질   ④ 토기질

> **＊자기**
> ① 양질의 도토 또는 장석분을 원료로 하며, 흡수율이 1% 이하로 거의 없다.
> ② 소성온도가 약 1,230 ~ 1,460℃로 가장 높다.
> ③ 모자이크 타일, 위생도기 등에 주로 사용된다.

📝 필기에 자주 출제되는 내용입니다.

정답 83 ① 84 ① 85 ① 86 ④ 87 ②

88 콘크리트 공기량에 관한 설명으로 옳지 않은 것은?

① AE 콘크리트의 공기량은 보통 3~6%를 표준으로 한다.
② 콘크리트를 진동시키면 공기량이 감소한다.
③ 콘크리트의 온도가 높으면 공기량이 줄어든다.
④ 비빔 시간이 길면 길수록 공기량은 증가한다.

④ 지나치게 긴 비빔시간은 공기량을 감소시킨다.

89 목재의 심재와 변재에 관한 설명으로 옳지 않은 것은?

① 변재는 심재 외측과 수피 내측 사이에 있는 생활세포의 집합이다.
② 심재는 수액의 통로이며 양분의 저장소이다.
③ 심재는 변재보다 단단하여 강도가 크고 신축 등 변형이 적다.
④ 심재의 색깔은 짙으며 변재의 색깔은 비교적 옅다.

② 목재 중심 부분의 짙은 색 목부를 심재라고 하며, 심재는 모든 세포가 죽어 있으므로 생리적 기능을 하지 않는다.(나무를 물리적으로 지탱해 주는 역할을 한다.)

90 금속재료의 녹막이를 위하여 사용하는 바탕칠 도료는?

① 알루미늄페인트
② 광명단
③ 에나멜페인트
④ 실리콘페인트

금속재료의 녹막이를 위한 바탕칠 도료 → 광명단

필기에 자주 출제되는 내용입니다.

91 콘크리트의 성질을 개선하기 위해 사용하는 각종 혼화제의 작용에 포함되지 않는 것은?

① 기포작용　② 분산작용
③ 건조작용　④ 습윤작용

혼화제 : 콘크리트에 특정한 성능을 부여하는 데 사용되는 첨가제(시멘트 중량의 5% 이하로만 사용)
① AE제(기포작용)
② 감수제, AE감수제(습윤, 분산작용)
③ 고성능 감수제
④ 응결, 경화 조정제
⑤ 기포제, 발포제
⑥ 방수제
⑦ 방청제

정답　88 ④　89 ②　90 ②　91 ③

92 돌로마이트 플라스터에 관한 설명으로 옳지 않은 것은?

① 건조수축에 대한 저항성이 크다.
② 소석회에 비해 점성이 높고 작업성이 좋다.
③ 변색, 냄새, 곰팡이가 없으며 보수성이 크다.
④ 회반죽에 비해 조기강도 및 최종강도가 크다.

> ① 경화에 의한 **수축률이 커서 균열 발생**이 쉽다.

📝 필기에 자주 출제되는 내용입니다.

93 자연에서 용제가 증발해서 표면에 피막이 형성되어 굳는 도료는?

① 유성조합페인트
② 에폭시수지도료
③ 알키드수지
④ 염화비닐수지에나멜

> 자연에서 용제가 증발해서 표면에 피막이 형성되어 굳는 도료 → 염화비닐수지에나멜

94 절대건조밀도가 2.6g/cm³이고, 단위용적질량이 1,750kg/m³인 굵은 골재의 공극률은?

① 30.5%   ② 32.7%
③ 34.7%   ④ 36.2%

> 실적률(%) = $\dfrac{\text{단위용적 질량}}{\text{절건비중(밀도)}} \times 100$
>
> 실적률(%) = 100 − 공극률(%)

1. 실적률(%) = $\dfrac{\text{단위용적 질량}}{\text{절건비중(밀도)}} \times 100$

   = $\dfrac{1{,}750}{2{,}600} \times 100 = 67.31(\%)$

   ($\dfrac{2.6g}{cm^3} = \dfrac{2.6 \times 10^{-3} kg}{(10^{-2}m)^3} = 2600 kg/m^3$)

2. 공극률 = 100−실적률 = 100−67.31 = 32.69(%)

📝 필기에 자주 출제되는 내용입니다.

95 시멘트의 분말도가 높을수록 나타나는 성질변화에 관한 설명으로 옳은 것은?

① 시멘트 입자 표면적의 증대로 수화반응이 늦다.
② 풍화작용에 대하여 내구적이다.
③ 건조수축이 적다.
④ 초기강도 발현이 빠르다.

정답 92 ① 93 ④ 94 ② 95 ④

★ **분말도가 큰 시멘트의 특징**
① 워커빌리티가 좋고 블리딩이 적다.
② 수화반응이 빠르고 초기강도가 크다.
③ 시멘트량이 절약되고 내구성이 작아진다.
④ 분말도가 너무 크면 풍화되기 쉽다.

> 참고
>
> 분말도 : 시멘트 입자의 가는 정도를 말한다.

📑 필기에 자주 출제되는 내용입니다.

96 아스팔트 방수시공을 할 때 바탕재와의 밀착용으로 사용하는 것은?

① 아스팔트 컴파운드
② 아스팔트 모르타르
③ 아스팔트 프라이머
④ 아스팔트 루핑

★ **아스팔트 프라이머**
• 아스팔트를 휘발성 용제로 녹인 것으로 콘크리트 등의 모체에 침투가 용이하다.
• 아스팔트 방수 시공 시 가방 먼저 사용되는 바탕 처리재이며 방수의 역할보다는 콘크리트 바탕면과 아스팔트 방수층과의 부착력을 증대시키는 역할을 한다.

97 유리섬유를 폴리에스테르수지에서 혼입하여 가압·성형한 판으로 내구성이 좋아 내·외수장재로 사용하는 것은?

① 아크릴평판
② 멜라민치장판
③ 폴리스티렌투명판
④ 폴리에스테르강화판

★ **폴리에스테르강화판**
유리섬유를 폴리에스테르수지에 혼입하여 가압·성형한 판으로 내구성이 좋아 내·외 수장재로 사용한다.

> 참고
>
> ★ **폴리에스테르수지**
> • 고분자 합성수지의 일종으로 상온, 상압 하에서 성형이 가능하고 기계적 강도가 높은 열경화성 수지
> • 글라스 섬유로 강화된 평판, 판상제품으로 주로 사용된다.

정답 96 ③ 97 ④

98 석재에 관한 설명으로 옳지 않은 것은?

① 석회암은 석질이 치밀하나 내화성이 부족하다.
② 현무암은 석질이 치밀하여 토대석, 석축에 쓰인다.
③ 테라조는 대리석을 종석으로 한 인조석의 일종이다.
④ 화강암은 석회, 시멘트의 원료로 사용된다.

④ 화강암은 구조재, 내외장재 및 콘크리트용 골재로 사용된다.

📖 필기에 자주 출제되는 내용입니다.

99 목재의 강도 중에서 가장 작은 것은?

① 섬유방향의 인장강도
② 섬유방향의 압축강도
③ 섬유 직각방향의 인장강도
④ 섬유방향의 휨강도

목재의 강도는 **섬유방향의 인장강도가 가장 크고, 섬유 직각방향의 인장강도가 가장 작다.**

항목	섬유방향과 평행	섬유방향과 직각
인장강도	약 200	7~20
휨강도	약 150	10~20
압축강도	100	10~20
전단강도	침엽수 약 16	활엽수 약 19

100 강재의 인장강도가 최대로 될 경우의 탄소함유량의 범위로 가장 가까운 것은?

① 0.04~10.2%   ② 0.2~0.5%
③ 0.8~1.0%   ④ 1.2~1.5%

강재의 인장강도가 최대로 될 경우의 탄소함유량의 범위 : 0.8 ~ 1.0%(인장강도가 가장 큰 강의 탄소함유량은 약 0.9%)

정답 98 ④ 99 ③ 100 ③

6과목 건설안전기술

101 가설통로를 설치하는 경우 준수해야 할 기준으로 옳지 않은 것은?

① 견고한 구조로 할 것
② 경사는 30° 이하로 할 것
③ 추락할 위험이 있는 장소에는 안전난간을 설치할 것
④ 건설공사에 사용하는 높이 8m 이상인 비계다리에는 4m 이내마다 계단참을 설치할 것

④ 건설공사에 사용하는 높이 8m 이상인 비계다리에는 7m 이내마다 계단참을 설치할 것

* **가설통로 설치 시의 준수사항**
- 견고한 구조로 할 것
- 경사는 30° 이하로 할 것(계단을 설치하거나 높이 2m 미만의 가설 통로로서 튼튼한 손잡이를 설치한 때에는 그러하지 아니한다.)
- 경사가 15°를 초과하는 때는 미끄러지지 아니하는 구조로 할 것
- 추락의 위험이 있는 장소에는 안전난간을 설치할 것 (작업상 부득이한 때에는 필요한 부분에 한하여 임시로 이를 해체할 수 있다.)
- 수직갱 : 길이가 15m 이상인 때에는 10m 이내마다 계단참을 설치할 것
- 건설공사에 사용하는 높이 8m 이상인 비계다리 : 7m 이내마다 계단참을 설치할 것

 실기까지 중요한 내용입니다.

102 버팀보, 앵커 등의 축하중 변화 상태를 측정하여 이들 부재의 지지효과 및 그 변화추이를 파악하는데 사용되는 계측기기는?

① water level meter
② load cell
③ piezo meter
④ strain gauge

축하중의 변화를 측정 → load cell

① water level meter → 지하 수위계
③ piezo meter → 간극 수압계
④ strain gauge → 변형률계

103 건설업 산업안전보건관리비 계상에 관한 설명으로 옳지 않은 것은?

① 재료비와 직접노무비의 합계액을 계상 대상으로 한다.
② 안전관리비 계상기준은 산업재해보상보험법의 적용을 받는 공사 중 총 공사금액 2천 만 원 이상인 공사에 적용한다.
③ 발주자 또는 자기공사자는 설계 변경 등으로 대상액의 변동이 있는 경우라도 특별한 경우를 제외하고는 안전관리비를 조정 계상하지 않는다.
④ 「전기공사업법」 제2조에 따른 전기공사로서 저압·고압 또는 특별고압작업으로 이루어지는 공사로서 단가 계약에 의하여 행하는 공사에 대하여는 총 계약금액을 기준으로 적용한다.

정답 101 ④ 102 ② 103 ③

③ 발주자 또는 자기공사자는 설계 변경 등으로 대상액의 변동이 있는 경우에 지체 없이 안전관리비를 조정계상하여야 한다.

104 동바리의 침하를 방지하기 위한 직접적인 조치와 가장 거리가 먼 것은?

① 받침목이나 깔판의 사용
② 수평연결재 사용
③ 콘크리트의 타설
④ 말뚝 박기

* 거푸집 동바리의 침하 방지 조치
① 받침목이나 깔판의 사용
② 말뚝박기
③ 콘크리트 타설

참고

* 수평연결재
수평하중의 분산 기능

105 강관비계를 사용하여 비계를 구성하는 경우 준수해야 할 기준으로 옳지 않은 것은?

① 비계기둥 간격은 띠장방향에서는 1.85m 이하, 장선방향에서는 1.5m 이하로 할 것
② 띠장간격은 2.0미터 이하로 할 것
③ 비계기둥의 제일 윗부분으로부터 31m 되는 지점 밑부분의 비계기둥은 2개의 강관으로 묶어 세울 것
④ 비계기둥 간의 적재하중은 600kg을 초과하지 않도록 할 것

* 강관비계의 구조
① 비계기둥 간격 : 띠장방향에서는 1.85m 이하, 장선방향에서는 1.5m 이하로 할 것
다만, 다음 각 목의 어느 하나에 해당하는 작업의 경우에는 안전성에 대한 구조검토를 실시하고 조립도를 작성하면 띠장 방향 및 장선 방향으로 각각 2.7미터 이하로 할 수 있다.
가. 선박 및 보트 건조작업
나. 그 밖에 장비 반입·반출을 위하여 공간 등을 확보할 필요가 있는 등 작업의 성질상 비계기둥 간격에 관한 기준을 준수하기 곤란한 작업
② 띠장간격 : 2.0미터 이하로 할 것
③ 비계기둥의 제일 윗부분으로 부터 31m되는 지점 밑부분의 비계기둥은 2본의 강관으로 묶어세울 것
④ 비계기둥 간의 적재하중은 400kg을 초과하지 않도록 할 것

관련 법령의 변경으로 문제 일부를 수정하였습니다.
실기까지 중요한 내용입니다.

106 굴착공사에서 경사면의 안정성을 확인하기 위한 검토사항에 해당되지 않는 것은?

① 지질조사
② 토질시험
③ 풍화의 정도
④ 경보장치 작동상태

* 경사면의 안정성을 확인을 위한 검토사항
• 지질조사
• 토질시험
• 풍화의 정도

정답 104 ② 105 ④ 106 ④

107 차량계 하역운반기계를 사용하여 작업을 할 때 기계의 넘어짐 등에 의해 근로자에게 위험을 미칠 우려가 있는 경우에 사업주가 조치하여야 할 사항 중 옳지 않은 것은?

① 운전자의 시야를 살짝 가리는 정도로 화물을 적재
② 하역운반기계를 유도하는 사람을 배치
③ 지반의 부동 침하 방지 조치
④ 갓길의 붕괴를 방지하기 위한 조치

*차량계 하역운반기계 넘어짐(전도) 방지 조치
- 유도자 배치
- 지반의 부동침하 방지
- 갓길의 붕괴 방지

> 참고
>
> *차량계 건설기계의 넘어짐(전도) 방지 조치
> - 유도자 배치
> - 지반의 부동침하 방지
> - 갓길의 붕괴 방지
> - 도로의 폭 유지

 실기까지 중요한 내용입니다.

108 옥외에 설치되어 있는 주행크레인에 대하여 이탈 방지 장치를 작동시키는 등 그 이탈을 방지하기 위한 조치를 하여야 하는 순간 풍속에 대한 기준으로 옳은 것은?

① 순간풍속이 초당 10m를 초과하는 바람이 불어올 우려가 있는 경우
② 순간풍속이 초당 20m를 초과하는 바람이 불어올 우려가 있는 경우
③ 순간풍속이 초당 30m를 초과하는 바람이 불어올 우려가 있는 경우
④ 순간풍속이 초당 40m를 초과하는 바람이 불어올 우려가 있는 경우

*악천후 시 조치
- 순간풍속이 초당 10m를 초과 : 타워크레인의 설치·수리·점검 또는 해체작업을 중지
- 순간풍속이 초당 15m를 초과 : 타워크레인의 운전작업을 중지
- 순간풍속이 초당 30m를 초과 : 옥외에 설치되어 있는 주행 크레인 이탈 방지 조치
- 순간풍속이 초당 30m를 초과하는 바람이 불거나 중진(中震) 이상 진도의 지진이 있은 후 : 옥외 양중기 각 부위 이상 점검
- 순간풍속이 초당 35m를 초과 : 옥외 승강기 및 건설용 리프트(지하에 설치되어 있는 것은 제외)에 대하여 받침의 수를 증가시키는 등 승강기가 무너지는 것을 방지하기 위한 조치

실기에 자주 출제되는 내용입니다. 암기하세요.

정답 107 ① 108 ③

109 항타기 및 항발기의 무너짐 방지를 위하여 준수해야할 기준으로 옳지 않은 것은?

① 아웃트리거·받침 등 지지구조물이 미끄러질 우려가 있는 때에는 버팀대·버팀줄을 사용하여 해당 지지구조물을 고정시킬 것
② 상단 부분은 버팀대·버팀줄로 고정하여 안정시키고, 그 하단 부분은 견고한 버팀·말뚝 또는 철골 등으로 고정시킬 것
③ 시설 또는 가설물 등에 설치하는 때에는 그 내력을 확인하고 내력이 부족한 때에는 그 내력을 보강할 것
④ 연약한 지반에 설치하는 경우에는 아웃트리거·받침 등 지지구조물의 침하를 방지하기 위하여 깔판·받침목 등을 사용할 것

> ④ 아웃트리거 · 받침 등 지지구조물이 미끄러질 우려가 있는 때에는 말뚝 또는 쐐기 등을 사용하여 해당 지구조물을 고정시킬 것

📝 실기까지 중요한 내용입니다.

110 철골작업 시 철골부재에서 근로자가 수직 방향으로 이동하는 경우에 설치하여야 하는 고정된 승강로의 최대 답단 간격은 얼마인가?

① 20cm   ② 25cm
③ 30cm   ④ 40cm

> 근로자가 수직 방향으로 이동하는 철골부재에는 답단 간격이 30cm 이내인 고정된 승강로를 설치하여야 하며, 수평 방향 철골과 수직 방향 철골이 연결되는 부분에는 연결작업을 위하여 작업발판 등을 설치하여야 한다.

111 터널굴착작업 작업계획서에 포함해야 할 사항으로 가장 거리가 먼 것은?

① 암석의 분할방법
② 터널지보공 및 복공(覆工)의 시공방법
③ 용수(湧水)의 처리방법
④ 환기 또는 조명시설을 설치할 때에 그 방법

> ★ 터널 굴착작업의 작업계획서 내용
> • 굴착의 방법
> • 터널지보공 및 복공(覆工)의 시공방법과 용수(湧水)의 처리 방법
> • 환기 또는 조명시설을 설치할 때에는 방법

📝 실기까지 중요한 내용입니다.

112 유해 · 위험방지계획서를 제출해야 할 대상 공사의 조건으로 옳지 않은 것은?

① 터널 건설 등의 공사
② 최대지간 길이가 50m 이상인 교량건설 등의 공사
③ 다목적 댐, 발전용 댐 및 저수용량 2천만 톤 이상의 용수전용댐, 지방상수도 전용 댐 건설 등의 공사
④ 깊이가 5m 이상인 굴착공사

> ④ 깊이가 10m 이상인 굴착공사

정답 109 ④ 110 ③ 111 ① 112 ④

참고

* 유해위험방지계획서를 제출해야 될 건설공사

1. 다음 각 목의 어느 하나에 해당하는 건축물 또는 시설 등의 건설·개조 또는 해체공사
   가. 지상높이가 31미터 이상인 건축물 또는 인공구조물
   나. 연면적 3만제곱미터 이상인 건축물
   다. 연면적 5천제곱미터 이상인 시설로서 다음의 어느 하나에 해당하는 시설
      1) 문화 및 집회시설(전시장 및 동물원·식물원은 제외한다)
      2) 판매시설, 운수시설(고속철도의 역사 및 집배송시설은 제외한다)
      3) 종교시설
      4) 의료시설 중 종합병원
      5) 숙박시설 중 관광숙박시설
      6) 지하도상가
      7) 냉동·냉장 창고시설
2. 연면적 5천제곱미터 이상의 냉동·냉장창고시설의 설비공사 및 단열공사
3. 최대 지간길이(다리의 기둥과 기둥의 중심사이의 거리)가 50미터 이상인 교량 건설 등 공사
4. 터널 건설 등의 공사
5. 다목적댐, 발전용댐, 저수용량 2천만톤 이상의 용수 전용 댐, 지방상수도 전용 댐 건설 등의 공사
6. 깊이 10미터 이상인 굴착공사

특급암기법
- 지상높이 31m, 연면적 3만m², 사람 많은 시설 연면적 5,000m²
- 연면적 5,000m² 냉동·냉장창고시설
- 최대 지간길이가 50미터 이상 교량
- 터널
- 저수용량 2천만 톤 이상 댐
- 10미터 이상인 굴착

 실기에 자주 출제되는 내용입니다. 암기하세요.

---

113 철골보 인양 시 준수해야 할 사항으로 옳지 않은 것은?

① 인양 와이어로프의 매달기 각도는 양변 60°를 기준으로 한다.
② 클램프로 부재를 체결할 때는 클램프의 정격용량 이상 매달지 않아야 한다.
③ 클램프는 부재를 수평으로 하는 한 곳의 위치에만 사용하여야 한다.
④ 인양 와이어로프는 후크의 중심에 걸어야 한다.

③ 클램프는 부재를 수평으로 하는 두 곳의 위치에 사용한다.

114 구조물의 해체작업 시 해체 작업계획서에 포함하여야 할 사항으로 옳지 않은 것은?

① 해체의 방법 및 해체순서 도면
② 해체물의 처분계획
③ 주변 민원 처리계획
④ 사업장 내 연락방법

* 해체 작업계획서에 포함할 사항
- 해체의 방법 및 해체 순서도면
- 가설설비·방호설비·환기설비 및 살수·방화설비 등의 방법
- 사업장 내 연락 방법
- 해체물의 처분계획
- 해체작업용 기계·기구 등의 작업계획서
- 해체작업용 화약류 등의 사용계획서
- 그 밖에 안전·보건에 관련된 사항

 실기까지 중요한 내용입니다.

정답 113 ③ 114 ③

115 콘크리트 타설 시 거푸집이 받는 측압에 관한 설명으로 옳지 않은 것은?

① 대기의 온도가 높을수록 크다.
② 슬럼프(slump)가 클수록 크다.
③ 타설 속도가 빠를수록 크다.
④ 거푸집의 강성이 클수록 크다.

① 대기의 온도가 낮을수록 크다.

📝 실기까지 중요한 내용입니다.

> 참고
>
> ∗ **콘크리트의 측압**
> - 외기 온도가 낮을수록 측압이 크다.
> - 습도가 낮을수록 측압이 크다.
> - 타설 속도가 빠를수록 측압이 크다.
> - 콘크리트 비중이 클수록 측압이 크다.
> - 철골 또는 철근량이 적을수록 측압이 크다.

116 근로자의 위험 방지를 위해 철골작업을 중지하여야 하는 기준으로 옳은 것은?

① 풍속이 초당 1m 이상인 경우
② 강우량이 시간당 1cm 이상인 경우
③ 강설량이 시간당 1cm 이상인 경우
④ 10분간 평균풍속이 초당 5m 이상인 경우

> 참고
>
> ∗ **철골작업을 중지해야 하는 조건**
> - 풍속이 초당 10m 이상인 경우
> - 강우량이 시간당 1mm 이상인 경우
> - 강설량이 시간당 1cm 이상인 경우

📝 실기에 자주 출제되는 내용입니다. 암기하세요.

117 깊이 10m 이내에 있는 연약점토의 전단강도를 구하기 위한 가장 적당한 시험은?

① 베인시험 ② 표준관입시험
③ 평판재하시험 ④ 블레인 시험

> 참고
>
> ∗ **베인 테스트(vane test)**
> 점토(진흙)의 점착력을 판별하는 방법

> ∗ **표준 관입 시험(standard penetration test)**
> 사질지반(모래)의 밀도를 측정하는 방법

📝 실기까지 중요한 내용입니다.

118 건설현장 토사붕괴의 원인으로 옳지 않은 것은?

① 지하수위의 증가
② 지반 내부마찰각의 증가
③ 지반 점착력의 감소
④ 차량에 의한 진동하중 증가

② 지반 내부마찰각의 감소

> 참고
>
> | 토석붕괴의
외적 원인 | • 사면, 법면의 경사 및 기울기의 증가
• 절토 및 성토 높이의 증가
• 공사에 의한 진동 및 반복 하중의 증가
• 지표수 및 지하수의 침투에 의한 토사 중량의 증가
• 지진, 차량, 구조물의 하중작용
• 토사 및 암석의 혼합층 두께 |
> |---|---|

정답 115 ① 116 ③ 117 ① 118 ②

토석붕괴의 내적 원인	• 절토 사면의 토질 · 암질 • 성토 사면의 토질구성 및 분포 • 토석의 강도 저하

 실기까지 중요한 내용입니다.

119 사다리식 통로 설치 시 사다리식 통로의 길이가 10m 이상인 경우에는 몇 m 이내마다 계단참을 설치해야 하는가?

① 5m ② 7m
③ 9m ④ 10m

사다리식 통로의 길이가 10m 이상인 경우에는 5m 이내마다 계단참을 설치할 것

> **참고**

＊사다리식 통로 설치 시의 준수사항
- 견고한 구조로 할 것
- 심한 손상 · 부식 등이 없는 재료를 사용할 것
- 발판의 간격은 일정하게 할 것
- 발판과 벽과의 사이는 15cm 이상의 간격을 유지할 것
- 폭은 30cm 이상으로 할 것
- 사다리가 넘어지거나 미끄러지는 것을 방지하기 위한 조치를 할 것
- 사다리의 상단은 걸쳐놓은 지점으로부터 60cm 이상 올라가도록 할 것
- 사다리식 통로의 길이가 10m 이상인 경우에는 5m 이내마다 계단참을 설치할 것
- 사다리식 통로의 기울기는 75도 이하로 할 것. 다만, 고정식 사다리식 통로의 기울기는 90도 이하로 하고, 그 높이가 7미터 이상인 경우에는 다음 각 목의 구분에 따른 조치를 할 것

- 등받이울이 있어도 근로자 이동에 지장이 없는 경우 : 바닥으로부터 높이가 2.5미터 되는 지점부터 등받이울을 설치할 것
- 등받이울이 있으면 근로자가 이동이 곤란한 경우 : 한국산업표준에서 정하는 기준에 적합한 개인용 추락 방지 시스템을 설치하고 근로자로 하여금 한국산업표준에서 정하는 기준에 적합한 전신 안전대를 사용하도록 할 것
• 접이식 사다리 기둥은 사용 시 접혀지거나 펼쳐지지 않도록 철물 등을 사용하여 견고하게 조치할 것

〈등받이 울의 설치〉

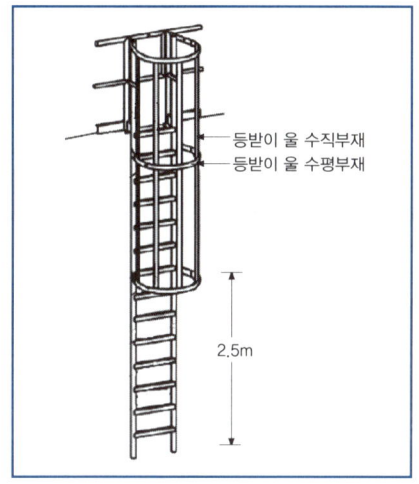

 실기까지 중요한 내용입니다.

120 추락재해 방지를 위한 방망의 그물코 규격 기준으로 옳은 것은?

① 사각 또는 마름모로서 크기가 5cm 이하
② 사각 또는 마름모로서 크기가 10cm 이하
③ 사각 또는 마름모로서 크기가 15cm 이하
④ 사각 또는 마름모로서 크기가 20cm 이하

사각 또는 마름모로서 그 크기는 10cm 이하이어야 한다.

정답 119 ① 120 ②

2019년 1회 최근 기출문제

1과목 산업안전관리론

01 산업안전보건법령상 안전관리자를 2인 이상 선임하여야 하는 사업에 해당하지 않는 것은?

① 공사금액이 1,000억인 건설업
② 상시 근로자가 400명인 통신업
③ 상시 근로자가 1,500명인 운수업
④ 상시 근로자가 600명인 식료품 제조업

＊안전관리자의 선임방법

① 토사석 광업
② 서적, 잡지 및 기타 인쇄물 출판업, 폐기물 수집·운반·처리 및 원료 재생업, 환경 정화 및 복원업, 운수 및 창고업, 자동차 종합 수리업, 자동차 전문 수리업, 발전업
③ 대부분의 제조업

- 상시 근로자 50명 이상 500명 미만 : 1명 이상
- 상시 근로자 500명 이상 : 2명 이상

① 우편 및 통신업
② 전기, 가스, 증기 및 공기조절공급업(발전업은 제외한다)
③ 도매 및 소매업
④ 숙박 및 음식점업
⑤ 공공행정(청소, 시설관리, 조리 등 현업업무에 종사하는 사람으로서 고용노동부장관이 정하여 고시하는 사람으로 한정한다)
⑥ 교육서비스업 중 초등·중등·고등 교육기관, 특수학교·외국인학교 및 대안학교(청소, 시설관리, 조리 등 현업업무에 종사하는 사람으로서 고용노동부장관이 정하여 고시하는 사람으로 한정한다)
⑦ 농업, 임업 및 어업 등

- 상시 근로자 50명 이상 1,000명 미만 : 1명(다만, 부동산업(부동산 관리업은 제외한다)과 사진처리업의 경우에는 상시근로자 100명 이상 1천명 미만으로 한다)
- 상시 근로자 1,000명 이상 : 2명

건설업

- 공사금액 50억 원 이상(관계수급인은 100억 원 이상) 120억 원 미만(토목공사업의 경우에는 150억 원 미만) 또는 공사금액 120억 원 이상(토목공사업의 경우에는 150억 원 이상) 800억 원 미만 : 1명 이상
- 공사금액 800억 원 이상 1,500억 원 미만 : 2명 이상(다만, 전체 공사기간을 100으로 할 때 공사 시작에서 15에 해당하는 기간과 공사 종료 전의 15에 해당하는 기간 동안은 1명 이상으로 한다)
- 공사금액 1,500억 원 이상 2,200억 원 미만 : 3명 이상(다만, 전체 공사기간 중 전·후 15에 해당하는 기간은 2명 이상으로 한다)
- 공사금액 2,200억 원 이상 3천억 원 미만 : 4명 이상(다만, 전체 공사기간 중 전·후 15에 해당하는 기간은 2명 이상으로 한다)
- 공사금액 3천억 원 이상 3,900억 원 미만 : 5명 이상(다만, 전체 공사기간 중 전·후 15에 해당하는 기간은 3명 이상으로 한다)
- 공사금액 3,900억 원 이상 4,900억 원 미만 : 6명 이상(다만, 전체 공사기간 중 전·후 15에 해당하는 기간은 3명 이상으로 한다)
- 공사금액 4,900억 원 이상 6천억 원 미만 : 7명 이상(다만, 전체 공사기간 중 전·후 15에 해당하는 기간은 4명 이상으로 한다)

정답 01 ②

건설업

- 공사금액 6천억 원 이상 7,200억 원 미만 : 8명 이상(다만, 전체 공사기간 중 전·후 15에 해당하는 기간은 4명 이상으로 한다)
- 공사금액 7,200억 원 이상 8,500억 원 미만 : 9명 이상(다만, 전체 공사기간 중 전·후 15에 해당하는 기간은 5명 이상으로 한다)
- 공사금액 8,500억 원 이상 1조원 미만 : 10명 이상(다만, 전체 공사기간 중 전·후 15에 해당하는 기간은 5명 이상으로 한다)
- 1조원 이상 : 11명 이상[매 2천억 원(2조 원 이상부터는 매 3천억 원)마다 1명씩 추가한다]. 다만, 전체 공사기간 중 전·후 15에 해당하는 기간은 선임 대상 안전관리자 수의 2분의 1(소수점 이하는 올림한다) 이상으로 한다.

📝 실기까지 중요한 내용입니다.

02 아담스(Adams)의 재해연쇄이론에서 작전적 에러(Operational Error)로 정의한 것은?

① 선천적 결함
② 불안전한 상태
③ 불안전한 행동
④ 경영자나 감독자의 행동

① 선천적 결함 → 관리구조
② 불안전한 상태 → 전술적 에러
③ 불안전한 행동 → 전술적 에러
④ 경영자나 감독자의 행동 → 작전적 에러

03 보호구 안전인증 고시에 따른 안전화 종류에 해당하지 않는 것은?

① 경화 안전화
② 발등 안전화
③ 정전기 안전화
④ 고무제 안전화

종류	성능 구분
가죽제 안전화	물체의 낙하, 충격 또는 날카로운 물체에 의한 찔림 위험으로부터 발을 보호하기 위한 것
고무제 안전화	물체의 낙하, 충격 또는 날카로운 물체에 의한 찔림 위험으로부터 발을 보호하고 내수성 또는 내화학성을 겸한 것
정전기 안전화	물체의 낙하, 충격 또는 날카로운 물체에 의한 찔림 위험으로부터 발을 보호하고 정전기의 인체 대전을 방지하기 위한 것
발등 안전화	물체의 낙하, 충격 또는 날카로운 물체에 의한 찔림 위험으로부터 발 및 발등을 보호하기 위한 것
절연화	물체의 낙하, 충격 또는 날카로운 물체에 의한 찔림 위험으로부터 발을 보호하고 저압의 전기에 의한 감전을 방지하기 위한 것
절연장화	고압에 의한 감전을 방지 및 방수를 겸한 것
화학물질용 안전화	물체의 낙하, 충격 또는 날카로운 물체에 의한 찔림 위험으로부터 발을 보호하고 화학물질로부터 유해위험을 방지하기 위한 것

📝 실기까지 중요한 내용입니다.

정답 02 ④ 03 ①

04 천재지변 발생 직후 기계설비의 수리 등을 할 경우 또는 중대재해 발생 직후 등에 행하는 안전점검을 무엇이라 하는가?

① 임시점검
② 자체점검
③ 수시점검
④ 특별점검

* **안전점검의 종류**
① 정기점검(계획점검) : 일정 기간마다 정기적으로 실시하는 점검을 말한다.
② 수시점검(일상점검) : 매일 작업 전, 중, 후에 실시하는 점검을 말한다.
③ 특별점검 : 기계·기구 또는 설비의 신설·변경 또는 고장·수리 등으로 비정기적인 특정 점검, 산업안전보건 강조기간, 악천후 시에도 실시한다.
④ 임시점검 : 기계·기구 또는 설비의 이상 발견 시에 임시로 점검하는 점검을 말한다.

📝 필기에 자주 출제되는 내용입니다.

05 재해사례연구를 할 때 유의해야 될 사항으로 틀린 것은?

① 과학적이어야 한다.
② 논리적인 분석이 가능해야 한다.
③ 주관적이고 정확성이 있어야 한다.
④ 신뢰성이 있는 자료수집이 있어야 한다.

③ 객관적이고 정확성이 있어야 한다.

06 무재해운동 추진의 3대 기둥으로 볼 수 없는 것은?

① 최고경영자의 경영자세
② 노동조합의 협의체 구성
③ 직장 소집단 자주 활동의 활성화
④ 관리감독자에 의한 안전보건의 추진

* **무재해 운동의 3요소**
① 최고 경영자의 경영자세 : 안전보건은 최고경영자의 무재해, 무질병에 대한 확고한 경영자세로부터 시작된다.
② 라인관리자에 의한 안전보건 추진 : 관리감독자들(Line)이 생산활동 속에서 안전보건을 함께 실천하는 것이 성공의 지름길이다.
③ 직장의 자주안전 활동의 활성화 : 직장의 팀 구성원과의 협동노력으로 자주적인 안전활동을 추진해 가는 것이 필요하다.

07 건설기술 진흥법상 안전관리계획을 수립해야 하는 건설공사에 해당하지 않는 것은?

① 15층 건축물의 리모델링
② 지하 15m를 굴착하는 건설공사
③ 항타 및 항발기가 사용되는 건설공사
④ 높이가 21m 인 비계를 사용하는 건설공사

④ 높이가 31m 인 비계를 사용하는 건설공사

정답 04 ④ 05 ③ 06 ② 07 ④

참고

**＊ 건설공사 안전관리계획의 수립
(건설기술 진흥법 시행령)**

1. 「시설물의 안전 및 유지관리에 관한 특별법」에 따른 1종 시설물 및 2종 시설물의 건설공사(유지관리를 위한 건설공사는 제외한다)
2. 지하 10미터 이상을 굴착하는 건설공사
3. 폭발물을 사용하는 건설공사로서 20미터 안에 시설물이 있거나 100미터 안에 사육하는 가축이 있어 해당 건설공사로 인한 영향을 받을 것이 예상되는 건설공사
4. 10층 이상 16층 미만인 건축물의 건설공사

4의2. 다음 각 목의 리모델링 또는 해체공사
   가. 10층 이상인 건축물의 리모델링 또는 해체공사
   나. 「주택법」에 따른 수직 증축형 리모델링

5. 「건설기계관리법」에 따라 등록된 다음 각 목의 어느 하나에 해당하는 건설기계가 사용되는 건설공사
   가. 천공기(높이가 10미터 이상인 것만 해당한다)
   나. 항타 및 항발기
   다. 타워크레인

5의2. 다음 각 호의 가설구조물을 사용하는 건설공사
   가. 높이가 31미터 이상인 비계
   나. 작업발판 일체형 거푸집 또는 높이가 5미터 이상인 거푸집 및 동바리
   다. 터널의 지보공(支保工) 또는 높이가 2미터 이상인 흙막이 지보공
   라. 동력을 이용하여 움직이는 가설구조물

6. 다음 각 목의 어느 하나에 해당하는 건설공사
   가. 발주자가 안전관리가 특히 필요하다고 인정하는 건설공사
   나. 해당 지방자치단체의 조례로 정하는 건설공사 중에서 인ㆍ허가기관의 장이 안전관리가 특히 필요하다고 인정하는 건설공사

---

08 상시 근로자수가 100명인 사업장에서 1년간 6건의 재해로 인하여 10명의 부상자가 발생하였고, 이로 인한 근로손실일수는 120일, 휴업일수는 68일이었다. 이 사업장의 강도율은 약 얼마인가? (단, 1일 9시간씩 연간 290일 근무하였다.)

① 0.58　　② 0.67
③ 22.99　　④ 100

＊ 강도율(S.R)
- 1,000 근로시간당 근로손실일수 비율
- 강도율 = $\dfrac{\text{총 요양 근로 손실 일수}}{\text{연 근로시간 수}} \times 1{,}000$
- 근로손실일수
  = 휴업일수, 요양일수, 입원일수 × $\dfrac{300(\text{근로일수})}{365}$
- 강도율 = $\dfrac{120 + (68 \times \frac{290}{365})}{100 \times 9 \times 290} \times 1{,}000 = 0.67$

09 재해발생원인의 연쇄관계상 재해의 발생원인을 관리적인 면에서 분류한 것과 가장 관계가 먼 것은?

① 인적 원인
② 기술적 원인
③ 교육적 원인
④ 작업관리상 원인

정답　08 ②　09 ①

재해원인을 관리적인 면에서 분류 → 간접원인

직접 원인	간접 원인(관리적인 분류)
• 불안전한 행동 • 불안전한 상태	• 기술적 원인 • 교육적 원인 • 신체적 원인 • 정신적 원인 • 작업관리상 원인

금지표지	바탕은 흰색, 기본모형은 빨간색, 관련 부호 및 그림 검은색
경고표지	바탕은 노란색, 기본모형, 관련 부호 및 그림은 검은색
	바탕은 무색, 기본모형은 빨간색(검은색도 가능) : 인화성물질 경고, 산화성물질 경고, 폭발성물질 경고, 급성독성물질 경고, 부식성물질 경고 및 발암성 · 변이원성 · 생식독성 · 전신독성 · 호흡기과민성 물질 경고
지시표지	바탕은 파란색, 관련 그림은 흰색
안내표지	바탕은 흰색, 기본모형 및 관련 부호는 녹색, 바탕은 녹색, 관련 부호 및 그림은 흰색

📌 실기에 자주 출제되는 내용입니다.

10 하베이(Harvey)가 제시한 '안전의 3E'에 해당하지 않는 것은?

① Education ② Enforcement
③ Economy   ④ Engineering

★ J · H Harvey(하비)의 3E
① 안전 교육(Education)
② 안전 기술(Engineering)
③ 안전 독려(Enforcement), 안전 감독

📌 실기까지 중요한 내용입니다.

11 안전표지 종류 중 금지표시에 대한 설명으로 옳은 것은?

① 바탕은 노란색, 기본모양은 흰색, 관련 부호 및 그림은 파랑색
② 바탕은 노란색, 기본모양은 흰색, 관련 부호 및 그림은 검정색
③ 바탕은 흰색, 기본모양은 빨강색, 관련 부호 및 그림은 파랑색
④ 바탕은 흰색, 기본모양은 빨강색, 관련 부호 및 그림은 검정색

12 크레인(이동식은 제외한다)은 사업장에 설치한 날로부터 몇 년 이내에 최초 안전검사를 실시하여야 하는가?

① 1년   ② 2년
③ 3년   ④ 5년

★ 안전검사대상 유해 · 위험기계 등의 검사 주기
1. 크레인(이동식 크레인은 제외한다), 리프트(이삿짐 운반용 리프트는 제외한다) 및 곤돌라 : 사업장에 설치가 끝난 날부터 3년 이내에 최초 안전검사를 실시하되, 그 이후부터 2년마다(건설현장에서 사용하는 것은 최초로 설치한 날부터 6개월마다)
2. 이동식 크레인, 이삿짐운반용 리프트 및 고소작업대 : 신규등록 이후 3년 이내에 최초 안전검사를 실시하되, 그 이후부터 2년마다

 정답 10 ③ 11 ④ 12 ③

3. 프레스, 전단기, 압력용기, 국소 배기장치, 원심기, 롤러기, 사출성형기, 컨베이어 및 산업용 로봇, 혼합기, 파쇄기 또는 분쇄기 : 사업장에 설치가 끝난 날부터 3년 이내에 최초 안전검사를 실시하되, 그 이후부터 2년마다(공정안전보고서를 제출하여 확인을 받은 압력용기는 4년마다)(26년 6월 26일 시행)

 실기에 자주 출제되는 중요한 내용입니다.

13 다음 중 소규모 사업장에 가장 적합한 안전관리조직의 형태는?

① 라인형 조직
② 스탭형 조직
③ 라인-스탭 혼합형 조직
④ 복합형 조직

라인(Line)형 or 직계형	• 소규모 사업장(100명 이하 사업장)에 적용이 가능하다.
	• 라인형 장점 : 명령 및 지시가 신속, 정확하다.
	• 라인형 단점
	  – 안전정보가 불충분하다.
	  – 라인에 과도한 책임이 부여될 수 있다.
	• 생산과 안전을 동시에 지시하는 형태이다.

스태프(staff)형 or 참모형	• 중규모 사업장(100~1,000명 정도의 사업장)에 적용이 가능하다. • 스태프형 장점 : 안전정보 수집이 용이하고 빠르다. • 스태프형 단점 : 안전과 생산을 별개로 취급한다. • 생산부문은 안전에 대한 책임, 권한이 없다.

라인 스태프 (Line Staff)형 or 혼합형	• 대규모 사업장(1,000명 이상 사업장)에 적용이 가능하다.
	• 라인 스태프형 장점
	  – 안전전문가에 의해 입안된 것을 경영자가 명령하므로 명령이 신속, 정확하다.
	  – 안전정보 수집이 용이하고 빠르다.
	• 라인 스태프형 단점
	  – 명령계통과 조언, 권고적 참여의 혼돈이 우려된다.

14 위험예지훈련 4라운드(Round) 중 목표설정 단계의 내용으로 가장 적절한 것은?

① 위험 요인을 찾아내고, 가장 위험한 것을 합의하여 결정한다.
② 가장 우수한 대책에 대하여 합의하고, 행동계획을 결정한다.
③ 브레인스토밍을 실시하여 어떤 위험이 존재하는가를 파악한다.
④ 가장 위험한 요인에 대하여 브레인스토밍 등을 통하여 대책을 세운다.

★ 위험예지 훈련 4단계

1단계 현상 파악	• 어떤 위험이 잠재하고 있는가? • 전원이 대화로써 도해 상황 속의 **잠재위험 요인을** 발견하고 그 요인이 초래할 수 있는 사고를 생각해 내는 단계

2단계 요인조사 (본질추구)	• 이것이 위험의 포인트다.→ 위험의 포인트를 지적확인 • 발견해 낸 위험 중 가장 위험한 것을 합의로서 결정하는 단계
3단계 대책수립	• 당신이라면 어떻게 할 것인가? • 중요위험요인을 해결하기 위한 대책을 세우는 단계
4단계 행동목표 설정 (합의요약)	• 우리들은 이렇게 하자! • 대책 중 중점 실시항목을 합의 요약해서 그것을 실천하기 위한 행동목표를 설정하는 단계

📷 실기까지 중요한 내용입니다.

15 안전보건관리계획의 개요에 관한 설명으로 틀린 것은?

① 타 관리계획과 균형이 되어야 한다.
② 안전보건의 저해요인을 확실히 파악해야 한다.
③ 계획의 목표는 점진적으로 낮은 수준의 것으로 한다.
④ 경영층의 기본방침을 명확하게 근로자에게 나타내야 한다.

③ 계획의 목표는 점진적으로 높은 수준의 것으로 한다.

16 다음과 같은 재해가 발생하였을 경우 재해의 원인분석으로 옳은 것은?

건설현장에서 근로자가 비계에서 마감작업을 하던 중 바닥으로 떨어져 머리가 바닥에 부딪혀 사망하였다.

① 기인물 : 비계, 가해물 : 마감작업, 사고유형 : 맞음
② 기인물 : 바닥, 가해물 : 비계, 사고유형 : 떨어짐
③ 기인물 : 비계, 가해물 : 바닥, 사고유형 : 맞음
④ 기인물 : 비계, 가해물 : 바닥, 사고유형 : 떨어짐

1. 비계에서 마감작업 중 사고당함 → 기인물 : 비계
2. 바닥에 부딪혀 사망 → 가해물 : 바닥
3. 바닥으로 떨어져 사망 → 사고유형 : 떨어짐

📷 실기까지 중요한 내용입니다.

17 사고예방대책의 기본원리 5단계 중 3단계의 분석평가에 대한 내용으로 옳은 것은?

① 위험 확인
② 현장 조사
③ 사고 및 활동 기록 검토
④ 기술의 개선 및 인사조정

정답 15 ③ 16 ④ 17 ②

1단계 안전조직	• 안전목표 설정 • 안전관리자의 선임 • 안전조직 구성 • 안전활동 방침 및 계획수립 • 조직을 통한 안전 활동 전개
2단계 사실의 발견	• 작업분석 • 점검 • 사고조사 • 안전진단 • 사고 및 활동기록의 검토
3단계 분석	• 사고원인 및 경향성 분석(사고보고서 및 현장조사 분석) • 작업공정 분석 • 사고기록 및 관계자료 분석 • 인적·물적 환경 조건 분석
4단계 시정방법 선정	• 기술적 개선 • 안전운동 전개 • 교육훈련 분석 • 안전행정의 개선 • 배치 조정 • 규칙 및 수칙 등 제도의 개선
5단계 시정책 적용 (3E 적용)	• 안전교육(Education) • 안전기술(Engineering) • 안전독려(Enforcement)

18 재해손실비용에 있어 직접손실비용이 아닌 것은?

① 요양급여
② 장해급여
③ 상병보상연금
④ 생산중단 손실비용

직접비	간접비
• 치료비 • 휴업급여 • 요양급여 • 유족급여 • 장해급여 • 간병급여 • 직업재활급여 • 상병(傷病)보상연금 • 장의비 등	• 인적 손실비 • 물적 손실비 • 생산 손실비 • 기계, 기구 손실비 등

📝 필기에 자주 출제되는 내용입니다.

19 산업안전보건법상 지방고용노동관서의 장이 사업주에게 안전관리자나 보건관리자를 정수 이상으로 증원하게 하거나 교체하여 임명할 것을 명령할 수 있는 경우는?

① 사망재해가 연간 1건 발생한 경우
② 중대재해가 연간 1건 발생한 경우
③ 관리자가 질병의 사유로 3개월 이상 해당 직무를 수행할 수 없게 된 경우
④ 해당 사업장의 연간 재해율이 같은 업종의 평균재해율의 1.5배 이상인 경우

★ **안전관리자의 증원·교체임명 명령 대상 사업장**
① 해당 사업장의 **연간 재해율이 같은 업종의 평균재해율의 2배 이상**인 경우
② **중대재해가 연간 2건 이상 발생한 경우**(다만, 해당 사업장의 전년도 사망만인율이 같은 업종의 평균 사망만인율 이하인 경우는 제외)
③ 관리자가 질병이나 그 밖의 사유로 **3개월 이상 직무**를 수행할 수 없게 된 경우
④ 화학적 인자로 인한 직업성질병자가 연간 3명 이상 발생한 경우

정답 18 ④ 19 ③

특급암기법

평균의 2배 이상, 중대재해 2건 이상 증원!
직업성 질병 3명 이상, 3개월 이상 일안하면 교체!

 관련 법령의 변경으로 문제 일부를 수정하였습니다.
실기에 자주 출제되는 내용입니다.

20 산업안전보건법령에 따른 산업안전보건위원회의 구성에 있어 사용자 위원에 해당하지 않는 자는?

① 안전관리자
② 명예산업안전감독관
③ 해당 사업의 대표자가 지명한 9인 이내 해당 사업장 부서의 장
④ 보건관리자의 업무를 위탁한 경우 대행기관의 해당 사업장 담당자

＊산업안전보건위원회의 구성

근로자위원	• 근로자대표 • 근로자대표가 지명하는 1명 이상의 명예산업안전감독관 • 근로자대표가 지명하는 9명 이내의 해당 사업장의 근로자
사용자위원	• 해당 사업의 대표자 • 안전관리자 1명 • 보건관리자 1명 • 산업보건의 • 사업의 대표자가 지명하는 9명 이내의 해당 사업장 부서의 장

 실기에 자주 출제되는 내용입니다.

2과목 산업심리 및 교육

21 현대 조직이론에서 작업자의 수직적 직무 권한을 확대하는 방안에 해당하는 것은?

① 직무순환(job rotation)
② 직무분석(job analysis)
③ 직무확충(job enrichment)
④ 직무평가(job evaluation)

직무확충(job enrichment) : 과도한 분업화에 따르는 업무의 단조로움을 시정하기 위하여 **직무의 전문적 분할을 재편성·확장**하는 것을 말한다.

22 주의(attention)에 대한 특성으로 가장 거리가 먼 것은?

① 고도의 주의는 장시간 지속할 수 없다.
② 주의와 반응의 목적은 대부분의 경우 서로 독립적이다.
③ 동시에 두 가지 일에 중복하여 집중하기 어렵다.
④ 여러 종류의 자극을 지각할 때 소수의 특정한 것을 선택하여 집중한다.

＊인간 주의의 특성의 종류
① **선택성** : 사람은 한 번에 여러 종류의 자극을 지각하거나 수용하지 못하며 소수의 특정한 것으로 한정해서 선택하는 기능을 말한다.
② **방향성** : 시선에서 벗어난 부분은 무시되기 쉽다. (주시점만 응시한다.)
③ **변동성** : 주의는 리듬이 있어 일정한 수순을 지키지 못한다.

 20 ② 21 ③ 22 ②

④ 단속성 : 고도의 주의는 장시간 집중이 곤란하다.
⑤ 주의력의 중복집중 곤란 : 동시에 두개 이상의 방향을 잡지 못한다.

23 O.J.T(On the Job training)의 특징에 관한 설명으로 틀린 것은?

① 다수의 근로자에게 조직적 훈련이 가능하다.
② 상호 신뢰 및 이해도가 높아진다.
③ 개개인에게 적절한 지도훈련이 가능하다.
④ 직장의 실정에 맞게 실제적 훈련이 가능하다.

OJT의 특징	• 개개인에게 적절한 훈련이 가능하다. • 직장의 실정에 맞는 훈련이 가능하다. • 교육효과가 즉시 업무에 연결된다. • 훈련에 대한 업무의 계속성이 끊어지지 않는다. • 상호 신뢰 이해도가 높다.
OFF JT의 특징	• 다수의 근로자들에게 훈련을 할수 있다. • 훈련에만 전념하게 된다. • 특별설비기구 이용이 가능하다. • 많은 지식이나 경험을 교류할 수 있다. • 교육 훈련 목표에 대하여 집단적 노력이 흐트러질 수 있다.

📝 필기에 자주 출제되는 내용입니다.

24 다음은 각기 다른 조직 형태의 특성을 설명한 것이다. 각 특징에 해당하는 조직형태를 연결한 것으로 맞는 것은?

> a. 중규모 형태의 기업에서 시장 상황에 따라 인적자원을 효과적으로 활용하기 위한 형태이다.
> b. 목적 지향적이고 목적 달성을 위해 기존의 조직에 비해 효율적이며 유연하게 운영될 수 있다.

① a : 위원회 조직, b : 프로젝트 조직
② a : 사업부제 조직, b : 위원회 조직
③ a : 매트릭스형 조직, b : 사업부제 조직
④ a : 매트릭스형 조직, b : 프로젝트 조직

1. **매트릭스형 조직** : 평시에는 자기부서에서 근무하다가 문제가 발생되면 여러 다른 부서의 인원들이 모여 구성되는 조직으로 인적자원을 효과적으로 활용할 수 있다.
2. **프로젝트 조직** : 해산을 전제로 하여 임시로 편성된 일시적 조직으로 특수 프로젝트 달성을 위해 경영조직을 프로젝트별로 분화한 목적 지향적 조직이다.

25 적응기제(adjustment mechanism) 중 도피기제에 해당하는 것은?

① 투사 ② 보상
③ 승화 ④ 고립

정답 23 ① 24 ④ 25 ④

도피기제	방어기제
• 억압 • 퇴행 • 백일몽 • 고립(거부)	• 보상 • 합리화 • 승화 • 동일시 • 투사

📝 필기에 자주 출제되는 내용입니다.

26 토의식 교육지도에서 시간이 가장 많이 소요되는 단계는?

① 도입   ② 제시
③ 적용   ④ 확인

- 토의식 교육지도에서 시간이 가장 많이 소요되는 단계
  → 적용
- 강의식 교육지도에서 시간이 가장 많이 소요되는 단계
  → 제시

📝 필기에 자주 출제되는 내용입니다.

27 어느 부서의 직원 6명의 선호 관계를 분석한 결과 다음과 같은 소시오그램이 작성되었다. 이 부서의 집단응집성 지수는 얼마인가? (단, 그림에서 실선은 선호관계, 점선은 거부관계를 나타낸다.)

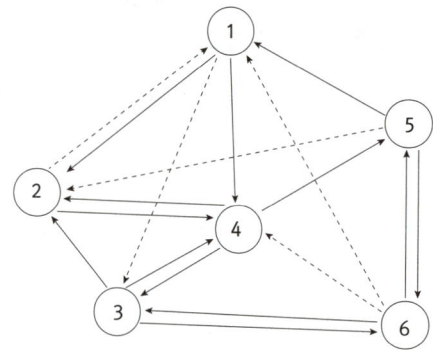

① 0.13   ② 0.27
③ 0.33   ④ 0.47

- 응집성지수 = $\dfrac{\text{실제 상호 선호관계의 수}}{\text{가능한 선호관계의 총 수}(n/C_2)}$

  $= \dfrac{4}{6C_2} = \dfrac{4}{\dfrac{6 \times 5}{2}} = \dfrac{4}{15} = 0.27$

※ 실제 상호 선호관계의 수 = 쌍방향 화살표의 수

📝 출제비중이 낮은 문제입니다.

28 목표를 설정하고 그에 따르는 보상을 약속함으로써 부하를 동기화하려는 리더십은?

① 교환적 리더십   ② 변혁적 리더십
③ 참여적 리더십   ④ 지시적 리더십

목표를 설정하고 보상을 약속함으로써 부하를 동기화
→ 교환적 리더십

> 참고

① 참여적 리더십 : 부하들과 상담하여 부하의견을 고려하는 형태
② 지시적 리더십 : 지도자는 독선적이며 조직 구성원들을 보상 - 체벌의 연속선상에서 명령하고 통제한다.
③ 지원적 리더십 : 우호적이며 친밀감이 강하고 부하의 의사 표현을 존중하는 형태
④ 성취지향적 리더십 : 도전적 목표설정을 강조하고 부하능력을 신뢰하는 형태

29 어느 철강회사의 고로작업 라인에 근무하는 A씨의 작업강도가 힘든 중작업으로 평가되었다면 해당되는 에너지대사율(RMR)의 범위로 가장 적절한 것은?

① 0 ~ 1
② 2 ~ 4
③ 4 ~ 7
④ 7 ~ 10

★ 작업강도 구분에 따른 RMR
① 경작업(輕작업) : 1 ~ 2
② 중작업(中작업) : 2 ~ 4
③ 중작업(重작업) : 4 ~ 7
④ 초중작업(超重작업) : 7 이상

 실기까지 중요한 내용입니다.

30 관리감독자 훈련(TWI)에 관한 내용이 아닌 것은?

① Job Relation
② Job Method
③ Job Synergy
④ Job Instruction

★ TWI 교육과정
① 작업 방법 기법(Job Method Training : JMT)
② 작업 지도 기법(Job instruction Training : JIT)
③ 인간 관계관리 기법 or 부하통솔법 (Job Relations Training : JRT)
④ 작업 안전 기법(Job Safety Training : JST)

필기에 자주 출제되는 내용입니다.

31 맥그리거(Douglas McGregor)의 Y이론에 해당되는 것은?

① 인간은 게으르다.
② 인간은 남을 잘 속인다.
③ 인간은 남에게 지배받기를 즐긴다.
④ 인간은 부지런하고 근면하며, 적극적이고 자주적이다.

★ 맥그리거(McGregor)의 X, Y 이론

X이론(저차원 이론)	Y이론(고차원 이론)
인간 불신감	상호 신뢰감
성악설	성선설
인간은 원래 게으르고 태만하여 남의 지배를 받기를 즐긴다.	인간은 부지런하고 적극적이며 자주적이다.
물질욕구(저차원 욕구)에 만족	정신욕구(고차원 욕구)에 만족
명령, 통제에 의한 관리 (권위주의형 리더십)	목표 통합과 자기통제에 의한 자율관리 (민주주의형 리더십)
저개발국형	선진국형

필기에 자주 출제되는 내용입니다.

정답 29 ③ 30 ③ 31 ④

32 사회행동의 기본 형태와 내용이 잘못 연결된 것은?

① 대립 - 공격, 경쟁
② 조직 - 경쟁, 통합
③ 협력 - 조력, 분업
④ 도피 - 정신병, 자살

* **사회행동 기본 형태**
① 협력 : 조력, 분업
② 대립 : 공격, 경쟁
③ 도피 : 고립, 정신병, 자살
④ 융합 : 강제타협

33 수업의 중간이나 마지막 단계에 행하는 것으로써 언어학습이나 문제해결 학습에 효과적인 학습법은?

① 강의법
② 실연법
③ 토의법
④ 프로그램법

* **실연법**
- 학습자가 이미 설명을 듣거나 시범을 보고 알게된 지식이나 기능을 강사의 감독아래 **직접적으로 연습해 적용케 하는 교육방법으로** 다른 방법보다 **교사 대 학습자 수의 비율이 높다.**
- 수업의 중간이나 마지막 단계에 행하는 것으로써 **언어학습이나 문제해결 학습에 효과적이다.**

34 사고 경향성 이론에 관한 설명으로 틀린 것은?

① 개인의 성격보다는 특정 환경에 의해 훨씬 더 사고가 일어나기 쉽다.
② 어떠한 사람이 다른 사람보다 사고를 더 잘 일으킨다는 이론이다.
③ 사고를 많이 내는 여러 명의 특성을 측정하여 사고를 예방하는 것이다.
④ 검증하기 위한 효과적인 방법은 다른 두 시기 동안에 같은 사람의 사고기록을 비교하는 것이다.

① 특정 환경보다는 개인이 가진 성향에 의해 훨씬 더 사고가 일어나기 쉽다.

* **사고 경향설(성향설)**
근로자 중 재해가 빈발하는 소질적 결함자가 있다는 설

35 매슬로우(Maslow)의 욕구위계를 바르게 나열한 것은?

① 안전의 욕구 - 생리적 욕구 - 사회적 욕구 - 자아실현의 욕구 - 인정받으려는 욕구
② 안전의 욕구 - 생리적 욕구 - 사회적 욕구 - 인정받으려는 욕구 - 자아실현의 욕구
③ 생리적 욕구 - 사회적 욕구 - 안전의 욕구 - 인정받으려는 욕구 - 자아실현의 욕구
④ 생리적 욕구 - 안전의 욕구 - 사회적 욕구 - 인정받으려는 욕구 - 자아실현의 욕구

정답 32 ② 33 ② 34 ① 35 ④

* **매슬로(Maslow A. H.)의 욕구단계 이론**
  제1단계(생리적 욕구)
  제2단계(안전 욕구)
  제3단계(사회적 욕구)
  제4단계(존경 욕구)
  제5단계(자아실현의 욕구)

 실기까지 중요한 내용입니다.

36 반복적인 재해발생자를 상황성 누발자와 소질성 누발자로 나눌 때, 상황성 누발자의 재해유발 원인에 해당하는 것은?

① 저지능인 경우
② 소심한 성격인 경우
③ 도덕성이 결여된 경우
④ 심신에 근심이 있는 경우

1. **상황성 누발자** : 재해가 일어날 수 있는 **상황만 주어지면 재해가 유발 된다는 설**
   • 작업에 어려움이 많은 자
   • 기계 설비의 결함이 있을 때
   • 심신에 근심이 있는 자
   • 환경상 주의력 집중이 혼란되기 쉬울 때

2. **소질성 누발자** : 개인 소질 가운데 재해 원인 요소를 가지고 있는 자
   • 주의력 산만 및 주의력 지속 불능
   • 흥분성
   • 저지능
   • 비협조성
   • 도덕성의 결여
   • 소심한 성격
   • 감각운동 부적합 등

37 학습경험 조직의 원리와 가장 거리가 먼 것은?

① 가능성의 원리
② 계속성의 원리
③ 계열성의 원리
④ 통합성의 원리

* **학습경험 조직의 원리**
  ① 계속성의 원리 : 중요한 학습경험을 반복을 통해 강화하는 것
  ② 계열성의 원리 : 학습경험의 요인들이 깊이와 넓이에 있어 점진적으로 증가하는 것
  ③ 통합성의 원리 : 여러 학습경험들 간에 상호 보완적 관계를 유지하고 여러 과목을 조화롭게 배열하는 것
  ④ 균형성의 원리 : 학습경험의 균형
  ⑤ 다양성의 원리 : 학생들의 요구나 흥미, 능력이 반영될 수 있도록 다양하고 융통성 있는 학습경험을 조직하도록 한다.
  ⑥ 보편성의 원리 : 건전한 민주시민의 요소를 기를 수 있도록 학습경험이 조직되어야 한다.

38 안전보건교육의 종류별 교육요점으로 틀린 것은?

① 태도교육은 의욕을 갖게 하고 가치관 형성교육을 한다.
② 기능교육은 표준작업 방법대로 시범을 보이고 실습을 시킨다.
③ 추후지도교육은 재해발생원리 및 잠재위험을 이해시킨다.
④ 지식교육은 작업에 관련된 취약점과 이에 대응되는 작업방법을 알도록 한다.

36 ④ 37 ① 38 ③

> **★ 안전보건교육의 3단계**
> ① 제1단계(지식교육) : 강의 및 시청각 교육 등을 통하여 지식을 전달하는 단계
> ② 제2단계(기능교육) : 시범, 견학, 현장실습 교육 등을 통하여 경험을 체득하는 단계
> ③ 제3단계(태도교육) : 작업동작 지도 등을 통하여 안전행동을 습관화하는 단계

39 평가도구의 기본적인 기준이 아닌 것은?

① 실용도(實用度) ② 타당도(妥當度)
③ 신뢰도(信賴度) ④ 습숙도(習熟度)

> **★ 학습 평가의 기본기준 4가지**
> ① 타당도(평가 목적과의 타당도)
> ② 신뢰도(정확성 및 일관성)
> ③ 객관도
> ④ 실용도

40 부주의가 발생하는 경우에 있어 자동차를 운전할 때 신호가 바뀌기 전에 신호가 바뀔 것을 예상하고 자동차를 출발시키는 행동과 관련된 것은?

① 억측판단 ② 근도반응
③ 착시현상 ④ 의식의 우회

> **★ 억측판단**
> • 작업공정 중에 규정대로 수행하지 않고 '괜찮다'고 생각하여 자기주관대로 행하는 행동
> • 예 신호등의 신호가 녹색에서 황색으로 바뀌었으나 괜찮다고 판단하고 지나감

📝 필기에 자주 출제되는 내용입니다.

3과목 인간공학 및 시스템안전공학

41 FMEA의 장점이라 할 수 있는 것은?

① 분석방법에 대한 논리적 배경이 강하다.
② 물적, 인적요소 모두가 분석대상이 된다.
③ 서식이 간단하고 비교적 적은 노력으로 분석이 가능하다.
④ 두 가지 이상의 요소가 동시에 고장나는 경우에도 분석이 용이하다.

> **★ FMEA의 장 · 단점**
> ① 장점
> • 서식이 간단하고 적은 노력으로도 분석이 가능하다.
> ② 단점
> • 논리성이 부족하다.
> • 각 요소간의 영향을 분석하기 어렵기 때문에 동시에 두 개 이상의 고장이 날 경우 해석이 곤란하다.
> • 요소가 물체로 한정되어 있어 인적 원인 분석이 곤란하다.

📝 필기에 자주 출제되는 내용입니다.

42 시스템 수명주기 단계 중 마지막 단계인 것은?

① 구상단계
② 개발단계
③ 운전단계
④ 생산단계

정답 39 ④ 40 ① 41 ③ 42 ③

* **시스템 수명주기 단계**
① 구상(Concept) 단계
② 정의(Definition) 단계
③ 개발(Development) 단계
④ 제조(Production) 단계(생산단계)
⑤ 배치(Deployment) 단계, 운용 단계(운전단계)
⑥ 폐기(Disposal) 단계

Mistake (착오, 착각)	• 인지과정과 의사결정과정에서 발생하는 에러 • 상황해석을 잘못하거나 틀린 목표를 착각하여 행하는 경우
Lapse (건망증)	• 저장단계에서 발생하는 에러 • 어떤 행동을 잊어버리고 안 하는 경우
Slip (실수, 미끄러짐)	• 실행단계에서 발생하는 에러 • 상황(목표)해석은 제대로 하였으나 의도와는 다른 행동을 하는 경우
위반(Violation)	• 알고 있음에도 의도적으로 따르지 않거나 무시한 경우

📝 필기에 자주 출제되는 내용입니다.

43 인체계측자료의 응용원칙 중 조절 범위에서 수용하는 통상의 범위는 얼마인가?

① 5 ~ 95%tile
② 20 ~ 80%tile
③ 30 ~ 70%tile
④ 40 ~ 60%tile

* **조절 범위에서 수용하는 통상의 범위** : 5 ~ 95%tile

45 음량수준을 측정할 수 있는 3가지 척도에 해당되지 않는 것은?

① sone
② 럭스
③ phon
④ 인식소음 수준

* **음량수준 측정 척도**
① phone에 의한 음량수준
② sone에 의한 음량수준
③ 인식소음 수준

44 의도는 올바른 것이었지만, 행동이 의도한 것과는 다르게 나타나는 오류를 무엇이라 하는가?

① Slip
② Mistake
③ Lapse
④ Violation

📝 필기에 자주 출제되는 내용입니다.

정답 43 ① 44 ① 45 ②

46 산업안전보건법령에 따라 제조업 중 유해·위험방지계획서 제출대상 사업의 사업주가 유해·위험방지계획서를 제출하고자 할 때 첨부하여야 하는 서류에 해당하지 않는 것은? (단, 기타 고용노동부장관이 정하는 도면 및 서류 등은 제외한다.)

① 공사개요서
② 기계·설비의 배치도면
③ 기계·설비의 개요를 나타내는 서류
④ 원재료 및 제품의 취급, 제조 등의 작업방법의 개요

＊유해·위험방지계획서 제출서류
(제조업 및 대상 기계·기구 설비)

제조업 대상 사업 첨부서류	• 건축물 각 층의 평면도 • 기계·설비의 개요를 나타내는 서류 • 기계·설비의 배치도면 • 원재료 및 제품의 취급, 제조 등의 작업방법의 개요 • 그 밖에 고용노동부장관이 정하는 도면 및 서류
대상 기계·기구 설비 첨부서류	• 설치장소의 개요를 나타내는 서류 • 설비의 도면 • 그 밖에 고용노동부장관이 정하는 도면 및 서류

📋 실기까지 중요한 내용입니다.

47 동작 경제 원칙에 해당되지 않는 것은?

① 신체 사용에 관한 원칙
② 작업장 배치에 관한 원칙
③ 사용자 요구 조건에 관한 원칙
④ 공구 및 설비 디자인에 관한 원칙

＊동작 경제의 3원칙
① 신체 사용에 관한 원칙
② 작업장 배치에 관한 원칙
③ 공구 및 설비 디자인에 관한 원칙

📋 필기에 자주 출제되는 내용입니다.

48 인간-기계시스템의 설계를 6단계로 구분할 때, 첫 번째 단계에서 시행하는 것은?

① 기본설계
② 시스템의 정의
③ 인터페이스 설계
④ 시스템의 목표와 성능명세 결정

＊체계설계(인간-기계시스템의 설계)의 주요과정
① 목표 및 성능명세 결정
② 체계의 정의
③ 기본 설계
④ 계면 설계(인간-기계 인터페이스설계)
⑤ 촉진물 설계(매뉴얼 및 성능보조자료 작성)
⑥ 시험 및 평가

📋 필기에 자주 출제되는 내용입니다.

정답 46 ① 47 ③ 48 ④

49 FT도에 사용되는 다음 게이트의 명칭은?

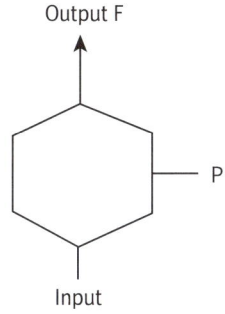

① 부정 게이트
② 억제 게이트
③ 배타적 OR 게이트
④ 우선적 AND 게이트

기호	명명	기호설명
	억제 게이트	이 게이트의 출력사상은 한 개의 입력사상에 의해 발생하며, 입력사상이 출력사상을 생성하기 전에 특정조건을 만족하여야 하는 논리게이트
	부정 게이트	입력과 반대현상의 출력 생김
	배타적 OR 게이트	입력사상 중 오직 한 개의 발생으로만 출력사상이 생성되는 논리게이트
	우선적 AND게이트	입력사상이 특정 순서대로 발생한 경우에만 출력사상이 발생하는 논리게이트

📝 필기에 자주 출제되는 내용입니다.

50 FTA에서 시스템의 기능을 살리는 데 필요한 최소 요인의 집합을 무엇이라 하는가?

① critical set
② minimal gate
③ minimal path
④ Boolean indicated cut set

시스템의 기능을 살리는 데 필요한 최소 요인의 집합
→ minimal path

참고

① 컷셋(Cut Set)
- 정상사상을 발생시키는 기본사상의 집합
- 모든 기본사상이 일어났을 때 정상사상을 일으키는 기본 사상들의 집합이다.

② 패스셋(Path Set)
- 시스템의 고장을 일으키지 않는 기본사상들의 집합
- 포함된 기본사상이 일어나지 않을 때 처음으로 정상사상이 일어나지 않는 기본사상들의 집합이다.

③ 미니멀 컷(Minimal Cut Set)
- 정상사상을 일으키기 위한 기본사상의 최소집합 (최소한의 컷)

④ 미니멀 패스(Minimal Path Set)
- 시스템의 기능을 살리는 최소한의 집합 (최소한의 패스)

📝 필기에 자주 출제되는 내용입니다.

정답 49 ② 50 ③

51 다음의 각 단계를 결함수분석법(FTA)에 의한 재해사례의 연구 순서대로 나열한 것은?

> ㉠ 정상사상의 선정
> ㉡ FT도 작성 및 분석
> ㉢ 개선 계획의 작성
> ㉣ 각 사상의 재해원인 규명

① ㉠ → ㉡ → ㉢ → ㉣
② ㉠ → ㉣ → ㉢ → ㉡
③ ㉠ → ㉢ → ㉡ → ㉣
④ ㉠ → ㉣ → ㉡ → ㉢

* **FTA에 의한 재해사례 연구 순서**
1단계: 톱사상의 설정
2단계: 재해 원인 규명
3단계: FT도의 작성
4단계: 개선계획의 작성

📝 필기에 자주 출제되는 내용입니다.

52 쾌적환경에서 추운환경으로 변화 시 신체의 조절작용이 아닌 것은?

① 피부온도가 내려간다.
② 직장온도가 약간 내려간다.
③ 몸이 떨리고 소름이 돋는다.
④ 피부를 경유하는 혈액 순환량이 감소한다.

② 추운환경에 노출되면 체온조절을 위하여 직장온도는 처음에는 약간 올라갔다가 지속적으로 추운환경에 노출 시에는 다시 내려간다.

53 정신적 작업 부하에 관한 생리적 척도에 해당하지 않는 것은?

① 부정맥 지수
② 근전도
③ 점멸융합주파수
④ 뇌파도

② 근전도 → 근육의 활동도를 측정하는 것으로 신체적 작업 부하의 측정

54 인간 – 기계시스템의 연구 목적으로 가장 적절한 것은?

① 정보 저장의 극대화
② 운전 시 피로의 평준화
③ 시스템의 신뢰성 극대화
④ 안전의 극대화 및 생산능률의 향상

* **인간공학의 연구목적**
가장 궁극적인 목적은 **안전성 제고와 능률의 향상**이다.
① 안전성의 향상과 사고 방지
② 기계조작의 능률성과 생산성의 향상
③ 작업환경의 쾌적성

55 생명유지에 필요한 단위시간당 에너지양을 무엇이라 하는가?

① 기초 대사량　② 산소 소비율
③ 작업 대사량　④ 에너지 소비율

생명유지에 필요한 단위시간당 에너지양
→ 기초 대사량

정답　51 ④　52 ②　53 ②　54 ④　55 ①

56 점광원으로부터 0.3m 떨어진 구면에 비추는 광량이 5Lumen일 때, 조도는 약 몇 럭스인가?

① 0.06
② 16.7
③ 55.6
④ 83.4

조도(lux) = $\dfrac{광도}{(거리)^2}$

조도(lux) = $\dfrac{5}{(0.3)^2}$ = 55.55(lux)

📝 필기에 자주 출제되는 내용입니다.

57 염산을 취급하는 A 업체에서는 신설 설비에 관한 안전성 평가를 실시해야 한다. 정성적 평가단계의 주요 진단 항목에 해당하는 것은?

① 공장 내의 배치
② 제조공정의 개요
③ 재평가 방법 및 계획
④ 안전·보건교육 훈련계획

정성적 평가항목	정량적 평가항목
• 입지 조건	• 화학설비의 취급물질
• 공장 내의 배치	• 화학설비의 용량
• 소방설비	• 온도
• 공정 기기	• 압력
• 수송 · 저장	• 조작
• 원재료	
• 중간체	
• 제품	
• 건조물(건물)	
• 공정	

📝 필기에 자주 출제되는 내용입니다.

58 음압수준이 70dB인 경우, 1,000Hz에서 순음의 phon치는?

① 50phon
② 70phon
③ 90phon
④ 100phon

1phone → 1000Hz, 1dB 음의 크기
70phone → 1000Hz, 70dB 음의 크기

59 수리가 가능한 어떤 기계의 가용도(availability)는 0.9이고, 평균수리시간(MTTR)이 2시간일 때 이 기계의 평균수명(MTBF)은?

① 15시간
② 16시간
③ 17시간
④ 18시간

설비가동률 = $\dfrac{MTBF}{MTBF + MTTR}$ = $\dfrac{\frac{1}{\lambda}}{\frac{1}{\lambda} + \frac{1}{\mu}}$

여기서, λ : 고장률
μ : 수리율

가용도 = $\dfrac{MTBF}{MTBF + MTTR}$

MTBF = 가용도(MTBF + MTTR)
= 0.9 × (MTBF + 2)
= 0.9MTBF + 0.9 × 2
MTBF − 0.9MTBF = 1.8
0.1MTBF = 1.8
∴ MTBF = $\dfrac{1.8}{0.1}$ = 18(시간)

정답 56 ③ 57 ① 58 ② 59 ④

60 실린더 블록에 사용하는 가스켓의 수명은 평균 10,000시간이며, 표준편차는 200시간으로 정규분포를 따른다. 사용시간이 9,600시간일 경우에 신뢰도는 약 얼마인가?(단, 표준정규분포표에서 $u_{0.8413} = 1$, $u_{0.9772} = 2$이다.)

① 84.13% ② 88.73%
③ 92.72% ④ 97.72%

1. 평균수명 10,000시간, 사용시간이 9,600시간이므로
   평균기대수명 = 10,000 − 9,600 = 400(시간)
2. $u = \dfrac{평균}{표준편차} = \dfrac{400}{200} = 2$
3. 표준정규분포이고, u = 2이므로 u2의 표준정규분포를 따르게 된다.
   u2 = 0.9772이므로 0.9772 × 100 = 97.72%

 출제비중이 낮은 문제입니다.

4과목 건설시공학

61 철근 콘크리트부재의 피복두께를 확보하는 목적과 거리가 먼 것은?

① 철근이음 시 편의성
② 내화성 확보
③ 철근의 방청
④ 콘크리트의 유동성 확보

★ **철근콘크리트 부재의 피복두께를 확보하는 목적**
① **부착력 확보** : 철근의 부착강도 확보
② **내화성 확보** : 화재 시에 고열로부터 철근 보호
③ **철근의 방청**(철근의 부식방지로 내구성 확보) : 물과 이산화탄소의 침투를 방지하여 부식방지
④ **콘크리트의 유동성 확보** : 콘크리트 타설시 유동성으로 밀실하게 충전
⑤ 내구성 확보
⑥ 구조내력의 확보

 필기에 자주 출제되는 내용입니다.

62 철골공사에서 철골 세우기 순서가 옳게 연결된 것은?

A. 기초 볼트위치 재점검
B. 기둥 중심선 먹매김
C. 기둥 세우기
D. 주각부 모르타르 채움
E. Base plate의 높이 조정용 plate 고정

① A → B → C → D → E
② B → A → E → C → D
③ B → A → C → D → E
④ E → D → B → A → C

★ **철골세우기 순서**
① 전면 바름 마무리법
중심먹매김 → 앵커볼트 설치 → 기초상부 고름질 → 철골세우기 → 가조립 → 변형바로잡기 → 본조립(정조립) → 리벳접합 → 접합부 검사 → 도장

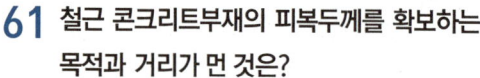
정답 59 ④ 60 ④ 61 ① 62 ②

② 나중 채워 넣기법
기둥 중심선 먹매김 → 기초 볼트위치 재점검 → base plate의 높이 조정용 plate 고정 → 기둥 세우기 → 주각부 모르타르 채움

📋 필기에 자주 출제되는 내용입니다.

63 지반개량공법 중 강제압밀 또는 강제압밀 탈수공법에 해당하지 않는 것은?

① 프리로딩공법
② 페이퍼드레인공법
③ 고결공법
④ 샌드드레인공법

③ 고결공법 : 시멘트나 약액을 주입하여 지반을 강화하는 공법으로 강제압밀 공법이 아니다.

📋 필기에 자주 출제되는 내용입니다.

> **참고**

* **강제(强制)압밀공법**
① 재하방법 : 성토 공법, 지하수위 저하 공법, 대기압 공법(진공공법), 선행재하(Pre-loading) 공법
② 드레인 방법 : 샌드(sand) 드레인 공법, 페이퍼 드레인 공법, 플라스틱(plastic) 드레인 공법

---

64 거푸집이 콘크리트 구조체의 품질에 미치는 영향과 역할이 아닌 것은?

① 콘크리트가 응결하기까지의 형상, 치수의 확보
② 콘크리트 수화반응의 원활한 진행을 보조
③ 철근의 피복두께 확보
④ 건설 페기물의 감소

* **거푸집의 시공 목적(거푸집이 콘크리트 구조체의 품질에 미치는 영향과 역할)**
① 콘크리트가 응결하기까지의 형상, 치수의 확보
② 콘크리트 수화반응의 원활한 진행을 보조(콘크리트의 수분 누출 방지)
③ 철근의 피복두께 확보
④ 양생을 위한 외기의 영향 방지

65 다음 중 철근공사의 배근순서로 옳은 것은?

① 벽 → 기둥 → 슬래브 → 보
② 슬래브 → 보 → 벽 → 기둥
③ 벽 → 기둥 → 보 → 슬래브
④ 기둥 → 벽 → 보 → 슬래브

* **철근의 조립 순서**
① **철근 콘크리트** : 거푸집 조립 순서에 맞추어 조립한다.
  기둥 → 벽 → 보 → 슬래브
② **철골철근 콘크리트** : 철골의 조립 및 리벳치기가 완료된 부분부터 철근을 조립한다.
  기둥 → 보 → 벽 → 슬래브

📋 필기에 자주 출제되는 내용입니다.

66 철근콘크리트에서 염해로 인한 철근부식 방지대책으로 옳지 않은 것은?

① 콘크리트중의 염소 이온량을 적게 한다.
② 에폭시 수지 도장 철근을 사용한다.
③ 방청제 투입을 고려한다.
④ 물 - 시멘트비를 크게 한다.

④ 물-시멘트비를 작게 한다.

📋 필기에 자주 출제되는 내용입니다.

정답 63 ③ 64 ④ 65 ④ 66 ④

67 공사 중 시방서 및 설계도서가 서로 상이할 때의 우선순위에 관한 설명으로 옳지 않은 것은?

① 설계도면과 공사시방서가 상이할 때는 설계도면을 우선한다.
② 설계도면과 내역서가 상이할 때는 설계도면을 우선한다.
③ 일반시방서와 전문시방서가 상이할 때는 전문시방서를 우선한다.
④ 설계도면과 상세도면이 상이할 때는 상세도면을 우선한다.

① 설계도면과 공사시방서가 상이할 때는 공사시방서를 우선한다.

📝 필기에 자주 출제되는 내용입니다.

68 건축시공의 현대화 방안 중 3S system과 거리가 먼 것은?

① 작업의 표준화
② 작업의 단순화
③ 작업의 전문화
④ 작업의 기계화

＊ 건축시공의 현대화 방안 중 3S system
① 단순화(Simplification)
② 규격화, 표준화(Standardization)
③ 전문화(Specialization)

69 개방잠함공법(Open caisson method)에 관한 설명으로 옳은 것은?

① 건물외부 작업이므로 기후의 영향을 많이 받는다.
② 지하수가 많은 지반에서는 침하가 잘 되지 않는다.
③ 소음발생이 크다.
④ 실의 내부 갓 둘레부분을 중앙 부분보다 먼저 판다.

＊ 개방잠함공법(Open caisson method)
① 지하 구조체를 지상에서 구축하여 하부 중앙 흙을 파내어 구조체를 자중으로 침하시키는 공법으로 압축공기를 사용하지 않는다.(굴착하여 가라앉히기 위해 크고 무거운 하중이 필요하다.)
② 지하수가 많은 지반에서는 침하가 잘 되지 않는다.

📝 필기에 자주 출제되는 내용입니다.

70 분할도급 발주 방식 중 지하철공사, 고속도로공사 및 대규모 아파트단지 등의 공사에 채용하면 가장 효과적인 것은?

① 직종별 공종별 분할도급
② 공정별 분할도급
③ 공구별 분할도급
④ 전문공종별 분할도급

정답 67 ① 68 ④ 69 ② 70 ③

★ 공구별 분할도급
① 대규모 공사에서 지역별로 공사를 구분하여 발주하는 방식을 말한다.
② 공사기일 단축, 시공기술 향상 및 공사의 높은 성과를 기대할 수 있다.
③ 지하철공사, 고속도로공사 및 대규모 아파트단지 등의 공사에 적합하다.

📝 필기에 자주 출제되는 내용입니다.

71 연질의 점토지반에서 흙막이 바깥에 있는 흙의 중량과 지표위에 적재하중의 중량에 못 견디어 저면 흙이 붕괴되고 흙막이 바깥에 있는 흙이 안으로 밀려 불룩하게 되는 현상을 무엇이라고 하는가?

① 보일링 파괴
② 히빙 파괴
③ 파이핑 파괴
④ 언더 피닝

★ 히빙현상
연질의 점토지반에서 흙막이 바깥에 있는 흙의 중량과 지표위에 적재하중의 중량에 못 견디어 저면 흙이 붕괴되고 흙막이 바깥에 있는 흙이 안으로 밀려 불룩하게 되는 현상을 말한다.

📝 필기에 자주 출제되는 내용입니다.

72 프리플레이스트 콘크리트의 서중 시공 시 유의사항으로 옳지 않은 것은?

① 애지데이터 안의 모르타르 저류시간을 짧게 한다.
② 수송관 주변의 온도를 높여 준다.
③ 응결을 지연시키며 유동성을 크게 한다.
④ 비빈 후 즉시 주입한다.

② 수송관 주변의 온도를 낮추어 준다.

73 잡석지정의 다짐량이 5m³일 때 틈막이로 넣는 자갈의 양으로 가장 적당한 것은?

① 0.5m³ ② 1.5m³
③ 3.0m³ ④ 5.0m³

• 틈 막이 자갈량은 잡석의 30%로 한다.
• 5 × 0.3 = 1.5m³

74 석공사에서 건식공법에 관한 설명으로 옳지 않은 것은?

① 하지철물의 부식문제와 내부단열재 설치문제 등이 나타날 수 있다.
② 긴결 철물과 채움 모르타르로 붙여 대는 것으로 외벽공사 시 빗물이 스며들어 들뜸, 백화현상 등이 발생하지 않도록 한다.
③ 실런트(Sealant) 유성분에 의한 석재면의 오염문제는 비오염성 실런트로 대체하거나, Open Joint 공법으로 대체하기도 한다.
④ 강재트러스, 트러스지지공법 등 건식공법은 시공정밀도가 우수하고, 작업능률이 개선되며, 공기단축이 가능하다.

정답 71 ② 72 ② 73 ② 74 ②

② 건식공법 : 모르타르 없이 구조체와 석재 사이를 연결철물로 고정하는 공법을 말한다.

75 PERT/CPM의 장점이 아닌 것은?

① 변화에 대한 신속한 대책수립이 가능하다.
② 비용과 관련된 최적안 선택이 가능하다.
③ 작업선후 관계가 명확하고 책임소재 파악이 용이하다.
④ 주공정(Critical path)에 의해서만 공기 관리가 가능하다.

* PERT/CPM의 장점
① 상세한 계획수립이 가능하다.
② 변화에 대한 신속한 대책수립이 가능하다.
③ 시간이 단축되고 비용이 절감된다.
④ 작업선후 관계가 명확하고 책임소재 파악이 용이하다.
⑤ 정보교환이 용이하다.

76 콘크리트 타설 시 거푸집에 작용하는 측압에 관한 설명으로 옳지 않은 것은?

① 기온이 낮을수록 측압은 작아진다.
② 거푸집의 강성이 클수록 측압은 커진다.
③ 진동기를 사용하여 다질수록 측압은 커진다.
④ 조강시멘트 등을 활용하면 측압은 작아진다.

① 온도, 습도가 낮을수록 측압은 커진다.

77 내화피복의 공법과 재료와의 연결이 옳지 않은 것은?

① 타설공법 - 콘크리트, 경량콘크리트
② 조적공법 - 콘크리트, 경량콘크리트 블록, 돌, 벽돌
③ 미장공법 - 뿜칠 플라스터, 알루미나 계열 모르타르
④ 뿜칠공법 - 뿜칠 암면, 습식 뿜칠 암면, 뿜칠 모르타르

③ 미장공법 - 단열 모르타르

78 철골공사의 기초상부 고름질 방법에 해당되지 않는 것은?

① 전면바름 마무리법
② 나중 채워넣기 중심바름법
③ 나중 매입공법
④ 나중 채워넣기법

* 철골공사의 기초상부 고름질 방법
① 전면 바름 마무리법
② 나중 채워넣기 중심 바름법
③ 나중 채워넣기 십자(+)바름법
④ 나중 채워넣기법

정답 75 ④ 76 ① 77 ③ 78 ③

79 보강 콘크리트 블록조 공사에서 원칙적으로 기초 및 테두리보에서 위층의 테두리보까지 잇지 않고 배근하는 것은?

① 세로근   ② 가로근
③ 철선   ④ 수평횡근

* **철근콘크리트 보강 블록공사**
① 블록을 쌓아 철근과 콘크리트로 보강하여 내력벽을 구축하는 공법을 말한다.
② 원칙적으로 통줄눈 쌓기로 한다.
③ 보강콘크리트 블록조에서 세로근에 이음을 만들어서는 안 된다.
④ 가로근은 배근 상세도에 따라 가공하되, 그 단부는 180°의 갈구리로 구부려 배근한다.
⑤ 세로근은 기초 및 테두리보에서 위층의 테두리보까지 잇지 않고 배근하여 그 정착길이는 철근 직경의 40배 이상으로 한다.
⑥ 벽의 세로근은 구부리지 않고 항상 진동 없이 설치한다.

필기에 자주 출제되는 내용입니다.

80 말뚝재하시험의 주요목적과 거리가 먼 것은?

① 말뚝길이의 결정
② 말뚝 관입량 결정
③ 지하수위 추정
④ 지지력 추정

* **말뚝재하시험의 목적**
① 말뚝길이의 결정   ② 말뚝 관입량 결정
③ 이음방법의 결정   ④ 허용지지력 추정
⑤ 해머의 용량 확인   ⑥ 시공 정도 검토

필기에 자주 출제되는 내용입니다.

5과목 건설재료학

81 합성수지 재료에 관한 설명으로 옳지 않은 것은?

① 에폭시수지는 접착성은 우수하나 경화 시 휘발성이 있어 용적의 감소가 매우 크다.
② 요소수지는 무색이어서 착색이 자유롭고 내수성이 크며 내수합판의 접착제로 사용된다.
③ 폴리에스테르수지는 전기절연성, 내열성이 우수하고 특히 내약품성이 뛰어나다.
④ 실리콘수지는 내약품성, 내후성이 좋으며 방수피막 등에 사용된다.

① 에폭시수지는 접착성이 우수하며 경화 시 휘발성이 적어 용적감소가 극히 적다.

참고

* **요소수지**
① 무색으로 착색이 자유롭고 내수성이 작다.
② 내수합판의 접착제로 사용된다.

82 목재의 건조특성에 관한 설명으로 옳지 않은 것은?

① 온도가 높을수록 건조속도는 빠르다.
② 풍속이 빠를수록 건조속도는 빠르다.
③ 목재의 비중이 클수록 건조속도는 빠르다.
④ 목재의 두께가 두꺼울수록 건조시간이 길어진다.

③ 목재의 비중이 클수록 건조속도는 느리다.

정답 79 ①   80 ③   81 ①   82 ③

83 부재 혹은 구조물의 치수가 커서 시멘트의 수화열에 의한 온도상승 및 강하를 고려하여 설계·시공해야 하는 콘크리트를 무엇이라 하는가?

① 매스 콘크리트 ② 한중 콘크리트
③ 고강도 콘크리트 ④ 수밀 콘크리트

＊ 매스 콘크리트(mass concrete)
부재 혹은 구조물의 치수가 커서 시멘트의 수화열에 의한 온도 상승 및 강하를 고려하여 설계, 시공해야 하는 콘크리트를 말한다.

📝 필기에 자주 출제되는 내용입니다.

84 목재의 내연성 및 방화에 관한 설명으로 옳지 않은 것은?

① 목재의 방화는 목재 표면에 불연소성 피막을 도포 또는 형성시켜 화염의 접근을 방지하는 조치를 한다.
② 방화제로는 방화페인트, 규산나트륨 등이 있다.
③ 목재가 열이 닿으면 먼저 수분이 증발하고 160℃ 이상이 되면 소량의 가연성가스가 유출된다.
④ 목재는 450℃에서 장시간 가열하면 자연발화 하게 되는데, 이 온도를 화재위험온도라고 한다.

④ 목재는 450℃(400 ~ 490℃)에서 별도의 화원 없이도 연소가 시작(자연발화)하게 되는데 이 온도를 목재의 발화점이라고 한다.

📝 필기에 자주 출제되는 내용입니다.

85 점토제품에서 SK번호가 의미하는 바로 옳은 것은?

① 점토원료를 표시
② 소성온도를 표시
③ 점토제품의 종류를 표시
④ 점토제품 제법 순서를 표시

점토제품에서 SK번호는 소성온도를 나타낸다.

📝 필기에 자주 출제되는 내용입니다.

86 다음 중 역청재료의 침입도 값과 비례하는 것은?

① 역청재의 중량
② 역청재의 온도
③ 대기압
④ 역청재의 비중

역청재의 온도는 침입도 값에 비례한다.

참고
역청 : 탄화수소 화합물을 총칭하여 역청이라 하며, 역청재료는 천연 또는 원유의 건류 및 증류에 의해서 얻어지는 유기화합물, 아스팔트 등을 말한다.

정답 83 ① 84 ④ 85 ② 86 ②

87 표면을 연마하여 고광택을 유지하도록 만든 시유타일로 대형 타일에 많이 사용되며, 천연화강석의 색깔과 무늬가 표면에 나타나게 만들 수 있는 것은?

① 모자이크 타일
② 징크판넬
③ 논슬립타일
④ 폴리싱타일

* **폴리싱 타일**
· 표면을 연마하여 광을 낸 타일
· 자기질 무유타일을 연마하여 대리석 질감과 흡사하게 만든 타일로써 내마모성, 내화학성 등이 우수하다.

88 투명도가 높으므로 유기유리라고도 불리며 무색 투명하여 착색이 자유롭고 상온에서도 절단·가공이 용이한 합성수지는?

① 폴리에틸렌 수지
② 스티롤 수지
③ 멜라민 수지
④ 아크릴 수지

* **아크릴 수지**
① 투명도가 높아 유기유리라고도 불린다.
② 무색 투명하여 착색이 자유롭고 상온에서도 절단·가공이 용이하다.
③ 투광성이 크고 내약품성, 내후성이 크다.

📝 필기에 자주 출제되는 내용입니다.

89 다음 중 원유에서 인위적으로 만든 아스팔트에 해당하는 것은?

① 블론 아스팔트
② 로크 아스팔트
③ 레이크 아스팔트
④ 아스팔타이트

* **천연 아스팔트**
① 레이크(lake) 아스팔트
② 로크(rock) 아스팔트
③ 아스팔타이트

90 강재 시편의 인장시험 시 나타나는 응력-변형률 곡선에 관한 설명으로 옳지 않은 것은?

① 하위항복점까지 가력한 후 외력을 제거하면 변형은 원상으로 회복된다.
② 인장강도 점에서 응력값이 가장 크게 나타난다.
③ 냉간성형한 강재는 항복점이 명확하지 않다.
④ 상위항복점 이후에 하위항복점이 나타난다.

① 하위항복점까지 가력한 후 외력을 제거하면 변형은 원상으로 회복되지 않는다.

참고

· 항복점 : 물체에 작용하는 외력을 증가시키면 외력은 거의 증가하지 않는데도 영구 변형(소성 변형)이 급격히 늘어나기 시작한다. 재료의 소성 변형이 시작되는 지점을 항복점이라 한다.
· 상위 항복점 : 재료의 소성 변형을 시작하는 데 필요한 최대한의 하중 또는 응력이 필요한 지점을 말한다.
· 하위 항복점 : 재료의 소성 거동을 유지하기 위하여 최소한의 응력이나 하중이 필요한 지점을 말한다.

정답 87 ④ 88 ④ 89 ① 90 ①

91 유리가 불화수소에 부식하는 성질을 이용하여 5mm 이상 판유리면에 그림, 문자 등을 새긴 유리는?

① 스테인드유리　② 망입유리
③ 에칭유리　　　④ 내열유리

에칭유리 : 5mm이상 판유리 면에 그림, 문자 등을 새긴 유리

📝 필기에 자주 출제되는 내용입니다.

92 회반죽에 여물을 넣는 가장 주된 이유는?

① 균열을 방지하기 위하여
② 점성을 높이기 위하여
③ 경화를 촉진하기 위하여
④ 내수성을 높이기 위하여

회반죽의 건조 수축에 의한 균열을 방지할 목적으로 여물을 첨가한다

📝 필기에 자주 출제되는 내용입니다.

93 기성 배합 모르타르 바름에 관한 설명으로 옳지 않은 것은?

① 현장에서의 시공이 간편하다.
② 공장에서 미리 배합하므로 재료가 균질하다.
③ 접착력 강화제가 혼입되기도 한다.
④ 주로 바름 두께가 두꺼운 경우에 많이 쓰인다.

④ 주로 바름 두께가 얇은 경우에 많이 쓰인다.

참고

기성 배합 모르타르 바름 : 시멘트, 골재, 혼화재료를 공장에서 계량·혼합한 것으로 재료가 균일하다.

94 골재의 입도분포를 측정하기 위한 시험으로 옳은 것은?

① 플로우 시험
② 블레인 시험
③ 체가름 시험
④ 비카트침 시험

골재의 입도분포를 측정하기 위한 시험 : 체가름 시험

📝 필기에 자주 출제되는 내용입니다.

95 다음 미장재료 중 기경성(氣硬性)이 아닌 것은?

① 회반죽
② 경석고 플라스터
③ 회사벽
④ 돌로마이트플라스터

정답　91 ③　92 ①　93 ④　94 ③　95 ②

수경성(팽창성)	1. 석고질 • 석고 플라스터 • 혼합석고 플라스터(배합석고) • 경석고 플라스터(킨즈시멘트) 2. 시멘트모르타르 3. 인조석 바름 4. 테라조 현장 바름 **특급암기법** 수(수경성) 고(석고)하는 시(시멘트모르타르)인(인조석) 테라조
기경성(수축성, 알칼리성)	1. 석회질 • 회반죽 • 회사벽 2. 돌로마이트플라스터 (마그네시아 석회) **특급암기법** 기(기경성) 회(석회, 회반죽, 회사벽) 돌(돌로마이트플라스터)

필기에 자주 출제되는 내용입니다.

96 도료 중 주로 목재면의 투명도장에 쓰이고 오일 니스에 비하여 도막이 얇으나 견고하며, 담색으로서 우아한 광택이 있고 내부용으로 쓰이는 것은?

① 클리어 래커(clear lacquer)
② 에나멜 래커(enamel lacquer)
③ 에나멜 페인트(enamel paint)
④ 하이 솔리드 래커(high solid lacquer)

⋆ 클리어 래커(clear lacquer)
• 안료가 들어가지 않는 도료(투명래커)로서 목재면의 투명도장에 쓰인다.
• 내후성이 좋지 않아 외부에 사용하기에는 적당하지 않고 내부용으로 주로 사용된다.
• 도막은 얇으나 견고하고 광택이 우수하다.

97 강화유리의 검사항목과 거리가 먼 것은?

① 파쇄시험
② 쇼트백시험
③ 내충격성시험
④ 촉진노출시험

⋆ 강화유리의 검사항목
① 파쇄시험
② 쇼트백시험
③ 내충격성시험
④ 투영시험

98 목재의 신축에 관한 설명으로 옳은 것은?

① 동일 나뭇결에서 심재는 변재보다 신축이 크다.
② 섬유포화점 이상에서는 함수율의 변화에 따른 신축 변동이 크다.
③ 일반적으로 곧은결 폭보다 널결 폭이 신축의 정도가 크다.
④ 신축의 정도는 수종과는 상관없이 일정하다.

정답 96 ① 97 ④ 98 ③

* **목재의 신축**
① 동일 나뭇결에서 변재는 심재보다 신축이 크다.
② 섬유포화점 이상일 때는 함수율의 증감에 따른 신축이 거의 없다. 섬유포화점 이하로 내려가면 목재는 **신축(수축) 변동이 커진다.**
③ 일반적으로 곧은결 폭보다 널결 폭이 신축의 정도가 크다.(곧은결 쪽은 널결(무늬결) 쪽보다 50% 정도 신축된다.)
④ 활엽수가 침엽수보다 신축이 크다.

📝 필기에 자주 출제되는 내용입니다.

99 창호용 철물 중 경첩으로 유지할 수 없는 무거운 자재여닫이문에 쓰이는 철물은?

① 도어 스톱
② 래버터리 힌지
③ 도어 체크
④ 플로어 힌지

① 도어 스톱(스토퍼) : 문을 열린 채로 고정하는 장치
② 래버터리 힌지(lavatory hinge) : 스프링 힌지의 일종으로 공중용 화장실 등에 사용된다.
③ 도어 체크(도어 클로저) : 문을 열면 자동적으로 문이 닫히게 하는 장치
④ 플로어 힌지 : 경첩으로 유지할 수 없는 무거운 자재의 여닫이문에 사용된다.

100 오토클레이브(auto clave)에 포화증기 양생한 경량기포콘크리트의 특징으로 옳은 것은?

① 열전도율은 보통 콘크리트와 비슷하여 단열성은 약한 편이다.
② 경량이고 다공질이어서 가공 시 톱을 사용할 수 있다.
③ 불연성 재료로 내화성이 매우 우수하다.
④ 흡음성과 차음성은 비교적 약한 편이다.

* **경량기포콘크리트(ALC)**
① 보통콘크리트에 비하여 **탄산화의 우려가 크다.**
② 열전도율은 보통콘크리트의 약 1/10 정도로 단열성이 우수하다.
③ 현장에서 **취급이 편리하고 절단 및 가공이 용이**하다.
④ 다공질이므로 흡수성이 높은 편이다.

📝 필기에 자주 출제되는 내용입니다.

6과목 건설안전기술

101 승강기 강선의 과다감기를 방지하는 장치는?

① 비상정지장치
② 권과방지장치
③ 해지장치
④ 과부하방지장치

승강기 강선의 과다감기를 방지하는 장치 → 권과방지장치

정답 99 ④ 100 ② 101 ②

> **참고**
>
> 권과방지장치는 훅·버킷 등 달기구의 윗면이 드럼, 상부 도르래, 트롤리프레임 등 권상장치의 아랫면과 접촉할 우려가 있는 경우에 그 간격이 0.25미터 이상[직동식(直動式) 권과방지장치는 0.05미터 이상으로 한다.]이 되도록 조정하여야 한다.

102 건축공사로서 대상액이 5억 원 이상 50억 원 미만인 경우에 산업안전보건관리비의 비율 (가) 및 기초액(나)으로 옳은 것은?

① (가) 2.28%, (나) 4,325,000원
② (가) 1.99%, (나) 5,499,000원
③ (가) 2.35%, (나) 5,400,000원
④ (가) 1.57%, (나) 4,411,000원

※ 공사종류 및 규모별 산업안전보건관리비 계상기준표

구분 공사 종류	대상액 5억 원 미만인 경우 적용 비율(%)	대상액 5억 원 이상 50억 원 미만인 경우		대상액 50억 원 이상인 경우 적용 비율(%)	보건관리자 선임 대상 건설공사의 적용비율(%)
		적용 비율(%)	기초액		
건축공사	3.11%	2.28%	4,325천원	2.37%	2.64%
토목공사	3.15%	2.53%	3,300천원	2.60%	2.73%
중건설 공사	3.64%	3.05%	2,975천원	3.11%	3.39%
특수건설 공사	2.07%	1.59%	2,450천원	1.64%	1.78%

103 철골건립 준비를 할 때 준수하여야 할 사항과 가장 거리가 먼 것은?

① 지상 작업장에서 건립준비 및 기계기구를 배치할 경우에는 낙하물의 위험이 없는 평탄한 장소를 선정하여 정비하고 경사지에는 작업대나 임시발판 등을 설치하는 등 안전조치를 한 후 작업하여야 한다.
② 건립작업에 다소 지장이 있다 하더라도 수목은 제거하여서는 안 된다.
③ 사용 전에 기계기구에 대한 정비 및 보수를 철저히 실시하여야 한다.
④ 기계에 부착된 앵커 등 고정장치와 기초구조 등을 확인하여야 한다.

② 건립작업에 지장이 있다면 수목은 제거하여야 한다.

104 건설작업장에서 근로자가 상시 작업하는 장소의 작업면 조도기준으로 옳지 않은 것은?(단, 갱내 작업장과 감광재료를 취급하는 작업장의 경우는 제외)

① 초정밀 작업 : 600럭스(lux) 이상
② 정밀작업 : 300럭스(lux) 이상
③ 보통작업 : 150럭스(lux) 이상
④ 초정밀, 정밀, 보통작업을 제외한 기타 작업 : 75럭스(lux) 이상

정답 102 ① 103 ② 104 ①

* **법적 조도 기준**
① 초정밀 작업 : 750 Lux 이상
② 정밀 작업 : 300 Lux 이상
③ 보통 작업 : 150 Lux 이상
④ 기타 작업 : 75 Lux 이상

📝 실기까지 중요한 내용입니다.

105 추락방지용 방망의 그물코의 크기가 10cm인 신품 매듭방망사의 인장강도는 몇 킬로그램 이상이어야 하는가?

① 80   ② 110
③ 150   ④ 200

* **방망사의 신품에 대한 인장강도**

그물코의 크기 (단위 : cm)	방망의 종류(단위 : kg)	
	매듭 없는 방망	매듭방망
10	240	200
5		110

* **방망사의 폐기 시 인장강도**

그물코의 크기 (단위 : cm)	방망의 종류(단위 : kg)	
	매듭 없는 방망	매듭방망
10	150	135
5		60

📝 필기에 자주 출제되는 내용입니다. 암기하세요.

106 흙막이 지보공을 설치하였을 때 정기적으로 점검하여야 할 사항과 거리가 먼 것은?

① 경보장치의 작동상태
② 부재의 손상·변형·부식·변위 및 탈락의 유무와 상태
③ 버팀대의 긴압(緊壓)의 정도
④ 부재의 접속부·부착부 및 교차부의 상태

* **흙막이 지보공을 설치한 때 점검 사항**
① 부재의 손상 · 변형 · 부식 · 변위 및 탈락의 유무와 상태
② 버팀대의 긴압의 정도
③ 부재의 접속부 · 부착부 및 교차부의 상태
④ 침하의 정도

📝 실기까지 중요한 내용입니다.

107 강관비계 조립시의 준수사항으로 옳지 않은 것은?

① 비계기둥에는 미끄러지거나 침하하는 것을 방지하기 위하여 밑받침철물을 사용한다.
② 지상높이 4층 이하 또는 12m 이하인 건축물의 해체 및 조립 등의 작업에서만 사용한다.
③ 교차가새로 보강한다.
④ 외줄비계·쌍줄비계 또는 돌출비계에 대해서는 벽이음 및 버팀을 설치한다.

② 지상높이 4층 이하 또는 12m 이하인 건축물의 해체 및 조립 등의 작업에서만 사용한다.
→ 통나무 비계

정답 105 ④ 106 ① 107 ②

참고

★ 강관비계의 구조

① 비계기둥 간격 : 띠장방향에서는 1.85m 이하, 장선 방향에서는 1.5m 이하로 할 것
   다만, 다음 각 목의 어느 하나에 해당하는 작업의 경우에는 안전성에 대한 구조검토를 실시하고 조립도를 작성하면 띠장 방향 및 장선 방향으로 각각 2.7미터 이하로 할 수 있다.
   가. 선박 및 보트 건조작업
   나. 그 밖에 장비 반입·반출을 위하여 공간 등을 확보할 필요가 있는 등 작업의 성질상 비계기둥 간격에 관한 기준을 준수하기 곤란한 작업
② 띠장간격 : 2.0미터 이하로 할 것
③ 비계기둥의 제일 윗부분으로 부터 31m되는 지점 밑 부분의 비계기둥은 2본의 강관으로 묶어세울 것
④ 비계기둥간의 적재하중은 400kg을 초과하지 않도록 할 것

★ 강관비계 조립 시의 준수사항

① 비계기둥에는 미끄러지거나 침하하는 것을 방지하기 위하여 밑받침철물을 사용하거나 깔판·받침목 등을 사용하여 밑둥잡이를 설치할 것
② 강관의 접속부 또는 교차부는 적합한 부속철물을 사용하여 접속하거나 단단히 묶을 것
③ 교차가새로 보강할 것
④ 외줄비계·쌍줄비계 또는 돌출비계의 벽이음 및 버팀 설치
   • 조립간격 : 수직방향에서 5m 이하, 수평방향에서는 7.5m 이하
   • 강관·통나무 등의 재료를 사용하여 견고한 것으로 할 것
   • 인장재와 압축재로 구성되어 있는 때에는 인장재와 압축재의 간격을 1미터 이내로 할 것
⑤ 가공전로에 근접하여 비계를 설치하는 때에는 가공전로를 이설, 절연용 방호구 장착하는 등 가공전로와의 접촉 방지 조치할 것

실기까지 **중요한 내용**입니다.

---

108 달비계의 구조에서 달비계 작업발판의 폭은 최소 얼마 이상이어야 하는가?

① 30cm　② 40cm
③ 50cm　④ 60cm

작업발판은 폭을 40센티미터 이상으로 하고 틈새가 없도록 할 것

109 건설업 중 교량건설 공사의 경우 유해위험방지계획서를 제출하여야 하는 기준으로 옳은 것은?

① 최대 지간길이가 40m 이상인 교량건설 등 공사
② 최대 지간길이가 50m 이상인 교량건설 등 공사
③ 최대 지간길이가 60m 이상인 교량건설 등 공사
④ 최대 지간길이가 70m 이상인 교량건설 등 공사

최대 지간길이가 50미터 이상인 교량 건설등 공사

정답　108 ②　109 ②

참고

★ 유해위험방지계획서를 제출해야 될 건설공사

1. 다음 각 목의 어느 하나에 해당하는 건축물 또는 시설 등의 건설·개조 또는 해체공사
   가. 지상높이가 31미터 이상인 건축물 또는 인공구조물
   나. 연면적 3만제곱미터 이상인 건축물
   다. 연면적 5천제곱미터 이상인 시설로서 다음의 어느 하나에 해당하는 시설
      1) 문화 및 집회시설(전시장 및 동물원·식물원은 제외한다)
      2) 판매시설, 운수시설(고속철도의 역사 및 집배송시설은 제외한다)
      3) 종교시설
      4) 의료시설 중 종합병원
      5) 숙박시설 중 관광숙박시설
      6) 지하도상가
      7) 냉동·냉장 창고시설
2. 연면적 5천제곱미터 이상의 냉동·냉장창고시설의 설비공사 및 단열공사
3. 최대 지간길이(다리의 기둥과 기둥의 중심 사이의 거리)가 50미터 이상인 교량 건설 등 공사
4. 터널 건설 등의 공사
5. 다목적댐, 발전용댐, 저수용량 2천만톤 이상의 용수 전용 댐, 지방상수도 전용 댐 건설 등의 공사
6. 깊이 10미터 이상인 굴착공사

특급암기법

- 지상높이 31m, 연면적 3만m², 사람 많은 시설 연면적 5,000m²
- 연면적 5,000m² 냉동·냉장창고 시설
- 최대 지간길이가 50미터 이상 교량
- 터널
- 저수용량 2천만 톤 이상 댐
- 10미터 이상인 굴착

110 다음 중 방망에 표시해야 할 사항이 아닌 것은?

① 방망의 신축성
② 제조자명
③ 제조년월
④ 재봉 치수

> 방망에는 보기 쉬운 곳에 다음 각 호의 사항을 표시하여야 한다.
> ① 제조자명
> ② 제조년월
> ③ 재봉 치수
> ④ 그물코
> ⑤ 신품인 때의 방망의 강도

111 산업안전보건법령에 따른 동바리를 조립하는 경우에 준수하여야 할 사항으로 옳지 않은 것은?

① 개구부 상부에 동바리를 설치하는 경우에는 상부하중을 견딜 수 있는 견고한 받침대를 설치할 것
② 동바리의 이음은 같은 품질의 재료를 사용할 것
③ 강재의 접속부 및 교차부는 철선을 사용하여 단단히 연결할 것
④ 받침목이나 깔판의 사용, 콘크리트 타설, 말뚝박기 등 동바리의 침하를 방지하기 위한 조치를 할 것

> ③ 강재의 접속부 및 교차부는 볼트·클램프 등 전용 철물을 사용하여 단단히 연결할 것

정답 110 ① 111 ③

112 중량물을 운반할 때의 바른 자세로 옳은 것은?

① 허리를 구부리고 양손으로 들어올린다.
② 중량은 보통 체중의 60%가 적당하다.
③ 물건은 최대한 몸에서 멀리 떼어서 들어올린다.
④ 길이가 긴 물건은 앞쪽을 높게 하여 운반한다.

* 요통예방을 위한 안전작업수칙
① 중량물을 취급할 때는 허리의 힘보다는 팔, 다리, 복부의 근력을 이용하도록 한다.
② 중량물을 들어 올릴 때는 물체를 최대한 몸 가까이에서 잡고 들어 올리도록 한다.
③ 중량물 취급시 허리는 늘 곧게 펴고 가급적 구부리거나 비틀지 않고 작업하도록 한다.
④ 중량물의 취급에서 근로자가 항상 수작업으로 물건을 취급하는 경우에는 중량이 남자 근로자인 경우 체중의 40% 이하, 여자 근로자인 경우 체중의 24% 이하가 되도록 하여야 하며 중량물의 폭은 75cm 이상 되지 않도록 하여야 한다.

113 건설현장에서 높이 5m 이상인 콘크리트 교량의 설치작업을 하는 경우 재해예방을 위해 준수해야 할 사항으로 옳지 않은 것은?

① 작업을 하는 구역에는 관계 근로자가 아닌 사람의 출입을 금지할 것
② 재료, 기구 또는 공구 등을 올리거나 내릴 경우에는 근로자로 하여금 크레인을 이용하도록 하고 달줄, 달포대 등의 사용을 금하도록 할 것
③ 중량물 부재를 크레인 등으로 인양하는 경우에는 부재에 인양용 고리를 견고하게 설치하고, 인양용 로프는 부재에 두 군데 이상 결속하여 인양하여야 하며, 중량물이 안전하게 거치되기 전까지는 걸이로프를 해제시키지 아니할 것
④ 자재나 부재의 낙하·전도 또는 붕괴 등에 의하여 근로자에게 위험을 미칠 우려가 있을 경우에는 출입금지구역의 설정, 자재 또는 가설시설의 좌굴(挫屈) 또는 변형방지를 위한 보강재 부착 등의 조치를 할 것

② 재료·기구 또는 공구 등을 올리거나 내릴 때에는 근로자로 하여금 달줄·달포대 등을 사용하도록 할 것

114 구축물이 풍압·지진 등에 의하여 붕괴 또는 전도하는 위험을 예방하기 위한 조치와 가장 거리가 먼 것은?

① 설계도서에 따라 시공했는지 확인
② 건설공사 시방서에 따라 시공했는지 확인
③ 「건축물의 구조기준 등에 관한 규칙」에 따른 구조기준을 준수했는지 확인
④ 보호구 및 방호장치의 성능검정 합격품을 사용했는지 확인

* 구축물이 풍압·지진 등에 의하여 붕괴 또는 전도하는 위험을 예방하기 위한 조치
① 설계도서에 따라 시공했는지 확인
② 건설공사 시방서에 따라 시공했는지 확인
③ 「건축물의 구조기준 등에 관한 규칙」에 따른 구조기준을 준수했는지 확인

정답 112 ④ 113 ② 114 ④

115 사다리식 통로 등을 설치하는 경우 고정식 사다리식 통로의 기울기는 최대 몇 도 이하로 하여야 하는가?

① 60도 ② 75도
③ 80도 ④ 90도

> 사다리식 통로의 기울기는 75도 이하로 할 것. 다만, 고정식 사다리식 통로의 기울기는 90도 이하로 하고, 그 높이가 7미터 이상인 경우에는 바닥으로부터 높이가 2.5미터 되는 지점부터 등받이울을 설치할 것

참고

＊사다리식 통로 설치 시의 준수사항
① 견고한 구조로 할 것
② 심한 손상·부식 등이 없는 재료를 사용할 것
③ 발판의 간격은 일정하게 할 것
④ 발판과 벽과의 사이는 15센티미터 이상의 간격을 유지할 것
⑤ 폭은 30센티미터 이상으로 할 것
⑥ 사다리가 넘어지거나 미끄러지는 것을 방지하기 위한 조치를 할 것
⑦ 사다리의 상단은 걸쳐놓은 지점으로부터 60센티미터 이상 올라가도록 할 것
⑧ 사다리식 통로의 길이가 10미터 이상인 경우에는 5미터 이내마다 계단참을 설치할 것
⑨ 사다리식 통로의 기울기는 75도 이하로 할 것. 다만, 고정식 사다리식 통로의 기울기는 90도 이하로 하고, 그 높이가 7미터 이상인 경우에는 다음 각 목의 구분에 따른 조치를 할 것
  • 등받이울이 있어도 근로자 이동에 지장이 없는 경우 : 바닥으로부터 높이가 2.5미터 되는 지점부터 등받이울을 설치할 것
  • 등받이울이 있으면 근로자가 이동이 곤란한 경우 : 한국산업표준에서 정하는 기준에 적합한 개인용 추락 방지 시스템을 설치하고 근로자로 하여금 한국산업표준에서 정하는 기준에 적합한 전신 안전대를 사용하도록 할 것
⑩ 접이식 사다리 기둥은 사용 시 접혀지거나 펼쳐지지 않도록 철물 등을 사용하여 견고하게 조치할 것

116 사질지반 굴착 시, 굴착부와 지하수위 차가 있을 때 수두차에 의하여 삼투압이 생겨 흙막이벽 근입부분을 침식하는 동시에 모래가 액상화되어 솟아오르는 현상은?

① 동상현상 ② 연화현상
③ 보일링현상 ④ 히빙현상

참고

＊보일링(Boiling)현상
① 사질토 지반에서 굴착저면과 흙막이 배면과의 수위차이로 인해 굴착저면의 흙과 물이 함께 위로 솟구쳐 오르는 현상(모래의 액상화 현상)을 말한다.
② 모래가 액상화 되어 솟아오른다.

참고

＊히빙(Heaving)현상
① 연질점토 지반에서 굴착에 의한 흙막이 내·외면의 흙의 중량차이(토압)로 인해 굴착저면이 부풀어 올라오는 현상을 말한다.
② 흙막이 바깥 흙이 안으로 밀려든다.

📝 실기까지 중요한 내용입니다.

117 달비계(곤돌라의 달비계는 제외)의 최대 적재 하중을 정하는 경우에 사용하는 안전계수의 기준으로 옳은 것은?

① 달기체인의 안전계수 : 10 이상
② 달기강대와 달비계의 하부 및 상부지점의 안전계수(목재의 경우) : 2.5 이상
③ 달기와이어로프의 안전계수 : 5 이상
④ 달기강선의 안전계수 : 10 이상

📝 관련 법령에서 삭제된 내용입니다.

 115 ④ 116 ③ 117 정답 없음

118 부두·안벽 등 하역작업을 하는 장소에서 부두 또는 안벽의 선을 따라 통로를 설치하는 경우에는 폭을 최소 얼마 이상으로 해야 하는가?

① 70cm ② 80cm
③ 90cm ④ 100cm

부두 또는 안벽의 선을 따라 통로를 설치하는 때에는 폭을 90cm 이상으로 할 것

 필기에 자주 출제되는 내용입니다.

119 타워 크레인(Tower Crane)을 선정하기 위한 사전 검토사항으로서 가장 거리가 먼 것은?

① 붐의 모양
② 인양능력
③ 작업반경
④ 붐의 높이

* 타워 크레인 선정 시 사전 검토사항
① 인양능력
② 작업반경
③ 붐의 높이

120 건설현장에서 근로자의 추락재해를 예방하기 위한 안전난간을 설치하는 경우 그 구성요소와 거리가 먼 것은?

① 상부난간대 ② 중간난간대
③ 사다리   ④ 발끝막이판

안전난간은 상부 난간대, 중간 난간대, 발끝막이판 및 난간기둥으로 구성할 것

 참고

* 안전난간의 구조 및 설치요건
① 상부 난간대, 중간 난간대, 발끝막이판 및 난간기둥으로 구성할 것
② 상부 난간대
 • 상부 난간대는 바닥면 등으로부터 90센티미터 이상 지점에 설치
 • 상부 난간대를 120센티미터 이하에 설치하는 경우 : 중간 난간대는 상부 난간대와 바닥면 등의 중간에 설치
 • 120센티미터 이상 지점에 설치하는 경우 : 중간 난간대를 2단 이상으로 설치, 난간의 상하 간격은 60센티미터 이하가 되도록 할 것(다만, 난간기둥 간의 간격이 25센티미터 이하인 경우에는 중간 난간대를 설치하지 않을 수 있다.)
③ 발끝막이판은 바닥면 등으로부터 10센티미터 이상의 높이를 유지할 것
④ 난간기둥은 상부 난간대와 중간 난간대를 견고하게 떠받칠 수 있도록 적정한 간격을 유지할 것
⑤ 상부 난간대와 중간 난간대는 난간 길이 전체에 걸쳐 바닥면 등과 평행을 유지할 것
⑥ 난간대는 지름 2.7센티미터 이상의 금속제 파이프나 그 이상의 강도가 있는 재료일 것
⑦ 안전난간은 구조적으로 가장 취약한 지점에서 가장 취약한 방향으로 작용하는 100킬로그램 이상의 하중에 견딜 수 있는 튼튼한 구조일 것

2019년 2회 최근 기출문제

1과목 산업안전관리론

01 산업안전보건법령상 담배를 피워서는 안 될 장소에 사용되는 금연 표지에 해당하는 것은?

① 지시표지 ② 경고표지
③ 금지표지 ④ 안내표지

금연 표지 → 금지표지

참고

분류	종류	색채
금지표지	1. 출입금지 2. 보행금지 3. 차량통행금지 4. 사용금지 5. 탑승금지 6. 금연 7. 화기금지 8. 물체이동금지	바탕은 흰색, 기본모형은 빨간색, 관련 부호 및 그림은 검은색
경고표지	1. 인화성물질 경고 2. 산화성물질 경고 3. 폭발성물질 경고 4. 급성독성물질 경고 5. 부식성물질 경고 6. 발암성·변이원성·생식독성·전신독성·호흡기과민성물질 경고	바탕은 무색, 기본모형은 빨간색 (검은색도 가능)
경고표지	7. 방사성물질 경고 8. 고압전기 경고 9. 매달린물체 경고 10. 낙하물체 경고 11. 고온 경고 12. 저온 경고 13. 몸균형상실 경고 14. 레이저광선 경고 15. 위험장소 경고	바탕은 노란색, 기본모형, 관련 부호 및 그림은 검은색
지시표지	1. 보안경 착용 2. 방독마스크 착용 3. 방진마스크 착용 4. 보안면 착용 5. 안전모 착용 6. 귀마개 착용 7. 안전화 착용 8. 안전장갑 착용 9. 안전복착용	바탕은 파란색, 관련 그림은 흰색
안내표지	1. 녹십자표지 2. 응급구호표지 3. 들것 4. 세안장치 5. 비상용기구 6. 비상구 7. 좌측비상구 8. 우측비상구	바탕은 흰색, 기본모형 및 관련 부호는 녹색, 바탕은 녹색, 관련 부호 및 그림은 흰색
출입금지표지	1. 허가대상유해물질 취급 2. 석면취급 및 해체·제거 3. 금지유해물질 취급	글자는 흰색바탕에 흑색 다음 글자는 적색 - ○○○제조/사용/보관 중 - 석면취급/해체중 - 발암물질 취급 중

실기에 자주 출제되는 내용입니다.

정답 01 ③

02 시설물의 안전관리에 관한 특별법령에 제시된 등급별 정기안전점검의 실시 시기로 옳지 않은 것은?

① A등급인 경우 반기에 1회 이상이다.
② B등급인 경우 반기에 1회 이상이다.
③ C등급인 경우 1년에 3회 이상이다.
④ D등급인 경우 1년에 3회 이상이다.

* 정기점검, 정밀점검 및 정밀안전진단, 성능평가의 실시 주기

안전등급	정기 안전점검	정밀점검		정밀 안전진단	성능평가
		건축물	그 외 시설물		
A등급	반기에 1회 이상	4년에 1회 이상	3년에 1회 이상	6년에 1회 이상	
B·C 등급		3년에 1회 이상	2년에 1회 이상	5년에 1회 이상	5년에 1회 이상
D·E 등급	1년에 3회 이상	2년에 1회 이상	1년에 1회 이상	4년에 1회 이상	

03 산업안전보건법령상 내전압용 절연장갑의 성능기준에 있어 절연장갑의 등급과 최대사용전압이 옳게 연결된 것은?(단, 전압은 교류로 실효값을 의미한다.)

① 00등급 : 500V
② 0등급 : 1,500V
③ 1등급 : 11,250V
④ 2등급 : 25,500V

* 내전압용 절연장갑

등급	최대사용전압		비고
	교류 (V, 실효값)	직류 (V)	
00	500	750	• 00등급 : 갈색
0	1,000	1,500	• 0등급 : 빨간색
1	7,500	11,250	• 1등급 : 흰색
2	17,000	25,500	• 2등급 : 노란색
3	26,500	39,750	• 3등급 : 녹색
4	36,000	54,000	• 4등급 : 등색

실기까지 중요한 내용입니다.

04 다음 중 안전관리의 근본이념에 있어 그 목적으로 볼 수 없는 것은?

① 사용자의 수용도 향상
② 기업의 경제적 손실예방
③ 생산성 향상 및 품질 향상
④ 사회복지의 증진

* 안전관리의 근본이념
① 기업의 경제적 손실 예방
② 생산성 향상 및 품질 향상
③ 사회복지의 증진

정답 02 ③ 03 ① 04 ①

05 다음 설명에 가장 적합한 조직의 형태는?

> - 과제중심의 조직
> - 특정과제를 수행하기 위해 필요한 자원과 재능을 여러 부서로부터 임시로 집중시켜 문제를 해결하고, 완료 후 다시 본래의 부서로 복귀하는 형태
> - 시간적 유한성을 가진 일시적이고 잠정적인 조직

① 스탭(Staff)형 조직
② 라인(Line)식 조직
③ 기능(Function)식 조직
④ 프로젝트(Project) 조직

과제중심의 조직 → 프로젝트(Project)식 조직

06 통계적 재해원인분석방법 중 특성과 요인 관계를 도표로 하여 어골상으로 세분화한 것으로 옳은 것은?

① 관리도
② cross도
③ 특성요인도
④ 파레토(Pareto)도

★ 재해통계방법
① 파레토도(Pareto Diagram) : 사고 유형, 기인물 등 데이터를 분류하여 그 항목 값이 큰 순서대로 정리하여 막대그래프로 나타낸다.
② 특성요인도(Characteristic Diagram) : 재해와 그 요인의 관계를 어골 상으로 세분화하여 나타낸다.
③ 크로스(cross) 분석 : 2가지 또는 2개 항목 이상의 요인이 상호관계를 유지할 때 문제를 분석하는데 사용된다.
④ 관리도(Control Chart) : 시간경과에 따른 재해발생건수 등 대략적인 추이 파악에 사용된다.

07 근로자수가 400명, 주당 45시간씩 연간 50주를 근무하였고, 연간재해건수는 210건으로 근로손실일수가 800일이었다. 이 사업장의 강도율은 약 얼마인가? (단, 근로자의 출근율은 95%로 계산한다.)

① 0.42
② 0.52
③ 0.88
④ 0.94

★ 강도율(S.R)
- 1,000 근로시간당 근로손실일수 비율
- 강도율 = $\dfrac{총 요양 근로 손실 일수}{연 근로시간 수} \times 1,000$
- 근로손실일수
  = 휴업일수, 요양일수, 입원일수 $\times \dfrac{300(실제 근로일수)}{365}$
- 강도율 = $\dfrac{800}{400 \times 45 \times 50 \times 0.95} \times 1,000 = 0.94$

📝 실기에 자주 출제되는 중요한 내용입니다.

08 다음 중 재해조사를 할 때의 유의사항으로 가장 적절한 것은?

① 재발방지 목적보다 책임소재 파악을 우선으로 하는 기본적 태도를 갖는다.
② 목격자 등이 증언하는 사실 이외의 추측하는 말도 신뢰성 있게 받아들인다.
③ 2차 재해예방과 위험성에 대한 보호구를 착용한다.
④ 조사자의 전문성을 고려하여 단독으로 조사하며, 사고 정황을 주관적으로 추정한다.

정답 05 ④ 06 ③ 07 ④ 08 ③

※ **재해조사 시 유의사항**
① 사실을 수집한다.
② 목격자 등이 증언하는 사실 이외의 **추측**의 말은 참고로만 한다.
③ 조사는 신속하게 행하고 긴급조치를 하여 **2차 재해**의 방지를 도모한다.
④ 사람, 기계설비의 양면의 재해요인을 모두 도출한다.
⑤ 객관적인 입장에서 공정하게 조사하며, 조사는 2인 이상이 한다.
⑥ 책임추궁보다 재발방지를 우선하는 기본 태도를 갖는다.

09 산업안전보건법령상 사업주가 안전관리자를 선임한 경우, 선임한 날부터 며칠 이내에 고용노동부장관에게 증명할 수 있는 서류를 제출하여야 하는가?

① 7일　　② 14일
③ 30일　　④ 60일

사업주는 **안전관리자**를 선임하거나 안전관리자의 업무를 안전관리전문기관에 위탁한 경우에는 고용노동부령으로 정하는 바에 따라 **선임하거나 위탁한 날부터 14일 이내에 고용노동부장관에게 증명할 수 있는 서류를 제출**하여야 한다. 안전관리자를 다시 임명한 경우에도 또한 같다.

10 재해손실비 평가방식 중 시몬즈(Simonds) 방식에서 재해의 종류에 관한 설명으로 옳지 않은 것은?

① 무상해사고는 의료조치를 필요로 하지 않은 상해사고를 말한다.
② 휴업상해는 영구 일부 노동불능 및 일시 전노동 불능 상해를 말한다.
③ 응급조치상해는 응급조치 또는 8시간 이상의 휴업의료 조치 상해를 말한다.
④ 통원상해는 일시 일부 노동불능 및 의사의 통원 조치를 요하는 상해를 말한다.

③ 응급조치 상해는 1일 미만의 치료를 받고 다음부터 정상작업에 임할 수 있는 정도의 상해를 말한다.

11 위험예지훈련에 대한 설명으로 옳지 않은 것은?

① 직장이나 작업의 상황 속 잠재 위험요인을 도출한다.
② 행동하기에 앞서 위험요소를 예측하는 것을 습관화하는 훈련이다.
③ 위험의 포인트나 중점실시 사항을 지적 확인한다.
④ 직장 내에서 최대 인원의 단위로 토의하고 생각하며 이해한다.

※ **위험예지 훈련**
작업장에 잠재하고 있는 위험요인을 소집단 토의를 통해 미리 생각하여 행동에 앞서 위험요인 해결하는 것을 습관화하여 사고를 예방하기 위한 훈련이다.

정답　09 ②　10 ③　11 ④

12 산업안전보건법령상 건설업의 도급인 사업주가 작업장을 순회 점검하여야 하는 주기로 올바른 것은?

① 1일에 1회 이상
② 2일에 1회 이상
③ 3일에 1회 이상
④ 7일에 1회 이상

＊도급사업 시의 작업장의 순회점검

2일에 1회 이상	① 건설업 ② 제조업 ③ 토사석 광업 ④ 서적, 잡지 및 기타 인쇄물 출판업 ⑤ 음악 및 기타 오디오물 출판업 ⑥ 금속 및 비금속 원료 재생업
1주일에 1회 이상	그 밖의 사업

📝 실기까지 중요한 내용입니다.

13 산업안전보건법령상 안전보건관리규정에 포함해야할 내용이 아닌 것은?

① 안전보건교육에 관한 사항
② 사고조사 및 대책수립에 관한 사항
③ 안전보건관리 조직과 그 직무에 관한 사항
④ 산업재해보상보험에 관한 사항

＊안전관리규정의 포함사항
① 안전·보건 관리조직과 그 직무에 관한 사항
② 안전·보건교육에 관한 사항
③ 작업장의 안전 및 보건관리에 관한 사항
④ 사고 조사 및 대책 수립에 관한 사항
⑤ 그 밖에 안전·보건에 관한 사항

📝 실기에 자주 출제되는 중요한 내용입니다.

14 다음에서 설명하는 무재해운동 추진기법으로 옳은 것은?

> 작업현장에서 그때 그 장소의 상황에 즉응하여 실시하는 위험예지활동으로서 즉시 즉응법이라고도 한다.

① TBM(Tool Box Meeting)
② 삼각 위험예지훈련
③ 자문자답카드 위험예지훈련
④ 터치 앤드 콜(Touch and Call)

＊T.B.M (Tool Box Meeting) : 단시간 즉시 적응법
① 재해를 방지하기 위해 현장에서 그때그때의 상황에 맞게 적응하여 실시하는 활동으로 **단시간 미팅 즉시 적응훈련**이라 한다.
② 작업 전 또는 종료 시 5~10분간 작업자 3~5인이 조를 이뤄 작업 시 위험요소에 대하여 말하는 방식이다.

15 재해의 원인 중 물적 원인(불안전한 상태)에 해당하지 않는 것은?

① 보호구 미착용
② 방호장치의 결함
③ 조명 및 환기불량
④ 불량한 정리 정돈

① 보호구 미착용 → 불안전한 행동

정답 12 ② 13 ④ 14 ① 15 ①

참고

인적 원인(불안전한 행동)	물적 원인(불안전한 상태)
• 위험장소 접근 • 안전장치의 기능제거 • 복장, 보호구 잘못 사용 • 기계기구 잘못 사용 • 운전 중인 기계장치의 손질 • 불안전한 속도 조작 • 위험물 취급 부주의 • 불안전한 상태 방치 • 불안전한 자세·동작 • 감독 및 연락 불충분	• 물 자체의 결함 • 안전 방호장치의 결함 • 복장, 보호구의 결함 • 물의 배치 및 작업장소 불량 • 작업환경의 결함 • 생산공정의 결함 • 경계표시, 설비의 결함

16 산업안전보건법령상 양중기의 종류에 포함되지 않는 것은?

① 곤돌라
② 호이스트
③ 컨베이어
④ 이동식 크레인

*양중기의 종류(산업안전보건법 기준)
① 크레인[호이스트(hoist)를 포함]
② 이동식 크레인
③ 리프트(이삿짐운반용 리프트의 경우에는 적재하중이 0.1톤 이상인 것으로 한정)
④ 곤돌라
⑤ 승강기

실기에 자주 출제되는 중요한 내용입니다.

17 산업안전보건법령상 공사 금액이 얼마 이상인 건설업 사업장에서 산업안전보건위원회를 설치·운영하여야 하는가?

① 80억 원　　② 120억 원
③ 250억 원　　④ 700억 원

*산업안전보건위원회 설치 대상 건설업
: 공사금액 120억 원 이상(토목공사업 : 150억 원 이상)

실기에 자주 출제되는 중요한 내용입니다.

18 산업안전보건법령상 자율안전확인대상 기계·기구 등에 포함되지 않은 것은?

① 곤돌라
② 연삭기
③ 컨베이어
④ 자동차정비용 리프트

*자율안전확인 대상 기계·기구
① 연삭기 및 연마기(휴대형 제외)
② 산업용 로봇
③ 혼합기
④ 파쇄기 또는 분쇄기
⑤ 식품가공용 기계(파쇄, 절단, 혼합, 제면기만 해당)
⑥ 컨베이어
⑦ 자동차정비용 리프트
⑧ 공작기계(선반, 드릴, 평삭·형삭기, 밀링 만 해당)
⑨ 고정형 목재가공용 기계(둥근톱, 대패, 루타기, 띠톱, 모떼기 기계만 해당)
⑩ 인쇄기

정답　16 ③　17 ②　18 ①

특급암기법

공작기계로 철판 잘라서 연삭기, 연마기로 갈고, 고정형 목재가공용기계로 나무 자르고, 식품가공용 기계로 식품 파쇄, 분쇄하여 혼합기로 혼합한 후 컨베이어로 운반해서 자동차 리프트에 올려놓고 인(쇄)기 있는 산업용로봇 만들자.

📝 실기에 자주 출제되는 내용입니다.

19 사고예방대책의 기본원리 5단계 중 제2단계의 사실의 발견에 관한 사항에 해당되지 않는 것은?

① 사고조사
② 안전회의 및 토의
③ 교육과 훈련의 분석
④ 사고 및 안전활동기록의 검토

③ 교육과 훈련의 분석 → 4단계 "시정방법 선정"의 내용

참고

* 하인리히 사고방지 5단계

1단계 안전조직	• 안전목표 설정 • 안전관리자의 선임 • 안전조직 구성 • 안전활동 방침 및 계획수립 • 조직을 통한 안전 활동 전개
2단계 사실의 발견	• 작업분석 • 점검 • 사고조사 • 안전진단 • 사고 및 활동기록의 검토

3단계 분석	• 사고원인 및 경향성 분석 (사고보고서 및 현장조사 분석) • 작업공정 분석 • 사고기록 및 관계자료 분석 • 인적 · 물적 환경 조건 분석
4단계 시정방법 선정	• 기술적 개선 • 안전운동 전개 • 교육훈련 분석 • 안전행정의 개선 • 배치 조정 • 규칙 및 수칙 등 제도의 개선
5단계 시정책 적용 (3E 적용)	• 안전교육(Education) • 안전기술(Engineering) • 안전독려(Enforcement)

📝 필기에 자주 출제되는 내용입니다.

20 산업안전보건법령상 안전검사 대상 유해 · 위험기계 등에 포함되지 않는 것은?

① 리프트
② 전단기
③ 압력용기
④ 밀폐형 구조 롤러기

* 안전검사 대상 유해 · 위험기계
① 프레스
② 전단기
③ 크레인[정격 하중이 2톤 미만인 것 제외]
④ 리프트
⑤ 압력용기
⑥ 곤돌라
⑦ 국소 배기장치(이동식은 제외)
⑧ 원심기(산업용만 해당)

정답 19 ③ 20 ④

⑨ 롤러기(밀폐형 구조는 제외한다)
⑩ 사출성형기[형 체결력(형 체결력) 294킬로뉴턴(KN) 미만은 제외]
⑪ 고소작업대
⑫ 컨베이어
⑬ 산업용 로봇
⑭ 혼합기(26년 6월 26일 시행)
⑮ 파쇄기 또는 분쇄기(26년 6월 26일 시행)

> **참고**
>
> * **리더십 연구 접근방법**
> ① 특성론 : 효과적인 리더의 특성을 탐색
>   - 예) 신체적 특성, 사회적 배경, 지능, 성격 등
> ② 행위론 : 리더가 부하에 대해 어떻게 행동하는지를 기술
>   - 예) 전제형, 방임형, 민주형 리더십
> ③ 상황론 : 리더십 유형과 상황간의 관계를 기술
>   - 예) 피들러의 환경적응적 모형, 통로-목표 리더십 등

특급암기법

손 다치는 기계 – 프레스, 전단기, 사출성형기, 롤러기, 혼합기, 파쇄기 또는 분쇄기(26년 6월 26일 시행)
양중기 – 크레인, 리프트, 곤돌라
폭발 – 압력용기
추가 – 극소(국소) 로봇이 고소(높은 곳)의 큰(컨) 원을 검사(안전검사)
국소배기장치 **산**업용 로봇, **고**소작업대, **컨**베이어, **원**심기

📝 실기에 자주 출제되는 중요한 내용입니다.

2과목 산업심리 및 교육

21 리더의 기능수행과 리더로서의 지위 획득 및 유지가 리더 개인의 성격이나 자질에 의존한다는 리더십 이론은?

① 행동이론 ② 상황이론
③ 관리이론 ④ 특성이론

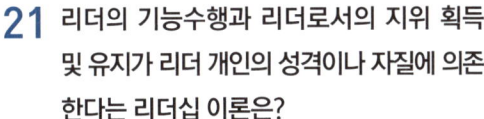
리더 개인의 성격이나 자질에 의존한다. → 특성이론

22 다음 중 직무분석을 위한 자료수집 방법에 관한 설명으로 옳은 것은?

① 관찰법은 직무의 시작에서 종료까지 많은 시간이 소요 되는 직무에 적용하기 쉽다.
② 면접법은 자료의 수집에 많은 시간과 노력이 들고, 수량화된 정보를 얻기가 힘들다.
③ 중요사건법은 일상적인 수행에 관한 정보를 수집하므로 해당 직무에 대한 포괄적인 정보를 얻을 수 있다.
④ 설문지법은 많은 사람들로부터 짧은 시간 내에 정보를 얻을 수 있으며, 양적인 자료보다 질적인 자료를 얻을 수 있다.

① 관찰법은 직무의 시작에서 종료까지 많은 시간이 소요되는 직무에 적용하기 어렵다.
③ 중요사건법은 직무행동가운데 중요한, 혹은 가치있는 면에 대한 정보를 수집하는 방법으로 직무수행과 성과간의 관계를 직접적으로 파악할 수 있다.
④ 설문지법은 많은 사람들로부터 짧은 시간 내에 정보를 얻을 수 있으며, 질적인 자료보다 양적인 자료를 얻을 수 있다.

정답 21 ④ 22 ②

23 생활하고 있는 현실적인 장면에서 당면하는 여러 문제들에 대한 해결방안을 찾아내는 것으로 지식, 기능, 태도, 기술 등을 종합적으로 획득하도록 하는 학습방법으로 옳은 것은?

① 롤 플레잉(Role Playing)
② 문제법(Problem Method)
③ 버즈 세션(Buzz Session)
④ 케이슨 메소드(Case Method)

당면하는 여러 문제들에 대한 해결방안을 찾아내는 학습방법 → 문제법(Problem Method)

참고

* **사례연구법(Case Study : Case Method)**
먼저 사례를 제시, 문제적 사실들과 그의 상호관계에 대해서 검토하고 대책을 토의하는 학습법이다.

24 교재의 선택기준으로 옳지 않은 것은?

① 정적이며 보수적이어야 한다.
② 사회성과 시대성에 걸맞은 것이어야 한다.
③ 설정된 교육목적을 달성할 수 있는 것이어야 한다.
④ 교육대상에 따라 흥미, 필요, 능력 등에 적합해야 한다.

* **교재의 선택기준**
① 사회성과 시대성에 걸맞은 것이어야 한다.
② 설정된 교육목적을 달성할 수 있는 것이어야 한다.
③ 교육대상에 따라 흥미, 필요, 능력 등에 적합해야 한다.

25 안전교육방법 중 수업의 도입이나 초기단계에 적용하며, 많은 인원에 대하여 단시간에 많은 내용을 동시 교육하는 경우에 사용되는 방법으로 가장 적절한 것은?

① 시범   ② 반복법
③ 토의법   ④ 강의법

많은 인원에 대하여 단시간에 많은 내용을 동시 교육하는 경우에 사용 → 강의법

참고

* **강의법의 장점**
• 새로운 기술, 지식, 정보를 체계적으로 전달 할 수 있다.
• 짧은 시간동안 **많은 양의 정보를 전달**할 수 있다.
• 한 사람의 강사가 많은 학생을 지도 할 수 있다. (교육의 경제성이 높다)
• 구체적인 사실적 정보의 제공과 요점을 파악하기에 **효율적**이다.

26 인간 부주의의 발생원인 중 외적 조건에 해당하지 않는 것은?

① 작업조건 불량
② 작업순서 부적당
③ 경험 부족 및 미숙련
④ 환경조건 불량

③ 경험 부족 및 미숙련 → 부주의의 내적원인

정답 23 ②   24 ①   25 ④   26 ③

27 합리화의 유형 중 자기의 실패나 결함을 다른 대상에게 책임을 전가시키는 유형으로, 자신의 잘못에 대해 조상 탓을 하거나 축구 선수가 공을 잘못 찬 후 신발 탓을 하는 등에 해당하는 것은?

① 망상형
② 신포도형
③ 투사형
④ 달콤한 레몬형

① 신포도형	• 포도를 먹고자 한 여우가 모든 노력을 통해서도 그것을 먹을 수 없게 되자 그 포도의 맛이 시기 때문에 먹을 필요가 없다고 자기 자신의 행위를 스스로 위로하는 것 • 어떤 목표를 달성하려 했으나 실패한 사람이 처음부터 그것을 원하지 않았다고 하는 것
② 달콤한 레몬형	• 자기가 현재 가지고 있는 것이야 말로 그가 원하던 것이라고 스스로 믿는 것
③ 투사형	• 자신의 결함이나 실수를 자기 이외의 다른 대상에게로 책임을 전가시키는 것
④ 망상형	• 이치에 맞지 않는 잘못된 생각이나 근거가 없는 주관적인 신념으로 자신을 합리화 하는 것

28 인간의 경계(Vigilance)현상에 영향을 미치는 조건의 설명으로 가장 거리가 먼 것은?

① 작업시작 직후에는 검출율이 가장 낮다.
② 오래 지속되는 신호는 검출율이 높다.
③ 발생빈도가 높은 신호는 검출율이 높다.
④ 불규칙적인 신호에 대한 검출율이 낮다.

＊ 인간의 Vigilance 현상
인간의 주의상태, 긴장상태, 경계상태 등을 의미한다.
• 인간의 검출능력은 작업시작 후 빠른 속도로 저하된다.(작업시작 후 30~40분 후 검출능력은 약 50%로 저하됨)
• 발생빈도가 높은 신호에 대한 검출률이 높다.
• 규칙적인 신호에 대한 검출률이 높다.
• 신호강도가 높고 오래 지속되는 신호에 대한 검출이 쉽다.

29 아담스(Adams)의 형평이론(공평성)에 대한 설명으로 틀린 것은?

① 성과(outcome)란 급여, 지위, 인정 및 기타 부가 보상 등을 의미한다.
② 투입(input)이란 일반적인 자격, 교육수준, 노력 등을 의미한다.
③ 작업동기는 자신의 투입대비 성과 결과만으로 비교한다.
④ 지각에 기초한 이론이므로 자기 자신을 지각하고 있는 사람을 개인(person)이라 한다.

③ 작업동기는 자신의 투입대비 산출로 비교한다.

정답 27 ③ 28 ① 29 ③

> **참고**
>
> **＊아담스(Adams)의 형평이론**
> 직원들은 자신의 투입과 그로 인한 산출을 관계 지어 인식하고 투입량 대비 산출량의 비율이 비슷한 다른 이의 보상과 자신의 보상을 비교하여 공정 또는 불공정하다고 느낀다.

30 교육훈련을 통하여 기업의 차원에서 기대할 수 있는 효과로 옳지 않은 것은?

① 리더십과 의사소통기술이 향상된다.
② 작업시간이 단축되어 노동비용이 감소된다.
③ 인적자원의 관리비용이 증대되는 경향이 있다.
④ 직무만족과 직무충실화로 인하여 직무태도가 개선된다.

> ③ 인적자원의 관리비용이 감소되는 경향이 있다.

31 집단 간의 갈등 요인으로 옳지 않은 것은?

① 욕구 좌절
② 제한된 자원
③ 집단 간의 목표 차이
④ 동일한 사안을 바라보는 집단 간의 인식 차이

> ① 욕구 좌절 → 개인의 갈등 요인
> (직무스트레스의 내적 요인)

32 스텝 테스트, 슈나이더 테스트는 어떠한 방법의 피로 판정 검사인가?

① 타액검사   ② 반사검사
③ 전신적 관찰 ④ 심폐검사

> 스텝 테스트, 슈나이더 테스트 → 운동을 한 후에 심박수가 얼마나 빨리 휴식기의 상태로 돌아 오는지를 측정 → 심폐검사

33 안전 교육 시 강의안의 작성 원칙에 해당되지 않는 것은?

① 구체적   ② 논리적
③ 실용적   ④ 추상적

> ＊안전 교육 시 강의안의 작성 원칙
> ① 구체적
> ② 논리적
> ③ 실용적

34 S-R이론 중에서 긍정적 강화, 부정적 강화, 처벌 등이 이론의 원리에 속하며, 사람들이 바람직한 결과를 이끌어 내기 위해 단지 어떤 자극에 대해 수동적으로 반응하는 것이 아니라 환경상의 어떤 능동적인 행위를 한다는 이론으로 옳은 것은?

① 파블로프(Pavlov)의 조건반사설
② 손다이크(Thorndike)의 시행착오설
③ 스키너(Skinner)의 조작적 조건화설
④ 구쓰리스에(Guthrie)의 접근적 조건화설

정답 30 ③ 31 ① 32 ④ 33 ④ 34 ③

* **스키너의 조작적 조건화설(강화의 원리)**
강화에 의해 행동을 변화시킴
- 반응을 할 때마다 강화를 주는 것보다 **간헐적으로 강화를 제공**하는 것이 효과적이다.
- 벌이나 혐오자극보다 **칭찬, 격려 등 긍정적 강화물**이 학습에 효과적이다.
- 반응을 보인 후 즉시 강화물을 제공하는 것이 효과적이다.

> **참고**
>
> * **손다이크(Thorndike)의 학습의 법칙(시행착오설)**
>   - 준비성의 법칙
>   - 연습 또는 반복의 법칙
>   - 효과의 법칙
>
> * **파블로프의 조건반사설(자극과 반응이론 : S-R이론)**
>   - 일관성의 원리
>   - 계속성의 원리
>   - 시간의 원리
>   - 강도의 원리

35 산업안전보건법령상 산업안전·보건 관련 교육과정별 교육시간 중 교육대상별 교육시간이 맞게 연결된 것은?

① 일용근로자의 채용 시 교육 : 2시간 이상
② 일용근로자의 작업내용 변경 시 교육 : 1시간 이상
③ 사무직 종사 근로자의 정기교육 : 매분기 2시간 이상
④ 관리감독자의 지위에 있는 사람의 정기교육 : 연간 6시간 이상

* **근로자 안전보건교육**

교육과정	교육대상		교육시간
가. 정기 교육	1) 사무직 종사 근로자		매반기 6시간 이상
	2) 그 밖의 근로자	가) 판매 업무에 직접 종사하는 근로자	매반기 6시간 이상
		나) 판매 업무에 직접 종사하는 근로자 외의 근로자	매반기 12시간 이상
나. 채용시의 교육	1) 일용근로자 및 근로계약기간이 1주일 이하인 기간제근로자		1시간 이상
	2) 근로계약기간이 1주일 초과 1개월 이하인 기간제근로자		4시간 이상
	3) 그 밖의 근로자		8시간 이상
다. 작업 내용 변경시의 교육	1) 일용근로자 및 근로계약기간이 1주일 이하인 기간제근로자		1시간 이상
	2) 그 밖의 근로자		2시간 이상
라. 특별 교육	1) 일용근로자 및 근로계약기간이 1주일 이하인 기간제 근로자(타워크레인 신호작업에 종사하는 근로자 제외)		2시간 이상
	2) 일용근로자 및 근로계약기간이 1주일 이하인 기간제 근로자 중 타워크레인신호작업에 종사하는 근로자		8시간 이상
	3) 일용근로자 및 근로계약기간이 1주일 이하인 기간제 근로자를 제외한 근로자		가) 16시간 이상(최초 작업에 종사하기 전 4시간 이상 실시하고 12시간은 3개월 이내에서 분할하여 실시 가능) 나) 단기간 작업 또는 간헐적 작업인 경우에는 2시간 이상
마. 건설업 기초안전·보건교육	건설 일용근로자		4시간 이상

 실기에 자주 출제되는 중요한 내용입니다.

정답 35 ②

36 안전교육의 3단계 중, 현장실습을 통한 경험체득과 이해를 목적으로 하는 단계는?

① 안전지식교육　② 안전기능교육
③ 안전태도교육　④ 안전의식교육

★ 교육의 3단계
① 제1단계(지식교육) : 강의 및 시청각 교육 등을 통하여 지식을 전달하는 단계
② 제2단계(기능교육) : 시범, 견학, 현장실습 교육 등을 통하여 경험을 체득하는 단계
③ 제3단계(태도교육) : 작업동작 지도 등을 통하여 안전행동을 습관화하는 단계

📝 필기에 자주 출제되는 내용입니다.

37 실제로는 움직임이 없으나 시각적으로 움직임이 있는 것처럼 느끼는 심리적인 현상으로 옳은 것은?

① 잔상효과　② 가현운동
③ 후광효과　④ 기하학적 착시

★ 착각현상

가현운동 (β운동)	• 정지하고 있는 대상물이 급속히 나타나던가 소멸하는 것으로 인하여 일어나는 운동으로 마치 대상물이 운동하는 것처럼 인식되는 현상을 말한다. • 예 영화의 영상
유도 운동	• 움직이지 않는 것이 움직이는 것처럼 느껴지는 현상 • 예 상행선 열차를 타고 가며 정지하고 있는 하행선 열차를 보면 마치 하행선 열차가 움직이는 것처럼 느껴지는 현상
자동운동	• 암실에서 정지된 소광점을 응시하면 광점이 움직이는 것처럼 보이는 현상 • 안구의 불규칙한 운동 때문에 생기는 현상이다.

📝 필기에 자주 출제되는 중요한 내용입니다.

38 조직 구성원의 태도는 조직성과와 밀접한 관계가 있다. 태도(attitude)의 3가지 구성요소에 포함되지 않는 것은?

① 인지적 요소　② 정서적 요소
③ 행동경향 요소　④ 성격적 요소

★ 태도(attitude)의 3가지 구성요소
① 인지적 요소
② 정서적 요소
③ 행동경향 요소

39 작업 환경에서 물리적인 작업조건보다는 근로자의 심리적인 태도 및 감정이 직무수행에 큰 영향을 미친다는 결과를 밝혀낸 대표적인 연구로 옳은 것은?

① 호손 연구　② 플래시보 연구
③ 스키너 연구　④ 시간 - 동작연구

★ 호손(Hawthorne)실험
작업 능률을 좌우하는 것은 임금, 노동시간 등의 노동조건과 조명, 환기, 기타 작업환경으로서의 물적 조건보다 종업원의 태도 즉, 심리적·내적 양심과 감정(인간관계)이 더 중요하다.

정답　36 ②　37 ②　38 ④　39 ①

40 심리검사 종류에 관한 설명으로 맞는 것은?

① 성격 검사 : 인지능력이 직무수행을 얼마나 예측하는지 측정한다.
② 신체능력 검사 : 근력, 순발력, 전반적인 신체 조정 능력, 체력 등을 측정한다.
③ 기계적성 검사 : 기계를 다루는데 있어 예민성, 색채, 시각, 청각적 예민성을 측정한다.
④ 지능 검사 : 제시된 진술문에 대하여 어느 정도 동의 하는지에 관해 응답하고, 이를 척도점수로 측정한다.

＊심리검사의 종류와 내용
① 기계적성 검사 : 기계를 다루는데 있어 손과 팔의 솜씨, 기계적 이해, 공간의 시각화 등을 측정한다.
② 성격검사 : 성격의 특성이나 경향을 알아보는 것을 목적으로 하는 검사로 질문지법, 투영법, 작업검사법 등이 있다.
③ 지능 검사 : 인지능력이 직무수행을 얼마나 예측하는지 측정한다.
④ 신체능력 검사 : 근력, 순발력, 전반적인 신체 조정 능력, 체력 등을 측정한다.

3과목 인간공학 및 시스템안전공학

41 FT도에 사용하는 기호에서 3개의 입력 현상 중 임의의 시간에 2개가 발생하면 출력이 생기는 기호의 명칭은?

① 억제 게이트
② 조합 AND 게이트
③ 배타적 OR 게이트
④ 우선적 AND 게이트

기호	명명	기호 설명
	억제 게이트	이 게이트의 출력사상은 한 개의 입력사상에 의해 발생하며, 입력사상이 출력사상을 생성하기 전에 특정조건을 만족하여야 하는 논리게이트
	조합 AND 게이트	3개 이상의 입력 중 2개 이상이 일어나면 출력이 생김
	배타적 OR 게이트	입력사상 중 오직 한 개의 발생으로만 출력사상이 생성되는 논리게이트
	우선적 AND게이트	입력사상이 특정 순서대로 발생한 경우에만 출력사상이 발생하는 논리게이트

📝 필기에 자주 출제되는 중요한 내용입니다.

42 고장형태와 영향분석(FMEA)에서 평가요소로 틀린 것은?

① 고장발생의 빈도
② 고장의 영향 크기
③ 고장방지의 가능성
④ 기능적 고장 영향의 중요도

＊고장형태와 영향분석(FMEA)의 평가요소
① 고장발생의 빈도
② 고장방지의 가능성
③ 기능적 고장 영향의 중요도

정답 40 ② 41 ② 42 ②

43 소음방지 대책에 있어 가장 효과적인 방법은?

① 음원에 대한 대책
② 수음자에 대한 대책
③ 전파경로에 대한 대책
④ 거리감쇠와 지향성에 대한 대책

> 소음방지에 가장 효과적인 방법 → 소음원에 대한 대책

44 다음 그림과 같이 7개의 기기로 구성된 시스템의 신뢰도는 약 얼마인가?(단, 네모 안의 숫자는 각 부품의 신뢰도이다.)

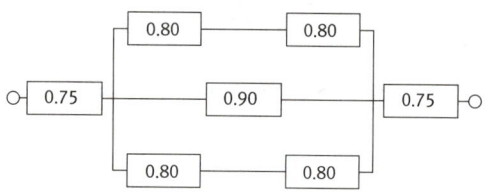

① 0.5552   ② 0.5427
③ 0.6234   ④ 0.9740

> 0.75 × [1−(1−0.80×0.80)×(1−0.90)×(1−0.80×0.80)] × 0.75 = 0.5552

📝 필기에 자주 출제되는 중요한 내용입니다.

45 산업안전보건법에 따라 유해위험방지계획서의 제출대상 사업은 해당 사업으로서 전기 계약용량이 얼마 이상인 사업을 말하는가?

① 150kw   ② 200kw
③ 300kw   ④ 500kw

> ★ 유해·위험방지 계획서 작성대상 사업(제조업)
> 다음 각 호의 어느 하나에 해당하는 사업으로서 전기사용설비의 정격용량의 합이 300킬로와트 이상인 사업을 말한다.
> ① 금속가공제품(기계 및 가구는 제외한다) 제조업
> ② 비금속 광물제품 제조업
> ③ 기타 기계 및 장비 제조업
> ④ 자동차 및 트레일러 제조업
> ⑤ 식료품 제조업
> ⑥ 고무제품 및 플라스틱 제품 제조업
> ⑦ 목재 및 나무제품 제조업
> ⑧ 기타 제품 제조업
> ⑨ 1차 금속 제조업
> ⑩ 가구 제조업
> ⑪ 화학물질 및 화학제품 제조업
> ⑫ 반도체 제조업
> ⑬ 전자부품 제조업

> **특급암기법**
> **1차 금속**으로 **금속**가공제품, **비금속** 광물제품 **제조**하여 **나무**, **화학물질** 섞어서 **기계장비**, **자동차 트레일러** 만들고, **고무풀**(고무 및 플라스틱)로 **기타 식료품** 만들었더니 **도대체**(반도체)가 (가구)전부(전자부품) 유해·위험(유해·위험방지계획서)하다.

📝 실기에 자주 출제되는 중요한 내용입니다.

정답 43 ① 44 ① 45 ③

46 화학설비에 대한 안전성 평가(safety assessment)에서 정량적 평가 항목이 아닌 것은?

① 습도
② 온도
③ 압력
④ 용량

정성적 평가항목	정량적 평가항목
• 입지 조건 • 공장 내의 배치 • 소방설비 • 공정 기기 • 수송 · 저장 • 원재료 • 중간체 • 제품 • 건조물(건물) • 공정	• 화학설비의 취급물질 • 화학설비의 용량 • 온도 • 압력 • 조작

📝 필기에 자주 출제되는 내용입니다.

47 인간의 오류모형에서 "알고 있음에도 의도적으로 따르지 않거나 무시한 경우"를 무엇이라 하는가?

① 실수(Slip)
② 착오(Mistake)
③ 건망증(Lapse)
④ 위반(Violation)

Mistake (착오, 착각)	• 인지과정과 의사결정과정에서 발생하는 에러 • 상황해석을 잘못하거나 틀린 목표를 착각하여 행하는 경우
Lapse (건망증)	• 저장단계에서 발생하는 에러 • 어떤 행동을 잊어버리고 안하는 경우
Slip (실수, 미끄러짐)	• 실행단계에서 발생하는 에러 • 상황(목표)해석은 제대로 하였으나 의도와는 다른 행동을 하는 경우
위반(Violation)	• 알고 있음에도 의도적으로 따르지 않거나 무시한 경우

📝 필기에 자주 출제되는 내용입니다.

48 아령을 사용하여 30분간 훈련한 후, 이두근의 근육 수축작용에 대한 전기적인 신호 데이터를 모았다. 이 데이터들을 이용하여 분석할 수 있는 것은 무엇인가?

① 근육의 질량과 밀도
② 근육의 활성도와 밀도
③ 근육의 피로도와 크기
④ 근육의 피로도와 활성도

＊ 근육 수축작용에 대한 전기적인 신호 데이터(근전도)
→ 근육의 피로도와 활성도를 측정할 수 있다.

정답 46 ① 47 ④ 48 ④

49 신체 부위의 운동에 대한 설명으로 틀린 것은?

① 굴곡(flexion)은 부위간의 각도가 증가하는 신체의 움직임을 의미한다.
② 외전(abduction)은 신체 중심선으로부터 이동하는 신체의 움직임을 의미한다.
③ 내전(adduction)은 신체의 외부에서 중심선으로 이동하는 신체의 움직임을 의미한다.
④ 외선(lateral rotation)은 신체의 중심선으로부터 회전하는 신체의 움직임을 의미한다.

굴곡 (flexion, 굽히기)	관절각이 감소하는 움직임
신전 (extension, 펴기)	관절각이 증가하는 움직임
외전 (abduction, 벌리기)	신체 중심선으로부터 밖으로 이동
내전 (adduction, 모으기)	신체 중심선으로 이동
외선 (external rotation)	신체 중심선으로부터의 회전
내선 (internal rotation)	신체 중심선으로의 회전

50 공정안전관리(process safety management : PSM)의 적용대상 사업장이 아닌 것은?

① 복합비료 제조업
② 농약 원제 제조업
③ 차량 등의 운송 설비업
④ 합성수지 및 기타 플라스틱물질 제조업

* 공정안전보고서의 제출 대상
① 원유 정제처리업
② 기타 석유정제물 재처리업
③ 석유화학계 기초화학물 제조업 또는 합성수지 및 기타 플라스틱물질 제조업.
④ 질소 화합물, 질소·인산 및 칼리질 화학비료 제조업 중 질소질 비료 제조
⑤ 복합비료 및 기타 화학비료 제조업 중 복합비료 제조(단순혼합 또는 배합에 의한 경우는 제외한다)
⑥ 화학 살균·살충제 및 농업용 약제 제조업[농약 원제(原劑) 제조만 해당한다]
⑦ 화약 및 불꽃제품 제조업

특급암기법
화재·폭발 – 원유, 석유정제물, 화약 및 불꽃제품
중독·질식 – 농약, 비료(복합비료, 질소질 비료)

참고

* 공정안전관리
  (PSM : Process Safety Management)
중대산업사고를 야기할 가능성이 있는 공정·설비들을 체계적이고 지속적으로 관리하기 위해 사업주가 잠재된 사고의 위험요인을 사전에 발굴·제거하여 중대산업사고를 체계적으로 예방하는 제도를 말한다.

실기까지 중요한 내용입니다.

정답 49 ① 50 ③

51 어떤 결함수를 분석하여 minimal cut set을 구한 결과 다음과 같았다. 각 기본사상의 발생확률을 qi, i=1, 2, 3이라 할 때 정상사상의 발생확률함수로 맞는 것은?

$$k_1 = [1, 2], k_2 = [1, 3], k_3 = [2, 3]$$

① $q_1q_2 + q_1q_2 - q_2q_3$
② $q_1q_2 + q_1q_3 - q_2q_3$
③ $q_1q_2 + q_1q_3 + q_2q_3 - q_1q_2q_3$
④ $q_1q_2 + q_1q_3 + q_2q_3 - 2q_1q_2q_3$

minimal cut set을 기준으로 FT도를 구성하면

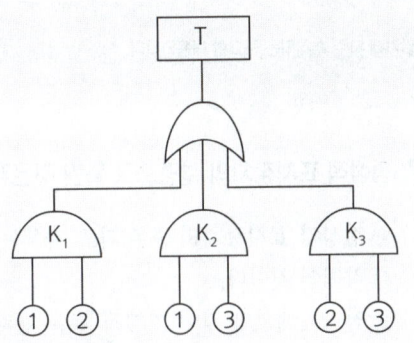

$T = 1 - \{(1-K_1) \times (1-K_2) \times (1-K_3)\}$
$= 1 - [\{(1-K_1) \times (1-K_2)\} \times (1-K_3)]$
$= 1 - [(1-K_2-K_1+K_1K_2) \times (1-K_3)]$
$= 1 - [1-K_2-K_1+K_1K_2-K_3+K_2K_3+K_1K_3-K_1K_2K_3]$
$= 1 - 1 + K_2 + K_1 - K_1K_2 + K_3 - K_2K_3 - K_1K_3 + K_1K_2K_3$
$= K_1 + K_2 + K_3 - K_1K_2 - K_1K_3 - K_2K_3 + K_1K_2K_3$

$= q_1q_2 + q_1q_3 + q_2q_3 - 2q_1q_2q_3$

📌 출제비중이 낮은 문제입니다.

52 n개의 요소를 가진 병렬 시스템에 있어 요소의 수명(MTTF)이 지수 분포를 따를 경우, 시스템의 수명은?

① $MTTF \times n$
② $MTTF \times \dfrac{1}{n}$
③ $MTTF \times \left(1 + \dfrac{1}{2} + \cdots + \dfrac{1}{n}\right)$
④ $MTTF \times \left(1 + \dfrac{1}{2} \times \cdots \times \dfrac{1}{n}\right)$

★ **직렬계의 수명**

$MTTF(MTBF) \times \dfrac{1}{요소갯수(n)}$

★ **병렬계의 수명**

$MTTF(MTBF) \times \left(1 + \dfrac{1}{2} + \dfrac{1}{3} + \ldots + \dfrac{1}{n}\right)$

• n : 요소의 개수

📌 필기에 자주 출제되는 중요한 내용입니다.

53 결함수분석의 기대효과와 가장 관계가 먼 것은?

① 시스템의 결함 진단
② 시간에 따른 원인 분석
③ 사고원인 규명의 간편화
④ 사고원인 분석의 정량화

★ **결함수분석의 기대효과(장점)**

① 사고원인 규명의 간편화
② 사고원인 분석의 일반화
③ 사고원인 분석의 정량화
④ 노력, 시간의 절감
⑤ 시스템의 결함 진단
⑥ 안전점검 Check List 작성

정답 51 ④ 52 ③ 53 ②

54 인간 전달 함수(Human Transfer Function)의 결점이 아닌 것은?

① 입력의 협소성
② 시점적 제약성
③ 정신운동의 묘사성
④ 불충분한 직무 묘사

> **＊ 인간전달 함수의 결점**
> ① 입력의 협소성
> ② 불충분한 직무 묘사
> ③ 시점적 제약성

55 다음과 같은 실내 표면에서 일반적으로 추천 반사율의 크기를 맞게 나열한 것은?

| ㉠ 바닥 ㉡ 천정 ㉢ 가구 ㉣ 벽 |

① ㉠ < ㉣ < ㉢ < ㉡
② ㉣ < ㉠ < ㉢ < ㉢
③ ㉠ < ㉢ < ㉣ < ㉡
④ ㉣ < ㉡ < ㉠ < ㉢

> **＊ 옥내 최적 반사율**
> • 천장(80 ~ 91%) 〉 벽(40 ~ 60%) 〉 가구(25 ~ 45%) 〉 바닥(20 ~ 40%)
> • 옥내의 반사율은 천정으로 올라갈수록 높고 바닥으로 내려갈수록 낮아져야 한다.

📝 필기에 자주 출제되는 내용입니다.

56 인간공학에 대한 설명으로 틀린 것은?

① 인간이 사용하는 물건, 설비, 환경의 설계에 적용된다.
② 인간을 작업과 기계에 맞추는 설계 철학이 바탕이 된다.
③ 인간-기계 시스템이 안전성과 편리성, 효율성을 높인다.
④ 인간의 생리적, 심리적인 면에서 특성이나 한계점을 고려한다.

> 인간공학은 기계와 그 기계조작 및 환경조건을 인간의 특성에 맞추어 설계하기 위한 수단을 연구하는 학문이다.

📝 필기에 자주 출제되는 중요한 내용입니다.

57 정성적 표시장치의 설명으로 틀린 것은?

① 정성적 표시장치의 근본 자료 자체는 정량적인 것이다.
② 전력계에서와 같이 기계적 혹은 전자적으로 숫자가 표시된다.
③ 색채 부호가 부적합한 경우에는 계기판 표시 구간을 형상 부호화하여 나타낸다.
④ 연속적으로 변하는 변수의 대략적인 값이나 변화추세, 변화율 등을 알고자 할 때 사용된다.

> 전력계에서와 같이 기계적 혹은 전자적으로 숫자가 표시된다. → 정량적 표시장치

정답 54 ③ 55 ③ 56 ② 57 ②

> **참고**
>
> 1. **정량적 표시장치** : 온도나 속도와 같이 동적으로 변화하는 변수나 자로 재는 길이와 같은 정적 변수의 **계량값**에 관한 정보를 제공하는데 사용된다.
> 2. **정성적 표시장치** : 온도, 압력, 속도와 같이 연속적으로 변하는 변수의 대략적인 값이나 변화 추세, 비율 등을 알고자 할 때 주로 사용한다.

📝 필기에 자주 출제되는 중요한 내용입니다.

58 착석식 작업대의 높이 설계를 할 경우 고려해야 할 사항과 가장 관계가 먼 것은?

① 의자의 높이　② 대퇴 여유
③ 작업의 성격　④ 작업대의 형태

> ＊ **착석식 작업대의 높이 설계를 할 경우 고려해야 할 사항**
> ① 의자의 높이
> ② 대퇴 여유
> ③ 작업의 성격
> ④ 작업대 두께

59 음량수준을 평가하는 척도와 관계없는 것은?

① HSI　　　　② phon
③ dB　　　　④ sone

> ＊ **음량수준 측정 척도**
> ① **phone**에 의한 음량수준
> ② **sone**에 의한 음량수준
> ③ **인식소음 수준**(dB)

📝 필기에 자주 출제되는 중요한 내용입니다.

60 빨강, 노랑, 파랑의 3가지 색으로 구성된 교통신호등이 있다. 신호등은 항상 3가지 색 중 하나가 켜지도록 되어 있다. 1시간 동안 조사한 결과, 파란등은 총 30분 동안, 빨간등과 노란등은 각각 총 15분 동안 켜진 것으로 나타났다. 이 신호등의 총 정보량은 몇 bit인가?

① 0.5　　　　② 0.75
③ 1.0　　　　④ 1.5

$$\text{총 정보량 } H = \sum P_i \log_2\left(\frac{1}{P_i}\right)$$

$H = (0.5 \times \log_2 \frac{1}{0.5}) + (0.25 \times \log_2 \frac{1}{0.25}) +$
$(0.25 \times \log_2 \frac{1}{0.25}) = 1.5$

4과목 건설시공학

61 강말뚝의 특징에 관한 설명으로 옳지 않은 것은?

① 휨강성이 크고 자중이 철근콘크리트말뚝보다 가벼워 운반취급이 용이하다.
② 강재이기 때문에 균질한 재료로서 대량 생산이 가능하고 재질에 대한 신뢰성이 크다.
③ 표준관입시험 N값 50정도의 경질지반에도 사용이 가능하다.
④ 지중에서 부식되지 않으며 타 말뚝에 비하여 재료비가 저렴한 편이다.

> **※ 강재말뚝의 특징**
> ① 강재말뚝은 콘크리트 말뚝보다 두께가 작아서 중량이 가볍고, 운반 및 취급이 용이하다.
> ② 자재의 이음 부위가 안전하여 소요길이의 조정이 자유롭다.
> ③ 지중에서의 부식 우려가 높다.
> ④ 상부구조물과의 결합이 용이하다.

📝 필기에 자주 출제되는 내용입니다.

62 바닥판 거푸집의 구조계산 시 고려해야하는 연직하중에 해당하지 않는 것은?

① 굳지 않은 콘크리트 중량
② 작업하중
③ 충격하중
④ 굳지 않은 콘크리트 측압

> **※ 거푸집 동바리의 설계하중**
> 1. 연직하중 = 고정하중 + 작업하중 + 적설하중
>   ① 고정하중 = 콘크리트 무게 + 거푸집 무게
>   ② 작업하중 = 작업원 + 장비하중 + 시공하중 + 충격하중
> 2. 콘크리트 측압
> 3. 풍하중
> 4. 수평하중

📝 필기에 자주 출제되는 내용입니다.

63 원가절감에 이용되는 기법 중 VE(Value Engineering)에서 가치를 정의하는 공식은?

① 품질/비용
② 비용/기능
③ 기능/비용
④ 비용/품질

> **※ VE(Value Engineering)**
> ① VE는 최소의 생애주기비용(LCC ; Life Cycle Cost)으로 대상 시설물의 최상의 가치를 얻기 위하여 설계내용에 대한 경제성 및 현장 적용의 타당성을 여러 전문분야의 협력을 통해 기능별, 대안별로 검토하는 체계적인 프로세스(Systematic Process)를 말한다.
> ② VE에서의 가치 : 가치란 제품, 작업활동, 성능, 효용 등에 대한 본래의 값을 의미한다.
> • 가치(V) = $\dfrac{\text{기능(F)}}{\text{비용(코스트 : C)}}$

64 실비에 제한을 붙이고 시공자에게 제한된 금액이내에 공사를 완성할 책임을 주는 공사방식은?

① 실비 비율 보수가산식
② 실비 정액 보수가산식
③ 실비 한정비율 보수가산식
④ 실비 준동률 보수가산식

> **※ 실비정산 보수 가산식 도급**
> ① 실비 비율 보수가산식
>   : 공사실비 + (공사실비 × 비율보수)
>   • 공사 진척에 따라 정해진 실비와 이 실비에 미리 계약된 비율을 곱한 금액을 시공자에게 보수로 지불하는 방식

정답 62 ④ 63 ③ 64 ③

② 실비 정액(정산) 보수가산식 : 공사실비 + 정액보수
- 공사실비를 정산하고 약정에 의한 비율 또는 정액의 보수를 지급하는 방식

③ 실비 한정비율 보수가산식
: 한정된 실비 + (한정된 실비 × 비율보수)
- 실비에 제한을 붙이고 시공자에게 제한된 금액이내에 공사를 완성할 책임을 주는 공사방식

④ 실비 준동률 보수가산식
: 공사 실비 + (공사 실비 × Variable)
- 실비를 단계별로 나누어 해당 구간에 따른 보수비율을 적용하는 방식

65 그림과 같이 H-400×400×30×50인 형강재의 길이가 10M일 때 이 형강의 개산중량으로 가장 가까운 값은?(단, 철의 비중은 7.85ton/m³)

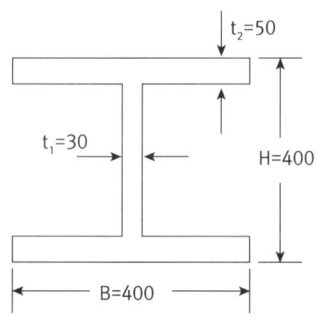

① 1ton
② 4ton
③ 8ton
④ 12ton

형강의 무게 = 플랜지의 무게 + 웨브의 무게
= 3.14+0.7065 = 3.8465(ton)
① 플랜지의 무게 = 0.4×0.05×10×2개×7.85ton
= 3.14(ton)
② 웨브의 무게 = 0.03×(0.4-0.05-0.05)×10×
7.85ton = 0.7065(ton)
③ 형강의 무게 = 3.14 + 0.7065 = 3.85(ton)

66 다음 보기에서 일반적인 철근의 조립순서로 옳은 것은?

> A. 계단철근 B. 기둥철근 C. 벽철근
> D. 보철근   E. 바닥철근

① A-B-C-D-E   ② B-C-D-E-A
③ A-B-C-E-D   ④ B-C-A-D-E

＊철근의 조립 순서
① 철근 콘크리트 : 거푸집 조립 순서에 맞추어 조립한다.
기둥 → 벽 → 보 → 슬래브(바닥) → 계단
② 철골철근 콘크리트 : 철골의 조립 및 리벳치기가 완료된 부분부터 철근을 조립한다.
기둥 → 보 → 벽 → 슬래브(바닥) → 계단

📘 필기에 자주 출제되는 내용입니다.

67 깊이 7m 정도의 우물을 파고 이곳에 수중모터펌프를 설치하여 지하수를 양수하는 배수공법으로 지하용수량이 많고 투수성이 큰 사질지반에 적합한 것은?

① 집수정(sump pit)공법
② 깊은 우물(deep well)공법
③ 웰 포인트(well point)공법
④ 샌드 드레인(sand drain)공법

① 집수정(sump pit)공법 : 집수정(Sump Pit)에 집수된 지하수를 Pump로 강제 배수하는 공법을 말한다.
② 깊은 우물(deep well)공법 : 깊이 7m 정도의 우물을 파고 이곳에 수중 모터펌프를 설치하여 지하수를 양수하는 배수공법으로 지하 용수량이 많고 투수성이 큰 사질지반에 적합하다.
③ 웰 포인트(well point)공법 : 집수장치를 붙인 파이프를 지중에 박아 이것을 지상의 집수관에 연결하여 펌프로 지중의 물을 배수하는 공법을 말한다.
④ 샌드 드레인(sand drain)공법 : 철관을 박고 그 속에 모래를 다져 넣어 하중을 가해 수분을 배출시키는 공법을 말한다.

📝 필기에 자주 출제되는 내용입니다.

68 벽돌, 블록 등 조적공사에서 일반적으로 가장 많이 이용되는 치장줄눈 형태는?

① 평줄눈   ② 볼록줄눈
③ 오목줄눈 ④ 민줄눈

조적공사에서 가장 많이 이용되는 치장줄눈 형태
→ 평줄눈

📝 필기에 자주 출제되는 내용입니다.

69 철골작업용 장비 중 절단용 장비로 옳은 것은?

① 프릭션 프레스(friction press)
② 플레이트 스트레이닝 롤 (plate straining roll)
③ 파워 프레스(power press)
④ 핵 소우(hack saw)

핵 소우(hack saw) : 금속절단용 띠톱

70 어스앵커 공법에 관한 설명 중 옳지 않은 것은?

① 인근구조물이나 지중매설물에 관계없이 시공이 가능하다.
② 앵커체가 각각의 구조체이므로 적용성이 좋다.
③ 앵커에 프리스트레스를 주기 때문에 흙막이벽의 변형을 방지하고 주변 지반의 침하를 최소한으로 억제할 수 있다.
④ 본 구조물의 바닥과 기둥의 위치에 관계없이 앵커를 설치할 수도 있다.

① 인접구조물이나 지중매설물에 따라 시공이 곤란한 경우가 있다.

📝 필기에 자주 출제되는 내용입니다.

71 건설현장에서 시멘트벽돌쌓기 시공 중에 붕괴사고가 가장 많이 일어날 것으로 예상할 수 있는 경우는?

① 0.5B쌓기를 1.0B쌓기로 변경하여 쌓을 경우
② 1일 벽돌쌓기 기준높이를 초과하여 높게 쌓을 경우
③ 습기가 있는 시멘트벽돌을 사용할 경우
④ 신축줄눈을 설치하지 않고 시공할 경우

② 1일 벽돌쌓기 기준높이를 초과하여 높게 쌓을 경우 붕괴사고가 발생할 수 있다.

정답 68 ① 69 ④ 70 ① 71 ②

72 시간이 경과함에 따라 콘크리트에 발생되는 크리프(Creep)의 증가원인으로 옳지 않은 것은?

① 단위 시멘트량이 적을 경우
② 단면의 치수가 작을 경우
③ 재하시기가 빠를 경우
④ 재령이 짧을 경우

* **콘크리트에서 크리프(Creep)의 증가 원인**
① 재령(콘크리트를 타설한 뒤로부터의 경과 일수)이 짧을수록
② 부재의 단면치수가 작을수록
③ 외부습도가 낮을수록
④ 대기온도가 높을수록
⑤ 배합이 적절치 않고 물시멘트비가 클수록
⑥ 단위 시멘트량이 많을수록
⑦ 재하시기(하중을 가하는 시기)가 빠를 경우

참고
크리프 : 일정한 하중이 장기간 가해질 때 하중의 증가가 없어도 변형이 증대되는 현상을 말한다.

필기에 자주 출제되는 내용입니다.

73 콘크리트 타설과 관련하여 거푸집 붕괴사고 방지를 위하여 우선적으로 검토·확인하여야 할 사항 중 가장 거리가 먼 것은?

① 콘크리트 측압 확인
② 조임철물 배치간격 검토
③ 콘크리트의 단기 집중타설 여부 검토
④ 콘크리트의 강도 측정

* **거푸집 붕괴사고 방지를 위하여 우선적으로 검토·확인하여야 할 사항**
① 콘크리트 측압 확인
② 조임 철물 배치간격 검토
③ 콘크리트의 단기 집중타설 여부 검토

74 터파기용 기계장비 가운데 장비의 작업면보다 상부의 흙을 굴삭하는 장비는?

① 불도저(bull dozer)
② 모터 그레이더(motor grader)
③ 클램쉘(clam shell)
④ 파워쇼벨(power shovel)

파워 셔블(power shovel, 동력삽) : 기계가 서 있는 지반면보다 높은 곳의 땅파기에 적합하다.

75 다음 중 콘크리트에 AE제를 넣어주는 가장 큰 목적은?

① 압축강도 증진
② 부착강도 증진
③ 워커빌리티 증진
④ 내화성 증진

AE제 : AE 공기를 콘크리트 중에 발생시켜 워커빌리티를 좋게 하고 블리딩을 작게 한다.

필기에 자주 출제되는 내용입니다.

정답 72 ① 73 ④ 74 ④ 75 ③

76 다음 설명에 해당하는 공사낙찰자 선정방식은?

> 예정가격 대비 85% 이상 입찰자 중 가장 낮은 금액으로 입찰한 자를 선정하는 방식으로, 최저가 낙찰자를 통한 덤핑의 우려를 방지할 목적을 지니고 있다.

① 부찰제
② 최저가 낙찰제
③ 제한적 최저가 낙찰제
④ 최적격 낙찰제

제한적 최저가 낙찰제 : 예정가격 이하로 입찰한 자중 예정가격 대비 일정비율(예 90%) 이상 입찰자로서 최저가격으로 입찰한 자를 낙찰자로 결정하는 제도를 말한다.

📝 필기에 자주 출제되는 내용입니다.

77 철근콘크리트 구조의 철근 선조립 공법의 순서로 옳은 것은?

① 시공도 작성 - 공장절단 - 가공 - 이음·조립 - 운반 - 현장부재양중 - 이음·설치
② 공장절단 - 시공도 작성 - 가공 - 이음·조립 - 이음·설치 - 운반 - 현장부재양중
③ 시공도 작성 - 가공 - 공장절단 - 운반 - 현장부재양중 - 이음·조립 -이음·설치
④ 시공도 작성 - 공장절단 - 운반 - 가공 - 이음·조립 - 현장부재양중 - 이음·설치

* 철근콘크리트 구조의 철근 선 조립 공법의 순서
시공도 작성 → 공장절단 → 가공 → 이음·조립 → 운반 → 현장부재 양중 → 이음·설치

78 용접불량의 일종으로 용접의 끝부분에서 용착금속이 채워지지 않고 홈처럼 우묵하게 남아 있는 부분을 무엇이라 하는가?

① 언더컷   ② 오버랩
③ 크레이터 ④ 크랙

① **언더컷(Under Cut)** : 용접전류가 과대하거나 용접속도가 너무 빠를 때 또는 아크를 짧게 유지하기 어려운 경우 발생하며 모재 및 용접부의 일부가 녹아서 발생하는 홈 또는 오목하게 생긴 부분(용착금속이 채워지지 않고 홈처럼 우묵하게 남아 있는 부분)을 말한다.
② **오버랩(overlap)** : 용접전류가 부족하거나, 용접 속도가 너무 느릴 경우 발생하며 용착 금속이 모재에 융합되지 않고 겹친 부분(용융된 금속이 모재 면에 덮쳐진 상태)을 말한다.
③ **크레이터(Crater)** : 아크를 끊을 때 비드 끝부분이 오목하게 들어가는 것을 말하며 이 부분에 균열이 발생하기 쉽다.
④ **크랙(Crack)** : 용접부에 생기는 균열을 말하며 용접 결함 중 가장 치명적인 결함이 된다.

📝 필기에 자주 출제되는 내용입니다.

79 기초공사 중 언더피닝(Under pinning) 공법에 해당하지 않는 것은?

① 2중 널말뚝 공법
② 전기침투 공법
③ 강재말뚝 공법
④ 약액주입법

정답 76 ③ 77 ① 78 ① 79 ②

* **언더피닝(Under pinning) 공법의 종류**
① 2중 널말뚝 공법
② 현장타설 콘크리트말뚝공법
③ 강재말뚝 공법
④ 약액 주입법

> [참고]
> 언더피닝(Under pinning) 공법 : 기존건물 가까이에서 건축공사를 할 때 인접건물의 지반과 기초를 보강하는 공법을 말한다.

필기에 자주 출제되는 내용입니다.

80 네트워크 공정표의 주 공정(Critical Path)에 관한 설명으로 옳지 않은 것은?

① TF가 0(Zero)인 작업을 주 공정작업이라 한다.
② 총 공기는 공사착수에서부터 공사완공까지의 소요시간의 합계이며, 최장시간이 소요되는 경로이다.
③ 주 공정은 고정적이거나 절대적인 것이 아니고 가변적이다.
④ 주 공정에 대한 공기단축은 불가능하다.

④ 주 공정(Critical Path)을 대상으로 공기를 단축해 나간다.

필기에 자주 출제되는 내용입니다.

5과목 건설재료학

81 콘크리트의 건조수축에 관한 설명으로 옳지 않은 것은?

① 시멘트의 제조성분에 따라 수축량이 다르다.
② 시멘트량의 다소에 따라 일반적으로 수축량이 다르다.
③ 된비빔일수록 수축량이 크다.
④ 골재의 탄성계수가 크고 경질인 만큼 작아진다.

* **콘크리트의 건조수축**
① 시멘트의 제조성분에 따라 수축량이 다르다.
② 골재의 실적률이 클수록 건조수축은 작아진다.
③ 물·시멘트비가 낮을수록 건조수축은 작아진다.
④ 된비빔일수록 건조수축은 작아진다.(된비빔일수록 단위수량이 적으므로 건조 시 수분 증발에 따른 건조수축도 작다.)
⑤ 골재의 탄성계수가 크고 경질인 경우 건조수축은 작아진다.

필기에 자주 출제되는 내용입니다.

82 플라스틱 건설재료의 현장적용 시 고려사항에 관한 설명으로 옳지 않은 것은?

① 열가소성 플라스틱 재료들은 열팽창계수가 작으므로 경질판의 정착에 있어서 열에 의한 팽창 및 수축 여유는 고려하지 않아도 좋다.
② 마감부분에 사용하는 경우 표면의 흠, 얼룩변형이 생기지 않도록 하고 필요에 따라 종이, 천 등으로 보호하여 양생한다.

정답 80 ④ 81 ③ 82 ①

③ 열경화성 접착제에 경화제 및 촉진제 등을 혼입하여 사용할 경우, 심한 발열이 생기지 않도록 적정량의 배합을 한다.
④ 두께 2mm 이상의 열경화성 평판을 현장에서 가공할 경우, 가열가공하지 않도록 한다.

열가소성 플라스틱 재료들은 **열팽창계수가 금속보다 크므로** 경질판의 정착에 있어서 열에 의한 팽창 및 수축 여유를 고려하여야 한다.

83 내열성이 크고 발수성을 나타내어 방수제로 쓰이며 저온에서도 탄성이 있어 gasket, packing의 원료로 쓰이는 합성수지는?

① 페놀수지　　② 폴리에스테르수지
③ 실리콘수지　　④ 멜라민수지

＊ 실리콘 수지
① 내약품성, 내후성, 내열성, 내한성이 우수하다.
② 개스킷, 패킹의 재료, 방수피막 등에 사용된다.

📝 필기에 자주 출제되는 내용입니다.

84 ALC 제품에 관한 설명으로 옳지 않은 것은?

① 보통콘크리트에 비하여 중성화의 우려가 높다.
② 열전도율은 보통콘크리트의 1/10 정도이다.
③ 압축강도에 비해서 휨강도나 인장강도는 상당히 약하다.
④ 흡수율이 낮고 동해에 대한 저항성이 높다.

＊ 경량기포콘크리트
　(ALC : Autoclaved Lightweight Concrete)
① 보통콘크리트에 비하여 탄산화(중성화)의 우려가 크다.
② 열전도율은 보통콘크리트의 약 1/10 정도로 단열성이 우수하다.
③ 압축강도에 비해서 휨강도나 인장강도는 상당히 약하다.
④ 현장에서 취급이 편리하고 절단 및 가공이 용이하다.
⑤ 다공질이므로 흡수성이 높은 편이고 동해에 대한 저항성이 낮다.(겨울철 콘크리트에 함유된 수분이 얼어 동해를 일으킨다.)

📝 필기에 자주 출제되는 내용입니다.

85 시멘트의 경화시간을 지연시키는 용도로 일반적으로 사용하고 있는 지연제와 거리가 먼 것은?

① 리그닌설폰산염
② 옥시카르본산
③ 알루민산소다
④ 인산염

＊ 경화지연제
① 리그닌 술폰산염
② 옥시카르본산(칼폰산)염
③ 마그네시아염
④ 인산염

정답　83 ③　84 ④　85 ③

86 부순 굵은 골재에 대한 품질규정치가 KS에 정해져 있지 않은 항목은?

① 압축강도 ② 절대건조밀도
③ 흡수율   ④ 안정성

★ **부순 굵은 골재에 대한 품질규정(한국산업표준 KS)**
① 절대건조밀도
② 흡수율
③ 안정성
④ 마모율
⑤ 0.08mm체 통과량
⑥ 입도
⑦ 조립율
⑧ 인접하는 체에 남는 양
⑨ 입자모양 판정 실적율
⑩ 알칼리 골재반응

87 다음 목재가공품 중 주요 용도가 나머지 셋과 다른 것은?

① 플로어링블록(flooring block)
② 연질섬유판(soft fiber insulation board)
③ 코르크판(cork board)
④ 코펜하겐 리브판(copenhagen rib board)

• 플로어링블록 → 바닥재
• 연질섬유판, 코르크판, 코펜하겐 리브판 → 벽재

88 특수도료의 목적상 방청도료에 속하지 않는 것은?

① 알루미늄 도료
② 징크로메이트 도료
③ 형광도료
④ 에칭프라이머

★ **방청 도료** : 녹막이 도료 또는 녹막이 페인트
① 광명단 도료
② 산화철 도료
③ 알루미늄 도료
④ 징크로메이트 도료
⑤ 워시 프라이머(에칭 프라이머)

📝 필기에 자주 출제되는 내용입니다.

89 건축용으로 판재지붕에 많이 사용되는 금속재료는?

① 철   ② 동
③ 주석   ④ 니켈

★ **동(Cu)**
건축용 판재 지붕재료, 못, 급배수용 배관 등 냉난방 재료로 사용된다.

정답 86 ① 87 ① 88 ③ 89 ②

90 대규모 지하구조물, 댐 등 매스콘크리트의 수화열에 의한 균열발생을 억제하기 위해 벨라이트의 비율을 높인 시멘트는?

① 보통포틀랜드 시멘트
② 저열포틀랜드 시멘트
③ 실리카퓸 시멘트
④ 팽창 시멘트

> **＊저열포틀랜드 시멘트**
> 대규모 지하구조물, 댐 등 매스콘크리트의 수화열에 의한 균열발생을 억제하기 위해 벨라이트의 비율을 중용열포틀랜드시멘트 이상으로 높인 시멘트

📝 필기에 자주 출제되는 내용입니다.

91 콘크리트의 강도 및 내구성 증가에 가장 큰 영향을 주는 것은?

① 물과 시멘트의 배합비
② 모래와 자갈의 배합비
③ 시멘트와 자갈의 배합비
④ 시멘트와 모래의 배합비

> 콘크리트의 강도 및 내구성 증가에 가장 큰 영향을 주는 것 → 물·시멘트비

📝 필기에 자주 출제되는 내용입니다.

92 금속 중 연(鉛)에 관한 설명으로 옳지 않은 것은?

① X선 차단효과가 큰 금속이다.
② 산, 알카리에 침식되지 않는다.
③ 공기 중에서 탄산연($PbCO_3$) 등이 표면에 생겨 내부를 보호한다.
④ 인장강도가 극히 작은 금속이다.

> ② 묽은 산과 알칼리에는 잘 침식되지 않지만 질산과 같은 강한 산에는 침식된다.

93 비닐수지 접착제에 관한 설명으로 옳지 않은 것은?

① 용제형과 에멀션(emulsion)형이 있다.
② 작업성이 좋다.
③ 내열성 및 내수성이 우수하다.
④ 목재 접착에 사용 가능하다.

> ③ 내열성 및 내수성이 나쁘다.

94 기건 상태에서의 목재의 함수율은 약 얼마인가?

① 5% 정도   ② 15% 정도
③ 30% 정도   ④ 45% 정도

> 기건 상태에서의 목재의 함수율 : 약 15%

> **참고**
> 목재 섬유포화점에서의 함수율 : 약 30%

📝 필기에 자주 출제되는 내용입니다.

정답 90 ② 91 ① 92 ② 93 ③ 94 ②

95 진주석 등을 800~1,200°C로 가열 팽창시킨 구상입자 제품으로 단열, 흡음, 보온 목적으로 사용되는 것은?

① 암면 보온판   ② 유리면 보온판
③ 카세인   ④ 펄라이트 보온재

*펄라이트 보온재
진주석 등을 800 ~ 1,200°C로 가열 팽창시킨 내부에 미세공극을 가지는 경량구상형의 입자로 구성되어 단열, 보온, 흡음 등의 목적으로 사용된다.

📝 필기에 자주 출제되는 내용입니다.

96 아스팔트 제품에 관한 설명으로 옳지 않은 것은?

① 아스팔트 프라이머 - 블로운 아스팔트를 용제에 녹인 것으로 아스팔트 방수, 아스팔트 타일의 바탕처리재로 사용된다.
② 아스팔트 유제 - 블로운 아스팔트를 용제에 녹여 석면, 광물질분말, 안정제를 가하여 혼합한 것으로 점도가 높다.
③ 아스팔트 블록 - 아스팔트 모르타르를 벽돌형으로 만든 것으로 화학공장의 내약품 바닥마감재로 이용된다.
④ 아스팔트 펠트 - 유기천연섬유 또는 석면 섬유를 결합한 원지에 연질의 스트레이트 아스팔트를 침투시킨 것이다.

② 아스팔트 코팅 : 블로운 아스팔트를 휘발성 용제에 녹이고 광물분말 등을 가하여 만든 것으로 방수, 접합부 충전 등에 사용한다.

📝 필기에 자주 출제되는 내용입니다.

97 목재의 강도에 관한 설명으로 옳지 않은 것은?

① 함수율이 섬유포화점 이상에서는 함수율이 증가하더라도 강도는 일정하다.
② 함수율이 섬유포화점 이하에서는 함수율이 감소할수록 강도가 증가한다.
③ 목재의 비중과 강도는 대체로 비례한다.
④ 전단강도의 크기가 인장강도 등 다른 강도에 비하여 크다.

④ 인장강도의 크기가 전단강도 등 다른 강도에 비하여 크다.(인장강도 〉 휨강도 〉 압축강도 〉 전단강도)

📝 필기에 자주 출제되는 내용입니다.

98 코너비드(Corner Bead)의 설치 위치로 옳은 것은?

① 벽의 모서리
② 천장 달대
③ 거푸집
④ 계단 손잡이

코너비드 : 벽, 기둥 등의 모서리 부분의 미장 바름을 보호하기 위하여 사용하는 모서리쇠

📝 필기에 자주 출제되는 내용입니다.

정답 95 ④ 96 ② 97 ④ 98 ①

99 공시체(천연산 석재)를 (105±2)℃로 24시간 건조한 상태의 질량이 100g, 표면건조포화상태의 질량이 110g, 물 속에서 구한 질량이 60g일 때 이 공시체의 표면건조포화상태의 비중은?

① 2.2
② 2
③ 1.8
④ 1.7

> 표면건조 포화상태 비중
> $= \dfrac{\text{공시체의 건조 질량}}{\text{표면건조 포화상태 질량} - \text{공시체의 물속 질량}}$
> $= \dfrac{100}{110-60} = 2$

100 AE콘크리트에 관한 설명으로 옳지 않은 것은?

① 시공연도가 좋고 재료분리가 적다.
② 단위수량을 줄일 수 있다.
③ 제물지창 콘크리트 시공에 적당하다.
④ 철근에 대한 부착강도가 증가한다.

> ④ 철근에 대한 부착강도가 감소한다.

📝 필기에 자주 출제되는 내용입니다.

6과목 건설안전기술

101 건설업 산업안전 보건관리비의 사용내역에 대하여 도급인은 공사 시작 후 몇 개월 마다 1회 이상 발주자 또는 감리원의 확인을 받아야 하는가?

① 3개월
② 4개월
③ 5개월
④ 6개월

> 도급인은 산업안전보건관리비 사용내역에 대하여 공사시작 후 6개월마다 1회 이상 발주자 또는 감리원의 확인을 받아야 한다. 다만, 6개월 이내에 공사가 종료되는 경우에는 종료 시 확인을 받아야 한다.

102 거푸집 해체작업 시 유의사항으로 옳지 않은 것은?

① 일반적으로 수평부재의 거푸집은 연직부재의 거푸집보다 빨리 떼어낸다.
② 해체된 거푸집이나 각목 등에 박혀있는 못 또는 날카로운 돌출물은 즉시 제거하여야 한다.
③ 상하 동시 작업은 원칙적으로 금지하고 부득이한 경우에는 긴밀히 연락을 취하며 작업을 하여야 한다.
④ 거푸집 해체작업장 주위에는 관계자를 제외하고는 출입을 금지시켜야 한다.

정답 99 ② 100 ④ 101 ④ 102 ①

① 거푸집 및 동바리의 해체 시기 및 순서는 시멘트의 성질, 콘크리트의 배합, 구조물의 종류와 중요도, 부재의 종류 및 크기, 부재가 받는 하중, 콘크리트 내부의 온도와 표면 온도의 차이 등을 고려하여 결정하고 책임기술자의 승인을 받아야 한다.

> **참고**
>
> * **거푸집 해체작업 시 준수사항**
> 1. 거푸집 및 지보공(동바리)의 해체는 순서에 의하여 실시하여야 하며 **안전담당자를 배치**하여야 한다.
> 2. 거푸집 및 지보공(동바리)은 콘크리트 자중 및 시공 중에 가해지는 **기타 하중에 충분히 견딜만한 강도를 가질 때까지는 해체하지 아니하여야 한다.**
> 3. 거푸집을 해체할 때에는 다음 각 목에 정하는 사항을 유념하여 작업하여야 한다.
>   가. 해체작업을 할 때에는 **안전모 등 안전 보호장구를 착용토록** 하여야 한다.
>   나. 거푸집 해체작업장 주위에는 관계자를 제외하고는 **출입을 금지**시켜야 한다.
>   다. **상하 동시 작업은 원칙적으로 금지**하고 부득이한 경우에는 긴밀히 연락을 취하며 작업을 하여야 한다.
>   라. 거푸집 해체 때 **구조체에 무리한 충격이나 큰 힘에 의한 지렛대 사용은 금지**하여야 한다.
>   마. 보 또는 스라브 거푸집을 제거할 때에는 거푸집의 낙하 충격으로 인한 작업원의 돌발적 재해를 **방지**하여야 한다.
>   바. 해체된 거푸집이나 각목 등에 박혀있는 **못 또는 날카로운 돌출물은 즉시 제거**하여야 한다.
>   사. 해체된 거푸집이나 각목은 **재사용 가능한 것과 보수하여야 할 것을 선별, 분리하여 적치**하고 정리정돈을 하여야 한다.
> 4. 기타 **제3자의 보호조치**에 대하여도 완전한 조치를 강구하여야 한다.

103 그물코의 크기가 5cm인 매듭 방망사의 폐기 시 인장강도 기준으로 옳은 것은?

① 200kg ② 100kg
③ 60kg   ④ 30kg

* **방망사의 폐기 시 인장강도**

그물코의 크기	방망의 종류(단위 : kg)	
(단위 : cm)	매듭 없는 방망	매듭방망
10	150	135
5		60

* **방망사의 신품에 대한 인장강도**

그물코의 크기	방망의 종류(단위 : kg)	
(단위 : cm)	매듭 없는 방망	매듭방망
10	240	200
5		110

 필기에 자주 출제되는 내용입니다.

104 다음은 가설통로를 설치하는 경우의 준수사항이다. ( ) 안에 알맞은 숫자를 고르면?

> 건설공사에 사용하는 높이 8m 이상인 비계다리에는 ( )m 이내마다 계단참을 설치할 것

① 7 ② 6
③ 5 ④ 4

건설공사에 사용하는 **높이 8미터 이상인 비계다리 : 7미터 이내 마다 계단참을 설치할 것**

정답 103 ③ 104 ①

> **참고**
>
> ***가설통로 설치 시의 준수사항**
> ① 견고한 구조로 할 것
> ② 경사는 30도 이하로 할 것(계단을 설치하거나 높이 2미터 미만의 가설통로로서 튼튼한 손잡이를 설치한 때에는 그러하지 아니하다)
> ③ 경사가 15도를 초과하는 때는 미끄러지지 아니하는 구조로 할 것
> ④ 추락의 위험이 있는 장소에는 안전난간을 설치할 것 (작업상 부득이한 때에는 필요한 부분에 한하여 임시로 이를 해체할 수 있다)
> ⑤ 수직갱 : 길이가 15미터이상인 때에는 10미터 이내마다 계단참을 설치할 것
> ⑥ 건설공사에 사용하는 높이 8미터 이상인 비계다리: 7미터 이내 마다 계단참을 설치할 것

실기까지 중요한 내용입니다.

105 흙막이 가시설 공사 시 사용되는 각 계측기 설치 목적으로 옳지 않은 것은?

① 지표침하계 - 지표면 침하량 측정
② 수위계 - 지반 내 지하수위의 변화 측정
③ 하중계 - 상부 적재하중 변화 측정
④ 지중경사계 - 지중의 수평 변위량 측정

③ 하중계 – 축 하중의 변화상태를 측정

106 차량계 하역운반기계 등에 화물을 적재하는 경우에 준수하여야 할 사항으로 옳지 않은 것은?

① 하중이 한쪽으로 치우쳐서 효율적으로 적재되도록 할 것
② 구내운반차 또는 화물자동차의 경우 화물의 붕괴 또는 낙하에 의한 위험을 방지하기 위하여 화물에 로프를 거는 등 필요한 조치를 할 것
③ 운전자의 시야를 가리지 않도록 화물을 적재할 것
④ 최대적재량을 초과하지 않도록 할 것

① 하중이 한쪽으로 치우치지 않도록 적재할 것

실기까지 중요한 내용입니다.

107 다음 중 유해·위험방지계획서를 작성 및 제출하여야 하는 공사에 해당되지 않는 것은?

① 지상높이가 31m 인 건축물의 건설·개조 또는 해체
② 최대 지간길이가 50m 인 교량건설 등 공사
③ 깊이가 9m 인 굴착공사
④ 터널 건설 등의 공사

정답 105 ③ 106 ① 107 ③

* 유해위험방지계획서를 제출해야 될 건설공사
1. 다음 각 목의 어느 하나에 해당하는 건축물 또는 시설 등의 건설·개조 또는 해체공사
   가. 지상높이가 31미터 이상인 건축물 또는 인공구조물
   나. 연면적 3만제곱미터 이상인 건축물
   다. 연면적 5천제곱미터 이상인 시설로서 다음의 어느 하나에 해당하는 시설
      1) 문화 및 집회시설(전시장 및 동물원·식물원은 제외한다)
      2) 판매시설, 운수시설(고속철도의 역사 및 집배송 시설은 제외한다)
      3) 종교시설
      4) 의료시설 중 종합병원
      5) 숙박시설 중 관광숙박시설
      6) 지하도상가
      7) 냉동·냉장 창고시설
2. 연면적 5천제곱미터 이상의 냉동·냉장창고시설의 설비공사 및 단열공사
3. 최대 지간길이(다리의 기둥과 기둥의 중심사이의 거리)가 50미터 이상인 교량 건설 등 공사
4. 터널 건설 등의 공사
5. 다목적댐, 발전용댐, 저수용량 2천만톤 이상의 용수전용 댐, 지방상수도 전용 댐 건설 등의 공사
6. 깊이 10미터 이상인 굴착공사

특급암기법
- 지상높이 31m, 연면적 3만m², 사람 많은 시설 연면적 5,000m²
- 연면적 5,000m² 냉동·냉장창고시설
- 최대 지간길이가 50미터 이상 교량
- 터널
- 저수용량 2천만 톤 이상 댐
- 10미터 이상인 굴착

실기에 자주 출제되는 내용입니다. 해설을 다시 확인하세요.

108 차량계 하역운반기계를 사용하는 작업을 할 때 그 기계가 넘어지거나 굴러떨어짐으로써 근로자에게 위험을 미칠 우려가 있는 경우에 우선적으로 조치하여야 할 사항과 가장 거리가 먼 것은?

① 해당 기계에 대한 유도자 배치
② 지반의 부동침하 방지 조치
③ 갓길 붕괴 방지 조치
④ 경보 장치 설치

* 차량계 하역운반기계 넘어짐(전도) 방지 조치
① 유도자 배치
② 지반의 부동침하 방지
③ 갓길의 붕괴 방지

참고

* 차량계 건설기계의 넘어짐(전도) 방지 조치
① 유도자 배치   ② 지반의 부동침하 방지
③ 갓길의 붕괴 방지 ④ 도로의 폭 유지

실기까지 중요한 내용입니다.

109 안전대의 종류는 사용구분에 따라 벨트식과 안전그네식으로 구분되는데 이 중 안전그네식에만 적용하는 것은?

① 추락방지대, 안전블록
② 1개 걸이용, U자 걸이용
③ 1개 걸이용, 추락방지대
④ U자 걸이용, 안전블록

정답 108 ④ 109 ①

종류	사용 구분
벨트식	1개 걸이용
	U자 걸이용
안전그네식	추락방지대
	안전블록

📝 실기까지 중요한 내용입니다.

110 건설현장의 가설계단 및 계단참을 설치하는 경우 얼마 이상의 하중에 견딜 수 있는 강도를 가진 구조로 설치하여야 하는가?

① 200kg/m²　② 300kg/m²
③ 400kg/m²　④ 500kg/m²

계단 및 계단참의 강도는 500kg/m² 이상이어야 하며 안전율은 4 이상으로 하여야 한다.

참고

*계단의 설치
1. 계단의 폭은 1미터 이상으로 하여야 한다.
2. 높이가 3m를 초과하는 계단에는 높이 3m 이내마다 진행방향으로 길이 1.2미터 이상의 계단참을 설치하여야 한다.
3. 바닥면으로부터 높이 2미터 이내의 공간에 장애물이 없도록 하여야 한다.
4. 높이 1미터 이상인 계단의 개방된 측면에 안전난간을 설치하여야 한다.

📝 실기까지 중요한 내용입니다.

111 다음은 달비계 또는 높이 5m 이상의 비계를 조립·해체하거나 변경하는 작업을 하는 경우에 대한 내용이다. ( )에 알맞은 숫자는?

비계재료의 연결·해체작업을 하는 경우에는 폭( )cm 이상의 발판을 설치하고 근로자로 하여금 안전대를 사용하도록 하는 등 추락을 방지하기 위한 조치를 할 것

① 15　② 20
③ 25　④ 30

비계재료의 연결·해체작업을 하는 때에는 폭 20센티미터 이상의 발판을 설치하고 근로자로 하여금 안전대를 사용하도록 하는등 근로자의 추락방지를 위한 조치를 할 것

📝 실기까지 중요한 내용입니다.

112 다음은 사다리식 통로 등을 설치하는 경우의 준수사항이다. ( )안에 들어갈 숫자로 옳은 것은?

사다리의 상단은 걸쳐놓은 지점으로부터 ( )cm 이상 올라가도록 할 것

① 30　② 40
③ 50　④ 60

사다리의 상단은 걸쳐놓은 지점으로부터 60센티미터 이상 올라가도록 할 것

정답 110 ④　111 ②　112 ④

참고

* 사다리식 통로 설치 시의 준수사항

- 견고한 구조로 할 것
- 심한 손상·부식 등이 없는 재료를 사용할 것
- 발판의 간격은 일정하게 할 것
- 발판과 벽과의 사이는 15센티미터 이상의 간격을 유지할 것
- 폭은 30센티미터 이상으로 할 것
- 사다리가 넘어지거나 미끄러지는 것을 방지하기 위한 조치를 할 것
- 사다리의 상단은 걸쳐놓은 지점으로부터 60센티미터 이상 올라가도록 할 것
- 사다리식 통로의 길이가 10미터 이상인 경우에는 5미터 이내마다 계단참을 설치할 것
- 사다리식 통로의 기울기는 75도 이하로 할 것. 다만, 고정식 사다리식 통로의 기울기는 90도 이하로 하고, 그 높이가 7미터 이상인 경우에는 다음 각 목의 구분에 따른 조치를 할 것
  - 등받이울이 있어도 근로자 이동에 지장이 없는 경우 : 바닥으로부터 높이가 2.5미터 되는 지점부터 등받이울을 설치할 것
  - 등받이울이 있으면 근로자가 이동이 곤란한 경우 : 한국산업표준에서 정하는 기준에 적합한 개인용 추락 방지 시스템을 설치하고 근로자로 하여금 한국산업표준에서 정하는 기준에 적합한 **전신 안전대**를 사용하도록 할 것
- 접이식 사다리 기둥은 사용 시 접혀지거나 펼쳐지지 않도록 철물 등을 사용하여 견고하게 조치할 것

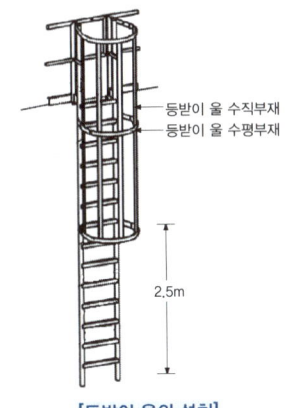

[등받이 울의 설치]

📝 실기까지 중요한 내용입니다.

113 모래 지반을 흙막이지보공 없이 굴착하려 할 때 적합한 굴착면의 기울기 기준으로 옳은 것은?

① 1 : 1 ~ 1.5
② 1 : 1.8
③ 1 : 1.0
④ 1 : 2

* 굴착면의 기울기 기준

지반의 종류	굴착면의 기울기
모래	1 : 1.8
연암 및 풍화암	1 : 1.0
경암	1 : 0.5
그 밖의 흙	1 : 1.2

📝 실기에 자주 출제되는 내용입니다.

114 터널 지보공을 설치한 경우에 수시로 점검하여 이상을 발견 시 즉시 보강하거나 보수해야 할 사항이 아닌 것은?

① 부재의 손상·변형·부식·변위·탈락의 유무 및 상태
② 부재의 긴압의 정도
③ 부재의 접속부 및 교차부의 상태
④ 계측기 설치상태

* 터널지보공 설치 시 점검 항목
① 부재의 손상·변형·부식·변위 탈락의 유무 및 상태
② 부재의 긴압의 정도
③ 부재의 접속부 및 교차부의 상태
④ 기둥침하의 유무 및 상태

📝 실기까지 중요한 내용입니다.

정답 113 ② 114 ④

115 크레인 또는 데릭에서 붐각도 및 작업반경 별로 작용시킬 수 있는 최대하중에서 후쿠(Hook), 와이어로프 등 달기구의 중량을 공제한 하중은?

① 작업하중　② 정격하중
③ 이동하중　④ 적재하중

> **＊정격하중** : 크레인에 매달아 올릴 수 있는 최대 하중으로부터 달기 기구의 중량에 상당하는 하중을 제외한 하중

116 근로자에게 작업 중 또는 통행시 전락(轉落)으로 인하여 근로자가 화상·질식 등의 위험에 처할 우려가 있는 케틀(kettle), 호퍼(hopper), 피트(pit) 등이 있는 경우에 그 위험을 방지하기 위하여 최소 높이 얼마 이상의 울타리를 설치하여야 하는가?

① 80cm 이상　② 85cm 이상
③ 90cm 이상　④ 95cm 이상

> 근로자에게 작업 중 또는 통행 시 전락(轉洛)으로 인하여 근로자가 화상·질식 등의 위험에 처할 우려가 있는 케틀(kettle), 호퍼(hopper), 피트(pit) 등이 있는 경우에 그 위험을 방지하기 위하여 최소 높이 90cm 이상의 울타리를 설치하여야 한다.

117 강관비계의 설치 기준으로 옳은 것은?

① 비계기둥의 간격은 띠장방향에서는 1.5m 이상 1.8m 이하로 하고, 장선방향에서는 2.0m 이하로 한다.
② 띠장 간격은 1.8m 이하로 설치하되, 첫 번째 띠장은 지상으로부터 2m 이하의 위치에 설치한다.
③ 비계기둥 간의 적재하중은 400kg을 초과하지 않도록 한다.
④ 비계기둥의 제일 윗부분으로부터 21m 되는 지점 밑부분의 비계기둥은 2개의 강관으로 묶어세운다.

> **＊강관비계의 구조**
> ① 비계기둥 간격 : 띠장방향에서는 1.85m 이하, 장선방향에서는 1.5m 이하로 할 것
> 다만, 다음 각 목의 어느 하나에 해당하는 작업의 경우에는 안전성에 대한 구조검토를 실시하고 조립도를 작성하면 띠장 방향 및 장선 방향으로 각각 2.7미터 이하로 할 수 있다.
> 가. 선박 및 보트 건조작업
> 나. 그 밖에 장비 반입·반출을 위하여 공간 등을 확보할 필요가 있는 등 작업의 성질상 비계기둥 간격에 관한 기준을 준수하기 곤란한 작업
> ② 띠장간격 : 2.0미터 이하로 할 것
> ③ 비계기둥의 제일 윗부분으로 부터 31m되는 지점 밑 부분의 비계기둥은 2본의 강관으로 묶어 세울 것
> ④ 비계기둥 간의 적재하중은 400kg을 초과하지 않도록 할 것

118 터널굴착작업을 하는 때 미리 작성하여야 하는 작업계획서에 포함되어야 할 사항이 아닌 것은?

① 굴착의 방법
② 암석의 분할방법
③ 환기 또는 조명시설을 설치할 때에는 그 방법
④ 터널지보공 및 복공의 시공방법과 용수의 처리 방법

정답　115 ②　116 ③　117 ③　118 ②

* **터널굴착작업의 작업계획서 내용**
① 굴착의 방법
② 터널지보공 및 복공(覆工)의 시공방법과 용수(湧水)의 처리방법
③ 환기 또는 조명시설을 설치할 때에는 그 방법

📝 실기까지 중요한 내용입니다.

119 비계(달비계, 달대비계 및 말비계는 제외한다)의 높이가 2m 이상인 작업 장소에 설치하여야 하는 작업발판의 기준으로 옳지 않은 것은?

① 작업발판의 폭은 40cm 이상으로 하고, 발판재료 간의 틈은 3cm 이하로 할 것
② 추락의 위험이 있는 장소에는 안전난간을 설치 할 것
③ 작업발판의 지지물은 하중에 의하여 파괴될 우려가 없는 것을 사용할 것
④ 작업발판재료는 뒤집히거나 떨어지지 않도록 1개 이상의 지지물에 연결하거나 고정시킬 것

* **작업발판 설치기준**
① 발판재료 : 작업시의 하중을 견딜 수 있도록 견고한 것으로 할 것
② 발판의 폭 : 40cm 이상으로 하고, 발판재료간의 틈 : 3cm 이하로 할 것
③ 추락의 위험성이 있는 장소에는 안전난간을 설치할 것
④ 작업발판의 지지물 : 하중에 의하여 파괴될 우려가 없는 것을 사용할 것
⑤ 작업발판재료는 뒤집히거나 떨어지지 아니하도록 2 이상의 지지물에 연결하거나 고정시킬 것

⑥ 작업에 따라 이동시킬 때에는 위험방지 조치를 할 것
⑦ 선박 및 보트 건조작업에서 선박블록 또는 엔진실 등의 좁은 작업공간에 작업발판을 설치하는 경우 : 작업발판의 폭을 30센티미터 이상으로 할 수 있고, 걸침비계의 경우 발판재료 간의 틈을 3센티미터 이하로 유지하기 곤란하면 5센티미터 이하로 할 수 있다.

📝 실기까지 중요한 내용입니다. 참고를 다시 확인하세요.

120 건립 중 강풍에 의한 풍압 등 외압에 대한 내력이 설계에 고려되었는지 확인하여야 하는 철골구조물의 기준으로 옳지 않은 것은?

① 높이 20m 이상의 구조물
② 구조물의 폭과 높이의 비가 1 : 4 이상인 구조물
③ 이음부가 공장 제작인 구조물
④ 연면적당 철골량이 $50kg/m^2$ 이하인 구조물

* **외압에 대한 내력이 설계에 고려되었는지 확인하여야 할 대상(자립도 검토대상)**
① 높이 20미터 이상의 구조물
② 구조물의 폭과 높이의 비가 1 : 4 이상인 구조물
③ 단면구조에 현저한 차이가 있는 구조물
④ 연면적당 철골량이 50킬로그램/평방미터 이하인 구조물
⑤ 기둥이 타이플레이트(tie plate)형인 구조물
⑥ 이음부가 현장용접인 구조물

📝 실기까지 중요한 내용입니다.

정답 119 ④ 120 ③

2019년 4회 최근 기출문제

1과목 산업안전관리론

01 산업안전보건법상 안전보건개선계획서에 포함되어야 하는 사항이 아닌 것은?

① 시설의 개선을 위하여 필요한 사항
② 작업환경의 개선을 위하여 필요한 사항
③ 작업절차의 개선을 위하여 필요한 사항
④ 안전·보건교육의 개선을 위하여 필요한 사항

> **★안전보건개선계획서 포함사항**
> ① 시설
> ② 안전·보건관리체제
> ③ 안전·보건교육
> ④ 산업재해예방 및 작업환경의 개선을 위하여 필요한 사항

02 상해의 종류 중, 스치거나 긁히는 등의 마찰력에 의하여 피부표면이 벗겨진 상해는?

① 자상
② 타박상
③ 창상
④ 찰과상

① 찔림(자상) : 칼날 등 날카로운 물건에 찔린 상해
② 타박상(뼘, 좌상) : 타박·충돌·추락 등으로 피부표면보다는 피하조직 또는 근육부를 다친 상태
③ 베임(창상) : 창·칼 등에 베인 상해
④ 찰과상 : 스치거나 문질러서 피부가 벗겨진 상해

 실기까지 중요한 내용입니다.

03 다음 재해사례의 분석 내용으로 옳은 것은?

> 작업자가 벽돌을 손으로 운반하던 중, 벽돌을 떨어뜨려 발등을 다쳤다.

① 사고유형 : 맞음, 기인물 : 벽돌, 가해물 : 벽돌
② 사고유형 : 부딪힘, 기인물 : 손, 가해물 : 벽돌
③ 사고유형 : 맞음, 기인물 : 사람, 가해물 : 손
④ 사고유형 : 떨어짐, 기인물 : 손, 가해물 : 벽돌

1. 벽돌을 떨어뜨려 다침 → 사고유형 : 맞음
2. 벽돌을 운반하던 중 다침 → 기인물 : 벽돌
3. 떨어지는 벽돌에 맞아 다침 → 가해물 : 벽돌

실기까지 중요한 내용입니다.

정답 01 ③ 02 ④ 03 ①

04 근로자 150명이 작업하는 공장에서 50건의 재해가 발생했고, 총 근로손실일수가 120일일 때의 도수율은 약 얼마인가? (단, 하루 8시간씩 연간 300일을 근무한다.)

① 0.01 ② 0.3
③ 138.9 ④ 333.3

$$도수율(빈도율) = \frac{재해\ 건수}{연\ 근로\ 시간\ 수} \times 10^6$$

도수율(빈도율) = $\frac{50}{150 \times 8 \times 300} \times 10^6$ = 138.89

📝 실기에 자주 출제되는 중요한 내용입니다.

05 산업안전보건법령상 안전관리자의 업무와 거리가 먼 것은?

① 물질안전보건자료의 게시 또는 비치에 관한 보좌 및 조언·지도
② 해당사업장의 안전교육계획의 수립 및 안전교육 실시에 관한 보좌 및 조언·지도
③ 사업장 순회점검·지도 및 조치의 건의
④ 산업재해 발생의 원인 조사·분석 및 재발 방지를 위한 기술적 보좌 및 조언·지도

* **안전관리자 직무**
① 사업장 안전교육계획의 수립 및 안전교육 실시에 관한 보좌 및 조언·지도
② 사업장 순회점검·지도 및 조치의 건의
③ 산업재해 발생의 원인 조사·분석 및 재발 방지를 위한 기술적 보좌 및 조언·지도
④ 산업재해에 관한 통계의 유지·관리·분석을 위한 보좌 및 조언·지도
⑤ 안전인증대상 기계·기구등과 자율안전확인대상 기계·기구 등 구입 시 적격품의 선정에 관한 보좌 및 조언·지도
⑥ 위험성평가에 관한 보좌 및 조언·지도
⑦ 안전에 관한 사항의 이행에 관한 보좌 및 조언·지도
⑧ 산업안전보건위원회 또는 노사협의체, 안전보건관리규정 및 취업규칙에서 정한 직무
⑨ 업무수행 내용의 기록. 유지
⑩ 그 밖에 안전에 관한 사항으로서 노동부장관이 정하는 사항

📝 실기에 자주 출제되는 중요한 내용입니다.

06 시몬즈 방식으로 재해코스트를 산정할 때, 재해의 분류와 설명의 연결로 옳은 것은?

① 무상해사고 - 20달러 미만의 재산손실이 발생한 사고
② 휴업상해 - 영구 전노동 불능
③ 응급조치상해 - 일시 전노동 불능
④ 통원상해 - 일시 일부노동 불능

① 무상해 사고 - 의료조치를 필요로 하지 않은 상해 사고를 말한다.
② 휴업상해 - 영구 일부 노동불능 및 일시 전 노동 불능 상해를 말한다.
③ 응급조치상해 - 응급조치 또는 8시간 미만의 휴업 의료 조치 상해를 말한다.
④ 통원상해 - 일시 일부 노동불능 및 의사의 통원 조치를 요하는 상해를 말한다.

정답 04 ③ 05 ① 06 ④

07 안전·보건에 관한 노사협의체의 구성·운영에 대한 설명으로 틀린 것은?

① 노사협의체는 근로자와 사용자가 같은 수로 구성되어야 한다.
② 노사협의체의 회의 결과는 회의록으로 작성하여 보존하여 한다.
③ 노사협의체의 회의는 정기회의와 임시회의로 구분하되, 정기회의는 3개월마다 소집한다.
④ 노사협의체는 산업재해 예방 및 산업재해가 발생한 경우의 대피방법 등에 대하여 협의하여야 한다.

③ 노사협의체의 회의는 정기회의와 임시회의로 구분하되, 정기회의는 2개월마다 소집한다.

참고
산업안전보건위원회의 회의는 정기회의와 임시회의로 구분하되, 정기회의는 분기마다 소집한다.

08 시설물안전법령에 명시된 안전점검의 종류에 해당하는 것은?

① 일반안전점검
② 특별안전점검
③ 정밀안전점검
④ 임시안전점검

★ 시설물의 안전관리에 관한 특별법상 안전점검의 구분
① 정기점검
② 긴급점검
③ 정기점검
④ 정밀점검
⑤ 정밀안전진단

📝 필기에 자주 출제되는 내용입니다.

09 산업안전보건법령상 사업주의 책무와 가장 거리가 먼 것은?

① 쾌적한 작업환경을 조성하고 근로조건을 개선할 것
② 해당 사업장의 안전·보건에 관한 정보를 근로자에게 제공할 것
③ 안전·보건의식을 북돋우기 위한 홍보·교육 및 무재해운동 등 안전문화를 추진할 것
④ 관련법과 법에 따른 명령에서 정하는 산업재해 예방을 위한 기준을 지킬 것

★ 사업주의 안전 직무
① 산업재해 예방을 위한 기준을 따를 것
② 근로자의 신체적 피로와 정신적 스트레스 등을 줄일 수 있는 쾌적한 작업환경의 조성 및 근로조건 개선
③ 해당 사업장의 안전·보건에 관한 정보를 근로자에게 제공

정답 07 ③ 08 ③ 09 ③

10 각 계층의 관리감독자들이 숙련된 안전관찰을 행할 수 있도록 훈련을 실시함으로써 사고를 미연에 방지하여 안전을 확보하는 안전관찰훈련기법은?

① THP 기법
② TBM 기법
③ STOP 기법
④ TD-BU 기법

STOP기법(Safety Training Observation Program : 안전교육관찰 프로그램): 숙련된 관찰자(안전관리자 또는 관리감독자)가 불안전한 행위를 관찰하기 위한 기법으로 일상 업무 시 사용한 안전관찰카드를 분석하여 불안전한행동의 경향을 파악하여 해당 부분에 대한 재발방지 대책을 세운다.

11 산업안전보건법령상 AB형 안전모에 관한 설명으로 옳은 것은?

① 물체의 낙하 또는 비래에 의한 위험을 방지 또는 경감하기 위한 것
② 물체의 낙하 또는 비래 및 추락에 의한 위험을 방지 또는 경감시키기 위한 것
③ 물체의 낙하 또는 비래에 의한 위험을 방지 또는 경감하고, 머리부위 감전에 의한 위험을 방지하기 위한 것
④ 물체의 낙하 또는 비래 및 추락에 의한 위험을 방지 또는 경감하고, 머리부위 감전에 의한 위험을 방지하기 위한 것

★ 안전인증 대상 안전모의 종류

종류 (기호)	사 용 구 분	비 고
AB	물체의 낙하 또는 비래 및 추락에 의한 위험을 방지 또는 경감시키기 위한 것	
AE	물체의 낙하 또는 비래에 의한 위험을 방지 또는 경감하고, 머리부위 감전에 의한 위험을 방지하기 위한 것	내전압성
ABE	물체의 낙하 또는 비래 및 추락에 의한 위험을 방지 또는 경감하고, 머리부위 감전에 의한 위험을 방지하기 위한 것	내전압성

내전압성이란 7,000V 이하의 전압에 견디는 것을 말한다.

📝 실기에 자주 출제되는 중요한 내용입니다.

12 재해예방의 4원칙이 아닌 것은?

① 손실 우연의 원칙 ② 예방 가능의 원칙
③ 사고 연쇄의 원칙 ④ 원인 계기의 원칙

★ 산업재해 예방의 4원칙
① 예방 가능의 원칙 : 재해는 원칙적으로 원인만 제거되면 예방이 가능하다.
② 손실 우연의 원칙 : 사고의 결과 생기는 상해의 종류와 정도는 사고 발생시 사고대상의 조건에 따라 우연히 발생한다.
③ 대책 선정의 원칙 : 사고의 원인에 대한 적합한 대책이 선정되어야 한다.
④ 원인 연계의 원칙 : 재해는 직접원인과 간접원인이 연계되어 일어난다.

📝 실기에 자주 출제되는 중요한 내용입니다.

정답 10 ③ 11 ② 12 ③

13 산업안전보건법령상 안전·보건표지의 색채와 사용사례의 연결이 틀린 것은?

① 빨간색(7.5R 4/14) - 탑승금지
② 파란색(2.5PB 4/10) - 방진마스크 착용
③ 녹색(2.5G 4/10) - 비상구
④ 노란색(5Y 6.5/12) - 인화성물질 경고

④ 인화성물질 경고 → 빨간색(7.5R 4/14)

참고

*안전·보건표지의 색채, 색도기준 및 용도

색채	색도 기준	용도	사용례
빨간색	7.5R 4/14	금지	정지신호, 소화설비 및 그 장소, 유해행위의 금지
		경고	화학물질 취급장소에서의 유해·위험 경고
	특급암기법	싫어(7.5) 4/14	
노란색	5Y 8.5/12	경고	화학물질 취급장소에서의 유해·위험 경고, 이외의 위험 경고. 주의 표지 또는 기계방호물
	특급암기법	오(5) 빨리와(8.5) 이리(12)	
파란색	2.5PB 4/10	지시	특정 행위의 지시 및 사실의 고지
	특급암기법	2.5×4=10	
녹색	2.5G 4/10	안내	비상구 및 피난소, 사람 또는 차량의 통행 표지
	특급암기법	2.5×4=10	
흰색	N9.5		파란색 또는 녹색에 대한 보조색
검은색	N0.5		문자 및 빨간색 또는 노란색에 대한 보조색

📝 실기에 자주 출제되는 중요한 내용입니다.

14 일상점검 내용을 작업 전, 작업 중, 작업 종료로 구분할 때, 작업 중 점검 내용으로 거리가 먼 것은?

① 품질의 이상 유무
② 안전수칙의 준수 여부
③ 이상소음 발생 여부
④ 방호장치의 작동 여부

④ 방호장치의 작동 여부 → 작업 전 점검 내용

15 참모식 안전조직의 특징으로 옳은 것은?

① 100명 미만의 소규모 사업장에 적합하다.
② 생산부분은 안전에 대한 책임과 권한이 없다.
③ 명령과 보고가 상하관계 뿐이므로 간단 명료하다.
④ 조직원 전원을 자율적으로 안전 활동에 참여 시킬 수 있다.

라인(Line)형 or 직계형	• 소규모 사업장(100명 이하 사업장)에 적용이 가능하다. • 라인형 장점 : **명령 및 지시가 신속, 정확**하다. • 라인형 단점 　- 안전정보가 불충분하다. 　- 라인에 과도한 책임이 부여될 수 있다. • 생산과 안전을 동시에 지시하는 형태이다.

정답 13 ④ 14 ④ 15 ②

스태프(staff)형 or 참모형	• 중규모 사업장(100~1,000명 정도의 사업장)에 적용이 가능하다. • 스태프형 장점 : 안전정보 수집이 용이하고 빠르다. • 스태프형 단점 : 안전과 생산을 별개로 취급한다. • 생산부문은 안전에 대한 책임, 권한이 없다.

라인 스태프
(Line Staff)형
or 혼합형
	• 대규모 사업장(1,000명 이상 사업장)에 적용이 가능하다.
	• 라인 스태프형 장점
	  - 안전전문가에 의해 입안된 것을 경영자가 명령하므로 **명령이 신속, 정확**하다.
	  - 안전정보 수집이 용이하고 빠르다.
	• 라인 스태프형 단점
	  - **명령계통과 조언, 권고적 참여의 혼돈**이 우려된다.

📝 실기에 자주 출제되는 중요한 내용입니다.

16 무재해 운동 기본이념의 3대 원칙이 아닌 것은?

① 무의 원칙
② 선취의 원칙
③ 합의의 원칙
④ 참가의 원칙

① **무(無)의 원칙(ZERO의 원칙)** : 사업장 내의 모든 잠재위험요인을 적극적으로 사전에 발견하고 파악 · 해결함으로써 산업재해의 근원적인 요소들을 없앤다는 것을 의미한다.
② **선취의 원칙(안전제일의 원칙)** : 사업장 내에서 행동하기 전에 잠재위험요인을 발견하고 파악 · 해결하여 재해를 예방하는 것을 의미한다.
③ **참가의 원칙(참여의 원칙)** : 전원이 일치 협력하여 각자의 위치에서 적극적으로 문제해결을 하겠다는 것을 의미한다.

📝 실기까지 중요한 내용입니다.

17 다음에 해당하는 법칙은?

> 어떤 공장에서 330회의 전도 사고가 일어났을 때, 그 가운데 300회는 무상해사고, 29회는 경상, 중상 또는 사망은 1회의 비율로 사고가 발생한다.

① 버드 법칙
② 하인리히 법칙
③ 더글라스 법칙
④ 자베타키스 법칙

★ 하인하인리히 사고빈도법칙(1 : 29 : 300)
총 330건의 사고를 분석했을 때
• 중상 또는 사망 : 1건
• 경상해 : 29건
• 무상해사고 : 300건이 발생함을 의미한다.

📝 필기에 자주 출제되는 내용입니다.

18 재해원인분석에 사용되는 통계적 원인분석 기법의 하나로, 사고의 유형이나 기인물 등의 분류항목을 큰 순서대로 도표화하는 기법은?

① 관리도
② 파렛트도
③ 특성요인도
④ 크로즈분석도

> ① 파레토도(Pareto Diagram) : 사고 유형, 기인물 등 데이터를 분류하여 그 항목 값이 큰 순서대로 정리하여 막대그래프로 나타낸다.
> ② 특성요인도(Characteristic Diagram) : 재해와 그 요인의 관계를 어골 상으로 세분화하여 나타낸다.
> ③ 크로스(cross) 분석 : 2가지 또는 2개 항목 이상의 요인이 상호관계를 유지할 때 문제를 분석하는데 사용된다.
> ④ 관리도(Control Chart) : 시간경과에 따른 재해발생 건수 등 대략적인 추이 파악에 사용된다.

📝 필기에 자주 출제되는 내용입니다.

19 신규 채용 시의 근로자 안전·보건교육은 몇 시간 이상 실시해야 하는가? (단, 일용근로자 및 근로계약기간이 1주일 초과 1개월 이하인 기간제근로자를 제외한 근로자인 경우이다.)

① 3시간   ② 8시간
③ 16시간 ④ 24시간

* 근로자 안전보건교육

교육과정	교육대상		교육시간
가. 정기 교육	1) 사무직 종사 근로자		매반기 6시간 이상
	2) 그 밖의 근로자	가) 판매 업무에 직접 종사하는 근로자	매반기 6시간 이상
		나) 판매 업무에 직접 종사하는 근로자 외의 근로자	매반기 12시간 이상
나. 채용 시의 교육	1) 일용근로자 및 근로계약기간이 1주일 이하인 기간제근로자		1시간 이상
	2) 근로계약기간이 1주일 초과 1개월 이하인 기간제근로자		4시간 이상
	3) 그 밖의 근로자		8시간 이상
다. 작업 내용 변경 시의 교육	1) 일용근로자 및 근로계약기간이 1주일 이하인 기간제근로자		1시간 이상
	2) 그 밖의 근로자		2시간 이상
라. 특별 교육	1) 일용근로자 및 근로계약기간이 1주일 이하인 기간제 근로자(타워크레인 신호작업에 종사하는 근로자 제외)		2시간 이상
	2) 일용근로자 및 근로계약기간이 1주일 이하인 기간제 근로자 중 타워크레인신호작업에 종사하는 근로자		8시간 이상
	3) 일용근로자 및 근로계약기간이 1주일 이하인 기간제 근로자를 제외한 근로자		가)16시간 이상(최초 작업에 종사하기 전 4시간 이상 실시하고 12시간은 3개월 이내에서 분할하여 실시 가능) 나)단기간 작업 또는 간헐적 작업인 경우에는 2시간 이상
마. 건설업 기초안전·보건교육	건설 일용근로자		4시간 이상

📝 실기에 자주 출제되는 중요한 내용입니다.

정답 18 ② 19 ②

20 산업안전보건법상 산업안전보건위원회의 정기회의 개최 주기로 올바른 것은?

① 1개월마다　② 분기마다
③ 반년마다　④ 1년마다

산업안전보건위원회의 회의는 정기회의와 임시회의로 구분하되, 정기회의는 분기마다 소집한다.

참고

노사협의체의 회의는 정기회의와 임시회의로 구분하되, 정기회의는 2개월마다 소집한다.

 실기까지 중요한 내용입니다.

2과목 산업심리 및 교육

21 굴착면의 높이가 2m 이상인 암석의 굴착 작업에 대한 특별안전보건교육 내용에 포함되지 않는 것은? (단, 그 밖의 안전·보건 관리에 필요한 사항은 제외한다.)

① 지반의 붕괴재해 예방에 관한 사항
② 보호구 및 신호방법 등에 관한 사항
③ 안전거리 및 안전기준에 관한 사항
④ 폭발물 취급 요령과 대피 요령에 관한 사항

※ 굴착면의 높이가 2미터 이상이 되는 암석의 굴착 작업의 특별교육 내용
① 폭발물 취급 요령과 대피 요령에 관한 사항
② 안전거리 및 안전기준에 관한 사항
③ 방호물의 설치 및 기준에 관한 사항
④ 보호구 및 신호방법 등에 관한 사항
⑤ 그 밖에 안전·보건관리에 필요한 사항

22 인간의 착각현상 중 실제로 움직이지 않지만 어느 기준의 이동에 의하여 움직이는 것처럼 느껴지는 착각현상의 명칭으로 적합한 것은?

① 자동운동　② 잔상현상
③ 유도운동　④ 착시현상

※ 착각현상

가현운동 (β운동)	• 정지하고 있는 대상물이 급속히 나타나던가 소멸하는 것으로 인하여 일어나는 운동으로 마치 대상물이 운동하는 것처럼 인식되는 현상을 말한다. • 예 영화의 영상
유도운동	• 움직이지 않는 것이 움직이는 것처럼 느껴지는 현상 • 예 상행선 열차를 타고 가며 정지하고 있는 하행선 열차를 보면 마치 하행선 열차가 움직이는 것처럼 느껴지는 현상
자동운동	• 암실에서 정지된 소광점을 응시하면 광점이 움직이는 것처럼 보이는 현상 • 안구의 불규칙한 운동 때문에 생기는 현상이다.

 필기에 자주 출제되는 내용입니다.

23 피로의 측정분류 시 감각기능검사(정신·신경기능검사)의 측정대상 항목으로 가장 적합한 것은?

① 혈압
② 심박수
③ 에너지대사율
④ 플리커

* **CFF(Critical Flicker Fusion)**
  : 플리커테스트(점멸융합주파수)
* 피곤해지면 시각이 둔화되는 성질을 이용한 피로도 평가방법으로 시중추나 망막시신경의 감도가 좋을 때는 높은 수치를 나타낸다.
* 수치가 낮을수록 시각계의 피로가 높은 상태임을 나타내는 피로의 감각기능검사 방법이다.

24 동일 부서 직원 6명의 선호 관계를 분석한 결과 다음과 같은 소시오그램이 작성되었다. 이 소시오그램에서 실선은 선호관계, 점선은 거부관계를 나타낼 때, 4번 직원의 선호신분 지수는 얼마인가?

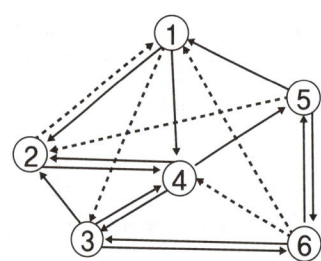

① 0.2 ② 0.33
③ 0.4 ④ 0.6

선호신분지수 = $\dfrac{\text{선호총계}}{\text{구성원수} - 1}$

= $\dfrac{3-1}{6-1}$ = 0.4

* 선호(실선) : 1점, 거부(점선) : -1
* 4번 직원의 선호총계 : 선호(실선) 3점, 거부(점선) -1

📝 출제비중이 낮은 문제입니다.

25 강의식 교육에 대한 설명으로 틀린 것은?

① 기능적, 태도적인 내용의 교육이 어렵다.
② 사례를 제시하고, 그 문제점에 대해서 검토하고 대책을 토의한다.
③ 수강자의 집중도나 흥미의 정도가 낮다.
④ 짧은 시간동안 많은 내용을 전달해야 하는 경우에 적합하다.

사례를 제시하고, 그 문제점에 대해서 검토하고 대책을 토의 → 사례연구법(Case Study : Case Method)

참고

강의법의 장점	강의법의 단점
• 새로운 기술, 지식, 정보를 체계적으로 전달 할 수 있다. • 짧은 시간동안 **많은 양의 정보를 전달**할 수 있다. • 한 사람의 강사가 많은 학생을 지도 할 수 있다. (교육의 경제성이 높다) • 구체적인 사실적 정보의 제공과 요점을 파악하기에 효율적이다.	• 학습자의 이해수준을 알 수가 없다. • 학습자의 성향을 고려할 수 없다.(개인차를 고려한 학습이 불가능하다.) • 학습자의 **능동적 참여를 기대할 수 없다.**(학습에 대한 동기부여가 어렵다) • 수강자의 주의집중도나 흥미의 정도가 낮다. • 기능적, 태도적인 내용의 교육이 어렵다. • 강사의 지식수준에서 모든 것이 이루어지기 때문에 학습자에게 끼치는 영향이 크다.

정답 24 ③ 25 ②

26 상호신뢰 및 성선설에 기초하여 인간을 긍정적 측면으로 보는 이론에 해당하는 것은?

① T - 이론　　② X - 이론
③ Y - 이론　　④ Z - 이론

- X이론 : 인간을 부정적 측면으로 보는 이론
- Y이론 : 인간을 긍정적 측면으로 보는 이론

> **참고**
>
> *맥그리거(McGregor)의 X, Y 이론의 특징
>
> | X이론의 특징 | Y이론의 특징 |
> |---|---|
> | 인간 불신감 | 상호 신뢰감 |
> | 성악설 | 성선설 |
> | 인간은 원래 게으르고 태만하여 남의 지배를 받기를 즐긴다. | 인간은 부지런하고 적극적이며 자주적이다. |
> | 물질욕구(저차원 욕구)에 만족 | 정신욕구(고차원 욕구)에 만족 |
> | 명령, 통제에 의한 관리 (권위주의형 리더십) | 목표 통합과 자기통제에 의한 자율관리 (민주주의형 리더십) |
> | 저개발국형 | 선진국형 |

📝 필기에 자주 출제되는 내용입니다.

27 직장규율, 안전규율 등을 몸에 익히기에 적합한 교육의 종류에 해당하는 것은?

① 지능 교육
② 기능 교육
③ 태도 교육
④ 문제해결 교육

*교육의 3단계
① 제1단계(지식교육) : 강의 및 시청각 교육 등을 통하여 지식을 전달하는 단계
② 제2단계(기능교육) : 시범, 견학, 현장실습 교육 등을 통하여 경험을 체득하는 단계
③ 제3단계(태도교육) : 작업동작 지도 등을 통하여 안전행동을 습관화하는 단계

📝 필기에 자주 출제되는 내용입니다.

28 MTP(Management Training Program)안전 교육 방법의 총 교육시간으로 가장 적합한 것은?

① 10시간　　② 40시간
③ 80시간　　④ 120시간

*MTP(Management Training Program)
① 대상 : 중간계층관리자 대상 교육
② 교육시간 : 2시간씩 20회에 걸쳐 40시간 훈련한다.

29 레윈(Lewin)의 행동방정식 B = f (P·E)에서 P의 의미로 맞는 것은?

① 주어진 환경
② 인간의 행동
③ 주어진 직무
④ 개인적 특성

26 ③　27 ③　28 ②　29 ④

★ 레윈의 법칙

$$B = f(P \cdot E)$$

여기서,
B : Behavior(인간의 행동)
f : function(함수관계)
P : Person
　（개체 : 연령, 경험, 심신상태, 성격, 지능 등）
E : Environment
　（심리적 환경 : 인간관계, 작업환경 등）

30 리더십의 권한 역할 중 "부하를 처벌할 수 있는 권한"에 해당하는 것은?

① 위임된 권한
② 합법적 권한
③ 강압적 권한
④ 보상적 권한

★ 리더십의 권한의 역할
① 보상적 권한 : 지도자가 부하에게 보상할 수 있는 능력
② 강압적 권한 : 지도자가 부하들을 처벌할 수 있는 권한
③ 합법적 권한 : 조직의 규정에 의해 공식화된 권한
④ 위임된 권한 : 부하직원들이 지도자를 따르고 지도자와 함께 일하는 것
⑤ 전문성의 권한 : 지도자가 집단 목표수행에 전문적인 지식을 갖고 있는가와 관련한 권한

📝 필기에 자주 출제되는 내용입니다.

31 그림과 같이 수직 평행인 세로의 선들이 평행하지 않는 것으로 보이는 착시현상에 해당하는 것은?

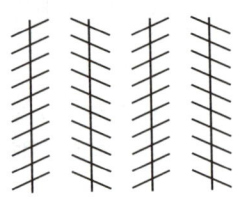

① 죌러(Zöller)의 착시
② 쾰러(Köhler)의 착시
③ 헤링(Hering)의 착시
④ 포겐도르프(Poggendorf)의 착시

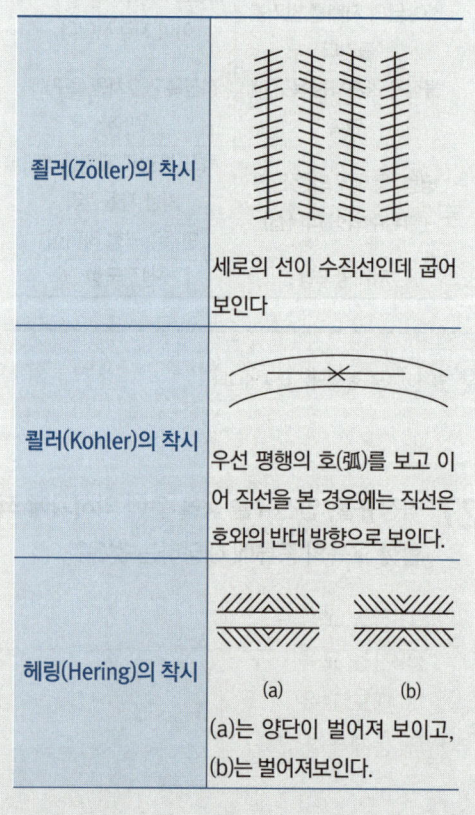

죌러(Zöller)의 착시	세로의 선이 수직선인데 굽어 보인다
쾰러(Kohler)의 착시	우선 평행의 호(弧)를 보고 이어 직선을 본 경우에는 직선은 호와의 반대 방향으로 보인다.
헤링(Hering)의 착시	(a)는 양단이 벌어져 보이고, (b)는 벌어져보인다.

정답　30 ③　31 ①

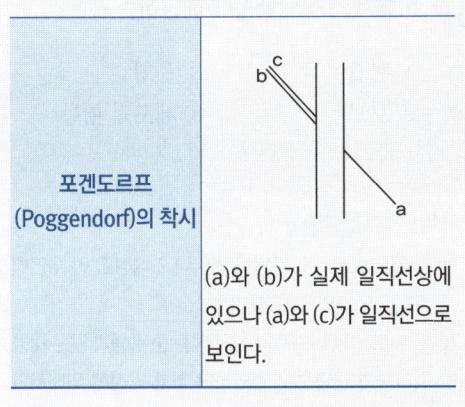

포겐도르프
(Poggendorf)의 착시

(a)와 (b)가 실제 일직선상에 있으나 (a)와 (c)가 일직선으로 보인다.

32 과업과 직무를 수행하는 데 요구되는 인적 자질에 의해 직무의 내용을 정의하는 절차에 해당하는 것은?

① 직무분석(Job Analysis)
② 직무평가(Job Evaluation)
③ 직무확충(Job Enrichment)
④ 직무만족(Job Satisfaction)

① **직무분석(Job Analysis)** : 과업과 직무를 수행하는 데 요구되는 인적 자질에 의해 **직무의 내용을 정의하는 절차**를 말한다.
② **직무평가(Job Evaluation)** : 조직에 있어서 각 직무가 지니는 상대적인 가치를 결정하는 과정을 말한다.
③ **직무확충(job enrichment)** : 과도한 분업화에 따르는 업무의 단조로움을 시정하기 위하여 **직무의 전문적 분할을 재편성·확장**하는 것을 말한다.
④ **직무만족(Job Satisfaction)** : 개인이 **직무와 관련된 평가의 결과로 얻을 수 있는 감정의 상태**를 나타낸다.

33 동기부여에 관한 이론 중 동기부여 요인을 중요시하는 내용이론에 해당하지 않는 것은?

① 브룸의 기대이론
② 알더퍼의 ERG이론
③ 매슬로우의 욕구위계설
④ 허츠버그의 2요인 이론(이원론)

* **동기부여 이론**
① 데이비스(K. Davis)의 동기부여 이론
② 알더퍼의 ERG이론
③ 매슬로우의 욕구위계설
④ 허츠버그의 2요인 이론(이원론)

참고

브룸(Vroom)의 기대이론 : 개인이 어떤 행동을 할 때 자신의 노력에 따른 결과를 기대하며, 그 기대를 실현하기 위하여 어떤 활동을 한다는 이론
① 보상의 약속을 철저히 지킨다.
② 신뢰할만한 성과의 측정방법을 사용한다.
③ 보상에 대한 객관적인 기준을 사전에 명확히 제시한다.

34 남의 행동이나 판단을 표본으로 하여 그것과 같거나 혹은 그것에 가까운 행동 또는 판단을 취하려는 인간관계 메커니즘으로 맞는 것은?

① Projection
② Imitation
③ Suggestion
④ Identification

정답 32 ① 33 ① 34 ②

① 투사(Projection) : 자신의 불만이나 불안을 해소시키기 위해서 자신의 잘못을 남의 탓으로 돌리는 행동
② 모방(Imitation) : 남의 행동이나 판단을 표본으로 하여 그것과 같거나 또는 그것에 가까운 행동 또는 판단을 취하려는 행동
③ 암시(Suggestion) : 다른 사람으로부터의 판단이나 행동을 무비판적으로 논리적·사실적 근거 없이 받아들이는 행동
④ 동일화(Identification) : 다른 사람의 행동 양식이나 태도를 투입시키거나 다른 사람 가운데서 자기와 비슷한 점을 발견하는 것

📌 필기에 자주 출제되는 내용입니다.

35 집단 심리요법의 하나로 자기 해방과 타인 체험을 목적으로 하는 체험활동을 통해 대인관계에서의 태도 변용이나 통찰력, 자기 이해를 목표로 개발된 교육 기법에 해당하는 것은?

① 롤플레잉(Role Playing)
② OJT(On The Job Training)
③ ST(Sensitivity Training)훈련
④ TA(Transactional Analysis)훈련

★ **롤 플레잉(Role Playing)**
참가자에게 일정한 역할을 주어서 실제적으로 연기를 시켜봄으로써 자기의 역할을 보다 확실히 인식시키는 방법

36 비통제의 집단행동에 해당하는 것은?
① 관습   ② 유행
③ 모브   ④ 제도적 행동

★ **비통제적 집단행동**
① 군중(Crowd) : 공통된 규범이나 조직성 없이 우연히 조직된 인간의 일시적 집합
② 모브(Mob) : 비통제의 집단 행동 중 폭동과 같은 것을 의미하며 군중보다 합의성이 없고 감정에 의해서만 행동하는 특성을 가진다.
③ 패닉(Panic) : 위협을 회피하기 위해서 일어나는 집합적인 도주현상, 방어적인 행동 특징을 보이는 집단행동이다.
④ 심리적 전염

37 작업지도 기법의 4단계 중 그 작업을 배우고 싶은 의욕을 갖도록 하는 단계로 맞는 것은?

① 제1단계 : 학습할 준비를 시킨다.
② 제2단계 : 작업을 설명한다.
③ 제3단계 : 작업을 시켜 본다.
④ 제4단계 : 작업에 대해 가르친 뒤 살펴본다.

★ **교육진행 4단계(교육훈련 지도방법의 4단계 순서)**
제 1단계 : 도입(학습할 준비를 시킨다.)
제 2단계 : 제시(작업을 설명한다.)
제 3단계 : 적용(작업을 시켜본다.)
제 4단계 : 확인(가르친 뒤 살펴본다.)

📌 필기에 자주 출제되는 내용입니다.

정답 35 ① 36 ③ 37 ①

38 동작실패의 원인이 되는 조건 중 작업강도와 관련이 가장 적은 것은?

① 작업량
② 작업속도
③ 작업시간
④ 작업환경

* 작업강도와 관계되는 요소
① 작업량
② 작업속도
③ 작업시간

39 작업장에서의 사고예방을 위한 조치로 틀린 것은?

① 감독자와 근로자는 특수한 기술뿐 아니라 안전에 대한 태도도 교육받아야 한다.
② 모든 사고는 사고 자료가 연구될 수 있도록 철저히 조사되고 자세히 보고되어야 한다.
③ 안전의식고취 운동에서 포스터는 긍정적인 문구보다 부정적인 문구를 사용하는 것이 더 효과적이다.
④ 안전장치는 생산을 방해해서는 안 되고, 그것이 제 위치에 있지 않으면 기계가 작동되지 않도록 설계되어야 한다.

③ 안전의식고취 운동에서 포스터는 부정적인 문구보다 긍정적인 문구를 사용하는 것이 더 효과적이다.

40 에빙하우스(Ebbinghaus)의 연구결과에 따른 망각률이 50%를 초과하게 되는 최초의 경과시간은 얼마인가?

① 30분 ② 1시간
③ 1일   ④ 2일

* 에빙하우스(Ebbinghaus)의 망각곡선(학습시간 경과에 따른 망각율)
① 1시간 경과 : 50[%] 이상 망각
② 48시간 경과 : 70[%] 이상 망각
③ 31일 경과 : 80[%]이상 망각

3과목 인간공학 및 시스템안전공학

41 다음 FT도에서 각 요소의 발생확률이 요소 ①과 요소 ②는 0.2, 요소 ③은 0.25, 요소 ④는 0.3일 때, A사상의 발생확률은 얼마인가?

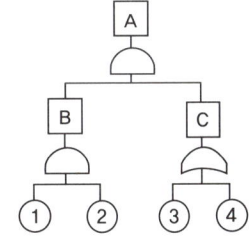

① 0.007 ② 0.014
③ 0.019 ④ 0.071

$A = B \times C$
$= (① \times ②) \times \{1-(1-③) \times (1-④)\}$
$= (0.2 \times 0.2) \times \{1-(1-0.25) \times (1-0.3)\}$
$= 0.019$

📝 필기에 자주 출제되는 내용입니다.

정답 38 ④ 39 ③ 40 ② 41 ③

42 정성적 시각 표시장치에 관한 사항 중 다음에서 설명하는 특성은?

> 복잡한 구조 그 자체를 완전한 실체로 지각하는 경향이 있기 때문에, 이 구조와 어긋나는 특성은 즉시 눈에 띈다.

① 양립성　　② 암호화
③ 형태성　　④ 코드화

구조와 어긋나는 특성은 눈에 띈다. → 형태성

43 산업안전보건법령에 따라 기계·기구 및 설비의 설치·이전 등으로 인해 유해·위험방지계획서를 제출하여야 하는 대상에 해당하지 않는 것은?

① 건조설비
② 공기압축기
③ 화학설비
④ 가스집합 용접장치

★ 유해위험방지계획서 작성 대상 기계·기구 및 설비
① 금속이나 그 밖의 광물의 용해로
② 화학설비
③ 건조설비
④ 가스집합 용접장치
⑤ 근로자의 건강에 상당한 장해를 일으킬 우려가 있는 물질로서 고용노동부령으로 정하는 물질의 밀폐·환기·배기를 위한 설비

📝 필기에 자주 출제되는 내용입니다.

44 인체측정자료에서 극단치를 적용하여야 하는 설계에 해당하지 않는 것은?

① 계산대
② 문 높이
③ 통로 폭
④ 조종장치까지의 거리

★ 인체계측자료의 응용 3원칙
① 최대치수와 최소치수 설계(극단치 설계)

최대치수설계의 예	최소치수설계의 예
• 위험구역의 울타리 높이 • 출입문의 높이 • 그네줄의 인장강도	• 물건을 올리는 선반의 높이 • 조종장치를 조정하는 힘 • 조종장치까지의 조정거리

② 조절(조정)범위(조절식 설계)
• 체격이 다른 여러 사람에 맞도록 설계한다.
• 예 침대, 의자 높낮이 조절, 자동차의 운전석 위치 조정
③ 평균치를 기준으로 한 설계
• 최대 치수나 최소 치수, 조절식으로 하기가 곤란할 때 평균치를 기준으로 하여 설계한다.
• 예 은행의 창구 높이

📝 필기에 자주 출제되는 내용입니다.

45 작위실수(Commission Error)의 유형이 아닌 것은?

① 선택착오　　② 순서착오
③ 시간착오　　④ 직무누락착오

직무누락착오(생략 오류) → 부작위 오류

정답　42 ③　43 ②　44 ①　45 ④

> 참고

휴먼에러의 심리적 분류
(Swain의 분류, 독립행동에 관한 분류)

① omission error(누설오류, 생략오류, 부작위오류)
: 필요한 작업 또는 절차를 수행하지 않는데 기인한 에러
② time error(시간오류) : 필요한 작업 또는 절차의 수행 지연으로 인한 에러
③ commission error(작위오류) : 필요한 작업 또는 절차의 불확실한 수행으로 인한 에러
④ sequential error(순서오류) : 필요한 작업 또는 절차의 순서 착오로 인한 에러
⑤ extraneous error(과잉행동오류) : 불필요한 작업 또는 절차를 수행함으로써 기인한 에러

📝 필기에 자주 출제되는 내용입니다.

> 참고

*인간 - 기계 통합시스템(man-machine system)의 유형

1. 수동시스템
 • 사용자가 손공구나 기타 보조물 등을 사용하여 자기의 신체적 힘을 동력원으로 하여 작업을 수행하는 시스템이다.

2. 기계시스템(반자동 시스템)
 • 여러 종류의 동력 공작 기계와 같이 고도로 통합된 부품들로 구성되어 있다.
 • 인간의 역할은 제어 기능을 담당하고, 힘에 대한 공급은 기계가 담당한다.

3. 자동 시스템
 • 기계가 감지, 정보 처리 및 의사 결정, 행동 기능 및 정보 보관 등 모든 임무를 미리 설계된 대로 수행하게 된다.
 • 인간은 감시, 감독, 보전 등의 역할을 담당하게 된다.

📝 필기에 자주 출제되는 내용입니다.

46 인간 - 기계 통합체계의 유형에서 수동체계에 해당하는 것은?

① 자동차
② 공작기계
③ 컴퓨터
④ 장인과 공구

① 자동차 → 기계시스템(반자동 시스템)
② 공작기계 → 기계시스템(반자동 시스템)
③ 컴퓨터 → 자동시스템
④ 장인과 공구 → 수동시스템

47 각 기본사상의 발생확률이 증감하는 경우 정상사상의 발생확률에 어느 정도 영향을 미치는가를 반영하는 지표로서 수리적으로는 편미분계수와 같은 의미를 갖는 FTA의 중요도 지수는?

① 확률 중요도
② 구조 중요도
③ 치명 중요도
④ 비구조 중요도

기본사상의 발생확률이 증감하는 경우 정상사상의 발생확률에 어느 정도 영향을 미치는가를 반영하는 지표 → 확률 중요도

정답 46 ④ 47 ①

48 동작경제의 원칙 중 신체사용에 관한 원칙에 해당하지 않는 것은?

① 손의 동작은 유연하고 연속적인 동작이어야 한다.
② 두 손의 동작은 같이 시작해서 동시에 끝나도록 한다.
③ 동작이 급작스럽게 크게 바뀌는 직선동작은 피해야 한다.
④ 공구, 재료 및 제어장치는 사용하기 용이하도록 가까운 곳에 배치한다.

④ 공구, 재료 및 제어장치는 사용하기 용이하도록 가까운 곳에 배치한다. → 공구 및 설비의 설계에 관한 원칙

참고

*인체 사용에 관한 원칙

① 두 손을 동시에 동작하기 시작하여 동시에 끝나도록 하여야 한다.
② 휴식 시간 중이 아니면 두 손을 동시에 쉬어서는 안 된다.
③ 두 팔의 동작들은 서로 반대 방향에서 대칭적으로 움직인다.
④ 손과 신체의 동작은 작업을 원만하게 수행할 수 있는 범위내에서 가장 낮은 동작 등급을 사용한다.
⑤ 가능한 한 관성(Momentum)을 이용해야 하며 작업자가 관성을 억제해야 하는 경우 관성을 최소한도로 줄인다.
⑥ 손의 동작은 부드러운 연속동작으로 하고 급격한 방향 전환을 가지는 직선동작은 피한다.

49 일반적으로 재해 발생 간격은 지수분포를 따르며, 일정기간 내에 발생하는 재해발생 건수는 푸아송분포를 따른다고 알려져 있다. 이러한 확률변수들의 발생과정을 무엇이라고 하는가?

① Poisson 과정
② Bernoulli 과정
③ Wiener 과정
④ Binomial 과정

재해발생 간격은 지수분포를 따르며, 일정기간 내에 발생하는 재해발생 건수는 푸아송분포를 따른다.
→ Poisson 과정

50 한 화학공장에 24개의 공정제어회로가 있다. 4,000시간의 공정 가동 중 이 회로에서 14건의 고장이 발생하였고, 고장이 발생하였을 때마다 회로는 즉시 교체되었다. 이 회로의 평균고장시간은 약 얼마인가?

① 6,857시간
② 7,571시간
③ 8,240시간
④ 9,800시간

정답 48 ④ 49 ① 50 ①

$$① \text{고장률}(\lambda) = \frac{\text{고장건수}}{\text{총 가동시간}} (\text{건}/\text{시간})$$

$$② MTBF = \frac{1}{\text{고장률}(\lambda)} (\text{시간})$$

$$① \text{고장률}(\lambda) = \frac{14}{24 \times 4,000} = 0.0001458 (\text{건}/\text{시간})$$

$$② MTBF = \frac{1}{0.0001458} = 6,858 (\text{시간})$$

📎 실기에 자주 출제되는 중요한 내용입니다.

51 압박이나 긴장에 대한 척도 중 생리적 긴장의 화학적 척도에 해당하는 것은?

① 혈압　　② 호흡수
③ 혈액 성분　　④ 심전도

① 혈압 → 생리학적 측정법
② 호흡수 → 생리학적 측정법
③ 혈액 성분 → 생화학적 측정법
④ 심전도 → 생리학적 측정법

52 사용조건을 정상사용조건보다 강화하여 적용함으로써 고장발생시간을 단축하고, 검사비용의 절감효과를 얻고자 하는 수명시험은?

① 중도중단시험　　② 가속수명시험
③ 감속수명시험　　④ 정시중단시험

정상사용조건보다 사용조건을 강화하여 적용함으로써 고장발생시간을 단축시킴 → 가속수명시험

53 다음 중 안전성 평가 단계가 순서대로 올바르게 나열된 것으로 옳은 것은?

① 정성적 평가 - 정량적 평가 - FTA에 의한 재평가 - 재해정보로부터 재평가 - 안전대책
② 정량적 평가 - 재해정보로부터의 재평가 - 관계 자료의 작성준비 - 안전대책 - FTA에 의한 재평가
③ 관계 자료의 작성준비 - 정성적 평가 - 정량적 평가 - 안전대책 - 재해정보로부터의 재평가 - FTA에 의한 재평가
④ 정량적 평가 - 재해정보로부터의 재평가 - FTA에 의한 재평가 - 관계자료의 작성준비 - 안전대책

*안전성 평가 6단계
① 1단계 : 관계자료의 정비검토 (작성준비)
② 2단계 : 정성적인 평가
③ 3단계 : 정량적인 평가
④ 4단계 : 안전대책 수립
⑤ 5단계 : 재해사례에 의한 평가
⑥ 6단계 : FTA에 의한 재평가

📎 필기에 자주 출제되는 내용입니다.

정답　51 ③　52 ②　53 ③

54 A작업장에서 1시간 동안에 480Btu의 일을 하는 근로자의 대사량은 900Btu이고, 증발 열 손실이 2250Btu, 복사 및 대류로부터 열 이득이 각각 1900Btu 및 80Btu라 할 때, 열 축적은 얼마인가?

① 100 ② 150
③ 200 ④ 250

> S(열 축적) = M(대사 열) − E(증발) ± R(복사) ± C(대류) − W(한 일)
>
> 열 축적 = 900 − 2250 + 1900 + 80 − 480 = 150

55 국제표준화기구(ISO)의 수직진동에 대한 피로-저감숙달경계(Fatigue-Decreased Proficiency Boundary)표준 중 내구수준이 가장 낮은 범위로 옳은 것은?

① 1 ~ 3Hz ② 4 ~ 8Hz
③ 9 ~ 13Hz ④ 14 ~ 18Hz

> 수직진동에 대한 내구수준이 가장 낮은 범위
> → 4 ~ 8Hz

56 산업 현장에서는 생산설비에 부착된 안전장치를 생산성을 위해 제거하고 사용하는 경우가 있다. 이와 같이 고의로 안전장치를 제거하는 경우에 대비한 예방 설계 개념으로 옳은 것은?

① Fail Safe
② Fool Proof
③ Lock Out
④ Temper Proof

> Temper proof : 안전장치를 제거하는 경우 제품이 작동되지 않도록 하는 설계

57 FT도에서 사용되는 다음 기호의 명칭으로 맞는 것은?

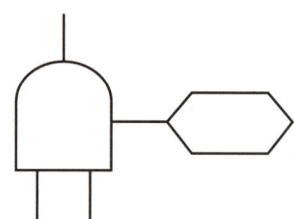

① 부정게이트
② 수정기호
③ 위험지속기호
④ 배타적 OR 게이트

정답 54 ② 55 ② 56 ④ 57 ③

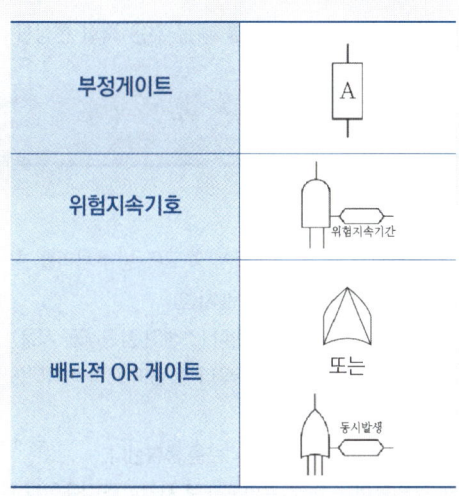

📝 필기에 자주 출제되는 내용입니다.

58 음의 은폐(Masking)에 대한 설명으로 옳지 않은 것은?

① 은폐음 때문에 피은폐음의 가청역치가 높아진다.
② 배경음악에 실내소음이 묻히는 것은 은폐효과의 예시이다.
③ 음의 한 성분이 다른 성분에 대한 귀의 감수성을 감소시키는 작용이다.
④ 순음에서 은폐효과가 가장 큰 것은 은폐음과 배음(Harmonic Overtone)의 주파수가 멀 때이다.

④ 순음에서 은폐음과 배음의 주파수가 비슷할수록 은폐효과가 크다.

59 기계 시스템은 영구적으로 사용하며, 조작자는 한 시간마다 스위치를 작동해야 되는데 인간오류확률(HEP)은 0.001이다. 2시간에서 4시간까지 인간-기계 시스템의 신뢰도로 옳은 것은?

① 91.5%
② 96.6%
③ 98.7%
④ 99.8%

1. 인간신뢰도 = 1 − 인간의 오류확률(HEP)
 = 1 − 0.001
 = 0.999
2. 1시간마다 스위치 조작, 2시간에서 4시간 사이
 → 2번 조작
3. 시스템의 신뢰도 R(n) = 0.999 × 0.999
 = 0.998 × 100
 = 99.8(%)

60 예비위험분석(PHA)은 어느 단계에서 수행되는가?

① 구상 및 개발단계
② 운용단계
③ 발주서 작성단계
④ 설치 또는 제조 및 시험단계

예비 위험 분석(PHA): 모든 시스템 안전 **프로그램의 최초 단계(설계단계, 구상단계)**에서 실시하는 분석법

📝 필기에 자주 출제되는 내용입니다.

정답 58 ④ 59 ④ 60 ①

4과목 건설시공학

61 벽돌을 내쌓기 할 때 일반적으로 이용되는 벽돌쌓기 방법은?

① 마구리 쌓기　② 길이 쌓기
③ 옆세워 쌓기　④ 길이세워 쌓기

✱ 내쌓기
① 방화벽이나 마루를 설치할 목적으로 벽돌을 내밀어 쌓는 방식을 말한다.
② 벽면에서 한 켜(1/8B씩), 두켜(1/4B씩)씩 내어 쌓는다.
③ 내쌓기 한도는 2.0B이며 마구리쌓기로 한다.

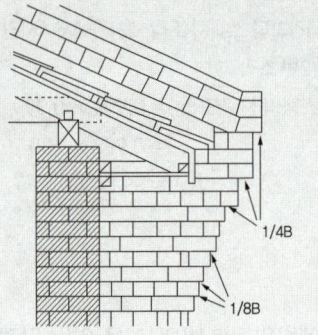

📝 필기에 자주 출제되는 내용입니다.

62 조적공사의 백화현상을 방지하기 위한 대책으로 옳지 않은 것은?

① 석회를 혼합한 줄눈 모르타르를 활용하여 바른다.
② 흡수율이 낮은 벽돌을 사용한다.
③ 쌓기용 모르타르에 파라핀 도료와 같은 혼화제를 사용한다.
④ 돌림대, 차양 등을 설치하여 빗물이 벽체에 직접 흘러내리지 않게 한다.

① 줄눈 모르타르에 석회를 섞는 것은 백화 현상을 촉진 시킬 수 있다.

참고

✱ 백화현상 방지법
① 줄눈으로 비가 새어들지 않도록 방수처리를 한다.(방수제 사용과 충분한 사춤)
② 잘 구워진 벽돌을 사용한다.(소성이 잘된 벽돌 사용)
③ 벽돌 벽의 상부에 차양, 루머, 돌림띠 등의 비막이를 설치한다.
④ 표면에 파라핀 도료, 실리콘을 뿜칠한다.
⑤ 조립률이 큰 모래, 분말도가 큰 시멘트를 사용한다.
⑥ 흡수율이 낮은 벽돌을 사용한다.
⑦ 쌓기용 모르타르에 파라핀 도료와 같은 혼화제를 사용한다.

📝 필기에 자주 출제되는 내용입니다.

63 강관말뚝지정의 특징에 해당되지 않는 것은?

① 강한 타격에도 견디며 다져진 중간지층의 관통도 가능하다.
② 지지력이 크고 이음이 안전하고 강하므로 장척말뚝에 적당하다.
③ 상부구조와의 결합이 용이하다.
④ 길이조절이 어려우나 재료비가 저렴한 장점이 있다.

④ 자재의 이음 부위가 안전하여 소요길이의 조정이 자유롭다.

정답　61 ①　62 ①　63 ④

64 지하수위 저하공법 중 강제배수공법이 아닌 것은?

① 전기침투 공법
② 웰 포인트 공법
③ 표면배수 공법
④ 진공 Deep Well 공법

강제 배수공법 : 진공에 의해 물을 강제적으로 모아 배수하는 공법을 말한다.
① 집수정(sump pit)공법 : 집수정(Sump Pit)에 집수된 지하수를 Pump로 강제 배수하는 공법을 말한다.
② 깊은 우물(deep well)공법 : 깊이 7m 정도의 우물을 파고 이곳에 수중 모터펌프를 설치하여 지하수를 양수하는 배수공법으로 지하 용수량이 많고 투수성이 큰 사질지반에 적합하다.
③ 웰 포인트(well point)공법 : 집수장치를 붙인 파이프를 지중에 박아 이것을 지상의 집수관에 연결하여 펌프로 지중의 물을 배수하는 공법을 말한다.
④ 샌드 드레인(sand drain)공법 : 철관을 박고 그 속에 모래를 다져 넣어 하중을 가해 수분을 배출시키는 공법을 말한다.
⑤ 전기 침투 공법(Electro osmosis method) : 전기 침투에 의해 간극수를 모아(지반에 전류를 흐르게 하면 물이 (+) 에서 (−)으로 흐르게 된다.) 모인 물을 배수하는 공법을 말한다.

📝 필기에 자주 출제되는 내용입니다.

65 콘크리트의 압축강도를 시험하지 않을 경우 거푸집널의 해체시기로 옳은 것은?
(단, 기타 조건은 아래와 같음)

- 평균기온 : 20℃ 이상
- 보통포틀랜드 시멘트 사용
- 대상 : 기초, 보, 기둥 및 벽의 측면

① 2일   ② 3일
③ 4일   ④ 6일

★ **(1) 콘크리트의 압축강도를 시험할 경우**

기초, 보, 기둥, 벽 등의 측면		5 MPa 이상
슬래브 및 보의 밑면, 아치 내면	단층구조의 경우	설계기준압축강도의 2/3배 이상 또한, 최소 14 MPa 이상
	다층구조의 경우	설계기준 압축강도 이상 (필러 동바리 구조를 이용할 경우는 구조계산에 의해 기간을 단축할 수 있음. 단, 이 경우라도 최소강도는 14 MPa 이상으로 함)

★ **(2) 콘크리트의 압축강도를 시험하지 않을 경우**

시멘트의 종류 평균기온	조강 포틀랜드 시멘트	보통포틀랜드 시멘트 고로 슬래그 시멘트(1종) 포틀랜드포졸란 시멘트(1종) 플라이 애시 시멘트(1종)	고로 슬래그 시멘트(2종) 포틀랜드포졸란 시멘트(2종) 플라이 애시 시멘트(2종)
20℃ 이상	2일	4일	5일
20℃ 미만 10℃ 이상	3일	6일	8일

📝 필기에 자주 출제되는 내용입니다.

정답 64 ③ 65 ③

66 거푸집 공사에 적용되는 슬라이딩폼 공법에 관한 설명으로 옳지 않은 것은?

① 형상 및 치수가 정확하며 시공오차가 적다.
② 마감작업이 동시에 진행되므로 공정이 단순화된다.
③ 1일 5~10m 정도 수직시공이 가능하다.
④ 일반적으로 돌출물이 있는 건축물에 많이 적용된다.

> 슬라이딩 폼은 시공이음 없이 거푸집을 연속적으로 끌어올려 단면형상에 변화가 없는 거푸집으로 돌출물이 없는 건축물에 적용할 수 있다.

참고

그림 출처 : 안전보건공단 공종별 위험성평가 모델

67 강구조용 강재의 절단 및 개선가공에 관한 사항으로 옳지 않은 것은?

① 주요 부재의 강판 절단은 주된 응력의 방향과 압연방향을 직각으로 교차하여 절단함을 원칙으로 한다.
② 절단할 강재의 표면에 녹, 기름, 도료가 부착되어 있는 경우에는 제거 후 절단해야 한다.
③ 용접선의 교차부분 또는 한 부재를 다른 부재에 접합시킬 때 불필요한 접촉을 피하기 위하여 모퉁이따기를 할 경우에는 10mm 이상 둥글게 해야 한다.
④ 스캘럽 가공은 절삭 가공기 또는 부속장치가 달린 수동가스 절단기를 사용한다.

> ① 주요 부재의 강판 절단은 주된 응력의 방향과 압연 방향을 일치시켜 절단함을 원칙으로 하며, 절단작업 착수 전 재단도를 작성하여야 한다.

📝 필기에 자주 출제되는 내용입니다.

68 콘크리트 타설에 관한 설명으로 옳은 것은?

① 콘크리트 타설은 바닥판 → 보 → 계단 → 벽체 → 기둥의 순서로 한다.
② 콘크리트 타설은 운반거리가 먼 곳부터 시작한다.
③ 콘크리트 타설할 때에는 다짐이 잘 되도록 타설높이를 최대한 높게 한다.
④ 콘크리트 타설 준비 시 콘크리트가 닿았을 때 흡수할 우려가 있는 곳은 미리 건조시켜 두어야 한다.

① 콘크리트 타설은 기초 → 기둥 → 벽 → 계단 → 보 → 바닥 순서로 한다.
② 콘크리트 타설은 운반거리가 먼 곳부터 시작한다.
③ 거푸집의 높이가 높을 경우 거푸집에 투입구를 설치하거나, 연직슈트 또는 펌프배관의 배출구를 타설면 가까운 곳까지 내려서 콘크리트를 타설하여야 한다.(슈트, 펌프배관, 버킷, 호퍼 등의 배출구와 타설면까지의 높이는 1.5m 이하를 원칙으로 한다.)
④ 콘크리트가 닿았을 때 흡수할 우려가 있는 곳은 미리 습하게 해두어야 하며, 이때 물이 고이지 않도록 주의하여야 한다.

📝 필기에 자주 출제되는 내용입니다.

69 기성콘크리트 말뚝의 특징에 관한 설명으로 옳지 않은 것은?

① 말뚝이음 부위에 대한 신뢰성이 떨어진다.
② 재료의 균질성이 부족하다.
③ 자재하중이 크므로 운반과 시공에 각별한 주의가 필요하다.
④ 시공과정상의 항타로 인하여 자재균열의 우려가 높다.

② 재료가 균질하여 신뢰할 수 있다.

참고

기성콘크리트 말뚝 : 현장 또는 공장에서 제작한 후에 설치장소로 옮겨서 압입, 타입, 진동관입 또는 선행 보링한 공간에 삽입하여 설치하는 말뚝을 말한다.

📝 필기에 자주 출제되는 내용입니다.

70 설계도와 시방서가 명확하지 않거나 설계는 명확하지만 공사비 총액을 산출하기 곤란하고 발주자가 양질의 공사를 기대할 때 채택될 수 있는 가장 타당한 방식은?

① 실비정산 보수가산식 도급
② 단가 도급
③ 정액 도급
④ 턴키 도급

* **실비정산 보수가산식 도급**
• 공사의 실비를 건축주와 도급자가 확인·정산하고 시공주는 미리 정한 보수율에 따라 도급자에게 보수액을 지불하는 방법을 말한다.
• 설계도와 시방서가 명확하지 않거나 설계는 명확하지만 공사비 총액을 산출하기 곤란하고 발주자가 양질의 공사를 기대할 때 채택될 수 있는 가장 타당한 도급방식이다.

📝 필기에 자주 출제되는 내용입니다.

71 철골공사에서 용접접합의 장점과 거리가 먼 것은?

① 강재량을 절약할 수 있다.
② 소음을 방지할 수 있다.
③ 일체성 및 수밀성을 확보할 수 있다.
④ 접합부의 품질검사가 매우 간단하다.

정답 69 ② 70 ① 71 ④

* **용접의 장·단점**

장점	단점
① 강재량을 절약할 수 있다. ② 소음, 진동을 방지할 수 있다. ③ 일체성 및 수밀성을 확보할 수 있다. ④ 접합부의 강성이 크다. ⑤ 구멍에 의한 부재단면 결손이 없다.	① 기능공의 시공기술에 따라 접합강도의 차이가 발생한다. ② 접합부의 품질검사가 어렵고 고도의 기술을 필요로 한다. ③ 용접 열에 의하여 부재의 변형이 생기기 쉽다. ④ 용접 내부의 결함을 육안으로 알 수 없다.

📝 필기에 자주 출제되는 내용입니다.

72 웰포인트 공법에 관한 설명으로 옳지 않은 것은?

① 지하수위를 낮추는 공법이다.
② 1~3m의 간격으로 파이프를 지중에 박는다.
③ 주로 사질지반에 이용하면 유효하다.
④ 기초파기에 히빙 현상을 방지하기 위해 사용한다.

* **웰포인트 공법(well point method)**
① 집수장치를 붙인 파이프를 1~3m의 간격으로 지중에 박아 이것을 지상의 집수관에 연결하여 펌프로 지중의 물을 배수하는 공법을 말한다.
② 사질토나 투수성이 좋은 지반에 사용한다.

73 프리스트레스 하지 않는 부재의 현장치기 콘크리트의 최소 피복 두께 기준 중 가장 큰 것은?

① 수중에 치는 콘크리트
② 흙에 접하여 콘크리트를 친 후 영구히 흙에 묻혀 있는 콘크리트
③ 옥외의 공기에 흙에 직접 접하지 않는 콘크리트 중 슬래브
④ 옥외의 공기나 흙에 직접 접하지 않는 콘크리트 중 벽체

조건	예		최소 피복두께 [mm]
프리스트레스하지 않은 부재의 현장치기 콘크리트	수중에 치는 콘크리트		100
	흙에 접하여 콘크리트를 친 후 영구히 흙에 묻혀 있는 콘크리트		75
	흙에 접하거나 옥외의 공기에 직접 노출되는 콘크리트	D19 이상의 철근	50
		D16 이상의 철근, 지름 16mm 이하의 철선	40
	옥외의 공기나 흙에 직접 접하지 않는 콘크리트	슬래브, 벽체, 장선	
		D35 초과하는 철근	40
		D35 이하인 철근	20
		보, 기둥	40
		쉘, 철판부재	20

정답 72 ④ 73 ①

조건	예		최소 피복두께 [mm]
프리스트레스하는 부재의 현장치기 콘크리트	흙에 접하여 콘크리트를 친 후 영구히 흙에 묻혀 있는 콘크리트		75
	흙에 접하거나 옥외의 공기에 직접 노출되는 콘크리트	벽체, 슬라브, 장선구조	30
		기타 부재	40
	옥외의 공기나 흙에 직접 접하지 않는 콘크리트	벽체, 슬라브, 장선구조	20
		보, 기둥 주철근	40
		보, 기둥 띠철근, 스터럽, 나선철근	30
		쉘, 철판부재 D19 이상의 철근	ds
		쉘, 철판부재 D16 이상의 철근, 지름 16 mm 이하의 철선	10

74 품질관리(TQC)를 위한 7가지 도구 중에서 불량수, 결점수 등 셀 수 있는 데이터가 분류 항목별로 어디에 집중되어 있는가를 알기 쉽도록 나타낸 그림은?

① 히스토그램 ② 파레토도
③ 체크 시트 ④ 산포도

* **체크시트(집중도)**
불량 수, 결점 수 등 셀 수 있는 데이터가 분류항목별로 어디에 집중되어 있는가를 알기 쉽도록 나타낸 그림을 말한다.

75 시방서의 작성원칙으로 옳지 않은 것은?

① 지정고시된 신재료 또는 신기술을 적극 활용한다.
② 공사 전반에 대한 지침을 세밀하고 간단 명료하게 서술한다.
③ 공종을 세밀하게 나누고, 단위 시방의 수를 최대한 늘려 상세히 서술한다.
④ 시공자가 정확하게 시공하도록 설계자의 의도를 상세히 기술한다.

각 공종별 시공방법 및 절차, 시험방법, 기타 공사수행에 필요한 사항을 해석에 의견이 없도록 간단명료하게 작성한다.

76 슬래브에서 4변 고정인 경우 철근배근을 가장 많이 하여야 하는 부분은?

① 단변 방향의 주간대
② 단변 방향의 주열대
③ 장변 방향의 주간대
④ 장변 방향의 주열대

슬래브에서는 주열대가 주간대보다 큰 모멘트를 받고 장변보다는 단변이 더 큰 힘을 지지하기 때문에 **단변 방향의 주열대**에 철근 배근을 가장 많이 하게 된다.

정답 74 ③ 75 ③ 76 ②

77 Top Down 공법의 특징으로 옳지 않은 것은?

① 1층 바닥 기준으로 상방향, 하방향 중 한 쪽 방향으로만 공사가 가능하다.
② 공기단축이 가능하다.
③ 타 공법 대비 주변지반 및 인접건물에 미치는 영향이 작다.
④ 소음 및 진동이 적어 도심지 공사로 적합하다.

> Top Down 공법은 「위에서 아래로」 공사를 진행하는 공법으로 철골 기둥을 박고 1층에서 지하층을 향해 콘크리트를 부어 넣어 흙막이로 하면서 지하층을 굴착하는 방법이다.

📝 필기에 자주 출제되는 내용입니다.

78 철재 거푸집에서 사용되는 철물로 지주를 제거하지 않고 슬래브 거푸집만 제거할 수 있도록 한 철물은?

① 와이어클리퍼(wire Clipper)
② 캠버(Camber)
③ 드롭헤드(Drop Head)
④ 베이스플레이트(Base Plate)

> ① 와이어클리퍼(wire Clipper) : 거푸집 긴장용 철선을 콘크리트 경화 후 절단하는 경우 사용하는 절단기
> ② 캠버(솟음 : Camber) : 보, 슬래브 및 트러스 등의 수평 부재에서 하중에 의한 처짐을 고려하여 상향으로 들어 올린 크기
> ③ 드롭헤드(Drop Head) : 철재 거푸집에서 사용되는 철물로 지주를 제거하지 않고 슬래브 거푸집만 제거할 수 있도록 한 철물
> ④ 베이스플레이트(기둥밑판 : Base Plate) : 기둥 아랫부분에 붙이는 강재의 판

79 콘크리트 다짐 시 진동기의 사용에 관한 설명으로 옳지 않은 것은?

① 진동다지기를 할 때에는 내부진동기를 하층의 콘크리트 속으로 0.1m정도 찔러 넣는다.
② 1개소당 진동시간은 다짐할 때 시멘트 풀이 표면 상부로 약간 부상하기까지가 적절하다.
③ 내부진동기는 콘크리트로부터 천천히 빼내어 구멍이 남지 않도록 한다.
④ 내부진동기는 콘크리트를 횡방향으로 이동시킬 목적으로 사용한다.

> ④ 내부진동기는 콘크리트를 횡방향으로 이동시킬 목적으로 사용해서는 안 된다.

📝 필기에 자주 출제되는 내용입니다.

80 다음과 같이 정상 및 특급공기와 공비가 주어질 경우 비용구배(Cost Slope)는?

정상		특급	
공기	공비	공기	공비
20일	120,000원	15일	180,000원

① 9,000원/일
② 12,000원/일
③ 15,000원/일
④ 18,000원/일

> 비용구배 $= \dfrac{\text{급속비용} - \text{정상비용}}{\text{정상공기} - \text{급속공기}}$
> $= \dfrac{180,000 - 120,000}{20 - 15} = 12,000$원/일

> 참고
> 비용구배 : 공기 1일을 단축하는데 추가되는 비용을 말한다.

정답 77 ① 78 ③ 79 ④ 80 ②

5과목 건설재료학

81 목재의 수축팽창에 관한 설명으로 옳지 않은 것은?

① 변재는 심재보다 수축률 및 팽창률이 일반적으로 크다.
② 섬유포화점 이상의 함수상태에서는 함수율이 클수록 수축률 및 팽창률이 커진다.
③ 수종에 따라 수축률 및 팽창률에 상당한 차이가 있다.
④ 수축이 과도하거나 고르지 못하면, 할렬, 비틀림 등이 생긴다.

② 섬유포화점 이상일 때는 함수율의 증감에 따른 신축이 거의 없다. 섬유포화점 이하로 내려가면 목재는 **신축(수축) 변동이 커진다.**

필기에 자주 출제되는 내용입니다.

82 경질섬유판(Hard Fiber Board)에 관한 설명으로 옳은 것은?

① 밀도가 0.3g/cm³ 정도이다.
② 소프트 텍스라고도 불리며 수장판으로 사용된다.
③ 소판이나 소각재의 부산물 등을 이용하여 접착, 접합에 의해 소요 형상의 인공 목재를 제조할 수 있다.
④ 펄프를 접착제로 제판하여 양면을 열압 건조시킨 것이다.

* **섬유판(Fiberboard)**
목재를 섬유(펄프)화 한 다음 접착제를 사용하여 건식방법으로 성형, 열압한 판상제품을 말한다.
① 연질섬유판(LDF) : 비중이 0.40 이하인 섬유판
② 중질섬유판(MDF) : 비중이 0.40~0.80인 섬유판
③ 경질섬유판(HDF) : 비중이 0.80~1.20인 섬유판

83 다음 중 열경화성 수지에 속하지 않는 것은?

① 멜라민 수지
② 요소 수지
③ 폴리에틸렌 수지
④ 에폭시 수지

열경화성 수지	열가소성 수지
• 페놀 수지	
• 요소 수지	• 염화비닐 수지
• 멜라민 수지	• 초산비닐 수지
• 알키드 수지	• 메틸메타크릴 수지
• 실리콘 수지	• 폴리에틸렌 수지
• 에폭시 수지	• 폴리스티렌 수지
• 우레탄 수지	• 아크릴 수지
• 프란 수지	• 스티롤 수지
• 폴리에스테르 수지	• 셀룰로이드
• 불포화폴리에스테르수지	

참고

• 폴리우레탄수지는 열가소성 폴리우레탄 및 열경화성 폴리우레탄이 있다.
• 멜라민, 요소, 에폭시수지는 모두 열경화성 수지이므로 폴리우레탄수지가 답이 된다.

필기에 자주 출제되는 내용입니다.

84 콘크리트에 사용되는 혼화재인 플라이애쉬에 관한 설명으로 옳지 않은 것은?

① 단위 수량이 커져 블리딩 현상이 증가한다.
② 초기 재령에서 콘크리트 강도를 저하시킨다.
③ 수화 초기의 발열량을 감소시킨다.
④ 콘크리트의 수밀성을 향상시킨다.

> **＊ 플라이애시가 콘크리트에 미치는 작용**
> ① 내황산염에 대한 저항성을 증가시키기 위하여 사용한다.
> ② 콘크리트 수화초기 시의 발열량을 감소(초기 콘크리트 강도를 저하)시키고 장기적으로 시멘트의 석회와 결합하여 **장기강도를 증진**시키는 효과가 있다.
> ③ 입자가 구형이므로 유동성이 증가되어 **단위수량을 감소**시키므로 **블리딩 현상이 감소**하고, 콘크리트의 **워커빌리티의 개선, 압송성을 향상**시킨다.
> ④ 알칼리골재반응에 의한 팽창을 감소시키고 **콘크리트의 수밀성을 향상**시킨다.

📝 필기에 자주 출제되는 내용입니다.

85 점토에 관한 설명으로 옳지 않은 것은?

① 습윤 상태에서 가소성이 좋다.
② 압축강도는 인장강도의 약 5배 정도이다.
③ 점토를 소성하면 용적, 비중 등의 변화가 일어나며 강도가 현저히 증대된다.
④ 점토의 소성온도는 점토의 성분이나 제품의 종류에 상관없이 같다.

> ④ 점토의 소성온도는 점토의 성분이나 제품의 종류에 따라 다르다.

86 도막방수에 사용되지 않는 재료는?

① 염화비닐 도막재
② 아크릴고무 도막재
③ 고무아스팔트 도막재
④ 우레탄고무 도막재

> **＊ 도막방수 재료**
> ① 무기, 유기질 혼화재
> ② 아크릴고무 도막재
> ③ 고무아스팔트 도막재
> ④ 우레탄고무 도막재

87 각 창호철물에 관한 설명으로 옳지 않은 것은?

① 피벗힌지(Pivot Hinge) : 경첩 대신 촉을 사용하여 여닫이문을 회전시킨다.
② 나이트래치(Night Latch) : 외부에서는 열쇠, 내부에서는 작은 손잡이를 틀어 열 수 있는 실린더장치로 된 것이다.
③ 크레센트(Crescent) : 여닫이문의 상하단에 붙여 경첩과 같은 역할을 한다.
④ 래버터리힌지(Lavatory Hinge) : 스프링 힌지의 일종으로 공중용 화장실 등에 사용된다.

> ③ 크레센트(crescent) : 오르내리창 또는 미서기창의 잠금 철물로 사용된다.

📝 필기에 자주 출제되는 내용입니다.

정답 84 ① 85 ④ 86 ① 87 ③

88 집성목재의 사용에 관한 설명으로 옳지 않은 것은?

① 판재와 각재를 접착재로 결합시켜 대재(大材)를 얻을 수 있다.
② 보, 기둥 등의 구조재료로 사용할 수 없다.
③ 옹이, 균열 등의 결점을 제거하거나 분산시켜 균질의 인공목재로 사용할 수 있다.
④ 임의의 단면 형상을 갖도록 제작할 수 있어 목재 활용면에서 경제적이다.

② 보, 기둥 등의 구조재료로 사용할 수 있다.

> **참고**
> **집성목재** : 두께 1.5~3cm의 널을 접착제로 섬유평행 방향으로 겹쳐 붙여서 만든 제품이다.

89 다음 도료 중 방청도료에 해당하지 않는 것은?

① 광명단 도료
② 다채무늬 도료
③ 알루미늄 도료
④ 징크로메이트 도료

방청 도료 : 녹막이 도료 또는 녹막이 페인트
① 광명단 도료
② 산화철 도료
③ 알루미늄 도료
④ 징크로메이트 도료
⑤ 워시 프라이머(에칭 프라이머)
⑥ 역청질 도료

 필기에 자주 출제되는 내용입니다.

90 강화유리에 관한 설명으로 옳지 않은 것은?

① 유리 표면에 강한 압축응력층을 만들어 파괴강도를 증가시킨 것이다.
② 강도는 플로트 판유리에 비해 3~5배 정도이다.
③ 주로 출입문이나 계단 난간, 안전성이 요구되는 칸막이 등에 사용된다.
④ 깨어질 때는 판유리 전체가 파편으로 잘게 부서지지 않는다.

④ 깨어질 때는 판유리 전체가 파편으로 잘게 부서진다.(깨지더라도 파편이 피부를 다치지 않게 한다.)

91 수밀성, 기밀성 확보를 위하여 유리와 새시의 접합부, 패널의 접합부 등에 사용되는 재료로서 내후성이 우수하고 부착이 용이한 특징이 있으며, 형상이 H형, Y형, ㄷ형으로 나누어지는 것은?

① 유리퍼티(Glass Putty)
② 2액형 실링재(Two-Part Liquid Sealing Compound)
③ 개스킷(Gasket)
④ 아스팔트코킹 (Asphalt Caulking Materials)

정답 88 ② 89 ② 90 ④ 91 ③

* **개스킷(Gasket)**
① 금속이나 그 밖의 재료가 서로 접촉할 경우 접촉면에서 가스나 물이 새지 않도록 하기 위해 끼워 넣는 패킹(packing)을 말한다.
② 수밀성, 기밀성 확보를 위하여 유리와 새시의 접합부, 패널의 접합부 등에 사용된다.

92 콘크리트의 탄산화에 관한 설명으로 옳지 않은 것은?

① 탄산가스의 농도, 온도, 습도 등 외부환경조건도 탄산화 속도에 영향을 준다.
② 물-시멘트비가 클수록 탄산화의 진행속도가 빠르다.
③ 탄산화된 부분은 페놀프탈레인액을 분무해도 착색되지 않는다.
④ 일반적으로 보통 콘크리트가 경량골재 콘크리트보다 탄산화 속도가 빠르다.

④ 경량골재 콘크리트가 보통 콘크리트가 보다 탄산화 속도가 빠르다.

참고

* **콘크리트 탄산화(중성화)**
약알칼리성인 콘크리트가 공기 중의 이산화탄소의 유입으로 중성화되면서 철근이 부식되는 현상을 말한다.

📝 필기에 자주 출제되는 내용입니다.

93 골재의 실적률에 관한 설명으로 옳지 않은 것은?

① 실적률은 골재 입형의 양부를 평가하는 지표이다.
② 부순 자갈의 실적률은 그 입형 때문에 강자갈의 실적률보다 적다.
③ 실적률 산정 시 골재의 밀도는 절대건조상태의 밀도를 말한다.
④ 골재의 단위용적질량이 동일하면 골재의 밀도가 클수록 실적률도 크다.

④ 골재의 단위용적질량이 동일하면 골재의 비중이 클수록 실적률은 낮다.

참고

실적률이란 골재의 단위 용적(m^3) 중의 실적 용적을 백분율(%)로 나타낸 값을 말한다.

94 다음 중 강(鋼)의 열처리와 관계없는 용어는?

① 불림 ② 담금질
③ 단조 ④ 뜨임

정답 92 ④ 93 ④ 94 ③

★ 강(鋼)의 열처리

풀림	강을 800~1,000℃까지 가열한 후 로(爐)의 내부에서 서서히 냉각시킨다.
불림	강을 800~1,000℃까지 가열한 후 공기 중에서 서서히 냉각시킨다.
담금질	강을 800~1,000℃까지 가열한 후 물 또는 기름 속에서 급히 냉각시킨다.
뜨임질	담금질을 한 후 다시 200~600℃로 가열한 다음 공기 중에서 천천히 냉각시킨다.

📝 필기에 자주 출제되는 내용입니다.

95 석고보드의 특성에 관한 설명으로 옳지 않은 것은?

① 흡수로 인해 강도가 현저하게 저하된다.
② 신축변형이 커서 균열의 위험이 크다.
③ 부식이 안 되고 충해를 받지 않는다.
④ 단열성이 높다.

② 온도, 습도변화에 따른 신축변형이 없어서 균열이 잘 생기지 않는다.

96 보통포틀랜드시멘트에 관한 설명으로 옳지 않은 것은?

① 시멘트의 응결시간은 분말도가 작을수록, 또 수량이 많고 온도가 낮을수록 짧아진다.
② 시멘트의 안정성 측정법으로 오토클레이브 팽창도 시험방법이 있다.
③ 시멘트의 비중은 소성온도나 성분에 따라 다르며, 동일 시멘트인 경우에 풍화한 것일수록 작아진다.
④ 시멘트의 비표면적이 너무 크면 풍화하기 쉽고 수화열에 의한 축열량이 커진다.

① 시멘트의 응결시간은 분말도가 높을수록, 물-시멘트비가 적을수록, 온도가 높을수록 빠르며 풍화된 시멘트일수록 느리다.

97 안료를 적은 양의 물로 용해하여 수용성 교착제와 혼합한 분말상태의 도료는?

① 수성 페인트
② 바니시
③ 래커
④ 에나멜페인트

★ 수성페인트
물을 용제로 하는 도료의 총칭으로 안료를 적은 양의 물로 용해하여 수용성 교착제와 혼합한 분말상태의 도료를 말한다.

정답 95 ② 96 ① 97 ①

98 프리플레이스트 콘크리트에 사용되는 골재에 관한 설명으로 옳지 않은 것은?

① 굵은 골재의 최소 치수는 15mm 이상, 굵은 골재의 최대 치수는 부재단면 최소 치수의 1/4 이하, 철근 콘크리트의 경우 철근 순간격의 2/3 이하로 하여야 한다.
② 굵은 골재의 최대 치수와 최소 치수와의 차이를 작게 하면 굵은 골재의 실적률이 커지고 주입모르타르의 소요량이 적어진다.
③ 대규모 프리플레이스트 콘크리트를 대상으로 할 경우, 굵은 골재의 최소 치수를 크게 하는 것이 효과적이다.
④ 골재의 적절한 입도 분포를 위해 일반적으로 굵은 골재의 최대 치수는 최소 치수의 2~4배 정도로 한다.

> ② 굵은 골재의 최대치수와 최소치수와의 차를 적게 하면 굵은골재 실적률이 적어지고 주입모르터의 소요량이 많아지므로 굵은골재 최대치수는 최소치수의 2~4배 정도가 좋다.

99 콘크리트 구조물의 강도 보강용 섬유소재로 적당하지 않은 것은?

① PCP
② 유리섬유
③ 탄소섬유
④ 아라미드섬유

* **섬유보강 콘크리트의 종류**

무기계 섬유	유기계 섬유
① 강섬유 보강 콘크리트 ② 유리섬유 보강 콘크리트 ③ 탄소섬유 보강 콘크리트	① 아라미드 섬유 보강 콘크리트 ② 폴리프로필렌 섬유보강 콘크리트 ③ 비닐론 섬유보강 콘크리트 ④ 나일론 섬유보강 콘크리트

> 참고
>
> * **섬유보강 콘크리트**
> 콘크리크에 보강용 섬유를 혼입하여 균열 억제 및 내충격성, 내마모성을 크게 한 콘크리트를 말한다.

100 내약품성, 내마모성이 우수하여 화학공장의 방수층을 겸한 바닥 마무리로 가장 적합한 것은?

① 에폭시 도막방수
② 아스팔트 방수
③ 무기질 침투방수
④ 합성고분자 방수

> * **에폭시계 도막방수**
> • 에폭시수지를 수회 칠하여 0.1~0.2mm 정도의 얇은 도막을 형성하는 공법이다.
> • 내약품성, 내마모성이 우수하여 화학공장의 방수층을 겸한 바닥 마무리로 가장 적합하다.

 필기에 자주 출제되는 내용입니다.

정답 98 ② 99 ① 100 ①

6과목 건설안전기술

101 동바리를 조립하는 경우에 준수하여야 할 사항으로 옳지 않은 것은?

① 개구부 상부에 동바리를 설치하는 경우에는 상부하중을 견딜 수 있는 견고한 받침대를 설치할 것
② 동바리의 이음은 같은 품질의 재료를 사용할 것
③ 동바리로 사용하는 파이프서포트는 높이가 3.5미터를 초과하는 경우에는 높이 2미터 이내마다 수평연결재를 4개 방향으로 만들고 수평연결재의 변위를 방지할 것
④ 동바리로 사용하는 파이프서포트는 3개 본 이상 이어서 사용하지 않도록 할 것

* **동바리로 사용하는 파이프서포트의 조립 시 준수사항**
  - 파이프서포트를 3개본 이상 이어서 사용하지 아니하도록 할 것
  - 파이프서포트를 이어서 사용할 때에는 4개 이상의 볼트 또는 전용철물을 사용하여 이을 것
  - 높이가 3.5미터를 초과하는 경우에는 높이 2미터 이내마다 수평연결재를 2개 방향으로 만들고 수평연결재의 변위를 방지할 것

실기까지 중요한 내용입니다.

102 공사용 가설도로를 설치하는 경우 준수해야 할 사항으로 옳지 않은 것은?

① 도로는 장비와 차량이 안전하게 운행할 수 있도록 견고하게 설치한다.
② 도로는 배수에 관계없이 평탄하게 설치한다.
③ 도로와 작업장이 접하여 있을 경우에는 방책 등을 설치한다.
④ 차량의 속도제한 표지를 부착한다.

② 배수를 위해 도로 중앙부를 약간 높게하거나 배수시설을 하여야 한다.

103 단관비계를 조립하는 경우 벽이음 및 버팀을 설치할 때의 수평방향 조립간격 기준으로 옳은 것은?

① 3m   ② 5m
③ 6m   ④ 8m

* **비계 조립간격(벽이음 간격)**

비계 종류		수직방향	수평방향
강관비계	단관비계	5m	5m
	틀비계 (높이 5m 미만인 것 제외)	6m	8m

실기에 자주 출제되는 중요한 내용입니다.

정답   101 ③   102 ②   103 ②

104 유해·위험방지 계획서를 제출해야 될 대상 공사의 기준으로 옳은 것은?

① 최대 지간길이가 50m 이상인 교량 건설 등 공사
② 다목적댐, 발전용댐 및 저수용량 1천만톤 이상의 용수 전용 댐, 지방상수도 전용 댐 등의 공사
③ 깊이가 8m 이상인 굴착공사
④ 연면적 3,000m² 이상의 냉동·냉장창고 시설의 설비공사 및 단열공사

특급암기법
- 지상높이 31m, 연면적 3만m², 사람 많은 시설 연면적 5,000m²
- 연면적 5,000m2 냉동·냉장창고시설
- 최대 지간길이가 50미터 이상 교량
- 터널
- 저수용량 2천만 톤 이상 댐
- 10미터 이상인 굴착

★ **유해위험방지계획서를 제출해야 될 건설공사**
1. 다음 각 목의 어느 하나에 해당하는 건축물 또는 시설 등의 건설·개조 또는 해체공사
 가. 지상높이가 31미터 이상인 건축물 또는 인공구조물
 나. 연면적 3만제곱미터 이상인 건축물
 다. 연면적 5천제곱미터 이상인 시설로서 다음의 어느 하나에 해당하는 시설
  1) 문화 및 집회시설(전시장 및 동물원·식물원은 제외한다)
  2) 판매시설, 운수시설(고속철도의 역사 및 집배송 시설은 제외한다)
  3) 종교시설
  4) 의료시설 중 종합병원
  5) 숙박시설 중 관광숙박시설
  6) 지하도상가
  7) 냉동·냉장 창고시설
2. 연면적 5천제곱미터 이상의 냉동·냉장창고시설의 설비공사 및 단열공사
3. 최대 지간길이(다리의 기둥과 기둥의 중심사이의 거리)가 50미터 이상인 교량 건설 등 공사
4. 터널 건설 등의 공사
5. 다목적댐, 발전용댐, 저수용량 2천만톤 이상의 용수 전용 댐, 지방상수도 전용 댐 건설 등의 공사
6. 깊이 10미터 이상인 굴착공사

실기에 자주 출제되는 내용입니다. 해설을 다시 확인하세요.

105 토질시험 중 액체 상태의 흙이 건조되어 가면서 액성, 소성, 반고체, 고체 상태의 경계선과 관련된 시험의 명칭은?

① 아터버그 한계시험
② 압밀 시험
③ 삼축압축시험
④ 투수시험

아터버그 한계시험 : 함수비에 따라 다르게 나타나는 흙의 특성을 구분하기 위하여 적용되는 **함수비를 기준으로 한 값**
- 액성한계 : 유동체와 소성체의 경계 함수비
- 소성한계 : 소성체와 반고체의 경계 함수비
- 유동한계 : 반고체와 고체의 경계 함수비

정답 104 ① 105 ①

106 인력운반 작업에 대한 안전 준수사항으로 옳지 않은 것은?

① 보조기구를 효과적으로 사용한다.
② 긴 물건은 뒤쪽을 높이고 원통인 물건은 굴려서 운반한다.
③ 물건을 들어올릴 때에는 팔과 무릎을 이용하며 척추는 곧게 한다.
④ 무거운 물건은 공동작업으로 실시한다.

② 긴 물건은 앞쪽을 높이고 원통인 물건은 굴려서 운반한다.

107 철골 작업을 할 때 악천후에는 작업을 중지하도록 하여야 하는데 그 기준으로 옳은 것은?

① 강설량이 분당 1cm 이상인 경우
② 강우량이 시간당 1cm 이상인 경우
③ 풍속이 초당 10m 이상인 경우
④ 기온이 28℃ 이상인 경우

* 철골작업을 중지해야 하는 조건
① 풍속이 초당 10미터 이상인 경우
② 강우량이 시간당 1밀리미터 이상인 경우
③ 강설량이 시간당 1센티미터 이상인 경우

실기에 자주 출제되는 중요한 내용입니다.

108 굴착작업을 하는 경우 근로자의 위험을 방지하기 위하여 작업장의 지형·지반 및 지층 상태 등에 대하여 실시하여야 하는 사전조사 내용으로 옳지 않은 것은?

① 형상 · 지질 및 지층의 상태
② 균열 · 함수(含水) · 용수 및 동결의 유무 또는 상태
③ 지상의 배수 상태
④ 매설물 등의 유무 또는 상태

* 굴착작업 시 사전조사 내용
① 형상 · 지질 및 지층의 상태
② 균열 · 함수(含水) · 용수 및 동결의 유무 또는 상태
③ 매설물 등의 유무 또는 상태
④ 지반의 지하수위 상태

실기까지 중요한 내용입니다.

109 건설업 산업안전보건관리비 중 안전시설비로 사용할 수 있는 항목에 해당하는 것은?

① 각종 비계, 작업발판, 가설계단 · 통로, 사다리 등
② 비계 · 통로 · 계단에 추가 설치하는 추락방지용 안전난간
③ 절토부 및 성토부 등의 토사유실 방지를 위한 설비
④ 작업장 간 상호 연락, 작업 상황 파악 등 통신수단으로 활용되는 통신시설 · 설비

정답 106 ② 107 ③ 108 ③ 109 ②

※ 안전시설비로 사용가능한 항목
① 산업재해 예방을 위한 **안전난간, 추락방호망, 안전대 부착설비, 방호장치**(기계 · 기구와 방호장치가 일체로 제작된 경우, 방호장치 부분의 가액에 한함) 등 안전시설의 구입 · 임대 및 설치 등을 위해 소요되는 비용
② 스마트 안전장비 구입 · 임대 비용. 다만, 계상된 **산업안전보건관리비 총액의 10분의 2를 초과할 수 없다.**
③ 용접 작업 등 화재 위험작업 시 사용하는 소화기의 구입 · 임대비용

> [참고]
> 다음 각 호의 어느 하나에 해당하는 경우에는 안전보건관리비를 사용할 수 없다.
> ① 「(계약예규)예정가격작성기준」 중 "경비"에 해당되는 비용(단, 산업안전보건관리비 제외)
> ② 다른 법령에서 의무사항으로 규정한 사항을 이행하는 데 필요한 비용
> ③ 근로자 재해예방 외의 목적이 있는 시설 · 장비나 물건 등을 사용하기 위해 소요되는 비용
> ④ 환경관리, 민원 또는 수방대비 등 다른 목적이 포함된 경우

📝 실기까지 중요한 내용입니다.

110 작업으로 인하여 물체가 떨어지거나 날아올 위험이 있는 경우 그 위험을 방지하기 위하여 필요한 조치사항으로 거리가 먼 것은?

① 낙하물방지망의 설치
② 출입금지구역의 설정
③ 보호구의 착용
④ 작업지휘자 선정

※ 낙하 – 비래 위험방지 조치
① 낙하물방지망 · 수직보호망 또는 방호선반의 설치
② 출입금지구역의 설정
③ 보호구의 착용

📝 실기까지 중요한 내용입니다.

111 구축물 또는 이와 유사한 시설물에 대하여 자중(自重), 적재하중, 적설, 풍압(風壓), 지진이나 진동 및 충격 등에 의하여 붕괴 · 전도 · 도괴 · 폭발하는 등의 위험을 예방하기 위하여 필요한 조치로 거리가 먼 것은?

① 설계도서에 따라 시공했는지 확인
② 건설공사 시방서(示方書)에 따라 시공했는지 확인
③ 소방시설법령에 의해 소방시설을 설치했는지 확인
④ 「건축물의 구조기준 등에 관한 규칙」에 따른 구조기준을 준수했는지 확인

정답 110 ④ 111 ③

구축물 또는 이와 유사한 시설물이 자중·적재하중·적설·풍압·지진이나 진동 및 충격 등에 의하여 전도·폭발하거나 무너지는 등의 위험을 예방하기 위하여 다음 각 호의 조치를 하여야 한다.
① 구축물 또는 이와 유사한 시설물의 설계서에 따른 시공여부 확인
② 구축물 또는 이와 유사한 시설물의 시공시 건설공사 시방서에 따른 시공여부 확인
③ 「건축물의 구조기준 등에 관한 규칙」의 규정에 의한 구조 기준 준수여부 확인
④ 기타 고용노동부장관이 고시하는 사항에 대한 조치 확인

112 건설작업장에서 재해예방을 위해 작업조건에 따라 근로자에게 지급하고 착용하도록 하여야 할 보호구로 옳지 않은 것은?

① 물체가 떨어지거나 날아올 위험 또는 근로자가 추락할 위험이 있는 작업 : 안전모
② 높이 또는 깊이 2m 이상의 추락할 위험이 있는 장소에서 하는 작업 : 안전대
③ 용접 시 불꽃이나 물체가 흩날릴 위험이 있는 작업 : 보안경
④ 물체의 낙하·충격, 물체에의 끼임, 감전 또는 정전기의 대전에 의한 위험이 있는 작업 : 안전화

작업조건에 적합한 보호구	
물체가 떨어지거나 날아올 위험 또는 근로자가 추락할 위험이 있는 작업	안전모
높이 또는 깊이 2미터 이상의 추락할 위험이 있는 장소에서 하는 작업	안전대(安全帶)
물체의 낙하·충격, 물체에의 끼임, 감전 또는 정전기의 대전(帶電)에 의한 위험이 있는 작업	안전화
물체가 흩날릴 위험이 있는 작업	보안경
용접 시 불꽃이나 물체가 흩날릴 위험이 있는 작업	보안면
감전의 위험이 있는 작업	절연용 보호구
고열에 의한 화상 등의 위험이 있는 작업	방열복
선창 등에서 분진(粉塵)이 심하게 발생하는 하역작업	방진마스크
섭씨 영하 18도 이하인 급냉동어창에서 하는 하역작업	방한모·방한복·방한화·방한장갑
물건을 운반하거나 수거·배달하기 위하여 이륜자동차 또는 원동기장치 자전거를 운행하는 작업	승차용 안전모
물건을 운반하거나 수거·배달하기 위하여 자전거 등을 운행하는 작업	안전모

실기에 자주 출제되는 중요한 내용입니다.

113 차량계 건설기계 작업 시 그 기계가 넘어지거나 굴러떨어짐으로써 근로자가 위험해질 우려가 있는 경우에 필요한 조치사항으로 거리가 먼 것은?

① 변속기능의 유지
② 갓길의 붕괴 방지
③ 도로 폭의 유지
④ 지반의 부동침하 방지

정답 112 ③ 113 ①

* **차량계 건설기계의 넘어짐(전도) 방지 조치**
① 유도자 배치
② 지반의 부동침하 방지
③ 갓길의 붕괴 방지
④ 도로의 폭 유지

참고

* **차량계 하역운반기계 넘어짐(전도) 방지 조치**
① 유도자 배치
② 지반의 부동침하 방지
③ 갓길의 붕괴 방지

📝 실기까지 중요한 내용입니다.

114 갱내에 설치한 사다리식 통로에 권상장치가 설치된 경우 권상장치와 근로자의 접촉에 의한 위험이 있는 장소에 설치해야 하는 것은?

① 판자벽
② 울
③ 건널다리
④ 덮개

갱내에 설치한 통로 또는 사다리식 통로에 권상장치(卷上裝置)가 설치된 경우 권상장치와 근로자의 접촉에 의한 위험이 있는 장소에 판자벽이나 그 밖에 위험 방지를 위한 **격벽(隔壁)**을 설치하여야 한다.

115 52m 높이로 강관비계를 세우려면 지상에서 몇 미터까지 2개의 강관으로 묶어 세워야 하는가?

① 11m   ② 16m
③ 21m   ④ 26m

1. 비계기둥의 제일 윗부분으로 부터 31m되는 지점 밑 부분의 비계기둥은 2본의 강관으로 묶어 세울 것
2. 52m - 31m = 21m → 21m를 2본의 강관으로 묶어 세워야 한다.

 필기에 자주 출제되는 내용입니다.

116 보호구 자율안전확인 고시에 따른 안전모의 시험항목에 해당되지 않는 것은?

① 전처리   ② 착용높이측정
③ 충격흡수성시험   ④ 절연시험

④ 절연시험(내전압성 시험) → 안전인증 대상 안전모의 성능시험 항목

참고

자율안전 확인 대상 안전모의 성능시험 종류	① 내관통성 시험 ② 충격흡수성 시험 ③ 난연성 시험 ④ 턱끈풀림시험
안전인증 대상 안전모의 성능시험 종류	① 내관통성 시험 ② 충격흡수성 시험 ③ 내전압성 시험 ④ 내수성 시험 ⑤ 난연성 시험 ⑥ 턱끈풀림 시험

📝 실기까지 중요한 내용입니다.

 정답 114 ① 115 ③ 116 ④

117 강관 틀비계를 조립하여 사용하는 경우 준수해야 할 기준으로 옳지 않은 것은?

① 비계기둥의 밑둥에는 밑받침 철물을 사용하여야 하며 밑받침에 고저차(高低差)가 있는 경우에는 조절형 밑받침 철물을 사용하여 각각의 강관틀비계가 항상 수평 및 수직을 유지하도록 할 것
② 높이가 20m를 초과하거나 중량물의 적재를 수반하는 작업을 할 경우에는 주틀 간의 간격을 1.8m 이하로 할 것
③ 주틀 간의 교차가새를 설치하고 최상층 및 5층 이내마다 수평재를 설치할 것
④ 수직방향으로 5m, 수평방향으로 5m 이내마다 벽이음을 할 것

④ 수직방향으로 6m, 수평방향으로 8m 이내마다 벽이음을 할 것

실기까지 중요한 내용입니다.

118 체인(Chain)의 폐기 대상이 아닌 것은?

① 균열, 흠이 있는 것
② 뒤틀림 등 변형이 현저한 것
③ 전장이 원래 길이의 5%를 초과하여 늘어난 것
④ 링(Ring)의 단면 지름의 감소가 원래 지름의 5% 정도 마모된 것

✳ **달기체인의 폐기대상**
① 달기체인의 길이가 제조된 때의 길이의 5퍼센트를 초과한 것
② 링의 단면지름이 제조된 때의 해당 링의 지름의 10퍼센트를 초과하여 감소한 것
③ 균열이 있거나 심하게 변형된 것

참고

✳ **사용금지 기준**

와이어로프	① 이음매가 있는 것 ② 와이어로프의 한 꼬임(스트랜드 : strand)에서 끊어진 소선의 수가 10퍼센트 이상인 것 ③ 지름의 감소가 공칭지름의 7퍼센트를 초과하는 것 ④ 꼬인 것 ⑤ 심하게 변형되거나 부식된 것 ⑥ 열과 전기충격에 의해 손상된 것
화물자동차의 짐걸이 등으로 사용하는 섬유로프	① 꼬임이 끊어진 것 ② 심하게 손상 또는 부식된 것
달비계에 사용하는 섬유로프 또는 안전대의 섬유벨트	① 꼬임이 끊어진 것 ② 심하게 손상되거나 부식된 것 ③ 2개 이상의 작업용 섬유로프 또는 섬유벨트를 연결한 것 ④ 작업높이보다 길이가 짧은 것

실기까지 중요한 내용입니다.

정답 117 ④ 118 ④

119 물체가 떨어지거나 날아올 위험을 방지하기 위한 낙하물 방지망 또는 방호선반을 설치할 때 수평면과의 적정한 각도는?

① 10°~ 20°
② 20°~ 30°
③ 30°~ 40°
④ 40°~ 45°

> ★ 낙하물방지망 또는 방호선반을 설치 시 준수사항
> ① 설치높이는 10미터 이내마다 설치하고, 내민길이는 벽면으로부터 2미터 이상으로 할 것
> ② 수평면과의 각도는 20도 이상 30도 이하를 유지할 것

📝 실기까지 중요한 내용입니다.

120 콘크리트 타설작업을 하는 경우 안전대책으로 옳지 않은 것은?

① 당일의 작업을 시작하기 전에 해당 작업에 관한 거푸집 동바리 등의 변형·변위 및 지반의 침하 유무 등을 점검하고 이상이 있으면 보수할 것
② 작업 중에는 거푸집동바리 등의 변형·변위 및 침하 유무 등을 감시할 수 있는 감시자를 배치하여 이상이 있으면 작업을 중지하고 근로자를 대피시킬 것
③ 설계도서상의 콘크리트 양생기간을 준수하여 거푸집동바리 등을 해체할 것
④ 슬래브의 경우 한쪽부터 순차적으로 콘크리트를 타설하는 등 편심을 유발하여 빠른 시간 내 타설이 완료되도록 할 것

④ 슬래브는 일시에 전체를 타설하여 편심의 유발을 방지한다.

📝 실기까지 중요한 내용입니다.

> **참고**
>
> ★ 콘크리트의 타설작업 시 준수사항
> ① 당일의 작업을 시작하기 전에 해당 작업에 관한 거푸집 동바리 등의 변형·변위 및 지반의 침하 유무 등을 점검하고 이상이 있으면 보수할 것
> ② 작업 중에는 감시자를 배치하는 등의 방법으로 거푸집 및 동바리의 변형·변위 및 침하 유무 등을 확인해야 하며, 이상이 있으면 작업을 중지하고 근로자를 대피시킬 것
> ③ 콘크리트의 타설작업 시 거푸집붕괴의 위험이 발생할 우려가 있으면 충분한 보강조치를 할 것
> ④ 설계도서상의 콘크리트 양생기간을 준수하여 거푸집 및 동바리를 해체할 것
> ⑤ 콘크리트를 타설하는 경우에는 편심이 발생하지 않도록 골고루 분산하여 타설할 것

정답 119 ② 120 ④

2020년 1·2회 최근 기출문제

1과목 산업안전관리론

01 다음은 산업안전보건 법령상 공정안전보고서의 제출 시기에 관한 기준 내용이다. (   ) 안에 들어갈 내용을 올바르게 나열한 것은?

> 사업주는 산업안전보건법 시행령에 따라 유해하거나 위험한 설비의 설치 이전 또는 주요 구조부분의 변경공사의 착공일 (㉠) 전까지 공정안전보고서를 (㉡) 작성하며 공단에 제출해야 한다.

① ㉠ 1일, ㉡ 2부
② ㉠ 15일, ㉡ 1부
③ ㉠ 15일, ㉡ 2부
④ ㉠ 30일, ㉡ 2부

사업주는 유해하거나 위험한 설비의 설치·이전 또는 주요 구조부분의 변경공사의 착공일(기존 설비의 제조·취급·저장 물질이 변경되거나 제조량·취급량·저장량이 증가하여 유해·위험물질 규정량에 해당하게 된 경우에는 그 해당일을 말한다) 30일 전까지 공정안전보고서를 2부 작성하여 공단에 제출해야 한다.

📝 실기까지 중요한 내용입니다.

02 안전보건관리조직 중 스탭(Staff)형 조직에 관한 설명으로 옳지 않은 것은?

① 안전정보수집이 신속하다.
② 안전과 생산을 별개로 취급하기 쉽다.
③ 권한 다툼이나 조정이 용이하여 통제 수속이 간단하다.
④ 스탭 스스로 생산라인이 안전업무를 행하는 것은 아니다.

③ 권한다툼이나 조정 때문에 통제수속이 복잡해지며, 시간과 노력이 소모된다.

📝 실기까지 중요한 내용입니다.

03 다음 중 시설물의 안전 및 유지관리에 관한 특별법상 시설물 정기안전점검의 실시 시기로 옳은 것은? (단, 시설물의 안전등급이 A등급인 경우)

① 반기에 1회 이상
② 1년에 1회 이상
③ 2년에 1회 이상
④ 3년에 1회 이상

정답 01 ④ 02 ③ 03 ①

* 시설물의 안전관리에 관한 특별법 상의 안전점검 및 정밀안전진단의 실시 시기

안전등급	정기 안전점검	정밀점검 건축물	정밀점검 그 외 시설물	정밀 안전진단	성능평가
A등급	반기에 1회 이상	4년에 1회 이상	3년에 1회 이상	6년에 1회 이상	5년에 1회 이상
B·C 등급		3년에 1회 이상	2년에 1회 이상	5년에 1회 이상	
D·E 등급	1년에 3회 이상	2년에 1회 이상	1년에 1회 이상	4년에 1회 이상	

📝 필기에 자주 출제되는 내용입니다.

04 정보서비스업의 경우, 상시근로자의 수가 최소 몇 명 이상일 때 안전보건관리규정을 작성하여야 하는가?

① 50명 이상
② 100명 이상
③ 200명 이상
④ 300명 이상

* 안전보건관리규정을 작성하여야 할 사업의 종류 및 규모

사업의 종류	규모
1. 농업 2. 어업 3. 소프트웨어 개발 및 공급업 4. 컴퓨터 프로그래밍, 시스템 통합 및 관리업 4의2. 영상·오디오물 제공 서비스업 5. 정보서비스업 6. 금융 및 보험업 7. 임대업;부동산 제외 8. 전문, 과학 및 기술 서비스업 (연구개발업은 제외한다) 9. 사업지원 서비스업 10. 사회복지 서비스업	상시 근로자 300명 이상을 사용하는 사업장
11. 제1호부터 제4호까지, 제4호 의 2 및 제5호부터 제10호 까지의 사업을 제외한 사업	상시 근로자 100명 이상을 사용하는 사업장

📝 실기까지 중요한 내용입니다.

05 100명의 근로자가 근무하는 A기업체에서 1주일에 48시간, 연간 50주를 근무하는데 1년에 50건의 재해로 총 2,400일의 근로 손실일수가 발생하였다. A기업체의 강도율은?

① 10
② 24
③ 100
④ 240

정답 04 ④   05 ①

* **강도율(S.R)**
  - 1,000 근로시간당 근로손실일수 비율
  - 강도율 = $\dfrac{총\ 요양\ 근로\ 손실\ 일수}{연\ 근로시간\ 수} \times 1,000$
  - 근로손실일수
    = 휴업일수, 요양일수, 입원일수 × $\dfrac{300(실제근로일수)}{365}$
  - 강도율 = $\dfrac{2,400}{100 \times 48 \times 50} \times 1,000 = 10$

📝 실기에 자주 출제되는 내용입니다.

06 아파트 신축 건설현장에 산업안전보건 법령에 따른 안전·보건표지를 설치하려고 한다. 용도에 따른 표지의 종류를 올바르게 연결한 것은?

① 금연 – 지시표시
② 비상구 – 안내표시
③ 고압전기 – 금지표시
④ 안전모 착용 – 경고표시

① 금연 – 금지표시
③ 고압전기 – 경고표시
④ 안전모 착용 – 지시표시

참고

📝 실기에 자주 출제되는 중요한 내용입니다.

07 기계설비의 안전에 있어서 중요 부분의 피로, 마모, 손상, 부식 등에 대한 장치의 변화 유무 등을 일정 기간마다 점검하는 안전점검의 종류는?

① 수시점검 ② 임시점검
③ 정기점검 ④ 특별점검

일정 기간마다 점검하는 안전점검 → 정기점검

참고

* **안전점검의 종류**
  - 정기점검(계획점검) : 일정 기간마다 정기적으로 실시하는 점검
  - 수시점검(일상점검) : 매일 작업 전, 중, 후에 실시하는 점검
  - 특별점검 : 기계·기구 또는 설비의 신설·변경 또는 고장·수리 등으로 비정기적인 특정 점검, 산업안전보건 강조기간, 악천후 시에도 실시한다.
  - 임시점검 : 기계·기구 또는 설비의 이상 발견 시에 임시로 하는 점검

📝 필기에 자주 출제되는 내용입니다.

08 하인리히 사고예방대책 5단계의 각 단계와 기본 원리가 잘못 연결된 것은?

① 제1단계 – 안전조직
② 제2단계 – 사실의 발견
③ 제3단계 – 점검 및 검사
④ 제4단계 – 시정 방법의 선정

정답 06 ② 07 ③ 08 ③

> **★ 하인리히의 사고방지 5단계**
> 1단계 : 안전조직
> 2단계 : 사실의 발견
> 3단계 : 분석
> 4단계 : 시정방법 선정
> 5단계 : 시정책 적용(3E 적용)

📝 실기까지 중요한 내용입니다.

09 산업안전보건법령상 사업주의 의무에 해당하지 않는 것은?

① 산업재해 예방을 위한 기준 준수
② 사업장의 안전 및 보건에 관한 정보를 근로자에게 제공
③ 산업 안전 및 보건 관련 단체 등에 대한 지원 및 지도·감독
④ 근로자의 신체적 피로와 정신적 스트레스 등을 줄일 수 있는 쾌적한 작업환경의 조성 및 근로조건 개선

> **★ 사업주의 안전 직무**
> ① 산업재해 예방을 위한 기준을 따를 것
> ② 근로자의 신체적 피로와 정신적 스트레스 등을 줄일 수 있는 쾌적한 작업환경의 조성 및 근로조건 개선
> ③ 해당 사업장의 안전·보건에 관한 정보를 근로자에게 제공

10 시몬즈(Simonds)의 총 재해 코스트 계산 방식 중 비보험 코스트 항목에 해당하지 않는 것은?

① 사망재해 건수   ② 통원상해 건수
③ 응급조치 건수   ④ 무상해 사고 건수

> **★ 시몬즈의 총 재해 코스트**
> ① 보험코스트 = 산재보험료
> ② 비보험코스트
>   • 휴업상해
>   • 통원상해
>   • 구급조치상해
>   • 무상해 사고

참고

총 재해 코스트 = 보험코스트 + 비보험코스트

📝 실기까지 중요한 내용입니다.

11 위험예지훈련의 4라운드 기법에서 문제점을 발견하고 중요 문제를 결정하는 단계는?

① 현상파악
② 본질추구
③ 목표설정
④ 대책수립

정답 09 ③ 10 ① 11 ②

* 위험예지 훈련 4단계

1단계 현상 파악	• 어떤 위험이 잠재하고 있는가? • 전원이 대화로써 도해 상황속의 **잠재위험요인을 발견**하고 그 요인이 초래할 수 있는 사고를 생각해내는 단계
2단계 요인조사 (본질추구)	• 이것이 위험의 포인트다. → **위험의 포인트를 지적확인** • 발견해 낸 위험 중 가장 **위험한 것을 합의로서 결정**하는 단계
3단계 대책수립	• 당신이라면 어떻게 할 것인가? • 중요위험 요인을 해결하기 위한 **대책을 세우는 단계**
4단계 행동목표 설정 (합의요약)	• 우리들은 이렇게 하자! • 대책 중 중점 실시항목을 합의 요약해서 그것을 실천하기 위한 **행동목표를 설정**하는 단계

 실기까지 중요한 내용입니다.

12 재해조사의 주된 목적으로 옳은 것은?

① 재해의 책임소재를 명확히 하기 위함이다.
② 동일 업종의 산업재해 통계를 조사하기 위함 이다.
③ 동종 또는 유사재해의 재발을 방지하기 위함이다.
④ 해당 사업장의 안전관리 계획을 수립하기 위함이다.

* 재해조사의 목적
① 재해발생 원인 및 결함 규명
② 재해예방 자료 수집
③ 동종 재해 및 유사재해 재발방지

13 위험예지훈련의 기법으로 활용하는 브레인 스토밍(Brain Storming)에 관한 설명으로 옳지 않은 것은?

① 발언은 누구나 자유분방하게 하도록 한다.
② 가능한 한 무엇이든 많이 발언하도록 한다.
③ 타인의 아이디어를 수정하여 발언할 수 없다.
④ 발표된 의견에 대하여는 서로 비판을 하지 않도록 한다.

* 브레인스토밍의 4원칙
• **비판금지** : 좋다, 나쁘다 비판은 하지 않는다.
• **자유분방** : 마음대로 자유로이 발언한다.
• **대량발언** : 무엇이든 좋으니 많이 발언한다.
• **수정발언** : 타인의 생각에 동참하거나 보충 발언해도 좋다.

필기에 자주 출제되는 내용입니다.

14 버드(Frank Bird)의 도미노 이론에서 재해 발생 과정에 있어 가장 먼저 수반되는 것은?

① 관리의 부족
② 전술 및 전략적 에러
③ 불안전한 행동 및 상태
④ 사회적 환경과 유전적 요소

정답 12 ③ 13 ③ 14 ①

버드(Frank. E. Bird)의 사고 연쇄성이론 5단계

1단계	제어 부족(관리 부재)
2단계	기본 원인(기원)
3단계	직접 원인(징후)
4단계	사고(접촉)
5단계	상해(손실)

📝 실기에 자주 출제되는 중요한 내용입니다.

15 재해사례연구의 진행순서로 옳은 것은?

① 재해 상황의 파악 → 사실의 확인 → 문제점 발견 → 근본적 문제점 결정 → 대책수립
② 사실의 확인 → 재해 상황의 파악 → 근본적 문제점 결정 → 문제점 발견 → 대책수립
③ 문제점 발견 → 사실의 확인 → 재해 상황의 파악 → 근본적 문제점 결정 → 대책수립
④ 재해 상황의 파악 → 문제점 발견 → 근본적 문제점 결정 → 대책수립 → 사실의 확인

재해사례연구 진행 단계
- 전제 조건 : 재해 상황의 파악
- 1단계 : 사실의 확인
- 2단계 : 문제점 발견
- 3단계 : 근본 문제점 결정(재해원인 결정)
- 4단계 : 대책수립

📝 실기에 자주 출제되는 중요한 내용입니다.

16 사고예방대책의 기본원리 5단계 시정책의 적용 중 3E에 해당하지 않은 것은?

① 교육(Education)
② 관리(Enforcement)
③ 기술(Engineering)
④ 환경(Enviroment)

3E
- 안전교육(Education)
- 안전기술(Engineering)
- 안전독려, 안전관리(Enforcement)

📝 실기까지 중요한 내용입니다.

17 다음 중 산업재해 발생의 기본 원인 4M에 해당하지 않는 것은?

① Media
② Material
③ Machine
④ Management

인간에러(휴먼 에러)의 배후요인(4M)
① Man(인간) : 본인 외의 사람, 직장의 인간관계 등
② Machine(기계) : 기계, 장치 등의 물적 요인
③ Media(매체) : 작업정보, 작업방법 등
④ Management(관리) : 작업관리, 법규준수, 단속, 점검 등

📝 실기에 자주 출제되는 중요한 내용입니다.

정답 15 ① 16 ④ 17 ②

18 산업안전보건 법령상 안전보건총괄책임자의 직무에 해당하지 않는 것은?

① 도급 시 산업재해 예방조치
② 위험성평가의 실시에 관한 사항
③ 해당 사업장 안전교육계획의 수립에 관한 보좌 및 지도·조언
④ 산업안전보건관리비의 관계수급인 간의 사용에 관한 협의·조정 및 그 집행의 감독

* **안전보건총괄책임자의 직무**
① 산업재해가 발생할 급박한 위험이 있을 때 및 중대재해가 발생하였을 때의 작업의 중지
② 도급 시 산업재해 예방조치
③ 산업안전보건관리비의 관계수급인 간의 사용에 관한 협의·조정 및 그 집행의 감독
④ 안전인증대상 기계 등과 자율안전확인대상 기계 등의 사용 여부 확인
⑤ 위험성평가의 실시에 관한 사항

실기에 자주 출제되는 중요한 내용입니다.

19 보호구 안전인증제품에 표시할 사항으로 옳지 않은 것은?

① 규격 또는 등급
② 형식 또는 모델명
③ 제조번호 및 제조연월
④ 성능기준 및 시험방법

* **안전인증제품에 표시할 사항**
① 형식 또는 모델명
② 규격 또는 등급 등
③ 제조자 명
④ 제조번호 및 제조연월
⑤ 안전인증 번호

참고

자율안전확인 합격 표시사항	안전검사 합격 표시사항
① 형식 또는 모델명 ② 규격 또는 등급 등 ③ 제조자 명 ④ 제조번호 및 제조연월 ⑤ 자율안전확인 번호	① 검사 대상 유해·위험 기계명 ② 신청인 ③ 형식번호(기호) ④ 합격번호 ⑤ 검사유효기간 ⑥ 검사기관

20 산업안전보건 법령상 자율안전확인대상 기계 등에 해당하지 않는 것은?

① 연삭기
② 곤돌라
③ 컨베이어
④ 산업용 로봇

정답 18 ③ 19 ④ 20 ②

✱ 자율안전확인 대상 기계 · 기구
① 연삭기 및 연마기(휴대형 제외)
② 산업용 로봇
③ 혼합기
④ 파쇄기 or 분쇄기
⑤ 식품가공용 기계(파쇄, 절단, 혼합, 제면기만 해당)
⑥ 컨베이어
⑦ 자동차정비용 리프트
⑧ 공작기계(선반, 드릴, 평삭 · 형삭기, 밀링만 해당)
⑨ 고정형 목재가공용 기계(둥근톱, 대패, 루타기, 띠톱, 모떼기 기계만 해당)
⑩ 인쇄기

특급암기법
공작기계로 철판 잘라서 연삭기, 연마기로 갈고, 고정형 목재가공용기계로 나무 자르고, 식품가공용 기계로 식품 파쇄, 분쇄하여 혼합기로 혼합한 후 컨베이어로 운반해서 자동차 리프트에 올려놓고 인기 있는 산업용 로봇 만들자.

 실기에 자주 출제되는 중요한 내용입니다.

2과목 산업심리 및 교육

21 집단 간 갈등의 해소방안으로 틀린 것은?

① 공동의 문제 설정
② 상위 목표의 설정
③ 집단 간 접촉 기회의 증대
④ 사회적 범주화 편향의 최대화

④ 사회적 범주화 편향의 최소화

22 의사소통의 심리구조를 4영역으로 나누어 설명한 조하리의 창(Johari's Windows)에서 "나는 모르지만 다른 사람은 알고 있는 영역"을 무엇이라 하는가?

① Blind area   ② Hidden area
③ Open area   ④ Unknown area

✱ 조하리의 창(Johari's window)

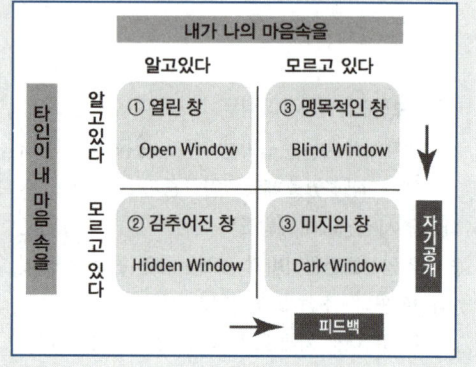

23 Project method의 장점으로 볼 수 없는 것은?

① 창조력이 생긴다.
② 동기부여가 충분하다.
③ 현실적인 학습방법이다.
④ 시간과 에너지가 적게 소비된다.

④ 시간과 에너지가 많이 소비된다.
→ Project method의 단점

정답 21 ④ 22 ① 23 ④

> 참고

＊구안법(Project method)
학습자가 마음 속에 생각하고 있는 것(자신의 목표)을 구체적으로 실천하기 위하여 **스스로 계획을 세워 수행하는 학습활동**이다.

24 존 듀이(Jone Dewey)의 5단계 사고과정을 순서대로 나열한 것으로 맞는 것은?

> ㉠ 행동에 의하여 가설을 검토한다.
> ㉡ 가설(hypothesis)을 설정한다.
> ㉢ 지식화(intellectualization)한다.
> ㉣ 시사(suggestion)를 받는다.
> ㉤ 추론(reasoning)한다.

① ㉤ → ㉡ → ㉣ → ㉠ → ㉢
② ㉣ → ㉢ → ㉡ → ㉤ → ㉠
③ ㉤ → ㉢ → ㉡ → ㉣ → ㉠
④ ㉣ → ㉠ → ㉡ → ㉢ → ㉤

＊존 듀이(John Dewey)의 5단계 사고 과정
- 1단계 : 문제의 제기 – 시사받는다.(Suggestion)
- 2단계 : 문제의 인식 – 머리로 생각한다. (Intellectualization)
- 3단계 : 현상 분석(조사) – 가설을 설정한다. (Hypothesis)
- 4단계 : 가설 정렬 – 추론한다.(Reasoning)
- 5단계 : 가설 검증 – 행동에 의해 가설을 검토한다.

25 주의(attention)에 대한 설명으로 틀린 것은?

① 주의력의 특성은 선택성, 변동성, 방향성을 표현된다.
② 한 자극에 주의를 집중하여도 다른 자극에 대한 주의력은 약해지지 않는다.
③ 여러 종류의 자극을 지각할 때 소수의 특정한 것을 선택하여 집중하는 특성을 갖는다.
④ 의식작용이 있는 일에 집중하거나 행동의 목적에 맞추어 의식수준이 집중되는 심리상태를 말한다.

② 한 자극에 주의를 집중하면 다른 자극에 대한 주의력은 약해진다.

> 참고

＊인간 주의특성의 종류
① **선택성** : 사람은 한번에 여러 종류의 자극을 지각하거나 수용하지 못하며 소수의 특정한 것으로 한정해서 선택하는 기능을 말한다.
② **방향성** : 시선에서 벗어난 부분은 무시되기 쉽다. (주시점만 응시한다.)
③ **변동성** : 주의는 리듬이 있어 일정한 수순을 지키지 못한다.
④ **단속성** : 고도의 주의는 장시간 집중이 곤란하다.
⑤ **주의력의 중복집중 곤란** : 동시에 두개 이상의 방향을 잡지 못한다.

📝 실기까지 중요한 내용입니다.

26 안전교육 계획수립 및 추진에 있어 진행 순서를 나열한 것으로 맞는 것은?

① 교육의 필요점 발견 → 교육 대상 결정 → 교육준비 → 교육실시 → 교육의 성과를 평가
② 교육 대상 결정 → 교육의 필요점 발견 → 교육준비 → 교육실시 → 교육의 성과를 평가
③ 교육의 필요점 발견 → 교육 준비 → 교육 대상 결정 → 교육 실시 → 교육의 성과를 평가
④ 교육 대상 결정 → 교육 준비 → 교육의 필요점 발견 → 교육 실시 → 교육의 성과를 평가

*안전교육 계획수립 및 추진순서
교육의 필요점 발견 → 교육 대상 결정 → 교육 준비 → 교육 실시 → 평가

27 인간의 동작 특성을 외적조건과 내적조건으로 구분할 때 내적조건에 해당하는 것은?

① 경력
② 대상물의 크기
③ 기온
④ 대상물의 동적성질

②, ③, ④ → 외적조건

28 산업안전보건 법령상 사업 내 안전보건교육 중 관리감독자의 지위에 있는 사람을 대상으로 실시하여야 할 정기교육의 교육시간으로 맞는 것은?

① 연간 1시간 이상
② 매분기 3시간 이상
③ 연간 16시간 이상
④ 매분기 6시간 이상

*관리감독자 안전보건교육 시간

교육과정	교육시간
가. 정기교육	연간 16시간 이상
나. 채용 시 교육	8시간 이상
다. 작업내용 변경 시 교육	2시간 이상
라. 특별교육	16시간 이상(최초 작업에 종사하기 전 4시간 이상 실시하고, 12시간은 3개월 이내에서 분할하여 실시 가능)
	단기간 작업 또는 간헐적 작업인 경우에는 2시간 이상

참고

*근로자 정기교육 시간

교육과정	교육대상		교육시간
가. 정기교육	1) 사무직 종사 근로자		매반기 6시간 이상
	2) 그 밖의 근로자	가) 판매업무에 직접 종사하는 근로자	매반기 6시간 이상
		나) 판매업무에 직접 종사하는 근로자 외의 근로자	매반기 12시간 이상

정답 26 ① 27 ① 28 ③

29 교육방법에 있어 강의방식의 단점으로 볼 수 없는 것은?

① 학습내용에 대한 집중이 어렵다.
② 학습자의 참여가 제한적일 수 있다.
③ 인원대비 교육에 필요한 비용이 많이 든다.
④ 학습자 개개인의 이해도를 파악하기 어렵다.

강의법의 장점	• 새로운 기술, 지식, 정보를 체계적으로 전달할 수 있다. • 짧은 시간 동안 **많은 양의 정보를 전달**할 수 있다. • 한 사람의 강사가 많은 학생을 지도할 수 있다.(교육의 경제성이 높다.) • 구체적인 사실적 정보의 제공과 **요점을 파악**하기에 효율적이다.
강의법의 단점	• 학습자의 이해수준을 알 수 없다. • 학습자의 성향을 고려할 수 없다. • 학습자의 **능동적 참여**를 기대할 수 없다. (학습에 대한 동기부여가 어렵다) • 수강자의 주의집중도나 흥미의 정도가 낮다. • 기능적, 태도적인 내용의 교육이 어렵다. • 강사의 지식 수준에서 모든 것이 이루어지기 때문에 학습자에게 끼치는 영향이 크다.

30 리더십의 행동이론 중 관리 그리드(managerial grid)에서 인간에 대한 관심보다 업무에 대한 관심이 매우 높은 유형은?

① (1,1)형 ② (1,9)형
③ (5,5)형 ④ (9,1)형

★ 리더의 행동유형 중 관리그리드 이론

(1.1)형	무관심형
(1.9)형	인기형
(9.1)형	과업형
(5.5)형	타협형
(9.9)형	이상형

★ (x, y)형에서 x는 과업의 관심도를 y는 인간관계의 관심도를 나타낸다.

📝 필기에 자주 출제되는 내용입니다.

31 교육의 3요소로만 나열된 것은?

① 강사, 교육생, 사회인사
② 강사, 교육생, 교육자료
③ 교육자료, 지식인, 정보
④ 교육생, 교육자료, 교육장소

★ 교육의 3요소

교육의 주체	교육의 객체	교육의 매개체
강사	학생(수강자)	교재 (학습내용)

📝 필기에 자주 출제되는 내용입니다.

정답 29 ③ 30 ④ 31 ②

32 판단과정 착오의 요인이 아닌 것은?

① 자기 합리화
② 능력 부족
③ 작업경험 부족
④ 정보 부족

＊인간의 착오요인

인지과정 착오의 요인	• 정보량 저장의 한계 • 감각 차단 현상 • 정서적 불안정(공포, 불안, 불만 등) • 생리, 심리적 능력의 한계 　(정보 수용 능력의 한계)
판단과정 착오요인	• 자기 합리화 • 능력 부족 • 정보 부족 • 자기 과신
조작과정의 착오 요인	• 작업자의 기능 미숙(기술 부족) • 작업경험 부족 • 피로
심리적, 기타 요인	• 불안 · 공포 · 과로 · 수면부족 등

📝 필기에 자주 출제되는 내용입니다.

33 직업적성검사 중 시각적 판단 검사에 해당하지 않는 것은?

① 조립검사
② 명칭판단검사
③ 형태비교검사
④ 공구판단검사

동작검사	시각적 판단검사
• 회전검사 • 조립검사 • 분해검사	• 형태 비교검사 • 공구 판단검사 • 명칭 판단검사

34 조직에 의한 스트레스 요인으로 역할 수행자에 대한 요구가 개인의 능력을 초과하거나 주어진 시간과 능력이 허용하는 것 이상을 달성하도록 요구받고 있다고 느끼는 상황을 무엇이라 하는가?

① 역할 갈등
② 역할 과부하
③ 업무수행 평가
④ 역할 모호성

역할 수행자에 대한 요구가 개인의 능력을 초과하거나 주어진 시간과 능력이 허용하는 것 이상을 달성하도록 요구받고 있다고 느끼는 상황 → 역할 과부하

35 매슬로우(Abraham Maslow)의 욕구위계설에서 제시된 5단계의 인간의 욕구 중 허츠버그(Herzberg)가 주장한 2요인(인자) 이론의 동기요인에 해당하지 않는 것은?

① 성취 욕구
② 안전의 욕구
③ 자아실현의 욕구
④ 존경의 욕구

정답 32 ③ 33 ① 34 ② 35 ②

저차원의 욕구(위생요인)	고차원의 욕구(동기요인)
① 매슬로의 생리적 욕구, 안전 욕구, 사회적 욕구	① 매슬로의 존경, 자아실현의 욕구
② 알더퍼의 생존 욕구, 관계 욕구	② 알더퍼의 성장 욕구
③ Herzberg의 위생요인	③ Herzberg의 동기요인
④ 맥그리거의 X이론	④ 맥그리거의 Y이론

 실기까지 중요한 내용입니다.

36 인간의 행동특성에 있어 태도에 관한 설명으로 맞는 것은?

① 인간의 행동은 태도에 따라 달라진다.
② 태도가 결정되면 단시간 동안만 유지된다.
③ 집단의 심적 태도교정보다 개인의 심적 태도교정이 용이하다
④ 행동결정을 판단하고, 지시하는 외적 행동 체계라고 할 수 있다.

② 태도가 결정되면 장시간 유지된다.
③ 개인의 심적 태도교정보다 집단의 심적 태도교정이 용이하다.
④ 태도는 행동결정을 판단하고, 지시하는 내적 행동 체계라고 할 수 있다.

37 손다이크(Thorndike)의 시행착오설에 의한 학습법칙과 관계가 가장 먼 것은?

① 효과의 법칙   ② 연습의 법칙
③ 동일성의 법칙   ④ 준비성의 법칙

* **손다이크(Thorndike)의 학습의 법칙(시행착오설)**
① **준비성**의 법칙
② **연습** 또는 **반복**의 법칙
③ **효과**의 법칙

실기까지 중요한 내용입니다.

38 산업안전보건법령상 근로 정기안전 보건교육의 교육내용이 아닌 것은?

① 산업안전 및 산업재해 예방에 관한 사항
② 건강증진 및 질병 예방에 관한 사항
③ 산업보건 및 건강장해 예방에 관한 사항
④ 작업공정의 유해·위험과 재해 예방대책에 관한 사항

* **근로자 정기 안전 · 보건교육 내용**
① **산업안전 및 산업재해 예방**에 관한 사항(화재 · 폭발 사고 발생 시 대피에 관한 사항을 포함한다)
② **산업보건 및 건강장해 예방**에 관한 사항(폭염 · 한파작업으로 인한 건강장해 발생 시 응급조치에 관한 사항을 포함한다)
③ 유해 · 위험 작업환경 관리에 관한 사항
④ 산업안전보건법령 및 산업재해보상보험제도에 관한 사항
⑤ 직무스트레스 예방 및 관리에 관한 사항
⑥ 직장 내 괴롭힘, 고객의 폭언 등으로 인한 건강장해 예방 및 관리에 관한 사항
⑦ 건강증진 및 질병 예방에 관한 사항
⑧ 위험성 평가에 관한 사항

정답 36 ① 37 ③ 38 ④

특급암기법

공통 항목(관리감독자, 근로자)
1. 근로자는 법, 산재보상제도를 알자!
2. 근로자는 건강을 보존(산업보건)하고 건강장해, 스트레스, 괴롭힘, 폭언 예방하자!
3. 근로자는 유해위험 환경을 관리해서 안전하고 산업재해 예방하자!
4. 근로자는 위험성을 평가하자!

근로자 정기교육의 특징
1. 근로자는 건강증진하고 질병예방하자!

참고

*** 관리감독자의 정기 안전 · 보건교육 내용**
① 산업안전 및 산업재해 예방에 관한 사항(화재 · 폭발 사고 발생 시 대피에 관한 사항을 포함한다)
② 산업보건 및 건강장해 예방에 관한 사항(폭염 · 한파작업으로 인한 건강장해 발생 시 응급조치에 관한 사항을 포함한다)
③ 유해 · 위험 작업환경 관리에 관한 사항
④ 산업안전보건법령 및 산업재해보상보험 제도에 관한 사항
⑤ 직무스트레스 예방 및 관리에 관한 사항
⑥ 직장 내 괴롭힘, 고객의 폭언 등으로 인한 건강장해 예방 및 관리에 관한 사항
⑦ 위험성평가에 관한 사항
⑧ 작업공정의 유해 · 위험과 재해 예방대책에 관한 사항
⑨ 표준안전 작업방법 결정 및 지도 · 감독 요령에 관한 사항
⑩ 비상 시 또는 재해 발생 시 긴급조치에 관한 사항
⑪ 사업장 내 안전보건관리체제 및 안전 · 보건조치 현황에 관한 사항
⑫ 현장근로자와의 의사소통능력 및 강의능력 등 안전보건교육 능력 배양에 관한 사항
⑬ 그 밖의 관리감독자의 직무에 관한 사항

특급암기법

공통 항목(관리감독자, 근로자)
1. 관리자는 법, 산재보상제도를 알자.
2. 관리자는 건강을 보존(산업보건)하고 건강장해, 스트레스, 괴롭힘, 폭언 예방하자!
3. 관리자는 유해위험 환경을 관리해서 안전하고 산업재해 예방하자!
4. 관리자는 위험성을 평가하자!

관리감독자 정기교육의 특징
1. 관리자는 유해위험의 재해예방대책 세우자!
2. 관리자는 안전 작업방법 결정해서 감독하자!
3. 관리자는 재해발생 시 긴급조치하자!
4. 관리자는 안전보건 조치하자!
5. 관리자는 안전보건교육 능력 배양하자!

📝 실기까지 자주 출제되는 중요한 내용입니다.

39. 에너지소비량(RMR)의 산출방법으로 맞는 것은?

① $\left(\dfrac{\text{작업 시의 소비에너지} - \text{기초대사량}}{\text{안정 시의 소비에너지}} \right)$

② $\left(\dfrac{\text{전체 소비에너지} - \text{작업 시의 소비에너지}}{\text{기초대사량}} \right)$

③ $\left(\dfrac{\text{작업 시의 소비에너지} - \text{안정 시의 소비에너지}}{\text{기초대사량}} \right)$

④ $\left(\dfrac{\text{작업 시의 소비에너지} - \text{안정 시의 소비에너지}}{\text{안정 시의 소비에너지}} \right)$

$$RMR = \dfrac{\text{노동대사량}}{\text{기초대사량}}$$

$$= \dfrac{\text{작업 시의 소비에너지} - \text{안정 시의 소비에너지}}{\text{기초대사량}}$$

📝 실기까지 중요한 내용입니다.

정답 39 ③

40 레윈의 3단계 조직변화모델에 해당되지 않는 것은?

① 해빙단계 ② 체험단계
③ 변화단계 ④ 재동결단계

> * 레윈의 3단계 조직변화모델
> 1단계 : 해빙(unfreezing)
> 2단계 : 변화(movement)
> 3단계 : 재동결(refreezing)

3과목 인간공학 및 시스템안전공학

41 인체에서 뼈의 주요 기능이 아닌 것은?

① 인체의 지주
② 장기의 보호
③ 골수의 조혈
④ 근육의 대사

> * 골격(뼈)의 주요 기능
> ① 신체를 지지하고 형상을 유지하는 역할
> ② 신체의 주요한 부분을 보호하는 역할
> ③ 신체활동을 수행하는 역할
> ④ 혈액을 생성하는 역할

42 FT도에서 사용하는 기호 중 다음 그림과 같이 OR 게이트이지만 2개 또는 그 이상의 입력이 동시에 존재할 때 출력이 생기지 않는 경우 사용하는 것은?

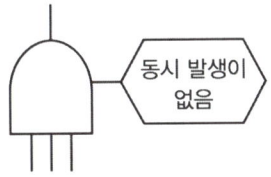

① 부정 OR 게이트
② 배타적 OR 게이트
③ 억제 게이트
④ 조합 OR 게이트

> 문제 오류로 전항 정답 처리 되었습니다.
> 그림의 AND게이트를 OR게이트로 수정하면 "배타적 OR게이트"가 답이 됩니다.

43 손이나 특정 신체부위에 발생하는 누적 손상 장애(CTD)의 발생인자와 가장 거리가 먼 것은?

① 무리한 힘
② 다습한 환경
③ 장시간의 진동
④ 반복도가 높은 작업

> * 근골격계질환(누적외상성질환, CTDs)의 발생요인
> ① 반복적인 동작
> ② 부적절한 작업 자세
> ③ 무리한 힘의 사용
> ④ 날카로운 면과의 신체 접촉
> ⑤ 진동 및 온도(저온)

> 필기에 자주 출제되는 내용 입니다.

정답 40 ② 41 ④ 42 전항 정답 43 ②

44 FTA에 의한 재해사례 연구순서 중 2단계에 해당하는 것은?

① FT 도의 작성
② 톱 사상의 선정
③ 개선계획의 작성
④ 사상의 재해원인을 규명

> **＊FTA에 의한 재해사례 연구 순서**
> 1단계 : 톱 사상의 설정
> 2단계 : 재해 원인 규명
> 3단계 : FT도의 작성
> 4단계 : 개선계획의 작성

📝 필기에 자주 출제되는 내용입니다.

45 산업안전보건 법령상 사업주가 유해위험방지계획서를 제출할 때에는 사업장 별로 관련 서류를 첨부하여 해당 작업 시작 며칠 전까지 해당 기관에 제출하여야 하는가?

① 7일   ② 15일
③ 30일 ④ 60일

> 사업주가 제조업 대상 사업, 대상 기계·기구 설비에 해당하는 유해·위험방지계획서를 제출하려면 다음 각 호의 서류를 첨부하여 해당 공사 착공 15일 전까지 공단에 2부를 제출하여야 한다.

46 반사율이 85%, 글자의 밝기가 400cd/m² 인 VDT화면에 350lux의 조명이 있다면 대비는 약 얼마인가?

① -6.0   ② -5.0
③ -4.2   ④ -2.8

> • 대비(%) = $\dfrac{\text{배경의 밝기(Lb)} - \text{표적물체의 밝기(Lt)}}{\text{배경의 밝기(Lb)}} \times 100$
>
> $= \dfrac{94.7 - 494.7}{94.7} = -4.22$

• 화면의 밝기 계산

반사율 = $\dfrac{\text{광속발산도(fL)}}{\text{조명(fc)}} \times 100$

광속발산도 = $\dfrac{\text{반사율} \times \text{조명}}{100} = \dfrac{85 \times 350}{100} = 297.5$

광속발산도 = $\pi \times$ 휘도

조명의 휘도(화면의 밝기) = $\dfrac{\text{광속발산도}}{\pi}$

$= \dfrac{297.5}{\pi} = 94.7(cd/m^2)$

• 표적물체의 총 밝기 = 글자의 밝기 + 조명의 휘도
  = 400 + 94.7
  = 494.7(cd/m²)

• 대비 = $\dfrac{\text{배경의 밝기} - \text{표적물체의 밝기}}{\text{배경의 밝기}}$

$= \dfrac{94.7 - 494.7}{94.7} = -4.22$

📝 출제비중이 낮은 문제입니다.

정답 44 ④ 45 ② 46 ③

47 휴먼 에러(Human Error)의 요인을 심리적 요인과 물리적 요인으로 구분할 때, 심리적 요인에 해당하는 것은?

① 일이 너무 복잡한 경우
② 일의 생산성이 너무 강조될 경우
③ 동일 형상의 것이 나란히 있을 경우
④ 서두르거나 절박한 상황에 놓여있을 경우

①, ②, ③ → 물리적 요인
④ → 심리적 요인

48 각 부품의 신뢰도가 다음과 같을 때 시스템의 전체 신뢰도는 약 얼마인가?

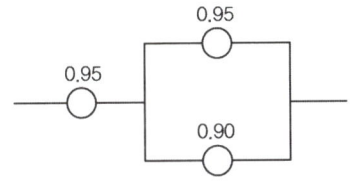

① 0.8123   ② 0.9453
③ 0.9553   ④ 0.9953

0.95 × [1−(1−0.95) × (1−0.90)] = 0.9453

> 참고
> 문제에서 주어진 값이 각 부품의 신뢰도이므로 공식에 대입한 값은 전체 시스템의 신뢰도가 된다.

📝 필기에 자주 출제되는 내용입니다.

49 시스템 안전 MIL-STD-882B 분류기준의 위험성 평가 매트릭스에서 발생빈도에 속하지 않는 것은?

① 거의 발생하지 않는(remote)
② 전혀 발생하지 않는(impoossible)
③ 보통 발생하는(reasonably probable)
④ 극히 발생하지 않을 것 같은 (extremely improbable)

* "MIL-STD-882B"의 위험성 평가 매트릭스(Matrix) 분류
① 자주 발생(Frequent)
② 보통 발생(Probable)
③ 가끔 발생(Occasional)
④ 거의 발생하지 않음(Remote)
⑤ 극히 발생하지 않음(extremely Improbable)

50 적절한 온도의 작업환경에서 추운 환경으로 온도가 변할 때 우리의 신체가 수행하는 조절 작용이 아닌 것은?

① 발한(發汗)이 시작된다.
② 피부의 온도가 내려간다.
③ 직장(直腸)온도가 약간 올라간다.
④ 혈액의 많은 양이 몸의 중심부를 위주로 순환한다.

① 발한(땀)은 더운 환경에서 시작된다.

> 참고
> 직장의 온도는 체온유지를 위해 추운 환경에 처음 노출 시에는 약간 올라가지만 추운 환경에 지속적으로 노출될 경우 다시 내려간다.

정답 47 ④ 48 ② 49 ② 50 ①

51 의자 설계 시 고려해야 할 일반적인 원리와 가장 거리가 먼 것은?

① 자세고정을 줄인다.
② 조정이 용이해야 한다.
③ 디스크가 받는 압력을 줄인다.
④ 요추 부위의 후만곡선을 유지한다.

*의자 설계의 일반 원리
① 요추의 전만곡선을 유지할 것
② 디스크의 압력을 줄인다.
③ 등근육의 정적부하를 감소시킨다.
④ 자세고정을 줄인다.
⑤ 쉽게 조절할 수 있도록 설계 할 것

📝 필기에 자주 출제되는 내용입니다.

52 인체 계측 자료의 응용 원칙이 아닌 것은?

① 기존 동일 제품을 기준으로 한 설계
② 최대치수와 최소치수를 기준으로 한 설계
③ 조절범위를 기준으로 한 설계
④ 평균치를 기준으로 한 설계

*인체계측자료의 응용 3원칙
① 최대치수와 최소치수 설계(극단치 설계)
② 조절(조정)범위(조절식 설계)
③ 평균치를 기준으로 한 설계

📝 필기에 자주 출제되는 내용입니다.

53 컷셋(cut set)과 패스셋(pass set)에 관한 설명으로 옳은 것은?

① 동일한 시스템에서 패스셋의 개수와 컷셋의 개수는 같다.
② 패스셋은 동시에 발생했을 때 정상사상을 유발하는 사상들의 집합이다.
③ 일반적으로 시스템에서 최소 컷셋의 개수가 늘어나면 위험 수준이 높아진다.
④ 최소 컷셋은 어떤 고장이나 실수를 일으키지 않으면 재해는 일어나지 않는다고 하는 것이다.

최소 컷셋은 시스템의 고장을 일으키는 기본사상의 집합으로 최소 컷셋의 개수가 늘어나면 위험 수준이 높아진다.

54 모든 시스템의 안전분석에서 제일 첫 번째 단계의 분석으로 실행되고 있는 시스템을 포함한 모든 것의 상태를 인식하고 시스템의 개발단계에서 시스템 고유의 위험상태를 식별하여 예상되고 있는 재해의 위험수준을 결정하는 것을 목적으로 하는 위험분석 기법은?

① 결함 위험 분석
　(FHA : Fault Hazard Analysis)
② 시스템 위험 분석
　(SHA : System Hazard Analysis)
③ 예비 위험 분석
　(PHA : Preliminary Hazard Analysis)
④ 운용 위험 분석
　(OHA : Operating Hazard Analysis)

정답　51 ④　52 ①　53 ③　54 ③

시스템 안전분석에서 제일 첫 번째 단계의 분석 → 예비위험분석(PHA)

📝 필기에 자주 출제되는 내용입니다.

55 다음 FT도에서 시스템에 고장이 발생할 확률은 약 얼마인가? (단, X_1과 X_2의 발생확률은 각각 0.05, 0.03이다.)

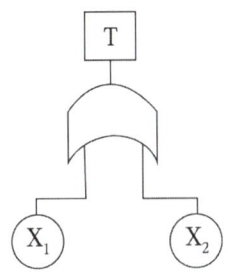

① 0.0015 ② 0.0785
③ 0.9215 ④ 0.9985

$T = 1-(1-X_1) \times (1-X_2)$
$= 1-(1-0.05) \times (1-0.03)$
$= 0.0785$

📝 필기에 자주 출제되는 내용입니다.

56 조종장치를 촉각적으로 식별하기 위하여 사용되는 촉각적 코드화의 방법으로 옳지 않은 것은?

① 색감을 활용한 코드화
② 크기를 이용한 코드화
③ 조종장치의 형상 코드화
④ 표면 촉감을 이용한 코드화

* **조종장치의 촉각적 암호화**
① 형상 암호화
② 크기 암호화
③ 표면촉감 암호화

57 인간-기계 시스템을 설계할 때에는 특정기능을 기계에 할당하거나 인간에게 할당하게 된다. 이러한 기능할당과 관련된 사항으로 옳지 않은 것은? (단, 인공지능과 관련된 사항은 제외한다.)

① 인간은 원칙을 적용하여 다양한 문제를 해결하는 능력이 기계에 비해 우월하다.
② 일반적으로 기계는 장시간 일관성이 있는 작업을 수행하는 능력이 인간에 비해 우월하다.
③ 인간은 소음, 이상온도 등의 환경에서 작업을 수행하는 능력이 기계에 비해 우월하다.
④ 일반적으로 인간은 주위가 이상하거나 예기치 못한 사건을 감지하여 대처하는 능력이 기계에 비해 우월하다.

소음, 이상온도 등의 환경에서 작업을 수행하는 능력은 기계가 더 우월하다.

정답 55 ② 56 ① 57 ③

> 참고
>
> *** 인간 – 기계의 기능 비교**
>
> | 구분 | 인간의 장점 | 기계의 장점 |
> |---|---|---|
> | 감지 기능 | • 저에너지 자극감지
• 다양한 자극 식별
• 예기치못한사건 감지 | • 인간의 감지범위 밖의 자극 감지
• 인간, 기계의 모니터 기능 |
> | 정보 처리 결정 | • 많은 양의 정보 장시간 보관
• 귀납적, 다양한 문제 해결 | • 정보를 신속 대량 보관
• 연역적, 정량적 |
> | 행동 기능 | • 과부하 상태에서는 중요한 일에만 집념할 수 있다. | • 과부하에서 효율적 작동
• 장시간 중량 작업, 반복, 동시 여러가지 작업을 수행 가능 |

58 화학설비에 대한 안전성 평가 중 정량적 평가 항목에 해당되지 않는 것은?

① 공정
② 취급물질
③ 압력
④ 화학설비용량

정량적 평가항목	정성적 평가항목
• 취급물질 • 화학설비의 용량 • 온도 • 압력 • 조작	• 입지 조건 • 공장 내의 배치 • 소방설비 • 공정 기기 • 수송 · 저장 • 원재료 • 중간체 • 제품 • 건조물(건물) • 공정

📝 필기에 자주 출제되는 내용입니다.

59 시각 장치와 비교하여 청각 장치 사용이 유리한 경우는?

① 메시지가 길 때
② 메시지가 복잡할 때
③ 정보 전달 장소가 너무 소란할 때
④ 메시지에 대한 즉각적인 반응이 필요할 때

> *** 청각장치와 시각장치의 비교**
>
> | 청각 장치 | ① 전언이 짧고, 간단할 때
② 재참조 되지 않음.
③ 시간적인 사상을 다룬다.
④ 즉각적인 행동 요구할 때
⑤ 시각계통 과부하일 때
⑥ 주위가 너무 밝거나 암조응일 때
⑦ 자주 움직이는 경우 |
> |---|---|
> | 시각 장치 | ① 전언이 길고, 복잡할 때
② 재참조 된다.
③ 공간적인 위치 다룬다.
④ 즉각적 행동 요구하지 않을 때
⑤ 청각계통 과부하일 때
⑥ 주위가 너무 시끄러울 때
⑦ 한곳에 머무르는 경우 |

📝 필기에 자주 출제되는 내용입니다.

60 인간공학 연구조사에 사용되는 기준의 구비조건과 가장 거리가 먼 것은?

① 다양성
② 적절성
③ 무오염성
④ 기준 척도의 신뢰성

정답 58 ① 59 ④ 60 ①

* 체계 기준의 요건(인간공학 연구조사에 사용되는 기준의 구비조건)
① 적절성 : 의도된 목적에 적합하여야 한다.(타당성)
② 무오염성 : 측정하고자 하는 변수외의 다른 변수의 영향을 받아서는 안 된다.
③ 신뢰성 : 반복실험 시 재현성이 있어야 한다.(반복성)
④ 민감도 : 예상차이점에 비례하는 단위로 측정하여야 한다.

📝 필기에 자주 출제되는 내용입니다.

4과목 건설시공학

61 흙을 이김에 의해서 약해지는 정도를 나타내는 흙의 성질은?

① 간극비
② 함수비
③ 예민비
④ 항복비

① 간극비 : 흙 입자의 용적에 대한 간극의 용적비
② 함수비 : 흙 입자의 중량에 대한 수분의 중량비
③ 예민비 : 흙을 이김에 의해서 약해지는 정도
④ 항복비 : 강재의 항복 강도를 인장 강도로 나눈 값

📝 필기에 자주 출제되는 내용입니다.

62 콘크리트 타설 중 응결이 어느 정도 진행된 콘크리트에 새로운 콘크리트를 이어치면 시공불량 이음부가 발생하여 경화 후 누수의 원인 및 철근의 녹 발생 등 내구성에 손상을 일으키는 것은?

① Expansion joint
② Construction joint
③ Cold joint
④ Sliding joint

* 콜드 조인트
① 휴식시간 등으로 응결하기 시작한 콘크리트에 새로운 콘크리트를 이어칠 때 일체화가 저해되어 생기는 줄눈(이음부)을 말한다.
② 경화 후 누수의 원인이 되고 철근의 녹 발생 등 내구성에 손상을 일으킨다.

63 표준관입시험의 N치에서 추정이 곤란한 사항은?

① 사질토의 상대밀도와 내부 마찰각
② 선단지지층이 사질토지반일 때 말뚝 지지력
③ 점성토의 전단강도
④ 점성토 지반의 투수 계수와 예민비

사질토	점성토
① 상대밀도, 내부마찰각	① 전단강도, 일축압축강도
② 기초지반의 탄성침하	② 기초지반의 허용지지력
③ 기초지반의 허용지지력	③ 연경도(Consistency)
④ 액상화 가능성 파악	

정답 61 ③ 62 ③ 63 ④

> **참고**
>
> **＊ 표준관입 시험의 N값**
> 63.5[kg]의 추를 75[cm]에서 자유 낙하시켜 표준샘플러를 관입량 30cm에 달하는데 요하는 타격횟수를 말하고 N의 값이 클수록 밀실한 토질이다.

📝 필기에 자주 출제되는 내용입니다.

64 공동도급(Joint Venture Contract)의 장점이 아닌 것은?

① 융자력의 증대
② 위험의 분산
③ 이윤의 증대
④ 시공의 확실성

장점	단점
① 융자력 증대	① 경비 증대
② 기술의 확충	② 업무 흐름의 혼란
③ 위험의 분산	③ 조직 상호간의 불일치
④ 공사 시공의 확실성	④ 하자 부분의 책임한계 불분명
⑤ 신용도의 증대	
⑥ 공사 도급 경쟁 완화	

> **참고**
>
> **＊ 공동도급(joint venture)**
> 1개의 회사가 단독으로 도급을 맡기에는 규모가 클 경우 또는 특수 공사일 때 2개 회사가 임시로 결합하여 공동 연대책임으로 공사를 하고 공사 완성 후 해산한다.

📝 필기에 자주 출제되는 내용입니다.

65 철골 내화피복공법의 종류에 따른 사용재료의 연결이 옳지 않은 것은?

① 타설공법-경량콘크리트
② 뿜칠공법-암면흡음판
③ 조적공법-경량콘크리트 블록
④ 성형판붙임공법-ALC판

습식공법	건식공법
① 조적공법 : 철골표면에 벽돌, 돌, 콘크리트 블록, 경량 콘크리트 블록 등을 시공하는 공법 ② 미장공법 : 철골표면에 단열 모르타르를 시공하는 공법 ③ 도장공법 : 철골표면에 내화페인트를 도장하는 공법 ④ 뿜칠공법 : 철골표면에 접착제를 혼합한 내화피복재(암면과 시멘트를 혼합)를 뿜어서 내화피복하는 공법 ⑤ 타설공법 : 철골표면에 기포 콘크리트, 경량콘크리트를 타설하는 공법	① 성형판붙임 공법 : 내화단열성이 우수한 각종 성형판(PC판, ALC판, 석고보드 등)을 철골부재에 붙이는 공법으로 주로 기둥과 보의 내화피복에 사용된다. ② 멤브레인 공법 : 암면흡음판을 철골에 붙여 시공하는 공법 ③ 세라믹울 피복공법

📝 필기에 자주 출제되는 내용입니다.

정답 64 ③ 65 ②

66 기초공사 시 활용되는 현장타설 콘크리트 말뚝공법에 해당되지 않는 것은?

① 어스드릴(earth drill) 공법
② 베노토 말뚝(benoto pile) 공법
③ 리버스서큘레이션(reverse circulation pile) 공법
④ 프리보링(preboring) 공법

④ 프리보링(preboring) 공법 : 오거(auger)로 미리 구멍을 뚫어 기성 말뚝을 삽입한 후 타격에 의해 말뚝을 설치하는 기성콘크리트 말뚝 공법에 해당한다.

> **참고**
>
> *** 현장타설 콘크리트 말뚝공법**
> ① 어스드릴(earth drill) 공법 : 굴착 공에 철근망을 삽입하고 콘크리트를 타설하여 말뚝을 형성하는 공법이며, 안정액으로 벤토나이트 용액을 사용하여 공벽을 보호한다.
> ② 베노토 말뚝(benoto pile) 공법 : 케이싱을 지반에 압입해 가면서 관 내부 토사를 특수버킷으로 굴착 후 철근콘크리트 말뚝을 제자리치기 한다.
> ③ 리버스서큘레이션(reverse circulation pile) 공법 : 리버스 서큘레이션 드릴로 대구경의 구멍을 파고 굴착공 안을 물이나 안정액으로 정수압을 유지하여 굴착공 벽을 보호하면서 굴착, 철근망과 콘크리트를 타설하여 말뚝을 형성하는 공법이다.

📝 필기에 자주 출제되는 내용입니다.

67 벽돌 벽 두께 1.0B, 벽 높이 2.5m, 길이 8m인 벽면에 소요되는 점토벽돌의 매수는 얼마인가?(단, 규격은 190×90×57mm, 할증은 3%로 하며, 소수점 이하 결과는 올림하여 정수매로 표기)

① 2,980매   ③ 3,070매
③ 3,278매   ④ 3,542매

1. m²당 1.0B 쌓기 매수
   149매 × (2.5 × 8)m² = 2,980(매)

2. 3% 할증 포함 매수
   2,980 × 1.03 = 3,070매

📝 필기에 자주 출제되는 내용입니다.

> **참고**
>
> *** 벽돌쌓기 기준량**
>
> | 벽돌규격 \ 벽두께 | 0.5B | 1.0B | 1.5B | 2.0B |
> |---|---|---|---|---|
> | 190×90×57mm | 75매 | 149매 | 224매 | 299매 |
>
> * 벽돌 할증 : 시멘트(콘크리트) 벽돌 5%, 점토벽돌(붉은 벽돌) 3%

📝 필기에 자주 출제되는 내용입니다.

68 금속제 천장틀 공사 시 반자틀의 적정한 간격으로 옳은 것은? (단, 공사시방서가 없는 경우)

① 450mm 정도   ② 600mm 정도
③ 900mm 정도   ④ 1,200mm 정도

> *** 반자틀 고정**
> ① 반자틀 간격은 공사시방서에 의한다. 공사시방서가 없는 경우는 900mm 정도로 한다.
> ② 반자틀은 클립을 이용해서 반자틀받이에 고정한다.

정답 66 ④ 67 ② 68 ③

69 철근이음에 관한 설명으로 옳지 않은 것은?

① 철근의 이음부는 구조내력상 취약점이 되는 곳이다.
② 이음위치는 되도록 응력이 큰 곳을 피하도록 한다.
③ 이음이 한 곳에 집중되지 않도록 엇갈리게 교대로 분산시켜야 한다.
④ 응력 전달이 원활하도록 한 곳에서 철근 수의 반 이상을 주어야 한다.

> ④ 철근의 이음위치는 응력이 적은 곳에, 이음이 한 단면에 집중되지 않게, 엇갈리게 교대로 분산시켜 잇는 것을 원칙으로 한다.

📝 필기에 자주 출제되는 내용입니다.

70 철골용접이음 후 용접부의 내부결함 검출을 위하여 실시하는 검사로써 빠르고 경제적이어서 현장에서 주로 사용하는 초음파를 이용한 비파괴 검사법은?

① MT(Magnetic particle Testing)
② UT(Ultrasonic Testing)
③ RT(Radiogtaphy Testing)
④ PT(Liquid Penetrant Testing)

> ★ **초음파탐상법(UT : Ultrasonic Testing)**
> ① 용접부위에 초음파를 투과하여 반사음의 속도 및 반사시간을 측정하여 **결함 깊이를** 분석한다.
> ② 빠르고 경제적이어서 현장에서 주로 사용하는 방법이다.

71 건설의 전 과정에 걸쳐 프로젝트를 보다 효율적이고 경제적으로 수행하기 위하여 각 부문의 전문가들로 구성된 통합관리기술을 발주자에게 서비스하는 것을 무엇이라고 하는가?

① Cost Management
② Cost Manpower
③ Construction Manpower
④ Construction Management

> ★ **건설 사업관리 (CM: Construction Management)**
> ① 건축 기획부터 설계, 시공, 유지관리까지의 건설의 전 과정에 걸쳐 프로젝트를 보다 효율적이고 경제적으로 수행하기 위하여 각 부문의 전문가들로 구성된 통합관리기술을 발주자에게 제공하는 도급계약의 형태를 말한다.
> ② 건설관리자는 발주자를 대신하여 설계자와 시공자를 관리하는 독립된 조직으로 발주자, 설계자, 시공자의 조정을 목적으로 한다.

📝 필기에 자주 출제되는 내용입니다.

72 네트워크공정표에서 후속작업의 가장 빠른 개시시간(EST)에 영향을 주지 않는 범위내에서 한 작업이 가질 수 있는 여유시간을 의미하는 것은?

① 전체여유(TF)
② 자유여유(FF)
③ 간섭여유(IF)
④ 종속여유(DF)

정답 69 ④ 70 ② 71 ④ 72 ②

① 전체여유(TF) : 전체 공사기간을 지연시키지 않는 범위 내에서 한 작업이 가질 수 있는 최대 여유
② 자유여유(FF) : 후속작업의 가장 빠른 개시시간(EST)에 영향을 주지 않는 범위 내에서 한 작업이 가질 수 있는 여유시간
③ 간섭여유(IF, 종속여유) : 후속작업의 가장 빠른 개시시간에는 지연을 초래하지만 전체적인 공사기간을 지연시키지 않는 범위에서 한 작업이 가질 수 있는 여유시간

 필기에 자주 출제되는 내용입니다.

73 강구조물 제작 시 절단 및 개선(그루브)가공에 관한 일반사항으로 옳지 않은 것은?

① 주요 부재의 강판 절단은 주된 응력의 방향과 압연방향을 직각으로 교차시켜 절단함을 원칙으로 하며, 절단작업 착수 전 재단도를 작성해야 하다.
② 강재의 절단은 강재의 형상, 치수를 고려하여 기계절단, 가스절단, 플라즈마절단 등을 적용한다.
③ 절단할 강재의 표면에 녹, 기름, 도료가 부착되어 있는 경우에는 제거 후 절단해야 한다.
④ 용접선의 교차부분 또는 한 부재를 다른 부재에 접합시킬 때 불필요한 접촉을 피하기 위하여 모퉁이따기를 할 경우에는 10mm 이상 둥글게 해야 한다.

① 주요 부재의 강판 절단은 주된 응력의 방향과 압연 방향을 일치시켜 절단함을 원칙으로 하며, 절단작업 착수 전 재단도를 작성하여야 한다.

74 공사계약방식 중 직영공사방식에 관한 설명으로 옳은 것은?

① 사회간접자본(SOC : Social Overhead Capital) 의 민간투자유치에 많이 이용되고 있다.
② 영리목적의 도급공사에 비해 저렴하고 재료선정이 자유로운 장점이 있으나, 고용기술자 등에 의한 시공관리능력이 부족하면 공사비 증대, 시공성의 결함 및 공기가 연장되기 쉬운 단점이 있다.
③ 도급자가 자금을 조달하면 설계, 엔지니어링, 시공의 전부를 도급받아 시설물을 완성하고 그 시설을 일정기간 운영하는 것으로, 운영수입으로부터 투자자금을 회수한 후 발주자에게 그 시설을 인도하는 방식이다.
④ 수입을 수반한 공공 혹은 공익 프로젝트(유료도로, 도시철도, 발전소 등)에 많이 이용되고 있다.

★ **직영공사방식**
① 건축주가 직접 계획을 세우고 재료구입. 노무자고용. 시공기계 및 가설재를 마련하여 **모든 공사를 자기 책임 하에 시행하며 발주하는 방식**이다.
② 영리목적의 도급공사에 비해 **저렴하고 재료선정이 자유로운 장점**이 있으나, 고용기술자 등에 의한 시공관리능력이 부족하면 공사비 증대, 시공성의 결함 및 공기가 연장되기 쉬운 단점이 있다.
③ 군공사와 같은 기밀을 요하는 공사, 설계변경이 빈번한 공사, 문화재와 같이 고도의 기술을 요하는 공사, 재해응급 복구와 같이 대자본을 요하는 공사 등에 이용된다.

필기에 자주 출제되는 내용입니다.

정답 73 ① 74 ②

75 보강블록 공사 시 벽 가로근의 시공에 관한 설명으로 옳지 않은 것은?

① 가로근은 배근 상세도에 따라 가공하되 그 단부는 90°의 갈구리로 구부려 배근한다.
② 모서리에 가로근의 단부는 수평방향으로 구부려서 세로근의 바깥쪽으로 두르고, 정착길이는 공사시방서에 정한 바가 없는 한 40d 이상으로 한다.
③ 창 및 출입구 등의 모서리 부분에 가로근의 단부를 수평방향으로 정착할 여유가 없을 때에는 갈구리로 하여 단부 세로근에 걸고 결속선으로 결속한다.
④ 개구부 상하부의 가로근을 양측 벽부에 묻을 때의 정착길이는 40d 이상으로 한다.

> * **철근콘크리트 보강 블록공사**
> ① 블록을 쌓아 철근과 콘크리트로 보강하여 내력벽을 구축하는 공법을 말한다.
> ② 원칙적으로 통줄눈 쌓기로 한다.
> ③ 보강콘크리트 블록조에서 세로근에 이음을 만들어서는 안 된다.
> ④ 가로근은 배근 상세도에 따라 가공하되, 그 단부는 180°의 갈구리로 구부려 배근한다.
> ⑤ 세로근은 기초 및 테두리보에서 위층의 테두리보까지 잇지 않고 배근하여 그 정착 길이는 철근 직경의 40배 이상으로 한다.
> ⑥ 벽의 세로근은 구부리지 않고 항상 진동 없이 설치한다.

📝 필기에 자주 출제되는 내용입니다.

76 철근배근 시 콘크리트의 피복두께를 유지해야 되는 가장 큰 이유는?

① 콘크리트의 인장강도 증진을 위하여
② 콘크리트의 내구성, 내화성 확보를 위하여
③ 구조물의 미관을 좋게 하기 위하여
④ 콘크리트 타설을 쉽게 하기 위하여

> 철근배근 시 콘크리트의 피복두께를 유지해야 되는 가장 큰 이유 → 콘크리트의 내구성, 내화성 확보를 위하여

📝 필기에 자주 출제되는 내용입니다.

77 흙막이 지지공법 중 수평버팀대 공법의 특징에 관한 설명으로 옳지 않은 것은?

① 가설구조물이 적어 중장비작업이나 토량 제거 작업의 능률이 좋다.
② 토질에 대해 영향을 적게 받는다.
③ 인근 대지로 공사범위가 넘어가지 않는다.
④ 고저차가 크거나 상이한 구조인 경우 균형을 잡기 어렵다.

> ① 가설 구조물로 인하여 중장비 작업이나 토량 제거 작업의 작업능률이 저하된다.

78 터널 폼에 관한 설명으로 옳지 않은 것은?

① 거푸집의 전용횟수는 약 10회 정도로 매우 적다.
② 노무 절감, 공기단축이 가능하다.
③ 벽체 및 슬래브거푸집을 일체로 제작한 거푸집이다.
④ 이 폼의 종류에는 트윈 쉘(twin shell)과 모노 쉘(mono shell)이 있다.

① 거푸집의 전용횟수는 약 30~40회 정도이다.

참고

터널폼(Tunnel Form) : 한 구획 전체의 벽판과 바닥판을 ㄱ자형 또는 ㄷ자형으로 짜서 이동시키는 형태의 기성재 거푸집이다.

필기에 자주 출제되는 내용입니다.

79 철근콘크리트 공사에서 거푸집의 간격을 일정하게 유지시키는데 사용되는 것은?

① 클 램프
② 쉐어 커넥터
③ 세퍼레이터
④ 인서트

격리재(separator) : 거푸집 상호 간의 간격을 일정하게 유지하는데 사용된다.(철판재, 철근재, 파이프제, 모르타르제가 사용)

필기에 자주 출제되는 내용입니다.

80 지정에 관한 설명으로 옳지 않은 것은?

① 잡석지정-기초 콘크리트 타설 시 흙의 혼입을 방지하기 위해 사용한다.
② 모래지정-지반이 단단하며 건물이 중량일 때 사용한다.
③ 자갈지정-굳은 지반에 사용되는 지정이다.
④ 밑창 콘크리트지정-잡석이나 자갈 위 기초부분의 먹매김을 위해 사용한다.

② 모래지정-무른 점토층을 파내고 그 속에 모래를 다져 넣어 지반을 보강한다.

참고

지정 : 지반이 연약하여 건물의 하중을 견디지 못할 경우 기초를 보강하거나 지반의 지지력을 증가 시키기 위한 부분을 말한다.

필기에 자주 출제되는 내용입니다.

정답 78 ① 79 ③ 80 ②

5과목 건설재료학

81 도료의 저장 중 또는 용기 내 방치 시 도료의 표면에 피막이 형성되는 현상의 발생 원인과 가장 관계가 먼 것은?

① 피막방지제의 부족이나 건조제가 과잉일 경우
② 용기내의 공간이 커서 산소의 양이 많을 경우
③ 부적당한 신너로 희석하였을 경우
④ 사용잔량을 뚜껑을 열어둔 채 방치하였을 경우

* 도료의 저장 중 또는 용기 내 방치 시 도료의 표면에 피막이 형성되는 원인
① 뚜껑의 봉합불량
② 용기 중에 공간이 있을 때 공기 중의 산소와 산화 반응을 일으켜 발생
③ 피막방지제의 부족이나 건조제가 과잉일 경우

참고

* 점도상승(용기 내에서 가스가 발생하여 용기가 부풀어 오름)의 원인
① 도료 중에 용제 또는 첨가한 신나의 증발
② 부적당한 신너로 희석 시
③ 저장 중 산화, 중합에 의함
④ 안료와 수지의 반응
⑤ 주제와 경화제의 반응

82 다음 중 무기질 단열재에 해당하는 것은?

① 발포폴리스티렌 보온재
② 셀룰로스 보온재
③ 규산칼슘판
④ 경질폴리우레탄폼

무기질 단열재 (열에 강함, 흡습성 큼)	유기질 단열재 : 석유를 기반으로 제작된 단열재 (화재에 취약, 단열성능 우수)
① 유리질 단열재 : 유리면	
② 광물질 단열재 : 석면, 암면, 펄라이트	① 발포폴리스티렌
③ 금속질 단열재 : 규산질, 알루미나질, 마그네시아질	② 발포폴리우레탄 ③ 발포염화비닐 ④ 셀룰로스 보온재
④ 탄소질 단열재 : 탄소질 섬유, 탄소분말 등으로 성형	⑤ 기타 플라스틱 단열재

83 통풍이 잘 되지 않는 지하실의 미장재료로서 가장 적합하지 않은 것은?

① 시멘트 모르타르
② 석고 플라스터
③ 킨즈 시멘트
④ 돌로마이트 플라스터

정답 81 ③ 82 ③ 83 ④

* **돌로마이트 플라스터(기경성)**
① 돌로마이트 석회에 모래, 여물을 혼합한 것
② 점도가 높아 해초풀이 필요 없고 시공이 용이하다.
③ 경화에 의한 수축률이 커서 균열 발생이 쉽다.
④ 통풍이 잘 되지 않는 지하실의 미장재료로 적절하지 못하다.

📝 필기에 자주 출제되는 내용입니다.

84 지붕공사에 사용되는 아스팔트 싱글제품 중 단위 중량이 10.3kg/m² 이상 12.5kg/m² 미만인 것은?

① 경량 아스팔트 싱글
② 일반 아스팔트 싱글
③ 중량 아스팔트 싱글
④ 초중량 아스팔트 싱글

* **아스팔트 싱글제품의 단위 중량**
1. 일반 아스팔트 싱글 : 단위 중량이 10.3kg/m² 이상 12.5kg/m² 미만인 아스팔트 싱글 제품
2. 중량 아스팔트 싱글 : 단위 중량이 12.5kg/m² 이상 14.2kg/m² 미만인 아스팔트 싱글 제품
3. 초중량 아스팔트 싱글 : 단위 중량이 14.2kg/m² 이상인 아스팔트 싱글 제품
4. 무기질 섬유 제품 싱글 : 밑면에 접착제가 도포된 제품으로 설계도면이나 공사 시방서에서 별도로 명시되지 않은 경우에는 4kg/m² 이상의 무게를 가진 제품
  - 유리섬유 제품의 아스팔트 싱글은 풍압에 대한 고려가 필요하지 않은 일반적인 경우에는 9.27kg/m² 이상인 제품을 사용하고 풍압에 대한 고려가 필요한 경우에는 12.5kg/m² 이상의 제품을 사용

85 점토벽돌 1종의 압축강도는 최소 얼마 이상인가?

① 17.85 MPa ② 19.53 MPa
③ 20.59 MPa ④ 24.50 MPa

* **점토벽돌**

품질	종류	
	1종	2종
흡수율(%)	10.0 이하	15.0 이하
압축강도(MPa)	24.50 이상	14.70 이상

📝 필기에 자주 출제되는 내용입니다.

86 골재의 함수상태에 따른 질량이 다음과 같을 경우 표면수율은?

- 절대 건조 상태 : 490g
- 표면 건조 상태 : 500g
- 습윤 상태 : 550g

① 2%   ② 3%
③ 10% ④ 15%

$$표면수율(\%) = \frac{습윤상태 질량 - 표건질량}{표건질량} \times 100$$

$$표면수율(\%) = \frac{550 - 500}{500} \times 100 = 10(\%)$$

📝 필기에 자주 출제되는 내용입니다.

정답 84 ② 85 ④ 86 ③

87 콘크리트의 건조수축에 관한 설명으로 옳지 않은 것은?

① 시멘트의 제조성분에 따라 수축량이 다르다.
② 골재의 성질에 따라 수축량이 다르다.
③ 시멘트량의 다소에 따라 수축량이 다르다.
④ 된비빔일수록 수축량이 많다.

> **★ 콘크리트의 건조수축**
> ① 시멘트의 제조성분에 따라 수축량이 다르다.
> ② 골재의 실적률이 클수록 건조수축은 작아진다.
> ③ 물, 시멘트비가 낮을수록 건조수축은 작아진다.
> ④ 된비빔일수록 건조수축은 작아진다.(된비빔일수록 단위수량이 적으므로 건조 시 수분 증발에 따른 건조수축도 작다.)
> ⑤ 골재의 탄성계수가 크고 경질인 경우 건조수축은 작아진다.

📝 필기에 자주 출제되는 내용입니다.

88 목재의 나뭇결 중 아래의 설명에 해당하는 것은?

> 나이테에 직각방향으로 켠 목재면에 나타나는 나뭇결로 일반적으로 외관이 아름답고 수축변형이 적으며 마모율도 낮다.

① 무늬결   ② 곧은결
③ 널결   ④ 엇결

> **★ 목재의 나뭇결**
> ① 널결
> • 목재를 연륜(나이테)에 접선 방향으로 켜면 나타나는 물결모양(곡선모양)의 나뭇결
> ② 곧은 결
> • 목재를 연륜(나이테)에 직각 방향으로 켜면 나타나는 평행선상의 나뭇결
> • 널결에 비해 수축변형이 적으며 마모율도 적다.
> ③ 무늬결
> • 나뭇결이 여러가지 원인으로 불규칙하지만 아름다운 무늬를 나타내는 상태
> ④ 엇결
> • 목섬유가 꼬여 나뭇결이 어긋나게 나타나는 상태

89 조이너(joiner)의 설치목적으로 옳은 것은?

① 벽, 기둥 등의 모서리에 미장 바름의 보호
② 인조석 깔기에서의 신축균열방지나 의장 효과
③ 천장에 보드를 붙인 후 그 이음새를 감추기 위한 목적
④ 환기구멍이나 라디에이터의 덮개역할

> **★ 장식용 금속 제품**
> ① 코너비드 : 벽, 기둥 등의 모서리 부분의 미장 바름을 보호하기 위하여 사용하는 모서리쇠
> ② 줄눈대 : 인조석 깔기에서의 신축균열 방지나 의장 효과를 위한 철물
> ③ 조이너 : 천장에 보드를 붙인 후 그 이음새를 감추기 위한 목적으로 사용
> ④ 펀칭메탈 : 환기구멍이나 라디에이터의 덮개역할로 사용

📝 필기에 자주 출제되는 내용입니다.

정답 87 ④ 88 ② 89 ③

90 각 석재별 주 용도를 표기한 것으로 옳지 않은 것은?

① 화강암 : 외장재
② 석회암 : 구조재
③ 대리석 : 내장재
④ 점판암 : 지붕재

*석재의 종류와 용도
① 화산암 : 경량골재
② 화강암 : 콘크리트용 골재, 외장재
③ 대리석 : 조각재, 내장재, 실내 장식재
④ 응회암 : 고온로의 재료, 특수 장식재, 경량골재, 내화재
⑤ 점판암 : 지붕재
⑥ 사문암 : 실내 장식용, 대리석용
⑦ 석회암 : 시멘트, 석회의 원료
⑧ 현무암 : 토대석, 석축
⑨ 사문암 : 내장 마감용 석재
⑩ 감람석 : 건축 장식재
⑪ 중정석 –X선 차단 콘크리트용 골재
⑫ 석면 : 단열재 · 보온재 · 내화재(인체 유해성으로 사용이 규제됨)
⑬ 트래버틴 : 바닥재, 벽재, 테이블 상단 등 내장재

필기에 자주 출제되는 내용입니다.

91 암석의 구조를 나타내는 용어에 관한 설명으로 옳지 않은 것은?

① 절리란 암석 특유의 천연적으로 갈라진 금을 말하며, 규칙적인 것과 불규칙적인 것이 있다.
② 층리란 퇴적암 및 변성암에 나타나는 퇴적할 당시의 지표면과 방향이 거의 평행한 절리를 말한다.
③ 석리란 암석이 가장 쪼개지기 쉬운 면을 말하며, 절리보다 불분명하지만 방향이 대체로 일치되어 있다.
④ 편리란 변성암에 생기는 절리로서 방향이 불규칙하고 얇은 판자모양으로 갈라지는 성질을 말한다.

③ 석리란 편광현미경으로 관찰하였을 때 볼 수 있는 암석의 구성조직(돌의 결)을 말한다.

92 강은 탄소 함유량의 증가에 따라 인장강도가 증가하지만 어느 이상이 되면 다시 감소한다 이때 인장강도가 가장 큰 시점의 탄소 함유량은?

① 약 0.9% ② 약 1.8%
③ 약 2.7% ④ 약 3.6%

· 탄소 함유량이 0%에서 0.8% 까지는 항복점 및 인장 강도는 증가, 연신율 및 단면 수축율, 연성은 낮아진다.
· 탄소 함유량이 0.8% 이상이 되면 경도는 증가, 인장 강도는 낮아진다.
· 강재의 인장강도가 최대로 될 경우의 탄소함유량의 범위 : 0.8~1.0%(인장강도가 가장 큰 강의 탄소함유량은 약 0.9%)

정답 90 ② 91 ③ 92 ①

93 아스팔트의 물리적 성질에 관한 설명으로 옳은 것은?

① 감온성은 블로운 아스팔트가 스트레이트 아스팔트보다 크다.
② 연화점은 블로운 아스팔트가 스트레이트 아스팔트보다 낮다.
③ 신장성은 스트레이트 아스팔트가 블로운 아스팔트보다 크다.
④ 점착성은 블로운 아스팔트가 스트레이트 아스팔트보다 크다.

- **점착성, 신성(신축성,신장성)**, 침투성, 감온성, 방수성은 스트레이트 아스팔트가 블로운 아스팔트보다 크다.
- 연화점, 열안정성은 블로운 아스팔트가 스트레이트 아스팔트보다 크다.

참고

① 스트레이트 아스팔트
- 아스팔트 성분이 가능한 한 변화되지 않도록 만든 것이다.
- **점착성**, 신성(신축성), 침투성, 감온성, **방수성** 등이 우수하다.
- 연화점이 낮고, 내구력이 떨어지고, 내후성 및 온도에 의한 변화정도가 커서 주로 **지하실 방수용**으로 사용된다.

② 블로운 아스팔트
- 점성이나 침투성은 작다.
- 연화점이 높고 열에 대한 안정성이 크고 내후성이 커서 주로 **지붕 또는 옥상방수**에 사용된다.

94 킨즈시멘트 제조 시 무수석고의 경화를 촉진시키기 위해 사용하는 혼화재료는?

① 규산백토
② 플라이애쉬
③ 화산회
④ 백반

★ **킨즈시멘트(경석고플라스터)**
① 무수석고에 경화촉진제로 백반을 넣어 만든 시멘트
② 백반은 산성이므로 금속을 녹슬게 하는 결점이 있다.
③ 소석고보다 응결속도가 느리다.

 필기에 자주 출제되는 내용입니다.

95 초기강도가 아주 크고 초기 수화발열이 커서 긴급공사나 동절기 공사에 가장 적합한 시멘트는?

① 알루미나시멘트
② 보통포틀랜드시멘트
③ 고로시멘트
④ 실리카시멘트

★ **알루미나 시멘트(aluminous cement)**
① 보크사이트와 석회석을 원료로 한다.
② 성분 중에는 산화알루미늄(Al_2O_3)이 많으므로 초기강도가 높고 염분이나 화학적 저항이 크다.
③ 초기 수화발열이 커서 대형 단면 부재에는 부적당하나 긴급 공사나 동절기 공사에 적합하다.

필기에 자주 출제되는 내용입니다.

정답 93 ③ 94 ④ 95 ①

96 일반적으로 단열재에 습기나 물기가 침투하면 어떤 현상이 발생하는가?

① 열전도율이 높아져 단열성능이 좋아진다.
② 열전도율이 높아져 단열성능이 나빠진다.
③ 열전도율이 낮아져 단열성능이 좋아진다.
④ 열전도율이 낮아져 단열성능이 나빠진다.

단열재에 습기나 물기가 침투하면 열전도율이 높아져 단열성능이 나빠진다.

97 도장재료 중 래커(lacquer)에 관한 설명으로 옳지 않은 것은?

① 내구성은 크나 도막이 느리게 건조된다.
② 클리어래커는 투명래커로 도막은 얇으나 견고하고 광택이 우수하다.
③ 클리어래커는 내후성이 좋지 않아 내부용으로 주로 쓰인다.
④ 래커에나멜은 불투명 도료로서 클리어래커에 안료를 첨가한 것을 말한다.

① 내구성이 우수하고 도막이 빠르게 건조된다.

98 도료의 건조제 중 상온에서 기름에 용해되지 않는 것은?

① 붕산망간
② 이산화망간
③ 초산염
④ 코발트의 수지산

＊ 도료의 건조제
• 가열하여 기름에 용해되는 건조제 : 납, 망간, 코발트의 수지산 등
• 상온에서 기름에 용해되는 건조제 : 연단, 초산염, 이산화망간, 붕산망간 등

99 시멘트의 분말도에 관한 설명으로 옳지 않은 것은?

① 분말도가 클수록 수화반응이 촉진된다.
② 분말도가 클수록 초기강도는 작으나 장기강도는 크다.
③ 분말도가 클수록 시멘트 분말이 미세하다.
④ 분말도가 너무 크면 풍화되기 쉽다.

＊ 분말도가 큰 시멘트의 특징
① 워커빌리티가 좋고 블리딩이 적다.
② 수화반응이 빠르고 초기강도가 크다.(수화열이 높다.)
③ 시멘트량이 절약되고 내구성이 작아진다.
④ 분말도가 너무 크면 풍화되기 쉽다.
⑤ 분말도가 클수록 시멘트 분말이 미세하다.

📝 필기에 자주 출제되는 내용입니다.

100 목재의 방부 처리법 중 압력용기 속에 목재를 넣어 처리하는 방법으로 가장 신속하고 효과적인 방법은?

① 가압주입법
② 생리적 주입법
③ 표면탄화법
④ 침지법

정답 96 ② 97 ① 98 ④ 99 ② 100 ①

★ 목재의 방부처리법
① 주입법 : 방부액을 상압주입 하거나 가압하여 나무 깊이 주입하는 방법
  • 가압주입법 : 압력용기 속에 목재를 넣어 처리하는 방법으로 가장 신속하고 효과적인 방법
  • 상압주입법 : 방부약액을 가열하여 주입하는 방법
  • 생리적 주입법 : 목재의 뿌리에 방부약액을 주입하는 방법
② 침지법 : 방부제 용액 중에 목재를 담그어 공기(산소)를 차단하여 방부 처리하는 방법
③ 도포법 : 목재를 충분히 건조시킨 후 솔 등으로 약제를 도포하여 방부 처리하는 방법(가장 간단한 방법)
④ 표면탄화법 : 목재표면 3~4mm 정도를 태워 수분을 제거하는 방법

 필기에 자주 출제되는 내용입니다.

★ 굴착기계
1. 파워 셔블(power shovel, 동력삽)
  • 기계가 서 있는 지반면보다 높은 곳의 땅파기에 적합하다.

2. 드래그 셔블(drag shovel, 백호)
  • 기계가 서 있는 지면보다 낮은 장소의 굴착 및 수중 굴착이 가능하다.
  • 굳은 지반의 토질도 정확한 굴착이 된다.

3. 드래그라인(drag line)
  • 기계가 서있는 위치보다 낮은 장소의 굴착에 적당하고 굳은 토질에서의 굴착은 되지 않지만 굴착 반지름이 크다.
  • 작업범위가 광범위하고 수중굴착 및 연약한 지반의 굴착에 적합하다.

4. 클램셸(clamshell)
  • 수중굴착 및 가장 협소하고 깊은 굴착이 가능하며 호퍼(hopper)에 적당하다.
  • 연약지반이나 수중굴착 및 자갈 등을 싣는데 적합하다.

6과목 건설안전기술

101 지면보다 낮은 땅을 파는데 적합하고 수중 굴착도 가능한 굴착기계는?

① 백호우
② 파워쇼벨
③ 가이데릭
④ 파일드라이버

102 굴착공사에서 비탈면 또는 비탈면 하단을 성토하여 붕괴를 방지하는 공법은?

① 배수공
② 배토공
③ 공작물에 의한 방지공
④ 압성토공

비탈면 또는 비탈면 하단을 성토하여 붕괴를 방지하는 공법 → 압성토공

정답 101 ① 102 ④

103 작업장에 계단 및 계단참을 설치하는 경우 매 제곱미터 당 최소 몇 킬로그램 이상의 하중에 견딜 수 있는 강도를 가진 구조로 설치하여야 하는가?

① 300kg   ② 400kg
③ 500kg   ④ 600kg

계단 및 계단참의 강도는 500kg/m² 이상이어야 하며 안전율(안전의 정도를 표시하는 것으로서 재료의 파괴응력도와 허용응력도와의 비를 말한다)은 **4 이상**으로 하여야 한다.

> **참고**
> 1. 계단의 폭 : 1미터 이상으로 하여야 한다.
> 2. 계단참의 높이 : **높이가 3m를 초과하는 계단에는 높이 3m 이내마다 너비 1.2미터 이상의 계단참을 설치하여야 한다.**
> 3. 천장의 높이 : 바닥면으로부터 높이 2미터 이내의 공간에 장애물이 없도록 하여야 한다.
> 4. 계단의 난간 : 높이 1미터 이상인 계단의 개방된 측면에 안전난간을 설치하여야 한다.

실기까지 중요한 내용입니다.

104 작업으로 인하여 물체가 떨어지거나 날아올 위험이 있는 경우 필요한 조치와 가장 거리가 먼 것은?

① 투하설비 설치
② 낙하물 방지망 설치
③ 수직보호망 설치
④ 출입금지구역 설정

> *** 낙하 · 비래 위험방지 조치**
> ① 낙하물방지망 · 수직보호망 또는 방호선반의 설치
> ② 출입금지구역의 설정
> ③ 보호구의 착용

105 크레인의 운전실 또는 운전대를 통하는 통로의 끝과 건설물 등의 벽체의 간격은 최대 얼마 이하로 하여야 하는가?

① 0.2m   ② 0.3m
③ 0.4m   ④ 0.5m

다음 각 호의 간격을 0.3미터 이하로 하여야 한다. 다만, 근로자가 추락할 위험이 없는 경우에는 그 간격을 0.3미터 이하로 유지하지 아니할 수 있다.
① 크레인의 운전실 또는 운전대를 통하는 통로의 끝과 건설물 등의 벽체의 간격
② 크레인 거더(girder)의 통로 끝과 크레인 거더의 간격
③ 크레인 거더의 통로로 통하는 통로의 끝과 건설물 등의 벽체의 간격

정답   103 ③   104 ①   105 ②

106 철골공사 시 안전작업방법 및 준수사항으로 옳지 않은 것은?

① 강풍, 폭우 등과 같은 악천후 시에는 작업을 중지하여야 하며 특히 강풍시에는 높은 곳에 있는 부재나 공구류가 낙하비래하지 않도록 조치하여야 한다.
② 철골부재 반입 시 시공순서가 빠른 부재는 상단부에 위치하도록 한다.
③ 구명줄 설치 시 마닐라 로프 직경 10mm를 기준하여 설치하고 작업방법을 충분히 검토하여야 한다.
④ 철골보의 두곳을 매어 인양시킬 때 와이어로프의 내각은 60°이하이어야 한다.

③ 구명줄을 설치할 경우에는 1가닥의 구명줄을 여러 명이 동시에 사용하지 않도록 하여야 하며 구명줄을 마닐라 로프 직경 16밀리미터를 기준하여 설치하고 작업방법을 충분히 검토하여야 한다.

107 강관비계의 수직방향 벽이음 조립간격(m)으로 옳은 것은? (단, 틀비계이며 높이가 5m 이상일 경우)

① 2m ② 4m
③ 6m ④ 9m

* 비계 조립간격(벽이음 간격)

비계 종류		수직방향	수평방향
강관비계	단관비계	5m	5m
	틀비계 (높이 5m 미만인 것 제외)	6m	8m

📝 실기까지 중요한 내용입니다. 암기하세요.

108 공정율이 65%인 건설현장의 경우 공사 진척에 따른 산업안전보건관리비의 최소 사용기준으로 옳은 것은? (단, 공정율은 기성 공정율을 기준으로 함)

① 40% 이상
② 50% 이상
③ 60% 이상
④ 70% 이상

* 공사 진척에 따른 산업안전보건관리비 사용 기준

공정률	사용 기준
50% 이상 70% 미만	50% 이상
70% 이상 90% 미만	70% 이상
90% 이상	90% 이상

📝 실기까지 중요한 내용입니다.

109 달비계에 사용이 불가한 와이어로프의 기준으로 옳지 않은 것은?

① 이음매가 있는 것
② 와이어로프의 한 꼬임에서 끊어진 소선의 수가 7% 이상인 것
③ 지름의 감소가 공칭지름의 7%를 초과하는 것
④ 심하게 변형되거나 부식된 것

정답 106 ③ 107 ③ 108 ② 109 ②

★ 와이어로프의 사용금지 기준
① 이음매가 있는 것
② 와이어로프의 한 꼬임에서 끊어진 소선의 수가 10퍼센트 이상인 것
③ 지름의 감소가 공칭지름의 7퍼센트를 초과하는 것
④ 꼬인 것
⑤ 심하게 변형되거나 부식된 것
⑥ 열과 전기충격에 의해 손상된 것

참고

★ 사용금지 기준

와이어로프	① 이음매가 있는 것 ② 와이어로프의 한 꼬임(스트랜드 : strand)에서 끊어진 소선의 수가 10퍼센트 이상인 것 ③ 지름의 감소가 공칭지름의 7퍼센트를 초과하는 것 ④ 꼬인 것 ⑤ 심하게 변형되거나 부식된 것 ⑥ 열과 전기충격에 의해 손상된 것
화물자동차의 짐걸이 등으로 사용하는 섬유로프	① 꼬임이 끊어진 것 ② 심하게 손상 또는 부식된 것
달비계에 사용하는 섬유로프 또는 안전대의 섬유벨트	① 꼬임이 끊어진 것 ② 심하게 손상되거나 부식된 것 ③ 2개 이상의 작업용 섬유로프 또는 섬유벨트를 연결한 것 ④ 작업높이보다 길이가 짧은 것

실기에 자주 출제되는 중요한 내용입니다.

110 구축물에 안전진단 등 안전성 평가를 실시하여 근로자에게 미칠 위험성을 미리 제거하여야 하는 경우가 아닌 것은?

① 구축물 또는 이와 유사한 시설물의 인근에서 굴착·항타작업 등으로 침하·균열 등이 발생하여 붕괴의 위험이 예상될 경우
② 구조물, 건축물, 그 밖의 시설물이 그 자체의 무게·적설·풍압 또는 그 밖에 부가되는 하중 등으로 붕괴 등의 위험이 있을 경우
③ 화재 등으로 구축물 또는 이와 유사한 시설물의 내력(耐力)이 심하게 저하되었을 경우
④ 구축물의 구조체가 안전측으로 과도하게 설계가 되었을 경우

★ 구축물 또는 시설물의 안전성 평가를 실시하여야 하는 경우
① **구축물 등의 인근에서 굴착 · 항타작업 등으로 침하 · 균열** 등이 발생하여 **붕괴의 위험이 예상될 경우**
② **구축물 등에 지진, 동해(凍害), 부동침하(불동침하) 등으로 균열 · 비틀림** 등이 발생하였을 경우
③ **구축물 등이 그 자체의 무게 · 적설 · 풍압 또는 그 밖에 부가되는 하중 등으로 붕괴 등의 위험이 있을 경우**
④ 화재 등으로 구축물 등의 내력(耐力)이 심하게 저하되었을 경우
⑤ 오랜 기간 사용하지 아니하던 **구축물 등을 재사용**하게 되어 안전성을 검토하여야 하는 경우
⑥ 구축물 등의 주요구조부에 대한 **설계 및 시공 방법의 전부 또는 일부를 변경하는 경우**
⑦ 그 밖의 잠재위험이 예상될 경우

실기까지 중요한 내용입니다.

111 흙막이 지보공을 설치하였을 때 정기적으로 점검하여 이상 발견 시 즉시 보수하여야 할 사항이 아닌 것은?

① 굴착 깊이의 정도
② 버팀대의 긴압의 정도
③ 부재의 접속부·부착부 및 교차부의 상태
④ 부재의 손상·변형·부식·변위 및 탈락의 유무와 상태

* 흙막이 지보공을 설치한 때 점검 사항
① 부재의 손상·변형·부식·변위 및 탈락의 유무와 상태
② 버팀대의 긴압의 정도
③ 부재의 접속부·부착부 및 교차부의 상태
④ 침하의 정도

📝 실기까지 중요한 내용입니다.

112 달비계의 최대 적재하중을 정하는 경우 그 안전계수 기준으로 옳지 않은 것은?

① 달기와이어로프 및 달기강선의 안전계수 : 10 이상
② 달기체인 및 달기 훅의 안전계수 : 5 이상
③ 달기강대와 달비계의 하부 및 상부지점의 안전계수 : 강재의 경우 3 이상
④ 달기강대와 달비계의 하부 및 상부지점의 안전계수 : 목재의 경우 5 이상

📝 관련 법령에서 삭제된 내용입니다.

113 다음은 안전대와 관련된 설명이다. 아래내용에 해당되는 용어로 옳은 것은?

> 로프 또는 레일 등과 같은 유연하거나 단단한 고정줄로서 추락발생 시 추락을 저지시키는 추락방지대를 지탱해 주는 줄모양의 부품

① 안전블록
② 수직구명줄
③ 죔줄
④ 보조죔줄

"수직구명줄"이란 로프 또는 레일 등과 같은 유연하거나 단단한 고정줄로서 추락발생 시 추락을 저지시키는 추락방지대를 지탱해 주는 줄모양의 부품을 말한다.

참고

1. "안전블록"이란 안전그네와 연결하여 추락발생 시 추락을 억제할 수 있는 자동잠김장치가 갖추어져 있고 죔줄이 자동적으로 수축되는 장치를 말한다.
2. "죔줄"이란 벨트 또는 안전그네를 구명줄 또는 구조물 등 기타 걸이설비와 연결하기 위한 줄모양의 부품을 말한다.
3. "보조죔줄"이란 안전대를 U자걸이로 사용할 때 U자걸이를 위해 훅 또는 카라비너를 지탱벨트의 D링에 걸거나 떼어낼 때 잘못하여 추락하는 것을 방지하기 위한 링과 걸이설비 연결에 사용하는 훅 또는 카라비너를 갖춘 줄모양의 부품을 말한다.

정답 111 ① 112 정답 없음 113 ②

114 사업주가 유해위험방지 계획서 제출 후 건설공사 중 6개월 이내마다 안전보건공단의 확인을 받아야 할 내용이 아닌 것은?

① 유해위험방지 계획서의 내용과 실제공사 내용이 부합하는지 여부
② 유해위험방지 계획서 변경 내용의 적정성
③ 자율안전관리 업체 유해·위험방지 계획서 제출·심사 면제
④ 추가적인 유해·위험요인의 존재 여부

사업주는 건설공사 중 6개월 이내마다 다음 각 호의 사항에 관하여 공단의 확인을 받아야 한다.
① 유해·위험방지계획서의 내용과 실제공사 내용이 부합하는지 여부
② 유해·위험방지계획서 변경내용의 적정성
③ 추가적인 유해·위험요인의 존재 여부

 실기까지 중요한 내용입니다.

115 다음 중 방망사의 폐기 시 인장강도에 해당하는 것은? (단, 그물코의 크기는 10cm이며 매듭 없는 방망의 경우임)

① 50kg ② 100kg
③ 150kg ④ 200kg

* 방망사의 폐기 시 인장강도

그물코의 크기 (단위 : 센티미터)	방망의 종류(단위 : 킬로그램)	
	매듭 없는 방망	매듭방망
10	150	135
5		60

참고

* 방망사의 신품에 대한 인장강도

그물코의 크기 (단위 : 센티미터)	방망의 종류(단위 : 킬로그램)	
	매듭 없는 방망	매듭방망
10	240	200
5		110

 필기에 자주 출제되는 내용입니다.

116 산업안전보건법령에 따른 지반의 종류별 굴착면의 기울기 기준으로 옳지 않은 것은?

① 모래 - 1 : 1.8
② 연암 및 풍화암 - 1 : 1.5
③ 경암 - 1 : 0.5
④ 그 밖의 흙 - 1 : 1.2

* 굴착면의 기울기 기준

지반의 종류	굴착면의 기울기
모래	1 : 1.8
연암 및 풍화암	1 : 1.0
경암	1 : 0.5
그 밖의 흙	1 : 1.2

실기에 자주 출제되는 중요한 내용입니다.

정답 114 ③ 115 ③ 116 ②

117 가설통로의 설치에 관한 기준으로 옳지 않은 것은?

① 경사는 30°이하로 한다.
② 건설공사에 사용하는 높이 8m 이상인 비계다리에는 7m 이내마다 계단참을 설치한다.
③ 작업상 부득이한 경우에는 필요한 부분에 한하여 안전난간을 임시로 해체할 수 있다.
④ 수직갱에 가설된 통로의 길이가 10m 이상인 경우에는 5m 이내마다 계단참을 설치한다.

★ 가설통로 설치 시의 준수사항
① 견고한 구조로 할 것
② 경사는 30도 이하로 할 것(계단을 설치하거나 높이 2미터 미만의 가설통로로서 튼튼한 손잡이를 설치한 때에는 그러하지 아니하다)
③ 경사가 15도를 초과하는 때는 미끄러지지 아니하는 구조로 할 것
④ 추락의 위험이 있는 장소에는 안전난간을 설치할 것(작업상 부득이한 때에는 필요한 부분에 한하여 임시로 이를 해체할 수 있다)
⑤ 수직갱 : 길이가 15미터이상인 때에는 10미터 이내마다 계단참을 설치할 것
⑥ 건설공사에 사용하는 높이 8미터 이상인 비계다리 : 7미터 이내 마다 계단참을 설치할 것

실기까지 중요한 내용입니다.

118 콘크리트 타설 시 거푸집 측압에 관한 설명으로 옳지 않은 것은?

① 기온이 높을수록 측압은 크다.
② 타설속도가 클수록 측압은 크다.
③ 슬럼프가 클수록 측압은 크다.
④ 다짐이 과할수록 측압은 크다.

★ 콘크리트 타설 시 거푸집의 측압
① 외기온도가 낮을수록 측압이 크다.
② 습도가 낮을수록 측압이 크다.
③ 타설속도가 빠를수록 측압이 크다.
④ 콘크리트 비중이 클수록 측압이 크다.
⑤ 철골 or 철근량 적을수록 측압이 크다.

119 해체공사 시 작업용 기계기구의 취급 안전기준에 관한 설명으로 옳지 않은 것은?

① 철제햄머와 와이어로프의 결속은 경험이 많은 사람으로서 선임된 자에 한하여 실시하도록 하여야 한다.
② 팽창제 천공간격은 콘크리트 강도에 의하여 결정되나 70~120cm 정도를 유지하도록 한다.
③ 쐐기타입으로 해체 시 천공구멍은 타입기 삽입부분의 직경과 거의 같아야 한다.
④ 화염방사기로 해체작업 시 용기 내 압력은 온도에 의해 상승하기 때문에 항상 40℃ 이하로 보존해야 한다.

② 팽창제 천공간격은 콘크리트 강도에 의하여 결정되나 30~70cm 정도를 유지하도록 한다.

정답 117 ④ 118 ① 119 ②

120 굴착과 싣기를 동시에 할 수 있는 토공기계가 아닌 것은?

① Power shovel
② Tractor shovel
③ Back hoe
④ Motor grader

* **모터 그레이더(Motor grader)**
토공판을 작동시켜 지면의 정지작업(땅을 깎아 고르는 작업)을 하는데 사용된다.

120 ④

2020년 3회 최근 기출문제

1과목 산업안전관리론

01 재해손실비의 평가방식 중 시몬즈 방식에서 비보험 코스트에 반영되는 항목에 속하지 않는 것은?

① 휴업상해 건수
② 통원상해 건수
③ 응급조치 건수
④ 무손실사고 건수

---

*시몬즈의 총 재해코스트
① 보험코스트 = 산재보험료
② 비보험코스트
 • 휴업상해
 • 통원상해
 • 구급조치상해
 • 무상해 사고

[참고]
총 재해코스트 = 보험코스트 + 비보험코스트

 실기까지 중요한 내용입니다.

02 산업안전보건 법령상 중대재해에 속하지 않는 것은?

① 사망자가 2명 발생한 재해
② 부상자가 동시에 7명 발생한 재해
③ 직업성 질병자가 동시에 11명 발생한 재해
④ 3개월 이상의 요양이 필요한 부상자가 동시에 3명 발생한 재해

"중대재해"란 산업재해 중 사망 등 재해 정도가 심하거나 다수의 재해자가 발생한 경우로서 고용노동부령으로 정하는 재해를 말한다.
① 사망자가 1인 이상 발생한 재해
② 3개월 이상 요양을 요하는 부상자가 동시에 2인 이상 발생한 재해
③ 부상자 또는 직업성 질병자가 동시에 10인 이상 발생한 재해

 실기에 자주 출제되는 중요한 내용입니다.

03 산업안전보건법령상 공정안전보고서에 포함되어야 하는 내용 중 공정안전자료의 세부 내용에 해당하는 것은?

① 안전운전지침서
② 공정위험성평가서
③ 도급업체 안전관리계획
④ 각종 건물·설비의 배치도

정답 01 ④ 02 ② 03 ④

* **공정안전자료**
  * 취급·저장하고 있거나 취급·저장하려는 유해·위험물질의 종류 및 수량
  * 유해·위험물질에 대한 물질안전보건자료
  * 유해·위험설비의 목록 및 사양
  * 유해·위험설비의 운전방법을 알 수 있는 공정도면
  * 각종 건물·설비의 배치도
  * 폭발위험장소 구분도 및 전기단선도
  * 위험설비의 안전설계·제작 및 설치 관련 지침서

04 산업안전보건 법령상 금지표시에 속하는 것은?

①    ②

③    ④

산화성물질 경고 (경고표지)	방독마스크 착용 (지시표지)

급성독성물질 경고 (경고표지)	탑승금지 (금지표지)

📝 실기에 자주 출제되는 중요한 내용입니다.

05 도수율이 25인 사업장의 연간 재해발생 건수는 몇 건인가? (단, 이 사업장의 당해 연도 총 근로시간은 80,000시간이다.)

① 1건   ② 2건
③ 3건   ④ 4건

* **도수율(빈도율 F.R)**
  ① 100만 근로시간 당 재해 발생 건수 비율
  ② 도수율 $= \dfrac{\text{재해건수}}{\text{연 근로시간 수}} \times 10^6$

도수율 $= \dfrac{\text{재해건수}}{\text{연 근로시간 수}} \times 10^6$

재해건수 $= \dfrac{\text{도수율} \times \text{연 근로시간 수}}{10^6}$

$= \dfrac{25 \times 80,000}{10^6} = 2(건)$

📝 필기에 자주 출제되는 중요한 내용입니다.

06 산업안전보건법령상 건설공사도급인은 산업안전보건관리비의 사용명세서를 건설공사 종료 후 몇 년간 보존해야 하는가?

① 1년   ② 2년
③ 3년   ④ 5년

건설공사도급인은 고용노동부장관이 정하는 바에 따라 해당 건설공사를 위하여 계상된 산업안전보건관리비를 그가 사용하는 근로자와 그의 관계수급인이 사용하는 근로자의 산업재해 및 건강장해 예방에 사용하고, 그 사용명세서를 매월(공사가 1개월 이내에 종료되는 사업의 경우에는 해당 공사 종료 시) 작성하고 건설공사 종료 후 1년간 보존해야 한다.

📝 실기까지 중요한 내용입니다.

정답 04 ④ 05 ② 06 ①

07 산업안전보건 법령에 따른 안전보건총괄책임자의 직무에 속하지 않는 것은?

① 도급 시 산업재해 예방조치
② 위험성평가의 실시에 관한 사항
③ 안전인증대상기계와 자율안전확인대상 기계 구입 시 적격품의 선정에 관한 지도
④ 산업안전보건관리비의 관계수급인 간의 사용에 관한 협의·조정 및 그 집행의 감독

> **＊안전보건총괄책임자의 직무**
> ① 산업재해가 발생할 급박한 위험이 있을 때 및 중대재해가 발생하였을 때의 작업의 중지
> ② 도급 시 산업재해 예방조치
> ③ 산업안전보건관리비의 관계수급인 간의 사용에 관한 협의·조정 및 그 집행의 감독
> ④ 안전인증대상 기계 등과 자율안전확인대상 기계 등의 사용 여부 확인
> ⑤ 위험성평가의 실시에 관한 사항

 실기에 자주 출제되는 중요한 내용입니다.

08 다음 중 재해 발생 시 긴급조치사항을 올바른 순서로 배열한 것은?

> ㉠ 현장보존　㉡ 2차 재해방지
> ㉢ 피재기계의 정지　㉣ 관계자에게 통보
> ㉤ 피해자의 응급처리

① ㉤ → ㉢ → ㉡ → ㉠ → ㉣
② ㉢ → ㉤ → ㉣ → ㉡ → ㉠
③ ㉢ → ㉤ → ㉣ → ㉠ → ㉡
④ ㉢ → ㉤ → ㉠ → ㉣ → ㉡

> **＊긴급조치 순서**
> 피재기계 정지 → 피재자 응급조치 → 관계자에게 통보 → 2차 재해 방지 → 현장 보존

 참고

> **＊재해발생 시 조치순서**
> 긴급조치 → 재해조사 → 원인분석 → 대책수립 → 실시 → 평가

 실기까지 중요한 내용입니다.

09 직계(Line)형 안전조직에 관한 설명으로 옳지 않은 것은?

① 명령과 보고가 간단명료하다.
② 안전정보의 수집이 빠르고 전문적이다.
③ 안전업무가 생산현장 라인을 통하여 시행된다.
④ 각종 지시 및 조치사항이 신속하게 이루어진다.

> ② 안전정보의 수집이 빠르고 전문적이다.
> → 스태프(staff)형 or 참모형

정답　07 ③　08 ②　09 ②

참고

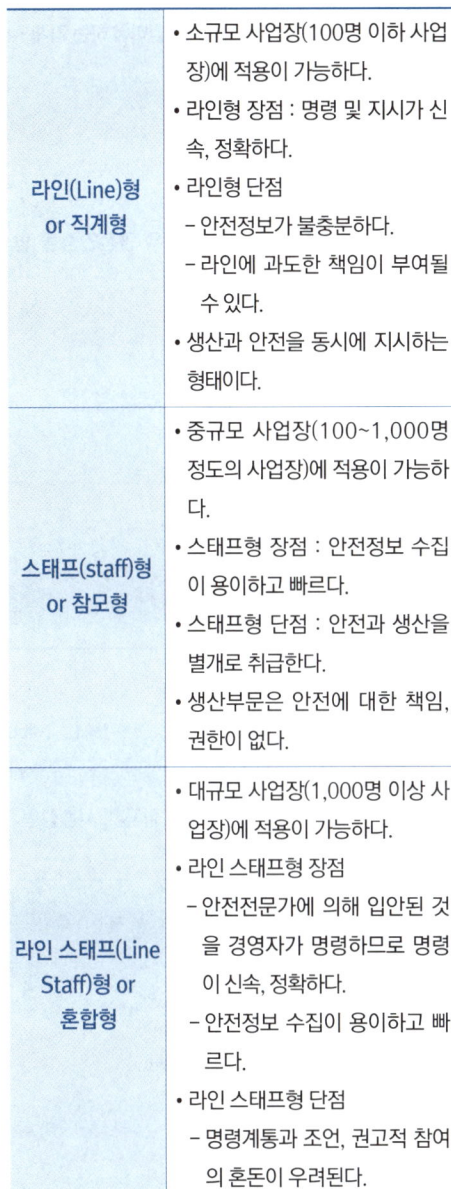

라인(Line)형 or 직계형	• 소규모 사업장(100명 이하 사업장)에 적용이 가능하다. • 라인형 장점 : 명령 및 지시가 신속, 정확하다. • 라인형 단점 - 안전정보가 불충분하다. - 라인에 과도한 책임이 부여될 수 있다. • 생산과 안전을 동시에 지시하는 형태이다.
스태프(staff)형 or 참모형	• 중규모 사업장(100~1,000명 정도의 사업장)에 적용이 가능하다. • 스태프형 장점 : 안전정보 수집이 용이하고 빠르다. • 스태프형 단점 : 안전과 생산을 별개로 취급한다. • 생산부문은 안전에 대한 책임, 권한이 없다.
라인 스태프(Line Staff)형 or 혼합형	• 대규모 사업장(1,000명 이상 사업장)에 적용이 가능하다. • 라인 스태프형 장점 - 안전전문가에 의해 입안된 것을 경영자가 명령하므로 명령이 신속, 정확하다. - 안전정보 수집이 용이하고 빠르다. • 라인 스태프형 단점 - 명령계통과 조언, 권고적 참여의 혼돈이 우려된다.

📝 실기까지 중요한 내용입니다.

10 보호구 안전인증 고시에 따른 가죽제안전화의 성능시험방법에 해당되지 않는 것은?

① 내답발성시험
② 박리저항시험
③ 내충격성시험
④ 내전압성시험

★ 가죽제 안전화 성능시험 종류
① **내충격성** 시험
② **내압박성** 시험
③ **내답발성** 시험
④ **박리저항** 시험
⑤ 내유성 시험
⑥ 인장강도 시험 및 신장율 시험
⑦ 내부식성 시험
⑧ 인열강도 시험
⑨ 은면결렬 시험

📝 실기까지 중요한 내용입니다.

11 위험예지훈련 4R(라운드) 중 2R(라운드)에 해당하는 것은?

① 목표설정   ② 현상파악
③ 대책수립   ④ 본질추구

★ 위험예지 훈련 4단계
1단계 : 현상 파악
2단계 : 요인조사(본질추구)
3단계 : 대책수립
4단계 : 행동목표 설정(합의요약)

📝 실기까지 자주 출제되는 중요한 내용입니다.

정답 10 ④ 11 ④

12 기계, 기구 또는 설비를 신설하거나 변경 또는 고장 수리 시 실시하는 안전점검의 종류는?

① 정기점검
② 수시점검
③ 특별점검
④ 임시점검

★ 안전점검의 종류
① 정기점검(계획점검) : 일정 기간마다 정기적으로 실시하는 점검을 말한다.
② 수시점검(일상점검) : 매일 작업 전, 중, 후에 실시하는 점검을 말한다.
③ 특별점검 : 기계·기구 또는 설비의 신설·변경 또는 고장·수리 등으로 비정기적인 특정 점검, 산업안전보건 강조기간, 악천후 시에도 실시한다.
④ 임시점검 : 기계·기구 또는 설비의 이상 발견 시에 임시로 실시하는 점검을 말한다.

13 산업안전보건법령상 안전인증대상 기계 또는 설비에 속하지 않는 것은?

① 리프트
② 압력용기
③ 곤돌라
④ 파쇄기

안전인증 대상 기계·기구

1. 설치·이전하는 경우 안전인증을 받아야 하는 기계·기구
   가. 크레인
   나. 리프트
   다. 곤돌라

2. 주요 구조 부분을 변경하는 경우 안전인증을 받아야 하는 기계·기구
   ① 프레스
   ② 전단기 및 절곡기(折曲機)
   ③ 크레인
   ④ 리프트
   ⑤ 압력용기
   ⑥ 롤러기
   ⑦ 사출성형기(射出成形機)
   ⑧ 고소(高所)작업대
   ⑨ 곤돌라

특급암기법 유사한 종류끼리 묶어서 암기
손 다치는 기계 – 프레스, 전단기 및 절곡기, 사출성형기, 롤러기
양중기 – 크레인, 리프트, 곤돌라
폭발 – 압력용기
추락 – 고소작업대

📋 실기에 자주 출제되는 중요한 내용입니다.

정답 12 ③ 13 ④

14 브레인 스토밍의 4가지 원칙 내용으로 옳지 않은 것은?

① 비판하지 않는다.
② 자유롭게 발언한다.
③ 가능한 정리된 의견만 발언한다.
④ 타인의 생각에 동참하거나 보충발언 해도 좋다.

★ 브레인스토밍의 4원칙
• 비판금지 : 좋다, 나쁘다 비판은 하지 않는다.
• 자유분방 : 마음대로 자유로이 발언한다.
• 대량발언 : 무엇이든 좋으니 많이 발언한다.
• 수정발언 : 타인의 생각에 동참하거나 보충 발언해도 좋다.

📝 필기에 자주 출제되는 내용입니다.

15 안전관리는 PDCA 사이클의 4단계를 거쳐 지속적인 관리를 수행하여야 한다. 다음 중 PDCA 사이클의 4단계를 잘못 나타낸 것은?

① P : Plan
② D : Do
③ C : Check
④ A : Analysis

★ 안전관리 4-Cycle(P - D - C - A)
계획(Plan) → 실시(Do) → 검토(check) → 조치(Action)

16 재해의 발생형태 중 재해가 일어난 장소나 그 시점에 일시적으로 요인이 집중되어 사고가 발생하는 유형은?

① 연쇄형   ② 복합형
③ 결합형   ④ 단순 자극형

★ 산업재해발생 형태
① 단순자극형(집중형) : 상호 자극에 의하여 순간적으로 재해가 발생하는 유형으로 재해가 일어난 장소에, 그 시기에 일시적으로 요인이 집중한다는 유형이다.
② 연쇄형 : 하나의 사고 요인이 또 다른 요인을 발생시키면서 재해가 발생하는 유형이다.
③ 복합형 : 단순 자극형과 연쇄형의 복합적인 발생 유형이다.

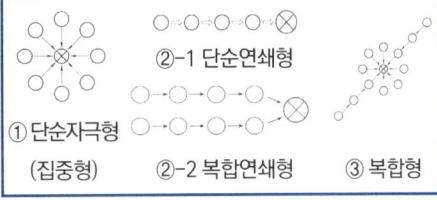

17 안전보건관리계획 수립 시 고려할 사항으로 옳지 않은 것은?

① 타 관리계획과 균형이 맞도록 한다.
② 안전보건을 저해하는 요인을 확실히 파악해야 한다.
③ 수립된 계획은 안전보건관리활동의 근거로 활용된다.
④ 과거실적을 중요한 것으로 생각하고, 현재 상태에 만족해야 한다.

정답   14 ③   15 ④   16 ④   17 ④

* **안전보건계획 작성 시 고려사항**
  ① 사업장 실태에 맞도록 독자적, 실현가능성 있게
  ② 목표는 점진적으로 높게
  ③ 직장 단위로 구체적으로 작성
  ④ 타 관리계획과 균형이 맞도록 작성
  ⑤ 안전보건을 저해하는 요인을 확실히 파악할 것
  ⑥ 수립된 계획은 안전보건관리활동의 근거로 활용될 것

18 다음은 안전보건개선계획를 제출해야 하는 기준 내용이다. ( ) 안에 알맞은 것은?

안전보건계획서를 제출해야 하는 사업주는 안전보건개선계획서 수립·시행 명령을 받은 날부터 ( )일 이내에 관할 지방고용노동관서의 장에게 해당 계획서를 제출(전자문서로 제출하는 것을 포함한다)해야 한다.

① 15
② 30
③ 45
④ 60

안전보건개선계획서를 제출해야 하는 사업주는 안전보건개선계획서 수립·시행 명령을 받은 날부터 60일 이내에 관할 지방고용노동관서의 장에게 해당 계획서를 제출(전자문서로 제출하는 것을 포함한다)해야 한다.

실기까지 중요한 내용입니다.

19 재해의 간접적 원인과 관계가 가장 먼 것은?

① 스트레스
② 안전수칙의 오해
③ 작업준비 불충분
④ 안전방호장치 결함

④ 안전방호장치 결함 → 불안전한 상태(물적원인) → 직접원인

> 참고

* **재해의 직접원인**

인적원인(불안전한 행동)	물적원인(불안전한 상태)
• 위험장소 접근	• 물 자체의 결함
• 안전장치의 기능제거	• 안전 방호장치의 결함
• 복장, 보호구의 잘못 사용	• 복장, 보호구의 결함
• 기계기구 잘못 사용	• 물의 배치 및 작업장소 불량
• 운전 중인 기계장치의 손질	• 작업환경의 결함
• 불안전한 속도 조작	• 생산공정의 결함
• 위험물 취급 부주의	• 경계표시, 설비의 결함
• 불안전한 상태 방치	
• 불안전한 자세·동작	
• 감독 및 연락 불충분	

필기에 자주 출제되는 내용입니다.

20 재해예방의 4원칙에 해당하지 않는 것은?

① 예방가능의 원칙
② 원인계기의 원칙
③ 손실필연의 원칙
④ 대책선정의 원칙

정답 18 ④ 19 ④ 20 ③

* **산업재해예방의 4원칙**
① 예방 가능의 원칙 : 재해는 원칙적으로 원인만 제거되면 예방이 가능하다.
② 손실 우연의 원칙 : 사고의 결과 생기는 상해의 종류와 정도는 사고 발생 시 사고대상의 조건에 따라 우연히 발생한다.
③ 대책 선정의 원칙 : 사고의 원인에 대한 적합한 대책이 선정되어야 한다.
④ 원인 연계의 원칙 : 재해는 원인이 있고, 직접원인과 간접원인이 연계되어 일어난다.

📝 실기에 자주 출제되는 중요한 내용입니다.

2과목 산업심리 및 교육

21 다음 중 학습전이의 조건으로 가장 거리가 먼 것은?

① 학습 정도
② 시간적 간격
③ 학습 분위기
④ 학습자의 지능

* **학습전이의 조건**
① 학습의 정도
② 유사성
③ 시간적 간격
④ 학습자의 태도
⑤ 학습자의 지능

22 인간의 동기에 대한 이론 중 자극, 반응, 보상의 3가지 핵심변인을 가지고 있으며, 표출된 행동에 따라 보상을 주는 방식에 기초한 동기이론은?

① 강화이론   ② 형평이론
③ 기대이론   ④ 목표설정이론

* **스키너의 조작적 조건화설(강화의 원리)**
강화에 의해 행동을 변화시킴
• 반응을 할 때마다 강화를 주는 것보다 간헐적으로 강화를 제공하는 것이 효과적이다.
• 벌이나 혐오자극보다 칭찬, 격려 등 긍정적 강화물이 학습에 효과적이다.
• 반응을 보인 후 즉시 강화물을 제공하는 것이 효과적이다.

23 다음 중 산업안전 심리의 5대요소가 아닌 것은?

① 동기   ② 감정
③ 기질   ④ 지능

* **산업안전심리 5요소**
① 동기(motive)
② 기질(temper)
③ 감정(emotion)
④ 습성(habits)
⑤ 습관(custom)

📝 필기에 자주 출제되는 내용입니다.

정답 21 ③ 22 ① 23 ④

24 다음 중 사고에 관한 표현으로 틀린 것은?

① 사고는 비변형된 사상(unstrained event)이다.
② 사고는 비계획적인 사상(unplaned event)이다.
③ 사고는 원하지 않는 사상(undesired event)이다.
④ 사고는 비효율적인 사상(ineffcient event)이다.

*사고(Accident)
① 사고는 변형된 사상(strained event)이다.
② 사고는 비계획적인 사상(unplaned event)이다.
③ 사고는 원하지 않는 사상(undesired event)이다.
④ 사고는 비효율적인 사상(ineffcient event)이다.

25 집단이 가지는 효과로 두 개 이상의 서로 다른 개체가 힘을 합쳐 둘이 지닌 힘 이상의 효과를 내는 현상은?

① 시너지 효과
② 동조 효과
③ 응집성 효과
④ 자생적 효과

두 개 이상의 서로 다른 개체가 힘을 합쳐 둘이 지닌 힘 이상의 효과를 내는 현상 → 시너지 효과

26 교육방법 중 하나인 사례연구법의 장점으로 볼 수 없는 것은?

① 의사소통 기술이 향상된다.
② 무의식적인 내용의 표현 기회를 준다.
③ 문제를 다양한 관점에서 바라보게 된다.
④ 강의법에 비해 현실적인 문제에 대한 학습이 가능하다.

사례연구법의 장점
• 학습에 흥미가 있고, 학습동기를 유발할 수 있다.
• 현실적인 문제의 학습이 가능하다.
• 관찰력과 분석력을 높일 수 있다.
• 의사소통 기술이 향상된다.
• 문제를 다양한 관점에서 바라보게 된다.

27 직무와 관련한 정보를 직무명세서(job specification)와 직무기술서(job description)로 구분할 경우 직무기술서에 포함되어야 하는 내용과 가장 거리가 먼 것은?

① 직무의 직종
② 수행되는 과업
③ 직무수행 방법
④ 작업자의 요구되는 능력

직무기술서(Job Description)
: 직무와 관련된 과업, 업무, 책임 등을 기술
• 직무의 명칭 및 직무담당부서
• 직무내용 요약
• 직무수행 단계
• 직무수행 방법
• 직무 진행 요건
• 수행되는 과업

정답 24 ① 25 ① 26 ② 27 ④

> 직무명세서(Job Specification)
> : 사람과 관련된 지식, 기술, 능력 등을 기술

- 직무에 대한 지식
- 직무에 대한 기술
- 작업자의 요구되는 성격
- 작업자의 요구되는 능력 및 적성
- 작업자의 요구되는 경험 및 경력
- 작업자의 요구되는 직무 자격요건
- 요구되는 태도 및 가치관

28 판단과정에서의 착오원인이 아닌 것은?

① 능력부족
② 정보부족
③ 감각차단
④ 자기합리화

* 인간 착오요인

인지과정 착오의 요인	• 정보량 저장의 한계 • 감각 차단 현상 • 정서적 불안정(공포, 불안, 불만 등) • 생리, 심리적 능력의 한계 (정보 수용 능력의 한계)
판단과정 착오요인	• 자기 합리화 • 능력 부족 • 정보 부족 • 자기 과신
조작과정의 착오 요인	• 작업자의 기능 미숙(기술 부족) • 작업경험 부족 • 피로
심리적, 기타 요인	• 불안 · 공포 · 과로 · 수면부족 등

📝 필기에 자주 출제되는 내용입니다.

29 다음 중 ATT(American Telephone &Tele-gram) 교육훈련기법의 내용이 아닌 것은?

① 인사관계
② 고객관계
③ 회의의 주관
④ 종업원의 향상

* ATT(American Telephone &Telegram)의 교육 내용(교육훈련기법)
- 인사관계
- 고객관계
- 종업원의 향상
- 작업의 계획 및 인원배치
- 계획적 감독 등

30 미국 국립산업안전보건연구원(NIOSH)이 제시한 직무스트레스 모형에서 직무스트레스 요인을 작업요인, 조직요인, 환경요인으로 구분할 때 조직요인에 해당하는 것은?

① 관리유형 ② 작업속도
③ 교대근무 ④ 조명 및 소음

* 직무스트레스 요인
① 관리유형 → 조직요인
② 작업속도 → 작업요인
③ 교대근무 → 작업요인
④ 조명 및 소음 → 환경요인

정답 28 ③ 29 ③ 30 ①

31 다음 중 안전교육의 목적과 가장 거리가 먼 것은?

① 생산성이나 품질의 향상에 기여한다.
② 작업자를 산업재해로부터 미연에 방지한다.
③ 재해의 발생으로 인한 직접적 및 간접적 경제적 손실을 방지한다.
④ 작업자에게 작업의 안전에 대한 자신감을 부여하고 기업에 대한 충성도를 증가시킨다.

> ★ 안전교육 실시 목적
> ① 인간정신의 안전화
> ② 인간행동의 안전화
> ③ 환경의 안전화
> ④ 설비물자의 안전화
> ⑤ 생산성 및 품질향상 기여
> ⑥ 직·간접적 경제적 손실방지
> ⑦ 작업자를 산업재해로부터 미연에 방지

32 안전교육에서 안전기술과 방호장치관리를 몸으로 습득시키는 교육방법으로 가장 적절한 것은?

① 지식교육   ② 기능교육
③ 해결교육   ④ 태도교육

> 안전기술과 방호장치관리를 몸으로 습득시키는 교육방법 → 기능교육

참고

★ 교육의 3단계
① 제1단계(지식교육) : 강의 및 시청각 교육 등을 통하여 지식을 전달하는 단계
② 제2단계(기능교육) : 시범, 견학, 현장실습 교육 등을 통하여 경험을 체득하는 단계
③ 제3단계(태도교육) : 작업동작 지도 등을 통하여 안전행동을 습관화하는 단계

📝 필기에 자주 출제되는 내용입니다.

33 안전교육의 형태와 방법 중 Off.J.T(Off the Job Training)의 특징이 아닌 것은?

① 공통된 대상자를 대상으로 일관적으로 교육할 수 있다.
② 업무 및 사내의 특성에 맞춘 구체적이고 실제적인 지도교육이 가능하다.
③ 외부의 전문가를 강사로 초청할 수 있다.
④ 다수의 근로자에게 조직적 훈련이 가능하다.

> ② 업무 및 사내의 특성에 맞춘 구체적이고 실제적인 지도교육이 가능하다. → O.J.T

참고

OJT의 특징	• 개개인에게 적절한 훈련이 가능하다. • 직장의 실정에 맞는 훈련이 가능하다. • 교육효과가 즉시 업무에 연결된다. • 훈련에 대한 업무의 계속성이 끊어지지 않는다. • 상호 신뢰 이해도가 높다.

OFF JT의 특징	• 다수의 근로자들에게 훈련을 할 수 있다. • 훈련에만 전념하게 된다. • 특별설비기구 이용이 가능하다. • 많은 지식이나 경험을 교류할 수 있다. • 교육 훈련 목표에 대하여 집단적 노력이 흐트러질 수 있다.

 필기에 자주 출제되는 내용입니다.

34 레윈(Lewin)이 제시한 인간의 행동특성에 관한 법칙에서 인간의 행동(B)은 개체(P)와 환경(E)의 함수관계를 가진다고 하였다. 다음 중 개체(P)에 해당하는 요소가 아닌 것은?

① 연령 ② 지능
③ 경험 ④ 인간관계

> **★레윈(K. Lewin)의 법칙**
> 인간의 행동은 개체의 자질과 심리적 환경의 함수관계이다.
> $$B = f(P \cdot E)$$
> • B : Behavior(인간의 행동)
> • f : function(함수관계)
> • P : Person
>   (개체 : 연령, 경험, 심신상태, 성격, 지능 등)
> • E : Environment
>   (심리적 환경 : 인간관계, 작업환경 등)

 필기에 자주 출제되는 내용입니다.

35 다음 중 피들러(Fiedler)의 상황 연계성 리더십 이론에서 중요시 하는 상황적 요인에 해당하지 않는 것은?

① 과제의 구조화
② 부하의 성숙도
③ 리더의 직위상 권한
④ 리더와 부하 간의 관계

> **★Fiedler의 상황 연계성 리더십 이론의 상황적 요인**
> ① 리더-부하와의 관계 : 리더가 부하로부터 지지와 충성을 받거나 부하들과 우호적이고 협력적인 정도
> ② 리더의 직위상 권한 : 리더가 보상과 처벌을 실시하는 권한
> ③ 과제의 구조화 : 표준적인 운영절차, 상세한 기술, 과제 수행을 위한 객관적인 지표

36 조직에 있어 구성원들의 역할에 대한 기대와 행동은 항상 일치하지는 않는다. 역할 기대와 실제 역할 행동 간에 차이가 생기면 역할 갈등이 발생하는데, 역할 갈등의 원인으로 가장 거리가 먼 것은?

① 역할 마찰
② 역할 민첩성
③ 역할 부적합
④ 역할 모호성

> **★역할 갈등의 원인**
> ① 역할 마찰
> ② 역할 부적합
> ③ 역할 모호성
> ④ 역할 긴장

정답 34 ④ 35 ② 36 ②

37 다음 중 안전교육방법에 있어 도입단계에서 가장 적합한 방법은?

① 강의법　　② 실연법
③ 반복법　　④ 자율학습법

> ＊ 교육진행 4단계
> - 제 1단계 : 도입(학습할 준비를 시킨다.) → 강의법
> - 제 2단계 : 제시(작업을 설명한다.) → 강의법
> - 제 3단계 : 적용(작업을 시켜본다.) → 토의법
> - 제 4단계 : 확인(가르친 뒤 살펴본다.) → 실연법

38 부주의의 발생방지 방법은 발생 원인별로 대책을 강구해야 하는데 다음 중 발생 원인의 외적요인에 속하는 것은?

① 의식의 우회
② 소질적 문제
③ 경험·미경험
④ 작업순서의 부자연성

> ①, ②, ③ → 부주의의 내적원인

39 다음 중 역할연기(role playing)에 의한 교육의 장점으로 틀린 것은?

① 관찰능력을 높이고 감수성이 향상된다.
② 자기의 태도에 반성과 창조성이 생긴다.
③ 정도가 높은 의사결정의 훈련으로서 적합하다.
④ 의견 발표에 자신이 생기고 고찰력이 풍부해진다.

> ＊ 롤 플레잉의 장점
> - 관찰능력을 높이고 감수성이 향상된다.
> - 자기의 태도에 반성과 창조성이 생긴다.
> - 의견 발표에 자신이 생기고 고찰력이 풍부해진다.

> 참고
>
> ＊ 롤 플레잉(Role Playing)
> 롤 플레잉(역할연기)는 참가자에게 일정한 역할을 주어서 **실제적으로 연기를 시켜봄**으로써 자기의 역할을 보다 확실히 인식시키는 방법이다.

> 필기에 자주 출제되는 내용입니다.

40 상황성 누발자의 재해유발원인으로 가장 적절한 것은?

① 소심한 성격
② 주의력의 산만
③ 기계설비의 결함
④ 침착성 및 도덕성의 결여

> ＊ 상황성 누발자
> - 작업에 어려움이 많은 자
> - 기계 설비의 결함이 있을 때
> - 심신에 근심이 있는 자
> - 환경상 주의력 집중이 혼란되기 쉬울 때

정답　37 ①　38 ④　39 ③　40 ③

3과목 인간공학 및 시스템안전공학

41 후각적 표시장치(olfactory display)와 관련된 내용으로 옳지 않은 것은?

① 냄새의 확산을 제어할 수 없다.
② 시각적 표시장치에 비해 널리 사용되지 않는다.
③ 냄새에 대한 민감도의 개별적 차이가 존재한다.
④ 경보 장치로서 실용성이 없기 때문에 사용되지 않는다.

* 후각적 표시장치
① 냄새를 이용하는 표시장치로서 다른 표시장치의 보조수단으로서 활용될 수 있다.
② 예 광부들에게 긴급대피를 알려주기 위하여 악취 시스템을 사용하는데 악취를 환기계통에 주입하여 즉시 전체 갱내에 퍼지도록 한다.

42 HAZOP 기법에서 사용하는 가이드 워드와 의미가 잘못 연결된 것은?

① No/Not - 설계 의도의 완전한 부정
② More/Less - 정량적인 증가 또는 감소
③ Part of - 성질상의 감소
④ Other than - 기타 환경적인 요인

* 유인어의 종류와 뜻
· No 또는 Not : 완전한 부정
· More 또는 Less : 양의 증가 및 감소
· As Well As : 성질상의 증가
· Part of : 일부변경, 성질상의 감소
· Reverse : 설계의도의 논리적인 역
· Other Than : 완전한 대체

필기에 자주 출제되는 내용입니다.

43 그림과 같은 FT도에서 $F_1=0.015$, $F_2=0.02$, $F_3=0.05$이면, 정상사상 T가 발생할 확률은 약 얼마인가?

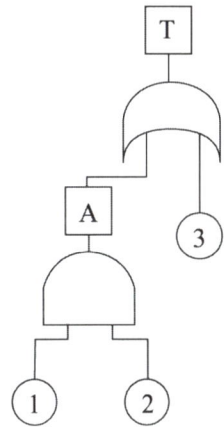

① 0.0002   ② 0.0283
③ 0.0503   ④ 0.9500

T = 1−(1−A) × (1−③)
  = 1− [1−(① × ②)] × (1−③)
  = 1− [1−(0.015 × 0.02)] × (1−0.05)
  = 0.0503

필기에 자주 출제되는 내용입니다.

정답 41 ④ 42 ④ 43 ③

44 다음은 유해위험방지계획서의 제출에 관한 설명이다. ( ) 안에 들어갈 내용으로 옳은 것은?

> 산업안전보건 법령상 "대통령령으로 정하는 사업의 종류 및 규모에 해당하는 사업으로서 해당 제품의 생산 공정과 직접적으로 관련된 건설물·기계·기구 및 설비 등 일체를 설치·이전하거나 그 주요 구조부분을 변경하려는 경우"에 해당하는 사업주는 유해위험방지 계획서에 관련 서류를 첨부하여 해당 작업 시작 (㉠) 까지 공단에 (㉡)부를 제출하여야 한다.

① ㉠ : 7일 전, ㉡ : 2
② ㉠ : 7일 전, ㉡ : 4
③ ㉠ : 15일 전, ㉡ : 2
④ ㉠ : 15일 전, ㉡ : 4

> 사업주가 제조업 대상 사업, 대상 기계·기구 설비에 해당하는 유해·위험방지계획서를 제출하려면 해당 공사 착공 15일 전까지 공단에 2부를 제출하여야 한다.

📝 실기까지 중요한 내용입니다.

45 차폐효과에 대한 설명으로 옳지 않은 것은?

① 차폐음과 배음의 주파수가 가까울 때 차폐효과가 크다.
② 헤어드라이어 소음 때문에 전화 음을 듣지 못한 것과 관련이 있다.
③ 유의적 신호와 배경 소음의 차이를 신호/소음(S/N) 비로 나타낸다.
④ 차폐효과는 어느 한 음 때문에 다른 음에 대한 감도가 증가되는 현상이다.

> ④ 차폐효과(마스킹효과)는 어느 한 음 때문에 다른 음에 대한 감도가 감소되는 현상이다

46 그림과 같이 FTA로 분석된 시스템에서 현재 모든 기본사상에 대한 부품이 고장난 상태이다. 부품 X_1부터 부품 X_5까지 순서대로 복구한다면 어느 부품을 수리 완료하는 시점에서 시스템이 정상가동 되는가?

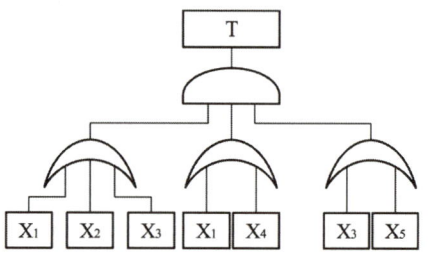

① 부품 X_2 ② 부품 X_3
③ 부품 X_4 ④ 부품 X_5

정답 44 ③ 45 ④ 46 ②

① 부품 X_3를 수리하는 순간부터 3개의 OR 게이트가 모두 정상으로 바뀐다.(OR 게이트는 요소 중 하나가 정상이면 전체 시스템이 정상이 된다)
② 3개의 OR 게이트가 AND 게이트로 연결되어 있으므로 OR 게이트 3개가 모두 정상이면 전체 시스템은 정상이 된다.(AND 게이트는 요소 모두가 정상일 때 전체 시스템이 정상이 된다)즉, 부품 X_3를 수리하는 순간부터 전체 시스템이 정상이 된다.

47 인간이 기계보다 우수한 기능으로 옳지 않은 것은? (단, 인공지능은 제외한다.)

① 암호화된 정보를 신속하게 대량으로 보관할 수 있다.
② 관찰을 통해서 일반화하여 귀납적으로 추리한다.
③ 항공사진의 피사체나 말소리처럼 상황에 따라 변화하는 복잡한 자극의 형태를 식별할 수 있다.
④ 수신 상태가 나쁜 음극선관에 나타나는 영상과 같이 배경 잡음이 심한 경우에도 신호를 인지할 수 있다.

* 인간 – 기계의 기능 비교

	인간의 장점	기계의 장점
감지 기능	• 저에너지 자극 감지 • 다양한 자극 식별 • 예기치 못한 사건 감지	• 인간의 감지범위 밖의 자극 감지 • 인간, 기계의 모니터 기능
정보 처리 기능	• 많은 양의 정보를 장시간 보관 • 귀납적 추리, 다양한 문제 해결	• 정보를 신속하게 대량 보관 • 연역적, 정량적
행동 기능	• 과부하 상태에서는 중요한 일에만 집념할 수 있다.	• 과부하에서 효율적 작동 • 장시간 중량 작업, 반복. 동시 여러 가지 작업을 수행 가능

📝 필기에 자주 출제되는 내용입니다.

48 THERP(Technique for Human Error Rate Prediction)의 특징에 대한 설명으로 옳은 것을 모두 고른 것은?

㉠ 인간기계 계(SYSTEM)에서 여러 가지의 인간의 에러와 이에 의해 발생할 수 있는 위험성의 예측과 개선을 위한 기법
㉡ 인간의 과오를 정성적으로 평가하기 위하여 개발된 기법
㉢ 가지처럼 갈라지는 형태의 논리구조와 나무형태의 그래프를 이용

① ㉠, ㉡ ② ㉠, ㉢
③ ㉡, ㉢ ④ ㉠, ㉡, ㉢

47 ① 48 ②

> **※ 인간에러율 예측기법(THERP)**
> ① 인간의 과오(human error)를 정량적으로 평가하기 위하여 개발된 기법
> ② 인간의 과오율 추정법 등 5개의 스텝으로 되어 있다.

📌 필기에 자주 출제되는 내용입니다.

49 설비의 고장과 같이 발생확률이 낮은 사건의 특정시간 또는 구간에서의 발생횟수를 측정하는데 가장 적합한 확률분포는?

① 이항분포(binomial distribution)
② 푸아송분포(Poisson distribution)
③ 와이블분포(Welbull distribution)
④ 지수분포(exponential distribution)

> 발생확률이 낮은 사건의 특정시간 또는 구간에서의 발생횟수를 측정하는 데 가장 적합한 확률분포
> → 푸아송분포(Poisson distribution)

50 인간공학을 기업에 적용할 때의 기대효과로 볼 수 없는 것은?

① 노사 간의 신뢰 저하
② 작업손실시간의 감소
③ 제품과 작업의 질 향상
④ 작업자의 건강 및 안전 향상

> ① 노사 간의 신뢰 향상

51 인간 에러(human error)에 관한 설명으로 틀린 것은?

① omission error : 필요한 작업 또는 절차를 수행하지 않는데 기인한 에러
② commission error : 필요한 작업 또는 절차의 수행지연으로 인한 에러
③ extraneous error : 불필요한 작업 또는 절차를 수행함으로써 기인한 에러
④ sequential error : 필요한 작업 또는 절차의 순서 착오로 인한 에러

> **※ 휴먼에러의 심리적 분류(Swain의 분류, 독립행동에 관한 분류)**
> ① omission error(누설오류, 생략오류, 부작위오류) : 필요한 작업 또는 절차를 수행하지 않는데 기인한 에러
> ② time error(시간오류) : 필요한 작업 또는 절차의 수행 지연으로 인한 에러
> ③ commission error(작위오류, 실행오류) : 필요한 작업 또는 절차의 불확실한 수행으로 인한 에러
> ④ sequential error(순서오류) : 필요한 작업 또는 절차의 순서 착오로 인한 에러
> ⑤ extraneous error(과잉행동오류) : 불필요한 작업 또는 절차를 수행함으로써 기인한 에러

📌 필기에 자주 출제되는 내용입니다.

정답 49 ② 50 ① 51 ②

52 눈과 물체의 거리가 23cm, 시선과 직각으로 측정한 물체의 크기가 0.03cm 일 때 시각(분)은 얼마인가? (단, 시각은 600 이하이며, radian 단위를 분으로 환산하기 위한 상수값은 57.3과 60을 모두 적용하여 계산하도록 한다.)

① 0.001 ② 0.007
③ 4.48   ④ 24.55

시각의 계산
시간(분) = $\dfrac{57.3 \times 60 \times L}{D}$

- D : 물체와 눈 사이의 거리
- L : 시선과 직각으로 측정한 물체의 크기

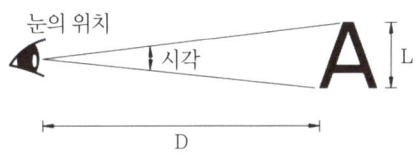

시각(분) = $\dfrac{57.3 \times 60 \times 0.03}{23}$ = 4.48(분)

53 산업안전보건기준에 관한 규칙상 "강렬한 소음 작업"에 해당하는 기준은?

① 85데시벨 이상의 소음이 1일 4시간 이상 발생하는 작업
② 85데시벨 이상의 소음이 1일 8시간 이상 발생하는 작업
③ 90데시벨 이상의 소음이 1일 4시간 이상 발생하는 작업
④ 90데시벨 이상의 소음이 1일 8시간 이상 발생하는 작업

★ 강렬한 소음작업
① 하루 8시간 동안 90dB 이상의 소음이 발생하는 작업
② 하루 4시간 동안 95dB 이상의 소음이 발생하는 작업
③ 하루 2시간 동안 100dB 이상의 소음이 발생하는 작업
④ 하루 1시간 동안 105dB 이상의 소음이 발생하는 작업
⑤ 하루 30분 동안 110dB 이상의 소음이 발생하는 작업
⑥ 하루 15분 동안 115dB 이상의 소음이 발생하는 작업

 실기까지 중요한 내용입니다.

54 컴퓨터 스크린 상에 있는 버튼을 선택하기 위해 커서를 이동시키는데 걸리는 시간을 예측하는데 가장 적합한 법칙은?

① Fitts의 법칙   ② Lewin의 법칙
③ Hick의 법칙   ④ Weber의 법칙

★ 피츠의 법칙(Fitts' Law)
- 목표까지 움직이는 데 필요한 시간은 목표 크기와 목표까지의 거리의 함수이다.
- 목표물의 크기가 작아질수록 속도와 정확도가 나빠지고 목표물과의 거리가 멀어질수록 필요한 시간이 더 길어진다.(표적이 작고 이동거리가 길수록 이동시간이 증가한다)

55 직무에 대하여 청각적 자극 제시에 대한 음성 응답을 하도록 할 때 가장 관련 있는 양립성은?

① 공간적 양립성
② 양식 양립성
③ 운동 양립성
④ 개념적 양립성

정답 52 ③ 53 ④ 54 ① 55 ②

※ 양립성	
개념적 양립성	• 외부자극에 대해 인간의 개념적 현상의 양립성 • 예 빨간 버튼은 온수, 파란 버튼은 냉수
공간적 양립성	• 표시장치, 조종장치의 형태 및 공간적 배치의 양립성 • 예 오른쪽 조리대는 오른쪽 조절장치로, 왼쪽 조리대는 왼쪽 조절장치로 조정한다.
운동의 양립성	• 표시장치, 조종장치 등의 운동 방향의 양립성 • 예 조종장치를 오른쪽으로 돌리면 표시장치 지침이 오른쪽으로 이동한다.
양식 양립성	• 직무에 알맞은 자극과 응답의 양식의 존재에 대한 양립성 • 예 음성과업에 대해서는 청각적 자극 제시와 이에 대한 음성 응답 과업에서 갖는 양립성이다.

📝 필기에 자주 출제되는 내용입니다.

56 NIOSH lifting guideline에서 권장무게 한계(RWL) 산출에 사용되는 계수가 아닌 것은?

① 휴식 계수
② 수평 계수
③ 수직 계수
④ 비대칭 계수

• RWL(Kg) = LC(23) × HM × VM × DM × AM × FM × CM

LC	Load constant
HM	수평 계수(Horizontal Multiplier)
VM	수직 계수(Vertical Multiplier)
DM	거리 계수(Distance Multiplier)
AM	비대칭 계수(Asymmetric Multiplier)
FM	빈도 계수(Frequency Multiplier)
CM	커플링 계수(Coupling Multiplier)

57 Sanders와 McCormick의 의자 설계의 일반적인 원칙으로 옳지 않은 것은?

① 요부 후만을 유지한다.
② 조정이 용이해야 한다.
③ 등근육의 정적부하를 줄인다.
④ 디스크가 받는 압력을 줄인다.

※ 의자 설계의 일반 원리
① 요추의 전만곡선을 유지할 것
② 디스크의 압력을 줄인다.
③ 등근육의 정적부하를 감소시킨다.
④ 자세고정을 줄인다.
⑤ 쉽게 조절할 수 있도록 설계할 것

📝 필기에 자주 출제되는 내용입니다.

정답 56 ① 57 ①

58 화학설비의 안정성 평가에서 정량적 평가의 항목에 해당되지 않는 것은?

① 훈련
② 조작
③ 취급물질
④ 화학설비용량

정량적 평가항목	정성적 평가항목
• 취급물질 • 화학설비의 용량 • 온도 • 압력 • 조작	• 입지 조건 • 공장 내의 배치 • 소방설비 • 공정 기기 • 수송 · 저장 • 원재료 • 중간체 • 제품 • 건조물(건물) • 공정

📝 필기에 자주 출제되는 내용입니다.

59 그림과 같이 신뢰도 95%임 펌프 A가 각각 신뢰도 90%인 밸브 B와 밸브 C의 병렬 밸브계와 직렬계를 이룬 시스템의 실패확률은 약 얼마인가?

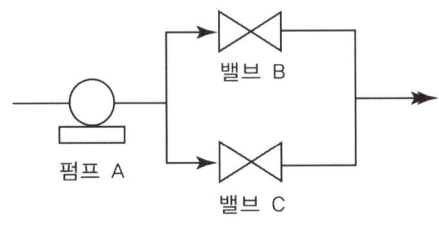

① 0.0091   ② 0.0595
③ 0.9405   ④ 0.9811

1. 시스템의 신뢰도
= A × [1−(1−B) × (1−C)]
= 0.95 × [1−(1−0.9) × (1−0.9)]
= 0.9405
2. 시스템의 고장확률(실패확률)
= 1 − 0.9405 = 0.0595

60 FTA에서 사용되는 최소 컷셋에 관한 설명으로 옳지 않은 것은?

① 일반적으로 Fussell Algorithm을 이용한다.
② 정상사상(Top event)을 일으키는 최소한의 집합이다.
③ 반복되는 사건이 많은 경우 Limnios와 Ziani Algorithm을 이용하는 것이 유리하다.
④ 시스템에 고장이 발생하지 않도록 하는 모든 사상의 집합이다.

④ 시스템에 고장이 발생하지 않도록 하는 모든 사상의 집합이다. → 패스셋

> **참고**
>
> **1. 컷셋(Cut Set)**
> • 정상사상을 발생시키는 기본사상의 집합
> • 모든 기본사상이 일어났을 때 정상사상을 일으키는 기본사상들의 집합이다.
>
> **2. 미니멀 컷(Minimal Cut Set)**
> • 정상사상을 일으키기 위한 기본사상의 최소집합 (최소한의 컷)
> • 시스템의 위험성을 나타낸다.

정답 58 ① 59 ② 60 ④

3. 패스셋(Path Set)
- 시스템의 고장을 일으키지 않는 기본사상들의 집합
- 포함된 기본사상이 일어나지 않을 때 처음으로 정상 사상이 일어나지 않는 기본 사상들의 집합이다.

4. 미니멀 패스(Minimal Path Set)
- 시스템의 기능을 살리는 최소한의 집합(최소한의 패스)
- 시스템의 신뢰성 나타낸다.

> 필기에 자주 출제되는 내용입니다.

4과목 건설시공학

61 지하연속법 공법에 관한 설명으로 옳지 않은 것은?

① 흙막이벽의 강성이 적어 보강재를 필요로 한다.
② 지수벽의 기능도 갖고 있다.
③ 인접건물의 경계선까지 시공이 가능하다.
④ 암반을 포함한 대부분의 지반에 시공이 가능하다.

① 흙막이 벽 자체의 강도, 강성이 우수하기 때문에 연약지반의 변형 및 이면침하를 최소한으로 억제할 수 있다.

> 필기에 자주 출제되는 내용입니다.

62 벽돌공사 중 벽돌쌓기에 관한 설명으로 옳지 않은 것은?

① 가로 및 세로줄눈의 너비는 도면 또는 공사시방서에 정한 바가 없을 때에는 10mm를 표준으로 한다.
② 벽돌쌓기는 도면 또는 공사시방서에서 정한 바가 없을 때에는 불식쌓기 또는 미식쌓기로 한다.
③ 연속되는 벽면의 일부를 트이게 하여 나중쌓기로 할 때에는 그 부분을 층단 들여쌓기로 한다.
④ 벽돌은 각부를 가급적 동일한 높이로 쌓아 올라가고, 벽면의 일부 또는 국부적으로 높게 쌓지 않는다.

② 벽돌쌓기는 도면 또는 공사시방서에서 정한 바가 없을 때에는 영식쌓기 또는 화란식쌓기로 한다.

> 필기에 자주 출제되는 내용입니다.

63 프리플레이스트 콘크리트 말뚝으로 구멍을 뚫어 주입관과 굵은 골재를 채워 넣고 관을 통하여 모르타르를 주입하는 공법은?

① MIP 파일(Mixed In Place pile)
② CIP 파일(Cast In Place pile)
③ PIP 파일(Packed In Place pile)
④ NIP 파일(Nail In Place pile)

정답 61 ① 62 ② 63 ②

* **프리팩트 파일(Prepacked pile)**
① CIP 말뚝(Cast In Place Pile) : 말뚝 구멍을 굴착한 후 철근을 조립하고 모르타르 주입관을 삽입한 다음 자갈을 충전한 후 모르타르를 주입하는 공법이다.
② PIP 말뚝(Packed In Place Pile) : 소정의 깊이까지 뚫은 다음 흙과 오거를 함께 끌어올리면서 오거 중심간의 선단을 통하여 모르타르, 잔자갈, 콘크리트를 주입하여 말뚝을 형성하는 공법이다.
③ MIP 말뚝(Mixed In Place Pile) : 파이프 선단에 커터를 장치하여 흙을 뒤섞으며 지중으로 파들어 간 다음 파이프 선단에서 모르타르를 분출시켜 흙과 모르타르를 혼합하면서 파이프를 빼내는 소일 콘크리트(soil concrete) 말뚝을 형성하는 공법이다.

📝 필기에 자주 출제되는 내용입니다.

64 철근 이음의 종류 중 기계적 이음의 검사 항목에 해당되지 않는 것은?

① 위치　　② 초음파 탐사검사
③ 인장시험　　④ 외관 검사

철근이음의 종류	검사방법
겹침 이음	① 위치 ② 이음길이
가스압접 이음	① 위치 ② 외관검사 ③ 초음파탐사검사 ④ 인장시험
기계적 이음	① 위치 ② 외관검사 ③ 인장시험 ④ 잔류 변형량
용접 이음	① 외관검사 ② 용접부의 결함 ③ 인장시험

65 강구조 건축물의 현장조립 시 볼트시공에 관한 설명으로 옳지 않은 것은?

① 마찰내력을 저감시킬 수 있는 틈이 있는 경우에는 끼움판을 삽입해야 한다.
② 볼트조임 작업 전에 마찰접합면의 흙, 먼지 또는 유해한 도료, 유류, 녹, 밀스케일 등 마찰력을 저감시키는 불순물을 제거해야 한다.
③ 1군의 볼트조임은 가장자리에서 중앙부의 순으로 한다.
④ 현장조임은 1차 조임, 마킹, 2차 조임(본조임), 육안검사의 순으로 한다.

③ 1군의 볼트 조임은 중앙부에서 가장자리의 순으로 한다.

66 거푸집 설치와 관련하여 다음 설명에 해당하는 것으로 옳은 것은?

> 보, 슬래브 및 트러스 등에서 그의 정상적 위치 또는 형상으로부터 처짐을 고려하여 상향으로 들어올리는 것 또는 들어 올린 크기

① 폼타이　　② 캠버
③ 동바리　　④ 턴버클

캠버(Camber : 솟음) : 보, 슬래브 및 트러스 등의 수평부재가 하중에 의한 처짐을 고려하여 상향으로 들어올리는 것 또는 들어 올린 크기를 말한다.

정답　64 ②　65 ③　66 ②

67 품질관리를 위한 통계 수법으로 이용되는 7가지 도구(Tools)를 특징별로 조합한 것 중 잘못 연결된 것은?

① 히스토그램 - 분포도
② 파레토그램 - 영향도
③ 특성요인도 - 원인결과도
④ 체크시트 - 상관도

* **품질관리를 위한 통계적 수법**
① 파레토도(영향도)
② 그래프
③ 산포도(산점도)
④ 히스토그램(분포도)
⑤ 체크시트(집중도)
⑥ 특성요인도
⑦ 층별(부분집단도)

68 말뚝지정 중 강재말뚝에 관한 설명으로 옳지 않은 것은?

① 기성콘크리트말뚝에 비해 중량으로 운반이 쉽지 않다.
② 자재의 이음 부위가 안전하여 소요길이의 조정이 자유롭다.
③ 지중에서의 부식 우려가 높다.
④ 상부구조물과의 결합이 용이하다.

① 강재말뚝은 콘크리트 말뚝보다 두께가 작아서 중량이 가볍고, 운반 및 취급이 용이하다.

 필기에 자주 출제되는 내용입니다.

69 지반조사 시 시추주상도 보고서에서 확인사항과 거리가 먼 것은?

① 지층의 확인
② Slime의 두께 확인
③ 지하수위 확인
④ N값의 확인

* **시추주상도(토질주상도) 확인사항**
① 지층의 확인
② 지하수위 확인
③ N값 확인
④ 지하매설물 확인
⑤ 지반공동구 확인

> 참고
>
> **시추주상도(토질주상도)**: 지반조사로 보링을 통해 채취한 시료를 현장에서 살펴보고 판별, 분류하여 지층의 층별, 포함물질, 층두께 등을 토질기호를 사용하여 그림으로 나타낸 것

70 철골부재 절단 방법 중 가장 정밀한 절단 방법으로 앵글커터(angle cutter) 등으로 작업하는 것은?

① 가스절단   ② 전단절단
③ 톱절단   ④ 전기절단

* **철골부재 절단 방법**
① 가스절단
② 전단절단
③ 톱절단 : 가장 정밀한 절단방법으로 앵글커터(angle cutter) 등으로 절단한다.
④ 전기절단

정답 67 ④ 68 ① 69 ② 70 ③

71 CM 제도에 관한 설명으로 옳지 않은 것은?

① 대리인형 CM(CM for fee) 방식은 프로젝트 전반에 걸쳐 발주자의 컨설턴트 역할을 수행한다.
② 시공자형 CM(CM at risk) 방식은 공사관리자의 능력에 의해 사업의 성패가 좌우된다.
③ 대리인형 CM(CM for fee) 방식에 있어서 독립된 공종별 수급자는 공사관리자와 공사계약을 한다.
④ 시공자형 CM(CM at risk) 방식에 있어서 CM조직이 직접 공사를 수행하기도 한다.

② 시공자형 또는 시공책임자형 CM(CM at Risk) : 종합공사를 시공하는 업종을 등록한 건설업자가 건설공사에 대하여 **시공 이전 단계에서 건설사업 관리 업무를 수행**하고 아울러 시공단계에서 발주자와 시공 및 건설사업 관리에 대한 별도의 **계약을 통하여 종합적인 계획, 관리 및 조정**을 하면서 **미리 정한 공사금액과 공사기간 내에 시설물을 시공**하는 것을 말한다.

📝 필기에 자주 출제되는 내용입니다.

대리인형 CM (CM for Free)	시공자형 CM (CM at Risk)
① 서비스를 제공한 후 용역비(free)를 지급받는 형태로 자문 또는 대리인의 역할을 수행한다. ② 시공자 또는 설계자와 직접적인 계약관계는 없다. ③ 공사비용, 공사기간, 품질 등에 대한 책임은 지지 않는다.	① CM이 직접 하도급자와 계약을 체결하여 시공의 전부 또는 일부를 담당하여 공사를 수행하는 방식이다. ② 공사비용, 공사기간, 품질 등에 대한 책임을 가진다.

참고

① 대리인형 CM(CM for Free, Agency CM) : 설계 및 시공에 직접 관여하지 않으며, 건설사업 수행에 관한 발주자에 대한 조언자로서의 역할만을 한다.

72 다음 보기의 블록쌓기 시공순서로 옳은 것은?

> A. 접착면 청소
> B. 세로규준틀 설치
> C. 규준쌓기
> D. 중간부쌓기
> E. 줄눈누르기 및 파기
> F. 치장줄눈

① A → D → B → C → F → E
② A → B → D → C → F → E
③ A → C → B → D → E → F
④ A → B → C → D → E → F

★ 블록 쌓기 시공순서
접착면 청소 → 세로규준틀 설치 → 규준 쌓기 → 중간부 쌓기 → 줄눈누르기 및 파기 → 치장줄눈

정답 71 ③ 72 ④

73 강구조부재의 내화피복공법이 아닌 것은?

① 조적공법
② 세라믹울 피복공법
③ 타설공법
④ 메탈라스 공법

＊ 내화피복 공법의 종류

습식공법	건식공법
① **조적공법** : 철골표면에 벽돌, 돌, 콘크리트 블록, 경량 콘크리트 블록 등을 시공하는 공법 ② **미장공법** : 철골표면에 단열 모르타르를 시공하는 공법 ③ **도장공법** : 철골표면에 내화페인트를 도장하는 공법 ④ **뿜칠공법** : 철골표면에 접착제를 혼합한 내화피복재를 뿜어서 내화피복하는 공법 ⑤ **타설공법** : 철골표면에 기포 콘크리트, 경량콘크리트를 타설하는 공법	① **성형판 공법** : 내화단열성이 우수한 각종 성형판을 철골주위에 접착제와 철물 등을 설치하고 그 위에 붙이는 공법으로 주로 기둥과 보의 내화피복에 사용된다. ② **멤브레인 공법** ③ **세라믹울 피복공법**

📝 필기에 자주 출제되는 내용입니다.

74 콘크리트 공사 시 콘크리트를 2층 이상으로 나누어 타설할 경우 허용 이어치기 시간간격의 표준으로 옳은 것은? (단, 외기온도가 25℃ 이하일 경우이며, 허용 이어치기 시간간격은 하층 콘크리트 비비기 시작에서부터 콘크리트 타설 완료한 후, 상층 콘크리트가 타설되기까지의 시간을 의미)

① 2.0 시간   ② 2.5 시간
③ 3.0 시간   ④ 3.5 시간

＊ 콘크리트의 허용 이어치기 시간간격의 표준

외기온도	허용 이어치기 시간간격
25℃ 초과	2.0시간
25℃ 이하	2.5시간

📝 필기에 자주 출제되는 내용입니다.

75 대규모공사에서 지역별로 공사를 분리하여 발주하는 방식이며 공사기일단축, 시공기술향상 및 공사의 높은 성과를 기대할 수 있어 유리한 도급방법은?

① 전문공종별 분할도급
② 공정별 분할도급
③ 공구별 분할도급
④ 직종별 공종별 분할도급

＊ 분할도급
① **전문공사별 분할도급** : 설비 공사를 주체 공사에서 분리하여 전문업자와 직접 계약하는 방식
② **공정별 분할도급** : 정지, 기초, 구체, 마무리 공사 등의 과정별로 나누어 도급을 주는 방식
③ **공구별 분할도급** : 대규모 공사에서 지역별로 공사를 구분하여 발주하는 방식

📝 필기에 자주 출제되는 내용입니다.

정답 73 ④   74 ②   75 ③

76 단순조적 블록공사 시 방수 및 방습처리에 관한 설명으로 옳지 않은 것은?

① 방습층은 도면 또는 공사시방서에서 정한 바가 없을 때에는 마루 밑이나 콘크리트 바닥판 밑에 접근되는 세로줄눈의 위치에 둔다.
② 물빼기 구멍은 콘크리트의 윗면에 두거나 물끊기 및 방습층 등의 바로 위에 둔다.
③ 도면 또는 공사시방서에서 정한 바가 없을 때 물빼기 구멍의 직경은 10mm 이내, 간격 1.2m 마다 1개소로 한다.
④ 물빼기 구멍에는 다른 지시가 없는 한 직경 6mm, 길이 100mm되는 폴리에틸렌 플라스틱 튜브를 만들어 집어넣는다.

① 블록 벽체가 지반면에 접촉하는 부분에는 수평 방습층을 두고 그 위치·재료 및 공법은 도면 또는 공사시방에 따르고, 그 정함이 없을 때에는 마루 밑이나 콘크리트 바닥판 밑에 접근되는 가로줄눈의 위치에 두고 액체방수 모르터를 10mm 두께로 블록 윗면 전체에 바른다.

77 기초굴착 방법 중 굴착 공에 철근망을 삽입하고 콘크리트를 타설하여 말뚝을 형성하는 공법이며, 안정액으로 벤토나이트 용액을 사용하고 표층부에서만 케이싱을 사용하는 것은?

① 리버스 서큘레이션 공법
② 베노토공법
③ 심초공법
④ 어스드릴공법

★ **어스드릴(Earth Drill) 공법**
① 굴착 공에 철근망을 삽입하고 콘크리트를 타설하여 말뚝을 형성하는 공법이며, 안정액으로 벤토나이트 용액을 사용하여 공벽을 보호한다.
② 장비가 소형으로 좁은 장소에도 시공가능하며, 안정액 관리가 어렵고, 연질지반에 적합하다.

📎 필기에 자주 출제되는 내용입니다.

78 철근콘크리트의 부재별 철근의 정착위치로 옳지 않은 것은?

① 작은 보의 주근은 기둥에 정착한다.
② 기둥의 주근은 기초에 정착한다.
③ 바닥철근은 보 또는 벽체에 정착한다.
④ 지중보의 주근은 기초 또는 기둥에 정착한다.

★ **철근의 정착위치**
① 기둥의 주근은 기초 또는 바닥판에 정착한다.
② 바닥철근은 보, 벽체에 정착한다.
③ 벽 철근은 기둥, 보, 바닥판에 정착한다.
④ 큰 보의 주근은 기둥에 정착하고, 작은 보의 주근은 큰 보에 정착한다.
⑤ 보 밑 기둥이 없을 때에는 보 상호간에 정착한다.
⑥ 지중 보의 주근은 기초 또는 기둥에 정착한다.

📎 필기에 자주 출제되는 내용입니다.

정답 76 ① 77 ④ 78 ①

79 콘크리트를 타설 시 주의사항으로 옳지 않은 것은?

① 콘크리트는 그 표면이 한 구획 내에서는 거의 수평이 되도록 타설하는 것을 원칙으로 한다.
② 한 구획내의 콘크리트는 타설이 완료될 때까지 연속해서 타설하여야 한다.
③ 타설한 콘크리트를 거푸집 안에서 횡방향으로 이동시켜 밀실하게 채워질 수 있도록 한다.
④ 콘크리트 타설의 1층 높이는 다짐능력을 고려하여 결정하여야 한다.

> ③ 타설한 콘크리트를 거푸집 안에서 횡방향으로 이동시켜서는 안 된다.

📘 필기에 자주 출제되는 내용입니다.

80 각 거푸집 공법에 관한 설명으로 옳지 않은 것은?

① 플라잉 폼 : 벽체 전용거푸집으로 거푸집과 벽체마감공사를 위한 비계틀을 일체로 조립한 거푸집을 말한다.
② 갱 폼 : 대형벽체거푸집으로써 인력절감 및 재사용이 가능한 장점이 있다.
③ 터널 폼 : 벽체용, 바닥용 거푸집을 일체로 제작하여 벽과 바닥 콘크리트를 일체로 하는 거푸집공법이다.
④ 트래블링 폼 : 수평으로 연속된 구조물에 적용되며 해체 및 이동에 편리하도록 제작된 이동식 거푸집공법이다.

> ① 플라잉 폼(Flying form) : 거푸집, 장선, 멍에, 지주를 일체화하여 수평 및 수직으로 이동할 수 있도록 한 바닥전용의 대형 거푸집을 말한다.

📘 필기에 자주 출제되는 내용입니다.

5과목 건설재료학

81 통풍이 좋지 않은 지하실에 사용하는데 가장 적합한 미장재료는?

① 시멘트 모르타르
② 회사벽
③ 회반죽
④ 돌로마이트 플라스터

> 통풍이 좋지 않은 지하실 → 공기 중에서 경화하는 기경성재료는 적합하지 않다. → 물과 작용하여 경화하는 수경성재료가 적합하다.

수경성(팽창성)	1. 석고질 • 석고 플라스터 • 혼합석고 플라스터(배합석고) • 경석고 플라스터(킨즈시멘트) 2. 시멘트모르타르 3. 인조석 바름 4. 테라조 현장 바름

특급암기법
수(수경성) 고(석고)하는 시(시멘트모르타르)인(인조석) 테라조

정답 79 ③ 80 ① 81 ①

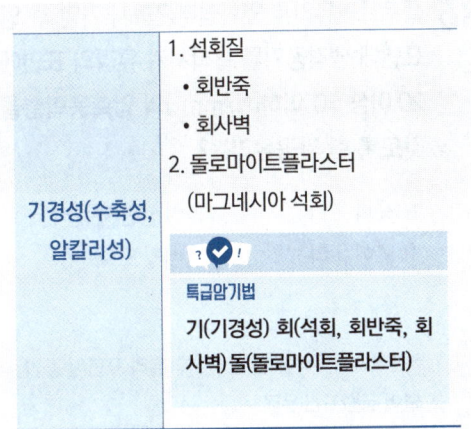

> 필기에 자주 출제되는 내용입니다.

82 점토의 성분 및 성질에 관한 설명으로 옳지 않은 것은?

① Fe_2O_3 등의 부성분이 많으면 제품의 건조수축이 크다.
② 점토의 주성분은 실리카, 알루미나이다.
③ 소성 색상은 석회물질이 많을수록 짙은 적색이 된다.
④ 가소성은 점토입자가 미세할수록 좋다.

③ 점토제품의 색상은 철산화물 또는 석회물질에 의해 나타난다.(소성 색상은 석회물질이 많을수록 황색, 철산화물이 많을수록 적색이 된다.)

> 필기에 자주 출제되는 내용입니다.

83 석재를 성인에 의해 분류하면 크게 화성암, 수성암, 변성암으로 대별하는데 다음 중 수성암에 속하는 것은?

① 사문암　② 대리암
③ 현무암　④ 응회암

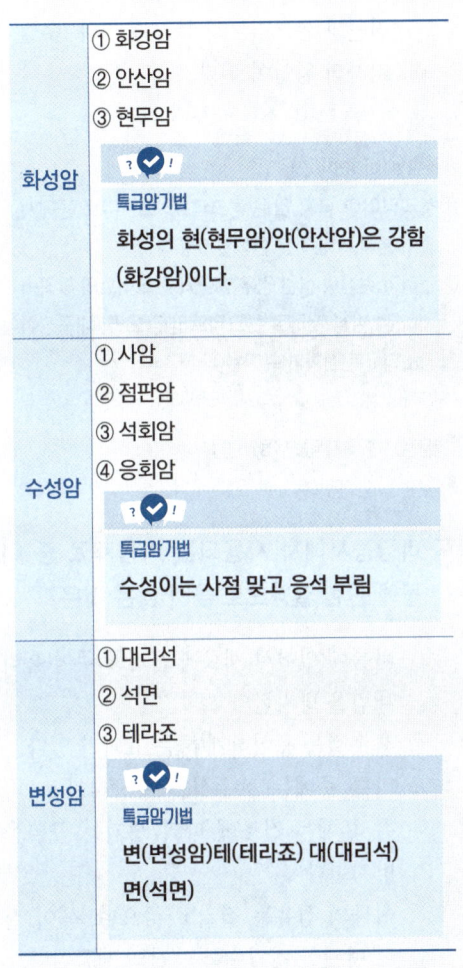

> 필기에 자주 출제되는 내용입니다.

정답　82 ③　83 ④

84 블리딩현상이 콘크리트에 미치는 가장 큰 영향은?

① 공기량이 증가하여 결과적으로 강도를 저하시킨다.
② 수화열을 발생시켜 콘크리트에 균열을 발생시킨다.
③ 콜드조인트의 발생을 방지한다.
④ 철근과 콘크리트의 부착력 저하, 수밀성 저하의 원인이 된다.

＊블리딩(bleeding)
① 블리딩이란 굳지 않은 콘크리트, 모르타르 등에서 물이 분리, 상승하는 현상을 말한다.
② 블리딩 현상이 심한 경우 철근과 콘크리트의 부착력 저하, 수밀성 저하로 콘크리트의 강도 및 내구성이 감소되고 탄산화가 촉진된다.

📝 필기에 자주 출제되는 내용입니다.

85 미장공사에서 사용되는 바름재료 중 여물에 관한 설명으로 옳지 않은 것은?

① 바름에 있어서 재료에 끈기를 주어 흘러내림을 방지한다.
② 흙손질을 용이하게 하는 효과가 있다.
③ 바름 중에는 보수성을 향상시키고, 바름 후에는 건조에 따라 생기는 균열을 방지한다.
④ 여물의 섬유는 질기고 굵으며, 색이 짙고 빳빳한 것일수록 양질의 제품이다.

④ 여물의 섬유는 질기고 가늘며 부드럽고 흰색일수록 양질의 제품이다.

📝 필기에 자주 출제되는 내용입니다.

86 플로트판유리를 연화점부근까지 가열 후 양 표면에 냉각공기를 흡착시켜 유리의 표면에 20 이상 60 이하(N/mm^2)의 압축응력층을 갖도록 한 가공유리는?

① 강화유리 ② 열선반사유리
③ 로이유리 ④ 배강도 유리

① 강화유리 : 판유리를 열처리한 후 유리 표면에 공기를 불어 급랭시킨 유리
② 열선반사유리 : 유리 바깥쪽에 크롬, 철, 코발트 등의 금속을 코팅하여 부착해서 태양 방사열의 투과와 반사를 적절하게 조절하게 한 유리
③ 로이유리 : 유리 표면에 금속 또는 금속산화물을 얇게 코팅한 것으로 열의 이동을 최소화 시켜주는 단열성이 높은 유리
④ 배강도 유리 : 플로트판유리를 연화점부근까지 가열 후 양 표면에 냉각공기를 흡착시켜 유리의 표면에 20 이상 60 이하(N/mm^2)의 압축응력 층을 갖도록 한 가공유리

87 고로슬래그 쇄석에 관한 설명으로 옳지 않은 것은?

① 철을 생산하는 과정에서 용광로에서 생기는 광재를 공기중에서 서서히 냉각시켜 경화된 것을 파쇄하여 입도를 고른 것이다.
② 다른 암석을 사용한 콘크리트보다 고로슬래그 쇄석을 사용한 콘크리트가 건조수축이 매우 큰 편이다.
③ 투수성은 보통골재를 사용한 콘크리트보다 크다.
④ 다공질이기 때문에 흡수율이 높다.

정답 84 ④ 85 ④ 86 ④ 87 ②

② 고로슬래그 쇄석을 사용한 콘크리트가 수화열의 저감에 따라 다른 암석을 사용한 콘크리트보다 **건조수축이 작은 편**이다.

📝 필기에 자주 출제되는 내용입니다.

88 유리공사에 사용되는 자재에 관한 설명으로 옳지 않은 것은?

① 흡습제는 작은 기공을 수억 개 갖고 있는 입자로 기체분자를 흡착하는 성질에 의해 밀폐공간에 건조상태를 유지하는 재료이다.
② 세팅 블록은 새시 하단부의 유리끼움용 부재료로서 유리의 자중을 지지하는 고임재이다.
③ 단열간봉은 복층유리의 간격을 유지하는 재료로 알루미늄간봉을 말한다.
④ 백업재는 실링 시공인 경우에 부재의 측면과 유리면 사이에 연속적으로 충전하여 유리를 고정하는 재료이다.

③ 단열간봉은 복층유리의 간격을 유지하는 재료로 기존 알루미늄간봉보다 단열성능을 향상시켜 복층유리의 결로를 방지하는 효과가 있다.

89 목재 또는 기타 식물질을 절삭 또는 파쇄하고 소편으로 하여 충분히 건조시킨 후 합성수지 접착제와 같은 유기질의 접착제를 첨가하여 열압제판한 보드로써 상판, 칸막이벽, 가구 등에 사용되는 것은?

① 파키트리 보드
② 파티클 보드
③ 플로링 보드
④ 파키트리 블록

파이티클 보드 : 목재를 작은 조각으로 하여 충분히 건조시킨 후 합성수지와 같은 유기질의 **접착제를 첨가하여 열압 제판한 목재 가공품**

📝 필기에 자주 출제되는 내용입니다.

90 금속재료의 일반적인 부식 방지를 위한 대책으로 옳지 않은 것은?

① 가능한 다른 종류의 금속을 인접 또는 접촉시켜 사용한다.
② 가공 중에 생긴 변형은 뜨임질, 풀림 등에 의해서 제거한다.
③ 표면은 깨끗하게 하고, 물기나 습기가 없도록 한다.
④ 부분적으로 녹이 나면 즉시 제거한다.

★ **금속의 부식방지 대책(방식 대책)**
① 가능한 한 이종 금속은 이를 인접, 접속시켜 사용하지 않을 것
② 균질한 것을 선택하고, 사용할 때 큰 변형을 주지 않도록 할 것

📝 필기에 자주 출제되는 내용입니다.

정답 88 ③ 89 ② 90 ①

③ 큰 변형을 준 것은 가능한 한 풀림하여 사용할 것
④ 가능한 한 건조상태로 유지하고 부분적인 녹은 빨리 제거할 것
⑤ 도료 및 내식성이 큰 금속의 기밀 또는 수밀성 보호 피막을 만들거나 방부피막을 실시할 것

＊ 에폭시 수지 접착제
① 주제와 경화제로 이루어진 2성분계의 접착제이다.
② 금속, 석재, 플라스틱, 콘크리트 등 거의 모든 재료의 접착에 사용된다.(알루미늄과 같은 경금속 접착에 가장 적합하다.)
③ 급경성으로 내화학성, 내수성이 우수하다.

91 목재용 유성 방부제의 대표적인 것으로 방부성이 우수하나, 악취가 나고 흑갈색으로 외관이 불미하여 눈에 보이지 않는 토대, 기둥, 도리 등에 이용되는 것은?

① 유성페인트
② 크레오소트 오일
③ 염화아연 4% 용액
④ 불화소다 2% 용액

93 리녹신에 수지, 고무물질, 코르크분말 등을 섞어 마포(hemp cloth) 등에 발라 두꺼운 종이모양으로 압면·성형한 제품은?

① 스펀지 시트
② 리놀륨
③ 비닐 시트
④ 아스팔트 타일

＊ 목재에 사용되는 크레오소트 오일
① 방부력이 우수하고 강도 저하가 적지만 악취가 난다.
② 가격이 저렴하다.
③ 독성이 적다.
④ 침투성이 좋아 목재에 깊게 주입된다.
⑤ 흑갈색으로 외관이 불미하여 눈에 보이지 않는 토대, 기둥, 도리 등에 이용한다.

리놀륨 : 리녹신에 수지, 고무물질, 코르크분말 등을 섞어 삼베 등의 마포에 발라 두꺼운 종이모양으로 눌러편(압면 · 성형) 제품

📝 필기에 자주 출제되는 내용입니다.

94 다음 중 단백질계 접착제에 해당하는 것은?

① 카세인 접착제
② 푸란수지 접착제
③ 에폭시수지 접착제
④ 실리콘수지 접착제

92 다음 중 알루미늄과 같은 경금속 접착에 가장 적합한 합성수지는?

① 멜라민수지
② 실리콘수지
③ 에폭시수지
④ 푸란수지

1. **단백질계 접착제**
① **카세인**
② **아교**
③ **콩풀**

정답 91 ② 92 ③ 93 ② 94 ①

2. 합성수지 접착제
   ① 요소수지 접착제
   ② 페놀수지 접착제
   ③ 에폭시수지 접착제
   ④ 멜라민수지 접착제
   ⑤ 실리콘수지 접착제
   ⑥ 푸란수지 접착제

95 고로시멘트의 특성에 관한 설명으로 옳지 않은 것은?

① 수화열이 낮고 수축률이 적어 댐이나 항만공사 등에 적합하다.
② 보통포틀랜드시멘트에 비하여 비중이 크고 풍화에 대한 저항성이 뛰어나다.
③ 응결시간이 느리기 때문에 특히 겨울철 공사에 주의를 요한다.
④ 다량으로 사용하게 되면 콘크리트의 화학 저항성 및 수밀성, 알칼리골재반응 억제 등에 효과적이다.

* **고로시멘트**
① 용광로의 선철제작 부산물을 급랭시키고 파쇄하여 시멘트와 혼합한 것을 고로시멘트라 한다.
② 초기 강도는 낮으나 장기강도는 높다.
③ 수화열이 적고 수축률이 적어 **매스콘크리트용으로 적합하다**.
④ 염분에 대한 저항이 크고 화학 저항성이 크며 방수성이 뛰어나 **댐이나 항만공사**, 공장폐수공사 등에 사용된다.
④ 수화열이 적어 응결시간이 느리기 때문에 특히 겨울 철 공사에 주의를 요한다.(동해를 받기 쉽다.)
⑤ 보통 포틀랜드시멘트에 비하여 **비중이 작고** 중성화가 빨라서 **풍화되기 쉽다**.

📝 필기에 자주 출제되는 내용입니다.

96 비철금속에 관한 설명으로 옳지 않은 것은?

① 청동은 구리와 아연을 주체로 한 합금으로 건축용 장식철물에 사용된다.
② 알루미늄은 산 및 알칼리에 약하다.
③ 아연은 산 및 알칼리에 약하나 일반대기나 수중에서는 내식성이 크다.
④ 동은 전기 및 열전도율이 매우 크다.

* **청동(Cu+Sn)**
① 동(구리)과 주석을 주성분으로 한 합금이다.
② 건축용 장식품, 미술 공예 재료로 사용한다.

📝 필기에 자주 출제되는 내용입니다.

97 콘크리트의 압축강도에 영향을 주는 요인에 관한 설명으로 옳지 않은 것은?

① 양생온도가 높을수록 콘크리트의 초기 강도는 낮아진다.
② 일반적으로 물-시멘트비가 같으면 시멘트의 강도가 큰 경우 압축강도가 크다.
③ 동일한 재료를 사용하였을 경우에 물-시멘트비가 작을수록 압축강도가 크다.
④ 습윤양생을 실시하게 되면 일반적으로 압축강도는 증진된다.

① 양생온도가 높을수록 콘크리트의 초기강도는 높아진다.

📝 필기에 자주 출제되는 내용입니다.

정답 95 ② 96 ① 97 ①

98 목재의 강도에 관한 설명으로 옳지 않은 것은?

① 목재의 건조는 중량을 경감시키지만 강도에는 영향을 끼치지 않는다.
② 벌목의 계절은 목재의 강도에 영향을 끼친다.
③ 일반적으로 응력의 방향이 섬유방향에 평행인 경우 압축강도가 인장강도보다 작다.
④ 섬화포화점 이하에서는 함수율 감소에 따라 강도가 증대한다.

> ① 목재의 건조는 강도에 영향을 끼친다.
> • 섬유포화점 이상의 함수 상태에서는 강도는 일정하나 그 이하에서는 함수율이 작을수록 강도는 커진다.
> • 전건상태에 이르면 강도는 섬유포화점 상태에 비해 3배로 증가한다.

📝 필기에 자주 출제되는 내용입니다.

99 목재 제품 중 합판에 관한 설명으로 옳지 않은 것은?

① 방향에 따른 강도차가 작다.
② 곡면가공을 하여도 균열이 생기지 않는다.
③ 여러 가지 아름다운 무늬를 얻을 수 있다.
④ 함수율 변화에 의한 신축변형이 크다.

> ＊ 합판
> ① 합판은 3매 이상의 얇은 판을 1매마다 섬유방향이 직교하도록 붙여서 만든 판을 말한다.
> ② 함수율 변화에 따라 팽창·수축의 변형이 없다.
> ③ 뒤틀림이나 변형이 적은 비교적 큰 면적의 평면 재료를 얻을 수 있다.
> ④ 곡면가공을 하여도 균열이 생기지 않는다.
> ⑤ 균일한 강도의 재료를 얻을 수 있다.(방향에 따른 강도차가 작다.)
> ⑥ 여러 가지 아름다운 무늬를 얻을 수 있다.

📝 필기에 자주 출제되는 내용입니다.

100 어떤 재료의 초기 탄성변형량이 2.0cm이고, 크리프(creep) 변형량이 4.0cm라면 이 재료의 크리프 계수는 얼마인가?

① 0.5　　② 1.0
③ 2.0　　④ 4.0

$$크리프계수(\Psi_t) = \frac{크리프변형률}{탄성변형률}$$

$$크리프계수(\Psi_t) = \frac{크리프변형률}{탄성변형률} = \frac{4.0}{2.0} = 2.0$$

정답 98 ① 99 ④ 100 ③

6과목 건설안전기술

101 다음 중 해체작업용 기계 기구로 가장 거리가 먼 것은?

① 압쇄기 ② 핸드 브레이커
③ 철제 햄머 ④ 진동롤러

④ 진동롤러 → 다짐장비

102 산업안전보건관리비 계상기준에 따른 건축공사, 대상액이 5억원 이상 50억원 미만의 산업안전보건관리비의 비율 및 기초액으로 옳은 것은?

① 비율 : 2.28%, 기초액 : 4,325,000원
② 비율 : 1.99%, 기초액 : 5,499,000원
③ 비율 : 2.35%, 기초액 : 5,400,000원
④ 비율 : 1.57%, 기초액 : 4,411,000원

★ **공사종류 및 규모별 산업안전보건관리비 계상기준표**

구분 공사종류	대상액 5억 원 미만인 경우 적용비율(%)	대상액 5억 원 이상 50억 원 미만인 경우 적용비율(%)	대상액 5억 원 이상 50억 원 미만인 경우 기초액	대상액 50억 원 이상인 경우 적용비율(%)	보건관리자 선임대상 건설공사의 적용비율(%)
건축공사	3.11%	2.28%	4,325천원	2.37%	2.64%
토목공사	3.15%	2.53%	3,300천원	2.60%	2.73%
중건설 공사	3.64%	3.05%	2,975천원	3.11%	3.39%
특수건설 공사	2.07%	1.59%	2,450천원	1.64%	1.78%

103 다음은 말비계를 조립하여 사용하는 경우에 관한 준수사항이다. ( )안에 들어갈 내용으로 옳은 것은?

> • 지주부재 수평면의 기울기를 (A)° 이하로 하고 지주부재와 지주부재 사이를 고정시키는 보조부재를 설치할 것
> • 말비계의 높이가 2m를 초과하는 경우에는 작업발판의 폭을 (B)cm 이상으로 할 것

① A : 75, B : 30
② A : 75, B : 40
③ A : 85, B : 30
④ A : 85, B : 40

★ **말비계 조립 시의 준수사항**
① 지주부재의 하단에는 **미끄럼 방지장치**를 하고, **양측 끝부분에 올라서서 작업하지 아니하도록 할 것**
② 지주부재와 수평면과의 기울기를 **75도 이하**로 하고, 지주부재와 지주부재 사이를 고정시키는 보조부재를 설치할 것
③ 말비계의 **높이가 2미터를 초과**할 경우에는 작업발판의 폭을 **40센티미터 이상**으로 할 것

📝 실기까지 중요한 내용입니다.

정답 101 ④ 102 ① 103 ②

104 토질시험 중 연약한 점토 지반의 점착력을 판별하기 위하여 실시하는 현장시험은?

① 베인테스트(Vane Test)
② 표준관입시험(SPT)
③ 하중재하시험
④ 삼축압축시험

> 연약한 점토 지반의 점착력을 판별하기 위하여 실시하는 현장시험 → 베인테스트(Vane Test)

참고

★ 표준 관입 시험(standard penetration test)
- 표준 샘플러 63.5[kg]의 해머로 75[cm]의 높이에서 낙하시켜 관입량 30[cm]에 달하는데 요하는 타격 횟수로서 사질지반(모래)의 밀도를 측정하는 방법이다.
- 타격횟수의 값이 클수록 밀실한 토질이다.

 실기까지 중요한 내용입니다. 참고를 암기하세요.

105 터널 등의 건설작업을 하는 경우에 낙반 등에 의하여 근로자가 위험해질 우려가 있는 경우에 필요한 직접적인 조치사항과 거리가 먼 것은?

① 터널지보공 설치
② 부석의 제거
③ 울 설치
④ 록볼트 설치

> **★ 낙반에 의한 위험 방지조치**
> ① 터널지보공 및 록볼트의 설치
> ② 부석의 제거

 실기까지 중요한 내용입니다.

106 다음 중 유해위험방지계획서 제출 대상공사가 아닌 것은?

① 지상높이가 30m인 건축물 건설공사
② 최대지간길이가 50m인 교량건설공사
③ 터널 건설공사
④ 깊이가 11m인 굴착공사

> **★ 유해위험방지계획서를 제출해야 될 건설공사**
> 1. 다음 각 목의 어느 하나에 해당하는 건축물 또는 시설 등의 건설·개조 또는 해체공사
>   가. 지상높이가 31미터 이상인 건축물 또는 인공구조물
>   나. 연면적 3만제곱미터 이상인 건축물
>   다. 연면적 5천제곱미터 이상인 시설로서 다음의 어느 하나에 해당하는 시설
>   1) 문화 및 집회시설(전시장 및 동물원·식물원은 제외한다)
>   2) 판매시설, 운수시설(고속철도의 역사 및 집배송시설은 제외한다)
>   3) 종교시설
>   4) 의료시설 중 종합병원
>   5) 숙박시설 중 관광숙박시설
>   6) 지하도상가
>   7) 냉동·냉장 창고시설
> 2. 연면적 5천제곱미터 이상의 냉동·냉장창고시설의 설비공사 및 단열공사
> 3. 최대 지간길이(다리의 기둥과 기둥의 중심사이의 거리)가 50미터 이상인 교량 건설 등 공사
> 4. 터널 건설 등의 공사
> 5. 다목적댐, 발전용댐, 저수용량 2천만톤 이상의 용수 전용 댐, 지방상수도 전용 댐 건설 등의 공사
> 6. 깊이 10미터 이상인 굴착공사

정답 104 ① 105 ③ 106 ①

특급암기법
- 지상높이 31m, 연면적 3만m², 사람 많은 시설 연면적 5,000m²
- 연면적 5,000m² 냉동·냉장창고시설
- 최대 지간길이가 50미터 이상 교량
- 터널
- 저수용량 2천만 톤 이상 댐
- 10미터 이상인 굴착

📝 실기에 자주 출제되는 중요한 내용입니다.

- 등받이울이 있어도 근로자 이동에 지장이 없는 경우 : 바닥으로부터 높이가 2.5미터 되는 지점부터 등받이울을 설치할 것
- 등받이울이 있으면 근로자가 이동이 곤란한 경우 : 한국산업표준에서 정하는 기준에 적합한 개인용 추락 방지 시스템을 설치하고 근로자로 하여금 한국산업표준에서 정하는 기준에 적합한 전신 안전대를 사용하도록 할 것
⑩ 접이식 사다리 기둥은 사용 시 접혀지거나 펼쳐지지 않도록 철물 등을 사용하여 견고하게 조치할 것

📝 실기까지 중요한 내용입니다.

107 사다리식 통로의 길이가 10m 이상일 때 얼마 이내마다 계단참을 설치하여야 하는가?

① 3m 이내마다 ② 4m 이내마다
③ 5m 이내마다 ④ 6m 이내마다

108 비계의 부재 중 기둥과 기둥을 연결시키는 부재가 아닌 것은?

① 띠장 ② 장선
③ 가새 ④ 작업발판

* **사다리식 통로 설치 시의 준수사항**
① 견고한 구조로 할 것
② 심한 손상·부식 등이 없는 재료를 사용할 것
③ 발판의 간격은 일정하게 할 것
④ 발판과 벽과의 사이는 15센티미터 이상의 간격을 유지할 것
⑤ 폭은 30센티미터 이상으로 할 것
⑥ 사다리가 넘어지거나 미끄러지는 것을 방지하기 위한 조치를 할 것
⑦ 사다리의 상단은 걸쳐놓은 지점으로부터 60센티미터 이상 올라가도록 할 것
⑧ 사다리식 통로의 길이가 10미터 이상인 경우에는 5미터 이내마다 계단참을 설치할 것
⑨ 사다리식 통로의 기울기는 75도 이하로 할 것. 다만, 고정식 사다리식 통로의 기울기는 90도 이하로 하고, 그 높이가 7미터 이상인 경우에는 다음 각 목의 구분에 따른 조치를 할 것

* **비계의 연결부재**
① 띠장
② 장선
③ 가새

109 지반의 종류가 다음과 같을 때 굴착면의 기울기 기준으로 옳은 것은?

모래

① 1 : 1 : 0.5
② 1 : 1.8
③ 1 : 1.0
④ 1 : 1.2

※ 굴착면의 기울기 기준

지반의 종류	굴착면의 기울기
모래	1 : 1.8
연암 및 풍화암	1 : 1.0
경암	1 : 0.5
그 밖의 흙	1 : 1.2

📌 실기에 자주 출제되는 중요한 내용입니다.

110 콘크리트 타설을 위한 거푸집동바리의 구조 검토 시 가장 선행되어야 할 작업은?

① 각 부재에 생기는 응력에 대하여 안전한 단면을 산정한다.
② 가설물에 작용하는 하중 및 외력의 종류, 크기를 산정한다.
③ 하중 및 외력에 의하여 각 부재에 생기는 응력을 구한다.
④ 사용할 거푸집동바리의 설치간격을 결정한다.

※ 거푸집 동바리의 일반적인 구조검토의 순서
1. 하중계산 : 거푸집 동바리에 작용하는 하중 및 외력의 종류, 크기를 산정한다.
2. 응력계산 : 하중·외력에 의하여 각 부재에 발생되는 응력을 구한다.
3. 단면, 배치간격 계산 : 각 부재에 발생되는 응력에 대하여 안전한 단면 및 배치간격을 결정한다.

111 항만하역작업에서의 선박승강설비 설치기준으로 옳지 않은 것은?

① 200톤급 이상의 선박에서 하역작업을 하는 경우에 근로자들의 안전하게 오르내릴 수 있는 현문(舷門) 사다리를 설치하여야 하며, 이 사다리 밑에 안전망을 설치하여야 한다.
② 현문 사다리는 견고한 재료로 제작된 것으로 너비는 55cm 이상이어야 한다.
③ 현문 사다리의 양측에는 82cm 이상의 높이로 울타리를 설치하여야 한다.
④ 현문 사다리는 근로자의 통행에만 사용하여야 하며, 화물용 발판 또는 화물용 보판으로 사용하도록 해서는 아니 된다.

① 300톤급 이상의 선박에서 하역작업을 하는 경우에 근로자들이 안전하게 오르내릴 수 있는 현문(舷門) 사다리를 설치하여야 하며, 이 사다리 밑에 안전망을 설치하여야 한다.

📌 필기에 자주 출제되는 내용입니다.

112 장비 자체보다 높은 장소의 땅을 굴착하는데 적합한 장비는?

① 파워쇼벨(Power Shovel)
② 불도저(Bulldozer)
③ 드래그라인(Drag line)
④ 클램쉘(Clam Shell)

장비 자체보다 높은 장소의 땅을 굴착
→ 파워 쇼벨(Power Shovel)

정답 110 ② 111 ① 112 ①

> **참고**
>
> ① 파워 셔블(power shovel, 동력삽)
>   - 기계가 서 있는 지반면보다 높은 곳의 땅파기에 적합하다.
> ② 드래그 셔블(drag shovel, 백호)
>   - 기계가 서 있는 지면보다 낮은 장소의 굴착 및 수중굴착이 가능하다
>   - 굳은 지반의 토질도 정확한 굴착이 된다.
> ③ 드래그라인(drag line)
>   - 기계가 서있는 위치보다 낮은 장소의 굴착에 적당하고 굳은 토질에서의 굴착은 되지 않지만 굴착 반지름이 크다.
>   - 작업범위가 광범위하고 수중굴착 및 연약한 지반의 굴착에 적합하다.
> ④ 클램셸(clam shell)
>   - 수중굴착 및 가장 협소하고 깊은 굴착이 가능하며 호퍼(hopper)에 적당하다.
>   - 연약지반이나 수중굴착 및 자갈 등을 싣는데 적합하다.

📝 필기에 자주 출제되는 내용입니다.

113 터널작업 시 자동경보장치에 대하여 당일의 작업시작 전 점검하여야 할 사항으로 옳지 않은 것은?

① 검지부의 이상 유무
② 조명시설의 이상 유무
③ 경보장치의 작동 상태
④ 계기의 이상 유무

* **자동경보장치의 작업 시작 전 점검 사항**
① 계기의 이상 유무
② 검지부의 이상 유무
③ 경보장치의 작동상태

📝 실기까지 중요한 내용입니다.

114 타워크레인을 자립고(自立高) 이상의 높이로 설치할 때 지지벽체가 없어 와이어로프로 지지하는 경우의 준수사항으로 옳지 않은 것은?

① 와이어로프를 고정하기 위한 전용지지 프레임을 사용할 것
② 와이어로프 설치각도를 수평면에서 60° 이내로 하되, 지지점은 4개소 이상으로 하고, 같은 각도로 설치할 것
③ 와이어로프와 그 고정부위는 충분한 강도와 장력을 갖도록 설치하되, 와이어로프를 클립·샤클(shackle) 등의 기구를 사용하여 고정하지 않도록 유의할 것
④ 와이어로프가 가공전선(架空電線)에 근접하지 않도록 할 것

* **타워크레인을 와이어로프로 지지하는 경우 준수 사항**
① 서면심사에 관한 서류 또는 제조사의 설치작업설명서 등에 따라 설치할 것 또는 서면심사 서류 등이 없거나 명확하지 아니한 경우에는 건축구조·건설기계·기계안전·건설안전기술사 또는 건설안전 분야 산업안전지도사의 확인을 받아 설치하거나 기종별·모델별 공인된 표준방법으로 설치할 것
② 와이어로프를 고정하기 위한 전용 지지프레임을 사용할 것
③ 와이어로프 설치각도는 수평면에서 60도 이내로 하되, 지지점은 4개소 이상으로 하고, 같은 각도로 설치할 것
④ 와이어로프와 그 고정부위는 충분한 강도와 장력을 갖도록 설치하고, 와이어로프를 클립·샤클(shackle) 등의 고정기구를 사용하여 견고하게 고정시켜 풀리지 아니하도록 하며, 사용 중에는 충분한 강도와 장력을 유지하도록 할 것
⑤ 와이어로프가 가공전선(架空電線)에 근접하지 않도록 할 것

정답 113 ② 114 ③

115 다음은 강관틀비계를 조립하여 사용하는 경우 준수해야할 기준이다. ( )안에 알맞은 숫자를 나열한 것은?

> 길이가 띠장방향으로 (A)미터 이하이고 높이가 (B)미터를 초과하는 경우에는 (C)미터 이내마다 띠장방향으로 버팀기둥을 설치할 것

① A : 4, B : 10, C : 5
② A : 4, B : 10, C : 10
③ A : 5, B : 10, C : 5
④ A : 5, B : 10, C : 10

* **틀비계(강관 틀비계) 조립 시 준수사항**
① 밑둥에는 밑받침철물을 사용하여야 하며 밑받침에 고저차가 있는 경우에는 조절형 밑받침철물을 사용하여 항상 수평 및 수직을 유지하도록 할 것
② 높이가 20미터를 초과하거나 중량물의 적재를 수반하는 작업을 할 경우에는 주틀 간의 간격이 1.8미터 이하로 할 것
③ 주틀 간에 교차가새를 설치하고 최상층 및 5층 이내마다 수평재를 설치할 것
④ 벽이음 간격(조립간격) : 수직방향 6m, 수평방향으로 8m미터 이내마다 할 것
⑤ 길이가 띠장방향으로 4m 이하이고 높이가 10m를 초과하는 경우에는 10m 이내마다 띠장방향으로 버팀기둥을 설치할 것

📝 실기까지 중요한 내용입니다.

116 동력을 사용하는 항타기 또는 항발기에 대하여 무너짐을 방지하기 위하여 준수하여야 할 기준으로 옳지 않은 것은?

① 아웃트리거·받침 등 지지구조물이 미끄러질 우려가 있는 때에는 깔판·받침목 등을 사용하여 해당 지지구조물을 고정시킬 것
② 시설 또는 가설물 등에 설치하는 때에는 그 내력을 확인하고 내력이 부족한 때에는 그 내력을 보강할 것
③ 상단 부분은 버팀대·버팀줄로 고정하여 안정시키고, 그 하단 부분은 견고한 버팀·말뚝 또는 철골 등으로 고정시킬 것
④ 연약한 지반에 설치하는 경우에는 아웃트리거·받침 등 지지구조물의 침하를 방지하기 위하여 깔판·받침목 등을 사용할 것

① 아웃트리거 · 받침 등 지지구조물이 미끄러질 우려가 있는 때에는 말뚝 또는 쐐기 등을 사용하여 해당 지지구조물을 고정시킬 것

117 운반작업을 인력운반작업과 기계운반작업으로 분류할 때 기계운반작업으로 실시하기에 부적당한 대상은?

① 단순하고 반복적인 작업
② 표준화되어 있어 지속적이고 운반량이 많은 작업
③ 취급물의 형상, 성질, 크기 등이 다양한 작업
④ 취급물이 중량인 작업

③ 취급물의 형상, 성질, 크기 등이 다양한 작업
→ 인력운반이 적합하다.

정답 115 ② 116 ① 117 ③

118 동바리 등을 조립하는 경우에 준수하여야 할 안전조치기준으로 옳지 않은 것은?

① 동바리로 사용하는 파이프 서포트를 3개본 이상 이어서 사용하지 아니하도록 할 것
② 동바리로 사용하는 파이프 서포트는 3개 이상 이어서 사용하지 않도록 할 것
③ 동바리로 사용하는 파이프 서포트를 이어서 사용하는 경우에는 3개 이상의 볼트 또는 전용철물을 사용하여 이을 것
④ 동바리로 사용하는 강관틀과 강관틀 사이에 교차가새를 설치할 것

* 동바리로 사용하는 파이프 서포트의 조립 시 준수사항
- 파이프서포트를 3개본 이상 이어서 사용하지 아니하도록 할 것
- 파이프서포트를 이어서 사용할 때에는 4개 이상의 볼트 또는 전용철물을 사용하여 이을 것
- 높이가 3.5미터를 초과하는 경우에는 높이 2미터 이내마다 수평연결재를 2개 방향으로 만들고 수평연결재의 변위를 방지할 것

📝 실기까지 중요한 내용입니다.

119 본 터널(main tunnel)을 시공하기 전에 터널에서 약간 떨어진 곳에 지질조사, 환기, 배수, 운반 등의 상태를 알아보기 위하여 설치하는 터널은?

① 프리패브(prefab) 터널
② 사이드(side) 터널
③ 쉴드(shield) 터널
④ 파일럿(pilot) 터널

본 터널에서 약간 떨어진 곳에 지질조사, 환기, 배수, 운반 등의 상태를 알아보기 위하여 설치하는 터널
→ 파일럿(pilot) 터널

120 추락방지용 설치 시 그물코의 크기가 10cm인 매듭 있는 방망의 신품에 대한 인장강도 기준으로 옳은 것은?

① 100 kgf 이상
② 200 kgf 이상
③ 300 kgf 이상
④ 400 kgf 이상

* 방망사의 신품에 대한 인장강도

그물코의 크기 (단위 : 센티미터)	방망의 종류(단위 : 킬로그램)	
	매듭 없는 방망	매듭방망
10	240	200
5		110

참고

* 방망사의 폐기 시 인장강도

그물코의 크기 (단위 : 센티미터)	방망의 종류(단위 : 킬로그램)	
	매듭 없는 방망	매듭방망
10	150	135
5		60

📝 필기에 자주 출제되는 내용입니다.

정답 118 ③ 119 ④ 120 ②

2020년 4회 최근 기출문제

1과목 산업안전관리론

01 위험예지훈련 4라운드의 진행방법을 올바르게 나열한 것은?

① 현상파악→목표설정→대책수립→본질추구
② 현상파악→본질추구→대책수립→목표설정
③ 현상파악→본질추구→목표설정→대책수립
④ 본질추구→현상파악→목표설정→대책수립

> ★ 위험예지 훈련 4단계
> 1단계 : 현상 파악
> 2단계 : 요인조사(본질추구)
> 3단계 : 대책수립
> 4단계 : 행동목표 설정(합의요약)

 실기까지 중요한 내용입니다.

02 재해예방의 4원칙에 속하지 않는 것은?

① 손실우연의 원칙
② 예방교육의 원칙
③ 원인계기의 원칙
④ 예방가능의 원칙

> ★ 산업재해 예방의 4원칙
> ① 예방 가능의 원칙 : 재해는 원칙적으로 원인만 제거되면 예방이 가능하다.
> ② 손실 우연의 원칙 : 사고의 결과 생기는 상해의 종류와 정도는 사고 발생 시 사고대상의 조건에 따라 우연히 발생한다.
> ③ 대책 선정의 원칙 : 사고의 원인에 대한 적합한 대책이 선정되어야 한다.
> ④ 원인 연계의 원칙 : 재해는 원인이 있고, 직접원인과 간접원인이 연계되어 일어난다.

 실기까지 중요한 내용입니다.

03 A사업장의 도수율이 18.9일 때 연천인율은 얼마인가?

① 4.53 ② 9.46
③ 37.86 ④ 45.36

> 1. 연천인율 = $\dfrac{\text{연간 재해자수}}{\text{연평균 근로자수}} \times 1,000$
> 2. 연천인율 = 도수율 × 2.4
> 연천인율 = 18.9 × 2.4 = 45.36

실기에 자주 출제되는 중요한 내용입니다.

정답 01 ② 02 ② 03 ④

04 산업안전보건 법령상 관리감독자가 수행하는 안전 및 보건에 관한 업무에 속하지 않는 것은?

① 해당 작업의 작업장 정리·정돈 및 통로 확보에 대한 확인·감독
② 해당 작업에서 발생한 산업재해에 관한 보고 및 이에 대한 응급조치
③ 해당 사업장 안전교육계획의 수립 및 안전 교육실시에 관한 보좌 및 지도·조언
④ 관리감독자에게 소속된 근로자의 작업복·보호구 및 방호장치의 점검과 그 착용·사용에 관한 교육·지도

＊ 관리감독자 직무
① 기계·기구 또는 설비의 안전·보건 점검 및 이상유무의 확인
② 근로자의 작업복·보호구 및 방호장치의 점검과 그 착용·사용에 관한 교육·지도
③ 산업재해에 관한 보고 및 이에 대한 응급조치
④ 작업장 정리·정돈 및 통로확보에 대한 확인·감독
⑤ 산업보건의, 안전관리자(안전관리전문기관의 해당 사업장 담당자) 및 보건관리자(보건관리전문기관의 해당 사업장 담당자), 안전보건관리담당자(안전관리전문기관 또는 보건관리전문기관의 해당 사업장 담당자)의 지도·조언에 대한 협조
⑥ 위험성평가를 위한 유해·위험요인의 파악 및 개선조치의 시행에 대한 참여
⑦ 그 밖에 해당 작업의 안전·보건에 관한 사항으로서 고용노동부령으로 정하는 사항

실기에 자주 출제되는 중요한 내용입니다.

05 산업안전보건법령상 안전 및 보건에 관한 노사협의체의 근로자위원 구성 기준 내용으로 옳지 않은 것은? (단, 명예산업안전감독관이 위촉되어 있는 경우)

① 근로자대표가 지명하는 안전관리자 1명
② 근로자대표가 지명하는 명예산업안전감독관 1명
③ 도급 또는 하도급 사업을 포함한 전체 사업의 근로자 대표
④ 공사금액이 20억 원 이상인 공사의 관계수급인의 각 근로자대표

＊ 노사협의체의 구성

근로자위원	1. 도급 또는 하도급 사업을 포함한 전체 사업의 근로자대표 2. 근로자대표가 지명하는 명예산업안전감독관 1명(다만, 명예산업안전감독관이 위촉되어 있지 아니한 경우에는 근로자대표가 지명하는 해당 사업장 근로자 1명) 3. 공사금액이 20억 원 이상인 공사의 관계수급인의 근로자대표
사용자위원	1. 도급 또는 하도급 사업을 포함한 전체 사업의 대표자 2. 안전관리자 1명 3. 보건관리자 1명(보건관리자 선임대상 건설업으로 한정) 4. 공사금액이 20억 원 이상인 공사의 관계수급인의 사업주

실기에 자주 출제되는 중요한 내용입니다.

06 브레인스토밍(Brain Storming)의 원칙에 관한 설명으로 옳지 않은 것은?

① 최대한 많은 양의 의견을 제시한다.
② 누구나 자유롭게 의견을 제시할 수 있다.
③ 타인의 의견에 대하여 비판하지 않도록 한다.
④ 타인의 의견을 수정하여 본인의 의견으로 제시하지 않도록 한다.

④ 타인의 의견을 수정하여 제시한다.

> **참고**
>
> **브레인스토밍의 4원칙**
> - 비판금지 : 좋다, 나쁘다 비판은 하지 않는다.
> - 자유분방 : 마음대로 자유로이 발언한다.
> - 대량발언 : 무엇이든 좋으니 많이 발언한다.
> - 수정발언 : 타인의 생각에 동참하거나 보충 발언해도 좋다.

📝 필기에 자주 출제되는 내용입니다.

07 안전관리의 수준을 평가하는데 사고가 일어나는 시점을 전후하여 평가를 한다. 다음 중 사고가 일어나기 전의 수준을 평가하는 사전평가활동에 해당하는 것은?

① 재해율 통계
② 안전활동율 관리
③ 재해손실 비용 산정
④ Safe-T-Score 산정

사고가 일어나기 전의 수준을 평가하는 사전평가활동
→ 안전 활동률 관리

> **참고**
>
> **안전활동률**
>
> ① 100만 시간당 안전 활동 건수를 나타낸다.
>
> ② 안전활동률 = $\dfrac{\text{안전활동 건수}}{\text{연 근로 시간수} \times \text{평균 근로자수}} \times 10^6$

08 시설물의 안전 및 유지관리에 관한 특별법상 국토교통부장관은 시설물이 안전하게 유지관리 될 수 있도록 하기 위하여 몇 년마다 시설물의 안전 및 유지관리에 관한 기본계획을 수립·시행하여야 하는가?

① 2년　　② 3년
③ 5년　　④ 10년

국토교통부장관은 시설물이 안전하게 유지관리될 수 있도록 하기 위하여 **5년마다** 시설물의 안전 및 유지관리에 관한 기본계획을 수립·시행하여야 한다.

📝 필기에 자주 출제되는 내용입니다.

정답 06 ④　07 ②　08 ③

09 산업안전보건 법령상 해당 사업장의 연간 재해율이 같은 업종의 평균재해율의 2배 이상인 경우 사업주에게 관리자를 정수 이상으로 증원하게 하거나 교체하여 임명할 것을 명할 수 있는 자는?

① 시·도지사
② 고용노동부장관
③ 국토교통부장관
④ 지방고용노동관서의 장

지방고용노동관서의 장은 해당하는 사유가 발생한 경우에는 사업주에게 안전관리자나 보건관리자 또는 안전보건관리담당자를 정수 이상으로 증원하게 하거나 교체하여 임명할 것을 명할 수 있다.

참고

*안전관리자의 증원·교체임명 명령 대상 사업장

① 해당 사업장의 **연간 재해율이 같은 업종의 평균재해율의 2배 이상**인 경우
② **중대재해가 연간 2건 이상 발생**한 경우(다만, 해당 사업장의 전년도 사망만인율이 같은 업종의 평균 사망만인율 이하인 경우는 제외)
③ 관리자가 질병이나 그 밖의 사유로 **3개월 이상 직무**를 수행할 수 없게 된 경우
④ **화학적 인자로 인한 직업성 질병자가 연간 3명 이상 발생**한 경우(이 경우 직업성 질병자 발생일은 요양급여의 결정일로 한다)

특급암기법
평균의 2배 이상, 중대재해 2건 이상 증원!
직업성 질병 3명 이상, 3개월 이상 일안 하면 교체!

---

10 재해의 간접원인 중 기술적 원인에 속하지 않는 것은?

① 경험 및 훈련의 미숙
② 구조, 재료의 부적합
③ 점검, 정비, 보존 불량
④ 건물, 기계장치의 설계 불량

기술적 원인	• 건물 기계장치 설계불량 • 구조 재료의 부적합 • 생산방법의 부적당 • 점검 정비 보존 불량
교육적 원인	• 안전지식의 부족 • 안전수칙의 오해 • 경험 훈련의 부족 • 작업 방법의 교육 불충분 • 유해 위험 작업의 교육 불충분
작업관리상 원인	• 안전관리 조직 결함 • 안전수칙 미제정 • 작업준비 불충분 • 인원 배치 부적당 • 작업지시 부적당

참고

직접 원인	간접 원인
① 인적원인(불안전한 행동) ② 물적원인(불안전한 상태)	① 기술적 원인 ② 교육적 원인 ③ 신체적 원인 ④ 정신적 원인 ⑤ 작업관리상 원인

정답 09 ④ 10 ①

11 보호구 안전인증 고시에 따른 추락 및 감전 위험방지용 안전모의 성능시험대상에 속하지 않는 것은?

① 내유성
② 내수성
③ 내관통성
④ 턱끈풀림

1. 추락 및 감전 위험방지용 안전모(AE형)
   → 안전인증 대상 안전모

2. 안전인증 대상 안전모의 성능 시험 종류
   ① 내관통성 시험
   ② 충격흡수성 시험
   ③ 내전압성 시험
   ④ 내수성 시험
   ⑤ 난연성 시험
   ⑥ 턱끈풀림 시험

📝 실기까지 중요한 내용입니다.

12 재해의 통계적 원인분석 방법 중 사고의 유형, 기인물 등 분류 항목을 큰 순서대로 도표화한 것은?

① 관리도
② 파레토도
③ 크로스도
④ 특성요인도

사고의 유형, 기인물 등 분류 항목을 큰 순서대로 도표화한 것 → 파레토도

참고

1. 특성요인도(Characteristic Diagram) : 재해와 그 요인의 관계를 어골상으로 세분화하여 나타낸다.
2. 크로스(cross) 분석 : 2가지 또는 2개 항목 이상의 요인이 상호관계를 유지할 때 문제를 분석하는데 사용된다.
3. 관리도(Control Chart) : 시간경과에 따른 재해발생 건수 등 대략적인 추이 파악에 사용된다.

13 시설물의 안전 및 유지관리에 관한 특별법상 다음과 같이 정의되는 용어는?

시설물의 물리적·기능적 결함을 발견하고 그에 대한 신속하고 적절한 조치를 하기 위하여 구조적 안전성과 결함의 원인 등을 조사·측정·평가하여 보수·보강 등의 방법을 제시하는 행위

① 성능평가
② 정밀안전진단
③ 긴급안전점검
④ 정기안전진단

정밀안전진단 : 시설물의 물리적·기능적 결함을 발견하고 그에 대한 신속하고 적절한 조치를 하기 위하여 구조적 안전성과 결함의 원인 등을 조사·측정·평가하여 보수·보강 등의 방법을 제시하는 행위를 말한다.

정답 11 ① 12 ② 13 ②

> **참고**
>
> 1. 안전점검 : 경험과 기술을 갖춘 자가 육안이나 점검기구 등으로 검사하여 시설물에 내재(內在)되어 있는 위험요인을 조사하는 행위를 말하며, 점검목적 및 점검수준을 고려하여 국토교통부령으로 정하는 바에 따라 정기안전점검 및 정밀안전점검으로 구분한다.
> 2. 긴급안전점검 : 시설물의 붕괴·전도 등으로 인한 재난 또는 재해가 발생할 우려가 있는 경우에 시설물의 물리적·기능적 결함을 신속하게 발견하기 위하여 실시하는 점검을 말한다.

> **참고**
>
> * 재해조사 시 유의사항
> ① 사실을 수집한다.
> ② 목격자 등이 증언하는 사실 이외의 추측의 말은 참고로만 한다.
> ③ 조사는 신속하게 행하고 긴급조치를 하여 2차 재해의 방지를 도모한다.
> ④ 사람, 기계설비의 양면의 재해요인을 모두 도출한다.
> ⑤ 객관적인 입장에서 공정하게 조사하며, 조사는 2인 이상이 한다.
> ⑥ 책임추궁보다 재발방지를 우선하는 기본 태도를 갖는다.

14 다음 중 재해조사의 목적 및 방법에 관한 설명으로 적절하지 않은 것은?

① 재해조사는 현장보존에 유의하면서 재해발생 직후에 행한다.
② 피해자 및 목격자 등 많은 사람으로부터 사고시의 상황을 수집한다.
③ 재해조사의 1차적 목표는 재해로 인한 손실금액을 추정하는데 있다.
④ 재해조사의 목적은 동종재해 및 유사재해의 발생을 방지하기 위함이다.

* 재해조사의 목적
① 재해발생 원인 및 결함 규명
② 재해예방 자료 수집
③ 동종 재해 및 유사재해 재발 방지

15 사업장의 안전·보건관리계획 수립 시 유의사항으로 옳은 것은?

① 사고발생 후의 수습대책에 중점을 둔다.
② 계획의 실시 중에는 변동이 없어야 한다.
③ 계획의 목표는 점진적으로 수준을 높이도록 한다.
④ 대기업의 경우 표준계획서를 작성하여 모든 사업장에 동일하게 적용시킨다.

* 안전보건계획 작성 시 고려사항
① 사업장 실태에 맞도록 독자적, 실현가능성 있게
② 목표는 점진적으로 높게
③ 직장 단위로 구체적으로 작성
④ 타 관리계획과 균형이 맞도록 작성
⑤ 안전보건을 저해하는 요인을 확실히 파악할 것
⑥ 수립된 계획은 안전보건관리활동의 근거로 활용될 것

정답 14 ③ 15 ③

16 안전보건관리조직의 유형 중 직계(Line)형에 관한 설명으로 옳은 것은?

① 대규모의 사업장에 적합하다.
② 안전지식이나 기술축적이 용이하다.
③ 안전지시나 명령이 신속히 수행된다.
④ 독립된 안전참모 조직을 보유하고 있다.

라인(Line)형 또는 직계형	• 소규모 사업장(100명 이하 사업장)에 적용이 가능하다. • 라인형 장점 : 명령 및 지시가 신속, 정확하다. • 라인형 단점 – 안전 정보가 불충분하다. – 라인에 과도한 책임이 부여될 수 있다. • 생산과 안전을 동시에 지시하는 형태이다.
스태프(staff)형 또는 참모형	• 중규모 사업장(100~1,000명 정도의 사업장)에 적용이 가능하다. • 스태프형 장점 : 안전정보 수집이 용이하고 빠르다. • 스태프형 단점 : 안전과 생산을 별개로 취급한다. • 생산부문은 안전에 대한 책임, 권한이 없다.
라인 스태프 (Line Staff)형 또는 혼합형	• 대규모 사업장(1,000명 이상 사업장)에 적용이 가능하다. • 라인 스태프형 장점 – 안전전문가에 의해 입안된 것을 경영자가 명령하므로 명령이 신속, 정확하다. – 안전정보 수집이 용이하고 빠르다. • 라인 스태프형 단점 – 명령계통과 조언, 권고적 참여의 혼돈이 우려된다.

📝 실기까지 중요한 내용입니다.

17 다음 중 웨버(D.A. Weaver)의 사고 발생 도미노 이론에서 "작전적 에러"를 찾아내기 위한 질문의 유형과 가장 거리가 먼 것은?

① what   ② why
③ where   ④ whether

- what : 불안전한 행위 또는 조건은 무엇(what)인지
- why : 불안전한 행위 또는 조건이 왜(why) 일어났는지
- whether : 관리자가 사고예방을 위한 안전지식을 가지고 있었는지(whether)

18 산업안전보건법령에 따른 안전보건표지의 종류 중 지시표지에 속하는 것은?

① 화기 금지
② 보안경 착용
③ 낙하물 경고
④ 응급구호표지

① 화기 금지 → 금지표지
② 보안경 착용 → 지시표지
③ 낙하물 경고 → 경고표지
④ 응급구호표지 → 안내표지

📝 실기에 자주 출제되는 중요한 내용입니다.

정답 16 ③ 17 ③ 18 ②

19 산업안전보건기준에 관한 규칙상 공기압축기를 가동할 때의 작업시작 전 점검사항에 해당하지 않는 것은?

① 윤활유의 상태
② 언로드밸브의 기능
③ 압력방출장치의 기능
④ 비상정지장치 기능의 이상 유무

* 공기압축기를 가동할 때의 작업시작 전 점검사항
가. 공기저장 압력용기의 외관 상태
나. 드레인밸브(drain valve)의 조작 및 배수
다. 압력방출장치의 기능
라. 언로드밸브(unloading valve)의 기능
마. 윤활유의 상태
바. 회전부의 덮개 또는 울
사. 그 밖의 연결 부위의 이상 유무

📝 실기에 자주 출제되는 중요한 내용입니다.

20 다음 중 하인리히(H.W. Heinrich)의 재해 코스트 산정방법에서 직접손실비와 간접손실비의 비율로 옳은 것은? (단, 비율은 "직접손실비 : 간접손실비"로 표현한다.)

① 1 : 2
② 1 : 4
③ 1 : 8
④ 1 : 10

하인리히의 총 재해비용 = 직접비 + 간접비
　　　　　　　　　　　　(1 : 4)

📝 실기까지 중요한 내용입니다.

2과목 산업심리 및 교육

21 안전보건교육을 향상시키기 위한 학습지도의 원리에 해당되지 않는 것은?

① 통합의 원리　　② 자기활동의 원리
③ 개별화의 원리　④ 동기유발의 원리

* 학습지도의 원리
① **자발성의 원리** : 학습자 스스로가 능동적으로 학습활동에 의욕을 가지고 **참여하도록** 하는 원리
② **개별화의 원리** : 학습자를 존중하고, **학습자 개개인의 능력, 소질, 성향** 등 모든 발달가능성을 신장시키려는 원리
③ **목적의 원리** : 학습자는 **학습목표가 분명하게 인식**되었을 때 자발적이고 적극적인 학습활동을 하게 된다.
④ **사회화의 원리** : 학교교육을 통하여 학생들이 **사회화**되어 유용한 사회인으로 육성시키고자 하는 교육이다.
⑤ **통합화의 원리** : 학습자를 전체적 인격체로 보고 그에게 내재하여 있는 모든 능력을 조화적으로 발달시키기 위한 생활중심의 통합교육을 원칙으로 하는 원리
⑥ **직관의 원리(직접경험의 원리)** : 학습에 있어 언어 위주로 설명을 하는 수업보다는 **구체적인 사물을 학습자가 직접 경험해 봄**으로써 학습의 효과를 높일 수 있는 원리

정답　19 ④　20 ②　21 ④

22 생체리듬(biorhythm)에 대한 설명으로 옳은 것은?

① 각각의 리듬이 (-)에서의 최저점에 이르렀을 때를 위험일이라 한다.
② 감성적 리듬은 영문으로 S라 표시하며, 23일을 주기로 반복한다.
③ 육체적 리듬은 영문으로 P라 표시하며, 28일을 주기로 반복한다.
④ 지성적 리듬은 영문으로 I라 표시하며, 33일을 주기로 반복한다.

23 다음 중 안전교육을 위한 시청각교육법에 대한 설명으로 가장 적절한 것은?

① 지능, 적성, 학습속도 등 개인차를 충분히 고려할 수 있다.
② 학습자들에게 공통의 경험을 형성시켜 줄 수 있다.
③ 학습의 다양성과 능률화에 기여할 수 없다.
④ 학습자료를 시간과 장소에 제한 없이 제시할 수 있다.

> ★ **시청각교육법**
> ① 라디오·텔레비전·견학 등 다양한 시청각 교육매체를 이용하여 학습자의 감각기관을 통해 학습효과를 높이기 위한 학습방법
> ② 교육 대상자수가 많고 교육 대상자의 학습능력의 차가 큰 경우 집단안전교육 방법으로 가장 효과적이다.
> ③ 학습자들에게 공통의 경험을 형성시켜줄 수 있다.

> ★ **바이오리듬의 종류**
>
> | | |
> |---|---|
> | 육체적 리듬 (P) | • 23일 주기
• 청색의 실선으로 표시
• 식욕, 소화력, 활동력, 지구력 등을 나타냄 |
> | 감성적 리듬 (S) | • 28일 주기
• 적색의 점선으로 표시
• 감정, 주의심, 창조력, 희로애락 등을 나타냄 |
> | 지성적 리듬 (I) | • 33일 주기
• 녹색의 일점쇄선으로 표시
• 상상력, 사고력, 기억력, 인지력, 판단력 등을 나타냄 |

24 새로운 기술과 학습에서는 연습이 매우 중요하다. 연습 방법과 관련된 내용으로 틀린 것은?

① 새로운 기술을 학습하는 경우에는 일반적으로 배분연습보다 집중연습이 더 효과적이다.
② 교육훈련과정에서는 학습자료를 한꺼번에 묶어서 일괄적으로 연습하는 방법을 집중연습이라고 한다.
③ 충분한 연습으로 완전학습한 후에도 일정량 연습을 계속하는 것을 초과학습이라고 한다.
④ 기술을 배울 때는 적극적 연습과 피드백이 있어야 부적절하고 비효과적 반응을 제거할 수 있다.

> 📝 **참고**
> Sine곡선의 (+) → (-)로 변화하는 점이 위험일이다.
>
>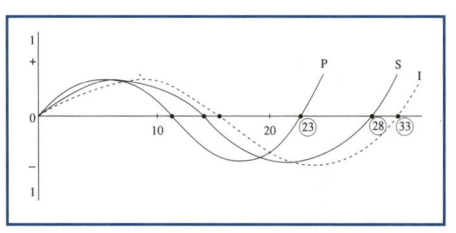

 정답 22 ④ 23 ② 24 ①

① 새로운 기술을 학습하는 경우에는 일반적으로 집중연습보다 배분연습이 더 효과적이다.

25 다음 중 교육지도의 원칙과 가장 거리가 먼 것은?

① 반복적인 교육을 실시한다.
② 학습자에게 동기부여를 한다.
③ 쉬운 것부터 어려운 것으로 실시한다.
④ 한 번에 여러 가지의 내용을 실시한다.

* 교육 지도의 원칙
① 상대방(피교육자) 입장에서 교육한다.
② 동기부여를 한다.
③ 반복하여 교육한다.
④ 쉬운 것에서부터 어려운 것으로 진행한다.
⑤ 한번에 한가지씩 교육한다.
⑥ 인상의 강화 : 특히 중요한 것은 재 강조한다.
⑦ 5관을 활용한다.
⑧ 기능적인 이해 : '왜 그렇게 되어야 하는가?' 하는 문제에 관하여 기능적으로 이해시켜야 한다.

26 직무수행평가 시 평가자가 특정 피평가자에 대해 구체적으로 잘 모름에도 불구하고 모든 부분에 대해 좋게 평가하는 오류는?

① 후광오류
② 엄격화오류
③ 중앙집중오류
④ 관대화오류

피평가자에 대해 구체적으로 잘 모름에도 불구하고 모든 부분에 대해 좋게 평가하는 오류 → 후광오류

> **참고**
> 1. 후광오류 : 피평가자를 평가 할 때 일부의 긍정적, 부정적 특성에 주목해 전체적인 평가에 영향을 주어 판단을 하게 되는 오류
> 2. 엄격화오류 : 피평가자들을 엄격하게 평가하여 평가 결과가 대체적으로 하위에 배치되는 오류
> 3. 중앙집중오류 : 평가의 결과가 중앙에 집중됨으로써 평가의 변별성에 문제를 보이는 오류
> 4. 관대화오류 : 대부분의 평가자들을 관대하게 평가하여 평가결과가 중간척도 이상의 범위에 배치되는 오류

27 다음 중 정상적 상태이지만 생리적 상태가 휴식할 때에 해당하는 의식수준은?

① phase Ⅰ
② phase Ⅱ
③ phase Ⅲ
④ phase Ⅳ

* 인간 의식레벨의 분류

Phase 0	무의식, 실신	수면, 뇌발작	주의작용 0
Phase Ⅰ	의식흐림	피로, 단조로운 일	부주의
Phase Ⅱ	이완	안정기거, 휴식	안정기거, 휴식
Phase Ⅲ	상쾌	적극적	적극 활동
Phase Ⅳ	과긴장	일점 집중현상, 긴급방위	감정 흥분

필기에 자주 출제되는 내용입니다.

정답 25 ④ 26 ① 27 ②

28 다음 중 하버드 학파의 5단계 교수법에 해당되지 않는 것은?

① 추론한다.
② 교시한다.
③ 연합시킨다.
④ 총괄시킨다.

★ 하버드학파의 교수법

1단계	준비시킨다.
2단계	교시시킨다.
3단계	연합한다.
4단계	총괄한다.
5단계	응용시킨다.

📝 실기까지 중요한 내용입니다.

29 다음 중 리더십과 헤드십에 관한 설명으로 옳은 것은?

① 헤드십은 부하와의 사회적 간격이 좁다.
② 헤드십에서의 책임은 상사에 있지 않고 부하에 있다.
③ 리더십의 지휘형태는 권위주의적인 반면, 헤드십의 지휘형태는 민주적이다.
④ 권한행사 측면에서 보면 헤드십은 임명에 의하여 권한을 행사할 수 있다.

★ 리더십과 헤드십의 특성

구 분	리더십	헤드십
권한 행사	선출된 리더	임명적 헤드
권한 부여	밑으로 부터의 동의	위에서 위임
권한 귀속	집단 목표에 기여한 공로인정	공식화된 규정에 의함
상하, 부하 관계	개인적인 영향	지배적임
부하와의 관계	좁음	넓음
지휘형태	민주주의적	권위주의적
책임귀속	상사와 부하	상사
권한근거	개인적	법적, 공식적

📝 필기에 자주 출제되는 내용입니다.

30 다음 중 산업안전심리의 5대 요소에 속하지 않는 것은?

① 감정   ② 습관
③ 동기   ④ 시간

★ 산업안전심리 5요소

① **동기**(motive) : 능동적인 감각에 의한 자극에서 일어나는 사고의 결과로서 **사람의 마음을 움직이는 원동력**이다.
② **기질**(temper) : **인간의 성격, 능력 등 개인적인 특성**을 말한다.
③ **감정**(emotion) : **희노애락 등의 의식**을 말한다. 사람의 감정은 안전과 밀접한 관계를 가지고 사고를 일으키는 정신적 동기를 만든다.
④ **습성**(habits) : 동기, 기질, 감정 등이 밀접한 연관관계를 형성하여 **인간의 행동에 영향을 미칠 수 있도록 하는 것**을 말한다.
⑤ **습관**(custom) : 성장과정을 통해 형성된 특성 등이 **자신도 모르게 습관화 된 현상**을 말한다.

📝 필기에 자주 출제되는 내용입니다.

 정답   28 ①   29 ④   30 ④

31 인간의 착각현상 가운데 암실 내에서 하나의 광점을 보고 있으면 그 광점이 움직이는 것처럼 보이는 것을 자동운동이라 하는데 다음 중 자동운동이 생기기 쉬운 조건이 아닌 것은?

① 광점이 작을 것
② 대상이 단순할 것
③ 광의 강도가 클 것
④ 시야의 다른 부분이 어두울 것

* 자동운동이 생기기 쉬운 조건
① 광점이 작을 것
② 대상이 단순할 것
③ 광의 강도가 작을 것
④ 시야의 다른 부분이 어두울 것

필기에 자주 출제되는 내용입니다.

32 다음 중 데이비스(K. Davis)의 동기부여 이론에서 "능력(ability)"을 올바르게 표현한 것은?

① 기능(skill) × 태도(attitude)
② 지식(knowledge) × 기능(skill)
③ 상황(situation) × 태도(attitude)
④ 지식(knowledge) × 상황(situation)

* 데이비스 (K. Davis)의 동기부여 이론
① 인간의 성과 × 물질의 성과 = 경영의 성과
② 지식(knowledge) × 기능(skill) = 능력(ability)
③ 상황(situation) × 태도(attitude) = 동기유발(motivation)
④ 능력 × 동기유발 = 인간의 성과(human performance)

필기에 자주 출제되는 내용입니다.

33 인간이 충족시키고자 추구하는 욕구에 있어 가장 강력한 욕구는?

① 생리적 욕구
② 안전의 욕구
③ 자아실현의 욕구
④ 애정 및 귀속의 욕구

인간의 가장 강력한 욕구(기본적인 욕구) → 생리적 욕구

참고

* 매슬로(Maslow A. H.)의 욕구단계 이론(인간의 욕구 5단계)
① 제1단계(생리적 욕구) : 기아, 갈증, 호흡, 배설, 성욕 등 인간의 가장 기본적인 욕구
② 제2단계(안전 욕구) : 자기 보존 욕구
③ 제3단계(사회적 욕구) : 소속감과 애정 욕구
④ 제4단계(존경 욕구) : 인정받으려는 욕구
⑤ 제5단계(자아실현의 욕구) : 잠재적인 능력을 실현하고자 하는 욕구(성취 욕구)

34 다음 중 면접 결과에 영향을 미치는 요인들에 관한 설명으로 틀린 것은?

① 한 지원자에 대한 평가는 바로 앞의 지원자에 의해 영향을 받는다.
② 면접자는 면접 초기와 마지막에 제시된 정보에 의해 많은 영향을 받는다.
③ 지원자에 대한 부정적 정보보다 긍정적 정보가 더 중요하게 영향을 미친다.
④ 지원자의 성과 직업에 있어서 전통적 고정관념은 지원자와 면접자간의 성의 일치 여부보다 더 많은 영향을 미친다.

③ 지원자에 대한 긍정적 정보보다 부정적 정보가 더 중요하게 영향을 미친다.

35 안전사고와 관련하여 소질적 사고 요인이 아닌 것은?

① 시각기능
② 지능
③ 작업자세
④ 성격

* **소질성 누발자** : 개인 소질 가운데 재해 원인 요소를 가지고 있는 자

소질성 누발자의 공통된 성격
• 주의력 산만 및 주의력 지속 불능 • 흥분성 • 저지능 • 비협조성 • 도덕성의 결여 • 소심한 성격 • 감각운동 부적합 등

36 교육 및 훈련방법 중 [다음]의 특징을 갖는 방법은?

[다음]
- 다른 방법에 비해 경제적이다.
- 교육 대상 집단 내 수준차로 인해 교육의 효과가 감소할 가능성이 있다.
- 상대적으로 피드백이 부족하다.

① 강의법 ② 사례연구법
③ 세미나법 ④ 감수성 훈련

강의법의 장점	• 새로운 기술, 지식, 정보를 체계적으로 전달할 수 있다. • 짧은 시간 동안 많은 양의 정보를 전달할 수 있다. • 한 사람의 강사가 많은 학생을 지도할 수 있다.(교육의 경제성이 높다.) • 구체적인 사실적 정보의 제공과 요점을 파악하기에 효율적이다.
강의법의 단점	• 학습자의 이해수준을 알 수 없다. • 학습자의 성향을 고려할 수 없다. • 학습자의 능동적 참여를 기대할 수 없다.(학습에 대한 동기부여가 어렵다) • 수강자의 주의집중도나 흥미의 정도가 낮다. • 기능적, 태도적인 내용의 교육이 어렵다. • 강사의 지식 수준에서 모든 것이 이루어지기 때문에 학습자에게 끼치는 영향이 크다.

정답 35 ③ 36 ①

37 다음 중 관계 지향적 리더가 나타내는 대표적인 행동 특징으로 볼 수 없는 것은?

① 우호적이며 가까이 하기 쉽다.
② 집단구성원들을 동등하게 대한다.
③ 집단구성원들의 활동을 조정한다.
④ 어떤 결정에 대해 자세히 설명해준다.

③ 집단구성원들의 활동을 조정한다.
→ 과업지향적 리더의 특징

38 다음 중 주의의 특성에 관한 설명으로 틀린 것은?

① 변동성이란 주의집중 시 주기적으로 부주의의 리듬이 존재함을 말한다.
② 방향성이란 주의는 항상 일정한 수준을 유지할 수 있으므로 장시간 고도의 주의집중이 가능함을 말한다.
③ 선택성이란 인간은 한 번에 여러 종류의 자극을 지각·수용하지 못함을 말한다.
④ 선택성이란 소수의 특정 자극에 한정해서 선택적으로 주의를 기울이는 기능을 말한다.

* **인간 주의특성의 종류**
① **선택성** : 사람은 한번에 여러 종류의 자극을 지각하거나 수용하지 못하며 **소수의 특정한 한정해서 선택**하는 기능을 말한다.
② **방향성** : 시선에서 벗어난 부분은 무시되기 쉽다. (주시점만 응시한다.)
③ **변동성** : 주의는 리듬이 있어 **일정한 수순을 지키지 못한다.**
④ **단속성** : 고도의 주의는 장시간 집중이 곤란하다.
⑤ **주의력의 중복집중 곤란** : 동시에 두개이상의 방향을 잡지 못한다.

📝 필기에 자주 출제되는 내용입니다.

39 안전교육의 강의안 작성 시 교육할 내용을 항목별로 구분하여 핵심 요점사항만을 간결하게 정리하여 기술하는 방법은?

① 게임 방식 ② 시나리오식
③ 조목열거식 ④ 혼합형 방식

교육할 내용을 항목별로 구분하여 핵심 요점사항만을 간결하게 정리하여 기술 → 조목열거식

40 교육방법 중 O.J.T(On the Job Training)에 속하지 않는 교육방법은?

① 코칭 ② 강의법
③ 직무순환 ④ 멘토링

② 강의법 → 집합교육의 형태 → Off.J.T

참고

OJT의 특징	• 개개인에게 적절한 훈련이 가능하다. • 직장의 실정에 맞는 훈련이 가능하다. • 교육효과가 즉시 업무에 연결된다. • 훈련에 대한 업무의 계속성이 끊어지지 않는다. • 상호 신뢰 이해도가 높다.
OFF JT의 특징	• 다수의 근로자들에게 훈련을 할 수 있다. • 훈련에만 전념하게 된다. • 특별설비기구 이용이 가능하다. • 많은 지식이나 경험을 교류할 수 있다. • 교육 훈련 목표에 대하여 집단적 노력이 흐트러질 수 있다.

정답 37 ③ 38 ② 39 ③ 40 ②

3과목 인간공학 및 시스템안전공학

41 결함수분석법에서 path set 에 관한 설명으로 옳은 것은?

① 시스템의 약점을 표현한 것이다.
② Top 사상을 발생시키는 조합이다.
③ 시스템이 고장나지 않도록 하는 사상의 조합이다.
④ 시스템 고장을 유발시키는 필요불가결한 기본사상들의 집합이다.

①, ②, ④ → 컷셋
③ → 패스셋

참고

1. 컷셋(Cut Set)
   - 정상사상을 발생시키는 기본사상의 집합
   - 모든 기본사상이 일어났을 때 정상사상을 일으키는 기본사상들의 집합이다.
2. 미니멀 컷(Minimal Cut Set)
   - 정상사상을 일으키기 위한 기본사상의 최소집합 (최소한의 컷)
   - 시스템의 위험성을 나타낸다.
3. 패스셋(Path Set)
   - 시스템의 고장을 일으키지 않는 기본사상들의 집합
   - 포함된 기본사상이 일어나지 않을 때 처음으로 정상 사상이 일어나지 않는 기본 사상들의 집합이다.
4. 미니멀 패스(Minimal Path Set)
   - 시스템의 기능을 살리는 최소한의 집합 (최소한의 패스)
   - 시스템의 신뢰성 나타낸다.

📝 필기에 자주 출제되는 내용입니다.

42 촉감의 일반적인 척도의 하나인 2점 문턱 값(two-point threshold)이 감소하는 순서대로 나열된 것은?

① 손가락 → 손바닥 → 손가락 끝
② 손바닥 → 손가락 → 손가락 끝
③ 손가락 끝 → 손가락 → 손바닥
④ 손가락 끝 → 손바닥 → 손가락

2점 문턱 값(two-point threshold)은 손바닥에서 손가락 끝으로 갈수록 감소한다.

참고

- 문턱 값 : 감지가 가능한 가장 작은 자극의 크기를 말한다.
- 2점 문턱 값(two-point threshold) : 자극을 구별할 수 있는 최소거리를 말한다.

43 함수분석의 기호 중 입력사상이 어느 하나라도 발생할 경우 출력사상이 발생하는 것은?

① NOR GATE   ② AND GATE
③ OR GATE   ④ NAND GATE

기호	명명	기호설명
	OR 게이트 (OR gate)	한 개 이상의 입력이 발생하면 출력사상이 발생하는 논리게이트
	AND 게이트 (AND gate)	입력사상이 전부 발생하는 경우에만 출력사상이 발생하는 논리게이트

📝 실기에 자주 출제되는 내용입니다.

정답 41 ③ 42 ② 43 ③

44 FTA 결과 다음과 같은 패스셋을 구하였다. 최소 패스셋(minimal path sets)으로 옳은 것은?

[다음]
{X_2, X_3, X_4}
{X_1, X_3, X_4}
{X_3, X_4}

① {X_3, X_4}
② {X_1, X_3, X_4}
③ {X_2, X_3, X_4}
④ {X_2, X_3, X_4}와 {X_3, X_4}

미니멀 패스(Minimal Path Set)는 시스템의 기능을 살리는 최소한의 집합으로 세 집합의 부분집합인 {X_3, X_4}가 미니멀 패스가 된다.

📝 필기에 자주 출제되는 내용입니다.

45 인체측정에 대한 설명으로 옳은 것은?

① 인체측정은 동적측정과 정적측정이 있다.
② 인체측정학은 인체의 생화학적 특징을 다룬다.
③ 자세에 따른 인체치수의 변화는 없다고 가정한다.
④ 측정항목에 무게, 둘레, 두께, 길이는 포함되지 않는다.

인체계측 방법

① 정적 인체계측(구조적 인체치수) : 정지 상태에서의 신체를 계측하는 방법으로 표준자세에서 움직이지 않는 피측정자를 인체측정기로 측정한 것이다.
② 동적 인체계측(기능적 인체치수)
  • 체위의 움직임에 따른 계측방법
  • 각 신체부위가 신체적 기능을 수행(특정 작업 수행)할 때, 독립적으로 움직이는 것이 아니라 조화를 이루어 움직이는 신체치수 측정

46 시스템 안전분석 방법 중 예비위험분석 (PHA) 단계에서 식별하는 4가지 범주에 속하지 않는 것은?

① 위기 상태
② 무시가능 상태
③ 파국적 상태
④ 예비조처 상태

PHA 카테고리 분류

• Class 1 : 파국적(catastrophic)-사망, 시스템 완전 손상
• Class 2 : 위기적(critical)-심각한 상해, 시스템 중대 손상
• Class 3 : 한계적(marginal)-경미한 상해, 시스템 성능 저하
• Class 4 : 무시(negligible)-경미한 상해 및 시스템 성능 저하 없음

📝 필기에 자주 출제되는 내용입니다.

정답 44 ① 45 ① 46 ④

47 다음은 불꽃놀이용 화학물질취급설비에 대한 정량적 평가이다. 해당 항목에 대한 위험등급이 올바르게 연결된 것은?

항목	A (10점)	B (5점)	C (2점)	D (0점)
취급물질	O	O	O	
조작		O		O
화학설비의 용량	O		O	
온도	O	O		
압력		O	O	O

① 취급물질 - Ⅰ등급, 화학설비의 용량 - Ⅰ등급
② 온도 - Ⅰ등급, 화학설비의 용량 - Ⅱ등급
③ 취급물질 - Ⅰ등급, 조작 - Ⅳ등급
④ 온도 - Ⅱ등급, 압력 - Ⅲ등급

등급	점수	내용
등급 Ⅰ	16점 이상	위험도가 높다.
등급 Ⅱ	11점 이상 15점 이하	주위상황, 다른 설비와 관련해서 평가
등급 Ⅲ	10점 이하	위험도가 낮다.

1. 취급물질 : 10 + 5 + 2 + 0 = 17점(Ⅰ등급)
2. 조작 : 5 + 0 = 5점(Ⅲ등급)
3. 화학설비의 용량 : 10 + 2 = 12점(Ⅱ등급)
4. 온도 : 10 + 5 = 15점(Ⅱ등급)
5. 압력 : 5 + 2 + 0 = 7점(Ⅲ등급)

48 인간-기계 시스템에서 시스템의 설계를 다음과 같이 구분할 때 제3단계인 기본설계에 해당되지 않는 것은?

> 1단계 : 시스템의 목표와 성능 명세 결정
> 2단계 : 시스템의 정의
> 3단계 : 기본설계
> 4단계 : 인터페이스설계
> 5단계 : 보조물 설계
> 6단계 : 시험 및 평가

① 화면 설계
② 작업 설계
③ 직무 분석
④ 기능 할당

* 기본 설계
• 작업설계
• 직무분석
• 기능할당
• 인간 성능 요건 명세

49 어떤 소리가 1000Hz, 60dB인 음과 같은 높이임에도 4배 더 크게 들린다면, 이 소리의 음압수준은 얼마인가?

① 70dB ② 80dB
③ 90dB ④ 100dB

• 음압수준이 10dB 증가하면 → 소리는 2배 크게 들린다.
• 음압수준이 20dB 증가하면 → 소리는 4배 크게 들린다.
• 60dB + 20dB = 80dB

정답 47 ④ 48 ① 49 ②

50 연구 기준의 요건과 내용이 옳은 것은?

① 무오염성 : 실제로 의도하는 바와 부합해야 한다.
② 적절성 : 반복 실험 시 재현성이 있어야 한다.
③ 신뢰성 : 측정하고자 하는 변수 이외의 다른 변수의 영향을 받아서는 안 된다.
④ 민감도 : 피실험자 사이에서 볼 수 있는 예상 차이점에 비례하는 단위로 측정해야 한다.

＊체계 기준의 요건
(인간공학 연구조사에 사용되는 기준의 구비조건)
① 적절성 : 의도된 목적에 적합하여야 한다.(타당성)
② 무오염성 : 측정하고자 하는 변수외의 다른 변수의 영향을 받아서는 안 된다.
③ 신뢰성 : 반복실험 시 재현성이 있어야 한다. (반복성)
④ 민감도 : 예상차이점에 비례하는 단위로 측정하여야 한다.

📝 필기에 자주 출제되는 내용입니다.

51 어느 부품 1,000개를 100,000시간 동안 가동하였을 때 5개의 불량품이 발생하였을 경우 평균동작시간(MTTF)은?

① 1×10^6 시간
② 2×10^7 시간
③ 1×10^8 시간
④ 2×10^9 시간

① 고장률(λ) = $\dfrac{\text{고장건수}}{\text{총 가동시간}}$ (건/시간)

② MTBF = $\dfrac{1}{\text{고장률}(\lambda)}$ (시간)

1. 고장률(λ) = $\dfrac{\text{고장건수}}{\text{총 가동시간}}$ (건/시간)

   = $\dfrac{5}{1{,}000 \times 100{,}000}$ = 5×10^{-8} (건/시간)

2. 평균고장시간(MTBF, MTTF) = $\dfrac{1}{5 \times 10^{-8}}$

   = 2×10^7 (시간)

📝 필기에 자주 출제되는 내용입니다.

52 시스템 안전분석 방법 HAZOP중에서 "완전 대체"를 의미하는 것은?

① NOT
② REVERSE
③ PART OF
④ OTHER THAN

＊유인어의 종류와 뜻
• No 또는 Not : 완전한 부정
• More 또는 Less : 양의 증가 및 감소
• As Well As : 성질상의 증가
• Part of : 일부변경, 성질상의 감소
• Reverse : 설계의도의 논리적인 역
• Other Than : 완전한 대체

📝 필기에 자주 출제되는 내용입니다.

정답 50 ④ 51 ② 52 ④

53 실린더 블록에 사용하는 가스켓의 수명 분포는 X~N(10000, 200²)인 정규분포를 따른다. t = 9,600시간일 경우에 신뢰도 (R(t))는?
(단, P(Z≤1) = 0.8413, P(Z≤1.5) = 0.9332, P(Z≤2) = 0.9772, P(Z≤3) = 0.9987이다.)

① 84.13%   ② 93.32%
③ 97.72%   ④ 99.87%

1. 평균수명 10,000시간, 사용시간이 9,600시간이므로
평균기대수명 = 10,000 − 9,600 = 400(시간)

2. $Z = \dfrac{평균}{표준편차} = \dfrac{400}{200} = 2$

3. 표준정규분포이고, Z=2이므로 Z2의 표준정규분포를 따르게 된다.
Z2 = 0.9772이므로 0.9772 × 100 = 97.72%

 비중이 낮은 문제입니다.

54 신체활동의 생리학적 측정법 중 전신의 육체적인 활동을 측정하는데 가장 적합한 방법은?

① Flicker측정
② 산소 소비량 측정
③ 근전도(EMG) 측정
④ 피부전기반사(GSR) 측정

전신의 육체적인 활동을 측정 → 산소 소비량 측정

참고

∗ **EMG(electromyogram : 근전도)**
근육 활동의 전위차를 측정

55 신호검출이론(SDT)의 판정결과 중 신호가 없었는데도 있었다고 말하는 경우는?

① 긍정(hit)
② 누락(miss)
③ 허위(false alarm)
④ 부정(correct rejection)

신호가 없었는데도 있었다고 말하는 경우
→ 허위(false alarm)

참고

∗ **신호검출이론**
• 잡음 속에서 신호를 검출할 때에, 신호에 대한 옳은 반응(fit)과 잡음일 때에 반응하는 잘못을 측정하는 방법
• 관찰자의 민감도와 반응편향에 따라 신호의 탐지가 달라진다는 이론으로 통제된 실험실에서 얻은 결과를 현장에 그대로 적용할 수 없다.

56 가스밸브를 잠그는 것을 잊어 사고가 발생했다면 작업자는 어떤 인적오류를 범한 것인가?

① 생략 오류(omission error)
② 시간지연 오류(time error)
③ 순서 오류(sequential error)
④ 작위적 오류(commission error)

정답 53 ③ 54 ② 55 ③ 56 ①

가스밸브를 잠그는 것을 잊어 사고가 발생 → 생략오류(omission error)

③ 기타 기계 및 장비 제조업
④ 자동차 및 트레일러 제조업
⑤ 식료품 제조업
⑥ 고무제품 및 플라스틱 제품 제조업
⑦ 목재 및 나무제품 제조업
⑧ 기타 제품 제조업
⑨ 1차 금속 제조업
⑩ 가구 제조업
⑪ 화학물질 및 화학제품 제조업
⑫ 반도체 제조업
⑬ 전자부품 제조업

> **참고**
>
> * **휴먼에러의 심리적 분류**
>   **(Swain의 분류, 독립행동에 관한 분류)**
> ① omission error(누설오류, 생략오류, 부작위오류) : 필요한 작업 또는 절차를 수행하지 않는데 기인한 에러
> ② time error(시간오류) : 필요한 작업 또는 절차의 수행 지연으로 인한 에러
> ③ commission error(작위오류, 실행오류) : 필요한 작업 또는 절차의 불확실한 수행으로 인한 에러
> ④ sequential error(순서오류) : 필요한 작업 또는 절차의 순서 착오로 인한 에러
> ⑤ extraneous error(과잉행동오류) : 불필요한 작업 또는 절차를 수행함으로써 기인한 에러

📝 필기에 자주 출제되는 내용입니다.

특급암기법
1차금속으로 금속가공제품, 비금속 광물제품 제조하여 나무, 화학물질 섞어서 기계장비, 자동차 트레일러 만들고, 고무풀(고무 및 플라스틱)로 기타 식료품 만들었더니 도대체(반도체)가(가구) 전부(전자부품) 유해 · 위험(유해 · 위험방지계획서)하다.

📝 실기에 자주 출제되는 중요한 내용입니다.

57 산업안전보건 법령상 유해위험방지계획서의 제출 대상 제조업은 전기 계약 용량이 얼마 이상인 경우에 해당되는가? (단, 기타 예외사항은 제외한다.)

① 50kW   ② 100kW
③ 200kW ④ 300kW

* **유해 · 위험방지 계획서 작성 대상 사업(제조업)**
다음 각 호의 어느 하나에 해당하는 사업으로서 전기 사용설비의 정격용량의 합이 300킬로와트 이상인 사업을 말한다.
① 금속가공제품(기계 및 가구는 제외한다) 제조업
② 비금속 광물제품 제조업

58 다음 중 열 중독증(heat illness)의 강도를 올바르게 나열한 것은?

ⓐ 열소모(heat exhaustion)
ⓑ 열발진(heat rash)
ⓒ 열경련(heat cramp)
ⓓ 열사병(heat stroke)

① ⓒ < ⓑ < ⓐ < ⓓ   ② ⓒ < ⓑ < ⓓ < ⓐ
③ ⓑ < ⓒ < ⓐ < ⓓ   ④ ⓑ < ⓓ < ⓐ < ⓒ

열발진 < 열경련 < 열소모 < 열사병

정답 57 ④ 58 ③

> **참고**

① 열쇠약(Heat Prostration)
- 고열 작업장에서의 만성적인 건강장해
- 전신권태, 위장장해, 불면, 빈혈 등의 증상

② 열허탈(Heat Collapse)
- 고열환경에서 혈관운동 장해에 의한 대뇌피질의 혈류량 부족 및 뇌의 산소부족으로 실신하거나 현기증을 일으킨다.

③ 열피로(Heat Exhaustion)
- 고온에서 장시간 중노동 시 수분·염분 부족이 원인이 되어 현기증, 구토, 심할 경우 허탈로 빠져 의식을 잃을 수도 있다.
- 휴식 후에 5% 포도당을 정맥주사한다.

④ 열경련(Heat Cramp)
- 고온에서 지속적인 육체노동 시 수분 및 혈중 염분 손실로 인한 근육발작 및 경련을 일으킨다.
- 수분 및 Nacl을 보충한다.

⑤ 열사병(Heat Stroke)
- 고온다습한 환경에 장시간 노출될 경우 뇌의 온도 상승으로 인해 신체의 체온중추기능의 장해, 발한 정지(땀을 흘리지 못하여 체온조절 안 됨), 직장온도 상승 등을 일으킨다.

59 암호체계의 사용 시 고려해야 될 사항과 거리가 먼 것은?

① 정보를 암호화한 자극은 검출이 가능하여야 한다.
② 다 차원의 암호보다 단일 차원화된 암호가 정보 전달이 촉진된다.
③ 암호를 사용할 때는 사용자가 그 뜻을 분명히 알 수 있어야 한다.
④ 모든 암호 표시는 감지장치에 의해 검출될 수 있고, 다른 암호 표시와 구별될 수 있어야 한다.

> ★ **암호 체계의 일반적 사항**
> ① 암호의 검출성 : 암호화한 자극은 검출이 가능할 것
> ② 암호의 변별성 : 다른 암호 표시와 구별될 수 있을 것
> ③ 부호의 양립성 : 자극-반응의 관계가 인간의 기대와 모순되지 않는 성질
> ④ 부호의 의미 : 암호를 사용할 때는 그 사용자가 그 뜻을 분명히 알 수 있어야 한다.
> ⑤ 암호의 표준화 : 암호를 표준화하여 다른 상황으로 변화하더라도 쉽게 이용할 수 있어야 한다.
> ⑥ 다차원 암호의 사용 : 2가지 이상의 암호를 조합해서 사용하면 정보 전달이 촉진된다.

📝 필기에 자주 출제되는 내용입니다.

60 사무실 의자나 책상에 적용할 인체 측정자료의 설계 원칙으로 가장 적합한 것은?

① 평균치 설계
② 조절식 설계
③ 최대치 설계
④ 최소치 설계

정답 59 ② 60 ②

* **인체계측자료의 응용 3원칙**

① 최대 치수와 최소 치수 설계(극단치 설계)

최대 치수 설계의 예	최소 치수 설계의 예
• 위험구역의 울타리높이 • 출입문의 높이 • 그네줄의 인장강도	• 물건을 올리는 선반의 높이 • 조종장치를 조정하는 힘 • 조종장치까지의 조정 거리

② 조절(조정)범위(조절식 설계)
  예 침대, 의자 높낮이 조절, 자동차의 운전석 위치 조정

③ 평균치를 기준으로 한 설계
  예 은행의 창구 높이

📝 필기에 자주 출제되는 내용입니다.

* **내화피복 공법의 종류**

습식공법	건식공법
① 조적공법 : 철골표면에 벽돌, 돌, 콘크리트 블록, 경량 콘크리트 블록 등을 시공하는 공법 ② 미장공법 : 철골표면에 단열 모르타르를 시공하는 공법 ③ 도장공법 : 철골표면에 내화페인트를 도장하는 공법 ④ 뿜칠공법 : 철골표면에 접착제를 혼합한 내화피복재를 뿜어서 내화피복하는 공법 ⑤ 타설공법 : 철골표면에 기포 콘크리트, 경량콘크리트를 타설하는 공법	① 성형판 공법 : 내화단열성이 우수한 각종 성형판을 철골주위에 접착제와 철물 등을 설치하고 그 위에 붙이는 공법으로 주로 기둥과 보의 내화피복에 사용된다. ② 멤브레인 공법

📝 필기에 자주 출제되는 내용입니다.

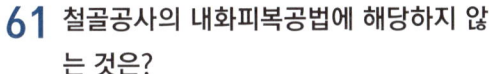

4과목 건설시공학

61 철골공사의 내화피복공법에 해당하지 않는 것은?

① 표면탄화법
② 뿜칠공법
③ 타설공법
④ 조적공법

62 강관 틀비계에서 주 틀의 기둥관 1개당 수직하중의 한도는 얼마인가?(단, 견고한 기초 위에 설치하게 될 경우)

① 16.5kN   ② 24.5kN
③ 32.5kN   ④ 38.5kN

* **강관 틀비계에서 주 틀의 기둥관 1개당 수직하중의 한도**

① 틀 간격 1.8m에서 틀 사이의 하중한도 : 3.92kN
② 견고한 기초 위에 설치하게 될 경우 : 24.5kN

정답 61 ① 62 ②

63 고압 증기양생 경량기포콘크리트(ALC)의 특징으로 거리가 먼 것은?

① 열전도율이 보통 콘크리트의 1/10 정도이다.
② 경량으로 인력에 의한 취급이 가능하다.
③ 흡수율이 매우 낮은 편이다.
④ 현장에서 절단 및 가공이 용이하다.

③ 흡수성이 크고 표면마모가 쉽고 강도가 크지 않다.

📌 필기에 자주 출제되는 내용입니다.

64 콘크리트 타설 시 진동기를 사용하는 가장 큰 목적은?

① 콘크리트 타설 시 용이함
② 콘크리트의 응결, 경화 촉진
③ 콘크리트의 밀실화 유지
④ 콘크리트의 재료 분리 촉진

*콘크리트 타설 시 진동기를 사용하는 목적
콘크리트를 거푸집 구석구석까지 충진시키고 밀실한 콘크리트를 얻기 위함이다.(콘크리트의 밀실화 유지)

📌 필기에 자주 출제되는 내용입니다.

65 철골용접 부위의 비파괴검사에 관한 설명으로 옳지 않은 것은?

① 방사선검사는 필름의 밀착성이 좋지 않은 건축물에서도 검출이 우수하다.
② 침투탐상검사는 액체의 모세관현상을 이용한다.
③ 초음파탐상검사는 인간의 귀로 들을 수 없는 주파수를 갖는 초음파를 사용하여 결함을 검출하는 방법이다.
④ 외관검사는 용접을 한 용접공이나 용접 관리 기술자가 하는 것이 원칙이다.

① 방사선검사는 투과 상태를 필름에 담아 내부검출을 검사하는 방법으로 필름의 밀착성이 좋지 않은 건축물에서는 검출성이 나빠진다.

66 단순조적 블록쌓기에 관한 설명으로 옳지 않은 것은?

① 단순조적 블록쌓기의 세로줄눈은 도면 또는 공사시방서에서 정한 바가 없을 때에는 막힌 줄눈으로 한다.
② 살두께가 작은 편을 위로 하여 쌓는다.
③ 줄눈 모르타르는 쌓은 후 줄눈누르기 및 줄눈파기를 한다.
④ 특별한 지정이 없으면 줄눈은 10mm가 되게 한다.

③ 살두께가 큰 편을 위로하여 쌓는다.

📌 필기에 자주 출제되는 내용입니다.

정답 63 ③ 64 ③ 65 ① 66 ②

67 네트워크공정표의 단점이 아닌 것은?

① 다른 공정표에 비하여 작성시간이 많이 필요하다.
② 작성 및 검사에 특별한 기능이 요구된다.
③ 진척관리에 있어서 특별한 연구가 필요하다.
④ 개개의 관련작업이 도시되어 있지 않아 내용을 알기 어렵다.

* **네트워크공정표의 단점**
① 다른 공정표에 비하여 작성시간이 많이 필요하다.
② 작성 및 검사에 특별한 기능이 요구된다.
③ 진척관리에 있어서 특별한 연구가 필요하다.
④ 표시상 제약으로 작업의 세분화 정도에는 한계가 있다.

📎 필기에 자주 출제되는 내용입니다.

68 주문받은 건설업자가 대상 계획의 기업, 금융, 토지조달, 설계, 시공 등을 포괄하는 도급계약방식을 무엇이라 하는가?

① 실비청산 보수가산도급
② 정액도급
③ 공동도급
④ 턴키도급

* **턴키도급(turn-key base contract)**
주문받은 건설업자가 대상 계획의 기업, 금융, 토지조달, 설계, 시공 등을 포괄하는 도급계약방식을 말한다.

📎 필기에 자주 출제되는 내용입니다.

69 ALC 블록공사 시 내력벽 쌓기에 관한 내용으로 옳지 않은 것은?

① 쌓기 모르타르는 교반기를 사용하여 배합하며, 1시간 이내에 사용해야 한다.
② 가로 및 세로줄눈의 두께는 3~5mm 정도로 한다.
③ 하루 쌓기 높이는 1.8m를 표준으로 하며, 최대 2.4m 이내로 한다.
④ 연속되는 벽면의 일부를 나중쌓기로 할 때에는 그 부분을 층단 떼어쌓기로 한다.

② 가로 및 세로줄눈의 두께는 1~3mm 정도로 한다.

70 시험말뚝에 변형률계(strain gauge)와 가속도계(accelerometer)를 부착하여 말뚝 항타에 의한 파형으로부터 지지력을 구하는 시험은?

① 정적재하시험
② 동적재하시험
③ 비비 시험
④ 인발 시험

① **정적 재하시험** : 타입된 기성말뚝에 어스앵커 등을 이용하여 **실제하중을 재하시킨 후 지지력을 측정하는 방법**
② **동적 재하시험** : 시험말뚝에 변형률계(strain gauge)와 가속도계(accelerometer)를 부착하여 **말뚝 항타에 의한 파형으로부터 지지력을 구하는 시험**

정답 67 ④ 68 ④ 69 ② 70 ②

71 지하 합벽거푸집에서 측압에 대비하여 버팀대를 삼각형으로 일체화한 공법은?

① 1회용 리브라스 거푸집
② 와플 거푸집
③ 무 폼타이 거푸집
④ 단열 거푸집

> ★ 무 폼타이 거푸집 공법
> 지하층 외벽의 벽체 또는 차수벽을 형성할 때 폼 타이를 시공하지 않고 합벽용 버팀대를 통하여 측압을 지지하는 공법을 말한다.

72 부재별 철근의 정착위치에 관한 설명으로 옳지 않은 것은?

① 작은보의 주근은 슬래브에 정착한다.
② 기둥의 주근은 기초에 정착한다.
③ 바닥철근은 보 또는 벽체에 정착한다.
④ 벽철근은 기둥, 보 또는 바닥판에 정착한다.

> ① 작은 보의 주근은 큰 보에 정착한다.

📌 필기에 자주 출제되는 내용입니다.

73 다음은 표준시방서에 따른 기성말뚝 세우기 작업 시 준수사항이다. ( )안에 들어갈 내용으로 옳은 것은? (단, 보기항의 D는 말뚝의 바깥지름임)

> 말뚝의 연직도나 경사도는 (A) 이내로 하고, 말뚝박기 후 평면상의 위치가 설계도면의 위치로부터 (B)와 100mm 중 큰 값 이상으로 벗어나지 않아야 한다.

① A : 1/50, B : D/4
② A : 1/150, B : D/4
③ A : 1/100, B : D/2
④ A : 1/150, B : D/2

> 말뚝의 연직도나 경사도는 1/50 이내로 하고, 말뚝박기 후 평면상의 위치가 설계도면의 위치로부터 D/4 (D는 말뚝의 바깥 지름)와 100mm 중 큰 값 이상으로 벗어나지 않아야 한다.

📌 필기에 자주 출제되는 내용입니다.

74 제자리 콘크리트 말뚝지점 중 베노토 파일의 특징에 관한 설명으로 옳지 않은 것은?

① 기계가 저가이고 굴착속도가 비교적 빠르다.
② 케이싱을 지반에 압입해 가면서 관 내부 토사를 특수한 버킷으로 굴착 배토한다.
③ 말뚝구멍의 굴착 후에는 철근콘크리트 말뚝을 제자리치기 한다.
④ 여러 지질에 안전하고 정확하게 시공할 수 있다.

정답 71 ③ 72 ① 73 ① 74 ①

① 기계가 고가이고 굴착속도가 느리다.

📱 필기에 자주 출제되는 내용입니다.

75 철골 공사 중 현장에서 보수도장이 필요한 부위에 해당되지 않는 것은?

① 현장 용접을 한 부위
② 현장접합 재료의 손상 부위
③ 조립상 표면접합이 되는 면
④ 운반 또는 양중 시 생긴 손상 부위

* **철골 공사 중 현장에서 보수도장이 필요한 부위**
① 현장 용접을 한 부위
② 현장 접합 재료의 손상 부위
③ 운반 또는 양중 시 생긴 손상 부위

📱 필기에 자주 출제되는 내용입니다.

76 웰포인트(well point)공법에 관한 설명 중 옳지 않은 것은?

① 강제배수공법의 일종이다.
② 투수성이 비교적 낮은 사질실트층까지도 배수가 가능하다.
③ 흙의 안전성을 대폭 향상시킨다.
④ 인근 건축물의 침하에 영향을 주지 않는다.

④ 지하수 저하에 따른 인접지반과 인근 건축물의 침하에 주의가 필요하다.

참고

웰포인트 공법 : 집수장치를 붙인 파이프를 지중에 박아 이것을 지상의 집수관에 연결하여 **펌프로 지중의 물을 배수하는 공법**을 말한다.(진공펌프를 사용하여 토중의 지하수를 강제적으로 집수한다.)

📱 필기에 자주 출제되는 내용입니다.

77 갱폼(Gang Form)에 관한 설명으로 옳지 않은 것은?

① 타워크레인, 이동식 크레인 같은 양중장비가 필요하다.
② 벽과 바닥의 콘크리트 타설을 한번에 가능하게 하기 위하여 벽체 및 슬래브거푸집을 일체로 제작한다.
③ 공사초기 제작기간이 길고 투자비가 큰 편이다.
④ 경제적인 전용횟수는 30~40회 정도이다.

② 벽과 바닥의 콘크리트 타설을 한번에 가능하게 하기 위하여 벽체 및 슬래브거푸집을 일체로 제작한다.
→ 터널 폼

참고

갱폼(Gang Form) : 외부벽체 거푸집과 작업발판용 케이지(Cage)를 일체로 제작하여 사용하는 대형 거푸집을 말한다.

📱 필기에 자주 출제되는 내용입니다.

정답 75 ③ 76 ④ 77 ②

78 철골기둥의 이음부분 면을 절삭가공기를 사용하여 마감하고 충분히 밀착시킨 이음에 해당하는 용어는?

① 밀 스케일(mill scale)
② 스캘럽(scallop)
③ 스패터(spatter)
④ 메탈 터치(metal touch)

메탈 터치(metal touch) : 철골공사에서 기둥 이음부분 면을 절삭 가공기를 사용하여 마감하고 충분히 밀착시킨 이음을 말한다.

79 공사의 도급계약에 명시하여야 할 사항과 가장 거리가 먼 것은? (단, 첨부서류가 아닌 계약서 상 내용을 의미)

① 공사내용
② 구조설계에 따른 설계방법의 종류
③ 공사착수의 시기와 공사완성의 시기
④ 하자담보책임기간 및 담보방법

* **공사의 도급계약에 명시하여야 할 사항**
① 공사내용
② 도급금액과 도급금액 중 노임에 해당하는 금액
③ 공사착수의 시기와 공사완성의 시기
④ 도급금액의 선급금이나 기성금의 지급에 관하여 약정을 한 경우에는 각각 그 지급의 시기·방법 및 금액
⑤ 공사의 중지, 계약의 해제나 천재·지변의 경우 발생하는 손해의 부담에 관한 사항
⑥ 설계변경·물가변동 등에 기인한 도급금액 또는 공사내용의 변경에 관한 사항
⑦ 하도급대금지급보증서의 교부에 관한 사항(하도급계약의 경우에 한한다)
⑧ 하도급대금의 직접지급사유와 그 절차
⑨ 산업안전보건관리비의 지급에 관한 사항
⑩ 건설근로자퇴직공제가입에 소요되는 금액과 부담방법에 관한 사항
⑪ 고용보험료 기타 당해 공사와 관련하여 법령에 의하여 부담하는 각종 부담금의 금액과 부담방법에 관한 사항
⑫ 당해 공사에서 발생된 폐기물의 처리방법과 재활용에 관한 사항
⑬ 인도를 위한 검사 및 그 시기
⑭ 공사완성후의 도급금액의 지급시기
⑮ 계약이행지체의 경우 위약금·지연이자의 지급 등 손해배상에 관한 사항
⑯ 하자담보책임기간 및 담보방법
⑰ 분쟁발생시 분쟁의 해결방법에 관한 사항
⑱ 고용 관련 편의시설의 설치 등에 관한 사항

80 지하연속벽(Slurry wall) 굴착·공사 중 공벽붕괴의 원인으로 보기 어려운 것은?

① 지하수위의 급격한 상승
② 안정액의 급격한 점도 변화
③ 물다짐하여 매립한 지반에서 시공
④ 공사 시 공법의 특성으로 발생하는 심한 진동

* **지하연속벽(Slurry wall) 굴착공사 중 공벽붕괴의 원인**
① 지하수위의 급격한 상승
② 안정액의 급격한 점도 변화
③ 물다짐하여 매립한 지반에서 시공

정답 78 ④ 79 ② 80 ④

5과목 건설재료학

81 다음 미장재료 중 수경성 재료인 것은?

① 회반죽
② 회사벽
③ 석고 플라스터
④ 돌로마이트 플라스터

수경성(팽창성)	1. 석고질 • 석고 플라스터 • 혼합석고 플라스터(배합석고) • 경석고 플라스터(킨즈시멘트) 2. 시멘트모르타르 3. 인조석 바름 4. 테라조 현장 바름 **특급암기법** 수(수경성) 고(석고)하는 시(시멘트모르타르)인(인조석) 테라조
기경성(수축성, 알칼리성)	1. 석회질 • 회반죽 • 회사벽 2. 돌로마이트플라스터 (마그네시아 석회) **특급암기법** 기(기경성) 회(석회, 회반죽, 회사벽) 돌(돌로마이트플라스터)

📝 필기에 자주 출제되는 내용입니다.

82 부재 두께의 증가에 따른 강도저하, 용접성 확보 등에 대응하기 위해 열간압연 시 냉각조건을 조절하여 냉각속도에 의해 강도를 상승시킨 구조용 특수강재는?

① 일반구조용 압연강재
② 용접구조용 압연강재
③ TMC 강재
④ 내후성 강재

TMC강재(Thermo Mechanical Control process steel : 내화강재) : 열간 압연 시에 압연 온도를 조절하여 강도를 상승시켜 **최적의 재질로 압연하는 과정을 거쳐 제조된 강재**

83 다음 중 고로시멘트의 특징으로 옳지 않은 것은?

① 고로시멘트는 포틀랜드시멘트 클링커에 급랭한 고로슬래그를 혼합한 것이다.
② 초기강도는 약간 낮으나 장기강도는 보통포틀랜드시멘트와 같거나 그 이상이 된다.
③ 보통포틀랜드시멘트에 배해 화학저항성이 매우 낮다.
④ 수화열이 적어 매스콘크리트에 적합하다.

정답 81 ③ 82 ③ 83 ③

* **고로시멘트**
① 용광로의 선철제작 부산물을 급랭시키고 파쇄하여 시멘트와 혼합한 것을 고로시멘트라 한다.
② 초기 강도는 낮으나 장기강도는 높다.
③ 수화열이 적고 수축률이 적어 매스콘크리트용으로 적합하다.
④ 염분에 대한 저항이 크고 화학 저항성이 크며 방수성이 뛰어나 댐이나 항만공사, 공장폐수공사 등에 사용된다.
④ 수화열이 적어 응결시간이 느리기 때문에 특히 겨울철 공사에 주의를 요한다.(동해를 받기 쉽다.)
⑤ 보통 포틀랜드시멘트에 비하여 비중이 작고 중성화가 빨라서 풍화되기 쉽다.

② 합판은 3매이상의 얇은 판을 1매마다 접착제로 섬유방향에 직교하도록 붙여서 만든 판을 말한다.
③ 섬유판(Fiberboard)은 목재를 섬유(펄프)화 한 다음 접착제를 사용하여 건식방법으로 성형한 제품으로 비중이 0.40 이하인 섬유판을 연질섬유판이라 한다.
④ 파티클보드는 목재를 작은 조각으로 하여 충분히 건조시킨 후 합성수지와 같은 유기질의 접착제를 첨가하여 열압 제판한 목재 가공품을 말한다.

📘 필기에 자주 출제되는 내용입니다.

84 목재를 이용한 가공제품에 관한 설명으로 옳은 것은?

① 집성재는 두께 1.5~3cm의 널을 접착제로 섬유평행방향으로 겹쳐 붙여서 만든 제품이다.
② 합판은 3매이상의 얇은 판을 1매마다 접착제로 섬유평행방향으로 겹쳐 붙여서 만든 제품이다.
③ 연질섬유판은 두께 50mm, 나비 100mm의 긴 판에 표면을 리브로 가공하여 만든 제품이다.
④ 파티클보드는 코르크나무의 수피를 분말로 가열, 성형, 접착하여 만든 제품이다.

85 플라스틱 제품 중 비닐 레더(vinyl leather)에 관한 설명으로 옳지 않은 것은?

① 색채, 모양, 무늬 등을 자유롭게 할 수 있다.
② 면포로 된 것은 찢어지지 않고 튼튼하다.
③ 두께는 0.5~1mm이고, 길이는 10m의 두루마리로 만든다.
④ 커튼, 테이블크로스, 방수막으로 사용된다.

* **비닐 레더(vinyl leather)**
① 천에 비닐 수지를 입혀서 만든 인조 가죽을 말한다.
② 색채, 모양, 무늬 등을 자유롭게 할 수 있다.
③ 면 포로 된 것은 찢어지지 않고 튼튼하다.
④ 두께는 0.5~1mm이고 길이는 10m의 두루마리로 만든다.
⑤ 가구, 벽지, 구두, 가방 등에 사용된다.

정답 84 ① 85 ④

86 알루미늄의 성질에 관한 설명으로 옳지 않은 것은?

① 비중이 철에 비해 약 1/3정도이다.
② 황산, 인산 중에서는 침식되지만 염산 중에서는 침식되지 않는다.
③ 열, 전기의 양도체이며 반사율이 크다.
④ 부식률은 대기 중의 습도와 염분함유량, 불순물의 양과 질 등에 관계되며 0.08mm/년 정도이다.

② 산과 알칼리에 약하다.(황산, 인산, 염산 등에 침식된다.)

📝 필기에 자주 출제되는 내용입니다.

87 목재 건조 시 생재를 수중에 일정기간 침수시키는 주된 이유는?

① 재질을 연하게 만들어 가공하기 쉽게 하기 위하여
② 목재의 내화도를 높이기 위하여
③ 강도를 크게 하기 위하여
④ 건조기간을 단축시키기 위하여

목재의 건조기간을 단축시키기 위한 목적으로 공기 건조 전에 목재를 물속에 일정기간 침수시킨다.

📝 필기에 자주 출제되는 내용입니다.

88 다음 중 방청도료에 해당되지 않는 것은?

① 광명단조합페인트
② 클리어 래커
③ 에칭프라이머
④ 징크로메이트 도료

★ **방청 도료** : 녹막이 도료 또는 녹막이 페인트
① 광명단 도료
② 산화철 도료
③ 알루미늄 도료
④ 징크로메이트 도료
⑤ 워시 프라이머(에칭 프라이머)
⑥ 역청질 도료

📝 필기에 자주 출제되는 내용입니다.

89 보통시멘트콘크리트와 비교한 폴리머 시멘트콘크리트의 특징으로 옳지 않은 것은?

① 유동성이 감소하여 일정 워커빌리티를 얻는데 필요한 물-시멘트비가 증가한다.
② 모르타르, 강재, 목재 등의 각종 재료와 잘 접착한다.
③ 방수성 및 수밀성이 우수하고 동결융해에 대한 저항성이 양호하다.
④ 휨, 인장강도 및 신장능력이 우수하다.

정답 86 ② 87 ④ 88 ② 89 ①

> *** 폴리머(시멘트) 콘크리트**
> ① 결합재로써 시멘트를 사용하지 않고 폴리머를 골재만으로 결합하여 콘크리트를 제조한 것으로써 플라스틱 콘크리트(Plastic concrete)라고도 한다.
> ② 방수성 및 수밀성이 우수하고 동결융해에 대한 저항성이 양호하다.
> ③ 휨 및 신장능력이 우수하다.
> ④ 고강도, 내구성이 우수하며 내부식성, 내약품성이 우수하여 구조물에 다양하게 이용된다.
> ⑤ 모르타르, 강재, 목재 등의 각종 재료와 잘 접착한다.

📝 필기에 자주 출제되는 내용입니다.

90 실리콘(silicon)수지에 관한 설명으로 옳지 않은 것은?

① 실리콘수지는 내열성, 내한성이 우수하여 -60 ~ 260℃의 범위에서 안정하다.
② 탄성을 지니고 있고, 내후성도 우수하다.
③ 발수성이 있기 때문에 건축물, 전기 절연물 등의 방수에 쓰인다.
④ 도료로 사용할 경우 안료로서 알루미늄 분말을 혼합한 것은 내화성이 부족하다.

> ④ 실리콘수지 도료는 내열성, 내한성, 내후성이 우수한 특성을 가지고 있어서 내열성(내화성)이 우수한 알루미늄을 혼합하여 내열도료로 사용된다.

📝 필기에 자주 출제되는 내용입니다.

91 다음 제품 중 점토로 제작된 것이 아닌 것은?

① 경량벽돌
② 테라코타
③ 위생도기
④ 파키트리 패널

> **파키트리 패널** : 두께 15mm의 파키트리 보드를 4매씩 조합하여 만든 목재 마루판재를 말한다.

92 다음 각 도료에 관한 설명으로 옳지 않은 것은?

① 유성페인트 : 건조시간이 길고 피막이 튼튼하고 광택이 있다.
② 수성페인트 : 유성페인트에 비하여 광택이 매우 우수하고 내구성 및 내마모성이 크다.
③ 합성수지 페인트 : 도막이 단단하고 내산성 및 내알칼리성이 우수하다.
④ 에나멜페인트 : 건조가 빠르고, 내수성 및 내약품성이 우수하다

> ② 수성페인트 : 유성페인트에 비하여 광택이 없고 내구성 및 내마모성이 작다.

📝 필기에 자주 출제되는 내용입니다.

정답 90 ④ 91 ④ 92 ②

93 경질우레탄폼 단열재에 관한 설명으로 옳지 않은 것은?

① 규격은 한국산업표준(KS)에 규정되어 있다.
② 공사현장에서 발포시공이 가능하다.
③ 사용시간이 경과함에 따라 부피가 팽창하는 결점이 있다.
④ 초저온 장치용 보냉재로 사용된다.

③ 사용시간이 경과함에 따른 상태변화가 적다.

94 콘크리트용 골재의 요구 성능에 관한 설명으로 옳지 않은 것은?

① 골재의 강도는 경화한 시멘트페이스트 강도보다 클 것
② 골재의 형태가 예각이며, 표면은 매끄러울 것
③ 골재의 입형이 둥글고 입도가 고를 것
④ 먼지 또는 유기불순물을 포함하지 않을 것

② 형태는 거칠고 구형에 가까운 것이 가장 좋으며, 편평하거나 세장한 것은 좋지 않다.

📝 필기에 자주 출제되는 내용입니다.

95 양질의 도토 또는 장석분을 원료로 하며, 흡수율이 1% 이하로 거의 없고 소성온도가 약 1,230 ~ 1,460℃인 점토 제품은?

① 토기   ② 석기
③ 자기   ④ 도기

✱ 자기
① 양질의 도토 또는 장석분을 원료로 하며, 흡수율이 1% 이하로 거의 없다.
② 소성온도가 약 1230~1460℃로 가장 높다.
③ 모자이크 타일, 위생도기 등에 주로 사용된다.

📝 필기에 자주 출제되는 내용입니다.

96 콘크리트의 워커빌리티(workability)에 관한 설명으로 옳지 않은 것은?

① 과도하게 비빔시간이 길면 시멘트의 수화를 촉진하여 워커빌리티가 나빠진다.
② 단위수량을 너무 증가시키면 재료분리가 생기기 쉽기 때문에 워커빌리티가 좋아진다고 볼 수 없다.
③ AE제를 혼입하면 워커빌리티가 좋아진다.
④ 깬자갈이나 깬모래를 사용할 경우, 잔골재율을 작게 하고 단위수량을 감소시켜 워커빌리티가 좋아진다.

④ 깬자갈이나 깬모래를 사용하면 워커빌리티가 나빠지므로 잔골재율을 크게 하고, 단위수량을 크게 하면 워커빌리티가 증대된다.

📝 필기에 자주 출제되는 내용입니다.

정답 93 ③ 94 ② 95 ③ 96 ④

97 건축물에 사용되는 천장마감재의 요구 성능으로 옳지 않은 것은?

① 내충격성
② 내화성
③ 흡음성
④ 차음성

> ＊ 천장마감재의 요구 성능
> ① 단열성
> ② 내화성
> ③ 흡음성
> ④ 차음성
> ⑤ 내구성 등

98 세라믹재료의 일반적인 특성에 관한 설명으로 옳지 않은 것은?

① 내열성, 화학저항성이 우수하다.
② 전·연성이 매우 뛰어나 가공이 용이하다.
③ 단단하고 압축강도가 높다.
④ 전기절연성이 있다.

> ② 가공이 어렵고 높은 취성(깨지기 쉬운 성질)을 가진다.

99 한중 콘크리트의 배합에 관한 설명으로 옳지 않은 것은?

① 한중 콘크리트에는 일반콘크리트만을 사용하고, AE콘크리트의 사용을 금한다.
② 단위수량은 초기동해를 적게 하기 위하여 소요의 워커빌리티를 유지할 수 있는 범위 내에서 되도록 적게 정하여야 한다.
③ 물-결합재비는 원칙적으로 60% 이하로 하여야 한다.
④ 배합강도 및 물-결합재비는 적산온도방식에 의해 결정될 수 있다.

> ① AE콘크리트를 사용하여 물-시멘트비를 작게 한다.(동결융해 방지)

📝 필기에 자주 출제되는 내용입니다.

100 유리의 주성분 중 가장 많이 함유되어 있는 것은?

① CaO
② SiO₂
③ Al₂O₃
④ MgO

> 유리의 주성분은 이산화규소(SiO₂)이다.

정답 97 ① 98 ② 99 ① 100 ②

6과목 건설안전기술

101 비계의 높이가 2m 이상인 작업장소에 설치하는 작업발판의 설치기준으로 옳지 않은 것은?
(단, 달비계, 달대비계 및 말비계는 제외)

① 작업발판의 폭은 40cm 이상으로 한다.
② 작업발판재료는 뒤집히거나 떨어지지 않도록 하나 이상의 지지물에 연결하거나 고정시킨다.
③ 발판재료 간의 틈은 3cm 이하로 한다.
④ 작업발판의 지지물은 하중에 의하여 파괴될 우려가 없는 것을 사용한다.

② 작업발판재료는 뒤집히거나 떨어지지 않도록 하나 둘 이상의 지지물에 연결하거나 고정시킨다.

📝 실기까지 중요한 내용입니다.

102 NATM공법 터널공사의 경우 록 볼트 작업과 관련된 계측결과에 해당되지 않은 것은?

① 내공변위 측정 결과
② 천단침하 측정 결과
③ 인발시험 결과
④ 진동 측정 결과

★ 터널의 계측관리 사항(NATM 기준)
① 내공변위 측정
② 천단침하 측정
③ 지중, 지표침하 측정
④ 록볼트 축력측정
⑤ 숏크리트 응력 측정해설

103 동바리를 조립하는 경우에 준수하여야 할 사항으로 옳지 않은 것은?

① 받침목이나 깔판의 사용, 콘크리트 타설, 말뚝박기 등 동바리의 침하를 방지하기 위한 조치를 할 것
② 개구부 상부에 동바리를 설치하는 경우에는 상부하중을 견딜 수 있는 견고한 받침대를 설치할 것
③ 거푸집의 형상에 따른 부득이한 경우를 제외하고는 깔판이나 받침목은 2단 이상 끼우지 않도록 할 것
④ 동바리의 이음은 다른 품질의 재료를 사용할 것

④ 동바리의 이음은 같은 품질의 재료를 사용할 것

104 불도저를 이용한 작업 중 안전조치사항으로 옳지 않은 것은?

① 작업종료와 동시에 삽날을 지면에서 띄우고 주차 제동장치를 건다.
② 모든 조종간은 엔진 시동 전에 중립 위치에 놓는다.
③ 장비의 승차 및 하차 시 뛰어내리거나 오르지 말고 안전하게 잡고 오르내린다.
④ 야간작업 시 자주 장비에서 내려와 장비 주위를 살피며 점검하여야 한다.

① 작업종료와 동시에 삽날을 지면에 내리고 주차 제동장치를 건다.

정답 101 ② 102 ④ 103 ④ 104 ①

105 콘크리트 타설작업과 관련하여 준수하여야 할 사항으로 가장 거리가 먼 것은?

① 당일의 작업을 시작하기 전에 해당 작업에 관한 거푸집 동바리 등의 변형·변위 및 지반의 침하 유무 등을 점검하고 이상이 있으면 보수할 것
② 콘크리트를 타설하는 경우에는 편심이 발생하지 않도록 골고루 분산하여 타설할 것
③ 진동기의 사용은 많이 할수록 균일한 콘크리트를 얻을 수 있으므로 가급적 많이 사용할 것
④ 설계도서상의 콘크리트 양생기간을 준수하여 거푸집동바리 등을 해체할 것

③ 진동기는 적절히 사용되어야 하며, 지나친 진동은 거푸집 도괴의 원인이 될 수 있으므로 각별히 주의하여야 한다.

106 화물취급작업과 관련한 위험방지를 위해 조치하여야 할 사항으로 옳지 않은 것은?

① 하역작업을 하는 장소에서 작업장 및 통로의 위험한 부분에는 안전하게 작업할 수 있는 조명을 유지할 것
② 하역작업을 하는 장소에서 부두 또는 안벽의 선을 따라 통로를 설치하는 경우에는 폭을 50cm 이상으로 할 것
③ 차량 등에서 화물을 내리는 작업을 하는 경우에 해당 작업에 종사하는 근로자에게 쌓여 있는 화물 중간에서 화물을 빼내도록 하지 말 것
④ 꼬임이 끊어진 섬유로프 등을 화물운반용 또는 고정용으로 사용하지 말 것

② 하역작업을 하는 장소에서 부두 또는 안벽의 선을 따라 통로를 설치하는 경우에는 폭을 90cm 이상으로 할 것

107 유해위험방지 계획서를 제출하려고 할 때 그 첨부서류와 가장 거리가 먼 것은?

① 공사개요서
② 산업안전보건관리비 작성요령
③ 전체 공정표
④ 재해 발생 위험 시 연락 및 대피방법

★ **유해위험방지계획서 첨부서류**
1. 공사 개요 및 안전보건관리계획
 가. 공사 개요서
 나. 공사현장의 주변 현황 및 주변과의 관계를 나타내는 도면(매설물 현황을 포함한다)
 다. 건설물, 사용 기계설비 등의 배치를 나타내는 도면
 라. 전체 공정표
 마. 산업안전보건관리비 사용계획
 바. 안전관리 조직표
 사. 재해 발생 위험 시 연락 및 대피방법
2. 작업 공사 종류별 유해·위험방지계획

108 건설재해대책의 사면보호공법 중 식물을 생육시켜 그 뿌리로 사면의 표층토를 고정하여 빗물에 의한 침식, 동상, 이완 등을 방지하고 녹화에 의한 경관조성을 목적으로 시공하는 것은?

① 식생공 ② 쉴드공
③ 뿜어 붙이기공 ④ 블록공

식물을 생육시켜 그 뿌리로 사면의 표층토를 고정
→ 식생공

정답 105 ③ 106 ② 107 ② 108 ①

109 건설현장에 설치하는 사다리식 통로의 설치기준으로 옳지 않은 것은?

① 발판과 벽과의 사이는 15cm 이상의 간격을 유지할 것
② 발판의 간격은 일정하게 할 것
③ 사다리의 상단은 걸쳐놓은 지점으로부터 60cm 이상 올라가도록 할 것
④ 사다리식 통로의 길이가 10m 이상인 경우에는 3m 이내마다 계단참을 설치할 것

④ 사다리식 통로의 길이가 10m 이상인 경우에는 5m 이내마다 계단참을 설치할 것

참고

*** 사다리식 통로 설치 시의 준수사항**

① 견고한 구조로 할 것
② 심한 손상·부식 등이 없는 재료를 사용할 것
③ 발판의 간격은 일정하게 할 것
④ 발판과 벽과의 사이는 15센티미터 이상의 간격을 유지할 것
⑤ 폭은 30센티미터 이상으로 할 것
⑥ 사다리가 넘어지거나 미끄러지는 것을 방지하기 위한 조치를 할 것
⑦ 사다리의 상단은 걸쳐놓은 지점으로부터 60센티미터 이상 올라가도록 할 것
⑧ 사다리식 통로의 길이가 10미터 이상인 경우에는 5미터 이내마다 계단참을 설치할 것
⑨ 사다리식 통로의 기울기는 75도 이하로 할 것. 다만, **고정식 사다리식 통로의 기울기는 90도 이하로** 하고, 그 높이가 7미터 이상인 경우에는 다음 각 목의 **구분에 따른 조치를 할 것**
• 등받이울이 있어도 근로자 이동에 지장이 없는 경우 : 바닥으로부터 높이가 2.5미터 되는 지점부터 등받이울을 설치할 것
• 등받이울이 있으면 근로자가 이동이 곤란한 경우 : 한국산업표준에서 정하는 기준에 적합한 **개인용 추락 방지 시스템을 설치**하고 근로자로 하여금 한국산업표준에서 정하는 기준에 적합한 **전신 안전대를 사용**하도록 할 것
⑩ 접이식 사다리 기둥은 사용 시 접혀지거나 펼쳐지지 않도록 철물 등을 사용하여 견고하게 조치할 것

 실기까지 중요한 내용입니다.

110 표준관입시험에 관한 설명으로 옳지 않은 것은?

① N치(N-value)는 지반을 30cm 굴진하는 데 필요한 타격횟수를 의미한다.
② N치가 4~10일 경우 모래의 상대밀도는 매우 단단한 편이다.
③ 63.5kg 무게의 추를 76cm 높이에서 자유낙하여 타격하는 시험이다.
④ 사질지반에 적용하며, 점토지반에서는 편차가 커서 신뢰성이 떨어진다.

*** 표준 관입 시험(standard penetration test)**
• 표준 샘플러 63.5[kg]의 해머로 75[cm]의 높이에서 낙하시켜 관입량 30[cm]에 달하는데 요하는 타격 횟수로서 사질지반(모래)의 밀도를 측정하는 방법이다.
• 타격횟수의 값이 클수록 밀실한 토질이다.

*** 타격횟수에 따른 지반의 판정**
• 타격횟수 4회 미만 : 대단히 연약한 지반
• 타격횟수 4~10회 : 연약한 지반
• 타격횟수 10~30회 : 보통지반
• 타격횟수 30~50회 : 밀실한 지반
• 타격횟수 50회 이상 : 대단히 밀실한 지반

 실기까지 중요한 내용입니다.

111 건설공사의 산업안전보건관리비 계상 시 대상액이 구분되어 있지 않은 공사는 도급계약 또는 자체사업 계획상의 총 공사금액 중 얼마를 대상액으로 하는가?

① 50% ② 60%
③ 70% ④ 80%

> 대상액이 구분되어 있지 않은 공사는 도급계약 또는 자체사업계획 상의 총 공사금액의 70퍼센트를 대상액으로 하여 안전관리비를 계상하여야 한다.

📝 실기까지 중요한 내용입니다.

112 흙막이 지보공을 설치하였을 경우 정기적으로 점검하고 이상을 발견하면 즉시 보수하여야 하는 사항과 가장 거리가 먼 것은?

① 부재의 접속부·부착부 및 교차부의 상태
② 버팀대의 긴압(緊壓)의 정도
③ 부재의 손상·변형·부식·변위 및 탈락의 유무와 상태
④ 지표수의 흐름 상태

> ★ 흙막이 지보공을 설치한 때 점검 사항
> ① 부재의 손상·변형·부식·변위 및 탈락의 유무와 상태
> ② 버팀대의 긴압의 정도
> ③ 부재의 접속부·부착부 및 교차부의 상태
> ④ 침하의 정도

📝 실기까지 중요한 내용입니다.

113 작업발판 및 통로의 끝이나 개구부로서 근로자가 추락할 위험이 있는 장소에서 난간 등의 설치가 매우 곤란하거나 작업의 필요상 임시로 난간 등을 해체하여야 하는 경우에 설치하여야 하는 것은?

① 구명구 ② 수직보호망
③ 석면포 ④ 추락방호망

> ① 작업발판 및 통로의 끝이나 개구부로서 근로자가 추락할 위험이 있는 장소에는 안전난간, 울타리, 수직형 추락방망 또는 덮개 등의 방호 조치를 충분한 강도를 가진 구조로 튼튼하게 설치하여야 하며, 덮개를 설치하는 경우에는 뒤집히거나 떨어지지 않도록 설치하여야 한다.
> ② 난간 등을 설치하는 것이 매우 곤란하거나 작업의 필요상 임시로 난간 등을 해체하여야 하는 경우 추락방호망을 설치하여야 한다. 다만, 추락방호망을 설치하기 곤란한 경우에는 근로자에게 안전대를 착용하도록 하는 등 추락할 위험을 방지하기 위하여 필요한 조치를 하여야 한다.

114 산업안전보건법령에 따른 양중기의 종류에 해당하지 않은 것은?

① 곤돌라 ② 리프트
③ 클램쉘 ④ 크레인

> ★ 양중기의 종류(산업안전보건법 기준)
> ① 크레인[호이스트(hoist)를 포함한다]
> ② 이동식 크레인
> ③ 리프트(이삿짐운반용 리프트의 경우에는 적재하중이 0.1톤 이상인 것으로 한정한다)
> ④ 곤돌라
> ⑤ 승강기

📝 실기에 자주 출제되는 중요한 내용입니다.

정답 111 ③ 112 ④ 113 ④ 114 ③

115 철골용접부의 내부결함을 검사하는 방법으로 가장 거리가 먼 것은?

① 알칼리 반응 시험
② 방사선 투과 시험
③ 자기분말 탐상시험
④ 침투 탐상시험

＊ 철골용접부의 내부결함 검사 방법
- 와류 탐상검사
- 방사선 투과시험
- 자기분말 탐상시험
- 침투 탐상시험
- 초음파 탐상검사
- 육안검사

116 도심지 폭파해체공법에 관한 설명으로 옳지 않은 것은?

① 장기간 발생하는 진동, 소음이 적다.
② 해체 속도가 빠르다.
③ 주위의 구조물에 끼치는 영향이 적다.
④ 많은 분진 발생으로 민원을 발생시킬 우려가 있다.

③ 주위의 구조물에 끼치는 영향이 크다.

117 근로자의 추락 등의 위험을 방지하기 위한 안전난간의 설치요건에서 상부난간대를 120cm 이상 지점에 설치하는 경우 중간난간대를 최소 몇 단 이상 균등하게 설치하여야 하는가?

① 2단 ② 3단
③ 4단 ④ 5단

＊ 안전난간의 구조 및 설치요건
① 상부 난간대, 중간 난간대, 발끝막이판 및 난간기둥으로 구성할 것
② 상부 난간대
- 상부 난간대는 바닥면 등으로부터 90센티미터 이상 지점에 설치
- 상부 난간대를 120센티미터 이하에 설치하는 경우 : 중간 난간대는 상부 난간대와 바닥면 등의 중간에 설치
- 120센티미터 이상 지점에 설치하는 경우 : 중간 난간대를 2단 이상으로 설치, 난간의 상하 간격은 60센티미터 이하가 되도록 할 것(다만, 난간기둥 간의 간격이 25센티미터 이하인 경우에는 중간 난간대를 설치하지 않을 수 있다.)
③ 발끝막이판은 바닥면 등으로부터 10센티미터 이상의 높이를 유지할 것
④ 난간기둥은 상부 난간대와 중간 난간대를 견고하게 떠받칠 수 있도록 적정한 간격을 유지할 것
⑤ 상부 난간대와 중간 난간대는 난간 길이 전체에 걸쳐 바닥면 등과 평행을 유지할 것
⑥ 난간대는 지름 2.7센티미터 이상의 금속제 파이프나 그 이상의 강도가 있는 재료일 것
⑦ 안전난간은 구조적으로 가장 취약한 지점에서 가장 취약한 방향으로 작용하는 100킬로그램 이상의 하중에 견딜 수 있는 튼튼한 구조일 것

실기까지 중요한 내용입니다.

118 말비계를 조립하여 사용하는 경우 지주부재와 수평면의 기울기는 얼마 이하로 하여야 하는가?

① 65° ② 70°
③ 75° ④ 80°

> ★ **말비계 조립 시의 준수사항**
> ① 지주부재의 하단에는 미끄럼 방지장치를 하고, 양측 끝부분에 올라서서 작업하지 아니하도록 할 것
> ② 지주부재와 수평면과의 기울기를 75도 이하로 하고, 지주부재와 지주부재 사이를 고정시키는 보조부재를 설치할 것
> ③ 말비계의 높이가 2미터를 초과할 경우에는 작업발판의 폭을 40센티미터 이상으로 할 것

📝 실기까지 중요한 내용입니다.

119 지반 등의 굴착 시 위험을 방지하기 위한 연암 지반 굴착면의 기울기 기준으로 옳은 것은?

① 1 : 0.3 ② 1 : 0.4
③ 1 : 1.0 ④ 1 : 0.6

> ★ **굴착면의 기울기 기준**
>
> | 지반의 종류 | 굴착면의 기울기 |
> |---|---|
> | 모래 | 1 : 1.8 |
> | 연암 및 풍화암 | 1 : 1.0 |
> | 경암 | 1 : 0.5 |
> | 그 밖의 흙 | 1 : 1.2 |

📝 실기에 자주 출제되는 중요한 내용입니다.

120 흙막이 공법을 흙막이 지지방식에 의한 분류와 구조방식에 의한 분류로 나눌 때 다음 중 지지방식에 의한 분류에 해당하는 것은?

① 수평 버팀대식 흙막이 공법
② H-Pile 공법
③ 지하연속벽 공법
④ Top down method 공법

> ★ **흙막이 공법의 분류**
>
> | 지지방식에 의한 분류 |
> |---|
> | ① 자립공법 |
> | ② 버팀대공법 |
> | • 경사 버팀대식 흙막이 |
> | • 수평 버팀대식 흙막이 |
> | ③ 어스앵커공법 |
> | ④ 타이로드 공법 |
> | 구조방식에 의한 분류 |
> | ① H-PILE 공법 |
> | ② 널말뚝공법 |
> | ③ 지하연속벽공법 |
> | ④ 탑다운공법 |

정답 118 ③ 119 ③ 120 ①

2021년 1회 최근 기출문제

1과목 산업안전관리론

01 안전관리에 있어 5C 운동(안전행동 실천운동)에 속하지 않는 것은?

① 통제관리(Control)
② 청소청결(Cleaning)
③ 정리정돈(Clearance)
④ 전심전력(Concentration)

* 안전행동 실천운동(5C 운동)
① 복장단정(Correctness)
② 정리정돈(Clearance)
③ 청소청결(Cleaning)
④ 점검확인(Checking)
⑤ 전심전력(Concentration)

 필기에 자주 출제되는 내용입니다.

02 연평균 200명의 근로자가 작업하는 사업장에서 연간 2건의 재해가 발생하여 사망이 2명, 50일의 휴업일수가 발생했을 때, 이 사업장의 강도율은? (단, 근로자 1명당 연간 근로시간은 2,400시간으로 한다.)

① 약 15.7
② 약 31.3
③ 약 65.5
④ 약 74.3

- 강도율 = $\dfrac{\text{총 요양 근로 손실 일수}}{\text{연 근로시간 수}} \times 1,000$
- 근로손실일수
  = 휴업일수, 요양일수, 입원일수 × $\dfrac{300(\text{실제 근로일수})}{365}$
- 강도율 = $\dfrac{2 \times 7{,}500 + 50 \times \dfrac{300}{365}}{200 \times 2{,}400} \times 1{,}000$
  = 31.34

 실기에 자주 출제되는 중요한 내용입니다.

03 산업안전보건 법령상 안전보건 표지의 색채와 색도 기준의 연결이 옳은 것은? (단, 색도 기준은 한국산업 표준(KS)에 따른 색의 3속성에 의한 표시방법에 따른다.)

① 흰색 : N0.5
② 녹색 : 5G 5.5/6
③ 빨간색 : 5R 4/12
④ 파란색 : 2.5PB 4/10

정답 01 ① 02 ② 03 ④

> 참고
>
> **안전·보건표지의 색채, 색도기준 및 용도**
>
> | 색채 | 색도 기준 | 용도 | 사용례 |
> |---|---|---|---|
> | 빨간색 | 7.5R 4/14 | 금지 | 정지신호, 소화설비 및 그 장소, 유해행위의 금지 |
> | | | 경고 | 화학물질 취급장소에서의 유해·위험 경고 |
> | 특급암기법 | 싫어(7.5) 4/14 | | |
> | 노란색 | 5Y 8.5 /12 | 경고 | 화학물질 취급장소에서의 유해·위험 경고, 이외의 위험 경고, 주의 표지 또는 기계방호물 |
> | 특급암기법 | 오(5) 빨리와(8.5) 이리(12) | | |
> | 파란색 | 2.5PB 4/10 | 지시 | 특정 행위의 지시 및 사실의 고지 |
> | 특급암기법 | 2.5×4=10 | | |
> | 녹색 | 2.5G 4/10 | 안내 | 비상구 및 피난소, 사람 또는 차량의 통행 표지 |
> | 특급암기법 | 2.5×4=10 | | |
> | 흰색 | N9.5 | | 파란색 또는 녹색에 대한 보조색 |
> | 검은색 | N0.5 | | 문자 및 빨간색 또는 노란색에 대한 보조색 |

📝 실기에 자주 출제되는 내용입니다.

04 위험예지훈련의 문제해결 4단계(4R)에 속하지 않는 것은?

① 현상파악 ② 본질추구
③ 대책수립 ④ 후속조치

> **위험예지 훈련 4단계**
> 1단계 : 현상 파악
> 2단계 : 요인 조사(본질 추구)
> 3단계 : 대책 수립
> 4단계 : 행동목표 설정(합의 요약)

📝 실기까지 중요한 내용입니다.

05 산업안전보건 법령상 건설업의 경우 안전보건관리규정을 작성하여야 하는 상시근로자수 기준으로 옳은 것은?

① 50명 이상   ② 100명 이상
③ 200명 이상 ④ 300명 이상

> 안전보건관리규정을 작성하여야 할 사업은 **상시 근로자 100명 이상**을 사용하는 사업으로 한다.

> 참고
>
> **안전보건관리규정을 작성하여야 할 사업의 종류 및 규모**
>
> | 사업의 종류 | 규모 |
> |---|---|
> | 1. 농업
2. 어업
3. 소프트웨어 개발 및 공급업
4. 컴퓨터 프로그래밍, 시스템 통합 및 관리업
4의2. 영상·오디오물 제공 서비스업
5. 정보서비스업
6. 금융 및 보험업
7. 임대업 ; 부동산 제외
8. 전문, 과학 및 기술 서비스업 (연구개발업은 제외한다)
9. 사업지원 서비스업
10. 사회복지 서비스업 | 상시 근로자 300명 이상을 사용하는 사업장 |
> | 11. 제1호부터 제4호까지, 제4호의 2 및 제5호부터 제10호까지의 사업을 제외한 사업 | 상시 근로자 100명 이상을 사용하는 사업장 |

정답 04 ④ 05 ②

06 작업자가 기계 등의 취급을 잘못해도 사고가 발생하지 않도록 방지하는 기능은?

① Back up 기능
② Fail safe 기능
③ 다중계화 기능
④ Fool proof 기능

1. 페일세이프(Fail safe) : 기계의 고장이 있어도 안전사고를 발생시키지 않도록 2중, 3중 통제를 가한다.
2. 풀-프루프(Fool proof) : 인간의 실수가 있어도 안전사고를 발생시키지 않도록 2중, 3중 통제를 가한다.

📝 실기에 자주 출제되는 중요한 내용입니다.

07 시설물의 안전 및 유지관리에 관한 특별법상 다음과 같이 정의되는 것은?

> 시설물의 붕괴, 전도 등으로 인한 재난 또는 재해가 발생할 우려가 있는 경우에 시설물의 물리적·기능적 결함을 신속하게 발견하기 위하여 실시하는 점검

① 긴급안전점검
② 특별안전점검
③ 정밀안전점검
④ 정기안전점검

★ 시설물의 안전 및 유지관리에 관한 특별법상의 용어 정의
① 안전점검 : 경험과 기술을 갖춘 자가 육안이나 점검기구 등으로 검사하여 시설물에 내재(內在)되어 있는 위험요인을 조사하는 행위를 말하며, 점검목적 및 점검수준을 고려하여 국토교통부령으로 정하는 바에 따라 정기안전점검 및 정밀안전점검으로 구분한다.
② 정밀안전진단 : 시설물의 물리적·기능적 결함을 발견하고 그에 대한 신속하고 적절한 조치를 하기 위하여 구조적 안전성과 결함의 원인 등을 조사·측정·평가하여 보수·보강 등의 방법을 제시하는 행위를 말한다.
③ 긴급안전점검 : 시설물의 붕괴·전도 등으로 인한 재난 또는 재해가 발생할 우려가 있는 경우에 시설물의 물리적·기능적 결함을 신속하게 발견하기 위하여 실시하는 점검을 말한다.

08 재해의 분석에 있어 사고유형, 기인물, 불안전한 상태, 불안전한 행동을 하나의 축으로 하고, 그것을 구성하고 있는 몇 개의 분류항목을 크기가 큰 순서대로 나열하여 비교하기 쉽게 도시한 통계 양식의 도표는?

① 직선도
② 특성요인도
③ 파레토도
④ 체크리스트

① 파레토도(Pareto Diagram) : 사고 유형, 기인물 등 데이터를 분류하여 그 항목 값이 큰 순서대로 정리하여 막대그래프로 나타낸다.
② 특성요인도(Characteristic Diagram) : 재해와 그 요인의 관계를 어골상으로 세분화하여 나타낸다.

정답 06 ④ 07 ① 08 ③

③ 크로스(cross) 분석 : 2가지 또는 2개 항목 이상의 요인이 상호관계를 유지할 때 문제를 분석하는데 사용된다.
④ 관리도(Control Chart) : 시간경과에 따른 재해발생 건수등 대략적인 추이 파악에 사용된다.

📝 필기에 자주 출제되는 내용입니다.

09 산업안전보건 법령상 안전관리자의 업무에 명시되지 않은 것은?

① 사업장 순회점검, 지도 및 조치 건의
② 물질안전보건자료의 게시 또는 비치에 관한 보좌 및 지도·조언
③ 산업재해에 관한 통계의 유지·관리·분석을 위한 보좌 및 지도·조언
④ 해당 사업장 안전교육계획의 수립 및 안전교육 실시에 관한 보좌 및 지도·조언

* 안전관리자 직무
① 사업장 안전교육계획의 수립 및 안전교육 실시에 관한 보좌 및 조언·지도
② 사업장 순회점검·지도 및 조치의 건의
③ 산업재해 발생의 원인 조사·분석 및 재발 방지를 위한 기술적 보좌 및 조언·지도
④ 산업재해에 관한 통계의 유지·관리·분석을 위한 보좌 및 조언·지도
⑤ 안전인증대상 기계·기구 등과 자율안전확인 대상 기계·기구등 구입 시 적격품의 선정에 관한 보좌 및 조언·지도
⑥ 위험성평가에 관한 보좌 및 조언·지도
⑦ 안전에 관한 사항의 이행에 관한 보좌 및 조언·지도
⑧ 산업안전보건위원회 또는 노사협의체, 안전보건관리규정 및 취업규칙에서 정한 직무
⑨ 업무수행 내용의 기록. 유지
⑩ 그 밖에 안전에 관한 사항으로서 노동부장관이 정하는 사항

📝 실기에 자주 출제되는 중요한 내용입니다.

10 재해조사 시 유의사항으로 틀린 것은?

① 인적, 물적 양면의 재해요인을 모두 도출한다.
② 책임 추궁보다 재발 방지를 우선하는 기본태도를 갖는다.
③ 목격자 등이 증언하는 사실 이외의 추측의 말은 참고만 한다.
④ 목격자의 기억보존을 위하여 조사는 담당자 단독으로 신속하게 실시한다.

* 재해조사 시 유의사항
① 사실을 수집한다.
② 목격자 등이 증언하는 사실 이외의 **추측의 말은 참고로만 한다.**
③ 조사는 신속하게 행하고 긴급조치를 하여 **2차 재해의 방지**를 도모한다.
④ 사람, 기계설비의 양면의 재해요인을 모두 도출한다.
⑤ 객관적인 입장에서 공정하게 조사하며, 조사는 2인 이상이 한다.
⑥ 책임추궁보다 **재발방지를 우선하는 기본 태도**를 갖는다.

📝 필기에 자주 출제되는 내용입니다.

11 재해발생의 간접원인 중 교육적 원인에 속하지 않는 것은?

① 안전수칙의 오해
② 경험훈련의 미숙
③ 안전지식의 부족
④ 작업지시 부적당

정답 09 ② 10 ④ 11 ④

재해의 간접 원인

기술적 원인	• 건물 기계장치 설계불량 • 구조 재료의 부적합 • 생산방법의 부적당 • 점검 정비 보존 불량
교육적 원인	• 안전지식의 부족 • 안전수칙의 오해 • 경험 훈련의 부족 • 작업 방법의 교육 불충분 • 유해 위험 작업의 교육 불충분
작업관리상 원인	• 안전관리 조직 결함 • 안전수칙 미제정 • 작업준비 불충분 • 인원 배치 부적당 • 작업지시 부적당

필기에 자주 출제되는 내용입니다.

12 산업안전보건 법령상 산업안전보건관리비 사용명세서는 건설공사 종료 후 얼마간 보존해야 하는가? (단, 공사가 1개월 이내에 종료되는 사업은 제외한다.)

① 6개월간　② 1년간
③ 2년간　　④ 3년간

건설공사도급인은 고용노동부장관이 정하는 바에 따라 해당 건설공사를 위하여 계상된 산업안전보건관리비를 그가 사용하는 근로자와 그의 관계수급인이 사용하는 근로자의 산업재해 및 건강장해 예방에 사용하고, 그 사용명세서를 매월(공사가 1개월 이내에 종료되는 사업의 경우에는 해당 공사 종료 시) 작성하고 건설공사 종료 후 1년간 보존해야 한다.

실기까지 중요한 내용입니다.

13 산업보호구 안전인증 고시 상 성능이 다음과 같은 방음용 귀마개(기호)로 옳은 것은?

> 저음부터 고음까지 차음하는 것

① EP-1　② EP-2
③ EP-3　④ EP-4

방음용 귀마개, 귀덮개의 종류 및 성능

종류	등급	기호	성능	비고
귀마개	1종	EP-1	저음부터 고음까지 차음하는 것	귀마개의 경우 재사용 여부를 제조특성으로 표기
귀마개	2종	EP-2	주로 고음을 차음하고 저음(회화음영역)은 차음하지 않는 것	
귀덮개	–	EM	–	

실기까지 중요한 내용입니다.

14 산업안전보건기준에 관한 규칙상 지게차를 사용하는 작업을 하는 때의 작업 시작 전 점검사항에 명시되지 않은 것은?

① 제동장치 및 조종장치 기능의 이상 유무
② 하역장치 및 유압장치 기능의 이상 유무
③ 와이어로프가 통하고 있는 곳 및 작업장소의 지반상태
④ 전조등·후미등·방향지시기 및 경보장치 기능의 이상 유무

정답　12 ②　13 ①　14 ③

> **※ 지게차를 사용하는 작업을 하는 때의 작업 시작 전 점검사항**
> 가. 제동장치 및 조종장치 기능의 이상 유무
> 나. 하역장치 및 유압장치 기능의 이상 유무
> 다. 바퀴의 이상 유무
> 라. 전조등·후미등·방향지시기 및 경보장치 기능의 이상 유무

📝 실기에 자주 출제되는 중요한 내용입니다.

> ⑥ 중대재해의 원인 조사 및 재발 방지대책 수립에 관한 사항
> ⑦ 산업재해에 관한 통계의 기록 및 유지에 관한 사항
> ⑧ 유해하거나 위험한 기계·기구·설비를 도입한 경우 안전·보건조치에 관한 사항
> ⑨ 그 밖에 해당 사업장 근로자의 안전 및 보건을 유지·증진시키기 위하여 필요한 사항

📝 실기에 자주 출제되는 중요한 내용입니다.

15 산업안전보건 법령상 산업안전보건위원회의 심의·의결사항에 명시되지 않은 것은? (단, 그 밖에 해당 사업장 근로자의 안전 및 보건을 유지·증진시키기 위하여 필요한 사항은 제외)

① 사업장의 산업재해 예방계획의 수립에 관한 사항
② 산업재해에 관한 통계의 기록 및 유지에 관한 사항
③ 작업환경측정 등 작업환경의 점검 및 개선에 관한 사항
④ 안전장치 및 보호구 구입 시 적격품 여부 확인에 관한 사항

> **※ 산업안전보건위원회 및 노사협의체의 심의·의결 사항**
> ① 산업재해 예방계획의 수립에 관한 사항
> ② 안전보건관리규정의 작성 및 변경에 관한 사항
> ③ 근로자의 안전·보건교육에 관한 사항
> ④ 작업환경측정 등 작업환경의 점검 및 개선에 관한 사항
> ⑤ 근로자의 건강진단 등 건강관리에 관한 사항

16 재해손실비 중 직접비에 속하지 않는 것은?

① 요양급여
② 장해급여
③ 휴업급여
④ 영업손실비

직접비	간접비
• 치료비 • 휴업급여 • 요양급여 • 유족급여 • 장해급여 • 간병급여 • 직업재활급여 • 상병(傷病)보상연금 • 장의비 등	• 인적 손실비 • 물적 손실비 • 생산 손실비 • 기계, 기구 손실비 등

📝 필기에 자주 출제되는 내용입니다.

정답 15 ④ 16 ④

17 버드(F. Bird)의 사고 5단계 연쇄성 이론에서 제3단계에 해당하는 것은?

① 상해(손실)
② 사고(접촉)
③ 직접 원인(징후)
④ 기본 원인(기원)

* 버드(Frank. E. Bird)의 사고 연쇄성이론 5단계

1단계	제어 부족(관리 부재)
2단계	기본 원인(기원)
3단계	직접 원인(징후)
4단계	사고(접촉)
5단계	상해(손실)

실기에 자주 출제되는 내용입니다.

18 브레인스토밍(Brain Storming) 4원칙에 속하지 않는 것은?

① 비판수용   ② 대량발언
③ 자유분방   ④ 수정발언

* 브레인스토밍의 4원칙
- **비판금지** : 좋다, 나쁘다 비판은 하지 않는다.
- **자유분방** : 마음대로 자유로이 발언한다.
- **대량발언** : 무엇이든 좋으니 많이 발언한다.
- **수정발언** : 타인의 생각에 동참하거나 보충 발언해도 좋다.

필기에 자주 출제되는 내용입니다.

19 산업안전보건 법령상 안전인증대상 기계 등에 명시되지 않은 것은?

① 곤돌라   ② 연삭기
③ 사출성형기   ④ 고소 작업대

안전인증 대상 기계·기구

1. 설치·이전하는 경우 안전인증을 받아야 하는 기계·기구
   가. 크레인
   나. 리프트
   다. 곤돌라

2. 주요 구조 부분을 변경하는 경우 안전인증을 받아야 하는 기계·기구
   ① 프레스
   ② 전단기 및 절곡기(折曲機)
   ③ 크레인
   ④ 리프트
   ⑤ 압력용기
   ⑥ 롤러기
   ⑦ 사출성형기(射出成形機)
   ⑧ 고소(高所)작업대
   ⑨ 곤돌라

특급암기법 유사한 종류끼리 묶어서 암기
손 다치는 기계 – 프레스, 전단기 및 절곡기, 사출성형기, 롤러기
양중기 – 크레인, 리프트, 곤돌라
폭발 – 압력용기
추락 – 고소작업대

실기에 자주 출제되는 중요한 내용입니다.

정답 17 ③ 18 ① 19 ②

20 안전관리조직의 유형 중 라인형에 관한 설명으로 옳은 것은?

① 대규모 사업장에 적합하다.
② 안전지식과 기술축적이 용이하다.
③ 명령과 보고가 상하관계뿐이므로 간단 명료하다.
④ 독립된 안전참모 조직에 대한 의존도가 크다.

라인(Line)형
or 직계형
	• 소규모 사업장(100명 이하 사업장)에 적용이 가능하다.
	• 라인형 장점 : 명령 및 지시가 신속, 정확하다.
	• 라인형 단점
	  - 안전정보가 불충분하다.
	  - 라인에 과도한 책임이 부여될 수 있다.
	• 생산과 안전을 동시에 지시하는 형태이다.

스태프(staff)형 or 참모형	• 중규모 사업장(100~1,000명 정도의 사업장)에 적용이 가능하다. • 스태프형 장점 : 안전정보 수집이 용이하고 빠르다. • 스태프형 단점 : 안전과 생산을 별개로 취급한다. • 생산부문은 안전에 대한 책임, 권한이 없다.

라인 스태프
(Line Staff)형
or 혼합형
	• 대규모 사업장(1,000명 이상 사업장)에 적용이 가능하다.
	• 라인 스태프형 장점
	  - 안전전문가에 의해 입안된 것을 경영자가 명령하므로 명령이 신속, 정확하다.
	  - 안전정보 수집이 용이하고 빠르다.
	• 라인 스태프형 단점
	  - 명령계통과 조언, 권고적 참여의 혼돈이 우려된다.

 실기에 자주 출제되는 중요한 내용입니다.

산업심리 및 교육

21 정신상태 불량에 의한 사고의 요인 중 정신력과 관계되는 생리적 현상에 해당되지 않는 것은?

① 신경계통의 이상
② 육체적 능력의 초과
③ 시력 및 청각의 이상
④ 과도한 자존심과 자만심

④ 과도한 자존심과 자만심은 정신력과 관계되는 심리적 현상에 해당한다.

22 선발용으로 사용되는 적성검사가 잘 만들어졌는지를 알아보기 위한 분석방법과 관련이 없는 것은?

① 구성타당도
② 내용타당도
③ 동등타당도
④ 검사 - 재검사 신뢰도

*적성검사가 잘 만들어졌는지를 알아보기 위한 분석 방법 : 타당도와 신뢰도를 검토한다.

1. 타당도
① 내용 타당도
② 준거타당도
③ 구성타당도(구인타당도)
④ 안면타당도

2. 신뢰도
① 검사 - 재검사 신뢰도
② 반분 신뢰도

정답 20 ③ 21 ④ 22 ③

23 상황성 누발자의 재해유발 원인과 가장 거리가 먼 것은?

① 기능 미숙 때문에
② 작업이 어렵기 때문에
③ 기계설비에 결함이 있기 때문에
④ 환경상 주의력의 집중이 혼란되기 때문에

* **재해 누발자의 유형**
- 미숙성 누발자
  - 기능 미숙자
  - 환경에 익숙하지 못한 자
- 상황성 누발자
  - 작업에 어려움이 많은 자
  - 기계 설비의 결함이 있을 때
  - 심신에 근심이 있는 자
  - 환경상 주의력 집중이 혼란되기 쉬울 때

필기에 자주 출제되는 내용입니다.

24 생산작업의 경제성과 능률제고를 위한 동작경제의 원칙에 해당하지 않는 것은?

① 신체의 사용에 의한 원칙
② 작업장의 배치에 관한 원칙
③ 작업표준 작성에 관한 원칙
④ 공구 및 설비 디자인에 관한 원칙

* **동작경제의 3원칙(바안즈 Barnes)**
① 인체 사용에 관한 원칙
② 작업장의 배치에 관한 원칙
③ 공구 및 설비의 설계에 관한 원칙

필기에 자주 출제되는 내용입니다.

25 매슬로우(Maslow)의 욕구 5단계를 낮은 단계에서 높은 단계의 순서대로 나열한 것은?

① 생리적 욕구 → 안전 욕구 → 사회적 욕구 → 자아실현의 욕구 → 인정의 욕구
② 생리적 욕구 → 안전 욕구 → 사회적 욕구 → 인정의 욕구 → 자아실현의 욕구
③ 안전 욕구 → 생리적 욕구 → 사회적 욕구 → 자아실현의 욕구 → 인정의 욕구
④ 안전 욕구 → 생리적 욕구 → 사회적 욕구 → 인정의 욕구 → 자아실현의 욕구

* **매슬로(Maslow A. H.)의 욕구단계 이론(인간의 욕구 5단계)**
① 제1단계(생리적 욕구) : 기아, 갈증, 호흡, 배설, 성욕 등 인간의 가장 기본적인 욕구
② 제2단계(안전 욕구) : 자기 보존 욕구
③ 제3단계(사회적 욕구) : 소속감과 애정 욕구
④ 제4단계(존경 욕구) : 인정받으려는 욕구
⑤ 제5단계(자아실현의 욕구) : 잠재적인 능력을 실현하고자 하는 욕구(성취 욕구)

실기까지 중요한 내용입니다.

26 강의계획 시 설정하는 학습목적의 3요소에 해당하는 것은?

① 학습방법
② 학습성과
③ 학습자료
④ 학습정도

정답 23 ① 24 ③ 25 ② 26 ④

27 집단과 인간관계에서 집단의 효과에 해당하지 않는 것은?

① 동조효과
② 견물효과
③ 암시효과
④ 시너지효과

***집단과 인간관계에서 집단의 효과**
① 동조효과 : 주위 사람들이 하는 것을 자발적으로 따라 하는 행동
② 견물효과 : 개인보다는 집단을 더 자랑스럽게 생각하는 현상
④ 시너지효과 : 두 개 이상의 요소들이 상호작용하여 이들이 합해진 효과가 개별 효과의 합보다 더 큰 효과를 발생시키는 현상

---

28 안전보건교육의 단계별 교육 중 태도교육의 내용과 가장 거리가 먼 것은?

① 작업동작 및 표준작업방법의 습관화
② 안전장치 및 장비 사용 능력의 빠른 습득
③ 공구·보호구 등의 관리 및 취급태도의 확립
④ 작업지시·전달·확인 등의 언어·태도의 정확화 및 습관화

---

② 안전장치 및 장비 사용 능력의 빠른 습득 → 기능교육

참고

***교육의 3단계**
① 제1단계(**지식교육**) : 강의 및 시청각 교육 등을 통하여 지식을 전달하는 단계
② 제2단계(**기능교육**) : 시범, 견학, 현장실습 교육 등을 통하여 경험을 체득하는 단계
③ 제3단계(**태도교육**) : 작업동작 지도 등을 통하여 안전행동을 습관화하는 단계

---

29 O.J.T(On the Job Training)의 장점이 아닌 것은?

① 개개인에게 적절한 지도훈련이 가능하다.
② 전문가를 강사로 초빙하는 것이 가능하다.
③ 훈련에 필요한 업무의 계속성이 끊어지지 않는다.
④ 직장의 실정에 맞게 실제적 훈련이 가능하다.

---

② 전문가를 강사로 초빙하는 것이 가능하다.
→ OFF JT

참고

| OJT의 특징 | • 개개인에게 적절한 훈련이 가능하다.
• 직장의 실정에 맞는 훈련이 가능하다.
• 교육효과가 즉시 업무에 연결된다.
• 훈련에 대한 업무의 계속성이 끊어지지 않는다.
• 상호 신뢰 이해도가 높다. |

OFF JT의 특징	• 다수의 근로자들에게 훈련을 할 수 있다. • 훈련에만 전념하게 된다. • 특별설비기구 이용이 가능하다. • 많은 지식이나 경험을 교류할 수 있다. • 교육 훈련 목표에 대하여 집단적 노력이 흐트러질 수 있다.

📝 필기에 자주 출제되는 내용입니다.

30 인간의 심리 중에는 안전수단이 생략되어 불안전 행위를 나타내는 경우가 있다. 안전수단이 생략되는 경우로 가장 적절하지 않은 것은?

① 의식과잉이 있을 때
② 교육훈련을 실시할 때
③ 피로하거나 과로했을 때
④ 부적합한 업무에 배치될 때

② 교육훈련을 실시할 때는 안전수단을 지키게 된다.

31 산업안전심리학에서 산업안전심리의 5대 요소에 해당하지 않는 것은?

① 감정   ② 습성
③ 동기   ④ 피로

* **산업안전심리 5요소**
① 동기(motive)   ② 기질(temper)
③ 감정(emotion)   ④ 습성(habits)
⑤ 습관(custom)

📝 필기에 자주 출제되는 내용입니다.

32 구안법(project method)의 단계를 올바르게 나열한 것은?

① 계획 → 목적 → 수행 → 평가
② 계획 → 목적 → 평가 → 수행
③ 수행 → 평가 → 계획 → 목적
④ 목적 → 계획 → 수행 → 평가

* **구안법(Project method)의 실시순서**

1단계	목적
2단계	계획
3단계	수행
4단계	평가

📝 필기에 자주 출제되는 내용입니다.

33 산업안전보건 법령상 근로자 안전·보건교육에서 채용 시 교육 및 작업내용 변경 시의 교육에 해당하는 것은?

① 사고 발생 시 긴급조치에 관한 사항
② 건강증진 및 질병 예방에 관한 사항
③ 유해·위험 작업환경 관리에 관한 사항
④ 작업공정의 유해·위험과 재해 예방대책에 관한 사항

정답 30 ② 31 ④ 32 ④ 33 ①

★ 근로자 채용 시 교육 및 작업내용 변경 시 교육 내용
① 산업안전 및 산업재해 예방에 관한 사항(화재·폭발 사고 발생 시 대피에 관한 사항을 포함한다)
② 산업보건 및 건강장해 예방에 관한 사항
③ 산업안전보건법령 및 산업재해보상보험제도에 관한 사항
④ 직무스트레스 예방 및 관리에 관한 사항
⑤ 직장 내 괴롭힘, 고객의 폭언으로 등으로 인한 건강장해 예방 및 관리에 관한 사항
⑥ 기계·기구의 위험성과 작업의 순서 및 동선에 관한 사항
⑦ 물질안전보건자료에 관한 사항
⑧ 작업 개시 전 점검에 관한 사항
⑨ 정리정돈 및 청소에 관한 사항
⑩ 사고 발생 시 긴급조치에 관한 사항
⑪ 위험성 평가에 관한 사항

특급암기법

공통 항목
1. 신규자는 법을 알고 산재보상제도를 알자!
2. 신규자는 건강을 보존(산업보건)하고 건강장해, 스트레스, 괴롭힘, 폭언 예방하자!
3. 신규자는 안전하고 산업재해 예방하자!
4. 신규자는 위험성을 평가하자!

신규채용자는 회사에 처음입사해서 처음 일을 하는 근로자, 안전하게 일하기 위한 기본내용을 교육한다.
1. 신규자는 기계기구 위험성, 작업 순서, 동선을 알자!
2. 신규자는 취급물질의 위험성(물질안전보건자료)을 알자!
3. 신규자는 작업 전 점검하자!
4. 신규자는 항상 정리정돈 청소하자!
5. 신규자는 사고 시 조치를 알자!

 실기에 자주 출제되는 내용입니다.

34 학습이론 중 S-R 이론에서 조건반사설에 의한 학습이론의 원리에 해당되지 않는 것은?

① 시간의 원리
② 일관성의 원리
③ 기억의 원리
④ 계속성의 원리

★ 파블로프의 조건반사설
(자극과 반응이론 : S-R 이론)
- 일관성의 원리
- 계속성의 원리
- 시간의 원리
- 강도의 원리

실기까지 중요한 내용입니다.

35 허시(Hersey)와 브랜차드(Blanchard)의 상황적 리더십 이론에서 리더십의 4가지 유형에 해당하지 않는 것은?

① 통제적 리더십
② 지시적 리더십
③ 참여적 리더십
④ 위임적 리더십

★ 허시(Hersey)와 브랜차드(Blanchard)의 리더십의 4가지 유형
① 설득적 리더십
② 지시적 리더십
③ 참여적 리더십
④ 위임적 리더십

정답 34 ③ 35 ①

36 안전교육 훈련의 기술교육 4단계에 해당하지 않는 것은?

① 준비단계
② 보습지도의 단계
③ 일을 완성하는 단계
④ 일을 시켜보는 단계

> **기술교육(교시법)의 4단계**
> - 1단계 : 도입(준비단계 : preparation)
> - 2단계 : 실연(일을 하여 보이는 단계 : presentation)
> - 3단계 : 실습(일을 시켜보는 단계 : performance)
> - 4단계 : 확인(보습지도의 단계 : follow up)

37 휴먼에러의 심리적 분류에 해당하지 않는 것은?

① 입력 오류(input error)
② 시간지연 오류(time error)
③ 생략 오류(omission error)
④ 순서 오류(sequential error)

> **휴먼에러의 심리적 분류(Swain의 분류)**
> ① omission error(누설오류, 생략오류, 부작위오류) : 필요한 작업 또는 절차를 수행하지 않는 데 기인한 에러
> ② time error(시간오류) : 필요한 작업 또는 절차의 수행 지연으로 인한 에러
> ③ commission error(작위오류) : 필요한 작업 또는 절차의 불확실한 수행으로 인한 에러
> ④ sequential error(순서오류) : 필요한 작업 또는 절차의 순서 착오로 인한 에러
> ⑤ extraneous error(과잉행동오류) : 불필요한 작업 또는 절차를 수행함으로써 기인한 에러

📝 실기에 자주 출제되는 내용입니다.

38 다음 설명에 해당하는 안전교육방법은?

> ATP라고도 하며, 당초 일부 회사의 톱 매니지먼트(top management)에 대하여만 행하여졌으나, 그 후 널리 보급되었으며, 정책의 수립, 조직, 통제 및 운영 등의 교육내용을 다룬다.

① TWI(Training Within Industry)
② CCS(Civil Communication Section)
③ MTP(Management Training Program)
④ ATT(American Telephone & Telegram Co.)

> **관리감독자 대상 교육의 종류**
> ① TWI(Training Within Industry) : 일선관리감독자 대상 교육
> ② MTP(Management Training Program) : 중간계층관리자 대상 교육
> ③ ATT(American Telephone & Telegraph Company) : 대상이 한정되어 있지 않고 한번 교육을 이수한 자는 부하에게 지도가 가능하다.
> ④ CCS(Civil Communication Section) : 최고층 관리감독자 대상 교육

📝 필기에 자주 출제되는 내용입니다.

정답 36 ③ 37 ① 38 ②

39 다음은 리더가 가지고 있는 어떤 권력의 예시에 해당하는가?

> 종업원의 바람직하지 않은 행동들에 대해 해고, 임금삭감, 견책 등을 사용하여 처벌한다.

① 보상권력　　② 강압권력
③ 합법권력　　④ 전문권력

★ 리더십의 권한의 역할
① 보상적 권한 : 지도자가 부하에게 보상할 수 있는 능력
② 강압적 권한 : 지도자가 부하들을 처벌할 수 있는 권한
③ 합법적 권한 : 조직의 규정에 의해 공식화된 권한
④ 위임된 권한 : 부하직원들이 지도자를 따르고 지도자와 함께 일하는 것
⑤ 전문성의 권한 : 지도자가 집단 목표수행에 전문적인 지식을 갖고 있는가와 관련한 권한

📝 필기에 자주 출제되는 내용입니다.

---

40 몹시 피로하거나 단조로운 작업으로 인하여 의식이 뚜렷하지 않은 상태의 의식수준으로 옳은 것은?

① phase Ⅰ　　② phase Ⅱ
③ phase Ⅲ　　④ phase Ⅳ

★ 인간 의식레벨의 분류

Phase 0	무의식, 실신	수면, 뇌발작	주의작용 0
Phase Ⅰ	의식흐림	피로, 단조로운 일	부주의
Phase Ⅱ	이완	안정 기거, 휴식	안정 기거, 휴식
Phase Ⅲ	상쾌	적극적	적극 활동
Phase Ⅳ	과긴장	일점집중현상, 긴급방위	감정 흥분

📝 실기까지 중요한 내용입니다.

3과목 인간공학 및 시스템안전공학

41 불필요한 작업을 수행함으로써 발생하는 오류로 옳은 것은?

① Command error
② Extraneous error
③ Secondary error
④ Commission error

★ 휴먼에러의 심리적 분류
(Swain의 분류, 독립행동에 관한 분류)

- omission error(누설오류, 생략오류, 부작위오류) : 필요한 작업 또는 절차를 수행하지 않는데 기인한 에러
- time error(시간오류) : 필요한 작업 또는 절차의 수행 지연으로 인한 에러

- commission error(작위오류) : 필요한 작업 또는 절차의 불확실한 수행으로 인한 에러
- sequential error(순서오류) : 필요한 작업 또는 절차의 순서 착오로 인한 에러
- extraneous error(과잉행동오류) : 불필요한 작업 또는 절차를 수행함으로써 기인한 에러

📝 필기에 자주 출제되는 내용입니다.

42 동작경제의 원칙에 해당하지 않는 것은?

① 공구의 기능을 각각 분리하여 사용하도록 한다.
② 두 팔의 동작은 동시에 서로 반대방향으로 대칭적으로 움직이도록 한다.
③ 공구나 재료는 작업동작이 원활하게 수행되도록 그 위치를 정해준다.
④ 가능하다면 쉽고도 자연스러운 리듬이 작업동작에 생기도록 작업을 배치한다.

① 공구를 결합하여 사용한다.

참고

동작경제의 3원칙(바안즈 Barnes)

- 인체 사용에 관한 원칙
  - 두 손을 동시에 동작하기 시작하여 동시에 끝나도록 하여야 한다.
  - 휴식 시간 중이 아니면 두 손을 동시에 쉬어서는 안 된다.
  - 두 팔의 동작들은 서로 반대 방향에서 대칭적으로 움직인다.
  - 손과 신체의 동작은 작업을 원만하게 수행할 수 있는 범위 내에서 가장 낮은 동작 등급을 사용한다. 인체의 사용 범위가 넓을수록 피로가 더하고 시간도 낭비된다.
  - 가능한 한 관성(Momentum)을 이용해야 하며 작업자가 관성을 억제해야 하는 경우 관성을 최소한도로 줄인다.
  - 손의 동작은 부드러운 연속동작으로 하고 급격한 방향 전환을 가지는 직선 동작은 피한다.

- 작업장의 배치에 관한 원칙
  - 모든 공구 및 재료는 정위치에 배치해야 한다.
  - 공구, 재료 및 조정기는 사용위치에 가까이 두어야 한다.
  - 가능하면 낙하식 운반법을 사용한다.
  - 재료와 공구들은 자기 위치에 있도록 한다.

- 공구 및 설비의 설계에 관한 원칙
  - 치공구, 발로 조정하는 장치에 의해서 수행할 수 있는 작업에는 손의 부담을 덜어주어야 한다.
  - 공구를 결합하여 사용한다.
  - 공구 및 재료는 가능한 한 작업자 앞에 둔다.

43 컷셋(Cut Sets)과 최소 패스셋(Minimal Path Sets)의 정의로 옳은 것은?

① 컷셋은 시스템 고장을 유발시키는 필요 최소한의 고장들의 집합이며, 최소 패스셋은 시스템의 신뢰성을 표시한다.
② 컷셋은 시스템 고장을 유발시키는 기본 고장들의 집합이며, 최소 패스셋은 시스템의 불신뢰도를 표시한다.
③ 컷셋은 그 속에 포함되어 있는 모든 기본 사상이 일어났을 때 정상사상을 일으키는 기본사상의 집합이며, 최소 패스셋은 시스템의 신뢰성을 표시한다.
④ 컷셋은 그 속에 포함되어 있는 모든 기본 사상이 일어났을 때 정상사상을 일으키는 기본사상의 집합이며, 최소 패스셋은 시스템의 성공을 유발하는 기본사상의 집합이다.

정답 42 ① 43 ③

- 컷셋(Cut Set)
  - 정상사상을 발생시키는 기본사상의 집합
  - 모든 기본사상이 일어났을 때 정상사상을 일으키는 기본사상들의 집합이다.
- 미니멀 컷(Minimal Cut Set)
  - 정상사상을 일으키기 위한 기본사상의 최소집합(최소한의 컷)
  - 시스템의 위험성을 나타낸다.
- 패스셋(Path Set)
  - 시스템의 고장을 일으키지 않는 기본사상들의 집합
  - 포함된 기본사상이 일어나지 않을 때 처음으로 정상사상이 일어나지 않는 기본 사상들의 집합이다.
- 미니멀 패스(Minimal Path Set)
  - 시스템의 기능을 살리는 최소한의 집합(최소한의 패스)
  - 시스템의 신뢰성을 나타낸다.

📓 필기에 자주 출제되는 내용입니다.

44 다음 시스템의 신뢰도 값은?

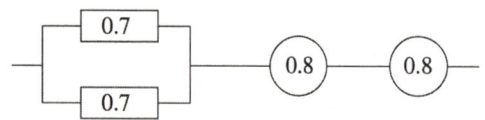

① 0.5824 ② 0.6682
③ 0.7855 ④ 0.8642

신뢰도 = [1−(1−0.7)×(1−0.7)]×0.8×0.8
　　　 = 0.5824

📓 필기에 자주 출제되는 내용입니다.

45 Chapanis가 정의한 위험의 확률수준과 그에 따른 위험발생률로 옳은 것은?

① 전혀 발생하지 않는(impossible) 발생빈도 : 10^{-8}/day
② 극히 발생할 것 같지 않는(extremely unlikely) 발생빈도 : 10^{-7}/day
③ 거의 발생하지 않은(remote) 발생빈도 : 10^{-6}/day
④ 가끔 발생하는(occasional) 발생빈도 : 10^{-5}/day

∗ Chapanis의 위험분석

발생 빈도	평점	발생 확률
자주(때때로 발생)	6	$>10^{-2}$/day
보통(수회 발생)	5	$>10^{-3}$/day
가끔(드물게 발생)	4	$>10^{-4}$/day
거의 발생하지 않는 (일어날 것 같지 않음)	3	$>10^{-5}$/day
극히 발생할 것 같지 않은 (발생확률이 0에 가까움)	2	$>10^{-6}$/day
전혀 발생하지 않는 (발생 불가능)	1	$>10^{-8}$/day

46 화학설비에 대한 안정성 평가 중 정성적 평가방법의 주요 진단 항목으로 볼 수 없는 것은?

① 건조물
② 취급물질
③ 입지 조건
④ 공장 내 배치

정답 44 ① 45 ① 46 ②

정량적 평가항목	정성적 평가항목
• 취급물질 • 화학설비의 용량 • 온도 • 압력 • 조작	• 입지 조건 • 공장 내의 배치 • 소방설비 • 공정 기기 • 수송 · 저장 • 원재료 • 중간체 • 제품 • 건조물(건물) • 공정

필기에 자주 출제되는 내용입니다.

47. 불(Boole) 대수의 정리를 나타낸 관계식으로 틀린 것은?

① $A \cdot A = A$
② $A + \bar{A} = 0$
③ $A + AB = A$
④ $A + A = A$

$\bar{A} + A = 1$ $\bar{A} \cdot A = 0$
$1 + A = 1$ $1 \cdot A = A$
$0 + A = A$ $0 \cdot A = 0$

필기에 자주 출제되는 내용입니다.

48. 인체측정 자료를 장비, 설비 등의 설계에 적용하기 위한 응용원칙에 해당하지 않는 것은?

① 조절식 설계
② 극단치를 이용한 설계
③ 구조적 치수 기준의 설계
④ 평균치를 기준으로 한 설계

* 인체계측자료의 응용 3원칙

① 최대 치수와 최소 치수 설계(극단치 설계)

최대 치수 설계의 예	최소 치수 설계의 예
• 위험구역의 울타리높이 • 출입문의 높이 • 그네줄의 인장강도	• 물건을 올리는 선반의 높이 • 조종장치를 조정하는 힘 • 조종장치까지의 조정 거리

② 조절(조정)범위(조절식 설계)
• 예 침대, 의자 높낮이 조절, 자동차의 운전석 위치 조정

③ 평균치를 기준으로 한 설계
• 예 은행의 창구 높이

필기에 자주 출제되는 내용입니다.

49. 작업공간의 배치에 있어 구성요소 배치의 원칙에 해당하지 않는 것은?

① 기능성의 원칙
② 사용빈도의 원칙
③ 사용순서의 원칙
④ 사용방법의 원칙

정답 47 ② 48 ③ 49 ④

> ★ **부품배치의 원칙**
> - **중요성의 원칙** : 부품을 작동하는 성능이 체계의 목표 달성에 중요한 정도에 따라 우선순위를 결정한다.
> - **사용빈도의 원칙** : 부품을 사용하는 빈도에 따라 우선순위를 결정한다.
> - **기능별 배치의 원칙** : 기능적으로 관련된 부품들(표시장치, 조정장치 등)을 모아서 배치한다.
> - **사용 순서의 원칙** : 사용 순서에 따라 장치들을 가까이에 배치한다.

📝 필기에 자주 출제되는 내용입니다.

50
인간의 위치 동작에 있어 눈으로 보지 않고 손을 수평면상에서 움직이는 경우 짧은 거리는 지나치고, 긴 거리는 못 미치는 경향이 있는데 이를 무엇이라고 하는가?

① 사정효과(range effect)
② 반응효과(reaction effect)
③ 간격효과(distance effect)
④ 손동작효과(hand action effect)

> ★ **사정효과(range effect)**
> 눈으로 보지 않고 손을 수평면상에서 움직이는 경우에 짧은 거리는 지나치고 긴 거리는 못 미치는 등 조작자가 작은 오차에는 과잉반응, 큰 오차에는 과소반응을 하는 현상을 말한다.

51
다음 현상을 설명한 이론은?

> 인간이 감지할 수 있는 외부의 물리적 자극 변화의 최소범위는 표준 자극의 크기에 비례한다.

① 피츠(Fitts) 법칙
② 웨버(Weber) 법칙
③ 신호검출이론(SDT)
④ 힉-하이만(Hick-Hyman) 법칙

> ★ **Weber의 법칙**
> - $\dfrac{\Delta I}{I}$ (I = 표준자극, ΔI = 변화감지역)
> - 음의 높이, 무게 등 물리적 자극을 상대적으로 판단하는 데 있어 특정 감각기관의 변화 감지역은 표준 자극에 비례한다.

52
시각적 표시장치보다 청각적 표시장치를 사용하는 것이 더 유리한 경우는?

① 정보의 내용이 복잡하고 긴 경우
② 정보가 공간적인 위치를 다룬 경우
③ 직무상 수신자가 한 곳에 머무르는 경우
④ 수신 장소가 너무 밝거나 암순응이 요구될 경우

정답 50 ① 51 ② 52 ④

＊ 청각장치와 시각장치의 비교

청각 장치	① 전언이 짧고, 간단할 때 ② 재참조 되지 않음. ③ 시간적인 사상을 다룬다. ④ 즉각적인 행동 요구할 때 ⑤ 시각계통 과부하일 때 ⑥ 주위가 너무 밝거나 암조응일 때 ⑦ 자주 움직이는 경우
시각 장치	① 전언이 길고, 복잡할 때 ② 재참조 된다. ③ 공간적인 위치 다룬다. ④ 즉각적 행동 요구하지 않을 때 ⑤ 청각계통 과부하일 때 ⑥ 주위가 너무 시끄러울 때 ⑦ 한곳에 머무르는 경우

 필기에 자주 출제되는 내용입니다.

53 서브시스템, 구성요소, 기능 등의 잠재적 고장 형태에 따른 시스템의 위험을 파악하는 위험 분석 기법으로 옳은 것은?

① ETA(Event Tree Analysis)
② HEA(Human Error Analysis)
③ PHA(Preliminary Hazard Analysis)
④ FMEA(Failure Mode and Effect Analysis)

＊ **고장형태와 영향분석(FMEA)** : 시스템에 영향을 미치는 모든 요소의 고장을 형태별로 분석하여 그 영향을 검토하는 정성적, 귀납적 분석법

참고

1. **사건수(사상수)분석법(ETA)** : 사상의 안전도를 사용하여 시스템의 안전도 나타내는 귀납적, 정량적인 분석법
2. **예비 위험 분석(PHA)** : 모든 시스템 안전 프로그램의 최초 단계(설계단계, 구상단계)에서 실시하는 분석법

 실기까지 중요한 내용입니다.

54 정신작업 부하를 측정하는 척도를 크게 4가지로 분류할 때 심박수의 변동, 뇌전위, 동공반응 등 정보처리에 중추신경계 활동이 관여하고 그 활동이나 징후를 측정하는 것은?

① 주관적(subjective) 척도
② 생리적(physiological) 척도
③ 주 임무(primary task) 척도
④ 부 임무(secondary task) 척도

＊ **정신적 작업부하의 척도**

① 제1직무 척도

$$작업부하 = \frac{직무수행에\ 필요한\ 시간}{직무수행에\ 쓸\ 수\ 있는\ 시간}$$

② 제2직무 척도
- 제1직무에서 사용하지 않은 예비 용량을 제2직무에서 이용하는 것

③ 생리적 척도
- 심박수, 뇌전위, 동공반응, 호흡속도 등 중추신경계의 활동을 측정
- 계속해서 자료를 수집할 수 있고, 부수적인 활동이 필요 없는 장점을 가진다.

④ 주관적 척도
- 정신적 부하의 개념에 가장 가까운 척도

정답 53 ④ 54 ②

55 그림과 같은 FT도에서 정상사상 T의 발생 확률은? (단, X_1, X_2, X_3의 발생 확률은 각각 0.1, 0.15, 0.1이다.)

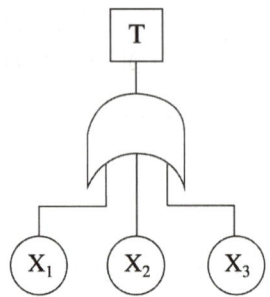

① 0.3115
② 0.35
③ 0.496
④ 0.9985

OR게이트(병렬)이므로
$T = 1 - (1 - X_1) \times (1 - X_2) \times (1 - X_3)$
$= 1 - (1 - 0.1) \times (1 - 0.15) \times (1 - 0.1) = 0.3115$

📝 필기에 자주 출제되는 내용입니다.

56 인간이 기계보다 우수한 기능이라 할 수 있는 것은? (단, 인공지능은 제외한다.)

① 일반화 및 귀납적 추리
② 신뢰성 있는 반복 작업
③ 신속하고 일관성 있는 반응
④ 대량의 암호화된 정보의 신속한 보관

★ 인간 – 기계의 기능 비교

구분	인간의 장점	기계의 장점
감지 기능	• 저에너지 자극감지 • 다양한 자극 식별 • 예기치못한사건 감지	• 인간의 감지범위 밖의 자극 감지 • 인간, 기계의 모니터 기능
정보 처리 결정	• 많은 양의 정보 장시간 보관 • 귀납적, 다양한 문제 해결	• 정보 신속 대량 보관 • 연역적, 정량적
행동 기능	• 과부하 상태에서는 중요한 일에만 집념할 수 있다.	• 과부하에서 효율적 작동 • 장시간 중량 작업, 반복, 동시 여러가지 작업을 수행 가능

57 시스템의 수명 및 신뢰성에 관한 설명으로 틀린 것은?

① 병렬설계 및 디레이팅 기술로 시스템의 신뢰성을 증가시킬 수 있다.
② 직렬시스템에서는 부품들 중 최소 수명을 갖는 부품에 의해 시스템 수명이 정해진다.
③ 수리가 가능한 시스템의 평균 수명(MTBF)은 평균 고장률(λ)과 정비례 관계가 성립한다.
④ 수리가 불가능한 구성요소로 병렬구조를 갖는 설비는 중복도가 늘어날수록 시스템 수명이 길어진다.

③ 수리가 가능한 시스템의 평균 수명(MTBF)은 평균 고장률(λ)과 반비례 관계가 성립한다.

정답 55 ① 56 ① 57 ③

> **참고**
>
> * 평균 고장 간격(평균 수명)
>
> $MTBF = \dfrac{1}{고장률(\lambda)}$ (시간)

📝 필기에 자주 출제되는 내용입니다.

58 산업안전보건 법령상 해당 사업주가 유해위험방지계획서를 작성하여 제출해야 하는 대상은?

① 시·도지사
② 관할 구청장
③ 고용노동부장관
④ 행정안전부장관

1. 사업주는 유해위험방지계획서를 작성하여 고용노동부령으로 정하는 바에 따라 고용노동부장관에게 제출하고 심사를 받아야 한다.
2. 사업주가 제조업 대상 사업, 대상 기계·기구 설비에 해당하는 유해·위험방지계획서를 제출하려면 다음 각 호의 서류를 첨부하여 해당 공사 착공 15일 전까지 공단(안전보건공단)에 2부를 제출하여야 한다.

📝 실기까지 중요한 내용입니다.

59 작업면상의 필요한 장소만 높은 조도를 취하는 조명은?

① 완화조명
② 전반조명
③ 투명조명
④ 국소조명

* 필요한 장소만 높은 조도를 취하는 조명 → 국소조명

60 자동차를 생산하는 공장의 어떤 근로자가 95dB(A)의 소음수준에서 하루 8시간 작업하며 매 시간 조용한 휴게실에서 20분씩 휴식을 취한다고 가정하였을 때, 8시간 시간가중평균(TWA)은? (단, 소음은 누적소음노출량측정기로 측정하였으며, OSHA에서 정한 95dB(A)의 허용시간은 4시간이라 가정한다.)

① 약 91dB(A)
② 약 92dB(A)
③ 약 93dB(A)
④ 약 94dB(A)

> * 시간가중 평균 소음 수준[dB(A)]의 계산
>
> $TWA = 16.61 \times \log\left(\dfrac{D}{100}\right) + 90 [dB(A)]$
>
> - TWA : 시간가중 평균 소음수준[dB(A)]
> - D : 누적 소음 노출량(%)
> - t : 소음에 노출된 시간
>
> $D(\%) = \left(\dfrac{C_1}{T_1} + \dfrac{C_2}{T_2} + \cdots + \dfrac{C_n}{T_n}\right) \times 100$
>
> - D : 누적소음 폭로량
> - C : 각각의 소음도에 노출되는 시간(hr)
> - T : 각각의 소음도에 노출될 수 있는 허용노출시간(hr)

1. $D(\%) = \dfrac{5.33}{4} \times 100 = 133.25(\%)$

- 8시간 작업 중 매시간 20분씩 휴식했으므로
  휴식시간 = 8 × 20 = 160분
  작업시간 = (8 × 60) − 160
  = 320(분) ÷ 60 = 5.33(시간)

2. TWA = $16.61 \times \log\left(\dfrac{133.25}{100}\right) + 90 = 92.07[dB]$

📝 비중이 낮은 문제입니다.

4과목 건설시공학

61 시공의 품질관리를 위한 7가지 도구에 해당되지 않는 것은?

① 파레토그램
② LOB기법
③ 특성요인도
④ 체크시트

> * 품질관리(QC)를 위한 통계적 수법(7가지 도구)
> ① 특성요인도
> ② 파레토도
> ③ 히스토그램(분포도)
> ④ 층별(부분 집단도)
> ⑤ 산점도(산포도)
> ⑥ 체크시트(집중도)
> ⑦ 그래프(관리도)

📝 필기에 자주 출제되는 내용입니다.

62 벽돌공사 시 벽돌쌓기에 관한 설명으로 옳은 것은?

① 연속되는 벽면의 일부를 트이게 하여 나중쌓기로 할 때에는 그 부분을 층단 들여쌓기로 한다.
② 벽돌쌓기는 도면 또는 공사시방서에서 정한 바가 없을 때에는 미식 쌓기 또는 불식쌓기로 한다.
③ 하루의 쌓기 높이는 1.8m를 표준으로 한다.
④ 세로줄눈은 구조적으로 우수한 통줄눈이 되도록 한다.

> ② 벽돌쌓기는 도면 또는 공사시방서에서 정한 바가 없을 때에는 영식쌓기 또는 화란식쌓기로 한다.
> ③ 하루의 쌓기 높이는 1.2m(18켜 정도)를 표준으로 하고, 최대 1.5m(22켜 정도) 이하로 한다.
> ④ 세로줄눈은 통줄눈이 되지 않도록 하고, 수직 일직선상에 오도록 벽돌나누기를 한다.

📝 필기에 자주 출제되는 내용입니다.

63 다음 설명에 해당하는 공정표의 종류로 옳은 것은?

> 한 공종의 작업이 하나의 숫자로 표기되고 컴퓨터에 적용하기 용이한 이점 때문에 많이 사용되고 있다. 각 작업은 node로 표기하고 더미의 사용이 불필요하며 화살표는 단순히 작업의 선후관계만을 나타낸다.

① 횡선식 공정표 ② CPM
③ PDM ④ LOB

정답 61 ② 62 ① 63 ③

* **PDM 공정표**
  - 한 공종의 작업이 하나의 숫자로 표기되고 컴퓨터에 적용이 용이한 장점이 있어 많이 사용된다.
  - 각 작업은 node로 표기되고 더미의 사용이 불필요하며 화살표는 단순히 작업의 선후관계만을 나타낸다.

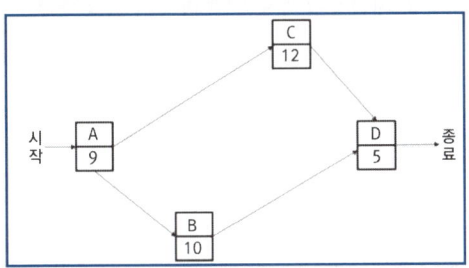

64 콘크리트 구조물의 품질관리에서 활용되는 비파괴시험(검사) 방법으로 경화된 콘크리트 표면의 반발경도를 측정하는 것은?

① 슈미트해머 시험
② 방사선 투과 시험
③ 자기분말 탐상시험
④ 침투 탐상시험

* **콘크리트 구조물의 비파괴시험(검사) 방법**
① 슈미트해머법 : 경화된 콘크리트 표면을 타격하여 반발경도를 측정하는 방법
② 초음파법 : 초음파를 이용하여 콘크리트의 압축강도, 내부결함, 균열깊이 등을 측정하는 방법
③ 방사선법 : 엑스선, 감마선 등 방사선을 투과하여 내부결함, 콘크리트 밀실도 등을 측정하는 방법
④ 인발법 : 매입한 볼트의 인발내력으로 콘크리트의 압축강도를 측정하는 방법

📔 필기에 자주 출제되는 내용입니다.

65 일명 테이블 폼(table form)으로 불리는 것으로 거푸집널에 장선, 멍에, 서포트 등을 기계적인 요소로 부재화한 대형 바닥판거푸집은?

① 갱 폼(Gang form)
② 플라잉 폼(Flying form)
③ 유로 폼(Euro form)
④ 트래블링 폼(Traveling form)

* **플라잉 폼(Flying form)** : 테이블 폼(table form)
  - 거푸집널에 장선, 멍에, 서포트 등을 일체로 제작한 대형 바닥판거푸집
  - 수평, 수직으로 이동하는 시스템 거푸집

📔 필기에 자주 출제되는 내용입니다.

66 시험말뚝에 변형율계(Strain gauge)와 가속도계(Accelerometer)를 부착하여 말뚝 항타에 의한 파형으로부터 지지력을 구하는 시험은?

① 정재하 시험   ② 비비 시험
③ 동재하 시험   ④ 인발 시험

* **말뚝 재하시험** : 지반의 지지력 및 지내력을 확인하기 위한 시험
① 동재하 시험 : 시험말뚝에 변형율계(Strain gauge)와 가속도계(Accelerometer)를 부착하여 말뚝의 항타 시에 발생하는 응력, 변형 등으로부터 말뚝의 지지력을 구하는 시험
② 정재하 시험 : 말뚝에 하중을 가하여 말뚝이 침하하는 정도, 수평변위의 양상 등 말뚝의 저항을 측정하여 말뚝의 지지력을 구하는 시험

📔 필기에 자주 출제되는 내용입니다.

정답 64 ① 65 ② 66 ③

67 콘크리트 공사 시 철근의 정착위치에 관한 설명으로 옳지 않은 것은

① 작은 보의 주근은 벽체에 정착한다.
② 큰 보의 주근은 기둥에 정착한다.
③ 기둥의 주근은 기초에 정착한다.
④ 지중 보의 주근은 기초 또는 기둥에 정착한다.

> ① 작은 보의 주근은 큰 보에 정착한다.

📝 필기에 자주 출제되는 내용입니다.

68 지반개량 지정공사 중 응결공법이 아닌 것은?

① 플라스틱 드레인공법
② 시멘트 처리공법
③ 석회처리공법
④ 심층혼합처리공법

> **＊ 지반개량 및 지정공사**
> 1. 다짐공법
> 2. 강제(强制)압밀공법
>   ① 재하방법 : 성토공법, 지하수위저하공법, 대기압공법(진공공법)
>   ② 드레인(배수) 방법: 샌드(sand) 드레인 공법, 플라스틱(plastic) 드레인 공법
> 3. 응결공법 : 시멘트 처리공법, 석회처리공법, 심층혼합처리공법
> 4. 치환공법

69 공사계약 중 재계약 조건이 아닌 것은?

① 설계도면 및 시방서(specification)의 중대결함 및 오류에 기인한 경우
② 계약상 현장조건 및 시공조건이 상이(difference)한 경우
③ 계약사항에 중대한 변경이 있는 경우
④ 정당한 이유 없이 공사를 착수하지 않은 경우

> **＊ 공사계약 중 재계약 조건**
> ① 설계도면 및 시방서(specification)의 중대결함 및 오류에 기인한 경우
> ② 계약상 현장조건 및 시공조건이 상이(difference)한 경우
> ③ 계약사항에 중대한 변경이 있는 경우

70 콘크리트에서 사용하는 호칭강도의 정의로 옳은 것은?

① 레디믹스트 콘크리트 발주 시 구입자가 지정하는 강도
② 구조계산 시 기준으로 하는 콘크리트의 압축강도
③ 재령 7일의 압축강도를 기준으로 하는 강도
④ 콘크리트의 배합을 정할 때 목표로 하는 압축강도로 품질의 표준편차 및 양생온도 등을 고려하여 설계기준강도에 할증한 것

> **＊ 호칭강도** : 레미콘 공장에서 콘크리트를 주문할 때 지칭하는 강도(레디믹스트 콘크리트 발주 시 구입자가 지정하는 강도)

정답 67 ① 68 ① 69 ④ 70 ①

> **참고**
> - 설계기준강도 : 콘크리트 부재를 설계할 때 기준으로 하는 강도(표준양생을 실시한 재령 28일의 압축강도)
> - 배합강도 : 콘크리트의 배합을 정하는 경우에 목표로 하는 강도

71. 다음 조건에 따른 백호의 단위시간당 추정 굴삭량으로 옳은 것은?

> 버켓용량 0.5m³, 사이클타임 20초,
> 작업효율 0.9, 굴삭계수 0.7,
> 굴삭토의 용적변화계수 1.25

① 94.5m³ ② 80.5m³
③ 76.3m³ ④ 70.9m³

★ 굴삭기계의 단위 작업시간당 시공량

$$Q(m^3/hr) = \frac{q \times k \times f \times E}{Cm(hr)} = \frac{60 \times q \times k \times f \times E}{Cm(min)}$$

$$= \frac{3,600 \times q \times k \times f \times E}{Cm(sec)}$$

- Q : 단위시간당 작업량(m³/hr)
- q : 버킷용량(m³)
- k : 굴삭계수(버킷계수)
- f : 굴삭토의 용적 변화계수
- E : 작업효율
- Cm : 1회 사이클 시간

$$Q(m^3/hr) = \frac{3600 \times 0.5 \times 0.7 \times 1.25 \times 0.9}{20}$$
$$= 70.88(m^3/hr)$$

📝 필기에 자주 출제되는 내용입니다.

72. 강구조 부재의 용접 시 예열에 관한 설명으로 옳지 않은 것은?

① 모재의 표면온도가 0℃ 미만인 경우는 적어도 20℃ 이상 예열한다.
② 이종금속 간에 용접을 할 경우는 예열과 층간온도는 하위등급을 기준으로 하여 실시한다.
③ 버너로 예열하는 경우에는 개선면에 직접 가열해서는 안 된다.
④ 온도관리는 용접선에서 75mm 떨어진 위치에서 표면온도계 또는 온도초크 등에 의하여 온도관리를 한다.

② 이종금속 간에 용접을 할 경우는 예열과 층간온도는 **상위등급**을 기준으로 하여 실시한다.

73. 공동도급방식의 장점에 해당하지 않는 것은?

① 위험의 분산
② 시공의 확실성
③ 이윤 증대
④ 기술 자본의 증대

★ 공동도급방식의 장점
① 기술자본의 증대
② 융자력 증대
③ 공사시공의 확실성
④ 신용도의 증대
⑤ 위험의 분산
⑥ 공사도급 경쟁 완화

📝 필기에 자주 출제되는 내용입니다.

74 지하수가 없는 비교적 경질인 지층에서 어스오거로 구멍을 뚫고 그 내부에 철근과 자갈을 채운 후, 미리 삽입해 둔 파이프를 통해 저면에서부터 모르타르를 채워 올라오게 한 것은?

① 슬러리 월   ② 시트 파일
③ CIP 파일   ④ 프랭키 파일

> **＊ CIP 파일(Cast In Place Pile)**
> 어스오거로 말뚝구멍을 굴착한 후 철근을 조립하고 모르타르 주입관을 삽입한 다음 자갈을 채운 후, 미리 삽입해 둔 파이프를 통해 저면에서부터 모르타르를 주입하는 공법

📝 실기까지 중요한 내용입니다.

75 기초의 종류 중 지정형식에 따른 분류에 속하지 않는 것은?

① 직접기초   ② 피어기초
③ 복합기초   ④ 잠함기초

> **＊ 지정의 형식에 의한 기초의 분류**
>
> | | |
> |---|---|
> | 직접기초 | 지지력이 있는 굳은 지반에 기초판을 설치하여 상부구조의 하중을 지지하게 하는 기초 |
> | 말뚝기초 | 지지말뚝 또는 마찰말뚝으로 상부구조의 하중을 지반에 전달하는 기초 |
> | 피어기초 | 기초판의 하부에 기둥모양으로 만든 피어를 설치하여 하중을 전달시키는 형식의 기초 |
> | 잠함기초 (케이슨기초) | 공사착수 전에 지상이나 지중에 속 빈 원통 또는 지하실의 일부가 되는 구조물을 만든 후 그 밑바닥의 흙을 파내고 자중을 이용하여 소정의 지층까지 침하시킨 다음 밑바닥에 콘크리트를 채워 넣어 구축하는 기초 형식의 구조물 |

76 철골공사에서 발생할 수 있는 용접불량에 해당되지 않는 것은?

① 스캘럽(scallop)
② 언더컷(under cut)
③ 오버랩(over lap)
④ 피트(pit)

> **＊ 용접불량**
> • 언더컷(Under Cut) : 전류가 과대하고 용접 속도가 너무 빠르며, 아크를 짧게 유지하기 어려운 경우 모재 및 용접부의 일부가 녹아서 발생하는 홈 또는 오목하게 생긴 부분
> • 피트(pit) : 용접부 표면에 작은 기포 구멍이 발생하는 현상
> • 오버랩(over lap) : 모재가 겹쳐지는 현상

📝 필기에 자주 출제되는 내용입니다.

정답   74 ③   75 ③   76 ①

77 미장공법, 뿜칠공법을 통한 강구조 부재의 내화피복 시공 시 시공면적 얼마 당 1개소 단위로 핀 등을 이용하여 두께를 확인하여야 하는가?

① 2m² ② 3m²
③ 4m² ④ 5m²

*** 미장공법, 뿜칠공법의 경우 내화피복**
① 시공 시에는 시공면적 5m² 당 1개소 단위로 핀 등을 이용하여 두께를 확인하면서 시공한다.
② 뿜칠공법의 경우 시공 후 두께나 비중은 코어를 채취하여 측정한다. 측정 빈도는 각 층마다 또는 바닥면적 1,500m² 마다 각 부위별 1회를 원칙으로 하고, 1회에 5개로 한다. 그러나 연면적이 1,500m² 미만의 건물에 대해서는 2회 이상으로 한다.

78 다음은 표준시방서에 따른 철근의 이음에 관한 내용이다. 빈 칸에 공통으로 들어갈 내용으로 옳은 것은?

( )를 초과하는 철근은 겹침이음을 할 수 없다. 다만, 서로 다른 크기의 철근을 압축부에서 겹침이음하는 경우 ( ) 이하의 철근과 ( )를 초과하는 철근은 겹침이음을 할 수 있다.

① D29 ② D25
③ D32 ④ D35

* 철근 이음 시 유의사항
① D35를 초과하는 철근은 겹침 이음을 할 수 없다. 다만, 서로 다른 크기의 철근을 압축부에서 겹침 이음하는 경우 D35 이하의 철근과 D35를 초과하는 철근은 겹침 이음을 할 수 있다.
② 장래의 이음에 대비하여 구조물로부터 노출시켜 놓은 철근은 손상이나 부식을 받지 않도록 보호하여야 한다.

79 슬라이딩 폼(Sliding form)에 관한 설명으로 옳지 않은 것은?

① 1일 5~10m 정도 수직시공이 가능하므로 시공속도가 빠르다.
② 타설작업과 마감작업을 병행할 수 없어 공정이 복잡하다.
③ 구조물 형태에 따른 사용 제약이 있다.
④ 형상 및 치수가 정확하며 시공오차가 적다.

* 슬라이딩 폼(Sliding form)
① 1일 5~10m 정도 수직시공이 가능하므로 **시공속도가 빠르다.**
② 타설작업과 마감작업이 동시에 진행되어 공정이 단순하다.
③ 구조물 형태에 따른 사용 제약이 있다.
④ 형상 및 치수가 정확하며 시공오차가 적다.
⑤ 소요 경비가 절감된다.

📌 필기에 자주 출제되는 내용입니다.

정답 77 ④ 78 ④ 79 ②

80 속빈 콘크리트블록의 규격 중 기본블록치수가 아닌 것은? (단, 단위 : mm)

① 390×190×190　② 390×190×150
③ 390×190×100　④ 390×190×80

모양	치수			허용치
	길이	높이	두께	
기본 블록	390	190	210 190 150 100	±2
이형 블록	길이, 높이 및 두께의 최소 크기를 90mm 이상으로 한다. 또 가로근 삽입 블록, 모서리 블록과 기본 블록과 동일한 크기인 것의 치수 및 허용치는 기본 블록에 따른다.			

단위 : mm

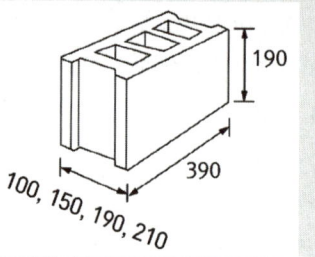

📘 필기에 자주 출제되는 내용입니다.

5과목 건설재료학

81 석재의 종류와 용도가 잘못 연결된 것은?

① 화산암 - 경량골재
② 화강암 - 콘크리트용 골재
③ 대리석 - 조각재
④ 응회암 - 건축용 구조재

★석재의 종류와 용도
① 화산암 - 경량골재
② 화강암 - 콘크리트용 골재, 외장재
③ 대리석 - 조각재
④ 응회암 - 건축재료, 고온로의 재료
⑤ 점판암 - 지붕재
⑥ 사문암 - 실내 장식용, 대리석용

참고

응회암은 강도, 내구성이 부족하여 건축용 구조재로는 사용이 불가능하다. 건축재료, 고온로의 재료로 사용된다.

📘 필기에 자주 출제되는 내용입니다.

82 표면건조포화상태 질량 500g의 잔골재를 건조시켜 공기 중 건조상태에서 측정한 결과 460g, 절대건조상태에서 측정한 결과 450g이었다. 이 잔골재의 흡수율은?

① 8%　　　　② 8.8%
③ 10%　　　　④ 11.1%

$$흡수율(\%) = \frac{표건질량 - 절건질량}{절건질량} \times 100(\%)$$

$$흡수율(\%) = \frac{500 - 450}{450} \times 100 = 11.11(\%)$$

📘 필기에 자주 출제되는 내용입니다.

정답　80 ④　81 ④　82 ④

83 목재의 압축강도에 영향을 미치는 원인에 관한 설명으로 옳지 않은 것은?

① 기건비중이 클수록 압축강도는 증가한다.
② 가력방향이 섬유방향과 평행일 때의 압축강도가 직각일 때의 압축강도보다 크다.
③ 섬유포화점 이상에서 목재의 함수율이 커질수록 압축강도는 계속 낮아진다.
④ 옹이가 있으면 압축강도는 저하하고 옹이 지름이 클수록 더욱 감소한다.

③ 섬유포화점 이상에서 압축강도는 일정하며, 섬유포화점 이하에서는 함수율이 감소할수록 압축강도는 증가한다.
(함수율이 커질수록 압축강도 낮아진다.)

📝 필기에 자주 출제되는 내용입니다.

84 콘크리트용 혼화제의 사용용도와 혼화제 종류를 연결한 것으로 옳지 않은 것은?

① AE 감수제 : 작업성능이나 동결융해 저항성능의 향상
② 유동화제 : 강력한 감수효과와 강도의 대폭적인 증가
③ 방청제 : 염화물에 의한 강재의 부식억제
④ 증점제 : 점성, 응집작용 등을 향상시켜 재료분리를 억제

② 유동화제 : 단위수량이 적은 콘크리트의 유동성을 일시적으로 증대시킴

📝 필기에 자주 출제되는 내용입니다.

85 고강도 강선을 사용하여 인장응력을 미리 부여함으로서 큰 응력을 받을 수 있도록 제작된 것은?

① 매스 콘크리트
② 프리플레이스트 콘크리트
③ 프리스트레스트 콘크리트
④ AE 콘크리트

인장 응력을 미리 부여함으로써 큰 응력을 받을 수 있도록 제작 → 프리스트레스트 콘크리트

참고

① 매스 콘크리트 : 구조물의 치수가 커서 시멘트 수화열에 의한 온도상승 및 강하를 고려하여 시공하여야 하는 콘크리트
② 프리플레이스트 콘크리트 : 콘크리트 타설할 거푸집 안에 굵은 골재를 미리 채워 넣은(Pre-packing) 후 모르타르를 주입한 콘크리트
③ AE 콘크리트 : AE제를 사용하여 콘크리트의 시공연도를 증진시키고, 단위수량을 감소시켜 내구성, 수밀성이 향상된 콘크리트

📝 필기에 자주 출제되는 내용입니다.

정답 83 ③ 84 ② 85 ③

86 유리의 중앙부와 주변부와의 온도 차이로 인해 응력이 발생하여 파손되는 현상을 유리의 열파손이라 한다. 열파손에 관한 설명으로 옳지 않은 것은?

① 색유리에 많이 발생한다.
② 동절기의 맑은 날 오전에 많이 발생한다.
③ 두께가 얇을수록 강도가 약해 열팽창 응력이 크다.
④ 균열은 프레임에 직각으로 시작하여 경사지게 진행된다.

③ 두께가 두꺼울수록 열팽창응력이 크다.

87 KS L 4201에 따른 1종 점토벽돌의 압축강도 기준으로 옳은 것은?

① 8.78MPa 이상   ② 14.70MPa 이상
③ 20.59MPa 이상   ④ 24.50MPa 이상

품질	종류	
	1종	2종
흡수율(%)	10.0 이하	15.0 이하
압축 강도(MPa)	24.5 이하	14.70 이하

필기에 자주 출제되는 내용입니다.

88 아스팔트를 천연아스팔트와 석유아스팔트로 구분할 때 천연아스팔트에 해당되지 않는 것은?

① 로크아스팔트
② 레이크아스팔트
③ 아스팔타이트
④ 스트레이트아스팔트

천연 아스팔트	① 로크 아스팔트 ② 레이크 아스팔트 ③ 아스팔타이트
석유 아스팔트	① 스트레이트 아스팔트 ② 블론 아스팔트

필기에 자주 출제되는 내용입니다.

89 점토의 성질에 관한 설명으로 옳지 않은 것은?

① 양질의 점토는 건조상태에서 현저한 가소성을 나타내며, 점토 입자가 미세할수록 가소성은 나빠진다.
② 점토의 주성분은 실리카와 알루미나이다.
③ 인장강도는 점토의 조직에 관계하며 입자의 크기가 큰 영향을 준다.
④ 점토제품의 색상은 철산화물 또는 석회 물질에 의해 나타난다.

① 양질의 점토는 물을 흡수하여 가소성을 나타내며, 점토 입자가 미세할수록 가소성은 좋아진다.

필기에 자주 출제되는 내용입니다.

정답 86 ③ 87 ④ 88 ④ 89 ①

90 도료의 사용 용도에 관한 설명으로 옳지 않은 것은?

① 유성바니쉬는 투명도료이며, 목재마감에도 사용가능하다.
② 유성페인트는 모르타르, 콘크리트면에 발라 착색방수피막을 형성한다.
③ 합성수지 에멀션페인트는 콘크리트면, 석고보드 바탕 등에 사용된다.
④ 클리어래커는 목재면의 투명도장에 사용된다.

② 유성페인트는 목재, 석고판류의 도장 등에 사용된다.

91 습윤상태의 모래 780g을 건조로에서 건조시켜 절대건조상태 720g으로 되었다. 이 모래의 표면수율은? (단, 이 모래의 흡수율은 5%이다.)

① 3.08% ② 3.17%
③ 3.33% ④ 3.52%

$$\text{표면수율}(\%) = \frac{\text{습윤 상태 질량} - \text{표건질량}}{\text{표건질량}} \times 100$$

$$\text{흡수율}(\%) = \frac{\text{표건질량} - \text{절건질량}}{\text{절건질량}} \times 100$$

1. $\text{흡수율}(\%) = \dfrac{\text{표건질량} - \text{절건질량}}{\text{절건질량}} \times 100$

   $5 = \dfrac{\text{표건질량} - 720}{720} \times 100$

   $(\text{표건질량} - 720) \times 100 = 5 \times 720$

   $\text{표건질량} - 720 = \dfrac{5 \times 720}{100}$

   $\text{표건질량} = \dfrac{5 \times 720}{100} + 720 = 756(g)$

2. $\text{표면수율}(\%) = \dfrac{\text{습윤 상태 질량} - \text{표건질량}}{\text{표건질량}} \times 100$

   $= \dfrac{780 - 756}{756} \times 100 = 3.17(\%)$

📌 필기에 자주 출제되는 내용입니다.

92 미장재료 중 회반죽에 관한 설명으로 옳지 않은 것은?

① 경화속도가 느린 편이다.
② 일반적으로 연약하고, 비내수성이다.
③ 여물은 접착력 증대를, 해초풀은 균열방지를 위해 사용된다.
④ 소석회가 주원료이다.

③ 여물은 건조 수축에 의한 균열방지를, 해초풀은 점성을 가지게 하기 위하여 사용된다.

📌 필기에 자주 출제되는 내용입니다.

정답 90 ② 91 ② 92 ③

93 다음 합성수지 중 열가소성 수지가 아닌 것은?

① 알키드 수지
② 염화비닐 수지
③ 아크릴 수지
④ 폴리프로필렌 수지

열경화성 수지	열가소성 수지
• 페놀 수지 • 요소 수지 • 멜라민 수지 • 알키드 수지 • 실리콘 수지 • 에폭시 수지 • 우레탄 수지 • 프란 수지 • 폴리에스테르 수지 • 불포화폴리에스테르 수지	• 염화비닐 수지 • 초산비닐 수지 • 메틸메탈크릴 수지 • 폴리에틸렌 수지 • 폴리스티렌 수지 • 아크릴 수지 • 스티롤 수지 • 셀룰로이드

📝 필기에 자주 출제되는 내용입니다.

94 전기절연성, 내열성이 우수하고 특히 내약품성이 뛰어나며, 유리섬유로 보강하여 강화플라스틱(F.R.P)의 제조에 사용되는 합성수지는?

① 멜라민수지
② 불포화폴리에스테르수지
③ 페놀수지
④ 염화비닐수지

* 불포화폴리에스테르수지
• 전기절연성, 내열성, 내약품성이 우수하다.
• 강화플라스틱 재료, 내진콘크리트용 수지, 도료, 접착제 등에 사용된다.

95 강의 열처리 방법 중 결정을 미립화하고 균일하게 하기 위해 800~1,000℃까지 가열하여 소정의 시간까지 유지한 후에 로(爐)의 내부에서 서서히 냉각하는 방법은?

① 풀림   ② 불림
③ 담금질   ④ 뜨임질

풀림	강을 800 ~ 1,000℃까지 가열한 후 로(爐)의 내부에서 서서히 냉각시킨다.
불림	강을 800 ~ 1,000℃까지 가열한 후 공기 중에서 서서히 냉각시킨다.
담금질	강을 800 ~ 1,000℃까지 가열한 후 물 또는 기름 속에서 급히 냉각시킨다.
뜨임질	담금질을 한 후 다시 200 ~ 600℃로 가열한 다음 공기 중에서 천천히 냉각시킨다.

📝 필기에 자주 출제되는 내용입니다.

96 단열재료에 관한 설명으로 옳지 않은 것은?

① 열전도율이 높을수록 단열성능이 좋다.
② 같은 두께인 경우 경량재료인 편이 단열에 더 효과적이다.
③ 일반적으로 다공질의 재료가 많다.
④ 단열재료의 대부분은 흡음성도 우수하므로 흡음재료로서도 이용된다.

① 열전도율이 낮을수록 단열성능이 좋다.

정답 93 ① 94 ② 95 ① 96 ①

97 목재 건조의 목적에 해당되지 않는 것은?

① 강도의 증진
② 중량의 경감
③ 가공성의 증진
④ 균류 발생의 방지

* 목재 건조의 목적
① 강도, 내구성의 증진
② 중량의 경감
③ 수축 및 균열 방지
④ 부식 및 균류 발생의 방지
⑤ 방부제 등 약제 주입이 용이

📝 필기에 자주 출제되는 내용입니다.

98 금속부식에 관한 대책으로 옳지 않은 것은?

① 가능한 한 이종 금속은 이를 인접, 접속 시켜 사용하지 않을 것
② 균질한 것을 선택하고, 사용할 때 큰 변형을 주지 않도록 할 것
③ 큰 변형을 준 것은 가능한 한 풀림하여 사용할 것
④ 표면을 거칠게 하고 가능한 한 습윤상태로 유지할 것

④ 가능한 한 건조상태로 유지하고 부분적인 녹은 빨리 제거해야 한다.

📝 필기에 자주 출제되는 내용입니다.

99 콘크리트용 골재의 품질요건에 관한 설명으로 옳지 않은 것은?

① 골재는 청정·견경해야 한다.
② 골재는 소요의 내화성과 내구성을 가져야 한다.
③ 골재는 표면이 매끄럽지 않으며, 예각으로 된 것이 좋다.
④ 골재는 밀실한 콘크리트를 만들 수 있는 입형과 입도를 갖는 것이 좋다.

③ 거칠고 구형에 가까운 것이 좋으며, 편평하거나 세장한 것은 좋지 않다.

📝 필기에 자주 출제되는 내용입니다.

100 각 미장재료별 경화형태로 옳지 않은 것은?

① 회반죽 : 수경성
② 시멘트 모르타르 : 수경성
③ 돌로마이트플라스터 : 기경성
④ 테라조 현장바름 : 수경성

정답 97 ③ 98 ④ 99 ③ 100 ①

수경성(팽창성)	1. 석고질 • 석고 플라스터 • 혼합석고 플라스터(배합석고) • 경석고 플라스터(킨즈시멘트) 2. 시멘트모르타르 3. 인조석 바름 4. 테라조 현장 바름 **특급암기법** 수(수경성) 고(석고)하는 시(시멘트모르타르)인(인조석) 테라조
기경성(수축성, 알칼리성)	1. 석회질 • 회반죽 • 회사벽 2. 돌로마이트플라스터 (마그네시아 석회) **특급암기법** 기(기경성) 회(석회, 회반죽, 회사벽) 돌(돌로마이트플라스터)

- 수경성 : 물과 작용하여 경화하고 차차 강도가 크게 되는 성질
- 기경성 : 공기 중에서 경화하는 것으로 공기가 없는 수중에서는 경화되지 않는 성질

 필기에 자주 출제되는 내용입니다.

6과목 건설안전기술

101 유해위험방지계획서를 고용노동부장관에게 제출하고 심사를 받아야 하는 대상 건설공사 기준으로 옳지 않은 것은?

① 최대 지간길이가 50m 이상인 다리의 건설 등 공사
② 지상높이 25m 이상인 건축물 또는 인공구조물의 건설 등 공사
③ 깊이 10m 이상인 굴착공사
④ 다목적댐, 발전용댐, 저수용량 2천만톤 이상의 용수 전용 댐 및 지방상수도 전용 댐의 건설 등 공사

＊유해위험방지계획서를 제출해야 될 건설공사

1. 지상높이가 31미터 이상인 건축물 또는 인공구조물, 연면적 3만제곱미터 이상인 건축물 또는 연면적 5천제곱미터 이상의 문화 및 집회시설(전시장 및 동물원·식물원은 제외한다), 판매시설, 운수시설(고속철도의 역사 및 집배송시설은 제외한다), 종교시설, 의료시설 중 종합병원, 숙박시설 중 관광숙박시설, 지하도상가 또는 냉동·냉장창고시설의 건설·개조 또는 해체
2. 연면적 5천제곱미터 이상의 냉동·냉장창고시설의 설비공사 및 단열공사
3. 최대 지간길이(다리의 기둥과 기둥의 중심사이의 거리)가 50미터 이상인 교량 건설 등 공사
4. 터널 건설 등의 공사
5. 다목적댐, 발전용댐, 저수용량 2천만톤 이상의 용수 전용 댐, 지방상수도 전용 댐 건설 등의 공사
6. 깊이 10미터 이상인 굴착공사

정답 101 ②

특급암기법
- 지상높이 31m, 연면적 3만m², 사람 많은 시설 연면적 5,000m²
- 연면적 5,000m² 냉동·냉장창고시설
- 최대 지간길이가 50미터 이상 교량
- 터널
- 저수용량 2천만 톤 이상 댐
- 10미터 이상인 굴착

 실기에 자주 출제되는 중요한 내용입니다.

102 사면 보호 공법 중 구조물에 의한 보호 공법에 해당되지 않는 것은??

① 블록공
② 식생구멍공
③ 돌쌓기공
④ 현장타설 콘크리트 격자공

＊비탈면 보호공법

식생공	비탈진 면에 잔디를 심거나, 씨앗을 뿌려 잔디가 자라도록 한다.
블록 붙임공 및 돌붙임공	돌, 콘크리트블록을 경사각 45도 이하로 붙인다.
콘크리트 블록 격자공	콘크리트 블록을 격자 모양으로 설치하고 자갈을 채우거나 나무를 심는다.
돌 망태공	돌이 떨어질 염려가 있는 곳은 철망을 덮어 씌운다.
모르타르 뿜어 붙이기공	콘크리트를 뿜어 붙인다.
앵커볼트 보호공	앵커를 흙의 깊은 곳에 심어 비탈면을 보호한다.

103 미리 작업장소의 지형 및 지반상태 등에 적합한 제한속도를 정하지 않아도 되는 차량계 건설기계의 속도 기준은?

① 최대 제한 속도가 10km/h 이하
② 최대 제한 속도가 20km/h 이하
③ 최대 제한 속도가 30km/h 이하
④ 최대 제한 속도가 40km/h 이하

＊차량계 건설기계의 속도 기준 : 10km/h 이하

104 발파구간 인접구조물에 대한 피해 및 손상을 예방하기 위한 건물기초에서의 허용진동치(cm/sec) 기준으로 옳지 않은 것은? (단, 기존 구조물에 금이 가 있거나 노후구조물 대상일 경우 등은 고려하지 않는다.)

① 문화재 : 0.2cm/sec
② 주택, 아파트 : 0.5cm/sec
③ 상가 : 1.0cm/sec
④ 철골콘크리트 빌딩 : 0.8 ~ 1.0cm/sec

건물 분류	문화재	주택 아파트	상가 (금이 없는 상태)	철골 콘크리트 빌딩 및 상가
건물기초에서의 허용 진동치 (센티미터/초)	0.2	0.5	1.0	1.0~4.0

정답 102 ② 103 ① 104 ④

105 동바리 등을 조립하는 경우에 준수하여야 할 안전조치기준으로 옳지 않은 것은?

① 동바리로 사용하는 파이프 서포트를 이어서 사용하는 경우에는 3개 이상의 볼트 또는 전용철물을 사용하여 이을 것
② 높이가 3.5미터를 초과하는 경우에는 높이 2미터 이내마다 수평연결재를 2개 방향으로 만들고 수평연결재의 변위를 방지할 것
③ 받침목이나 깔판의 사용, 콘크리트 타설, 말뚝박기 등 동바리의 침하를 방지하기 위한 조치를 할 것
④ 동바리로 사용하는 파이프서포트를 3개 이상 이어서 사용하지 않도록 할 것

> **＊동바리로 사용하는 파이프서포트의 조립 시 준수사항**
> - 파이파이프서포트를 3개본 이상이어서 사용하지 아니하도록 할 것
> - 파이프서포트를 이어서 사용할 때에는 4개 이상의 볼트 또는 전용철물을 사용하여 이을 것
> - 높이가 3.5미터를 초과하는 경우에는 높이 2미터 이내마다 수평연결재를 2개 방향으로 만들고 수평연결재의 변위를 방지할 것

📝 실기까지 중요한 내용입니다.

106 안전계수가 4이고 2,000MPa의 인장강도를 갖는 강선의 최대허용응력은?

① 500MPa   ② 1,000MPa
③ 1,500MPa ④ 2,000MPa

$$안전계수 = \frac{인장강도}{최대 허용응력}$$

최대허용응력 × 안전계수 = 인장강도

$$최대\ 허용응력 = \frac{인장강도}{안전계수} = \frac{2,000}{4} = 500(MPa)$$

📝 실기까지 중요한 내용입니다.

107 화물을 적재하는 경우의 준수사항으로 옳지 않은 것은?

① 침하 우려가 없는 튼튼한 기반 위에 적재할 것
② 건물의 칸막이나 벽 등이 화물의 압력에 견딜 만큼의 강도를 지니지 아니한 경우에는 칸막이나 벽에 기대어 적재하지 않도록 할 것
③ 불안정한 정도로 높이 쌓아 올리지 말 것
④ 하중을 한쪽으로 치우치더라도 화물을 최대한 효율적으로 적재할 것

> ④ 하중이 한쪽으로 치우치지 않도록 쌓을 것

📝 필기에 자주 출제되는 내용입니다.

정답 105 ① 106 ① 107 ④

108 공사 진척에 따른 공정률이 다음과 같을 때 안전관리비 사용기준으로 옳은 것은? (단, 공정률은 기성공정률을 기준으로 함)

> 공정률 : 70퍼센트 이상, 90퍼센트 미만

① 50퍼센트 이상
② 60퍼센트 이상
③ 70퍼센트 이상
④ 80퍼센트 이상

★ 공사 진척에 따른 산업안전보건관리비 사용 기준

공정률	사용 기준
50% 이상 70% 미만	50% 이상
70% 이상 90% 미만	70% 이상
90% 이상	90% 이상

실기까지 중요한 내용입니다.

109 차량계 건설기계를 사용하여 작업을 하는 경우 작업계획서 내용에 포함되지 않는 사항은?

① 사용하는 차량계 건설기계의 종류 및 성능
② 차량계 건설기계의 운행경로
③ 차량계 건설기계에 의한 작업방법
④ 차량계 건설기계 사용 시 유도자 배치 위치

★ 차량계 건설기계의 작업계획서 내용
① 사용하는 차량계 건설기계의 종류 및 성능
② 차량계 건설기계의 운행경로
③ 차량계 건설기계에 의한 작업방법

 실기까지 중요한 내용입니다.

110 산업안전보건 법령에서 규정하는 철골작업을 중지하여야 하는 기후조건에 해당하지 않는 것은?

① 풍속이 초당 10m 이상인 경우
② 강우량이 시간당 1mm 이상인 경우
③ 강설량이 시간당 1cm 이상인 경우
④ 기온이 영하 5℃ 이하인 경우

★ 철골작업을 중지해야 하는 조건
① 풍속이 초당 10미터 이상인 경우
② 강우량이 시간당 1밀리미터 이상인 경우
③ 강설량이 시간당 1센티미터 이상인 경우

111 지하수위 상승으로 포화된 사질토 지반의 액상화 현상을 방지하기 위한 가장 직접적이고 효과적인 대책은?

① well point 공법 적용
② 동다짐 공법 적용
③ 입도가 불량한 재료를 입도가 양호한 재료로 치환
④ 밀도를 증가시켜 한계간극비 이하로 상대밀도를 유지하는 방법 강구

① 사질토 지반의 탈수공법인 well point 공법을 적용한다.

정답 108 ③ 109 ④ 110 ④ 111 ①

112 강관을 사용하여 비계를 구성하는 경우 준수하여야 할 기준으로 옳지 않은 것은?

① 비계기둥의 간격은 띠장 방향에서는 1.85m 이하, 장선(長線) 방향에서는 1.5m 이하로 할 것
② 띠장 간격은 2.0m 이하로 할 것
③ 비계기둥의 제일 윗부분으로부터 31m 되는 지점 밑부분의 비계기둥은 3개의 강관으로 묶어 세울 것
④ 비계기둥 간의 적재하중은 400kg을 초과하지 않도록 할 것

> ③ 비계기둥의 제일 윗부분으로 부터 31m되는 지점 밑 부분의 비계기둥은 2본의 강관으로 묶어 세울 것

📝 실기까지 중요한 내용입니다.

113 이동식비계를 조립하여 작업을 하는 경우에 준수하여야 할 기준으로 옳지 않은 것은?

① 승강용사다리는 견고하게 설치할 것
② 비계의 최상부에서 작업을 하는 경우에는 안전난간을 설치할 것
③ 작업발판의 최대적재하중은 400kg을 초과하지 않도록 할 것
④ 작업발판은 항상 수평을 유지하고 작업발판 위에서 안전난간을 딛고 작업을 하거나 받침대 또는 사다리를 사용하여 작업하지 않도록 할 것

> ***이동식 비계 조립 시의 준수사항**
> ① 바퀴에는 갑작스러운 이동 또는 전도를 방지하기 위하여 브레이크·쐐기 등으로 바퀴를 고정시킨 다음 비계의 일부를 견고한 시설물에 고정하거나 아웃트리거를 설치하는 등 필요한 조치를 할 것
> ② 승강용사다리는 견고하게 설치할 것
> ③ 비계의 최상부에서 작업을 할 때에는 안전난간을 설치할 것
> ④ 작업발판은 항상 수평을 유지하고 작업발판 위에서 안전난간을 딛고 작업을 하거나 받침대 또는 사다리를 사용하여 작업하지 않도록 할 것
> ⑤ 작업발판의 최대적재하중은 250킬로그램을 초과하지 않도록 할 것

📝 실기까지 중요한 내용입니다.

114 가설통로를 설치하는 경우 준수하여야 할 기준으로 옳지 않은 것은?

① 경사는 30 이하로 할 것
② 경사가 15를 초과하는 경우에는 미끄러지지 아니하는 구조로 할 것
③ 추락할 위험이 있는 장소에는 안전난간을 설치할 것
④ 수직갱에 가설된 통로의 길이가 15m 이상인 경우에는 7m 이내마다 계단참을 설치할 것

> ***가설통로 설치 시의 준수사항**
> ① 견고한 구조로 할 것
> ② 경사는 30도 이하로 할 것
> ③ 경사가 15도를 초과하는 때는 미끄러지지 아니하는 구조로 할 것

정답 112 ③ 113 ③ 114 ④

④ 추락의 위험이 있는 장소에는 안전난간을 설치할 것
⑤ 수직갱 : 길이가 15미터 이상인 때에는 10미터 이내마다 계단참을 설치할 것
⑥ 건설공사에 사용하는 높이 8미터 이상인 비계다리 : 7미터 이내 마다 계단참을 설치할 것

📝 실기까지 중요한 내용입니다.

③ 비, 눈, 그 밖의 기상상태의 불안정으로 날씨가 몹시 나쁜 경우에는 그 작업을 중지할 것
④ 해당 작업을 하는 구역에는 관계 근로자가 아닌 사람의 출입을 금지할 것

① 재료·기구 또는 공구 등을 올리거나 내릴 때에는 근로자로 하여금 달줄·달포대 등을 사용하도록 할 것

📝 필기에 자주 출제되는 내용입니다.

115 흙의 투수계수에 영향을 주는 인자에 관한 설명으로 옳지 않은 것은?

① 포화도 : 포화도가 클수록 투수계수도 크다.
② 공극비 : 공극비가 클수록 투수계수는 작다.
③ 유체의 점성계수 : 점성계수가 클수록 투수계수는 작다.
④ 유체의 밀도 : 유체의 밀도가 클수록 투수계수는 크다.

② 공극비 : 공극비가 클수록 투수계수는 크다.

116 거푸집동바리 등을 조립 또는 해체하는 작업을 하는 경우의 준수사항으로 옳지 않은 것은?

① 재료, 기구 또는 공구 등을 올리거나 내리는 경우에는 근로자로 하여금 달줄·달포대 등의 사용을 금하도록 할 것
② 낙하·충격에 의한 돌발적 재해를 방지하기 위하여 버팀목을 설치하고 거푸집동바리 등을 인양장비에 매단 후에 작업을 하도록 하는 등 필요한 조치를 할 것

117 터널공사의 전기발파작업에 관한 설명으로 옳지 않은 것은?

① 전선은 점화하기 전에 화약류를 충진한 장소로부터 30m 이상 떨어진 안전한 장소에서 도통시험 및 저항시험을 하여야 한다.
② 점화는 충분한 허용량을 갖는 발파기를 사용하고 규정된 스위치를 반드시 사용하여야 한다.
③ 발파 후 발파기와 발파모선의 연결을 유지한 채 그 단부를 절연시킨 후 재점화가 되지 않도록 한다.
④ 점화는 선임된 발파책임자가 행하고 발파기의 핸들을 점화할 때 이외는 시건장치를 하거나 모선을 분리하여야 하며 발파책임자의 엄중한 관리하에 두어야 한다.

③ 발파 후 즉시 발파기를 발파모선으로부터 분리하여 단락시켜 재 점화가 되지 않도록 조치한다.

118 터널 지보공을 조립하거나 변경하는 경우에 조치하여야 하는 사항으로 옳지 않은 것은?

① 목재의 터널 지보공은 그 터널 지보공의 각 부재에 작용하는 긴압 정도를 체크하여 그 정도가 최대한 차이나도록 할 것
② 강(鋼)아치 지보공의 조립은 연결 볼트 및 띠장 등을 사용하여 주재 상호간을 튼튼하게 연결할 것
③ 기둥에는 침하를 방지하기 위하여 받침목을 사용하는 등의 조치를 할 것
④ 주재(主材)를 구성하는 1세트의 부재는 동일 평면 내에 배치할 것

> ① 목재의 터널 지보공은 그 터널 지보공의 각 부재의 긴압 정도가 균등하게 되도록 할 것

119 다음 중 지하수위 측정에 사용되는 계측기는?

① Load Cell
② Inclinometer
③ Extensometer
④ Piezometer

간극 수압계 (Piezometer)	굴착에 따른 과잉 간극수압의 변화를 측정
하중계 (load-cell)	스트럿(Strut) 또는 어스앵커(Earth anchor) 등의 축 하중 변화를 측정하는 기구
지중 수평변위계 (Iclino-meter)	인접지반 수평 변위량과 위치, 방향 및 크기를 실측하여 토류 구조물 각 지점의 응력상태 판단
층별 침하계 (Extensometer)	인접지층의 각 지층별 침하량의 변동 상태를 확인
지하 수위계 (Water levelmeter)	지하수위 변화를 실측하여 각종 계측자료에 이용

 문제 오류로 정답이 없습니다.
(전 문항 정답처리 되었습니다.)

120 크레인 등 건설장비의 가공전선로 접근 시 안전대책으로 옳지 않은 것은?

① 안전 이격거리를 유지하고 작업한다.
② 장비를 가공전선로 밑에 보관한다.
③ 장비의 조립, 준비 시부터 가공전선로에 대한 감전 방지 수단을 강구한다.
④ 장비 사용 현장의 장애물, 위험물 등을 점검 후 작업계획을 수립한다.

> ② 감전 우려가 있는 가공전선로 주변에 장비를 보관하지 않는다.

2021년 2회 최근 기출문제

1과목 산업안전관리론

01 산업안전보건 법령상 자율안전 확인 안전모의 시험성능기준 항목으로 명시되지 않은 것은?

① 난연성　　② 내관통성
③ 내전압성　④ 턱끈풀림

* 자율안전 확인 대상 안전모의 성능시험 종류
① 내관통성 시험
② 충격흡수성 시험
③ 난연성 시험
④ 턱끈풀림시험

> 참고
> * 안전인증 대상 안전모의 성능시험 종류
> 　① 내관통성 시험
> 　② 충격흡수성 시험
> 　③ 내전압성 시험
> 　④ 내수성 시험
> 　⑤ 난연성 시험
> 　⑥ 턱끈풀림 시험

📝 실기에 자주 출제되는 내용입니다.

02 산업재해의 발생형태에 따른 분류 중 단순 연쇄형에 해당하는 것은? (단, O는 재해발생의 각종요소를 나타낸다.)

* 재해(⊗)의 발생 형태

단순자극형 (집중형)	
연쇄형	②-1 단순연쇄형 ②-2 복합연쇄형

정답　01 ③　02 ②

| 복합형 | 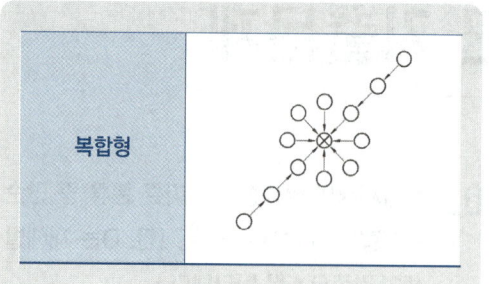 |

📋 필기에 자주 출제되는 내용입니다.

> **특급암기법** 유사한 종류끼리 묶어서 암기
> 손 다치는 기계 – 프레스, 전단기 및 절곡기, 사출성형기, 롤러기
> 양중기 – 크레인, 리프트, 곤돌라
> 폭발 – 압력용기
> 추락 – 고소작업대

📋 실기에 자주 출제되는 내용입니다.

03 산업안전보건 법령상 안전인증대상 기계에 해당하지 않는 것은?

① 크레인   ② 곤돌라
③ 컨베이어   ④ 사출성형기

안전인증 대상 기계·기구

1. 설치·이전하는 경우 안전인증을 받아야 하는 기계·기구
   가. 크레인
   나. 리프트
   다. 곤돌라
2. 주요 구조 부분을 변경하는 경우 안전인증을 받아야 하는 기계·기구
   ① 프레스
   ② 전단기 및 절곡기(折曲機)
   ③ 크레인
   ④ 리프트
   ⑤ 압력용기
   ⑥ 롤러기
   ⑦ 사출성형기(射出成形機)
   ⑧ 고소(高所)작업대
   ⑨ 곤돌라
---

04 하인리히의 1 : 29 : 300 법칙에서 "29"가 의미하는 것은??

① 재해   ② 중상해
③ 경상해   ④ 무상해사고

* 하인리히 1 : 29 : 300의 사고빈도 법칙

총 330건의 사고를 분석했을 때(1 : 29 : 300)
• 중상 또는 사망 : 1건
• 경상해 : 29건
• 무상해사고 : 300건이 발생함을 의미한다.

📋 실기까지 중요한 내용입니다.

05 A 사업장에서는 산업재해로 인한 인적·물적 손실을 줄이기 위하여 안전행동 실천운동(5C 운동)을 실시하고자 한다. 5C 운동에 해당하지 않는 것은?

① Control
② Correctness
③ Cleaning
④ Checking

정답 03 ③ 04 ③ 05 ①

* 5C운동
  ① 복장단정(Correctness)
  ② 정리정돈(Clearance)
  ③ 청소청결(Cleaning)
  ④ 점검확인(Checking)
  ⑤ 전심전력(Concentration)

📝 필기까지 중요한 내용입니다.

06 기계, 기구, 설비의 신설, 변경 내지 고장 수리 시 실시하는 안전점검의 종류로 옳은 것은?

① 특별점검
② 수시점검
③ 정기점검
④ 임시점검

* 안전점검의 종류
① **정기점검(계획점검)** : 일정 기간마다 정기적으로 실시하는 점검
② **수시점검(일상점검)**: 매일 작업 전, 중, 후에 실시하는 점검
③ **특별점검** : 기계·기구 또는 설비의 신설·변경 또는 고장·수리 등으로 비정기적인 특정 점검을 말하며, 산업안전보건 강조기간, 악천후 시에도 실시
④ **임시점검** : 기계·기구 또는 설비의 이상 발견 시에 임시로 실시하는 점검

07 건설기술 진흥법령상 건설 사고조사 위원회의 구성 기준 중 다음 ( )에 알맞은 것은?

> 건설사고조사위원회는 위원장 1명을 포함한 ( )명 이내의 위원으로 구성한다.

① 9
② 10
③ 11
④ 12

건설사고조사위원회는 위원장 1명을 포함한 12명 이내의 위원으로 구성한다.

📝 필기에 자주 출제되는 내용입니다.

08 작업자가 불안전한 작업대에서 작업 중 추락하여 지면에 머리가 부딪혀 다친 경우의 기인물과 가해물로 옳은 것은?

① 기인물-지면, 가해물-지면
② 기인물-작업대, 가해물-지면
③ 기인물-지면, 가해물-작업대
④ 기인물-작업대, 가해물-작업대

• 불안전한 작업대에서 작업 중 추락 : 기인물 – 작업대
• 지면에 머리를 부딪혀 다침 : 가해물 – 지면

📝 실기까지 중요한 내용입니다.

정답 06 ① 07 ④ 08 ②

09 무재해운동의 이념 3원칙 중 잠재적인 위험 요인을 발견·해결하기 위하여 전원이 협력하여 각자의 위치에서 의욕적으로 문제해결을 실천하는 원칙은?

① 무의 원칙　② 선취의 원칙
③ 관리의 원칙　④ 참가의 원칙

전원이 협력하여 문제해결을 실천 → 참가의 원칙

참고

① 무(無)의 원칙(ZERO의 원칙) : 사업장 내의 모든 잠재위험요인을 적극적으로 사전에 발견하고 파악·해결함으로써 **산업재해의 근원적인 요소들을 없앤다는 것을** 의미한다.
② 선취의 원칙(안전제일의 원칙) : 사업장 내에서 **행동하기 전에 잠재위험요인을 발견하고 파악·해결하여 재해를 예방하는 것을** 의미한다.
③ 참가의 원칙(참여의 원칙) : 전원이 일치 협력하여 각자의 위치에서 적극적으로 문제해결을 하겠다는 것을 의미한다.

📝 실기까지 중요한 내용입니다.

10 하인리히의 사고예방대책 기본원리 5단계에 있어 "시정방법의 선정" 바로 이전 단계에서 행하여지는 사항으로 옳은 것은?

① 분석
② 사실의 발견
③ 안전조직 편성
④ 시정책의 적용

★ 하인리히 사고방지 5단계
- 1단계 : 안전조직
- 2단계 : 사실의 발견
- 3단계 : 분석
- 4단계 : 시정방법 선정
- 5단계 : 시정책 적용(3E 적용)

📝 실기까지 중요한 내용입니다.

11 산업안전보건법령상 산업안전보건위원회의 심의·의결사항으로 틀린 것은? (단, 그 밖에 해당 사업장 근로자의 안전 및 보건을 유지·증진시키기 위하여 필요한 사항은 제외한다.)

① 사업장 경영체계 구성 및 운영에 관한 사항
② 작업환경측정 등 작업환경의 점검 및 개선에 관한 사항
③ 안전보건관리규정의 작성 및 변경에 관한 사항
④ 유해하거나 위험한 기계·기구·설비를 도입한 경우 안전 및 보건 관련 조치에 관한 사항

★ 산업안전보건위원회의 심의·의결 사항
- 산업재해 예방계획의 수립에 관한 사항
- 안전보건관리규정의 작성 및 변경에 관한 사항
- 근로자의 안전·보건교육에 관한 사항
- 작업환경측정 등 작업환경의 점검 및 개선에 관한 사항
- 근로자의 건강진단 등 건강관리에 관한 사항
- 중대재해의 원인 조사 및 재발 방지대책 수립에 관한 사항
- 산업재해에 관한 통계의 기록 및 유지에 관한 사항
- 유해하거나 위험한 기계·기구와 그 밖의 설비를 도입한 경우 안전·보건 조치에 관한 사항

📝 실기에 자주 출제되는 중요한 내용입니다.

정답　09 ④　10 ①　11 ①

12 산업안전보건 법령상 안전보건개선계획의 제출에 관한 사항 중 ( )에 알맞은 내용은?

> 안전보건개선계획서를 제출해야 하는 사업주는 안전보건개선계획서 수립·시행 명령을 받은날부터 ( )일 이내에 관한 지방고용노동관서의 장에게 해당 계획서를 제출해야 한다.

① 15 ② 30
③ 60 ④ 90

안전보건개선계획서를 제출해야 하는 사업주는 안전보건개선계획서 수립·시행 명령을 받은 날부터 **60일 이내에 관할 지방고용노동관서의 장에게** 해당 계획서를 제출(전자문서로 제출하는 것을 포함한다)해야 한다.

📝 실기까지 중요한 내용입니다.

13 산업안전보건 법령상 명예산업안전감독관의 업무에 속하지 않는 것은? (단, 산업안전보건위원회 구성 대상 사업의 근로자 중에서 근로자대표가 사업주의 의견을 들어 추천하여 위촉된 명예산업 안전감독관의 경우)

① 사업장에서 하는 자체점검 참여
② 보호구의 구입 시 적격품의 선정
③ 근로자에 대한 안전수칙 준수 지도
④ 사업장 산업재해 예방계획 수립 참여

* **명예산업안전감독관의 업무**
① 사업장에서 하는 **자체점검 참여** 및 근로감독관이 하는 사업장 감독 참여
② 사업장 **산업재해 예방계획 수립 참여** 및 사업장에서 하는 기계·기구 자체검사 참석
③ 법령을 위반한 사실이 있는 경우 사업주에 대한 **개선 요청 및 감독기관에의 신고**
④ **산업재해 발생의 급박한 위험**이 있는 경우 사업주에 대한 **작업중지 요청**
⑤ 작업환경측정, 근로자 건강진단 시의 참석 및 그 결과에 대한 설명회 참여
⑥ 직업성 질환의 증상이 있거나 질병에 걸린 근로자가 여럿 발생한 경우 사업주에 대한 **임시건강진단 실시 요청**
⑦ 근로자에 대한 **안전수칙 준수 지도**
⑧ **법령 및 산업재해 예방정책 개선 건의**
⑨ 안전·보건 의식을 북돋우기 위한 활동 등에 대한 참여와 지원
⑩ 그 밖에 산업재해 예방에 대한 홍보 등 산업재해 예방 업무와 관련하여 고용노동부장관이 정하는 업무

📝 실기까지 중요한 내용입니다.

14 산업안전보건 법령상 다음 ( )에 알맞은 내용은?

> 안전보건관리규정의 작성 대상 사업의 사업주는 안전보건관리규정을 작성해야 할 사유가 발생한 날로부터 ( ) 이내에 안전보건관리규정의 세부내용을 포함한 안전보건관리규정을 작성하여야 한다.

① 10일 ② 15일
③ 20일 ④ 30일

정답 12 ③ 13 ② 14 ④

사업주는 안전보건관리규정을 작성하여야 할 사유가 발생한 날부터 30일 이내에 안전보건관리규정을 작성하여야 한다.

15 산업안전보건 법령상 안전보건표지의 용도가 금지일 경우 사용되는 색채로 옳은 것은?

① 흰색　　　② 녹색
③ 빨간색　　④ 노란색

* 안전·보건표지의 색채, 색도기준 및 용도

색채	색도 기준	용도	사용례
빨간색	7.5R 4/14	금지	정지신호, 소화설비 및 그 장소, 유해행위의 금지
		경고	화학물질 취급장소에서의 유해·위험 경고
특급암기법	싫어(7.5) 4/14		
노란색	5Y 8.5 /12	경고	화학물질 취급장소에서의 유해·위험 경고, 이외의 위험 경고. 주의 표지 또는 기계방호물
특급암기법	오(5) 빨리와(8.5) 이리(12)		
파란색	2.5PB 4/10	지시	특정 행위의 지시 및 사실의 고지
특급암기법	2.5×4=10		
녹색	2.5G 4/10	안내	비상구 및 피난소, 사람 또는 차량의 통행 표지
특급암기법	2.5×4=10		
흰색	N9.5		파란색 또는 녹색에 대한 보조색
검은색	N0.5		문자 및 빨간색 또는 노란색에 대한 보조색

📝 실기에 자주 출제되는 내용입니다.

16 연평균근로자수가 400명인 사업장에서 연간 2건의 재해로 인하여 4명의 사상자가 발생하였다. 근로자가 1일 8시간씩 연간 300일을 근무하였을 때 이 사업장의 연천인율은?

① 1.85　　　② 4.4
③ 5　　　　④ 10

- 연천인율 = $\dfrac{\text{연간재해자 수}}{\text{연평균 근로자 수}} \times 1,000$
- 연천인율 = 도수율×2.4 = 4×2.4 = 9.6

- 연천인율 = $\dfrac{\text{연간재해자 수}}{\text{연평균 근로자 수}} \times 1,000$
  = $\dfrac{4}{400} \times 1,000 = 10$

📝 실기에 자주 출제되는 중요한 내용입니다.

17 하인리히의 재해 손실비 평가방식에서 간접비에 속하지 않는 것은?

① 요양급여　　② 시설복구비
③ 교육훈련비　④ 생산손실비

직접비	간접비
• 치료비	• 인적 손실비
• 휴업급여	• 물적 손실비
• 요양급여	• 생산 손실비
• 유족급여	• 기계·기구 손실비 등
• 장해급여	
• 간병급여	
• 직업재활급여	
• 상병(傷病)보상연금	
• 장의비 등	

📝 필기에 자주 출제되는 내용입니다.

정답   15 ③   16 ④   17 ①

18 다음 설명하는 무재해운동 추진기법은?

> 피부를 맞대고 같이 소리치는 것으로 팀의 일체감, 연대감을 조성할 수 있고 동시에 대뇌 피질에 좋은 이미지를 불어 넣어 안전행동을 하도록 하는 것

① 역할연기(Role Playing)
② TBM(Tool Box Meeting)
③ 터치 앤 콜(Touch and Call)
④ 브레인스토밍(Brain Storming)

피부를 맞대고(Touch) 같이 소리치는 것(Call)으로서 팀의 일체감을 높여 안전행동을 하도록 하는 것
→ 터치 앤 콜(Touch and Call)

 필기에 자주 출제되는 중요한 내용입니다.

19 시설물의 안전 및 유지관리에 관한 특별법상 제1종 시설물에 명시되지 않은 것은?

① 고속철도 교량
② 25층인 건축물
③ 연장 300m인 철도 교량
④ 연면적이 70,000m²인 건축물

*제1종 시설물
① 고속철도 교량, 연장 500미터 이상의 도로 및 철도 교량
② 고속철도 및 도시철도 터널, 연장 1,000미터 이상의 도로 및 철도 터널
③ 갑문시설 및 연장 1,000미터 이상의 방파제
④ 다목적댐, 발전용댐, 홍수전용댐 및 총저수용량 1천만톤 이상의 용수전용댐
⑤ 21층 이상 또는 연면적 5만제곱미터 이상의 건축물
⑥ 하구둑, 포용저수량 8천만톤 이상의 방조제
⑦ 광역상수도, 공업용수도, 1일 공급능력 3만톤 이상의 지방상수도

20 산업안전보건법령상 중대재해가 아닌 것은?

① 사망자가 1명 발생한 재해
② 부상자가 동시에 10명 발생한 재해
③ 직업성 질병자가 동시에 10명 발생한 재해
④ 1개월의 요양이 필요한 부상자가 동시에 2명 발생한 재해

"중대재해"란 산업재해 중 사망 등 재해 정도가 심하거나 다수의 재해자가 발생한 경우로서 고용노동부령으로 정하는 재해를 말한다.
① 사망자가 1인 이상 발생한 재해
② 3개월 이상 요양을 요하는 부상자가 동시에 2인 이상 발생한 재해
③ 부상자 또는 직업성 질병자가 동시에 10인 이상 발생한 재해

실기에 자주 출제되는 중요한 내용입니다.

정답 18 ③ 19 ③ 20 ④

2과목 산업심리 및 교육

21 참가자 앞에서 소수의 전문가들이 과제에 관한 견해를 자유롭게 토의한 후 참가자 전원이 참가하여 사회자의 사회에 따라 토의하는 방법은?

① 포럼(forum)
② 심포지엄(symposium)
③ 버즈 세션(buzz session)
④ 패널 디스커션(panel discussion)

> 소수의 전문가들이 과제에 관한 견해를 토의한 후 참가자 전원이 토의 → 패널 디스커션(panel discussion)

참고

① 포럼(forum) : 새로운 자료나 교재를 제시, 거기서의 **문제점을 피교육자로 하여금** 제기하게 하여 **발표하고 토의하는 방법**
② 심포지엄(symposium) : **몇 사람의 전문가**에 의하여 과제에 관한 **견해를 발표한 뒤** 참가자로 하여금 **의견이나 질문을 하게 하여 토의하는 방법**
③ 버즈 세션(buzz session) : 사회자와 기록계를 선출한 후 **6명씩의 소집단으로 구분**하고, 소집단별로 **6분씩 자유토의**를 행하여 의견을 종합하는 방법

22 교육법의 4단계 중 일반적으로 적용시간이 가장 긴 것은?

① 도입 ② 제시
③ 적용 ④ 확인

- 교육법의 4단계 중 일반적으로 적용시간이 가장 긴 단계 : 제시, 적용단계
- 강의법 중 적용시간이 가장 긴 단계 : 제시단계(설명)
- 토의법 중 적용시간이 가장 긴 단계 : 적용단계(설명)

참고

* **교육진행 4단계**
- 제1단계 : 도입(학습할 준비를 시킨다.)
- 제2단계 : 제시(작업을 설명한다.)
- 제3단계 : 적용(작업을 시켜본다.)
- 제4단계 : 확인(가르친 뒤 살펴본다.)

23 안전심리의 5대 요소에 관한 설명으로 틀린 것은?

① 기질이란 감정적인 경향이나 반응에 관계되는 성격의 한 측면이다.
② 감정은 생활체가 어떤 행동을 할 때 생기는 객관적인 동요를 뜻한다.
③ 동기는 능동적인 감각에 의한 자극에서 일어난 사고의 결과로서 사람의 마음을 움직이는 원동력이 되는 것이다.
④ 습성은 한 종에 속하는 개체의 대부분에서 볼 수 있는 일정한 생활양식으로 본능, 학습, 조건반사 등에 따라 형성된다.

* **산업안전심리 5요소**
- **동기**(motive) : 능동적인 감각에 의한 자극에서 일어나는 사고의 결과로서 사람의 마음을 움직이는 원동력이다.

정답 21 ④ 22 ③ 23 ②

- **기질(temper)** : 인간의 성격, 능력 등 개인적인 특성을 말한다.
- **감정(emotion)** : 희로애락 등의 의식을 말한다. 사람의 감정은 안전과 밀접한 관계를 가지고 사고를 일으키는 정신적 동기를 만든다.
- **습성(habits)** : 동기, 기질, 감정 등이 밀접한 연관관계를 형성하여 인간의 행동에 영향을 미칠 수 있도록 하는 것을 말한다.
- **습관(custom)** : 성장과정을 통해 형성된 특성 등이 자신도 모르게 습관화된 현상을 말한다.

📝 필기에 자주 출제되는 내용입니다.

24 스트레스(stress)에 영향을 주는 요인 중 환경이나 외적 요인에 해당하는 것은?

① 자존심의 손상
② 현실에의 부적응
③ 도전의 좌절과 자만심의 상충
④ 직장에서의 대인관계 갈등과 대립

★ 직무 스트레스의 내 · 외적 요인

내적 요인	외적 요인
• 자존심의 손상 • 업무상의 죄책감 • 현실에서의 부적응 • 지나친 경쟁심과 재물에 대한 욕심 • 가족 간의 대화 단절 및 의견 불일치 • 출세욕의 좌절감과 자만심의 상충	• 경제적 빈곤 • 가족관계의 갈등 심화 • 직장에서의 대인 관계상의 갈등과 대립 • 가족의 죽음, 질병 • 자신의 건강문제

25 권한의 근거는 공식적이며, 지휘형태가 권위주의적이고 임명되어 권한을 행사하는 지도자로 옳은 것은?

① 헤드십(head ship)
② 리더십(leader ship)
③ 멤버십(member ship)
④ 매니저십(manager ship)

★ 헤드십의 특성
① 권한 근거는 **공식적**이다.
② 상사와 부하와의 관계는 **지배적, 종속적**이다.
③ 상사와 부하와의 **사회적 간격은 넓다.**
④ 지휘 형태는 **권위주의적**이다.

📝 필기에 자주 출제되는 내용입니다.

26 다음의 내용에서 교육지도의 5단계를 순서대로 바르게 나열한 것은?

> ㉠ 가설의 설정
> ㉡ 결론
> ㉢ 원리의 제시
> ㉣ 관련된 개념의 분석
> ㉤ 자료의 평가

① ㉢ → ㉣ → ㉠ → ㉤ → ㉡
② ㉠ → ㉢ → ㉣ → ㉤ → ㉡
③ ㉢ → ㉠ → ㉤ → ㉣ → ㉡
④ ㉠ → ㉢ → ㉤ → ㉣ → ㉡

정답 24 ④ 25 ① 26 ①

> **★ 교육지도의 5단계**
> 원리의 제시 → 관련된 개념의 분석 → 가설의 설정 → 자료의 평가 → 결론

27 호손(Hawthome) 실험의 결과 생산성 향상에 영향을 준 가장 큰 요인은?

① 생산 기술
② 임금 및 근로시간
③ 인간 관계
④ 조명 등 작업환경

> **★ 호손(Hawthorne)실험**
> 작업 능률을 좌우하는 것은 임금, 노동시간 등의 노동조건과 조명, 환기, 기타 작업환경으로서의 물적 조건보다 종업원의 태도 즉, 심리적·내적 양심과 감정(인간관계)이 더 중요하다.

28 훈련에 참가한 사람들이 직무에 복귀한 후에 실제 직무수행에서 훈련효과를 보이는 정도를 나타내는 것은?

① 전이 타당도
② 교육 타당도
③ 조직 간 타당도
④ 조직 내 타당도

> **★ 교육프로그램의 타당도 평가**
> ① 전이 타당도 : 피교육자가 교육, 훈련을 이수한 후 직무에서 직무 성공을 거둘 수 있는지에 대한 타당도
> ② 훈련 타당도 : 계획된 교육, 훈련 프로그램이 피교육자에게 적절한가에 대한 타당도
> ③ 조직 내 타당도 : 교육, 훈련 프로그램이 조직 내의 상이한 집단의 피교육자에게도 동일하게 효과적인지에 대한 타당도
> ④ 조직 간 타당도 : 교육, 훈련 프로그램이 다른 조직의 피교육자에게도 동일하게 효과적인지에 대한 타당도

29 착각현상 중에서 실제로는 움직이지 않는데 움직이는 것처럼 느껴지는 심리적인 현상은?

① 진상
② 원근 착시
③ 가현운동
④ 기하학적 착시

> **★ 가현운동(β운동)**
> • 정지하고 있는 대상물이 급속히 나타나던가 소멸하는것으로 인하여 일어나는 운동으로 마치 대상물이 운동하는 것처럼 인식되는 현상을 말한다.
> • 예 영화의 영상

📖 필기에 자주 출제되는 내용입니다.

정답 27 ③ 28 ① 29 ③

30 다음 설명의 리더십 유형은 무엇인가?

> 과업을 계획하고 수행하는데 있어서 구성원과 함께 책임을 공유하고 인간에 대하여 높은 관심을 갖는 리더십

① 권위적 리더십
② 독재적 리더십
③ 민주적 리더십
④ 자유방임형 리더십

구성원과 책임을 공유하고 인간관계에 대하여 높은 관심을 갖는 리더십 → 민주적 리더십

참고

* 업무 추진의 방식에 따른 분류
① 권위주의적 리더 : 리더가 독단적으로 의사를 결정하는 형태
② 민주주의적 리더 : 집단토의에 의해 의사를 결정하는 형태(조직 구성원들의 의사를 종합하여 결정)
③ 자유방임적 리더 : 리더 역할은 하지 않고 명목상 자리만 유지하는 형태

31 의식수준이 정상이지만 생리적 상태가 적극적일 때에 해당하는 것은?

① Phase 0
② Phase I
③ Phase III
④ Phase IV

* 인간 의식레벨의 분류

Phase 0	무의식, 실신	수면, 뇌발작	주의작용 0
Phase I	의식흐림	피로, 단조로운 일	부주의
Phase II	이완	안정 기거, 휴식	안정 기거, 휴식
Phase III	상쾌	적극적	적극 활동
Phase IV	과긴장	일점집중현상, 긴급방위	감정 흥분

📝 필기에 자주 출제되는 내용입니다.

32 직무수행평가에 대한 효과적인 피드백의 원칙에 대한 설명으로 틀린 것은?

① 직무수행 성과에 대한 피드백의 효과가 항상 긍정적이지는 않다.
② 피드백은 개인의 수행 성과뿐만 아니라 집단의 수행 성과에도 영향을 준다.
③ 부정적 피드백을 먼저 제시하고 그 다음에 긍정적 피드백을 제시하는 것이 효과적이다.
④ 직무수행 성과가 낮을 때, 그 원인을 능력 부족의 탓으로 돌리는 것보다 노력 부족 탓으로 돌리는 것이 더 효과적이다.

③ 긍정적 피드백을 먼저 제시하고 그 다음에 부정적 피드백을 제시하는 것이 효과적이다.

33 안드라고지(Andragogy) 모델에 기초한 학습자로서의 성인의 특징과 가장 거리가 먼 것은?

① 성인들은 타인 주도적 학습을 선호한다.
② 성인들은 과제 중심적으로 학습하고자 한다.
③ 성인들은 다양한 경험을 가지고 학습에 참여한다.
④ 성인들은 왜 배워야 하는지에 대해 알고자 하는 욕구를 가지고 있다.

① 성인들은 자기 주도적으로 학습하고자 한다.

34 안전태도교육 기본과정을 순서대로 나열한 것은?

① 청취 → 모범 → 이해 → 평가 → 장려·처벌
② 청취 → 평가 → 이해 → 모범 → 장려·처벌
③ 청취 → 이해 → 모범 → 평가 → 장려·처벌
④ 청취 → 평가 → 모범 → 이해 → 장려·처벌

*태도교육 실시 순서
① 청취한다.
② 이해, 납득시킨다.
③ 모범을 보인다.
④ 권장한다.
⑤ 평가한다.(상과 벌)

📝 필기에 자주 출제되는 내용입니다.

35 산업심리에서 활용되고 있는 개인적인 카운슬링 방법에 해당하지 않는 것은?

① 직접 충고
② 설득적 방법
③ 설명적 방법
④ 토론적 방법

*카운슬링의 방법
• 직접충고
• 설득적 방법
• 설명적 방법

36 맥그리거(Douglas Mcgregor)의 X, Y 이론 중 X이론과 관계 깊은 것은?

① 근면, 성실
② 물질적 욕구 추구
③ 정신적 욕구 추구
④ 자기통제에 의한 자율관리

*맥그리거(McGregor)의 X, Y 이론의 특징

X이론	Y이론
인간불신감	상호신뢰감
성악설	성선설
인간은 원래 게으르고 태만하여 남의 지배를 받기를 즐긴다.	인간은 부지런하고 적극적이며 자주적이다.
물질욕구(저차원 욕구)에 만족	정신욕구(고차원 욕구)에 만족
명령, 통제에 의한 관리	목표 통합과 자기통제에 의한 자율관리
저개발국형	선진국형

📝 필기에 자주 출제되는 내용입니다.

정답 33 ① 34 ③ 35 ④ 36 ②

37 교육의 3요소를 바르게 나열한 것은?

① 교사-학생-교육자료
② 교사-학생-교육환경
③ 학생-교육환경-교육자료
④ 학생-부모-사회 지식인

* 교육의 3요소

교육의 주체	교육의 객체	교육의 매개체
강사	학생(수강자)	교재 (학습내용)

📝 필기에 자주 출제되는 내용입니다.

38 어느 철강회사의 고로작업라인에 근무하는 A씨의 작업강도가 힘든 중작업으로 평가되었다면 해당되는 에너지대사율(RMR)의 범위로 가장 적절한 것은?

① 0~1   ② 2~4
③ 4~7   ④ 7~10

* 작업강도 구분에 따른 RMR
① 경작업(輕작업) : 1~2
② 중작업(中작업) : 2~4
③ 중작업(重작업) : 4~7
④ 초중작업(超重작업) : 7 이상

📝 실기까지 중요한 내용입니다.

39 Off.J.T의 특징이 아닌 것은?

① 우수한 강사를 확보할 수 있다.
② 교재, 시설 등을 효과적으로 이용할 수 있다.
③ 개개인의 능력 및 적성에 적합한 세부교육이 가능하다.
④ 다수의 대상자를 일괄적, 체계적으로 교육을 시킬 수 있다.

OJT의 특징	• 개개인에게 적절한 훈련이 가능하다. • 직장의 실정에 맞는 훈련이 가능하다. • 교육효과가 즉시 업무에 연결된다. • 훈련에 대한 업무의 계속성이 끊어지지 않는다. • 상호 신뢰 이해도가 높다.
OFF JT의 특징	• 다수의 근로자들에게 훈련을 할 수 있다. • 훈련에만 전념하게 된다. • 특별설비기구 이용이 가능하다. • 많은 지식이나 경험을 교류할 수 있다. • 교육 훈련 목표에 대하여 집단적 노력이 흐트러질 수 있다.

📝 실기까지 중요한 내용입니다.

40 인간의 적응기제(Adjustment mechanism)중 방어적 기제에 해당하는 것은?

① 보상   ② 고립
③ 퇴행   ④ 억압

도피기제	방어기제
• 억압 • 퇴행 • 백일몽 • 고립(거부)	• 보상 • 합리화 • 승화 • 동일시 • 투사

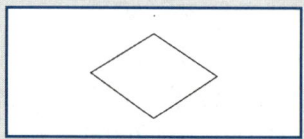

* 생략사상(Undeveloped event)

사고 결과나 관련 정보가 미비하여 계속 개발될 수 없는 특정 초기사상

📝 필기에 자주 출제되는 내용입니다.

3과목 인간공학 및 시스템안전공학

41 FTA에서 사용하는 다음 사상기호에 대한 설명으로 맞는 것은?

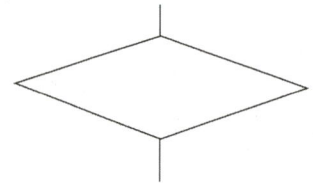

① 시스템 분석에서 좀 더 발전시켜야 하는 사상
② 시스템의 정상적인 가동상태에서 일어날 것이 기대되는 사상
③ 불충분한 자료로 결론을 내릴 수 없어 더 이상 전개 할 수 없는 사상
④ 주어진 시스템의 기본사상으로 고장원인이 분석되었기 때문에 더 이상 분석할 필요가 없는 사상

42 FT도에서 시스템의 신뢰도는 얼마인가? (단, 모든 부품의 발생확률은 0.1이다.)

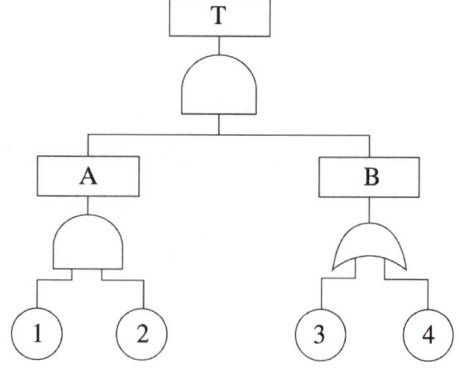

① 0.0033 ② 0.0062
③ 0.9981 ④ 0.9936

---

1. T의 확률(시스템의 고장확률) = A × B
   = (① × ②) × {1 − (1− ③) × (1− ④)}
   = (0.1 × 0.1) × {1−(1−0.1) × (1−0.1)}
   = 0.0019
2. 시스템의 신뢰도
   = 1 − 고장확률 = 1 − 0.0019 = 0.9981

정답 41 ③ 42 ③

(문제에서 주어진 값이 부품의 발생확률(고장확률)이므로 공식에 대입한 값은 전체 시스템의 고장확률이 된다.)

📝 필기에 자주 출제되는 내용입니다.

43 일반적으로 은행의 접수대 높이나 공원의 벤치를 설계할 때 가장 적합한 인체 측정 자료의 응용원칙은?

① 조절식 설계
② 평균치를 이용한 설계
③ 최대치수를 이용한 설계
④ 최소치수를 이용한 설계

★ **인체계측자료의 응용 3원칙**
- 최대치수와 최소치수 설계(극단치 설계)

최대치수 설계의 예	• 위험구역의 울타리 높이 • 출입문의 높이 • 그네줄의 인장강도
최소치수 설계의 예	• 물건을 올리는 선반의 높이 • 조정장치를 조정하는 힘 • 조정장치까지의 조정거리

- 조절(조정)범위(조절식 설계)
  예 침대, 의자 높낮이 조절, 자동차의 운전석 위치 조정
- 평균치를 기준으로 한 설계
  예 은행의 창구 높이, 공원 벤치

📝 필기에 자주 출제되는 내용입니다.

44 감각저장으로부터 정보를 작업 기억으로 전달하기 위한 코드화 분류에 해당되지 않는 것은?

① 시각코드 ② 촉각코드
③ 음성코드 ④ 의미코드

★ 정보를 작업 기억으로 전달하기 위한 코드화의 분류
① 시각코드
② 음성코드
③ 의미코드

참고
작업기억은 감각기관을 통해 입력된 정보를 일시적으로 기억하고, 각종 인지적 과정을 계획하고 순서 지으며 실제로 수행하는 작업장으로서의 기능을 수행하는 단기적 기억을 말한다.

45 작업장의 설비 3대에서 각각 80dB, 86dB, 78dB의 소음이 발생되고 있을 때 작업장의 음압 수준은?

① 약 81.3dB
② 약 85.5dB
③ 약 87.5dB
④ 약 90.3dB

정답 43 ② 44 ② 45 ③

※ 합성 소음도
(전체 소음, 여러 소음원 동시 가동 시의 소음도)

$$L(dB) = 10 \times \log(10^{\frac{L_1}{10}} + 10^{\frac{L_2}{10}} + \cdots 10^{\frac{L_n}{10}})$$

여기서, L : 합성소음도(dB)
$L_1 \sim L_2$: 각각 소음원의 소음(dB)

$$L(dB) = 10 \times \log(10^{\frac{80}{10}} + 10^{\frac{86}{10}} + 10^{\frac{78}{10}}) = 87.49(dB)$$

 필기에 자주 출제되는 내용입니다.

46 인간공학 연구방법 중 실제의 제품이나 시스템이 추구하는 특성 및 수준이 달성되는 지를 비교하고 분석하는 연구는?

① 조사연구   ② 실험연구
③ 분석연구   ④ 평가연구

※ 인간공학 연구방법의 3가지
① 조사연구 : 집단 속성에 관한 특성을 연구
② 실험연구 : 특정 현상을 정확히 이해하고 예측하기 위한 연구
③ 평가연구 : 실제의 제품이나 시스템이 추구하는 특성 및 수준이 달성되는지를 비교하고 분석하는 것(시스템이나 제품의 영향 평가)

47 위험분석기법 중 고장이 시스템의 손실과 인명의 사상에 연결되는 높은 위험도를 가진 요소나 고장의 형태에 따른 분석법은?

① CA   ② ETA
③ FHA   ④ FTA

높은 위험도를 가진 요소나 고장의 형태에 따른 분석법
→ CA

 참고

1. ETA(사건수(사상수)분석) : 사상의 안전도를 사용하여 시스템의 안전도 나타내는 귀납적, 정량적인 분석법
2. FHA(결함위험분석) : 한 계약자만으로 모든 시스템의 설계를 담당하지 않고 몇 개의 공동계약자가 분담할 경우 서브시스템의 해석에 사용되는 분석법
3. FTA(결함수분석법) : 특정한 예상 사고에 대하여 그 사고의 원인이 되는 기기의 결함이나 조업자의 오류를 연역적 · 정량적으로 평가하는 분석법
4. CA(치명도 분석) : 고장이 직접 시스템의 손실과 인명의 사사에 연결되는 높은 위험도를 가진 요소나 고장의 형태에 따른 분석법

필기에 자주 출제되는 내용입니다.

48 실효 온도(effective temperature)에 영향을 주는 요인이 아닌 것은?

① 온도   ② 습도
③ 복사열 ④ 공기 유동

※ 실효온도의 결정 요소
온도, 습도, 대류(공기 유동)

 참고

실효온도는 온도, 습도 및 공기 유동이 인체에 미치는 열효과를 하나의 수치로 통합한 경험적 감각지수로서 상대습도 100%일 때의 건구온도에서 느끼는 것과 동일한 온감(溫感)이다.

필기에 자주 출제되는 내용입니다.

정답 46 ④ 47 ① 48 ③

49 의도는 올바른 것이었지만, 행동이 의도한 것과는 다르게 나타나는 오류는?

① Slip　② Mistake
③ Lapse　④ Violation

★ 인간의 정보처리 과정에서 발생되는 에러

Mistake (착오, 착각)	• 인지과정과 의사결정과정에서 발생하는 에러 • 상황해석을 잘못하거나 틀린 목표를 착각하여 행하는 경우
Lapse (건망증)	• 저장단계에서 발생하는 에러 • 어떤 행동을 잊어버리고 안 하는 경우
Slip (실수, 미끄러짐)	• 실행단계에서 발생하는 에러 • 상황(목표)해석은 제대로 하였으나 의도와는 다른 행동을 하는 경우
위반(Violation)	• 알고 있음에도 의도적으로 따르지 않거나 무시한 경우

필기에 자주 출제되는 내용입니다.

50 일반적인 화학설비에 대한 안전성 평가(safety assessment) 절차에 있어 안전대책 단계에 해당되지 않는 것은?

① 보전
② 위험도 평가
③ 설비적 대책
④ 관리적 대책

★ 안전성 평가 6단계
① 1단계 : 관계자료의 정비 검토(작성 준비)
② 2단계 : 정성적인 평가
③ 3단계 : 정량적인 평가
④ 4단계 : 안전대책 수립
 • 설비 등에 관한 대책(위험 등급 1·2등급의 물적 안전조치 사항)
 • 위험 등급 3등급 시 설비 등에 관한 대책
 • 관리적 대책
 • 보전
⑤ 5단계 : 재해사례에 의한 평가
⑥ 6단계 : FTA에 의한 재평가

51 인간 - 기계시스템 설계과정 중 직무분석을 하는 단계는?

① 제1단계 : 시스템의 목표와 성능명세 결정
② 제2단계 : 시스템의 정의
③ 제3단계 : 기본 설계
④ 제4단계 : 인터페이스 설계

★ 안전성 평가 6단계
① 목표 및 성능명세 결정
② 체계의 정의
③ 기본 설계
 • 작업 설계
 • 직무분석
 • 기능 할당
 • 인간 성능 요건 명세
④ 계면 설계(인간-기계 인터페이스설계)
⑤ 촉진물 설계(매뉴얼 및 성능보조자료 작성)
⑥ 시험 및 평가

 필기에 자주 출제되는 내용입니다

정답　49 ①　50 ②　51 ③

52 중량물 들기 작업 시 5분간의 산소소비량을 측정한 결과 90L의 배기량 중에 산소가 16%, 이산화탄소가 4%로 분석되었다. 해당 작업에 대한 산소소비량(L/min)은 약 얼마인가? (단, 공기 중 질소는 79vol%, 산소는 21vol%이다.)

① 0.948   ② 1.948
③ 4.74   ④ 5.74

① 분당 배기량 = $\frac{90}{5}$ = 18(ℓ/분)

② 분당 흡기량
= $\frac{100 - O_2 - CO_2}{N_2}$ × 분당배기량
= $\frac{100 - 16 - 4}{79}$ × 18 = 18.227
= 18.23(ℓ/분)
[흡기와 배기 중 질소량은 변동이 없으므로(질소 흡기량 = 질소 배기량) 분당 흡기량은 분당 질소 배기량으로 계산한다.]

③ 분당 산소 소비량
= 분당 산소 흡기량 - 분당 산소 배기량
= (분당흡기량 × 21%) - (분당배기량 × 16%)
= (18.23 × 0.21) - (18 × 0.16)
= 0.948(ℓ/min))

53 시스템 수명주기에 있어서 예비위험분석(PHA)이 이루어지는 단계에 해당하는 것은?

① 구상단계   ② 점검단계
③ 운전단계   ④ 생산단계

＊예비 위험 분석(PHA)
모든 시스템 안전 프로그램의 최초 단계(설계단계, 구상단계)에서 실시하는 분석법으로서 시스템 내의 위험요소가 얼마나 위험한 상태에 있는가를 정성적으로 평가하는 기법

📌 필기에 자주 출제되는 내용입니다.

54 어떤 설비의 시간당 고장률이 일정하다고 할 때 이 설비의 고장간격은 다음 중 어떤 확률분포를 따르는가?

① t분포
② 와이블분포
③ 지수분포
④ 아이링(Eyring)분포

설비의 고장간격 → 지수분포

55 정보를 전송하기 위해 청각적 표시장치보다 시각적 표시장치를 사용하는 것이 더 효과적인 경우는?

① 정보의 내용이 간단한 경우
② 정보가 후에 재참조되는 경우
③ 정보가 즉각적인 행동을 요구하는 경우
④ 정보의 내용이 시간적인 사건을 다루는 경우

정답 52 ① 53 ① 54 ③ 55 ②

* **청각장치와 시각장치의 비교**

청각 장치	① 전언이 짧고, 간단할 때 ② 재참조 되지 않음. ③ 시간적인 사상을 다룬다. ④ 즉각적인 행동 요구할 때 ⑤ 시각계통 과부하일 때 ⑥ 주위가 너무 밝거나 암조응일 때 ⑦ 자주 움직이는 경우
시각 장치	① 전언이 길고, 복잡할 때 ② 재참조 된다. ③ 공간적인 위치 다룬다. ④ 즉각적 행동 요구하지 않을 때 ⑤ 청각계통 과부하일 때 ⑥ 주위가 너무 시끄러울 때 ⑦ 한곳에 머무르는 경우

📌 필기에 자주 출제되는 내용입니다.

56 욕조곡선에서의 고장 형태에서 일정한 형태의 고장률이 나타나는 구간은?

① 초기 고장구간 ② 마모 고장구간
③ 피로 고장구간 ④ 우발 고장구간

- **초기 고장(감소형)**
  - 설계상, 구조상 결함, 불량 제조·생산 과정 등의 품질 관리 미비로 생기는 고장 형태
- **우발 고장(일정형)**
  - 사용자의 실수, 천재지변, 우발적 사고 등이 원인이다.
- **마모 고장(증가형)**
  - 기계적 요소나 부품의 마모, 사람의 노화 현상 등에 의해 고장률이 상승하는 형이다.

📌 필기에 자주 출제되는 내용입니다.

57 설비보전 방법 중 설비의 열화를 방지하고 그 진행을 지연시켜 수명을 연장하기 위한 점검, 청소, 주유 및 교체 등의 활동은?

① 사후 보전
② 개량 보전
③ 일상 보전
④ 보전 예방

1. 예방 보전(PM : Preventive Maintenance) : 시스템 또는 부품의 사용 중 고장 또는 정지와 같은 사고를 미리 방지하거나, 품목을 사용 가능상태로 유지하기 위하여 계획적으로 하는 보전 활동
2. 사후 보전(BM : Break-down Maintenance) : 시스템 내지 부품이 고장에 의해 정지 또는 유해한 성능 저하를 초래한 뒤 수리를 하는 보전 활동
3. 보전 예방(MP : Maintenance Prevention) : 신규 설비의 계획과 건설을 할 때 보전 정보나 새로운 기술을 도입하여 열화 손실을 적게 하는 보전 활동
4. 개량 보전(CM : Corrective Maintenance) : 설비의 재질이나 형상의 개량, 설계변경 등에 의한 설비의 체질을 개선하여 설비의 생산성을 높이기 위한 보전 활동
5. 일상 보전(RM : Routine Maintenance) : 설비의 열화를 방지하고 그 진행을 지연시켜 수명을 연장하기 위한 목적으로 매일 설비의 점검, 청소, 주유 및 교체 등을 행하는 보전활동
6. 생산 보전(PM : Production Maintenance) : 미국의 GE사가 처음으로 사용한 보전으로 설계에서 폐기에 이르기까지 기계설비의 전 과정에서 소요되는 설비의 열화 손실과 보전비용을 최소화하여 생산성을 향상시키는 보전활동

📌 필기에 자주 출제되는 내용입니다.

정답 56 ④ 57 ③

58 두 가지 상태 중 하나가 고장 또는 결함으로 나타나는 비정상적인 사건은?

① 톱사상
② 결함사상
③ 정상적인 사상
④ 기본적인 사상

> 고장 또는 결함으로 나타나는 비정상적인 사건 → 결함사상

📝 필기에 자주 출제되는 내용입니다.

59 동작경제의 원칙과 가장 거리가 먼 것은?

① 급작스런 방향의 전환은 피하도록 할 것
② 가능한 관성을 이용하여 작업하도록 할 것
③ 두 손의 동작은 같이 시작하고 같이 끝나도록 할 것
④ 두 팔의 동작은 동시에 같은 방향으로 움직일 것

> ④ 두 팔의 동작들은 서로 반대 방향에서 대칭적으로 움직인다.

📝 필기에 자주 출제되는 내용입니다.

60 음량 수준을 평가하는 척도와 관계없는 것은?

① dB   ② HSI
③ phon   ④ sone

> ★ 음량수준 측정 척도
> ① phone에 의한 음량 수준
> ② sone에 의한 음량 수준
> ③ 인식 소음 수준

📝 필기에 자주 출제되는 내용입니다.

4과목 건설시공학

61 용접작업 시 주의사항으로 옳지 않은 것은?

① 용접할 소재는 수축변형이 일어나지 않으므로 치수에 여분을 두지 않아야 한다.
② 용접할 모재의 표면에 녹·유분 등이 있으면 접합부에 공기포가 생기고 용접부의 재질을 약화시키므로 와이어 브러시로 청소한다.
③ 강우 및 강설 등으로 모재의 표면이 젖어 있을 때나 심한 바람이 불 때는 용접하지 않는다.
④ 용접봉을 교환하거나 다층용접일 때는 슬래그와 스패터를 제거한다.

> ① 용접할 소재는 수축변형이 일어날 수 있으므로 치수에 여분을 두어야 한다.

정답 58 ② 59 ④ 60 ② 61 ①

62 철근콘크리트 구조물(5~6층)을 대상으로 한 벽, 지하외벽의 철근 고임재 및 간격재의 배치표준으로 옳은 것은?

① 상단은 보 밑에서 0.5m
② 중단은 상단에서 2.0m 이내
③ 횡간격은 0.5m
④ 단부는 2.0m 이내

★ 철근 고임재 및 간격재의 배치표준

부위	종류	수량 또는 배치간격
기초	강재 콘크리트	8개/4m², 20개/16m²
지중보	강재 콘크리트	간격은 1.5m, 단부는 1.5m 이내
벽, 지하외벽	강재 콘크리트	상단은 보 밑에서 0.5m, 중단은 상단에서 1.5m 이내, 횡 간격은 1.5m, 단부는 1.5m 이내
기둥	강재 콘크리트	상단은 보 밑에서 0.5m, 중단은 주각과 상단의 중간 기둥 폭 방향은 1m 미만 2개, 1m 이상 3개
보	강재 콘크리트	간격은 1.5m, 단부는 1.5m 이내
슬래브	강재 콘크리트	간격은 상·하부 철근 각각 가로, 세로 1m

63 벽식 철근콘크리트 구조를 시공할 경우, 벽과 바닥의 콘크리트 타설을 한번에 가능하게 하기 위하여 벽체용 거푸집과 슬래브 거푸집을 일체로 제작하여 한번에 설치하고 해체할 수 있도록 한 시스템 거푸집은?

① 유로폼　　② 클라이밍폼
③ 슬립폼　　④ 터널폼

★ 터널폼
벽체, 슬라브(바닥) 거푸집을 일체로 제작하여 한번에 설치, 해체할 수 있는 거푸집

📝 필기에 자주 출제되는 내용입니다.

64 갱 폼(Gang Form)에 관한 설명으로 옳지 않은 것은?

① 대형화 패널 자체에 버팀대와 작업대를 부착하여 유니트화 한다.
② 수직, 수평 분할 타설 공법을 활용하여 전용도를 높인다.
③ 설치와 탈형을 위하여 대형 양중장비가 필요하다.
④ 두꺼운 벽체를 구축하기에는 적합하지 않다.

④ 거푸집판과 보강재가 일체로 된 기본 패널로 두꺼운 벽체를 구축하기에 적합하다.

📝 필기에 자주 출제되는 내용입니다.

정답　62 ①　63 ④　64 ④

65 철근콘크리트 공사 중 거푸집 해체를 위한 검사가 아닌 것은?

① 각종 배관슬리브, 매설물, 인서트, 단열재 등 부착 여부
② 수직, 수평부재의 존치기간 준수 여부
③ 소요의 강도 확보 이전에 지주의 교환 여부
④ 거푸집 해체용 콘크리트 압축강도 확인시험 실시 여부

거푸집 해체를 위한 검사
① 수직, 수평부재의 존치기간 준수 여부
② 소요의 강도 확보 이전에 지주의 교환 여부
③ 거푸집 해체용 콘크리트 압축강도 확인시험 실시 여부

66 강재 중 SN355B에 관한 설명으로 옳지 않은 것은?

① 건축 구조물에 사용된다.
② 냉간 압연 강재 이다.
③ 강재의 두께가 6mm 이상 40mm 이하일 때 최소 항복강도가 $355N/mm^2$이다.
④ 용접성에 있어 중간 정도의 품질을 갖고 있다.

- SN : 내진 건축 구조용 압연강재이다.
- 355 : 강재의 두께가 6mm 이상 40mm 이하일 때 최소 항복강도가 $355N/mm^2$이다.
- B : 용접성에 있어 중간 정도의 품질을 가진다.

67 말뚝 재하시험의 주요목적과 거리가 먼 것은?

① 말뚝길이의 결정
② 말뚝 관입량 결정
③ 지하수위 추정
④ 지지력 추정

말뚝 재하시험(말뚝박기 시험)의 목적
① 말뚝길이의 결정
② 말뚝 관입량 결정
③ 이음방법의 결정
④ 허용지지력 추정
⑤ 해머의 용량 확인
⑥ 시공 정도 검토

필기에 자주 출제되는 내용입니다.

68 조적식 구조에서 조적식 구조인 내력벽으로 둘러쌓인 부분의 최대 바닥면적은 얼마인가?

① $60m^2$ ② $80m^2$
③ $100m^2$ ④ $120m^2$

내력벽으로 둘러 쌓인 부분의 최대 바닥면적 : $80m^2$

필기에 자주 출제되는 내용입니다.

69 철골세우기용 기계설비가 아닌 것은?

① 가이데릭
② 스티프레그데릭
③ 진폴
④ 드래그라인

정답 65 ① 66 ② 67 ③ 68 ② 69 ④

* 철골세우기용 장비
① 가이데릭
② 스티프레그데릭
③ 진폴
④ 트럭 크레인
⑤ 타워 크레인

> 참고
> 드래그라인 → 굴삭기

 필기에 자주 출제되는 내용입니다.

70 철근의 피복두께 확보 목적과 가장 거리가 먼 것은?

① 내화성 확보
② 내구성 확보
③ 구조내력의 확보
④ 블리딩 현상 방지

* 철근의 피복두께 확보 목적
① 내화성 확보
② 내구성 확보
③ 구조내력의 확보
④ 콘크리트 타설 시 유동성 확보

 필기에 자주 출제되는 내용입니다.

71 유동화 콘크리트를 제조할 때 유동화제를 첨가하기 전 기본 배합 콘크리트인 베이스 콘크리트의 슬럼프 기준은? (단, 보통콘크리트의 경우)

① 150mm 이하
② 180mm 이하
③ 210mm 이하
④ 240mm 이하

* 유동화 콘크리트의 슬럼프

콘크리트의 종류	베이스 콘크리트	유동화 콘크리트
보통 콘크리트	150mm 이하	210mm 이하
경량골재 콘크리트	180mm 이하	210mm 이하

> 참고

* 유동화 콘크리트
미리 비벼낸 단위수량이 적은 콘크리트에 유동화재를 혼합하여 된비빔 콘크리트의 품질을 유지한 채 일시적으로 유동성을 증대시킨 콘크리트를 말한다.

72 분할도급 발주 방식 중 지하철공사, 고속도로공사 및 대규모 아파트단지 등의 공사에 채용하면 가장 효과적인 것은?

① 직종별 공종별 분할도급
② 공정별 분할도급
③ 공구별 분할도급
④ 전문공종별 분할도급

* 분할도급
① **전문공사별 분할도급** : 설비공사를 주체공사(골조공사)에서 분리하여 계약하는 방식
② **공정별 분할도급** : 토공, 기초, 구조물, 마무리 공사 등의 과정별로 나누어 도급하는 방식
③ **공구별 분할도급**
• 대규모 공사에서 지역별로 공사를 구분하여 발주하는 방식
• 지하철공사, 고속도로공사 및 대규모 아파트단지 등의 공사에 효과적이다.

 필기에 자주 출제되는 내용입니다.

정답 70 ④ 71 ① 72 ③

73 흙이 소성 상태에서 반고체 상태로 바뀔 때의 함수비를 의미하는 용어는?

① 예민비   ② 액성한계
③ 소성한계   ④ 소성지수

> ① 예민비 : 흙을 이김에 따라 강도가 약해지는 정도
> ② 소성한계 : 흙이 소성 상태에서 반고체 상태로 바뀔 때의 함수비
> ③ 액성한계 : 소성 상태와 액체 상태의 경계가 되는 함수비(소성 상태로부터 액성 상태로 변하는 순간의 함수비)
> ④ 소성지수 : 흙이 소성 상태로 존재할 수 있는 함수비 구간의 크기를 의미하며, 소성지수가 클수록 세립분을 포함하는 소성이 풍부한 흙이라 할 수 있다.

74 다음 네트워크 공정표에서 주 공정선에 의한 총 소요공기(일수)로 옳은 것은? (단, 결합점간 사이의 숫자는 작업일수임)

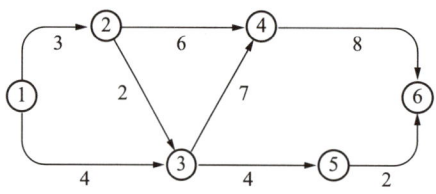

① 17일   ② 19일
③ 20일   ④ 22일

> ① → ③ → ⑤ → ⑥ : 4일+4일+2일 = 10일
> ① → ②→ ③ → ⑤ → ⑥ : 3일+2일+4일+2일 = 11일
> ① → ② → ④ → ⑥ : 3일+6일+8일 = 17일
> ① → ③ → ④ → ⑥ : 4일+7일+8일 = 19일
> ① → ② → ③ → ④ → ⑥ : 3일+2일+7일+8일 = 20일

> 참고
> **주 공정선(CP : Critical Path)**
> 개시 결합점에서 종료 결합점에 이르는 가장 긴 경로 (가장 긴 패스)

75 조적 벽면에서의 백화방지에 대한 조치로서 옳지 않은 것은?

① 소성이 잘 된 벽돌을 사용한다.
② 줄눈으로 비가 새어들지 않도록 방수 처리한다.
③ 줄눈모르타르에 석회를 혼합한다.
④ 벽돌벽의 상부에 비막이를 설치한다.

> **백화현상 방지법**
> ① 소성이 잘 된 벽돌을 사용한다.
> ② 줄눈으로 비가 새어들지 않도록 방수처리를 한다. (방수제 사용과 충분한 사춤)
> ③ 표면에 파라핀 도료, 실리콘을 뿜칠한다.
> ④ 조립률이 큰 모래, 분말도가 큰 시멘트를 사용한다.
> ⑤ 벽돌벽의 상부에 비막이(차양, 돌림띠 등)를 설치한다.

> 필기에 자주 출제되는 내용입니다.

76 다음 각 기초에 관한 설명으로 옳은 것은?

① 온통기초 : 기둥 1개에 기초판이 1개인 기초
② 복합기초 : 2개 이상의 기둥을 1개의 기초판으로 받치게 한 기초
③ 독립기초 : 조직조의 벽을 지지하는 하부 기초
④ 연속기초 : 건물 하부 전체 또는 지하실 전체를 기초판으로 구성한 기초

정답 73 ③ 74 ③ 75 ③ 76 ②

독립기초	기둥으로부터의 응력을 독립으로 지반 또는 지정에 전달하도록 하는 기초(철근콘크리트 구조에 적용)
복합기초	2개 또는 그 이상의 기둥으로부터의 응력을 하나의 기초판을 통해 지반 또는 지정에 전달하도록 하는 기초
연속(줄)기초	벽 또는 기둥으로부터의 응력을 띠모양으로 하여 지반 또는 지정에 전달하도록 하는 기초(조적구조에 적용)
온통기초	상부구조의 광범위한 면적 내의 응력을 단일 기초판으로 연결하여 지반 또는 지정에 전달하도록 하는 기초(연약한 지반에 적용)

77 지반개량공법 중 배수공법이 아닌 것은?

① 집수정공법 ② 동결공법
③ 웰 포인트 공법 ④ 깊은 우물 공법

* 지반개량공법
① 치환공법 : 연약지반을 양질의 재료로 치환하는 방법
② 탈수 및 배수공법 : 지반 내 물을 탈수 또는 배수하여 흙을 개량하는 방법
 • 샌드드레인공법, 페이퍼드레인공법, 웰포인트공법, 집수정공법, 깊은 우물공법
③ 다짐공법 : 말뚝을 형성하여 지반을 다져서 지반을 개량하는 공법
④ 고결공법 : 주입공법(약액주입공법, 시멘트주입공법), 동결공법, 소결공법
⑤ 재하공법 : 연약지반에 미리 하중을 가하여 흙을 압밀시키는 공법

📝 필기에 자주 출제되는 내용입니다.

78 발주자가 직접 설계와 시공에 참여하고 프로젝트 관련자들이 상호 신뢰를 바탕으로 Team을 구성해서 프로젝트의 성공과 상호이익 확보를 공동 목표로 하여 프로젝트를 추진하는 공사수행 방식은?

① PM 방식(Project Management)
② 파트너링 방식(Partnering)
③ CM 방식(Construction Management)
④ BOT 방식(Build Operate Transfer)

* 업무범위에 따른 계약방식

PM 방식 (Project Management)	건설프로젝트의 기획·설계·시공·감리·분양·유지관리 등 프로젝트의 초기단계에서부터 최종 단계에 이르기까지의 사업전반에 대해 건설관리업무의 전부 또는 일부를 수행하는 방식
파트너링 방식 (Partnering)	발주자가 직접 설계와 시공에 참여하고 프로젝트 관련자들이 상호 신뢰를 바탕으로 Team을 구성해서 프로젝트의 성공과 상호이익 확보를 공동 목표로 하여 프로젝트를 추진하는 방식(발주자, 설계자, 시공자가 하나의 팀을 조직하여 공사 완성)
CM 방식 (Construction Management)	건설사업의 기획, 계획, 설계, 시공, 유지관리까지의 생산 전과정에 대한 도급계약을 체결하는 방식
BOT 방식 (Build Operate Transfer)	프로젝트 시행의 사업주가 필요한 자금을 조달해 시설 및 설비를 완공(Build)하고 일정기간동안 운영한 수입으로 투자금 회수 후 발주자에게 시설을 인도하는 방식

📝 필기에 자주 출제되는 내용입니다.

정답 77 ② 78 ②

79 지하 연속벽 공법(slurry wall)에 관한 설명으로 옳지 않은 것은?

① 저진동, 저소음의 공법이다.
② 강성이 높은 지하구조체를 만든다.
③ 타 공법에 비하여 공기, 공사비 면에서 불리한 편이다.
④ 인접 구조물에 근접하도록 시공이 불가하여 대지이용의 효율성이 낮다.

> ④ 인접 구조물에 근접하여 시공이 가능하여 대지이용의 효율성이 높다.

참고

＊ **슬러리월 공법(지하연속벽 공법)**
벤토나이트 안정액을 사용하여 지반의 붕괴를 방지하면서 굴착한 후 그 속에 철근망을 삽입하고 콘크리트를 타설하여 흙막이 벽체를 형성하는 공법을 말한다.

📝 필기에 자주 출제되는 내용입니다.

80 공사용 표준시방서에 기재하는 사항으로 거리가 먼 것은?

① 재료의 종류, 품질 및 사용처에 관한 사항
② 검사 및 시험에 관한 사항
③ 공정에 따른 공사비 사용에 관한 사항
④ 보양 및 시공 상 주의사항

＊ **시방서의 기술내용**
① 사용재료나 장비의 종류 및 시험검사방법
② 시공의 일반사항 및 주의사항, 시공정밀도(허용오차)
③ 성능의 규정 및 지시
④ 시공오차의 허용 값
⑤ 기타 도면표기 어려운 보충사항이나 특기사항

참고

"공사시방서"라 함은 공사에 쓰이는 재료, 설비, 시공체계, 시공기준 및 시공기술에 대한 기술설명서와 이에 적용되는 행정명세서로서, 설계도면에 대한 설명 또는 설계도면에 기재하기 어려운 기술적인 사항을 표시해 놓은 도서를 말한다.

5과목 건설재료학

81 각종 금속에 관한 설명으로 옳지 않은 것은?

① 동은 건조한 공기 중에서는 산화하지 않으나, 습기가 있거나 탄산가스가 있으면 녹이 발생한다.
② 납은 비중이 비교적 작고 융점이 높아 가공이 어렵다.
③ 알루미늄은 비중이 철의 1/3정도로 경량이며 열·전기전도성이 크다.
④ 청동은 구리와 주석을 주체로 한 합금으로 건축장식 부품 또는 미술공예 재료로 사용된다.

> ② 납은 비중 크고 연하면서 연성이 크고 방사선실 방사선 차폐용으로 사용된다.

📝 필기에 자주 출제되는 내용입니다.

정답 79 ④ 80 ③ 81 ②

82 목재의 함수율과 섬유포화점에 관한 설명으로 옳지 않은 것은?

① 섬유포화점은 세포 사이의 수분은 건조되고, 섬유에만 수분이 존재하는 상태를 말한다.
② 벌목 직후 함수율이 섬유포화점까지 감소하는 동안 강도 또한 서서히 감소한다.
③ 전건상태에 이르면 강도는 섬유포화점 상태에 비해 3배로 증가한다.
④ 섬유포화점 이하에서는 함수율의 감소에 따라 인성이 감소한다.

② 섬유포화점 이상의 함수 상태에서는 강도는 일정하나 그 이하에서는 함수율이 작을수록 강도는 커진다.

📝 필기에 자주 출제되는 내용입니다.

83 재료의 단단한 정도를 나타내는 용어는?

① 연성
② 인성
③ 취성
④ 경도

① 연성 : 파괴되지 않고 늘어나는 성질
② 인성 : 재료의 질긴 정도
③ 취성 : 작은 변형에도 파괴되는 성질
④ 경도 : 재료의 단단하고 무른 정도

84 콘크리트용 골재 중 깬자갈에 관한 설명으로 옳지 않은 것은?

① 깬자갈의 원석은 안산암·화강암 등이 많이 사용된다.
② 깬자갈을 사용한 콘크리트는 동일한 워커빌리티의 보통자갈을 사용한 콘크리트보다 단위수량이 일반적으로 약 10% 정도 많이 요구된다.
③ 깬자갈을 사용한 콘크리트는 강자갈을 사용한 콘크리트 보다 시멘트 페이스트와의 부착성능이 매우 낮다.
④ 콘크리트용 굵은 골재로 깬자갈을 사용할 때는 한국산업표준(KS F 2527)에서 정한 품질에 적합한 것으로 한다.

③ 깬자갈을 사용한 콘크리트는 강자갈을 사용한 콘크리트 보다 시멘트 페이스트와의 부착성능이 높다.

85 일종의 못박기 총을 사용하여 콘크리트나 강재 등에 박는 특수 못을 의미하는 것은?

① 드라이브핀
② 인서트
③ 익스팬션볼트
④ 듀벨

정답 82 ② 83 ④ 84 ③ 85 ①

* **드라이브핀**
특수 강제못을 발사총(못박기 총)을 써서 콘크리트벽이나 벽돌벽, 강재 등에 박아대는 못을 말한다.

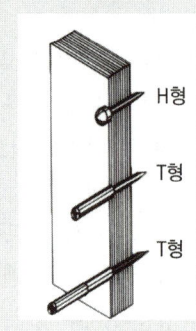

86 다음 중 건축용 단열재와 거리가 먼 것은?

① 유리면(glass wool)
② 암면(rock wool)
③ 테라코타
④ 펄라이트판

* **건축용 단열재**
① 유리면(glass wool)
② 암면(rock wool)
③ 석면
④ 펄라이트판

87 석고보드에 관한 설명으로 옳지 않은 것은?

① 부식이 잘되고 충해를 받기 쉽다.
② 단열성, 차음성이 우수하다.
③ 시공이 용이하여 천장, 칸막이 등에 주로 사용된다.
④ 내수성, 탄력성이 부족하다.

① 부식이 잘 되지 않고 충해를 받을 염려가 적다.

88 주로 석기질 점토나 상당히 철분이 많은 점토를 원료로 사용하며, 건축물의 패러핏, 주두 등의 장식에 사용되는 공동의 대형 점토제품은?

① 테라죠   ② 도관
③ 타일   ④ 테라코타

* **테라코타**
점토를 구워 만든 점토제품으로 건축구조용과 장식용으로 사용된다.

89 경량 기포콘크리트(autoclaved light-weight concrete)에 관한 설명으로 옳지 않은 것은?

① 보통콘크리트에 비하여 탄산화의 우려가 낮다.
② 열전도율은 보통콘크리트의 약 1/10 정도로 단열성이 우수하다.
③ 현장에서 취급이 편리하고 절단 및 가공이 용이하다.
④ 다공질이므로 흡수성이 높은 편이다.

① 보통콘크리트에 비하여 탄산화의 우려가 높다.

정답 86 ③ 87 ① 88 ④ 89 ①

> 참고
>
> *** 콘크리트 탄산화**
> 외부로부터의 이산화탄소의 유입으로 공극수의 pH가 낮아져 철근이 부식되는 현상

📝 필기에 자주 출제되는 내용입니다.

90 KS L 4201에 따른 1종 점토벽돌의 압축강도는 최소 얼마 이상이어야 하는가?

① 9.80MPa 이상
② 14.70MPa 이상
③ 20.59MPa 이상
④ 24.50MPa 이상

품질	종류	
	1종	2종
흡수율(%)	10.0 이하	15 이하
압축 강도(MPa)	24.50 이상	14.70 이상

91 안료가 들어가지 않는 도료로서 목재면의 투명도장에 쓰이며, 내후성이 좋지 않아 외부에 사용하기에는 적당하지 않고 내부용으로 주로 사용하는 것은?

① 수성페인트   ② 클리어래커
③ 래커에나멜   ④ 유성에나멜

> 목재면의 투명도장에 쓰이며, 내후성이 좋지 않아 외부에 사용하기에는 적당하지 않고 내부용으로 주로 사용
> → 클리어래커

92 중량 5kg인 목재를 건조시켜 절건중량이 4kg이 되었다. 건조 전 목재의 함수율은 몇 %인가?

① 20%   ② 25%
③ 30%   ④ 40%

$$목재의\ 함수율 = \frac{건조전질량 - 전건질량}{전건질량} \times 100(\%)$$
$$= \frac{5-4}{4} \times 100 = 25\%$$

📝 필기에 자주 출제되는 내용입니다.

93 미장재료에 관한 설명으로 옳은 것은?

① 보강재는 결합재의 고체화에 직접 관계하는 것으로 여물, 풀, 수염 등이 이에 속한다.
② 수경성 미장재료에는 돌로마이트 플라스터, 소석회가 있다.
③ 소석회는 돌로마이트 플라스터에 비해 점성이 높고, 작업성이 좋다.
④ 회반죽에 석고를 약간 혼합하면 수축균열을 방지할 수 있는 효과가 있다.

> ④ 회반죽에 건조 수축에 의한 균열을 방지할 목적으로 여물을 첨가한다.

📝 필기에 자주 출제되는 내용입니다.

정답 90 ④ 91 ② 92 ② 93 ④

94 아스팔트 침입도 시험에 있어서 아스팔트의 온도는 몇 ℃를 기준으로 하는가?

① 15℃ ② 25℃
③ 35℃ ④ 45℃

＊침입도 시험조건
시험 중량 100g, 시험온도 25℃, 관입시간 5초를 표준으로 한다.

＊침입도
어떤 조건에서 아스팔트가 얼마나 굳은가의 정도를 나타내는 값으로 규정된 굵기와 무게를 갖는 바늘이 아스팔트속으로 관입하는 깊이로 표시한다.

95 실적률이 큰 골재로 이루어진 콘크리트의 특성이 아닌 것은?

① 시멘트 페이스트의 양이 커져 콘크리트 제조 시 경제성이 낮다.
② 내구성이 증대된다.
③ 투수성, 흡습성의 감소를 기대할 수 있다.
④ 건조수축 및 수화열이 감소된다.

① 시멘트 페이스트의 양이 줄어서 콘크리트 제조 시 경제적으로 유리하다.

＊실적률
골재의 단위 용적(m³) 중의 실적 용적을 백분율(%)로 나타낸 값을 말한다.

96 석재의 화학적 성질에 관한 설명으로 옳지 않은 것은?

① 규산분을 많이 함유한 석재는 내산성이 약하므로 산을 접하는 바닥은 피한다.
② 대리석, 사문암 등은 내장재로 사용하는 것이 바람직하다.
③ 조암광물 중 장석, 방해석 등은 산류의 침식을 쉽게 받는다.
④ 산류를 취급하는 곳의 바닥재는 황철광, 갈철광 등을 포함하지 않아야 한다.

① 규산분을 많이 함유한 석재는 내산성이 크고, 석회분을 함유한 석재는 내산성이 적다.

97 수화열의 감소와 황산염 저항성을 높이려면 시멘트에 다음 중 어느 화합물을 감소시켜야 하는가?

① 규산 3칼슘 ② 알루민산 철4칼슘
③ 규산 2칼슘 ④ 알루민산 3칼슘

수화열의 감소와 황산염 저항성을 높이기 위해 알루민산 3칼슘 화합물을 감소시킨다.

＊황산염에 의한 침식
• 경화된 시멘트 중의 칼슘알루미네이트 수화물은 콘크리트의 외부로부터 황산염이 침투할 경우 황산염과 반응하여 칼슘설퍼알루미네이트를 생성하여 콘크리트를 서서히 붕괴시킨다.
• 황산염에 의한 침식에 대한 대책으로 C_3S(알루민산 3석회 : $3CaO \cdot Al_2O_3$)의 양이 적은 내황산염 포틀랜드시멘트를 사용한다.

정답 94 ② 95 ① 96 ① 97 ④

98 유리가 불화수소에 부식하는 성질을 이용하여 5mm이상 판유리 면에 그림, 문자 등을 새긴 유리는?

① 스테인드유리 ② 망입유리
③ 에칭유리   ④ 내열유리

> 5mm이상 판유리 면에 그림, 문자 등을 새긴 유리
> → 에칭유리

99 아스팔트 방수시공을 할 때 바탕재와의 밀착용으로 사용하는 것은?

① 아스팔트 컴파운드
② 아스팔트 모르타르
③ 아스팔트 프라이머
④ 아스팔트 루핑

> ① 아스팔트 프라이머 : 콘크리트와 아스팔트의 밀착성을 좋게 하기 위해 사용한다.
> ② 아스팔트 모르타르 : 아스팔트에 모래 · 쇄석 등의 골재를 혼합한 것으로 주로 바닥공사 재료로 사용된다.
> ③ 아스팔트 컴파운드 : 석유 아스팔트에 동식물성 유지나 광물성 분말 등을 혼합하여 감온성을 개량한 제품으로 방수재로 사용된다.
> ④ 아스팔트 루핑 : 건물의 평지붕의 방수층, 슬레이트의 평판 및 금속판의 지붕 깔기 바탕으로 사용된다.

필기에 자주 출제되는 내용입니다.

100 인조석 갈기 및 테라조 현장 갈기 등에 사용되는 구획용 철물의 명칭은?

① 인서트(insert)
② 앵커볼트(anchor bolt)
③ 펀칭메탈(punching metal)
④ 줄눈대(metallic joiner)

> 인조석 갈기 및 테라조 현장 갈기 등에 사용되는 구획용 철물 → 줄눈대(metallic joiner)

6과목 건설안전기술

101 굴착공사에 있어서 비탈면붕괴를 방지하기 위하여 실시하는 대책으로 옳지 않은 것은?

① 지표수의 침투를 막기 위해 표면배수공을 한다.
② 지하수위를 내리기 위해 수평배수공을 설치한다.
③ 비탈면 하단을 성토한다.
④ 비탈면 상부에 토사를 적재한다.

> ④ 비탈면 상부에 적재할 경우 붕괴의 위험이 더 커진다. 비탈면의 하단부에 압성토 등 보강공법으로 활동에 대한 저항대책을 강구하여야 한다.

정답 98 ③ 99 ③ 100 ④ 101 ④

102 다음은 산업안전보건법령에 따른 시스템 비계의 구조에 관한 사항이다. ( )안에 들어갈 내용으로 옳은 것은?

> 비계 밑단의 수직재와 받침철물은 밀착되도록 설치하고, 수직재와 받침철물의 연결부의 겹침길이는 받침철물 전체 길이의 (   ) 이상이 되도록 할 것

① 2분의 1
② 3분의 1
③ 4분의 1
④ 5분의 1

*시스템 비계의 구조
① 수직재·수평재·가새재를 견고하게 연결하는 구조가 되도록 할 것
② 비계 밑단의 수직재와 받침철물은 밀착되도록 설치하고, 수직재와 받침철물의 연결부의 겹침길이는 받침철물 전체길이의 3분의 1 이상이 되도록 할 것
③ 수평재는 수직재와 직각으로 설치하여야 하며, 체결 후 흔들림이 없도록 견고하게 설치 할 것
④ 수직재와 수직재의 연결철물은 이탈되지 않도록 견고한 구조로 할 것
⑤ 벽 연결재의 설치간격은 제조사가 정한 기준에 따라 설치할 것

실기까지 중요한 내용입니다.

103 콘크리트 타설 시 안전수칙으로 옳지 않은 것은?

① 타설순서는 계획에 의하여 실시하여야 한다.
② 진동기는 최대한 많이 사용하여야 한다.
③ 콘크리트를 치는 도중에는 거푸집, 지보공 등의 이상 유무를 확인하여야 한다.
④ 손수레로 콘크리트를 운반할 때에는 손수레를 타설하는 위치까지 천천히 운반하여 거푸집에 충격을 주지 아니하도록 타설하여야 한다.

② 진동기는 적절히 사용되어야 하며, 지나친 진동은 거푸집 도괴의 원인이 될 수 있으므로 각별히 주의하여야 한다.

필기에 자주 출제되는 내용입니다.

104 터널 지보공을 조립하는 경우에는 미리 그 구조를 검토한 후 조립도를 작성하고, 그 조립도에 따라 조립하도록 하여야 하는데 이 조립도에 명시하여야할 사항과 가장 거리가 먼 것은?

① 이음방법
② 단면규격
③ 재료의 재질
④ 재료의 구입처

조립도에는 동바리·멍에 등 부재(部材)의 재질·단면규격·설치간격 및 이음방법 등을 명시하여야 한다.

필기에 자주 출제되는 내용입니다.

정답 102 ② 103 ② 104 ④

105 산업안전보건 법령에 따른 양중기의 종류에 해당하지 않는 것은?

① 고소작업차
② 이동식 크레인
③ 승강기
④ 리프트(Lift)

* **양중기의 종류(산업안전보건법 기준)**
① 크레인[호이스트(hoist)를 포함한다]
② 이동식 크레인
③ 리프트(이삿짐운반용 리프트의 경우에는 적재하중이 0.1톤 이상인 것으로 한정한다)
④ 곤돌라
⑤ 승강기

📘 실기에 자주 출제되는 내용입니다.

106 가설통로 설치에 있어 경사가 최소 얼마를 초과하는 경우에는 미끄러지지 아니하는 구조로 하여야 하는가?

① 15도   ② 20도
③ 30도   ④ 40도

* **가설통로 설치 시의 준수사항**
① 견고한 구조로 할 것
② 경사는 30도 이하로 할 것
③ 경사가 15도를 초과하는 때는 미끄러지지 아니하는 구조로 할 것
④ 추락의 위험이 있는 장소에는 안전난간을 설치할 것
⑤ 수직갱 : 길이가 15미터이상인 때에는 10미터 이내마다 계단참을 설치할 것
⑥ 건설공사에 사용하는 높이 8미터 이상인 비계다리 : 7미터 이내 마다 계단참을 설치할 것

107 부두·안벽 등 하역작업을 하는 장소에서 부두 또는 안벽의 선을 따라 통로를 설치하는 경우에는 폭을 최소 얼마 이상으로 하여야 하는가?

① 85cm   ② 90cm
③ 100cm   ④ 120cm

부두 또는 안벽의 선을 따라 통로를 설치하는 경우에는 폭을 90cm 이상으로 하여야 한다.

📘 필기에 자주 출제되는 내용입니다.

108 흙막이 가시설 공사 중 발생할 수 있는 보일링(Boiling) 현상에 관한 설명으로 옳지 않은 것은?

① 이 현상이 발생하면 흙막이 벽의 지지력이 상실된다.
② 지하수위가 높은 지반을 굴착할 때 주로 발생된다.
③ 흙막이벽의 근입장 깊이가 부족할 경우 발생한다.
④ 연약한 점토지반에서 굴착면의 융기로 발생한다.

④ 연약한 점토지반에서 굴착면의 융기로 발생한다.
→ 히빙현상

정답 105 ① 106 ① 107 ② 108 ④

참고

1. 히빙(Heaving)현상
   ① 연질점토 지반에서 굴착에 의한 흙막이 내·외면의 흙의 중량차이(토압)로 인해 굴착저면이 부풀어 올라오는 현상을 말한다.

2. 보일링(Boiling)현상
   ① 사질토 지반에서 굴착저면과 흙막이 배면과의 수위차이로 인해 굴착저면의 흙과 물이 함께 위로 솟구쳐 오르는 현상(모래의 액상화 현상)을 말한다.

 실기까지 중요한 내용입니다.

109 강관틀비계를 조립하여 사용하는 경우 준수하여야 할 사항으로 옳지 않은 것은?

① 비계기둥의 밑둥에는 밑받침 철물을 사용할 것
② 높이가 20m를 초과하거나 중량물의 적재를 수반하는 작업을 할 경우에는 주틀 간의 간격을 1.8m 이하로 할 것
③ 주틀 간에 교차 가새를 설치하고 최하층 및 3층 이내마다 수평재를 설치할 것
④ 길이가 띠장 방향으로 4m 이하이고 높이가 10m를 초과하는 경우에는 10m 이내마다 띠장 방향으로 버팀기둥을 설치할 것

✽ 틀비계(강관 틀비계) 조립 시 준수사항
- 밑둥에는 밑받침철물을 사용하여야 하며 밑받침에 고저차가 있는 경우에는 조절형 밑받침철물을 사용하여 항상 수평 및 수직을 유지하도록 할 것
- 높이가 20m를 초과하거나 중량물의 적재를 수반하는 작업을 할 경우에는 주틀 간의 간격이 1.8m 이하로 할 것
- 주틀간에 교차가새를 설치하고 최상층 및 5층 이내마다 수평재를 설치할 것
- 벽이음 간격(조립간격) : 수직방향 6m, 수평방향으로 8mm 이내마다 할 것
- 길이가 띠장방향으로 4m 이하이고 높이가 10m를 초과하는 경우에는 10m 이내마다 띠장방향으로 버팀기둥을 설치할 것

 실기까지 중요한 내용입니다.

110 장비가 위치한 지면보다 낮은 장소를 굴착하는 데 적합한 장비는?

① 트럭크레인
② 파워셔블
③ 백호
④ 진폴

✽ 굴착기계
- 파워셔블 : 장비가 위치한 지면보다 높은 장소를 굴착한다.
- 드래그셔블(백호), 드래그라인, 클램셀 : 장비가 위치한 지면보다 낮은 장소를 굴착한다.

필기에 자주 출제되는 내용입니다.

정답 109 ③ 110 ③

111 건설공사 도급인은 건설공사 중에 가설구조물의 붕괴 등 산업재해가 발생할 위험이 있다고 판단되면 건축·토목 분야의 전문가의 의견을 들어 건설공사 발주자에게 해당 건설공사의 설계변경을 요청할 수 있는데, 이러한 가설구조물의 기준으로 옳지 않은 것은?

① 높이 20m 이상인 비계
② 작업발판 일체형 거푸집 또는 높이 5m 이상인 거푸집 동바리
③ 터널의 지보공 또는 높이 2m 이상인 흙막이 지보공
④ 동력을 이용하여 움직이는 가설구조물

✱ 산업재해가 발생할 위험이 있다고 판단되어 설계변경을 요청할 수 있는 경우
① 높이 31미터 이상인 비계
② 작업발판 일체형 거푸집 또는 높이 5미터 이상인 거푸집 동바리
③ 터널의 지보공 또는 높이 2미터 이상인 흙막이 지보공
④ 동력을 이용하여 움직이는 가설구조물

📝 실기까지 중요한 내용입니다.

112 동바리 등을 조립하는 경우에 준수하여야 할 기준으로 옳지 않은 것은?

① 동바리의 상하 고정 및 미끄러짐 방지 조치를 할 것
② 강재의 접속부 및 교차부는 볼트·클램프 등 전용철물을 사용하여 단단히 연결할 것
③ 동바리로 사용하는 파이프서포트는 높이가 3.5미터를 초과하는 경우에는 높이 2미터 이내마다 수평연결재를 2개 방향으로 만들고 수평연결재의 변위를 방지할 것
④ 동바리로 사용하는 파이프서포트를 4개 이상 이어서 사용하지 않도록 할 것

✱ 동바리로 사용하는 파이프서포트의 조립 시 준수사항
- 파이프서포트를 3개본 이상 이어서 사용하지 아니하도록 할 것
- 파이프서포트를 이어서 사용할 때에는 4개 이상의 볼트 또는 전용철물을 사용하여 이을 것
- 높이가 3.5미터를 초과하는 경우에는 높이 2미터 이내마다 수평연결재를 2개 방향으로 만들고 수평연결재의 변위를 방지할 것

📝 실기까지 중요한 내용입니다.

113 강관틀비계(높이 5m 이상)의 넘어짐을 방지하기 위하여 사용하는 벽이음 및 버팀의 설치간격 기준으로 옳은 것은?

① 수직방향 5m, 수평방향 5m
② 수직방향 6m, 수평방향 7m
③ 수직방향 6m, 수평방향 8m
④ 수직방향 7m, 수평방향 8m

정답 111 ① 112 ④ 113 ③

* **비계 조립간격(벽이음 간격)**

비계 종류		수직방향	수평방향
강관비계	단관비계	5m	5m
	틀비계 (높이 5m 미만인 것 제외)	6m	8m

📖 실기에 자주 출제되는 내용입니다.

114 강관을 사용하여 비계를 구성하는 경우 준수해야할 사항으로 옳지 않은 것은?

① 비계기둥의 간격은 띠장 방향에서는 1.85m 이하, 장선(長線) 방향에서는 1.5m 이하로 할 것
② 띠장 간격은 2.0m이하로 할 것
③ 비계기둥의 제일 윗부분으로부터 31m 되는 지점 밑부분의 비계기둥은 3개의 강관으로 묶어세울 것
④ 비계기둥 간의 적재하중은 400kg을 초과하지 않도록 할 것

③ 비계기둥의 제일 윗부분으로부터 31m되는 지점 밑부분의 비계기둥은 2개의 강관으로 묶어세울 것

115 굴착과 싣기를 동시에 할 수 있는 토공기계가 아닌 것은?

① 트랙터 셔블(tractor shovel)
② 백호(back hoe)
③ 파워 셔블(power shovel)
④ 모터 그레이더(motor grader)

* **모터 그레이더(Motor grader)**
토공판을 작동시켜 지면의 정지작업(땅을 깎아 고르는 작업)을 하는데 사용된다.

📖 필기에 자주 출제되는 내용입니다.

116 지반의 굴착 작업에 있어서 비가 올 경우를 대비한 직접적인 대책으로 옳은 것은?

① 측구 설치
② 낙하물방지망 설치
③ 추락방호망 설치
④ 매설물 등의 유무 또는 상태 확인

비가 올 경우를 대비하여 측구를 설치하거나 굴착경사면에 비닐을 덮는 등 빗물 등의 침투에 의한 붕괴재해를 예방하기 위하여 필요한 조치를 하여야 한다.

정답 114 ③ 115 ④ 116 ①

117 다음은 산업안전보건법령에 따른 산업안전보건관리비의 사용에 관한 규정이다. ( ) 안에 들어갈 내용을 순서대로 옳게 작성한 것은?

> 건설공사도급인은 고용노동부장관이 정하는 바에 따라 해당 건설공사를 위하여 계상된 산업안전보건관리비를 그가 사용하는 근로자와 그의 관계수급인이 사용하는 근로자의 산업재해 및 건강장해 예방에 사용하고, 그 사용명세서를 ( ) 작성하고 건설공사 종료 후 ( )간 보존해야 한다.

① 매월, 6개월
② 매월, 1년
③ 2개월 마다, 6개월
④ 2개월 마다, 1년

건설공사도급인은 고용노동부장관이 정하는 바에 따라 해당 건설공사를 위하여 계상된 산업안전보건관리비를 그가 사용하는 근로자와 그의 관계수급인이 사용하는 근로자의 산업재해 및 건강장해 예방에 사용하고, 그 사용명세서를 매월(공사가 1개월 이내에 종료되는 사업의 경우에는 해당 공사 종료 시) 작성하고 건설공사 종료 후 1년간 보존해야 한다.

실기까지 중요한 내용입니다.

118 건설현장에서 작업으로 인하여 물체가 떨어지거나 날아올 위험이 있는 경우에 대한 안전조치에 해당하지 않는 것은?

① 수직보호망 설치
② 방호선반 설치
③ 울타리설치
④ 낙하물방지망 설치

* 낙하·비래 위험방지 조치
① 낙하물방지망·수직보호망 또는 방호선반의설치
② 출입금지구역의 설정
③ 보호구의 착용

119 산업안전보건 법령에 따른 건설공사 중 다리 건설공사의 경우 유해위험방지계획서를 제출하여야 하는 기준으로 옳은 것은?

① 최대 지간길이가 40m 이상인 다리의 건설 등 공사
② 최대 지간길이가 50m 이상인 다리의 건설 등 공사
③ 최대 지간길이가 60m 이상인 다리의 건설 등 공사
④ 최대 지간길이가 70m 이상인 다리의 건설 등 공사

정답 117 ② 118 ③ 119 ②

★ 유해위험방지계획서를 제출해야 될 건설공사
1. 지상높이가 31미터 이상인 건축물 또는 인공구조물, 연면적 3만제곱미터 이상인 건축물 또는 연면적 5천제곱미터 이상의 문화 및 집회시설(전시장 및 동물원·식물원은 제외한다), 판매시설, 운수시설(고속철도의 역사 및 집배송시설은 제외한다), 종교시설, 의료시설 중 종합병원, 숙박시설 중 관광숙박시설, 지하도상가 또는 냉동·냉장창고시설의 건설·개조 또는 해체
2. 연면적 5천제곱미터 이상의 냉동·냉장창고시설의 설비공사 및 단열공사
3. 최대 지간길이가 50미터 이상인 교량 건설 등 공사
4. 터널 건설 등의 공사
5. 다목적댐, 발전용댐, 저수용량 2천만톤 이상의 용수 전용 댐, 지방상수도 전용 댐 건설 등의 공사
6. 깊이 10미터 이상인 굴착공사

특급암기법
- 지상높이 31m, 연면적 3만m², 사람 많은 시설 연면적 5,000m²
- 연면적 5,000m² 냉동·냉장창고시설
- 최대 지간길이가 50미터 이상 교량
- 터널
- 저수용량 2천만 톤 이상 댐
- 10미터 이상인 굴착

실기에 자주 출제되는 내용입니다.

120 산업안전보건법령에 따른 작업발판 일체형 거푸집에 해당되지 않는 것은?

① 갱 폼(Gang Form)
② 슬립 폼(Slip Form)
③ 유로 폼(Euro Form)
④ 클라이밍 폼(Climbing Form)

★ 작업발판 일체형 거푸집의 종류
① 갱 폼(gang form)
② 슬립 폼(slip form)
③ 클라이밍 폼(climbing form)
④ 터널 라이닝 폼(tunnel lining form)

실기까지 중요한 내용입니다.

정답 120 ③

2021년 4회 최근 기출문제

1과목 산업안전관리론

01 하인리히의 도미노 이론에서 재해의 직접 원인에 해당하는 것은?

① 사회적 환경
② 유전적 요소
③ 개인적인 결함
④ 불안전한 행동 및 불안전한 상태

* **재해의 직접원인**
① 인적원인(불안전한 행동)
② 물적원인(불안전한 상태)

> 참고
>
> * **재해의 간접원인**
> ① 기술적 원인 ② 교육적 원인
> ③ 신체적 원인 ④ 정신적 원인
> ⑤ 작업관리상 원인

📝 실기까지 중요한 내용입니다.

02 안전관리조직의 형태 중 직계식 조직의 특징이 아닌 것은?

① 소규모 사업장에 적합하다.
② 안전에 관한 명령지시가 빠르다.
③ 안전에 대한 정보가 불충분하다.
④ 별도의 안전관리 전담요원이 직접 통제한다.

별도의 안전관리 전담요원이 직접 통제한다.
→ 스태프식 조직

> 참고

라인(Line)형 or 직계형	① 소규모 사업장(100명이하 사업장)에 적용이 가능하다. ② 라인형 장점 : 명령 및 지시가 신속, 정확하다. ③ 라인형 단점 • 안전정보가 불충분하다. • 라인에 과도한 책임이 부여 될 수 있다. ④ 생산과 안전을 동시에 지시하는 형태이다.
스태프(staff)형 or 참모형	① 중규모 사업장(100~1,000명 정도의 사업장)에 적용이 가능하다. ② 스태프형 장점 : 안전정보 수집이 용이하고 빠르다. ③ 스태프 단점 : 안전과 생산을 별개로 취급한다. ④ 생산부문은 안전에 대한 책임, 권한이 없다.
라인 스태프 (Line Staff)형 or 혼합형	① 대규모 사업장(1,000명 이상 사업장)에 적용이 가능하다. ② 라인 스태프형 장점 • 안전전문가에 의해 입안된 것을 경영자가 명령하므로 명령이 신속, 정확하다. • 안전정보 수집이 용이하고 빠르다. ③ 라인 스태프형 단점 • 명령계통과 조언, 권고적 참여의 혼돈이 우려된다.

📝 실기까지 중요한 내용입니다.

정답 01 ④ 02 ④

03 건설기술진흥법령상 안전점검의 시기·방법에 관한 사항으로 (   )에 알맞은 내용은?

> 정기안전점검 결과 건설공사의 물리적·기능적 결함 등이 발견되어 보수·보강 등의 조치를 위하여 필요한 경우에는 (   )를 할 것

① 긴급점검 ② 정기점검
③ 특별점검 ④ 정밀안전점검

> ★ 건설기술진흥법령상의 용어정의
> ① 안전점검 : 경험과 기술을 갖춘 자가 육안이나 점검기구 등으로 검사하여 시설물에 내재(內在)되어 있는 위험요인을 조사하는 행위를 말하며, 점검목적 및 점검수준을 고려하여 국토교통부령으로 정하는 바에 따라 정기안전점검 및 정밀안전점검으로 구분한다.
> ② 정밀안전진단 : 시설물의 물리적·기능적 결함을 발견하고 그에 대한 신속하고 적절한 조치를 하기 위하여 구조적 안전성과 결함의 원인 등을 조사·측정·평가하여 보수·보강 등의 방법을 제시하는 행위를 말한다.
> ③ 긴급안전점검 : 시설물의 붕괴·전도 등으로 인한 재난 또는 재해가 발생할 우려가 있는 경우에 시설물의 물리적·기능적 결함을 신속하게 발견하기 위하여 실시하는 점검을 말한다.

📝 필기에 자주 출제되는 내용입니다.

04 산업안전보건법령상 타워크레인 지지에 관한 사항으로 (   )에 알맞은 내용은?

> 타워크레인을 와이어로프로 지지하는 경우, 설치각도는 수평면에서 (㉠)도 이내로 하되, 지지점은 (㉡)개소 이상으로 하고, 같은 각도로 설치하여야 한다.

① ㉠ 45, ㉡ 3   ② ㉠ 45, ㉡ 4
③ ㉠ 60, ㉡ 3   ④ ㉠ 60, ㉡ 4

> 와이어로프 설치각도는 수평면에서 60도 이내로 하되, 지지점은 4개소 이상으로 하고, 같은 각도로 설치할 것

05 사고예방대책의 기본원리 5단계 중 3단계의 분석평가에 관한 내용으로 옳은 것은?

① 현장 조사
② 교육 및 훈련의 개선
③ 기술의 개선 및 인사조정
④ 사고 및 안전활동 기록 검토

정답 03 ④ 04 ④ 05 ①

※ 하인리히의 사고방지 5단계

1단계 : 안전조직	• 안전목표 설정 • 안전관리자의 선임 • 안전조직 구성 • 안전활동 방침 및 계획수립 • 조직을 통한 안전 활동 전개
2단계 : 사실의 발견	• 작업분석 • 점검 • 사고조사 • 안전진단 • 사고 및 활동기록의 검토
3단계 : 분석	• 사고원인 및 경향성 분석(사고보고서 및 현장조사 분석) • 작업공정 분석 • 사고기록 및 관계자료 분석 • 인적 · 물적 환경 조건분석
4단계 : 시정방법 선정	• 기술적 개선 • 안전운동 전개 • 교육훈련 분석(개선) • 안전행정의 개선 • 배치 조정 • 규칙 및 수칙 등 제도의 개선
5단계 : 시정책 적용 (3E 적용)	• 안전교육(Education) • 안전기술(Engineering) • 안전독려(Enforcement)

📝 필기에 자주 출제되는 내용입니다.

06 산업안전보건법령상 노사협의체에 관한 사항으로 틀린 것은?

① 노사협의체 정기회의는 1개월마다 노사협의체의 위원장이 소집한다.
② 공사금액이 20억원 이상인 공사의 관계수급인의 각 대표자는 사용자 위원에 해당된다.
③ 도급 또는 하도급 사업을 포함한 전체 사업의 근로자대표는 근로자 위원에 해당된다.
④ 노사협의체의 근로자위원과 사용자위원은 합의하여 노사협의체에 공사금액이 20억원 미만인 공사의 관계수급인 및 관계수급인 근로자대표를 위원으로 위촉할 수 있다.

① 노사협의체 정기회의는 **2개월마다** 노사협의체의 위원장이 소집하며, 임시회의는 위원장이 필요하다고 인정할 때에 소집한다.

📝 실기까지 중요한 내용입니다.

07 버드(Bird)의 도미노 이론에서 재해발생과정 중 직접원인은 몇 단계인가?

① 1단계 ② 2단계
③ 3단계 ④ 4단계

정답 06 ① 07 ③

★ 버드(Frank. E. Bird)의 사고 연쇄성이론 5단계

1단계	제어부족(관리 부재)
2단계	기본원인(기원)
3단계	직접원인(징후)
4단계	사고(접촉)
5단계	상해(손실)

📝 실기까지 중요한 내용입니다.

08 산업안전보건법령상 상시근로자 20명 이상 50명 미만인 사업장 중 안전보건관리담당자를 선임하여야 할 업종이 아닌 것은?

① 임업
② 제조업
③ 건설업
④ 하수, 폐수 및 분뇨 처리업

★ 상시근로자 20명 이상 50명 미만에서 안전보건관리 담당자를 선임하여야 하는 사업
① 제조업
② 임업
③ 하수, 폐수 및 분뇨 처리업
④ 폐기물 수집, 운반, 처리 및 원료 재생업
⑤ 환경 정화 및 복원업

특급암기법

제임! (재 임용하자.)
하·폐수, 분뇨 폐기하고 원료 재생하여 환경 정화·복원 담당자(안전보건관리 담당자)

📝 실기까지 중요한 내용입니다.

09 산업안전보건법령상 안전보건표지의 용도 및 색도기준이 바르게 연결된 것은?

① 지시표지 : 5N 9.5
② 금지표지 : 2.5G 4/10
③ 경고표지 : 5Y 8.5/12
④ 안내표지 : 7.5R 4/14

★ 안전·보건표지의 색채, 색도기준 및 용도

색채	색도 기준	용도	사용례
빨간색	7.5R 4/14	금지	정지신호, 소화설비 및 그 장소, 유해행위의 금지
		경고	화학물질 취급장소에서의 유해·위험 경고
특급암기법	싫어(7.5) 4/14		
노란색	5Y 8.5/12	경고	화학물질 취급장소에서의 유해·위험 경고, 이외의 위험 경고. 주의 표지 또는 기계방호물
특급암기법	오(5) 빨리와(8.5) 이리(12)		
파란색	2.5PB 4/10	지시	특정 행위의 지시 및 사실의 고지
특급암기법	2.5×4=10		
녹색	2.5G 4/10	안내	비상구 및 피난소, 사람 또는 차량의 통행 표지
특급암기법	2.5×4=10		
흰색	N9.5		파란색 또는 녹색에 대한 보조색
검은색	N0.5		문자 및 빨간색 또는 노란색에 대한 보조색

📝 실기에 자주 출제되는 내용입니다.

정답 08 ③ 09 ③

10 A 사업장에서 중상이 10명 발생하였다면 버드(Bird)의 재해구성 비율에 의한 경상해자는 몇 명인가?

① 50명 ② 100명
③ 145명 ④ 300명

✻ **버드의 1 : 10 : 30 : 600의 법칙**
총 641건의 사고를 분석했을 때
- 중상 또는 폐질 : 1건
- 경상해 : 10건
- 무상해사고 (물적 손실) : 30건
- 무상해, 무사고 (위험 순간) : 600건이 발생함을 의미한다.

중상이 10건이므로
- 경상해 : 100건
- 무상해사고 (물적 손실) : 300건
- 무상해, 무사고 (위험 순간) : 6,000건이 발생한다.

📝 필기에 자주 출제되는 내용입니다.

11 산업재해 발생 시 조치 순서에 있어 긴급처리의 내용으로 볼 수 없는 것은?

① 현장 보존
② 잠재위험요인 적출
③ 관련 기계의 정지
④ 재해자의 응급조치

✻ **긴급조치 순서**
피재기계 정지 → 피재자 응급조치 → 관계자에게 통보 → 2차 재해 방지 → 현장 보존

📝 필기에 자주 출제되는 내용입니다.

12 산업안전보건법령상 안전보건진단을 받아 안전보건개선계획을 수립하여야 하는 대상을 모두 고른 것은?

㉠ 산업재해율이 같은 업종 평균 산업재해율의 2배 이상인 사업장
㉡ 사업주가 필요한 안전조치 또는 보건 조치를 이행하지 아니하여 중대재해가 발생한 사업장
㉢ 상시근로자 1천명 이상 사업장에서 직업성 질병자가 연간 2명 이상 발생한 사업장

① ㉠, ㉡ ② ㉠, ㉢
③ ㉡, ㉢ ④ ㉠, ㉡, ㉢

✻ **안전 · 보건진단을 받아 안전보건개선계획을 수립 · 제출하도록 명할 수 있는 사업장**
① 산업재해율이 같은 업종 평균 산업재해율의 2배 이상인 사업장
② 사업주가 필요한 안전조치 또는 보건조치를 이행하지 아니하여 중대재해가 발생한 사업장
③ 직업성 질병자가 연간 2명 이상(상시근로자 1천명 이상 사업장의 경우 3명 이상) 발생한 사업장
④ 그 밖에 작업환경 불량, 화재 · 폭발 또는 누출 사고 등으로 사업장 주변까지 피해가 확산된 사업장으로서 고용노동부령으로 정하는 사업장

특급암기법
평균의 2배 이상, 직업성 질병 2명 이상(1,000명 이상 3명) 진단받아 개선!
중대재해 발생 하면 진단받아 개선!

정답 10 ② 11 ② 12 ①

참고

* 안전보건 개선계획 작성대상 사업장
① 산업재해율이 같은 업종의 규모별 평균 산업재해율 보다 높은 사업장
② 사업주가 안전·보건조치의무를 이행하지 아니하여 중대재해가 발생한 사업장
③ 직업성 질병자가 연간 2명 이상 발생한 사업장
④ 유해인자의 노출기준을 초과한 사업장

특급암기법
평균보다 높으면 개선계획!
중대재해 발생하면 개선계획!
직업성 질병자 2명 노출기준 초과하면 개선계획!

📝 실기에 자주 출제되는 내용입니다.

13 산업안전보건법령상 중대재해에 해당하지 않는 것은?

① 사망자 1명이 발생한 재해
② 12명의 부상자가 동시에 발생한 재해
③ 2명의 직업성 질병자가 동시에 발생한 재해
④ 5개월의 요양이 필요한 부상자가 동시에 3명 발생한 재해

---

* 중대재해
산업재해 중 사망 등 재해 정도가 심하거나 다수의 재해자가 발생한 경우로서 고용노동부령으로 정하는 재해를 말한다.
① 사망자가 1인 이상 발생한 재해
② 3개월 이상 요양을 요하는 부상자가 동시에 2인 이상 발생한 재해
③ 부상자 또는 직업성 질병자가 동시에 10인 이상 발생한 재해

📝 실기에 자주 출제되는 내용입니다.

14 T.B.M 활동의 5단계 추진법의 진행순서로 옳은 것은?

① 도입 → 확인 → 위험예지훈련 → 작업지시 → 정비점검
② 도입 → 정비점검 → 작업지시 → 위험예지훈련 → 확인
③ 도입 → 작업지시 → 위험예지훈련 → 정비점검 → 확인
④ 도입 → 위험예지훈련 → 작업지시 → 정비점검 → 확인

* TBM 활동의 5단계 추진법
도입 → 정비점검 → 작업지시 → 위험예지훈련 → 확인

참고

* T.B.M (Tool Box Meeting) : 단시간 즉시 적응법
작업 전 또는 종료 시 5~10분간 작업자 3~5인이 조를 이뤄 작업 시 위험요소에 대하여 말하는 방식이다.

정답 13 ③ 14 ②

15 보호구 안전인증 고시상 저음부터 고음까지 차음하는 방음용 귀마개의 기호는?

① EM
② EP-1
③ EP-2
④ EP-3

* **방음용 귀마개 또는 귀덮개의 종류·등급**

종류	등급	기호	성능	비고
귀마개	1종	EP-1	저음부터 고음까지 차음하는 것	귀마개의 경우 재사용 여부를 제조특성으로 표기
	2종	EP-2	주로 고음을 차음하고 저음(회화음영역)은 차음하지 않는 것	
귀덮개	-	EM		

실기까지 중요한 내용입니다.

16 산업재해보상보험법령상 명시된 보험급여의 종류가 아닌 것은?

① 장례비
② 요양급여
③ 휴업급여
④ 생산손실급여

* **산업재해보상보험법령상 보험급여의 종류**

① 요양급여
② 휴업급여
③ 장해급여
④ 간병급여
⑤ 유족급여
⑥ 상병(傷病)보상연금
⑦ 장례비
⑧ 직업재활급여

> 참고
>
> * **하인리히의 재해손실비용**
>
> | 직접비 | 간접비 |
> |---|---|
> | • 치료비
• 휴업급여
• 요양급여
• 유족급여
• 장해급여
• 간병급여
• 직업재활급여
• 상병(傷病)보상연금
• 장의비 등 | • 인적 손실비
• 물적 손실비
• 생산 손실비
• 기계·기구 손실비 등 |

필기에 자주 출제되는 내용입니다.

17 맥그리거의 X, Y이론 중 X이론의 관리처방에 해당하는 것은?

① 조직구조의 평면화
② 분권화와 권한의 위임
③ 자체평가제도의 활성화
④ 권위주의적 리더십의 확립

* **맥그리거(McGregor)의 X,Y 이론의 관리처방**

X이론(저차원)	Y이론(고차원)
• 경제적 보상체제의 강화 • 권위주의적 리더십의 확립 • 면밀한 감독과 엄격한 통제 • 상부 책임제도의 강화	• 분권화와 권한의 위임 • 직무확장 및 목표에 의한 관리 • 민주적 리더쉽의 확립 • 비공식적 조직의 활용 • 상호 신뢰감 　- 책임과 창조력 　- 인간관계 관리방식

필기에 자주 출제되는 내용입니다.

정답 15 ② 16 ④ 17 ④

18 산업안전보건법령상 안전보건관리책임자의 업무에 해당하지 않는 것은? (단, 그 밖의 고용노동부령으로 정하는 사항은 제외한다.)

① 근로자의 적정배치에 관한 사항
② 작업환경의 점검 및 개선에 관한 사항
③ 안전보건관리규정의 작성 및 변경에 관한 사항
④ 안전장치 및 보호구 구입 시 적격품 여부 확인에 관한 사항

* 안전보건관리책임자의 직무
① 산업재해 예방계획의 수립에 관한 사항
② 안전보건관리규정의 작성 및 변경에 관한 사항
③ 근로자의 안전·보건교육에 관한 사항
④ 작업환경 측정 등 **작업환경의 점검 및 개선에 관한 사항**
⑤ 근로자의 건강진단 등 건강관리에 관한 사항
⑥ 산업재해의 원인 조사 및 재발 방지대책 수립에 관한 사항
⑦ 산업재해에 관한 통계의 기록 및 유지에 관한 사항
⑧ 안전장치 및 보호구 구입 시 적격품 여부 확인에 관한 사항
⑨ 위험성평가의 실시에 관한 사항
⑩ 근로자의 위험 또는 건강장해의 방지에 관한 사항

📌 실기에 자주 출제되는 내용입니다.

19 산업안전보건법령상 명시된 안전검사대상 유해하거나 위험한 기계·기구·설비에 해당하지 않는 것은?

① 리프트   ② 곤돌라
③ 산업용 원심기   ④ 밀폐형 롤러기

* 안전검사 대상 유해·위험기계
① 프레스
② 전단기
③ 크레인(정격 하중이 2톤 미만인 것 제외)
④ 리프트
⑤ 압력용기
⑥ 곤돌라
⑦ 국소 배기장치(이동식은 제외)
⑧ 원심기(산업용만 해당)
⑨ 롤러기(밀폐형 구조는 제외한다)
⑩ 사출성형기(형 체결력 294킬로뉴턴(KN) 미만은 제외)
⑪ 고소작업대
⑫ 컨베이어
⑬ 산업용 로봇
⑭ 혼합기(26년 6월 26일 시행)
⑮ 파쇄기 또는 분쇄기(26년 6월 26일 시행)

특급암기법
손 다치는 기계 – 프레스, 전단기, 사출성형기, 롤러기, 혼합기, 파쇄기 또는 분쇄기(26년 6월 26일 시행)
양중기 – 크레인, 리프트, 곤돌라
폭발 – 압력용기
추가 – 극소(국소) 로봇이 고소(높은 곳)의 큰(컨) 원을 검사(안전검사)
국소배기장치 산업용로봇, 고소작업대, 컨베이어, 원심기

📌 실기에 자주 출제되는 내용입니다.

20 재해사례연구의 진행단계로 옳은 것은?

㉠ 대책수립
㉡ 사실의 확인
㉢ 문제점의 발견
㉣ 재해상황의 파악
㉤ 근본적 문제점의 결정

① ㉡ → ㉣ → ㉢ → ㉤ → ㉠
② ㉡ → ㉣ → ㉢ → ㉤ → ㉠
③ ㉣ → ㉡ → ㉢ → ㉤ → ㉠
④ ㉣ → ㉢ → ㉤ → ㉡ → ㉠

재해사례연구 진행 단계
- 전제 조건: 재해 상황의 파악
- 1단계: 사실의 확인
- 2단계: 문제점 발견
- 3단계: 근본 문제점 결정(재해원인 결정)
- 4단계: 대책수립

 실기까지 중요한 내용입니다.

2과목 산업심리 및 교육

21 인간 착오의 메커니즘으로 틀린 것은?

① 위치의 착오
② 패턴의 착오
③ 느낌의 착오
④ 형(形)의 착오

인간의 착각(착오)의 매커니즘
① 위치착오
② 순서착오
③ 패턴착오
④ 형상착오
⑤ 기억오류

22 산업안전보건법령상 명시된 건설용 리프트·곤돌라를 이용한 작업의 특별교육 내용으로 틀린 것은? (단, 그 밖에 안전·보건관리에 필요한 사항은 제외한다.)

① 신호방법 및 공동작업에 관한 사항
② 화물의 취급 및 작업 방법에 관한 사항
③ 방호 장치의 기능 및 사용에 관한 사항
④ 기계·기구의 특성 및 동작원리에 관한 사항

건설용 리프트·곤돌라를 이용한 작업의 특별교육 내용
① 방호장치의 기능 및 사용에 관한 사항
② 기계, 기구, 달기체인 및 와이어 등의 점검에 관한 사항
③ 화물의 권상·권하 작업방법 및 안전작업 지도에 관한 사항
④ 기계·기구의 특성 및 동작원리에 관한 사항
⑤ 신호방법 및 공동작업에 관한 사항
⑥ 그 밖에 안전·보건관리에 필요한 사항

정답 20 ③ 21 ③ 22 ②

23 테일러(Taylor)의 과학적 관리와 거리가 가장 먼 것은?

① 시간-동작 연구를 적용하였다.
② 생산의 효율성을 상당히 향상시켰다.
③ 인간중심의 관점으로 일을 재설계한다.
④ 인센티브를 도입함으로써 작업자들을 동기화시킬 수 있다.

> ③ 인간의 노동을 기계화하여 노동생산성을 높이는 것에만 치중하여 인간의 심리적, 생리적, 사회적 측면을 고려하지 않은 단점이 있다.

24 프로그램 학습법(programmed self-instruction method)의 단점은?

① 보충학습이 어렵다.
② 수강생의 시간적 활용이 어렵다.
③ 수강생의 사회성이 결여되기 쉽다.
④ 수강생의 개인적인 차이를 조절할 수 없다.

프로그램 학습법의 장점	프로그램 학습법의 단점
• 기본개념학습이나 논리적인 학습에 유리하다. • 지능, 학습속도 등 개인차를 고려할 수 있다. • 수업의 모든 단계에 적용이 가능하다. • 수강자들이 학습이 가능한 시간대의 폭이 넓다. • 매 학습마다 피드백을 할 수 있다.	• 한 번 개발된 프로그램 자료는 변경이 어렵다. • 개발비가 많이 들고 제작 과정이 어렵다. • 교육 내용이 고정되어 있다. • 학습에 많은 시간이 걸린다. • 집단 사고의 기회가 없다.(사회성이 결여되기 쉽다.)

📝 필기에 자주 출제되는 내용입니다.

25 작업의 어려움, 기계설비의 결함 및 환경에 대한 주의력의 집중혼란, 심신의 근심 등으로 인하여 재해를 많이 일으키는 사람을 지칭하는 것은?

① 미숙성 누발자   ② 상황성 누발자
③ 습관성 누발자   ④ 소질성 누발자

> ★ 상황성 누발자
> • 작업에 어려움이 많은 자
> • 기계 설비의 결함이 있을 때
> • 심신에 근심이 있는 자
> • 환경상 주의력 집중이 혼란되기 쉬울 때

📝 필기에 자주 출제되는 내용입니다.

26 안전사고가 발생하는 요인 중 심리적인 요인에 해당하는 것은?

① 감정의 불안정
② 극도의 피로감
③ 신경계통의 이상
④ 육체적 능력의 초과

> ① 심리적인 요인
> ②, ③, ④ 육체적인 요인

정답 23 ③ 24 ③ 25 ② 26 ①

27 허츠버그(Herzberg)의 2 요인 이론 중 동기요인(motivator)에 해당하지 않는 것은?

① 성취 ② 작업조건
③ 인정 ④ 작업 자체

* **헤르츠버그(Herzberg)의 동기 · 위생 이론(2 요인론)**

위생 요인(직무 환경)	동기 요인(직무 내용)
• 회사정책과 관리 • 개인 상호간의 관계 • 감독 • 임금 • 보수 • 작업조건 • 지위 • 안전	• 성취감 • 책임감 • 안정감 • 성장과 발전 • 도전감 • 일 그 자체

📝 필기에 자주 출제되는 내용입니다.

28 작업의 강도를 객관적으로 측정하기 위한 지표로 옳은 것은?

① 강도율
② 작업시간
③ 작업속도
④ 에너지 대사율(RMR)

* **에너지 대사율(RMR)**

작업강도는 에너지 대사율로 나타낸다.

$$RMR = \frac{노동대사량}{기초대사량}$$

$$= \frac{작업\ 시의\ 소비\ energy - 안정\ 시\ 소비\ energy}{기초대사량}$$

📝 실기까지 중요한 내용입니다.

29 지도자가 부하의 능력에 따라 차별적으로 성과급을 지급하고자 하는 리더십의 권한은?

① 전문성 권한
② 보상적 권한
③ 합법적 권한
④ 위임된 권한

지도자가 부하에게 성과급을 지급하고자 하는 권한 → 보상적 권한

> **참고**
>
> * **리더십의 권한의 역할**
> ① **보상적 권한** : 지도자가 부하에게 보상할 수 있는 능력
> ② **강압적 권한** : 지도자가 부하들을 처벌할 수 있는 권한
> ③ **합법적 권한** : 조직의 규정에 의해 공식화된 권한
> ④ **위임된 권한** : 부하직원들이 지도자를 따르고 지도자와 함께 일하는 것
> ⑤ **전문성의 권한** : 지도자가 집단 목표수행에 전문적인 지식을 갖고 있는가와 관련한 권한

📝 필기에 자주 출제되는 내용입니다.

30 인간의 욕구에 대한 적응기제(Adjustment Mecha-nism)를 공격적 기제, 방어적 기제, 도피적 기제로 구분할 때 다음 중 도피적 기제에 해당하는 것은?

① 보상 ② 고립
③ 승화 ④ 합리화

정답 27 ② 28 ④ 29 ② 30 ②

도피기제	방어기제
• 억압 • 퇴행 • 백일몽 • 고립(거부)	• 보상 • 합리화 • 승화 • 동일시 • 투사

📝 필기에 자주 출제되는 내용입니다.

31 알더퍼(Alderfer)의 ERG 이론에서 인간의 기본적인 3가지 욕구가 아닌 것은?

① 관계욕구 ② 성장욕구
③ 생리욕구 ④ 존재욕구

* **알더퍼의 E.R.G이론**
① E : 생존욕구 또는 존재욕구(Existenece needs)
  – 의식주, 봉급, 직무안전
② R : 관계욕구(Relatedness needs) – 대인관계
③ G : 성장욕구(Growth needs) – 개인적 발전

📝 실기까지 중요한 내용입니다.

32 주의력의 특성과 그에 대한 설명으로 옳은 것은?

① 지속성 : 인간의 주의력은 2시간 이상 지속된다.
② 변동성 : 인간은 주의 집중은 내향과 외향의 변동이 반복된다.
③ 방향성 : 인간이 주의력을 집중하는 방향은 상하 좌우에 따라 영향을 받는다.
④ 선택성 : 인간의 주의력은 한계가 있어 여러 작업에 대해 선택적으로 배분된다.

* **인간 주의특성의 종류**
① 선택성 : 사람은 한번에 여러 종류의 자극을 지각하거나 수용하지 못하며 소수의 특정한 것으로 한정해서 선택하는 기능을 말한다.
② 방향성 : 시선에서 벗어난 부분은 무시되기 쉽다.(주시점만 응시한다.)
③ 변동성 : 주의는 리듬이 있어 일정한 수순을 지키지 못한다.
④ 단속성 : 고도의 주의는 장시간 집중이 곤란하다.
⑤ 주의력의 중복집중 곤란 : 동시에 두개이상의 방향을 잡지 못한다

📝 필기에 자주 출제되는 내용입니다.

33 파악하고자 하는 연구과제에 대해 언어를 매개로 구조화된 질의응답을 통하여 교육하는 기법은?

① 면접(interview)
② 카운슬링(counseling)
③ CCS(Civil Communication Section)
④ ATT(American Telephone & Telegram Co.)

언어를 매개로 구조화된 질의응답을 통하여 교육하는 기법 → 면접(interview)

정답 31 ③ 32 ④ 33 ①

34 안전교육방법 중 새로운 자료나 교재를 제시하고, 거기에서의 문제점을 피교육자로 하여금 제기하게 하거나, 의견을 여러 가지 방법으로 발표하게 하고, 다시 깊게 파고들어서 토의 하는 방법은?

① 포럼(Forum)
② 심포지엄(Symposium)
③ 버즈세션(Buzz Session)
④ 패널 디스커션(Panel Discussion)

새로운 자료나 교재를 제시하고, 문제점을 피교육자로 하여금 제기하게 하는 방법 → 포럼(Forum)

[참고]

① 심포지엄 : 몇 사람의 전문가에 의하여 과제에 관한 견해를 발표한 뒤 참가자로 하여금 의견이나 질문을 하게 하여 토의하는 방법
② 버즈세션 : 사회자와 기록계를 선출한 후 6명씩의 소집단으로 구분하고, 소집단별로 6분씩 자유토의를 행하여 의견을 종합하는 방법
③ 패널 디스커션 : 패널 멤버(교육과제에 정통한 전문가 4~ 5명)가 피교육자 앞에서 **토의**를 하고, 뒤에 피교육자 전원이 참가하여 사회자의 사회에 따라 토의하는 방법

📝 필기에 자주 출제되는 내용입니다.

35 산업안전보건법령상 근로자 안전보건교육의 교육과정 중 건설 일용근로자의 건설업 기초 안전·보건교육 교육시간 기준으로 옳은 것은?

① 1시간 이상
② 2시간 이상
③ 3시간 이상
④ 4시간 이상

* 근로자 안전보건교육

교육과정	교육대상		교육시간
가. 정기 교육	1) 사무직 종사 근로자		매반기 6시간 이상
	2) 그 밖의 근로자	가) 판매 업무에 직접 종사하는 근로자	매반기 6시간 이상
		나) 판매 업무에 직접 종사하는 근로자 외의 근로자	매반기 12시간 이상
나. 채용시의 교육	1) 일용근로자 및 근로계약기간이 1주일 이하인 기간제근로자		1시간 이상
	2) 근로계약기간이 1주일 초과 1개월 이하인 기간제근로자		4시간 이상
	3) 그 밖의 근로자		8시간 이상
다. 작업 내용 변경시의 교육	1) 일용근로자 및 근로계약기간이 1주일 이하인 기간제근로자		1시간 이상
	2) 그 밖의 근로자		2시간 이상
라. 특별 교육	1) 일용근로자 및 근로계약기간이 1주일 이하인 기간제 근로자(타워크레인 신호작업에 종사하는 근로자 제외)		2시간 이상
	2) 일용근로자 및 근로계약기간이 1주일 이하인 기간제 근로자 중 타워크레인신호작업에 종사하는 근로자		8시간 이상
	3) 일용근로자 및 근로계약기간이 1주일 이하인 기간제 근로자를 제외한 근로자		가)16시간 이상(최초 작업에 종사하기 전 4시간 이상 실시하고 12시간은 3개월 이내에서 분할하여 실시 가능) 나)단기간 작업 또는 간헐적 작업인 경우에는 2시간 이상
마. 건설업 기초안전·보건교육	건설 일용근로자		4시간 이상

📝 실기에 자주 출제되는 중요한 내용입니다.

정답 34 ① 35 ④

36 안전교육의 방법을 지식교육, 기능교육 및 태도교육 순서로 구분하여 맞게 나열한 것은?

① 시청각 교육 - 현장실습 교육 - 안전작업 동작지도
② 시청각 교육 - 안전작업 동작지도 - 현장실습 교육
③ 현장실습 교육 - 안전작업 동작지도 - 시청각 교육
④ 안전작업 동작지도 - 시청각 교육 - 현장실습 교육

> ★ 교육의 3단계
> ① 제1단계(지식교육) : 강의 및 시청각 교육 등을 통하여 지식을 전달하는 단계
> ② 제2단계(기능교육) : 시범, 견학, 현장실습 교육 등을 통하여 경험을 체득하는 단계
> ③ 제3단계(태도교육) : 작업동작 지도 등을 통하여 안전행동을 습관화하는 단계

📝 필기에 자주 출제되는 내용입니다.

37 O.J.T(On the Training)의 장점이 아닌 것은?

① 직장의 실정에 맞게 실제적 훈련이 가능하다.
② 교육을 통한 훈련효과에 의해 상호 신뢰 이해도가 높아진다.
③ 대상자의 개인별 능력에 따라 훈련의 진도를 조정하기가 쉽다.
④ 교육훈련 대상자가 교육훈련에만 몰두 할 수 있어 학습효과가 높다.

OJT의 특징	OFF JT의 특징
① 개개인에게 적절한 훈련이 가능하다.	① 다수의 근로자들에게 훈련을 할 수 있다.
② 직장의 실정에 맞는 훈련이 가능하다.	② 훈련에만 전념하게 된다.
③ 교육효과가 즉시 업무에 연결된다.	③ 특별설비기구 이용이 가능하다.
④ 훈련에 대한 업무의 계속성이 끊어지지 않는다.	④ 많은 지식이나 경험을 교류할 수 있다.
⑤ 상호 신뢰 이해도가 높다.	⑤ 교육 훈련 목표에 대하여 집단적 노력이 흐트러 질 수 있다.

> 참고
> ① OJT(On The Job Training) : 직속상사가 부하직원에게 일상업무를 통하여 지식, 기능, 문제해결 능력 및 태도 등을 교육하는 방법으로 개별교육에 적합하다.
> ② OFF JT(Off The Job Training) : 외부강사를 초청하여 근로자를 일정한 장소에 집합시켜 실시하는 교육 형태로서 집합교육에 적합하다.

📝 필기에 자주 출제되는 내용입니다.

38 학습목적의 3요소가 아닌 것은?

① 목표(goal)
② 주제(subject)
③ 학습정도(level of learning)
④ 학습방법(methed of learning)

> ★ 학습목적의 3요소
> ① 학습목표(goal) : 학습을 통하여 달성하려는 지표를 말한다.(학습목적의 핵심)
> ② 주제(subject) : 목적달성을 위한 중심내용을 의미한다.
> ③ 학습정도(level of learning) : 주제를 학습시킬 때 내용범위와 내용의 정도를 뜻한다.

정답 36 ① 37 ④ 38 ④

39 학습된 행동이 지속되는 것을 의미하는 용어는?

① 회상(recall)
② 파지(retention)
③ 재인(recognition)
④ 기명(memorizing)

*기억의 과정

기명 → 파지 → 재생 → 재인
① 기억 : 과거 행동이 미래 행동에 영향을 줌
② 기명 : 사물의 인상을 마음에 간직함
③ 파지 : 인상이 보존됨
④ 재생 : 보존된 인상이 떠오름
⑤ 재인 : 과거에 경험했던 것과 비슷한 상황에서 떠오르는 현상

 필기에 자주 출제되는 내용입니다.

40 작업자들에게 적성검사를 실시하는 가장 큰 목적은?

① 작업자의 협조를 얻기 위함
② 작업자의 인간관계 개선을 위함
③ 작업자의 생산능률을 높이기 위함
④ 작업자의 업무량을 최대로 할당하기 위함

적성검사의 목적 → 작업자의 생산능률을 높이기 위함

3과목 인간공학 및 시스템안전공학

41 인간공학적 수공구 설계원칙이 아닌 것은?

① 손목을 곧게 유지할 것
② 반복적인 손가락 동작을 피할 것
③ 손잡이 접촉 면적을 작게 설계할 것
④ 조직(tissue)에 가해지는 압력을 피할 것

③ 손바닥과의 접촉 면적이 크게 설계할 것

42 NIOSH 지침에서 최대허용한계(MPL)는 활동한계(AL)의 몇 배인가?

① 1배　　② 3배
③ 5배　　④ 9배

MPL(최대허용기준) = 3×AL(감시기준, 활동한계)

43 FMEA의 특징에 대한 설명으로 틀린 것은?

① 서브시스템 분석 시 FTA보다 효과적이다.
② 양식이 비교적 간단하고 적은 노력으로 특별한 훈련 없이 해석이 가능하다.
③ 시스템 해석기법은 정성적·귀납적 분석법 등에 사용된다.
④ 각 요소간 영향 해석이 어려워 2가지 이상 동시 고장은 해석이 곤란하다.

① 서브시스템 분석에는 FHA가 효과적이다.

정답　39 ②　40 ③　41 ③　42 ②　43 ①

> 참고

＊FMEA

시스템에 영향을 미치는 모든 요소의 고장을 형태별로 분석하여 그 영향을 검토하는 정성적, 귀납적 분석법이다.

장점	단점
• 서식이 간단하고 적은 노력으로도 분석이 가능하다.	• 논리성이 부족하다. • 각 요소간의 영향을 분석하기 어렵기 때문에 동시에 두 개 이상의 고장이 날 경우 해석이 곤란하다. • 요소가 물체로 한정되어 있어 인적 원인 분석이 곤란하다.

 필기에 자주 출제되는 내용입니다.

44 인간공학에 대한 설명으로 틀린 것은?

① 제품의 설계 시 사용자를 고려한다.
② 환경과 사람이 격리된 존재가 아님을 인식한다.
③ 인간공학의 목표는 기능적 효과, 효율 및 인간 가치를 향상시키는 것이다.
④ 인간의 능력 및 한계에는 개인차가 없다고 인지한다.

> ＊인간공학의 정의
>
> • 인간의 특성과 한계능력을 공학적으로 분석·평가하여 이를 복잡한 체계의 설계에 응용함으로써 효율을 최대로 활용할 수 있도록 하는 학문분야
> • 인간공학은 기계와 그 기계조작 및 환경조건을 인간의 특성에 맞추어 설계하기 위한 수단을 연구하는 학문이다.

45 인간 - 기계시스템에서의 여러 가지 인간 에러와 그것으로 인해 생길 수 있는 위험성의 예측과 개선을 위한 기법은?

① PHA ② FHA
③ OHA ④ THERP

> ＊THERP
>
> 인간의 과오(human error)를 정량적으로 평가하기 위하여 개발된 기법

 필기에 자주 출제되는 내용입니다.

46 개선의 ECRS의 원칙에 해당하지 않는 것은?

① 제거(Eliminate)
② 결합(Combine)
③ 재조정(Rearrange)
④ 안전(Safety)

> ＊개선의 4원칙(ECRS)
>
> ① 제거(Eliminate) : 생략과 배제의 원칙
> ② 결합(Combine) : 결합과 분리의 원칙
> ③ 재조정(Rearrange) : 재편성과 재배열의 원칙
> ④ 단순화(Simplify) : 단순화의 원칙

 필기에 자주 출제되는 내용입니다.

 44 ④   45 ④   46 ④

47 표시장치로부터 정보를 얻어 조종장치를 통해 기계를 통제하는 시스템은?

① 수동 시스템 ② 무인 시스템
③ 반자동 시스템 ④ 자동 시스템

① 수동시스템
- 사용자가 손공구나 기타 보조물 등을 사용하여 자기의 신체적 힘을 동력원으로 하여 작업을 수행하는 시스템이다.

② 기계시스템(반자동 시스템)
- 여러 종류의 동력 공작 기계와 같이 **고도로 통합된 부품들로 구성**되어 있다.
- 인간의 역할은 제어 기능을 담당하고, 힘에 대한 공급은 기계가 담당한다.

③ 자동 시스템
- 기계가 감지, 정보 처리 및 의사 결정, 행동 기능 및 정보 보관 등 모든 임무를 미리 설계된 대로 수행하게 된다.
- 인간은 감시, 감독, 보전 등의 역할을 담당하게 된다.

📌 필기에 자주 출제되는 내용입니다.

48 Q10 효과에 직접적인 영향을 미치는 인자는?

① 고온 스트레스 ② 한랭한 작업장
③ 중량물의 취급 ④ 분진의 다량발생

Q10 효과에 직접적인 영향을 미치는 인자
→ 고온 스트레스

49 결함수분석(FTA)에 의한 재해사례의 연구 순서로 옳은 것은?

> ㉠ FT(Fault Tree)도 작성
> ㉡ 개선안 실시계획
> ㉢ 톱 사상의 선정
> ㉣ 사상마다 재해원인 및 요인 규명
> ㉤ 개선계획 작성

① ㉡ → ㉣ → ㉢ → ㉤ → ㉠
② ㉢ → ㉣ → ㉠ → ㉤ → ㉡
③ ㉣ → ㉤ → ㉢ → ㉠ → ㉡
④ ㉤ → ㉢ → ㉡ → ㉠ → ㉣

★ FTA에 의한 재해사례 연구 순서
- 1단계 : 톱사상의 설정
- 2단계 : 재해 원인 규명
- 3단계 : FT도의 작성
- 4단계 : 개선계획의 작성

📌 필기에 자주 출제되는 내용입니다.

50 물체의 표면에 도달하는 빛의 밀도를 뜻하는 용어는?

① 광도 ② 광량
③ 대비 ④ 조도

★ 조도
물체나 표면에 도달하는 빛의 단위 면적당 밀도

$$조도(lux) = \frac{광도}{(거리)^2}$$

📌 필기에 자주 출제되는 내용입니다.

정답 47 ③ 48 ① 49 ② 50 ④

51 시각적 표시장치와 청각적 표시장치 중 시각적 표시장치를 선택해야 하는 경우는?

① 메시지가 긴 경우
② 메시지가 후에 재참조 되지 않는 경우
③ 직무상 수신자가 자주 움직이는 경우
④ 메시지가 시간적 사상(event)을 다룬 경우

★ 청각장치와 시각장치의 비교

청각장치	시각장치
① 전언이 짧고, 간단할 때	① 전언이 길고, 복잡할 때
② 재참조 되지 않음	② 재참조 된다.
③ 시간적인 사상을 다룬다.	③ 공간적인 위치 다룬다.
④ 즉각적인 행동 요구할 때	④ 즉각적 행동 요구하지 않을 때
⑤ 시각계통 과부하일 때	⑤ 청각계통 과부하일 때
⑥ 주위가 너무 밝거나 암조응일 때	⑥ 주위가 너무 시끄러울 때
⑦ 자주 움직이는 경우	⑦ 한곳에 머무르는 경우

📝 필기에 자주 출제되는 내용입니다.

★ 양립성
자극-반응의 관계가 인간의 기대와 모순되지 않는 성질

개념적 양립성	외부자극에 대해 인간의 개념적 현상의 양립성 예 빨간 버튼은 온수, 파란 버튼은 냉수
공간적 양립성	표시장치, 조종장치의 형태 및 공간적 배치의 양립성 예 오른쪽 조리대는 오른쪽 조절장치로, 왼쪽 조리대는 왼쪽 조절장치로 조정한다.
운동의 양립성	표시장치, 조종장치 등의 운동 방향의 양립성 예 조종장치를 오른쪽으로 돌리면 표시장치 지침이 오른 쪽으로 이동한다.
양식 양립성	직무에 알맞은 자극과 응답의 양식의 존재에 대한 양립성 예 음성과업에 대해서는 청각적 자극 제시와 이에 대한 음성응답 과업에서 갖는 양립성이다.

📝 필기에 자주 출제되는 내용입니다.

52 조작과 반응과의 관계, 사용자의 의도와 실제 반응과의 관계, 조종장치와 작동결과에 관한 관계 등 사람들이 기대하는 바와 일치하는 관계가 뜻하는 것은?

① 중복성 ② 조직화
③ 양립성 ④ 표준화

정답 51 ① 52 ③

53 FT도에 사용되는 다음 기호의 명칭은?

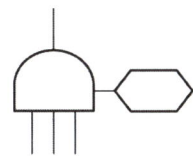

① 억제게이트　② 조합AND게이트
③ 부정게이트　④ 배타적OR게이트

억제게이트	
조합AND게이트	
부정게이트	A
배타적OR게이트	또는 동시발생

📌 필기에 자주 출제되는 내용입니다.

54 일정한 고장률을 가진 어떤 기계의 고장률이 시간당 0.008일 때 5시간 이내에 고장을 일으킬 확률은?

① $1 + e^{0.04}$
② $1 - e^{-0.004}$
③ $1 - e^{0.04}$
④ $1 - e^{-0.04}$

① 신뢰도 : 고장나지 않을 확률

$$R(t) = e^{-\frac{t}{t_0}} = e^{-\lambda \times t}$$

- t_0 : 평균고장시간 또는 평균수명
- t : 앞으로 고장 없이 사용할 시간
- λ : 고장률

② 불신뢰도 : 고장 날 확률

　　1 - 신뢰도

- 신뢰(고장나지 않을 확률) $R(t) = e^{-0.008 \times 5} = e^{-0.04}$
- 불신뢰도(고장을 일으킬 확률) $= e^{-0.04}$

📌 필기에 자주 출제되는 내용입니다.

55 HAZOP기법에서 사용하는 가이드워드와 그 의미가 틀린 것은?

① Other than : 기타 환경적인 요인
② No/Not : 디자인 의도의 완전한 부정
③ Reverse : 디자인 의도의 논리적 반대
④ More/Less : 정량적인 증가 또는 감소

★ 유인어의 종류와 뜻

- No 또는 Not : 완전한 부정
- More 또는 Less : 양의 증가 및 감소
- As Well As : 성질상의 증가
- Part of : 일부변경, 성질상의 감소
- Reverse : 설계의도의 논리적인 역
- Other Than : 완전한 대체

📌 필기에 자주 출제되는 내용입니다.

정답　53 ②　54 ④　55 ①

56 음압수준이 60dB일 때 1000Hz에서 순음의 phon의 값은?

① 50phon   ② 60phon
③ 90phon   ④ 100phon

- **1phone** : 1000Hz, 1dB 음의 크기
- **60phone** : 1000Hz, 60dB 음의 크기

📝 필기에 자주 출제되는 내용입니다.

57 인간의 오류모형에서 상황해석을 잘못하거나 목표를 잘못 이해하고 착각하여 행하는 경우를 뜻하는 용어는?

① 실수(Slip)   ② 착오(Mistake)
③ 건망증(Lapse)   ④ 위반(Violation)

★ 인간의 정보처리 과정에서 발생되는 에러

Mistake (착오, 착각)	• 인지과정과 의사결정과정에서 발생하는 에러 • 상황해석을 잘못하거나 틀린 목표를 착각하여 행하는 경우
Lapse (건망증)	• 저장단계에서 발생하는 에러 • 어떤 행동을 잊어버리고 안하는 경우
Slip (실수, 미끄러짐)	• 실행단계에서 발생하는 에러 • 상황(목표)해석은 제대로 하였으나 의도와는 다른 행동을 하는 경우
Violation (위반)	• 알고 있음에도 의도적으로 따르지 않거나 무시한 경우

📝 필기에 자주 출제되는 내용입니다.

58 프레스 기어의 안전장치 수명은 지수분포를 따르며 평균 수명이 1000시간일 때 ㉠, ㉡에 알맞은 값은 약 얼마인가?

㉠ 새로 구입한 안전장치가 향후 500시간 동안 고장 없이 작동할 확률
㉡ 이미 1,000시간을 사용한 안전장치가 향후 500 시간 이상 견딜 확률

① ㉠ 0.606, ㉡ 0.606
② ㉠ 0.606, ㉡ 0.808
③ ㉠ 0.808, ㉡ 0.606
④ ㉠ 0.808, ㉡ 0.808

① **신뢰도** : 고장나지 않을 확률

$$R(t) = e^{-\frac{t}{t_0}} = e^{-\lambda \times t}$$

- t_0 : 평균고장시간 또는 평균수명
- t : 앞으로 고장 없이 사용할 시간
- λ : 고장률

② **불신뢰도** : 고장 날 확률

$$1 - 신뢰도$$

- 고장 없이 작동할 확률(신뢰도)

$$R(t) = e^{-\frac{t}{t_0}} = e^{-\frac{500}{1,000}} = e^{-0.5} = 0.6065$$

- 향후 500시간 이상 견딜 확률(신뢰도)

$$R(t) = e^{-\frac{t}{t_0}} = e^{-\frac{500}{1,000}} = e^{-0.5} = 0.6065$$

📝 필기에 자주 출제되는 내용입니다.

정답 56 ② 57 ② 58 ①

59 FT도에서 신뢰도는? (단, A발생확률은 0.01, B발생확률은 0.02이다.)

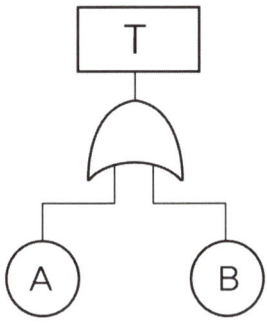

① 96.02% ② 97.02%
③ 98.02% ④ 99.02%

OR게이트이므로
1. 고장확률(T의 발생확률)
   = 1−(1−A) × (1−B)
   = 1−(1−0.01) × (1−0.02)
   = 0.0298

2. 신뢰도 = 1 − 고장확률
         = 1 − 0.0298 = 0.9702(97.02%)

60 위험성평가 시 위험의 크기를 결정하는 방법이 아닌 것은?

① 덧셈법   ② 곱셈법
③ 뺄셈법   ④ 행렬법

* **위험성을 추정하는 방법**
① 가능성과 중대성을 행렬을 이용하여 조합하는 방법 (행렬법)
② 가능성과 중대성을 곱하는 방법(곱셈법)
③ 가능성과 중대성을 더하는 방법(덧셈법)
④ 그 밖에 사업장의 특성에 적합한 방법

3과목 건설시공학

61 기존에 구축된 건축물 가까이에서 건축공사를 실시할 경우 기존 건축물의 지반과 기초를 보강하는 공법은?

① 리버스 서큘레이션 공법
② 언더피닝 공법
③ 슬러리 월 공법
④ 탑다운 공법

* **언더피닝공법**
기존건물 가까이에서 건축공사를 할 때 인접건물의 지반과 기초를 보강하는 공법을 말한다.

> **참고**
>
> **＊흙막이 공법**
> ① 탑다운 공법 : 도심지내 지하층 깊이 증가로 흙막이 공법 적용이 어려울 경우 안전성 확보로 사용하는 방법
> ② 슬러리월 공법(지하연속벽 공법) : 벤토나이트 안정액을 사용하여 지반의 붕괴를 방지하면서 굴착하여 그 속에 철근망 삽입하고 콘크리트를 타설하여 흙막이 벽체를 형성하는 공법
> ③ 리버스서큘레이션공법(현장타설 제자리 콘크리트 말뚝) : 물이나 안정액으로 굴착공 안의 정수압을 유지하여 굴착공 벽을 보호하면서 굴착하는 공법

📝 필기에 자주 출제되는 내용입니다.

62 다음은 기성말뚝 세우기에 관한 표준시방서 규정이다. ( ) 안에 순서대로 들어갈 내용으로 옳게 짝지어진 것은? (단, 보기항의 D는 말뚝의 바깥지름 임)

> 말뚝의 연직도나 경사도는 ( ) 이내로 하고, 말뚝박기 후 평면상의 위치가 설계도면의 위치로 부터 ( )와 100mm 중 큰 값 이상으로 벗어나지 않아야 한다.

① 1/100, D/4
② 1/100, D/3
③ 1/150, D/4
④ 1/150, D/3

> **참고**
>
> 말뚝의 연직도나 경사도는 1/50 이내로 하고, 말뚝박기 후 평면상의 위치가 설계도면 위치로부터 D/4(D는 말뚝의 바깥지름)와 100mm 중 큰 값 이상으로 벗어나지 않아야 한다.

📝 문제 오류로 전항 정답 처리 되었습니다.

63 철골공사에서 발생하는 용접 결함이 아닌 것은?

① 피트(Pit)
② 블로우 홀(Blow hole)
③ 오버 랩(Over lap)
④ 가우징(Gouging)

> **＊용접 결함**
> ① **피트(Pit)** : 용접부 표면에 작은 기포 구멍이 발생하는 현상
> ② **블로우 홀(Blow hole)** : 용접부에 기공이 발생하는 현상
> ③ **오버 랩(Over lap)** : 모재가 겹쳐지는 현상

> **참고**
>
> **＊가우징(Gouging)**
> 아크로 금속을 녹여서 강한 공기를 이용하여 녹은 금속을 불어내는 작업을 말한다.

📝 필기에 자주 출제되는 내용입니다.

정답 62 ① 63 ④

64 원심력 고강도 프리스트레스트 콘크리트말뚝의 이음방법 중 가장 강성이 우수하고 안전하여 많이 사용하는 이음방법은?

① 충전식 이음 ② 볼트식 이음
③ 용접식 이음 ④ 강관말뚝 이음

원심력 고강도 프리스트레스트 콘크리트 말뚝의 이음방법으로 가장 강성이 강하고 우수한 방법 → 용접식 이음

65 철근이음의 종류 중 나사를 가지는 슬리브 또는 커플러, 에폭시나 모르타르 또는 용융금속 등을 충전한 슬리브, 클립이나 편체 등의 보조장치 등을 이용한 것을 무엇이라 하는가?

① 겹침이음 ② 가스압접 이음
③ 기계적 이음 ④ 용접이음

*철근이음의 종류
① 겹침이음
- 철근을 이음할 개소를 두 군데 이상 결속선(#18~20)으로 결속하는 방법을 말한다.
② 용접이음
- 철근을 고열로 녹여서 이음하는 방법을 말한다.
③ 가스압접이음
- 철근의 접합면을 맞대어 산소 아세틸렌가스의 불꽃으로 압력을 가하며 가열하며 접합하는 방법을 말한다.
④ 기계적 이음
- 나사이음 : 철근에 숫나사를 만들고 커플러 양단을 너트로 조여 이음하는 방법

- 슬리브 압착이음 : 접합부재를 슬리브 속에 넣고 유압잭으로 압착하여 이음하는 방법
- 슬리브 충전이음 : 슬리브 구멍 속에 에폭시나 모르타르 등의 그라우트재를 주입하여 이음하는 방법

📝 필기에 자주 출제되는 내용입니다.

66 R.C.D(리버스 서큘레이션 드릴)공법의 특징으로 옳지 않은 것은?

① 드릴파이프 직경보다 큰 호박돌이 있는 경우 굴착이 불가하다.
② 깊은 심도까지 굴착이 가능하다.
③ 시공속도가 빠른 장점이 있다.
④ 수상(해상)작업이 불가하다.

*리버스서큘레이션공법(역순환 굴착공법, RCD공법)
① 리버스 서큘레이션 드릴로 대구경의 **구멍을 파고 굴착공 안을 물이나 안정액으로 정수압을 유지하여 굴착공 벽을 보호**하면서 굴착, 철근망과 콘크리트를 타설하여 말뚝을 형성하는 공법
굴착된 토사와 안정액이 밖으로 배출되고, 배출된 순환수는 토사를 침전시킨 후 다시 굴착공으로 들어가는 방식이다.
② 수상(해상)작업이 가능하다.
③ 점토, 실트층에 사용할 수 있으며, 드릴파이프 직경보다 큰 호박돌층, 전 석층은 굴착이 불가능하다.
④ 깊은 심도까지 굴착이 가능하다.(시공심도는 30~70cm정도)
⑤ 시공속도가 빠르고, 유지비가 적게 든다.

📝 필기에 자주 출제되는 내용입니다.

67 보강블록공사 시 벽의 철근 배치에 관한 설명으로 옳지 않은 것은?

① 가로근을 배근 상세도에 따라 가공하되, 그 단부는 180°의 갈구리로 구부려 배근한다.
② 블록의 공동에 보강근을 배치하고 콘크리트를 다져 넣기 때문에 세로줄눈은 막힌줄눈으로 하는 것이 좋다.
③ 세로근은 기초 및 테두리보에서 위층의 테두리보까지 잇지 않고 배근하여 그 정착길이는 철근 직경의 40배 이상으로 한다.
④ 벽의 세로근은 구부리지 않고 항상 진동 없이 설치한다.

> **★ 철근콘크리트 보강 블록공사**
> ① 블록을 쌓아 철근과 콘크리트로 보강하여 내력벽을 구축하는 공법을 말한다.
> ② 원칙적으로 통줄눈 쌓기로 한다.
> ③ 보강콘크리트 블록조에서 세로근에 이음을 만들어서는 안 된다.
> ④ 가로근은 배근 상세도에 따라 가공하되, 그 단부는 180°의 갈구리로 구부려 배근한다.
> ⑤ 세로근은 기초 및 테두리보에서 위층의 테두리보까지 잇지 않고 배근하여 그 정착길이는 철근 직경의 40배 이상으로 한다.
> ⑥ 벽의 세로근은 구부리지 않고 항상 진동 없이 설치한다.

📝 필기에 자주 출제되는 내용입니다.

68 철근공사 시 철근의 조립과 관련된 설명으로 옳지 않은 것은?

① 철근이 바른 위치를 확보할 수 있도록 결속선으로 결속하여야 한다.
② 철근을 조립한 다음 장기간 경과한 경우에는 콘크리트의 타설 전에 다시 조립검사를 하고 청소하여야 한다.
③ 경미한 황갈색의 녹이 발생한 철근은 콘크리트와의 부착이 매우 불량하므로 사용이 불가하다.
④ 철근의 피복두께를 정확하게 확보하기 위해 적절한 간격으로 고임재 및 간격재를 배치하여야 한다.

> ③ 경미한 황갈색의 녹이 발생한 철근은 콘크리트와의 부착을 해치지 않으므로 사용해도 좋다.

69 공사계약방식에서 공사실시 방식에 의한 계약제도가 아닌 것은?

① 일식도급
② 분할도급
③ 실비정산 보수가산도급
④ 공동도급

공사 실시 방식에 의한 도급	도급공사의 금액 결정방법에 의한 도급
① 일식도급	① 정액도급
② 분할도급	② 단가도급
③ 공동도급	③ 실비정산 보수가산도급

📝 필기에 자주 출제되는 내용입니다.

정답 67 ② 68 ③ 69 ③

70 알루미늄 거푸집에 관한 설명으로 옳지 않은 것은?

① 경량으로 설치시간이 단축된다.
② 이음매(Joint)감소로 견출작업이 감소된다.
③ 주요 시공 부위는 내부벽체, 슬래브, 계단실 벽체이며, 슬래브 필러 시스템이 있어서 해체가 간편하다.
④ 녹이 슬지 않는 장점이 있으나 전용횟수가 매우 적다.

④ 녹이 슬지 않는 장점이 있으며 전용횟수가 높다.

71 철거작업 시 지중장애물 사전조사 항목으로 가장 거리가 먼 것은?

① 주변 공사장에 설치된 모든 계측기 확인
② 기존 건축물의 설계도, 시공기록 확인
③ 가스, 수도, 전기 등 공공매설물 확인
④ 시험굴착, 탐사 확인

* 철거작업 시 지중장애물 사전조사 항목
① 기존 건축물의 설계도, 시공기록 확인
② 가스, 수도, 전기 등 공공매설물 확인
③ 시험굴착, 탐사 확인

72 벽돌쌓기 시 사전준비에 관한 설명으로 옳지 않은 것은?

① 줄기초, 연결보 및 바닥 콘크리트의 쌓기 면은 작업 전에 청소하고, 우묵한 곳은 모르타르로 수평지게 고른다.
② 벽돌에 부착된 흙이나 먼지는 깨끗이 제거한다.
③ 모르타르는 지정한 배합으로 하되 시멘트와 모래는 건비빔으로 하고, 사용할 때에는 쌓기에 지장이 없는 유동성이 확보되도록 물을 가하고 충분히 반죽하여 사용한다.
④ 콘크리트 벽돌은 쌓기 직전에 충분한 물 축이기를 한다.

④ 콘크리트 벽돌은 쌓기 직전에 물을 축이지 않으며 내화벽돌은 물 축임을 하지 않는다.

📋 필기에 자주 출제되는 내용입니다.

73 콘크리트는 신속하게 운반하여 즉시 타설하고, 충분히 다져야 하는데 비비기로부터 타설이 끝날 때까지의 시간은 원칙적으로 얼마를 넘어서면 안 되는가? (단, 외기온도가 25℃ 이상일 경우)

① 1.5시간 ② 2시간
③ 2.5시간 ④ 3시간

* 콘크리트 운반시간
① 외기온도 25℃ 이상 : 1.5시간 이내
② 외기온도 25℃ 미만 : 2시간 이내

정답 70 ④ 71 ① 72 ④ 73 ①

74 피어기초공사에 관한 설명으로 옳지 않은 것은?

① 중량구조물을 설치하는데 있어서 지반이 연약하거나 말뚝으로도 수직지지력이 부족하여 그 시공이 불가능한 경우와 기초지반의 교란을 최소화해야 할 경우에 채용한다.
② 굴착된 흙을 직접 탐사할 수 있고 지지층의 상태를 확인할 수 있다.
③ 진동과 소음이 발생하는 공법이긴 하나 여타 기초형식에 비하여 공기 및 비용이 적게 소요된다.
④ 피어기초를 채용한 국내의 초고층 건축물에는 63빌딩이 있다.

③ 무소음 무진동 공법으로 시가지 공사에 적합하다.

> **참고**
> **＊피어기초**
> 기초 판의 하부에 기둥모양으로 만든 피어를 설치하여 하중을 전달시키는 형식의 기초(깊은 기초지정에 해당한다.)

75 다음 각 거푸집에 관한 설명으로 옳은 것은?

① 트래블링 폼(Travelling Form) : 무량판 시공시 2방향으로 된 상자형 기성재 거푸집이다.
② 슬라이딩 폼(Sliding Form) : 수평활동 거푸집이며 거푸집 전체를 그대로 떼어 다음 사용 장소로 이동시켜 사용할 수 있도록 한 거푸집이다.
③ 터널폼(Tunnel Form) : 한 구획 전체의 벽판과 바닥판을 ㄱ자형 또는 ㄷ자형으로 짜서 이동시키는 형태의 기성재 거푸집이다.
④ 워플폼(Waffle Form) : 거푸집 높이는 약 1m이고 하부가 약간 벌어진 원형 철판 거푸집을 요오크(yoke)로 서서히 끌어 올리는 공법으로 Silo 공사 등에 적당하다.

① 트래블링 폼(Travelling Form) : 수평활동 거푸집이며 거푸집 전체를 그대로 떼어 다음 사용 장소로 이동시켜 사용할 수 있도록 한 거푸집이다.
② 슬라이딩 폼(Sliding Form) : 거푸집 높이는 약 1m이고 하부가 약간 벌어진 원형 철판 거푸집을 요오크(yoke)로 서서히 끌어 올리는 공법으로 Silo 공사 등에 적당하다.
③ 터널폼(Tunnel Form) : 한 구획 전체의 벽판과 바닥판을 ㄱ자형 또는 ㄷ자형으로 짜서 이동시키는 형태의 기성재 거푸집이다.
④ 워플폼(Waffle Form) : 무량판 시공 시 2방향으로 된 상자형 기성재 거푸집이다.

> 필기에 자주 출제되는 내용입니다.

76 강구조물 부재 제작 시 마킹(금긋기)에 관한 설명으로 옳지 않은 것은?

① 주요부재의 강판에 마킹할 때에는 펀치(punch) 등을 사용하여야 한다.
② 강판 위에 주요부재를 마킹할 때에는 주된 응력의 방향과 압연 방향을 일치시켜야 한다.
③ 마킹 할 때에는 구조물이 완성된 후에 구조물의 부재로서 남을 곳에는 원칙적으로 강판에 상처를 내어서는 안된다.
④ 마킹 시 용접열에 의한 수축 여유를 고려하여 최종 교정, 다듬질 후 정확한 치수를 확보할 수 있도록 조치해야 한다.

① 주요부재의 강판에 마킹할 때에는 펀치(punch) 등을 사용하지 않아야 한다.

정답 74 ③ 75 ③ 76 ①

77 건축공사 시 각종 분할도급의 장점에 관한 설명으로 옳지 않은 것은?

① 전문공종별 분할도급은 설비업자의 자본, 기술이 강화되어 능률이 향상된다.
② 공정별 분할도급은 후속공사를 다른 업자로 바꾸거나 후속공사 금액의 결정이 용이하다.
③ 공구별 분할도급은 중소업자에 균등기회를 주고, 업자 상호간 경쟁으로 공사기일 단축, 시공 기술향상에 유리하다.
④ 직종별, 공종별 분할도급은 전문직종으로 분할하여 도급을 주는 것으로 건축주의 의도를 철저하게 반영시킬 수 있다.

② 공정별 분할도급은 후속공사를 다른 업자로 바꾸거나 후속공사금액의 결정이 곤란하다.

📝 필기에 자주 출제되는 내용입니다.

78 두께 110mm의 일반구조용 압연강재 SS275의 항복강도(f_y) 기준 값은?

① 275MPa 이상   ② 265MPa 이상
③ 245MPa 이상   ④ 235MPa 이상

판 두께	강재(SS275)의 재료강도(MPa)
16mm 이하	275
16mm 초과 40mm 이하	265
40mm 초과 75mm 이하	245
75mm 초과 100mm 이하	245
100mm 초과	235

79 건설 사업이 대규모화, 고도화, 다양화, 전문화 되어감에 따라 종래의 단순 기술에 의한 시공만이 아닌 고부가가치를 추구하기 위하여 업무영역의 확대를 의미하는 것은?

① BTL   ② EC
③ BOT   ④ SOC

★ EC(ENGINEERING CONSTRUCTION)
건설사업의 대규모화, 전문화에 따라 단순 기술 시공이 아닌 고부가가치를 추구하기 위한 업무영역의 확대를 말한다.

📝 필기에 자주 출제되는 내용입니다.

80 콘크리트 공사 시 시공이음에 관한 설명으로 옳지 않은 것은?

① 시공이음은 될 수 있는 대로 전단력이 작은 위치에 설치하고, 부재의 압축력이 작용하는 방향과 직각이 되도록 하는 것이 원칙이다.
② 외부의 염분에 의한 피해를 받을 우려가 있는 해양 및 항만 콘크리트 구조물 등에 있어서는 시공 이음부를 최대한 많이 설치하는 것이 좋다.
③ 이음부의 시공에 있어서는 설계에 정해져 있는 이음의 위치와 구조는 지켜져야 한다.
④ 수밀을 요하는 콘크리트에 있어서는 소요의 수밀성이 얻어지도록 적절한 간격으로 시공 이음부를 두어야 한다.

② 외부의 염분에 의한 피해를 받을 우려가 있는 해양 및 항만 콘크리트 구조물 등에 있어서는 시공 이음부를 최대한 적게 설치하는 것이 좋다.

정답 77 ② 78 ④ 79 ② 80 ②

5과목 건설재료학

81 건축재료의 성질을 물리적 성질과 역학적 성질로 구분할 때 물체의 운동에 관한 성질인 역학적 성질에 속하지 않는 항목은?

① 비중　　② 탄성
③ 강성　　④ 소성

* 건축 재료의 각 성질

물리적 성질	• 중량에 관한 성질 : 비중, 함수율, 흡수율 등 • 열에 관한 성질 : 비열, 열전도율 등
역학적 성질	• 탄성, 소성, 강성, 연성, 취성 등

82 강재(鋼材)의 일반적인 성질에 관한 설명으로 옳지 않은 것은?

① 열과 전기의 양도체이다.
② 광택을 가지고 있으며, 빛에 불투명하다.
③ 경도가 높고 내마멸성이 크다.
④ 전성이 일부 있으나 소성변형능력은 없다.

④ 전성이 크고 소성변형이 가능하다.

참고

* **전성**
재료에 압력을 가할 때 압축되기 쉬운 성질(두드릴 때 펴지는 성질)

* **소성변형**
재료에 가해진 하중이 제거되더라도 원래의 모양으로 되돌아가지 않는 성질(영구 변형)

83 콘크리트 혼화재 중 하나인 플라이애시가 콘크리트에 미치는 작용에 관한 설명으로 옳지 않은 것은?

① 내황산염에 대한 저항성을 증가시키기 위하여 사용한다.
② 콘크리트 수화초기시의 발열량을 감소시키고 장기적으로 시멘트의 석회와 결합하여 장기강도를 증진시키는 효과가 있다.
③ 입자가 구형이므로 유동성이 증가되어 단위수량을 감소시키므로 콘크리트의 워커빌리티의 개선, 압송성을 향상시킨다.
④ 알칼리 골재반응에 의한 팽창을 증가시키고 콘크리트의 수밀성을 약화시킨다.

④ 알칼리 골재반응에 의한 팽창을 감소시키고 콘크리트의 수밀성을 향상시킨다.

 필기에 자주 출제되는 내용입니다.

84 대리석의 일종으로 다공질이며 황갈색의 반문이 있고 갈면 광택이 나서 우아한 실내 장식에 사용되는 것은?

① 테라죠　　② 트래버틴
③ 석면　　　④ 점판암

* **트래버틴(대리석 일종의 석회암)**
① 석질이 불균일하고 다공질이다.
② 황갈색 반문이 있다.
③ 탄산석회를 포함한 물에서 침전, 생성된다.
④ 바닥재, 벽재, 테이블 상단 등 내장재로 사용된다.

 필기에 자주 출제되는 내용입니다.

정답　81 ①　82 ④　83 ④　84 ②

85. 비스페놀과 에피클로로히드린의 반응으로 얻어지며 주제와 경화제로 이루어진 2성분계의 접착제로서 금속, 플라스틱, 도자기, 유리 및 콘크리트 등의 접합에 널리 사용되는 접착제는?

① 실리콘수지 접착제
② 에폭시 접착제
③ 비닐수지 접착제
④ 아크릴수지 접착제

* 에폭시 수지 접착제
① 주제와 경화제로 이루어진 2성분계의 접착제이다.
② 금속, 석재, 플라스틱, 콘크리트 등 거의 모든 재료의 접착에 사용된다.
③ 급경성으로 내화학성, 내수성이 우수하다.

86. 외부에 노출되는 마감용 벽돌로써 벽돌면의 색깔, 형태, 표면의 질감 등의 효과를 얻기 위한 것은?

① 광재벽돌   ② 내화벽돌
③ 치장벽돌   ④ 포도벽돌

마감용 벽돌로써 벽돌면의 색깔, 형태, 표면의 질감 등의 효과를 얻기 위한 것 → 치장벽돌

87. 콘크리트의 블리딩 현상에 의한 성능저하와 가장 거리가 먼 것은?

① 골재와 페이스트의 부착력 저하
② 철근와 페이스트의 부착력 저하
③ 콘크리트의 수밀성 저하
④ 콘크리트의 응결성 저하

* 콘크리트의 블리딩 현상에 의한 성능저하
① 골재와 페이스트의 부착력 저하
② 철근와 페이스트의 부착력 저하
③ 콘크리트의 수밀성 저하
④ 콘크리트의 강도, 내구성 저하

참고

* 블리딩(bleeding)
콘크리트 타설 후 시멘트, 골재 입자 등이 침하에 따라 물이 분리 상승되어 콘크리트 표면에 떠오르는 현상을 말한다.

필기에 자주 출제되는 내용입니다.

88. 직사각형으로 자른 얇은 나뭇조각을 서로 직각으로 겹쳐지게 배열하고 방수성 수지로 강하게 압축 가공한 보드는?

① O.S.B
② M.D.F
③ 플로어링블록
④ 시멘트 사이딩

① O.S.B : 직사각형으로 자른 얇은 나뭇조각을 서로 직각으로 겹쳐지게 배열하고 방수성 수지로 강하게 압축 가공한 보드
② M.D.F : 나무를 고운 입자로 잘게 갈아서 접착제와 섞어 압착한 목재 합판
③ 플로어링 블록 : 플로어링 판의 길이를 너비의 정수 배로 하여 3장 또는 5장씩 붙여서 길이와 너비가 같게 4면 제혀쪽매로 만든 정사각형의 블록
④ 시멘트 사이딩 : 시멘트 섬유보강재를 첨가하고 고압으로 압축하여 만든 사이딩

89 발포제로서 보드상으로 성형하여 단열재로 널리 사용되며 천장재, 전기용품, 냉장고 내부상자 등으로 쓰이는 열가소성 수지는?

① 폴리스티렌수지 ② 폴리에스테르수지
③ 멜라민수지 ④ 메타크릴수지

① 멜라민 수지
  • 마감재, 조작재, 가구재, 전기부품으로 사용되는 열경화성수지
  • 경도가 크고 내수성이 작다.
② 폴리에스테르수지
  • 고분자 합성수지의 일종으로 상온, 상압 하에서 성형이 가능하고 기계적 강도가 높은 열경화성 수지
  • 글라스 섬유로 강화된 평판, 판상제품으로 주로 사용된다.
③ 메타크릴수지
  • 메타크릴산메틸을중합하여만드는열가소성수지
④ 폴리스티렌수지
  • 발포제로서 보드상으로 성형하여 단열재로 널리 사용되며 천장재, 전기용품, 냉장고 내부상자 등으로 쓰이는 열가소성 수지

📎 필기에 자주 출제되는 내용입니다.

90 블로운 아스팔트의 내열성, 내한성 등을 개량하기 위해 동물섬유나 식물섬유를 혼합하여 유동성을 증대시킨 것은?

① 아스팔트 펠트(Asphalt felt)
② 아스팔트 루핑(Asphalt roofing)
③ 아스팔트 프라이머(Asphalt primer)
④ 아스팔트 컴파운드(Asphalt compound)

★ **아스팔트 컴파운드**
석유 아스팔트에 동식물성 유지나 광물성 분말 등을 혼합하여 감온성을 개량한 제품으로 방수재로 사용된다.

📎 필기에 자주 출제되는 내용입니다.

91 목모 시멘트판을 보다 향상시킨 것으로서 폐기목재의 삭편을 화학 처리하여 비교적 두꺼운 판 또는 공동블록 등으로 제작하여 마루, 지붕, 천장, 벽 등의 구조체에 사용되는 것은?

① 펄라이트시멘트판
② 후형슬레이트
③ 석면슬레이트
④ 듀리졸(durisol)

★ **듀리졸(durisol)**
• 목모 시멘트판을 보다 향상시킨 것으로 목모시멘트판의 목모 대신에 방부 방수처리한 폐기목재의 삭편을 골재로 한 일종의 콘크리트 성형품
• 두꺼운 판 또는 공동블록 등으로 제작하여 마루, 지붕, 천장, 벽 등의 구조체에 사용된다.

정답 89 ① 90 ④ 91 ④

92 역청재료의 침입도 시험에서 질량 100g의 표준 침이 5초 동안에 10mm 관입했다면 이 재료의 침입도는 얼마인가?

① 1
② 10
③ 100
④ 1000

＊ 침입도
- 어떤 조건에서 **아스팔트가 얼마나 굳은가의 정도**를 나타내는 값으로 규정된 굵기와 무게를 갖는 **바늘이 아스팔트 속으로 관입하는 깊이**로 표시한다.
- 표준 침이 시료 중에 관입한 깊이를 표시하는 단위는 **관입량 0.1mm를 침입도 1로 표시**한다.
- 10mm 관입했으므로

$0.1 : 1 = 10 : X$
$0.1X = 10$
$X = \dfrac{10}{0.1} = 100$

93 지름이 18mm인 강봉을 대상으로 인장시험을 행하여 항복하중 27kN, 최대하중 41kN을 얻었다. 이 강봉의 인장강도는?

① 약 106.3MPa
② 약 133.9MPa
③ 약 161.1MPa
④ 약 182.3MPa

인장강도 = $\dfrac{\text{최대하중}}{\text{단면적}} = \dfrac{\text{최대하중}}{\dfrac{\pi d^2}{4}} = \dfrac{41,000\text{N}}{\dfrac{\pi \times 0.018^2}{4}}\text{m}^2$

= 161,119,818(N/m²)
= 161,119,818(Pa) ÷ 10⁶ = 161.12(MPa)
(N/m² = Pa, MPa = 10⁶Pa)

94 열경화성 수지에 해당하지 않는 것은?

① 염화비닐 수지
② 페놀 수지
③ 멜라민 수지
④ 에폭시 수지

열경화성 수지	열가소성 수지
• 페놀 수지	
• 요소 수지	• 염화비닐 수지
• 멜라민 수지	• 초산비닐 수지
• 알키드 수지	• 메틸메탈크릴 수지
• 실리콘 수지	• 폴리에틸렌 수지
• 에폭시 수지	• 폴리스티렌 수지
• 우레탄 수지	• 아크릴 수지
• 프란 수지	• 스티롤 수지
• 폴리에스테르 수지	• 셀룰로이드
• 불포화폴리에스테르수지	

📝 필기에 자주 출제되는 내용입니다.

95 자기질 점토제품에 관한 설명으로 옳지 않은 것은?

① 조직이 치밀하지만, 도기나 석기에 비하여 강도 및 경도가 약한 편이다.
② 1,230~1,460℃ 정도의 고온으로 소성한다.
③ 흡수성이 매우 낮으며, 두드리면 금속성의 맑은 소리가 난다.
④ 제품으로는 타일 및 위생도기 등이 있다.

① 조직이 치밀하고, 도기나 석기에 비하여 강도 및 경도가 크다.

정답 92 ③ 93 ③ 94 ① 95 ①

96 접착제를 동물질 접착제와 식물질 접착제로 분류할 때 동물질 접착제에 해당되지 않는 것은?

① 아교
② 덱스트린 접착제
③ 카세인 접착제
④ 알부민 접착제

동물질 접착제	식물질 접착제
• 동물질 아교 • 알부민 아교 • 카세인 아교	• 대두 아교 • 전분질계 접착제 • 소맥질 접착제

97 대규모 지하구조물, 댐 등 매스콘크리트의 수화열에 의한 균열발생을 억제하기 위해 벨라이트의 비율을 중용열포틀랜드시멘트 이상으로 높인 시멘트는?

① 저열포틀랜드시멘트
② 보통포틀랜드시멘트
③ 조강포틀랜드시멘트
④ 내황산염포틀랜드시멘트

* **저열포틀랜드시멘트**
대규모 지하구조물, 댐 등 매스콘크리트의 수화열에 의한 균열발생을 억제하기 위해 벨라이트의 비율을 중용열포틀랜드시멘트 이상으로 높인 시멘트

참고

* **중용열 포틀랜드 시멘트**
① 경화 시에 발열량이 적고 내식성이 있고 안정도가 높으며 내구성이 크고 수축률이 적어서 화학저항성 크다.
② 매스콘크리트용으로 대형 단면 부재에 쓸 수 있으며 방사선 차단 효과가 있다.

98 목재의 방부처리법과 가장 거리가 먼 것은?

① 약제도포법
② 표면탄화법
③ 진공탈수법
④ 침지법

* **목재의 방부처리법**
① **주입법** : 방부액을 상압주입 하거나 가압하여 **나무 깊이 주입하는 방법**
② **침지법** : 방부제용액 중에 목재를 담그어 공기(산소)를 차단하여방부 처리하는 방법
③ **도포법** : 목재를 충분히 건조시킨 후 솔 등으로 **약제를 도포**하여 방부 처리하는 방법
④ **표면탄화법** : 목재표면 3~4mm 정도를 태워 수분을 제거하는 방법

📝 필기에 자주 출제되는 내용입니다.

99 2장 이상의 판유리 등을 나란히 넣고, 그 틈새에 대기압에 가까운 압력의 건조한 공기를 채우고 그 주변을 밀봉·봉착한 것은?

① 열선흡수유리
② 배강도 유리
③ 강화유리
④ 복층유리

2장 이상의 판유리 등을 나란히 넣고 건조한 공기를 채워 밀봉·봉착 → 복층유리

정답 96 ② 97 ① 98 ③ 99 ④

100 미장재료의 구성 재료에 관한 설명으로 옳지 않은 것은?

① 부착재료는 마감과 바탕재료를 붙이는 역할을 한다.
② 무기혼화재료는 시공성 향상 등을 위해 첨가된다.
③ 풀재는 강도증진을 위해 첨가된다.
④ 여물재는 균열방지를 위해 첨가된다.

③ 풀재는 점성을 가지게 하기 위해 첨가된다.

 필기에 자주 출제되는 내용입니다.

6과목 건설안전기술

101 10cm 그물코인 방망을 설치한 경우에 망 밑 부분에 충돌위험이 있는 바닥면 또는 기계설비와의 수직거리는 얼마 이상이어야 하는가? (단, L(1개의 방망일 때 단변방향 길이) = 12m, A(장변방향 방망의 지지간격) = 6m)

① 10.2m ② 12.2m
③ 14.2m ④ 16.2m

★ 방망의 허용 낙하높이

높이 종류/조건	낙하높이(H_1)		방망과 바닥면 높이(H_2)		방망의 처짐길이(S)
	단일방망	복합방망	10센티미터 그물코	5센티미터 그물코	
L < A	$\frac{1}{4}(L+2A)$	$\frac{1}{5}(L+2A)$	$\frac{0.85}{4}(L+3A)$	$\frac{0.95}{4}(L+3A)$	$\frac{1}{4} \times \frac{1}{3}(L+2A)$
L ≥ A	3/4L	3/5L	0.85L	0.95L	3/4L×1/3

L ≥ A이므로
$H_2 = 0.85L = 0.85 \times 12 = 10.2m$

102 비계의 높이가 2m 이상인 작업장소에 작업발판을 설치할 때 그 폭은 최소 얼마 이상이어야 하는가?

① 30cm ② 40cm
③ 50cm ④ 60cm

발판의 폭은 40cm 이상으로 하고 발판재료간의 틈은 3cm 이하로 할 것

실기까지 중요한 내용입니다.

103 크레인의 와이어로프가 감기면서 붐 상단까지 후크가 따라 올라올 때 더 이상 감기지 않도록 하여 크레인 작동을 자동으로 정지시키는 안전장치로 옳은 것은?

① 권과방지장치
② 후크해지장치
③ 과부하방지장치
④ 속도조절기

정답 100 ③ 101 ① 102 ② 103 ①

권과방지장치는 훅·버킷 등 달기구의 윗면(그 달기구에 권상용 도르래가 설치된 경우에는 권상용 도르래의 윗면)이 드럼, 상부 도르래, 트롤리프레임 등 권상장치의 아랫면과 접촉할 우려가 있는 경우에 그 간격이 0.25미터 이상[직동식(直動式) 권과방지장치는 0.05미터 이상으로 한다)]이 되도록 조정하여야 한다.

📝 실기까지 중요한 내용입니다.

104 터널공사 시 자동경보장치가 설치된 경우에 이 자동경보장치에 대하여 당일 작업시작 전 점검하고 이상을 발견하면 즉시 보수하여야 하는 사항이 아닌 것은?

① 계기의 이상 유무
② 검지부의 이상 유무
③ 경보장치의 작동 상태
④ 환기 또는 조명시설의 이상 유무

★ 자동경보장치의 작업 시작 전 점검 사항
① 계기의 이상 유무
② 검지부의 이상 유무
③ 경보장치의 작동상태

📝 실기까지 중요한 내용입니다.

105 달비계의 구조에서 달비계 작업발판의 폭과 틈새기준으로 옳은 것은?

① 작업발판의 폭 30cm 이상, 틈새 3cm 이하
② 작업발판의 폭 40cm 이상, 틈새 3cm 이하
③ 작업발판의 폭 30cm 이상, 틈새 없도록 할 것
④ 작업발판의 폭 40cm 이상, 틈새 없도록 할 것

작업발판은 폭을 40센티미터 이상으로 하고 틈새가 없도록 할 것

106 강관을 사용하여 비계를 구성하는 경우의 준수사항으로 옳지 않은 것은?

① 비계기둥의 간격은 띠장 방향에서는 1.85미터 이하, 장선(長線) 방향에서는 1.5미터 이하로 할 것
② 띠장 간격은 2.0미터 이하로 할 것
③ 비계기둥 간의 적재하중은 400킬로그램을 초과하지 않도록 할 것
④ 비계기둥의 제일 윗부분으로부터 31미터 되는 지점 밑부분의 비계기둥은 3개의 강관으로 묶어세울 것

★ 강관비계의 구조
① 비계기둥 간격 : 띠장방향에서는 1.85m 이하, 장선 방향에서는 1.5m 이하로 할 것
다만, 다음 각 목의 어느 하나에 해당하는 작업의 경우에는 안전성에 대한 구조검토를 실시하고 조립도를 작성하면 띠장 방향 및 장선 방향으로 각각 2.7미터 이하로 할 수 있다.

정답 104 ④ 105 ④ 106 ④

가. 선박 및 보트 건조작업
나. 그 밖에 장비 반입·반출을 위하여 공간 등을 확보할 필요가 있는 등 작업의 성질상 비계기둥 간격에 관한 기준을 준수하기 곤란한 작업
② 띠장간격 : 2.0미터 이하로 할 것
③ 비계기둥의 제일 윗부분으로 부터 31m되는 지점 밑 부분의 비계기둥은 2본의 강관으로 묶어세울 것
④ 비계기둥 간의 적재하중은 400kg을 초과하지 않도록 할 것

실기까지 중요한 내용입니다.

107 유해·위험방지 계획서 제출 시 첨부서류에 해당하지 않는 것은?

① 안전관리 조직표
② 전체 공정표
③ 공사현장의 주변현황 및 주변과의 관계를 나타내는 도면
④ 교통처리계획

* 유해·위험방지계획서 첨부서류
① 공사 개요 및 안전보건관리계획
  • 공사 개요서
  • 공사현장의 주변 현황 및 주변과의 관계를 나타내는 도면(매설물 현황을 포함한다)
  • 건설물, 사용 기계설비 등의 배치를 나타내는 도면
  • 전체 공정표
  • 산업안전보건관리비 사용계획
  • 안전관리 조직표
  • 재해 발생 위험 시 연락 및 대피방법
② 작업 공사 종류별 유해·위험방지계획

실기까지 중요한 내용입니다.

108 흙막이 가시설 공사 시 사용되는 각 계측기 설치 목적으로 옳지 않은 것은?

① 지표침하계 - 지표면 침하량 측정
② 수위계 - 지반 내 지하수위의 변화 측정
③ 하중계 - 상부 적재하중 변화 측정
④ 지중경사계 - 인접지반의 수평 변위량 측정

③ 하중계 – 스트럿(Strut) 또는 어스앵커(Earth anchor) 등의 축 하중 변화를 측정하는 기구

필기에 자주 출제되는 내용입니다.

109 건축공사로서 대상액이 5억 원 이상 50억 원 미만인 경우에 산업안전보건관리비의 비율(가) 및 기초액(나)으로 옳은 것은?

① (가) 2.28%, (나) 4,325,000원
② (가) 1.99%, (나) 5,499,000원
③ (가) 2.35%, (나) 5,400,000원
④ (가) 1.57%, (나) 4,411,000원

정답 107 ④ 108 ③ 109 ①

*공사종류 및 규모별 산업안전보건관리비 계상기준표

구분 공사 종류	대상액 5억 원 미만인 경우 적용비율(%)	대상액 5억 원 이상 50억 원 미만인 경우 적용비율(%)	대상액 5억 원 이상 50억 원 미만인 경우 기초액	대상액 50억 원 이상인 경우 적용비율(%)	보건관리자 선임 대상 건설공사의 적용비율(%)
건축공사	3.11%	2.28%	4,325천원	2.37%	2.64%
토목공사	3.15%	2.53%	3,300천원	2.60%	2.73%
중건설 공사	3.64%	3.05%	2,975천원	3.11%	3.39%
특수건설 공사	2.07%	1.59%	2,450천원	1.64%	1.78%

📖 필기에 자주 출제되는 내용입니다.

참고

* 콘크리트 타설 시 거푸집의 측압

① 거푸집 부재 단면이 클수록 측압이 크다.
② 거푸집 수밀성이 클수록 측압이 크다.
③ 거푸집 강성이 클수록 측압이 크다.
④ 거푸집 표면이 평활할수록 측압이 크다.
⑤ 시공연도 좋을수록 측압이 크다.
⑥ 철골 or 철근량 적을수록 측압이 크다.
⑦ 외기온도가 낮을수록 측압이 크다.
⑧ 타설속도가 빠를수록 측압이 크다.
⑨ 다짐이 좋을수록 측압이 크다.
⑩ 슬럼프가 클수록 측압이 크다.
⑪ 콘크리트 비중이 클수록 측압이 크다.
⑫ 습도가 낮을수록 측압이 크다.

📖 필기에 자주 출제되는 내용입니다.

110 겨울철 공사 중인 건축물의 벽체 콘크리트 타설 시 거푸집이 터져서 콘크리트가 쏟아지는 사고가 발생하였다. 이 사고의 발생 원인으로 추정 가능한 사안 중 가장 타당한 것은?

① 진동기를 사용하지 않았다.
② 철근 사용량이 많았다.
③ 콘크리트의 슬럼프가 작았다.
④ 콘크리트의 타설 속도가 빨랐다.

> 거푸집이 터져서 콘크리트가 쏟아지는 사고가 발생 → 거푸집의 측압이 큰 경우

111 다음은 산업안전보건법령에 따른 투하설비 설치에 관련된 사항이다. ( )안에 들어갈 내용으로 옳은 것은?

> 사업주는 높이가 ( )미터 이상인 장소로부터 물체를 투하하는 때에는 적당한 투하설비를 설치하거나 감시인을 배치하는 등 위험방지를 위하여 필요한 조치를 하여야 한다.

① 1 ② 2
③ 3 ④ 4

> 사업주는 **높이가 3미터 이상인** 장소로부터 물체를 투하하는 때에는 적당한 **투하설비를 설치**하거나 **감시인을 배치**하는 등 위험방지를 위하여 필요한 조치를 하여야 한다.

📖 필기에 자주 출제되는 내용입니다.

정답 110 ④ 111 ③

112 작업 중이던 미장공이 상부에서 떨어지는 공구에 의해 상해를 입었다면 어느 부분에 대한 결함이 있었겠는가?

① 작업대 설치
② 작업방법
③ 낙하물 방지시설 설치
④ 비계설치

상부에서 떨어지는 공구에 의해 상해를 입음 → 낙하물 방지시설 설치

113 건설현장에서 동력을 사용하는 항타기 또는 항발기에 대하여 무너짐을 방지하기 위하여 준수하여야 할 사항으로 옳지 않은 것은?

① 아웃트리거·받침 등 지지구조물이 미끄러질 우려가 있는 때에는 깔판·깔목 등을 사용하여 해당 지지구조물을 고정시킬 것
② 시설 또는 가설물 등에 설치하는 때에는 그 내력을 확인하고 내력이 부족한 때에는 그 내력을 보강할 것
③ 상단 부분은 버팀대·버팀줄로 고정하여 안정시키고, 그 하단 부분은 견고한 버팀·말뚝 또는 철골 등으로 고정시킬 것
④ 연약한 지반에 설치하는 경우에는 아웃트리거·받침 등 지지구조물의 침하를 방지하기 위하여 깔판·받침목 등을 사용할 것

① 아웃트리거·받침 등 지지구조물이 미끄러질 우려가 있는 때에는 말뚝 또는 쐐기 등을 사용하여 해당 지지구조물을 고정시킬 것

📝 필기에 자주 출제되는 내용입니다.

114 토공사에서 성토용 토사의 일반조건으로 옳지 않은 것은?

① 다져진 흙의 전단강도가 크고 압축성이 작을 것
② 함수율이 높은 토사일 것
③ 시공장비의 주행성이 확보될 수 있을 것
④ 필요한 다짐정도를 쉽게 얻을 수 있을 것

② 함수율이 낮은 토사일 것

115 지반의 종류가 암반 중 풍화암일 경우 굴착면 기울기 기준으로 옳은 것은?

① 1 : 0.3   ② 1 : 0.5
③ 1 : 1.0   ④ 1 : 1.5

★ 굴착면의 기울기 기준

지반의 종류	굴착면의 기울기
모래	1 : 1.8
연암 및 풍화암	1 : 1.0
경암	1 : 0.5
그 밖의 흙	1 : 1.2

📝 실기에 자주 출제되는 내용입니다.

정답 112 ③ 113 ① 114 ② 115 ③

116 차량계 건설기계를 사용하는 작업을 할 때에 그 기계가 넘어지거나 굴러 떨어짐으로써 근로자가 위험해질 우려가 있는 경우에 필요한 조치로 가장 거리가 먼 것은?

① 지반의 부동침하 방지
② 안전통로 및 조도 확보
③ 유도하는 사람 배치
④ 갓길의 붕괴 방지 및 도로 폭의 유지

> **＊ 차량계 건설기계의 넘어짐 등의 방지 조치**
> ① 유도자 배치
> ② 지반의 부동침하 방지
> ③ 갓길의 붕괴 방지
> ④ 도로의 폭 유지

참고

> **＊ 차량계 하역운반기계 넘어짐 등의 방지 조치**
> ① 유도자 배치
> ② 지반의 부동침하 방지
> ③ 갓길의 붕괴 방지

실기까지 중요한 내용입니다.

117 파쇄하고자 하는 구조물에 구멍을 천공하여 이 구멍에 가력봉을 삽입하고 가력봉에 유압을 가압하여 천공한 구멍을 확대시킴으로써 구조물을 파쇄하는 공법은?

① 핸드 브레이커(Hand Breaker)공법
② 강구(Steel Ball)공법
③ 마이크로파 공법(Microwave)공법
④ 록잭(Rock Jack)공법

> **＊ 록잭(Rock Jack)공법**
> 천공하여 쐐기식 용구를 삽입하여 파괴하는 방식으로 철근이 없는 곳에서만 적용할 수 있다.

118 이동식비계 조립 및 사용 시 준수사항으로 옳지 않은 것은?

① 비계의 최상부에서 작업을 하는 경우에는 안전난간을 설치할 것
② 승강용사다리는 견고하게 설치할 것
③ 작업발판은 항상 수평을 유지하고 작업발판 위에서 작업을 위한 거리가 부족할 경우에는 받침대 또는 사다리를 사용할 것
④ 작업발판의 최대적재하중은 250kg을 초과하지 않도록 할 것

> **＊ 이동식 비계 조립 시의 준수사항**
> ① 바퀴에는 갑작스러운 이동 또는 전도를 방지하기 위하여 브레이크·쐐기 등으로 바퀴를 고정시킨 다음 비계의 일부를 견고한 시설물에 고정하거나 아웃트리거를 설치하는 등 필요한 조치를 할 것
> ② 승강용사다리는 견고하게 설치할 것
> ③ 비계의 최상부에서 작업을 할 때에는 안전난간을 설치할 것
> ④ 작업발판은 항상 수평을 유지하고 작업발판 위에서 안전난간을 딛고 작업을 하거나 받침대 또는 사다리를 사용하여 작업하지 않도록 할 것
> ⑤ 작업발판의 최대적재하중은 250킬로그램을 초과하지 않도록 할 것

실기까지 중요한 내용입니다.

119 산업안전보건법령에 따른 중량물 취급작업 시 작업계획서에 포함시켜야 할 사항이 아닌 것은?

① 협착위험을 예방할 수 있는 안전대책
② 감전위험을 예방할 수 있는 안전대책
③ 추락위험을 예방할 수 있는 안전대책
④ 전도위험을 예방할 수 있는 안전대책

* **중량물 취급 작업의 작업계획서**
① **추락**위험을 예방할 수 있는 안전대책
② **낙하**위험을 예방할 수 있는 안전대책
③ **전도**위험을 예방할 수 있는 안전대책
④ **협착**위험을 예방할 수 있는 안전대책
⑤ **붕괴**위험을 예방할 수 있는 안전대책

실기까지 중요한 내용입니다.

120 흙막이 지보공을 설치하였을 때에 정기적으로 점검하고 이상을 발견하면 즉시 보수하여야 하는 사항과 거리가 먼 것은?

① 부재의 손상·변형·부식·변위 및 탈락의 유무와 상태
② 부재의 접속부·부착부 및 교차부의 상태
③ 침하의 정도
④ 설계상 부재의 경제성 검토

* **흙막이 지보공을 설치한 때 점검 사항**
① 부재의 손상 · 변형 · 부식 · 변위 및 탈락의 유무와 상태
② 버팀대의 긴압의 정도
③ 부재의 접속부 · 부착부 및 교차부의 상태
④ 침하의 정도

실기까지 중요한 내용입니다.

정답 119 ② 120 ④

2022년 1회 최근 기출문제

1과목 산업안전관리론

01 산업안전보건법령상 안전보건표지의 종류 중 안내표지에 해당되지 않는 것은?

① 금연　　② 들것
③ 세안장치　　④ 비상용기구

① 금연 → 금지표지

참고

＊ 안내표지의 종류
1. 녹십자표지　　2. 응급구호표지
3. 들것　　4. 세안장치
5. 비상용기구　　6. 비상구
7. 좌측 비상구　　8. 우측 비상구

실기에 자주 출제되는 중요한 내용입니다.

02 산업안전보건법령상 산업안전보건위원회에 관한 사항 중 틀린 것은?

① 근로자위원과 사용자위원은 같은 수로 구성된다.
② 산업안전보건회의의 정기 회의는 위원장이 필요하다고 인정할 때 소집한다.
③ 안전보건교육에 관한 사항은 산업안전보건위원회 심의·의결을 거쳐야 한다.
④ 상시근로자 50인 이상의 자동차 제조업의 경우 산업안전보건위원회를 구성·운영하여야 한다.

② 정기회의는 분기마다, 임시회의는 위원장이 필요하다고 인정할 때 소집한다.

참고

1. 산업안전보건위원회의 심의·의결 사항
① 산업재해 예방계획의 수립에 관한 사항
② 안전보건관리규정의 작성 및 변경에 관한 사항
③ 근로자의 안전·보건교육에 관한 사항
④ 작업환경측정 등 작업환경의 점검 및 개선에 관한 사항
⑤ 근로자의 건강진단 등 건강관리에 관한 사항
⑥ 중대재해의 원인 조사 및 재발 방지대책 수립에 관한 사항
⑦ 산업재해에 관한 통계의 기록 및 유지에 관한 사항
⑧ 유해하거나 위험한 기계·기구·설비를 도입한 경우 안전·보건조치에 관한 사항
⑨ 그 밖에 해당 사업장 근로자의 안전 및 보건을 유지·증진시키기 위하여 필요한 사항

2. 산업안전보건위원회를 설치·운영해야 할 사업의 종류 및 규모

사업의 종류	규모
1. 토사석 광업 2. 목재 및 나무제품 제조업 ; 가구 제외 3. 화학물질 및 화학제품 제조업 ; 의약품 제외(세제, 화장품 및 광택제 제조업과 화학섬유 제조업은 제외한다) 4. 비금속 광물제품 제조업 5. 1차 금속 제조업 6. 금속가공제품 제조업 ; 기계 및 가구 제외	상시 근로자 50명 이상

정답　01 ①　02 ②

7. 자동차 및 트레일러 제조업
8. 기타 기계 및 장비 제조업(사무용 기계 및 장비 제조업은 제외한다)
9. 기타 운송장비 제조업(전투용 차량 제조업은 제외한다)

특급암기법
토사석 **광업**에서 **캔** **1차금속**으로 **금속**가공제품, **비금속 광물제품 제조**하여 **나**무, **화학**물질 **섞**어서 **기계**장비, **자동차 트레일러** 만들어 **운송장비 위원회(산업안전보건위원회)** 열**자**.

사업의 종류	규모
10. 농업	상시 근로자 300명 이상
11. 어업	
12. 소프트웨어 개발 및 공급업	
13. 컴퓨터 프로그래밍, 시스템 통합 및 관리업	
13의 2. 영상·오디오물 제공 서비스업	
14. 정보서비스업	
15. 금융 및 보험업	
16. 임대업 ; 부동산 제외	
17. 전문, 과학 및 기술 서비스업 (연구개발업은 제외한다)	
18. 사업지원 서비스업	
19. 사회복지 서비스업	
20. 건설업	공사금액 120억 원 이상 (토목공사업 : 150억 원 이상)
21. 제1호부터 제20호까지의 사업을 제외한 사업	상시 근로자 100명 이상

📝 실기까지 중요한 내용입니다.

03 재해원인 중 간접원인이 아닌 것은?

① 물적 원인 ② 관리적 원인
③ 사회적 원인 ④ 정신적 원인

(1) 재해의 직접원인
 ① 인적원인(불안전한 행동)
 ② 물적원인(불안전한 상태)
(2) 간접원인
 ① 기술적 원인
 ② 교육적 원인
 ③ 신체적 원인
 ④ 정신적 원인
 ⑤ 작업관리상 원인

📝 실기까지 중요한 내용입니다.

04 산업재해통계업무처리규정상 재해 통계 관련 용어로 (　)에 알맞은 용어는?

> (　)는 근로복지공단의 유족급여가 지급된 사망자 및 근로복지공단에 최초요양신청서(재진 요양신청이나 전원요양서는 제외)를 제출한 재해자 중 요양승인을 받은 자(산재 미보고 적발 사망자수를 포함)로 통상의 출퇴근으로 발생한 재해는 제외된다.

① 재해자 수
② 사망자 수
③ 휴업 재해자 수
④ 임금 근로자 수

정답 03 ① 04 ①

① "재해자 수"는 근로복지공단의 유족급여가 지급된 사망자 및 근로복지공단에 최초요양신청서(재진 요양신청이나 전원요양신청서는 제외)를 제출한 재해자 중 요양승인을 받은 자(지방고용노동관서의 산재 미보고 적발 사망자 수를 포함)를 말한다.(단, 통상의 출퇴근으로 발생한 재해는 제외)

② "사망자 수"는 근로복지공단의 유족급여가 지급된 사망자(지방고용노동관서의 산재미보고 적발 사망자를 포함)수를 말한다.
[단만, 사업장 밖의 교통사고(운수업, 음식숙박업은 사업장 밖의 교통사고도 포함) · 체육행사 · 폭력행위 · 통상의 출퇴근에 의한 사망, 사고발생일로부터 1년을 경과하여 사망한 경우는 제외]

③ "휴업재해자 수"란 근로복지공단의 **휴업급여를 지급받은 재해자 수**를 말한다.
[단만, 질병에 의한 재해와 사업장 밖의 교통사고(운수업, 음식숙박업은 사업장 밖의 교통사고도 포함) · 체육행사 · 폭력행위 · 통상의 출퇴근으로 발생한 재해는 제외]

④ "임금근로자 수"는 통계청의 경제활동 인구조사 상 **임금근로자 수**를 말한다.

05 시몬즈(Simonds)의 재해손실비의 평가방식 중 비 보험코스트의 산정 항목에 해당하지 않는 것은?

① 사망사고 건수
② 통원상해 건수
③ 응급조치 건수
④ 무상해사고 건수

* **시몬즈의 총 재해코스트**

총 재해코스트 = 보험 코스트 + 비보험 코스트

- **보험 코스트** = 산재보험료
- **비보험 코스트**
  - 휴업 상해   - 통원 상해
  - 구급조치 상해   - 무상해 사고

실기까지 중요한 내용입니다.

06 산업안전보건법령상 용어와 뜻이 바르게 연결된 것은?

① "사업주대표"란 근로자의 과반수를 대표하는 자를 말한다.
② "도급인"이란 건설공사발주자를 포함한 물건의 제조 · 건설 · 수리 또는 서비스의 제공, 그 밖의 업무를 도급하는 사업주를 말한다.
③ "안전보건평가"란 산업재해를 예방하기 위하여 잠재적 위험성을 발견하고 그 개선대책을 수립할 목적으로 조사 · 평가하는 것을 말한다.
④ "산업재해"란 노무를 제공하는 사람이 업무에 관계되는 건설물 · 설비 · 원재료 · 가스 · 증기 · 분진 등에 의하거나 작업 또는 그 밖의 업무로 인하여 사망 또는 부상하거나 질병에 걸리는 것을 말한다.

① "근로자대표"란 근로자의 과반수로 조직된 노동조합이 있는 경우에는 그 노동조합을, 근로자의 과반수로 조직된 노동조합이 없는 경우에는 **근로자의 과반수를 대표하는 자**를 말한다.

정답 05 ① 06 ④

② "도급인"이란 물건의 제조·건설·수리 또는 서비스의 제공, 그밖의 업무를 도급하는 사업주를 말한다. 다만, 건설공사발주자는 제외한다.
③ "안전·보건진단"이란 산업재해를 예방하기 위하여 잠재적 위험성을 발견하고 그 개선대책을 수립할 목적으로 조사·평가하는 것을 말한다.

📝 필기에 자주 출제되는 내용입니다.

07 재해조사 시 유의사항으로 틀린 것은?

① 피해자에 대한 구급 조치를 우선으로 한다.
② 재해조사 시 2차 재해 예방을 위해 보호구를 착용한다.
③ 재해조사는 재해자의 치료가 끝난 뒤 실시한다.
④ 책임추궁보다는 재발방지를 우선하는 기본태도를 가진다.

* 재해조사 시 유의사항
① 사실을 수집한다.
② 목격자 등이 증언하는 사실 이외의 추측의 말은 참고로만 한다.
③ 조사는 신속하게 행하고 긴급조치를 하여 2차 재해의 방지를 도모한다.
④ 사람, 기계설비의 양면의 재해요인을 모두 도출한다.
⑤ 객관적인 입장에서 공정하게 조사하며, 조사는 2인 이상이 한다.
⑥ 책임추궁보다 재발방지를 우선하는 기본 태도를 갖는다.

📝 필기에 자주 출제되는 내용입니다.

08 산업안전보건법령상 상시근로자 20명 이상 50명 미만인 사업장 중 안전보건관리담당자를 선임하여야 하는 업종이 아닌 것은? (단, 안전관리자 및 보건관리자가 선임되지 않은 사업장으로 한다.)

① 임업
② 제조업
③ 건설업
④ 환경 정화 및 복원업

* 상시근로자 20명 이상 50명 미만에서 안전보건관리담당자를 선임하여야 하는 사업
① 제조업
② 임업
③ 하수, 폐수 및 분뇨 처리업
④ 폐기물 수집, 운반, 처리 및 원료 재생업
⑤ 환경 정화 및 복원업

특급암기법
제임!(재 임용하자.)
하·폐수, 분뇨 폐기하고 원료 재생하여 환경 정화·복원 담당자(안전보건관리 담당자)

📝 실기까지 중요한 내용입니다.

09 건설기술 진흥법령상 안전관리계획을 수립해야 하는 건설공사에 해당하지 않는 것은?

① 15층 건축물의 리모델링
② 지하 15m를 굴착하는 건설공사
③ 항타기 및 항발기가 사용되는 건설공사
④ 높이가 21m인 비계를 사용하는 건설공사

정답 07 ③ 08 ③ 09 ④

* **건설기술 진흥법령상 안전관리계획을 수립해야 하는 건설공사**

1. 「시설물의 안전 및 유지관리에 관한 특별법」에 따른 **1종 시설물 및 2종 시설물의 건설공사**(유지관리를 위한 건설공사는 제외한다)
2. 지하 10미터 이상을 굴착하는 건설공사. (이 경우 굴착 깊이 산정 시 집수정(集水井), 엘리베이터 피트 및 정화조 등의 굴착 부분은 제외하며, 토지에 높낮이 차가 있는 경우 굴착 깊이의 산정방법은 「건축법 시행령」을 따른다.)
3. 폭발물을 사용하는 건설공사로서 20미터 안에 시설물이 있거나 100미터 안에 사육하는 가축이 있어 해당 건설공사로 인한 영향을 받을 것이 예상되는 건설공사
4. 10층 이상 16층 미만인 건축물의 건설공사
4-2. 다음 각 목의 리모델링 또는 해체공사
   ① 10층 이상인 건축물의 리모델링 또는 해체공사
   ② 「주택법」에 따른 수직 증축형 리모델링
5. 「건설기계관리법」에 따라 등록된 다음 각 목의 어느 하나에 해당하는 건설기계가 사용되는 건설공사
   ① 천공기(높이가 10미터 이상인 것만 해당한다)
   ② 항타 및 항발기
   ③ 타워크레인
5-2. 다음 각 호의 가설구조물을 사용하는 건설공사
   ① 높이가 31미터 이상인 비계
   ② 작업발판 일체형 거푸집 또는 높이가 5미터 이상인 거푸집 및 동바리
   ③ 터널의 지보공(支保工) 또는 높이가 2미터 이상인 흙막이 지보공
   ④ 동력을 이용하여 움직이는 가설구조물
   ⑤ 그 밖에 발주자 또는 인·허가기관의 장이 필요하다고 인정하는 가설구조물
6. 다음 각 목의 어느 하나에 해당하는 건설공사
   ① 발주자가 안전관리가 특히 필요하다고 인정하는 건설공사
   ② 해당 지방자치단체의 조례로 정하는 건설공사 중에서 인·허가기관의 장이 안전관리가 특히 필요하다고 인정하는 건설공사

📝 필기에 자주 출제되는 내용입니다.

10 다음의 재해에서 기인물과 가해물로 옳은 것은?

> 공구와 자재가 바닥에 어지럽게 널려 있는 작업통로를 작업자가 보행 중 공구에 걸려 넘어져 통로바닥에 머리를 부딪쳤다.

① 기인물 : 바닥, 가해물 : 공구
② 기인물 : 바닥, 가해물 : 바닥
③ 기인물 : 공구, 가해물 : 바닥
④ 기인물 : 공구, 가해물 : 공구

- 공구에 걸려 넘어짐 → 기인물 : 공구
- 바닥에 머리를 부딪침 → 가해물 : 바닥

📝 실기에 자주 출제되는 내용입니다.

11 보호구 안전인증 고시상 안전인증을 받은 보호구의 표시사항이 아닌 것은

① 제조자명
② 사용 유효기간
③ 안전인증 번호
④ 규격 또는 등급

정답 10 ③ 11 ②

* 안전인증 표시사항
① 형식 또는 모델명
② 규격 또는 등급 등
③ 제조자 명
④ 제조번호 및 제조연월
⑤ 안전인증 번호

참고

자율안전확인 표시사항	안전검사 표시사항
① 형식 또는 모델명	① 검사 대상 유해·위험 기계명
② 규격 또는 등급 등	② 신청인
③ 제조자 명	③ 형식번호(기호)
④ 제조번호 및 제조연월	④ 합격번호
⑤ 자율안전확인 번호	⑤ 검사유효기간
	⑥ 검사기관

📝 실기에 자주 출제되는 내용입니다.

12 위험예지훈련 진행방법 중 대책수립에 해당하는 단계는?

① 제1라운드 ② 제2라운드
③ 제3라운드 ④ 제4라운드

* 위험예지 훈련 4단계
1단계 : 현상 파악
2단계 : 요인조사(본질추구)
3단계 : 대책수립
4단계 : 행동목표 설정(합의요약)

📝 실기까지 중요한 내용입니다.

13 산업안전보건법령상 안전보건관리규정을 작성해야 할 사업의 종류를 모두 고른 것은? (단, ㄱ~ㅁ은 상시근로자 300명 이상의 사업이다.)

> ㄱ. 농업
> ㄴ. 정보서비스업
> ㄷ. 금융 및 보험업
> ㄹ. 사회복지 서비스업
> ㅁ. 과학 및 기술 연구개발업

① ㄴ, ㄹ, ㅁ   ② ㄱ, ㄴ, ㄷ, ㄹ
③ ㄱ, ㄴ, ㄷ, ㅁ ④ ㄱ, ㄷ, ㄹ, ㅁ

* 안전보건관리규정을 작성하여야 할 사업의 종류 및 규모

사업의 종류	규모
1. 농업 2. 어업 3. 소프트웨어 개발 및 공급업 4. 컴퓨터 프로그래밍, 시스템 통합 및 관리업 4의2. 영상·오디오물 제공 서비스업 5. 정보서비스업 6. 금융 및 보험업 7. 임대업 ; 부동산 제외 8. 전문, 과학 및 기술 서비스업 (연구개발업은 제외한다) 9. 사업지원 서비스업 10. 사회복지 서비스업	상시 근로자 300명 이상을 사용하는 사업장
11. 제1호부터 제4호까지, 제4호의 2 및 제5호부터 제10호까지의 사업을 제외한 사업	상시 근로자 100명 이상을 사용하는 사업장

📝 실기까지 중요한 내용입니다.

정답 12 ③ 13 ②

14 산업안전보건법령상 중대재해의 범위에 해당하지 않는 것은?

① 사망자가 1명 발생한 재해
② 부상자가 동시에 10명 이상 발생한 재해
③ 2개월 이상의 요양이 필요한 부상자가 동시에 2명 이상 발생한 재해
④ 직업성 질병자가 동시에 10명 이상 발생한 재해

> "중대재해"란 산업재해 중 사망 등 재해 정도가 심하거나 다수의 재해자가 발생한 경우로서 고용노동부령으로 정하는 재해를 말한다.
> ① 사망자가 1인 이상 발생한 재해
> ② 3개월 이상 요양을 요하는 부상자가 동시에 2인 이상 발생한 재해
> ③ 부상자 또는 직업성 질병자가 동시에 10인 이상 발생한 재해분석

📝 실기에 자주 출제되는 내용입니다.

15 1,000명 이상의 대규모 사업장에서 가장 적합한 안전관리조직의 형태는?

① 경영형 ② 라인형
③ 스태프형 ④ 라인-스태프형

> • 소규모 사업장(100명 이하) : 라인(Line)형 or 직계형
> • 중규모 사업장(100명~1,000명 미만) : 스태프(staff)형 or 참모형
> • 대규모 사업장(1,000명 이상) : 라인 스태프(Line Staff)형 or 혼합형

📝 실기까지 중요한 내용입니다.

16 A 사업장의 현황이 다음과 같을 때, A 사업장의 강도율은?

- 상시근로자 : 200명
- 요양재해건수 : 4건
- 사망 : 1명
- 휴업 : 1명(500일)
- 연근로시간 : 2,400시간

① 8.33   ② 14.53
③ 15.31   ④ 16.48

> **강도율(S.R)**
> • 1,000 근로시간당 근로손실일수 비율
> • 강도율 = $\dfrac{\text{총 요양 근로 손실 일수}}{\text{연 근로시간 수}} \times 1,000$
> • 근로손실일수
>   = 휴업일수, 요양일수, 입원일수 × $\dfrac{300(\text{실제근로일수})}{365}$
>
> 강도율 = $\dfrac{\text{총 요양 근로 손실 일수}}{\text{연 근로시간 수}} \times 1,000$
>
> = $\dfrac{7,500 + 500 \times \dfrac{300}{365}}{200 \times 2,400} \times 1,000 = 16.48$

📝 실기에 자주 출제되는 내용입니다.

17 산업안전보건법령상 관계수급인 근로자가 도급인의 사업장에서 작업을 하는 경우 건설업 도급인의 작업장 순회점검 주기는?

① 1일에 1회 이상
② 2일에 1회 이상
③ 3일에 1회 이상
④ 7일에 1회 이상

정답 14 ③ 15 ④ 16 ④ 17 ②

※ 관계수급인 근로자가 도급인의 사업장에서 작업을 하는 경우의 작업장 순회점검

2일에 1회 이상	① 건설업 ② 제조업 ③ 토사석 광업 ④ 서적, 잡지 및 기타 인쇄물 출판업 ⑤ 음악 및 기타 오디오물 출판업 ⑥ 금속 및 비금속 원료 재생업
1주일에 1회 이상	그 밖의 사업

📝 실기까지 중요한 내용입니다.

18 재해사례연구의 진행단계로 옳은 것은?

> ㄱ. 사실의 확인   ㄴ. 대책의 수립
> ㄷ. 문제점의 발견 ㄹ. 문제점의 결정
> ㅁ. 재해 상황의 파악

① ㄷ→ㅁ→ㄱ→ㄹ→ㄴ
② ㄷ→ㅁ→ㄹ→ㄱ→ㄴ
③ ㅁ→ㄷ→ㄱ→ㄴ→ㄹ
④ ㅁ→ㄱ→ㄷ→ㄹ→ㄴ

※ 재해사례연구 진행 단계
- **전제 조건** : 재해 상황의 파악
- **1단계** : 사실의 확인
- **2단계** : 문제점 발견
- **3단계** : 근본 문제점 결정(재해원인 결정)
- **4단계** : 대책수립

📝 실기까지 중요한 내용입니다.

19 산업안전보건법령상 건설현장에서 사용하는 크레인의 안전검사의 주기는? (단, 이동식 크레인은 제외한다.)

① 최초로 설치한 날부터 1개월마다 실시
② 최초로 설치한 날부터 3개월마다 실시
③ 최초로 설치한 날부터 6개월마다 실시
④ 최초로 설치한 날부터 1년마다 실시

※ 안전검사대상 유해·위험기계 등의 검사주기
1. **크레인(이동식 크레인은 제외한다), 리프트(이삿짐운반용 리프트는 제외한다) 및 곤돌라** : 사업장에 설치가 끝난 날부터 3년 이내에 최초 안전검사를 실시하되, 그 이후부터 2년마다(건설현장에서 사용하는 것은 최초로 설치한 날부터 6개월마다)
2. **이동식 크레인, 이삿짐운반용 리프트 및 고소작업대** : 신규등록 이후 3년 이내에 최초 안전검사를 실시하되, 그 이후부터 2년마다
3. **프레스, 전단기, 압력용기, 국소 배기장치, 원심기, 롤러기, 사출성형기, 컨베이어 및 산업용 로봇, 혼합기, 파쇄기 또는 분쇄기** : 사업장에 설치가 끝난 날부터 3년 이내에 최초 안전검사를 실시하되, 그 이후부터 2년마다(공정안전보고서를 제출하여 확인을 받은 압력용기는 4년마다)(26년 6월 26일 시행)

📝 실기에 자주 출제되는 내용입니다.

20 재해예방의 4원칙에 해당하지 않는 것은?

① 손실 적용의 원칙 ② 원인 연계의 원칙
③ 대책 선정의 원칙 ④ 예방 가능의 원칙

※ 산업재해 예방의 4원칙
① **예방 가능의 원칙** : 재해는 원칙적으로 원인만 제거되면 예방이 가능하다.
② **손실 우연의 원칙** : 사고의 결과 생기는 상해의 종류와 정도는 사고 발생 시 사고대상의 조건에 따라 우연히 발생한다.

정답 18 ④ 19 ③ 20 ①

③ 대책 선정의 원칙 : 사고의 원인에 대한 적합한 대책이 선정되어야 한다.
④ 원인 연계의 원칙 : 재해는 원인이 있고, 직접원인과 간접원인이 연계되어 일어난다.

📋 실기까지 중요한 내용입니다.

2과목 산업심리 및 교육

21 감각 현상이 하나의 전체적이고 의미 있는 내용으로 체계화되는 과정을 의미하는 것은?

① 유추(analogy) ② 게슈탈트(gestalt)
③ 인지(cognition) ④ 근접성(proximity)

* **군화의 법칙(게슈탈트의 법칙)**
• 게슈탈트는 '모양, 형태'라는 뜻으로 독일의 심리학자 M.베르트하이머가 처음으로 제기한 원리이다.
• 감각 현상이 하나의 전체적이고 의미 있는 내용으로 체계화되는 과정을 의미한다.
• 사물을 볼 때 무리를 지어서 보려는 시각적 심리를 뜻하며 관련이 있는 요소끼리 통합된 것으로 지각된다는 점에서 '군화의 법칙'이라고도 한다.

22 다음에서 설명하는 리더십의 유형은?

> 과업 완수와 인간관계 모두에 있어 최대한의 노력을 기울이는 리더십 유형

① 과업형 리더십 ② 이상형 리더십
③ 타협형 리더십 ④ 무관심형 리더십

* **리더의 행동유형 중 관리그리드 이론**

(1.1)형	무관심형
(1.9)형	인기형
(9.1)형	과업형
(5.5)형	타협형
(9.9)형	이상형

* (x, y)형에서 x는 과업의 관심도를 y는 인간관계의 관심도를 나타낸다.

📋 필기에 자주 출제되는 내용입니다.

23 집단역학에서 소시오메트리(sociometry)에 관한 설명 중 틀린 것은?

① 소시오메트리 분석을 위해 소시오메트릭스와 소시오그램이 작성된다.
② 소시오메트릭스에서는 상호작용에 대한 정량적 분석이 가능하다.
③ 소시오메트리는 집단 구성원들 간의 공식적 관계가 아닌 비공식적인 관계를 파악하기 위한 방법이다.
④ 소시오그램은 집단 구성원들 간의 선호, 거부 혹은 무관심의 관계를 기호로 표현하지만, 이를 통해 다양한 집단 내의 비공식적 관계에 대한 역학 관계는 파악할 수 없다.

* **인간관계관리 기법**
1. 소시오매트리(sociometry)
• 집단 내의 선호도, 커뮤니케이션 및 상호작용의 패턴에 관한 자료를 수집하고 분석하여 집단의 성질, 구조, 역동성, 상호관계를 분석하는 기법
2. 소시오그램(Sociogram)
• 측정 테스트로 얻은 결과를 도식이나 그림으로 나타내는 방법
• 집단 내의 대인관계, 집단구조를 직관적으로 파악하기 작성하며 집단의 구조분석을 위하여 이용된다.

정답 21 ② 22 ② 23 ④

- 누가 어떤 선택을 하였는가, 집단 속에서 누가 어떤 위치에 있는가를 알 수가 있다.(비공식적 관계에 대한 역학 관계를 파악할 수 있다.)

24 생체리듬(Biorhythm)의 종류에 해당하지 않는 것은?

① Critical rhythm
② Physical rhythm
③ Intellectual rhythm
④ Sensitivity rhythm

★ 바이오리듬의 종류

육체적 리듬(P) Physical rhythm	• 23일 주기 • 청색의 실선으로 표시 • 식욕, 소화력, 활동력, 지구력 등을 나타냄
감성적 리듬(S) Sensitivity rhythm	• 28일 주기 • 적색의 점선으로 표시 • 감정, 주의심, 창조력, 희로애락 등을 나타냄
지성적 리듬(I) Intellectual rhythm	• 33일 주기 • 녹색의 일점쇄선으로 표시 • 상상력, 사고력, 기억력, 인지력, 판단력 등을 나타냄

25 사회행동의 기본 형태에 해당하지 않는 것은?

① 협력 ② 대립
③ 모방 ④ 도피

★ 사회행동 기본형태
① 협력 : 조력, 분업   ② 대립 : 공격, 경쟁
③ 도피 : 고립, 정신병, 자살   ④ 융합 : 강제타협

📝 필기에 자주 출제되는 내용입니다.

26 O.J.T(On the Job Training)의 특징이 아닌 것은?

① 효과가 곧 업무에 나타난다.
② 직장의 실정에 맞는 실체적 훈련이다.
③ 다수의 근로자에게 조직적 훈련이 가능하다.
④ 교육을 통한 훈련 효과에 의해 상호 신뢰 이해도가 높아진다.

OJT의 특징	• 개개인에게 적절한 훈련이 가능하다. • 직장의 실정에 맞는 훈련이 가능하다. • 교육효과가 즉시 업무에 연결된다. • 훈련에 대한 업무의 계속성이 끊어지지 않는다. • 상호 신뢰 이해도가 높다.
OFF JT의 특징	• 다수의 근로자들에게 훈련을 할 수 있다. • 훈련에만 전념하게 된다. • 특별설비기구 이용이 가능하다. • 많은 지식이나 경험을 교류할 수 있다. • 교육 훈련 목표에 대하여 집단적 노력이 흐트러질 수 있다.

📝 필기에 자주 출제되는 내용입니다.

27 어떤 과업을 성취할 수 있는 자신의 능력에 대한 스스로의 믿음을 나타내는 것은?

① 자아 존중감(Self-esteem)
② 자기 효능감(Self-efficacy)
③ 통체의 착각(Illusion of control)
④ 자기중심적 편견(Egocentric bias)

과업을 성취할 수 있는 자신의 능력에 대한 스스로의 믿음 → 자기 효능감(Self-efficacy)

정답 24 ① 25 ③ 26 ③ 27 ②

28 모랄서베이(Morale Survey)의 주요 방법으로 적절하지 않은 것은?

① 관찰법　② 면접법
③ 강의법　④ 질문지법

> ＊ 모랄 서베이(morale survey)의 주요방법
> ① 통계에 의한 방법
> ② 사례연구법 : 제안제도, 고충처리제도, 카운슬링 등의 사례를 통하여 불만 등을 파악하는 방법
> ③ 관찰법 : 종업원의 근무 실태를 계속 관찰하여 문제점을 찾아내는 방법
> ④ 실험연구법 : 실험 그룹과 통제 그룹으로 나누고 자극을 주어 태도 변화의 여부를 조사하는 방법
> ⑤ 태도조사법(의견조사) : 질문지법, 면접법, 집단토의법, 투사법에 의해 의견을 조사하는 방법

참고

모랄 서베이(morale survey)
- 종업원의 근로 의욕·태도 등에 대한 측정으로 태도 조사라고도 한다.
- 종업원이 자기의 직무·직장·상사·승진·대우등에 대하여 어떻게 생각하고 있는지를 측정·조사하는 것이다.

📋 필기에 자주 출제되는 내용입니다.

29 산업안전보건법령상 2미터 이상인 구축물을 콘크리트 파쇄기를 사용하여 파쇄작업을 하는 경우 특별교육의 내용이 아닌 것은? (단, 그 밖에 안전·보건관리에 필요한 사항은 제외한다.)

① 작업안전조치 및 안전기준에 관한 사항
② 비계의 조립방법 및 작업 절차에 관한 사항
③ 콘크리트 해체 요령과 방호거리에 관한 사항
④ 파쇄기의 조작 및 공통작업 신호에 관한 사항

> ＊ 콘크리트 파쇄기를 사용하여 하는 파쇄작업(2미터 이상인 구축물의 파쇄작업만 해당한다)의 특별교육 내용
> ① 콘크리트 해체 요령과 방호거리에 관한 사항
> ② 작업안전조치 및 안전기준에 관한 사항
> ③ 파쇄기의 조작 및 공통작업 신호에 관한 사항
> ④ 보호구 및 방호장비 등에 관한 사항
> ⑤ 그 밖에 안전·보건관리에 필요한 사항

📋 필기에 자주 출제되는 내용입니다.

30 안전보건교육에 있어 역할 연기법의 장점이 아닌 것은?

① 흥미를 갖고, 문제에 적극적으로 참가한다.
② 자기 태도의 반성과 창조성이 생기고, 발표력이 향상된다.
③ 문제의 배경에 대하여 통찰하는 능력을 높임으로써 감수성이 향상된다.
④ 목적이 명확하고, 다른 방법과 병용하지 않아도 높은 효과를 기대할 수 있다.

> ＊ 롤 플레잉(역할연기)의 장점
> ① 관찰능력을 높이고 감수성이 향상된다.
> ② 자기의 태도에 반성과 창조성이 생긴다.
> ③ 의견 발표에 자신이 생기고 고찰력이 풍부해진다.

📋 필기에 자주 출제되는 내용입니다.

28 ③　29 ②　30 ④

31 학습정도(level of learning)의 4단계에 해당하지 않는 것은?

① 회상(to recall)
② 적용(to apply)
③ 인지(to recognize)
④ 이해(to understand)

* **학습의 정도 4단계**
① **인지**(to recognize) : ~을 인지하여야 한다.
② **지각**(to know) : ~을 알아야 한다.
③ **이해**(to understand) : ~을 이해하여야 한다.
④ **적용**(to apply) : ~을 ~에 적용할 수 있어야 한다.

📝 필기에 자주 출제되는 내용입니다.

32 스트레스 반응에 영향을 주는 요인 중 개인적 특성에 관한 요인이 아닌 것은?

① 심리상태
② 개인의 능력
③ 신체적 조건
④ 작업시간의 차이

④ 작업시간의 차이 → 스트레스의 업무적 특성

33 산업안전보건법령상 일용근로자의 작업내용 변경 시 교육 시간의 기준은?

① 1시간 이상   ② 2시간 이상
③ 3시간 이상   ④ 4시간 이상

* **근로자 안전보건교육**

교육과정	교육대상		교육시간
가. 정기 교육	1) 사무직 종사 근로자		매반기 6시간 이상
	2) 그 밖의 근로자	가) 판매 업무에 직접 종사하는 근로자	매반기 6시간 이상
		나) 판매 업무에 직접 종사하는 근로자 외의 근로자	매반기 12시간 이상
나. 채용 시의 교육	1) 일용근로자 및 근로계약기간이 1주일 이하인 기간제근로자		1시간 이상
	2) 근로계약기간이 1주일 초과 1개월 이하인 기간제근로자		4시간 이상
	3) 그 밖의 근로자		8시간 이상
다. 작업 내용 변경시의 교육	1) 일용근로자 및 근로계약기간이 1주일 이하인 기간제근로자		1시간 이상
	2) 그 밖의 근로자		2시간 이상
라. 특별 교육	1) 일용근로자 및 근로계약기간이 1주일 이하인 기간제 근로자(타워크레인 신호작업에 종사하는 근로자 제외)		2시간 이상
	2) 일용근로자 및 근로계약기간이 1주일 이하인 기간제 근로자 중 타워크레인신호작업에 종사하는 근로자		8시간 이상
	3) 일용근로자 및 근로계약기간이 1주일 이하인 기간제 근로자를 제외한 근로자		가) 16시간 이상(최초 작업에 종사하기 전 4시간 이상 실시하고 12시간은 3개월 이내에서 분할하여 실시 가능) 나) 단기간 작업 또는 간헐적 작업인 경우에는 2시간 이상
마. 건설업 기초안전·보건교육	건설 일용근로자		4시간 이상

📝 실기에 자주 출제되는 중요한 내용입니다.

34 교육심리학의 연구방법 중 인간의 내면에서 일어나고 있는 심리적 사고에 대하여 사물을 이용하여 인간의 성격을 알아보는 방법은?

① 투사법　② 면접법
③ 실험법　④ 질문지법

> 인간의 내면에서 일어나고 있는 심리적 사고에 대하여 사물을 이용하여 인간의 성격을 알아보는 방법 → 투사법

참고

투사법 : 직접적인 질문이 아니라 간접적인 자극물을 사용해서 응답자의 의견이 투사되도록 하는 조사 방법

---

35 안전교육의 3단계 중 작업방법, 취급 및 조작행위를 몸으로 숙달시키는 것을 목적으로 하는 단계는?

① 안전 지식교육　② 안전 기능교육
③ 안전 태도교육　④ 안전 의식교육

★ 교육의 3단계
① 제1단계(지식교육) : 강의 및 시청각 교육 등을 통하여 지식을 전달하는 단계
② 제2단계(기능교육) : 시범, 견학, 현장실습 교육 등을 통하여 경험을 체득하는 단계
③ 제3단계(태도교육) : 작업동작 지도 등을 통하여 안전행동을 습관화하는 단계

📝 필기에 자주 출제되는 내용입니다.

---

36 호손(Hawthorne) 연구에 대한 설명으로 옳은 것은?

① 소비자들에게 효과적으로 영향을 미치는 광고 전략을 개발했다.
② 시간-동작연구를 통해서 작업도구와 기계를 설계했다.
③ 채용과정에서 발생하는 차별요인을 밝히고 이를 시정하는 법적 조치의 기초를 마련했다.
④ 물리적 작업환경보다 근로자들의 의사소통 등 인간관계가 더 중요하다는 것을 알아냈다.

★ 호손(Hawthorne)실험의 결과
① 작업 능률을 좌우하는 것은 임금, 노동시간 등의 노동조건과 조명, 환기, 기타 작업환경으로서의 물적 조건보다 종업원의 태도 즉, 심리적·내적 양심과 감정(인간관계)이 더 중요하다.
② 물적 조건도 그 개선에 의하여 효과를 가져올 수 있으나 종업원의 심리적 요소가 더 중요하다.

📝 필기에 자주 출제되는 내용입니다.

---

37 지름길을 사용하여 대상물을 판단할 때 발생하는 지각의 오류가 아닌 것은?

① 후광효과　② 최근효과
③ 결론효과　④ 초두효과

★ 지름길을 사용하여 판단할 때의 오류
① 후광효과 : 어떤 사람이 가지고 있는 두드러진 특성이 그 사람의 다른 특성을 평가하는 데 전반적인 영향을 미치는 효과

정답　34 ①　35 ②　36 ④　37 ③

② 최근효과 : 최근에 제공된 정보에 더 큰 비중을 두게 된다.
③ 초두효과 : 여러 개의 정보가 제시되었을 때 **처음 제시된 정보를 가장 잘 기억하는 현상**

38 다음은 무엇에 관한 설명인가?

> 다른 사람으로부터 판단이나 행동을 무비판적으로 받아들이는 것

① 모방(Imitation)
② 투사(Projection)
③ 암시(Suggestion)
④ 동일화(Identification)

① **투사(Projection)** : 자신의 불만이나 불안을 해소시키기 위해서 **자신의 잘못을 남의 탓으로 돌리는 행동**
② **모방(Imitation)** : **남의 행동이나 판단을 표본으로 하여 그것과 같거나 또는 그것에 가까운 행동 또는 판단을 취하려는 행동**
③ **암시(Suggestion)** : **다른 사람으로부터의 판단이나 행동을 무비판적으로 논리적 · 사실적 근거 없이 받아들이는 행동**
④ **동일화(Identification)** : **다른 사람의 행동 양식이나 태도를 투입시키거나 다른 사람 가운데서 자기와 비슷한 점을 발견하는 것**

📌 필기에 자주 출제되는 내용입니다.

39 산업심리의 5대 요소가 아닌 것은?

① 동기　　② 기질
③ 감정　　④ 지능

★ **산업안전심리 5요소**
① **동기**(motive) : 능동적인 감각에 의한 자극에서 일어나는 사고의 결과로서 **사람의 마음을 움직이는 원동력**이다.
② **기질**(temper) : **인간의 성격, 능력 등 개인적인 특성**을 말한다.
③ **감정**(emotion) : **희노애락 등의 의식을 말한다.** 사람의 감정은 안전과 밀접한 관계를 가지고 사고를 일으키는 정신적 동기를 만든다.
④ **습성**(habits) : 동기, 기질, 감정 등이 밀접한 연관관계를 형성하여 **인간의 행동에 영향을 미칠 수 있도록 하는 것**을 말한다.
⑤ **습관**(custom) : 성장과정을 통해 형성된 특성 등이 **자신도 모르게 습관화 된 현상**을 말한다.

📌 필기에 자주 출제되는 내용입니다.

40 직무수행에 대한 예측변인 개발 시 작업표본(work sample)에 관한 사항 중 틀린 것은?

① 집단검사로 감독과 통제가 요구된다.
② 훈련생보다 경력자 선발에 적합하다.
③ 실시하는데 시간과 비용이 많이 든다.
④ 주로 기계를 다루는 직무에 효과적이다.

★ **작업표본(work sample)의 제한점**
① 주로 기계를 다루는 직무에 효과적이다.
② 훈련생보다 경력자 선발에 적합하다.
③ 실시하는데 시간과 비용이 많이 든다.

정답　38 ③　39 ④　40 ①

> 참고
>
> * 작업표본(work sample)
> ① 지원자가 직무상의 작업을 얼마나 잘 처리할 수 있는지 알아보기 위해 실제로 작업을 시켜보는 것으로 실제 현장 또는 모의된 직무를 평가실에서 실시한다.
> ② 작업에 사용하는 재료, 도구, 기계, 공정을 사용하도록 한 작업과제를 표본으로 추출하여 준비하고 그 과제수행을 평가한다.

3과목 인간공학 및 시스템안전공학

41 태양광이 내리쬐지 않는 옥내의 습구흑구온도지수(WBGT) 산출 식은?

① 0.6 × 자연습구온도 + 0.3 × 흑구온도
② 0.7 × 자연습구온도 + 0.3 × 흑구온도
③ 0.6 × 자연습구온도 + 0.4 × 흑구온도
④ 0.7 × 자연습구온도 + 0.4 × 흑구온도

> * 습구흑구온도지수(WBGT)
> 1. **옥외**(태양광선이 내리쬐는 장소)
> WBGT(℃) = 0.7×자연습구온도 + 0.2×흑구온도 + 0.1×건구온도
> 2. **옥내 또는 옥외**(태양광선이 내리쬐지 않는 장소)
> WBGT(℃)=0.7×자연습구온도 + 0.3×흑구온도

42 부품 배치의 원칙 중 기능적으로 관련된 부품들을 모아서 배치한다는 원칙은?

① 중요성의 원칙
② 사용 빈도의 원칙
③ 사용 순서의 원칙
④ 기능별 배치의 원칙

> * 부품배치의 원칙
> ① 중요성의 원칙 : 부품을 작동하는 성능이 체계의 목표 달성에 중요한 정도에 따라 우선순위를 결정한다.
> ② 사용빈도의 원칙 : 부품을 사용하는 빈도에 따라 우선순위를 결정한다.
> ③ 기능별 배치의 원칙 : 기능적으로 관련된 부품들(표시장치, 조정장치 등)을 모아서 배치한다.
> ④ 사용 순서의 원칙 : 사용 순서에 따라 장치들을 가까이에 배치한다.

필기에 자주 출제되는 내용입니다.

43 인간공학의 목표와 거리가 가장 먼 것은?

① 사고 감소
② 생산성 증대
③ 안전성 향상
④ 근골격계 질환 증가

> 인간공학의 연구목적 : 가장 궁극적인 목적은 안전성 제고와 능률의 향상이다.
> ① 안전성의 향상과 사고 방지
> ② 기계조작의 능률성과 생산성의 향상
> ③ 작업환경의 쾌적성

필기에 자주 출제되는 내용입니다.

정답 41 ② 42 ④ 43 ④

44 시각적 식별에 영향을 주는 각 요소에 대한 설명 중 틀린 것은?

① 조도는 광원의 세기를 말한다.
② 휘도는 단위 면적당 표면에 반사 또는 방출되는 광량을 말한다.
③ 반사율은 물체의 표면에 도달하는 조도와 광도의 비를 말한다.
④ 광도 대비란 표적의 광도와 배경의 광도의 차이를 배경 광도로 나눈 값을 말한다.

① 조도는 물체나 표면에 도달하는 빛의 단위 면적당 밀도를 말한다.

> 참고

조도(lux) = $\dfrac{광도}{(거리)^2}$

📝 필기에 자주 출제되는 내용입니다.

45 A사의 안전관리자는 자사 화학 설비의 안전성 평가를 실시하고 있다. 그 중 제2단계인 정성적 평가를 진행하기 위하여 평가 항목을 설계단계 대상과 운전관계 대상으로 분류하였을 때 설계관계 항목이 아닌 것은?

① 건조물   ② 공장 내 배치
③ 입지조건   ④ 원재료, 중간제품

설계관계 항목	운전관계 항목
• 입지조건	• 원재료, 중간체, 제품 등
• 공장 내의 배치	• 공정
• 건조물(건축물)	• 수송, 저장 등
• 소방용 설비 등	• 공정기기

46 양립성의 종류가 아닌 것은?

① 개념의 양립성   ② 감성의 양립성
③ 운동의 양립성   ④ 공간의 양립성

양립성 : 자극과 반응의 관계가 인간의 기대와 모순되지 않는 성질
① **개념적 양립성** : 외부자극에 대해 **인간의 개념적 현상의 양립성**
② **공간적 양립성** : 표시장치, 조종장치의 **형태 및 공간적배치의 양립성**
③ **운동의 양립성** : 표시장치, 조종장치 등의 **운동 방향의 양립성**
④ **양식 양립성** : 자극과 응답양식의 존재에 대한 양립성

📝 필기에 자주 출제되는 내용입니다.

47 그림과 같은 시스템에서 부품 A, B, C, D의 신뢰도가 모두 r로 동일할 때 이 시스템의 신뢰도는?

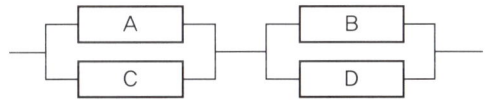

① $r(2 - r^2)$ ③ $r^2(2 - r)^2$
③ $r^2(2 - r^2)$ ④ $r^2(2 - r)$

신뢰도 = [1−(1−r)(1−r)] × [1−(1−r)(1−r)]
     = [1−(1−2r + r²)] × [1−(1−2r+r²)]
     = (1−1+2r−r²) × (1−1+2r−r²)
     = (+2r−r²) × (+2r−r²)
     = 4r² −2r³ −2r³ +r⁴ =4r² −4r³ +r⁴
     = r² (r² −4r+4)
     = r² (2−r)²

정답 44 ①   45 ④   46 ②   47 ②

48 FTA에서 사용되는 논리게이트 중 입력과 반대되는 현상으로 출력되는 것은?

① 부정 게이트
② 억제 게이트
③ 배타적 OR 게이트
④ 우선적 AND 게이트

기호	명칭	기호 설명
	부정 게이트	입력과 반대현상의 출력이 생김
	억제 게이트	특정조건을 만족하여야 출력이 생김
	배타적 OR 게이트	입력사상 중 오직 한 개의 발생으로만 출력이 생김
	우선적 AND게이트	입력사상이 특정 순서대로 발생한 경우에만 출력이 발생

📝 필기에 자주 출제되는 내용입니다.

49 어떤 결함수를 분석하여 minimal cut set을 구한 결과 다음과 같았다. 각 기본사상의 발생확률을 q_i, i=1, 2, 3이라 할 때 정상사상의 발생확률함수로 옳은 것은?

$$k_1 = [1, 2], k_2 = [1, 3], k_3 = [2, 3]$$

① $q_1q_2 + q_1q_2 - q_2q_3$
② $q_1q_2 + q_1q_3 - q_2q_3$
③ $q_1q_2 + q_1q_3 + q_2q_3 - q_1q_2q_3$
④ $q_1q_2 + q_1q_3 + q_2q_3 - 2q_1q_2q_3$

minimal cut set을 기준으로 FT도를 구성하면

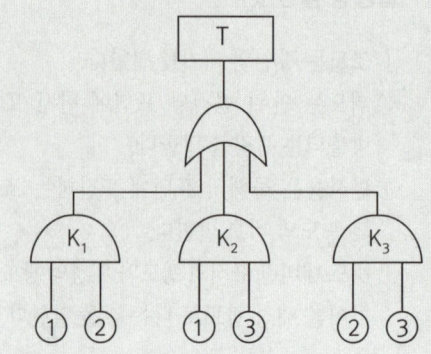

$T = 1 - \{(1-K_1) \times (1-K_2) \times (1-K_3)\}$
$= 1 - [\{(1-K_1) \times (1-K_2)\} \times (1-K_3)]$
$= 1 - [(1-K_2-K_1+K_1K_2) \times (1-K_3)]$
$= 1 - [1-K_2-K_1+K_1K_2-K_3+K_2K_3+K_1K_3-K_1K_2K_3]$
$= 1-1+K_2+K_1-K_1K_2+K_3-K_2K_3-K_1K_3+K_1K_2K_3$
$= K_1+K_2+K_3-K_1K_2-K_1K_3-K_2K_3+K_1K_2K_3$
$= q_1q_2+q_1q_3+q_2q_3-q_1q_2q_3-q_1q_2q_3-q_1q_2q_3+q_1q_2q_3$
$= q_1q_2+q_1q_3+q_2q_3-2q_1q_2q_3$

📝 출제비중이 낮은 문제입니다.

50 부품고장이 발생하여도 기계가 추후 보수 될 때까지 안전한 기능을 유지할 수 있도록 하는 기능은?

① fail - soft   ② fail - active
③ fail - operational   ④ fail - passive

★ 페일세이프(Fail-Safe)
① **Fail Passive** : 부품의 고장 시 기계장치는 정지 상태로 옮겨간다.
② **Fail active** : 부품이 고장나면 경보를 울리며 짧은 시간 운전이 가능하다.
③ **Fail operational** : 부품의 고장이 있어도 다음 정기 점검까지 운전이 가능하다.

📝 필기에 자주 출제되는 내용입니다.

정답 48 ① 49 ④ 50 ③

51 반사경 없이 모든 방향으로 빛을 발하는 점광원에서 3m 떨어진 곳의 조도가 300Lux이라면 2m 떨어진 곳에서 조도(Lux)는?

① 375 ② 675
③ 875 ④ 975

$$조도(lux) = \frac{광도}{(거리)^2}$$

1. 3m에서의 조도가 300이므로

   $300 = \frac{광도}{3^2}$

   광도 $= 300 \times 3^2 = 2,700(cd)$

2. 2m에서의 조도

   조도 $= \frac{2,700}{2^2} = 675 lux$

📝 필기에 자주 출제되는 내용입니다.

52 통화 이해도 척도로서 통화 이해도에 영향을 주는 잡음의 영향을 추정하는 지수는?

① 명료도 지수 ② 통화 간섭 수준
③ 이해도 점수 ④ 통화 공진 수준

통화 이해도에 영향을 주는 잡음의 영향을 추정하는 지수 → 통화 간섭 수준

53 예비위험분석(PHA)에서 식별된 사고의 범주가 아닌 것은?

① 중대(critical)
② 한계적(marginal)
③ 파국적(catastrophic)
④ 수용가능(acceptable)

* **PHA 카테고리 분류**
  • Class 1 : 파국적(catastrophic)
    – 사망, 시스템 완전 손상
  • Class 2 : 위기적(critical)
    – 심각한 상해, 시스템 중대 손상
  • Class 3 : 한계적(marginal)
    – 경미한 상해, 시스템 성능 저하
  • Class 4: 무시(negligible)
    – 경미한 상해 및 시스템 성능 저하 없음

54 인간공학적 연구에 사용되는 기준 척도의 요건 중 다음 설명에 해당하는 것은?

> 기준 척도는 측정하고자 하는 변수 외의 다른 변수들의 영향을 받아서는 안 된다.

① 신뢰성 ② 적절성
③ 검출성 ④ 무오염성

* **체계 기준의 요건(인간공학 연구조사에 사용되는 기준의 구비조건)**
① **적절성** : 의도된 목적에 적합하여야 한다.(타당성)
② **무오염성** : 측정하고자 하는 변수외의 다른 변수의 영향을 받아서는 안 된다.
③ **신뢰성** : 반복실험 시 재현성이 있어야 한다.(반복성)
④ **민감도** : 예상차이점에 비례하는 단위로 측정하여야 한다.

📝 필기에 자주 출제되는 내용입니다. 암기하세요.

정답 51 ② 52 ② 53 ④ 54 ④

55 James Reason의 원인적 휴먼에러 종류 중 다음 설명의 휴먼에러 종류는?

> 자동차가 우측 운행하는 한국의 도로에 익숙해진 운전자가 좌측 운행을 해야하는 일본에서 우측운행을 하다가 교통사고를 냈다.

① 고의 사고(Violation)
② 숙련 기반 에러(Skill based error)
③ 규칙 기반 착오(Rule based mistake)
④ 지식 기반 착오(Knowledge based mistake)

＊Reason의 휴먼 에러의 분류(원인적 분류)
1. **숙련 기반 에러(Skill based error)** : 평소에는 숙련된 작업이었으나 실수(Slip)와 건망증(Lapse)에 의해 제대로 수행하지 못함
   예 평소에는 사과를 잘 깎았으나 깎다가 손을 다침, 가스렌지에 찌개를 끓이던 것을 깜박 잊고 찌개가 타버림
2. **규칙 기반 착오(Rule based mistake)** : 잘못된 규칙을 기억하거나 제대로 된 규칙을 상황에 맞지 않게 적용한 에러
   예 일본에서 우측통행을 하다가 사고가 남
3. **지식 기반 착오(Knowledge based mistake)** : 장기 기억 속에 관련 지식이 없는 경우 처음 접하는 상황에서 추론을 통하여 해결하려 하였으나 실패로 이어지는 에러
   예 외국에서 처음 보는 도로 표지판을 이해하지 못하여 사고가 남

56 근골격계 부담작업의 범위 및 유해요인조사 방법에 관한 고시상 근골격계 부담작업에 해당하지 않는 것은? (단, 상시작업을 기준으로 한다.)

① 하루에 10회 이상 25kg 이상의 물체를 드는 작업
② 하루에 총 2시간 이상 쪼그리고 앉거나 무릎을 굽힌 자세에서 이루어지는 작업
③ 하루에 총 2시간 이상 시간당 5회 이상 손 또는 무릎을 사용하여 반복적으로 충격을 가하는 작업
④ 하루에 4시간 이상 집중적으로 자료입력 등을 위해 키보다 또는 마우스를 조작하는 작업

＊근골격계 부담작업의 범위
① 하루에 4시간 이상 집중적으로 자료입력 등을 위해 키보드 또는 마우스를 조작하는 작업
② 하루에 총 2시간 이상 목, 어깨, 팔꿈치, 손목 또는 손을 사용하여 같은 동작을 반복하는 작업
③ 하루에 총 2시간 이상 머리 위에 손이 있거나, 팔꿈치가 어깨위에 있거나, 팔꿈치를 몸통으로부터 들거나, 팔꿈치를 몸통뒤쪽에 위치하도록 하는 상태에서 이루어지는 작업
④ 지지되지 않은 상태이거나 임의로 자세를 바꿀 수 없는 조건에서, 하루에 총 2시간 이상 목이나 허리를 구부리거나 트는 상태에서 이루어지는 작업
⑤ 하루에 총 2시간 이상 쪼그리고 앉거나 무릎을 굽힌 자세에서 이루어지는 작업
⑥ 하루에 총 2시간 이상 지지되지 않은 상태에서 1kg 이상의 물건을 한손의 손가락으로 집어 옮기거나, 2kg 이상에 상응하는 힘을 가하여 한손의 손가락으로 물건을 쥐는 작업

정답 55 ③ 56 ③

⑦ 하루에 총 2시간 이상 지지되지 않은 상태에서 4.5kg 이상의 물건을 한손으로 들거나 동일한 힘으로 쥐는 작업
⑧ 하루에 10회 이상 25kg 이상의 물체를 드는 작업
⑨ 하루에 25회 이상 10kg 이상의 물체를 무릎 아래에서 들거나, 어깨 위에서 들거나, 팔을 뻗은 상태에서 드는 작업
⑩ 하루에 총 2시간 이상, 분당 2회 이상 4.5kg 이상의 물체를 드는 작업
⑪ 하루에 총 2시간 이상 시간당 10회 이상 손 또는 무릎을 사용하여 반복적으로 충격을 가하는 작업

57 HAZOP 분석기법의 장점이 아닌 것은?

① 학습 및 적용이 쉽다.
② 기법 적용에 큰 전문성을 요구하지 않는다.
③ 짧은 시간에 저렴한 비용으로 분석이 가능하다.
④ 다양한 관점을 가진 팀 단위 수행이 가능하다.

③ 많은 비용과 인력이 소요된다. → HAZOP의 단점

> **참고**
>
> * **HAZOP**
>   **(Hazard and Operability, 위험 및 운전성 검토)**
>   - 각각의 장비에 대해 잠재된 위험이나 기능저하 등 시설에 결과적으로 미칠 수 있는 영향을 평가하기 위하여 공정이나 설계도 등에 체계적인 검토를 행하는 것으로 제품의 개발단계에서 실시한다.
>   - 화학공장(석유화학사업장 등)에서 가동문제를 파악하는 데 널리 사용되며, 위험요소를 예측하고, 새로운 공정에 대한 가동문제를 예측하는 데 사용된다.

58 서브시스템 분석에 사용되는 분석방법으로 시스템 수명주기에서 ㉠에 들어갈 위험분석 기법은?

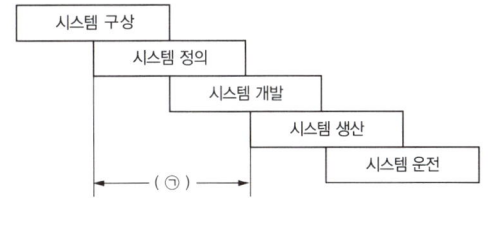

① PHA ② FHA
③ FTA ④ ETA

서브시스템 분석에 사용되는 분석방법
→ FHA(결함위험분석)

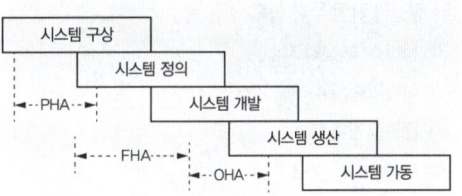

📌 필기에 자주 출제되는 내용입니다.

59 불(Boole) 대수의 관계식으로 틀린 것은?

① $A + \overline{A} = 1$
② $A + AB = A$
③ $A(A+B) = A + B$
④ $A + \overline{A}B = A + B$

$A(A+B) = AA + AB = A + AB$

정답 57 ③ 58 ② 59 ③

> **참고**
>
> * 배분법칙
> - A(B+C)=AB+AC
> - A+(BC)=(A+B)·(A+C)

📝 필기에 자주 출제되는 내용입니다.

60 정신적 작업 부하에 관한 생리적 척도에 해당하지 않는 것은?

① 근전도 ② 뇌파도
③ 부정맥 지수 ④ 점멸융합주파수

> * 정신적 작업 부하 척도
> ① 심박수(부정맥 지수)
> ② 뇌파(뇌전위)
> ③ 점멸융합주파수
> ④ 호흡수

📝 필기에 자주 출제되는 내용입니다.

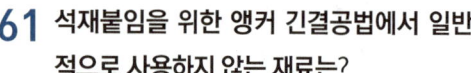

4과목 건설시공학

61 석재붙임을 위한 앵커 긴결공법에서 일반적으로 사용하지 않는 재료는?

① 앵커
② 볼트
③ 모르타르
④ 연결철물

> 앵커 긴결공법은 모르타르를 충전하지 않고 앵커, 너트, 볼트, 와셔, 연결철물(파스너) 등으로 석재를 고정한다.

> **참고**
>
> * 석재붙임공법의 종류
> 1. 습식공법 : 구조체와 석재 사이를 연결철물(긴결철물)과 모르타르를 채워서 고정하는 공법
>   ① 온 사춤공법
>   ② 줄띠 사춤공법
> 2. 건식공법 : 모르타르 없이 구조체와 석재 사이를 연결철물로 고정하는 공법
>   ① 앵커(Anchor) 긴결공법
>   ② 강재Truss 지지공법
>   ③ GPC공법

📝 필기에 자주 출제되는 내용입니다.

62 강제 널말뚝(steel sheet pile)공법에 관한 설명으로 옳지 않은 것은?

① 무소음 설치가 어렵다.
② 타입 시 체적변형이 작아 항타가 쉽다.
③ 강제 널말뚝에는 U형, Z형, H형 등이 있다.
④ 관입, 철거 시 주변 지반침하가 일어나지 않는다.

> ④ 관입, 철거 시 주변 지반침하가 일어날 수 있다.

정답 60 ① 61 ③ 62 ④

> 참고
> **강제 널말뚝(steel sheet pile)공법**
>
> | 장점 | 단점 |
> |---|---|
> | ① 차수성이 좋다. ② 타입이 용이하고 시공이 쉽다. ③ 재사용이 가능하다. | ① 타공법보다 벽체의 강성(EI)이 작아 휨이 크다. ② 암반, 전 석층에는 타입이 곤란하다. ③ 타입시소음, 진동이크다. ④ 관입, 철거 시 주변 지반 침하가 일어날 수 있다. |
>
> 📝 필기에 자주 출제되는 내용입니다.

63 철근 조립에 관한 설명으로 옳지 않은 것은?

① 철근의 피복두께를 정확히 확보하기 위해 적절한 간격으로 고임재 및 간격재를 배치한다.
② 거푸집에 접하는 고임재 및 간격재는 콘크리트 제품 또는 모르타르 제품을 사용하여야 한다.
③ 경미한 황갈색의 녹이 발생한 철근은 일반적으로 콘크리트와의 부착을 해치므로 사용해서는 안 된다.
④ 철근의 표면에는 흙, 기름 또는 이물질이 없어야 한다.

> **철근의 조립**
> ① 철근이 바른 위치를 확보할 수 있도록 결속선으로 결속하여야 한다.
> ② 철근을 조립한 다음 장기간 경과한 경우에는 콘크리트의 타설 전에 다시 조립검사를 하고 청소하여야 한다.
> ③ 경미한 황갈색의 녹이 발생한 철근은 콘크리트와의 부착을 해치지 않으므로 사용해도 좋다.
> ④ 철근의 피복두께를 정확하게 확보하기 위해 적절한 간격으로 고임재 및 간격재를 배치하여야 한다.

64 소규모 건축물을 조적식 구조로 담을 쌓을 경우 최대 높이 기준으로 옳은 것은?

① 2m 이하
② 2.5m 이하
③ 3m 이하
④ 3.5m 이하

> **소규모 건축물**(2층 이하이면서 연면적 500제곱미터 미만인 건축물로서 「건축법 시행령」 제32조제2항 제3호부터 제8호까지의 어느 하나에도 해당하지 아니하는 건축물)의 조적식 담의 구조
> ① 높이는 3미터 이하로 할 것
> ② 담의 두께는 190밀리미터 이상으로 할 것. 다만, 높이가 2미터 이하인 담에 있어서는 90밀리미터 이상으로 할 수 있다.
> ③ 담의 길이 2미터 이내마다 담의 벽면으로부터 그 부분의 담의 두께 이상 튀어나온 버팀벽을 설치하거나, 담의 길이 4미터 이내마다 담의 벽면으로부터 그 부분의 담의 두께의 1.5배 이상 튀어나온 버팀벽을 설치할 것. 다만, 각 부분의 담의 두께가 제2호의 규정에 의한 담의 두께의 1.5배 이상인 경우에는 그러하지 아니하다.

📝 필기에 자주 출제되는 내용입니다.

65 필릿용접(Fillet Welding)의 단면상 이론 목 두께에 해당하는 것은?

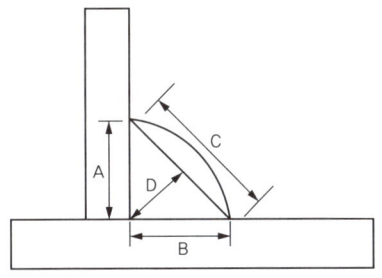

① A
② B
③ C
④ D

정답 63 ③ 64 ③ 65 ④

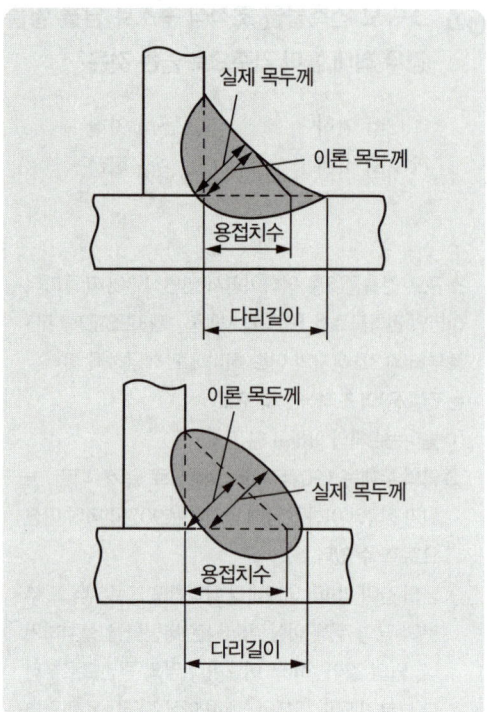

66 네트워크 공정표에 사용되는 용어에 관한 설명으로 옳지 않은 것은?

① 크리티컬 패스(Critical path) : 개시 결합점에서 종료 결합점에 이르는 가장 긴 경로
② 더미(Dummy) : 결합점이 가지는 여유시간
③ 플로트(Float) : 작업의 여유시간
④ 패스(Path) : 네트워크 중에서 둘 이상의 작업이 이어지는 경로

> ② 더미(Dummy) : 정상적으로 표현할 수 없는 작업 상호간의 관계를 표시(점선 화살표)

📌 필기에 자주 출제되는 내용입니다.

67 콘크리트의 측압에 영향을 주는 요소에 관한 설명으로 옳지 않은 것은?

① 콘크리트 타설속도가 빠를수록 측압은 커진다.
② 콘크리트 온도가 낮으면 경화속도가 느려 측압은 작아진다.
③ 벽 두께가 얇을수록 측압은 작아진다.
④ 콘크리트의 슬럼프 값이 클수록 측압은 커진다.

> ② 콘크리트 온도가 낮으면 경화속도가 느려 측압은 커진다.

📌 필기에 자주 출제되는 내용입니다.

68 석공사에 사용하는 석재 중에서 수성암계에 해당하지 않는 것은?

① 사암
② 석회암
③ 안산암
④ 응회암

> *석질에 의한 분류
> ① 화성암계 : 화강암, 안산암
> ② 수성암계 : 석회암, 사암, 응회암, 점판암(철평석, 슬레이트)
> ③ 변성암계 : 사문석, 반석, 대리석
> ④ 퇴적암계 : 사암, 이판암, 점판암, 응회암, 석회암

69 매스 콘크리트(Mass concrete) 시공에 관한 설명으로 옳지 않은 것은?

① 매스 콘크리트의 타설 온도는 온도균열을 제어하기 위한 관점에서 가능한 한 낮게 한다.
② 매스 콘크리트 타설 시 기온이 높을 경우에는 콜드조인트가 생기기 쉬우므로 응결촉진제를 사용한다.
③ 매스 콘크리트 타설 시 침하발생으로 인한 침하균열을 예방을 하기 위해 재 진동 다짐 등을 실시한다.
④ 매스 콘크리트 타설 후 거푸집 탈형 시 콘크리트 표면의 급랭을 방지하기 위해 콘크리트 표면을 소정의 기간 동안 보온해 주어야 한다.

② 매스 콘크리트 타설 시 기온이 높을 경우에는 콜드조인트가 생기기 쉬우므로 응결지연제를 사용한다.

> **참고**
>
> 매스 콘크리트 : 구조물의 치수가 커서 시멘트 수화열에 의한 온도상승 및 강하를 고려하여 설계, 시공해야 하는 콘크리트

📝 필기에 자주 출제되는 내용입니다.

70 거푸집공사(form work)에 관한 설명으로 옳지 않은 것은?

① 거푸집널은 콘크리트의 구조체를 형성하는 역할을 한다.
② 콘크리트 표면에 모르타르, 플라스터 또는 타일붙임 등의 마감을 할 경우에는 평활하고 광택이 있는 면이 얻어질 수 있도록 철제 거푸집(metal form)을 사용하는 것이 좋다.
③ 거푸집공사비는 건축공사비에서의 비중이 높으므로, 설계단계부터 거푸집 공사의 개선과 합리화 방안을 연구하는 것이 바람직하다.
④ 폼타이(form tie)는 콘크리트를 타설할 때, 거푸집이 벌어지거나 우그러들지 않게 연결, 고정하는 긴결재이다.

② 콘크리트 표면에 모르타르, 플라스터 또는 타일붙임 등의 마감을 할 경우에는 평활한 철제 거푸집(metal form)을 사용하는 경우 부착강도가 저하될 수 있으므로 사용하지 않는 것이 좋다.

71 철근콘크리트 말뚝머리와 기초와의 접합에 관한 설명으로 옳지 않은 것은?

① 두부를 커팅기계로 정리할 경우 본체에 균열이 생김으로 응력손실이 발생하여 설계내력을 상실하게 된다.
② 말뚝머리 길이가 짧은 경우는 기초저면까지 보강하여 시공한다.
③ 말뚝머리 철근은 기초에 30cm 이상의 길이로 정착한다.
④ 말뚝머리와 기초와의 확실한 정착을 위해 파일앵커링을 시공한다.

① 두부를 말뚝에 유해한 충격 및 손상을 주지 않는 커팅기계 등을 사용하여 책임기술자의 지시에 따라 정리한다.

72 철근콘크리트 보에 사용된 굵은 골재의 최대 치수가 25mm일 때, D22철근(동일 평면에서 평행한 철근)의 수평 순간격으로 옳은 것은? (단, 콘크리트를 공극 없이 칠 수 있는 다짐방법을 사용할 경우에는 제외)?

① 22.2mm ② 25mm
③ 31.25mm ④ 33.3mm

* **철보의 순 간격(수평 순 간격)**
① 25mm
② 철근 공칭지름
③ 굵은 골재 최대치수의 4/3 이상
위 ①, ②, ③ 중 큰 값으로 한다.
• 순간격 = $25 \times \dfrac{4}{3}$ = 33.3mm

> 참고

* **기둥의 순 간격(수직 순 간격)**
① 40mm
② 철근 공칭지름의 1.5배
③ 굵은 골재 최대치수의 4/3 이상
위 ①, ②, ③ 중 큰 값으로 한다.

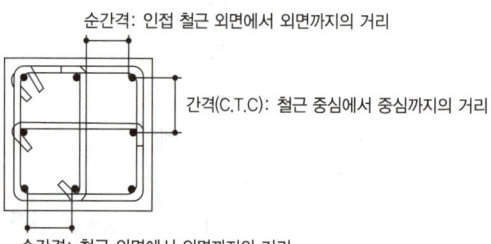

순간격: 인접 철근 외면에서 외면까지의 거리
간격(C.T.C): 철근 중심에서 중심까지의 거리
순간격: 철근 외면에서 외면까지의 거리

73 철근의 피복두께를 유지하는 목적이 아닌 것은?

① 부재의 소요 구조 내력 확보
② 부재의 내화성 유지
③ 콘크리트의 강도 증대
④ 부재의 내구성 유지

* **철근의 피복두께 확보 목적**
① 내화성 확보
② 내구성 확보
③ 구조내력의 확보
④ 콘크리트 타설 시 유동성 확보

📝 필기에 자주 출제되는 내용입니다.

74 불량품, 결점, 고장 등의 발생건수를 현상과 원인별로 분류하고, 여러 가지 데이터를 항목별로 분류해서 문제의 크기 순서로 나열하여, 그 크기를 막대그래프로 표기한 품질관리 도구는?

① 파레토그램 ② 특성요인도
③ 히스토그램 ④ 체크시트

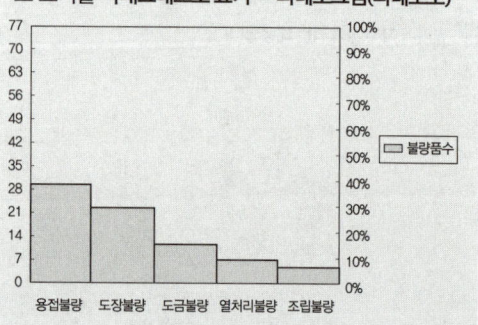

데이터를 항목별로 분류해서 문제의 크기 순서로 나열하여, 그 크기를 막대그래프로 표기 → 파레토그램(파레토)

📝 필기에 자주 출제되는 내용입니다.

정답 72 ④ 73 ③ 74 ①

75 강구조 공사 시 앵커링(anchoring)에 관한 설명으로 옳지 않은 것은?

① 필요한 앵커링 저항력을 얻기 위해서는 콘크리트에 피해를 주지 않도록 적절한 대책을 수립하여야 한다.
② 앵커볼트 설치 시 베이스플레이트 위치의 콘크리트는 설계도면 레벨보다 -30mm ~ -50mm 낮게 타설하고, 베이스플레이트 설치 후 그라우팅 처리한다.
③ 구조용 앵커볼트를 사용하는 경우 앵커볼트 간의 중심선은 기둥중심선으로부터 3mm 이상 벗어나지 않아야 한다.
④ 앵커볼트는 구조용 혹은 세우기용 앵커볼트가 사용되어야 하고, 나중매입공법을 원칙으로 한다.

④ 앵커볼트는 구조용 혹은 세우기용 앵커볼트가 사용되어야 하고, **고정매입공법**을 원칙으로 한다.

📘 필기에 자주 출제되는 내용입니다.

76 모래지반 흙막이 공사에서 널말뚝의 틈새로 물과 토사가 유실되어 지반이 파괴되는 현상은?

① 히빙 현상(Heaving)
② 파이핑 현상(Piping)
③ 액상화 현상(Liquefaction)
④ 보일링 현상(Boiling)

* **파이핑(Piping)현상**
  - 보일링(Boiling) 현상으로 인하여 **지반 내에서 물의 통로가 생기면서 흙이 세굴되는 현상**을 말한다.
  - 널말뚝의 틈새로 물과 토사가 유실되어 지반이 파괴되는 현상을 말한다.

📘 필기에 자주 출제되는 내용입니다.

77 공사관리 계약(Construction Management Contract) 방식의 장점이 아닌 것은?

① 시공 시 단계별 시공법을 적용할 수 있어 설계 및 시공기간을 단축시킬 수 있다.
② 설계과정에서 설계가 시공에 미치는 영향을 예측할 수 있어 설계도서의 현실성을 향상시킬 수 있다.
③ 기획 및 설계과정에서 발주자와 설계자 간의 의견대립 없이 설계대안 및 특수공법의 적용이 가능하다.
④ 대리인형 CM(CM for fee)방식은 공사비와 품질에 직접적인 책임을 지는 공사관리계약 방식이다.

대리인형 CM (CM for Fee)	시공자형 CM (CM at Risk)
① 서비스를 제공한 후 용역비(Fee)를 지급받는 형태로 자문 또는 대리인의 역할을 수행한다.	① CM이 직접 하도급자와 계약을 체결하여 시공의 전부 또는 일부를 담당하여 공사를 수행하는 방식이다.
② 시공자 또는 설계자와 직접적인 계약관계는 없다.	② 공사비용, 공사기간, 품질 등에 대한 책임을 가진다.
③ 공사비용, 공사기간, 품질 등에 대한 책임은 지지 않는다.	

📘 필기에 자주 출제되는 내용입니다.

정답 75 ④ 76 ② 77 ④

> **참고**
>
> **＊건설사업관리, 공사관리계약**
> **(CM: Construction Management)**
> ① '건설사업관리'라 함은 건설공사에 관한 기획·타당성조사·분석·설계·조달·계약·시공관리·감리·평가·사후관리 등에 관한 관리를 수행하는 것을 말한다.
> ② 건설사업의 공사비절감(Cost), 품질향상(Quality), 공기단축(Time)을 목적으로 발주자가 전문지식과 경험을 지닌 건설사업 관리자에게 발주자가 필요로 하는 건설사업 관리 업무의 전부 또는 일부를 위탁하여 관리하게 하는 새로운 계약발주방식 또는 전문 관리 기법을 말한다.

78 철골구조의 내화피복에 관한 설명으로 옳지 않은 것은?

① 조적공법은 용접철망을 부착하여 경량 모르타르, 펄라이트 모르타르와 플라스터 등을 바름하는 공법이다.
② 뿜칠공법은 철골표면에 접착제를 혼합한 내화피복재를 뿜어서 내화피복을 한다.
③ 성형판 공법은 내화단열성이 우수한 각종 성형판을 철골주위에 접착제와 철물 등을 설치하고 그 위에 붙이는 공법으로 주로 기둥과 보의 내화피복에 사용된다.
④ 타설공법은 아직 굳지 않은 경량콘크리트나 기포모르타르 등을 강재주위에 거푸집을 설치하여 타설한 후 경화시켜 철골을 내화피복하는 공법이다.

> ① 조적공법은 철골표면에 벽돌, 돌, 콘크리트 블록, 경량 콘크리트 블록 등을 시공하는 공법을 말한다.

📎 필기에 자주 출제되는 내용입니다.

79 철근콘크리트에서 염해로 인한 철근의 부식 방지대책으로 옳지 않은 것은?

① 콘크리트 중의 염소 이온량을 적게 한다.
② 에폭시 수지 도장 철근을 사용한다.
③ 방청제 투입을 고려한다.
④ 물-시멘트비를 크게 한다.

> ④ 물 – 시멘트비를 작게 한다.

📎 필기에 자주 출제되는 내용입니다.

> **참고**
>
> **＊염해**
> ① 콘크리트에 축적된 **염화물의 함량**이 허용한도를 초과하는 경우 강재가 부식되어 구조물의 내구성이 저하되는 현상
> ② 콘크리트 중의 **염화물 이온**이 철근의 **부동태막을 파괴**하여 강재를 부식시키는 현상

80 웰 포인트 공법(well point method)에 관한 설명으로 옳지 않은 것은?

① 사질 지반보다 점토질 지반에서 효과가 좋다.
② 지하수위를 낮추는 공법이다.
③ 1~3m의 간격으로 파이프를 지중에 박는다.
④ 인접지 침하의 우려에 따른 주의가 필요하다.

정답 78 ① 79 ④ 80 ①

* **웰 포인트 공법**
① 출수가 많은 깊은 터파기에 펌프와 병용하는 것으로서 집수 파이프를 박고 그것을 배관으로 연결하여 진공 펌프나 퓨걸 펌프로 물을 뽑아낸다.
② 사질토나 투수성이 좋은 지반에 사용한다.

 필기에 자주 출제되는 내용입니다.

5과목 건설재료학

81 깬자갈을 사용한 콘크리트가 동일한 시공 연도의 보통 콘크리트 보다 유리한 점은?

① 시멘트 페이스트와의 부착력 증가
② 단위수량 감소
③ 수밀성 증가
④ 내구성 증가

* **깬자갈**
① 깬자갈을 사용한 콘크리트는 동일한 워커빌리티의 보통자갈을 사용한 콘크리트보다 단위수량이 일반적으로 약 10%정도 많이 요구된다.
② 깬자갈을 사용한 콘크리트는 강자갈을 사용한 콘크리트 보다 시멘트 페이스트와의 부착성능이 높다.

 필기에 자주 출제되는 내용입니다.

82 목재를 작은 조각으로 하여 충분히 건조시킨 후 합성수지와 같은 유기질의 접착제를 첨가하여 열압 제판한 목재 가공품은?

① 파티클 보드(Paricle board)
② 코르크판(Cork board)
③ 섬유판(Fiber board)
④ 집성목재(Glulam)

파아티클 보드 : 목재가루를 접착제로 성형·열압하여 제판한 것으로 칩보드(chip-board)라고도 한다.

 필기에 자주 출제되는 내용입니다.

83 도료상태의 방수재를 바탕 면에 여러 번 칠하여 얇은 수지피막을 만들어 방수효과를 얻는 것으로 에멀션형, 용제형, 에폭시계 형태의 방수공법은?

① 시트방수
② 도막방수
③ 침투성 도포방수
④ 시멘트 모르타르 방수

* **방수공법**
(1) **시멘트(Cement) 액체 방수(시멘트 모르타르 방수)** : 방수제 및 방수액 등을 혼합한 모르타르를 발라 피막 방수층을 형성하는 공법
(2) **피막(Membrane) 방수** : 지붕, 차양, 발코니, 외벽 등 얇은 피막상의 방수층으로 전면을 덮는 방수공법
① 시트(Sheet) 방수(합성수지 고분자 방수)
 • 합성고분자 루핑을 접착재로 부착하여 방수층을 형성하는 공법

② 도막 방수
- 액체로 된 방수도료를 여러 번 칠하여 방수막을 형성하는 공법

③ 아스팔트(Asphalt) 방수
- 천연 혹은 석유 아스팔트를 이용하는 공법

84 합성수지의 종류 중 열가소성수지가 아닌 것은?

① 염화비닐 수지
② 멜라민 수지
③ 폴리프로필렌 수지
④ 폴리에틸렌 수지

열경화성 수지	열가소성 수지
• 페놀 수지	
• 요소 수지	• 염화비닐 수지
• 멜라민 수지	• 초산비닐 수지
• 알키드 수지	• 메틸메타크릴 수지
• 실리콘 수지	• 폴리에틸렌 수지
• 에폭시 수지	• 폴리스티렌 수지
• 우레탄 수지	• 아크릴 수지
• 프란 수지	• 스티롤 수지
• 폴리에스테르 수지	• 셀룰로이드
• 불포화폴리에스테르수지	

📝 필기에 자주 출제되는 내용입니다.

85 수성페인트에 대한 설명으로 옳지 않은 것은?

① 수성페인트의 일종인 에멀션 페인트는 수성페인트에 합성수지와 유화제를 섞은 것이다.
② 수성페인트를 칠한 면은 외관은 온화하지만 독성 및 화재발생의 위험이 있다.
③ 수성페인트의 재료로 아교·전분·카세인 등이 활용된다.
④ 광택이 없으며 회반죽면 또는 모르타르면의 칠에 적당하다.

② 유성페인트는 독성 및 화재발생의 위험이 있다.

📝 필기에 자주 출제되는 내용입니다.

86 금속판에 관한 설명으로 옳지 않은 것은?

① 알루미늄 판은 경량이고 열반사도 좋으나 알칼리에 약하다.
② 스테인리스 강판은 내식성이 필요한 제품에 사용된다.
③ 함석판은 아연도 철판이라고도 하며 외관미는 좋으나 내식성이 약하다.
④ 연판은 X선 차단효과가 있고 내식성도 크다.

③ 함석판은 아연도 철판이라고도 하며 내식성이 강하다.

정답 84 ② 85 ② 86 ③

87 다음 중 열전도율이 가장 낮은 것은?

① 콘크리트 ② 코르크판
③ 알루미늄 ④ 주철

*열전도율
알루미늄 > 주철 > 콘크리트 > 코르크판

88 콘크리트의 혼화재료 중 혼화제에 속하는 것은?

① 플라이애시
② 실리카흄
③ 고로슬래그 미분말
④ 고성능 감수제

혼화제 : 콘크리트에 특정한 성능을 부여하는 데 사용되는 첨가제
① AE제
② 감수제, AE감수제
③ 고성능 감수제
④ 응결, 경화 조정제
⑤ 기포제, 발포제
⑥ 방수제
⑦ 방청제

[참고]
혼화재 : 콘크리트의 성질 개량을 위해 사용되는 혼화재료
① 고로슬래그 미분말 ② 플라이애시
③ 실리카흄 ④ 팽창재
⑤ 착색재

📝 필기에 자주 출제되는 내용입니다.

89 점토의 성질에 관한 설명으로 옳지 않은 것은?

① 사질점토는 적갈색으로 내화성이 좋다.
② 자토는 순백색이며 내화성이 우수하나 가소성은 부족하다.
③ 석기점토는 유색의 견고하고 치밀한 구조로 내화도가 높고 가소성이 있다.
④ 석회질점토는 백색으로 용해되기 쉽다.

① 사질점토는 적갈색으로 내화성이 부족하며 보통벽돌, 기와, 토관의 원료로 사용된다.

📝 필기에 자주 출제되는 내용입니다.

90 콘크리트에 AE제를 첨가했을 경우 공기량 증감에 큰 영향을 주지 않는 것은?

① 혼합시간
② 시멘트의 사용량
③ 주위온도
④ 양생방법

① 혼합시간 : 콘크리트를 비빌 경우 3~5분 만에 공기량이 최고가 되며, 그보다 길거나 짧아도 공기량은 적어진다.
② 시멘트의 사용량 : 분말도 및 단위 시멘트량이 증가할수록 공기량은 감소한다.
③ 주위온도 : 온도가 10℃ 증가하면 공기량은 20~30% 감소한다.

정답 87 ② 88 ④ 89 ① 90 ④

91 슬럼프 시험에 대한 설명으로 옳지 않은 것은

① 슬럼프 시험 시 각 층을 50회 다진다.
② 콘크리트의 시공연도를 측정하기 위하여 행한다.
③ 슬럼프 콘에 콘크리트를 3층으로 분할하여 채운다.
④ 슬럼프 값이 높을 경우 콘크리트는 묽은 비빔이다.

> *** 슬럼프 시험방법**
> - 평평한 바닥에 철판을 놓고 슬럼프 콘을 고정시킨다.
> - 슬럼프 콘의 높이 300mm를 3층으로 나누어 100mm 높이마다 다짐막대로 고르고 25회씩 다짐한다.
> - 슬럼프 콘을 제거 시에는 2~3초 이내에 살며시 들어 올린다.
> - 슬럼프 콘의 측정은 콘과 흘러내린 콘크리트 사이를 5mm 단위로 측정한다.
> - 슬럼프 값이 높을 경우 콘크리트는 묽은 비빔이다.

📝 필기에 자주 출제되는 내용입니다.

92 목재 섬유포화점의 함수율은 대략 얼마 정도인가?

① 약 10%   ② 약 20%
③ 약 30%   ④ 약 40%

> 목재 섬유포화점의 함수율 : 약 30%

📝 필기에 자주 출제되는 내용입니다.

93 각 창호철물에 관한 설명으로 옳지 않은 것은?

① 피벗힌지(pivot hinge) : 경첩 대신 촉을 사용하여 여닫이문을 회전시킨다.
② 나이트 래치(night latch) : 외부에서는 열쇠, 내부에서는 작은 손잡이를 틀어 열 수 있는 실린더장치로 된 것이다.
③ 크레센트(crescent) : 여닫이문의 상·하단에 붙여 경첩과 같은 역할을 한다.
④ 래버터리 힌지(lavatory hinge) : 스프링 힌지의 일종으로 공중용 화장실 등에 사용된다.

> ③ 크레센트(crescent) : 오르내리창 또는 미서기창의 잠금 철물로 사용된다.

📝 필기에 자주 출제되는 내용입니다.

94 건축재료 중 마감 재료의 요구 성능으로 거리가 먼 것은?

① 화학적 성능
② 역학적 성능
③ 내구성능
④ 방화·내화 성능

> *** 건축재료 중 마감 재료의 요구 성능**
> ① 화학적 성능
> ② 내구성능
> ③ 방화·내화 성능

정답 91 ① 92 ③ 93 ③ 94 ②

95 PVC바닥재에 대한 일반적인 설명으로 옳지 않은 것은?

① 보통 두께 3mm 이상의 것을 사용한다.
② 접착제는 비닐계 바닥재용 접착제를 사용한다.
③ 바닥시트에 이용하는 용접봉, 용접액 혹은 줄눈재는 제조업자가 지정하는 것으로 한다.
④ 재료보관은 통풍이 잘 되고 햇빛이 잘 드는 곳에 보관한다.

④ 재료는 눈, 비나 직사광선이 닿지 않는 곳에서 보관하며 통풍이 잘되는 장소이어야 한다.

96 점토기와 중 훈소와에 해당하는 설명은?

① 소소와에 유약을 발라 재소성한 기와
② 기와 소성이 끝날 무렵에 식염증기를 충만시켜 유약 피막을 형성시킨 기와
③ 저급점토를 원료로 900~1,000℃로 소소하여 만든 것으로 흡수율이 큰 기와
④ 건조제품을 가마에 넣고 연료로 장작이나 솔잎 등을 써서 검은 연기로 그을려 만든 기와

*점토기와
① 소소와 : 저급점토를 원료로 900~1,000℃로 소소하여 만든 것으로 흡수율이 큰 기와
② 훈소와 : 건조제품을 가마에 넣고 연료로 장작이나 솔잎 등을 써서 검은 연기로 그을려 만든 기와
③ 사유와 : 소소와에 유약을 발라 재소성한 기와
④ 오지기와 : 기와 소성이 끝날 무렵에 식염증기를 충만시켜 유약 피막을 형성시킨 기와

97 골재의 실적률에 관한 설명으로 옳지 않은 것은?

① 실적률은 골재 입형의 양부를 평가하는 지표이다.
② 부순 자갈의 실적률은 그 입형 때문에 강자갈의 실적률보다 적다.
③ 실적률 산정 시 골재의 밀도는 절대건조 상태의 밀도를 말한다.
④ 골재의 단위용적질량이 동일하면 골재의 비중이 클수록 실적률도 크다.

④ 골재의 단위용적질량이 동일하면 골재의 비중이 클수록 실적률은 낮다.

골재 실적률 : 일정한 용기에서 골재 간의 공극을 제외하고 골재 입자가 차지하는 용적의 백분율을 말한다.

필기에 자주 출제되는 내용입니다.

98 미장재료 중 돌로마이트 플라스터에 대한 설명으로 옳지 않은 것은?

① 보수성이 크고 응결시간이 길다.
② 소석회에 모래, 해초풀, 여물 등을 혼합하여 바르는 미장재료이다.
③ 회반죽에 비하여 조기강도 및 최종강도가 크고 착색이 쉽다.
④ 여물을 혼입하여도 건조수축이 크기 때문에 수축 균열이 발생한다.

정답 95 ④ 96 ④ 97 ④ 98 ②

② 소석회에 모래, 해초풀, 여물 등을 혼합하여 바르는 미장재료이다. → 회반죽

📝 **필기에 자주 출제되는 내용입니다.**

99 파손방지, 도난방지 또는 진동이 심한 장소에 적합한 망입(網入)유리의 제조 시 사용되지 않는 금속선은?

① 철선(철사) ② 황동선
③ 청동선 ④ 알루미늄선

★ **망입(網入)유리의 제조 시 사용되는 금속선**
① 철선(철사) ② 황동선 ③ 알루미늄선

100 목재의 결점 중 벌채시의 충격이나 그 밖의 생리적 원인으로 인하여 세로축에 직각으로 섬유가 절단된 형태를 의미하는 것은?

① 수지낭 ② 미숙재
③ 컴프레션페일러 ④ 옹이

충격으로 인하여 직각으로 섬유가 절단된 형태의 결점
→ 컴프레션페일러

📝 **참고**
① **수지낭** : 인접한 두 연륜의 경계층 또는 연륜 내에 형성된 렌즈 모양의 공극(고체상이나 액체상의 송진을 지니는 것으로써 **연륜을 따라 길게 뻗어 있는 목재 내부의 개구부**)
② **미숙재** : 수목의 일생 동안 수간의 중심부 세포 길이가 안정돼 있지 못하고 **매년 1% 이상의 신장률을 나타내는 목재**를 말한다.
③ **옹이** : 나무가 자라는 동안 **자연의 영향이나 생물의 피해를 받아 생기는 결함**으로 무늬의 둥글고 진한 부분을 말한다.

6과목 건설안전기술

101 유해·위험방지계획서 제출 시 첨부 서류로 옳지 않은 것은?

① 공사현장의 주변 현황 및 주변과의 관계를 나타내는 도면
② 공사개요서
③ 전체 공정표
④ 작업인부의 배치를 나타내는 도면 및 서류

★ **건설공사 유해·위험방지계획서 제출 시 첨부서류**
1. 공사 개요 및 안전보건관리계획
   가. 공사 개요서
   나. 공사현장의 주변 현황 및 주변과의 관계를 나타내는 도면(매설물 현황을 포함한다)
   다. 건설물, 사용 기계설비 등의 배치를 나타내는 도면
   라. 전체 공정표
   마. 산업안전보건관리비 사용계획
   바. 안전관리 조직표
   사. 재해 발생 위험 시 연락 및 대피방법
2. 작업 공사 종류별 유해·위험방지계획

📝 **필기에 자주 출제되는 내용입니다.**

102 추락 재해방지 설비 중 근로자의 추락재해를 방지할 수 있는 설비로 작업발판 설치가 곤란한 경우에 필요한 설비는?

① 경사로
② 추락방호망
③ 고장사다리
④ 달비계

 99 ③ 100 ③ 101 ④ 102 ②

작업발판을 설치하기 곤란한 경우 추락방호망을 설치하여야 한다. 다만, 추락방호망을 설치하기 곤란한 경우에는 근로자에게 안전대를 착용하도록 하는 등 추락위험을 방지하기 위하여 필요한 조치를 하여야 한다.

📝 실기까지 중요한 내용입니다.

103 건설업 산업안전보건관리비 계상 및 사용기준에 따른 산업안전보건관리비의 '보호구 등' 항목에서 산업안전보건관리비로 사용이 가능한 경우는?

① 안전·보건관리자가 선임되지 않은 현장에서 안전·보건업무를 담당하는 현장관계자용 무전기, 카메라, 컴퓨터, 프린터 등 업무용 기기
② 안전관리자 및 보건관리자가 안전보건 점검 등을 목적으로 건설공사 현장에서 사용하는 차량의 유류비·수리비·보험료
③ 근로자에게 일률적으로 지급하는 보냉·보온장구
④ 감리원이나 외부에서 방문하는 인사에게 지급하는 보호구

＊ '보호구 등' 의 사용 가능 항목
① 보호구의 구입·수리·관리 등에 소요되는 비용
② 근로자가 **보호구를 직접 구매·사용**하여 합리적인 범위 내에서 보전하는 비용
③ 안전관리자 등의 업무용 피복, 기기 등을 구입하기 위한 비용
④ 안전관리자 및 보건관리자가 안전보건 점검 등을 목적으로 건설공사 현장에서 **사용하는 차량의 유류비·수리비·보험료**

📝 실기까지 중요한 내용입니다.

104 가설통로의 설치기준으로 옳지 않은 것은?

① 경사가 15°를 초과하는 때에는 미끄러지지 않는 구조로 한다.
② 건설공사에 사용하는 높이 8m 이상인 비계다리에는 7m 이내마다 계단참을 설치한다.
③ 수직갱에 가설된 통로의 길이가 15m 이상일 경우에는 15m 이내 마다 계단참을 설치한다.
④ 추락의 위험이 있는 장소에는 안전난간을 설치한다.

＊가설통로 설치 시의 준수사항
① 견고한 구조로 할 것
② **경사는 30도 이하로 할 것**(계단을 설치하거나 높이 2미터 미만의 가설통로로서 튼튼한 손잡이를 설치한 때에는 그러하지 아니하다)
③ **경사가 15도를 초과**하는 때는 미끄러지지 아니하는 구조로 할 것
④ **추락의 위험이 있는 장소에는 안전난간을 설치**할 것 (작업상 부득이한 때에는 필요한 부분에 한하여 임시로 이를 해체할 수 있다)
⑤ **수직갱 : 길이가 15미터이상**인 때에는 **10미터 이내마다 계단참**을 설치할 것
⑥ 건설공사에 사용하는 **높이 8미터 이상인 비계다리 : 7미터 이내 마다 계단참**을 설치할 것

📝 필기에 자주 출제되는 내용입니다.

정답 103 ② 104 ③

105 비계의 높이가 2m 이상인 작업 장소에 작업발판을 설치할 경우 준수하여야 할 기준으로 옳지 않은 것은?

① 작업발판의 폭은 30cm 이상으로 한다.
② 발판재료간의 틈은 3cm 이하로 한다.
③ 추락의 위험성이 있는 장소에는 안전난간을 설치한다.
④ 발판재료는 뒤집히거나 떨어지지 않도록 2개 이상의 지지물에 연결하거나 고정시킨다.

> **＊작업발판 설치기준**
> ① 발판재료 : 작업시의 하중을 견딜 수 있도록 견고한 것으로 할 것
> ② 발판의 폭 : 40cm 이상으로 하고, 발판재료간의 틈 : 3cm 이하로 할 것
> ③ 추락의 위험성이 있는 장소에는 안전난간을 설치할 것
> ④ 작업발판의 지지물 : 하중에 의하여 파괴될 우려가 없는 것을 사용할 것
> ⑤ 작업발판재료는 뒤집히거나 떨어지지 아니하도록 2 이상의 지지물에 연결하거나 고정시킬 것
> ⑥ 작업에 따라 이동시킬 때에는 위험방지 조치를 할 것
> ⑦ 선박 및 보트 건조작업에서 선박블록 또는 엔진실 등의 좁은 작업공간에 작업발판을 설치하는 경우 : 작업발판의 폭을 30센티미터 이상으로 할 수 있고, 걸침비계의 경우 발판재료 간의 틈을 3센티미터 이하로 유지하기 곤란하면 5센티미터 이하로 할 수 있다.

실기까지 중요한 내용입니다.

106 가설구조물의 문제점으로 옳지 않은 것은?

① 도괴재해의 가능성이 크다.
② 추락재해 가능성이 크다.
③ 부재의 결합이 간단하나 연결부가 견고하다.
④ 구조물이라는 통상의 개념이 확고하지 않으며 조립의 정밀도가 낮다.

> **＊가설구조물의 특징**
> ① 연결재가 부족한 구조가 되기 쉽다.
> ② 부재의 결합이 간단하여 **불안전 결합**이 되기 쉽다.
> ③ 구조물이라는 개념이 확고하지 않아 **조립의 정밀도**가 낮다.
> ④ 부재는 **과소 단면**이거나 결함이 있는 재료가 사용되기 쉽다.

필기에 자주 출제되는 내용입니다.

107 거푸집 해체작업 시 유의사항으로 옳지 않은 것은?

① 일반적으로 수평부재의 거푸집은 연직부재의 거푸집보다 빨리 떼어낸다.
② 해체된 거푸집이나 각목 등에 박혀있는 못 또는 날카로운 돌출물은 즉시 제거하여야 한다.
③ 상하 동시 작업은 원칙적으로 금지하여 부득이한 경우에는 긴밀히 연락을 위하며 작업을 하여야 한다.
④ 거푸집 해체작업장 주위에는 관계자를 제외하고는 출입을 금지시켜야 한다.

정답 105 ① 106 ③ 107 ①

* **거푸집 해체작업 시의 준수 사항**
1. 거푸집 및 지보공(동바리)의 해체는 순서에 의하여 **실시하여야** 하며 **안전담당자를 배치**하여야 한다.
2. 거푸집 및 지보공(동바리)은 콘크리트 자중 및 시공 중에 가해지는 기타 하중에 충분히 견딜만한 강도를 가질 때까지는 해체하지 아니하여야 한다.
3. 거푸집을 해체할 때에는 다음 각 목에 정하는 사항을 유념하여 작업하여야 한다.
   ① 해체작업을 할 때에는 안전모 등 안전 보호장구를 착용토록 하여야 한다.
   ② 거푸집 해체작업장 주위에는 관계자를 제외하고는 출입을 금지시켜야 한다.
   ③ 상하 동시 작업은 원칙적으로 금지하여 부득이한 경우에는 긴밀히 연락을 취하며 작업을 하여야 한다.
   ④ 거푸집 해체 때 **구조체에 무리한 충격이나 큰 힘에 의한 지렛대 사용은 금지**하여야 한다.
   ⑤ 보 또는 슬래브 거푸집을 제거할 때에는 **거푸집의 낙하 충격으로 인한 작업원의 돌발적 재해를 방지**하여야 한다.
   ⑥ 해체된 거푸집이나 각목 등에 **박혀있는 못 또는 날카로운 돌출물은 즉시 제거**하여야 한다.
   ⑦ 해체된 거푸집이나 각 목은 **재사용 가능한 것과 보수하여야 할 것을 선별, 분리**하여 적치하고 정리정돈을 하여야 한다.
4. 기타 **제3자의 보호조치**에 대하여도 완전한 조치를 강구하여야 한다.

* **토사붕괴의 예방 조치**
① 적절한 경사면의 기울기를 계획하여야 한다.
② 경사면의 기울기가 당초 계획과 차이가 발생되면 즉시 재검토하여 계획을 변경시켜야 한다.
③ 활동할 가능성이 있는 토석은 제거하여야 한다.
④ 경사면의 하단부에 압성토 등 보강공법으로 활동에 대한 저항대책을 강구하여야 한다.
⑤ 말뚝(강관, H형강, 철근 콘크리트)을 타입하여 지반을 강화시킨다.
⑥ 지하수위를 낮춘다.

> 참고

* **토석붕괴의 외적원인**
① 사면, 법면의 경사 및 기울기의 증가
② 절토 및 성토 높이의 증가
③ 공사에 의한 진동 및 반복 하중의 증가
④ 지표수 및 지하수의 침투에 의한 토사 중량의 증가
⑤ 지진, 차량, 구조물의 하중작용
⑥ 토사 및 암석의 혼합층 두께

 필기에 자주 출제되는 내용입니다.

108 법면 붕괴에 의한 재해 예방조치로서 옳은 것은?

① 지표수와 지하수의 침투를 방지한다.
② 법면의 경사를 증가한다.
③ 절토 및 성토높이를 증가한다.
④ 토질의 상태에 관계없이 구배조건을 일정하게 한다.

109 취급·운반의 원칙으로 옳지 않은 것은?

① 운반 작업을 집중하여 시킬 것
② 생산을 최고로 하는 운반을 생각할 것
③ 곡선 운반을 할 것
④ 연속 운반을 할 것

정답 108 ① 109 ③

> **＊취급운반의 5원칙**
> ① 직선 운반을 할 것
> ② 연속 운반을 할 것
> ③ 운반 작업을 집중화시킬 것
> ④ 생산을 최고로 하는 운반을 생각할 것
> ⑤ 최대한 시간과 경비를 절약할 수 있는 운반 방법을 고려할 것

📝 필기에 자주 출제되는 내용입니다.

110 철골작업 시 철골부재에서 근로자가 수직방향으로 이동하는 경우에 설치하여야 하는 고정된 승강로의 최대 답단 간격은 얼마 이내인가?

① 20cm ② 25cm
③ 30cm ④ 40cm

근로자가 수직방향으로 이동하는 철골부재에는 답단 간격이 30센티미터 이내인 고정된 승강로를 설치하여야 하며, 수평방향 철골과 수직방향 철골이 연결되는 부분에는 연결 작업을 위하여 작업발판 등을 설치하여야 한다.

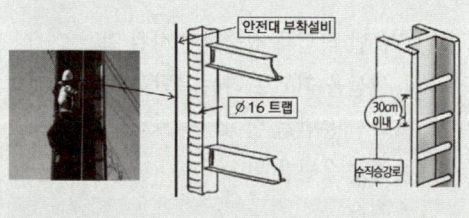

📝 필기에 자주 출제되는 내용입니다.

111 안전사고를 방지하기 위하여 크레인에 설치된 방호장치로 옳지 않은 것은?

① 공기정화장치 ② 비상정지장치
③ 제동장치 ④ 권과방지장치

> **＊크레인의 방호장치**
> ① 과부하방지장치
> ② 권과방지장치
> ③ 비상정지장치
> ④ 제동장치

📝 실기에 자주 출제되는 내용입니다.

112 작업장 출입구 설치 시 준수해야 할 사항으로 옳지 않은 것은?

① 출입구의 위치·수 및 크기가 작업장의 용도와 특성에 맞도록 한다.
② 출입구에 문을 설치하는 경우에는 근로자가 쉽게 열고 닫을 수 있도록 한다.
③ 주된 목적이 하역운반기계용인 출입구에는 보행자용 출입구를 따로 설치하지 않는다.
④ 계단이 출입구와 바로 연결된 경우에는 작업자의 안전한 통행을 위하여 그 사이에 1.2m 이상 거리를 두거나 안내표지 또는 비상벨 등을 설치한다.

> **＊작업장의 출입구 설치 시 준수사항**
> ① 출입구의 위치, 수 및 크기가 작업장의 용도와 특성에 맞도록 할 것
> ② 출입구에 문을 설치하는 경우에는 근로자가 쉽게 열고 닫을 수 있도록 할 것

정답 110 ③ 111 ① 112 ③

③ 주된 목적이 하역운반기계용인 출입구에는 인접하여 보행자용 출입구를 따로 설치할 것
④ 하역운반기계의 통로와 인접하여 있는 출입구에서 접촉에 의하여 근로자에게 위험을 미칠 우려가 있는 경우에는 비상등·비상벨 등 경보장치를 할 것
⑤ 계단이 출입구와 바로 연결된 경우에는 작업자의 안전한 통행을 위하여 그 사이에 1.2미터 이상 거리를 두거나 안내표지 또는 비상벨 등을 설치할 것. 다만, 출입구에 문을 설치하지 아니한 경우에는 그러하지 아니하다.

④ 순간풍속이 초당 30미터를 초과하는 바람이 불거나 중진(中震) 이상 진도의 지진이 있은 후 : 옥외 양중기 각 부위 이상 점검
⑤ 순간풍속이 초당 35미터를 초과 : 옥외 승강기 및 건설용 리프트(지하에 설치되어 있는 것은 제외)에 대하여 받침의 수를 증가시키는 등 승강기가 무너지는 것을 방지하기 위한 조치

📝 실기에 자주 출제되는 내용입니다.

113 옥외에 설치되어 있는 주행크레인에 대하여 이탈방지장치를 작동시키는 등 그 이탈을 방지하기 위한 조치를 하여야 하는 순간풍속에 대한 기준으로 옳은 것은?

① 순간풍속이 초당 10m를 초과하는 바람이 불어올 우려가 있는 경우
② 순간풍속이 초당 20m를 초과하는 바람이 불어올 우려가 있는 경우
③ 순간풍속이 초당 30m를 초과하는 바람이 불어올 우려가 있는 경우
④ 순간풍속이 초당 40m를 초과하는 바람이 불어올 우려가 있는 경우

* **악천후 시 조치**
① 순간풍속이 초당 10미터를 초과 : 타워크레인의 설치·수리·점검 또는 해체작업을 중지
② 순간풍속이 초당 15미터를 초과 : 타워크레인의 운전작업을 중지
③ 순간풍속이 초당 30미터를 초과 : 옥외에 설치되어 있는 주행 크레인 이탈방지조치

114 지반 등의 굴착작업 시 연암의 굴착면 기울기로 옳은 것은?

① 1 : 0.3 ② 1 : 0.5
③ 1 : 0.8 ④ 1 : 1.0

* **굴착면의 기울기 기준**

지반의 종류	굴착면의 기울기
모래	1 : 1.8
연암 및 풍화암	1 : 1.0
경암	1 : 0.5
그 밖의 흙	1 : 1.2

📝 실기에 자주 출제되는 내용입니다.

정답 113 ③ 114 ④

115 사면지반 개량공법으로 옳지 않은 것은?

① 전기 화학적 공법
② 석회 안정처리 공법
③ 이온 교환 방법
④ 옹벽 공법

> ＊ 사면(비탈면)지반 개량공법
> ① 전기 화학적 공법
> ② 석회 안정처리 공법
> ③ 이온 교환 공법
> ④ 주입공법 : 시멘트, 약액 주입

116 흙막이 벽체 근입 깊이를 깊게 하고, 전면의 굴착부분을 남겨두어 흙의 중량으로 대항하게 하거나, 굴착예정부분의 일부를 미리 굴착하여 기초콘크리트를 타설하는 등의 대책과 가장 관계가 깊은 것은?

① 파이핑 현상이 있을 때
② 히빙 현상이 있을 때
③ 지하수위가 높을 때
④ 굴착 깊이가 깊을 때

> ＊ 히빙현상 방지대책
> ① 흙막이 벽체의 근입 깊이를 깊게 한다.
> ② 양질의 재료로 지반을 개량한다(흙의 전단강도를 높인다.)
> ③ 굴착주변에 웰포인트 공법을 병행한다.
> ④ 어스앵커를 설치한다.

참고

＊ 히빙(Heaving)현상
연질점토 지반에서 굴착에 의한 흙막이 내·외면의 흙의 중량차이(토압)로 인해 굴착저면이 부풀어 올라오는 현상을 말한다.

117 사다리식 통로 등을 설치하는 경우 통로 구조로서 옳지 않은 것은?

① 발판의 간격은 일정하게 한다.
② 발판과 벽과의 사이는 15 cm 이상의 간격을 유지한다.
③ 사다리의 상단은 걸쳐놓은 지점으로부터 60cm 이상 올라가도록 한다.
④ 폭은 40cm 이상으로 한다.

④ 폭은 30센티미터 이상으로 한다.

참고

＊ 사다리식 통로 설치 시의 준수사항
① 견고한 구조로 할 것
② 심한 손상·부식 등이 없는 재료를 사용할 것
③ 발판의 간격은 일정하게 할 것
④ 발판과 벽과의 사이는 15센티미터 이상의 간격을 유지할 것
⑤ 폭은 30센티미터 이상으로 할 것
⑥ 사다리가 넘어지거나 미끄러지는 것을 방지하기 위한 조치를 할 것
⑦ 사다리의 상단은 걸쳐놓은 지점으로부터 60센티미터 이상 올라가도록 할 것
⑧ 사다리식 통로의 길이가 10미터 이상인 경우에는 5미터 이내마다 계단참을 설치할 것

정답 115 ④ 116 ② 117 ④

⑨ 사다리식 통로의 기울기는 75도 이하로 할 것. 다만, 고정식 사다리식 통로의 기울기는 90도 이하로 하고, 그 높이가 7미터 이상인 경우에는 다음 각 목의 구분에 따른 조치를 할 것
- 등받이울이 있어도 근로자 이동에 지장이 없는 경우 : 바닥으로부터 높이가 2.5미터 되는 지점부터 등받이울을 설치할 것
- 등받이울이 있으면 근로자가 이동이 곤란한 경우 : 한국산업표준에서 정하는 기준에 적합한 개인용 추락 방지 시스템을 설치하고 근로자로 하여금 한국산업표준에서 정하는 기준에 적합한 전신 안전대를 사용하도록 할 것

⑩ 접이식 사다리 기둥은 사용 시 접혀지거나 펼쳐지지 않도록 철물 등을 사용하여 견고하게 조치할 것

* **콘크리트의 타설작업 시 준수사항**
① 당일의 작업을 시작하기 전에 해당 작업에 관한 거푸집 동바리 등의 변형·변위 및 지반의 침하 유무 등을 점검하고 이상이 있으면 보수할 것
② 작업 중에는 감시자를 배치하는 등의 방법으로 거푸집 및 동바리의 변형·변위 및 침하 유무 등을 확인해야 하며, 이상이 있으면 작업을 중지하고 근로자를 대피시킬 것
③ 콘크리트의 타설작업 시 거푸집 붕괴의 위험이 발생할 우려가 있으면 충분한 보강조치를 할 것
④ 설계도서상의 콘크리트 양생기간을 준수하여 거푸집 및 동바리를 해체할 것
⑤ 콘크리트를 타설하는 경우에는 편심이 발생하지 않도록 골고루 분산하여 타설할 것

118 콘크리트 타설작업을 하는 경우에 준수해야 할 사항으로 옳지 않은 것은?

① 당일의 작업을 시작하기 전에 해당 작업에 관한 거푸집동바리 등의 변형·변위 및 지반의 침하 유무 등을 점검하고 이상이 있으면 보수한다.
② 작업 중에는 거푸집동바리 등의 변형·변위 및 침하 유무 등을 감시할 수 있는 감시자를 배치하여 이상이 있으면 작업을 빠른 시간 내 우선 완료하고 근로자를 대피시킨다.
③ 콘크리트 타설작업 시 거푸집붕괴의 위험이 발생할 우려가 있으면 충분한 보강조치를 한다.
④ 콘크리트를 타설하는 경우에는 편심이 발생하지 않도록 골고루 분산하여 타설한다.

119 건설작업장에서 근로자가 상시 작업하는 장소의 작업면 조도기준으로 옳지 않은 것은? (단, 갱내 작업장과 감광재료를 취급하는 작업장의 경우는 제외)

① 초정밀작업 : 600럭스(lux) 이상
② 정밀작업 : 300럭스(lux) 이상
③ 보통작업 : 150럭스(lux) 이상
④ 초정밀, 정밀, 보통작업을 제외한 기타 작업 : 75럭스(lux) 이상

① 초정밀작업 : 750럭스(lux) 이상

📝 실기까지 중요한 내용입니다.

120 강관틀비계를 조립하여 사용하는 경우 준수해야할 기준으로 옳지 않은 것은?

① 수직방향으로 6m, 수평방향으로 8m 이내마다 벽 이음을 할 것
② 높이가 20m를 초과하거나 중량물의 적재를 수반하는 작업을 할 경우에는 주틀 간의 간격을 2.4m 이하로 할 것
③ 길이가 띠장 방향으로 4m 이하이고 높이가 10m를 초과하는 경우에는 10m이내마다 띠장 방향으로 버팀기둥을 설치할 것
④ 주틀 간에 교차가새를 설치하고 최상층 및 5층 이내마다 수평재를 설치할 것

> *** 틀비계(강관 틀비계) 조립 시 준수사항**
> ① 밑둥에는 밑받침철물을 사용하여야 하며 밑받침에 고저차가 있는 경우에는 조절형 밑받침철물을 사용하여 항상 수평 및 수직을 유지하도록 할 것
> ② 높이가 20미터를 초과하거나 중량물의 적재를 수반하는 작업을 할 경우에는 주틀 간의 간격이 1.8미터 이하로 할 것
> ③ 주틀 간에 교차가새를 설치하고 최상층 및 5층 이내마다 수평재를 설치할 것
> ④ 벽이음 간격(조립간격)은 수직방향 6m, 수평방향으로 8m미터 이내마다 할 것
> ⑤ 길이가 띠장방향으로 4m 이하이고 높이가 10m를 초과하는 경우에는 10m 이내마다 띠장방향으로 버팀기둥을 설치할 것

📝 **실기까지 중요한 내용입니다.**

정답 120 ②

2022년 2회 최근 기출문제

1과목 산업안전관리론

01 산업안전보건법령상 안전보건관리규정 작성에 관한 사항으로 ( )에 알맞은 기준은?

> 안전보건관리규정을 작성하여야 할 사업의 사업주는 안전보건관리규정을 작성하여야 할 사유가 발생한 날부터 ( )일 이내에 안전보건관리규정을 작성해야 한다.

① 7 ② 14
③ 30 ④ 60

사업주는 안전보건관리규정을 작성하여야 할 사유가 발생한 날부터 30일 이내에 안전보건관리규정을 작성하여야 한다.

 필기에 자주 출제되는 내용입니다.

02 산업안전보건법령상 안전관리자를 2인 이상 선임하여야 하는 사업이 아닌 것은?
(단, 기타 법령에 관한 사항은 제외한다.)?

① 상시 근로자가 500명인 통신업
② 상시 근로자가 700명인 발전업
③ 상시 근로자가 600명인 식료품 제조업
④ 공사금액이 1,000억이며 공사 진행률(공정률) 20%인 건설업

★ 안전관리자의 선임방법

① 토사석 광업
② 서적, 잡지 및 기타 인쇄물 출판업, 폐기물 수집·운반·처리 및 원료 재생업, 환경 정화 및 복원업, 운수 및 창고업, 자동차 종합 수리업, 자동차 전문 수리업, 발전업
③ 대부분의 제조업

- 상시 근로자 50명 이상 500명 미만 : 1명 이상
- 상시 근로자 500명 이상 : 2명 이상

① 우편 및 통신업
② 전기, 가스, 증기 및 공기조절공급업(발전업은 제외한다)
③ 도매 및 소매업
④ 숙박 및 음식점업
⑤ 공공행정(청소, 시설관리, 조리 등 현업업무에 종사하는 사람으로서 고용노동부장관이 정하여 고시하는 사람으로 한정한다)
⑥ 교육서비스업 중 초등·중등·고등 교육기관, 특수학교·외국인학교 및 대안학교(청소, 시설관리, 조리 등 현업업무에 종사하는 사람으로서 고용노동부장관이 정하여 고시하는 사람으로 한정한다)
⑦ 농업, 임업 및 어업 등

- 상시 근로자 50명 이상 1,000명 미만 : 1명(다만, 부동산업(부동산 관리업은 제외한다)과 사진처리업의 경우에는 상시근로자 100명 이상 1천명 미만으로 한다)
- 상시 근로자 1,000명 이상 : 2명

정답 01 ③ 02 ①

건설업

- 공사금액 50억 원 이상(관계수급인은 100억 원 이상) 120억 원 미만(토목공사업의 경우에는 150억 원 미만) 또는 공사금액 120억 원 이상(토목공사업의 경우에는 150억 원 이상) 800억 원 미만 : 1명 이상
- 공사금액 800억 원 이상 1,500억 원 미만 : 2명 이상(다만, 전체 공사기간을 100으로 할 때 공사 시작에서 15에 해당하는 기간과 공사 종료 전의 15에 해당하는 기간 동안은 1명 이상으로 한다)
- 공사금액 1,500억 원 이상 2,200억 원 미만 : 3명 이상(다만, 전체 공사기간 중 전·후 15에 해당하는 기간은 2명 이상으로 한다)
- 공사금액 2,200억 원 이상 3천억 원 미만 : 4명 이상(다만, 전체 공사기간 중 전·후 15에 해당하는 기간은 2명 이상으로 한다)
- 공사금액 3천억 원 이상 3,900억 원 미만 : 5명 이상(다만, 전체 공사기간 중 전·후 15에 해당하는 기간은 3명 이상으로 한다)
- 공사금액 3,900억 원 이상 4,900억 원 미만 : 6명 이상(다만, 전체 공사기간 중 전·후 15에 해당하는 기간은 3명 이상으로 한다)
- 공사금액 4,900억 원 이상 6천억 원 미만 : 7명 이상(다만, 전체 공사기간 중 전·후 15에 해당하는 기간은 4명 이상으로 한다)
- 공사금액 6천억 원 이상 7,200억 원 미만 : 8명 이상(다만, 전체 공사기간 중 전·후 15에 해당하는 기간은 4명 이상으로 한다)
- 공사금액 7,200억 원 이상 8,500억 원 미만 : 9명 이상(다만, 전체 공사기간 중 전·후 15에 해당하는 기간은 5명 이상으로 한다)
- 공사금액 8,500억 원 이상 1조원 미만 : 10명 이상(다만, 전체 공사기간 중 전·후 15에 해당하는 기간은 5명 이상으로 한다)
- 1조원 이상 : 11명 이상[매 2천억 원(2조 원 이상부터는 매 3천억 원)마다 1명씩 추가한다]. 다만, 전체 공사기간 중 전·후 15에 해당하는 기간은 선임 대상 안전관리자 수의 2분의 1(소수점 이하는 올림한다) 이상으로 한다]

📝 실기까지 중요한 내용입니다.

03 산업재해보상보험법령상 보험급여의 종류를 모두 고른 것은?

ㄱ. 장례비	ㄴ. 요양급여
ㄷ. 간병급여	ㄹ. 영업손실비용
ㅁ. 직업재활급여	

① ㄱ, ㄴ, ㄹ ② ㄱ, ㄴ, ㄷ, ㅁ
③ ㄱ, ㄷ, ㄹ, ㅁ ④ ㄴ, ㄷ, ㄹ, ㅁ

보험급여의 종류는 다음 각 호와 같다. 다만, 진폐에 따른 보험급여의 종류는 요양급여, 간병급여, 장례비, 직업재활급여, 진폐보상연금 및 진폐유족연금으로 한다.
① 요양급여
② 휴업급여
③ 장해급여
④ 간병급여
⑤ 유족급여
⑥ 상병(傷病)보상연금
⑦ 장례비
⑧ 직업재활급여

📝 필기에 자주 출제되는 내용입니다.

정답 03 ②

04 안전관리조직의 형태에 관한 설명으로 옳은 것은?

① 라인형 조직은 100명 이상의 중규모 사업장에 적합하다.
② 스태프형 조직은 100명 이상의 중규모 사업장에 적합하다.
③ 라인형 조직은 안전에 대한 정보가 불충분하지만 안전지시나 조치에 대한 실시가 신속하다.
④ 라인·스태프형 조직은 1,000명 이상의 대규모 사업장에 적합하나 조직원 전원의 자율적 참여가 불가능하다.

라인(Line)형 or 직계형
① **소규모 사업장**(100명 이하 사업장)에 적용이 가능하다.
② 라인형 장점 : **명령 및 지시가 신속, 정확**하다.
③ 라인형 단점
  • 안전정보가 불충분하다.
  • 라인에 과도한 책임이 부여 될 수 있다.
④ 생산과 안전을 동시에 지시하는 형태이다.

스태프(staff)형 or 참모형
① 중규모 사업장(100 ~ 1,000명 정도의 사업장)에 적용이 가능하다.
② 스태프형 장점 : **안전정보 수집이 용이하고 빠르다.**
③ 스태프 단점 : 안전과 생산을 별개로 취급한다.
④ 생산부문은 안전에 대한 책임, 권한이 없다.

라인 스태프(Line Staff)형 or 혼합형
① 대규모 사업장 (1000명 이상 사업장)에 적용이 가능하다.
② 라인 스태프형 장점
  • 안전전문가에 의해 입안된 것을 경영자가 명령하므로 **명령이 신속, 정확**하다.
  • 안전정보 수집이 용이하고 빠르다.
③ 라인 스태프형 단점
  • 명령계통과 조언, 권고적 참여의 혼돈이 우려된다.

📋 실기까지 중요한 내용입니다.

05 재해 예방을 위한 대책선정에 관한 사항 중 기술적 대책(Engineering)에 해당되지 않는 것은?

① 작업행정의 개선
② 환경설비의 개선
③ 점검 보존의 확립
④ 안전 수칙의 준수

④ 안전 수칙의 준수는 관리적 대책에 해당한다.

> **참고**
>
> ★ 재해예방 대책
> ① 기술적 대책
>   • 설비 및 환경의 개선
>   • 작업방법의 개선
>   • 점검 보존의 개선
>   • 작업행정의 개선
> ② 교육적 대책
>   • 근로자 안전교육 및 훈련
> ③ 관리적 대책
>   • 엄격한 규정에 의해 제도적으로 시행

06 산업안전보건법령상 산업안전보건위원회의 심의·의결을 거쳐야 하는 사항이 아닌 것은? (단, 그 밖에 필요한 사항은 제외한다.)

① 작업환경측정 등 작업환경의 점검 및 개선에 관한 사항
② 산업재해에 관한 통계의 기록 및 유지에 관한 사항
③ 안전장치 및 보호구 구입 시 적격품 여부 확인에 관한 사항
④ 사업장의 산업재해 예방계획의 수립에 관한 사항

정답 04 ③ 05 ④ 06 ③

* **산업안전보건위원회의 심의 · 의결 사항**
① 산업재해 예방계획의 수립에 관한 사항
② 안전보건관리규정의 작성 및 변경에 관한 사항
③ 근로자의 안전 · 보건교육에 관한 사항
④ 작업환경측정 등 작업환경의 점검 및 개선에 관한 사항
⑤ 근로자의 건강진단 등 건강관리에 관한 사항
⑥ 중대재해의 원인 조사 및 재발 방지대책 수립에 관한 사항
⑦ 산업재해에 관한 통계의 기록 및 유지에 관한 사항
⑧ 유해하거나 위험한 기계 · 기구 · 설비를 도입한 경우 안전 · 보건조치에 관한 사항
⑨ 그 밖에 해당 사업장 근로자의 안전 및 보건을 유지 · 증진시키기 위하여 필요한 사항

📝 실기에 자주 출제되는 내용입니다.

07 산업안전보건법령상 안전보건표지의 색채를 파란색으로 사용하여야 하는 경우는?

① 주의표지 ② 정지신호
③ 차량 통행표지 ④ 특정 행위의 지시

참고

* **안전 · 보건표지의 색채, 색도기준 및 용도**

색채	색도기준	용도	사용례
빨간색	7.5R 4/14	금지	정지신호, 소화설비 및 그 장소, 유해행위의 금지
		경고	화학물질 취급장소에서의 유해 · 위험 경고
특급암기법 싫어(7.5) 4/14			
노란색	5Y 8.5 /12	경고	화학물질 취급장소에서의 유해 · 위험 경고, 이외의 위험 경고, 주의 표지 또는 기계 방호물
특급암기법 오(5) 빨리와(8.5) 이리(12)			

색채	색도기준	용도	사용례
파란색	2.5PB 4/10	지시	특정 행위의 지시 및 사실의 고지
특급암기법 2.5×4=10			
녹색	2.5G 4/10	안내	비상구 및 피난소, 사람 또는 차량의 통행 표지
특급암기법 2.5×4=10			
흰색	N9.5		파란색 또는 녹색에 대한 보조색
검은색	N0.5		문자 및 빨간색 또는 노란색에 대한 보조색

📝 실기에 자주 출제되는 내용입니다.

08 시설물의 안전 및 유지관리에 관한 특별법령상 안전등급별 정기안전점검 및 정밀안전진단 실시시기에 관한 사항으로 ( )에 알맞은 기준은?

안전등급	정기안전점검	정밀안전진단
A등급	(ㄱ)에 1회 이상	(ㄴ)에 1회 이상

① ㄱ : 반기, ㄴ : 4년 ② ㄱ : 반기, ㄴ : 6년
③ ㄱ : 1년, ㄴ : 4년 ④ ㄱ : 1년, ㄴ : 6년

* **안전 · 보건표지의 색채, 색도기준 및 용도**

안전등급	정기안전점검	정밀점검		정밀안전진단	성능평가
		건축물	그외시설물		
A등급	반기에 1회 이상	4년에 1회 이상	3년에 1회 이상	6년에 1회 이상	5년 1회 이상
B·C등급	1회 이상	3년에 1회 이상	2년에 1회 이상	5년에 1회 이상	
D·E등급	1년에 3회 이상	2년에 1회 이상	1년에 1회 이상	4년에 1회 이상	

📝 필기에 자주 출제되는 내용입니다.

정답 07 ④ 08 ②

09 다음의 재해사례에서 기인물과 가해물은?

> 작업자가 작업장을 걸어가던 중 작업장 바닥에 쌓여있던 자재에 걸려 넘어지면서 바닥에 머리를 부딪쳐 사망하였다.

① 기인물 : 자재, 가해물 : 바닥
② 기인물 : 자재, 가해물 ; 자재
③ 기인물 : 바닥, 가해물 : 바닥
④ 기인물 : 바닥, 가해물 : 자재

- 자재에 걸려 넘어짐 → 기인물 : 자재
- 바닥에 머리를 부딪쳐 사망 → 가해물 : 바닥

📝 실기에 자주 출제되는 내용입니다.

10 산업재해통계업무처리규정상 산업재해통계에 관한 설명으로 틀린 것은?

① 총 요양근로손실일수는 재해자의 총 요양기간을 합산하여 산출한다.
② 휴업재해자수는 근로복지공단의 휴업급여를 지급받은 재해자수를 의미하여, 체육행사로 인하여 발생한 재해는 제외된다.
③ 사망자수는 통상의 출퇴근에 의한 사망을 포함하여 근로복지공단의 유족급여가 지급된 사망자수를 말한다.
④ 재해자수는 근로복지공단의 유족급여가 지급된 사망자 및 근로복지공단에 최초 요양신청서를 제출한 재해자 중 요양승인을 받은 자를 말한다.

③ 사망자수란 근로복지공단의 **유족급여가 지급된 사망자**와 지방고용노동관서에 **산업재해조사표가 제출된 사망자를 합산한 수**를 말한다. 다만, 질병에 의해 사망한 경우와 사업장 밖의 교통사고(운수업, 음식숙박업은 사업장 밖의 교통사고도 포함) · 체육행사 · 폭력행위에 의한 사망, 사고발생일로부터 1년을 경과하여 사망한 경우는 제외한다.

11 건설업 산업안전보건관리비 계상 및 사용기준상 건설업 안전보건관리비로 사용할 수 있는 것을 모두 고른 것은?

> ㄱ. 전담 안전·보건관리자의 인건비
> ㄴ. 현장 내 안전보건 교육장 설치비용
> ㄷ. 「전기사업법」에 따른 전기안전대행 비용
> ㄹ. 유해위험방지계획서의 작성에 소요되는 비용
> ㅁ. 재해예방전문지도기관에 지급하는 기술지도 비용

① ㄴ, ㄷ, ㄹ
② ㄱ, ㄴ, ㄹ, ㅁ
③ ㄱ, ㄷ, ㄹ, ㅁ
④ ㄱ, ㄴ, ㄷ, ㅁ

ㄷ. 「전기사업법」에 따른 전기안전대행 → 다른 법령에서 의무사항으로 규정한 사항을 이행하는 데 필요한 비용으로 산업안전보건관리비로 사용할 수 없다.

📋 **참고**
도급인 및 자기 공사자는 다음 각 호의 어느 하나에 해당하는 경우에는 산업안전보건관리비를 사용할 수 없다.
① 「계약예규」예정가격작성기준」 중 "경비"에 해당되는 비용(단, 산업안전보건관리비 제외)

정답 09 ① 10 ③ 11 ②

② 다른 법령에서 의무사항으로 규정한 사항을 이행하는 데 필요한 비용
③ 근로자 재해예방 외의 목적이 있는 시설·장비나 물건 등을 사용하기 위해 소요되는 비용
④ 환경관리, 민원 또는 수방대비 등 다른 목적이 포함된 경우

| 4단계 : 행동목표 설정(합의요약) | • 우리들은 이렇게 하자!
• 대책 중 중점 실시항목을 합의 요약해서 그것을 실천하기 위한 행동목표를 설정하는 단계 |

📝 실기에 자주 출제되는 내용입니다.

📝 실기까지 중요한 내용입니다.

12 다음에서 설명하는 위험예지훈련 단계는?

- 위험요인을 찾아내는 단계
- 가장 위험한 것을 합의하여 결정하는 단계

① 현상파악   ② 본질추구
③ 대책수립   ④ 목표설정

* 위험예지 훈련 4단계

1단계 : 현상 파악	• 어떤 위험이 잠재하고 있는가? • 전원이 대화로써 도해 상황속의 **잠재위험요인을 발견**하고 그 요인이 초래할 수 있는 사고를 생각해내는 단계
2단계 : 요인조사 (본질추구)	• 이것이 위험의 포인트다. → 위험의 포인트를 지적확인 • 발견해 낸 위험 중 가장 위험한 것을 합의로서 결정하는 단계
3단계 : 대책수립	• 당신이라면 어떻게 할 것인가? • 중요 위험요인을 해결하기 위한 **대책을 세우는 단계**

13 산업안전보건법령상 안전검사 대상 기계가 아닌 것은?

① 리프트
② 압력용기
③ 컨베이어
④ 이동식 국소 배기장치

* 안전검사 대상 유해·위험기계
① 프레스
② 전단기
③ 크레인[정격 하중이 2톤 미만인 것 제외]
④ 리프트
⑤ 압력용기
⑥ 곤돌라
⑦ 국소 배기장치(이동식은 제외)
⑧ 원심기(산업용만 해당)
⑨ 롤러기(밀폐형 구조는 제외한다)
⑩ 사출성형기[형 체결력 294킬로뉴턴(KN) 미만은 제외]
⑪ 고소작업대
⑫ 컨베이어
⑬ 산업용 로봇
⑭ 혼합기(26년 6월 26일 시행)
⑮ 파쇄기 또는 분쇄기(26년 6월 26일 시행)

정답 12 ②   13 ④

특급암기법

손 다치는 기계 – 프레스, 전단기, 사출성형기, 롤러기, 혼합기, 파쇄기 또는 분쇄기(26년 6월 26일 시행)
양중기 – 크레인, 리프트, 곤돌라
폭발 – 압력용기
추가 – 극소(국소) 로봇이 고소(높은 곳)의 큰(컨) 원을 검사(안전검사)
국소배기장치, 산업용 로봇, 고소작업대, 컨베이어, 원심기

📑 실기에 자주 출제되는 내용입니다.

14 산업안전보건법령상 사업장에서 산업재해 발생 시 사업주가 기록 · 보존하여야 하는 사항이 아닌 것은? (단, 산업재해조사표와 요양신청서의 사본은 보존하지 않았다.)

① 사업장의 개요
② 근로자의 인적사항
③ 재해 재발방지 계획
④ 안전관리자 선임에 관한 사항

사업주는 산업재해가 발생한 때에는 다음 각 호의 사항을 기록 · 보존하여야 한다.
① 사업장의 개요 및 근로자의 인적사항
② 재해 발생의 일시 및 장소
③ 재해 발생의 원인 및 과정
④ 재해 재발방지 계획

📑 필기에 자주 출제되는 내용입니다.

15 A 사업장의 상시근로자 수가 1,200명이다. 이 사업장의 도수율이 10.5이고 강도율이 7.5일 때 이 사업장의 총 요양 근로손실일수(일)는? (단, 연 근로시간 수는 2,400시간이다.)

① 21.6
② 216
③ 2,160
④ 21,600

강도율(S.R)

① 1,000 근로시간당 근로손실일수 비율

② 강도율 = $\dfrac{\text{총 요양 근로 손실 일수}}{\text{연 근로시간 수}} \times 1,000$

* 근로손실일수 = 휴업일수, 요양일수, 입원일수 $\times \dfrac{300(\text{실제 근로일수})}{365}$

강도율 = $\dfrac{\text{총 요양 근로 손실 일수}}{\text{연 근로시간 수}} \times 1,000$

총 요양 근로 손실 일수 = $\dfrac{\text{강도율} \times \text{연 근로시간 수}}{1,000}$

= $\dfrac{7.5 \times (1,200 \times 2,400)}{1,000}$ = 21,600(일)

📑 실기에 자주 출제되는 내용입니다.

16 산업재해의 기본원인으로 볼 수 있는 4M으로 옳은 것은?

① Man, Machine, Maker, Media
② Man, Management, Machine, Media
③ Man, Machine, Maker, Management
④ Man, Management, Machine, Material

정답 14 ④ 15 ④ 16 ②

> *** 인간에러(휴먼 에러)의 배후요인(4M)**
> ① Man(인간) : 본인 외의 사람, 직장의 인간관계 등
> ② Machine(기계) : 기계, 장치 등의 물적 요인
> ③ Media(매체) : 작업정보, 작업방법 등
> ④ Management(관리) : 작업관리, 법규준수, 단속, 점검 등

📋 실기에 자주 출제되는 내용입니다.

17 보호구 안전인증 고시 상 안전대 충격흡수장치의 동하중 시험성능기준에 관한 사항으로 (   )에 알맞은 기준은?

> - 최대 전달 충격력은 (ㄱ)kN 이하
> - 감속거리는 (ㄴ)mm 이하 이어야 함

① ㄱ : 6.0, ㄴ : 1,000
② ㄱ : 6.0, ㄴ : 2,000
③ ㄱ : 8.0, ㄴ : 1,000
④ ㄱ : 8.0, ㄴ : 2,000

> *** 충격흡수장치의 동하중 성능기준**
> ① 최대 전달 충격력은 6.0kN 이하 이어야 함
> ② 감속거리는 1,000mm 이하 이어야 함

18 산업안전보건기준에 관한 규칙상 공기압축기 가동 전 점검사항을 모두 고른 것은? (단, 그 밖에 사항은 제외한다.)?

> ㄱ. 윤활유의 상태
> ㄴ. 압력방출장치의 기능
> ㄷ. 회전부의 덮개 또는 울
> ㄹ. 언로드밸브(unloading valve)의 기능

① ㄷ, ㄹ
② ㄱ, ㄴ, ㄹ
③ ㄱ, ㄴ, ㄹ
④ ㄱ, ㄴ, ㄷ, ㄹ

> *** 공기압축기를 가동할 때의 작업시작 전 점검사항**
> ① 공기저장 압력용기의 외관 상태
> ② 드레인밸브(drain valve)의 조작 및 배수
> ③ 압력방출장치의 기능
> ④ 언로드밸브(unloading valve)의 기능
> ⑤ 윤활유의 상태
> ⑥ 회전부의 덮개 또는 울
> ⑦ 그 밖의 연결 부위의 이상 유무

📋 실기에 자주 출제되는 내용입니다.

19 버드(Bird)의 재해구성 비율 이론상 경상이 10건 일 때 중상에 해당하는 사고 건수는?

① 1   ② 30
③ 300   ④ 600

정답 17 ① 18 ④ 19 ①

* 버드의 1:10:30:600 의 법칙 :
  총 641건의 사고를 분석했을 때
  - 중상 또는 폐질 : 1건
  - 경상해 : 10건
  - 무상해사고(물적 손실) : 30건
  - 무상해, 무사고(위험 순간) : 600건이 발생함을 의미한다.

📝 필기에 자주 출제되는 내용입니다.

20 재해의 원인 중 불안전한 상태에 속하지 않는 것은?

① 위험장소 접근
② 작업환경의 결함
③ 방호장치의 결함
④ 물적 자체의 결함

인적원인(불안전한 행동)	물적원인(불안전한 상태)
• 위험장소 접근 • 안전장치의 기능 제거 • 복장, 보호구 잘못 사용 • 기계기구 잘못 사용 • 운전 중인 기계장치의 손질 • 불안전한 속도 조작 • 위험물 취급 부주의 • 불안전한 상태 방치 • 불안전한 자세·동작 • 감독 및 연락 불충분	• 물 자체의 결함 • 안전 방호장치의 결함 • 복장, 보호구의 결함 • 물의 배치 및 작업장소 불량 • 작업환경의 결함 • 생산공정의 결함 • 경계표시, 설비의 결함

📝 필기에 자주 출제되는 내용입니다.

2과목 산업심리 및 교육

21 다음 적응기제 중 방어적 기제에 해당하는 것은?

① 고립(isolation)
② 억압(repression)
③ 합리화(rationalization)
④ 백일몽(day-dreaming)

도피기제	방어기제
• 억압 • 퇴행 • 백일몽 • 고립(거부)	• 보상 • 합리화 • 승화 • 동일시 • 투사

📝 필기에 자주 출제되는 내용입니다.

22 알고 있는 지식을 심화시키거나 어떠한 자료에 대해 보다 명료한 생각을 갖도록 하는 경우 실시하는 교육방법으로 가장 적절한 것은?

① 구안법
② 강의법
③ 토의법
④ 실연법

> **※ 토의법**
> - 집단구성원들이 특정한 문제에 대하여 서로 의견을 발표하면서 올바른 결론에 도달하는 학습방법이다.
> - 간단한 정보나 지식의 습득보다는 인지능력의 함양에 적합하다.
> - 알고 있는 **지식을 심화**시키거나 어떠한 자료에 대해 **보다 명료한 생각을 갖도록** 하는데 적합하다.

23 조직이 리더(leader)에게 부여하는 권한으로 부하직원의 처벌, 임금 삭감을 할 수 있는 권한은?

① 강압적 권한
② 보상적 권한
③ 합법적 권한
④ 전문성의 권한

> **※ 리더십 권한의 역할**
> ① 보상적 권한 : 지도자가 부하에게 보상할 수 있는 능력
> ② 강압적 권한 : 지도자가 부하들을 처벌할 수 있는 권한
> ③ 합법적 권한 : 조직의 규정에 의해 공식화된 권한
> ④ 위임된 권한 : 부하직원들이 지도자를 따르고 지도자와 함께 일하는 것
> ⑤ 전문성의 권한 : 지도자가 집단 목표수행에 전문적인 지식을 갖고 있는가와 관련한 권한

📝 필기에 자주 출제되는 내용입니다.

24 운동에 대한 착각현상이 아닌 것은?

① 자동운동　② 항상운동
③ 유도운동　④ 가현운동

> **※ 착각현상(운동의 시 지각)**
>
> | | |
> |---|---|
> | 가현운동 (β 운동) | • 정지하고 있는 대상물이 급속히 나타나던가 소멸하는 것으로 인하여 일어나는 운동으로 마치 대상물이 운동하는 것처럼 인식되는 현상을 말한다.
• 예 영화의 영상 |
> | 유도운동 | • 움직이지 않는 것이 움직이는 것처럼 느껴지는 현상
• 예 상행선 열차를 타고 가며 정지하고 있는 하행선 열차를 보면 마치 하행선 열차가 움직이는 것처럼 느껴지는 현상 |
> | 자동운동 | • 암실에서 정지된 소 광점을 응시하면 광점이 움직이는 것처럼 보이는 현상
• 안구의 불규칙한 운동 때문에 생기는 현상이다. |

📝 필기에 자주 출제되는 내용입니다.

25 자동차 엑셀레이터와 브레이크 간 간격, 브레이크 폭, 소프트웨어 상에서 메뉴나 버튼의 크기 등을 결정하는데 사용할 수 있는 인간공학 법칙은?

① Fitts의 법칙
② Hick의 법칙
③ Weber의 법칙
④ 양립성 법칙

정답　23 ①　24 ②　25 ①

* 피츠의 법칙(Fitts' Law)
- 목표까지 움직이는 데 필요한 시간은 목표 크기와 목표까지의 거리의 함수이다.
- 목표물의 크기가 작아질수록 속도와 정확도가 나빠지고 목표물과의 거리가 멀어질수록 필요한 시간이 더 길어진다.(표적이 작고 이동거리가 길수록 이동시간이 증가한다)
- 자동차 가속페달과 브레이크 페달간의 간격, 브레이크 폭 등을 결정하는데 사용한다.

26 개인적 카운슬링(Counseling)의 방법이 아닌 것은?

① 설득적 방법 ② 설명적 방법
③ 강요적 방법 ④ 직접적인 충고

* 카운슬링의 방법
- 직접 충고
- 설득적 방법
- 설명적 방법

📝 필기에 자주 출제되는 내용입니다.

27 산업안전보건법령상 근로자 안전보건교육 중 특별교육 대상 작업에 해당하지 않는 것은?

① 굴착면의 높이가 5m되는 지반 굴착작업
② 콘크리트 파쇄기를 사용하여 5m의 구축물을 파쇄하는 작업
③ 흙막이 지보공의 보강 또는 동바리를 설치하거나 해체하는 작업
④ 휴대용 목재가공기계를 3대 보유한 사업장에서 해당 기계로 하는 작업

④ 목재가공용 기계(둥근톱기계, 띠톱기계, 대패기계, 모떼기기계 및 라우터(목재를 자르거나 홈을 파는 기계)만 해당하며, 휴대용은 제외한다)를 **5대 이상** 보유한 사업장에서 해당 기계로 하는 작업

📝 필기에 자주 출제되는 내용입니다.

28 학습지도의 원리와 거리가 가장 먼 것은?

① 감각의 원리 ② 통합의 원리
③ 자발성의 원리 ④ 사회화의 원리

* 학습지도의 원리
① **자발성의 원리** : 학습자 스스로가 능동적으로 학습활동에 의욕을 가지고 **참여하도록** 하는 원리
② **개별화의 원리** : 학습자를 존중하고, **학습자 개개인의 능력, 소질, 성향** 등 모든 발달가능성을 신장시키려는 원리
③ **목적의 원리** : 학습자는 **학습목표가 분명하게 인식**되었을 때 자발적이고 적극적인 학습활동을 하게 된다.
④ **사회화의 원리** : **학교교육**을 통하여 학생들이 사회화되어 유용한 사회인으로 육성시키고자 하는 교육이다.
⑤ **통합화의 원리** : 학습자를 **전체적 인격체**로 보고 그에게 내재하여 있는 모든 능력을 조화적으로 발달시키기 위한 생활중심의 통합교육을 원칙으로 하는 원리
⑥ **직관의 원리(직접경험의 원리)** : 학습에 있어 언어위주로 설명을 하는 수업보다는 **구체적인 사물을 학습자가 직접 경험해 봄으로써** 학습의 효과를 높일 수 있는 원리

📝 필기에 자주 출제되는 내용입니다.

정답 26 ③ 27 ④ 28 ①

29 매슬로우(Maslow)의 욕구 5단계 중 안전 욕구에 해당하는 단계는?

① 1단계 ② 2단계
③ 3단계 ④ 4단계

* **매슬로(Maslow A. H.)의 욕구단계 이론(인간의 욕구 5단계)**
① 제1단계(생리적 욕구)
② 제2단계(안전 욕구)
③ 제3단계(사회적 욕구)
④ 제4단계(존경 욕구)
⑤ 제5단계(자아실현의 욕구)

📝 실기까지 중요한 내용입니다.

30 생체리듬에 관한 설명 중 틀린 것은?

① 감각의 리듬이 (-)로 최대가 되는 경우에만 위험일이라고 한다.
② 육체적 리듬은 "P"로 나타내며, 23일을 주기로 반복된다.
③ 감성적 리듬은 "S"로 나타내며, 28일을 주기로 반복된다.
④ 지성적 리듬은 "I"로 나타내며, 33일을 주기로 반복된다.

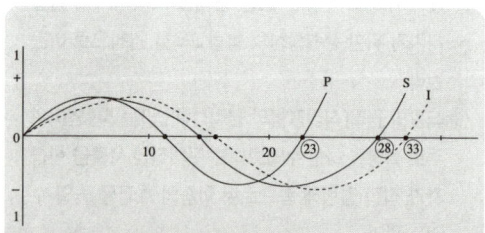

- Sine곡선의 (+) → (−)로 변화하는 점이 위험일이다.
- 안정기(+)와 불안정기(−)의 교차점을 위험일이라 한다.
- 1달에 6일 정도 위험일이 존재한다.

참고 * **바이오리듬의 종류**

육체적 리듬(P) : Physical rhythm	감성적 리듬(S) : Sensitivity rhythm	지성적 리듬(I) : Intellectual rhythm
• 23일 주기 • 청색의 실선으로 표시 • 식욕, 소화력, 활동력, 지구력 등을 나타냄	• 28일 주기 • 적색의 점선으로 표시 • 감정, 주의심, 창조력, 희노애락 등을 나타냄	• 33일 주기 • 녹색의 일점 쇄선으로 표시 • 상상력, 사고력, 기억력, 인지력, 판단력 등을 나타냄

📝 필기에 자주 출제되는 내용입니다.

31 에너지대사율(RMR)의 따른 작업의 분류에 따라 중(보통)작업의 RMR 범위는?

① 0~2 ② 2~4
③ 4~7 ④ 7~9

* **작업강도 구분에 따른 RMR**
① 경작업(輕작업) : 1~2
② 중작업(中작업) : 2~4
③ 중작업(重작업) : 4~7
④ 초중작업(超重작업) : 7 이상

📝 실기까지 중요한 내용입니다.

정답 29 ② 30 ① 31 ②

32 조직 구성원의 태도는 조직성과와 밀접한 관계가 있는데 태도(attitude)의 3가지 구성 요소에 포함되지 않는 것은?

① 인지적 요소　② 정서적 요소
③ 성격적 요소　④ 행동경향 요소

★ 태도(attitude)의 3가지 구성요소
① 인지적 요소
② 정서적 요소
③ 행동경향 요소

33 다음에서 설명하는 학습방법은?

> 학생이 생활하고 있는 현실적인 장면에서 당면하는 여러 문제들을 해결해 나가는 과정으로 지식, 기능, 태도, 기술 등을 종합적으로 획득하도록 하는 학습방법

① 롤 플레잉(Role Playing)
② 문제법(Problem Method)
③ 버즈 세션(Buzz Session)
④ 케이스 메소드(Case Method)

★ 문제법(Problem Method)
- 새로운 문제에 당면했을 때 그 문제를 해결하는 과정에서 이루어지는 학습방법
- 학생이 현실에서 당면하는 여러 문제들을 해결해가는 과정 중 지식, 기능, 태도 등을 종합적으로 획득하도록 하는 학습법이다.

📝 필기에 자주 출제되는 내용입니다.

34 호손(Hawthorne) 실험의 결과 작업자의 작업능률에 영향을 미치는 주요 원인으로 밝혀진 것은?

① 작업조건　② 인간관계
③ 생산기술　④ 행동규범의 설정

★ 호손(Hawthorne) 실험
작업 능률을 좌우하는 것은 임금, 노동시간 등의 노동조건과 조명, 환기, 기타 작업환경으로서의 물적 조건보다 종업원의 태도 즉, 심리적·내적 양심과 감정(인간관계)이 더 중요하다.

📝 필기에 자주 출제되는 내용입니다.

35 심리학에서 사용하는 용어로 측정하고자 하는 것을 실제로 적절히, 정확히 측정하는지의 여부를 판별하는 것은?

① 표준화　② 신뢰성
③ 객관성　④ 타당성

★ 산업심리검사의 구비요건
① 타당성(validity) : 측정하려고 하는 성능을 어느 정도 충실히(적절히, 정확히) 수행하고 있는가를 나타낸다.
② 신뢰성(reliability) : 동일한 검사를 동일한 사람에게 시간 간격을 두고 실시할 때 그 결과가 크게 다르지 않아야 한다.
③ 실용성(praticability) : 검사를 실시하고 채점하기 용이하다든지, 결과의 해석이나 이용의 방법이 간단하고 비용이 적게 들어야 한다.
④ 표준화 : 검사관리를 위한 조건과 검사 절차가 일관성이 있어야 한다.

📝 필기에 자주 출제되는 내용입니다.

정답　32 ③　33 ②　34 ②　35 ④

36 Kirkpatrick의 교육훈련 평가 4단계를 바르게 나열한 것은?

① 학습단계→반응단계→행동단계→결과단계
② 학습단계→행동단계→반응단계→결과단계
③ 반응단계→학습단계→행동단계→결과단계
④ 반응단계→학습단계→결과단계→행동단계

＊Kirkpatrick의 교육훈련 평가의 4단계

1단계 : 반응단계	훈련을 어떻게 생각하고 있는가?
2단계 : 학습단계	어떠한 원칙과 사실 및 기술 등을 배웠는가?
3단계 : 행동단계	교육훈련을 통하여 직무수행 상 어떠한 행동의 변화를 가져왔는가?
4단계 : 결과단계	교육훈련을 통하여 직무에 어떠한 성과가 있었는가?

📝 필기에 자주 출제되는 내용입니다.

37 사고 경향성 이론에 관한 설명 중 틀린 것은?

① 사고를 많이 내는 여러 명의 특성을 측정하여 사고를 예방하는 것이다.
② 개인의 성격보다는 특정 환경에 의해 훨씬 더 사고가 일어나기 쉽다.
③ 어떠한 사람이 다른 사람보다 사고를 더 잘 일으킨다는 이론이다.
④ 사고경향성을 검증하기 위한 효과적인 방법은 다른 두 시기 동안에 같은 사람의 사고기록을 비교하는 것이다

② 근로자 중 재해가 빈발하는 소질적 결함자가 있다는 이론이다.

📝 필기에 자주 출제되는 내용입니다.

38 Off JT(Off the Job Training)의 특징으로 옳은 것은?

① 전문 강사를 초빙하는 것이 가능하다.
② 개개인에게 적절한 지도훈련이 가능하다.
③ 직장의 실정에 맞게 실제적 훈련이 가능하다.
④ 훈련에 필요한 업무의 계속성이 끊어지지 않는다.

OJT의 특징	OFF JT의 특징
① 개개인에게 적절한 훈련이 가능하다.	① 다수의 근로자들에게 훈련을 할 수 있다.
② 직장의 실정에 맞는 훈련이 가능하다.	② 훈련에만 전념하게 된다.
③ 교육효과가 즉시 업무에 연결된다.	③ 특별설비기구 이용이 가능하다.
④ 훈련에 대한 업무의 계속성이 끊어지지 않는다.	④ 많은 지식이나 경험을 교류 할 수 있다.
⑤ 상호 신뢰 이해도가 높다.	⑤ 교육 훈련 목표에 대하여 집단적 노력이 흐트러질 수 있다.

📝 실기까지 중요한 내용입니다.

정답 36 ③ 37 ② 38 ①

39 직무분석을 위한 정보를 얻는 방법과 거리가 가장 먼 것은?

① 관찰법 ② 직무수행법
③ 설문지법 ④ 서류함 기법

※ 직무분석 방법
① **면접법** : 직무를 실제 수행하는 종업원과 직접 대면하여 직무정보를 얻는 방법
② **질문지법** : 질문지를 통해 직무정보를 얻는 방법
③ **직접관찰법** : 직무수행 중인 종업원의 행동을 관찰하여 직무를 판단하는 방법
④ **일지작성법** : 직무수행자가 매일 작성하는 업무일지로 해당직무의 정보를 수집하는 방법
⑤ **결정 사건 기법** : 직무행동 가운데 중요한, 혹은 가치 있는 면에 대한 정보를 수집하는 방법
⑥ **워크 샘플링법** : 관찰법을 개발한 것으로 전체작업 과정 동안 무작위로 많은 관찰을 행하여 직무행동에 관한 정보를 얻는 방법
⑦ **체험법(직무수행법)** : 직무분석 담당자 자신이 직무를 직접 체험하여 직무에 관한 정보를 얻는 방법
⑧ **혼합법** : 2가지 이상의 방법을 혼합하는 방법

> **참고**
>
> **※ 서류함 기법(In-basket)**
> 조직 내·외부의 이해관계자들과 관련이슈를 해결하기 위하여 정해진 시간에 여러 자료를 보고 업무해결안을 작성하는 기법

 필기에 자주 출제되는 내용입니다.

40 산업안전보건법령상 타워크레인 신호작업에 종사하는 일용근로자의 특별교육 교육시간 기준은?

① 1시간 이상 ② 2시간 이상
③ 4시간 이상 ④ 8시간 이상

※ 근로자 안전보건교육

교육과정	교육대상		교육시간
가. 정기 교육	1) 사무직 종사 근로자		매반기 6시간 이상
	2) 그 밖의 근로자	가) 판매 업무에 직접 종사하는 근로자	매반기 6시간 이상
		나) 판매 업무에 직접 종사하는 근로자 외의 근로자	매반기 12시간 이상
나. 채용시의 교육	1) 일용근로자 및 근로계약 기간이 1주일 이하인 기간제근로자		1시간 이상
	2) 근로계약기간이 1주일 초과 1개월 이하인 기간제근로자		4시간 이상
	3) 그 밖의 근로자		8시간 이상
다. 작업 내용 변경시의 교육	1) 일용근로자 및 근로계약 기간이 1주일 이하인 기간제근로자		1시간 이상
	2) 그 밖의 근로자		2시간 이상
라. 특별 교육	1) 일용근로자 및 근로계약 기간이 1주일 이하인 기간제 근로자(타워크레인 신호작업에 종사하는 근로자 제외)		2시간 이상
	2) 일용근로자 및 근로계약 기간이 1주일 이하인 기간제 근로자 중 타워크레인신호작업에 종사하는 근로자		8시간 이상
	3) 일용근로자 및 근로계약 기간이 1주일 이하인 기간제 근로자를 제외한 근로자		가) 16시간 이상(최초 작업에 종사하기 전 4시간 이상 실시하고 12시간은 3개월 이내에서 분할하여 실시 가능) 나) 단기간 작업 또는 간헐적 작업인 경우에는 2시간 이상
마. 건설업 기초안전·보건교육	건설 일용근로자		4시간 이상

 실기에 자주 출제되는 중요한 내용입니다.

3과목 인간공학 및 시스템안전공학

41 A 작업의 평균에너지소비량이 다음과 같을 때, 60분간의 총 작업시간 내에 포함되어야 하는 휴식시간(분)은?

- 휴식 중 에너지소비량 : 1.5kal/min
- A작업 시 평균 에너지소비량 : 6kal/min
- 기초대사를 포함한 작업에 대한 평균 에너지소비량 상한 : 5kal/min

① 10.3　　② 11.3
③ 12.3　　④ 13.3

휴식시간(R) = $\dfrac{60 \times (E-5)}{E-1.5}$ (분)

- 1.5 : 휴식 중의 에너지 소비량
- 5(kcal/분) : 보통작업에 대한 평균 에너지
- 60(분) : 작업시간
- E(kcal/분) : 문제에서 주어진 작업 시 필요한 에너지

R = $\dfrac{60 \times (E-5)}{E-1.5}$ = $\dfrac{60 \times (6-5)}{6-1.5}$ = 13.33(분)

📝 필기에 자주 출제되는 내용입니다.

42 인간공학에 대한 설명으로 틀린 것은?

① 인간-기계 시스템의 안전성, 편리성, 효율성을 높인다.
② 인간을 작업과 기계에 맞추는 설계 철학이 바탕이 된다.
③ 인간이 사용하는 물건, 설비, 환경의 설계에 적용된다.
④ 인간의 생리적, 심리적인 면에서의 특성이나 한계점을 고려한다.

② 기계와 그 기계조작 및 환경조건을 인간의 특성에 맞추어 설계하기 위한 수단을 연구하는 학문이다.

📝 필기에 자주 출제되는 내용입니다.

43 근골격계 질환 작업분석 및 평가 방법인 OWAS의 평가요소를 모두 고른 것은?

| ㄱ. 상지 | ㄴ. 무게(하중) |
| ㄷ. 하지 | ㄹ. 허리 |

① ㄱ, ㄴ　　② ㄱ, ㄷ, ㄹ
③ ㄴ, ㄷ, ㄹ　　④ ㄱ, ㄴ, ㄷ, ㄹ

평가도구명 (Analysis Tools)	평가되는 위해요인	관련된 신체부위	적용대상 작업 종류
OWAS (Ovaco Working Posture Analysing System)	자세, 힘 (무게·하중), 노출시간	상체, 허리, 하체	중량물 취급

📝 필기에 자주 출제되는 내용입니다.

정답　41 ④　42 ②　43 ④

44 밝은 곳에서 어두운 곳으로 갈 때 망막에 시흥이 형성되는 생리적 과정인 암 조응이 발생하는데 완전 암 조응(Dark adaptation)이 발생하는데 소요되는 시간은?

① 약 3 ~ 5분   ② 약 10 ~ 15분
③ 약 30 ~ 40분   ④ 약 60 ~ 90분

- 완전 암 조응에 소요되는 시간 : 30분
- 명 조응에 소요되는 시간 : 3분 이내

[참고]

① 암 조응 : 눈이 어둠에 적응하는 시간
   (밝은 곳에서 어두운 극장 안으로 들어갔을 때)
② 명 조응 : 눈이 빛에 적응하는 시간
   (어두운 극장 안에서 밝은 곳으로 나올 때)

45 FTA(Fault Tree Analysis)에 관한 설명으로 옳은 것은?

① 정성적 분석만 가능하다.
② 복잡하고 대형화된 시스템의 신뢰성 분석 및 안정성 분석에 이용되는 기법이다.
③ FT에 동일한 사건이 중복되어 나타나는 경우 상향식(Bottom-up)으로 정상 사건 T의 발생 확률을 계산할 수 있다.
④ 기초사건과 생략사건의 확률 값이 주어지게 되더라도 정상 사건의 최종적인 발생확률을 계산할 수 없다.

① 정성적 및 정량적 분석이 가능하다.
② 하향식(Top-down)으로 정상 사건 T의 발생 확률을 계산할 수 있다.
③ 기초사건과 생략사건의 확률 값이 주어지면 정상 사건의 최종적인 발생확률을 계산할 수 있다.

필기에 자주 출제되는 내용입니다.

46 불(Bool) 대수의 정리를 나타낸 관계식 중 틀린 것은?

① $A \cdot 0 = 0$ ② $A+1 = 1$
③ $A \cdot \overline{A} = 1$ ④ $A(A+B) = A$

$\overline{A} + A = 1$ $\overline{A} \cdot A = 0$
$1 + A = 1$ $1 \cdot A = A$
$0 + A = A$ $0 \cdot A = 0$

필기에 자주 출제되는 내용입니다.

47 FTA(Fault Tree Analysis)에서 사용되는 사상 기호 중 통상의 작업이나 기계의 상태에서 재해의 발생 원인이 되는 요소가 있는 것은?

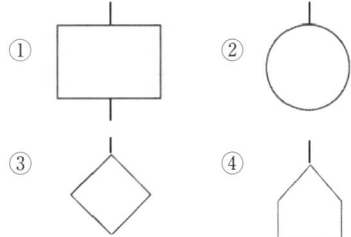

기호	명명	기호 설명
○	기본사상	더 이상 전개할 수 없는 사건의 원인
◇	생략사상	사고 결과나 관련정보가 미비하여 계속 개발될 수 없는 특정 초기사상
⌂	통상사상	발생이 예상되는 사상(통상의 작업이나 기계의 상태에서 재해의 발생 원인이 되는 요소)
□	결함사상 (정상사상, 중간사상)	고장사상

📝 필기에 자주 출제되는 내용입니다.

48. HAZOP 기법에서 사용하는 가이드워드와 그 의미가 잘못 연결된 것은?

① Part of : 성질상의 감소
② As well as : 성질상의 증가
③ Other than : 기타 환경적인 요인
④ More/Less : 정량적인 증가 또는 감소

＊유인어의 종류와 뜻
- No 또는 Not : 완전한 부정
- More 또는 Less : 양의 증가 및 감소
- As Well As : 성질상의 증가
- Part of : 일부변경, 성질상의 감소
- Reverse : 설계의도의 논리적인 역
- Other Than : 완전한 대체

📝 필기에 자주 출제되는 내용입니다.

49. 다음 중 좌식작업이 가장 적합한 작업은?

① 정밀 조립 작업
② 4.5kg 이상의 중량물을 다루는 작업
③ 작업장이 서로 떨어져 있으며 작업장 간 이동이 작은 작업
④ 작업자의 정면에서 매우 높거나 낮은 곳으로 손을 자주 뻗어야 하는 작업

① 정밀한 조립 작업은 좌식작업이 적합하다.

50. 양식 양립성의 예시로 가장 적절한 것은?

① 자동차 설계 시 고도계 높낮이 표시
② 방사능 사업장에 방사능 폐기물 표시
③ 청각적 자극 제시와 이에 대한 음성 응답
④ 자동차 설계 시 제어장치와 표시장치의 배열

양립성 : 자극과 반응의 관계가 인간의 기대와 모순되지 않는 성질
① 개념적 양립성 : 외부자극에 대해 인간의 개념적 현상의 양립성
② 공간적 양립성 : 표시장치, 조종장치의 형태 및 공간적 배치의 양립성
③ 운동의 양립성 : 표시장치, 조종장치 등의 운동 방향의 양립성
④ 양식 양립성 : 청각적 자극 제시와 이에 대한 음성 응답에 대한 양립성

📝 필기에 자주 출제되는 내용입니다.

정답 48 ③ 49 ① 50 ③

51 시스템의 수명곡선(욕조곡선)에 있어서 디버깅(Debugging)에 관한 설명으로 옳은 것은?

① 초기 고장의 결함을 찾아 고장률을 안정시키는 과정이다.
② 우발 고장의 결함을 찾아 고장률을 안정시키는 과정이다.
③ 마모 고장의 결함을 찾아 고장률을 안정시키는 과정이다.
④ 기계결함을 발견하기 위해 동작시험을 하는 기간이다.

예방보전(PM : Preventive Maintenance) 기간
- 디버깅(Debugging) 기간 : 기계의 초기 고장의 결함을 찾아내 고장률을 안정시키는 기간
- 번인(Burn in) 기간 : 기계를 장시간 가동하여 그동안에 고장난 것을 제거하는 기간
- 에이징(Agnig) : 비행기에서 3년 이상 시운전하는 기간
- 스크리닝(screening) : 기기의 신뢰성을 높이기 위하여 품질이 떨어지는 것이나 **고장 발생 초기의 것을 선별, 제거하는 것**

📝 필기에 자주 출제되는 내용입니다.

52 1 sone에 관한 설명으로 ( )에 알맞은 수치는?

> 1sone
> (ㄱ) Hz, (ㄴ) dB의 음압수준을 가진 순음의 크기

① ㄱ : 1000, ㄴ : 1
② ㄱ : 4000, ㄴ : 1
③ ㄱ : 1000, ㄴ : 40
④ ㄱ : 4000, ㄴ : 40

- 1phone : 1000Hz, 1dB 음의 크기
- 1sone : 1000Hz, 40dB 음의 크기

📝 필기에 자주 출제되는 내용입니다.

53 경계 및 경보신호의 설계지침으로 틀린 것은?

① 주의를 환기시키기 위하여 변조된 신호를 사용한다.
② 배경소음의 진동수와 다른 진동수의 신호를 사용한다.
③ 귀는 중 음역에 민감하므로 500~3,000Hz의 진동수를 사용한다.
④ 300m 이상의 장거리용으로는 1,000Hz를 초과하는 진동수를 사용한다.

정답 51 ① 52 ③ 53 ④

> ★ **경계 및 경보신호 설계지침**
> ① 귀는 중 음역에 민감하므로 500~3,000Hz의 진동수 사용
> ② 300m 이상 장거리용 신호는 1,000Hz 이하의 진동수 사용
> ③ 장애물 및 칸막이 통과 시는 500Hz 이하의 진동수 사용
> ④ 주의를 끌기 위해서는 변조된 신호 사용
> ⑤ 배경 소음의 진동수와 구별되는 신호 사용
> ⑥ 경보효과를 높이기 위해서 개시시간이 짧은 고감도 신호를 사용
> ⑦ 가능하면 확성기, 경적 등과 같은 별도의 통신계통을 사용

📝 필기에 자주 출제되는 내용입니다.

54. 인간-기계 시스템에 관한 설명으로 틀린 것은?

① 자동 시스템에서는 인간요소를 고려하여야 한다.
② 자동차 운전이나 전기 드릴 작업은 반자동 시스템의 예시이다.
③ 자동 시스템에서 인간은 감시, 정비유지, 프로그램 등의 작업을 담당한다.
④ 수동 시스템에서 기계는 동력원을 제공하고 인간의 통제 하에서 제품을 생산한다.

> ★ **인간 - 기계 통합시스템의 유형**
> ① 수동시스템
> • 사용자가 손공구나 기타 보조물 등을 사용하여 자기의 신체적 힘을 동력원으로 하여 작업을 수행하는 시스템이다.
> ② 기계시스템(반자동 시스템)
> • 여러 종류의 동력 공작 기계와 같이 고도로 통합된 부품들로 구성되어 있다.
> • 인간의 역할은 제어 기능을 담당하고, 힘에 대한 공급은 기계가 담당한다.
> ③ 자동 시스템
> • 기계가 감지, 정보 처리 및 의사 결정, 행동 기능 및 정보 보관 등 모든 임무를 미리 설계된 대로 수행하게 된다.
> • 인간은 감시, 감독, 보전 등의 역할을 담당하게 된다.

📝 필기에 자주 출제되는 내용입니다.

55. n개의 요소를 가진 병렬 시스템에 있어 요소의 수명(MTTF)이 지수 분포를 따를 경우, 시스템의 수명은?

① $MTTF \times n$
② $MTTF \times \dfrac{1}{n}$
③ $MTTF \times \left(1 + \dfrac{1}{2} + \cdots + \dfrac{1}{n}\right)$
④ $MTTF \times \left(1 + \dfrac{1}{2} \times \cdots \times \dfrac{1}{n}\right)$

> ★ **직렬계의 수명**
> $MTTF(MTBF) \times \dfrac{1}{\text{요소갯수}(n)}$
>
> ★ **병렬계의 수명**
> $MTTF(MTBF) \times 1 + \dfrac{1}{2} + \dfrac{1}{3} + \cdots + \dfrac{1}{n}$
> • n : 요소의 개수

📝 필기에 자주 출제되는 내용입니다.

정답 54 ④ 55 ③

56 다음에서 설명하는 용어는?

> 유해 · 위험요인을 파악하고 해당 유해 · 위험요인에 의한 부상 또는 질병의 발생 가능성(빈도)과 중대성(강도)을 추정 · 결정하고 감소대책을 수립하여 실행하는 일련의 과정을 말한다.

① 위험성 결정
② 위험성 평가
③ 위험반도 추정
④ 유해 · 위험요인 파악

"위험성평가"란 유해 · 위험요인을 파악하고 해당 유해 · 위험요인에 의한 부상 또는 질병의 발생 가능성(빈도)과 중대성(강도)을 추정 · 결정하고 감소대책을 수립하여 실행하는 일련의 과정을 말한다.

참고
"유해 · 위험요인"이란 유해 · 위험을 일으킬 잠재적 가능성이 있는 것의 고유한 특징이나 속성을 말한다.

📝 필기에 자주 출제되는 내용입니다.

57 상황해석을 잘못하거나 목표를 잘못 설정하여 발생하는 인간의 오류 유형은?

① 실수(Slip)
② 착오(Mistake)
③ 위반(Vioation)
④ 건망증(Lapse)

★ 인간의 정보처리 과정에서 발생되는 에러

Mistake (착오, 착각)	• 인지과정과 의사결정과정에서 발생하는 에러 • 상황해석을 잘못하거나 틀린 목표를 착각하여 행하는 경우
Lapse (건망증)	• 저장단계에서 발생하는 에러 • 어떤 행동을 잊어버리고 안 하는 경우
Slip (실수, 미끄러짐)	• 실행단계에서 발생하는 에러 • 상황(목표)해석은 제대로 하였으나 의도와는 다른 행동을 하는 경우
Violation (위반)	• 알고 있음에도 의도적으로 따르지 않거나 무시한 경우

📝 필기에 자주 출제되는 내용입니다.

58 위험분석 기법 중 시스템 수명주기 관점에서 적용 시점이 가장 빠른 것은?

① PHA
② FHA
③ OHA
④ SHA

★ 예비 위험 분석
(PHA : Preliminary Hazards Analysis)
모든 시스템 안전 프로그램의 최초 단계(설계단계, 구상단계)에서 실시하는 분석법으로서 시스템내의 위험요소가 얼마나 위험한 상태에 있는가를 정성적으로 평가하는 기법이다.

정답 56 ② 57 ② 58 ①

59 태양광선이 내리쬐는 옥외장소의 자연습구온도 20℃, 흑구온도 18℃, 건구온도 30℃일 때 습구흑구온도지수(WBGT)는?

① 20.6℃   ② 22.5℃
③ 25.0℃   ④ 28.5℃

* **습구흑구온도지수(WBGT)**
1. 옥외(태양광선이 내리쬐는 장소)
WBGT(℃) = 0.7 × 자연습구온도 + 0.2 × 흑구온도 + 0.1 × 건구온도
2. 옥내 또는 옥외(태양광선이 내리쬐지 않는 장소)
WBGT(℃) = 0.7 × 자연습구온도 + 0.3 × 흑구온도

WBGT(℃) = 0.7 × 자연습구온도 + 0.2 × 흑구온도 + 0.1 × 건구온도
= 0.7 × 20 + 0.2 × 18 + 0.1 × 30
= 20.6(℃)

60 그림과 같은 FT도에 대한 최소 컷셋(minmal cut sets)으로 옳은 것은?
(단, Fussell의 알고리즘을 따른다.)

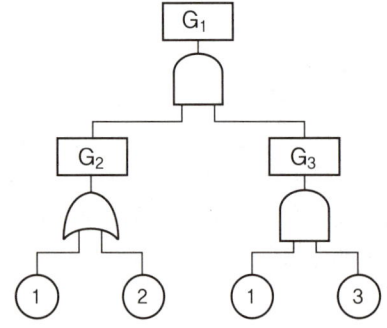

① {1, 2}   ② {1, 3}
③ {2, 3}   ④ {1, 2, 3}

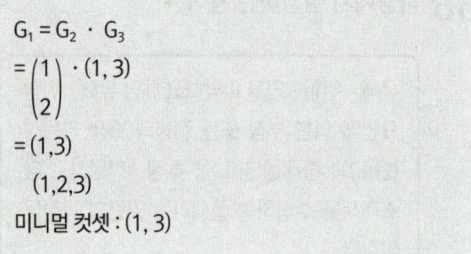

$G_1 = G_2 \cdot G_3$
$= \binom{1}{2} \cdot (1, 3)$
$= (1, 3)$
$ (1, 2, 3)$
미니멀 컷셋 : (1, 3)

참고

컷셋 : (1, 3) (1, 2, 3)

📝 필기에 자주 출제되는 내용입니다.

4과목 건설시공학

61 통상적으로 스팬이 큰 보 및 바닥판의 거푸집을 걸때에 스팬의 캠버(camber)값으로 옳은 것은?

① 1/300~1/500   ② 1/200~1/350
③ 1/150~1/250   ④ 1/100~1/300

캠버의 높이는 총 길이의 1/300 ~ 1/500으로 한다.

참고

* **솟음(Camber)** : 보, 슬래브 및 트러스 등의 수평부재에서 하중에 의한 처짐을 고려하여 상향으로 들어 올리는 것(들어 올린 크기)

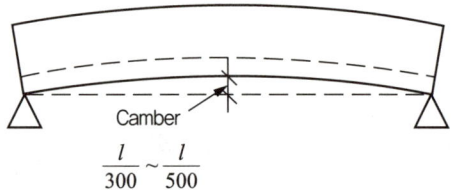

정답   59 ①   60 ②   61 ①

62 지반개량 공법 중 동 다짐(dynamic compaction)공법의 특징으로 옳지 않은 것은?

① 시공 시 지반 진동에 의한 공해문제가 발생하기도 한다.
② 지반 내에 암괴 등의 장애물이 있으면 적용이 불가능하다.
③ 특별한 약품이나 자재를 필요로 하지 않는다.
④ 깊은 심도의 지반개량에 대해서는 초대형 장비가 필요하다.

② 지반 내에 암괴 등의 장애물이 있어도 시공이 가능하다.

> **참고**
>
> * **동 다짐(dynamic compaction)공법** : 무거운 추를 상당 높이에서 **자유 낙하시켜** 이때 발생되는 충격에너지와 진동에 의해 **지반을 상당깊이까지** 강제 다짐하여 지반을 개량하는 공법

63 기성콘크리트 말뚝에 표기된 PHC-A · 450-12의 각 기호에 대한 설명으로 옳지 않은 것은?

① PHC-원심력 고강도 프리스트레스트 콘크리트 말뚝
② A-A종
③ 450-말뚝 바깥지름
④ 12-말뚝 삽입간격

④ 12 – 말뚝 길이

64 흙막이 공법과 관련된 내용의 연결이 옳지 않은 것은?

① 버팀대공법-띠장, 지지말뚝
② 지하연속법-안정액, 트레미관
③ 자립식공법-안내벽, 인터록킹 파이프
④ 어스앵커공법-인장재, 그라우팅

③ Slurry wall 공법-안내벽, 인터록킹 파이프

> **참고**
>
> **슬러리 월(Slurry wall) 공법(지하연속벽공법)**
> - 벤토나이트 안정액을 사용하여 지반의 붕괴를 방지하면서 굴착한 후 그 속에 철근망 삽입하고 콘크리트를 타설하여 흙막이 벽체를 형성하는 공법
> - 가이드 월(안내벽) 설치 → 굴착 → 슬라임 제거 → 인터록킹 파이프 설치 → 지상조립 철근 삽입 → 콘크리트 타설 → 인터로킹 파이프 제거

📝 필기에 자주 출제되는 내용입니다.

65 흙막이 공법 중 지하연속벽(slurry wall) 공법에 대한 설명으로 옳지 않은 것은?

① 흙막이 벽 자체의 강도, 강성이 우수하기 때문에 연약지반의 변형 및 이면침하를 최소한으로 억제할 수 있다.
② 차수성이 좋아 지하수가 많은 지반에도 사용할 수 있다.
③ 시공 시 소음, 진동이 작다.
④ 다른 흙막이 벽에 비해 공사비가 적게 든다.

정답 62 ② 63 ④ 64 ③ 65 ④

> **★ 지하연속벽(slurry wall) 공법**
> ① 흙막이 벽 자체의 강도, 강성이 우수하기 때문에 **연약지반의 변형 및 이면침하를 최소한으로 억제할 수 있다.**
> ② **차수성이 좋아** 지하수가 많은 지반에도 사용할 수 있다.
> ③ 시공 시 소음, 진동이 작다.
> ④ 인접건물 경계선까지 시공이 가능하다.

📌 필기에 자주 출제되는 내용입니다.

66 건축물의 지하공사에서 계측관리에 관한 설명으로 틀린 것은?

① 계측관리의 목적은 위험의 징후를 발견하는 것이다.
② 계측관리의 중점 관리사항으로는 흙막이 변위에 따른 배면지반의 침하가 있다.
③ 계측관리는 인적이 뜸하고 위험이 적은 안전한 곳에 설치하여 주기적으로 실시한다.
④ 일일점검항목으로는 흙막이벽체, 주변 지반, 지하수위 및 배수량 등이 있다.

> **★ 계측위치의 선정**
> ① 지반조건이 충분히 파악되어 있는 곳
> ② 토류구조물을 대표할 수 있는 곳
> ③ 중요 구조물이 인접하여 있는 곳이나 우선적으로 공사가 진행될 곳
> ④ 토류 구조물이나 지반에 특수한 조건이 공사에 영향을 미칠 것으로 예상되는 곳
> ⑤ 교통량이 많아 이로 인한 하중 증감이 있는 곳
> ⑥ 하천 주위 등 지하수의 분포가 다량이고 수위의 상승, 하강이 빈번한 곳

> ⑦ 가능한 계측기기의 손상이 적은 곳
> ⑧ 과다한 변위가 우려되는 지점
> ⑨ 현장 작업에 용이한 곳에 설치

67 벽 길이 10m, 벽 높이 3.6m인 블록벽체를 기본블록(390mm×190mm×150mm)으로 쌓을 때 소요되는 블록의 수량은? (단, 블록은 온장으로 고려하고, 줄눈 나비는 가로, 세로 10mm, 할증은 고려하지 않음)

① 412매　　② 468매
③ 562매　　④ 598매

- 블록 한 개의 면적(줄눈 10mm 포함)
  $= (0.39 + 0.01) \times (0.19 + 0.01) = 0.08 m^2$
- $1m^2$을 쌓는데 필요한 블록의 정미량(매수)
  $= \dfrac{1}{0.08} = 12.5 = 13(매)$
- 벽의 면적 $= 10 \times 3.6 = 36 m^2$
  $36 m^2 \times 13매 = 468(매)$

📌 필기에 자주 출제되는 내용입니다.

정답　66 ③　67 ②

68 외관검사 결과 불합격된 철근 가스압접 이음부의 조치 내용으로 옳지 않은 것은?

① 심하게 구부러졌을 때는 재가열하여 수정한다.
② 압접면의 엇갈림이 규정 값을 초과했을 때는 재가열하여 수정한다.
③ 형태가 심하게 불량하거나 또는 압접부에 유해하다고 인정되는 결함이 생긴 경우는 압접부를 잘라내고 재 압접한다.
④ 철근 중심축의 편심량이 규정 값을 초과했을 때는 압접부를 떼어내고 재 압접한다.

＊ 외관검사 결과 불합격된 철근 가스압접 이음부의 조치 내용(불량 압접의 보정)
① 심하게 구부러졌을 때는 재가열하여 수정한다.
② 압접면의 엇갈림이 규정 값을 초과했을 때는 압접부를 잘라내고 재 압접한다.
③ 형태가 심하게 불량하거나 또는 압접부에 유해하다고 인정되는 결함이 생긴 경우는 압접부를 잘라내고 재 압접한다.
④ 철근 중심축의 편심량이 규정 값을 초과했을 때는 압접부를 떼어내고 재 압접한다.
⑤ 압접부 지름 또는 길이가 규정 값 미만인 경우 재가열하여 수정한다.

69 철골부재 조립 시 구멍의 위치가 다소 다를 때 구멍을 맞추기 위한 작업은?

① 송곳뚫기(driling)
② 리이밍(reaming)
③ 펀칭(punching)
④ 리벳치기(riveting)

＊ 리이밍(reaming)
뚫린 구멍을 리이머로 정밀하게 다듬는 작업을 말한다.(구멍의 위치가 다소 다를 때 구멍을 맞추기 위한 작업)

70 철골작업용 장비 중 절단용 장비로 옳은 것은?

① 프릭션 프레스(frixtion press)
② 플레이트 스트레이닝 롤(plate straining roll)
③ 파워 프레스(power press)
④ 핵 소우(hack saw)

＊ 핵 소우(hack saw)
- 핵 소우(hack saw)란 쇠톱을 말한다.
- 한 방향으로 절삭하며 쇠톱을 당길 때 절삭이 된다.

필기에 자주 출제되는 내용입니다.

71 시방서 및 설계도면 등이 서로 상이할 때의 우선순위에 대한 설명으로 옳지 않은 것은?

① 설계도면과 공사시방서가 상이할 때는 설계도면을 우선한다.
② 설계도면과 내역서가 상이할 때는 설계도면을 우선한다.
③ 표준시방서와 전문시방서가 상이할 때는 전문시방서를 우선한다.
④ 설계도면과 상세도면이 상이할 때는 상세도면을 우선한다.

정답 68 ② 69 ② 70 ④ 71 ①

① 설계도면과 공사시방서가 상이할 때는 공사시방서를 우선한다.

> **참고**
>
> **＊우선순위**
> 공사시방서 〉설계도면 〉전문시방서 〉표준시방서 〉산출내역서 〉승인된 상세시공도면 〉관계법령의 유권해석 〉감리자의 지시사항

📝 필기에 자주 출제되는 내용입니다.

72 예정가격 범위 내에서 최저가격으로 입찰한 자를 낙찰자로 선정하는 낙찰자 선정 방식은?

① 최적격 낙찰제
② 제한적 최저가 낙찰제
③ 최저가 낙찰제
④ 적격 심사 낙찰제

① 최적격 낙찰제 : 입찰 가격은 물론 건설업체의 시공능력과 기술을 함께 평가하여 낙찰하는 제도
② 제한적 최저가 낙찰제 : 예정가격 이하로 입찰한 자 중 예정가격 대비 일정비율(예 90%) 이상 입찰자로서 최저가격으로 입찰한 자를 낙찰자로 결정하는 제도
③ 최저가 낙찰제 : 예정가격 이하로서 최저가격으로 입찰한 자를 낙찰자로 선정하는 제도
④ 적격 심사 낙찰제 : 예정가격 이하로서 최저가격으로 입찰한 자의 순으로 당해 계약이행능력을 심사(적격심사)해 낙찰자를 결정하는 제도

73 설계도와 시방서가 명확하지 않거나 설계는 명확하지만 공사비 총액을 산출하기 곤란하고 발주자가 양질의 공사를 기대할 때 채택될 수 있는 가장 타당한 도급방식은?

① 실비정산 보수가산식 도급
② 단가 도급
③ 정액 도급
④ 턴키 도급

＊실비정산 보수가산식 도급
- 공사의 실비를 건축주와 도급자가 확인·정산하고 시공주는 미리 정한 보수율에 따라 도급자에게 보수액을 지불하는 방법
- 설계도와 시방서가 명확하지 않거나 설계는 명확하지만 공사비 총액을 산출하기 곤란하고 발주자가 양질의 공사를 기대할 때 채택될 수 있는 가장 타당한 도급방식

📝 필기에 자주 출제되는 내용입니다.

74 철근공사에 대하여 옳지 않은 것은?

① 조립용 철근은 철근을 구부리기 할 때 철근의 위치를 확보하기 위하여 쓰는 보조적인 철근이다.
② 철근의 용접부에 순간 최대풍속 2.7m/s 이상의 바람이 불 때는 철근을 용접할 수 없으며, 풍속을 2.7m/s 이하로 저감시킬 수 있는 방풍시설을 설치하는 경우에만 용접할 수 있다.
③ 가스 압접이음은 철근의 단면을 산소-아세틸렌 불꽃 등을 사용하여 가열하고 기계적 압력을 가하여 용접한 맞댄이음을 말한다.

정답 72 ③ 73 ① 74 ①

④ D35를 초과하는 철근은 겹침 이음을 할 수 없다. 다만, 서로 다른 크기의 철근을 압축부에서 겹침 이음하는 경우 D35 이하의 철근과 D35를 초과하는 철근은 겹침 이음을 할 수 있다.

① 조립용 철근은 주 철근을 조립할 때 철근의 위치를 확보하기 위해 넣는 보조 철근이다.

75 철골공사의 용접접합에서 플럭스(flux)를 옳게 설명한 것은?

① 용접 시 용접봉의 피복제 역할을 하는 분말 상의 재료
② 압연강판의 층 사이에 균열이 생기는 현상
③ 용접작업의 종단부에 임시로 붙이는 보조판
④ 용접부에 생기는 미세한 구멍

*플럭스(flux)
용접 또는 납땜 시에 생성되는 **산화물 등 유해물을 제거**하고 **모재표면을 보호**할 목적으로 사용되는 분말상의 재료(피복재)

📝 필기에 자주 출제되는 내용입니다.

76 착공단계에서의 공사계획을 수립할 때 우선 고려하지 않아도 되는 것은?

① 현장 직원의 조직 편성
② 예정 공정표의 작성
③ 유지관리지침서의 변경
④ 실행예산 편성

*착공단계에서의 공사계획 수립 시 고려사항
① 현장원의 조직 편성
② 예정 공정표의 작성
③ 실행예산의 편성과 통제
④ 하수급 업체의 선정
⑤ 가설물의 설치 계획
⑥ 노무의 수배 및 조달 계획
⑦ 자재의 선정 및 구매 계획
⑧ 소요 장비의 확보 계획

77 AE콘크리트에 관한 설명으로 옳은 것은?

① 공기량은 기계비빔이 손비빔의 경우보다 적다.
② 공기량은 비벼놓은 시간이 길수록 증가한다.
③ 공기량은 AE제의 양이 증가할수록 감소하나 콘크리트의 강도는 증대한다.
④ 시공연도가 증진되고 재료분리 및 블리딩이 감소한다.

① 공기량은 기계비빔이 손비빔의 경우보다 크다.
② 공기량은 비빔시간 3~5분까지 증가하고 그 이후부터는 감소한다.
③ 공기량은 AE제의 양이 증가할수록 증가한다.
④ 공기량은 온도가 높을수록 감소하고 진동을 주면 감소한다.

📝 필기에 자주 출제되는 내용입니다.

78 콘크리트의 고강도화와 관계가 적은 것은?

① 물시멘트비를 작게 한다.
② 시멘트의 강도를 크게 한다.
③ 폴리머(polymer)를 함침(含浸)한다.
④ 골재의 입자분포를 가능한 한 균일 입자 분포로 한다.

④ 골재의 입도분포는 굵고, 가는 골재 등이 골고루 섞이어 공극률을 줄임으로써 시멘트풀이 최소가 되도록 하는 것이 좋다.

📝 필기에 자주 출제되는 내용입니다.

79 벽돌 쌓기법 중에서 마구리를 세워 쌓는 방식으로 옳은 것은?

① 옆 세워쌓기   ② 허튼쌓기
③ 영롱쌓기   ④ 길이쌓기

* **옆 세워쌓기**
마구리를 세워 쌓는 방식으로 경사, 문턱 등에 사용하는 쌓기 방식이다.

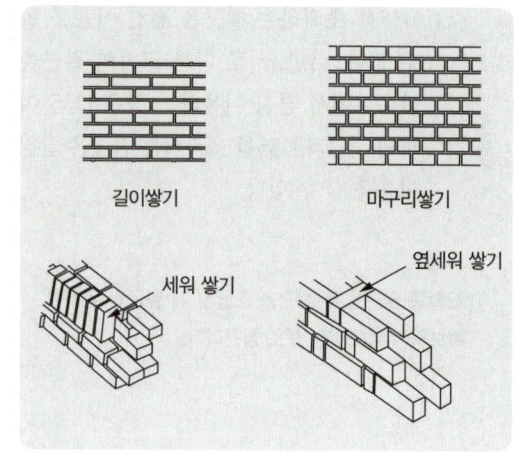

📝 필기에 자주 출제되는 내용입니다.

80 바닥판 거푸집의 구조계산 시 고려해야하는 연직하중에 해당하지 않는 것은?

① 작업하중
② 충격하중
③ 고정하중
④ 굳지 않은 콘크리트의 측압

④ 굳지 않은 콘크리트의 측압 → 수평방향 하중

📝 필기에 자주 출제되는 내용입니다.

정답 78 ④ 79 ① 80 ④

5과목 건설재료학

81 플라이애시시멘트에 대한 설명으로 옳은 것은?

① 수화할 때 불용성 규산칼슘 수화물을 생성한다.
② 화력발전소 등에서 완전 연소한 미분탄의 회분과 포틀랜드시멘트를 혼합한 것이다.
③ 재령 1~2시간 안에 콘크리트 압축강도가 20MPa에 도달할 수 있다.
④ 용광로의 선철제작 부산물을 급랭시키고 파쇄하여 시멘트와 혼합한 것이다.

화력발전소에서 완전 연소한 미분탄의 회분을 포집한 것을 플라이애시라 하며, 플라이애시를 포틀랜드시멘트에 혼합한 것을 플라이애시시멘트라 한다.

참고
용광로의 선철제작 부산물을 급랭시키고 파쇄하여 시멘트와 혼합한 것을 고로시멘트라 한다.

📝 필기에 자주 출제되는 내용입니다.

82 건축용 접착제로서 요구되는 성능에 해당되지 않는 것은?

① 진동, 충격의 반복에 잘 견딜 것
② 취급이 용이하고 독성이 없을 것
③ 장기부하에 의한 크리프가 클 것
④ 고화 시 체적수축 등에 의한 내부변형을 일으키지 않을 것

＊건축용 접착제에 요구되는 성능
① 진동, 충격의 반복에 잘 견딜 것
② 취급이 용이하고 독성이 없을 것
③ 장기부하에 의한 크리프가 없을 것
④ 고화 시(경화 시) 체적수축 등에 의한 변형을 일으키지 않을 것
⑤ 내열성, 내약품성, 내수성 등이 있고 가격이 저렴할 것

83 골재의 함수상태에서 유효흡수량의 정의로 옳은 것은?

① 습윤상태와 절대건조상태의 수량의 차이
② 표면건조포화상태와 기건상태의 수량의 차이
③ 기건상태와 절대건조상태의 수량의 차이
④ 습윤상태와 표면건조포화상태의 수량의 차이

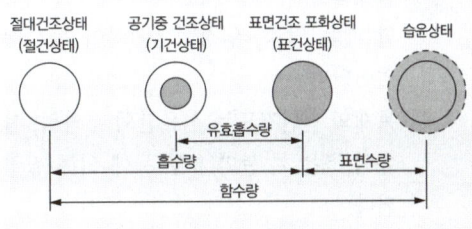

📝 필기에 자주 출제되는 내용입니다.

정답 81 ② 82 ③ 83 ②

84 도장재료 중 물이 증발하여 수지입자가 굳는 융착 건조경화를 하는 것은?

① 알키드수지 도료
② 에폭시수지 도료
③ 불소수지 도료
④ 합성수지 에멀션 페인트

> 물이 증발하여 수지입자가 굳는 융착 건조경화를 하는 것
> → 합성수지 에멀션 페인트

85 목재의 역학적 성질에 대한 설명으로 옳지 않은 것은?

① 목재 섬유 평행방향에 대한 인장강도가 다른 여러 강도 중 가장 크다.
② 목재의 압축강도는 옹이가 있으면 증가한다.
③ 목재를 휨 부재로 사용하여 외력에 저항할 때는 압축, 인장, 전단력이 동시에 일어난다.
④ 목재의 전단강도는 섬유간의 부착력, 섬유의 곧음, 수선의 유무 등에 의해 결정된다.

> ② 목재의 압축강도는 옹이가 있으면 저하하고 옹이 지름이 클수록 더욱 감소한다.

📘 필기에 자주 출제되는 내용입니다.

86 합판에 대한 설명으로 옳지 않은 것은?

① 단판을 섬유방향이 서로 평행하도록 홀수로 적층 하면서 접착시켜 합친 판을 말한다.
② 함수율 변화에 따라 팽창·수축의 방향성이 없다.
③ 뒤틀림이나 변형이 적은 비교적 큰 면적의 평면 재료를 얻을 수 있다.
④ 균일한 강도의 재료를 얻을 수 있다.

> ① 합판은 3매이상의 얇은 판을 1매마다 섬유방향이 직교하도록 붙여서 만든 판을 말한다.

📘 필기에 자주 출제되는 내용입니다.

87 미장바탕의 일반적인 성능조건과 가장 거리가 먼 것은?

① 미장층보다 강도가 클 것
② 미장층과 유효한 접착강도를 얻을 수 있을 것
③ 미장층보다 강성이 작을 것
④ 미장층의 경화, 건조에 지장을 주지 않을 것

> ③ 미장바름을 지지하는데 필요한 강도와 강성이 있어야 한다.(미장층보다 강성이 클 것)

📘 필기에 자주 출제되는 내용입니다.

정답 84 ④ 85 ② 86 ① 87 ③

88 절대건조밀도가 2.6g/cm³이고, 단위용적질량이 1,750kg/m³인 굵은 골재의 공극률은?

① 30.5% ② 32.7%
③ 34.7% ④ 36.2%

1. 실적률(%) = $\dfrac{\text{단위용적중량}}{\text{절건비중(밀도)}} \times 100$

   $= \dfrac{1,750}{2,600} \times 100 = 67.31(\%)$

   $\left(\dfrac{2.6g}{cm^3} = \dfrac{2.6 \times 10^{-3}kg}{(10^{-2}m)^3} = 2,600kg/m^3\right)$

2. 공극률 = 100 − 실적률
   = 100 − 67.31 = 32.69(%)

📝 필기에 자주 출제되는 내용입니다.

89 목재의 내연성 및 방화에 대한 설명으로 옳지 않은 것은?

① 목재의 방화는 목재 표면에 불연소성 피막을 도포 또는 형성시켜 화염의 접근을 방지하는 조치를 한다.
② 방화재로는 방화페인트, 규산나트륨 등이 있다.
③ 목재가 열에 닿으면 먼저 수분이 증발하고 160℃ 이상이 되면 소량의 가연성가스가 유출된다.
④ 목재는 450℃에서 장시간 가열하면 자연발화하게 되는데, 이 온도를 화재위험온도라고 한다.

④ 목재는 450℃(400~490℃)에서 별도의 화원 없이도 연소가 시작하게 되는데 이 온도를 목재의 발화점이라고 한다.

90 금속의 부식방지를 위한 관리대책으로 옳지 않은 것은?

① 부분적으로 녹이 발생하면 즉시 제거할 것
② 큰 변형을 준 것은 가능한 한 풀림하여 사용할 것
③ 가능한 한 이종 금속을 인접 또는 접촉시켜 사용할 것
④ 표면을 평활하고 깨끗이 하며, 가능한 한 건조상태로 유지할 것

* 금속의 부식방지 대책(방식 대책)
① 가능한 한 이종 금속은 이를 인접, 접속시켜 사용하지 않을 것
② 균질한 것을 선택하고, 사용할 때 큰 변형을 주지 않도록 할 것
③ 큰 변형을 준 것은 가능한 한 풀림하여 사용할 것
④ 가능한 한 건조상태로 유지하고 부분적인 녹은 빨리 제거할 것
⑤ 도료 및 내식성이 큰 금속의 기밀 또는 수밀성 보호피막을 만들거나 방부피막을 실시할 것

📝 필기에 자주 출제되는 내용입니다.

정답 88 ② 89 ④ 90 ③

91 다음의 미장재료 중 균열 저항성이 가장 큰 것은?

① 회반죽 바름
② 소석고 플라스터
③ 경석고 플라스터
④ 돌로마이트 플라스터

> 미장재료 중 균열 저항성이 가장 큰 것(균열이 가장 적게 생기는 것) → 경석고 플라스터

참고

석고플라스터는 건조하면 팽창하는 성질이 있어서 건조 시 균열 발생이 적다. 특히 경석고 플라스터(킨즈 시멘트)는 응결 경화에 의한 균열 발생이 거의 없다.

📝 필기에 자주 출제되는 내용입니다.

92 점토의 물리적 성질에 관한 설명으로 옳지 않은 것은?

① 점토의 인장강도는 압축강도의 약 5배 정도이다.
② 입자의 크기는 보통 $2\mu m$ 이하의 미립자지만 모래알 정도의 것도 약간 포함되어 있다.
③ 공극률은 점토의 입자 간에 존재하는 모공용적으로 입자의 형상, 크기에 관계한다.
④ 점토입자가 미세하고, 양질의 점토일수록 가소성이 좋으나, 가소성이 너무 클 때는 모래 또는 샤모트를 섞어서 조절한다.

> ① 점토의 압축강도는 인장강도의 약 5배 정도이다.

📝 필기에 자주 출제되는 내용입니다.

93 일반 콘크리트 대비 ALC의 우수한 물리적 성질로서 옳지 않은 것은?

① 경량성   ② 단열성
③ 흡음·차음성 ④ 수밀성, 방수성

＊경량 기포 콘크리트(ALC)의 특징

장점	단점
• 경량성 • 흡음성 • 내진성 • 단열성 • 가공성 • 유동성 • 경제성	• 강도 저하 • 흡수성이 크다. 　(수밀성, 방수성이 나쁘다.) • 건조수축이 크다.

📝 필기에 자주 출제되는 내용입니다.

94 콘크리트 바탕에 이음새 없는 방수 피막을 형성하는 공법으로, 도료상태의 방수재를 여러 번 칠하여 방수막을 형성하는 방수공법은?

① 아스팔트 루핑 방수
② 합성고분자 도막 방수
③ 시멘트 모르타르 방수
④ 규산질 침투성 도포 방수

> 도료상태의 방수재를 여러 번 칠하여 방수막을 형성하는 방수공법 → 도막방수

정답 91 ③ 92 ① 93 ④ 94 ②

> 참고

방수공법

(1) 시멘트(Cement) 액체 방수(시멘트 모르타르 방수)
: 방수제 및 방수액 등을 혼합한 모르타르를 발라 피막 방수층을 형성하는 공법
(2) 피막(Membrane) 방수 : 지붕, 차양, 발코니, 외벽 등 얇은 피막상의 방수층으로 전면을 덮는 방수공법
① 시트(Sheet) 방수(합성수지 고분자 방수)
  - 합성고분자 루핑을 접착재로 부착하여 방수층을 형성하는 공법
② 도막 방수
  - 액체로 된 방수도료를 여러 번 칠하여 방수막을 형성하는 공법
③ 아스팔트(Asphalt) 방수
  - 천연 혹은 석유 아스팔트를 이용하는 공법

 필기에 자주 출제되는 내용입니다.

95 열경화성수지가 아닌 것은?

① 페놀 수지 ② 요소 수지
③ 아크릴 수지 ④ 멜라민 수지

열경화성 수지	• 페놀 수지 • 요소 수지 • 멜라민 수지 • 알키드 수지 • 실리콘 수지 • 에폭시 수지 • 우레탄 수지 • 프란 수지 • 폴리에스테르 수지 • 불포화폴리에스테르수지

열가소성 수지	• 염화비닐 수지 • 초산비닐 수지 • 메틸메타크릴 수지 • 스티롤 수지 • 폴리에틸렌 수지 • 셀룰로이드 • 아크릴 수지

 필기에 자주 출제되는 내용입니다.

96 블로운 아스팔트(blown asphalt)를 휘발성 용제에 녹이고 광물분말 등을 가하여 만든 것으로 방수, 접합부 충전 등에 쓰이는 아스팔트 제품은?

① 아스팔트 코팅(asphalt coating)
② 아스팔트 그라우트(asphalt grout)
③ 아스팔트 시멘트(asphalt cement)
④ 아스팔트 콘크리트(asphalt concrete)

아스팔트 코팅(asphalt coating)

블로운 아스팔트(blown asphalt)를 휘발성 용제에 녹이고 광물분말 등을 가하여 만든 것으로 방수, 접합부 충전 등에 사용한다.

 필기에 자주 출제되는 내용입니다.

정답 95 ③ 96 ①

97 연 강판에 일정한 간격으로 그물눈을 내고 늘여 철망모양으로 만든 것으로 옳은 것은?

① 메탈라스(metal lath)
② 와이어메시(wire mesh)
③ 인서트(insert)
④ 코너비드(comer bead)

① 메탈라스(metal lath) : 얇은 강판에 마름모꼴의 구멍을 뚫어 그물처럼 만든 것으로 천장, 벽, 처마 등의 미장바탕에 사용된다.
② 와이어메쉬(wire mesh) : 연강철선을 전기 용접하여 정방형이나 장방형으로 만든 것으로 콘크리트 다짐바닥, 콘크리트 도로포장 등에 사용된다.
③ 인서트(insert) : 장치 또는 시설물을 설치하기 위하여 바닥 및 벽체에 매설하는 철물
④ 코너비드 : 기둥 벽 등의 모서리 부분의 미장 바름을 보호하기 위하여 붙이는 것으로서 모서리쇠라고도 한다.

📝 필기에 자주 출제되는 내용입니다.

98 고로슬래그 쇄석에 대한 설명으로 옳지 않은 것은?

① 철을 생산하는 과정에서 용광로에서 생기는 광재를 공기 중에서 서서히 냉각시켜 경화된 것을 파쇄하여 만든다.
② 투수성은 보통골재의 경우보다 작으므로 수밀콘크리트에 적합하다.
③ 고로슬래그 쇄석을 활용한 콘크리트는 다른 암석을 사용한 콘크리트보다 건조 수축이 적다.
④ 다공질이기 때문에 흡수율이 크므로 충분히 살수하여 사용하는 것이 좋다.

② 투수성은 보통골재를 사용한 콘크리트보다 크다.

참고

* **고로슬래그**
용광로에서 선철을 제조할 때 생성되는 혼화재로 수화열 감소, 장기강도 증진, 수밀성 향상 등의 효과가 있다.

📝 필기에 자주 출제되는 내용입니다.

99 점토제품 중 소성온도가 가장 고온이고 흡수성이 매우 작으며 모자이크 타일, 위생도기 등에 주로 쓰이는 것은?

① 토기 ② 도기
③ 석기 ④ 자기

* **자기**
타일 및 위생도기에 사용하는 점토제품으로 흡수성 작고(1% 이하), 소성온도 가장 높다.

📝 필기에 자주 출제되는 내용입니다.

100 목재에 사용되는 크레오소트 오일에 대한 설명으로 옳지 않은 것은?

① 냄새가 좋아서 실내에서도 사용이 가능하다.
② 방부력이 우수하고 가격이 저렴하다.
③ 독성이 적다.
④ 침투성이 좋아 목재에 깊게 주입된다.

①방부력이 우수하고 강도 저하가 적지만 악취가 난다.

📝 필기에 자주 출제되는 내용입니다.

정답 97 ① 98 ② 99 ④ 100 ①

6과목 건설안전기술

101 건설업의 공사금액이 850억 원일 경우 산업안전보건법령에 따른 안전관리자의 수로 옳은 것은? (단, 전체 공사기간을 100으로 할 때 공사 전·후 15에 해당하는 경우는 고려하지 않는다.)

① 1명 이상 ② 2명 이상
③ 3명 이상 ④ 4명 이상

★ 건설업의 안전관리자 선임방법

건설업
- 공사금액 **50억 원 이상**(관계수급인은 100억 원 이상) **120억 원 미만**(토목공사업의 경우에는 150억 원 미만) 또는 공사금액 **120억 원 이상**(토목공사업의 경우에는 150억 원 이상) **800억 원 미만 : 1명 이상**
- 공사금액 **800억 원 이상** 1,500억 원 미만 : 2명 이상(다만, 전체 공사기간을 100으로 할 때 공사 시작에서 15에 해당하는 기간과 공사 종료 전의 15에 해당하는 기간 동안은 1명 이상으로 한다)
- 공사금액 **1,500억 원 이상** 2,200억 원 미만 : 3명 이상(다만, 전체 공사기간 중 전·후 15에 해당하는 기간은 2명 이상으로 한다)
- 공사금액 **2,200억 원 이상** 3천억 원 미만 : 4명 이상(다만, 전체 공사기간 중 전·후 15에 해당하는 기간은 2명 이상으로 한다)
- 공사금액 **3천억 원 이상** 3,900억 원 미만 : 5명 이상(다만, 전체 공사기간 중 전·후 15에 해당하는 기간은 3명 이상으로 한다)
- 공사금액 **3,900억 원 이상** 4,900억 원 미만 : 6명 이상(다만, 전체 공사기간 중 전·후 15에 해당하는 기간은 3명 이상으로 한다)
- 공사금액 **4,900억 원 이상** 6천억 원 미만 : 7명 이상(다만, 전체 공사기간 중 전·후 15에 해당하는 기간은 4명 이상으로 한다)
- 공사금액 **6천억 원 이상** 7,200억 원 미만 : 8명 이상(다만, 전체 공사기간 중 전·후 15에 해당하는 기간은 4명 이상으로 한다)
- 공사금액 **7,200억 원 이상** 8,500억 원 미만 : 9명 이상(다만, 전체 공사기간 중 전·후 15에 해당하는 기간은 5명 이상으로 한다)
- 공사금액 **8,500억 원 이상** 1조원 미만 : 10명 이상(다만, 전체 공사기간 중 전·후 15에 해당하는 기간은 5명 이상으로 한다)
- **1조원 이상** : 11명 이상[매 2천억 원(2조 원 이상부터는 매 3천억 원)마다 1명씩 추가한다]. 다만, 전체 공사기간 중 전·후 15에 해당하는 기간은 선임 대상 안전관리자 수의 2분의 1(소수점 이하는 올림한다) 이상으로 한다.

 실기까지 중요한 내용입니다.

102 건설현장에서 동바리 설치 시에 준수하여야 할 기준으로 옳지 않은 것은?

① 파이프서포트는 높이가 4.5미터를 초과하는 경우에는 높이 2미터 이내마다 수평연결재를 2개 방향으로 만들고 수평연결재의 변위를 방지할 것
② 받침목이나 깔판의 사용, 콘크리트 타설, 말뚝박기 등 동바리의 침하를 방지하기 위한 조치를 할 것
③ 강재의 접속부 및 교차부는 볼트·클램프 등 전용철물을 사용하여 단단히 연결할 것
④ 동바리로 사용하는 파이프서포트를 4개 이상 이어서 사용하지 않도록 할 것

정답 101 ② 102 ①

① 파이프 서포트 높이가 3.5미터를 초과하는 경우에는 높이 2미터 이내마다 수평연결재를 2개 방향으로 만들고 수평연결재의 변위를 방지할 것

📝 실기까지 중요한 내용입니다.

103 가설통로를 설치하는 경우 준수해야할 기준으로 옳지 않은 것은?

① 경사는 30° 이하로 할 것
② 경사가 25°를 초과하는 경우에는 미끄러지지 아니하는 구조로 할 것
③ 건설공사에 사용하는 높이 8m 이상인 비계다리에는 7m 이내마다 계단참을 설치할 것
④ 수직갱에 가설된 통로의 길이가 15m 이상인 때에는 10m 이내마다 계단참을 설치할 것

② 경사가 15°를 초과하는 경우에는 미끄러지지 아니하는 구조로 할 것

📝 실기까지 중요한 내용입니다.

104 항타기 또는 항발기의 사용 시 준수사항으로 옳지 않은 것은?

① 증기나 공기를 차단하는 장치를 작업관리자가 쉽게 조작할 수 있는 위치에 설치한다.
② 해머의 운동에 의하여 증기호스 또는 공기호스와 해머의 접속부가 파손되거나 벗겨지는 것을 방지하기 위하여 그 접속부가 아닌 부위를 선정하여 증기호스 또는 공기호스를 해머에 고정시킨다.
③ 항타기나 항발기의 권상장치의 드럼에 권상용 와이어로프가 꼬인 경우에는 와이어로프에 하중을 걸어서는 안 된다.
④ 항타기나 항발기의 권상장치에 하중을 건 상태로 정지하여 두는 경우에는 쐐기장치 또는 역회전방지용 브레이크를 사용하여 제동하는 등 확실하게 정지시켜 두어야 한다.

① 증기 또는 공기를 차단하는 장치를 해머의 운전자가 쉽게 조작할 수 있는 위치에 설치할 것

105 가설공사 표준안전 작업지침에 따른 통로 발판을 설치하여 사용함에 있어 준수사항으로 옳지 않은 것은?

① 추락의 위험이 있는 곳에는 안전난간이나 철책을 설치하여야 한다.
② 작업발판의 최대 폭은 1.6m 이내이어야 한다.
③ 비계발판의 구조에 따라 최대 적재하중을 정하고 이를 초과하지 않도록 하여야 한다.
④ 발판을 겹쳐 이음하는 경우 장선 위에서 이음을 하고 겹침길이는 10cm 이상으로 하여야 한다.

④ 발판을 겹쳐 이음하는 경우 장선 위에서 이음을 하고 겹침길이는 20센티미터 이상으로 하여야 한다.

106 토사붕괴에 따른 재해를 방지하기 위한 흙막이 지보공 부재로 옳지 않은 것은?

① 흙막이판   ② 말뚝
③ 턴버클   ④ 띠장

* 흙막이 지보공을 구성하는 부재
① 말뚝   ② 버팀대
③ 띠장   ④ 흙막이판

> 참고

* 턴버클
두 점 사이에 연결된 지지막대, 와이어 등을 죄는 데 사용하는 죔 기구

107 토사붕괴 원인으로 옳지 않은 것은?

① 경사 및 기울기 증가
② 성토높이의 증가
③ 건설기계 등 하중작용
④ 토사중량의 감소

* 토석붕괴의 외적원인
① 사면, 법면의 경사 및 기울기의 증가
② 절토 및 성토 높이의 증가
③ 공사에 의한 진동 및 반복 하중의 증가
④ 지표수 및 지하수의 침투에 의한 토사 중량의 증가
⑤ 지진, 차량, 구조물의 하중작용
⑥ 토사 및 암석의 혼합층 두께

 실기까지 중요한 내용입니다.

108 이동식 비계를 조립하여 작업을 하는 경우의 준수기준으로 옳지 않은 것은?

① 비계의 최상부에서 작업을 할 때에는 안전난간을 설치하여야 한다.
② 작업발판의 최대적재하중은 40kg을 초과하지 않도록 한다.
③ 승강용 사다리는 견고하게 설치하여야 한다.
④ 작업발판은 항상 수평을 유지하고 작업발판 위에서 안전난간을 딛고 작업을 하거나 받침대 또는 사다리를 사용하여 작업하지 않도록 한다.

② 작업발판의 최대적재하중은 250킬로그램을 초과하지 않도록 할 것

 실기까지 중요한 내용입니다.

정답 105 ④ 106 ③ 107 ④ 108 ②

109 건설용 리프트의 붕괴 등을 방지하기 위해 받침의 수를 증가 시키는 등 안전조치를 하여야 하는 순간풍속 기준은?

① 초당 15미터 초과
② 초당 25미터 초과
③ 초당 35미터 초과
④ 초당 45미터 초과

★ 악천후 시 조치
① 순간풍속이 초당 10미터를 초과 : 타워크레인의 설치·수리·점검 또는 해체작업을 중지
② 순간풍속이 초당 15미터를 초과 : 타워크레인의 운전작업을 중지
③ 순간풍속이 초당 30미터를 초과 : 옥외에 설치되어 있는 주행 크레인 이탈방지 조치
④ 순간풍속이 초당 30미터를 초과하는 바람이 불거나 중진(中震) 이상 진도의 지진이 있은 후 : 옥외 양중기 각 부위 이상 점검
⑤ 순간풍속이 초당 35미터를 초과 : 옥외 승강기 및 건설용 리프트(지하에 설치되어 있는 것은 제외)에 대하여 받침의 수를 증가시키는 등 승강기가 무너지는 것을 방지하기 위한 조치

📝 실기까지 중요한 내용입니다.

110 건설작업용 타워크레인의 안전장치로 옳지 않은 것은?

① 권과방지장치
② 과부하방지장치
③ 비상정지장치
④ 호이스트 스위치

★ 크레인의 방호장치
① 과부하방지장치
② 권과방지장치
③ 비상정지장치
④ 제동장치

📝 실기에 자주 출제되는 내용입니다.

111 달비계에 사용하는 와이어로프의 사용금지 기준으로 옳지 않은 것은?

① 이음매가 있는 것
② 열과 전기 충격에 의해 손상된 것
③ 지름의 감소가 공칭지름의 7%를 초과하는 것
④ 와이어로프의 한 꼬임에서 끊어진 소선의 수가 7% 이상인 것

★ 와이어로프의 사용금지 항목
① 이음매가 있는 것
② 와이어로프의 한 꼬임에서 끊어진 소선의 수가 10퍼센트 이상인 것
③ 지름의 감소가 공칭지름의 7퍼센트를 초과하는 것
④ 꼬인 것
⑤ 심하게 변형되거나 부식된 것
⑥ 열과 전기충격에 의해 손상된 것

정답 109 ③ 110 ④ 111 ④

112 건설업 산업안전보건관리비 계상 및 사용기준은 산업재해보상 보험법의 적용을 받는 공사 중 총 공사금액이 얼마 이상인 공사에 적용하는가? (단, 전기공사업법, 정보통신 공사업법에 의한 공사는 제외)

① 4천만 원
② 3천만 원
③ 2천만 원
④ 1천만 원

＊ 적용범위
산업안전보건법 제2조 제11호의 건설공사 중 총 공사금액 2천만 원 이상인 공사에 적용한다. 다만, 단가계약에 의하여 행하는 공사에 대하여는 총 계약금액을 기준으로 적용한다.

📝 실기까지 중요한 내용입니다.

113 가설구조물의 특징으로 옳지 않은 것은?

① 연결재가 적은 구조로 되기 쉽다.
② 부재 결합이 간략하여 불안전 결합이다.
③ 구조물이라는 개념이 확고하여 조립의 정밀도가 높다.
④ 사용부재는 과소단면이거나 결함재가 되기 쉽다.

③ 구조물이라는 개념이 확고하지 않아 조립의 정밀도가 낮다.

📝 필기에 자주 출제되는 내용입니다.

114 동바리의 침하를 방지하기 위한 직접적인 조치로 옳지 않은 것은?

① 수평 연결재의 사용
② 받침목의 사용
③ 콘크리트의 타설
④ 말뚝 박기

＊ 동바리 조립 시의 안전조치
① 받침목이나 깔판의 사용, 콘크리트 타설, 말뚝박기 등 동바리의 침하를 방지하기 위한 조치를 할 것
② 동바리의 상하 고정 및 미끄러짐 방지 조치를 할 것
③ 상부·하부의 동바리가 동일 수직선상에 위치하도록 하여 깔판·받침목에 고정시킬 것
④ 개구부 상부에 동바리를 설치하는 경우에는 상부하중을 견딜 수 있는 견고한 받침대를 설치할 것
⑤ U헤드 등의 단판이 없는 동바리의 상단에 멍에 등을 올릴 경우에는 해당 상단에 U헤드 등의 단판을 설치하고, 멍에 등이 전도되거나 이탈되지 않도록 고정시킬 것
⑥ 동바리의 이음은 같은 품질의 재료를 사용할 것
⑦ 강재의 접속부 및 교차부는 볼트·클램프 등 전용철물을 사용하여 단단히 연결할 것
⑧ 거푸집의 형상에 따른 부득이한 경우를 제외하고는 **깔판이나 받침목은 2단 이상 끼우지 않도록 할 것**
⑨ **깔판이나 받침목을 이어서 사용하는 경우에는 그 깔판·받침목을 단단히 연결할 것**

📝 필기에 자주 출제되는 내용입니다.

정답 112 ③ 113 ③ 114 ①

115 건설공사의 유해위험방지계획서 제출 기준일로 옳은 것은?

① 당해공사 착공 1개월 전까지
② 당해공사 착공 15일 전까지
③ 당해공사 착공 전날까지
④ 당해공사 착공 15일 후까지

사업주가 건설공사에 해당하는 유해·위험방지계획서를 제출하려면 건설공사 유해·위험방지계획서 다음 각 호 서류를 첨부하여 해당 공사의 착공 전날까지 공단에 2부를 제출하여야 한다.

 실기까지 중요한 내용입니다.

116 건설업 중 유해위험방지계획서 제출 대상 사업장으로 옳지 않은 것은?

① 지상높이가 31m 이상인 건축물 또는 인공구조물, 연면적 30,000m² 이상인 건축물 또는 연면적 5,000m² 이상의 문화 및 집회시설의 건설공사
② 연면적 3,000m² 이상의 냉동·냉장 창고시설의 설비공사 및 단열공사
③ 깊이 10m 이상인 굴착공사
④ 최대 지간길이가 50m 이상인 다리의 건설공사

＊유해위험방지계획서를 제출해야 될 건설공사
1. 지상높이가 31미터 이상인 건축물 또는 인공구조물, 연면적 3만제곱미터 이상인 건축물 또는 연면적 5천제곱미터 이상의 문화 및 집회시설(전시장 및 동물원·식물원은 제외한다), 판매시설, 운수시설(고속철도의 역사 및 집배송시설은 제외한다), 종교시설, 의료시설 중 종합병원, 숙박시설 중 관광숙박시설, 지하도상가 또는 냉동·냉장창고시설의 건설·개조 또는 해체
2. 연면적 5천제곱미터 이상의 냉동·냉장창고시설의 설비공사 및 단열공사
3. 최대 지간길이가 50미터 이상인 교량 건설 등 공사
4. 터널 건설 등의 공사
5. 다목적댐, 발전용댐 및 저수용량 2천만톤 이상의 용수 전용 댐, 지방상수도전용 댐 건설 등의 공사
6. 깊이 10미터 이상인 굴착공사

특급암기법
- 지상높이 31m, 연면적 3만m², 사람 많은 시설 연면적 5,000m²
- 연면적 5,000m² 냉동·냉장창고시설
- 최대 지간길이가 50미터 이상 교량
- 터널
- 저수용량 2천만 톤 이상 댐
- 10미터 이상인 굴착

실기에 자주 출제되는 내용입니다.

115 ③ 116 ②

117 사다리식 통로 등의 구조에 대한 설치기준으로 옳지 않은 것은?

① 발판의 간격은 일정하게 할 것
② 발판과 벽과의 사이는 15cm 이상의 간격을 유지할 것
③ 사다리식 통로의 길이가 10m 이상인 때에는 7m 이내마다 계단참을 설치할 것
④ 사다리의 상단은 걸쳐놓은 지점으로부터 60cm 이상 올라가도록 할 것

★ 사다리식 통로 설치 시의 준수사항
① 견고한 구조로 할 것
② 심한 손상·부식 등이 없는 재료를 사용할 것
③ 발판의 간격은 일정하게 할 것
④ 발판과 벽과의 사이는 15센티미터 이상의 간격을 유지할 것
⑤ 폭은 30센티미터 이상으로 할 것
⑥ 사다리가 넘어지거나 미끄러지는 것을 방지하기 위한 조치를 할 것
⑦ 사다리의 상단은 걸쳐놓은 지점으로부터 60센티미터 이상 올라가도록 할 것
⑧ 사다리식 통로의 길이가 10미터 이상인 경우에는 5미터 이내마다 계단참을 설치할 것
⑨ 사다리식 통로의 기울기는 75도 이하로 할 것. 다만, 고정식 사다리식 통로의 기울기는 90도 이하로 하고, 그 높이가 7미터 이상인 경우에는 다음 각 목의 구분에 따른 조치를 할 것
• 등받이울이 있어도 근로자 이동에 지장이 없는 경우 : 바닥으로부터 높이가 2.5미터 되는 지점부터 등받이울을 설치할 것
• 등받이울이 있으면 근로자가 이동이 곤란한 경우 : 한국산업표준에서 정하는 기준에 적합한 개인용 추락 방지 시스템을 설치하고 근로자로 하여금 한국산업표준에서 정하는 기준에 적합한 전신 안전대를 사용하도록 할 것것
⑩ 접이식 사다리 기둥은 사용 시 접혀지거나 펼쳐지지 않도록 철물 등을 사용하여 견고하게 조치할 것

📝 **실기까지 중요한 내용입니다.**

118 철골건립준비를 할 때 준수하여야 할 사항으로 옳지 않은 것은?

① 지상 작업장에서 건립준비 및 기계·기구를 배치할 경우에는 낙하물의 위험이 없는 평탄한 장소를 선정하여 정비하여야 한다.
② 건립 작업에 다소 지장이 있다하더라도 수목은 제거하거나 이설하여서는 안 된다.
③ 사용 전에 기계·기구에 대한 정비 및 보수를 철저히 실시하여야 한다.
④ 기계에 부착된 앵카 등 고정장치와 기초 구조 등을 확인하여야 한다.

② 건립 작업에 지장이 되는 수목은 제거하거나 이설하여야 한다.

📝 **필기까지 중요한 내용입니다.**

119 고소작업대를 설치 및 이동하는 경우에 준수하여야 할 사항으로 옳지 않은 것은?

① 와이어로프 또는 체인의 안전율은 3 이상일 것
② 붐의 최대 지면경사각을 초과 운전하여 전도되지 않도록 할 것
③ 고소작업대를 이동하는 경우 작업대를 가장 낮게 내릴 것
④ 작업대에 끼임·충돌 등 재해를 예방하기 위한 가드 또는 과상승방지장치를 설치할 것

① 작업대를 와이어로프 또는 체인으로 상승 또는 하강시킬 때에는 와이어로프 또는 체인이 끊어져 작업대가 낙하하지 아니하는 구조이어야 하며, **와이어로프 또는 체인의 안전율은 5 이상일 것**

필기까지 중요한 내용입니다.

120 터널공사에서 발파작업 시 안전대책으로 옳지 않은 것은?

① 발파 전 도화선 연결상태, 저항치 조사 등의 목적으로 도통시험 실시 및 발파기의 작동상태에 대한 사전점검 실시
② 모든 동력선은 발원점으로 부터 최소한 15m 이상 후방으로 옮길 것
③ 지질, 암의 절리 등에 따라 화약량에 대한 검토 및 시방기준과 대비하여 안전조치 실시
④ 발파용 점화회선은 타 동력선 및 조명회선과 한곳으로 통합하여 관리

④ 발파용 점화회선은 **타 동력선 및 조명회선으로부터 분리하여야** 한다.

필기까지 중요한 내용입니다.

정답 119 ① 120 ④

PART 07

모의고사

제1회 건설안전기사 모의고사

제2회 건설안전기사 모의고사

제3회 건설안전기사 모의고사

1회 모의고사

1과목 산업안전관리론

01 산업안전보건 법령상 명예산업안전감독관의 업무에 속하지 않는 것은? (단, 산업안전보건위원회 구성 대상 사업의 근로자 중에서 근로자대표가 사업주의 의견을 들어 추천하여 위촉된 명예산업 안전감독관의 경우)

① 사업장에서 하는 자체점검 참여
② 보호구의 구입 시 적격품의 선정
③ 근로자에 대한 안전수칙 준수 지도
④ 사업장 산업재해 예방계획 수립 참여

> **※ 명예산업안전감독관의 업무**
> ① 사업장에서 하는 자체점검 참여 및 근로감독관이 하는 사업장 감독 참여
> ② 사업장 산업재해 예방계획 수립 참여 및 사업장에서 하는 기계·기구 자체검사 참석
> ③ 법령을 위반한 사실이 있는 경우 사업주에 대한 개선요청 및 감독기관에의 신고
> ④ 산업재해 발생의 급박한 위험이 있는 경우 사업주에 대한 작업중지 요청
> ⑤ 작업환경측정, 근로자 건강진단 시의 참석 및 그 결과에 대한 설명회 참여
> ⑥ 직업성 질환의 증상이 있거나 질병에 걸린 근로자가 여럿 발생한 경우 사업주에 대한 임시건강진단 실시 요청
> ⑦ 근로자에 대한 안전수칙 준수 지도
> ⑧ 법령 및 산업재해 예방정책 개선 건의
> ⑨ 안전·보건 의식을 북돋우기 위한 활동 등에 대한 참여와 지원
> ⑩ 그 밖에 산업재해 예방에 대한 홍보 등 산업재해 예방 업무와 관련하여 고용노동부장관이 정하는 업무

02 건설기술 진흥법령상 건설 사고조사 위원회의 구성 기준 중 다음 ( )에 알맞은 것은?

> 건설사고조사위원회는 위원장 1명을 포함한 ( )명 이내의 위원으로 구성한다.

① 9 ② 10
③ 11 ④ 12

> 건설사고조사위원회는 위원장 1명을 포함한 12명 이내의 위원으로 구성한다.

03 산업안전보건 법령상 안전인증대상 기계에 해당하지 않는 것은?

① 크레인
② 곤돌라
③ 컨베이어
④ 사출성형기

정답 01 ② 02 ④ 03 ③

안전인증 대상 기계·기구

1. 설치·이전하는 경우 안전인증을 받아야 하는 기계·기구
   가. 크레인
   나. 리프트
   다. 곤돌라

2. 주요 구조 부분을 변경하는 경우 안전인증을 받아야 하는 기계·기구
   ① 프레스
   ② 전단기 및 절곡기(折曲機)
   ③ 크레인
   ④ 리프트
   ⑤ 압력용기
   ⑥ 롤러기
   ⑦ 사출성형기(射出成形機)
   ⑧ 고소(高所)작업대
   ⑨ 곤돌라

특급암기법 유사한 종류끼리 묶어서 암기
손 다치는 기계 – 프레스, 전단기 및 절곡기, 사출성형기, 롤러기
양중기 – 크레인, 리프트, 곤돌라
폭발 – 압력용기
추락 – 고소작업대

04 강도율 1.25, 도수율 10인 사업장의 평균 강도율은?

① 8   ② 10
③ 12.5   ④ 125

$$평균강도율 = \frac{강도율}{도수율} \times 1,000 = \frac{1.25}{10} \times 1,000 = 125$$

05 산업안전보건법령상 산업안전보건위원회의 심의·의결사항으로 틀린 것은? (단, 그 밖에 해당 사업장 근로자의 안전 및 보건을 유지·증진시키기 위하여 필요한 사항은 제외한다.)

① 사업장 경영체계 구성 및 운영에 관한 사항
② 작업환경측정 등 작업환경의 점검 및 개선에 관한 사항
③ 안전보건관리규정의 작성 및 변경에 관한 사항
④ 유해하거나 위험한 기계·기구·설비를 도입한 경우 안전 및 보건 관련 조치에 관한 사항

★ 산업안전보건위원회의 심의·의결 사항
• 산업재해 예방계획의 수립에 관한 사항
• 안전보건관리규정의 작성 및 변경에 관한 사항
• 근로자의 안전·보건교육에 관한 사항
• 작업환경측정 등 작업환경의 점검 및 개선에 관한 사항
• 근로자의 건강진단 등 건강관리에 관한 사항
• 중대재해의 원인 조사 및 재발 방지대책 수립에 관한 사항
• 산업재해에 관한 통계의 기록 및 유지에 관한 사항
• 유해하거나 위험한 기계·기구와 그 밖의 설비를 도입한 경우 안전·보건 조치에 관한 사항

정답 04 ④   05 ①

06 산업안전보건법령상 안전보건진단을 받아 안전보건개선계획을 수립하여야 하는 대상을 모두 고른 것은?

> ㉠ 산업재해율이 같은 업종 평균 산업재해율의 2배 이상인 사업장
> ㉡ 사업주가 필요한 안전조치 또는 보건조치를 이행하지 아니하여 중대재해가 발생한 사업장
> ㉢ 상시근로자 1천명 이상 사업장에서 직업성 질병자가 연간 2명 이상 발생한 사업장

① ㉠, ㉡ ② ㉠, ㉢
③ ㉡, ㉢ ④ ㉠, ㉡, ㉢

* **안전·보건진단을 받아 안전보건개선계획을 수립·제출하도록 명할 수 있는 사업장**
① 산업재해율이 같은 업종 평균 산업재해율의 2배 이상인 사업장
② 사업주가 필요한 안전조치 또는 보건조치를 이행하지 아니하여 중대재해가 발생한 사업장
③ 직업성 질병자가 연간 2명 이상(상시근로자 1천명 이상 사업장의 경우 3명 이상) 발생한 사업장
④ 그 밖에 작업환경 불량, 화재·폭발 또는 누출 사고 등으로 사업장 주변까지 피해가 확산된 사업장으로서 고용노동부령으로 정하는 사업장

특급암기법
평균의 2배 이상, 직업병 2명 이상(1,000명 이상 3명) 진단받아 개선!
중대재해 발생 하면 진단받아 개선!

참고

* **안전보건 개선계획 작성대상 사업장**
① 산업재해율이 같은 업종의 규모별 평균 산업재해율보다 높은 사업장
② 사업주가 안전·보건조치의무를 이행하지 아니하여 중대재해가 발생한 사업장
③ 직업성 질병자가 연간 2명 이상 발생한 사업장
④ 유해인자의 노출기준을 초과한 사업장

특급암기법
평균보다 높으면 개선계획!
중대재해 발생하면 개선계획!
직업성 질병자 2명, 노출기준 초과하면 개선계획!

07 재해예방의 4원칙이 아닌 것은?

① 손실 필연의 법칙
② 원인 계기의 원칙
③ 예방 가능의 원칙
④ 대책 선정의 원칙

* **산업재해 예방의 4원칙**
• 예방 가능의 원칙 : 재해는 원칙적으로 원인만 제거되면 예방이 가능하다.
• 손실 우연의 원칙 : 사고의 결과 생기는 상해의 종류와 정도는 사고 발생 시 사고 대상의 조건에 따라 우연히 발생한다.
• 대책 선정의 원칙 : 사고의 원인에 대한 적합한 대책이 선정되어야 한다.
• 원인 연계의 원칙 : 재해는 직접원인과 간접원인이 연계되어 일어난다.

정답 06 ① 07 ①

08 산업안전보건법령상 공사 금액이 얼마 이상인 건설업 사업장에서 산업안전보건위원회를 설치·운영하여야 하는가?

① 80억 원 ② 120억 원
③ 250억 원 ④ 700억 원

* **산업안전보건위원회 설치 대상 건설업**
: 공사금액 120억 원 이상
  (토목공사업 : 150억 원 이상)

09 산업안전보건법령상 안전검사 대상 유해·위험기계 등에 포함되지 않는 것은?

① 리프트
② 전단기
③ 압력용기
④ 밀폐형 구조 롤러기

* **안전검사 대상 유해·위험기계**
① 프레스
② 전단기
③ 크레인[정격 하중이 2톤 미만인 것 제외]
④ 리프트
⑤ 압력용기
⑥ 곤돌라
⑦ 국소 배기장치(이동식은 제외)
⑧ 원심기(산업용만 해당)
⑨ 롤러기(밀폐형 구조는 제외한다)
⑩ 사출성형기[형 체결력 294킬로뉴턴(KN) 미만은 제외]
⑪ 고소작업대
⑫ 컨베이어
⑬ 산업용 로봇
⑭ 혼합기(26년 6월 26일 시행)
⑮ 파쇄기 또는 분쇄기(26년 6월 26일 시행)

특급암기법
손 다치는 기계 – 프레스, 전단기, 사출성형기, 롤러기, 혼합기, 파쇄기 또는 분쇄기(26년 6월 26일 시행)
양중기 – 크레인, 리프트, 곤돌라
폭발 – 압력용기
추가 – 극소(국소) 로봇이 고소(높은 곳)의 큰(컨) 원을 검사(안전검사)
국소배기장치, 산업용 로봇, 고소작업대, 컨베이어, 원심기

10 산업안전보건법령상 안전보건관리규정에 포함해야할 내용이 아닌 것은?

① 안전보건교육에 관한 사항
② 사고조사 및 대책수립에 관한 사항
③ 안전보건관리 조직과 그 직무에 관한 사항
④ 산업재해보상보험에 관한 사항

* **안전관리규정의 포함사항**
① 안전·보건 관리조직과 그 직무에 관한 사항
② 안전·보건교육에 관한 사항
③ 작업장의 안전 및 보건관리에 관한 사항
④ 사고 조사 및 대책 수립에 관한 사항
⑤ 그 밖에 안전·보건에 관한 사항

정답 08 ② 09 ④ 10 ④

11 다음 설명에 가장 적합한 조직의 형태는?

- 과제중심의 조직
- 특정과제를 수행하기 위해 필요한 자원과 재능을 여러 부서로부터 임시로 집중시켜 문제를 해결하고, 완료 후 다시 본래의 부서로 복귀하는 형태
- 시간적 유한성을 가진 일시적이고 잠정적인 조직

① 스탭(Staff)형 조직
② 라인(Line)식 조직
③ 기능(Function)식 조직
④ 프로젝트(Project) 조직

과제중심의 조직 → 프로젝트(Project)식 조직

12 안전표지 종류 중 금지표지에 대한 설명으로 옳은 것은?

① 바탕은 노란색, 기본모양은 흰색, 관련 부호 및 그림은 파랑색
② 바탕은 노란색, 기본모양은 흰색, 관련 부호 및 그림은 검정색
③ 바탕은 흰색, 기본모양은 빨강색, 관련 부호 및 그림은 파랑색
④ 바탕은 흰색, 기본모양은 빨강색, 관련 부호 및 그림은 검정색

금지표지	바탕은 흰색, 기본모형은 빨간색, 관련 부호 및 그림 검은색
	바탕은 노란색, 기본모형, 관련 부호 및 그림은 검은색
경고표지	바탕은 무색, 기본모형은 빨간색(검은색도 가능) : 인화성물질 경고, 산화성물질 경고, 폭발성물질 경고, 급성독성물질 경고, 부식성물질 경고 및 발암성·변이원성·생식독성·전신독성·호흡기과민성 물질 경고
지시표지	바탕은 파란색, 관련 그림은 흰색
안내표지	바탕은 흰색, 기본모형 및 관련 부호는 녹색, 바탕은 녹색, 관련 부호 및 그림은 흰색

13 건설기술 진흥법상 안전관리계획을 수립해야 하는 건설공사에 해당하지 않는 것은?

① 15층 건축물의 리모델링
② 지하 15m를 굴착하는 건설공사
③ 항타 및 항발기가 사용되는 건설공사
④ 높이가 21m 인 비계를 사용하는 건설공사

④ 높이가 31m 인 비계를 사용하는 건설공사

정답 11 ④ 12 ④ 13 ④

> **참고**
>
> 1. 「시설물의 안전 및 유지관리에 관한 특별법」에 따른 **1종 시설물 및 2종 시설물의 건설공사**(유지관리를 위한 건설공사는 제외한다)
> 2. **지하 10미터 이상을 굴착하는 건설공사**
> 3. **폭발물을 사용하는 건설공사**로서 20미터 안에 시설물이 있거나 100미터 안에 사육하는 가축이 있어 해당 건설공사로 인한 영향을 받을 것이 예상되는 건설공사
> 4. **10층 이상 16층 미만인 건축물의 건설공사**
> 4의2. 다음 각 목의 **리모델링 또는 해체공사**
>   가. **10층 이상인 건축물의 리모델링 또는 해체공사**
>   나. 「주택법」에 따른 **수직 증축형 리모델링**
> 5. 「건설기계관리법」에 따라 등록된 다음 각 목의 어느 하나에 해당하는 **건설기계가 사용되는 건설공사**
>   가. **천공기**(높이가 10미터 이상인 것만 해당한다)
>   나. **항타 및 항발기**
>   다. **타워크레인**
> 5의2. 다음 각 호의 **가설구조물을 사용하는 건설공사**
>   가. **높이가 31미터 이상인 비계**
>   나. **작업발판 일체형 거푸집 또는 높이가 5미터 이상인 거푸집 및 동바리**
>   다. **터널의 지보공**(支保工) 또는 높이가 2미터 이상인 흙막이 지보공
>   라. **동력을 이용하여 움직이는 가설구조물**
> 6. 다음 각 목의 어느 하나에 해당하는 건설공사
>   가. 발주자가 안전관리가 특히 필요하다고 인정하는 건설공사
>   나. 해당 지방자치단체의 조례로 정하는 건설공사 중에서 인·허가기관의 장이 안전관리가 특히 필요하다고 인정하는 건설공사

14 위험예지훈련 4라운드(Round) 중 목표설정 단계의 내용으로 가장 적절한 것은?

① 위험 요인을 찾아내고, 가장 위험한 것을 합의하여 결정한다.
② 가장 우수한 대책에 대하여 합의하고, 행동계획을 결정한다.
③ 브레인스토밍을 실시하여 어떤 위험이 존재하는가를 파악한다.
④ 가장 위험한 요인에 대하여 브레인스토밍 등을 통하여 대책을 세운다.

★ 위험예지 훈련 4단계

1단계 현상 파악	• 어떤 위험이 잠재하고 있는가? • 전원이 대화로써 도해 상황 속의 **잠재위험 요인을 발견**하고 그 요인이 초래할 수 있는 사고를 생각해 내는 단계
2단계 요인조사 (본질추구)	• 이것이 위험의 포인트다. → **위험의 포인트를 지적확인** • 발견해 낸 위험 중 **가장 위험한 것을 합의로서 결정하는 단계**
3단계 대책수립	• 당신이라면 어떻게 할 것인가? • 중요위험요인을 해결하기 위한 **대책을 세우는 단계**
4단계 행동목표 설정 (합의요약)	• 우리들은 이렇게 하자! • 대책 중 중점 실시항목을 **합의 요약해서 그것을 실천하기 위한 행동목표를 설정하는 단계**

정답 14 ②

15 산업안전보건법령에 따른 안전·보건에 관한 노사협의체의 사용자위원 구성기준 중 틀린 것은?

① 해당 사업의 대표자
② 안전관리자 1명
③ 공사금액이 20억 원 이상인 공사의 관계수급인의 사업주
④ 근로자대표가 지명하는 명예감독관 1명

근로자위원	1. 도급 또는 하도급 사업을 포함한 전체 사업의 근로자대표 2. 근로자대표가 지명하는 명예산업안전감독관 1명(다만, 명예산업안전감독관이 위촉되어 있지 아니한 경우에는 근로자대표가 지명하는 해당 사업장 근로자 1명) 3. 공사금액이 20억 원 이상인 공사의 관계수급인의 근로자대표
사용자위원	1. 도급 또는 하도급 사업을 포함한 전체 사업의 대표자 2. 안전관리자 1명 3. 보건관리자 1명(보건관리자 선임대상 건설업으로 한정) 4. 공사금액이 20억원 이상인 공사의 관계수급인의 **사업주**

16 사고의 용어 중 Near Accident에 대한 설명으로 옳은 것은?

① 사고가 일어나더라도 손실을 수반하지 않는 경우
② 사고가 일어날 경우 인적재해가 발생하는 경우
③ 사고가 일어날 경우 물적재해가 발생하는 경우
④ 사고가 일어나더라도 일정 비용 이하의 손실만 수반하지 않는 경우

∗ **Near Accident(앗차 사고)**
사고가 일어나더라도 손실을 수반하지 않는 경우

17 재해의 간접원인 중 기초원인에 해당하는 것은?

① 불안전한 상태
② 관리적 원인
③ 신체적 원인
④ 불안전한 행동

∗ **재해의 원인**
1. 간접 원인
   ① 기초원인 : 학교 교육적 원인, 관리적 원인
   ② 2차원인 : 신체적 원인, 기술적 원인, 정신적 원인, 안전 교육적 원인
2. 직접 원인
   ① 인적 원인(불안전한 행동)
   ② 물적 원인(불안전한 상태)

정답 15 ④ 16 ① 17 ②

18 안전·보건표지의 종류 중 응급구호 표지의 분류로 옳은 것은?

① 경고표지   ② 지시표지
③ 금지표지   ④ 안내표지

★ **안내표지의 종류**
- 녹십자 표지
- 응급구호 표지
- 들것
- 세안 장치
- 비상용 기구
- 비상구
- 좌측비상구
- 우측비상구

19 산업안전보건법령상 재해발생 원인 중 설비적 요인이 아닌 것은?

① 기계·설비의 설계상 결함
② 방호장치의 불량
③ 작업표준화의 부족
④ 작업환경 조건의 불량

작업환경 조건의 불량 → 작업관리상의 원인

20 산업안전보건법령상 산업안전보건관리비 사용명세서의 공사종료 후 보존기간은?

① 6개월간   ② 1년간
③ 2년간   ④ 3년간

건설공사 도급인은 산업안전보건관리비를 사용하는 해당 건설공사의 금액이 4천만원 이상인 때에는 매월(건설공사가 1개월 이내에 종료되는 사업의 경우에는 해당 건설공사가 끝나는 날이 속하는 달을 말한다) **사용명세서**를 작성하고, 건설공사 종료 후 **1년** 동안 보존해야 한다.

2과목 산업심리 및 교육

21 다음 중 수업의 중간이나 마지막 단계에 행하는 것으로써 언어학습이나 문제해결 학습에 효과적인 학습법은?

① 강의법   ② 실연법
③ 토의법   ④ 프로그램법

★ **실연법**
학습자가 이미 설명을 듣거나 시범을 보고 알게 된 지식이나 기능을 강사의 감독아래 직접적으로 연습해 적용케 하는 **교육방법**으로 언어학습, 문제해결 학습에 효과적이다.

22 다음 중 안전심리의 5대 요소에 관한 설명으로 틀린 것은?

① 동기는 능동적인 감각에 의한 자극에서 일어난 사고의 결과로서 사람의 마음을 움직이는 원동력이 되는 것이다.
② 기질이란 감정적인 경향이나 반응에 관계되는 성격의 한 측면이다.
③ 감정은 생활체가 어떤 행동을 할 때 생기는 객관적인 동요를 뜻한다.
④ 습성은 한 종에 속하는 개체의 대부분에서 볼 수 있는 일정한 생활양식으로 본능, 학습, 조건반사 등에 따라 형성된다.

③ 감정은 어떤 행동을 할 때 생기는 주관적인 동요를 뜻한다.

정답 18 ④ 19 ④ 20 ② 21 ② 22 ③

23 다음 중 인간이 기억하는 과정을 올바르게 나열한 것은?

① 파지 → 재생 → 기명 → 재인
② 재생 → 파지 → 재인 → 기명
③ 기명 → 파지 → 재생 → 재인
④ 재인 → 재생 → 파지 → 기명

> **＊ 기억의 과정**
> 기명 → 파지 → 재생 → 재인
> ① 기억 : 과거 행동이 미래 행동에 영향을 줌
> ② 기명 : 사물의 인상을 마음에 간직함
> ③ 파지 : 인상이 보존됨
> ④ 재생 : 보존된 인상이 떠오름
> ⑤ 재인 : 과거에 경험했던 것과 비슷한 상황에서 떠오르는 현상

24 다음 중 강의법 교육에 비교할 때 모의법(Simu-lation Method) 교육의 특징으로 옳은 것은?

① 시간의 소비가 거의 없다.
② 시설의 유지비가 저렴하다.
③ 학생 대 교사의 비율이 높다.
④ 단위시간당 교육비가 적게 든다.

> **＊ 모의법**
> 실제의 장면이나 상태와 극히 유사한 사태를 인위적으로 만들어 그 속에서 학습토록 하는 교육방법
> • 단위시간당 교육비가 비싸고 시간의 소비가 많다.
> • 시설의 유지비가 많다.
> • 학생 대 교사의 비율이 높다.

25 다음 중 집단(group)의 특성에 대하여 올바르게 설명한 것은?

① 1차 집단(primary group) - 사교집단과 같이 일상생활에서 임시적으로 접촉되는 집단
② 공식집단(formal group) - 회사나 군대처럼 의도적으로 설립되어 능률성과 과학적 합리성을 강조하는 집단
③ 성원집단(membership group) - 특성 개인이 어떤 상태의 지위나 조직 내 신분을 원하는데 아직 그 위치에 있지 않은 사람들의 집단
④ 세력집단 - 혈연이나 지연과 같이 장기간 육체적, 정서적으로 매우 밀접한 집단

> ① 1차 집단(primary group) - 가족, 친한 친구와 같이 면대면 상호작용을 하며, 작고 오래 지속되는 집단의 형태
> ③ 성원집단(membership group) - 개인이 구성원으로 소속되어 있는 집단
> ④ 세력집단 - 지위에 따른 권력의 힘을 가진 사람들의 집단

26 다음 중 고립, 정신병, 자살 등이 속하는 사회행동의 기본 형태는?

① 협력 ② 융합
③ 대립 ④ 도피

> **＊ 사회행동 기본형태**
> ① **협력** : 조력, 분업
> ② **융합** : 강제타협
> ③ **대립** : 공격, 경쟁
> ④ **도피** : 고립, 정신병, 자살

정답 23 ③ 24 ③ 25 ② 26 ④

27 다음 중 조직이 리더에게 부여하는 권한으로 볼 수 없는 것은?

① 합법적 권한
② 전문성의 권한
③ 강압적 권한
④ 보상적 권한

- 조직이 지도자에게 부여하는 권한 : 보상적 권한, 강압적 권한, 합법적 권한
- 지도자 자신이 자기에게 부여하는 권한 : 위임된 권한, 전문성의 권한

28 인간의 동기에 대한 이론 중 자극, 반응, 보상의 세 가지 핵심변인을 가지고 있으며, 표출된 행동에 따라 보상을 주는 방식에 기초한 동기이론은?

① 형평이론
② 기대이론
③ 강화이론
④ 목표설정이론

* **강화이론**(강화에 의해 행동을 변화시킴)
행동에 따라 보상(상 또는 벌)을 주는 방식에 기초한 동기이론을 말한다.

29 다음 중 Fiedler의 상황 연계성 리더십 이론에서 중요시하는 상황적 요인에 해당하지 않는 것은?

① 과제의 구조화
② 리더와 부하 간의 관계
③ 부하의 성숙도
④ 리더의 직위상 권한

* **Fiedler의 상황 연계성 리더십 이론의 상황적 요인**
① **과제의 구조화** : 표준적인 운영절차, 상세한 기술, 과제 수행을 위한 객관적인 지표
② **리더-부하와의 관계** : 리더가 부하로부터 지지와 충성을 받거나 부하들과 우호적이고 협력적인 정도
④ **리더의 직위상 권한** : 리더가 보상과 처벌을 실시하는 권한

30 다음 중 엔드라고지 모델에 기초한 학습자로서의 성인의 특징과 가장 거리가 먼 것은?

① 성인들은 주제 중심적으로 학습하고자 한다.
② 성인들은 자기 주도적으로 학습하고자 한다.
③ 성인들은 다양한 경험을 가지고 학습에 참여한다.
④ 성인들은 왜 배워야 하는지에 대해 알고자 하는 욕구를 가지고 있다.

① 성인들은 과제(문제) 중심적으로 학습하고자 한다.

정답 27 ② 28 ③ 29 ③ 30 ①

31 다음 중 착오의 원인에 있어 인지과정의 착오에 속하는 것은?

① 합리화의 부족
② 환경조건 불비
③ 작업자의 기능 미숙
④ 생리적·심리적 능력의 부족

> ★ 인지과정 착오의 요인
> • 정보량 저장의 한계
> • 감각 차단 현상
> • 정서적 불안정(공포, 불안, 불만 등)
> • 생리, 심리적 능력의 한계

32 다음 설명에 해당하는 안전교육방법은?

> ATP라고도 하며, 당초 일부 회사의 톱 매니지먼트(top management)에 대하여만 행하여졌으나, 그 후 널리 보급되었으며, 정책의 수립, 조직, 통제 및 운영 등의 교육내용을 다룬다.

① TWI(Training Within Industry)
② MTP(Management Training Program)
③ CCS(Civil Communication Section)
④ ATT(American Telephone & Telegram Co.)

> CCS는 ATP라고도 하며 최고층 관리감독자 대상 교육이다.

33 교육방법 중 토의법이 효과적으로 활용되는 경우가 아닌 것은?

① 피교육생들의 태도를 변화시키고자 할 때
② 인원이 토의를 할 수 있는 적정 수준일 때
③ 피교육생들 간에 학습능력의 차이가 클 때
④ 피교육생들이 토의 주제를 어느 정도 인지하고 있을 때

> ③ 피교육생들 간에 학습능력의 차이가 작을 때 토의법이 효과적이다.

34 다음 중 구체적 사물을 제시하거나 경험시킴으로써 효과를 보게 되는 학습지도의 원리는?

① 개별화의 원리
② 사회화의 원리
③ 직관의 원리
④ 통합의 원리

> ★ 학습지도의 원리
> • **자발성의 원리** : 학습자 스스로가 능동적으로 학습활동에 의욕을 가지고 참여하도록 하는 원리
> • **개별화의 원리** : 학습자를 존중하고, 학습자 개개인의 능력, 소질, 성향 등 모든 발달 가능성을 신장시키려는 원리
> • **목적의 원리** : 학습자는 학습목표가 분명하게 인식되었을 때 자발적이고 적극적인 학습활동을 하게 된다.
> • **사회화의 원리** : 학교교육을 통하여 학생들이 사회화되어 유용한 사회인으로 육성시키고자 하는 교육이다.

정답 31 ④ 32 ③ 33 ③ 34 ③

- 통합화의 원리 : 학습자를 전체적 인격체로 보고 그에게 내제하여 있는 모든 능력을 조화적으로 발달시키기 위한 생활중심의 통합교육을 원칙으로 하는 원리
- 직관의 원리(직접경험의 원리) : 학습에 있어 언어 위주로 설명을 하는 수업보다는 구체적인 사물을 학습자가 직접 경험해 봄으로써 학습의 효과를 높일 수 있는 원리

35 다음 중 산업안전보건법령상의 안전·보건 교육 중 근로자의 '채용 시의 교육 및 작업 내용 변경 시의 교육내용'에 해당하지 않는 것은? (단, 산업재해보상보험제도에 관한 사항은 제외한다.)

① 물질안전보건자료에 관한 사항
② 정리정돈 및 청소에 관한 사항
③ 사고 발생 시 긴급조치에 관한 사항
④ 유해 · 위험 작업환경 관리에 관한 사항

*근로자 채용 시 교육 및 작업내용 변경 시 교육 내용
① 산업안전 및 산업재해 예방에 관한 사항(화재 · 폭발 사고 발생 시 대피에 관한 사항을 포함한다)
② 산업보건 및 건강장해 예방에 관한 사항
③ 산업안전보건법령 및 산업재해보상보험제도에 관한 사항
④ 직무스트레스 예방 및 관리에 관한 사항
⑤ 직장 내 괴롭힘, 고객의 폭언으로 등으로 인한 건강장해 예방 및 관리에 관한 사항
⑥ 기계 · 기구의 위험성과 작업의 순서 및 동선에 관한 사항
⑦ 물질안전보건자료에 관한 사항
⑧ 작업 개시 전 점검에 관한 사항
⑨ 정리정돈 및 청소에 관한 사항
⑩ 사고 발생 시 긴급조치에 관한 사항
⑪ 위험성 평가에 관한 사항

특급암기법

공통 항목
1. 신규자는 법을 알고 산재보상제도를 알자!
2. 신규자는 건강을 보존(산업보건)하고 건강장해, 스트레스, 괴롭힘, 폭언 예방하자!
3. 신규자는 안전하고 산업재해 예방하자!
4. 신규자는 위험성을 평가하자!

신규채용자는 회사에 처음입사해서 처음 일을 하는 근로자, 안전하게 일하기 위한 기본내용을 교육한다.
1. 신규자는 기계기구 위험성, 작업 순서, 동선을 알자!
2. 신규자는 취급물질의 위험성(물질안전보건자료)을 알자!
3. 신규자는 작업 전 점검하자!
4. 신규자는 항상 정리정돈 청소하자!
5. 신규자는 사고 시 조치를 알자!

36 다음 중 스트레스에 대한 설명으로 적합하지 못한 것은?

① 스트레스는 환경의 요구가 지나쳐 개인의 능력한계를 벗어날 때 발생한다.
② 스트레스 요인에는 소음, 진동, 열 등과 같은 환경 영향뿐만 아니라 개인적인 심리적 요인들도 포함한다.
③ 사람이 스트레스를 받게 되면 감각기관과 신경이 예민해진다.
④ 역기능 스트레스는 스트레스의 반응이 긍정적이고, 건전한 결과로 나타나는 현상이다.

> **＊스트레스의 기능**
>
> • 순기능
> - 개인의 심신활동을 촉진시킨다.
> - 문제해결의 창조력이 생긴다.
> - 동기유발이 증가하여 생산성 향상에 기여한다.
>
> • 역기능
> - 심신을 황폐하게 하고 직무에 부정적이다.
> - 능력에 부정적 영향을 미쳐 개인의 능력을 저하시킨다.
> - 작업의 집중력 저하를 일으켜 산업재해의 원인이 된다.

37 다음 중 교육훈련의 전이타당도를 높이기 위한 방법과 가장 거리가 먼 것은?

① 훈련 상황과 직무상황 간의 유사성을 최소화 한다.
② 훈련내용과 직무내용 간에 튼튼한 고리를 만든다.
③ 피훈련자들이 배운 원리를 완전히 이해할 수 있도록 해 준다.
④ 피훈련자들이 훈련에서 배운 기술, 과제 등을 가능한 풍부하게 경험할 수 있도록 해 준다.

> ① 훈련 상황과 직무상황 간의 유사성을 충분히 고려하여야 한다.

38 집단이 가지는 효과로 두 개 이상의 서로 다른 개체가 힘을 합쳐 둘이 지닌 힘 이상의 효과를 내는 현상은?

① 응집성 효과
② 시너지 효과
③ 자생적 효과
④ 동조 효과

> **＊시너지 효과**
> 두 개 이상의 서로 다른 개체가 힘을 합쳐 둘이 지닌 힘 이상의 효과를 내는 현상

39 관리감독자 훈련(TWI)에 관한 내용이 아닌 것은?

① Job Synergy
② Job Method
③ Job Relation
④ Job Instruction

> **＊TWI 교육과정**
> • 작업 방법 기법(Job Method Training : JMT)
> • 작업 지도 기법(Job instruction Training : JIT)
> • 인간 관계관리 기법 또는 부하통솔법
>   (Job Relations Training : JRT)
> • 작업 안전 기법(Job Safety Training : JST)

정답 37 ① 38 ② 39 ①

40 다음 현상이 생기기 쉬운 조건이 아닌 것은?

> 암실 내에서 정지된 작은 광점을 응시하고 있으면 그 광점이 움직이는 것 같이 여러 방향으로 퍼져나가는 것처럼 보이는 현상

① 광점이 작을 것
② 대상이 단순할 것
③ 광의 강도가 클 것
④ 시야의 다른 부분이 어두울 것

- **자동운동** : 암실에서 정지된 소광점 응시하면 광점이 움직이는 것처럼 보이는 현상
- **자동운동이 생기기 쉬운 조건**
  - 광점이 작을 것
  - 대상이 단순할 것
  - 광의 강도가 작을 것
  - 시야의 다른 부분이 어두울 것

3과목 인간공학 및 시스템안전공학

41 다음 중 청각적 표시장치의 설계에 관한 설명으로 가장 거리가 먼 것은?

① 신호를 멀리 보내고자 할 때에는 낮은 주파수를 사용하는 것이 바람직하다.
② 배경 소음의 주파수와 다른 주파수의 신호를 사용하는 것이 바람직하다.
③ 신호가 장애물을 돌아가야 할 때에는 높은 주파수를 사용하는 것이 바람직하다.
④ 경보는 청취자에게 위급 상황에 대한 정보를 제공하는 것이 바람직하다.

③ 신호가 장애물 및 칸막이를 통과할 때는 500Hz 이하의 낮은 진동수를 사용한다.

* **경계 및 경보신호 설계지침**
- 귀는 중음역에 민감하므로 500~3,000Hz의 진동수 사용
- 300m 이상 장거리용 신호는 1,000Hz 이하의 진동수 사용
- 장애물 및 칸막이 통과 시는 500Hz 이하의 진동수 사용
- 주의를 끌기 위해서는 변조된 신호 사용
- 배경 소음의 진동수와 구별되는 신호 사용
- 경보효과를 높이기 위해서 개시시간이 짧은 고감도 신호를 사용
- 가능하면 확성기, 경적 등과 같은 별도의 통신계통을 사용

정답 40 ③ 41 ③

42 특정한 목적을 위해 시각적 암호, 부호 및 기호를 의도적으로 사용할 때에 반드시 고려하여야 할 사항과 가장 거리가 먼 것은?

① 검출성 ② 판별성
③ 양립성 ④ 심각성

> **★ 암호 체계의 일반적 사항**
> ① 암호의 검출성 : 암호화한 자극은 검출이 가능할 것
> ② 암호의 변별성(판별성) : 다른 암호 표시와 구별될 수 있을 것
> ③ 부호의 양립성 : 자극-반응의 관계가 인간의 기대와 모순되지 않는 성질

43 여러 사람이 사용하는 의자의 좌면 높이는 어떤 기준으로 설계하는 것이 가장 적절한가?

① 5% 오금높이
② 50% 오금높이
③ 75% 오금높이
④ 95% 오금높이

> **★ 의자 좌판의 높이**
> • 좌판 앞부분이 대퇴를 압박하지 않도록 오금높이보다 높지 않아야 한다.
> • 치수는 5% 오금높이로 한다.

44 다음 중 FT의 작성방법에 관한 설명으로 틀린 것은?

① 정성·정량적으로 해석·평가하기 전에는 FT를 간소화해야 한다.
② 정상(Top)사상과 기본사상과의 관계는 논리게이트를 이용해 도해한다.
③ FT를 작성하려면, 먼저 분석대상 시스템을 완전히 이해하여야 한다.
④ FT 작성을 쉽게 하기 위해서는 정상(Top)사상을 최대한 광범위하게 정의한다.

> ④ 정상(Top)사상은 FT도를 통해 해석할 재해를 결정하는 것으로 광범위하지 않게 정의한다.

45 FTA에서 사용하는 수정게이트의 종류에서 3개의 입력현상 중 2개가 발생할 경우 출력이 생기는 것은?

① 위험지속기호
② 조합 AND 게이트
③ 배타적 OR 게이트
④ 우선적 AND 게이트

> **★ 조합 AND 게이트**
> 3개의 입력현상 중 2개가 발생할 경우 출력이 생김

정답 42 ④ 43 ① 44 ④ 45 ②

> 참고

기호	명명	기호설명
	위험지속 AND 게이트	입력이 생겨서 일정시간이 지속될 때 출력이 생긴다.
	우선적 AND 게이트	입력사상이 특정 순서대로 발생한 경우에만 출력사상이 발생하는 논리게이트
	조합 AND 게이트	3개 이상의 입력 중 2개가 일어나면 출력이 생긴다.
	배타적 OR 게이트	입력사상 중 오직 한 개의 발생으로만 출력사상이 생성되는 논리게이트

46 인간-기계 시스템을 3가지로 분류한 설명으로 틀린 것은?

① 자동 시스템에서는 인간요소를 고려하여야 한다.
② 기계 시스템에서는 동력기계화 체계와 고도로 통합된 부품으로 구성된다.
③ 자동 시스템에서 인간은 감시, 정비유지, 프로그램 등의 작업을 담당한다.
④ 수동 시스템에서 기계는 동력원을 제공하고 인간의 통제하에서 제품을 생산한다.

* **수동시스템**
 • 사용자가 손공구나 기타 보조물 등을 사용하여 자기의 신체적 힘을 동력원으로 하여 작업을 수행하는 시스템이다.
 • 가장 다양성이 높은 체계이다. (예 장인과 공구)

47 위험상황을 해결하기 위한 위험처리기술에 해당하는 것은?

① Combine(결합)
② Reduction(위험감축)
③ Simplify(작업의 단순화)
④ Rearrange(작업순서의 변경 및 재배열)

* **위험처리기술**
 • **위험의 제거**(위험감축) : 위험 요소를 적극적으로 예방하고 경감하려는 것
 • **위험의 회피** : 위험한 작업 자체를 하지 않거나 작업방법을 개선하는 것
 • **위험의 보유** : 위험의 일부 또는 전부를 스스로 인수하는 것
 • **위험의 전가** : 위험을 보험, 보증, 공제기금제도 등으로 분산시키는 것

48 산업안전보건법령상 유해·위험방지계획서를 제출할 때에는 사업장별로 관련 서류를 첨부하여 해당 작업 시작 며칠 전까지 해당 기관에 제출하여야 하는가?

① 7일　　② 15일
③ 30일　　④ 60일

사업주가 제조업 대상 사업, 대상 기계, 기구 설비에 해당하는 유해 · 위험방지계획서를 제출하려면 다음 각 호의 서류를 첨부하여 해당 공사 착공 15일 전까지 공단에 2부를 제출하여야 한다.

49 기계를 10000시간 작동시키는 동안 부품에서 3번의 고장이 발생하였다. 3번의 수리를 하는 동안 6시간의 시간이 소요되었다면 가용도는 약 얼마인가?

① 0.9994　② 0.9995
③ 0.9996　④ 0.9997

기계 가용도 $= \dfrac{10,000 - 6}{10,000} = 0.9994$

50 FTA에 의한 재해사례 연구 순서에서 가장 먼저 실시하여야 하는 상황은?

① FT도의 작성
② 개선 계획의 작성
③ 톱(TOP)사상의 선정
④ 사상의 재해 원인의 규명

* **FTA에 의한 재해사례 연구 순서**
  - 1단계 : 톱사상의 설정
  - 2단계 : 재해 원인 규명
  - 3단계 : FT도의 작성
  - 4단계 : 개선계획의 작성

51 예비위험분석(PHA)에서 식별된 사고의 범주로 부적절한 것은?

① 중대(critical)
② 한계적(marginal)
③ 파국적(catastrophic)
④ 수용가능(acceptable)

* **PHA 카테고리 분류**
  - Class 1 : 파국적(catastrophic)- 사망, 시스템 손상
  - Class 2 : 위기적(critical)- 심각한 상해, 시스템 중대 손상
  - Class 3 : 한계적(marginal)- 경미한 상해, 시스템 성능 저하
  - Class 4 : 무시(negligible)- 경미한 상해 및 시스템 저하 없음

52 양립성의 종류에 해당하지 않는 것은?

① 기능 양립성　② 운동 양립성
③ 공간 양립성　④ 개념 양립성

* **양립성**
자극과 반응의 관계가 인간의 기대와 모순되지 않는 성질
  - **개념적 양립성** : 외부자극에 대해 인간의 개념적 현상의 양립성
  - **공간적 양립성** : 표시장치, 조종장치의 형태 및 공간적 배치의 양립성
  - **운동의 양립성** : 표시장치, 조종장치 등의 운동 방향의 양립성
  - **양식 양립성** : 자극과 응답양식의 존재에 대한 양립성

정답　49 ①　50 ③　51 ④　52 ①

53 원자력 발전소 운전에서 발생 가능한 응급조치 중 성격이 다른 것은?

① 조작자가 표지(label)를 잘못 읽어 틀린 스위치를 선택하였다.
② 조작자가 극도로 높은 압력 발생이후 처음 60초 이내에 올바르게 행동하지 못하였다.
③ 조작자는 절차서 단계 중 마지막 점검목록인 수동 점검 밸브를 적절한 형태로 복귀시키지 않았다.
④ 조작자가 하나의 절차적 단계에서 2개의 긴밀하게 결부된 밸브 중에서 하나를 올바르게 조작하지 못하였다.

①, ②, ④ commission error(작위 오류)
③ omission error(누설 오류, 생략 오류, 부작위 오류)

> **참고**
>
> * 휴먼에러의 심리적 분류(Swain의 분류, 독립행동에 관한 분류)
> - omission error(누설 오류, 생략 오류, 부작위 오류) : 필요한 작업 또는 절차를 수행하지 않는 데 기인한 에러
> - time error(시간 오류) : 필요한 작업 또는 절차의 수행 지연으로 인한 에러
> - commission error(작위 오류) : 필요한 작업 또는 절차의 불확실한 수행으로 인한 에러
> - sequential error(순서 오류) : 필요한 작업 또는 절차의 순서 착오로 인한 에러
> - extraneous error(과잉행동 오류) : 불필요한 작업 또는 절차를 수행함으로써 기인한 에러

54 다음 FT도에서 각 요소의 발생확률이 요소 ①과 요소 ②는 0.2, 요소 ③은 0.25, 요소 ④는 0.3일 때, A사상의 발생확률은 얼마인가?

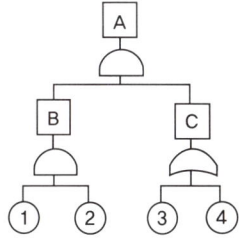

① 0.007
② 0.014
③ 0.019
④ 0.071

$A = B \times C$
$= (① \times ②) \times \{1 - (1 - ③) \times (1 - ④)\}$
$= (0.2 \times 0.2) \times \{1 - (1 - 0.25) \times (1 - 0.3)\}$
$= 0.019$

55 압박이나 긴장에 대한 척도 중 생리적 긴장의 화학적 척도에 해당하는 것은?

① 혈압
② 호흡수
③ 혈액 성분
④ 심전도

① 혈압 → 생리학적 측정법
② 호흡수 → 생리학적 측정법
③ 혈액 성분 → 생화학적 측정법
④ 심전도 → 생리학적 측정법

정답 53 ③ 54 ③ 55 ③

56 A작업장에서 1시간 동안에 480Btu의 일을 하는 근로자의 대사량은 900Btu이고, 증발 열 손실이 2250Btu, 복사 및 대류로부터 열 이득이 각각 1900Btu 및 80Btu라 할 때, 열 축적은 얼마인가?

① 100　　② 150
③ 200　　④ 250

> S(열 축적) = M(대사 열) − E(증발) ± R(복사) ± C(대류) − W(한 일)
>
> 열 축적 = 900 − 2250 + 1900 + 80 − 480 = 150

57 기계 시스템은 영구적으로 사용하며, 조작자는 한 시간마다 스위치를 작동해야 되는데 인간오류확률(HEP)은 0.001이다. 2시간에서 4시간까지 인간-기계 시스템의 신뢰도로 옳은 것은?

① 91.5%　　② 96.6%
③ 98.7%　　④ 99.8%

> 1. 인간신뢰도 = 1 − 인간의 오류확률(HEP)
>   = 1 − 0.001
>   = 0.999
> 2. 1시간마다 스위치 조작, 2시간에서 4시간 사이
>   → 2번 조작
> 3. 시스템의 신뢰도 R(n) = 0.999 × 0.999
>   = 0.998 × 100
>   = 99.8(%)

58 연구 기준의 요건과 내용이 옳은 것은?

① 무오염성 : 실제로 의도하는 바와 부합해야 한다.
② 적절성 : 반복 실험 시 재현성이 있어야 한다.
③ 신뢰성 : 측정하고자 하는 변수 이외의 다른 변수의 영향을 받아서는 안 된다.
④ 민감도 : 피실험자 사이에서 볼 수 있는 예상 차이점에 비례하는 단위로 측정해야 한다.

> ★체계 기준의 요건
> (인간공학 연구조사에 사용되는 기준의 구비조건)
> ① 적절성 : 의도된 목적에 적합하여야 한다.(타당성)
> ② 무오염성 : 측정하고자 하는 변수외의 다른 변수의 영향을 받아서는 안 된다.
> ③ 신뢰성 : 반복실험 시 재현성이 있어야 한다.
>   (반복성)
> ④ 민감도 : 예상차이점에 비례하는 단위로 측정하여야 한다.

59 산업안전보건 법령상 유해위험방지계획서의 제출 대상 제조업은 전기 계약 용량이 얼마 이상인 경우에 해당되는가? (단, 기타 예외사항은 제외한다.)

① 50kW　　② 100kW
③ 200kW　　④ 300kW

정답　56 ②　57 ④　58 ④　59 ④

* **유해 · 위험방지 계획서 작성 대상 사업(제조업)**

다음 각 호의 어느 하나에 해당하는 사업으로서 전기사용설비의 정격용량의 합이 300킬로와트 이상인 사업을 말한다.
① 금속가공제품(기계 및 가구는 제외한다) 제조업
② 비금속 광물제품 제조업
③ 기타 기계 및 장비 제조업
④ 자동차 및 트레일러 제조업
⑤ 식료품 제조업
⑥ 고무제품 및 플라스틱 제품 제조업
⑦ 목재 및 나무제품 제조업
⑧ 기타 제품 제조업
⑨ 1차 금속 제조업
⑩ 가구 제조업
⑪ 화학물질 및 화학제품 제조업
⑫ 반도체 제조업
⑬ 전자부품 제조업

특급암기법

1차금속으로 금속가공제품, 비금속 광물제품 제조하여 나무, 화학물질 섞어서 기계장비, 자동차 트레일러 만들고, 고무풀(고무 및 플라스틱)로 기타 식료품 만들었더니 도대체(반도체)가 (가구) 전부(전자부품) 유해 · 위험(유해 · 위험방지계획서)하다.

60 다음 중 열 중독증(heat illness)의 강도를 올바르게 나열한 것은?

ⓐ 열소모(heat exhaustion)
ⓑ 열발진(heat rash)
ⓒ 열경련(heat cramp)
ⓓ 열사병(heat stroke)

① ⓒ 〈 ⓑ 〈 ⓐ 〈 ⓓ   ② ⓒ 〈 ⓑ 〈 ⓓ 〈 ⓐ
③ ⓑ 〈 ⓒ 〈 ⓐ 〈 ⓓ   ④ ⓑ 〈 ⓓ 〈 ⓐ 〈 ⓒ

열발진 〈 열경련 〈 열소모 〈 열사병

참고

① **열쇠약(Heat Prostration)**
  • 고열 작업장에서의 만성적인 건강장해
  • 전신권태, 위장장해, 불면, 빈혈 등의 증상

② **열허탈(Heat Collapse)**
  • 고열환경에서 혈관운동 장해에 의한 대뇌피질의 혈류량 부족 및 뇌의 산소부족으로 실신하거나 현기증을 일으킨다.

③ **열피로(Heat Exhaustion)**
  • 고온에서 장시간 중노동 시 수분 · 염분 부족이 원인이 되어 현기증, 구토, 심할 경우 허탈로 빠져 의식을 잃을 수도 있다.
  • 휴식 후에 5% 포도당을 정맥주사한다.

④ **열경련(Heat Cramp)**
  • 고온에서 지속적인 육체노동 시 수분 및 혈중 염분 손실로 인한 근육발작 및 경련을 일으킨다.
  • 수분 및 Nacl을 보충한다.

정답 60 ③

⑤ 열사병(Heat Stroke)
- 고온다습한 환경에 장시간 노출될 경우 뇌의 온도 상승으로 인해 신체의 체온중추기능의 장해, 발한 정지(땀을 흘리지 못하여 체온조절 안 됨), 직장온도 상승 등을 일으킨다.

4과목 건설시공학

61 설계가 시작되기 전에 프로젝트의 실행 가능성을 알아보거나 설계의 초기단계 또는 진행단계에서 여러 설계대안의 경제성을 평가하기 위하여 수행되는 것은?

① 입찰견적
② 명세견적
③ 상세견적
④ 개산견적

> 1. 명세견적(상세견적, 입찰견적)
> ① 완비된 설계도서, 현장설명, 질의응답에 의거하여 정밀히 적산, 견적을 하여 공사비를 산출하는 견적을 말한다.
> ② 설계의 최종단계 또는 공사입찰 및 시공계획 단계에서 수행한다.
> 2. 개산견적
> ① 설계도서가 불완전할 때 또는 정밀 산출시간이 없을 때 실시하는 견적을 말한다.
> ② 설계가 시작되기 전에 프로젝트의 실행 가능성을 알아보거나 설계의 초기단계 또는 진행단계에서 여러 설계대안의 경제성을 평가하기 위하여 수행한다.

62 가스압접에 관한 설명 중 옳지 않은 것은?

① 접합온도는 대략 1200~1300℃이다.
② 압접 작업은 철근을 완전히 조립하기 전에 행한다.
③ 철근의 지름이나 종류가 다른 것을 압접하는 것이 좋다.
④ 기둥, 보 등의 압접 위치는 한곳에 집중되지 않도록 한다.

> ③ 철근의 지름이나 종류가 다른 것은 압접하지 않는 것이 좋다.

참고

★ 가스압접
철근의 접합면을 맞대어 산소 아세틸렌가스의 불꽃으로 압력을 가하여 가열하며 접합하는 방법을 말한다.

63 다음 중 네트워크공정표의 단점이 아닌 것은?

① 다른 공정표에 비하여 작성시간이 많이 필요하다.
② 작성 및 검사에 특별한 기능이 요구된다.
③ 진척관리에 있어서 특별한 연구가 필요하다.
④ 개개의 관련작업이 도시되어 있지 않아 내용을 알기 어렵다.

정답 61 ④ 62 ③ 63 ④

네트워크공정표의 장점	네트워크공정표의 단점
① 작업 상호간의 관련성을 알기 쉽다.(개개의 관련 작업이 표시되어 있어 내용을 알기 쉽다.) ② 공사의 진척 관리를 정확히 할 수 있다. ③ 공기 단축 가능 요소의 발견이 용이하다. ④ 계획관리면에서 신뢰도가 높고 전자계산기의 사용이 가능하다.	① 다른 공정표에 비하여 작성시간이 많이 필요하다. ② 작성 및 검사에 특별한 기능이 요구된다. ③ 진척관리에 있어서 특별한 연구가 필요하다. ④ 표시상 제약으로 작업의 세분화 정도에는 한계가 있다.

64 총 공사금액을 부기(附記)한 뒤 당해 연도 예산범위 내에서 차수별로 계약을 체결하여 수년에 걸쳐서 공사를 이행하는 계약방식은?

① 단년도 계약방식
② 계속비 계약방식
③ 주계약자 관리방식
④ 장기계속 계약방식

1. **장기계속계약** : 이행에 수년이 걸리는 공사·제조 또는 용역 등의 계약의 경우 **총액으로 입찰하여 각 회계연도 예산의 범위에서 낙찰된 금액의 일부에 대하여 연차별로 계약을 체결**하는 것을 말한다.
2. **단년도 계약** : 이행기간이 1회계연도로 사업내용도 확정되고 총예산도 확보되어 해당 **연도 예산범위 안에서 입찰과 계약을 하는 경우의 계약**을 말한다.

65 지반보다 6m 정도 깊은 경질지반의 기초파기에 가장 적합한 굴착기계는?

① Drag line
② Tractor shovel
③ Back hoe
④ Power shovel

* 굴삭장비(굴착기계)
1. **파워 셔블**(power shovel, 동력삽)
   • 기계가 서 있는 지반면보다 **높은 곳의 땅파기**에 적합하다.
2. **드래그 셔블**(drag shovel, 백호)
   • 기계가 서 있는 **지면보다 낮은 장소의 굴착 및 수중굴착**이 가능하다.
   • **굳은 지반의 토질도 정확한 굴착**이 된다.
3. **드래그라인**(drag line)
   • 기계가 서있는 위치보다 낮은 장소의 굴착에 적당하고 굳은 토질에서의 굴착은 되지 않지만 굴착 반지름이 크다.
   • **작업범위가 광범위하고 수중굴착 및 연약한 지반**의 굴착에 적합하다.
4. **클램셸**(clamshell)
   • **수중굴착 및 가장 협소하고 깊은 굴착이 가능하며 호퍼**(hopper)에 적당하다.
   • 연약지반이나 수중굴착 및 자갈 등을 싣는데 적합하다.

정답 64 ④ 65 ③

66 지반개량 지정공사 중 응결공법이 아닌 것은?

① 플라스틱 드레인공법
② 시멘트 처리공법
③ 석회 처리공법
④ 심층혼합 처리공법

> **＊지반개량 및 지정공사**
> 1. 다짐공법
> 2. 강제(强制)압밀공법
>   ① 재하방법 : 성토공법, 지하수위저하공법, 대기압공법(진공공법)
>   ② 드레인(paper drain) 방법 : 샌드(sand) 드레인 공법, 플라스틱(plastic) 드레인 공법
> 3. 응결공법 : 시멘트 처리공법, 석회처리공법, 심층혼합처리공법
> 4. 치환공법

67 제자리 콘크리트 말뚝 시공법 중 Earth Drill 공법의 장·단점에 대한 설명으로 옳지 않은 것은?

① 진동소음이 적은 편이다.
② 좁은 장소에서는 작업이 어렵고 지하수가 없는 점성토에 부적합하다.
③ 기계가 비교적 소형으로 굴착속도가 빠르다.
④ Slime 처리가 불확실하여 말뚝의 초기 침하 우려가 있다.

> **＊Earth Drill 공법의 장·단점**
> • 진동소음이 적은 편이다.
> • 좁은 장소에서 작업이 가능하고 지하수가 없는 점성토 지반에 적합한 공법이다.
> • 기계가 비교적 소형으로 굴착속도가 빠르다.
> • Slime 처리가 불확실하여 말뚝의 초기 침하 우려가 있다.

68 콘크리트 배합 시 시멘트 15포대(600kg)가 소요되고 물시멘트비가 60%일 때 필요한 물의 중량(kg)은?

① 360kg ② 480kg
③ 520kg ④ 640kg

> 물시멘트(%) = $\dfrac{\text{물의 중량}}{\text{시멘트의 중량}} \times 100$
>
> 물의 중량 × 100 = 물시멘트비 × 시멘트의 중량
>
> 물의 중량 = $\dfrac{\text{물시멘트비} \times \text{시멘트의 중량}}{100}$
>
> = $\dfrac{60 \times 600}{100}$ = 360(kg)

69 ALC의 특징 및 장·단점에 대한 설명으로 옳지 않은 것은?

① 흡수율은 낮은 편이며, 동해에 대해 방수·방습처리가 불필요하다.
② 열전도율은 보통콘크리트의 약 1/10로써 단열성이 우수하다.
③ 불연재인 동시에 내화재료이다.
④ 경량으로 인력에 의한 취급이 가능하고, 필요에 따라 현장에서 절단 및 가공이 용이하다.

정답 66 ① 67 ② 68 ① 69 ①

① 흡수율이 크고 동해에 대해 방수·방습처리가 필요하다.

참고

ALC(Auto claved light weight concrete : **경량기포 콘크리트**) : 화산재, 발포제품을 넣고 인공적으로 기포를 발생시켜 단위중량을 감소시킨 콘크리트를 말한다.

70 콘크리트 구조물의 품질관리에서 활용되는 비파괴검사 방법과 가장 거리가 먼 것은?

① 슈미트해머법
② 방사선 투과법
③ 초음파법
④ 자기분말 탐상법

* **콘크리트 구조물의 비파괴시험(검사) 방법**
① 슈미트해머법(반발경도법) : 경화된 콘크리트 표면을 타격하여 반발경도를 측정하는 방법
② 초음파법 : 초음파를 이용하여 콘크리트의 압축강도, 내부 결함, 균열 깊이 등을 측정하는 방법
③ 방사선법 : 엑스선, 감마선 등 방사선을 투과하여 내부결함, 콘크리트 밀실도 등을 측정
④ 인발법 : 매입한 볼트의 인발내력으로 콘크리트의 압축강도를 측정하는 방법

71 철근 콘크리트 타설에서 외기 기온이 25℃ 이하일 때 이어 붓기 시간간격의 한도로 옳은 것은?

① 120분 ② 150분
③ 180분 ④ 210분

* **허용 이어치기 시간간격의 표준**

외기온도	허용 이어치기 시간간격
25℃ 초과	2.0시간
25℃ 이하	2.5시간

주) 허용 이어치기 시간간격은 하층 콘크리트 비비기 시작에서부터 콘크리트 타설 완료 후, 상층 콘크리트가 타설되기까지의 시간

72 철근공사에 사용하고 있는 철근의 이음방법이 아닌 것은?

① 기계식이음
② 갈고리이음
③ 겹침이음
④ 용접이음

정답 70 ④ 71 ② 72 ②

★ 콘크리트 구조물의 비파괴시험(검사) 방법

겹침 이음	• 흔히 사용되는 공법으로 시공이 간단하고 경제적이다. • 부착균열 파괴를 일으키지 않도록 이음위치, 겹이음 길이, 피복두께, 철근간격 등을 설계단계에서 고려하여야 한다.
가스압접 이음	• 2개의 철근단부를 맞대어 놓고 산소-아세틸렌 가스 불꽃으로 약 1,300℃로 가열하여 철근을 고정 상태에서 압력을 가하여 접합한다.
용접 이음	• 열에너지로 철근을 녹여 접합하는 방법 • 철이 고온에 가열되므로 적절히 시공되지 않으면 강도와 인성이 떨어질 수 있다.
기계적 이음	• 시공이 편리하고 일정한 품질, 다양한 적용성으로 사용이 급격히 늘어나고 있다.

73 벽돌공사에서 치장줄눈용 모르타르 용적 배합비(잔골재/결합재) 비율로 가장 적합한 것은?

① 0.5~1.5   ② 1.5~2.5
③ 2.5~3.5   ④ 3.5~4.5

치장줄눈용 모르타르 용적 배합비(잔골재/결합재)
비율 : 0.5 ~ 1.5

74 터널 폼에 대한 설명으로 틀린 것은?

① 거푸집의 전용횟수는 약 10회 정도이다.
② 노무 절감, 공기단축이 가능하다.
③ 벽체 및 슬래브거푸집을 일체로 제작한 거푸집이다.
④ 이 폼의 종류에는 트윈 쉘(twin shell)과 모노 쉘(mono shell)이 있다.

① 거푸집의 전용횟수는 약 30~40회 정도이다.

참고

터널폼(Tunnel Form) : 한 구획 전체의 **벽판과 바닥판**을 ㄱ자형 또는 ㄷ자형으로 짜서 이동시키는 형태의 기성재 거푸집이다.

75 강관말뚝지정의 장점에 해당되지 않는 것은?

① 강한 타격에도 견디며 다져진 중간지층의 관통도 가능하다.
② 지지력이 크고 이음이 안전하고 강하며 확실하므로 장척 말뚝에 적당하다.
③ 상부구조와의 결합이 용이하다.
④ 방부력이 뛰어나 내구성이 우수하다.

④ 수분이나 대기에 노출되면 부식이 잘 된다.

76 콘크리트블록 쌓기에 대한 설명으로 틀린 것은?

① 보강근은 모르타르 또는 그라우트를 사춤하기 전에 배근하고 고정한다.
② 블록은 살두께가 작은 편을 위로 하여 쌓는다.
③ 인방블록은 창문틀의 좌우 옆 턱에 200mm 이상 물린다.
④ 모서리 등 기준이 되는 부분을 정확하게 쌓은 다음 수평실을 친다.

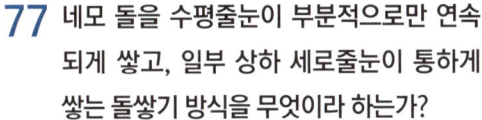

② 블록은 살 두께가 큰 편을 위로 하여 쌓는다.

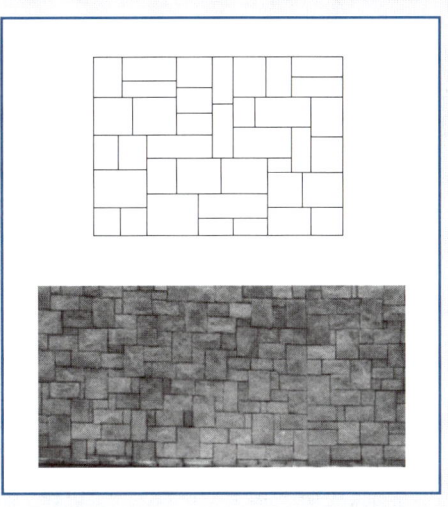

77 네모 돌을 수평줄눈이 부분적으로만 연속되게 쌓고, 일부 상하 세로줄눈이 통하게 쌓는 돌쌓기 방식을 무엇이라 하는가?

① 완자 쌓기
② 마름돌 쌓기
③ 막돌 쌓기
④ 바른층 쌓기

78 기초공사에서 잡석지정을 하는 목적에 해당되지 않는 것은?

① 구조물의 안정을 유지하게 한다.
② 이완된 지표면을 다진다.
③ 철근의 피복두께를 확보한다.
④ 버림 콘크리트의 양을 절약할 수 있다.

* 잡석지정의 목적
① 구조물의 안정을 유지하게 한다
② 이완된 지표면을 다진다.
③ 기초 바닥 밑의 방습, 배수처리에 이용된다.
④ 버림 콘크리트의 양을 절약할 수 있다.

* 허튼층 쌓기(완자 쌓기)
면이 네모진 2~3가지의 높이의 돌을 수평줄눈이 부분적으로만 연속되게 쌓으며, 일부 상하 세로줄눈이 통하게 쌓는 돌쌓기 방법을 말한다.

정답 76 ② 77 ① 78 ③

79 벽돌공사에서 한중시공일 때의 보양조치로 가장 타당한 것은? (단, 평균기온이 -7℃ 이하인 경우)

① 내후성이 강한 덮개로 덮어서 조적조를 눈, 비로부터 보호해야 한다.
② 내후성이 강한 덮개로 완전히 덮어서 조적조를 24시간 동안 보호해야 한다.
③ 보온덮개로 완전히 덮거나 다른 방한시설로 조적조를 24시간 동안 보호해야 한다.
④ 울타리와 보조열원, 전기담요, 적외선 발열램프 등을 이용하여 조적조를 동결온도 이상으로 유지하여야 한다.

* 벽돌공사의 한중시공 시 온도에 따른 적용기준

평균기온	조치내용
4℃~0℃	내후성이 강한 덮개로 조적조를 눈, 비로부터 보호
0℃~-4℃	내후성이 강한 덮개로 조적조를 24시간 동인 보호
-4℃~-7℃	보온덮개로 완전히 덮거나 다른 방한시설로 조적조를 24시간 동안 보호
-7℃ 이하	울타리와 보조열원, 전기담요, 적외선 발열램프 등을 이용하여 조적조를 동결온도 이상으로 유지

80 고층 건축물 시공 시 적용되는 거푸집에 대한 설명으로 옳지 않은 것은?

① ACS(Automatic climbing system) 거푸집은 거푸집에 부착된 유압장치 시스템을 이용하여 상승한다.
② ACS(Automatic climbing system) 거푸집은 초고층 건축물 시공 시 코어 선행시공에 유리하다.
③ 알루미늄 거푸집의 주요 시공 부위는 내부 벽체, 슬래브, 계단실 벽체이며, 슬래브 필러 시스템이 있어서 해체가 간편하다.
④ 알루미늄 거푸집은 녹이 슬지 않는 장점이 있으나 전용횟수가 적다.

* 알루미늄 거푸집
① 경량으로 설치시간이 단축된다.
② 이음매(Joint)감소로 건출작업이 감소된다.
③ 주요 시공 부위는 내부벽체, 슬래브, 계단실 벽체이며, 슬래브 필러 시스템이 있어서 해체가 간편하다.
④ 녹이 슬지 않는 장점이 있으며 전용횟수가 높다.

정답 79 ④ 80 ④

5과목 건설재료학

81 철재의 표면 부식방지 처리법으로 옳지 않은 것은?

① 유성 페인트, 광명단을 도포
② 시멘트 모르타르로 도포
③ 마그네시아 시멘트 모르타르로 도포
④ 아스팔트, 콜타르를 도포

③ 마그네시아 시멘트는 철재를 녹슬게 하므로 부식방지 처리법으로 적합하지 않다.

82 공시체(천연산 석재)를 (105±2)℃로 24시간 건조한 상태의 질량이 100g, 표면건조포화상태의 질량이 110g, 물 속에서 구한 질량이 60g일 때 이 공시체의 표면건조포화상태의 비중은?

① 2.2　　② 2
③ 1.8　　④ 1.7

표면건조 포화상태 비중

$$= \frac{\text{공시체의 건조 질량}}{\text{표면건조 포화상태 질량} - \text{공시체의 물속 질량}}$$

$$= \frac{100}{110-60} = 2$$

83 다음 각 접착제에 관한 설명으로 옳지 않은 것은?

① 페놀수지 접착제는 용제형과 에멀션형이 있고 멜라민, 초산비닐 등과 공중합시킨 것도 있다.
② 요소수지 접착제는 내열성이 200℃이고 내수성이 매우 크며 전기절연성도 우수하다.
③ 멜라민수지 접착제는 열경화성수지 접착제로 내수성이 우수하여 내수합판용으로 사용된다.
④ 비닐수지 접착제는 값이 저렴하고 작업성이 좋으며, 에멀션형은 카세인의 대용품으로 사용된다.

② 요소수지 접착제는 상온에서의 접착력이 강하고 수분에 대한 저항성도 있으나 고온에 민감하여 65℃ 이상의 온도나 상대습도가 높은 경우에는 열화되는 단점이 있다.(내수성이 좋다고 할 수 있으나 다른 합성수지 접착제에 비해 내수성이 부족하다.)

84 콘크리트의 중성화에 관한 설명으로 옳지 않은 것은?

① 콘크리트 중의 수산화석회가 탄산가스에 의해서 중화되는 현상이다.
② 물시멘트비가 크면 클수록 중성화의 진행속도는 빠르다.
③ 중성화되면 콘크리트는 알칼리성이 된다.
④ 중성화되면 콘크리트 내 철근은 녹이 슬기 쉽다.

정답　81 ③　82 ②　83 ②　84 ③

③ 공기 중의 탄산가스의 작용으로 인하여 콘크리트 중의 수산화칼슘이 서서히 탄산칼슘으로 되어 콘크리트가 알칼리성을 상실하는 현상을 중성화라 한다.

85 도장공사에 사용되는 유성도료에 관한 설명으로 옳지 않은 것은?

① 아마인유 등의 건조성 지방유를 가열 연화시켜 건조제를 첨가한 것을 보일유라 한다.
② 보일유와 안료를 혼합한 것이 유성페인트이다.
③ 유성페인트는 내알칼리성이 우수하다.
④ 유성페인트는 내후성이 우수하다.

③ 유성페인트는 내알칼리성이 약해서 콘크리트, 모르타르, 회반죽 등에는 사용하지 않는다.

86 금속재의 방식 방법으로 옳지 않은 것은?

① 상이한 금속은 두 금속을 인접 또는 접촉시켜 사용한다.
② 균질의 것을 선택하고 사용할 때 큰 변형을 주지 않는다.
③ 표면을 평활, 청결하게 하고 가능한 한 건조상태로 유지한다.
④ 큰 변형을 준 것은 가능한 풀림하여 사용한다.

* 금속의 부식방지 대책(방식 대책)
① 가능한 한 이종 금속은 이를 인접, 접속시켜 사용하지 않을 것
② 균질한 것을 선택하고, 사용할 때 큰 변형을 주지 않도록 할 것
③ 큰 변형을 준 것은 가능한 한 풀림하여 사용할 것
④ 가능한 한 건조상태로 유지하고 부분적인 녹은 빨리 제거할 것
⑤ 도료 및 내식성이 큰 금속의 기밀 또는 수밀성 보호피막을 만들거나 방부피막을 실시할 것

87 경질이며 흡습성이 적은 특성이 있으며 도로나 마룻바닥에 까는 두꺼운 벽돌로서 원료를 연와토 등을 쓰고 식염유로 시유소성한 벽돌은?

① 검정벽돌
② 광재벽돌
③ 날벽돌
④ 포도벽돌

* 포도벽돌
① 도로나 마룻바닥에 까는 두꺼운 벽돌로서 원료를 연와토 등을 쓰고 식염유로 시유 소성한 벽돌이다.
② 경질이며, 흡습성이 적고 두꺼워서 도로·복도·창고·공장 등의 바닥에 사용된다.

정답 85 ③ 86 ① 87 ④

88 도막방수재 및 실링재로 이용이 증가하고 있는 합성수지로서 기포성 보온재로도 사용되는 것은?

① 실리콘 수지
② 폴리우레탄 수지
③ 폴리에틸렌 수지
④ 멜라민 수지

도막방수재 및 실링재로 이용, 기포성 보온재로도 사용된다. → 폴리우레탄수지

89 콘크리트의 블리딩 현상에 의한 성능저하와 가장 거리가 먼 것은?

① 골재와 시멘트 페이스트의 부착력 저하
② 철근과 시멘트 페이스트의 부착력 저하
③ 콘크리트의 수밀성 저하
④ 콘크리트의 응결성 저하

* 콘크리트의 블리딩 현상에 의한 성능저하
① 골재와 시멘트 페이스트의 부착력 저하
② 철근과 시멘트 페이스트의 부착력 저하
③ 콘크리트의 수밀성 저하
④ 콘크리트의 강도 및 내구성 저하

참고

블리딩(bleeding) : 굳지 않은 콘크리트, 모르타르 등에서 물이 분리, 상승하는 현상을 말한다.

90 에너지절약, 유해물질 저감, 자원의 절약 등을 유도하기 위한 목적으로 건설자재의 환경성에 대한 일정기준을 정하여 제품에 부여하는 인증제도로 옳은 것은?

① 환경표지 ② NEP인증
③ GD마크   ④ KS마크

건설자재의 환경성에 대한 일정기준을 정하여 제품에 부여하는 인증제도 → 환경표지

91 다음 각 미장재료에 관한 설명으로 옳지 않은 것은?

① 생석회에 물을 첨가하면 소석회가 된다.
② 돌로마이트 플라스터는 응결기간이 짧으므로 지연제를 첨가한다.
③ 회반죽은 소석회에서 모래, 해초풀, 여물 등을 혼합한 것이다.
④ 반수석고는 가수 후 20~30분에 급속 경화한다.

② 돌로마이트 플라스터는 보수성이 크고 응결시간이 길다.

참고

* 돌로마이트 플라스터(기경성)
① 돌로마이트 석회에 모래, 여물을 혼합한 것
② 점도가 높아 해초풀이 필요 없고 시공이 용이하다.
③ 경화에 의한 수축률이 커서 균열 발생이 쉽다.
④ 통풍이 잘 되지 않는 지하실의 미장재료로 적절하지 못하다.

정답 88 ② 89 ④ 90 ① 91 ②

92 고로슬래그 분말을 혼화재로 사용한 콘크리트의 성질에 관한 설명으로 옳지 않은 것은?

① 초기강도는 낮지만 슬래그의 잠재 수경성 때문에 장기강도는 크다.
② 해수, 하수 등의 화학적 침식에 대한 저항성이 크다.
③ 슬래그 수화에 의한 포졸란반응으로 공극 충전효과 및 알칼리 골재반응 억제효과가 크다.
④ 슬래그를 함유하고 있어 건조수축에 대한 저항성이 크다.

> ④ 초기의 건조수축이 보통 포틀랜드 시멘트 보다 크다.

참고
- 플라이애쉬 및 고로슬래그 분말을 사용할 경우 초기의 건조수축이 보통 포틀랜드 시멘트 보다 크다.
- 초기의 건조수축이 큰 이유는 1차 수화반응 후의 잉여수가 건조하기 때문이며 타설 초기에 습윤 양생하여 건조수축을 감소시켜야 한다.

93 목재의 방부 처리법 중 압력용기 속에 목재를 넣어서 처리하는 방법으로 가장 신속하고 효과적인 것은?

① 침지법
② 표면탄화법
③ 가압주입법
④ 생리적 주입법

> **★ 목재의 방부처리법**
> ① 주입법: 방부액을 상압주입 하거나 가압하여 나무깊이 주입하는 방법
> • 가압주입법 : 압력용기 속에 목재를 넣어 처리하는 방법으로 가장 신속하고 효과적인 방법
> • 상압주입법 : 방부약액을 가열하여 주입하는 방법
> • 생리적 주입법 : 목재의 뿌리에 방부약액을 주입하는 방법
> ② 침지법 : 방부제 용액 중에 목재를 담그어 공기(산소)를 차단하여 방부 처리하는 방법
> ③ 도포법 : 목재를 충분히 건조시킨 후 솔 등으로 약제를 도포하여 방부 처리하는 방법
> ④ 표면탄화법 : 목재표면 3~4mm 정도를 태워 수분을 제거하는 방법

94 목재의 심재와 변재에 관한 설명으로 옳지 않은 것은?

① 변재는 심재 외측과 수피 내측 사이에 있는 생활세포의 집합이다.
② 심재는 수액의 통로이며 양분의 저장소이다.
③ 심재는 변재보다 단단하여 강도가 크고 신축 등 변형이 적다.
④ 심재의 색깔은 짙으며 변재의 색깔은 비교적 엷다.

> ② 목재 중심 부분의 짙은 색 목부를 심재라고 하며, 심재는 모든 세포가 죽어 있으므로 생리적 기능을 하지 않는다.(나무를 물리적으로 지탱해 주는 역할을 한다.)

정답 92 ④ 93 ③ 94 ②

95 유리섬유를 폴리에스테르수지에서 혼입하여 가압·성형한 판으로 내구성이 좋아 내·외수장재로 사용하는 것은?

① 아크릴평판
② 멜라민치장판
③ 폴리스티렌투명판
④ 폴리에스테르강화판

∗ **폴리에스테르강화판**
유리섬유를 폴리에스테르수지에 혼입하여 가압·성형한 판으로 내구성이 좋아 내·외 수장재로 사용한다.

> **참고**
>
> ∗ **폴리에스테르수지**
> - 고분자 합성수지의 일종으로 상온, 상압 하에서 성형이 가능하고 기계적 강도가 높은 열경화성 수지
> - 글라스 섬유로 강화된 평판, 판상제품으로 주로 사용된다.

96 목재의 건조특성에 관한 설명으로 옳지 않은 것은?

① 온도가 높을수록 건조속도는 빠르다.
② 풍속이 빠를수록 건조속도는 빠르다.
③ 목재의 비중이 클수록 건조속도는 빠르다.
④ 목재의 두께가 두꺼울수록 건조시간이 길어진다.

③ 목재의 비중이 클수록 건조속도는 느리다.

97 표면을 연마하여 고광택을 유지하도록 만든 시유타일로 대형 타일에 많이 사용되며, 천연화강석의 색깔과 무늬가 표면에 나타나게 만들 수 있는 것은?

① 모자이크 타일
② 징크판넬
③ 논슬립타일
④ 폴리싱타일

∗ **폴리싱 타일**
- 표면을 연마하여 광을 낸 타일
- 자기질 무유타일을 연마하여 대리석 질감과 흡사하게 만든 타일로써 내마모성, 내화학성 등이 우수하다.

98 기성 배합 모르타르 바름에 관한 설명으로 옳지 않은 것은?

① 현장에서의 시공이 간편하다.
② 공장에서 미리 배합하므로 재료가 균질하다.
③ 접착력 강화제가 혼입되기도 한다.
④ 주로 바름 두께가 두꺼운 경우에 많이 쓰인다.

④ 주로 바름 두께가 얇은 경우에 많이 쓰인다.

> **참고**
>
> 기성 배합 모르타르 바름 : 시멘트, 골재, 혼화재료를 공장에서 계량·혼합한 것으로 재료가 균일하다.

정답 95 ④ 96 ③ 97 ④ 98 ④

99. 오토클레이브(auto clave)에 포화증기 양생한 경량기포콘크리트의 특징으로 옳은 것은?

① 열전도율은 보통 콘크리트와 비슷하여 단열성은 약한 편이다.
② 경량이고 다공질이어서 가공 시 톱을 사용할 수 있다.
③ 불연성 재료로 내화성이 매우 우수하다.
④ 흡음성과 차음성은 비교적 약한 편이다.

장점	단점
• 경량성 • 흡음·차음성이 우수 • 내진성이 우수 • 단열성이 우수 • 가공이 용이 • 유동성 • 경제성	• 강도 저하 • 흡수성이 크다. (수밀성, 방수성이 나쁘다.) • 건조수축이 크다.

100. 도막방수에 사용되지 않는 재료는?

① 염화비닐 도막재
② 아크릴고무 도막재
③ 고무아스팔트 도막재
④ 우레탄고무 도막재

* 도막방수 재료
① 무기, 유기질 혼화재
② 아크릴고무 도막재
③ 고무아스팔트 도막재
④ 우레탄고무 도막재

6과목 건설안전기술

101. 다음은 산업안전보건법령에 따른 투하설비 설치에 관련된 사항이다. ( )안에 들어갈 내용으로 옳은 것은?

> 사업주는 높이가 ( )미터 이상인 장소로부터 물체를 투하하는 때에는 적당한 투하설비를 설치하거나 감시인을 배치하는 등 위험방지를 위하여 필요한 조치를 하여야 한다.

① 1 ② 2
③ 3 ④ 4

사업주는 **높이가 3미터 이상**인 장소로부터 물체를 투하하는 때에는 적당한 **투하설비**를 설치하거나 감시인을 **배치**하는 등 위험방지를 위하여 필요한 조치를 하여야 한다.

102. 토공사에서 성토용 토사의 일반조건으로 옳지 않은 것은?

① 다져진 흙의 전단강도가 크고 압축성이 작을 것
② 함수율이 높은 토사일 것
③ 시공장비의 주행성이 확보될 수 있을 것
④ 필요한 다짐정도를 쉽게 얻을 수 있을 것

② 함수율이 낮은 토사일 것

정답 99 ② 100 ① 101 ③ 102 ②

103 건설현장에서 동력을 사용하는 항타기 또는 항발기에 대하여 무너짐을 방지하기 위하여 준수하여야 할 사항으로 옳지 않은 것은?

① 상단 부분을 안정시키는 경우에 견고한 버팀·말뚝 또는 철골 등으로 고정하고 그 하단 부분은 버팀대·버팀줄로 고정한다.
② 시설 또는 가설물 등에 설치하는 때에는 그 내력을 확인하고 내력이 부족한 때에는 그 내력을 보강할 것
③ 궤도 또는 차로 이동하는 항타기 또는 항발기에 대하여는 불시에 이동하는 것을 방지하기 위하여 레일클램프 및 쐐기 등으로 고정시킬 것
④ 연약한 지반에 설치하는 때에는 아웃트리거·받침 등 지지구조물의 침하를 방지하기 위하여 깔판·깔목 등을 사용한다.

① 상단 부분은 버팀대·버팀줄로 고정하여 안정시키고, 그 하단 부분은 견고한 버팀·말뚝 또는 철골 등으로 고정시킬 것

104 산업안전보건법령에 따른 중량물 취급작업 시 작업계획서에 포함시켜야 할 사항이 아닌 것은?

① 협착위험을 예방할 수 있는 안전대책
② 감전위험을 예방할 수 있는 안전대책
③ 추락위험을 예방할 수 있는 안전대책
④ 전도위험을 예방할 수 있는 안전대책

* 중량물 취급 작업의 작업계획서
① 추락위험을 예방할 수 있는 안전대책
② 낙하위험을 예방할 수 있는 안전대책
③ 전도위험을 예방할 수 있는 안전대책
④ 협착위험을 예방할 수 있는 안전대책
⑤ 붕괴위험을 예방할 수 있는 안전대책

105 지반의 굴착 작업에 있어서 비가 올 경우를 대비한 직접적인 대책으로 옳은 것은?

① 측구 설치
② 낙하물방지망 설치
③ 추락방호망 설치
④ 매설물 등의 유무 또는 상태 확인

비가 올 경우를 대비하여 측구를 설치하거나 굴착경사면에 비닐을 덮는 등 빗물 등의 침투에 의한 붕괴재해를 예방하기 위하여 필요한 조치를 하여야 한다.

106 산업안전보건 법령에 따른 건설공사 중 다리 건설공사의 경우 유해위험방지계획서를 제출하여야 하는 기준으로 옳은 것은?

① 최대 지간길이가 40m 이상인 다리의 건설 등 공사
② 최대 지간길이가 50m 이상인 다리의 건설 등 공사
③ 최대 지간길이가 60m 이상인 다리의 건설 등 공사
④ 최대 지간길이가 70m 이상인 다리의 건설 등 공사

 103 ① 104 ② 105 ① 106 ②

※ 유해위험방지계획서를 제출해야 될 건설공사

1. 지상높이가 31미터 이상인 건축물 또는 인공구조물, 연면적 3만제곱미터 이상인 건축물 또는 연면적 5천제곱미터 이상의 문화 및 집회시설(전시장 및 동물원·식물원은 제외한다), 판매시설, 운수시설(고속철도의 역사 및 집배송시설은 제외한다), 종교시설, 의료시설 중 종합병원, 숙박시설 중 관광숙박시설, 지하도상가 또는 냉동·냉장창고시설의 건설·개조 또는 해체
2. 연면적 5천제곱미터 이상의 냉동·냉장창고시설의 설비공사 및 단열공사
3. 최대 지간길이가 50미터 이상인 교량 건설 등 공사
4. 터널 건설 등의 공사
5. 다목적댐, 발전용댐, 저수용량 2천만톤 이상의 용수전용 댐, 지방상수도 전용 댐 건설 등의 공사
6. 깊이 10미터 이상인 굴착공사

특급암기법
- 지상높이 31m, 연면적 3만m², 사람 많은 시설 연면적 5,000m²
- 연면적 5,000m² 냉동·냉장창고시설
- 최대 지간길이가 50미터 이상 교량
- 터널
- 저수용량 2천만 톤 이상 댐
- 10미터 이상인 굴착

107 동바리 등을 조립하는 경우에 준수하여야 할 기준으로 옳지 않은 것은?

① 동바리의 상하 고정 및 미끄러짐 방지 조치를 할 것
② 강재의 접속부 및 교차부는 볼트·클램프 등 전용철물을 사용하여 단단히 연결할 것
③ 동바리로 사용하는 파이프서포트는 높이가 3.5미터를 초과하는 경우에는 높이 2미터 이내마다 수평연결재를 2개 방향으로 만들고 수평연결재의 변위를 방지할 것
④ 동바리로 사용하는 파이프서포트를 4개 이상 이어서 사용하지 않도록 할 것

※ 동바리로 사용하는 파이프서포트의 조립 시 준수사항
- 파이프서포트를 3개본 이상 이어서 사용하지 아니하도록 할 것
- 파이프서포트를 이어서 사용할 때에는 4개 이상의 볼트 또는 전용철물을 사용하여 이을 것
- 높이가 3.5미터를 초과하는 경우에는 높이 2미터 이내마다 수평연결재를 2개 방향으로 만들고 수평연결재의 변위를 방지할 것

정답 107 ④

108 건설공사 도급인은 건설공사 중에 가설구조물의 붕괴 등 산업재해가 발생할 위험이 있다고 판단되면 건축·토목 분야의 전문가의 의견을 들어 건설공사 발주자에게 해당 건설공사의 설계변경을 요청할 수 있는데, 이러한 가설구조물의 기준으로 옳지 않은 것은?

① 높이 20m 이상인 비계
② 작업발판 일체형 거푸집 또는 높이 5m 이상인 거푸집 동바리
③ 터널의 지보공 또는 높이 2m 이상인 흙막이 지보공
④ 동력을 이용하여 움직이는 가설구조물

* 산업재해가 발생할 위험이 있다고 판단되어 설계변경을 요청할 수 있는 경우
① 높이 31미터 이상인 비계
② 작업발판 일체형 거푸집 또는 높이 5미터 이상인 거푸집 동바리
③ 터널의 지보공 또는 높이 2미터 이상인 흙막이 지보공
④ 동력을 이용하여 움직이는 가설구조물

109 터널 지보공을 조립하는 경우에는 미리 그 구조를 검토한 후 조립도를 작성하고, 그 조립도에 따라 조립하도록 하여야 하는데 이 조립도에 명시하여야할 사항과 가장 거리가 먼 것은?

① 이음방법
② 단면규격
③ 재료의 재질
④ 재료의 구입처

조립도에는 동바리·멍에 등 부재(部材)의 재질·단면규격·설치간격 및 이음방법 등을 명시하여야 한다.

110 다음은 산업안전보건법령에 따른 시스템 비계의 구조에 관한 사항이다. ( )안에 들어갈 내용으로 옳은 것은?

> 비계 밑단의 수직재와 받침철물은 밀착되도록 설치하고, 수직재와 받침철물의 연결부의 겹침길이는 받침철물 전체 길이의 ( ) 이상이 되도록 할 것

① 2분의 1   ② 3분의 1
③ 4분의 1   ④ 5분의 1

* 시스템 비계의 구조
① 수직재·수평재·가새재를 견고하게 연결하는 구조가 되도록 할 것
② 비계 밑단의 수직재와 받침철물은 밀착되도록 설치하고, 수직재와 받침철물의 연결부의 겹침길이는 받침철물 전체길이의 3분의 1 이상이 되도록 할 것
③ 수평재는 수직재와 직각으로 설치하여야 하며, 체결 후 흔들림이 없도록 견고하게 설치 할 것
④ 수직재와 수직재의 연결철물은 이탈되지 않도록 견고한 구조로 할 것
⑤ 벽 연결재의 설치간격은 제조사가 정한 기준에 따라 설치할 것

정답 108 ① 109 ④ 110 ②

111 산업안전보건법령에 따른 양중기의 종류에 해당하지 않은 것은?

① 곤돌라　② 리프트
③ 클램쉘　④ 크레인

> ★ 양중기의 종류 (산업안전보건법 기준)
> ① 크레인[호이스트(hoist)를 포함한다]
> ② 이동식 크레인
> ③ 리프트(이삿짐운반용 리프트의 경우에는 적재하중이 0.1톤 이상인 것으로 한정한다)
> ④ 곤돌라
> ⑤ 승강기

112 비계의 높이가 2m 이상인 작업장소에 설치하는 작업발판의 설치기준으로 옳지 않은 것은?
(단, 달비계, 달대비계 및 말비계는 제외)

① 작업발판의 폭은 40cm 이상으로 한다.
② 작업발판재료는 뒤집히거나 떨어지지 않도록 하나 이상의 지지물에 연결하거나 고정시킨다.
③ 발판재료 간의 틈은 3cm 이하로 한다.
④ 작업발판의 지지물은 하중에 의하여 파괴될 우려가 없는 것을 사용한다.

> ② 작업발판재료는 뒤집히거나 떨어지지 않도록 하나 둘 이상의 지지물에 연결하거나 고정시킨다.

113 운반작업을 인력 운반작업과 기계 운반작업으로 분류할 때 기계운반작업으로 실시하기에 부적당한 대상은?

① 단순하고 반복적인 작업
② 표준화되어 있어 지속적이고 운반량이 많은 작업
③ 취급물의 형상, 성질, 크기 등이 다양한 작업
④ 취급물이 중량인 작업

> ③ 취급물의 형상, 성질, 크기 등이 다양한 작업
> → 인력운반이 적합하다.

114 구축물에 안전진단 등 안전성 평가를 실시하여 근로자에게 미칠 위험성을 미리 제거하여야 하는 경우가 아닌 것은?

① 구축물 또는 이와 유사한 시설물의 인근에서 굴착·항타작업 등으로 침하·균열 등이 발생하여 붕괴의 위험이 예상될 경우
② 구조물, 건축물, 그 밖의 시설물이 그 자체의 무게·적설·풍압 또는 그 밖에 부가되는 하중 등으로 붕괴 등의 위험이 있을 경우
③ 화재 등으로 구축물 또는 이와 유사한 시설물의 내력(耐力)이 심하게 저하되었을 경우
④ 구축물의 구조체가 안전측으로 과도하게 설계가 되었을 경우

정답　111 ③　112 ②　113 ③　114 ④

* 구축물 또는 시설물의 안전성 평가를 실시하여야 하는 경우
① 구축물 등의 인근에서 굴착·항타작업 등으로 침하·균열 등이 발생하여 붕괴의 위험이 예상될 경우
② 구축물 등에 지진, 동해(凍害), 부동침하(불동침하) 등으로 균열·비틀림 등이 발생하였을 경우
③ 구축물 등이 그 자체의 무게·적설·풍압 또는 그 밖에 부가되는 하중 등으로 붕괴 등의 위험이 있을 경우
④ 화재 등으로 구축물 등의 내력(耐力)이 심하게 저하되었을 경우
⑤ 오랜 기간 사용하지 아니하던 구축물 등을 재사용하게 되어 안전성을 검토하여야 하는 경우
⑥ 구축물 등의 주요구조부에 대한 설계 및 시공 방법의 전부 또는 일부를 변경하는 경우
⑦ 그 밖의 잠재위험이 예상될 경우

115 크레인의 운전실 또는 운전대를 통하는 통로의 끝과 건설물 등의 벽체의 간격은 최대 얼마 이하로 하여야 하는가?

① 0.2m　　② 0.3m
③ 0.4m　　④ 0.5m

다음 각 호의 간격을 0.3미터 이하로 하여야 한다. 다만, 근로자가 추락할 위험이 없는 경우에는 그 간격을 0.3미터 이하로 유지하지 아니할 수 있다.
① 크레인의 운전실 또는 운전대를 통하는 통로의 끝과 건설물 등의 벽체의 간격
② 크레인 거더(girder)의 통로 끝과 크레인 거더의 간격
③ 크레인 거더의 통로로 통하는 통로의 끝과 건설물 등의 벽체의 간격

116 작업장에 계단 및 계단참을 설치하는 경우 매 제곱미터 당 최소 몇 킬로그램 이상의 하중에 견딜 수 있는 강도를 가진 구조로 설치하여야 하는가?

① 300kg　　② 400kg
③ 500kg　　④ 600kg

계단 및 계단참의 강도는 500kg/m² 이상이어야 하며 안전율(안전의 정도를 표시하는 것으로서 재료의 파괴응력도와 허용응력도와의 비를 말한다)은 4 이상으로 하여야 한다.

> **참고**
> 1. 계단의 폭 : 1미터 이상으로 하여야 한다.
> 2. 계단참의 높이 : **높이가 3m를 초과하는 계단에는 높이 3m 이내마다 진행방향으로 길이 1.2미터 이상의 계단참을 설치하여야 한다.**
> 3. 천장의 높이 : 바닥면으로부터 높이 2미터 이내의 공간에 장애물이 없도록 하여야 한다.
> 4. 계단의 난간 : 높이 1미터 이상인 계단의 개방된 측면에 안전난간을 설치하여야 한다.

117 체인(Chain)의 폐기 대상이 아닌 것은?

① 균열, 흠이 있는 것
② 뒤틀림 등 변형이 현저한 것
③ 전장이 원래 길이의 5%를 초과하여 늘어난 것
④ 링(Ring)의 단면 지름의 감소가 원래 지름의 5% 정도 마모된 것

> **＊달기체인의 사용금지 항목**
> ① 달기체인의 길이가 제조된 때의 길이의 5퍼센트를 초과한 것
> ② 링의 단면지름이 제조된 때의 해당 링의 지름의 10퍼센트를 초과하여 감소한 것
> ③ 균열이 있거나 심하게 변형된 것

> h = 로프의 길이 + 로프의 신장 길이 + 작업자 키의 1/2
> h = 2+(2×0.3)+(1.8×1/2) = 3.5m
> ＊로프를 지지한 위치에서 바닥면까지의 거리를 H라 하면 H＞h가 되어야만 한다.

118 다음은 달비계 또는 높이 5m 이상의 비계를 조립·해체하거나 변경하는 작업을 하는 경우에 대한 내용이다. (　)에 알맞은 숫자는?

> 비계재료의 연결·해체작업을 하는 경우에는 폭(　)cm 이상의 발판을 설치하고 근로자로 하여금 안전대를 사용하도록 하는 등 추락을 방지하기 위한 조치를 할 것

① 15　　② 20
③ 25　　④ 30

> 비계재료의 연결·해체작업을 하는 때에는 폭 20센티미터 이상의 발판을 설치하고 근로자로 하여금 안전대를 사용하도록 하는등 근로자의 추락방지를 위한 조치를 할 것

119 로프길이 2m의 안전대를 착용한 근로자가 추락으로 인한 부상을 당하지 않기 위한 지면으로부터 안전대 고정점까지의 높이(H)의 기준으로 옳은 것은? (단, 로프의 신율 30%, 근로자의 신장 180cm)

① H＞1.5m　　② H＞2.5m
③ H＞3.5m　　④ H＞4.5m

120 건설업 산업안전보건관리비 계상 및 사용기준에 따른 산업안전보건관리비의 '보호구 등' 항목에서 산업안전보건관리비로 사용이 가능한 경우는?

① 안전·보건관리자가 선임되지 않은 현장에서 안전·보건업무를 담당하는 현장관계자용 무전기, 카메라, 컴퓨터, 프린터 등 업무용 기기
② 안전관리자 및 보건관리자가 안전보건 점검 등을 목적으로 건설공사 현장에서 사용하는 차량의 유류비·수리비·보험료
③ 근로자에게 일률적으로 지급하는 보냉·보온장구
④ 감리원이나 외부에서 방문하는 인사에게 지급하는 보호구

> **＊'보호구'의 사용 가능 항목**
> ① 보호구의 구입·수리·관리 등에 소요되는 비용
> ② 근로자가 보호구를 직접 구매·사용하여 합리적인 범위 내에서 보전하는 비용
> ③ 안전관리자 등의 업무용 피복, 기기 등을 구입하기 위한 비용
> ④ 안전관리자 및 보건관리자가 안전보건 점검 등을 목적으로 건설공사 현장에서 사용하는 차량의 유류비·수리비·보험료

정답　118 ②　119 ③　120 ②

2회 모의고사

1과목 산업안전관리론

01 안전보건관리조직 중 스탭(Staff)형 조직에 관한 설명으로 옳지 않은 것은?

① 안전정보수집이 신속하다.
② 안전과 생산을 별개로 취급하기 쉽다.
③ 권한 다툼이나 조정이 용이하여 통제 수속이 간단하다.
④ 스탭 스스로 생산라인이 안전업무를 행하는 것은 아니다.

③ 권한다툼이나 조정 때문에 통제수속이 복잡해지며, 시간과 노력이 소모된다.

 실기까지 중요한 내용입니다.

02 정보서비스업의 경우, 상시근로자의 수가 최소 몇 명 이상일 때 안전보건관리규정을 작성하여야 하는가?

① 50명 이상
② 100명 이상
③ 200명 이상
④ 300명 이상

* 안전보건관리규정을 작성하여야 할 사업의 종류 및 규모

사업의 종류	규모
1. 농업 2. 어업 3. 소프트웨어 개발 및 공급업 4. 컴퓨터 프로그래밍, 시스템 통합 및 관리업 4의2. 영상·오디오물 제공 서비스업 5. 정보서비스업 6. 금융 및 보험업 7. 임대업;부동산 제외 8. 전문, 과학 및 기술 서비스업 (연구개발업은 제외한다) 9. 사업지원 서비스업 10. 사회복지 서비스업	상시 근로자 300명 이상을 사용하는 사업장
11. 제1호부터 제4호까지, 제4호의 2 및 제5호부터 제10호까지의 사업을 제외한 사업	상시 근로자 100명 이상을 사용하는 사업장

 실기까지 중요한 내용입니다.

정답 01 ③ 02 ④

03 브레인 스토밍의 4가지 원칙 내용으로 옳지 않은 것은?

① 비판하지 않는다.
② 자유롭게 발언한다.
③ 가능한 정리된 의견만 발언한다.
④ 타인의 생각에 동참하거나 보충발언 해도 좋다.

> **※ 브레인스토밍의 4원칙**
> - **비판금지** : 좋다, 나쁘다 비판은 하지 않는다.
> - **자유분방** : 마음대로 자유로이 발언한다.
> - **대량발언** : 무엇이든 좋으니 많이 발언한다.
> - **수정발언** : 타인의 생각에 동참하거나 보충 발언해도 좋다.

📝 필기에 자주 출제되는 내용입니다.

04 산업안전보건 법령상 관리감독자가 수행하는 안전 및 보건에 관한 업무에 속하지 않는 것은?

① 해당 작업의 작업장 정리·정돈 및 통로 확보에 대한 확인·감독
② 해당 작업에서 발생한 산업재해에 관한 보고 및 이에 대한 응급조치
③ 해당 사업장 안전교육계획의 수립 및 안전 교육실시에 관한 보좌 및 지도·조언
④ 관리감독자에게 소속된 근로자의 작업복·보호구 및 방호장치의 점검과 그 착용·사용에 관한 교육·지도

> **※ 관리감독자 직무**
> ① 기계·기구 또는 설비의 안전·보건 점검 및 이상 유무의 확인
> ② 근로자의 작업복·보호구 및 방호장치의 점검과 그 착용·사용에 관한 교육·지도
> ③ 산업재해에 관한 보고 및 이에 대한 응급조치
> ④ 작업장 정리·정돈 및 통로확보에 대한 확인·감독
> ⑤ 산업보건의, 안전관리자(안전관리전문기관의 해당 사업장 담당자) 및 보건관리자(보건관리전문기관의 해당 사업장 담당자), 안전보건관리담당자(안전관리전문기관 또는 보건관리전문기관의 해당 사업장 담당자)의 지도·조언에 대한 협조
> ⑥ 위험성평가를 위한 유해·위험요인의 파악 및 개선조치의 시행에 대한 참여
> ⑦ 그 밖에 해당 작업의 안전·보건에 관한 사항으로서 고용노동부령으로 정하는 사항

📝 실기에 자주 출제되는 중요한 내용입니다.

05 산업안전보건법령상 안전 및 보건에 관한 노사협의체의 근로자위원 구성 기준 내용으로 옳지 않은 것은? (단, 명예산업안전감독관이 위촉되어 있는 경우)

① 근로자대표가 지명하는 안전관리자 1명
② 근로자대표가 지명하는 명예산업안전감독관 1명
③ 도급 또는 하도급 사업을 포함한 전체 사업의 근로자 대표
④ 공사금액이 20억 원 이상인 공사의 관계수급인의 각 근로자대표

정답 03 ③ 04 ③ 05 ①

* 노사협의체의 구성

근로자위원	1. 도급 또는 하도급 사업을 포함한 전체 사업의 근로자대표	
	2. 근로자대표가 지명하는 명예산업안전감독관 1명(다만, 명예산업안전감독관이 위촉되어 있지 아니한 경우에는 근로자대표가 지명하는 해당 사업장 근로자 1명)	
	3. 공사금액이 20억 원 이상인 공사의 관계수급인의 근로자대표	
사용자위원	1. 도급 또는 하도급 사업을 포함한 전체 사업의 대표자	
	2. 안전관리자 1명	
	3. 보건관리자 1명(보건관리자 선임대상 건설업으로 한정)	
	4. 공사금액이 20억 원 이상인 공사의 관계수급인의 사업주	

📝 실기에 자주 출제되는 중요한 내용입니다.

06 재해의 간접원인 중 기술적 원인에 속하지 않는 것은?

① 경험 및 훈련의 미숙
② 구조, 재료의 부적합
③ 점검, 정비, 보존 불량
④ 건물, 기계장치의 설계 불량

기술적 원인	• 건물 기계장치 설계불량 • 구조 재료의 부적합 • 생산방법의 부적당 • 점검 정비 보존 불량
교육적 원인	• 안전지식의 부족 • 안전수칙의 오해 • 경험 훈련의 부족 • 작업 방법의 교육 불충분 • 유해 위험 작업의 교육 불충분
작업관리상 원인	• 안전관리 조직 결함 • 안전수칙 미제정 • 작업준비 불충분 • 인원 배치 부적당 • 작업지시 부적당

참고

직접 원인	간접 원인
① 인적원인(불안전한 행동) ② 물적원인(불안전한 상태)	① 기술적 원인 ② 교육적 원인 ③ 신체적 원인 ④ 정신적 원인 ⑤ 작업관리상 원인

07 산업안전보건 법령상 안전보건 표지의 색채와 색도 기준의 연결이 옳은 것은? (단, 색도 기준은 한국산업 표준(KS)에 따른 색의 3속성에 의한 표시방법에 따른다.)

① 흰색 : N0.5
② 녹색 : 5G 5.5/6
③ 빨간색 : 5R 4/12
④ 파란색 : 2.5PB 4/10

정답   06 ①   07 ④

* 안전·보건표지의 색채, 색도기준 및 용도

색채	색도 기준	용도	사용례
빨간색	7.5R 4/14	금지	정지신호, 소화설비 및 그 장소, 유해행위의 금지
		경고	화학물질 취급장소에서의 유해·위험 경고
특급암기법	싫어(7.5) 4/14		
노란색	5Y 8.5 /12	경고	화학물질 취급장소에서의 유해·위험 경고, 이외의 위험 경고. 주의 표지 또는 기계방호물
특급암기법	오(5) 빨리와(8.5) 이리(12)		
파란색	2.5PB 4/10	지시	특정 행위의 지시 및 사실의 고지
특급암기법	2.5×4=10		
녹색	2.5G 4/10	안내	비상구 및 피난소, 사람 또는 차량의 통행 표지
특급암기법	2.5×4=10		
흰색	N9.5		파란색 또는 녹색에 대한 보조색
검은색	N0.5		문자 및 빨간색 또는 노란색에 대한 보조색

📝 실기에 자주 출제되는 내용입니다.

08 버드(F. Bird)의 사고 5단계 연쇄성 이론에서 제3단계에 해당하는 것은?

① 상해(손실)
② 사고(접촉)
③ 직접 원인(징후)
④ 기본 원인(기원)

* 버드(Frank. E. Bird)의 사고 연쇄성이론 5단계

1단계	제어 부족(관리 부재)
2단계	기본 원인(기원)
3단계	직접 원인(징후)
4단계	사고(접촉)
5단계	상해(손실)

📝 실기에 자주 출제되는 내용입니다.

09 다음의 재해에서 기인물과 가해물로 옳은 것은?

> 공구와 자재가 바닥에 어지럽게 널려 있는 작업통로를 작업자가 보행 중 공구에 걸려 넘어져 통로바닥에 머리를 부딪쳤다.

① 기인물 : 바닥, 가해물 : 공구
② 기인물 : 바닥, 가해물 : 바닥
③ 기인물 : 공구, 가해물 : 바닥
④ 기인물 : 공구, 가해물 : 공구

- 공구에 걸려 넘어짐 → 기인물 : 공구
- 바닥에 머리를 부딪침 → 가해물 : 바닥

📝 실기에 자주 출제되는 내용입니다.

정답 08 ③ 09 ③

10 기계, 기구, 설비의 신설, 변경 내지 고장 수리 시 실시하는 안전점검의 종류로 옳은 것은?

① 특별점검　② 수시점검
③ 정기점검　④ 임시점검

> ★ **안전점검의 종류**
> ① 정기점검(계획점검) : 일정 기간마다 정기적으로 실시하는 점검
> ② 수시점검(일상점검): 매일 작업 전, 중, 후에 실시하는 점검
> ③ 특별점검 : 기계·기구 또는 설비의 신설·변경 또는 고장·수리 등으로 비정기적인 특정 점검을 말하며, 산업안전보건 강조기간, 악천후 시에도 실시
> ④ 임시점검 : 기계·기구 또는 설비의 이상 발견 시에 임시로 실시하는 점검

📝 필기에 자주 출제되는 내용입니다.

11 산업안전보건 법령상 안전보건개선계획의 제출에 관한 사항 중 ( )에 알맞은 내용은?

> 안전보건개선계획서를 제출해야 하는 사업주는 안전보건개선계획서 수립·시행 명령을 받은날부터 ( )일 이내에 관한 지방고용노동관서의 장에게 해당 계획서를 제출해야 한다.

① 15　② 30
③ 60　④ 90

안전보건개선계획서를 제출해야 하는 사업주는 안전보건개선계획서 수립·시행 명령을 받은 날부터 60일 이내에 관할 지방고용노동관서의 장에게 해당 계획서를 제출(전자문서로 제출하는 것을 포함한다)해야 한다.

📝 실기까지 중요한 내용입니다.

12 산업재해 발생 시 조치 순서에 있어 긴급처리의 내용으로 볼 수 없는 것은?

① 현장 보존
② 잠재위험요인 적출
③ 관련 기계의 정지
④ 재해자의 응급조치

> ★ **긴급조치 순서**
> 피재기계 정지 → 피재자 응급조치 → 관계자에게 통보 → 2차 재해 방지 → 현장 보존

📝 필기에 자주 출제되는 내용입니다.

정답　10 ①　11 ③　12 ②

13 산업안전보건법령상 상시근로자 20명 이상 50명 미만인 사업장 중 안전보건관리담당자를 선임하여야 할 업종이 아닌 것은?

① 임업
② 제조업
③ 건설업
④ 하수, 폐수 및 분뇨 처리업

* 상시근로자 20명 이상 50명 미만에서 안전보건관리 담당자를 선임하여야 하는 사업
① 제조업
② 임업
③ 하수, 폐수 및 분뇨 처리업
④ 폐기물 수집, 운반, 처리 및 원료 재생업
⑤ 환경 정화 및 복원업

특급암기법
제임! (재 임용하자.)
하·폐수, 분뇨 폐기하고 원료 재생하여 환경 정화·복원 담당자(안전보건관리 담당자)

실기까지 중요한 내용입니다.

14 산업안전보건법령상 관계수급인 근로자가 도급인의 사업장에서 작업을 하는 경우 건설업 도급인의 작업장 순회점검 주기는?

① 1일에 1회 이상
② 2일에 1회 이상
③ 3일에 1회 이상
④ 7일에 1회 이상

* 관계수급인 근로자가 도급인의 사업장에서 작업을 하는 경우의 작업장 순회점검

2일에 1회 이상	① 건설업 ② 제조업 ③ 토사석 광업 ④ 서적, 잡지 및 기타 인쇄물 출판업 ⑤ 음악 및 기타 오디오물 출판업 ⑥ 금속 및 비금속 원료 재생업
1주일에 1회 이상	그 밖의 사업

실기까지 중요한 내용입니다.

15 산업재해보상보험법령상 명시된 보험급여의 종류가 아닌 것은?

① 장례비
② 요양급여
③ 휴업급여
④ 생산손실급여

* 산업재해보상보험법령상 보험급여의 종류
① 요양급여
② 휴업급여
③ 장해급여
④ 간병급여
⑤ 유족급여
⑥ 상병(傷病)보상연금
⑦ 장례비
⑧ 직업재활급여

정답 13 ③ 14 ② 15 ④

> 참고
>
> ★ 하인리히의 재해손실비용

직접비	간접비
• 치료비 • 휴업급여 • 요양급여 • 유족급여 • 장해급여 • 간병급여 • 직업재활급여 • 상병(傷病)보상연금 • 장의비 등	• 인적 손실비 • 물적 손실비 • 생산 손실비 • 기계·기구 손실비 등

 필기에 자주 출제되는 내용입니다.

16 산업재해통계업무처리규정상 재해 통계 관련 용어로 (　　)에 알맞은 용어는?

> (　　)는 근로복지공단의 유족급여가 지급된 사망자 및 근로복지공단에 최초요양신청서(재진 요양신청이나 전원요양서는 제외)를 제출한 재해자 중 요양승인을 받은 자(산재 미보고 적발 사망자수를 포함)로 통상의 출퇴근으로 발생한 재해는 제외된다.

① 재해자 수
② 사망자 수
③ 휴업 재해자 수
④ 임금 근로자 수

① "**재해자 수**"는 근로복지공단의 유족급여가 지급된 **사망자 및 근로복지공단에 최초요양신청서**(재진 요양신청이나 전원요양신청서는 제외)**를 제출한 재해자 중 요양승인을 받은 자**(지방고용노동관서의 산재 미보고 적발 사망자 수를 포함)를 말한다.(다만, 통상의 출퇴근으로 발생한 재해는 제외)

② "**사망자 수**"는 근로복지공단의 유족급여가 지급된 **사망자**(지방고용노동관서의 산재미보고 적발 사망자를 포함)수를 말한다.
[다만, 사업장 밖의 교통사고(운수업, 음식숙박업은 사업장 밖의 교통사고도 포함)·체육행사·폭력행위·통상의 출퇴근에 의한 사망, 사고발생일로부터 1년을 경과하여 사망한 경우는 제외]

③ "**휴업재해자 수**"란 근로복지공단의 **휴업급여를 지급받은 재해자 수**를 말한다.
[다만, 질병에 의한 재해와 사업장 밖의 교통사고(운수업, 음식숙박업은 사업장 밖의 교통사고도 포함)·체육행사·폭력행위·통상의 출퇴근으로 발생한 재해는 제외]

④ "**임금근로자 수**"는 통계청의 경제활동 인구조사 상 **임금근로자 수**를 말한다.

정답 16 ①

17 산업안전보건법령상 용어와 뜻이 바르게 연결된 것은?

① "사업주대표"란 근로자의 과반수를 대표하는 자를 말한다.
② "도급인"이란 건설공사발주자를 포함한 물건의 제조·건설·수리 또는 서비스의 제공, 그 밖의 업무를 도급하는 사업주를 말한다.
③ "안전보건평가"란 산업재해를 예방하기 위하여 잠재적 위험성을 발견하고 그 개선대책을 수립할 목적으로 조사·평가하는 것을 말한다.
④ "산업재해"란 노무를 제공하는 사람이 업무에 관계되는 건설물·설비·원재료·가스·증기·분진 등에 의하거나 작업 또는 그 밖의 업무로 인하여 사망 또는 부상하거나 질병에 걸리는 것을 말한다.

① "근로자대표"란 근로자의 과반수로 조직된 노동조합이 있는 경우에는 그 노동조합을, 근로자의 과반수로 조직된 노동조합이 없는 경우에는 **근로자의 과반수를 대표하는 자**를 말한다.
② "도급인"이란 물건의 제조·건설·수리 또는 서비스의 제공, 그밖의 **업무를 도급하는 사업주**를 말한다. 다만, 건설공사발주자는 제외한다.
③ "**안전·보건진단**"이란 산업재해를 예방하기 위하여 **잠재적 위험성을 발견하고 그 개선대책을 수립할 목적으로 조사·평가하는 것**을 말한다.

📋 필기에 자주 출제되는 내용입니다.

18 보호구 안전인증 고시상 안전인증을 받은 보호구의 표시사항이 아닌 것은

① 제조자명
② 사용 유효기간
③ 안전인증 번호
④ 규격 또는 등급

★ **안전인증 표시사항**
① 형식 또는 모델명
② 규격 또는 등급 등
③ 제조자 명
④ 제조번호 및 제조연월
⑤ 안전인증 번호

참고

자율안전확인 표시사항	안전검사 표시사항
① 형식 또는 모델명	① 검사 대상 유해·위험 기계명
② 규격 또는 등급 등	② 신청인
③ 제조자 명	③ 형식번호(기호)
④ 제조번호 및 제조연월	④ 합격번호
⑤ 자율안전확인 번호	⑤ 검사유효기간
	⑥ 검사기관

📋 실기에 자주 출제되는 내용입니다.

정답 17 ④ 18 ②

19 A 사업장의 현황이 다음과 같을 때, A 사업장의 강도율은?

- 상시근로자 : 200명
- 요양재해건수 : 4건
- 사망 : 1명
- 휴업 : 1명(500일)
- 연근로시간 : 2,400시간

① 8.33 ② 14.53
③ 15.31 ④ 16.48

*강도율(S.R)
- 1,000 근로시간당 요양재해로 인한 근로손실일수 비율
- 강도율 = $\dfrac{총 요양 근로 손실 일수}{연 근로시간 수} \times 1,000$
- 근로손실일수 = 휴업일수, 요양일수, 입원일수 $\times \dfrac{300(실제근로일수)}{365}$

강도율 = $\dfrac{총 요양 근로 손실 일수}{연 근로시간 수} \times 1,000$
= $\dfrac{7,500 + 500 \times \dfrac{300}{365}}{200 \times 2,400} \times 1,000 = 16.48$

📝 실기에 자주 출제되는 내용입니다.

20 보호구 안전인증 고시 상 안전대 충격흡수장치의 동하중 시험성능기준에 관한 사항으로 ( )에 알맞은 기준은?

- 최대 전달 충격력은 (ㄱ)kN 이하
- 감속거리는 (ㄴ)mm 이하 이어야 함

① ㄱ : 6.0, ㄴ : 1,000
② ㄱ : 6.0, ㄴ : 2,000
③ ㄱ : 8.0, ㄴ : 1,000
④ ㄱ : 8.0, ㄴ : 2,000

*충격흡수장치의 동하중 성능기준
① 최대 전달 충격력은 6.0kN 이하 이어야 함
② 감속거리는 1,000mm 이하 이어야 함

2과목 산업심리 및 교육

21 다음 중 카운슬링(counseling)의 순서로 가장 올바른 것은?

① 장면 구성 → 내담자와의 대화 → 감정 표출 → 감정의 명확화 → 의견 재분석
② 장면 구성 → 내담자와의 대화 → 의견 재분석 → 감정 표출 → 감정의 명확화
③ 내담자와의 대화 → 장면 구성 → 감정 표출 → 감정의 명확화 → 의견 재분석
④ 내담자와의 대화 → 장면 구성 → 의견 재분석 → 감정 표출 → 감정의 명확화

정답 19 ④ 20 ① 21 ②

> **＊카운슬링의 순서**
> 장면 구성 – 내담자 대화 – 의견 재분석 – 감정 표출 – 감정의 명확화

22 다음 중 심포지엄(symposium)에 관한 설명으로 가장 적절한 것은?

① 먼저 사례를 발표하고 문제적 사실들과 그의 상호 관계에 대하여 검토하고 대책을 토의하는 방법
② 몇 사람의 전문가에 의하여 과제에 대한 견해를 발표한 뒤에 참가자로 하여금 의견이나 질문을 하게 하여 토의하는 방법
③ 새로운 교재를 제시하고 거기에서의 문제점을 피교육자로 하여금 제기하게 하거나, 의견을 여러 가지 방법으로 발표하게 하고 다시 깊이 파고들어서 토의하는 방법
④ 패널 멤버가 피교육자 앞에서 자유로이 토의 하고, 뒤에 피교육자가 전원이 참가하여 사회자의 사회에 따라 토의하는 방법

① 먼저 사례를 발표하고 문제적 사실들과 그의 상호 관계에 대하여 검토하고 대책을 토의하는 방법 : 사례연구법(Case Study : Case Method)
② 몇 사람의 전문가에 의하여 과제에 대한 견해를 발표한 뒤에 참가자로 하여금 의견이나 질문을 하게 하여 토의하는 방법 : 심포지엄(Symposium)
③ 새로운 교재를 제시하고 거기에서의 문제점을 피교육자로 하여금 제기하게 하거나, 의견을 여러 가지 방법으로 발표하게 하고 다시 깊이 파고들어서 토의하는 방법 : 포럼(Forum)

④ 패널 멤버가 피교육자 앞에서 자유로이 토의하고, 뒤에 피교육자가 전원이 참가하여 사회자의 사회에 따라 토의하는 방법 : 패널 디스커션(Panel discussion)

> 필기에 자주 출제되는 내용입니다.

23 다음 중 안전태도교육 과정을 올바르게 순서대로 나열한 것은?

① 청취 → 모범 → 이해 → 평가 → 장려 → 처벌
② 청취 → 평가 → 이해 → 모범 → 장려 → 처벌
③ 청취 → 이해 → 모범 → 평가 → 장려 → 처벌
④ 청취 → 평가 → 모범 → 이해 → 장려 → 처벌

> **＊태도교육 실시 순서**
> • 청취한다.
> • 이해, 납득시킨다.
> • 모범을 보인다.
> • 평가한다.
> • 권장한다.
> • 처벌한다.(상과 벌)

정답 22 ② 23 ③

24 다음 용어의 설명 중 맞는 것은?

① 리스크테이킹이란 한 지점에 주의를 집중할 때 다른 곳의 주의가 약해져 발생한 위험을 말한다.
② 부주의란 목적수행을 위한 행동전개과정 중 목적에서 벗어나는 심리적, 신체적 변화의 현상을 말한다.
③ 역할갈등이란 개인에게 여러 개의 역할기대가 있을 경우 그중의 어떤 역할기대는 불응, 거부하는 것을 말한다.
④ 투사란 다른 사람으로부터의 판단이나 행동에 대하여 무비판적으로 논리적, 사실적 근거 없이 수용하는 것을 말한다.

① 리스크테이킹(위험감수)이란 객관적인 위험을 자기 나름대로 판단해서 의지·결정하고 행동에 옮기는 것을 말한다.
③ 역할갈등이란 개인이 가지는 지위에 따른 역할기대가 다양할 경우 역할기대들 간에 발생하는 갈등을 말한다.
④ 투사란 자신의 불만이나 불안을 해소시키기 위해서 자신의 잘못을 남의 탓으로 돌리는 행동을 말한다.

25 과거의 학습경험을 통해서 학습된 행동이 현재와 미래에 지속되는 것을 무엇이라 하는가?

① 파지 ② 기명
③ 재생 ④ 재인

* **기억의 과정**

기명 → 파지 → 재생 → 재인
- **기억**: 과거 행동이 미래 행동에 영향을 줌
- **기명**: 사물의 인상을 마음에 간직함
- **파지**: 인상이 보존됨
- **재생**: 보존된 인상이 떠오름
- **재인**: 과거에 경험했던 것과 비슷한 상황에서 떠오르는 현상

필기에 자주 출제되는 내용입니다.

26 리더십을 결정하는 주요한 3가지 요소와 가장 거리가 먼 것은?

① 부하의 특성과 행동
② 리더의 특성과 행동
③ 집단과 집단 간의 관계
④ 리더십이 발생하는 상황의 특성

* **리더십을 결정하는 주요한 3가지 요소**
- 부하의 특성과 행동
- 리더의 특성과 행동
- 리더십이 발생하는 상황의 특성

27 관리 그리드(Managerial Grid) 이론에 따른 리더십의 유형 중 과업에는 높은 관심을 보이고 인간관계 유지에는 낮은 관심을 보이는 리더십의 유형은?

① 과업형   ② 무기력형
③ 이상형   ④ 무관심형

정답 24 ② 25 ① 26 ③ 27 ①

* **과업형**
과업에는 높은 관심을 보이고 인간관계 유지에는 낮은 관심을 보이는 유형

> 참고

* **리더의 행동유형 중 관리그리드 이론**

(1.1)형	무관심형
(1.9)형	인기형
(9.1)형	과업형
(5.5)형	타협형
(9.9)형	이상형

* (x,y)형에서 x는 과업의 관심도를 y는 인간관계의 관심도를 나타낸다.

 필기에 자주 출제되는 내용입니다.

28. Taylor의 과학적 관리와 거리가 먼 것은?

① 시간 - 동작 연구를 적용하였다.
② 생산의 효율성을 상당히 향상시켰다.
③ 인간중심의 관점으로 일을 재설계한다.
④ 인센티브를 도입함으로써 작업자들을 동기화시킬 수 있다.

③ 인간의 노동을 기계화하여 노동생산성을 높이는 것에만 치중하여 인간의 심리적, 생리적, 사회적 측면을 고려하지 않은 단점이 있다.

29. Off.J.T 의 특징이 아닌 것은?

① 우수한 강사를 확보할 수 있다.
② 교재, 시설 등을 효과적으로 이용할 수 있다.
③ 개개인의 능력 및 적성에 적합한 세부 교육이 가능하다.
④ 다수의 대상자를 일괄적, 체계적으로 교육을 시킬 수 있다.

③ 개개인의 능력 및 적성에 적합한 세부교육이 가능하다. → O.J.T 의 특징

> 참고

OJT의 특징	• 개개인에게 적절한 훈련이 가능하다. • 직장의 실정에 맞는 훈련이 가능하다. • 교육효과가 즉시 업무에 연결된다. • 훈련에 대한 업무의 계속성이 끊어지지 않는다. • 상호 신뢰 이해도가 높다.
OFF JT의 특징	• 다수의 근로자들에게 훈련을 할수 있다. • 훈련에만 전념하게 된다. • 특별설비기구 이용이 가능하다. • 많은 지식이나 경험을 교류할 수 있다. • 교육 훈련 목표에 대하여 집단적 노력이 흐트러질 수 있다.

 실기까지 중요한 내용입니다.

정답 28 ③ 29 ③

30 산업안전보건법상 일용직 근로자를 제외한 근로자의 신규 채용 시 실시해야 하는 안전·보건교육 시간으로 맞는 것은?(단, 일용근로자 및 근로계약기간이 1주일 이하인 기간제 근로자, 근로계약기간이 1주일 초과 1개월 이하인 기간제 근로자를 제외한다.)

① 8시간 이상
② 매 분기 3시간
③ 16시간 이상
④ 매 분기 6시간

★ **근로자 안전보건교육**

교육과정	교육대상		교육시간
가. 정기교육	1) 사무직 종사 근로자		매반기 6시간 이상
	2) 그 밖의 근로자	가) 판매 업무에 직접 종사하는 근로자	매반기 6시간 이상
		나) 판매 업무에 직접 종사하는 근로자 외의 근로자	매반기 12시간 이상
나. 채용 시의 교육	1) 일용근로자 및 근로계약기간이 1주일 이하인 기간제근로자		1시간 이상
	2) 근로계약기간이 1주일 초과 1개월 이하인 기간제 근로자		4시간 이상
	3) 그 밖의 근로자		8시간 이상
다. 작업 내용 변경 시의 교육	1) 일용근로자 및 근로계약기간이 1주일 이하인 기간제근로자		1시간 이상
	2) 그 밖의 근로자		2시간 이상
라. 특별교육	1) 일용근로자 및 근로계약기간이 1주일 이하인 기간제 근로자(타워크레인 신호작업에 종사하는 근로자 제외)		2시간 이상
	2) 일용근로자 및 근로계약기간이 1주일 이하인 기간제 근로자 중 타워크레인신호작업에 종사하는 근로자		8시간 이상

교육과정	교육대상	교육시간
라. 특별교육	3) 일용근로자 및 근로계약기간이 1주일 이하인 기간제 근로자를 제외한 근로자	가) 16시간 이상(최초 작업에 종사하기 전 4시간 이상 실시하고 12시간은 3개월 이내에서 분할하여 실시 가능) 나) 단기간 작업 또는 간헐적 작업인 경우에는 2시간 이상
마. 건설업 기초안전·보건교육	건설 일용근로자	4시간 이상

📝 실기에 자주 출제되는 내용입니다.

31 생체리듬에 관한 설명으로 틀린 것은?

① 각각의 리듬이 (-)로 최대인 점이 위험일이다.
② 육체적 리듬은 'P'로 나타내며, 23일을 주기로 반복된다.
③ 감성적 리듬은 'S'로 나타내며, 28일을 주기로 반복된다.
④ 지성적 리듬은 'I'로 나타내며, 33일을 주기로 반복된다.

① Sine 곡선의 (+) → (-)로 변화하는 점이 위험일이다.

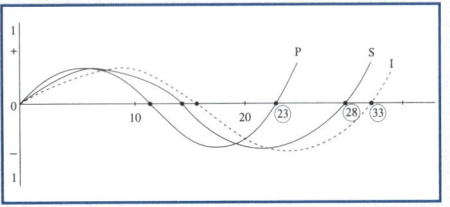

32 프로그램 학습법(Programmed self-instruction method)의 장점이 아닌 것은?

① 학습자의 사회성을 높이는 데 유리하다.
② 한 강사가 많은 수의 학습자를 지도할 수 있다.
③ 지능, 학습적성, 학습속도 등 개인차를 충분히 고려할 수 있다.
④ 매 반응마다 피드백이 주어지기 때문에 학습자가 흥미를 갖는다.

> ① 프로그램 학습법은 학생이 혼자서 자기능력과 시간, 학습속도에 맞추어 학습할 수 있도록 프로그램 학습자료를 이용하여 학습하는 형태로 사회성을 높이는 것에는 불리하다.

33 교육의 본질적 면에서 본 교육의 기능과 관련이 없는 것은?

① 사회적 기능
② 보수적 기능
③ 개인 완성으로서의 기능
④ 문화전달과 창조적 기능

> * 교육의 본질적 기능
> • 사회적 기능
> • 가치 형성 기능
> • 개인 완성으로서의 기능
> • 문화전달과 창조적 기능

34 생리적 피로와 심리적 피로에 대한 설명으로 틀린 것은?

① 심리적 피로와 생리적 피로는 항상 동반해서 발생한다.
② 심리적 피로는 계속되는 작업에서 수행 감소를 주관적으로 지각하는 것을 의미한다.
③ 생리적 피로는 근육조직의 산소고갈로 발생하는 신체능력 감소 및 생리적 손상이다.
④ 작업 수행이 감소하더라도 피로를 느끼지 않을 수 있고, 수행이 잘되더라도 피로를 느낄 수 있다.

> 심리적 피로(정신적 피로)와 생리적 피로(육체적 피로)는 항상 동반해서 발생하는 것은 아니다.

35 의사소통 과정의 4가지 구성요소에 해당하지 않는 것은?

① 채널
② 효과
③ 메시지
④ 수신자

> * 의사소통 과정의 4가지 구성요소
> • 송신자
> • 메시지
> • 수신자
> • 피드백 또는 채널

정답 32 ① 33 ② 34 ① 35 ②

36 교육지도의 5단계가 다음과 같을 때 맞게 나열한 것은?

> ㉠ 가설의 설정　㉡ 결론
> ㉢ 원리의 제시　㉣ 관련된 개념의 분석
> ㉤ 자료의 평가

① ㉢ → ㉣ → ㉠ → ㉤ → ㉡
② ㉠ → ㉢ → ㉣ → ㉤ → ㉡
③ ㉢ → ㉠ → ㉤ → ㉣ → ㉡
④ ㉠ → ㉢ → ㉤ → ㉣ → ㉡

* **교육지도의 5단계**
  - 1단계 : 원리의 제시
  - 2단계 : 관련된 개념의 분석
  - 3단계 : 가설의 설정
  - 4단계 : 자료의 평가
  - 5단계 : 결론

37 직무동기 이론 중 기대이론에서 성과를 나타냈을 때 보상이 있을 것이라는 수단성을 높이려면 유의해야 할 점이 있는데, 이에 해당되지 않는 것은?

① 보상의 약속을 철저히 지킨다.
② 신뢰할 만한 성과의 측정방법을 사용한다.
③ 보상에 대한 객관적인 기준을 사전에 명확히 제시한다.
④ 직무수행을 위한 충분한 정보와 자원을 공급받는다.

* **브롬(Vroom)의 기대이론**
개인이 어떤 행동을 할 때 자신의 노력에 따른 결과를 기대하며, 그 기대를 실현하기 위하여 어떤 활동을 한다는 이론
- 보상의 약속을 철저히 지킨다.
- 신뢰할 만한 성과의 측정방법을 사용한다.
- 보상에 대한 객관적인 기준을 사전에 명확히 제시한다.

> **참고**

* **브롬(Vroom)의 기대이론의 3가지 요소**
- 기대감
  - 노력했을 때 목표한 일을 성공시킬 수 있는가?
  - 어떤 활동이 특정한 결과를 가져올 거라는 가능성
- 수단성
  - 일을 성공했을 때 내가 바라는 것을 얻을 수 있는가?
  - 성과를 달성하면 바람직한 보상이 주어지리라는 믿음
- 유의성
  - 그 일이 내가 바라는 일이고 좋아하는 일인가?
  - 특정 보상에 대한 선호도

38 어떤 과업을 성취할 수 있는 자신의 능력에 대한 스스로의 믿음을 무엇이라 하는가?

① 자기통제(self-control)
② 자아존중감(self-esteem)
③ 자기효능감(self-efficacy)
④ 통제소재(locus of control)

* **자기효능감(self-efficacy)**
과업을 성취할 수 있는 자신의 능력에 대한 스스로의 믿음을 말한다.

정답　36 ①　37 ④　38 ③

39 하버드 학파의 학습지도법에 해당하지 않는 것은?

① 지시(Order)
② 준비(Preparation)
③ 교시(Presentation)
④ 총괄(Generalization)

> ✱ 하버드학파의 교수법
>
> | 1단계 | 준비시킨다. |
> |---|---|
> | 2단계 | 교시시킨다. |
> | 3단계 | 연합한다. |
> | 4단계 | 총괄한다. |
> | 5단계 | 응용시킨다. |

📝 실기까지 중요한 내용입니다.

40 학습의 전이란 학습한 결과가 다른 학습이나 반응에 영향을 주는 것을 의미한다. 이 전이의 이론에 해당되지 않는 것은?

① 일반화설　　② 동일요소설
③ 형태이조설　④ 태도유인설

> ✱ 전이에 관한 이론
> - **일반화설(동일원리설)** : 두 학습내용 간의 원리가 같을 때 전이가 일어난다는 이론
> - **동일요소설** : 한 학습의 효과가 다음 학습을 촉진시키기 위해서는 두 학습과제 간에 동일요소가 존재해야 한다는 이론
> - **형태이조설** : 어떤 학습자료의 역학적 관계가 이해될 때 그것이 다른 학습자료에 전이된다는 이론

3과목 인간공학 및 시스템안전공학

41 FMEA의 장점이라 할 수 있는 것은?

① 분석방법에 대한 논리적 배경이 강하다.
② 물적, 인적요소 모두가 분석대상이 된다.
③ 서식이 간단하고 비교적 적은 노력으로 분석이 가능하다.
④ 두 가지 이상의 요소가 동시에 고장나는 경우에도 분석이 용이하다.

> ✱ FMEA의 장·단점
> ① 장점
>   - 서식이 간단하고 적은 노력으로도 분석이 가능하다.
> ② 단점
>   - 논리성이 부족하다.
>   - 각 요소간의 영향을 분석하기 어렵기 때문에 동시에 두 개 이상의 고장이 날 경우 해석이 곤란하다.
>   - 요소가 물체로 한정되어 있어 인적 원인 분석이 곤란하다.

📝 필기에 자주 출제되는 내용입니다.

42 의도는 올바른 것이었지만, 행동이 의도한 것과는 다르게 나타나는 오류를 무엇이라 하는가?

① Slip
② Mistake
③ Lapse
④ Violation

정답　39 ①　40 ④　41 ③　42 ①

Mistake (착오, 착각)	• 인지과정과 의사결정과정에서 발생하는 에러 • 상황해석을 잘못하거나 틀린 목표를 착각하여 행하는 경우
Lapse (건망증)	• 저장단계에서 발생하는 에러 • 어떤 행동을 잊어버리고 안 하는 경우
Slip (실수, 미끄러짐)	• 실행단계에서 발생하는 에러 • 상황(목표)해석은 제대로 하였으나 의도와는 다른 행동을 하는 경우
위반(Violation)	• 알고 있음에도 의도적으로 따르지 않거나 무시한 경우

📖 필기에 자주 출제되는 내용입니다.

43 동작 경제 원칙에 해당되지 않는 것은?

① 신체 사용에 관한 원칙
② 작업장 배치에 관한 원칙
③ 사용자 요구 조건에 관한 원칙
④ 공구 및 설비 디자인에 관한 원칙

* **동작 경제의 3원칙**
① 신체 사용에 관한 원칙
② 작업장 배치에 관한 원칙
③ 공구 및 설비 디자인에 관한 원칙

📖 필기에 자주 출제되는 내용입니다.

44 FTA에서 사용하는 다음 사상기호에 대한 설명으로 맞는 것은?

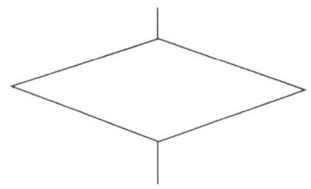

① 시스템 분석에서 좀 더 발전시켜야 하는 사상
② 시스템의 정상적인 가동상태에서 일어날 것이 기대되는 사상
③ 불충분한 자료로 결론을 내릴 수 없어 더 이상 전개 할 수 없는 사상
④ 주어진 시스템의 기본사상으로 고장원인이 분석되었기 때문에 더 이상 분석할 필요가 없는 사상

* **생략사상(Undeveloped event)**

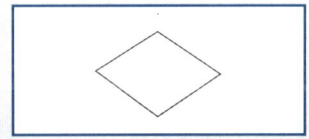

사고 결과나 관련 정보가 미비하여 계속 개발될 수 없는 특정 초기사상

📖 필기에 자주 출제되는 내용입니다.

정답 43 ③ 44 ③

45 다음 그림과 같이 7개의 기기로 구성된 시스템의 신뢰도는 약 얼마인가?(단, 네모 안의 숫자는 각 부품의 신뢰도이다.)

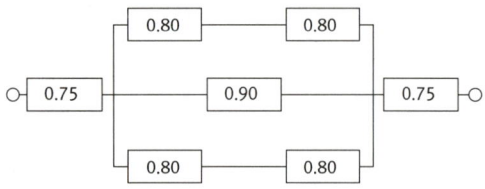

① 0.5552 ② 0.5427
③ 0.6234 ④ 0.9740

0.75 × [1−(1−0.80×0.80)×(1−0.90)×(1−0.80×0.80)]×0.75 = 0.5552

📝 필기에 자주 출제되는 중요한 내용입니다.

46 아령을 사용하여 30분간 훈련한 후, 이두근의 근육 수축작용에 대한 전기적인 신호 데이터를 모았다. 이 데이터들을 이용하여 분석할 수 있는 것은 무엇인가?

① 근육의 질량과 밀도
② 근육의 활성도와 밀도
③ 근육의 피로도와 크기
④ 근육의 피로도와 활성도

* 근육 수축작용에 대한 전기적인 신호 데이터(근전도)
→ 근육의 피로도와 활성도를 측정할 수 있다.

47 다음 FT도에서 각 요소의 발생확률이 요소 ①과 요소 ②는 0.2, 요소 ③은 0.25, 요소 ④는 0.3일 때, A사상의 발생확률은 얼마인가?

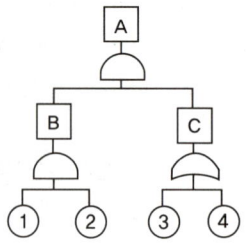

① 0.007 ② 0.014
③ 0.019 ④ 0.071

$A = B \times C$
$= (① \times ②) \times \{1 − (1 − ③) \times (1 − ④)\}$
$= (0.2 \times 0.2) \times \{1 − (1 − 0.25) \times (1 − 0.3)\}$
$= 0.019$

📝 필기에 자주 출제되는 내용입니다.

48 인체측정자료에서 극단치를 적용하여야 하는 설계에 해당하지 않는 것은?

① 계산대
② 문 높이
③ 통로 폭
④ 조종장치까지의 거리

정답 45 ① 46 ④ 47 ③ 48 ①

* **인체계측자료의 응용 3원칙**

① 최대치수와 최소치수 설계(극단치 설계)

최대치수설계의 예	최소치수설계의 예
• 위험구역의 울타리 높이 • 출입문의 높이 • 그네줄의 인장강도	• 물건을 올리는 선반의 높이 • 조종장치를 조정하는 힘 • 조종장치까지의 조정거리

② 조절(조정)범위(조절식 설계)
• 체격이 다른 여러 사람에 맞도록 설계한다.
• 예 침대, 의자 높낮이 조절, 자동차의 운전석 위치 조정

③ 평균치를 기준으로 한 설계
• 최대 치수나 최소 치수, 조절식으로 하기가 곤란할 때 평균치를 기준으로 하여 설계한다.
• 예 은행의 창구 높이

📝 필기에 자주 출제되는 내용입니다.

49 각 기본사상의 발생확률이 증감하는 경우 정상사상의 발생확률에 어느 정도 영향을 미치는가를 반영하는 지표로서 수리적으로는 편미분계수와 같은 의미를 갖는 FTA의 중요도 지수는?

① 확률 중요도
② 구조 중요도
③ 치명 중요도
④ 비구조 중요도

기본사상의 발생확률이 증감하는 경우 정상사상의 발생확률에 어느 정도 영향을 미치는가를 반영하는 지표 → 확률 중요도

50 인체에서 뼈의 주요 기능이 아닌 것은?

① 인체의 지주
② 장기의 보호
③ 골수의 조혈
④ 근육의 대사

* **골격(뼈)의 주요 기능**
① 신체를 지지하고 형상을 유지하는 역할
② 신체의 주요한 부분을 보호하는 역할
③ 신체활동을 수행하는 역할
④ 혈액을 생성하는 역할

51 손이나 특정 신체부위에 발생하는 누적 손상 장애(CTD)의 발생인자와 가장 거리가 먼 것은?

① 무리한 힘
② 다습한 환경
③ 장시간의 진동
④ 반복도가 높은 작업

* **근골격계질환(누적외상성질환, CTDs)의 발생요인**
① 반복적인 동작
② 부적절한 작업 자세
③ 무리한 힘의 사용
④ 날카로운 면과의 신체 접촉
⑤ 진동 및 온도(저온)

📝 실기까지 중요한 내용입니다.

정답 49 ① 50 ④ 51 ②

52 휴먼 에러(Human Error)의 요인을 심리적 요인과 물리적 요인으로 구분할 때, 심리적 요인에 해당하는 것은?

① 일이 너무 복잡한 경우
② 일의 생산성이 너무 강조될 경우
③ 동일 형상의 것이 나란히 있을 경우
④ 서두르거나 절박한 상황에 놓여있을 경우

①, ②, ③ → 물리적 요인
④ → 심리적 요인

53 인간이 기계보다 우수한 기능으로 옳지 않은 것은? (단, 인공지능은 제외한다.)

① 암호화된 정보를 신속하게 대량으로 보관할 수 있다.
② 관찰을 통해서 일반화하여 귀납적으로 추리한다.
③ 항공사진의 피사체나 말소리처럼 상황에 따라 변화하는 복잡한 자극의 형태를 식별할 수 있다.
④ 수신 상태가 나쁜 음극선관에 나타나는 영상과 같이 배경 잡음이 심한 경우에도 신호를 인지할 수 있다.

*인간 – 기계의 기능 비교

	인간의 장점	기계의 장점
감지 기능	• 저에너지 자극 감지 • 다양한 자극 식별 • 예기치 못한 사건 감지	• 인간의 감지범위 밖의 자극 감지 • 인간, 기계의 모니터 기능
정보 처리 기능	• 많은 양의 정보를 장시간 보관 • 귀납적 추리, 다양한 문제 해결	• 정보를 신속하게 대량 보관 • 연역적, 정량적
행동 기능	• 과부하 상태에서는 중요한 일에만 집념할 수 있다.	• 과부하에서 효율적 작동 • 장시간 중량 작업, 반복. 동시 여러 가지 작업을 수행 가능

54 인간공학을 기업에 적용할 때의 기대효과로 볼 수 없는 것은?

① 노사 간의 신뢰 저하
② 작업손실시간의 감소
③ 제품과 작업의 질 향상
④ 작업자의 건강 및 안전 향상

① 노사 간의 신뢰 향상

55 산업안전보건기준에 관한 규칙상 "강렬한 소음 작업"에 해당하는 기준은?

① 85데시벨 이상의 소음이 1일 4시간 이상 발생하는 작업
② 85데시벨 이상의 소음이 1일 8시간 이상 발생하는 작업
③ 90데시벨 이상의 소음이 1일 4시간 이상 발생하는 작업
④ 90데시벨 이상의 소음이 1일 8시간 이상 발생하는 작업

* 강렬한 소음작업
① 하루 8시간 동안 90dB 이상의 소음이 발생하는 작업
② 하루 4시간 동안 95dB 이상의 소음이 발생하는 작업
③ 하루 2시간 동안 100dB 이상의 소음이 발생하는 작업
④ 하루 1시간 동안 105dB 이상의 소음이 발생하는 작업
⑤ 하루 30분 동안 110dB 이상의 소음이 발생하는 작업
⑥ 하루 15분 동안 115dB 이상의 소음이 발생하는 작업

실기까지 중요한 내용입니다.

56 촉감의 일반적인 척도의 하나인 2점 문턱 값(two-point threshold)이 감소하는 순서대로 나열된 것은?

① 손가락 → 손바닥 → 손가락 끝
② 손바닥 → 손가락 → 손가락 끝
③ 손가락 끝 → 손가락 → 손바닥
④ 손가락 끝 → 손바닥 → 손가락

2점 문턱 값(two-point threshold)은 손바닥에서 손가락 끝으로 갈수록 감소한다.

참고
- 문턱 값 : 감지가 가능한 가장 작은 자극의 크기를 말한다.
- 2점 문턱 값(two-point threshold) : 자극을 구별할 수 있는 최소거리를 말한다.

57 물체의 표면에 도달하는 빛의 밀도를 뜻하는 용어는?

① 광도   ② 광량
③ 대비   ④ 조도

* 조도
물체나 표면에 도달하는 빛의 단위 면적당 밀도

$$조도(lux) = \frac{광도}{(거리)^2}$$

필기에 자주 출제되는 내용입니다.

58 신호검출이론(SDT)의 판정결과 중 신호가 없었는데도 있었다고 말하는 경우는?

① 긍정(hit)
② 누락(miss)
③ 허위(false alarm)
④ 부정(correct rejection)

신호가 없었는데도 있었다고 말하는 경우
→ 허위(false alarm)

정답 55 ④ 56 ② 57 ④ 58 ③

> **참고**
>
> **★ 신호검출이론**
> - 잡음 속에서 신호를 검출할 때에, 신호에 대한 옳은 반응(fit)과 잡음일 때에 반응하는 잘못을 측정하는 방법
> - 관찰자의 민감도와 반응편향에 따라 신호의 탐지가 달라진다는 이론으로 통제된 실험실에서 얻은 결과를 현장에 그대로 적용할 수 없다.

59 암호체계의 사용 시 고려해야 될 사항과 거리가 먼 것은?

① 정보를 암호화한 자극은 검출이 가능하여야 한다.
② 다 차원의 암호보다 단일 차원화된 암호가 정보 전달이 촉진된다.
③ 암호를 사용할 때는 사용자가 그 뜻을 분명히 알 수 있어야 한다.
④ 모든 암호 표시는 감지장치에 의해 검출될 수 있고, 다른 암호 표시와 구별될 수 있어야 한다.

> **★ 암호 체계의 일반적 사항**
> ① 암호의 검출성 : 암호화한 자극은 검출이 가능할 것
> ② 암호의 변별성 : 다른 암호 표시와 구별될 수 있을 것
> ③ 부호의 양립성 : 자극-반응의 관계가 인간의 기대와 모순되지 않는 성질
> ④ 부호의 의미 : 암호를 사용할 때는 그 사용자가 그 뜻을 분명히 알 수 있어야 한다.
> ⑤ 암호의 표준화 : 암호를 표준화하여 다른 상황으로 변화하더라도 쉽게 이용할 수 있어야 한다.
> ⑥ 다차원 암호의 사용 : 2가지 이상의 암호를 조합해서 사용하면 정보 전달이 촉진된다.

필기에 자주 출제되는 내용입니다.

60 불필요한 작업을 수행함으로써 발생하는 오류로 옳은 것은?

① Command error
② Extraneous error
③ Secondary error
④ Commission error

> **★ 휴먼에러의 심리적 분류**
> **(Swain의 분류, 독립행동에 관한 분류)**
> - omission error(누설오류, 생략오류, 부작위오류) : 필요한 작업 또는 절차를 수행하지 않는데 기인한 에러
> - time error(시간오류) : 필요한 작업 또는 절차의 수행 지연으로 인한 에러
> - commission error(작위오류) : 필요한 작업 또는 절차의 불확실한 수행으로 인한 에러
> - sequential error(순서오류) : 필요한 작업 또는 절차의 순서 착오로 인한 에러
> - extraneous error(과잉행동오류) : 불필요한 작업 또는 절차를 수행함으로써 기인한 에러

필기에 자주 출제되는 내용입니다.

정답 59 ② 60 ②

4과목 건설시공학

61 공동도급(Joint Venture)의 장점이 아닌 것은?

① 융자력 증대 ② 책임소재 명확
③ 위험 분산   ④ 기술력 확충

★ **공동도급(Joint Venture)의 장·단점**

장점	단점
① 융자력 증대	① 경비 증대
② 기술의 확충	② 업무 흐름의 혼란
③ 위험의 분산	③ 조직 상호간의 불일치
④ 공사 시공의 확실성	④ 하자 부분의 책임한계 불분명
⑤ 신용도의 증대	
⑥ 공사 도급 경쟁 완화	

📝 필기에 자주 출제되는 내용 입니다.

62 철골조 내화피복 공사 중 피복된 철골의 형상에 대해 제약이 적고 큰 면적의 내화피복을 소수 인원으로 단시간에 시공할 수 있는 공법은?

① 성형판붙임공법 ② 맴브레인공법
③ 조적공법   ④ 뿜칠공법

★ **뿜칠공법**
① 철골표면에 접착제를 혼합한 내화피복재를 뿜어서 내화피복하는 공법
② 기둥이나 보, 바닥과 지붕주위에 사용하며, 구조가 복잡한 부분에서도 시공하기가 쉽다.
③ 피복된 철골의 형상에 대해 제약이 적고 큰 면적의 내화피복을 소수 인원으로 단시간에 시공할 수 있다.

63 흙막이공법에 사용하는 지지공법이라 할 수 없는 공법은?

① 경사 오픈 컷 공법
② 탑다운 공법
③ 어스앵커 공법
④ 스트러트 공법

① 경사 오픈 컷 공법 : 굴착 주변에 흙이 흘러내리지 않을 정도의 경사면을 취하여 흙막이 벽이나 가설구조물이 없이 굴착하는 흙파기(굴착) 공법을 말한다.

 참고

1. 어스 앵커(earth anchor) 공법 : PS 강선, PS 강연선 등(earth anchor)을 지중에 삽입해서 선단부를 양질지반에 정착시키고, 이를 반력으로 하여 흙막이 벽 등의 구조물을 지지하는 공법
2. 역타공법(탑 다운공법 : Top-Down) : 「위에서 아래로」 공사를 진행하는 공법으로 철골 기둥을 박고 1층에서 지하층을 향해 콘크리트를 부어 넣어 흙막이로 하면서 지하층을 굴착하는 방법
3. 버팀대(Strut) 공법 : 굴착하고자 하는 부지의 외곽에 흙막이 벽을 설치하고 수평버팀대, 띠장 등으로 흙막이 벽을 지지하는 공법

📝 필기에 자주 출제되는 내용 입니다.

정답 61 ② 62 ④ 63 ①

64 아파트, 지하철공사, 고속도로공사 등 대규모 공사에서 지역별로 공사를 구분하여 발주하는 도급방식은?

① 전문공사별 분할도급
② 공구별 분할도급
③ 공정별 분할도급
④ 직종별, 공정별 분할도급

> ＊ **분할도급의 종류**
> ① 전문공사별 분할도급 : 설비 공사를 주체 공사에서 분리하여 전문업자와 직접 계약하는 방식
> ② 공정별 분할도급 : 정지, 기초, 구체, 마무리 공사 등의 과정별로 나누어 도급을 주는 방식
> ③ 공구별 분할도급 : 대규모 공사에서 한 현장 안에서 여러 지역별로 공사를 구분하여 발주하는 방식

📝 필기에 자주 출제되는 내용입니다.

65 콘크리트 타설 후 진동다짐에 대한 설명으로 틀린 것은?

① 진동기는 하층 콘크리트에 10cm 정도 삽입하여 상하층 콘크리트를 일체화시킨다.
② 진동기는 가능한 연직방향으로 찔러 넣는다.
③ 진동기를 빼낼 때는 서서히 뽑아 구멍이 남지 않도록 한다.
④ 된비빔 콘크리트의 경우 구조체의 철근에 진동을 주어 진동효과를 좋게 한다.

> ④ 철근 또는 거푸집에 직접 진동을 주지 않고 경화가 시작된 콘크리트에 진동을 주어서는 안 된다.

📝 필기에 자주 출제되는 내용입니다.

66 흙막이 붕괴원인 중 히빙(Heaving) 파괴가 일어나는 주원인은?

① 흙막이벽의 재료 차이
② 지하수의 부력 차이
③ 지하수위의 깊이 차이
④ 흙막이벽 내외부 흙의 중량 차이

> ＊ **히빙(Heaving)현상**
> 연질점토 지반에서 굴착에 의한 흙막이 내·외면의 흙의 중량 차이(토압 차이)로 인해 굴착저면이 부풀어 올라오는 현상을 말한다.

📝 필기에 자주 출제되는 내용입니다.

67 다음과 같은 조건의 굴삭기로 2시간 작업할 경우의 작업량은 얼마인가?

> 버켓용량 $0.8m^3$, 사이클타임 40초
> 작업효율 0.8, 굴삭계수 0.7
> 굴삭토의 용적변화계수 1.1

① $128.5m^3$ ② $107.7m^3$
③ $88.7m^3$ ④ $66.5m^3$

정답 64 ② 65 ④ 66 ④ 67 ③

* **굴삭기계의 단위 작업시간당 시공량**

$$Q(m^3/hr) = \frac{q \times k \times f \times E}{Cm(hr)}$$

$$= \frac{60 \times q \times k \times f \times E}{Cm(min)}$$

$$= \frac{3,600 \times q \times k \times f \times E}{Cm(sec)}$$

- Q : 1시간당 작업량(m^3/h)
- q : 버킷용량(m^3)
- k : 버킷계수
- f : 굴삭토의 용적변화계수
- E : 작업효율
- Cm : 1회 사이클 시간

1. $Q(m^3/hr) = \dfrac{3,600 \times q \times k \times f \times E}{Cm(sec)}$

   $= \dfrac{3,600 \times 0.8 \times 0.7 \times 1.1 \times 0.8}{40}$

   $= 44.35(m^3/hr)$

2. 2시간 동안의 작업량 = 44.35 × 2 = 88.70(m^3)

📝 필기에 자주 출제되는 내용입니다.

68 한중 콘크리트의 제조에 대한 설명으로 틀린 것은?

① 콘크리트의 비빔온도는 기상조건 및 시공조건 등을 고려하여 정한다.
② 재료를 가열하는 경우, 물 또는 골재를 가열하는 것을 원칙으로 하며, 골재는 직접 불꽃에 대어 가열한다.
③ 타설 시의 콘크리트 온도는 5℃ 이상, 20℃ 미만으로 한다.
④ 빙설이 혼입된 골재, 동결상태의 골재는 원칙적으로 비빔에 사용하지 않는다.

② 재료를 가열할 경우 물 또는 골재를 가열하는 것으로 하며, 골재는 직접 불꽃에 대어 가열해서는 안 되고, 시멘트는 어떠한 경우라도 직접 가열하면 안 된다.

📝 필기에 자주 출제되는 내용입니다.

69 벽돌쌓기에서 도면 또는 공사 시방서에서 정한 바가 없을 때에 적용하는 쌓기 법으로 옳은 것은?

① 미식 쌓기
② 영롱 쌓기
③ 불식 쌓기
④ 영식 쌓기

* **영식 쌓기**
① 한 켜는 길이로 쌓고 다음 켜는 마구리 쌓기로 한다.
② 통줄눈이 생기지 않고 가장 튼튼한 쌓기 방식이다.
③ 도면 또는 공사 시방서에서 정한 바가 없을 때에 적용하는 쌓기법이다.

📝 필기에 자주 출제되는 내용입니다.

70 발주자가 직접 설계와 시공에 참여하고 프로젝트 관련자들이 상호 신뢰를 바탕으로 Team을 구성해서 프로젝트의 성공과 상호 이익 확보를 공동 목표로 하여 프로젝트를 추진하는 공사수행 방식은?

① PM방식(Project Management)
② 파트너링 방식(Partnering)
③ CM방식(Construction Management)
④ BOT방식(Build Operate Transfer)

정답 68 ② 69 ④ 70 ②

※ 파트너링 방식(Partnering)
발주자가 직접 설계와 시공에 참여하고 프로젝트 관련자들이 상호 신뢰를 바탕으로 Team을 구성해서 프로젝트의 성공과 상호이익 확보를 공동 목표로 하여 프로젝트를 추진하는 공사수행 방식을 말한다.

참고

1. 공사관리 계약(CM 발주) : 건축 기획부터 설계, 시공, 유지관리까지의 건설의 전 과정에 걸쳐 프로젝트를 보다 효율적이고 경제적으로 수행하기 위하여 각 부문의 전문가들로 구성된 통합관리기술을 발주자에게 제공하는 도급계약의 형태를 말한다.
2. BOT방식(Build Operate Transfer) : 시설의 준공 후 일정기간 동안 사업시행자에게 해당 시설의 소유권이 인정되며 그 기간이 만료되면 시설소유권이 국가 또는 지방자치단체에 귀속되는 방식을 말한다.

📝 필기에 자주 출제되는 내용입니다.

71 철근콘크리트 구조에서 철근의 정착 위치로 틀린 것은?

① 기둥의 주근은 기초에 정착한다.
② 작은 보의 주근은 기둥에 정착한다.
③ 지중 보의 주근은 기초에 정착한다.
④ 벽체의 주근은 기둥 또는 큰 보에 정착한다.

※ 철근콘크리트의 부재별 철근의 정착위치
① 기둥의 주근은 기초 또는 바닥판에 정착한다.
② 바닥철근은 보, 벽체에 정착한다.
③ 벽 철근은 기둥, 보, 바닥판에 정착한다.
④ 큰 보의 주근은 기둥에 정착하고, 작은 보의 주근은 큰 보에 정착한다.
⑤ 보 밑 기둥이 없을 때에는 보 상호간에 정착한다.
⑥ 지중 보의 주근은 기초 또는 기둥에 정착한다.

📝 필기에 자주 출제되는 내용입니다.

72 지반 조사에 관한 설명 중 옳지 않은 것은?

① 각종 지반 조사를 먼저 실시한 후 기존의 조사 자료와 대조하여 본다.
② 과거 또는 현재의 지층 표면의 변천 사항을 조사한다.
③ 상수면의 위치와 지하 유수 방향을 조사한다.
④ 지하 매설물 유무와 위치를 파악한다.

※ 지반조사 순서
① 예비조사 : 계획단계의 조사, 자료 수집을 위한 조사로서 현장 관련 모든 자료를 조사하여 현장의 지형, 지실, 기후, 재해, 교통 등 지반조사계획에 필요한 정보를 입수하는 것
② 개략조사 : 예비조사에서 구한 결과를 토대로 현지답사를 주로 하며, 시추(boring)와 시료채취 실시키도 함
③ 본 조사 : 상세설계를 위한 현장조사(site investigation), 예비조사와 개략조사에서 얻은 개략정보를 토대로 시추, 시료채취, 원위치시험, 실내시험, 물리탐사 등을 실시하는 것

정답 71 ② 72 ①

④ 보충조사 : 본 조사까지의 지층구조와 시공 상태에서 확인한 **지층구조의 상이로 인한 구조물의 설계변경 필요시, 시공방법의 결정 및 적정성 평가·확인, 설계의 적정성 여부의 확인** 등에 활용

73 다음 설명에 해당하는 용접 결함으로 옳은 것은?

> A. 용접 시 튀어나온 슬래그가 굳은 현상을 의미하는 것
> B. 용접금속과 모재가 융합되지 않고 겹쳐지는 것을 의미하는 용접 불량

① A : 슬래그(slag) 감싸기, B : 피트(pit)
② A : 언더컷(under cut), B : 오버랩(overlap)
③ A : 피트(pit), B : 스패터(spatter)
④ A : 스패터(spatter), B : 오버랩(overlap)

1. 스패터(spatter) : 용접 시 튀어나온 슬래그가 굳은 현상(용융된 금속의 작은 입자가 튀어나와 모재에 묻어있는 것)을 말한다.
2. 오버랩(overlap) : 용접전류가 부족하거나, 용접 속도가 너무 느릴 경우 발생하며 **용착 금속이 모재에 융합되지 않고 겹친 부분**(용융된 금속이 모재 면에 덮쳐진 상태)을 말한다.

📖 필기에 자주 출제되는 내용입니다.

74 철근콘크리트공사의 염해 방지대책으로 옳지 않은 것은?

① 철근 피복 두께를 충분히 확보한다.
② 콘크리트 중의 염소이온을 적게 한다.
③ 수밀콘크리트를 만들고 콜드조인트가 없게 시공한다.
④ 물시멘트비(W/C)가 높은 콘크리트를 타설한다.

★ 염해방지 대책
① 콘크리트 중의 **염소 이온량을 적게** 한다.
② 에폭시 수지 도장 철근을 사용한다.
③ **방청제 투입**을 고려한다.
④ 물-시멘트비를 작게 한다.
⑤ 철근 피복두께를 충분히 확보한다.
⑥ 수밀콘크리트를 만들고 콜드조인트가 없게 시공한다.

📖 필기에 자주 출제되는 내용입니다.

75 현장타설 콘크리트말뚝 중 외관과 내관의 2중관을 소정의 위치까지 박은 다음, 내관은 빼내고 관내에 콘크리트를 부어 넣고 내관을 넣어 다지며 외관을 서서히 빼 올리면서 콘크리트 구근을 만드는 말뚝은?

① 페데스탈 파일   ② 시트파일
③ P.I.P 파일   ④ C.I.P 파일

페디스털 말뚝(Pedestal Pile) : 외관과 내관의 이중 강관을 박고 구근용(球根用) 콘크리트를 주입하며 내관으로 타격을 가하여 구근을 형성시킨 후에 외관을 뽑아낸다.

정답 73 ④ 74 ④ 75 ①

> **참고**

* **프리팩트 파일(Prepacked pile)**
① CIP 말뚝(Cast In Place Pile) : 말뚝 구멍을 굴착한 후 철근을 조립하고 모르타르 주입관을 삽입한 다음 자갈을 충전한 후 모르타르를 주입하는 공법이다.
② PIP 말뚝(Packed In Place Pile) : 소정의 깊이까지 뚫은 다음 흙과 오거를 함께 끌어올리면서 오거 중심간의 선단을 통하여 모르타르, 잔자갈, 콘크리트를 주입하여 말뚝을 형성하는 공법이다.
③ MIP 말뚝(Mixed In Place Pile) : 파이프 선단에 커터를 장치하여 흙을 뒤섞으며 지중으로 파들어 간 다음 파이프 선단에서 모르타르를 분출시켜 흙과 모르타르를 혼합하면서 파이프를 빼내는 소일 콘크리트(soil concrete) 말뚝을 형성하는 공법이다.

📝 필기에 자주 출제되는 내용입니다.

76 불량품, 결점, 고장 등의 발생건수를 현상과 원인별로 분류하고, 여러 가지 데이터를 항목별로 분류해서 문제의 크기 순서로 나열하여 그 크기를 막대그래프로 표기한 품질 관리도구는?

① 파레토그램
② 특성요인도
③ 히스토그램
④ 체크시트

> * **파레토그램**
> 불량품, 결점, 고장 등의 발생건수를 현상과 원인별로 분류하고 여러 가지 데이터를 항목별로 분류해서 문제의 크기 순서로 나열하여 그 크기를 막대그래프로 나타낸다.

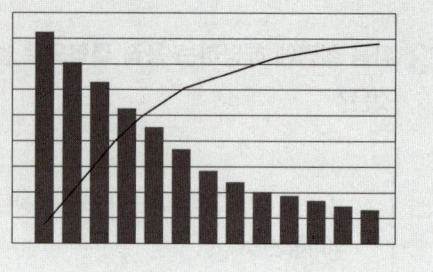

📝 필기에 자주 출제되는 내용입니다.

77 경량형강과 합판으로 구성되며 표준형태의 거푸집을 변형시키지 않고 조립함으로써 현장제작에 소요되는 인력을 줄여 생산성을 향상시키고 자재의 전용횟수를 증대시키는 목적으로 사용되는 거푸집은?

① 목재패널
② 합판패널
③ 워플 폼
④ 유로 폼

> * **유로 폼(Euro form)**
> 경량형강과 합판으로 구성되며 표준형태의 거푸집을 변형시키지 않고 조립함으로써 현장제작에 소요되는 인력을 줄여 생산성을 향상시키고 자재의 전용횟수를 증대시키는 목적으로 사용된다.

📝 필기에 자주 출제되는 내용입니다.

정답 76 ① 77 ④

78 말뚝기초 재하시험의 종류가 아닌 것은?

① 표준관입 재하시험
② 동 재하시험
③ 수직 재하시험
④ 수평 재하시험

★ 말뚝 재하시험
① 압축 재하시험
 • 동 재하시험
 • 정 재하시험 : 수직 재하시험
② 수평 재하시험
③ 인발 재하시험

79 석공사 앵커긴결공법에 관한 설명으로 옳지 않은 것은?

① 연결철물의 장착을 위한 세트 앵커용 구멍을 45mm 정도 천공하고 캡을 구조체보다 5mm 정도 깊게 삽입하여 외부의 충격에 대처한다.
② 연결철물용 앵커와 석재는 접착용 에폭시를 사용하여 고정한다.
③ 연결철물은 석재의 상하 및 양단에 설치하여 하부의 것은 지지용으로, 상부의 것은 고정용으로 사용한다.
④ 판석재와 철재가 직접 접촉하는 부분에는 적절한 완충재를 사용한다.

② 철물용 앵커와 석재는 핀으로 고정시키며 접착용 에폭시는 사용하지 않는다.

80 AE제의 사용목적과 가장 거리가 먼 것은?

① 초기강도 및 경화속도의 증진
② 동결융해 저항성의 증대
③ 워커빌리티 개선으로 시공이 용이
④ 내구성 및 수밀성의 증대

★ AE제의 사용목적
① 동결융해 저항성의 증대
② 워커빌리티(작업성) 개선으로 시공이 용이
③ 내구성 및 수밀성의 증대

필기에 자주 출제되는 내용입니다.

5과목 건설재료학

81 목재의 방부제에 대한 설명 중 옳지 않은 것은?

① 유성 및 유용성 방부제는 물에 의해 용출하는 경우가 많으므로 습윤의 장소에는 사용하지 않는다.
② 유성페인트를 목재에 도포하면 방습, 방부효과가 있고 착색이 자유로우므로 외관을 미화하는 데 효과적이다.
③ 황산동 1%용액은 방부성은 좋으나 철재를 부식시키며 인체에 유해하다.
④ 크레오소트 오일은 방부성은 우수하나 악취가 있고 흑갈색이므로 외관이 미려하지 않아 토대, 기둥 등에 주로 사용된다.

정답 78 ① 79 ② 80 ① 81 ①

① 유성 및 유용성 방부제는 방부, 방습효과가 있어서 습윤의 장소에 사용할 수 있다.

참고

1. 유성(油性)목재방부제 : 원액의 상태에서 사용하는 유상(油狀)의 목재방부제를 말한다.
2. 유용성(油溶性) 목재방부제 : 경유, 등유 및 유기용제를 용매로 용해하여 사용하는 목재방부제를 말한다.

82 콘크리트의 블리딩 현상에 의한 성능저하와 가장 거리가 먼 것은?

① 골재와 페이스트의 부착력 저하
② 철근과 페이스트의 부착력 저하
③ 콘크리트의 수밀성 저하
④ 콘크리트의 응결성 저하

* 블리딩 현상에 의한 성능 저하
① 골재와 페이스트의 부착력 저하
② 철근과 페이스트의 부착력 저하
③ 콘크리트의 수밀성 저하
④ 콘크리트의 강도, 내구성 저하

참고

블리딩(bleeding) : 콘크리트 타설 후 시멘트, 골재 입자 등의 침하에 따라 물이 분리 상승되어 콘크리트 표면에 떠오르는 현상을 말한다.

📝 필기에 자주 출제되는 내용입니다.

83 연강판에 일정한 간격으로 그물눈을 내고 늘여 철망모양으로 만든 것으로 천장·벽 등의 모르타르 바름 바탕용으로 사용되는 재료로 옳은 것은?

① 메탈라스(metal lath)
② 와이어메시(wire mesh)
③ 인서트(insert)
④ 코너비드(corner bead)

* 메탈라스(metal lath)
① 연 강판에 일정한 간격으로 그물눈을 내고 늘여 철망모양으로 만든 것을 말한다.
② 천장·벽 등의 모르타르 바름 바탕용으로 사용된다.

📝 필기에 자주 출제되는 내용입니다.

84 비철금속 중 알루미늄에 대한 설명으로 옳지 않은 것은?

① 순도가 높은 알루미늄은 맑은 물에 대해 내식성이 크고 전연성이 크다.
② 연질이고 강도가 낮다.
③ 산, 알칼리 및 해수에 대해 내식성이 크다.
④ 콘크리트에 접하거나 흙 중에 매몰된 경우에는 부식되기 쉽다.

③ 산과 알칼리에 약하다.(알칼리나 해수에 침식되기 쉽다.)

📝 필기에 자주 출제되는 내용입니다.

정답 82 ④ 83 ① 84 ③

85 알키드수지·아크릴수지·에폭시수지·초산비닐수지를 용제에 녹여서 착색제를 혼입하여 만든 재료로 내화학성, 내후성, 내식성 및 치장효과가 있는 내·외장 도장 재료는?

① 비닐모르타르
② 플라스틱라이닝
③ 플라스틱 스펀지
④ 합성수지 스프레이 코팅제

＊ 합성수지 스프레이 코팅제
① 알키드수지 · 아크릴수지 · 에폭시수지 · 초산비닐수지를 용제에 녹여서 착색제를 혼입하여 만든 내 · 외장 도장재료를 말한다.
② 내화학성, 내후성, 내식성이 좋고 치장효과가 있다.

86 화강암에 대한 설명 중 옳지 않은 것은?

① 바탕색과 반점이 미려하므로 내·외장재로 쓰인다.
② 결정체의 크고 작음에 따라 외관과 강도가 다르다.
③ 경도가 크기 때문에 세밀한 조각 등에 적당하지 않다.
④ 내화도가 커서 고열을 받는 곳에 적당하다.

④ 내화도가 낮아 고열을 받는 곳에는 적당하지 않다.

📎 필기에 자주 출제되는 내용입니다.

87 철근콘크리트의 골재로서 불가피하게 해사를 사용할 경우, 중점을 두어 반드시 취해야 할 조치는?

① 충분히 물에 씻어 사용한다.
② 잔골재의 혼합비를 높게 한다.
③ 구조내력상 중요한 부분에 보강근을 넣는다.
④ 충분히 건조시킨 후 사용한다.

철근콘크리트의 골재로서 **불가피하게 해사를 사용할 경우** 염해를 방지하기 위하여 **충분히 물에 씻어 사용한다.**

> **참고**
> 염해 : 콘크리트 중에 염화물($CaCl_2$)이 철근을 부식시켜 구조물의 내구성에 심각한 피해를 입히는 현상을 말한다.

📎 필기에 자주 출제되는 내용입니다.

88 바니시에 대한 설명으로 틀린 것은?

① 바니시는 합성수지, 아스팔트, 안료 등에 건성유나 용제를 첨가한 것이다.
② 휘발성 바니시에는 락(lock), 래커(lacquer) 등이 있다.
③ 휘발성 바니시는 건조가 빠르나 도막이 얇고 부착력이 약하다.
④ 유성 바니시는 불투명도료로 내후성이 커서 외장용으로 사용된다.

정답 85 ④ 86 ④ 87 ① 88 ④

> *** 유성바니시**
> ① 유용성 수지에 건성유와 건조제를 혼합한 것이다.
> ② 건조가 느리며 내후성이 작아서 **옥외용으로 부적당**하다.
> ③ 투명한 도료로 **내부용 목재**에 사용된다.

📝 필기에 자주 출제되는 내용입니다.

89 돌로마이트에 화강석 부스러기, 색모래, 안료 등을 섞어 정벌 바름하고 충분히 굳지 않은 때에 표면에 거친 솔, 얼레빗 같은 것으로 긁어 거친 면으로 마무리한 것은?

① 리신바름
② 라프코트
③ 섬유벽바름
④ 회반죽바름

> *** 리신 바름(lithin coat)**
> 돌로마이트에 화강석 부스러기, 색모래, 안료 등을 섞어 6mm정도 정벌 바름하고 충분히 굳지 않은 때에 표면에 거친 솔 등으로 긁어 거친 면으로 마무리한 바름을 말한다.

90 목재 조직에 관한 설명으로 옳지 않은 것은?

① 추재의 세포막은 춘재의 세포막보다 두껍고 조직이 치밀하다.
② 변재는 심재보다 수축이 크다.
③ 변재는 수심의 주위에 둘러져 있는 생활기능이 줄어든 세포의 집합이다.
④ 침엽수의 수지구는 수지의 분비, 이동, 저장의 역할을 한다.

③ 변재는 목재의 표피 가까이에 위치하고 있는 세포가 살아 있는 부분이다.

91 미장바탕이 갖추어야 할 조건에 관한 설명으로 옳지 않은 것은?

① 미장층보다 강도, 강성이 작을 것
② 미장층과 유효한 접착강도를 얻을 수 있을 것
③ 미장층의 경화, 건조에 지장을 주지 않을 것
④ 미장층과 유해한 화학반응을 하지 않을 것

> ① 미장바름을 지지하는데 필요한 강도와 강성이 있을 것(미장층보다 강도, 강성이 클 것)

📝 필기에 자주 출제되는 내용입니다.

92 지붕 및 일반바닥에 가장 일반적으로 사용되는 것으로 주제와 경화제를 일정 비율 혼합하여 사용하는 2성분형과 주제와 경화제가 이미 혼합된 1성분형으로 나누어지는 도막방수재는?

① 우레탄고무계 도막재
② FRP 도막재
③ 고무아스팔트계 도막재
④ 클로로프렌고무계 도막재

* **도막방수 재료**
① 무기, 유기질 혼화재
② 아크릴고무 도막재
③ 고무아스팔트 도막재
④ 우레탄고무 도막재 : 지붕 및 일반바닥에 가장 일반적으로 사용되는 것으로 주제와 경화제를 일정 비율 혼합하여 사용하는 2성분형과 주제와 경화제가 이미 혼합된 1성분형으로 나누어진다.

93 목재의 심재와 변재에 관한 설명으로 옳지 않은 것은?

① 변재는 심재 외측과 수피 내측 사이에 있는 생활세포의 집합이다.
② 심재는 수액의 통로이며 양분의 저장소이다.
③ 심재는 변재보다 단단하여 강도가 크고 신축 등 변형이 적다.
④ 심재의 색깔은 짙으며 변재의 색깔은 비교적 엷다.

② 목재 중심 부분의 짙은 색 목부를 심재라고 하며, 심재는 모든 세포가 죽어 있으므로 생리적 기능을 하지 않는다.(나무를 물리적으로 지탱해 주는 역할을 한다.)

📝 필기에 자주 출제되는 내용입니다.

94 시멘트의 분말도가 높을수록 나타나는 성질변화에 관한 설명으로 옳은 것은?

① 시멘트 입자 표면적의 증대로 수화반응이 늦다.
② 풍화작용에 대하여 내구적이다.
③ 건조수축이 적다.
④ 초기강도 발현이 빠르다.

* **분말도가 큰 시멘트의 특징**
① 워커빌리티가 좋고 블리딩이 적다.
② 수화반응이 빠르고 초기강도가 크다.
③ 시멘트량이 절약되고 내구성이 작아진다.
④ 분말도가 너무 크면 풍화되기 쉽다.

참고

분말도 : 시멘트 입자의 가는 정도를 말한다.

📝 필기에 자주 출제되는 내용입니다.

95 석재에 관한 설명으로 옳지 않은 것은?

① 석회암은 석질이 치밀하나 내화성이 부족하다.
② 현무암은 석질이 치밀하여 토대석, 석축에 쓰인다.
③ 테라조는 대리석을 종석으로 한 인조석의 일종이다.
④ 화강암은 석회, 시멘트의 원료로 사용된다.

④ 화강암은 구조재, 내외장재 및 콘크리트용 골재로 사용된다.

📝 필기에 자주 출제되는 내용입니다.

정답 93 ② 94 ④ 95 ④

96 다음 중 원유에서 인위적으로 만든 아스팔트에 해당하는 것은?

① 블론 아스팔트
② 로크 아스팔트
③ 레이크 아스팔트
④ 아스팔타이트

> *** 천연 아스팔트**
> ① 레이크(lake) 아스팔트
> ② 로크(rock) 아스팔트
> ③ 아스팔타이트

97 내열성이 크고 발수성을 나타내어 방수제로 쓰이며 저온에서도 탄성이 있어 gasket, packing의 원료로 쓰이는 합성수지는?

① 페놀수지
② 폴리에스테르수지
③ 실리콘수지
④ 멜라민수지

> *** 실리콘 수지**
> ① 내약품성, 내후성, 내열성, 내한성이 우수하다.
> ② 개스킷, 패킹의 재료, 방수피막 등에 사용된다.

📝 필기에 자주 출제되는 내용입니다.

98 대규모 지하구조물, 댐 등 매스콘크리트의 수화열에 의한 균열발생을 억제하기 위해 벨라이트의 비율을 높인 시멘트는?

① 보통포틀랜드 시멘트
② 저열포틀랜드 시멘트
③ 실리카퓸 시멘트
④ 팽창 시멘트

> *** 저열포틀랜드 시멘트**
> 대규모 지하구조물, 댐 등 매스콘크리트의 수화열에 의한 균열발생을 억제하기 위해 벨라이트의 비율을 중용열포틀랜드시멘트 이상으로 높인 시멘트

📝 필기에 자주 출제되는 내용입니다.

99 비닐수지 접착제에 관한 설명으로 옳지 않은 것은?

① 용제형과 에멀션(emulsion)형이 있다.
② 작업성이 좋다.
③ 내열성 및 내수성이 우수하다.
④ 목재 접착에 사용 가능하다.

> ③ 내열성 및 내수성이 나쁘다.

정답 96 ① 97 ③ 98 ② 99 ③

100 점토에 관한 설명으로 옳지 않은 것은?

① 습윤 상태에서 가소성이 좋다.
② 압축강도는 인장강도의 약 5배 정도이다.
③ 점토를 소성하면 용적, 비중 등의 변화가 일어나며 강도가 현저히 증대된다.
④ 점토의 소성온도는 점토의 성분이나 제품의 종류에 상관없이 같다.

④ 점토의 소성온도는 점토의 성분이나 제품의 종류에 따라 다르다.

6과목 건설안전기술

101 흙 속의 전단응력을 증대시키는 원인이 아닌 것은?

① 굴착에 의한 흙의 일부 제거
② 지진, 폭파에 의한 진동
③ 함수비의 감소에 따른 흙의 단위체적 중량의 감소
④ 외력의 작용

③ 함수비의 감소에 따른 흙의 단위체적 중량의 감소 → 전단 응력을 감소시킨다.

> 참고
>
> * 전단응력
> 흙이 전단력을 받을 때 흙 속의 파괴와 활동에 저항하여 생기는 흙의 단위 면적당 내부저항력

102 산업안전보건관리비 사용과 관련하여 산업안전보건법령에 따른 재해예방 전문지도기관의 지도를 받아야 하는 경우는? (단, 재해예방 전문지도기관의 지도를 필요로 하는 산업안전보건법령상 공사금액기준을 만족한 것으로 가정)

① 공사기간이 1개월 이상인 공사
② 육지와 연결되지 아니한 섬지역(제주특별자치도 제외)에서 이루어지는 공사
③ 안전관리자의 자격을 가진 사람을 선임하여 안전관리자의 업무만을 전담하도록 하는 공사
④ 유해·위험방지계획서를 제출하여야 하는 공사

* 산업안전보건관리비 사용 시 재해예방 전문지도기관의 지도를 받지 않아도 되는 공사
- 공사기간이 1개월 미만인 공사
- 육지와 연결되지 아니한 섬지역(제주특별자치도는 제외)에서 이루어지는 공사
- 사업주가 안전관리자의 자격을 가진 사람을 선임(같은 광역 자치단체의 지역 내에서 같은 사업주가 경영하는 셋 이하의 공사에 대하여 공동으로 안전관리자 자격을 가진 사람 1명을 선임한 경우를 포함)하여 안전관리자의 업무만을 전담하도록 하는 공사
- 유해·위험방지계획서를 제출하여야 하는 공사

필기에 자주 출제되는 내용입니다.

103 구조물 해체작업으로 사용되는 공법이 아닌 것은?

① 압쇄 공법 ② 잭 공법
③ 절단 공법 ④ 진공 공법

> *** 구조물 해체공법**
> - 압쇄 공법
> - 잭 공법
> - 절단 공법
> - 전도 공법
> - 폭발 공법
> - 브레이커 공법

104 철골보 인양 시 준수해야 할 사항으로 옳지 않은 것은?

① 인양 와이어로프의 매달기 각도는 양변 60°를 기준으로 한다.
② 클램프로 부재를 체결할 때는 크램프의 정격용량 이상 매달지 않아야 한다.
③ 클램프는 부재를 수평으로 하는 한 곳의 위치에만 사용하여야 한다.
④ 인양 와이어로프는 후크의 중심에 걸어야 한다.

> *** 클램프를 부재로 체결 시 준수사항**
> ① 클램프는 부재를 수평으로 하는 두 곳의 위치에 사용한다.
> ② 부득이 한 군데만 사용 시 부재 길이의 1/3지점을 기준으로 한다.
> ③ 두 곳을 매어 인양 시 와이어로프의 내각은 60도 이하로 한다.

105 항타기 또는 항발기에 사용되는 권상용 와이어로프의 안전계수는 최소 얼마 이상이어야 하는가?

① 3 ② 4
③ 5 ④ 6

> 항타기 또는 항발기의 권상용 와이어로프의 안전계수가 5 이상이 아니면 이를 사용하여서는 아니 된다.

📝 필기에 자주 출제되는 내용입니다.

106 달비계 설치 시 와이어로프를 사용할 때 사용가능한 와이어로프의 조건은?

① 지름의 감소가 공칭지름의 8%인 것
② 이음매가 없는 것
③ 심하게 변형되거나 부식된 것
④ 와이어로프의 한 꼬임에서 끊어진 소선의 수가 10%인 것

> *** 와이어로프의 사용금지 기준**
> - 이음매가 있는 것
> - 와이어로프의 한 꼬임에서 끊어진 소선의 수가 10% 이상인 것
> - 지름의 감소가 공칭지름의 7%를 초과하는 것
> - 꼬인 것
> - 심하게 변형되거나 부식된 것
> - 열과 전기충격에 의해 손상된 것

📝 실기에 자주 출제되는 내용입니다.

정답 103 ④ 104 ③ 105 ③ 106 ②

107 터널작업에 있어서 자동경보장치가 설치된 경우에 이 자동경보장치에 대하여 당일의 작업시작 전 점검하여야 할 사항이 아닌 것은?

① 계기의 이상 유무
② 검지부의 이상 유무
③ 경보장치의 작동 상태
④ 환기 또는 조명시설의 이상 유무

* **자동경보장치의 작업 시작 전 점검 사항**
- 계기의 이상 유무
- 검지부의 이상 유무
- 경보장치의 작동상태

📝 실기까지 중요한 내용입니다.

108 크레인을 사용하여 작업을 하는 때 작업시작 전 점검사항이 아닌 것은?

① 권과방지장치·브레이크·클러치 및 운전장치의 기능
② 방호장치의 이상 유무
③ 와이어로프가 통하고 있는 곳의 상태
④ 주행로의 상측 및 트롤리가 횡행하는 레일의 상태

* **크레인의 작업시작 전 점검**
- 권과방지장치·브레이크·클러치 및 운전장치의 기능
- 주행로의 상측 및 트롤리가 횡행(橫行)하는 레일의 상태
- 와이어로프가 통하고 있는 곳의 상태

📝 실기에 자주 출제되는 내용입니다.

109 인접구조물보다 깊은 위치에 근접하여 지하구조물을 건설할 경우에 인접건물의 기초 등을 보호하기 위해 실시하는 기초보강공법은?

① 어스앵커공법   ② 언더피닝공법
③ C.I.P 공법   ④ 지하연속벽공법

* **언더피닝공법**
기존 구조물에 근접하여 시공 시 기존 구조물을 보호하기 위한 공법으로 기초저면보다 깊은 구조물을 시공하거나 기존 구조물을 보호하기 위하여 기초하부를 보강하는 공법이다.

110 아파트의 외벽 도장 작업 시 추락방지를 위해 주로 수직 구명줄에 부착하여 사용하는 보호장구로 옳은 것은?

① 1개 걸이 전용   ② 추락방지대
③ 2개 걸이 전용   ④ U자 걸이 전용

* **추락방지대**
추락방지를 위해 주로 수직 구명줄에 부착하여 사용한다.

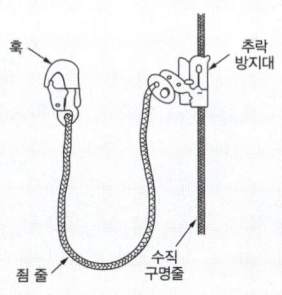

정답 107 ④ 108 ② 109 ② 110 ②

111 사면 보호 공법 중 구조물에 의한 보호 공법에 해당되지 않는 것은?

① 현장타설 콘크리트 격자공
② 식생구멍공
③ 블록공
④ 돌쌓기공

> 식생구멍공은 잔디 등을 심어 사면을 보호하는 공법으로 구조물에 의한 보호공법이 아니다.

112 훅걸이용 와이어로프 등이 훅으로부터 벗겨지는 것을 방지하기 위한 장치는?

① 해지장치
② 권과방지장치
③ 과부하 방지장치
④ 턴버클

> **＊해지장치**
> 와이어로프 등이 훅으로부터 벗겨지는 것을 방지하는 장치를 말한다.

실기까지 중요한 내용입니다.

113 철륜 표면에 다수의 돌기를 붙여 접지면적을 작게 하여 접지압을 증가시킨 롤러로서 고함수비 점성토 지반의 다짐작업에 적합한 롤러는?

① 탠덤롤러
② 로드롤러
③ 타이어롤러
④ 탬핑롤러

> **＊롤러의 종류 및 특징**
> ① 머캐덤 롤러(MACADAM ROLLER) : 삼륜차형을 한 것으로 쇄석기층의 다지기나 아스팔트 포장의 처음 다지기에 이용된다.
> ② 탠덤 롤러(TANDEM ROLLER) : 2륜형식으로 머케덤 롤러의 작업 후 마무리 다짐, 아스팔트 포장의 끝마무리용으로 이용된다.
> ③ 타이어 롤러(TIRE ROLLER) : 접지압을 공기압으로 조절할 수 있으며 접지압이 클수록 깊은 다짐이 가능하다.
> ④ 탬핑 롤러(Tamping roller) : 롤러 표면에 다수의 돌기를 만들어 부착한 것으로 고함수비의 점토질 다짐 및 흙속의 간극 수압 제거에 이용된다.

필기에 자주 출제되는 내용입니다.

정답 111 ② 112 ① 113 ①

114 건설업 산업안전보건 관리비 중 계상비용에 해당되지 않는 것은?

① 외부비계, 작업발판 등의 가설구조물 설치 소요비
② 근로자 건강관리비
③ 건설재해예방 기술지도비
④ 개인보호구 및 안전장구 구입비

① 외부비계, 작업발판 등은 안전시설비로 사용할 수 없다.

> **참고**
>
> **1. 산업안전보건관리비의 사용내역**
> ① 안전관리자 · 보건관리자 임금 등
> ② 안전시설비 등
> ③ 보호구 등
> ④ 안전보건진단비 등
> ⑤ 안전보건교육비 등
> ⑥ 근로자 건강장해예방비 등
> ⑦ 건설재해예방전문지도기관 기술지도비
> ⑧ 본사 전담조직 근로자 임금 등
> ⑨ 위험성평가 등에 따른 소요비용
>
> **2. 안전시설비의 사용항목**
> ① 산업재해 예방을 위한 **안전난간, 추락방호망, 안전대 부착설비, 방호장치**(기계 · 기구와 방호장치가 일체로 제작된 경우, 방호장치 부분의 가액에 한함) 등 안전시설의 구입 · 임대 및 설치 등을 위해소요되는 비용
> ② 스마트 안전장비 구입 · 임대 비용. 다만, 계상된 산업안전보건관리비 총액의 10분의 2를 초과할 수 없다.
> ③ 용접 작업 등 화재 위험작업 시 사용하는 소화기의 구입 · 임대비용

📝 실기에 자주 출제되는 내용입니다.

115 추락방지용 방망 중 그물코의 크기가 5cm 인 매듭방망 신품의 인장강도는 최소 몇 kg 이상이어야 하는가?

① 60   ② 110
③ 150   ④ 200

★ 방망사의 신품에 대한 인장강도

그물코의 크기 (단위 : cm)	방망의 종류(단위 : kg)	
	매듭 없는 방망	매듭방망
10	240	200
5		110

> **참고**
>
> **★ 방망사의 폐기 시 인장강도**
>
> | 그물코의 크기 (단위 : cm) | 방망의 종류(단위 : kg) ||
> |---|---|---|
> | | 매듭 없는 방망 | 매듭방망 |
> | 10 | 150 | 135 |
> | 5 | | 60 |

📝 필기에 자주 출제되는 내용입니다.

116 산업안전보건기준에 관한 규칙에 따른 굴착면의 기울기 기준으로 틀린 것은?

① 모래 1 : 1.8
② 연암 1 : 1.0
③ 경암 1 : 0.2
④ 풍화암 1 : 1.0

★ 굴착면의 기울기 기준

지반의 종류	굴착면의 기울기
모래	1 : 1.8
연암 및 풍화암	1 : 1.0
경암	1 : 0.5
그 밖의 흙	1 : 1.2

실기에 자주 출제되는 내용입니다.

117 작업발판 일체형 거푸집에 해당되지 않는 것은?

① 갱폼(Gang Form)
② 슬립폼(Slip Form)
③ 유로폼(Euro Form)
④ 클라이밍폼(Climbing Form)

★ 작업발판 일체형 거푸집의 종류
- 갱폼(gang form)
- 슬립폼(slip form)
- 클라이밍폼(climbing form)
- 터널라이닝폼(tunnel lining form)
- 그 밖에 거푸집과 작업발판이 일체로 제작된 거푸집 등

실기에 자주 출제되는 내용입니다.

118 크레인을 사용하여 작업을 하는 경우 준수하여야 하는 사항으로 옳지 않은 것은?

① 인양할 하물을 바닥에서 끌어당기거나 밀어내는 작업을 할 것
② 고정된 물체를 직접분리·제거하는 작업을 하지 아니할 것
③ 미리 근로자의 출입을 통제하여 인양 중인 하물이 작업자의 머리 위로 통과하지 않도록 할 것
④ 인양할 하물이 보이지 아니하는 경우에는 어떠한 동작도 하지 아니할 것

★ 크레인 작업 시의 조치
- 인양할 하물(荷物)을 바닥에서 끌어당기거나 밀어내는 작업을 하지 아니할 것
- 유류드럼이나 가스통 등 운반 도중에 떨어져 폭발하거나 누출될 가능성이 있는 위험물 용기는 보관함(또는 보관고)에 담아 안전하게 매달아 운반할 것
- 고정된 물체를 직접 분리·제거하는 작업을 하지 아니할 것
- 미리 근로자의 출입을 통제하여 인양 중인 하물이 작업자의 머리 위로 통과하지 않도록 할 것
- 인양할 하물이 보이지 아니하는 경우에는 어떠한 동작도 하지 아니할 것(신호하는 사람에 의하여 작업을 하는 경우는 제외)

필기에 자주 출제되는 내용입니다.

119 다음은 강관틀비계를 조립하여 사용할 때 준수해야 하는 기준이다. ( ) 안에 알맞은 숫자를 나열한 것은?

> 길이가 띠장방향으로 (A)m 이하이고 높이가 (B)m를 초과하는 경우에는 (C)m 이내마다 띠장방향으로 버팀기둥을 설치할 것

① A : 4 B : 10 C : 5
② A : 4 B : 10 C : 10
③ A : 5 B : 10 C : 5
④ A : 5 B : 10 C : 10

* **틀비계(강관 틀비계) 조립 시 준수사항**
- 밑둥에는 밑받침철물을 사용하여야 하며 밑받침에 고저차가 있는 경우에는 조절형 밑받침철물을 사용하여 항상 수평 및 수직을 유지하도록 할 것
- 높이가 20m를 초과하거나 중량물의 적재를 수반하는 작업을 할 경우에는 주틀간의 간격이 1.8m 이하로 할 것
- 주틀간에 교차가새를 설치하고 최상층 및 5층 이내마다 수평재를 설치할 것
- 벽이음 간격(조립간격) : 수직방향 6m, 수평방향으로 8m 이내마다 할 것
- 길이가 띠장방향으로 4m 이하이고 높이가 10m를 초과하는 경우에는 10m 이내마다 띠장방향으로 버팀기둥을 설치할 것

실기까지 중요한 내용입니다.

120 작업장 출입구 설치 시 준수해야 할 사항으로 옳지 않은 것은?

① 주된 목적이 하역운반기계용인 출입구에는 보행자용 출입구를 따로 설치하지 않을 것
② 출입구의 위치·수 및 크기가 작업자의 용도와 특성에 맞도록 할 것
③ 출입구에 문을 설치하는 경우에는 근로자가 쉽게 열고 닫을 수 있도록 할 것
④ 계단이 출입구와 바로 연결된 경우에는 작업자의 안전한 통행을 위하여 그 사이에 1.2m 이상 거리를 두거나 안내표지 또는 비상벨 등을 설치할 것

① 주된 목적이 하역운반기계용인 출입구에는 인접하여 보행자용 출입구를 따로 설치할 것

* **작업장의 출입구 설치 시 준수사항**
- 출입구의 위치, 수 및 크기가 작업장의 용도와 특성에 맞도록 할 것
- 출입구에 문을 설치하는 경우에는 근로자가 쉽게 열고 닫을 수 있도록 할 것
- 주된 목적이 하역운반기계용인 출입구에는 인접하여 보행자용 출입구를 따로 설치할 것
- 하역운반기계의 통로와 인접하여 있는 출입구에서 접촉에 의하여 근로자에게 위험을 미칠 우려가 있는 경우에는 비상등·비상벨 등 경보장치를 할 것
- 계단이 출입구와 바로 연결된 경우에는 작업자의 안전한 통행을 위하여 그 사이에 1.2m 이상 거리를 두거나 안내표지 또는 비상벨 등을 설치할 것

3회 모의고사

1과목 산업안전관리론

01 산업안전보건법령상 안전관리자를 2인 이상 선임하여야 하는 사업이 아닌 것은? (단, 기타 법령에 관한 사항은 제외한다.)

① 상시 근로자가 500명인 통신업
② 상시 근로자가 700명인 발전업
③ 상시 근로자가 600명인 식료품 제조업
④ 공사금액이 1000억이며 공사 진행률(공정률) 20%인 건설업

★ 안전관리자의 선임방법

① 토사석 광업
② 서적, 잡지 및 기타 인쇄물 출판업, 폐기물 수집·운반·처리 및 원료 재생업, 환경 정화 및 복원업, 운수 및 창고업, 자동차 종합 수리업, 자동차 전문 수리업, 발전업
③ 대부분의 제조업

- 상시 근로자 50명 이상 500명 미만 : 1명 이상
- 상시 근로자 500명 이상 : 2명 이상

① 우편 및 통신업
② 전기, 가스, 증기 및 공기조절공급업(발전업은 제외한다)
③ 도매 및 소매업
④ 숙박 및 음식점업
⑤ 공공행정(청소, 시설관리, 조리 등 현업업무에 종사하는 사람으로서 고용노동부장관이 정하여 고시하는 사람으로 한정한다)
⑥ 교육서비스업 중 초등·중등·고등 교육기관, 특수학교·외국인학교 및 대안학교(청소, 시설관리, 조리 등 현업업무에 종사하는 사람으로서 고용노동부장관이 정하여 고시하는 사람으로 한정한다)
⑦ 농업, 임업 및 어업 등

- 상시 근로자 50명 이상 1,000명 미만 : 1명(다만, 부동산업(부동산 관리업은 제외한다)과 사진처리업의 경우에는 상시근로자 100명 이상 1천명 미만으로 한다)
- 상시 근로자 1,000명 이상 : 2명

건설업

- 공사금액 50억 원 이상(관계수급인은 100억 원 이상) 120억 원 미만(토목공사업의 경우에는 150억 원 미만) 또는 공사금액 120억 원 이상(토목공사업의 경우에는 150억 원 이상) 800억 원 미만 : 1명 이상
- 공사금액 800억 원 이상 1,500억 원 미만 : 2명 이상(다만, 전체 공사기간을 100으로 할 때 공사 시작에서 15에 해당하는 기간과 공사 종료 전의 15에 해당하는 기간 동안은 1명 이상으로 한다)
- 공사금액 1,500억 원 이상 2,200억 원 미만 : 3명 이상(다만, 전체 공사기간 중 전·후 15에 해당하는 기간은 2명 이상으로 한다)
- 공사금액 2,200억 원 이상 3천억 원 미만 : 4명 이상(다만, 전체 공사기간 중 전·후 15에 해당하는 기간은 2명 이상으로 한다)
- 공사금액 3천억 원 이상 3,900억 원 미만 : 5명 이상(다만, 전체 공사기간 중 전·후 15에 해당하는 기간은 3명 이상으로 한다)
- 공사금액 3,900억 원 이상 4,900억 원 미만 : 6명 이상(다만, 전체 공사기간 중 전·후 15에 해당하는 기간은 3명 이상으로 한다)

정답 01 ①

- 공사금액 4,900억 원 이상 6천억 원 미만 : 7명 이상(다만, 전체 공사기간 중 전·후 15에 해당하는 기간은 4명 이상으로 한다)
- 공사금액 6천억 원 이상 7,200억 원 미만 : 8명 이상(다만, 전체 공사기간 중 전·후 15에 해당하는 기간은 4명 이상으로 한다)
- 공사금액 7,200억 원 이상 8,500억 원 미만 : 9명 이상(다만, 전체 공사기간 중 전·후 15에 해당하는 기간은 5명 이상으로 한다)
- 공사금액 8,500억 원 이상 1조원 미만 : 10명 이상(다만, 전체 공사기간 중 전·후 15에 해당하는 기간은 5명 이상으로 한다)
- 1조원 이상 : 11명 이상[매 2천억 원(2조 원 이상부터는 매 3천억 원)마다 1명씩 추가한다]. 다만, 전체 공사기간 중 전·후 15에 해당하는 기간은 선임 대상 안전관리자 수의 2분의 1(소수점 이하는 올림한다) 이상으로 한다]

📝 실기에 자주 출제되는 내용입니다.

02 재해예방의 4원칙에 해당하지 않는 것은?

① 예방가능의 원칙 ② 원인계기의 원칙
③ 손실필연의 원칙 ④ 대책선정의 원칙

* **산업재해 예방의 4원칙**
- 예방 가능의 원칙 : 재해는 원칙적으로 원인만 제거되면 예방이 가능하다.
- 손실 우연의 원칙 : 사고의 결과 생기는 상해의 종류와 정도는 사고 발생시 사고대상의 조건에 따라 우연히 발생한다.
- 대책 선정의 원칙 : 사고의 원인에 대한 적합한 대책이 선정되어야 한다.
- 원인 연계의 원칙 : 재해는 원인이 있고, 직접원인과 간접원인이 연계되어 일어난다.

📝 실기에 자주 출제되는 내용입니다.

03 산업안전보건법령상 안전보건표지의 종류 중 안내표지에 해당되지 않는 것은?

① 금연   ② 들것
③ 세안장치   ④ 비상용기구

① 금연 → 금지표지

참고

* **안내표지의 종류**

1. 녹십자표지	2. 응급구호표지
3. 들것	4. 세안장치
5. 비상용기구	6. 비상구
7. 좌측 비상구	8. 우측 비상구

📝 실기에 자주 출제되는 중요한 내용입니다.

04 다음 중 산업재해발견의 기본 원인 4M에 해당하지 않는 것은?

① Media   ② Material
③ Machine   ④ Management

* **인간에러(휴먼 에러)의 배후요인(4M)**
① **Man**(인간) : 본인 외의 사람, 직장의 인간관계 등
② **Machine**(기계) : 기계, 장치 등의 물적 요인
③ **Media**(매체) : 작업정보, 작업방법 등
④ **Management**(관리) : 작업관리, 법규준수, 단속, 점검 등

📝 실기까지 중요한 내용입니다.

정답 02 ③ 03 ① 04 ②

05 산업안전보건법령상 안전보건관리규정을 작성해야 할 사업의 종류를 모두 고른 것은? (단, ㄱ~ㅁ은 상시근로자 300명 이상의 사업이다.)

> ㄱ. 농업
> ㄴ. 정보서비스업
> ㄷ. 금융 및 보험업
> ㄹ. 사회복지 서비스업
> ㅁ. 과학 및 기술 연구개발업

① ㄴ, ㄹ, ㅁ
② ㄱ, ㄴ, ㄷ, ㄹ
③ ㄱ, ㄴ, ㄷ, ㅁ
④ ㄱ, ㄷ, ㄹ, ㅁ

* 안전보건관리규정을 작성하여야 할 사업의 종류 및 규모

사업의 종류	규모
1. 농업 2. 어업 3. 소프트웨어 개발 및 공급업 4. 컴퓨터 프로그래밍, 시스템 통합 및 관리업 4의2. 영상 · 오디오물 제공 서비스업 5. 정보서비스업 6. 금융 및 보험업 7. 임대업 ; 부동산 제외 8. 전문, 과학 및 기술 서비스업 (연구개발업은 제외한다) 9. 사업지원 서비스업 10. 사회복지 서비스업	상시 근로자 300명 이상을 사용하는 사업장
11. 제1호부터 제4호까지, 제4호의 2 및 제5호부터 제10호까지의 사업을 제외한 사업	상시 근로자 100명 이상을 사용하는 사업장

📝 실기까지 중요한 내용입니다.

06 T.B.M 활동의 5단계 추진법의 진행순서로 옳은 것은?

① 도입 → 확인 → 위험예지훈련 → 작업지시 → 정비점검
② 도입 → 정비점검 → 작업지시 → 위험예지훈련 → 확인
③ 도입 → 작업지시 → 위험예지훈련 → 정비점검 → 확인
④ 도입 → 위험예지훈련 → 작업지시 → 정비점검 → 확인

* TBM 활동의 5단계 추진법
도입 → 정비점검 → 작업지시 → 위험예지훈련 → 확인

참고

* T.B.M (Tool Box Meeting) : 단시간 즉시 적응법
작업 전 또는 종료 시 5~10분간 작업자 3~5인이 조를 이뤄 작업 시 위험요소에 대하여 말하는 방식이다.

07 보호구 안전인증 고시상 저음부터 고음까지 차음하는 방음용 귀마개의 기호는?

① EM
② EP-1
③ EP-2
④ EP-3

정답 05 ② 06 ② 07 ②

＊방음용 귀마개 또는 귀덮개의 종류 · 등급

종류	등급	기호	성능	비고
귀마개	1종	EP-1	저음부터 고음까지 차음하는 것	귀마개의 경우 재사용 여부를 제조특성으로 표기
	2종	EP-2	주로 고음을 차음하고 저음(회화음영역)은 차음하지 않는 것	
귀덮개	–	EM		

📝 실기까지 중요한 내용입니다.

08 산업안전보건법령상 안전보건관리책임자의 업무에 해당하지 않는 것은? (단, 그 밖의 고용노동부령으로 정하는 사항은 제외한다.)

① 근로자의 적정배치에 관한 사항
② 작업환경의 점검 및 개선에 관한 사항
③ 안전보건관리규정의 작성 및 변경에 관한 사항
④ 안전장치 및 보호구 구입 시 적격품 여부 확인에 관한 사항

＊안전보건관리책임자의 직무
① 산업재해 예방계획의 수립에 관한 사항
② 안전보건관리규정의 작성 및 변경에 관한 사항
③ 근로자의 안전 · 보건교육에 관한 사항
④ 작업환경 측정 등 작업환경의 점검 및 개선에 관한 사항
⑤ 근로자의 건강진단 등 건강관리에 관한 사항
⑥ 산업재해의 원인 조사 및 재발 방지대책 수립에 관한 사항

⑦ 산업재해에 관한 통계의 기록 및 유지에 관한 사항
⑧ 안전장치 및 보호구 구입 시 적격품 여부 확인에 관한 사항
⑨ 위험성평가의 실시에 관한 사항
⑩ 근로자의 위험 또는 건강장해의 방지에 관한 사항

📝 실기에 자주 출제되는 중요한 내용입니다.

09 산업재해의 발생형태에 따른 분류 중 단순연쇄형에 해당하는 것은? (단, ○는 재해발생의 각종요소를 나타낸다.)

① 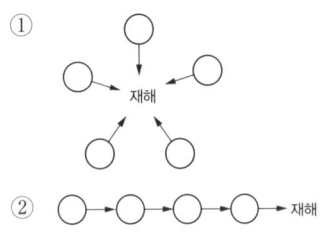 재해

② 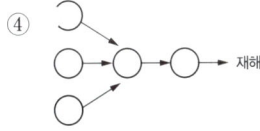 재해

③ 재해

④ 재해

＊재해(⊗)의 발생 형태

단순자극형 (집중형)	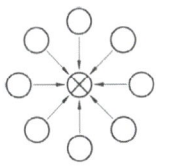

정답 08 ① 09 ②

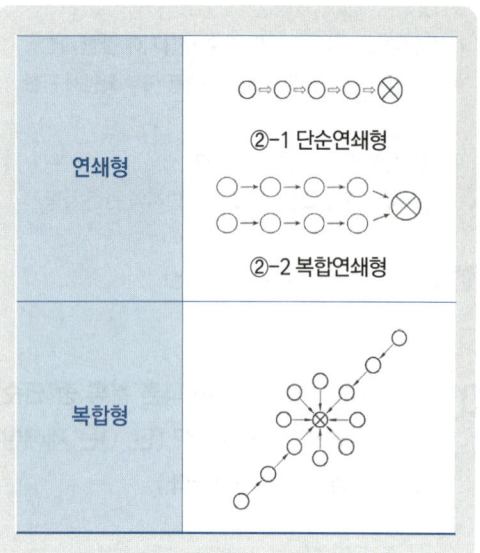

> 필기에 자주 출제되는 내용입니다.

10 맥그리거의 X,Y이론 중 X이론의 관리처방에 해당하는 것은?

① 조직구조의 평면화
② 분권화와 권한의 위임
③ 자체평가제도의 활성화
④ 권위주의적 리더십의 확립

* 맥그리거(McGregor)의 X,Y 이론의 관리처방

X이론(저차원)	Y이론(고차원)

• 경제적 보상체제의 강화
• 권위주의적 리더십의 확립
• 면밀한 감독과 엄격한 통제
• 상부 책임제도의 강화
	• 분권화와 권한의 위임
	• 직무확장 및 목표에 의한 관리
	• 민주적 리더십의 확립
	• 비공식적 조직의 활용
	• 상호 신뢰감
	  - 책임과 창조력
	  - 인간관계 관리방식

> 필기에 자주 출제되는 내용입니다.

11 다음 설명하는 무재해운동 추진기법은?

> 피부를 맞대고 같이 소리치는 것으로 팀의 일체감, 연대감을 조성할 수 있고 동시에 대뇌 피질에 좋은 이미지를 불어 넣어 안전행동을 하도록 하는 것

① 역할연기(Role Playing)
② TBM(Tool Box Meeting)
③ 터치 앤 콜(Touch and Call)
④ 브레인스토밍(Brain Storming)

> 피부를 맞대고(Touch) 같이 소리치는 것(Call)으로서 팀의 일체감을 높여 안전행동을 하도록 하는 것
> → 터치 앤 콜(Touch and Call)

> 필기에 자주 출제되는 내용입니다.

12 산업안전보건법령상 안전보건표지의 색채와 색도기준의 연결이 옳은 것은? (단, 색도기준은 한국산업표준(KS)에 따른 색의 3속성에 의한 표시방법에 따른다.)

① 흰색 : N0.5
② 녹색 : 5G 5.5/6
③ 빨간색 : 5R 4/12
④ 파란색 : 2.5PB 4/10

정답 10 ④ 11 ③ 12 ④

참고

*** 안전 · 보건표지의 색채, 색도기준 및 용도**

색채	색도 기준	용도	사용례
빨간색	7.5R 4/14	금지	정지신호, 소화설비 및 그 장소, 유해행위의 금지
		경고	화학물질 취급장소에서의 유해 · 위험 경고
	특급암기법	싫어(7.5) 4/14	
노란색	5Y 8.5/12	경고	화학물질 취급장소에서의 유해 · 위험 경고, 이외의 위험 경고. 주의 표지 또는 기계방호물
	특급암기법	오(5) 빨리와(8.5) 이리(12)	
파란색	2.5PB 4/10	지시	특정 행위의 지시 및 사실의 고지
	특급암기법	2.5×4=10	
녹색	2.5G 4/10	안내	비상구 및 피난소, 사람 또는 차량의 통행 표지
	특급암기법	2.5×4=10	
흰색	N9.5		파란색 또는 녹색에 대한 보조색
검은색	N0.5		문자 및 빨간색 또는 노란색에 대한 보조색

📝 실기에 자주 출제되는 중요한 내용입니다.

13 재해의 분석에 있어 사고유형, 기인물, 불안전한 상태, 불안전한 행동을 하나의 축으로 하고, 그것을 구성하고 있는 몇 개의 분류 항목을 크기가 큰 순서대로 나열하여 비교하기 쉽게 도시한 통계 양식의 도표는?

① 직선도 ② 특성요인도
③ 파레토도 ④ 체크리스트

*** 재해통계방법**

① 파레토도(Pareto Diagram) : 사고 유형, 기인물 등 데이터를 분류하여 그 항목 값이 큰 순서대로 정리하여 막대그래프로 나타낸다.
② 특성요인도(Characteristic Diagram) : 재해와 그 요인의 관계를 어골상으로 세분화하여 나타낸다.
③ 크로스(cross) 분석 : 2가지 또는 2개 항목 이상의 요인이 상호관계를 유지할 때 문제를 분석하는데 사용된다.
④ 관리도(Control Chart) : 시간경과에 따른 재해발생 건수 등 대략적인 추이 파악에 사용된다.

📝 필기에 자주 출제되는 내용입니다.

14 A사업장의 도수율이 18.9일 때 연천인율은 얼마인가?

① 4.53 ② 9.46
③ 37.86 ④ 45.36

---
1. 연천인율 = $\dfrac{\text{연간 재해자수}}{\text{연평균 근로자수}} \times 1,000$

2. 연천인율 = 도수율 × 2.4

연천인율 = 18.9 × 2.4 = 45.36

📝 실기에 자주 출제되는 중요한 내용입니다.

정답 13 ③ 14 ④

15 산업안전보건법령상 관리감독자가 수행하는 안전 및 보건에 관한 업무에 속하지 않는 것은?

① 해당 작업의 작업장 정리·정돈 및 통로 확보에 대한 확인·감독
② 해당 작업에서 발생한 산업재해에 관한 보고 및 이에 대한 응급조치
③ 해당 사업장 안전교육계획의 수립 및 안전 교육실시에 관한 보좌 및 지도·조언
④ 관리감독자에게 소속된 근로자의 작업복·보호구 및 방호장치의 점검과 그 착용·사용에 관한 교육·지도

> **＊관리감독자 직무**
> ① 기계·기구 또는 설비의 안전·보건 점검 및 이상 유무의 확인
> ② 근로자의 작업복·보호구 및 방호장치의 점검과 그 착용·사용에 관한 교육·지도
> ③ 산업재해에 관한 보고 및 이에 대한 응급조치
> ④ 작업장 정리·정돈 및 통로확보에 대한 확인·감독
> ⑤ 산업보건의, 안전관리자(안전관리전문기관의 해당 사업장 담당자) 및 보건관리자(보건관리전문기관의 해당 사업장 담당자), 안전보건관리담당자(안전관리전문기관 또는 보건관리전문기관의 해당 사업장 담당자)의 지도·조언에 대한 협조
> ⑥ 위험성평가를 위한 유해·위험요인의 파악 및 개선조치의 시행에 대한 참여
> ⑦ 그 밖에 해당 작업의 안전·보건에 관한 사항으로서 고용노동부령으로 정하는 사항

📝 실기에 자주 출제되는 중요한 내용입니다.

16 보호구 안전인증 고시에 따른 추락 및 감전 위험방지용 안전모의 성능시험 대상에 속하지 않는 것은?

① 내유성 ② 내수성
③ 내관통성 ④ 턱끈풀림

> 1. 추락 및 감전 위험방지용 안전모(AE형)
>   → 안전인증 대상 안전모
>
> 2. 안전인증 대상 안전모의 성능 시험 종류
>   ① 내관통성 시험
>   ② 충격흡수성 시험
>   ③ 내전압성 시험
>   ④ 내 수 성 시험
>   ⑤ 난 연 성 시험
>   ⑥ 턱끈풀림 시험

📝 실기까지 중요한 내용입니다.

17 다음 중 웨버(D.A. Weaver)의 사고 발생 도미노 이론에서 "작전적 에러"를 찾아내기 위한 질문의 유형과 가장 거리가 먼 것은?

① what ② why
③ where ④ whether

> • what : 불안전한 행위 또는 조건은 무엇(what)인지
> • why : 불안전한 행위 또는 조건이 왜(why) 일어났는지
> • whether : 관리자가 사고예방을 위한 안전지식을 가지고 있었는지(whether)

정답 15 ③ 16 ① 17 ③

18 산업안전보건법령상 공정안전보고서에 포함되어야 하는 내용 중 공정안전자료의 세부 내용에 해당하는 것은?

① 안전운전지침서
② 공정위험성평가서
③ 도급업체 안전관리계획
④ 각종 건물·설비의 배치도

★ **공정안전자료**
- 취급·저장하고 있거나 취급·저장하려는 유해·위험물질의 종류 및 수량
- 유해·위험물질에 대한 물질안전보건자료
- 유해·위험설비의 목록 및 사양
- 유해·위험설비의 운전방법을 알 수 있는 공정도면
- 각종 건물·설비의 배치도
- 폭발위험장소 구분도 및 전기단선도
- 위험설비의 안전설계·제작 및 설치 관련 지침서

참고

★ **공정안전보고서의 내용**
① 공정안전자료
② 공정위험성 평가서
③ 안전운전계획
④ 비상조치계획
⑤ 그 밖에 공정상의 안전과 관련하여 노동부장관이 필요하다고 인정하여 고시하는 사항

19 산업안전보건법령상 사업주의 의무에 해당하지 않는 것은?

① 산업재해 예방을 위한 기준 준수
② 사업장의 안전 및 보건에 관한 정보를 근로자에게 제공
③ 산업 안전 및 보건 관련 단체 등에 대한 지원 및 지도·감독
④ 근로자의 신체적 피로와 정신적 스트레스 등을 줄일 수 있는 쾌적한 작업환경의 조성 및 근로조건 개선

★ **사업주의 안전 직무**
① 산업재해 예방을 위한 기준을 따를 것
② 근로자의 신체적 피로와 정신적 스트레스 등을 줄일 수 있는 쾌적한 작업환경의 조성 및 근로조건 개선
③ 해당 사업장의 안전·보건에 관한 정보를 근로자에게 제공

📌 실기까지 중요한 내용입니다.

20 버드(Frank Bird)의 도미노 이론에서 재해발생 과정에 있어 가장 먼저 수반되는 것은?

① 관리의 부족
② 전술 및 전략적 에러
③ 불안전한 행동 및 상태
④ 사회적 환경과 유전적 요소

정답 18 ④ 19 ③ 20 ①

* **버드(Frank. E. Bird)의 사고 연쇄성이론 5단계**

1단계	제어 부족(관리 부재)
2단계	기본 원인(기원)
3단계	직접 원인(징후)
4단계	사고(접촉)
5단계	상해(손실)

실기에 자주 출제되는 중요한 내용입니다.

참고

* **손다이크(Thorndike)의 학습의 법칙(시행착오설)**
  - 준비성의 법칙
  - 연습 또는 반복의 법칙
  - 효과의 법칙

* **파블로프의 조건반사설(자극과 반응이론 : S-R 이론)**
  - 일관성의 원리
  - 계속성의 원리
  - 시간의 원리
  - 강도의 원리

2과목 산업심리 및 교육

21 S-R 이론 중에서 긍정적 강화, 부정적 강화, 처벌 등이 이론의 원리에 속하며, 사람들이 바람직한 결과를 이끌어 내기 위해 단지 어떤 자극에 대해 수동적으로 반응하는 것이 아니라 환경상의 어떤 능동적인 행위를 한다는 이론으로 옳은 것은?

① 파블로프(Pavlov)의 조건반사설
② 손다이크(Thorndike)의 시행착오설
③ 스키너(Skinner)의 조작적 조건화설
④ 구쓰리에(Guthrie)의 접근적 조건화설

* **스키너의 조작적 조건화설(강화의 원리)**
강화에 의해 행동을 변화시킴
- 반응을 할 때마다 강화를 주는 것보다 **간헐적으로 강화를 제공하는 것이 효과적**이다.
- 벌이나 혐오자극보다 **칭찬, 격려 등 긍정적 강화물이 학습에 효과적**이다.
- 반응을 보인 후 즉시 강화물을 제공하는 것이 효과적이다.

22 실제로는 움직임이 없으나 시각적으로 움직임이 있는 것처럼 느끼는 심리적 현상으로 옳은 것은?

① 잔상 효과 ② 가현 운동
③ 후광 효과 ④ 가하학적 착시

* **착각현상(운동의 시지각)**

가현운동 (β운동)	• 정지하고 있는 대상물이 급속히 나타나던가 소멸하는 것으로 인하여 일어나는 운동으로 마치 대상물이 운동하는 것처럼 인식되는 현상을 말한다. • 예 영화의 영상
유도 운동	• 움직이지 않는 것이 움직이는 것처럼 느껴지는 현상 • 예 상행선 열차를 타고 가며 정지하고 있는 하행선 열차를 보면 마치 하행선 열차가 움직이는 것처럼 느껴지는 현상
자동운동	• 암실에서 정지된 소광점을 응시하면 광점이 움직이는 것처럼 보이는 현상 • 안구의 불규칙한 운동 때문에 생기는 현상이다.

필기에 자주 출제되는 내용입니다.

정답 21 ③ 22 ②

23 작업 환경에서 물리적인 작업조건보다는 근로자의 심리적인 태도 및 감정이 직무수행에 큰 영향을 미친다는 결과를 밝혀낸 대표적인 연구로 옳은 것은?

① 호손 연구　　② 플래시보 연구
③ 스키너 연구　④ 시간-동작 연구

＊호손(Hawthorne) 실험
작업 능률을 좌우하는 것은 임금, 노동시간 등의 노동조건과 조명, 환기, 기타 작업환경으로서의 **물적 조건**보다 종업원의 태도 즉, 심리적·내적 양심과 감정(인간관계)이 더 중요하다.

24 매슬로우(Maslow)의 욕구위계를 바르게 나열한 것은?

① 안전의 욕구 - 생리적 욕구 - 사회적 욕구 - 자아실현의 욕구 - 인정받으려는 욕구
② 안전의 욕구 - 생리적 욕구 - 사회적 욕구 - 인정받으려는 욕구 - 자아실현의 욕구
③ 생리적 욕구 - 사회적 욕구 - 안전의 욕구 - 인정받으려는 욕구 - 자아실현의 욕구
④ 생리적 욕구 - 안전의 욕구 - 사회적 욕구 - 인정받으려는 욕구 - 자아실현의 욕구

＊매슬로(Maslow A. H.)의 욕구단계 이론
제1단계(생리적 욕구)　　제2단계(안전 욕구)
제3단계(사회적 욕구)　　제4단계(존경 욕구)
제5단계(자아실현의 욕구)

📌 실기까지 중요한 내용입니다.

25 학습의 전이란 학습한 결과가 다른 학습이나 반응에 영향을 주는 것을 의미한다. 이 전이의 이론에 해당되지 않는 것은?

① 일반화설　　② 동일요소설
③ 형태이조설　④ 태도유인설

＊전이에 관한 이론
- **일반화설(동일원리설)** : 두 학습내용 간의 원리가 같을 때 전이가 일어난다는 이론
- **동일요소설** : 한 학습의 효과가 다음 학습을 촉진시키기 위해서는 두 학습과제 간에 동일요소가 존재해야 한다는 이론
- **형태이조설** : 어떤 학습자료의 역학적 관계가 이해될 때 그것이 다른 학습자료에 전이된다는 이론

26 Off Job Training의 특징으로 맞는 것은?

① 개개인에게 적절한 지도훈련이 가능하다.
② 전문가를 강사로 초빙하는 것이 가능하다.
③ 직장의 실정에 맞게 실제적 훈련이 가능하다.
④ 훈련에 필요한 업무의 계속성이 끊어지지 않는다.

OJT의 특징	• 개개인에게 적절한 훈련이 가능하다. • 직장의 실정에 맞는 훈련이 가능하다. • 교육효과가 즉시 업무에 연결된다. • 훈련에 대한 업무의 계속성이 끊어지지 않는다. • 상호 신뢰 이해도가 높다.

정답　23 ①　24 ④　25 ④　26 ②

OFF JT의 특징	• 다수의 근로자들에게 훈련을 할수 있다. • 훈련에만 전념하게 된다. • 특별 설비 기구 이용이 가능하다. • 많은 지식이나 경험을 교류할 수 있다. • 교육 훈련 목표에 대하여 집단적 노력이 흐트러질 수 있다.

📝 실기까지 중요한 내용입니다.

27 단조로운 업무가 장시간 지속될 때 작업자의 감각기능 및 판단능력이 둔화 또는 마비되는 현상은?

① 착각현상   ② 망각현상
③ 피로현상   ④ 감각차단현상

★ 감각차단현상
단조로운 업무가 장시간 지속될 때 작업자의 감각기능 및 판단능력이 둔화 또는 마비되는 현상

28 산업안전보건법령상의 안전·보건교육에서 관리감독자의 채용 시 교육 및 작업내용 변경 시의 교육에 해당하는 것은?

① 비상시 또는 재해 발생 시 긴급조치에 관한 사항
② 건강증진 및 질병 예방에 관한 사항
③ 유해·위험 작업환경 관리에 관한 사항
④ 작업공정의 유해·위험과 재해 예방대책에 관한 사항

★ 관리감독자 채용 시 교육 및 작업내용 변경 시 교육내용
• 산업안전 및 산업재해 예방에 관한 사항(화재·폭발 사고 발생 시 대피에 관한 사항을 포함한다)
• 산업보건 및 건강장해 예방에 관한 사항
• 산업안전보건법령 및 산업재해보상보험 제도에 관한 사항
• 직무스트레스 예방 및 관리에 관한 사항
• 직장 내 괴롭힘, 고객의 폭언 등으로 인한 건강장해 예방 및 관리에 관한 사항
• 위험성평가에 관한 사항
• 기계·기구의 위험성과 작업의 순서 및 동선에 관한 사항
• 작업 개시 전 점검에 관한 사항
• 물질안전보건자료에 관한 사항
• 사업장 내 안전보건관리체제 및 안전·보건조치 현황에 관한 사항
• 표준안전 작업방법 결정 및 지도·감독 요령에 관한 사항
• 비상시 또는 재해 발생 시 긴급조치에 관한 사항
• 그 밖의 관리감독자의 직무에 관한 사항

특급암기법
공통 항목(관리감독자, 근로자)
1. 근로자는 법, 산재보상제도를 알자!
2. 근로자는 건강을 보존(산업보건)하고 건강장해, 스트레스, 괴롭힘, 폭언 예방하자!
3. 근로자는 유해위험 환경을 관리해서 안전하고 산업재해 예방하자!
4. 근로자는 위험성을 평가하자!

채용시 근로자 교육 중 "정리정돈 청소" 제외
1. 신규 관리자는 기계기구 위험성, 작업순서, 동선를 알자!
2. 신규 관리자는 취급물질의 위험성(물질안전보건자료)을 알자!
3. 신규 관리자는 작업 전 점검하자!

정답 27 ④ 28 ①

신규 관리자 내용 추가
1. 신규 관리자는 안전보건 조치하자!
2. 신규 관리자는 안전 작업방법 결정해서 감독하자!
3. 신규 관리자는 재해시 긴급조치를 알자!

📝 실기에 자주 출제되는 중요한 내용입니다.

29 구안법(project method)의 단계를 올바르게 나열한 것은?

① 계획 → 목적 → 수행 → 평가
② 계획 → 목적 → 평가 → 수행
③ 수행 → 평가 → 계획 → 목적
④ 목적 → 계획 → 수행 → 평가

* **구안법(Project method)의 실시순서**

1단계	목적
2단계	계획
3단계	수행
4단계	평가

📝 필기에 자주 출제되는 내용입니다.

30 새로운 자료나 교재를 제시하고 거기에서의 문제점을 피교육자로 하여금 제기하게 하거나, 의견을 여러 가지 방법으로 발표하게 하고, 다시 깊게 파고들어서 토의하는 방법은?

① 포럼(Forum)
② 심포지엄(Symposium)
③ 버즈세션(Buzz Session)
④ 패널 디스커션(Panel Discussion)

* **포럼(Forum)**
새로운 자료나 교재를 제시, 문제점을 토의하는 방법

> 참고

* **심포지엄(Symposium)**
몇 사람의 전문가에 의하여 과제에 관한 견해를 발표한 뒤 참가자로 하여금 의견이나 질문을 하게 하여 토의하는 방법

* **버즈 세션(Buzz Session)**
사회자와 기록계를 선출한 후 6명씩의 소집단으로 구분하고, 소집단별로 6분씩 자유토의를 행하여 의견을 종합하는 방법

* **패널 디스커션(Panel discussion)**
패널 멤버(교육과제에 정통한 전문가 4~5명)가 피교육자 앞에서 토의를 하고, 뒤에 피교육자 전원이 참가하여 사회자의 사회에 따라 토의하는 방법

📝 필기에 자주 출제되는 내용입니다.

31 파악하고자 하는 연구과제에 대해 언어를 매개로 구조화된 질의응답을 통하여 교육하는 기법은?

① 면접(interview)
② 카운슬링(counseling)
③ CCS(Civil Communication Section)
④ ATP(American Telephone & Telegram Co.)

질의응답을 통하여 교육 → 면접(interview)

정답 29 ④ 30 ① 31 ①

32 안전태도교육의 기본과정으로 볼 수 없는 것은?

① 강요한다.   ② 모범을 보인다.
③ 평가를 한다.   ④ 이해·납득시킨다.

> **＊태도교육 실시 순서**
> - 청취한다.
> - 이해, 납득시킨다.
> - 모범을 보인다.
> - 권장한다.
> - 평가한다.(상과 벌)

33 교육 및 훈련 방법 중 다음의 특징이 갖는 방법은?

> - 다른 방법에 비해 경제적이다.
> - 교육 대상 집단 내 수준 차로 인해 교육의 효과가 감소할 가능성이 있다.
> - 상대적으로 피드백이 부족하다.

① 강의법   ② 사례연구법
③ 세미나법   ④ 감수성 훈련

강의법의 장점	• 새로운 기술, 지식, 정보를 체계적으로 전달 할 수 있다. • 짧은 시간동안 많은 양의 정보를 전달할 수 있다. • 한 사람의 강사가 많은 학생을 지도할 수 있다.(교육의 경제성이 높다) • 구체적인 사실적 정보의 제공과 요점을 파악하기에 효율적이다.
강의법의 단점	• 학습자의 이해수준을 알 수가 없다. • 학습자의 성향을 고려할 수 없다. • 학습자의 능동적 참여를 기대할 수 없다. (학습에 대한 동기부여가 어렵다)

강의법의 단점	• 수강자의 주의집중도나 흥미의 정도가 낮다. • 기능적, 태도적인 내용의 교육이 어렵다. • 강사의 지식 수준에서 모든 것이 이루어지기 때문에 학습자에게 끼치는 영향이 크다.

📝 필기에 자주 출제되는 내용입니다.

34 생체리듬(Biorhythm)에 대한 설명으로 맞는 것은?

① 각각의 리듬이 (-)에서의 최저점에 이르렀을 때를 위험일이라 한다.
② 감성적 리듬은 영문으로 S라 표시하며, 23일을 주기로 반복된다.
③ 육체적 리듬은 영문으로 P라 표시하며, 28일을 주기로 반복된다.
④ 지성적 리듬은 영문으로 I라 표시하며, 33일을 주기로 반복된다.

＊바이오리듬의 종류	
육체적 리듬 (P)	• 23일 주기 • 청색의 실선으로 표시 • 식욕, 소화력, 활동력, 지구력 등을 나타냄
감성적 리듬 (S)	• 28일 주기 • 적색의 점선으로 표시 • 감정, 주의심, 창조력, 희로애락 등을 나타냄
지성적 리듬 (I)	• 33일 주기 • 녹색의 일점쇄선으로 표시 • 상상력, 사고력, 기억력, 인지력, 판단력 등을 나타냄

정답 32 ① 33 ① 34 ④

35 참가자 앞에서 소수의 전문가들이 과제에 관한 견해를 발표하고 토론한 뒤 참가자 전원이 참가하여 사회자의 사회에 따라 토의하는 방법은?

① 포럼　　② 심포지엄
③ 패널 디스커션　　④ 버즈 세션

* **패널 디스커션**
소수의 전문가(패널)들이 과제에 관한 견해를 발표하고 토론한 뒤 참가자 전원이 토의하는 방법

참고

* **포럼(Forum)**
새로운 자료나 교재를 제시, 거기서의 문제점을 피교육자로 하여금 제기하게 하여 발표하고 토의하는 방법

* **심포지엄(Symposium)**
몇 사람의 전문가에 의하여 과제에 관한 견해를 발표한 뒤 참가자로 하여금 의견이나 질문을 하게 하여 토의하는 방법

* **패널 디스커션(Panel discussion)**
패널 멤버(교육 과제에 정통한 전문가 4~5명)가 피교육자 앞에서 토의를 하고, 뒤에 피교육자 전원이 참가하여 사회자의 사회에 따라 토의하는 방법

* **버즈 세션(Buzz Session)**
사회자와 기록계를 선출한 후 6명씩의 소집단으로 구분하고, 소집단별로 6분씩 자유토의를 행하여 의견을 종합하는 방법

36 조직에 있어 구성원들의 역할에 대한 기대와 행동은 항상 일치하지는 않는다. 역할 기대와 실제 역할 행동 간에 차이가 생기면 역할 갈등이 발생하는데, 역할 갈등의 원인으로 가장 거리가 먼 것은?

① 역할 마찰　　② 역할 민첩성
③ 역할 부적합　　④ 역할 모호성

* **역할 갈등의 원인**
- 역할 마찰
- 역할 부적합
- 역할 모호성
- 역할 긴장

37 생리적 피로와 심리적 피로에 대한 설명으로 틀린 것은?

① 심리적 피로와 생리적 피로는 항상 동반해서 발생한다.
② 심리적 피로는 계속되는 작업에서 수행 감소를 주관적으로 지각하는 것을 의미한다.
③ 생리적 피로는 근육조직의 산소고갈로 발생하는 신체능력 감소 및 생리적 손상이다.
④ 작업 수행이 감소하더라도 피로를 느끼지 않을 수 있고, 수행이 잘되더라도 피로를 느낄 수 있다.

심리적 피로(정신적 피로)와 생리적 피로(육체적 피로)는 항상 동반해서 발생하는 것은 아니다.

38 의식수준이 정상적 상태이지만 생리적 상태가 안정을 취하거나 휴식할 때에 해당하는 것은?

① phase Ⅰ ② phase Ⅱ
③ phase Ⅲ ④ phase Ⅳ

＊인간 의식 레벨의 분류

Phase 0	무의식, 실신	수면, 뇌발작	주의작용 0
Phase Ⅰ	의식 흐림	피로, 단조로운 일	부주의
Phase Ⅱ	이완	안정 기거, 휴식	안정 기거, 휴식
Phase Ⅲ	상쾌	적극적	적극 활동
Phase Ⅳ	과긴장	일점집중현상, 긴급방위	감정 흥분

📝 필기에 자주 출제되는 내용입니다.

39 집단구성원에 의해 선출된 지도자의 지위·업무는?

① 헤드십(headship)
② 리더십(leadership)
③ 멤버십(membership)
④ 매니저십(managership)

- 선출된 지도자 : 리더십(leadership)
- 임명된 지도자 : 헤드십(headship)

40 산업안전보건법상 일용근로자 및 근로계약기간이 1주일 이하인 기간제 근로자 중 타워크레인 신호작업에 종사하는 근로자의 특별교육 시간으로 맞는 것은?

① 8시간 이상 ② 2시간 이상
③ 16시간 이상 ④ 매 분기 6시간

＊근로자 안전보건교육

교육과정	교육대상		교육시간
가. 정기 교육	1) 사무직 종사 근로자		매반기 6시간 이상
	2) 그 밖의 근로자	가) 판매업무에 직접 종사하는 근로자	매반기 6시간 이상
		나) 판매업무에 직접 종사하는 근로자 외의 근로자	매반기 12시간 이상
나. 채용시의 교육	1) 일용근로자 및 근로계약기간이 1주일 이하인 기간제근로자		1시간 이상
	2) 근로계약기간이 1주일 초과 1개월 이하인 기간제 근로자		4시간 이상
	3) 그 밖의 근로자		8시간 이상
다. 작업 내용 변경시의 교육	1) 일용근로자 및 근로계약기간이 1주일 이하인 기간제근로자		1시간 이상
	2) 그 밖의 근로자		2시간 이상
라. 특별 교육	1) 일용근로자 및 근로계약기간이 1주일 이하인 기간제 근로자(타워크레인 신호작업에 종사하는 근로자 제외)		2시간 이상
	2) 일용근로자 및 근로계약기간이 1주일 이하인 기간제 근로자 중 타워크레인신호작업에 종사하는 근로자		8시간 이상

정답 38 ② 39 ② 40 ①

라. 특별교육	3) 일용근로자 및 근로계약 기간이 1주일 이하인 기간제 근로자를 제외한 근로자		가) 16시간 이상(최초 작업에 종사하기 전 4시간 이상 실시하고 12시간은 3개월 이내에서 분할하여 실시 가능) 나) 단기간 작업 또는 간헐적 작업인 경우에는 2시간 이상
마. 건설업 기초안전·보건교육	건설 일용근로자		4시간 이상

📝 실기에 자주 출제되는 중요한 내용입니다.

3과목 인간공학 및 시스템안전공학

41 FTA에서 사용하는 다음 사상기호에 대한 설명으로 맞는 것은?

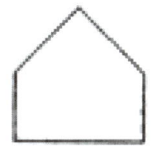

① 시스템 분석에서 좀 더 발전시켜야 하는 사상
② 시스템의 정상적인 가동상태에서 일어날 것이 기대되는 사상
③ 유동계통의 층 변화와 같이 일반적으로 발생이 예상되는 사상
④ 주어진 시스템의 기본사상으로 고장원인이 분석되었기 때문에 더 이상 분석할 필요가 없는 사상

기호	명명	기호설명
⌂	통상사상	유동계통의 층 변화와 같이 일반적으로 발생이 예상되는 사상

📝 필기에 자주 출제되는 내용입니다.

42 자극-반응 조합의 관계에서 인간의 기대와 모순되지 않는 성질을 무엇이라 하는가?

① 양립성   ② 적응성
③ 변별성   ④ 신뢰성

★ **양립성**
자극-반응의 관계가 인간의 기대와 모순되지 않는 성질

📝 필기에 자주 출제되는 내용입니다.

43 병렬 시스템에 대한 특성이 아닌 것은?

① 요소의 수가 많을수록 고장의 기회는 줄어든다.
② 요소의 중복도가 늘어날수록 시스템의 수명은 길어진다.
③ 요소의 어느 하나라도 정상이면 시스템은 정상이다.
④ 시스템의 수명은 요소 중에서 수명이 가장 짧은 것으로 정해진다.

④ 시스템의 수명은 요소 중에서 수명이 가장 긴 것으로 정해진다.

정답 41 ③ 42 ① 43 ④

> **참고**
>
> *** 직렬연결**
> - 요소 중 하나가 고장이면 전체 시스템은 고장이다.
> - 전체 시스템의 수명은 요소 중 가장 짧은 것으로 결정된다.
>
> *** 병렬연결**
> - 요소 중 하나만 정상이라도 전체 시스템은 정상 가동된다.
> - 전체 시스템의 수명은 요소 중 가장 긴 것으로 결정된다.

📝 필기에 자주 출제되는 내용입니다.

44 손이나 특정 신체 부위에 발생하는 누적손상장애(CTDs)의 발생인자와 가장 거리가 먼 것은?

① 무리한 힘
② 다습한 환경
③ 장시간의 진동
④ 반복도가 높은 작업

> *** 근골격계질환(누적외상성질환, CTDs)의 발생요인**
> - 반복적인 동작
> - 부적절한 작업 자세
> - 무리한 힘의 사용
> - 날카로운 면과의 신체 접촉
> - 진동 및 온도(저온)

📝 필기에 자주 출제되는 내용입니다.

45 일반적으로 위험(Risk)은 3가지 기본요소로 표현되며 3요소(Triplets)로 정의된다. 3요소에 해당하지 않는 것은?

① 사고 시나리오(S_i)
② 사고 발생 확률(P_i)
③ 시스템 불이용도(Q_i)
④ 파급효과 또는 손실(X_i)

> *** 위험(Risk)의 3요소(Triplets)**
> - 사고 시나리오(S_i)
> - 사고 발생 확률(P_i)
> - 파급효과 또는 손실(X_i)

46 건구온도 30℃, 습구온도 35℃일 때의 옥스퍼드(Oxford) 지수는 얼마인가?

① 20.75℃   ② 24.58℃
③ 32.78℃   ④ 34.25℃

> *** Oxford 지수**
> 습건(WD) 지수라고도 하며, 습구·건구 온도의 가중평균치로서 다음과 같이 나타낸다.
> WD = 0.85W + 0.15d(℃)
> - W : 습구온도
> - d : 건구온도
> WD = 0.85×35+0.15×30 = 34.25(℃)

📝 필기에 자주 출제되는 내용입니다.

47 결함수분석(FTA)에 의한 재해사례의 연구 순서가 다음과 같을 때 올바른 순서대로 나열한 것은?

> ㉠ FT(Fault Tree)도 작성
> ㉡ 개선안 실시계획
> ㉢ 톱 사상의 선정
> ㉣ 사상마다 재해원인 및 요인 규명
> ㉤ 개선계획 작성

① ㉣ → ㉤ → ㉢ → ㉠ → ㉡
② ㉡ → ㉣ → ㉢ → ㉤ → ㉠
③ ㉢ → ㉣ → ㉠ → ㉤ → ㉡
④ ㉤ → ㉢ → ㉡ → ㉠ → ㉣

> **＊FTA에 의한 재해사례 연구 순서**
> • 1단계 : 톱사상의 설정
> • 2단계 : 재해 원인 규명
> • 3단계 : FT도의 작성
> • 4단계 : 개선계획의 작성

📝 필기에 자주 출제되는 내용입니다.

48 체계 설계 과정의 주요 단계가 다음과 같을 때 인간·하드웨어·소프트웨어의 기능 할당, 인간 성능 요건 명세, 직무분석, 작업설계 등의 활동을 하는 단계는?

> - 목표 및 성능 명세 결정
> - 체계의 정의
> - 기본 설계   - 계면 설계
> - 촉진물 설계   - 시험 및 평가

① 계면 설계
② 체계의 정의
③ 기본 설계
④ 촉진물 설계

> **＊기본 설계의 내용**
> • 작업설계
> • 직무분석
> • 기능할당

49 실내 면(面)의 추천 반사율이 가장 높은 것은?

① 벽
② 가구
③ 바닥
④ 천장

> **＊옥내 최적 반사율**
>   (천장 : 바닥 반사율 비율 = 3 : 1 이상 유지)
> • 천장(80~91%) 〉 벽(40~60%) 〉 가구(25~45%) 〉 바닥(20~40%)
> • 옥내의 반사율은 천장으로 올라갈수록 높고 바닥으로 내려갈수록 낮아져야 한다.

📝 필기에 자주 출제되는 내용입니다.

50 FT도에 사용하는 기호에서 입력사상이 특정 순서대로 발생하여야 출력이 발생하는 기호의 명칭은?

① 억제 게이트
② 우선적 AND 게이트
③ 배타적 OR 게이트
④ 조합 AND 게이트

*FTA 논리기호

기호	명명	기호설명
	우선적 AND게이트	입력사상이 특정 순서대로 발생한 경우에만 출력사상이 발생하는 논리게이트
	조합 AND 게이트	3개 이상의 입력 중 2개가 일어나면 출력이 생긴다.
	억제 게이트	이 게이트의 출력사상은 한 개의 입력사상에 의해 발생하며, 입력사상이 출력사상을 생성하기 전에 특정 조건을 만족하여야 하는 논리게이트
	배타적 OR 게이트	입력사상 중 오직 한 개의 발생으로만 출력사상이 생성되는 논리게이트

📒 필기에 자주 출제되는 내용입니다.

51 다음 그림과 같이 7개의 기기로 구성된 시스템의 신뢰도는 약 얼마인가?

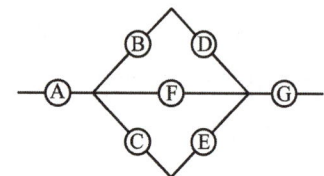

[신뢰도]
- A = G : 0.75
- B = C = D = E : 0.8
- F : 0.9

① 0.5427 ② 0.6234
③ 0.5552 ④ 0.9740

R = A×{1−(1−B×D)×(1−F)×(1−C×E)}×G
R = 0.75×{1−(1−0.8×0.8)×(1−0.9)×(1−0.8×0.8)}×0.75
R = 0.55521

📒 필기에 자주 출제되는 내용입니다.

52 위험 및 운전성 검토(HAZOP)에서 사용되는 가이드 워드 중에서 성질상의 감소를 의미하는 것은?

① Part of
② More less
③ No/Not
④ Other than

*유인어의 종류와 뜻
- No 또는 Not : 완전한 부정
- More 또는 Less : 양의 증가 및 감소
- As Well As : 성질상의 증가, 설계 의도 외의 다른 변수가 부가되는 경우
- Part of : 일부 변경(설계 의도대로 완전히 이루어지지 않은 상태), 성질상의 감소
- Reverse : 설계의도의 논리적인 역, 설계 의도와 정반대로 나타나는 현상
- Other Than : 완전한 대체, 설계 의도대로 되지 않거나 유지되지 않은 상태

📒 필기에 자주 출제되는 내용입니다.

정답 51 ③ 52 ①

53 다음 중 진동의 영향을 가장 많이 받는 인간의 성능은?

① 추적(tracking) 능력
② 감시(monitoring) 작업
③ 반응시간(reaction time)
④ 형태식별(pattern recognition)

반응시간, 감시, 형태식별 등 주로 중앙신경처리에 달린 임무는 진동의 영향이 적다.

54 다음 중 인간 신뢰도(Human Reliability)의 평가 방법으로 가장 적합하지 않은 것은?

① HCR
② THERP
③ SLIM
④ FMECA

FMECA= FMEA(고장형태와 영향분석) + CA(치명도 분석)
FMECA는 고장의 형태별 영향과 그 고장의 치명도를 분석하는 기법으로 고장을 정성적으로 분석하는 FMEA에 정량적인 분석(CA)을 혼합한 기법이다.

55 다음 중 Fitts의 법칙에 관한 설명으로 옳은 것은?

① 표적이 크고 이동거리가 길수록 이동시간이 증가한다.
② 표적이 작고 이동거리가 길수록 이동시간이 증가한다.
③ 표적이 크고 이동거리가 짧을수록 이동시간이 증가한다.
④ 표적이 작고 이동거리가 짧을수록 이동시간이 증가한다.

* 피츠의 법칙(Fitts' Law)
• 목표까지 움직이는 데 필요한 시간은 목표 크기와 목표까지의 거리의 함수이다.
• 표적이 작고 이동거리가 길수록 이동시간이 증가한다.

56 다음 중 'MIL-STD-882B'의 위험성평가 매트릭스(Matrix) 분류에 속하지 않는 것은?

① 전혀 발생하지 않은(Impossible)
② 거의 발생하지 않은(Remote)
③ 가끔 발생하는(Occasional)
④ 자주 발생하는(Frequent)

* 'MIL-STD-882B'의 위험성평가 매트릭스(Matrix) 분류
• 자주 발생(Frequent)
• 보통 발생(Probable)
• 가끔 발생(Occasional)
• 거의 발생하지 않음(Remote)
• 극히 발생하지 않음(Impropable)

정답 53 ① 54 ④ 55 ② 56 ①

57 50phon의 기준음을 들려준 후 70phon의 소리를 듣는다면 작업자는 주관적으로 몇 배의 소리로 인식하는가?

① 1.4배　② 2배
③ 3배　④ 4배

10phon 증가 → 2배 더 큰 소리로 인식한다.
∴ 20phon 증가 → 4배 더 큰 소리로 인식한다.

58 다음 중 일반적으로 은행의 접수대 높이나 공원의 벤치를 설계할 때 가장 적합한 인체측정 자료의 응용 원칙은?

① 평균치를 이용한 설계
② 최대치수를 이용한 설계
③ 최소치수를 이용한 설계
④ 조절식 설계

은행의 접수대 높이나 공원의 벤치 → 평균치를 이용한 설계

참고

* **인체계측자료의 응용 3원칙**
* 최대치수와 최소치수 설계(극단치 설계)

최대치수 설계의 예	• 위험구역의 울타리 높이 • 출입문의 높이 • 그네줄의 인장강도
최소치수 설계의 예	• 물건을 올리는 선반의 높이 • 조종장치를 조정하는 힘 • 조종장치까지의 조정거리

* 조절범위(조정)
  예 침대, 의자 높낮이 조절, 자동차의 운전석 위치 조정
* 평균치를 기준으로 한 설계
  예 은행의 창구 높이

📝 필기에 자주 출제되는 내용입니다.

59 다음 중 보전효과의 평가로 설비종합효율을 계산하는 식으로 옳은 것은?

① 설비종합효율 = 속도가동률 × 정미가동률
② 설비종합효율 = 시간가동률 × 성능가동률 × 양품률
③ 설비종합효율 = (부하시간 - 정지시간)/부하시간
④ 설비종합효율 = 정미가동률 × 시간가동률 × 양품률

설비종합효율(%) = 시간가동률 × 성능가동률 × 양품률

60 다음 중 신호 및 경보등을 설계할 때 초당 3~10회의 점멸속도로 얼마의 지속시간이 가장 적합한가?

① 0.01초 이상　② 0.02초 이상
③ 0.03초 이상　④ 0.05초 이상

* **신호 및 경보등의 점멸속도**
주의를 끌기 위해서는 초당 3~10회의 점멸속도와 지속시간은 0.05초 이상이 적당하다.

정답　57 ④　58 ①　59 ②　60 ④

4과목 건설시공학

61 철골공사의 기초상부 고름질 방법에 해당되지 않는 것은?

① 전면바름 마무리법
② 나중 채워넣기 중심바름법
③ 나중 매입공법
④ 나중 채워넣기법

★ **철골공사의 기초상부 고름질 방법**
① 전면 바름 마무리법
② 나중 채워넣기 중심 바름법
③ 나중 채워넣기 십자(+)바름법
④ 나중 채워넣기법

📝 필기에 자주 출제되는 내용입니다.

62 정지, 기초, 구체, 마무리 공사 등의 과정별로 나누어 도급을 주는 방식은?

① 전문공사별 분할도급
② 공정별 분할도급
③ 공구별 분할도급
④ 직종별, 공정별 분할도급

★ **분할도급의 종류**
① 전문공사별 분할도급 : 설비 공사를 주체 공사에서 분리하여 전문업자와 직접 계약하는 방식
② 공정별 분할도급 : 정지, 기초, 구체, 마무리 공사 등의 과정별로 나누어 도급을 주는 방식
③ 공구별 분할도급 : 대규모 공사에서 한 현장 안에서 여러 지역별로 공사를 구분하여 발주하는 방식

📝 필기에 자주 출제되는 내용입니다.

63 석공사의 건식 석재공사에 대한 설명 중 틀린 것은?

① 석재의 건식 붙임에 사용되는 모든 구조재 또는 긴결철물은 녹막이 처리를 한다.
② 석재의 색상, 석질, 가공형상, 마감 정도, 물리적 성질 등이 동일한 것으로 한다.
③ 건식 석재 붙임에 사용되는 앵커볼트, 너트, 와셔 등은 주철제를 사용한다.
④ 화강석 특유의 무늬를 제외한 눈에 띄는 반점 등을 제거한다.

---

③ 건식 돌 붙임에 사용되는 앵커, 볼트, 너트, 와셔, 연결철물(fastener) 등은 스테인리스 제품을 사용한다.

64 철근공사의 용접접합에서 플럭스(flux)를 옳게 설명한 것은?

① 용접 시 용접봉의 피복제 역할을 하는 분말상의 재료
② 압연강판의 층 사이에 균열이 생기는 현상
③ 둥근 경량형강 등 부재 간 홈이 벌어진 상태에서 용접하는 방법
④ 용접부에서 생기는 미세한 구멍

★ **플럭스(flux)**
용접 또는 납땜 시에 생성되는 산화물 등 유해물을 제거하고 **모재표면을 보호할 목적으로 사용되는 분말상의 재료(피복재)**

65 제자리 콘크리트 말뚝 시공법 중 Earth Drill 공법의 장·단점에 대한 설명으로 옳지 않은 것은?

① 진동·소음이 적은 편이다.
② 좁은 장소에서는 작업이 어렵고 지하수가 없는 점성토에 부적합하다.
③ 기계가 비교적 소형으로 굴착속도가 빠르다.
④ Slime 처리가 불확실하여 말뚝의 초기 침하 우려가 있다.

★ Earth Drill 공법의 장·단점

장점	① 좁은 장소에도 시공이 가능하다. ② 진동소음이 적은 편이다. ③ 기계가 비교적 소형으로 굴착속도가 빠르다.
단점	① 안정액 관리가 어렵다. ② Slime 처리가 불확실하여 말뚝의 초기 침하 우려가 있다.

📝 필기에 자주 출제되는 내용입니다.

66 흙이 소성 상태에서 반고체 상태로 바뀔 때 함수비를 의미하는 용어는?

① 예민비   ② 액성한계
③ 소성한계   ④ 소성지수

① 예민비 : 흙을 이김에 따라 강도가 약해지는 정도
② 소성한계 : 흙이 소성 상태에서 반고체 상태로 바뀔 때의 함수비
③ 액성한계 : 소성 상태와 액체 상태의 경계가 되는 함수비(소성상태로부터 액성 상태로 변하는 순간의 함수비)
④ 소성지수 : 흙이 소성 상태로 존재할 수 있는 함수비 구간의 크기를 의미하며, 소성지수가 클수록 세립분을 포함하는 소성이 풍부한 흙이라 할 수 있다.

67 철근콘크리트 공사에서 거푸집의 간격을 일정하게 유지시키는데 사용되는 것은?

① 클램프   ② 쉐어 커넥터
③ 세퍼레이터   ④ 인서트

★ 격리재(separator)
거푸집 상호 간의 간격을 일정하게 유지하는데 사용된다.

📝 필기에 자주 출제되는 내용입니다.

68 철근 콘크리트 타설에서 외기 기온이 25℃ 이하일 때 이어 붓기 시간간격의 한도로 옳은 것은?

① 120분   ② 150분
③ 180분   ④ 210분

★ 허용 이어치기 시간간격의 표준

외기온도	허용 이어치기 시간간격
25℃ 초과	2.0시간
25℃ 이하	2.5시간

주) 허용 이어치기 시간간격은 하층 콘크리트 비비기 시작에서부터 콘크리트 타설 완료한 후, 상층 콘크리트가 타설되기까지의 시간

정답 65 ② 66 ③ 67 ③ 68 ②

69 콘크리트 타설과 관련하여 거푸집 붕괴사고 방지를 위하여 우선적으로 검토·확인하여야 할 사항 중 가장 거리가 먼 것은?

① 콘크리트 측압 파악
② 조임철물 배치간격 검토
③ 콘크리트의 단기 집중타설 여부 검토
④ 콘크리트의 강도 측정

* **거푸집 붕괴사고 방지를 위하여 우선적으로 검토·확인하여야 할 사항**
① 콘크리트 측압 확인
② 조임 철물 배치간격 검토
③ 콘크리트의 단기 집중타설 여부 검토

70 벽 길이 10m, 벽 높이 3.6m인 블록벽체를 기본블록(390mm×190mm×150mm)으로 쌓을 때 소요되는 블록의 수량은? (단, 블록은 온장으로 고려하고, 줄눈 나비는 가로, 세로 10mm, 할증은 고려하지 않음)

① 412매　② 468매
③ 562매　④ 598매

- 블록 한 개의 면적(줄눈 10mm 포함)
  = (0.39 + 0.01) × (0.19 + 0.01) = 0.08m²
- 1m²을 쌓는데 필요한 블록의 정미량(매수)
  = $\dfrac{1}{0.08}$ = 12.5 ≒ 13(매)
- 벽의 면적 = 10 × 3.6 = 36m²
  36m² × 13매 = 468(매)

📖 필기에 자주 출제되는 내용입니다.

71 예정가격 범위 내에서 최저가격으로 입찰한 자를 낙찰자로 선정하는 낙찰자 선정 방식은?

① 최적격 낙찰제
② 제한적 최저가 낙찰제
③ 최저가 낙찰제
④ 적격 심사 낙찰제

① 최적격 낙찰제 : 입찰 가격은 물론 건설업체의 시공능력과 기술을 함께 평가하여 낙찰하는 제도
② 제한적 최저가 낙찰제 : 예정가격 이하로 입찰한 자 중 예정가격 대비 일정비율(예 90%) 이상 입찰자로서 최저가격으로 입찰한 자를 낙찰자로 결정하는 제도
③ 최저가 낙찰제 : 예정가격 이하로서 최저가격으로 입찰한 자를 낙찰자로 선정하는 제도
④ 적격 심사 낙찰제 : 예정가격 이하로서 최저가격으로 입찰한 자의 순으로 당해 계약이행능력을 심사(적격심사)해 낙찰자를 결정하는 제도

정답 69 ④　70 ②　71 ③

72 철근공사에 대하여 옳지 않은 것은?

① 조립용 철근은 철근을 구부리기 할 때 철근의 위치를 확보하기 위하여 쓰는 보조적인 철근이다.
② 철근의 용접부에 순간 최대풍속 2.7m/s 이상의 바람이 불 때는 철근을 용접할 수 없으며, 풍속을 2.7m/s 이하로 저감시킬 수 있는 방풍시설을 설치하는 경우에만 용접할 수 있다.
③ 가스 압접이음은 철근의 단면을 산소-아세틸렌 불꽃 등을 사용하여 가열하고 기계적 압력을 가하여 용접한 맞댄이음을 말한다.
④ D35를 초과하는 철근은 겹침 이음을 할 수 없다. 다만, 서로 다른 크기의 철근을 압축부에서 겹침 이음하는 경우 D35 이하의 철근과 D35를 초과하는 철근은 겹침 이음을 할 수 있다.

> ① 조립용 철근은 주 철근을 조립할 때 철근의 위치를 확보하기 위해 넣는 보조 철근이다.

73 네트워크 공정표에 사용되는 용어에 관한 설명으로 옳지 않은 것은?

① 크리티컬 패스(Critical path) : 개시 결합점에서 종료 결합점에 이르는 가장 긴 경로
② 더미(Dummy) : 결합점이 가지는 여유 시간
③ 플로트(Float) : 작업의 여유시간
④ 패스(Path) : 네트워크 중에서 둘 이상의 작업이 이어지는 경로

② 더미(Dummy) : 정상적으로 표현할 수 없는 작업 상호간의 관계를 표시(점선 화살표)

📝 필기에 자주 출제되는 내용입니다.

74 강구조 공사 시 앵커링(anchoring)에 관한 설명으로 옳지 않은 것은?

① 필요한 앵커링 저항력을 얻기 위해서는 콘크리트에 피해를 주지 않도록 적절한 대책을 수립하여야 한다.
② 앵커볼트 설치 시 베이스플레이트 위치의 콘크리트는 설계도면 레벨보다 30mm ~ -50mm 낮게 타설하고, 베이스플레이트 설치 후 그라우팅 처리한다.
③ 구조용 앵커볼트를 사용하는 경우 앵커볼트 간의 중심선은 기둥중심선으로부터 3mm 이상 벗어나지 않아야 한다.
④ 앵커볼트로는 구조용 혹은 세우기용 앵커볼트가 사용되어야 하고, 나중매입공법을 원칙으로 한다.

> ④ 앵커볼트는 구조용 혹은 세우기용 앵커볼트가 사용되어야 하고, 고정매입공법을 원칙으로 한다.

📝 필기에 자주 출제되는 내용입니다.

정답 72 ① 73 ② 74 ④

75 모래지반 흙막이 공사에서 널말뚝의 틈새로 물과 토사가 유실되어 지반이 파괴되는 현상은?

① 히빙 현상(Heaving)
② 파이핑 현상(Piping)
③ 액상화 현상(Liquefaction)
④ 보일링 현상(Boiling)

★ 파이핑(Piping) 현상
• 보일링(Boiling) 현상으로 인하여 지반 내에서 물의 통로가 생기면서 흙이 세굴되는 현상을 말한다.
• 널말뚝의 틈새로 물과 토사가 유실되어 지반이 파괴되는 현상을 말한다.

필기에 자주 출제되는 내용입니다.

76 웰 포인트 공법(well point method)에 관한 설명으로 옳지 않은 것은?

① 사질 지반보다 점토질 지반에서 효과가 좋다.
② 지하수위를 낮추는 공법이다.
③ 1~3m의 간격으로 파이프를 지중에 박는다.
④ 인접지 침하의 우려에 따른 주의가 필요하다.

★ 웰 포인트 공법
① 출수가 많은 깊은 터파기에 펌프와 병용하는 것으로서 **집수 파이프**를 박고 그것을 배관으로 연결하여 진공 펌프나 퓨걸 펌프로 물을 뽑아낸다.
② 사질토나 투수성이 좋은 지반에 사용한다.

필기에 자주 출제되는 내용입니다.

77 피어기초공사에 관한 설명으로 옳지 않은 것은?

① 중량구조물을 설치하는데 있어서 지반이 연약하거나 말뚝으로도 수직지지력이 부족하여 그 시공이 불가능한 경우와 기초지반의 교란을 최소화해야 할 경우에 채용한다.
② 굴착된 흙을 직접 탐사할 수 있고 지지층의 상태를 확인할 수 있다.
③ 진동과 소음이 발생하는 공법이긴 하나 여타 기초형식에 비하여 공기 및 비용이 적게 소요된다.
④ 피어기초를 채용한 국내의 초고층 건축물에는 63빌딩이 있다.

③ 무소음 무진동 공법으로 시가지 공사에 적합하다.

참고

★ 피어기초
• 구조물의 하중을 굳은 지반에 전달하기 위하여 수직공을 굴착하여 그 속에 현장 콘크리트를 타설하여 만든 기초
• 말뚝으로서는 뚫기 힘든 토층도 잘 관통시킬 수 있다.

정답 75 ② 76 ① 77 ③

78 콘크리트 공사 시 시공이음에 관한 설명으로 옳지 않은 것은?

① 시공이음은 될 수 있는 대로 전단력이 작은 위치에 설치하고, 부재의 압축력이 작용하는 방향과 직각이 되도록 하는 것이 원칙이다.
② 외부의 염분에 의한 피해를 받을 우려가 있는 해양 및 항만 콘크리트 구조물 등에 있어서는 시공 이음부를 최대한 많이 설치하는 것이 좋다.
③ 이음부의 시공에 있어서는 설계에 정해져 있는 이음의 위치와 구조는 지켜져야 한다.
④ 수밀을 요하는 콘크리트에 있어서는 소요의 수밀성이 얻어지도록 적절한 간격으로 시공 이음부를 두어야 한다.

② 외부의 염분에 의한 피해를 받을 우려가 있는 해양 및 항만 콘크리트 구조물 등에 있어서는 시공 이음부를 되도록 두지 않는 것이 좋다.

79 공사용 표준시방서에 기재하는 사항으로 거리가 먼 것은?

① 재료의 종류, 품질 및 사용처에 관한 사항
② 검사 및 시험에 관한 사항
③ 공정에 따른 공사비 사용에 관한 사항
④ 보양 및 시공 상 주의사항

* **시방서의 기술내용**
① 사용재료나 장비의 종류 및 시험검사방법
② 시공의 일반사항 및 주의사항, 시공정밀도(허용오차)
③ 성능의 규정 및 지시
④ 시공오차의 허용 값
⑤ 기타 도면표기 어려운 보충사항이나 특기사항

> 참고
> "공사시방서"라 함은 공사에 쓰이는 재료, 설비, 시공체계, 시공기준 및 시공기술에 대한 기술설명서와 이에 적용되는 행정명세서로서, 설계도면에 대한 설명 또는 설계도면에 기재하기 어려운 기술적인 사항을 표시해 놓은 도서를 말한다.

80 철골세우기용 기계설비가 아닌 것은?

① 가이데릭
② 스티프레그데릭
③ 진폴
④ 드래그라인

* **철골세우기용 장비**
① 가이데릭
② 스티프레그데릭
③ 진폴
④ 트럭 크레인
⑤ 타워 크레인

> 참고
> 드래그라인 → 굴삭기

5과목 건설재료학

81 목모 시멘트판을 보다 향상시킨 것으로서 폐기목재의 삭편을 화학 처리하여 비교적 두꺼운 판 또는 공동블록 등으로 제작하여 마루, 지붕, 천장, 벽 등의 구조체에 사용되는 것은?

① 펄라이트시멘트판
② 후형슬레이트
③ 석면슬레이트
④ 듀리졸(durisol)

* **듀리졸(durisol)**
- 목모 시멘트판을 보다 향상시킨 것으로 목모시멘트판의 목모 대신에 방부 방수처리한 폐기목재의 삭편을 골재로 한 일종의 콘크리트 성형품
- 두꺼운 판 또는 공동블록 등으로 제작하여 **마루, 지붕, 천장, 벽 등의 구조체에 사용된다.**

82 2장 이상의 판유리 등을 나란히 넣고, 그 틈새에 대기압에 가까운 압력의 건조한 공기를 채우고 그 주변을 밀봉·봉착한 것은?

① 열선흡수유리
② 배강도 유리
③ 강화유리
④ 복층유리

2장 이상의 판유리 등을 나란히 넣고 건조한 공기를 채워 밀봉·봉착 → 복층유리

83 목재의 방부처리법과 가장 거리가 먼 것은?

① 약제도포법 ② 표면탄화법
③ 진공탈수법 ④ 침지법

* **목재의 방부처리법**
① **주입법** : 방부액을 상압주입 하거나 가압하여 **나무 깊이 주입하는 방법**
② **침지법** : **방부제용액 중에 목재를 담그어 공기(산소)를 차단하여 방부 처리하는 방법**
③ **도포법** : 목재를 충분히 건조시킨 후 솔 등으로 **약제를 도포**하여 방부 처리하는 방법
④ **표면탄화법** : 목재표면 3~4mm 정도를 태워 수분을 제거하는 방법

📌 필기에 자주 출제되는 내용입니다.

84 접착제를 동물질 접착제와 식물질 접착제로 분류할 때 동물질 접착제에 해당되지 않는 것은?

① 아교
② 덱스트린 접착제
③ 카세인 접착제
④ 알부민 접착제

동물질 접착제	식물질 접착제
• 동물질 아교	• 대두 아교
• 알부민 아교	• 전분질계 접착제
• 카세인 아교	• 소맥질 접착제

정답 81 ④ 82 ④ 83 ③ 84 ②

85 각종 금속에 관한 설명으로 옳지 않은 것은?

① 동은 건조한 공기 중에서는 산화하지 않으나, 습기가 있거나 탄산가스가 있으면 녹이 발생한다.
② 납은 비중이 비교적 작고 융점이 높아 가공이 어렵다.
③ 알루미늄은 비중이 철의 1/3정도로 경량이며 열·전기전도성이 크다.
④ 청동은 구리와 주석을 주체로 한 합금으로 건축장식 부품 또는 미술공예 재료로 사용된다.

② 납은 비중 크고 연하면서 연성이 크고 방사선실 방사선 차폐용으로 사용된다.

86 목재의 함수율과 섬유포화점에 관한 설명으로 옳지 않은 것은?

① 섬유포화점은 세포 사이의 수분은 건조되고, 섬유에만 수분이 존재하는 상태를 말한다.
② 벌목 직후 함수율이 섬유포화점까지 감소하는 동안 강도 또한 서서히 감소한다.
③ 전건상태에 이르면 강도는 섬유포화점 상태에 비해 3배로 증가한다.
④ 섬유포화점 이하에서는 함수율의 감소에 따라 인성이 감소한다.

② 섬유포화점 이상의 함수 상태에서는 강도는 일정하나 그 이하에서는 함수율이 작을수록 강도는 커진다.

참고

* 인성
외부 힘에 의해서 파괴되기 어려운 성질

87 경량 기포콘크리트(autoclaved lightweight concrete)에 관한 설명으로 옳지 않은 것은?

① 보통콘크리트에 비하여 탄산화의 우려가 낮다.
② 열전도율은 보통콘크리트의 약 1/10 정도로 단열성이 우수하다.
③ 현장에서 취급이 편리하고 절단 및 가공이 용이하다.
④ 다공질이므로 흡수성이 높은 편이다.

① 보통콘크리트에 비하여 탄산화의 우려가 높다.

참고

* 콘크리트 탄산화
외부로부터의 이산화탄소의 유입으로 공극수의 pH가 낮아져 철근이 부식되는 현상

88 안료가 들어가지 않는 도료로서 목재면의 투명도장에 쓰이며, 내후성이 좋지 않아 외부에 사용하기에는 적당하지 않고 내부용으로 주로 사용하는 것은?

① 수성페인트
② 클리어래커
③ 래커에나멜
④ 유성에나멜

정답   85 ②   86 ②   87 ①   88 ②

목재면의 투명도장에 쓰이며, 내후성이 좋지 않아 외부에 사용하기에는 적당하지 않고 내부용으로 주로 사용
→ 클리어래커

89 콘크리트용 혼화제의 사용용도와 혼화제 종류를 연결한 것으로 옳지 않은 것은?

① AE 감수제 : 작업성능이나 동결융해 저항 성능의 향상
② 유동화제 : 강력한 감수효과와 강도의 대폭적인 증가
③ 방청제 : 염화물에 의한 강재의 부식억제
④ 증점제 : 점성, 응집작용 등을 향상시켜 재료분리를 억제

② 유동화제 : 단위수량이 적은 콘크리트의 유동성을 일시적으로 증대시킴

90 도료의 사용 용도에 관한 설명으로 옳지 않은 것은?

① 유성바니쉬는 투명도료이며, 목재마감에도 사용가능하다.
② 유성페인트는 모르타르, 콘크리트면에 발라 착색방수피막을 형성한다.
③ 합성수지 에멀션페인트는 콘크리트면, 석고보드 바탕 등에 사용된다.
④ 클리어래커는 목재면의 투명도장에 사용된다.

② 유성페인트는 목재, 석고판류의 도장 등에 사용된다.

91 강의 열처리 방법 중 결정을 미립화하고 균일하게 하기 위해 800~1000℃까지 가열하여 소정의 시간까지 유지한 후에 로(爐)의 내부에서 서서히 냉각하는 방법은?

① 풀림　　② 불림
③ 담금질　④ 뜨임질

풀림	강을 800~1,000℃까지 가열한 후 로(爐)의 내부에서 서서히 냉각시킨다.
불림	강을 800~1,000℃까지 가열한 후 공기 중에서 서서히 냉각시킨다.
담금질	강을 800~1,000℃까지 가열한 후 물 또는 기름 속에서 급히 냉각시킨다.
뜨임질	담금질을 한 후 다시 200~600℃로 가열한 다음 공기 중에서 천천히 냉각시킨다.

특급암기법
내부에서 풀어주고(풀림), 공기에서 불리고(불림), 물·기름에 담그면(담금질) 공기에서 뜬다(뜨임질)

필기에 자주 출제되는 내용입니다.

92 각 미장재료별 경화형태로 옳지 않은 것은?

① 회반죽 : 수경성
② 시멘트 모르타르 : 수경성
③ 돌로마이트플라스터 : 기경성
④ 테라조 현장바름 : 수경성

정답　89 ②　90 ②　91 ①　92 ①

수경성(팽창성)	1. 석고질 • 석고 플라스터 • 혼합석고 플라스터(배합석고) • 경석고 플라스터(킨즈시멘트) 2. 시멘트모르타르 3. 인조석 바름 4. 테라조 현장 바름
기경성(수축성, 알칼리성)	1. 석회질 • 회반죽 • 회사벽 2. 돌로마이트플라스터 (마그네시아 석회)

- 수경성 : 물과 작용하여 경화하고 차차 강도가 크게 되는 성질
- 기경성 : 공기 중에서 경화하는 것으로 공기가 없는 수중에서는 경화되지 않는 성질

필기에 자주 출제되는 내용입니다.

93 세라믹재료의 일반적인 특성에 관한 설명으로 옳지 않은 것은?

① 내열성, 화학저항성이 우수하다.
② 전·연성이 매우 뛰어나 가공이 용이하다.
③ 단단하고, 압축강도가 높다.
④ 전기절연성이 있다.

② 가공이 어렵고 높은 취성(깨지기 쉬운 성질)을 가진다.

94 목재 건조 시 생재를 수중에 일정기간 침수시키는 주된 이유는?

① 재질을 연하게 만들어 가공하기 쉽게 하기 위하여
② 목재의 내화도를 높이기 위하여
③ 강도를 크게 하기 위하여
④ 건조기간을 단축시키기 위하여

목재의 건조기간을 단축시키기 위한 목적으로 공기 건조 전에 목재를 물속에 일정기간 침수시킨다.

필기에 자주 출제되는 내용입니다.

95 부재 두께의 증가에 따른 강도 저하, 용접성 확보 등에 대응하기 위해 열간압연 시 냉각조건을 조절하여 냉각속도에 의해 강도를 상승시킨 구조용 특수강재는?

① 일반구조용 압연강재
② 용접구조용 압연강재
③ TMC 강재
④ 내후성 강재

* **TMC 강재**(Thermo Mechanical Control process steel : 내화강재)
열간 압연 시에 압연 온도를 조절하여 강도를 상승시켜 최적의 재질로 압연하는 과정을 거쳐 제조된 강재

96 비철금속에 관한 설명으로 옳지 않은 것은?

① 청동은 구리와 아연을 주체로 한 합금으로 건축용 장식철물에 사용된다.
② 알루미늄은 산 및 알칼리에 약하다.
③ 아연은 산 및 알칼리에 약하나 일반대기나 수중에서는 내식성이 크다.
④ 동은 전기 및 열전도율이 매우 크다.

★ 청동(Cu+Sn)
① 동(구리)과 주석을 주성분으로 한 합금이다.
② 건축용 장식품, 미술 공예 재료로 사용한다.

📝 필기에 자주 출제되는 내용입니다.

97 블리딩현상이 콘크리트에 미치는 가장 큰 영향은?

① 공기량이 증가하여 결과적으로 강도를 저하시킨다.
② 수화열을 발생시켜 콘크리트에 균열을 발생시킨다.
③ 콜드조인트의 발생을 방지한다.
④ 철근과 콘크리트의 부착력 저하, 수밀성 저하의 원인이 된다.

★ 블리딩(bleeding)
① 블리딩이란 굳지 않은 콘크리트, 모르타르 등에서 물이 분리, 상승하는 현상을 말한다.
② 블리딩 현상이 심한 경우 철근과 콘크리트의 부착력 저하, 수밀성 저하로 콘크리트의 강도 및 내구성이 감소되고 탄산화가 촉진된다.

📝 필기에 자주 출제되는 내용입니다.

98 통풍이 좋지 않은 지하실에 사용하는데 가장 적합한 미장재료는?

① 시멘트 모르타르
② 회사벽
③ 회반죽
④ 돌로마이트 플라스터

통풍이 좋지 않은 지하실 → 공기 중에서 경화하는 기경성재료는 적합하지 않다. → 물과 작용하여 경화하는 수경성재료가 적합하다.

수경성(팽창성)	1. 석고질 • 석고 플라스터 • 혼합석고 플라스터(배합석고) • 경석고 플라스터(킨즈시멘트) 2. 시멘트모르타르 3. 인조석 바름 4. 테라조 현장 바름 **특급암기법** 수(수경성) 고(석고)하는 시(시멘트모르타르) 인(인조석) 테라조
기경성(수축성, 알칼리성)	1. 석회질 • 회반죽 • 회사벽 2. 돌로마이트플라스터 (마그네시아 석회) **특급암기법** 기(기경성) 회(석회, 회반죽, 회사벽) 돌(돌로마이트플라스터)

📝 필기에 자주 출제되는 내용입니다.

정답 96 ① 97 ④ 98 ①

99 강은 탄소 함유량의 증가에 따라 인장강도가 증가하지만 어느 이상이 되면 다시 감소한다. 이때 인장강도가 가장 큰 시점의 탄소 함유량은?

① 약 0.9% ② 약 1.8%
③ 약 2.7% ④ 약 3.6%

- 탄소 함유량이 0%에서 0.8%까지는 항복점 및 인장 강도는 증가, 연신율 및 단면 수축율, 연성은 낮아진다.
- 탄소 함유량이 0.8% 이상이 되면 경도는 증가, 인장강도는 낮아진다.
- 강재의 인장강도가 최대로 될 경우의 탄소함유량의 범위 : 0.8~1.0%(인장강도가 가장 큰 강의 탄소 함유량은 약 0.9%)

100 암석의 구조를 나타내는 용어에 관한 설명으로 옳지 않은 것은?

① 절리란 암석 특유의 천연적으로 갈라진 금을 말하며, 규칙적인 것과 불규칙적인 것이 있다.
② 층리란 퇴적암 및 변성암에 나타나는 퇴적할 당시의 지표면과 방향이 거의 평행한 절리를 말한다.
③ 석리란 암석이 가장 쪼개지기 쉬운 면을 말하며, 절리보다 불분명하지만 방향이 대체로 일치되어 있다.
④ 편리란 변성암에 생기는 절리로서 방향이 불규칙하고 얇은 판자모양으로 갈라지는 성질을 말한다.

③ 석리란 편광현미경으로 관찰하였을 때 볼 수 있는 암석의 구성조직(돌의 결)을 말한다.

6과목 건설안전기술

101 비계(달비계, 달대비계 및 말비계는 제외한다.)의 높이가 2m 이상인 작업장소에 설치하여야 하는 작업발판의 기준으로 옳지 않은 것은?

① 작업발판의 폭은 40cm 이상으로 하고, 발판재료 간의 틈은 3cm이하로 할 것
② 추락의 위험이 있는 장소에는 안전난간을 설치 할 것
③ 작업발판의 지지물은 하중에 의하여 파괴될 우려가 없는 것을 사용할 것
④ 작업발판재료는 뒤집히거나 떨어지지 않도록 1개 이상의 지지물에 연결하거나 고정시킬 것

* 작업발판 설치기준
① 발판재료 : 작업시의 하중을 견딜 수 있도록 견고한 것으로 할 것
② 발판의 폭 : 40cm 이상으로 하고, 발판재료간의 틈 : 3cm 이하로 할 것
③ 추락의 위험성이 있는 장소에는 안전난간을 설치할 것
④ 작업발판의 지지물 : 하중에 의하여 파괴될 우려가 없는 것을 사용할 것
⑤ 작업발판재료는 뒤집히거나 떨어지지 아니하도록 2 이상의 지지물에 연결하거나 고정시킬 것

실기까지 중요한 내용입니다.

정답 99 ① 100 ③ 101 ④

102 강관비계의 설치 기준으로 옳은 것은?

① 비계기둥의 간격은 띠장 방향에서는 1.5m 이상 1.8m 이하로 하고, 장선방향에서는 2.0m 이하로 한다.
② 띠장 간격은 1.8m 이하로 설치하되, 첫번째 띠장은 지상으로부터 2m 이하의 위치에 설치한다.
③ 비계기둥 간의 적재하중은 400kg을 초과하지 않도록 한다.
④ 비계기둥의 제일 윗부분으로부터 21m 되는 지점 밑부분의 비계기둥은 2개의 강관으로 묶어 세운다.

> *** 강관비계의 구조**
> ① 비계기둥 간격: 띠장 방향에는 1.5m~1.8m, 장선방향에서는 1.5미터 이하로 할 것
> ② 띠장 간격: 1.5미터 이하로 설치하되, 첫번째 띠장은 지상으로 부터 2미터 이하의 위치에 설치할 것
> ③ 비계기둥의 제일 윗부분으로 부터 31m 되는 지점 밑부분의 비계기둥은 2본의 강관으로 묶어 세울 것
> ④ 비계기둥간의 적재하중은 400킬로그램을 초과하지 아니하도록 할 것

📝 실기까지 중요한 내용입니다.

103 다음은 사다리식통로 등을 설치하는 경우의 준수사항이다. ( ) 안에 들어갈 숫자로 옳은 것은?

> 사다리의 상단은 걸쳐놓은 지점으로부터 ( )cm 이상 올라가도록 할 것

① 30　　② 40
③ 50　　④ 60

사다리의 상단은 걸쳐놓은 지점으로부터 60센티미터 이상 올라가도록 할 것

> **참고**
> *** 사다리식 통로 설치 시의 준수사항**
> • 견고한 구조로 할 것
> • 심한 손상·부식 등이 없는 재료를 사용할 것
> • 발판의 간격은 일정하게 할 것
> • 발판과 벽과의 사이는 15센티미터 이상의 간격을 유지할 것
> • 폭은 30센티미터 이상으로 할 것
> • 사다리가 넘어지거나 미끄러지는 것을 방지하기 위한 조치를 할 것
> • 사다리의 상단은 걸쳐놓은 지점으로부터 60센티미터 이상 올라가도록 할 것
> • 사다리식 통로의 길이가 10미터 이상인 경우에는 5미터 이내마다 계단참을 설치할 것
> • 사다리식 통로의 기울기는 75도 이하로 할 것. 다만, 고정식 사다리식 통로의 기울기는 90도 이하로 하고, 그 높이가 7미터 이상인 경우에는 다음 각 목의 구분에 따른 조치를 할 것
>   – 등받이울이 있어도 근로자 이동에 지장이 없는 경우: 바닥으로부터 높이가 2.5미터 되는 지점부터 등받이울을 설치할 것
>   – 등받이울이 있으면 근로자가 이동이 곤란한 경우: 한국산업표준에서 정하는 기준에 적합한 개인용 추락 방지 시스템을 설치하고 근로자로 하여금 한국산업표준에서 정하는 기준에 적합한 전신안전대를 사용하도록 할 것

정답　102 ③　103 ④

• 접이식 사다리 기둥은 사용 시 접혀지거나 펼쳐지지 않도록 철물 등을 사용하여 견고하게 조치할 것

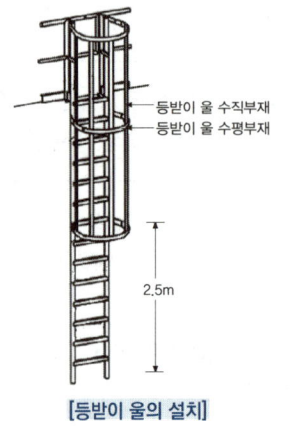

[등받이 울의 설치]

📝 실기까지 중요한 내용입니다.

104 유해·위험방지계획서를 제출해야 할 대상공사의 조건으로 옳지 않은 것은?

① 터널 건설 등의 공사
② 최대지간 길이가 50m 이상인 교량건설 등의 공사
③ 다목적댐, 발전용댐 및 저수용량 2천만톤 이상의 용수전용댐, 지방상수도 전용 댐 건설 등의 공사
④ 깊이가 5m 이상인 굴착공사

④ 깊이가 10m 이상인 굴착공사

참고

★ 유해위험방지계획서를 제출해야 될 건설공사

1. 지상높이가 31미터 이상인 건축물 또는 인공구조물, 연면적 3만제곱미터 이상인 건축물 또는 연면적 5천제곱미터 이상의 문화 및 집회시설(전시장 및 동물원·식물원은 제외한다), 판매시설, 운수시설(고속철도의 역사 및 집배송시설은 제외한다), 종교시설, 의료시설 중 종합병원, 숙박시설 중 관광숙박시설, 지하도상가 또는 냉동·냉장창고시설의 건설·개조 또는 해체
2. 연면적 5천제곱미터 이상의 냉동·냉장창고시설의 설비공사 및 단열공사
3. 최대 지간길이가 50미터 이상인 교량 건설등 공사
4. 터널 건설 등의 공사
5. 다목적댐, 발전용댐 및 저수용량 2천만톤 이상의 용수 전용 댐, 지방상수도전용 댐 건설 등의 공사
6. 깊이 10미터 이상인 굴착공사

📝 실기에 자주 출제되는 중요한 내용입니다.

105 터널굴착작업 작업계획서에 포함해야 할 사항으로 가장 거리가 먼 것은?

① 암석의 분할방법
② 터널지보공 및 복공(覆工)의 시공방법
③ 용수(湧水)의 처리방법
④ 환기 또는 조명시설을 설치할 때에는 그 방법

★ 터널 굴착작업의 작업계획서 내용
- 굴착의 방법
- 터널지보공 및 복공(覆工)의 시공방법과 용수(湧水)의 처리 방법
- 환기 또는 조명시설을 설치할 때에는 방법

📝 실기까지 중요한 내용입니다.

정답 104 ④   105 ①

106 거푸집 동바리의 침하를 방지하기 위한 직접적인 조치와 가장 거리가 먼 것은?

① 깔목의 사용 ② 수평연결재 사용
③ 콘크리트의 타설 ④ 말뚝박기

* **거푸집 동바리의 침하 방지 조치**
① 받침목이나 깔판의 사용
② 말뚝박기
③ 콘크리트 타설

> 참고
>
> *수평연결재
> 수평하중의 분산 기능

107 건설업 산업안전보건관리비 계상에 관한 설명으로 옳지 않은 것은?

① 재료비와 직접노무비의 합계액을 계상 대상으로 한다.
② 안전관리비 계상기준은 산업재해보상보험법의 적용을 받는 공사 중 총 공사금액 2천만원 이상인 공사에 적용한다.
③ 발주자 또는 자기공사자는 설계변경 등으로 대상액의 변동이 있는 경우라도 특별한 경우를 제외하고는 안전관리비를 조정계성하지 않는다.
④ 전기공사업법 제2조에 따른 전기공사로서 저압·고압 또는 특별고압작업으로 이루어지는 공사로서 단가계약에 의하여 행하는 공사에 대하여는 총계약금액을 기준으로 적용한다.

③ 발주자 또는 자기공사자는 설계 변경 등으로 대상액의 변동이 있는 경우에 지체 없이 안전관리비를 조정 계상하여야 한다.

108 말비계를 조립하여 사용하는 경우에 지주부재와 수평면의 기울기는 최대 몇 도 이하로 하여야 하는가?

① 30° ② 45°
③ 60° ④ 75°

* **말비계 조립 시의 준수사항**
- 지주 부재의 하단에는 **미끄럼 방지 장치**를 하고, 양 측 끝부분에 올라서서 작업하지 아니하도록 할 것
- 지주부재와 수평면과의 기울기를 **75° 이하**로 하고, 지주 부재와 지주 부재 사이를 고정시키는 보조 부재를 설치할 것
- 말비계의 **높이가 2m를 초과**할 경우에는 작업발판의 폭을 **40cm 이상**으로 할 것

📝 실기까지 중요한 내용입니다.

109 흙의 간극비를 나타낸 식으로 옳은 것은?

① $\dfrac{\text{공기+물의 체적}}{\text{흙+물의 체적}}$ ② $\dfrac{\text{공기+물의 체적}}{\text{흙의 체적}}$

③ $\dfrac{\text{물의 체적}}{\text{물+흙의 체적}}$ ④ $\dfrac{\text{공기+물의 체적}}{\text{공기+흙+물의 체적}}$

흙의 간극비 = $\dfrac{\text{공기+물의 체적}}{\text{흙의 체적}}$

정답 106 ② 107 ③ 108 ④ 109 ②

110 가설계단 및 계단참을 설치하는 경우 매 m² 당 몇 kg 이상의 하중에 견딜 수 있는 강도를 가진 구조로 설치하여야 하는가?

① 200kg   ② 300kg
③ 400kg   ④ 500kg

계단 및 계단참의 강도는 500kg/m² 이상이어야 하며 안전율은 4 이상으로 하여야 한다.

 실기까지 중요한 내용입니다.

111 이동식비계 조립 및 사용 시 준수사항으로 옳지 않은 것은?

① 비계의 최상부에서 작업을 하는 경우에는 안전난간을 설치할 것
② 승강용사다리는 견고하게 설치할 것
③ 작업발판은 항상 수평을 유지하고 작업발판 위에서 작업을 위한 거리가 부족할 경우에는 받침대 또는 사다리를 사용할 것
④ 작업발판의 최대적재하중은 250kg을 초과하지 않도록 할 것

*이동식 비계 조립 시의 준수사항
• 바퀴에는 갑작스러운 이동 또는 전도를 방지하기 위하여 브레이크·쐐기 등으로 바퀴를 고정시킨 다음 비계의 일부를 견고한 시설물에 고정하거나 아웃트리거를 설치하는 등 필요한 조치를 할 것
• 승강용 사다리는 견고하게 설치할 것
• 비계의 최상부에서 작업을 할 때에는 안전난간을 설치할 것
• 작업발판은 항상 수평을 유지하고 작업발판 위에서 안전난간을 딛고 작업을 하거나 받침대 또는 사다리를 사용하여 작업하지 않도록 할 것

• 작업발판의 최대적재하중은 250kg을 초과하지 않도록 할 것

 실기까지 중요한 내용입니다.

112 유해·위험 방지를 위한 방호조치를 하지 아니하고는 양도, 대여, 설치 또는 사용에 제공하거나, 양도·대여를 목적으로 진열해서는 아니 되는 기계·기구에 해당하지 않는 것은?

① 지게차   ② 공기압축기
③ 원심기   ④ 덤프트럭

*방호조치를 하지아니하고는 양도·대여·설치·사용, 진열해서는 아니 되는 기계·기구
• 예초기
• 원심기
• 공기압축기
• 금속절단기
• 지게차
• 포장기계(진공포장기, 랩핑기로 한정)

특급암기법
방호조치 없이 포장된 공원에서 원예 금지

 실기에 자주 출제되는 중요한 내용입니다.

정답 110 ④ 111 ③ 112 ④

113 관리감독자의 유해·위험 방지 업무에서 달비계 또는 높이 5m 이상의 비계를 조립·해체하거나 변경하는 작업과 관련된 직무수행 내용과 가장 거리가 먼 것은?

① 재료의 결함 유무를 점검하고 불량품을 제거하는 일
② 기구·공구·안전대 및 안전모 등의 기능을 점검하고 불량품을 제거하는 일
③ 작업방법 및 근로자 배치를 결정하고 작업 진행상태를 감시하는 일
④ 작업에 종사하는 근로자의 보안경 및 안전장갑의 착용 상황을 감시하는 일

* 달비계 또는 높이 5m 이상의 비계를 조립·해체하거나 변경하는 작업의 관리감독자 직무
- 재료의 결함 유무를 점검하고 불량품을 제거하는 일
- 기구·공구·안전대 및 안전모 등의 기능을 점검하고 불량품을 제거하는 일
- 작업방법 및 근로자 배치를 결정하고 작업 진행 상태를 감시하는 일
- 안전대와 안전모 등의 착용 상황을 감시하는 일

실기까지 중요한 내용입니다.

114 토공 작업 시 굴착과 싣기를 동시에 할 수 있는 토공장비가 아닌 것은?

① 모터 그레이더(Motor grader)
② 파워 셔블(Power shovel)
③ 백호우(Back hoe)
④ 트랙터 셔블(Tractor shovel)

① 모터 그레이더(Motor grader) → 땅을 깎거나 고르는 정지기계

115 공사 진척에 따른 공정률이 다음과 같을 때 산업안전보건관리비 사용 기준으로 옳은 것은? (단, 공정률은 기성공정률을 기준으로 함)

공정률 : 70% 이상, 90% 미만

① 50% 이상
② 60% 이상
③ 70% 이상
④ 80% 이상

* 공사 진척에 따른 산업안전보건관리비 사용 기준

공정률	50% 이상 70% 미만	70% 이상 90% 미만	90% 이상
사용 기준	50% 이상	70% 이상	90% 이상

116 화물의 하중을 직접 지지하는 경우 양중기의 와이어로프에 대한 최대허용하중은? (단, 1줄걸이 기준)

① 최대허용하중 = $\dfrac{절단하중}{2}$
② 최대허용하중 = $\dfrac{절단하중}{3}$
③ 최대허용하중 = $\dfrac{절단하중}{4}$
④ 최대허용하중 = $\dfrac{절단하중}{5}$

안전율 = $\dfrac{절단하중}{최대허용하중}$

최대허용하중 = $\dfrac{절단하중}{안전율} = \dfrac{절단하중}{5}$

(양중기 와이어로프의 안전율 : 5)

실기까지 중요한 내용입니다.

정답 113 ④ 114 ① 115 ③ 116 ④

117 흙막이 계측기의 종류 중 주변 지반의 변형을 측정하는 기계는?

① Tilt meter　② Inclino meter
③ Strain gauge　④ Load cell

> ★ 지중 수평변위계(Iclino meter)
> 인접지반의 수평 변위량과 위치, 방향 및 크기를 실측하여 토류 구조물 각 지점의 응력상태를 판단한다.

118 로드(rod)·유압잭(jack) 등을 이용하여 거푸집을 연속적으로 이동시키면서 콘크리트를 타설할 때 사용되는 것으로 silo 공사 등에 적합한 거푸집은?

① 메탈폼
② 슬라이딩폼
③ 위플폼 슬라이딩 폼
④ 페코빔

> ★ 슬라이딩 폼
> 거푸집을 연속적으로 이동시키면서 콘크리트를 타설, silo 공사 등에 적합하다.

119 항타기 및 항발기에 관한 설명으로 옳지 않은 것은?

① 도괴 방지를 위해 시설 또는 가설물 등에 설치하는 때에는 그 내력을 확인하고 내력이 부족하면 그 내력을 보강해야 한다.
② 와이어로프의 한 꼬임에서 끊어진 소선(필러선을 제외한다)의 수가 10% 이상인 것은 권상용 와이어로프로 사용을 금한다.
③ 지름 감소가 공칭지름의 7%를 초과하는 것은 권상용 와이어로프로 사용을 금한다.
④ 권상용 와이어로프의 안전계수가 4 이상이 아니면 이를 사용하여서는 아니 된다.

④ 권상용 와이어로프의 안전계수가 5 이상이 아니면 이를 사용하여서는 안 된다.

> **참고**
>
> ★ 와이어로프 등 달기구의 안전계수
> • 근로자가 탑승하는 운반구를 지지하는 달기와이어로프 또는 달기체인의 경우 : 10 이상
> • 화물의 하중을 직접 지지하는 달기와이어로프 또는 달기체인의 경우 : 5 이상
> • 훅, 샤클, 클램프, 리프팅 빔의 경우 : 3 이상
> • 그 밖의 경우 : 4 이상

📝 실기까지 중요한 내용입니다.

120 지반조사의 목적에 해당되지 않는 것은?

① 토질의 성질 파악
② 지층의 분포 파악
③ 지하수위 및 피압수 파악
④ 구조물의 편심에 의한 적절한 침하 유도

④ 지반조사는 지반의 침하를 방지하기 위한 목적으로 실시한다.

건설안전기사 과년도

초   판 인쇄 | 2020년 1월 10일
초   판 발행 | 2020년 1월 15일
개정5판 발행 | 2025년 1월 20일
개정6판 발행 | 2026년 1월 15일

지은이 | 최윤정
발행인 | 조규백
발행처 | 도서출판 구민사
　　　　(07293) 서울특별시 영등포구 문래북로 116, 604호(문래동 3가 46, 트리플렉스)
전   화 | 02.701.7421
팩   스 | 02.3273.9642
홈페이지 | www.kuhminsa.co.kr

신고번호 | 제2012-000055호(1980년 2월 4일)
ISBN | 979-11-6875-631-1　13500

가격　43,000원

※ 낙장 및 파본은 구입하신 서점에서 바꿔드립니다.
※ 본 서를 허락없이 부분 또는 전부를 무단복제, 게제행위는 저작권법에 저촉됩니다.